下　册

稀有金属手册

《稀有金属手册》编辑委员会　编著

冶金工业出版社

内 容 简 介

《稀有金属手册》分上、下册出版。上册从横的方向系统地介绍稀有金属生产、科研、应用中的共性知识，即以提取冶金和材料加工为重点，阐述过程的理论、方法、设备，以及稀有金属的分析和测试、应用等；下册则从纵的方向对每种重要的稀有金属逐个进行全面介绍。本书为下册，主要介绍稀有轻金属（锂、铷、铯、铍）、稀有难熔金属（钛、锆、铪、钒、铌、钽、钨、钼）、稀散金属（镓、铟、铊、锗、硒、碲、铼）、稀土金属、贵金属（金、银、铂族金属）、天然放射性金属（铀、钍、镭）、半导体材料（锗、硅、化合物半导体）的矿物资源、主要物理化学性质、选矿、提取冶金、金属的加工及制品生产、金属学、成分分析和物理性能测试以及应用等，重点是介绍稀有金属的生产工艺实践。下册共分 7 篇 39 章，可供从事稀有金属生产、科研、设计、应用、管理及教学等有关人员使用，也可供高等院校有关专业学生参考。

图书在版编目(CIP)数据

稀有金属手册.下/《稀有金属手册》编辑委员会编著—北京：冶金工业出版社，1995.12(2008.1 重印)
ISBN 978-7-5024-1079-7

Ⅰ.稀…　Ⅱ.稀…　Ⅲ.稀有金属－手册
Ⅳ.TF84－62　TG146.4－62

中国版本图书馆 CIP 数据核字(2008)第 000943 号

出 版 人　曹胜利
地　　址　北京北河沿大街嵩祝院北巷 39 号，邮编 100009
电　　话　(010) 64027926　电子信箱：postmaster@cnmip.com.cn
责任编辑　肖　放　美术编辑　李　心　责任印制　牛晓波
ISBN 978-7-5024-1079-7
北京兴华印刷厂印刷；冶金工业出版社发行；各地新华书店经销
1995 年 12 月第 1 版，2008 年 1 月第 3 次印刷
787mm×1092mm　1/16；80.5 印张；2401 千字；1270 页；2701～4200 册
199.00 元

冶金工业出版社发行部　电话：(010)64044283　传真：(010)64027893
冶金书店　地址：北京东四西大街 46 号(100711)　电话：(010)65289081
（本书如有印装质量问题，本社发行部负责退换）

《稀有金属手册》编辑委员会

《稀有金属手册》编辑部

目　录

第十一篇　稀有轻金属

第一章　锂 ························ 1
第一节　锂的矿物资源 ························ 1
一、锂矿床 ························ 1
二、国外锂资源 ························ 5
三、中国的锂资源 ························ 7
第二节　锂的主要物理化学性质 ························ 7
一、金属锂的物理性质 ························ 7
二、金属锂的化学性质 ························ 9
三、主要锂化合物的性质 ························ 9
第三节　锂的选矿简述 ························ 10
一、美国北卡罗来纳金斯山锂矿床 ························ 11
二、中国可可托海矿区 ························ 11
三、中国宜春钽铌矿 ························ 12
第四节　锂的提取冶金 ························ 12
一、锂矿石提锂 ························ 12
二、盐卤提锂 ························ 17
三、金属锂生产 ························ 18
四、锂化合物制取 ························ 19
第五节　锂加工及锂合金 ························ 19
一、锂材 ························ 19
二、锂合金 ························ 19
三、锂合金生产 ························ 20
四、Al-Li合金 ························ 20
第六节　锂的成分分析 ························ 22
第七节　锂的应用 ························ 25
一、炼铝工业 ························ 25
二、玻璃陶瓷工业 ························ 26
三、润滑脂工业 ························ 26
四、锂电池 ························ 26
五、空调、医药及其它 ························ 26
主要参考文献 ························ 27

第二章　铷和铯 ························ 28
第一节　铷和铯的矿物资源 ························ 28
一、铷、铯矿物组成 ························ 28
二、铷、铯的蕴藏量 ························ 29
第二节　铷和铯的主要物理化学性质 ························ 30
一、金属铷和金属铯的性质 ························ 30
二、铷、铯化合物的性质 ························ 32
第三节　铷、铯的选矿和冶金 ························ 32
一、铷、铯选矿 ························ 32
二、铷、铯冶金 ························ 33
第四节　铷和铯的成分分析 ························ 36
一、重量法 ························ 36
二、容量法 ························ 36
三、分光光度法 ························ 36
四、火焰分光光度法和原子吸收分光光度法 ························ 36
第五节　铷和铯的产品标准 ························ 37
第六节　铷和铯的应用 ························ 40
主要参考文献 ························ 40

第三章　铍 ························ 41
第一节　铍的矿物资源 ························ 41

第二节 铍的主要物理化学性质 ……… 42
一、金属铍的物理性质 ……… 42
二、金属铍的化学性质 ……… 43
三、金属铍的力学性能 ……… 44
四、铍化合物的物理化学性质 ……… 47
第三节 铍的选矿简述 ……… 48
一、铍的手选矿 ……… 48
二、铍的浮选 ……… 48
第四节 铍的提取冶金 ……… 50
一、铍精矿的分解 ……… 50
二、铍化合物的提取、分离和提纯 ……… 51
三、金属铍的制取 ……… 56
第五节 铍的熔铸及粉末冶金 ……… 58
一、铍的熔炼和铸造 ……… 59
二、铍粉的制取 ……… 59
三、铍粉的固结 ……… 61
第六节 铍的加工及制品生产 ……… 63
一、铍板（箔）材的轧制 ……… 63
二、铍管、棒、型材的挤压 ……… 65
第七节 铍的热处理 ……… 66
一、铍的去应力退火 ……… 66
二、铍的再结晶退火 ……… 66
三、铍的冷热循环处理 ……… 66
四、铍的固溶处理 ……… 66
五、铍的时效处理 ……… 66
第八节 铍合金及金属间化合物 ……… 67
一、铍合金 ……… 67
二、铍的金属间化合物 ……… 70
第九节 铍的成分分析和物理性能检测 ……… 70
一、铍的成分分析 ……… 70
二、铍的性能检测 ……… 81
三、铍粉末物理性能的测试 ……… 82
四、金属铍热学性能测试方法 ……… 83
第十节 铍的应用 ……… 84
第十一节 铍的毒性及其防护 ……… 84
主要参考文献 ……… 85

第十二篇 稀有难熔金属

第一章 钛 ……… 87

第一节 钛的矿物资源 ……… 88
一、钛的矿物组成 ……… 88
二、世界的钛资源 ……… 89
三、中国的钛资源 ……… 90
第二节 钛的主要物理化学性质 ……… 92
一、金属钛的物理性质 ……… 92
二、金属钛的化学性质 ……… 93
三、金属钛的力学性质 ……… 94
四、钛化合物的物理化学性质 ……… 95
第三节 钛的选矿简述 ……… 102
第四节 钛的提取冶金 ……… 104
一、富钛料的生产 ……… 104
二、海绵钛的生产 ……… 117
三、钛白的生产 ……… 140
第五节 钛及钛合金的加工和制品生产 ……… 150
一、钛及钛合金铸锭的制备 ……… 150
二、钛及钛合金的锻造 ……… 159
三、钛及钛合金的管、棒、线材生产 ……… 178
四、钛及钛合金的板、带、箔材生产 ……… 204
五、钛及钛合金铸件的生产 ……… 223
六、粉末冶金钛及钛合金 ……… 227
七、钛材加工辅助工序 ……… 243
第六节 钛的金属学 ……… 252
一、钛的合金元素 ……… 252
二、工业钛合金 ……… 256
三、金属间化合物为基的钛合金 ……… 260
第七节 钛的成分分析 ……… 260
一、钛的原材料分析 ……… 260
二、钛的中间产品分析 ……… 262
三、钛的成品分析 ……… 263
第八节 钛的应用 ……… 267
一、航天航空工业 ……… 267
二、化工、冶金和热能等工业 ……… 268
主要参考文献 ……… 272

第二章　锆铪 ………………… 274

第一节　锆铪的矿物资源 ………… 274

一、锆铪的矿物组成………………… 274

二、世界的锆矿资源………………… 275

三、中国的锆矿资源………………… 275

第二节　锆、铪的主要物理化学性质 ……………………………… 276

一、金属锆、铪的物理性质………… 276

二、金属锆的化学性质……………… 279

三、锆、铪化合物的物理化学性质… 279

第三节　锆、铪的选矿简述 ……… 287

一、锆、铪的粗选…………………… 287

二、锆、铪的精选…………………… 287

第四节　锆铪的提取冶金 ………… 290

一、锆英石的分解…………………… 290

二、四氯化锆的生产………………… 299

三、锆、铪的分离…………………… 303

四、金属锆、铪的制取……………… 310

第五节　锆铪的加工及制品生产 …… 322

一、金属锆（铪）的铸锭制备……… 322

二、金属锆管棒的挤压加工………… 326

三、金属锆板、带、箔材的加工…… 327

四、金属锆丝、棒材的加工………… 329

五、辅助工序………………………… 330

第六节　锆（铪）金属学 ………… 330

一、锆合金…………………………… 330

二、锆合金的热处理………………… 341

第七节　锆、铪的成分分析 ……… 342

一、锆英石和中间物料的分析……… 342

二、锆、铪冶金产品和合金的化学分析… 345

第八节　锆、铪及其化合物的应用 … 349

一、锆化合物………………………… 349

二、金属锆、铪及其合金…………… 351

主要参考文献 …………………… 352

第三章　钒 ……………………… 353

第一节　钒的矿物资源 …………… 353

一、钒的矿物及矿床………………… 353

二、世界的钒资源…………………… 355

第二节　钒的主要物理和化学性质 … 356

一、钒的物理性质…………………… 356

二、钒的化学性质…………………… 357

三、钒的力学性质…………………… 358

四、钒化合物及其盐类的物理化学性质…… 358

第三节　钒的选矿简述 …………… 360

一、钒铅矿的选矿…………………… 360

二、钒云母的选矿…………………… 361

三、钾钒铀矿的选矿………………… 361

四、钛磁铁矿的选矿………………… 361

第四节　钒的提取冶金 …………… 361

一、钒化合物的提取………………… 361

二、钒的分离及提纯………………… 369

三、五氧化二钒的生产……………… 371

四、钒铁及钒合金剂的生产………… 372

五、金属钒的生产…………………… 373

六、金属钒的精炼…………………… 373

第五节　金属钒的加工 …………… 376

一、金属钒的熔铸…………………… 376

二、金属钒的加工…………………… 377

第六节　钒合金 …………………… 377

第七节　钒的分析检测 …………… 378

一、钒的检出………………………… 378

二、钒的测定………………………… 378

第八节　钒的应用 ………………… 379

一、钢铁工业………………………… 379

二、钛工业…………………………… 381

三、化学工业等……………………… 381

四、金属钒及钒基合金的应用……… 382

主要参考文献 …………………… 382

第四章　铌 ……………………… 384

第一节　铌的矿物资源 …………… 384

一、铌的主要矿物…………………… 384

二、世界铌的蕴藏量………………… 386

三、其他原料来源…………………… 386

第二节　铌的主要物理化学性质 …… 387

一、金属铌的物理性质……………… 387

二、金属铌的化学性质……………… 387

三、金属铌的机械性能……………… 390

四、铌化合物的物理化学性质……… 393

第三节　铌的选矿简述 …………… 396

一、烧绿石的选矿工艺……………… 396

二、铌铁矿的选矿工艺…………………… 398
第四节 铌的提取冶金 ……………… 398
一、铌矿的分解………………………… 398
二、铌的分离、提纯…………………… 401
三、铌化合物的制取…………………… 405
四、金属铌的制取……………………… 407
第五节 铌金属的加工及制品 ……… 410
一、金属坯锭的制备…………………… 410
二、铌材的加工………………………… 413
三、高纯铌的制备……………………… 414
第六节 铌的金属学 ………………… 415
一、铌合金剂…………………………… 415
二、铌基合金…………………………… 417
三、超导材料…………………………… 422
第七节 铌的成分分析 ……………… 423
一、铌矿石分析………………………… 423
二、铌中间产品分析…………………… 424
三、铌金属及氧化物分析……………… 425
四、铌合金、铌晶体分析……………… 427
第八节 铌的应用 …………………… 429
一、概况………………………………… 429
二、钢铁工业…………………………… 431
三、其他工业…………………………… 432
主要参考文献 ……………………… 432

第五章 钽 ………………………… 433

第一节 钽矿物资源 ………………… 433
一、主要钽矿物………………………… 434
二、世界的钽资源……………………… 435
三、中国的钽资源……………………… 436
第二节 钽的主要物理化学性质 …… 436
一、钽的物理性质……………………… 436
二、钽的化学性质……………………… 437
三、钽的力学性质……………………… 440
四、钽主要化合物的物理化学性质…… 443
第三节 钽的选矿简述 ……………… 445
一、钽原生矿的选矿…………………… 445
二、钽铌砂矿的选矿…………………… 446
第四节 钽的提取冶金 ……………… 447
一、钽精矿的分解……………………… 447
二、钽化合物的分离和提纯…………… 448
三、金属钽的制取……………………… 450
第五节 金属钽的加工及制品 ……… 453
一、金属钽坯锭的制备………………… 453
二、金属钽、板、带、箔材的加工…… 455
第六节 钽的金属学 ………………… 462
一、元素杂质对钽的影响……………… 462
二、钽的金属间化合物………………… 464
三、钽合金……………………………… 465
第七节 钽的成分分析及钽粉性能检测 ……………………… 468
一、钽的成分分析……………………… 468
二、钽粉的物理性能检测……………… 473
三、钽粉的电性能检测………………… 474
第八节 钽的应用 …………………… 474
一、电子工业…………………………… 474
二、硬质合金…………………………… 475
三、化学工业…………………………… 475
四、高温材料…………………………… 475
五、医疗及其它………………………… 476
主要参考文献 ……………………… 476

第六章 钨 ………………………… 477

第一节 钨的矿物资源 ……………… 477
一、钨在自然界中的存在形式………… 477
二、钨矿物……………………………… 478
三、主要钨矿矿床类型………………… 481
第二节 钨的主要物理化学性质 …… 481
一、钨的物理性质……………………… 481
二、钨的化学性质……………………… 486
三、钨的机械性质……………………… 487
第三节 钨的采矿和选矿 …………… 489
一、钨矿的采矿………………………… 489
二、钨矿的选矿………………………… 494
第四节 钨的提取冶金 ……………… 498
一、概述………………………………… 498
二、钨矿物的分解……………………… 498
三、纯钨化合物的制取………………… 517
四、金属钨粉的制取…………………… 528
第五节 金属钨的加工及制品 ……… 543
一、致密钨坯锭的制备………………… 543
二、钨的板、带、箔材及轧制棒材的生产 ……………………… 551

三、钨的管、棒材及制品的生产………… 562
四、钨丝的生产………………………… 570
五、钨的粉末冶金制品………………… 589
第六节　钨的强化 ………………… 602
一、钨的人工弥散粒子强化………… 602
二、钨的弥散第二相强化…………… 602
三、钨的固溶强化…………………… 603
四、钨的气泡强化…………………… 603
第七节　钨的成分分析及物理性能检测 ………………… 603
一、钨的成分分析…………………… 603
二、钨材的物理及机械性能检验方法及标准 ……………… 609
第八节　钨的应用 ………………… 616
一、概述……………………………… 616
二、冶金工业………………………… 616
三、电子和电工材料………………… 618
主要参考文献 ……………………… 619

第七章　钼 ……………………… 620

第一节　钼的矿物资源 …………… 620
一、中国的钼资源…………………… 620
二、钼的矿物………………………… 621
第二节　钼的主要物理化学性质 …… 625
一、钼的物理、机械性质…………… 625
二、钼的化学性质…………………… 626
第三节　钼的采矿和选矿 ………… 628
一、钼矿的采矿 …………………… 628
二、钼矿的选矿 …………………… 630
第四节　钼的提取冶金 …………… 635
一、钼精矿的分解…………………… 635
二、纯钼化合物的制取……………… 647
三、金属钼粉的制取………………… 652
第五节　金属钼的加工及制品 ……… 657
一、致密钼坯锭的制备……………… 657
二、钼的板、带、箔材及轧制棒材的生产 ……………… 662
三、钼板的冲压、拉延制品的生产…… 670
四、钼的管、棒材生产……………… 681
五、钼的粉末冶金制品……………… 690
第六节　钼的脆性与强化 ………… 692
一、钼的脆性………………………… 692
二、钼的强化………………………… 693
第七节　钼的成分分析 …………… 693
一、钼精矿、辉钼矿的分析………… 693
二、钼粉、钼条、三氧化钼、钼酸铵的分析 ……………… 694
三、钼合金的分析…………………… 697
四、高纯钼的分析…………………… 697
第八节　钼的应用 ………………… 698
一、概述……………………………… 698
二、冶金工业………………………… 699
三、电子和电工材料………………… 700
四、农业……………………………… 701
主要参考文献 ……………………… 701

第十三篇　稀散金属

第一章　稀散金属及其资源 ………… 703

第一节　稀散金属的发现 ………… 703
第二节　稀散金属的矿物资源 ……… 704
一、稀散金属矿物…………………… 704
二、稀散金属在一些矿石中的含量…… 704
三、稀散金属的典型矿床…………… 713
四、稀散金属矿床的工业评价……… 715
五、世界的稀散金属储量…………… 718
六、稀散金属的再生资源…………… 718
主要参考文献 ……………………… 719

第二章　稀散金属的主要物理化学性质 ………………… 720

第一节　稀散金属的物理性质 ……… 720
一、稀散金属的原子和离子性质……… 720
二、稀散金属的密度………………… 721
三、稀散金属的熔点和沸点………… 721
四、稀散金属的粘度………………… 722
五、稀散金属的表面张力…………… 722

六、稀散金属的电阻温度系数和电阻率…… 723
七、稀散金属的蒸气压…………………………… 723
第二节 稀散金属的化学性质 ……… 725
一、稀散金属原子的电子亲合能…………… 725
二、稀散金属的电离势…………………………… 725
三、稀散金属的配位数…………………………… 725
四、稀散金属离子浓度与共水解的pH值 …… …………………………………………………… 726
主要参考文献 ……………………………… 726

第三章 稀散金属的提取冶金 ……… 727

第一节 稀散金属在某些矿石采选过程中的走向 ……………………… 727
第二节 镓的综合回收工艺 ………… 729
一、石灰乳法回收镓…………………………… 729
二、碳酸化法回收镓…………………………… 730
三、从碱性溶液中直接回收镓……………… 730
四、汞齐电解法回收镓………………………… 731
五、玛格海拉港多次中和法回收镓、铟、锗 … …………………………………………………… 731
六、综合法回收铟、锗和镓…………………… 731
七、全萃法回收镓、铟和锗…………………… 731
八、选冶联合法回收镓、铟、锗和银……… 732
九、赤铁矿-萃取法回收镓、铟 ……………… 733
十、还原熔炼－萃取法回收镓、锗………… 736
第三节 铟的综合回收工艺 …………… 736
一、氧化造渣法回收铟………………………… 736
二、电解富集法回收铟………………………… 737
三、离子交换法回收铟………………………… 737
四、硫酸化焙烧法回收铟（硒、铊）……… 738
五、热酸浸出-铁矾法回收铟 ……………… 739
第四节 铊的综合回收工艺 ………… 739
一、铬盐沉淀-置换法回收铊 ……… 739
二、酸浸-萃取法回收铊 ……………… 740
三、氯化沉铊法回收铊 ………………… 740
四、碱浸-硫化沉铊法回收铊 ……… 741
五、离子交换法回收铊 ……………… 741
六、电解法回收铊 ……………………… 742
第五节 锗的综合回收工艺 ………… 742
一、优先挥发法回收锗………………………… 742
二、硫酸化-载体沉锗法回收锗……………… 743
三、碱土金属氯化蒸馏法回收锗…………… 743
四、烟化法回收锗………………………………… 745
五、氧化-还原焙烧法回收锗 ……………… 745
六、再次挥发法回收锗………………………… 746
七、萃取法回收锗………………………………… 746
八、鼓风炉挥发法回收锗……………………… 746
第六节 硒和碲的综合回收工艺 …… 747
一、硫酸化焙烧法回收硒和碲……………… 747
二、硫酸化焙烧-碱浸法回收硒、碲 ……… 748
三、苏打法回收硒、碲………………………… 748
四、氯化法回收硒、碲………………………… 748
五、碱土金属氯化法回收硒、碲…………… 749
六、加钙固硒法回收硒………………………… 750
第七节 铼的综合回收工艺 ………… 751
一、氧化焙烧-沉淀法回收铼 ……………… 751
二、石灰烧结法回收铼………………………… 751
三、萃取或离子交换法回收铼……………… 751
四、电溶氧化法回收铼………………………… 752
五、高压浸煮法回收铼………………………… 753
第八节 稀散金属的提纯工艺 ……… 754
一、锗的提纯工艺………………………………… 754
二、铟的提纯工艺………………………………… 754
三、镓的提纯工艺………………………………… 755
四、铊的提纯工艺………………………………… 755
五、碲的提纯工艺………………………………… 756
六、硒的提纯工艺………………………………… 756
七、铼的提纯工艺………………………………… 757
主要参考文献 ……………………………… 757

第四章 稀散金属的成分分析 ……… 758

第一节 稀散金属的重量法分析 …… 758
第二节 稀散金属的氧化还原法分析 …………………………………… 759
第三节 稀散金属的EDTA络合滴定法分析 ……………………………… 760
第四节 稀散金属的吸光光度法分析 …………………………………… 762
第五节 稀散金属的火焰原子吸收法分析 …………………………………… 765
第六节 稀散金属的极谱法分析 …… 766
第七节 稀散金属的离子选择电极法分析

………………………… 768

第八节　稀散金属离子的化学鉴定法 ………………………… 769

主要参考文献 ………………………… 772

第五章　稀散金属的应用 ………………… 773

第一节　稀散金属的应用分配 ………… 773

第二节　稀散金属的应用 ……………… 774

一、镓………………………………………… 774

二、铟………………………………………… 775

三、铊………………………………………… 776

四、锗………………………………………… 776

五、硒………………………………………… 777

六、碲………………………………………… 777

七、铼………………………………………… 777

主要参考文献 ………………………… 777

第十四篇　稀土金属

第一章　稀土矿物资源 ………………… 779

第一节　稀土矿物组成 ………………… 779

一、稀土矿物………………………………… 780

二、稀土的工业矿物组成及性质……………… 780

第二节　世界稀土资源及分布 ………… 783

一、世界稀土资源分布……………………… 783

二、世界稀土资源储量……………………… 783

第三节　中国稀土资源及其分布 …… 785

一、中国稀土资源特点……………………… 785

二、中国稀土资源分布……………………… 786

主要参考文献 ………………………… 792

第二章　稀土元素及其化合物的主要物理化学性质 ………………………… 793

第一节　稀土金属的物理性质 ………… 793

一、晶体结构………………………………… 793

二、热学性质………………………………… 794

三、热力学性质……………………………… 796

四、电学性质………………………………… 797

五、磁性能…………………………………… 797

第二节　稀土金属的化学性质 ………… 798

第三节　稀土金属的力学性质 ………… 798

一、硬度……………………………………… 798

二、强度与塑性……………………………… 799

第四节　稀土化合物的物理化学性质 ………………………… 800

一、氧化物…………………………………… 800

二、氢氧化物………………………………… 803

三、卤化物…………………………………… 804

四、氢化物…………………………………… 812

五、硫酸盐…………………………………… 813

六、硝酸盐…………………………………… 814

七、草酸盐…………………………………… 815

八、碳酸盐…………………………………… 818

九、磷酸盐…………………………………… 818

十、碳化物…………………………………… 818

十一、硫化物………………………………… 820

十二、氮化物………………………………… 823

十三、磷化物………………………………… 823

第五节　稀土元素的氧化还原电位 … 823

第六节　稀土化合物的分解电压 …… 824

主要参考文献 ………………………… 826

第三章　稀土提取冶金工艺 ………… 827

第一节　稀土矿的选矿工艺简述 …… 827

一、稀土矿床的一般工业要求……………… 827

二、选矿方法及工艺流程…………………… 827

三、选矿产品及质量标准…………………… 829

四、稀土选矿厂实例………………………… 830

第二节　稀土精矿化学处理工艺 …… 832

一、硫酸焙烧法处理包头稀土精矿………… 832

二、烧碱法处理包头稀土精矿……………… 837

三、高温氯化法处理包头稀土精矿………… 840

四、磷钇矿的分解工艺……………………… 841

五、烧碱法处理独居石精矿………………… 842

六、电加热碱法分解稀土精矿……………… 843

七、碳酸钠焙烧法处理包头稀土精矿及其它方法………………………………… 844

第三节　稀土化合物的提取、分离及提纯 ………………………… 846

一、萃取法分离稀土元素 …………………… 846
二、离子交换法提纯、分离稀土 ………… 878
三、化学法分离稀土 ………………………… 884
主要参考文献 ……………………… 886
第四章 稀土金属及其合金冶炼工艺 …… …………………………………… 887
第一节 稀土卤化物的制备 ……………… 887
一、稀土氟化物的制备 ……………………… 887
二、稀土氯化物的制备 ……………………… 891
三、稀土溴化物和碘化物的制备 …………… 895
第二节 金属热还原法制取稀土金属 …… …………………………………… 895
一、钙热还原稀土氟化物 …………………… 895
二、钙热还原稀土氯化物 …………………… 898
三、锂热还原稀土氯化物 …………………… 899
四、金属热还原稀土氧化物 ………………… 901
五、中间合金法还原制取稀土金属 ………… 903
六、金属钷的制取 …………………………… 905
第三节 熔盐电解法制取稀土金属与合金 …………………………… 906
一、氯化物熔盐体系电解制取稀土金属 …… 906
二、氟化物熔盐体系电解制取稀土金属 …… 916
三、熔盐电解制取稀土中间合金 …………… 919
四、氯化物熔盐体系与氟化物熔盐体系比较 ……………………………………………… 925
五、金属热还原法与熔盐电解法比较 ……… 926
第四节 稀土金属的提纯 ……………… 927
一、真空熔炼法提纯稀土金属 ……………… 927
二、真空蒸馏法提纯稀土金属 ……………… 928
三、电迁移法提纯稀土金属 ………………… 933
四、区域熔炼提纯稀土金属 ………………… 935
五、熔盐电解精炼稀土金属 ………………… 936
六、稀土单晶的制备 ………………………… 937
第五节 稀土中间合金 ………………… 938
一、制备稀土硅铁合金的原料 ……………… 938
二、还原制备稀土中间合金 ………………… 940
主要参考文献 ……………………… 943
第五章 稀土材料的制备和性能 …… 945
第一节 稀土合金材料 ……………… 945
一、稀土永磁材料 …………………………… 945
二、稀土储氢材料 …………………………… 947
三、稀土发火合金 …………………………… 949
第二节 稀土化合物材料 …………… 950
一、稀土化合物抛光粉 ……………………… 950
二、稀土陶瓷颜料 …………………………… 951
三、稀土催化剂 ……………………………… 952
四、稀土荧光材料 …………………………… 954
主要参考文献 ……………………… 955
第六章 稀土的成分分析 ………… 956
第一节 稀土冶金中的化学分析方法 …… …………………………… 956
一、稀土矿物原料的化学分析方法 ………… 956
二、稀土冶金中间产品的分析方法 ………… 959
第二节 X射线荧光谱法分析稀土元素 …………………………… 962
主要参考文献 ……………………… 967
第七章 稀土应用 ……………………… 968
第一节 稀土在冶金中的应用 ……… 969
一、钢 ………………………………………… 969
二、铸铁 ……………………………………… 972
三、有色金属合金 …………………………… 974
第二节 稀土在化学化工中的应用 … 977
一、玻璃陶瓷工业 …………………………… 977
二、石油化工 ………………………………… 979
第三节 稀土新材料的应用 ………… 980
一、永磁材料 ………………………………… 980
二、储氢材料 ………………………………… 981
第四节 稀土在轻工和农业等领域的应用 …………………………… 982
一、染色与鞣革 ……………………………… 982
二、农业 ……………………………………… 983
三、荧光材料 ………………………………… 984
主要参考文献 ……………………… 984

第十五篇　贵金属

第一章　贵金属的矿物及资源 ………… 985

第一节　贵金属矿物组成 ………… 985

第二节　贵金属的储量及分布 ………… 987

一、金………… 987

二、银………… 987

三、铂族金属………… 988

四、中国的贵金属资源及分布………… 989

第三节　贵金属的其他原料来源 ………… 990

主要参考文献 ………… 990

第二章　贵金属的主要物理化学性质 ………… 991

第一节　贵金属的物理性质 ………… 991

一、贵金属的结构和物理性质………… 991

二、贵金属的电学性质………… 991

三、贵金属的热电效应………… 992

第二节　贵金属的力学性质 ………… 994

一、贵金属的弹性………… 994

二、贵金属的强度与范性………… 994

第三节　贵金属的化学性质 ………… 995

一、贵金属的原子结构和氧化态………… 995

二、贵金属及其化合物的性质………… 996

三、铂族金属及其化合物的反应………… 997

四、贵金属转入溶液的方法 ………… 1004

五、贵金属及其合金的耐腐蚀性能 ………… 1004

主要参考文献 ………… 1007

第三章　贵金属的选矿 ………… 1008

第一节　金银的选矿 ………… 1008

一、概述 ………… 1008

二、金矿的混汞法选矿 ………… 1009

三、金矿的重选法 ………… 1010

四、金矿的浮选法 ………… 1013

第二节　铂族金属的选矿 ………… 1015

一、砂铂矿的处理 ………… 1015

二、铂矿的处理 ………… 1015

三、从铜镍硫化矿中回收伴生铂族金属 ………… 1017

主要参考文献 ………… 1019

第四章　贵金属的提取冶金 ………… 1020

第一节　金、银矿石的冶金 ………… 1020

一、氰化法提金 ………… 1020

二、氰化法提金新工艺 ………… 1023

三、无氰湿法提金 ………… 1025

四、其他提取金、银的方法 ………… 1026

第二节　含铂族金属硫化铜镍矿的富集提取 ………… 1027

一、含铂硫化铜镍矿的熔炼富集 ………… 1027

二、铜镍高锍的处理 ………… 1027

三、电解富集 ………… 1029

四、镍铜合金的单独处理 ………… 1029

五、含铂族金属硫化铜镍矿处理的典型工艺 ………… 1030

第三节　冶金副产品中贵金属的综合回收 ………… 1033

一、镍阳极泥的处理 ………… 1033

二、铜、铅阳极泥的处理 ………… 1035

三、从其他副产品中提金 ………… 1038

第四节　低品位贵金属资源利用的新途径 ………… 1039

一、低品位铂族矿的综合利用 ………… 1039

二、从海水和废液中提取贵金属 ………… 1040

第五节　贵金属的精炼 ………… 1040

一、金、银的精炼 ………… 1040

二、铂族金属的分离和提纯 ………… 1043

主要参考文献 ………… 1047

第五章　贵金属的二次金属 ………… 1048

第一节　贵金属的二次资源及特点 ………… 1048

第二节　金的回收 ………… 1050

一、含金废液的处理 ………… 1050

二、合金废料中金的回收 ………… 1051

第三节　银的回收 ………… 1052

一、含银废液的处理 ………… 1052

二、硫化银、氯化银的回收处理 ………… 1052

三、从废感光材料中回收银 …………… 1053
四、电器、电子废料的处理 …………… 1054
第四节 铂族金属的回收 ………… 1054
一、铂族金属合金废料的处理 ………… 1054
二、废载体铂族金属催化剂的处理 ……… 1056
三、复杂物料中铂族金属的回收 ………… 1057
主要参考文献 …………………… 1059

第六章 贵金属加工及制品 ………… 1060

第一节 贵金属锭坏的制备 ………… 1060
第二节 贵金属板、带、箔材的生产 ……………………………… 1062
一、贵金属的锻、轧加工 ……………… 1062
二、贵金属的真空轧制 ………………… 1065
第三节 贵金属管、棒、型、丝材的生产 ……………………………… 1065
一、贵金属的挤压加工 ………………… 1065
二、贵金属管的制造 …………………… 1065
三、贵金属丝材的加工 ………………… 1065
第四节 贵金属粉末冶金制品 ……… 1066
第五节 贵金属的切削加工与焊接 ……………………………… 1067
第六节 贵金属的复合材料 ………… 1068
第七节 贵金属非晶态合金的制取 ……………………………… 1069
主要参考文献 …………………… 1069

第七章 贵金属金属学 ……………… 1070

第一节 贵金属合金 ……………… 1070
第二节 贵金属金属间化合物 ……… 1071
第三节 贵金属的金相显示 ………… 1072
主要参考文献 …………………… 1073

第八章 贵金属的化学成分分析和物理性能检测 …………… 1074

第一节 贵金属的化学成分分析 …… 1074
一、贵金属原料的化学分析 …………… 1074
二、贵金属材料的化学分析 …………… 1081
三、纯贵金属杂质元素的化学分析 ……… 1083
第二节 贵金属的物理性能检测 …… 1086
主要参考文献 …………………… 1088

第九章 贵金属的应用 ……………… 1089

第一节 金及金合金的应用 ………… 1089
第二节 银和银合金的应用 ………… 1098
第三节 铂和铂合金的应用 ………… 1103
第四节 钯和钯合金的应用 ………… 1108
第五节 铑、铱、钌、锇及其合金的应用 ……………………………… 1110
主要参考文献 …………………… 1112

第十六篇 天然放射性金属

第一章 铀 ……………………………… 1113

第一节 铀矿物资源 ………………… 1114
一、铀矿物组成 ……………………… 1114
二、铀矿蕴藏量 ……………………… 1116
第二节 铀的主要物理化学性质 …… 1119
一、金属铀的物理、力学性质 ………… 1119
二、铀的核性质 ……………………… 1120
三、铀的化学性质 …………………… 1121
四、铀化合物的物理化学性质 ………… 1123
第三节 铀的选矿简述 ……………… 1127
第四节 铀的提取冶金 ……………… 1130
一、铀矿石准备和预处理 ……………… 1130
二、铀的提取、分离和纯化 …………… 1131
三、金属铀生产 ……………………… 1136
第五节 铀的加工成形 ……………… 1137
一、金属铀坯锭制备 ………………… 1137
二、金属铀加工成形 ………………… 1138
第六节 铀的金属学 ………………… 1140
一、铀合金 …………………………… 1140
二、铀的金属间化合物 ……………… 1140
三、金属铀的热处理 ………………… 1142
第七节 铀的成分分析和物理性能检测 ……………………………… 1142
一、铀的成分分析 …………………… 1142
二、金属铀及其合金的检测 …………… 1144

第八节　铀的应用与防护 …………… 1145
一、铀在核武器中的应用 ……………… 1145
二、铀在核反应堆中的应用 …………… 1145
三、铀的非核用途 ……………………… 1148
四、铀的防护 …………………………… 1148
主要参考文献 ……………………… 1150

第二章　钍 ………………………… 1151

第一节　钍资源 …………………… 1151
第二节　钍的主要物理化学性质 …… 1153
一、金属钍的物理、力学性质 ………… 1153
二、钍的核性质 ………………………… 1154
三、钍的化学性质 ……………………… 1155
四、主要钍化合物的物理化学性质 …… 1155
第三节　钍的选矿简述 …………… 1156
第四节　钍的提取冶金 …………… 1156
一、钍精矿分解 ………………………… 1156
二、钍化合物的提取、分离和纯化 …… 1158
三、金属钍的制取 ……………………… 1160
四、金属钍的提纯 ……………………… 1163
第五节　金属钍的加工 …………… 1163
一、钍熔炼 ……………………………… 1163
二、钍的粉末冶金 ……………………… 1164
三、金属钍加工 ………………………… 1164
第六节　钍的成分分析和物理性能检测 ………………………………… 1165
一、钍的成分分析 ……………………… 1165
二、钍的物理性能检测 ………………… 1166
第七节　钍的应用和防护 ………… 1166
一、钍的核用途 ………………………… 1166
二、钍的非核用途 ……………………… 1167
三、钍的防护 …………………………… 1168
主要参考文献 ……………………… 1169

第三章　镭 ………………………… 1171

第一节　镭的赋存 ………………… 1171
第二节　镭的主要物理化学性质 …… 1172
一、镭的核性质 ………………………… 1172
二、镭的物理性质 ……………………… 1172
三、镭的化学性质 ……………………… 1172
第三节　镭的分离 ………………… 1173
一、镭的分离方法 ……………………… 1173
二、从铀矿石、尾矿及废水中分离镭 …… 1176
第四节　镭的检测及标定 ………… 1177
第五节　镭的生产厂家及价格 …… 1178
第六节　镭的防护 ………………… 1178
主要参考文献 ……………………… 1179

第十七篇　半导体材料

第一章　半导体材料的分类与特征 ………………………………… 1181

第一节　半导体材料的主要特征 …… 1181
第二节　半导体材料的分类 ……… 1182
一、分类方法概述 ……………………… 1182
二、元素半导体 ………………………… 1182
三、二元化合物半导体 ………………… 1183
四、三元化合物半导体 ………………… 1189
五、四元化合物半导体 ………………… 1191
六、固溶体半导体 ……………………… 1191
七、半导体薄膜与多层结构 …………… 1193
主要参考文献 ……………………… 1194

第二章　锗 ………………………… 1195

第一节　高纯锗 …………………… 1195
一、高纯锗的制备 ……………………… 1195
二、锗的区熔提纯 ……………………… 1198
第二节　锗单晶的制备 …………… 1200
一、直拉法 ……………………………… 1200
二、区熔匀平法 ………………………… 1201
第三节　锗产品 …………………… 1202
主要参考文献 ……………………… 1203

第三章　硅 ………………………… 1204

第一节　超纯多晶硅的制备 ……… 1205
一、单晶硅对多晶硅纯度的要求 ……… 1205

二、多晶硅制备工艺 …………………… 1205
第二节 单晶硅的制备 ……………… 1214
一、直拉法制备硅单晶 ………………… 1214
二、区熔法制备硅单晶 ………………… 1221
三、其它制备硅晶体的方法 …………… 1225
四、单晶硅的产品规格 ………………… 1226
主要参考文献 ………………………… 1226

第四章 化合物半导体 ……………… 1227

第一节 化合物半导体的相平衡、杂质、微缺陷及其掺杂 …………… 1227
一、二元系化合物半导体的相平衡 ……… 1227
二、杂质与微缺陷 ……………………… 1230
三、化合物半导体的掺杂 ……………… 1232
第二节 砷化镓单晶生长的工艺技术 …… 1235
一、热壁法 ……………………………… 1235
二、冷壁法 ……………………………… 1242
第三节 其它Ⅲ-Ⅴ族及Ⅱ-Ⅵ族化合物半导体单晶生长工艺技术 …… 1249
一、磷化镓单晶生长 …………………… 1249
二、磷化铟单晶生长 …………………… 1251
三、锑化铟、砷化铟和锑化镓单晶生长 … 1251
四、Ⅱ-Ⅵ族单晶生长 …………………… 1252
第四节 化合物半导体的规格参数及其应用 ……………………… 1252
主要参考文献 ………………………… 1258

第五章 半导体材料的检测技术 …… 1259

第一节 半导体材料电学性能测试法 …… 1259
一、体单晶的导电类型、电阻率、迁移率和载流子浓度测试法 ……………… 1259
二、外延层厚度和载流子浓度测试法 …… 1263
第二节 半导体中位错和漩涡缺陷测试法 …… 1265
一、位错的腐蚀显示 …………………… 1265
二、硅单晶中漩涡缺陷的腐蚀显示 ……… 1266
三、硅位错和漩涡缺陷密度测算法 ……… 1267
四、砷化镓位错密度测算法 …………… 1267
第三节 半导体材料其它性能测试法 …… 1268
一、锗、硅体内少数载流子寿命测试法 … 1268
二、硅中少数载流子扩散长度测试法 …… 1268
三、硅中氧、碳含量的红外吸收测试法 … 1269
主要参考文献 ………………………… 1270

第十一篇

稀有轻金属

第一章　锂

第二章　铷和铯

第三章　铍

第一章　锂

编写人　沈亚震　李玉纯　汪锡孝
储慰农　张兴德　黄师强　李萍乡

锂为稀有轻金属，属元素周期表第一主族。锂在地壳中的含量约0.006%，按元素丰度居第27位。金属锂轻而软，化学活性强。

1817年瑞典化学家A. 阿尔夫韦德桑在透锂长石中发现锂。1898年美国在南达科他州布莱克山采出30t锂辉石，为工业开采锂矿之始。1901年美国梅伍德化学工厂生产出第一批锂化学品。1923年德国金属公司首次工业性生产金属锂。1926年德国用金属锂作铅轴承合金硬化剂，使金属锂获得工业应用。第二次世界大战期间，由于氢氧化锂和氧化锂用于防毒面罩吸收二氧化碳和净化潜艇空气，氢化锂用作轻便氢源，锂的生产和应用得到迅速发展。1944年世界锂精矿产量为战前1939年的5倍多。战后美国原子能委员会大量收购氢氧化锂，提取同位素^{6}Li用于热核武器的研制，使美国锂工业得到了惊人的发展。1957年锂精矿产量达25000t，比1939年增加80倍。但到60年代初，美国原子能委员会停止收购氢氧化锂，锂生产能力大量过剩，实际产量只达到生产能力的20%，出现低潮。以后经过十几年的推广应用，终于在铝电解、玻璃陶瓷、润滑脂、空调、有机合成等方面取得进展，产量趋向稳步上升。

第一节　锂的矿物资源

一、锂矿床

（一）锂矿物

已知锂矿物有140多种，其中Li_2O的含量超过2%的有30多种，择要列于表11-1-1。主要工业矿物锂辉石产于美国北卡罗来纳州、加拿大魁北克省、前苏联科拉半岛以及扎伊尔沙巴等地，中国新疆和四川也有锂辉石。锂云母产于津巴布韦比基塔、纳米比亚卡里比布和加拿大伯尼克湖等地，中国江西有大型锂云母矿床。透锂长石产于津巴布韦、纳米比亚和巴西等地。磷铝锂石产于加拿大、巴西等地。锂霞石仅产于津巴布韦。

表 11-1-1 Li_2O 含量超过 2%的锂矿物

矿物名称	化学式	Li_2O,%	密度，g/cm^3	硬度
锂冰晶石（Cryolithionite）	$Na_3Li_3Al_2F_{12}$	11.5	2.772	2.5～3
磷铁锂矿（Triphylite）	$LiFe^{2+}PO_4$	6～8.6	3.4	4～5
磷锰锂矿（Lithiophilite）	$LiMnPO_4$	6.1～8.6	3.3	4～5
磷铝锂矿（Amblygonite）	$(Li, Na)Al(PO_4)(F, OH)$	6.0～8.0	3～3.15	6
羟磷铝锂矿（Montebrasite）	$LiAlPO_4(OH)$	8.0～9.0	2.98～3.03	5.5～6
磷铝钙锂石（Bertossaite）	$(Li, Na)_2CaAl_4(PO_4)_4(OH, F)$	4.2	3.10	6
磷锂锰矿（Sicklerite）	$Li(Mn^{2+}, Fe^{3+})PO_4$	0.6～3.8	3.45	4
羟磷锂铁石（Tavorite）	$LiFe^{3+}(PO_4)(OH)$	7.6	3.3	
锂辉石（Spodumene）	$LiAlSi_2O_6$	5.9～7.6	3.1～3.2	6～7
锂闪石（Holmquistite）	$Li_2(Mg, Fe^{2+})_3Al_2Si_8O_{22}(OH)_2$	2.1～3.5	3.1	5～6
铁锂云母（Zinnwaldite）	$KLiFe^{2+}Al(AlSi_3)O_{10}(F, OH)_2$	2.9～4.5	2.9～3.3	2～4
块磷锂矿（Lithiophosphate）	Li_3PO_4	37.1	2.46	4
硅锂铝矿（Bilitaite）	$LiAlSi_2O_6 \cdot H_2O$	6.5	2.34	6
锂云母（Lepidolite）	$K(Li, Al)_3(Si, Al)_4O_{10}(F, OH)$	3.2～5.7	2.8～3.3	2～4
锂绿泥石（Cookeite）	$LiAl_4(Si_3Al)O_{10}(OH)_3$	0.8～4.3	2.6～2.7	2.5～3.5
锂硼绿泥石（Manandonite）	$LiAl_4Si_3BO_{10}(OH)_8$	3.97	2.9	2.5
透锂长石（Petalite）	$LiAlSi_4O_{10}$	2.0～4.1	2.3～2.5	6～6.5
锂霞石（Eucryptite）	$LiAlSiO_4$	6.1	2.6	6.5
香花石（Hsianghualite）	$Ca_3Li_2Be_3(SiO_4)_3F_2$	5.8	2.97～3.0	6.5
锂铍石（Liberite）	Li_2BeSiO_4	23.4	2.688	7
锡锂大隅石（Brannockite）	$KSn_2Li_3Si_{12}O_{30}$	4.0	2.98～3.48	
纤钡锂石（Balipholite）	$BaMg_2LiAl_3Si_4O_{12}(OH)_8$	2.0		
多硅锂云母（Polylithionite）	$KLi_2AlSi_4O_{10}(F, OH)_2$	3.7～7.7	2.58～2.82	2～3
带云母（Taeniolite）	$KLiMg_2Si_4O_{10}F_2$	2.4～3.8	2.82～2.9	2.5～3
锆锂大隅石（Sogrdianite）	$(K, Na)_2Li_2(Li, Fe^{3+}, Al)_2ZrSi_{12}O_{13}$	3.73	2.9	7

续表 11-1-1

矿物名称	化学式	Li_2O,%	密度,g/cm^3	硬度
锂硬锰矿（Lithiophorite）	（Al，Li）$Mn^{4+}O_2$（OH）$_2$	1.23～3.3	3.14～3.4	3
锂铍脆云母（Bityite）	$CaLiAl_2$（$AlBeSi_2$）O_{10}（OH）$_2$	2.73	3.05	5.5
羟磷铝钠石（Natramontebrasite）	（Na，Li）Al（PO_4）（OH，F）	3.21	3.04～3.1	5.5～6

（二）盐湖及地下卤水

已知富锂盐湖及地下卤水分布于北美内华达州克莱顿谷、犹他州大盐湖等、南美阿塔卡玛、乌尤尼等盐沼和亚洲死海、中亚盐湖。中国青海和西藏盐湖星罗棋布，锂资源极其丰富。地下油田卤水（阿肯色、得克萨斯油田区等）亦蕴藏丰富的锂资源。

（三）温泉及地热水

富锂温泉及地热水分布于北美加利福尼亚索耳顿湖、黄石公园和新西兰怀拉基地区。怀拉基地区温泉流出锂量相当于 2400t/aLi_2CO_3。

（四）海水

海水含锂量为 0.10～0.20mg/L，按元素排列居第十六位，估计含锂总量达 2500 亿 t。个别海域如红海 2000m 深处含锂量可达 4.72mg/L。从海水中提锂目前尚处于试验阶段。

（五）粘土

重要粘土矿物为锂皂石，含 Li_2O1.2%左右。美国对内华达州的粘土矿物已进行过提锂试验。各种锂资源的化学组成示于表 11-1-2、11-1-3。

表 11-1-2　主要锂矿物化学成分（%）

矿石名称	Li_2O	Al_2O_3	SiO_2	Fe_2O_3	Na_2O	K_2O	CaO	MgO	MnO	Rb_2O	Cs_2O	F	P_2O_5	其它
典型锂辉石	6.65	28.61	61.88	0.83	0.52		0.45	0.16						
北卡罗来纳矿	7.26	28.61	63.84	0.19	(0.16)		0.04							
魁北克矿	5.86	25.34	64.92	0.30	2.98	0.79	0.23	0.029	0.10					
东西伯利亚矿	6.68	27.45	64.50	0.21	0.21		0.08	0.02	0.02					
瑞典矿	5.47	29.14	65.02		0.46	0.14	0.50	0.15		210				
巴西矿	6.75	27.93	63.80		0.89		0.46		0.12					FeO1.05
中国新疆精矿	6.06	23.47	61.93	1.81	1.05	0.24	1.19	0.52	0.31	2.20	196		0.38	BeO0.064
典型锂云母	3.95	27.48	50.38	0.05	0.48	8.46				2.20		5.65		
加利福尼亚矿	4.92	22.81	50.18			17.48	0.18	0.16	0.41	0.97	0.30	1.20		
比基塔矿	3.94	27.48	50.74	0.08	0.94	7.40			0.15～0.3	2.20		7.20		Sn_2O0.18
乌拉尔矿	4.88	21.47	50.26		0.54	11.08			5.36			3.71		
伯尼克湖矿	2.5									2.8				$Ga_2O_3$0.05
挪威矿	3.87	28.80	49.52		0.13	8.82			0.07	3.73	0.08	5.18		FeO0.04
中国江西精矿	4.39	23.73	54.33	0.31	1.80	8.66	0.18	0.24	0.25	1.33	0.30	5.60	0.40	BeO0.09

续表 11-1-2

矿石名称	Li_2O	Al_2O_3	SiO_2	Fe_2O_3	Na_2O	K_2O	CaO	MgO	MnO	Rb_2O	Cs_2O	F	P_2O_5	其它
典型透锂长石	4.27	17.44	76.16	0.04	0.53	0.62	0.21	0.24						
伯尼克湖矿	4.54	16.60	77.85	0.053	0.145	0.05	0.01	0.023		0.036	0.136		0.03	
芬兰矿	4.74	7.03	78.00	0.01	0.07	0.05	0	0	0			0.02		
阿尔泰矿	3.38	16.96	75.87	0.34	1.96	0.68	0.49	0.03	痕				0.03	FeO0.13
中亚矿	4.70	16.17	79.04	0.11	痕	0	0.17	0.24	0.04	0.002			0.04	FeO0.07
东外贝加尔矿	3.61	15.29	75.67	1.30	(1.00)		0.80	0.27						FeO0.28
典型磷铝锂石	8.43	34.42	0.36	0.31	2.63	0.30	0.15					2.61	50.75	
纳米比亚矿	约 8.43	约 22.95	约 0.36	约 0.31	1.63	0.30	0.15	痕				2.61～	约 46.75	
	8.48	34.42	5.16	0.50								2.67	54.42	
雅库茨克矿	8.97	33.91	0.46	0.44	0.57	0.03	0.17	0.08				0.85	49.32	
瑞典矿	7.84	33.64	3.5		2.71							11.10	43.40	
法国矿	9.60	37.60			0.59							10.40	46.85	

表 11-1-3 盐湖、卤水、天然气田水化学成分（mg/L）

资源	产地	Li^+	Na^+	K^+	Ca^{2+}	Mg^{2+}	Cl^-	SO_4^{2-}	Rb^+	Cs^+	HCO_3^-	B	NH_4^+	Br^-	I^-
盐湖及地下水	美国西尔斯湖	80	110000	23000	16		95200								
	美国大盐湖	60	70000	4000	300	8000	140000	15000							
	美国邦内尔	70	94000	6000	1200	4000	160000	5000							
	美国银峰	400	62000	8000	500	400	101000	7100							
	智利阿塔卡玛	1570	91000	23600	450	9650	189500	15900			230	440			
	智利拉古纳斯	412	126800	142800	110	3630	170600	47770			406	979			
	智利圣马丁	187	28160	2610	1556	6252	60050	2490			625	426			
	玻利维亚乌尤尼	1510	105000	24000	720	24000	171600								
	前苏联东西伯利亚	217		18575	96000	9500			21.2						
	中国大柴旦盐湖	192	101080	5540	100	17080	186410	29390	<0.5	0.22		745		90.31	
	中国察尔汗盐湖	93		1763	405	109364	316444	1017				279.8		49.8	
	中国张藏茶卡（晶间）	1207	88000	99000	19	13590	172080	29750			460	2302			
	中国扎布耶(晶间)	1170	141716	3956.6	2.14	9.2	156291.1	43350			55925	4042			
	中国自贡黄卤	52	62630	630	4480	1240	108560	513				312			
	中国沙市四井	65	103660	9053	16400	205	198800		56.1	16.8		14.4	338	230	42

续表 11-1-3

资源	产地	Li^+	Na^+	K^+	Ca^{2+}	Mg^{2+}	Cl^-	SO_4^{2-}	Rb^+	Cs^+	HCO_3^-	B	NH_4^+	Br^-	I^-
油田水及气田水	美国阿肯色得克萨斯	174	66971	2841	34534	3465									
	美国北达科他威廉斯	400	58200	9500											
	加拿大阿尔伯塔	81	42000				113000								
	中国湖北高二井	43	117400	2340	722	96.3	191720	3117	6.48	1.4	204.7	149		715.8	11.9
	中国威远气田水	128	27930	2918	1968	298.5	49200	2153	6.41	21.8		627	165	640	15.1
	中国邓关气田里卤	52	62630	630	4480	1240	108560	51.3				312	1100	717	15.5
温泉及地热水	日本有马温泉	55.8		4664					3.5	2.5					
	新西兰怀拉基	13.2	1200	200	17	0.05	115.6		3.3	2.9				5.9	
	美国索耳顿地热水	215	50400	17500	28000	54	155000	5.4	137	16		390	409	120	
	德国马克斯温泉	22.3	—	505	976	77			1.6	0.75					

二、国外锂资源

1975 年美国能源研究与发展管理委员会和国家工程与科学院组成国家核能与代用能源系统研究理事会(CONEAS)，该会下设的锂专业组于 1976 年完成了一份关于锂的储量和资源的报告，具体数字见表 11-1-4、11-1-5。

表 11-1-4　伟晶岩资源

公司或地区	级别①	露天开采 kt	地下开采 kt	回收矿石② kt	金属锂量	
					含锂量，%	锂总量，kt
美国锂公司卡罗来纳锂带	A	33750		31200	0.68	212
	B	1450	4500	4000	0.69	27.6
	C	9100	13500	13550	0.65	88.1
富特矿产公司卡罗来纳锂带	A	22300		16725	0.7	117.1
	B	1200	2200	2000	0.7	14
	C	6300	12600	11025	0.7	77.2
卡罗来纳锂带未开发部分	C	4000	750000	378000	0.69	2608
南达科他州布莱克山	C			1100	0.46	5
缅因诺克斯	C	500		375	0.58	2.2
魁北克锂公司	A		3600	2000	0.58	11.6
	B		10000	8000	0.58	46.4
	C		10000	8000	0.58	46.4
马尼托巴钽矿业公司	A	4500		3375	1.38	46.6

续表 11-1-4

公司或地区	级别①	露天开采 kt	地下开采 kt	回收矿石② kt	金属锂量	
					含锂量,%	锂总量,kt
魁北克、安大略及马尼托巴的其它地区	A	3000	20090	12200	0.58	70.8
	B		3400	1700	0.51	8.67
	C	1200	10260	6030	0.53	31.8
津巴布韦	A	4500		3375	1.4	47.3
	B	900		675	1.4	9.5
	C	5400		4050	1.4	56.7
扎伊尔	A	35000		26250	0.6	157.5
	B	85000		63750	0.6	382.5
	C	400000		300000	0.6	1800
纳米比亚	A	150		112.5	1.4	1.6
	B	300		225	1.4	3.1
	C	650		487.5	1.4	6.8
澳大利亚	A	4300		3225	0.69	22.3
	C	3180		2385	0.77	13.4
巴西	A		735	367.5	0.7	2.6
	B		1750	875	0.7	6.1
	C		2550	1275	0.7	8.9
阿根廷	A		140	70	0.7	0.5

① A级为系统勘探储量,B级为有限勘探储量,C级为地质推测资源,D级为资源已知,但取决于共生产品的销售情况;

② 露天开采损失率25%,地下开采损失率50%。

表 11-1-5 西方国家卤水资源

公司或地区	级别①	可利用卤水,kt	含锂量 %	锂总量 kt
美国内华达、锡尔弗皮克	A	202250	0.02	40.5
(富特矿产公司)	C	386250	0.02	77.3
加尼福尼亚瑟尔斯湖	D	475000	0.005	23.7
美国犹他大盐湖	D	7500000	0.0035	262.5
智利阿塔卡玛	A	950000	0.135	1282.5
盐沼	C	2220000	0.135	2997

① 同表 11-1-4 中的①。

(一)伟晶岩

美国卡罗来纳锂带长48km,是当前西方国家最重要的锂资源。美国锂公司和富特矿产公司都在这里从事生产。两家公司所占有的资源还不到该锂带的1/30,勘探仅限于顶部300m,估计下到1500m还有矿石资源7.54亿t。

加拿大沙利文采矿集团公布过魁北克的矿石储量(A+B级)为1360万t,估计加强钻探储量还可以翻一番。过去采矿回收率为80%,故储量按80%计算。伯尼克湖矿区在地下开采钽铁矿,如需大量开采锂矿,只要排干一个小湖就可进行露天开采。

津巴布韦比基塔矿石的品位最高,含3.0% Li_2O,可直接用于玻璃陶瓷工业。按世界年需矿石5万t计,可以供应40a。扎伊尔马诺诺矿区为世界已知最大含锂伟晶岩矿床,长达5000m,宽约400m。

(二)卤水

美国内华达克莱顿谷的卤水资源计算到360m

深度，含锂量达 706100t，犹他大盐湖含锂 520000t。

智利阿塔卡玛盐沼中心地区面积为 $1400km^2$，对大约 $400km^2$ 的地区进行了槽采取样，估算了 A+C 级的储量。

1985 年智利大学组织了一次锂的讨论会，报道了一个新的世界锂资源数字，总锂量为 3670 万 t，见表 11-1-6。这个数字比前面的 1065 万 t 增加 2 倍多，主要增加了澳大利亚格林布什斯的锂辉石、玻利维亚乌尤尼盐沼的地下卤水、加利福尼亚的地热卤水以及美国西部的锂皂石等资源数字。

表 11-1-6　世界锂资源

矿床类型	公司或地区	地点	锂储量或资源，万 t
伟晶岩	美国锂公司	北卡罗来纳	30
	富特矿产公司	北卡罗来纳	20
	格林布什斯锡公司	澳大利亚西部	100
	其它		610
	小计		760
卤水	阿塔卡马盐沼	智利	440
	乌尤尼盐沼	玻利维亚	550
	富特公司锡尔弗皮克	内华达	10
	地热卤水	加利福尼亚	400
	小计		1400
锂皂石		美国西部	1510
合计			3670

澳大利亚格林布什斯地区新近又发现了一个锂辉石矿床，矿石储量为 3350 万 t，Li_2O 品位 2.55%，含金属锂 40 万 t。

玻利维亚乌尤尼盐沼面积为 $9000km^2$，是世界最大盐沼，含$(8\sim150)\times10^{-3}\%Li$。盐沼中央偏东和西南 $2500km^2$ 地区含$(17\sim58)\times10^{-3}\%Li$。有一个面积 $30km^2$ 的地区，含锂高达 900～4000mg/L。乌尤尼盐沼锂品位平均是 423mg/L，锂资源量为 550 万 t。

三、中国的锂资源

中国有丰富的锂资源。主要矿物有锂辉石和锂云母。锂辉石主要分布于新疆、四川和河南；锂云母主要分布于江西、湖南等地。卤水锂资源主要有盐湖晶间卤水和井卤。盐湖含锂卤水主要分布于西藏和青海；井卤主要在四川。

中国矿石锂资源储量占总储量的 20%，卤水锂资源储量占 80%。经调查，西藏境内有 72 个湖泊的卤水中液态锂盐达到工业品位。某些富锂沉积物中有大量碳酸锂和锂菱镁矿。在扎布耶盐湖还首次发现了新的含锂矿石斜碳锂石或称扎布耶石(Zabuyelite)。

青海柴达木盆地有 30 多个盐湖，平均含锂 102.9mg/L，以一里坪、东台吉乃尔、西台吉乃尔、别勒滩、大柴旦等资源最丰富。

第二节　锂的主要物理化学性质

一、金属锂的物理性质

锂属元素周期表 I_A 族，位于碱金属之首，原子序数为 3。锂的原子核由三个质子和四个中子组成，周围有三个电子，其中两个电子位于 K 层，一个电子位于 L 层，外层电子是价电子。

锂是最轻的金属，密度约为水的一半并为常温固体中最轻的物质。锂在干燥空气中呈银白色，比铅软，富有延展性。在碱金属中锂的原子半径最小，具有最坚固的晶格。锂在碱金属中具有最高的熔点和沸点，保持液态的温度范围达 1156℃。

锂的化学活性强，腐蚀活性大，具备碱金属所特有的各种反应能力，只是反应强度稍弱。锂遇湿空气能与氧、氮迅速化合，在表面生成氧化锂、氢氧化锂及氮化锂。金属锂在干燥空气中稳定，在高温下才反应生成氧化锂。锂与烷烃、乙醚、苯、汽油、石蜡及惰性气体不起反应。

加热时锂与氯、溴、碘、熔融的硫、碳、硅等剧烈反应，生成相应的化合物。在 500～800℃时锂能与氢化合生成氢化物。锂与水反应比钠和钾与水的反应缓和。盐酸、硝酸和稀硫酸与锂反应激烈，与浓硫酸反应缓慢。

锂能与很多有机化合物及卤素衍生物反应，生成相应的锂有机化合物。锂的物理性质见表 11-1-7。

表 11-1-7 锂的物理性质

项目	数值	项目		数值
原子序数	3	晶体结构		体心立方，$a_{20}=0.35203$nm，$a_{183}=0.34762$nm
电子结构	$1s^2,2s^1$	饱和蒸汽压(800～1400℃) mmHg①		$\lg P=10.4038-8283.1/T-0.7081\lg T$（$T$ 为绝对温度）
原子量	6.941±0.002			
原子体积，cm^3	13.07	粘度(183.4～285.5℃)，Pa·s		$(5.981～4.548)\times10^{-4}$
原子半径，nm	0.155	热导率(0～101.25℃)，kJ/(m·h·℃)		277.2～296.3
密度(20℃)，g/cm^3	0.531±0.001	比热(300～1200℃)，J/(g·℃)		3.56～4.18
熔点，℃	180.54	电阻率(200～1000℃)，Ω·cm		$18.33+3.339\times10^{-2}t-6.795\times10^{-6}t^2$
沸点，℃	1327±10	电阻温度系数(0～100℃)，K^{-1}		4.34×10^{-3}
晶格常数，pm	350	标准电极电位(18℃)，V		−3.02
线胀系数(120～180℃)，$℃^{-1}$	58×10^{-6}	拉伸强度(20℃)，MPa		118
体胀系数(291～453K)，K^{-1}	180×10^{-6}	流动压力(15～20℃)，GPa		17
熔融时体积膨胀，%	1.5	焓(500～1300℃)，J/g		$-21.248+4.1902t-21.658t^{-1}$
表面张力(熔点)，mN/m	389	热中子俘获截面，b	天然锂	71
电导率，$\Omega^{-1}\cdot cm^{-1}$	16.7×10^{-4}		Li-6	945
电功率，eV	5.37		Li-7	0.031
电子逸出功，eV	2.36	热中子吸收长度，mm	天然锂	3
固体热容(298K)，J/(mol·K)	24.648		Li-6	0.2
固体熵(298K)，J/(mol·K)	29.115		Li-7	8000
溶解热，J/g	431.8	热核反应的反应热，MeV		
汽化热，kJ/g	～21.3	$^6Li(n,T)^4He$		4.8
莫氏硬度	0.6	$^7Li(n,nT)^4He$		2.5
延伸率，%	50～70	$T(p,r)^4He$		19.7
弹性模量(室温)，GPa	5	$T(D,n)^4He$		17.6
压缩系数(20℃)，cm^2/N	8.8×10^{-7}	$T(T,2n)^4He$		11.3

① 1mmHg 为133Pa。

二、金属锂的化学性质

锂的化学性质见表11-1-8。

表 11-1-8 锂的化学性质

作用物质	性 质
氧	$2Li + \frac{1}{2}O_2 \rightarrow Li_2O + 600kJ/mol$；与其它碱金属不同，不能直接生成过氧化锂
氮	$3Li$(固)$+ \frac{1}{2}N_2$(气)$\rightarrow Li_3N$(固)$+ 194kJ/mol$，在常温下就能进行反应，在400～460℃下反应强烈并燃烧
空气	反应速度与金属纯度、表面状态、空气的湿度和温度有关，在潮湿空气中能与氧、氮迅速作用
氢	Li(液)$+ \frac{1}{2}H_2$(气)$\xrightarrow{400℃} LiH$(固)$+ 96kJ/mol$，在710～720℃下特别强烈
水	$2Li + 2H_2O \rightarrow 2LiOH + H_2 + 202kJ/mol$，反应程度较其它碱金属弱，熔融锂和水作用会发生爆炸
硫、碳、硅	$2Li + S \rightarrow Li_2S + 483kJ/mol$；$2Li + C \rightarrow Li_2C + 58kJ/mol$；锂和硅作用生成 Li_4Si 或 Li_2Si
卤素	加热下反应极为强烈，生成相应的卤化物
磷	不能直接发生反应
硫酸、硝酸、盐酸、氢氟酸	与稀酸强烈反应，析出氢并生成相应的盐类。这些盐类大部分溶于水。除硫酸外，在浓酸下反应强烈，与浓硫酸在常温下反应缓慢
醇	和醇类反应强烈，生成醇锂；高级醇类仅在加热下才与之反应

三、主要锂化合物的性质

(一)锂的氧化物

锂与氧生成氧化锂和过氧化锂两种氧化物。金属锂在200℃以上的氧气流中直接氧化生成氧化锂，或者在800℃以上的干燥氢气流中加热锂的碳酸盐、硝酸盐或氢氧化物都可以制得氧化锂。

氧化锂具有耐热性，并且非常难熔，温度高于1000℃时便开始升华。在真空中当温度为1000～1040℃时氧化锂的蒸气压仍然很低，但当有水蒸汽存在时，氧化锂的挥发性显著增加，见表11-1-9。氧化锂熔点为1570℃，沸点为2600℃。

表 11-1-9 氧化锂的挥发性与水蒸汽压的关系

氧化锂上空的水蒸汽压，Pa	保持时间 h	减重，%	温度，℃
抽真空	2.5	3.3	1000
1.33×10^{-6}	2.0	3.2	1000
1.33×10^{-2}	2.5	6.4	1000
1.33	2.0	12.2	1000

与其它碱金属氧化物相比，氧化锂在水中溶解比较缓慢。同时容易吸收空气中的二氧化碳而生成碳酸锂。氧化锂能强烈地腐蚀大多数已知的耐蚀性材料，在1000℃以上时尤其显著，它也能腐蚀大多数氧化物和金属，纯铂在加热到1000℃以上时也能被氧化锂所腐蚀；含40%Rh 的铂铑合金，在上述条件下比较稳定。在1000℃以下铂、金、镍对氧化锂是稳定的。在1000℃以上，铝、镁、硅都能使氧化锂还原为金属。

各种碱金属都能生成过氧化物，但是过氧化锂的稳定性较其它碱金属的过氧化物差，当加热到195℃时，过氧化锂完全分解成氧化锂和氧。

(二)锂的氢氧化物

和其它碱金属一样，氢氧化锂是锂或锂的氧化物直接溶于水时生成的。氢氧化锂的碱性比氢氧化钠、氢氧化钾弱，在碱金属氢氧化物中氢氧化锂在水中的溶解度最小，且随温度升高而增加。

氢氧化锂熔点为450℃，加热时分解，溶于水时放出水化热。在空气中氢氧化锂吸收碳酸气，生成碳酸锂。

氢氧化锂从其过饱和的水溶液中以 $LiOH\cdot H_2O$ 形式结晶析出，温度高于600℃时失去结晶水。在1000℃左右氢氧化锂完全离解为氧化锂和水。

氢氧化锂不溶于丙酮，微溶于乙醇。氢氧化锂及其浓溶液，甚至在常温下也能使玻璃和瓷器腐蚀。为了防止器皿受腐蚀，应当在器皿上涂石蜡。

(三)碳酸锂

碳酸锂的溶解度比其它碱金属碳酸盐低，并且随温度升高而降低：

温度,℃	0	10	20	50	75	100
溶解度,g/L	1.54	1.41	1.33	1.18	0.87	0.73

碳酸锂与碳酸锂和碳酸钠不生成复盐和络盐，在碳酸钾和碳酸钠存在时，碳酸锂的溶解度降低。所以工业上采用碳酸钾和碳酸钠来沉淀碳酸锂。当溶液中有氯化钾和氯化钠存在时，碳酸锂的溶解度开始有所增加，但当氯化钾和氯化钠浓度超过一定值以后，又使碳酸锂溶解度降低。

如将二氧化碳气体通入碳酸锂的水悬浮液，则生成碳酸氢锂。碳酸氢锂的溶解度远高于碳酸锂，将此溶液加热时，碳酸氢锂分解并重新沉淀出碳酸锂。利用这一性质可以从碳酸锂中清除杂质，制取纯度较高的碳酸锂。碳酸锂能溶于矿物酸中而获得相应的锂盐。

(四)氯化锂

氯化锂可用锂与氯直接化合，或将碳酸锂与盐酸作用制得。无水氯化锂是熔融电解制取金属锂的原料。氯化锂是白色的，并且具有氯化钠型面心格子。其熔点为614℃，沸点为1352℃，当温度高于1000℃时才开始显著蒸发。氯化锂的蒸气压如下：

温度,℃	783	880	932	1045	1129	1290	1352
蒸气压,Pa	133	266	1330	5320	1.33×10^4	5.3×10^4	10^5

氯化锂的吸湿性很强，在空气中会潮解。氯化锂从水溶液中以各种化合物晶体析出，晶体中的水分子数目取决于结晶时的温度。氯化锂能溶解于水，其溶解度随温度升高而增加，见表11-1-10。

表 11-1-10 氯化锂在水中的溶解度

温度,℃	LiCl,%	温度,℃	LiCl,%
0	40.99	96.2	56.57
10.2	42.75	97.1	56.60
16.2	44.60	98.2	57.55
20.0	45.28	101.8	56.40
25.0	45.90	115.4	56.95
50.0	48.18	130.5	57.58
70.0	51.04	140.0	58.1
80.0	52.88	160.0	59.2
90.0	54.21		

氯化锂与氯化钾和氯化钠的不同处在于：在氯化锂水溶液中通入氯化氢或者加入浓盐酸时，氯化锂并不析出来，这是因为锂离子强烈的水合作用结果。氨气在氯化锂溶液中的溶解度比在水中高，这是因为锂离子能与氨生成 $Li(NH_3)_n^+$ 络离子。氯化锂分子中的价键不是典型的离子键，因此它能溶于很多有机溶剂中，在分析化学中利用这一性质把锂与其它碱金属分离。

(五)溴化锂

溴化锂可直接用锂与溴化合的方法制取，此反应较锂与氯的反应缓和。将碳酸锂溶解于溴氢酸中，随后将此溶液蒸浓，当条件不同时，可得到含1～3个结晶水的白色溴化锂晶体。溴化锂的结晶水合物较氯化锂的结晶水合物更稳定，脱水问题是制备无水溴化锂的主要困难。溴化锂的溶解度随温度的升高而增大。

溴化锂在549℃时熔融，并转变成透明的液体。在空气中强烈加热时溴化锂显著分解并析出溴。熔融态的溴化锂能强烈地腐蚀玻璃、瓷器和铂。它不溶于液体溴中，因此不能生成多溴化物。溴化锂能溶于甲醇、乙醇、戊醇、甘油、丙酮中。

(六)氟化锂

将氟化钠或氟化铵加入到锂盐溶液中，即有氟化锂白色晶状沉淀生成。氟化锂具有氯化钠型晶体结构。

氟化锂在氟化氢气流中于870℃时熔化，1100～1200℃时开始蒸发，1270℃时蒸发极快，以致难以测定。氟化锂蒸气呈碱性。氟化锂沸点为1676℃。氟化锂难溶于水，在水中的溶解度随温度升高略有增加。氟化锂不生成结晶水合物。用氢氧化钙加热处理氟化锂时将发生置换反应，生成氢氧化锂，同样与氧化钙一起烧结并水浸，亦可得到氢氧化锂。氟化锂不溶于乙醇、丙酮、吡啶等有机溶剂，但溶于氢氟酸而生成 $LiHF_2$。加热时 $LiHF_2$ 分解，分解温度为200℃。

第三节 锂的选矿简述

早在1930年人们对一些露头的锂辉石矿进行人工开采和手选，以后小规模边探边采。到本世纪50年代末和60年代初，由于机械选矿的发展，才进行大规模开采。采矿方法有露天开采，也有地下开采。

目前具有工业价值的锂矿物主要有锂辉石、锂云母、透锂长石、磷铝锂石和铁锂云母。由于含锂的矿物比重小(2.4～3.2)，大部分都没有磁性，因此磁选和重选都难以分选锂矿物与脉石矿物(长石、石英等)。当前常用的锂矿石选矿方法有浮选法、手选法、热裂法、化学处理法及重悬浮液法，以手选法和浮选法为主。手选法用于分选粗粒结晶的锂辉石和剔除脉石。手选锂辉石精矿品位是6%Li_2O，回收率只有30%左右。浮选法用于细粒浸染的锂辉石选别。浮选法又有直接浮选法(锂辉石为泡沫产品)和反浮选法(锂辉石被抑制成槽内产品)。浮选锂辉石精矿品位为6%Li_2O，回收率是70～85%。有关锂的选矿工艺详见本书上册第四篇第三章。

一、美国北卡罗来纳金斯山锂矿床

该矿采用露天采矿法开采，采剥比为4/1，日开采量是2500t，选矿方法为直接浮选锂辉石。矿石经破碎、磨矿、分级、旋流器多段脱泥，在中性介质中用脂肪酸作捕收剂，醇类作起泡剂，将锂辉石直接浮选到泡沫产品中；浮选尾矿经调浆，在酸性介质中用石油磺酸钠分选出云母、长石和石英。工艺流程见图11-1-1，技术指标见表11-1-11。

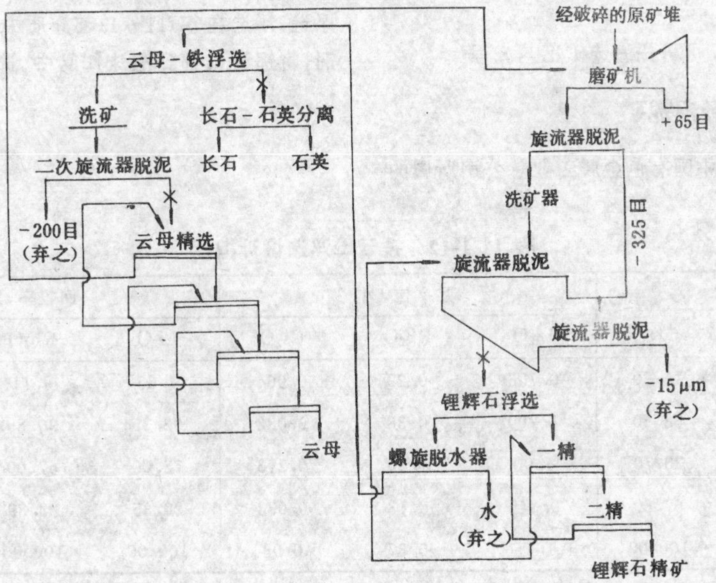

图 11-1-1 北卡罗来纳金斯山锂辉石和副产品长石、石英、云母等产品浮选流程

表 11-1-11 锂辉石浮选结果

(试验工厂运转指标)

指标名称	所占重量，%	Li_2O，%	总回收率，%	浮选作业回收率，%
－65目＋15μm 精矿	22.90	6.34	88.40	94.50
－65目＋15μm 尾矿	69.70	0.12	5.10	5.50
－15μm 矿泥	7.40	1.43	6.50	
给矿	100.00	1.64	100.00	93.50

二、中国可可托海矿区

该矿区是含锂铍为主的稀有金属矿床。1930～1961年采矿由手采发展到机采，选矿则为手选。1961年一座日处理矿石50t的机选试验厂建成投产。1965年正式设计了一座大型机械化采选厂，于1975年建成投产。选矿原则流程是重选回收钽铌，重选尾矿用浮选法回收锂辉石和绿柱石。在碱性矿浆中以脂肪酸皂作捕收剂，将锂辉石浮选到泡沫产品中，首次提出了不同于国外分选理论的新观点，即采用碱法不脱泥分离锂辉石和绿柱石新工艺获得成功。工业试验的锂精矿品位为5.67%Li_2O，回收率84.61%；铍精矿品位为9.62%BeO，回收率为54.5%。选别工艺经过750t/d选矿厂生产实践证实

是可行的。工艺流程见图11-1-2。

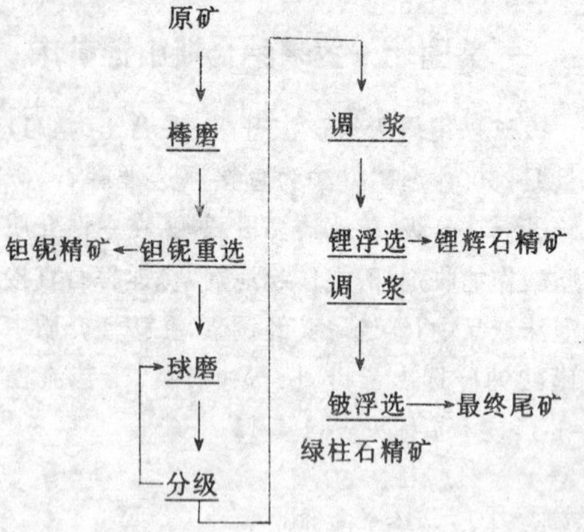

图 11-1-2 可可托海选矿工艺流程

三、中国宜春钽铌矿

宜春钽铌矿是中国有色金属工业总公司所属的稀有金属矿山资源基地之一，是生产钽铌精矿并综合回收锂云母精矿和长石等多金属采选的联合企业。

宜春矿为含钽、铌、锂、铷、铯、铍多种稀有金属的大型钠长石花岗岩矿床，于1970年建矿，1976年建成投产。采矿为露天开采，设计采剥比平均为5/1，贫化率是4%，损失率为6%，采出矿石用14t 电机车运往选矿厂。1976年按原设计建成一座钽铌选矿厂，经全面技术改造，于1986年正式生产。为了充分利用资源，综合回收锂云母精矿，在钽铌选矿厂建有锂云母浮选车间。钽铌重选尾矿经脱泥、脱水后进入锂云母浮选，浮选在 pH11～11.5介质中，以混合胺作捕收剂，将锂云母选到泡沫产品中。选矿指标见表11-1-12。

表 11-1-12 锂云母浮选设计指标

名 称	产 率 %	品 位,%			回收率,%		
		Li_2O	Rb_2O	Cs_2O	Li_2O	Rb_2O	Cs_2O
脱 泥	11.50	0.756	0.29	0.064	7.65	9.11	9.29
浮选原矿	88.50	1.200	0.38	0.082	92.35	90.89	90.71
锂云母精矿	20.70	4.00	1.20	0.243	72.00	67.00	63.00
浮选尾矿	67.80	0.345	0.13	0.032	20.35	23.89	27.71
原 矿	100.00	1.15	0.37	0.08	100.00	100.00	100.00

第四节 锂的提取冶金

根据原料不同，锂的提取可分为从矿石焙烧提取和从盐湖卤水分离两种方法。锂工业发展初期，主要以锂云母为原料生产碳酸锂。50年代初美国原子能工业迅猛发展，需要用大量氢氧化锂来提取氢弹原料^6Li，因此冶炼工艺一般采用含锂矿石和石灰石焙烧方法制取氢氧化锂。从60年代后期开始美国原子能工业发展已达饱和，大量锂制品趋于民用，所以都改用锂辉石和硫酸焙烧制取碳酸锂工艺。80年代各国倾向从卤水中提锂，该法生产成本低，产品竞争力强，将成为今后的主要方向。

一、锂矿石提锂

含锂矿物主要有锂辉石、锂云母、透锂长石和磷铝锂石等，但具有工业价值的仅有锂辉石和锂云母。提取方法一般都采用石灰法，而硫酸法目前仅适用于锂辉石为原料的制锂工业，其它方法迄今还不够成熟。

(一)锂辉石、锂云母-石灰烧结法

石灰法处理含锂矿物早在1935年即由洛塞脱和毕歇斯开提出。该法曾被广泛采用，美国富特矿产公司桑不来特锂厂、圣安东尼锂厂、苏联西伯利亚锂厂、中国新疆锂盐厂、江西锂厂、湖南湘乡铝厂等先后用于生产。

1.锂辉石-石灰烧结法

(1)原理。锂辉石和石灰石在1150℃下反应：

$$Li_2O \cdot Al_2O_3 \cdot 4SiO_2 + 8CaO \longrightarrow Li_2O \cdot Al_2O_3 + 4[2CaO \cdot SiO_2]$$

反应中生成的铝酸锂，在浸出时必须有过量的氧化钙存在才能转变成氢氧化锂，因此在配制炉料时要适当增加氧化钙含量。

$$Li_2O\cdot Al_2O_3+Ca(OH)_2\longrightarrow 2LiOH+CaO\cdot Al_2O_3$$

锂辉石中通常含铝硅酸钠和铝硅酸钾，在烧结过程中同石灰石作用，生成氢氧化钠和氢氧化钾。烧结物经水浸煮，溶液中的锂、钠、钾等氢氧化物，利用其在水中的不同溶解度，通过蒸发浓缩，首先析出溶解度最小的氢氧化锂，而钠、钾等留在母液中。氢氧化锂经分离、洗涤即可得到较纯的产品。

(2)工艺流程。锂辉石-石灰烧结流程见图11-1-3。

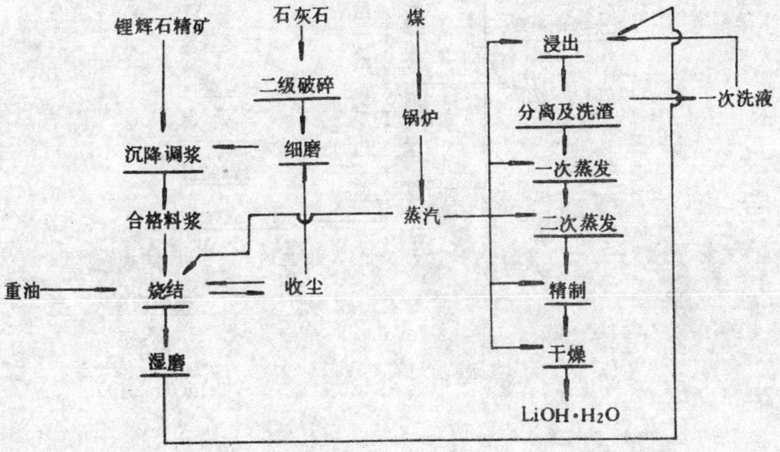

图 11-1-3　新疆锂盐厂石灰法工艺流程简图

(3)各项技术指标。机选锂辉石精矿(Li_2O 含量>6%)、优质石灰石(含 SiO_2量<1%)按组成配料，经湿磨，细度70%通过200目；炉料在回转窑中于1150～1200℃烧结；熟料用90℃热水浸出，泥浆经洗涤弃去，渣中含 Li_2O<0.2%；含6g/LLi_2O 的浸出液进行一次蒸发，浓缩至1/8～1/10，溶液析出铝、钙等杂质，过滤后再进行二次蒸发，浓缩1/2，并冷却到40℃，大量单水氢氧化锂析出，用离心机分离、结晶再通过饱和洗涤或重结晶，获得较纯的晶体，经真空烘干得到成品单水氢氧化锂(含 LiOH>56%)，总回收率为80～82%。

2. 锂云母-石灰烧结法

(1)原理。锂云母中的碱金属元素 R 和石灰石当温度在880℃以上时发生反应：

$$2[R_2Al_2Si_3O_9(F,OH)]+14CaCO_3\longrightarrow 2(R_2O\cdot Al_2O_3)+4CaO\cdot 2SiO_2\cdot CaCO_3+4(2CaO\cdot SiO_2)+CaF_2+H_2O+13CO_2\uparrow$$

锂云母成分复杂，焙烧后生成物众多，一般认为有 $2CaO\cdot SiO_2$、$Li_2O\cdot Al_2O_3$、$NaO\cdot Al_2O_3$、$K_2O\cdot Al_2O_3$、$Rb_2O\cdot Al_2O_3$、$Cs_2O\cdot Al_2O_3$、$4CaO\cdot 2SiO_2\cdot CaCO_3$及游离 CaO。锂云母中氧化硅不同于锂辉石，除了生成$2CaO\cdot SiO_2$外，另一半即生成$4CaO\cdot 2SiO_2\cdot CaCO_3$。碱金属的铝酸盐难溶于水，在氢氧化钙作用下发生如下反应：

$$R_2O\cdot Al_2O_3+3Ca(OH)_2\longrightarrow 2ROH+3CaO\cdot Al_2O_3\cdot 6H_2O\downarrow$$

所得碱金属氢氧化物的溶液经蒸发、结晶、分离得单水氢氧化锂。

(2)工艺流程。锂云母-石灰烧结法工艺流程见图11-1-4。

(3)技术指标。精选锂云母(Li_2O>4%)、优质石灰石(SiO_2<1%)按组成配料，经湿磨，控制细度180目；炉料烧结温度为880～1050℃，经水淬、湿磨后，料浆细度是180目，按液固比3/1进行浸出；浸出液经一次蒸发，控制密度为1.15g/cm^3，二次蒸发时控制密度为1.30～1.45g/cm^3，产品经烘干，含56.5～57%的 LiOH，总回收率为65～75%。

(二)锂辉石-硫酸焙烧法

锂辉石-硫酸焙烧法早在20世纪40年代就由 R. B. 爱勒斯塔特(Ellestad)及 K. M. 劳特(Leute)进行了大量研究工作，50年代初在美国获得专利并建厂

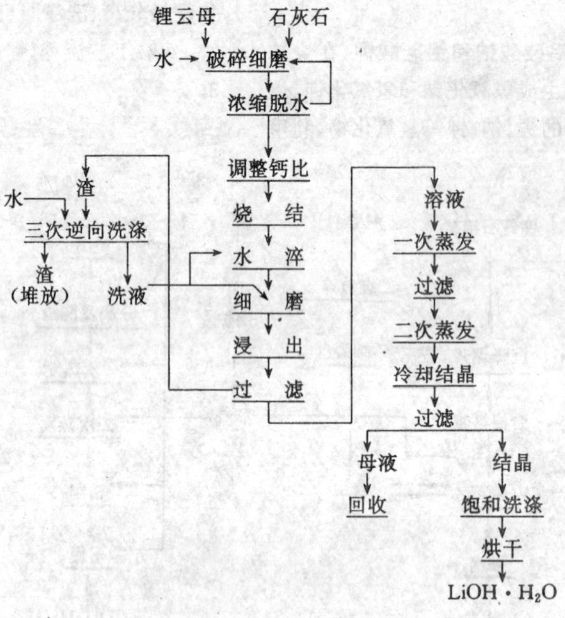

图 11-1-4 江西锂厂石灰法工艺流程简图

生产。该方法能耗低,效率高,优于石灰烧结法,因此美国从锂辉石中提锂,都将原来采用的石灰法改为硫酸法。现在美国锂公司和富特矿产公司及中国新疆锂盐厂已采用此法。

1. 硫酸焙烧法原理

锂辉石精矿(Li_2O 大于6%)经1050℃焙烧,矿石由 α 型转变为 β 型,密度由3.1g/cm³降为2.4g/cm³,呈松散颗粒。然后在250～300℃下硫酸和 β-型锂辉石反应:

$$Li_2O \cdot Al_2O_3 \cdot 4SiO_2 + H_2SO_4 \longrightarrow Li_2SO_4 + Al_2O_3 \cdot 4SiO_2 \cdot H_2O$$

上述反应仅 β-锂辉石可同硫酸作用,α-锂辉石不起作用,故必须在酸化前将矿石预焙烧,提高化学活性。反应时矿石中的锂被氢所取代,其它组分基本不变。

酸化焙烧后的熟料经水浸出,用石灰石中和,添加定量氢氧化钙和碳酸钠除去杂质:

$$MgSO_4 + 2H_2O \longrightarrow Mg(OH)_2 \downarrow + H_2SO_4$$

$$FeSO_4 + 2H_2O \longrightarrow Fe(OH)_2 \downarrow + H_2SO_4$$

$$Fe_2(SO_4)_3 + 6H_2O \longrightarrow 2Fe(OH)_3 \downarrow + H_2SO_4$$

$$CaSO_4 + Na_2CO_3 \longrightarrow CaCO_3 \downarrow + Na_2SO_4$$

经过净化后的滤液调整酸度,蒸发浓缩,用浓碳酸钠溶液沉淀得到碳酸锂:

$$Li_2SO_4 + Na_2CO_3 \longrightarrow Li_2CO_3 \downarrow + Na_2SO_4$$

2. 工艺流程

锂辉石-硫酸焙烧法工艺流程见图11-1-5。

3. 技术指标

美国贝塞默锂厂回转窑直径3.65m、长76m,天然气为燃料,焙烧温度1075～1100℃,转速1r/min,转化率98%;焙料细磨,用叶片混酸机与93%H_2SO_4混合,酸过量35%;酸化焙烧窑直径2.4m、长36.5m,天然气加热,熟料生产能力82～95kg/(m²·h),焙烧温度250℃;熟料经直接水浸、机械搅拌、石灰石中和,分离后的渣经二次洗涤、过滤送入渣场;浸出液用氢氧化钙除铁、铝、镁等,用碳酸钠除钙,压滤后用硫酸中和到pH=7～8,由五效真空蒸发器蒸发,将28%的Na_2CO_3溶液在90～100℃时对加沉锂,用自动连续离心机分离,经过涡轮干燥得到碳酸锂。

(三)锂云母-氯化焙烧法

锂矿石的氯化焙烧方法在1817年由史密斯(Smith)提出。根据焙烧温度不同,氯化焙烧可分中温和高温两种。前者焙烧温度不高,生成的金属氯化物存留在焙烧熟料中。金属氯化物的溶解度比较大,熟料经浸出,有价金属氯化物进入溶液,而其它不溶

物残留于渣中。后者的焙烧温度较高，生成的金属氯

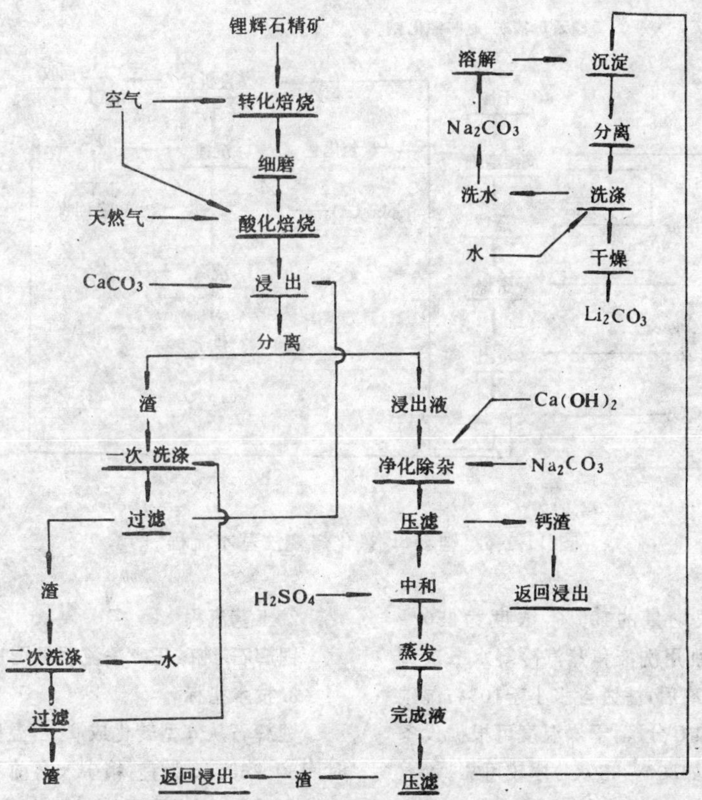

图 11-1-5 美国贝塞默锂厂硫酸法工艺流程简图

化物呈蒸气状态挥发，得以同其它杂质分离。但因金属氯化物沸点高，腐蚀性强，加之气态氯化物收集较困难，工业上较难实现。因此一般采用中温氯化焙烧法。迄今为止还未见报道在国外用此法投入工业生产。中国70年代就进行过多次半工业试验，1985年江西锂厂建成的锂云母-氯化焙烧法车间，1986年正式投产，是中国唯一用氯化法生产碳酸锂的工厂。近年因设备腐蚀，原料供应困难，被迫停产。

1. 原理

氯化焙烧是使氯化剂与锂云母中的碱金属氧化物发生氯化反应，生成易溶于水的化合物，达到碱金属元素 Me 与杂质分离的目的。

$$2[Me_2Al_2Si_3O_9(F,OH)_2]+3CaCO_3+2CaCl_2 \longrightarrow 4MeCl+2(CaO\cdot SiO_2)+2[CaO\cdot Al_2O_3\cdot 2SiO_2]+CaF_2+H_2O+2CO_2$$

2. 工艺流程

锂云母-氯化焙烧法工艺流程见图11-1-6。

3. 技术指标

锂云母和返回的氯化钠在回转干燥机中于350～450℃烘干；锂云母和石灰石经细磨，粒度为170目的筛上残留量分别小于15和20%；配料按锂云母/石灰石/氯化钠＝1/0.4/0.3(重量比)，氯化钙配入量根据锂云母中碱金属氧化物而定；配料后制粒；团料在回转窑内于920～960℃反应；氧化锂和氧化钾溶出率分别为92.6和95%；颗粒熟料在框式渗滤浸出槽内经7次浸出，浸出液含20g/L Li_2O；浸出液加热至95℃以上，加碳酸钠除钙，用框式压滤机过滤，净化后溶液要求 $CaO/Li_2O<0.0001$、$SO_4^{2-}<0.001g/L$、固体含量小于0.01g/L 方可送去蒸发；氯化锂浓度接近蒸发终点时用高温快速方法分离氯化钠，接

着将析钠母液用水稍微稀释，冷至常温，冷却结晶析出氯化钾；析钾母液加热至一定温度时加入热碳酸

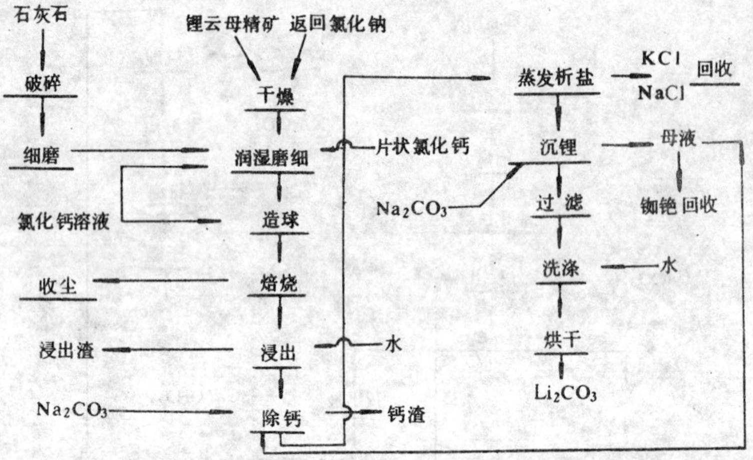

图 11-1-6 锂云母-氯化焙烧法基本流程

钠溶液，其用量为理论量的105%，浓度为250～300g/L；粗碳酸锂分别用洗液和蒸汽冷凝水二次调浆、洗涤，经离心机分离后，滤饼含水小于10%；湿碳酸锂在150℃脱水，761℃分解，干燥温度可根据设备性能参数，偏高选用(如300～350℃)才较可靠。

(四)锂辉石-纯碱压煮法

锂辉石-纯碱压煮法生产工艺是60年代兴起的一种新方法。1962年加拿大巴劳特曾用此法建成年产1800t碳酸锂的工厂，因生产不正常于1965年停产。中国从1966年开始探索，北京有色金属研究总院进行了小型和半工业试验，1975年新疆锂盐厂进行了工业试验，因设备和操作等问题未投入生产。迄今为止此项工艺在中国未被采用。

1. 原理

利用碳酸钠与β-锂辉石在一定温度、压力和液相水存在下，钠和锂的置换反应，使锂以碳酸锂形式提出：

$$Li_2O\cdot Al_2O_3\cdot 4SiO_2+xH_2O+Na_2CO_3\longrightarrow Na_2O\cdot Al_2O_3 4SiO_2\cdot xH_2O+Li_2CO_3$$

此时较难溶的碳酸锂与反应残渣一起，浸出时通入二氧化碳或加氢氧化钙直接苛化。前者生成碳酸氢锂溶于溶液中，将残渣分离后，溶液加热分解即得碳酸锂，后者苛化成氢氧化锂溶液，分离残渣、蒸发、结晶得单水氢氧化锂。

2. 工艺流程

锂辉石-纯碱压煮法流程见图11-1-7。

3. 技术指标

锂辉石从α型转化成β型，温度1000～1100℃、时间30～60min为宜；精矿入窑前不必细磨，转化率在98%以上；压煮罐温度200℃，压煮10min即可；碳酸钠用量按$Na_2O/Li_2O=1.5$；压煮浸出率92%；压煮后的料浆可按制取单水氢氧化锂和碳酸锂两种方法处理。

制取单水氢氧化锂时，熟料用氢氧化钙直接苛化，温度20～60℃，时间60～120min，液固比2.0～3.0，氧化钙过量1.2～1.6倍时，苛化转化率在96%以上。当浸出液含Li_2O12～15g/L和含钠小于2g/L时，一次蒸发终点含Li_2O70～75g/L，此时钠量为10～12g/L，将其二次蒸发浓缩至原体积的83～50%，冷却到40℃时，即可结晶析出单水氢氧化锂。

制取碳酸锂时浸出浆液温度5～10℃，pH7.5即为碳酸化终点，此时液固比为2～2.2，溶液以含锂8g/L为宜。上述浸出液加热至70～100℃约30min即有大量碳酸锂沉淀，通过热过滤得到质量达99%以上的碳酸锂。如果溶液温度高，则反应速度快，并且在加热过程中，注意尽量避免大量水分蒸发，否则会引起产品质量下降。

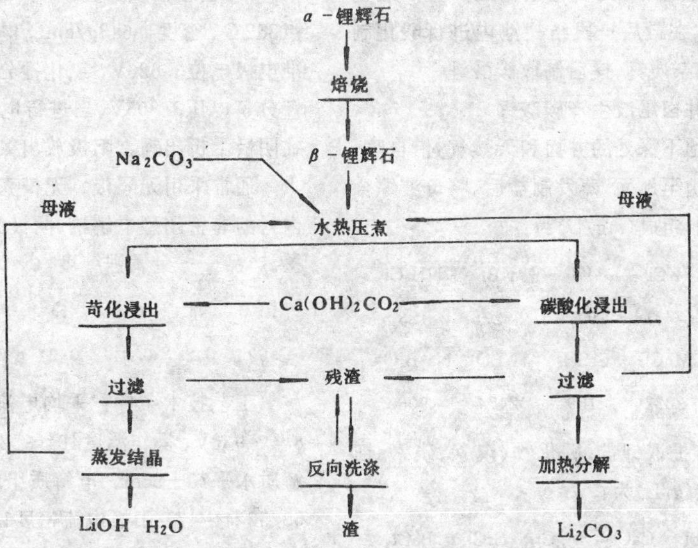

图 11-1-7　锂辉石-纯碱压煮法原则流程

二、盐卤提锂

（一）盐湖卤水提锂简史

早在1938年美国钾碱与化学公司在开发西尔斯湖资源中，发现了含锂的磷酸二锂钠化合物，并以这种浓缩物供应市场。1951年该公司才加工成碳酸锂，年产量750～1200t，1978年因故停产。60年代美国富特矿产公司利用内华达州银峰盐湖卤水生产碳酸锂，经多次扩建可年产7300t。1984年美国富特矿产公司与智利政府合作，开发智利阿塔卡玛盐湖锂资源，年产碳酸锂6300t，现已投产。

1958年中国利用自贡制盐尾液生产碳酸锂，至今年产百吨左右。青藏地区盐湖锂资源丰富，有待开发。

（二）生产方法

1. 美国西尔斯湖卤水制锂

将矿区晶间卤水送入三效蒸发器，蒸发析出氯化钠和碳酸钠矾（含少量磷酸二锂钠），分离后在盐的分离系统中分级，将细颗粒的含锂碳酸钠矾进行煮解，以除去氯化钠，过滤后的碳酸钠矾溶于水，而磷酸二锂钠悬浮于溶液中，借泡沫浮选得到的锂精矿含 21.5%Li_2CO_3、50%P_2O_5、7%Na_2CO_3、2%Na_2SO_4。

加浓硫酸在115.6℃煮解锂精矿，生成钠和锂的硫酸盐以及磷酸，冷至48.9℃析出锂、钠混合硫酸盐，过滤后，滤液为稀磷酸，经浓缩后为磷酸产品，滤饼含50%Li_2SO_4、37%Na_2SO_4、2%H_3PO_4、11%H_2O。加水将其溶解，用碳酸钠除钙，加氢氧化钠破坏碳酸氢盐，最后用碳酸钠沉淀碳酸锂，烘干得到产品。

2. 美国银峰盐湖卤水生产碳酸锂

该湖区气候干燥，年平均蒸发量大于125cm，适用日晒盐池浓缩法。井卤抽出地面后，用管道送至日晒池系统（共九个），借自然能蒸发浓缩，在第四池加石灰，第五池沉淀氢氧化镁和石膏。由于吸收二氧化碳，钙几乎全部以碳酸钙形式析出。在第七池锂浓度达2g/L，析出锂芒硝-$K_2Na(SO_4)_2$。井卤流到第九池，锂浓度达5g/l。井卤和浓缩卤组成（g/L）如下：

组　成	Li^+	Na^+	K^+	Ca^{2+}	Mg^{2+}	Cl^-	SO_4^{2-}
井　卤	0.4	62	0.8	0.5	0.4	101	7.1
浓缩卤	5	78	4.8	0.04	0.07	161	29

浓缩卤送至车间，加少量碳酸钠除钙、镁后，母液再加碳酸钠沉淀碳酸锂，洗涤干燥后得到产品。

3. 智利阿塔卡玛盐湖卤水制锂

该湖位于智利北部，蒸发量大，并有高质量粘土，适于建造日晒盐场。该湖卤水组成（g/L）如下：

Li	Na	K	Ca	Mg	Cl^-	SO_4^{2-}	HCO_3^-	H_3BO_3
1.57	91	23.6	0.45	9.65	189.5	15.9	0.23	2.516

将卤水送入一串联日晒池，借日光蒸发浓缩，依次析出岩盐和硫酸盐，收集后送至化工厂生产氯化钾和硫酸钾。卤水在最后一段结晶池内进行酸化制取硼酸，母液除去杂质钙、镁后制取碳酸锂。

4. 四川自贡井卤尾液生产碳酸锂

首先将储于地下深处的井卤和天然气，借自喷、机械汲卤等方式引至地面，蒸发制盐后，将母液综合利用。以黑卤为例，组成(mg/L)为：

LiCl	NaCl	KCl	KI	KBr	NH_4Cl
395.3	198490	4437	19.79	952.5	188
$CaCl_2$	$CaSO_4$	$MgCl_2$	$SrSO_4$	H_3BO_3	$Na_2B_4O_7$
6135	2933	2322	159	2474	906

井卤经制盐，提取钾盐、硼化物、溴素、碘素、钡盐之后，尾液组成(g/L)为：

LiCl	NaCl	KCl	$CaCl_2$	$MgCl_2$	$SrCl_2$	$BaCl_2$
2～4	20～30	40～50	60～100	4～5	10～20	20～30

该尾液加入碳酸钠沉淀钙、镁、锶、钡的碳酸盐后，加氢氧化钠除去残留镁，蒸发析出氯化钠和氯化钾后，加碳酸钠沉淀碳酸锂，洗涤，经气流干燥得到产品。从尾液计算，锂收率70～86%，每吨锂产品消耗 Na_2CO_3 8～10t，产品纯度为99%。

三、金属锂生产

（一）金属锂生产的发展简史

1819年盖墨林(Gmelin)用电解熔融氯化锂的方法制得金属锂。锂的发现距今已有169年历史，但长期未被人们所注意，直到第一次世界大战时才开始大量炼锂。目前很多国家都有金属锂生产车间。金属锂的提纯工艺早在1906年即已开始，主要是美国、苏联进行过锂的蒸馏提纯研究。美国采用过滤-蒸馏联合法，苏联采用泡罩塔、筛板塔及蒸馏-区熔联合法。锂的纯度为99.9%以上。

1957年中国首次建成小批量生产的金属锂电解槽。目前已有6家工厂生产，年生产能力为数十吨，产品纯度为99%以上。从50年代末期起先后进行了棒蒸馏、真空蒸馏、阶梯式连续精馏、筛格塔精馏，制得纯度为99.99%的高纯锂。1980年采用连续式真空蒸馏炉，产品纯度可达99.9～99.99%，直收率85～90%，并将此种高纯锂进行深加工，制成各种规格锂带、锂粉、锂粒、锂棒、铝锂合金、硅锂合金等。

（二）电解机理和工艺条件

工业上采用LiCl-KCl共晶混合物为电解质，在450℃时物化性质为：44.8%LiCl（重量）、共晶体熔点352℃、密度1.648g/cm^3、电导1.57Ω/cm、表观标准电极电位3.626V、氯化锂分解电压3.684V、氯化钾分解电压3.805V。当进行电解时，氯化锂离解后在阴极上析出锂，阳极放出氯气。

通常采用无隔板、无槽壳的石墨内衬或耐火砖内衬的非密闭型电解槽，阴极为不锈钢板，阳极为石墨。产品——金属锂纯度（%）的典型分析为：

Li	Na	Ca	Si	Al	Fe	Ni
≥99	0.2	0.04	0.04	0.02	0.01	0.005

工艺技术条件：平均电流强度3353A、槽电压8.4～9.3V、操作温度464～520℃、极距7～9cm、电解质水平70±5cm、电解质组成 LiCl/KCl＝47.6～53/52.4～47、阳极电流密度1.24A/cm^2、阴极电流密度2.794A/cm^2、电流效率81.39%。金属锂生产能力（g/h）按 $P=0.26A\eta$，其中 η 为电流效率，A 是通入电解槽的平均电流，0.26为锂的电化当量（g/(A·h))。

（三）金属锂的精炼

1. 真空蒸馏法

金属蒸馏的热力学基础是基于在一定温度下，各种金属具有不同的蒸气压，从而造成蒸发速度和冷凝速度的差别，使金属锂和杂质分离。不同温度下杂质与锂的蒸气压之比α——表示各元素与锂的相对挥发度：$\alpha=p_x/p_{Li}$。式中 p_x 为杂质元素的蒸气压，p_{Li} 为金属锂的蒸气压。

2. 过滤法

可将液态金属锂在稍高于锂的熔点温度下，通过铁丝毛或多孔金属陶瓷等过滤介质，在惰性气体压力下或真空中进行过滤，以除去锂中难熔杂质。过滤效果好坏取决于滤层材料对金属的稳定性和孔隙度。锂的流动性极好，故滤层孔隙愈小（孔隙20μm为宜），过滤效果愈好。

3. 高真空精馏法

施密特(Schmidt)等第一次制得纯度99.9999%金属锂。该法特点是向原料锂中加入少量三氧化二硼，然后在400～450℃及6.7×10^{-4}～5.3×10^{-6}Pa下蒸馏。加入三氧化二硼的目的是使锂中钙按下式反应：

$$6Li+B_2O_3 \longrightarrow 3Li_2O+2B$$

$$Li_2O+Ca \longrightarrow CaO+2Li$$

生成物氧化钙比氧化锂更加稳定，并在釜底与锂分离。该精馏产品含（%）0.1Al，0.7Ca，0.6Mg，<0.1Na，0.5Si。该法蒸发速度低，在400℃时为0.005g/h；450℃时为0.042g/h。

四、锂化合物制取

用碳酸锂或氢氧化锂与各种酸作用转化成相应锂化合物的基本方程式为：

$$2HX+Li_2CO_3 \longrightarrow H_2O+CO_2+2LiX$$

$$HX+LiOH \longrightarrow H_2O+LiX$$

用碳酸锂转化成其它锂化合物，如图11-1-8所示。

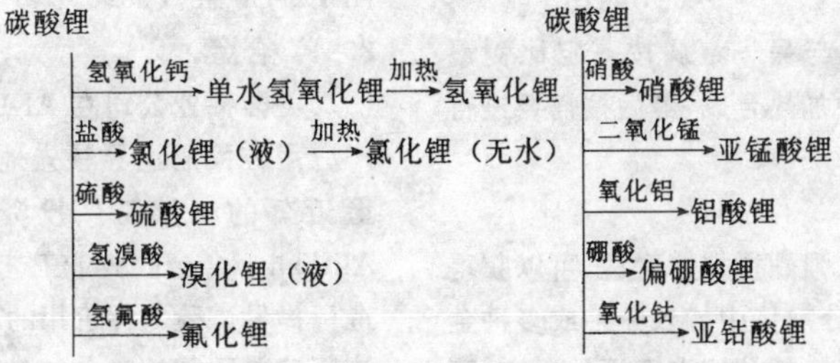

图 11-1-8　锂盐转化示意图

第五节　锂加工及锂合金

一、锂材

20世纪50年代初期用挤压法加工锂带、锂棒和锂丝，所制得的锂带宽6.2～12.5mm，厚0.8mm以上，长9m左右。由于在空气和油中操作，使锂带表面发黑。20世纪70年代由于高能锂电池的发展，美国富特矿产公司首先开展锂材和锂合金研究，并建立了加工厂。日本旭东金属公司、昭和KBI、三井以及美国锂公司随后都建立起锂带加工厂。

美国富特矿产公司采用挤压法生产锂带时，操作温度200℃、相对湿度1.5%，在恒温恒湿干燥间，用750t液压机将金属锂锭挤压成带，捲曲封装在充有氩气的容器中存放。美国生产的锂带厚0.2～4mm、宽17～125mm；最薄带厚0.038mm，最宽300mm，长度无限。锂带纯度99.9%以上，其中含有0.03%Na。除生产锂带外，还加工锂丝、直径ϕ0.31cm锂棒和锂锭等。

日本旭东金属公司是1980年建立的锂带加工厂，采用压延法生产厚0.2～0.5mm、宽35mm、长1000m的锂带，锂带纯度在99.9%以上。

1980年以前中国生产的锂带表面发黑，需用油保护，厚2～4mm、宽50～80mm。1980年采用直径ϕ400mm连续蒸馏炉，得到99.9%或99.99%的金属锂，经真空铸锭，在露点低于－40℃的恒温恒湿干燥空气间将纯锂挤压成带，通过轧制，最后捲曲封装于氩气铁盒中。锂带宽10～200mm、厚0.2～4mm，最宽300mm，长度无限，纯度99.9～99.99%，其中含0.02～0.001%Na。还可生产锂棒、锂丝、锂锭和锂合金粉。

二、锂合金

锂容易与铅、铜、银、镁及铝形成合金。某些金属添加锂，除可以降低该金属的密度外；往往还可以改变其某项性能。例如铝和铅中加锂，可以提高其刚度；在镁中加锂可以改善其延展性。

早在1918年，德国就研制了“铁路合金”，其组成为0.04%Li、0.7%Ca、0.6%Na，余为铅。该合金用于制造铁路车辆的轴承。以后生产过多种锂合金，但只有X2020（1.1%Li、4.5%Cu、0.5%Mn、0.2%Cd，余为铝）和LA141（85%Mg、14%Li和1%Al）两种合金曾用在航空和航天工业中。

随着近代科学技术的发展，近年来锂合金的品种逐渐增加。新问世的Li-Al（含20～25%Li）、Li-Si

(含44%Li)、Li-B(含72%Li)合金用作高能锂电池负极材料，特别是超轻Al-Li合金(含2～3%Li)用作飞机结构材料，发展很快。Al-Li合金作为原子能和核聚变的装置材料也引起人们的重视。

三、锂合金生产

锂合金的生产方法主要采用直接合成法、粉末冶金法、急冷凝固法、粉末挤压法、熔融铸造法及溶解法等。

(一) 直接合成法

直接合成法是将锂与另一金属按一定比例混匀，在真空或惰性气氛中加热合成，最后按需要进行处理，并加工成材。

(二) 粉末冶金法

在惰性有机溶剂中，强烈搅拌熔融锂，可以获得锂粉或锂的分散体，向分散体中加入一种或多种金属，在高于锂熔点低于另一组分熔点下搅拌反应，可以获得相应的锂合金粉。

(三) 快冷凝固粉末冶金法

将锂合金熔体在惰性气体中雾化，快冷的合金用粉末冶金法固化、挤压并铸造成板材。

(四) 溶解法

在铝中加入约2%高纯锂(不含钠、钾和钙)制成合金，然后用水冷半连续铸造法铸成锭，再通过轧制、铸造和挤压加工成制品。熔炼、铸造需在氩气中进行，或在熔体表面上使用熔剂氯化锂、氟化锂等覆盖物，使熔体与空气隔离。在氩气中添加锂能使成品率达到90%。

四、Al-Li 合金

(一) Al-Li 合金的研究现状及几种合金的性能

1985年研制的Al-Li合金大致分为两大类，即Al-Cu-Li系(2090)和Al-Cu-Mg-Li系(8090、8091)合金。

美国铝业公司在Al-Li系合金研制、加工和推广应用方面居世界领先地位。1984年该公司向匹兹堡近郊的一家工厂投资1000万美元，用于发展Alithalite合金的铸造工艺，以便在1985年向飞机制造厂提供试验与评价用的Alithalite合金材料。以后该厂铸造了重达9t的铸锭，用于试生产各种尺寸的厚板、挤压件与锻件。美国铝业公司研制了三种Al-Cu-Li-Zr系合金，Alithalite-A是破损安全合金，Alithalite-B是高比强度合金，Alithalite-C是低密度合金。各国研制的Al-Li合金成分及性能见表11-1-13～11-1-16。

表 11-1-13 几种 Al-Li 合金的成分(%，重量)

生产公司	合金牌号	Li	Cu	Mg	Zr	Fe	Si	Al
美国铝业公司	Alithalite (2090)	1.9～2.6	2.4～3.0	<0.25	0.08～0.15	<0.12	<0.08	余量
美国雷诺金属公司	2090	2.3	2.5		0.13	0.07		
	8090	2.6	1.4	1.0	0.14	0.05		
	8091	2.3	2.1	0.7	0.14	0.08		
	8090系	2.9	1.5	2.0	0.16	0.06		
英国加拿大铝业公司	Lital-A-C (8090)	2.3～2.6	1.0～1.6	0.5～1.0	0.08～0.16			余量
	Lital-B (8091)	2.4～2.8	1.6～2.2	0.5～1.0	0.08～0.16			余量
法国彼施涅公司	8090-CP271	2.2～2.7	1.0～1.6	0.6～1.3	0.04～0.16			余量
	8090-CP274	1.7～2.3	1.8～2.5	1.1～1.9	0.04～0.16			余量
	8090-CP276	1.9～2.6	2.5～3.3	0.2～0.8	0.00～0.16			余量

表 11-1-14 Alithalite-B-T8 材料的机械性能

机械性能	目标值	厚48mm	厚38mm
抗拉强度，MPa	524	558	569
屈服强度，MPa	476	510	530
伸长率，%	6（纵向）	12	7.9
断裂韧性，$MPam^{1/2}$	22	38.5	42.5
弹性模量，MPa	77000	79800	79800
密度，g/cm^3	<2.6	2.56	2.56

表 11-1-15 Al-Mg-Li 系合金挤压棒材时效到最高强度后的强度性能

合金成分，%		屈服强度 MPa	缺口抗拉强度，MPa	缺口强度/抗拉强度
Mg	Li			
2.03	2.30	411	510	1.24
1.99	2.76	399	478	1.20
1.94	3.14	423	383	0.91
3.51	1.80	335	491	1.47
3.50	2.28	432	521	1.21
3.55	2.71	455	440	0.97
4.89	1.37	286	475	1.66
4.89	1.81	367	441	1.20
4.84	2.33	443	435	0.98
	2.84	453	541	1.19

表 11-1-16 正在研制中的典型 Al-Li 材料的性能

合金	成分，%（重量）	生产①方法	品②种	状态	σ_b MPa	$\sigma_{0.2}$ MPa	δ %	韧性 $MPa\cdot m^{1/2}$	ρ g/cm^3	E MPa
美国空军 A	2.3Li、1.4Cu、1.0Mg、0.2Zr	P/M	E	T6	500	420	7.4		2.54	
美国空军 B	1.6Li、3.0Cu、0.8Mg、0.2Zr	P/M	E	T8	635	566	10.6		2.64	78500
Alcoa A	Li、Cu、Mg、Zr	I/M	P		457	401	9		2.55	80100
Alcoa B	2.2Li、2.7Cu、0.12Zr	I/M	P		605	569	9	31.8	2.59	80100
Alcoa C	Li、Cu、Mg、Zr	I/M	P		450	321	5		2.52	83700
Alcoa D	Li、Cu、Zr 或 Li、Cr、Mg、Zr	I/M	P		538	478	7		2.55	81500
Alcan A	2.5Li、1.2Cu、0.7Mg、0.12Zr	I/M	P	T8	510	429	6	36.0	2.53	81100
Alcan B	Li、Cu、Mg（Zr）	I/M	P	T8	551	490	5	31.2	2.55	81500
苏联01420	5.5Mg、2.1Li、0.6Mn、0.18Zr、0.18Cr	I/M	E		476	335	9		2.47	75300
ВАД 23	5.4Cu、1.3Li、0.5Mn、0.1Cd、0.2Ti	I/M	P	T6	572	529	4		2.74	
2020	4.5Cu、1.2Li、0.5Mn、0.2Cd	I/M		T6	591	542	3		2.73	78800
2020		I/M		TM7	571	515	13			

续表 11-1-16

合金	成分,%（重量）	生产①方法	品②种	状态	σ_b MPa	$\sigma_{0.2}$ MPa	δ %	韧性 $MPa \cdot m^{1/2}$	ρ g/cm^3	E MPa
中国 S141	5.3Cu、1.15Li、0.17Cd、0.6Mn	I/M	P	T6	565	480	7.5		2.73	79500
2024	4.4Zn、2.5Mg、1.6Cu、0.23Zr	I/M		T351	495	352	18	42.6	2.77	74600
		I/M		T851	495	459	7	23.4	2.77	74600
		I/M		T6	583	513	11	26.7	2.80	73200
7075	5.6Zn、2.5Mg、1.6Cu、0.23Zr	I/M		T76	548	478	12	30.6	2.8	73200
		I/M		T73	513	443	13	31.8	2.80	73200

① P/M 为粉末冶金法，I/M 为铸锭法；

② E 为挤压材料，P 为板材。

（二）Al-Li 系合金的加工方法

Al-Li 合金的加工方法有铸锭冶金法、粉末冶金法及机械合金化法。采用铸锭冶金法生产2020合金及以前应用的 Al-Li 合金，可大批量生产大规格产品，是现在研制高含锂合金的主要方法。熔炼铸造中存在的问题是锂的化学性质非常活泼，在大气中极易氧化，锂的烧损量很大，合金成分很难控制，氧化物不易排除，容易被卷入熔体内。同时熔体容易吸氢，产生夹杂物和气孔，使材料的性能，特别是韧性降低。因此，通常在熔炼和铸造中用 LiCl/LiF 覆盖或用惰性气体保护。另外，由于锂的活性很强，极易与炉衬材料发生反应，炉衬材料混入熔体中形成夹杂物，也会降低合金的韧性，因此选择炉衬材料很重要。采用直接水冷法铸造时，冷却水与熔体接触会产生爆炸，现在研究采用非直接水冷铸造法。另外热轧时包铝比较困难，多数采用二次包铝。

由于粉末冶金法凝固速度快，可以大量溶入添加元素，能够得到无偏析的产品，晶粒细小，组织分布均匀或者可以得到完全新型的组织结构，例如微晶组织或非晶组织。粉末冶金法是提高材料强度、提高材料抗应力腐蚀性能、改善材料断裂韧性的最佳方法。强制固溶的过渡元素析出和微细粉末表面上形成的极薄氧化物膜可以阻止晶粒粗化，起到提高材料强度和韧性的作用。粉末冶金法也和铸锭冶金法一样，合金容易氧化和吸氢，必须采取措施，防止粉末爆炸。

第六节 锂的成分分析

碱金属元素的物理和化学性质都比较近似，它们的大多数化合物的溶解度都比较大，因此锂与其它碱金属的分离比较困难。碱金属元素的金属性最强，甚至碱金属离子生成的螯合物键也是离子键，其络合物的稳定性很差，给碱金属的化学分析带来很大困难。近年来出现的一些锂的有机显色剂和荧光试剂，尤其是大杂环化合物的冠醚和穴醚，使锂的化学分析得到很大的发展。这些化合物就其特性和选择性来说，用作锂的测定尚不理想，但作为溶剂萃取分离富集锂后用发射光谱或原子吸收光谱法测定将是很好的方法。

发射光谱和原子吸收光谱法测定锂具有灵敏度高、准确度和精度好、测定范围广、操作简便、干扰少等许多优点，是目前广泛应用的测定方法。由于锂的激发电位较低，通常使用火焰激发就能得到较高的灵敏度。若使用较高温度的激发源，则因锂的电离而大大降低测定灵敏度。因此，一般使用空气-煤气或空气-乙炔作激发源较好。

本节介绍的测定锂的方法大都是目前实验室中通常采用的方法，包括重量法和容量法、分光光度法和荧光法、发射光谱法和原子吸收光谱法。上述方法的测定要点分别列于表11-1-17～11-1-19。

表 11-1-17 锂的重量法和容量法

分析方法	测定条件	测定范围	附注
斯密特重量法	试样＋$CaCO_3$＋NH_4Cl烧结分解，用戊醇提取氯化锂，用硫酸转化为硫酸锂后灼烧称重	0.1～8％	用于锂辉石测定，相对偏差6～8％
乙醇氨硬脂酸重量法	用异戊醇或戊醇、正丁醇、2-乙基己基醇有机溶剂萃取 LiCl 后，用乙醇氨硬脂酸沉淀锂，称重	2～40mg	
高碘酸钾容量法	KOH 介质中 Li^+ 与 KIO_4 生成 $LiIO_4$ 测定，溶于 HCl，加 KI 析出碘，以 $Na_2S_2O_3$ 滴定，间接法测定锂	0.1～20mg	
酸碱中和法	LiOH、H_2O、试样，加 $BaCl_2$ 后，以酚酞作指示剂，用标准 HCl 滴定 OH^-	55～57％ LiOH	钾、钠含量高时需要进行校正
	Li_2CO_3 试样以甲基橙作指示试，用标准 HCl 滴定 CO_3^{2-}	98～99％Li_2CO_3	
硝酸银容量法	LiCl 试样以 K_2CrO_4 作指示剂，用标准 $AgNO_3$ 滴定 Cl^-	98～99％	钾、钠含量高时需要校正
异辛醇萃取容量法	Li_2CO_3、LiOH、LiH、LiF 试样转化为 LiCl 后，用异辛醇萃取，水反萃，加入过量的 $AgNO_3$ 后，以硫酸亚铁铵作指示剂，用 KCN 溶液反滴定	1～5mg	1～3mg K、Na 无干扰

表 11-1-18 锂的光度法和荧光法

显色试剂	测定条件	测定波长，nm	测定范围	附注
钍试剂 I 光度法	20％KOH、70％丙酮、1mol/L KOH、F^-、DPM 萃至乙醚中，0.1mol/LHCl 洗出	486 482	(0.1～1) $\times10^{-4}$％ (0.1～1) $\times10^{-4}$％	5×10^{-3}％Na、1×10^{-3}％Ca、Mg 干扰测定铍中痕量锂
偶氮-氧化偶氮 BN 光度法	2mol/LNaOH、甘油、EDTA 用同体积 AT（20％CCl_4 的 TBP）萃取		10^{-4}～10^{-6}％	
偶氮溴膦 R 光度法	0.8％NaOH、丙酮（或丙醇，丙醇和丁醇混合液）	525或 450	(1～4) $\times10^{-4}$％	

续表 11-1-18

显色试剂	测定条件	测定波长，nm	测定范围	附注
硝基苯-邻-甲内酰胺偶氮光度法	0.05mol/L KOH、丙酮，试剂溶于二甲基甲酰胺中	540	0～3μg	200μgRb、50μgBa、Sr、Ca、Na、100倍Al、Mg无干扰
16-（ααα-三氟-4，6-二硝基-磷-甲苯氨基）-2，6，9，13-10氧杂二环〔12，14，0〕十八-1(14)，15，17-三烯	水溶液中 $CHCl_3$ 萃取	466	(1.4～56) $\times 10^{-3}$%	允许3gNa/ml存在
16-（2，4-二硝基苯基偶氮）-3，6，9，12-四恶双环〔12，3，1〕十八-1（18）14，16-三烯醇-18光度法	含二甲亚砜试剂 $CHCl_3$ 萃取	565	(2.5～25) $\times 10^{-6}$%	钠无干扰，钾、铷、铯、镁、钙、钴、铬、钡有干扰
TMC-王冠-甲腊〔7-氰基-5，15，16，17-四氢-14，18-二羟基二苯并(bi)-5，6，8，9-四吖环十四癸〕光度法	含0.2%羟基四丁胺、90%丙酮溶液	540	(3～30) $\times 10^{-6}$%	5000倍钙、镁、钡、锌、铅、镍、Co^{2+}、Fe^{3+}、铜、银、铋、1000倍 Cl^-、SO_4^{2-}、ClO_3^-、Ac^- 不干扰，NO_3^-、过氧化物干扰
8-羟基喹啉荧光法	弱碱性、乙醇 中性溶液，$CHCl_3$ 萃取		(0.4～10) $\times 10^{-5}$% 2$\times 10^{-3}$%	20μgNa、K、Ca、2μgMg、4μgFe无干扰 镁有干扰
二苯并噻唑甲烷荧光法	微碱性二氧杂环己烷作溶剂		(0.5～2) $\times 10^{-4}$%	锌产生荧光，大量 NO_3^-、Cl^- 降低荧光
5，7-二溴-8-羟基喹啉荧光法	pH9～9.5，乙醇	530，有吸收光谱	(2.5～250) $\times 10^{-5}$%	1.5mg碱金属，1μgCa、Mg、Sr、Ba、AlFe无干扰
N-(4-甲基缴酮基-8-甲基)-偶氮-15-冠-5荧光法	1，2-二氯乙烷萃取		10^{-7}%	钾有荧光
16-（苯并噻唑-2）-3，6，9，12-四氧杂二环〔12，3，1〕-1（18）14，16-二辛二烯-18-醇荧光法	50μLLiCl的甲醇溶液加3μL三乙基胺，用苯稀释至10mL	375激发 410测定	0.4～40 ng/ml	

表 11-1-19 锂的原子吸收光谱法和发射光谱法

分析方法	测定条件	测定波长，nm	测定范围，%	附注
火焰原子吸收法	在浓度小于2%的 HNO_3 或 H_2SO_4、HCl、HAc 介质中用空气-乙炔贫燃焰或空气-煤气焰测定	670.8	1×10^{-3}～10，(灵敏度 1%，吸收0.02×10^{-4}%)	一般阳离子无干扰，PO_4^{3-}、ClO_4^-有干扰，大量碱金属有电离干扰，硫酸和盐酸溶液的酸度也有影响
	0.1mol/L DBM（二苯甲酰基甲烷）-10%TBP-90%煤油从0.05mol/LNaOH 中萃取，有机相喷雾测定		$(1\sim10)\times10^{-5}$～10^{-4}	可测大量碱金属中痕量锂
火焰发射光谱法	<2%HNO_3或 H_2SO_4、HCl、HAc 介质中，用空气-乙炔贫燃焰或空气-煤气焰测定	670.8	5×10^{-5}～10 检出限10^{-10}	干扰与原子吸收法相似，大量基体存在需测量波长两侧发射强度，进行背景校正
	0.1mol/LDBM-10%TBP-90%石油醚从0.05mol/LNaOH 中萃取，1%HNO_3反萃入水相		5×10^{-7}～1×10^{-4}	不需要背景校正，可测大量碱金属中痕量锂
	pH9～9.5，用甲酰三氟丙酮-MIBK 萃取		3×10^{-5}	用于铍中微量锂的测定
^7Li 和^6Li 同位素组成原子吸收法	用^7Li和^6Li配制标准系列，分别用天然锂及^6Li空心阴极灯测定吸光度比值，空气-乙炔焰测定	670.8		^7Li 和^6Li 二者双重线间隔为0.015nm

第七节 锂的应用

一、炼铝工业

国外对铝电解槽添加碳酸锂试验进行过长期研究，美国、德国、瑞士、前苏联等国已应用于生产，美国大约有1/3铝锭是添加碳酸锂生产的。国外在铝工业中碳酸锂的消耗量占总锂量的1/4。1984年苏联共生产铝364.5万 t，加锂后每吨铝节电400～500kW·h。目前国外普遍认为，铝电解槽添加锂盐后可获得如下效果：(1) 电流效率增加1～3%；(2) 生产能力增加10～15%；(3) 氟化物散发减少50%；(4) 电解质熔点降低30℃；(5) 阳极消耗降低2～4%；(6) 电解槽寿命延长1～2a；(7) 电解质消耗降低40%；(8) 提高了铝的纯度（减少铁量）；(9) 电解质和铝液密度差增大50%。

铝电解槽添加碳酸锂具有上述优点，仅节能而言，电流效率提高1～3%，每吨铝可多盈利8.8～17.6美元。在国外此项技术已成功地用于侧插、上插和预焙电解槽，还成功地用于低电流密度和高电流密度的电解槽。至于对高电流效率（92～93%）的电解槽系列也可提高效率2%。

中国抚顺铝厂早在20世纪60年代开始试验，接着某些铝厂、学校和研究单位进行深入研究，取得可喜成果，并在铝厂普遍推广。实践证明，中国铝电解添加锂盐取得的各项指标同国外的结论一致，普遍认为锂盐添加工艺技术成熟，操作简易，便于推广，对环境保护和经济效益都十分显著。目前利用此工艺生产的铝锭约占中国铝总产量的1/3以上，碳酸锂的年消耗1000t 以上。由于这种添加锂盐方法既可节电也可增产，经济效益良好，为此在国内外铝工业中被广泛应用，前景会更好。

二、玻璃陶瓷工业

玻璃陶瓷工业是国外锂的第二大消费部门，也是直接应用锂矿石的最大工业部门。在美国炼铝工业采用锂盐之前，玻璃陶瓷工业曾是锂的最大消费行业。预计到2000年这方面的使用量折成金属锂计约为1300t。

氧化锂具有助熔和降低膨胀系数的作用，在瓶罐玻璃中添加0.1～0.2%的 Li_2O 可降低操作温度11～22℃，提高产量5～10%，并能降低燃料消耗和延长窑龄。黑白电视显像管玻璃壳添加0.6～0.7% Li_2O，使锂系微晶玻璃的耐热急变性能变好，可以做炊具，有的可进行切割。锂在改善瓷釉和搪瓷的性能优于钾、钠。

国外锂用于制造特种玻璃，如耐热炊具、黑白电视显像管、绝缘泡沫玻璃等方面，并有可能在玻璃容器、平板玻璃、玻璃纤维中实现工业化。

近年来，中国引进若干黑白电视显像管生产线，从而对碳酸锂和低铁锂辉石需求量增长较快。微晶玻璃炊具制品已在上海器皿二厂建立生产线，也已用在灯泡玻璃、瓷釉、搪瓷方面，取得了良好的经济效益。

江西锂云母价格低廉，用于玻璃陶瓷工业可降低烧结温度20～30℃，缩短熔化时间30～60min，既可节能又能代碱，具有推广应用的前景。

三、润滑脂工业

锂基润滑脂具有独特的润滑性能，工作温度范围宽（－60～200℃），安定性和抗水性好，稠化剂用量少，使用寿命长，是一种良好的润滑剂。

国外使用锂基脂早已相当普遍，在美国润滑脂总量中锂基脂占60%以上，1983年美国锂脂生产中用锂量按金属计为450t，占美国锂总消费量的22%，预计2000年将为750t。

中国润滑脂行业拥有较好的锂脂生产设备和工艺，年产锂脂近万吨，需要 $LiOH \cdot H_2O$ 200多吨，是目前国内民用锂的大用户，但锂基脂产量只占润滑脂总量的10%，与国外相差很大，可作进一步推广。

四、锂电池

锂可作为理想的电池材料，这是由于锂原子量具有最小的电化学当量值，1g 锂可放出3.83A·h 的电；锂具有最低负电性，标准电极电位为－3.045V；锂的电阻低，有利于电极集流；锂的密度小，有利于获得较高比能量；锂的化学活性大，活性物质利用率高。锂电池重量轻，体积小，储电能量大，充电速度快，适用范围广，所以世界各国都在注视着它的发展。美国、日本、德国曾进行了大量的研究工作，研制成各种类型锂电池达60多种。总之，研制锂电池已形成热潮，它既为现代的各种电子设备提供电源，也为大功率机车驱动提供能源。所以锂电池是解决人类能源危机的手段之一，受到各方重视 。

锂电池可分微型锂电池、特殊用途锂电池和动力电池等品种。微型电池主要用于电子计算机、电子手表、照相机、录音机、无线电通讯，代替一般干电池，需要量增长迅猛，如1983年日本为1.2亿只，消耗锂箔8～9t；1984年为1.6亿只，消耗锂箔9～10t。特殊用途锂电池为中等或大功率一次锂电池或热电池，在探测器、宇航卫星、电子战装置、声纳、浮标、潜艇和鱼雷动力电源中应用。动力锂电池可分为锂-水、锂-过氧化氢、锂-硫化物、氮化物固体电解质电池，以及熔盐二次电池，这些电池主要用作车辆动力电源和电力网低峰负荷时储能，具有节能、合理利用电能、降低城市污染和噪音等优点。目前国外正在积极研究中，不久即可付诸实现。

中国锂电池研究工作起步较早，一次锂电池已商品化，如二氧化锰和亚硫酰氯锂电池。但由于价格太高，目前主要用于军工。二次锂电池也已进行研究，并取得阶段性成果。

五、空调、医药及其它

（一）空调

溴化锂吸收式制冷机利用55%的溴化锂溶液在循环中吸收水蒸汽而获得低温。节电是吸收式制冷机的特点。1979年日本使用溴化锂高达1800t，中国年耗量为500t，这种吸收式制冷机主要用于高级宾馆、大会堂、纺织厂等方面。

（二）医药

碳酸锂可治疗狂躁抑郁性精神病，早在1964年英国药典已有报道，目前国内外普遍采用。另外，维生素和避孕药的合成也要用锂。还有合成橡胶，丁基锂是合成橡胶引发剂，1980年世界丁基锂产量已超过500t。

（三）轻合金

铝及其合金中加入1%Li，密度约下降3%，弹性模量增加5%。据美国铝业公司报道，近年来铝锂合金研究已取得重大进展，合金含2～3%Li，和常规铝合金相比，除密度小和弹性模量高外，还具有优异的耐蚀性和良好的耐疲劳性，用于制造飞机可减轻重量10%。

（四）焊接和脱气

轻金属焊接的焊料中含一定量的氯化锂，它是熔剂不可缺少的一部分，具有覆盖力大、防表面氧化、电弧稳定和工作效率高等优点。金属锂可作为除去金属中氧和硫的有效清除剂。铜中加锂可提高铜的电导率。

（五）纺织

聚酯生产中用锂基作催化剂，且次氯酸锂可用于纺织品的漂白。

世界锂工业的消费情况列于表11-1-20～11-1-22。

表 11-1-20 西方资本主义国家锂化合物和金属消费量（折合碳酸锂，t）

年 份	1985	1986	1987	1988
北美	10430	9620	10210	10480
西欧	7260	6800	7030	7220
远东	4990	4490	4760	4890
南美	2590	2270	1810	1860
其它	1810	1770	2040	2090
合计	27080	24950	25850	26540

表 11-1-21 西方资本主义国家锂消费比例（按用途分类，%）

年 份	1980	1985
炼铝	33	28
玻璃	32	24
陶瓷		14
润滑脂	20	17
化合物	6	7.5
空调	4.5	3.0
合成橡胶	1.5	2.5
锂电池	0.5	1.5
其它	2.5	2.5
合计	100	100

表 11-1-22 中国锂盐消费概况

（碳酸锂，t）

年 份	1985	1986	1987	1988
铝电解	198	440	750	1300
油脂	350	360	500	600
玻璃 陶瓷	230	330	450	500
电池、制冷、化工	100	250	800	950
其它	1780	2050	1800	1650
合计	2658	3430	4300	5000

主要参考文献

〔1〕稀有金属应用编写组，稀有金属应用（上），第二版，冶金工业出版社，1984，第1～37页.

〔2〕Bach, R. O. et al., Encyclopedia of Chemical Technology, Third ed., John Wiley and Sons Inc., New York, 1981, P. 14, P. 448～476.

〔3〕Bauer, R. J., Ullmanns Enctklo paedie der Technischen Chemie, 4. Auflage, Verlag Chemie, Weinheim, 1980, P. 16, P. 261～277.

〔4〕Evans, R. K., *Energy*, **3** (1978), P. 379～385.

〔5〕郑绵平等，国际交流地质学术论文集4，1985，第183页.

〔6〕Redeker, I. H., *Flotation from Pegmatites*, Erzmetall, Bd., **30** (1977), H. 12, S. 566.

〔7〕李铭谦，国外锂铷铯工业，中国工业出版社，1965，第71～109页.

〔8〕Bach, R. O. et al., US Pat. NO3563730 (1970).

〔9〕Snyder, D. D. et al., *J. Chem*、*Phys.*, **27** (1957), P. 1033～1034.

〔10〕郭承基，稀有元素矿物化学，科学出版社，1965，第589～590页.

〔11〕（苏）A. N. 拉札列夫，金属分析中的有机试剂，孙淑媛，孙令高译，北京师范大学出版社，1983，第131～134页.

〔12〕Ситникова, P. B., Ж. аналит. химий, **37** (1982), No4, P. 611～613.

〔13〕沈振天，光谱与光谱分析，4 (1984)，No2，第46～49页.

〔14〕陈静仪，原子能科学技术，(1984)，No4，第473～476页.

第二章 铷和铯

编写人 雷汉寰 熊佩丽 丁锦云

铷和铯是元素周期表中第一族元素，分别发现于1860年和1861年。铷和铯是两种最活泼的金属，非常柔软，在氧和空气中能自燃。铷和铯具有独特的光电效应，在普通光线的能量下就能游离出价电子。

铷和铯的发现已有一百多年，但直到1920年以后才少量在光电管方面使用。第一次世界大战前仅德国少量生产铷和铯。美国从20世纪30年代才开始发展铷和铯，直到1957年仍处于小规模阶段；1957年起因成功地从处理锂盐的母液——混合碳酸碱中提取铷和铯，生产才略有起色，产量持续上升。目前世界铷和铯化合物生产能力估计为20～30t/a，金属铯为3～4t/a，品种达80多种，化合物纯度99.9%，金属纯度已达99.99%。

铷和铯在地壳中的元素丰度分别居第16和40位，平均含量分别为310g/t、7g/t；在海洋中居第15和23位，含量分别为0.2g/t、0.002g/t。铷没有单独的工业矿物，主要存在于锂云母和卤水中。锂云母为铷、铯的重要工业资源。含铯矿物主要是铯榴石。国外铷、铯储量（以氧化铷和氧化铯计）分别为18万和1077万 t。中国亦有丰富的铷、铯资源。

第一节 铷和铯的矿物资源

一、铷、铯矿物组成

铷、铯在自然界常常与钾共生。铷在地壳中非常分散，常存在于岩石圈的各种矿物中，很少形成单独的矿物。铷的主要来源为锂云母，其典型组成见表11-2-1。铯的主要矿物为铯榴石（$2Cs_2O\cdot 2Al_2O_3\cdot 9SiO_2\cdot H_2O$），典型组成见表11-2-2。铷、铯在盐湖、地下卤水、气田水、油井水、温泉及地热水中的含量也很高，已知富含铷、铯的卤水如表11-2-3所示。

表 11-2-1 锂云母典型组成（%）

组　成	产			地		
	非洲比基塔	美国加利福尼亚	前苏联科拉半岛	中国宜春	中国新疆	中国上坪手选
Li_2O	3.87	4.92	6.01	5.80	2.49	2.78
Na_2O	0.13	—	1.70	0.59	2.60	0.25
K_2O	8.82	17.48	10.29	10.56	6.14	9.54
Rb_2O	3.73	0.97	1.22	1.72	0.805	0.66
Cs_2O	0.08	0.30	0.24	0.30	0.167	0.10
MnO	0.07	—	0.81	—	0.29	0.41
Fe_2O_3	0.40	—	0.46	0.37	0.62	10.80
FeO	0.24	—	0.09	—	—	—
Al_2O_3	28.80	22.81	13.34	24.0	23.96	21.76
SiO_2	49.52	50.18	59.93	50.94	60.39	42.2
F	5.18	1.20	5.65	6.27	1.40	—
H_2O	1.72	—	1.58	—	0.3	—

表 11-2-2 铯榴石典型组成（%）

组成	产地					
	美国缅因	前苏联科拉半岛	非洲比基塔	加拿大伯尔尼克湖	中国新疆	意大利厄尔巴岛
Li_2O	0.04	0.25	0.30	0.31	0.47	痕
Na_2O	1.81	2.56	1.8	2.89	2.00	3.88
K_2O	0.62	—	1.3	1.00	2.0	痕
Rb_2O	—	0.35	0.84	1.36	—	—
Cs_2O	36.08	27.10	22.4	28.63	29～30	34.07
CaO	0.22	0.50	—	—	0.093	0.68
Fe_2O_3	—	—	—	—	0.38	
Al_2O_3	16.36	19.60	—	17.0	15.55	15.97
SiO_2	43.51	48.00	—	46.0	45.32	44.03
H_2O	1.53	1.83	—	2.50	—	2.40

表 11-2-3 富含铷、铯的天然卤水（10^{-4}%）

产地	Rb	Cs	Li
前苏联东西伯利亚盐湖	21.2	—	217
前苏联中亚盐湖	0.3～20	—	29.8～180
前苏联乌拉尔盐湖	12		66.5
前苏联阿塞拜疆油田水	0.25～0.31	0.35～0.61	5.5～7.6
前苏联厄尔布鲁土地热水	1.5	0.64	18.5
前苏联卡兹别克地热水	3.1	2.6	13.0
死海	60	—	18.0
美国西尔斯盐湖	1	—	80
美国哥伦比亚油田水	14	6	481
美国伍德油田水	25	25	692
美国索尔顿盐湖	137～169	16～20	215～300
日本有马温泉水	3.5	2.5	55.8
新西兰怀拉基地热水	0.5～3.3	0.7～2.9	13.2
新西兰多林纳温泉水	1.1	2.7	5.8～11.6
中国自贡邓关黑卤	～10	—	74

续表 11-2-3

产地	Rb	Cs	Li
中国威远气田水	5.2	11.0	105
中国青海察尔汗晶间卤水	14	—	～10

二、铷、铯的蕴藏量

铯榴石主要产于加拿大伯尼克湖、津巴布韦比基塔和纳米比亚卡里比布，此外亦有少量产于瑞典、莫桑比克和前苏联东哈萨克斯坦。

美国铷、铯矿物极少，但其盐湖卤水含有大量铷和铯。前苏联拥有国外最大的光卤石-钾盐矿床。德国、法国及英国的光卤石-钾盐矿含（1～10）×10^{-3}%铷，储量可达3万 t。国外铷、铯储量见表11-2-4、11-2-5。

中国的铷、铯资源主要储存于盐湖卤水、锂云母和铯榴石中。江西宜春的锂云母储量极为丰富。此外，亦存在于四川、湖北、湖南、河南、广东等地。盐湖卤水主要分布于青海、西藏高原、四川和湖北等地区的地下卤水。藏北高原和柴达木盐湖卤水中平均含10.8mg/L 铷、0.034mg/L 铯，储量很大。

表 11-2-4 国外铷、铯储量（kt）

矿床类型及地区	Cs_2O			Rb_2O		
	在锂云母中	在铯榴石中	总 计	在锂云母中	在铯榴石中	总 计
伟晶岩	50	130	180	167	3	170
加拿大	3	77	80	10	2	12
美 国	0.6	1.4	2	2	—	2
巴 西	0.3	1.7	2	1	—	1
阿根廷及玻利维亚	0.1	0.4	0.5	0.3	—	0.3
津巴布韦	30	30	60	100	0.7	100.7
纳米比亚	15	15	30	50	0.3	50.3
乌干达、莫桑比克	0.2	0.3	0.5	0.6	—	0.6
扎伊尔	0.1	0.7	0.8	0.3	—	0.3
印 度	0.2	0.3	0.5	0.7	—	0.7
澳大利亚	0.3	1.7	2.0	1.0	—	1.0
法 国		0.2	0.2	—	—	—
瑞 士		0.5	0.5	—	—	—
葡萄牙	0.2	0.8	1.0	1.0	—	1.0
盐湖卤水（死海、大盐湖等）						10000
光卤石（德国）						600
总 计			180			10770

表 11-2-5 世界铷、铯资源估计（t）

地 区	Rb			Cs		
	储量	其它资源	合计	储量	其它资源	合计
加拿大	1134	2091	3175	68946	72575	145149
津巴布韦	无资料			22679	22679	45359
纳米比亚	无资料			7257	9071	18143
合 计				99790	108862	208652

第二节 铷和铯的主要物理化学性质

一、金属铷和金属铯的性质

（一）核性质

所有天然产出的铯同位素都是非放射性的，而铷则有天然存在的同位素。天然铷由稳定的^{85}Rb和放射性的^{87}Rb组成，后者占总量的27.85%。

铷同位素是在原子反应堆中裂变形成的。已生产过^{81}Rb到^{97}Rb放射性同位素，质量数85以下的同位素大多数呈β^+辐射衰变，而质量数大于85的同位素主要呈β^-辐射衰变，多数同位素半衰期都很短。

天然放射性同位素^{87}Rb为β^-辐射，半衰期$6.1\times10^{10}a$，放出能量$9.96\times10^{-4}J/a$。核反应$^{87}Rb\rightarrow{}^{87}Sr+\beta^-$常用来确定含铷矿物的年龄。世界约有1%的锶是由$^{87}Rb$衰变形成的，通过测定Sr与Rb的比值即可确定该矿物的年龄。

铯同位素也是由铀裂变形成的，^{137}Cs就是一种较普通的裂变产物。唯一的天然稳定铯同位素是^{133}Cs，但人工产出的放射性同位素约有18种，其质量数由^{123}Cs到^{145}Cs，^{133}Cs以下的同位素一般呈β^+辐射，而^{133}Cs以上的呈β^-辐射。

（二）物理化学性质

铷呈银白色，铯带有金的颜色。铷和铯在氧及空气中能自燃，与水反应特别剧烈，甚至在－100℃时反应仍能极快进行，室温下便能引起燃烧爆炸。铷和铯与所有非金属元素（氮除外）都能作用。在氟和氯气中燃烧，与液体溴反应时发生爆炸，将其加热后才能与碘起作用。与磷及硫作用时能引起爆炸，在450℃时能与氢作用。从300℃开始铷和铯即能使玻璃分解而析出硅，在室温下不与氮化合。铷、铯有机化合物的化学活性很强，对有机合成很有用。铷和铯可与碱金属、碱土金属及汞、锑、铋、金等形成合金。金属态的铷、铯是最强的还原剂，反应形成的化合物具有很强的离子键。在化合态时其金属离子在所有阳离子中最稳定。

铷和铯的熔点低，质软，具有展性，密度也很低，其导电性和导热性是所有已知材料中最好的，而电离电位则是各族元素中最低的。铷、铯最明显的物理性质是具有独特的光电效应，光电阈（引起电子辐射最长的波长）最大，位于光谱的长波区域。电子逸出功最小。铷和铯的主要物理性质见表11-2-6。

表 11-2-6　铷、铯的物理性质

项　目	Rb	Cs
原子序数	37	55
原子量	85.47	132.905
晶型	体心立方	体心立方
熔点，℃	39	28.5
沸点，℃	688	705
原子半径，nm	0.248	0.267
离子半径，nm	0.148	0.169
原子体积，cm^3/mol	55.9	70.0
晶格常数（−173℃），nm	0.562	0.605
电离电位，V	4.16	3.87
电子发射波长，μm	0.73	0.80
电子功函数，eV	2.09	1.81
电极电位，V	2.924	2.923
电阻率，μΩ·cm	11.6	18
近熔点（液），℃	19.6	36.6
密度（固，20℃），g/cm^3	1.532	1.90
（液，熔点），g/cm^3	1.475	1.84
熔化热，J/g	25.54	15.77
热导（熔点），J/（s·cm·℃）	0.314	0.184
比热，J/（g·℃）	3.35	0.21
蒸发热（沸点），J/g	888	611
熔化体积增长，%	2.54	2.66
临界温度，K	2100	2050
蒸汽压（275～300℃），Pa	133	133
（385～400℃）	1330	1330
（570～600℃）	2.66×10^4	2.66×10^4
（625～635℃）	6.65×10^4	6.65×10^4

续表 11-2-6

项　目	Rb	Cs
表面张力（熔点），N/cm	8.47×10^{-2}	7.03×10^{-2}
（100℃）	8×10^{-2}	6.7×10^{-2}
（550℃）	5.1×10^{-2}	4.1×10^{-2}
粘度（液体，熔点），Pa·s	6.73×10^{-2}	6.3×10^{-2}
（100℃）	4.84×10^{-2}	4.75×10^{-2}
重要光谱线，nm	420.185，780.023 794.760	455.536，459.318 852.110，894.35

二、铷、铯化合物的性质

（一）铷和铯的卤化物

所有碱金属卤化物都溶于水，在水中的溶解度一般按从氯化物到碘化物和从钠到铯的顺序增加。在任一指定温度下，碱金属卤化物的水溶性随分子量的增加而增大，唯一例外的是铯的卤化物，在低温下氯化铯比碘化铯更易溶。这些化合物在非水溶剂中的溶解度也是从氯化物到碘化物逐渐增长。铷、铯卤化物都相当程度地溶于氨和甲醇及其它有机溶剂中。

铷、铯卤化物的一个最普通反应是彼此间或与其它金属卤化物或与卤素本身形成多卤化物，这种类型化合物的典型代表是复盐光卤石 $KCl\cdot MgCl_2\cdot 6H_2O$，形成复盐的倾向随原子量的增加而增加。铷、铯光卤石 $RbCl\cdot MgCl_2\cdot 6H_2O$ 和 $CsCl\cdot MgCl_2\cdot 6H_2O$ 的溶解度很大，且混溶。铷和铯形成的复盐如 $3CsCl\cdot 2SbCl_3$ 常用来将铯与其它碱金属分离。

（二）铷和铯的碳酸盐

在碳酸盐-碳酸氢盐-水体系中形成碳酸盐-碳酸氢盐的复盐。铷和铯的碳酸氢盐不稳定，加热到200℃会析出碳酸盐、二氧化碳和水，而碳酸盐在高温下比较稳定。碳酸铯在610℃开始分解，碳酸铷在900℃开始显著分解。

铷、铯的碳酸盐和碳酸氢盐为白色结晶，极易溶于水，例如20℃时碳酸铷的饱和溶液含72.34%的无水盐，若通入二氧化碳则生成溶解度较小的 $RbHCO_3\cdot H_2O$ 和 $CsHCO_3\cdot nH_2O$。20℃时碳酸氢铯的溶解度为40.4%的无水盐，在无水乙醇中的溶解度为10%。

（三）铷和铯的硝酸盐

碱金属硝酸盐都是低熔点盐，常用作熔盐浴和热交换介质。碱金属硝酸盐被广泛用作反应介质及非水溶剂。纯碱金属硝酸盐的熔点与离解温度存在约200℃的差别。铷和铯的硝酸盐的热稳定性较大，其熔点分别为313℃和414℃，离解温度分别为548.5℃和584.0℃。

铷、铯硝酸盐的重要特性是在水中的溶解度很大。铷、铯硝酸盐不生成水合物，但与其它硝酸盐形成化合物，如 $RbNO_3\cdot LiNO_3$（熔点191℃），铷和铯的硝酸盐均与硝酸形成熔剂化物，如四方晶 $RbNO_3\cdot HNO_3$（熔点62℃）、$RbNO_3\cdot 2HNO_3$（熔点45.0℃），八方晶 $CsNO_3\cdot HNO_3$（熔点100℃）、$CsNO_3\cdot 2HNO_3$（熔点32～36℃）。铷、铯硝酸盐的另一个重要性质是它们可以减压蒸馏。

第三节　铷、铯的选矿和冶金

一、铷、铯选矿

（一）铯榴石的选矿

铯榴石为无色等轴系立方晶型，亦有呈致密块状或晶状产出者，硬度6.5，密度2.9g/cm³，有光亮的玻璃状或暗淡状光泽，条痕白色，透明，性脆，断口呈贝壳状。常与叶长石、鳞云母、磷铝石、石英产于花岗岩及伟晶岩的微晶空穴内。

铯榴石主要采用手选，亦进行过浮选试验，可获得大于20%Cs_2O 的铯榴石精矿。铯榴石为铝硅酸盐矿，无磁性，主要脉石是长石、石英等，因此用重选、摇床、电选等方法分选效果差，采用阳离子捕收剂进行反浮选富集效果显著。

（二）锂云母的选矿

锂云母为淡红色页状，具有珍珠状光泽或呈鳞片块状及可剥之板状等，硬度2.5～4，密度2.8～2.9g/cm³，颜色有紫红、淡红、淡黄、淡灰白及白色等，条痕为白色，微透明，性柔，多产于伟晶花岗岩、云英岩及正长岩内。

锂云母选矿一般采用浮选法。在pHll～11.5介质中，以混合胺作捕收剂回收效果很好(见本篇第一章)。

二、铷、铯冶金

(一) 矿石冶炼

1.铯榴石的盐酸法处理

铯榴石通常含25～30%Cs_2O，含其它碱金属的铝硅酸盐约4%，是提取铯的主要原料。盐酸法对分解铯榴石较为有效，铯的提取率可达99%。浸出液用三氯化锑选择沉淀铯。其流程如图11-2-1所示。

铯榴石和盐酸在100℃时用水浸出4h，过滤后得到氯化铯溶液，向溶液中加入理论量175%的三氯化锑生成$3CsCl\cdot 2SbCl_3$复盐沉淀。为使碱金属进一步分离，可用热盐酸将复盐溶解，冷却再结晶。

25℃时盐酸浓度对氯化铯锑复盐溶解度影响如下：复盐沉淀的分析结果为<0.01%Na、<0.01%K、0.03%Rb、41.5%Cs、21.6%Sb。

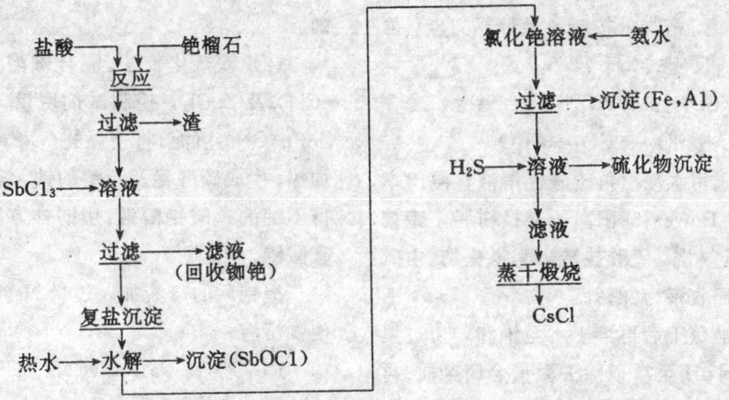

图 11-2-1 盐酸法提取氯化铯流程图

HCl，mol/L	2.086	4.027	6.875	9.957	12.92	16.20
复盐溶解度，g/100ml	1.778	1.304	1.217	1.218	1.258	1.333

将复盐转入沸水中，水解生成SbOCl沉淀，氯化铯转入溶液。过滤可得到氯化铯溶液，加氨水除铁、铝等杂质。溶液用盐酸酸化，并加入三氯化锑再形成复盐沉淀以除去大量的铵盐，因铵盐妨碍下一步操作。水解后向氯化铯溶液通入硫化氢，使杂质成硫化物沉淀后得到纯氯化铯溶液，蒸干、煅烧可制得产品氯化铯。

2.铯榴石的硫酸法处理

硫酸法是大量生产铯盐最有希望的方法。铯榴石中含大量氧化铝，用硫酸浸出可直接得到铯矾，再用重结晶法提纯。铯矾是碱金属中最难溶的，再结晶可除去其中的碱金属杂质。分解矿石的流程见图11-2-2。

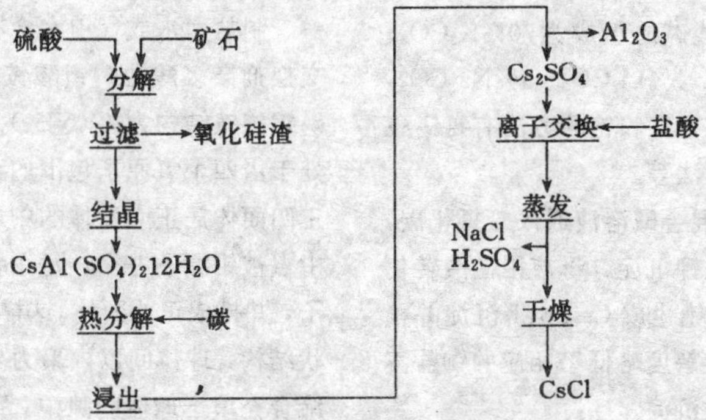

图 11-2-2 硫酸法分解铯榴石流程图

经细磨的矿石与硫酸混合，在反应器中加热到120℃浸出2h，热过滤的滤液冷却后生成铯矾沉淀，93%的铯进入矾中。母液冷却到0℃，得到含铷、铯混合物的结晶产物，再用选择沉淀法分离铷和铯。铯矾重结晶两次（冷却至40℃），可得含25%Cs和<0.01%Rb的铯矾。从铯矾提取铯盐的方法有：

（1）热分解法。铯矾用两级干燥脱水，即先使一部分铯矾在接近水合物熔点（115℃）脱水，然后与另一部分铯矾混合，在250℃时完全脱水。脱水后的铯矾在900～950℃焙烧分解硫酸铝。为避免生成熔融块状的焦硫酸铯，需加入按装料量计算的碳，可得到粉末状产品，反应式如下：

$$2CsAl(SO_4)_2+3/2O_2+3C \rightleftharpoons Cs_2SO_4+3SO_2+3CO_2+Al_2O_3$$

分解后的铯矾用水浸出得硫酸铯溶液，浸出率约99%。溶液通过Dowex-50阳离子交换树脂，铯被吸附，用10%HCl淋洗，硫酸盐转化为氯化物。由矾到氯化铯溶液的回收率为98%。

将氯化铯溶液蒸干后再溶于水至饱和，用过氧化氢和氨处理，调pH至7，以除去微量金属杂质。再蒸干可得纯氯化铯。

（2）中和法。将氢氧化铵加入铯矾溶液中，此时氢氧化铝成絮状沉淀析出，因不易过滤洗涤，而使可溶性铯损失约5%。溶液中的硫酸铯及硫酸铵通过离子交换转化为氯化物，蒸干，并在400℃时挥发除去氯化铵即得到氯化铯。

也可以加入氢氧化钡或石灰使氧化铝沉淀，加入石灰可使氧化铝成容易过滤的沉淀物而析出。也可以同时加入氯化钡或二氯化铝使硫酸铯转化为氯化铯，但试剂较贵。

3.从锂云母中提取铷和铯

锂云母是提取锂、铷、铯的重要工业原料。锂云母提锂后得到的混合碳酸碱的组成为70%K_2CO_3、23%Rb_2CO_3、2%Cs_2CO_3、1%Li_2CO_3、3%Na_2CO_3，其它占1%。从混合碱中提取铷和铯的方法有氯锡酸盐法、铁氰化物法和萃取法等。

（1）氯锡酸盐法。向混合碱溶液通入二氧化碳，便有70%的钾生成碳酸氢钾沉淀，母液用盐酸转化为氯化物溶液。加入能使铯生成Cs_2SnCl_6沉淀并稍微过量的氯化锡，因其溶解度略低于相应的铷盐溶解度，而使Cs_2SnCl_6优先沉淀。

沉淀铯后的溶液再加入过量氯化锡，使铷成Rb_2SnCl_6沉淀，对混入其中的杂质可用重结晶法提纯，或再溶解于盐酸，并加入铁鳞使锡还原成二价：

$$Rb_2SnCl_6+Fe \longrightarrow 2RbCl+FeCl_2+SnCl$$

用氯气氧化氯化亚锡，使铷再次沉淀出纯的Rb_2SnCl_6：

$$2RbCl+SnCl_2+2FeCl_2+2Cl_2 \longrightarrow Rb_2SnCl_6\downarrow+2FeCl_3$$

将Rb_2SnCl_6加热分解，挥发除去氯化锡，即得纯氯化铷。

也可用电解法分解Rb_2SnCl_6，或先以铁还原，再加入过氯酸钠使铷生成过氯酸铷，加热即得氯化铷。

（2）铁氰化物法。混合碱溶液直接加入$Na_4Fe(CN)_6$及$ZnCl_2$，控制试剂用量，使铯首先生成$Cs_2ZnFe(CN)_6$沉淀。将干燥的$Cs_2ZnFe(CN)_6$在空气中加热，生成碳酸铯及不溶的铁、锌混合物，以水浸出得不纯的碳酸铯溶液。用同样方法再次沉淀即得纯碳酸铯。

提铯后的母液加入过量$Na_4Fe(CN)_6$及$ZnCl_2$，使铷沉淀：

$$Rb_2CO_3+Na_4Fe(CN)_6+ZnCl_2 \longrightarrow Rb_2ZnFe(CN)_6\downarrow+Na_2CO_3+2NaCl_2$$

将干燥的$Rb_2ZnFe(CN)_6$热分解，以水浸出碳酸铷后与不溶物分离。铷的提纯可用再次沉淀亚铁氰化物的方法进行，经过两次沉淀后可获得纯度高于95%的碳酸铷。

（3）萃取法。用叔-BAMBP-磺化煤油从混合碱中萃取分离铷和铯，对综合利用锂云母较为合理，可用不同的反萃取剂制取相应的铷、铯化合物。此法流程短，金属回收率高，成本低，便于工业生产。从原料液到产品其实收率在94%以上，氯化铷、氯化铯纯度均高于99.6%。二次萃取氯化铯纯度达99.99%。

（二）盐卤提取法

制盐卤水或气田水含有铷、铯，可采用无机离子交换剂杂多酸盐磷钼酸铵选择性交换吸附铷和铯。磷钼酸铵结构为〔$(NH_4)_3PMo_{12}O_{40}xH_2O$〕；磷原子处于由四个氧原子包围的正四面体核心上，$PO_4^{3-}$为正四面体居正六面体的中心，正六面体的12个棱的中点被钼原子占据，每个钼原子实际占有三个氧原子，并排成正八面体。这样〔$PMo_{12}O_{40}$〕形成多孔球状结构，球体间以内聚力聚集在一起，NH_4^+与H_2O缔合充填于球体间隙中，只有大体积的K^+、Rb^+、Cs^+、Ag^+、Hg^+、Ti^{4+}及喹啉等有机碱可在无机酸介质中与NH_4^+发生交换作用，反应式为：

$[(NH_4)_3PMo_{12}O_{40}]xH_2O + 3Me^+ \longrightarrow$
$Me_3PMo_{12}O_4xH_2O + 3NH_4^+$

实际上，因铷、铯离子的体积较大，铵离子只有60～80%被交换。此法能耗低，分离效率高，工艺简单，但实收率较低。工艺流程示于图11-2-3。

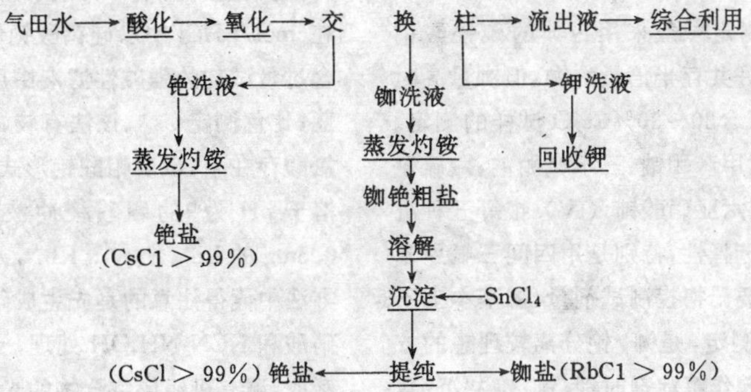

图 11-2-3　盐卤提取铷、铯工艺流程图

（三）金属的制取

金属铷、铯是最活泼的碱金属，可在空气中燃烧，并遇水爆炸，因此，提取铷、铯必须始终在矿物油和惰性气体保护下，或在真空中进行操作。

1.电解法

金属铷、铯可先从汞阴极的熔体中电解得到汞齐，再从汞齐中回收。电解法制取碱金属最适当的电解质是卤化物体系。由于金属沸点低，卤化物盐类熔点高，以及铷、铯在熔体中有一定的溶解度，因此一般情况下须向熔融卤化物中加入第二种组分以降低电解质的熔点。

用铝作阴极在670～700℃时电解熔融氯化铯而生成铝铯合金。在阴极电流密度为$2A/cm^2$、温度670℃时，电流效率为59%。铯铝合金通过蒸馏可获得金属铯。

2.真空热还原法

铷和铯的氧化物、氢氧化物、碳酸盐、卤化物、硫酸盐、铬酸盐和硝酸盐，均可用强还原性金属锂、钠、钙、镁、锆、铝或硅等在较高温度下还原，减压下用蒸馏法将铷或铯从反应带中移出。最好的办法是无水金属氯化物以金属钙还原。将无水氯化铷或氯化铯与过量的钙粒或钙粉混合，在真空中加热到700～800℃，铷和铯被还原。在真空力的引导下，金属蒸气至冷凝部位冷凝，并流入收集器中。回收率大于90%。还原所得金属于300℃时，在真空中蒸馏，可获得高纯金属。

铯的卤化物用锂还原是很好的系统，如用锂还原氯化铯可获得回收率大于90%的高纯铯。铯的铬酸盐用锆还原比较稳定，可获得高质量金属。但还原速度快，要求有良好的装置并应严格控制反应条件。铯的铬酸盐用硅还原法亦已广泛用于生产光电管面板材料。

（四）合金的制取

铷、铯能与其它元素形成合金。由于其性质特别活泼，含有铷或铯的合金一般耐大气侵蚀的能力差，不能用作结构材料，但在光电、热电转换、原子频率等近代技术部门均有应用。一般说来，铷、铯和其它元素作用，一般均会形成金属间化合物，从而变得更硬、更脆和具有更高的熔点及低的化学活性。

制备方法可用坩埚法或玻璃瓶法。坩埚法可选用一端不开口的铁坩埚，上端有内径紧密配合的盖塞。在惰性气体保护下用称量法将金属装入坩埚后，将塞盖盖紧并焊接密封。高温熔炼后冷却，在氩气保护下锯去坩埚底或盖，取出合金，再在真空中蒸馏除去多余的铷或铯即可制得所需的金属间化合物。玻璃瓶法是首先在气体保护下称好合金的一种组分装入玻璃瓶中，再将玻璃瓶连接于真空系统，并在真空中将稍多于计算量的铷或铯定量地蒸入玻璃瓶中，与第一组分混合后，将玻璃烧封、摇匀，再置于可转动的电阻炉中于200℃时反应24h。反应完毕后在氩气保护下将玻璃割开，取出金属粉末，再于真空中蒸馏除去多余的铯和铷，即可制得铷、铯合金粉末。

第四节 铷和铯的成分分析

一、重量法

铯榴石中铯的测定一般采用古典的碘铋酸钠（或钾）法。此法可允许共存半倍量的铷，但铷量高时要求重沉淀，适用于含20～30%Cs_2O 试样的测定。最近提出的四间三氟甲苯硼钠、三苯氰硼钠、六硫氰铋酸钠、六碘碲酸和六亚硝酸铈（IV）银等五种沉淀剂，对铯有很好的选择性，特别是用四间三氟甲苯硼钠作沉淀剂时，只要严格控制试剂量，铷基本上不沉淀，锂和钾不干扰测定，是铷、铯分离较理想的方法。四氯化锡及铂氯酸作沉淀剂时钾、铷、铯共沉淀，其测定值为合量。三苯氰硼钠作沉淀剂时钾不沉淀，可用于海水及植物中铯的分析。N，N-二甲基乙醇铵乳清酸盐可将铷、铯一起沉淀，其主要优点是NH_4^+、Li^+、Fe^{2+}和碱土元素不沉淀，但Na^+、K^+沉淀。以上方法绝大部分对铯具有较好的选择性，但对铷不够理想。

二、容量法

硫代硫酸钠-间接碘量法滴定铷、铯，指示剂选用淀粉，可在K^+、Rb^+、Cs^+共存时测定，但选择性差。近年来发展的磷钼酸直接电位滴定、二苦胺锂色度萃取滴定、硝酸银间接电位滴定等大大增加了特效性，可测定0.2～10mg 的铯，但用硝酸银间接电位滴定I^-时，Rb^+干扰测定。尽管各种文献中提出了以上测定铷、铯的容量分析法，但都由于选择性差而无法用于实际工作中。

三、分光光度法

测定铷、铯的分光光度法以生成杂多酸盐的方法发展较快，其中以磷钼酸及硅钨酸的方法较成熟。在6mol/LHCl 中以硅钨酸铯形式沉淀分离Cs^+，在含过量试剂的强碱性滤液中用三氯化钛还原成杂多蓝，比色测定Cs^+。该法有较好的选择性。另外，在过氯酸存在下，以磷钼酸铯形式沉淀分离Cs^+，将沉淀溶于 pH 为9的硼酸缓冲液中测Cs^+，允许共存0.5mg 的Li^+、Na^+、Rb^+，20mg 的K^+。而较早的方法中值得注意的是先生成碘铋酸铯沉淀，然后用硝酸和 $KCN-NH_4OH$ 处理，再用双硫腙-三氯甲烷萃取，测有机钼铋络合物的光密度。可以间接测定微量的Cs^+，允许存在4mg 的K^+、Rb^+。

四、火焰分光光度法和原子吸收分光光度法

随着火焰光度法、火焰分光光度法及原子吸收分光光度法在分析化学中的广泛应用，铷和铯的测定变得简单而方便，较之化学分析法不但灵敏度高，而且精度和准确度也超过了经典的化学法。由于铷和铯的性质比较近似，用重量法、容量法、分光光度法测定铷和铯，分离较为困难，因而选择性差，在实际上很少应用。目前火焰分光光度法及原子吸收分光光度法已成为中国实验室测定铷、铯的常规分析法，表11-2-7列出了部分有代表性的方法。

表 11-2-7 火焰分光光度法和原子吸收分光光度法测定铷和铯

方法	分析过程	火焰型	试样	被测元素	备注
火焰分光光度法	矿样处理成0.05%的硫酸溶液，加入一定量氧化钾后进行测定	乙炔-空气	铯榴石	Cs、Rb	适用范围0.1～30%，大量氯化铵存在时使结果偏低，酸度过大也使结果偏低
火焰分光光度法	先用磷钼酸铵吸附Cs^+，而后将其溶于 NaOH，用 $NaB(C_6H_5)_4$的甲基异丁基甲酮-环己烷萃取	氢-氧	自来水、花岗石、海水等	Cs	于有机相中可检出0.005μg/mLCs^+，水相中K^+不大于0.1mg/mL，Cs^+回收率为95%

续表 11-2-7

方法	分析过程	火焰型	试样	被测元素	备注
火焰分光光度法	在酸性溶液中用 $NaB(C_6H_5)_4$ 沉淀 K^+、Rb^+、Cs^+，用丁酮、甲醇、水按7:1:2的混合溶剂溶解沉淀，然后测 K^+，不足 K^+ 量用KCl补充至25mg/50mL，再测 Rb^+、Cs^+	乙炔-空气	卤水	Cs、Rb	铷、铯含量为0～2μg/mL，均方偏差±1.7%
火焰分光光度法	样品溶于水，用标准加入法分别加入10%HNO_3三滴以及 Cs^+、Rb^+ 标准，用试剂空白对零，测 Cs^+、Rb^+ 量	乙炔-空气	硝酸铯 氯化铯	Rb、Cs	可测 5×10^{-4}%Rb，5×10^{-4}%Cs
原子吸收分光光度法	岩石和矿物用HF处理，蒸发至干，测定前加入2.5%La^{3+} 和1.25%K^+，三缝燃烧器原子吸收法测定 Rb^+	乙炔-空气	岩石矿物	Rb	加入镧可消除钙、磷、铝等化学干扰，变动系数为4%，灵敏度是0.2μg/mL
原子吸收分光光度法	样品用乙醚和水处理，用铯无极放电灯	丙烷-空气	金属铷	Cs	含量为 2×10^{-4}～4×10^{-3}%Cs，相对标准偏差3～5%
原子吸收分光光度法	加入其它易电离元素化合物，增强 Rb^+、Cs^+、K^+ 的吸收信号	乙炔-空气		K、Rb、Cs	1×10^{-3}%Cs^+，共存 K^+ 或 Rb^+ <0.5%，精密度5%5×10^{-4}%Rb^+，共存 K^+ 或 C_s^+>0.2%，精密度2%2×10^{-4}%K^+，共存 Cs^+ 或 Rb^+>0.3%，精密度2.5%

第五节　铷和铯的产品标准

铷、铯产品标准见表11-2-8～11-2-11。

表 11-2-8　美国KBI公司金属铷、铯质量标准（%）

杂质元素	铷（工业级）	铷（高纯级）		铯（工业级）	铯（高纯级）	
	典型值①	典型值	标准值	典型值②	典型值	标准值
Li	0.001	<0.001	<0.005	0.001	0.001	0.001
Na	0.100	0.005	0.02	0.100	0.004	0.010
K	0.100	0.010	0.10	0.100	0.002	0.010
Rb		99.93	>99.8	0.100	0.004	0.010
Cs	0.200	0.050	0.10	99.7	99.99	>99.98
Al	0.003	<0.0001	0.002	0.002	0.0005	0.001
Ca	0.001	<0.0001	0.0005	0.001	0.0001	0.0005

续表 11-2-8

杂质元素	铷（工业级）	铷（高纯级）		铯（工业级）	铯（高纯级）	
	典型值①	典型值	标准值	典型值②	典型值	标准值
Cr	0.001	<0.0001	0.0005	0.001	0.0001	0.0005
Cu	0.001	<0.0001	0.0005	0.001	0.0001	0.0005
Fe	0.002	<0.0005	0.002	0.002	0.0005	0.0010
Pb	0.001	<0.0001	0.0005	0.001	0.0001	0.0005
Mg	0.001	<0.0001	0.0005	0.001	0.0001	0.0005
Mn	0.001	<0.0001	0.0005	0.001	0.0001	0.0005
Ni	0.001	<0.0001	0.0005	0.001	0.0001	0.0005
Si	0.002	<0.0001	0.001	0.002	0.0001	0.0005

① 铷标准值99.5%以上；

② 铯标准值99.5%以上。

表 11-2-9 美国 KBI 公司铷盐质量标准（%）

杂质元素	工业级		高纯级		元素	工业级		高纯级	
	典型值	标准值	典型值	标准值		典型值	标准值	典型值	标准值
锂钠钾铯总计	0.65	<0.90			Cr		0.01	<0.001	0.001
钾铯化合物			0.15	<0.20	Cu		0.01	<0.0005	0.0005
Li			<0.001	0.005	Fe		0.01	<0.001	0.001
Na			0.005	0.010	Pb		0.01	<0.0005	0.0005
Si	0.01	<0.02	<0.001	0.010	Mg		0.01	<0.001	0.001
其它合计	0.05	0.10			Mn		0.01	<0.0005	0.0005
Al		0.01	0.005	<0.010	Ni		0.01	<0.0005	0.0005
Ba		0.01	0.005	0.010	不溶物	0.01	0.01	<0.01	0.01
Ca		0.01	0.001	0.005	铷化合物	99.2	>99.0	99.82	99.8

表 11-2-10 美国 KBI 公司铯盐质量标准（10^{-4}%）

杂质元素	各种铯盐		碘化铯		醋酸铯，碳酸铯，氯化铯，氟化铯 甲酸铯，氢氧化铯，硫酸铯		溴化铯，硝酸铯 铬酸铯	
	工业级		高纯级					
	典型值	标准值	典型值	标准值	典型值	标准值	典型值	标准值
Li	100		<1	1	<10	100	<10	10
Na	3000		<10	10	200	800	100	50
K	500		<10	10	100	300	30	100
Rb	3000		<10	25	300	800	100	500
Al	<100		<1	5	<10	100	<5	10
Ba	<100		<10	10	<10	100	<10	50

续表 11-2-10

杂质元素	各种铯盐		碘化铯		醋酸铯，碳酸铯，氯化铯，氟化铯 甲酸铯，氢氧化铯，硫酸铯		溴化铯，硝酸铯 铬酸铯	
	工业级		高纯级					
	典型值	标准值	典型值	标准值	典型值	标准值	典型值	标准值
Ca	<100		<1	1	<1	5	<1	5
Cr	<100		<1	1	<1	5	<1	5
Cu	<100		<1	1	<1	5	<1	5
Fe	<100		<1	5	<1	10	<1	10
Pb	<100		<1	1	<1	10	<1	5
Mg	<100		<1	1	<1	5	<1	5
Mn	<100		<1	1	<1	5	<1	5
Ni	<100		<1	1	<1	5	<1	5
Si	<100		<1	1	<1	10	<1	5
不溶物	100		<100	<100	<100	<100	<100	<100
铯化合物		>99.0%		>99.9%		>99.9%		>99.9%

表 11-2-11 联邦德国 CHEMETALL 公司高纯级铯盐质量标准（10^{-4}%）

杂质元素	碘化铯		氯化铯，溴化铯		硝酸铯	碳酸铯	
	典型值	保证值	典型值	保证值	典型值	典型值	保证值
Li	<0.5	<0.5	<0.5	<0.5	<0.5	<0.5	<50
Na	<0.1	<0.1	<0.1	<0.2	<1	<5	<50
K	<1	<1	<1	<1	<1	<5	<50
Rb	<5	<5	<5	<5	<5	<10	<50
Mg	<0.1	<0.2	<0.05	<0.1	<0.5		
Ca	<0.3	<0.5	<0.5	<0.5	<0.5		
Sr	<0.5	<1	<0.2	<1	<1		
Ba	<2	<5	<0.5	<5	<10		
Al	<0.1	<0.1	<0.1	<0.1	<0.1	<0.1	<1
Fe	<0.2	<0.2	<0.2	<0.2	<0.2	<0.5	<1
Cr	<0.1	<0.1	<0.1	<0.1	<0.1	<0.1	<1
Mn	<0.2	<0.5	<0.1	<1	<1		
SO_4	<5	<5	<5	<5	<5	<5	<10
P_2O_5	<0.5	<0.5	<0.5	<0.5	<0.5	<0.5	<1
SiO_2	<0.5	<0.5	<1	<1		<0.5	<1

续表 11-2-11

杂质元素	碘化铯		氯化铯，溴化铯		硝酸铯	碳酸铯	
	典型值	保证值	典型值	保证值	典型值	典型值	保证值
Cl					<10		
水不溶物						6	<10
铯化合物		99.999%		99.999%	99.99%		99.99%

第六节 铷和铯的应用

目前铷、铯绝大部分用于开发研究领域。铷、铯氧化物用作催化剂，氯化物和溴化物用于生产金属，溴化物和碘化物用作光学晶体，氢氧化物用于碱性蓄电池电解质和重油脱硫，硝酸盐用于微波反射器，碳酸盐用于开环磁流体发电，碘化物用作荧光物质，氯化物亦作为密度梯度介质在超速离心机中分离过滤性病毒、核糖核酸和其它大分子物质。

铷和铯独特的光电性能被用作制造光电管和光电倍增管的光电阴极材料，广泛用于光电仪器和电子射线仪器中。电视技术中的低压电子束摄 像管都采用铯阴极。铯的卤化物具有发光性能，铊激活的碘化铯晶体已用于制造闪烁计数器，钠激活的碘化铯具有比其它卤化物更大的X射线阻止能力，已用于制造X射线影像增强管，这种增强管用于医用X射线机，具有很高的分辨率、强度和稳固性，且折光率很低。

铯辐射能的振荡频率具有长时间的稳定性，可用作频率和时间的标准。铯原子钟已广泛用于通讯、运输、军事和宇航上。铷和铯还可以用于电光源、激光技术、荧光物质和电源等方面。

在催化剂方面，铷和铯的化学活性大，电离电位低，能改变主催化剂的表面性质，使催化剂具有更好的活性、选择性、稳定性，并能延长使用寿命，防止催化剂中毒，在氨合成、硫酸合成、氢化、氧化、聚合、腈的形成等催化合成反应中都有应用，如环氧乙烷合成中用含铷、铯的催化剂，生产甲基丙烯树脂中用硝酸铯作催化剂等。

在医药上，铷、铯盐类可用来生产安眠药，镇静剂及医治癫痫病等药剂。用铷、铯放射性同位素标记体来诊断肿瘤，尤其是脑和其它深部组织的效果非常好。放射性铷在医药试验中可作为"标记"元素来跟踪血液流动。

光学玻璃中，硝酸铯在光学纤维和纤维质透镜用的多成分玻璃中用作光折射调整剂。铷的碘化物可制作小型电池。铷和铯在有色和黑色冶金或合金精炼中作脱 气剂和精炼剂。放射性铷用来测定岩石和矿物的年代。铯的光电性能用于夜间瞄准镜、夜视仪等。目前正研究它们在磁流体发电、热电转换器和离子火箭推进引擎等新的能量转换领域中的应用。

主要参考文献

〔1〕稀有金属应用编写组，稀有金属应用（上册），第二版，冶金工业出版社，1984年，第67～90页.

〔2〕Whalay, T. D., The Chemistry of Lithium, Sodium, Potasium, Rubidium, Cesium and Franium, 2nd ed., 1975, P. 380～453.

〔3〕Robert, J., Bascle, Cesium, Mineral Facts and Problems, U. S. Bureall of Mines, 1985, P. 159～166.

〔4〕Robert, J., Bascle, Rubidium, Mineral Facts and Problems, U. S. Bureall of Mines, 1985, P. 763～768.

〔5〕新疆有色冶金研究所，稀有金属，(1979), No. 1, 第53～55页.

〔6〕Coetzee, C. J. and Basson, A. J., *Anal. Chem. Acta* **56** (1971) P. 321.

第三章　铍

编写人　聂大钧　李复民　唐囡先　傅晓旭　张福祥
赵树贵　刘文兴　廖郁英　楼锡年　王叶茂
张祸芳　王艳秀　姜尚霄

铍是1798年法国化学家沃克兰发现的。1928年制得单体。工业性生产美国始于1916年，德国始于30年代，英、法、日等国始于20世纪50年代。长期以来，美国一直是铍材料的最大生产者和消费者，在铍材料的制取与性能研究方面进行了大量的工作。

铍的大量实际应用始于核反应堆的建造，在20世纪40年代主要解决铍的熔铸-挤压和粉末冶金问题，以制取纯铍材以保证其中子吸收截面不受杂质的影响，而对铍的力学性能没有提出特殊要求，当时设想铍有可能大量用于动力反应堆的结构之中。20世纪60年代初发现铍在高通量中子照射和高温作用下会产生肿胀现象，这就阻碍了铍作为减速体和燃料包壳材料的大量应用。

20世纪60年代以后为了使铍应用于航天航空工业部门，而致力于提高铍的力学性能，为此，粉末冶金作为制取铍材的主要方法为人们所广泛研究。20世纪60～70年代期间，解决了诸如铍粉的空气分级、振动球磨、微合金化、冲击研磨、金属铍的电解提纯、冷-热等静压及粉末的预处理等一系列的关键技术问题，使铍材的品种显著增加，铍已成为高科技的一种重要金属材料。

中国铍工业建于20世纪50年代后期，至今已发展成为较完整的工业体系，包括由矿石处理到氧化铍及金属铍的提取冶金、由工业金属铍到固结锭的粉末冶金、由金属铍锭到各种型材的压力加工、成分及性能的检测、劳动防护和三废处理等。作为上述工业体系的先导及随后的支持系统的相应的科研部门，进行了多方面的试验研究工作，为中国的国防与经济建设提供了具有相应水平的多种材料与制品。

第一节　铍的矿物资源

目前已发现的含铍矿物有50多种，具有工业价值的铍矿物主要有绿柱石、硅铍石、羟硅铍石、金绿宝石、日光榴石、锌日光榴石、硅钡铍矿、磷钙铍石等几种。国外铍矿床储量及分布见表11-3-1～11-3-4。

表 11-3-1　世界铍储量及后备储量（金属铍，kt）

国家或地区	储　量	后备储量	合　计	比率，%
美　国	25.5	47	72.5	6.55
加拿大		22.5	22.5	2.03
墨西哥		1.8	1.8	0.16
阿根廷	25.5	46	71.5	6.46
巴　西	140	257	397	35.83
印　度	64.5	118	182.5	16.48
莫桑比克	5	12	17	1.54
卢旺达	11	20	31	2.80
南　非	15	29	44	3.97
乌干达	14.5	26.2	40.7	3.68
扎伊尔	7	13.5	20.5	1.85
津巴布韦	0.9	0.9	1.8	0.16
葡萄牙	0.9	0.9	1.8	0.16
前苏联	61	112	173	15.62
澳大利亚	11	19	30	2.71
世界总量	382	726	1108	100.00
折合氧化铍	1061	2017	3078	

表 11-3-2 资本主义国家、发展中国家铍储量（BeO，kt）

大陆国家	伟晶岩	非伟晶型	折合金属铍	比率，%
美 洲	655	214	312.8	71
加拿大	20	6	9.4	2.1
美 国	122	152	98.6	22.4
墨西哥	1	6	2.5	0.5
巴 西	400	50	162	37.0
玻利维亚	10	—	3.6	0.8
阿根廷	100	—	36	8.0
其 它	2	—	0.7	0.2
欧 洲	8	2	3.6	0.8
非 洲	256	4	93.6	21.0
埃 及	50	—	18	4.1
扎伊尔	10	—	3.6	0.8
乌干达、卢旺达	20	—	7.2	1.6
安哥拉	3	—	1.1	0.2
津巴布韦	60	—	21.6	4.9
纳米比亚	15	—	5.4	1.2
马达加斯加	12	—	4.3	1.0
南 非	26	—	9.4	2.1
其 它	80	4	23	5.2
亚 洲	65	2	24.1	5.5
阿富汗	10	—	3.6	0.8
印 度	55	2	20.5	4.7
澳大利亚	20	—	7.2	1.6
总 计	1000	220	440	100.0
折合金属铍	360	80		

表 11-3-3 国外铍矿床规模及分布

国 家	特大型	大型	中型
巴 西	1	4	
美 国	1	1	5
加拿大	1		2
阿根廷		1	
印 度	2	2	
前苏联			8
莫桑比克			1
津巴布韦			1
马尔加什			1
西南非			1
南 非			1
澳大利亚		2	1
合 计	5	10	21

表 11-3-4 国外主要铍矿床矿石品位

国 家	类 型	含 量，%	
		BeO	绿柱石
巴 西	花岗伟晶岩型		2.5
美 国	火山热液硅铍石型	0.5	
加拿大	硅铍钡型	0.5	
印 度	花岗伟晶岩型		0.1～0.25
澳大利亚	花岗伟晶岩型		<1.0
美 国	花岗伟晶岩型	0.04	
加拿大	花岗伟晶岩型	0.22	

第二节 铍的主要物理化学性质

一、金属铍的物理性质

铍的一些主要物理性质列于表11-3-5。

表 11-3-5　铍的主要物理性质

性　　质	数　　值
原子序数	4
原子直径，nm	0.2221
同位素	^{6}Be，^{7}Be，^{8}Be，^{9}Be，^{10}Be，^{11}Be
晶格常数，nm	$a=0.22854$，$c=0.35829$
密度（25℃），g/cm³	1.8477±0.0007
沸点，℃	2472
升华潜热，kJ/mol	320.54±1.55
比热（298～1527K），J（mol·K）	$C_p=21.219+5.698\times10^{-3}T+0.96\times10^{-6}T^2-5.878\times10^5T^{-2}$
热膨胀率（0～100℃），℃⁻¹	12×10^{-6}
比热(0～100℃)，J/(g·℃)	2.05
凝固时的收缩率，%	3
热中子吸收截面，b/原子	$9\times10^{-31}m^2$
相对原子量（化学标度）	9.013±0.0004
原子体积（25℃），cm³/mol	4.877
结晶结构	密排六方（1254℃以下）
	体心立方（1254℃以上）
熔点，℃	1287
熔融潜热，kJ/mol	8.9
蒸发潜热，kJ/mol	224.2
蒸汽压（液态），Pa	$\log P_c=865.65-1560.94T^{-1}$
电阻率（20℃），Ω·cm	4～6
热导率（0～100℃），J/cm·s·℃	1.675
电化学当量，mg/J	0.01116
热中子散射截面，b/原子	$6.1\times10^{-28}m^2$

二、金属铍的化学性质

（一）与氧反应

铍与氧反应的自由能极高（见图11-3-1）。氧化铍中氧的分解压甚至在1000℃时也不超过10^{-34}Pa，所以铍与氧具有极高的反应亲和力。在低于600℃的干燥空气中，铍可长时间耐氧化，高于600℃时铍的氧化速度逐渐加快，但在短时间800℃下还不会出现严重氧化现象。

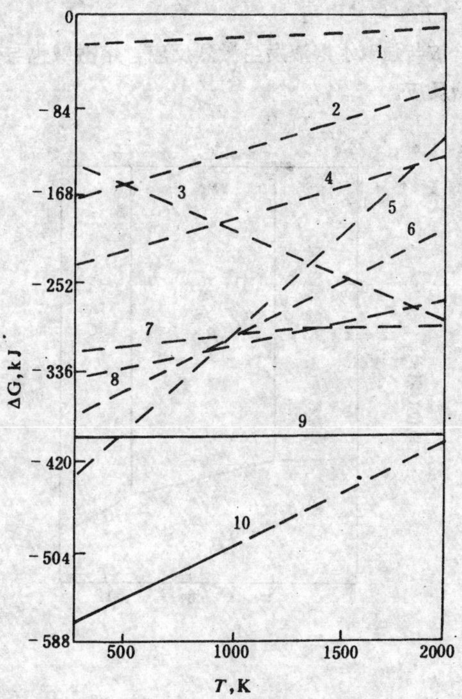

图 11-3-1　铍与几种气体的反应自由能

1—$Be+\frac{1}{2}C=\frac{1}{2}Be_2C$；2—$Be+\frac{1}{3}N_2=\frac{1}{3}Be_3N_2$；3—$C+\frac{1}{2}O_2=CO$；4—$H_2+\frac{1}{2}O_2=H_2O$；5—$Be+CO=BeO+C$；6—$Be+\frac{1}{2}CO_2=BeO+\frac{1}{2}C$；7—$Be+CO_2=BeO+CO$；8—$Be+H_2O=BeO+H_2$；9—$C+O_2=CO_2$；10—$Be+\frac{1}{2}O_2=BeO$

（二）与水及水蒸汽反应

在低温高纯水中铍具有优异的耐腐蚀性能，但在含有杂质的自来水中会被腐蚀。25℃时 Be-H_2O 系平衡电位与 pH 的关系示于图11-3-2。铍在345℃ 10MPa 会严重腐蚀。在低于595℃的水蒸汽和潮湿氧气中，铍的耐腐蚀性相当好。在约650℃时铍会发生局部晶间穿透式腐蚀，且随温度的升高而加剧。

（三）与盐作用

氯化物、氟化物和硫酸盐的离子会给铍造成点坑式腐蚀，其中尤以硫酸盐离子最为严重。

（四）与酸作用

室温下铍与各种浓度的卤酸发生反应，与稀硫酸迅速发生反应，而与浓硫酸作用缓慢。室温下与稀硝酸及稀乙酸发生反应，但不与浓硝酸及冰醋酸作用，浓硝酸在高温下与铍作用。提高温度将会加速铍与各种酸的反应。

（五）与碱作用

铍与强碱水溶液发生激烈反应，熔融碱也与铍剧烈反应。

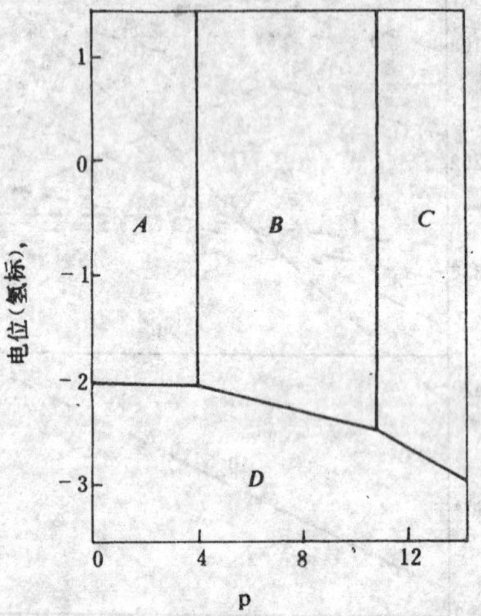

图 11-3-2 25℃下 Be-H_2O 系平衡电位与pH的关系

A—铍腐蚀呈 Be^{2+}；

B—铍钝化呈 Be $(OH)_2\beta$；

C—铍腐蚀呈 $Be_2O_3^{2-}$；

D—铍无作用

（六）与气体反应

铍与几种气体反应的自由能示于图11-3-1。

（七）与固体金属材料作用

低于650℃时金属铍与钽、钨、铬、铌、钼，Zr-0.5Mo 几乎不发生反应。在相容性试验中发现铜、锆、铌、钽、铀等与铍产生厚度不一的反应带，而镁、铝、钛、铬等则不产生此种反应。

（八）与碳作用

碳与熔融金属铍反应迅速生成碳化铍，因而在熔炼金属铍时不能使用石墨坩埚。在低于铍熔点下此种反应相当缓慢，因而可以使用石墨材料制造铸模，但在熔融铍浇铸流与铸模接触的部位，碳化物的形成要严重得多，同时在铸模内壁形成一层较松的碳化物层，以结实的块状形式相接触，铍与碳的相容温度可达600℃。

（九）与耐火氧化物作用

盛放熔融金属铍的容器，是几种耐火氧化物制成的，其中：氧化铍最为稳定，而且不对铍产生任何污染；氧化铝和氧化锆与熔融金属铍缓慢作用；氧化镁为铍所还原生成金属镁，在真空下导致镁的蒸发及铍的大量损失，因而不能用氧化镁作坩埚材料；氧化钙也为铍所还原，生成的金属钙又与铍生成金属间化合物 $CaBe_{13}$。

三、金属铍的力学性能

（一）商品级铍材的力学性能

铍的力学性能见表11-3-6。

（二）影响铍材性能的因素

1. 铍材的应力-应变曲线

铍材的应力-应变曲线见图11-3-3。

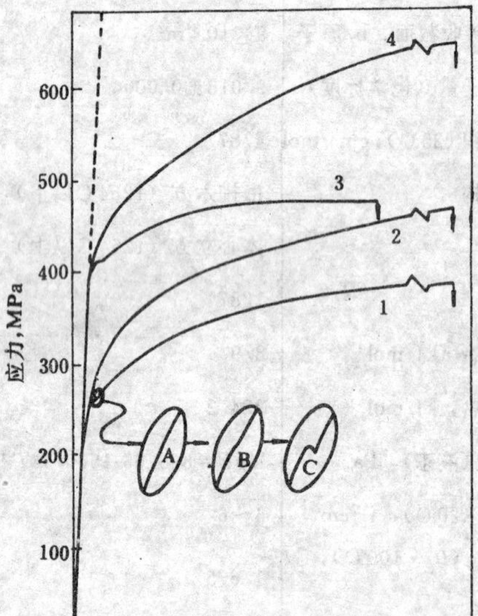

图 11-3-3 铍压块的典型应力-应变曲线（横向试样）

1—一般纯度铍，最大应变3.6%；

2—高纯铍，最大应变4.4%；

3—高氧化物含量的铍，最大应变2.7%；

4—细晶粒铍，最大应变4.1%

表 11-3-6 美国商品级铍材的分类、力学性能和化学成分

应用品级		标号：卡韦基铍公司	标号：布拉士韦尔曼公司	力学性能：极限拉伸强度，MPa	力学性能：屈服强度，MPa	力学性能：延伸率，%	力学性能：微屈服强度，MPa	杂质含量，%：BeO	Fe	Al	Si	Mg	C
一般纯度真空热压块	标准级	HP-20	S-200-E	276	207	1.0		2.0	0.18	0.16	0.08	0.08	0.15
	结构级	HP-21	S-245	310	241	1.5		2.0	0.15～0.18	0.1～0.15	0.08	0.08	0.15
	高延性结构级	XHP-11	S-65	290	207	3.0		1.0	0.12	0.06	0.06	0.08	0.12
	仪表结构级	HP-22	Ⅰ-220	311	242	2.0	34.5	2.0	0.15	0.10	0.08	0.08	0.15
	仪表级	HP-40	Ⅰ-400	345			55.2	4.25	0.25	0.16	0.15	0.08	0.25
		HP-41		414	310	1.0	55.2	4.25～8.0	0.3	0.16	0.15	0.08	0.25
	热学应用级	HP-10	BG-170	255	166	1.5		1.2	0.15	0.08	0.08	0.08	0.10
	光学级	HP-81	Ⅰ-70A	241	172	2.0		0.7	0.1	0.07	0.07	0.07	0.07
	高纯	HP-8	N-50-C	242	173	1.0		0.9	0.075	0.07	0.06	0.06	0.10
一般纯度压力加工材	板	PR-20	PR-200-E	414①	207	3.0		2.0	0.18	0.16	0.08	0.08	0.15
				449②	311	3.0							
	片	PS-20	SR-200-E	483	345	10.0		2.0	0.18	0.15	0.08	0.08	0.15
	挤压材	XT-20		483	207	5.0		2.0	0.20	0.18	0.08	0.08	0.15
高纯等静压材	标准级	CIP/HIP-P	—	345	241	3.0		1.2	0.03	0.01	0.01	0.006	0.03
	高强级	HIP-50	—	550	414	4.0	55.2	1.6	0.005	0.0075	0.0045	0.003	0.003

① 板厚为 11.4～15.2mm；②板厚为 6.35～11.4mm。

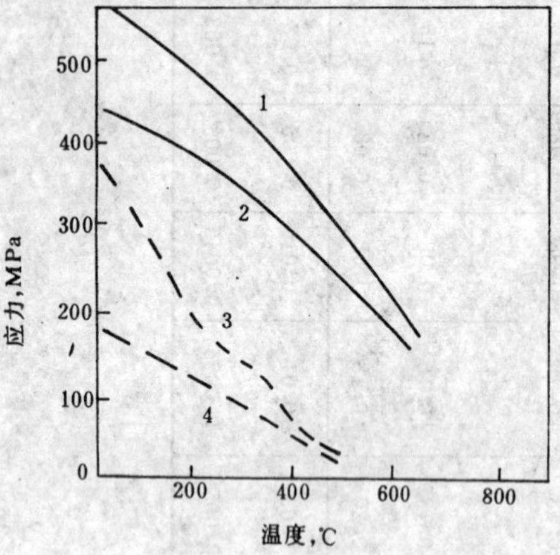

图 11-3-4 一般纯度铍片（厚1～6.35mm）的高温拉伸性能

1—粉末锭坯轧板的 F_{tu}；

2—粉末锭坯轧板的 F_{ty}；

3—铸锭坯轧板的 F_{tu}；

4—铸锭坯轧板的 F_{ty}

2. 铍材强度与温度的关系

铍材强度与温度的关系见图11-3-4。

3. 铍材延性

铍材延性见图11-3-5～11-3-7。

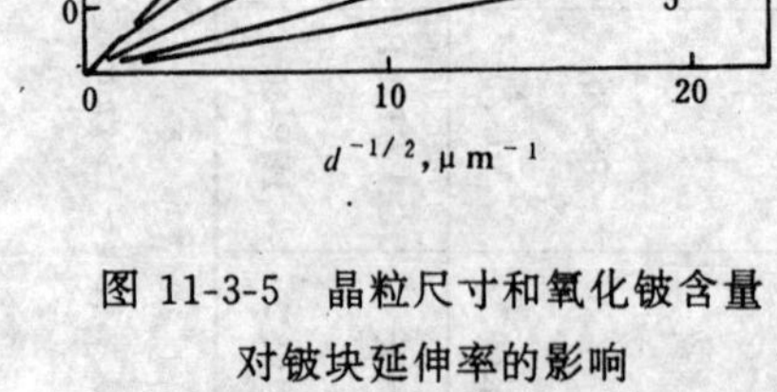

图 11-3-5 晶粒尺寸和氧化铍含量对铍块延伸率的影响

1—0.3%BeO（计算值）；

2—0.5%BeO；

3—0.7～1.0%BeO；

4—1.5%BeO；5—3.5%BeO

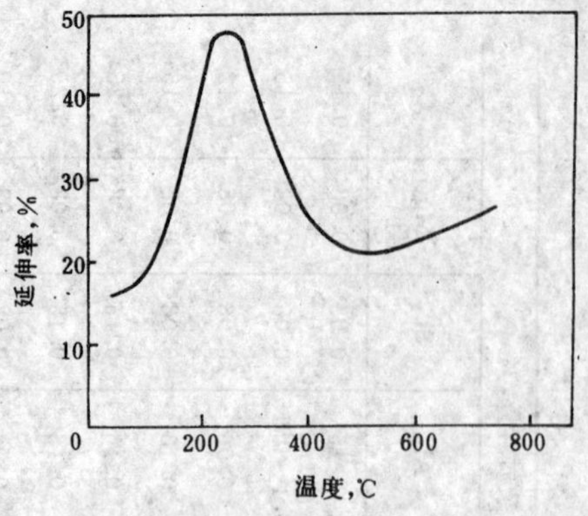

图 11-3-6 铍片材的高温延伸率

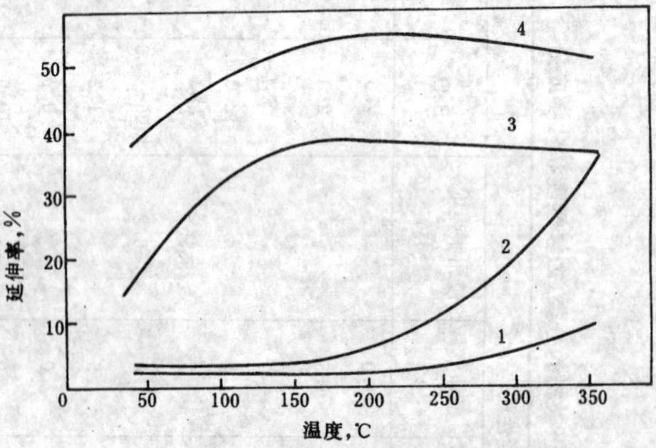

图 11-3-7 反应速率及温度对铍材延伸率的影响

1——一般纯度压块，应变速率为$20s^{-1}$；

2——一般纯度压块，应变速率为10^3s^{-1}；

3——一般纯度片材，应变速率为$80s^{-1}$；

4——一般纯度片材，应变速率为$0.005s^{-1}$

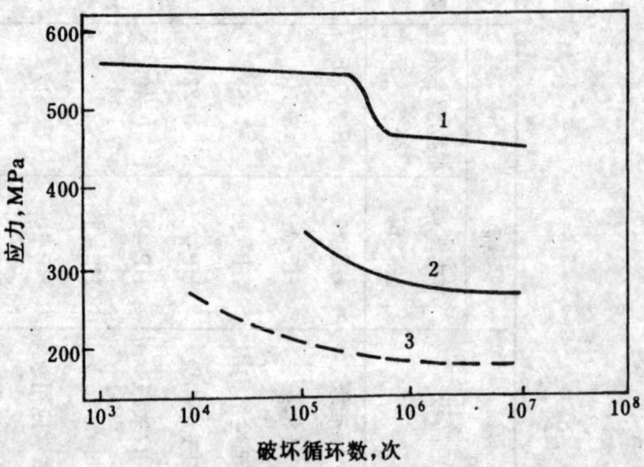

图 11-3-8 铍材的应力-破坏循环数曲线

1—铍片，无缺口；2—铍块，无缺口；

3—铍块，有缺口

4.疲劳强度

铍具有良好的屈服性能，尤其用疲劳强度/密度的比值衡量时更显其屈服性能优异。图11-3-8所示为正常纯度铍块及铍板的应力-破坏循环数曲数。

5.模量

拉伸与压缩下铍材的弹性模量大致为280～300GPa，典型值为290GPa。以超声法测量高纯铍块的数值为314GPa。按超声数据计算，剪切模量为145GPa，刚性模量为138GPa。模量特性对于仪表用铍更有独特的重要意义，这一特性决定了铍材的刚度和保持尺寸精度的能力。

6.泊松比

在弹性区的低应力范围，各种纯度铍块的泊松比均为0.06～0.08。有的文献给出室温下热压锭的泊松比为0.085，而铍板为0.07～0.093。

7.硬度

由于铍脆性的影响，硬度不能充分反映铍材的性质，目前还没有铍硬度测定的标准方法，也没有硬度-强度转换表。

8.断裂韧性

大多数品级的铍热压锭其 $K_{Ic}=9\sim13MPa\cdot m^{1/2}$，高纯铍块的 K_{Ic} 比一般纯度的高50%。

9.冲击强度

铍的沙比缺口冲击强度为0.2～1.1J，而用无缺口沙比试样测定的冲击强度为2.7～10.2J，纯度较高的试样有较高的冲击能量。

10.低温强度

铍的低温强度高于其室温强度，一般纯度铍的室温屈服强度为257MPa，而在－196℃下则为295MPa。

11.微屈服强度

微屈服强度又称弹性比例极限或精密弹性极限，即在一微应变下的应力值。仪表级铍材通常为69MPa，而生产厂家的保证值是55～62MPa。

四、铍化合物的物理化学性质

（一）氧化铍

氧化铍为高热导，低热胀的化合物，无水蒸汽时极稳定，是最不易挥发的化合物之一；其熔点为2520～2580℃；沸点（10^6Pa）为3900～4260℃；$\Delta H^\circ_{298}=-609.18\pm3.35$kJ/mol；$\Delta S^\circ_{298}=14.15\pm0.21$J(mol·K)；在2580℃时，$Q_f=80.81\pm4.19$kJ/mol；当温度为298～2835K时，$C_p=41.62+10.22\times10^3T-17.38\times10^{-5}T^{-2}-1.34\times10^{-6}T^2$J/(mol·K)。

（二）碳化铍

碳化铍为透明，结晶状化合物，颜色由琥珀色到暗褐色；研磨性类似碳化硅；无水无氧下直到2000～2100℃不分解；与水及稀酸作用产生甲烷；$\Delta H^\circ_{298}=-117.23\pm2.69$kJ/mol；$\Delta S^\circ_{298}=16.33\pm3.35$J/(mol^{-1}·K)；熔点为2100℃；当温度为430～1200K时，$C_p=114.59+15.07\times10^3T-59.58\times10^{-5}T^{-2}$J/(mol·K)。

（三）氢化铍

热解法所得氢化铍的热稳性较好，240℃以下不分解，在弱酸介质中才能完全水解，用锂、铝氢化物法制备的氢化铍稳定性较差，分解温度为125℃，并为水所分解，氢化铍是一种三维聚合物，表现出明显的离子性质，其形式上含有 Be^{2+} 和 H^-；$\Delta H^\circ_{298}=-19.05\pm2.09$kJ/mol；$S^\circ_{298}=17.58\pm4.19$J/(mol·K)。

（四）氯化铍

氯化铍的熔点值有399℃、404℃、405℃、416℃、425℃和440℃；沸点则有480℃、488℃、520℃、532℃等；升华温度为477℃；415℃时 $\lambda_f=8.67\pm0.125$kJ/mol；固态氯化铍的 $\Delta H^\circ_{298}=-496.55\pm1.26$kJ/mol；$S^\circ_{298}=75.86\pm0.21$J/(mol·K)；液态氯化铍的 $\Delta H^\circ_{298}=-360.48\pm10.47$kJ/mol，$S^\circ_{298}=251.21\pm4.19$J/(mol·K)；氯化铍的转换温度为404℃，转换热 $Q_t=6.82\pm0.63$kJ/mol；氯化铍易溶于水，溶解热为186312.6J/mol；氯化铍易溶于乙醇、吡啶、丙酮中，不溶于四氯化碳、氯仿及苯中；熔融氯化铍的电导率很低；298～688K 时 $\langle BeCl_2\rangle_2$的 $C_p=76.66+12.35\times10^3T-13.77\times10^{-5}T^{-2}$J/(mol·K)；688～805K 时 $BeCl_2$的 $C_p=121.5$J/(mol·K)。

（五）氟化铍

已知氟化铍有石英型和类方晶石型；β石英型室温下稳定，540～548℃下熔化；α石英型在高于220℃下转换，转换热 $\lambda_t=2.55$kJ/mol；在420～450℃时缓慢加热，α石英型转成鳞石英型；在约680℃下转成α-方晶石型；800℃下α-方晶石型熔化。

25℃下氟化铍密度为1.986g/cm^3；熔点为787℃(552℃)，沸点是1327℃(1175℃)；氟化铍在约800℃下开始气化，1000℃下蒸气压为13300Pa；在3000K和2Pa下发生分解的氟化铍不到50%，表明其有良好的热稳定性；氟化铍易吸湿，在水中溶解度很大，但溶解速率较低；氟化铍在溶液中的极限浓度为

18mol/L；将氟化铍溶液蒸干并煅烧则得到白色松散的氟氧化铍$2BeO\cdot5BeF_2$；其$\Delta H^\circ_{298}=-1027.44\pm4.19$kJ/mol；$S^\circ_{298}=53.38\pm0.42$J/（mol·K）。

（六）硫酸铍

X射线分析显示四水硫酸铍的结构是四水合阳离子〔$Be(H_2O)_4$〕$^{2+}$和硫酸盐阴离子，大致按体心立方排列。四水硫酸铍极易溶于水，在25℃和18℃下每百克水中的溶解度分别为42.5g和37g，溶解度随温度升高而升高。硫酸铍在硫酸中的溶解度：

硫酸浓度，mol/L	1.70	2.51	2.94	4.33
	5.55	6.62	8.35	9.62
	10.33	10.35		
硫酸铍溶解度，%	20.51	15.91	13.65	8.61
	5.25	3.54	2.04	0.98
	0.89	0.86		

加热时回水硫酸铍分解式为：$BeSO_4\cdot4H_2O \xrightarrow{89\sim120℃} BeSO_4\cdot2H_2O \xrightarrow{270\sim400℃} BeSO_4$，完全分解要到1031℃才能完成。$BeSO_4$转变温度为590、635℃时的转变热分别为1.11、19.55kJ/mol。$BeSO_4\cdot2H_2O$的$\Delta H^\circ_{298}=1824.2$kJ/mol，$S^\circ_{298}=163.3$J/（mol·K）。

第三节 铍的选矿简述

有关铍的选矿详见本书上册第四篇第三章，本节简单介绍铍的手选和浮选工艺。

一、铍的手选矿

手选主要用于结晶较粗的绿柱石矿床，目前所有商品绿柱石精矿均为手选精矿。

小型分散露天矿的手选通常在采矿场进行。经济不发达国家广泛采用手选法，而且在一定时间里还将继续保持下去，因为对小型矿床来说，采用机械化并不一定有利。

资源集中的大型绿柱石矿山是在先进的机械化手选厂进行手选的，例如巴西博阿·维希塔选厂，澳大利亚新建的铍矿山。

中国最大的绿柱石精矿生产基地新疆可可托海矿在20世纪50年代曾建有大型手选厂。20世纪70年代建起绿柱石浮选厂以后，手选厂即被拆除，但在浮选前仍用手选回收粗粒绿柱石，在露天采矿场和选矿厂手选皮带上进行。另外不少地下开采的钨锡矿床，其伴生的绿柱石通常在钨锡选矿厂手选皮带上手选回收。

手选受粒度的限制，一般小于2.5cm的绿柱石很难用手选法回收。因此手选法的回收率一般不超过30%。机械化程度高的手选厂回收率可能高些。

二、铍的浮选

浮选适用于细粒的低品位铍矿物的选别。二次世界大战以后，为了满足迅速发展的铍工业对矿物原料的需求，各国对铍矿物的浮选进行了大量的试验研究。1952年国外首次出现了浮选绿柱石精矿。1960年巴西已掌握了回收细粒浸染绿柱石的工艺，并在博阿·维希塔建立了选厂，开始了工业化生产，原矿品位为0.3%BeO时，绿柱石回收率达80%以上。

20世纪60年代末以来，由于美国大量开采本国硅铍石矿，大大减少了对其它铍精矿的依赖，手选绿柱石精矿已能满足当前铍工业的需要，因此，浮选铍精矿目前已没有市场。然而从长远观点看，美国的硅铍石资源有限，今后还需依靠多种铍矿物资源，用浮选法取代手选绿柱石块矿的生产是必然的发展趋势。为此，西方资本主义国家唯一处理铍矿物的美国布拉什·韦尔曼公司已于1983年在德尔塔冶炼厂建立了处理低品位浮选绿柱石精矿的新生产系统。用浮选绿柱石精矿提取氧化铍，提取率可超过80%。

为开采北卡罗来纳州金斯山的低品位细粒绿柱石伟晶岩矿，美国矿务局对该矿进行了回收绿柱石的半工业试验。试验厂规模为1.5t/h，试料为浮选锂辉石以后的尾矿。采用碱性介质的脂肪酸浮选工艺（见图11-3-9）和酸性介质的石油磺酸盐浮选工艺（见图11-3-10）。所得指标及药剂耗量见表11-3-7、11-3-8。

从表中可以看出，这两种工艺都是成功的，其中以酸性介质的石油磺酸盐浮选工艺指标更高，经济效益更好，工艺过程更易于控制。用酸性介质的石油磺酸盐浮选工艺建设一座日处理500t锂选厂尾矿的绿柱石浮选厂，可日产6.42%BeO的绿柱石精矿4t，同时副产含6.0%Li_2O的锂辉石精矿18t，含98%的长石精矿172t，经济效益显著，用现有提取工艺处理这种绿柱石浮选精矿，铍的提取率可超过80%。

20世纪50年代以来，中国对铍矿物的浮选进行了大量的试验，所研究的铍矿物有绿柱石、硅铍石、金绿宝石等。先后研制出酸法脱泥浮选、碱法脱泥浮选、碱法不脱泥浮选以及选-冶联合等流程。尤其对于铍锂共生的伟晶岩矿，研制出了具有中国特色的三个碱法不脱泥浮选工艺，在技术上取得了重大突破，用这三个流程选别可可托海伟晶岩矿的工业试验指标见表11-3-9。

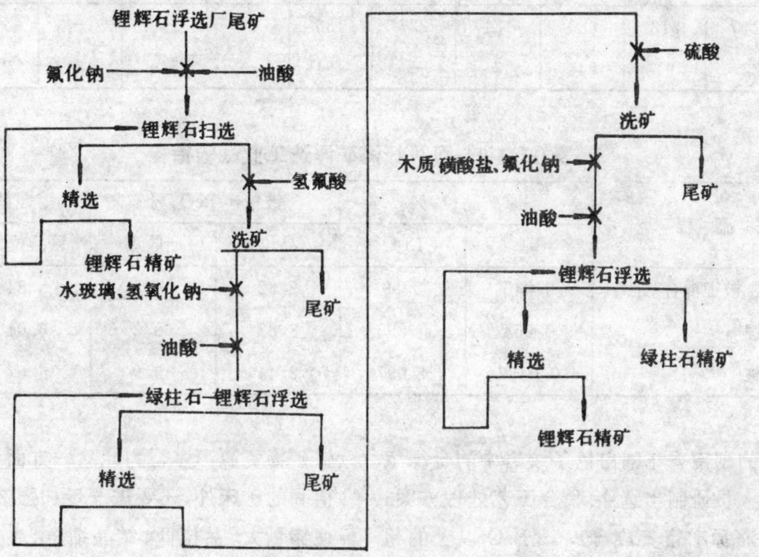

图 11-3-9 碱性介质的脂肪酸浮选工艺

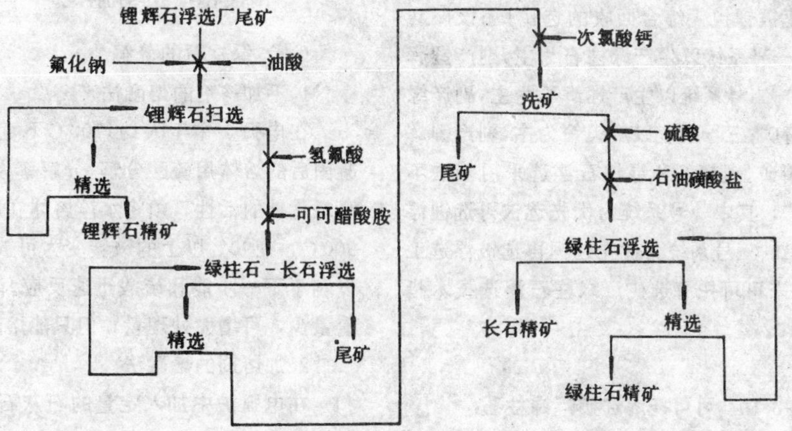

图 11-3-10 酸性介质的石油磺酸盐浮选工艺

表 11-3-7 金斯山绿柱石浮选半工业试验指标

工艺	产品名称	品位,%		回收率,%		工艺	产品名称	品位,%		回收率,%	
		BeO	Li_2O	BeO	Li_2O			BeO	Li_2O	BeO	Li_2O
碱法	绿柱石精矿	4.12		71.10		酸法	绿柱石精矿	6.42		76.80	
	锂辉石精矿		5.97		70.10		锂辉石精矿		5.90		49.20
	尾矿	0.069	0.45	100.00	100.00		尾矿	0.066	0.43	100.00	100.00

表 11-3-8 金斯山绿柱石浮选半工业试验药剂耗量（g/t）

工艺	氟化钠	油酸	氢氟酸	氢氧化钠	水玻璃	硫酸	木质素磺酸盐	可可醋酸盐	次氯酸钙	石油磺酸盐	总量
碱法	240	513	680	181	227	136	14	—	—	—	1991
酸法	227	91	544	—	—	454	—	544	454	227	2541

表 11-3-9 可可托海矿浮选工业试验指标

工艺流程	原矿品位，%		铍精矿 BeO，%		锂精矿 Li_2O，%	
	BeO	Li_2O	品位	回收率	品位	回收率
部分优先选锂，铍锂混合-分离	0.045	0.99	9.62	54.5	5.84	84.4
优先选铍再选锂	0.054	0.895	8.83	60.2	6.01	84.6
优先选锂再选铍	0.0457	1.097	8.44	49.9	5.67	84.61

对于独特的湖南香花铺白色条纹岩中的金绿宝石，中国科技人员研制出选-冶联合工艺处理方案，首先用浮选法将原矿富集成含1.0%BeO 以上的粗精矿，然后经烧结、磨矿、酸浸、萃取、反萃、水解，最后煅烧成含97%BeO 的氯化铍产品，总回收率为65%。

在多年研究的基础上，1977年在可可托海建成了中国第一座铍锂钽铌综合回收的选矿厂。该厂共分三个系统，一号系统以生产绿柱石为主，副产锂辉石和钽铌精矿；二号系统以生产锂辉石为主，副产绿柱石和钽铌精矿；三号系统以产钽铌为主，副产锂辉石和绿柱石精矿。锂辉石和绿柱石浮选采用碱法不脱泥浮选工艺，其中一号系统为优先选铍再选锂浮选工艺流程，二、三号系统为优先选锂再选铍浮选工艺流程。近年来可可托海选矿厂绿柱石浮选技术指标如表11-3-10。

表 11-3-10 可可托海选矿厂绿柱石浮选技术指标

年份	1977	1978	1979	1982	1983
原矿品位 BeO，%	0.05	0.068	0.071	0.089	0.0998
精矿品位 BeO，%	7.7	8.03	8.29	6.41	7.63
回收率，%	37.77	46.43	39.63	47.66	59.79

鉴于中国铍资源中高品位、粗结晶、适合手选的铍矿物资源不多，为此除一方面要加强寻找工业价值高的矿床外，还要进一步加强铍矿物的浮选研究，使储量大、品位低、结晶细、共生关系复杂的铍资源能尽快开发利用。

第四节 铍的提取冶金

一、铍精矿的分解

（一）绿柱石的分解

1. 不加熔剂的熔融法

在电弧炉中于大约1700℃下直接熔化绿柱石，凝固后的熔体用硫酸分解，分解率为50～60%。为提高氧化铍的活性，须将水淬熔体在回转炉中加热至900℃，使90%以上的铍转变为可被硫酸浸出的铍，以利于下一步能和硫酸迅速反应。该方法的特点是渣量少，可增大处理量，但只能熔融高品位矿石。

2. 加熔剂的熔融法

在电弧炉中加入定量的石灰石与绿柱石共熔，经过水淬后的熔体活性很高，不需预热就能与硫酸及其它矿物酸反应。分解绿柱石工艺要求绿柱石含 BeO 超过8%，Fe_2O_3少于5%，F 少于1.5%；方解石含 CaO 超过52%，Fe_2O_3少于1%，块度小于50mm；物料块度小于50mm，但不能投放粉料。主要操作条件有：熔化温度为1600～1650℃；工作电压为150～200V，工作电流为870～1100A、1130～1500A；水淬水压大于10^5Pa，水淬后粗铍玻璃粒度小于10mm；电弧炉内衬石墨，使用寿命是3～4个月。配料、熔炼至球磨的回收率为98.5%。

3. 氟化烧结法

氟化烧结的基本反应式为：

$3BeO \cdot Al_2O_3 \cdot 6SiO_2 + 2Na_2SiF_6 + Na_2CO_3 \longrightarrow$

$3Na_2BeF_4 + 8SiO_2 + Al_2O_3 + CO_2$

$3BeO \cdot Al_2O_3 \cdot 6SiO_2 + 2Na_2FeF_6 \longrightarrow$

$3Na_2BeF_4 + Fe_2O_3 + Al_2O_3 + 6SiO_2$

表 11-3-11 矿石粒度对熟料性能的影响

矿石含 BeO %	配料比 $BeO/Na_2SiF_6/Na_2CO_3$	矿石粒度	转化率所占比例，%		
			>90%	>80%	>70%
8.26	1/6.78/1.55	−200目占80%	66.7	29.4	3.92
8.26	1/6.78/1.55	−160目占70%	20.0	50.0	20.0
8.26	1/6.78/1.55	−150目占76%	10.0	54.2	31.1

烧结反应是决定氟化法铍提取率的关键，为提高铍的提取率，烧结过程中必须掌握好配料比、烧结温度、烧结时间和矿石粒度等技术条件（见表11-3-11）。

4. 石灰石烧结法

将细颗粒绿柱石或浮选精矿与等量石灰石混合加热至1250℃，保温30min后将熔料水淬，随后研磨至30目，将粉料于95℃下进行4h的硫酸化反应（每千克精矿约需3kg55%的 H_2SO_4）。接着将硫酸化的物料干燥，于250℃下烘烤30min，使硅成为不溶物，然后将此熟料用热水进行四级逆流浸出。从精矿烧结到溶浸铍的回收率约95%（浸出液可用萃取或硫酸法处理）。

此法除用于处理低品位粉矿或浮选精矿外，还由于烧结温度比熔融法低，适宜处理含有大量铯的精矿。

（二）硅铍石浸取

这是美国布拉士铍公司独家使用的方法、硅铍石经破碎、球磨、分级至小于200目，用10% H_2SO_4 于65℃下搅拌浸出24h。固体絮凝后倾出上清液，过滤后废弃不溶残渣，调整 pH 至0.5，浸出液用硫氢化钠处理，使高价铁变成低价铁，再用二(2-乙基己基)磷酸（P_2O_4）-煤油溶液进行溶剂萃取，最后将溶液中的铍转变成氢氧化铍，进而变成氧化铍或金属铍。

二、铍化合物的提取、分离和提纯

（一）工业氢氧化铍的制取

根据分解矿石所用反应剂的不同，生产工业氢氧化铍的方法有许多种，但具有工业价值的只有硫酸盐法、氟化法及有机溶剂萃取法等。

1. 硫酸盐法

此法主要基于硫酸铍能与呈铝铵矾状沉淀的铝分离，但要达到这个目的，首先须将精矿与石灰石共熔于电弧炉中（也有不加石灰石的），以利于绿柱石分解，生成较易于在下一步用硫酸处理的、组成不定的铝酸铍，并生成硅酸钙：

$3BeO \cdot Al_2O_3 \cdot 6SiO_2 + CaO \longrightarrow$

$nBeO \cdot mAl_2O_3 + CaSiO_3$

通过电炉熔化后，为提高氧化铍的活性，随即水淬、磨细，再在反应器中与浓硫酸搅拌混和，使其中的各种金属氧化物变成相应的硫酸盐。

硫酸盐产物按逆流原则用水浸出，其中铍、铝、铁等金属进入溶液，硅、钙则以渣态排出，然后蒸发浓缩至一定密度，使其中的硫酸铝与加入的硫酸铵作用，冷却结晶，铝便以下列形态与铍分离：

$(NH_4)_2SO_4 + Al_2(SO_4)_3 + 24H_2O \longrightarrow$

$(NH_4)_2SO_4 \cdot Al_2(SO_4)_3 \cdot 24H_2O$

除铝后的溶液稀释至两倍后，先用氨水调整 pH 至5，再加 $NaClO_3$（或 H_2O_2）将溶液中的 Fe^{2+} 全部氧化成 Fe^{3+}，这时 Fe^{3+} 便呈现 $Fe(OH)_3$ 形态：

$6FeSO_4 + NaClO_3 + 3H_2SO_4 \longrightarrow 3Fe_2(SO_4)_3 +$

$NaCl + 3H_2O$

$Fe_2(SO_4)_3 + 6NH_4OH \longrightarrow 3(NH_4)_2SO_4 +$

$2Fe(OH)_3 \downarrow$

经上述分步去硅、铝和铁等杂质后，继续加入氨水（或 NaOH）于净化后的溶液中，待 pH 升至8左右，$Be(OH)_2$ 便全部沉淀，烘干煅烧后即得到工业氧化铍。

(1) 工艺流程。工艺流程见图11-3-11。产出的工

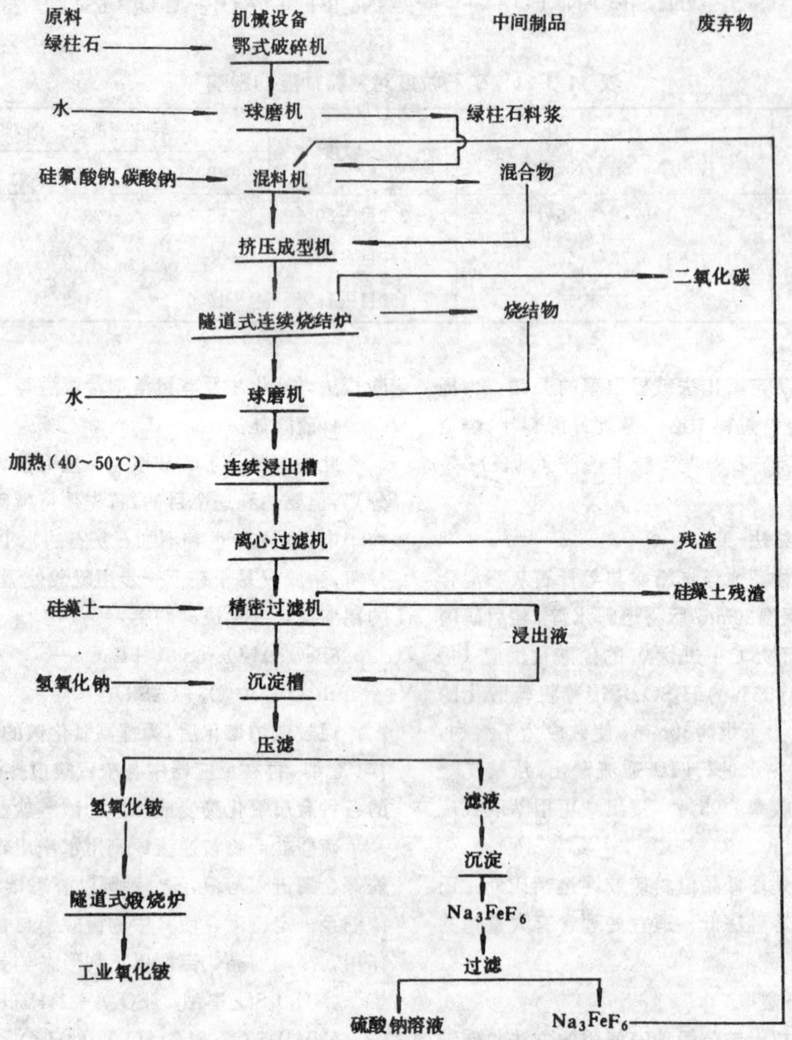

图 11-3-11 氟化法制取工业氧化铍流程

业氢氧化铍在750～1000℃下煅烧后，所得氧化铍的成分大致为：BeO>95%、Fe_2O_3<0.7%、Al_2O_3<0.7%、SiO_2<1.0%、CaO<0.2%、MgO<0.2%、P<0.25%及灼烧损失低于2%。从矿石至工业氧化铍的回收率为80～82%。

美国铍工厂的同一流程则在除铝液后加氢氧化钠和EDTA，所生成的铍酸钠溶液加热水解析出氢氧化铍。

(2) 高磷矿的处理。如果铍矿的 P/BeO 接近0.15%，可在除铝液稀释后、中和去铁前加入硫酸氧锆，使之与磷酸作用生成 $ZrO(PO_4)_2$沉淀而进入铁渣中，产出的氧化铍仅含0.003～0.005%Zr。

(3) 设备防腐。硫酸盐法生产工业氢氧化铍，工艺中使用的浓酸、强碱对设备的腐蚀严重，做好环氧树脂、呋喃树脂、水玻璃、耐酸瓷板、耐酸橡胶、铸石板、浸渍石墨和新型耐磨又耐酸材料——铍铜合金等防腐材料的使用工作，对延长设备的使用寿命、维持正常生产秩序至关重要。

(4) 存在问题。用硫酸盐法工艺提取、分离铍化合物所得产品质量稳定，适于氢氧化铍的进一步净化，但也存在不少问题，如整个工艺都在强酸强碱中进行，因而必须做好各种防腐材料的使用工作，并经过严密的防腐处理方能保证生产正常，这样就势必增大了建设投资；此外工艺流程长，影响了物料周转时间及铍的回收率；而且，硫酸盐法只能处理粗颗粒绿柱石，不宜处理含 BeO 低于8%的低品位和细粉精矿。

2.氟化法

(1) 工艺。硅氟酸钠、碳酸钠和绿柱石的混合料在隧道窑中烧结后，冷却破碎至粒度18mm 左右，再在球磨机中湿磨至－0.074mm (98%)，然后按固液比1/4进行浸出，接着分离残渣并洗涤至残渣含 Be 少于0.3% (见图11-3-12)。

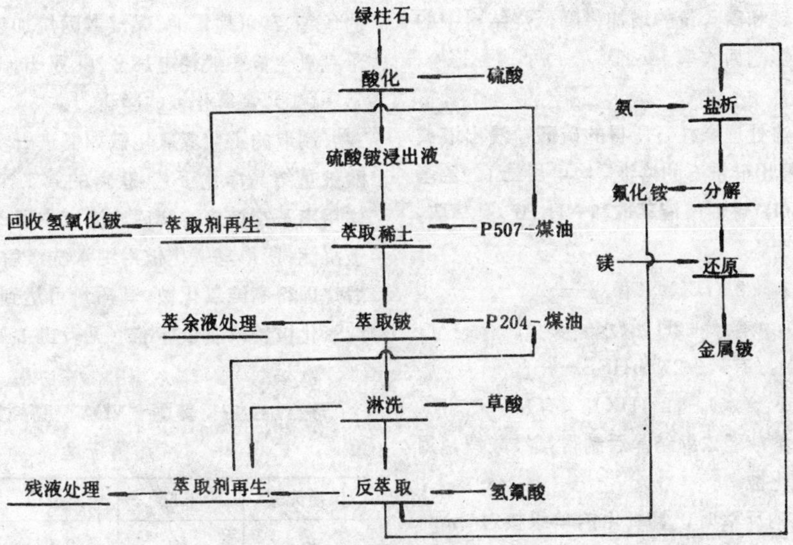

图 11-3-12　P507、P204纯化铍的萃取流程

浸出的氟铍酸钠在水中的溶解度较小，并随温度升高而增加，但高于50℃会使产品中硅含量增加 (见表11-3-12)。

表 11-3-12　氟化物法生产的工业氧化铍成分 (%)

元　素	BeO	Si	Ca	Mg	Al	Fe	Mn	Na	P	F
试样 (1)	>95	<1.2	<0.5	<0.5	<0.026	<0.055		<0.5	<0.3	<1.0
试样 (2)	>95	<0.9	<0.56	<0.5	<0.03	<0.08	<0.19	<0.5	<0.3	

沉淀时采用高温逆流法，即先把溶液预热到80～90℃，再将溶液的1/4放入沉淀槽内，加入按 BeO/NaOH＝1/4公式计算的全部氢氧化钠，沸腾状态下缓缓加入余下的3/4溶液，这样可得到颗粒粗且易过滤的氢氧化铍，最终以 pH＝12.5为准。

(2)除去杂质。采用氟化法烧结时加入的氟硅酸钠和碳酸钠比较纯，但绿柱石中含有硅、铝、钙、镁、铁、锰和铬等。除去这些杂质可分步进行：氟化烧结时铁最初形成氟化铁，但最终转化为氧化铁而不被浸出；为除去浸出液中的氟化钙和氟化镁，宜提高浸出液 pH 值至8～8.5，使其与硅、铝等杂质一道进入渣中。

(3)铁冰晶石的制取。沉淀氢氧化铍后的溶液中含有大量氟化钠，为尽量回收利用，降低烧结配料中硅氟酸钠的消耗量，可用硫酸将溶液酸化 pH 至4，在边搅拌边向溶液中加入3%的碱性硫酸铁溶液，以析出 Na_3FeF_6（铁冰晶石）送去配料。此法作业简便，不生成腐蚀性介质，全部操作可用铁制或木制设备。

(4) 存在问题。氟化法生产氧化铍时，稀土杂质将全部进入最终产品；三废处理方面除铍外又增加了氟；氟化法处理低品位矿时，除氟硅酸钠等辅助剂耗量增加外，钙和磷含量的增加将降低烧结料中的水溶铍，严重影响回收率。

3. 萃取法

用硫酸盐法处理绿柱石所得的硫酸盐浸出液或用10%H_2SO_4浸出硅铍石的溶液，均可用二（2-乙基己基）磷酸（P_2O_4）煤油溶液萃取和 NH_4HF_2反萃取，其主要反应式为：

Be^{2+}（水）+2 $(HX)_2$（有）⟶

Be $(HX_2)_2$（有）+$2H^+$（水）

Be $(HX_2)_2$（有）+$2NN_4HF_2$⟶

$(NH_4)_2BeF_4$（水）+2 $(HX)_2$（有）

所得氟铍酸铵溶液经浓缩结晶后制得氟铍酸铵，用于制取无水氟化铍。

用氢氧化钠反萃时，氢氧化钠单级接触5min，铍的反萃率大于95%，经两级反萃就可反萃完全，有机相仅含 BeO0.01～0.02g/L。有机相和反萃液均可循环使用。从矿石至氧化铍的回收率为82%左右，氧化铍品位是98～99%。

也可将富集的有机相与碳酸铵溶液接触，而将其中的铍反萃下来，转化成 $NH_4Be\ (CO_3)_3$。此种溶液加热至95℃时，铍以碱式碳酸铍沉淀出来，后者可在165℃下分解得到氢氧化铍。

采用溶剂萃取尚有下列几点值得注意：原始溶液酸度过高，硫酸铍的离解作用将下降并生成各种铍的络合物，使进入有机相的铍减少，因此萃取前宜用氢氧化钠调 pH 至2～2.5；原始溶液中氟离子浓度高，铍的萃取率将会降低，当 $F^-/Be^{2+}=9$时铍几乎不能萃取；P_2O_4萃取能力通常随稀释剂介电常数增加而减少。

萃取法的特点是：反萃、水解后的氢氧化铍经煅烧可制得纯度为98～99%的氧化铍；可处理含Be0.2～0.4g/L 的稀溶液，为处理低品位矿石开辟了新的途径；整个过程在密闭条件下进行，防护条件好，劳动强度小，能耗低，这是氟化法或硫酸盐法所不及的；分离铝、锂、钴、镍、锰等杂质较完全，在用氟化铍镁热还原法制取核纯级铍的工艺中，为使杂质的中子俘获总截面积小，可用 P507（异辛基磷酸单异辛脂）-煤油溶液连续逆流萃取铍，工艺流程示于图11-3-12。

4. 氢氧化铍的煅烧

烘干或煅烧氢氧化铍均因产品颗粒细、易飞扬和有剧毒等问题，使生产难以正常进行。采用隧道窑可将烘干、煅烧两道工序合为一体，大大减轻了铍尘的危害。窑可用重油、煤气或丙烷加热，如用电热，每千克氧化铍一般耗电18～20kW·h。

（二）氢氧化铍的净化

制取的工业氢氧化铍如需进一步净化，可用硫酸铍重结晶净化工艺。获得的第二次结晶硫酸铍晶体用离子交换水溶解后往滤液中通入氨气使氢氧化铍沉淀；所得氢氧化铍用纯水洗涤后于950～1000℃煅烧即得高纯氧化铍，其质量可达到美国“VOX”高纯氧化铍粉末质量标准（见表11-3-13）。

表 11-3-13 美国“VOX”高纯氧化铍粉末质量标准

杂质元素	单位	典型值	最大值
S	%	0.08	0.15
Al	10^{-4}%	40	100
Ca	10^{-4}%	<30	50
Fe	10^{-4}%	20	50
Mg	10^{-4}%	25	50
Si	10^{-4}%	50	100
Na	10^{-4}%	25	50
B	10^{-4}%	<1	3
Cd	10^{-4}%	<1	2
Cr	10^{-4}%	5	10
Co	10^{-4}%	<1	3
Cu	10^{-4}%	<2	5
Pb	10^{-4}%	<2	5
Li	10^{-4}%	<1	3
Mn	10^{-4}%	2	5

续表 11-3-13

杂质元素	单位	典型值	最大值
Mo	10^{-4}%	<3	5
Ni	10^{-4}%	3	10
Ag	10^{-4}%	<1	3
干燥损失	%	0.5	1.0
摇实密度	g/cm^3	0.35	0.58
比表面积	m^2/g	9～12	

为获得物理性能良好的高纯氧化铍，除保持煅烧最高温度不超过1020℃外，还应在沉淀氢氧化铍方面对沉淀剂的选择和加入的速度、pH值及温度的控制和添加物的加入等作深入的探讨。

为使过程不受污染，除湿法部分应禁止加入不合格原料和辅助剂外，氢氧化铍煅烧时宜选择不会增加杂质的氧化铍坩埚。

（三）氯化铍

用氯气氯化氧化铍、氢氧化铍或绿柱石精矿的工业过程见图11-3-13。将上述原料配以还原剂和粘合剂压制成团块后，送入马弗炉或隧道窑中于1000℃煅烧，将煅烧好的块料投入衬有耐酸砖和炭质的电极炉内氯化。

氯化物蒸气和剩余氯气流过两个镍制冷凝器。第一个冷凝器温度保持在高于氯化物的沸点而低于氯化铍的沸点，以捕集纯氯化铍。第二个冷凝器尺寸较小并冷至室温，从中流出的气体通过直径约0.5m、内装炭质填料的洗涤器，经烟囱排入大气中。

所得氯化铍含少量氧化物、氢氧化物、碳和痕量氯化铁，须在590℃下进行蒸馏净化。

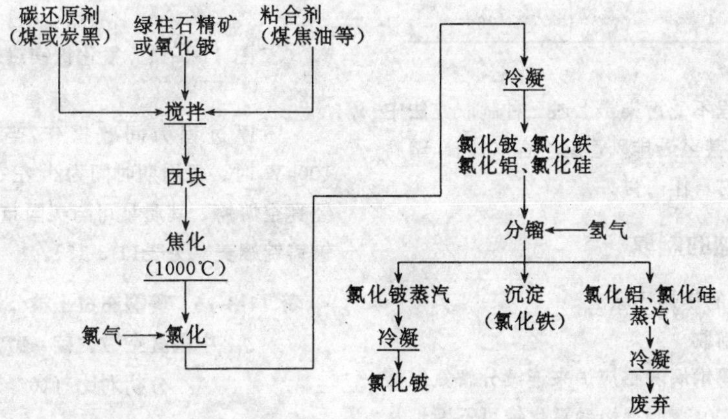

图 11-3-13 绿柱石精矿或氧化铍氯化程序

（四）氟铍酸铵

1.制备过程中同时除去杂质

将工业氢氧化铍或氧化铍和冶炼过程中的废料一起溶解于氟氢化铵内，检查NH_4F/BeF_2后加入氟化铵调整溶液成分，然后加热到沸腾，并用磨细的白垩粉局部中和pH至8.3以清除铝，并加入二氧化铅清除锰和铬。过滤后往滤液中加入多硫化铵使硫化铜、硫化镍和硫化铅沉淀。再次检查过滤后的净化溶液中氟、铵、铍的比值，接着将其蒸发、浓缩使溶液含Be80g/L以上，冷却结晶后分离母液即得到氟铍酸铵晶体。

2.制取氟铍酸铵前预先除去杂质

先将工业氢氧化铍溶解成硫酸铍溶液，净化除去大量杂质后，用无水氟化氢溶解净化后的氢氧化铍，使生成的溶液含铍量达到$F^-/Be=9\sim9.5$，再缓缓通入氨气，使前18h内溶液的pH=3，后18h内最终达到pH=7，这样盐析出来的氟铍酸铵含Be超过65%、Fe少于0.007%、Al少于0.009%。

3. 用高纯氢氧化铍和氟、铵化合物制取高纯铍

以硫酸铍结晶精制的氢氧化铍作原料，加入NH_4HF_2溶解，氟化铵盐析后，得到氟铍酸铵。表11-3-14所列数据是美国布拉士N-50-A铍珠的典型分

析及与中国纯铍成分的比较（$10^{-4}\%$）。

表 11-3-14 美国布拉士 N-50-A 典型分析和中国纯铍成分比较（$10^{-4}\%$）

杂质元素	N-50-A	纯铍
Al	400	200
B	1	1
Ca	0.7	0.5
C	400	
Co	1	
Fe	360	500
Zn		70
Cr		20
Mg	90	
Mn	50	60
Ni	95	20
Si	45	60
Cu		50
Pb		20

为使生产过程不受污染，上述三种制取方法中使用的设备、管道甚至送排风管道均宜以橡胶、塑料或不透性石墨等材料作内衬。

三、金属铍的制取

（一）氟化铍的镁热还原法

1. 氟化铍的制取

一般用带石墨坩埚的感应炉来连续分解氟铍酸铵，分解温度约900℃。所得熔融氟化铍可不断地从炉中流至铸锭机中，气态氟化铍和少量氟化铍被抽风机抽至冷却吸收塔，并溶解于水中，经处理后返回利用。

分解的回收率一般为88～89%。如欲进一步提高，须减少铍的挥发损失，正确控制进料速度，做到下料均匀，防止分解温度频繁波动。

2. 氟化铍的镁热还原过程

还原流程见图11-3-14。还原反应式为：

$$BeF_2+Mg \longrightarrow Be+MgF_2$$

镁的配比按化学计量的75%计算，目的在于生成含氟化镁的低熔点熔渣并使反应速度减慢。为便于控制温度，一般都在带有石墨坩埚的中频感应炉内进行。当温度升至 900～1000℃时，生成的金属铍珠和氟化镁呈固态，反应坩埚中生成的渣壳及壳层妨碍熔融氟化铍与镁的相互作用。如果将温度提高到金属铍的熔点（1300℃），这些渣壳及壳层便开始软化并被破坏。由于炉渣的密度比铍高，所以金属铍浮在表面。最后停止加热，使石墨坩埚冷却到凝固温度后，即从坩埚中取出金属，再将凝固的炉渣融碎并装入不锈钢球磨机中煮磨，分离出的铍珠再经破碎、清渣并烘干后即可入库。

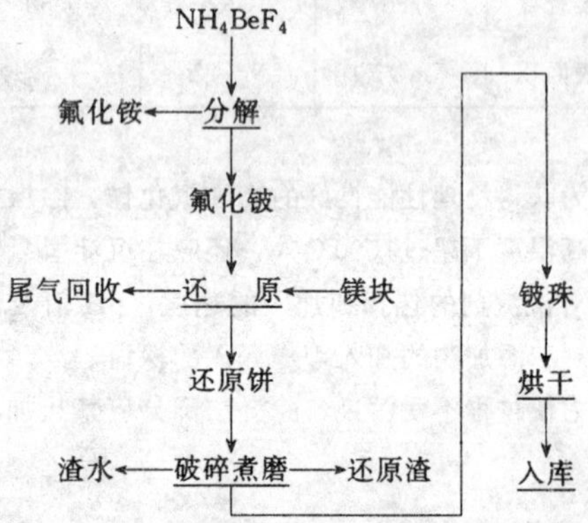

图 11-3-14 氟化铍镁热还原流程图

还原过程为间歇操作。当功率消耗为75～100kW 时，每周期时间为2h 左右。产出的金属铍珠经真空熔铸，其质量可与美国布拉士铍公司的真空铍铸锭媲美（见表11-3-15）。

表 11-3-15 美国布拉士铍公司真空铍铸锭与中国真空铍铸锭（077，079）分析对比（$10^{-4}\%$）

杂质元素	美国铍铸锭	077	079
Fe	1100	1220	610
C	400		
Mn	70	60	65
Cr	90	40	24
Ni	130	46	18
Mg	500	～300	590
Al	600	750	532
B	1.2	<1.0	
Li	<1.0	0.4	
Cd	<0.5	0.14	
Ag	<5.0	0.36	
Co	～2.0	2.0	2.0

镁还原法的铍直接提取率已达60%，欲使总提取率高于90%，还必须封闭全流程。

3. 流程闭路

镁热法还原氟化铍工艺的各个环节中产生了结晶母液、尾气、烟尘、煮渣水和还原渣等中间产物，它们都含有铍，回收利用这些铍作到流程闭路是提高总提取率的关键。

(1) 回收还原烟尘、母液和渣水中的铍。利用母液中多余的氟氢化铵溶液浸出高温下生成的氧化铍，使还原烟尘中的氧化铍最大限度地转化成铍盐溶液，接着用氢氧化钠沉淀析出氢氧化铍，再以硫酸溶解、精制得到符合制取金属铍的高纯氢氧化铍。

(2) 从还原渣中回收氢氧化铍。还原渣经过蒸煮处理后还有约30%Be留在煮后还原渣中，为回收这些铍须将渣磨至120目，加入氢氟酸溶解使其转化成铍盐溶液，净化精制即得氢氧化铍。

(3) 回收尾气中的铍。氟铍酸铵在900～950℃分解时有氟化铵和少量氟化铍逸出，其成分为0.27% Be、51.61%F、43.1%NH_3、0.057%Fe、0.07%Si。一般都应用氟化铍制取一节中所述的湿法回收办法。

(二) 电解熔盐制取铍

德国"德古萨"是最早用低温电解氯化铍和氯化钠的一家公司，采用500A 电流强度，在五个串联电解槽中进行。电解电压为40～50V，最初的阴极电流密度为7.8A/dm^2，阳极电流密度为0.37A/cm^2。电解质采用 $BeCl_2/NaCl=1/1$（重量）的熔融混合物，以直径500mm、高800mm 的镍电解槽作为阴极，外部加热，将直径100mm、长1200mm 的致密石墨阳极装置于槽盖的中心部位。

过程为半连续作业，电解槽内最初含54% $BeCl_2$，最终为45%。每隔24h 要将电解质用惰性气体压送到相邻的经过预热的槽内，加入一批新的氯化铍以补偿分解和挥发的部分，再重新电解。用漏勺从排空后的电解槽中将沉积在槽壁上的具有光泽的树枝状铍舀出，然后依次用水、1%NaOH 溶液、稀硝酸、一次水洗涤，干燥后铍纯度超过99%。

在上述工艺的基础上采用了较新式的可以更换阴极的电解槽结构。此种电解槽体积较小，电压为4～6V，阴极电流密度为0.08A/cm^2，阳极电流密度为0.37A/cm^2。表11-3-16为经过真空熔炼的电解铍分析结果。结果表明金属纯度是相当高的。

表 11-3-16 几批经过真空熔炼的电解铍分析结果（%）

元素	批号				元素	批号			
	1	2	3	4		1	2	3	4
Ag	0.001	0.008	0.0006		Mn	0.003	0.01	0.015	—
Al	0.003	0.003	0.003		Na	0.15	0.01	0.015	—
B	0.00005	0.00005	0.00005		Ni	0.015	0.015	0.0015	—
Ca	0.01	0.01	0.01		Pb	0.005	0.005	0.005	—
Cd	0.0001	0.0001	0.0001	0.0001	Si	0.003	0.003	0.003	—
Cr	0.0006	0.0006	0.0006	0.0006	Sn	0.0008	0.001	0.001	—
Cu	0.003	0.003	0.005	0.006	Zn	0.003	0.003	0.003	—
Fe	0.003	0.003	0.018	0.009	O	—	—	—	—
K	0.006	0.006	0.003	0.003	Cl	—	—	—	0.005
Mg	0.003	0.003	0.003		C	—	—	—	0.10
N	—	—	—	0.001	Be	98.4	99.47	99.48	—

(三) 蒸馏法提纯金属铍

真空蒸馏是清除铍中杂质的重要净化方法，一般均用氧化铍做熔融铍的坩埚，以氧化铍或钽片或钼片做冷凝器，有的在冷凝器外装有加热装置控制其温度，实现杂质的进一步分馏。某些试验着重排除金属杂质，某些试验则力求减少气体杂质的影响。所得结果见表11-3-17。

表 11-3-17 不同试验所得真空蒸馏净化铍的成分比较（$10^{-4}\%$）

试验号	杂					质					
	Fe	Al	Si	Mn	Mg	Ca	Ni	Cr	Cu	O	C
1	55	<30	40	<1	30	<100	<3	6	5	10	55
2	10	<10	20	5	5	10	5	10	5	400	200
3	110	20	20	<35	8	30	70	<50	50	10	—
4	200		<100	20	30	30	—	—	—	1400	—
5	120	60	260	20	20	—	50	30	—	80	—

第五节 铍的熔铸及粉末冶金

由于铸态铍晶粒粗大，强度和延伸率极低，因而在核工业、空间领域中应用的铍不管其尺寸大小或形状如何，大多数是用粉末冶金法或将粉末制品再经挤压、轧制等深加工制造的。图11-3-15所示为铍粉末冶金工艺流程图。

铍是脆性金属，铍粉通常用真空铸锭经机械法研磨而成。其中用冷流冲击研磨法制得的粉末颗粒，其等轴性好，粒度细，氧含量低，是一种较好的铍粉制取方法。制粉过程中防止环境对铍粉污染和铍粉对环境污染是制粉工艺中突出的问题。

铍粉末冶金制品通常称为压块。将压块加工成一定形状即可直接应用。其性能指标主要包括密度、强度、延伸率、弹性模量和化学纯度等。仪表级铍材的微屈服强度和尺寸稳定性具有特殊的重要性，应当根据对压块性能的要求恰当地选择粉末和固结工艺。

压块也可做为半成品继续进行挤压、轧制、旋压、拉丝等深加工，这时对粉末和固结工艺的选择应使最终产品达到预定的性能。

由于铍价格昂贵，在铍粉末冶金流程中必须使物料处于闭路系统，即机加工的废屑应得到重新利用。同理，成型少加工或不加工的异形件（即所谓净成型尺寸压坯工艺）也是铍粉末冶金的重点研究内容之一。

压块性能主要取决于晶粒尺寸和化学成分。目前，铍的粉末冶金料有向高纯细粉方向发展的趋势。用晶粒粗大的铸锭经机械破碎制得的铍粉每一个颗粒基本上是一个单晶，选择适当的固结工艺所得压块的晶粒度可以等于或略大于粉末粒度。因此制取细粉是制取细晶粒压块的主要手段。

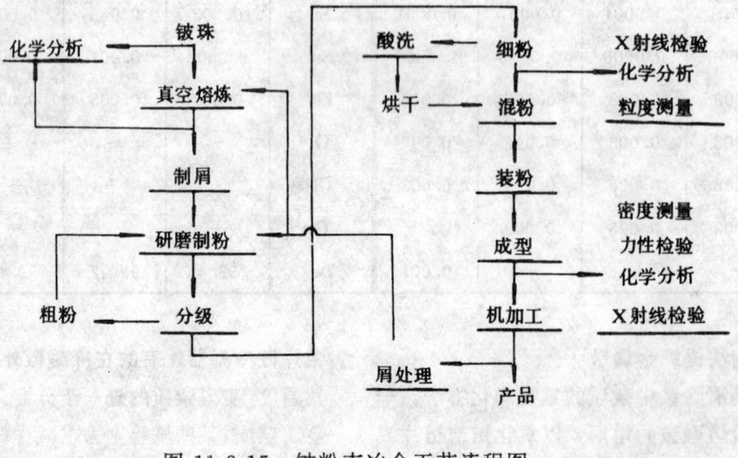

图 11-3-15 铍粉末冶金工艺流程图

一、铍的熔炼和铸造

熔炼和铸造是铍粉末冶金工艺的准备阶段，尽管有少量的铍制品是由铸锭直接加工而成的。大多数金属铍是用镁热还原法生产的铍珠。铍珠的纯度较低，杂质总含量可高达4%，主要是氟化镁及其它金属杂质，因此需要提纯。通常的提纯方法是真空感应熔炼法。由电解法生产的鳞片铍也需要通过真空熔炼去除氯化物等杂质。真空感应熔炼法可以处理不同纯度和不同形状的铍珠和铍屑。从铍珠到铍锭的金属回收率为90%左右，最高达95%。

（一）坩埚制备

熔炼铍的坩埚材料有多种，但多采用氧化铍坩埚，它有利于保证金属铍的纯度。氧化铍坩埚又可分为陶瓷氧化铍和捣制氧化铍坩埚。捣制氧化铍坩埚制做方便，耐急冷急热能力强，不易裂，寿命长。

将氧化铍粉末在高温下煅烧，烧结氧化铍的密度应大于1.5g/cm³。将烧结氧化铍破碎成5mm以下的颗粒，加入少量磷酸和水搅拌均匀即可用于捣制坩埚。用过的旧坩埚氧化铍经过破碎和盐酸浸泡后可适当地重复使用。将搅拌均匀的氧化铍装入感应圈和石墨芯轴之间用力打实，再装入感应炉中，通电烧结2～3h，取出石墨芯轴，即制得一个捣制氧化铍坩埚。

（二）熔炼的工艺过程

图11-3-16所示为铍珠真空熔炼流程。若铍珠表面清洁，包装良好，可以不进行酸洗、水洗。铍珠的杂质按挥发难易可分为三类：易挥发杂质如镁、锌，中等挥发杂质如铅，难挥发杂质如铁、锰、铬、镍、铝、铜、硅等。真空感应熔炼只能去除易挥发杂质，多数难挥发杂质只能在镁还原前的化学冶金过程中加以控制。

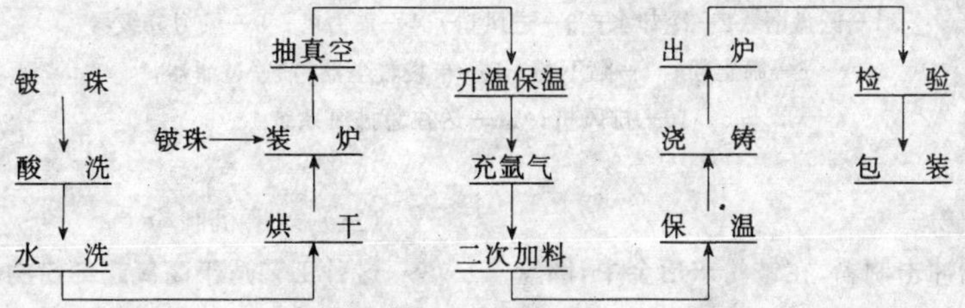

图 11-3-16　铍珠的真空感应熔炼

熔炼过程中真空度越高越有利于杂质的挥发，但在高真空下容易发生放电和金属喷溅，为此可以向炉内充入氩气。适当掌握充氩时机很重要，因为充氩过早不利于杂质挥发，充氩过晚会降低金属回收率。

金属全部熔化后保温5～10min以利杂质挥发。浇铸温度一般为1340～1370℃。浇铸温度过低容易形成冷隔和气孔，过高则铍与石墨铸模容易发生碳化反应。铸模材料多为石墨，在仔细控制条件下可以采用钢模。石墨铸模的壁厚约等于铍锭直径的1/4到1/3，太薄容易发生碳化反应。

对于易挥发杂质含量高或铸锭表观质量不好、气孔过多的锭应重新熔炼。多次熔炼使金属回收率下降，应力争一次熔炼成功。

二、铍粉的制取

（一）圆盘磨制粉

圆盘磨由两个带辐射状沟槽的磨盘组成。静盘带水冷，由中心孔进料，动盘由马达驱动旋转。屑和粗粉进入两盘之间，粉末由圆盘周边流出，细粉由气孔带走，粗粉返回重磨。主要设备放在风柜里以防止污染环境。操作不当可能造成过热从而增加铍粉的氧含量。这种工艺适于制取－200目粉末，已获较广泛的应用。图11-3-17所示为圆盘磨制粉示意图。将风力分级和筛分级结合使用可去除超细粉，有利于提高压块质量。采用化学处理可使粉末中的杂质含量大幅度下降。

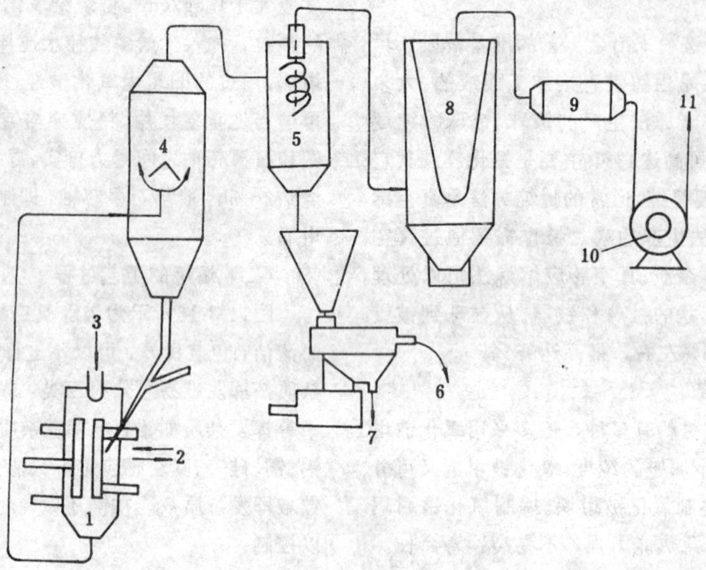

图 11-3-17 圆盘磨制粉示意图

1—圆盘磨；2—冷却水；3—进风口；4—重力塔；5—风力分级器；
6—筛上粉；7—筛下粉；8—布袋收尘器；9—过滤器；
10—排风机；11—送往总排风系统

（二）冷流制粉

冷流制粉也叫冲击制粉。在铍粉末冶金中，圆盘磨制粉已被冷流制粉所取代。这种工艺的研究成功及被铍工业的采用导致了铍制品质量大为提高。铍制品的质量一直受到非金属夹杂、高氧含量和各向异性的限制，采用冷流制粉法后这些问题在较大程度上得到解决。许多杂质来源于铸锭，铸锭中的铁、铝、硅和铍形成金属间化合物，镁还原的盐类也能带入锭中，它们都是细微脆性杂质，能够通过筛子进入最终产品。冲击研磨辅之以气体分级能够去除这些细微夹杂，所得产品为3μm 的粉末。与圆盘粉相比，质地纯净，氧含量低。氧含量低是由于气体在绝热条件下膨胀、温度下降造成的；而圆盘磨则相反，它使粉末温度升高。冲击研磨粉末更接近等轴形，减轻了制品的各向异性。

冲击研磨设备简单。因粉末由高速气体传输，设备磨损会造成对粉末的污染。因此管道设计应尽量减少拐弯或在拐弯处用铍做衬里。可用空气作工作介质。图11-3-18为冲击研磨示意图。

（三）球磨机制粉

这种工艺适于高氧超细粉的制取，而高氧超细粉适于制取高微屈服强度的仪表级铍材。细粉可制取细晶粒产品，氧含量高可强化晶界从而提高强度。该法制取的粉末纯度低，因而球磨机多用铍作衬里，有时还对粉末进行酸洗。球的材质选择要考虑对污染的要求，还要考虑生产效率。球磨粉末的粒形多呈扁平状。

（四）棒磨机制粉

棒磨机制粉在颗粒形状、生产效率等许多方面与球磨机制粉相似，只是棒容易用铍包覆从而减少污染。若直接使用铍棒或铍球则因其重量太轻而影响生产效率。

（五）雾化制粉

雾化制粉适于大规模生产，所产出的粉末颗粒粗、呈球形，有些颗粒是空心的，其微观结构是由许多取向不同的多晶体组成的，这与铸锭的机械研磨粉末有显著区别。由于雾化制粉可防止铍粉成分偏析，因此适于制取合金粉末。

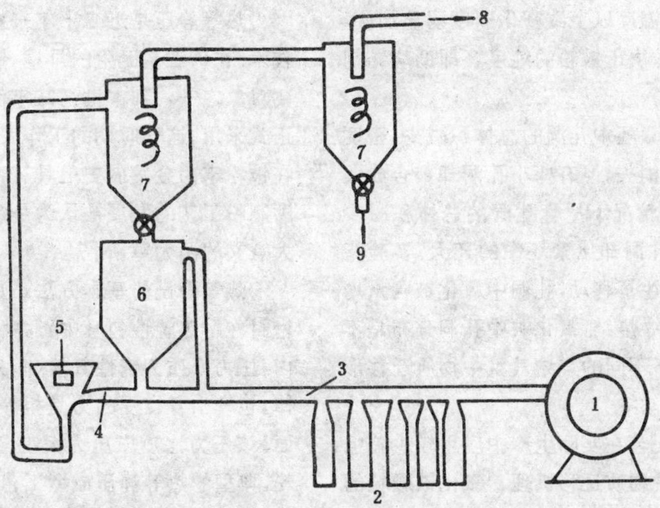

图 11-3-18 冲击研磨示意图

1—压气机；2—储气罐；3—高压气流；4—喷嘴；5—靶子；6—料斗；7—分级器；8—污染细粉；9—成品粉

三、铍粉的固结

许多金属粉末由于表面易生成氧化物，难于将其固结成实化块，因为颗粒之间的粘结受到惰性表面的限制。然而围绕在铍颗粒周围的氧化物在有硅存在下能发生凝聚和扩散，从而导致较好的粘结。反之，在缺乏助烧结剂下固结则需要较高的温度和压力。铍粉按固结到理论密度的条件或致密化难易程度可分为三类：最容易致密化的含有非人工掺杂的助烧结剂的普通纯度级，需要高温高压固结的高纯级，高氧含量级。

铍粉的冷压密度可高达95%，冷压实化曲线与化学成分无关。颗粒冷加工硬化限制了冷压变形，冷压前退火可提高冷压件密度。

(一) 冷压烧结

在室温下加压实化粉末，然后进行烧结的方法在粉末冶金中广泛应用。然而在铍粉固结中的应用是有限的，主要原因是冷压烧结产品晶粒粗大，密度低，力学性能差。尽管如此，仍然对铍粉的冷压烧结进行了大量研究工作。

图11-3-19示出了为烧结温度对密度和电阻的影响曲线。由图可见，尽管在1000℃时密度还没有什么变化，但电阻从开始就稳步下降，约在600℃急剧变化。这种电阻的急剧下降是其它粉末烧结中没有的，只能用铍的气相形成和反应来解释。铍的极高蒸气压（与铝相近）造成了从颗粒表面向颗粒接触点的物质迁移，虽然这种迁移在低温时对致密化没有贡献，但却增加了颗粒间的接触面积，因此在温度只有600～700℃时电阻急剧下降。这种迁移在真空烧结中极易发生而在氩气烧结中则不然。铍是少数不仅

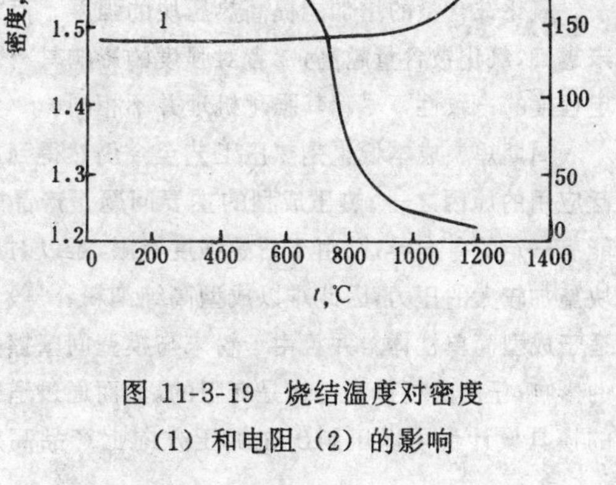

图 11-3-19 烧结温度对密度(1)和电阻(2)的影响

依靠扩散也依靠气相传输实现致密化的金属之一。在蒸发、冷凝和扩散作用下烧结铍缓慢收缩，直到一个临界温度。在临界温度以上致密化速度明显加快，而临界温度的高低取决于铍粉的纯度，即助烧结剂的含量。

在烧结过程中，素坯中孔洞的总体积减少，密度提高，许多孔洞完全消失，但有些小孔洞却聚合成大孔洞。因此，在某些情况下尽管孔洞的总体积减少了，但烧结体中的孔洞却比素坯中的还大。实验指出，烧结时氧化铍发生了移动，孔洞中氧化铍含量增加了。在真空和氩气中烧结，氧化铍中孔洞分布是不同的，这可能是由于不同的烧结气氛中物质迁移形式不同而造成的。

尽管冷压烧结工艺在实际生产中应用较少，但它对探索多孔体铍中物质迁移机理、氧化铍颗粒的移动及铍延性的理论研究是非常有用的。

（二）热压

热压是最早发展起来的铍粉末固结工艺之一，它可以制取大吨位、细晶粒、力学性能优良的铍制品。到目前为止，大多数铍制品仍然用热压法生产。

热压大多数使用石墨模具，在真空压机中进行，温度是1050～1100℃，压力为1.4～6.8MPa，保温时间是30～60min。具体工艺参数选择要考虑粉末化学成分和对产品性能的要求。

在热压条件下蒸发、冷凝、扩散虽然也起到致密化作用，但主要是在压力作用下的塑性流动，它使粉末颗粒在高温下具有塑性变形能力，在压力作用下使颗粒之间的孔洞得到充填的过程。热压铍可以达到或接近理论密度，但在晶界上仍有微米级孔洞存在。

杂质硅仍起助烧结剂作用，低熔点杂质在热压过程中起润滑作用。由于热压温度比烧结温度低得多，能防止晶粒长大，提高材料的力学性能。

氧化铍含量的增加能提高热压块的强度，而粉末越细，氧化铍含量越高，二者对强度的影响具有一定程度的一致性，尽管其强化机理并不相同。

周期短、成本低也是热压工艺至今仍然得到广泛应用的原因之一。热压成型的主要问题是产品性能有一定的各向异性；由于石墨强度有限，难以对压块施加较大的压力，因此难以成型高纯细粉；一般只适于成型简单柱体，并且由于粉末与模壁间摩擦力的影响，压制的柱体高径比是有限的。然而通过适当的模具设计也可以压制出在加压方向上产品高度（或称厚度）不同的异型件。

（三）热等静压

热等静压是近二十年来发展起来的粉末固结新技术。在该工艺诞生的早期，铍就是其工艺研究的主要对象之一，到本世纪70年代初期在铍制备工艺中正式采用。这一时期的工作表明，热等静压成型工艺在铍粉末冶金发展史上具有突出的位置，与冲击研磨制粉工艺的发展被认为是铍材研制过程中具有重大意义的两大革新。

热等静压的基本方法，是将粉末或粉末冷压块密封在耐热塑性包套中，并将其置于高温高压容器内，压力介质为惰性气体（多为氩气）。根据帕斯卡定律，包套上各点受的力是相等的，并且垂直于包套表面。该压力比热压压力大得多，因此能成型高纯细粉。典型的热等静压成型工艺过程为：铍粉→振动装粉→软包套密封→冷等静压→去除软包套→一次脱气→素坯整形→装软钢包套→封焊→检漏→二次脱气→抽气管卡死，封焊→热等静压→去除钢包套→性能检验→机加工→产品。由此可见，热等静压工艺比热压繁杂得多，每一个环节都必须精心操作才能达到预期效果。

铍是少数表面大量吸附气体的金属之一，因此脱气是必不可少的环节，并且脱气净度影响到产品的延性和肿胀率。

合理设计包套和可靠的封焊是热等静压成败的关键。包套和端盖以软钢为宜，抽气管以不锈钢为宜。采用不锈钢焊丝填料氩弧焊比纯铁焊丝的焊缝可靠性高，提高了热等静压的成功率；减少素坯与钢包套之间的配合间隙可以减轻压制后的弯度。

热等静压工艺参数主要包括升温速度、保温温度、保温时间、保温时的压力、降温速度等，其中保温温度最主要。铍粉热等静压温度范围从900℃到1100℃，应当根据粉末情况、产品性能恰当地加以选择。采用低温热等静压可以控制压块孔隙度，制取多孔体铍材。

也有将铍粉直接装入钢包套把二步脱气合为一步脱气以及冷压前进行粉末脱气的工艺。

等静力的加压方式带来了两个主要好处，一是产品的各向同性好，二是易于成型异形件。以圆柱棒为例，由于不像热压那样受到粉末与模壁摩擦力的限制，可以很容易地制取高径比不受限制的细长棒。巧妙地设计模具、适当地选择芯模材料以及用压力传递介质等技术可以制取复杂的惯性器件、带有栅格的镜体以及薄壁容器等，从而节省大量原料和机加工费用。

在原料相同的情况下热等静压铍材的性能较之热压铍材有明显的提高。

第六节　铍的加工及制品生产

一、铍板（箔）材的轧制

（一）坯锭的制备

1. 粉末冶金方法制坯

粉末冶金方法制坯对板坯锭有下列要求：化学成分符合标准要求，特别是应严格控制直接关系到产品性能的杂质含量；尺寸规格符合要求；表面光洁度要求较高，如存在缺陷应进行精加工；内部无缩孔、疏松、气孔及裂纹等缺陷，需经过X射线透视照像检查。

轧制或挤压用坯料可在真空热压机上制取。所用粉末粒度为－150目（平均粒径是10～20μm），热压温度为1020～1050℃，压力为5～10MPa，升温速度为100～250℃/h，保温保压时间是30～60min。

粉末冶金坯料亦可经等静压成型-真空烧结来制取，铍粉冷等静压成型的压力一般为265MPa，烧结温度是1200±10℃，保温时间为2～4h。粉末冶金方法制取的坯锭组织致密，晶粒细小，它是制取铍坯锭的传统方法。

2. 真空熔铸方法制坯

用真空感应电炉熔化高纯铍珠或屑料，选用氧化铍坩埚和水冷钢模或石墨模，以合适的浇铸方式制取细晶粒的高质量铍锭，适合用作轧制铍箔材。但熔融状态的铍易与水蒸汽、空气和碳反应形成氧（碳）化物夹杂，同时浇铸中也易产生缩孔、疏松、气孔或应力裂纹，控制熔铸工艺参数以期避免铸造缺陷是至关重要的。

有时为了制取塑性好的坯锭，可将锭以锻造或挤压方法进行开坯，经塑性变形后再分割成轧板坯锭。金属锭的分割可用机床加工，亦可用电火花或线切割方法。

（二）铍板（箔）材的加工

1. 铍板（箔）材生产的工艺流程

铍板（箔）材生产的工艺流程见图11-3-20。

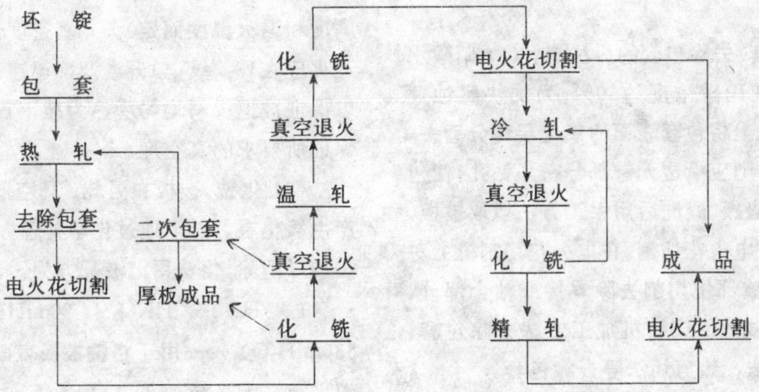

图 11-3-20　铍板（箔）材生产流程

2. 铍板（箔）材生产的基本工艺

(1) 坯锭。用于轧制的铍坯锭一般为圆饼形，锭直径为85～120mm，厚度小于16mm。有时也选用方形坯锭。在包套之前坯锭应经清洁处理。

(2) 包套。铍在常温下塑性很低，需在高温下热轧开坯。为防止铍氧化并约束其自由变形，避免在轧制时破裂，亦有利于劳动防护，应将坯锭置于包套内并焊封密闭。包套分为一次包套（坯锭开坯）和二次包套（厚板坯叠轧）。

包套的盖板用低碳钢板，它比用不锈钢板成本低，且易于酸蚀去除，但在特殊需要时（直接热轧出成品板坯或轧制温度较高、盖板表面氧化严重、形成局部掉皮而直接影响铍板表面质量）亦采用不锈钢板。盖板厚度一般为坯锭厚度的1/2到1/3，过厚或过薄都可能造成铍板破裂。

包套框体或框架材质为低碳钢，一次包套的框体多为内圆外方，有时为了轧制出整圆形的铍板，亦用圆环状框体（盖板亦为整圆形）。

二次包套所用坯料是一次包套轧成的铍板，经火花切割成方形，将2～3块方板叠放在由低碳钢条块组成的包套框架中，中间隔以不锈钢垫板并将上、下盖板加以焊封。

(3) 热轧。铍的热轧是带包套进行轧制的，加热包套在普通的马弗炉中进行，在普通的二辊轧机上进行轧制。

加热温度820～850℃，超过了铍的再结晶开始温度（700℃）；第一道次保温时间0.5h；终轧温度不低于750℃，视温降情况，每加热一次可连续轧制2～3次；热轧采取90°交叉换向轧制；热轧道次加工率约20%，最高可达25%；热轧总加工率可达90%，一般为85%；通过一次包套和二次包套热轧，可以制取5～0.5mm铍板。

轧制最终道次后将料放入加热炉中加热，在热轧的相同温度下于油压机上加压矫平。有用九辊矫直机或单辊进行矫平的，亦有用蠕变方法整平的。

矫平后的包套件如包套不开裂，将其放入加热炉中加热，在约800℃下保温半小时后随炉冷却，以消除加工的残余应力，避免板料在冷却过程中破裂，也有利于去除包套、在电火花切割中减少铍板碎裂。

(4) 去除包套。去除包套的方法有：(1) 硝酸水溶液腐蚀。工业纯硝酸浓度约50%。为加快腐蚀速度，预先在砂轮机上将包套表面的氧化层部分磨去，如盖板是不锈钢，则应沿边无铍部分密集钻孔，使包套显露出低碳钢垫板。酸洗后用手工方法撬取铍板，应避免碎裂。(2)电火花切割。在电火花切割机上对包套板的边缘无铍部位切割去除焊接或粘合部分，掀开盖板，取出铍片。(3) 机加工方法去除包套。(4) 乙炔焰切割法、热剪切法等去除包套。

(5) 温轧。铍有两个塑性较高的温度区域，热轧是利用较高的温度区，而温轧则是利用较低的温度区（300～500℃）。

温轧是不加包套直接加热铍板进行裸轧，所轧坯料通常是二次包套后热轧的铍片。温轧进料厚度0.5～1mm，终轧产品厚度约0.2mm。

为减少坯料温降，轧制中可预热轧辊，但目前多采用提高坯料加热温度的方法来裸轧坯料。每加热一次温轧一次，由于加热炉及轧机的现有条件限制，采用单向轧制。温轧道次加工率为3～5%，每次退火前的总加工率为20～30%。铍板温轧后要进行表面处理。

(6) 冷轧。为提高板材的表面质量、控制成品板的厚度公差、轧制出较薄的（0.2mm以下）板材或箔材，要在二辊或四辊轧机上进行冷轧。

目前冷轧均用单片无张力轧制。曾采用过两片板料叠轧的方法以求制取箔材，但未形成完整的工艺方法。在多辊轧机上轧制铍箔材的研究工作仍在进行中。随着加工工艺的进步，铍板生产工艺中冷轧已占有重要地位。冷轧可得到公差小、表面质量高、机械性能好的板（箔）材制品。两次退火间冷轧的总加工率可达5%。

为使轧件顺利变形、提高产品的表面质量及降低轧制压力、控制宽展，应在冷轧过程中对轧辊进行润滑。使用的润滑剂有白油、煤油（96%）＋油酸（4%）、棕榈油、汽油（80%）＋白油（20%）。

(7) 真空退火。铍板经压力加工，特别是温轧、冷轧之后，由于加工硬化使其塑性降低、变形抗力增加，所以须经退火处理才能继续轧制。铍在高温下易于氧化，只能在真空炉中退火。

真空退火工艺制度是：1）退火温度是840～750℃，对于箔材应降至750～700℃（视坯料厚度及总加工率而定）。2）保温时间是30～60min（视坯料厚度和退火温度而定）。3）真空度低于0.4Pa，成品退火应在10^{-3}级；4) 升温及降温速度不加严格限制，以保证被退火料均匀受热为准，升温速度快慢亦应保证所要求的真空度。

(8) 化铣。铍板在温轧、真空退火之后，表面会产生氧化层，必须通过化学处理方法或机械抛光方法加以清除。化铣用溶液配方为：

1） $HF-HNO_3$（20mlHF、450mlHNO_3、530mlH_2O）——用于粗铣铍板表面，可使铍板表面较平滑，无光泽。

2) $HF-H_3PO_4-CrO_3$（12mlHF、480mlH_3PO_4、72gCrO_3、160mlH_2O）——用于较薄的半成品板表面处理。

3) $H_2SO_4-H_3PO_4-CrO_3$（26.5ml 浓 H_2SO_4、450ml 浓 H_3PO_4、53gCrO_3）——适于处理成品表面，板面呈光亮状态，可保持相当长时间。

4) $HF-H_3PO_4-CrO_3$－乙醇－甘油（10mlHF、480mlH_3PO_4、60gCrO_3、10ml 乙醇、40ml 甘油）——用于成批板片或接近成品表面处理。

化铣在铍板材生产工艺中有重要作用，但它会造成铍的大量损耗。

二、铍管、棒、型材的挤压

（一）挤压锭的制备

挤压锭通常由铍锭和包套组成，包套又包括圆管部分和端盖部分。挤压锭的直径和长度受制品尺寸、变形程度和设备条件限制。为节省原材料，应精确计算挤压锭的尺寸。

1. 铍锭

可用真空熔炼锭、铍屑或粉末的静压烧结锭以及粉末的真空热压锭。生产实践证明，用真空热压锭做挤压锭比较理想。真空热压锭的制备应满足下述要求：预成型的粉末粒度大小、形状及粒度配比要合适；锭的化学成分应满足不同制品和用途的技术要求；热压锭应组织均匀，晶粒致密，密度在1.82g/cm^{3}以上，晶粒度为20～25μm；锭的内部和外部不能有裂纹、气孔、夹杂等缺陷。

铍锭的形状及尺寸应与包套的内表面或外表面的形状及尺寸相吻合，最大间隙一般不超过0.05mm。如果间隔太大，挤压时势必造成铍与包套材料互相嵌入和重叠的现象。

2. 包套

为解决铍的氧化、毒性和对工具的磨损与粘附作用，通常采用包套挤压。包套材料一般用低碳钢，只有在特殊情况下才用不锈钢或蒙耐尔合金。

为保证包套挤压的成功，应绝对保证包套不仅在加热和挤压时完整地包覆铍锭，而且还伴随着铍锭以整体的形式均匀流出，在整个制品表面上包住挤压制品。因此，包套的厚度要选择合适，太薄，铍制品容易暴露；太厚，不但浪费材料，还给挤压和去包套带来新的问题。

包套厚度是依据挤压前包套厚度同挤压后包套厚度之间的关系应适合于全部整体挤压的二个简单关系式来计算的，即包套材料截面积与余下的铍料截面积之比在挤压前后为恒量；挤压前后包套截面积之比值为挤压比。

3. 包套的焊封

焊封前应将包套和铍锭用酒精清洗干净，晾干或烘干，然后再将铍锭放入包套内。端盖与包套的焊接一般在通风橱内用电焊完成，焊接时要防止铍锭氧化和焊渣落入锭内。为避免包套内残存气体使铍氧化和在挤压过程中因气体膨胀使包套破裂，端盖上的小孔焊封应在真空下完成。

（二）挤压

1. 挤压温度

铍有两个塑性区，既可进行温加工，也可进行热加工。在400～500℃下采用极低的挤压速度、低的延伸系数和能牢固地粘附于锭表面的特殊固体薄膜润滑剂的裸挤工艺。但这种方法只能生产小规格铍材，并要求非常高的挤压压力，因此未能得到实际应用。

为了获得较大的变形程度、较高的生产率和低的成本，实际生产中通常采用热挤压来生产各种规格的铍产品。加热温度一般为1030～1050℃，在设备能力允许下用较低的挤压温度（843～954℃）对提高铍性能比较理想。

2. 挤压速度

铍是难变形的低塑性金属，但在挤压时的三向压应力状态下，铍锭外面包覆着塑性良好的低碳钢包套，挤压时可以用较宽的速度范围。当挤压比为10～15/1时，挤压速度以40～160mm/s 为宜。当挤压温度、制品形状、润滑条件改变时，可分别采用速度的上限或下限。

3. 挤压比

加工率对挤压制品的组织及性能有重要影响，铍更是这样。因为铍在挤压过程中的变形机理是使易于破裂的基面转移到平行挤压方向上来，而转移的程度取决于挤压比的大小。挤压比越大，原来杂乱取向的基面滑移到平行于挤压方向就越彻底，从而使铍制品在拉伸时基面滑移被限制或者甚至不可能发生。这样就提高了制品的抗拉强度和延伸率。在1070℃、挤压比为15/1时择优取向显著，延伸率已达到最大值18%。

4. 挤压工具润滑

铍材挤压时工具润滑除了用常规的沥青、石墨及二硫化钼等悬浮液外，还用玻璃润滑剂。其方法是将软化点、液化点及成分适合的玻璃粉如S_2A_5制成玻璃垫来润滑模具，用玻璃布包覆在热锭上或将玻璃粉撒在平板上，使热锭滚过粘上一层玻璃粉来润滑挤压筒。挤压锭加热时应防止表面氧化，否则将影响润滑效果，并给挤压带来困难。

5. 挤压工具

铍材挤压时一般为带包套的复合金属挤压，为减少或消除死区，使变形金属流动均匀，包套材料能均匀地包覆在铍制品表面上，选用模角45°的锥形模较为合适。如果用单面模，则必须在模前每挤压一根料放置一个90°的锥形环。

6. 压余处理

由于铍的特殊性质，挤压铍材时都采用不留压余的工艺程序。其方法是在挤压锭后面放置一个厚15～30mm、直径略小于挤压筒内径的石墨垫，这样在挤压终了时石墨垫就将挤压锭全部从模孔中推出。为防止石墨垫将制品从模孔推出的瞬间出现制品高速射出和挤压垫撞击模具的现象，通过调整石墨垫厚度的方法，并在挤压垫前加一个相应厚度的预先加热到700～800℃的软钢垫来做缓冲件是十分有效的。

（三）矫直

对于挤压制品特别是容易发生扭曲的型材和细长的管、棒材，挤压后的矫直工作是十分重要的。铍材的矫直是在未去掉包套之前，用液压矫直机在挤压后利用制品的余热进行。无论是人力矫直还是机械矫直，除了施力要缓慢外，终矫温度应不低于850℃，否则会因制品出现裂纹而前功尽弃。

（四）去包套

铍材挤压后要去掉低碳钢包套。去包套一般不用机械加工方法，而多用酸洗法。其酸洗工艺为：在耐酸槽内配成50%HNO_3溶液；将酸洗料放入槽内；酸洗温度不低于60℃；生成的二氧化氮、一氧化氮等气体由耐酸风机经冲击式洗涤塔排出室外；包套去掉后，取出铍料再用清水冲洗干净；为加速酸洗过程，在酸洗前可用盐酸溶液或砂轮去掉包套表面的氧化层。

对于采用实心碳钢包套形成管内径的方法挤压的管材，如果管材内径较大或管材较短，则管内芯包套和外层包套一样，均可采用酸洗法去掉。如果管材内径很小且又很长，则挤压前制做挤压锭时应该用可以机械拉出的特殊高锰钢做芯子，以便挤压后能从管材中取出芯子。

第七节 铍的热处理

铍的相变温度很高，因为原子尺寸的关系，合金元素在铍中的溶解度很低，用常规热处理方法不能强化铍。但在低温热处理时（如时效），由于微合金化反应的存在，可改善铍的室温延性和高温性能，在高温处理时可提高蠕变强度。常用的热处理方法有去应力退火、再结晶退火、冷热循环处理以及固溶和时效热处理。

一、铍的去应力退火

为了去除铍材加工尤其是机加工过程中产生的残余应力，铍制部件在使用前通常要经过去应力退火。去应力热处理工艺为：部件粗车，留加工余量0.125mm；加热到788℃，在真空或保护气氛下保温1～2h；冷却速率为55℃/h，然后在静止空气中冷却至室温。

有的文献介绍去应力退火温度为760～800℃，甚至更高。经过这种处理，大约可除去一半的残余应力。有时还用化铣来腐蚀机加工损伤层，腐蚀层厚度一般为0.013～0.016mm。两种方法联合使用能收到更好的效果。

二、铍的再结晶退火

铍的再结晶温度与纯度、氧化铍含量、弥散程度以及冷加工率的大小有关。铍的再结晶温度因使用材料差异结果很不一致，一般为760～900℃。

由200目铍粉制得的冷压烧结锭和真空热压锭作为轧板坯料时，中间退火温度为840℃，保温时间视尺寸和数量而定。

以铸锭为轧板原料时，退火温度可降到750℃，保温1～12h。以粉末为原料的铍材，晶粒长大温度大约出现于$0.85T_m$（T_m为熔点，K），以铸锭为原料的铍材，晶粒长大发生在$0.7T_m$。

三、铍的冷热循环处理

冷热循环处理是模拟环境温度，使部件预先发生尺寸变化来减少实际使用中可能发生的尺寸变化，是改善铍材尺寸稳定性的手段之一。处理步骤包括：部件精车最终尺寸；加热至99±5.5℃，在去离子沸水中处理10min，取出放至室温停留10min；冷至－73℃±5.5℃，在丙酮与干冰中处理10min。上述循环重复进行5次。

四、铍的固溶处理

不同状态的铍材固溶处理温度不同，例如真空热压块的固溶热处理温度为1100～1200℃，保温1h，然后快速冷却或水淬；挤压铍材的固溶处理温度为900～1000℃，保温1h后水淬。

五、铍的时效处理

固溶或未固溶处理的铍材在较低的温度下保温，用以改善强度和延性，尤其是高温延性。铍中铁、铝含量对时效和过时效有较大的影响，时效和过时效最明显的铁含量为0.15%。

Be-Fe二元系合金的时效处理可认为是微合金化反应，生成$FeBe_{11}$或$AlFeBe_4$及其它化合物，这些化合物的沉淀析出能改善铍材性能，而它们的分解则使铍材得到强化。

真空热压铍块的时效温度为730～760℃，保温时间从几小时到上百小时，因为微合金化反应有元素迁移过程，需要时间。冷却速度为550℃/h。挤压铍材（含0.04～0.4%Fe）的时效温度为550～850℃，保温24～72h。

第八节　铍合金及金属间化合物

一、铍合金

（一）铍铝合金

铍铝合金以含20～40%Al为主要研究与应用对象，是一种以塑性铝包围细晶粒铍的合金。铝在铍中的溶解度极低，这种合金基本上是机械混合物。铍铝合金具有高模量、低密度和良好的成型性，部分地弥补了铍的缺陷，是一种很有用的空间结构材料，可用于导弹、卫星、军用或民用飞机的蒙皮、核燃料套管、计算机元件和陀螺壳体等。铍铝合金能用真空熔铸和粉末冶金方法制取，可进行压力和机械加工。

从铍铝系二元合金相图看，在645℃共晶温度下铝的溶解度只有2.5%（原子），随温度的降低，溶解度显著减小。某些铍铝合金的成分和性能见表11-3-18～11-3-21。Be-38Al合金挤压材和轧制材的平均力学性能为：极限拉伸强度343～377MPa、屈服强度274～309MPa、延伸率5～12%、弹性模量（185～213）$\times10^3$MPa。

表 11-3-18　Be－38Al合金的化学成分

元　素	Al	C	Fe	Mg	Si	$BeO+Al_2O_3$	其它	Be
最高含量，%	38.0	0.1	0.2	0.08	0.20	1.0	0.05	余量

表 11-3-19　Be-38Al合金的物理性能

熔点，℃	密度，g/cm^3	热导率，kJ/(m·h·K)	比热，kJ/(kg·K)	热扩散，kJ/(m^2·h·K)
645	2.09	732.7～766.2	1.63	73.69

表 11-3-20　某些铍铝合金的室温机械性能

Al，%	状态	方向	弹性模量，GPa	拉伸强度，MPa	屈服强度，MPa	延伸率，%
24.3	挤压	L	267	397	373	2.0
3.3	挤压	L	237	403	373	4.0
35.8	挤压	L	226	372	369	1.2
43.3	挤压	L	201	335	311	1.5

表 11-3-21　某些铍铝合金的物理性能

Al，%	密度，g/cm^3	理论密度，%	比热（20℃），J/(g·K)	状态	热传导，J/(cm·s·K)	热膨胀，cm/cm/K
24.3	2.00	96.3	1.968±0.293	挤压	1.934	9×10^{-4}
33.0	2.06	96.4	1.746±0.067	621℃、24h	—	—
35.8	2.07	97.5	1.758±0.293	挤压	—	—
36.1	—	—	1.658±0.071	621℃、24h	2.135	9.2×10^{-4}
43.3	2.14	97.6	1.612±0.05	621℃、24h	1.888	9.9×10^{-4}

（二）铍青铜

1. 化学成分及性能

铍青铜的化学成分及性能见表11-3-22～11-3-24。

表 11-3-22 国外一些铍青铜的化学成分

铍青铜	成分，%									
	Be	Ni	Co	Ni+Co	Ni+Co+Fe	Ti	Fe	Al	Si	Pb
C17000	1.60～1.79	—	—	0.2	0.6	—	—	≤0.2	≤0.2	—
C17200	1.80～2.00	—	—	0.2	0.6	—	—	≤0.2	≤0.2	—
C17300	1.80～2.00	—	—	0.2	0.6	—	—	—	—	0.2～0.6
C17500	0.40～0.75	—	2.4～2.7	—	—	—	≤0.1	≤0.2	≤0.2	—
C17510	0.20～0.60	1.4～2.2	<0.3	—	—	—	≤0.1	≤0.2	≤0.2	—
C13101	1.70～1.90	—	—	0.25～0.4	—	—	—	—	—	—
C17000	1.60～1.79	—	—	≥0.2	≤0.6	—	—	—	—	—
C17200	1.80～2.00	—	—	≥0.2	≤0.6	—	—	—	—	—
Б$_{р}$Б$_{2}$	1.9～2.2	0.2～0.4	—	—	—	—	≤0.15	≤0.15	≤0.15	≤0.005
Б$_{р}$Б$_{Nr1.7}$	1.85～2.1	0.2～0.4	—	—	—	0.1～0.25	≤0.15	≤0.15	≤0.15	≤0.005
Б$_{р}$Б$_{1.7}$	1.6～1.85	0.2～0.4	—	—	—	0.1～0.25	≤0.15	≤0.15	≤0.15	≤0.005

表 11-3-23 QBe2.15合金在不同介质中的腐蚀速度（μm/a）

腐蚀介质		800℃淬火后		800℃淬火再时效		腐蚀介质		800℃淬火后		800℃淬火再时效	
名 称	浓度，%	20℃	沸腾	20℃	沸腾	名 称	浓度，%	20℃	沸腾	20℃	沸腾
氨	25	0.3	—	0.3	—	柠檬酸	20	0.04	0.04	0.006	1.2
混有氧的氨	—	10.5	—	12.5	—	磷酸	10	0.08	1.8	—	—
过硫酸钙	20	700	—	1100	—		89	0.07	2.7	0.08	2.5
氯化铵	10	0.11	2.6	—	—	酒石酸	20	0.01	0.68	0.03	0.16
醋酸	10	0.07	1.6	—	—	盐酸	10	0.14	19	0.13	15
	50	0.14	2.6	0.14	2.2		35	1.4	—	2.2	—
氯化钠溶液	10	0.04	2.6	0.04	1.7	硫酸	10	0.08	3.1	0.08	3.4
氢氧化钠	50	—	2.26	—	0.16						

表 11-3-24　冶金部部标规定的铍青铜产品机械性能

产品名称	代　号	制造方法	状　　态	厚度或直径，mm	抗拉强度，MPa	伸长率，%	硬度，MPa
	QBe1.7		硬（淬火后冷轧）	条　0.1～0.6	600	2.5	≥1500
			冷轧后时效处理	带　0.3～1.0	1100	2.0	≥3400
	QBe1.9		软（淬火）		400～600	3.0	≤1200
			硬（淬火后冷轧）	条　0.1～0.6	650	2.5	≥1600
铍青铜带、条			淬火后时效处理	带　0.3～1.0	1150	2	≥3500
			冷轧后时效处理		1200	1.5	≥3700
	QBe2		软（淬火）		400～600	30	≤1300
			硬（淬火后冷轧）	条　0.1～0.6	650	2.5	≥1700
			淬火后时效处理	带　0.3～1.0	1150	2	≥3200
			冷轧后时效处理		1200	1.5	≥3600
	QBe2	挤压		20～120	400	20	
铍青铜棒	QBe2.15	拉制	软	5～40	400	30	HB≮100
			硬		750	—	HB≮150
	QBe2	硬化	软		380～580	—	
	QBe2.15	调质	1/2硬	1.10～6.0	550～800	—	—
	QBe1.7	前	硬		>800	—	
铍青铜线	QBe1.9	硬化	软		>1050	—	
		调质	1/2硬	1.10～6.0	>1200	—	—
		后	硬		>1300	—	

2.铍青铜的热处理

(1) 固溶热处理。866℃下铍在α铜中的溶解度为2.7\%，室温时降低到0.2\%。高温下铍在铜中形成均匀的单相铜基合金，快速水淬到室温时，单相组织冻结起来形成一种稳定的不平衡的过饱和固溶体，以利于时效处理和压力加工及成型。工艺制度是：温度780～820℃；保温时间视工件大小而定，一般为1～3h；保温完毕应在搅动的冷水中尽快地淬火。

(2)时效处理。将过饱和铍的α铜固溶体加热到一定温度，并在该温度下保持一定时间，就出现富铍相的沉淀，产生一种强烈的沉淀硬化效果。时效硬化的强烈程度和可能得到的机械强度、硬度、延伸率、传导性的综合性能主要用四个参数来控制，即时间、温度、固溶后的冷加工量和铍含量。一般的工艺制度为：温度260～370℃；时间从数分钟到数小时；大的冷加工量有利于时效；对低铍含量的高传导性合金，一般采用较高的固溶和时效温度。时效后由于第二相析出，发生体积收缩，应留有加工余量。

(3)均匀化退火。均匀化退火是为了消除铸锭成分偏析。退火温度一般为800℃，保温时间较长。为了加工的需要，有时要进行退火，温度在650～700℃内，保温时间则视工件的大小而定。

(三) 铍镍合金

铍镍合金是一种高强度、“不锈性”良好的镍基合金，具有耐疲劳、耐腐蚀和优良的高温性能，在软态时可加工成各种复杂的形状，然后经简单时效处理达到很高的强度和硬度。例如含2\%Be的镍基合金拉伸强度可达1785MPa，洛氏硬度53，工作温度455～483℃。铍镍合金可用来制造膜片、活塞、铸模、海底仪表外壳、石油化工阀门部件等。

铍镍合金一般含1.9～2.7\%Be、0.5～12\%Cr、0.5\%Ti，通常为Ni-Be-Cr或Ni-Be-Ti三元合金。铍镍合金能进行铸造、压延、挤压、拔丝、锻造和机加工，但因硬度高，使工具磨损严重。Ni-1.9Be-0.5Ti合金的性能见表11-3-25、11-3-26。

表 11-3-25 铍镍合金的物理性能

密度，g/cm^3	8.41	电导率（溶解处理和冷轧）	4%IACS
线膨胀系数（20～55℃），K^{-1}	14.5×10^{-6}	（溶解处理和时效硬化）	7%IACS
热传导，J/（cm·s·K）	0.5	弹性模量，GPa	189～210
泊松比	0.295		

表 11-3-26 铍镍合金室温机械性能

状态	拉伸强度，MPa	屈服强度，MPa	最低延伸率，%	硬度	状态	拉伸强度，MPa	屈服强度，MPa	最低延伸率，%	硬度
时效硬化前 A	665～910	280～490	30	HRB70～99	时效硬化后 A	1565	1050	12	HRC47
1/4H	770～1050	455～875	15	HRB90～103	1/4H	1610	1225	10	HRC48
1/2H	910～1255	815～1190	4	HRC22～32	1/2H	1715	1400	9	HRC49
H	1085～1365	1050～1330	1	HRC30～40	H	1490	1610	8	HRC51

注：1.以上性能系带材性能，最宽203.2mm，厚0.076mm；2.延伸率值系厚0.102mm的带材。

二、铍的金属间化合物

铍与许多元素形成金属间化合物。铍与硫族、卤族、氢族元素反应分别形成 BeX、BeX_2、BeX_3类型化合物；铍与碳和锗形成 Be_2C、Be_2Ge 化合物；铍与碱土金属形成 ABe_{13}类型化合物；铍与过渡族金属形成 MBe_{11}二元化合物和 $AlMBe_4$三元化合物；铍与钛、锆、铌、钽、铬、钼等金属形成 $NbBe_{12}$、Nb_2Be_{17}、Nb_2Be_{19}、$TaBe_{12}$、$TaBe_{17}$、$ZrBe_{13}$、$ZrBe_{17}$等化合物。

热压和热等静压铍在冷却过程中都可能形成一定量的 $FeBe_{11}$和 $AlFeBe_4$化合物，前者为六方晶系，对铍有一定的强化作用，后者为四方晶系，可改善铍的高温延性。铍材在600～850℃内热处理也会有 $AlFeBe_4$形成，但高于850℃时 $AlFeBe_4$分解。

铌、钽与铍形成的化合物具有高的熔点（1700℃以上），低的密度，良好的抗氧化性及高的热导率，可用做空间技术的高级耐火材料。锆铍化合物除上述优点外，尚有小的中子吸收截面，可用作原子能技术材料。这些化合物使用温度为1095～1540℃，弥散于铍中则有明显的高温强化作用。

铍的金属间化合物在1500℃以上时可用热压、烧结或挤压的方法制备。

第九节 铍的成分分析和物理性能检测

一、铍的成分分析

铍的化学成分分析见表11-3-27～11-3-34。

表 11-3-27 绿柱石分析方法

分析项目	方法及要点	测定范围，%	允许差，%
水分	试样于105～110℃干燥，失重即为水分含量		
灼减量	试样于1000℃灼烧，失重即为灼减量		
二氧化硅	（1）重量法——试样经碱熔，浸出，脱水，滤出硅酸，灼烧称重；以 H_2SO_4-HF 除硅，重新灼烧称重，前后重量差为二氧化硅重量	≥10	

续表 11-3-27

分析项目	方法及要点	测定范围,%	允许差,%
二氧化硅	(2) 氟硅酸钾容量法——将硅转成氟硅酸钾沉淀，用标准碱溶液滴定水解生成的氢氟酸	>1	
氧化铍	(1) 氧化铍重量法——试样经氟氢化钾熔融，硫酸除氟，氨水沉淀铍，过滤，灼烧，称重	≤5.00 >5.00	0.40 0.50
	(2) 磷酸盐重量法——试样按(1)法处理，用磷酸氢二铵沉淀铍，过滤，灼烧，称重	≤5.00 8.00～10.00 >10.00	0.20 0.30 0.40
	(3) 砷酸盐容量法——试样按(1)法处理，用砷酸钠和氨水沉淀铍，滤出沉淀并溶于盐酸，加入碘化钾，以硫代硫酸钠滴定	≤5.00 >5.00	0.4 0.5
	(4) 二甲基己二酮重量法——于氨性溶液中用二甲基己二酮沉淀铍，过滤，烘干，称重	≤5.00	0.5
氧化铝	(1) 8-羟基喹啉重量法——用氨水沉淀铝和铁、铍，滤出的沉淀重溶于盐酸，在醋酸缓冲液中用8-羟基喹啉沉淀，过滤，灼烧，称重，测得铝、铁含量，减去三氧化二铁含量即得氧化铝含量		
	(2) EDTA 容量法——以已知过量的 EDTA 标准液络合铝，用锌盐回滴	<10.00 >10.00	0.4 0.6
三氧化二铁	(1) 重铬酸钾容量法——用二氯化锡将 Fe^{3+} 还原为 Fe^{2+}，以重铬酸钾标准液滴定	<1.00 1.00～3.00 >3.00	0.10 0.20 0.30
	(2) EDTA 容量法——试样用混合熔剂熔融，浸出，以磺基水杨酸作指示剂，用 EDTA 滴定	1～3 3～10	0.15 0.20
氧化钙	(1) 高锰酸钾容量法——分离钙后用草酸铵沉淀钙，滤出沉淀并溶于硫酸，用高锰酸钾滴定		
	(2) EDTA 容量法——用草酸铵沉淀分离钙，溶于盐酸后以 EDTA 标准液滴定	≤1.00 >1.00	0.16 0.30
	(3) 原子吸收法——试样经氟氢化铵和氢氟酸分解除氟，在镧盐和锶盐存在下测定	0.10～0.40 0.40～0.80 0.80～1.50 1.50～2.00	0.07 0.10 0.15 0.20
氧化镁	焦磷酸镁重量法——用磷酸氢二铵沉淀镁，过滤，灼烧，称重		
铜	(1) 铜试剂光度法——在氨性溶液中用四氯化碳萃取铜-DDTC，进行光度测定	0.0001～0.001 0.001～0.01 0.01～0.05 0.05～0.15	0.0006～0.0004 0.0004～0.003 0.003～0.015 0.015～0.02
	(2) 双环己酮草酰二腙光度法——于碱性溶液中显色剂 BCO 与铜生成有色络合物，进行光度测定	0.001～0.01 0.01～0.05	0.0003～0.003 0.003～0.015

续表 11-3-27

分析项目	方法及要点	测定范围,%	允许差,%
锰	分光光度法——于HNO_3-H_3PO_4中将锰氧化为高锰酸钾，进行光度测定		
铬	二苯基碳酰二肼光度法——试样碱熔，浸出，于H_2SO_4-H_3PO_4中，铬与显色剂作用生成有色络合物		
碱金属氧化物总量	试样与混合熔剂共熔，浸出，以氯化钡除SO_4^{2-}，以碳酸铵和草酸铵除Ba^{2+}、Ca^{2+}，蒸发滤液并灼烧称量		
氟	(1) 二甲酚橙光度法——试样经碱熔，浸出，分离出氟硅酸，加入锆-二甲酚橙，进行光度测定 (2) 氟离子选择电极法（见表11-3-33氟的测定）	<1	
锂	(1) 原子吸收法（见表11-3-33氧化锂的测定） (2) 火焰光度法——试样用氟氢化铵-氟氢酸分解，除氟后用光焰光度法测定		

表 11-3-28 氟铍化铵及晶体分析方法

分析项目	方法及要点	测定范围,%	允许差,%
硅	硅钼黄光度法——用铝铵矾掩蔽氟，加入钼酸铵使硅生成黄色杂多酸，用光度法测定		
氨	容量法——试样加碱蒸馏，以酸吸收氨，过量的酸用标准碱液回滴		
氟	(1) 氟氯化铅容量法——试液中加入已知过量的氯化钠标准液，生成氟氯化铅沉淀，再用硝酸汞标准液回滴；或滤出沉淀，溶解后用硝酸汞滴定 (2) 硝酸钍容量法——以高氯酸蒸出氟，用硝酸汞标准液滴定 (3) 光度法——试样按（2）法处理，于氯乙酸-氢氧化钠缓冲液中加二甲酚橙和钍进行光度测定	 >1.00 0.005～5.00	
硫酸根	重量法——在酸性介质中用氯化钡沉淀SO_4^{2-}，过滤，灼烧，称重	>0.30	
铅	(1) 二硫腙光度法——用硫氰酸钾和亚硫酸钠除铜，或用硫酸锶共沉淀铅后按表11-3-30中铅的测定进行 (2) 极谱法——用（1）法分离铅，用氢氧化铁共沉淀NO_3^-，于酸性溶液中测定 (3) 原子吸收法——铅与硫酸锶共沉淀分离后，用火焰原子吸收法测定		
铍	酸碱中和法（见表11-3-31中铍的测定）	>1.00	0.12

表 11-3-29 金属铍和氧化铍分析方法

分析项目	方 法 及 要 点	测定范围,%	允许差,%
铁	(1) α, α′-双联吡啶光度法——于微酸性介质中 Fe^{2+} 与显色剂作用生成红色络合物，进行光度测定	0.0005～0.005 0.005～0.05 0.05～0.30	0.0002～0.001 0.001～0.005 0.005～0.015
	(2) 邻菲啰啉光度法——于微酸性介质中，Fe^{2+} 与试剂作用生成红色络合物，进行光度测定	0.0005～0.005 0.005～0.05 0.05～0.30	0.0002～0.001 0.001～0.005 0.005～0.015
	(3) 重铬酸钾容量法（见表11-3-26中三氧化二铁测定）	0.10～0.50 >0.50	0.016～0.08 0.05
铝	8-羟基喹啉光度法——用铜试剂萃取分离杂质，于醋酸缓冲液中用氯仿萃取铝-8-羟基喹啉络合物，测定吸光度	0.005～0.05 0.05～0.15 0.15～0.30	0.002～0.015 0.015～0.04 0.03～0.05
硅	钼蓝光度法——用 $HF-H_2SO_4$ 溶解，加钼酸铵使硅成硅钼黄，还原后进行光度测定	0.001～0.05 0.05～0.20	0.0003～0.01 0.01～0.03
硼	(1) 蒸馏-次甲基蓝光度法——经硫酸溶解，使硼以硼酸三甲酯形式蒸出被碱吸收，于氢氟酸中加入次甲基蓝，用二氯乙烷萃取，进行光度测定	0.00002～0.0001 0.0001～0.0005	0.00002～0.00005 0.00005～0.00015
	(2) 蒸馏-姜黄素光度法——按 (1) 法蒸馏，吸收，于醋酸-硫酸中使硼与姜黄素生成有色沉锭，滤出沉淀，溶于无水酒精，进行光度测定	0.00002～0.0001 0.0001～0.0005	0.00002～0.00005 0.00005～0.00015
	(3) 次甲基蓝光度法——用氢氟酸溶解，并在酸性介质中，用二氯乙烷萃取氟硼酸与次甲基蓝络合物，测定吸光度	0.00002～0.0001 0.0001～0.0005	0.00002～0.00005 0.00005～0.00015
铜	(1) BCO 光度法（见表11-3-26中铜的 (2) 法测定） (2) DDTO 法（见表11-3-26中铜的 (1) 法测定） (3) 亚铜灵光度法——于柠檬酸存在下的弱酸性介质中用氯仿萃取铜-亚铜灵络合物，进行光度测定		
镍	α-联糠偶酰二肟光度法-于柠檬酸存在下的氨性介质中用氯仿萃取镍与试剂的络合物，测定吸光度	0.001～0.01 0.01～0.10	0.0004～0.003 0.003～0.02
铬	二苯基碳酰二肼（铬试剂）光度法——于 $H_2SO_4-H_3PO_4$ 中 Cr (Ⅳ) 与络试剂生成有色络合物，进行光度测定	0.001～0.01 0.01～0.04 0.04～0.10	0.0004～0.003 0.003～0.008 0.008～0.02
锰	高锰酸蓝光度法——于酸性介质中将 Mn^{2+} 氧化为 Mn^{7+}，利用 Mn^{7+} 盐本身颜色进行光度测定	0.001～0.01 0.01～0.05	0.0004～0.004 0.003～0.010
镉	二硫腙光度法——于氨性溶液中用二硫腙-四氯化碳萃取，用稀盐酸将镉反萃入水相，碱性介质中用二硫腙-四氯化碳萃取镉进行光度测定	0.00001～0.0003	0.00001～0.00018

续表 11-3-29

分析项目	方法及要点	测定范围,%	允许差,%
铅	(1) 二硫腙光度法——于pH3介质中用铜试剂-氯仿萃取铅,破坏有机物后,在还原剂,掩蔽剂存在下的碱性溶液中,用氯仿萃取铅-二硫腙络合物,测其吸光度	0.0001～0.001 0.001～0.01 0.01～0.10	0.0004～0.0004 0.0003～0.003 0.002～0.02
	(2) 二硫腙-苯萃取光度法——在有掩蔽剂存在的氨性溶液中,用苯萃取二硫腙-铅络合物,进行测定	0.0001～0.001 0.001～0.010	0.00006～0.00004 0.004～0.003
	(3) 极谱法——于2mol/LHC1溶液中以氯化铵为底液,汞池作阳极进行极谱测定		
钴	(1) 5-Cl-PADAB光度法——钴与试剂生成红色络合物,酸化后呈紫红色,进行测定	0.0001～0.001 0.001～0.01 0.01～0.03	0.00006～0.0004 0.0004～0.004 0.002～0.006
	(2) 亚硝基R盐光度法——用氯仿萃取钴-硫氰酸盐-二安替匹林甲烷三元络合物,于醋酸缓冲液中使钴与亚硝基R盐作用生成有色络合物测定		
锌	(1) 二硫腙光度法——于醋酸缓冲液中用四氯化碳萃取锌-二硫腙络合物,以硫化钠洗去过量的二硫腙进行测定	0.00005～0.0005 0.0005～0.005 0.005～0.03 0.03～0.10	0.00003～0.0003 0.0002～0.0015 0.0015～0.006 0.006～0.02
	(2) PAN光度法——用四氯化碳、二硫腙萃取锌等元素,将锌反萃入稀盐酸中,于缓冲液中用氯仿萃取锌-PAN有色络合物进行测定	0.001～0.01	0.00036～0.002
钙	紫尿酸铵光度法——在碱性溶液中钙与试剂生成有色络合物进行测定		
镁	(1) 达旦黄光度法——分离除去基体和干扰,于碱性介质中加达旦黄进行测定	0.0005～0.01 0.01～0.10	0.00015～0.003 0.002～0.02
	(2) EDTA容量法——用氨水沉淀分离铍等元素,于氨性缓冲液中用EDTA进行络合滴定	0.10～1.00 >1.00	0.016～0.16 0.10
	(3) 原子吸收法——在磺基水杨酸存在下用火焰原子吸收法测定	0.001～0.10	0.0005～0.04
银	催化光度法——利用银离子对过硫酸铵与氧化锰反应的催化作用进行测定	0.000002～0.00001 0.00001～0.0001 0.0001～0.0005	0.000002～0.00001 0.00001～0.00006 0.00006～0.0002
钛	(1) 变色酸光度法——用正丁醇萃取水杨酸钛,反萃取后使钛与变色酸反应,进行光度测定	0.0005～0.005 0.005～0.05	0.0002～0.001 0.001～0.01

续表 11-3-29

分析项目	方法及要点	测定范围,%	允许差,%
钛	(2)溴化十六烷基三甲胺——水杨基荧光酮光度法—于硫酸介质中使钛与CTMAB-SAF生成三元络合物进行测定	0.0005～0.005 0.005～0.03	0.0002～0.001 0.001～0.006
钽	甲基紫光度法——以MIBK萃取钽，于稀氢氟酸中加甲基紫，以苯萃取测定	0.0002～0.01	0.00008～0.002
锑	孔雀绿光度法——将锑还原成三价，再氧化为五价，于盐酸介质中加孔雀绿，以苯萃取后测定吸光度	0.0001～0.01 0.01～0.10	0.00006～0.004 0.004～0.02
磷和砷	钼蓝光度法——于0.08mol/LHNO_3溶液中加钼酸铵，在酸度为0.5mol/L时以正丁醇-氯仿萃取磷钼杂多酸，还原测定；另一份试液于1.5mol/LHNO_3溶液中加钼酸铵，在酸度为1.5mol/L时，用正丁醇-乙酸乙酯萃取磷钼杂多酸，还原后测定磷砷含量。二者差为砷量	0.0001～0.001 0.001～0.01	0.00005～0.0004 0.0004～0.003
钨和钼	(1)二硫酚光度法——强酸介质中钼、钨与二硫酚在不同温度下形成有色络合物，用四氯化碳萃取测定 (2)硫氰酸盐光度法——酸性介质中钼与硫氰酸盐生成有色络合物，用乙酸乙酯萃取测定钼	0.0001～0.001 0.001～0.01 0.00003～0.0001 0.0001～0.001	0.00005～0.0004 0.0004～0.003 0.000015～0.00004 0.00004～0.0004
锂	(1) 直接火焰光度法——于微酸性介质中用火焰光度法测定锂，标准和基体应匹配 (2) 萃取-火焰光度法—用P204和乙酰丙酮萃取分离铍，火焰光度法测定水相中的锂 (3) HTTA-MIBK萃取火焰光度法——在微碱性介质中萃取，用稀盐酸反萃取锂，火焰光度法测定	0.0001～0.001 0.0001～0.001 0.0001～0.001	0.00004～0.0004 0.00004～0.0004 0.00005～0.0004
钠	(1) 原子吸收法——于稀硫酸介质中进行火焰原子吸收测定 (2)增量火焰光度法——控制铍浓度小于2%,用增量法火焰光度测定	0.005～0.05	0.0002～0.01
氧化铍	(1)溴甲醇法——以溴-甲醇处理试样，滤出不溶的氧化铍，经酸消化，于氨性缓冲液中用磺基水杨酸光度法测定 (2)硫酸铜溶解法——用硫酸铜-氯化亚汞溶液处理试样，不溶物用$CuSO_4$-$(NH_4)_2CO_3$处理，滤出不溶的氧化铍，用氟化铵溶解后测定	0.10～0.50 0.50～5.0 0.01～5.00	0.04～0.10 0.10～0.30
氟	用过氯酸溶解试样并蒸馏氟，用氟-茜素氨羧络合腙-镧三元络合物光度测定氟；或萃取该三元络合物测定；或氟离子选择电极法测定		

续表 11-3-29

分析项目	方法及要点	测定范围,%	允许差,%
氯	用硫酸溶解试样并蒸馏氯，以碱吸收，加入硫氰酸汞，放出等当量的硫氰酸根，再加入 Fe^{3+} 间接测定	0.01～0.10	0.002～0.02
硫	用盐酸和过氧化氢溶解试样，蒸干，浸出，于酸性溶液中加入喹啉进行光度测定		
化合碳	(1) 试样用稀盐酸或氢氧化钠溶解，释放出甲烷并燃烧成二氧化碳，用电导法测定		
	(2) 气相色谱法——试样与 H_2SO_4-$CuSO_4$反应生成甲烷，用氢焰离子化鉴定器测定	0.001～0.01 0.01～0.10	0.0004～0.004 0.003～0.03
游离碳	试样经稀盐酸处理，滤出不溶物，置于管状炉中，通氧气燃烧成二氧化碳，用电导法测定	0.005～0.05 0.05～0.10	0.001～0.004 0.004～0.01
总碳量	燃烧电导法——试样于管状炉中通氧燃烧成二氧化碳，用电导仪测定	0.02～0.10 >0.10	0.004～0.02 0.016
氮	(1) 蒸馏法——用酸溶解试样，加碱蒸馏氨，低含量氮以奈斯勒为试剂用光度法测定；高含量氮以甲基红-次甲基蓝为指示剂，用标准酸滴定	0.001～0.01 0.01～0.10	0.0004～0.002 0.002～0.016
	(2) 非蒸馏法——在柠檬酸盐和 EDTA 存在下加入丙酮、苯酚钠、次氯酸钠进行光度测定		
	(3) 碱熔法——以 NaOH-KOH 熔融分解试样，生成的氨导入吸收液，然后按 (1) 测定	0.001～0.01 0.01～0.10	0.0004～0.002 0.002～0.016
氧	(1) 脉冲加热熔融法——用镍箔包样引入石墨坩埚中加热，生成的一氧化碳用色谱法测定；或将一氧化碳转为二氧化碳后用电导法测定	>0.10	0.02
	(2) 惰性气氛熔融法——用镍箔包样装入石墨坩埚中，用高频加热，生成的一氧化碳按 (1) 测定	>0.01	0.004
	(3) 真空熔融微压法——用镍箔包样投入装有石墨粉-锡-镍的石墨坩埚中高频加热，生成的一氧化碳用微压法测定		
铜、镍、铅等	原子吸收法——用 MIBK 萃取铜试剂-乙基磺原酸钾-三壬胺和被测元素的络合物，用火焰原子吸收法测定有机相中铜、镍、锰、铅、锌、镉、钴、银和铁等元素	0.0001～0.002 0.002～0.02	0.00006～0.0008 0.0008～0.004

表 11-3-30　金属铍和氧化铍光谱分析方法

分析项目	方　法　及　要　点	测定范围,%	允许差,%
铁、铝、铬等	(1) 氯化钾载体分馏法——经高温烧成氧化铍，以氯化钾为载体，用交流电弧光谱测定，可同时测定钴、铁、铝、铬、铅、镍、铜、镁、锰、银等	0.0003～0.10	0.00015～0.014
	(2) 碳粉缓冲剂法——试样溶解后处理成氧化铍，与碳粉混合，用直流电弧进行光谱测定	0.0003～0.10	0.00015～0.014
	(3) 氯化银载体分馏法——试样处理成氧化铍，以锡作内标，氯化银作载体，直流电弧光谱测定锑、铁、锰、镁、铅、铬、钴、镍、铝、钼、钙、铜	0.0001～0.10	0.00015～0.014
	(4) 工业氧化铍杂质分析——试样与氧化钡、碳粉缓冲剂混合，锡作内标，直流电弧光谱测定硅、铁、铝、铅、钙、镁等	0.01～1.50	0.004～0.15
	(5) 化学光谱法——用氯仿萃取乙酰丙酮铍，蒸干水相，以碳粉吸附，氯化钾作载体，用直流电弧光谱测定镁、铬、锰、钴、镍、钛、钼、银、锑等	0.00002～0.20	
稀土	(1) 化学光谱法——用三氧化二钇为内标，用苯萃取稀土与PMBP络合物，反萃取后以碳粉吸附，氯化钾作载体，直流电弧光谱测定钐、铕、钆、镝	0.000005～0.00001	0.0000025～0.000005
	(2) 化学光谱法——用氢氧化钠使稀土与镁铁共沉淀分离出来，以氯仿-DDTC萃取除去其它元素，火相中的稀土按(1)法测定	0.00004～0.0001	
	(3) 氟化物富集化学光谱法——以氧化钇为载体共沉淀分离稀土，过滤，灼烧后与碳粉、氯化钾混合，直流电弧光谱测定	0.000015～0.0005	0.00009～0.0001
	(4) 草酸盐沉淀分离法——以钇和钙作吸附剂共沉淀稀土，过滤，灼烧，按(3)测定	0.000005～0.0005	0.0000025～0.0001
镉	试样烧成氧化物，以氯化钾作载体，用直流电弧光谱测定	0.00003～0.01	0.000012～0.003
锂	试样烧成氧化物，以氯化钾作载体，用直流电弧光谱测定	0.00001～0.0003	0.000005～0.0001
硼	用氟化钠、氟化铝作载体，与试样氧化物混合，用直流电弧光谱测定	0.00002～0.0003	0.00001～0.0001

表 11-3-31 铍铝合金分析方法

分析项目	方法及要点	测定范围,%	允许差,%
铍	(1) 酸碱滴定法——试样溶于酸，用氨水沉淀铍，过滤后溶于酸，用碱沉淀铍，加入氟化钾溶液，以盐酸滴定	1.0～5.0 5.0～20.0 >20.0	0.1～0.2 0.2～0.5 0.6
	(2) 磺基水杨酸光度法——在EDTA和盐酸羟胺存在下；于氨性溶液中加入磺基水杨酸与铍作用进行测定	0.05～0.5 0.5～5.0	0.008～0.04 0.04～0.30
	(3) ICP法——试样溶于盐酸，用ICP激发于光栅摄谱仪上测定	0.50～10.0	0.02～0.60
铝	络合滴定法——于醋酸缓冲液中加入过量EDTA溶液，以二硫腙作指示剂，用锌溶液回滴		
铁	(1) ICP法——试样溶于盐酸，用ICP激发，于光栅摄谱仪上测定		
	(2) 光度法（见表11-3-29中铁的测定）		
钛	(1) ICP法——和铁一起同时测定		
	(2) 二安替匹林甲烷光度法——于酸性溶液中钛与试剂生成黄色络合物进行测定	0.001～0.01 0.01～0.10	0.0002～0.002 0.002～0.01
硅	钼蓝光度法——试样用碱溶解，在硝酸介质中用硅与钼酸铵生成硅钼黄，还原后测定	0.01～0.30	0.002～0.02
铅	原子吸收光度法——于碘化钾和盐酸溶液中用MIBK萃取铅碘络合物，用火焰原子吸收法测定	0.005～0.05	0.001～0.005
氧化铝	溴甲醇法——用溴甲醇处理试样，滤出不溶的氧化铝，经硝酸-硫酸处理后用8-羟基喹啉光度法测定	0.01～0.50	0.002～0.05

表 11-3-32 铍生产环境的试样分析方法

分析项目	方法及要点	测定范围,%
污水中铍	(1) 荧光光度法——于碱性溶液中铍与桑色素生成黄绿色荧光化合物进行测定，少量干扰元素可用EDTA及氰化物掩蔽	1.0～50
	(2) 铍试剂 Ⅱ 光度法——在EDTA和三乙醇胺存在下于碱性溶液中用铍试剂 Ⅱ 测定	
空气中铍	(1) 铬菁R光度法——用硝酸-过氯酸处理成溶液，在FDTA存在下于氨性溶液中用铬菁R测定	
	(2) 光谱法——试剂按(1)法处理，以氯化钙为基底，加入氯化钠，以金作内标测定	0.1
土壤中铍	铍试剂Ⅱ光度法——用硫酸、盐酸和硝酸处理并制成溶液，用MIBK分离铁，以四氯化碳萃取乙酰丙酮铍，盐酸反萃后加入铍试剂Ⅱ测定	

表 11-3-33 绿柱石-铍精矿的标准分析方法

分析项目	方法及要点	测定范围,%	允许差,%	分析项目	方法及要点	测定范围,%	允许差,%
吸附水	称重法			氧化锂	原子吸收法	0.05～2.0	0.01～0.14
氧化铍	磷酸盐重量法	<8.00	0.2	氧化钙	原子吸收法	0.10～0.80	0.07～0.10
		8.0～10.0	0.3			0.80～2.00	0.15～2.0
		>10.00	0.4		络合滴定法	<1.00	0.16
	萃取磷酸盐	<8.0	0.3			>1.00	0.3
	重量法	>8.00	0.4	氟	选择性电极法	≤0.05	0.01
三氧化二铁	络合滴定法	1.00～10.00	0.15～0.20			>0.05～0.50	0.02～0.05
	重铬酸钾容量法	<1.00	0.1			0.50～5.00	0.15～0.30
		1.00～3.00	0.2		蒸馏-光度法	<0.10	0.02
		>3.00	0.30			0.10～1.00	0.10～0.16
磷	钼蓝光度法	0.01～0.10	0.006～0.01	三氧化二铝	络合滴定法	<10.00	0.40
		0.10～0.50	0.02～0.03			>10.00	0.60
氧化锂	火焰光度法	<0.10	0.016	二氧化硅	重量法	50～70	1.00
		0.10～1.00	0.06～0.16		氟硅酸钾重量法	50～70	1.00

表 11-3-34 金属铍的现行标准分析方法

项目	国别	方法	范围,%	检出限,%
铁	中国	邻菲罗林光度法	≤0.25	0.5μg/25ml
	中国	重铬酸钾容量法	>0.25	
	美国	邻菲罗林光度法	0.05～0.25	
	日本	邻菲罗林光度法		10^{-4}
	日本	硫氰酸盐光度法		5×10^{-4}
铝	中国	8-羟基喹啉光度法	≤1	
	美国	8-羟基喹啉光度法	5～18μg/50ml	
	日本	8-羟基喹啉光度法	(2～5) $\times10^{-3}$	
硅	中国	钼蓝光度法	≤0.2	
	美国	钼蓝光度法	0.05～1	0.5μg/25ml
	日本	钼蓝光度法		2×10^{-3}
钴	中国	5-Cl-PADAB 光度法	0.0001～0.03	
	美国	光谱或质谱法		(1～10) $\times10^{-4}$
	日本	亚硝基R盐光度法		(1～10) $\times10^{-5}$
硼	中国	次甲基蓝光度法	0.00002～0.0003	5×10^{-5}
	美国	胭脂红光度法	0.005～0.06	

续表 11-3-34

项目	国别	方法	范围,%	检出限,%
硼	日本	碱性亮绿光度法或蒸馏二胺基二羟蒽醌法		5×10^{-6}
镍	中国	α-联糠偶酰二肟光度法	0.001～0.1	10^{-4}
	美国	丁二酮肟光度法	0.001～0.04	
	日本	丁二酮肟光度法		5×10^{-4}
铬	中国	二苯卡巴肼光度法	0.001～0.1	5×10^{-4}
	美国	二苯卡巴肼光度法	0.004～0.04	
	日本	二苯卡巴肼光度法		10^{-4}
锰	中国	高碘酸钾光度法	0.0005～0.25	
	美国	高碘酸钾光度法	0.008～0.04	
	日本	高碘酸钾光度法		3×10^{-4}
镉	中国	二硫腙光度法	0.00001～0.0003	10^{-5}
	美国	火花质谱法或化学光谱法		$(1～10)\times10^{-4}$
	日本	萃取镉-铜锌灵络合物双硫腙光度法或镍载体用苯异三唑测定，镉阳离子交换分离双硫腙光度法		2×10^{-5} 3×10^{-5}
铜	中国	铜试剂光度法	0.0001～0.015	5×10^{-4}
	美国	新铜铁灵光度法	0.01～1.2	
	日本	萃取光度法		$(2～50)\times10^{-4}$
锂	美国	火花质谱或原子吸收法	0.05～0.5	10^{-4}
	日本	放化分析法	0.25～0.5	
锌	中国	二硫腙光度法		5×10^{-5}
	美国	化学光谱或火花质谱法		$(1～100)\times10^{-4}$
	日本	铜锌灵络合萃取二硫腙光度法		5×10^{-4}
镁	中国	EDTA 络合滴定法	＞0.1	
	美国	EDTA 络合滴定法	0.1～5	
	美国	焦磷酸盐重量法		
	日本	二甲苯胺蓝光度法		10^{-3}
铅	中国	二硫腙光度法	0.0001～0.1	10^{-4}
	美国	化学光谱法或质谱法	$(1～10)\times10^{-4}$	
	日本	发射光谱或原子吸收法		

二、铍的性能检测

（一）铍及其合金的机械性能检验

(1)金属铍对机械加工非常敏感，机械加工铍部件时会造成机加工表面的损伤，其表现形式为孪晶、微裂纹和残余应力，这种损伤层的深度随机加工程度不同可以从数十微米到400μm，甚至更大。损伤层对机械性能产生不利影响，因而试样加工以后需要化铣以除去表面损伤层。

(2)铍的延伸率一般为1～5%，铍拉伸试样尺寸比较小，一般标距为25mm，因此拉伸试验时其绝对伸长量约为250～1250μm，需要用相应精度的仪器测量；

(3)铍材刚性大，拉伸试验时随着应力的增加应变也缓慢增加，其拉伸曲线斜率很大，一般弹性范围内的应变量为300微应变左右，因此在测定弹性模量时要准确测定应力所对应的应变，微小的应变偏差会引起弹性模量数值的很大变化；

(4) 在拉伸试验中还要保证试样在标距范围内均匀变形，拉伸方向与试样轴向的同心度要好，通常采用双万向接头来保证这一条件；

(5)同时应保证拉伸速率足够低，以确保应变均匀协调；

(6)在测定铍材泊松比时，通常采用在试样上贴粘相互垂直的两片电阻应变片来测定横向应变和纵向应变；

(7) 铍材的冲击试验中试样通常采用无缺口冲击试样；

(8) 一般使用电子拉伸试验机并选择电阻应变仪、引伸仪、光学应变仪中的一种来进行拉伸试验。

（二）铍材无损检验

铍材无损检测见图11-3-21（探伤条件：空气介质；M 型 Eastman 底片；底片密度2.0）、图11-3-22

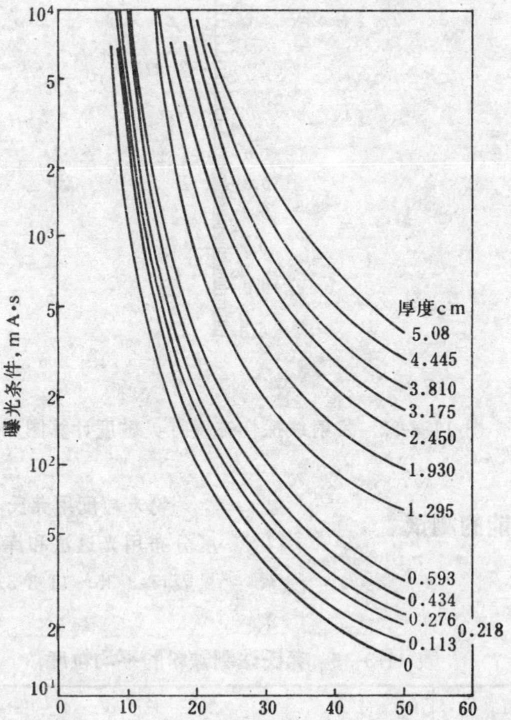

图 11-3-21 几种不同厚度铍材在空气中 X 射线探伤曝光曲线

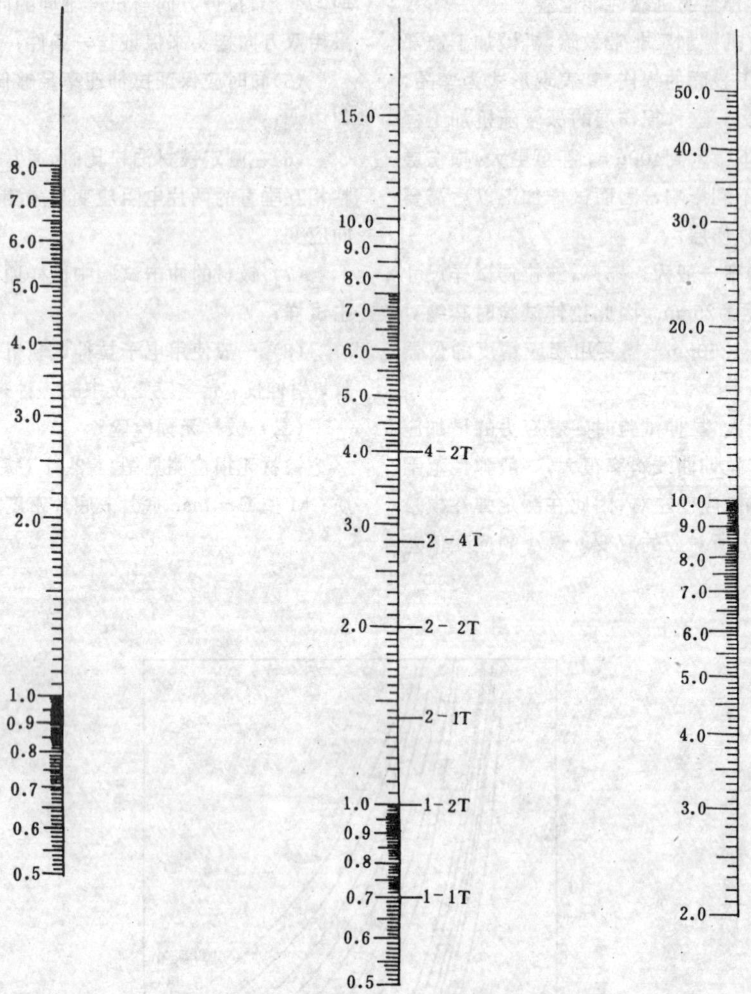

图 11-3-22 X 射线探伤透度计灵敏度计算图表

三、铍粉末物理性能的测试

(一) 测试方法

粉末粒度用弗氏 (Fisher) 粒度测定仪测试；粒度分布用光透法和库尔特计数器法测试。测试结果见表11-3-35～11-3-37。

表 11-3-35 弗氏法测铍粉的平均粒度

编 号	1	2	3	4	5	6
平均粒度，μm	20.4	17.5	14.8	11.7	10.8	9.6
比表面积，cm^2/g	1590	1853	2191	2772	3119	3378
孔隙度，%	47.0	57.0	57.0	58.0	58.0	58.0

表 11-3-36 光透法测铍粉粒度分布

编号	不同粒度（μm）的分布，%（重量）											平均粒度 μm
	130～110	110～100	100～90	90～80	80～70	70～60	60～50	50～40	40～26	26～13	13～0	
1	8.4	8.4	6.7	7.3	14.4	13.1	0	12.5	16.0	6.3	6.8	20.4
2				3.1	3.1	6.6	10	10	40	16	11	11.7
3		10.4	5.5	8.9	13.0	12.8	1.0	13.5	17.4	12.0	5.4	14.8

表 11-3-37 库尔特计数器测铍粉粒度分布

编 号	不同粒度（μm）的分布，%（重量）										平均粒度 μm
	40	32	25	20	16	13	10	8	6	5	
1	1.0	10.0	12.0	16.0	21	21	10	5.0	3.0	1.0	10.3
2	3.4	16.6	21.8	23.0	17.0	10	4.0	2.1	1.0	2.4	11.2
3	4.0	10	15	19	19	16	8	5	3	1.0	9.2

（二）粉末的比表面积

用弗氏法测铍粉的平均粒径，再根据平均粒径按公式 $d_m=6\times10^4/\rho S$ 计算粉末的比表面积。式中 d_m 为粉末颗粒直径；ρ 为被测粉末的真比重（g/cm³）；S 为比表面积（cm²/g）。

四、金属铍热学性能测试方法

（一）热膨胀系数的测量

将均匀棒状试样的一端固定在封焊石英管的端头，另一端顶着已知热膨胀系数的石英棒。试样能自由伸长，并连接着机械杠杆放大系统，考虑到石英的热膨胀系数，它们之间存在着：

$$\alpha = \Delta L/k\Delta t L_0 + 5\times10^{-7}$$

式中 α——线膨胀系数，℃⁻¹；

ΔL——测量点的有效伸长量，μm；

L_0——试样原始长度，mm；

Δt——测量点的有效温度，℃；

k——仪器的放大倍数。

根据以上原理测得铍的热膨胀系数如下：

温度，℃	25～100	25～200	25～300	25～400	25～500
α，10^{-6}℃⁻¹	11.6	13.35	14.25	14.8	15.25

（二）热扩散系数、比热、导热系数的测量

根据一维热扩散方程，在绝热状态下具有均匀厚度的圆形薄片试样，受到一束激光脉冲垂直照射后，试样的前表面瞬时升温，热流向试样背面传导，在试样背面产生的温升用热电偶测量。热扩散系数 γ、比热 C_p、导热系数 λ 的计算公式如下：

$$\gamma = 0.139L^2/t^{1/2} \quad C_p = Q/\rho L\Delta T_m$$

$$\lambda = \gamma C_p \Delta T_m$$

式中 L——试样厚度，cm；

$t^{1/2}$——试样背面升至最高温升的一半所需要的时间，s；

Q——激光能量，J/cm²；

ρ——试样的密度，g/cm³；

ΔT_m——试样的最高温升，℃。

根据以上原理测得铍的上述数据列于表11-3-38。

表 11-3-38 铍的热扩散系数、比热和导热系数

温 度，C	25	100	200	300	400	500	600	700
热扩散系数，cm²/s	0.462	0.368	0.290	0.240	0.218	0.196	0.184	0.173
比热，J/（g·C）	1.80	2.06	2.42	2.51	2.66	2.79	2.90	3.00
导热系数，J/（cm·s·C）	1.55	1.36	1.26	1.13	1.08	1.00	0.98	0.96

第十节 铍的应用

二次世界大战以后，随着高科技的发展，金属铍的应用逐步扩展到核技术、航天及航空工业、惯性导航仪表、特殊光学仪器等多种新兴领域。铍之所以用在这些领域，是由于铍具有低密度、较高的熔点、高模量、良好的辐照透过性、低的泊松比、核性能好、高比热、尺寸稳定性、良好的热导率、对红外光的反射性及热膨胀的相容性好等一系列优良性能。

在上述的新兴领域中，核技术领域首先大量应用金属铍作为结构材料，这是基于铍具有良好的热中子减速及反射能力。金属铍作为中子减速体和反射体大量用于核反应堆，尤其是用于试验反应堆和核武器。1968年美国的统计数据表明，这些应用占铍材用量的45%。铍还广泛用作中子源。未来有可能用作商业反应堆的燃料套管材料，还可能用于核医疗装置中发生微粒子的铍靶、热核聚变装置中等离子体聚限环的镀层材料等。

由于金属铍的密度低，模量高，有良好的热性能及较高的熔点，曾广泛试用于多种空间飞行器的结构材料，包括卫星及飞船所用的基架、梁柱、固定桁梁、前置框架、旋转与消旋平台、卫星用太阳能板的基架等，铍板材也曾用于制作卫星蒙皮、导弹转接壳体、蜂窝板、仪表安装板以及飞机结构的翼箱和尾舵。最新的应用包括航天飞机的座舱风档外框架、外装燃料仓的脐门等。

铍在空间结构中的应用使部件重量减少20～50%，从而可大量节省发射及使用投资，而铍部件的加工及性能在这些应用试验中都没发生过重大问题。实践表明，铍在这些系统中的应用是可行的，在密度、模量等方面可与铍相比的复合材料，也会与铍组合而得到更广泛的应用。

在过去30年中惯性导航仪表已逐步成为铍的重要而稳定的应用领域之一，主要是因为铍具有优异的比刚度、良好的尺寸稳定性及热膨胀相容性，多种导弹、飞船、潜艇、航天飞机以至长航距民航飞机都使用了装有铍制精密仪表部件的惯性导航系统，大大提高了导航精度。铍已成为制造陀螺仪、加速度表、常平架及平台的基本结构材料。

用铍制造的其它精密仪器部件还有基体跟踪器、惯性轮反作用轮，正比计数器的壳体、空间用照相机的外壳等。

光学领域的应用是铍在惯性导航仪表中应用技术的延伸，除了前述的优良性能外，铍对红外光的良好反射性是铍在这一方面应用的基础。铍主要用于空间光学系统，在一些惯量是关键要求的地面光学系统中也使用铍制部件，如高速摄影机的旋转式镜体、卫星用的摆动式扫描镜体等。在大直径筒形掠射望远镜、小直径X射线显微镜中都有应用。轻量激光光学系统是铍未来的主要应用领域，如激光通讯、高速传真系统等。

主要利用铍的优良热学性能的领域包括以铍作为吸热材料的飞船鼻锥、盖板、散热器、黑匣子等。在热系统中还兼有负载功能的飞机刹车盘、火箭发动机推进室等。

良好的辐照透过性使铍成为各种射线的封窗材料。X射线管的封窗材料是铍应用历史最久的领域，在正比计数器的闪烁计数管中也有类似的应用。在涉及X射线技术的应用中还可能在X射线制版术中作复制基板、电子计算机控制的轴向层析扫描仪和电子束装置的封窗材料。

近年来铍还用于制作高保真音响设备的传声悬臂梁、音响调节杆等。

第十一节 铍的毒性及其防护

早在20世纪30年代就有了铍致疾患的报道，到20世纪40年代就确认了除绿柱石以外的所有铍化合物及金属铍都是对人体有害的，造成的主要危害是这些化合物及金属铍的粉尘、烟雾与气溶胶可使人体皮肤和多种器官发生病变，以呼吸系统的病变更为集中，严重的可以造成死亡。

短时间吸入大量含铍物质可以造成急性铍病，主要反映为呼吸道感染，表现为咳嗽、胸痛、气促，严重的反应则为化学性肺炎和肺水肿，表现为持续的咳嗽和呼吸困难，X射线照片可显示出两侧肺部的广泛病变。人体皮肤大量接触铍化合物会发生皮肤感染，尤其是氟化物和硫酸盐能够引发湿疹或皮炎，还可发生水肿。皮肤破伤部位沾染金属铍或可溶性铍盐则发生溃疡。

长时期吸入较少剂量的铍化合物或金属则可引起慢性铍病。精确的致病剂量尚未确定，但已有定性的“肯定有害”和“可能安全”的剂量数值。

大部分慢性铍病表现在呼吸系统，发病时间可能是在停止接触后五年、十年、二十年甚至更长时间，但有大约一半是在接触不久就发病的，而且常常是在患病、手术或妊娠之后发病，病状的严重程度也不相同，较严重的表现为咳嗽、气短、明显的胸部X射线病变、体重减轻，还可能有气胸、肝、脾脏的肿大等。

在铍厂周围的居民或铍厂工人的家属中曾发生过近邻病，这实际上是上述居民接触了铍厂散发的含铍物质所致。

激素治疗可以改善很多病人的临床状况，并可能使其中的一部分重返工作岗位，但不能使之完全恢复到正常状态。

1949年美国原子能委员会提出了关于铍的环境污染限制剂量的指标，规定厂房内部空气中在8h工作内铍的平均浓度不得超过2μg/m³；即使日平均值低于2μg/m³，也不得有人在无论多么短的时间内暴露于超过25μg/m³的环境中；在处理含铍物质的厂房近邻区呼吸带的月平均含铍浓度不得超过0.01μg/m³。

中国卫生标准规定车间内含铍的日平均浓度不得高于1μg/m³。一般认为，铍浓度低于0.1mg/L的水可以用作城市的原水水源而不致产生铍的毒害。

为保证前述卫生标准的实施，需要对铍的工业生产设施进行系统、严格的工业卫生控制，包括配备排风系统，对物料、设备及操作实行封闭和隔离，采用湿法清扫，建立常规的空气采样制度，维护良好的卫生环境，经常对工人进行铍防护教育等。在超剂量环境下工作，可以配戴特殊的保护装置，如口罩、面具等。

医学监督是铍劳动防护的重要部分，对工人要进行就业前体检，以排除不适于从事铍作业的候选者。就业期间要对工人进行定期的医学监察，特别是进行X射线胸片、肺活量、血相、肝、肾功能、尿等的检查，就业结束时的体检和特殊情况下的体检。

在实行了系统的防护与监督措施的情况下可以防止铍病的发生。实践表明，有关铍污染剂量指标的切实实施，可以完全有效地控制铍的毒害，从而大大减少铍病的发病数目。

主要参考文献

〔1〕 Коган Б.И.， Редкие Металлы-Состояние Лерсиесгивы，Издательство《Наука》，Москва，1979.

〔2〕Petkof B.，Beryllium Mineral Facts and Problems，U.S. Bureau of Mines.，1985，P75～82.

〔3〕 Mining Activity in the Western World Mining. Magazine，(1986)，No.1，P59.

〔4〕 中国科学院贵阳地球化学研究所，稀有元素矿物鉴定手册，科学出版社，1972.

〔5〕 Hausner H.H.，Beryllium Its Metallurgy and Properties，University of Califorma Press Berkeley and Los Angeles，1965，P.33～55.

〔6〕Webster D. et al.，Beryllium Science and Technology Plenum Press，New York，1979.

〔7〕 日本金属学会，金属テ"ータフ"ック，昭和46年.

〔8〕 冶金工业部科技情报产品标准研究所，锂铍冶金分析，冶金工业出版社，(1971).

〔9〕Everest D. A.，The Chemistry of Beryllium，Elsevier Publishing Company Amsterdam，1964.

第十二篇 稀有难熔金属

第一章　钛
第二章　锆铪
第三章　钒
第四章　铌
第五章　钽
第六章　钨
第七章　钼

第一章　钛

编写人　马慧娟　莫　畏　汪　珂　马　杰　曾泉浦　殷为宏　窦永庆　张　震　胡学恒　刘振球　罗石林　白连鳌　张正德　郑　汉　魏海容　缪兆佳

1791年英国牧师W·格雷戈尔（Gregor）在黑磁铁矿中发现了一种新的金属元素；1795年德国化学家M·H·克拉普鲁特（klaproth）在研究金红石时也发现了该元素，并以希腊神Titans命名之。1910年美国科学家M·A·亨特（Hunter）首次用钠还原$TiCl_4$制取了纯钛。1940年卢森堡科学家W·J·克劳尔（krall）用镁还原$TiCl_4$制取了纯钛。从此，克劳尔法便奠定了钛工业生产的基础。

美国在1948年开始金属钛的工业化生产。随后，英、日、苏和中国相继进行工业化生产。由于钛及其合金具有比强度大、可供使用的温度范围宽、耐蚀性强等优异性能，使之在航空、航天、军工和民用各个领域获得广泛的应用。1990年金属钛的年产能力已达13万t，并曾以每年约5%的速度增长。

钛白是极重要的钛产品。数量大且质量好的白色颜料，被誉为白色颜料之王。钛矿原料的90%用于生产钛白。1989年全世界年产钛白已达316万t，并继续以高于2.4%的年增长率向前发展。

早在1908年，挪威人杰布森（Jebsen）、法鲁普（Farup），法国人A·J·罗西（Rossi）和美国人L·E·巴顿（Barton）成功地用硫酸法从钛铁矿制取二氧化钛。随后于1923～1925年，在法国和美国实现用硫酸法生产钛白的工业生产。氯化法生产钛白技术则晚至1958～1959年才在美国实现了工业化。现在，硫酸法和氯化法是两种并存生产钛白的工业方法。

钛材加工生产的主流程是用钛经过塑性加工（或铸造）成钛材（及零件）的工艺。而钛的粉末冶金则属发展中的新工艺。钛工业从钛矿石到制取钛材等产品的全流程如图12-1-1所示。本章就是按该原则流程所示的主要环节逐一介绍的。钛白生产在提取冶金中介绍。

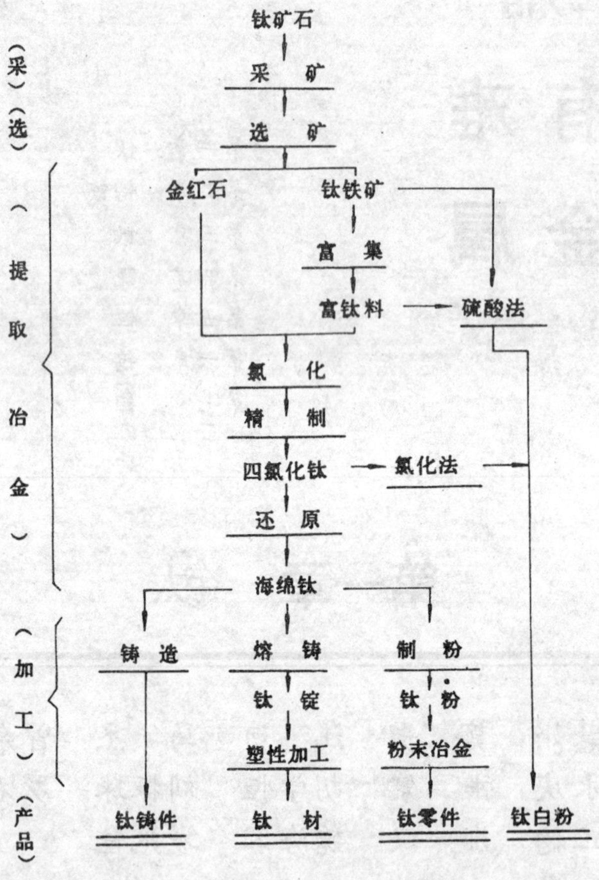

图 12-1-1 从钛矿石到制取钛材等产品的原则流程

第一节 钛的矿物资源

一、钛的矿物组成

含钛矿物很多,分布极广。地壳中钛贮量居第九位,仅次于氧、硅、铝、铁、钙、钠、钾和镁。钛在地壳中的丰度为0.57%。钛属于典型的亲岩石元素,存在于所有的岩浆岩中,主要集中在基性岩中(丰度值达1.38%)。钛还遍布于海水、动植物、砂粒及粘土中,甚至存在于月球和陨石中。

由于钛的化学活性很强,自然界中钛总是与氧结合在一起,主要以 TiO_2和钛酸盐的形式存在。钛的重要原生矿物有金红石和钛铁矿,以及白钛石、锐钛矿、板钛矿等。

钛矿物中经常和铁共生,从 $FeO\text{-}TiO_2\text{-}Fe_2O_3$系关系图中看出,它们间可以形成无限固溶体,按不同配比组成许多矿物。其中,钛铁矿的理论分子式为 $FeTiO_3$,它是属于刚玉型晶体结构的由 $FeO\text{-}TiO_2$构成的固溶体。

钛铁矿的 TiO_2品位波动很大,这与其成因及自然条件有关。成矿时夹杂的杂质少,成矿时间长,风化越厉害的矿物含 TiO_2品位高。实际上,钛铁矿系 $FeO\text{-}TiO_2$和其它杂质氧化物形成的固溶体,其通式可写为 m〔(Fe、Mg、Mn)O·TiO_2〕 $(1-m)$〔(Fe、Cr、Al)$_2$O$_3$〕,式中 m 为一小数。

在长期风化作用下,钛铁矿中一些共生杂质的置换形成了更复杂的衍生矿,如镁钛矿、钙钛矿、榍石等。目前已发现 TiO_2含量大于1%的钛矿物有140多种,其中重要的矿物列于表12-1-1中。

表 12-1-1　重要的钛矿物

序	矿物	化学式	结晶构造	TiO_2的理论含量,%	比重	莫氏硬度	颜色	条痕	磁性
1	金红石	TiO_2	正方晶系	100	4.2～4.3	6～6.5	红褐色	浅褐色	无磁性
2	锐钛矿	TiO_2	正方晶系	100	3.9	5.5～6	褐色	无色	无磁性
3	板钛矿	TiO_2	斜方晶系	100	4.1	5.5～6	黄色到褐色	无色	无磁性
4	钛铁矿	$FeTiO_3$	三方晶系	52.66	4.5～5	5～6	黑色	黑色	弱磁性
5	白钛石	$TiO_2 \cdot nH_2O$	(变质物)	约到94(经验值)	3.5～4.5	4～5.5	灰黄色到褐色		
6	钙钛矿	$CaTiO_3$	立方晶系	58.75	4.1	5.5	深褐色	灰白色	通常为非磁性矿物
7	榍石	$CaTiSiO_5$	单斜晶系	40.82	3.5	5～5.5	黄色 褐色 绿色		
8	假板钛矿	Fe_2TiO_5	斜方晶系	33.35	4.39	6.0	赤褐色、暗褐色		
9	红钛铁矿	$Fe_2O_3 \cdot 3TiO_2$	六方晶系	60.01	4.25		赤褐色		
10	钛磁铁矿	$Fe_2TiO_3 \cdot Fe_3O_4$	等轴晶系						强磁性
11	赤铁钛铁矿	$Fe_2TiO_3 \cdot Fe_2O_3$	三方晶系						弱磁性
12	钛铁晶石	Fe_2TiO_4 $(2FeO \cdot TiO_2)$	等轴晶系	35.73	3.5～4.0	5～5.5	黑色		强磁性
13	镁钛矿	$MgTiO_3$	三方晶系	66.46	4.03～4.05	5～6	暗褐色		
14	红锰钛矿	$MnTiO_3$		52.97	4.54～4.58	5～6	褐黑色		

钛矿床有岩矿和砂矿两种。岩矿床是原生矿，除含铁、钛外，还含有多种有用金属如钒、硫、钴、镍、铜、铬等，往往是共生矿。岩矿的特点是脉石含量高，结构致密，可选性差，不易将TiO_2与其它成分分离，所以选矿回收率较低，精矿品位亦较低，致使有些原生矿至今还未被利用。

钛砂矿床属次生矿床，以含钛铁矿、金红石的海滨砂矿或河滨砂矿为主。这类矿床中，钛铁矿多与白钛石、独居石、锆英石和锡石等共生。砂矿钛铁的特点是结构松散，脉石含量较少，可选性好，精矿品位高，所以海（河）滨砂矿是目前钛矿产品的主要来源。

二、世界的钛资源

作为资源，通常是指有经济开采价值的储量。目前被利用的钛资源主要是金红石和钛铁矿。此外，还有赤铁钛铁矿、钛磁铁矿、锐钛矿、白钛石和红钛铁矿等。

据德国和美国的资料，1980年世界钛资源（中国除外），以TiO_2计，共4.1亿 t，其中钛铁矿3.8亿 t，占93%；金红石0.28亿 t，占7%。在钛铁矿储量中，以岩矿居多，占77%，有近3亿 t，其余为砂矿。金红石均存在砂矿中。另外，还有次经济的钛储量，这种钛的储量以TiO_2计，有7.7亿 t，其中钛铁矿6.2亿 t，其余为金红石。世界钛资源中，钛铁矿储量最多的国家为挪威、加拿大、南非、前苏联和美国，金红石储量最多的国家为巴西、意大利、南非、澳大利亚和印度。德国资料所报道的世界一些国家钛资源的储量列于表12-1-2，一些典型资源的成分列于表12-1-3。

世界钛矿石90%用于生产钛白粉，5%用于生产海绵钛，其余用于生产焊条涂料、陶瓷和化学制品。

三、中国的钛资源

中国的钛矿储量十分丰富,名列世界前茅。但中国的钛资源,主要为钛铁矿,金红石甚少。在钛铁矿中,岩矿占据绝大部分,少部分为砂矿。钛铁矿岩矿石产地主要有四川、云南和河北,砂矿的产地主要有广东、广西和海南。金红石矿主要分布在湖北和山西。

表 12-1-2 世界一些国家钛资源的储量(TiO_2万 t)

编号	国家	钛铁矿型资源			金红石型砂矿资源	合计	所占比例 %	备注
		岩矿	砂矿	小计				
1	加拿大	9750		9750		9750	23.67	
2	挪威	7375		7375		7375	17.90	
3	印度	5000		5000	720	5720	13.88	
4	前苏联	4800		4800	240	5040	12.23	美国矿务局公布的钛铁矿量为605万 t
5	澳大利亚		2800	2800	975	3775	9.16	
6	南非		3250	3250	200	3450	8.37	
7	美国	1900	1000	2900	200	3100	7.52	
8	芬兰	630		630		630		
9	莫桑比克		540	540	40	580		
10	塞拉利昂		55	55	360	415		
11	斯里兰卡		270	270	30	300		
12	塞内加尔		270	270	30	300		
13	马达加斯加		160	160		160		
14	坦桑尼亚		135	135		135		
15	马来西亚		135	135		135		
16	冈比亚		80	80	20	100		
17	巴西		80	80	5	85		美国矿务局公布的金红石量为9072万 t
18	埃及		55	55		55		
19	利比里亚		30	30	20	50		
20	喀麦隆		20	20		20		
21	科特迪瓦		15	15		15		原为象牙海岸
22	西班牙		5	5		5		
23	日本		5	5		5		
国外总计		29725	8635	38360	2840	41200	100	45584万 t

表 12-1-3 典型的世界钛资源的组成（重量%）

成分	金红石					钛铁精矿（砂矿）						钛铁精矿（岩矿）			
	澳大利亚（东海岸）	南非	斯里兰卡	前苏联	印度	澳大利亚	南非	印度	斯里兰卡	马来西亚	前苏联	加拿大	挪威	美国	前苏联
TiO_2	95.2	96.5	96.8	93.2	95.5	54.2	49.7	60.3	54.6	53	60.3	34.3	44.5～45.5	45.2	48.75
FeO	0.9			1.8 ΣFe		24.0	36.6	9.7	18.1	33.6		27.5	33.5～34.5	37.5	45.9
Fe_2O_3	1.0	0.61	0.89		2.0	18.0	11.1	24.8	23.2	8.7	25.88	25.2	12～13	7.1	
SiO_2	0.2		0.64	2.0	0.74	0.50		1.4	1.5	0.36	1.2	4.3	2.5～3.0	3.7	3.3
Al_2O_3	0.02		0.16	1.1	0.50	0.85		1.6	1.18		2.0	3.5	0.5～0.7	2.1	0.5
CaO	0.07			0.22	0.01	0.01			0.08		0.17	0.9	0.2～0.3	0.1	1.1
MgO	0.18				0.03	0.16		0.84	0.85		0.9	3.1	4.5～5.5	2.6	1.3
MnO	0.008			0.18	0.01	1.60			0.37	4.0	0.85	0.16	0.2～0.3	0.2	
Cr_2O_3	0.6	0.16		0.27	0.11	0.03	0.19	0.14	0.07	0.05	1.36	0.1	<0.075		
V_2O_5	0.01	0.63		0.11	0.55	0.15	0.29	0.26	0.09	0.02	0.12	0.27	0.15～0.17	0.2	
P_2O_5	0.8		<0.001		0.07	0.02		0.17	<0.01	0.085		0.015	<0.03		
ZrO_2	0.2		0.38	2.5	1.02	0.04			0.02		0.33				
S	0.1				0.02	0.01					0.30		<0.04	0.3	
C	0.03												<0.055	0.02	
Na_2O+K_2O	0.04											0.35			

中国四川攀枝花地区是一个超大型的钒钛磁铁矿岩矿储藏区。攀枝花矿区的矿体范围大，共生的钒钛量多。但矿体中丰富钛磁铁矿（炼铁的原料）中的钛至今还没有利用，仅能利用其中伴生的粒状钛铁矿中的钛。在矿物选矿工艺中，从磁选钛磁铁矿的尾矿中，分选出粒状钛铁矿（含 TFe30～36%，$TiO_2$45～48%）供使用。粒状钛铁矿的特点是品位低，杂质含量高，风化程度差，结构致密，尤其是含 MgO 和 CaO 量高（约5～8%），给提取冶金带来麻烦（河北承德矿也具有类似性质的原生矿），故利用的经济效益较差。

广东、广西和海南两广地区的砂矿，虽然储量小，分布散，但是钛铁矿品位高，杂质少，采选比较容易，同时又伴生有锆英石、独居石、磷钇矿、金红石等，综合利用的价值高，提取也容易，因而利用的经济效益也高。

中国钛资源占有一定优势，储量十分可观，但品位低，钛的开发利用存在一定困难。1980年美国矿务局和西德都仅将我国两广钛铁矿（砂矿）列入世界钛资源，而未将攀枝花钒钛磁铁矿列入钛资源，其原因就在这里。我们应该进一步开发攀枝花矿，在提取铁、钒的同时又回收钛。在综合利用上多下功夫，才能将巨大的钛资源变成财富。中国钛精矿的组成列于表12-1-4中。

表 12-1-4 中国钛精矿的组成

矿的名称	矿的组成，%											
	TiO_2	ΣFe	FeO	Fe_2O_3	MnO	CaO	MgO	SiO_2	Al_2O_3	P	S	V_2O_5
北海氧化砂矿	58.68	25.02	5.5	27.88	1.05	<0.1	0.11	0.73	1.09	0.034	0.01	
北海钛铁矿	52.35	32.67	38.56	3.37	1.73	微	微	0.68	0.45	0.03	0.01	
海南文昌矿（清澜）	50.77	33.65	35.17	8.88	2.31	0.38	0.10	0.94	0.36	0.028	0.01	
海南万宁矿	49.03	35.60	36.03	10.71	2.23	1.00	0.10	0.50	1.13	0.016	0.01	
湛江矿	51.76	30.29	24.4	16.08	2.66	0.34	0.05	0.82	0.79	0.017	0.01	
攀枝花矿	46.58~48.35	32.43~32.95	36.77~37.33	5.50~5.64	0.225~0.60	0.72~2.29	4.80~5.53	1.20~4.02	1.34~2.71	0.013~0.04	1.35~1.65	0.068
承德矿	46~48	30.83	20~40		0.7~0.9	0.5~1.0	0.7~1.8	1.5~2.1	0.7~0.8	0.01~0.04	0.1~0.5	1.0

第二节 钛的主要物理化学性质

一、金属钛的物理性质

钛在元素周期表中位于IVB族，属于过渡元素。原子序数22，核外电子结构排列为$1s^22s^22p^63s^23p^63d^24s^2$，价电子是$4s^23d^2$。已发现钛有13种同位素，稳定同位素的质子数为46，47，48，49，50。钛的主要物理性质列表于表12-1-5中。

表 12-1-5 钛的物理性质

原子量	47.88±0.03	临界压力，MPa	11.45
原子半径，nm	0.145	熔化热，kJ/mol	18.62
热中子俘获截面，m^2	5.8×10^{-28}	蒸发热，kJ/mol	425.5
晶体结构		液钛的表面张力，N/m	1.588
α-Ti（>882.5℃时）	密排立方晶系	液钛的动力粘度（1730℃），m^2/s	8.9×10^{-5}
β-Ti（>882.5℃时）	体心立方晶系	密度，g/cm^3	
晶格参数，nm		α-Ti（20℃）	4.507
α-Ti	$c=0.46831$ $a=0.29503$	β-Ti（885℃） （1000℃）	4.35 4.30
β-Ti	$a=0.332$	液态（1668℃）	4.11
晶型转化性质（α-Ti→β-Ti）		线膨胀系数	
转化温度，C	882.5	（20～300℃），1/K	7.35×10^{-6}
相变热，kJ/mol	4.14	蒸气压，（900℃）Pa	1.33×10^{-8}
相变体积增量，%	5.5	β-Ti	$\lg P=1753-3.26\times10^6T^{-1}-121\lg T$
熔点，C	1668±4		
沸点，C	3290	液态	$\lg P=1561-3.09\times10^6T^{-1}-87.8\lg T$
临界温度，C	4350		

续表 12-1-5

导热系数（工业纯钛），J/（m·s·k）		热容，J/（mol·K）	
$t>0$℃	$\lambda=17.5-4.6\times10^{-3}t+7.5\times10^{-6}t^2+4.2\times10^{-12}t^4$	α-Ti（>298K）	$c_p=22.1+1\times10^{-2}T$
		β-Ti	$c_p=19.8+7.9\times10^{-3}T$
		熔融钛	$c_p=35.5$
273～900K	$\bar{\lambda}=17.1$	熵，J/（mol·k）	$S°_{298}=30.6$
电阻率，nΩ·m		α-Ti（>160K）	$S°_T=39.0+0.033T-5390T^{-1}$
纯钛（20℃）	420		
工业纯钛（20℃）	556	β-Ti	$S°_T=34.2+0.41T-6.3\times10^{-6}T^2$
α-Ti	$\rho=510+2.25t-8.6\times10^{-7}t^3$		
超导临界温度，K	0.38～0.4	熔融钛（<300K）	$S°_T=55.8+0.0062T-2.7\times10^{-6}T^2$
磁化率，电磁系单位/克（属顺磁性物质）			
α-Ti（20℃）	$(3.2\pm0.4)\times10^{-6}$		
β-Ti（900℃）	4.5×10^{-6}	弹性模数（293K 时），Pa	10.8×10^{10}
导磁率	1.00004	泊松比	0.34

二、金属钛的化学性质

按与钛发生反应的可能性，由图12-1-2将元素归纳为下列四类：

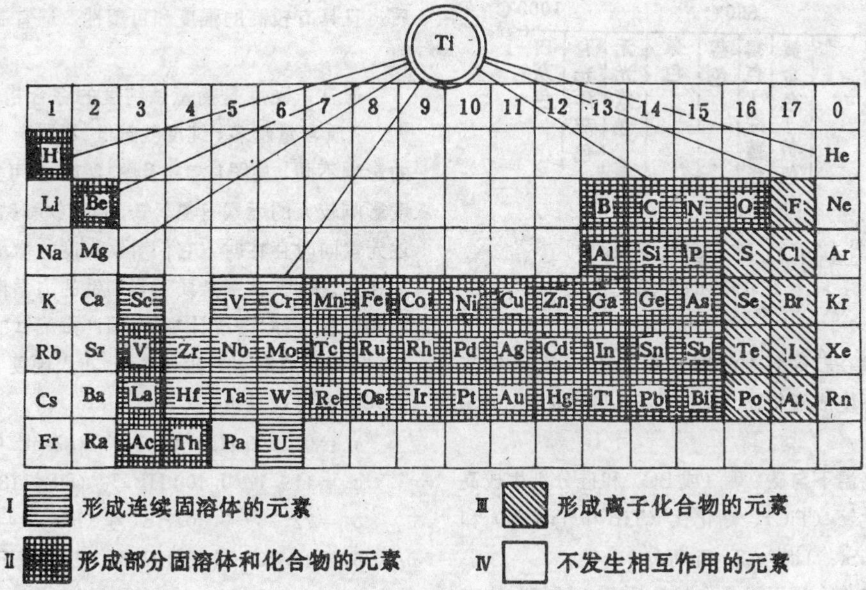

图 12-1-2　Ti 与周期表中各元素的相互作用情况

（1）卤素和氧族元素，与钛生成共价键或离子键化合物；（2）过渡元素、硼族、碳族、氮族和氢、铍，与钛生成金属间化合物和有限固溶体；（3）钒族、铬族和钪、锆、铪，与钛生成无限固溶体；（4）惰性气体、碱金属、碱土金属、稀土金属（除钪）和锕、钍与钛基本上不发生反应。

钛能与所有卤素在不同温度下发生反应生成卤化钛。含水的卤素与钛的作用比干卤素弱，例如，饱和水的湿氯气在低于80℃下不与钛反应。

高温下，钛能与气体CO、CO_2、水蒸气以及许多挥发性有机物反应。钛能够强烈地吸收气体（O_2、N_2、H_2），形成固溶体。当气体在钛中含量超过溶解度极限时，便生成钛的各种氧化物、氮化物、氢化物。钛与氧的反应取决于钛存在的形态和温度。粉末钛在常温下的空气中，可因静电、火花、摩擦等作用而发生剧烈的燃烧或爆炸，而致密钛在常温下的空气中是稳定的。

钛与氧作用时，表面生成的氧化物膜很致密，可以防止继续氧化，具有保护作用。但不同的温度下生成的氧化膜的结构、性质和颜色都不同。钛在短期空气中加热时表面变色如图12-1-3所示。但是，温度超过700℃时，氧化膜被破坏，失去保护作用，氧向钛基体扩散，便迅速发生氧化作用。

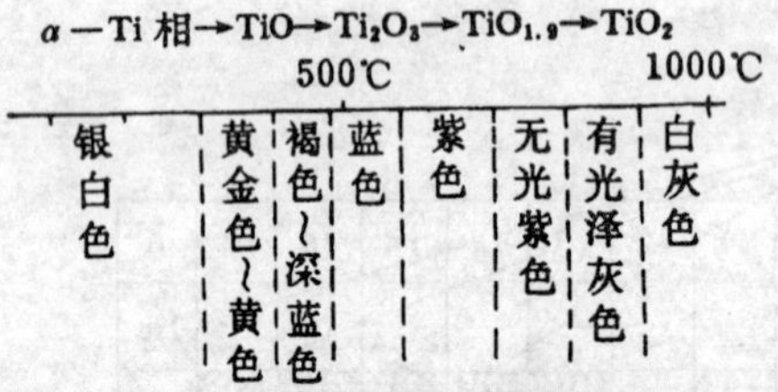

图 12-1-3 钛在空气中短时间加热的表面变色

钛与磷在较高温下分别生成Ti_2P或TiP。钛与硫在高温下生成硫化物Ti_3S、Ti_2S、TiS、TiS_2、TiS_3等。

钛在高温下与碳、硼（或BC）和硅分别生成高熔点的碳化钛（TiC）、硼化钛（TiB和TiB_2等）和硅化钛（TiSi、$TiSi_2$、Ti_5Si_5等）。

钛与其它金属形成合金的性质及相图请见本书上册的有关章节。

由于钛表面氧化膜的存在，保护了钛基体，使其在许多介质中，特别是在含氧或氧化性介质中具有很高的耐蚀性。因此，钛是优良的耐蚀材料。

钛耐酸、碱、盐的腐蚀性能，一般优于不锈钢。通常，普通钛合金具有良好的耐腐蚀性能，但不如纯钛好。

钛在沸点以下所有浓度的硝酸水溶液中均不被腐蚀。钛不被湿氯气腐蚀，也不被氯酸钠、亚氯酸钠和次氯酸盐等氯化物溶液所腐蚀。钛在金属氯化物水溶液中不出现明显的点蚀和应力腐蚀开裂。钛具有优异的耐水和海水（即使是在高速状态下）的腐蚀性能。

在与钛反应产生氢的介质（如盐酸和硫酸）中，钛的腐蚀率较大，但如果在酸中加入少量的氧化剂HNO_3、$KMnO_4$、K_2CrO_4、铜盐、铁、氯，即可显著降低其腐蚀率。

钛若在完全无水的强氧化性环境里，能发生快速氧化，甚至发生自燃。

氢氟酸（及其氟化氢气体）与钛激烈反应，生成TiF_3（或TiF_4），这也是钛的最强溶剂。

钛对人体呈生物惰性。

三、金属钛的力学性质

钛的力学性质与其纯度有关，高纯钛具有优良的机械加工性能，延伸率和断面收缩率都很好，但强度低，不适于作结构材料。工业纯钛含有适量的杂质，且具有较高的强度和可塑性，适宜制作结构材料。

通常，硬度是衡量钛纯度的综合指标。硬度越大，杂质含量越多，纯度就越低。不同杂质对钛硬度的影响不同，从图12-1-4及图12-1-5中可见，对钛硬度影响较大的元素有氮、氧、碳、铁和钴、硅等。上述元素同时存在时，它们对钛硬度的增量通常具有加和性。按此，钛中杂质元素和钛的力学性能存在着某种内在规律，按统计规律，国产海绵钛的抗拉强度σ_b、断面及缩率φ及延伸率δ、布氏硬度HB可以从下列经验公式求出：

$\sigma_b = 0.3369\,HB - 0.4340$，kg/cm²（HB≤180）

$\varphi = 119.1 - 0.400\,HB$，%（HB≤180）

$\delta = 72.75 - 0.307HB$，%（HB≤144）

$\delta = 47.90 - 0.138HB$，%（144≤HB≤170）

$HB = 79.20 + 194.83N\% + 356.82\ O\% + 117.30Fe\%$

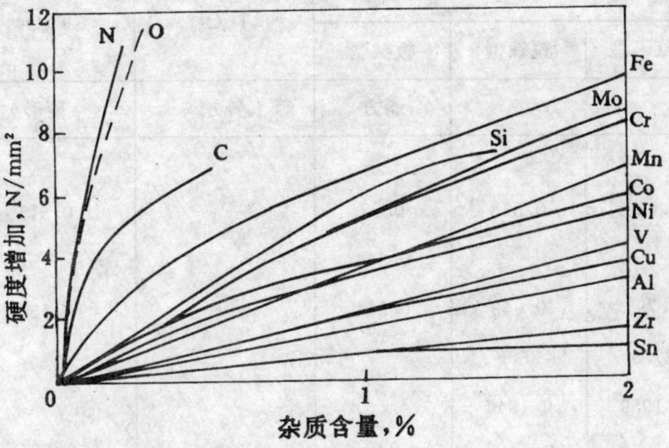

图 12-1-4 杂质含量由0到2%时
对钛硬度增加的影响

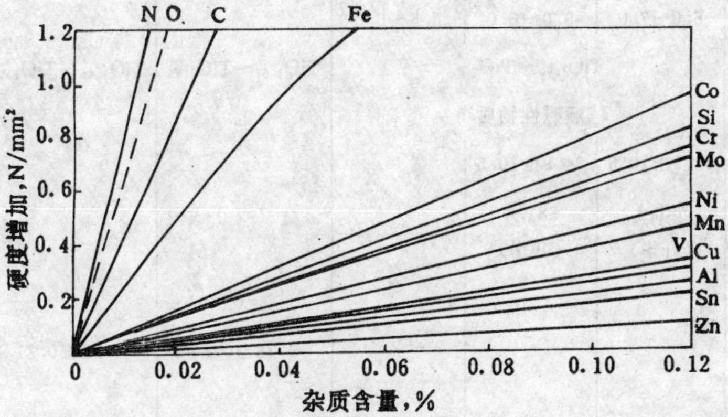

图 12-1-5 杂质含量由0到0.12%时
对钛硬度增加的影响

前苏联还利用海绵钛硬度与杂质含量的关系，来提高检测分析的精确性，这样做可以减少25%的分析量。

四、钛化合物的物理化学性质

钛是变价元素，常见的钛化合物有四价、三价和二价。其中以四价最稳定，三价和二价稍次，一价因不稳定而不能单独存在。钛离子又具有酸碱二性，可以以 Ti^{4+} 或 TiO_4^{4-}、TiO_3^{2-} 两种离子形式存在，故钛的化合物种类繁多，一般可将它分为简单化合物和钛的络合物两类。

（一）氧化钛

简单的钛氧化物有 TiO_2 和 Ti_3O_5、Ti_2O_3、TiO，它们都是非计量化合物。它们的碱性及还原性同时按价次的递减顺序而增强，TiO_2 呈二性，TiO 呈碱性且还原性较强。

氧化钛的各种物理性质列于表 12-1-6。

表 12-1-6 钛氧化物的性质

性质	TiO_2			Ti_3O_5	Ti_2O_3	TiO
	金红石型	锐钛型	板钛型			
晶格类型	正方		斜方	斜方	菱形	立方
晶格常数，nm						
a	0.458	0.378	0.92		0.515	0.424
b			0.544			
c	0.795	0.949	0.514		0.136	0.424
衍射角2θ，(°)	27.5	25.5				
Ti-O 原子间距	0.1959	0.1946				
密度，g/cm^3	4.21～4.24	3.8～3.9	4.12～4.23			4.93～5.53
熔点，℃	1800～1870				1840～1860	1722
沸点，℃	3200					
相变温度，℃	1040			152 (α→β)	175 (α→β)	966～990 (α→β)
莫氏硬度	6.0～7.0	5.0～6.0	5.5～6.0			
组成范围	$TiO_{1.90}$～$TiO_{2.0}$			$TiO_{1.67}$～$TiO_{1.79}$	$TiO_{1.46}$～$TiO_{1.56}$	$TiO_{0.8}$～$TiO_{1.2}$
磁性质	顺磁性物质					
熔化热，kJ/mol	64.9±10.5	64.9±10.5				58.6±6.3
蒸发热，kJ/mol	581.4 (升华)	581.4 (升华)				563.4～581.8 (蒸发)
离解热，kJ/mol						670
相变潜热，kJ/mol				9.38±0.84	0.92±0.21	
热容，J/(mol·K)						
a	72.04	71.74		149.6 (α) 174.13 (β)	30.59 (α) 145.17 (β)	44.24 (α) 49.6 (β)
$b\cdot10^3$	4.52	4.1		123.48 (α)	224.03 (α)	15.06 (α)
$-c10^{-5}$	15.02	14.65			42.69 (β)	7.78 (β)
$-H^\circ_{298}$，kJ/mol	916.7～944.4	916.7～944.4		2444.6～2456.8	1519.5～1536.3	518.6±12.5 (气)
$-S^\circ_{298}$，J/(mol·K)	95.4～182.9	95.4～182.9		256.8	283.8	95.4
$-\Delta G^\circ_{298}$，kJ/mol	861～889.1	861～889.1		2302.3～2315.3	1432.8～1448.3	489.4～490.2

1. 二氧化钛（TiO_2）

TiO_2为白色粉末，作为颜料俗称钛白。它有三种结晶形态，即金红石型、锐钛型和板钛型。金红石型最稳定，板钛型极不稳定，受热会转化为金红石型，没有工业实用价值。锐钛型常温下是稳定的，加热超过730℃时会向金红石型转化。具有工业实用价值的是金红石型和锐钛型。TiO_2的结晶形态见图12-1-6，它的另一些性质见表12-1-7。

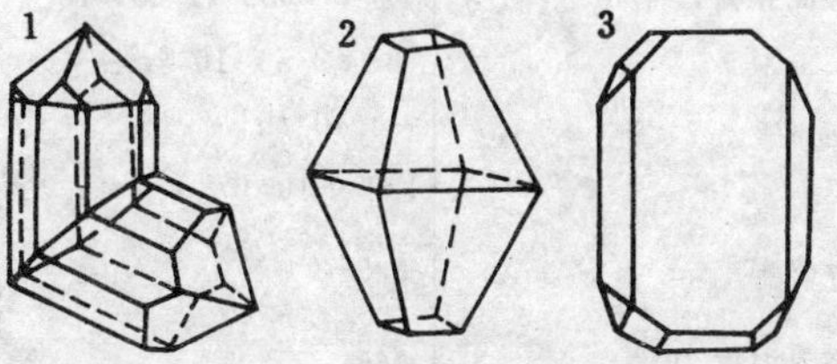

图 12-1-6 二氧化钛结晶形态图

1—金红石型；2—锐钛矿；3—板钛矿

表 12-1-7 TiO_2的一些性质

物理常数	金红石型	锐钛型
比热（25℃），J/(g·K)	0.71	0.71
导热率，J/(cm·s·k)	0.619	1.80
升华热（25℃），kJ/g	7.25	7.25
汽化热，J/g	3762±314	3762±314
介电常数（颜料）	114	48
电导率，$(\Omega\cdot cm)^{-1}$	5.5×10^{-8} (500℃)	$10^{-13}\sim10^{-14}$ (20℃) 0.12 (1200℃)
蒸气压，Pa	$\lg P=2007-4.03\times10^{6}T^{-1}$	

TiO_2具有良好的电学性能，介电常数大，它的导电性介于导体与绝缘体之间，是一种构成电流通道的n型半导体。

TiO_2具有很高的化学稳定性，在常温下，几乎不与其它物质发生化学反应。它不溶于水，不溶于有机酸、弱无机酸，仅微溶于碱。它不与大气中的氧、二氧化碳、硫化氢、二氧化硫以及氨作用。在加热的条件下，它微溶于硝酸，只有在长时间煮沸的条件下，才能溶解于硝酸、浓硫酸和氢氟酸。TiO_2加热至高温，可与碱熔融。在无碳等还原剂的情况下，TiO_2难与氯反应，即使1000℃时反应也不完全。它在高温下才能被氢、碳和钙等多种还原剂还原，分别生成低价氧化钛或不纯钛。二氧化钛对人体呈惰性，无毒害。

TiO_2作为白色颜料具有一系列优良的光学性质，它的不透明性、光泽度和白度很高，折射率和散射力大，着色力强，遮盖力大，分散性好。

TiO_2中晶型、杂质种类和含量，以及TiO_2中的粒度及粒度分布均会影响到颜料的光学性质。单从光学效果考虑，最好选用细粒子的TiO_2，一般较适宜的平均粒径为0.2μm，且通常要求TiO_2粒径均匀些，粒度分布窄些。但这样粒度钛白颜料的耐候性差。为兼顾二者，综合考虑使用效果，对于装饰性为主的产品，宜选用细粒级钛白粉；对于保护性为主的产品，宜选用稍粗粒级的钛白粉。

2. 一氧化钛（TiO）

TiO为金黄色粉末，易被氧化。TiO在空气中加热至400℃开始被氧化，达到800℃时氧化成TiO_2。TiO在沸腾的硝酸中被氧化成TiO_2。TiO与卤素作用形成卤化钛或卤氧化钛。

TiO不溶于水，能溶于稀盐酸和稀硫酸，生成三价钛盐和氢气。

TiO可与TiC、TiN形成连续固溶体。

3. 三氧化二钛（Ti_2O_3）

Ti_2O_3为紫黑色粉末，在空气中、于高温下才氧化为TiO_2。Ti_2O_3不溶于水，也不与稀盐酸、稀硫酸和硝酸反应。它溶于浓硫酸、氢氟酸、王水及硫酸氢钾。Ti_2O_3与CaO、MgO等金属氧化物熔融时，反应生成复盐。

Ti_2O_3蒸发时发生歧化反应，分解成TiO和TiO_2，即有反应：

$$Ti_2O_3=TiO+TiO_2$$

（二）卤化钛

常见的卤化钛有$TiCl_2$、$TiCl_3$、$TiCl_4$、$TiOCl_2$、TiOCl和TiI_4，还有TiF_4、TiF_2、$TiBr_4$、$TiBr_3$、TiI_2及混合卤化钛。其中最常见的一些卤化钛性质列于表12-1-8。

表 12-1-8 几种主要卤化钛的性质

性质	$TiCl_4$	$TiCl_3$	$TiCl_2$	$TiOCl_2$	TiOCl	TiI_4
晶格类型						
液体	正四面体	(α-型)				

续表 12-1-8

性质	$TiCl_4$	$TiCl_3$	$TiCl_2$	$TiOCl_2$	TiOCl	TiI_4
固体	单斜晶系	六方	六方	立方		立方
晶格常数，nm						
a	0.970	0.6122	0.3561	0.451		1.2
b	0.648					
c	0.975	1.752	0.5875			
θ（固体）	102°40′					
密度，g/cm³	1.76	2.66	3.13	2.45	3.14	4.01
熔点，℃	−23.0	730～920	1030			155
沸点，℃	136	升华	1515		>550 升华	377
蒸发热，kJ/mol	35.77					

1. 四氯化钛（$TiCl_4$）

常温下的$TiCl_4$是无色透明液体，在空气中冒白烟，具有强烈的刺激性气味。它以单分子存在，偶极距为0，不导电。$TiCl_4$不能离解为Ti^{4+}离子，在含Cl^-溶液中可形成$[TiCl_6]^{2-}$络阴离子，说明它为共价键化合物。$TiCl_4$固体为白色晶体，属单斜晶系。它的物理常数列入表12-1-9中。

表 12-1-9 $TiCl_4$的一些物理性质

蒸气压（液态），Pa	$\lg P=1022-2.61\times10^5T^{-1}$
蒸发热，kJ/mol	$L=54.5-0.048T$
密度，g/cm³	
固体（194K）	$\rho=2.06$
液体	$\rho_t=1.761-0.00166t-4.85\times10^{-7}t^2-6.5\times10^{-12}t^4$
气体，g/L	$\rho=6.836$
膨胀系数（20℃），1/K	9.7×10^{-4}

续表 12-1-9

粘度，Pa·s	$\mu_t=(9864+11t)^{-1}$
表面张力，N/m	$\sigma_t=0.0353-1.25\times10^{-4}t+5\times10^{-8}t^2+4\times10^{-11}t^3+10^{-12}t^4$
导磁率	8.55
临界温度，℃	365
临界压力，MPa	4.63
临界密度，g/cm³	0.565
磁化率，电磁系单位/克	-2.87×10^{-7}
折射指数（20℃）	1.61
介电常数（24℃）	2.73

液体$TiCl_4$的一些性质见表12-1-10。

表 12-1-10 液体$TiCl_4$的一些性质

温度 ℃	密度 g/cm³	粘度 Pa·s	表面张力 N/m	蒸气压 Pa	导热系数 J/(m·s·k)
0	1.761	1.012×10^{-3}	0.035	411	
20	1.727	0.826×10^{-3}	0.032	1273	0.085
50	1.677	0.645×10^{-3}	0.029	5333	0.093
100	1.590	0.422×10^{-3}	0.023	34846	0.108
130	1.535			85918	
136				101325	0.116

$TiCl_4$的热稳定性很好，在2500K下才开始分解。它很活泼，可与许多元素和化合物反应。

许多还原剂可在不同的条件下分别将$TiCl_4$还原成$TiCl_3$或$TiCl_2$或Ti。可将$TiCl_4$还原成金属钛的元素有镁、钠、钾、锂、钙、铝、锰、钡等，可将$TiCl_4$还原成$TiCl_3$的有铝、氢气、银、硫、钠等。

$TiCl_4$遇氧易氧化，550℃开始氧化，达1000℃时才完全生成TiO_2。$TiCl_4$也易水解，水解发生激烈反应并冒白烟，生成淡黄色或白色沉淀。水解反应先生成水合化合物$TiCl_4\cdot nH_2O$，最终产物为稳定的偏钛酸（H_2TiO_3）。$TiCl_4$与沸腾水迅速反应生成偏钛酸，而与水蒸气在300～400℃时则反应生成TiO_2。

$TiCl_4$能与HF强烈反应生成TiF_4，它与氟气发生取代反应，先逐步取代，最终生成 TiF_4。$TiCl_4$与液体 H_2S 和液氯、液溴可按任意比例混合，碘可很好地被它溶解，但不生成碘化物。氯气和氯化氢气体均可溶解在 $TiCl_4$中。$TiCl_4$也可与 HBr 或 HF 发生交换反应。$TiCl_4$与碱金属和碱土金属的氟化物或碱金属氯化物生成相应的六氟钛酸盐 Me_2〔TiF_6〕或六氯钛酸盐 Me_2〔$TiCl_6$〕。后者不稳定，高于700℃易分解，这便是它在碱金属和碱土金属氯化物中溶解度小的原因。$TiCl_4$在830℃的 NaCl 熔盐中的溶解度仅为0.5%(mol)，而 $TiCl_4$在 $MgCl_2$熔盐中的溶解度更小。

$TiCl_4$能溶解无水氯化铝，可与 $SiCl_4$、$VOCl_3$等完全互溶。

$TiCl_4$可与液体 H_2S 混合生成 $TiCl_4 \cdot nH_2S$ 类沉淀，并可进一步反应。$TiCl_4$与 SCl_4可反应生成 $TiCl_4 \cdot nSCl_4$类产物。热的 $TiCl_4$液可被 H_2S 气体还原成 $TiCl_3$或 $TiCl_2$。沸腾的 $TiCl_4$与 H_2S 反应生成硫氯化钛（$TiCl_2S$）。

$TiCl_4$与浓硫酸反应生成硫酸氯钛（$TiCl_2SO_4$），而与稀硫酸反应生成硫酸氧钛（$TiOSO_4$）。

气体 $TiCl_4$与热的 TiO_2反应生成氯氧化钛（$TiOCl_2$或 $Ti_2O_3Cl_2$）。

液体 $TiCl_4$可吸收 NH_3，饱和生成 $TiCl_4 \cdot 4NH_3$。它与乙烯等多种有机物发生反应，而与苯等多种有机物可以溶解或互溶。

$TiCl_4$主要用作氯化法生产钛白和生产金属钛的原料，又可用作制取 $TiCl_3$（聚合催化剂）、烷基钛酸盐（耐热涂料）和钛酸钡（强介电体）陶瓷的原料，亦可作发烟剂。

2. 三氯化钛（$TiCl_3$）

$TiCl_3$有四种变体，α-型为高温还原 $TiCl_4$产物，紫色片状物，六方晶系；β-型为烷基铝还原 $TiCl_4$产物，褐色粉末，纤维状结构；γ-型为铝还原 $TiCl_4$产物，红紫色粉末，而δ-型系γ-型研磨后所得，具有较高的催化性能。

$TiCl_3$是处于中间价态，稳定性差，易分解。并兼有被氧化和被还原二种倾向，它具有弱酸性盐类的特征，可以生成三价钛酸盐，也不溶解于 $TiCl_4$中。

$TiCl_3$在湿空气中潮解，可溶于水。将其慢慢蒸发可得到紫色的 $TiCl_3 \cdot 4H_2O$ 和 $TiCl_3 \cdot 6H_2O$ 结晶。可用碱从 $TiCl_3$水溶液中析出 Ti $(OH)_3$沉淀。$TiCl_3$在600℃时能和水蒸气生成 TiOCl。

在盐酸溶液中，$TiCl_3$与碱金属氯化物生成水化络合盐 Me_2〔$TiCl_5$ (H_2O)〕。$TiCl_3$较难溶于盐酸，当 $TiCl_3$的盐酸液与 KCl 混合时，析出水化五氯钛酸钾 K_2〔$TiCl_5$ (H_2O)〕。

$TiCl_3$溶于碱金属氯化物熔盐形成络盐，如 $TiCl_3$-NaCl 系里有 Na_3TiCl_6（固液不同成分熔点553℃）、$TiCl_3$-KCl 系里有 K_2TiCl_5（固液异成分熔点为605℃）和 K_3TiCl_6（固液同成分熔点783℃）。在 $TiCl_3$-$TiCl_2$-NaCl 三元系中有一最低共熔点化合物，组成摩尔比为40%$TiCl_3$-7%$TiCl_2$-53%NaCl，最低共熔点温度443℃。

$TiCl_3$可与甲酸、乙酸及草酸反应生成相应的酸酯，还能溶于醇和酮中，但不溶于饱和烃、芳香烃及它们的卤代烃，也不溶于醚和二硫化碳中。

$TiCl_3$用铝粉还原 $TiCl_4$制取，在有 $AlCl_3$催化剂条件下，控制温度136～400℃时，方能剧烈反应，制得的 $TiCl_3 \cdot \frac{1}{3}AlCl_3$，经研磨得到δ-$TiCl_3$。

3. 二氯化钛（$TiCl_2$）

$TiCl_2$是黑色粉末，属于离子键化合物，也是一种盐，稳定性差，易氧化也易还原，加热被分解。加热至800℃以上时，可按式12-1-15发生歧化反应。

$TiCl_2$溶于碱金属和碱土金属氯化物的熔盐中形成复盐。只有 $TiCl_2$-LiCl 可形成无限固溶体。在 $TiCl_2$-NaCl 系形成 $NaTiCl_3$和 Na_2TiCl_4两种化合物，并有一个最低共熔点（NaCl＋$NaTiCl_3$）605℃和一个包晶点（$TiCl_2$＋$NaTiCl_3$）628℃。在 KCl-$TiCl_2$系里，形成 $KTiCl_3$（固液同成分熔点762℃）和 K_2TiCl_4（固液异成分熔点671℃）两个化合物，并有两个最低共熔点632℃（KCl＋K_2TiCl_4）和730℃（$TiCl_2$＋$KTiCl_3$）。$TiCl_2$-$MgCl_2$系里不生成化合物，有一包晶点716℃（$MgCl_2$＋0.3%$TiCl_2$）。

$TiCl_2$能溶于甲醇和乙醇中。

4. 四碘化钛（TiI_4）

TiI_4是一种红褐色晶体，106℃时发生晶型转化。转化后晶格常数为 a＝1.221nm，转化热为17.8J/g。160℃时，$TiCl_4$的蒸气压为439Pa。液体 $TiCl_4$在380℃时密度为3.41g/cm³。

TiI_4在湿空气中冒烟。它在水中发生水解，生成中间产物 Ti $(OH)_3I \cdot 2H_2O$，最终产物为 H_4TiO_4。TiI_4可溶于硫酸和硝酸中，并发生分解，析出碘，也可被碱溶液所分解，亦溶于苯中。

TiI_4高温下热分解，便歧化为金属钛和碘，1000℃开始歧化，1500℃时完全歧化。这是一个可逆过程。同时还存在下列平衡（较低温度下）：

$$TiI_4 + Ti \xrightleftharpoons{250^\circ C} 2TiI_2$$

$$TiI_4 + TiI_2 \xrightleftharpoons{250^\circ C} 2TiI_3$$

TiI_4高温下与氧反应生成 TiO_2。它与 F_2、Cl_2和 Br_2均可发生取代反应。它与 HI 或 $TiCl_4$反应生成相应的 $H_2[TiI_6]$ 或 $TiCl_3I$。

TiI_4溶于苯、卤代烃、乙醇及二乙醚中，并可与醇或烷氧基钠（NaOR）进行反应。

（三）氢化钛

氢化钛为 Ti-H 系固溶体的总称，最高氢含量达 TiH_2。简单化合物有 TiH 和 TiH_2。它们都是非计量化合物，其某些物理常数见表12-1-11。

1. 一氢化钛（TiH）

TiH 为具有金属光泽的灰色粉末或材料，不稳定，加热时分解释放出氢。在640℃时分解压力达 10^5Pa。TiH 在空气中加热高于350℃时发生熔化，析出氢，并发生燃烧，升温达800℃时激烈燃烧。

TiH 在水中和非氧化酸中是稳定的，在氧化剂的作用下便氧化为四价钛化合物。在700℃下它与 HF 反应可生成 TiF_3。

2. 二氢化钛（TiH_2）

TiH_2是外观具有金属光泽的灰色材料或粉末。它有两种变体，低温下为面心四方晶系，高于37℃转变为正方晶系，晶格常数 a＝0.4454nm。

TiH_2不稳定，受热易分解。它在低于400℃的氢中稳定，超过800℃几乎完全分解。通常把组成范围 $TiH_{1.8}$～$TiH_{1.99}$的固溶体称之为 TiH_2。

TiH_2在水中和非氧化性酸中是稳定的，但存在氧化剂时会氧化为四价钛化合物。

氢化钛大多是钛直接氢化制得的。

氢化钛具有脆性，主要利用它的这种特性来制取粉末钛。但氢含量必须达1.8%（重量）以上才具有明显的脆性。氢化钛是一种固体贮氢材料，受热分解放出氢，也是一种纯氢源，利用它可制取高纯氢。氢化钛可用作多孔材料的活化剂、发泡剂、某些异构件焊接的焊料和人造金刚石聚晶时的添加剂。另外，氢化钛还可用作某些粉末冶金产品和陶瓷的原料成分。

（四）难熔钛化物

难熔钛化物主要有氮化钛、碳化钛和硼化钛等。它们都具有金属光泽、良好的导电性、高硬度、高沸点等的金属特征，用途日益广泛。它们的某些物理性质列于表12-1-11。

1. 氮化钛（TiN）

氮化钛是 Ti-N 系一系列固溶体的总称。简单的化合物很多，如 TiN、TiN_2、Ti_2N、Ti_3N 等，其中最重要的是 TiN。它们均为非计量化合物。TiN 的稳定组成范围为 $TiN_{0.8}$～$TiN_{1.2}$。

TiN 外观似金属，它的颜色随组成而变，从金黄色至黄铜色，色泽十分艳丽。TiN 硬度高，熔点和沸点都很高。TiN 具有导电性能，它的导电性能随温度升高而变差。TiN 在20℃时电导率为8.7×10^6 $(\Omega\cdot m)^{-1}$，1.2K 时它具有超导性。

表 12-1-11 氢化钛和难熔钛化物一些性质

	TiH	TiH_2	TiC	TiN	TiB_2
晶格类型	六方	（常温）面心四方	正方	立方	六方
晶格常数，nm					
a	0.311	0.4528	0.4329	0.4235	
c	0.00502	0.4279			
导电率，$(\Omega\cdot m)^{-1}$			5.18×10^5	8.7×10^6	6.25×10^5
密度，g/cm^3	3.79	3.91	4.91	5.21	4.5
熔点，℃	350（熔化）		3150	2930	2980
沸点，℃	640（分解）	800（分解）	4300		
莫氏硬度			9.5	9	9
显微硬度，Pa			2.8×10^{10}	2.1×10^{10}	2.9×10^{10}
导热率，(J/m·S·℃)			71.1	121	109
热膨胀系数，10^{-6}/℃			7.01	9.95	4.6

TiN在常温下相当稳定，在真空下加热时可失去部分氮，并发生升华。TiN不与氢反应，但可在空气中燃烧生成TiO_2。

TiN不溶于水，加热时与水蒸气反应生成氨和氢。它不与CO反应，可慢慢与CO_2反应生成TiO_2。

TiN在稀酸（除硝酸）中是相当稳定的，但有氧化物时可溶于盐酸。TiN在1300℃下与HCl气体反应生成$TiCl_4$。它与加热的浓硫酸反应析出SO_2和氮。它与碱反应析出氨。

TiN可用作制取硬质合金的材料或硬质合金表面强化镀层材料，也常作为手饰材料和工艺品表面的假金镀层材料。

2. 碳化钛（TiC）

碳化钛也是Ti-C系一系列固溶体的总称，常见的是TiC。TiC也是非计量化合物。

TiC是一种具有金属光泽的钢灰色晶体，是一种高熔点、高沸点、高硬度的材料，其硬度仅次于金刚石。TiC具有良好的导热和导电性能，它的导电性能随着温度升高而变差。它在20℃时的电导率为$5.18\times10^6\ (\Omega\cdot m)^{-1}$，在1.1K时具有超导性。TiC是弱顺磁性物质。

TiC在常温下是稳定的，真空中加热至3000℃以上时才形成蒸气。TiC在氢气中加热高于1500℃时它便会慢慢脱碳。TiC与氮气在高于1200℃时会生成Ti(C、N)。致密的TiC在800℃下氧化很慢，但粉末TiC在600℃下便在氧中燃烧生成TiO_2。

TiC不溶于水、盐酸和沸腾的碱，但能溶于硝酸和王水中。它与氯在400℃反应生成$TiCl_4$。在700℃时与水蒸气生成TiO_2，在1200℃可与CO_2反应生成TiO_2。

TiC主要用作硬质合金的原料及刀具表面硬质覆盖层、抛光粉。

3. 硼化钛

硼化钛的简单化合物有：Ti_2B、TiB、TiB_2和Ti_2B_5，它们均为灰黑色粉末。常见的TiB_2是所有硼化钛中物理化学性能最好的一种材料。TiB_2比ZrB_2的密度小、硬度大、熔点也低。

TiB_2等金属硼化物以共价键、离子键、金属键等结合，结合力强，因而具有熔点高（2980℃）、硬度大（莫氏硬度9）和导热性、导电性好（电导率，常温下为$6.25\times10^5\Omega^{-1}\cdot m^{-1}$），其电阻温度系数为正。

TiB_2具有良好的热稳定性能，常温下非常稳定，即使在高温下也具有优异的抗氧化性能。这是因为TiB_2表面覆盖一层复合氧化物保护层，故它的使用温度可达2000～3000℃。

TiB_2具有良好的耐磨和耐蚀性能，它耐熔融金属的腐蚀性能优异，耐酸性能也好。TiB_2在碱中或氯气氛中加热到高温时会被侵蚀，与氟在常温下也会反应。

硼化钛主要用作高温发热体（隋性气氛或真空中）、铝电解精炼电极棒、热电偶保护管、喷矿机喷嘴的耐磨衬里和切削工具、表面涂层等材料。

TiB_2和其它结构陶瓷材料一样，具有强度低、脆性大的缺点，必须提高它的机械性能方能扩大它的应用领域。为此，最近开发了不少TiB_2的二元系和三元系复合陶瓷材料。

（五）钛酸钡（$BaTiO_3$）

钛酸钡可形成一系列连续固溶体，简单化合物有正钛酸钡（$2BaO\cdot TiO_2$）、偏钛酸钡（$BaO\cdot TiO_2$）和多钛酸钡（$BaO\cdot 3TiO_2$）等，工业应用作强介电体材料的只有$BaTiO_3$。

偏钛酸钡具有四种晶型，各具有不同的光电性能。5～120℃下稳定的正方晶型是一种强电解质，－90～5℃下稳定的斜方晶型也是一种强电解质，在高于122℃下稳定的立方晶型是一种普通的电解质，在低于290℃下稳定的斜方六面体具有极化作用。因此，122℃是钛酸钡的居里点。

$BaTiO_3$熔点1618℃，密度$6.08g/cm^3$，不溶于水。它在热浓酸中分解。偏钛酸钡与其它锆酸盐、铪酸盐等可形成连续固溶体，也具有强电解质性质。

制取方法通常是将TiO_2和$BaCO_3$准确按1∶1（摩尔比）混合在氧化气氛中于1300℃下烧结而成（也可用$TiCl_4$和$BaCO_3$加入适量水作原料）。

钛酸钡可作电容器和各种敏感元件材料。

表12-1-12列出了一些钛化合物的物理常数。

表 12-1-12　一些钛化合物的性质

化合物	熔点 ℃	沸点 ℃	密度 g/cm³	外观
TiF_2	1280	2150	3.70	暗紫色晶体
TiF_3	1200	1400	3.00	紫红色晶体
TiF_4	400	284（升华）	2.80	白色粉末
$TiBr_2$	950	1200	4.31	黑色粉末
$TiBr_3$	>1260	400（分解）	3.94	紫红色物质
$TiBr_4$	311.4	504.1	3.37	黄色晶体

续表 12-1-12

化合物	熔点 ℃	沸点 ℃	密度 g/cm³	外观
TiI_2	600	1000	4.65	褐黑色晶体
TiI_3	～900	1139（升华）	4.76	紫黑色晶体
TiS	1780		4.05	暗红色物质
TiS_2			3.22	黄色粉末
Ti_2S_3			3.67	绿黑色晶体
TiP			3.95	灰色
$MgTiO_3$	1630		3.91	
Mg_2TiO_4	1732		3.52	白色晶体
$MgTi_2O_5$	1652		3.58	白色晶体
Sr_2TiO_3	2020		5.11	黄褐色
Sr_2TiO_4	1860		4.7	红褐色
Ba_2TiO_4	1860		5.8	灰红色
$Ba_2Ti_3O_8$			5.91	黄色
$FeTiO_3$	1370	分解	4.75	黄至黑色

第三节 钛的选矿简述

对钛矿石的可开采标准尚无具体规定，一般认为，砂矿含钛铁矿在15kg/m³以上，或含金红石在2kg/m³以上才有工业开采价值；岩矿的钛铁矿含10～40%TiO_2，或金红石含 TiO_2超过3%才具有工业开采价值。实际上，有些矿低于上述品位，特别是共生矿，当含有多种有价值的其它伴生矿物时，也可综合考虑开采。

钛矿物常与许多矿物伴生，是一种由多种矿物组成的复合矿物。无论是钛铁矿还是金红石，从构成它的不同矿区的结构性质和组成特点来看，用一种选矿手段很难选分出 TiO_2品位高而杂质少的钛矿物。为此，在确定选矿流程前，通常要了解钛矿物的组成和性质，弄清楚每种选矿方法的特点，在实验的基础上方能确定流程。在选别钛矿时，几乎使用了各种选矿方法，反复交替地进行组合，才能达到比较理想的效果。

钛精矿岩矿的典型的选矿方法一般包括多段破碎筛分，重选得粗精矿，再通过磁选、电选提高品位而得到钛铁矿精矿。海滨砂矿的一般选别为先洗矿分级，再通过螺旋或摇床而得到混合的钛铁矿-金红石-锆英石精矿。然后通过磁选、电选分别获得钛铁矿、金红石和锆英石精矿。钛的选矿工艺已在本书上册第四篇第三章作了较详细介绍，现举数例以供参考。

1. 澳大利亚联合矿产公司埃尼巴（Eneabba）采选厂。

该厂年产精矿25万 t，产品有金红石、锆英石和钛铁矿。它采用了移动式先进的标准采选方法，原矿开采并经粗选的采选厂原则流程如图12-1-7所示，进一步精选的精选厂原则流程如图12-1-8所示。

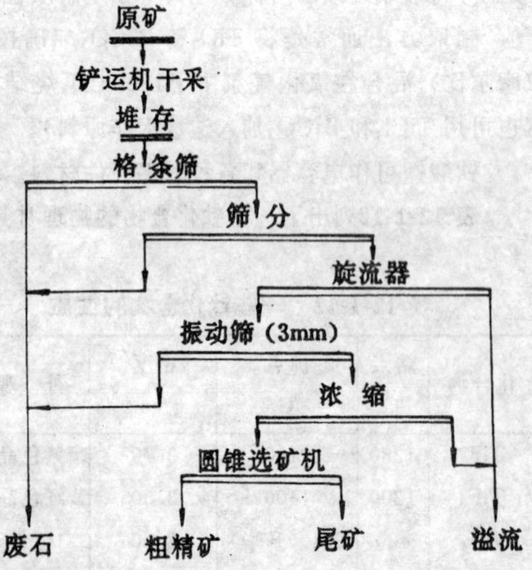

图 12-1-7 埃尼巴采选厂原则流程图

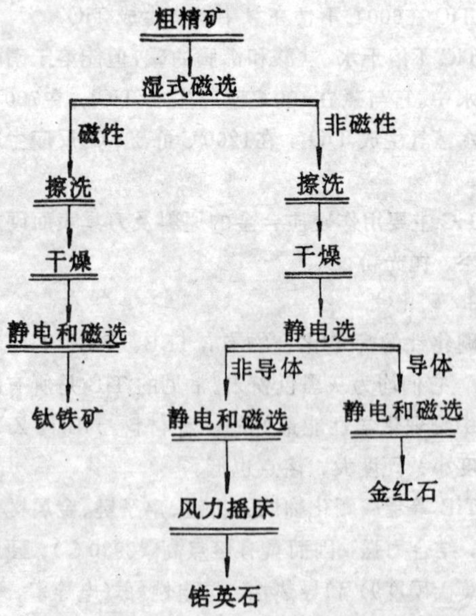

图 12-1-8 埃尼巴精选厂原则流程图

2. 南非理查兹湾的海滨砂矿

该厂采用了先进的工艺,建立了包括采矿、选矿和钛渣熔炼联合生产厂，安装了一套年产钛渣40万t、低锰生铁22万t、金红石5.6万t和锆英石11.5万t的大型联合装置。

矿石的开采采用标准的移动式的挖掘、富集和分离方法（图12-1-9)。两台挖掘机和一台浮动选矿机安装在人造开采池中。随着挖掘机挖出池前部的砂矿,经选矿分离出的尾矿就不断堆积在池子后部,结果开采池不断地向前移动。

挖掘机挖掘岸堤并用泵把矿浆打到漂浮的重力选矿机内，采用赖克特圆锥和螺旋分离机循环把重矿物分离出来。然后用泵把含有锆英石、金红石和钛铁矿重矿物以矿浆形式打到岸上。用卡车将其运至干燥破碎分离工厂，分离出供出售的金红石和锆英石以及作为熔炼原料的钛铁矿精矿。

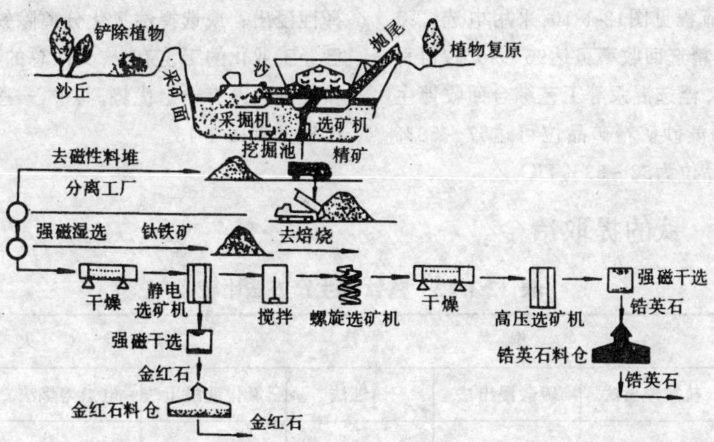

图 12-1-9 理查兹湾矿物采选流程图

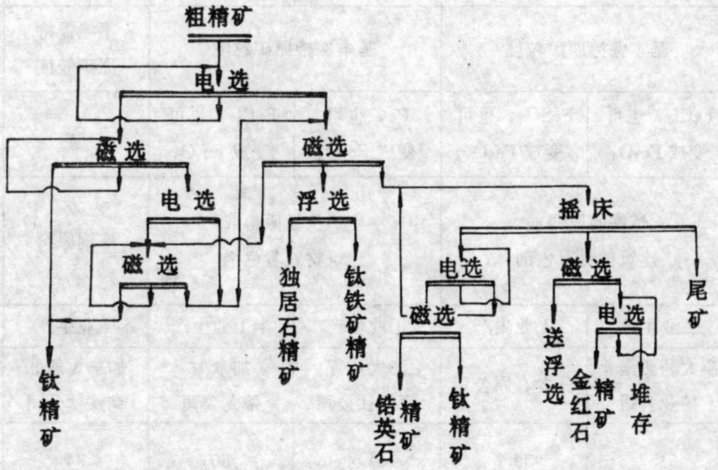

图 12-1-10 北海选矿厂工艺流程图

在图12-1-9所示的干燥破碎循环中，弱磁选除去矿中存在的少量磁铁矿，非磁性矿物通过强磁湿选以分离出钛铁矿和含有锆英石和金红石的非磁性部分。钛铁矿堆积起来供进一步处理。

锆英石和金红石的分离过程是复杂的，先对金红石和锆英石进行初步的清洗和净化，分离方法依次包括静电、磁选和重力分离。

3. 广西北海选矿厂

该厂主要选别海滨砂矿，主要产品有钛精矿和锆英石、独居石、金红石等。

该厂精选工艺流程见图12-1-10。采用电选、磁选首先回收钛铁矿，精选回收率可达95～96%。再采用电选、磁选、重选、浮选混汞等工艺综合回收伴生矿物。经精选后，海滨砂矿精矿品位可达57～58% TiO_2，河砂矿精矿品位为52～53% TiO_2。

第四节 钛的提取冶金

一、富钛料的生产

（一）概况

天然金红石可以直接用来生产金属钛。而钛铁矿常需经过前处理制取富钛料阶段，即采用化学法除铁，提高 TiO_2 品位。所得的富钛料，包括人造金红石和钛渣，可用来生产金属钛或钛白。已研究过的制取富钛料的方法近20种，按这些方法的关键步骤又可分为火法和湿法两种。这两类方法均利用 FeO/TiO_2 间性质的差异，采用试剂或选择性还原、或选择性浸出、或选择性氯化分离除铁而富集钛。其中，已经工业化的工艺有4～5种。总的看来，电炉熔炼法和酸浸法占有一定优势。其中，一些主要的工艺方法比较见表12-1-13。

表 12-1-13 富钛料生产方法比较

比较项目及举例		湿法				火法	
		盐酸浸出法	硫酸浸出法	锈蚀法	三氯化铁浸出法	电炉熔炼法	选择氯化法
反应试剂		稀盐酸含 18～20%HCl	稀硫酸含 20～23% H_2SO_4	少量的 NH_4Cl	$FeCl_3$液	焦炭（或 H_2，CO）	氯气和焦炭
钛铁矿预处理		采用预氧化-弱还原焙烧		采用预氧化-强还原焙烧		有时需采用预氧化或预还原焙烧	
可除去的杂质		Fe、Mn、Mg、Ca、V 和部分 Al		Fe	Fe	Fe 和部分杂质	Fe、Mn 等
产物的粒度		基本保持原矿粒度		基本保持原矿粒度		不能保持原矿粒度	基本保持原矿粒度
铁的存在形式		$FeCl_3$，也可变成 Fe_2O_3	$FeSO_4$，也可变成 Fe_3O_4	Fe，也可变成 Fe_2O_3	$FeCl_2$，也可变成 Fe_2O_3	Fe	$FeCl_3$，也可变成 Fe_2O_3
副产品铁的利用		炼铁的原料或建筑材料着色剂		生产铁粉原料或建筑材料着色剂		炼钢原料	出售 $FeCl_3$ 或转变成 Fe_2O_3 作炼铁原料
工业应用状况		工业生产	工业生产	工业生产	半工业生产	工业生产	半工业生产
举例	厂家	澳大利亚墨非矿业公司	日本石原公司	澳大利亚西部钛公司	加拿大蒂龙公司	加拿大魁北克铁钛公司	日本三菱金属矿业公司
	原矿 TiO_2 品位 %	51.7	59.6	51.4	60	34	53.9
	产物 TiO_2 品位 %	96.2	96.1	90.6	93.8	80～82	96.3

表 12-1-14 一些厂家生产的富钛料成分举例

厂家	生产方法	化学成分，%															
		TiO_2	Ti_2O_3	TiO	Fe_2O_3	FeO	SiO_2	Al_2O_3	CaO	MgO	MnO	Cr_2O_3	V_2O_5	S	C	P	注
克尔-麦吉公司	BCA 法（稀盐酸浸出法）	94			2.5		1.2	0.5	0.003	0.02		0.1	0.15				
马来西亚钛公司	BCA 法	95.88					0.59	0.34	0.04	0.06		0.22	0.64				
澳大利亚西部钛公司	锈蚀法	92	10.0		(ΣFe) 3.6		0.7	0.7	0.03	0.15	2.0			0.15	0.15		
石原产业公司	石原法	96.1			1.3		0.50	0.40	0.01	0.07	0.03	0.15	0.20	0.01		0.07	普通型
		95.6			1.85		0.43	0.35	0.01	0.05	0.03	0.18	0.21	0.01		0.02	焊条用低 P
索雷尔厂	电炉法	80.0	17.0			9.6	2.5	3.0	0.6	5.3	0.25	0.17	0.56	0.1	0.05		
理查兹湾矿物公司	电炉法	85.5	25.0			9.4	1.5	2.0	0.14	0.9	1.4	0.22	0.40	0.06	0.07		
中国锦州铁合金厂	电炉法	93.8			(ΣFe) 1.98		1.5	2.0	0.14	0.7	2.08			0.05	0.08	0.01	
		89.5	22.2	0.4	(ΣFe) 2.95		4.3	2.27	1.74	7.32	1.14	<0.0	<0.2	0.4	<0.1		
苏联扎波罗热镁钛联合企业	电炉法	85～87.5				2.7～6.5	2.8～5.6	2～6	0.3～1.2	2.5～5.6	1.0～1.5	0.2～1.7	0.15				

一般用作制取$TiCl_4$的富钛料其TiO_2品位越高越好，并要求含CaO和MgO量低一些；用作硫酸法制取钛白的富钛料，其TiO_2品位可稍低些，但酸溶性要好，如含70～85%TiO_2的钛渣。典型的富钛料成分举例于表12-1-14。

中国富钛料的质量标准列于表12-1-15、12-1-16。

表 12-1-15 人造金红石标准
(2BH31002—87)

品 级	TiO_2,%(重量)	P,%(重量)	S,%(重量)	C,%(重量)
优级品	≥90.0	≤0.03	≤0.03	≤0.04
一级品	≥87.0	≤0.04	≤0.04	≤0.05
二级品	≥85.0	≤0.04	≤0.05	≤0.06

表 12-1-16 高钛渣标准(2BH31001—87)

品级	ΣTiO_2,%(重量)	ΣFe,%(重量)	CaO+MgO,%(重量)	MnO_2,%(重量)
优级品	≥94.0	≤3.0	≤1.0	≤4.5
一级品	≥92.0	≤4.0	≤1.5	≤4.5
二级品	≥80.0	≤5.0	≤11.0	≤4.5

(二)钛铁矿的预处理

钛铁矿的预处理工序非常重要，它直接影响富钛料的质量。预处理分预氧化处理和预还原处理。预还原处理按对物料还原程度又分为弱还原处理和强还原处理。

1. 预氧化处理

预氧化是指将钛铁矿中的大部分Fe^{2+}转化为Fe^{3+}的氧化焙烧过程。氧化焙烧的目的是使致密的岩矿固粒变成疏松状态，以利于提高后续工序Fe^{3+}的还原速率。故预氧化常常是预还原的前提。

钛铁矿是否需要预氧化，视其中铁的形态而定。若含Fe^{3+}量多的矿物，可不必预氧化；反之亦然。

钛铁矿氧化时，在900～950℃的氧气氛中焙烧，生成物为铁板钛矿和金红石，其反应为：

$$2(FeO\cdot TiO_2)+0.5O_2 = Fe_2O_3\cdot TiO_2+TiO_2$$

$$12(FeO\cdot TiO_2)+3O_2 = Fe_2O_3+5(Fe_2O_3\cdot TiO_2)+7TiO_2$$

氧化焙烧可以用沸腾床，也可以用回转窑。为了提高氧化率，最好在两级沸腾床中进行。为达到900～950℃的氧化温度，用空气作氧化剂，气体中含氧达8%即能满足反应要求。因反应热不足以维持反应温度，需要往反应器中喷入燃料使之燃烧。

2. 预还原处理

预还原是指将钛铁矿物中大部分Fe^{3+}转化为Fe^{2+}或Fe^0的还原焙烧过程。

经预氧化处理的铁板钛矿，再经弱还原处理后变成人造钛铁矿，其反应为：

$$Fe_2O_3\cdot TiO_2+TiO_2+CO = 2(FeO\cdot TiO_2)+CO_2 \quad (12\text{-}1\text{-}1)$$

所产的人造钛铁矿具有较多的晶格缺陷，酸溶性好，有利于后续工序的酸浸处理。

弱还原焙烧时间约为0.5～1h，还原温度850～900℃，为了维持还原反应温度，可采用预热还原剂的方法，也可将预氧化排出的热产物直接入炉。过程中约80～95%的Fe^{3+}被还原成Fe^{2+}。还原完毕必须快速冷却出料，以防止FeO重新氧化。

强还原是将铁板钛矿还原成铁。还原分两步，第一步发生式12-1-1的反应，第二步反应为：

$$FeO\cdot TiO_2+CO=Fe+TiO_2+CO_2$$

被还原的铁，易与试剂反应而被除去。强还原温度控制在1100～1200℃，碳矿比较高，达1。反应完毕应迅速冷却，并随之卸料。

强还原要求高温和强还原气氛，以便提高铁的金属化率，还原过程中，应预防在回转窑里结圈而延长操作周期。

强还原或弱还原都可在沸腾炉或回转窑中进行。还原剂可以用煤、焦碳、氢气、二氧化碳、甲烷、水煤气、天然气和重油。

(三)人造金红石的生产

1. 盐酸浸出法

盐酸浸出法工艺是多种多样的，既有以浓盐酸浸出的华昌法，也有以稀盐酸浸出的BCA法。即使是稀盐酸浸出，也有加压浸出法和常压浸出法之分。其中以美国贝尼来特公司所采用的弱还原-稀盐酸浸出的BCA法最为著名。尽管方法稍有不同，并使用了不同的浸出反应器，但其基本原理是相同的，因而工艺流程大同小异。

弱还原-稀盐酸浸出法在美国最早研究成功，已实现工业生产，其工艺流程见图12-1-11，所用主体设备浸出球结构见图12-1-12。

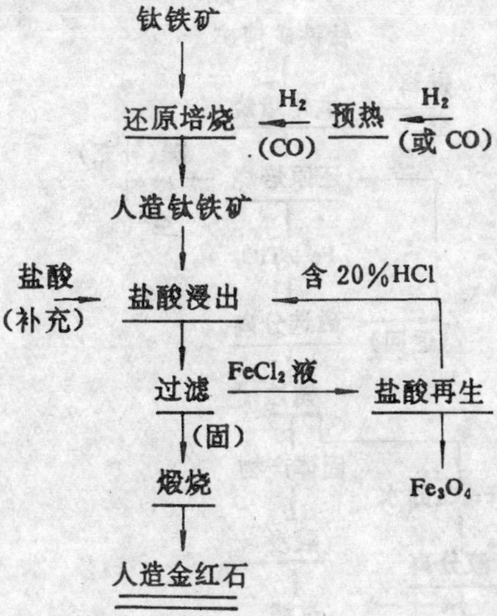

图 12-1-11 BCA 法工艺流程简图

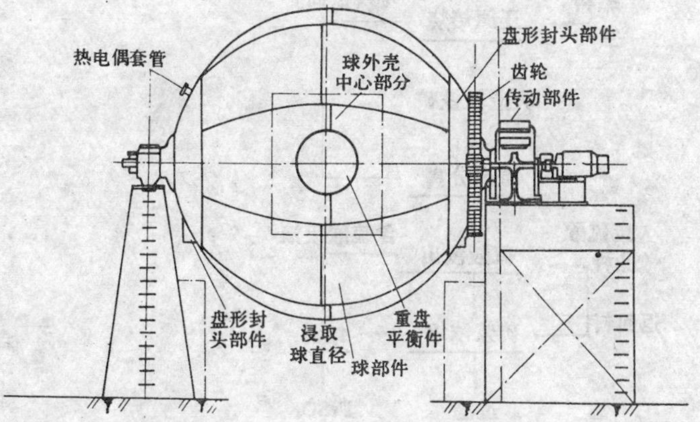

图 12-1-12 浸取球结构图

盐酸浸出法制取人造金红石工艺是将钛铁矿(因氧化铁以 Fe^{3+} 为主）经预还原快速冷却至93℃左右，经适当破碎后，在球形压煮器内用18～20%的再生盐酸溶液浸出。浸出反应温度靠加入的盐酸蒸气维持，以避免用蒸气加热使溶液变稀。浸出温度为143℃，压力为0.24MPa。浸出球直径ϕ6.1m，一次加料量45t。浸出结束后，矿浆经带式真空过滤器过滤，并水洗滤渣至含盐酸在0.25%以下。滤渣然后在回转窑中于870～980℃下煅烧得人造金红石，金红石含92～94%TiO_2、1.5～2.5%Fe_2O_3。

采用传统的喷雾技术使盐酸再生。由浸取器收集的约含40%$FeCl_2$、3%HCl 的母液和洗涤水，在650℃下喷雾燃烧。在喷雾燃烧过程中，铁和其它金属氯化物热分解成 HCl、氯化铁和其它金属氧化物残渣，用真空过滤的洗涤水吸收析出的HCl，并调成浓度为18～20%的再生盐酸供循环酸浸用。

钛铁矿盐酸选择性浸出除铁的主反应为：

$$FeO\cdot TiO_2+2HCl=FeCl_2+TiO_2+H_2O$$

反应过程中，钙、镁等其它杂质也同时被选择性浸出出来。

影响盐酸浸出效果的主要因素有富钛料的结构和颗粒特性、盐酸浓度、浸出温度和压力。自然，采用细粒矿物、提高盐酸浓度、增高浸出温度和压力均可以增加 FeO 的浸出速度。但细粒的物料对于制备$TiCl_4$的沸腾氯化工艺是不利的，故要综合考虑。

在浸出过程中，由于 TiO_2也同时被浸出，也发生如下反应：

$$TiO_2+2HCl=TiOCl_2+H_2O$$

$$TiOCl_2+(x+1)H_2O=TiO_2\cdot xH_2O+2HCl$$

溶解的钛由于水解析出水合氧化钛，随后再析出细粒的 TiO_2，造成细粒产物增多，并随之降低 TiO_2的实收率。为了防止这种弊病，工艺上常采用加压浸出。

加压浸出提高了浸出温度和压力，使浸出速率增加，相应地降低了 TiO_2的损失，并使原矿粒度保持不变。加压浸出技术的关键是制造出适用的加压浸出球，这是 BCA 法工艺的关键设备。

中国的攀枝花钛铁矿因为属岩矿，结构致密，高温还原性能差，但它却极易被盐酸分解。在铁被盐酸溶解的同时，钛也被溶解出来，造成了人造金红石产品严重粉化。研究表明，采用低温（750℃）预氧化-流态化多段逆流浸出处理攀枝花钛铁矿工艺是一个能有效解决人造金红石严重转化的办法。所产的人造金红石基本上保持原矿粒度，粉化率仅达到0.5%。以攀枝花钛铁矿（含47%TiO_2左右）为原料，采用这种工艺已经生产出含 TiO_2达90%的人造金红石。

2. 硫酸浸出法

硫酸浸出法为弱还原-稀硫酸浸出法，在日本研究成功，又称石原法，已进行工业规模生产，其工艺流程见图12-1-13。

此法采用立式内搅拌反应器（ϕ2.0×2.5～2.8m）浸出设备，钢壳内衬耐酸砖。为提高铁的浸出

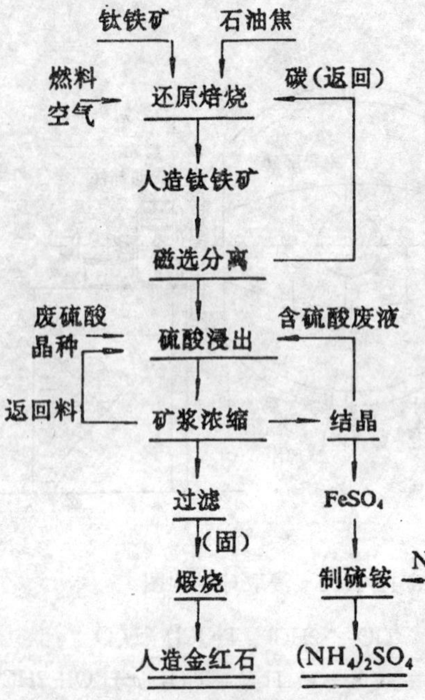

图 12-1-13 硫酸浸出法工艺流程图

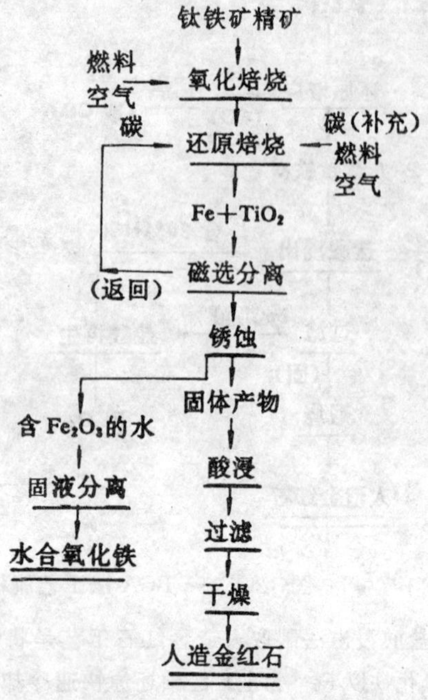

图 12-1-14 锈蚀法生产人造金红石的原则流程

率和减少钛的溶解，可加入二氧化钛水合物胶体晶种。酸浸的基本反应是：

$$FeO\cdot TiO_2+H_2SO_4=TiO_2+FeSO_4+H_2O$$

此法能有效地利用了硫酸法钛白粉生产排出的废硫酸，浸出后的废酸可采用多种方法再回收利用(亦可生产硫铵、石膏出售)，故人造金红石产品成本低。所用流程与硫酸法钛白生产流程相结合后，在经济上具有较强的竞争性，但副流程较复杂。

3. 锈蚀法

锈蚀法在澳大利亚研究成功，又称西方钛公司法，属强还原-锈蚀法，已进行工业生产。其原则流程见图12-1-14。

锈蚀法首先将钛铁矿精矿预氧化焙烧后再进行预还原，使铁氧化物还原成金属铁，然后将预还原产物置于稀酸溶液中通空气搅拌使铁“生锈”。铁锈易成微小细粒分散于溶液中不断地被漂洗除去，从而达到除铁富集 TiO_2的目的。

锈蚀后所产出的富钛料用2%（重量）盐酸溶液浸出，并经洗涤过滤、干燥之后，即为人造金红石(92%TiO_2)。铁渣可制铁红（Fe_2O_3），也可直接还原成铁粉，用作粉末冶金原料。酸浸是为进一步除去铁、锰。酸浸工序采用4个衬胶的低碳钢容器。

使金属铁“生锈”的溶解过程实质上是一个电化学过程，即一个快速腐蚀过程。金属铁失去两个电子成为 Fe^{2+}进入溶液：

$$Fe=Fe^{2+}+2e \qquad \text{(阳极)}$$

未溶解的金属铁上聚集的电子(负电荷)对金属铁溶解起阻碍作用，为此，可采用充气办法，通过空气中的氧将金属铁表面聚集的电子取走，使铁的溶解过程顺利进行：

$$O_2+2H_2O+4e=4OH^- \quad \text{(阴极)}$$

上述反应结果则生成 $Fe(OH)_2$，即：

$$Fe^{2+}+2(OH)^-=Fe(OH)_2$$

$Fe(OH)_2$进一步氧化生成水合氧化铁：

$$2Fe(OH)_2+\tfrac{1}{2}O_2=Fe_2O_3\cdot H_2O\downarrow+H_2O$$

锈蚀反应放出的热量可使矿浆温度上升，最高达80℃。加入 NH_4Cl 作为催化剂可加快锈蚀过程的进行，加入量以1.5～2.0%为宜。充气槽是衬胶的低碳钢槽，内装有透平叶轮，低压空气由槽下面引入，充气操作为间断作业。锈蚀过程需13～15h，然后用四级旋流分离器分离富钛料和黑色的水合氧化铁。

锈蚀催化剂也可以用 $FeCl_3$，实际上只要补充少量废盐酸即可。体系中有铁，便能生成所需的 $FeCl_3$。生产每吨富钛料的盐酸（31%）耗量为50～70kg。副产品为颜色鲜红的氧化铁红。

锈蚀过程比较复杂，反应速度也较慢。动力学影响因素也较多，主要有锈蚀催化剂的种类和浓度、空气流速、矿浆固液比、钛铁矿的结构、搅拌情况、反应温度和压力等。所用的工艺条件必须根据具体的矿物经实验后确定。

4. 三氯化铁浸出法

三氯化铁浸出法实质上是一种强还原-三氯化铁浸出法，其工艺流程如图12-1-15所示。这种方法是先将钛铁矿中的氧化铁强还原为金属铁，再用 $FeCl_3$ 液浸出除铁，其反应为：

$$Fe + 2FeCl_3 = 3FeCl_2$$

浸出后所得固相富集物经洗涤、干燥即为成品人造金红石。浸出液含有副产品 $FeCl_2$。氯的回收通常采用氧化法处理 $FeCl_2$，反应为：

$$6FeCl_2 + 1.5O_2 + H_2O = Fe_2O_3 \cdot H_2O + 4FeCl_3$$

生成的 $FeCl_3$ 可作为浸出剂返回使用，而排出的高纯水合氧化铁可作为铁红，或作为制取铁粉原料等。但 $FeCl_2$ 的氧化难度大，工艺不成熟，因而尚未工业化。

5. 选择氯化法

日本三菱金属公司已建成半工业化的选择氯化法工厂，其工艺流程见图12-1-16。钛铁矿首先经过

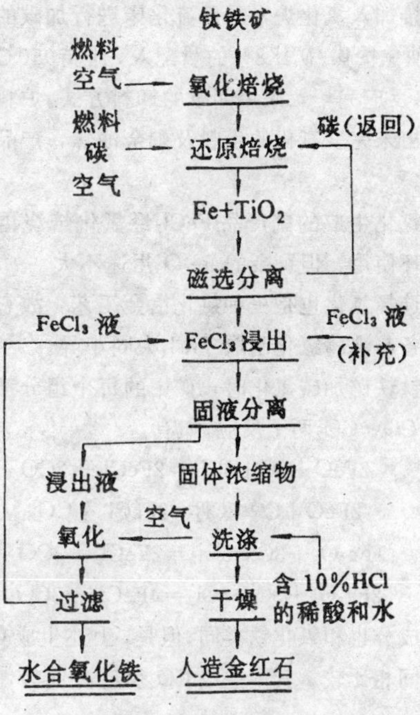

图 12-1-15 $FeCl_3$ 浸出法工艺流程简图

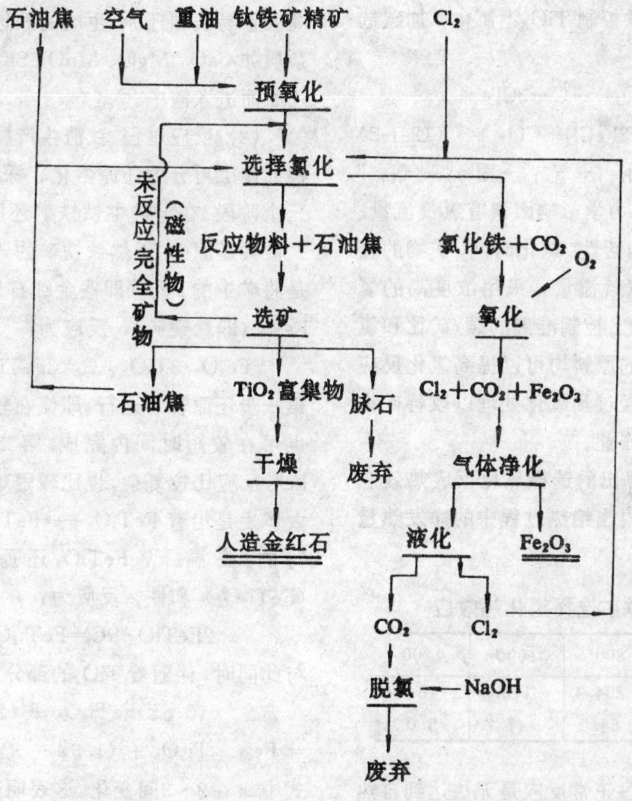

图 12-1-16 选择氯化法生产人造金红石工艺流程

预氧化处理。为了维持自热的氯化过程，预氧化料趁热直接加入氯化炉，采用流化床进行加碳的氯化方式，油焦按焦/矿比8%的量配入，维持950℃左右的温度。反应完毕，采用间歇的卸料方式。炉料经选矿分离出未完全氯化的生料及剩余油焦，产品即为金红石。

氯化生成的副产品 $FeCl_3$经氧化焙烧再生氯气供循环使用，但剩余的 Fe_2O_3用途不大。

选择氯化也是一种氯化冶金工艺，故它的工艺和设备与沸腾氯化制取 $TiCl_4$大同小异。

钛铁矿加碳氯化时，矿中的每个组分都可发生生成 CO、CO_2两个反应。如有：

$$2FeO+2C+3Cl_2=2FeCl_3+2CO$$

$$2FeO+C+3Cl_2=2FeCl_3+CO_2$$

$$Fe_2O_3+3C+3Cl_2=2FeCl_3+3CO$$

$$2Fe_2O_3+3C+6Cl_2=4FeCl_3+3CO_2$$

其它成分也和氧化铁类同。但是，上述生成 CO/CO_2两式间相比较，其中生成 CO_2反应占优势，为主反应。

加碳选择氯化易难顺序（900℃）为 $CaO>MnO>FeO\ (\rightarrow FeCl_2)>MgO>Fe_2O_3>FeO\ (\rightarrow FeCl_3)>TiO_2>Al_2O_3>SiO_2$。欲控制 TiO_2不氯化，加碳选择氯化主反应总式为：

$$2\ (FeO\cdot TiO_2)\ +C+3Cl_2=2TiO_2+2FeCl_3+CO_2 \qquad (12\text{-}1\text{-}2)$$

加碳选择氯化属“固$_{(1)}$+气$_{(1)}$→固$_{(1)}$+气$_{(1)}$”类多相反应过程。它的动力学影响因素有氯气流量、反应温度、配碳比和碳的活性、氯化时间、矿物的颗粒特性等。适当地增加氯气流量，采用浓度高的氯气、适当地增加反应温度、控制准确的碳/矿比和氯化时间，采用疏松多孔的原料均可以提高氯化反应速度。对于致密的岩矿，经过预氧化处理以改善矿物结构是必不可少的一道作业。

按反应式12-1-2计算出的选择氯化反应热效应 $\Delta H°_T$，扣除物料吸热，得出绝热过程中的净发热量 Q_T 列入表12-1-17中。

表 12-1-17 钛铁矿选择氯化热效应

温度，K	800	1000	1200
$\Delta H°_T$，kJ/mol TiO_2	−204.4	−176.4	−164.7
$Q°_T$，kJ/mol TiO_2	−64.0	−47.2	5.0

表中数据表明，通过正常反应是无法达到自热的，必须外加热。这也是本工艺成功的关键。外加热的方法有两种，一种是预热物料；另一种是增大配碳量，并补充空气，靠碳燃烧增加热量。

（四）电炉熔炼法生产钛渣

1. 还原反应过程

(1)还原反应。钛铁矿中配入适量固体碳质还原剂，在电炉中进行高温还原熔炼，选择性地将矿中铁氧化物还原为金属铁，钛氧化物相应地富集在炉渣中，从而与铁分离。还原熔炼时的主要反应为：

$$FeO\cdot TiO_2+C=Fe+TiO_2+CO$$

$$3\ (FeO\cdot TiO_2)\ +4C=3Fe+Ti_3O_5+4CO$$

$$2\ (FeO\cdot TiO_2)\ +3C=2Fe+Ti_2O_3+3CO$$

$$FeO\cdot TiO_2+2C=Fe+TiO+2CO$$

$$Fe_2O_3+3C=2Fe+3CO$$

通过热力学计算所得数据表明，高温下，上述各式均可自发进行。

在高温反应区，主要发生碳的直接还原。在炉体上部的固体物料区还兼有 CO 气相还原，随着还原熔炼的进行，出现渣铁二相，金属铁沉于炉底，而 TiO_2、Ti_3O_5、Ti_2O_3和部分 FeO 等杂质氧化物一起造渣上浮。

炉料中游离的氧化铁（FeO、Fe_2O_3、Fe_3O_4）在高温下易被碳还原，生成的铁进入铁相中。其它非铁杂质如 CaO、MgO、MnO、SiO_2、Al_2O_3基本上不被还原而进入渣中。

(2) 反应过程。钛渣生产属间歇性作业。熔炼过程大体上可分为还原熔化、深还原造渣和过热出炉三个阶段。在电炉中钛铁矿还原熔炼是以固溶体形式被共还原的。天然钛铁矿的还原分为两步，第一步是将矿中的 Fe^{3+}（即假金红石 $Fe_2O_3\cdot 3TiO_2$）还原成 Fe^{2+}（即钛铁矿），反应为：

$$Fe_2O_3\cdot 3TiO_2+C=2FeTiO_3+TiO_2+CO$$

第一步还原容易进行，即使在较低温度下（如900℃）也可在较短时间内完成。第二步是把 Fe^{2+} 还原为 Fe^0，反应比较复杂，也比较困难。钛铁矿的还原过程大体上是沿着 $FeTiO_3\longrightarrow FeTi_2O_5\longrightarrow Ti_3O_5$路线进行的。高温下，$FeTiO_3$ 还原生成亚铁板钛矿（$FeTi_2O_5$）和铁，反应为：

$$2FeTiO_3+C=FeTi_2O_5+Fe+CO$$

与此同时，伴随着 TiO_2的部分还原，同时又有反应：

$$(0.5x)FeTi_2O_5+(2.5x-5)C=Fe_{(3-x)}Ti_xO_5+(1.5x-3)Fe+(2.5x-5)CO$$

式中 x 在2～3间变化。这表明还原产物并不是纯的 TiO_2，而是 $FeTi_2O_5$-Ti_3O_5固溶体。未被还原成分

MnO、MgO、CaO 等也被固溶于产物中。所以，还原产物在理论上是 Me_3O_5 型。但实际上也得不到 Ti_3O_5，因为一是固溶杂质的存在，二是由于 FeO 很难被还原完全。

(3)钛渣类型。不同的熔炼工艺可以得到四种类型的钛渣：第一种是上述常见的以 Ti_3O_5黑钛石为基的渣；第二种是以 Ti_2O_3白钛石为基的渣；第三种为混合型渣 (Fe，Mg，Mn) O·TiO_2-TiO_3；第四种为氧化镁型渣，这种渣富含 MgO，如 $FeMgTi_4O_{10}$。

钛渣渣相是以钛的各种氧化物为基，溶入各种杂质氧化物固溶体。其分子式可写成为：

$$m[(Ti,Fe,Mg,Mn)O \cdot 2TiO_2] \cdot$$
$$(1-m)[(Ti,Fe,Al,Cr)_2O_3 \cdot TiO_2]$$

其中 m 为一小数。实际的钛渣成分比上式更复杂些。上述四种不同类型的渣其构成也不同。渣中其它成分还有以 CaO 和 SiO_2为主的玻璃和硅酸盐相，以及少量的 Fe、TiC、FeS、TiO_2等。

2. 影响还原熔炼的主要因素

(1) 熔渣的还原度。还原熔炼初期，FeO 的还原速率较大，随着还原过程的进行，还原度增大，FeO 的还原速率下降。当还原过程达到钛渣中 FeO 含量小于8% (重量) 时，FeO 的活度变小，FeO 还原速度迅速下降。整个熔炼周期，还原速率随还原度的增大而减小。

在还原熔炼的过程中，随着还原度 (Ti_2O_3/TiO_2) 的增大，渣中低价氧化钛增多，而 FeO 不断减少。这种情况导致熔炼渣的熔点和电导率的提高，因而需要相应提高熔炼温度。此外，渣中 FeO 的活度变得越来越小，还原 FeO 变得越来越困难。显而易见，渣中的 FeO 被还原到一定程度后，再继续还原 FeO 的能耗便会迅速增加。研究表明，由含3% FeO 的钛渣再降低1%FeO 所需能耗约为含10% FeO 的钛渣去除同量 FeO 所需能耗的10倍。从经济效益考虑，不应将钛渣中的 FeO 全部还原，这便是电炉还原熔炼工艺常生产较低品位 (80～85% TiO_2) 钛渣的原因。因此，熔渣的还原度直接影响电炉还原熔炼的技术经济指标。

(2) 温度制度。从图12-1-17所示的 FeO-TiO_2状态图可见，随着 FeO·TiO_2逐渐被还原，生成物渣系的熔点逐渐增高，在还原熔炼过程中，不仅 FeO 不断被还原，而且 TiO_2也按下列顺序不断被还原：

$$TiO_2 \longrightarrow Ti_3O_5 \longrightarrow Ti_2O_3$$
$$\longrightarrow TiO \longrightarrow TiC_xN_y \longrightarrow TiC + TiN$$

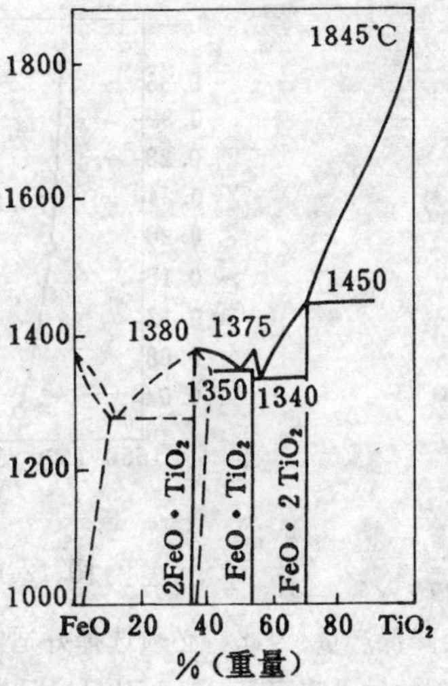

图 12-1-17　FeO-TiO_2系状态图

各种氧化钛的熔点都很高，TiO_2熔点为1870℃，Ti_3O_5为1774℃，Ti_2O_3为1839℃，TiO 为1750℃，而 TiC 为3150℃，TiN 为2930℃。钛渣的熔点随 TiO_2含量增加而提高（见图12-1-17)，钛渣的熔点随其成分而异，一般在1580～1700℃。

用无烟煤还原钛铁矿时，在较低反应温度 (<1100℃) 下，还原速度受化学反应速度控制；随着逐渐过渡到更高的温度（超过1300℃)，此时还原速度受扩散控制。实际作业一般控制在1400～1750℃。为避免发生过大的还原度，作业温度宜尽可能在低的温度下进行。可将一部分碳留在后期造渣阶段加入的办法，来降低前期物料的熔化温度。

完全熔化的钛渣的粘度很低，一般在0.03～0.1Pas，流动性很好；当熔渣温度降低至接近熔点时，其粘度急剧增加，如图12-1-18所示。出现这种现象的原因是，钛渣的结晶温度范围很窄，温度接近熔点时，少量结晶固体析出，并悬浮在熔体中，使熔体变得十分粘稠。在熔炼 TiO_2品位高的钛渣时，这种现象尤为明显，从而给钛渣出炉带来困难。为了顺利出炉，出炉的钛渣熔体必须过热，过热度一般为50～100℃。

(3)加碳量和物料性状。适用的还原剂主要有无烟煤，其次有石油焦。它们的主要成分为碳。碳除作还原剂外，还可燃烧发热，降低电耗。若碳/矿比（碳/钛铁矿）过大，容易使熔渣的还原度增大，熔渣低价钛增多，导致电耗增加；若碳/矿比过小，达不到预想的还原度，此时必须补加碳调整，延长作业的周

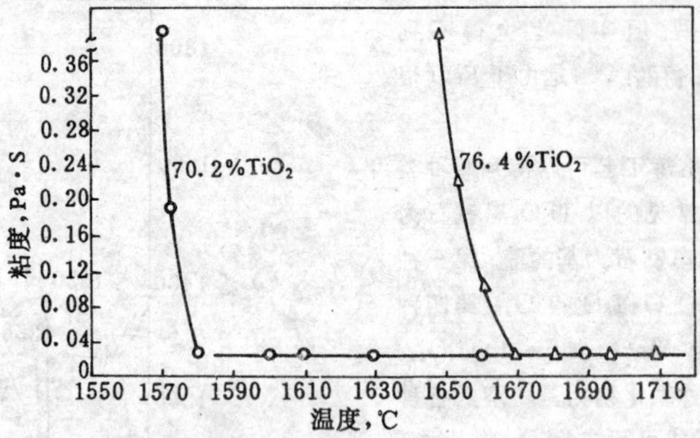

图 12-1-18 钛渣的粘度与温度的关系

期，也会降低产量。因此，必须选择好适宜的碳/矿比。还原剂的过量和不足，都会引起炉况失调，使生产技术经济指标降低。

各种矿源的矿物结构，对还原速率的影响甚大。如砂矿，矿物结构松散，还原阻力小，还原熔炼速率大；岩矿则因矿物结构致密，还原阻力大，直接还原熔炼比较困难，常需经过预处理以破坏其致密结构。采用品位高、质量好的砂矿可以提高还原速率。

对于敞口电炉，为了改善物料的还原性能并增加炉的生产能力，常采用团料和粉料混合料工艺。

(4)炉体结构和电气制度。电弧炉的大型化无疑会增加生产能力，但设计结构合理的炉体也很重要。

从电极表面向外扩大一个电极直径的范围是熔炼钛渣的熔池，熔池属高温区。适当提高炉膛高度便可增加熔池高度。炉的生产能力也会随之增加。适当提高电炉的操作电压，有利于提高电能的利用系数，降低单位电耗，并相应提高炉产量。使电弧拉长，可提高电弧区的电能利用率，并使炉气带出的粉尘量降低，金属的回收率提高，但会导致热辐射损失的增加，故应选择合理的的操作电压范围。

(5) 工艺制度。合理地熔炼工艺制度也很重要，所选用的各工艺参数应该相互协调，匹配合适，综合兼顾。不能单从一个参数来考虑。如对于大型密闭电炉的连续加料工艺，熔炼与其合理的布料技术密切相关，这就需要在炉盖上设计有许多个分布合理的加料口，并控制好每个加料口的加料量和加料速度。另外，加料速度与电功率之间要相互匹配适当。

3. 熔炼工艺和设备

(1)工艺比较。国内外已经应用的电炉熔炼工艺方法有多种，按电炉类型分为敞口式和密闭式，按加料方式分有连续加料法和间歇加料法，按原料形式分有粉料法和球团料法。

敞口电炉熔炼工艺与密闭电炉熔炼工艺相比，具有产品品位高、生产技术容易掌握的优点。但前者只适用于小规模生产高品位钛渣。缺点是炉况不稳定，热损失大，粉尘多，劳动条件差，劳动强度大，噪音大等。目前世界上大规模工业生产钛渣的工厂均采用密闭电炉（或半密闭电炉）工艺，工艺成熟，技术指标先进，实现了电炉的大型化和工艺的机械化、自动化，并避免了上述敞口电炉的缺点。密闭电炉的缺点是需要使用昂贵的石墨电极，不适合于熔炼高品位钛渣。采用粉料冶炼钛渣的原则流程如图12-1-19所示。国外几个主要钛渣生产厂的技术指标比较见表12-1-18。

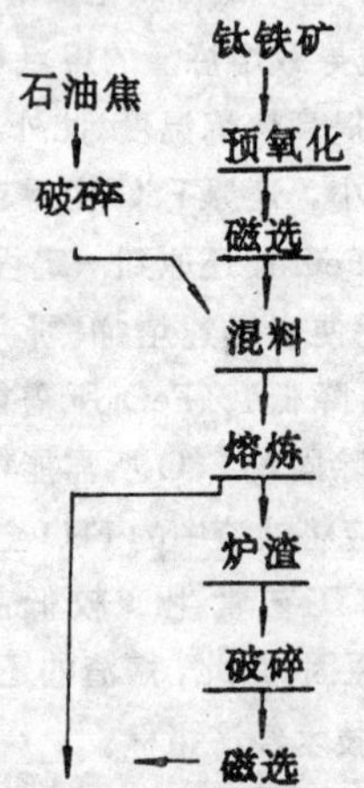

图 12-1-19 粉料生产高钛渣工艺流程

表 12-1-18　国外钛渣生产主要技术经济指标举例

指标项目	生产厂家			
	加拿大魁北克钛铁公司	南非理查兹湾公司	前苏联的别列兹尼基钛镁联合企业	日本北越金属公司
生产规模，万 t/a	钛渣　100 优质生铁70	钛渣　60 优质生铁25～38		
钛渣品位，TiO_2%	80	85	85～90	92.56～96.63
电耗，kW·h/t 钛渣	2200～2600		2100～2500	3000～3700
钛回收率，%	95		90～92	93
电炉容量，kV·A	2.4～6万，共9台	5000 5台 90000 3台	14500	4000　1台 2600　2台
原材料消耗，t/t 钛渣	钛矿　2.1 煤　0.13～0.15 电极　0.011			
电极尺寸，mm	ϕ609		ϕ610	
指标时间	1989年	1989年	1989年	1974年

中国目前主要采用敞口电炉冶炼高钛渣，并进行了密闭电炉冶炼工艺的实验。

(2) 电炉。电炉分为敞口式和密闭式两种，二者结构差别较大，这里主要介绍密闭式电炉。表 12-1-19 中列出了一些电炉参数，以供参考。

图 12-1-20 所示为密闭电炉结构图。炉的容量(即炉用变压器额定功率)是按炉的生产能力来设计的。为了降低电耗，而提高的二次电压 (V_2)。二次电压 V_2 值由下式算出：

表 12-1-19　各种电炉参数比较

炉　型	圆型密闭电炉（试验）	圆型密闭电炉（国外）	矩型密闭电炉（国外）	圆型开口电炉（中国）	圆型开口电炉（国外）
变压器容量，kV·A	250	5000	24000	4000	6300
二次电压，V	72	133.5	270	151	150
二次电流，A	2000	21600	51300	15300	24248
炉壳尺寸，mm	ϕ1460 × 1892	ϕ6710 × 4680	16500 × 7300 × 4900	ϕ4660 × 3000	ϕ6000 × 4870
炉膛尺寸，mm	ϕ820 × 466 ϕ880 × 134	ϕ4205 × 2340		ϕ3286 × 1511	ϕ4360 × 2200
气室尺寸，mm	ϕ940 × 350	ϕ4523 × 860			
电极直径，mm	125（石墨）	500（石墨）	610（石墨）	400（石墨）	750（自熔）
极心圆直径，mm	330	1550		1200	2000
电极电流密度，A/cm²	16.34	11.0	8.78	12.17	5.49
炉膛单位面积功率，kV·A/m²	476.7	360		471.3	402.3

续表 12-1-19

炉　型	圆型密闭电炉（试验）	圆型密闭电炉（国外）	矩型密闭电炉（国外）	圆型开口电炉（中国）	圆型开口电炉（国外）
极心圆单位面积功率，kV·A/m²	2923	2650		3537	1912
炉膛单位体积功率，kV·A/m³	1016.3	153.9		312	182.9
炉壳单位体积功率，kV·A/m³	79	30.3	40.7	98	43.5

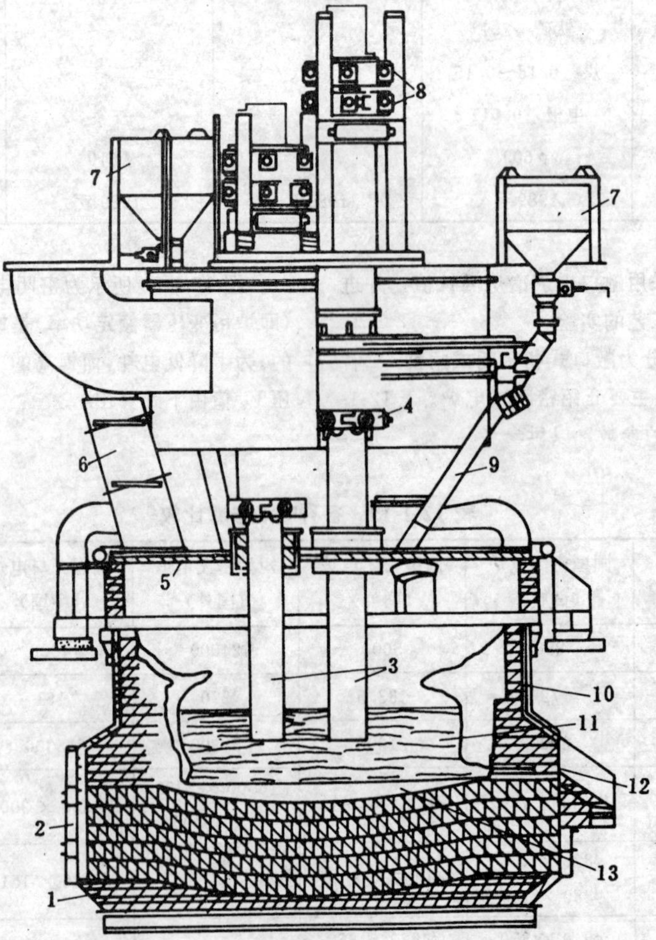

图 12-1-20　钛渣熔炼密闭电炉

1—炉壳；2—炉衬（镁砖）；3—电极；4—电极把持器；5—水冷炉顶；6—通风管；7—加料仓；8—电极吊挂升降装置；9—下料管；10—结渣层；11—钛渣；12—出渣口；13—生铁

$$V_2 = (0.8 \sim 1.15) \times 7.6 P_{相}^{0.4}$$

式中的$P_{相}$为电炉的相功率(kVA),(0.8~1.15)是二次电压的允许范围值。

电炉的电极直径$D_{电极}$可由下式算出:

$$D_{电极}=(0.735\times10^3P)^{0.5}(V_2\delta)^{-0.5}\ (cm)$$

式中 P——变压器额定功率,kV·A;

δ——电极允许电流密度,A/cm^2。

极心尺寸是电炉的一个重要参数。设极心圆直径和电极直径分别为$D_{极心}$、$D_{电极}$,则有如下数据:$D_{极心}/D_{电极}=2.5\sim3.0$。若比值超过2.5~3.0,电极周围受热,炉心不易加热;若比值不到2.5~3.0,则功率得不到很好利用,炉子周边加热不充分。

电炉的其它一些可供选用的经验数据有:炉膛单位面积功率一般为340~380kV·A/m²,炉膛单位体积功率为150~160kV·A/m³,极心圆单位面积功率为2500~3000kV·A/m²,炉壳单位体积功率为30~40kV·A/m³。根据这些数据即可推算出密闭电炉的基本尺寸。

大功率电炉通常采用六电极排成一字形的矩形电炉,许多个加料口分布在电极四周。

(3) QIT公司的钛渣熔炼工艺。加拿大魁北克铁钛公司(简称QIT)是世界上最大的生产钛渣厂。该公司所属索雷尔厂年产钛渣(又称为索雷尔渣)100万t,并副产铁和钢产品约70万t。

QIT公司采用粉料密闭电炉熔炼工艺,其工艺流程如图12-1-21,所用电炉见图12-1-20。原矿(约含34%TiO_2)经重选获得的精矿(含36%TiO_2左右)在回转窑中预氧化焙烧,然后再经磁选,获得的精矿含37%TiO_2左右,配入无烟煤,混合后加入密闭炉,采用连续加料方式开弧冶炼。熔渣和铁水分口排放。熔渣排入渣包,然后用喷水方法冷却,破碎后即为钛渣。而铁水排至铁水包后,进行炉外处理,经脱硫增碳,再铸成生铁锭,或加工成铁粉、钢粉及其它钢铁成品。另外,电炉煤气经净化后作为全厂的燃料。全厂建立了统一的收尘系统,收集全部粉尘,统一处理,改善了环境,又提高了回收率。

表12-1-20中列出了QIT索雷尔工厂从原矿到钛渣各生产环节产物的典型分析结果,从中可了解物料的变化情况。

表12-1-20 QIT索雷尔工厂钛矿和钛渣典型分析结果(%,重量)

品名	组分														
	ΣTiO_2	ΣFe	FeO	Fe_2O_3	SiO_2	Al_2O_3	MgO	Fe	Ti_2O_3	CaO	MnO	Cr_2O_3	V_2O_5	S	C
原矿	34.3	/	27.5	25.2	4.3	3.5	3.1	/	/	0.9	0.16	0.10	0.27	0.25~0.3	/
重选精矿	36.6	41.4	29.5	26.5	2.5	3.0	3.2	/	/	0.5	0.16	0.10	0.36	0.25~0.3	/
焙烧磁选矿	37.7	42.5	28.8	28.9	0.6	1.0	2.9	/	/	0.1	0.2	0.10	0.36	0.02~0.03	/
钛渣	80	8.0	9.6	/	2.5	3.0	5.3	0.6	17.0	0.6	0.25	0.17	0.56	0.1	0.03~0.1

(4) 前苏联钛渣熔炼工艺。钛渣主要用圆形敞口电炉生产。这种电炉设有矮烟罩和防爆口,因未完全密闭,故称为半密封式电炉。熔炼多采用粉料工艺,也有采用团料与粉料混合工艺的。炉料分几次间歇加入,75~80%的碳(无烟煤)配入炉料中,其余的碳在造渣阶段由专门的补加碳装置加入。熔炼过程可明显划分为熔化期(终点含8~12%FeO)、造渣期(终点含5%FeO)和渣过热期三个阶段。出炉后不需捣炉即可重新加料进行下一炉的熔炼。有的工厂熔炼最后补加一定量的钛屑,用以提高钛渣的还原度和使熔体升温。钛渣熔炼工艺的典型指标列于表12-1-21。

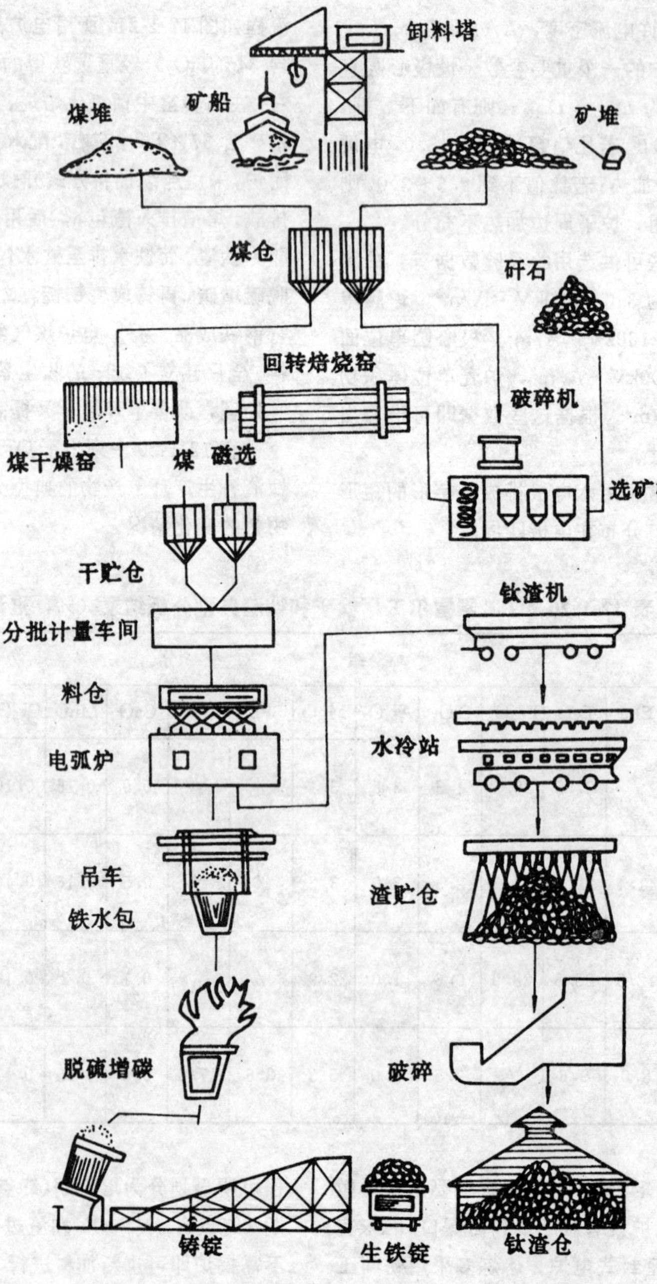

图 12-1-21 QIT 公司索雷尔冶炼厂的生产流程图

表 12-1-21　前苏联钛渣熔炼的典型工艺指标

指　标	5000kVA 电　炉	10500kVA 电　炉	指　标	5000kVA 电　炉	10500kVA 电　炉
熔炼的原料产地比例,%			金属	1673	1720
库森斯克精矿	—	70	气体	151	80
萨姆特坎精矿	100	30	炉外壁	158	140
被熔炼炉料比例,%			炉底	136	160
团块料	—	63.5	废气量 (20℃), m^3/h	90000	200000
粉　料	100	36.5	气体夹灰量 (20℃), g/m^3	9.5×10^{-7}	7×10^{-7}
一个炉次加料量,	14.17	28.5	熔炼时间, h	5:25	5:15
1t 炉料出渣量,%	58.0	51.1	电炉热效率,%	34.52	45.8
1t 渣的金属产量,%	27.3	39.5	电炉电效率,%	86.0	82.5
1t 精矿的电极损耗量, kg	20	25	产渣量, t/h	1.8	3.01
			生产 1t 渣电耗, kW·h	2210	2506
温度,℃			渣中含 TiO_2,%	87.5	83.37
渣	1680	1750			

二、海绵钛的生产

（一）概述

1. 制取金属钛的各种途径

以天然金红石、人造金红石和钛渣这些富含 TiO_2 的物料为原料制取金属钛的可能方法概括在图 12-1-22 中。归纳起来，金属钛的主要生产方法有 4 种：氧化钛的还原法，卤化钛的还原法，钛化合物的电解法和卤化钛的热分解法。

理论上最简便的方法应是采用 TiO_2 为原料的热还原工艺，但这种方法无法避免氧对产品金属钛的污染。仅锂、钙、镁、钡和铝能将 TiO_2 还原成含杂质氧高的粗钛。其中，最好的还原剂是钙或 CaH_2，用它们作还原剂可以制得工业纯钛或钛粉。但因钙或 CaH_2 还原法成本高，未获实际应用。另外，采用铝热还原法仅作为制取 Fe-Ti 和 Al-Ti 中间合金的工艺。

卤化钛（主要是碘化钛）的热分解法，因成本高，规模小，无法用来生产工业纯钛，仅用作制取高纯钛的方法。

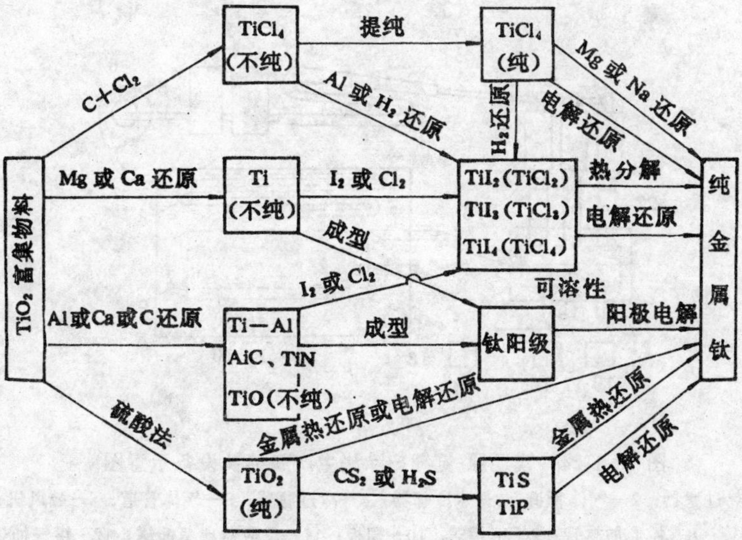

图 12-1-22　制取金属钛的可能途径

以卤化钛（主要是 $TiCl_4$）为原料的工艺，无论是热还原法或熔盐电解法均可制取工业纯钛。适用于将 $TiCl_4$ 还原出钛的还原剂有钾、锂、钠、镁、钙和锰等，但综合考虑到成本等诸因素，最适用的还原剂是镁和钠。这便是生产金属钛的镁还原法和钠还原法，它们是生产金属钛的工业方法。

2. 制取金属钛的工业方法

(1) 镁还原法。即克劳尔法，简称镁法。国内外普遍采用的典型工艺是镁还原-真空蒸馏工艺，以钛铁矿为原料的工艺流程如图 12-1-23 所示。图中表明，镁还原必须和镁电解工艺构成闭路循环。

由还原产物除去剩余镁和 $MgCl_2$，除用真空蒸馏法外，现在还采用氦气循环清扫法和连续酸浸法。氦气循环清扫法，是美国奥勒冈冶金公司所采用的生产方法，主要设备为卧式反应器，炉的生产能力为 6t。设备示意图如图 12-1-24 所示。氦气清扫温度 1000℃，清扫时间约为 60h。连续酸浸法（设备示意图如图 12-1-25 所示），是用酸浸出还原产物除去 $MgCl_2$ 和剩余的镁。这是美国钛金属公司采用的生产方法。所用的大型浸出器用纯钛制成，直径为 2.4m，长 20m，重 20t。浸出器内装有螺旋刮板，用盐酸和硝酸的混合液浸出还原产物，得海绵钛产品。

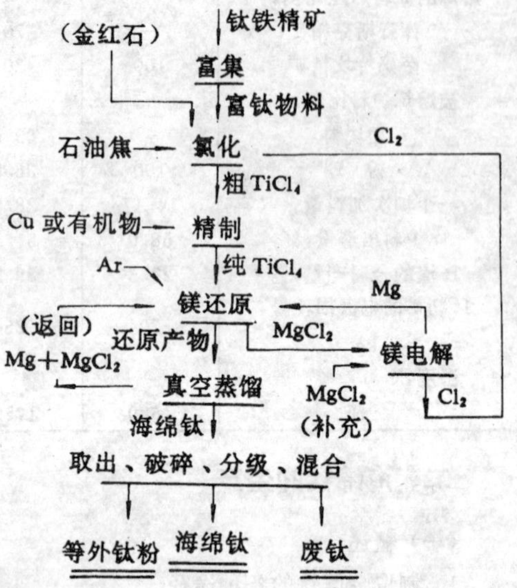

图 12-1-23　镁还原法生产金属钛的工艺流程

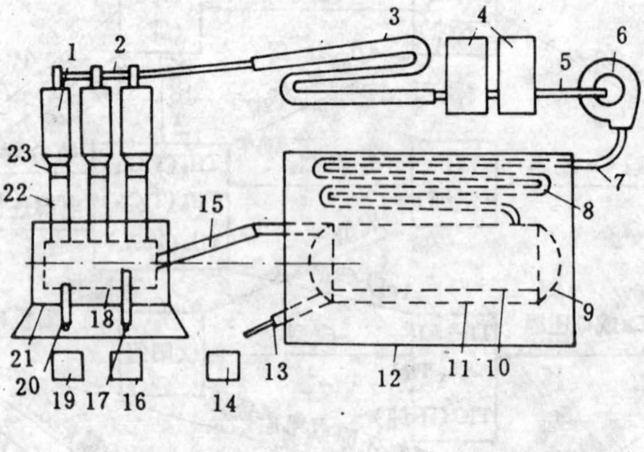

图 12-1-24　镁还原-氦气扫除法生产海绵钛设备示意图

1—热过滤器；2—气体管道；3—水冷却器；4—冷过滤器；5—气体管道；6—鼓风机；7—联接管；8—蛇形加热管；9—密封盖；10—栅板；11—反应器或蒸馏罐；12—煤气加热炉；13—$MgCl_2$ 排出口；14—$MgCl_2$ 容器；15—联接管；16—Mg 容器；17—Mg 液排出口；18—冷凝器；19—$MgCl_2$ 容器；20—$MgCl_2$ 排出口；21—煤气加热炉；22—竖管；23—上部冷凝器

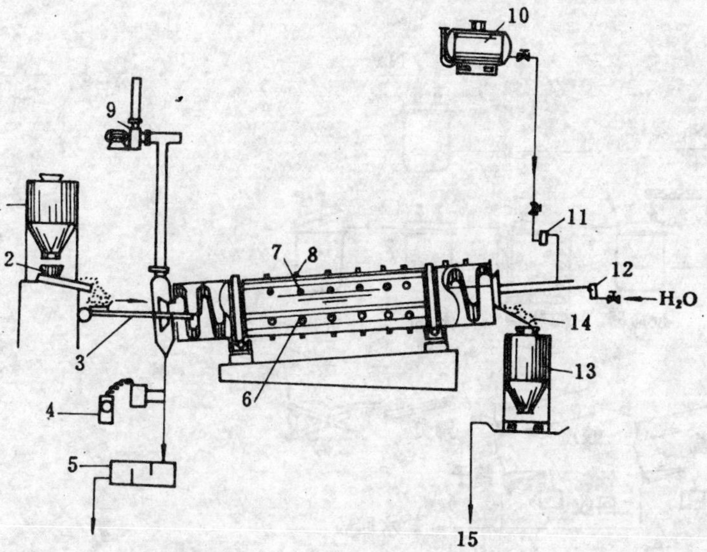

图 12-1-25 连续酸浸出器示意图
1—料箱；2—计量进料器；3—振动进料器；4—pH计；5—废液出口和沉降槽；6—浸出器；7—取样口；8—接触式温度计；9—废气排风机；10—酸高位槽；11、12—流量计；13—洗涤槽；14—海绵钛；15—排水

上述三种处理还原产物的方法各有优缺点，但实践表明，镁还原-真空蒸馏法具有产品质量好、镁和 $MgCl_2$ 的回收利用率高等特点，而被人们公认为镁法工艺的典型方法。

(2) 钠还原法。即亨特法，简称钠法。钠还原 $TiCl_4$ 的过程具有更明显的阶段性。它的主要反应有：

$$TiCl_4+Na=TiCl_3+NaCl \quad (12\text{-}1\text{-}3)$$

$$TiCl_3+Na=TiCl_2+NaCl \quad (12\text{-}1\text{-}4)$$

$$TiCl_2+2Na=Ti+2NaCl \quad (12\text{-}1\text{-}5)$$

将式 12-1-3 和式 12-1-4 加和得：

$$TiCl_4+2Na=TiCl_2+2NaCl \quad (12\text{-}1\text{-}6)$$

总反应为：

$$TiCl_4+4Na=Ti+4NaCl \quad (12\text{-}1\text{-}7)$$

将制取的还原产物用水洗浸出除盐，然后干燥、分级、混合和包装即得成品。

钠还原法有一段法和二段法之分。还原按式 12-1-7 一步制得钛称为一段法；还原先按式 12-1-6 制取低价氯化钛，然后再按式 12-1-5 补加钠进一步还原制得钛则称为二段法。按照加料方式又可分为预加钠法和（$TiCl_4$和 Na）同时加料法。上述方法均为人们所采用。

日本曹达公司采用了一段预加钠法工艺，流程如图 12-1-26 所示。先预加钠，然后徐徐外加 $TiCl_4$，保持反应温度为 850～880℃，直至反应终结。

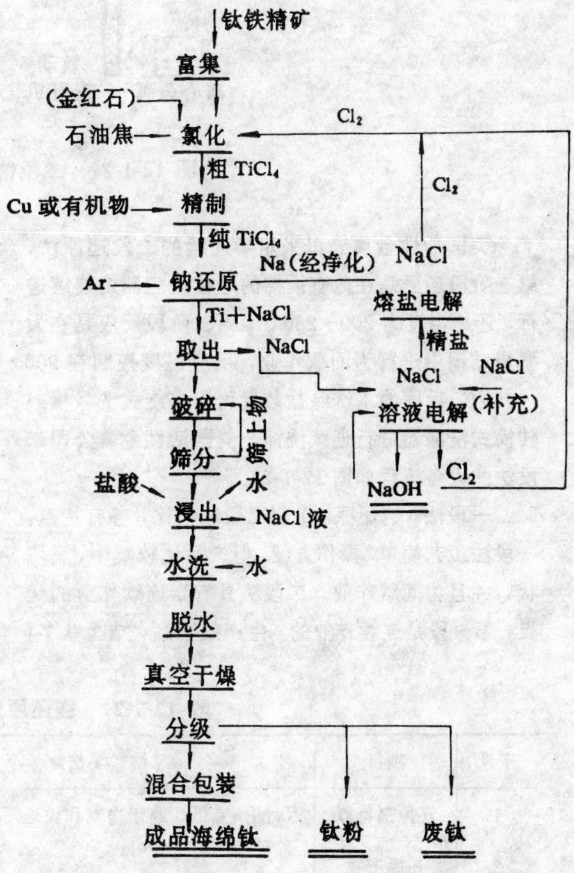

图 12-1-26 钠还原法生产海绵钛的工艺流程

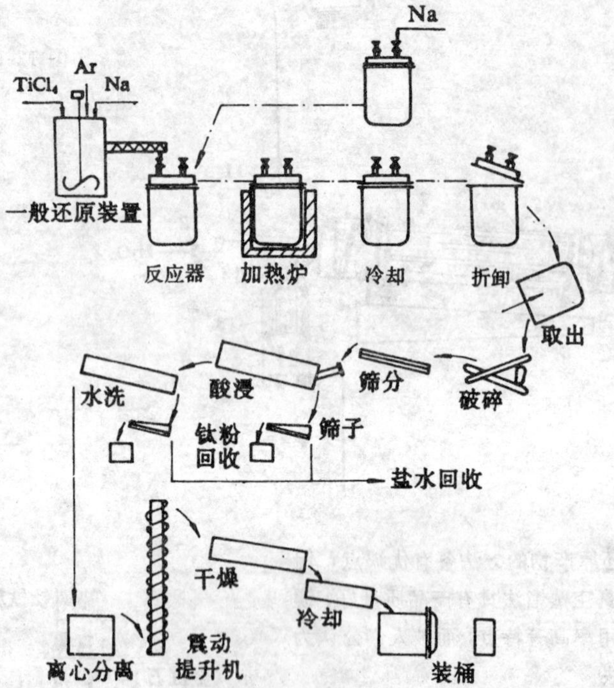

图 12-1-27 二段钠还原法工艺流程图

美国活性金属公司采用半连续的二段还原法，第一阶段还原是在内有搅拌的连续反应器内连续进行，还原温度为 200～230℃；第二阶段反应是在大型烧结锅中进行为间歇作业，反应温度控制在 900～950℃。后面的水洗除盐装置可用螺旋式洗涤槽或转筒式洗涤器进行连续洗涤。美国活性金属公司二段法的设备流程如图 12-1-27 所示。

一段法（钠还原法）与二段法相比，各有特点。一段法工艺简单，操作方便，但产品比较集中，呈坨状，并且为间歇作业。二段法具有半连续作业的优点，第一段是连续作业的，生产效率高，结晶钛多，产品质量高，但是工艺比较复杂。

(3)钠还原法和镁还原法的比较。从产品质量来看，两种方法所制得的海绵钛各有特点，镁还原法生产的海绵钛适用于通过熔铸成锭再加工成钛材，而钠还原法生产的金属钛便于直接制取（或部分制取）钛粉，通过粉末冶金制取钛零件及钛材。至于应选择镁还原法还是钠还原法，应视当地钠或镁生产和供应情况而定。但从全世界来看，绝大部分海绵钛是用镁还原法生产的。镁还原法和钠还原法工艺比较见表 12-1-22。

表 12-1-22 镁还原法与钠还原法的比较

序号	项目	钠 法	镁 法
1	还原剂特点	Na 的熔点低，易于净制和输送	Mg 的熔点高，净制和输送较困难
2	还原产物处理方法	NaCl 不吸水，不潮解，可用水洗除净	$MgCl_2$ 易吸水，易潮解，宜用真空蒸馏除去
3	投资情况	设备较简单，投资较低	设备复杂，投资大

续表 12-1-22

序号	项目	钠法	镁法
4	海绵钛特点	含铁、氧少，而含 Cl^- 多；海绵钛块小，且疏松、粉末多，松装比重小（0.1～0.8g/cm^3）	含 Cl^- 低；海绵钛块大且致密，粉末少，松装比重大（1.2～1.3g/cm^3）
5	产品熔铸性能	较差，挥发分多	好，挥发分少
6	还原作业情况	速度快，放热量大，操作简单；炉产能小	速度稍慢，放热量稍少，操作较复杂；炉产能大

3. 高纯钛的制取

碘化钛的热分解是目前将粗钛精炼为高纯钛的基本方法，又称为碘化精炼法。此法利用化学迁移原理，基于下列反应：

$$\mathrm{Ti(粗)}+2I_2(气)\xrightarrow{100\sim200℃}TiI_4(气)\xrightarrow{1300\sim1500℃}\mathrm{Ti(纯)}+2I_2(气)$$

将经过表面净化的粗钛与碘（约占钛重量的7～10%）放入碘化器内，在真空中加热至100～200℃，相互反应生成 TiI_4。然后 TiI_4 向炽热的金属钛丝表面蒸发，于高温（1300～1500℃）下气态 TiI_4 在钛丝上分解，分解出的碘蒸气又返回到低温区与粗钛作用，分解出的纯钛在钛丝上沉积成棒状。碘是载体，可以循环使用。产品纯钛呈棒状，结构比较致密。

粗钛经碘化精炼后，除氯化物杂质外，氧、碳、氮和铁、硅、铝等均可有效地除去，制取纯度在99.9%以上、布氏硬度在80以下的高纯钛，其杂质总和一般不超过0.1%（重量），其中，O<0.01%，N<0.004%，C<0.03%。

（二）四氯化钛的生产

1. 加碳氯化及热效应

（1）氯化反应。富钛料主要成分为 TiO_2，它的氯化反应为：

$$TiO_2+2Cl_2=TiCl_4+O_2$$

热力学计算数据表明，上述反应自发进行困难。为了使氯化顺利进行，常在氯化过程中加入碳质和CO还原剂，称为还原氯化。

TiO_2 加碳氯化发生两个主要反应：

$$TiO_2+2C+2Cl_2=TiCl_4+2CO \quad (12\text{-}1\text{-}8)$$

$$TiO_2+C+2Cl_2=TiCl_4+CO_2 \quad (12\text{-}1\text{-}9)$$

TiO_2 加CO氯化的主要反应为：

$$TiO_2+2CO+2Cl_2=TiCl_4+2CO_2 \quad (12\text{-}1\text{-}10)$$

同时还发生碳的气化反应：

$$C+CO_2=2CO \quad (12\text{-}1\text{-}11)$$

系统中C和CO的存在，使氯化反应释出的氧得以还原，这就降低了系统的氧位，也降低了反应的自由能，反应便顺利进行。

假设式12-1-8的反应几率为 η，而式12-1-9的为 $(1-\eta)$，二式加和可得到下列总反应式：

$$TiO_2+(1+\eta)C+2Cl_2=TiCl_4+2\eta CO+(1-\eta)CO_2 \quad (12\text{-}1\text{-}12)$$

在氯化过程中，FeO等其它组分均类同 TiO_2 参加反应。各组分的氯化易难顺序（900℃时）为：CaO > MnO > MgO > Fe_2O_3 > FeO > TiO_2 > Al_2O_3 > SiO_2。此外，以钛渣为原料时，原料中各种钛氧化物的氯化易难顺序又有 $TiO>Ti_2O_3>Ti_3O_5>TiO_2$。

当系统中存在 H_2O、C_mH_n 时，它们也将参加反应，成为副反应。故为了提高氯气利用率，宜使用烘干的物料和低挥发分焦碳。

（2）炉气平衡组成和配碳比。加碳氯化系统中主要气体 CO_2、CO、$TiCl_4$、Cl_2 存在着某种关系，在某些温度下反应达到平衡时的气相组成如表12-1-23所示。实测的气相组成即为炉气组成。应该指出，由于反应动力学因素的影响和工艺条件的限制，氯化炉中的实际气相组成与达到反应平衡的组成存在偏差，而沸腾氯化工艺的这种偏差更大。

表 12-1-23 TiO_2 加碳氯化的气相平衡组成

t,℃	p, MPa			
	CO	CO_2	$TiCl_4$	Cl_2
600	1.7×10^{-2}	3.72×10^{-2}	4.57×10^{-2}	4.37×10^{-11}
700	4.1×10^{-2}	1.93×10^{-2}	3.97×10^{-2}	1.13×10^{-9}
800	5.88×10^{-2}	0.59×10^{-2}	3.53×10^{-2}	2.41×10^{-9}
900	6.53×10^{-2}	0.15×10^{-2}	3.36×10^{-2}	9.93×10^{-9}

按式12-1-12的理论配碳（摩尔）比$C/TiO_2=1+\eta$，考虑到偏差，设实际配碳（摩尔）比$(C/TiO_2)_{实}=1+\eta^*$，而

$$\eta^* = \frac{P_{CO}/2}{P_{CO}/2 + P_{CO_2}}$$

式中的P_{CO}、P_{Cl_2}分别为炉气CO、CO_2的实测值。事实上，η^*可在很宽的范围内波动，$\eta^* \approx 0.01 \sim 0.99$，其值与原料、炉型及工艺条件有关。

(3) 反应热效应（ΔH°_T）。按式12-1-12计算出反应热效应ΔH°_T，扣除物料吸热量，得到绝热过程中的净发热量Q_T。在800K、1000K和1173K下的TiO_2加碳氯化反应的热效应列于表12-1-24中。

表 12-1-24 TiO_2加碳氯化反应热效应

温度，K	800	1000	1173
η	0.07	0.62	0.712 (η^*)
ΔH°_T，kJ/mol	−217	−129	−127
Q_T，kJ/mol	−135	−26.1	33.0

实践表明，钛渣在900℃氯化时（$\eta^*=0.712$），由于原料中含有部分低价钛，热效应增大，沸腾氯化可以自热进行。

上表说明，随着温度升高，η增大，反应的ΔH°_T和Q_T下降。原因是加碳氯化产物为不同量的CO或CO_2时，其热效应相差甚殊造成的。表12-1-25列出了在1000℃下，TiO_2加碳氯化时各种η^*值下的热效应。

为了节省能源，应采用低η^*值的氯化工艺条件，使反应朝着增大生成CO_2的方向进行，从而达到自热氯化的目的。

表 12-1-25 TiO_2加碳氯化不同η^*值下的热效应

η^*	0	0.2	0.4	0.5	1
$\Delta H^\circ_{1000℃}$，kJ/mol	−246.6	−212.0	−177.1	−160.2	−74.0
$Q_{1000℃}$，kJ/mol	−84.7	−46.4	−8.2	11.0	106.6

2. 氯化工艺方法

制取$TiCl_4$有三种氯化工艺方法：沸腾氯化、熔盐氯化和竖炉氯化。

沸腾氯化。细颗粒富钛物料与固体碳质还原剂，在高温、氯气流作用下呈流态化状态，同时进行氯化反应制取$TiCl_4$的工艺方法。该法具有加速气-固相间传质和传热过程、强化生产的特点。

熔盐氯化。将磨细的钛渣或金红石和石油焦悬浮在熔盐（主要由KCl、NaCl、$MgCl_2$和$CaCl_2$组成）介质中，通入氯气氯化制取$TiCl_4$的工艺方法。

竖炉氯化。将被氯化的钛渣或金红石和石油焦细磨，加粘结剂混匀制团并经焦化，制成的团块料堆放在竖式氯化炉中呈固定层状态与氯气作用制取$TiCl_4$的工艺方法。又称固定层氯化或团料氯化。

现行生产$TiCl_4$氯化工艺方法主要是沸腾氯化（日本、美国采用）和熔盐氯化（前苏联采用），竖炉氯化已逐步被淘汰。中国钛厂兼用沸腾氯化与熔盐氯化两种工艺。三种不同氯化方法的比较见表12-1-26。

表 12-1-26 不同氯化工艺方法比较

工艺方法	沸腾氯化	熔盐氯化	竖炉氯化
主体设备			
名称	沸腾氯化炉	熔盐氯化炉	竖式氯化炉
炉型结构	较简单	较复杂	复杂
供热方式	自热生产	自热生产	靠电热维持炉温
最大炉生产能力 $tTiCl_4$/(d·台)	80～120	100～150	20
原料			
适用原料	适用于CaO和MgO含量不高的原料	CaO和MgO含量高物料亦适用	适用于处理含CaO和MgO量高的原料
原料准备	粉料入炉	粉料入炉	须制成团块料入炉

续表 12-1-26

工艺方法	沸腾氯化	熔盐氯化	竖炉氯化
工艺过程			
工艺特征	反应在沸腾层中进行，传热、传质条件好，可强化生产	熔盐由氯气搅拌，传热、传质条件良好，有利反应	反应在团块表面进行，限制了氯化速度
碳　耗	中等	低	高
炉气中 $TiCl_4$ 浓度	中等	较高	较低
炉生产能力 $tTiCl_4/(m^2 \cdot d)$	25～40	15～25	4～5
“三废”与劳动条件			
“三废”处理	氯化渣可回收利用	需解决回收利用排出的废盐	需定期清渣并更换碳素格子
劳动条件	尚好	较好	差

(1) 沸腾氯化工艺要求。沸腾氯化既是一个氯化过程，又是一个流态化过程，但是建立良好的流态化则是基础。对于本工艺欲建立良好的沸腾氯化状态，必须满足下列条件：

1) 设计结构合理的炉体。炉体结构对物料流态化有很大影响，因此，设计结构合理的炉体是建立良好流态化的前提。在流态化床的设计中，存在着放大效应问题。既按相似原理理论计算所得的数据放大设备时，往往存在偏差。流化床的放大必须经实验验证方算稳妥。借鉴国内外成功的炉体进行设计是一种好的方法。

2) 选择适宜的流体速度。氯气既是氯化剂又是流态化介质。对于加碳氯化，必须要选择适宜的氯气流量。较适宜的流体流速（$u_{宜}$）可从以下经验公式求出：

$$u_{宜} = (0.2 \sim 0.4)u_t$$

或

$$u_{宜} = (5 \sim 10)u_{mf}$$

式中　u_t —— 带出速度；

u_{mf} —— 临界流速。

中国实际选用 $u_{宜}=0.1\sim0.15m/s$（冷态）。

3) 选用合适的物料。物料的粒径、密度、球形度、空隙率 和颗粒的粒径分布等均影响流态化的状况。其中以颗粒的粒径影响最明显，要尽可能选用粒径匹配的物料。

(2)熔盐氯化工艺。熔盐氯化是预先将熔盐加入炉内，氯化反应在熔盐内进行。最好往熔盐加入废镁电解质。含高钙镁的富钛料在沸腾床内氯化后，生成的 $CaCl_2$ 和 $MgCl_2$ 作为熔盐亦进入熔池内。图 12-1-28 所示为前苏联的熔盐氯化炉炉体结构示意图。在前苏联，采用废镁电解质作熔盐。

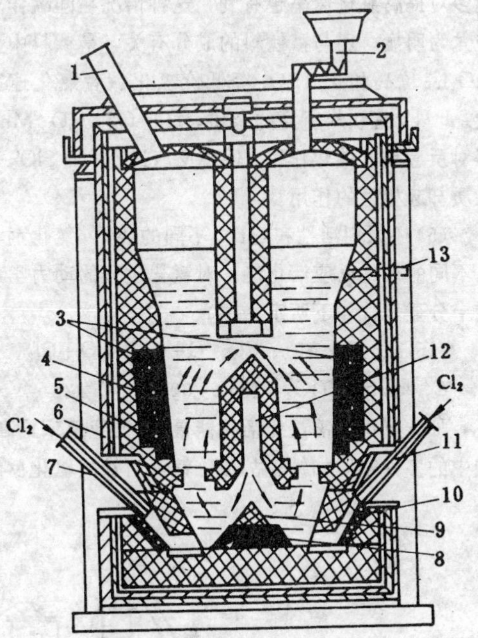

图 12-1-28　工业熔盐氯化炉简图

1—气体出口；2—加料器；3—电极；4—水冷空心管；5—石墨保护侧壁；6—炉壳；7—氯气管；8—旁侧下部电极；9—中间隔墙；10—水冷填料箱；11—通道；12—分配用耐火砖；13—热电偶

3. 影响沸腾氯化的主要因素

(1)炉体的大小。增加生产率最有效的办法是增大炉容量，即采用大型设备。同时，大型炉体热损失小，有利于维持自热反应。

(2) 氯气流量和氯气浓度。增加氯气流量，可提高气流速度而增大氯化速率。但它又要受到流态化状态的制约，因而只可适当地加大氯气流量。同时，增加氯气浓度也可提高氯化速率。但现场如有浓度大于 80%的稀氯气可直接使用，过稀时需浓缩再用。

(3) 温度效应。随着反应温度的增加，氯化速率急剧增大，它们之间呈指数关系。温度越高对氯化反应越有利，但在高温下氯的腐蚀问题不好解决，只能采用兼顾两者的适当氯化温度。

(4) 富钛料特性。与富钛料的比表面等特性有关，采用比表面大的细粒物料有利于提高氯化速率，但过细粉料易被气流带走，降低 $TiCl_4$ 收率。物料的比表面也与沸腾床中加入 TiO_2 料量有关。加入料量越多对提高氯化速率越有利，这种情况在间歇作业中尤为明显。还与富钛料的成分有关，富钛料中含 TiO_2 品位高和含 Ti_2O_3 等低价氯化钛者氯化速率大。此外，富钛料所含的杂质，如 FeO、MgO、MnO 等对反应具有催化作用，促进反应进行；而 SiO_2 等杂质却起相反的作用。

(5) 还原剂活性和配比。不同的还原、氯化剂具有不同的氯化反应活化能，对氯化过程的动力学影响十分显著，如下所示：

还原、氯化剂	Cl_2	$C+Cl_2$	$CO+Cl_2$
E, kJ/mol TiO_2	184	80.8	123

加碳氯化所需氯化活化能最低，反应速率最高。碳中的多种杂质如铁、钴、镍、锰等对钛的氯化反应均有催化作用，加碳氯化的氯化速率一般比加 CO 氯化的氯化速率大 40～50 倍，故常采用加碳氯化法。配碳量选择必须适当，碳/矿比过大对加速 TiO_2 的氯化影响不大，而且造成浪费；碳/矿比过小，会降低 TiO_2 的氯化率。

4. 沸腾氯化工艺和设备

(1) 工艺流程。目前国内外所采用的沸腾氯化工艺流程相似，如图 12-1-29 所示。图 12-1-30 所示为中国某厂所采用的设备流程。

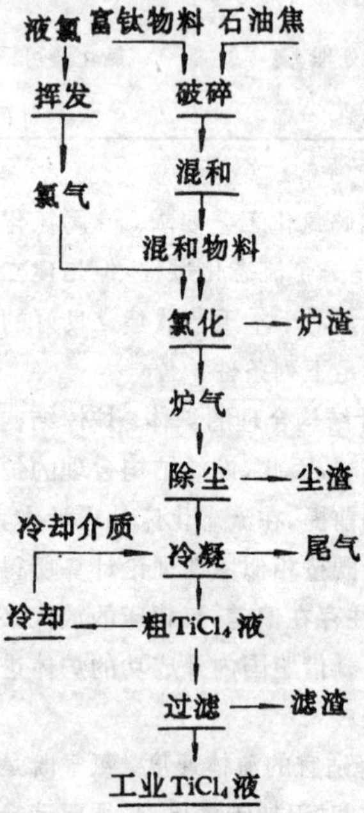

图 12-1-29　氯化工艺原则流程

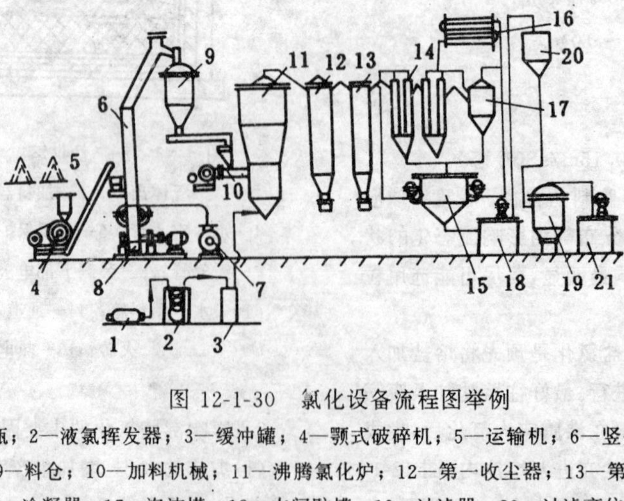

图 12-1-30　氯化设备流程图举例

1—液氯瓶；2—液氯挥发器；3—缓冲罐；4—颚式破碎机；5—运输机；6—竖井；7—鼓风机；8—锤式粉碎机；9—料仓；10—加料机械；11—沸腾氯化炉；12—第一收尘器；13—第二收尘器；14—喷洒塔；15—循环泵槽；16—冷凝器；17—泡沫塔；18—中间贮槽；19—过滤器；20—过滤高位槽；21—工业 $TiCl_4$ 贮槽

(2) 沸腾氯化炉及其它设备。沸腾氯化炉炉体常见的为带扩大段柱形炉，也有用锥形炉体的。中国常用的炉型如图 12-1-31 所示。这种炉的炉体还设有气体分布装置、加料器、排渣管和测量仪表、控制仪表等，所用的炉体内衬和炉内部件都必须耐高温氯气腐蚀。

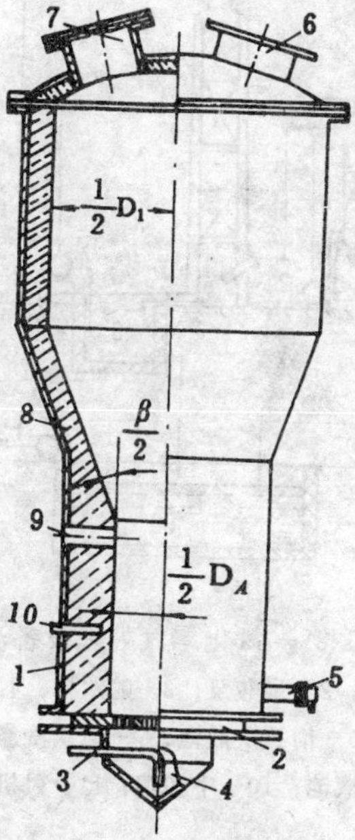

图 12-1-31 沸腾氯化炉

1—炉壳；2—气体分布板；3—进气管；4—风箱；5—排渣器；6—炉气出口；7—入孔；8—炉衬；9—加料口；10—测温管

氯化炉炉体属非标准设备，各生产厂家所用的炉型、材质、结构各异。

在 $TiCl_4$ 生产中，沸腾氯化炉已向大中型发展，国内外已使用过的沸腾氯化炉尺寸（沸腾段内径×高）有 $\phi_{内}0.6\times7m$、$\phi_{内}1.36\times9m$、$\phi_{内}2.4\times13.25m$、$\phi_{内}1.7\times10.5m$、$\phi_{内}2.44\times8m$、$\phi_{内}3.05\times8.23m$，无筛板型有 $\phi_{内}1.36\times9m$ 等。

炉内结构尺寸一般有经验数据可供参考，沸腾段直径是按根据生产能力来设计的。实践表明，扩大段直径 D_t 宜为沸腾段直径 D_A 的 2～3 倍。为了防止积料，过渡段扩大角 β 以小于 60°为好。炉体总高 H 要适宜，它包括沸腾段高度 H_A 和分离高度 H_t 之和。分离高度是指沸腾层表面至炉顶的高度。一般小型炉体的 $H_A\approx2D_A$，大型炉体 $H_A<D_A$，$H_t>3m$。已使用过的大型炉体 $H=8\sim13m$。炉体由钢制炉壳和炉壁构成。炉壁由几层耐火砖和保温材料砌成，常选用酸性或半酸性材料作炉衬材料。在沸腾段内层推荐采用加厚的预制圈。预制圈厚度 300mm，用磷酸铝钒土骨料混凝土捣固成，便于损坏时更换。

气体分布板最好选用侧流型分布板，也可选用直孔平筛板。它的开孔率可取≤1%。分布板可用磷酸铝矾土骨料混凝土和莫来石、石墨等材料制造。常采用螺旋加料器加料，但加料口一般选在沸腾层上方稍高处。

原料准备均用标准化设备。焦炭的粉碎可用锤式粉碎机，混合料的分级可用筛分或风选机风选。液氯挥发器采用各种类型的换热器。

由氯化炉产出的混合炉气处理系统包括收尘、淋洗、过滤三套设备。收尘设备可选用隔板收尘器，有的工艺还加上旋风收尘器。

淋洗设备常使用直接喷淋式的几台淋洗塔串连组成。

喷淋液采用冷却了的 $TiCl_4$ 液体，为此需要附设一套冷冻机组、蛇管冷凝器和循环泵槽等附属设备。

过滤设备可选用管式过滤器。

所选用设备除原料的破碎和分级设备外一定要考虑到能耐氯气、酸气和 $TiCl_4$ 等的腐蚀。

(3) 原料。要求高钛渣或人造金红石的 TiO_2 含量超过 85%，(CaO+MgO) 的含量小于 2%，粒度 −120 目。

要求石油焦的含碳量超过 85%，挥发分小于 10%，灰分小于 3%，水小于 1%。

要求氯气的浓度超过 80%。

(4) 工艺流程。如图 12-1-30 所示的氯化设备系统的工艺流程如下：

新炉体应首先烘炉（旧炉则不必），待炉体干燥后，将其预热至 900～1000℃时，安装好气体分布板，便可立即加料进行启动。

将富钛料和油焦按配比混合，经过破碎、风选、烘干，进入料仓，最后通过加料器加入炉内。与加料的同时，立即将氯气通入炉（如果使用液氯需加热气化后方可入炉）内，并调整好氯气流速，使之和物料匹配，才能达到正常流态化。

生成的 $TiCl_4$ 随炉气进入后续冷凝系统，经收尘、淋洗、过滤等工序制得粗 $TiCl_4$。尾气经处理后排空。在 $TiCl_4$ 生产过程中，须进行定期排渣。表 12-

1-27列举了 TiO_2 沸腾氯化的工艺条件。

表 12-1-27　沸腾氯化工艺条件举例

序号	项　　目	条　件
1	混合料粒度　－120目	＞90%
2	混合料焦/矿比	0.27～0.30
3	氯化温度,℃	850～1000
4	沸腾压差，Pa	3500～5600
5	氯气流速（冷态），m/s	0.1～0.15
6	炉气冷凝处理温度,℃	
	收尘器（1#）	350
	收尘器（2#）	130～200
	淋洗塔（1#）	30～50
	淋洗塔（2#、3#）	0～－4
7	尾气含氯,%	＜1
8	排渣次数，次/d	3左右
9	系统压力，Pa	100～600
10	炉子生产能力,t $TiCl_4$/(d·m²)	30～40

(5)流态化状况的判断。为了防止在流态化床中出现不正常流态化,并及时找出不正常的原因,以便采取措施排除故障。判断流态化床是否正常,一般采用目测法,这是一种经验判断法,比较简单可行。出现下列情况，说明流态化正常：1）床层压降脉动振幅小而频率高；2）床层温度正常；3）排渣流畅；4）炉气含氯低（Cl_2＜1%）。

5. 三废处理

TiO_2 氯化产生的废气、废水、废渣和粉尘多,必须经过处理，以达到消除污染、综合利用的目的。

（1）废气。氯化炉尾气及作业泄漏的气体，含粉尘及HCl、$TiCl_4$、Cl_2 等气体。这些废气的处理方法是先通过湿法净制，吸收HCl和水解 $TiCl_4$；然后用碱中和除氯。常用的碱是石灰乳〔$Ca(OH)_2$〕或NaOH,采用喷淋方式。氯化尾气处理的设备流程举例见图12-1-32。

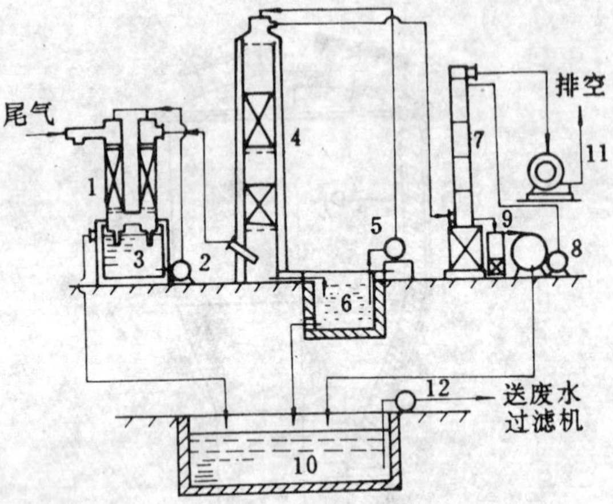

图 12-1-32　氯化尾气处理设备流程举例

1—水洗塔；2—耐酸泵；3—贮水槽；4——次洗涤塔；5—衬胶泵；6—消石灰液池；7—二次洗涤塔；8—铸铁泵；9—碱液池；10—中和槽；11—风机；12—泵

(2)废水。氯化废水用中和法处理,即将废水加入中和池内，用石灰石中和至中性即可。废气-废水综合处理流程举例见图12-1-33。

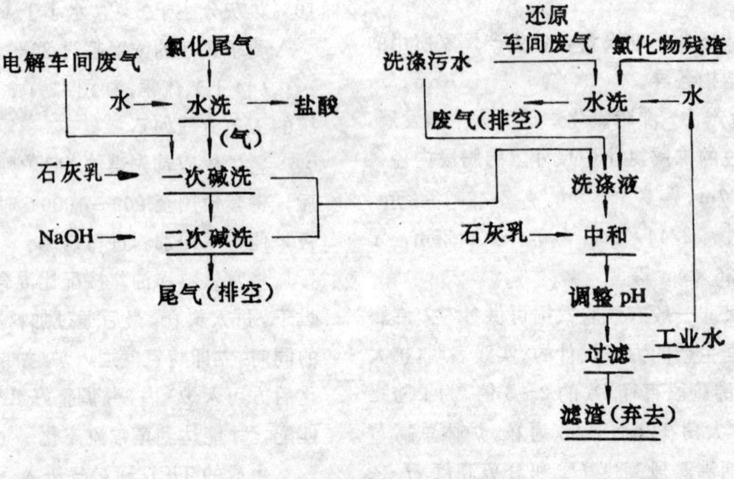

图 12-1-33　废气-废水处理综合流程

(3) 废渣。氯化炉渣含有部分碳和 TiO_2，经水洗重选，分离出碳和 TiO_2，烘干返回炉内再用。泥浆中含较多的 $TiCl_4$，有时高达50%，通常用蒸发的方法将 $TiCl_4$ 挥发出来。蒸发用的设备有双螺旋蒸发器或带刮刀的蒸发器。收尘渣和泥浆干粉，主要含 $FeCl_3$ 等氯化物，为了防止污染环境，可用高温(500℃左右)水解法再生HCl，并回收之，残渣即为金属氯化物。

6. 高钙镁富钛料的氯化

用中国四川攀枝花矿生产的高钙镁富钛料，含MgO和CaO高，它们的含量有时达6～9%，沸腾氯化所生成的 $MgCl_2$ 和 $CaCl_2$ 呈熔融状态，易粘结物料。当 $MgCl_2$ 和 $CaCl_2$ 积累到一定程度后，便会破坏正常的流态化，使沸腾氯化作业无法进行。经研究表明，用下述经改进的方法或熔盐氯化法处理这种高钙镁富钛料是可行的。

(1)在现行沸腾氯化炉上改进的工艺。采取提高炉温(达900～1000℃)、增大配碳量(焦/矿比达0.3～0.35)、增大氯气流速和加大排渣量等措施。经改进的这种工艺，在氯化含(MgO+CaO)=(0.521～5.74)%高镁钙人造金红石时，炉内沸腾状态良好，可以进行连续作业。

(2)改进炉体结构，采用无筛板沸腾炉。无筛板沸腾炉的炉底结构如图12-1-34所示。因炉不设筛板，克服了有筛板孔眼易被粘性物料堵塞的弊病。与此同时，还采取了提高炉温(900～1050℃)、增加配碳量(碳/矿比达0.48)，改进加料排渣制度措施。用这种方法处理含(MgO+CaO)达7～10%的富钛渣，氯化炉的沸腾状态良好。其工艺参数与用有筛板沸腾炉氯化大致相同。

(3) 采用熔盐氯化工艺。中国熔盐氯化制取 $TiCl_4$ 工业实验，每吨 $TiCl_4$ 耗盐100kg。其熔盐浴氯化的工艺条件举例于表12-1-28。所用的氯化设备是参考中国沸腾氯化炉和前苏联的熔盐氯化炉设计的。

表12-1-28　熔盐氯化工艺条件举例

序号	项　目	工艺条件
1	熔盐配比(KCl/NaCl)	0.30～0.05
2	耗盐量，kg/t$TiCl_4$	100
3	混合料的碳/矿比	0.20～0.21
4	盐层高度，m	3～5
5	炉顶压力，Pa	0～300
6	炉生产能力，t/(d·m²)	9
7	其它指标	同沸腾氯化

7. 粗四氯化钛的质量

现将中国某钛生产厂家和日本大阪钛厂对粗四氯化钛的质量要求列于表12-1-29。

表12-1-29　对粗 $TiCl_4$ 质量要求举例

厂家	项目				
	$TiCl_4$ 含量，%	低沸点杂质含量，%	固体杂质含量，%	$VOCl_3$ 含量，%	外观
日本大阪钛厂	>98	<1.5	<1	<0.3	淡黄色
中国某钛厂	>98		<0.5		淡黄色

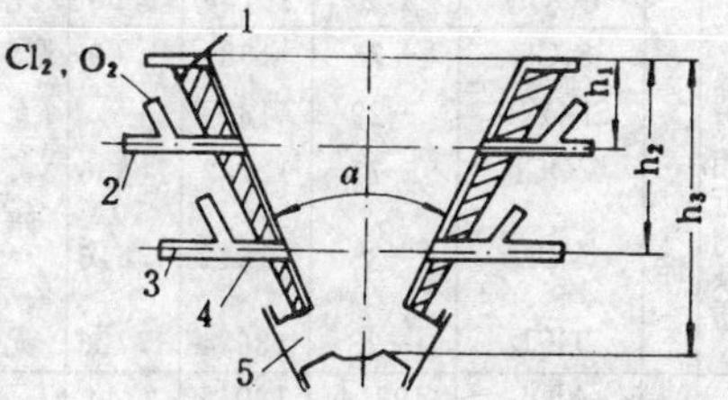

图12-1-34　无筛板沸腾氯化炉炉底结构示意图
1—炉体；2—清理孔；3—橡皮塞；
4—喷嘴；5—排渣口

(三) $TiCl_4$ 的精制

1. 粗 $TiCl_4$ 中的杂质

(1) 杂质的分类。粗 $TiCl_4$ 液为淡黄色-红棕色浑浊液，含有多种杂质。按相态，它们可分为气体、液体和固体杂质。按它们的沸点可分为高沸点、低沸点及与 $TiCl_4$ 沸点相近的杂质。杂质的含量与原料、工艺条件有关。中国粗 $TiCl_4$ 的成分见表12-1-30。

表12-1-30　中国粗 $TiCl_4$ 的主要成分

成份	$TiCl_4$	$SiCl_4$	$AlCl_3$	$FeCl_3$	$VoCl_3$	$MnCl_2$	Cl_2
%	>98	0.1～0.6	0.01～0.1	0.01～0.04	0.01～0.3	0.01～0.02	0.03～0.3

$TiCl_4$ 作为生产金属钛或钛白的原料，其所含的杂质都在不同程度上降低产品的质量，必须设法除去。粗 $TiCl_4$ 液中杂质的分类和特性见表12-1-31。

表 12-1-31 粗 $TiCl_4$ 液中杂质的分类和特性

组分	物态	名称	熔点，℃	沸点，℃	密度①，g/cm³	常温下的特性
低沸点杂质	气体	Cl_2	−101	−34	2.49	黄绿色气体
		HCl	−114	−85	1.27	无色气体
		O_2	−219	−183	1.11	无色气体
		N_2	−210	−196	0.97	无色气体
		CO_2	−56.7	−78.5	1.53	无色气体
		$COCl_2$	−127.8	7.5	1.39	无色气体
		COS	−139	−50.3	2.10	无色气体
	液体	$SiCl_4$	−68	57	1.48	无色液体
		CCl_4	−23	56.7	1.585	无色液体
		$CH_2ClCOCl$	−21.5	106	1.41	无色液体
		CH_3COCl	−57	118.1	1.52	无色液体
		CCl_3COCl	−72.7	115		无色液体
		CS	−112	46	2.26	无色液体
		$POCl_3$	1.2	107.3	1.68	无色液体
沸点相近的杂质		S_2Cl_2	−76	138	1.69	橙黄色液体
		Si_2OCl_6	−29	135		无色液体
		$VOCl_3$	−77	127.2	1.836	黄色液体
		VCl_4	−35	154	1.816	暗棕红色液体
		$TiCl_4$	−23	136.4	1.726	无色液体
高沸点杂质	固体	$AlCl_3$	192.4	180.5	2.44	灰紫色晶体
		$FeCl_3$	306	315（分解）	2.898	棕褐色晶体
		C_6Cl_6	227.5	322	2.044	无色固体
		$TiOCl_2$	—	—	—	亮黄-白色晶体
		$ZrCl_4$	437	331（升华）	2.8	白色固体
		$NbCl_5$	204.7	247.4	2.75	浅黄色针状物
		$TaCl_5$	216.5	233	3.68	黄色固体
		$CoCl_2$	735	1049		浅蓝色盐类
		$MoCl_5$	194	268		紫褐色晶体

续表 12-1-31

组分	物态	名称	熔点，℃	沸点，℃	密度①，g/cm³	常温下的特性
高沸点杂质	固体	TiO_2	1842	2670	4.18～4.25	白色晶体
		$MgCl_2$	708	1412	2.316～2.33	白色固体
		$MnCl_2$	650	1190	2.98	淡红色固体
		$FeCl_2$	670～674	1030	3.16	白色晶体
		C	—	4200	1.8～2.1	黑褐色粉末
		$CaCl_2$	772	<1600	2.15	白色固体
		$VOCl_2$	—	—	2.88	草绿色晶体
		$CrCl_3$	1100	—		红紫色固体
		CuCl	430	1359		白色晶体
		$CuCl_2$	498			棕黄色晶体

① 气体密度为 g/L。

(2) $VOCl_3$ 杂质的性质。$VOCl_3$ 是黄色液体，极易吸湿，与 $TiCl_4$ 完全互溶。它的密度（ρ）和粘度（μ）的计算式有：

$$\mu^{-1}=(1.044+0.01376t)\times10^{-3}\ (\text{Pa}\cdot\text{s})$$

$$\rho^{-1}=0.5393+4.35\times10^{-4}t+7.66\times10^{-7}t^2\ (\text{g/mL})$$

表 12-1-32 和表 12-1-33 分别列出 $VOCl_3$ 密度、粘度和蒸气压。

它的蒸气压（P）有计算式：

$$\ln P=1024-2.55\times10^{5}T^{-1}\ (\text{Pa})$$

表 12-1-32 三氯氧化钒的密度和粘度

温度，℃		0	20	30	40	50	70	90	105	120
密度，g/mL		1.854	1.825	1.809	1.791	1.776	1.740	1.703	1.673	1.653
粘度 Pa·s	实测值	—	—	0.683×10^{-3}	0.623×10^{-3}	0.573×10^{-3}	0.498×10^{-3}	0.439×10^{-3}	0.405×10^{-3}	0.368×10^{-3}
	计算值	0.972×10^{-3}	—	0.686×10^{-3}	0.627×10^{-3}	0.577×10^{-3}	0.498×10^{-3}	0.438×10^{-3}	0.402×10^{-3}	0.371×10^{-3}

表 12-1-33　三氯氧化钒的蒸气压（实测值）

温度,℃	58.4	75.3	89.2	101.4	113.2	120.1	124.3
P，kPa	10.0	20.8	32.8	48.5	68.8	83.6	91.4

$TiCl_4$ － $VOCl_3$ 系组成沸点图见图 12-1-35。$TiCl_4$-$VOCl_3$ 系溶液中易挥发分 x 与相对挥发度 α 的关系曲线示于图 12-1-36。$TiCl_4$-$VOCl_3$ 系的气-液状态平衡图示于图 12-1-37，图中的 x 为易挥发成分液相组成，y 为易挥发成分气相组成。

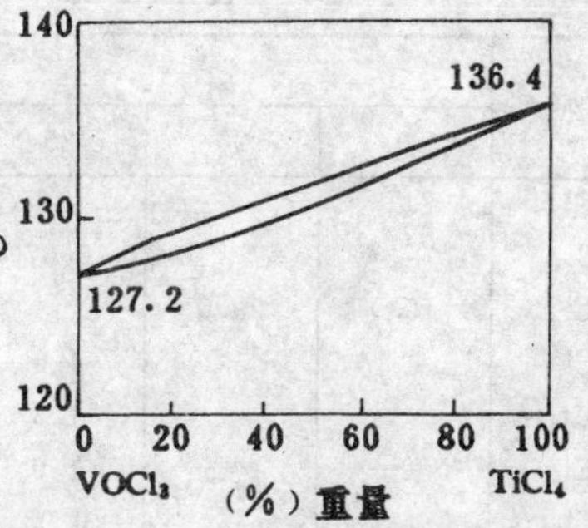

图 12-1-35　$TiCl_4$-$VOCl_3$ 系沸点组成图

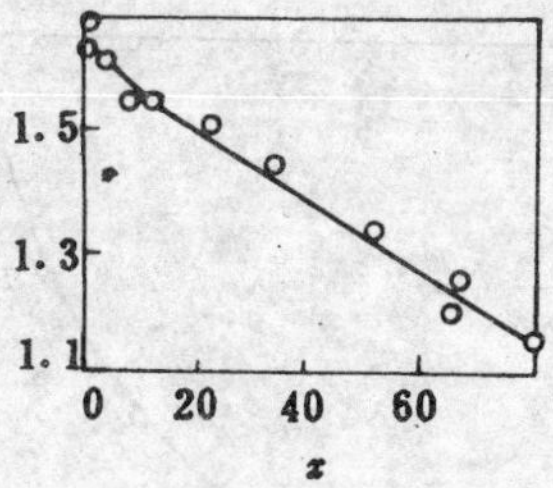

图 12-1-36　$TiCl_4$-$VOCl_3$ 系溶液中挥发成分 x 与 α 的关系

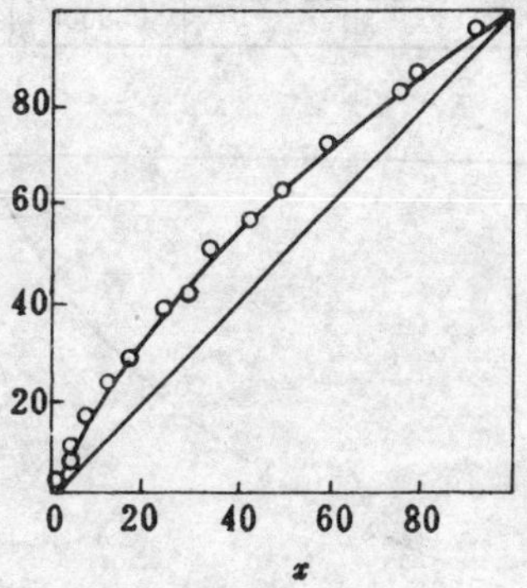

图 12-1-37　$TiCl_4$-$VOCl_3$ 系的气-液平衡状态图

(3) 杂质在 $TiCl_4$ 中的溶解度和蒸气压。大部分气体杂质在 $TiCl_4$ 中的溶解度不大，并随温度升高而下降，在 $TiCl_4$ 沸腾时易于逸出而分离。一些杂质在 $TiCl_4$ 中的溶解度列于表 12-1-34。

表 12-1-34　杂质在 $TiCl_4$ 中的溶解度（%）

杂质	温度，K								
	273	293	313	323	333	343	353	373	409
O_2	0.0148	0.0131	0.0119	0.0113	0.0099	0.0085	0.0072	—	—
N_2	0.0070	0.0063	0.0054	0.0050	0.0016	0.0042	0.0034	0.0026	0.0016
CO	0.0094	0.0082	0.0072	0.0069	0.0063	0.0052	0.0041	—	—
CO_2	1.188	0.140	0.092	0.076	0.056	0.049	0.0042	—	—
Cl_2	11.50	7.60	4.10	3.200	2.40	2.100	1.800	1.10	0.03
HCl	1.38	0.108	0.078	0.072	0.067	0.063	0.059	0.05	0.04
COS	9.50	5.70	3.50	2.350	2.20	1.800	1.400	1.10	0.80
$COCl_2$	—	65.50	24.80	15.200	5.60	3.800	2.000	0.01	1.00
$TiOCl_2$	0.20	0.40	0.65	0.82	1.00	1.200	1.400	1.90	3.40
C_6Cl_6	0.50	1.25	1.25	2.35	3.50	4.380	6.250	9.00	25.00

大部分固体在 $TiCl_4$ 中的溶解度较小，见表 12-1-34 和表 12-1-35。$TiOCl_2$ 和 C_6Cl_6 在 $TiCl_4$ 中的溶解度见图 12-1-38 和图 12-1-39。

表 12-1-35 一些固体杂质在 $TiCl_4$ 中的溶解度（%）

杂 质	温度,℃								
	0	20	25	50	60	75	100	125	135
$HgCl_2$				0.06		0.17	0.36	0.73	
$AlCl_3$			0.07	0.13		0.35	1.2	4.8	
$GaCl_3$	15.9	29.0							
$SbCl_3$			4.6	11.8	21.0				
$NbCl_5$			1.5	3.0		6.0	14.0		
$TaCl_5$			1.6	2.9		5.8	14.0		
$SeCl_4$			0.03	0.09		0.23	0.52	1.29	
$TeCl_4$			0.04	0.11		0.30	0.76	1.88	
$MoCl_5$			0.4	0.8		2.0	3.8	10.3	
WCl_6			0.2	0.3		0.7	1.8	5.8	
$FeCl_3$			0.0008	0.0010		0.0013	0.0032	0.0153	0.0284

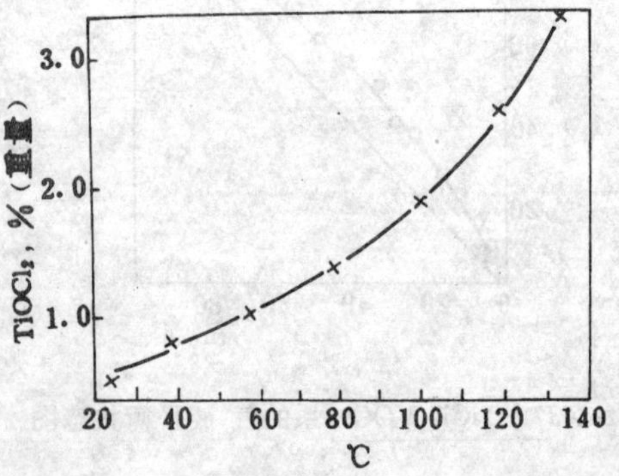

图 12-1-38 $TiOCl_2$ 在 $TiCl_4$ 中的溶解度曲线

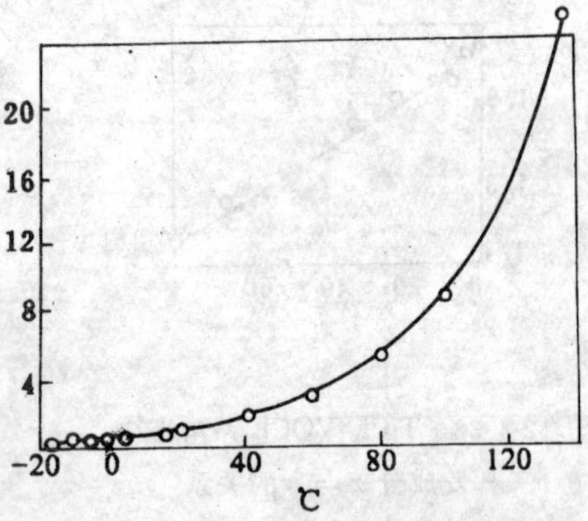

图 12-1-39 C_6Cl_6 在 $TiCl_4$ 中的溶解度曲线

大部分液体杂质，如 $SiCl_4$、CCl_4、$VOCl_3$、CS_2、$SOCl_2$、S_2Cl_2、$CH_2ClCOCl$ 等，可按任意比例与 $TiCl_4$ 互溶。

一些氯化物杂质的蒸气压见表 12-1-36。图 12-1-40、12-1-41 和 12-1-42 分别示出了 $TiCl_4$-$SiCl_4$ 系的挥发成分 x 与相对挥发度 α 的关系曲线，以及气-液相平衡状态图和沸点组成图。

表 12-1-36 粗 $TiCl_4$ 和杂质氯化物蒸气压与温度的关系

氯化物	温度,℃				
$TiCl_4$	9.4	48.4	71.0	112.7	136
$VOCl_3$	0.2	40	62.5	103.5	127.5
$SiCl_4$	−44.1	−12.1	5.4	38.4	56.8
$AlCl_3$	116.4	139.9	152.0	171.6	180.2
$FeCl_3$	22.8	256.8	272.5	298	318.9
$MgCl_2$	877	1050	1142	1316	1418
$CuCl_2$	—	—	—	—	1900
$FeCl_2$	—	779	842	961	1026
相应蒸气压,Pa	665	5320	13330	53200	101300

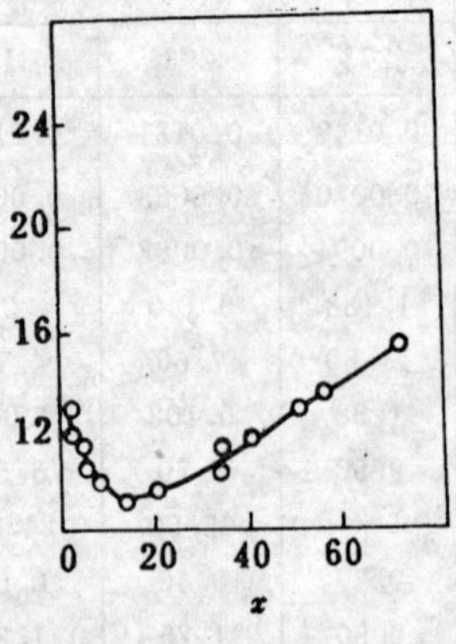

图 12-1-40 $TiCl_4$-$SiCl_4$ 系统溶液中挥发成分 x 与 α 的关系

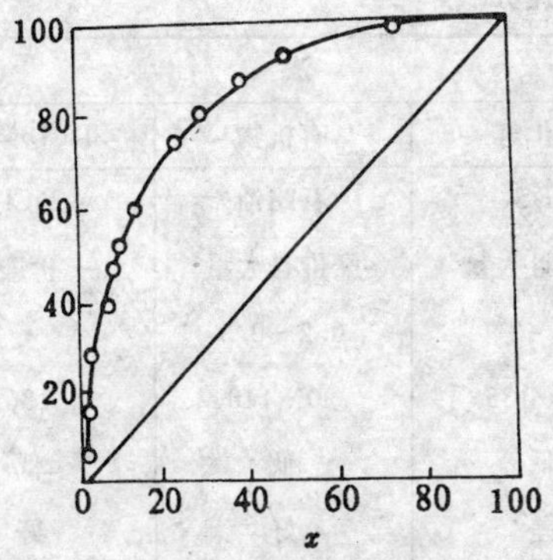

图 12-1-41 $TiCl_4$-$SiCl_4$ 系的气-液相平衡状态图

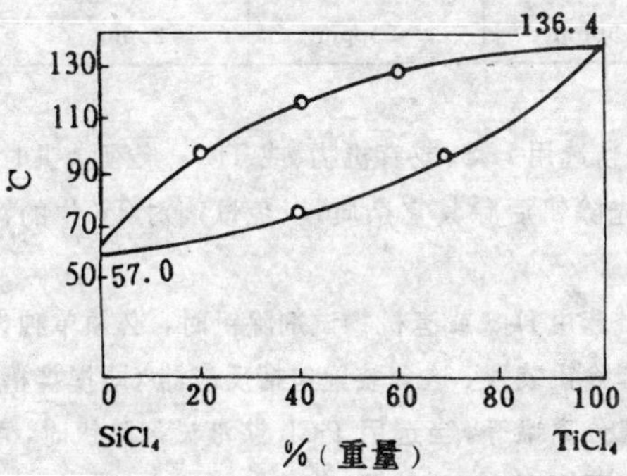

图 12-1-42 $TiCl_4$-$SiCl_4$ 系沸点组成图

在常压蒸馏下某些杂质与 $TiCl_4$ 的分离系数（α）分别列于表 12-1-37。

表 12-1-37 粗 $TiCl_4$ 中某些杂质与 $TiCl_4$ 的分离系数

杂质	α	杂质	α
$VOCl_3$	1.22	$SOCl_2$	7
Si_2OCl_6	1.47	$SiHCl_3$	约 16
$SiCl_4$	约 9	PCl_3	2.0
CCl_4	约 5	Si_2Cl_6	0.40
$FeCl_3$	0.071	$POCl_3$	0.78
SO_2Cl_2	约 10	$CH_2ClCOCl$	4.0
$SnCl_4$	1.68	CCl_3COCl	1.79
1，2-$C_2H_4Cl_2$	8.6	$CHCl_2COCl$	1.6
1，1，2-$C_2H_3Cl_3$	2.2	S_2Cl_2	约 1

2. 精制原理

粗 $TiCl_4$ 体系复杂，为了简便起见，将一个多元体系的分离，看作 $TiCl_4$-$SiCl_4$-$VOCl_3$-$FeCl_3$ 四元系的分离，其中，$SiCl_4$、$FeCl_3$ 和 $VOCl_3$ 便是相应各组的关键组元。

（1）蒸馏法除高沸点杂质。$FeCl_3$ 等残存的高沸点固体杂质颗粒细，主要与 $TiCl_4$ 形成胶溶液，并有少量溶解在 $TiCl_4$ 中，单靠机械过滤难以完全除去，要用蒸馏法才能分离。

蒸馏过程中，控制蒸馏塔底温度（略高于 $TiCl_4$ 的沸点）140～145℃，此时 $TiCl_4$ 蒸气由塔顶逸出，而 $FeCl_3$ 则残留于塔底，而达到彼此分离。

（2）精馏除低沸点杂质。低沸点气体杂质较易除去，而 $SiCl_4$ 等低沸点液体杂质则较难除去，主要因为 $SiCl_4$-$TiCl_4$ 互为共溶，用蒸馏法难以分离，必须用精馏方法除去。

精馏是在精馏塔中进行的作业。塔中装有多层塔板，并使塔顶部分冷凝液回流。利用 $SiCl_4$、$TiCl_4$ 间存在的沸点差异，控制一定的精馏温度，借气液两相的互相接触、反复进行部分气化和部分冷凝的作用，以除去 $SiCl_4$、提纯 $TiCl_4$ 的过程。精馏塔分上下两段，下部为提馏段，用以将 $TiCl_4$ 中的 $SiCl_4$ 提出；上部为精馏段，使上升的蒸气中的 $SiCl_4$ 增浓。当控制塔底温度为 140℃，塔顶为 70℃，在塔内形成一温度梯度，而使 $SiCl_4$ 从 $TiCl_4$ 中分离出来。

（3）化学法除钒。存在于 $TiCl_4$ 中的钒杂质大量是以 $VOCl_3$、少量是以 VCl_4 形式存在。由于它们和 $TiCl_4$ 沸点接近用一般精馏方法难以除去。而用高效精馏塔虽可以除去，但这种精馏塔能量消耗大，而未获实际应用。

工业上常采用化学法除钒。这是一种在 $TiCl_4$ 液中加入一种试剂，使 $VOCl_3$ 和 VCl_4 或被选择性还原生成不溶性沉淀，或被选择性吸附而与 $TiCl_4$ 相分离的方法。

可使用的化学试剂有几十种，如碳、活性炭、硅酸、硅粉、铅、锌、铁、锑、镍、钙、镁、铝、钛、Al-$AlCl_3$、$TiCl_3$-$TiCl_2$、Fe-$AlCl_3$、C-H_2O、氢、熔盐、天然气、肥皂、亚麻仁油等。工业上已经使用的主要有铜、H_2S、有机物和 $TiCl_3$ 浆液。表 12-1-38 中列出了几种工业除钒用试剂的比较。

用金属铜试剂除钒，是通过铜将 $VOCl_3$（和 VCl_4）选择还原生成固相沉淀物而除去的，反应为：

表 12-1-38 几种除钒方法的比较

比较项目	方法				
	铜粉	铜丝	硫化氢	有机物	$TiCl_3$ 浆液
试剂	Cu	Cu	H_2S	石蜡油	$TiCl_3$
来源	较贵且缺	较贵且缺	廉价且大量	廉价且大量	价廉
消耗量，kg/t $TiCl_4$	3～5	2～3	2～3	0.2～0.3	
反应温度，℃	90～120	140	20～136	90～140	136
成本	高	高	低	低	低
劳动条件	较差	尚好	差	好	好
除钒用设备	搅拌槽	塔	搅拌槽	搅拌槽	
工业应用情况	应用	应用	应用	应用	应用
回收钒的可能性	钒残渣不便回收	钒残渣不便回收	钒残渣不便回收	钒残渣不便回收	钒残渣可回收
成品中钒含量	<5ppm	<5ppm	<5ppm	<5ppm	2ppm

$$2VOCl_3+2Cu=2VOCl_2\downarrow+Cu_2Cl_2$$

$$VCl_4+Cu=CuVCl_4\downarrow$$

用 H_2S 试剂除钒原理与上述相同，也是将 $VOCl_3$ 选择性还原生成固相沉淀物而除去的，反应为：

$$2VOCl_3+H_2S=2VOCl_2\downarrow+2HCl+S$$

有机物除钒机理较为复杂，一般认为在温度约140℃下，所加入的有机物试剂裂解出细小分散的新生碳粒，这些新生的碳粒具有较高活性，选择性地把钒杂质还原成低价固相钒化合物而与碳粒共沉淀。反应为：

$$C+VOCl_3=VCl_3\downarrow+CO\uparrow$$

或 $$C+2VOCl_3=2VCl_3\downarrow+CO_2\uparrow$$

也可能新生碳粒选择性吸附了钒杂质而共沉淀出来。

一般采用饱和烃试剂的效果较好，常采用的有石蜡油、变压器油和矿物油等。

$TiCl_3$ 浆液除钒的第一步是在有 $AlCl_3$ 存在时，细铝粉与 $TiCl_4$ 反应制得 $TiCl_3$ 浆液；再以此浆液作还原剂使 $TiCl_4$ 中的 $VOCl_3$ 还原成 $VOCl_2$ 除去。反应式如下：

$$3TiCl_4+Al\xrightarrow{AlCl_3}3TiCl_3+AlCl_3$$

$$VOCl_3+TiCl_3=VOCl_2\downarrow+TiCl_4$$

3. 精制工艺和设备

(1) 精制工艺。$TiCl_4$ 的精制一般采用由三套分离设备串联作业的精制工艺。当选用铜丝除钒时，应安排先除去其它杂质，最后除钒，目的在于减少铜的耗量；当选用 H_2S、或有机物、或 $TiCl_3$ 浆液除钒时，必须先除钒后除其它杂质，以免试剂对 $TiCl_4$ 的污染。

当选用 H_2S 或有机物试剂除钒时，必须单独设置一套除钒装置，这套装置包括反应器（即搅拌槽）和过滤分离罐等。当选用 $TiCl_3$ 浆液试剂除钒时，可直接用蒸馏罐（加搅拌器）作为除钒反应器，这时只需加设一个试剂制备罐。

当选用铜丝试剂除钒时，铜丝可以装入蒸馏塔内，它既起除钒又起除高沸点杂质作用，收到一塔二用的效果。这是最紧凑的生产方案，整个精制系统只用两塔串联作业即可。所用工艺流程如图 12-1-43，设备流程如图 12-1-44。以下介绍用铜丝试剂除钒的精制工艺流程。

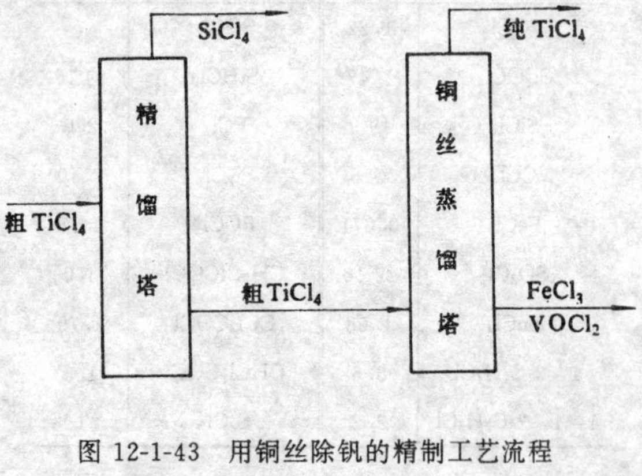

图 12-1-43 用铜丝除钒的精制工艺流程

(2) 精制设备。主要由铜丝蒸馏塔和精馏塔组成。

主要蒸馏设备为铜丝蒸馏塔，除塔体外，还有蒸馏釜和冷凝器等附设设备。蒸馏塔实际是一种填料塔，塔体内设有两块栅板，其上各放置一层铜丝球。塔径按生产能力来设计，高约 6～8m。

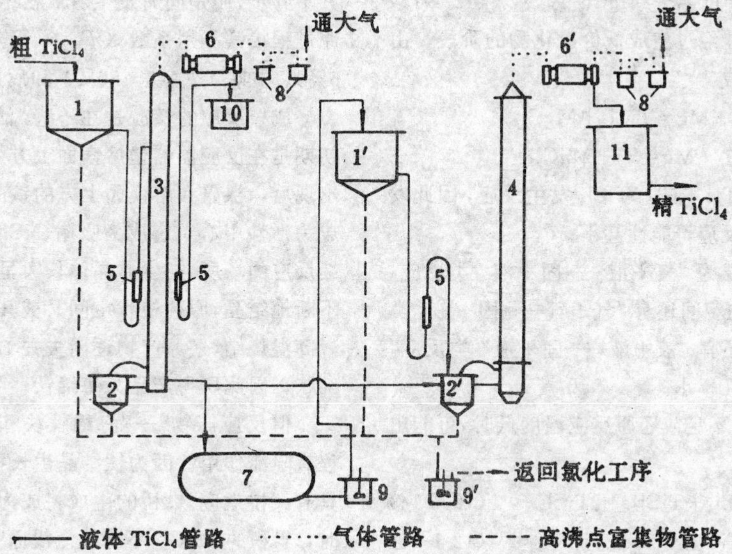

图 12-1-44 $TiCl_4$ 精制设备流程示意图

1、1'—高位槽；2、2'—蒸馏釜；3—浮阀塔；4—铜丝塔；5—转子流量计；6、6'—冷凝器；7—$TiCl_4$ 中间贮槽；8—酸封罐；9、9'—埋入式泵；10—低沸点馏分贮槽；11—精 $TiCl_4$ 贮槽

精馏设备为板式塔，除塔体外也有蒸馏釜和冷凝器等附设设备。塔型可使用栅板塔、筛板塔和浮阀塔、填料塔，或其它新型塔，但不可使用泡罩塔，因泡罩塔易被泥浆堵塞。中国生产厂使用浮阀塔，这种塔的精馏效果不错。一般精馏塔需设 26 块塔板。实践表明，塔板数在 20～30 块均能取得良好的效果。塔径也是根据生产能力计算出来的，塔的其它结构尺寸可参考基本已定型的化工塔。

(3) 工艺条件。中国某厂的 $TiCl_4$ 精制工艺条件如表 12-1-39 所示。

表 12-1-39 $TiCl_4$ 精制工艺条件举例

序号	项目	蒸馏	精馏
1	釜温，℃	140～146	140～146
2	釜压，Pa	1330～5320	10640～19995
3	塔顶温度，℃	70	137～139
4	塔底温度，℃	140～142	140～142
5	回流比		20～100

(4) 产品质量规格。精 $TiCl_4$ 产品质量规格如表 12-1-40 所示。

表 12-1-40 精 $TiCl_4$ 产品质量规格举例

生产厂家	项		目		
	$TiCl_4$ 含量，%	$SiCl_4$ 含量，%	$VOCl_3$ 含量，%	$FeCl_3$ 含量，%	颜色
日本大阪厂	>99.9	<0.009	<0.0003	<0.006	无色透明
中国某厂	>99.9	<0.01	<0.0007（按 V 计）	<0.002（按 Fe 计）	比色度<5mg $K_2Cr_2O_7$/L

（四）镁还原 $TiCl_4$ 制取海绵钛

1. 镁还原 $TiCl_4$ 反应及机理

（1）还原反应。镁还原 $TiCl_4$ 总反应式为

$$TiCl_{4(气)}+2Mg_{(液)}=Ti_{(固)}+2MgCl_{2(液)} \quad (12\text{-}1\text{-}13)$$

实际还原过程可能经过生成低价氯化物的阶段，由如下两个反应组成：

$$TiCl_4+Mg=TiCl_2+MgCl_2$$

$$TiCl_2+Mg=Ti+MgCl_2$$

$MgCl_2$ 不与 Ti、$TiCl_2$、$TiCl_4$ 发生反应，因此发生上述反应的逆反应可能性甚小。

这种反应主要为“气＋液⟶固＋液”类反应。另外，在反应器的空间还有“气＋气⟶固＋液”类反应；在熔体内还有“液＋液⟶固＋液”类反应，不过后两种反应几率小。

此外，当镁量不足或还原反应温度低时，可能出现下列二次反应：

$$TiCl_4+TiCl_2=2TiCl_3 \quad (12\text{-}1\text{-}14)$$

$$TiCl_4+Ti=2TiCl_2 \quad (12\text{-}1\text{-}15)$$

镁量足时，这些二次反应可以避免发生，即使生成这些低价氯化物，也可以被镁还原成金属钛。

物料中的少量杂质氯化物也会被镁还原生成相应的金属，或被钛吸收入海绵钛中成为金属的杂质。

（2）热效应。式 12-1-13 计算所得的反应热效应 ΔH°_T，扣除物料吸热量，得出绝热过程中的净发热量 Q_T 列于表 12-1-41。

表 12-1-41 镁还原热效应

T，K	500	800	1000	1200
ΔH°_T，kJ/mol Ti	−521.7	−539.6	−495.7	−508.3
Q_T，kJ/mol Ti	−455.6	−425.5	−318.5	−296.8

表中数据表明，镁还原 $TiCl_4$ 反应的热效应很大，反应完全靠自热进行。为了防止超温，避免 $TiCl_4$ 因高温引起的热膨胀而造成反应器的破裂，$TiCl_4$ 必须徐徐地由反应器外部加入。

（3）还原过程。镁还原 $TiCl_4$ 是一个多相复杂反应过程，主要包括下列步骤：$TiCl_4$ 气体和液体镁的外扩散，$TiCl_4$ 和镁的分子被吸附在活性质点上，在活性中心上进行化学反应并结晶成核，钛晶体长大，$MgCl_2$ 脱附并外扩散。其中关键步骤为化学反应-结晶步骤。随着化学反应的进行，伴有非均相结晶过程。整个反应面内，活性中心甚多，各点钛晶体生长并不同步，而是同时发生着成核结晶和长大过程。还原过程按镁利用系数（F_{Mg}）可分为初期（F_{Mg} 约 5%）、中期（F_{Mg} 5～50%）和后期（F_{Mg} >50%）。

成核反应的核心是在一些“活性中心”上，还原初期是在反应器器壁熔镁面上方处，一旦有钛晶体出现后，裸露在熔镁面上方的钛晶体尖锋或棱角便成为活性中心，它成为吸附 $TiCl_4$ 和镁相互接触继续反应的场所。初生钛晶体长大呈树枝状结构，随着不断地结晶，原树枝状空间又被其它晶枝所填满，随着高温烧结，还原产物逐渐失去了树枝状原貌，呈海绵状，因此所得产品为海绵钛。

但反应产物——海绵钛块和 $MgCl_2$ 对还原过程有阻滞作用。因为钛结晶生长物——海绵体生长具有架桥效应。钛桥的生成将成为传质的障碍物。同时，累积的 $MgCl_2$ 不断地淹没原有的“活性中心”，也起阻滞作用。以后的反应是在裸露在熔体表面海绵体上新的“活性中心”上进行的。还原过程的控制环节因不同情况而异。对于大型反应器，初-中期主要属成核控制，后期属扩散控制。

（4）影响还原过程的主要因素

1）温度。当反应温度低于 $MgCl_2$ 熔点 714℃时，因固相 $MgCl_2$ 的阻隔，反应几乎不进行。当反应温度超过 714℃后，反应速度随温度升高而迅速增大，呈指数关系。同时，增高温度还会降低了熔体的粘度，有利于 Mg、$MgCl_2$ 的扩散，也会增大反应速率。但反应温度不应高于钛-铁开始熔合的温度（1000℃）。

2）加料速度。在一定料速范围内，还原速率随加料速率而变化。镁还原 $TiCl_4$ 反应的热效应很大，提高加料速度就意味着提高反应温度，相应地增大反应速率。加大料速就促使钛的成核速率增加，在这种情况下，高料速只能获得晶粒细小、多孔疏松的海绵体。细小、多孔的海绵钛含 Cl^- 高，质量差。故一般宜采用平稳中等的料速，在反应后期更要注意适时降低料速。

3）反应压力。在镁还原 $TiCl_4$ 过程中，还原速率随 $TiCl_4$ 的分压增加而增大。但实际反应器的空间压力（表压）主要代表氩气的分压，并不是反应物的真正蒸气压力。反应器的总压力 P 为：

$P = p_{Ar} + p_{TiCl_4} + p_{Mg} + p_{TiCl_3} + p_{TiCl_2}$

一般情况下，$p_{Ar}=(93\sim98)\%P$，其余都较小，$p_{TiCl_4}\approx660\sim4000Pa$。仅在 $TiCl_4$ 加料速度过大的特殊情况下，p_{TiCl_4}方才急速上升。所以，反应压力（表压）对动力学虽有影响，但影响较小。

4）反应器的尺寸。因还原反应速率与反应面成正比，所以反应器尺寸越大，反应速率也越大。此外，大型反应器可避免钛桥的过早出现，对还原十分有利。为此，宜采用大型反应器。

5）镁和氯化镁存在状态。还原反应后期，在游离镁消失之际，镁全部被海绵钛吸附，因受毛细管的束缚，使液镁传质速率下降，而且镁利用系数 F_{Mg} 越大，镁扩散阻力越大。故还原后期必须适时降低料速，并在 $F_{Mg}\approx(60\sim70)\%$时，适时停止加料。

$MgCl_4$ 有阻碍还原反应的作用，使沉侵入的海绵钛丧失了活性中心。为此，必须适时地将累积的 $MgCl_2$ 排出，以保持原有的反应速率。

2. 真空蒸馏原理

(1) 真空蒸馏过程。还原产物约含 55～60%Ti、25～30%Mg、10～15%$MgCl_2$ 和少量的 $TiCl_3$、$TiCl_2$ 等。由表 12-1-42 可见，用蒸馏法可以分离镁和 $MgCl_2$，得到海绵钛。但由于钛的活性高，易被大气污染，宜用真空蒸馏法。真空蒸馏法还可相应地提高镁、$MgCl_2$ 的挥发速率，强化了分离效果。

表 12-1-42 镁和氯化镁达到一定蒸气压值的相应温度

压力，Pa		101325	50540	25270	10133	1013	100	10
温度 ℃	Mg	1107	1030	963	886	725	608	516
	$MgCl_2$	1418	1310	1213	1112	907	763	677
	Ti	3262	—	—	—	—	—	2500

真空蒸馏过程大致分为三个阶段：蒸馏初期为低温除气阶段，稍后为高温除大部分游离镁和 $MgCl_2$ 阶段，中后期则为高温除残留在海绵钛孔隙中的镁和 $MgCl_2$ 阶段。低温除气阶段必不可少，因 $MgCl_2$ 吸潮性能强，吸附的水如不及时在低温下除去，升温时便会污染产品。

只要排气速率足够大，在真空蒸馏中、后期时，蒸馏罐内代表性气体流型为分子流。与普通蒸馏不同，分子蒸馏只有表面的自由蒸发，没有沸腾现象，并可在任何温度下进行，理论上是不可逆的。不同的流型具有不同的分离系数（α）：

普通蒸馏时 $\alpha_p=\dfrac{p_1\gamma_1}{p_2\gamma_2}\approx\dfrac{p_1}{p_2}$

分子蒸馏时 $\alpha_m=\alpha_p\sqrt{\dfrac{M_2}{M_1}}$

式中 p——蒸气压；

M——分子量；

γ——活度。

将计算值列于表 12-1-43 中。由此可见，因为 $\alpha_m(Mg/Ti)>\alpha_m(MgCl_2/Ti)$，故可得 $(Mg+MgCl_2)/Ti$ 分离简化为 $MgCl_2/Ti$ 的分离。同时，在1000℃时，α_m 达 7.9×10^7，分离系数相当大。理论上应该易于分离的。但实际上，蒸馏中后期残留在海绵体中的 1～2%$MgCl_2$ 成为蒸馏的关键，要消耗绝大部分蒸馏时间。因为海绵体内的液相 $MgCl_2$，当沿着细长而弯曲的毛细孔向外扩散时，扩散阻力甚大。因此，控制性环节为扩散。

表 12-1-43 分离系数

温度，℃	分离组分	α_p	α_m
900	Mg/Ti	1.1×10^9	1.6×10^9
	$MgCl_2$/Ti	1×10^8	7.2×10^7
1000	Mg/Ti	1.1×10^9	1.6×10^9
	$MgCl_2$/Ti	1.1×10^8	7.9×10^7

(2) 影响真空蒸馏的主要因素

1）蒸馏时间。蒸馏速率与蒸馏过程有关，蒸馏速率初期最大，后期最小。随着蒸馏过程的进行，蒸馏速率迅速变小，越接近终点速率越小。为了保证一定的蒸馏速率，在确保产品质量的前提下，必须确定最佳蒸馏周期。

2）蒸馏物批量。随着蒸馏物批量的增大，只要能及时排出蒸发物，蒸馏效率便会明显增大。此时，蒸馏周期并非按蒸馏物批量成比例增加，而是稍加延长蒸馏时间，即可获得相同的产品质量。故设备大型化是提高蒸馏效率的关键措施。

3）蒸馏温度。提高蒸馏温度，蒸馏速率便会迅速增大。为此，应选用较高的作业温度。但温度太高，钛会与容器中的铁生成钛铁合金，故一般选择小于

1000℃为宜。

4）蒸馏压力。当蒸馏温度恒定、容器内的压力超过0.07Pa时，蒸馏速率与蒸馏压力有关，此时采用低的压力可以提高蒸馏效率；当压力低于0.07Pa（即分子流型）时，蒸馏速率与压力的降低无关。因此，在蒸馏前期，宜适当提高炉内的真空度，来提高蒸馏速度。在蒸馏的后期，保持0.07Pa压力的真空度较为合适。

5）蒸馏物的特性。降低蒸馏物中镁和$MgCl_2$的初始含量，可以缩短蒸馏时间，但这种影响非常有限。

蒸馏物块越小，其比表面越大，蒸馏速率也越高。但将蒸馏物预加工成小块状，会降低蒸馏产品的质量。

蒸馏速率还与海绵钛坨的结构有关。如钛坨内的毛细管多而又细长弯曲时，或钛坨太大，均增大对物料的传质输送阻力，使蒸馏速率下降。反之亦然。

海绵钛在真空中的热传导性能很差，是铜的4.3%，而多孔海绵钛热导率更低。在达到分子蒸馏时，因容器内的压力低，对流传热作用消失，热导率又要降低。粗略估计，真空蒸馏时海绵钛的热导率约为铜的1%。此外，在蒸馏过程中，镁和$MgCl_2$的蒸发又要带走部分热量。因此，将冷态的大块钛坨中心升温达恒温温度（980℃）需相当长时间，而会影响蒸馏效率。采用还原-真空蒸馏联合工艺方可根本消除这种影响。

3. 工艺和设备

（1）工艺流程。镁还原$TiCl_4$生产海绵钛工艺，均采用$MgCl_2$、Mg、Cl_2全闭路循环作业方式，原则流程如图12-1-45所示。这种循环方式不仅蒸馏冷凝物（$MgCl_2$+Mg）在反应器内循环，而且排放的$MgCl_2$也循环，并加液体镁。

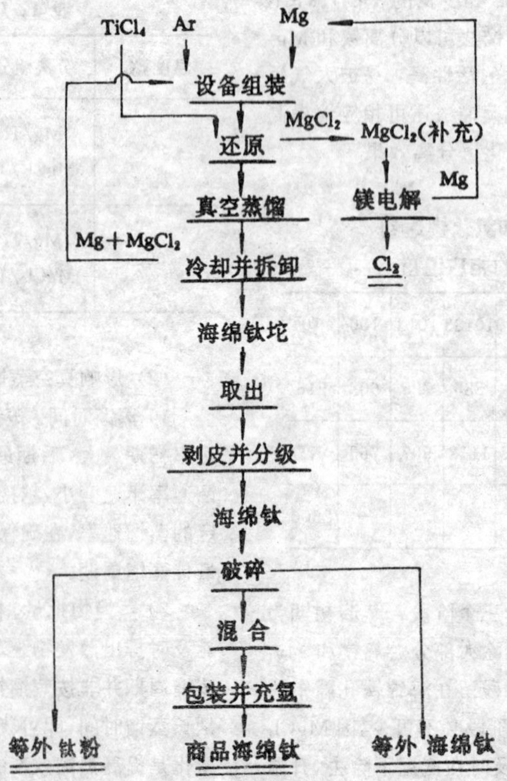

图12-1-45 镁还原工艺流程图

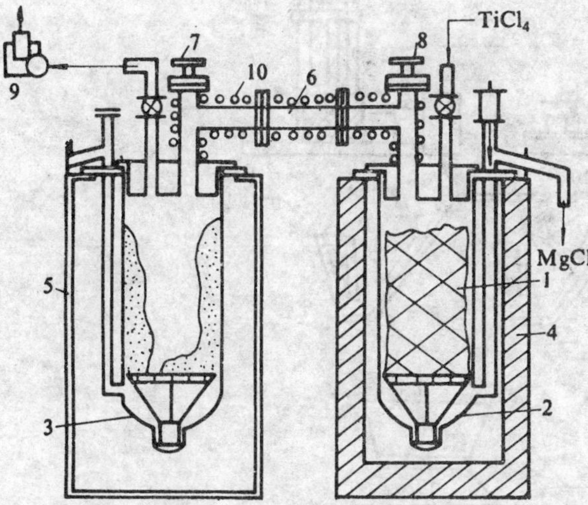

图 12-1-46 倒U型联合法装置示意图

1—还原产物；2—还原-蒸馏罐；
3—冷凝器；4—加热炉；
5—冷却器；6—联接管；
7、8—阀门；9—真空机组；
10—通道管加热器

镁还原 $TiCl_4$ 生产海绵钛的主体设备是还原-蒸馏装置。目前，最先进的工艺设备是还原-蒸馏联合装置。该装置有两种型式，其中一种的结构示意图如图 12-1-46，其形状为倒U型。另一种为I型结构。图 12-1-47 所示为带循环反应器的苏式蒸馏设备，属半联合设备，与I型联合设备相似。现在，大型联合装置每罐海绵钛的容量已达 5～10t。

海绵钛成品处理设备流程简图举例如图 12-1-48 所示，实际的破碎设备的级数比图所示的多。

(2) 还原-蒸馏设备。还原设备包括还原罐、电加热炉、控制机构、真空系统及 $TiCl_4$ 高位槽等。

还原罐一般形状为竖式圆筒形，其结构形式按排放 $MgCl_2$ 管位置的不同分为上排式、下排式和侧排式三种，并有带内坩埚和无内坩埚之分，但基本结构都相似。

真空蒸馏设备由蒸馏罐、电加热炉、冷凝器、冷凝套筒、遮热板、真空系统和控制机构等构成。真空蒸馏设备按冷凝器的位置分为上冷式和下冷式两种型式，但基本结构相同。图 12-1-47 所示的蒸馏设备，除去镁塞，即为带循环反应器的上冷式蒸馏设备。

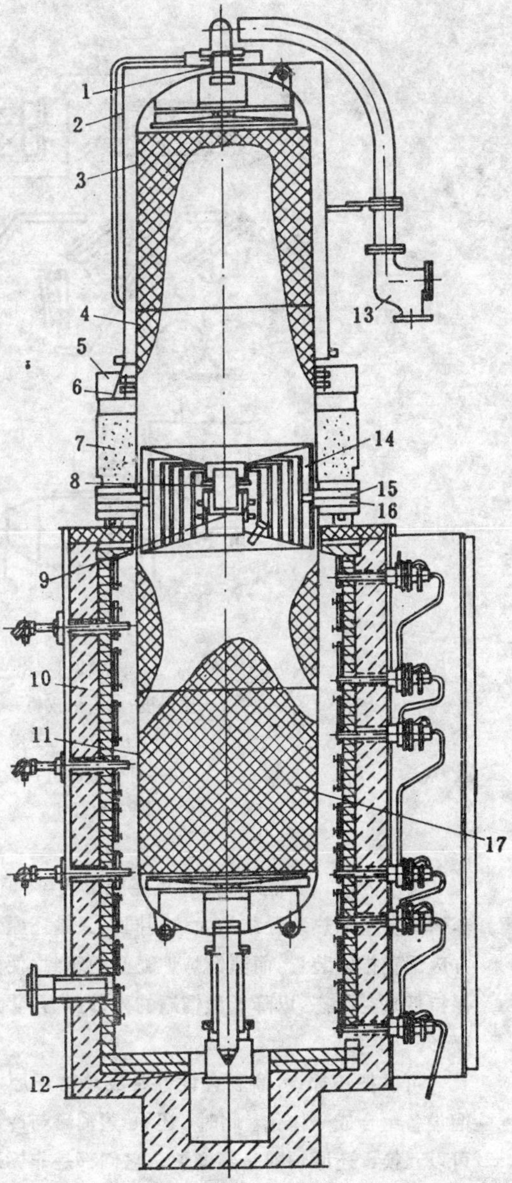

图 12-1-47 带循环反应器和镁塞的真空蒸馏设备

1—真空系统接头；2—喷淋器；
3—冷凝器-可返回还原罐；
4—冷凝物；5—集水器；6—密封圈；
7—保温层；8—连接管；9—镁塞；
10—电炉；11—还原-蒸馏罐；
12—焊底套筒；13—真空管道；
14—隔热屏；15、16—罐法兰；
17—反应物

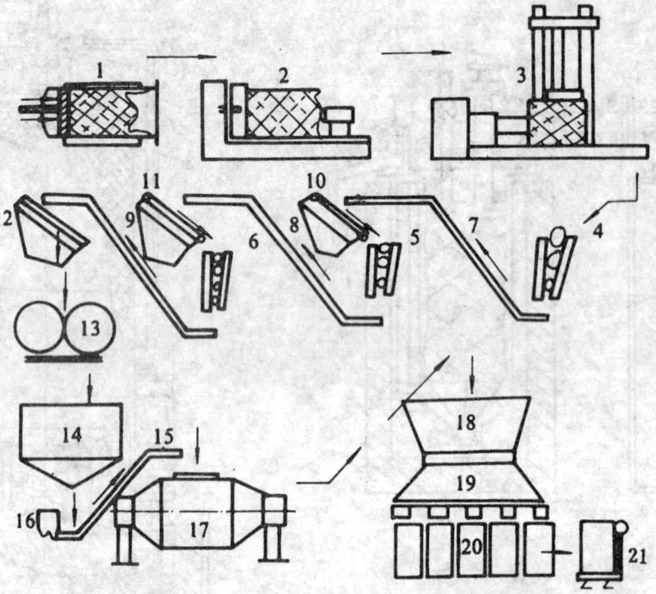

图 12-1-48 成品处理设备流程图举例

1—顶出机；2—削皮机；3—钛坨切割机；4、5、6—颚式破碎机；7、8、9、15—皮带运输机；10、11、12—振动筛；13—对辊破碎机；14—料仓；16—磁选机；17—混料机；18—取样机；19—分配器；20—料桶；21—称量

为了方便，通常蒸馏罐即用还原反应器。还原、蒸馏两套电加热装置结构大致相同，只是还原炉上方应配置排风装置，而蒸馏炉炉壳必须密封，使炉膛保持低真空状态，以降低蒸馏罐的外部压力，防止其变形。

可以把还原-蒸馏联合设备看成单体还原和蒸馏设备组合成一体化。此时，还原-蒸馏罐与冷凝器可以互换，还原炉即是蒸馏炉。它们都是非标准设备。为了增加强度，罐底必须使用弧形封头，罐体稍长，罐长/直径之比一般为 1.5～2。

本工艺所采用的真空设备，要求排气量大，能达到所要求的真空度。还原-蒸馏时采用机械泵排气，蒸馏初期脱气可用水环泵，用作抽蒸馏炉壳的“反真空”时用旧式机械泵。理论上，真空机组可以是“机械泵×2＋机械增压泵＋油增压泵”，或是“机械泵×2＋油增压泵”。但实践表明，机械增压泵容易失效，以采用后种方案更稳妥。一组真空机组举例于图 12-1-49，后一组方案即是取消机械增压泵。真空机组中的泵及部件大多数为标准设备，可在市场上直接选购。

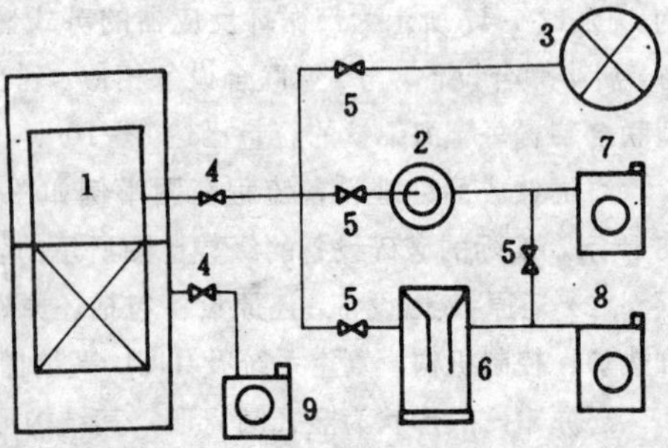

图 12-1-49 真空蒸馏中的真空系统举例

1—蒸馏炉；2—灰尘捕集过滤器；3—水环泵；4、5—阀；6—油增压泵；7、8—机械泵；9—（粗）机械泵

(3)成品处理设备。采用专用的卧式油压机取出反应罐中的钛坨。用专用的削片机削去钛坨粘壁外表皮；再用专用立式油压机（装有专用切割刀具）切割钛坨，将钛坨粗碎。

中碎和细碎分别用5～6级破碎机-运输机-筛分器构成逐级破碎联动线。中碎可用圆盘齿轮破碎机或颚式破碎机，细碎常用颚式破碎机或对辊破碎机。然后用混合器混合，用自动取样机取样。用磁选机除铁，组批后最后用旋转式分配器将成品海绵钛均匀地加入包装桶中，经抽空、充氩后封装，并用计量计计量。

其中部分的专用机械，如顶出机械、切割油压机、颚式破碎机等可由它们的标准机械经改造而成。

(4) 对原料的要求。$TiCl_4$ 的纯度在99.9%以上，外观为无色透明。用工业二级的镁锭或精炼液镁，纯度在99.9%以上，外观清洁，无夹杂物。氩气为瓶装工业级，纯度在99.95%以上。

(5) 操作工艺

1)工艺过程。以倒U型结构的联合装置(图12-1-46)为例，来介绍镁还原 $TiCl_4$ 生产海绵钛的工艺过程。新还原-蒸馏罐(2)经除锈、清洗、渗钛合格后(如果是带蒸馏冷凝物的已使用的反应罐可直接使用)，进行组，装好后经预抽检漏，合格后，用天车吊入加热炉内。用真空台包将液镁注入反应罐，并升温。温度达750～800℃时，便可将四氯化钛高位槽里的 $TiCl_4$ 徐徐加入反应罐进行还原。还原中所排出的氯化镁及时送镁电解槽内。在还原结束前，用联接管(6)将预抽合格的冷凝器(3)和正在还原的反应罐(2)联接，并安装好管道加热器(10)，随后对它加热。还原结束，排完最后一次 $MgCl_2$ 后，打开阀门(7和8)，启动真空机组，进行真空蒸馏。此时，反应罐中的镁和 $MgCl_2$ 挥发，通过联接管道，进入冷凝器冷凝下来。蒸馏结束，关闭阀门，拆开联接管，将反应罐(2)吊出冷却。将冷凝器(连同冷凝物)(3)吊入加热炉，重新进行一下一轮新的还原作业。待反应罐(2)冷却至室温后，拆卸，将罐内海绵坨顶出，并削去钛坨边皮，再用油压机切割钛坨。随之将钛块送入破碎-筛分联动线，进行五级破碎。合乎粒度要求的海绵钛入料仓，并组批，后经过磁选机磁选，混料机混料，最后经取样机取样，经分配器装入桶内、充氩封装，计量后入库。

上述将冷凝器与反应罐联接在一起的作业亦可在还原开始前进行。

2) 还原作业工艺参数的确定

A. 温度。还原温度为850～910℃，熔体温度控制在800～840℃。

B. $TiCl_4$ 的加料制度。原则上是在保证产品质量的前提下可增大料速。一般初期和后期的加料速率低，中期高。加料速度举例于表12-1-44。达到加料终点时，F_{Mg} 一般为60～70%。

表12-1-44 $TiCl_4$ 加料速率举例

F_{Mg}，%	0～6	6～32	32～57	57～60	60～65
$TiCl_4$ 料速，kg/(m^2·h)	130	200～260	240～260	180～200	120～160

C. $MgCl_2$ 排放制度。维持熔体表面在一定高度，逐次排出 $MgCl_2$，其排放制度举例于表12-1-45(炉产钛2t，熔体初始液面高为14.6m)。

D. 反应压力。控制在2.7～24.0kPa。

E. 预加镁量。按理论计算，每吨钛消耗1.015t镁，按 F_{Mg} =67%计，再加上镁的机械损失，每生产1t钛应预加镁1.6t。

3) 蒸馏作业工艺参数的确定

A. 低温脱气。200～300℃恒温1～4h。

表12-1-45 $MgCl_2$ 排放制度举例

排放次序	1	2	3	4	5	6	7	8	9	合计
$TiCl_4$ 加料量，kg	800	800	800	1000	1000	1000	1000	1000	1000	7930
$MgCl_2$ 排出量，kg	500	800	700	900	900	800	900	800	1262	7960
剩余 $MgCl_2$ 量，kg	303	306	409	513	617	800	924	1128	398	
维持液面高度，m	1.52	1.46	1.49	1.42	1.42	1.43	1.40	1.40		

B. 蒸馏温度。约980℃。

C. 冷却水温度。约50℃。

D. 蒸馏终点的判定。按真空度和统计规律综合确定。终点真空度为0.07Pa，统计规律应按海绵钛产品含 Cl^- 折值小于0.06%的蒸馏时间而定。

4）产品处理工艺参数的确定

A. 产品分级。产品必须先分级，一般分成海绵钛、等外钛和等外钛粉（<0.83mm 粒级）三种。

B. 产品破碎。必须将海绵钛破碎成合乎标准的0.83～25.4mm（或0.83～12.7mm）粒度。

C. 产品包装。商品海绵钛必须经过磁选除铁、组批、混合、取样，然后均匀分配和包装入桶内，并及时抽真空充氩气保护，计量和密封，贴上产品标签，最后入库。要做到各桶间同批产品质量均匀，并从任意一桶抽样，经肉眼检查必须无异物。

D. 取样缩分。利用自动采样机采用随机采样的方法按比例从成品中采样。一般每批可取约1%的料，做为一次试样。然后将一次样缩分。日本东邝钛公司按图12-1-49，利用格槽式分样器缩分成6个1kg 试样，为二次试样。只有取样误差和缩分误差小，方有代表性。将二次试样按产品标准分析各杂质

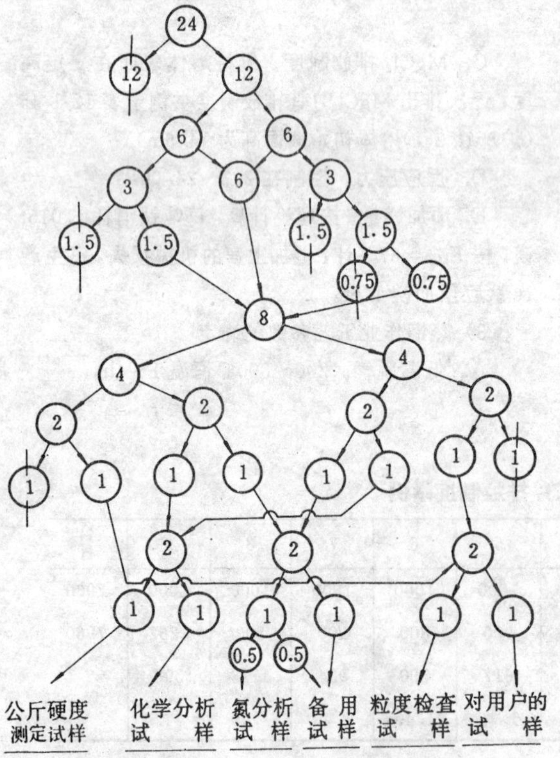

图 12-1-49′ 海绵钛取样缩分流程图

含量，并测定其硬度（HB）。由分析结果确定产品等级，便可出售。

E. 安全注意事项。产品处理工序，特别是破碎工序，要采取防止海绵钛和钛粉着火的安全措施。

4. 海绵钛标准

中国、美国、日本和原前苏联等国海绵钛标准列于表12-1-46。

三、钛白的生产

钛白的现行工业生产方法有硫酸法和氯化法。

（一）硫酸法生产钛白

该法的工艺生产流程图示于图12-1-50。其主要生产工序有酸解、水解、煅烧和后处理等。

1. 酸解

用硫酸分解钛渣或钛铁矿，主要反应为：

$$FeO \cdot TiO_2 + 3H_2SO_4 = Ti(SO_4)_2 + FeSO_4 + 3H_2O$$

$$FeO \cdot TiO_2 + 2H_2SO_4 = TiOSO_4 + FeSO_4 + 2H_2O$$

$$Fe_2O_3 + 3H_2SO_4 = Fe_2(SO_4)_3 + 3H_2O$$

酸解反应在空气搅拌下进行，反应产物固化后，要适时停止搅拌，保持一定温度，促使未反应的钛物料与残余酸继续反应，即所谓“熟化”。合适的酸解操作，可获得高的酸解率。“熟化”操作合适，可提高酸解率5～10%。“熟化”过程结束后，再次通入空气冷却分解产物，以改善产物的水浸出性能。然后，在压缩空气搅拌下，用水浸出分解产物，获得钛溶液。浸出温度控制在55～70℃，高的浸出温度，会使钛液的稳定性急剧下降。浸出用水量为矿重量的3倍左右。最后，为了有效除铁，使用铁屑把三价铁还原成二价，当浸出液出现三价钛离子时，表示铁已被全部还原。

影响钛物料酸解的主要因素有：

（1）钛物料的特性。二氧化钛品位高的钛砂矿酸解反应平稳，品位低的钛铁矿则反应激烈，有时甚至达到难以控制的程度。为了稳定工艺技术条件，获得优质钛的产品，用于生产钛白的钛铁矿应满足如下一些要求：$P_2O_5 < 0.3\%$，$Cr_2O_3 < 0.03\%$，$Al_2O_3 < 1\%$，$MnO < 1.5\%$，$V_2O_5 < 0.5\%$，$SiO_2 < 1\%$，$TiO_2 > 50\%$。钛矿的细度达到－320目，筛余物少于1%。对于钛渣，则要求其所含的钛为酸溶性好的黑钛石固溶体。

表 12-1-46 中、美、日、原苏联的海绵钛标准的主要技术指标

标准号	牌号	生产方法	化学成分,%													布氏硬度 HB10/1500	粒度,mm
			Ti 含量	Fe	Si	Cl	C	N	O	Mg	Mn	H	Ni	Na	其他总计		
中国标准(GB2524—81)	MHTi-0		99.76	0.06	0.02	0.06	0.02	0.02	0.06							100	0.83～25.4
	MHTi-1		99.65	0.10	0.03	0.08	0.03	0.03	0.08							110	
	MHTi-2	A	99.54	0.15	0.04	0.10	0.03	0.04	0.10							135	
	MHTi-3		99.36	0.20	0.05	0.15	0.04	0.05	0.15							155	
	MHTi-4		99.15	0.35	0.05	0.15	0.04	0.06	0.20							175	
	NHTi-0		99.64	0.04	0.02	0.20	0.02	0.02	0.06							100	<0.83 占 5%
	NHTi-1		99.57	0.06	0.03	0.20	0.03	0.03	0.08							110	0.83～15 占 95%
	NHTi-2	C	99.48	0.10	0.04	0.20	0.04	0.04	0.10							135	
	NHTi-3	99.36	0.15	0.05	0.20	0.05	0.04	0.15								155	
	NHTi-4	99.25	0.20	0.05	0.20	0.05	0.05	0.20								175	

续表 12-1-46

标准号	牌号	生产方法	化学成分,%													布氏硬度 HB10/1500	粒度,mm
			Ti 含量	Fe	Si	Cl	C	N	O	Mg	Mn	H	Ni	Na	其他总计		
日本标准 (JISH215—83)	TS-105M		99.6	0.10	0.03	0.10	0.03	0.02	0.08	0.06	0.01	0.005				≤105	0.83～12.7 占 90%以上
	TS-120M	A	99.4	0.15	0.03	0.12	0.03	0.03	0.12	0.07	0.02	0.005				106～120	>12.7 占 5%以下
	TS-140M		99.3	0.20	0.03	0.15	0.03	0.03	0.15	0.08	0.05	0.005				121～140	<0.83 占 5%以下
	TS-160M		99.2	0.20	0.03	0.15	0.03	0.03	0.25	0.08	0.05	0.005				141～160	
	TS-105S		99.6	0.03	0.03	0.15	0.03	0.01	0.08		0.01	0.010		0.10		≤105	
	TS-120S	C	99.4	0.05	0.03	0.20	0.03	0.01	0.12		0.02	0.010		0.15		106～120	
	TS-140S		99.3	0.07	0.03	0.20	0.03	0.03	0.15		0.05	0.015		0.15		121～140	0.149～12.7 占 80%以上
	TS-160S		99.2	0.07	0.03	0.20	0.03	0.03	0.25		0.05	0.015		0.15		141～160	<0.149 占 15%以下
美国标准 (ASTM299—82)	MD-120	A	99.3	0.12	0.04	0.10	0.020	0.015	0.10	0.08		0.010			0.05	120	≤12.7
	ML-120	B	99.1	0.15	0.04	0.20	0.025	0.015	0.10	0.50		0.03			0.05	120	
	SL-120	C	99.3	0.05	0.04	0.20	0.020	0.015	0.10			0.05		最大	0.05	120	
	GP-1	D	—	0.25	0.04	0.20	0.025	0.020	0.15	最大		0.03			0.05	—	

续表 12-1-46

标准号	牌号	生产方法	化学成分,%													布氏硬度 HB10/1500	粒度,mm
			Ti 含量	Fe	Si	Cl	C	N	O	Mg	Mn	H	Ni	Na	其他总计		
美国国家贮备和采购标准 (P-97-R_6)	1	A	99.5	0.08	0.04	0.10	0.020	0.010	0.10	0.08		0.005	0.02			100	
	2	B	99.1	0.10	0.04	0.20	0.025	0.015	0.10	0.50		0.03	0.02			100	
	3	C	99.3	0.04	0.04	0.20	0.020	0.015	0.10			0.05	0.02	0.19		120	
	4	E	99.6	0.04	0.04	0.10	0.020	0.008	0.07	0.08		0.02	0.02	0.01		120	
(ГОСТ 17746-79) 前苏联标准	TГ-90		余量	0.06	0.01	0.08	0.02	0.02	0.04				0.05			90	−70+12
	TГ-100		余量	0.07	0.02	0.08	0.03	0.02	0.04				0.05			100	−12+2
	TГ-110		余量	0.09	0.03	0.08	0.03	0.02	0.05				0.05			110	−12+5
	TГ-120	A	余量	0.11	0.03	0.08	0.04	0.03	0.06				0.05			120	−5+2
	TГ-130		余量	0.13	0.04	0.10	0.04	0.03	0.08				0.05			130	
	TГ-150		余量	0.2	0.04	0.12	0.05	0.04	0.10				0.05			150	
	TГ-TB		余量	2.0	—	0.3	0.15	0.3	—				—			—	≤100

注:A—镁还原真空蒸馏法(即 MD);B—镁还原惰性气体蒸馏(即 ML);

C—钠还原浸出法(即 SL),D—镁或钠还原并采用浸出或惰性气体蒸馏或两者都有(即 GP−1 或 MH);E—电解法。

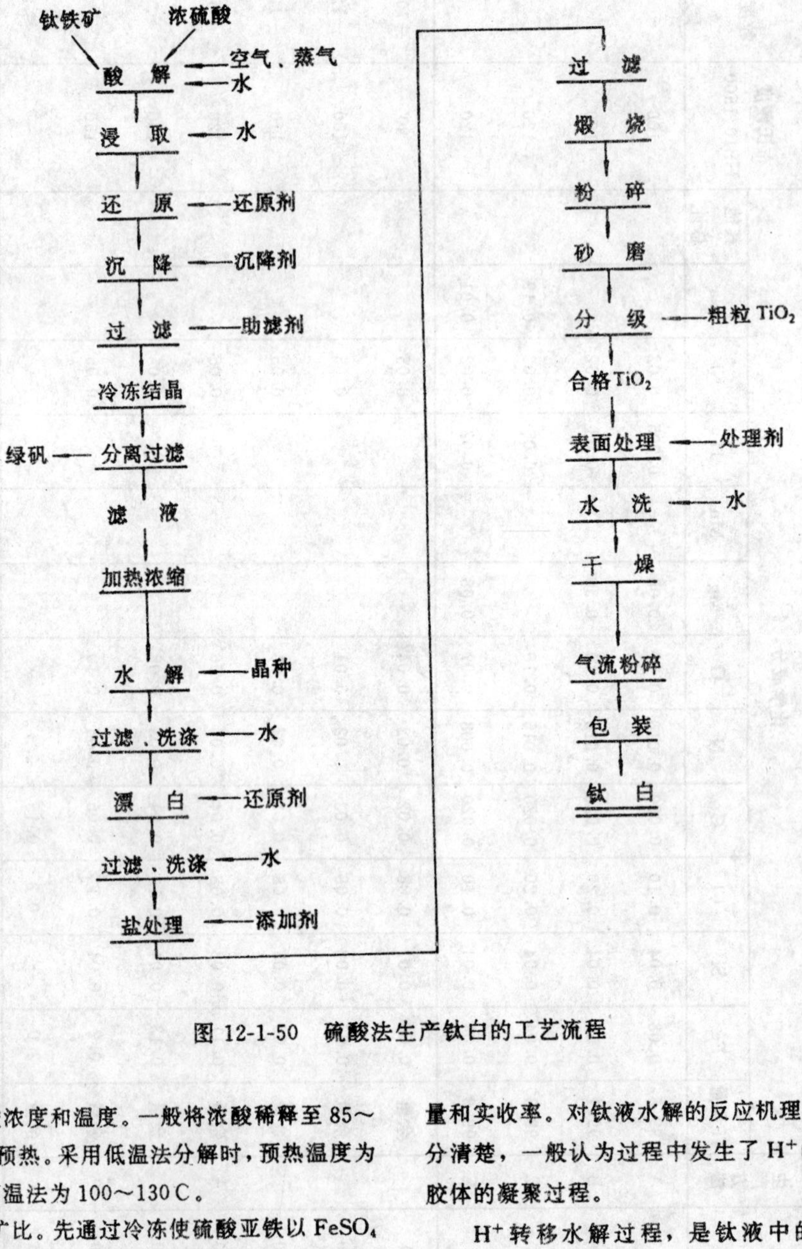

图 12-1-50 硫酸法生产钛白的工艺流程

(2) 硫酸浓度和温度。一般将浓酸稀释至85～90%，并进行预热。采用低温法分解时，预热温度为70～80℃，高温法为100～130℃。

(3) 酸/矿比。先通过冷冻使硫酸亚铁以 $FeSO_4$ $7H_2O$ 结晶析出，再用真空吸滤或离心过滤机过滤除去。

(4) 钛液过滤。将钛液加热至约40℃，有时还需加入一些净化剂（如 $CuSO_4$、FeS 等）再次进行净化，然后用板框式过滤机过滤。

2. 水解

(1) 水解原理。钛液的水解是钛白生产中最关键的环节，因为水解在极大程度上影响着钛的产品质量和实收率。对钛液水解的反应机理研究得还不十分清楚，一般认为过程中发生了 H^+ 的转移过程和胶体的凝聚过程。

H^+ 转移水解过程，是钛液中的钛离子 $[Ti(H_2O)_6]^{4+}$ 首先从一个络合水分子中脱去一个 H^+，反应式为：

$$[Ti(H_2O)_6]^{4+} + H_2O = [Ti(OH)(H_2O)_5]^{3+} + H_3O^+$$

这种含有羟基的水合钛离子在溶液中为二聚体。反应式为：

$$2[Ti(OH)(H_2O)_5]^{3+} = [(H_2O)_4Ti$$

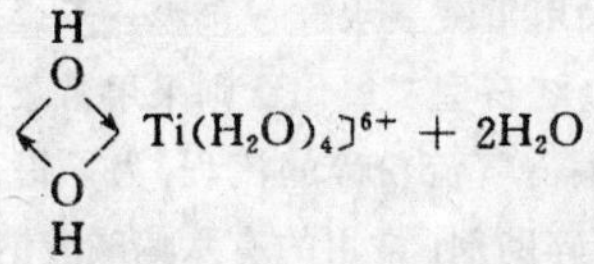

这种钛的羟基桥络合物上的 H^+ 继续转移，形成更稳定的氧桥络离子，反应式为：

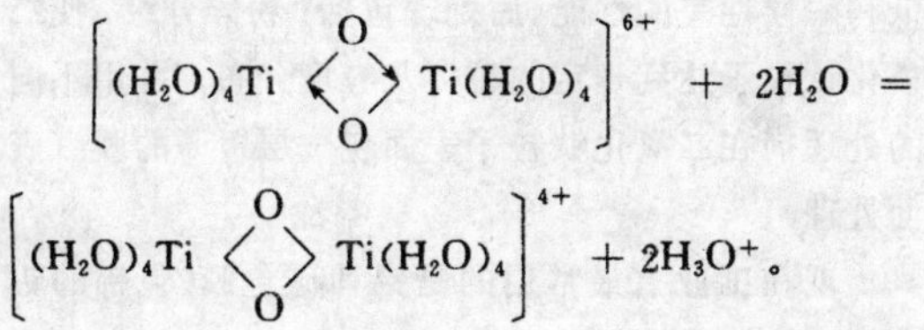

在氧桥络合物中的水分子再发生 H^+ 转移，形成新的羟桥，羟桥再转变成氧桥，而形成为四钛络合物

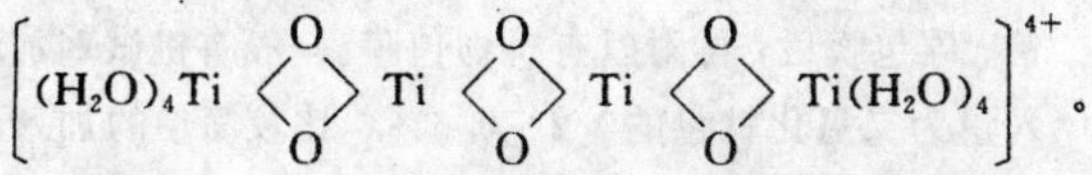

这种 H^+ 的转移过程继续发展，形成钛的多核络合物：

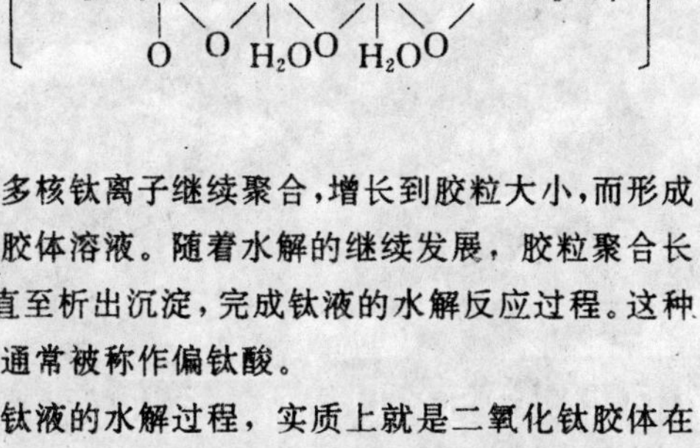

这种多核钛离子继续聚合，增长到胶粒大小，而形成钛的胶体溶液。随着水解的继续发展，胶粒聚合长大，直至析出沉淀，完成钛液的水解反应过程。这种产物通常被称作偏钛酸。

钛液的水解过程，实质上就是二氧化钛胶体在凝固过程中，吸附适量水或硫酸而成为凝胶体的过程。过程中有可能既吸附水也吸附硫酸。

钛液的水解没有一个固定的 pH 值，加水稀释钛液或加热钛液都能达到水解目的。为了避免过早发生水解，在开始大规模水解之前，不能过分稀释钛液，并保持钛液的温度在 70℃以下。在沸腾条件下水解钛液，可获得工艺要求的偏钛酸（H_3TiO_3）：

$$TiOSO_4 + 2H_2O \xrightarrow{\triangle} H_3TiO_3 + H_2SO_4$$

水解所得的偏钛酸是组成不固定的复杂产物，常表示为 $TiO_2 \cdot xSO_3 \cdot yH_2O$。

（2）影响钛液水解效果的主要因素

1）钛液的质量。经过充分净化的钛液是一种清彻的液体，它的稳定性（即用1mL 钛液加25℃的蒸馏水稀释，至刚出现混浊时所用水的毫升数）不应小于500；浓度（以 TiO_2 计）为190～230g/L；Fe/TiO_2 为0.2～0.3；锐钛型的 F 值为1.8～2.0，金红石型为1.9～2.1；水解母液中含 Ti^{3+}浓度应在0.5g/L 左右。

2）钛液的浓缩。经酸解、净化制得的钛液一般含 $TiO_2$140～175g/L，为了保证产品 TiO_2的质量，在水解前，钛液必须在真空（20kPa）下浓缩至含 $TiO_2$190～230g/L。浓缩时的加热温度不应超过70℃。

3）晶种。以具有规则结晶的晶种作为结晶中心来诱导钛液的水解，可以加快水解速度和提高水解率。晶种对水解所产生的偏钛酸粒子的大小、粒度分布以及对二氧化钛的晶型都起着决定性的影响。晶种的制备可采用稀释法——自生晶种法和中和法——外加晶种法。这两种方法的实质都是先制得一种正钛酸胶体，然后再在稀硫酸或稀盐酸中加热胶溶、熟化生成具有一定电荷的 TiO^{2+}和 Ti^{4+}，吸附在 $TiO(OH)_2$粒子表面，成为带有正电荷不溶于稀酸的胶体溶液——晶种。

（3）钛液水解的操作条件。钛液的水解，可采取加压法或常压法，工业上常用的是前者。加压法是把经计量的钛液加入水解罐内，在搅拌下，间接加热至60～80℃，然后加入所需量的晶种，继续加热，使罐内压力达到200kPa，保温、保压约15min。

3. 洗涤和盐处理

热水解得到的偏钛酸颗粒吸附有大量母液，而母溶中又含有诸如铁、铬、钒、铜和锰等离子杂质，水洗可以除去这些杂质，以获得纯净的偏钛酸。

水洗后，偏钛酸中的铁基本上是以 $Fe(OH)_3$存在，可用锌等还原剂将其还原成可溶的低价铁经漂洗而除去。通过漂洗，铁的含量可以从0.01%左右降至0.003%以下。铬、钒等杂质也都得到进一步降低。

偏钛酸盐经盐处理，可以降低偏钛酸烧成 TiO_2 的温度，获得晶种单一、并具有良好性能的二氧化钛产品。生产锐钛型二氧化钛用的盐处理剂有硫酸钾、碳酸钾、磷酸或磷酸铵。钾盐的加入量为二氧化钛的0.4～2%；磷酸盐的加入量为二氧化钛的0.1～0.3%（以P_2O_5计）。生产金红石型二氧化钛用的盐处理剂有锌盐、钠盐和硼盐。锌盐的加入量为二氧化钛的0.2～1.2%（以ZnO计），并且同时要和钾盐、磷酸合用。

4. 煅烧

偏钛酸煅烧过程的化学反应为：

$$TiO_2 \cdot xSO_3 \cdot yH_2O \rightleftharpoons TiO_2 + xSO_3 \uparrow + yH_2O \uparrow$$

煅烧温度、加热速度、煅烧时间、炉内气氛、煅烧料中的杂质等都会影响到二氧化钛颜料的性能。在工业上，多用回转窑煅烧法。一般窑头温度控制在800～1000℃，窑尾温度控制在120～150℃，煅烧物料在窑中的停留时间一般在10～12h。在煅烧过程中采用一定的空气过剩系数，保持氧化气氛。近年来，提出了不少新的煅烧方法，较有进展的方法是沸腾煅烧法。

5. 粉碎

煅烧所得的二氧化钛，一般都为细晶粒的聚结物，一般要经过粉碎处理。常用的粉碎机有砂磨、雷蒙磨、万能磨和气流粉碎机等。在中国，粉碎锐钛型二氧化钛，一般采用雷蒙→水选→包膜→干燥→雷蒙磨工艺流程；金红石型二氧化钛则采用雷蒙磨→水选→包膜→干燥→气流粉碎的流程。为了提高粉碎效果，要添加粉碎助剂、常用的有六偏碱酸钠、三乙醇铵、季戊四醇和脂肪酸等。

6. 后处理

TiO_2粉剂漆的后处理是为了改善其原有分散性低和耐候性差的性能。后处理包括：粉碎分级，使二氧化钛粒子达到一定的粒度及粒度分布；并用不同的处理剂在二氧化钛粒子表面包一层极薄的膜（表面处理）。

现在工业上最常用的是铝和硅包膜。包铝的铝用量为二氧化钛量的0.5～5%（以Al_2O_3计），用酸中和偏铝酸钠，控制pH为8～9，在60℃下包膜。包硅的硅用量为二氧化钛的1～10%（以SiO_2计），用酸中和偏硅酸钠，控制pH在8～11，在稍高于80℃下包膜。为了改善钛白在漆料中的分散性能，往往在铝、硅包膜后，再附以有机物包膜。一般有机试剂加入量为二氧化钛量的0.2～0.6%，比较简便的加入方式是在用气流粉碎成品时加入。

成品钛白粉（金红石型）的颗粒形貌图如图12-1-51（a）。

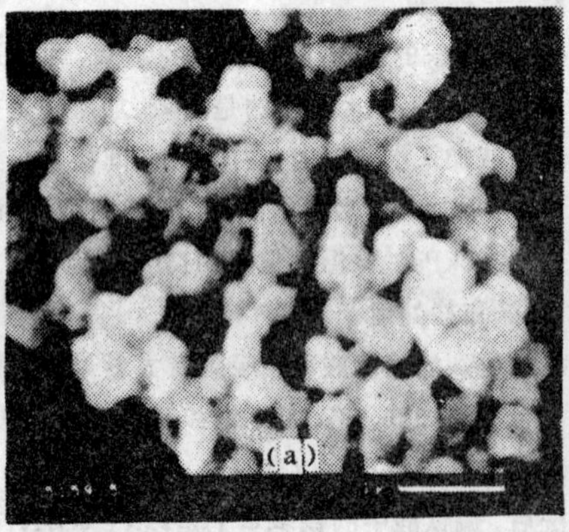

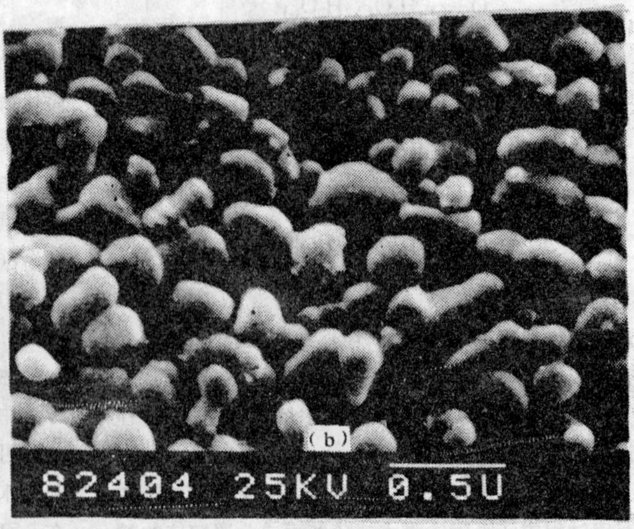

图 12-1-51 钛白粉颗粒形貌（×10000）

a—硫酸法金红石型；b—氯化法金红石型

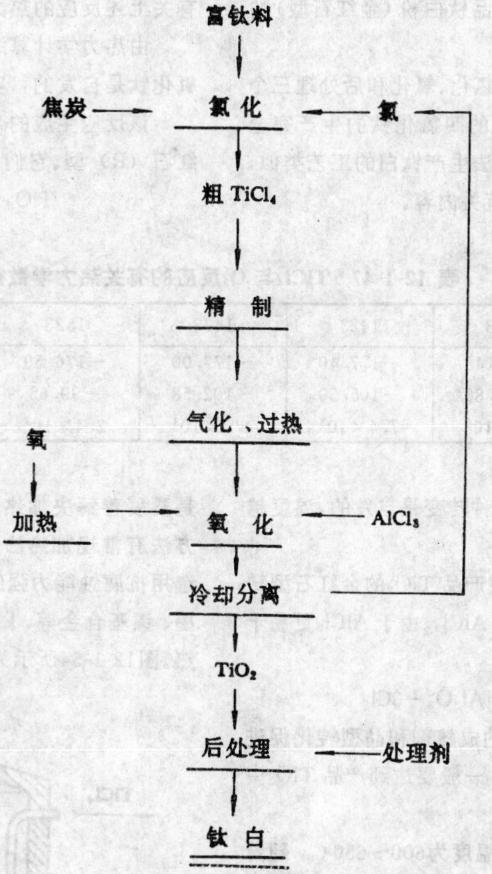

图 12-1-52　氯化法生产钛白的工艺流程

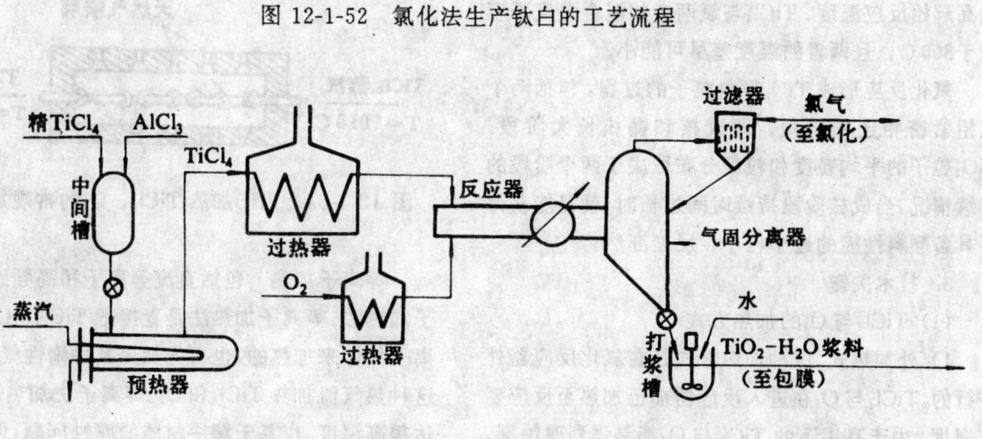

图 12-1-53　常规外热式氧化工序设备流程图

（二）氯化法生产钛白

1. 氯化法生产工艺

氯化法生产钛白工艺流程示于图12-1-52。图12-1-53所示为一种常规外热式氧化工序设备连接示意图。图12-1-51（b）为成品钛白粉（金红石型）的颗粒形貌。

氯化法生产钛白，包括氯化、氧化和后处理三个主要工序。氯化工序与上述的四氯化钛的生产完全相同，后处理工序则与硫酸法生产钛白的工艺类似，此处主要介绍氧化工序的有关内容。

2. 四氯化钛的氧化

四氯化钛的氧化反应式为：

$TiCl_4$（气）$+O_2$（气）$═══TiO_2$（固）$+2Cl_2$（气）

有关上述反应的热力学数据列于表12-1-47。

由热力学计算结果可知，$TiCl_4$与O_2反应生成二氧化钛是自发的，实际反应也是不可逆的。

该反应生成的TiO_2，既有锐钛（A）型也有金红石（R）型。它们之间的转变为：

$$TiO_2\text{（A）}=TiO_2\text{（R）}$$

表 12-1-47 $TiCl_4$与O_2反应的有关热力学数据

T，K	1073	1423	1473	1523	1573	1673
ΔH°_T，kJ/mol	−179.45	−177.40	−177.00	−176.59	−175.92	172.00
ΔG°_T，kJ/mol	−126.86	−105.50	−102.58	−99.65	−96.30	−90.43
K_p	1.5×10^6	7.4×10^3	4.3×10^3	2.4×10^3	1.5×10^3	6.6×10^2

已从热力学上得到证实，这种转变是自发的，温度越高越有利于这种转变。

在实际生产中，为了使产品TiO_2的金红石型转化率超过98%，而需要加入$AlCl_3$。由于$AlCl_3$更易于与氧反应：

$$2AlCl_3+\tfrac{3}{2}O_2=Al_2O_3+3Cl_2$$

生成的Al_2O_3起到了TiO_2的成核剂和晶型转化促进剂的作用。$AlCl_3$的加入量，一般要达到产品TiO_2中含2%Al_2O_3左右。

$TiCl_4$与氧反应的起始温度为600～650℃，随着温度的升高，反应速度急剧增加。为了达到高的氧化速度和高的氧化率，以及获得质量好的产品，应适当提高起始反应温度，$TiCl_4$与氧两者的混合温度不应低于800℃，且两者的温度差尽可能小。

氧化反应形成TiO_2颜料粒子的过程，包括两个互相紧密相连的阶段，即成核和晶核长大阶段。TiO_2粒子的平均粒度和粒度分布取决于两个阶段的持续情况，当成核阶段持续时间过长时，就只能获得不具备颜料性能的过小粒子，反之亦然。

3. 技术关键

（1）$TiCl_4$与O_2的加热方式

1）外加热式。这种加热方式是在氧化反应器外进行的。$TiCl_4$与O_2在进入反应器前已加热至反应要求温度，由于高温下的$TiCl_4$与O_2都是强烈腐蚀剂，在生产上，要达到连续快速大量的把$TiCl_4$、O_2加热至高温，又不致因$TiCl_4$、O_2的腐蚀而被污染，关键是要妥善解决加热器的结构和材质问题。可采用的方法有常规加热法和等离子加热法。常规加热法是选用抗腐蚀能力强的金属或非金属材料，如石英、石墨、镍基合金等，做成一定的形状，用油、气或电加热。图12-1-54所示为一种常规加热器。

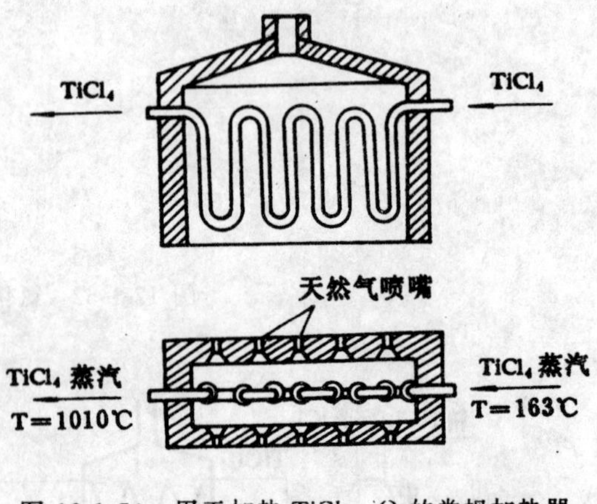

图 12-1-54 用于加热$TiCl_4$、O_2的常规加热器

等离子加热、包括直流等离子和高频感应等离子加热法。等离子加热法是直接把$TiCl_4$、O_2作为等离子气体来加热的。也可先加热某种惰性气体，再用这种热气流加热$TiCl_4$和O_2。等离子法加热迅速，可达很高温度，也易于解决材质的腐蚀问题，但比常规法的热效低。图12-1-55、12-1-56所示分别为直流、高频等离子加热器。

2）内加热式。反应物料在进入反应器前仅作预热，进一步的加热是在氧化反应器内完成。这种加热方式，是在把预热的 $TiCl_4$ 和 O_2 送入反应器的同时，把某种燃料送入反应器，常用的燃料有一氧化碳、甲苯等。这种方法简化了 $TiCl_4$ 与 O_2 的加热操作，但使反应条件复杂化，同时燃烧产生的废气又冲稀了 $TiCl_4$ 与 O_2 反应副产氯气的浓度。特别是当使用碳氢化合物作燃料时，会生成水和氯化氢，而腐蚀反应器。

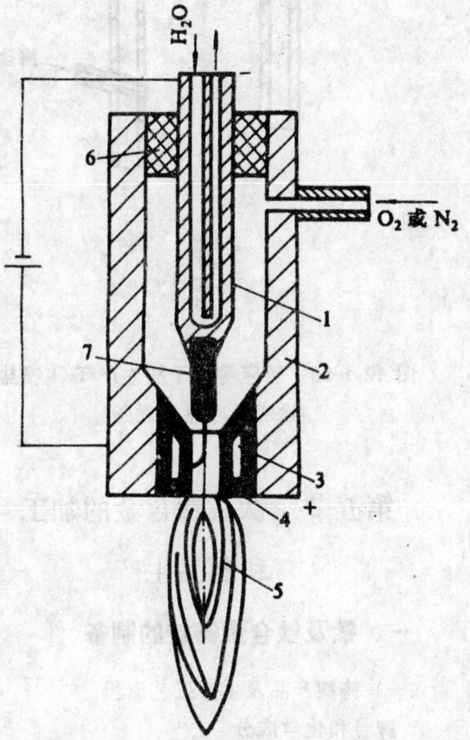

图 12-1-55 直流等离子加热器

1—阴极；2—阳极；3—冷却水；4—阳极顶端；5—等离子焰；6—绝缘体；7—阴极顶部

（2）反应物料热流的混合

$TiCl_4$ 与 O_2 热气流快速有效的混合，完成传质传热过程，是保证反应正常进行的基础。为此，生产上多采用“径向反应器”，也称为“平推流反应器”，其实质是把一种反应物料从轴向送入反应器、另一反应物料以径向（放射型）方向引入的圆筒形反应器。通过调整 α、β 角度的大小和 h 的宽窄的相互关系（依据是使 $TiCl_4$ 和 O_2 气流的动量尽可能接近），取得最佳的 $TiCl_4$ 与 O_2 的混合效果。这种反应器的示意图见图12-1-57。

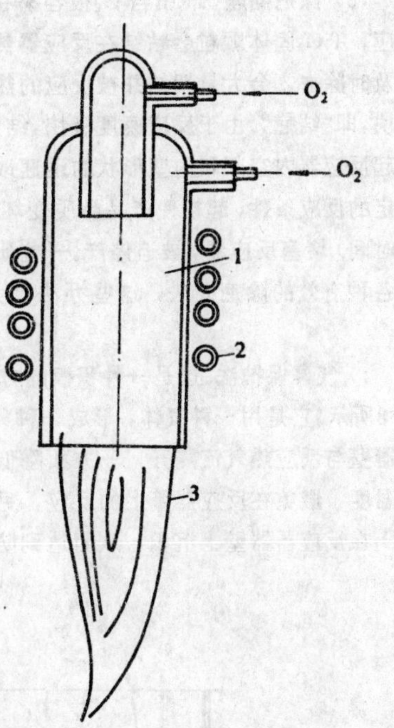

图 12-1-56 高频感应等离子加热器

1—石英等离子枪；2—感应线圈；3—等离子焰

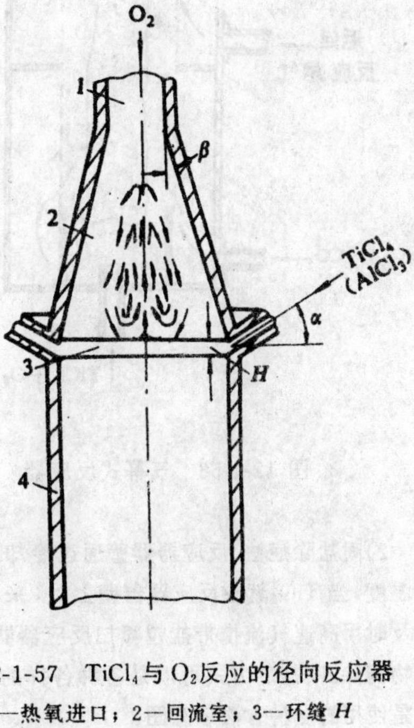

图 12-1-57 $TiCl_4$ 与 O_2 反应的径向反应器

1—热氧进口；2—回流室；3—环缝 H（$TiCl_4$ 进口）；4—筒形反应室

这种反应器混合效果好，反应能在瞬间（零点几秒）完成。

（3）除疤问题。$TiCl_4$与O_2很容易在反应器壁上反应，TiO_2固体颗粒会粘结在反应器热壁上，如不能及时除去，会大量絮结并被反应的热气流烧结成硬块，即“结疤”。由于反应速度极快，结疤很快变大，引起反应器内空间和内壁形状的迅速改变，破坏了设定的反应条件，起初使产品品质变坏，进而（极短的时间）堵塞反应器，被迫停产。一些研究者已提出了各种有效的除疤办法，这些办法已为生产采用。如：

1）气幕保护法。这是一种积极的方法，如图12-1-58所示。它是用一种气体，形成一种气幕，把反应器器壁与反应热气流隔开，一方面降低了反应器器壁温度，避免在反应器壁上的反应，另一方面不使TiO_2在反应器器壁上沉积，从而达到防止结疤的目的。

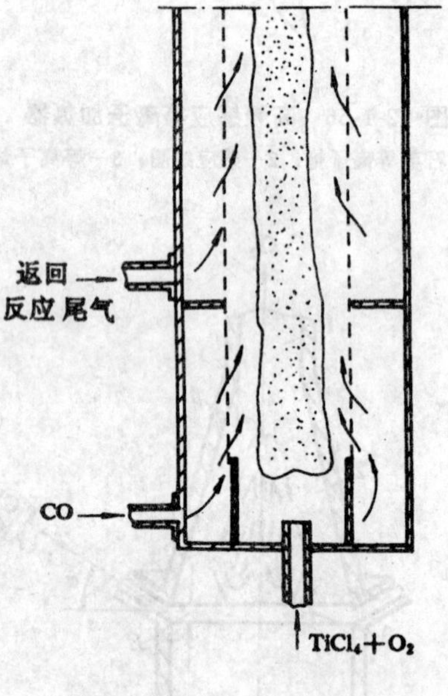

图 12-1-58 气幕式反应器

2）喷盐除疤法。反应器器壁通过冷却，维持在较低温度，当TiO_2絮在反应器器壁上时，来不及烧结，便及时用高速气流携带盐粒喷扫反应器器壁，把粘结物清除。喷盐的方式可以是各种各样的，图12-1-59是使用的一种方法示意图。

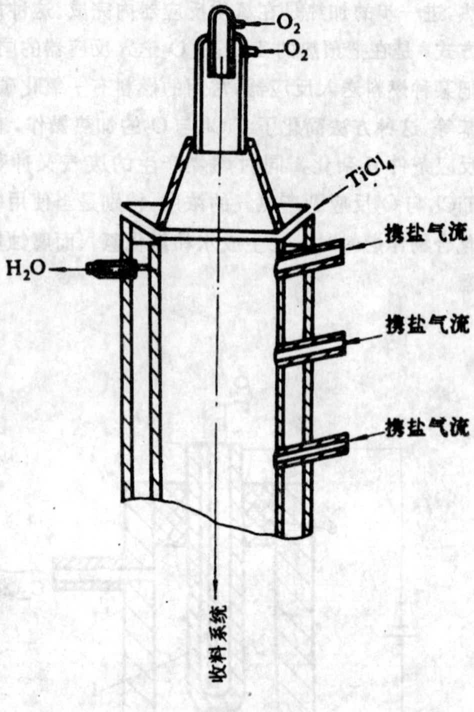

图 12-1-59 感应等离子法生产TiO_2喷盐除疤反应器示意图

第五节 钛及钛合金的加工和制品生产

一、钛及钛合金铸锭的制备

（一）铸锭产品及生产工艺流程

1.牌号和化学成分

目前，中国生产的钛及钛合金铸锭除了表12-1-48所列的牌号和化学成分外，还有 Ti-0.2Pd、Ti-0.3Mo-0.8Ni、Ti-32Mo、Ti-2.5Cu、Ti-3Al-2.5V、Ti-11Sn-5Zr-1Mo-2.5Al-0.25Si、Ti-6.5Al-3.5Mo-2Zr-0.3Si 等。

2.铸锭规格及重量

考虑到铸锭化学成分的均匀性，钛合金铸锭的最大直径一般不超过850mm，纯钛锭直径最大可达1200mm。

目前，中国生产的钛及钛合金铸锭的名义直径为220～820mm；重量为100～6000kg。

3.生产工艺流程

表 12-1-48 钛及钛合金牌号和化学成分(GB3620—83)

合金牌号	化学成分组	主要化学成分,%																	
		主要成分												杂质,不大于					
		钛	铝	铬	钼	锡	锰	钒	铁	铜	硅	硼	锆	铁	硅	碳	氮	氢	氧
TA0	碘法钛	基	—	—	—	—	—	—	—	—	—	—	—	0.03	0.03	0.03	0.01	0.015	0.05
TA1	工业纯钛	基	—	—	—	—	—	—	—	—	—	—	—	0.15	0.10	0.05	0.03	0.015	0.15
TA2	工业纯钛	基	—	—	—	—	—	—	—	—	—	—	—	0.30	0.15	0.10	0.05	0.015	0.20
TA3	工业纯钛	基	—	—	—	—	—	—	—	—	—	—	—	0.40	0.15	0.10	0.05	0.015	0.30
TA4	Ti-3Al	基	2.0~3.3	—	—	—	—	—	—	—	—	—	—	0.30	0.15	0.10	0.05	0.015	0.15
TA5	Ti-4Al-0.005B	基	3.3~4.7	—	—	—	—	—	—	—	—	0.005	—	0.30	0.15	0.10	0.04	0.015	0.20
TA6	Ti-5Al	基	4.0~5.5	—	—	—	—	—	—	—	—	—	—	0.30	0.15	0.10	0.05	0.015	0.15
TA7	Ti-5Al-2.5Sn	基	4.0~6.0	—	—	2.0~3.0	—	—	—	—	—	—	—	0.3	0.15	0.10	0.05	0.015	0.20
TA8	Ti-5Al-2.5Sn-3Cu-1.5Zr	基	4.5~5.5	—	—	2.0~3.0	—	—	—	2.5~3.2	—	—	1.0~1.5	0.15	0.15	0.10	0.05	0.015	0.15
TB2	Ti-5Mo-5V-3Cr-3Al	基	2.5~3.5	7.5~8.5	4.7~5.7	—	—	4.7~5.7	—	—	—	—	—	0.30	0.05	0.05	0.04	0.015	0.15

续表 12-1-48

合金牌号	化学成分组	主要化学成分,%																	
		主要成分												杂质,不大于					
		钛	铝	铬	钼	锡	锰	钒	铁	铜	硅	硼	锆	铁	硅	碳	氮	氢	氧
TC1	Ti-2Al-1.5Mn	基	1.0~2.5	—	—	—	0.7~2.0	—	—	—	—	—	—	0.40	0.15	0.10	0.05	0.012	0.15
TC2	Ti-3Al-1.5Mn	基	3.5~5.0	—	—	—	0.8~2.0	—	—	—	—	—	—	0.30	0.15	0.10	0.05	0.012	0.15
TC3	Ti-5Al-4V	基	4.5~6.0					3.5~4.5						0.30	0.15	0.10	0.05	0.015	0.15
TC4	Ti-6Al-4V	基	5.5~6.8	—	—	—	—	3.5~4.5						0.30	0.15	0.10	0.05	0.015	0.20
TC5	Ti-6Al-1.5Cr-2.5Mo-0.5Fe-0.3Si	基	5.5~7.0	0.8~2.3	2.0~3.0	—	—	—	0.2~0.7	—	0.15~0.90	—	—	—	—	0.10	0.05	0.015	0.18
TC7	Ti-6Al-0.6Cr-0.4Fe-0.4Si-0.01B	基	5.0~6.5	0.4~0.9	—	—	—	—	—	—	0.25~0.60	0.01	—	—	—	0.10	0.05	0.025	0.30
TC9	Ti-6.5Al-3.5Mo-2.5Sn-0.3Si	基	5.8~6.8	—	2.8~3.8	1.8~2.8	—	—	—	—	0.2~0.4	—	—	0.40	—	0.10	0.05	0.015	0.15
TC10	Ti-6Al--6V-2Sn-0.5Cu-0.5Fe	基	5.5~6.5	—	—	1.5~2.5	—	5.5~6.5	0.35~1.0	0.35~1.0	—	—	—	—	0.15	0.10	0.04	0.015	0.20

现在钛及钛合金铸锭生产的主要设备是真空自耗电弧炉。熔炼是在真空或低压惰性气体条件下，以电弧热能将自耗电极熔化，并在水冷或液体金属冷却的铜坩埚内铸成锭。为了保证铸锭化学成分的均匀性，一般进行二次熔炼。其生产工艺流程见图 12-1-60。

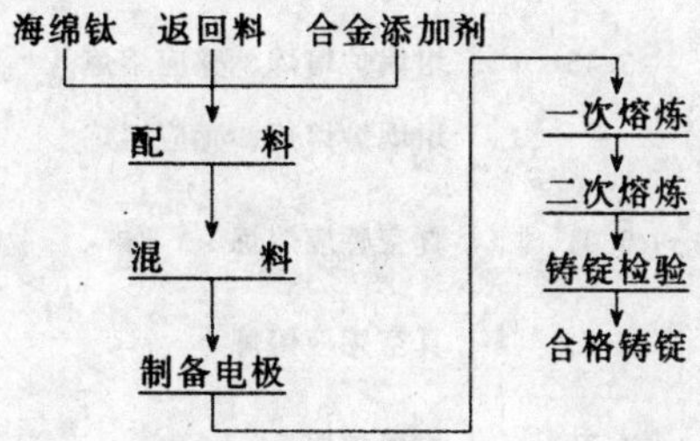

图 12-1-60 钛及钛合金铸锭生产工艺流程

（二）炉料准备

熔炼钛及钛合金铸锭的炉料包括海绵钛、钛残料、纯金属及中间合金添加剂。

1. 海绵钛

海绵 钛的牌号和化学成分见表 12-1-46。生产不同牌号的钛及钛合金，应选用不同级别的海绵钛。

2. 钛残料

作为钛及钛合金炉料的钛残料，是预先经过净化处理、碎化、严格检验而不带氧化层、低密度及高密度夹杂物的干净残料。其形式有屑状、条状、块状等。

3. 合金添加剂

(1) 合金元素的分类及主要物理性质。目前适用于钛合金的所有合金元素，按熔点可分为三类，其主要性质列于表 12-1-49。

表 12-1-49 钛合金元素的分类及主要性质

类别	元素名称	熔化温度 C	密 度 g/cm³	熔化热 kJ/mol
I	W	3380	19.34	35.20
	Mo	2620	10.20	27.59
	Ta	3000	16.60	31.35
	Nb	2420	8.57	26.75
	V	1920	6.10	17.56
II	Zr	1850	6.50	16.72
	Cr	1820	7.15	13.80
	Mn	1250	7.41	7.94
	Fe	1539	7.88	15.05
	Si	1410	2.30	4.60
III	Al	660	2.70	10.45
	Sn	232	7.29	7.11
Ti		1665	4.50	15.47

(2) 添加剂的成分及加入形式。

根据合金元素物理性质的不同（主要是熔化温度和密度），合金组元可用纯金属或中间合金的形式加入。表 12-1-50 列出了钛合金常用的中间合金的化学成分、主要性质及生产方法。为了简化多元复杂钛合金的配料计算和进一步改善添加剂的物理性质，中间合金已向多元化发展。如 Al-Mo-Cr-Fe-Si、Al-Mo-Zr-Si、Al-Mo-Cr-V-Fe 等。

表 12-1-50 常用中间合金的成分及主要性质

中间合金	化学成分，%	熔点，C	密度 g/cm³	生产方法
Al-Mo	Mo45～50、C＜0.10、Fe＜0.30、Si＜0.30	约 1400	5.7～6.46	铝热 法、感应熔炼
Al-Mo	Mo70～80、C＜0.10、Si＜0.10、Fe＜0.30	—	7.97～8.70	铝热法、感应熔炼
Ti-Mo	Mo45～55、C＜0.10、Sn＜0.10、Fe＜0.30	—	7.10～7.36	自耗熔炼＋凝壳熔炼

续表 12-1-50

中间合金	化学成分,%	熔点,C	密度 g/cm³	生产方法
Al-V	V45～55、$C+O_2+N_2+Fe+Si<0.50$	约 1650	4.20～4.50	铝热法、感应熔炼
Al-V	V70～80、$C+O_2+N_2+Fe+Si<0.50$	约 1700	5.00～5.30	铝热法、感应熔炼
Al-Sn	Sn60 Fe+Si+Cu+Pb<0.30	约 230	5.45	坩埚炉熔炼、感应熔炼
Al-Sn	Sn30 Fe+Si+Cu+Pb<0.30	—	—	坩埚炉熔炼、感应熔炼
Ti-Sn	Sn65 C<0.20、Fe<0.30、Si<0.20	约 1500	6.31	真空感应熔炼
Ti-Al-Sn	Ti40 Al40	—	—	真空感应熔炼
Al-Mn	Mn40 C<0.10、Fe<0.30、S<0.20	约 990	4.38	坩埚炉熔炼
Ti-Mn	Mn65 C<0.20、Fe<0.30、Si<0.20	约 1350	6.38	真空感应熔炼
Al-Sn-Si	Al45、Sn45、C<0.10、Fe<0.30	—	4.73	坩埚炉熔炼
Ti-Si	Si25、C<0.10、Fe<0.30	约 1350	4.22	非自耗熔炼
Al-Si	Si20、Fe+Cu+Ca<0.50	—	—	坩埚炉熔炼
B-Fe	B20、C<0.10	约 1400	6.76	熔炼法
Al-Cr	Cr60	1450	—	高频感应熔炼

制取中间合金的基本方法有金属热还原法和熔炼法。含高熔点组元较多的中间合金有时也采用金属热还原和感应熔炼法相结合的两步法。目前常用的 Al-Mo、Al-V 中间合金采用铝热法制备。Al-Si、Al-Sn、Al-Sn-Si 等中间合金采用非真空感应熔炼，Ti-Sn、Ti-Mn 等采用真空感应熔炼。

（三）自耗电极的制备

1. 配料

钛合金根据下述原则确定合金元素的配料比例:(1)合金元素和杂质含量允许的波动范围及合金最佳性能所要求的最佳成分范围;(2)熔炼方法及熔炼次数;(3)合金元素在真空自耗熔炼过程中的烧损率和蒸发率;(4)合金元素的加入方式及物理性质。

一般情况下，烧损率大、容易挥发的元素，配料比例接近上限或超过上限，不易挥发损失的元素按要求范围的中限配料。合金组元的添加方式见表 12-1-51。

2. 电极块的压制

自耗熔炼对电极的要求主要是：(1) 足够的强度；(2) 足够的导电性；(3) 平直度；(4) 合金组元在电极中的分布合理；(5) 不受潮、不污染。

电极块的压制方法有压制和挤压两大类，其中以压制法应用最普遍。

表 12-1-51 钛合金组元的添加方式

合金牌号	组 元	添加方式
TA2、TA3	Fe、O_2	铁粒、铁丝、TiO_2、铁粉
TA4	Al	Al 或 Ti-Al
TA5	Al、B	Al、B 或 Ti-Al、Al-B
TA6	Al	Al 或 Ti-Al
TA7	Al、Sn	Al-Sn 或 Al、Ti-Sn
TA8	Al、Sn、Cu、Zr	Al-Sn、Ti-Sn、Cu、Zr
TB2	Al、Mo、V、Cr	Al-Mo、V、Cr 或 Al-Mo-V

续表 12-1-51

合金牌号	组 元	添加方式
TC1	Al、Mn	Mn、Al或Ti-Al
TC2	Al、Mn	Mn、Al或Ti-Al
TC3	Al、V	Al、Al-V
TC4	Al、V	Al、Al-V
TC6	Al、Mo、Cr、Fe、Si	Al-Mo、Al-Si、Cr、Fe
TC7	Al、Cr、Fe、Si、B	Al-Si、Cr-Fe、Cr、Fe、B、Al
TC9	Al、Mo、Sn、Si	Al-Mo、Al-Si、Ti-Sn、Al
TC10	Al、Sn、V、Cu、Fe	Al-V、Ti-Sn、Cu、Fe、Al

电极块的密度与被压制的原料有关。图 12-1-61 所示为单位压力与电极密度的关系。一般地说，电极块的密度大于 3.2g/cm³ 就可以满足熔炼要求。

3. 电极的组焊

电极的组焊是将压好的电极块焊成自耗熔炼所需截面和长度的电极。工业上，常采用氩气保护等离子焊、真空等离子焊和电子束焊。为了防止混入高比重夹杂，一般不使用钨极氩弧焊接法。焊接用氩气纯度为 99.99%。

自耗电极组焊的几种典型截面示于图 12-1-62。

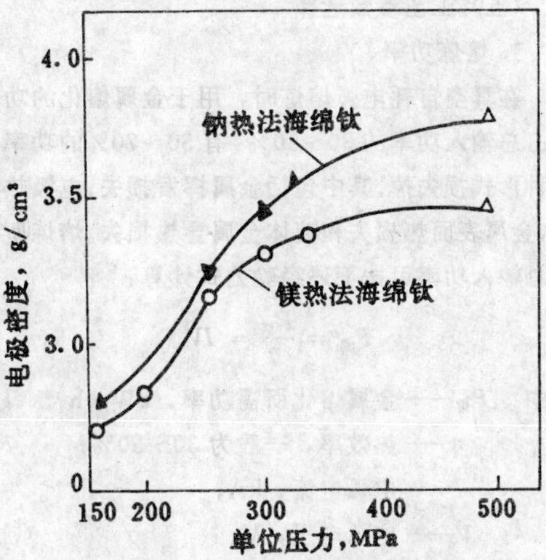

图 12-1-61 压制海绵钛电极块的单位压力与密度的关系

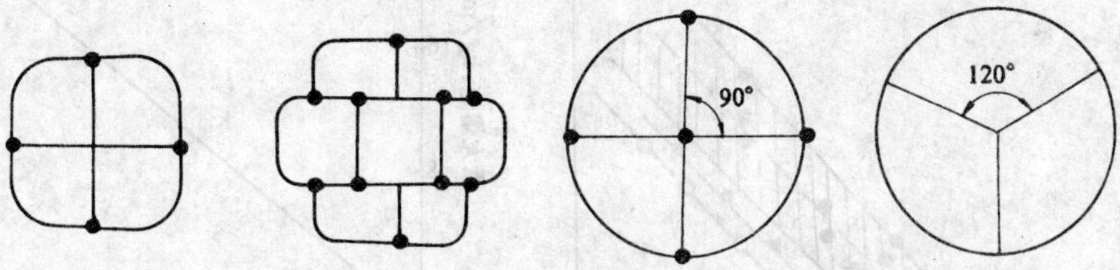

图 12-1-62 典型的电极组焊断面示意图

（四）熔炼过程

1. 装炉和炉内焊接

当采用专用设备焊接自耗电极与辅助电极时，只要把焊好的电极装入炉内并调整到使其位于坩埚的中心即可。在没有专用设备时，先将组焊好的自耗电极装入坩埚，调整好中心，封炉抽真空进行电弧对焊使辅助电极和自耗电极接在一起。重熔电极多采用炉内对焊。

2. 熔炼

当炉室真空度达到工艺要求时，即可开始熔炼。熔炼分引弧、正常熔炼和热封顶三阶段。引弧是利用自耗电极和置于坩埚底座的引弧剂瞬间接触产生弧光放电，进而达到稳定燃烧，然后逐渐加大电流，待形成布满坩埚底的熔池后，迅速将电流升到工艺要求的设定值，进行正常熔炼。用保护气氛熔炼时，熔池形成后，关闭真空阀门，充入 $0.8\sim2.7\times10^{4}$Pa 压力的惰性气体。封顶的目的是为了减少铸锭头部缩孔和疏松区。热封顶电流一般为正常熔炼电流的 1/3～1/10；热封顶时间占总熔炼时间的 1/4～1/3。热封顶开始时间一般采用电极杆行程或平均熔速法计算确定预留电极量。

3. 冷却

铸锭在真空或惰性气体保护下冷却至400℃以下温度出炉。一般来说，惰性气体保护冷却效果比真空冷却好。

（五）工艺参数选择

1. 熔炼功率

在真空自耗电弧熔炼时，用于金属熔化的功率仅占总输入功率的30～50%，有50～70%的功率以各种形式损失掉。其中包括金属挥发损失；电极热损失，金属表面热损失和液体金属导热损失。熔炼所需的总输入功率可按下述经验公式计算：

$$P_{总}=\frac{P_{熔}}{\eta}=IV$$

式中 $P_{熔}$——金属熔化所需功率，kW·h；

η——热效率，一般为30～50%；

I——电弧电流，kA；

V——电弧电压，V。

真空自耗电弧熔炼钛的电压通常为28～40V。惰性气体保护熔炼的电压比真空熔炼高6～8V。随着电流的增大电弧电压略有升高，如图12-1-63所示。

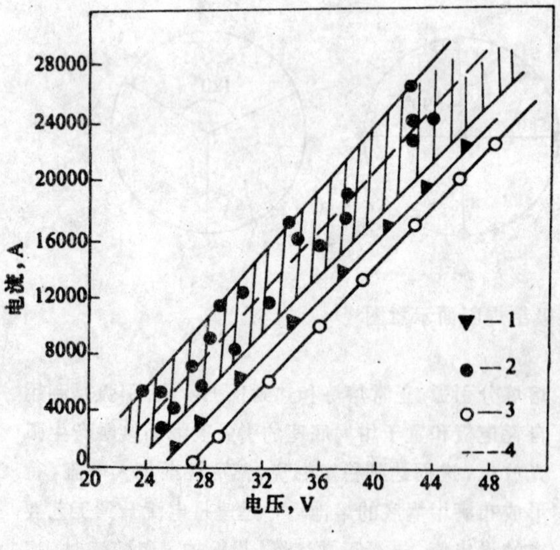

图12-1-63 钛自耗熔炼时电流与电压关系

1—一次熔炼；2—二次熔炼；

3—充氩重熔；4—最佳熔炼制度

熔炼电流是真空自耗熔炼的重要参数，它与被熔炼材料、铸锭直径、坩埚与电极直径比、炉内压力、极性、炉子结构及电源类型有关。熔炼电流大小，除决定金属的熔化速率和熔池温度外，还直接影响到熔池的形状、体积和深度。电流越大，金属熔化速率越大，铸锭表面质量越好。同时，随着电流的增加，金属熔池深度增加引起铸锭组织恶化——柱状晶粗大，径向发展，疏松和偏析程度增加。熔炼电流小，则熔化速率低，金属熔池浅，柱状晶细小且轴向发展，有利于获得疏松程度小，成分偏析度小，结晶构造致密的铸锭。

2. 熔炼速度

真空自耗熔炼的速度与熔炼 的电流大小有关，如图12-1-64所示。在保证铸锭质量的前提下，提高熔速有利于增加生产效率。提高熔炼速度的主要方法是增加电压和电流，一般以增加电流为好。

3. 坩埚比

电极直径与坩埚直径之比（简称坩埚比）是影响铸锭质量和安全生产的重要参数之一。对于钛而言，坩埚比一般在0.625～0.88之间。真空自耗熔炼时坩埚直径与最小间隙的关系见图12-1-65。

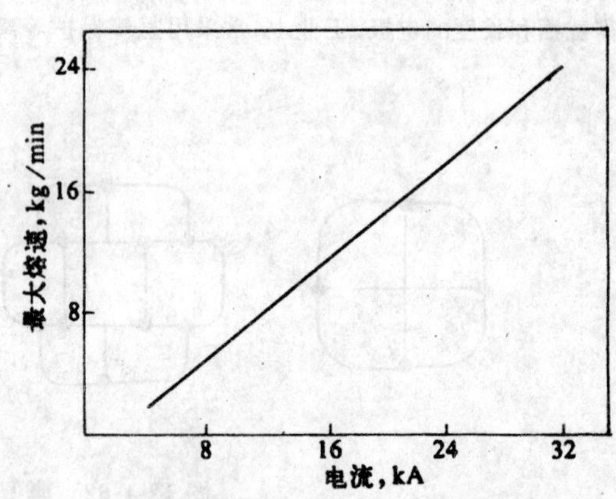

图12-1-64 熔炼的最大速度与电流的关系

目前有采用大断面电极的倾向。大断面电极的优点在于电弧热能均匀地分布在整个熔池表面，使金属熔池呈扁平状，增加了熔池固液两相区的温度梯度，有利于获得成分偏析小，致密度高的优质铸锭。

4. 熔炼真空度

钛及钛合金的熔炼真空度一般为0.1～1.0Pa。

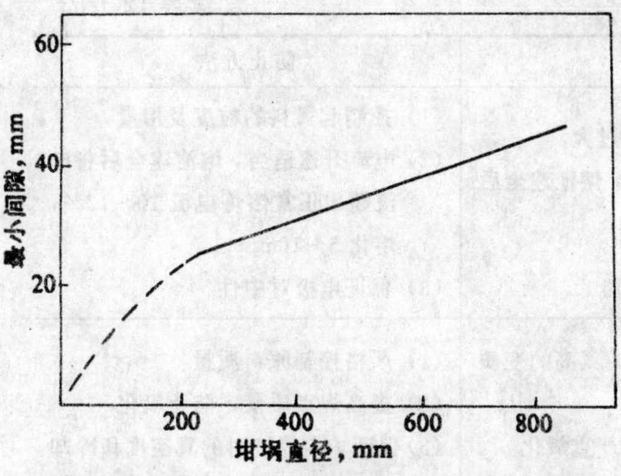

图 12-1-65　坩埚直径与最小间隙的关系

5. 搅拌电流

金属熔池的旋转，对铸锭质量既有好的作用，也有坏的影响。合适的搅拌电流，可以细化晶粒，减轻结晶偏析的程度。通常是根据所熔炼的合金来确定搅拌电流的大小和频率。一般地说，有正偏析特征组元的钛合金，在二次重熔时，选择较低的频率和较小的搅拌电流。

6. 熔炼工艺参数实例

钛及钛合金自耗电弧熔炼工艺参数实例如表 12-1-52。

表 12-1-52　钛及钛合金真空自耗电弧熔炼工艺参数实例

坩埚直径，mm	160	220	220	296	296	380	440	518	518	622	622	711
电极规格，mm	ϕ150	ϕ160	ϕ150	ϕ220	200×200	ϕ296	300×300	ϕ440	ϕ440	7 (150×150)	ϕ518	ϕ622
焊接真空度；Pa	13.3	13.3	13.3	13.3	13.3	13.3	6.6	6.6	6.6	6.6	6.6	6.6
焊接电流，kV	1.5～1.7	1.5～1.7	1.5～2.0	2.0～3.0	3.0～3.2	3.0～4.0	3～6	4～7	4～8	5～9	5～10	5～12
冷却时间，min	10	10	10	15	15	15	10	15	15	20	20	20
熔前真空度，Pa	0.06	0.06	0.06	0.06	0.26	0.26	0.10	0.10	2.6	2.6	2.6	2.6
熔炼次数，次	1	2	1	2	1	2	1	1	2	1	2	2
搅拌电流，A	1.5	1.5	1.5	2.0	2.0	2.0	15	18	交流 8	直流 20	交流 10	交流 10
起弧电流，kA	3	3	3	3	3	3.5	6	6	6	6	6	6
熔炼电流，kA	3.0/3.2	5.5/5.8	5.0/5.5	6.5/6.8	6.0/6.5	7.5/7.8	9/9.5	12/13	17/18	16/17	22/23	28/29
电弧电压，V	32	35	34	38	36	36	30～32	30～33	32～35	30～33	32～35	32～35
漏气率，微米汞柱/min	3	3	3	3	3	3	1	1	0.5	1	0.5	0.5
熔炼真空度，Pa	1.33	1.33	1.33	1.33	1.33	0.13	6.66	6.66	1.3	6.66	1.33	1.33
冷却时间，n	1.5	2.0	2.0	2.5	2.5	3.0	3.0	3.5	3.5	4.5	4.5	4.5

表 12-1-53　铸锭的主要冶金缺陷

缺陷名称	表现形式	产生原因	防止方法
皮下气孔及内部气孔	内表面光滑、分布于铸锭表皮以下或内部	(1) 原料含氧量大 (2) 冷却速度大 (3) 电流小，熔池太浅 (4) 坩埚底部渗水	(1) 严格控制原料质量 (2) 冷却水流量适当 (3) 适当提高熔化电流 (4) 加强检漏

续表 12-1-53

缺陷名称	表现形式	产生原因	防止方法
底部冷隔和夹生	底面凸凹不平，有未熔化的起弧料	(1) 起弧料过多，粒度过大 (2) 起弧后电流升速慢，熔池建全后电流过小 (3) 电极底部不对中	(1) 控制起弧料的粒度及用量 (2) 电流升速适当，熔池建全后将电流超出正常熔炼电流 10～12%，熔化 5～10min (3) 保证电极对中性
气体偏析（钛的氮化物或氧化物）	多以亮点状集中分布，呈现在加工材上	(1) 原料中存在有含氧、氮高的变质料 (2) 电极焊接时，焊点严重氧化 (3) 炉内焊接时的焊瘤未清除 (4) 真空度低，漏气率大	(1) 严格控制原料质量 (2) 提高焊点质量，防止氧化 (3) 保证炉内焊接时的真空度和冷却时间，焊接后认真清理焊瘤 (4) 保证熔炼真空度和漏气率
宏观偏析	多以亮块、亮条的 α 型偏析和发暗的块斑状 β 偏析呈现在加工材上（尤其是锻件上）	(1) 原料粒度大 (2) 电极中合金元素分布不均 (3) 熔炼过程中电极掉块 (4) 合金元素添加形式不合适	(1) 严格控制炉料的粒度 (2) 采取混料方式，保证自耗电极中合金元素分布均匀 (3) 保证电极密度和强度，防止熔炼过程中掉块 (4) 某些合金元素以中间合金形式加入
区域偏析	铸锭不同部位合金元素含量波动范围大，铸锭内部合金元素呈规律分布，局部含量超标	(1) 熔炼电流不合理 (2) 合金元素在自耗电极中的分布不合理	(1) 对含有正偏析元素的钛合金，采用较低的电流熔炼 (2) 对于含有负偏析元素的钛合金，采用适当高的熔炼电流熔炼 (3) 采用合理的布料方法布料
高密度夹杂（钨夹杂）	与基体有明显界限的不熔块存在于铸锭中或加工材上	(1) 电极焊接时，采用钨极氩弧焊，电极被钨玷污 (2) 屑状返回料中，存在有碳化钨硬质合金刀头的残块	(1) 严禁用钨极氩弧焊焊接自耗电极 (2) 钛的切削加工最好不用碳化物硬质合金刀头 (3) 采用合理的方法，去除屑状料中的硬质合金刀头，并加强检验

（六）铸锭的主要冶金缺陷

铸锭的主要冶金缺陷，表现形式、产生原因及防止方法见表 12-1-53。

（七）残钛料的回收和利用

1. 残钛料的产生

残钛料是钛材生产中、钛设备与零件制造中产生的车屑、边角余料、几何废料及加工废品的总称。从海绵钛算起，残钛料约占总投料量的 75%。残钛的回收利用是钛材生产中降低成本的重要手段。

2. 残钛料回收的工艺方法

(1) 残钛料的管理。残钛料的回收和利用，首先必须重视各类残料的科学管理，防止混料和混入外来金属及非金属杂物。

(2) 残钛料的净化处理。不管何种残料，在其形成过程中，总是要受到污染的。主要有：1) 油及冷却介质的玷污；2) 铁磁性物质的玷污；3) 非铁磁性物质玷污；4) 加工过程中，因局部受热而形成的氧、氮玷污。净化处理的目的就在于去除残料的这些玷污。

图 12-1-66 和 12-1-67 所示分别为屑状残料和块状残料净化处理工艺流程图。

3. 残钛料利用方法

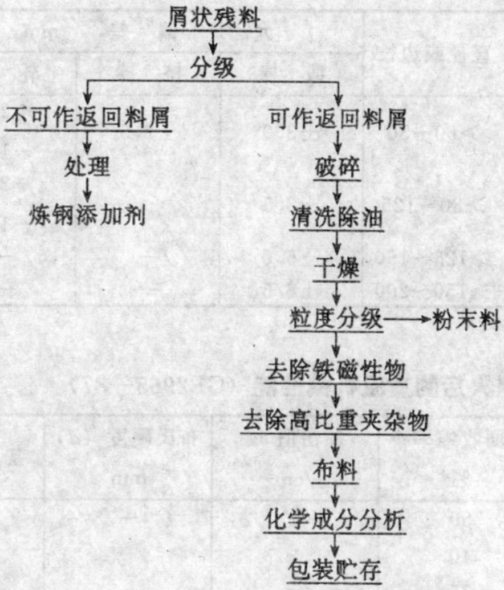

图 12-1-66　屑状残料净化处理流程图

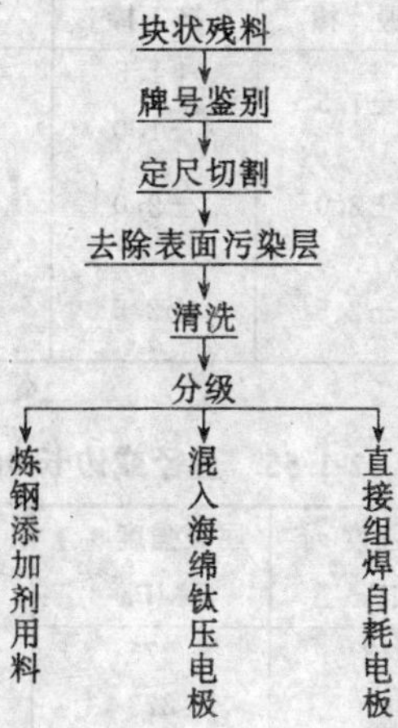

图 12-1-67　块状残料净化处理流程图

（1）真空熔炼法。真空熔炼法包括真空自耗、非自耗、等离子及电子束熔炼四种方法。

真空自耗熔炼法，是将屑状料和尺寸小的块状料与海绵钛和合金元素充分混合，在专用压力机上压制成电极块，再焊接成自耗电极。这是残料回收的主要方法。

真空非自耗电弧熔炼法的设备如图 12-1-68。熔炼时残料通过滚式加料器连续不断地（或间断地）加入到熔池中。该设备可将 100％的残料熔炼成一次锭。目前还开发一种半自耗熔炼回收残料的方法。即将一部分残料压成自耗电极，另一部分通过加料装置直接加入到熔池中熔炼成一次锭。

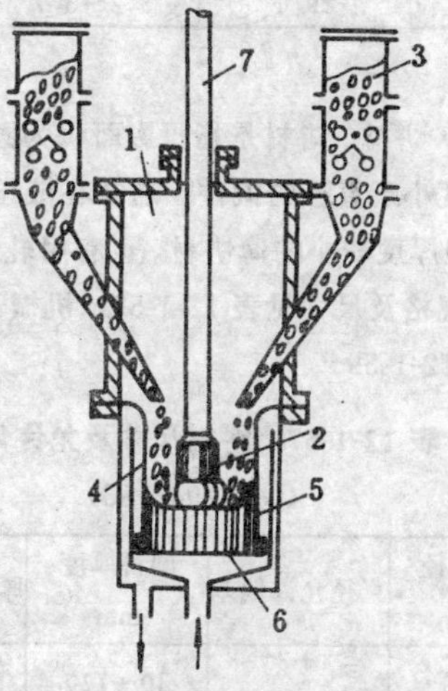

图 12-1-68　回收用真空电弧炉示意图

1—炉室；2—非自耗电极；3—加料器

4—坩埚；5—铸锭；6—底座；7—导电杆

等离子和电子束回收法的优点是直接使用屑料，不需要制备自耗电极，可防止高密度夹杂物进入铸锭。此外，可生产圆锭也可生产扁锭。多采用多枪式带水冷炉床结构，最大功率可达 4×600kW。

（2）粉末冶金法。此法是将残钛氢化后制成钛粉，加以利用（参见本节六）。

二、钛及钛合金的锻造

（一）主要产品及工艺流程

1. 主要产品

（1）棒材。棒材可以用锻造、轧制、挤压、旋锻等方法生产。用液压机、锻锤和精锻机生产的棒材称为锻棒，产品规格和机械性能列于表 12-1-54、12-1-55 和 12-1-56。

表 12-1-54　棒材直径或边长及允许偏差

（GB2965—87）

直径或边长	允许偏差，mm		
	锻　棒	挤　棒	轧　棒
8～15	—	+0.8 −0.7	+0.6 −0.5

续表 12-1-54

直径或边长	允许偏差，mm		
	锻 棒	挤 棒	轧 棒
>15～20	±1.5	+1.5 −1.0	+0.7 −0.5
>20～35	±2.0	±2.0	+1.2 −0.5
>35～50	±2.5	±2.5	+1.5 −1.0
>50～80	±3.0	±2.5	+2.0 −1.0
>80～125	±3.5	—	+2.2 −1.2
>125～150	±5.0	—	—
>150～200	±6.5	—	—

表 12-1-55 直径或边长 90mm 以下锻棒退火后的室温机械性能（GB2965—87）

牌 号	抗拉强度 σ_b MPa	屈服强度 $\sigma_{0.2}$ MPa	延长率 δ %	断面收缩率 ψ %	冲击值 a_K J/cm²	布氏硬度（d）mm	备 注
TA1	343	275	25	50	—	—	
TA2	441	373	20	40	—	—	
TA3	539	461	15	35	—	—	
TA5	686	—	15	40	58.8	—	
TA6	686	—	10	27	29.4	—	
TA7	785	—	10	27	29.4	3.4～3.9	
TA8	981	—	10	25	19.6～29.4	—	
TB2	≤981	—	18	40	29.4	—	淬火性能
	1373	—	7	10	14.7	—	时效性能
TC1	588	—	15	30	44.1	—	
TC2	686	—	12	30	39.2	—	
TC4	902	824	10	30	39.2	≥3.35	
TC6	981	—	10	25	29.4	3.2～3.7	
TC7	981	—	10	23	34.3	—	
TC9	1059	—	9	25	29.4	—	
TC10	1030	—	12	25	34.3	—	锻棒性能
	1030	—	12	30	39.2	—	轧棒性能
TC11	1030	—	10	30	29.4	3.2～3.7	

注：直径小于 20mm 的棒材不测冲击值和布氏硬度。

表 12-1-56 锻棒的高温机械性能（GB2965—87）

牌号	试验温度 ℃	高温力学性能，不小于	
		抗拉强度 σ_b MPa	持久强度 σ_{100} MPa
TA6	350	422	392
TA7	350	490	441
TA8	500	686	490
TC1	350	343	324
TC2	350	422	392
TC4	400	618	569
TC6	400	736	667
TC7	450	588	/
TC9	500	785	588
TC10	400	834	785
TC11	500	686	588

（2）饼材。饼材是指投影面积为圆形或近似圆形而高度小于直径的锻件。通常在液压机或锻锤上生产，但厚度较小的薄饼材，也有用轧制法生产的。饼材的规格及尺寸见表 12-1-57，机械性能见表 12-1-58 和 12-1-59。

表 12-1-57 饼材尺寸及允许偏差

（GBn194—83）

圆饼直径 mm	直径允许偏差	圆饼厚度 mm	厚度允许偏差
<300	+3 0	40～170	+3 −1
300～400	+3 −1	40～150	+3 −1
>400～500	+3 −1	60～110	+4 −2

表 12-1-58　饼材试样经热处理后的室温机械性能（GBn194—83）

合金牌号	饼材厚度 mm	抗拉强度 σ_b，MPa (kgf/mm²)	屈服强度 σ_s，MPa (kgf/mm²)	伸长率 δ_5 %	断面收缩率 ψ %	冲击率 a_k J/cm² (kgf·m/cm²)	布氏硬度 HB (*d*) mm
TA2	≤170	412 (42)	—	18	35	—	—
TA3	≤170	510 (52)	—	13	30	—	—
TC4	≤60	892 (91)	823 (84)	10	30	34.3 (3.5)	3.30
TC4	>60～110	892 (91)	823 (84)	10	25	34.3 (3.5)	3.30
TC4	>110～150	872 (89)	804 (82)	8	20	29.4 (3.0)	3.30
TC9	≤110	1029 (105)	882 (90)	8	23	29.4 (3.0)	3.20
TC9	>110～115	1000 (102)	862 (88)	6	18	24.5 (2.5)	3.20

表 12-1-59　饼材试样高温机械性能（GBn194—83）

合金牌号	试验温度 C	饼材厚度 mm	抗拉强度 σ_b MPa (kgf/mm²)	伸长率 δ_5 %	断面收缩率 ψ %	持久强度 σ_{100} MPa (kgf/mm²)
TC4	400	40－110	588 (60)	12	40	549 (56)
TC4	400	>110－150	588 (60)	10	35	549 (56)
TC9	500	40－110	736 (75)	12	40	588 (60)
TC9	500	>110－150	736 (75)	10	35	569 (58)

（3）环材

环材是指投影面积为圆环、高度小于直径的锻件，一般在液压机、锻锤或轧环机上生产，其规格见表 12-1-60，机械性能见表 12-1-61 和表 12-1-62。

表 12-1-60 环材尺寸及允许偏差（GBn194—83）

外径 D mm	允许偏差	内径 d mm	允许偏差	高度 H mm	允许偏差
200～300	+3 −1	60～200	+1 −3	40～100	+3 −1
＞300～400	+4 −2	100～300	+2 −4	40～120	
＞400～500		150～400		50～140	
＞500～700	+5 −3	200～500	+3 −5	50～160	+5 −2
＞700～900		300～700		60～180	
＞900～1100	+6 −4	400～800	+4 −6	80～200	+6 −3
＞1100～1300	+7 −5	500～900	+5 −7	90～250	

表 12-1-61 环材试样经热处理后的室温机械性能（GBn195—83）

牌号	壁厚 t mm	高度 H mm	外径 D mm	室温力学性能，不小于				
	mm			抗拉强度 σ_b MPa (kgf/mm²)	伸长率 δ_5 %	断面收缩率 ψ %	冲击值 a_K J/cm² (kgf·m/cm²)	布氏硬度 HB (d) mm
TA2	≥40	—	＜700	392 (40)	18	35	—	—
TA3	≥40	—	＜700	490 (50)	13	30	—	—
TA5	≥40	—	200～1300	637 (65)	12	25	53.9 (5.5)	—
TA7	≥40	—	＜700	785 (80)	10	25	29.4 (3.0)	—
TC4	—	40～110	＜500	892 (91)	10	25	34.3 (3.5)	3.3
	40～150	—	＞500～700	862 (88)	8	20	29.4 (3.0)	3.3
TC9	—	40～110	＜500	1030 (105)	8	23	29.4 (3.0)	3.2

表 12-1-62 环材试样经热处理后的高温机械性能（GBn195—83）

牌号	试验温度 C	环材高度 mm	高温力学性能，不小于			
			抗拉强度 σ_b MPa (kgf/mm²)	伸长率 δ_5 %	断面收缩率 ψ %	持久强度 σ_{100} MPa (kgf/mm²)
TA7	350	—	470 (48)	—	—	441 (45)
TC4	400	40—110	588 (60)	12	40	549 (56)
TC4	400	>110—150	588 (60)	10	35	549 (56)
TC9	500	40—110	736 (75)	12	40	588 (60)

2. 工艺流程

生产工艺流程见表 12-1-63。

表 12-1-63 生产工艺流程

No	工序名称	棒材	饼材	环材
1	铸锭	●	●	●
2	加热	●	●	●
3	开坯锻造	●	●	●
4	修磨	●	●	●
5	加热	●	●	●
6	中间坯料锻造	●	●	●
7	成品锻造	●	●	●
8	冲孔			●
9	扩孔			●
10	精整	●	●	●
11	机械加工	●	●	●
12	腐蚀	●	●	●
13	超声探伤	●	●	●
14	取样（高倍检验、破坏检验）	●	●	●
15	成品检验（外观、尺寸）	●	●	●
16	包装入库	●	●	●

3. 热处理规范

棒材及锻件的热处理制度列在表 12-1-64。

表 12-1-64 试样热处理制度

（GB2965—82）

合金牌号	热 处 理 范 围
TA1	650～700 C，1h，空冷
TA2	650～700 C，1h，空冷
TA3	650～700 C，1h，空冷
TA5	700～850 C，1h，空冷
TA6	750～800 C，1h，空冷
TA7	750～850 C，1h，空冷
TA8	750～800 C，1h，空冷
TB2	淬火 800～850 C，30min，空冷或水冷 时效 450 C～500 C，8h，空冷
TC1	700～750 C，1h，空冷
TC2	700～750 C，1h，空冷
TC4	700～800 C，1h，空冷
TC6	750～870 C，1h，空冷
TC7	800～900 C，1h，空冷
TC9，TC11	950～1000 C，1h，空冷＋530 C，±10 C，6h，空冷
TC10	700～800 C，1h，空冷

（二）钛合金的可锻性

图 12-1-69～12-1-75 所示为钛及钛合金的工艺塑性图，图 12-1-76～12-1-79 示出了钛及钛合金的变形抗力。

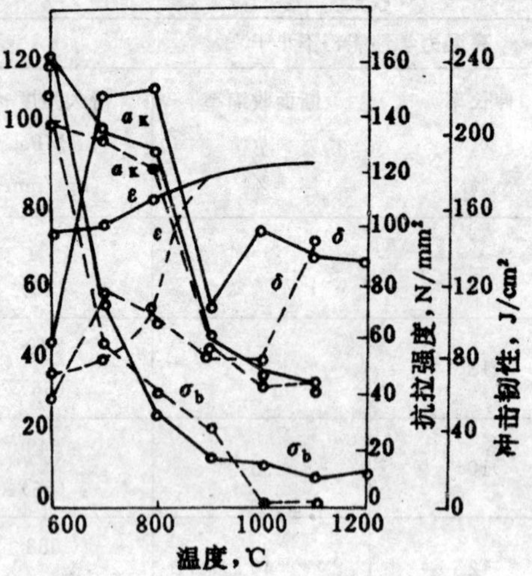

图 12-1-69 纯钛工艺塑性图

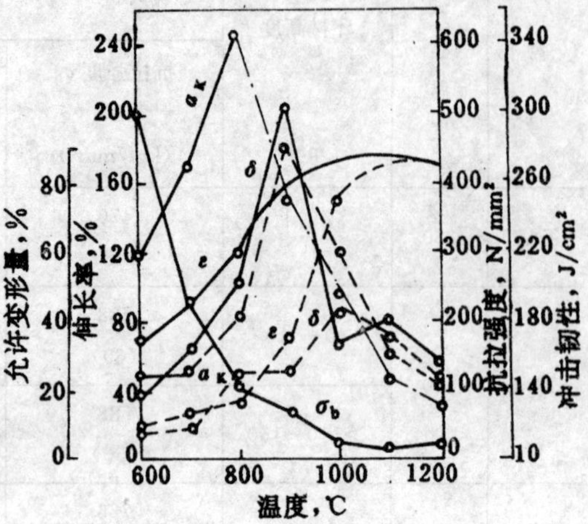

图 12-1-72 TC6 合金工艺塑性图

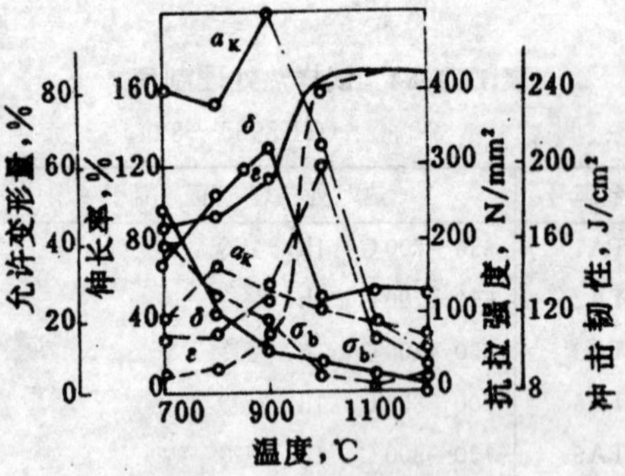

图 12-1-70 TA6 合金工艺塑性图

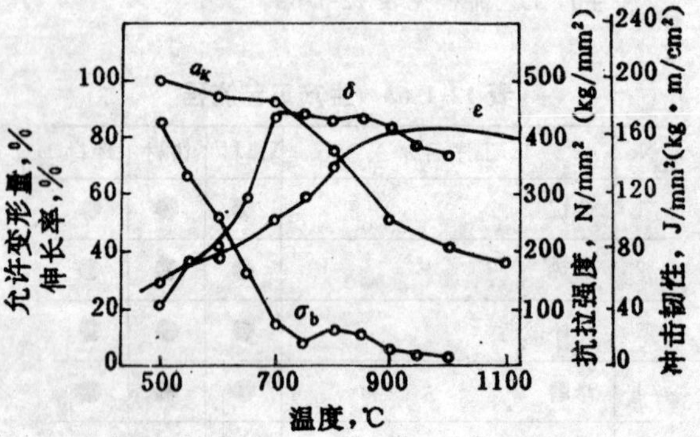

图 12-1-73 TC2 合金工艺塑性图

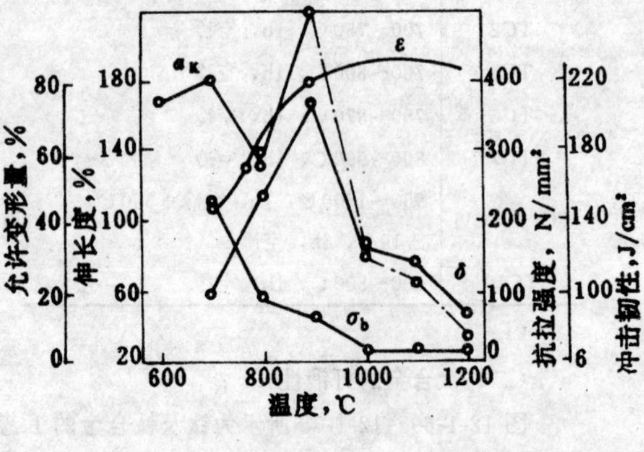

图 12-1-71 TA7 合金工艺塑性图

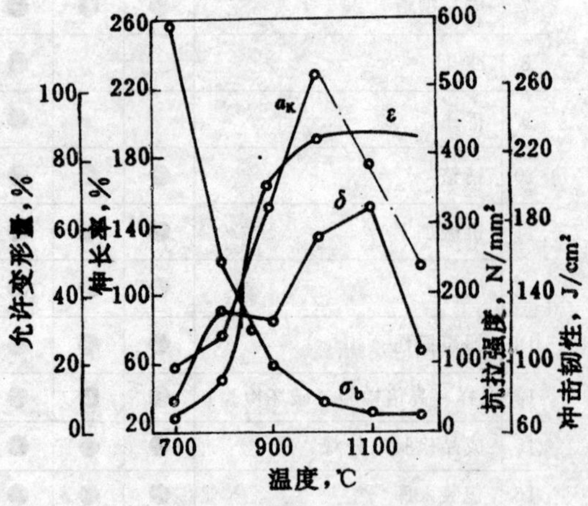

图 12-1-74 TC9 合金工艺性图

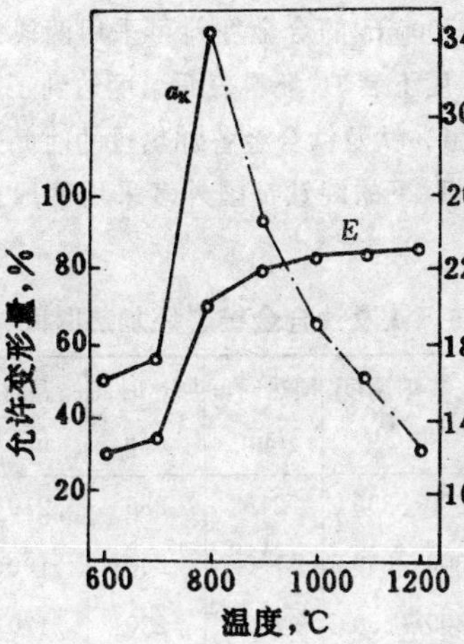

图 12-1-75 TC4 合金工艺塑性图

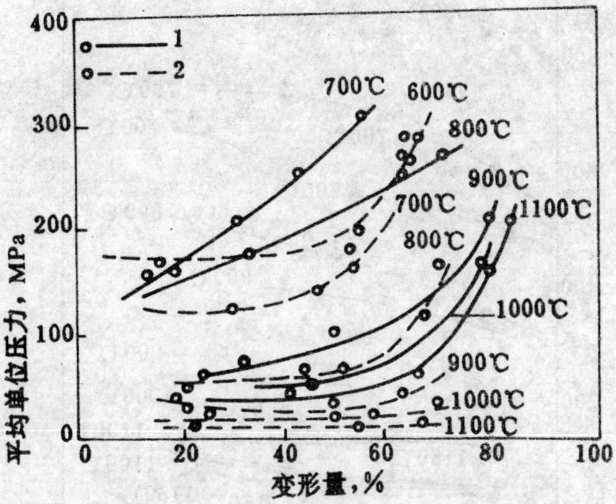

图 12-1-76 工业纯钛平均单位压力（锻造状态）

1—冲击变形；2—静压变形

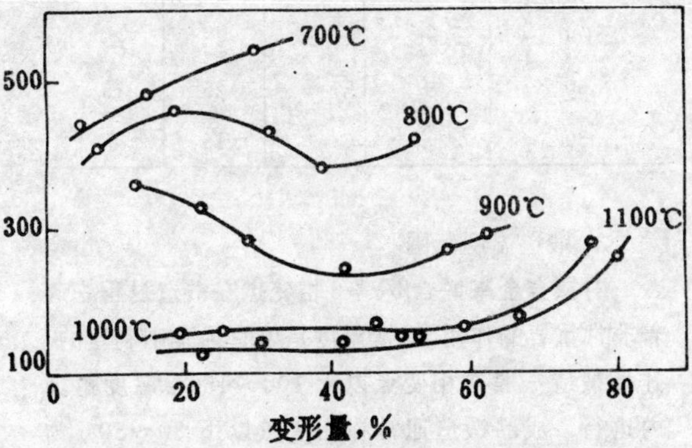

图 12-1-77 TC4 合金冲击变形时的平均单位压力（锻造状态）

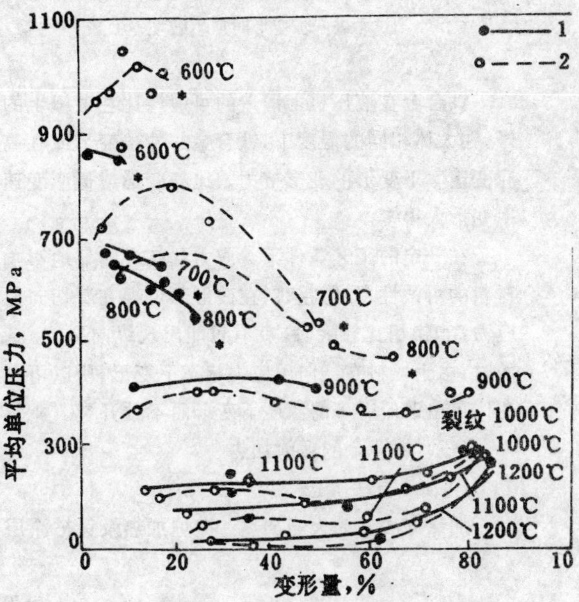

图 12-1-78 TC6 合金冲击变形时的平均单位压力

1—铸态；2—锻造状态；

* 进一步变形时产生破坏

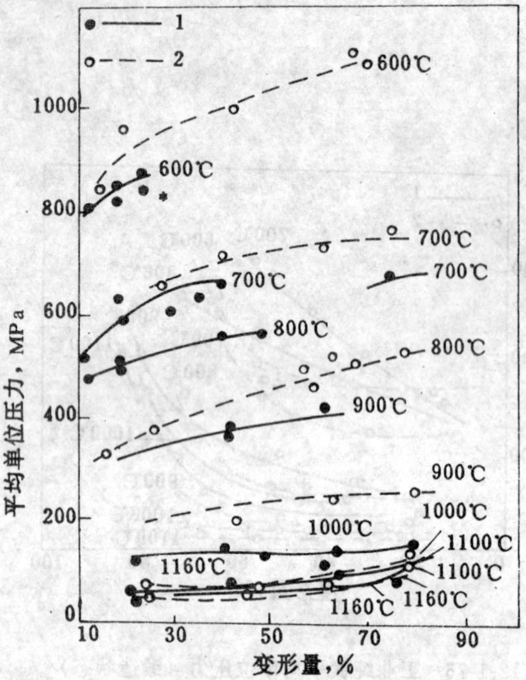

图 12-1-79 TC6 合金静压变形时的平均单位压力

1—铸态；2—锻造状态；

* 进一步变形时产生破坏

钛合金在液压机上锻造的可锻性比在锻锤上的好。在大体相同的温度下，钛合金的冲击变形或在高应变速率下变形的变形抗力。比静变形或低应变速率变形大得多。

在一定的工艺条件下，应力状态亦明显地影响材料的可锻性。如镦粗时，在鼓形部位存在着切向拉应力，当镦粗比较大时，就有可能出现纵向裂纹。精锻时，由于坯料在三向压应力状态下变形，所以可以在比自由锻低得多的温度下变形而不致开裂。

（三）钛合金的锻前加热

1. 加热方法

加热方法分为火焰加热、电炉加热及保护涂层加热等。开坯锻造时，多用火焰加热；成品锻造时，多用电炉加热。

2. 加热制度

直径大于 300mm 的合金锭、坯，多采用三段式加热，这种加热方式由预热、加热和保温三个阶段组成。直径小于 300mm 的合金坯料可采用两段式加热，即在锻造温度下装炉，坯料表面温度达到工艺要求的温度后保温。钛及钛合金各加热段的时间列于表 12-1-65。5t 以下的纯钛锭国外多采用两段式加热。

表 12-1-65 钛及钛合金锭、坯加热时间

铸锭直径或坯料厚度，mm	装炉温度 ℃	预热时间 min	加热时间 min	保温时间 min
1000	800～850℃	210	280	210
900	800～850℃	190	250	190
800	800～850℃	170	220	170
700	800～850	150	190	150
600	800～850	120	150	120
500	800～850	100	120	100
400	800～850	70	100	70
300	—	—	140	60
200	—	—	90	50
100	—	—	45	25
60	—	—	25	15
30	—	—	15	5

3. 锻造温度范围

对钛合金来说，β/α+β 相变点在锻造过程中起着非常重要的作用，锻造温度是以它为基础制定的。开坯锻造一般在相变点以上 100～150℃温度范围内进行，成品锻造通常在相变点以下 30～50℃为宜。自由锻造温度如表 12-1-66，模锻温度如表 12-1-67。

表 12-1-66 钛及钛合金锻造温度范围

合金牌号	β/α+β 相变点 ℃	铸锭 始锻，℃	铸锭 终锻（不低于）℃	中间开坯 始锻，℃	中间开坯 终锻（不低于）℃	成品 始锻，℃	成品 终锻（不低于）℃
TA0		950～1000	700	800～850	700	750～780	650

续表 12-1-66

合金牌号	β/α+β 相变点 ℃	铸锭		中间开坯		成品	
		始锻，℃	终锻（不低于）℃	始锻，℃	终锻（不低于）℃	始锻，℃	终锻（不低于）℃
TA	890～920	980～1000	750	900～950	700	830～860	700
TA4	960～980	1100～1150	850	1000～1030	800	900～950	800
TA5	980～1000	1100～1150	850	1000～1050	800	920～970	800
TA6	1000～1030	1130～1170	900	1050～1070	850	970～1020	800
TA7	1000～1030	1130～1170	900	1050～1070	850	970～1020	800
TA8	950～980	1100～1150	850	1000～1050	800	900～950	750
TB2	750	1100～1150	850	1050～1100	800	950～1010	800
TC1	910～930	1000～1050	750	950～980	800	850～880	700
TC2	920～940	1000～1050	750	950～980	800	850～880	700
TC3	960～970	1100～1150	850	1000～1050	800	900～950	750
TC4	950～1000	1100～1150	850	1000～1050	800	920～960	750
TA6	950～990	1100～1150	850	1000～1050	800	920～960	750
TA7	1010～1030	1130～1180	850	1050～1100	800	960～1000	800
TC9 TC11	990～1030	1130～1170	850	1030～1070	800	930～960	800
TC10	990～1000	1100～1150	800	1000～1050	800	900～930	800

表 12-1-67 模锻温度范围

合金牌号	模锻温度，℃	
	压力机	锻锤
TA6	970～850	990～850
TA7	1000～850	1020～850
TC1	880～700	890～750
TC2	900～750	910～800
TC4	960～800	980～850
TC6	930～850	940～850
TC11	960～850	970～850

（四）自由锻造

1. 常用锻造工序及锻比

(1) 镦粗。镦粗是使坯料高度减少、面积增加的一种锻造工序。它常用于原始坯料直径较小而要锻制横截面积较大的锻件，也用于锻环冲孔前的辅助工序。

用液压机镦粗时，锭坯高度应比液压机最大空间小于 50mm。若用锻锤镦粗，为了充分发挥锻锤的能力，锭坯高度应小于锻锤最大行程的 75%。

在所有锻造设备中，镦粗所需要的力最大，镦粗力 P 的大小由下式决定：

$$P = C\sigma_b F \qquad (12\text{-}1\text{-}16)$$

式中 P——镦粗力，N；

C——材料变形时的约束系数。由坯料和工具的几何形状以及摩擦条件决定，当摩擦系数为 0.5 时，C 值由表 12-1-68 确定；

σ_b——材料在变形温度下的强度极限，见表 12-1-69；

F——坯料与工具的接触面积，mm。

表 12-1-68 材料变形时的约束系数

变形方式	C 值	说 明
圆柱体镦粗	$1+\frac{1}{6}\times\frac{D}{H}$	D、H—镦粗终了时锻件的直径和高度
长方体镦粗	$1.15\left(1+\frac{3l-a}{12l}\times\frac{a}{H}\right)$	l、a、H —分别表示镦粗后锻件的长、宽、高
平 砧 拔 长	$1.15\left(1+\frac{1}{6}\times\frac{l_0}{h}\right)$	l_0— 坯料送进量 h —锻件高度
型 砧 拔长	$1+\frac{1}{3}\times\frac{l_0}{d}$	l_0 —坯料送进量 d—锻件直径

表 12-1-69 钛合金在不同温度下的强度极限（MPa）

合 金	温 度,℃				
	700	800	900	1000	1100
TA2	74	34	20	15	—
TA6	245	98	59	34	20
TA7	226	93	64	25	20
TC2	79	69	39	20	—
TC4	235	103	74	25	20
TC6	235	103	74	25	20
TC11	422	196	98	49	30

（2）拔长。拔长是使横截面积减小而长度增加的锻造工序。若用平砧拔长，可根据公式 12-1-16 计算压力 P。拔长时断面尺寸的变换如表 12-1-70 所示。

表 12-1-70 拔长过程坯料截面变换经验计算公式

截面变换	变形简图	计算公式
由圆变方	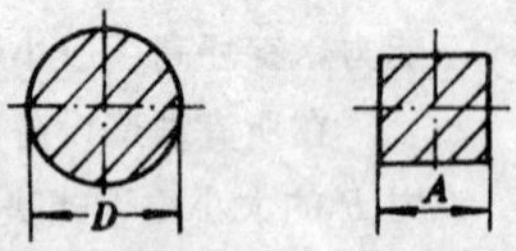	当 $l_0=b$ 时，$D=(1.35-1.45)A$ l_0— 送进量，b— 砧宽
由方变圆	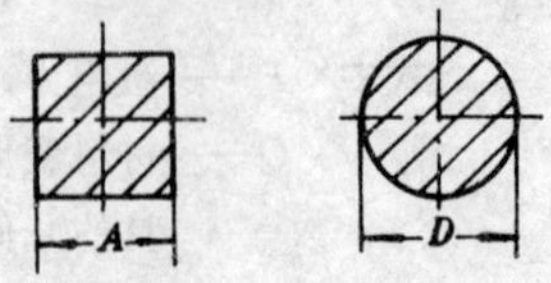	$A=(0.98-1.0)D$
由圆变扁方	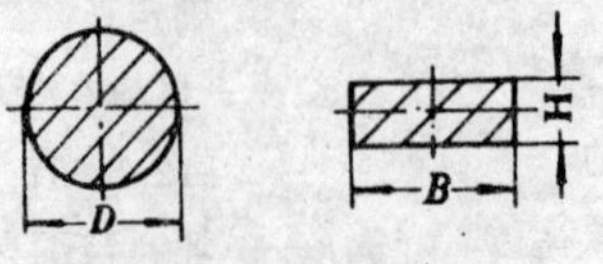	当 $H<0.5B$ 时，$D=\frac{2B+H}{3}$ 当 $H>0.5B$ 时，$D=\sqrt{H^2+B^2}$

续表 12-1-70

截面变换	变形简图	计算公式
由方变扁方	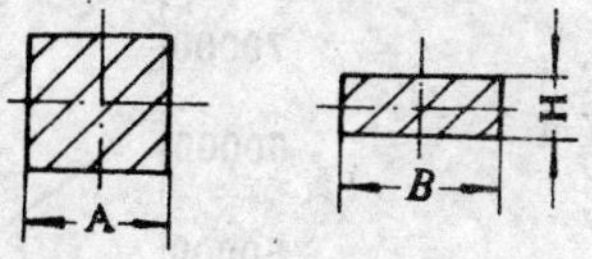	$A > 1.5H\left(\sqrt{1+1.8\frac{B}{H}}-1\right)$
由扁方变方	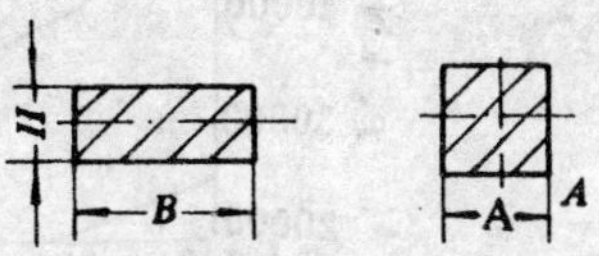	当 $\frac{b}{H} > (1 \sim 1.4)$ 时，B— 砧宽 $B=(1.4 \sim 1.65)A$ $H=(0.75 \sim 0.8)A$
由八角变圆	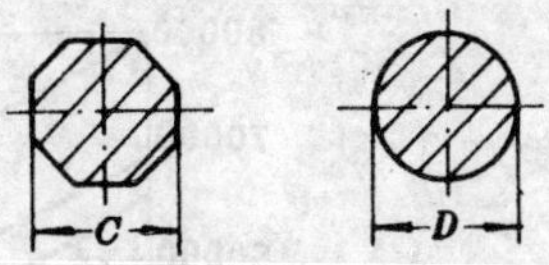	$D = 1.03C$

(3) 冲孔。冲孔是用来制作空心或盲孔坯料的一种锻造工序，分为双面实心冲孔法、垫环冲孔法和空心冲孔法等。

实心冲孔时，坯料的形状变化与坯料直径 D 和孔径 d 之比有关，如图 12-1-80 所示。

当 $D/d \leqslant 2 \sim 3$ 时，拉缩现象严重，外径明显增加，如图 12-1-80 (a) 所示。

当 $D/d = 3 \sim 5$ 时，几乎没有拉缩现象，而外径仍有所增加，如图 12-1-80 (b) 所示。

当 $D/d > 5$ 时，由于环壁较厚，扩径困难，多余金属挤向端面形成凸台，如图 12-1-80 (c) 所示。

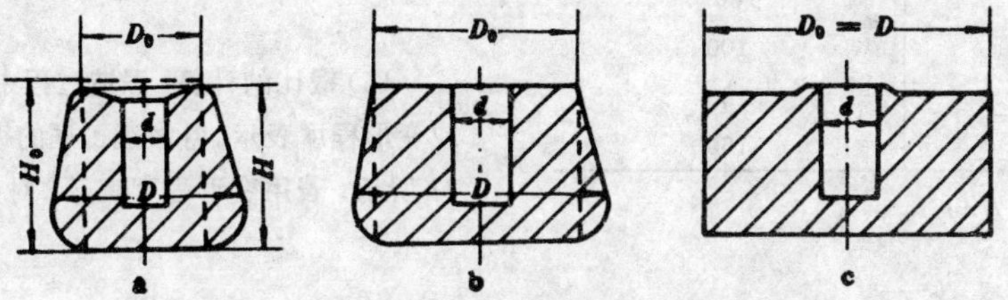

图 12-1-80　冲孔时坯料形状变化的情况

a—外径明显增加；b—外径仍有增加；c—形成凸台

坯料冲孔后的外径 D，可按下式进行估算

$$D = 1.13\sqrt{\frac{1.5}{H}[V + f(H-h)] - 0.5F_0}$$

式中　V——坯料体积；

f——冲头横截面面积；

F_0——坯料横截面面积；

H——冲孔后高度；

h——冲底的高度。

坯料冲孔后的高度 H 总是小于或等于坯料原始高度 H_0。坯料高度 H 可按下列情况考虑：

$D/d < 5$ 时，取 $H_0 = (1.1 \sim 1.2)H$

$D/d \geqslant 5$ 时，取 $H_0 = H$

实心冲孔的优点是操作简单，芯料损失较少，应用比较广泛。

垫环冲孔，坯料形状变化小，但芯料损失较大，只适用高径比 $H/D < 0.125$ 的薄型锻件。

空心冲孔，坯料形状变化较小，但芯料损失大。这种方法适用于孔径较大的筒形、管类锻件。但由于空心冲头与热坯料接触时间较长而会软化，冲头损坏较快。

(4) 扩孔。扩孔是使空心坯料壁厚减小而内径、外径增加的锻造工序，有冲头扩孔和芯轴扩孔两种。

冲头扩孔时坯料上端面略有拉缩现象，因此扩孔前坯料高度 H_0 应为 1.05H（H 为锻件高度）。

为了防止扩孔时坯料胀裂，每次扩孔量不宜过大，可参照表 12-1-71 选择。

表 12-1-71　冲头扩孔量

坯料冲孔直径，mm	扩孔量，mm
30～115	25
120～270	30

冲头扩孔适用于 $D/d>1.7$ 的厚壁环件。

芯轴扩孔时坯料高度稍有增加，因此，坯料高度应比锻件高度略小。

为了保证芯轴的强度和刚度，并得到良好的锻件内表面，芯轴要有一个合适的尺寸。锤上用芯轴最小直径可参照图 12-1-81 和表 12-1-72 选取。

表 12-1-72　锤上芯轴扩孔用最小芯轴直径

锻件吨位，kN	芯轴最小直径，mm
3～5	40
7.5	60
10	80
20	100
30	120
50	160

注：芯轴材料为 40Cr。

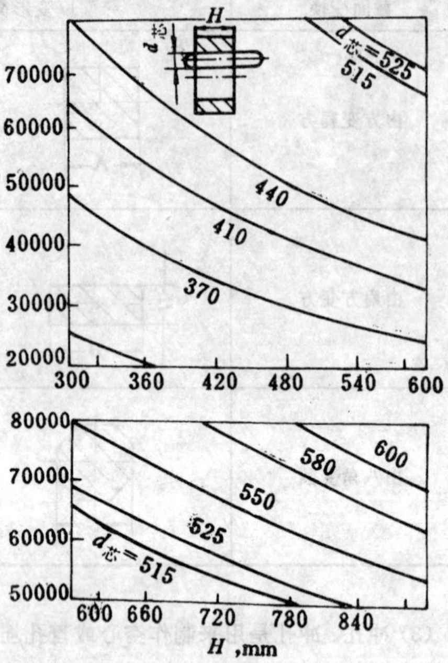

图 12-1-81　水压机上芯轴扩孔所用芯轴直径选择图线

P—水压机吨位；

H—锻件高度；芯轴材料为

$\sigma_b \geqslant 1100$MPa，$\delta>12\%$

(5) 锻比的计算。锻造过程中，变形量常用锻比或变形程度表示。各锻造工序的锻比计算如表 12-1-73 所示；若用变形程度表示，对如表 12-1-74 所示。

表 12-1-73　各工序锻比的计算方法

序号	工序	简　图	总　锻　比
1	铸锭拔长	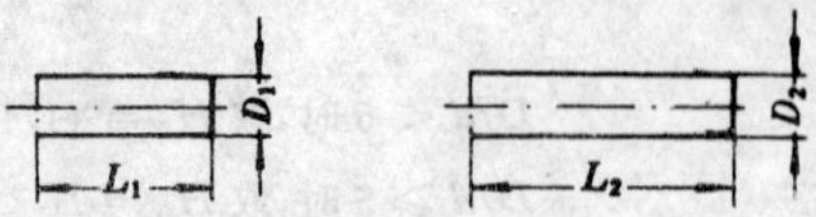	$B_1=\frac{D_1^2}{D_2^2}=\frac{L_2}{L_1}$
2	坯料拔长	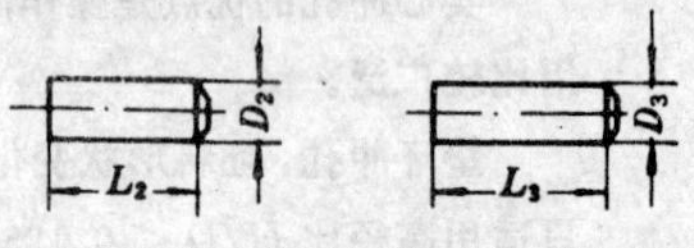	$B_2=\frac{D_2^2}{D_3^2}$ 或 $B_2=\frac{L_3}{L_2}$
3	两次拔长		$B=B_1B_2=\frac{D_1^2}{D_2^2}\times\frac{D_2^2}{D_3^2}=\frac{D_1^2}{D_3^2}$

续表 12-1-73

序号	工序	简图	总锻比
4	两次镦粗拔长	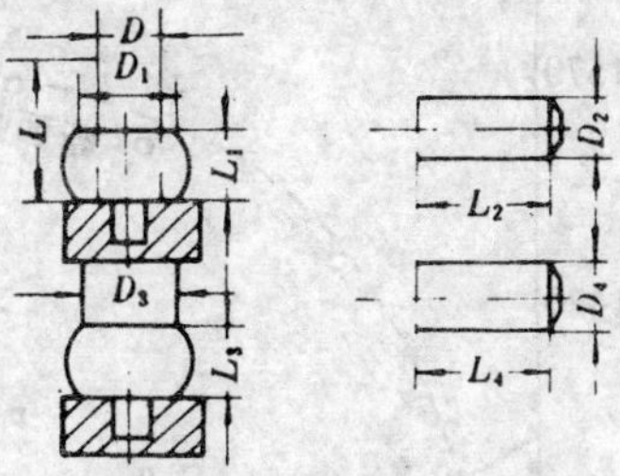	$B = B_1 + B_2$ $= \frac{D_1^2}{D_2^2} + \frac{D_3^2}{D_4^2}$ 或 $B = \frac{L_2}{L_1} + \frac{L_4}{L_5}$
5	芯轴拔长	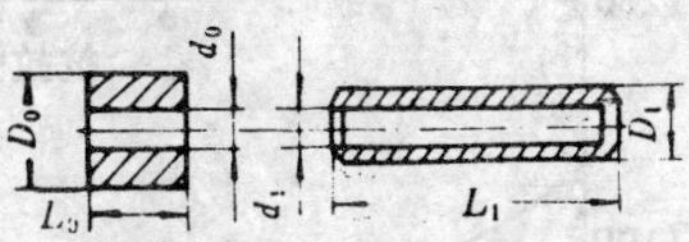	$B = \frac{D_0^2 - d_0^2}{D_1^2 - d_1^2}$ 或 $B = \frac{L_1}{L_0}$
6	马扛拔长	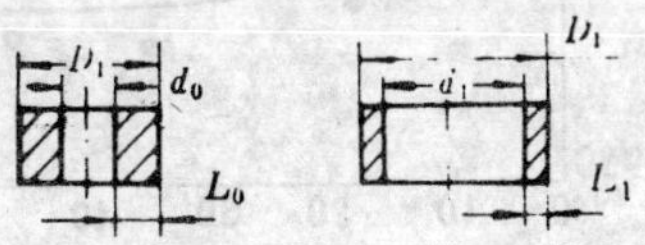	$B = \frac{D_0 - d_0}{D_1 - d_1}$ 或 $B = \frac{t_0}{t_1}$
7	镦粗	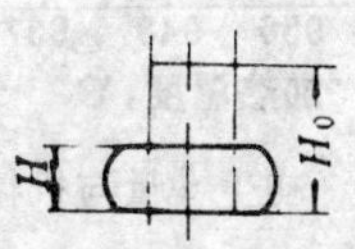	$B = \frac{H_0}{H}$

表 12-1-74 变形程度表示方法及与锻比的关系

工序	变形程度，%	锻比	相互关系
拔长	$\delta = \frac{F_0 - F_1}{F_1}$	$\beta = \frac{F_0}{F_1}$	$\delta = \frac{\beta - 1}{\beta}$
	$\delta = \frac{d_0 - d}{d_0}$	$\beta = \frac{d_0}{d}$	
镦粗	$\delta = \frac{F_0 - F}{F_0}$	$\beta = \frac{F_0}{F}$	$\beta = \frac{1}{1 - \delta}$
	$\delta = \frac{d_0 - d}{d_0}$	$\beta = \frac{d_0}{d}$	

注：F_0，d_0 分别为变形前坯料横截面积和直径；F，d 分别为变形后锻件横截面积和直径。

2. 锻造工艺对锻件组织性能的影响

(1) $\alpha+\beta$ 锻造。α 和 $\alpha+\beta$ 合金，一般在 $\alpha+\beta$ 两相区锻造，得到的高倍组织通常为等轴组织。

等轴组织有较好的室温性能（断面收缩率 ψ 和伸长率 δ）和疲劳性能，但断裂韧性和高温蠕变抗力较差，初生 α 比例大时（例如初生 α 占 60～85%）更明显。为了获得良好的合金综合性能，锻件中的初生 α 比例应控制在 15～45%范围之内较为适宜。

锻前加热温度的高低，会引起锻件中初生 α 比例的差异。加热温度越低，初生 α 比例越大；加热温度越接近 β 相变点或变形过程中产生的变形热使实际温度接近 β 相变点时，初生 α 的比例就越少（图 12-1-82）。两相合金组织中初生 α 量与机械性能的关系见图 12-1-83。

(2) β 锻造。$\alpha+\beta$ 两相区锻造虽能保证锻件的机械性能，但由于这种方法的锻造温度范围窄，给锻造工艺带来一定的困难，特别是用吨位较小的设备锻造大截面的锻件困难更大，在不损害锻件使用性能的情况下，为了改善可锻性，将 $\alpha+\beta$ 两相区锻造改在 β 相区进行锻造。一般将已变形坯料加热到 β 相变点以上 20～30°C。然后用大变形量进行锻造，获得针状或网篮状组织。这类组织的机械性能如表 12-1-75 所示。

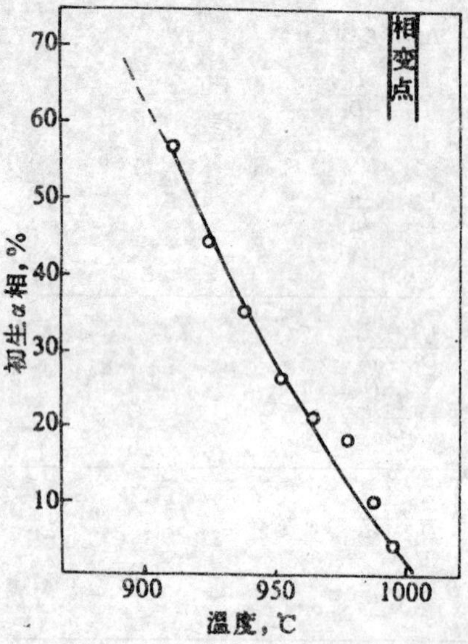

图 12-1-82 TC4 合金的锻造温度和初析α相的比例

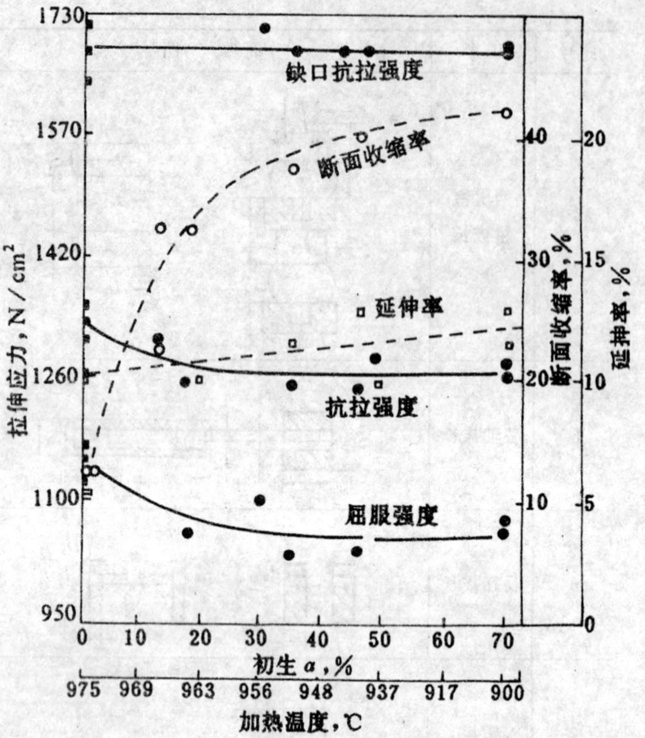

图 12-1-83 初生α量与机械性能的关系

表 12-1-75 α-β和β热处理后 TC4 合金的性能

锻造工序	热 处 理	抗拉强度 MPa	屈服应力 MPa	延伸率 δ,%	面缩率 ψ,%	K_{Ic} MPa mm$^{\frac{1}{2}}$
α+β	940℃，1h，WC 540℃，4h，AC	1147	1059	13	48	1393
β	940℃，1h，WC 540℃，4h，AC	1157	1019	10	29	2434
α+β	700℃，2h，AC	1000	932	15	41	1942
β	700℃，2h，AC	981	892	13	35	3158

β锻造工艺还不大成熟，生产中应用的实例不多。β锻造的最大特点是能够降低变形抗力和提高工艺塑性，可以用小吨位的设备锻造大的锻件。

（五）精锻

用精锻机生产钛及钛合金棒材具有生产效率高、尺寸精确、表面质量好、材料利用率高等特点，在钛棒生产中越来越显示出它的优越性。

1. 精锻工艺特点

精锻具有以下特点：

（1）锤头锻打频率高，每分钟可达数百次甚至上千次。这种加载方式降低了金属和工具之间的摩擦系数，锻件表面光滑，内部变形均匀。

（2）锤头锻打时，每一冲程行程小，变形量小、与金属接触面积小，可以大大减小变形力及变形功，能降低设备的吨位和提高工具的使用寿命。

（3）锤头的行程可以任意调节，锤头的型面对工艺尺寸适应较大，不必更换锤头可以生产一定尺寸范围的锻棒。

(4)锻造时，四个锤头的行程保持不变，所以尺寸精度高。

(5)可根据坯料在变形过程中温度的变化，调整送料量，实现“等温”锻造。

(6)依靠四个带有弧形凹槽的锤头压缩金属，金属只能轴向延伸，所以不会产生周向棱角和裂纹(如图12-1-84b)，这与自由锻时的平砧压缩（如图12-1-84a）不同。

(7)锻打时将产生很高的三向压缩应力，可使金属的塑性提高2～3倍，能获得很高的道次锻比（纯钛6/1，合金4/1）。

(8)当进料速度及道次压下量很大时，将在坯料内部产生很高的热效应，使变形温度升高，如TC11合金的温升可达到90℃，过高的温升会使锻件组织粗化。

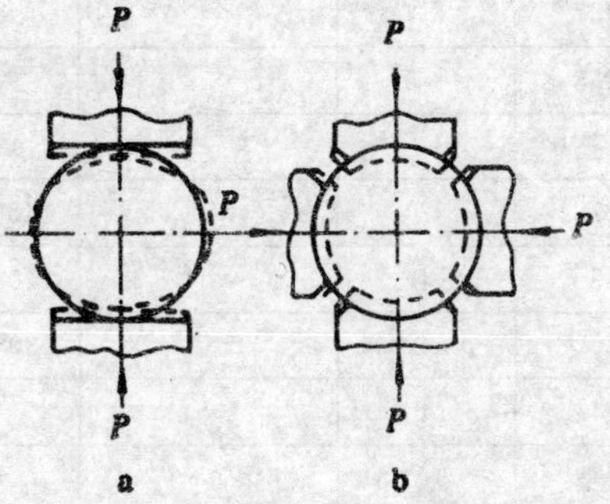

图12-1-84 锻造时圆截面的变形

a—平砧锻造；

b—有四个弧形凹模的径向锻造机的锻造

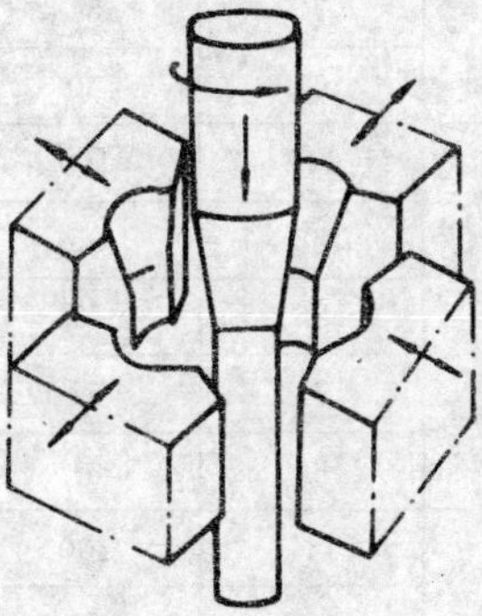

图12-1-85 精密锻造示意图

2. 精锻工艺过程

精锻时的主要工序是拔长，在锻造过程中，坯料与锤头既有相对的轴向移动，又有相对的转动，如图12-1-85所示，可以生产实心锻件、圆棒和型棒，又可以生产空心锻件。

当坯料一面转动，一面轴向移动时，可生产圆截面的锻棒，如圆棒、阶梯棒及锥形棒；当坯料只作轴向移动而不进行转动时，可生产方棒、矩形棒等，矩形棒的长宽比最大可达1/5；当坯料只作转动而不进行轴向移动时，可用于管件缩颈及两个同心锻件的联接等。

用芯棒精锻空心坯料时，可以生产空心锻件。芯棒锻造有长芯棒锻造和短芯棒锻造两种，当芯棒工作部分比空心锻件长度略长时，称为长芯棒锻造，可生产阶梯形或锥形锻件；当芯棒工作部分比锤头工作部分略长时，称短芯头锻造，用于锻造内孔尺寸均一的管材。典型的棒材变形工艺如表12-1-76所示。

表12-1-76 钛合金圆形棒材变形工艺制度

合金牌号	成品尺寸 mm	断面尺寸，mm 始锻	断面尺寸，mm 终锻	加热温度 ℃	道次变形量 %	进给速度 m/min	锻造力 kN	锻造功率 kW
TA2	φ98	130	110	800	28.4	3～4		
		110	99		19.0	6		
		99	98		精整			

续表 12-1-76

合金牌号	成品尺寸 mm	断面尺寸，mm		加热温度 ℃	道次变形量 %	进给速度 m/min	锻造力 kN	锻造功率 kW
		始 锻	终 锻					
TA2	ϕ75	130	100	800	40.8			
		100	76		42.2	4～5		
		76	75		精整			
Ti-Mo-Ni	ϕ60	130	95	800	46.6			
		95	75		37.7			
		75	61		33.8			
		61	60		精整			
TC4	ϕ61	117	100	940	27	2		140～150
		100	85		28	4		140～150
		85	71		30	4		130～140
		71	62		24	4		130
		62	61		精整			
TC4	ϕ52	117	100	940	26.9			150
		100	84		29.4			
		84	70		30.5			
		70	60		26.5			
		60	53		22			
		53	52		精整			
TC11	ϕ70	125	110	960	23.6	2	970.2	140～150
		110	94		27	2	980.6～1097.6	140～150
		94	80		27.6	2.4	1038.8～1117.2	140
		80	71		21.2	3.0	1038.8～1156.4	100
		71	70		精整	2		
TC11	ϕ28	51	40	930	38.5	2		105～130
		40	33		32	2		80
		33	29		33	2		70
		29	28		精整			

表 12-1-77 精锻棒材的常温机械性能

序号	直径 mm	合金	热 处 理	σ_b MPa	$\sigma_{0.2}$ MPa	δ %	ψ %	a_k J/cm^2	HB (d) mm
1	ϕ70	TC4	800℃，1h 空冷	971	922	15	41	49.6	3.56
				961	912	15	40	50.2	3.50

续表 12-1-77

序号	直径 mm	合金	热处理	σ_b MPa	$\sigma_{0.2}$ MPa	δ %	ψ %	a_k J/cm²	HB (d) mm
2	ϕ65	TC4	870℃，1h空冷＋650℃，1h空冷	1167		14	36	32.5	3.26
				1157		16	38	44.5	3.25
3	ϕ40	TC9	970℃，1h空冷＋530℃，1h空冷	1157	1098	18	48	49.4	3.21
				1177	1059	17	48	40.9	3.23
4	ϕ28	TC11	960℃，1h空冷＋530℃，1h空冷	1157	1040	17	41	47.9	3.36
				1138	1040	17	44	44.0	3.38

3. 精锻棒材的机械性能

精锻棒材的常温机械性能如表12-1-77所示。

（六）锻件的质量检验

1. 坯料的检验

坯料检验包括锭号、节号的检验，形状及尺寸的检验，表面缺陷的目视检验。

2. 成品检查

锻件最终检验的内容及方法列于表12-1-78。

（七）主要锻造设备

钛合金锻造可以使用通用设备（如锻锤、液压机等），也可以使用专用设备（如精锻机等）。实践证明，使用液压机和精锻机能生产出高质量的棒材，在生产圆饼类锻件时，液压机比锻锤更有利。自由锻造液压机的技术特性见表12-1-79，自由锻锤技术特性见表12-1-80，精锻机技术特性见表12-1-81。

表12-1-78 锻件检验的内容及方法

检查目的	检验内容	检验方法	检验标准
外观检验	外形、尺寸表面裂纹、折迭、歪扭、弯曲、压抗等	尺寸：用直尺、卡尺、千分尺或样板等检验，表面：用肉眼检验，必要时用5～10倍放大镜	GB2965—87 GB2966—82 GBH194—82 GBn195—82
内部缺陷	夹杂、裂纹、孔洞、疏松、粗晶等	用超声波或涡流等无损探伤等方法	GB2965—87 GB2966—82 GBH194—82 GBn195—82
宏观组织	裂纹、偏析、夹杂等冶金缺陷及晶粒度等组织缺陷	从锻件上按规定方向或位置切取薄片，腐蚀后用肉眼或10倍以下放大镜检验，按评级标准进行评级	GB2965—87 GB2966—82 GBH194—82 GBn195—82
显微组织	对两相合金检验初生α相的形状大小及分布等，对单相合金检验晶粒度大小	在锻件上切割试样，进行金相检验，并按评级图进行评级	GB2965—87 GB2966—82 GBH194—82 GBn195—82

续表 12-1-78

检查目的	检验内容	检验方法	检验标准
机械性能（α、β）	硬度、室温及高温强度（σ_b、$\sigma_{0.2}$）室温及高温塑性（σ%、ψ%）韧性	各种试验机	GB2965—87 GB2966—82 GBH194—82

表 12-1-79　锻造液压机技术参数

传动方式		上传动方式						下拉式		
公称能力 MN		12.5	16	25	31.5	60	120	6.3	8	20
工作液体压力 MPa (N/cm²)		32 (3200)	32 (3200)	32 (3200)	32 (3200)	32 (3200)	32 (3200)	32 (3200)	32 (3200)	32 (3200)
各级能力 MN	第一级	6.5	8	8	16	20	40			
	第二级	12.5	16	16	31.5	40	80			
	第三级			25		60	120			
立柱中心距 mm		2200×1100	2400×1200	3400×1600	3500×1800	5200×2300	6300×3200	1900	2360	3700
立柱直径 mm		φ300	φ330	φ470	φ520	φ690	φ930			
上砧板与台面净空高，mm		2680	2800	3400	3800	6110	6500	2000	2200	3150
活动横梁最大行程，mm		1250	1400	1800	2000	2580	3000	850	1000	1700
活动横梁移动速度 mm/s	空程	300	300	300	300	300	250	400	350	350
	工作	150	150	150	150	100	100	60	70	300，120，50
行程次数 次/min	常锻	16	16	12	10	7	6	24	20	100，60，40
	快锻	60	60	45	40	25	20	70	60	
行程长度 mm	常锻	165	165	200	200	300	275		100	
	快锻	40	30	50	50	50	50		20	
工作台面尺寸 mm		3000×1500	4000×1500	5000×2000	6000×2000	9000×3400	12000×4000	1000×3100	1200×3200	1600×5500

续表 12-1-79

传动方式		上传动方式						下拉式		
工作台最大行程，mm		3000	3000	4000	4000	6000	6000	1600	1600	2000
回程缸数及回程力 缸数×MN		2×0.6	2×0.65	2×1.55	2×1.7	2×3.25	4×2.15	12×0.35	2×0.2	
锻造时允许最大偏心距 mm		100	120	200	200	200	250	80	120	150
锻造能力（钢锭重）t	拔长	10	15	45	50	150	300			
	镦粗	4	10	20	35	80	150			
本体的外形尺寸 mm	长度	15200	15200	26360	21700	10470	10700	15270	49600	33600
	宽度	9500	12600	14760	17000	38950	8585	2851	3830	5000
	地面上高度	7730	8350	9810	11200	15500	16700	3410	3590	5720
	地面下深度	3640	4000	5500	5000	7000	6950	3410	3660	5070
设备重量 t	本体	138	220	385	530	1584	2200	63.5	94	320
	总重	196	459	511	917	1850	3600	108	230	521

表 12-1-80 蒸汽-空气自由锻锤技术参数

锻锤能力，kN	10	20	30	50	50
结构型式	双柱式	双柱式	双柱式	双柱式	桥式
最大打击能量，J	3530	7000	12000	15220	18000
最高打击次数，次/min	100	90	90	90	90
锤头最大行程，mm	1000	1260	1450	1500	1728
锤杆直径，mm	110	140	180	205	205
两立柱间距离，mm	1800	2300	2700	3130	4850
上砧面尺寸，mm	230×410	290×520	330×590	400×710	380×686
下砧面尺寸，mm	230×410	290×520	330×590	400×710	380×686

续表 12-1-80

锻锤能力，kN	10	20	30	50	50
导轨间距，mm	430	550	630	850	737
砧座重量，t	12.7	28.4	45.8	68.7	75
总重，t	27.6	57.9	77.4	120	138.5
外形尺寸（长×宽×地面以上高），mm	3750×1500×4880	4600×1700×5640	5100×2630×5380	6030×3940×7400	6260×2600×7510

表 12-1-81 精锻机技术特性

型号	S×08	S×10	S×13	S×16	S×20	S×25	S×32	S×40	S×55	S×65	S×85
可锻最大尺寸，mm	ϕ80 □50	ϕ100 □90	ϕ130 □115	ϕ180 □140	ϕ200 □175	ϕ250 □220	ϕ320 □290	ϕ400 □350	ϕ550 □480	ϕ650 □570	ϕ850 □750
可锻最小尺寸，mm	ϕ30 □35	ϕ30 □35	ϕ35 □40	ϕ40 □45	ϕ50 □50	ϕ60 □60	ϕ70 □70	ϕ80 □80	ϕ100 □100	ϕ120 □120	ϕ140 □140
可锻矩形最大宽度，mm	80	80	100	120	150	180	240	300	360	420	520
可锻矩形最小宽度，mm		16	20	20	25	30	40	50	60	70	85
最大压缩比	1.5	1.5	1.6	1.6	1.6	1.6	1.6	1.6	1.6	1.6	1.6
锻件长度，m	5	6	8	10	10	10	10	10	10	10	10
锻锤能力，kN/个	800	1250	1600	2000	2600	3400	5000	8000 6500	10000	14000	25000
锤头打击次数，次/min	1300	900	700	580	480	390	310	270	200	180	125
夹头快速运动，mm/s	500	500	500	500	500	500	500	500	500	500	500
夹头进给速度，mm/s	10～100	10～100	10～100	10～100	10～100	10～100	10～100	10～100	10～100	10～100	10～100
锻造电机功率，kW	45	110	160	200	250	320	500	800 600	1200	1700	3000

三、钛及钛合金的管、棒、线材生产

（一）产品规格及性能

钛及钛合金管、棒、线材的规格及其允许偏差列于表 12-1-82，12-1-85，钛及钛合金管、棒、线材力学性能列于表 12-1-86～12-1-88。

表 12-1-82　钛及钛合金轧制(拉伸)无缝管材　　单位:mm

牌号	外径		0.2	0.3	0.5	0.6	0.8	1.0	1.15	1.5	2.0	2.5	3.0	3.5	4.0	4.5	技术条件
	尺寸	偏差	壁厚偏差														
			±0.03	±0.04	±0.06	±0.08	±0.10	±0.12	±0.15	±0.20	±0.25	±0.30	±0.35	±0.40	±0.50	±0.55	
	3,3.5,4,4.5,5	±0.13	0	0	0	0		—	—	—	—	—	—	—	—	—	
TA1	5.5,6,7,8,9,10	±0.15	—	0	0	0	0	0	0	—	—	—	—	—	—	—	GB3624
TA2	11,12,14	±0.20	—	0	0	0	0	0	0	0	0	—	—	—	—	—	—83
TC1	16,18,20	±0.25	—	—	0	0	0	0	0	0	0	0	—	—	—	—	
TC10	22,25,28,30	±0.25	—	—	—	0	0	0	0	0	0	0	0	—	—	—	
	35,40	±0.30	—	—	—	—	0	0	0	0	0	0	0	0	—	—	
	45,50	±0.35	—	—	—	—	—	0	0	0	0	0	0	0	—	—	
	55,60	±0.40	—	—	—	—	—	0	0	0	0	0	0	0	0	—	
	70,80	±0.45	—	—	—	—	—	—	0	0	0	0	0	0	0	0	
	90,100	±0.50	—	—	—	—	—	—	—								
	110	±0.55	—	—	—	—	—	—	—	—	—	0	0	0	0	0	

注:供应状态,退火 M,冷变形 Y。

表 12-1-83 焊接及焊接-轧制管材 单位：mm

牌号	外径 尺寸	外径 偏差	壁厚 0.5	0.6	0.7	0.8	1.0	1.25	1.5	2.0	2.5	技术条件	加工方法及状态
		允许偏差	±0.06	±0.08	±0.09	±0.10	±0.12	±0.13	±0.15	±0.20	±0.25		
TA1 TA2 TA3	16	±0.30	0	0	0	0	0	—	—	—	—	GB4367—84	焊接管材 供应状态： 焊，退火（M）
	25	±0.30	0	0	0	0	0	0	—	—	—		
	27	±0.40	—	—	—	—	0	0	0	0	0		
	33	±0.45	—	—	—	—	—	0	0	0	0		
	38	±0.50	—	—	—	—	—	—	0	0	0		
	50	±0.70	—	—	—	—	—	—	—	0	0		
	63	±0.80	—	—	—	—	—	—	—	0	0		
			±0.06	±0.08	±0.09	±0.10	±0.12	±0.15	±0.20	±0.25	—		
	6～10	±0.15	0	0	0	0	0	0	—	—	—	GB4367—84	焊接-轧制管材 供应状态： 退火（M）
	>10～15	±0.20	0	0	0	0	0	0	0	—	—		
	>15～20	±0.25	0	0	0	0	0	0	0	0	—		
	>20～30	±0.30	0	0	0	0	0	0	0	0	—		

表 12-1-84（A） 挤压管材（Q/BS5631—85） 单位：mm

牌号	外径 尺寸	外径 偏差	壁厚 3	4	5	6	7	8	9	10	12	15	18	20	22	25	28	30
		允许偏差	+1.0 −0.5	+1.0 −0.5	+1.5 −1.0	+1.5 −1.0	+1.5 −1.0	+2.0 −1.0	+2.0 −1.0	+2.0 −1.0	+3.0 −2.0	+3.0 −2.0	+3.0 −2.0	+3.0 −2.0	+4.0 −3.0	+4.0 −3.0	+4.0 −3.0	+4.0 −3.0
TA1 TA2 TA3 TC1 TC4	25，26	±0.8	0	0	0	—	—	—	—	—	—	—	—	—	—	—	—	—
	28，30	±0.8	0	0	0	0	—	—	—	—	—	—	—	—	—	—	—	—
	32，34，35，38，40，42，45	±1.0	0	0	0	0	0	0	—	—	—	—	—	—	—	—	—	—
	48，50	±1.0	—	0	0	0	0	—	—	—	—	—	—	—	—	—	—	—
	55，60，63，65	±1.2	—	—	0	0	0	0	—	—	—	—	—	—	—	—	—	—
	70	±1.2	—	—	—	0	0	0	0	—	—	—	—	—	—	—	—	—
	75，80，85	±1.5	—	—	—	0	0	0	0	0	—	—	—	—	—	—	—	—
	90，95，100	±1.5	—	—	—	0	0	0	0	0	0	0	0	0	—	—	—	—
	105，110	±2.0	—	—	—	—	0	0	0	0	0	0	0	0	0	0	—	—

续表 12-1-84（A）

牌号	外径尺寸	外径偏差	壁厚 3	4	5	6	7	8	9	10	12	15	18	20	22	25	28	30
		允许偏差	+1.0 −0.5	+1.0 −0.5	+1.5 −1.0	+1.5 −1.0	+1.5 −1.0	+2.0 −1.0	+2.0 −1.0	+2.0 −1.0	+3.0 −2.0	+3.0 −2.0	+3.0 −2.0	+3.0 −2.0	+4.0 −3.0	+4.0 −3.0	+4.0 −3.0	+4.0 −3.0
	115，120	±2.0	—	—	—	—	0	0	0	0	0	0	0	0	0	0	0	0
	130，140，150	±2.5	—	—	—	—	0	0	0	0	0	0	0	0	0	0	0	0
	160，170	±3.0	—	—	—	—	—	—	—	—	0	0	0	0	0	0	0	0
	180，190，200	±3.5	—	—	—	—	—	—	—	—	0	0	0	0	0	0	0	0
	210	±4.0	—	—	—	—	—	—	—	—	—	—	—	0	0	0	0	0

表 12-1-84（B） 棒 材 单位：mm

挤压棒材（GB2965—82）TA1、TA2、TA3、TA5、TA7 TC1、TC2、TC4、TC6、TC9、TC10			轧制棒材（GB2965—82）TA1、TA2、TA3、TA5、TA7 TC1、TC2、TC4、TC6、TC9、TC10			旋锻棒材（Q/BS5331—85）TAD、TA1、TA2、TA3		
直径	偏差	长度	直径或边长	偏差	长度	直径	偏差	长度
8～14	+0.8 −0.7	≥300	8～20	+0.7 −0.5	≥300	6.0～6.5	±1.0	300～1500
16～20	+1.5 −1.0	≥300	22.5～32	+1.2 −0.5	≥300	>6.5～1.0	±1.5	300～1500
22.5～32	±2.0	≥300	36～50	+1.5 −1.0	≥300	≥10～15	±2.0	300～1500
36～63	±2.5	≥300	56～80	+2.0 −1.0	≥300			

表 12-1-85 线 材

牌号	直径	允许偏差	技术条件	供应状态
TA1、TA2、TA3	0.1～0.2	−0.025	GB3623—83	退火（M）
TA4、TA5、TA7	>0.2～0.5	−0.04		硬态（Y）
TC3	>0.5～1.0	−0.06		
	>1.0～2.0	−0.08		

续表 12-1-85

牌号	直径	允许偏差	技术条件	供应状态
TC3	>2.0～4.0	-0.10		
	>4.0～6.0	-0.14		
	2.0～4.0	-0.10		
	>4.0～6.0	-0.14		

表 12-1-86 管材室温力学性能（GB4367～4368—84 GB3624～3625—83）

牌号	制造方法及供应状态	抗拉强度 σ_b，MPa	伸长率 δ_{10}，%（不小于）
TA1	轧制、退火，焊接，焊接、退火，焊接、轧制、退火	343～490	23
TA2	轧制、退火，焊接，焊接、退火，焊接、轧制、退火	441～588	18
TA3	焊接，焊接、退火，焊接、轧制、退火	539～686	15
TC4	轧制、退火	≥588	12
TC10	轧制、退火	≥1030	≥12（δ_5）

表 12-1-87 棒材室温力学性能（GB2965—82）

牌号	抗拉强度 σ_b（不小于）MPa	伸长率 δ_5（不小于）%	断面收缩率 ψ（不小于）%	冲击值 a_K（不小于）N·M/cm²	布氏硬度（d）mm	备注
TA1	343	25	50	—	—	
TA2	441	20	40	—	—	
TA3	539	15	35	—	—	
TA5	686	15	40	59.8	—	
TA6	686	10	27	29.4	—	
TA7	785	10	27	29.4	—	
TA8	981	10	25	19.8～29.4	—	
TB2	≤981	18	40	29.4	—	淬火性能
	1373	7	10	14.7	—	时效性能
TC1	588	15	30	44.1	—	
TC2	686	12	30	39.2	—	
TC4	902	10	30	39.2	3.35	
TC6	932	10	23	29.4	—	
TC7	981	10	23	34.3	—	
TC9	1050	9	25	29.4	—	
TC10	1030	10	30	39.2	—	

表 12-1-88　棒材高温力学性能

(GB2965—82)

牌号	试验温度 C	抗拉强度 σ_b（不小于） MPa	持久强度 σ_{100}（不小于） MPa
TA6	350	422	392
TA7	350	490	441
TA8	500	686	490
TC1	350	343	324
TC2	350	422	392
TC4	400	618	569
TC6	450	588	539
TC7	450	588	—
TC9	500	785	588
TC10	400	834	785

（二）生产流程

钛及钛合金管、棒材典型工艺流程如表 12-1-89，线材的典型工艺流程如表 12-1-90。

表 12-1-89　管、棒、线工艺流程表

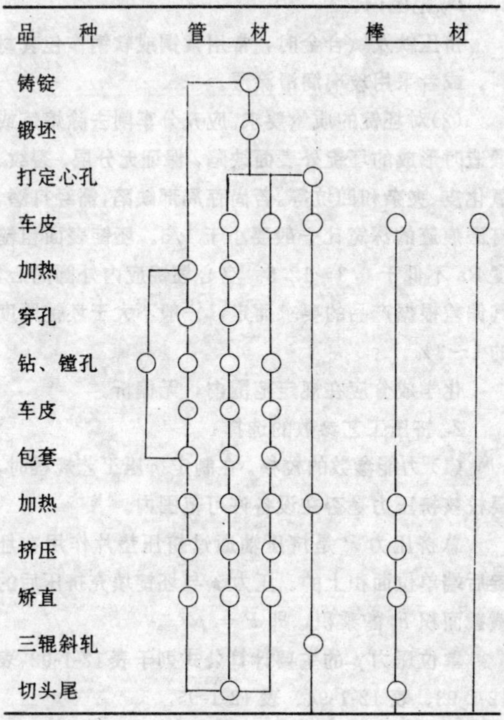

续表 12-1-89

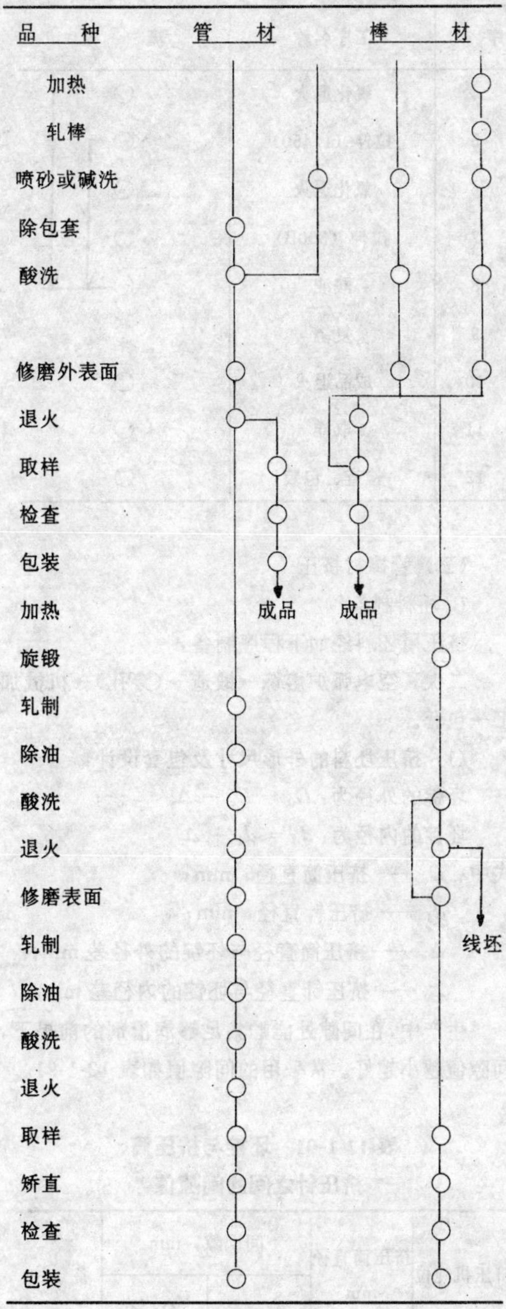

表 12-1-90　线材工艺流程

序　号	工序名称	流　程
1	坯料	○
2	氧化退火	○
3	拉伸（1/600）	○

续表 12-1-90

序号	工序名称	流程
4	氧化退火	○
5	拉伸（1/450）	○
6	氧化退火	○
7	拉伸（300B）	○
8	酸洗	○
9	复绕	○
10	成品退火	○
11	取样	○
12	检查、包装	○

（三）管棒材挤压

1. 坯料制备

挤压用坯料经如下程序制备：

二次真空电弧炉熔炼→锻造→（穿孔）→机械加工→包套。

（1）挤压坯料的外形尺寸及包套设计：

坯锭的外径为：$D_0 = D_c - \Delta_w$

坯锭的内径为：$d_0 = d_1 + \Delta_n$

式中 D_c ——挤压筒直径，mm；

d_1 ——挤压针直径，mm；

Δ_w ——挤压筒直径与坯锭的外径差 mm；

Δ_n ——挤压针直径与坯锭的内径差 mm。

生产中，在间隙处能贮集足够润滑剂的前提下，间隙值越小越好。常采用的间隙值如表 12-1-91。

表 12-1-91 坯锭与挤压筒、挤压针之间的间隙值

挤压机吨位	挤压筒直径 mm	间隙，mm		备注
		$\Delta_w/2$	$\Delta_n/2$	
400（卧）	ϕ66，ϕ72	0.5～1.00	0.50～0.75	包套挤压
1500（卧）	ϕ85	0.75～1.50	0.75～1.00	光坯挤压
600（立）	ϕ65～120	0.75～1.00	0.50～0.75	包套挤压

续表 12-1-91

挤压机吨位	挤压筒直径 mm	间隙，mm		备注
		$\Delta_w/2$	$\Delta_n/2$	
600（立）	ϕ65～120	0.75	0.50	光坯挤压
3150（卧）	ϕ220～260	2.00～2.50	250	包套挤压
3150（卧）	ϕ220～260	2.50	30	光坯挤压

挤压坯锭的长度主要根据制品长度而定，同时也适当考虑挤压机的能力。

按制品长度确定坯锭长度时，可用下式计算。

$$L_0 = \left(\frac{L + L_{zh}}{\lambda} + L_{ca}\right)\alpha_T$$

式中 L——制品长度，mm；

L_{zh} ——切除头尾的长度，mm；

λ——挤压比；

L_0 ——坯锭长度，mm；

α_T——填充系数，$\alpha_T = \frac{D_c^2}{D_0^2} \approx 1.03$；

L_{ca} ——挤压残料长度。

按上式计算出的长度最好在 $L_0 = (1.5 \sim 3.0)D_0$ 范围内。

挤压钛及钛合金时，常用紫铜或软钢作包套材料。或者采用玻璃润滑涂层。

(2)对坯锭的质量要求。应充分车削去除熔炼或锻造时形成的坯锭外表面缺陷，保证无分层、裂纹、氧化皮、夹杂和凹坑等。若尚存局部缺陷，需经打磨，打磨痕迹的深宽比一般要小于 1/5。坯锭表面粗糙度 Ra 不低于 6.3～12.5。空心坯锭应内外圆同心，其偏差根据产品的要求而定，一般不大于坯锭厚度的 1～3%。

化学成分应在规定范围内，无偏析。

2. 挤压工艺参数的选择

(1) 力能参数的校核。在制定挤压工艺规程时，要校核挤压力是否在设备许可范围内。

总挤压力 P 是挤压轴通过挤压垫片作用在坯锭后端单位面积上的。压力 p 与坯锭填充挤压后的横截面积 F_t 的乘积，即 $P = pF_t$。

单位压力 p 的主要计算公式列于表 12-1-92、表 12-1-93、表 12-1-94、表 12-1-95。

表 12-1-92 挤压力计算公式

名 称	经验公式	赛茹尔内公式	普罗佐洛夫公式
建立公式的条件	高塑性的金属在均匀应力条件下变形	不考虑金属与挤压模的摩擦力（挤棒）	低塑性金属在均匀应力条件下变形
公式	$p=K\ln\lambda$	$p=K_s e^{\frac{2fL}{R_c}}\ln\lambda$ 挤管 $p=K_s e^{\frac{2fL}{R_c-r}}\ln\lambda$	$p=C\sigma_p\left(1+\frac{fL}{D_c}\right)\ln\lambda$
应用的效果	在有实际测定的 K 值时，计算简便，能满足一般工艺计算要求，现场广泛使用	在润滑良好的条件下，能满足一般工艺计算的要求，应用较广泛	当没有实测的 K、Ks 值时，常用此式估算 挤压纯钛时，计算值比实测值低得多
式中符号的意义	p—单位挤压力，MPa $\ln\lambda$—挤压比的自然对数 L—填充挤压后的坯锭长度，mm D_c—挤压筒直径，mm R_c—挤压筒半径，mm r—挤压针的半径，mm f—摩擦系数，用适当玻璃润滑时约 0.02，用普通润滑剂时约为 0.12，也可根据挤压条件参照表 12-1-93 σ_p—金属在挤压条件下的变形抗力，MPa；计算时可取该温度下的 σ_b K—挤压常数，MPa；见表 12-1-94 K_s—挤压阻抗，MPa；见表 12-1-95 C—与不均匀变形和摩擦有关的系数；对简单断面的棒材，$C=4$；对光壁圆管和带小筋圆管，$C=5$；对复杂断面的型材，$C\geqslant6$			

表 12-1-93 特定条件下的热挤压摩擦系数，f

牌号	挤压机吨位	工 艺 条 件	润 滑	f
纯 Ti	800	750℃加热，铜包套挤压，ϕ100mm 挤压筒，挤 ϕ25mm 棒	二硫化钼耐热脂	0.015～0.024
TA2	3150	780℃感应加热，铜包套挤压，ϕ220 挤压筒，挤 $\phi65\times$10mm 管材	石墨粉＋汽缸油＋二硫化钼	0.018～0.032
	3150	830℃电炉加热，铜包套挤压，ϕ260mm 挤压筒，挤 $\phi104\times$7mm 管材	同上	0.02

(2) 加热制度。α+β型钛合金通常在低于合金的α+β/β相变温度以下挤压。纯钛及α型钛合金，挤压温度对制品的组织性能的影响较α+β型钛合金小，但也不希望加热温度太高，一般也要低于α+β/β相变温度。β型合金通常在β相区加热挤压。

包套挤压时，加热温度应低于钛与包套材料的共晶温度。

表 12-1-94 特定条件下的挤压常数 *K*

牌号	挤压机吨位	挤压筒直径 mm	制品尺寸 mm	挤压比 λ	加热方式	加热温度 ℃	润滑条件	*K* MPa
纯 Ti	3150	220	ϕ63	12.2	感应加热	800～830	锭坯滚 M-1 玻璃粉，模子用 M-1 玻璃垫	154
	800	100	ϕ25×5.25	23.6	电炉加热	730	紫铜包套，用普通润滑剂润滑工具	221
	600	65	ϕ11.8	30.3	电炉加热	750	紫铜包套，用普通润滑剂润滑工具	200
TA2	3150	220	ϕ65×10	21.1	感应加热	780	紫铜包套，用普通润滑剂润滑工具	216
TA7	600	100	ϕ43	5.8	玻璃浴炉	1200	光坯挤压，玻璃润滑	276
	600	100	ϕ45×4	13.2	电炉加热	950	坯锭滚 60%M-1+40%A-5 玻璃粉	233
	3150	220	ϕ95	5.8	感应加热	1200	坯锭滚 M-1 玻璃粉，用 M-1 玻璃垫润滑模具	153
TC3	600	65	ϕ22×6	10.7	电炉加热	980	A-9 玻璃粉+苏州粘土+碱+水涂层	220
	3150	260	ϕ155×8	10.3	电炉加热	1000	坯锭滚 A-g+M-1 玻璃粉，模子用 A-9+M-1 玻璃垫	171
TC4	600	65	ϕ20	10.1	电炉加热	950	坯锭涂 G730140%+M-140%+$NaCO_3$+石墨	265
	3150	220	ϕ61	13.0	感应加热	1080～1100	坯锭滚 M-1 玻璃粉，模子用 M-1 玻璃垫	267～286
TC8	600	100	ϕ35	8.3	玻璃浴炉	1200	光坯挤压，玻璃润滑	220
TC9	600	65	ϕ27	5.8	电炉加热	920	坯锭滚 M-1 玻璃粉	446
	600	65	ϕ27	5.8	电炉加热	950	坯锭滚 M-1 玻璃粉	361
TC10	600	65	ϕ30×5.5	7.2	电炉加热	1000	A-9 玻璃粉+苏州粘土+碱+水涂层	265～298
Ti-32Mo	600	100	ϕ45×5	11.0	感应加热	1100～1200	钢包套、玻璃润滑	341～427
Ti-32Mo-2.5Nb	1500	125	ϕ56×8	9.1	玻璃浴炉	1250	裸锭挤压、玻璃润滑	392
Ti-50Ta	400	72	ϕ24	9.0	电炉加热	1200	钢包套、石墨和耐热脂润滑工具	263

表 12-1-95　挤压 TA2 的挤压阻抗 K_e 值

挤压机吨位	挤压筒直径 mm	制品尺寸	加热设备	加热温度 ℃	挤压比 λ	包套材料	润滑条件	K_e MPa
3150	260	ϕ104×7	电　炉	830	21.9	紫　铜	石墨+MoS_2+汽缸油	127～156
3150	220	ϕ65×10	感应炉	780	21.1	紫　铜	油的混合物润滑工具	161～207

加热速度和加热时间应考虑金属的导热性能。在普通电炉或煤气炉、重油炉中加热时，加热时间可按（1.5～2.0）mm/min 计算。

挤压锭坯的加热制度实例如表 12-1-96 和 12-1-97 所示。

(3) 挤压比。选择挤压比时，除考虑金属的特点外，还必须考虑挤压机的能力和工模具的许用应力。工厂常用的挤压比实例如表 12-1-98。

表 12-1-96　挤压坯锭加热制度实例

合金牌号	加热条件	加热温度，℃	保温时间，min
TA1、TA2、TA3	工频加热或电炉加热光坯	750～900	(1) 用电炉、煤气炉、玻璃浴炉加热时，从进料到出炉的总时间按 1.5mm/min 计算（高温装炉） (2) 工频炉加热 ϕ212～300mm 坯锭的时间为 25～30 (3) 中频感应加热 ϕ50～120mm 的坯锭的时间为 3～5
	工频加热或电炉加热铜包套坯	650～800	
TC1、TC2	感应炉或电炉加热铜包套坯	630～700	
	感应炉或电炉加热光坯	750～800	
TA4	感应炉或电炉加热光坯	850～900	
TA5	感应炉或电炉加热光坯	980～1020	
TA6	感应炉或电炉加热光坯	980～1000	
TA7	感应炉或电炉加热光坯	950～1050	
TA8	感应炉或电炉加热光坯	950～980	
TB2	感应炉或电炉加热光坯	1020～1050	
TC3、TC4	感应炉或电炉加热光坯	920～950	
TC6、TC7	感应炉或电炉加热光坯	950～980	
TC9	感应炉或电炉加热光坯	920～950	
TC10	煤气炉或电炉加热光坯	930～950	
Ti-32Mo-2.5Nb	玻璃浴炉加热光坯	1200～1300	
Ti-7Al-4Mo	玻璃浴炉加热光坯	900～950	

表 12-1-97　前苏联钛及钛合金挤压前坯料加热温度

合金牌号	BT1-00、BT1-0	OT4-0、OT4-1、OT4	BT5、BT14、BT6、BT6c	BT3-1、BT8、BT15
感应加热温度，℃	760～820	840～940	880～980	900～1150

表 12-1-98 挤压比实例

牌号	挤压筒直径 mm	挤压比 λ	备注
TA1、TA2、TA3	65	8.3～30	(1)紫铜包套挤压，用普通的润滑剂润滑工具，可采用上限 (2)光坯挤压，用玻璃润滑时采用下限
	85	8.0～23	
	100	6.0～15	
	120	4.0～8.5	
	220	6.0～25	
	260	5.0～11	
TC1、TC2、TA4	65	6.0～13	
	85	6.0～12	
	100	4.0～10	
	120	4.0～6.0	
	220	5.0～11	
	260	4.0～8.0	
TA5、TA6、TA7、TC3	65	3.5～8.0	
TC4、TC6、TC7	85	3.5～7.0	
	100	3.5～6.0	
	120	4.0～7.0	

(4)挤压速度。钛及钛合金导热性差，一般采用中等速度(50～120mm/s)进行挤压。常用钛合金的挤压速度见表 12-1-99、12-1-100。

表 12-1-99 挤压速度实例

牌号	工艺条件	挤压速度，mm/s
TA1、TA2、TA3	加热 600～800℃，λ=8～30，包铜套	25～150
TA6、TA7、TC1	加热 900～1000℃，λ=3～12	90～120
TC4、TC5、TC6	裸锭挤压	
TC10	加热 930℃，λ=3.5～8，裸锭挤压	100～150

表 12-1-100 前苏联各种牌号钛及钛合金的挤压速度

合金牌号	BT1-00 BT1-0	OT4-0 OT4-1 OT4	BT14 BT6c BT5	BT3 BT8 BT15
金属流出速度 m/s	3.0	2.0	1.5	1.0

3. 润滑剂

(1)润滑剂的种类及其比较。挤压用润滑剂大致分为四大类，各类润滑剂的特点及其包括的品种如表 12-1-101。

表 12-1-101 挤压用润滑剂的种类及特点

类别	主要品种	特点
液体润滑剂	机油 气缸油 菜子油	闪点低，耐压性差，不能单独使用，一般用作固体润滑剂的粘合剂或挤压工具的冷却剂
固体润滑剂	石墨，二硫化钼，二硫化钨，氯化物，氟化物，氮化物，滑石以及某些软金属	抗压性能较好，粘合性能差，一般不单独使用，而调配于液体润滑剂或润滑脂中
润滑脂	复合钙基脂，高温钠基脂，钠，铅，钡基脂	由液体润滑剂中加入稠化剂而制成，为了提高使用温度，降低摩擦系数，在润滑脂中加入石墨或二硫化钼
玻璃润滑剂	各种牌号的玻璃粉，玻璃纤维或玻璃垫	导热系数低，隔热性能好，耐压能力高，化学稳定性好，使用较方便；但挤压后，去除玻璃较困难

(2)玻璃润滑剂。玻璃润滑剂的指标有粘度、软化点及浸润性，其中粘度尤为重要。多数研究者认为，热挤压时，玻璃的粘度在0.30～1.0Pa·s范围内比较合适。粘度过小时，抗压能力差，容易被挤掉。粘度过大时，摩擦系数大，润滑效果不良，最好采用在一定范围内粘度随温度变化不明显的所谓“长性玻璃”润滑剂。

国产润滑用主要的玻璃粉的粘度-温度曲线如图12-1-86和图12-1-88所示。国外某些玻璃润滑剂的粘度-温度曲线如图12-1-87。

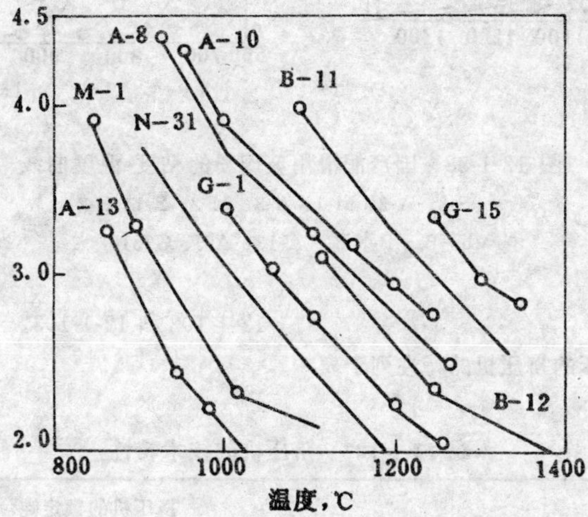

图 12-1-86　国产润滑用玻璃粉的粘度对数-温度曲线

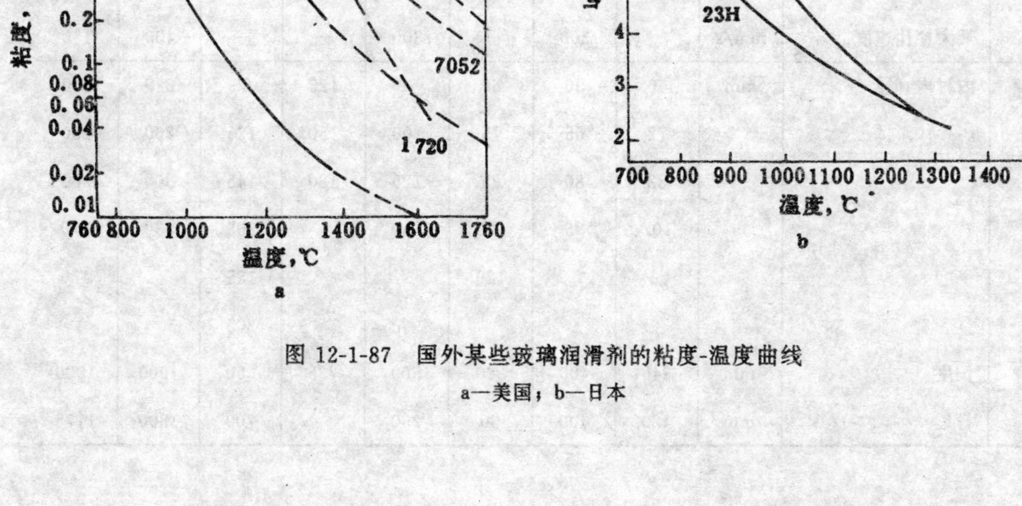

图 12-1-87　国外某些玻璃润滑剂的粘度-温度曲线

a—美国；b—日本

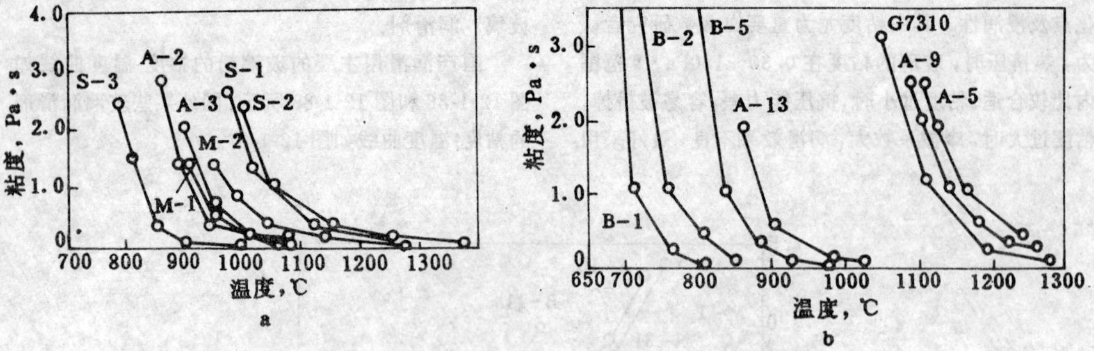

图 12-1-88 国产润滑用玻璃粉的粘度-温度曲线

a—S-3、A-2、M-1、A-3、M-2、S-1、S-2

b—B_1、B_2、B_3、A-13、A-5、G7310

4. 挤压设备

常用于钛及钛合金挤压的挤压机的特性列于表12-1-102和12-1-103。

表 12-1-102 挤压机的技术特性

特性名称		单位	挤压机的额定吨位							
			400	500	600	800	1200	1500	3150	3500
型式			卧式	卧式	立式	卧式	卧四柱	卧四柱	卧四柱	卧四柱
工作介质的额定压力		kPa	24517	31381	31381	20594	24519	31381	30890	31881
主柱塞	直径	mm	500	—	530	650	—	800	1150	1250
	最大行程	mm	820	—	1000	1320	1600	890	2250	2100
	最大挤压速度	mm/s	33	300	133	38	200	160	300	120
穿孔柱塞	穿孔力	kN	—	980.0	—	999.6	1176.0	—	6174.0	4900.0
	最大行程	mm	—	1250	—	570	610	—	1050	1100
	最大穿孔速度	mm/s	—	300	—	300	—	—	400	150
挤压筒	内衬内直径	mm	66	50	65	90	125	85	220	200
			72	65	75	100	150	125	260	250
			82	80	85	125	180	145	300	300
			102	95	100	150		165	330	370
					120			185		420
								205		
	长度	mm	340	400	390	500	735	650	1000	1000
	行程	mm	420	400	50	250	—	700	1200	1175

表 12-1-103 前苏联挤压钛合金的挤压机技术特性

特性名称	挤压机吨位及特性值				
	600t	1600t	2500t	3150t	5000t
液体工作压力，kPa	31360.0	31360.0	34300	31360.0	23520
挤压力，kN	5880.0	15680.0	24500.0	30870.0	49000.0
行程，mm	900	1975	1900	2270	2800
挤压速度，mm/s	133	约 300	约 500	约 300	约 300
回程力，kN	793.8	1274.0	—	2842.0	2940.0
穿孔力，kN	—	2205.0	4900.0	4361.0	
穿孔行程，mm	—	2775	2850	3180	—
挤压筒长度，mm	390	815	900	850	1250
挤压筒内径，mm	85～135	110～200	160～355	150～280	250～450
挤压筒行程，mm	—	850	1060	1150	350
挤压筒夹紧力，kN	—	1049	2205	2254	2695
挤压机长度，mm	6960	18450	—	20500	20000
挤压机宽度，mm	4020	7400	—	13800	—
挤压机地上高，mm	5540	4570	—	6025	—
挤压机地下高，mm	—	2600	—	4500	—
挤压机重量，t	41.6	305	—	510	—

（四）管材轧制

轧制是生产精密薄壁管材的主要方法。常用的管材轧制方法有两辊冷轧，两辊温轧，多辊冷轧和多辊温轧四种。

1. 管坯的选择及其质量要求

用挤压、斜轧穿孔、焊接等方法生产的管坯，经过矫直、切头尾、修理、酸碱洗等工序后，均可作为冷（温）轧的管坯。

管坯的外径偏差和壁厚偏差应符合表 12-1-104 和 12-1-105 的要求。管坯的内外表面不允许有裂纹、折迭、挤压深沟、氧化皮及其他缺陷。管坯需经矫直、不直度不大于 2.5～3.0mm/m。

挤压后坯料的外表面通常不进行机械加工，但在第一次轧制后，管材表面要用无芯磨床磨削或用其他方法去除 0.1～0.15mm，并进行酸洗退火，然后再轧制。

2. 冷轧工艺

(1) 变形程度。变形程度的大小，主要依据合金的塑性而定，如 TA1 和 TA2 的道次变形率为 20～60%，两次退火间的总变形率为 40～75%；TA3 的道次变形率 20～55%，两次退火间的总变形率 40～65%。

表 12-1-104 管坯的壁厚偏差 单位：mm

壁 厚	壁厚偏差	说 明
2.5～3.0	±0.25	(1) 壁厚不均度（同一断面上的最大和最小的壁厚差）不超过实际平均壁厚的 10%
3.1～5.0	±0.40	
5.1～7.0	±0.60	(2) 实际平均壁厚 $=\frac{\text{实际最大壁厚}+\text{实际最小壁厚}}{2}$
7.1～10.0	±0.80	

表 12-1-105 管坯的外径偏差（mm）

外径尺寸	外径偏差	
	工业纯钛	钛合金
φ25 以下	±0.50	±0.50
φ26～50	+0.80 −1.00	+0.50 −0.80
φ51～75	+0.80 −1.20	+0.50 −1.00
φ76～100	+0.80 −1.30	+0.50 −1.20
φ101～127	+0.80 −1.50	—

必须指出，在轧制钛及钛合金管时，除考虑变形程度外，还必须考虑减径量与减壁量的比值对产品质量的影响。

在两辊轧机上轧制管材时，有两种减径形式，孔型始端的减径（通称空减径）和在孔型压下区中每送进一个体积后的减径（随减壁而进行的减径）。

孔型始端减径值对 TA2 和 TA3 的变形影响不大，但对 TC1、TC2 和 TA7 钛合金的变形有着很大的影响，只有当 $(d_0-d_1)/d_0 \leqslant 11\%$ 的情况下才不会被轧裂。

在整个变形过程中，内径的总减径量与减壁量之比对 TC1、TC2、TA7 钛合金均有很大的影响。当

$$\frac{\frac{d_0-d}{d_0}}{\frac{t_0-t}{t}}=\frac{(d_0-d)\ t_0}{(t_0-t)\ d_0}\leqslant 0.7$$

时，方能保证轧制顺利进行。d_0 和 d 为轧制前后管的内径；t_0 和 t 为轧制前后的壁厚，表 12-1-106 列出了减径量、减壁量对钛合金冷轧管材的影响

(2)送进量和机架行程次数。冷轧纯钛管时的送进量和行程次数的实例如表 12-1-107 所示。

(3)工艺润滑与冷却。冷轧管材的工艺润滑与冷却剂见表 12-1-108。

表 12-1-106 减径量与减壁量对钛及钛合金变形过程的影响

规格		芯头锥度 2tgα	$\frac{d_0-d}{d_0}$	$\frac{t_0-t}{t_0}$	$\frac{\frac{d_0-d}{d_0}}{\frac{t_0-t}{t_0}}$	ε %	送进量 mm/次	能轧制的金属	发现裂纹的合金
管坯 ($D_0\times t_0$) mm	成品管 ($D\times t$) mm								
53×3.5	32×2.70	0.040	0.424	0.230	1.840	55.0	6	TA2	TC2、TA7
36×3.0	22×2.15	0.025	0.400	0.280	1.400	57.0	3	TA2、TA3	TC2
50×4.0	36×3.15	0.024	0.286	0.212	1.350	46.0	3	TA2	TC2
30×1.7	18×1.10	0.036	0.405	0.352	1.140	63.0	2	TA2	TC1、TC2
46×1.7	30×1.10	0.030	0.348	0.352	0.980	60.0	3	TA2、TA3	TC1、TC2
30×1.7	20×1.10	0.030	0.324	0.353	0.910	56.7	2	TA2、TA3	TC2
53×3.5	32×1.80	0.040	0.382	0.486	0.800	68.5	6	TA2	TC2、TA7
53×3.5	42×2.65	0.010	0.205	0.286	0.710	44.5	10	TA2、TA7	—
50×4.0	30×1.80	0.030	0.382	0.550	0.694	72.5	10	TA2、TC4	—
60×6.5	46×3.50	0.015	0.316	0.461	0.680	57.0	10	TA2、TC2	—
46×4.0	30×2.10	0.022	0.321	0.475	0.675	65.0	12	TA2、TC2、TA7	—
53×3.5	32×1.20	0.040	0.356	0.646	0.560	79.9	6	TA2、TC2	TA7
25×2.1	18×1.10	0.011	0.240	0.477	0.503	61.3	4	TA2、TC2	—

续表 12-1-106

规格 管坯 $(D_0\times t_0)$ mm	规格 成品管 $(D\times t)$ mm	芯头锥度 2tgα	$\frac{d_0-d}{d_0}$	$\frac{t_0-t}{t_0}$	$\frac{\frac{d_0-d}{d_0}}{\frac{t_0-t}{t_0}}$	ε %	送进量 mm/次	能轧制的金属	发现裂纹的合金
36×4.0	25×2.0	0.017	0.250	0.500	0.500	62.0	7	TA2、TC2	—
30×2.1	22×1.10	0.017	0.233	0.477	0.490	60.7	7	TA2、TC2	—
46×6.5	32×3.30	0.017	0.230	0.493	0.470	63.0	15	TA2、TC2	
53×3.5	42×1.70	0.010	0.161	0.515	0.310	69.0	10	TA2、TC2	
53×3.5	42×1.15	0.010	0.150	0.600	0.250	64.8	10	TA2、TC2	

表 12-1-107　轧制工业纯钛的送进量及机架行程次数

轧机型号	送进量		机架行程次数，次/min	
	轧后壁厚，mm	送进量，mm/次	轧制中间产品	轧制成品
LD—120	0.25～2.00	2.0～4.0	80～110	80～100
	2.10～5.00	4.1～8.0		
LG-80	0.75～2.50	2.0～5.0	60～70	60～65
	0.26～8.00	4.1～14.0		
LG-55	0.60～2.50	3.0～5.0	70～90	70～80
	2.60～6.00	4.0～14.0		
LG-30	0.40～2.50	3.0～7.0	80～100	80～90
	2.60～6.00	4.0～14.0		
LD-60	0.20～1.50	3.0～5.0	50～100	50～80
	1.50～4.00	4.0～7.0		
LD-30	0.10～1.50	2.30～5.00	90～100	90～100
	1.6～4.00	4.1～8.00		
LD-15	0.10～1.00	1.5～4.00	80～110	80～100
	1.10～3.00	2.6～5.00		
LD-8	0.10～0.50	1.5～2.00	80～100	60～80
	0.60～1.50	2.10～4.00		

表 12-1-108　冷轧管材的工艺润滑与冷却剂

轧机型号	内表面用润滑剂	外表面用润滑剂	冷却剂
LG-80、LG-55、LG-30	(1) 汽缸油	氯化石蜡和二硫化钼粉剂	压缩空气 (0.25～0.41MPa)
	(2) 氯化石蜡	氯化石蜡和滑石粉	乳液
LD-120、LD-60、LD-30	(1) 氯化石蜡	10～30[#]机油	10～30[#]机油
	(2) 汽缸油	10～30[#]机油	10～30[#]机油
LD-15、LD-8	10～30[#]机油	10～30[#]机油	10～30[#]机油

前苏联在XMT轧机上轧制钛管时，通常采用下列成分的润滑剂：35～40％硝酸钠、20～25％滑石粉、35～45％ОП－10❶。这种润滑剂可防止金属粘结工具，并且用水去除。

3. 温轧工艺

(1) 加热。实践证明，采用氢气与压缩空气混合燃料的喷枪式加热器是合适的，在机头前、后各装一个加热器。

苏联采用感应加热器加热管坯。管坯临进入变形区前，用以工频电流工作的感应器加热到需要的温度。感应器（图12-1-89）内要安装一个整体的与感应圈绝缘的厚壁套管。

加热温度：TC10，开坯600～650℃，其他道次为300～400℃；TC1（OT4-1）、TC2（OT4）的加热温度为300～400℃。

(2) 加工率。TC10钛合金道次加工率30～40％，两次退火间的总加工率可达80％；TC1、TC2的道次加工率可达45～55％。

(3) 工艺润滑。轧制前管坯内外表面，均匀涂一层胶体石墨乳，经烘干或晾干后轧制。

苏联采用5～7％石墨＋35～40％钠硝石＋8～10％熟石灰＋水成分的润滑剂作为温轧工艺润滑。

4. 设备

国产冷轧管机的技术特性列于表12-1-109和表12-1-112，前苏联ХПТ。轧管机的技术性能见表12-1-110和12-1-111。

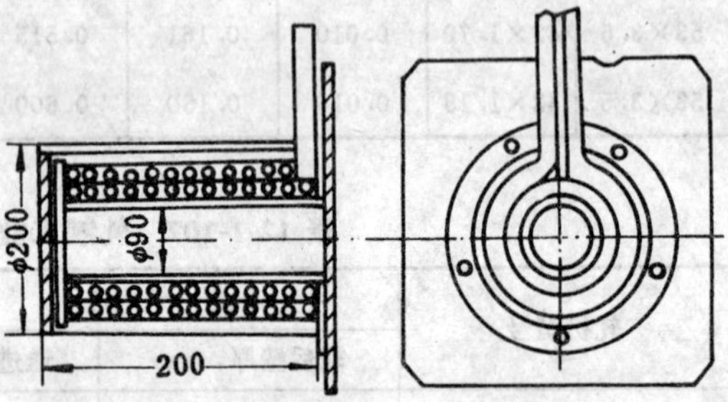

图 12-1-89　两辊轧机上轧制管材用的加热器

表 12-1-109　国产两辊式冷轧管机的技术特性

项目		单位	轧机型号						
			LG30	LG55	LG80	LG120	LG150	LG200	LG30Ⅱ
成品管	外径	mm	16～32	25～55	40～80	80～120	100～150	125～200	16～32
	壁　厚	mm	0.4～5.0	0.6～10	0.75～18	1.4～16	3～18	3.5～20	0.5～5.0
	长度	m	～25	～25	～25	4～10	4～10	4～25	—
管　坯	外径	mm	22～46	38～73	57～102	89～146	108～171	180～230	22～46
	壁　厚	mm	1.35～6	1.75～12	2.5～20	～26	～28	6～32	1.35～6
	长　度	m	1.5～5.0	1.5～5.0	1.5～5.0	2.5～6.5	2.5～6.5	2.5～6.5	1.5～5.0
工艺参数	最大外径减小量	mm	24	33	33	—	—	—	—
	最大断面收缩率	%	79～80	79～88	79～88	70～80	70～80	70～80	70～80
	工作机架行程速度	次/min	80～120	68～90	60～70	60～100	45～80	45～70	70～210
	管坯送进量	mm/次	2～30	2～30	2～30	2～20	2～20	2～15	3～20
	生产率	m/h	115	108	95	90	75	70	343
设备性能参数	轧辊直径	mm	300	364	434	—	—	—	—
	主动齿轮节圆直径	mm	280	336	406 (378)	—	—	—	—

❶ 为前苏联可市购的一种化工产品牌号。

续表 12-1-109

项目		单位	轧机型号						
			LG30	LG55	LG80	LG120	LG150	LG200	LG30Ⅲ
设备性能参数	曲柄半径	mm	225	310	350	—	—	—	—
	工作机架行程长度	mm	453.4	625	705	802	905.56	1075	453.4
	工作机架重量	t	1.86	3.84	6.32	13.0	22.4～24.0	34	1.6
	主电机功率	kW	72.0	100	130	320	320	600	115
	设备总重量	t	60.5	71.5	85.6	304	340	340	39.4
	最大轧制力	kN	637	980	1666	—	—	—	—

表 12-1-110　前苏联 XПТ 冷轧管机技术特性

项目	轧管机型号					
	XПТ-32	XПТ-55	XПТ-90	XПТ-120П	XПТ-250	XПТ-450
管坯直径，mm	22～46	38～73	57～102	89～140	104～273	219～480
管坯壁厚，mm	1.35～6.0	1.75～12	2.5～20	4～24	3～45	4～40
管坯长度，m	1.5～8.0	1.5～8.0	1.5～8.0	2.5～8.0	2.0～6.0	3.0～8.0
成品直径，mm	16～32	25～55	40～90	80～120	90～250	170～450
成品壁厚，mm	0.4～5.0	0.5～10	0.75～18	1.5～20	1.0～35	1.5～35
成品长度，m	4.0～18.0	4.0～18.0	4.0～18.0	4.5～20	4.0～10.0	6.0～25.0
机架行程长度，mm	450	625	705	755	1008	1300
机架行程次数，次/min	～150	～130	～100	～60	60～70	20～40
管坯送进量，mm/次	2～30	2～30	2～30	2～25	4～40	2～25
冷轧最大减径量，mm	24	33	32	40	50	60
温轧最大减径量，mm	28	42	48	—	—	—
冷轧最大断面减缩率，%	70	70	70	70	60	60
温轧最大断面减缩率，%	85	85	85	—	—	—
轧辊直径，mm	300	364	434	550	800	950
主轴齿轮节圆 直径，mm	280	336	406，378	476	640,680,720	950
轧辊回转角度，(°)	185	213	199，213	187.6	160,170,180	165
主电机功率（直流），kW	67	95	140	2×125（交流）	1000	2150（交流）

表 12-1-111 前苏联两辊冷轧管机的技术特性

项目		单位	轧机型号				
			ХПТ-150	ХПТ-120	ХПТ-75-1	ХПТ-55-1	ХПТ-32-1
成品管材	外径	mm	102～152	80～120	35～81	25～55	16～32
	壁厚	mm	1.75～25	1.0～20	0.75～18	0.6～10	0.4～5
	长度	m	3～10	3～10	—	—	—
管坯	外径	mm	112～174	89～140	57～90	～67	25～42
	壁厚	mm	5.0～28	4.5～24	～20	～12	～6
	长度	m	2.5～5.0	2.0～5.0	1.6～5.0	1.5～5.0	1.5～5.0
工艺参数	管坯最大断面收缩率	%	88	88	83	83	83
	管坯外径最大减径量	mm	50	40	30	30	20
	工作机架行程速度	次/min	30～50	40～60	60～70	65～90	80～120
	管坯送进量	mm/次	2～20	2～20	2～15	2～25	2～15
设备性能参数	轧辊直径	mm	700	500	434	364	300
	主动齿轮节圆直径	mm	600	406	—	310	280
	工作机架行程长度	mm	857	755.8	705.6	624.1	452.7
	曲柄半径	mm	425	375	350	350	225
	轧辊回转角度	(°)	164	212.5	200～206	204.3	185.2
	主电机功率	kW			130	80	40.5
	孔型回转段开口角度	(°)			1°14′55″		
	孔型送进段开口角度	(°)			7°47′37″		

（五）焊接管材

在专业化焊管机列上用板（带）焊制管材，是大批量生产钛及其合金管材最有前途的工艺，工艺流程如图 12-1-90。在生产流水线上，通常安装有下列设备：开卷机 1、拉辊和矫直机 2、斜刃剪 3、对焊机 4、送进扁带的拉辊 5、活套形成器 6、带材加工设备 7、成型机 8、焊前除油擦拭器 9、焊接部分 10、加工外焊瘤用的针状铣刀 11、带式研磨机 12、定径机 13、矫直机头 14、切管机 15 和成品管材的堆放支架 16。

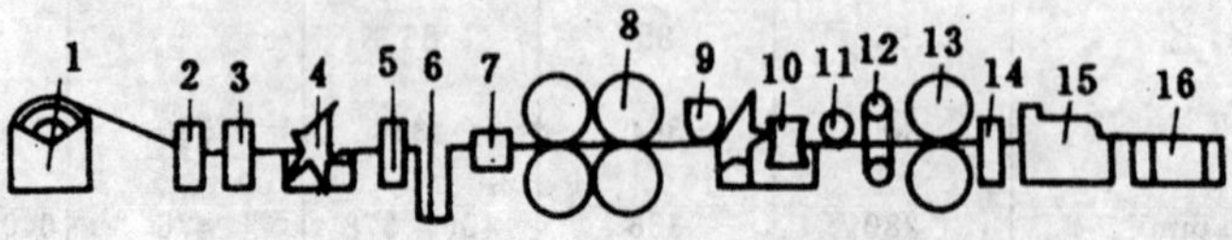

图 12-1-90 直缝钛焊管的生产流程

1. 管材的成型

管材的成型可借助于有缝钢管的成型设备，也可在连续辊式机上进行。板（带）材用圆盘剪切割成所需的宽度后，再把带条送上成型机。下面列出了制取直径 25～102mm 焊管所用的带条宽度值：

表 12-1-112 国产多辊冷轧管机的技术特性

项目		单位	轧机型号											
			LD-8	LD-15	LD-30	LD-60①长/扩	LD-120（五辊）	LD-12（双线）	LD-12（四线）	SG-32-Ⅱ	SG-70（三辊）	SG-70（四辊）	SG-50（三辊）	SG-50（四辊）
成品管	外径	mm	3～8	8～15	16～30	30～60/76	60～120	6～12	6～12	16～32	50～77	50～70	30～55	30～50
	壁厚	mm	0.1～1.0	0.1～1.0	0.1～2.0	0.2～3.0	0.25～2.5	0.1～1.0	0.1～1.0	0.2～2.0	0.2～2.0	0.2～2.0	0.2～2.0	0.2～2.0
	长度	m	≤6	≤8	5～15	4.5～15	4.5～15	≤6	≤6	≤8	≤18	≤18	≤18	≤18
管坯	外径	mm	3.5～9.0	9～17	17～34	32～64/80	63.5～127	6.5～14	6.5～14	17～34	52～80	54～76	32～57	34～57
	壁厚	mm	0.3～1.3	≤1.8	≤2.5	≤4.0	≤6.5	≤1.3	≤1.3	≤3.5	≤8.0	≤6.0	≤6.0	≤6.0
	长度	m	0.5～3.0	0.5～4.0	0.5～5.0	0.5～9/5	2～5	1～3	1～3	1.5～3.0	1.5～5.0	1.5～5.0	1.5～5.0	1.5～5.0
工艺参数	工作机架行程速度	次/min	60～150	60～140	65～130	60～100	60～150	47～141	64～192	50	51/81/103	51/81/103	51/81/103	51/81/103
	管坯送进量	mm/次	1.5～4.3	1.6～7.2	2.3～14	2～14 0～8	2～8	1.5～4.3	1.5～4.3	1.5～5.0	1～10	1～10	1～10	1～10
	最大延伸系数	—	2.5	2.5	2～3.5	3.0	3.0	2.5	2.5	2～3	2～3.5	2～3.5	2～3.5	2～3.5
	平均产量	m/h	20	15～30	20～30	20～30		25～40	60～100					
设备性能参数	曲柄半径	mm	100	100	234	300								
	连杆长度	mm	1200	1300	1500	2000								
	曲柄中心与轧制中心线垂直错距	mm	407	435	234	200								
	工作机架行程长度	mm	400	450	475	603	755.64	400	400	364	475	475	475	475
	工作机架重量	t	0.064	0.150	0.694	1.340	3.500	0.090	0.090/2	0.840	2.266	2.266	1.637	1.637
	主电机功率	kW	4.7	10.0	25.0	56.0	100	5.0	7.5	40	40	40	40	40
	允许最大轧制力	kN	14.7	49.0	245.0	445.9								
	轧机总重量	t	2.67	4.735	11.70	24.85	45.0	2.25	4.55	4.00	24.0	24.0	13.0	13.0

① LD-60 长是指带液压送进的能装长坯料的轧机；LD-60 扩是指带扩大机头的轧机。

管材直径，mm	25	32	38	50	54	60	70	80	90	102
带材宽度，mm	76	98	116.5	153	167	185	217	250	278	320

2. 管缝的焊接

目前管缝的焊接主要有高频焊接，氩弧焊接和等离子焊接。高频焊中，根据电流导入方法不同，又分为高频接触焊和高频感应焊。

高频焊接属于固态变形焊接方法，图 12-1-91 所示为高频感应焊接管缝的示意图。

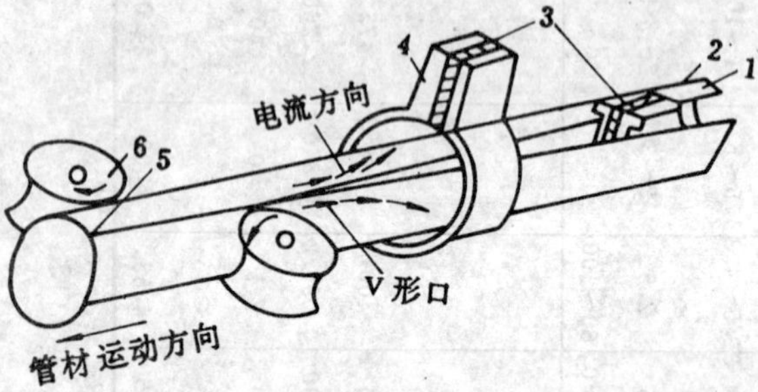

图 12-1-91 高频感应焊接管缝示意图
1—管坯；2—导向装置；3—绝缘；
4—感应圈；5—焊筋；6—压紧轮

为了防止钛被氧、氮、氢等气体污染，焊接中及焊后的焊缝温度高于 450℃时，均需采取保护措施。目前一般采用氩气保护。

高频感应焊接钛管时，外表面采用三段保护罩，管子内部用内保护罩。氩弧焊接时，采用喷嘴和拖罩进行外保护，其中熔池由喷嘴保护，冷却中的焊缝和热影响区用拖罩保护。

管内壁保护采用内保护装置，如图 12-1-92 所示。弹簧 6 使上体 4 与管内壁贴紧，氩气从一排小孔 7 喷射到管内焊缝。焊接过程中机头通过滑轮系统牵引内保护装置使其和喷嘴以相同速度在管内移动。

3. 焊接工艺实例

(1) 高频感应焊接 TA3 管材。被焊管材的规格为 ϕ62×2.5mm，感应圈与焊管间距每边约 5mm，“V”形夹角为 5°左右。焊接功率 120kW、焊接速度 5～6m/min，保护罩氩气流量如下：

一段：最大流量；二段：13～15L/min；三段：13～15L/min；

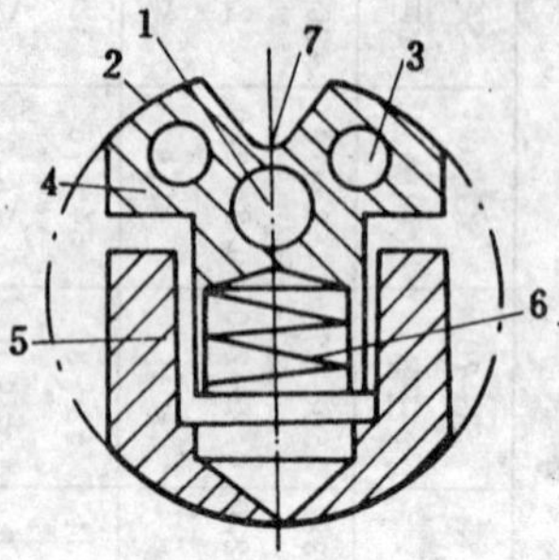

图 12-1-92 管内壁保护装置示意图
1—氩气进口；2—冷水进口；3—冷水出口；
4—上体；5—下体；6—弹簧；7—氩气出口

内罩：最大流量。

(2)氩弧焊接纯钛管材。用氩弧焊接纯钛管的工艺实例如表 12-1-113 所示。

表 12-1-113 氩弧焊接纯钛管直缝的工艺实例

管坯规格 mm	焊接电流 A	焊接速度 m/min	氩气流量，L/min		
			喷嘴	拖罩	内保护
ϕ40×1.5	80～90	0.2～0.3	10	15	20
ϕ40×2.0	100～120	0.25～0.3	10	15	20
ϕ33×2.0	145～165	0.4～0.5	8～9	9～10	10～14

(3) 等离子弧焊 BT1-0 (相当 TA1) 管材。BT1-0 合金管材的等离子弧焊实例如下：

管材直径 38～102mm

等离子体的工作规范：

焊接电流 100～135A

保护焊缝气体消耗：

管外 3.5～4.0L/min

管内 3.5～4.0L/min

电压　22～23V
电极直径　8mm
喷嘴开口到管材距离　6.5mm
喷嘴气道直径　4.5mm
等离子态气体消耗 1.5～2.0L/min
保护气体消耗　1.5～2.0L/min
焊速　1.0～1.2m/min

氩弧焊箱的工作规范：

焊接电流　190～250A
电压　12～14V
电极直径　6mm
保护气体消耗　3.5～4.5L/min

4. 焊接钛管的冷加工

焊接的有缝钛管，有时要经过冷加工，如轧制、旋压、拉伸等。然后进行热处理，再供用户使用。焊接后的加工工艺与无缝管的加工工艺基本相同。

（六）棒材轧制

1. 坯料的制备

棒材轧制的坯料，一般用锻造、精锻或挤压方法制得。为了保证轧制品的质量，应对坯料进行车削或磨削。目前所采用的各种坯料的规格如表 12-1-114 所示。

表 12-1-114　坯料规格　单位：mm

合金牌号	成品规格	坯料规格（直径或边长）
TA1、TA2、TA3、TA4、TA5	ϕ8～24	ϕ30～32 或 32×32
TB2、TC1、TC2、TC3	ϕ8～28	45×45×1000
TC4、TC6、TC9、TC10	ϕ30～65	90×90×1000
	ϕ25～60	ϕ127×1000～1250

2. 工艺参数的选择

（1）加热制度及终轧温度。$\alpha+\beta$ 型钛合金轧前加热温度稍低于 $\alpha+\beta/\beta$ 相变温度。轧制过程在 $\alpha+\beta$ 相区完成；α 型钛合金在 $\alpha+\beta$ 相区内加热；β 型钛合金的加热温度高于 β 转变温度。加热时间按 1～1.5mm/min 计算。钛及钛合金轧前加热温度及终轧温度如表 12-1-115 所示。

（2）其他工艺参数的选择。由于钛及钛合金的产量不大，制品长度也较短，所以轧制时都用手工操作。轧制速度不宜过大，实际生产过程中，所采用的轧制速度一般在 1～3m/s。

表 12-1-115　钛及钛合金轧前加热温度及终轧温度

牌　号	$\alpha+\beta/\beta$ 相变温度 ℃	加热温度 ℃	终轧温度（不低于）℃
TA1、TA2、TA3	890～920	820	700
TA4	960～980	880～900	700
TA5	960～980	920	700
TA6	980～1000	980～1000	800
TA7	1000～1020	1010	800
TB2	750	1000	800
TC1	910～930	880	700
TC2	920～940	880	700
TC4	980～990	920	700
TC6	950～980	920	700
TC7	1010～1030	980	850
TC9	1000～1020	980	850
TC10	935	930	750

道次平均延伸系数一般是 $\bar{\lambda}=1.14\sim1.24$。确定了 $\bar{\lambda}$，又确定了轧前断面积和轧件断面积，就可按下式计算出轧制道次

$$n=\frac{\ln\lambda_{\Sigma}}{\ln\bar{\lambda}}$$

式中　λ_{Σ}——总延伸系数。

在 ϕ420mm 轧机上轧制 ϕ30～65mm 棒材和 ϕ450mm 轧机上轧制 ϕ25～60mm 棒材的道次及孔型系如图 12-1-93 和 12-1-94 所示。

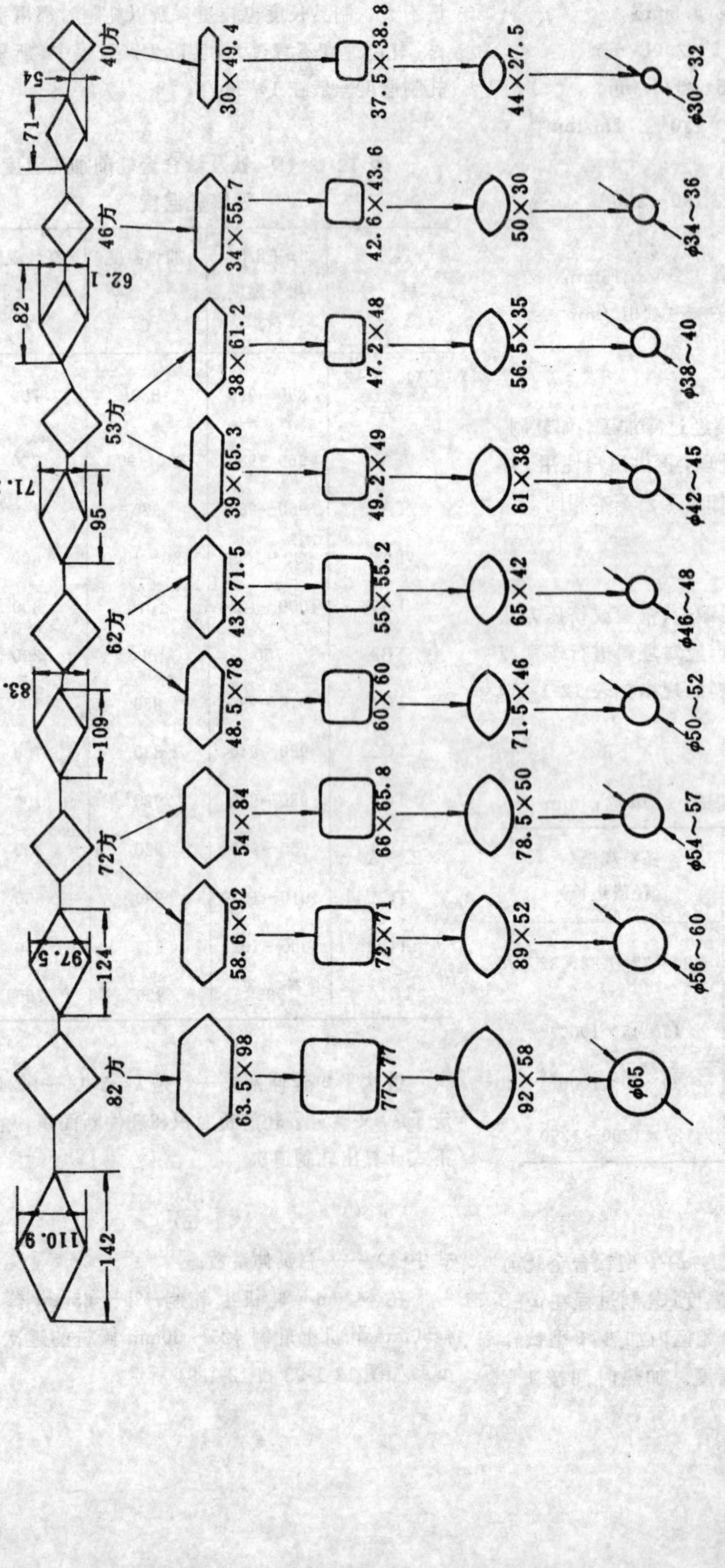

图 12-1-93 在 420 轧机上轧制 φ30~65mm 钛及钛合金棒材孔型图

坯料为 90×90mm 方坯

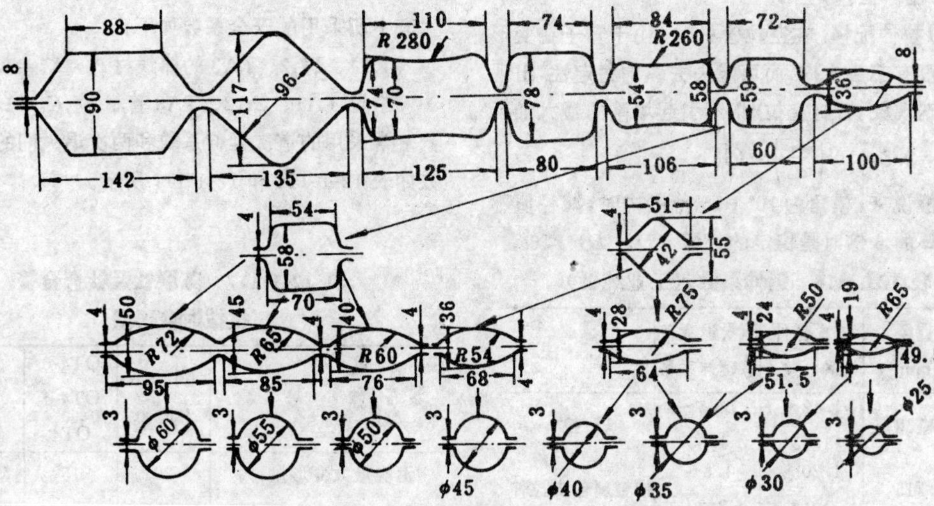

图 12-1-94 在 450 轧机上轧制 ϕ25～60mm 钛合金棒材孔型图

坯料尺寸为 ϕ125mm 圆坯

（七）管、棒、线材的拉伸

1. 坯料制备

管坯一般用轧制方法制备，棒坯用轧制、挤压或旋锻方法制备，线坯一般采用轧制方法制备，坯料表面必须光洁，不允许有毛刺。

拉伸前（包括中间制品）坯料应经过表面涂层或氧化处理。夹头尺寸和质量一般要能保持 2～3 道的拉伸。ϕ25mm 以上的管材，ϕ20mm 以下的棒材一般在热状态下制作夹头，加热温度为 500～600℃。

制作夹头的方法有：旋锻机辗头，用于小直径的管、棒材；碾头机碾头，一般用于棒材和粗丝；空气锤碾头，用于较大直径的管棒材；化学腐蚀法碾头，用于毛细管及细丝。

夹头的长度一般为 100～150mm，当直径较大时，适当加长到 200mm。夹头部分与本体部分要圆滑过渡。

2. 拉伸力的校核

制品通过拉丝模的力 P_c 称为拉伸力。作用在拉伸出口制品上的单位拉伸力称为拉伸应力 σ_c。只有当拉伸应力小于金属在拉伸后的屈服强度 $\sigma_{0.2}$ 时，拉伸过程才能实现。因此拉伸配模时应进行拉伸力的计算，其公式有：

拉伸棒、线材时

$$P_c = \bar{\sigma}_c \ln\lambda F(1 + \mathrm{ctg}\alpha_c)$$

空拉管材时

$$P_c = 1.2\sigma_b\omega_1\varepsilon F$$

长芯杆拉伸管材时

$$P_c = 1.75\sigma_b\omega_2\varepsilon F$$

式中 $\bar{\sigma}_b$——拉伸前后金属的抗拉强度平均值，MPa，

$$\bar{\sigma}_b = \frac{\sigma_{b_1} + \sigma_{b_2}}{2};$$

F——拉伸后制品的横断面积，mm^2；

α_c——拉伸模角，度；

f——制品与工具的摩擦系数，一般为 0.1～0.2；

λ——延伸系数，$\lambda = F_0/F$；

F_0——拉伸前坯料的横断面积，mm；

ε——加工率，$\varepsilon = (F_0 - F_1)/F_0$，%；

ω_1——$\omega_1 = \dfrac{\mathrm{tg}\alpha_c + f}{(1 + f\mathrm{tg}\alpha_t)\ \mathrm{tg}\alpha_c}$

ω_2——$\omega_2 = \omega_1 - Q_b \dfrac{f}{\mathrm{tg}\alpha_c}$

Q_b——拉伸前、后管材平均半径比值，$Q_b = \bar{r}_0/\bar{r}$；

$\bar{r}_0$——拉伸前管材平均半径，mm，$\bar{r}_0 = \dfrac{d_0 + t_0}{2}$；

$\bar{r}$——拉伸后管材平均半径，mm，$\bar{r} = \dfrac{d + t}{2}$；

d_0、d——拉伸前、后管材内径，mm；

t_0、t——拉伸前、后管材壁厚，mm；

σ_{b_1}、σ_{b_2}——拉伸前、后材料的抗拉强度，MPa。

3. 拉伸工艺

(1)拉伸配模。在空拉管材时，由于管子在变形过程中没有芯头支撑，而可能失去纵向稳定性，出现塌陷折迭现象。管材空拉时，不引起塌陷的最大加工率为 $\varepsilon_n=2.8\times10^4\left(\frac{t_0}{d_0}\right)^2$ (%)。

一般说来，模角为10°～15°范围内时，减径值不超过壁厚的6倍时是稳定的，即 $(D_0-D)<6t$。

表 12-1-116 延伸系数(工业纯钛)

品种	直径 mm	道次延伸系数	两次退火间总延伸系数	备注
管材	≤30	1.12～1.33	1.45～1.65	空拉
棒材	≤15	1.20～1.42	1.6～2.20	带金属包皮拉伸
线材	4～8	1.17～1.25	3.12～4.00	氧化或涂层
	≤4～0.5	1.25～1.28	2.50～4.00	氧化或涂层
	≤0.5～0.20	1.05～1.09	2.50	氧化或涂层

拉伸后制品的抗拉强度 σ_b 与拉伸应力 σ_c 的比值称为安全系数，其值应大于1。即 $K_c=\sigma_b/\sigma_c>1$。生产中所采用的安全系数如下：

TA1、TA2、TA3的棒线材 $K_c=1.3\sim2.0$

空拉TA1、TA2、TA3管材 $K_c=1.5\sim2.0$

常采用的道次延伸系数和两次退火间的延伸系数如表12-1-116和12-1-117所示。

表 12-1-117 苏联钛及钛合金管拉拔时变形量

牌号	BT1-00 BT1-0	OT4-0 OT4-1 OT4	BT5
道次最大变形量,%	20	15	10
退火间最大变形量,%	35	25	10

(2)拉伸润滑方法。钛及钛合金不容易附着普通的润滑剂，在施用普通润滑剂之前，要进行表面处理，使金属表面覆盖一层特殊的物质。覆盖层的物质及施用的润滑剂如表12-1-118所示，涂层工艺见表12-1-119。

表 12-1-118 覆盖层、润滑剂及施用方法

品种	覆盖层物质	润滑剂	施用方法
管材	(1) 氟磷酸盐*	二硫化钼水剂	涂层晾干后再涂二硫化钼水剂
	(2) 空气氧化	氧化锌+肥皂	在已氧化的表面上，涂氧化锌肥皂混合物
棒材	(1) 氟磷酸盐*	二硫化钼水剂	涂层晾干后再涂二硫化钼水剂
	(2) 铜皮	20#～30#机油	挤压后铜皮不去除
线材	氧化退火后进行涂层		
	1*#、2*#、3*#	二硫化钼或二硫化钼加肥皂	涂层晾干后再拉伸
	2*#、4*#	肥皂粉/硫磺粉=3/1	涂层晾干后再拉伸

注：有*者的覆盖层物质组成见表12-1-119。

表 12-1-119 涂层工艺制度

涂层名称	配方	制度	处理方法
氟磷酸盐	1000ml溶液中+50g$Na_3PO_4\cdot12H_2O$+20gKF或NaF+26gHF(50.3%)	温度20～35℃，浸泡时间1～10min	将无油污的制品放入溶液中，然后再放入冰水中浸洗，晾干
1#涂层	石墨乳/水/水胶/洗衣粉=14/7/1/0.25		
2#涂层	生石灰/食盐=1/1		加适量的水搅均匀然后涂在制品上

续表 12-1-119

涂层名称	配 方	制 度	处 理 方 法
3#涂层	生石灰/石墨粉/透平油＝2/4/1		
4#涂层	12％Na_2SO_4＋12％CaO＋0.3％ $NaNa_3PO_4$＋0.2％NaCl＋余量水		配成乳浊液煮沸

表 12-1-120 拉丝机的技术特性

性能名称	单 位	拉丝机的型号或吨位								
		30t	8t	3t	1t	0.5t	1/600 卷筒式	1/500 卷筒式	多模拉丝机	300B
拉伸速度	m/min	12～24	5.8～12	6～24	3～25	16	24.18～47.66	11.6～44.5	16	24～45
夹料时起动速度	m/min	12	5.8	6	3	—	—	—	—	—
小车返回速度	m/min	60	60	85	85	—	—	—	—	—
每次拉伸根数	根	1	1	1～3	1～2	1	—	—	—	—
坯料最大长度	m	9	8	8	8	—	—	—	—	—
坯料最大直径	mm	100	60	40	18	15	10	4.0	0.5	0.4
成品最大长度	m	13	8	9	9	7	—	—	—	—
成品最小直径	mm	30	15	6	4	3	4	0.4	0.05	0.1
主电机功率	kW	75×2	12～25	21	6.5	2.8	20	14	1.7	0.25
主电机电流种类		直流	直流	直流	直流	交流	直流	直流	交流	—

4. 设备

常用拉伸机的技术特性见表 12-1-120。

（八）管、棒、线材的热处理

管、棒、线材热处理包括消除应力退火，再结晶退火（完全退火），淬火和时效。按退火在工序中的作用分为坯料退火，中间退火和成品退火。

管棒材在真空中再结晶退火制度如表 12-1-121 所示。棒材在空气中热处理制度如表 12-1-122。线材中间退火制度如表 12-1-123。线材成品真空退火制度如表 12-1-124。

表 12-1-121 管材真空退火制度

合金牌号	坯料退火和中间退火			成 品 退 火		
	温 度 ℃	保温时间 min	出炉温度 (不高于)，℃	温 度 ℃	保温时间 min	出炉温度 (不高于)，℃
TA1、TA2、TA3	700～750	60	200	650～680	45～60	100～150
TA5，TA7	800～850	60	200	800～850	60	100～150
TC1，TC2	750～780	60	200	700～750	45～60	150
TC4	800	60	200	700～750	45～60	150
TC10	800	60～90	200	800	60	150

表 12-1-122 棒材在空气中热处理制度

牌号	消除应力退火①		再结晶退火②		淬火			时效		
	温度 ℃	时间 min	温度 ℃	时间 min	温度 ℃	时间 min	冷却方式	温度 ℃	时间 min	冷却方式
TA1	500～600	15～60	680～720	30～120	—	—	—	—	—	—
TA2	500～600	15～60	680～720	30～120	—	—	—	—	—	—
TA3	500～600	15～60	680～720	30～120	—	—	—	—	—	—
TA5	550～650	15～60	800～850	30～120	—	—	—	—	—	—
TA7	550～650	15～60	750～850	30～120	—	—	—	—	—	—
TC1	550～650	30～60	700～750	30～120	—	—	—	—	—	—
TC2	550～650	30～60	700～750	30～120	—	—	—	—	—	—
TC4	550～650	30～240	700～800	60～120	850～950	30～60	水冷	480～560	4～8	空冷
TC6③	550～650	30～120	750～850	60～120	860～900	30～60	水冷	540～580	4～12	空冷
TC9	550～650	30～240	600～650	60	900～950	30～90	水冷	500～600	2～6	空冷
TC10	550～650	30～240	760	120	—	—	—	—	—	—
TC11④	550～650	—	600～650	—	—	—	—	—	—	—

① 消除应力退火，一律采用空冷；

② 完全退火，根据其目的不同，采用空冷或水冷；

③ TC6（相当于BT3-1）等温退火，870～920℃，退火炉冷到630～680℃，保温2h，空冷；

④ TC11（相当于BT9）两段退火，950～980℃，空冷+530～580℃，2～12h，空冷。

表 12-1-123 线材中间退火制度

牌号	直径范围 mm	炉内温度 ℃	保温时间 min	备注
TA0、TA1、TA2	8.0～4.0	750～700	30	炉内气氛为微氧化性气氛
TA3、TA4	<4.0～3.0	700～650	30	
	<3.0～1.0	650～600	10～20	
	<1.0～0.5	550～500	10～20	
	<0.5～0.2	550～500	10～30	

表 12-1-124 线材成品真空退火制度

牌号	直径范围 mm	炉内温度 ℃	保温时间 min
TA0、TA1、TA2	3.0～1.0	700	60～90
TA3、TA4	<1.0～0.2	650	60～90

四、钛及钛合金的板、带、箔材生产

（一）产品规格和性能

目前生产的钛及钛合金板、带、箔材产品的品种及规格列于表12-1-125，板材尺寸公差见表12-1-126，主要机械性能列于表12-1-127和12-1-128。

表 12-1-125 板带箔材品种及规格

合金牌号	品种	规格范围，mm			交货状态①
		厚度范围	宽度范围	长度范围	
TA1、TA2	板	4.0～50	400～2000	1000～3000	R
		0.3～4.0	400～1000	1000～3000	Y、M
	带箔	0.08～2.0	50～1000	>2000	M、Y
		0.01～0.08	50～300	>500	Y
TA3、TA5、TC1	板	4.0～50	400～2000	1000～3000	R
		0.5～4.0	400～1000	1000～3000	M、Y
TA6、TA7、TC2	板	4.0～50	400～1000	1000～3000	R
		0.8～4.0	400～1000	1000～3000	M、Y
TB2	板	4.0～50	400～1000	1000～3000	R
		1.0～4.0	400～1000	1000～3000	C
TC3、TC4、TC7、TC10	板	4.0～50	400～1000	1000～3000	R
		1.0～4.0	400～1000	1000～3000	M、Y

① *R*—热轧状态；Y—冷轧状态；*M*—退火状态；C—淬火状态。

表 12-1-126 钛及钛合金板材尺寸公差（GB3621—83）

厚度 mm	厚度允许偏差，mm		宽度允许偏差 mm	长度 mm	长度允许偏差 mm
	宽度 400～1000	宽度 1000～2000			
0.3、0.4、0.5	±0.05	—	+15 0	1000～3000	+20 0
0.6、0.7、0.8	±0.07	—	+15 0	1000～3000	+20 0
0.9、1.0、1.1	±0.09	—	+15 0	1000～3000	+20 0
1.2、1.4、(1.5)	±0.11	—	+15 0	1000～3000	+20 0
1.6、1.8、2.0	±0.14	—	+15 0	1000～3000	+20 0
2.2、2.5、2.8、3.0	±0.17	—	+15 0	1000～3000	+20 0
3.5、4.0	±0.22	—	+15 0	1000～3000	+20 0

续表 12-1-126

厚度 mm	厚度允许偏差，mm 宽度 400～1000	宽度 1000～2000	宽度允许偏差 mm	长度 mm	长度允许偏差 mm
4.5、5.0	±0.30	±0.40	+15 0	1000～3000	+20 0
5.5、6.0	±0.30	±0.40	+15 0	1000～3000	+20 0
7.0、8.0	±0.40	±0.60	+15 0	1000～3000	+20 0
9.0、10.0	±0.50	±0.80	+15 0	1000～3000	+20 0
11.0、12.0、13.0、14.0 (15.0)	±0.70	±1.00	+50 0	1000～3000	+50 0
16.0、18.0、20.0	±0.95	±1.40	+50 0	1000～3000	+50 0
22.5、25.0	±1.20	±1.80	+50 0	1000～3000	+50 0
28.0、30.0	±1.50	±2.20	+50 0	1000～3000	+50 0

表 12-1-127 板材室温机械性能（GB3621—83）

合金牌号	板材厚度 mm	室温性能不小于 抗拉强度 σ_b MPa	延长率 δ_5 %	弯曲角 α (°)	供应状态
TA1	0.3～2.0	343～490	40	140	退火
	2.1～10.0		30	130	
TA2	0.3～1.0	441～588	35	100	退火
	1.1～2.0		30	100	
	2.1～10.0		25	90	
TA3	0.3～1.0	539～686	30	90	退火
	1.1～2.0		25	90	
	2.1～10.0		20	80	
TA5	0.5～1.0	686	20	60	退火
	1.1～2.0		15	60	
	2.1～10.0		12	60	

续表 12-1-127

合金牌号	板材厚度 mm	室温性能不小于 抗拉强度 σ_b MPa	延长率 δ_5 %	弯曲角 α (°)	供应状态
TA6	0.8～1.5	686	20	50	退火
	1.6～2.0		15	40	
	2.1～10.0		12	40	
TA7	0.8～1.5	735～932	20	50	退火
	1.6～2.0		15	50	
	2.1～10.0	—	12	40	
TB2	1.0～3.5	≤981	20	120	淬火
		1323	8	—	淬火+时效
TC1	0.5～1.0	588～735	25	100	退火
	1.1～2.0		25	70	
	2.1～10.0		20	60	

续表 12-1-127

合金牌号	板材厚度 mm	室温性能不小于			供应状态
		抗拉强度 σ_b MPa	延长率 δ_5 %	弯曲角 α (°)	
TC2	1.0～2.0	686	15	70	退火
	2.1～10.0		12	50	
TC3	0.8～2.0	883	12	35	退火
	2.1～10.0		10	30	
TC4	0.8～2.0	902	12	35	退火
	2.1～10.0		10	30	
TC7	1.0～2.0	932	10	30	退火
	2.1～10.0		8	25	
TC10	1.0～2.0	1059	10		退火
	2.1～10.0		8	25	

表 12-1-128 板材高温机械性能

(GB3621—83)

合金牌号	试验温度 ℃	高温机械性能不小于	
		抗拉强度 σ_b MPa	持久强度 σ_{100h} MPa
TA6	350	422	392
	500	343	196
TA7	350	490	441
	500	441	196
TC1	350	343	324
	400	314	294
TC2	350	422	392
	400	392	363
TC3	400	588	539
TC4	500	441	196
TC7	500	588	—
	550	539	—
TC10	400	883	785
	450	834	490

(二) 生产工艺流程

钛及钛合金板、带、箔材生产工艺流程列在表12-1-129。

(三) 板坯准备

1. 坯型选择

目前多采用铸锭自由锻造坯或铸锭-自由锻造-轧制坯。苏联钛板坯主要采用模锻坯。今后纯钛及低合金牌号的板坯，可用模锻轧坯或扁锭的形式供坯；高合金牌号的板坯仍需进行自由锻造。

表 12-1-129 钛及钛合金板、带箔材生产工艺流程

工序号	工序名称	工艺流程					
		热轧板	冷轧纯钛板	冷轧 α+β 合金板	冷轧 β 合金板	冷轧 α 合金板	冷轧带箔材
1	板坯清理	●	●	●	●	●	●
2	抗氧化涂层			●	●		
3	爆炸包复	○				●	
4	热轧	●	●	●	●	●	●
5	剪切下料	○	●	●	●	●	
6	修磨	○					
7	淬火			●			
8	碱洗			○			
9	酸洗			○			
10	热轧	○	●	●	●	●	
11	退火	○	●	●		●	
12	淬火				●		
13	喷砂				●		●
14	碱洗	●	●	●		●	
15	酸洗	●	●	●	●	●	●
16	修磨		●	●	●	●	
17	白化		●	●	●	●	
18	中间冷轧		●	○	●	●	●
19	除油		●	●	●	○	●
20	退火		●	●		●	●
21	淬火				●		
22	喷砂				●		●
23	碱洗		●	●		●	
24	酸洗		●	●	●	●	○

续表 12-1-129

工序号	工序名称	工艺流程					
		热轧板	冷轧纯钛板	冷轧α+β合金板	冷轧β合金板	冷轧α合金板	冷轧带箔材
25	切边						●
26	成品冷轧		●	●	●	●	●
27	除油		●	●	●	●	●
28	成品退火（真空非真空）		●	●		●	●
29	淬火				●		
30	喷砂				●		
31	碱洗					○	
32	酸洗		●	○	●	○	
33	取样	●	●	●	○	●	●
34	成品剪切检查	●	●	●	○	●	●
35	矫直		●	●	●	●	
36	包装入库	●	●	●	●	●	●

● 为必经工序；

○ 某些产品可不经此工序。

2. 板坯的质量要求

板坯的化学成分和杂质含量以及组织结构应符合标准成分要求。

锻造坯需经机械加工（刨、铣等）。刨面后的刀痕应与板坯宽度方向一致。纯钛坯刨面深度不得小于 2mm，钛合金坯刨面深度不得小于 3mm。局部裂纹和压坑等缺陷深度不得超过板坯厚度的 2%。表面粗糙度不得低于 Ra3.2。

板坯的形状应规整，同一板坯上的厚度差不大于 2%，宽度差不大于 1%，长度差不大于 1.5%。

板坯长度方向的四条棱边应加工成 45°倒角或圆角。

（四）板坯的加热

1. 加热方式的选择

目前用于钛板坯加热的热源，主要有煤气、丁烷、电，重油由于污染太严重而极少应用。从减少污染的角度来看，钛板坯采用感应加热，中间坯料采用电阻炉加热较为合理。

2. 加热制度

（1）加热温度。钛及钛合金板坯加热温度的选择，应综合考虑板坯的工艺塑性和表面污染情况，并确保最终产品的组织和性能。加热温度范围列在表 12-1-130 和 12-1-131。

表 12-1-130 钛及钛合金板坯加热制度

合金牌号	板坯厚度 mm	加热制度		
		加热温度 ℃	加热时间，min	
			感应炉	电阻炉 煤气炉
TA_0	40～80	740～850	8～14	60～110
TA1、TA2、TA3	40～150	840～880	8～24	55～190
	200	840～880	30～32	240～255
TA5	70～140	950～1000	13～32	85～155
TA6	70～140	1000～1050	13～36	80～150
TA7	70～140	1000～1150	13～36	80～135
TB2	70～140	900～950	13～36	90～165
TC1	50～140	850～880	10～24	70～180
TC2	50～140	880～900	10～26	65～175
TC3	70～140	920～980	13～36	90～160
TC4	70～140	950～1000	13～36	85～155
TC7	70～140	930～950	13～36	85～165
TC10	70～140	920～1000	13～36	90～155

表 12-1-131 钛及钛合金板坯再加热制度

合金牌号	板坯厚度 mm	加热设备	加热制度	
			加热温度 ℃	加热时间 min
TA0	5～10	电阻炉	700	冷料：分钟/毫米 热料：烘透为止
TA1、TA2、TA3	5～10		760	
TC1	5～20		820	
TC2	5～20		850	
TC3、TC4、TC10	4～50		900	
TA5、TA6	4～50		950	
TA7	4～50		950	

厚板轧制中，为了改善板坯的工艺塑性，也可以在β相区开坯轧制，但必须保证在α+β相区有足够的变形量。此时可以考虑进行抗氧化涂层。

为了生产出具有高缺口韧性的产品，美国厂家采用"β加工法"生产 Ti-6Al-4V 厚板，加工温度为1054～860℃。

(2) 加热速度和加热时间。

钛及钛合金板坯加热，一般采用热装炉，同一牌号、同一规格的坯料，其加热速度基本上是固定的。坯料的加热质量，主要决定于加热时间，根据火焰炉和电阻炉的传热条件，A.E. 雪宁（шелеет）提出了坯料中心与表面温差为 30～40℃的坯料加热时间计算公式。

$$\tau=C\frac{282000H^{1.10}}{(0.24H+0.1325)\ t}$$

式中 τ——加热时间，min；

H——板坯厚度，m；

t——平均加热温度，℃；

C——大、小取决于坯料形状和供热方法的系数（当采用扁坯并在连续式火焰炉中加热时，C 约为 0.8）。

感应加热由于具有效率高(70%)、加热速度快、设备紧凑、生产率高、劳动卫生条件好等优点，广泛用于钛及钛合金板坯加热。

钛及钛合金板坯感应加热曲线和煤气炉加热曲线如图 12-1-95 和 12-1-96。常用钛及钛合金板坯的加热时间见表 12-1-130。

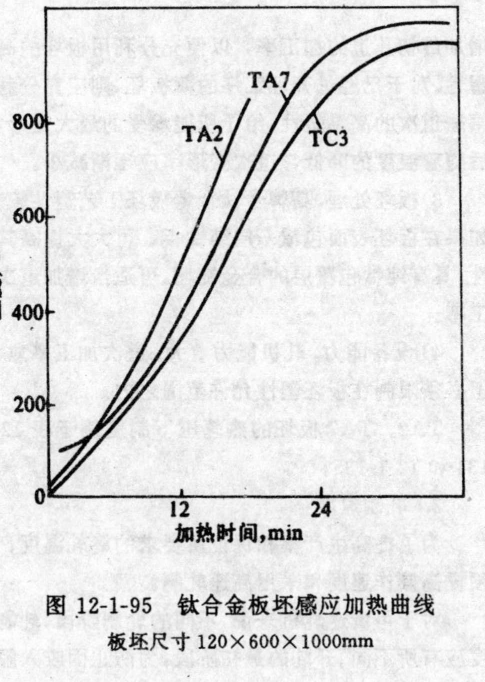

图 12-1-95 钛合金板坯感应加热曲线

板坯尺寸 120×600×1000mm

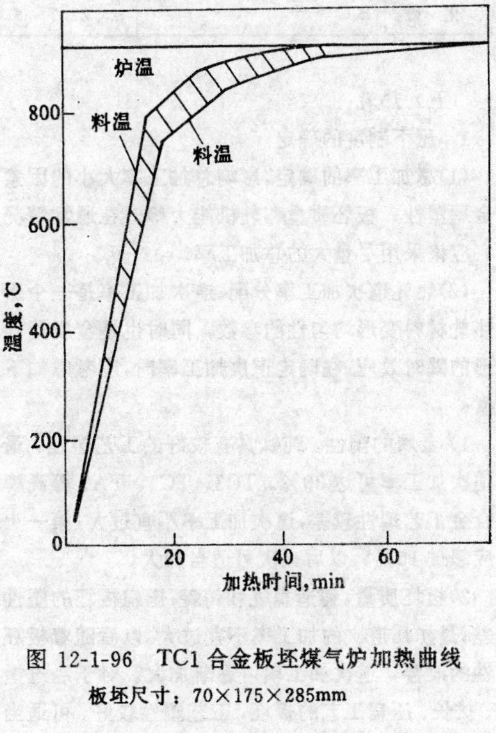

图 12-1-96 TC1 合金板坯煤气炉加热曲线

板坯尺寸：70×175×285mm

3. 钛合金的防氧化涂层

防氧化涂层是解决钛合金热加工中表面污染的有效途径之一。表12-1-132和12-1-133列出了常用的某些涂料的成分及物理性能。

表 12-1-132 在钛合金半成品生产中使用的各种涂层的化学成分和物理性能

牌号	化学成分,%(重量)							ρ g/cm³	α·10⁻⁶ 度⁻¹	λ J/(cm·s·℃)	C J/(g·℃)	$t_{始软}$ ℃	$t_{终软}$ ℃
	SiO_2	Al_2O_3	B_2O_3	CaO	MgO	Na_2O	TiO_2						
100	55.0	20.0	15.0	5.0	5.0	—	—	2.52	4.1	0.01042	0.8473	760	1020
4-Ⅱ	54.0	14.0	14.0	16.0	—	2.0	—	2.66	4.9	0.01038	0.8489	720	1020
36	45.0	5.0	35.0	—	—	15.0	—	2.57	7.8	0.01172	0.9192	520	700
100	37.0	—	8.0	—	—	30.0	25.0	2.60	14.5	0.01083	0.8159	540	620
58①	35.0	3.0	16.0	—	—	26.0	10.0	2.60	13.5	0.01054	0.8222	500	620
115	33.7	1.7	36.6	7.5	4.8	16.7	—	2.75	9.2	0.01213	0.9096	580	760

①该种玻璃还含有10.0%(重量)K_2O。

表 12-1-133 KBC-12的化学成分及物理性能

原料	化学分子式	含量,%	颜色	密度,g/cm³	稠度 Pa·s	适应温度 ℃
硅酸钾	$K_2O\cdot SiO_2$	9.1				
石英粉	SiO_2	45.4	黑绿色	1.8~2.0	20~15	650~950
长石粉	$K_2O\cdot Al_2O_3\cdot 6SiO_2$	15.2				
氧化硼	Al_2O_3	7.6				
碳化硼	B_4C	22.7				

(五)热轧

1. 压下制度的确定

(1)总加工率的确定。影响总加工率大小的因素有金属塑性、板坯质量和轧机能力等。在通常情况下,应该采用尽量大的总加工率。

(2)热轧道次加工率分配。道次加工率是一个影响热轧材料变形均匀性的参数,同时也是金属塑性变形的瞬时效应。在确定道次加工率时,应考虑如下因素:

1)金属的塑性。纯钛具有较好的工艺塑性,最大道次加工率可达30%。TC3;TC4、TA7等高牌号合金工艺塑性较差,道次加工率不宜过大,第一火不应超过15%,以后火次可适当加大。

2)板坯质量。铸造扁坯和铸锭-压扁板坯的塑性较差,最初几道次的加工率不宜过大。以后随着板坯塑性的改善,道次加工率可逐渐加大。对于经过镦粗、拔长、压扁工艺的板坯,工艺塑性较好,可适当增加最初几道的加工率,以便充分利用板坯的高温塑性。对于已经过开坯工序的薄板坯,则应充分利用第一道次的高温塑性,给予所能承受的最大变形,以后随着温度的降低,道次变形率应逐渐减小。

3)板坯处理。高牌号钛合金板坯工艺塑性较差,如果在板坯表面包覆一层纯钛板,可大大提高其塑性。具有纯钛包覆层的合金锭坯,可适当增加道次加工率。

4)设备能力。轧机能力愈大,道次加工率愈大。但必须限制在板坯塑性允许范围之内。

TA2、TA7板坯的热轧压下制度例于表12-1-134和12-1-135。

2. 轧制速度

为了提高生产率和保证所要求的终轧温度,必须提高操作速度和采用高速轧制。

对于可调速轧机来说,不同的轧制阶段,轧制速度应有所不同。开轧的最初阶段,为防止因咬入瞬间

表 12-1-134 TA2 热轧压下制度

压下量 mm	火次																
	一火													二火			
	道次																
	1	2	3	4	5	6	7	8	9	10	11	12	13	1	2	3	4
轧前厚度 H	140	130	120	105	88	71	56	44	32	22	16	12	9	7	4.5	3.5	3.0
轧后厚度 h	130	120	105	88	71	56	44	32	22	16	12	9	7	4.5	3.5	3.0	2.8
绝对变形量 Δh	10	10	15	17	17	15	12	12	10	6	4	3	2	2.5	1.0	0.5	0.2
相对变形量 ε,%	7.1	7.6	12.5	16.2	19.3	21.1	21.4	27.3	31.3	27.3	25	25	22.2	35.7	22.2	14.3	6.7

表 12-1-135 带有纯钛包覆层的 TA7 合金热轧压下制度

压下量 mm	火次																						
	一火												二火					三火			四火		
	道次																						
	1	2	3	4	5	6	7	8	9	10	11	12	1	2	3	4	5	1	2	3	1	2	3
轧前厚度 H	140	132	122	110	96	82	70	58	48	39	31	25	21	17	13.5	11.0	9.0	8	6	5	4.5	3.5	3.0
轧后厚度 h	132	122	110	96	82	70	58	48	39	31	25	21	17	13.5	11.0	9.0	8.0	6	5	4.5	3.5	3.0	2.8
绝对变形量 Δh	8	10	12	14	14	12	12	10	9	8	6	4	5	3.5	2.5	2.0	1.0	2	1	0.5	1.0	0.5	0.2
相对变形量 ε,%	5.7	7.6	9.8	12.7	14.6	14.6	17.1	17.2	18.8	20.5	19.4	16	23.8	20.6	18.5	18.2	11	25	16.7	10	22.2	14.3	6.7

的轧制惯性力过大，而造成闷车、断辊、跳闸等，一般采用低速为好。中间轧制阶段，随着轧件变薄可提高轧制速度。

ϕ600/ϕ1380×1200mm 热轧机，轧制钛及钛合金板材时，所采用的轧制速度如表 15-7-136 所示。

表 12-1-136 1200mm 四辊可逆式热轧机轧制钛板时的轧制速度

金属名称	坯料厚度 mm	轧制速度，m/s				
		开始阶段		中间轧制阶段		
		咬入速度	轧制速度	咬入速度	稳定轧制速度	轧件抛出速度
钛及钛合金	80～150	0.628	0.628	0.628	1.57～3.14	0.314～0.628

3. 包覆轧制

钛合金的包覆轧制可用钢板、纯钛板作包覆层。钢板包覆主要用于轧制过程，轧制完成以后，需将钢板去除。纯钛包覆层可用于轧制过程，也可作为成品包覆层。爆炸包覆纯钛是一种有前途的包覆工艺。

钛合金板表面包覆纯钛层，不仅可以改善钛合金板加工过程中的工艺塑性，而且可以改善钛合金板的成型性能。表面包覆钛的钛合金板材，其成品机械性能无明显变化，见表 12-1-137。

爆炸包覆工艺除用于生产特殊的钛合金板材以外，还可用来生产钛-钢复合板，爆炸-轧制复合板与直接爆炸复合板相比，具有厚度比例范围大，板型好等优点，是一种很有前途的复合材料。

表 12-1-137 带有纯钛包覆层与不带包覆层的 TA7 合金板材性能比较

覆层厚度 mm	取样厚度 mm	试样状态	室温拉伸性能		350℃拉伸性能		500℃拉伸性能	
			抗拉强度 MPa	伸长率 %	抗拉强度 MPa	伸长率 %	抗拉强度 MPa	伸长率 %
0.17	9.5	热轧	1038	12.3	735	11.0	665	11.3
0.05	2.8	热轧，退火	792	18.7	451	32.4	402	30.9
无	8.6	热轧	1044	11.8	753	11.5	699	11.3
无	2.8	热轧，退火	808	20.1	461	31.5	407	31.4

4. 换向轧制

两相合金或β合金，大型坯料单方向轧制变形量太大时（超过 98%），板材表面沿轧制方向产生“条绒沟”。经验证明，TC3 板材变形 50%后换向轧制，可使条绒沟减轻到难以发现的程度。TC1 合金板材单方向轧制，可在冷轧成品板材（0.5～2.0mm 厚）上发现轻微“条绒沟”；而变形 50%后换向轧制的板材（0.8mm 厚）“条绒沟”消失。

对于高牌号钛合金板材来说，换向厚度太薄，不仅会增加冷轧的变形抗力，而且会产生严重的裂纹。经验证实，TC3、TC4、TC7 等合金在 10mm 以下换向热轧，随后的冷轧中会产生严重的裂纹、掉渣以致整批报废。

钛合金板材换向轧制应在热轧时进行。绝对避免冷轧时换向。即使是纯钛，冷轧时换向也会大大升高平均单位压力，使轧制变得更加困难。

5. 滚边轧制

在钛及钛合金轧制过程中，由于道次变形量小，板坯形成双鼓形，在成品板上出现边部分层，其宽度可达 10～25mm。滚边轧制可消除边部分层，防止裂边。同时滚边与不滚边轧制比较，可减少切头损失 5～6%。

6. 热轧板材常见缺陷及消除方法

热轧板材常见缺陷及清除方法列于表 12-1-138。

表 12-1-138 热轧板材常见缺陷及消除方法

序号	缺陷种类	缺陷特征	产生原因	消除方法
1	开坯裂纹	在高牌号合金板坯开坯轧制时出现裂纹深度大，出现早	(1) 坯料组织不好，塑性差 (2) 坯料厚度不均造成严重的不均匀变形 (3) 坯料原有裂纹未除掉 (4) 道次变形率过大	(1) 改善锻造工艺，提供高质量的板坯 (2) 合理调整道次变形率
2	表面裂纹	裂纹深度较浅，常伴有严重的氧化折皱	(1) 板坯表面吸气层未除净 (2) 加热温度高、时间长、火次多	(1) 板坯刨面时，必须将吸气层刨净 (2) 制定合理的加热制度，减少火次
3	麻坑、麻点	表面有圆滑的凹坑	加热温度过高或时间过长，致使氧化严重，轧制时脱落的氧化皮被压入表面	(1) 严格控制加热温度和时间，生产出现故障时，按规定时间掏炉 (2) 控制好终轧温度，防止低温轧制时氧化皮脱落
4	表面压坑	各种形状的杂物压入痕迹	(1) 轧件边部毛刺被压入轧件表面 (2) 炉内耐火物落在表面轧制时压入 (3) 轧辊表面粘结物压入轧件 (4) 板材表面存在异物被压入轧件	(1) 侧导尺不要夹得太紧 (2) 及时清除轧件飞边的毛刺 (3) 及时清除轧件表面异物，搞好环境卫生 (4) 轧辊要及时更换
5	划　伤	长条形划痕，划痕带氧化物的为轧制过程中的划伤，无氧化物的为轧制后的划伤	(1) 导板、辊道等有粘结物或毛刺 (2) 速度不同步，产生相对滑动	(1) 经常检查表面，发现划伤及时清除粘结物和毛刺 (2) 查清不同步的原因，并及时处理
6	裂　边	边部呈锯齿形拉裂	(1) 板坯边部温度低 (2) 辊型配置不当，喂料时倾斜 (3) 道次加工率过大	(1) 加热温度要均匀，操作速度要快，防止边部温度过低 (2) 调整好辊型，喂料要正 (3) 控制好道次加工率
7	翘　曲	板材呈船形或头尾翘起	(1) 辊型配置不当 (2) 板坯温差太大 (3) 道次加工率太小 (4) 上、下辊直径不一致	(1) 调整好辊型 (2) 使板坯加热温度均匀 (3) 分配好道次加工率 (4) 上下辊径要一致

续表 12-1-138

序号	缺陷种类	缺陷特征	产生原因	消除方法
8	边浪	边部成波浪形不平	辊型成凹形，道次加工率太大	调整好辊型，减小道次加工率
9	鼓肚	中部成波浪形凸起	辊型凸度太大	改变轧辊原始辊型或冷却轧辊
10	舌头	头尾呈半圆形	轧辊凸度过大	(1) 更换轧辊，控制好辊型 (2) 进行滚边轧制
11	轧斜	板材成棱形	(1) 喂料偏斜 (2) 板坯尺寸不均，形状不规则	(1) 喂料要正 (2) 板坯要求规整，尺寸一致
12	镰刀弯	板材沿长度方向呈弓形弯曲	(1) 两边压下不一致 (2) 板坯宽度方向厚度不一致 (3) 喂料偏斜 (4) 轧辊曲线磨得不正，最小值偏离中心	(1) 轧前调整好压下装置 (2) 板坯厚度一致 (3) 喂料要正 (4) 及时检查轧辊曲线
13	厚度超差	厚度超过公差标准	(1) 操作不慎 (2) 压下指示失灵	(1) 细心操作，正确估计轧机弹跳值 (2) 检查压下指针
14	厚度不均	板材各处厚度相差太大	(1) 辊型不当 (2) 两边压下不一致 (3) 板坯温度不均匀 (4) 板坯厚度不一致 (5) 喂料偏斜	(1) 调整好辊型 (2) 调整好压下装置 (3) 加热温度要均匀 (4) 板坯尺寸要均匀 (5) 喂料要正
15	性能不合	性能数值超过标准	(1) 加热温度过高 (2) 总加工率太小 (3) 终轧温度控制不好	(1) 严格控制加热温度 (2) 正确选择总加工率 (3) 控制好终轧温度 (4) 调整热处理制度

（六）温轧

加热温度在再结晶温度以下的加热轧制称为温轧。温轧可以提高金属的工艺塑性，增大道次变形量及轧程的总变形量，从而避免多次的中间退火和辅助工序，大大缩短薄板的生产周期。

温轧只适用于一定厚度的板坯，不适用于厚板坯和太薄的板坯，温轧的适应厚度范围为1.5～15mm。

（七）冷轧

1. 钛及钛合金变形抗力曲线

钛及某些钛合金冷轧的变形抗力曲线示于图12-1-97～12-1-102。

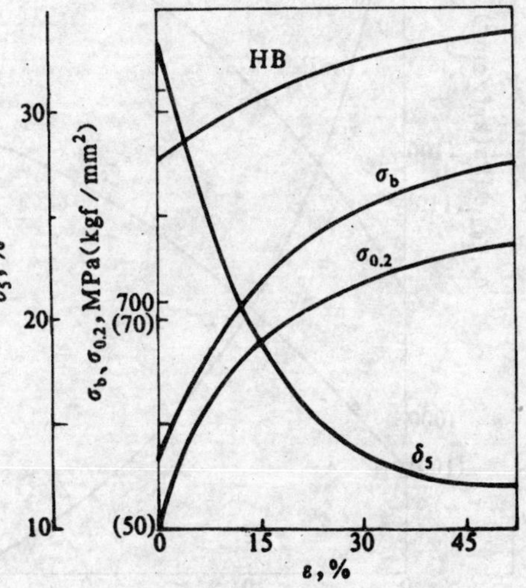

图 12-1-97　工业纯钛的变形抗力曲线

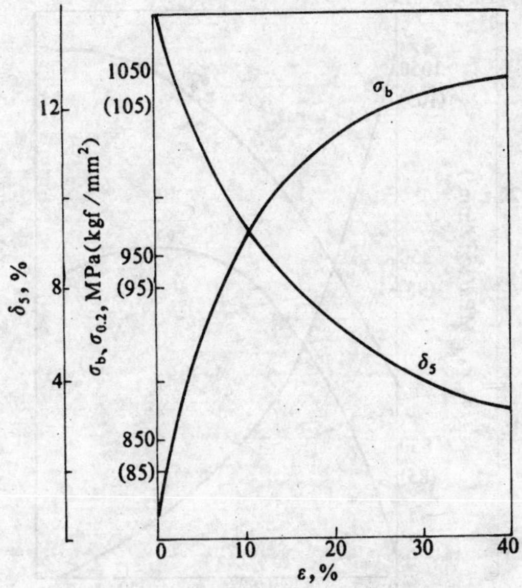

图 12-1-98　TA6 合金的变形抗力曲线

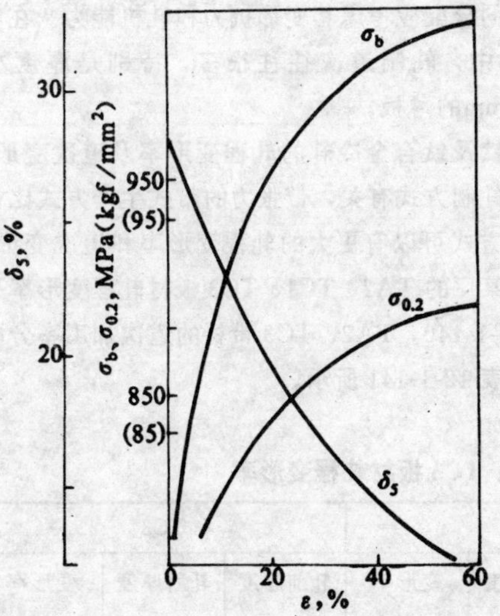

图 12-1-99　TA7 合金的变形抗力曲线

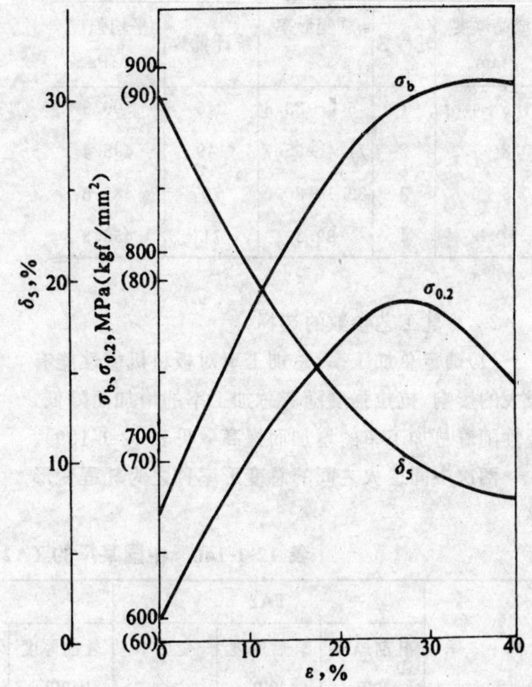

图 12-1-100 TC1 合金的变形抗力曲线

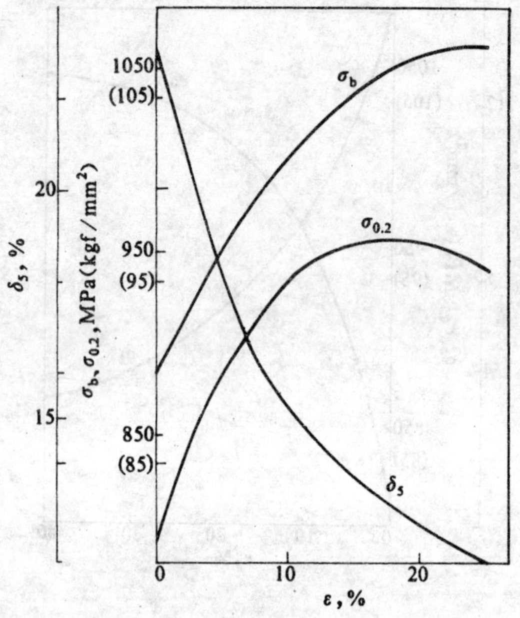

图 12-1-101 TC2 合金的变形抗力曲线

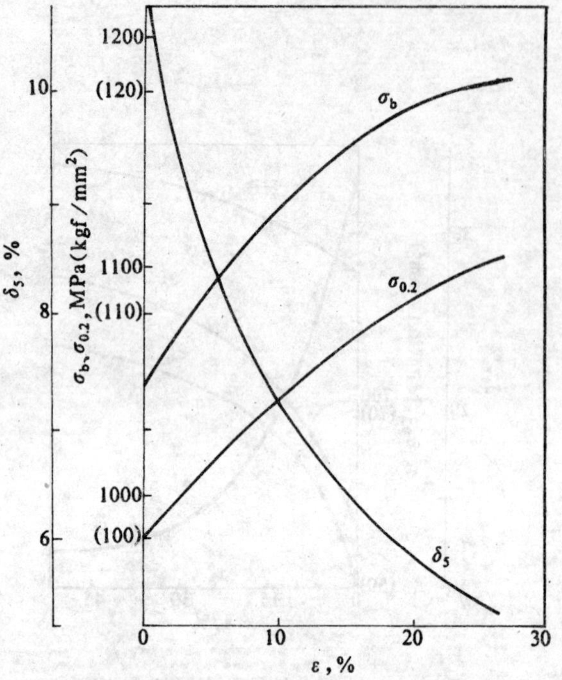

图 12-1-102 TC3 合金的变形抗力曲线

表 12-1-139 TA2 板材抗拉强度与总变形率的关系

成品厚度 mm	轧程数	总变形率 %	统计批数	平均强度 MPa
1.5～4.0	1	46.4～33.3	246	506.3
0.8～1.2	2	71.4～65.7	149	495.4
0.5～0.6	3	82.1～80.0	70	485.8
0.3	4	89.3	71	456.3

2. 冷轧工艺参数的选择

(1)确定总加工率。总加工率对板材机械性能有很大的影响，抗拉强度随着总加工率的增加而降低，塑性随着总加工率的增加而提高（见表 12-1-139）。

两次中间退火之间的总变形率称之为轧程变形率。

纯钛冷加工塑性好，轧程变形率可控制在 40～60%。TC1 合金板轧程变形率可控制在 25～35%。TC2、TC3、TC4、TA5 等板材轧制变形率可控制在 20～25%。TA6、TA7 等合金板材轧程变形率可控制在 15～25%。

(2)道次加工率的分配。钛合金冷轧时，道次加工率的分配应考虑其变形抗力和轧机能力。在实际生产中，轧制道次往往很多，特别是厚度小于 0.5mm的薄板。

钛及钛合金冷轧的轧程变形率及道次变形率，还与轧制方式有关，带张力的带式生产方式比板式生产方式可以有更大的轧程变形率和道次变形率。中国某厂的 TA2、TC1、TC3 板材轧程变形率列于表 12-1-140。TA2、TC3 带材的道次加工率分配实例如表 12-1-141 所示。

表 12-1-140 中国某厂的 TA2、TC1、TC3 板材轧程变形率

轧　程	TA2			TC1			TC3		
	轧前厚度 mm	轧后厚度 mm	变形率 %	轧前厚度 mm	轧后厚度 mm	变形率 %	轧前厚度 mm	轧后厚度 mm	变形率 %
1	3.0	1.8	40.0	3.0	2.2	26.7	3.0	2.3	23.3

续表 12-1-140

轧程	TA2			TC1			TC3		
	轧前厚度 mm	轧后厚度 mm	变形率 %	轧前厚度 mm	轧后厚度 mm	变形率 %	轧前厚度 mm	轧后厚度 mm	变形率 %
2	1.8	1.0	44.4	2.2	1.5	31.8	2.3	1.7	26.1
3				1.5	1.0	33.3	1.7	1.3	23.5
4							1.3	1.0	23.1

表 12-1-141 钛及其合金带材冷轧压下制度实例

合金牌号	轧制道次	轧前坯料规格（厚×宽）mm	轧制后带材规格（厚×宽）mm	前张力 kN	后张力 kN	轧制力 kN	道次加工率 %	总加工率 %	轧机种类
TA2	1	1.0×200	0.98×200	26.5	26.5	215.7	2.00	80	二十辊轧机
	2	0.98×200	0.90×200	26.5	26.5	235.4	8.20		
	3	0.90×200	0.88×200	26.5	26.5	235.4	2.23		
	4	0.88×200	0.80×200	26.5	26.5	274.6	9.1		
	5	0.80×200	0.70×200	26.5	26.5	274.6	12.50		
	6	0.70×200	0.60×200	26.5	26.5	294.2	14.30		
	7	0.60×200	0.50×200	26.5	26.5	313.8	16.70		
	8	0.50×200	0.40×200	24.5	24.5	333.4	20.00		
	9	0.40×200	0.30×200	24.5	24.5	353.0	25.00		
	10	0.30×200	0.20×200	24.5	24.5	392.3	33.40		
TC3	1	1.1×230	1.0×230	29.4	29.4	196.1	9.10	63.6	二十辊轧机
	2	1.0×230	0.9×230	29.4	29.4	196.1	10.00		
	3	0.9×230	0.80×230	29.4	29.4	205.9	11.20		
	4	0.8×230	0.75×230	29.4	29.4	242.2	6.30		
	5	0.75×230	0.60×230	27.5	27.5	261.8	20.00		
	6	0.60×230	0.55×230	27.5	27.5	372.7	8.34		
	7	0.55×230	0.50×230	24.5	24.5	343.2	9.10		
	8	0.50×230	0.45×230	24.5	24.5	392.3	10.00		
	9	0.45×230	0.40×230	24.5	24.5	490.3	11.00		

3. 辊型

由于冷轧产品厚度薄，质量要求高，所以，对冷轧辊型的要求比热轧辊型更为严格。生产中影响实际辊型的因素很多，除应配置合理的原始辊型之外，还必须进行辊型控制。辊型控制的主要方法如下：

(1) 合理安排轧制品种的先后次序。如先轧软料，待辊温升高之后再轧硬料，先轧宽料，后轧窄料。

(2)进行合理的冷却与润滑，并与适当调节轧制力和张力的大小相配合来控制辊型。在带材轧制中，已广泛采用乳液分段冷却来控制辊型。现代技术已发展到能自动测量板型，作为反馈讯号来调节沿轧辊长度方向各段的乳液流量，实现板型控制自动化。

(3)采用液压弯辊装置来控制辊型。液压弯辊装置是板材轧制中辊型控制的姣姣者。

钛及钛合金冷轧板材轧辊凸度配置如表12-1-142所列。

表12-1-142 1200mm四辊可逆轧机轧辊曲线配置

工作辊规格，mm	合金牌号	产品规格，mm	工作辊凸度值，mm
ϕ450×1200	TA1	4.5～4.7×1000→2.5×1000	平辊
		3.5～4.0×1000→2.0×1000	0.05
	TA2	1.8～2.5×1000→1.0×1000	0.10
	TA3	0.8～1.0×1000→0.5×1000	0.15
		0.5×600→0.3×600	0.25
	TA5	3.5～3.6×1000→2.5×1000	0.05
	TC1	2.8～3.0×1000→2.0×1000	0.10
	TC2	1.3～1.5×1000→1.0×1000	0.15
	TC3	0.7×800→0.5×800	0.30
	TA6	3.0～3.5×1000→2.5×1000	0.10
	TA7	2.4～2.8×1000→2.0×1000	0.15
	TC4		
	TC10	1.2～1.3×1000→1.0×1000	0.20

4. 润滑与冷却

钛及钛合金冷轧常用润滑剂有：板材轧制润滑剂有透平油、变压器油、轧制油、棉子油、蓖麻油、棕榈油；带材轧制润滑剂有透平油、变压器油、轧制油；箔材轧制润滑剂有5号轧制油、白油。

乳液因为粘度低，在轧辊与材料之间经常只能形成断续的润滑膜，轧辊与材料之间经常保持部分接触的状态，润滑效果不好。为了降低油耗，在钛带轧制中也可以使用乳液，但乳液不能用于20辊轧机。

5. 钛及钛合金板、带、箔材冷轧常见缺陷及消除方法

钛及钛合金板、带、箔材冷轧常见缺陷及消除方法列于表12-1-143。

表12-1-143 板带箔材常见缺陷及消除方法

序号	缺陷种类	缺陷特征	产生原因	消除方法
1	表面裂纹	板材表面横向裂缝，深者可穿透板材，浅者需用放大镜方能看清	(1) 来料表面裂纹未除净，冷轧时继续扩展 (2) 热轧及退火过程中，形成的吸气层未除净，冷轧时表面被拉裂 (3) 道次加工率太小，道次太多，使表面硬化太快；冷轧时开裂	(1) 严格控制来料的表面质量 (2) 用酸洗法去除表面吸气层 (3) 制定合理的压下规程

续表 12-1-143

序号	缺陷种类	缺陷特征	产生原因	消除方法
2	掉渣	头部呈条状脱落	合金板材冷轧换向轧制或者热轧换向厚度太薄	(1) 严禁冷轧换向轧制 (2) 合金板材需换向轧制时，热轧应在20mm厚以前换向
3	条绒沟	β合金或两相合金冷轧板材沿纵向呈条状凸起	某种加工织构沿纵向呈条状分布	(1) 热轧进行换向轧制，避免单向变形量太大 (2) 进行β淬火处理
4	拉丝	高牌号两相合金板材边部纵向条状脱落	冷轧前切边，边部变形量太大，由于不均匀延伸而产生	高牌号两相合金避免在冷轧前切边
5	压坑	表面有不规则的异物压入痕迹	(1) 轧件边部毛刺及尾部掉渣压入产品表面 (2) 环境卫生差，粉尘等异物落在轧件上，轧制时压入表面 (3) 研磨砂粒未清除干净	(1) 制定合理的工艺规程，避免板材掉渣 (2) 及时清除轧件表面粘附物 (3) 加强文明生产
6	划伤	长条状划痕	导板、辊道、料架等毛刺，在相对滑动时划伤	(1) 检查导板、辊道、料架等，发现毛刺及时处理 (2) 细心操作，不使轧件产生相对滑动
7	抽叠	薄板轧制时呈纵向皱折	(1) 压下量过大，边部延伸大于中间延伸 (2) 轧辊凸度太小	(1) 制定合理的压下规程 (2) 加大轧辊凸度
8	辊痕	表面有周期性凸起	(1) 轧辊表面磨损严重，有凹坑、麻面、划伤等 (2) 轧辊表面被板角压出凹坑	发现辊痕时要修磨或更换轧辊
9	裂边	边部呈锯齿形拉裂	(1) 来料裂边未除净，轧制时扩展 (2) 冷轧加工率过大，边部被拉裂 (3) 轧辊曲线配置不当	(1) 坯料裂边要除净 (2) 调整压下规程 (3) 配置好轧辊曲线
10	起皮	形状如舌头，大小约2～3毫米的薄层金属	铸造表面缩孔未清除干净	(1) 在刨面时将铸锭表面缺陷去除干净 (2) 进行修磨处理

续表 12-1-143

序号	缺陷种类	缺陷特征	产生原因	消除方法
11	针孔	箔板轧制时，出现微小的孔眼	由于环境卫生不好，粉尘颗粒落到轧件表面，轧制时致使压透箔材而形成微小孔眼	保持良好的卫生环境，加强文明生产。轧前要认真清洗和检查坯料
12	厚度超差	板材厚度超过标准允许的公差	(1) 量尺不精确或量具不准确，误差过大 (2) 量尺位置不恰当 (3) 压下装置未调整好或指针不准确	(1) 量具要准确，测量要细心 (2) 调整好压下装置，校正压下指针
13	局部厚度超差	局部区域厚度超过标准允许的公差	(1) 辊型调整不好，辊缝不一致 (2) 来料退火不均匀 (3) 来料厚度不均匀 (4) 喂料偏斜	(1) 控制和调整好辊型 (2) 改善退火工艺 (3) 来料厚度要均匀 (4) 喂料要正
14	边浪	边部呈波浪形不平	(1) 压下量过大 (2) 轧辊凸度小	(1) 减小压下量 (2) 调整凸度
15	鼓肚	板材中部呈波浪形凸起	(1) 轧辊凸度大 (2) 压下量过小	减小凸度或增加压下量
16	瓢曲	板材非对称性不平	(1) 来料厚度不均匀 (2) 中间退火不均匀 (3) 润滑条件差，不均匀 (4) 道次加工率分配不均匀	(1) 来料厚度要均匀 (2) 改善退火工艺 (3) 改善润滑条件 (4) 合理分配道次加工率
17	镰刀弯	板材沿纵向呈弓形弯曲	(1) 两边压下不均匀 (2) 喂料偏离中心	(1) 调整压下，使两边压下均匀 (2) 喂料要正
18	轧斜	板坯呈棱形	喂料不正	喂料要正
19	性能不合	性能超出标准规定的范围	(1) 来料化学成分不合要求 (2) 冷轧成品加工率选择不当 (3) 退火制度不恰当 (4) 退火不均匀	(1) 来料化学成分必须满足标准要求 (2) 正确选择冷轧成品加工率 (3) 改进退火工艺

（八）热处理

钛合金的热处理工艺种类很多，但是在板、带、箔材生产中使用最多的是再结晶退火，其次是淬火和时效。真空退火因有除气作用和无污染，而广泛应用在钛合金热处理中。

1. 再结晶退火

生产中的退火可为中间退火和成品退火，它们都属于再结晶退火，但退火规范稍有区别。在制定退火规范时，可参考再结晶全图。退火操作前板材应经脱油处理。钛合金板材退火制度列于表 12-1-144。

表 12-1-144 钛及钛合金板材退火制度

合金牌号	装料厚度 mm	炉内气氛	中间退火制度		成品退火制度	
			加热温度 ℃	保温时间 min	加热温度 ℃	保温时间 min
TA1、TA2	12～15	空气	700	60	650	60
TA3			700	60	620	60
TA5			780	60	720	60
TA6、TA7			820	60	780	60
TC1，TC2			740	60	700	60
TC3，TC10			750	60	750	60
TC4			780	60	780	60

表 12-1-145 钛及钛合金板材真空退火温度

品 种	TA1，TA2，TA3	TA5	TA6，TA7	TC1，TC2	TC3，TC4，TC10
半成品板材，℃	750	820	850	780	800
成品板材，℃	700	750	820	750	800

2. 真空退火

真空退火一般为再结晶退火。真空退火温度如表 12-1-145 所示。退火时间，根据炉体结构、装料的多少、加热温度的高低而不同。一般来说，圆形炉较矩形炉传热效果好，加热时间可短些。装料越多，加热时间越长。

装料方式以吊挂为好。在板材水平堆放的情况下，要注意防止板材粘结。一般来说，高温比低温容易粘结；两相合金比 α 型合金容易粘结；冷轧表面比经碱酸洗除磷后的表面容易粘结；箔板比厚板容易粘结。

3. 真空脱氢

真空退火可以脱氢。真空脱氢处理的加热温度比真空退火的温度低。真空脱氢的速度与加热温度的高低有关，温度越高，脱氢的速度越快。真空脱氢规范如下：

加热温度：650℃；

保温时间：料温到达 650℃后保温 1h；

真空度：不小于 0.067Pa。

4. 淬火

淬火主要用于 β 型合金和 α+β 型合金。板材淬火的目的主要是：

(1) 为了获得所需要的组织和性能。如 TB2 合金的淬火和随后的时效处理可提高抗拉强度 35% 以上；

(2) 为了某些工艺目的而采取的中间热处理措施。如 β 合金在冷轧前进行淬火处理，α+β 合金热轧半成品进行淬火处理可消除加工织构，清除表面亮带。

生产中已采用 β 处理来消除 TC4 合金板材的白亮条，改善性能，降低轧制压力，用 β 淬火代替换向轧制消除 TC1 合金板材“条绒沟”取得了良好的效果，成材率也有较大的提高。其 β 处理制度如表 12-1-146。

(九) 轧机

轧机的主要技术性能列于表 12-1-147 和 12-1-148。

表 12-1-146 α+β型合金板材淬火制度

合金牌号	板材厚度，mm	β 淬火制度
TC4	10	1040℃加热 15min 后水淬
TC1	10	960℃加热 15min 后水淬

表 12-1-147 板材热轧机的技术性能

轧机类型	轧辊主要尺寸 mm	轧辊最大开口度 mm	轧制速度 m/min	总轧制力 kN	最大轧制转矩 kN·m	主电机功率 kW·h	主电机转数 r/min
二辊可逆式轧机	φ420×380	30	高速：0～230 低速：0～150	1470.0	34.3	220	0/400 /1200
四辊可逆式轧机 （板带）	φ150/φ420×380	30	同上	1470.0	34.3	220	同上
四辊可逆式轧机	φ600/φ1350×1200	200	高速：0～180 低速：0～90	19600.0	784.0	2800	0/50 0/100
二辊可逆式轧机	φ500×864	75	0～90	4900.0	—	630	—
二辊不可逆式轧机	φ760×1200	—	90	11760.0	637.0	1000	490
四辊可逆式轧机	φ700/φ1350×2350	150	90～260	19600.0	980.0	2050	—
四辊可逆式轧机	φ320/φ500×450	60	0～321	2940.0	490.0	800	—
四辊可逆式轧机	φ300/φ500×500	—	—	3430.0	—	800	—

表 12-1-148 冷轧机主要技术性能

轧机类型	轧辊主要尺寸 mm	轧制速度 m/min	总轧制力 kN	主电机功率 kW·h	适用轧制成品厚度 mm
2/4 重轧机	φ420×380	高速 0～230 低速 0～150	1470.0	220	0.05
	75 φ170/φ420×380 150		1960.0		
二辊不可逆轧机	φ340×350 φ170×200	36～42 无级调速	1372.0 137.2	115 13.5	软金属 0.5 硬金属 0.8 0.1～0.5
四辊可逆式轧机	φ425/φ1050×1400	0～180	11760.0	1100	0.5～4.0
	φ$\frac{250}{450}$/φ1480×1200	0～300	24500.0	1500×2	0.3～5.0
	φ300/φ760×1400	0～75	11760.0	680	3.5～4.0
	φ450/φ1150×1200		14700.0		0.5～5.0
	φ400/φ1300×1200	0～180	17640.0	2000×2	0.5～4.0
	φ165/φ480×760	0～60	4116.0	160	0.3～1.50
	φ$\frac{120}{190}$/φ450×550	0～120	2940.0	160×2	0.1～3.0
	φ250/φ750×800	0～180	3920.0		0.2～1.5

续表 12-1-148

轧机类型	轧辊主要尺寸 mm	轧制速度 m/min	总轧制力 kN	主电机功率 kW·h	适用轧制成品厚度 mm
二十辊轧机	工作辊 φ6.5×150 φ8.5×150 φ12×150	0～50 无级调速	58.8	9	0.05
	工作辊 φ22～27×380	0～100～180	784.0	120	0.03

五、钛及钛合金铸件的生产

(一) 铸件产品及工艺流程

1. 铸件产品

钛铸件不仅广泛用于冶金、化工、能源等部门，而且也用来制造宇航设备的一些关键结构件，这些结构件既有动载荷件，也有静载荷件。

表 12-1-149 列出了国际钛技术公司生产的铸钛结构件。

前苏联、德国和日本主要用铸钛来生产泵和阀，应用于化工和能源部门。

中国钛铸件产量较大的主要是各种规格的泵和阀。此外，还生产人工关节、风机叶轮、弯管、搅拌器等。表 12-1-150～12-1-152 列出了宝鸡有色金属加工厂生产的钛泵、钛阀及钛制人工关节等产品。

表 12-1-149 国际钛技术公司的铸钛结构件

零件名称	近似重量，kg	合金	铸件处理
直升飞机转子毂	100	Ti-6Al-4V	HIP①
直升飞机转子毂	28	Ti-6Al-4V	HIP
直升飞机武器托架	25	Ti-6Al-4V	HIP
直升飞机装货系统导轨	2	Ti-6Al-4V	-
F15、F18 飞机的刹车扭矩转管	13	Ti-6Al-4V	-
激光系统光学罩	0.2	工业纯钛	HIP
发动机起升管	6	Ti-6Al-4V	HIP
喷气发动机叶轮	1	Ti-6Al-4V	HIP
推进部位的喷射导嘴	110	工业纯钛	—

① HIP 为热等静压压制。

表 12-1-150 钛泵类

型号	流量 m^3/h	扬程 m	入口直径 mm	出口直径 mm	铸件单重，kg			
					叶轮	泵体	泵盖	压盖
2BA6	20	30.8	50	40	1.8	7.5	5.5	—
3BA9	45	32	80	50	2	11	7	—
4BA6A	105	69	100	80	7	26	—	1.3
6BA12	160	20	150	100	8	34	20	0.4

续表 12-1-150

型号	流量 m^3/h	扬程 m	入口直径 mm	出口直径 mm	铸件单重，kg			
					叶轮	泵体	泵盖	压盖
6BA12A	150	15	150	100	8	34	20	0.4
$2\frac{1}{2}$PW	90	43	125	80	4.5	20.5	6.5	—
2.5TB	见产品样本	同左	同左	同左	2	14	9.5	—
3TB	同上	同上	同上	同上	2.6	15	4.5	—

表 12-1-151 钛阀类

型号	P_g kPa	D_g mm	铸件单重，kg			
			阀体	阀架	阀辫	压盖
截止阀	2450.0	50	7	3	0.8	—
	2450.0	80	15	4.5	1	0.4
	2450.0	100	20.5	6	1.8	0.5
	2450.0	150	32	13	4	0.7
型号	P_g kPa	D_g mm	铸件单重，kg			
			左阀体	右阀体	球芯	压盖
球阀	1568.0	80	8.6	9.5	—	1
	1568.0	100	9.5	12.5	—	12
				阀体	阀芯	压盖
旋塞阀	2450.0	50		9.5	2	1
	2450.0	80		13.0	3.6	0.5
	2450.0	100		16.0	8	0.7

表 12-1-152 钛制人工关节

名称	规格，mm	单重，kg	备注
髋骨半关节	φ40×161	0.35	天津医院和北京 301 医院图纸
髋骨半关节	φ42×161	0.35	
髋骨半关节	φ44×161	0.35	同上
髋骨半关节	φ48×161	0.35	同上
髋骨半关节	φ46×161	0.35	同上
髋骨全关节	φ32×158	0.30	北京 301 医院图纸

2. 钛铸件生产工艺流程

采用机加工石墨型生产钛铸件的工艺流程如图 12-1-103 所示。

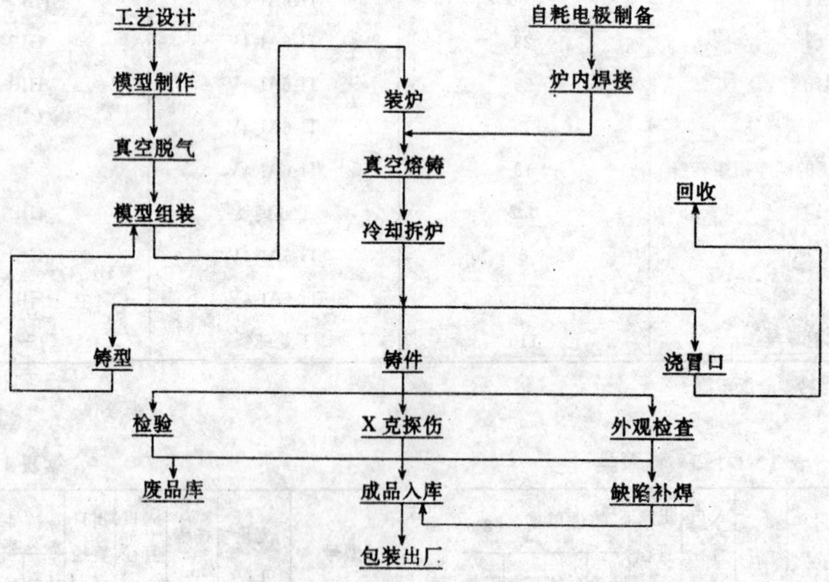

图 12-1-103 宝鸡有色金属加工厂钛铸造工艺流程

（二）铸型材料与造型工艺

目前，钛铸件生产使用的铸型有机加工石墨型、捣实型、熔模、金属型和砂型等。

1. 机加工石墨型

铸型材料是断面为圆或方的石墨块，经车、铣、刨、钻、铲等加工成型。为了延长使用寿命，石墨型应用适宜的厚度，工厂采用的经验公式为：

$$S = 20 + 0.5\delta$$

式中 S——铸型厚度，mm；

δ——铸件的平均壁厚，mm。

通常 S 在 25mm 以上为宜，为便于脱模，设计采用 2°～3°的斜度。

2. 捣实型

造型材料是石墨粉和粘结剂。中国铸钛工作者采用合脂残渣做粘结剂，其配比见表 12-1-153；合脂残渣加入量对型砂性能的影响见表 12-1-154。

表 12-1-153 捣实型材料配比

序号	石墨粉，%	合脂残渣，%
1	100	10～12
2	100	14
3	100	15
4	100	17

表 12-1-154 合脂残渣对型砂性能的影响①

序号	造型材料				湿态性能		200℃烘干后性能		1000℃焙烧后性能	
	石墨粉		合脂残渣							
	规格 目	重量 %	酸值 mgkoH/g	配比 %	湿压强度 MPa	透气性	干拉强度 MPa	透气性	干拉强度 MPa	透气性
1	30～50	100	57	12	1.2×10^{-4}	145	1.96×10^{-3}	200	7.84×10^{-4}	230
2	30～80	100	57	14	1.3×10^{-4}	130	2.94×10^{-3}	190	1.96×10^{-3}	230
3	30～80	100	57	15	1.3×10^{-4}	170	2.94×10^{-3}	300	4.70×10^{-3}	550
4	30～80	100	57	17	1.4×10^{-4}	130	8.14×10^{-3}	460	5.88×10^{-3}	650

① 合脂残渣不能加煤油稀释。

捣实型制备的步骤如下：

木模加工 ↘
　　　　　捣实→烘干→焙烧
预热→碾砂 ↗

捣实型烘干和焙烧的工艺曲线见图 12-1-104。

3. 熔模铸造

这是目前国外用来生产航空和宇航用钛铸件的重要方法，通常称为"钛的精密铸造"。

中国的一些铸造研究单位，对石墨粉有机树脂铸型进行了研究，并取得成果。中国某铸造研究所选用的制壳材料为石墨粉、ZTS-1 型树脂、稀释剂及附加物，其涂料配比，制壳工艺，复膜砂的组成，烧结曲线示于表 12-1-155～12-1-157 和图 12-1-105。

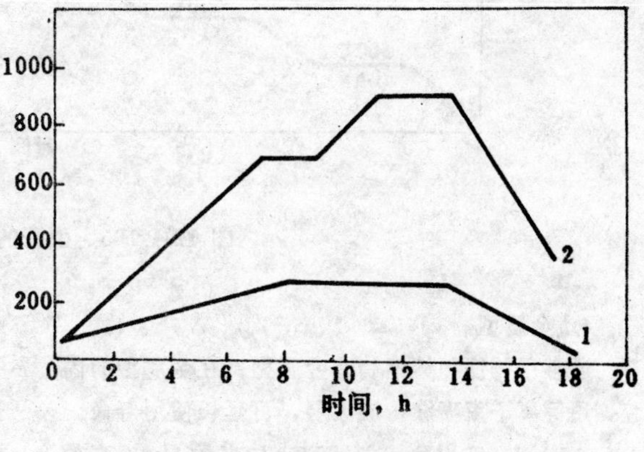

图 12-1-104 铸型处理工艺曲线

1—低温烘干工艺曲线；2—1000℃焙烧工艺曲线

表 12-1-155 涂料配比

层次	树脂稀释液中 树脂/稀释剂	稀释剂中 乙醇/异丙醇	树脂/石墨粉	硅烷加入量 %	涂料粘度 Pa·S
面层	3～5/7～5	4～6/1～2	1/2～2.5	0.2	10～15
加固层	3～4/7～6	4～6/1～2	1/2～2.5	0.2	7～10

表 12-1-156 复膜砂的组成

层 次	砂子牌号	固化剂/石墨粉（重量）
面层砂	45#、55#、75#	1～3/10
过渡层砂	24#、28#	1～2/10
加固层砂	6#、12#	1～2/10

表 12-1-157 制壳工艺

参数 / 层次	复膜砂牌号	湿度，%	操作温度，℃	自然干燥时间 h
面二层	45#、55#、75#	50～60	15～30	4～6
三、四层	24#、28#	50～60	15～30	3～4
五、六层	6#、12#	50～60	15～30	3～4

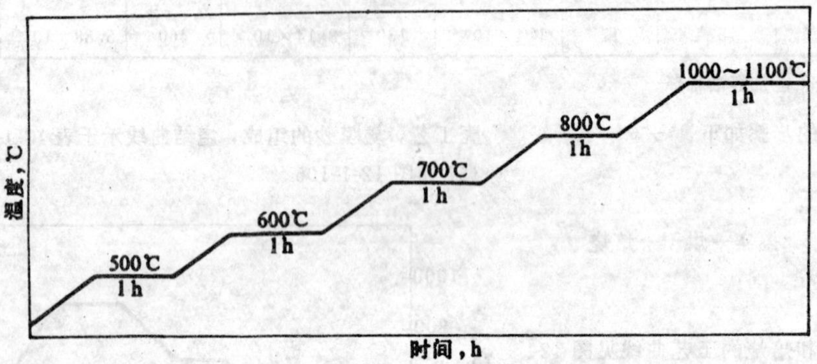

图 12-1-105 型壳的烘烧工艺曲线

4. 金属型

通常用铸铁和铸钢制造金属型。在金属型的内腔，用等离子束喷涂一层涂层，可延长使用寿命。

在中国，曾用金属型试制成功重量 6kg、直径 222mm 的钛叶轮。

金属型的壁厚是决定钛铸件冷却速度的重要因素，目前还没有一个可靠的简便方法，来确定不同条件下的最佳壁厚。对于 3～5kg 的铸件，中国某工厂采用的经验公式为：

$$S = 10 + 0.5\delta$$

式中 S——金属型壁厚，mm；

δ——铸件平均壁厚，mm。

（三）熔炼与浇铸工艺

钛铸件通常是在真空自耗电极凝壳炉中生产的。凝壳炉熔炼对真空度的要求与真空自耗电极电弧炉相同。考虑到铸型放气会影响凝壳炉的真空度和铸件质量，装炉前铸型必须经过认真处理（真空脱气、真空储存）。

自耗电极直径与坩埚内径之比（简称坩埚比）是安全生产和影响浇注效率的重要因素，对铸钛而言，其值可在 0.6～0.8 之间选择。

凝壳炉最敏感的工艺参数是熔炼电流，熔炼电流主要取决于自耗电极材料和坩埚比。此外，电源极性、类型、炉室真空度等都会影响到其最佳的熔铸效果。表 12-1-158 和表 12-1-159 列出了凝壳炉熔铸泵体和叶轮的主要工艺参数实例。

表 12-1-158　熔铸 6BA-12 泵体工艺参数

时间	熔炼电流 kA	熔炼电压 V	真空度 Pa	注
起弧	3	26	6.66×10^{-2}	坩埚直径
30s	5	30	9.33×10^{-2}	φ230mm
1min	8	32	5.33×10^{-1}	自耗电极
1.5min	9.5	34	5.33×10^{-1}	直径
2min	9.5	34	5.33×10^{-1}	φ150mm
⋮	⋮	⋮	⋮	
⋮	⋮	⋮	⋮	
9.67 min	9.5	33	5.33×10^{-1}	

表 12-1-159　熔模铸造叶轮的工艺参数

浇注速度 s	熔炼电流 kA	熔炼电压 V	真空度 Pa	注
3～5	9.0	33～35	6.67×10	坩埚直径 φ220mm 电极直径 φ100mm

(四) 铸件的质量检查与缺陷的处理

钛铸件的质量检验包括 (1) 化学成分分析；(2) 力学性能检验；(3) 外观检查；(4) 荧光检验；(5) X 射线或超声波检验。

与其它金属的铸件一样，钛铸件也存在着内部缩孔、气孔、表面裂纹等缺陷。在生产过程中完全消除这些缺陷是不现实的，因此在铸件检验标准中，规定了允许存在的某种缺陷的最大限度和补救办法。

为了减少钛铸件的气孔和缩孔，通常采取(1)降低造型材料的发气量；(2) 铸型真空处理；(3) 离心铸造。

采用热等静压处理，可以提高钛铸件的致密性、延伸率和疲劳强度。美国、苏联等均采用热等静压处理钛铸件。

使用热化学方法 (TCP)，如真空氢化处理 (Hydrovac) 改善铸件显微组织的办法，近年来已引起人们的注意。在该处理方法中，氢被作为暂时合金化元素，让其发生共析转变后脱氢，得到完全不同于铸态组织的非常细小的显微组织。目前，正在对具有这种显微组织的合金的机械性能进行全面评价。美国认为，精密铸造-热等静压压制 (HIP) -氢化处理是今后钛铸造的发展方向。

补焊是挽救有缺陷的钛铸件的重要手段，补焊应使用与铸件同一成分(或成分相近)的合金做填充材料，在惰性气体保护下或在真空焊接设备内进行。补焊前应对铸件进行认真的清理。美国豪梅特公司补焊工艺的操作顺序如下：

(1) 用磨削或机加工完全除掉缺陷；

(2) 用荧光渗透或 X 射线法再次检验，以确保缺陷被完全除掉；

(3) 表面除油和化学清洗；

(4) 在惰性气体保护下补焊；

(5) 经过大面积补焊的铸件应进行消除应力退火；

(6) 补焊区域再次经过荧光或 X 射线检验。

补焊不仅适用于钛铸件的生产，而且也可用来修复在使用过程中产生缺陷的钛铸件。

六、粉末冶金钛及钛合金

(一) 概述

1948 年美国就已进行粉末冶金烧结钛的生产，近二十多年来，由于化工、航空等工业的发展，更进一步促进了钛粉末冶金工业的发展。图 12-1-106 所示为粉末冶金钛工艺流程。

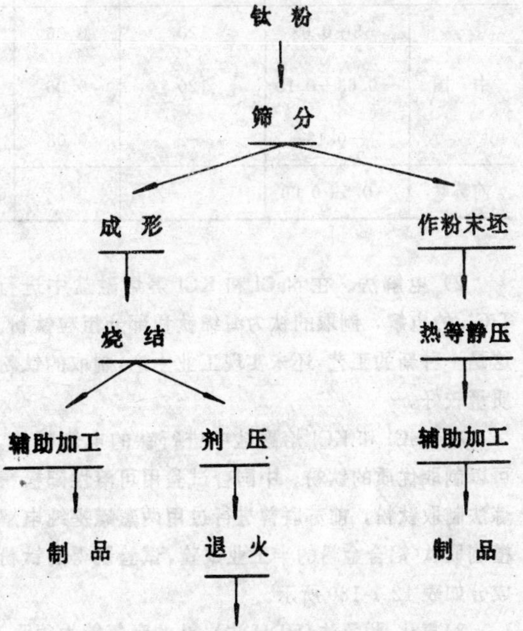

图 12-1-106　粉末冶金钛工艺流程

在钛的粉末冶金生产中，其产品多为近成品形状产品，只需稍加辅助加工就可得到最终产品，原材料利用系数可达60～80%或更高。因此它具有加工少，节省设备、原材料和劳力等优点，对于那些要求细化晶粒、成分均匀和结构复杂的异型件及弥散强化型合金等，钛粉末冶金的优点尤其突出。然而，由于钛粉末冶金工艺对粉末的性能要求较苛刻，因此它的应用也受到了一定的限制。

（二）粉末冶金钛及钛合金的制取工艺

1. 粉末

钛是一种活性非常高的金属，在制粉过程中形成了钛的氧化物会最终残留于制品中。残留的钛氧化物对原料的加工过程和产品性能会产生不好的影响。所以在钛及其合金粉末的制取时，应尽量使粉末减少氧化。

(1)钛及钛合金粉末的制取。制取钛粉的方法甚多，其中，钠热还原法和氢化-脱氢法工艺因质优价廉，在竞争占有优势，已进入工业规模生产。而雾化法主要应用于制取优质球形钛合金粉末。

1）金属热还原法。采用金属热还原法可以制取海绵钛，同样也可制取钛粉或部分钛粉。钠还原法和镁还原法制取钛粉发生式12-1-11和12-1-6反应。上述工艺在制得海绵钛的同时，又可制取部分海绵钛粉。一般镁还原法只能制得较粗而杂质含量较高的钛粉；而钠还原法可得到优质而较粗的钛粉，当改进还原工艺，并进一步机械粉碎，可以获得一定粒度的粉末，但无法制取细粉末。钠还原法的优点是成本低廉，铁、氧和氮的含量低。

钙（或氢化钙）还原法是用TiO_2作原料，通过下列反应制取钛粉的：

$$TiO_2 + 2CaH_2 = Ti + 2CaO + H_2$$

这种方法可制取较细的钛粉末，但氧含量稍高，由于还原剂成本昂贵而未获广泛应用。

表 12-1-160 电解精炼钛粉末的化学成分

国家	粉级 mm	硬度（不大于），HB	杂质含量（不大于），%（重量）					Al，%
			Fe	Cl	N	O	C	
中国	−5+0.63	120	0.06	0.06	0.03	0.06	0.02	
	−0.63+0.18	120	0.06	0.06	0.03	0.06	0.02	
	−0.18	—	0.08	0.06	0.03	—	0.03	
前苏联	−0.5+0.08		0.18	0.02 (Si)	0.04	0.09	0.02	15～20

2）电解法。在NaCl和KCl等熔融盐中进行$TiCl_4$的电解，制取的钛为海绵钛和部分粗粒钛粉。这是一种新的工艺，还未实现工业生产，制取的钛粉质量较好。

在NaCl和KCl熔融盐中进行钛的电解精炼，可以制取优质的钛粉。中国曾试验用可溶性阳极精炼法制取钛粉，前苏联曾进行过用两蒸罐提纯电解槽制取钛-铝合金粉的半工业试验，试验制得的钛粉成分如表12-1-160所示。

3)氢化-脱氢法(HDH法)。钛的吸氢能力很强，在一定温度下进行下列加氢合成反应：

$$Ti + H_2 \rightleftharpoons TiH_2$$

氢化产物TiH_2具有氢脆性，将其粉碎获得粉末，粉末再脱氢便可制得钛粉。但氢化钛吸氢量必须超过2%（重量）方可被粉碎。该法产品粒级宽，可以制取细粉。利用废钛残料来制取钛粉或钛合金粉、氢化钛粉或氢化钛合金粉具有成本低质量较好的优点。

氢化脱氢法制粉工艺原则流程为：钛料→净化→氢化→粉碎→筛分→脱氢→粉碎→筛分→混批→包装。主要工艺条件为：海绵钛原料无需经过净化，但废钛残料需经去油污和去氧化皮处理；氢化温度按不同的钛料选用700～900℃，氢压（0.1～0.2）MPa；冷却时间4～10h；脱氢温度可在500～800℃、于真空中进行。

表 12-1-161 日本大阪钛公司氢化脱氢法产品规格

牌号①		TiH(或Ti)(不小于),%	杂质含量(不大于),%									粒度(目)
			H	Fe	Cl⁻	Mn	Mg	Si	N	C	O	
氢化钛粉	TSH-100	99.6	(3.0)	0.02	0.08	0.005	0.045	0.02	0.025	0.02		−100
	TSH-325	99.4	(3.0)	0.03	0.08	0.005	0.045	0.02	0.025	0.02		−325
	TMH-100	99.2	(3.0)	0.05	0.10	0.02	0.055	0.03	0.04	0.03		−100
	TMH-325	99.1	(3.0)	0.05	0.10	0.02	0.055	0.03	0.04	0.03		−325
钛粉	TSP-100	99.6	0.02	0.02	0.04	0.005	0.02	0.02	0.03	0.02	0.25	−100
	TSP-325	99.5	0.02	0.03	0.04	0.005	0.02	0.02	0.04	0.02	0.35	−325
	TMP-100	99.2	0.02	0.05	0.05	0.02	0.025	0.03	0.05	0.03	0.50	−100
	TMP-325	99.1	0.02	0.05	0.06	0.02	0.03	0.03	0.05	0.03	0.60	−325

① 牌号符号所代表意义如下：T－钛；H－含氢；P－粉末；S－钠还原法钛制取的；M－镁还原法钛制取的。

表 12-1-162 各种钛粉的性能

粉末类型		粒级	松装密度 g/cm³	流动时间 s/50g	振实密度 g/cm³	振实相对密度 %
钠还原钛粉		−70+230目	1.02	56		
电解法钛粉		−40+100目	1.45	39		
氢化脱氢法制取的钛粉	钠法海绵钛	平均 7.8μm	0.77	—		
	镁法海绵钛	−100目	1.5	—		
	钛屑或边角料	−60+100目	1.9～2.2	20～24		
	Ti-6Al-4V 屑	−10+200目	1.8～2.1		2.3～2.5	52～57

日本大阪钛公司用氢化脱氢法制取的钛粉和氢化钛粉规格见表 12-1-161。各种钛粉的性能列入表 12-1-162 中。

4) 离心雾化法。利用两电极间所产生的电弧或等离子弧以及电子束使金属熔化，并借助于熔融金属载体快速转动所产生的离心力的作用，使熔融金属以液滴溅射的形式甩出成为金属细滴，这些细滴随后在收集室中冷却便得到金属粉末。

典型的离心雾化法有旋转电极法、旋转铸锭法和旋转坩埚法，其工艺装置如图 12-1-107 和 12-1-108 所示。

旋转电极的直径通常为 25～75mm，转速为 1000～3000r/min，所获粉末氧含量较低，并具有较高的表面质量，但粒度较粗，平均粒度约为 150μm。

近来，快速冷凝技术已被用于金属粉末的制造。这种方法之一是采用一个水冷高速旋转圆盘（转速约为 24000～54000r/min），将熔融金属流破碎，当被粉碎的金属液滴离开旋转圆盘边缘时受到高压氦气的再次粉碎和冷凝，所获粉末的平均粒度小于 100μm。由于它以大约每秒一百万度的速率冷却被雾化的熔融金属液滴，因而能把高温时液态元素均匀组合体保留于室温下，从而细化了晶粒，防止了合

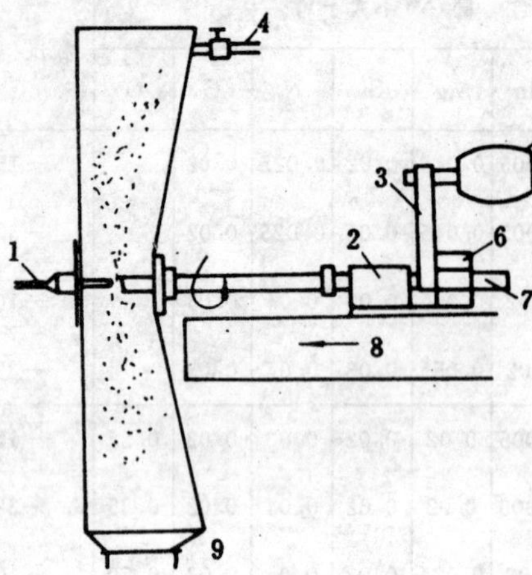

图 12-1-107 钨阴极旋转电极离心雾化法

1—钨阴极；2—主轴；3—传动带；
4—抽真空或充气体；
5—马达；6—电刷；
7—电极；8—送料；
9—粉末收集

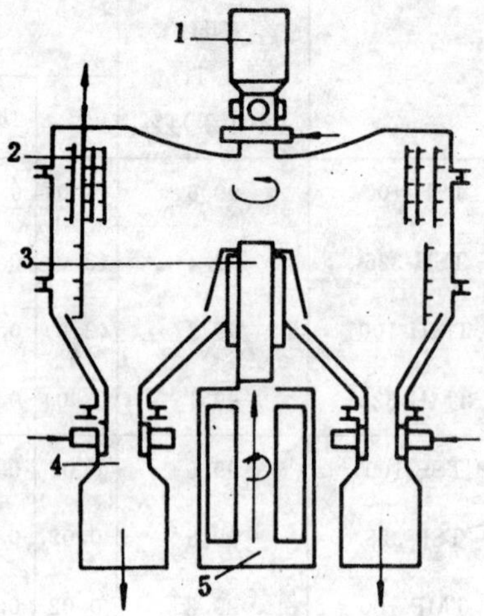

图 12-1-108 真空电子束旋转铸锭法

1—电子束枪；2—可动水冷铜屏蔽；
3—旋转铸锭；
4—8 个可移动的真空密封集粉箱；
5—在真空状态下可存放
30 个铸锭的装料库

金化元素的显微偏析、也防止了通常铸造时所形成的有害化合物。所以，用快速冷凝粉末可以制取高合金制品。典型的快速冷凝装置示于图 12-1-109。

图 12-1-109 快速冷凝雾化装置

1—氦冷却气体；
2—熔融金属；
3—雾化粉末；
4—旋转雾化圆盘

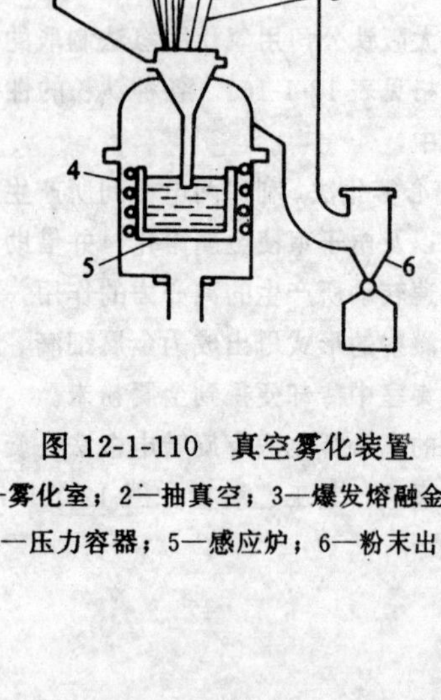

图 12-1-110 真空雾化装置

1—雾化室；2—抽真空；3—爆发熔融金属；
4—压力容器；5—感应炉；6—粉末出口

5）真空雾化法。在一定的压力下，过饱和气体的熔融金属迅速进入真空态雾化室中，气体产生膨胀并从熔融金属中逸出，使液体金属粉碎雾化成粉末。雾化装置如图 12-1-110 所示。

表 12-1-163 和 12-1-164 为几种离心雾化 Ti-6Al-4V 粉化的化学成分和工艺性能。表 12-1-166 中列出了各种方法所生产的钛粉的形貌特征。

表 12-1-163 离心雾化 Ti-6Al-4V 粉末的成分

生产国家	粉末类型①	化学成分，%								
		Ti	Al	V	Fe	Si	C	N	O	H
中国	REP	余量	6.18	3.8	0.16	0.04	0.04	0.013	0.14	0.018
	PREP	余量	6.15～6.20	3.84～4.24	0.068～0.88	0.03～0.04	0.03～0.04	0.051～0.062	0.11～0.15	0.005
美国	REP	余量	5.8	4.4	0.08	—	0.02	0.010	0.116	0.0048
	PREP	余量	5.50～6.75	3.50～4.50	0.30	—	0.10	0.050	0.13～0.20	0.0125
法国	EBREP	余量	6.0	3.9	0.12	—	0.05	0.013	0.18	<0.005
德国	EBRD	余量	6.0～6.15	4.0～4.10	0.19～0.21	—	0.0096	0.004～0.007	0.13～0.15	0.0005～0.0008

① 粉末类型符号所代表意义如下：REP—钨电极旋转电极粉；PREP—等离子熔化旋转电极粉；EBREP—电子束真空旋转电极粉；EBRD—电子束旋转圆盘粉。

表 12-1-164 离心雾化 Ti-6Al-4V 粉末的工艺性能

生产国家	粉末类型	松装密度		摇实密度	
		g/cm³	相对密度，%	g/cm³	相对密度，%
中国	REP	2.81	63.4	2.94	66.0
	PREP	2.76	62.4	2.91	65.7
美国	REP	2.65	60	2.90	65
	PREP	—	60	—	65
法国	EBREP	—	65－67	—	—
德国	EBRD	—	50－55	—	57－60

注：粉末类型符号与表 12-1-163 同。

6)机械研磨法。将钛及钛合金屑在－130℃的液氮中涡旋研磨，然后筛分、磁选，可得到如表 12-1-165 所示性能的粉末。

7)元素混合法。按合金所需各种元素的比例配料，经充分混合或经高能球磨混合而得到预合金化粉末，然后在高温烧结中完成合金化。采用此法可生产 Ti-6Al-4V、Ti-（15～32）Mo、Ti-Mo-Pd、Ti-Ni、Ti-TiC 等合金制品。

表 12-1-165 机械研磨粉末的性能

粉末形状	相对密度 %	流动时间 s/50g	含氧量 ppm	铁含量 ppm
层片状	31	86	1800～2000	1350

表 12-1-166 各种方法所生产的金属粉末及其特征

粉末制造方法	粉末颗粒形状	可生产金属
钠（镁）热还原钛粉	多角	纯 Ti、Ti-6Al-4V
电解钛粉	多角	纯 Ti、Ti-6Al-4V、Ti-Al
氢化脱氢	多角	纯 Ti、Ti-6Al-4V、Ti-Mo
机械研磨	层片状	Ti-6Al-4V
旋转电极	球形	纯 Ti、Ti-6Al-4V
等离子旋转电极	球形	纯 Ti、Ti-6Al-4V
真空电子束旋转电极	球形	纯 Ti、Ti-6Al-4V
旋转坩埚	扁平状	纯 Ti、Ti-6Al-4V
电子束旋转盘	特殊球形	纯 Ti、Ti-6Al-4V、Ti-2.0Er

(2) 粉末性能对制品性能的影响

1）杂质含量的影响。见图 12-1-111、12-1-112 和表 12-1-167。

2）粉末粒度的影响。见图 12-1-113～12-1-115。

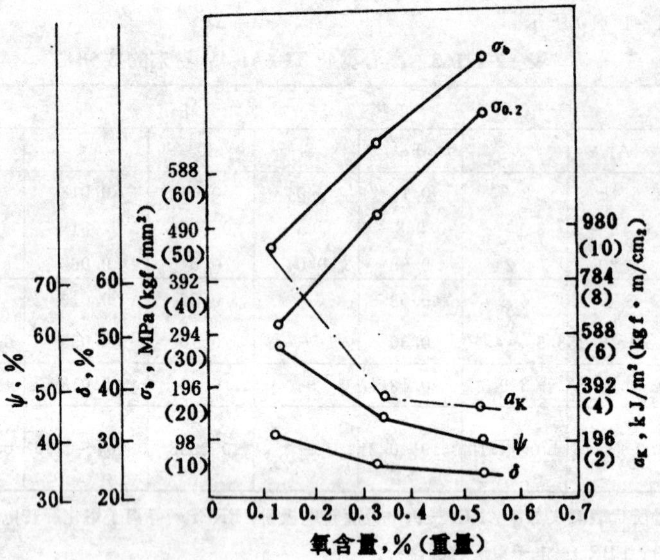

图 12-1-111 粉末氧含量对挤压钛材性能的影响

挤压温度 800℃；挤压比 13

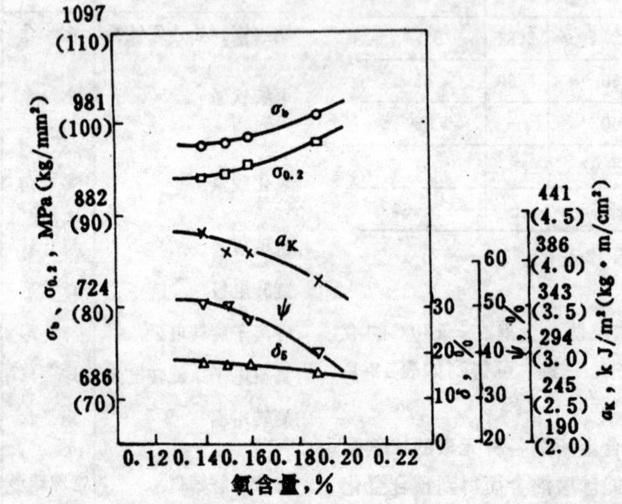

图 12-1-112 粉末氧含量对 HHDH（高质量氢化脱氢钛粉，以下同）-Ti-6Al-4V 合金性能的影响

热等静压温度 950℃；98MPa；2h

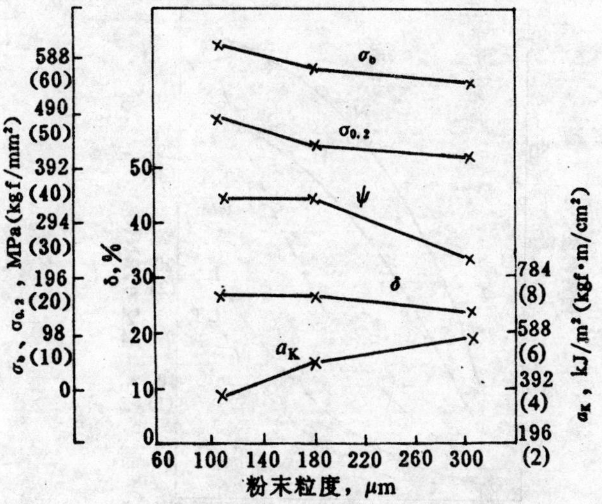

图 12-1-113 粉末粒度对挤压钛材机械性能的影响

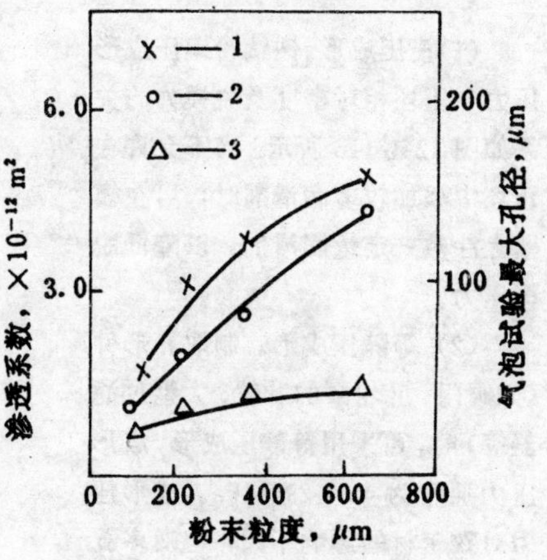

图 12-1-114 粉末粒度对轧制多孔钛板孔径及渗透性的影响

1—渗透系数；2—最大孔径；3—平均孔径

表 12-1-167 粉末杂质含量对 Ti-32Mo 制品性能的影响

杂质 O+N+C 含量 %	拉伸强度 σ_b (MPa)				硬度 HB，MPa			
	在下列烧结时间，h				在下列烧结时间，h			
	2	3	4	5	2	3	4	5
0.5	451～569	471	431	451	2197	2422	2609	2422
1.0	—	294	226	235	—	3109	3521	3266

注：烧结工艺为 1500℃，1.3×10^{-3}Pa。

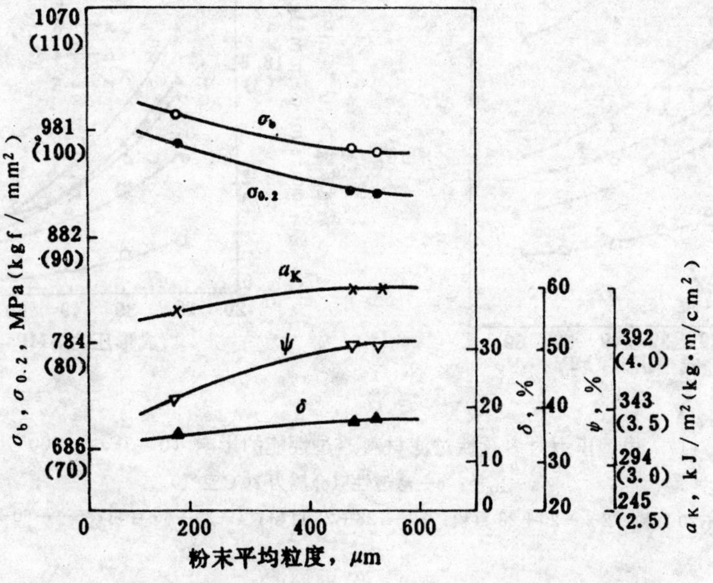

图 12-1-115 粉末粒度对 HHDH-Ti-6Al-4V 合金性能的影响

热等静压工艺：950℃；98MPa；2h

2. 成形

(1)模压成形。钠钛粉模压成形压力与压坯相对密度及脱模力的关系如图 12-1-116 所示。当不允许在压坯中添加较多润滑剂时，可在模壁上涂敷一定量润滑剂，以降低脱模压力。

(2) 等静压成形。制取异形件(如阀门、叶轮泵的叶轮、大型过滤器等)时，可采用等静压成形，成形压力通常为 49～294MPa。成形压力对致密材的影响不大，但对多孔材料的性能影响十分显著（见图 12-1-117）。

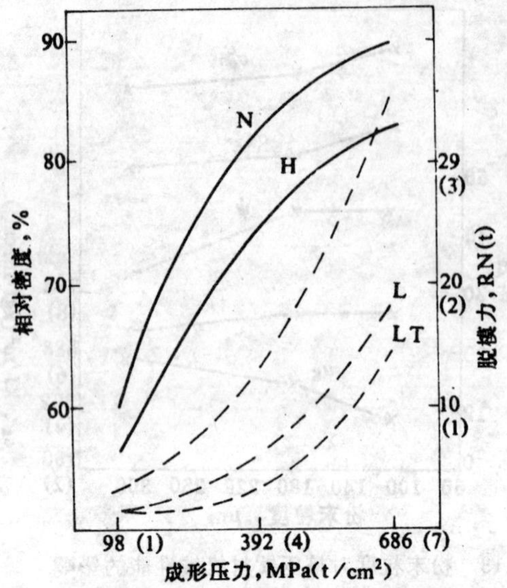

图 12-1-116 钛粉末的压缩性和脱模力

N—钠还原海绵钛；H—镁还原海绵钛氢化脱氢粉；L—添加较多润滑剂；L、T—添加较多润滑剂、模具有较大斜度

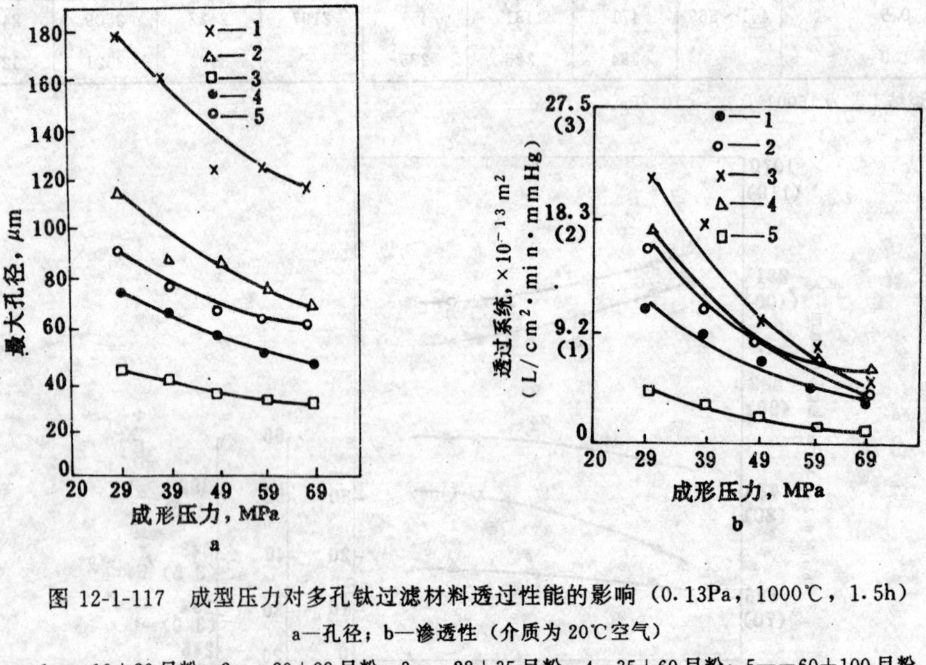

图 12-1-117 成型压力对多孔钛过滤材料透过性能的影响（0.13Pa，1000℃，1.5h）

a—孔径；b—渗透性（介质为 20℃空气）

1——10+20 目粉；2——20+28 目粉；3——28+35 目粉；4—35+60 目粉；5——60+100 目粉

(3) 模具

采用等静压制取近成品形状制品时，应考虑到压制时粉末体的压缩和烧结时的收缩，它们随粉末工艺性能的不同而异。

使用残钛及三级海绵钛氢化脱氢粉按 1/1 比例配料的混合粉时（混料前松装密度分别为 1.24 和

0.77g/cm³；平均粒度分别为 9.7 和 7.8μm)，异形件模具可按下列设计：

1）无形芯件

$$R = KR_0$$

式中 R_0 ——烧结体尺寸；

R——与 R_0 对应的金属模尺寸；

K ——考虑到压缩及烧结线收缩时的系数，经验值为 1.15～1.30。

2）有形芯件

$$R = R_1 + K_1K_2\delta_0$$

式中 K_1 ——压坯在烧结时的收缩比，经验值为 1.07～1.15；

K_2 ——粉末体的压缩比，经验值为 1.05～1.10；

R_1 ——型芯尺寸；

δ_0 ——烧结体厚度。

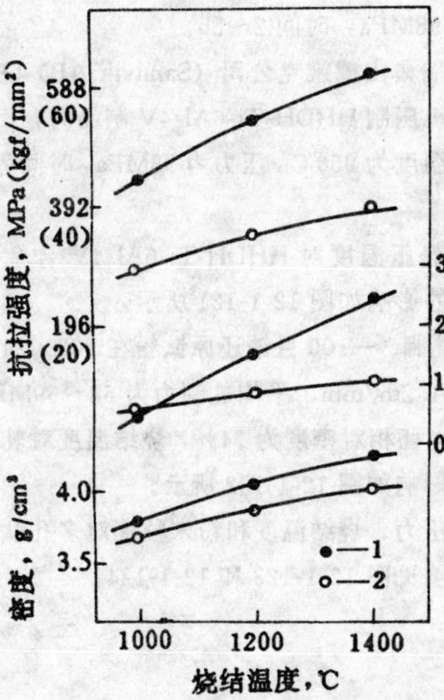

图 12-1-118 烧结温度对钛制品性能的影响

1—钠还原海绵钛粉；

2—镁还原氢化脱氢钛粉

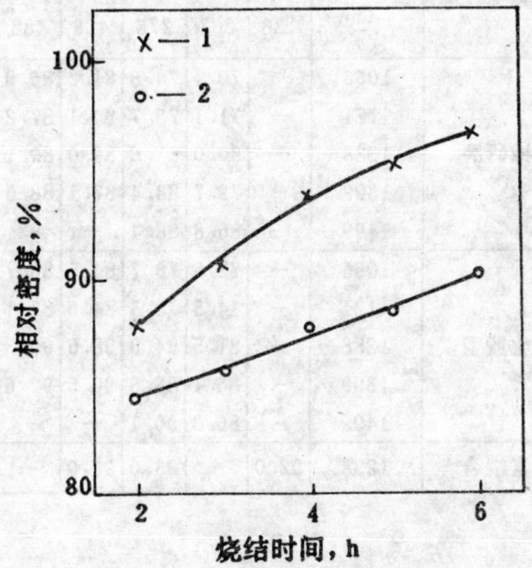

图 12-1-119 烧结时间对钛制品密度的影响

添加 1.5%十六烷醇；2.6×10⁻²Pa；1100℃、6h

1—钠还原钛；2—50%氢化钛+50%钠还原钛

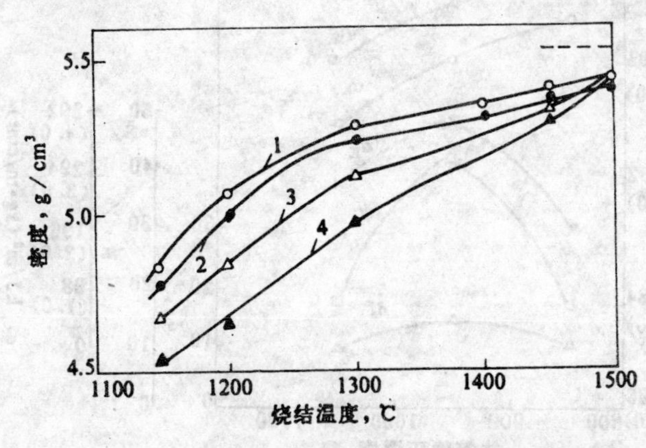

图 12-1-120 烧结温度对 Ti-30Mo 制品性能的影响

真空度 1.3×10^{-3}Pa；烧结时间 2h

1—Ti-30Mo（氢化钛粉）；2—Ti-30Mo-0.5Pd-1Al_2O_3（氢化钛粉）；

3—Ti-30Mo（钠还原钛粉）；4—Ti-30Mo-0.5Pd-1Al_2O_3（钠还原钛粉）

等静压成形中，弹性模通常采用塑料、橡胶或低熔点金属制成。

3. 烧结

钛及其合金的烧结通常在高于0.13Pa的真空中进行，烧结温度为1000～1400℃，烧结工艺对制品性能的影响如图12-1-118～12-1-120及表12-1-168所示。

表12-1-168 三种Ti-6Al-4V粉末烧结坯的相对密度与压制压力和烧结温度的关系

粉末制取方法	烧结温度 ℃	模压压力，kPa				
		138	207	276	416	482
机械研磨	1066	—	70.1	74.8	81.2	86.0
	1121	—	71.1	75.7	84.1	87.2
	1288	—	80.0	81.6	89.0	89.1
	1399	—	79.7	83.4	87.1	88.5
	1499	—	85.8	88.4	—	—
氢化脱氢	1066	—	72.5	76.7	84.5	86.7
	1121	—	74.5	78.3	84.6	87.1
	1288	—	81.5	84.0	88.5	90.3
	1399	—	86.1	86.8	90.5	92.6
	1499	—	86.3	90.1	—	—
元素混合	1238	92.0	—	93.0	96.0	—

4. 其他工艺

(1) 热等静压(HIP)。热等静压钛及其合金制品的密度可达100%理论密度，且组织均匀晶粒细，性能各向同性，产品性能可与熔铸材媲美。尤其是在制取形状复杂的近形产品时，热等静压产品可进一步减少机械加工量。

热等静压前的毛坯可经预先冷等静压，也可以是粉末体。通常采用如下工艺：温度870～1000℃，压力69～98MPa，时间2～8h。

采用瑞典山德维克公司(Sandvik AB) QIH63热等静压机压制HHDH-Ti-6Al-4V制品时，工艺条件可选择温度为950℃，压力为98MPa，时间为2～3h。

热等静压温度对HHDH-Ti-6Al-4V合金室温机械性能的影响如图12-1-121所示。

(2) 轧制。—100目钠还原钛粉在200×240mm轧机上以1.2m/min、平均轧制力为62～69MPa轧制，轧制生坯相对密度为74%，烧结温度对轧制板材性能的影响如图12-1-122所示。

轧制压力、烧结温度和粉末粒度对多孔钛板材性能的影响见图12-1-123和12-1-124。

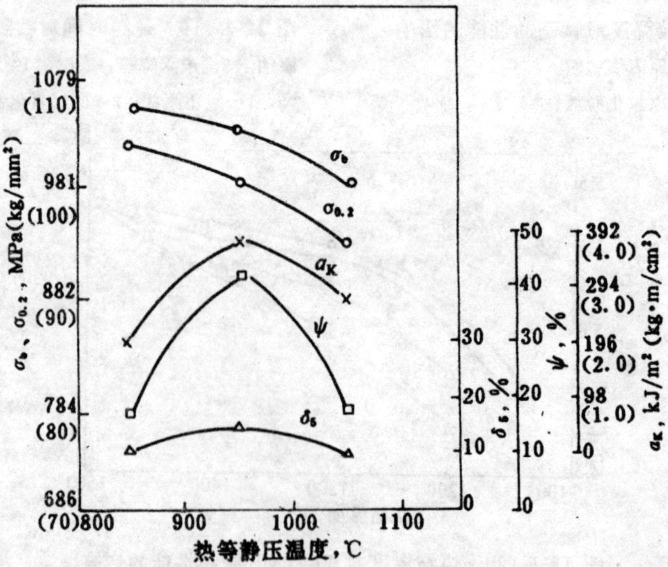

图12-1-121 HIP温度对HHDH-Ti-6Al-4V合金室温性能的影响

压力98MPa；时间2h

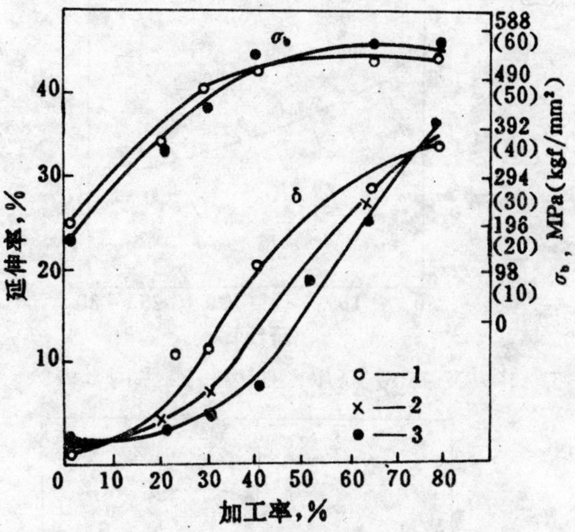

图 12-1-122　不同烧结温度和加工率对板材性能的影响

真空度 1.3×10^{-2}～1.3×10^{-3}Pa；烧结时间 1h

1—1300℃；2—1200℃；3—1100℃

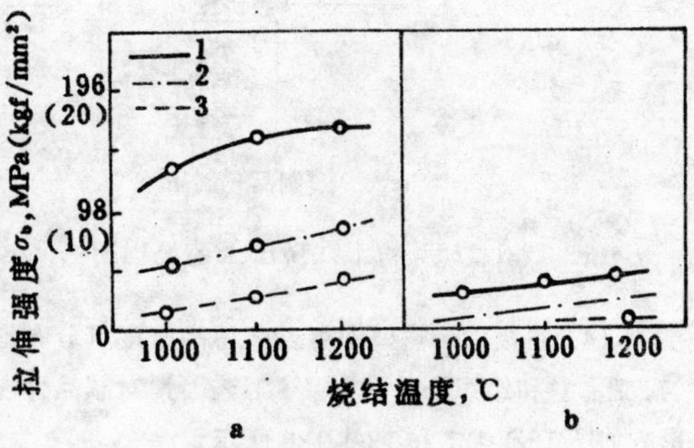

图 12-1-123　轧制和烧结工艺对多孔钛板材性能的影响

a—未研磨；b—研磨粉末粒度－40＋100 目

1—轧制力 82MPa；2—轧制力 41MPa；3—轧制力 20MPa

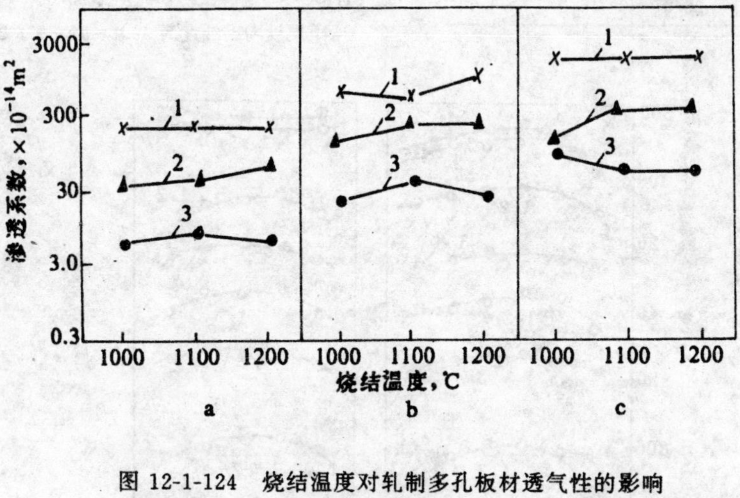

图 12-1-124　烧结温度对轧制多孔板材透气性的影响

a——40＋100 目（未研磨）；b——40＋100 目（研磨）；c——20＋40 目（研磨）

1—轧制力 20MPa；2—轧制力 41MPa；3—轧制力 80MPa

(3) 挤压。图 12-1-125 所示为致密材的挤压工艺流程。

挤压在 600t 立式挤压机上进行，工艺因素的影响见表 12-1-169 和图 12-1-126。

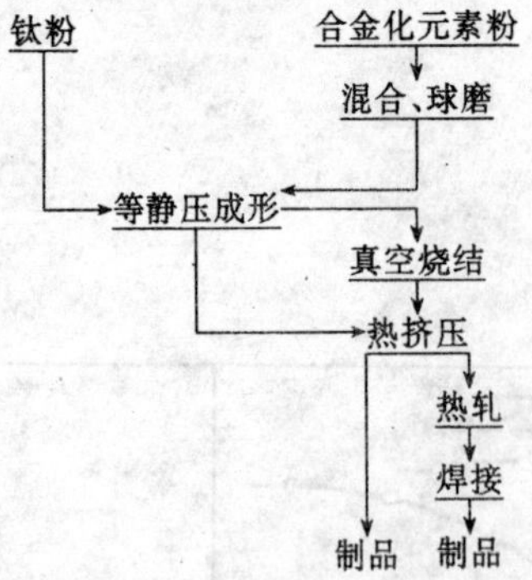

图 12-1-125 粉末钛挤压工艺流程图

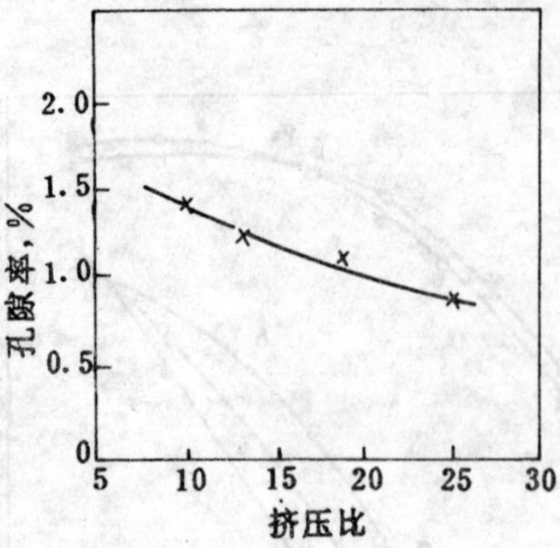

图 12-1-126 挤压比对钛材孔隙率的影响

（4）热模锻。热模锻可以获得高密度且分布均匀、细晶粒和组织一致的制品。工艺因素对制品性能影响如图 12-1-127 和 12-1-128 所示。

表 12-1-169 挤压比对钛材性能的影响

挤压比	强度，MPa		延伸率 δ%	断面收缩率，%	孔隙率 %
	σ_b	$\sigma_{0.2}$			
10	609	482	26.3	44.8	1.4
13	638	516	25.7	44.4	1.3
19	646	512	26.5	44.3	1.2
25	644	511	26.0	45.0	0.9

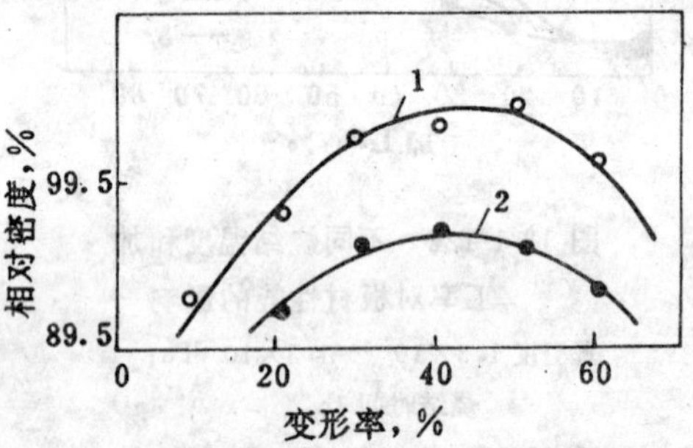

图 12-1-127 模锻变形程度对钛制品相对密度（模锻温度 950℃）的影响

1—ПТЭС-1，电解钛粉，纯度为 99.5～99.8%和 ПТЭК-1，电解钛粉，纯度为 99.1～99.3%；2—海绵钛

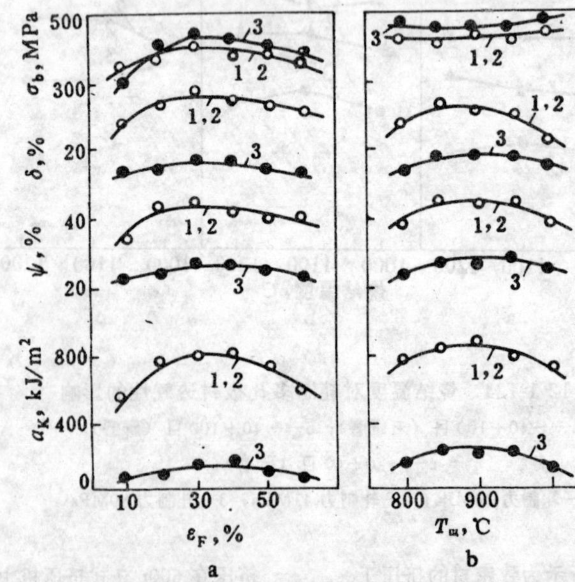

图 12-1-128 模锻工艺参数对钛制品机械性能的影响

a—变形程度的影响（950℃模锻）；b—模锻温度的影响

1，2—电解钛粉；3—海绵钛粉

（三）粉末冶金钛及其合金制品的性能

粉末冶金钛及其合金制品的性能，详见表 12-1-170～12-1-181。

表 12-1-170 等静压烧结钛制品性能①

试验温度 ℃	拉伸强度 σ_b MPa (kgf/mm²)	屈服强度 $\sigma_{0.2}$ MPa (kgf/mm²)	比例极限 σ_p MPa (kgf/mm²)	延伸率 δ %	断面收缩率 ψ %	维氏硬度 HV MPa (kgf/mm²)	冲击韧性 a_K KJ/m² (kg·m/cm²)	弹性模量 E GPa (kgf/mm²)	膨胀系数 α 10⁻⁶/℃
室 温	746	735	426	8.3	—	2903	31.4	93.2	—
	(76.1)	(75.0)	(43.4)	—	—	(296)	(0.32)	(9500.0)	—
200	412	317	213	8.2	10.7	—	—	93.2	9.36
	(42)	(32.3)	(21.7)	—	—	—	—	(9500.0)	—
300	289	205	125	19.7	20.5	—	—	873	9.41
	(29.5)	(20.9)	(12.8)	—	—	—	—	(8900.0)	—
400	237	171	—	15.8	30.1	—	—	81.4	9.51
	(24.2)	(17.4)	—	—	—	—	—	(8300.0)	—
500	203	144	—	11.3	26.8	—	—	765	9.59
	(20.7)	(14.7)	—	—	—	—	—	(7800.0)	—

① 氢化钛粉加钠钛粉，比例 1/1；烧结体相对密度 95～98%。

表 12-1-171 不同粉末类型烧结钛及其合金的性能

粉末类型		相对密度 %	体积收缩 %	抗拉强度 σ_b MPa	延伸率 δ %	冲击韧性 a_K kJ/m²
氢化钙还原		94～97	17～20	589～687	12～12	80～100
钠热还原		90～94	6～8	441～540	10～18	250～400
氢化脱氢		88～94	8～12	490～589	10～15	250～300
电解钛		90～95	2～3	392～490	15～20	350～500
电解 Ti-2Al		91～96	—	483～593	9～14	190～229
电解 Ti-3Al		90～91	3～4	589～638	9～15	150～200
电解 Ti-5Al		86～88	3～4	687～765	8～13	130～100
元素混合	Ti-2.5Sn	96～98	—	460～470	27～23	—
	Ti-5Sn	98	—	473～500	27～19	—
	Ti-10Sn	97～99	—	620～626	7～24	—
	Ti-15Sn	96～99	—	634～672	9	—

表 12-1-172 挤压钛材的性能

粉末类型	材料状态	抗拉强度 σ_b MPa (kgf/mm²)	屈服强度 $\sigma_{0.2}$ MPa (kgf/mm²)	延伸率 δ %	断面收缩率 ψ %	冲击韧性 a_K kJ/m² (kgf·m/cm²)
HHDH	挤压态	466	308	32.1	59.5	858
		(47.5)	(31.4)	—	—	(8.75)
	退火态	460	313	31.4	62.4	908
		(46.9)	(31.9)	—	—	(9.26)
电解钛粉	挤压态	413	290	33.3	61.1	776
		(42.1)	(29.6)	—	—	(7.91)
	退火态	403	267	38.0	63.1	811
		(41.1)	(27.2)	—	—	(8.27)
电解粉①	挤压态	395	270	35.1	63.4	850
		(40.3)	(27.5)	—	—	(8.67)
	退火态	386	355	45.3	67.9	1834
		(39.4)	(36.2)	—	—	(18.70)

① 无包套玻璃润滑挤压；退火温度 800℃，1h。

表 12-1-173 原苏联 ПТЭС-1 牌号钛粉末热模锻制品性能

坯料加热温度 ℃	相对密度 (%) 坯料	相对密度 (%) 制品	抗拉强度 σ_b MPa	延伸率 δ %	断面收缩率 ψ %	冲击韧性 a_K kJ/m²
850	80	99.4	380～420	25～35	30～40	600～800
	100	100	400～420	35～40	50～60	900～1000
950	85	99.7	380～420	25～40	50～60	600～900
	100	100	400～420	35～40	50～60	900～1000
1000	85	99.5	450～480	20～25	25～30	500～600
	100	100	440～460	30～35	40～45	800～900

表 12-1-174 烧结钛 Ti-30Mo 合金机械性能和腐蚀性能①

相对密度 %	抗张强度，σ_b MPa	抗弯强度，σ_w MPa	硬度 HR	腐蚀液	腐蚀量，mg/(dm²·d) 室温	腐蚀量，mg/(dm²·d) 93℃
95	804	1716	60.5	10%HCl	0.000	0.00
				35%HCl	0.000	30.80
				10%H_2SO_4	0.000	5.10

① 粉末：－250 目钠还原钛粉和纯度为 99.9%的 Mo 粉（平均粒度 1.7μm）；压制压力：490MPa；烧结工艺：1.3×10⁻³Pa，1500℃，烧结 2h。

表 12-1-175 粉末冶金钠还原海绵钛粉多孔材料性能①

开孔孔隙度（不小于）%	气泡试验最大孔径（不大于），%	渗透性（不小于） 相对透气系数 $L/(cm^2 \cdot min \cdot mmH_2O)$	渗透性（不小于） 渗透系数 m^2	抗拉强度（不小于） kgf/mm^2	抗拉强度（不小于） MPa	直径 mm	壁厚 mm	内压破坏压力（不小于） kgf/cm^2	内压破坏压力（不小于） MPa
25	160	0.007	3.2×10^{-12}	2	19	20	1.5	20	2
30	100	0.00550	2.2×10^{-12}	3	29	40	0.8～1.2	10	1
30	60	0.00400	1.4×10^{-12}	3	29	50	0.8～1.2	8	0.8
30	30	0.00200	0.5×10^{-12}	4	39	50	2～3	10	1
30	15	0.00001	0.04×10^{-12}	5	49	60	0.8～1.2	6	0.6
						60	2～3	10	1
						90	3～5	6	0.6
						120	3～5	6	0.6

注：(1) 渗透性是在 5.88kPa (600mmH$_2$O) 压力以下测定的；(2) 相对透气系数试验用试样厚度为 1～2mm；(3) 管状元件不进行拉力试验。

① 管状元件的水压试验性能应符合表的规定。

表 12-1-176 热等静压 HHDH 和 REP Ti-6Al-4V 合金性能

粉末	材料状态	室温性能 抗拉强度 σ_b MPa	室温性能 屈服强度 $\sigma_{0.2}$ MPa	室温性能 延伸率 δ (δ_5) %	室温性能 断面收缩率 ψ %	室温性能 冲击韧性 a_K kJ/m^2	室温性能 断裂韧性 K_{Ic} $MN/m^{3/2}$	400℃ 性能 抗拉强度 σ_b MPa	400℃ 性能 延伸率 δ_5 %	400℃ 性能 断面收缩率 ψ %
	氧含量，ppm									
HHDP①	1300	954	922	(18)	51	422		617	21	63
	1400	959	922	(18)	50	402		606	18	50
	1500	986	958	(16)	40	373		617	18	38
REP②	轧制态（横向）	993	958	12	35		—			
	退火态（纵向）	896	820	13	31		73			
	（横向）	896	814	11	23		61			
标准加工材 CELI 标准	β 退火态板（纵向）	910	841	11	20		105			
	（横向）	917	841	11	23		98			

① 热等静压温度 950℃，压力 98MPa，时间 2～3h；

② 热等静压温度 927℃，压力 104 MPa，时间 4h，热轧温度 943℃。

表 12-1-177 不同工艺制取的钛合金性能

粉末制取方法	处理条件	相对密度 %	抗拉强度 σ_b MPa	屈服强度 $\sigma_{0.2}$ MPa	延伸率 δ (%)	断面收缩率 ψ %
Ti-6Al-4V						
元素混合	烧结	94	827	738	5.0	8.0
元素混合	烧结和锻造	100	928	841	11.5	24.7
液能研磨	烧结和锻造后固溶处理并时效	100	1145	1041	7.0	6.3
氢化脱氢	烧结和锻造（34%收缩率）	99.7	1148	1000	18.0	28.5
	火花烧结	99⁺	979	855	9.0	16.0
	火花烧结后固溶处理并时效	99⁺	1172	1069	6.0	9.0
	压制和烧结	95～96	772～827	724～758	6.0	9.0
	压制烧结后固溶处理并时效	95～96	1007	917	4.0	7.0
旋转电极雾化	热压	100	1000	924	7.5	—
	热压和退火	100	896	786	18.9	31.3
	热压和挤压管材，消除应力	100	1076	951	15.0	—
	挤压棒料固溶处理并时效	100	1193	1131	15.0	—
	火花烧结	100	917	827	15.4	17.1
	火花烧结后固溶处理并时效	100	1172	1103	4.6	6.3
	热压和退火	100	1489	814	11.7	17.3
Ti-2Al-2Cr-3Fe						
元素混合	真空烧结	94	719	95（硬度 HR）	3	
	真空烧结和热处理	94	741	102（硬度 HR）	3	
	热压和 650℃热处理	98	882	110（硬度 HR）	5	
	热压和 750℃热处理	98	805	108（硬度 HR）	6	

表 12-1-178 热挤压 Ti-32Mo 合金机械性能和耐腐蚀性能

抗拉强度 σ_b MPa	延伸率 δ %	断面收缩率 ψ %	冲击韧性 α_K kJ/m²	材料状态	腐蚀速率（100 ℃），mm/a 40% H_2SO_4	腐蚀速率（100 ℃），mm/a 20% HCl
1036	13.8	44	357	挤压	0.07288～0.09073	0.1190～0.2842
				挤压后 1000℃退火 1h	0.05494～0.05978	—

注：(1) 粉末：TiH_2（<250μm、250～840μm），Ti（90～250μm），Mo（费氏粒度 2.2μm）；

(2) 冷等静压压力：196MPa；

(3) 烧结工艺：1.3×10^{-3}Pa，1500℃，3h；

(4) 挤压温度：1000～1100℃。

表 12-1-179 钛基体-钨纤维复合材料

钨含量 % 体积	弹性模量 E GPa	屈服强度 $\sigma_{0.2}$ MPa	抗拉强度 σ_b MPa	延伸率 δ %	断面收缩率 ψ %
8	114	415	564	19	34
16	133	558	689	15	25
20	150	705	814	5	10
29	170	858	910	2	8

注：(1) 钨丝直径 1.0mm，700℃退火后丝的强度为 1824MPa；

(2) 压制温度 600℃，除气温度 700℃。

表 12-1-180 快速冷凝钛合金的性能

合金类型	抗拉强度 σ_b MPa	屈服应力 σ_s MPa	弹性模量 E GPa	延伸率 δ %
Ti	425	307	90	26.8
Ti-2.0Er	547	462	92	25.1
Ti-0.3Nd	667	553	95	18.4
Ti-0.5B	705	518	126	11.0
Ti-6Al-3Ni	1008	910	115	6.0

注：真空热压（800℃）＋等温锻造（800℃）＋轧制或退火，于 25℃测定的性能。

表 12-1-181 Ti-TiC 合金的性能（机械、耐磨①、耐腐蚀）

合金成分	密度 d g/cm³	相对密度 %	抗拉强度 σ_b MPa	硬度 HRC	弹性模量 E GPa	滑动距离 m	重量损失 g	用途
Ti-10%（重量）TiC	4.38	96	490～564	45～50	134	3.75	0.0052	适用于氧化性和含氯离子的介质及有机溶剂中承受金属或非金属的磨损和固体物料的冲刷。如阀门、计量泵缸套、磁力泵密封环、矿浆放料嘴和矿浆输送泵系统阀门等
						225.0	0.0062	
						787.5	0.0062	

合金成分	年腐蚀率，mm/a			
	40%HNO_3 35℃	40%HNO_3 80℃	65～68%HNO_3 35℃	65～68%HNO_3 80℃
熔炼加工钛	0.0006	0.0006	0.0007	0.0006
Ti-5%（重量）TiC	0.0276	0.0605	0.0328	0.0336
Ti-10%（重量）TiC	0.1038	0.1826	0.1488	0.0768
Ti-15%（重量）TiC	0.3511	0.5018	0.5401	0.1307

注：(1) 粉末：－320 目钛粉，平均粒度为 3μm 的 TiC 粉；于氩气保护下混合 24h；

(2) 等静压成形压力：196MPa；

(3) 烧结工艺：真空度高于 6.5×10^{-2}Pa，1200～1400℃，1.5～2.0h。

① 在 JO2 试验机上进行：载荷 0.34MPa；滑动速度 500r/min；无润滑，对磨材料为 9CrSi（硬度为 HRC57.1）。

七、钛材加工辅助工序

钛及其合金加工材生产中的辅助工序包括机械加工、化学和电化学加工、精整矫直三个主要部分。

（一）机械加工

需通过车削、铣削、切断、钻孔、喷砂和磨削等机械加工。来清除钛及其合金铸锭和半成品坯料的表面氧化层和缺陷，以保证锭坯尺寸和形状符合生产工艺要求。

1. 车削

车刀切削部分的几何形状如图 12-1-129 所示，主要几何参数可参考表 12-1-182，车削工艺参数列于表 12-1-183，表 12-1-184 列出几种扒皮车床的主要特性。

表 12-1-182 车刀切削部分主要几何参数

牌号	状态	加工形式	几何参数								刀头材料	备注
			γ (°)	α (°)	φ (°)	φ_1 (°)	$\gamma_{棱}$ (°)	f mm	R mm	R_n mm		
纯钛	ϕ220 铸锭	扒皮	10～15	10～15	45	15	−5～0	0.2～0.5	6～10	0.3～1.0	YG8，YG6	R_n 为车刀顶角圆弧半径；λ 为刃倾角；铸锭切断使用硬质合金切断刀
纯钛	锻后	扒皮	−5～5	6～10	45～75	15	−5～0	0.2～0.5	λ= 0～5.0	0～3.0	YG8，YG6	
纯钛	ϕ518 铸锭	扒皮	5～10	8～12	45	15	−10～0	15～4	—	0.8～2.0	YG8，YG6	
TC_3，TC_4	铸锭	扒皮	0～10	6～10	45	15	−10～0	15～4	—	0.5～2.0	YG8	
TC_{10}	铸锭	扒皮	−5～5	5～10	45	15	−10～0	1.5～4	—	0.5～2.0	YG8	
钛及合金	铸锭	切断	10～15	8～12	—	—	—	—	—	—	YG8	

表 12-1-183 车削工艺参数

牌号	状态	车削种类	工艺参数			备注
			t，mm	s，mm/转	v，m/min	
纯钛	ϕ220mm 铸锭	粗车	5.0～8.0	0.3～0.6	60～120	t 为吃刀深度，s 为走刀量，v 为切削速度；不使用切削剂时切削速度要降低
		半精车	—～4.0	0.2～0.4	100～220	
	ϕ518mm 铸锭	粗车	8.0～15.0	0.5～1.0	50～100	
		半精车	—～5.0	0.3～0.5	70～140	
	锻后	粗车	5.0～10.0	0.3～0.8	35～50	
		精车	—～5.0	0.3～0.5	60～140	
TC_3、TC_4	铸锭	粗车	8.0～15.0	0.5～1.0	40～80	
		精车	—～5.0	0.3～0.5	50～120	
TC_{10}	铸锭	粗车	8.0～10.0	0.2～0.4	—～20	
		精车	—～4.0	0.1～0.3	—～30	
钛及其合金	铸锭	切断	—	0.05～0.09	18～52	

表 12-1-184　几种常用扒皮车床的主要性能

型　　号	C8565	C8540	CH011	BSB-350/1200
车削直径，mm	300～600	120～400	100～340	120～350
车削长度，mm	2000～3000	2000～3000	300～900	300～1200
主轴转速，r/min	28～125	28～125	10～400	22.5～18
纵向进径量	0.2～0.1mm/转	0.2～0.1mm/转	3～500mm/min	0.4～2.0mm/转
电机功率，kW·h	40	30	40	80
电机转速，r/min	970	970	970	—

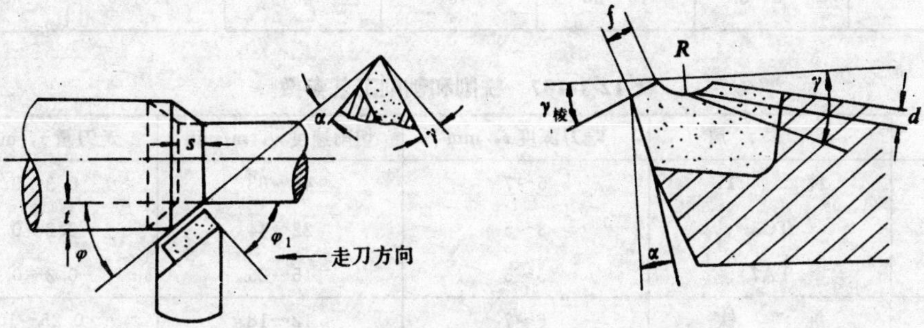

图 12-1-129　车刀切削部分几何形状示意图

γ—前角；α—后角；φ—主偏角；φ_1—副偏角，f—倒棱宽度；

$\gamma_{棱}$—倒棱角；R—断屑槽半径；d—断屑槽深度；t—吃刀深度；s—走刀量

2. 铣削和刨削

铣刀和刨刀切削部分几何形状如图 12-1-130 和图 12-1-131。其几何参数分别列于表 12-1-185～12-1-187。刨、铣加工需要大功率大刚性刨、铣床。

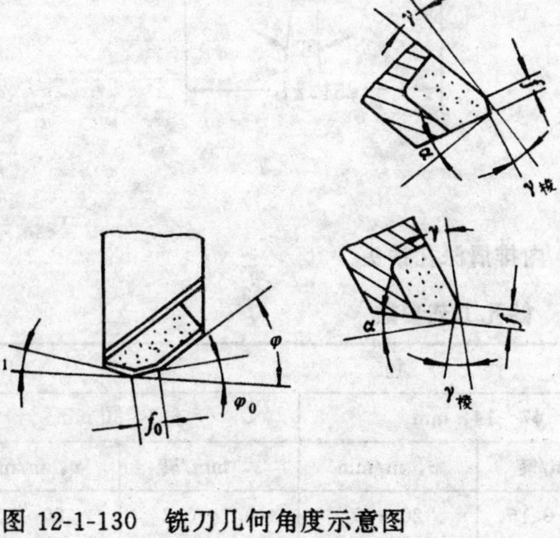

图 12-1-130　铣刀几何角度示意图

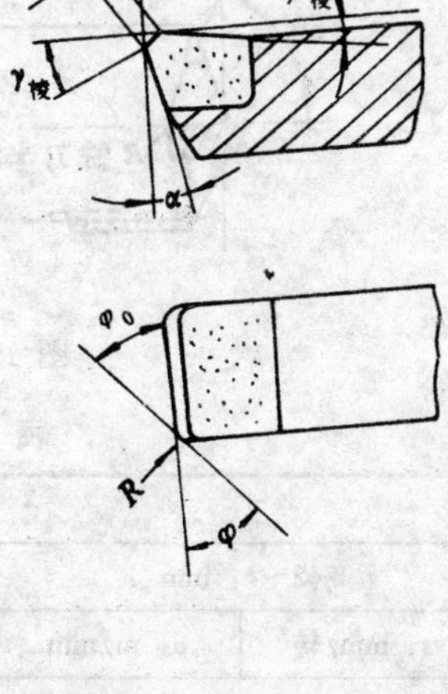

图 12-1-131　刨刀几何角度示意图

表 12-1-185 铣刀切削部分几何参数

金属	几何参数								
	γ (°)	α (°)	α_0 (°)	φ (°)	φ_0	φ_1 (°)	f_0 mm	$\gamma_{棱}$ (°)	f, mm
钛及其合金	−8～8	12～15	15	45～60	1/2ψ	15～45	2～3	−8～0	1.0～2.5

表 12-1-186 刨刀切削部分几何参数

金属	几何参数					
	γ (°)	α (°)	φ (°)	φ_0 (°)	$\gamma_{棱}$ (°)	f, mm
钛及其合金	−8～8	15～20	45	45	−10～0	1.0～2.0

表 12-1-187 铣削和刨削工艺参数

工序	金属	吃刀深度 t, mm	切削速度 v, m/min	走刀量 s, mm/转
铣削	纯 Ti	5～7	44～63	0.3～0.7
	TC3	3～5	22～44	0.2～0.4
	TA7	3～5	15～25	0.2～0.4
刨削	纯钛	6～7	12～18	0.25～1.0
	钛合金	4～6	10～12	0.2～0.5

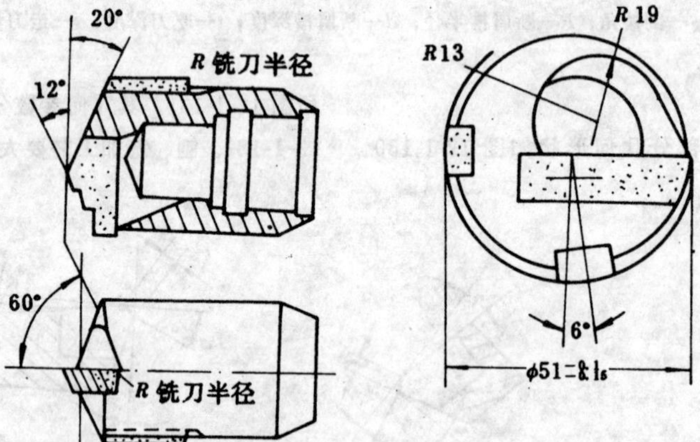

图 12-1-132 内排屑深孔钻头

表 12-1-188 钻孔工艺参数

工艺参数	孔径					
	ϕ2～6, mm		ϕ7～14, mm		ϕ15～30 mm	
	s, mm/转	v, m/min	s, mm/转	v, m/min	s, mm/转	v, m/min
钛及其合金	0.03～0.05	12～24	0.05～0.15	20～30	0.1～0.2	20～30
	0.07～0.09	10～24	0.10～0.15	18～24	0.15～0.30	18～24

表 12-1-189　深孔钻削工艺参数

孔径，mm	s，mm/转	v，mm/min	钻头结构和材质
30～66	0.03～0.10	50～60	内排屑 YG8 钻头

3. 钻孔

(1)一般钻孔。钛及其合金一般钻孔常采用高速钢麻花钻或装有硬度合金 YG8 的钻头。钻孔时采用5%乳化液充分冷却。镶硬质合金 YG8 的钻头几何参数为：$\gamma=0°$，$\alpha=12°\sim15°$，$2\varphi=120°\sim130°$，斜槽倾角为12°～15°，螺旋角为25°～30°。钻孔可在普通车床或钻床上进行，其工艺参数列于表 12-1-188。

(2)钻深孔。钛及其合金钻深孔所用深孔钻有单刃和多刃两种。钻较小孔径的钻头采用外排屑，钻较大孔径的钻头采用内排屑。大孔径孔的钻削采用环孔钻头。为增大钻头刚度可加中心架。内排屑深孔钻头几何形状如图 12-1-132 所示。钻削工艺参数参考表 12-1-189。

钻孔后一般要经过镗孔，其工艺参数为：$s=0.1\sim0.5$mm/转，$v=20\sim40$m/min。

4. 切断

(1)砂轮片切割。直径较小的管、棒材常用砂轮片锯切。砂轮片为棕刚玉或碳化硅质的，其硬度分为中、中软或中硬。磨料粒度为80#～180#。砂轮片工作速度为10～30m/s。

(2)圆盘锯切割和弓形锯切割。弓形锯切割在普通锯床上进行。锯条尺寸为1.7～2.0×38×400～500mm，齿距为4～5mm。

切割钛的圆盘锯片锯齿的几何参数为：前角$\gamma=0°\sim5°$，后角$\alpha=12°\sim17°$。切削时采用5～10%乳液冷却。切割工艺参数为：切割速度$v=7\sim15$m/min，进给量为7～20mm/min。这时锯片的工作寿命约3.5m/刃磨。钛材切割用圆盘锯床主要性能举例列于表 12-1-190。

表 12-1-190　圆盘锯床主要性能

锯床型号	G6014	G6010	G607	G605
工作直径，mm	500	350	240	160
锯片外径，mm	1430	1010	710	510
锯片厚度，mm	10	8	6.5	6
齿数，个	144，216，288	120，180，240，	96，144，192	72，108，144

表 12-1-191　喷砂工艺及适用范围

砂或丸的直径 mm	喷射压力 kPa	喷射材料	适用范围
1.75～2.50	294～588	铁丸或石英砂	氧化皮严重的工件（锻坯等）
1.0～2.0			较厚的工件（如厚板等）
0.8～1.5	98～343	石英砂，也可用铁丸	氧化皮较薄，厚度较小的工件
0.3～1.0			

(3)切管机切断。切管机是使用高速钢车刀切割的。刀头的前角γ为5°～15°，后角α为10°～15°。

5. 喷砂（喷丸）

喷砂工艺及适用范围参考表 12-1-191。工件在喷砂前应清除表面油污并保持干燥。压缩空气和石英砂均应除去水分和油。

常用喷砂机主要性能：

处理板材尺寸　3～10×400～1050×l(mm)；

喷枪摆动次数n　28.6次/min

压缩空气压力　78.4～294kPa

砂粒种类　石英砂

压缩空气耗量　70～100m³/h

砂粒粒度d　0.3～2.5mm

6. 磨削

磨削所用设备有磨床、砂轮机和手提式打磨机。粗磨采用砂轮，精磨使用粘有金刚砂的磨轮。磨具选用碳化硅或氧化铝（刚玉）砂轮，一般为树脂粘结剂砂轮。磨削面过渡要平滑，局部磨削深宽比要小于1/8。磨削工艺操作举例于表12-1-192～12-1-194。

表 12-1-192 锻造半成品磨削

设　备	板坯打磨机	悬挂式砂轮机
砂轮圆周速度	20～30m/s	30～40m/s
适用范围	板　坯	锻　件
砂轮规格	ϕ300mm 或 ϕ400mm	ϕ300 或 ϕ400mm
砂轮磨料粒度	粗磨 40#～60#	精磨 80#～120#
砂轮硬度	中软（ZR）	中软（ZR）

表 12-1-193 小型工件磨削

设　备	手提砂轮机或软轴砂轮机
砂轮规格	ϕ100mm、ϕ150mm、ϕ200mm
砂轮圆周速度	15～25m/s
磨料及粒度	碳化硅或刚玉 80#，100#
砂轮硬度	中软（ZR）
粘结剂	树脂

表 12-1-194 精磨与抛光

设　备	手提砂轮机
磨轮直径	ϕ100mm、ϕ150mm
圆周速度	15～20m/s
磨料	100#～200#金刚砂
粘结剂	水胶

表 12-1-195 钛材碱洗工艺制度

碱　液　成　分	碱液温度 ℃	碱洗时间 min
85～95%NaOH＋15～5%$NaNO_3$（或KNO_3）	420～520	3～15
98～98.5%NaOH＋0～1.5%$NaNO_3$	320～370	—

（二）化学和电化学加工

1. 碱洗

钛及其合金碱洗在熔融碱液中进行，表12-1-195列出了两种碱洗工艺制度。

碱洗工艺流程：熔融碱槽中处理→水淬→高压水0.5～1MPa冲洗。

碱液槽举例：碱槽尺寸为长3500×宽1500×高1800（mm），碱液最高温度540℃；装碱量1500kg（NaOH85%＋$NaNO_3$15%），电阻丝外加热方式，加热电源功率180kW·h；碱槽材质用锅炉钢；发热体材质为镍铬丝。

2. 酸洗

酸洗前应经过碱洗或机械破鳞或喷砂等处理。539℃以下形成的轻微钛氧化膜可直接酸洗除去。酸洗液成分为30～40%HNO_3＋5～7%HF＋H_2O，酸洗温度超过50℃，酸洗时间3～10min。

酸洗操作过程：酸洗→热水洗→冷水冲洗→烘干。

酸洗过程中要经常分析调整酸液成分。当硝酸含量低于17%和氢氟酸含量低于1.5%，而Ti^{+4}含量达1.5%以上时，该酸液就不能继续使用。钛材酸洗废液可以经蒸发回收工艺进行回收，硝酸回收率可达95%以上，氢氟酸则为30%左右。

钛板材酸洗槽举例：酸洗槽尺寸为长3500×宽1310×高1800（mm），酸洗液温度60℃，蒸汽加热，装框量1000kg，摆动次数为30次/min；摆动振幅450mm，驱动电机用交流28kW·h（975r/min），酸洗槽衬里材质为聚氯乙烯。

3. 电解加工

电解加工多用于钛管坯内表面加工。金属工件为阳极，圆柱式或锥度1.2%左右的圆锥式黄铜阴极为活动式的。电解液成分为18%NaCl＋5～15%$NaNO_3$＋H_2O，电解温度为30～70℃，电压低于40V，电流密度为30～40A/cm²，加工间隙（指阳极和阴极间平均距离）为0.3～1.0mm。在此条件下阴极移动速度为100mm/min，电解液压力为686～980kPa，流速为25m/s。

电解加工前，管坯内表面先除油，然后将管坯浸入45%HNO_3＋5%HF＋50%H_2O酸液中洗10～15s，除去锈蚀和氧化膜，否则会引起加工过程中局部绝缘，产生“瘤子”。

电解加工后，经45%HNO_3＋5%HF＋50%H_2O酸液酸洗，除去铁黑色电解膜后再经冷水冲洗。表面粗糙度可达Ra0.8～Ra0.4。

4. 除油清洗

经压力加工后的钛材表面油污必须及时清除，

以便进行碱洗、酸洗、真空退火或精整。

(1) 化学除油。一般在碱液 (NaOH) 或含有乳化剂的碱液中进行。表 12-1-196 给出几种化学除油工艺。化学除油操作过程:除油槽中浸泡→热水冲洗→热水或冷水槽中浸泡→烘干。

(2) 有机溶剂 (或水蒸气) 除油。常用有机溶剂有汽油、丙酮、苯、酒精、三氯乙烯和四氯化碳等。有机溶剂除油多为手工操作,适应于小型制品和小批量产品的除油。

表 12-1-196 化学除油工艺制度

序号	溶液成分	温度,℃	时间,分
1	30～40%NaOH＋5～10% Na_3PO_4＋0.5～3%肥皂＋H_2O (pH≥11)	70～80	—
2	0.3～0.90①P 剂＋20～25% Na_2SiO_3＋H_2O	>70	10～20
3	每升溶液中含 20～30gNaOH ＋50～100gNa_3PO_4 或 $NaCO_3$ ＋3～10gNa_2SiO_3 或肥皂	70～90	10～30

① 为烷基苯基聚乙二醇醚,上海助剂厂生产。

(3) 电解除油。电解除油速度快、效率高。工件可以在阳极,也可以在阴极,除油工艺参考表 12-1-197。

表 12-1-197 电解除油工艺制度

序号	电解液成分 (每升溶液中含量)	温度 ℃	时间 min	电流密度 A/cm²
1	20gNaOH＋47～48g $NaCO_3$＋4gNa_2SiO_3	室温	2～3	3～5
2	10～15gNa_2OH＋20～30g Na_2CO_3＋50～70gNa_3PO_4 12H_2O＋5～10gNa_2SiO_3	70～90	20	10～15

(三) 矫直

1. 压力矫直

压力矫直在压力机上进行。一般用于大断面工件矫直。钛及钛合金的压力矫直要在一定温度下进行。矫直过程要反复多次,才能达到必要的平直度。

2. 辊式矫直

(1) 管、棒材辊式矫直。通常与压力矫直配合使用。首先将弯曲较大的工件通过压力矫直,然后再进行辊式矫直。矫直质量主要取决于矫直压力和矫直辊倾角的大小。

斜辊式矫直机有卧式和立式两种,其主要性能分别列于表 12-1-198 和表 12-1-199。

表 12-1-198 卧式管棒矫直机主要性能

主要性能	型号、规格		
	ϕ60～ϕ160 矫直机	ϕ25～ϕ75 矫直机	ϕ6～ϕ40 矫直机
矫直管棒外径,mm	60～160 (60～100)	25～75 (25～55)	6～40 (6～30)
工件最小长度,mm	2000	2000	2000
主动轮最小直径,mm	250	175	117
主动轮转速	40,80,5	57,114,8	150,300
矫直速度,m/min	14.7～16.6 29.6～33.4	14.6～16.3 29.6～32.8	30.4～60.4
矫直轮回转角度,(°)	28～31	28～31	25～35
矫直件弯曲度,mm/m	<0.5	<0.5	<0.5

表 12-1-199 立式斜辊式管、棒矫直机主要性能

型 号	GJ20-1	GJ20-1	GJ120-1	GJ250-1
矫直管外径，mm	5～20	10～40	30～120	80～250
矫直辊数，个	7	7	7	6
矫直速度，m/min	20～60	20～60	40～160	20～80
主电机功率，kW·h	4×2	7×2		55×2
矫直管材屈服极限，MPa	≤392			
外径与壁厚比值 D/S	≤50			

(2) 板材辊式矫直。图 12-1-133 所示为矫直时板材变形示意图。变形量的大小由图 12-1-134 所示的压入量 δ 决定。板材矫直的加工曲率 K 依辊序逐次减小，即压入量应依次减小，如图 12-1-135 所示。热轧板材矫直采用 11 辊矫直机，冷轧板材矫直采用 17 辊和 23 辊矫直机。表 12-1-200～12-1-202 给出了板材矫直机的主要性能及矫直工艺参数。

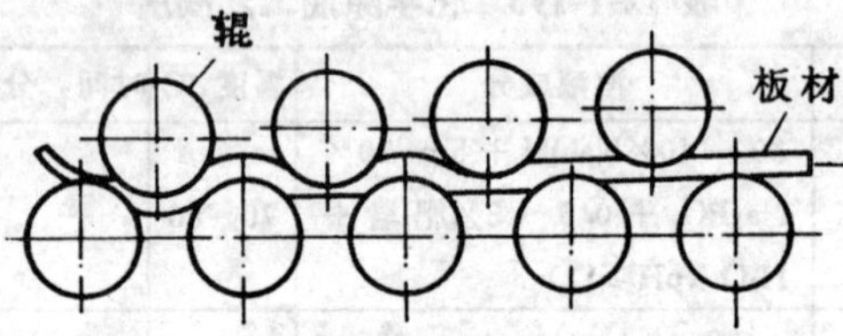

图 12-1-133 辊式板材矫直机原理图

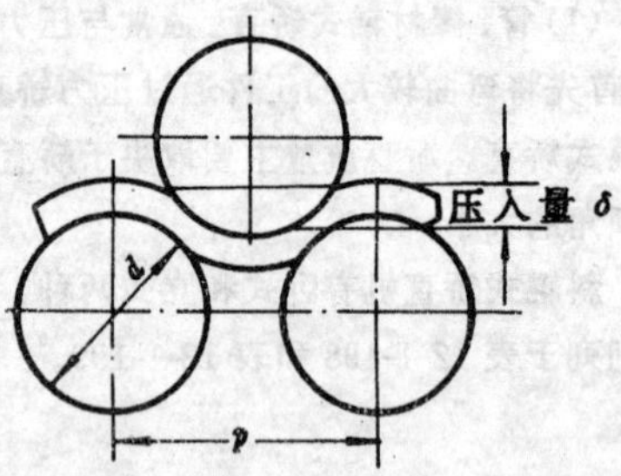

图 12-1-134 辊式板材矫直机原理图

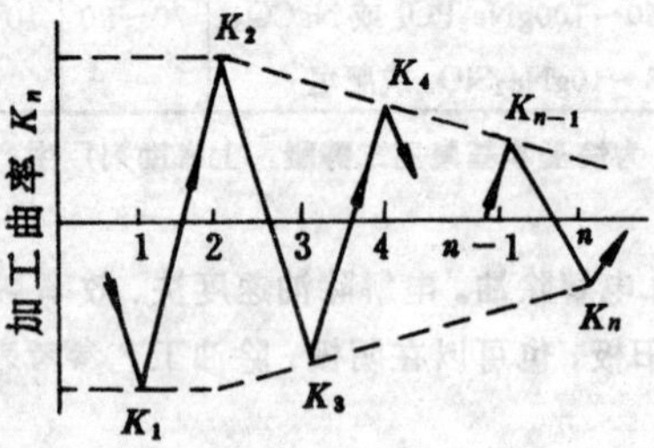

图 12-1-135 矫直过程加工曲率

表 12-1-200 板材辊式矫直机主要性能

型 号	11 辊热矫直机	17 辊矫直机	23 辊矫直机
矫直板材尺寸，mm	8～10×400～1100×l	1.5～3.5×400～1100×l	0.5～1.5×400～1100×l
板材性能，MPa	热态 $\sigma_b=1100$，$\sigma_{0.2}=800$ 冷态 $\sigma_b=1500$，$\sigma_{0.2}=1350$	$\sigma_b=1500$，$\sigma_{0.2}=1350$	$\sigma_b=1500$，$\sigma_{a_2}=1350$
矫直速度，m/min	30～60	0～8，6～30	0～18，6～30
工作辊尺寸，mm	φ200×1200	φ100×1200	φ60×1200
工作辊节距，mm	220	105	60
工作辊材质	合金锻钢	高碳铬钢	高碳铬钢
工作辊硬度，肖氏	65～70	≥95kW·h	≥95
电动机			
驱动用	直流 200kW·h1 台	直流 80kW·h1 台	
压下用	直流 5.5kW·h2 台	交流 3.7kW·h，4 极 2 台	交流 2.2kW·h4 极 2 台

表 12-1-201　17 辊矫直机矫直板材的压入量①

钛及其合金	板材规格，mm	进口压入量，mm	出口压入量，mm	矫直后板形
纯　钛	4.0×宽×长	7.15～7.40	0.35～0.85	合　格
纯　钛	3.0×宽×长	7.45～7.65	1.5～2.0	合　格
纯　钛	2.5×600×1200	8.9	2.15	合　格
TC4	3.0×800×2800	8.56	3.15	合　格

① 压入量分配参看图 12-1-135。

表 12-1-202　23 辊矫直机矫直板材的压入量

合金牌号	板材规格，mm	进口压入量，mm	出口压入量，mm	矫后板形
TA3	0.8×600×l	4.0	0.5	合　格
TC3	1.0×800×1800	5.4	1.9	合　格
TA7	1.0×800×2000	4.9	1.4	合　格
TA7	1.5×1000×1500	5.65	1.4	合　格

3. 张力矫直

张力矫直亦可矫型，工件延伸率约 1～3%有冷硬现象。张力的大小应满足下式：

$$P = K \cdot \sigma_s \cdot F$$

式中　K——考虑断面不均等的安全系数；

σ_s——金属工件的屈服强度，MPa；

F——工件的断面积，mm^2。

用于钛及其合金加工材矫直的几种张力矫直机主要性能列于表 12-1-203。

表 12-1-203　张力矫直机的主要性能

机　别	100t 管棒矫直机（液压）	250t 管棒张力矫直机（液压）	500t 板材张力矫直机（液压）
被矫料尺寸，mm	长 1500～13500	长 3000～13500	0.4～0.5×400 1050×1000～7000
最大拉伸力，kN	980.6	2451.5	4903.0
扩伸速度　mm	—	—	0～330
液体压力，kPa	19600	19600	13720
主油缸行程，mm	1500	1500	800
钳口开口度，mm	160～200	170～240	27
扭转力矩，N·m	7350	49000	—
扭转速度，r/min	6	0.4	—

第六节 钛的金属学

一、钛的合金元素

（一）钛与元素间的相互作用

钛是具有高度活性的金属元素，钛与元素周期表中的绝大多数元素都能发生一定的相互作用（见图 12-1-2）。

依钛与各元素间相互作用的特点，可把各元素分成三大类：锆和铪与钛形成α和β相态的连续固溶体；钒、铌、钽、铬、钼和钨与钛的β相态形成连续固溶体；其余元素在钛中都是有限溶解的。

钛与周期表中各元素所组成的二元状态图的分类见图 12-1-136。依据 Ti 侧液相线的特点，以及各元素对 Ti 的α⇌β转变温度的影响，可把这些状态图分为三大类：Ⅰ. 元素与α-或β-Ti 能无限溶解的状态图。这些元素可使β相稳定到室温，但各元素在α-Ti 中可能是有限固溶的；Ⅱ. 元素能使钛的熔点降低，并使 L+β的两相平衡变成共晶或包晶反应的状态图，Ⅲ. 组元的加入使钛的熔点升高，并使 L+β的两相平衡变成包晶反应的状态图。

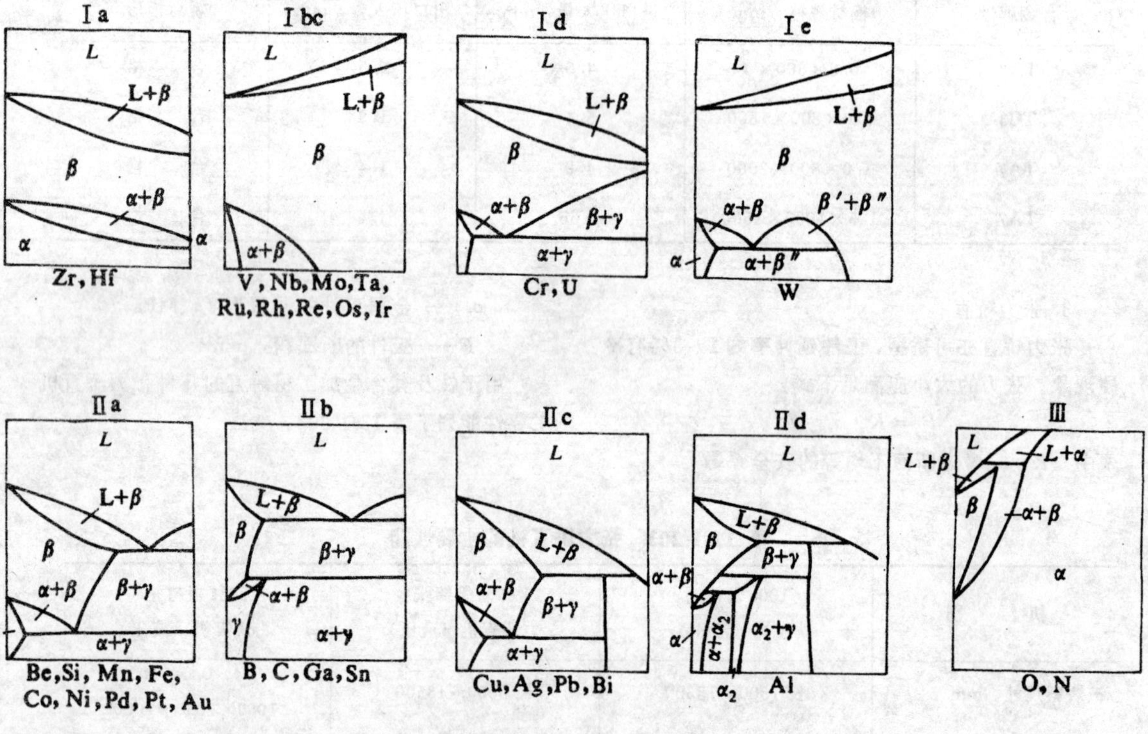

图 12-1-136 钛二元系状态图的分类

依据元素对钛多型转变强度（α⇌β）的影响，把合金化元素分为三种：

(1)把提高钛多型转变温度的元素，称为α稳定元素（图 12-1-137a）。这种元素有铝、镓、铟以及非金属碳、氮和氧等；

(2)把降低 Ti 的多型转变温度的元素称为β稳定元素。它们又可分成三种情况：

1）能产生共析反应 β⟶α+γ（图 12-1-137b）的元素称为共析型β稳定元素。

2）元素与β-Ti 形成连续的固溶体，直到室温不发生共析分解（见图 12-1-137c），这组元素被称作是同晶型β稳定元素。属于该组的元素还有钨，但是钨与钛发生偏析反应 $\beta \rightleftharpoons \beta_1+\beta_2$（参见图 12-1-137d）。

3）元素与钛形成的β相在室温是稳定的，但不能形成连续的β固溶体。这些元素在富钛区形成与同晶型β稳定剂相同的状态图（参看图 12-1-137c），于是把它们称为伪同晶型β稳定元素。

(3)元素对钛的多型转变温度影响很小，在α和

βTi 中都有较大的溶解度，这种元素被称为中性元素。

在钛中各种元素存在的状态和分类表示在图 12-1-138 中。钛的二元系状态图主要参数列于表 12-1-204 中。

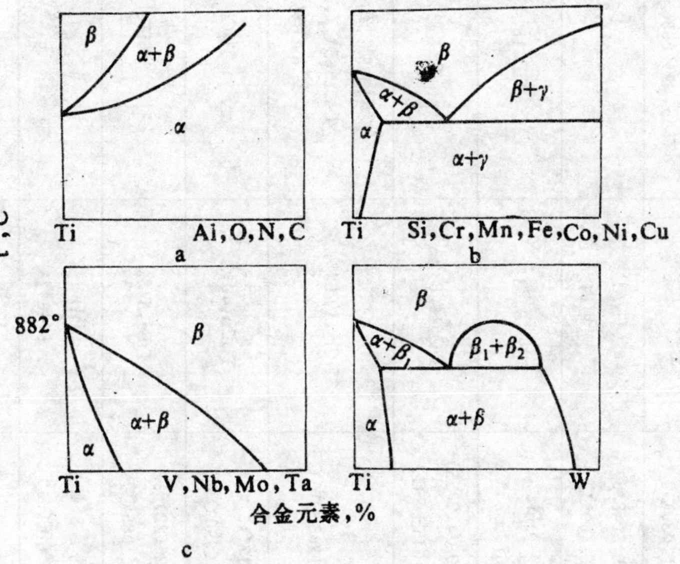

图 12-1-137 元素对 Ti 多型转变温度的影响示意图

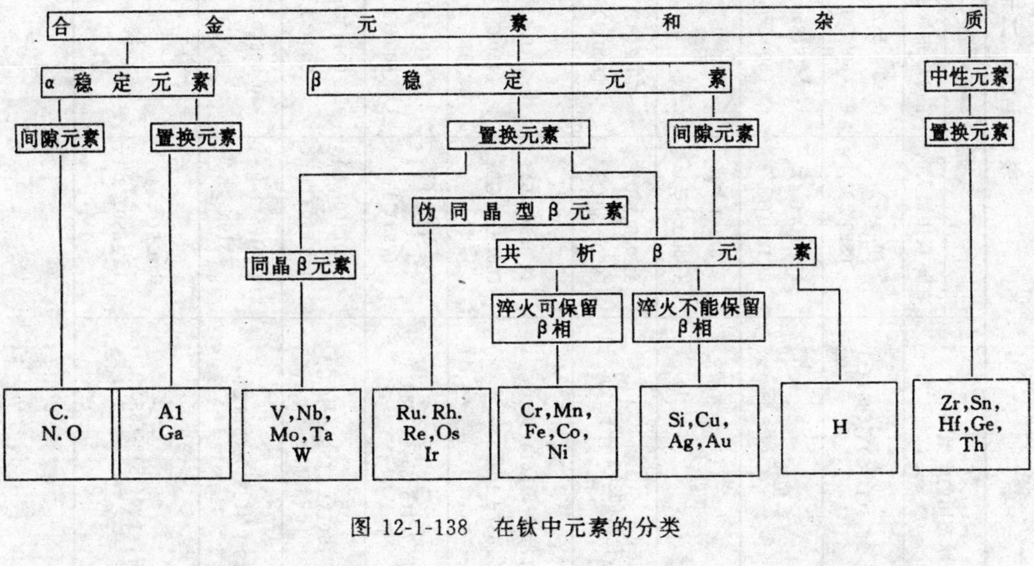

图 12-1-138 在钛中元素的分类

（二）杂质和合金元素对钛性能的影响

钛的杂质元素通常是指间隙杂质碳、氧、氮和氢，有时还包括置换杂质硅和铁。它们都是由原材料或加工过程中带入的。这些杂质元素可提高钛和钛合金的强度，降低它们的塑性，并使它们的工艺性能和使用性能变坏。其中以间隙元素对钛及钛合金的影响最大，尤以氮的影响最强烈，其次是碳和氧，所以在钛和钛合金中，都规定了这些杂质元素的最高允许含量。

1. α稳定元素

α稳定元素有铝、镓、锗、镧、铈、钕及氧、碳、氮、硼等。在工业钛合金中铝是最广泛应用的合金化

表 12-1-204 二元系钛合金的主要参数

元素	状态图的类型	溶解度，%①			与α-Ti和β-Ti平衡时的第二相	
		在α-Ti中最大的	在α-Ti中最小的	在β-Ti中最大的	α-Ti	β-Ti
Ag	Ⅱ$_c$,共析,22.6(11.5)%〔855℃〕	14.5(7)〔855℃〕	约4.5(2)〔600℃〕	28(15)〔1030℃〕	Ti_3Ag,53%	Ti_3Ag,〔855～930℃〕 TiAg,69%〔930～1030℃〕
Al	Ⅱ$_b$,包析	约31(44.4)〔1240℃〕	<5(8)〔500℃〕	35.5(48.5)〔1460℃〕	α_2(Ti_3Al)超结构	γ(TiAl),35%
B	Ⅱ$_b$	<0.4(1.7)〔886±4℃〕	不溶	不溶〔1670±25℃〕	TiB,18.43%	TiB,18.43%
C	Ⅱ$_b$,包析〔920±30℃〕	约0.5(2.0)〔920±30℃〕	<0.2(<1)〔600℃〕	～0.14(0.55)〔1645±8℃〕	TiC,13.5%	TiC,11%
Cr	Ⅰ$_e$,共析,15(14)%〔667±10℃〕	约0.5(0.5)〔667±10℃〕	0.35(0.35)〔450℃〕	100〔>1365±10℃〕	$TiCr_2$,约63%	〔>1365℃〕均匀化区〔<1365℃〕,$TiCr_2$,68.5%
Cu	Ⅱ$_c$,共析,7.1(5.5)%〔798℃〕	2.1(1.6)〔798℃〕	0.7(0.55)〔600℃〕	17(13.4)〔990℃〕	Ti_2Cu,40%	Ti_2Ca
Fe	Ⅱ$_a$,共析15(13)%〔590±10℃〕	<0.012(0.01)〔约590℃〕	<0.001(0.01)〔500℃〕	25(22)%〔1085℃〕	TiFe,54%	TiFe
H	共析,约1.4(38)%〔319℃〕	约0.175(1.9)〔319℃〕	<0.005(0.24)〔20℃〕	约1.8(48) 1大气压〔640℃〕	TiH 1.8(48)%	TiH_2,约3.0(60)%
Mn	Ⅱ$_a$,共析,约20(18)%〔550℃〕	约0.5(0.44)〔约550℃〕	不溶	约33(30)〔1175℃〕	TiMn,53.4%	$TiMn_2$(69.6)%〔950～1175℃〕 TiMn〔550～950℃〕

续表 12-1-204

元素	状态图的类型	溶 解 度，%①			与 α-Ti 和 β-Ti 平衡时的第二相	
		在 α-Ti 中最大的	在 α-Ti 中最小的	在 β-Ti 中最大的	α-Ti	β-Ti
N	$Ⅲ_a$，包晶〔2020℃〕	>(22)〔约 2350℃〕	3.5(1.0)〔600℃〕	约 2(6)〔约 2020℃〕	α(TiN)，约 30(59.4)〔1050℃〕 β(Ti_2N)，8.5(24.1)〔1050℃〕	α
Nb	$Ⅰ_b$，与 β-Ti 形成连续固溶体	4(2.5)〔500℃〕	—	连续固溶体系列	(TiNb)，约 50(35)〔约 600℃〕	
Ni	$Ⅱ_a$，共析，6.2(5.1)%〔770℃〕	<0.1(0.08)	<0.1(0.08)	10.3(12.3)〔942℃〕	Ti_2Ni，38%	Ti_2Ni
O	$Ⅲ_a$，包晶，〔1740℃〕	约 15.5(35)〔1770℃〕	约 14.5(34)〔600℃〕	约 2(约 6)〔1740℃〕	TiO，约 20(43)〔925～1170℃〕 δ18(42)%〔<925℃〕〔<1200℃〕超结构	
Pd	$Ⅱ_a$，共析，21(13)%〔578℃〕	<0.02(1)〔578℃〕	不 溶	49.9(31)〔1140℃〕	Ti_4Pd，35.7%	Ti_4Pd_3，62.5%〔900～1140℃〕 Ti_2Pd，52.3%〔780～900℃〕 Ti_4Pd，〔<780℃〕
Si	$Ⅱ_a$，共析，21(13)%〔578℃〕	0.45(0.8)〔860℃〕	0.2(0.12)〔600℃〕	3(5)〔1330℃〕	Ti_5Si_3 约 27.5%	Ti_5Si_3
Sn	$Ⅱ_b$，包析，20(9)%〔885℃〕，在 845℃时最小	<20(9)〔约 600℃〕	<20(9)〔约 600℃〕	32(16)〔1590℃〕	Ti_3Sn，43(23)%〔≤885℃〕超结构	TiSn，约 43(23)%〔885～1605℃〕
V	$Ⅰ_b$，与 β-Ti 形成连续固溶体	3.3(3.1)〔600℃〕	—	连续固溶体	β(TiV)，约 28(26)%〔约 600℃〕	—
W	$Ⅰ_d$，偏析，28(9)%〔715℃〕	0.8(0.2)〔约 715℃〕	<0.8(0.2)〔700℃〕	连续固溶体	β(TiW)，96(86)%〔715℃〕	
Zr	$Ⅰ_d$	与 α-Ti 和 β-Ti 都形成连续的固溶体，在 65.6(49.3)%、545℃时在 β/α 曲线上是最小值				

① 不带括号的数字为%(重量)，圆括号内的数字为%(原子)。

元素。铝主要起强化α固溶体作用，但过量的铝在使用温度下会生成以 Ti_3Al 为基的有序相 α_2。这种以 Ti_3Al 为基的 α_2 相的存在，会提高合金的抗拉强度，而使合金的塑性和韧性变坏。

为了控制由 α_2 相引起的脆性，考虑到铝和其它各元素对析出 α_2 相的影响，在α合金中提出了要控制铝当量的经验公式：

$$\text{Al 当量} = \text{Al} + \frac{1}{3}\text{Sn} + \frac{1}{6}\text{Zr} + 10\ \text{“O”当量} \leqslant 8$$

式中的铝、锡、锆皆为它们在合金中的重量百分含量；“O”当量是表示间隙元素的影响，其关系如下：

$$\text{“O”当量} = \text{O} + 2\text{N} + \text{C}$$

式中的氧、氮、碳均为它们在合金中的重量百分含量。当合金中含有硅时，则Al当量变为：

$$\text{Al 当量} = \text{Al} + \frac{1}{2}\text{Sn} + \frac{1}{6}\text{Zr} + 4\text{Si} \leqslant 8$$

这些从钛合金实际应用中总结得到的经验公式，在生产实践中证明是有效的。

往钛及钛合金中添加微量的镧、铈、钕等稀土元素，就会发生明显作用。它们起细化晶粒、改善组织和提高性能的作用。但过量则变为有害。

2. β稳定元素

钛和钛合金的β稳定元素，包括有元素周期表中位于钛右边的几乎所有的过渡族元素以及IB族元素。但常用的只有十几种，其中同晶型β稳定元素有钼、钒、钽、铌等；共析型β稳定元素有铁、铬、锰、铜、钴、镍、钨、钯等。

钛中加入不同量的β稳定元素可得到不同的显微组织，还可通过不同的热处理方法得到所需的机械性能。

3. 中性元素

中性元素在α和β相中都有较大的溶解度，故都有强化作用，而能提高钛和钛合金的综合性能。在钛合金的多元综合合金化时往往都以中性元素做为添加元素。最常用的是锡和锆。

二、工业钛合金

钛合金的主要分类方法有：按退火状态的组织分类，有α合金、近α合金、α+β合金、近β合金、β合金、陶瓷合金；按淬火状态的组织分类，有马氏体合金、过渡型合金和β合金；按淬火后马氏体的性质分类，有淬火硬化合金和淬火软化合金；按时效时的强化能力分类，有热处理强化合金和非热处理强化合金；按β相的稳定性分类，有机械不稳定β相合金，机械稳定β相合金和热力学稳定β相合金；按生产工艺分类，有铸造钛合金和变形钛合金；按用途分类，有结构钛合金、耐热钛合金和耐蚀钛合金等。但在工业上广泛应用的分类法，是以工业退火工艺退火后的组织为分类基础的。各类钛合金的特点列于表12-1-205。现对几种常用的钛合金作简要介绍。

表 12-1-205 各类钛合金的特性

合金类型		成分和显微组织	性能特征	典型合金
α型合金	α合金	除6%以下的Al外，还有中性元素Sn和Zr等，退火后几乎全部是α相	具有高的耐热强度、高的热稳定性，没有冷脆性，具有非常好的可焊性；但强度不很高，不能应用热处理强化，当含Al量超过5%时塑性不好	TA1～TA7
	近α合金	在α合金中加入少量（≥4%）的β稳定元素，退火后主要是α相和数量很少的（≥5%）β相	可将具有与α合金同样塑性的近-α合金的强度提高10～20%，具有更良好的工艺塑性；高的热稳定性，良好的焊接性；可热处理强化；但氢脆的倾向较大	
	α+化合物合金	在α合金中添加少量活性共析元素，退火后主要是α相和数量不多的β相或化合物	有弥散强化效应，可热处理强化；有很好的热强性及热稳定性，焊接性能良好	TA8及Ti-2.5Cu

续表 12-1-205

合金类型		成分和显微组织	性能特征	典型合金
α＋β型合金	α+β合金	含一定数量的Al和不同数量的β稳定元素和中性元素，退火后组织由不同比例的α和β相组成	可热处理强化，具有很好的综合机械性能，退火状态的工艺塑性较好，氢脆的敏感性比α合金小，可焊性良好；但合金的淬透性不好（通常≥25MH），大的锻件和冲压件较难获得完全均匀良好的加工组织，强化热处理后塑性变差，对裂纹的敏感性提高	TC1～TC10
β型合金	近β合金	含有大量的β稳定元素和一定数量的中性元素及Al等，淬火时在β相区保留下来的只是β相，而β相在时效时有弥散的α相析出	淬火状态具有很高的工艺塑性，很大的热强化效应，对氢脆的敏感性也很小；但合金的热稳定性不好，焊接性不太好，机械性能的分散度也较大	TB1、TB2、Ti-10V-2Fe-3Al等
	β合金	含有最大量的β稳定元素，有时还加入少量的其它元素	退火状态全部是β相，室温强度较低，冷加工性能好，在还原性介质中耐蚀性较好，热稳定性好；但由于合金元素含量多，合金的密度相对增加	Ti-32Mo

（一）工业纯钛

工业纯钛具有好的塑性、适当的强度、良好的耐蚀性和可焊性和良好的冷热加工性能，可生产各种规格的板材、棒材、型材、带材、管材和箔材，板材可冷冲压。工业纯钛都是以退火状态交货和使用。

（二）钛合金

TA4、TA5和TA6都是Ti-Al二元α-钛合金，只是TA5还含0.005%B。

TA7合金是Ti-Al-Sn三元α钛合金。退火状态的TA7具有中等强度和足够的塑性，焊接性能良好，可作为在500℃以下使用的结构材料。合金含间隙元素量极低时，在超低温（－25.3℃）下还具有良好的韧性和综合性能，是优异的超低温用材料。

TA8是一种具有沉淀硬化效应的α＋化合物合金。TB1和TB2都是亚稳定β型钛合金，TB2合金通常经过固溶后空冷处理。这两种合金具有良好的冷成型性和可焊性。它们的固溶和时效后的室温抗拉强度可达13.7N/cm^2，延伸率可保持在7～8%以上，以固溶状态交货。它们通常用作在350℃以下使用的高强度结构件材料。

TC1、TC2、TC3、TC4、TC5、TC6、TC7、TC8、TC9、TC10均是α＋β两相钛合金，在实际中应用最多的是TC4和TC9。

TC4合金是应用最广、产量最多的α＋β钛合金，各国都有这种合金的相应的牌号。TC4具有中等强度和适用的塑性，主要用来生产棒材和饼材，也有用来生产板材的。它可用作在450℃以下使用的喷气发动机压气机叶片和涡轮盘材料。TC4合金的热稳定性在很大程度上取决于它的热处理状态，合金在退火状态下具有良好的热稳定性，通常是以退火状态交货和使用。

TC9合金具有中等强度和较好的高温机械性能和热稳定性，主要以棒材和饼材供货。它主要用作在450～500℃使用的喷气发动机的压气机盘和叶片材料。

（三）钛和钛合金的热处理

钛和钛合金的主要热处理方式有退火、淬火和时效，其次有化学热处理和热机械处理。

1. 钛合金的退火

(1)消除应力退火。消除应力退火的目的是为了消除在冷加工、冷成形及焊接等工艺过程中产生的内部应力。消除内应力退火的温度比再结晶温度约低150～250℃。

消除应力退火的保温时间取决于工件的厚度、残余应力大小、选用的退火温度以及要求消除应力的程度。

消除应力退火的冷却方式一般采用空冷。对于大尺寸和形状复杂的零件也可采用炉冷。

(2) 完全退火。完全退火目的是为了获得稳定的、具有良好塑性或相应一定综合性能的显微组织。α钛合金在退火时只发生与再结晶过程有关的组织和性能变化；而α+β和亚稳β钛合金在退火时，除再结晶外，还会产生与相变有关的组织和性能的变化。

钛合金的完全退火温度，通常在再结晶开始温度以上和β/α+β转变温度以下的范围内。α和近α合金在完全退火过程中所发生的性能变化。只与再结晶过程有关，而几乎与退火后的冷却速度无关。α+β钛合金在退火过程中不仅发生再结晶过程，而且还发生相含量和相成分的改变，并受退火冷却速度的影响。

表12-1-206列出了中国钛及钛合金消除应力退火和完全退火的有关工艺参数。

表12-1-206 钛及钛合金消除应力退火制度

合金类型	合金牌号	合金名义成分	消除应力退火①		完全退火工艺②	
			温度,℃	时间，min	温度,℃	时间，min
α合金	TA1	工业纯钛	500～600	15～60	680～720	30～120
	TA2	工业纯钛	500～600	15～60	680～720	30～120
	TA3	工业纯钛	500～600	15～60	680～720	30～120
	TA4	Ti-3Al	550～650	15～60	700～750	30～120
	TA5	Ti-4Al-0.005B	550～650	15～60	800～850	30～120
	TA6	Ti-5Al	550～650	15～120	750～800	30～120
	TA7	Ti-5Al-2.5Sn	550～650	15～120	750～850	30～120
	TA8	Ti-5Al-2.5Sn-3Cu-1.5Zr	550～650	15～120	750～800	60～120
β合金	TB1	Ti-3Al-8Mo-11Cr	480～650	15～240	800	30
	TB2	Ti-3Al-5Mo-5V-8Cr	480～650	15～240	800	30
α+β合金	TC1	Ti-2Al-1.5Mn	550～650	30～60	700～750	30～120
	TC2	Ti-3Al-1.5Mn	550～650	30～60	700～750	30～120
	TC3	Ti-5Al-4V	550～650	30～240	700～800	60～120
	TC4	Ti-6Al-4V	550～650	30～240	700～800	60～120
	TC5	Ti-5Al-2.5Cr	550～650	30～120	750～850	60～120
	TC6	Ti-5Al-2Cr-2Mo-1Fe	550～650	30～120	750～850	60～120
	TC7	Ti-6Al-0.6Cr-0.4Fe-0.4Si-0.01B	550～650	30～120	850～950	60～120
	TC8	Ti-6.5Al-3.5Mo-0.25Si	550～650	30～240	600	60
	TC9	Ti-6.5Al-3.5Mo-2.5Sn-0.3Si	550～650	30～240	600	60
	TC10	Ti-6Al-6V-2Sn-0.5Fe-0.5Cu	550～650	30～240	760	120

① 所有合金消除应力退火后一律采用空冷。

② (1) 产品使用前的退火可采用：950℃/1h，空冷或水冷；

(2) 最终退火可采用：870℃/30min+650℃/60min，空冷；

(3) TC8TC9最终退火可采用：930℃/30min，空冷+530℃/360min，空冷。

(3) 等温退火、双重退火和β退火。α+β两相钛合金还经常采用等温退火和双重退火。

1) 等温退火。等温退火是把合金加热到多边化或再结晶温度以上、低于α+β/β相变点30～100℃的温度范围内，然后在再冷却到β相具有高度稳定性的温度（通常低于再结晶温度）下保温，最后在空气中冷却。等温退火同上述的退火相比，可以使合金具有比较高的塑性、热稳定性和持久强度，合金的组织和性能也稳定，所以等温退火广泛应用于热强钛合金。

2) 双重退火。双重退火是由两次加热、两次保温和两次空冷过程所组成。第一次是加热到低于α+β/β转变点20～160℃的温度，保温，然后，空冷；第二次加热到α+β/β转变点以下300～450℃（高于使用温度），保温，然后空冷。双重退火的优点是，在第一次退火后空冷会保留部分亚稳定相，这些亚稳定相在第二次退火时可以全部分解，引起强化效应。几乎所有在高温中使用的钛合金都采用双重退火，甚至有时还采用三重退火的热处理工艺。

3) β退火。多数的α+β钛合金，由于加热到β相区引起晶粒的迅速长大，使组织粗化，而一直认为不能采用β退火。近年来，发现β退火组织可以明显地改善α+β钛合金的断裂韧性、蠕变抗力和缺口敏感性，但塑性会因此而变差。对某些钛合金，可以在严格控制加热温度和时间的条件下，酌情进行β退火处理。

2. 钛合金的淬火和时效（强化热处理）

近年来，α+β和β钛合金的强化热处理得到了日益广泛的应用。钛合金的淬火时效强化效果，主要取决于淬火前的加热温度、在该温度下的相浓度，以及淬火相在时效时的强化能力。

(1)淬火工艺的选择。钛合金进行淬火的目的是为了保留能产生时效强化的亚稳定相，故可称为固溶处理。α+β合金经淬火处理可得到马氏体α′、α″、或一定量亚稳β相。淬火温度通常选择在低于α+β/β转变点40～100℃，淬火后可得到亚稳定相。冷却采用水冷或油冷方式。需要指出的是，淬火必须迅速进行，否则会影响合金的性能。

亚稳β型钛合金的淬火是要保留亚稳定β相。淬火温度一般是选择在α+β/β转变点以上40～80℃，采用油冷或水冷方式，也可空冷。

α+化合物的合金，淬火是为了获得过饱和α固溶体。淬火温度通常选择在刚刚低于共析温度。如Ti-2Cu合金，共析温度是798℃，淬火温度选在790℃，采用空冷。

(2)时效工艺的选择。钛合金时效的目的是为了促进淬火所保留的亚稳定相按一定方式分解，使之引起强化。通常α+β合金的时效温度约在500～600℃，时间是4～12h；可热处理的β合金，时效温度较低，时间也较长，约在450～550℃，8～24h；均采用空冷。

为了控制合金析出相的尺寸、形态和数量，某些合金可采用多级时效处理，在时效前获得非再结晶的多边化组织，在时效后即能提高合金的塑性和强度，从而使合金具有良好的综合机械性能。

表12-1-207列出了中国钛合金的淬火和时效工艺。

表12-1-207 钛合金淬火和时效工艺

合金类型	合金牌号	合金名义成分	淬火工艺			时效工艺		
			温度,℃	时间，min	冷却方式	温度,℃	时间，h	冷却方式
β合金	TB1	Ti-3Al-8Mo-11Cr	800	30	水冷或空冷	450+560	24+0.25	空冷+空冷
	TB2	Ti-3Al-5Mo-5V-8Cr	800	30	水冷或空冷	500	8	空冷
α+β合金	TC3	Ti-5Al-4V	820～920	25～60	水冷	480～560	4～8	空冷
	TC4	Ti-6Al-4V	850～950	30～60	水冷	480～560	4～8	空冷
	TC5	Ti-5Al-2.5Cr	860～900	30～60	水冷	540～580	4～12	空冷
	TC6	Ti-5Al-2.5Cr-2Mo-1Fe	860～900	30～60	水冷	540～580	4～12	空冷
	TC8	Ti-6.5Al-3.5Mo-0.25Si	900～950	60～90	水冷	500～600	2～6	空冷
	TC9	Ti-6.5Al-3.5Mo-2Sn-0.3Si	900～950	60～90	水冷	500～600	2～6	空冷
	TC10	Ti-6Al-6V-2Sn-0.5Fe-0.5Cu	850～900	60～90	水冷	500～600	4～12	空冷

三、金属间化合物为基的钛合金

（一）TiAl 和 Ti_3Al 金属间化合物为基的合金。

这些合金具有高的热强性、大的弹性模量以及良好的抗氧化性。它们的高温强度可与某些镍基合金相比美，而它们的密度还远不到镍基合金的一半。用这些合金材料制成发动机零件，其重量为一般常用材料的 80～60%，这就大幅度地提高发动机的性能，因而是制造高压压气机和低压涡轮叶片的理想材料。所以 TiAl 和 Ti_3Al 为基钛合金的研制引起人们的关注。

从 Ti-Al 二元相图看出，当 Ti-Al 含铝量达 16%（重量）时，便形成单相 Ti_3Al（α_2 相）金属间化合物，其结构如图 12-1-139（a）。Ti_3Al 脆性-塑性转变温度约为 600℃，其有序和无序转变温度是 1125℃。当 Ti-Al 含铝量达到 36%时，形成单相的 TiAl（γ 相）金属间化合物，它的结构如图 12-1-139（b）。TiAl 化合物的脆性-塑性转变温度为 700℃，其有序-无序转变温度为 1150℃。

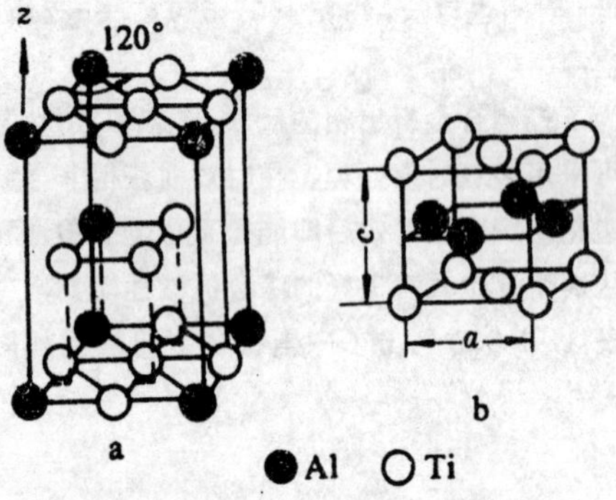

图 12-1-139　Ti_3Al（a）和 TiAl（b）金属间化合物的晶体结构

对 Ti_3Al 和 TiAl 系钛合金在 649～982℃温度范围内的性能研究表明，Ti_3Al 和 TiAl 系合金的密度小（为 3.5g/cm^3，而镍的密度为 8.9g/cm^3），却具有优异的高温性能，其高温强度可与镍基合金相比，它的蠕变性能、弹性模数、抗氧化性和耐腐蚀性比普通钛合金好得多。但 Ti_3Al 和 TiAl 系合金的热变形工艺性不好，且室温的塑性差，而限制了它们的应用。因此，解决这类合金的脆性，提高它们的塑性是近期研究的重点。

（二）Ti-Ni 形状记忆合金

自从发现 Ti-Ni 合金的形状记忆效应以来，在对接近等原子比成分 Ti-Ni 合金的研究中，发现其形状记忆效应与热弹性马氏体的可逆转变有关。所谓形状记忆效应，实质上是热弹性型马氏体转变所生成的低温相马氏体受到变形后由于加热向高温相（奥氏体）逆转变时所发生的现象。表 12-1-208 列出了 Ti-Ni 形状记忆合金的成分和转变温度。

（三）Ti-Fe 贮氢合金

贮氢合金是指在常温、高氢压下可以吸收周围的氢并形成金属氢化物，而稍稍加热或降低氢压情况下即可放出氢的合金。

属于钛系的贮氢合金主要有钛-铁和钛-锰系。

表 12-1-208　Ti-Ni 形状记忆合金的成分和转变温度

合金系	成分，原子%	Ms，℃	As，℃
Ti-Ni	Ti-50Ni	60	78
	Ti-50Ni	−30	−12
Ti-Ni-Cu	Ti-20Ni-30Cu	80	85
Ti-Ni-Fe	Ti-47Ni-3Fe	−90	−72

归纳贮氢合金的实用条件可以概括为：易活化、吸-解氢能力大、反复吸-解氢不易微粉化、原材料价廉易得。易活化的钛系合金主要有 $TiFe_{0.76}Mn_{0.13}$、$TiFe_{0.8}Ni_{0.15}V_{0.05}$、$TiCo_{0.5}Fe_{0.5}$、$TiCo_{0.5}Mn_{0.5}$等。

第七节　钛的成分分析

钛的成分分析主要是对钛的原材料（钛铁矿、金红石等）、钛的中间产品（粗四氯化钛、精四氯化钛、钛渣、钛液等）以及钛的成品（金属钛、钛白粉、钛合金等）的分析。

一、钛的原材料分析

钛铁矿和富钛料的分析方法列于表 12-1-209。

表 12-1-209 钛铁矿和富钛料的分析

编号	试样名称	测定元素	分析方法	测定范围 %	方法误差（相对误差）%
1	钛铁矿 钛 渣 金红石	二氧化钛	焦硫酸钾熔样，铝片还原钛到三价，硫氰酸钾作指示剂，硫酸高铁铵标准溶液滴定	2 以上	±2
2	钛 渣 金红石	二氧化钛	过氧化钠熔样，浸出后同上法一般测定钛量。若锡、铬、钒量各超过 0.25mg 便会干扰，采用水浸后过滤除干扰元素	70 以上	允许差 0.50
3	钛渣	低价钛	5%硫酸浸泡除干扰元素，准确加过量三氯化铁，盐酸、磷酸、氢氟酸溶样，硫氰酸铵作指示剂，硝酸亚汞返滴定过量的三价铁，计算出低价钛含量	0.5 以上	±1～±5
4	高炉渣	低价钛	盐酸-氢氟酸溶样，在 CO_2 气氛中，以硫磷混酸作介质，钨酸钠为指示剂，重铬酸钾滴定	0.5 以上	±5
5	钛铁矿 钛 渣	Fe^{3+}， Fe^{2+} ΣTi，Ti^{3+}	向试样加过量 V_2O_5，亚铁标准液滴定算出 Fe^{2+} 和 Ti^{3+} 合量；硫酸-硫酸铵溶样，铝片还原，高锰酸钾滴钛，重铬酸钾滴铁	0.5 以上	±5
6	钛 渣 金红石	全 铁	过氧化钠熔样，氯化亚锡和三氯化钛作还原剂，钨酸钠作指示剂，滴去过剩的 Ti^{3+}，还原生成的钨盐，再以二苯胺磺酸钠作指示剂，滴铁	1.00～15.00	±5～±1
7	钛铁矿 钛 渣	全 铁	焦硫酸钾熔样，氯化亚锡还原，二氯化汞氧化，二苯胺磺酸钠作指示剂，重铬酸钾滴定	2～40	±5～±1
8	钛铁矿	氧化亚铁	硫酸、氢氟酸溶样，过量五价钒氧化亚铁，以二苯胺磺酸钠作指示剂，硫酸亚铁铵滴定过剩的五价钒	0.5 以上	±5
9	钛铁矿 钛 渣	磷	试剂碱熔，用钼酸铵和抗坏血酸生成磷钼蓝测定	0.005～0.5	±10～5
10	钛 渣 金红石	磷	碱熔样，水浸出，分离钛铁，磷钼杂多酸用正丁醇-三氯甲烷萃取，二氯化锡还原	0.001～0.100	±10
11	钛 渣 金红石	硫	氧化铜作助熔剂，于氧气流中燃烧，用水吸收淀粉作指示剂，碘标准溶液滴定	0.010～1.00	±10～5
12	钛 渣 金红石	硫	碱熔，水浸出、与钛铁等分离，加氯化钡，硫酸钡重量法测定	0.20～5.00	±10～±5
13	钛 渣 金红石	二氧化硅	镍坩锅中碱熔，硫酸脱水，重量法测定	1.00～10.00	±10～±3
14	钛 渣	氧化铝	氢氧化钠熔样，水浸出，取清液，准确加过量 EDTA，硝酸铅回滴过量的 EDTA	0.5 以上	±3

续表 12-1-209

编号	试样名称	测定元素	分析方法	测定范围 %	方法误差 (相对误差) %
15	钛 渣 金红石	氧化铝	碱熔样，六次甲基四胺除钙镁和锰等元素，再以氢氧化钠熔融除钛铁等，加过量 EDTA，先滴定过量的 EDTA，加氟化钠置换出 Al-EDTA 中的 EDTA，锌标准滴定	0.5～5.00	±10～±5
16	钛渣	氧化锰	焦硫酸钾熔样，银离子作催化剂，用过硫酸铵氧化锰至七价，比色测定	0.002～2	±10～±3
17	钛 渣 金红石	氧化锰	碱熔，在硫酸介质中以硝酸银作催化剂，过硫酸铵氧化，亚砷酸钠-亚硝酸钠滴定	0.50～5.00	±10～±3
18	钛铁矿	锰	在 5%酒石酸钾钠的 4%硫酸介质中，火焰原子吸收测定	检出限 0.17μg	±10
19	钛 渣 金红石	铬	碱熔，水浸除钛、铁，在 0.1mol/L 硫酸介质中比色测定	0.02～0.50	±10
20	钛渣	钒	碱熔，水浸除钛、铁，硝酸介质，异戊醇萃取比色	0.01～0.5	±10
21	钛 渣 金红石	钒	碱熔，水浸除钛、铁，盐酸介质，三氯甲烷萃取比色	0.02～0.5	±10
22	钛 渣 金红石	钙 镁	银坩埚碱熔，在 pH4～5 下分离钛、铁、锰、铝等，六次甲基四胺-铜试剂分离残余锰、铝和重金属，EDTA 滴钙，CYDTA 滴定镁	氧化钙 0.20～5.0 氧化镁 0.20～15.00	±20～±5
23	钛铁矿	钙 镁	氢氧化钾熔样，六次甲基四胺分离钛、铁等元素，用 EDTA 标准液在 pH≥12 下滴定钙，pH10 滴定测得镁	0.05 以上	±20
24	钛铁矿 钛白粉	铌	在硫氰盐的硫酸介质中测定铌与 5-Br-PADAP 生成的络合物		±20
25	金红石 钛铁矿	钛、铁、铌、钽、硅、铬、钙、镁、铝、锰、钒、钍、磷 13 个元素	试样碱熔，后制成 10%盐酸介质，用岛津 ICPQ-100 型等离子体光量计测定		±10～±30

二、钛的中间产品分析

四氯化钛的分析方法概括于表 12-1-210 中。

表 12-1-210 四氯化钛的分析

编号	试样名称	测定元素	分析方法	测定范围	方法误差（相对误差）%
1	粗四氯化钛	硅	试样溶于稀盐酸中，不分离钛，加过量钼酸铵，硅钼蓝比色	0.05～0.25g/L	±10
2	四氯化钛	硅	用铜铁试剂氯仿萃取分离钛，光度法测定硅钼蓝	0.008～0.2g/L	±10
3	四氯化钛	钒	加硝酸、硫酸，蒸发到冒硫酸烟，比色测定黄色钒酸	0.006～0.2g/L	±10
4	四氯化钛	游离氯	用安瓿瓶取样，试样溶于有联苯胺等试剂的溶液中，游离氯将联苯胺氧化为有色产物，借以比色	>0.005g/L	±10
5	四氯化钛	钠	在氢氟酸介质中，用阳离子树脂交换分离钛，2mol 盐酸洗脱钠，原子吸收分光光度测定	$>1.2\times10^{-4}\%$	±10
6	四氯化钛	铋、锡、铅、锑、镉	试样处理成二氧化钛，采用载体分馏法，用直流电弧激发，中型摄谱仪上摄谱	$1\times10^{-4}\%$～$3\times10^{-4}\%$	±20
7	四氯化钛	硫	以磷酸-磷酸锡作为钛溶剂，并兼作硫的还原剂，用超纯氢氧化钠作吸收液		±10

三、钛的成品分析

钛白及金属钛和钛合金的分析分别列于表 12-1-211、12-1-212。

表 12-1-211 钛白的分析

编号	试样名称	测定元素	分析方法	测定范围	方法误差（相对误差）%
1	钛 液	总钛量	钛液经稀释后，分取适量，用测定高钛渣中钛的方法测定		±0.5
2	钛 液	三价钛	取适量钛液，直接用硫酸高铁标液滴定	>0.5g/L	±0.5
3	钛 液	有效酸	取适量钛液，加氯化铵-氯化钡混合液，氢氧化钠标准液滴定		±1
4	钛 液	亚 铁	取适量试液，直接用高锰酸钾滴定，三价钛同时被滴定，计算时扣除三价钛	>0.5g/L	±0.5
5	钛白粉	二氧化钛	硫酸-硫酸铵溶样，以下步骤同钛铁矿中钛的测定	80%以上	允许差 0.50
6	二氧化钛	硅	无水碳酸钠熔融，硅钼蓝比色，正丁醇萃取	0.025～0.5%	±10
7	钛白粉	磷	同高钛渣、金红石中磷的测定	0.001～0.1%	±10～±5

续表 12-1-211

编号	试样名称	测定元素	分析方法	测定范围	方法误差（相对误差）%
8	钛白粉	水溶性盐	称5g试样，加氯化铵煮沸，装容量瓶，分取清液蒸干，于400～500℃灼烧称重	0.1%以上	±5
9	二氧化钛	铁	硫酸-硫酸铵溶样，酒石酸掩蔽钛，抗坏血酸还原铁，异戊醇萃取1-亚硝基-2-苯酚与Fe^{2+}形成的绿色络合物	＞0.0005%	±10
10	二氧化钛	铜	根据电子自旋共振光谱中铜峰积分面积，测定晶格中已取代Ti（Ⅳ）离子的铜离子浓度	0.8～260μg	±10
11	二氧化钛	铝	用原子吸收光谱法测定		±20
12	钛白粉	铝、硅	熔融法制片，采用X射线荧光光谱法测定	$SiO_2$0.1～5% $Al_2O_3$0.1～7%	±10

表 12-1-212 金属钛和钛合金的分析

编号	试样名称	测定元素	分析方法	测定范围 %	方法误差（相对误差）%
1	钛、钛合金	铁	试样用盐酸-氢氟酸或硫酸溶解，盐酸羟胺氧化低价钛，邻二氮杂菲显色	0.01～2.5	±10～3
2	钛合金	铁	盐酸-氟硼酸溶样，氯化锶抑制干扰元素，原子吸收测定	0.1～1.5	±10
3	钛、钛合金	硅	氢氟酸溶样，水解分离钛，硅钼蓝比色	0.01～0.06	±10
4	钛、钛合金	硅	氢氟酸溶样，加过量钼酸铵，抗坏血酸还原，硅钼蓝比色	0.02～0.7	±10
5	钛	氯	氢氟酸溶样，硝酸氧化，加硝酸银生成氯化银沉淀，用氢氧化铵溶解，加硫化钠生成金黄色硫化银胶体溶液	0.030～0.25	±15
6	钛、钛合金	氯	氢氟酸溶样，硝酸银与氯离子生成不溶性氯化银沉淀，比浊法测定	0.01～0.15	±15
7	钛合金	氯	硝酸-氢氟酸溶样，柠檬酸掩蔽钛等元素，氯离子选择电极测定	0.001～5	±20～10

续表 12-1-212

编号	试样名称	测定元素	分析方法	测定范围 %	方法误差（相对误差） %
8	钛	铝	6mol 盐酸介质，N-苯甲酰苯胺-三氯甲烷萃取分离钛，以铝-铬天青 S-聚乙二醇辛基苯基醚三元络合物测定	>0.005	±10
9	钛合金	铝	氢氧化钠分离钛，加过量 EDTA 络合铝等元素，滴定过量 EDTA，加氟化钾络合铝，用乙酸锌标准液滴定释放出的相当量 EDTA	0.80～8.00	±10～3
10	钛	硅、砷、铍、硼、钴、锑、钯、铁、镁、锰、铅、铈、锡、铬、镍、铋、铝、钒、钼、铜、银 22 个杂质	先将试样转为二氧化钛，同硝酸锶、氧化锌、氟化钠混合缓冲剂（5/3/2）混匀，Q-24 型摄谱仪摄谱	灵敏度 1×10^{-5}～5×10^{-3}%	±10～±30
11	钛、钛合金	氮	氢氟酸溶样，氢氧化钠中和至碱性，通水蒸气蒸馏，稀硫酸吸收，奈试剂显色测定	0.010～0.100	±10
12	钛、钛合金	碳	试样在氧气流中燃烧，生成的二氧化碳被高氯酸钡吸收，用定量脉冲电量电解吸收液，由消耗电量来计算碳含量	0.010～0.300	±10
13	钛、钛合金	氧	在氩气流中，试样中的氧在高温石墨坩埚中生成一氧化碳，进而转化为二氧化碳，为给定 pH 范围的高氯酸钡吸收，由电量法计算测定氧量	0.04～0.5	±20～±10
14	钛、钛合金	氢	试样中的氢在真空高温下，由载气带入色谱仪，经分离、检测，由电子电位差计记录色谱峰，由峰面积计算氢量	0.001～0.030	±20～±10
15	钛合金	铜	硫酸溶样，在氨性介质中，铜离子与铜试剂生成棕黄色络合物，借以比色	0.10～5.00	±10～5
16	钛合金	铜	硫酸-氟硼酸溶样，用四氯化碳萃取铜，与铜试剂生成的棕色络合物	<0.005	±10

续表 12-1-212

编号	试样名称	测定元素	分析方法	测定范围 %	方法误差（相对误差）%
17	钛合金	铜	盐酸-氟硼酸溶样，原子吸收测定	0.05～5.0	±10
18	钛合金	锰	硫酸溶样，高碘酸钾氧化锰，光度法滴定	0.30～3.00	±10
19	钛合金	锰	硫酸溶样，过硫酸铵氧化锰，容量法滴定	2以上	±5
20	钛合金	锰	盐酸-氟硼酸溶样，锶盐作释放剂，原子吸收测定	0.05～4	±10
21	钛合金	钼	硫酸溶样，硫脲还原钼，比色测定钼（V）与硫氰酸盐生成的橙红色络合物	0.50～10.00	±10～5
22	钛、钛合金	硼	氢氟酸溶样，用1,2-二氯乙烷萃取氟硼酸与次甲基蓝生成的绿色络合物	0.002～0.10	±10
23	钛合金	锡	硫酸-氟硼酸溶样，铁粉还原锡，碘酸钾标准液滴定	1.00～12.00	±8～±2
24	钛合金	钒	硫酸溶样，高锰酸钾氧化钒，过剩的高锰酸钾用亚硝酸钠还原，以N-苯基邻氨基甲酸为指示剂，硫酸亚铁铵滴定	1.00～15.00	±8～±2
25	钛、钛合金	钒	BPHA-三氯甲烷萃取分离，PAR-H_2O_2光度法测定	0.0005以上	±10
26	钛合金	铬（不含钒）	硫酸溶样，过硫酸镁铵氧化铬，加氯化钠消除高锰酸颜色提高酸度，以N-苯基邻氨基甲酸作指示剂，硫酸亚铁铵滴定	0.30～12.00	±10～±2
27	钛合金	铬（含钒）	硫酸溶样，先用硫酸亚铁铵测得钒量，再测定钒、铬含量，求出铬量	0.30～12.0	±10～±2
28	钛合金	铬	硫酸溶样，二苯卡己肼光度法测定	0.1～3.0	±10～±5
29	钛合金	铬	盐酸-氟硼酸溶样，硫酸钠消除干扰元素，原子吸收测定	0.5～10	±10
30	钛合金	锆	盐酸溶样，在1.2mol/L盐酸介质中，二甲酚橙为指示剂，EDTA滴定	0.50～12.00	±10～5
31	钛合金	锆	硫酸溶样，在40～50%硝酸介质中，用偶氮胂Ⅲ比色测定	0.5以下	±10
32	钛合金	铌	硫酸溶样，酒石酸络合钒，EDTA消除锆、钼干扰，盐酸羟胺还原铁，测定氯磺苯酚S与铌生成的蓝色络合物	2.5以下	±10

续表 12-1-212

编号	试样名称	测定元素	分析方法	测定范围 %	方法误差（相对误差）%
33	钛合金	铌	硫酸溶样，用苯-乙醚萃取铌（V），铌（V）与硫氰酸盐生成的络合物	0.5～3	±10～15
34	钛合金	钴	硫酸溶样，光度法测定钴与亚硝酸R盐生成的红色络合物	0.1～2	±10～±5
35	钛合金	钴	盐酸-氟硼酸溶样，原子吸收光谱法测定	0.05～2	±10～±5
36	钛合金	钨	试样用50%热氢氟酸和水处理，真空过滤后，用X射线、荧光光谱测量，采用$L_α$的峰/背比对含量作工作曲线	0.05～0.8mg/g	±10
37	钛合金	铈	在2.4%磷酸介质中，测定铈与偶氮氯膦-PN（CPA-PN）形成的稳定络合物	$5×10^3$	±15
38	钛合金	铝、钒、锡、钼、铬	在盐酸-氟硼酸介质中，加8-羟基喹啉，原子吸收光谱测定		±20～±10

第八节 钛的应用

钛是一种新金属，由于具有一系列优异特性，已成为一种获得广泛应用的新型工程材料。金属钛的消费与国家的综合技术经济水平密切相关，它的主要消费者为苏联和西方工业发达国家。

金属钛的消费比例，因国家而异。它的最大的应用领域仍是航空航天工业。在此领域中，美国占80.4%（其中民用机40.3%，军用机40.1%），苏联占50%，欧洲占57%，日本仅占10.3%。在非航空工业中，以日本为例，电力用钛占31.8%，化工用钛占24.7%，电极用钛占4.1%，其它工业用钛占29.1%。由此看出，钛的应用已由航空航天工业扩展到化工、冶金、电力、船艇和日常生活领域中。

一、航天航空工业

钛合金，质轻而强度高，它的比强度（强度/密度）很高，而密度仅约为钢的58%。同时，它又具有良好的耐热和耐低温性能。某些钛合金在450～500℃时或－250℃时仍能长期工作，因而是航天航空工业最佳结构材料。其应用举例于表12-1-213中。

超音速飞机的表面温度随飞机飞速的增大而升高。当飞速超过2.3马赫时，铝合金就会软化，不能使用。而钛合金即使飞速达3马赫以上也能使用。选用钛材，不仅减轻飞行器的自重，增大其有效荷重，节省燃料，而且可以提高飞行性能和延长其寿命。据估计，现代飞机用钛量，约占发动机的22.5%和占飞机骨架的6%。飞行器中的高压容器（如高压气瓶、低温液态燃料箱等）几乎都用钛合金制作。

表 12-1-213 钛合金在航天航空工业上的应用举例

部门	应用举例
飞机工业	机翼、管道、蒙皮和机身骨架、连结件、发动机、尾锥、喷管、弹射舱、防火壁、装配夹具、腹板、蜂窝结构、整流罩、隔框、主起落架大梁、力矩环主装置、紧固螺帽和锁紧部件
航天工业	飞船船舱、蒙皮、后舱壁和地板构件、结构骨架、液体燃料贮箱、高压容器、制动火箭主起落架、登月舱及推进系统、人造卫星外壳、翼、推力构件、油压配管

续表 12-1-213

部门	应用举例
火箭、导弹	外壳、喷嘴、火箭发动机、高压容器、液体燃料贮箱、翼
军用品	炮筒、车辆、装甲板、防弹背心、头盔、雷达三角支架、坦克天窗

二、化工、冶金和热能等工业

(一) 化工、冶金等工业

钛还有个显著特点，就是它的耐腐蚀性能好。这是由于它表面易生成一层致密的氧化膜，起保护钛基体不受介质腐蚀作用之故。纯钛耐蚀性能优于钛合金，化工、石油、纺织、冶金等工业常使用纯钛来制作防腐设备或零件。

钛材在化工、冶金领域中的应用范围包括用来制造各类设备、电解极板、反应器、热交换器、分离器、吸收塔、冷却器、浓缩器，以及各种连续配套的管、阀、配件、垫圈、泵等。它的应用举例如表 12-1-214 所示。

氯碱生产中用(涂钌)钛阳极代替原来的石墨阳极，形成了电极间距不用调整的“尺寸稳定电极”，使用寿命比石墨阳极长 10 倍以上。这种钛阳极为半永久性的，电流密度比石墨阳极增加近一倍，生产能力也相应提高近一倍，节电 15%。而且可提高碱的质量，收到了极好的经济效益，被誉为氯碱工业的一次革命。年产 1 万吨苛性钠需使用 5 吨钛材。

表 12-1-214 钛在化工、冶金等工业中的应用举例

部门	应用举例
化学工业	乙醛设备（槽、热交换器和反应器）、丙酮设备（各种配管）、对酞酸设备（反应器、搅拌轴）、尿素肥料设备（合成塔）、湿氯气冷却器、染料设备（换热器、废液处理装置）、氯碱电解阳极板、氯酸盐和次氯酸钠电解阳极板，纯碱生产中的蒸氨塔冷却器、醋酸生产设备（氧化塔、换热器、催化剂再生罐、精馏塔等）、硝酸生产设备（换热器、反应器、蒸馏装置）、硫酸生产设备（接触含氧化性物质稀硫酸设备，如换热器、高压釜）、盐酸生产用作浓度小于 5%的接触设备（泵、喷射器）、真空制盐设备（预冷器、氨蒸发器、预热器、加热室、泵等）、炼焦设备（吸滤器、结晶器、冷凝器等）
石油化学工业	广泛用于石油精炼和脱丁烷、脱硫、脱丙烷等工艺设备（塔顶冷凝器和反应塔、蒸馏塔、冷却器及各种热交换器）
造纸工业	搅拌器、漂白塔、加热锅、换热器、吸收塔塔板支撑件、漂白剂的制备设备
化纤纺织工业	丙烯基、密胺、精纺尼龙、耐纶等的生产设备，对苯二甲酸反应器、连续漂白机
冶金工业	锌冶炼设备（浸出设备包括浸出槽、贮液槽、泵，以及电解锌、镉、铟的电解槽和换热器、烟气净化装置、除尘器、风机等），钒冶炼中输送钒酸铵液的泵和阀、高炉炉体周围的冷却系统（各种冷凝器、冷却器和热交换器），氧化铝生产用运输稀硫酸管道、二氧化锰电解用阳极、制取 ZrO_2 和 $ZrOCl_2$ 设备（真空过滤器和搅拌器），电解铜箔用阴极辊和电解槽，电镀工业及铝表面处理设备（热交换器、薄膜蒸发器、装入阳极顶端的网篮、电发热体、挂具和塔槽等），提取钨酸的蒸发锅，湿法冶金提取贵金属设备（泵、加热盘及黄金氰化浸出容器、装硫酸和盐酸硫脲溶液的树脂交换柱及换热器等），镁、钛氯化工序中烟气净化系统设备（风机、捕集器、洗涤器等），铜冶炼设备（电解槽、热交换器、洗涤塔、阴极母板和用于制备硫酸和硫酸盐的设备系统），镍冶炼设备（加热器、过滤设备、阴极母板等），钴冶炼烟气净化系统设备（风机叶轮、泵等），生产 V_2O_5 工艺中的加热器；汞冶炼的冷凝器，稀土和锆冶炼的反应器、萃取器

（二）船艇制造和热能工业

钛及其合金耐海水或淡水腐蚀的优异性能，不仅适于制作各类舰艇船品，而且也是制作海水淡化装置和电力工业上冷凝器的最佳材料。钛在海洋和能源工业中的应用举例如表 12-1-215。

如原苏联建造的 3000t 级核潜艇 6～7 艘，用钛合金板制作双层壳体。这些核潜艇具有无磁性、下潜深度深（达 900m）和航速快（40nmile/h 以上）等特点，每艘用钛 560t 。

又如用于海水淡化装置和电力工业的钛管冷凝器，可使用薄壁钛管，这种钛管具有寿命长、安全性高、冷却水流速快和热转化效率高等优点。

表 12-1-215 钛材在海洋和热能工业的应用举例

部门	应用举例
船舶制造	潜水艇和深海潜水调查船（壳体、耐压容器、通气排气管、配管、甲板、阀、锚），全钛型深海潜艇和船用海水淡化装置，救难艇（壳体、各种仪表装置），军舰、游艇和消防艇等船只（壳体、螺旋浆推进器等），油船和运输船（透平的主冷凝器和碳酸钠冷却器、蒸气喷射空调机和热交换器）
热能工业	火力发电厂和原子能发电站用冷凝器、汽轮机叶片、地热开采用换热器和管道、废热回收用换热器、核反应堆泵用 NiTi 材
海水淡化	热交换器、管道、连接件、盐水加热器
海洋事业	海上石油用采集酸性气体管道、钻采海底石油用提升管和阀门、海洋温差发电用热交换器、海洋钻井平台的换热器和阀门、泵
其它	地质勘探中的电缆测井

（三）日常生活领域

钛及钛合金具有质轻、强度高、耐腐蚀并兼有外观漂亮等综合性能，而用于人们的日常生活中。钛在人类日常生活中的应用举例如表 12-1-216。

汽车和体育器材主要是利用钛合金的密度小、比强度高的优点，主要以使用钛合金为主。

耐久消费品和装饰品主要利用钛所具有的优异耐蚀性能及外观漂亮等特点，使用主要以纯钛为主。

表 12-1-216 钛在人类日常生活中的应用举例

项目	应用举例
体育器材	网球、羽毛球的球拍
	高尔夫球的球棒长柄、金属面
	击剑用的面罩
	登山用的冰杖、登山钉、螺钉
	钓鱼用的绕线架
	滑雪用的把手、滑雪板
	旅行用自行车的车身、各零部件
	足球鞋的底钉

续表 12-1-216

项目	应用举例
医疗器材	人工骨、人工关节头、金属缝线、心脏起搏器等的医疗器械 镶牙、齿列矫正器，人造齿根 补助器械的假手、假脚、轮椅 保健用的碱离子水制造装置用电极
耐久消费品	仪表、钟表、饰物外表的 TiN（金黄色）涂层、刻蚀金属画、打印机用打印锤、打印轮 照相机的机身、快门 音响器中的支架、拾音器支臂、扩音器振动板 眼镜的眼镜架 装饰品、壁挂（蚀刻版面）、台历、领带别针、垂饰 餐具、匙子、叉子、器皿。 文房用具
环境卫生	污水污泥处理装置、废水废气处理装置、放射性废弃物贮藏装置、粪便处理装置
渔业	浮动消波堤用的连接螺栓、螺母 用于水族馆中的水槽、温度计保护管、热交换器 养殖渔业用的养殖笼、热交换器 渔业加工用的蒸烤鱼盘、冷冻库
交通工具	汽车、摩托赛车用部件（曲轴、弹簧、螺栓、螺母等） 磁力浮动车、氢贮存器
建筑	用作室内管道的温水用管道 屋顶板材 照明器具的反射板 铭牌，如门牌之类
食品	食品和医药的加工设备和运输容器，食品、泡菜、番茄酱生产的换热器，咸奶酪和加盐和醋包括调味汁的容器
疗养	温泉用热交换器

（四）特种功能材料

在还原性介质，如盐酸、硫酸、磷酸、甲酸、草酸等介质中，由于钛的氧化膜不稳定，易遭破坏，因而在这种情况下钛并不耐蚀。为此，研制了耐蚀钛合金。目前主要的耐蚀钛合金有钛镍、钛钼、钛钌和钛钽、钛钯等几种合金，前两种合金的价格便宜些。这些合金的耐蚀性能见表 12-1-217。

NbTi 超导材料、NiTi 记忆合金、FeTi 类储氢材料等钛合金具有特殊的功能，称为功能材料。大力开发这些功能材料具有十分重要的意义。

具有超导性能的材料达千种以上，但其中已达到实用的超导材料仅有 NbTi 合金和 Nb-Zr-Ti 合金、Nb-Ta-Ti 合金、Nb-Zr-Ta-Ti 合金。综合考虑，一般使用超导钛合金线材。超导钛合金首先从用于高能物理学开始，继后又扩大到磁流体发电、核聚变、能量存储、旋转机器 、高速磁浮列车和输电、医疗机器、资源探测等方面的应用。

表 12-1-217 耐蚀钛合金的耐蚀性能

溶液②	温 度	耐 蚀 量, mpy①			
		纯 钛	Ti-0.2Pd	Ti-30Mo	Ti-15Mo-5Zr
25%NaCl	沸 腾	0	0	0	
25%$AlCl_3$	沸 腾	2000	1	0	
30%$FeCl_3$	沸 腾	1	0	5	
5%HCl	沸 腾	1100	7	0	4
20%HCl	常 温	25	4	0	0
20%HCl	沸 腾	5000	770	5～10	1400
20%HCl＋1%$FeCl_3$	沸 腾	110	115	1500	
5%H_2SO_4	沸 腾	1980	20	0	
40%H_2SO_4	常 温	65	9	0	
40%H_2SO_4	沸 腾	13000		2～10	
65%HNO_3	常 温	0	0	0	
65%HNO_3	沸 腾	2～20	25	50	230
10%草酸	100℃	3500	4800	1.5	

① 1mpy＝0.0254mm/a；②溶液浓度均为%（重量）。

Fe-Ti 类合金（以及 Mn-Ti 类合金）是一种具有实用价值的贮氢材料。可用它来贮存氢气，回收废氢，分离和净化氢气，故可把它制作成携带式高纯氢源。制成的氢燃料贮存器已在汽车等方面试用。

Ni-Ti 基合金是一种具有实用价值的形状记忆合金。可用它来制作汽车用发动机和线圈、弹簧汽化器，以及管道接头和传动装置等，还可以用来制作医疗用矫形器件，如人体齿列矫正和骨骼矫正器及人造齿根；以及用来制作大厦中的热水供应器和净化器的“记忆”装置。

（五）废残钛的综合利用

残钛和废钛的来源很广，海绵钛生产产生的废钛（等外海绵钛和等外钛粉）约占 5～7%，钛铸锭产生的废钛（切头、切边和扒皮屑）约占 5%，加工成材产生的残钛（边角余料和屑）约占 40～60%左右，由钛材加工成钛制品产生的残钛（料头、边角、屑）约占 50～75%。另外，废旧钛制品也是一个来源。由于废钛量很大，综合利用大有可为。为此，有的国家建立了专门的废金属回收公司，专营废钛等金属的回收。在废残钛的综合利用中，特别要加强对废残钛的管理，注意不要让不同牌号和不同氧化程度的残钛混号，这样便于按不同类别的残废钛对下列情况分别进行处理。

(1) 未被污染的残钛，包括加工后的边角余料和钛屑，量大质好，应尽量作为熔炼钛锭的添加料，掺入海绵钛挤压成钛块使用。由于海绵钛质量的提高和加工技术的进步，这种再加工的钛屑量，美国已经由 1/3 上升至现在的 1/2。其次，还可以作钛铸件的原料及制取钛粉的原料。这类钛残料的回收和利用详见本章第五节第一段。

(2) 块状的废海绵钛和废钛头、钛的废边角料，按其纯度和成分的不同，分别可作为钢铁工业中的脱气剂或合金添加剂。

(3) 等外钛粉宜作为烟花工业中的爆燃剂，也可作为制取铝加工工业中的添加剂。

(4) 混料的或杂质多的钛屑或废钛块，可加工成粉末，作为烟花工业中的爆燃剂。

在中国，废钛的综合利用颇受重视，目前废钛已成为畅销品。

（六）钛白的应用

钛白广泛用于涂料、塑料、造纸、化纤、橡胶、油墨和搪瓷等部门中。其中，涂料工业是钛白的最大用户（约占世界钛白产量的60%），其次为造纸和塑料工业。表12-1-218列出钛白的主要用途。

表 12-1-218 钛白的主要用途

应用部门	用途	利用钛白的特性	主要效果
涂料	汽车、飞机、船舶等交通工具用油漆，建筑物室内外用油漆，家俱用油漆，纺织印染颜料、装饰颜料	化学稳定性好，耐候性强；粒度细，分散性好，着色力及遮盖力高	色彩鲜艳，涂料用量省，漆膜寿命长
塑料	在塑料生产中，用作不透明剂填料，白色、浅色着色剂	粒度细且均匀，分散性好，光折射率高，耐热和耐光性好	提高强度，延长使用寿命，降低透光性，色彩鲜艳，无毒
造纸	字典、手册、画报和电子计算机等用的高级纸张的优质填料	增白力和遮盖力高；颗粒细且均匀，水分散好，化学性能稳定	纸张白度及不透明度高，薄而光滑；强度大，适于高速印刷
化纤	用作化纤的不透明剂和消光剂	化学稳定性及水分散性好；耐高温性能好，粒度细且均匀，白度高	用钛白消光的化纤产品易染色，手感好，色泽艳丽，耐穿用
橡胶	用作填料着色，制成白色或浅色橡胶制品	着色力及遮盖力高，分散性好；热稳定性及化学稳定性好	耐曝晒，不变色、强度高，并可提高橡胶的耐热性及耐酸、碱性
油墨	用作油墨中的白色颜料和调色剂	颗度细、白度好，遮盖力及着色力高；流动性小；耐光，抗黄变性好	制成的油墨可长期保持色彩鲜艳，吸油量低
搪瓷	用作搪瓷釉料	遮盖力及着色力高，光折射率高，可制成优质白色乳浊剂	瓷釉的不透明度高；制品釉层薄，重量轻，强度高，耐酸性强，表面光滑、色艳
其它	皮革涂层，装饰织物，香皂、牙膏等日用品	白度好，着色力高；无毒	

主要参考文献

〔1〕杨顺枢，矿产资料战略分析（16钛，课题报告），四川地质矿产局，1987，3.

〔2〕西德地学与原料局、西德经济研究所，长沙黑色冶金矿山设计研究院译。世界钛的供求调研报告，1980.

〔3〕Langtry E. Lynd, Minezal Facts and Problems, 1985, 859～879.

〔4〕Г. М. Лугинский химия титана Масква, 1971.

〔5〕马慧娟主编，钛冶金学，冶金工业出版社，1979.

〔6〕李洪桂主编，稀有金属冶金原理及工艺，冶金工业出版社，1981.

〔7〕莫畏、邓国株等，钛冶金，冶金工业出版社，1979.

〔8〕樊丽秋、余国琮、分子蒸馏的基本原理，化学工程，1980，5.

〔9〕（苏）E. B. 哈姆斯基著，化学工业中的结晶，化工出版社，1984.

〔10〕井関顺吉，チタニウム・ジ″ルユニウム，(1986)，No. 34（译文，国外稀有金属，(1987)，No6).

〔11〕虞宝煜等，铁、镁、钛氧化物和高镁钛铁矿的氯化动力学的研究，金属学报，(1982)，No2.

〔12〕黄权英等，攀矿高镁含钛物料的沸腾氯化问题，钢铁钒钛，8 (1987) No1.

〔13〕马慧娟、汪珂，高钙镁含钛物料沸腾氯化制取$TiCl_4$工艺的研究，稀有金属，(1981)，No3.

〔14〕（美）H. Y. 索恩等，提取冶金速率过程，冶金工业出版社，1984.

〔15〕A. H. Зеликман, Металлургия Тугоплавких редких металлов, металлргия, 1986.

〔16〕C. И. денасов, электротерлия титановых шлаков, 1970（中译文，国外钒钛，(1985)，No3).

〔17〕邓国珠，高钛渣和人造金红石的生产，北京有色

金属研究总院资料，1989.

〔18〕裴润等，硫酸法钛白生产，化学工业出版社，1982.

〔19〕特许公报（日），昭49-14639.

〔20〕US Pat. No，3499730（1970）.

〔21〕Б. Б. Чечулин，Ю. Д. Хесин，Чиклическая и карроэионная прочность титановых сплавов，Москва Металлургия 1987.

〔22〕E. W. Collings Applied Superconductivity，Metallurgy and Physics of Titanium，Alloys，Vol. 1.

〔23〕稀有金属加工手册编写组，稀有金属材料加工手册，冶金工业出版社，1984.

〔24〕日本塑性加工学会编，压力加工手册（中译本），机械工业出版社，1984.

〔25〕B. K. 亚力山大等，钛合金半成品（中译本），宝鸡有色金属加工厂、宝鸡稀有金属加工研究所，1984.

〔26〕R. A. 伍德、R. J. 法沃著，钛合金手册（中译本），科学技术文献出版社重庆分社，1983，12.

〔27〕B. F. Von Turkovich et al.，Advanced Processing Methods for Titanium，N. Y. 1982.

〔28〕Y · Цвиккер Титан и его сплавы，Москва Металлургия，1979.

〔29〕高钛渣、金红石化学分析方法，中华人民共和国国家标准，GB4102.1～4102.12～83.

〔30〕钛的冶金分析，冶金工业部科学技术情报产品标准研究所，中国工业出版社，1971.

〔31〕钛冶金分析实用方法，冶金工业部有色金属研究院广东分院编，广东人民出版社，1974.

〔32〕海绵钛化学分析方法，中华人民共和国国家标准，GB3829.1～3829.6－83.

〔33〕钛及钛合金化学分析方法，中华人民共和国国家标准，GB4698.1～4698.16－84.

〔34〕有色金属冶金分析，冶金部有色金属研究院编，冶金工业出版社，1981.

〔35〕草道英武等编，金属钛及其应用，冶金工业出版社，1989.

〔36〕特许公报（日）昭61－37333（中译文，钒钛，（1988），No6）.

〔37〕稀有金属应用编写组编，稀有金属应用（上），冶金工业出版社，1984.

第二章　锆　铪

编写人　侯崇寿　吕镇和　钟俊辉　缪兆佳

锆铪因具有一系列优异的性能，如良好的耐热性、可塑性、抗蚀性、特殊的核性能等，而成为原子能、电子、化学、冶金、国防等工业的重要原材料。

1789年克拉普洛特从锆英石中发现了锆。铪是1923年从锆英石中发现的铪。1924年柏齐力乌斯采用钾还原锆氟酸钾首次制得锆粉。1925年用碘化法制得了可锻性锆，1944年用克洛尔法获得了海锦锆。40年代末期，发现锆中所含铪的热中子吸收截面大，从而找到了锆热中子吸收截面波动的原因，为锆在原子能工业中的应用开辟了前景。1950年，美国原子能委员会核反应堆研究部和海军部决定在核潜艇上用锆作核燃料包套材料。1951年，美国决定用铪作水冷反应堆的控制材料。1953年开始研制锆-锡合金。在原子能反应堆中主要应用Zr-2，Zr-4合金。

锆铪除了应用于原子能反应堆中外，在钢铁、化工有色金属等工业部门也有广泛的应用。在钢铁工业中，锆铁用作高级脱氧、脱氮剂和特种钢的添加剂；在化工方面，锆用于制造各种耐蚀设备、工业用计量器和电真空用的脱气剂；在有色金属工业方面，锆作为镁合金和铜合金的添加剂；如锆铜合金用作点焊电极和高强度导线。此外，铪铌碳化物用作切削刀具，含铪的铌、钼、钨高温合金用于高性能飞机和空间动力系统。

锆化合物的应用越来越广，主要产品有锆英石及其微粉、氧氯化化锆、二氧化锆、硫酸锆等。新开发的氧化锆增韧陶瓷具有韧性大、强度高、耐高温腐蚀等特点，可制作热挤压模具。发动机零件等。二氧化锆氧传感器的应用越来越广，除用于汽车尾气传感器外，也用于冶金炉、锅炉等的控制。锆化合物应用的发展将为锆的应用开辟新的途径。

第一节　锆铪的矿物资源

一、锆铪的矿物组成

锆在地壳中的含量为0.028%（也有人认为是0.025%），比一般常见的金属元素如镍、铜、铅、锌的含量还要高。锆英石是最主要的，也是分布最广的含锆矿石。另一种具有工业开采价值的锆砂为斜锆石。除此之外，还有一些其它矿物（见表12-2-1）。

表12-2-1　主要含锆矿物中 ZrO_2 及 HfO_2 的含量

矿物名称	ZrO_2 含量，%	HfO_2 含量，%
斜锆石	96.5～98.6	1.0～1.8
锆英石	64～67	0.5～2.0
水锆石	53～65	2.6～7.0
曲晶石	≤52	5.5～24.0
钠长石（铪钍锆石）	≤42	3.0～15.0
铌钍锆石	≤50	3.5～7.0
钛锆钍矿石	≤53	1.0～2.7
异性石	8.5～14.3	0.17～1.0
钠锆石	30～40	0.1～0.6
钪钇石	2.0	0.5～1.1

目前进行开采的锆矿石有锆英石、斜英石，而具有开采前景的锆矿石有异性石、钛锆钪矿等。其基本特性列在表12-2-2中。

表 12-2-2 具有开采价值的锆矿的基本特性

矿石名称	分子式	晶型	外观	莫氏硬度	密度 g/cm^3	化学性质
锆英石	$ZrSiO_4$	正方	白色呈深褐色	7	4.7	不溶于酸，高温下与碱反应
斜锆石	天然 ZrO_2	单斜	褐黄色，有金属光泽	6～7	5.5～6.0	被 H_2SO_4 + HCl 分解
异性石	$[(Na, Ca, Fe)_6Zr(Si_6O_{17})(OH, Cl)]$	三角晶系	粉红-紫红色	5.0～5.5	2.8～3.0	易被酸分解
钛锆钍矿	$(Ca, Fe)O\cdot 2(Zr, Ti, Th)O_2$	—	—	—	—	—

铪在地壳中的含量为 $3.2\times10^{-4}\%$，超过锑、汞和铋，无单独存在的矿物，地球上所有的铪均与锆矿共生。

二、世界的锆矿资源

世界上锆英石大部分以冲积砂矿即海滨砂矿的形式出现，也有少量残坡积砂矿和原生矿。与锆英石共生的砂石有钛铁矿、独居石、金红石、磷钇矿等。澳大利亚是海滨砂矿的主要产地，其次有南非、美国、印度等。世界各国锆英石资源见表 12-2-3。

表 12-2-3 世界各国锆储量和基本储量（千吨）

国家	美国	加拿大	巴西	前苏联	马达加斯加	塞拉利昂	南非	中国	印度	马来西亚	斯里兰卡	澳大利亚	世界总计
储量	3628	—	226	2721	90	453	3083	362	1632	90	907	7890	21082
基本储量，t	7356	907	1950	4535	181	1814	10974	907	2721	181	1360	13514	46300

澳大利亚海滨砂矿的特征见表 13-2-4。

表 13-2-4 澳大利亚海滨砂矿特征

名称	矿床特征
东海岸矿区	矿体靠近海边，矿石较松散，粒度均匀，杂质多，含泥量少 主要有用矿为钛铁矿、金红石、锆英石，后两者之比为 1∶1。原矿的主矿物含量为 1～5%。
西海岸矿区	矿体深入腹地 30 公里，矿体的原矿品位高，重矿物含量为 5.5%～5.0%，平均 1.5～1.7%，有用矿物中以钛铁矿为主，占 70%，其次为金红石及锆英石，其比例为 1∶3

巴西和南非是斜锆石的主要产地，但巴西（圣·保罗和玛娜斯，给拉也斯）所产的是含硅斜锆石砾。近 10 年来，南非（法拉波拉）已成为斜锆石的唯一生产国，它所生产的斜锆石几乎不含硅，纯度达 97～99%。

三、中国的锆矿资源

现已查明，中国锆矿储量约占世界第九位。其中，砂矿主要集中在广东、海南、广西，而四川、云南主要是岩矿。

中国海滨砂矿的特点是，砂矿矿石松散，粒度均匀，含泥量少，有用矿物单体解离度较好，大多数出露地表，无覆盖层；水平面上矿物厚度一均为1.5～1.9m，开采条件好，属易选矿；但矿床较分散，原矿中含 TiO_2 和 ZrO_2 较低，矿石中放射性强度比较高，与钛铁矿、独居石、褐钇铌矿共生。

中国三大锆英石矿区的分布及矿床特征见表12-2-5。

表 12-2-5 中国锆英石三大矿区

矿区名称	矿区位置及分布	矿藏特征
广东、海南矿区	分布于海南岛，湛江和汕头三个地区，其中以海南岛储量最大，分布范围最广	海南矿区矿床储量大，分布范围广。 海滨砂矿中锆英石含量为0.43～2.76kg/m^3；残积砂矿为0.73～1.63kg/m^3；冲积砂矿为0.09～0.45kg/m^3
广西矿区	主要矿区位于钦州地区北部湾一带沿海	钦州地区为海滨砂矿，海滨砂矿中主要有独居石，主要有用矿石为锆英石、斜锆石、钛铁矿、独居石
山东矿区	以石岛为中心的大型河积及海积矿区	砂矿中主要有用矿石为锆英石，其次为金红石和钛铁矿

第二节 锆、铪的主要物理化学性质

一、金属锆、铪的物理性质

致密状的金属锆呈亮灰色，具有金属光泽，而粉末状的锆呈深灰色，接近黑色。铪锭的裂口呈银白色，粉末的外观与锆相同。

锆、铪的电子层结构与钛相似，其电子总数分别为40，72，分别分布于5个和6个电子层。锆的外层电子结构为 $4p^24d^25s^2$；铪的外层电子结构为 $5p^24d^26s^2$。

锆、铪外层电子结构一样，再加上铪的镧系收缩，因此它们的原子及离子半径几乎一样。锆、铪热中子吸收截面分别为 $(0.18\pm0.02)\times10^{-28}m^2$/原子和 $115\times10^{-28}m^2$/原子。锆、铪同位素数长度及吸收截面列于表12-2-6。

表 12-2-6 锆、铪同位素长度及吸收截面

Zr			Hf		
同位素名称	同位素长度 %	同位素吸收截面 $10^{-28}m^2$	同位素名称	同位素长度 %	同位素吸收截面 $10^{-28}m^2$
Zr^{90}	51.5	0.1 ± 0.07	Hf^{174}	0.18	1500 ± 1000
Zr^{91}	11.2	1.5 ± 0.15	Hf^{176}	5.15	15 ± 15
Zr^{92}	17.1	0.25 ± 0.08	Hf^{177}	18.39	380 ± 30
Zr^{94}	17.4	0.08 ± 0.04	Hf^{178}	27.08	75 ± 10
Zr^{96}	2.8	0.1 ± 0.1	Hf^{179}	13.78	65 ± 15
			Hf^{180}	35.44	14 ± 5

铪与其它一些中子吸收截面大的元素(如硼、钆等)不一样，经过长期的幅照后，铪的中子吸收截面变化很少，这是因为其裂变生成的新同位素的吸收截面都比较高。

锆、铪的基本物理性质列于表 12-2-7。

锆、铪的热传导系数随温度的升高而下降（图 12-2-1），比电阻也随之下降。

与其它难熔金属相比，锆、铪在固、液态下的蒸气压均极低，见表 12-2-8。

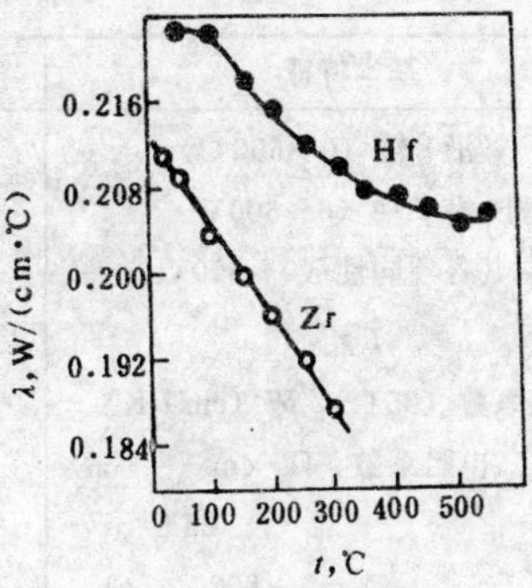

图 12-2-1 锆、铪的导热系数与温度的关系

表 12-2-7 锆、铪的基本物理性质

基本特征	Zr	Hf
原子序数	40	72
原子量	91.22	178.49
原子（金属）键半径，nm	0.159	0.159
原子（共价）半径，nm	0.1452	
原子体积，Å^3	13.97	13.42
电离电势，J		
第一	$(10.94\pm0.0096)\times10^{-19}$	$(120\pm0.8)\times10^{-19}$
第二	$(21.01\pm0.016)\times10^{-19}$	$(24.0\pm1.92)\times10^{-19}$
第三	$(39.68\pm0.016)\times10^{-19}$	$(37.1\pm0.16)\times10^{-19}$
第四	$(54.91\pm0.08)\times10^{-19}$	$(53.28\pm0.16)\times10^{-19}$
晶型 α	密堆六面体	密堆六面体
β	体心立方体	体心立方体
晶格常数，Å		
a	3.232 （α相） 3.545 （β相，25℃） 3.61 （β相，870℃）	3.197 （α相） 3.50 （β相，25℃） 3.615 （β相，1800℃）
c	5.148（α相）	5.057（α相）
c/a	1.593（α相）	1.582（α相）
密度，gcm^{-3}		
α相	6.490 ± 0.001	13.29 ± 0.01
β相	6.40	—
热线膨胀系数		

续表 12-2-7

基本特征	Zr	Hf
α相 沿c轴（0～600℃）	$(6.106+0.01398t)\times10^{-6}$	
α相 沿a轴（0～600℃）	$(5.599+0.002241t)\times10^{-6}$	
α相 各项同性（0～600℃）	$(5.768+0.006154t)\times10^{-6}$	5.9×10^{-6}
β相	9.7×10^{-6}	—
导热系数（25℃），W（cm・K）	3.70	3.91
电阻系数，Ω・cm		
25℃	$(38.8\sim44.0)\times10^{-6}$	35.1×10^{-6}
862℃（α）	129×10^{-6}	—
862℃（β）	110×10^{-6}	—
电阻压力系数（$\frac{R}{R_0}$）		
0 MPa	1.0000	—
4000 MPa	0.9914	—
8000 MPa	0.9834	—
电子逸出功，J	6.56×10^{-9}	5.65×10^{-19}
电化当量，mg/C（对四价金属）	0.2363	—
霍耳系数，V・cm/（A・T）	12.6×10^{-9}	-0.162×10^{-9}
超导转变温度，K	0.546～0.68	—

表 12-2-8 锆、铪蒸气压 *P*（Pa）

$$\left(\lg P=-\frac{a}{T}+b\right)$$

物 质	*a*	*b*	温度范围，K
Zr（固体）	30810±240	1.950±0.080	<2134
Zr（液体）	29940±240	1.541±0.08	2134～2550
Hf（固体）	31800±150	1.855±0.072	1940～2464
Hf（液体）	30400±240	1.304±0.085	2490～2550

锆、铪的热容及相变分别见表 12-2-9 与表 12-2-10。

表 12-2-9 锆、铪的热容 C_p（×4.18J/mol・K）

$$\left(C_p=a+\frac{b}{10^3}+10^5\frac{c}{T^2}\right)$$

物 质	*a*	*b*	*c*	温度范围，K
α-Zr（固）	5.463	2.114	−0.166	298～1134
β-Zr（固）	5.137	1.5705	8.776	1136～2125
Zr（液）	8.0			2125±5（熔点）
Zr（气）	5.496	0.730	0.8708	298～2400
α-Hf（固）	5.607	1.832	—	298～2036
β-Hf（固）	6.315	1.696	—	2036～2495

表 12-2-10 锆、铪的相转变

物质	晶型变化（$\alpha \rightarrow \beta$）		熔融			升华	沸腾	
	t,℃	$\triangle H$，J/mol	t,℃	P，MPa	$\triangle H$，J/mol	$\triangle H$，J/mol	t,℃	$\triangle H$，J/mol
Zr	86.3±5	3935.6±209	1852±5	2.82×10^{-4}	18840.6 ±2093	5.86×10^{5} ±6700	3700～4400	5.57×10^{5}～5.95×10^{5}
Hf	176.3 ±70	6698.9 ±209.3	2222 ±20	1.33×10^{-2}	20934.0 ±1256	6.01×10^{5} ±8374	4600±100	5.69×10^{5} ±14654

二、金属锆的化学性质

按电位顺序，锆接近铍、铝，是一强还原剂，但比铪稍活泼。锆、铪常见的化合价为4，但在一定条件下，也可能小于4。在室温下，锆、铪是非常稳定的金属，但金属稳定性在很大程度上取决于金属的纯度及表面状态。致密的金属锆和铪非常稳定，但若为海绵状特别是为粉末状时，则非常活泼，极易与气体和液体作用。金属锆、铪与气体及液体的作用情况分别（见表12-2-11与表12-2-12）。

表 12-2-11 金属锆与气体的相互作用

气体	O_2	H_2	N_2	CO_2，CO，H_2O
作用情况	O_2分压为1013Pa，作用时间为120min，当温度为200℃时，表面氧化层厚度为150Å，425℃时为5000Å，600～700℃时发生强烈反应	350～400℃时大量吸H_2，更高温度下逐渐释放H_2，长期保持1000℃及真空条件下可释放全部H_2	400℃时开始反应，强烈反应发生在600～700℃，反应先生成Zr-N，固熔体，当N_2超过20%（原子）即生成氮化锆化合物	800℃时与CO_2发生反应，1000℃与CO发生反应，反应产物均为氧化物及碳化物。300℃时与水蒸汽反应，1000℃时发生强烈反应

表 12-2-12 金属锆与液体的相互作用

溶液介质	碱溶液	酸溶液
作用情况	具有极优的抗蚀性能，在10～15%的100℃ NaOH溶液中，腐蚀速度为0.0005～0.0043mm/年	100℃下对H_2SO_4、HCl、HNO_3有良好的耐蚀性，但在HNO_3-HCl，HNO_3-H_2SO_4及HCl-H_2SO_4溶液中耐蚀性较差，溶于HF或沸腾的浓H_2SO_4溶液中

三、锆、铪化合物的物理化学性质

（一）锆、铪化学反应的基本特性

锆、铪外层的d电子层未饱和，d轨道的屏蔽作用比较小，且锆、铪原子核中电荷数较大，对价电子有较大的吸收力，因此锆、铪是非成对弧电子的吸收体。已知在凝聚态下的锆、铪化合物均为络合物，简单化合物仅在气态下存在，如四卤化物。

氧原子是锆、铪极好的配位原子，通过这种键合可使锆、铪与各种含氧酸、水、氧基、氢氧基形成种类繁多的络合物。对于同一配位体可能有不同形式的配位方式及不同的空间结构等。

水解是锆、铪络合反应的重要组成部分，由于锆铪对氧原子巨大的亲和力，使分子进入络合物的内层。由于各种含氧配位体与锆、铪键合能很接近，因此无论在酸溶液还是在碱溶液中均能发生水解反应。水解程度由络合物中OH基的数目确定。

水解是锆、铪化合物聚合的主要原因，聚合的结果形成多核络合物。在多核络合物中，锆与锆、铪与铪或锆与铪的结合通过“氧桥”，“氢氧桥”进行，也可能通过电子得失与氮、磷、砷、硫发生键合。

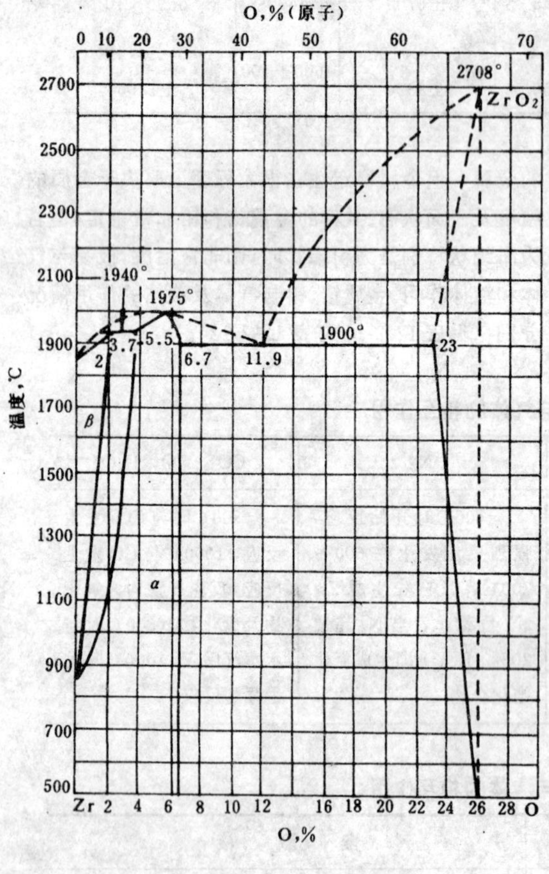

图 12-2-2 Zr-O 二元相图

锆、铪可能与不同配位体形成混合配位络合物，如锆（或铪）的氟硫酸、硫碳酸，氟碳酸络合物；也可能与其它中心原子形成混合多核络合物，如 $Na_2[Zr_3Cr_2(OH)_{12}(SO_4)_4]\cdot 6H_2O$。

（二）锆、铪的主要化合物及其性质

1. 氢氧化锆（铪）

氧化锆（铪）Zr（Hf）O $(OH)_2\cdot nH_2O$ 为白色沉淀，几乎不溶于水，容易形成胶体溶液，并因其无明显的酸碱性，而被称为“准中性”化合物。

2. 氧化锆（铪）

Zr-O 及 Hf-O 的二元相图见图 12-2-2、12-2-3。

由上述相图可知，在很宽的浓度范围内，存在氧原子溶于 α、β 锆（铪）的固溶体。O 与 α-Zr（Hf）的固溶体同分熔融，与 β-Hf 的固溶体形成低溶混合物。

ZrO_2、HfO_2 是迄今为止唯一被确认在地壳上存在的锆、铪化合物。它们化学性质稳定，是典型的难熔、难蚀化合物，其主要物理性质见表 12-2-13。

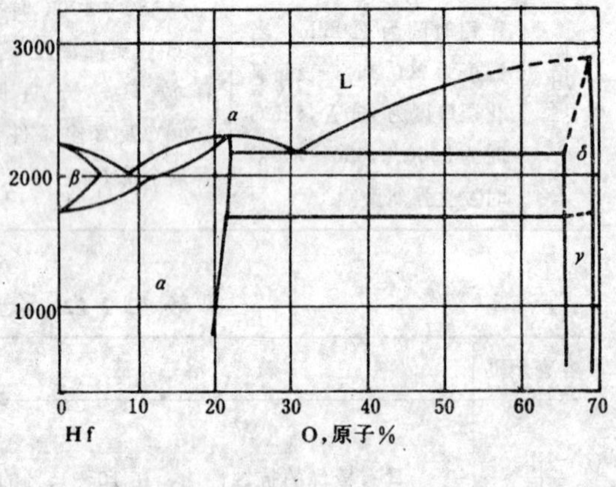

图 12-2-3 Hf-O 二元相图

表 12-2-13 ZrO_2、HfO_2 的主要物理性质

物理性能	ZrO_2	HfO_2
密度，g/cm^3		
单斜（α）	5.68	10.3
四方（β）	6.10	10.1
立方（γ）	6.27	10.43
硬度（莫氏）	6.5	—

续表 12-2-13

物理性能	ZrO_2	HfO_2
折射率		
η'_g	2.20	2.20
η'_w	2.19	—
η'_p	2.13	1.98
相转变温度,℃		
$\alpha \rightarrow \beta$	1170 ～ 1200	1650 ～ 1700
$\beta \rightarrow \gamma$	2290～2350	2700
熔点,℃	2680～2700	2780～2920
沸点,℃	4548	5400
相转变热$\triangle H$，kJ/mol		
$\alpha \rightarrow \beta$	5.95 ～ 6.91	10.42
$\beta \rightarrow \gamma$	—	
熔融热，J/mol	86.7	104.2
热容，J/mol·K		
单斜	$69.37+75\times10^{-3}T-14.01\times10^{-5}T^2$ (298～1478K)	$71.84+9.016\times10^{-3}T-12.893\times10^{-5}T^2$ (298～1973K)
四方	74.2～78.0 (≥1478K)	108.38 (≥1973K)
热膨胀系数，℃$^{-1}$		
α	7×10^{-6}	—
β	13×10^{-6}	—
晶格常数，Å		
单斜	$a=5.169$，$b=5.232$，$c=5.341$，$\beta=80°45'$	$a=5.11$，$b=5.14$，$c=5.29$，$\beta=99°44'$
四方	$a=5.085$，$c=5.166$	$a=5.14$，$b=5.25$
立方	$a=5.1$	—
电阻率，Ω·cm	10^{-4}	—

在 1726℃下，ZrO_2 的蒸汽压仅为 1.47×10^{-12} Pa。ZrO_2 及 HfO_2 有三种晶体结构：单斜、四方及立方晶体。

3. 硅酸锆

硅酸锆（$ZrSiO_4$）是高熔点（2430℃）和耐腐蚀化合物，但在高于 1676±10℃时分解成相应的氧化物。它几乎不与任何酸起作用，只有在高温时与碱作用。与 ZrO_2 相比，$ZrSiO_4$ 具有更低的热膨胀系数，经受突变温差能力强，是一种优质的耐火材料。

锆英石具有四方晶体结构，由 ZrO_2 及 SiO_2 结合而成，其中锆和硅通过氧原子桥连成巨大的分子：

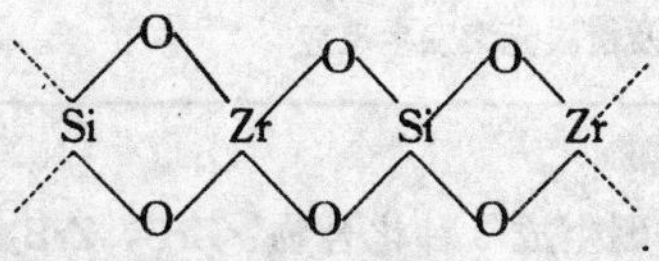

4. 锆、铪的硫、硒、碲化物

锆、铪的硫、硒、碲化物及其主要特性见表 12-2-14。

表 12-2-14 锆的硫、硒、碲化物及特性

体系	化合物	特性
硫化物	ZrS_3	桔黄色晶体，$d^{25}=3.66$，对硫酸及碱较稳定，单斜晶体。
	HfS_3	单斜晶体
	ZrS_2	紫色固体，具有八面体结构，半导体，空气中稳定，易氧化。
	$ZrS_{1.54\sim0.9}$	具有扭曲的立方（NaCl）结构或介于 NaCl 及 $CaCl_2$ 的中间菱形晶系
	$ZrS_{0.7}$	六方对称晶型
硒化物	$ZrSe_3$	单斜晶体
	$HfSe_3$	单斜晶体
	$ZrSe_2$	六方晶体
	$HfSe_2$	六方晶体
碲化物	$ZrTl_3$	单斜晶体

5. 锆、铪的氮、磷、砷化物

锆、铪的氮、磷、砷化物见表 12-2-15。

表 12-2-15 锆铪的氮、磷、砷化物

氮化物	磷化物	砷化物
ZrN、HfN，立方（NaCl）晶体结构，熔点分别为 2980℃和 3310℃，只与王水、浓硫酸、氢氟酸及碱起作用，低于 9.8K 时 ZrN 具有超导性。	ZrP_2、ZrP、Zr_3P、HfP_2、HfP、Hf_3P 等。	$ZrAs_2$，ZrAs，$HfAs_2$，HfAs Hf_2As，Hf_3As_2 $Hf_{1.67}As$ 等。

6. 锆、铪的碳、氮、硅、锗、硼化合物

锆、铪的碳、硅、锗化合物列在表 12-2-16 中。

表 12-2-16 锆、铪的碳、硅、锗化合物

碳化物	硅化物	锗化物
ZrC，HfC，面心立方晶体，显示金属特性，顺磁性很弱，与 TiC，NbC，TaC 容易生成固溶体，也易与氮化物形成固溶体。化学性质稳定，但在高温下易与 O_2 及卤族元素发生反应	$ZrSi_2$、ZrSi、$ZrSi_4$、Zr_5Si_4、Zr_3Si_2、Zr_2Si、Zr_3Si、HfSi、Hf_5Si_3、$HfSi_2$ 等	$ZrGe_2$、ZrGe、Zr_5Ge_3、Zr_3Ge、$HfGe_2$、Hf_5Ge_3 等

锆与硼生成 3 种化合物：ZrB，ZrB_2 及 ZrB_{12}。ZrB 具有面心立方晶体结构（$a=4.65\pm0.03$Å），在 3.3°K变成超导体，ZrB_2 具有金属性质，结晶呈六面层的晶格，与酸溶液作用释放 H_2，与硫酸作用还原成 SO_2。在有氧化性的酸溶液中易发生反应，ZrB_2 与 F_2 剧烈反应生成 ZrF_4，与热碱反应速度很慢。

比较重要的锆、铪化合物为硼化物、碳化物、硅化物及氮化物。它们的某些物理性质列在表 12-2-17 中。

表 12-2-17　锆、铪的硼、碳、硅及氮化物的物理性质

	ZrB_2	ZrC	HfC	ZrSi	HfSi	ZrN
熔点，℃	3050	3500（3530）	3890（3881）	—	2100	2890
C_{P298}，J/K·mol	48.064	36.509	—	—	—	40.27
ΔH_{298}，kJ/mol	−300.6	−195.9	−218.0	−122.6（2）	—	−355.28
密度，g/cm³	6.1	6.7	12.6	5.56（4）	—	7.18
线膨胀系数，10^{-6}/K	5.5	7.5	—	—	—	—

7. 锆、铪的卤化物

锆、铪的卤化物可表示为 ZrX_n 或 HfX_n（其中 $n=2$，3，4，X 为 F，Cl，Br，I），其中重要的有 $ZrCl_4$（$HfCl_4$）和 ZrF_4（HfF_4）等。

$ZrCl_4$、$HfCl_4$ 的特性见表 12-2-18。

表 12-2-18　$ZrCl_4$、$HfCl_4$ 的特性

特　性	$ZrCl_4$	$HfCl_4$
相变温度，℃	426±2	416±2
挥发特点	极易升华	极易升华
三相点压力，Pa	2.157×10^6	4.354×10^6
三相点时密度，g/cm³		
液　体	0.125	0.435
气　体	1.65	1.82
液相密度与温度关系		
$\rho=a+bT$，g/cm³		
a	1.63	1.91
b	-4.7×10^{-3}（438～493℃）	-2.5×10^{-3}（432～442℃）
液态特点	液态存在温度区间小	液态存在温度区间小
$t_{临界}-t_{熔点}$，℃	67～68	17～20
晶体特点	固态呈单斜晶体，由八面体（$ZrCl_6$）构成的大分子	同 $ZrCl_4$
固体蒸气压，×133.3Pa	$\lg P=-5712/T+12.338\pm0.06$（370～500K） $\lg P=-5387/T+11.742\pm0.005$（480～699K）	$\lg P=-5642/T+12.01\pm0.03$（383～463K） $\lg P=-5181/T+11.699\pm0.03$（470～689K）
固体蒸汽压，×133.3Pa	$\mathrm{Lg}P=-8021/T+15.51\pm0.017$（三相点温度区间 699～710K）	$\lg P=-8349/T+16.382\pm0.023$（三相点区间 687～703K）
液相蒸汽压，×133.3Pa	$\lg P=-3469/T+9.089\pm0.005$（710～775K）	$\lg P=-3266/T+9.1604\pm0.0002$（705～720K）
相变热，kJ/mol	30.9±0.7	38.4±0.4

已知 ZrF_4 及 HfF_4 有 4 种晶体结构，即 α-Zr (Hf) F_4，β-Zr (Hf) F_4，γ-Zr (Hf) F_4 及无定形 Zr (Hf) F_4，但各晶体结构存在的温度区域还不能精确地确定，一般认为 450℃以上时 β 型较稳定。

ZrF_4 及 HfF_4 在气态时为单分子，具有正四面体的结构。由于氟与锆（铪）有比氧更大的亲和力，因此自溶液中可以结晶出 $MeF_4 \cdot nH_2O$（Me＝Zr 或 Hf），这是别的卤族化合物所没有的。

8. 氧氯化锆、氧氯化铪

氧氯化锆（铪）是重要的含锆（铪）化合物，其确切的化学结构式为 $[Me_4(OH)_8(H_2O)_{16}]Cl_8 12H_2O$ 或略作 $Me(OH)_2Cl_2 \cdot 7H_2O$（Me＝Zr 或 Hf），实际上应称为碱式氯化锆（铪）。

在 ZrO_2-HCl-H_2O 体系中，$ZrOCl_2 \cdot 8H_2O$ 是最重要的化合物，存在于很宽的浓度和温度区域内。当体系中 HCl 含量小于 15%（重量）时，结晶的组成为具有不同氯含量的氢氧化物。一般氯与锆的原子比少于 0.3，而在饱和溶液，且温度高于 30℃时，氯与锆的原子比可以达到 1，但不会达到 2。当体系中 HCl 含量在 15～30%（重量）范围内时，结晶为 $ZrOCl_2 \cdot 8H_2O$；当 HCl 含量达到或超过 HCl30%且温度低于 30℃时，可能得到 $ZrOCl_2 \cdot 3H_2O$ 结晶。

HfO_2-HCl-H_2O 体系的情况与锆的基本类似。

$ZrOCl_2 \cdot 8H_2O$ 及 $HfOCl_2 \cdot 8H_2O$ 为无色晶体，它可由 $ZrCl_4$ 或 $HfCl_4$ 溶解于 H_2O，或氢氧化锆（铪）溶解于 HCl 溶液中，经蒸发结晶或盐析而得。

$ZrOCl_2 \cdot 8H_2O$ 与 $HfOCl_2 \cdot 8H_2O$ 在水中有很大的溶解度，但随 HCl 的浓度变化而改变，并在 HCl 浓度为 8～9mol/L 时达到最低点（表 12-2-19）。不同温度下 $ZrOCl_2 \cdot 8H_2O$ 在 10.16mol/L 的 HCl 溶液中的溶解度见表 12-2-20。

表 12-2-19 $ZrOCl_2 \cdot 8H_2O$ 及 $HfOCl_2 \cdot 8H_2O$ 在不同浓度 HCl 溶液中的溶解度

$ZrOCl_2 \cdot 8H_2O$		$HfOCl_2 \cdot 8H_2O$	
HCl 浓度，mol/dm^3	溶解度，mol/L	HCl 浓度，mol/L	溶解度，mol/L
0.2	2.91	5.64	0.167
1.47	2.14	6.48	0.103
4.97	0.329	9.02	0.053
8.72	0.0547	10.33	0.0668
10.14	0.0988	10.56	0.0801
10.94	0.205	11.28	0.1509
11.61	0.335		

表 12-2-20 不同温度下 $ZrOCl_2 \cdot 8H_2O$ 在 10.16mol/L 的 HCl 溶液中的溶解度

温度，℃	100g 溶液中 $ZrOCl_2 \cdot 8H_2O$ 的溶解度，g
0	2.72
10	3.15
20	4.51
30	6.42
40	9.67
50	14.19
60	20.45
68	23.85

9. 锆的硫酸盐

由于起始溶液条件不同，可能生成3种不同类型的锆、铪硫酸盐。当溶液中SO_3含量小于25%，固体的成分为不同类型的碱式硫酸锆；SO_3含量为25～60%时，结晶的形式为$Zr(SO_4)_2 \cdot 4H_2O$，它的溶解度最小；SO_3含量大于60%时，结晶的组成则为$H_2[Zr(SO_4)_3] \cdot nH_2O$（$n=0, 1, 2$）。

正硫酸锆盐$Zr(SO_4)_2 \cdot 4H_2O$是重要的锆化合物，其主要性质见表12-2-21。

表 12-2-21 $Zr(SO_4)_2 \cdot 4H_2O$的主要性质

分子式	分子量	晶体结构	密度，g/cm^3	在水中溶解度
$Zr(SO_4)_2 \cdot 4H_2O$	355.42	由ZrO_8晶胞构成，属于平面反斜方晶系，其中每个Zr原子与4个SO_4键联，而每一个SO_4又与2个Zr原子结合，锆与硫酸根通过氧桥连结，而水分子通过氢键与Zr相连，Zr的配位数为8。	2.8	18℃时为52.5%，39.5℃为59.3%，随H_2SO_4浓度提高其溶解度下降，当$[SO_3]=47\%$时，溶解度最小。

$Zr(SO_4)_2 \cdot 4H_2O$可以通过在含锆溶液中加入硫酸，使溶液中SO_3含量达42～54%时结晶获得。这种方法获得的晶粒很大，易于过滤，并且许多杂质在结晶过程中被除去，回收率也很高。

碱式硫酸锆是最重要的锆化合物之一，可通过氯化锆或硝酸锆溶液沉淀获得。这种方法除杂效果好，沉淀率高，而且H_2SO_4耗量小，操作方便，因此是工业上广泛应用的提纯方法。不同沉淀条件可以得到不同组成的碱式硫酸锆。如在HCl溶液中，当溶液中起始SO_4与Zr的比值（分子比）为0.5～0.7时，沉淀的组成约为$2ZrO_2 \cdot SO_3 \cdot 5H_2O$；比值为0.7～1.1时，生成较易溶解的$3ZrO_2 \cdot 2SO_3 \cdot 5H_2O$；比值为0.4时，即沉淀出较难过滤的$5ZrO_2 \cdot 2SO_3 \cdot 16H_2O$。

含锆硫酸阴离子的酸式盐种类繁多，其中有$H_2[Zr(SO_4)_3] \cdot nH_2O$；$M'_2[Zr(SO_4)_3] \cdot nH_2O$（$M'=K, Na, NH_4, Rb$）；$M'_4[Zr(SO_4)_4] \cdot nH_2O$（$M'=K, Rb$）；$M'_6[Zr(SO_4)_6] \cdot nH_2O$（$M'=K$）。锆硫酸的钠盐是一种重要的鞣剂原料。

10. 水合四氟化锆、铪及锆、铪的氟络合物。

锆、铪的水合氟化盐是锆、铪的一种重要化合物，它是制备金属锆或合金的原料，同时也是一种重要的化工制品。

$ZrF_4 \cdot 3H_2O$及$HfF_4 \cdot 3H_2O$一些物理化学性质列在表12-2-22。

表 12-2-22 $ZrF_4 \cdot 3H_2O$和$HfF_4 \cdot 3H_2O$的物理化学性质

性质	$ZrF_4 \cdot 3H_2O$	$HfF_4 \cdot 3H_2O$
在微酸溶液中的溶解度，%	13.6	34.2
晶体结构	三斜晶系二聚结构	单斜（或斜方）晶系
	空气中不稳定，失去部分H_2O生成$ZrF_4 \cdot H_2O$	同左
ΔH_{298}，kJ/mol		
$ZrF_4 \cdot 3H_2O$	2819.8	—
$ZrF_4 \cdot H_2O$	2225.0	

ZrF_4、HfF_4 和 NH_4F 生成一系列锆（铪）氟酸铵盐，其通式为 Zr (Hf) $F_4 \cdot nNH_4F$（其中 $n \leqslant 3$）。已知的化合物有 $NH_4Zr(Hf)F_5$，$(NH_4)_2Zr(Hf)F_6$，$(NH_4)_3$ $(NH_4)_3Zr(Hf)F_7$。上述化合物加热时，逐渐失去 NH_4 及 HF：

$(NH_4)_3Zr(Hf)F_7$（固）$\rightleftharpoons$ (NH_3+HF)（气）$+(NH_4)_2Zr(Hf)F_6$（固）$\rightleftharpoons$ (NH_3+HF)（气）$+NH_4Zr(Hf)F_5$（固）$\rightleftharpoons$ (NH_3+HF)（气）$+$Zr(Hf) F_4

除锆（铪）氟酸铵外，氟化锆（铪）还与碱金属氟化物形成一系列锆（铪）氟酸的碱金属络合物，它们的类型以及相变温度见表 12-2-23。

表 12-2-23 锆（铪）氟酸碱金属络合物

络合物名称	相变类型①	Li	Na	K	Rb	Cs
MeZr (Hf) F_8	T	464	—	—	—	—
Me_3Zr (Hf) F_1	K	640 (690)	850 (860)	923 (915)	880 (856)	760 (750)
Me_5〔Zr (Hf)〕$_2F_{13}$	I	—	635 (620)	854	—	—
Me_2Zr (Hf) F_6	I	570 (605)	535 (535)	585 (593)	590 (608)	630 (632)
Me_3〔Zr (Hf)〕$_2F_{11}$	T	—	480	327 (476)②	—	—
Me_5〔Zr (Hf)〕$_4F_{21}$	K	—	—	—	412 (410)	—
Me_7〔Zr (Hf)〕$_6F_{31}$	T	—	525 (540)	380① (325)	—	—
MeZr (Hf) F_5	K	—	(585)②	455 (432)	407 (400)	490 (530)
Me_3〔Zr (Hf)〕$_4F_{19}$	I	—	536	—	—	—
Me〔Zr (Hf)〕$_2F_9$	K	520①	—	620 (628)	575 (570)	—
Me〔Zr (Hf)〕$_4F_{17}$	I	590	—	—	—	—

注：括号内为相应的铪氟酸盐。

① K—同分熔融，I—异分熔融，T—固相相变。

② 异分熔融。

锆（铪）氟酸盐不仅可以从非水体系中制得，而且还可以从水溶液中获得。当水溶液中〔MeF〕：〔Zr (Hf) F_4〕<1（克分子比，下同），则形成的络合物为 MeZr (Hf) F_5H_2O；当〔MeF〕：〔Zr (Hf) F_4〕>4 时，则生成七氟酸盐。

在锆（铪）氟酸盐体系中，六氟锆酸盐 Me_2ZrF_6 是最稳定同时也是最易获得的化合物，而且可从水溶液中结晶出无水络合物（见表 12-2-24）。

表 12-2-24 六氟锆、铪酸盐熔解度（25℃，$gMe_2ZrF_6/100gH_2O$）

化 合 物	$(NH_4)_2MeF_6$	Na_2MeF_6	K_2MeF_6	Rb_2MeF_6	Cs_2MeF_6
Me-Zr	22.52	0.58	2.16	4.16	6.54
Me-Hf	41.6	—	4.61	6.92	9.18

所有六氟锆（铪）氟酸盐中，以 $K_2Zr(Hf)F_6$ 及 $(NH_4)_2Zr(Hf)F_6$ 最为重要，其原因之一是这两种盐的溶解度有较明显的区别（表 12-2-25），所以可作为锆铪分离的原料。

表 12-2-25 K_2ZrF_6，K_2HfF_6 在不同温度下的溶解度

(gK_2Zr (Hf) $F_6/100gH_2O$)

t ℃	0	10	20	30	40	50	60	70	80	90	100
K_2ZrF_6	0.94	1.22	1.82	2.78	4.22	6.35	9.34	12.85	17.40	24.40	36.20
K_2HfF_6	2.25	2.90	4.31	6.34	9.58	14.73	20.76	27.74	37.23	51.32	74.1
α①	1.84	1.82	1.81	1.75	1.73	1.73	1.70	1.65	1.64	1.60	1.56

① K_2HfF_6 与 K_2ZrF_6 摩尔溶解度之比。

第三节 锆、铪的选矿简述

一、锆、铪的粗选

粗选工序包括入选准备(筛分及浓缩脱水)及粗选两个步骤，见表 12-2-26。

表 12-2-26 粗选工序

步骤名称	目的	设备及工艺
入选准备		
筛分	除去矿石中的卵石，粗砂杂草，保证入选矿粒度	根据矿石的不同，需进行 1～3 次筛分，分粗筛及细筛两种，粗筛选用条格筛，细筛选用振动筛。
浓缩脱水	除去多余水分及脱出不可选的细泥	选用旋流器及浓密器。
粗选	将比重轻的脉石作尾矿弃去，获得含重矿物 90%粗精矿	选矿设备置于移动式粗选厂，它可分为水山移动式（浮船）及陆地移动式（轨道移动式拖板式移动）两种。采用处理量大，回收率高，便于移动重选设备；如圆锥选矿机和螺旋选矿机，前者用于选丢尾矿，后者用于进一步选矿，获得供精选用的粗精矿。

二、锆、铪的精选

精选的目的是在回收有用矿物的同时，将有经济价值的伴生矿物进行有效的分离，综合回收、生产各种有用矿物的精矿。精选一般分为湿选和干选两种，其工艺步骤分别列在表 12-3-27 和表 12-3-28 中。

表 12-2-27 湿精选工序

工序	目的	设备及工艺
重选	除去轻比重的脉石矿物	采用摇床、螺旋选矿机等设备处理能力为 3～6t/h，给矿浓度 5～40%
湿式磁选	预先选出大量的钛铁矿	采用湿式磁选机（磁场强度为 95.52～143.3A/m，处理能力为 17～18t/h）
表面处理	对进入干选的矿石进行表面处理	用 NaOH 或 HCl 溶液在搅拌擦洗机中洗涤
干燥	除去水分	回转窑

表 12-2-28 干精选工序

工 序	目 的	设 备 及 工 艺
弱磁选	除去强磁矿物（磁铁矿、钛铁矿）	磁选机
强磁选	进行弱磁矿物与非磁矿物的分离	强磁选机
电 选	进行锆英石-金红石的分离	采用各式电选机，如高压辊式电选机（进料粒度为30～240μm；给矿温度120℃，处理能力为4～6t/h），板式和筛式电选机（进行粒度为30～240μm，电场电压25kV，处理能力为3～4t/h）

经精选后，澳大利亚锆英石精矿的主要成分列在表12-2-29中。不同等级精矿的粒度分布列在表12-2-30中。

表 12-2-29 澳大利亚锆英石精矿成分（%）

元素含量	标准"L"级	粗粒级	OL级	陶瓷级（煅烧后）
$Zr(Hf)O_2$	65.0	66.0	65.5	66.0
TiO_2	0.25	0.25	0.25	0.10
Fe_2O_3	0.12	0.15	0.10	0.06

表 12-2-30 锆英石精矿的粒度分布（%）

粒度，mm	标准"L"级	粗粒级	OL级	陶瓷级（煅烧后）
0.3	—	6.4	—	—
0.25	1.4	16.5	—	2.2
0.212	2.5	18.4	1.4	3.7
0.18	6.7	26.2	3.2	10.2
0.15	23.1	25.8	17.9	26.5
0.125	18.6	4.1	21.5	18.2
0.106	33.7	2.4	28.5	21.6
0.075	13.4	0.2	25.8	11.1
−0.075	0.6	痕	1.9	0.5

由于矿床条件和其它辅助条件的不同，各选矿厂的具体工艺流程的设置不完全相同。图12-2-4～6列举了澳大利亚西澳矿卡佩尔(Capel)公司的粗、细选工艺流程及中国精选工艺流程一例。

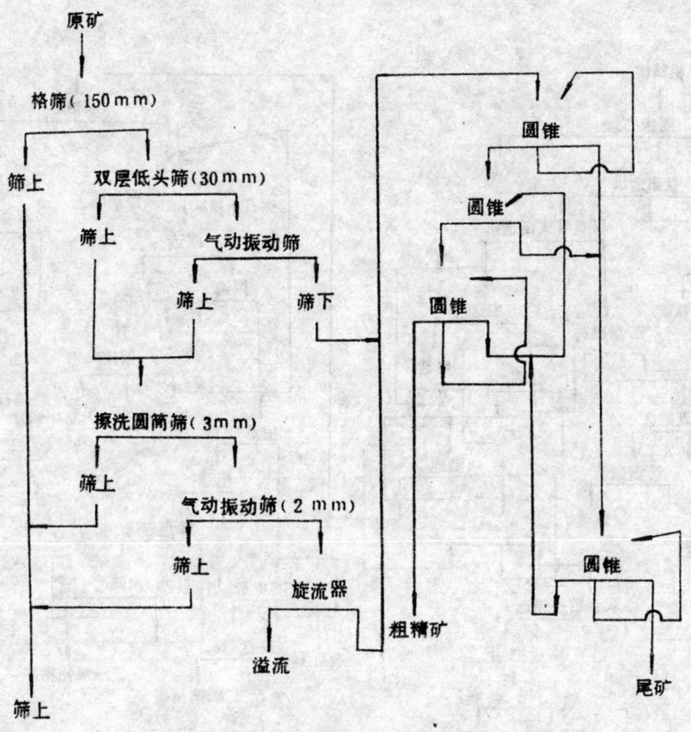

图 12-2-4 西澳矿卡佩尔公司粗选工艺流程

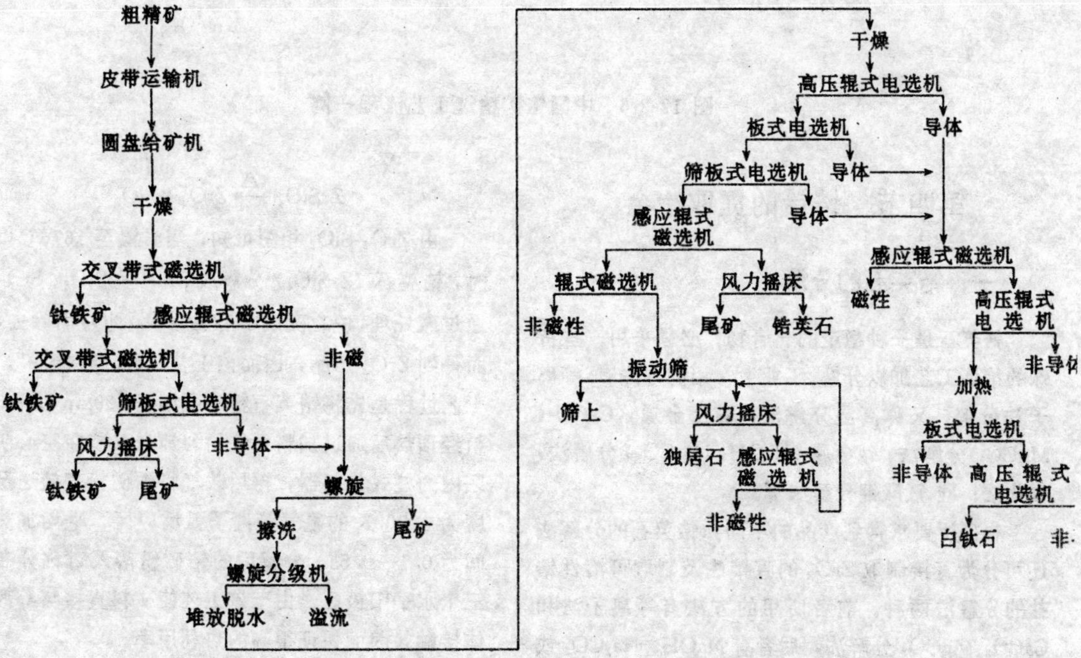

图 12-2-5 西澳矿卡佩尔公司精选工艺流程

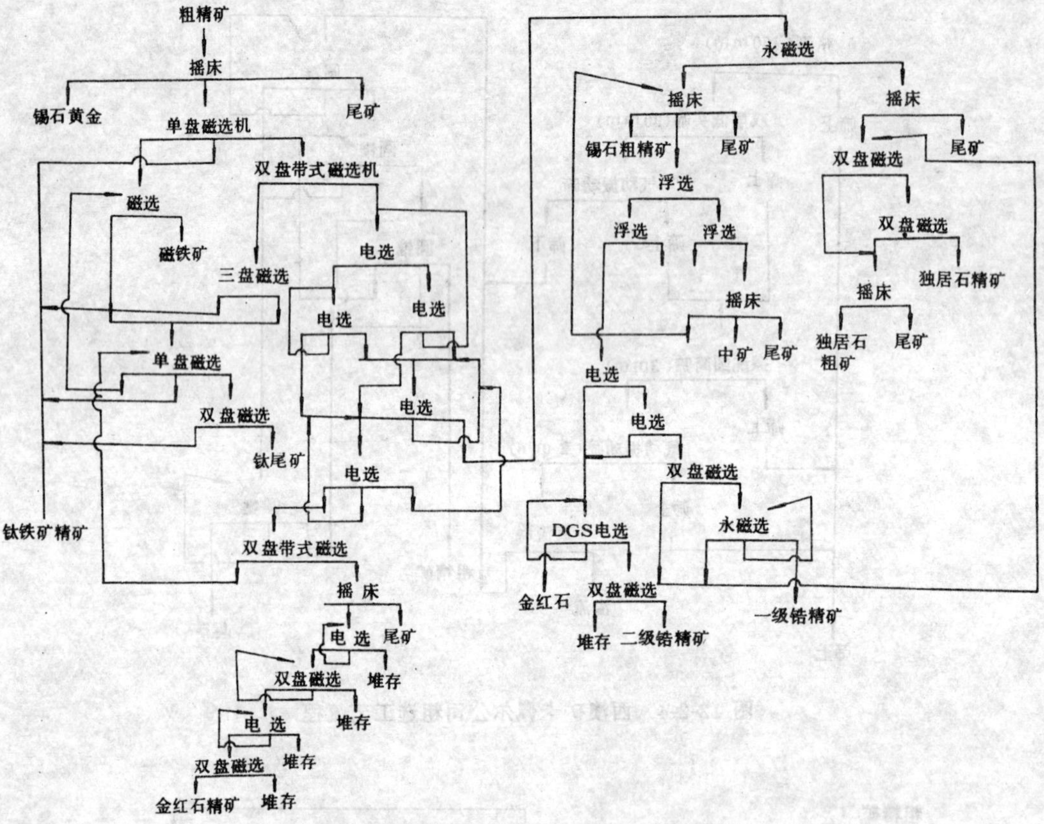

图 12-2-6 中国锆矿精选工艺流程一例

第四节 锆铪的提取冶金

一、锆英石的分解

锆英石是一种稳定的化合物，必须采用一些特殊的冶炼工艺加以分解。工业上常用的方法有：等离子法分解，又称高湿分解法；碱土金属（$CaCO_3$，$MgCO_3$）分解法；碱金属（NaOH，Na_2CO_3）分解法；氯化法；硅氟酸钾分解法等。

根据所要求得到产品的不同，锆英石的分解法还可分为直接制取 ZrO_2 的直接法及制取可溶性锆盐的分解法两种。前者所用的方法有等离子法和 $CaCO_3$、$MgCO_3$ 分解法，后者有 NaOH、Na_2CO_3 或 $NaCO_3$ 分解法。

（一）等离子热分解制取工业级 ZrO_2

等离子法热分解制取工业级 ZrO_2 的主反应为：

$$ZrSiO_4 \xrightarrow{\triangle} ZrO_2 + SiO_2$$

由 ZrO_2-SiO_2 相图可知，当升温至 1676℃以上时，锆英石（$ZrSiO_4$）分解成 ZrO_2 及 SiO_2。SiO_2 可通过碱处理，使之变成水溶性的 Na_2SiO_3 而除去，从而得到 ZrO_2 产品，因而该工艺又称“直接法”。该工艺过程是先将锆英石精矿磨细至 200μm 以下，矿粉经预热后通过加料系统均匀地送入装在空心阴极区内的柱式加料器，再用载气将锆矿粉直接送至温度为 13000K 的氩气等离子弧反应区，平均加热时间为 0.1～0.5s。分解后的锆矿粉落入对称分布的三个水平阳极区。由于该工艺使矿料直接与等离子体接触，因而保证很高的热利用率。

该工艺的关键在于能否有效地处理由 SiO_2 熔融对反应器的粘附而引起的“结疤”。工业实践证明，稳定的加料速度，均匀的矿石粒度，合适的等离子流和锆矿的比例等因素是有效防止或减少"结疤"的关键。与此同时，反应区应稍保持负压，使空气通过分布环不断通入进行"除疤"。

经等离子熔融后的产品经冷却后，大部分为球状的单斜 ZrO_2 晶体，其粒径为 0.1～0.5μm，外层被无定形的 SiO_2 所包裹。用浓度为 50%的 NaOH 溶液处理 1h，使 SiO_2 变成可溶性的硅酸钠，然后进行离心分离，可使 ZrO_2 中 SiO_2 含量小于 1%。也可采用浮选法或 HF 浸出法除去 SiO_2。

(二)用钙、镁氧化物或碳酸盐烧结制取 ZrO_2 或其它化合物

用钙、镁氧化物或碳酸盐烧结锆英石有 2 种方案。第一种方案所得的产品为 ZrO_2，这也是一种"直接"分解法；第二种方案是使烧结产品为酸溶性的锆酸钙，然后进一步处理制取各种含锆化合物。两种方案的工艺流程分别见图 12-2-7 及图 12-2-8。

用 $CaCO_3$(CaO)分解锆英石时主要的化学反应见表 12-2-31。

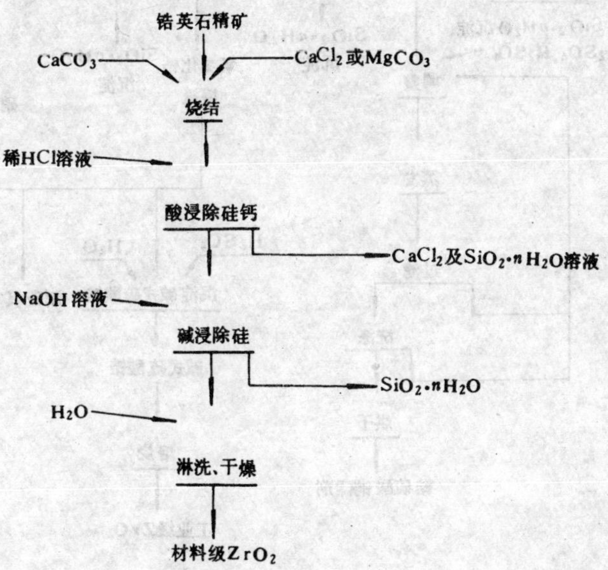

图 12-2-7 $CaCO_3$ 烧结直接制取 ZrO_2 工艺流程

表 12-2-31 $CaCO_3$-$ZrSiO_4$ 反应方程

反应类别	反应方程式	说明
一次反应	$ZrSiO_4+3CaCO_3 = CaZrO_3+Ca_2SiO_4+3CO_2\uparrow$	
二次反应	$ZrSiO_4+2Ca_2SiO_4 = Ca_3ZrSi_2O_9+CaSiO_3$ $ZrSiO_4+CaZrO_3 = CaSiO_3+2ZrO_2$	此反应速度较慢
三次反应	$ZrSiO_4+Ca_3ZrSi_2O_9 = 3CaSiO_3+2ZrO_2$ $CaSiO_3+CaZrO_3 = Ca_2SiO_4+ZrO_2$ $CaSiO_3+CaSiO_4 = Ca_3Si_2O_7$ $Ca_2Si_2O_7+ZrO_2 = Ca_3ZrSi_2O_9$	反应速度很慢

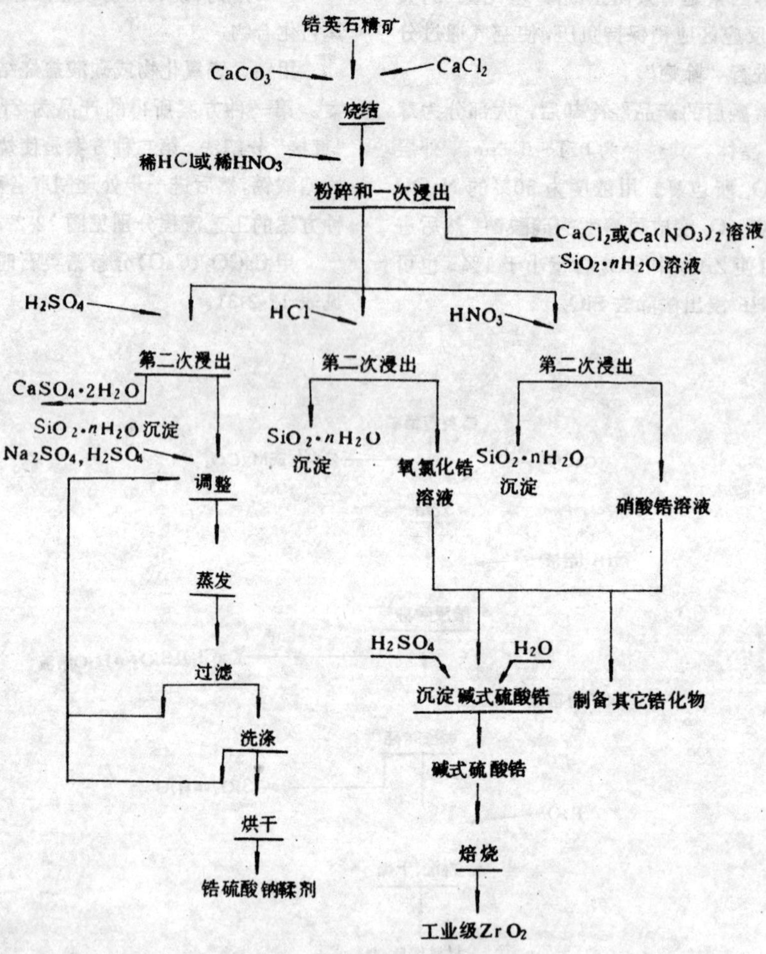

图 12-2-8 $CaCO_3$烧结制取含锆酸溶液工艺流程[1]

[1] 用硫酸浸出时，也可直接进行一次浸出

根据表中的反应方程式，同时考虑到CaO为强碱性氧化物，即使在低的CaO配比（例如CaO (mol) /$ZrSiO_4$ (mol) =1时，烧结产物不可能全部为ZrO_2，因此用$CaCO_3$烧结不可能直接得到ZrO_2。为此必须加入MgO。由于MgO碱性比较弱，与$ZrSiO_4$反应时不生成含锆化合物，而是生成Mg_2SiO_4及ZrO_2。MgO还能与含锆的硅酸钙化合物（如Ca_3ZrSiO_9）作用，生成Ca_2MgSiO_7、$Ca_3Mg(SiO_4)_2$、$CaMgSiO_4$及ZrO_2。也可加入$CaCl_2$。由于$CaCl_2$的熔点较低，形成液相后可加速CaO在锆英石中扩散，使之容易达到体系的平衡组成，从而使烧结产品中锆以ZrO_2的形式存在，使“直接”法烧结成为可能。

直接法制取ZrO_2的方法有以下几种。

(1)工艺方法一：配料比为CaO∶MgO∶$ZrSiO_4$=1∶1∶(0.5～1)(分子比)，其中CaO及MgO以石灰石及白云石的形式加入；烧结温度为1300～1400℃；浸出采用二次稀酸浸出，除去部分硅酸盐；产品为耐火材料级ZrO_2。

(2)工艺方法二：配料比为$CaCO_3$∶$CaCl_2$∶$ZrSiO_4$=0.6∶0.4∶1（分子比）；烧结温度为1100～1200℃；浸出分三次进行，第一次用80%HCl溶液，第二次用27%HCl溶液，第三次用40%NaOH溶液；产品为单斜晶型工业级ZrO_2。

(3)工艺方法三：配料比为CaO∶MgO∶$ZrSiO_4$=1.4∶1∶1(分子比)；烧结温度为1300～1400℃；浸出分四次进行，二次用5%HCl溶液，二次用2% NaOH溶液；产品为含SiO_2少于1%的立方晶型

ZrO_2。

制取可溶性锆（主要为 $CaZrO_3$）的工艺方法简介如下。

配料比为 CaO：$ZrSiO_4$＝3.3～3.6：1（分子比），锆英石磨细至＜0.074mm，以溶液形式加入5～50%的 $CaCl_2$，在震动磨中进行混料及磨砂。

烧结在回转窑中进行，烧结温度为1000～1100℃，烧结时间不小于1h，烧结总分解率为99.5%。浸出分二步进行。第一步用3～5%HCl溶液浸出，稀酸可使硅酸盐变成可溶性硅，而与 $CaZrO_3$ 不起作用，从而使锆与硅得到初步分离。第二步浸出用浓HCl或浓 HNO_3，在此情况下，锆进入溶液，硅则凝聚，若加入适量的絮凝剂（如聚丙烯酰氨，明胶等），可使硅与锆很好分离。也可采用 H_2SO_4 进行一步浸出。由于硫酸浸出时，硅胶容易凝聚，而锆进入溶液，使锆与硅得到分离，此时钙呈硫酸钙的状态，与硅一起进入沉淀。但应注意，只有水合的硫酸钙（如 $CaSO_4\cdot1.5H_2O$，$CaSO_4\cdot2H_2O$）才易于过滤，而无水硫酸钙是不易过滤的，为此，应尽量保持溶液具有的较低温度及酸度。浸出过程均在标准设备中进行。烧结块加入到水冷夹套反应器中，加入稀酸进行第一步浸出，固液分离可采用浓缩法或压滤机、真空过滤机中进行。第二步酸浸产生的硅胶沉淀在压滤机中过滤，热水沉淀。用 H_2SO_4 浸出后得到的石膏可以在真空过滤机中过滤及洗涤。

用上述方法获得的产品为含锆酸溶液。根据情况可进一步处理以获得碱式硫酸锆，然后烧结成工业级纯度的 ZrO_2 或处理成锆鞣剂。

（三）氢氧化钠或碳酸钠高温分解锆英石

本方法具有广泛的应用范围，锆英石用碱分解后可以制取纯度较高的各种锆化合物，如氧氯化锆、硫酸锆、高纯氧化锆等，也可经过液液萃取制备原子能级氧化锆（图12-2-9）。

由于氢氧化钠或碳酸钠分解生成的 Na_2O 为一碱性很强的化合物，因此用本方法不能直接制取 ZrO_2，而是通过生成含钠的锆酸盐，用酸溶入溶液，再从溶液中制取各种锆的化合物。用NaOH或 Na_2CO_3 分解锆英石的化学反应列于表12-2-32。

表12-2-32 NaOH（Na_2CO_3）-$ZrSiO_4$ 反应方程

反应类别	反应方程式	说明
一次反应	$ZrSiO_4+3Na_2CO_3 = Na_4SiO_4+Na_2ZrO_3+3CO_2\uparrow$ $ZrSiO_4+6NaOH = Na_4SiO_4+Na_2ZrO_3+3H_2O$	与 $ZrSiO_4$ 的反应速度以下列顺序减少：$Na_2O > Na_2ZrO_3 > Na_4SiO_4 > Na_2SiO_3 > Na_2ZrSiO_5$
二次反应	$ZrSiO_4+Na_2ZrO_3 = Na_2ZrSiO_5+ZrO_2$ $ZrSiO_4+Na_4SiO_4 = Na_2ZrSiO_5+Na_2SiO_3$	
三次反应（三次以上方程）	$ZrSiO_4+2Na_2ZrSiO_5 = Na_4Zr_2Si_3O_{12}+Na_2Si_2O_7$ $2ZrSiO_4+3Na_2SiO_3 = Na_4Zr_2Si_{13}O_{12}+Na_2Si_2O_7$ $ZrSiO_4+Na_4Zr_2+Si_3O_{12} = 2Na_2ZrSi_2O_7+ZrO_2$	

工业生产中有两种分解方法。第一种为低碱比的 Na_2CO_3 烧结，得到的是不溶于水的 Na_2ZrSiO_5；第二种为高配比的NaOH熔融，反应产品为 Na_2ZrO_3 和 Na_4SiO_4。

1. Na_2CO_3 烧结分解锆英石

配料比为 Na_2CO_3：$ZrSiO_4$＝1：1（分子比）。烧结前将 Na_2CO_3 与 $ZrSiO_4$ 进行湿法混料，或用NaOH、Na_2CO_3 溶液为粘结剂将 Na_2CO_3 及 $ZrSiO_4$ 制成团块。烧结在反射炉或回转窑中进行。烧结温度为1000～1100℃；烧结时间为1～1.5h。然后对烧结产物进行湿法处理。处理方法有以下3种。

(1) 用HCl浸出，同时加入 H_2SO_4，反应放热，使物料升温至90～100℃，浸出时间为2h，恒温4h，加入木胶，使硅凝聚成沉淀，锆进入溶液。

(2) 用1：1的HCl溶液浸出，加热蒸浓，冷却后物料静置结晶，析出 $ZrOCl_2\cdot8H_2O$（易溶于水），而硅胶沉淀。然后加入适量水和絮凝剂，用离心或压滤机过滤除去硅胶。

(3) 用浓硫酸酸化，硅胶脱水，加水浸出制得硫酸锆溶液。此溶液可作萃取分离原料也可进一步处理制得硫酸型锆鞣剂。

2. NaOH熔融分解锆英石

配料比为 $NaOH:ZrSiO_4\geqslant1.31:1$（重量比）。烧结温度为 600～650℃，时间为 1.5～2h。

烧结后进行湿法处理。首先用水洗除去大部分 Na_4SiO_4 或 Na_2SiO_3，然后再用酸浸出，制得不同的酸溶液。

（四）从溶液中制取锆化合物

如上所述，除用“直接”法分解锆英石可获得 ZrO_2 外，用其它方法处理锆英石均只能获得酸溶性的锆盐；如 $CaZrO_3$、Na_2ZrO_3 及 Na_2ZrSiO_5 等，需进一步酸浸得到含锆的溶液，然后从酸溶液中回收锆的化合物，与此同时除去各种杂质（见表 12-2-33）。

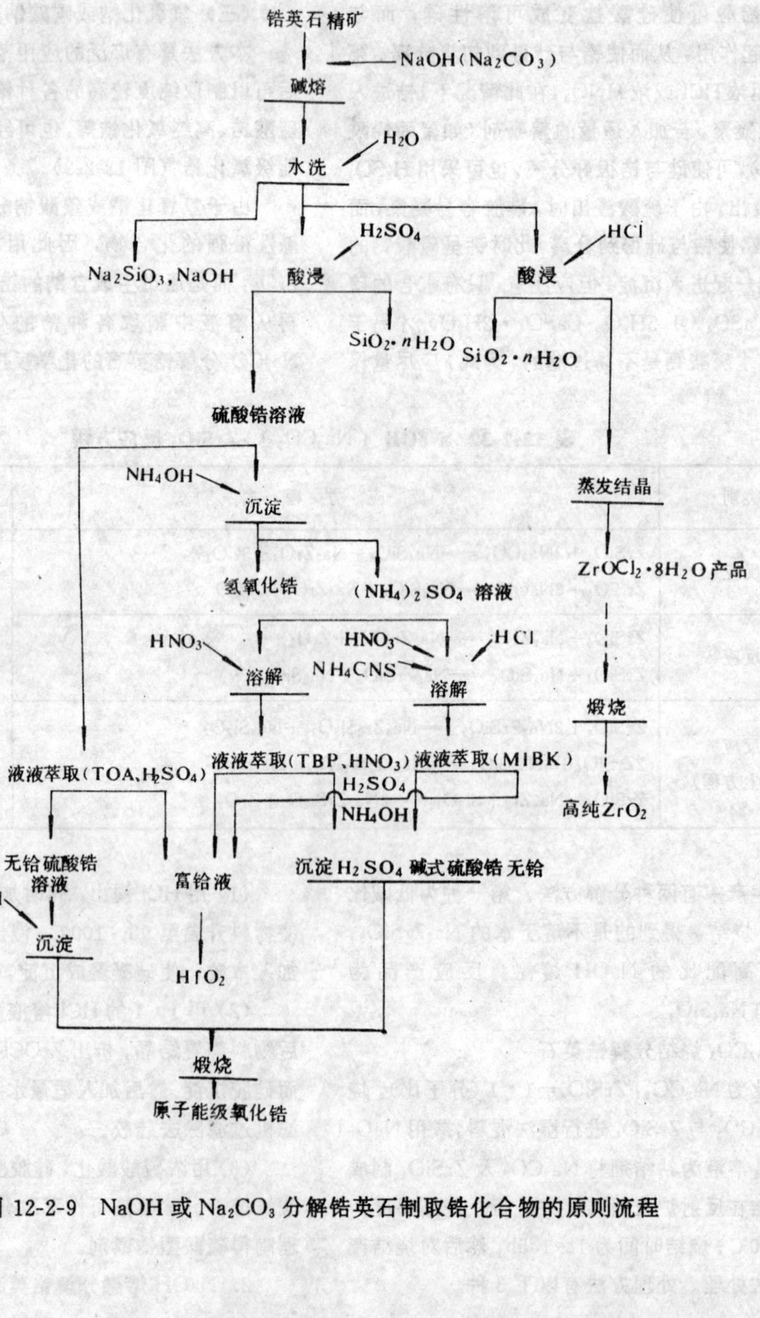

图 12-2-9 NaOH 或 Na_2CO_3 分解锆英石制取锆化合物的原则流程

表 12-2-33 从含锆溶液中制取锆化合物

化合物名称	分子式（或经验式）	溶液来源	用途
氧氯化锆	$ZrOCl_2\cdot 8H_2O$	$ZrCl_4$ 溶于水，NaOH 烧结，HCl 浸出	制备高纯 ZrO_2 及其它锆化合物
碱式硫酸锆	$2ZrO_2\cdot SO_3\cdot 5H_2O$-$5ZrO_2\cdot 3SO_3\cdot 15H_2O$	$CaCO_2\cdot Na_2CO_3$ 烧结 HCl 或 HNO_3 浸出	制备工业级 ZrO_2 及锆鞣剂
四水硫酸锆	$Zr\ (SO_4)_2\cdot 4H_2O$	较纯的 H_2SO_4 溶液	制备高纯 ZrO_2 及其它锆化合物
硫酸锆钠复盐	$nNa_2SO_4\cdot mZr\ (SO_4)_2\cdot pH_2O$	Na_2CO_3烧结 H_2SO_4浸出	锆鞣剂
氢氧化锆	$ZrO\ (OH)_2\cdot nH_2O$	由硫酸锆或氧氯化锆溶液	制备各种类型的 ZrO_2

1. 制备氧氯化锆

浸出时的主要反应方程式如下：

$$Na_2ZrO_3+4HCl = ZrOCl_2+2NaCl+2H_2O$$

$$Na_2ZrSiO_5+4HCl = ZrOCl_2+2NaCl+H_2SiO_3\downarrow+H_2O$$

$$Na_4SiO_4+4HCl = 4NaCl+H_2SiO_3+H_2O$$

$$ZrO\ (OH)_2+HCl \rightleftharpoons ZrOCl_2+2H_2O$$

利用 $ZrOCl_2$在水溶液中溶解度随 HCl 浓度及温度的变化，结晶出 $ZrOCl_2\cdot 8H_2O$（工艺条件见表12-2-36）。盐酸结晶方法的除杂效果很好，可除去大量的金属杂质（见表12-2-37）。典型的氧氯化锆产品中〔Na〕≤0.1%，〔Si〕=0.01%，〔Fe〕=0.001%，〔Ti〕=0.001%。

表 12-2-34 从 NaOH 烧结水洗后的水洗料中制取氧氯化锆的工艺条件

项目名称	工艺条件
加酸量	根据水洗料中可溶锆的含量并按方程式 $ZrO\ (OH)_2+HCl=ZrOCl_2+2H_2O$ 计算酸的理论用量，实际加酸量比理论值少10～20%
加料前溶液温度，℃	70～80
酸化放置时间，min	30～60
凝聚剂	0.3～1%明胶溶液
盐酸浸出液	〔ZrO_2〕约70g/L，〔H^+〕$_{游离}$为3N
蒸发	蒸去原有体积的1/2
结晶率，%	90～92

从 NaOH 烧结水洗后的水洗料中制取氧氯化锆的工艺条件见表12-2-34（水洗料中可溶锆含量45～55%，SiO_2含量2～4%）。

表 12-2-35 盐酸结晶的除杂效果

搅拌方式	除杂率，%，				
	Fe	Cr	Cu	Co	Mn
不搅拌	>339	245	290	510	502
搅拌	117	83	50	82	207

2. 制备碱式硫酸锆

在含锆的 HCl 或 HNO_3溶液中加入一定量的 H_2SO_4，加热至85℃以上后溶液中沉淀出颗粒较大、易于过滤的碱式硫酸锆沉淀。由于该法回收率高，除杂效果好，而且腐蚀性小，因而工业上广泛应用。碱式硫酸锆的沉淀率取决于溶液的温度和 HCl 含量及溶液中［Cl^-］总浓度。制取碱式硫酸锆的工艺条件见表12-2-36。

表 12-2-36 制取碱式硫酸锆的工艺条件

项目名称	工艺条件
原料液中 HCl 或 HNO_3 浓度，mol/L	0.2～0.5
加入 H_2SO_4后［SO_4^{2-}］与［ZrO_2］(mol) 之比，mol/mol	(0.5～0.6)：1
加热温度，℃	>90°
加热时间，h	1
升温方法	由45℃加热至90℃时应缓慢加热，以获得颗粒较大且易于过滤的产品
回收率，%	>95

溶液的来源不同，碱式硫酸锆沉淀中的杂质含量也不同（见表12-2-37）。碱式硫酸锆的组成主要取决于起始溶液中SO_4^{2-}与ZrO_2的分子比（见表12-2-38）。

表 12-2-37 碱式硫酸锆中杂质含量

料液来源	杂质含量 Me_xO_y/（ZrO_2+HfO_2），%						
	Fe_2O_3	TiO_2	CaO	SiO_2	Al_2O_3	MgO	P_2O_5
由工业级 $ZrCl_4$ 制得	0.05	0.1	0.04	0.15	0.03	0.02	0.15
石灰石烧结后制得的 HCl 溶液	0.08	—	0.5	0.6	—	0.2	0.4
MIBK 萃取后的锆溶液	0.006	0.005	0.01	0.06	—	0.003	—
MIBK 萃取后的铪溶液	0.005	0.005	0.035	0.03	0.01	0.005	—

表 12-2-38 碱式碳酸锆的组成

[SO_4^{2-}]：[ZrO_2] mol/mol	组成	特性
0.4	$5ZrO_2\cdot2SO_3\cdot16H_2O$	不易过滤
0.5～0.7	$2ZrO_2\cdot SO_3\cdot5H_2O$	
0.7～1.1	$3ZrO_2\cdot2SO_4\cdot5H_2O$	水中溶解度大

3. 制备四水硫酸锆（铪）

当原料溶液中H_2SO_4含量达到20～40%（以SO_3计）时，将有$Zr(SO_4)_2\cdot4H_2O$的沉淀析出。工业上采用盐析法，即往料液中加入一定量的H_2SO_4制备四水硫酸锆，溶液温度超过150℃时，会析出组成为$Zr_2(OH)_2(SO_4)_3\cdot4H_2O$或$Hf_2(OH)_2(SO_4)_3\cdot nH_2O$的沉淀。

制备四水硫酸锆的工艺条件见表12-2-39。

4. 制备锆硫酸碱金属或铵盐

在含有大量碱金属、铵的硫酸溶液中，采用盐析法或蒸发结晶法，可制备锆硫酸的碱金属或铵盐。常温盐析法一般制得水解的复盐，而蒸发结晶得到的是水解度较低的复盐。

锆硫酸碱金属的制取工艺条件列在表12-2-40中。

表 12-2-39 $Zr(SO_4)_2\cdot4H_2O$ 的沉淀条件

项目名称	工艺条件
原料液成分	硫酸锆含量120～130gdm^{-3}或氧氯化锆含量200～220gdm^{-3}
H_2SO_4加入量	缓慢加入原体积的1/2。（若制备$Hf(SO_4)_2\cdot4H_2O$，H_2SO_4加入量应稍多些）
放置时间，h	4～8
洗涤液组成	H_2O:H_2SO_4=75:40（体积比），也可以加入少量HCl，以进一步除去铁
沉淀率，%	94～95

表 12-2-40 沉淀锆硫酸碱金属盐的典型工艺条件

原料液组成	$[ZrO_2]$ >0.5mol/L，SO_4^{2-}：Zr=1.6～1.9（摩尔比，下同）
Na_2SO_4或（NH_4）$_2SO_4$加入量	Na_2SO_4［或（NH_4）$_2SO_4$］：Zr=0.3～1.0（为了增加对 Fe 的净化效果及 Zr 的沉淀率可加入40g/L HCl）
温　度	沸腾蒸发至溶液中$[ZrO_2]$达110～130g/L
洗液组成	$[ZrO_2]$≥120g/L，其它组成与原料液相同
沉淀的组成	$Na_4(NH_4)_4[Zr_4(OH)_6(SO_4)_7(H_2O)_2]nH_2O$
提纯效果	Ti 的净化系数为16～40，Fe 为200①，Al 为120

① 不加 HCl 时 Fe 的净化系数为60～100。

5. 沉淀氢氧化锆

已知有四种氢氧化锆，其结构或及制备方法列于表12-2-41。

沉淀氢氧化锆是工业上广泛采用的操作工艺。氢氧化锆经煅烧可得二氧化锆，也可通过它来转换溶液的介质，例如从硫酸锆溶液转换成盐酸或硝酸锆溶液等。

表 12-2-41 不同类型的氢氧化锆

类型①	化学式	结构式	制备方法
α型	$Zr(OH)_4 \cdot nH_2O$	$Zr_4(OH)_8^b(OH)_8^t \cdot xH_2O$②	新鲜制备，冷冻条件下保存
β型	$Zr_2O(OH)_6 \cdot mH_2O$	$Zr_4O_2(OH)_4^b(OH)_8^t \cdot yH_2O$	α型室温下长期放置或在甲醇溶液中沉淀
γ型	$ZrO(OH)_2 \cdot pH_2O$	$Zr_4O_4(OH)_8^t \cdot zH_2O$	α型长期放置或加热
σ型	$Zr_2O_3(OH)_2 \cdot qH_2O$	—	长时间加热氢氧化锆

① 按其化学活性，α型＞β型＞γ型＞σ型；②结构式中 b 为桥式氢氧键，t 为终端氢氧键。

通过碱中和或加热水解的方法可从溶液中沉淀出各种不同类型的氢氧化锆：

$$Zr(OH)_2x_n + 2OH^- = Zr(OH)_4 + nx$$

$$Zr(OH)_2x_n + 2H_2O \xrightarrow{加热} Zr(OH)_4 + nH_mx$$

上式中，当 x 为 Cl^- 或 NO_3^- 时，$n=2, m=1$；当 $x=SO_4^{2-}$时，$n=1, m=2$。

由于起始料液种类和组成差别很大，故制得的氢氧化锆的质量也不相同。但总的规律是：从硫酸溶液新沉淀的氢氧化锆，沉淀中 SO_4^{2-}含量较高，而从 HCl 或 HNO_3溶液中所得沉淀中 Cl^- 或 NO_3^- 含量较低。从高浓度锆溶液中制得的，其 ZrO_2含量多，所吸引的阴离子杂质含量低。从 H_2SO_4和 HCl 中沉淀氢氧化锆的工艺见表12-2-42。

表 12-2-42 从 H_2SO_4和 HCl 中沉淀氢氧化锆工艺

项目名称	工艺条件
原料液组成，g/L	Zr6.4～21.5，SO_4^{2-}60～75；Na92；Cl^-159；H^+0.49
中　　和	中和剂：氨气，中和 pH 值：8～9
真空过滤	真空度：8×10^4Pa（600Torr），滤饼厚度：5～6mm，过滤速度：3～4L/（min·m²）

续表 12-2-42

项目名称	工 艺 条 件
洗 涤	洗涤液：H_2O，洗涤液用量：两倍于湿滤饼体积，洗涤次数：1次，温度：室温
烘 干	温度：100～120℃，时间：至物料呈松散状粉末
再洗涤	洗涤液：H_2O，洗涤 H_2O 用量：5～10L/kg 固体
再过滤	真空度：8×10^4Pa
产品杂质含量，%	经1000℃煅烧15min 以上的产品：SO_4^{2-} 0.016，Cl^- 痕量，Na0.12

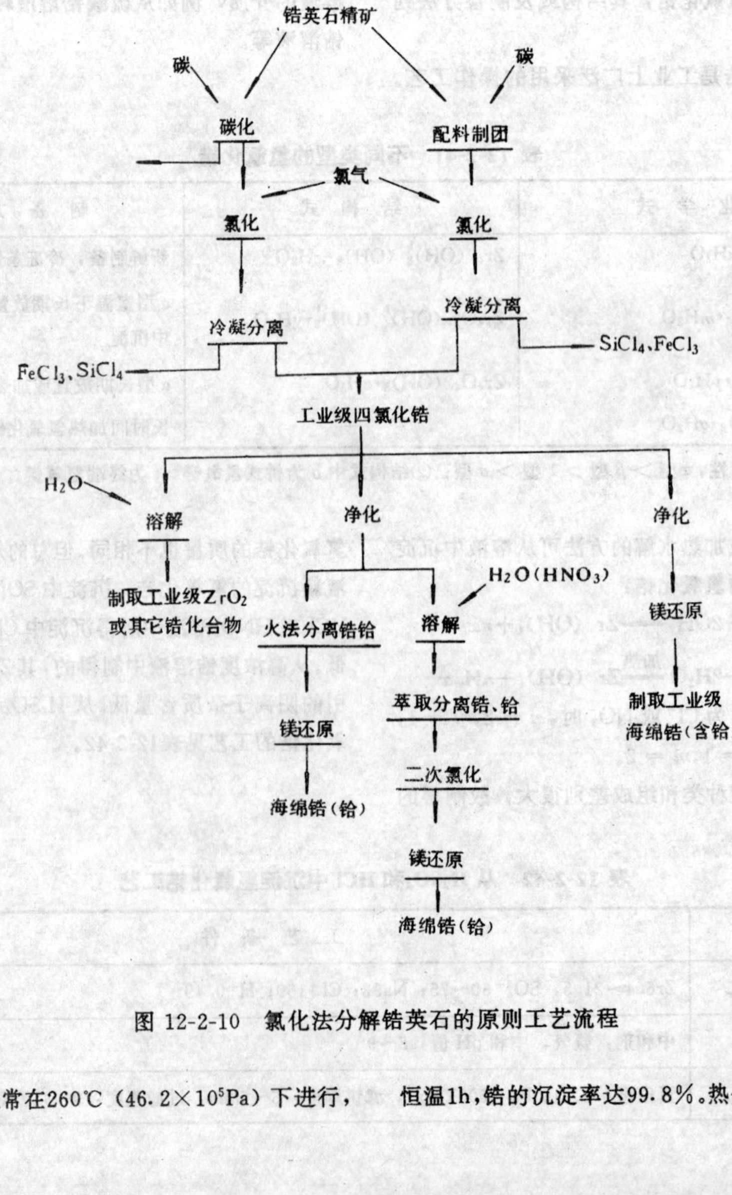

图 12-2-10 氯化法分解锆英石的原则工艺流程

加热水解通常在260℃（46.2×10^5Pa）下进行， 恒温1h，锆的沉淀率达99.8%。热分解后所得的沉淀容易过滤。可采用含10ppm 氨的水溶液洗去 Cl^-和 SO_4^{2-}，用10ppm 的 HCl 溶液洗去 Na^+。

长时间加热（160℃）氧氯化锆溶液或无定形的氢氧化锆浆液，可得到结晶型的带水氧化锆。在碱性溶液中得到四方晶体，在酸溶液中得到单斜晶体。它们具有离子交换性能，可用作为离子交换剂。

二、四氯化锆的生产

四氯化锆（$ZrCl_4$）是制取工业级锆的中间原料，也是萃取分离制取原子能级 ZrO_2和 HfO_2的原料，也可用于制取工业级 ZrO_2及其它锆化合物。由锆英石氯化制取四氯化锆的工艺过程称为一次氯化，经过萃取分离制得的 ZrO_2及 HfO_2的再氯化制取四氯化铪（铪）过程称为二次氯化。

一次氯化有两种方法，一种是锆英石的直接氯化，另一种是先进行锆英石的碳化，然后再氯化（见图12-2-10）。

（一）碳化-氯化法制取四氯化锆

本方法曾是广泛采用的工艺，但近年来在一些大规模生产厂家已被锆英石的直接氯化工艺所替代。

1. 锆英石精矿的碳化

碳化反应方程式如下：

$ZrSiO_4+4C$ ═══ $ZrC+SiO\uparrow+3CO\uparrow$

在2000～2200℃高温下，借助于还原剂石墨粉的作用，锆英石被还原为碳（氮）化锆，而 SiO_2被还原为 SiO，后者在此温度下呈气态，而与碳（氮）化锆分离。

碳化设备视规模的大小，可采用单相或三相电炉作碳化炉。炉子以硅碳砖为耐火材料，内层用石墨砌成六角或正方形坩埚，亦可用烧结阳极糊为整体内衬。炉壳为钢制，整个炉子可分顶盖、炉身、底部三部份（见图12-2-11）。

碳化料比为锆英石∶石墨＝3.5～4∶1，可制团加入，也可以粉料加入。

碳化可在三相或单相电炉中进行。如采用单相电炉，则其电极直径为100mm，工作电压10V，电流3000A，炉处理锆英石150～200kg，炉产碳化锆50～150kg，电耗为6～8kW·h/kg 碳化锆。还原后的 SiO 在电炉烟尘处燃烧成 SiO_2，由布袋或水喷淋捕集。制得碳化锆组成为：Zr＝70～85％；Hf＝2～4％；C＝3～5％；Si＝1～3％，N＜2％。锆的回收率达90％。

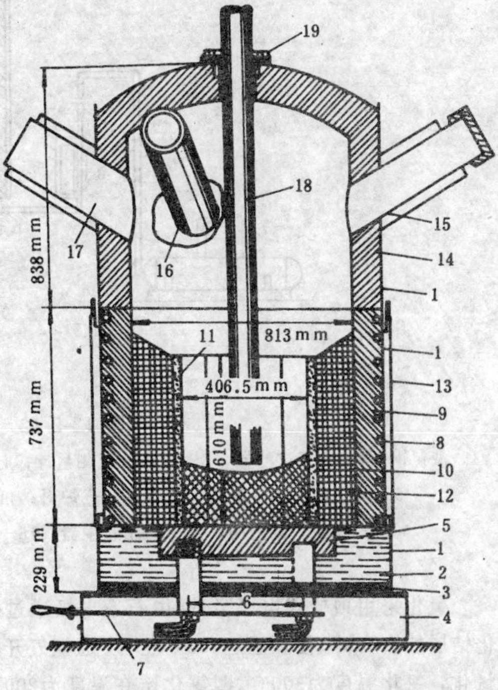

图 12-2-11　制造碳化锆的电弧炉

1—炉壳；2—耐火材料垫板；3—钢底板；4—工字梁；5—石墨板；6—水冷铜接头；7—导电母线；8—水冷装置；9—耐火材料衬里；10—木炭；11—石墨坩埚；12—碳化锆；13—升降拉索；14—耐火材料衬里；15—窥口；16—进料筒；17—水冷的排气管；18—石墨电板；19—水冷的电极入口

2. 碳（氮）化锆的氯化

碳（氮）化锆与 Cl_2在450℃已明显进行反应，生成四氯化锆。反应时放出大量热量，是以维持反应自发进行，不需外部加热。反应方程式为：

ZrC（固）$+2Cl_2$（气）═══ $ZrCl_4$（气）＋C（固）＋846kJ

ZrN（固）$+2Cl_2$（气）═══ $ZrCl_4$（气）$+0.5N_2$（气）＋670kJ

碳化锆氯化炉的示意图见图12-2-12。

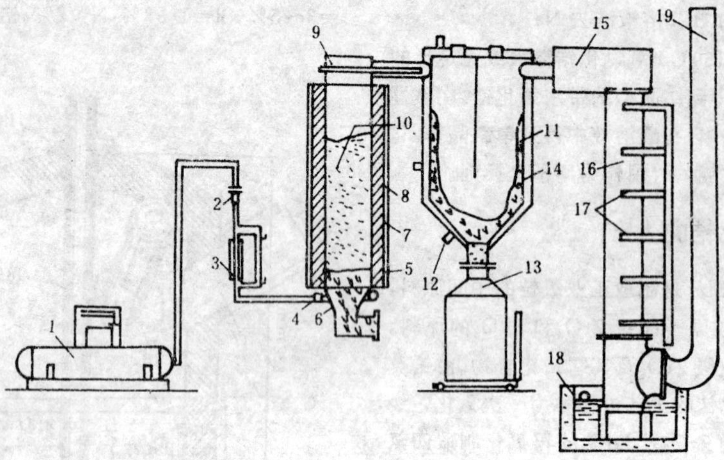

图 12-2-12 碳化锆氯化炉示意图

1—液氯钢瓶；2—瓷过滤器；3—气体流速测量计；4—通氯管；5—镍制炉壳；6—卸料漏斗；7—石英砂；8—硅砖；9—防止氯化物冷凝的加热器；10—炉料；11—有夹套的冷凝器；12—通热空气的管；13—盛料桶；14—冷凝的氯化物；15—镍制收尘器；16—气体淋洗塔；17—喷水管；18—贮水槽；19—排气管

氯化采用顶插式电极竖炉。由石墨电极通过碳化锆层加热炉料，使炉温达400℃左右，通氯气开始氯化，氯化温度为500℃。四氯化锆在温度为200～250℃的不锈钢电加热冷凝器中捕集；低沸点的$SiCl_4$、$TiCl_4$等在低温冷凝中分离。$ZrCl_4$的生产能力可达122kg/（m^2·h）。

（二）锆英石直接氯化

锆英石的直接沸腾氯化工艺与碳化氯化工艺相比，不仅提高了生产能力，而且还提高了金属回收率。

热力学计算表明，单用Cl_2几乎不能使锆英石氯化，只有加入碳后锆英石才能被氯化。锆英石在1300K时的氯化反应为：

$$ZrSiO_4 + 4Cl_2 + 2C = ZrCl_4 + SiCl_4 + 2CO_2 + 302.3kJ$$

$$ZrSiO_4 + 4Cl_2 + 4C = ZrCl_4 + SiCl_4 + 4CO - 33.1kJ$$

总反应式为：

$$ZrSiO_4 + 4Cl_2 + (4-x)C = ZrCl_4 + SiCl_4 + xCO_2 + (4-2x)CO$$

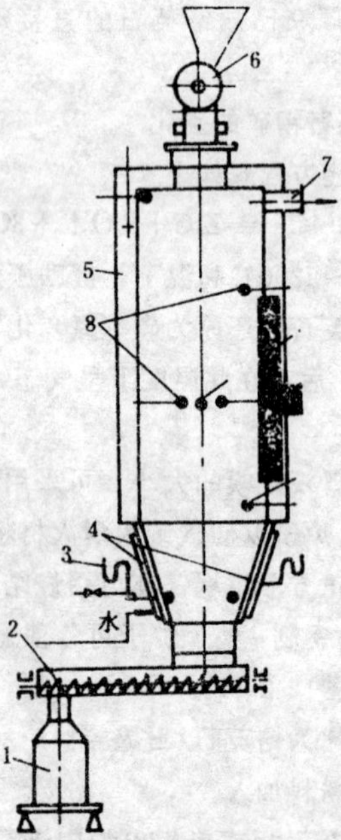

图 12-2-13 氯化竖炉示意图

1—氯化残渣接收器；2—螺旋输送机；3—压力计；4—通风口；5—炉壳；6—团块加料机；7—气相混合物出口；8—电极

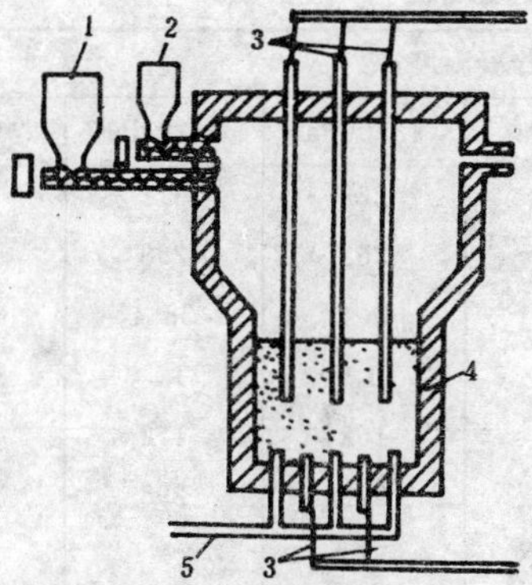

图 12-2-14　沸腾氯化炉示意图

1—锆精矿料仓；2—石油焦料仓；
3—电极；4—氯化炉内衬；
5—Cl_2进口

氯化方式不同，x值也不同。如在竖炉中氯化，$x\approx0.2$；而沸腾氯化，x值较大，放出热量较多。但无论哪一种方式，所释放的热量均不足以维持反应自发进行。根据计算，锆英石直接氯化需由外部输入的热量为2680kJ/kg 锆英石。

700～800℃时，氯化过程的表观活化能为271.7kJ/mol，反应速度由动力学控制；850～1000℃时，表观活化能为62.8kJ/mol，反应由扩散控制。

锆英石的直接氯化可在竖炉（见图12-2-13）或沸腾氯化炉（见图12-2-14）中进行。

竖炉一般采用电极加热。沸腾炉一般采用电极或工频加热。锆英石直接氯化工艺条件见表12-2-43。

表 12-2-43　锆英石直接氯化工艺条件

工序名称	工艺条件	
	竖炉氯化	沸腾炉氯化
炉料制备	炉料配制成团块，其主要成分为：锆英石，石油焦（或沥青焦），热添加剂（碳化锆、硅），粘结剂（纸浆废液，比重为1.24g/cm³），煤焦油．碳总含量为20～25%，粘结剂含量为12%。 炉料经磨细，混料在90～100℃烘干，至湿度为1.5～2.0%，再经800℃下焦化，焦化时间为16～20h，因块中挥发物含量0.5～1.0%，抗粉化强度100kg/cm²，开孔率25～35%，密度2200kg/m³	炉料配制成颗粒，主要成分为锆英石、石油焦（或沥青焦），热添加剂（碳化锆、硅等），粘结剂（纸浆废液、比重为1.12g/cm³）。碳总含量为20～25%，控制粒度为1.0～3.6mm，湿度为8.4～10.5%
氯　化	由竖炉顶部插入三根电极（$D=0.3$m，$h=2$m），电压25V，电流密度0.13A/cm²。Cl_2由6根进气口通入。操作指标：电压20～30V，电流800～1300A，反应区温度800～1000℃，气体出口温度600～700℃，炉产量1.5T/（m²·天），锆英石分解率96.2%，直接回收率为85.5%．经 $ZrCl_4$和 $SiCl_4$冷凝后，废气中含0.1%Cl_2，60～70%CO，5～20%CO_2，1.5～2.0%O_2，10～15%N_2，20～30g/cm³$COCl_2$	由沸腾炉顶部插入电极，靠沸腾层中石油焦导电，炉子直径为2.35m，电压250V，电功率1750kW，温度为1200～1300℃，生产能力为15t/昼夜。与竖炉相比，生产能力提高3.5～4倍，但粉尘带出问题较为严重。 也可用工频加热，炉膛由多石墨管粘结成，内径为0.94m，外径为1.14m，石墨管外用耐热碳粒绝热，炉外壳为玻璃钢，功率300kW，炉温1150～1200℃，产能为5～6t$ZrCl_4$/天

（三）四氯化锆（铪）的冷凝和收尘

在氯化炉出来的气体中，除四氯化锆（铪）外，还有其它杂质的氯化物，可通过收尘器和冷凝器，进行冷凝收集，以达到四氯化锆（铪）与杂质分离的目的。

选择性冷凝取决于气相混合物中各气化物的蒸气压以及它们的露点（见表12-2-44）。

表 12-2-44 某些氯化物的冷凝温度

物 质	在不同压力下的冷凝温度,℃						
	133Pa	665Pa	1330Pa	5320Pa	13300Pa	53200Pa	10^5Pa
$ZrCl_4$	190	217	230	259	279	312	331
$HfCl_4$	—	—	212	241	262	298	315
$SiCl_4$	−63.4	−44.1	−34.4	−12.1	5.4	38.4	56.8
$TiCl_4$	−13.9	9.4	21.3	48.4	71.0	112.7	134.0
$AlCl_3$	100	116	124	140	152	172	180
$FeCl_3$	194	222	236	257	272	298	319
$KAlCl_4$	—	—	650	742	814	—	—
$NaAlCl_4$	—	587	618	680	736	—	—
$kFeCl_4$	—	548	645	757	845	—	—
$NaFeCl_4$	—	—	539	655	753	—	—
$MgCl_2$	778	877	930	1050	1142	1316	1418
$FeCl_2$	—	—	700	779	842	961	1025
NaCl	865	967	1017	1131	1220	1379	1465
KCl	821	919	968	1078	1164	1322	1407

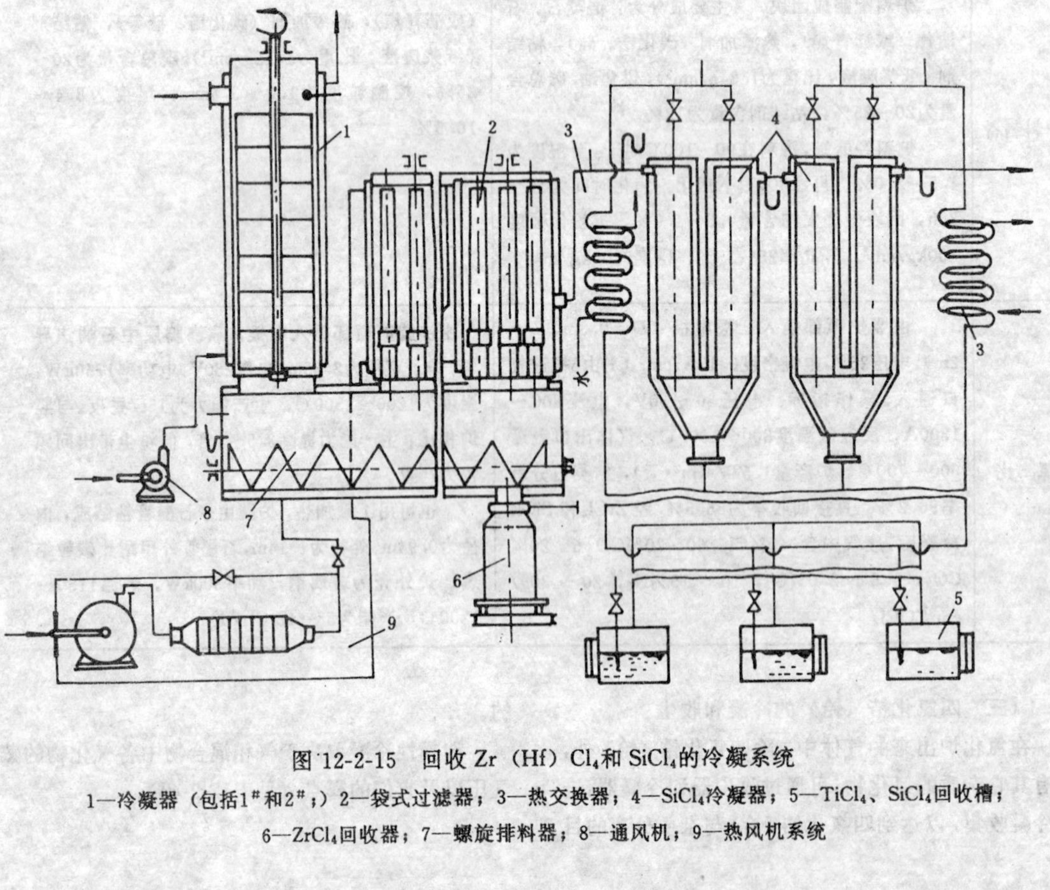

图 12-2-15 回收 Zr (Hf) Cl_4和 $SiCl_4$的冷凝系统

1—冷凝器(包括1#和2#;)2—袋式过滤器;3—热交换器;4—$SiCl_4$冷凝器;5—$TiCl_4$、$SiCl_4$回收槽;6—$ZrCl_4$回收器;7—螺旋排料器;8—通风机;9—热风机系统

控制不同冷凝器的温度，可使 Zr（Hf）Cl_4与$SiCl_4$、$TiCl_4$得到分离，但与$FeCl_3$不易分离。$AlCl_3$的露点比$ZrCl_4$低，理论上是可以分离的，但为了使$ZrCl_4$的回收尽量完全，一般冷凝器温度控制远低于$ZrCl_4$的露点，这样相当一部分$AlCl_3$与$ZrCl_4$同时进入冷凝器。

图12-2-15为一种回收$ZrCl_4$（$HfCl_4$）及$SiCl_4$的冷凝系统。

由图12-2-15所知，$ZrCl_4$（$HfCl_4$）在1#及2#冷凝器（过滤）中冷凝后经螺旋排料器卸出。$SiCl_4$在4#二级冷凝器中收集。1#、2#冷凝器由9#热风机控温，4#冷凝器由冷却至零下10℃的$TiCl_4$、$SiCl_4$混合液淋洗。$TiCl_4$经分馏后与$SiCl_4$分离，返回淋洗系统。

$ZrCl_4$（$HfCl_4$）也可经过三级冷凝器收集。冷凝器温度分别控制在200℃、140℃及40℃范围。$FeCl_3$、$AlCl_3$主要在第三级冷凝器中冷凝。冷凝的氯化物的成分见表12-2-44。

表 12-2-44　冷凝的$ZrCl_4$成分

冷凝器	产品组成，%			
	Zr（Hf）	Fe	Ti	Si
一　级	34～39	0.2～1.4	0.003～0.04	0.01～0.1
二　级	25～32	0.5～3.2	0.02～0.1	0.03～0.1
三　级	17～32	2.4～3.1	0.04	0.03

表 12-2-45　锆、铪分离方法

方法名称	分离体系
溶剂萃取法	（1）甲基异丁基酮（HIBK）在NH_4CNS+HCl中分离 （2）磷酸三丁酯（TBP）在HNO_3中分离 （3）TBP在HNO_3+HCl中分离 （4）三辛胺（TOA）在H_2SO_4中萃取分离 （5）其它
分步结晶法	（1）K_2ZrF_6-K_2HfF_6 （2）$(NH_4)_2ZrF_6$-$(NH_4)_2HfF_6$ （3）草酸复盐
分步沉淀法	（1）磷酸－硫酸沉淀 （2）铁氰化物沉淀 （3）其它

续表 12-2-45

方法名称	分离体系
选择性吸附法	硅胶-（$ZrCl_4$+$HfCl_4$+CH_3OH）
离子交换法	（1）阳离子交换-碱式硝酸锆（铪）或碱式氯化锆（铪） （2）阴离子交换-硫酸锆（铪）、氟化锆（铪）
高温火法分离法	（1）$ZrCl_4$-$HfCl_4$高压蒸馏 （2）$ZrCl_4$-$HfCl_4$-KCl+$AlCl_3$萃取蒸馏

三、锆、铪的分离

锆、铪可采用许多方法分离（见表12-2-45）。目前工业上主要采用溶剂萃取分离和高温火法分离两种方法。50年代苏联曾采用过锆氟酸钾分布结晶和离子交换法来分离锆、铪。但目前已被前两种方法所代替。下面主要介绍溶剂萃取法分离锆、铪。

1. 磷酸三丁酯（TBP）从HNO_3或HNO_3-HCl混合酸中萃取分离锆、铪

TBP从HNO_3或HNO_3-HCl混合溶液萃取锆、铪的反应方程为有以下几个。

在低酸度HNO_3溶液中：

$$Me(OH)_i^{(4-i)+} + (4-i)NO_3^- + pTBP \rightleftharpoons Me(OH)_i(NO_3)_{4-i} \cdot pTBP$$

$(Me = Zr, Hf; i = 0, 2; p = 1, 2)$

在高酸度HNO_3溶液中：

$$Me^{4+} + 4NO_3^- + n\,(HNO_3)_m + pTBP \rightleftharpoons Me(NO_3)_4 \cdot n\,(HNO_3)_m \cdot pTBP$$

$(Me=Zr, Hf;\ n=2, 4;\ m=2, 1;\ p=1, 2)$

在HNO_3-HCl混合溶液中：

$$Me^{4+} + (4-i)\,NO_3^- + iCl^- + 2TBP \rightleftharpoons Me(NO_3)_{4-i}Cl_i \cdot 2TBP$$

TBP萃取锆的能力大于铪。在Zr（NO_3）$_4$-Hf（NO_3）$_4$-HNO_3-2%TBP煤油溶液（$Zr_{料}$=10g/L）中，随HNO_3浓度增加，锆、铪的分配系数D增加，而分离系数下降（见图12-2-16）。

随锆、铪浓度的增加，锆、铪的分配系数下降，而它们的分离系数增加。当〔Zr+Hf〕=40～60g/dm^3时，分离系数达到一最高值，继续增加金属浓度，分离系数下降。保持锆铪总浓度不变，增加锆中铪的含量，则分离系数下降。

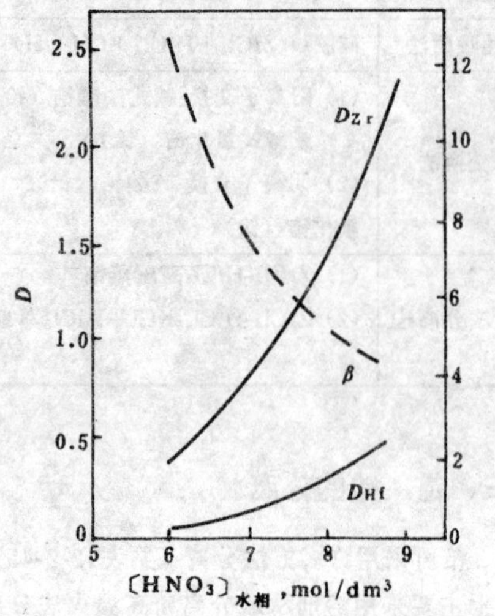

图 12-2-16 HNO_3浓度对分配系数的影响

在HNO_3溶液中(50%TBP的二甲苯溶液，料液中 Zr (Hf) O_2的起始浓度为61.5g/L，〔HCl+HNO_3〕=5mol/L)，加入HCl，可增加锆的分配系数，锆铪的分离系数也明显提高（见图12-2-17)，这是由于锆与Cl^-、NO_3^-生成复合阴离子的缘故。

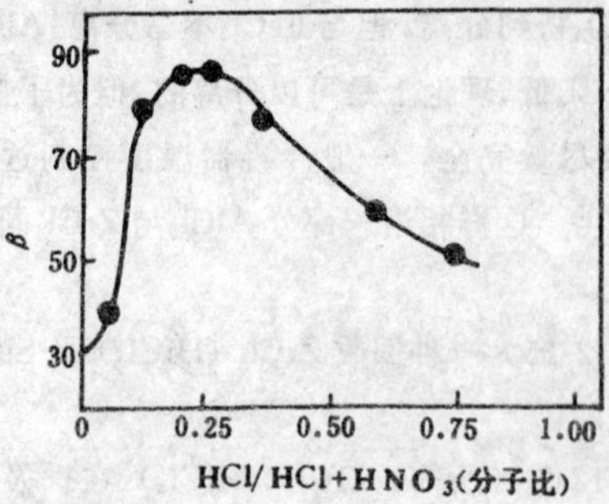

图 12-2-17 锆铪分离系数（β）与 HNO_3+HCl 混合酸中HCl摩尔分数的关系

表12-2-46列举了一些实验室工作的工艺条件，其中条件Ⅰ、Ⅱ、Ⅲ、Ⅳ可制得纯度接近或达到原子能级的锆（HfO_2/（ZrO_2+HfO_2≤0.01%），条件Ⅴ可制得原子能级铪（ZrO_2/（ZrO_2+HfO_2）≤3%）。所用料液介质可以是纯HNO_3，HNO_3+$NaNO_3$或HCl+HNO_3，所用萃取设备可以是混合澄清槽或萃取柱。

工业规模的TBP萃取工艺，首先在美国哥伦比亚国家公司（Columbia National Corporation）应用于生产（见图12-2-18)。

表 12-2-46 TBP萃取分离锆、铪的工艺条件实例

工艺条件	Ⅰ	Ⅱ	Ⅲ	Ⅳ	Ⅴ
料液组成					
〔Zr (Hf) O_2〕，g/L	40	9.8	80	<120	280
Hf/Zr+Hf，%	2.4	2	—	2.4	9.7
〔HNO_3〕mol/L	3	2.5	8	~5	5.8
〔$NaNO_3$〕，mol/L	3.5	3.5	—	—	—
〔Cl^-〕，mol/L	—	—	—	—	8
有机相组成					
稀释剂	煤油	煤油	二甲苯	乙庚烷	二丁醚
TBP体积，%	60	60	50	60	60
〔HNO_3〕，mol/L	1.6	1.5	—	0.65	—
洗液组成					
〔HNO_3〕，mol/L	3	2.5	6.5	5.4	5.8
〔$NaNO_3$〕，mol/L	3.5	3.5	—	—	

续表 12-2-46

工艺条件	Ⅰ	Ⅱ	Ⅲ	Ⅳ	Ⅴ
反萃取液	水	络合剂	水	水	—
流比 料液：洗液：有机相	—	1:1:1.5	1:0.5:2.5	1:1.2:5	1:0.25:1
萃取设备	混合澄清器	萃取柱（4段）	萃取柱	混合澄清器	—
级数					
萃取	9	16	3～4	10	11
洗涤	3		6～8	4	6
产品质量					
锆（Hf%）	<0.02	<0.02	0.04	<0.01	—
铪（Zr%）	60～80	75	67	55	0.002

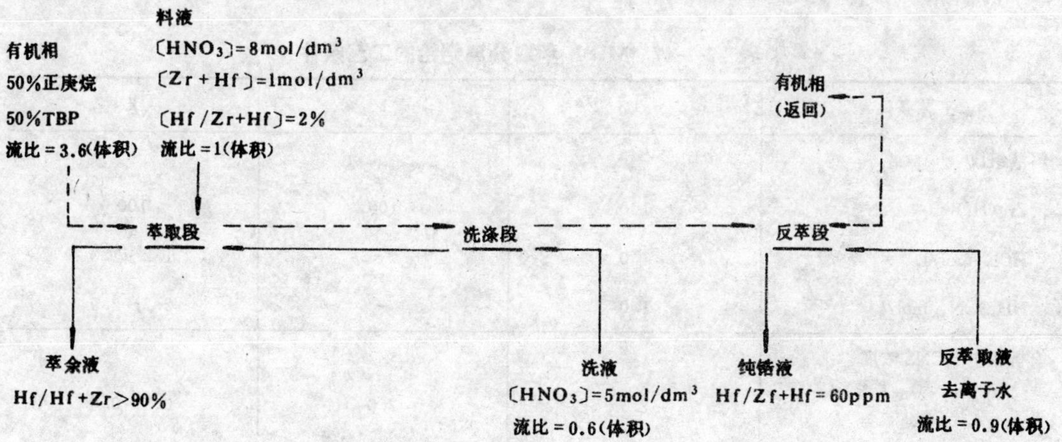

图 12-2-18 TBP-HNO_3萃取分离锆、铪流程

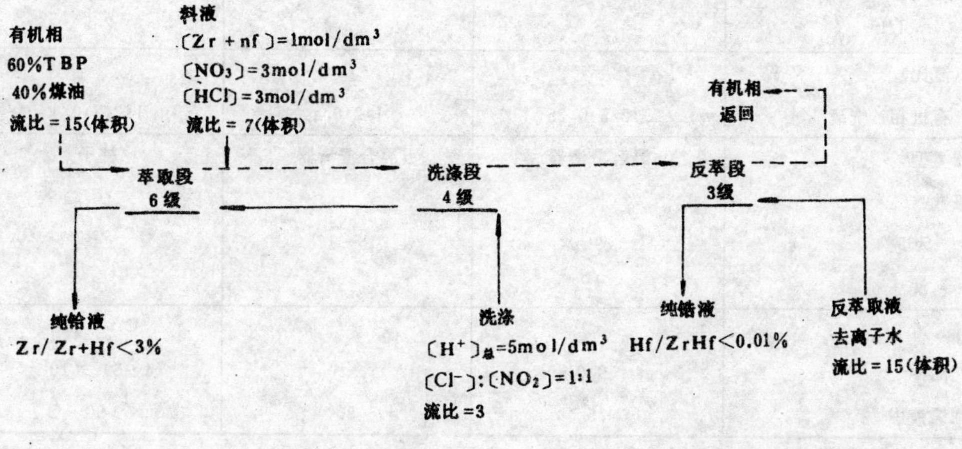

图 12-2-19 TBP-HNO_3＋HCl 萃取分离锆、铪流程

中国在工业上采用 HNO_3-HCl 混合酸系统的 TBP 萃取工艺(图12-2-19)，经过一步萃取即可同时获得原子能级锆、铪产品。

除了 TBP 以外，用于从 HNO_3或 HNO_3-HCl 溶液中萃取分离锆、铪的萃取剂还有烷基膦酸二烷基脂、石油亚砜等。

2. 甲基异丁基酮（MIBK）在硫氰酸铵(NH_4CNS)溶液中萃取分离锆、铪与 TBP 萃取流程相比，本流程的突出优点是：MIBK 优先萃取铪，铪在原料液中的含量仅为锆的2%，因而有利于简化分离流程，减少有机相用量，减少萃取剂损失。70年代以前，该流程曾是国际上应用范围最广的工艺方法，但由于硫氰酸不稳定，容易分解有毒物质，而且 MIBK 在水中有很高的溶解度，容易造成环境污染，所以逐渐被一些新的工艺流程所替代。

MIBK 萃取锆、铪的机理与酸度有关，在低酸度时：

$$Me(OH)_2(CNS)_2 + 2MIBK = Me(OH)_2(CNS)_2 \cdot 2MIBK \quad (Me = Zr 或 Hf)$$

在较高酸度时：

$$Me(CNS)_4 + 2MIBK = Me(CNS)_4 \cdot 2MIBK \quad (Me = Zr 或 Hf)$$

增加溶液中 CNS^-的含量，不仅能提高锆、铪的分配系数，也可提高锆、铪的分离系数。一般在水相中加入 NH_4CNS，而有机相则用 HCNS 来饱和。

从硫氰酸铵溶液中用 MIBK 萃取分离锆铪的工艺实例见表12-2-47。

表 12-2-47 MIBK 萃取分离锆铪的工艺条件

工艺条件	Ⅰ	Ⅱ	Ⅲ
料液组成			
Zr (Hf) O_2, g/L	100	100	100
HCl, mol/L	1.0	—	1.2～1.3
NH_4SCN, mol/L	1.0	—	2.7～2.9
有机相中 HCNS 浓度			
mol/L	2.7	2.0	0.5～0.6
洗液中 HCl 浓度			
mol/L	稀溶液	4	3.6
反萃液中 H_2SO_4浓度			
mol/L	5	3	2.5
相比（流比）			
料液：有机相：洗液	1:2.5:0.25	1:2:0.4	1:2.8:0.4
萃取器类型	混合澄清器	混合澄清器	柱子
萃取级数			
萃取	9	15～17	4
洗涤	3	15	3
Hf 含量,%			
锆产品中	<0.01	—①	(4～5) $\times 10^{-4}$
铪浓缩液中	25	80	90

① 得到原子能级锆产品。

美国 Y-12工厂采用的工艺流程及工艺参数见图12-2-20及表12-2-48。美国 Y-12工厂为采用该流程的最早的实验工厂，华昌公司等单位所用之工艺条件与其基本相似。

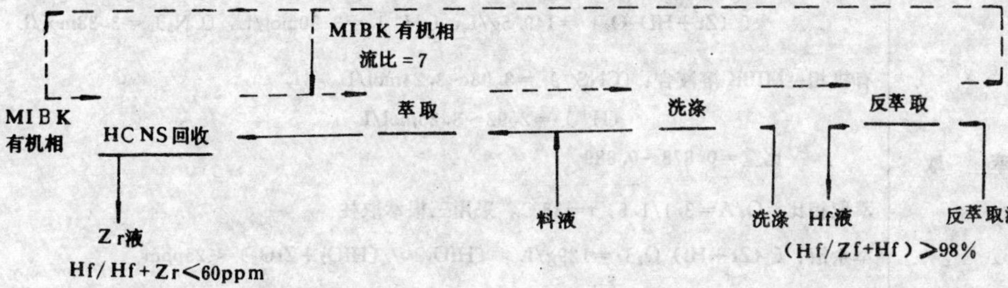

图 12-2-20 美国 Y-12工厂采用的萃取流程图

表 12-2-48 Y-12工厂 Zr-Hf 分离工艺条件

项目		参数	项目		参数
萃取设备	萃取柱（三根）	总长54.8m	萃取工艺条件	料液	
	洗涤柱（二根）	总长38.1m		流量，L/h	189
	反萃取柱（一根）	总长19.8m		HCl浓度，mol/L	1.0
	NH_4CHS回收柱（一根）	总长16.7m		CNS^-浓度，mol/L	2.6
萃取工艺条件	有机相			Zr浓度，g/L	120
	流量，L/h	530		反萃液	
	CNS^-浓度，mol/L	2.7		流量，L/h	132
	洗涤液			H_2SO_4浓度，mol/L	2.5或5.0
	流量，L/h	68～75.7		回收HCNS有机相	
	HCl浓度，mol/L	3.5		流量，L/h	151

工业规模生产原子能级ZrO_2、HfO_2有关锆、铪分离的工艺条件列于表12-2-49。

表 12-2-49 原子能级ZrO_2、HfO_2生产中有关锆、铪分离的工艺条件

工序	工艺参数
原料液萃取除铁	加入15%$NaOCl_2$溶液，使$Fe^{2+}\rightarrow Fe^{3+}$ 有机相：MIBK 萃取相比：O/A＝4/10，除铁后料液中铁含量<50ppm

续表 12-2-49

工序		工艺参数
锆铪萃取分离	萃取	萃取料液：除铁后原料液＋返回洗液 〔$(Zr+Hf)O_2$〕＝149.5g/L，〔H^+〕＝3.80mol/L，〔CN_5〕＝3.38mol/L 有机相：MIBK 溶液含：〔CNS^-〕＝3.08～3.24mol/L 〔H^+〕＝2.92～3.25mol/L 比重＝0.878～0.889 萃取相比：O/A＝3.1/1.5，t＝38℃，采用三根萃取柱 萃余液：〔$(Zr+Hf)O_2$〕＝129g/L 〔HfO_2〕/〔HfO_2+ZrO_2〕＜25ppm 萃后有机相：〔$(Zr+Hf)O_2$〕＝0.1g/L $HfO_2/(HfO_2+ZrO_2)=0.097$ 〔H^+〕＝3.25mol/L
	洗涤	洗液：〔HCl〕＝3.7mol/L，内含少量 $(NH_4)_2SO_4$，比重＝1.066 洗涤相比：O/A＝3.1/0.26，采用二根萃取柱
	反萃	反萃液：〔H_2SO_4〕＝2.4mol/L，比重1.146 反萃相比：O/A＝3.31/0.3，采用二根萃取柱 反萃后水相组成：〔$(Zr+Hf)O_2$〕＝17.31g/L，$\frac{HfO_2}{(Zr+Hf)O_2}=0.97$ 〔H^+〕＝2.25mol/L (H_2SO_4)，(CNS^-)＝0.03mol/L 反萃后有机相：〔$(Zr+Hf)O_2$〕＝0.13g/L，〔H^+〕＝3.10mol/L 〔CNS^-〕＝3.32mol/L
纯锆液中CNS回收		水相：每升纯锆液中加入0.14L 浓度为10mol/L 的 HCl 溶液 萃取有机相：不含 CNS 的 MIBK 萃取相比：O/A＝1/1.71，采用一根萃取柱 萃后水相：〔$(Zr+Hf)O_2$〕＝111.6g/L，〔H^+〕＝1.8mol/L 萃后有机相：〔$(Zr+Hf)O_2$〕＝7.83g/L，〔H^+〕＝3.45mol/L，〔CNS〕＝3.45mol/L

所得 ZrO_2 中杂质含量：

〔Al〕＝35～75ppm，〔U〕＝5～20ppm，〔Mn〕〔Mg〕〔Na〕＜50ppm

3. 胺肪胺从硫酸溶液中萃取分离锆铪

TBP 及 MIBK 萃取分离锆、铪的主要缺点是环境污染。为了避免这一缺点，已开发了于硫酸溶液中萃取分离锆、铪新的工艺流程。该流程分别于1971年和1979年在中国和日本实现了工业化生产，所用的萃取剂为三辛胺（国际商品名称为 Alamine336，中国称之为 N235）。流程原理为：

$$R_3N + H_2SO_4 = R_3NH \cdot HSO_4 \quad 或$$

$$2R_3N + H_2SO_4 = (R_3NH)_2SO_4$$

$$4(R_3NHHSO_4) + Me(SO_4)_3^{2-} = (R_3NH)_4 \cdot Me(SO_4)_4 + 3HSO_4^- + H^+$$

式中 R_3N——三辛胺；

Me——Zr 或 Hf。

三辛胺的粘度较大，应用时须用煤油稀释，并用脂肪醇作改良剂，以改善分相及防止三相的形成。

锆、铪的分配系数随溶液酸度增加而减少，但分离系数增加。锆、铪的分离系数与水相中的锆铪比（即 HfO_2/ZrO_2+HfO_2）有关，它们在0.1～0.5%之间有一最大值。

日本矿业公司采用的工艺流程如图12-2-21及表12-2-50所示，所得的 ZrO_2 产品纯度见表12-2-51。

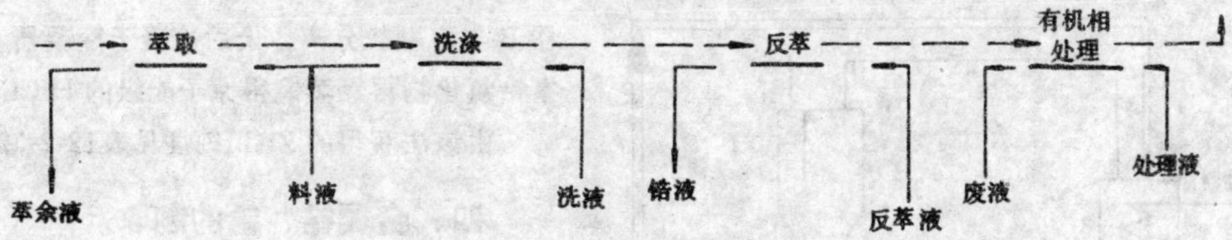

图 12-2-21 TOA-H_2SO_4萃取工艺流程

表 12-2-50 TOA-H_2SO_4萃取工艺条件

工 序	工 艺 参 数
萃 取	料液：〔(Zr+Hf) O_2〕=12.5g/L，〔H_2SO_4〕=0.5mol/L，Hf/(Zr+Hf)=2% 有机相组成：〔TOA〕=10 (V)%，十二醇=7 (V)%，正烷烃=83 (V)% 萃取相比：O/A=2/1 萃取级数：6级 萃余液成分：〔HfO_2〕=0.2g/L，Hf/(Zr+Hf)<0.005%
洗 涤	洗液：〔(Zr+Hf) O_2〕=15.4g/L，〔H_2SO_4〕=1.0mol/L，Hf/(Zr+Hf)<0.005%
反 萃	反萃液：〔NaCl〕=200g/L，〔HCl〕=0.1mol/L 锆液：〔(Zr+Hf) O_2〕=90g/L，Hf/(Zr+Hf)<0.005%
有机萃取液回收处理	处理液：〔Na_2CO_3〕=100g/L

表 12-2-51 ZrO_2的杂质分析

元 素	Al	Ca	Fe	Hf	Mg	Na	Si	Ti
含量，ppm	<30	500	300	<50	500	500	150	<10

4. 萃取蒸馏法分离锆铪

该法以 Zr (Hf) Cl_4为原料，利用 $ZrCl_4$和 $HfCl_4$不同的蒸气压以及它们在 $KAlCl_4$熔融盐中不同的溶解度，达到分离锆铪的目的。该法的突出优点是锆铪分离后的产品仍是 $ZrCl_4$和 $HfCl_4$，而不需要进行二次氯化。

表 12-2-52 $ZrCl_4$的杂质分析

元 素	Zn	P	Hf	Al	Na	Si
含量，ppm	<120	<100	35/90	10/60	<50	<30

元 素	Ca,Fe,Ti	Cr,Cu,Mg,Mn,Mo	Ni,Pb,Sn,V	U	B
含量，ppm	<20	<10	<10	<3	<0.5

该工艺的设备流程示意图12-2-22。主要设备由高达50m 的分馏柱组成。$ZrCl_4$+$HfCl_4$混合物经加热至500℃，由分馏柱中部加入，与顶部往下流动的 $AlCl_4$+KCl 熔融盐形成迂回对流。$HfCl_4$由于饱和蒸汽压较高及在熔融盐中溶解度较低而富集于气相，从而流向分馏柱顶部；$ZrCl_4$则富集于熔融盐中，流向分馏柱底部。整个分馏柱温度控制在350℃以上。$ZrCl_4$经蒸发器挥发，收集于冷凝器 A 中，而除去 $ZrCl_4$后的熔融盐则由泵打入分馏柱顶部循环使用。顶部的富铪氯化物（含 $HfCl_4$30～50%）经吸附冷凝

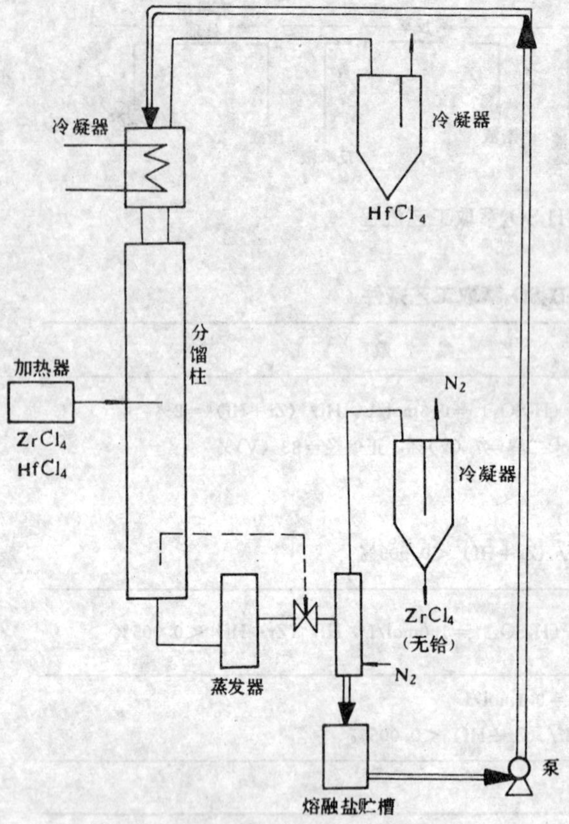

图 12-2-22 蒸馏萃取法分离锆铪流程

器 B 与熔融盐分离，最后冷凝于冷凝器 C 中。这种富铪氯化物再经蒸馏得原子能级的 $HfCl_4$。

由该法获得的 $ZrCl_4$ 纯度见表12-2-52。

四、金属锆、铪的制取

(一) 二氧化锆、铪的氯化

除蒸馏外，其它锆铪分离方法所得的中间产品均为二氧化锆、铪。由于锆、铪原子与氧有很大的亲和力，从氧化物很难制得金属锆、铪，为此必须再一次进行氯化，这个过程俗称二次氯化，其基本反应方程式为：

$$ZrO_2 + 2C + 2Cl_2 \xlongequal{\quad} ZrCl_4 + 2CO$$

$$HfO_2 + 2C + 2Cl_2 \xlongequal{\quad} HfCl_4 + 2CO$$

上述反应所产生的热量不足以维持反应的进行，需由外部输入热量。可以采用电极加热，也可以通过加入助燃料——ZrC (N)，HfC (N)，加入量一般为15%。二次氯化可以在竖炉中进行，也可以在沸腾炉中进行。根据不同的炉料成分，氯化温度在700～900℃范围内变化。二次氯化的竖炉设备与一次氯化炉相似，主要工艺条件列于表12-2-53与表12-2-54。

表 12-2-53 二次氯化工艺条件

名 称	工 艺 参 数
氯化炉	三相电极加热，炉衬采用低铝耐火砖或耐火打结层，炉膛内径与高度比为1:2.5～3。
炉料准备	将 ZrO_2、HfO_2磨细至200目，与过量20%炭黑混匀后用纸浆废液粘结压制成球，在200℃温度下干燥脱水，存放于密封容器内以免吸潮。
氯 化	由电极导入电流加热，氯化温度850～900℃；氯化金属回收率大于95%，氯气利用率大于85%，耗电12～14kWh/kg 产品；炉顶温度控制在350～400℃
冷 凝	采用二级冷凝，第一冷凝温度180～220℃，第二冷凝温度150°～180℃，尾气通过洗涤排放大气。

表 12-2-54 粗 $ZrCl_4$和 $HfCl_4$中的主要杂质

名 称	杂 质 含 量， %							
	Fe	Al	Si	Ti	Ni	Cr	Mn	Hf
$ZrCl_4$	0.04～0.015	0.006～0.015	0.005～0.01	0.002～0.004	痕	<0.001	0.001～0.0015	<0.01
$HfCl_4$	0.20～0.70	0.001～0.05	0.001～0.02	0.002～0.004	—	—	0.008～0.025	—

(二) 四氯化锆、四氯化铪的精制提纯[1]。

[1] 所涉及的提纯方法不仅适用于经二次氯化所制得的四氯化锆（铪），而且也适用于工业级四氯化锆（铪），后者经提纯后可直接制取工业级海绵锆（铪）。

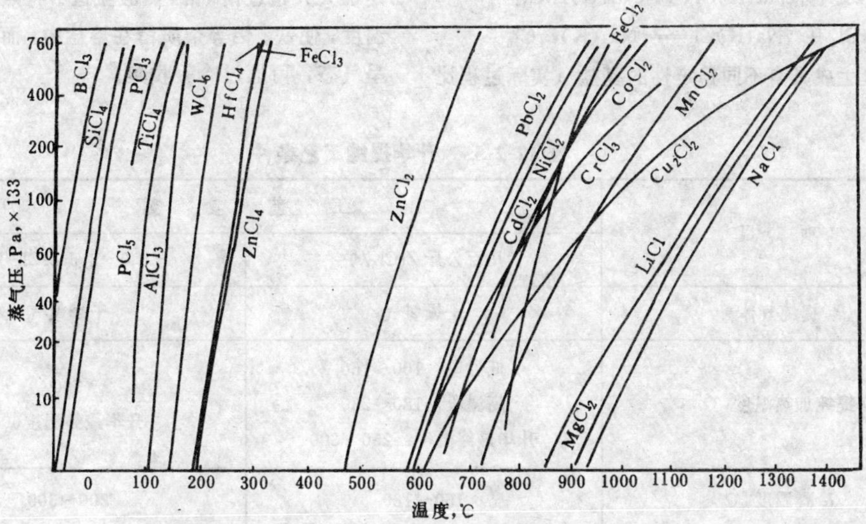

图 12-2-23　一些氯化物的蒸气压曲线图

经二次氯化所得的四氯化锆(铪)中含有各种杂质,且质地疏松、必须经精制提纯后才能用于制取海绵锆（铪）。

工业上采用升华和熔盐提纯两种方法精制四氯化锆（铪）。

1. 升华法提纯四氯化锆（铪）

将四氯化锆（铪）加热至一定温度，使之升华，同时控制冷凝温度，使 $ZrCl_4$ ($HfCl_4$) 与吸附的气体 (Cl、HCl 等) 和易挥发的 $TiCl_4$、$SiCl_4$及 H_2O 进行分离，同时在升华残渣中留下不挥发的锆铪水解含氧化合物。固态四氯化锆（铪）传热速度慢，设备生产率低，因此可在升华过程中通入还原气体（如 H_2)，这样不仅可提高升华速度，还可将 $FeCl_3$等杂质氯化物还原,变成不易挥发的低价氯化物,以提高锆、铪与杂质分离的效果。一些氯化物在不同温度下的蒸气压列于图12-2-23。

四氯化锆(铪)提纯炉示意装置见图12-2-24。提纯是在不锈钢制设备中进行,加热采用电阻丝(带)。罐体密封通常用法兰联接，接头处为水冷胶垫或胶石棉垫，国内多用铅锑合金密封。

提纯工艺条件见表12-2-55。根据生产规模，提纯的工艺条件略有不同。升华提纯后的 $ZrCl_4$产品质量见表12-2-56。

2. 熔融盐提纯法提纯四氯化锆（铪）

含有杂质（$AlCl_3$、$FeCl_3$）的粗 Zr（Hf）Cl_4在与由 KCl-NaCl 组成的熔融盐接触后有下述反应：

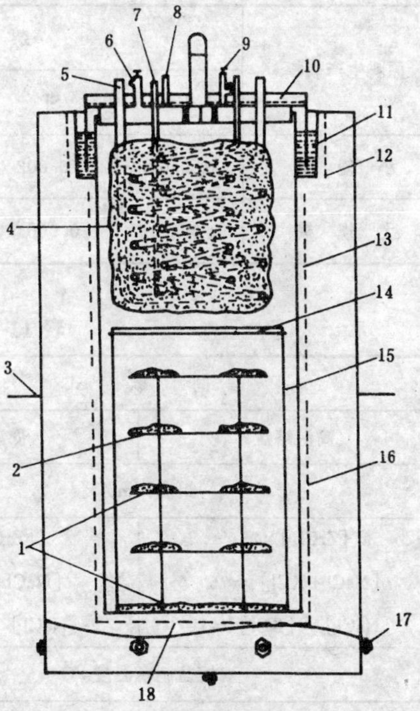

图 12-2-24　提纯炉的装置示意图

1—粗四氯化锆；2—放置粗四氯化锆的格架；3—地平线；4—致密的四氯化锆；5—外旋管；6—放气阀；7—内旋管；8—真空接管；9—气阀；10—顶板加热元件；11—铅合金封；12—铅合金封加热元件；13—中层加热元件；14—提纯罐的提纯棒；15—提纯罐；16—下层加热元件；17—冷却系统塞头；18—底层加热元件

$$FeCl_3 + Na(K)Cl = Na(K)FeCl_4$$

$$AlCl_3 + Na(K)Cl = Na(K)AlCl_4$$

$$ZrCl_4 + 2Na(K)Cl = Na_2(K)ZrCl_6$$

反应生成具有不同稳定性的复盐（实际过程比上述反应方程要复杂得多）。利用铝、铁氯酸钠的稳定性大大超过锆（铪）氯酸盐这一特点，控制一定的温度，使铁、铝等杂质留在熔盐中，而 $ZrCl_4$、$HfCl_4$ 呈气态，可通过冷凝收集。

表 12-2-55 升华提纯工艺条件

项目	工艺参数	
	几百公斤 $ZrCl_4$/炉	2.0～2.5t$ZrCl_4$/炉
提纯气体	干燥氢气	干燥氢气
提纯加热温度，℃	低温段：100～150 高温段：180～230 升华最终温度：250～300	300 升华最终温度600
冷凝温度，℃	150～180	200～300

表 12-2-56 升华提纯后 $ZrCl_4$ 产品质量及回收率

原料生产规模	杂质含量，%					金属回收率，%
	Fe	Si	Ti	Al	Cr、Ni、Mn	
小规模	<0.01	<0.002	<0.002	<0.002	<0.001	>95
大规模	0.01	0.006	0.003	0.008	—	97～98

表 12-2-57 熔盐提纯工艺条件

间歇式		连续式（或称鼓泡式）
高温熔盐	低温熔盐①	一般采用挥发（升华）及鼓泡二级提纯。固态粗 $ZrCl_4$ 用螺旋加料器加入装有熔融盐的挥发炉，炉内通电加热至350～450℃。由挥发炉获得的气态 $ZrCl_4$ 进入双窑鼓泡室。鼓泡室温度维持在500～600℃。提纯后的 $ZrCl_4$ 经冷凝器、管式收尘器收集。挥发炉内的熔融盐应定期更换。
组成，mol%		
[$ZrCl_4$]：25 [NaCl+KCl]＝75 [NaCl]/[KCl]＝1	[$ZrCl_4$]：65 [NaCl+KCl]：35 [NaCl]/[KCl]＝1	
熔盐制备温度，℃		
300	300	
熔盐挥发温度，℃		
500～600	400	

① 有时加入0.1～0.5%（重量）的 Zr 及低价 Zr 氯化物，以提高对 $FeCl_3$、Cl_2 的净化效果。

熔融盐提纯 Zr(Hf) Cl_4有间歇式和连续式(又称鼓泡式)两种方法。根据熔融盐的组成，熔盐也可分为高温熔盐和低温熔盐。熔盐提纯 Zr (Hf) Cl_4的工艺条件及设备列于表12-2-57及图12-2-25～26。提纯后的产品纯度见表12-2-58。

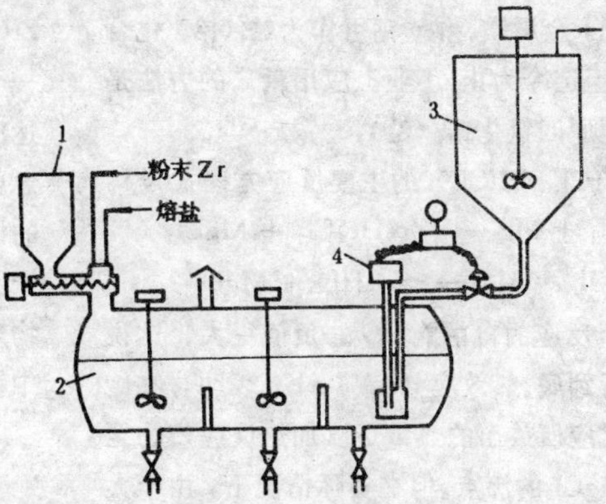

图 12-2-25 间歇式熔盐提纯装置示意图

1—粗 $ZrCl_4$料仓；2—氯化物熔盐熔解槽；3—蒸发器；4—泵

表 12-2-58 $ZrCl_4$提纯后的杂质含量

提纯方法	杂质含量，%			
	Al	Fe	Ti	Si
通氢升华提纯	0.03～0.008	0.001～0.0001	0.002～0.003	0.004～0.006
间歇式熔盐提纯	0.004	0.002	0.002	0.002
鼓泡式熔盐提纯	0.003～0.008	0.01～0.006	0.009	0.008

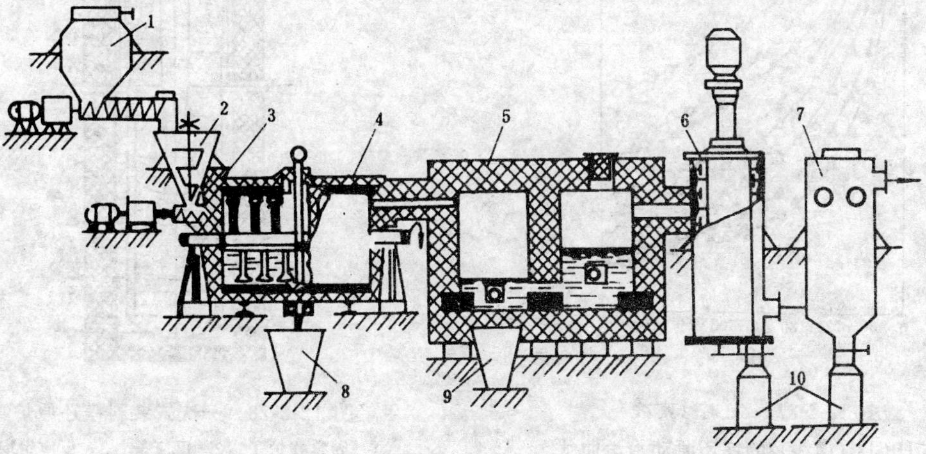

图 12-2-26 连续式熔盐提纯装置示意图

1—料仓（粗 $ZrCl_4$）；2—给料斗；3—螺旋加料器；4—升华器；5—鼓泡器；6—冷凝器；7—袋式过滤器；8、9—熔融盐收集器；10—密闭盛料器

（三）四氯化锆(铪)镁还原制取海绵锆(铪)

为了制得具有良好机械加工性能的金属锆(铪)，要求在反应产物中含有尽量少的气体杂质，为此选择不含氧的锆(铪)化合物——锆(铪)的氯化

物或氟化物作为原料[1]。从热力学的可能性及经济上合理性考虑，金属镁、钠、钙可作为锆（铪）化合物的还原剂。但迄今为止，工业上应用最广的方法是用金属镁热还原四氯化锆（铪）。

镁还原 $ZrCl_4$（$HfCl_4$）的主要反应方程式为：

$$Zr(Hf)Cl_4 + Mg \longrightarrow Zr(Hf)Cl_2 + MgCl_2$$

$$Zr(Hf)Cl_2 + Mg \longrightarrow Zr(Hf) + MgCl_2$$

上述两个反应的自由能 ΔG 的负值很大，这说明反应可进行到底。热效应（ΔH）计算表明，在绝热条件下，反应所放出的热量足以加热反应产物至1691°K，即 $MgCl_2$ 的沸点。但在实际情况下，由于大量的热损失，使还原过程需在外部加热的条件下进行。

动力学研究表明，镁与 $ZrCl_4$ 的反应开始温度为410～470℃，与 $HfCl_4$ 的为460～520℃。在700～860℃，反应的活化能分别为：106.3kJ/mol $ZrCl_4$、121.8kJ/mol$HfCl_4$，这说明反应为化学动力学控制。图12-2-27列出 $ZrCl_4$、$HfCl_4$ 与镁反应的动力学曲线。

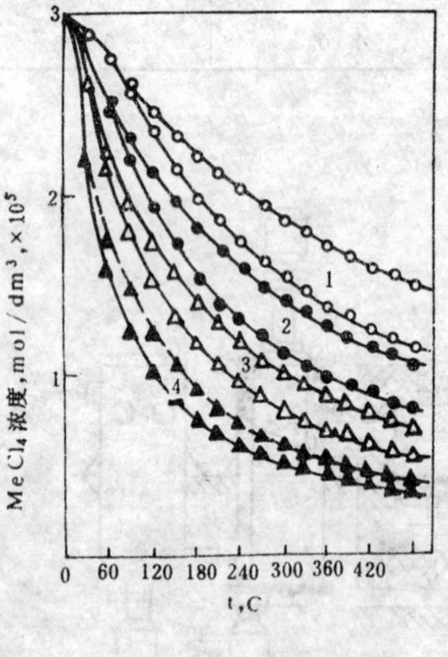

图 12-2-27 $ZrCl_4$（实线）与 $HfCl_4$（虚线）的镁还原动力学曲线

1—720℃；2—760℃；3—800℃；4—860℃

研究还表明，当温度为710～714℃、$ZrCl_4$ 的蒸气压为 2.7×10^5Pa（2.7atm）时，或当温度为712～713℃、$HfCl_4$ 的蒸气压为 3.3×10^5Pa（3.3atm）时，$ZrCl_4$（或 $HfCl_4$）与镁的反应速度非常快，从而出现一个动力学临界区域，几秒钟内即可使反应区温升达80～150℃，其结果是使 $ZrCl_4$（$HfCl_4$）的蒸气压急剧下降。这种情况在还原过程中应尽量避免。过高的温度（如934℃以上）将产生熔融锆-铁共晶，增加产品中铁的含量，同时由于镁蒸气不断上升，与氯化物发生气相反应而生成低价氯化物，这是由于气相中镁的含量相对不足造成的：

$$2ZrCl_4(气) + 3Mg(气) \Longrightarrow Zr(固) + ZrCl_2(固) + 3MgCl_2(液)$$

$$2HfCl_4(气) + 3Mg(气) \Longrightarrow Hf(固) + HfCl_2(固) + 3MgCl_2(液)$$

低价氯化物的生成造成出炉时容易着火并降低金属的直接回收率。正确的途径应该是适当控制四氯化锆的蒸汽压，使 $ZrCl_4$ 进入盛有液态镁的反应器，并在区域内发生反应。

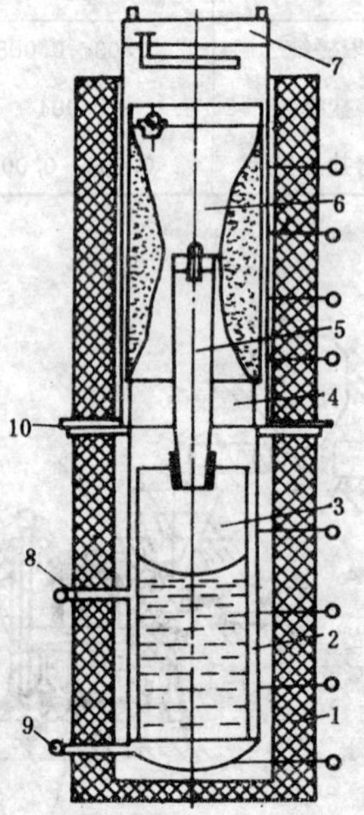

图 12-2-28 一次式装料镁还原炉

1—固定式炉子；2—反应釜；3—反应坩埚；4—插嵌套管；5—中心套管；6—四氯化物挥发区；7—反应釜顶盖；8—氯化镁上出口；9—氯化镁下出口

[1] 有资料报导，用金属铝还原 ZrO_2（HfO_2）可以制得 Zr-Al 合金，但该法还未在工业上得到应用。

一次性装料镁还原设备如图12-2-28所示，这是一种间歇式的还原装置，$ZrCl_4$（$HfCl_4$）与金属镁一起加入反应区中。此外还有连续加入氯化物的还原设备，氯化物可以以气态或固态的形式加入，但金属镁都是在反应前一次加入。

$ZrCl_4$及$HfCl_4$的镁还原工艺条件列于表12-2-59。

表 12-2-59 镁还原工艺条件

工　序	工 艺 条 件
原料准备	四氯化锆（铪）必须经过提纯或杂质含量较少 金属镁──→热水去油──→HCl 溶液清洗表面──→烘干──→加助熔剂熔化──→加金属钛或锆除杂（10～12kg/吨镁）──→熔融静置分层（700～720℃）──→提纯镁
镁还原	金属镁用量：过量25～30%；保护气氛：氩气 反应区温度：720～920℃；反应区压力：1.1～1.8×10^{5}Pa 还原周期：48h

经镁还原后，反应坩埚中除金属海绵锆（铪）外还有大量未反应的金属镁及氯化镁，工业生产中均采用真空蒸馏法加以除去。

利用锆、铪与镁氯化镁的熔点和蒸气压的差别，可在高温真空条件下进行熔融和蒸馏分离以获得海绵锆（铪）。

根据Mg、$MgCl_2$冷凝区域位置的不同，真空蒸馏设备可分为下冷式和上冷式两种（见图12-2-29、

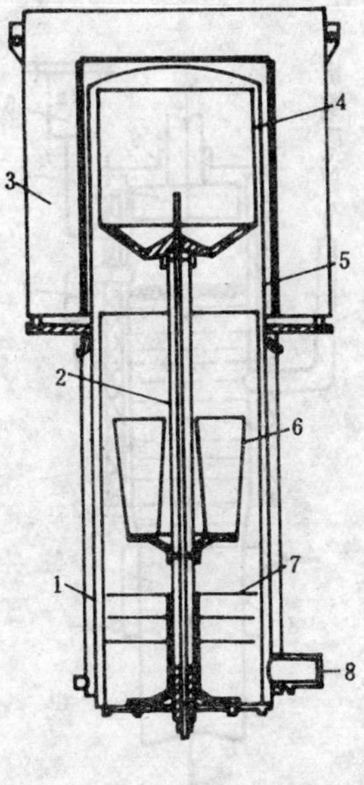

图 12-2-29 蒸馏设备示意图

1—水冷套筒；2—支柱；3—炉子；4—坩埚；5—蒸馏罐体；6—盛氯化镁和镁容器；7—档板；8—真空接头

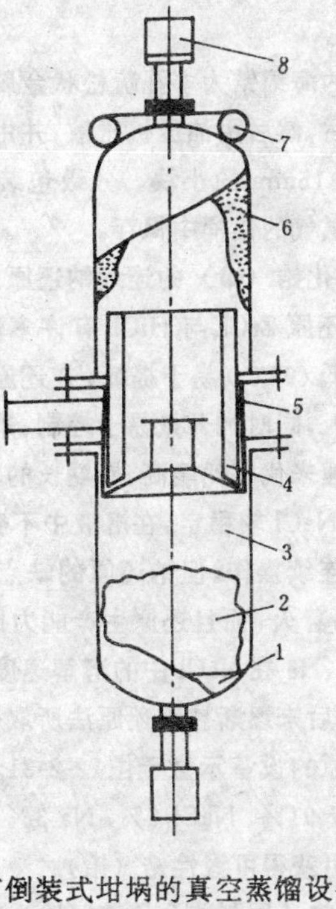

图 12-2-30 带有倒装式坩埚的真空蒸馏设备示意图

1—反应器的碗形底；2—反应物；3—反应器；4—屏蔽装置；5—过滤联接器；6—倒装反应器式冷凝装置；7—冷却水套；8—真空垫圈盖帽

图12-2-30)。下冷式真空蒸馏时，盛有反应物的坩埚倒置于支承架上，真空罐密闭后放入加热炉进行加热。部分镁和氯化镁在炉子下部的容器中熔化，然后通过蒸发逐步冷凝于下部冷凝器上，而锆、铪则以固态形式留在坩埚里。真空蒸馏的工艺条件列于表12-2-60。

表 12-2-60 真空蒸馏工艺条件

工序	下冷式	上冷式
加热熔化	温度：720～750℃ 保温时间：8～10h 真空度：几百 Pa	同左，但保温时间较短
蒸馏	温度：940～980℃ 真空度：1.3×10^{-2}～1.3×10^{-4}Pa	同左，由于 Mg 及 $MgCl_2$挥发较快，冷却时会放出大量的热，此时应暂时关闭真空系统，待设备内压力达到266～532×10^2Pa 时，用增压泵抽空
冷却	冷却至750～800℃，通入 Ar 气，使炉子真空度为0.2～0.5×10^5Pa，同时通入干燥空气，并保持相同真空度，冷却时间12～13h	同左
钝化	冷却温度至35～40℃时通入空气，抽空后再通入潮湿空气	同左

注：由于海绵铪的活性更大，故需四次充空气使之钝化。

还原制得的海绵锆为多孔疏松状金属，用风铲由坩埚内取出后，然后用油压机压散，并用冲床切成平均粒度为3～15mm 的小块，分级包装在塑料袋中，装入充有氩气的铝桶中保存。

(四) 四氯化锆（铪）的连续钠还原

用金属钠还原 $ZrCl_4$与 $HfCl_4$有许多优越之处。如金属钠熔点低（98℃）易于提纯，在还原过程中能以液态形式加入，同时加入量易于控制；采用钠还原后可用湿法处理来代替耗能高、周期长的真空蒸馏；与 $MgCl_2$相比，NaCl 较稳定，在溶液中不会水解；Na 还原可以实现连续操作。但钠还原的缺点是所得的产品粒度细，易着火，而且还原生产能力比较小，这主要由于 $ZrCl_4$、Na 在 NaCl 中的溶解速度慢所造成的。因而该方法后来逐渐被镁还原法所取代。

钠连续还原的设备示意于图12-2-31。钠还原得到的产品含：Zr 91%、NaCl 6%、Na 3%。该产品经真空熔炼直接可获得可锻性锆（铪）。

(五) 金属热还原制取金属锆（铪）粉末

金属热还原法制取锆（铪）粉的方法甚多，如锆（铪）氟酸钾钠还原，二氧化锆钙或氢化钙还原，四氯化锆钠还原等。前两种方法已在工业上得到较广泛的应用。

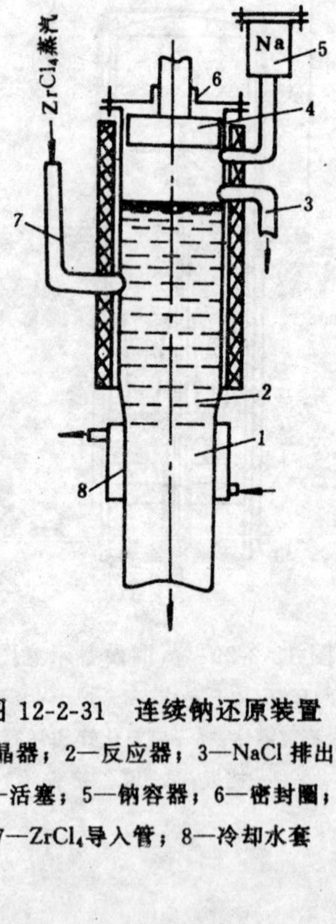

图 12-2-31 连续钠还原装置

1—结晶器；2—反应器；3—NaCl 排出管；4—活塞；5—钠容器；6—密封圈；7—$ZrCl_4$导入管；8—冷却水套

钙或氢化钙还原二氧化锆制取锆（铪）粉末的反应方程式如下：

$$ZrO_2 + 2Ca = Zr + 2CaO$$

$$ZrO_2 + CaH_2 = ZrH_x + 2CaO + \frac{1}{2}(2-x)H_2\uparrow$$

$$ZrH_x \xlongequal{\triangle} Zr + \frac{1}{2}xH_2\uparrow$$

设备示意图见图12-2-32。还原反应器为不锈钢弹式罐，反应坩埚用钼片制成。还原工艺条件列于表12-2-61。

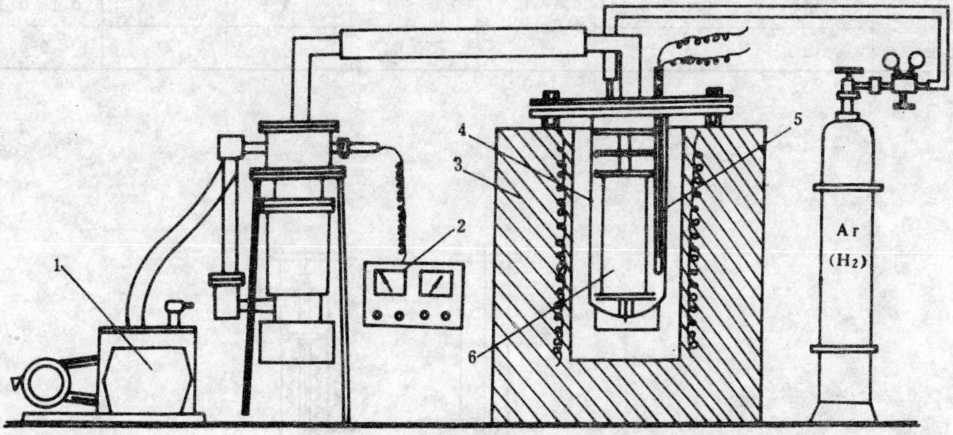

图 12-2-32 氢化钙还原和钙还原设备示意图

1—真空机组 KY-9；2—复合真空计（FZh-1）；3—加热炉（30kW）；4—还原罐（φ240×700）；5—测温套管

表 12-2-61 二氧化锆（铪）钙或氢化钙还原工艺条件

项 目	钙还原工艺条件	氢化钙还原工艺条件
炉料组成	ZrO_2（HfO_2） Ca：化学计量过量20～40% $CaCl_2$①：不超过反应后生成 CaO 量的50%	ZrO_2（HfO_2） CaH_2：化学计量过量30%
还原温度，℃	1000～1100	900～1100
产物处理	进行破碎、水洗、稀盐酸洗涤，高纯水洗涤，40～50℃下真空干燥	真空干燥——→氩气保护下脱氢

① $CaCl_2$为熔融盐介质，还原反应在此中进行，以提高反应速度及产品粒度。

所得产品的杂质含量列于表12-2-62，金属回收率为92～95%。

（六）电解法制取金属锆、铪

业已证明，采用水溶液电解法无法得到金属锆、铪，而采用以氯化物-氟化物为电解质的熔融盐电解法却可制得金属锆（铪）粉末。

工业上实际应用的电解质由碱金属（K，Na）的氯化物和氟化物的混合熔融盐组成。在 K_2ZrF_6-KCl-NaCl 体系中电解时，锆的析出电位为－2.4～－2.6V，碱金属的析出电位为－3.0～－3.2V。氯化-氟化物熔盐的电化学研究证明，锆、铪的析出电位与碱金属的析出电位差别很大，因此用电解法可很容易地制备金属锆、铪。图12-2-33示出熔盐电解制取金属锆粉的装置。

表 12-2-62 钙和氢化钙还原产品质量

还原方法	产品名称	杂质含量，%					
		Ca	O	N	H	Cl^-	Mg
钙还原	锆粉	0.1～0.3	0.3～1	0.03～1	<0.1	<0.1	<0.03
	铪粉	同上	0.4～1.5	0.1～1	<0.1	<0.1	<0.3
氢化钙还原	锆粉		1.0～1.5			0.001～0.1	<0.04
钙还原	锆粉	0.01～0.1	0.1～0.3	0.05～0.2	微	微	0.1～0.3
	铪粉	0.01～0.1	0.1～0.3	0.05～0.2	微	微	0.1～0.3
氢化钙还原	锆粉			<0.04			<0.05

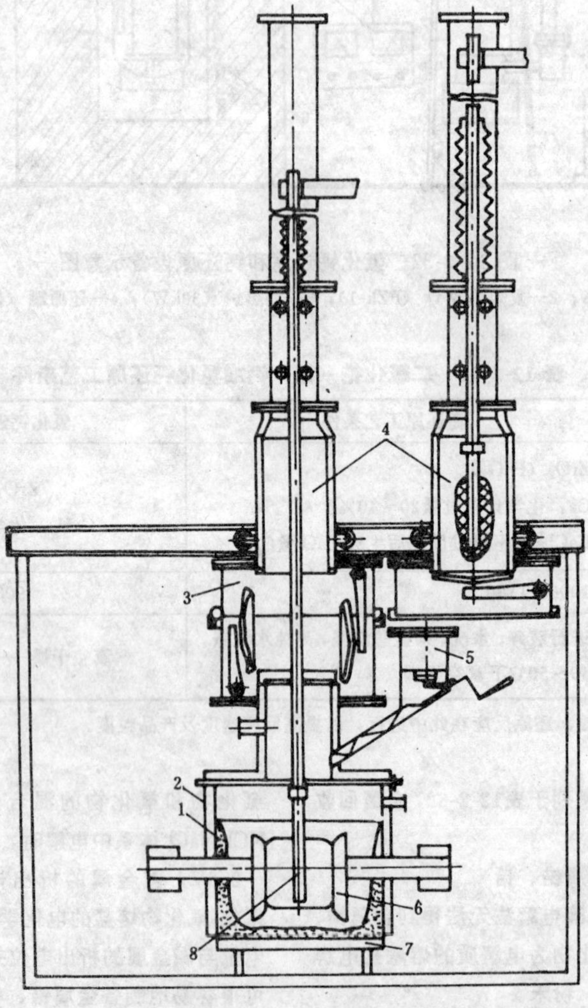

图 12-2-33 制取锆粉的密闭电解槽

1—渣壁；2—电解槽；3—外室；4—阴极产品冷却室；5—加料器；6—阳极；7—水冷套；8—阴极

由氯化物-氟化物构成的熔盐，经管壁水冷后可形成一层渣壁，该渣壁可防止电解池遭受电解质的腐蚀。电解池内部通入二根石墨电极，用交流电加热电解质使之保持熔融状态。电解池容积为60L，工作电流600A，上部设有密封盖，盖上固定着充有惰性气体的冷却室以冷却阴极产品。电解周期结束后，靠真空阀将带有阴极产品的阴极吊入冷却室，使产品与电解池隔绝。图12-2-33中有两个冷却室，一个用于冷却，另一个再装入阴极使下一周期电解过程继续进行。原料为 K_2ZrF_6，由密闭加料器周期性的加入。整个电解过程定在密闭装置内进行。

更先进的电解装置为连续电解槽（见图12-2-34)。它的特点是有两个曲线形的阴极，置于两石墨阳极中间。当积累了一定阴极产品后，阴极靠转轴进入切剪室，用剪刀将热的阴极产品切下，由溜槽送至阴极产品收集室。

熔盐电解的工艺条件见表12-2-63，产品质量见表12-2-64。

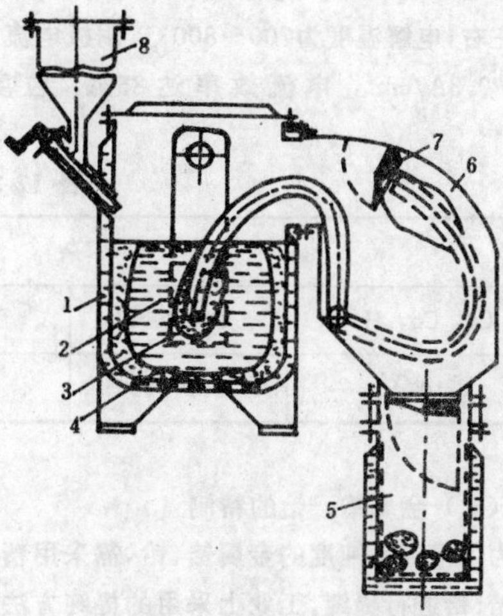

图 12-2-34　连续密闭电解装置

1—电解槽外壳；2—阴极；3—阳极；4—渣壁；5—阴极产品收集室；6—阴极产品切剪室；7—剪刀；8—料斗

表 12-2-63　熔盐电解工艺条件

条　件	二元熔盐体系	三元熔盐体系
熔盐组成	K_2ZrF_6-KCl K_2ZrF_6浓度（过程中加入）：25～30（W）%	$Na_2ZrF_6-NaF-NaCl$ 锆浓度（过程中以 $ZrCl_4$形式加入）：≤2（W）%
电解温度,℃	750～800	800
阴极电流密度，A/dm²	350～400	300
电流效率,%	60～80	—

表 12-2-64　电解锆产品的化学组成

方　案	杂质含量，%								
	O	N	C	Fe	Ni	Cu	Ti	Mn	Cr
1	0.06	0.03	<0.5	0.013	0.007	<0.001	0.002	<0.002	<0.003
2				0.01	0.004	0.0005	0.05	0.001	0.003

方　案	杂质含量，%							粒度<0.074mm，%
	Si	Co	Mg	W	Mo	Cl	B	
1	<0.05	<0.05	<0.01	<0.01	<0.01	<0.002	1×10⁻⁶	51～64
2	0.003	Ca0.005	0.001	Pb0.001	0.01	—		5

上述锆粉经电弧熔铸后硬度(HB)分别为130～140及130～170，可用于锆材加工。

与电解锆不同，金属铪的电解可以在纯的氯化物体系中进行。最合适的电解质体系为 $KCl-HfCl_4$

或 LiCl-RbCl-$HfCl_4$，电解时 $HfCl_4$ 的浓度保持在10%左右，电解温度为700～800℃，阴极电流密度为0.1～0.3A/cm²，电流效率达85%，粒度小于0.246mm 仅为5%，而且纯度有所提高（见表12-2-65）。

表 12-2-65 电解铪的化学成份

杂质含量，%					
Al，Cr，Co，H，N	Pb，Mn	Fe	Mg	Ni	Si
$\leqslant 10^{-3}$	$<2.5\times10^{-4}$	0.02	$<6\times10^{-4}$	$(2\sim6)\times10^{-3}$	$(1\sim3)\times10^{-3}$

（七）金属锆、铪的精制

为了得到高纯度的金属锆、铪，需采用精制的方法对锆、铪进行提纯。工业上采用的提纯方法有碘化法和电解法两种。镁还原所得的海绵锆和电解或其它金属热还原所制得的金属锆粉必须经过熔炼加工后方能进行提纯加工。

1. 碘化法提纯金属锆、铪

碘化法提纯金属是一种化学转移反应，其反应式为：

$$Me(固)+2I_2(气)\xrightarrow{200\sim300℃}MeI_4(气)\xrightarrow{1300\sim1500℃}4I(气)+Me(固)$$

金属锆、铪在较低的温度下与 I_2 生成易挥发的四碘化物，然后在高温下分解成相应的金属和 I_2，金属锆铪沉积在炽热的金属丝上。控制炽热的金属丝的温度远低于金属锆、铪的熔点，因此沉积的速度较快。这样在两个不同温度区域造成 Zr（Hf）I_4 和 I_2 很高的浓度梯度以保证反应高速度进行。

碘化过程可以除去下列杂质：不与 I_2 起反应的杂质，如粗金属中的氧化物、碳化物、氮化物等，或不生成易挥发性碘化物的杂质以及在炽热金属丝上不沉积的杂质。它们提纯效果很好。

碘化设备如图12-2-35所示。碘化提纯工艺条件列于表12-2-66中。碘化法提纯后锆铪的成分列于表12-2-67中。

表 12-2-66 碘化提纯锆、铪的工艺条件

工序	工艺条件
原料准备	原料为海绵锆（铪）或锆（铪）粉时，在4000×10⁵Pa 压力下压成30×100mm 坯条，在1050℃下真空烧结后切成小片装炉后抽空至1.33×10⁻²Pa 加热丝加热到略低于最佳碘化温度进行脱气 碘瓶抽空至0.133Pa
碘化	恒温器由电加热或盐浴（$NaNO_3$ 或 KNO_3）加热至240～300℃ 加热丝加热温度：1300～1400℃（锆），1400～1550℃（铪） 锆的回收率：90～95%，碘回收率：70% 碘化所得金属棒直径：18～25mm（锆），12～19mm（铪）
后处理	停止碘化后，将反应器冷却至室温，并从恒温器中取出。通入氩气，灌入水，以防止细粉自燃，反应器灌满水后，打开盖，取出沉积有锆（铪）的金属丝，洗涤反应器中未反应的粗锆（铪）、烘干，供下次碘化用

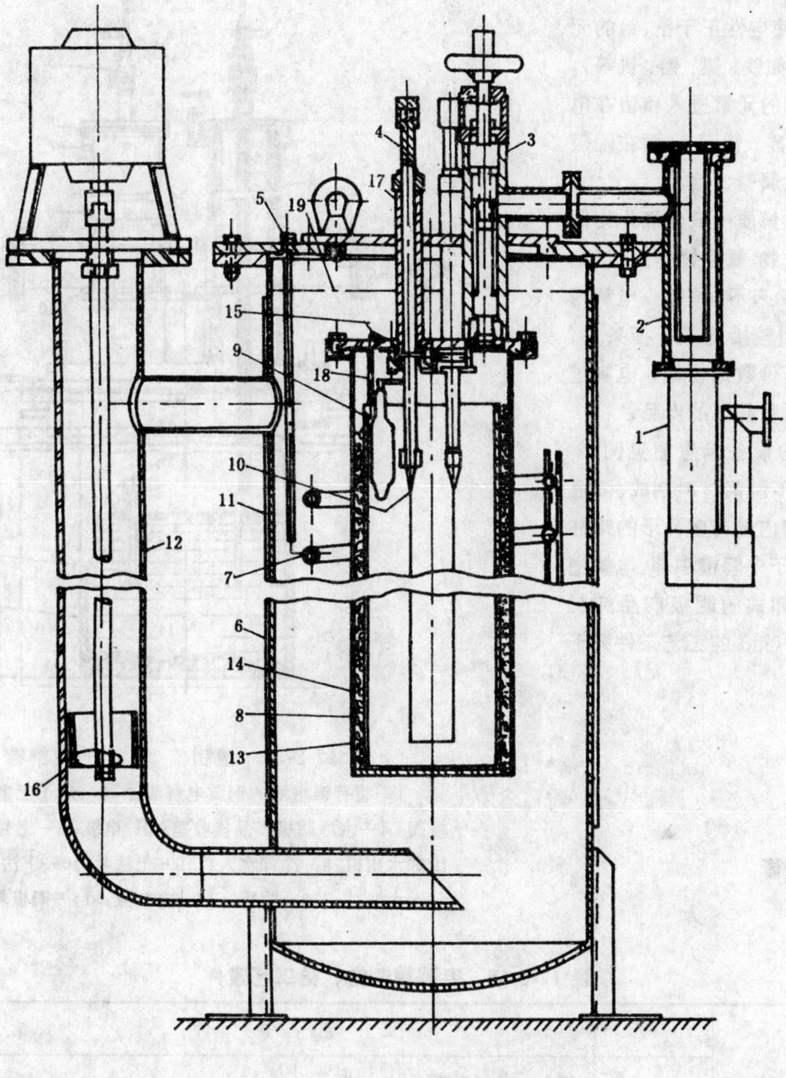

图 12-2-35 碘化设备示意图

1—真空泵；2—冷阱；3—非升式杆阀；4—铜电极；5—热电偶；6—浸液箱；7—冷却旋管；8—钼隔罩；9—ZrI_4瓶；10—钼电极头；11—加热带；12—循环管；13—合金容器；14—海绵锆；15—瓷套管；16—搅拌器；17—环封圈；18—悬挂ZrI_4瓶的钨丝；19—液面

表 12-2-67 碘化提纯后锆、铪成分

金属	杂质含量，ppm																	
	Si	Fe	Al	Cu	Ti	Ca	Mn	Mg	Pb	Mo	Ni	Cr	Sn	N	O	H	C	B
锆	30	200	30	<1	10	<50	<10	<10	<10	<10	30	30	<10	10	200	20	100	<1
铪	60~340	210	20~40	8~40	20~100	50~110	10	10~110	10	10~60	—	30	10	10~40	120~370	10~80	200	—

2. 电解法精制锆和铪

将要提纯的粗锆、铪制成可溶性阳极，通过电解使电性正于锆、铪的元素留在阳极中（如铁、镍、钼、钒等），电性负于锆、铪的元素进入和留在电解质中（如铝、硅、镁等），而在阴极析出提纯后的金属锆、铪。

所采用的电解质一般为氯化物体系，也有用氯化物-氟化物体系。与电解制取锆（铪）粉末不同的是，电解精制采用的电解质较接近于平衡条件，即电解质中离子价数比较低，电解过程中可生成大颗粒晶体的产品。

电解精制的设备示意图见图12-2-36。电解槽由不锈钢材料制成。阳极原料置于电解槽内壁与多孔形的钼柱体之间，阴极位于电解槽中部。电解槽顶盖上装有可卸式的阴极产品卸料室。电解提纯锆（铪）的工艺条件列于表12-2-68。

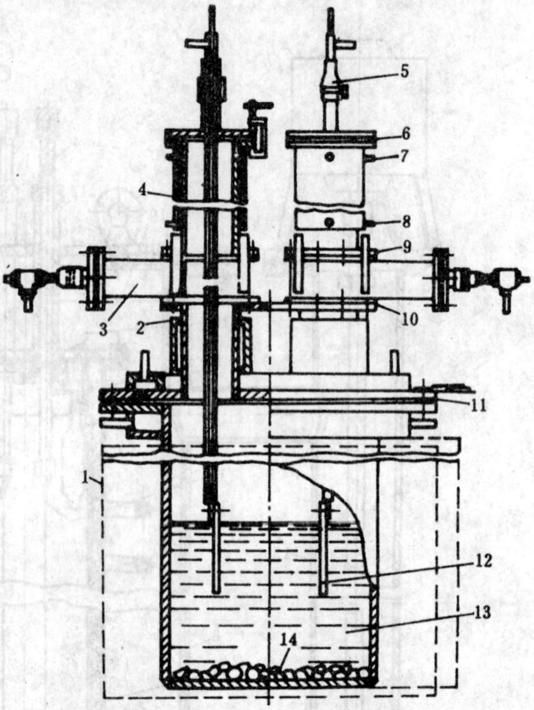

图 12-2-36 精制锆（铪）的电解槽

1—装有镍坩埚的钢质电解液池；2—炉子上盖；3—闸板阀；4—水冷阴极产品接收室；5—电极；6—密封圈；7—冷却水出口；8—冷却水入口；9—上法兰；10—下法兰；11—大法兰；12—阴极；13—电解液；14—阳极料筐

表 12-2-68 电解精制锆、铪工艺条件

项目	工艺条件	
	锆电解	铪电解
电解质组成	$NaCl\text{-}ZrCl_4$ $KCl\text{-}LiCl\text{-}ZrCl_4$ $NaCl\text{-}KCl\text{-}K_2ZrF_6$	$NaCl\text{-}KCl\text{-}K_3HfF_7$（含 Hf7%） $NaCl\text{-}KCl\text{-}HfCl_4$
电解温度，℃	800	830
阴极电流密度，A/cm^2	0.5	0.4

第五节 锆铪的加工及制品生产

一、金属锆（铪）的铸锭制备

铸锭生产工艺流程见图12-2-37。

（一）电极制备

1. 原料准备及处理

海绵锆、海绵铪需破碎、烘干（真空度为6～8Pa，温度大于100℃）。合金添加剂：锡＞99.96%，形态为箔、片；铁大于98%，形态为丝材或车屑；铬

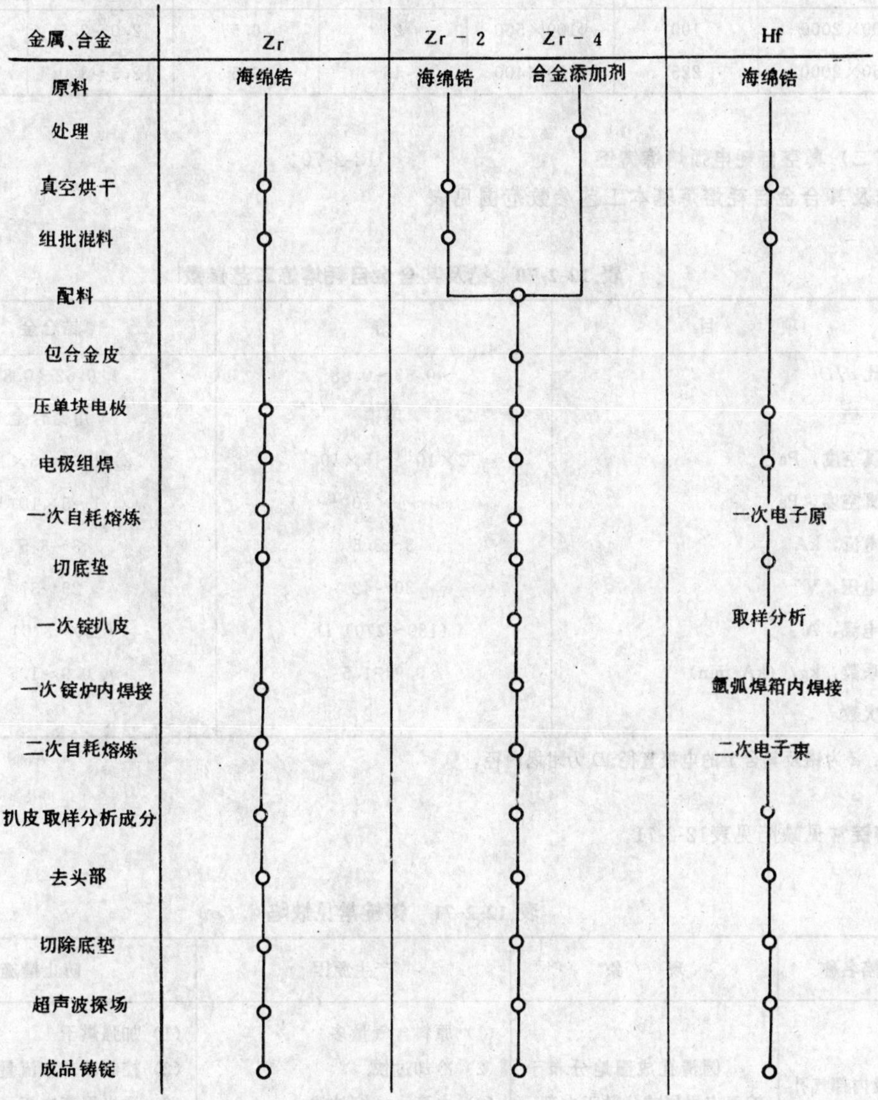

图 12-2-37　铸锭生产工艺流程

大于99.5%，为碎粒块；镍＞99.99%，形状为丝材或片状。按合金元素含量范围的中间值配料。合金元素锡的熔点较低，为弥补锡在熔炼中提前流淌而造成的偏析，可配制不同锡含量的单块合金电极，组焊成长电极，或采用中间合金。

2. 电极制备

在压机上用模子压制成单块合金电极，压制的单位压力为323～470MPa，电极密度大于$5.7\times10^3kg/m^3$。用真空电弧对焊机把单块合金电极对焊成所需长度的电极。对焊工艺参数示于表12-2-69。

表 12-2-69 对焊工艺参数

电极规格 mm	重量 kg	单块电极规格		真空度 Pa	焊接参数	
		尺寸 mm	重量 kg		电流，A	电压，V
φ100×2000	100	φ100×500	25	6.5	2.0～2.5	28～30
φ150×2000	225	φ150×400	45	6.5	2.5～3.0	28～30

（二）真空自耗电弧熔炼铸锭

锆及其合金自耗熔炼基本工艺参数范围见表12-2-70。

表 12-2-70 锆及其合金自耗熔炼工艺参数

项目	锆	锆合金
坩埚比 d/D	0.63～0.88	0.62～0.8
底垫	用锆	用锆合金
熔前真空度，Pa	2×10^{-1}～5×10^{-2}	2×10^{-1}～5×10^{-2}
熔炼真空度，Pa	1～1×10^{-1}	1～5×10^{-1}
起弧电流，kA	3～3.5	3～3.5
熔炼电压，V	30～42	29～37
熔炼电流，A	(180～370) D	(180～370) D
熔化系数，kg/(kA·min)	0.9～1.5	0.9～1.5
熔化次数	1～2	2

注：d 为锆及其合金的电极直径。D 为坩埚内径。

铸锭常见缺陷见表12-2-71。

表 12-2-71 铸锭常见缺陷

缺陷名称	现象	产生原因	防止措施
下部及内部气孔	圆滑孔成圈地分布于锭表皮里层或分散于内部	(1) 原料含气量多 (2) 冷却过快 (3) 电流小，溶池浅 (4) 坩埚下部渗水	(1) 加强烘干 (2) 控制冷却水流量 (3) 适当提高电流 (4) 加强检漏
夹杂	不熔块或氧化物被嵌入锭中	(1) 较大块的氧化物 (2) 熔炼中电极掉块 (3) 电极中混入不熔杂物	(1) 加强电极焊接防护 (2) 提高电极质量 (3) 加强原料管理
锭冠过高过厚	不经平锭处理的一次锭对焊困难	(1) 坩埚比小 (2) 电流大，电压低喷池严重 (3) 磁场搅拌过强 (4) 原料含气量大	(1) 适当提高坩埚比 (2) 适当调整电流电压值 (3) 选择合理搅拌参数 (4) 控制品级，加强烘干

续表 12-2-71

缺陷名称	现　象	产生原因	防止措施
表面夹杂	在铸锭表面覆盖有一层金属和挥发物覆盖层	(1) 电弧过长 (2) 坩埚比小 (3) 电流小	(1) 短弧操作 (2) 合理选用坩埚比 (3) 适当提高电流
表面结疤及冷隔		(1) 电流小 (2) 磁强搅拌太强 (3) 坩埚比过小，熔池不到边 (4) 熔炼中断	(1) 适当提高电流 (2) 合理选择磁场强度 (3) 提高坩埚比 (4) 提高真空度，加强监督，防止产生爬弧和辉光放电
底部孔洞及冷隔		(1) 起弧料过多，含气量过大 (2) 起弧后电流提升太慢 (3) 电极端部偏离坩埚中心	(1) 底部适中并干燥洁净 (2) 改进起弧工艺 (3) 保证电极安装质量
粘　洞	底边部可见粘着铜或赤色痕迹	(1) 坩埚外壁水垢沉结导热不良 (2) 边弧熔损坩埚壁	(1) 定期清除水垢，控制冷却水硬度 (2) 保证电极安装质量

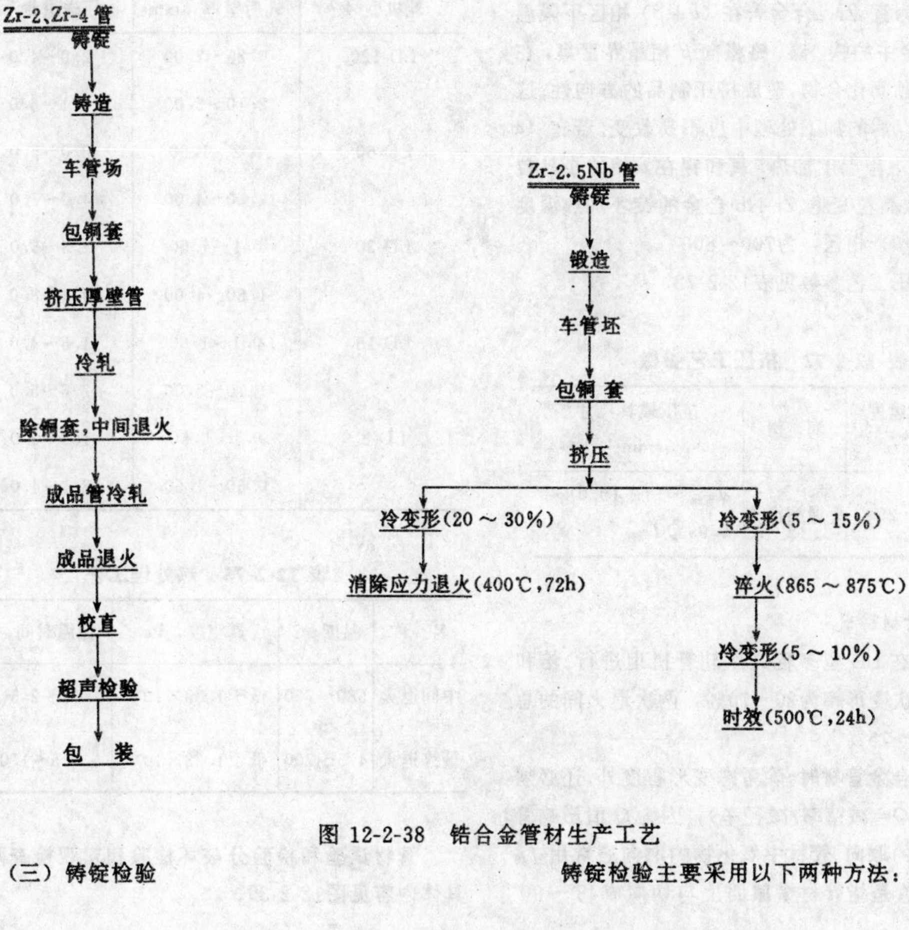

图 12-2-38　锆合金管材生产工艺

（三）铸锭检验

铸锭检验主要采用以下两种方法：

（1）化学成分分析，一般按铸锭的顶、上、中、下、底5个部位取样分析；

（2）超声探伤，用于检验铸锭内部有无裂纹、冷隔、夹层。

二、金属锆管棒的挤压加工

管材生产工艺流程见图12-2-38。

（一）锻造

经超声探伤合格的铸锭一般在电炉内加热。为减轻锆及其合金的污染，可采用玻璃粉涂层保护。加热温度可在$\alpha+\beta$相或β相区。加热至β相区（950～980℃）可锻性要好些，但污染会严重些。每次最大变形量可达70%以上。第一次终锻温度不能低于700℃，以后终锻温度可为500～600℃。

（二）挤压

为避免在空气中加热时被空气污染，挤压坯一般采用包铜套进行保护。

Zr-2、Zr-4合金因塑性好，变形抗力低，其挤压锭坯加热温度一般希望在α相区，加热温度范围以650～700℃为宜。Zr-2合金若在（$\alpha+\beta$）相区下限温度加温，合金中的铁、镍、铬将向β相晶界富集，在冷却后形成晶间化合物，造成挤压制品的方向性。这种方向性在以后的加工处理中也不易改变。若在（$\alpha+\beta$）相区的上限温度加热，氧和锡在α相的小晶粒内富集，导致晶粒变脆。Zr-Nb合金的锭坯加热温度一般在（$\alpha+\beta$）相区，为700～800℃。

主要挤压工艺参数见表12-2-72。

表 12-2-72 挤压工艺参数

挤压比	挤压速度 mm/s	润滑	挤压模具尺寸 mm
7～25	10～25	普通润滑油	$d_{模孔}=[1+(0.01\sim0.09)]D_{制品}$

（三）管材冷轧

轧制可在LD型多辊式冷轧管机上进行。锆和锆合金的道次变形率为20～70%，两次退火间的总变形率为40～75%。

轧制锆合金管材时，除考虑变形程度外，还必须考虑Q值（Q=减壁率/减径率），因为Q值影响管材中氢化物的取向。管材中氧化物的取向通常用f_{48}值表示。f_{48}值是指管材横截面上与切向成48°～90°角范围内的氢化物片数与总氧化物片数的百分比。f_{48}值越大，表示径向分布氢化物越明显，管材易脆裂，通常希望$f_{48}\leqslant30\%$。实验证明，f_{48}值和轧制时的Q值有密切关系。通常Q值增大，f_{48}值减小。只有当$Q>1.6\sim2.8$时才能保证$f_{48}\leqslant30\%$。

轧制机行程次数（次/min）、轧机送进量和热处理工艺列在表12-2-73～75中。

表 12-2-73 轧机行程次数（次/min）

轧机型号	中间产品	成品
LD-120	80～110	80～100
LD-60	50～100	50～80
LD-30	90～100	90～100
LD-15	80～110	80～100
LD-8	80～100	60～80

表 12-2-74 轧机送进量

轧机型号	轧后壁厚，mm	送进量
LD-120	0.25～2.00	2.0～4.0
	2.10～5.00	4.1～6.0
LD-60	0.2～1.50	3.0～5.0
	1.60～4.00	4.0～7.0
LD-30	0.1～1.50	2.3～5.0
	1.60～4.00	4.1～8.0
LD-15	0.1～1.00	1.5～4.0
	1.10～3.00	2.6～5.0
LD-8	0.1～0.50	1.5～2.0
	0.60～1.50	2.1～4.0

表 12-2-75 热处理工艺

名称	温度，℃	真空度，Pa	保温时间，h
中间退火	580～700	低于1.33×10^{-2}	1～2.5
最终退火	475～700	低于1.33×10^{-2}	0.5～1.0

管材试验和检验分破坏检验和宏观检查两种，具体内容见图12-2-39。

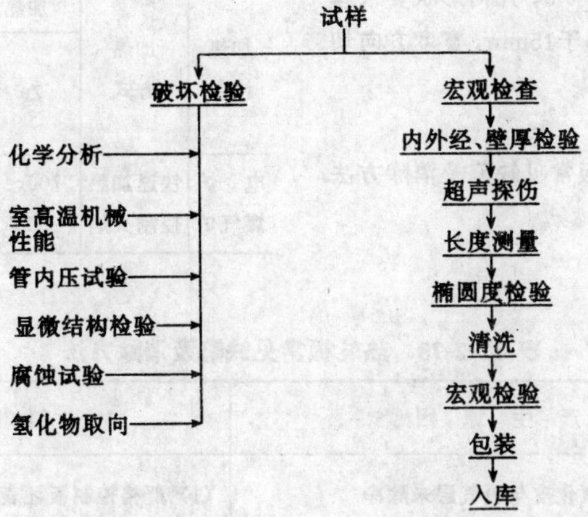

图 12-2-39 管材试验和检验流程

（四）管棒材拉伸

棒材拉伸为减径拉伸，管材拉伸分无蕊头拉管和长心杆拉管两种。拉伸时速度要平稳，不能有跳动现象。

由于锆及其合金与模具材料有着较大的亲合力，在拉伸过程中容易同模具相粘结，这不仅会划伤制品表面，而且容易断头，故在拉伸前坯料要进行表面处理，一般采用涂氟磷酸盐和包铜皮（挤压时留下的包套），再在上面涂以普通润滑剂。为了使拉伸过程中氧化层不被破坏，拉伸采用较小的道次加工率，拉伸速度也较低。

图12-2-40为 Zr-2.5Nb 管材生产工艺图。

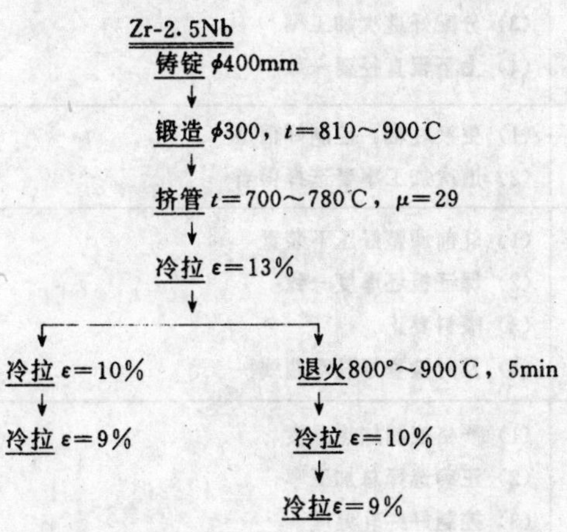

图 12-2-40 Zr-2.5Nb 管材生产工艺图

三、金属锆板、带、箔材的加工

板、带、箔材生产工艺流程及参数见表12-2-76。

表 12-2-76 板材生产工艺参数

项 目	工艺参数
锭加热	加热温度为950℃
锻造坯	终锻温度大于500℃，一次完成
刨铣面	
热轧	加工率为75%
破鳞、冷轧	冷至200℃以下，破鳞冷轧
酸洗	
中间退火	温度为700～750℃，真空度高于 5×10^{-2}Pa
冷轧	加工率为40%
除油清洗	
成品退火	温度为650～700℃，真空度高于 5×10^{-2}Pa
取样性能检验	机械性能及腐蚀性能
成品剪切	
外观检验	
包装入库	

（一）板坯准备

熔炼铸锭的锻造板坯经过刨铣，表面状态要求无裂纹、折叠，表面光洁度为▽5，几何形状要求厚度偏差小，厚度方向切斜度小于15mm，宽度方向切斜度小于30mm。

（二）热轧

热轧的工艺参数及热轧板常见缺陷及消除方法见表12-2-77及表12-2-78。

表 12-2-77 加热设备及工艺参数

加热设备	加热方式	加热温度,℃		压下制度	
		Zr	Zr合金	道次最大加工率,%	总加工率%
电炉 煤气炉	快速加热 控制火焰	700～800	700～800	30	77～97

表 12-2-78 热轧板常见缺陷及消除方法

缺陷	产生原因	消除方法
表面裂纹	(1) 板坯表面氧化皮与吸气层未除净 (2) 板坯厚度不够，造成不均匀变形 (3) 板坯表面温降快，塑性降低 (4) 板坯加热不均，表面温度低 (5) 道次加工率分配不均，忽大忽小	(1) 严格控制板坯表面质量 (2) 要求板坯规整，尺寸均匀 (3) 采用预热辊 (4) 加热温度要均匀 (5) 合理分配道次加工率
麻坑麻点	加热温度过长或时间过长致使氧化严重，轧制时脱落的氧化皮被压入表面	(1) 严格控制温度和时间 (2) 控制好终轧温度，防止低温轧制时氧化皮脱落
划伤	导板、辊道、尺寸、轧辊有粘结物或毛刺	及时消除粘结物及毛刺
裂边	(1) 板坯温度不均匀，边部温度低 (2) 辊型配置不当，喂料时倾斜 (3) 道次加工率过大	(1) 加热均匀，操做速度要快 (2) 调整好辊型，喂料要正 (3) 控制好道次加工率
翘曲	(1) 辊型配置不当 (2) 板坯表面温差太大 (3) 道次加工率小 (4) 上下辊直径尺寸不一致	(1) 调整好辊型 (2) 加热要均匀 (3) 分配好道次加工率 (4) 上下辊直径要一致
台头	(1) 轧辊凸度过大 (2) 道次加工率小	(1) 更换轧辊，控制好辊型 (2) 道次加工率要选择得当
镰刀弯	(1) 两边压下不一致 (2) 板坯宽度方向厚度不够 (3) 喂料偏斜 (4) 轧辊曲线磨得不正，最大值偏离中心	(1) 轧前调整好压下装置 (2) 保证板坯厚度一致 (3) 喂料要正 (4) 及时检查好轧辊曲线
性能不合格	(1) 加热温度过高 (2) 总加工率太小 (3) 终轧温度控制不好	(1) 严格控制加热温度 (2) 正确选择总加工率 (3) 控制好终轧温度

（三）冷轧

锆及锆合金板材冷轧时，工艺塑料好，变形抗力低，加工硬化慢，有利于冷轧进行。冷轧时，道次加工率一般小于10%，总加工率一般控制在35～40%范围内。

板材热处理工艺见表12-2-79。

表 12-2-79 板材热处理工艺

项 目	温度,℃	真空度,Pa
中间热处理	700～750℃	高于4×10^{-2}
成品热处理	650～700℃	同上

四、金属锆丝、棒材的加工

(一) 旋锻

锻造坏料
↓
表面清洗
↓
热旋锻
↓
中间退火
↓
冷旋锻
↓
表面清洗
↓
成品退火
↓
检验
↓
成品

图 12-2-41 旋锻工艺流程图

旋锻工艺流程见图12-2-41，热处理规范见表12-2-80。

(二) 拉伸

拉伸工艺流程见图12-2-42，热处理规范见表12-2-81。

丝坯
↓
表面清洗
↓
阴极氧化
↓
室温拉伸
↓
酸洗表面
↓
中间退火
↓
室温拉伸
↓
表面清洗
↓
成品退火
↓
检验
↓
成品

图 12-2-42 拉伸工艺流程图

表 12-2-80 热处理规范

材 料	温 度，℃		保温时间	真空度	两次退火间总加工率
	中间退火	成品退火	min	Pa	%
纯 锆	650～700	600～650	30～60	$>1.33\times10^{-2}$	10～55
Zr-2，Zr-4	700～750	700	30～60	$>1.33\times10^{-2}$	10～55

表 12-2-81 拉伸热处理规范

材料	温 度，℃		保温时间	真空度
	中间退火	成品退火	min	Pa
纯锆	650～700	650±50	60	高于1.33×10^{-2}

拉伸润滑采用锆丝表面拉伸前电镀一层铜或用化学法涂一层氟磷酸盐，拉伸时还应涂以辅助润滑剂。拉伸道次加工率分配见表12-2-82。

表 12-2-82 道次加工率分配

项 目	直 径 范 围， mm			
	3.00～0.8	0.75～0.55	0.50～0.2	0.2以下
道次加工率 %	15～10	5	5	5

五、辅助工序

（一）机械加工

机械加工主要有以下几个工序：

(1)对电弧熔化锭进行扒皮去掉孔和底垫，因锆屑容易氧化着火，故切屑速度要低，走刀量和吃刀深度要大，一般采用硬质合金刀具；

（2）对热锻板坯进行刨面；

（3）切断；

（4）热轧板在冷轧前用喷砂清除表面氧化皮。

（5）磨削坯料表面，以去除裂纹、折迭、凹凸不平和局部氧化皮等缺陷。

（二）化学和电化学加工

化学和 电化学加工主要有以下几个工序：

(1)酸洗，即破鳞后除氧化皮酸洗，酸洗液成分：35～45％（重量）HNO_3＋5～7％（重量）HF＋余量H_2O，温度为20～60℃；

（2）电解加工，用于对锆合金管内表面进行加工，以提高管子精度，其加工工艺参数见表12-2-83。

表 12-2-83 电解加工工艺参数

电解液成分，％（重量）	温度，℃	加工电压，V	电流密度，A/cm^2	加工间隙，mm
15％NaCl＋1～2％C_2H_5OH＋H_2O	30～70	＜40	30～40	0.7～1.0

（3）阳极氧化，是用电化学方法在锆或锆合金表面生成一层氧化膜，目的是防止拉伸时工件与模具粘结，改善拉伸工艺性能。

（三）矫直

Zr-2和 Zr-4合金管的精度要求很高，因此在交货前必须进行矫直。矫直一般在辊式矫直机上进行。

第六节 锆（铪）金属学

一、锆合金

锆的二元合金系可分为5种类型：

（1）扩大α区型(即升高$\alpha\rightarrow\beta$转变温度)，如Zn-Sn、Nr-Al、Zr-O、Zr-N 等；

（2）扩大β区型(降低$\alpha\rightarrow\beta$转变温度)，如 Zr-Nb、Zr-Ta、Zr-Th、Zr-U 等；

(3) Fe-Fe_2C 型（共晶与共析型)，如 Zr-Ag、Zr-Co、Zr-Cr、Zr-Cu、Zr-Fe、Zr-Mn、Zr-Mo、Zr-Ni、Zr-V、Zr-W、Zr-H 等；

（4）混合型，如 Zr-C、Zr-Si、Zr-Ge 等；

（5）完全固溶型，如 Zr-Hf、Zr-Ti 等。

锆具有突出的核性能、良好的机械性能及优良的抗水耐蚀性能，使其在原子能工业方面得到了广泛的应用。为了改善和提高锆在核反应堆中的使用性能，发展了一系列锆合金。目前使用最广泛的有Zr-1％Nb、Zr-2.5Nb、Zr-4和 Zr-2等合金，它们的成分列于表12-2-84。

表 12-2-84 几种常用锆合金的主要合金元素及其用途

合金牌号	杂质含量，％							用途
	Nb	Sn	Fe	Cr	Ni	Fe＋Cr＋Ni	O_2	
Zr-1Nb	1 (0.9～1.1)	—	—	—	—	—	0.09～0.11	包套管，结构材料
Zr-2.5Nb	2.5 (2.4～2.8)	—	—	—	—	—	0.09～0.13	压力管，结构材料
Zr-2	—	1.5 (1.2～1.7)	0.12 (0.07～0.2)	0.1 (0.05～0.15)	0.05 (0.03～0.08)	0.18～0.38	0.1～0.14	沸水管，包套管，元件支架，导向管

续表 12-2-84

合金牌号	杂质含量，%							用途
	Nb	Sn	Fe	Cr	Ni	Fe + Cr + Ni	O_2	
Zr-4	—	1.5 (1.2～1.7)	0.2 (0.18～0.24)	0.10 (0.05～0.08)	＜0.007	0.28～0.37	0.1～0.14	压水堆、包套管、元件支架，导向管

注：括弧内数值为含量范围。

（一）合金元素及杂质在锆中的作用

1. 合金元素在锆中的作用

锆合金中的合金元素可分为两大类。一类是提高相变温度，另一类降低相变温度。属第一类的元素有：铝、锡、铅、铪等，第二类的元素有铬、钴、铜、铁、锰、钼、镍、铌、银、钽、钍、钛、钨、铀、钒等。

合金元素对锆的拉伸性能的影响见图12-2-43。

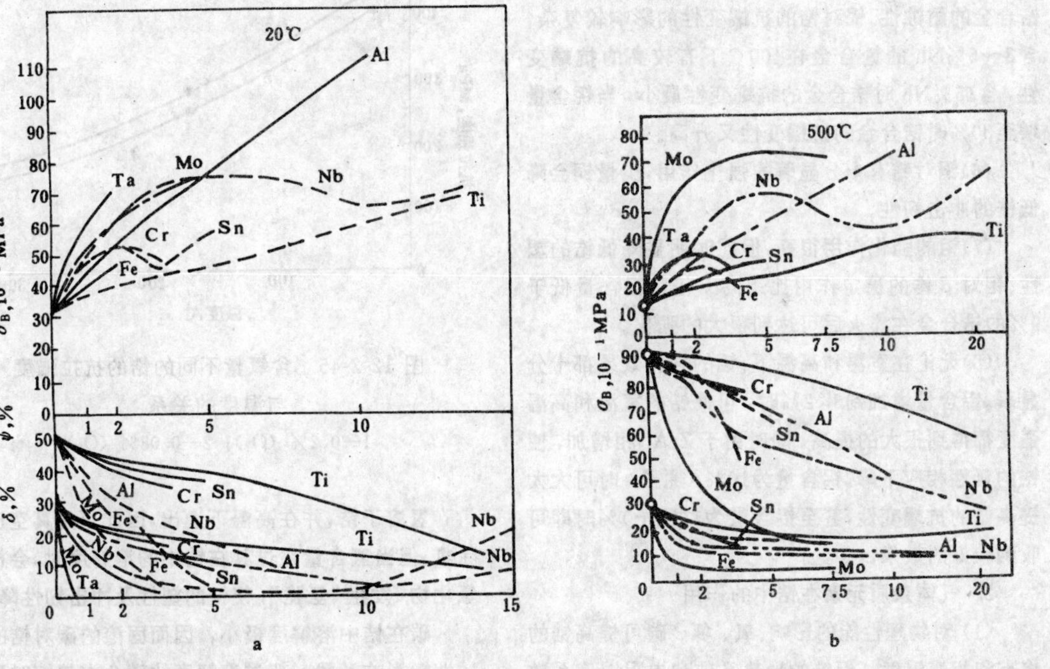

图 12-2-43 合金元素对锆的室温（a）和高温（b）拉伸性能的影响

目前在所应用和研究的锆合金中，锡、铁、铬、镍、铌、铝、钼、铜等是最常用的合金添加剂。它们的作用简述如下。

（1）锡可提高锆的强度，但使锆的塑性有所下降。锡是改变锆抗蠕变性能非常有效的元素。随着锡含量的增加，合金中Zr_4Sn量增多，可大大提高锆在400～600℃下的抗蠕变性能，加入1.3%Sn即可有很好的抗蠕变效果，但锡含量若超过2.5～5.0%，则将大大降低锆的冲击韧性。

（2）铁可使锆的强度增高，塑性下降，但降低幅度小于锡所引起的塑性变化。加入1%（原子）的铁可使锆的高温抗蠕变性能显著提高，但超过此值则使锆的抗蠕变性能明显下降，这是由于铁可与锆生成易溶共析体的缘故。

(3)铬对机械性能的影响与铁相似，它可提高锆的强度，强化效应最大值在2(原子)%处，比锡的作用弱。铬对锆的抗蠕变效应也有改善，合金的抗蠕变力(500℃下)以含0.5～1.0(原子)%Cr时最佳。

(4)镍对锆有一定强化作用，对机械性能的影响与铁相似。

(5)铌对锆有较高的强化作用。淬火时铌对β相起稳定作用，Zr-Nb合金强度的增加取决于β相向马氏体的转变。但当铌含量较高时，Zr-Nb合金的强度则取决于β相向ω相的转变。随着铌的含量增加，更多的β相被固定下来，合金的强度有所下降。Zr-Nb合金的室温与高温强度分别在铌含量为0.8%及3～5%时达最大值。铌能有效地减少对H_2的吸收，并能减轻碳、铝、钛对锆的影响，从而增强锆合金的耐蚀性。铌对锆的抗蠕变性的影响较复杂，含3～5%Nb的锆合金在400℃下有较高的抗蠕变性，含15%Nb时锆合金的抗蠕变性最小，当铌含量增至30%时锆合金的抗蠕变性又升高。

(6)铜对锆有十分显著的强化作用，少量铜会降低锆的冲击韧性。

(7)钼的强化作用很高，但同时明显降低锆的塑性。钼对β锆的稳定作用比铌高一倍，钼含量低于9%的锆合金在淬火后可达到很大的强化。

(8)无论在室温和高温下，铝的强化效果都十分显著。铝含量增加到3.2%时，可使锆的室温和高温强度都得到很大的提高，同时由于$ZrAl_3$相增加，使锆的延性相应下降。铝含量为10%(原子)时可大大提高锆的抗蠕变性，甚至铝含量为1(原子)%时即可收到较好的效果。

2、气体杂质元素在锆中的作用

(1)对物理性能的影响。氧、氮、碳可提高锆的熔点和相变温度，但锆的导热系数和电阻温度系数则因含氧增加而降低，1.0(原子)%的氧约使锆的导热系数降低10%。

(2)对机械性能的影响。氧和氮在α锆中可形成间隙式固溶体，溶解度较大，故它们有显著的强化作用。在300℃以上时，氧的强化效果减弱；氮在260℃以上时，几乎没有强化作用。氧对锆的硬度的影响以及含氧锆的抗拉强度与温度的关系示于图12-2-44、图12-2-45。

氮在低温时对锆有强化作用外，但当其含量达0.14%时，会降低锆的室温冲击韧性。

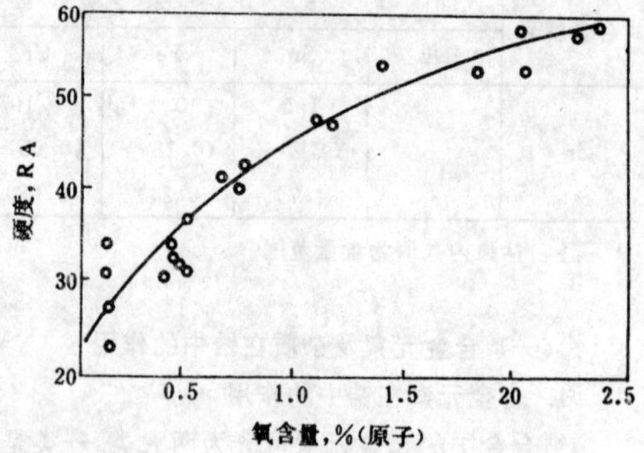

图 12-2-44 氧对锆硬度的影响

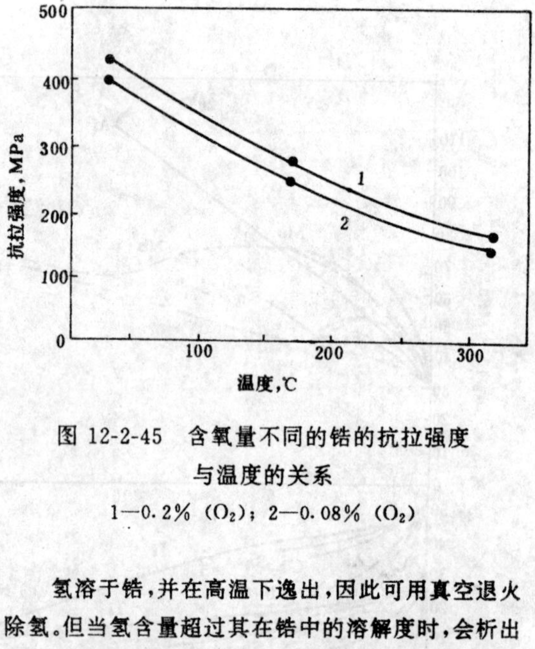

图 12-2-45 含氧量不同的锆的抗拉强度与温度的关系

1—0.2% (O_2)；2—0.08% (O_2)

氢溶于锆，并在高温下逸出，因此可用真空退火除氢。但当氢含量超过其在锆中的溶解度时，会析出氢化物，发生“氢脆”，使锆的塑性及冲击韧性降低。

碳在锆中溶解度极小，因而固溶的碳对锆的机械性能影响微弱，超过溶解度的碳会在铸锭时形成网状脆性碳化物，从而导致铸锭在加工开始阶段发生开裂。

(二) 锆及其合金的氢化物

“氢脆”是反应堆锆合金燃料包壳发生破裂的重要因素。为了克服“氢脆”，一是尽量减少锆合金的吸氢量，二是改善吸氢后氢化物的分布状态。Zr-4合金就是从这一角度出发在Zr-2合金的基础上发展起来的，其吸氢量仅为Zr-2合金的1/3～1/2。但是，锆合金在水冷反应堆中应用时吸氢是不可避免的，因此锆合金吸氢后氢化合物的分布仍是锆合金管的一个突出问题。在锆合金中氢化物呈云片状。当氢化物片受平行拉应力时，锆合金的塑性变化不大；但当氢化物片受垂直拉应力时，则使锆合金的塑性大大降低。锆合金包套管中的氢化物最好是沿切向，即圆周方向分布，相反当氢化物呈径向分布时，包套管就容易发生脆裂。

一般以取向因子 F_{48} 作为氢化物分布定量参数。F_{48} 的定义是氢化物片与管子切线方向的夹角在48～90℃范围内的片数所占的百分数。F_{48} 值越小，表示径向分布的氢化物越小，管子就不易发生脆裂。一般规定锆合金管的 $F_{48} \leq 0.3$。锆为密排六方晶体结构，各向异性，在加工过程中形成织构，氢化物的析出发生在某“惯析面”上。Zr-4合金中的惯析面为 $(10\bar{1}7)$，它与基面（0002）夹角约为15°，因此可近似地认为，（0002）面即为Zr-4合金氢化物析出的惯析面。因此通过测定结构测出（0002）基面的取向就可判断氢化物析出时的分布情况。可采用测量织构的正极图或反极图来反映（0002）面的取向情况。

氢化物还具有一种应力再取向效应，即在应力作用下，氢化物会发生再取向，而发生再取向析出的方向倾向垂直于拉应力，因为平行于压应力的方向会使氢化物在发生再取向时需要一个具有一定值的拉应力，否则氢化物再取向便不会发生。这个应力值称为氢化物再取向阈应力值。研究表明，径向基极的锆合金管具有较大的阈应力值，即较难使氢化物再取向呈径向分布。

氢化物的取向与金属的织构、氢含量、材料所受的应力状态、晶粒度大小、沉淀相的分布及热处理等因素有关，但一般认为主要由加工工艺所决定。加工工艺参数 Q 值（减壁率与减径率之比）对氢化物取向影响最大。

为使氢化物呈周向有利分布，减壁率必须大于减径率，当 Q 值大于5时，则氢化物全部呈周向分布。

在完全再结晶温度以下进行的退火对管材中氢化物的取向无明显影响，但在再结晶温度以上退火时，则能使氢化物趋于混乱分布。因此，加工工艺对氢化物取向的影响主要是指最后一次中间退火到加工出成品管这一段的加工工艺。最后一次加工率一般为20～50%，$Q>2$。

（三）锆合金的性能

1. 物理性能

锆合金的物理性能见表12-2-85～87。

表 12-2-85 Zr-2合金的物理性能

项目	温度，℃							备注
	20	100	200	300	350	400	500	
弹性模量，MPa，$\times 10^4$	9.87	9.36	8.70	8.05	7.73	7.40	6.75	室温下密度为6.55g/cm³，熔点为1758℃
切变模量，MPa，$\times 10^4$	3.51	3.31	3.06	2.82	2.69	2.57	2.32	
线膨胀系数①，$℃^{-1}$，$\times 10^{-6}$	—	6.42	6.11	5.87	5.77	5.69	—	
导热系数，W/（m·K），$\times 10^4$	—	17.8	17.9	19.6	20.9	22.7	—	
电阻系数，Ω·cm，$\times 10^{-5}$	—	8.53	9.86	11.05	11.54	11.98	—	
比热，J/g·℃，$\times 10^{-2}$	—	27.9	28.6	29.4	29.8	30.2	—	
相变点，℃	开始温度							结束温度
膨胀法（速度为100℃/h）								
升温	814							950
降温	937							780
比热法	810							972
热分析法	814							

① 平均升温速度为100℃/h。

表 12-2-86 Zr-4合金的物理性能

项目	温度，℃						备注
	20	100	200	300	400	500	
弹性模量，MPa，$\times10^4$	10.1	9.6	8.95	8.04	7.4	6.3	室温下密度为6.56g/cm³
线膨胀系数，C^{-1}，$\times10^{-6}$	—	5.65	5.71	5.59	5.44	5.23	
导热系数，W/(m·K) $\times10^4$	—	17.8	17.4	18.2	19.9	21.9	

相变点，℃	$\alpha\to\alpha+\beta$	$\alpha+\beta\to\beta$	$\beta\to\alpha+\beta$	$\alpha+\beta\to\alpha$
	810～830	980～1000	960	780

表 12-2-87 Zr-1Nb 合金的物理性能

项目	温度，℃									
	20	100	200	300	400	500	600	700	800	900
线膨胀系数，C^{-1}，$\times10^{-6}$	5.8	6.0	6.2	6.3	6.4	6.6	6.8	7.0	7.2	
导热系数，BT/(m,℃)	17.2	18.0	19.3	20.1	20.5	20.9	21.8	22.9	—	—
电阻系数，Ω·cm，$\times10^{-5}$	4.39	5.47	7.3	8.61	9.72	10.82	11.34	11.92	12.23	—
比热，kJ/(kg·℃)	—	0.285	0.301	0.322	0.343	0.398	0.448	—	—	—

2. 机械性能

锆合金的机械性能见表12-2-88～99。

表 12-2-88 Zr-2合金的拉伸性能

温度，℃	抗拉强度，MPa		屈服强度 $\sigma_{0.2}$，MPa		伸长率，%	
	引伸计	作图法	引伸计	作图法	引伸计	作图法
20	528.3	525	343	343	26.33	28.33
200			191.6	198.3		
300	276.7	278.3	136.7	145	31	30.83
375	243	245	130	128.3	31.6	32.3
400	233.3	231.6	130	125	32.83	32.83
450	215	213	121.6	125	33.6	35.3

表 12-2-89 Zr-2合金管材标准拉伸性能（退火状态）

温度，℃	抗拉强度，MPa	屈服强度 $\sigma_{0.2}$，MPa	伸长率，%
室温	≥420	≥250	≥14
350	≥230	≥115	≥20

表 12-2-90 Zr-2合金的冲击性能

温度,℃	冲击韧性, MPa
17	0.34～0.36
200	0.63～0.65
375	1.02～1.15

表 12-2-91 Zr-2合金的疲劳性能

温度,℃	最大应力, MPa	循环次数, $\times 10^6$	备注
400	160	0.2～0.5	断
400	140	10	停

表 12-2-92 Zr-2合金在400℃时的蠕变性能

应力, MPa	时间, h	第二阶段蠕变速率,%/h
140	65	0.0649
140	70	0.0607
140	70	0.0598
140	75	0.0662
160	25	0.2519
160	25	0.2987
160	30	0.2038
160	30	0.2555

表 12-2-93 Zr-4合金管材拉伸性能(退火状态)

温度,℃	抗拉强度, MPa	屈服强度, MPa	伸长率,%
室温	580	420～430	24.0～25.0
375	260～265	135～155	35.5～36.5

注:Zr-4合金的室温冲击韧性值为3.5～3.9kg·m/cm²;400℃下旋转弯曲疲劳的疲劳强度,在循环次数小于10^7次时为16～17kg/mm²。

表 12-2-94 热处理 Zr-2.5Nb 合金的拉伸性能

冶金状态	试验温度 ℃	抗拉强度 MPa	屈服强度 MPa	伸长率 %	断面伸缩率 %
880℃淬火,500℃时效24h	室温	870	780	13	63
	300	580	530	14	75
900～1000℃淬火,500℃时效24h	室温	—	—	—	—
	300	580	480	13	70
800℃慢冷	室温	530	410	27	53
	300	310	210	27	67
700℃快冷后冷加工20%	室温	730	630	13	51
	300	480	410	15	55

表 12-2-95 冷加工 Zr-2.5Nb 合金管材轴向拉伸性能

冷加工量,%	试验温度,℃	抗拉强度, MPa	屈服强度 $\sigma_{0.2}$ MPa	均匀伸长率 %	总伸长率,%
40	20	721	557	9.5	18.5
	300	436	343	6.2	17.2
42	20	760	564	9.3	22.0
	300	516	375	4.4	10.6

表 12-2-96 不同状态 Zr-2.5Nb 合金管的拉伸性能

冶金状态	试验方向	试验温度 ℃	σ_b MPa	$\sigma_{0.2}$，MPa	δ,%	ψ,%
20%冷加工	纵向	20	730	560	18	45
		300	490	—	20	45
	横向	20	810	—	18	45
		300	510	—	20	45
20%冷加工＋高压釜处理（400℃，10MPa，4天）	纵向	20	770	590	18	45
		300	490	—	20	45
	横向	20	840	600	18	42
		300	510	—	20	65
	内压	300	570		圆周伸长1～1.5	壁变薄 17
880℃水淬＋500℃时效24h	纵向	20	870	800	18	45
		300	640	—	12	50
	横向	20	890	840	10	35
		300	650	—	10	43
	内压	300	680	—	圆周伸长1～1.5	壁变薄 17

表 12-2-97 Zr-2.5Nb 合金的蠕变性能①

冶金状态	ϵ,%/h	冶金状态	ϵ,%/h
550℃退火5h	42.2×10^{-4}	870℃水淬，18%冷变形，500℃时效24h	7.6×10^{-5}
870℃水淬	5.2×10^{-5}	870℃退火1h，炉冷	3.7×10^{-5}
870℃水淬，时效500℃，24h	5.1×10^{-5}	870℃退火1h，500℃时效24h	3.0×10^{-5}

① 测试条件：400℃，200MPa，1000h。

表 12-2-98 不同氧含量 Zr-1Nb 管的机械性能

合金	试验温度,℃	取样方向	σ_b，MPa	$\sigma_{0.2}$，MPa	δ,%
Zr-1Nb	20	纵向	350～380	240～270	47～48
		横向	350～360	290～310	35～38
	350～380	纵向	200～230	90～120	47～50
		横向	160～180	130～160	25～33
Zr-1Nb（0.13～0.16%O_2）	20	纵向	570～580	430～440	38～41
		横向	530～560	440～500	24～27
	350～380	纵向	220～260	120～160	45～48
		横向	230～240	210～220	30～31

注：括号内为氧含量范围。

表 12-2-99 Zr-1Nb-1Sn-0.4Fe 合金的蠕变性能①

冶金状态	$\dot{\epsilon}$,%/h, ×10^{-5}
550℃退火5h	7
850℃水淬	2.2
850℃水淬，500℃时效24h	4
850℃退火1h，炉冷	5.3
850℃退火1h	4.2
850℃退火1h，500℃时效24h	3.2
850℃水淬，15%冷加工，500℃时效24h	6

① 温度为400℃，应力为200MPa，时间为1000h。

3. 腐蚀性能

腐蚀试验有静水腐蚀和动水腐蚀两种。静水腐蚀在高压釜中进行，动水腐蚀在动水回路中进行。静水腐蚀又包括水腐蚀和蒸汽腐蚀两种。水腐蚀试验采用的条件有3种：316℃，11MPa；336℃，14.18MPa；360℃，19.25MPa。蒸汽腐蚀试验采用的条件为400℃，10.6MPa。动水腐蚀常用的条件是345℃，16.2MPa。腐蚀试验所用的水为二次离子交换水，比电阻大于500kΩ·cm，水质为中性。

Zr-2合金在400℃，10.6MPa 的水蒸气中腐蚀41天发生转折，3天的腐蚀增重小于22mg/dm^2，14天的腐蚀增重为<38mg/dm^2，表面生成黑色光亮致密氧化膜。Zr-4合金的腐蚀性能与Zr-2合金基本相同，在360℃、19.2MPa 高温水中转折后腐蚀速度<15mg/dm^2·月，腐蚀过程中Zr-4合金的吸氢量Zr-4比Zr-2小。吸氢量与腐蚀增重和腐蚀时间的关系见表12-2-100和12-2-101。

表 12-2-100 吸氢量与腐蚀增重的关系

合金	转折前吸氢速度 %/(mg·dm^{-2})，×10^{-4}	Zr-4/Zr-2	转折后吸氢速度 %/(mg·dm^{-2})，×10^{-4}	Zr-4/Zr-2
Zr-2	1.47	0.905	5.13	0.259
Zr-4	1.33		1.33	

表 12-2-101 吸氢量与腐蚀时间的关系

合金	转折前吸氢速度 %/d，×10^{-4}	Zr-4/Zr-2	转折后吸氢速度 %/d，×10^{-4}	Zr-4/Zr-2
Zr-2	0.529	0.591	1.51	0.207
Zr-4	0.313		0.313	

Zr-2.5Nb 合金的抗水腐蚀性能与热处理关系很大，经淬火时效的 Zr-2.5Nb 合金的腐蚀速率比Zr-2合金高，在CO_2和空气中则更高。在水介质中，Zr-2.5Nb 经长期（如30年）腐蚀后和 Zr-2差别就很小（指316～400℃以下的腐蚀），随着腐蚀温度的提高，Zr-2.5Nb 合金（包括冷加工态的）抗蚀性比 Zr-2要好（见表12-2-102）。

表 12-2-102 经淬火冷加工及时效的 Zr-2.5Nb 合金的腐蚀性能

淬火温度 ℃	冷加工量 %	500℃时效时间 h	转折后腐蚀速率，mg/(dm^2·d)		
			316℃水	360℃水	400℃蒸汽
880	0	6	0.50	1.38	1.44
880	10	6	0.12	0.40	0.72
880	20	6	0.05	0.20	0.26

续表 12-2-102

淬火温度 ℃	冷加工量 %	500℃时效时间 h	转折后腐蚀速率，mg/（dm²·d）		
			316℃水	360℃水	400℃蒸汽
880	30	6	0.03	0.10	0.29
880	0	24	0.05	0.43	3.3
880	10	24	0.04	0.39	0.75
880	20	24	0.02	0.13	0.45
880	30	24	①	0.08	0.29

① 996天仍未转折。

表 12-2-103 Zr-Nb 合金在压力为10^5Pa 的空气和CO_2中转折后腐蚀速率

合金	腐蚀介质	腐蚀速率，mg/（dm²·d）		
		300℃	400℃	500℃
Zr-2.5Nb	干CO_2	2.3	2.2	13
Zr-2.5Nb-0.5Cu	干CO_2	0.1	0.6	4.3
Zr-2	干CO_2	—	0.4	11
Zr-2.5Nb	空气	1.2	13	37
Zr-2.5Nb-0.5Cu	空气	—	7	8
Zr-2	空气	0.1	1.4	21

表 12-2-104 锆合金在钠中的静态腐蚀

合金名义成分	腐蚀速度，mg/（dm²·月）	合金名义成分	腐蚀速度，mg/（dm²·月）
Zr-2%Al	+0.11	Zr-7%Mo	+0.22
Zr-8%Cr	+0.15	Zr-10%Ti	+0.18
Zr-2%Fe	+0.14		

锆铌合金在空气中和CO_2中腐蚀情况见表12-2-105。锆合金在钠中的静态腐蚀情况见表12-2-106。

4. 辐照性能

锆合金在用于原子能反应堆时将受到强烈辐照，包括中子、β射线、γ射线及裂变碎片的辐照，其中最主要的是中子辐照，对材料的性能有很大的影响。

辐照对 Zr-2、Zr-4、Zr-2.5Nb 合金性能的影响见表12-2-105～108。

表 12-2-105 辐照和未辐照的退火 Zr-2的室温拉伸性能

辐照历史	比例极限 MPa	屈服强度 MPa	抗拉强度 MPa	均匀伸长率 %	总伸长率 %
未辐照	315	360	552	14	24
未辐照，堆外（280℃，时间同辐照时间）	312	347	534	12	20
未辐照，堆外（380℃，时间同辐照时间）	318	354	513	13	19

续表 12-2-105

辐照历史	比例极限 MPa	屈服强度 MPa	抗拉强度 MPa	均匀伸长率 %	总伸长率 %
9.1×10^{19}中子/cm^2（50℃）	471	506	613	4	13
3.6×10^{19}中子/cm^2（220℃）	428	462	598	7	20
7.7×10^{19}中子/cm^2（280℃）	445	468	605	5	16
2.7×10^{20}中子/cm^2（280℃）	532	557	642	4	13
9.5×10^{19}中子/cm^2（380℃）	347	392	537	9	18

表 12-2-106 辐照和未辐照的冷加工 Zr-2的室温拉伸性能

状态	辐照历史	比例极限 MPa	屈服强度 $\sigma_{0.2}$ MPa	抗拉强度 MPa	均匀伸长率 %	总伸长率 %
13%冷加工	未辐照	592	620	653	2	14
	未辐照，堆外（280℃）	495	534	592	4	12
	未辐照，堆外（380℃）	415	438	547	8	15
	3.6×10^{19}中子/cm^2（220℃）	603	636	680	2	10
	2.7×10^{20}中子/cm^2（280℃）	690	717	732	1	9
	9.5×10^{19}中子/cm^2（380℃）	434	473	582	6	16
25%冷加工，425℃回火 15min	未辐照	511	542	650	6	16
	未辐照，堆外（280℃）	492	534	633	6	13
	未辐照，堆外（380℃）	438	462	575	7	11
	3.6×10^{19}中子/cm^2（220℃）	589	620	696	3	12
	2.7×10^{20}中子/cm^2（280℃）	669	699	744	3	9
	9.5×10^{19}中子/cm^2（380℃）	440	476	593	5	15

表 12-2-107 辐照对 Zr-2.5Nb 合金拉伸性能的影响（$En>500$eV）

冶金状态	辐照历史	试验温度	屈服强度 $\sigma_{0.2}$ MPa	抗拉强度 MPa	伸长率 %	断面收缩率 %
880℃淬火，500℃时效24h	未辐照	室温	780	870	13	63
	10^{20}中子/cm^2（250℃）	室温	960	1000	10	—
	10^{21}中子/cm（270℃）	室温	1080	1100	8	45
	未辐照	300℃	530	580	14	75
	10^{20}中子/cm^2（250℃）	300℃	680	720	13	—
	10^{21}中子/cm^2（270℃）	300℃	780	810	9	65
960～1000℃淬火 500℃时效24h	未辐照	300℃	480	580	13	70
	10^{20}中子/cm^2（300℃）	300℃	770	810	8	50
	10^{21}中子/cm^2（270℃）	300℃	860	860	4	<5

表 12-2-108 辐照对 Zr-2.5Nb-0.5Cu 合金拉伸性能的影响

冶金状态	辐照历史	试验温度 ℃	屈服强度 $\sigma_{0.2}$ MPa	抗拉强度 MPa	伸长率 %	断面收缩率 %
825℃淬火，535℃时效6h	未辐照	室温	760	840	15	60
	10^{20}中子/cm^2（270℃）	室温	870	930	8	45
	10^{21}中子/cm^2（250℃）	室温	980	1020	8	45
	未辐照	300	540	610	14	66
	10^{20}中子/cm^2（270℃）	300	680	720	10	68
	10^{21}中子/cm^2（250℃）	300	740	770	10	70

辐照对锆合金的腐蚀和吸氢的影响见表12-2-109～110。

表 12-2-109 锆合金辐照前后的增重变化①

合金及状态	高压釜预膜处理增重 mg/dm^2	堆外高压釜腐蚀增重 mg/dm^2	通量外增重，mg/dm^2		通量内增重，mg/dm^2	
			远处	近处	1×10^{20} 中子/cm^2	1.7×10^{21} 中子/cm^2
Zr-2，退火	酸洗	13.7	—	14	16	121
同上	17.8～19.7	—	9②	10	8	224
Zr-2，冷加工80%	酸洗	—	—	—	15	125
Zr-4，退火	酸洗	—	—	14	14	79
同上	17.2～18.0	—	12②	4	9	81
Zr-3Nb-1Sn，淬火时效	酸洗			16	14	44
同上	20.0～21.9	—	5		3	28
Zr-2.5Nb，淬火+20%冷加工+时效	酸洗	29.0	—	22	11	52
同上	13.4～14.6	—	13②	23	3	28
Zr-2.5Nb，淬火+30%冷加工+时效	酸洗	30.5	—	17	12	51
同上	12.7～14.0	—	—	15	7	35
Zr-2.5Nb，退火+20%冷加工	酸洗	18.9	16	15	13	52
同上	11.9～12.8	—	—	12	9	41

① pH=10，NH_4OH 碱化，腐蚀174天。

② 样品有损伤，故用金相法测定。

表 12-2-110　锆合金在辐照下的吸氢①

合金	冶金状态	吸氢增重，mg/dm²				吸氢百分数，%			
		远离通量	近离通量	10^{20} 中子/cm²	1.7×10^{21} 中子/cm²	远离通量	近离通量	10^{20} 中子/cm²	1.7×10^{21} 中子/cm²
Zr-2	退火(预膜)	1.6	0.7	1.9	5.4	115	50	148	19
	退火(酸洗)	—	0.5	0.7	5.0	—	27	26	25
	80% 冷加工(酸洗)	—	—	—	6.1	—	—	—	43
Zr-4	退火(酸洗)	—	0.1	0.2	1.1	—	7	8	13
	退火(预膜)	0.5	0.4	—	1.9	22	80	—	17
Zr-3Nb-1Sn	淬火时效(酸洗)	—	0.1	0.5	1.2	—	4	22	21
	淬火时效(预膜)	0.4	—	—	0.9	21	—	—	25
Zr-2.5Nb	淬火，20% 冷加工，时效(酸洗)	—	0.1	—	0.2	—	3	—	3
	同上(预膜)	—	0.1	0	0.6	0	3	0	14
	淬火，30% 冷加工，时效(酸洗)	—	—	—	0.3	—	—	—	5
	同上(预膜)	—	0	—	0.2	—	0	—	5
	退火，20% 冷加工(酸洗)	—	—	—	0.3	—	—	—	3
	同上(预膜)	—	0	—	0.3	—	0	—	5

① pH=10，NH_4OH 碱化。

二、锆合金的热处理

(一)退火

冷加工后的锆合金一般都需进行消除应力退火，以降低应力腐蚀、吸氢速率和稳定组织。消除应力退火后，锆合金强度变化不大，而塑性明显提高。纯锆的消除应力退火温度为300℃，Zr-2、Zr-4合金为450℃。为了进一步冷加工，可进行再结晶退火。Zr-2、Zr-4合金的中间再结晶退火温度采用700～750℃。锆合金成品管的最终退火采用580～600℃，保温1h。

(二)淬火

锆在迅速冷却时可能发生切变型马氏体转变。一般来说，锆及某些合金在 β 区淬火可得到一定程度的硬化。Zr-2合金在1010℃β 区锻造，并立即淬火，再经 α 处理和一系列加工再结晶，可使第二相质点呈点状弥散分布，蒸汽腐蚀增重减少15～20%，吸氢量降低40%，机械性能也得到改善。β 淬火对 Zr-4合金性能的影响比对 Zr-2合金更为敏感。β 区淬火工艺已用于 Zr-2，Zr-4合金管的加工生产。

(三)淬火时效

几种常用的锆合金中，Zr-2.5Nb 合金是典型的通过淬火时效而强化的合金。Zr-2.5Nb 合金的固溶处理温度一般为880℃，比 α-β 相向 β 相转变的温度约低40℃。另外，根据合金中的含氧量，其固溶处理温度须略加调整。加热后进行水淬，淬火后的金相组织为马氏体，α' 基体中含有 α 晶粒的组织，淬火时其临界冷却速度为100℃/s。

时效温度通常是500℃，时效6h，硬度 HV 便可达最高值(265±7kg/mm²)。时效时间延长至72h，其硬度峰值不变。如在400℃时效，达到峰值硬度时间延长，且其峰值比500℃时要低。时效后的硬度提高是由于富铌的 β 相析出。在 Zr-2.5Nb 合金的淬火和时效之间常进行小变形量(10～15%)的冷加工，这样的处理能改善合金的抗腐蚀性能，但增加合金的蠕变速率。

为了提高合金在 CO_2 中的抗蚀性，产生了 Zr-2.5Nb-0.5Cu 的三元合金，其淬火温度为825～850℃，时效制度为530℃，6h。

表12-2-110为不同状态处理的 Zr-2、Zr-2.5Nb 合金在300℃下的机械性能。

表 12-2-111 300℃下 Zr-2、Zr-2.5Nb 的机械性能

合金名称	处理状态	σ_b，(MPa)	δ，%
Zr-2	退火	241	30
	冷加工20%	372	26
	1000℃水淬	317	16
	冷加工20%＋消除应力退火(400℃，72h)	365	22
Zr-2.5Nb	退火	296	30
	冷加工20%	407	12
	850℃水淬	600	22
	1000℃水淬	634	11
	20%冷加工＋消除应力退火(400℃，72h)	468	11
	(5～15%)冷加工＋865℃水淬＋10%冷加工＋500℃时效	627	—

① 管材轴向性能，其余为棒材。

第七节 锆、铪的成分分析

锆、铪的冶金分析包括锆英石的精矿、冶炼中间物料以及产品等的分析。

一、锆英石和中间物料的分析

锆英石和中间物料的分析方法列在表12-2-112中。

表 12-2-112 锆英石和中间物料的化学分析方法

试样名称	测定元素	分析方法	测定范围	方法误差(相对误差)
锆英石	锆铪总量	试样于镍坩埚中用过氧化钠熔融，盐酸脱水除硅，试样经两次氨水沉淀分离，处理成盐酸介质溶液(编号1)在20%盐酸介质中，用苦杏仁酸重量法测定	40%以上	
锆英石	锆铪总量	试样于铂坩埚中用四硼酸钠及无水碳酸钠于900℃马弗炉中熔融，盐酸浸出，氨水沉淀分离一次杂质，处理成盐酸介质溶液(编号2)，用苦杏仁酸重量法测定	40%以上	±1%
K_2ZrF_6	锆铪总量	基于氟离子对锆的强配合作用，在适当酸度下，用氟离子将锆配合，滴定前加定量铝离子进行解蔽，在室温下用 EDTA 直接滴定锆铪	10%以上	±1%～±2%
锆英石 二氧化锆	铪	在硫酸和高氯酸介质中，用732型酸性氢型阳离子交换树脂吸附锆铪，用不同淋洗剂分离锆、铪，用二甲酚橙光度法测定铪	0.003%以上	±10～±20%

续表 12-2-112

试样名称	测定元素	分析方法	测定范围	方法误差（相对误差）
锆英石	二氧化硅	试样用过氧化钠熔融，用水浸出，盐酸酸化，盐酸反复脱水12次，试样含有锡须用氢溴酸和盐酸反复赶锡，灼烧后的二氧化硅用硫酸和氢氟酸处理，由差减法求得二氧化硅含量	10%以上	±1%～±2%
锆英石 四氯化锆	钛	分取处理好的编号1或2的试样溶液，用硫酸蒸发冒烟，在5～10%硫酸介质中用过氧化氢比色测定钛与过氧化氢生成的黄色络合物；四氯化锆可处理成硫酸介质后同样测定	0.05%以上	±10%
锆英石 四氯化锆	钛	当钛的含量低时，分取上述的试样，在硫酸介质，光度法测定二安替比林甲烷与钛生成的黄色络合物，锆用草酸或 EDTA 抑制干扰，铁(Ⅲ)用抗坏血酸还原	0.005%～2.5%	±10%
锆英石	铁	试样置于铂坩埚中，加入四硼酸钠及无水碳酸钠，于900℃马弗炉中熔融。用水浸出，硫酸酸化，处理成硫酸介质。按下法之一进行测定：(1)磺基水杨酸形成黄色配合物；(2) 邻位菲啰啉光度法，用酒石酸或柠檬酸掩蔽锆，在弱酸性介质中，Fe^{2+}与邻菲啰啉生成红色络合物，借此测定铁量。	0.01%以上	±10%
锆英石 四氯化锆	铬	分取适量上述测铁处理好的硫酸介质试样，以 Ag 离子作催化剂，用过硫酸铵氧化 Cr^{3+} 到 Cr^{6+}，用二苯卡巴肼光度测定	0.001%以上	±15%～±10%
锆英石 四氯化锆	铝	分取适量处理好的硫酸介质试样，在浓度为 0.5mol/LH_2SO_4介质中，用 N 苯甲酰-N-苯基羟胺-氯仿溶液萃取分离主体锆，铪及铁钛等干扰元素。残留的铁用邻菲啰啉、抗坏血酸掩蔽. 在 pH5.8的醋酸-醋酸钠介质中，以铬天青 S-氯化十四烷基吡啶胶束增溶光度法测定	0.001%以上	±15%～±10%
锆英石	铝	试样铁坩埚碱熔，制成1.8mol/L 硫酸介质，用铜铁试剂-氯仿溶液萃取分离锆和铁等，用8-羟基喹啉-四氯四碳液萃取铝，有机相光度测定	0.01%以上	±15%～±10%
锆英石	锡	试样碱熔，盐酸酸化在20%～25%盐酸浓度，在装有益氏漏斗的锥形瓶中用铝箔还原，以淀粉为指示剂，用碘标准溶液滴定	0.2%以上	±10%
锆英石	铀	于铂坩埚中用氟硼酸钠熔融，在浓度为2mol/L 硝酸介质中，用三辛基氧膦-环已烷萃取分离，反萃取后，于 pH7.8的三乙醇胺作缓冲溶液，在水-丙酮介质，用5-Br-PADAP 作显色剂光度法测定	0.02%以上	±20%～±10%

续表 12-2-112

试样名称	测定元素	分析方法	测定范围	方法误差（相对误差）
锆英石	钍、稀土	试样碱熔，在3%盐酸介质中，用氢氟酸沉淀钍和稀土。在pH1～2.5，以磷酸三丁酯-二甲苯萃取分离稀土和钍.以偶氮胂Ⅲ作显色剂，在浓度为2～6mol/L盐酸中，以草酸作络合剂测定钍，在pH=3时测定稀土	0.002%以上	±20%～±10%
锆英石	稀土、铀、钍	试样碱熔，酸化成5%盐酸介质，加抗坏血酸，磺基水杨酸隐蔽杂质，在pH=5.5时用PMBP-苯混合液萃取，有机相首先用pH=2.4的0.5%甲酸水溶液反萃取稀土，再次以2%盐酸反萃取铀，最后以浓度为4mol/L的盐酸反萃取钍，分别以偶氮胂Ⅲ为显色剂，光度法测定	0.1%以上	±15%
锆英石	磷	试样碱熔热水浸出，于过滤分离主体.在浓度为1mol/L硝酸介质中用提磷液(正丁醇:三氯甲烷=1:3)萃取磷，用二氯化锡还原，光度法测定	0.005%以上	±20%～±10%
四氯化锆(铪)团块，氟锆酸钾	锆	用浓度为1.2mol/L的盐酸熔解，团块置瓷坩埚中，于800℃马弗炉中除去碳和有机物，再用过氧化钠碱熔，氢氧化物沉淀洗入烧杯，用盐酸调整酸度为1.2mol/L盐酸介质；氟锆酸钾用水和硫酸溶样，硫酸冒烟除氟，硫酸冒尽后加浓度为1.2mol/L盐酸溶解盐类，溶液加热至近沸点，用二氯化锡将三价铁还原为二价铁，以二甲酚橙作指示剂，用标准EDTA溶液滴至黄色，将溶液重新煮沸，若出现红色，再用EDTA溶液滴至黄色，直至不再出现红色为终点	10%以上	±2%～±1%
四氯化锆	硅	用水溶解试样，加氢氟酸使硅解聚，硼酸络合氟离子，钼蓝光度法测定硅	$5\times10^{-4}\%$	±15%
团块	硅	试样先在800℃马弗炉中灼烧去除碳和有机物，然后用氢氟酸溶解，硼酸络合氟离子，硅钼蓝光度法测定	$1\times10^{-3}\%$	±15%
氟锆酸钾	硅	用饱和硼酸溶液溶解试样，硅钼蓝光度法测定	$1\times10^{-3}\%$	±15%
四氯化锆、团块、锆氟酸钾	铁	将四氯化锆处理成硫酸溶液；团块灼烧去碳和有机物后，氢氟酸溶样，硫酸冒烟；氟锆酸钾，硫酸冒烟除去氟。处理好的试液均可用磺基水杨酸或磷菲啰啉法测定	$5\times10^{-4}\%$	±15%

续表 12-2-112

试样名称	测定元素	分 析 方 法	测定范围	方法误差（相对误差）
锆氟酸钾	氟	以水溶解试样，氢氧化钠沉淀锆，使之与氟分离，在 pH＝2.8的氯乙酸缓冲溶液中，以茜素-S 为指示剂，用硝酸钍标准溶液滴定氟	10％以上	±1％
锆氟酸钾	钾、钠	试样用水及硫酸溶解，硫酸冒烟除氟，用水稀释后，用火焰光度法测定	10％以上	±2％
锆氟酸钾	氯	用饱和硼酸溶液溶解试样，在稀硝酸介质用氯化银比浊法测定	5×10^{-3}％	±10％～±20％

二、锆、铪冶金产品和合金的化学分析

锆、铪冶金产品和合金的化学分析列在表12-2-113。

表 12-2-113 锆、铪冶金产品和合金的化学分析

试样名称	测定元素	分析方法	测定范围	方法误差（相对误差）
二氧化锆、金属锆	铪	用一定比例的氟化钡碳粉混合物作缓冲剂，用珠光栅光谱仪测定谱线的相对强度测定含量	0.003％～1％	±20％
氧化锆（铪）金属铪	锆（铪）	采用氧化物粉末试样，以 $HfL\beta_2^{I}$ 为分析线，ZrK_α^{I} 为内标线，用荧光 X 射线光谱仪直接测定	1％～99％	
氧化铪	锆	以氧化铪为基体，碳粉为缓冲剂，在中型石英摄谱仪上摄谱，以 IgR－IgC 绘制工作曲线	0.1％～1％	±6％
氧化锆（铪）	锆铪合量	试样于压力溶样器中用氢氟酸溶解，在20～25％热盐酸介质中用苦杏仁酸沉淀，以重量法测定	75％～99％	允许误差 1％～1.5％
氧化锆（铪）金属锆（铪）锆合金	铁	锆合金，氧化锆（铪）用硫酸-硫酸铵溶解；金属锆（铪）用氢氟酸溶解，在氨性溶液中，用磺基水杨酸比色	0.03％～2.0％	±20％～2.5％
金属锆（铪）	铁	试样用氢氟酸溶解后，处理成硫酸介质，用酒石酸盐掩蔽主体，盐酸羟胺还原铁至二价，pH 为 3～4.5时 Fe^{2+} 与邻菲啰啉生成红色络合物，光度法测定	1×10^{-3}％以上	±10％

续表 12-2-113

试样名称	测定元素	分析方法	测定范围	方法误差（相对误差）
氧化锆(铪) 金属锆(铪) 锆合金	硅	氧化锆(铪)于聚四氟乙烯压力溶解器中用氢氟酸溶解；金属锆(铪)及锆合金用氢氟酸于塑料杯中溶解，加入硼酸掩蔽氟离子，pH=1～1.5时加钼酸铵，硅钼蓝光度测定	5×10^{-4}%～0.7%	±10%～±5%
氧化锆(铪) 金属锆 锆合金	钛	试样溶解后，在盐酸-硫酸体系中，以草酸掩蔽全体锆(铪)，用抗坏血酸消除铁的干扰，二安替吡啉甲烷光度法测定	0.005%～2.5%	±10%～±2%
金属锆(铪) 锆合金	镍	在碱性介质并有氧化剂存在时，镍与二甲基乙二醛肟反应生成红色络合物，光度法测定．用柠檬酸络合锆．若镍含量低，可用氯仿萃取镍与镍试剂形成的络合物，使微量镍与主体分离，然后用光度法测定	1×10^{-4}～0.14%	±20%～±10%
氧化锆(铪)	镍	试样用硫酸-硫酸铵溶解，在柠檬酸钠存在下，镍于氨性介质中与α-联呋喃甲酰二肟生成有色络合物，用氯仿萃取，光度法测定	5×10^{-4}～0.03%	±20%～±10%
氧化锆(铪) 金属锆(铪) 锆合金	铝	试样处理成硫酸介质，在(1+35)硫酸浓度下，用N-苯甲酰-N-苯基羟胺氯仿溶液萃取分离主体锆(铪)及钛、铁等干扰元素，分离后残留的铁用邻菲啰啉及抗坏血酸掩蔽，在pH为5.8的醋酸-醋酸钠介质中，以铬天青S-氯化十四烷基吡啶光度法测定	5×10^{-3}～0.20%	±10%
氧化锆(铪)	锰	硫酸-硫酸铵溶样，用过碘酸钾氧化高锰酸盐，于530nm处测定吸光度	0.003～0.03	±25～±10%
金属锆(铪)	锰	氢氟酸溶样，于稀硫酸介质中，以Ag^+离子为催化剂，用过硫酸铵氧化锰至七价，用比色法测定	0.002%以上	±20～10%
氧化锆(铪)	磷	试样在压力坩埚中用氢氟酸溶解，在稀硫酸介质中，磷与钼酸铵、锑盐、抗坏血酸形成钼蓝，光度法测定	0.05～0.8%	±20～10%
金属锆(铪)	磷	氢氟酸溶样，在稀硫酸介质中用甲基异丁酮萃取磷与钼酸铵形成的磷钼杂多酸，用二氯还原光度法测定	0.0001%以上	±15%
氧化锆(铪)	钠	在硫酸－硫酸铵介质中，不另加消电离剂，以空气-乙炔焰原子吸收测定．钠量小于0.1%的试样用标准加入法；钠量大于0.1%的试样用标准曲线法	0.01～1.0%	±40%～±6%

续表 12-2-113

试样名称	测定元素	分析方法	测定范围	方法误差（相对误差）
金属锆（铪）	钙、钠、钾、铜、锌、镉	试样用氢氟酸溶解，在稀氢氟酸介质中，通过阳离子交换树脂使钙、钠、钾、铜、锌、镉吸留在阳离子交换柱上（锆形成的配合阴离子不被吸附），然后用（1+3）盐酸洗脱，用原子吸收法测定	0.001%以上	±15%
金属锆（铪） 锆合金	镉	按上述离子交换法分离主体后，用（1+3）盐酸洗脱，然后在高氯酸-盐酸-酒石酸的混合底液中用方波极谱法测定	0.00001%	±20%
金属锆（铪） 锆合金	镉	在 pH=5时，用吡啶氯仿溶液萃取镉与吡啶及硫氰酸盐形成的三元络合物，然后进行方波极谱测定	0.00005%	±20%
金属锆（铪） 锆合金	铜	试样用氢氟酸溶解，在 pH=4～6的柠檬酸介质中，用二乙基二硫代氨基甲酸铅的氯仿溶液萃取铜，可使铜与铁、钴、镍等干扰元素分离，有机相比色测定	0.0005%	±15%
金属锆（铪） 锆合金	硼	用硫酸和硫酸铵于石英坩埚中分解试样，然后在非水介质（硫酸-醋酸）中使硼与姜黄素乙醇试剂反应生成红色络合物，此配合物在稀盐酸中沉淀析出，将沉淀过滤溶于乙醇，测定其吸光度	0.00005%	±20%
金属锆（铪） 锆合金	硼	试样先灼烧成氧化物，以氟化铝为载体，在无硼石墨电极孔穴中用直流电弧激发，在中型石英摄谱仪上摄谱	0.00002～0.001%	±30%
金属锆（铪） 锆合金	硼	试样用氢氟酸和硫酸溶解，EDTA 络合锆，在 pH5～6时，加入乙基紫，使与 BF_4^- 阴离子生成有色缔合物，用苯萃取，光度法测定	0.000025%以上	±30%
金属锆（铪） 锆合金 氧化锆（铪）	铀	在 EDTA 存在下，在硝酸和硝酸钠溶液中，用 TBP-甲苯（或二甲苯）萃取铀，使之与锆分离，反萃取后，在稀过氯酸底液中方波极谱测定，或用5Br-PADAP 光度法测定	0.00035%以上	±20%
金属锆（铪） 锆合金	铀	试样用氢氟酸和硝酸溶解，在四丙基铵氢氧化物的硝酸铝溶液中，用甲基异丁酮萃取铀，有机相蒸干后与 NaF-LiF 小丸共熔用萤光计在紫外光下测量铀的萤光强度	0.00005～0.0005%	±30%

续表 12-2-113

试样名称	测定元素	分析方法	测定范围	方法误差（相对误差）
金属锆（铪） 锆合金	铀	试样经氢氟酸和过氧化氢分解，加入硼酸，通过阳离子交换吸附铀，锆流出，以(1+22)氢氟酸洗脱铀，洗脱液再次通过阴离子交换柱，进一步除去锆及干扰元素，稀盐酸洗脱，在高氯酸介质中与偶氮胂Ⅲ显色	0.00003%	±30%
金属锆（铪） 锆合金	稀土	试样溶解后，用铜铁试剂-三氯甲烷萃取分离锆（铪）、铁、钛等．在 pH 为0.8的盐酸介质中，用偶氮氯膦Ⅲ光度法测定	0.0005%以上	±30%
金属锆（铪） 锆合金	钼、钨	试样用氢氟酸溶解，硼酸络合多余氟离子，用甲苯-3，4-二硫酚在(1+3)的盐酸冷溶液中用四氯化碳，萃取钼；水相提高酸度到 C(HCl)＝5～8mol/L，在90℃，使钨与二硫酚反应，用四氯化碳萃取钨，光度法测定	0.0002%以上	±20%
金属锆（铪）	钴	在微酸性溶液中，钴与亚硝基-R 盐生成红色配合物，光度测定。在 pH＝1时，用氯仿-乙酸乙酯萃取钴二乙基二硫代氨基甲酸盐，使钴与锆分离而加以富集	0.0001%	±20%
金属锆（铪） 锆合金	铬	试样氢氟酸溶解，处理成硫酸介质，以银离子作接触剂，用过硫酸铵将铬氧化到六价，在酸性介质中，六价铬与二苯卡巴肼生成紫红色络合物，光度法测定	0.001%以上	±10%
金属锆（铪） 锆合金	钒	试样溶解后，在硫酸介质中，用高锰酸钾将钒氧化至五价，在(2+3)盐酸介质中用苯甲酰苯胺三氯甲烷溶液萃取，有机相光度测定	0.0003% 以上	±15%
锆合金	锡	硫酸与硫酸铵溶解试样，在二氧化碳气氛保护下，用铝片将四价锡还原为二价锡，淀粉作指示剂，碘标准液滴定	0.5%以上	±4～±2%
金属锆（铪） 锆合金	氯	在高氯酸介质中，氯离子与汞盐形成氯化汞配合物，可将硫氰酸汞中的硫氰酸根置换出来，然后与 Fe^{+3} 生成硫氰酸、铁的红色络合物，光度法测定	0.0025%以上	±10%
锆粉	总锆量、 活性锆	将试样放入温度不高于200℃的马弗炉中，逐渐升温至800～850℃，保持1h，根据试样增重，计算总锆量和活性锆量		

续表 12-2-113

试样名称	测定元素	分析方法	测定范围	方法误差（相对误差）
锆粉	硫	试样于镍坩埚中用氢氧化钠熔融，用水浸取后分离锆，在溶液中用硫酸钡重量法测定硫酸根	0.017%以上	±20%
锆粉	硫	试样在氧化铜助熔剂存在下，在氧气流中于1300±20℃燃烧，生成的二氧化硫被水吸收生成亚硫酸，以淀粉作指示剂，用碘标准溶液滴定	0.010%～1.00%	±30%～±5%

第八节　锆、铪及其化合物的应用

锆的总消费量的90%左右是锆英石、氧化物或其它锆的化合物形式，其余部分是金属锆及其合金。锆英石的消费结构见表12-2-114。

表 12-2-114　锆英石的消费结构

项目	铸造	耐火材料	玻璃陶瓷	抛光剂	金属及其它
%	40	30	15	5	10

一、锆化合物

(一)锆英石

根据国内外资料统计，用于铸造行业的锆占整个锆矿用量的40%左右。锆英石具有良好的耐火性、耐酸性物质的腐蚀以及对熔融金属的浸润，因此是铸造行业优质的翻砂材料，也可用作耐火材料。近期正在研究在钛铸造成型时用锆英石取代石墨，以降低成本，节约能源，减少污染。采用水玻璃粘结剂的锆砂填充模或壳型模可制造较大的铸件。

(二)氧化锆

氧化锆是用量仅次于锆英石的锆制品。氧化锆具有非常高的熔点(～2700℃)和化学稳定性，并且具有很高的硬度和折光率。这些特点使它在许多行业中被广泛使用。

氧化锆呈单斜晶型，加热至1000～1100℃时有一相变过程，产生9%的体积收缩，从而造成锆制品的破裂。如加入某些金属氧化物，如 CaO、MgO、Y_2O_3等，它们在加热时可与 ZrO_2生成具有立方晶体的固溶体，从而避免了由于相变而产生的制品破裂现象。二氧化锆是优质陶瓷材料，不仅可用作感应炉的炉衬、熔融金属的坩埚等，经过部分稳定的二氧化锆还可用作金属热挤压的模具、金属切削工具、大马力内燃机的部件等。氧化锆作为精密陶瓷材料已引起人们广泛的注意。这种材料是由氧化锆及氧化铝组成，它具有很高的断裂强度，极低的热传导性，用它可制成许多以往只能由金属制成的制件，而其性能又优于金属的制件。

加入 Ca^{2+}、Mg^{2+}、Y^{3+}于氧化锆晶格中，可生成具有萤石结构的立方晶体。此时在晶体中出现阴离子空穴，通过氧离子的传导以维持电中性。利用这个原理可制成氧化锆的固体电池，如氧的传感器，熔融金属中氧含量测定探头，高温燃料电池中的固体电解质、氧气氛下高温加热元件等。

氧化锆与钛、铅氧化物组成的晶体材料具有压电性，利用这个原理可制成一系列电气陶瓷材料，如声纳装置、应变片、超声波清洁器、火花点燃器等。所用的化合物为锆钛酸铅(PZT)，其分子式为 $Pb(Zr_xTi_{(1-x)})O_3(x\leqslant1)$。在钛酸钡中加入含有稀土元素的锆酸盐，可制得具有优良电性能的陶瓷电容器。

氧化铝刚玉粉中添加氧化锆，可提高硬度，降低热传导性，以用于制造玻璃抛光粉和抛光盘。

氧化锆具有高折光率，在可见光波长内吸收率很低，用高纯氧化锆可制备特殊的光学玻璃。

由立方晶型的高纯氧化锆制成的人造宝石，其性质能与天然金刚石比美。

(三)其它锆化合物

与锆英石、氧化锆相比，这类锆的化合物用量不大，但它们的应用领域非常广泛。锆化合物的应用详见表12-2-115。

表 12-2-115 锆化合物的应用

名称	化学式	性质	用途
氢化锆	ZrH_2	浅蓝色,密度5.6g/cm^3 在约800℃下分解	原子反应堆减速材料,吸气剂,锆粉制造的中间产品
碳化锆	ZrC	灰黑色,密度5.6g/cm^3 熔点3540℃	高温耐火材料,制造 ZrO_2、$ZrCl_4$的原料
氮化锆	ZrN	紫灰色,密度5.6g/cm^3	金属锆表面的硬质耐腐蚀薄膜
硼化锆	ZrB_2	银灰色,密度6.1g/cm^3 熔点3040℃	耐热高温材料
氧化锆	ZrO_2	白色,密度5.7g/cm^3, 熔点2700℃	制造金属锆的原料,高级耐火材料,陶瓷颜料(瓷砖、卫生陶瓷砖),压电材料(点火器、声纳器件、超声波探测器),陶瓷材料(炉子内衬、坩埚、喷管、挤压模具),陶瓷加热元件,热屏材料涂层,陶瓷纤维,固体电解质(测氧探头,燃料电池),玻璃(光学玻璃,相机镜头,玻璃抛光剂),人造宝石,催化剂
三氯化锆	$ZrCl_3$	褐色晶体、密度3.0g/cm^3	聚丙烯等聚合催化剂
四氯化锆	$ZrCl_4$	无色,密度2.8g/cm^3 吸潮分解	制造金属锆的原料,石油化工用催化剂
氯氧化锆	$ZrOCl_2 \cdot 8H_2O$	无色,溶于水	煤色颜料的原料,媒染剂,定色剂,石油工业,粘土稳定剂,毛料防火材料,除臭剂
氟化锆	ZrF_4	无色,溶于水	金属表面处理剂,催化剂、冶金添加剂
锆氟酸钾	K_2ZrF_6	无色,溶于水	金属表面处理剂,铝、镁等合金添加剂,焊接用助熔剂,制造金属锆的原料,毛料耐火剂,金属转换涂料
氟氧化锆	$ZrOF_2$		爆裂催化剂
硫酸锆	$Zr(SO_4)_2$	无色,溶于水	皮革白色鞣剂,羊毛处理剂,照相造纸业
碱色碳酸锆	$Zr(OH)_2CO_3$	无色,溶于酸及微碱溶液	锆皂(颜料干燥剂),制备锆石其它化合物
碱色硫酸锆	$Zr(OH)_2SO_4$	无色,溶于酸溶液	制造锆的其它化合物,皮革鞣剂
磷酸锆	$ZrO_2 \cdot nP_2O_5$	无色	高温离子交换剂,肾脏渗析膜,催化剂
碳锆酸酰铵	$(NH_4)_2ZrO(CO_3)_2$	无色,溶于水	造纸(减少粘结剂的水溶性),纺织品(杀菌处理),胶的防水剂,地板抛光剂,乳化颜料
碳锆酸酰钾	$K_2ZrO(CO_3)_2$	无色,溶于水	防炎剂
偏锆酸钙	$CaZrO_3$	熔点2350℃	陶瓷电容器添加剂
其它号种偏锆酸盐	$SrZrO_3$ $BaZrO_3$ $MgZrO_3$ $PbZrO_3$		陶瓷电容器添加剂

续表 12-2-115

名称	化学式	性质	用途
锆英石	$CoZrO_3$		耐火材料，铸造模砂
硅酸锆	$ZrSiO_4$	无色，密度5.4g/cm^3 熔点2430～2550℃	瓷釉遮光剂，耐碱玻璃添加剂，研磨剂
氢氧化氧锆	$ZrO(OH)_2$	白色，不溶于水	耐火材料原料，稳定剂，脱臭剂，吸附剂
醋酸氧锆	$ZrO(CH_3CO_2)_2$	无色，溶于水	石蜡乳化剂的防水剂（纺织品，纸张），照相，（胶片硬化剂），耐火材料粘结剂
十三碳酸氧锆	$ZrO(C_{13}H_{25}O_2)$	不溶于水和甲醇， 溶于苯、乙醚、四氯化碳	防水剂、乳化稳定剂、平滑剂、润滑脂填充料

二、金属锆、铪及其合金

(一)原子能工业

金属锆因具有优良的耐蚀性、耐高温性和极低的热中子吸收截面($0.18\times10^{-28}m^2$)，被广泛用于原子能工业，主要用作各种类型的核反应堆的核燃料包套材料和结构材料。应用于这方面的锆必须是原子能级（其中铪含量小于0.01%），而且以 Zr-2或Zr-4的合金形式应用。

金属铪具有比锆更高的耐蚀性，耐高温性以及较高的热中子吸收截面($115\times10^{-28}m^2$)，因而是理想的防中子辐射材料，在军事反应堆中用作启动或关闭反应堆运转的控制棒。用于这方面的铪必须是原子能级的。

(二)锆在钢铁工业中的应用

加入锆能改善合金钢的性能。金属锆对 O_2、N_2、S 有较强烈的吸附作用。锆与 N_2作用可改善钢的时效硬化性质；锆的脱氧作用可减慢钢粒度的增长速度。锆主要应用于低合金钢、装甲钢、武器钢、不锈钢及高温钢。含锆合金作为灰口铸铁的改良剂，在高硫低锰铸铁中可中和硫的作用，提高铸铁的机械性能。

(三)有色金属工业

在金属镁中加入少量锆，可减慢镁晶粒的增长速度，提高镁合金的结构性能以及它在330～350℃下的耐蚀性能。在铜合金中加入0.1～5%的锆，可在不影响铜导电性能的前提下大大增加其机械性能，因此锆铜合金可用作点焊电极和高强度导线。

金属铪虽然价格昂贵，但由于性能优越，使其在铪铌碳化物切削刀具方面的应用发展较快。在钽、铌、钼、钨合金中加入少量铪和碳，可形成弥散第二相，所制成的高温合金可在高性能飞机和空间动力系统上应用。

(四)化学工业

工业级锆（不经锆铪分离）及其合金可在热交换器、阀门、泵壳、叶轮、高速搅拌器，蒸汽喷嘴、喷丝头等部件中应用。

金属锆、铪及其合金的应用详见表12-2-116。

表 12-2-116 金属锆铪及其合金的应用领域

名称	型号	用途
金属锆		
原子能级	Zr(Zr-2、Zr-4合金)	原子能反应堆核燃料包套材料及堆芯的结构材料
工业级	Zr	化工设备，工业用计量器，医疗用器材以及真空管吸气剂，照相用闪光灯泡
锆合金		
锆铁合金	Fe-Zr	高级脱氧，脱氮剂，特种钢添加剂

续表 12-2-116

名 称	型 号	用 途
锆铜合金	Cu-Zr	高温增强传导材料
锆铝合金	Al-Zr	耐热传导材料
锆镁合金	Mg-Zr	镁铸件添加剂(结晶细微化,高温增强)
特种合金	Nb-Zr	超导材料
	Nb-Zr-Ti	超导材料
	W-Zr-Nb	耐热合金材料
铪	Hf	原子能反应堆的控制棒,中子辐射的保护装置,超级硬质合金(一般以碳化铪的形式使用)

主要参考文献

〔1〕W. Timothy Adams, mineral Facts and Problems, 1985.

〔2〕W. B. Blumenthal, The Chemical Behaviour of Zirconium, Van Nostrand, New York, 1958.

〔3〕Филянд М. А., Семенова Е. И, СвойсТВа редких элементов справочник, М., Металлуриздат. 1964.

〔4〕Н. в Барышников цзр., Металлургия циркония и гафния, Металлургия, 1979.

〔5〕С. Я. Каганович, Циркония и гафния, М., Атомиздат, 1972.

〔6〕А. С. Зайтовский цзр., Циркониевые сплавы в Атомной энергетике, Москва, Энергоиздат, 1981.

〔7〕稀有金属材料加工手册编写组,稀有金属材料加工手册,北京,冶金工业出版社,1984.

〔8〕冶金工业部科技情报产品标准研究所,锆和铪的冶金分析,中国工业出版社,1971.

〔9〕冶金工业部有色金属研究总院,有色金属合金分析,冶金工业出版社,1981.

〔10〕JISH1651～H1673.

第三章 钒

编写人 王金堂

1801年，西班牙矿物学家A.M. 德尔里奥（del Rio）在研究墨西哥锡马浦（Zimapan）的铅矿时，发现其中含有一种化学性质类似铬与铀的新元素。由于此元素的盐在与酸加热时呈红色，因而他命名该元素为erythronium（erythro 源自希腊字 ε′ρυθρo′s 意为“赤色”）。4年后，他又赞同法国化学家科利特·德斯科蒂尔的意见，认为这种矿物是铬酸铅。1831年，瑞典化学家N.G. 塞弗斯托姆（sefström）在瑞典斯莫兰德（smoland）地区铁矿石中发现了一种新元素，并与法国化学家J.J. 柏齐利厄斯（Berzelius）合作，确认了该元素的化合物，同时将该元素命名为Vanadium（Vanadis 为挪威传说中一女神名）。不久，德国化学家F. 沃勒（Wöhler）告诉柏齐利厄斯，erythronium 与 vamadium 是同一元素。

其后，英国化学家H.E. 罗斯科（Roscoe）由切希尔（cheshire）所采的铜矿石制备了钒的化合物，并分离出V_2O_5，VO_2，V_2O_3，VO，$VOCl_3$，$VOCl_2$及VOCl加以验证。1867年，他用氢还原VCl_2制得金属钒粉末。

1927年J.W. 马登（Marden）及M. N. 里奇（Rich）用钙还原V_2O_5制得可锻性金属钒。

钒在工业中尤其在钢铁工业中具有重要的地位。钒的年产量约90%用于钢铁工业。如美国，每生产100万吨钢约消耗50吨钒，其中32%用于高强度低合金钢，22%用于合金结构钢，18%用于工具钢，其余28%用于碳素钢、铸铁等。在宇航工业中，含钒的钛合金的应用正在逐渐增加。此外，钒作为催化剂在化学工业中也起着重要作用。由此可以看出，不论在国防上还是在国民经济中，钒都具有重要的地位。因此，利用我国钒资源丰富的优势，大力发展我国的钒工业，将对我国及世界经济产生深远的影响。

第一节 钒的矿物资源

钒在地壳中的平均含量为0.0135%，在海水中的浓度为0.002mg/L，其存在的主要化学形式为$VO_2(OH)_3^{2-}$。钒在有机体中的平均含量（重量%）为$n\times10^{-4}$。钒在岩石圈、土壤和地表植物灰中的丰度分别为9×10^{-3}、1×10^{-2}、6.1×10^{-3}。

根据上述钒的地球化学特征，可见钒在地壳中的丰度虽较铬、镍、锌、铜等高，但钒赋存相当分散，一般都不会形成单独的矿床。钒主要同金属矿，如铁、钛、铀、钼、铜、铅、锌、铝矿共生；或与碳质矿、磷矿共生。

钒在自然界中有3种稳定的氧化态（V^{3+}、V^{4+}、V^{5+}），并能生成若干复合离子，可溶于弱酸或强碱液，甚至可溶于水。在火成岩中，钒以离子的形式取代铁或铝而存在。岩浆铁矿中含钒较多，钒主要赋存于磁铁矿中。热液矿床含钒很低。钒倾向于富集在含钛矿物的热液矿床与含碲金矿的矿脉中。当火成岩风化时，大量钒进入粘土矿物中，在其它组分移去后，钒即富集在如铝土矿与红土铁矿等残留矿床中，并随粘土矿迁移，因此粘土沉积岩中的含钒量比砂岩与石灰岩高。火成岩、残余岩石与沉积岩风化时，钒可氧化为五价而溶解，当有铝或三价铁的氢氧化物存在时，或有铅、锌或铜等正离子存在时，钒以钒酸盐由溶液析出，并与它们共生。在还原环境中，如有碳存在，含钒溶液穿过岩层移动，生成较不易溶解的低价化合物，形成后成矿床。钒在沉积时可生成钒的有机化合物与其它金属硫化物的同生矿床。如沉积岩中的碳质物料转化为液体碳氢化物，则钒即赋存于原油及油页岩中。液体碳氢化物经自然蒸馏后即生成沥青岩。因此，钒在煤、石油和沥青岩中得到富集。

一、钒的矿物及矿床

已鉴定的钒矿物约有65种，表12-3-1列出主要的钒矿物，但其中只有5种原生矿物：

(1) 绿硫钒石 (patronite) (V_2S_5+nS)，只发现于秘鲁的米纳拉格拉 (Mina Ragra)，该地为世界最大的钒矿床；

(2) 方硫铁镍矿 (bravoite) (Fe, Ni) S_2，在此矿物中，钴或钒代替了镍及铁，少量出现于米纳拉格拉矿床中；

(3) 硫钒铜矿 (sulvanite) ($3Cu_2S \cdot V_2S_5$)，一种呈青铜色-黄色的结晶硫化物，只少量发现于南澳大利亚的布拉及美国犹他州；

(4) 铀钛磁铁矿 (davidite)，一种产自南澳大利亚的含钒钛-铁矿物；

(5) 钒云母 (roscoelite) ($2K_2O \cdot Al_2O_3$ (Mg, Fe) $O \cdot 3V_2O_5 \cdot 10SiO_2 \cdot 4H_2O$)，常以脉石矿物出现于富金矿脉中，并作为一种次生矿物大量出现于美国的科罗拉多及犹他州，我国的含钒石煤主要含钒云母。

钒矿床根据成矿原因可分类如下：

(1) 岩浆分泌矿床，主要是指钛磁铁矿矿床，非洲的布什维德火成岩区、美国的桑德福特湖铁矿山、芬兰的奥坦马基和木斯塔瓦拉等都属于这一类矿床。无钛磁铁矿矿床，如美国新泽西的矿床含1% TiO_2、0.08～0.21% V_2O_5；瑞典的基律纳大磁铁矿矿床含0.14～0.20% V_2O_5。

(2) 含钒热液矿脉，如在加拿大萨斯喀彻温的金矿区发现的黑钒铁矿，其大致组成为 $4FeO \cdot V_2O_3 \cdot 4V_2O_4$。

(3) 风化堆积残留矿床，如澳大利亚的库尔加迪的铁质红土矿含0.55% V_2O_5。铝土矿中含 V_2O_5 < 0.1%。

(4) 沉积矿床。其中，含钒铁矿，如英国克利夫兰山的朱里希克矿含0.1% V_2O_5，德国洛雷因矿与萨尔茨吉特矿含0.02～0.20% V_2O_5；含钒磷矿，如美国爱达荷州东南的磷岩含 V_2O_5 从微量至约1%，还含有少量的氟、铀和硒；含钒页岩，如美国爱达荷州东南与怀俄明州交界处的页岩平均含0.85% V_2O_5 0.02～0.3% Ni 和0.02～0.10% Mo，秘鲁的含钒页岩含 V_2O_5 大于1%。此外，还有钒钛磁铁矿的沉积矿床，如日本的砂铁。

(5) 成因不明的再生矿床，如美国科罗拉多高原的钒铀矿床即为一种再生矿床，其主要采区在砂岩层内，整个矿床的主岩石——砂岩和石灰岩都含有碳质材料、木化石，少数矿床附近还发现有石油。

(6) 其它矿床，其中有金属矿中的钒矿，如纳米比亚和赞比亚的布罗肯山等地与铅、锌、铜矿共生的钒矿，美国西南部、墨西哥、南美洲、西班牙和澳大利亚都发现有这一类矿床；含钒的碳氢化合物矿，秘鲁米纳拉格拉矿是世界上唯一属于这一类型的钒矿床；阿根廷、墨西哥、委内瑞拉，原前苏联和美国的一些沥青矿的燃灰中含大量的钒。此外，有些原油也含钒。

中国湘、浙、赣等省的含钒石煤是由腐植泥形成的早古生代含碳物质，其特点是硬度大、比重大、灰分高、发热量低、硫分高，并伴生钒、钾和磷等多种有用元素。

表 12-3-1 钒矿物表

名称	化学式	钒含量，%	钒的氧化价态
红苔钒矿	$V_2O_5 \cdot H_2O$	—	V_2O_5
钒钾铀矿	$K_2(VO_2)_2[V_2O_8] \cdot 3H_2O$	11.3	V_2O_5
钒铅矿	$Pb_2V_2O_7$	16.2	V_2O_5
钒磁铁矿	FeV_2O_4	46.0	V_2O_3
铜钒铅锌矿	$4(Cu, Zn, Pb)O \cdot (V, As)_2O_5 \cdot H_2O$	—	—
钒铅锌矿	$4(Zn, Cu, Pb)O \cdot V_2O_5 \cdot H_2O$	—	—
钒铅锌铜矿	$(Zn, Cu)Pb(OH)[VO_4]$	12.6	V_2O_5
砷钒铅矿	$Pb_4(V, AsO_4)_3$, PbCl	—	—
水钒铀矿	$LiH(VO_2)_4(OH)_2[VO_4]_2 \cdot 2H_2O$	9.7	V_2O_5

续表 12-3-1

名　称	化　学　式	钒含量,%	钒的氧化价态
纤钒钙石	$CaV_2^{4+}V_{10}^{5+}O_{30} \cdot 14H_2O$	7.1	V_2O_4
水复钒钙石	$Ca_2V^{4+}V_8^{5+}O_{24} \cdot 8H_2O$	43.0	V_2O_4，V_2O_5
针钒钙石	$CaV_6O_{16} \cdot 9H_2O$	40.0	V_2O_4，V_2O_5
黑钙钒矿	$Ca_2V_4^{4+}V_6^{5+}O_{25} \cdot 7H_2O$	18.3 27.4	V_2O_4 V_2O_5
准水钒钙石	Ca (V_2O_6) $\cdot 2H_2O$	37.2	V_2O_5
钒　矾	V_2^{4+} $(OH)_2$ $[SO_4]_3 \cdot 15H_2O$	14.7	V_2O_4
橙钒钙石	$Ca_2V_6O_{17} \cdot 11$ (?) H_2O	37.3	V_2O_5
绿硫钒矿	VS_4	28.4	V^{4+}
钒云母	KV_2^{3+} $(OH)_2$ $[AlSi_3O_{10}]$	22.8	V_2O_3
磷钙钒矿	CaV_2O $[PO_4]_3 \cdot 5H_2O$	22.4	V_2O_4
硫钒铜矿	Cu_3VS_4	13.9	V^{5+}
钙钒铀矿	Ca $(UO_2)_2$ $[VO_4]_2 \cdot nH_2O$	11.6	V_2O_4，V_2O_5
羟钒铜矿	$5CuO \cdot V_2O_5 \cdot 2H_2O$	—	—
钒铀矿	$(UO_2)_2V_6O_{17} \cdot 15H_2O$	22.0	V_2O_5
复钒矿	$2V_2O_4 \cdot V_2O_5 \cdot 8H_2O$	—	—
钡钒铜矿	6 (Cu，Ba，Ca) $O \cdot V_2O_5 \cdot 15H_2O$	—	V_2O_5

二、世界的钒资源

秘鲁的绿硫钒矿曾是世界的主要钒资源，现已采尽。目前利用的钒资源有下列几种：

(1) 含钒铁矿石。这是当前生产钒的主要资源，如南非德兰士瓦中部的布什维德的钒钛磁铁矿为南非(目前世界的主要的钒生产地)的各厂生产钒提供原料；前苏联用乌拉尔的钒钛磁铁矿作为生产钒的原料；芬兰钒工业用奥坦马基和木斯塔瓦拉两矿的钒钛磁铁矿生产 V_2O_5。其它如挪威、瑞典、印度、澳大利亚、新西兰、菲律宾、波兰、南斯拉夫也都利用此类原料。德国及法国早已利用含钒铁矿生产钒。美国纽约州桑德福特湖地区也有钛磁铁矿矿床。

(2) 钒铀矿。美国科罗拉多高原的亚利桑那、犹他、科罗拉多与新墨西哥四角地区是美国钒与铀矿的主要产区。意大利伊姆瓦尔伦德纳、南蒂罗尔的铀钒矿含 1.1%V、2.02%U_3O_8、2.77%Pb、0.6%As、0.3%Cu。

(3)钒酸盐矿。纳米比亚南部渥太华地区的钒酸盐矿与铅、铜、锌的硫化物共生；赞比亚布罗肯山的钒铅锌矿曾一度是世界钒的主要产区之一。美国亚利桑那州马默思地区、墨西哥的格雷罗以及阿根廷的圣、路易斯等地的贱金属矿氧化带也产钒酸盐矿。

(4) 磷岩。美国伊塔荷、犹他与怀俄明州的二叠纪磷岩含 0.11～0.45%V_2O_5。由此生产元素磷所得到的副产品磷铁中含有钒，美国每年用此原料生产 V_2O_5 逾千吨。

(5)沥青岩。如秘鲁米纳拉格拉的沥青岩燃烧后的灰烬中含 19.27%V_2O_5；阿根廷门多萨和纽昆的沥青和煤的灰分中含 40%V_2O_5；前苏联的沥青岩灰分中含 7～12%V_2O_5。加拿大阿萨巴斯卡的沥青矿中也含有钒。

(6) 原油。如由美国怀俄明油田炼制的重油含 0.01～0.03%V；委内瑞拉原油含 0.06%V_2O_5，石油飞灰含 20～40%V_2O_5；伊朗石油含灰分为 0.01%，其中含 5.03%V_2O_5。澳大利亚正研究由油页岩中提取钒的方法。

(7)铝土矿。在用拜尔法生产氧化铝的过程中钒进入铝酸钠溶液，前苏联与意大利、法国等国家均从中回收钒。

此外，二次资源，如废钒催化剂的回收，也是重要的钒资源。

世界钒资源见表 12-3-2。

表 12-3-2 世界钒资源工业储量和远景储量

（吨钒）

国 家 地 区	工业储量	远景储量
加拿大	—	45359
美国：阿肯色	31752	31752
科罗拉多高原	22680	40824
爱达荷	113399	453597
明尼苏达	—	544316
纽约州	—	13608
怀俄明	—	997913
其 它	—	81647
墨西哥	—	4536
智 利	13608	22680
委内瑞拉	9072	90720
芬 兰	31752	90720
挪 威	—	4536
前苏联	2630863	4082373
布隆迪	—	13608
纳米比亚	—	4536
莫扎比克	—	36288
南 非	861834	7801868
赞比亚	—	4536
中 国	607820	1632949
印 度	9072	31752
朝 鲜	—	4536
澳大利亚	31752	244942
新西兰	—	272158
世界总计	4363603	16329432

第二节 钒的主要物理和化学性质

一、钒的物理性质

钒是一种银灰色金属，呈体心立方晶格，其物理性质如表 12-3-3 所列。

表 12-3-3 钒的物理性质

性 质	数 据
原子序数	23
原子量	50.9415
同位素	46，47，48，49，50，51，52，53，54
电子层结构	$1s^22s^22p^63s^23p^63d^34s^2$
晶格结构	体心立方晶格
晶格常数，nm	0.3024
原子半径，nm	0.1321
电负性，V	1.45
离子半径，nm	
V^{+}	0.109
V^{2+}	0.072
V^{3+}	0.065
V^{4+}	0.061
V^{5+}	0.059
密度(20℃)，kg/m^3	6110
热中子俘获截面，$10^{-28}m^2$	5.06
熔点，℃	1887
沸点，℃	3413
熵 $S^\circ_{298(固)}$，J/k·mol	28.97±0.42
$S^\circ_{298(液)}$，J/k·mol	182.3±0.837
比热（20～100℃），J/g·℃	0.502
热容 C_P（固），J/℃·mol	24.7
C_P（液），J/℃·mol	47.52
熔化热，kJ/mol	16.7±2.51
蒸发热，kJ/mol	459.7
蒸气压（固）1298K～熔点），133Pa	$\lg p=-26900T^{-1}+0.33\lg T-0.265T+10.12$
蒸气压，Pa	
1867℃	1.01325
2067℃	10.1325
2277℃	101.325
2627℃	1013.25
3527℃	101325
传热系数，W/m·℃（27℃）	30.7

续表 12-3-3

性质	数据
线膨胀系数（23～100℃），$℃^{-1}$	8.3×10^{-6}
电阻（20℃），μΩ·cm	24.8
超导转变温度，K	5.13
电阻温度系数，μΩ·cm/℃	
0～100℃	0.0034
0～200℃	0.0033

二、钒的化学性质

钒的价电子结构为 $3d^34s^2$，能生成＋2、＋3、＋4、＋5 氧化态化合物。不同氧化态的钒在酸性溶液（pH<3）中的电势（E_A）如下：

$$VO_2^+ \xrightarrow{1.0V} VO^{2+} \xrightarrow{0.337V} V^{3+} \xrightarrow{-0.25V} V^{2+} \xrightarrow{-1.13V} V^0 \quad (VO_2^+ \to V^0: 0.236V)$$

V^{3+}能与 CN^-、SCN^-、$C_2O_4^{2-}$、F^-等，VO^{2+}能与 F^-、SCN^-、$C_2O_4^{2-}$ 等，VO_2^+ 可与磷酸、钨酸等形成络合物。

金属钒在常温下化学性质较稳定，但在高温下能与碳、硅、氮、氧、硫、氯、溴等大部分非金属元素生成化合物。

钒的抗腐蚀性能较好，D. 斯莱恩等研究了含有杂质的金属钒（杂质百分含量为：C 0.032～0.1；O 0.034～0.17；H 0.001～0.0031；N 0.004～0.07；Fe 0.019～0.48；Cr 0.06～0.011）在无机酸中的腐蚀性能结果列于表 12-3-4。

为了研究金属钒作为快中子反应堆包壳的可能性，试验了钒在液态金属中的腐蚀性能，结果列于表 12-3-5。钒在海水或盐水中也具有良好的耐腐蚀性能。

表 12-3-4 钒在无机酸溶液中腐蚀试验结果

酸浓度	腐蚀速度，mm/y		酸浓度	腐蚀速度，mm/y	
	35℃	60℃		35℃	60℃
硫酸溶液，mol/L（%）			盐酸溶液，mol/L（%）		
0.05（0.5）	0.0127	—	11.7（36.3）	0.7569	—
0.5（4.8）	0.0152	0.0533	硝酸溶液，mol/L		
1.65（13.9）	0.0305	—	0.5（3.1）	0.0254	1.0998
8.9（58.8）	0.0991	0.5537	2.0（11.8）	0.0686	88.3920
（97）	0.1473	1.3005	3.0（17.2）	≤57.6580	
盐酸溶液，mol/L			磷酸溶液，%		
1.0（3.6）	0.0152	0.0483	10	0.0102	0.0457
2.0（7.1）	0.0279	—	50	0.0229	0.1092
6.1（20.2）	0.1321	0.8992	85	0.0254	0.1600
9.8（30.9）	—	3.3274			

表 12-3-5 钒对液体金属的抗腐蚀性试验结果

液体金属	试验温度，℃	记录
Na	500	抗腐性良好，腐蚀速度 0.2mg/cm²·月
55.5%Bi、45.5%Pb	649	抗腐性良好，静态试验 500h

续表 12-3-5

液体金属	试验温度,℃	记录
52.0%Bi、32%Pb、16%Sn	649	同上
52.3%Bi、21.9%In、28.5%Pb	649	同上
49.5%Bi、11.6%Sn、17.6%Pb、21.3%In	649	同上
57.5%Bi、25.2%In、17.3%Sn	649	同上
55.5%Bi、45.5%Pb	68.2	动态试验，1008h，增重，抗腐性一般
52%Bi、32%Pb、16%Sn	649	动态试验，1008h，腐蚀速度 20mg/cm²·月
Na	613	静态试验，亮灰色无光，腐蚀速度 20mg/cm²·月
	802	静态试验，暗灰色无光，腐蚀速度 1.3mg/cm²·月
Na（Na_2O 0.001%）	700	静态试验，288h，增重 0.10%，不腐蚀

三、钒的力学性质

钒的力学性质与其杂质种类、含量及加工条件有密切关系。表 12-3-6 为金属钒的典型力学性质。

表 12-3-6 金属钒的典型力学性质（室温）

条件	抗张强度 MPa	降服强度 MPa	延伸率（50mm）%	面积减缩 %	硬度 HRA	硬度 HRB	冷弯，(°)
棒，直径 25.4mm①热辊	472	439	27.0	54.4		85	
轧线，直径 3.9mm②							
真空退火	538	463	25.0	87.5	48		180
冷拔 80%	910.8	765	6.8	76.5	54		180
板，厚 1.9mm③							
真空退火	536	454	20.0	53.0		83	180
冷辊轧 84%	828	776.3	2.0	40.6		100	180

① 试样尺寸为 ϕ12.8 × 51 mm。② 试样尺寸为 ϕ3.9 × 51 mm。③ 试样尺寸为 1.9×12.7×51mm。

四、钒化合物及其盐类的物理化学性质

（一）钒的氧化物

钒氧化物的主要性质见表 12-3-7。

表 12-3-7 钒氧化物的主要性质

性质	V_2O_5	VO_2	V_2O_3	VO
颜色	橙黄	蓝	灰黑	灰
密度，g/cm³	3.352（22.6℃）	4.260（21.4℃）	4.843（22.0℃）	5.550（25℃）
V-O 距，nm	0.1582～0.202	0.176～0.205	0.196～0.206	0.205
酸碱性	两性（酸性为主）	两性	碱性	碱性

续表 12-3-7

性质	V_2O_5	VO_2	V_2O_3	VO
熔点,℃	670	1545	2070	1790
生成热 ΔH°_{298}, kJ/mol	−1552±6.28	−713.8±3.77	−1220±0.28	−432.1±6.28
绝对熵 S°_{298}, kJ/mol	130.6±1.674	51.79±0.837	98.14±1.256	39.02±0.837
沸点,℃	〔1690〕			

（二）钒酸盐

钒的钠盐有多种形式。B.V.斯洛博金研究了 V_2O_5-Na_2O 二元系的相图，认为有 NaV_6O_{15}, $Na_8V_{24}O_{63}$, $NaVO_3$, $Na_4V_2O_7$, Na_3VO_4。

钒的铵盐中最重要的是偏钒酸铵，可微溶于水，在不同温度水中的溶解度为：

℃	0	12.5	18	20	25	35	45	55	60	70
g/100mL	0.066	0.44	0.4354	0.510	0.6082	1.077	1.5712	1.9972	2.55	3.0466

偏钒酸铵热分解条件及产物列于表12-3-8。除钒酸铵外，还有一些属于V（Ⅴ）酸、V（Ⅳ、Ⅴ）酸、V（Ⅳ）酸的和属于过氧钒酸的铵盐。

钒酸的钙盐是于 NH_4VO_3 或 $NaVO_3$ 的溶液中加入 $CaCl_2$ 或 $Ca(NO_3)_2$ 形成的。当pH6.5～7.3时，析出 $Ca(VO_3)_2$；pH9.5～10时析出 $Ca_2V_2O_7$；pH11～11.5时析出 $Ca_3(VO_4)_2$。析出时往往带有结晶水。

表 12-3-8 偏钒酸铵热分解条件及产物

温度,℃	气氛	分解产物	温度,℃	气氛	分解产物
250	空气和氧	NH_3, V_2O_5	1000	氢	V_2O_4
250	空气	$(NH_4)_2O\cdot3V_2O_5$	350	CO_2，氮或氩	$(NH_4)_2O\cdot V_2O_4\cdot5V_2O_5$
340	空气	$(NH_4)_2O\cdot V_2O_4\cdot5V_2O_5$	400～500	CO_2，氮或氩	V_6O_{13}
420～440	空气	NH_3, V_2O_5	200～240	氮或氢	$(NH_4)_2O\cdot3V_2O_3$
310～325	氧	V_2O_5	320	氮或氢	$(NH_4)_2O\cdot V_2O_4\cdot5V_2O_5$
200	氢	$(NH_4)_2O\cdot3V_2O_5$	400	氮或氢	V_6O_{13}
320	氢	$(NH_4)_2O\cdot V_2O_4\cdot5V_2O_5$	225	水蒸汽	$(NH_4)_2O\cdot3V_2O_5$
400	氢	V_6O_{13}, V_2O_3			

钒除了可形成同多酸盐外，还可形成一些杂多酸盐，例如 H_4〔$PMo_{11}VO_{40}$〕，H_5〔$PMo_{10}V_2O_{40}$〕，H_6〔$PMo_9V_3O_{40}$〕，H_4〔$PW_{11}VO_{40}$〕，H_5〔$PW_{10}V_2O_{40}$〕及 H_6〔$PW_6V_3O_{31}$〕的盐类。

（三）钒的卤化物及卤氧化物

V（Ⅳ，Ⅴ）的卤化物及卤氧化物的性质见表12-3-9。

表 12-3-9 V（Ⅳ）、V（Ⅴ）的卤化物及卤氧化物的性质

化合物	分子量	颜色	熔点，℃	沸点，℃	密度，g/cm³	$\Delta H_f°_{298}$，kJ/mol
VF_4（固）	126.93	绿	100（升华、歧化）	—	3.15	−1344
VCl_4（液）	192.75	暗棕	−25.7	152	1.820（25.3℃）	−570.2
VBr_4（气）	370.58	深红	−23（分解）	—	—	−454.2
VOF_2（固）	104.94	黄	—	—	3.396（19℃）	—
$VOCl_2$（固）	137.85	绿	约300（歧化）	—	2.88（13℃）	−690.8
$VOBr_2$（固）	226.76	黄棕	约320（分解）	—	—	—
VF_5（固）	145.93	白	19.5	48.3	>2.5	−1474
VF_5（液）					2.508	
VOF_3（固）	123.94	浅黄	110（升华）	—	2.459（20.5℃）	—
$VOCl_3$（液）	173.30	黄	−78.9	127.2	1.830	−741.1
$VOBr_3$（液）	306.67	深红	−59	—	2.993（15℃）	—
VO_2F（固）	101.94	棕	>300	—	—	—
VO_2Cl（固）	118.39	桔	—	180分解	2.29	−766.2

（四）钒的氮化物、碳化物

V_2O_3与碳的混合物在1250℃下与氮反应可获得钒的碳化物。金属钒与氮或氨在900～1300℃反应，或在600℃下热分解$(NH_4)_3VF_6$，也可获得到氮化钒，其组成由$VN_{0.71}$至$VN_{1.00}$。钒的碳化物、硅化物、硼化物的某些性质见表12-3-10。

表 12-3-10 钒的碳化物、硅化物及硼化物的性质

化合物	晶格参数，nm	Z	熔点，℃	$\Delta H°_{f298.15}$，kJ/mol	密度（X射线），g/cm³
V_2C	$a=0.2902, c=0.4577$	1	2200	—	5.665
VC	$a=0.418$	4	2830	−102.6	5.649
V_3Si	$a=0.4722$	2		—	5.67
V_5Si_3	$a=0.9429, c=0.4757$	4	2150	—	4.8
VSi_2	$a=0.4571, c=0.6372$	3	1750	<−29.3	4.7
V_3B_2	$a=0.5746, c=0.3032$	—	约1900	—	5.44
VB	$a=0.3058, b=0.8026, c=0.297$	1	约2300分解	—	—
V_3B_4	$a=0.303, b=1.318, c=0.297$	2	约2400	—	5.10
VB_2	$a=0.3006, c=0.3056$	1	—	—	

第三节 钒的选矿简述

一、钒铅矿的选矿

首先将矿石磨至200目，然后进行重选和浮选。用此法对美国亚利桑那州产铅锌矿石进行浮选的结果见表12-3-11。在浮选过程中，泡沫矿物被硫化钠硫化，被硫酸铜活化，被戊基氧杂蒽盐和甲酚酸还原。

表 12-3-11 浮选结果

产品	产率,%	化学成分,%			回收率,%		
		V_2O_5	Pb	Zn	V_2O_5	Pb	Zn
精矿	13.6	11.3	37.0	9.3	80.6	79.6	12.6
细尾矿	14.8	1.12	3.4	9.6	8.9	7.9	14.2
粗尾矿	71.6	0.28	1.1	10.2	10.5	12.5	73.21

二、钒云母的选矿

将矿石筛分，使燧石与软而松散的岩石分开，再将这两类矿石进行几次破碎，洗去沉渣，然后进行水力分级。

三、钾钒铀矿的选矿

美国矿务局试验确定，用油酸作浮选剂适用于浮选钾钒铀矿。结果见表12-3-12。

表 12-3-12 钾钒铀矿的浮选指标

产品	产率,%	含量,%		镭含量 mg/t	回收率,%		
		V_2O_5	U_3O_8		V_2O_5	U_3O_8	Ra
砂	51.2	0.87	1.19	3.14	14.6	12.0	12.1
精矿	28.4	1.66	3.24	8.43	15.5	18.0	18.1
沉渣	20.4	10.23	17.57	45.51	69.9	70.0	69.8

四、钛磁铁矿的选矿

钛磁铁矿采用湿式重选和磁选。用湿式重选只能除去脉石，不能将钛铁矿与磁铁矿分开，因为这些矿物比重相近(磁铁矿4.9～5.2，钛铁矿4.6～5.2)。当用磁选时，磁铁矿（$FeO·Fe_2O_3$；$FeO·V_2O_3$）进到强磁性部分，而钛铁矿（$FeO·TiO_2$）进到弱磁性部分。苏联曾制定钛磁铁矿的选矿流程，即：将矿石粗碎到250～300mm；在磁选机中进行干磁选；中碎至12mm；粉碎至0.2mm；进行湿式磁选，将磁性精矿选两次；在精选淘洗盘中对弱磁性的含钛中矿进行精选；将钛铁矿的精矿过滤并焙干；对含钛精矿进行干选。

钛磁铁矿砂用磁选法进行选矿。

第四节 钒的提取冶金

一、钒化合物的提取

由含钒原料提取钒化合物的综合示意流程见图12-3-1。

（一）从含钒铁矿中提取钒

1.由不含钛的含钒铁矿提取钒

此类铁矿在高炉中冶炼成含0.10～0.15%V的生铁，钒在炼钢过程中进入托马斯炉渣，渣中含钒量可达0.5%。在从含钒低的生铁中提钒时，首先必须制取低钒钒渣，方法有3种：

(1) 矿石法，即在出铁槽把含钒铁矿加入铁水中，使钒氧化进入炉渣；

(2)提炼槽法，即在流槽的底部铺上一层矿石或轧钢铁鳞，铁水流过时被矿石氧化，可得到含2.5%V的钒渣；

(3) 转炉法，即在酸性转炉内将含钒铁水吹炼2～3min，约90%的钒进入渣中。

由上述方法得到的钒渣均送化工厂提钒。

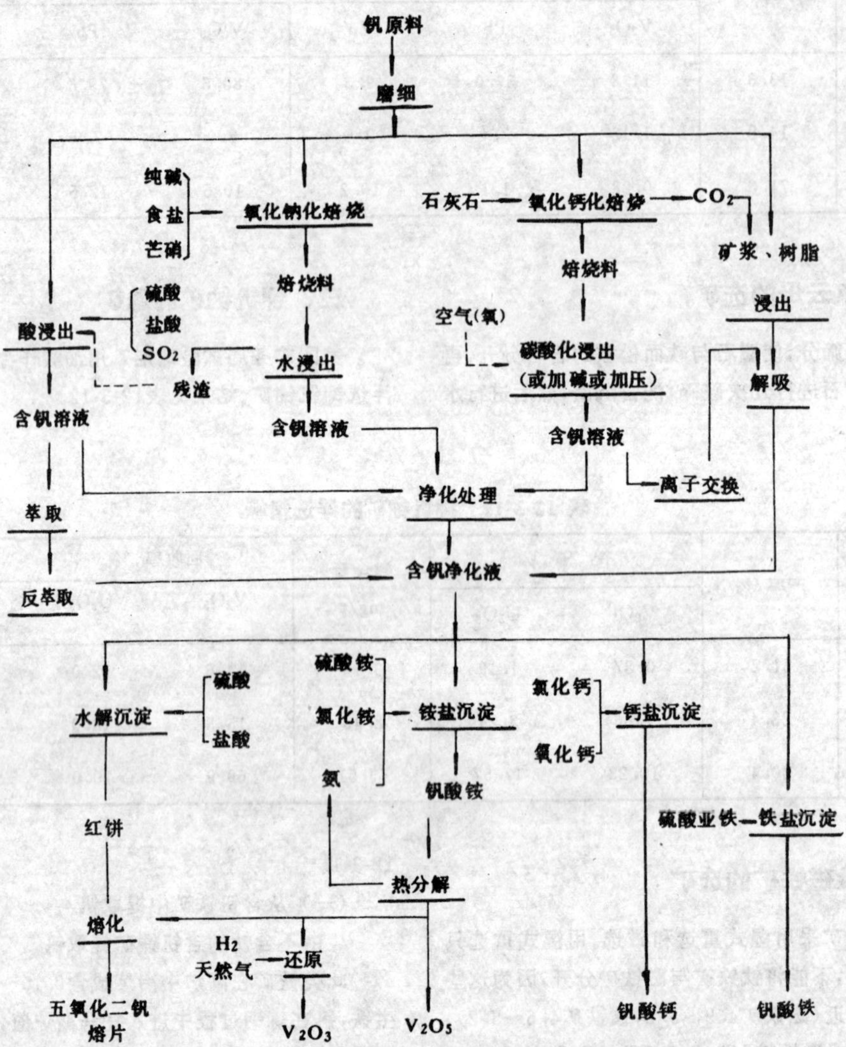

图 12-3-1 由含钒原料提取钒化合物的综合示意流程

2. 由含钒高磷铁矿提钒

前苏联利用此类矿石在高炉冶炼，获得含0.13%V、0.20%Si、1.9%P、1.10%Mn的生铁，再用酸性转炉不加石灰吹炼，得到含4.76%V_2O_5、18.6%P_2O_5、13.1%FeO、1.22%MgO、12.11%CaO、36.8%MnO、13.52%SiO_2的钒渣。

3. 由含钒钛磁铁矿提取钒

此类矿石的一般组成见表12-3-13。一般首先经选矿得到含钒较高的磁铁矿（通常称为钒精矿或含

表 12-3-13 几种含钒钛磁铁矿的成分

矿石品级	成分,%					
	Fe	V	TiO_2	SiO_2	P_2O_5	S
富 矿	53.0	0.20	14.2	2.7	0.08	0.13
中等矿	36.0	0.15	8.2	18.1	0.125	0.20
贫 矿	20.0	0.06	5.6	26.0	2.60	0.30

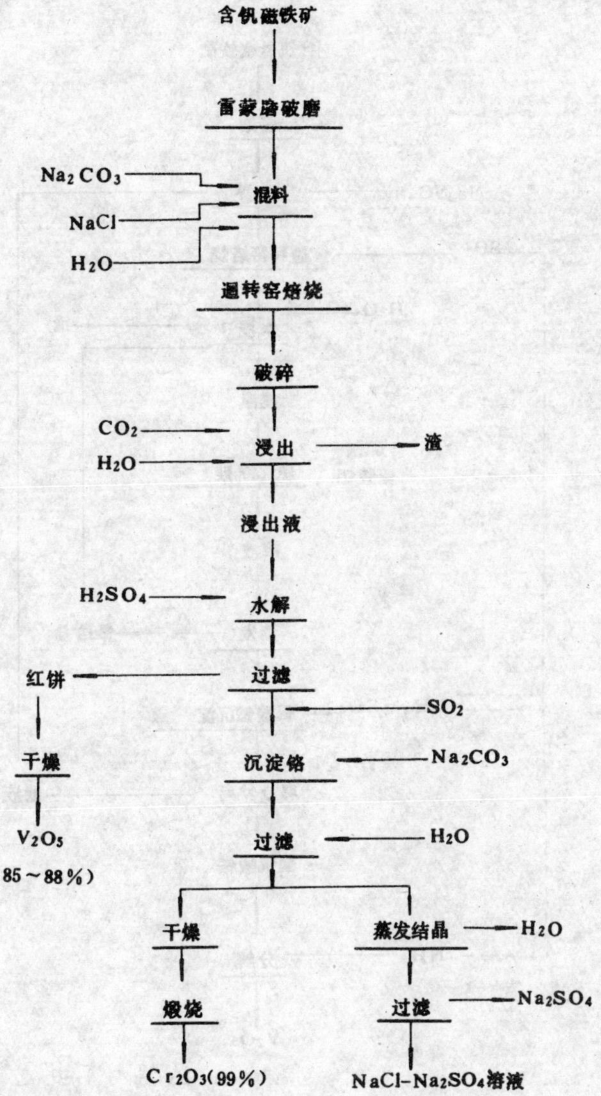

图 12-3-2 直接从钒精矿中提取钒工艺流程例一

钒铁精矿)及含钒较低但含钛较高的钛铁矿，然后再分别进行处理。钒精矿的处理，根据含钒量及技术、经济条件，一般有下列两种方式。

(1)直接从钒精矿提取钒，即将含钒铁精矿与焙烧剂混合，经过焙烧、浸出、沉淀，得到钒的化合物。工艺流程见图12-3-2、12-3-3。

(2)从含钒炉渣提取钒，要点是经粉碎、选矿所获得的含钒精矿在制团或烧结后，用高炉（或电炉）炼出含钒生铁，再于转炉吹炼得钒渣（称为高炉-转炉-钒渣法）或于回转窑进行预还原，再采用电炉-摇包生产钒渣（称为回转窑-电炉-摇包钒渣法），然后将钒渣与焙烧剂混合，进行焙烧、浸出、沉淀，最后获得钒的化合物。从含钒炉渣中提取钒的工艺流程见图12-3-4。

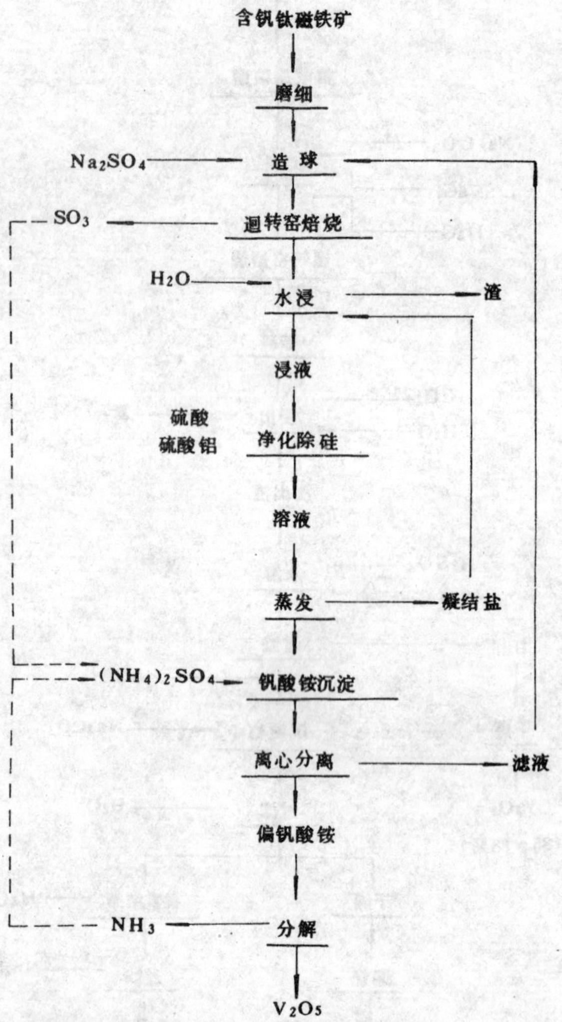

图 12-3-3 直接从钒精矿中提取钒矿工艺流程例二

（二）从其它含钒原料中提取钒

1.由钒铀矿中提取钒

美国科罗拉多高原的钒铀矿是美国的主要钒资源，其矿石的主要类型和成分见表12-3-14。矿石中的钒矿物，除钾钒铀矿（$K_2O\cdot2UO_3\cdot V_2O_5\cdot3H_2O$）外，还有钒云母〔3（Al，V）$_2O_3\cdot K_2O\cdot18SiO_2\cdot2H_2O$〕、钒氧酸与钙组成的矿物。美国联合碳化物公司以水、酸联合浸出流程处理钒铀矿工艺流程见图12-3-5。美国对由钒铀矿提取钒、铀工艺流程的改进见图12-3-6。

表 12-3-14 美国钒铀矿石的主要类型和成分

类 型	成 分,%					
	U_3O_8	V_2O_5	CaO	S	Fe_2O_3	酸溶物
低钙型矿石	0.24	0.97	2.0	0.3	9.4	87.0
碳酸盐矿石	0.30	0.82	2.3	—	—	—
含石膏的矿石	1.23	1.16	6.5	2.5	3.8	77.0
高钙矿石	0.38	0.95	8.9	0.1	—	—

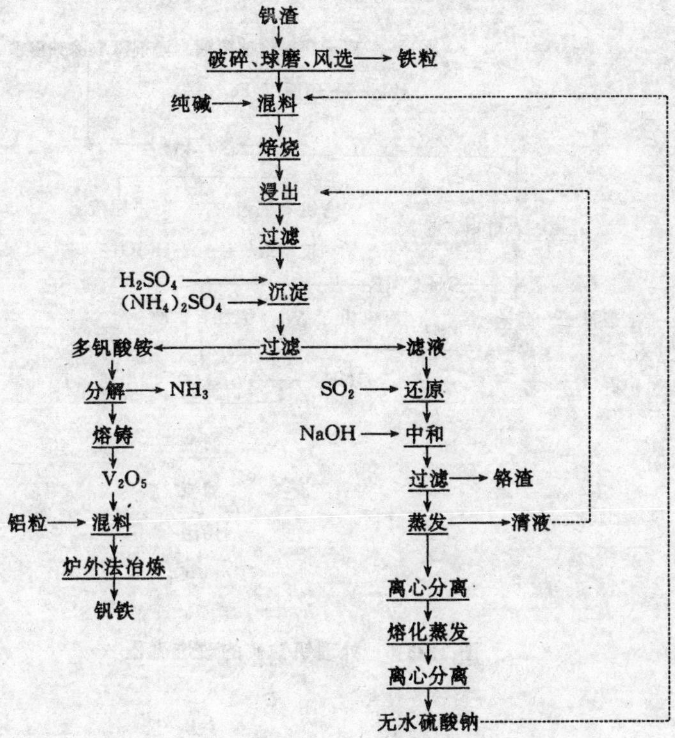

图 12-3-4　从含钒炉渣中提取钒工艺流程举例

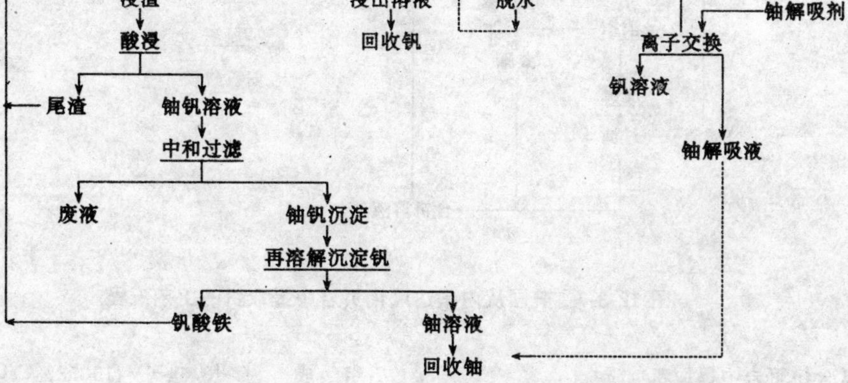

图 12-3-5　联合碳化物公属水、酸联合浸出工艺流程处理钒铀矿

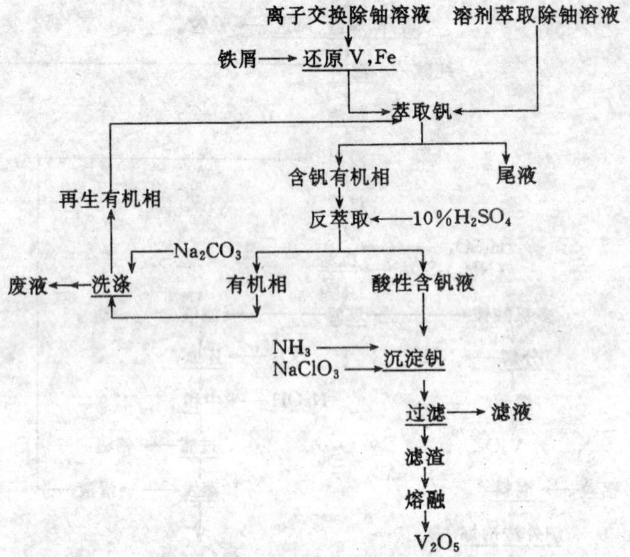

图 12-3-6 处理钒铀矿的改进流程

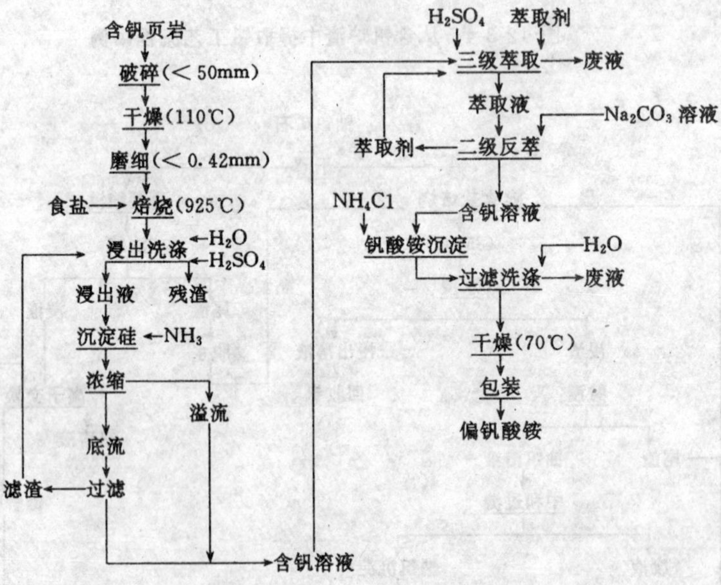

图 12-3-7 美国从内华达风化页岩中提取钒的工艺流程

2.从含钒页岩中提取钒

美国钒公司最早在秘鲁的朱马沙厂由维塔马德雷的变质页岩提取钒。这种含钒酸钙的变质页岩的组成为3.54%V、15.53%CaO、25.91%SO_3、11.8%Al_2O_3、24.4%SiO_2、1.95%Fe_2O_3。提取过程首先于760～927℃焙烧，然后趁热水浸，过滤后以

4%H_2SO_4处理水浸残渣，将两种含钒溶液混合、加热并搅拌，即得含65%V_2O_5的红饼。美国内华达州卡林附近的页岩含有钒，一种为风化页岩（0.93%V_2O_5），一种为碳质页岩（0.87%V_2O_5）。

页岩为细晶粒结构，含主要矿物有石英、萤石、粘土、方解石与白云灰岩。钒矿物主要是针钒钙石（$CaO\cdot 3V_2O_5\cdot 9H_2O$）。由于它的粒度很细，不能用一般的选矿方法加以富集。从美国内华达风化页岩中提取钒的工艺流程见图12-3-7。对于未风化的含碳页岩则需要先焙烧以除去有机碳，再与食盐混合焙烧。

3.从油页岩残渣中提取钒

澳大利亚昆士兰朱利亚湾的油页岩约含0.3%V、0.03%Mo、$CaCO_3$<50%、油母页岩<20%、石英<25%、黄铁矿<5%及微量的云母与粘土，于400～500℃干馏后钒和钼留在残渣中。B.A.哈德威克等提出了从这种残渣中回收钒的方法，要点是把残渣烧成页岩灰，再用2%石灰水调浆，然后于灰浆中加入可溶于水的碳酸盐浸出钒和钼。另一种方法是往灰浆中通入酸性气体（含有SO_2、CO_2、O_2与N_2等），灰浆的pH值降低到6以下后，钒便进入溶液。F.C.哈斯提出从高钙废油页岩中回收钒的方法，即在600～1100℃下焙烧油页岩，然后将热焙烧物加入水中进行冷却、破碎、调浆，往浆液中通入CO_2，使浆液pH值降至6.0～7.5，钒便进入溶液。

4.从含钒磷铁中提取钒

美国爱达荷、蒙大拿、怀俄明与犹他等州的磷矿含24～32%P_2O_5、0.15～0.35%V和小量的铬、镍、钼。在电炉中生产元素磷和磷肥时，钒进入副产物磷铁中，其成分为3.26～5.2%V、24.7～26.6%P、60.8～68.5%Fe、3.4～5.2%Cr、0.84～1.0%Ni。

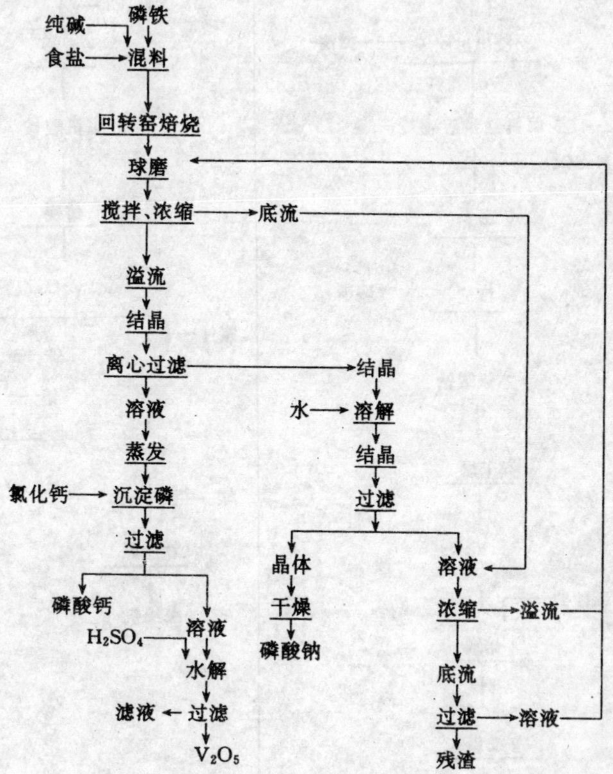

图 12-3-8　美国西乌勒蒂厂从磷铁回收钒工艺流程

美国西乌勒蒂厂从磷铁回收钒的工艺流程如图12-3-8所示。E.L.凯尔勒获得的由磷铁提钒的专利是将磷铁与食盐及石英砂混合，于775℃焙烧，再用水浸出焙烧物中的钒。J.A.马克斯韦尔提出的另一方法是将磷铁与食盐、纯碱、石灰石粉混合，于氧化气氛中焙烧，然后用水浸出提钒。J.S.福克斯等提出的方法是对磷铁进行两段焙烧，然后与石灰石或石灰、菱镁矿、氧化镁等或食盐混合焙烧，最后用水浸出焙烧物提钒。美国用磷铁作原料生产钒的克尔·麦吉公司已将磷铁加工成含6～14%V的钒渣作为生产钒的原料。

5.从钒铅矿中提取钒

纳米比亚东北部的贝里安卡斯矿生产的铅锌矿精矿含42%Pb、17%Zn、9.52%V。该铅锌精矿石经焙烧回收铅、锌后得到含15.7%V的焙烧渣，作为生产V_2O_5的原料。由钒铅矿生产五氧化二钒、钒铁及海绵钒的一种工艺流程见图12-3-9。

6.从生产氧化铝过程中回收钒

铝矿石中通常含0.1%V，在用结晶法净化拜尔法生产铝酸钠溶液时，钒与磷、氟等先结晶析出，结晶体中一般含2～7%V_2O_5。德国、法国、意大利都用此种结晶作提钒原料。

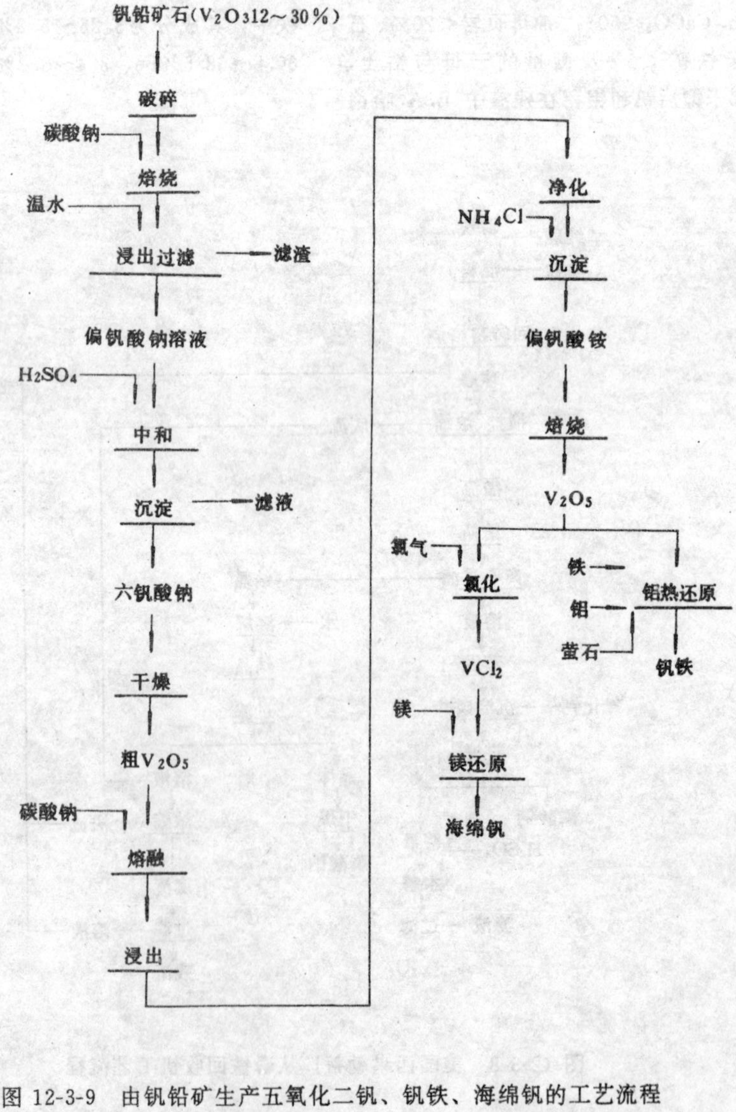

图 12-3-9 由钒铅矿生产五氧化二钒、钒铁、海绵钒的工艺流程

7. 从生产钛的残渣中回收钒

F. 皮淶提出从氯化金红石或钛铁矿生产四氯化钛的残渣中回收钒的方法，其工艺流程见图12-3-10。日本从该国钛铁矿生产钛后的残渣回收钒，每年约生产820tV_2O_5。

8. 从废钒催化剂中回收钒

化学与石油等工业使用过的废催化剂的数量很大，可以用作生产钒的原料。日本太阳矿工公司处理石油脱硫塔废催化剂以回收钒、钼与镍的工艺流程见图12-3-11。

二、钒的分离及提纯

钒的分离及提纯的方法包括沉淀法、萃取法、电解法及吸附法（离子交换法、色谱法）。在工业上应用的主要是沉淀法、萃取法和离子交换法。

（一）沉淀法

浸出液首先经过澄清，使悬浮体沉降除去。对溶液的阳离子，如Fe^{2+}、Mn^{2+}，可用Na_2CO_3或NaOH调节溶液pH值，使之生成氢氧化物沉淀而除去；对溶液中的CrO_4^{2-}、SiO_3^{2-}，可在溶液中加入$MgCl_2$，使之生成$MgSiO_3$、$MgCrO_4$沉淀而除去。为了除磷，可在含钒溶液中加入$MgCl_2$及NH_4Cl，并用NH_4OH调节溶液pH值至9.5～11，使之生成磷酸铵镁沉淀。为了由溶液中沉淀钒，工业上一般采用下列几种方式。

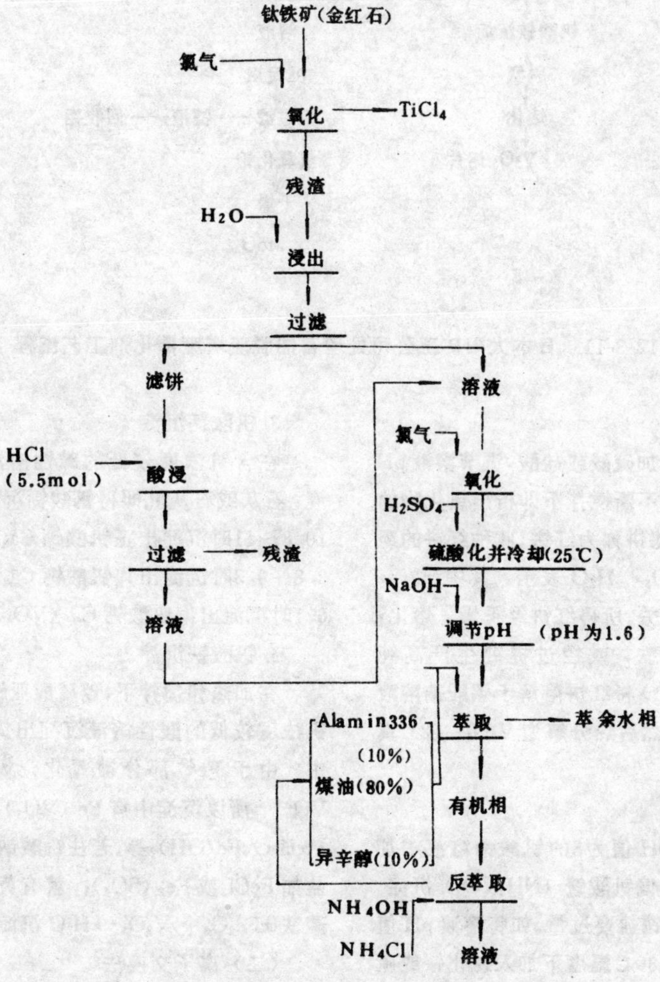

图 12-3-10 由生产钛的残渣中回收钒的工艺流程

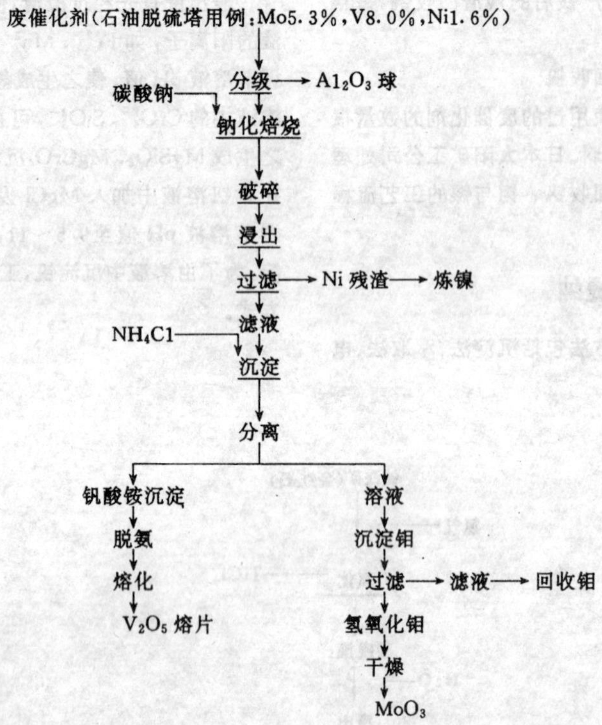

图 12-3-11 日本太阳矿工公司处理石油脱硫塔废催化剂工艺流程

1.钒的水解沉淀

在钒酸钠浸出液中加硫酸或盐酸，调节溶液pH值到一定值，在加热和不断搅拌下即析出钒化物的红色沉淀，过滤后所得滤饼称为红饼。此种红饼的组成一般以 $xNa_2O \cdot yV_2O_5 \cdot zH_2O$ 表示，其中 x、y、z 的值与钒的水解条件有关。所得红饼经干燥、熔化，并铸成片状供冶炼钒铁，或经过提纯生产高纯 V_2O_5。提纯的方法有：(1)将红饼溶解于碳酸钠溶液中，再沉淀为钒酸铵，然后热分解为 V_2O_5；(2)真空加碳高温提纯。

2.钒酸铵沉淀

在经净化处理且pH值为8的钒酸钠溶液中加入氯化铵或硫酸铵即得偏钒酸铵（NH_4VO_3）沉淀。温度一般为20～30℃，铵盐要过量。如将溶液pH值调整为4～6，并在20～30℃温度下加入氯化铵或硫酸铵，便可沉淀出十钒酸铵钠 $Na_2(NH_4)_4V_{10}O_{28} \cdot 11H_2O$。

3.钒酸钙沉淀

在含钒浓度较低的碱性溶液中加入氯化钙溶液、石灰或石灰乳即得钒酸钙沉淀。溶液在pH值为10.8～11时沉淀出正钒酸钙 $Ca_3(VO_4)_2$；pH值为2.8～9.3时沉淀出焦钒酸钙 $Ca_2V_2O_7$；pH值5.1～6.1时沉淀出偏钒酸钙 $Ca(VO_4)_2$。

4.钒酸铁沉淀

在加热和搅拌下，以硫酸亚铁为沉淀剂，可由含钒浓度较低的酸性溶液沉淀出钒酸铁。在沉淀过程中，由于 Fe^{2+} 部分被氧化，VO_3^- 部分被还原为 VO^{2+}，所以沉淀中有 $Fe(VO_3)_2$、$Fe(VO_3)_3$、$VO_2 \cdot xH_2O$、$Fe(OH)_2$ 等。若往钒酸钠溶液中加入高价铁盐如 $FeCl_3$ 或 $Fe_2(SO_4)_3$，就有黄色的组成不定的钒酸铁 $xFe_2O_3 \cdot yV_2O_5 \cdot zH_2O$ 沉淀析出。

（二）离子交换法

用离子交换法从矿浆或溶液中提取钒已在工业上应用。由于钒通常以阴离子形式存在于溶液中，所以可用强碱性阴离子交换树脂吸附钒。在 Dowex-1 上的吸附从 pH 值为2开始，在 pH 值为8完全。随着 OH^- 浓度增加，V（Ⅴ）缓慢地被洗提。用1mol/LNa_2CO_3或3mol/LNaOH 溶液可得到完全洗提。

（三）溶剂萃取法

V（Ⅳ）不被胺萃取，V（Ⅴ）可被胺萃取，但其程度小于铀。烷基磷酸可萃取 V（Ⅴ）和 V（Ⅳ）。进入萃取的钒溶液可以是中性、碱性或酸性。据报道，1966年美国已有11家工厂采用叔胺或季胺萃取钒。如美国南达科他州的矿业发展公司埃奇蒙特工厂用萃取法从尾砂泥矿浆吸附后洗提液及铁渣和石油飞灰浸出液中提钒。其过程是：首先在硫酸溶液中加铁，使之电位在 pH 值为1.8时达－250mV，然后用含6％D_2EHPA、3％TBP 的煤油溶液萃取，再于40～50℃用140g/LH_2SO_4溶液反萃取。美国科罗拉多州的联合碳化物公司用叔胺在 pH 值为3时萃取钒，然后用 Na_2CO_3溶液反萃取。

三、五氧化二钒的生产

五氧化二钒是钒的主要商品形式之一，其工业产品的化学组成见表12-3-15。世界主要厂家生产的五氧化二钒的化学成分见表12-3-16。工业上为得到五氧化二钒，一般采用下列方法处理由钒溶液水解所获得的红饼、钒酸铵、钒酸钙和钒酸铁。中国生产的五氧化二钒的规格见表12-3-17。

表 12-3-15　工业五氧化二钒的化学成分（％）

V_2O_5	SiO_2	Fe	P	As	S	K_2O	Na_2O
98.96	0.218	0.364	0.0282	0.00149	0.03	0.081	0.81
98.33	0.208	0.239	0.0252	0.0017	0.021	0.134	1.28
98.2～99.36		0.09～0.3	0.01～0.034	＜0.01	＜0.01	0.62	1.29

表 12-3-16　世界主要厂家生产的五氧化二钒典型化学成分（％）

成　分	Highveld		UCC		GFE	Kerr-McGee
V_2O_5	＞98	98.4	＞98.5	9.9	＞98	＞98
P	＜0.05	0.011	—	0.01	＜0.05	＜0.05
S	＜0.05	0.010	—	0.01	—	＜0.04
Fe	—	0.4	—	0.1	—	—
Na_2O	＜0.85	0.5	—	—	—	—
Al_2O_3	—	0.5	—	—	—	—
SiO_2	＜0.4	0.3	＜0.4	0.3	＜1.0	＜0.50
As	—	—	—	0.01	＜0.04	＜0.05
K_2O+Na_2O	＜1.0	—	＜1.0	0.5	＜1.5	＜0.75

表 12-3-17 中国五氧化二钒规格

适用范围	牌号	V_2O_5 不小于	Si	Fe	P	S	As	Na_2O+K_2O	V_2O_4	物理状态
			%，不大于							
冶金	$V_2O_5$99	99.0	0.15	0.20	0.03	0.01	0.01	1.0	—	片状
冶金	$V_2O_5$98	98.0	0.25	0.40	0.05	0.03	0.02	1.5	—	片状
化工	$V_2O_5$97	97.0	0.50	0.30	0.30	0.30	0.02	1.0	2.5	粉状

（一）红饼的处理

红饼经干燥熔化后可供冶炼钒铁之用。为了减少其钠含量，有人提出采用真空加碳高温提纯的方法，但一般常将红饼再溶解于 Na_2CO_3，然后加铵盐或液氨沉淀出钒酸铵，加热分解成 V_2O_5。

（二）钒酸铵的热分解

提钒所得的偏钒酸铵或多钒酸铵在450～550℃下煅烧，分解得 V_2O_5。热分解过程要在空气中进行，并需充分搅拌使其完全氧化。所得产品纯度大于99%。

（三）钒酸钙的转化

提钒所得钒酸钙可用于冶炼钒铁，也可转化为红饼或钒酸铵再进一步处理。

（四）钒酸铁的转化

钒酸铁用作冶炼含钒约40%的钒铁原料，也可转化为红饼或钒酸铵再进一步处理。

四、钒铁及钒合金剂的生产

钢铁工业主要以钒铁合金（包括钒铁碳合金）作合金剂使用。钒铁生产的主要原料为 V_2O_5，也可用钒酸钙、钒酸铁，最近还研究用钒渣作原料。工业钒铁及合金典型化学成分见表12-3-18。钒铁生产的主要方法有不列几种：

（一）电硅热还原法生产钒铁

1. 电硅热三段还原法

还原在改进的炼钢电弧炉内进行，所用原料为五氧化二钒熔片、硅铁、石灰、铝块、废钢。冶炼分三个阶段进行，其炉料分配见表12-3-19。

表 12-3-18 工业钒铁及合金典型化学成分及分类

分类	成分，%							
	V	C	N	Al	Si	P	S	Mn
50～60%钒铁	50～60	<0.2	—	<2.0	<1.0	<0.05	<0.05	—
70～80%钒铁	70～80	—	—	<1.0	<2.5	<0.05	<0.1	—
80%钒铁	77～83	<0.25	—	<1.5	<1.5	<0.05	<0.05	<0.05
碳化钒（Carvan）（联合碳化物公司）	82～86	10.5～14.5	—	<0.1	<0.1	<0.05	<0.1	<0.05
碳钒铁（Ferrovanadium Carbide）（雷丁合金有限公司）	66～70	13.5～15.6	—	—	<0.5	<0.05	—	—
硅锰钒铁（Ferrovan）（富特矿物公司）	>42	<0.85	—	—	<7.0	—	—	<4.5
氮化钒（Nitrovan）（联合碳化物公司）	78～82	10～12	>6	<0.1	<0.1	<0.05	<0.1	<0.05

表 12-3-19 各阶段炉料分配比（%）

阶段	氧化钒熔片	硅铁	铝块	石灰	废钢
第一阶段（还原期）	15～18	75	35	20～25	100
第二阶段（还原期）	50～47	25	65	50	—
第三阶段（精炼期）	35	—	—	30～25	—

2. 电硅热二段还原法

整个冶炼过程分还原和精炼二个阶段进行。冶炼设备采用炼钢电弧炉，所用原料与三段还原法相同。

（二）铝热还原法生产钒铁

铝还原钒的氧化物是放热反应，反应热足以维持过程的进行，无需补充热量。铝热还原法在镁质炉衬的筒型炉中进行，所得钒铁约含85%V，渣中V_2O_5不大于4.5%。

钒铁也可用电铝热还原氧化钒法生产。其要点为炉料（高品位五氧化二钒、铝粒及钢屑等）经混合后分批加入用氧化镁作炉衬的单相电炉，由下部点燃反应料，反应完成后放下石墨电极通电，使炉渣升温至1600℃，所得钒铁含50～60%V，渣中含0.4%V。

钒酸钙及钒酸铁也可用铝热还原法冶炼钒铁。

（三）真空碳还原法生产钒铁及钒合金

1. 真空碳还原法

此为在真空中用碳还原五氧化二钒及氧化铁以生产钒铁的方法。真空度为0.133～13.3Pa，最终温度为1300℃。所得产品要重新压块，并在13.3Pa压力和1300℃温度下烧结以除去气孔。

2. 真空碳还原-熔化法

即先用碳在真空中还原固态氧化钒，还原反应结束后立即熔化所得金属，并铸锭。产品含45～70% V、C<2%、O<2%，其余为铁。

R. R. 基菲尔等还研究了在真空中用碳化钒还原Nb_2O_5生产V-40Nb合金的方法。

（四）等离子碳热还原法

首先在流态化还原器中用氢将V_2O_5还原成V_2O_3，然后在等离子炉内用氢还原成产品。如加铁粉可得含42.0%V、52.9%Fe的钒铁。如不加铁粉则得到含88.1～91%V、3.9～5.3%C、2.6～3.9%O的产品。

（五）用钒渣生产钒合金剂

含钒生铁吹炼得到的钒渣主要由V_2O_3、TiO_2、FeO、MnO、SiO_2、Cr_2O_3等氧化物组成。为了由钒渣生产钒合金剂，研究了钒硅合金精炼法、钒渣真空还原法和转炉还原法等。

五、金属钒的生产

（一）钒氯化物还原

可用钠、氢、镁（在700℃）、氢化钠或氢在氩气中（680～700℃）还原VCl_4（要求不含氧氯化钒）。由于VCl_4与$VOCl_3$很难用分部蒸馏分离，所以可用氢（在900℃）或镁屑于氩气氛中（在750～800℃）还原VCl_3。利用这些还原剂也可把二氯化物还原为金属。在真空中加热至700～1000℃可除去与金属钒结合的氢。工业上一般采用下列两种方法。

(1)镁还原三氯化钒，即用含80%V的钒铁作原料，通过氯化、还原等过程制取金属钒。也可用化学纯V_2O_5作原料制取VCl_3，再用镁和钠还原制取金属钒。VCl_3是通过VCl_4的加热分解来获得。

(2) 镁还原二氯化钒。此法是用镁还原VCl_2制取纯钒。其主要反应如下：

$$V_2O_5 + C \xrightarrow{1000℃} V_xO_y\text{(低价氧化物)} + 2CO$$

$$V_xO_y + C + Cl_2 \xrightarrow{750℃} VCl_4 + VOCl_3 + CO/CO_2$$

$$3VOCl_3 + 2C + 3/2Cl_2 \xrightarrow{750℃} 3VCl_4 + CO/CO_2$$

$$2VCl_4 \xrightarrow{148.5℃} 2VCl_3 + Cl_2$$

$$2VCl_3 \longrightarrow VCl_2 + VCl_4\text{(歧化)}$$

$$VCl_2 + Mg \longrightarrow V + MgCl_2$$

（二）钒氧化物还原

用混合稀土或钙可还原V_2O_5，也可还原V_2O_3。在真空中用碳还原氧化钒也可制得金属钒。工业上一般用下列方法还原钒氧化物以制取金属钒：

(1)钙还原法生产金属钒。此为最早应用的金属钒生产方法，其反应为：

$$V_2O_5 + 5Ca = 2V + 5CaO + 1619.3kJ$$

$$V_2O_3 + 3Ca = 2V + 3CaO + 683.4kJ$$

上述还原反应为放热反应。若反应温度超过钒的熔点，钒聚集于炉底。为了得到流动性较好的炉渣，可加氯化钙或碘，也可加硫以代替昂贵的碘。

(2)真空碳还原法生产金属钒。此法是在真空中用碳还原V_2O_5、V_2O_3以制取可锻钒。在温度为1625℃，压力为0.0133Pa的条件下用炭黑还原V_2O_5（化学纯），即可得到金属钒。当金属钒含C>0.17%、O<0.10%时，便得到可煅塑性钒。P.R.基菲尔等曾提出在真空中用碳化钒与三氧化二钒反应制取金属钒的方法，其过程是在真空（6.6×10^{-2}～2.66×10^{-3}Pa）和高温（1300～1675℃）下对配料进行间接烧结或直接烧结。

六、金属钒的精炼

（一）碘化钒热分解法

首先在真空中封入不纯的钒和碘，加热至900～1000℃生成二碘化钒，产生的压力使二碘化钒传输到附近的炽热钨丝，并析出钒，其纯度大于99.5%。

（二）熔盐电解精炼

熔盐电解精炼可用脆性钒或低纯度钒作原料以生产纯钒。

1.钙还原钒电解精炼

所用钒含杂质0.4%，硬度为90HRB。试验用两种电解质：(1)溴盐电解质，成分为38%NaBr、44%KBr、18%VBr_2、电解温度为630℃；(2)氯盐电解质，成分为37%LiCl、47%KCl、16%VCl_2，电解温度620℃。电解后钒中杂质总量可降至0.05%，熔炼铸成钒锭后硬度为50HRB。

2.铝还原钒电解精炼

铝热还原电解钒制取纯钒的电解条件及结果见表12-3-20。

3.V_2C型钒电解精炼

碳热还原V_2O_5得到的V_2C型粗钒可用熔盐电解精炼法制取纯钒，其电解条件及结果见表12-3-21。

4.VC型钒的电解精炼

碳热还原法制得的商品碳化钒（VC）可用电解精炼法制取纯钒，电解条件及结果见表12-3-22。

表 12-3-20 铝热还原电解精炼制取钒的条件及结果

试验号	Ⅰ	Ⅱ
电解质组成，%	42KCl ＋ 42NaCl ＋ 16VCl_2	47KCl＋37LiCl ＋16VCl_2
电解温度，℃	750	620
槽电压，V	0.8	0.6
电解，Ah	200	200
阴极电流密度，A/dm²	21.5	21.5
电流效率，%	75	50
原料钒硬度 HRB	120	120
电解炼钒重熔钒锭硬度 HRB	75	60

表 12-3-21 V_2C型钒电解槽精炼条件及结果（举例）

试验号	Ⅰ	Ⅱ	试验号	Ⅰ	Ⅱ	
槽电压，V	0.20	0.26	电解钒化学成分，%		≥0.175mm	<0.175mm
槽电流，A	15	15	V	99.90	99.35	97.84
开始阴极电流密度，A/dm²	24	24	C	0.003	0.005	0.025
阴极电流效率，%	97	51	N	0.001	0.002	—
电解钒粒度（≥0.175mm），%	100	67	O	0.014	0.52	2.00
（<0.175mm），%		33	Al	0.002	0.005	0.008
			Cr	0.0021	0.013	0.009
			Fe	0.050	0.050	0.110
			Ni	0.001	0.002	0.002
			Si	0.003	0.003	0.001

表 12-3-22 VC 型钒电解精炼条件及结果（举例）

电解质组成	NaCl-10%VCl_2	KCl-NaCl-10%VCl_2	CsCl-NaCl-10%VCl_2	LiCl-NaCl-10%VCl_2	电解质组成	NaCl-10%VCl_2	KCl-NaCl-10%VCl_2	CsCl-NaCl-10%VCl_2	LiCl-NaCl-10%VCl_2
电解温度,℃	780	750	720	650	电解钒成分,%				
钒回收率,%	91	83	72	93	C	0.12	0.02	0.04	0.01
阴极电流效率,%	72	70	46	60	Fe	0.20	0.22	0.07	0.08
粒度 (>0.175 mm),%	32	36	24	50	N	0.01	0.01	0.01	0.01
(<0.175 mm),%	68	64	76	50	O	1.07	0.96	0.98	0.56
					V	98.50	98.20	98.32	99.22

5. 二次电解精炼法生产高纯钒

钙还原的钒经二次电解精炼后可获得纯度为99.99%的高纯钒。也可用 VC 型粗钒作原料经二次电解精炼以制取高纯塑性钒，结果见表12-3-23。

表 12-3-23 VC 型粗钒二次电解精炼结果（%）

电解次数	C	Fe	N	O	V	硬度 HRB
一次电解钒	0.05	0.10	0.002	0.98	98.72	—
二次电解钒	0.001	0.03	0.001	0.01	99.92	35

（三）真空熔炼法提纯钒

钒可在真空电弧炉或电子束炉内进行熔炼提纯。S.R. 西格尔研究了在钒中添加脱氧剂（如钇、钍、碳）进行电子束炉熔炼的方法。O.N. 卡尔森等提出了先用铝还原 V_2O_5制成 V-11%Al 合金，再进行真空脱铝得海绵钒，然后用电子束炉熔炼的方法，产品纯度达99.9%V，其主要杂质变化见表12-3-24。C.T.E 与 E.F. 巴罗什等对卡尔森法进行了改进，即铝钒合金不用真空脱铝，直接用电子束炉熔炼得纯钒。E.M. 索维特茨基用硬度为350HV 的铝热还原钒，于其中加7%Ce 作净化剂进行真空电弧炉熔炼，制得硬度为245HV 的钒。利用“深模法”与“端模法”的自耗电弧炉及电子束熔炼炉对海绵钒的熔炼结果见表12-3-25。

表 12-3-24 电子束炉熔炼钒的杂质含量变化情况

杂　质	Al	C	Fe	N	O
钒铝合金中的杂质含量,%	11.10	0.013	0.081	0.006	0.290
海绵钒中的杂质含量,%	1.42	—	0.035	0.008	0.010
电子束炉熔炼钒锭中的杂质含量,%	0.010	0.015	0.012	0.008	0.005

表 12-3-25 海绵钒真空熔炼成分（10^{-4}%）变化情况

杂质	海绵钒	深模法		端模法		电子束炉熔炼	
		一次熔炼	再熔炼	一次熔炼	再熔炼	一次熔炼	再熔炼
C	500	575	583	573	572	540	453
O	350	450	542	315	195	144	131
H	7	2	2	2	2	3	3
N	450	470	515	460	177	452	487
Al	2000	2000	1000	2000	2000	1000	60
Fe	1000	1000	1000	1000	1000	1000	600
Mo	2000	2000	1000	2000	2000	2000	1000
Si	4900	4900	4900	4900	4900	4900	4900
Ti	3000	3000	3000	2000	2000	2000	2000

（四）区域精炼法提纯钒

真空悬浮区域精炼提纯钒的结果见表12-3-26。

表 12-3-26 钒区域熔炼结果

杂质	精炼前杂质含量，%	精炼后钒棒中杂质含量，%		
		头部	中心	尾部
Al	<0.001	<0.03	未检出	未检出
Ca	<0.001	<0.03	未检出	未检出
Co	<0.03	<0.001	<0.001	<0.005
Cr	<0.03	<0.001	<0.001	<0.001
Cu	<0.005	<0.001	<0.001	<0.001
Fe	<0.03	<0.005	<0.001	<0.01
Mg	<0.001	<0.005	<0.001	未检出
Mn	<0.03	<0.001	未检出	未检出
Si	<0.03	0.01～0.03	0.01～0.3	<0.03
Ti	未检出	<0.005	未检出	未检出
W	0.03	0.03	0.03	0.03

第五节 金属钒的加工

一、金属钒的熔铸

钒冶金产品一般为粒状、海绵状或粉状，需进行熔铸以便加工。

由于熔化的钒很容易吸收和溶解相当量的氧和氮而变脆，因此钒的熔铸必须在氦或氩的惰性气氛或高真空下进行。熔化的钒会腐蚀一些耐火氧化物坩埚材料，因此可采用冷模电弧熔化法。这种冷模的大电流电弧熔化法最初用于熔铸钛，它首先避免了坩埚材料的污染。常用的冷模电弧熔铸有两种形式，一种是钨电极即非自耗电极电弧熔铸，另一种是自耗电极电弧熔铸，各有优点及一定限制。为了保证产品化学成分的均匀性，所有电弧熔铸必须至少进行两次。一般冷模电弧炉的气氛为稍高于大气压的惰性气体（氦或氩），但考虑到脱氢，最好在低于大气压下的气氛中进行。此外，也可在感应炉中熔铸钒及其合金。在各种坩埚材料中感应熔化钒的分析结果举例见表12-3-27。

表 12-3-27 在各种坩埚材料中感应熔化钒的分析结果

坩埚材料	熔化后钒的分析，%		熔化后的硬度	坩埚材料	熔化后钒的分析，%			熔化后的硬度
	O	N			O	N	S	HV
CaO	1.13	0.13	545	CeS	0.04	<0.04	0.15	182
Al_2O_3	1.52	0.20	569	电弧熔铸	0.05	<0.04		211
BeO	1.15	0.21	564					

二、金属钒的加工

钒经熔铸成锭后可用一般的方法进行加工，如锻造、辊轧、引拔、燉粗、拔丝、弯曲、冲压、压制、切削及焊接。在纯钒进行热加工和热焊时，要采取措施以防止钒吸收气体。

在热加工钒时，为了防止金属钒吸收氧、氮，可用惰性气氛（氩或氦）保护，或用薄的不锈钢壳包起来。初轧的最佳温度为1100～1150℃。根据重结晶的温度，热加工的最低温度为800℃，但金属钒没有明显的加工硬化现象，可继续轧至室温。如采用包壳保护措施，则在热加工时要考虑包壳材料的物理和机械性能。如无包壳，则室温产品表面将有一层硬的氧化物-氮化物皮，可用研磨及切削法除去，再进一步加工。

钒在冷加工时，温度不要超过300℃，以免氧化。由于金属钒没有明显的加工硬化现象，可在室温下方便地进行加工。

钒的焊接可使用氦弧焊枪并用氩气保护。为了得到最好的纯度焊接可在一个充满氦或氩的干燥箱中进行。

第六节 钒合金

钒可与许多元素生成合金，如铝、铍、铬、钴、铜、锗、金、铪、铁、锰、汞、钼、镍、铌、钯、铂、铼、铑、钌、银、钽、钍、锡、钛、钨、铀和锆。钒的原子半径为0.131～0.136nm，与许多其它元素无显著差异，因此可与其它元素形成固溶体，特别是那些化学性质与钒接近的元素，如铬。几种含钒钛合金的性能见表12-3-28。

具有一定化合物形式的合金有 V_5Al_8、VAl_3、VAl_{11}、VBe_2、V_3Co、VCo_3、V_3Ge、V_2Hf、V_3Ni、VNi_2、VNi_3、V_3Pt、V_3Rh、V_3Sn、V_2Zr（见表12-3-29）。

表 12-3-28 几种含钒钛合金的主要性能

合金	晶型	屈服强度 MPa	延伸率 %	最小弯曲半径	奥尔森试验 mm	顶锻性 D_f/D_j②
Ti-6Al-4V	$\alpha+\beta$	879	15	4 t①	4.57	1.3
Ti-8Mo-8V-2Fe-3Al	β	844	20	2.5 t	—	2.7
Ti-3Al-8V-8Cr-4Zr-4Mo	β	879	20	—	9.65	2.2
Ti-13V-11Cr-3Al	β	914	15	2.5 t	6.60	—

① t 为试样厚度。

② D_j 为顶锻前试样直径（试样长度为直径的二倍），D_f 为顶锻断裂时的直径。

表 12-3-29 钒的中间体及金属间化合物

化学式	晶体类型	晶格参数，nm	化学式	晶体类型	晶格参数，nm
V_5Al_8	体心立方	$a=0.9205\sim0.9248$	V_3Ge	立方	$a=0.4769$
VAl_3	四方	$a=0.534, c=0.8305$	V_2Hf	立方	$a=0.7386$
VAl_6	立方	$a=1.45$	V_3Ni	立方	$a=0.4701$
VAl_{11}	面心立方	$a=1.4586$	V_3Pt	立方	$a=0.4808$
VBe_2	六面		V_3Rh	立方	$a=0.4767$
VC	面心立方	$a=0.4136\sim0.4182$	V_3Si	立方	$a=0.4712$
V_3Co	立方	$a=0.4675$	V_3Sn	立方	$a=0.494$

第七节 钒的分析检测

一、钒的检出

检出钒常用下列几种方法：(1) 颜色反应；(2) 沉淀反应；(3) 珠球反应（见表 12-3-30)；(4) 物理方法，包括光谱与极谱法

表 12-3-30 钒的珠球颜色

样品	珠球	氧化焰		还原焰		样品	珠球	氧化焰		还原焰	
		热	冷	热	冷			热	冷	热	冷
矿物	硼砂	黄	绿	棕绿	黄绿	铝组沉淀	硼砂	无色至黄色	黄绿至无色	污绿	淡绿
	$NaNH_4HPO_4$	黄	绿黄	棕绿	绿		$NaNH_4HPO_4$	暗黄	浅黄	污绿	淡绿

二、钒的测定

常用测定钒的方法有下列几种：(1) 重量法，包括硝酸亚汞法、铜铁灵法及 8-羟基喹啉法；(2) 滴定法，包括氧化滴定、还原滴定；(3) 极谱法；(4) 光度法，包括磷钨钒酸盐的分光光度测定、过氧化氢分光光度测定、8-羟基喹啉盐分光光度测定、发射光谱、X 射线荧光光谱法；(5) 中子活化分析。

对于钒的原料、中间产品、最终产品都有特定的分析程序。矿石及产品的分析方法见表 12-3-31、12-3-32。

表 12-3-31 钒矿石及产品的分析方法

品 名	溶 样 方 法	分析标准方法
矿物及矿石	用碳酸盐及硝酸盐熔融，或用 $HCl+HNO_3$ 溶解再用碳酸钠熔融，或直接用 Na_2O_2 熔融	GB1376—78 GB2595—81
含钒生铁	用 1∶1 H_2SO_4 溶解	GB223.1—81
电炉钒渣	用 Na_2O_2 熔融	YB547—67（试行）
五氧化二钒	用 1∶1 H_2SO_4、HF 溶解	GB3283—82
钒 铁	用 1∶1 H_2SO_4、HNO_3、HF 溶解	YB61—65、YB585—65
钒铁渣	用 HCl、H_3PO_4 (HF) 溶解	YB61—65、YB585—65
含钒高速钢	用 1∶1 H_2SO_4 (HNO_3) 溶解	GB233.13—82 GB233.14—82
含钒不锈钢	用 HCl、HNO_3 溶解	GB233.13—82 GB233.14—82
钛铝合金	用 1∶1H_2SO_4、HNO_3、HF 溶解	GB233.13—82 GB233.14—82
金属钒	用 1∶1 H_2SO_4、HNO_3、HF 溶解	一般用杂质差减法

表 12-3-32 常用钒定量分析方法的适用范围

方法		适用范围
容量法	$FeSO_4$ 还原电位滴定	常量
	$KMnO_4$ 氧化滴定 V（Ⅳ）-V（Ⅴ）	大于 1mg
比色法	分光光度法、磷钨酸盐法、钽试剂萃取光度法	一般 10～250μgV，经浓缩达 10^{-3}%
光谱法	直流电弧激发发射光谱	痕量至百分之几

工厂试验室中一般推荐的测定钒的方法为：(1)容量法，包括用标准亚铁盐使 V（Ⅴ）还原为 V（Ⅳ）的电位还原法及用高锰酸盐使 V（Ⅳ）氧化为 V（Ⅴ）的氧化滴定法，二者都是常量法，适于含 V>1mg；(2) 比色法；可用磷钨酸分光光度法测定钒，其最佳范围如用整份试样可与容量法一致，如使用浓缩方法则可达 0.001%，一般测定的含钒量为 10～250μg；(3) 光谱法，如使用直流电弧的发射光谱，可用于测定浓度为痕量至百分之几的钒。

第八节 钒的应用

钒的主要用途见表 12-3-33。

表 12-3-33 钒的主要用途

用途	添加量，%	钒的作用	添加形式	最终制品
高强度钢	0.02～0.06	细化晶粒，增大强度	V-Fe	输油（气）管道、压力容器、船舶、桥梁
高速工具钢	1.0～5.0	增强耐磨性，增加强度	V-Fe	切削工具
合金工具钢	0.10～0.20	增强耐磨性，增加强度	V-Fe	切削工具
耐热钢	0.15～0.25	增加高温强度	V-Fe	汽轮机叶片
耐热合金	1.00～5.10	增加高温强度	V	汽轮机喷嘴和叶片
钒合金（V-Ti、V-Nb）	4.00		$V_{50}Al_{50}$	发动机部件
			电解钒	高速增殖堆，燃料包套
超导材料（V、Ga）		钒化合物可产生强磁场	V	超导体
催化剂	7%V_2O_5	将 SO_2 转化为 SO_3	V_2O_5	接触法制硫酸
发光材料	YVO_4：Eu			水银灯

一、钢铁工业

世界钒的 90%用于钢铁工业，其分配比例为：高强度低合金钢 42%；合金结构钢 27%；碳素钢 18%；工具钢 13%；其它小于 1%。

根据威斯报道，美国每生产 100 万 t 钢约消耗 50t 钒，其中 32%用于高强度低合金钢，22%用于合金钢，18%用于工具钢，其余 28%用于碳素钢、铸铁等。

钒在钢中所起的主要作用有：(1)细化钢的组织和晶粒，提高晶粒粗化温度，从而降低钢的过热敏感性，并提高钢的强度和韧性；(2)当在高温下将钒溶入奥氏体可增加钢的淬透性，但如钒以碳化物相存在时则将降低钢的淬透性；(3)钒能增加淬火钢的回火稳定性，并产生二次硬化效应。

由于上述作用，钒与其它合金元素一起可显著增加热处理钢的硬化性和强度，这样既可大量减少钢的合金含量，同时又可保持所需的力学性能。在锻钢和钢筋中应用钒添加钒也有很重要的意义。锻钢中钒的碳氮化物的沉淀可使锻钢具有所需强度而不需进行热处理，而在钢筋中使用钒或钒及氮可提高钢筋的强度，并使钢筋具有很好的成形性和焊接性。

（一）高强度低合金钢（HSLA）

高强度低合金钢主要用作输油（气）管道、高强度钢筋、汽车部件、桥梁、压力贮存罐、高层建筑物构件、输电塔、车厢架等。钒是高强度低合金钢中的重要合金元素之一，因此高强度低合金钢的产量对钒的用量起着决定性的作用。几种含钒高强度低合金钢的化学组成见表 12-3-34。

表 12-3-34 几种含钒高强度低合金钢成分（%）

成 分	C	Mn	Si	V	Nb	N	S	P	B	Al	RE
Mn-V 钢	0.17～0.45	1.20～2.10	0.17～0.37	0.07～0.12							
Mn-V-B 钢	0.17～0.44	0.17～0.37	1.00～1.40	0.05～0.12					0.001～0.005		
Si-Mn-V-B 钢	0.17～0.24	1.30～1.60	0.50～0.80	0.07～0.12					0.001～0.005		
北极用管道钢（联合碳化物公司）	0.08～0.10	1.40～1.60	0.25～0.30	0.08～0.12	0.015～0.02		≤0.015			0.02～0.04	1kg/t 钢
	0.10～0.12	1.50～1.70	0.25～0.30	0.10～0.14	0.015～0.02	0.012～0.015	≤0.015			0.02～0.04	1kg/t 钢
管道钢（北海油田）	0.10	1.40	0.33	0.06	0.02		0.005			0.04	
APIX65 管道钢（控制轧制）	0.09	1.3	0.3	0.04	0.03	0.004	0.005				
JLY-50CC	0.08～0.12	0.75～1.10	0.05～0.15	0.03～0.07		0.006～0.012	0.007～0.02	0.008～0.013		0.03～0.06	0.02～0.06Ce
VAN-80	0.12～0.17	1.20～1.55	0.30～0.35	0.10～0.14		0.015～0.022	0.007～0.02	0.008～0.013		0.03～0.06	0.02～0.06Ce
VNT-N（阿姆科公司）	0.22	1.50	0.50	0.11	0.05	0.03					
60-N（美国钢铁公司）	0.22	1.15～1.50	0.15～0.50	0.04～0.11		0.01～0.03					
BS436055E 型桥梁钢（巴西）	≤0.22	≤1.6	≤0.60	0.08		0.03					
冷压钢	0.14	1.2	0.37	0.07		0.018	0.011	0.009		0.06	

（二）合金结构钢

合金结构钢中添加钒由来已久，其中包括 Cr-V、Ni-Cr-Mo-V、Cr-Mo-V 等合金钢。欧洲和日本目前均已用锻造钒钢替代热处理碳钢制造汽车的曲轴、联杆及转向杆。瑞典最近用钒钢制造船用曲轴以代替原先的 Ni-Cr-Mo 钢。目前在欧洲和亚洲已广泛应用含钒可焊接钢筋。高温及耐热不起皮钢中也含钒，这类合金钢主要用作汽轮机与燃气轮机的结构材料。含钒的弹簧钢可在高温条件下使用。含钒钢轨在低温条件下具有较好的缺口韧性，可作为架空起重机的特殊钢轨使用。含钒钢轨的硬度大，适用于高速铁路的路轨。近年来也发展了一些含钒量较高的合金结构钢，称为超高强度合金钢。一些超高强度合金钢的成分列于表 12-3-35。

表 12-3-35 超高强度合金钢成分

牌号	成分，%								
	C	Mn	Si	Cr	Ni	Mo	V	Co	W	Cu
AISI A9	0.50	0.40	1.00	5.00	1.50	1.40	1.00			
H-11 改型	0.38～0.43	0.20～0.40	0.80～1.00	4.75～5.25	≤0.25	1.20～1.40	0.40～0.60			≤0.35
Poromc M	0.40	0.30	1.00	5.00		1.00	1.00			
H-13	0.35		1.00	5.00		1.50	1.00			
Vasco Jet MA	0.50			4.50		2.75	1.00	8.00	2.00	
Matrix Ⅱ	0.55			4.00		5.00	1.00	8.00	1.00	
HT-13	0.55	0.30	1.15	4.75		5.25	0.55	8.00		
17-22A (V)	0.28～0.33	0.45～0.65	0.55～0.75	1.00～1.50		0.40～0.60	0.75～0.95			
Lddishdll	0.46	0.75	0.35	1.05	0.55	2.00	0.50			

（三）铸铁

往铸铁中加入钒可以获得组织均匀、石墨化良好和细晶粒的铸件。含钒的铸铁具有优良的耐磨性、较高的抗冲击性和很高的硬度。钒含量低至 0.25% 也能明显影响铸件的表面硬化深度。在轧辊（3.05% C、0.5%Si）中加入 0.22%V 能增加 0.25%的硬化深度。

（四）合金工具钢

此类钢包括各种切削工具、热加工工具与模具。添加钒不但能提高钢的耐磨性，还可改善工具钢的塑性和韧性。

二、钛工业

钛工业消耗的钒约占钒总消耗量的 7～10%，主要用于生产钛合金。航空和航天工业开发了几种含钒 10%和 15%的钛合金，但目前最常用的高强度钛合金仍是含 4%V、6%Al 的钛合金。高强度含钒钛合金在喷气发动机及航空器骨架上的应用正在增加。这些合金也可用于海上钻井平台的立管、汽车发动机的部件及弹簧。

钛合金具有重量轻、强度高的特点，主要用作飞机和火箭的结构材料，如 Ti6Al4V 用作 F15、F16 和 F18 战斗机、运输机和新型直升机等的燃气涡轮材料。

钛合金按晶形区分为 α、β 与 $\alpha+\beta$ 型，钛是一种 β 相稳定型元素。一种含 55～60%V 的钛-钒碳化物金属陶瓷合金可用作新的切削工具材料。在焊接钛及钛合金时，往焊料中加入一定量的钒（≤5%）可提高焊缝的强度、塑性与冲击韧性。

三、化学工业等

钒在化学工业中是重要的催化剂。在无机化学工业中，接触法生产硫酸采用钒催化剂，而在有机化学工业钒催化剂的应用更为广泛，如表 12-3-36 所列。原油精炼脱硫也使用钒催化剂。美国每年用于催化剂的钒达 270～300t，其中硫酸工业用 35%，石油精炼厂用 35%，其它用途 30%。

玻璃与陶瓷工业用钒化合物作染色剂，可得到各种艳丽的色彩。添加氧化钒还可以制造特殊用途的玻璃，如可吸收紫外线及热射线的玻璃。

油漆中添加钒化合物后具有快速干燥的性能，并且易生成结实，均匀和不起皱纹的薄层。钒化合物还用于生产彩色软片、印刷用颜料及医用药剂等。

表 12-3-36 用于化学工业的几种主要钒化合物

钒化合物	分子式	品级	V_2O_5 标准含量,%	用途
五氧化二钒	V_2O_5	高纯或化学纯	99.8～99.9	生产硫酸中将 SO_2 氧化成 SO_3
		工业纯	88～99.5	将环己烷氧化成己二酸，用以生产尼龙
		熔融薄片	96～98.5	同上
三氯氧钒	$VOCl_3$	催化剂	52	用于乙烯和丙烯的交联，以生产汽车用乙烯和丙烯橡胶
四氯化钒	VCl_4	催化剂	45	同上
偏钒酸铵	NH_4VO_3	高纯或化学纯	77.6	生产硫酸时将 SO_2 氧化成 SO_3
		工业纯	77.3～77.5	将苯氧化成马来酐，以生产不饱和的聚酯 Dynel 和 Dacron；将萘氧化成酞酐
偏钒酸钠	$NaVO_3$	工业纯	60～61.5	

四、金属钒及钒基合金的应用

钒具有良好的物理、力学和耐蚀性能，容易加工，可用作船舶的结构材料和化学容器、无缝薄壁管等。

钒具有较好的核性质。钒的同位素衰变期短，不产生放射性特别强的衰变产物。钒的热中子俘获截面小，约为 $5\times10^{-28}m^2$，与快中子进行 (n,α) 反应的俘获截面只有 $0.035\times10^{-28}m^2$。钒对各种液体金属有良好的稳定性，在 980℃仍有足够的强度。钒包套与核燃料之间不发生明显的相互作用，能可靠地防护核分裂产物，如英国唐瑞快中子增殖堆就采用了 0.5mm 厚的钒板作核燃料的包套材料。气冷快中子反应堆使用 10%Nb-V 合金作包套时，燃料的再生系数为 1.31，但有资料表明，若使用 96%V-3%Ti-1%Si 合金做核燃料包套，燃料的再生系数可达 1.52。钒与钒合金用作反应堆结构材料目前尚处于早期阶段。

铁钴钒合金是主要的磁性材料，在此种合金中加钒的目的是提高合金的强度、可塑性、可加工性与电阻。

以 Co-Fe 或 Co-Fe-Cr 合金为基，添加 7～10% V，可制成高矫顽力磁性合金，以用作永久磁铁、滞后电动机的转子材料。添加钒的目的是提高合金的可塑性与矫顽力。

成分为 32.5%Co、20%Ni、10%V、0.25%Mo、0.50%Si、0.60%Al 的铁合金作为一种具有振荡频率不随温度变化的弹性材料，可用于制造音叉。

含 15～30%V 的钴基合金以及含 0.2～2.8%和 4～5%V 的钴镍合金，均具有良好的高温强度、抗空气氧化和废气腐蚀的能力，可用作飞机、火箭与涡轮机的材料。

含 15～25%Cr、2～4.5%Al、2～8%V 的镍基合金具有较高的电阻系数，可作为电热合金、电位差计与电工仪表的材料。

含 2.5～10%V 或 5～10%Ni、1～5%V 的铝合金是一种弥散型铝合金，具有较高的机械强度。

钒箔能阻止钢与钛间的相互扩散和保证彼此牢固粘合，因此可用厚度为 0.001～0.01mm 的钒箔作钛与钢复合板材的夹层材料，也可以用钒镀层代替钒箔。

钒可以用作真空管的灯丝材料。用钒作阴极的 X 射线管所产生的 K_α-V 射线可以扩大 X 射线的分析范围。铬靶产生的 X 射线经过钒滤波片后，可得到单色的 K_α-Cr 射线。

钒还可以用以制造超导磁体，如钒-镓型超导磁体，其磁场可达 17.5T。

主要参考文献

〔1〕廖世明，柏淡论，国外钒冶金，冶金工业出版社，1985.

〔2〕波里雅科夫，钒冶金原理，中国工业出版社，1962，第 148 页.

〔3〕А. Ю. Поляков, Основы Металлулгии ванадия, Металлург Издат, 1959.

〔4〕Г. А. 麦耶尔松，А. Н. 泽里克曼，稀有金属冶金学

教程，冶金工业出版社，1960.

〔5〕通商産業省通商政策局国際経済部，希少金属と先端技術，東京，日刊工業新聞社，1982.

〔6〕The Chemistry of Vanadium，Niobium and Tantalum，Pergamon Pr.，Oxford，1975.

〔7〕George A. Morgan，"Vanadium" Mineral Facts and Problems，1980，p. 1005.

〔8〕J. B. Roseubaum，"Vanadium Ore Processing" Presented at the Annual Meeting，AIME，1971，52.

〔9〕恩．阿．瓦托林等，钒渣的氧化，冶金工业出版社，1982.

〔10〕A. M. Кунаев，Лирогидрометаллургические спосоды переработки ваидиевого сыроя казасстана，Алиа-Ага，Изд-ВО АН Казсср，1971.

〔11〕《铁合金生产》编写组，铁合金生产，冶金工业出版社，1975.

第四章 铌

编写人 钟俊辉 吴辛友[❶] 潘风仪[❶] 刘崇嗣[❶]

1801年英国化学家哈切特(Hatchett)在分析矿石时发现了一种新元素，因这种矿石是在北美的哥伦比亚流域发现的，所以命名为Columbium，即钶。1844年德国化学家H. 罗斯(Rose)宣称他发现了一种“新”元素，因其性质和钽相似，在自然界和钽共生，为了纪念希腊神话中那位不幸的女神——坦塔罗斯(Tantalus)的女儿尼俄伯(Niobe)给“新”元素定名铌(Niobium)。1866年确定钶和铌是同一个元素1951年国际理论化学和应用化学协会(IUPAC)决定将此元素名称统一为铌。

铌和钽的物理化学性质十分相似，在自然界常常伴生在一起。直到1866年瑞士化学家J.C. 加利沙德·德·马里格内克才成功地研究出工业上分离这对“双生子”的方法——分步结晶法。1866年布洛姆施特兰德首次用氢还原氯化铌制得金属铌。1907年德国化学家W. 冯. 博次顿得到了致密的金属铌，和其他高熔点金属一起，被用来试验制作白炽灯丝材料，但没有成功。1925年开始进行将铌制成合金的试验，例如在美国进行了用铌取代高速钢中钨的试验，虽然没有成功，但由此引起了冶金学家的重视。到20世纪30年代，铌在工具钢和不锈钢中得到了少量的应用；50年代初，含铌高温合金用于制造喷气发动机，推动了铌生产的发展。60年代开始，微合金钢研究取得了显著的成果，加上巴西、加拿大丰富的烧绿石资源的发现和利用，使铌的发展进入了崭新的阶段，近十几年来铌消费量的年平均增长率为4～5%。

中国从1956年开始进行钽铌的研究工作，1957年首先用碳热还原法制得了金属铌。此后开始进行少量的生产试制。1966年后采用直接碳还原氧化法生产电容器级铌粉，促进了铌电容器的发展。70年代初使用过钠还原氟铌酸钾生产电容器级铌粉。60年代初采用氧化铌铝热还原生产高纯铌铁，70年代中期采用铌铁矿作原料生产各种品位的铌铁。1964年包头钢铁公司在铁水中发现了铌，其后进行包头铌资源的调查和科研工作，1966年～1967年开始用平炉渣生产低品位铌铁。中国铌材加工研究较早，1962年拉出了铌丝，1963年轧出了铌材。随后开展了铌-钛超导合金和Nb-75等合金的研究和试制，1971年开始研究抗氧化铌合金。

铌是重要的稀有金属元素，具有一系列的优良性能，广泛用于制造各种合金钢、耐热合金、超合金、光学玻璃、切削工具、电子元件和超导材料。80%以上的铌用在钢铁工业上，含铌的高强度低合金钢用于石油和天燃气管线、高层建筑、桥梁、船体、汽车和铁道设施。铌基合金、含铌的超合金和不锈钢用来制造要求耐高温抗腐蚀以及要求高比强度的机械部件和用于火箭、导弹、喷气发动机和飞机铆钉。铌电解电容器、含铌独石电容以及铌酸锂等是重要的电子元件和材料。铌-钛和铌三锡是目前最重要的工业用超导材料，铌也是核反应工程的重要材料。随着科学技术的发展，铌的应用将越来越广，不论在国防和尖端科学技术方面还是在国民经济各部门都将越来越显示出其重要的作用。

第一节 铌的矿物资源

一、铌的主要矿物

铌和钽的离子半径相近(Nb^{+5}为0.69Å，Ta^{+5}为0.68Å)，因此在自然界中两者经常伴生在一起，地壳中铌的平均含量(即克拉克值)为2.4×10^{-3}，比钽多10.4倍。

由于铌与某些稀有元素如铀、钍、稀土、钛、锆、钨以及普通元素锡、钙、铁、锰的晶体化学性质相似，

❶ 第七节铌的成分分析的作者。

容易发生等价和异价类质同象作用，致使铌的矿物多达130余种，而且成分复杂，矿物分类很难统一，较为合理的是以其化学成分和晶体结构式作为分类依据。根据这一原则，铌矿物可以分为十一个族：铌铁矿——钽铁矿族；烧绿石——细晶石族；黑稀金矿——复稀金矿族；褐钇铌矿族；铌铁金红石族；钙钛矿族；重钽铁矿族；铌钽锑矿族；易解石族；铌钇矿族；钽铌硅酸盐矿物族。

铌矿物虽然种类繁多，但由于矿物的成分复杂，造成了工业上分离和提纯的困难，从而限制了许多矿物的利用价值。具有工业价值的铌矿物主要有铌铁矿、烧绿石、褐钇铌矿、黑稀金矿、易解石、钛铁金红石等（表12-4-1）。它们的主要化学成分列在表12-4-2中。

表 12-4-1　主要铌矿物特征

矿物名称	分子式	晶形	硬度	密度，g/cm³	磁性	介电常数	断口	颜色
铌铁矿	$(Fe, Mn)(Nb, Ta)_2O_6$	柱状板状八面体	6.0	5.3～6.5	弱	10～12	砰，半贝壳	铁黑
烧绿石	$(Na, Ca, Th, TR)_2\times(Nb, Ta, Ti)_2\times(6.0H\cdot F)_7$	粒状	5～6	4.1～5.6	非	5～9.5	贝壳状	暗褐，暗黄
褐钇铌矿	$(Y, Er, Ce, U, Fe)\times(Nb, Ta, Ti)O_4$	四方柱纺缍状	5.5～6.5	5.5～5.8	弱	4～4.95	贝壳状	黄褐
黑稀金矿	$(Y, Ce, V, Ca, Th)\times(Ti, Nb, Ta)_2O_6$	柱状板状	5.5～6.5	4.5～5.9	弱	3.74～4.66	贝壳状	绿、黄、褐、黑
铌铁金红石	$(Ti, Fe, Nb)O_2$	柱、板、针状		4.6～5.14	弱			
铌钇矿	$(Fe, Ca)(Y, Er, U)_2(Nb, Ta)_2O_6$	柱状、板状	5～6	4.5～5.76			贝壳状	褐黑、黑
易解石	$(U.Ca.ThV)(Ti.Nb)_2O_6$	板、柱、针状	5～6	5.2	弱	3.5～5.7	贝壳状	黑褐、黄、紫、棕

表 12-4-2　主要铌矿石的化学成分

矿石名称	化学成分，%				其　它
	Nb_2O_5	Ta_2O_5	TiO_2	SnO_2	
铌铁矿	66.28	7.03	2.22	2.30	
	59.85	14.52	2.48	1.63	
	58.33	18.58	1.24	0.60	
烧绿石	68.72	0.20	0.56		
褐钇铌矿	44.97	2.00	0.56		$(Ce, \cdots)_2O_3$ 0.89，$(Y, Er)_2O_3$ 40.39
铌钇矿	18.20	37.51	1.42	0.08	$Y_2O_3$14.49，UO_3 12.55
易解石	47.31	3.83	14.17	0.14	$(Ce, \cdots)_2O_3$ 7.22，$(Y, Er)_2O_3$ 17.48
铌铁金红石	29.85	8.33	38.43	0.33	UO_3 3.35

二、世界铌的蕴藏量

世界铌资源丰富，铌矿储量估计为 534 万 t，其他可供利用的铌矿资源为 1327 万 t，总储量为 1861.9 万 t。根据目前世界铌的消费量估算，世界铌的储量可供使用几百年。世界部分铌资源的分布列在表 12-4-3 中。

表 12-4-3 世界部分铌资源储藏量和储量基础（万 t 铌）

洲	美洲		欧洲	非洲		亚洲	
国家	加拿大	巴西	前苏联	尼日利亚	扎伊尔	马来西亚	泰国
储量	12.26	322.34	68.1	6.36	3.18	0.09	0.54
储量基础	31.78	363.22	90.08	9.08	9.08	0.14	0.73

世界铌资源主要集中在几个国家，巴西占 52.4%，前苏联占 17%，中国占 6.59%，加拿大占 6.58%。巴西和加拿大的烧绿石储量丰富，原矿品位较高，可选性好。前苏联铌储量不少，但贫矿较多，在目前世界价格较低的情况下难于经济地回收。中国的铌资源也是贫矿较多，90%集中在包头白云鄂博共生铁矿中。

各国对铌矿床工业品位的要求都不一样，现将中国对铌矿床工业品位的要求列于表 12-4-4 中。

表 12-4-4 中国对铌矿床（$Nb_2O_5/Ta_2O_5>1/4$）工业品位的要求

矿床类型	工业品位要求（Nb_2O_5%）
含铌钽蚀变花岗岩型	0.02～0.03
含铌钽花岗伟晶岩型	0.02～0.03
含铌碱性杂岩型	0.2～0.3
含铌碳酸岩型	0.08～0.1
含铌碱性杂岩风化壳型	50～70g/m³①
含褐钇铌矿或铌铁矿坡冲积型	30～50g/m³①
含黑稀金矿-复稀金矿易解石坡冲积型	100～150g/m³①

① 矿物量。

三、其他原料来源

铌的其他原料来源主要是锡渣和炼钢的吹渣。锡渣主要来自东南亚，如泰国、马来西亚、新加坡。炼钢吹渣是中国包头铁、稀土、铌资源综合利用的产物。现将锡渣和炼钢吹渣的主要成分列在表 12-4-5 中。

表 12-4-5 锡渣和炼钢吹渣的主要成分

名称	化学成分，%							
	Nb_2O_5	Ta_2O_5	TiO_2	FeO	MnO	SiO_2	P_2O_5	Al_2O_3
高品位锡渣（泰国）	9	12	13	10				
中品位锡渣（马来西亚）	4	4	11	15				
低品位锡渣（新加坡）	1～2	1～2	15	19				
侧吹铌渣	4.5～6.5			4～6	45～60	10～17	2～4	2～4
底吹铌渣	7.12		2.2	18.46	22.2	30.81	<1	3.77
平炉钢渣（初期）	0.7～1.1		1.8～2.4	TFe 18～26	11～13	20～24	4～6	

第二节　铌的主要物理化学性质

一、金属铌的物理性质

铌是周期表中第 VB 族元素。原子序数 41，原子量 92.91。铌是银灰色有光泽的金属，粉末呈深灰色。现将铌的一般物理性质列于表 12-4-6 中。

表 12-4-6　铌的一般物理性质

项　目		性　质
晶体学性质	晶体结构	体心立方
	晶格常数，A°	3.2941
	配位数	8
	离子半径	0.1426
原子和核子性质	密度（20℃），g/cm³	8.66
	原子体积，cm³/mol	10.83
	天然同位素	93
热性质	熔点，℃	2469
	沸点，℃	4927
	比热（0℃），J/g	0.2692
	热容（0℃），J/mol	25.166
	熔化潜热，kJ/mol	26.8
	蒸发潜热，kJ/mol	697.1
	燃烧热，kJ/g	9.96
	导热系数，J/（cm·s·℃）	
	0℃	0.523
	200℃	0.565
	400℃	0.607
	600℃	0.653
	线膨胀系数，K^{-1}	
	293K	7.1×10^{-6}
	273～673K	7.39×10^{-6}
	273～873K	7.56×10^{-6}
	273～1073K	7.72×10^{-6}
	273～1273K	7.78×10^{-6}
	熵（25℃），J/mol	24.9

续表 12-4-6

项　目		性　质
电和磁性质	电导率，(18℃)，%IACS	13.2
	电化当量，mg/c	0.19256
	标准电位（Nb/Nb^{+5}）$E°$，V	0.96
	磁化率（250℃），CGS	2.28×10^{-6}
	超导温度，K	9.25
	电阻，μΩ·cm	
	0℃	15.22
	200℃	31.04
	−196℃	2.7
光学性质和热离子及电子性质	光谱发射率（λ＝6500Å）	0.37
	全辐射，W/cm²	
	1880℃	22
	1980℃	30
	折射率	1.8
	电子电位，V	6.67
	电子发射 A，A/cm²	37.57
	功函，eV	4.01
	正离子发射，eV	5.5

二、金属铌的化学性质

（一）铌在各种矿物酸中的抗腐蚀性能

铌在许多矿物酸中的抗腐性能都很好，这可能由于铌生成了一层薄的氧化膜，能够保护在它下面的金属不被腐蚀。铌不溶于王水和浓硝酸，但溶于硝酸和氢氟酸的混合液，氢氟酸对铌有缓慢的作用。表 12-4-7 列出了各种酸对铌的腐蚀试验结果。

（二）铌在各种化学介质中的抗腐蚀性能

铌对土壤、海洋及工业气氛的抗腐蚀性强，表 12-4-8 列出了纯铌在各种化学介质中的抗腐蚀性能。

（三）铌抗液态金属的腐蚀性能

液体金属已用作传热的介质。特别是在原子能发电工业中，引起人们极大注意。金属铌对某些液态金属具有较好的抗腐性能，见表 12-4-9，它可用作这些液态金属的结构材料。

（四）铌与气体的反应

铌是活性金属，能吸收气体（氢、氮及其他气体），并形成相应的固溶体或化合物。

表 12-4-7　铌的腐蚀试验结果

介质	浓度 %	平均腐蚀速度，mm/a	
		酸沸点	190℃
H_2SO_4	1	<0.0254	<0.0254
	5		<0.0254
	10	<0.1270①	<0.254①
	20		<0.7620①
	30	<0.3810①	>1.2700①
	40		>2.540①
	50	<1.2700①	>7.6200①
	60		>10.1600①
	70	>8.3500①	
	75		
	80		
	85		
	浓		
HCl	1	<0.254	<0.0254
	5	<0.5080①	<0.0254①
	10	<0.1270①	
	15	<0.8350①	>12.7000①
	20	<1.2700①	
	25		
	30		
	浓		
HNO_3	1	<0.0762	<0.0762
	10	<0.0762	<0.0762
	20	<0.0762	<0.0762
	30	<0.0762	<0.0762
	40	<0.0762	<0.0762
	50	<0.0762	<0.0762
	60	<0.0762	<0.0762
	70	<0.0762	<0.0762

①　易变脆。

表 12-4-8　纯铌在各种化学介质中的抗腐蚀性能

介质	浓度 %	温度 ℃	腐蚀率 mm/a
硝酸	浓	25	0.0000
硝酸和氢氟酸混合液		20～100	很快溶解
双氧水	30	21	0.0008
氢氟酸	40	20～100	溶解
硫酸	20	21	0.0000
	25	21	0.0000
	98	21	0.0004
	浓	21	0.00051
	浓	50	0.0032 （铌变脆）
	浓	100	0.076 （铌变脆）
	浓	150	0.852 （铌变脆）
	浓	175	5.68 （很快溶解）
	浓	200	很快溶解
硫酸加铬酐		100	0.032
盐酸	20	19～26	0.0000
	浓	19～26	0.0006
	浓	100	0.034
盐酸加硝酸		50～60	0.0254
磷酸	85	150	0.0000
	85	210	0.0132
氯酸	浓	150	0.0000
氨（水溶液）	25	150	0.0000
氢氧化钾	5	20	0.1885
	5	100	使铌变脆
	40	100	很快溶解
氢氧化钠	5	20	0.02815
	5	100	变脆
	40	110	很快溶解
二铬酸钾	饱和水溶液	0～150	腐蚀
氯化铝	饱和水溶液	0～150	0.0000
氯化铵	饱和水溶液	0～150	0.0000
氯化钠		0～150	0.0000
氯化锌		0～150	0.0000
乳酸	85	19～26	0.0000
醋酸		19～26	0，0000
草酸	饱和水溶液	19～26	0.01405 变脆
碳酸	饱和水溶液	19～26	0.0000

表 12-4-9 纯铌在液体金属中的抗腐性能

金属	熔点 ℃	在下列温度下的抗腐蚀能力，m/a		
		300℃	600℃	800℃
Na，K	−12.3，−98.3	$>25.4\times10^{-6}$	$<25.4\times10^{-6}$	$<25.4\times10^{-6}$
Li	186	$<25.4\times10^{-6}$	$<25.4\times10^{-6}$	$<25.4\times10^{-6}$
Mg	651		$<25.4\times10^{-6}$	
Hg	−38.8	$<25.4\times10^{-6}$	$<25.4\times10^{-6}$	
Ga	29.8	$<25.4\times10^{-6}$	$>25.4\times10^{-6}$	
Pb	327	$<25.4\times10^{-6}$	$<25.4\times10^{-6}$	$<25.4\times10^{-6}$
Bi-Pb	125	$<25.4\times10^{-6}$	$<25.4\times10^{-6}$	$<25.4\times10^{-6}$
Bi-Pb-Sn	97	$<25.4\times10^{-6}$	$<25.4\times10^{-6}$	
Bi	271.3	$<25.4\times10^{-6}$	$<25.4\times10^{-6}$	$<25.4\times10^{-6}$

1. 氧在铌中的作用

铌和氧的反应，在低温下，由于氧化膜厚度的增加，氧化速度减慢，其反应呈抛物线规律。在高于400℃时，氧化膜破坏、脱落，氧化速度加快，其反应呈线性规律。表 12-4-10 列出了在大气中铌的氧化状态。

氧在铌中的固溶度最大不超过 0.72%，500℃时为 0.25%，固溶度随温度降低而减少。氧和铌的固溶体的分解压力较高，这一分解压力随温度升高而急剧增高。高温高真空下几乎能全部除去氧。

表 12-4-10 大气中铌的氧化状况①

温度,℃	增重 mg/（$cm^2\cdot d$）	表面颜色
180	0.0000	很弱的淡黄色
215	0.0000	浅黄色
230	0.00602	明显的黄色
260	0.00005	明亮的黄铜色，有紫红色斑点
280	0.00012	紫，红色，明亮的蓝色和黄色区域
300	0.00018	明亮的黄色
325	0.00044	黄绿色
350	0.00067	暗蓝绿色
390	0.00760	非常暗，形成白色氧化物

① 板厚 0.1mm，表面积 $40cm^2$，试验周期 20h。

2. 氢在铌中的作用

理论上，铌在室温下是不溶解氢的，但铌在氢气中加热至高温经过活化的话，则它在室温时能连续溶解氢至出现 NbH0.86，最终分子式为 NbH。氢在铌中的溶解度随温度的升高而降低（见表 12-4-11）。铌中溶解氢时，开始形成固溶体，而后生成氢化物。铌的氢化物是灰色脆硬的物质，因此铌在氢中加热可使其变脆。反应产物在真空下加热时，又可以分解。300～350℃的反应产物在 342℃真空下可以分解。利用此性质可以制取铌粉。

表 12-4-11 不同温度下氢在铌中的溶解度

温度,℃	20	200	300	350	400	450	500	550	600	700	800	900
溶解度,cm^3H_2/gNb	104.2	93.3	88	83.6	76.8	65.6	47.4	29.7	18.5	9.7	6.1	4.0

注：状态为 98.5%Nb+Ta，压力为 133.3Pa。

3. 氮在铌中的作用

氮进入铌中形成固溶体和化合物。铌的氮化物有两种：NbN 和 Nb_2N。NbN 的超导转变温度约 15.25K。氮在铌中溶解度小于 4.8%（原子），500℃约 0.01%，1150℃约 0.05%。铌溶解氮后可变脆。氮从固熔体析出又可使铌软化。氮在铌中溶解度随温度升高而增大（见图 12-4-1）。

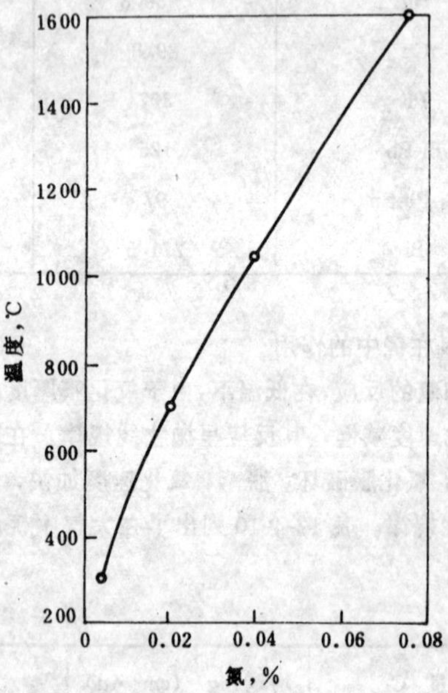

图 12-4-1 氮在铌中的溶解度

三、金属铌的机械性能

金属铌的机械性能取决于金属的纯度和金属的原始状态，即取决于它们的压力加工和热处理条件，表 12-4-12 列出了待测定机械性能用的铌的化学成分及加工条件。

（一）铌的弹性性能

铌在室温下的弹性模量见表 12-4-13。

（二）铌的拉伸性能

再结晶铌的室温拉伸性能和低温下的拉伸性能以及铌的高温拉伸性能分别列在表 12-4-14、表 12-4-15、表 12-4-16 中。

表 12-4-12 待测定机械性能用的铌的化学成分及加工条件

编号	熔炼方法	成 分,%				加 工 方 法		再结晶	晶粒度 (*ASTM*)
		Nb	C	O	N	初加工	第二次加工		
E	电子束熔炼	99.9	0.021	0.010	0.009	1065℃退火 4h，冷轧缩减 75%	冷旋锻到直径 9.5mm 棒，总缩减 95%	1095℃,2h	6
A-1	电弧熔炼	99.8	0.037	0.040	0.034	在 300℃锻造缩减 15%	冷旋锻到直径 9.5mm 缩减 96%	1200℃,1h	8
A-2	电弧熔炼	99.8	0.070	0.040	0.020	在 1200℃挤压	冷旋锻到 11.1mm 缩减 81%	1065℃,3h	8
A-3	电弧熔炼	99.8	0.027	0.040	0.010	在 1145℃锻造，缩减 82%	冷旋锻到直径 11.1mm 棒，缩减 80%	1065℃,2h	8
seg-3	电子束熔炼	99.9	0.0027	0.014	0.013	冷锻和冷轧缩减 96%	冷旋锻到直径 9.5mm 棒	1065℃,2h	

表 12-4-13　室温下铌的弹性模量

纯　度			99.9	99.9	99.95	99.8	99.9
退火温度，℃	1050		1100	1100	1300	1100	1260
测定方法	动态	动态	动态（真空）	动态（真空）	静态	静态	静态
弹性模量，MPa	1.04	1.08	1.26	1.17	0.85	1.25	1.12

表 12-4-14　再结晶铌的室温拉伸性能

编号	材料直径 mm	应变速度 mm/(mm·min)	比例极限 σ_p kPa	屈服极限 σ_s，kPa	屈服强度 kPa	强度极限 σ_b kPa	对长度 25.4mm 的延伸率，%	缩减，%	切口强度极限与未切口之比
	棒，未切口		16.7	上，下		27.2	49①		
E	6.35，未切口	0.005～0.05②		17.9　15.8	16.4	21.7	60	93	
E	6.35，切口	0.005～0.05②				33.4	18	90	1.47
A-1	6.35，未切口	0.005～0.05	23.5	26.5　24.3	25.3	34.3	52	90	
A-2	6.35，未切口	0.005～0.05		29.3　26.8	27.6	36.3	42	78	
A-2	6.35，切口③	0.005～0.05			45.5	50.7	10	69	1.40
A-3	6.35，未切口	0.005～0.05	23.2	26.8　24.7	24.7	34.4	49	82	
A-3	6.35，切口	0.005～0.05			38.6	48.6	12	68	1.39

注：试样规长 31.8m。

① 延伸率等于 $4\sqrt{F_0}$（F_0 为断面积）；

② 以 0.005 达到屈服点，然后以 0.05 到断裂；

③ 切口角度 60°，切口为 0.127mm（半径），切口与未切口面积之比等于 1/2。

表 12-4-15　再结晶铌在低温下的拉伸性能

温度 ℃	电子束熔炼（E）				电弧炉熔炼（A-1）			
	屈服强度 $\sigma_{0.2}$ kPa	拉伸强度极限 σ_b kPa	对 2.54mm 长的延伸率 %	截面缩减 %	屈服强度 $\sigma_{0.2}$ kPa	拉伸强度极限 σ_b kPa	对 25.4mm 长的延伸率 %	断面缩减 %
室温	16.4	22.5	60	93	25.2	34.2	52	90
－78	26.3	33.7	56	90	39.0①	44.6	41	81
－195	70.7	74.1	20	67	75.6	80.7	17	69

① 上屈服点。

表 12-4-16　铌的高温拉伸性能

试验温度 ℃	屈服强度 $\sigma_{0.2}$ kPa	强度极限 σ_b kPa	对 2.54mm 长的延伸率，%		截面缩减，%
			均衡	总	
室温	24.8	33.3	18.1	48.0	63.5
315	18.4	37.1	17.5	35.4	78.9

续表 12-4-16

试验温度 ℃	屈服强度 $\sigma_{0.2}$ kPa	强度极限 σ_b kPa	对 2.54mm 长的延伸率，%		截面缩减，%
			均衡	总	
480	12.9	29.1	15.3	24.8	82.2
650	6.9	15.2	15.5	43.0	72.0
870	6.5	10.5	13.8	47.0	96.0
1095	5.6	6.9	8.8	34.0	～100.0
1205	5.2	6.5	5.2	21.0	73.2
1315	2.7	3.8	17.2	70.0	81.8
1370	1.8	2.6	12.6	97.4	～100.0

（三）蠕变和断裂应力

铌的蠕变性能列在表 12-4-17 中．图 12-4-2 示出了电弧熔炼铌和电子束熔炼铌的断裂性能，试验数据是在氩气或真空下（13.33×10^{-3}Pa 以下）获得的。

表 12-4-17 铌的蠕变性能

纯度 %	条件	温度 ℃	应力 kPa	达到指定蠕变（%）所需的时间，h						最小蠕变速度 mm/（mm·h）	试验时间 h	总蠕变 %
				0.05	0.1	0.2	0.3	0.5	1.0			
99.92	在 1100℃退火	400	6.3	160	800	—	—	—	—	0.44	1819	0.145
99.92	在 1100℃退火	400	9.2	115	445	2020				0.58	2700	0.224
99.92	同上	400	12.3	20	120	645				0.86	1603	0.286
99.92	在 1150℃退火	400	12.3	22	152	608				0.87	1536	0.289
99.92	在 1100℃退火	500	6.3							0.52	362	0.037
99.92	在 1150℃退火	500	12.3	90	195					0.53	725	0.171
99.92	同上	500	12.3	85	140	390				0.24	1870	0.270
99.92	同上	500	15.4	22	59	123				5.3	338	0.345
99.95	轧制	500	15.4		10	18	35	400	1295①			
99.92	在 1100℃退火	600	6.3	27	110	470				1.6	1325	0.34
99.95	旋锻棒	600	6.3	50	160	860	2130				5519	0.306
99.95	在 1300℃退火	600	7.7	5	15	35		165	980	2.3	1359	0.08
99.95	轧制	600	9.2	40	130	345	1160					
99.92	在 1100℃退火	600	12.3	15	60					0.2	2117	0.198
99.95	旋锻棒	700	1.7	40	290	1560					2314	0.22
99.95	同上	700	3.1	80	205	550	1495				5008	0.36
99.95	同上	700	4.6	120	220	540	1115				3335	0.40

① 0.6%的蠕变。

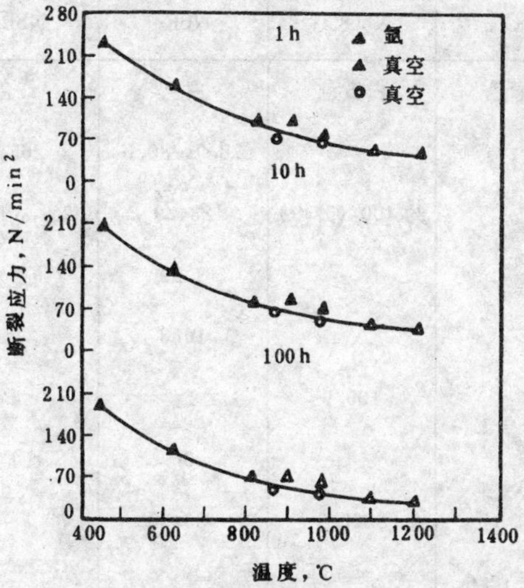

图 12-4-2 再结晶铌的断裂性能

四、铌化合物的物理化学性质

（一）氧化物

五氧化二铌为白色粉末，不溶于水，也不溶于大多数酸和碱，但在热的氢氟酸和过氧酸中能缓慢地溶解。与碱熔融时，得到铌酸盐。铌氧化物的物理性质列在表 12-4-18 中。

铌的低价氧化物是不稳定的。铌形成的低价氧化物有 NbO_2、NbO、Nb_2O。

（二）卤化物

现将铌的普通卤化物的物理性质和蒸气压分别列在表 12-4-19 和表 12-4-20 中。NbF_5 溶于水而不分解，溶解随温度和加入氢氟酸的量而增大。$NbCl_5$ 容易吸水潮解，在水中很易水解。$NbCl_5$ 在温度500～550℃下能被氢还原成 $NbCl_3$，$NbCl_3$ 比 $NbCl_5$ 稳定，吸湿性较差。

表 12-4-18 铌氧化物的物理性质

性　质	Nb_2O_5	NbO_2	NbO
熔点，℃	1512	2073	1935
密度，g/cm³	4.6	5.9	7.3
电解常数	41		
分子体积，cm³/mol	29.1	20.5	15.0
生成热 ΔH，kJ/mol	1905～1440.2	408.2	799.3
生成自由能 ΔF，kJ/mol	1770.6		
熔化潜热，J/mol	103		
熵 S_{298}，J/（mol·K）	137.3	48.2	54.4
熔化熵，J/（mol·K）	57.6		
液体热溶，J/mol	242.4		

（三）碳化物和氮化物

铌仅生成一种稳定的碳化物 NbC，也可能存在 Nb_2C 和 Nb_4C_3。

铌的氮化物有 NbN 和 Nb_2N 两种。含 13.1%N 的氮化铌粉末呈灰白色，略带黄色。能耐硫酸、硝酸、盐酸和沸腾王水的腐蚀。

碳化铌和氮化铌的物理性质见表 12-4-21。

表 12-4-19 铌卤化物的物理性质

性 质	$NbCl_5$	$NbCl_3$	$NbOCl_3$	NbF_5	$NbBr_5$
颜色	黄色	黑绿色	白黄色	白色	红色
熔点,℃	209.5			78.9～80.0	265.5
沸点,℃	254.0		约 400 (升华)	234.9	261.6±0.1
比重	2.77			3.29	
在熔点下的比电阻，$\Omega\cdot cm\times10^6$	0.22			16.3	
蒸发热，kJ/mol	54.85		100.9	54	
熔化热，kJ/mol	28.9			36	
活化能，kJ/mol	797.6		6880.1	33.9	
生成热，ΔH_{298}，kJ/mol		582±12.6			

表 12-4-20 铌卤化物的蒸气压

$NbCl_5$		NbF_5		$NbOCl_3$		$NbBr_5$	
温度,℃	蒸气压，Pa	温度,℃	蒸气压，Pa	温度,℃	蒸气压，Pa	温度,℃	蒸气压，Pa
100	98.64	67.5	133.3	237	1213.2	207.5	66.66
151	1759.6	108.8	1519.8	240	1834.5	222.3	239.98
181	11423.8	160.3	10880	250	2773	239.9	1853.2
190.5	19781.7	184.3	25610	270	8266	244.1	2346.5
200.5	28766.1	199.3	38540	280	15332	255.7	4319.6
210.5	4414.9	205.8	45369	290	27464	262.1	5852.8
219.5	65223.7	215.0	60154	300	37997	268.7	8065.98
225	68902.8	222.4	75150	330	57062	276.8	10879
232.8	75314.5	228.6	88033			281.8	12506
247	102107.8	232	96512			289.5	15558.7

（四）硼化物、硅化物和硒化物

铌的硼化物主要是 NbB 和 NbB_2，NbB_2 不被盐酸或王水所侵蚀。硼化物的导电性、耐磨性较好。

硅化物主要是 $NbSi_2$，它不被矿物酸侵蚀，但被氢氟酸分解。二硅化铌在空气中甚至在高温下能抗氧化。$NbSi_2$ 与 N_2 共存时在 1600K 下不稳定，然而在 2109K 下又表现稳定。

二硒化铌具有很高的热化学稳定性，在氮气中使用温度可达 600℃，在惰性气氛中达 900℃。除浓硝酸外，对一般酸、碱和有机溶剂具有良好的稳定性。$NbSe_2$ 在空气中不吸潮，耐磨性好，温度低于 128℃以下，其摩擦系数为 0.1，在真空中其摩擦系数随真空度而显著降低。铌的硼化物、硅化物和硒化物的性质见表 12-4-22。

表 12-4-21 碳化铌和氮化铌的物理性质

性质	NbC	NbN	性质	NbC	NbN
熔点，℃	2500	2050～2320	导热系数 $J/(cm \cdot s \cdot ℃)$	0.1424	
沸点，℃	4300				
晶体结构，Å	面心立方，$a=4.461$	NaCl 型 $a=4.37$	比电阻，$\mu\Omega \cdot cm$		200～450
			20℃	74～150	
密度，g/cm^3	7.82	8.4	250℃	254	
硬度（莫氏）		8	超导临界温度 T_c，K	低于 9	<15
显微硬度 50g 负荷，MPa	2.42		生成热 ΔH_{298}，kJ/mol	−140.7	−247

表 12-4-22 铌的硼化物、硅化物和硒化物的性质

性质	NbB	NbB_2	$NbSi_2$	$NbSe_2$
熔点，℃	2000	3050	1930～1950	
密度，g/cm^3	6.9	6.4	5.29	6.28
晶体结构，Å	斜方 $a=3.298, b=8.724, c=3.166$	六方 $a=3.089, c=3.303$	六方 $a=4.785, c=6.576$	六方层状 2H 型，$a=3.446$ $c=12.55$ 4H 型，$a=3.44$ $c=25.33$
显微硬度，kg/mm^2		2600	1050	
超导临界温度 T_c，K	6～8 以下			2H 型 7 4H 型 6.3～5.9
在空气中氧化温度，℃				350
在真空中分解温度，℃				1350
比电阻，$\mu\Omega \cdot cm$	64.5	65.5	6.3	5.5×10^{-4}
导热系数，J/（cm·s·℃）	—	0.1675		

（五）铌酸盐

当铌的氧化物与不同的金属氧化物熔融或用碱溶液处理氧化铌时，便生成组成复杂的盐。铌酸钾有 $K_2O/Nb_2O_5=1/3\sim5/1$，铌酸钠的组成有 $Na_2O/Nb_2O_5=5/1$、3/1、3/2、6/5、8/7、1/1、7/8、3/4 和 2/3 的。当 Nb_2O_5 与 NaOH 熔合时生成 Na_5NbO_5，这种盐在水中按如下反应式发生水解：

$$12Na_5NbO_5 + 55H_2O \longrightarrow 7Na_2O \cdot 6Nb_2O_5 \cdot 32H_2O + 46NaOH$$

铌酸盐（7∶6）在水中和氢氧化钠溶液中的溶解度见表 12-4-23。

表 12-4-23 铌酸钠（7∶6）在水中和 NaOH 溶液中的溶解度

NaOH 浓度，g/100ml		0	0.1	0.2	0.3	0.4	0.5	0.6	0.7	0.8	0.9	1.0
铌酸钠溶解度，g/L	20℃	1.6	1.05	0.66								
	90℃	2.6	1.9	1.2	0.75	0.49	0.32	0.24	0.18	0.14	0.12	0.11

铌酸盐单晶体是重要的功能材料，种类很多，如：$LiNbO_3$、$BaNaNb_5O_{15}$、$KNbO_3$、$K_3Li_2Nb_5O_{15}$、$BaNaNb_5O_{15}$、$Ba_2LiNb_5O_{15}$、$Sr_2KNb_5O_{15}$、$(Ba_{(1-x)}Sr_x)_2NaNb_5O_{15}$、$Sr_xBa_{(1-x)}Nb_2O_6$、$KTa_xNb_{(1-x)}O_3$等。铌酸锂晶体具有良好的压电、电光和非线性光学特性，广泛用于声表面波技术、激光技术等领域。铌酸锂主要用熔体提拉法生长。主要铌酸盐晶体的性质见表 12-4-24。

表 12-4-24 主要铌酸盐的性质

性　质	$LiNbO_3$（单晶）	Ba_2NaNbO_5	$Sr_{0.15}Ba_{0.25}Nb_2O_6$	$PbNb_2O_6$
熔点，℃	124±5	1450	1500±	
宽度，g/cm³	4.70	5.4016	5.4	6.0
晶体结构，Å	三方晶系 $aH=5.148$ $cH=13.863$	正交晶系	四方钨青铜	
硬度，莫氏	6.0		5.5	
相对电解常数 $\epsilon_{33}^T/\epsilon_0$	28.6	51（30℃）	3400	225
$\epsilon_{11}^T/\epsilon_0$	84.6	246		
透光范围，μm	0.3～0.6			
铁电居里温度，℃	1210	560	40	570
电压系数，C/N	7.4（d_{15}）$\times10^{-11}$ 2.08（d_{22}）			85（d_{33}）
有效光电系数 γ_c，m/V	19×10^{-12}	36×10^{-12}	1380×10^{-12}	
半波电压，kV	2.8	1.57	0.037	
热释电系数，$\frac{dP_s}{dT}$，C/（cm²·K）	0.004×10^{-6}		0.31×10^{-6}	
基频使用波长，μm	1.06	1.06		
非线性光学系数	$d_{22}=6.3\pm0.6$ $d_{15}=d_{31}=12.3\pm2$	$d_{31}=35\pm7$ $d_{32}=41.3\pm4$ $d_{33}=42\pm3$ $d_{Ij}/d_{11}^{水晶}$		

第三节　铌的选矿简述

铌的选矿在上册第四篇第三章第二节已有详细介绍。

铌矿的选矿一般分为粗选和精选两个阶段，由于矿石品位低，钽铌矿物性脆，比重大，所以粗选多采用重选的方法，丢弃大部分脉石矿物，选出粗精矿。精选物料一般成分复杂，分选难度大，通常采用多种选矿方法经多次选别，如重选、浮选、磁选、电选或选冶联合流程。

一、烧绿石的选矿工艺

巴西阿拉克萨烧绿石矿是碳酸盐岩复合矿体，含 2.5～3%Nb_2O_5、4.44%RE_2O_3、0.13%ThO_2、3.6%TiO_2、0.2%ZrO_2。其选矿工艺流程如图 12-4-3 所示。选出精矿品位：59～65%Nb_2O_5，0.05～

0.1%P、0.01～0.05%S。

加拿大圣·霍诺雷铌矿也是碳酸盐矿床，矿石含0.58～0.66%Nb_2O_5，用浮选工艺，所得精矿含60～62%Nb_2O_5，S<0.1%，铌回收率为65～70%，浮选指标及药剂消耗见表12-4-25和表12-4-26。

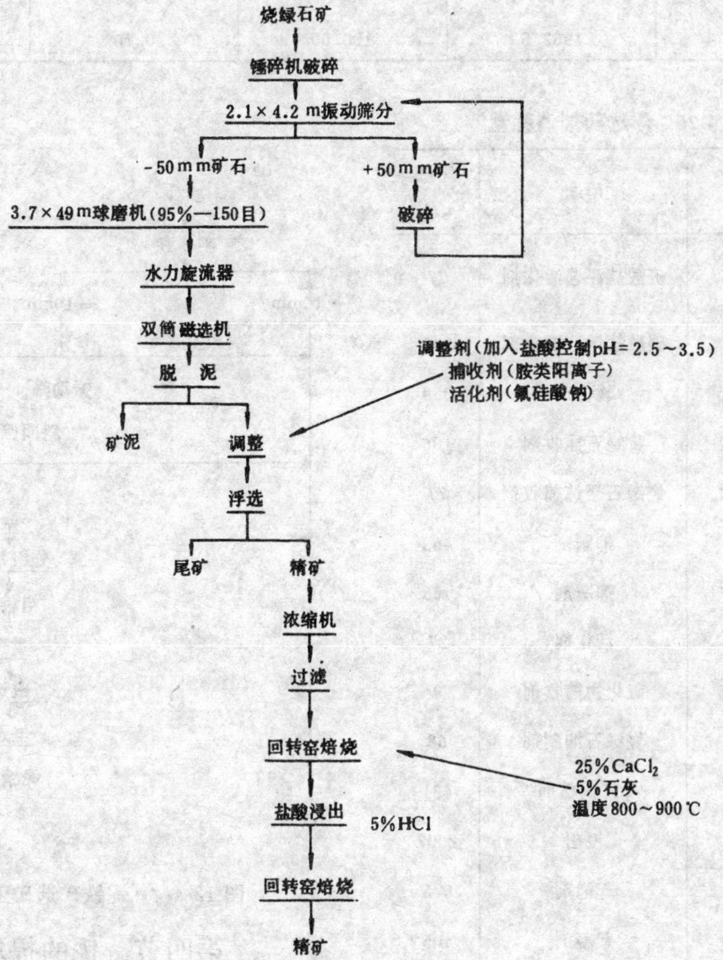

图 12-4-3 烧绿石选矿工艺流程图

表 12-4-25 圣·霍诺雷烧绿石浮选指标

产物名称	重量		Nb_2O_5,%	回收率,%
	t/d	%		
矿泥	253	12.89	0.51	9.39
碳酸盐精矿	429	21.86	0.06	1.87
黄铁矿精矿	11	0.56	1.24	0.99

续表 12-4-25

产物名称	重量		Nb_2O_5,%	回收率,%
	t/d	%		
烧绿石精矿	15.5	0.79	62.41	70.24
粗选尾矿	538	27.42	0.08	3.13
精选尾矿	716	36.48	0.28	14.38
给矿	1962.5	100.00	0.70	100

表 12-4-26 浮选药剂消耗量

药品名称	用途	耗量 g/t
烷基苯酚和环氧乙烷混合物	硫酸盐浮选活化剂	77
塔尔油	碳酸盐浮选捕收剂	245
Na_2SiO_3	软化剂	359
脂肪二胺醋酸盐	黄绿石捕收剂	186
环氧乙烷脂肪酸	烧绿石浮选捕收剂	77
草酸	抑制剂	463
氟硅酸	抑制剂	463
硫酸铜	活化剂	27
黄酸盐（PAX）	硫化物捕收剂	9
淀粉	烧绿石抑制剂	68
NaOH	pH 调整剂	481
HCl	浸出	2007
DF-250	起泡剂	0.5
Perco L455	絮凝剂	4.5

二、铌铁矿的选矿工艺

铌铁砂矿一般先粗选后精选。一种含铌铁矿花岗岩风化壳矿床，矿石品位 0.0128～0.0245% Nb_2O_5。其选矿工艺流程如图 12-4-4 所示。选矿获得铌精矿品位 60～63% $(Nb, Ta)_2O_5$。粗选回收率为 34～42%，精选回收率为 94.4%。选矿总回收率为 33～40.1%。

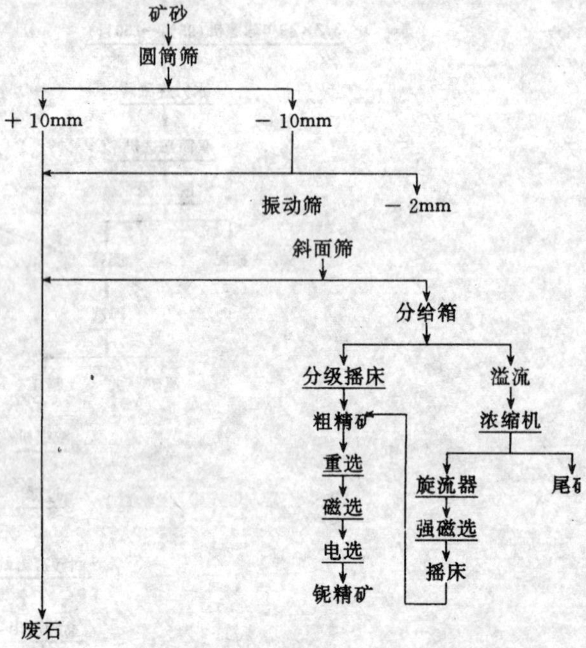

图 12-4-4 铌铁矿选矿工艺流程图

第四节 铌的提取冶金

一、铌矿的分解

铌矿处理方法很多，主要有酸分解法、氯化法、碱熔融法、氟化法、电解法和还原熔炼综合处理等方法。工业上使用的主要是酸分解法、氯化法和还原熔炼综合处理法。

（一）酸分解法

铌铁矿、钽铌铁矿、烧绿石以及高品位的锡渣，通常采用 HF-H_2SO_4 分解，萃取分离钽铌，氨水沉淀，灼烧制取氧化铌。国内外基本的处理流程如图 12-4-5 所示。

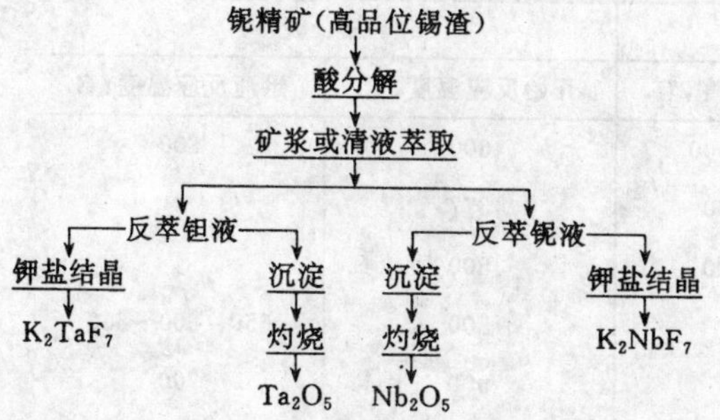

图 12-4-5 含铌原料酸分解处理流程

精矿一般磨细至－100 目。分解槽一般为软钢内衬聚三氟氯乙烯。分解温度是根据溶液的沸点来决定的，氢氟酸浓度愈大，溶液的沸点愈低，则分解温度也低，分解温度一般控制在 80～90℃。分解过程中 HF 挥发损失为 6～7%。精矿分解率为 98～99%。

对于不含钽的精矿，采用硫酸分解也是可行的。硫酸分解有溶液浸出和硫酸焙烧两种方法。含铌炉渣硫酸焙烧提取铌的工艺流程如图 12-4-6 所示。

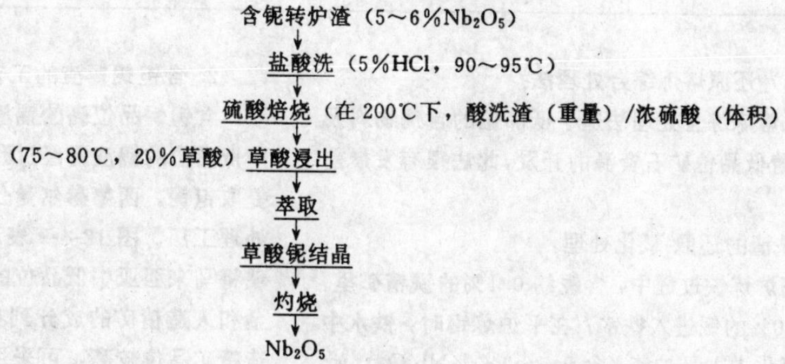

图 12-4-6 含铌转炉渣硫酸焙烧处理工艺流程

此工艺的特点是可以制得纯度较高的氧化铌，而且产品含氟极低，但工序较多，产品质量不易稳定。

（二）氯化法

分解复杂的含铌矿物的比较好的方法是氯化法。氯化法在工业上已用于处理铌钽精矿、烧绿石和含铌的锡渣。

近年来已研究成功了从烧绿石中制取氧化铌的工艺，对传统的以铌铁矿为原料的生产工艺提出了挑战。由于烧绿石精矿价格低，所以在成本上具有较强的竞争力。氯化法处理烧绿石的工艺流程图如图 12-4-7 所示，可采用熔盐氯化、沸腾氯化、旋涡氯化或团块氯化。钛铌酸钠钸矿采用熔盐氯化处理，熔盐高度达到 3.1～3.2m，氯化温度为 850～900℃，在熔盐中精矿平均含量为 1.5%，碳含量约为 5%，氯化炉的精矿生产能力为 5～6t/（m^2·d）。氯化物水解后制得的氧化物成分为 80%（Nb、Ta）$_2O_5$，1.5～3%TiO_2，3～7%Fe_2O_3，0.2～0.5%SiO_2。

含铌物料一般加碳氯化，因为在碳参与下能降低铌氧化物的开始氯化反应温度，并使反应迅速进行（见表 12-4-27）。

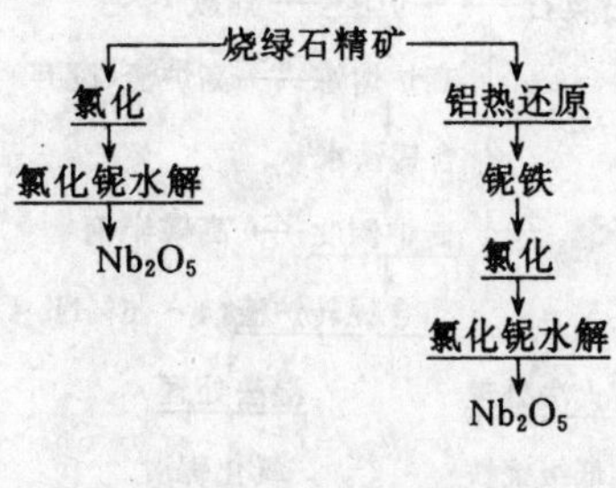

图 12-4-7 烧绿石氯化处理工艺流程图

表 12-4-27 某些氯化物与气态氯作用的温度

氧化物（生成氯化物）	不加碳		加 碳	
	开始反应温度，℃	迅速反应温度，℃	开始反应温度，℃	迅速反应温度，℃
BeO（$BeCl_2$）	600～700	1200～1400	600	800
MgO（$MgCl_2$）		700～800	377	
CaO（$CaCl_2$）		700～800	500	
Al_2O_3（$AlCl_3$）	800，1250		800	650，600～650
TiO_2（$TiCl_4$）	800	1200	500	700
SiO_2（$SiCl_4$）	1200		1200	
Nb_2O_5（$NbCl_5$，$NbOCl_3$）	800～850	1000～1100	300～350	500～600
Ta_2O_5（$TaCl_5$，$TaOCl_5$）	1200		300	500～600
Fe_2O_3（$FeCl_3$）	420		300	400

（三）还原熔炼综合处理法

还原熔炼综合处理法适于低品位的含铌物料及锡渣。随着低品位矿石资源的开发，此法很有发展前途。

1. 铁渣的还原-氧化处理

在高炉炼铁过程中，含铌约 0.1%的铁精矿里，有 85～90%的铌进入铁水；在平炉炼钢时，铁水中的铌被氧化进入平炉渣（含 0.5～1.0%Nb_2O_5）。此平炉渣采用有效容积 55m^3 的高炉进行熔炼，加入平炉渣 500kg 焦炭 300kg、石英石 30kg，熔炼制得的铁水中含铌 0.7～0.8%，铌的回收率约 60%。铁水的吹炼采用 6t 转炉，将高炉送来的含铌铁水在转炉内吹炼，铌又被氧化转入转炉渣中，转炉渣中含 5～6%Nb_2O_5，铌的回收率约 80%，此转炉渣可作为生产低级铌铁和氧化铌的原料。平炉渣处理的工艺流程图如 12-4-8 所示。

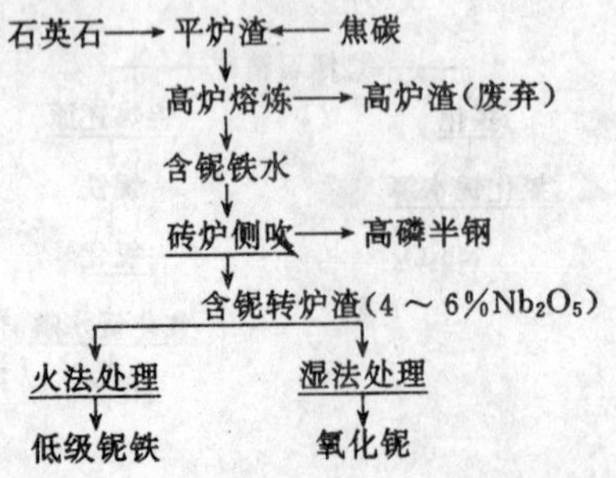

图 12-4-8 含铌平炉渣处理工艺流程图

2. 含钽铌锡渣的工艺

含钽铌品位高的锡渣可直接进行湿法处理，但中低品位的锡渣需经过预处理，合成人造精矿后再提取钽铌。西德赫尔曼公司拥有世界上最大的锡渣处理工厂。图 12-4-9 表示了锡渣处理的工业流程。现将马来西亚中低品位的锡渣经电炉熔炼制得的合金和人造精矿的成分列在表 12-4-28 中。制得的人造精矿品位较高，可采用传统的酸分解液萃取的工业流程处理。德国和日本均采用了氯化处理钽铌铁合金的技术，赫尔曼公司劳芬堡厂的氯化是在氯化钠和氯化铁的熔体中进行的，铌铁合金的氯化比氧化物的氯化简单。铌铁和氯化钠的混合物连续地加入到熔盐中，通入氯气，氯化温度为 400～800℃。氯化反应方程式如下：

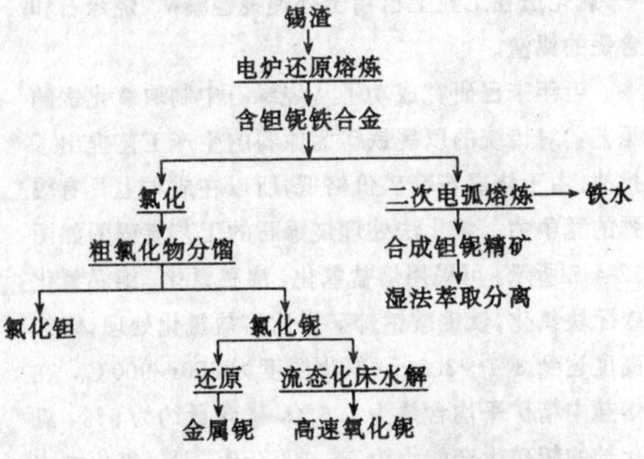

图 12-4-9 含钽铌锡渣处理工艺流程

$$Nb\text{-}Fe + NaCl + 7NaFeCl_3 \longrightarrow NbCl_5 + 3NaFeCl_4$$

$$8NaFeCl_3 + 4Cl_2 \longrightarrow 8NaFeCl_4$$

在以上反应中 $NaFeCl_4$ 作为氯化剂。由氯化制得的混合氯化物，经分馏后可制得纯氯化物，它既可供气相沉积使用，也可采用沸腾床水蒸气水解制得特别纯的氧化铌，其纯度比萃取法的高，杂质含量小于百万分之几，特别是氟、铁、硅的含量很低，很适合电子学和光学材料等用途的需要。

表 12-4-28 熔炼锡渣制得的合金和人造精矿的成分

	锡渣成分，%		合金成分，%		人造精矿成分，%	
1	Ta_2O_5	4	Ta_2O_5	15	Ta_2O_5	26.9
	Nb_2O_5	4.3	Nb_2O_5	17	Nb_2O_5	30.9
	TiO_2	10.5			TiO_2	18.6
	FeO	15			FeO	8
	SnO_2	1.5			SnO_2	0.1
	P_2O_5	1.2			P_2O_5	0.1
2	Ta_2O_5	2	Ta_2O_5	8	Ta_2O_5	20.8
	Nb_2O_5	2.2	Nb_2O_5	10	Nb_2O_5	25.6
	TiO_2	10.5			TiO_2	25
	FeO	15			FeO	8
	SnO_2	1.5			SnO_2	0.1
	P_2O_5	1.2			P_2O_5	0.1

二、铌的分离、提纯

铌的分离提纯方法很多，主要有液液萃取法、氯化物分馏法、分步结晶法和氯化物选择氢还原法等。

（一）液液萃取法

1. 萃取剂

萃取分离钽铌的有机萃取剂，一般有酮类、脂类、胺类和醇类等。

工业上使用的萃取剂，国外多数采用甲基异丁基酮（MIBK）；中国采用甲基异丁基酮、乙酰胺（N，N-二混合烷基乙酰胺）、仲辛醇和磷酸三丁酯等萃取剂，其中乙酰胺和仲辛醇具有中国的特色，这些萃取剂各有优缺点，根据实际情况进行选择。

甲基异丁基酮选择性高，可制得高纯钽、铌化合物。反钽剂为纯水，钽液可直接制取氟钽酸钾。对钽铌饱和溶量比其他萃取剂都大，萃取原液 $(Ta,Nb)_2O_5$ 的浓度可达 150～200g/L。MIBK 比重轻，粘度小，操作稳定，易于控制。缺点是水溶性大，挥发性大，造成损失大，而且价格较贵。

仲辛醇是生产癸二酸的副产品，价格便宜，其主要成分是仲辛醇和辛酮-2，一般仲辛醇含量为 85% 以上为好。其选择性高，水溶性小。但其粘度大，在反萃时往往出现乳化现象，使操作难于控制，而且仲辛醇气味比较难闻，致使车间操作条件较差。

乙酰胺水溶性小是其最大优点。但选择性比 MIBK 稍差，反钽剂也不能用纯水。

磷酸三丁酯（TBP）选择性较差，产品质量不稳定，即氧化铌中磷、钽、钨的含量不稳定；氧化钽中铌、铁含量不稳定。

工业上采用的钽铌萃取剂的物理性质见表 12-4-29。

各种酮对铌、钽的萃取以及仲辛醇、甲基异丁基酮在钽铌饱和萃取下对杂质、酸的萃取剂见表 12-4-30 和表 12-4-31。

表 12-4-29 萃取剂的物理性质

物理性质	甲基异丁基酮（MIBK）	环已酮	已酮	磷酸三丁酯（TBP）	乙酰胺	仲辛醇（含甲庚酮 15%）
分子式	$C_5H_{10}CO$	$C_6H_{10}O$	$C_6H_{12}O$	$(C_4H_9O)_3PO$	CH_3OONR_2 $(R=-C_{7\sim9}H_{15\sim19})$	$CH_3(CH_2)_5COHCH_3$
分子量	100.2	98.14	100.12	366.32	290.4	130.23
沸点，℃	116～116.2	155.6	127.2	289	182～220 (400Pa)	174～184

续表 12-4-29

物理性质	甲基异丁基酮 (MIBK)	环己酮	己酮	磷酸三丁酯 (TBP)	乙酰胺	仲辛醇（含甲庚酮 15%）
溶点,℃	−83.5	−45（−16.4）	−56.9	−80（−71）		−60
闪点,℃	23（27）	47	23	146		73
折射率	1.3956 (20℃)	1.4509 (20℃)	1.3969 (17.4℃)	1.4224 (25℃)	1.4552	1.4250 (20℃)
密度，g/cm^3	0.7978	0.948	0.830	0.9730 (25℃)	0.8667	0.820
粘度，Pa·s	1.803×10^{-3} (30℃)	1.803×10^{-3} (30℃)		3.32×10^{-3} (25℃)	18.13×10^{-3} (25℃)	13.4×10^{-3} (20℃)
介电常数（25℃）	18.3	18.3 (20℃)		8.05 (25℃)		8.2
表面张力，N/m	23.3×10^{-5} (23.7℃)	33.5×10^{-5} (30℃)		27.79×10^{-5} (20℃)	30.9×10^{-5} (22℃)	
在水中溶解度，g/L	18.2 (25℃)	2.4% (20℃)		42.2 (25℃)	0.05 (26.2℃)	0.08 (%重量)
水在溶剂中的溶解度，g/L	24.1 (20℃)			较大		

表 12-4-30 不同酮对铌钽的萃取

萃取剂	甲基异丁基酮	二异丁基酮	正丁基乙基酮	甲基正乙基酮	甲基正戊基酮	二异丙酮	环己酮
钽萃取率,%	80.6	3.8	37.1	47.6	64.7	32.5	98.3
铌萃取率,%	0.56	0.13	0.39	0.34	0.46	0.13	6.12
分离系数	736	39	149	228	394	391	85.6

表 12-4-31 仲辛醇、甲基异丁基酮在钽、铌饱和萃取下对杂质、酸的萃取

成 分		$(TaNb)_2O_5$	Ta_2O_5	Fe	WO_3	SiO_2	TiO_2	Mn	HF	H_2SO_4
仲辛醇	萃取容量,*g/L*	226.0	137.0	0.0088	0.40	<0.01	0.054	0.0063	3.05 (*mol/L*)	1.14 (*mol/L*)
	萃取率,%	—	—	0.066	15.8	<2.2	0.315	0.165	66.8	14.7
MIBK	萃取容量,*g/L*	323.6	225.2	0.034	0.31	<0.01	0.10	0.013	4.64 (*mol/L*)	1.49 (*mol/L*)
	萃取率,%	—	—	0.25	12.3	<2.2	5.8	3.41		19

注：原液组成(g/L)：$(TaNb)_2O_5$ 163.5，Ta_2O_5 82.5，Fe13.27，$WO_3$2.52，SnO_2 0.45，TiO_2 1.71，Mn 3.81，HF4.56mol/L，$H_2SO_4$15.5mol/L。

2. 萃取工艺设备

铌钽萃取体系一般采用 $HF-H_2SO_4$ 体系，酸液中硫酸的浓度不同，萃取对钽铌的分离效果也不同（见表 12-4-32）。

表 12-4-32 钽铌在不同硫酸浓度的甲基异丁基酮、仲辛醇和磷酸三丁酯中的分离系数 β (Ta/Nb)①

硫酸浓度，mol/L	β (Ta/Nb)							
	1	2	3	4	6	10	14	18
MIBK②	6324.5	5940.2	3074.8	3074.8	—	—	—	—
仲辛醇③	148.0	146.5	152.8	177.3	212.0	80.5	82.0	67.3
TBP④	80.2	165.6	170.0	237.0	206.0	—	—	—

① 萃取条件：有机相与水相体积比为 1∶1；

② MIBK 萃取原液：$(Ta、Nb)_2O_5$100g/L，Ta/Nb=1.05，HF2mol/L；

③ 仲辛醇萃取原液：$(Ta、Nb)_2O_5$ 100g/L，Ta/Nb=1.0，HF1mol/L；

④ TBP 萃取原液：$(Ta、Nb)_2O_5$100g/L，Ta∶Nb=1.0，HF1mol/L。

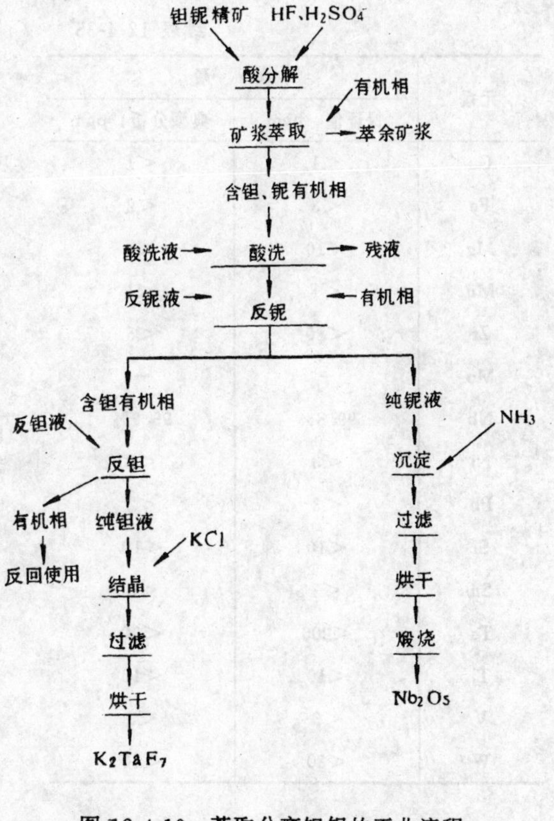

图 12-4-10 萃取分离钽铌的工业流程

从钽铌铁矿或铌铁矿采用仲辛醇作萃取剂，使用混合澄清萃取槽萃取分离钽、铌的工业流程示于图 12-4-10。

主要工艺条件如下：

(1) 分解液 $(Ta、Nb)_2O_5$200～300g/L，HF5～6mol//L，$H_2SO_4$3～17mol/L。

(2) 矿浆萃取槽的控制：搅拌速度为 400r/min，料液流量为 1～2L/min，有机相流量为 1.5～3.0L/min，萃取所得有机相中，$(Ta、Nb)_2O_5$ 130～160g/L，HF3～3.5mol/L，$\sum H^+$3.5～4mol/L。

(3) 酸洗槽的控制：搅拌速度为 600～650r/min，萃取有机相流量为 350～400ml/min；补充有机相流量为 240～300ml/min，酸洗液流量为补充有机相流量的 1/3，酸洗液 7.7～8.3、15.4～16.6mol/LH_2SO_4。

(4) 反铌槽的控制：搅拌速度为 600～650r/min，提钽有机相流量为 80～140ml/min；反铌液流量为 240～360ml/min；反铌液为 3.8～4.2mol/LH_2SO_4。

(5) 反钽槽的控制：搅拌速度为 500r/min；反钽液为纯水，流量为 150～250ml/min。

萃取过程的技术经济指标见表 12-4-33 中。

表 12-4-33 MIBK 种仲辛醇萃取主要材料单耗和金属回收率

项目	直接回收率，%		总回收率，%		单耗				
	氧化铌	氧化钽	氧化铌	氧化钽	硫酸（工业）	HF（工业）	仲辛醇（工业）	CH_4（工业）	MIBK
MIBK	70.35	86.23	81.37	89.49	2.7	1.75	—	0.37	0.893
仲辛醇	92.32	90.75	92.65	91.0	2.81	1.53	0.21	—	—

（二）蒸馏法

1. 氯化物蒸馏

各种氯化物的熔点和沸点见表 12-4-34。

表 12-4-34 各种氯化物的熔点和沸点

化合物	$AlCl_3$	$TiCl_4$	$MnCl_2$	$FeCl_3$	$FeCl_2$	$NbCl_5$	$TaCl_5$	$NbCl_3$	$MoCl_3$	WCl_6	WCl_5	$NbOCl_3$	$WOCl_3$	$SiCl_4$
熔点，℃	低于 182.7 升华	−30	650	282	670	209.5	220	900～1000 歧化	194	275	248	未定	210	−67
沸点，℃		136	1190	315	升华	254	239.3		268	347	276	～400 升华	223	58

分馏设备一般采用筛板塔，例如前苏联半工业试验所用的分馏塔是用不锈钢制成的，塔的直径 100mm，理论塔板数为 40，蒸馏釜容积为 $0.2m^3$。

分馏过程主要有如下步骤：

(1) 预分馏，除去钽铌氯化物中的其他杂质，例如钛、硅和铝等。

(2) 主分馏，制取纯的 $NbCl_5$ 和 $TaCl_5$ 的富集物。

(3) 分馏 $TaCl_5$ 的富集物，制取纯的 $TaCl_5$。

赫尔曼公司采用分馏法制取的高纯氯化物的质量见表 12-4-35。

表 12-4-35 高纯氯化铌的质量

元素	含量	
	保证值，ppm	典型分析，ppm
Al	<10	<1
B	<1	<0.1
Bi	<3	<1
Ca	<10	<1
Co	<5	<2
Cr	<3	<2

续表 12-4-35

元素	含量	
	保证值，ppm	典型分析，ppm
Cu	<1	<1
Fe	<3	<2
Mg	<10	<1
Mn	<1	<1
Zr	<10	<5
Mo	–	–
Nb	99.8%	99.9%
Ni	<3	<2
Pb	<3	<2
Si	<10	<10
Sn	<3	<3
Ta	<200	<30
Ti	<10	<10
V	<3	<3
W	<30	<10

2. 氟化物蒸馏

氟化物有一个宽的液态温度范围和相当低的熔

点，这些性质使得它们比较容易处理。特别是无水氟化物的腐蚀问题比较小，处理设备的材质比较好解决，能生成一种氟化物保护膜的任何金属（如铝、铜、蒙乃尔合金、镍和一系列不锈钢）都可使用。但五氟化物是强吸湿性的化合物，必须严防与大气接触，而且要制得纯的产品（99.9%NbF_5），所需理论塔板数比氯化物蒸馏要多得多（表 12-4-36）。

表 12-4-36　蒸馏法分离钽铌五氟化物的条件

原料含 TaF_5，%	50	50	50	50
塔底部含 NbF_5，%	90	99	99.9	99.99
塔顶部含 TaF_5，%	99	99	99	99
最小理论塔板数	42	56	70	84
对 120 级理论塔板所需时间，h	1.61	3.91	6.22	8.62

（三）草酸铌结晶提纯

用草酸溶解工业纯的氢氧化铌制得草酸铌，或直接采用冶金生产的中间产品草酸铌，通过结晶和重结晶的方法较易制得高纯的氧化铌。对于质量较好的晶体只需重结晶数次便可得到高纯产品。对于质量较差的晶体，可经重溶、氨沉淀，用 6mol/L HNO_3＋1%H_2O_2 洗涤，再溶于草酸中，进行结晶和重结晶。此种提纯方法对分离钽的效果不佳，所以要制得高纯产品，原料中钽含量要低。

制得的纯草酸铌结晶，可用煅烧法或沉淀法来制备氧化铌。煅烧法是将脱水后的结晶体在 300～500℃下完全分解，把草酸全部烧掉。沉淀法是将结晶体溶于水，用氨中和，滤饼烘干后在 800℃煅烧。制得的高纯氧化铌的质量见表 12-4-37。

表 12-4-37　高纯氧化铌产品质量

产　品	化学成分，%								
	Fe	Al	Ca	Mg	Ti	Mn	Cr	Mo	Ta
高纯氧化铌（直接结晶）	0.00082	0.0004	＜0.001	＜0.001	＜0.0003	0.00015	0.00032	＜0.0001	
高纯氧化铌（酸处理）	0.00011	＜0.0004	＜0.001	＜0.0007	＜0.0003	0.00026	0.00031	＜0.0003	0.04

三、铌化合物的制取

（一）碳化铌的制取

1. 由氧化铌制取碳化铌

氧化铌的碳化过程按如下反应进行：

$$Nb_2O_5+7C=2NbC+5CO$$

首先把氧化铌和计算所需的碳黑混合。配碳量按下式计算：

$$W=0.316(K/C)$$

式中　W——配碳量（kg/kgNb_2O_5）；

C——碳黑中固定碳的含量（%）；

K——配碳系数（或配碳比）。

配碳比对 NbC 中的总碳和游离碳以及 NbC 粒度影响很大，见表 12-4-38 和图 12-4-11。从图 12-4-11 看出，随配碳比的增加，NbC 的假比重逐渐减小亦即粒度变细。供硬质合金添加剂用的碳化铌希望粒度越细越好，因而往往采用过碳系数（有的过碳系数高达 8%）。还原用的 NbC，如果采用一次碳化，生成的 NbC 粒度过细，还原时容易产生夹心，因此工业上一般采用二次碳化。第一次碳化配料按缺碳 10～15%计算。

混合好的碳化料装入石墨舟皿，在卧式的石墨管状炉内碳化，用氢气或氩气保护，在 2000℃下进行一次碳化，舟皿行进速度为 1 舟/20min。

装料方式和装料量对 NbC 粒度也有影响，紧装的粒度比松装的小，装料量多的粒度比装料量少的细。

一次碳化后，分析 NbC 中的总碳，再进行补碳。NbC 中碳的理论量为 11.5%，若一次碳化后总碳 $C_{总}$ 为 9.50%，那么二次碳化需加碳量。

表 12-4-38　配碳比对碳化铌含碳的影响

配碳比，%	85	85	90	95	95
$C_{总}$，%	9.32	8.66	9.85	10.30	10.53
$C_{游}$，%	0.038	0.039	0.029	0.180	0.320

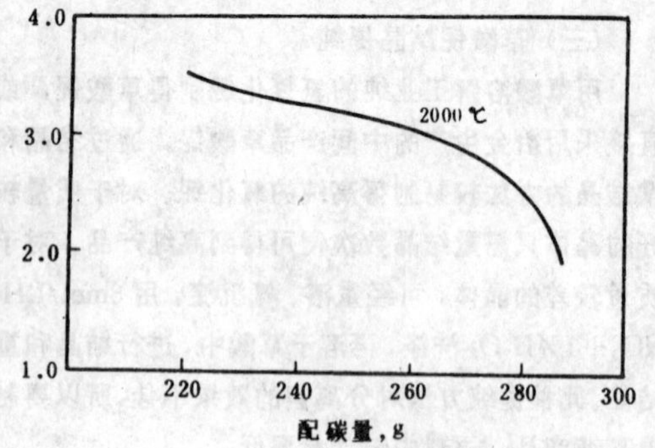

图 12-4-11 配碳比对碳化铌粒度的影响

$$C_2 = C_{理} - C_{总} = 11.5\% - 9.50\% = 2\%$$

即每千克一次碳化料需加 20g 碳，再换算成补加碳黑的量。

二次碳化在同一碳管炉内进行，一、二次碳化料交叉放置，因为一次碳化时放出的气体多，二次碳化放出的气体少，这样就可以克服二次碳化料单放在一个碳管炉内，由于放出的气体少，空气进入炉内发生爆炸的弊病。一、二次碳化后碳化铌的典型分析见表 12-4-39。

表 12-4-39 碳化铌的质量

编号		1		2		3		4	
碳化次数		一次	二次	一次	二次	一次	二次	一次	二次
化学成分，%	$C_{总}$	10.89	11.54	10.42	12.43	10.80	12.21	10.96	10.95
	N_2	0.092	0.042	0.76	0.028	0.074	0.062	0.074	0.122
	W	—	<0.005	0.0063	<0.005	<0，005	<0.005	<0.005	<0.005
	Ti	—	<0.005	0.005	<0.005	0.005	<0.005	<0.005	<0.005

（二）低价氧化铌的制取

1. NbO_2 的制取

将 Nb_2O_5 在 1000～1200℃下于氢气流中还原生成 NbO_2，其反应方式如下：

$$Nb_2O_5 + H_2 \rightarrow NbO_2 + H_2O$$

2. NbO 的制取

按反应式 $NbO_2 + Nb \rightarrow 2NbO$ 将化学计量的混合物粉末在 1600～1700℃下于氩气气流中或蒸空中加热 10～20min 即可制得。另外将 NbO_2 在氢气流中在 1300～1750℃下还原 15～16h，也可制得 NbO。

（三）三硫化铌的制取

把铌粉（99%）和硫（99.5%）按分子比 S/Nb = 3 混合，把混合物装进用氮化硼套筒（$\phi 4\times 3$mm）隔开的石墨加热器中，把这些装置插入叶蜡石立方体中，在高温（700℃），高压（2×10^{14}Pa）条件下反应 30min，制得的黑色烧结物为 NbS_3。

（四）$LiNbO_3$ 等单晶的生长

用提拉法生长 $LiNbO_3$、$Ba_2NaNb_5O_{15}$、$Sr_{1-x}Ba_xNb_2O_6$ 单晶的工艺条件见表 12-4-40。

表 12-4-40 提拉法生长单晶的工艺条件

工艺条件	$LiNbO_3$	$Ba_2NaNb_5O_{15}$	$Sr_{1-x}Ba_xNb_2O_6$（$0.25<x<0.5$）
熔点，℃	1240	1450	1480～1490
原料	$LiCO_3+Nb_2O_5$	$BaCO_3+Na_2CO_3+Nb_2O_5$	$SrCO_3+BaCO_3+Nb_2O_5$
配比，mol	约 1/1	4/1/5	约 0.23/0.27/0.50
预烧条件	1000～1100℃，3～4h	1000～1100℃，3～4h	

续表 12-4-40

工艺条件	$LiNbO_3$	$Ba_2NaNb_5O_{15}$	$Sr_{1-x}Ba_xNb_2O_6$ ($0.25<x<0.5$)
加热方式	高频炉或电阻炉	高频炉或电阻炉	高频炉
坩埚材料	铂	铂	铂
生长气氛	氧气或大气	氧气	氧气
籽晶取向	〔0001〕	〔001〕或〔100〕	〔001〕
液面上温度梯度，℃/cm	30～80	100	约 30
提拉速度，mm/h	5～7	2～6	2～4
晶体转速，r/min	20～60	30～60	30～60
晶体尺寸，mm	ϕ15～25×50～70	ϕ10×50	ϕ15×50
单畴化条件	$LiNbO_3$ 陶瓷电极，1200℃、电场 1～1.5V/cm	银电极，550℃、电场约 50V/cm	加热至居里点以上，加 300～400V/cm 电场冷却
消除双晶条件		300℃时沿〔100〕方向施加 9.806MPa ($100kg/cm^2$)压力到室温	

四、金属铌的制取

(一) 间接碳还原法生产铌条

1. 氧化铌过量的影响

碳化铌还原氧化铌按如下的反应式进行：

$$Nb_2O_5+5NbC=7Nb+5CO$$

所配的还原料是根据 NbC 中的总碳，按反应式 $Nb_2O_5+5C=2Nb+5CO$ 计算出每公斤 NbC 所需的 Nb_2O_5 的数量。配料中氧化铌一般需要过量，氧化铌过量的多少，对铌条中碳、氧含量影响很大(图 12-4-12、12-4-13)。为了使产品中碳、氧含量较低，氧化铌的过量数值根据各种因素在一定的范围内选择。

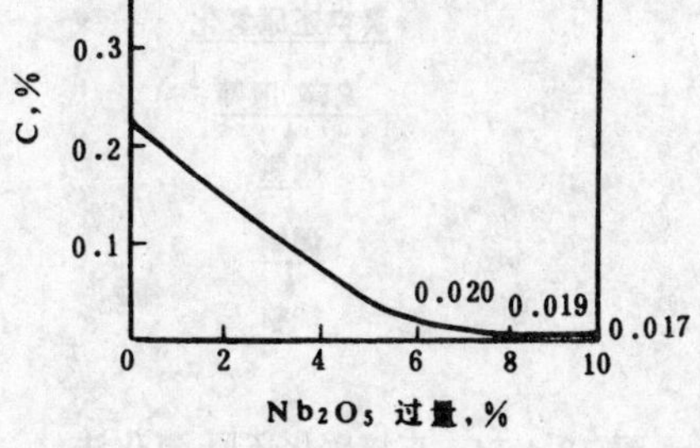

图 12-4-12 氧化铌过量对产品含碳的影响

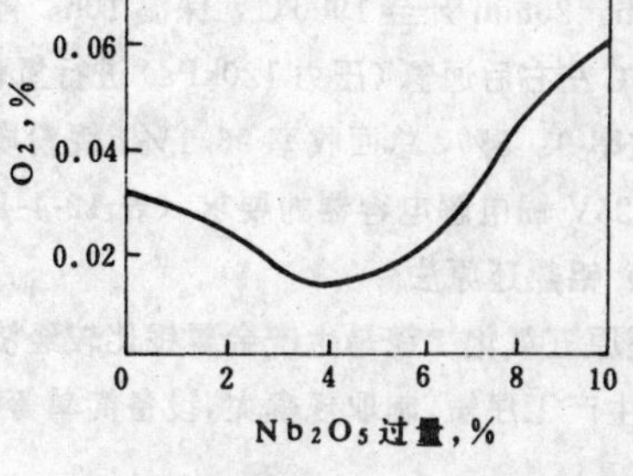

图 12-4-13 氧化铌过量对产品含氧的影响

2. 原料粒度对铌条质量的影响

为了克服铌条“夹心”问题，应该选择合适的碳化铌和氧化铌的粒度。原料粒度对铌条质量的影响见表 12-4-41。

表 12-4-41 原料粒度对铌条质量的影响

序号	原料粒度组成	铌条含碳量，%	产品外观
1	NbC －80 目 100％ Nb_2O_5－100 目 100％	0.32	夹心，易折断，断面明显凹向中心，断面外缘有粗大结晶，十分致密，中心有粗孔
2	NbC －200 目 60％，－150～＋200 目 10％ Nb_2O_5－80 目 100％	0.015	断面均为钢灰色

（二）生产工艺

氧化铌采用工业级（纯度 99％以上），五氧化二铌过量 2.5～4％，氧化铌和碳化铌粒度均为－100 目。将配好的物料在不锈钢筒内混匀，混匀的物料在压力为 $1 \sim 1.5 \times 10^8$Pa 下压成条状。如成形不好，可加入适量的乙醇作粘合剂。还原在立式石墨管状电阻炉内进行。装料采用吊装，即在压条上端钻一小孔，每条压条用钼丝穿上小孔吊在石墨梁上。然后装入石墨坩埚，送入还原炉，抽空试漏，送电升温。典型的升温制度是：

常温～1700℃（1h 升到给定功率） 保温 8h

1700～1850℃（一次升到给定功率） 保温 6h

1850～1950℃（一次升到给定功率） 真空度到 1.333Pa 时，保温 8h

还原时间总计约 25h，冷却时间为 10～15h，一炉周期约 40h。还原实收率 98.72％，总回收率 99.21％。产品质量见表 12-4-42。

表 12-4-42 铌条的杂质含量

杂质	C	O_2	N_2	H_2	Si	Fe	W	Ti
含量，%	0.05	0.10	0.10	0.05	0.05	0.05	0.01	0.01

（三）直接碳还原-氢化法生产铌粉

直接碳还原-氢化法是国内生产电容器级铌粉的主要方法。其工艺流程如图 12-4-14 所示。还原工艺为在立式石墨管状电阻炉内还原，抽空、检漏（＜0.1333Pa/min），送电升温，3h 升至 1400℃，保温至真空度 40Pa，1h 升至 1600℃，保温至真空度 13.33Pa，1h 升至 1800℃，真空度达 1.333Pa 后继续保温 8h，20min 升至 1900℃，保温 10h，停电降温至 800℃左右后通氢（压力 120kPa）进行氢化。铌粉的直收率 91.5％，总回收率 96.1％。铌粉质量符合 6.3～25V 铌电解电容器的要求（表 12-4-43）。

（四）铝热还原法

铝还原五氧化二铌是生产金属铌比较经济的方法。具有生产工序短，制取规模大，设备简单等特点。

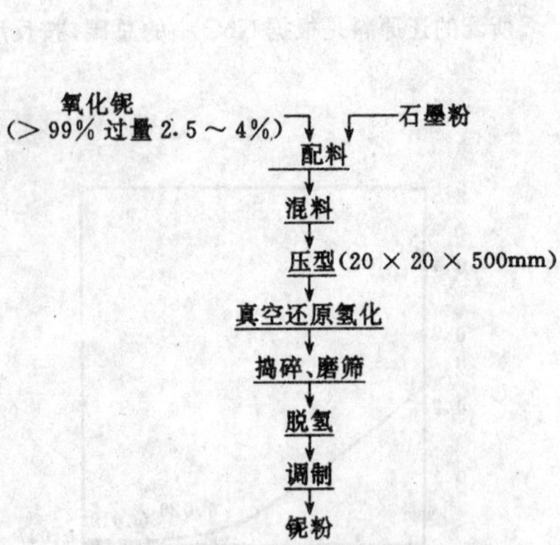

图 12-4-14 直接碳化还原-氢化法制取电容器铌粉工艺流程

表 12-4-43　直接还原-氢化法制取电容器级铌粉的质量

元素	杂质含量,%												电性能	
	C	O_2	N_2	Fe	Si	Ni	W	Mo	Al	Mg	Ti	H_2	C_V，μF·V/g	K 值，μA/(μF.V)
含量	0.025	0.25	0.03	0.005	0.005	0.005	0.005	<0.005	<0.005	<0.005	<0.005	<0.005	3300～3600	1×10^{-3}

目前已在工业生产中使用。其工艺流程如图 12-4-15 所示。

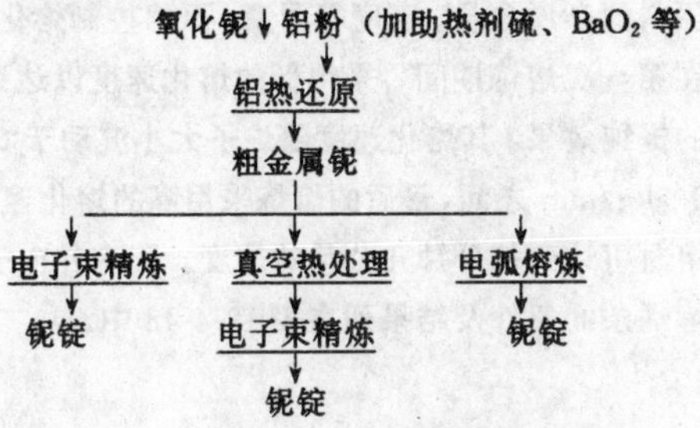

图 12-4-15　铝热还原法制取金属铌的工艺流程

铝与五氧化二铌的反应过程建立在放热反应的基础上：

$$3Nb_2O_5+10Al=6Nb+5Al_2O_3+2650kJ$$

铝还原五氧化二铌的热效应（2483kJ/kg 炉料）相当大，足以保证还原过程自发地进行。铝热还原的工艺是：将工业级 Nb_2O_5 和铝粉混合（有的加入 BaO_2 等），Nb_2O_5 的粒度为－80 目，铝粉为－40 目（其中 40%为－320 目），混合均匀后放在衬有氧化铝耐火炉衬的坩埚（坩埚作成可拆卸式结构）中，上面用铝粉覆盖。把坩埚放在气体加热炉中预热到 800℃引爆，或者通过装在坩埚中间的镍铬丝点火器来起爆。坩埚内的温度足够使金属和渣分离。得到的粗铌含 2%Al，0.8～1.0%O_2。金属铌回收率在 95%以上。

粗铌一般采用电子束熔炼提纯。要获得低氧、低氮的高纯金属，一般至少要进行三次熔炼。操作条件和熔炼的提纯效果分别列在表 12-4-44 和表 12-4-45 中。

表 12-4-44　电子束熔炼粗铌的操作条件

操作条件	最终锭重 kg	锭直径 cm	金属回收率 %	熔炼时间 h	总时间 h	清理时间 h	电子束功率 kW
第一次熔炼	689	20.32	86	49	74.6	13.2	380
第二次熔炼	661	20.32	96	16.9	24.3	13.2	420
第三次熔炼	655	20.32	99	13.4	20.0	13.2	460

表 12-4-45　粗铌和电子束熔炼后的化学分析（ppm）

元素	Fe	Ni	W	Ti	Zr	Ca	Si	Mo	Al	Mn	C	O	N
粗铌	730	120	50	<20	<20	450	400	<20	2.5%	<20	1320	1.0%	1500
第一次熔炼	30	35	50	<20	<20	50	50	<20	250	<20	50	1500	170
第二次熔炼	<20	25	50	<20	<20	30	<20	<20	50	<20	15	330	79
第三次熔炼	<20	<20	50	<20	<20	20	<20	<20	<20	<20	12	90	45

电子轰击后的高纯铌锭，采用氢化爆裂法，可制得高纯铌粉，其化学成分列于表 12-4-46。

表 12-4-46 铌锭氢化制得铌粉的化学成分

编号	元素含量，ppm											粒度
	O	C	N	Fe	Si	W	Mo	Ti	Zr	Cr	Ni	目
N-201-2	150	—	45	11	<15	10	13	39	—	<3	<5	<60
N-201-6	140	—	42	12	<15	18	14	51	—	<3	<5	<60
N-82-4	250	—	33	<10	<20	—	—	10		<3	<10	<60

第五节 铌金属的加工及制品

一、金属坯锭的制备

一般采用真空电弧熔炼、电子束熔炼、感应熔炼和等离子熔炼方法制取具有延性的致密金属铌锭。电子束熔炼是目前最好的精炼 方法，一般经过二次熔炼就能获得质量较好的铌锭。几种熔炼方法的比较见表 12-4-47。

(一) 电子束熔炼

电子束熔炼可以熔炼粉状、海绵状物料，也可以熔炼各种棒料或条料。

熔炼时为了制得所要求的金属纯度，必须根据原料的杂质含量、密度等因素，严格控制熔化速度。在第一次熔炼期间，采用低的熔化速度以达到最大的提纯效果，其熔化速度随炉子大小波动于 0.05～0.5kg/min 之间，最后的熔炼采用高的熔化速度，重熔时可达到每分钟几公斤的速度。国内外电子束熔炼铌条的条件及结果列在表 12-4-48 中。

表 12-4-47 几种熔炼方法的比较

项目	等离子电子束熔炼	电子束熔炼	自耗电极电弧熔炼
原料形式	海绵状、粒状、粉状、废料等		棒状料作自耗电极
熔化速度控制	能很好调整	受炉内压力影响，熔化速度太慢时金属损失大	熔化速度一定，不能调节
熔化速度	可以快，不影响炉内压力	熔化速度对炉内压力影响大	熔化速度决定于熔化电流
气氛和压力	在氩气氛下，13.33～0.1333Pa	真空下 $(4\sim0.133)\times10^{-2}$ Pa	真空下 (133.3～13.33) Pa
脱气效果	使用高氩时与电子束熔炼效果相同	很好	较差
挥发损失	可以控制挥发损失	较大	最小
操作	容易	由于高压电路的作用，对放电和 X 射线需要防护	Ti、Zr 容易操作，Ta、W 要求较高技术
电源要求输出 5kW 时加热电源，kW	7	9	7
泵和控制系统，kW	3.5	6	1.5
水用量（输出 5kW 时），L/h	900	1500	750
费用，元/kW 输出	36	100	18

表 12-4-48 国内外电子束熔炼铌的主要数据

国别	材料	锭直径 mm	熔化速度 kg/h	熔化功率 kW	锭产率 %	真空度 Pa	挥发损失 %	比电能 kW/kg	杂质含量，ppm				布氏硬度 MPa
									H	C	O	N	
德国	烧结条	50×50×60							11	460	8940	580	
	一次熔炼	60	8	80		133.3×10^{-4}			1	—	580	64	750
	二次熔炼	80	10	100		666.5×10^{-5}			1	40	95	20	510
	三次熔炼	100	10	140	80	400×10^{-5}	10		1	30	18	15	450
	粒状料								4	250	2100	105	
	一次熔炼	60	8	70		133.3×10^{-4}			1	50	80	40	550
	二次熔炼	80	10	100	80	666.5×10^{-5}	4		1	35	20	15	500
	废料坯条	50×50×600							2	30	100	30	
	一次熔炼	80	10	100	92	133.3×10^{-4}	3		1	25	30	30	550
中国	铌 201												
	一次熔炼	60	8.9		95.2	200×10^{-3}～933×10^{-4}		11.6					
	二次熔炼	70	5.3		—	$(133.3～1066.4)\times10^{-5}$	—	14.8					
	铌 202												
	一次	60	15.3		95.5	$(200～26.66)\times10^{-3}$		6.5～7.5					
中国	二次	70	11.6		—	$(133.3～800)\times10^{-5}$	—	7.0					
	铌 203												
	一次	60	25.0		97.0	$(307～93.3)\times10^{-3}$		45					
	二次	70	19.2		—	$(4～8)\times10^{-3}$	—	4.1～4.6					

铌电子束熔炼的主要工艺数据因设备、铌锭直径、电子束功率和泵速不同而有差异，每次熔炼后的非金属碳、氧、氮、氢含量的化学分析见表 12-4-49。

（二）自耗电弧熔炼

把以粉末或树枝状形式存在的原料压成电极后，在真空电弧炉内进行自耗电极熔炼。当炉子压力低到约 66.65Pa 时才有某种程度的提纯作用。自耗电极熔炼铌的工艺和结果见表 12-4-50。

表 12-4-49 每次熔炼后的非金属浓度

次数		1	2	3	4	5	6
非金属含量 ppm	C	8	8	7	10	6	8
	O	675	128	54	32	17	10
	H	1	1	2	1	1	1
	N	128	59	45	28	26	20
总计，ppm		812	196	107	71	50	39

表 12-4-50 电弧熔炼铌的数据

锭直径 mm	电极尺寸 mm	输入功率 电压 V	输入功率 电流 A	炉子 型式	炉子 压力，Pa	炉子 熔化速度 kg/min	材料	电极（A）和锭（B）的分析，% O	H	N	C	布氏硬度 HB MPa
45	25×25（真空烧结）	30	1450	直流	0.06665		A	0.085		0.084	0.11	
							B	0.017		0.066	0.086	
45	25×25（冷压制）	28	1360	直流	9.33×10^{-3}		A	0.045		0.019	0.052	
							B	0.036		0.019	0.024	
65	25×25（氮气下烧结）	35	1700	直流	433×10^{2}		A	0.838	0.0019	0.248		
							B	0.686	0.0018	0.250		
100	50（八角形）	36～39	3000～3200	直流	0.667～1.333	1.7	A	0.08	0.0029	0.03	0.023	
							B	0.05	0.0014	0.024	0.021	
125	ϕ75（电子束熔炼）	32	3100	直流	0.02666～0.1066	0.2	A	0.060	—	0.0150	0.031	1200
							B	0.033	—	0.0170	0.008	830
150	ϕ88（一次电子束熔炼）	30～42	6000～6500	直流	0.02666～0.06665							
220	ϕ160（自耗熔炼锭）	40～45	9000～9500	直流	0.02666							

图 12-4-16 铌板、带、箔材的生产工艺流程
a—原料为铌锭；*b*—原料为粉末烧结料

二、铌材的加工

(一) 板、带、箔材的加工

用来加工的锭坯主要有两种：一种是电子束熔炼或自耗电弧熔炼的铌锭，一种是粉末烧结坯。铌板、带箔材的生产工艺流程如图 12-4-16 所示。

铌板材和箔材的生产工艺条件见表 12-4-51 和表 12-4-52。

表 12-4-51 铌板材的生产工艺

工序号	工序名称	轧件轧制前后规格（厚×宽），mm	工艺条件及工艺参数
1	冷锻	$\phi 63\times L\rightarrow 25\times 85$	
2	刨面	25×85→22×85	
3	真空退火	22×85	炉内真空度 666.5×10^{-4}Pa，退火温度 1200℃，保温 60min，炉冷至室温后出炉
4	冷轧	22×85→6.0×85	总加工率为 73%，道次加工率 5～10%
5	剪切下料	6.0×85×103	
6	酸洗	同上	酸液：25～30%HNO_3＋5～10%HF＋水
7	真空退火	同上	真空度 666.5×10^{-4}Pa；退火温度 1150℃，保温 60min，冷却至室温出炉
8	冷轧	6.0×103→0.8×103	总加工率 86.5%，道次加工率 5～10%
9	剪切	0.8×103	板材中断
10	酸洗	同上	酸洗时间 20～30min，后用水清洗
11	真空退火	同上	真空度 666.5×10^{-4}Pa，退火温度 1150℃，保温 40min，冷却至室温后出炉
12	冷轧	0.8×103→0.3×103	轧后重复进行工序 10 和 11
13	成品冷轧	0.3×103→0.1×103	总加工率（从 0.8mm 厚计算）为 87.5%

表 12-4-52 铌箔材生产工艺

工序号	工序名称	轧件轧制前后规格（厚×宽），mm	工艺条件及工艺参数
1	冷轧	0.3×103→0.1×103	总加工率 66.5%，前张力 300～200kg，后张力 200～110kg
2	剪切	0.1×100	
3	除油清理	同上	除油剂：汽油、酒精
4	真空退火	同上	真空度 666.5×10^{-4}Pa，退火温度，Nb_1、Nb_2 为 950～1000℃，随炉冷至室温出炉
5	成品冷轧	0.1×100→0.01×100	总加工率为 90%，道次加工率 10～25%，前张力 90～30kg，后张力为 110～30kg
6	成品检查	0.01×100	尺寸及表面质量检查
7	包装入库	同上	

注：箔材牌号为 Nb_1、Nb_2、成品为硬状态，箔材规格为 $0.01\times 100\times l$（mm），来料规格为 $0.3\times 103\times l$（mm）。

(二) 铌管、棒材的加工

生产铌管主要采用坯锭→挤压→轧制→拉伸或

冲压→拉伸工艺。表 12-4-53 列出了铌管坯挤压的 数据。

表 12-4-53 铌管坯的挤压数据

锭尺寸 mm	加热		挤压后尺寸 mm	挤压比	包套材料	挤压力 MN	挤压常数 MPa
	温度 ℃	时间 min					
φ63.5/φ13	1000	20	φ25/φ11.5	7.55	钢	2.00	307
φ84/φ23	1030	22	φ31/φ22	14.2	软钢	4.40	314
φ54/φ23	970	30	φ31/φ22	14.2	软钢	4.85	344

铌及铌合金管材的规格列在表 12-4-54 中。

表 12-4-54 铌及铌合金管材

金属牌号	外径，mm		壁厚，mm														技术条件
			0.2	0.3	0.4	0.5	0.6	0.8	1.0	1.2	1.5	2.0	2.5	3.0	3.5	4.0	
	尺寸	偏差	偏差														
Nb_1	16～25	±0.20	—	—	—	—	—	±0.10	±0.12	±0.15	±0.20	±0.25	—	—	—	—	企业标准
Nb_2	26～30	±0.25	—	—	—	—	—	—	±0.12	±0.15	±0.20	±0.25	±0.35	—	—	—	

注：1. 供应状态：硬状态（Y）；退火状态（M）；消除应力状态（m）；

2. 供应状态：200×3000mm 对于 M、m 状态的供应长度一般不大于 900mm。

三、高纯铌的制备

为了深度提纯铌，采用不同的化学和具有超高真空技术的物理方法。图 12-4-17 是制取超高纯铌的一种工艺流程。

制得铌的电阻比 R 为 100000，铌中杂质含量为（%×10^{-4}）：K0.5、Na0.77、Ca0.15、Mg<0.36、Al0.1、Si0.3、S0.27、Cl0.23、Ti0.05、V<0.03、Mn0.03、Fe0.3、Co<0.03、Ni0.05、Cu<0.02、Zn<0.03、Ga0.33、As0.03、Zr0.1、Mo0.5、Ag<0.14、Ba<0.03、Hf0.16、Ta0.7、W0.5、Pb0.05、C0.06。

区熔和退火对铌提纯的影响见表 12-4-55。

制取超纯 Nb_2O_5 →除去钽、锆、钼、钨等杂质

↓

由 Nb_2O_5 制取 $NbCl_5$ →进一步提纯

↓

$NbCl_5$ 热分解→制取致密金属铌

↓

区熔→除去易挥发杂质

↓

（氧气压力为 0.67Pa，200℃）在氧气氛下退火→除去碳

↓

高真空退火（压力为 0.13×10^{-5}Pa，2300℃）→除氧

图 12-4-17 制取超纯铌的流程图

表 12-4-55 区熔和退火对铌提纯的影响

试验条件	杂质含量，ppm				残余电阻比
	C	O	N	H	
粉末电子束熔炼	50	47	25	3	95
三次区熔真空度为 133.3×10^{-5}Pa	51	27	8	2	165

续表 12-4-55

试验条件	杂质含量，ppm				残余电阻比
	C	O	N	H	
三次区熔，$P_0=666.5\times10^{-4}$Pa（在一次区熔中真空度为 266.6×10^{-6}Pa）	17	110	6	<1	331
同上三次区熔后，再在 2350 ℃下退火					
真空度为 266.6×10^{-7}Pa，5h	26	20	1	<1	1480
真空度为 533.2×10^{-8}Pa，41h	9	18	1	<1	6370

在 2300℃温度下铌单晶退火的最终压力 p_K 对电阻比的影响见表 12-4-56。

表 12-4-56　铌单晶退火最终压力对电阻比的影响

最终压力，Pa	466.6×10^{-8}①	627×10^{-8}	640×10^{-8}	453×10^{-8}	360×10^{-8}	706×10^{-9}	893×10^{-9}
电阻比 R	8000①	10000	18200	35000	50000	80000	80000

①　未在氧气氛下（2000℃，氧压力为 0.8Pa）进行脱碳。

在已掌握的提纯工艺的基础上，通过对铌-气反应方面的研究，研制出了一种更好的制备超纯铌的方法。其工艺是：电子束熔炼铌锭→用含 K_2NbF_7 的碱式氟化物熔体进行二次电解精炼→在超高真空中电子束悬浮区域熔炼→超高真空退火和脱碳。原料采用工业级电子束区熔的铌锭〔含 Ta140ppm，W35ppm〕，经第一次电解精炼后钽和钨含量降至 4 和 0.04ppm。物料经一次电子束区熔后，再进行三次电子束区熔，物料中钽和钨的含量低于 0.4ppm 和 0.01ppm，经超高真空退火后，杂质含量大大低于 1μg/g，铌锭纯度达 99.99999%。铌原料和熔盐电解精炼、电子束区熔后样品的成分分析列在表 12-4-57 中。

表 12-4-57　铌精炼后的杂质含量

元　素	Ta	W	Mo	Cr	Fe	Co	Cu	V	Ti	Al
铌原料	83ppm	38ppm	1.2ppm	3ppb	26ppb	85ppt	95ppb	5ppb	0.3ppm	90ppb
熔盐电解精炼	0.05～3ppm	1～30 ppb	96ppb	6～28 ppb	1～3 ppm	0.3～2.5ppb	44ppb	0.4ppb	<0.1 ppm	110ppb
电子束区熔	0.05～3ppm	1～50 ppb	75ppb	17～44 ppt	3～11 ppb	6.3～30ppt	<20 ppb	0.3ppb	<0.1 ppm	20ppb

第六节　铌的金属学

一、铌合金剂

铌铁、镍铌和铬铌是生产低合金钢、合金钢和超合金的重要添加剂。

（一）铌铁

铌铁的制取一般采用炉外铝热还原法和电炉铝热还原法。用烧绿石、铌铁矿为原料制取标准级铌铁、用工业氧化铌为原料制取高纯级铌铁。发热添加剂的性质和氧化物铝热还原数据见表 12-4-58。

巴西间歇炉外铝热法生产含铌 66%铌铁的反应物料配比为：烧绿石精矿（$Nb_2O_5$65%），18000kg；氧化铁（赤铁矿 60%Fe）400kg；铝粉 6000kg；萤石 750kg；石灰 500kg. 每批炉料在旋转混料器中混合 90min，然后装入内衬镁砂的钢筒反应器中，反应器直径 3.7m，高 1.8m，放在圆形的凹坑上面，凹坑用石灰和萤石作内衬，预先在硅砂床中制备好，反应物料装好后，上面放上氯酸钾和铝粉，用火点燃，反应自动进行 15min，反应温度最高可达 2400℃，反应完全后冷却 16h，把渣子除去、底部铌铁再冷却几小时后取出。还原后炉渣的成分是（%）：

Al_2O_3	48
CaO	25
TiO_2	4
BaO	2
RE_2O_3	4
Nb_2O_5	痕量
ThO_2	2
V_3O_8	0.05

品位较低的铌原料，可用电炉铝热还原法生产，1t 含 50%（Ta＋Nb）的铌铁单耗是：铌精矿（30% Nb_2O_5）2425kg，铝粉 585kg，高品位铁精矿 145kg，电耗 2000kW·h。铌还原率达 97～98.5%。与炉外铝热法相比，铝粉损耗少 30%，铌铁中杂质含量也较低。炉外法生产的 Nb-Fe 钛含量比电炉法高 1.5 倍，硫含量高 3.2 倍，氮含量高 5 倍，铝含量高 2.7 倍。

含铌低品位炉渣，采用碳热还原法制取低品位铌铁，其工艺流程如图 12-4-18 所示。

（二）镍铌、铬铌

镍铌、铬铌及铝铌等用于非铁合金和高级合金钢。一般用电炉法生产，将其质量标准列在表 12-4-59 中。

表 12-4-58　发热添加剂的性质

发热添加剂组成	单位热效应，kJ/kg	反应产物
$NaNO_3$＋Al	9127	Al_2O_3、Na_2O、N_2
69%$KClO_3$＋31%Al	9743	Al_2O_3、KCl
$CaSO_4$＋Al	6176	Al_2O_3＋CaS
$Al_2(SO_4)_3$＋Al	6757	Al_2O_3＋Al_2S_3
90%BaO_2＋10%Al	2621	Al_2O_3、BaO

表 12-4-59　镍铌、铝铌质量标准

牌　号	成　分，　%												
	Nb＋Ta	Fe	Al	Si	Ti	C	S	P	Ni	O	H	N	Cu
苏 ХНБ	35～60	2.0	2.0	1.0	1.0	0.05	0.02	0.1	余量				
苏 ХНБЖ	55～65	15.0	2.5	1.5	1.0	0.1	0.02	0.15	余量				
Al-Nb	17～25		28～40	≤10				<0.8					≤5
巴西 Ni-Nb	>63	<1	<1.5	<0.25	<0.1	<0.1	<0.01	<0.01	余量	<0.1	<0.02	<0.01	

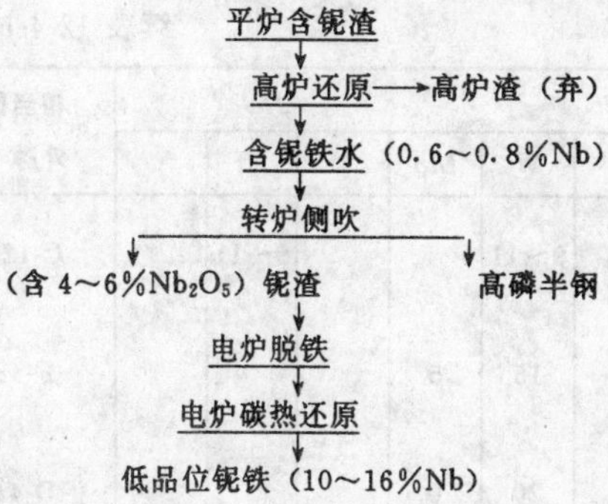

图 12-4-18　低品位 Nb-Fe 生产流程图

二、铌基合金

铌合金具有好的高温强度和低温塑性，以及优良的加工性和焊接性能。但抗氧化性能较差。国内常见铌合金和国外典型的铌基耐热合金的成分列在表 12-4-60 中。

（一）铌基合金的性能

铌基合金的物理性能和机械性能分别列在表 12-4-61、表 12-4-62 及表 12-4-63 中。

表 12-4-60　常见铌合金的成分

合　金	组分含量，%													相当国外牌号
	C	N	O	H	Zr	Ta	Ti	B	W	Mo	V	Hf	Y	
纯铌（反应堆级）	0.01	0.03	0.03	0.002	0.05	0.1	0.05	0.0002	0.05	0.05	0.02	0.01	0.001	
Nb-1Zr	0.01	0.03	0.03	0.002	0.8～1.2	0.1	0.05		0.05	0.1	0.02	0.02		Nb-Zr
Nb-5Zr	0.01	0.01	0.04	0.02	4.0～5.6									D-14
Nb-5V	0.02	0.02	0.02								4.5～5.6			B-33
Nb-10Hf-1Ti	<0.01	<0.03	<0.03	<0.002	<0.7		0.7～1.3					9～11		C-103
Nb-10W-10Ta	0.001	0.001	0.009			9～11			9～11					SCb-291
Nb-28Ta-10W-1Zr	0.01	0.015	0.03	0.001	0.6～1.1	26～29			10～12					FS-85
Nb-10Ti-5Zr	0.01	0.01	0.04	0.002	4～6		9～11							D-36
Nb-32Ta-1Zr	<0.01	<0.02	<0.05	0.8～1.2	30～35									Fs-82
Nb-10Mo-10Ti-0.1C	0.08～0.12	0.007	0.025	0.002			9～11			9～11				D-31
Nb-10W-1Zr-0.1C	0.08～0.12	<0.01	<0.04	0.002	0.75～1.25				9～11					D-43
Nb-10W-2.5Zr	<0.1	<0.02	<0.02		2～3				9～11					Cb-752

续表 12-4-60

合金	组分含量,%													相当国外牌号
	C	N	O	H	Zr	Ta	Ti	B	W	Mo	V	Hf	Y	
Nb-10W-10HF	<0.1	<0.015	<0.03	<0.002					9～11			9～11		C-129
Nb-15W-5Mo-1Zr-0.1C	0.04～0.08		0.03～0.06		1				15	5				F-48
Nb-20W-10Ti-6Mo	0.8	0.015	0.01	0.0002			10		20	6				D-41
Nb-5V-5Mo-1Zr	0.02	0.02	0.03		0.85～1.3					5	4.5～5.5			B-66
Nb-10W-3Mo-2Hf-0.1C	0.08								11	3		2		Su-16（英）
Nb-17W-3.5Hf-0.1C	0.1								17			3.5		Su-31（英）
Nb-10W-2V-3.5Zr-0.6Ti					3.5		0.6		10		2			P353M（法）
Nb-10W-1.2Zr	0.034		0.025		1～1.5				9～11					PH5（苏）
Nb-5W-5Mo-1.2Zr	0.026		0.028		1～1.5				4.5～6	4.5～6				PH6（苏）
Nb-5W-5Mo-1.2Zr					1～1.5				4.5～6	4.5～6				PH6（苏）
Nb-15W-28Hf-4Ta-2Zr-0.1C	0.1	<300	<300		2	4			15			28		WC3015

表 12-4-61 国外典型的铌基耐热合金的成分

合金名称	化学成分,%										
	W	Mo	Ta	V	Hf	Ti	Zr	C	O	N	Nb
Nb-1Zr							1	50ppm	100ppm	50ppm	余量
FS-85	10		28				1	40ppm	60ppm	50ppm	余量
Nb-753				5			1.25	50ppm	100ppm	75ppm	余量
B-66		5		5			1	60ppm	120ppm	60ppm	余量
D-36						10	5	60ppm	100ppm	40ppm	余量
F-48	15	5					1	500/1000ppm	300ppm	100ppm	余量
AS-30	20						1	1000ppm	100ppm	100ppm	余量
SU-31	17				3.5			1000ppm			余量
RN-6	5	5					12ppm	260ppm	280ppm		余量

表 12-4-62　几种铌基合金的物理性能

合　金	密　度 g/cm³	熔　点 ℃	再结晶温度 ℃	延性-脆性转变温度 ℃
Nb	8.57	2468	1070～1200	
Nb-5Zr	8.57	2180	980～1300	
Nb-10Ti-10Mo-0.1C	8.08	2260		−73
Nb-10Ti-5Zr	7.92	1930	970～1150	
Nb-10W-1Zr-0.1C	9.02	2590	1150～1430	
Nb-33Ta-1Zr	10.3	2510		
Nb-28Ta-10W-1Zr	10.8	2590	1310～1370	−196
Nb-10W-2.5Zr	9.02	2430	1150～1430	−196
Nb-10W-10Ta	9.60	2600		<−196
Nb-10Hf-1Ti-0.5Zr	8.86			<−196
Nb-10W-10Hf	9.5		980～1200	135
Nb-4V	8.47	2380	930～1200	
Nb-5V-5Mo-1Zr	8.44	2370	1100～1370	<−196
Nb-1Zr	8.57	2470	1000～1280	<−73

注：合金为再结晶状态，弯曲法测定。

表 12-4-63　几种铌基合金的室温抗拉性能

合　金	试验状态	屈服强度 $\sigma_{0.2}$ MPa	抗拉强度 MPa	伸长率 %
Nb-5Zr	消除应力	429	527	15
Nb-10Ti-10Mo-0.1C	再结晶	633	689	15
Nb-10Ti-5Zr	再结晶	506	562	20
Nb-10W-1Zr-0.1C	消除应力	492	611	21
Nb-33Ta-1Zr	消除应力	633	689	12
Nb-28Ta-10W-1Zr	消除应力	647	769	14
Nb-10W-2.5Zr	再结晶	492	590	22
Nb-10W-10Ta	再结晶	422	529	25
Nb-10Hf-1Ti-0.57Zr	再结晶	352	415	26
Nb-10W-10Hf	再结晶	506	619	26
Nb-4V	再结晶	380	548	32
Nb-5V-5Mo-1Zr	再结晶	534	710	26
Nb-1Zr	再结晶	246	338	15

(二) 铌合金的熔炼

在加工铌合金时，首先要将粉末或其他状态的原料制成锭(坯)或铸件。目前主要使用熔铸法和粉末压型-烧结法。在熔铸法中以电子束熔炼和电弧自耗熔炼为主。

1. 真空电弧熔炼

自耗电极电弧熔炼能制备直径 400mm 以上和重量几百公斤的铌合金锭。铌合金自耗熔炼工艺参数的实例见表 12-4-64。

表 12-4-64 铌合金自耗熔炼工艺参数

品种及牌号	坩埚直径 mm	电极状态	熔前真空度 Pa	漏气率 Pa/min	熔炼真空度 Pa	熔炼电流 KA	电弧电压 V	稳弧磁场安匝	熔速 kg/min	冷却时间 h
Nb-10W-2.5Zr	160	ϕ88 二次电子束熔炼锭	6.6×10^{-2}	66.65	0.1333	6.5～7.5	40～45	1800		2
Nb-10Hf-1Ti	160	电子束铌锭、铪片、钛片	6.6×10^{-2}	66.65	0.1333	6.0～6.5	38～44	1800		2
	220	ϕ160 一次自耗熔炼锭	6.6×10^{-2}	66.65	0.1333	9.0～9.5	35～40	1800		3
Nb-10W	100	ϕ55 一次电子束熔炼锭	4×10^{-2}	666.5	0.1333	4.0～4.3	36～45	—	—	2
-1Zr-0.1C	120	ϕ73 一次电子束熔炼锭	4×10^{-2}	666.5	8×10^{-2}	5.0	40～48	1440	1.7～1.8	2.5
Nb-50Ti	100	ϕ50 海绵钛、铌条压制棒	4×10^{-2}	5	$4.0～10.6\times10^{-2}$	2.8	31	1050	1.43	1
	150	ϕ100 一次自耗熔炼锭	4×10^{-2}	5	2×10^{-2}	3.8	32.5	1750	2.13	3

2. 电子束熔炼

合金的电子束熔炼一般采用较纯的中间合金作为原料。熔炼中除获得合金外，还有较好的提纯作用。铌可以与高熔点金属如钨、钽、钼和少量锆熔炼成合金，而熔炼含有低熔点金属的合金时，因其挥发损失，使合金成分控制比较困难。铌合金的电子束熔炼工艺及效果见表 12-4-65。

表 12-4-65 铌合金电子束熔炼工艺及结果

合金牌号	坩埚直径 mm	原料状态	预真空度 Pa	熔炼次数	熔炼真空 Pa	熔化功率 kW	熔化速度 kg/h	比电能 kW·h/kg	化学成分(熔前/熔后),% W	Zr	C	N_2	O_2	熔炼损失 %
Nb-10W-2.5Zr	80	预合金条	666.5×10^{-5}	1	$(133.3～400)\times10^{-4}$	120	15	8	9.24/9.85	5.27/4.12			0.20/0.032	2.7
	130	ϕ80m 一次锭	665.5×10^{-5}	2	$(53.32～133.3)\times10^{-4}$	200	15.4	13	10.10/10.11	3.60/2.50	—/0.005	—/0.005	—/0.0029	2.1
	80	预合金条	666.5×10^{-5}	1	$(66.65～666.5)\times10^{-4}$	130	11.8	11	8.97/9.62	6.81/3.46	0.65/0.01	0.07/0.018	0.10/0.015	5～6

续表 12-4-65

合金牌号	坩埚直径 mm	原料状态	预真空度 Pa	熔炼次数	熔炼真空 Pa	熔化功率 kW	熔化速度 kg/h	比电能 kW·h/kg	化学成分(熔前/熔后),% W	Zr	C	N_2	O_2	熔炼损失 %
Nb-10W-2.5Zr	130	φ80mm一次锭	666.5×10^{-5}	2	(66.5～666.5)×10^{-4}	200	12.5～15.4	13～16	9.62/9.82	3.46/2.91	0.01/0.075	0.018/0.010	0.015/0.005	
	70	预合金条	666.5×10^{-5}	1		111	13.9	8	9.48/9.49	6.3/4.8	0.022/—	0.06/0.025	0.022/—	4.45
	150	φ70mm一次锭	666.5×10^{-5}	2		193	16.1	12	9.49/9.72	4.8/2.67	—/0.0033	0.025/0.0079	—	6.75
	70	φ45mm烧结体	666.5×10^{-5}	1	(133.3×10^{-3}～600×10^{-5})	130	15	8.7	9.20/9.40	3.82/2.77	0.057/0.018	0.018/0.023	0.018/0.059	6
	92	φ70mm一次锭	666.5×10^{-5}	2	266.6～13.33×10^{-5}	90～95	20	4～5	—/9.80	—/2.92	—/0.0064	—/0.014	—/0.013	6
Nb-10W-1Zr-0.1C	80	预合金条	666.5×10^{-5}	1	467×10^{-4}	120	11.4	10.5	9.20/9.75	1.60/1.13	0.058/0.011	0.047/0.021	0.16/0.015	
	130	φ80mm一次锭	666.5×10^{-5}	2	467×10^{-4}	190	19	10	9.75/9.96	1.13/0.72	0.011/0.002	0.021/0.0079	0.015/0.0073	
	110	φ80mm一次锭	666.5×10^{-5}	2	266.6×10^{-4}	159	15.9	10	10.20/10.90	1.22/0.90	0.147/0.134	0.012/0.0067	0.019/0.0057	
	110	φ60mm一次锭	666.5×10^{-5}	2	93.3×10^{-4}	156	15.45	10.1	10.20/10.30	1.01/0.90	0.147/0.130	0.012/0.0071	0.019/0.0013	
	110	φ60mm一次锭	666.5×10^{-5}	2	93.3×10^{-4}	137	19.6	7.0	9.95/10.35	1.23/0.91	0.087/0.07	0.022/—	0.017/0.0091	
Nb-10W-10Ta	85	预合金条	666.5×10^{-5}	1	(66.65～666.5)×10^{-4}	130	14.45	9						
	125	φ80mm一次锭	666.5×10^{-5}	2	(66.5～666.5)×10^{-4}	200	16.67	12						

（三）合金热处理

铌合金的热处理有均匀化退火、消除应力退火、再结晶退火和热机械处理，这些方面各有其特点又相互影响。铌是活性金属，高温时，与氧、氢等元素亲合力很强，极易形成氧化物、氮化物和氢化物，因此铌合金热处理应在真空或惰性气体保护下进行。

1. 均匀化退火

均匀化退火是除去合金中含有不稳定相以及晶内偏析等缺陷。均匀化是通过原子扩散获得的，在多元铌合金中均匀化需要很长时间。保温时间随合金锭大小而定，一般为5～10h。

2. 消除应力退火

铌合金的冷加工回复激活能小于自扩散激活能，所以在相当低的温度下很快就发生回复。大部分铌合金在给定温度下加热1h就消除了应力，基本上消除了所有产生新晶粒的应变中心。铌合金在冷加工过程中，常进行消除应力退火，几种铌合金合金消除应力退火温度为：Nb-10W-1Zr-0.1C，1200℃；Nb-28Ta-10W-1Zr、Nb-10W-2.5Zr、Nb-10W-10Hf，1000℃。

3. 再结晶退火

铌及铌合金的再结晶温度主要与变形程度和合金元素的加入量有关。钛的加入对再结晶温度影响不大，如 Nb-7Ti-0.8Zr 合金的再结晶温度与 Nb-1Zr 的相同。钨、钼的加入可大大提高再结晶温度，如 Nb-25W-5Mo-5Ti-1Zr 合金冷变形 85%后完全再结晶需要在 1700℃温度下进行 1h。

铌合金在加工过程中，通过变形和退火的交互进行可消除铸锭的偏析，使晶粒破碎，组织均匀，防止板材分层等。几种铌合金的再结晶温度见表 12-4-62。

4. 机械热处理

铌合金可以通过"固溶→冷变形→时效"得到弥散的强化相，从而得到优良的综合性能。固溶与时效的温度和时间以及中间冷变形量的大小对产品性能影响很大，进行机械热处理时必须合理选用和严格控制这些参数。Nb-10W-1Zr-0.1C 合金常用的机械热处理制度是：1650℃，10min→20～30%冷变形量→1420℃，1h。

三、超导材料

铌是超导转变温度最高的金属。作为超导材料的有纯铌、合金和金属化合物三种。目前工业应用的主要是铌钛合金和铌三锡金属间化合物。含铌超导材料的临界温度和临界磁场见表 12-4-66。

表 12-4-66 含铌超导材料的临界温度和临界磁场

类别	材料	T_c, K	HC_2	J, A/cm²
金属	纯 Nb	9.13	Ho 1.98	
合金	Nb-2.5Zr	10.8	9.1	
	Nb-60Ti	9.3	12	5T 1.2×10^{-5}
	Nb-30Ta	6.9	0.95	
	Nb-60Ti-40Ta	9.9	12.4 (4.2K)	
化合物	Nb_3Al	18.7	30	4.2K15 T 2×10^{-5}
	Nb_3Sn	18.05	29.0	4.2K10 T 4.5×10^{-5}
	Nb_3Ga	20.3	34	4.2K7 T 5×10^{-5}
	Nb_3Ge	23.9	37	4.2K20 T$\times10^{-5}$
	Nb_3Si			
	Nb_3Au	11.5		
	$Nb_3Al_{0.7}Ge_{0.30}$	20.7	43.5	
	$Nb_3Al_{0.5}Ge_{0.5}$	19.0	32.5	
	NbC	11.1	1.7	
	$NbN_{0.9}$	15.72	18	
	NbB	8.25		
	NbN	17.3	47 (H⊥)	
	$NbC_{0.2}N_{0.8}$	17.9	17	
	$NbSc_2$	6.3	14.5(H∥)4.5(H⊥)	

（一）Nb-Ti 超导材料制备工艺

Nb-Ti 超导线主要采用复合加工法，W·C·黑罗伊斯有限公司铌钛超导材料的工业生产工艺如图 12-4-19 所示。

电子束熔炼的原料是铝热还原 Nb_2O_5 的铌锭。它含 6%Al、0.6%O_2、500 (μg/g) C、300 (μg/g) N_2 和 750 (μg/g) Si。电子束熔炼炉采用莱博尔德-黑罗伊斯炉，该炉有效熔炼功率为 450kW；两个电子枪功率均为400kW，可达到铌熔炼速率为60～70kg/h。标准质量的铌锭一般采用二次电子轰击，高纯铌锭要至少进行四次电子束熔炼。

最重要的加工步骤是：铸锭粗锻、液压并锯成挤压锭（ϕ200×4000mm）。热挤压是直接在一个25×10^6N挤压机上进行。挤压过的棒材直径约50mm，在850℃的空气中退火1h，并在水槽里淬火（以避免α-Ti在早期阶段析出）。棒材剥皮后，用冷轧逐步加工，可获得直径在25～15mm的理想棒材，继之通过拉板加工得到直径较小的棒材（ϕ15～6mm）。通过研磨和酸洗，可获得质量很好的表层。

美国华昌公司制成Nb-46Ti%锭的典型分析是：Ti 46±2%、O_2 1000ppm（最大）、N 100ppm、C 100ppm、H 10ppm、Ta 400ppm、Fe 50ppm。国外熔炼最大锭为：ϕ580×3300mm，约重5t。

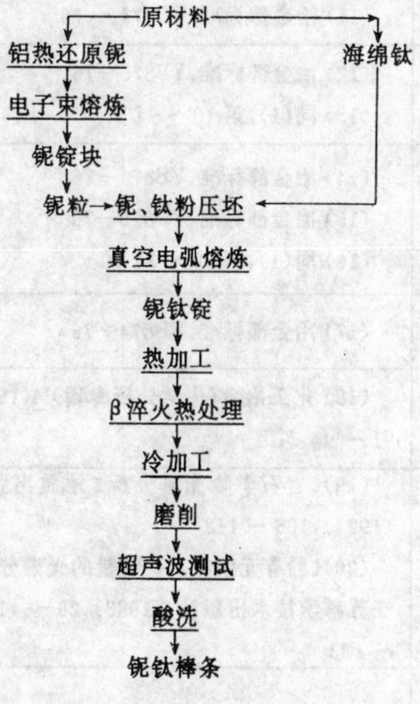

图 12-4-19 Nb-Ti超导半成品的生产过程

真空电弧熔炼工艺：电流强度15kA，电弧电压32V，真空度5Pa，三次熔炼，ϕ400mm，锭重1400kg，O_2<1000ppm，C、H、N总量少于200ppm。

（二）Nb_3Sn的制取方法

1. 复合加工法

复合加工法的工艺流程如图12-4-20所示。

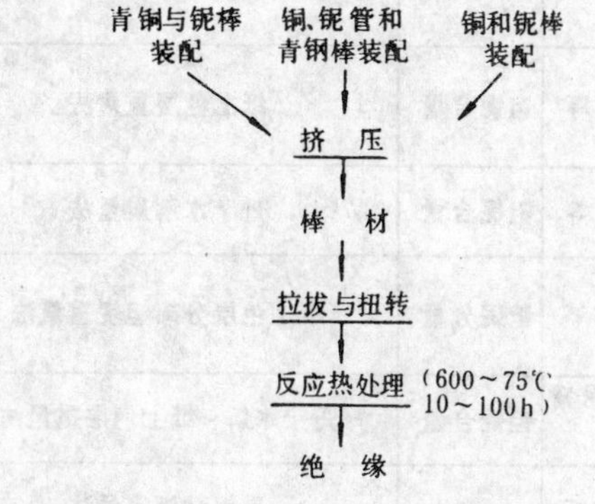

图 12-4-20 Nb_3Sn复合加工工艺流程

2. 原位法

原位法的工艺流程如图12-4-21所示。

铜＋铌→高频感应熔炼→Cu-Nb合金→冷加工

轧、拉丝→镀锡→扩散→热处理→NbSn丝

图 12-4-21 Nb_3Sn原位法加工工艺流程

3. 粉末法

粉末法适用于A-15化合物超导材料的制备。有冷、热两种工艺，其工艺流程如图12-4-22所示。

铌 粉

铜 粉→筛分、混合→致密化→包套→

除气剂

550～1000℃

热挤压 →线材减径→涂锡扩散→热处理→

Nb_3Sn

图 12-4-22 Nb_3Sn粉末法加工工艺流程

第七节 铌的成分分析

一、铌矿石分析

铌矿石分析方法见表12-4-67。

表 12-4-67 矿石分析

样 品	分析元素	分析方法	测定范围 %	详细参见
铌铁矿等	钽铌合量	纸上色层重量法	1.00	(1)《铌和钽的冶金分析》,中国工业出版社,1972,第1～2页
铌铁矿等	钽铌合量	丹宁水解重量法	1.00	(2)同(1),第8～9页
铌铁矿等	钽铌分量	纸上色层分离钽铌重量法	1.00	(3)同(1),第3～5页 (4)冶金部标准,YB874—76
褐钇铌精矿等	钽铌合量	丹宁水解-纸上色层重量法	1.00	(5)冶金部标准,YB875—76
铌铁矿等	铁	重铬酸钾容量法	1.00	(6)同(1),第11～13页
铌铁矿等	锰	过硫酸铵容量法	1.00	(7)同(1),第14～15页
铌铁矿褐钇铌矿	钛	双安替吡啉甲烷(DAPM)光度法	1×10^{-2}	(8)冶金部标准,YB874—76 (9)冶金部标准,YB875—76
铌铁矿等	钨、钼	硫氰酸盐比色法	5×10^{-2}～10.00	(10)同(1),第21～24页 (11)冶金部标准,YB874～76
褐钇铌矿	硅	差减快速重量法	1.00	(12)冶金部标准,YB875—76 (13)同(1),第10～11页
铌铁矿、褐钇铌矿	铀	钒酸铵容量法	0.50	(14)冶金部标准,YB874—76 (15)冶金部标准,YB875—76 (16)同(1),第32～34页
铌铁矿等	钍	偶氮胂(Ⅲ)比色法	1×10^{-2}～1.00	(17)冶金部标准,YB874—76
炉渣	稀土钍	偶氮胂(Ⅲ)萃取光度法	5×10^{-3}～1.00	(18)化工冶金(化学分析专辑)4(1983),91～94
铌精矿、含钽铌高矿物	钽铌	直接燃烧重量法	1.25×10^{-2}～5×10^{-2} 5×10^{-2}～1×10^{-1}	(19)《岩石矿物光谱分析》地质出版社,(1974),106～112 (20)《稀有元素及其矿物量的光谱分析》,江苏科学技术出版社,(1983),26～41,121～123
铌铁矿	铝、镁、钙、钛、锰、铁、锆、钨、钽铌	ICP-AES法全分析	0.1～100 (μg)	(21)长岛弘三,田中君男,分析化学(日),1983,29(10),699～702
矿物	铌	纸上色层分离-氯代磺酚S光度法 纸上色层分离—酸性铬蓝K光度法	2×10^{-3}	(22)贾荣征等分析化学,1979,7(4),247

二、铌中间产品分析

铌中间产品分析方法见表 12-4-68。

表 12-4-68 中间产品分析

样品	分析元素	分析方法	测定范围 %	详细参见
氟铌酸钾	铌	丹宁水解重量法	1.00	(1)《铌和钽的冶金分析》，中国工业出版社，第52～53页
氟铌酸钾	硅	硅钼蓝比色法	5×10^{-3}	(2) 同 (1)，第44～45页
氟铌酸钾	铁、镍、铜	比色法	5×10^{-4}	(3) 同 (1)，第45～49页
氟铌酸钾	钨、钼	二硫酚比色法	1×10^{-4}	(4) 同 (1)，第49～52页

三、铌金属及氧化物分析

铌金属及氧化物分析方法见表 12-4-69。

表 12-4-69 金属及氧化物的分析

样品	分析元素	分析方法	测定范围 %	详细参见
金属铌 氧化铌 氢氧化铌	钽	丁基罗丹明B萃取光度法	1×10^{-3}～0.10	(1)《铌和钽的冶金分析》，中国工业出版社，第56～58页 (2) 宁夏有色金属冶炼厂，高纯氢氧化铌中微量钽的测定 (1972) (3) 广东有色金属研究院，稀有金属加工，1 (1976)，86
金属铌 氧化铌	钽	孔雀绿光度法	5×10^{-2}～2×10^{-4}	(4) 宁夏有色金属冶炼厂，孔雀绿萃取光度法测定铌中钽 (1975)
金属铌	钽	纸色层分离-焦性没食子酸吸光光度法	0.25～3.00	(5) 冶金部标准，YB942 (10) —78
金属铌	钽	钽离子选择电极法	3×10^{-2}	(6) 丰达明，陈诚之，分析化学，10 (1982)，№11，676
金属铌	铁	邻菲啰啉吸光光度法	1×10^{-3}～1.00	(7) 冶金部标准，YB942 (1) -78 (8) ASTME195—68 (1982)
金属铌	钛	二安替吡啉甲烷光度法	1×10^{-2}～0.50	(9) 冶金部标准，YB942 (2) -78
金属铌	硅	硅钼蓝光度法	2×10^{-3}～0.20	(10) 冶金部标准，YB942 (3) -78

续表 12-4-69

样　品	分析元素	分析方法	测定范围 %	详细参见
金属铌	钼、钨	二硫酚光度法	5×10^{-3}	(11) ASTME195—68 (1982) (12) 冶金部标准，YB942 (4) -78
金属铌	磷	乙酸乙酯萃取磷钼蓝光度法	1×10^{-3}～ 1×10^{-2}	(13) 冶金部标准，YB942 (12) -78
金属铌	氢	真空热提取气相色谱法 惰性气氛脉冲-气相色谱法	0.2μg 0.001ppm	(14) L. M. Melnick, et al., Determination of Gaseous Elements in Metals, 1974. P294. P623 (15) LECO Corporation, Application Bulletin, 1980
金属铌	氧	真空熔融-气相色谱法 惰性气氛脉冲法	10ppm 以下 0.05～0.30 0.1ppm	(16) 同 (14), P624 (17) 冶金部标准 YB942 (6) -78 (18) 同 (15)
金属铌	氮	凯氏蒸馏-容量法（或光度法）	5×10^{-4} 0.02	(19) 同 (14), P332, P625 (20) 冶金部标准，YB942 (9) -78
金属铌	碳	管式炉或高频炉燃烧法、容量法或库仑法测量高频红外法	1ppm 5×10^{-3} ～0.50 0.1ppm	(21) The Analyst, 1962, 87, 530～538 (22) 冶金部标准，YB942 (5) -78 (23) 同 (15)
金属铌	氧	中子活化法	6±3.3μgO_2	(24) 同 (14), P618
金属铌	氮、氧	惰性气氛脉冲法	$O_2$11%, $N_2$12% (相对误差)	(25) 张家豪等译，金属中气体的测定（俄），1980，P290 页
氧化铌钽混合物	铌	直流电弧发射光谱法 火花压片光谱法	1×10^{-2}～ 1.00 1～99	(26) Ш. Т. Мелемея. идр., TPKомие поанаиит, химни. АнСССР, изд-во АнСССР. 1960, 12, 64～70
金属铌 氧化铌	钽、钼、钙、锶、硅、锆、铁、钛、钴、镍、镁、铝、铜、锰	直流电弧发射光谱法	5×10^{-4}～ 1×10^{-2}	(27) 同 (1), P121～131
	锂	直流电弧发射光谱法	5×10^{-5}	
金属铌 氧化铌	铜、铍、镁、硼、铝、锡、铅、钒、锑、铬、钴、钼、锰、铁、镍	交流电弧发射光谱 直流电弧发射光谱	5×10^{-6}～ 5×10^{-4} 5×10^{-6}～ 2×10^{-4}	(28) Н. Ф. Захарил идр, Ж. А. Х., 1972, 27 (12), 2400～2404
金属铌 氧化铌	钽、锰、镁、钙、铬、钴、硅、铁、镍、钛、铝、钼、锆	直流电弧发射光谱	1.5×10^{-4}～ 1×10^{-2}	(19) 何志壮、钱伯仁，高纯铌中杂质的光谱分析方法，北京有色金属研究总院（待发表），1971

续表 12-4-69

样品	分析元素	分析方法	测定范围 %	详细参见
金属铌	镍、铬、钛、锰、铝	载体分馏直流电弧光谱	1×10^{-4}～1×10^{-3}	(30) 冶金部标准，YB942 (14) -78
金属铌	铋、锡、铅、锑、砷	载体分馏直流电弧光谱	5×10^{-4}～1×10^{-3}	(31) 冶金部标准，YB942 (15) -78
金属铌 氧化铌	硅、铝、镁、锰、钼、钙、钴、铬、铁、镍、钛、锆	直流电弧发射光谱	1×10^{-4}～8×10^{-4}	(32)孔令仙，分析试验室，1984，No5，39～41
高纯铌	钾	化学（氯化法）光谱法	8×10^{-5}	(33) 胡鑫弟、康桂芬，分析试验室，1984，1，29～30
金属铌	砷、钴、铁、锰、铝、镍、铋、铜、铟、银	化学（萃取法）光谱	1×10^{-5}～$n\times10^{-4}$	(34)黄斯民，全国第二次高纯金属和半导体材料分析会议论文集，1983，244
金属铌	钡、钴、铊、铁、锰、镁、铅、铬、镍、铋、钙、钒、镉、铜、锌、锶	化学光谱（离子交换分离）	5×10^{-7}～4×10^{-5}	(35)秦光荣等，高纯金属锆钛铌钽中微量杂质的化学光谱测定，北京有色金属研究总院（待发表），1975
金属铌 氧化铌	钨、钼	直流电弧光谱（旋流气室加石墨套嘴）	3×10^{-5}～3×10^{-4}	(36) 钱伯仁、李莉、梁申束，分析化学，1975，3(4)，284～289

四、铌合金、铌晶体分析

铌合金、铌晶体分析方法见表 12-4-70。

表 12-4-70 铌合金、铌晶体分析

样品	分析元素	分析方法	测定范围 %	详细参见
碳化铌①	总碳	燃烧-红外吸收法		(1)LECO corporation，Application Bulletin，1982
碳化铌	游离碳	燃烧法		(2)R. S. Young，The Analyst，107(1982)，1276，721
碳化铌	氧	惰性气氛脉冲加热-色谱法		(3)A. M. 瓦谢尔曼等，金属中气体的测定（中译本），323 页，1976

续表 12-4-70

样品	分析元素	分析方法	测定范围 %	详细参见
碳化铌	氮	碱熔-容量法或比色法		(4)L. M. 莫尔尼克等,金属中气体元素的测定(英),(1974),p. 325
铌铁	铌、钽	纸上色层分离重量法	铌 50～80 钽 0.4～1.5	(5)国家标准 GB3654,1-83
铌铁	铜	新亚铜灵-六氯化烷萃取光度法	4×10^{-3}～0.18	(6)国家标准 GB3654,2-83
铌铁	硅	重量法	1.00～10.00	(7)国家标准 GB3654,3—83
铌铁	碳	燃烧重量法	3×10^{-2}～1.00	(8)国家标准 GB3654,4—83
铌铁	磷	钼蓝光度法	1×10^{-2}～0.50	(9)国家标准 GB3654,5—83
铌铁	硫	燃烧碘量法	3.5×10^{-2}～9×10^{-2}	(10)国家标准 GB3654,6—83
铌铁	硫	次甲基蓝光度法	5×10^{-3}～3.5×10^{-2}	(11)国家标准 GB3654,7—83
铌铁	钛	变色酸光度法	1×10^{-2}～2.50	(12)国家标准 GB3654,8—83
铌铁	钨	硫氰酸盐光度法	0.10～2.00	(13)国家标准 GB3654,9—83
铌铁	铝	EDTA 容量法	1.50～8.00	(14)国家标准 GB3654,10—83
铌铁	锡铅	石墨炉原子吸收光谱法	1×10^{-3} 2×10^{-4}	(15)严慰章、吴辛友,稀有金属,10(1986),№2,119 (16)林毓仙、薛祖农,冶金分析与测试(冶金分析分册),3(1983),№6,359
铌铁	砷锑锡	氢化法-电热石英管原子吸收光谱法	1×10^{-3}	(17)林毓仙、胡善寅,全国第二届难熔金属及钛分析学术会论文资料,(1982),26
铌铁	铌、钽、钛	离子交换分离光度法	40～75 0.25～7.00 0.05～5.00	(18)ASTM,E367-74(1982)
铌铁	铅、锡、铋、锑、砷	直流电弧光谱法	1×10^{-4}～1×10^{-3}	(19)袁明星,分析化学,8(1980),№2,138～140
铌铁	钛、锰、铌、磷、硫	电感耦合等离子体发射光谱法	分别为 1、3、10、12、21(μg)	(20)Kuijirai,α.,分析化学(日),33(1984)№3,E95～E102
铌合金	铌	氯代磺酚 C 示差分光光度法	高达 75	(21)何成锠,冶金分析与测试(冶金分析分册),3(1983),№6,368
铌合金	钛	硫酸高铁铵容量法	1.00	(22)北京有色金属研究总院,有色金属合金分析,(1981),336
铌合金	钼	高锰酸钾容量法	1.00	(23)同(22),339

续表 12-4-70

样品	分析元素	分析方法	测定范围 %	详细参见
铌合金	锆	氟锆酸钡分离-EDTA容量法	1.00	(24) 同 (22)，343
铌合金	铬	硫酸亚铁铵容量法	1.00	(25) 同 (22)，350
铌合金	钨	硫氰酸盐比色法	<5.00	(26) 同 (22)，352
铌合金	硅	氟硅酸钾容量法	0.50	(27) 同 (23)，362
铌合金	硼	次甲基蓝比色法	0.10～0.40	(28) 同 (24)，366
铌合金	锡	四溴化锡蒸馏EDTA容量法	1.00	(29) 檀崎祐悦，et al.，分析化学（日），33 (1984)，№4，T31
铌铜合金	铌	X射线荧光光谱法	2.00～40.00	(30) 焦继岳等，分析试验室，2(1983)，№1，11
铌钛合金	锑	锑磷钼蓝光度法	3×10^{-4}～0.10	(31) 柯瑞华，冶金分析与测试（冶金分析分册），4(1984)，№6，24
铌钛合金	铜、铝、硅、铁、钽、钨、镁、铬、镍、锡	直流电弧光谱法	1×10^{-3}～6×10^{-2}	(32) 谭保凤、潘凤仪，发射光谱测定铌钛合金中微量元素，有色金属情报网第三届发射光谱学术交流会资料，1984
铌钛钽合金	铁、硅、锰、镁、锑、铅、铬、锡、铝	直流电弧光谱法	1×10^{-3}	(33) 冯家成，铌钛钽合金中杂质元素的光谱测定，有色金属发射光谱和X荧光光谱分析第二次学术报告会资料，1982
超导材料	铌	四苯膦盐离子选择电极电位滴定	1.00	(34) 张国雄、王素芬、汪厚基，分析化学，12(1984)，№8，665
铌酸锂	锂	示差原子吸收光谱法	5.00 Li_2O	(35) 吴兴凤等，理化检验（化学分册），20(1984)，№6，8

① 碳化铌的其他元素分析方法，可将碳化铌于300～400℃灼烧成氧化铌后，参照氧化铌的分析方法进行测定。

第八节 铌的应用

铌具有熔点高、耐腐蚀、超导性和冷加工性能良好等许多特性，目前已广泛应用于钢铁工业、电子工业、原子能工业、化学工业、机械工业、航空航天工业和超导技术等许多部门。

一、概况

(一) 铌的主要应用领域

现将目前铌的应用概况列在表12-4-71中。

表 12-4-71 铌的应用概况

应用领域	应用形式	铌的功能	用途
	高强度低合金钢 Nb-Fe	细化晶粒，提高强度	石油、天然气的输送管道，压力容器，船舶，桥梁等
	不锈钢 Nb-Fe	防止晶间腐蚀，改善机械性能	化学装置与部件，不锈钢焊条，喷气发动机部件

续表 12-4-71

应用领域	应用形式	铌的功能	用　途
冶金工业	耐热钢 Nb-Fe	沉淀硬化提高强度	蒸气涡轮发动机叶片
	超合金 金属 Nb、Ni-Nb、Cr-Nb	沉淀硬化提高强度	飞机引擎、加热炉部件等高温材料、反应堆材料
化学工业	金属铌材	耐腐蚀性	电镀的加热器，温度计保护管、加热交换器等
	铌片	耐腐蚀性	尼龙丝喷头
	氧化铌	催化作用	催化剂
机械工业	NbC、NbN	提高硬质合金硬度	切削用工具、装饰品等
	铌粉或铌铁	焊缝晶粒细化	不锈钢焊条等
	$NbSe_2$，NbS_2	摩擦系数小，导电体	固体润滑剂
电子工业	铌粉	氧化膜稳定性仅次于钽	铌电解电容器
	氧化铌	介电性好	独石电容器，层叠电容器
	铌酸锂	电压性能好	声表面波滤波器等
	氧化铌薄膜	介电性好	集成电路阻容元件
	NbO 或 NbO_2 晶体	强介电性、热敏性	新型热敏材料和强介电材料
	金属铌		永磁体、磁头
超导技术	纯 Nb、Nb-50Ti、Nb_3Sn、NbN 薄膜 Nb_3Al、Nb_3Ga、Nb_3Ge $Nb_3Al_{1-x}Ge_x$	超导性	超导磁体、超导微波谐振腔、输电电缆、超导电机、贮能、受控热核反应研究、磁悬列车、核磁共振人体成像以及各种形式应用
光学工业	Nb-1%Zr 或铌棒、管	耐腐蚀性与氧化铝可焊合	高压 Na 灯放电管端部
	高纯氧化铌	高折射率、低分散度	光学透镜、微晶玻璃、光通导玻璃纤维
	$LiNbO_3$ 晶体 掺杂 $LiNbO_3$ 晶体	激光倍频、滤波等	激光通讯系统、全息照相电子计算机光存贮系统
原子能工业	纯 Nb、Nb-1Zr	热中子俘获截面小，抗液态金属腐蚀	快中子增值反应堆的有关部件
航空航天工业	Nb-Ti	高强度	飞机铆钉
	Nb 基合金	高温强度	飞机、飞船发动机、导弹喷嘴等部件

（二）国外铌的消费量

近年来国外铌的估计需求量和主要消费国的消费情况见表 12-4-72 和 12-4-73。

表 12-4-72　世界资本主义国家铌的估计需求量

年　度	1981	1982	1983	1984	1985	1986	1987	1988	1989
需求量，t 铌/a	13633	12400	9320	13030	13400	11850	11620	13000	13800

表 12-4-73　主要铌消费国消耗量的估计　　（单位：t Nb_2O_5）

年　度	国　家					
	美国、加拿大	欧洲	日本	前苏联	巴西	其他
1986 年	3228 （仅美国）	10285 （包括欧洲）	2857			
1987 年	6100	5010	2550	800	1040	2100
1988 年	6080	7575	3500	425	1450	950

二、钢铁工业

世界铌总消费量的 80%以上用于钢铁工业。含铌钢主要用在石油和天燃气管道，建筑、汽车：船舶和机械工业上。在钢铁中铌的消费年增长率：60 年代为 7.0%，70 年代为 5%，80 年代为 3.5%。铌在钢中的主要作用是通过控制脱溶碳化铌、氮化铌的大小和分布，而达到提高钢的抗磨损性、抗腐蚀性、晶粒细化和脱溶强化，从而改善钢的性能。铸铁中添加铌能析出坚硬耐磨的碳氮化铌相，从而提高和延长使用寿命。

含铌低合金钢具有抗寒、耐腐和良好的焊接性能，特别适用于寒冷地区的石油和天燃气输送管线。X-70 级管线钢的组成见表 12-4-74。最近开发了中常温压力容器用高强度低合金钢（见表 12-4-75）和汽车用冷轧高强度钢板。美国 1984 年每辆汽车平均含 118kg 含铌高强度合金钢，预计 1990 年每辆汽车需要量为 170kg。

表 12-4-74　最近的 X-70 级管线钢组成

钢　种	壁厚	成　分，　%													
	mm	C	Mn	Si	Al	S	Mo	Ni	Cu	Cr	Nb	V	Ti	N	B
Nb-V	18	0.09	1.5	0.15	0.023	0.005		0.16	0.10	0.12	0.04	0.08	0.015	0.005	
Mn-Mo-Nb	22	0.05	1.7	0.20	0.018	0.005	0.26				0.06		0.018	0.004	
Mn-Nb-V	22	0.08	1.9	0.27	0.036	0.003	0.24	0.26	0.24		0.05	0.06		0.007	
Nb-Ni	18	0.07	1.6	0.20	0.035	0.007		0.55			0.11		0.019	0.004	
Nb-V-Cr	15	0.09	1.52	0.22	0.025	0.007				0.035	0.04	0.08		0.008	
Nb-Mo-Cr	15	0.08	1.5	0.20	0.015	0.006	0.18			0.3	0.05			0.01	
Mo-Nb-Cu	15	0.06	1.45	0.20	0.015	0.006	0.25		0.3		0.025			0.009	
LOWC-Nb	20	0.02	1.78	0.13	0.031	0.002					0.10		0.015	0.004	
LOWC-Nb-Mo-B	22	0.02	1.89	0.13	0.030	0.002					0.05		0.016	0.02	0.001
C-Mn-Nb	20	0.04	1.37	0.27	0.032	0.005	0.16	1.00			0.02		0.020	0.005	
C-Mn-Nb（控制水冷）	20	0.08	1.55	0.60	0.050	0.002					0.06			0.010	

表 12-4-75 中常温压力容器用高强度钢化学成分（%）

钢种	C	Si	Mn	P	S	Cu	Mo	Nb	V
PMS-25	⩽0.20	0.15/0.60	0.8/1.6	⩽0.035	⩽0.035	⩽0.035	⩽0.035	⩽0.05	⩽0.10
PMS-30	⩽0.19	0.15/0.60	0.8/1.6	⩽0.035	⩽0.035	⩽0.035	0.10/0.40	⩽0.05	⩽0.10
PMS-35	⩽0.19	0.15/0.60	0.8/1.6	⩽0.035	⩽0.035	⩽0.035	0.15/0.50	⩽0.05	⩽0.10

三、其他工业

（一）电子和电气工业

铌也能形成阳极氧化膜，虽然铌氧化膜不如钽氧化膜稳定，但由于钽资源少、价格贵，可以用铌、钽铌合金代替一部分钽制作小型低压电解电容器，其中液体 63V 以下、固体 25V 以下的各种规格的铌电容器，能用于民用产品中。

铌酸锂单晶在声表面波器件和光学上的应用最引人注目。目前铌酸锂单晶主要用在彩色电视机、磁带录相机用的图相中频滤波器，录相机无线电频率调制器振子等方面；近年来铌酸锂单晶在有线电视、特殊电话和移动无线电方面应用也在增加；在光电子学领域主要用于光调节器、光导波管。掺杂铌酸锂用于光存储。

氧化铌在独石电容中的应用日益增加，这种电容器容量大，烧结温度低，不用贵重的铂金电极。

Nb-1%Zr 合金能抗钠蒸汽的腐蚀，用作高压钠灯的封帽。高压钠灯与高压汞灯相比，光色好又能节电 50%，随着城市建设事业的发展和小功率高压钠灯的开发，需要量将越来越大。

超导材料是铌应用的最大潜在市场。超导应用主要集中在加速器、核磁共振人体成像、电机、电力输送、磁流体发电、磁分离和核聚变等方面。最近出现的核磁共振人体成像仪每台使用 0.5～1.5t 铌钛超导材料。目前已有几千个铌钛磁体和几百个铌锡磁体在世界各地的核试验室应用，铌钛超导磁体在磁浮列车上的应用试验取得了成功。在超导电子学方面正在研究铌系材料的约瑟夫逊器件。

（二）化学工业和玻璃工业

铌及其合金可制成电镀液的加热器，可耐腐蚀且延长使用寿命。铌片可制成尼龙喷丝头代替昂贵的铂金。铌在催化剂方面的应用正在研究中。

近年来氧化铌代替氧化钽作为镧硼酸盐玻璃原料，这种玻璃具有高折射率、低分散度，广泛用于照相机和透镜系统。由于氧化铌比重小，当玻璃具有同样光学系数时，含铌的比含钽的轻 10%。

（三）航空、航天工业

含铌超合金主要用于制造飞机的引擎。45%Nb～55%Ti 的合金具有优良的延性，用作飞机的铆钉，近年来用量急速增长。

铌基合金大多用于宇航工业，如早期研究的 Nb-Zr，SCb-291 和 C-103 铌合金已用于飞船上的姿态控制发动机，C-103 合金还用于“大力神”导弹喷嘴的延伸段。

（四）其他

碳化铌和氮化铌作为硬质合金的一种组分，国外使用较多的是碳化铪铌（Hfc60%-NbC40%）和碳化钽铌（NbC40%-TaC60%）。国内研制的氧化铌坩埚，可代替白金坩埚煅烧氧化铌，可以减小投资。二硒化铌是优良的导电润滑材料，在精密马达电刷和特种轴承等方面有广泛应用前景。

主要参考文献

〔1〕Sisco，F. T.，Columbium and Tantalum，1963.

〔2〕Thomas S. Jones，Mineral Facts and Problems，1982.

〔3〕辛良佐，钽铌冶金，冶金工业出版社，1982.

〔4〕稀有金属材料加工手册编写组，稀有金属材料加工手册，冶金出版社，1984.

〔5〕限元豐，新金属デ－ダブフク，金属时评，东京，1982.

〔6〕中国有色金属工业总公司，有色金属进展·钽铌分册（待发表），北京。1984.

〔7〕Крестовниов А. Н. *идр.*，Справочи Никпо расчетаи равновесий металлургических реакций，Металлургиздат，Москва，1962.

〔8〕Горошенко Я. Г.，Химця ниобия и тантала，Наукова думка，Москва，1965.

〔9〕中南矿冶学院冶金教研室，氯化冶金，冶金工业出版社，1978.

〔10〕Зелмкман，А. Н.，Металлургия редких металлов，1980.

〔11〕Mark Delavan Harrop，*Engineering and Mining Journal*，(1985)，№3，100.

〔12〕Alice，Agoos，*Engineering and Mining Journal*，(1983)，№3，95.

第五章 钽

编写人 佟世昌 邱向东 吴辛友 潘风仪 刘崇嗣

钽是1802年由瑞典化学家A.G.埃克贝里(Ekeberg)在芬兰和瑞典找到的两种矿物中发现的。1844年，德国化学家H.罗斯(Rose)证明铌铁矿中含有两种不同的元素即钽和铌。1865年瑞士化学家根据这两种元素的氟络盐溶解度不同找到了分离钽和铌的方法。但直到1903年，才由W.V.博尔顿(Bolton)首次获得致密的纯金属钽。

钽的工业规模生产是从1922年开始的。1940年，大容量钽电容器的出现并在军事通讯中的广泛应用促进了钽工业的发展。第二次世界大战期间，钽的需要量显著增加。战后，在非洲和加拿大发现了巨大的钽矿床，为钽工业的发展提供了基础。50年代以后，钽在电容器、高温合金、化工等方面的应用不断扩大，钽的生产量迅速增加。在1957～1960年期间，美国金属钽生产量增长了约4倍。60年代中期至70年代中期是世界钽电容器的大发展时期。1977年，美国钽产量增至770t，其中50%以上用于钽电容器。随着电子工业的迅速发展，电容器级钽粉冶炼工艺日趋成熟，钽粉比电容逐年提高，钽电容器也从军用领域扩展到民用领域。经历了70年代末至80年代初期世界性钽资源短缺、供需矛盾尖锐、价格暴涨的冲击之后，钽工业逐步进入持续、稳定发展时期。80年代末期，钽年需求量达到1300～1400t，比电容为10000～20000μF·V/g的钽粉生产与使用技术已工业化，电容器迅速向小型化、片型化发展。

中国从50年代中期开始钽的研制工作，先后进行了资源勘探、选矿、化合物分离提纯、钽粉制取工艺的研究。60年代初期，中国的钽工业已初具规模，并于1964年引进了钠还原法制取电容器级钽粉的生产线，钽粉比容达到3000～3500μF·V/g。此外，还成功地研究开发了陶瓷过滤混合装料法制取电容器级钽粉的工艺。从70年代后期开始，中国钽工业进入了蓬勃发展的时期，低压高比容钽粉先后问世，并投入批量生产；高压高可靠钽粉研制成功，品种规格逐步扩大，其质量和性能都已接近国外同类产品水平。钽粉系列化产品的出现，无疑为中国电子工业的发展打下了良好的基础。

第一节 钽矿物资源

钽在地壳中含量较少，克拉克值为2.1×10^{-4}。钽多在酸性岩浆中富集，主要分布在花岗岩中。钽往往以类质同象混入其它造岩矿物的晶格中呈分散状态而不能形成具有工业价值的矿体，使钽具有“类型多、成矿复杂，分布稀少”的特点。大部分钽矿床形成于岩浆期后交代作用阶段，与云英岩化、锂云母化有关。各类型岩浆岩中的钠长石、锂辉石、锂云母、铯榴石等透岩矿物往往是寻找钽矿床的标志。

不同矿床类型的含矿岩体所形成的钽矿床规模大小差异较大。分异且受复杂交代的含钽铁矿、细晶石、花岗伟晶岩(分布于加拿大、津巴布韦、苏联、澳大利亚等)和在花岗岩中含钽铁矿、铌铁矿、细晶石、钠长石云英岩化交代带(分布于苏联等)均是钽矿床极重要的工业类型。前者为钽、铌、铍、锂、铯、锡综合性矿床，经济价值很高，是目前钽原料的主要来源。

由于钽、铌元素离子半径相近(Nb^{5+}为0.069nm，Ta^{5+}为0.068nm)，原子结构相同，离子配位数均为6，故铌与钽在矿物中经常组成完全的类质同像体而共生。一般说来，当Ta/Nb>0.5时矿床多来自蚀变花岗岩、伟晶岩；当Ta/Nb=0.5～0.1时多属花岗岩岩浆矿床，往往有褐钇铌矿、独居石共生。钽矿床包含金属矿物和脉石矿物两大类。金属矿物中除钽外，还有独居石、锆石、锡石以及稀土、铍、锂、铯、铷和一系列放射性元素。脉石矿物中则往往只有长石、石英、云母。各种成因类型的钽矿床中均含有不同丰度的放射性物质，其赋存状态一是以单独的放射性矿物如晶质铀矿、沥青铀矿、铜铀云母以及钍石等出现在矿石中，一是放射性矿物赋存于钽及其伴生的有用矿物之中，如褐钇铌矿族、烧绿石族、黑稀金矿族以及富铪锆石中。

一、主要钽矿物

含钽矿物虽然很多，但作为钽矿物（Ta/Nb≥1）的却不多。具有工业价值的钽矿物主要有钽铁矿、细晶石，此外还有钛铌钽矿、锡锰钽矿、重钽铁矿、钽锡矿等。主要钽矿物的特征列于表 12-5-1。

表 12-5-1 钽矿物特征

矿物	化学式	晶系	晶形	颜色	硬度	比重	断口	Ta_2O_5,%	Nb_2O_5,%
钽铁矿	$FeTa_2O_6$	斜方	长柱状	褐红	6.5	6.25～8.25	半贝壳不平	77.20	7.23
锰钽矿	$MnTa_2O_6$	斜方		褐黑	6～6.5	6～7.95		70～86	0.2～10
钽锰矿	$MnTa_2O_6$	斜方	长柱状	浅褐红	7	6.35～8.00	不平	72.18	10.33
锡钽锰矿	$(Mn, Fe)(Ta, Nb, Sn)_2O_6$	斜方	柱板状	灰黑	6.0～6.5	6.9～7.3	参差	60.6～70.5	7.6～12.8
钽黑稀金矿	$(Y, Ca, U)(Ta, Ti)_2O_6$	斜方	板状	浅黑褐	5～6	5.4～5.9	参差，贝壳	47.31	3.83
钽钇矿	$(Y, Fe)_2[(Ta, Nb)_2O_7]_2$	斜方	柱状	黑褐	5～5.5	5.43～5.92	参差	46.25	12.32
钽锑矿	$Sb(Ta, Nb)O_4$	斜方	柱状	黄，红	5.5	6.6～7.3		57.29	1.79
钽铁金红石	$(Ti, Ta, Nb, Fe)O_2$	四方	四方柱，双锥	黑	6～6.5	4.2～6.24	不平，贝壳	38.20	13.41
细晶石	$(Ca, Na)_{2-x}(Ta, Nb)_2O_6(O, OH, F)$	等轴	八面，菱形十二面	浅黄绿	5～5.5	4.2～6.4	贝壳，参差	68.43	7.74
铀细晶石	$(Ca,U)_{2-x}Ta_2O_6(OH,F)$	等轴	八面	褐黄	5.5	5.75～5.95	贝壳,参差	67.00	0.40
钡细晶石	$(Ba,Ca)_{2-x}(Ta,Nb)_2O_6(O,OH)$	等轴	八面	红,黄	4.5～5	5.71		71.59	5.87
铌铁钽锰矿	$(Mn,Fe)(Ta,Nb)_2O_6$							40～72	11～40

（一）钽铁矿

钽铁矿分子式为 $(Fe, Mn)(Ta, Nb)_2O_6$（Ta＞Nb），铁和锰的含量可在很宽的范围内变化，富锰的矿物为锰钽铁矿。

钽铁矿属斜方晶系，晶形多呈矩柱形，沿(100)成板状晶体，常见直角柱形，柱体末端呈锐角状，有时在(100)面上见有“羽毛状”的双晶纹。矿物呈黑色或褐黑色，条痕从棕红到红褐色，多具金属至半金属光泽。性脆，解理沿(010)清楚，沿(100)不完全，断口呈半贝壳状到不平坦状。硬度6.5，比重 6.25～8.25。

钽铁矿为二轴晶，具正光性。折光率随矿物中 Ta_2O_5 含量增加而降低。$N_g=2.48～2.25$，$N_m=2.45～2.17$，$N_p=2.33～2.10$。钽铁矿的典型化学成分列于表 12-5-2。

（二）细晶石（微晶石）

细晶石是以含钽为主的矿物，其化学结构式与烧绿石相同，即 $A_2B_2O_6(O, OH, F)$。其中，A 为 Na，Ca，K，Mg，Fe，Mn，Sb，Ce，La，Dy，Y，Th，Zr，U；B 为 Nb，Ta，Ti，Fe^{3+}，Sn。细晶石分子式为 $(Na, Ca)_2Ta_2O_6(O, OH, F)$。如果结构式中 A 元素占主要地位，就形成以该元素命名的细晶石，如铀细晶石、铋细晶石等。细晶石中主要氧化物含量见表 12-5-3。

表 12-5-2　钽铁矿及其过渡矿物的典型化学成分（%）

成　分	MnO	FeO	SnO_2+WO_3	Nb_2O_5	Ta_2O_5
铌钽铁矿	4.16	12.64	—	31.27	51.93
钽铁矿	5.66	11.91	0.44	27.22	53.47
锰钽铁矿	14.15	1.63	0.48	15.11	68.65

表 12-5-3　细晶石的化学成分（%）

氧化物	Ta_2O_5	Nb_2O_5	TiO_2	SnO_2	CeO_2	Y_2O_3	BiO_3
含　量	68.43～77.0	7.74～痕量	0～1.58	0.8～0.4	0.17～4.23	0～0.23	0～3.25
氧化物	UO_2	UO_3　FeO	MgO	MnO	CaO	Na_2O	H_2O
含　量	0～4.21	0～1.59 0～3.64	0.07～0.34	0.6～7.7	10.48～15.03	1.66～5.13	0.71～5.7

二、世界的钽资源

据 1982 年日本技术院地质调查所报告及其它有关资料统计，世界钽（Ta_2O_5）储量约为 26 万 t（不包括中国），主要分布于前苏联、扎伊尔、澳大利亚等国（见表 12-5-4）。应当指出，表内所列数字因各国确定的工业品位不同，可能出入很大。如前苏联的钽储量在表中位居第一，但其富矿少，贫矿多，品位一般为 0.003～0.2%（Ta，Nb）$_2O_5$，有的甚至比加拿大钽矿边界品位（0.08%Ta_2O_5）还低，在目前技术条件和价格下，有相当大部分在近期内很难开发利用，不能作为工业储量。因此世界钽工业储量的实际数字要比表列统计数字少得多，加之近 10 年来大量开采富矿，使原矿品位逐渐下降，钽储量相应减少。同时占世界钽原料生产量一半以上的锡渣资源，由于老锡渣大量挖掘，含钽品位从原来的 5%Ta_2O_5 下降到 2%Ta_2O_5，储量亦不很多。

表 12-5-4　世界钽储量（氧化物）

国　家	储　量 万 t	其它可用资源储量	合　计 万 t	国　家	储量 万 t	其它可用资源储量	合　计 万 t
泰　国	0.454		0.454	欧洲其它国家	0.0454		0.0454
马来西亚	0.3632		0.3632	扎伊尔	3.7228		3.7228
巴　西	0.3178		0.3178	尼日利亚	0.7264		0.7264
南美其它国家	0.0454		0.0454	莫桑比克	0.0908		0.0908
美　国		0.1362	0.1362	澳大利亚	0.227	1.056	1.283
加拿大	0.0908		0.0908	总　计	10.7697	20.0332	30.8029
前苏联	0.454	18.841	19.295				

钽的原料主要是钽铁矿精矿和含钽锡渣，此外，从铌铁矿（含 6～12%Ta_2O_5）与钛钽铌矿（含 10～15%Ta_2O_5）中也可回收少量钽。世界上最大的钽铁精矿（原矿品位 0.15%Ta_2O_5）位于巴西，而含钽锡

渣主要产于泰国（所产锡渣约含 12%Ta_2O_5）。

三、中国的钽资源

中国钽铌矿床基本上有三个类型：花岗伟晶岩钽铌矿床、花岗岩钽铌矿床和沉积变质高温热液交代型矿床，作为钽原料来源的只有前两种.

花岗伟晶岩钽铌矿床主要分布在新疆、湖北、河南、广东、福建等省，一般含 0.02～0.026%（Ta, Nb)$_2O_5$，Ta/Nb≥1，晶粒较粗，但储量一般不大。共生矿物大多有锂辉石、锂云母、绿柱石。

花岗岩钽铌矿床主要分布在湖南、江西、广东、广西等省，有 6 种类型，但可以作为钽原料的矿床只有 3 种：

(1) 钽铌铁矿-铌钽锰矿花岗岩，主要分布在广西。此类矿床储量大，钽铌矿物以钽铌铁矿、钽铌锰矿为主，其次有少量细晶石，共生矿物有锡石、黑钨矿、富铪锆石等，矿石含 $Nb_2O_5$0.007～0.012%、$Ta_2O_5$0.006～0.014%，Ta/Nb＝1，Sn(最高)0.3%，WO_3＜0.02%。

(2) 铌钽锰矿-细晶石花岗岩，主要分布在江西、湖南。此类矿床储量大，品位较高，其中含 $Ta_2O_5$0.0137～0.0215%，$Nb_2O_5$0.008～0.012%，Ta/Nb 一般都大于 1，最高可达 1.65，此外还含有铍、锂、铷、铯、锆、铪、锡、钨等，从而形成一个复合稀有元素矿床。

(3) 黄钇钽矿花岗岩，其中含 $Ta_2O_5$0.0101～0.0129%，$Nb_2O_5$0.0021～0.0027%，Sn0.033～0.0565%、$RE_2O_3$0.0121～0.0459%，是一种富钽和钇族稀土矿新类型。但此类矿床迄今尚缺乏实际开采的资料。

第二节 钽的主要物理化学性质

一、钽的物理性质

钽在元素周期表中位于第 V－B 族，原子序数 73，原子量 180.88，20℃时的密度为 16.6g/cm^3。金属钽呈银灰色，粉末呈深灰色。钽的主要物理性质如表 12-5-5 所示。

表 12-5-5 钽的物理性质

性 质	数 据	性 质	数 据
晶体结构	体心立方	蒸汽压，Pa	
晶格常数，nm	0.3296	1649℃	0.1
配位数	8	1982℃	1.0
离子（Me^{5+}）半径，nm	0.068	2149℃	10.1
空间点群	$1\frac{4}{m}\bar{3}\frac{2}{m}$	2371℃	101.3
		2649℃	1013
天然同位素	181	3482℃	10132
热中子俘获截面，靶/原子	21.3	电阻，$\mu\Omega\cdot cm$	
熔点，℃	2996	20℃	13.5
沸点，℃	5300	100℃	17.2
超导转变温度，K	4.38	1000K	45.0
溶解热，J/g	154.9	2000K	78.9
燃烧热，J/g	5773.6	3000K	105.6
蒸发热，J/mol	753.6	3269K	115.5
热容，J/mol		电阻温度系数	
0℃	25.22	20℃	3.1×10^{-3}
25℃	25.46	0～100℃	3.82×10^{-3}

续表 12-5-5

性　质	数　据	性　质	数　据
熵（25℃），J/mol	41.45	导电率（18℃），%IACS	13.0
线膨胀系数，cm/cm·℃		电化当量，mg/C	0.37488
0～100℃	6.5×10^{-5}	标准电位 E° (Ta/Ta^{5+})，V	1.12
20～1500℃	8.0×10^{-6}	电离电位，V	7.3±0.3
蒸发速度，$g/cm^2\cdot s$		电子发射，A/cm^2	
2000K	1.63×10^{-12}	1600K	9.1×10^{-6}
2200K	9.78×10^{-11}	2000K	6.21×10^{-3}
2400K	3.04×10^{-9}	2400K	0.500
2600K	5.54×10^{-8}	2800K	12.53
2800K	6.61×10^{-7}	3000K	45.60
3000K	6.29×10^{-6}	阳极发射，eV	10.0
3200K	3.82×10^{-5}	次级发射系数	1.35
3269K	6.80×10^{-5}	功函，eV	4.12
导热系数，kJ/cm·s·℃		辐射功率，W/cm^2	
20～100℃	0.544	1600K	7.36
1430℃	0.729	2000K	21.6
1630℃	0.779	2400K	51.3
1830℃	0.829	2800K	105.5
比热，J/g·℃		3000K	144.4
0℃	0.139	3269K	214.5
100℃	0.141	λ=665nm 时的辐射系数	
400℃	0.146	20℃	0.493
800℃	0.154	930℃	0.45
1200℃	0.162	1730℃	0.418
1600℃	0.171	比电阻，$\mu\Omega\cdot cm$	13.58
2000℃	0.184		

二、钽的化学性质

（一）钽在化学介质中的行为

金属钽对大多数无机酸、无机盐、碱溶液和有机试剂的耐蚀性能良好，其耐蚀性能列于表 12-5-6。

表 12-5-6　钽对无机酸、碱溶液、无机盐及有机试剂的耐蚀性

介　质	浓度，%	温度，℃	腐蚀速率，mm/年	介　质	浓度，%	温度，℃	腐蚀速率，mm/年
亚硝酸	浓	150	0.0000	硝酸与氢氟酸的混合酸	—	20～100	迅速溶解

续表 12-5-6

介质	浓度,%	温度,℃	腐蚀速率,mm/年	介质	浓度,%	温度,℃	腐蚀速率,mm/年
硝酸	35	200	0.0000	氢溴酸	浓	0～150	0.0000
	50	200	0.0000	氟硅酸	浓	0～150	溶解
	70	200	0.0000	正磷酸	85	25	0.0000
	浓	25	0.0000	过氧化氢	30	21	0.0000
氢氟酸	40	20～100	溶解	硫酸	20	21	0.0000
盐酸	20	19～26	0.0000		98	21	0.0000
	浓	19～26	0.0000		浓	21	0.0000
	浓	100	0.0000		浓	50	0.0000
盐酸与硝酸混合酸(2:1)	—	19～26	0.0000		浓	100	0.0000
	—	50～60	0.0000		浓	150	0.0000
磷酸	85	150	0.0000		浓	175	0.0004
	85	210	0.0008		浓	200	0.006
	85	250	20		浓	250	0.116
	浓	20	0.0012		浓	300	1.368
	浓	150	0.10～0.15	发烟硫酸（含15%SO_3）	—	23	0.0012
氯酸	浓	150	0.0000		—	70	0.368
次氯酸	浓	0～150	0.0000		—	130	15.6
氨水溶液	25	150	0.0000	苛性钾(KOH)	5	100	稳定
苛性钠(NaOH)	5	100	一般		40	100	迅速溶解
	40	110	迅速溶解	溴化钠	饱和水溶液	0～150	0.0000
碳酸钾	20	0～150	0.0000	钨酸钠	同上	0～150	0.0000
硝酸铵	饱和水溶液	0～150	0.0000	氢氧化钡[$Ba(OH)_2$]	同上	19～26	0.0000
硝酸钠	同上	0～150	0.0000	重铬酸钾	同上	0～150	0.0000
硝酸镍	同上	0～150	0.0000	氯化铁,氯化镍	同上	0～150	0.0000
硝酸银	同上	0～150	0.0000	氯化钾,氯化钠	同上	0～150	0.0000
硫酸铵(铁,镍,锌)	同上	0～150	0.0000	氯化铵	同上	0～150	0.0000
氯化铝	同上	0～150	0.0000	氯化镁	同上	0～150	0.0000
氯化锡,氯化锌	饱和水溶液	0～150	0.0000	苯胺(化学纯)	—	19～26	0.0000
丙酮	—	19～26	0.0000	冰醋酸	—	19～26	0.0000
酒石酸	20	22	0.0000	醋酸蒸汽	—	—	0.0000
柠檬酸	—	19～26	0.0000	酚	饱和水溶液	19～26	0.0000
甲醇	—	19～26	0.0000	氯甲烷	—	19～26	0.0000
				氯苯	—	19～26	0.0000

续表 12-5-6

介　　质	浓度，%	温度，℃	腐蚀速率，mm/年	介　　质	浓度，%	温度，℃	腐蚀速率，mm/年
乳酸	85	19～26	0.0000	氯仿	—	19～26	0.0000
硝基苯	—	19～26	0.0000	草酸	饱和水溶液	19～26	0.0000
亚硝酰－氯化钠	—	19～26	0.0000		同上	96	0.00252
醋酸酐	—	19～26	0.0000	乙醇	—	96	0.0000

（二）钽在液体金属中的行为

金属钽对于液体金属稳定性良好（见表 12-5-7），适宜作核能发电站的结构材料。

表 12-5-7　钽在液体金属中的耐蚀性

液体金属	温度，℃	耐蚀性	液体金属	温度，℃	耐蚀性	液体金属	温度，℃	耐蚀性
Bi	900	好	Mg	1150	好	Na－K	1000	好
Ga	450	好	Ca	600	一定耐蚀性	Zn	500	好
Pb	1000	好	Hg	600	好	Sn	1740	溶解
Bi-Pb	1000	溶解	K	600	好			
Li	1000	好	Na	1000	好			

（三）钽在各种气氛中的行为

金属钽的特性之一是能够吸收气体（氧、氢、氮、含碳气体、含卤素气体、三氧化硫等），并形成相应的固溶体或化合物。

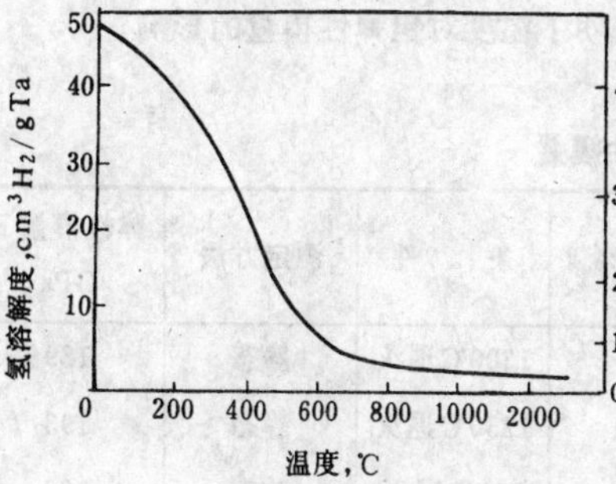

图 12-5-1　氢在钽中的溶解度

（1）在较低的温度下，钽能溶解大量氢，但溶解度随着温度的升高而降低。在室温和 10^5Pa 下，钽可溶解 0.42%（重量）氢（见图 12-5-1），H/Ta＝0.8。随着温度升高，溶解度急剧下降，在 1000℃和 10^5Pa 下，H/Ta＝0.03。钽与氢生成氢化物的反应是从 340℃时开始的，到 460℃时钽吸收氢的速度急剧增加，而当高于此温度时氢开始逸出，但温度升至 539℃以上时钽又重新吸收氢并生成新的氢化物，直至 643℃。

（2）钽在氮气氛中于 600℃生成 TaN。钽在 1000℃时可溶解 4%（原子）氮，溶解度随温度降低迅速减少。图 12-5-2 示出 700℃下钽的氮化反应。

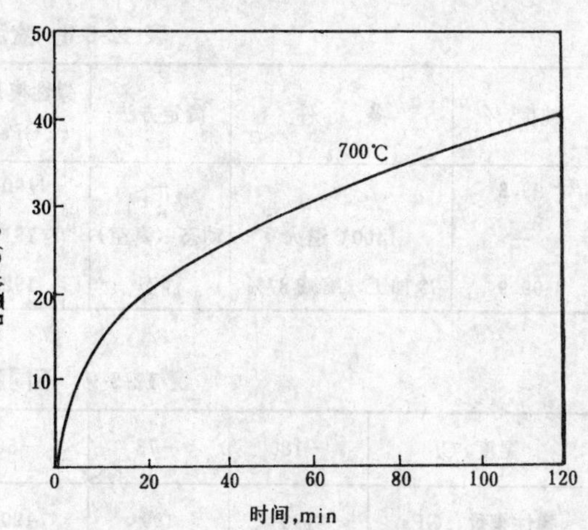

图 12-5-2　钽的氮化反应

(3) 图 12-5-3 为温度对钽与氧反应的影响。氧在钽中的溶解度随温度升高而增大，在 Ta-O 系中发现 6 种相：α 为氧在钽中的固溶体，β 为 Ta_4O，γ 为 TaO，δ 为 TaO_2，ε 为 TaO_x $(2 < x < 2.5)$，ζ 为 Ta_2O_5。

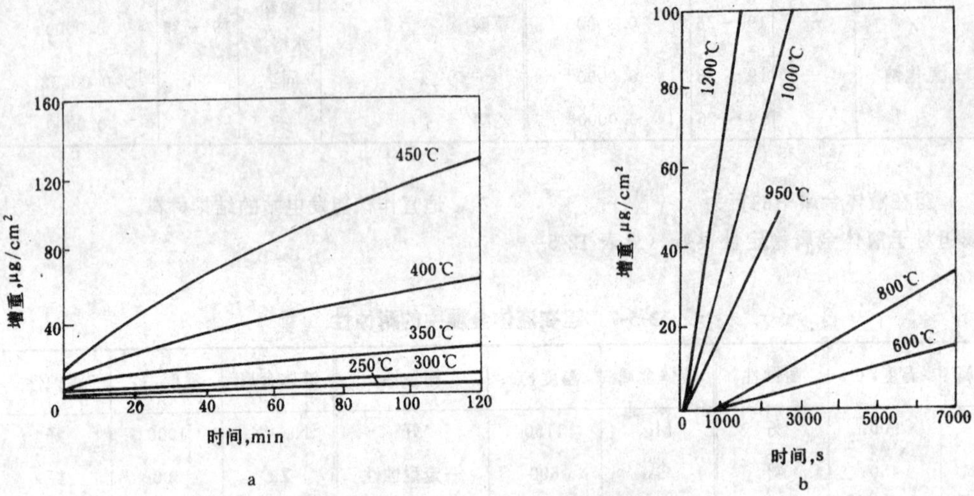

图 12-5-3 温度对钽与氧反应的影响

(4) 钽在 1200～1400℃可与碳和含碳气体（如 CH_4、CO）相互作用生成 TaC。温度低于 600℃时 CO 为钽所吸附。

(5) 钽在一定温度下可与卤族元素及其化合物作用，如在室温下钽与氟作用；250℃以上氯对钽起作用；300℃以上溴对钽起作用。钽在温度到达赤热以前对气态碘保持惰性，在 400℃以下对气态氯化氢呈惰性，在 375℃以下对溴化氢呈惰性。游离态的 SO_3 和氯化硫能腐蚀钽。

三、钽的力学性质

（一）弹性性能

表 12-5-8 列出了钽在室温下的弹性模量。表 12-5-9 表明了温度对钽弹性模量的影响。

表 12-5-8 室温下钽的弹性模量

纯度，%	条 件	测定方法	弹性模量 E GPa	纯度，%	条 件	测定方法	弹性模量 E GPa
99.8	—	—	190	99.9	1300℃退火	静态	189
—	1400℃退火	动态（真空）	191	99.9	1350℃退火	静态	193
99.9	冷加工，缩减 87%	静态	192	—	500℃退火	动态	189

表 12-5-9 不同温度下钽的弹性模量

温度，℃	−180	−73	−50	25	200	350	500
弹性模量，GPa	193	199	190	190	183	180	174

（二）拉伸性能

表 12-5-10 列出了钽的拉伸性能与温度的关

系。表 12-5-11 是再结晶钽的室温拉伸性能。表 12-5-12 为不同冶炼工艺所得钽的拉伸性能。

表 12-5-10　钽的拉伸性能与温度的关系

试验温度 ℃	屈服强度 $\sigma_{0.2}$ MPa	强度极限 σ_b MPa	对标距为 50.8mm 长的延伸率,%	应变硬化系数	应变速度的灵敏度系数
−195	1040	1040	3.7	−0.018	0.0075
−75	510	515	23.1	0.099	0.0307
25	403	472	25.3	0.164	0.0285
100	299	417	24.6	0.243	0.0175
205	249	394	12.7	0.326	−0.0012
320	266	520	18.0	0.298	0.006
430	234	458	24.3	0.316	0.0240
540	183	421	16.2	0.356	0.0176
655	133	314	17.3	0.266	0.0220
760	119	213	23.1	0.205	0.0321
870	85	156	32.8	0.212	0.0374
980	87	152	33.1	0.181	0.0461
1095	57	118	43.2	0.217	0.0506
1205	53	103	47.5	0.130	0.0581

表 12-5-11　再结晶钽的室温拉伸性能

材料号	材料尺寸 mm	应变速度 mm/mm·min	比例极限 σ_p, MPa	屈服点 σ_s kg/mm²		屈服强度 $\sigma_{0.2}$ MPa	强度极限 σ_b MPa	对标距为 25.4mm 长的延伸率,%		断面缩减 %	切口强度极限与未切口强度极限之比
				上	下			均衡	总		
—	棒，未切口	0.0168	276	不明显	27.9	—	344	28	45	86	—
—	片，未切口	0.09	—	—	—	403	466	—	25①	—	—
Lot_1	同上	0.02～0.05②	—	—	149	195	202	—	36	—	—
A	直径 635，未切口	0.005～0.05③	260	195	—	265	373	—	56	92	—
A	直径 635,未切口④	0.005～0.05③	—	—	—	—	545	—	—	87	1.47
E	直径 635，未切口	0.005～0.05③	78	—	—	130	208	—	70	95	—
E	直径 635，未切口④	0.005～0.05③	—	—	—	—	314	—	—	99	1.50
—	片,厚 0.51,未切口⑤	0.002	184	—	—	253	377	—	27①	—	—
—	片,厚 0.51,未切口⑦	0.002	196	—	—	248	353	—	28①	—	—
—	片,厚 0.51,未切口⑧	0.002	248	—	—	298	404	—	29①	—	—
—	直径 152,未切口	0.002	145	—	—	240	443	—	23⑨	86	—

注：Lot_1、E 表示电子束熔炼，A 表示电弧熔炼。

①试样规长 50.8mm。②以 0.02 达到屈服点，然后以 0.05 到断裂。③以 0.05 达到屈服点，然后以 0.05 到断裂。④切口角度 60°，切口为 0.127mm（半径）。⑤平行轧制方向。⑥0.1%的屈服强度。⑦与轧制方向成 45°。⑧垂直轧制方向。⑨试样规长 203mm。

表 12-5-12 不同冶炼工艺所得的钽抗拉性能

生产方法	状态	抗拉强度，MPa	$\sigma_{0.2}$，MPa	延伸率，%	弯曲角，(°)
粉末冶金法	退火前	870	—	7.5	>140
	1200℃，1h	403	315	42.5	>140
电子束熔炼法	退火前	485	465	9.5	>140
	1200℃，1h	493	478	—	>140

（三）蠕变和断裂应力（持久强度）

再结晶钽的断裂性能见图 12-5-4，试验数据是在 1.33×10^{-3}Pa 下获得的。钽的蠕变性能列于表 12-5-13。

（四）应变硬化与再结晶

影响钽应变硬化的因素主要是晶界、晶粒度和化学成分。表 12-5-14 列出不同温度下的硬度。烧结钽经冷轧后的硬度列于表 12-5-15。烧结钽的化学成分（%）为：O<0.01，Fe0.01，Si<0.01，Ti<0.01，Na<0.002，K<0.002，N<0.01，H<0.002，C<0.01，Nb<0.01。高纯钽的再结晶温度列于表 12-5-16。

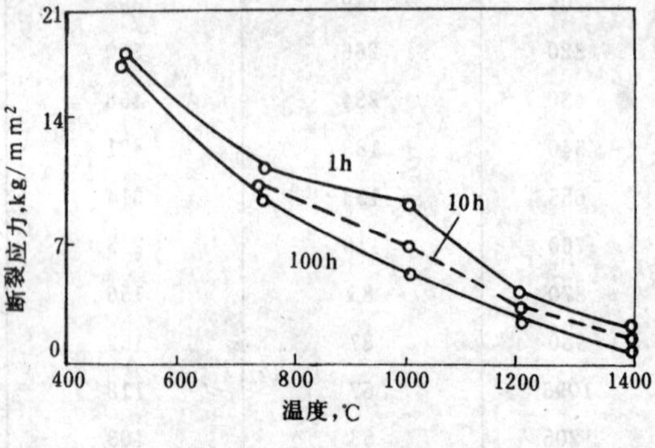

图 12-5-4 再结晶钽的断裂性能

表 12-5-13 再结晶钽的蠕变性能

温度 ℃	时间 h	为达到指定蠕变所需的应力，MPa				温度 ℃	时间 h	为达到指定蠕变所需的应力，MPa			
		0.5%	1%	2%	5%			0.5%	1%	2%	5%
750	0.1	98	108	111	118	1200	0.1	23	26	37	42
750	1	86	98	103	108	1200	1	14	20	26	31
750	10	—	88	93	100	1200	10	—	14	15	21
750	100	7.8	77	80	91	1200	100	—	—	—	12
1000	0.1	66	73	77	88	1400	0.1	11	15	19	27
1000	1	42	57	66	76	1400	1	7.6	11	13	18
1000	10	—	44	49	61	1400	10	—	—	8	12
1000	100	—	—	—	38						

表 12-5-14 不同温度下钽的硬度

温度，℃	20	400	600	800	1000	1200
硬度 Hv，MPa	890	820	730	370	290	210

表 12-5-15 冷轧对烧结钽硬度的影响

缩减，%		50	75	87.5	94
硬度 Hv，MPa	950	1500	1700	1750	1830

表 12-5-16　高纯钽的再结晶温度

铸锭冷变形程度，%	指定再结晶程度（退火 1h）所需的温度，℃		铸锭冷变形程度，%	指定再结晶程度（退火 1h）所需的温度，℃	
	50%	100%		50%	100%
50	1100	1400	95	900	1300
75	1000	1200	中间退火后，75	1050	1200

四、钽主要化合物的物理化学性质

（一）氧化物

钽的氧化物有两种价态，即 Ta_2O_5 和 TaO_2，其中主要的是 Ta_2O_5。Ta_2O_5 为白色粉末，不溶于水及大多数酸和碱，但在热的氢氟酸和过氧酸中能缓慢溶解。Ta_2O_5 与碱同熔时能形成钽酸盐，或用碱溶液处理时生成复杂成分的盐。这种盐可以用 xMeO·y Ta_2O_5·$z$$H_2O$ 表示，其中 Me为相应的金属钾、钠、锂等。Ta_2O_5有两种变体，即 α- Ta_2O_5和 β-Ta_2O_5。Ta_2O_5的主要物理性质见表12-5-17。

钽的低价氧化物 TaO_2是一种褐色粉末，不溶于酸，在空气中加热时转成 Ta_2O_5。TaO_2是一种电导体。

表 12-5-17　Ta_2O_5的物理性质

性　质	数　据	性　质	数　据
熔点，℃	1469	生成热 ΔH，kJ/mol	2028.5～2092.98
密度，g/cm²	8.7	生成自由能 ΔF，kJ/mol	1899.6～1911.3
介电常数	26	熵 S_{298}，J/mol·K	143.2
分子体积，cm³/mol	30.1		

（二）卤化物

钽的氟化物有 TaF_5，为无色的结晶盐，是低熔点、低沸点化合物，溶于水而不分解，其溶解度随温度升高及氢氟酸加入量的增加而增大，但有钾盐存在时其溶解度减小。TaF_5具有强烈的吸湿性，在空气中会潮解产生 HF 气体。

$TaCl_5$在潮湿空气中发烟，在水中极易溶解。$TaCl_5$属易挥发物，在高温下不稳定，在真空中加热到600℃以上时分解生成金属。$TaCl_5$在四氯化碳中的溶解度达到1%，在 CS_2中约为3%。用铝和氢还原 $TaCl_5$时可得到 $TaCl_4$。$TaCl_4$为黑绿色粉末，易挥发，可溶于水和稀酸。

$TaBr_5$为橙黄色的晶体，溶于水中时分解，但在真空中蒸发时性质稳定且不分解。

TaI_5为黑色晶体，能升华而不分解，但在空气中极易水解。

钽卤化物的物理性质列于表12-5-18。

表 12-5-18　钽卤化物的物理性质

性　质	TaF_5	$TaCl_5$	$TaBr_5$	TaI_5	性　质	TaF_5	$TaCl_5$	$TaBr_5$	TaI_5
状态	无色结晶	白或浅黄晶体	橙黄晶体	黑色晶体	比电阻（熔点），$10^6\Omega$·cm	15.6	0.30	—	—
熔点，℃	95.1	220	280	496	磁化率	—	0.39	—	—
沸点，℃	229.2～233.3	233～239	348.8	543	介电常数	—	2.633	—	—
比重，g/cm³	4.74	3.68	—	—	蒸发热，kJ/mol	54.4	56.9	62.4	82.5

（三）钽酸盐和氟钽酸盐

钽酸盐中最主要的有钽酸锂、氟钽酸钾、钽酸钾和钽酸钠。

钽酸锂晶体具有良好的压电、电光和非线性光学等特性，广泛应用于无线电技术、激光技术和声表面波技术等领域。钽酸锂的物理性质见表12-5-19。

钽酸钾中，K_2O 与 Ta_2O_5之比从3∶7到10∶3。钽酸钾在KOH溶液中是可溶性的，其溶解度随KOH浓度升高而降低。有些钽酸钾溶于水，如25℃时$KTaO_3$在水中的溶解度为4.87×10^{-5}mol/L。

表 12-5-19 钽酸锂的物理性质

性 质	数 据
熔点，℃	1650
密度，g/cm³	7.45
晶体结构	三方
莫氏硬度	5.5～6.0
折射率 n_o	2.176
n_e	2.180
介电常数 ε^T_{33}	45
ε^T_{11}	51
透光范围，μm	0.4～5
铁电居里温度，℃	665

钽酸钠中 Na_2O^{-5}∶Ta_2O_5之比有4∶3、7∶5、1∶1、1∶3和2∶7。最常见的是 $NaTaO_3$、Na_5TaO_5、$4Na_2O\cdot3Ta_2O_5\cdot25H_2O$ 等。钠的钽酸盐难溶于水，在25℃时$NaTaO_3$的溶解度为5.5×10^{-5}mol/L。

氟钽酸钾 K_2TaF_7是最重要的钽化合物之一，也是制取钽粉的主要原料。K_2TaF_7呈很细的针柱状，密度为5.24g/cm³，在干燥空气中稳定，熔点为720±10℃。K_2TaF_7在沸腾水中可水解生成不溶化合物$K_4Ta_4F_{14}O_5$（马林雅克盐），但当溶液中氢氟酸的浓度增大时又重新溶解。K_2TaF_7在含氢氟酸的溶液中不产生水解作用，溶解度随氢氟酸浓度的增高而增大，如氢氟酸浓度为1.0%时约为0.8%，氢氟酸浓度为40%时为6.5%。K_2TaF_7在溶液中的溶解度与氟化钾的过量浓度成反比。

（四）碳化物和氮化物

碳化钽 TaC 是深棕色的结晶粉，不溶于各种酸（氢氟酸与硝酸的混合酸除外），在空气中于1000～1100℃以下加热时不易氧化，在氮或氨的作用下易生成氮化物。

钽可形成3种氮化物 TaN、Ta_2N 和 Ta_3N_5。氮化钽不溶于硝酸、氢氟酸和硫酸，但溶于热的碱性溶液并释放出氨和氮气。氮化钽在空气中加热可生成氧化物，并释出氮气。碳化钽、氮化钽的物理性质列于表12-5-20。氮化钽的分解压与温度的关系见表12-5-21。

表 12-5-20 碳化钽、氮化钽的物理性质

性 质	TaC	TaN
熔点，℃	3875～4150	2980～3090
沸点，℃	5500	—
晶体结构，nm	面心立方 $a=0.4455$	立方 $a=0.5181$， $c=0.2902$
密度，g/cm³	14～14.5	14.4
莫氏硬度	9	8
50g 负荷下的显微硬度，Pa	$(1800\sim1952)\times10^7$	323.6×10^8
导热系数 J/cm·s·℃	0.2219	
比电阻，μΩ·cm		
20℃	30	103～135
3500℃	0.2×10^{-4}	—
弹性模量，Pa	295.00	—
超导性	<10K	—
热膨胀系数，cm/℃	8.2×10^{-6}	—
生成热 ΔH_{298}，kJ/mol	−267	−243.3

表 12-5-21 氮化钽分解压与温度的关系

分解压，Pa	133.3	13.3	1.33	0.133
温度，℃	1921	1746	1599	1460

（五）氢化物

氢在钽中溶解度很大，在固溶区实际上完全生成 TaH。氢化钽在常温空气中稳定，加热时氧化成Ta_2O_5。在高真空下加热到1000～1200℃时氢化钽分

解并释出氢气。氢化钽分解压与温度的关系见表12-5-22。氢化钽对化学试剂的作用类似于纯金属钽。

表 12-5-22 钽的氢化物分解压与温度的关系

温度,℃	50	100	200	300	400	500	600	700	800
$TaH_{0.74}$分解压，kPa	约0	约0	约0	4.87	14.2	26.9	53.9	86.5	120.2

纯钽在－196℃还具有延性，但只要含0.63%H（原子）就变脆，$T_x \approx -75$℃。工业上常常利用 TaH 的这一特性，即在一定条件下使钽与氢气作用生成 TaH，然后利用其脆性将其制成粉末，最后在高真空高温下使 TaH 分解而获得纯钽粉。

第三节 钽的选矿简述

钽的选矿在上册第四篇第三章第二节已有详细介绍。

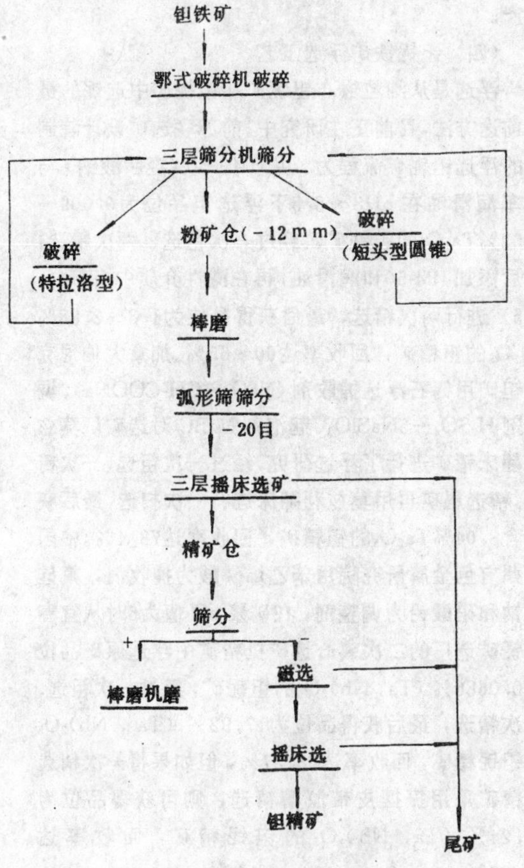

图 12-5-5 钽铁矿选矿流程

一、钽原生矿的选矿

典型的钽铁矿、细晶石选矿及含钽锡渣处理工艺流程分别示于图12-5-5～12-5-7。含钽矿石通常采用重选工艺，但个别也采用重选结合浮选或磁选结合重选，这主要取决于矿石的组成及矿物特性。

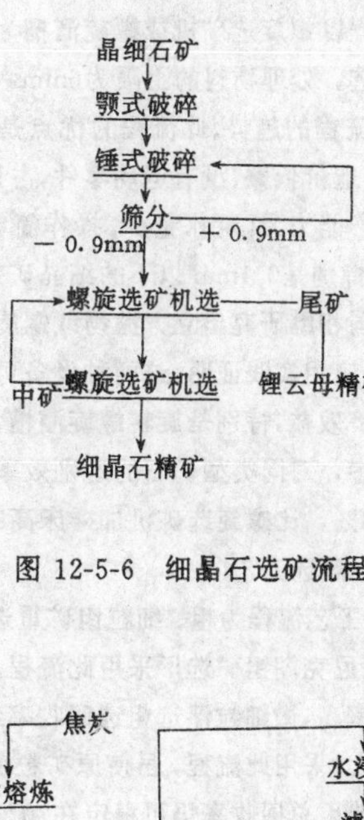

图 12-5-6 细晶石选矿流程

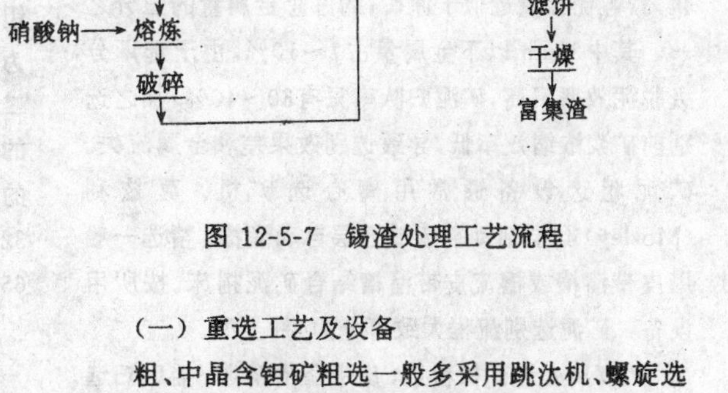

图 12-5-7 锡渣处理工艺流程

（一）重选工艺及设备

粗、中晶含钽矿粗选一般多采用跳汰机、螺旋选矿机或摇床。细晶含钽矿粗选一般采用摇床或螺旋溜槽。重选工艺流程按其所采用的主体选矿设备，大致可分为以跳汰为主、以螺旋选矿机为主和以摇床为主3种。

跳汰流程以跳汰机为主，或结合其它选矿设备，大多处理砂矿或粗晶矿石，如澳大利亚格林布什伟晶岩风化锡石、钽铌矿粘土矿选矿厂、扎伊尔马诺诺钽铌选矿厂均采用跳汰机粗选。此工艺流程的特点是所处理物料一般在30mm以下，单位面积生产能力大，对粗颗粒回收率高，但对细颗粒（－200目）回收率较低，水耗大，设备费用比较高。

摇床流程通常用于细晶多金属复合矿，处理物料粒度上限为3mm，下限为20μm。此流程特点是操作简便，富集比高，能一次获得精矿或尾矿，但单位面积生产率低，厂房面积大，基建费用高。

螺旋流程以螺旋选矿机或螺旋溜槽为主体，并结合摇床精选，处理物料的上限为6mm，目前有逐步取代跳汰流程的趋势。此流程的优点是螺旋选矿机结构简单，造价低廉，没有运动零件，占地面积少，单位面积生产能力大，耗水量少，操作简单，但对处理0.15mm，特别是0.1mm以下的细晶矿效率较差。近年来，中国相继研究出立方抛物线螺旋溜槽和旋转螺旋溜槽。应用实践证明，这两种设备可获令人满意的技术经济效益，特别是旋转螺旋溜槽，在一年多的生产实践中，对同类型矿石的选别效率比螺旋选矿机高24.58％，比螺旋选矿机加摇床高9.92％。

（二）重-浮选工艺

重-浮选工艺流程为粗、细粒钽矿重选，矿泥浮选。加拿大伯尼克湖钽矿选厂采用此流程。该流程的特点是回收率高，微细粒浮选粗选回收率约为90％，但精选损失大。采用此流程，虽使原矿粒度变细，品位降低，但选厂总回收率仍可稳定在70％以上。

（三）矿泥选别设备和工艺

钽矿矿泥（－200目）量大，一般为原矿的37～44％，钽铌含量近似于原矿，约占总金属量的三分之一，其中20μm以下金属量占7～10％。由于选厂分级脱泥效率不高，矿泥归队率只有30～40％，加之选别前矿浆浓缩效率低，导致选别效果差和金属流失。矿泥粗选设备通常用离心选矿机、莫兹利(Mozley)40层摇动翻床或五层自动溜槽；精选一般用皮带溜槽或槽流皮带溜槽结合矿泥摇床。按所用设备，矿泥选别流程大致可分为4种类型。

(1)离心选矿机粗选、皮带溜槽精选、摇床扫选流程。中国的钽铌采选厂大多采用此流程。此流程的特点是用离心选矿机作为粗选设备，既可选别又可脱泥，入选粒度一般为74～10μm，处理量大，占地面积小，设备维修管理简便。

(2)翻床-横流皮带溜槽结合摇床流程。该流程是将经莫兹利40层摇动翻床粗选、霍尔曼矿泥摇床精选出的粗精矿再用横流皮带溜槽进行精选。加拿大伯尼克湖钽矿1980年以前即用此流程生产。此流程的特点是用莫兹利40层摇动翻床作为粗选设备，横流皮带溜槽作为精选设备，入选粒度可达到74～5μm，处理量大，水电耗量少，富集比高，但设备维修管理比较复杂。

(3)摇床流程。该流程是用矿泥摇床作为粗选和精选设备。一般小选厂多采用此流程，其特点是富集比高，设备维修管理简单，但设备占地面积较大，处理量小，入选粒度下限只能到30μm。

(4)浮-重选流程，即用浮选粗选、横流皮带溜槽精选。加拿大伯尼克湖钽矿1980年后改用此流程生产。

（四）钽铌铁矿浮选工艺

浮选是从细粒嵌布钽铌矿和钽铌矿中选铌的最有前途方法，目前正在研究中。前苏联选矿设计院制定的浮选钽铌矿流程为：用ИМ－50（羟肟酸钠）与汽车润滑油在pH8～8.5下浮选钽品位为0.009～0.02％Ta_2O_5的钽铁矿，经过一次粗选、两次精选，然后添加ИМ-50和润滑油，再在酸性介质中（pH4～2.5）进行两次精选，最后获得品位为1.3～2.88％Ta_2O_5的钽精矿，回收率达60～65％。加拿大伯尼克湖钽矿用锡石浮选捕收剂(NaO_3S-CH-COONa)、调整剂H_2SO_4－5$NaSiO_3$、起泡剂MiBC对选矿厂莫兹利翻床精矿进行了浮选研究，经过一次粗选、一次精选，精选尾矿再用莫兹利翻床进行一次扫选，最后获得含8.04％Ta_2O_5的钽精矿，回收率达78.4％。中国广州有色金属研究院用苯乙烯磷酸为捕收剂，氟硅酸钠和硝酸铅为调整剂，在矿浆pH值为6时从宜春钽铌矿选厂的二次离心选矿机精矿中浮选原矿品位为0.0686％$(Ta,Nb)_2O_5$的钽铌矿，经过一次粗选、二次精选，最后获得品位为17.92％$(Ta,Nb)_2O_5$的钽铌精矿，回收率达68.57％，但如果将一次精选的精矿采用振摆皮带溜槽精选，则可获得品位为32.24％$(Ta,Nb)_2O_5$的钽铌精矿，回收率达65.83％。

二、钽铌砂矿的选矿

钽铌砂矿通常重矿物的含量并不高，但综合利用价值大，同时矿物单体解离比较好，一般不需破碎和磨矿。钽铌砂矿在入选前应先经筛选，除去块石和卵石，然后进行粗选。粗选工艺主要是重选，但个别也有采用磁选和重选结合的。重选流程和设备与原生矿重选基本相同，如澳大利亚格林布什锡公司钽选厂采用的是跳汰-摇床或跳汰流程。

钽铌重选粗精矿一般都含有不等量的锡石、黑钨矿、磁铁矿、钛铁矿、硫化矿、黄玉、石榴石、电气石、石英、长石等，按其重矿物含量可以分灰重砂和黑重砂两种。前者重矿物含量占10～46%，后者占50～90%。根据灰重砂和黑重砂的矿物组成和物理、化学性质，可采用重选、浮选、磁选、电选和化学选矿等方法综合回收有价矿物。精选工艺主要有如下几种。

（1）重-磁-重或重-浮-磁流程。此流程多用于处理钽铌灰重砂，过程是先用重选除去轻矿物(比重小于2.9g/cm³者)，然后进行磁选。磁选前一般应进行酸处理，以清除矿物表面污染杂质，但酸处理时间一般控制在15～30min 范围内，过长会降低磁性产品的回收率。

（2）磁-重-磁或磁-浮-重流程。此流程多用于处理钽铌黑重砂。

（3）选-冶联合流程。细粒钽铌精矿中的黑钨矿和磁性锡石等难选矿物很难用机械选矿法分选，往往只能残留在精矿中被当作有害杂质处理。近年来采用选-冶联合选矿法，为难选矿物的分离、提高精矿质量、扩大综合利用开辟了一条新的重要途径。

第四节　钽的提取冶金

一、钽精矿的分解

（一）氢氟酸分解法

自50年代以来，氢氟酸分解法已成为各钽铌生产厂家分解精矿的主要生产方法，如美国扇钢公司马斯科吉厂、德国赫尔曼斯塔克公司哥斯兰厂、日本三井公司三鹰工厂以及中国的一些钽铌厂，均采用氢氟酸分解流程。

用氢氟酸分解钽铌铁矿时一般还应加入硫酸。硫酸的存在有利于提高钽铌的分解率，同时可和其他元素生成稳定的不易被萃取的硫酸盐，从而有利于钽铌和其它元素的分离。钽铌精矿在氢氟酸、硫酸中的反应为：

$$Ta_2O_5+14HF = 2H_2TaF_7+5H_2O$$

$$Nb_2O_5+14HF = 2H_2NbF_7+5H_2O$$

$$SiO_2+6HF = H_2SiF_6+2H_2O$$

$$TiO_2+6HF = H_2TiF_6+2H_2O$$

$$Fe_2O_3+3H_2SO_4 = Fe_2(SO_4)_3+3H_2O$$

$$MnO+H_2SO_4 = MnSO_4+H_2O$$

$$SnO_2+2H_2SO_4 = Sn(SO_4)_2+2H_2O$$

$$CaO+H_2SO_4 = CaSO_4+H_2O$$

精矿一般磨细至－100目。分解槽通常为软钢衬聚三氟氯乙烯或衬铅。精矿分解是放热反应，加料速度取决于物料温度，一般控制80～90℃，在此温度下氢氟酸挥发损失约为6～7%，精矿分解率可达到98～99%。

氢氟酸法的优点是流程短，操作简单，分解率高。缺点是氢氟酸腐蚀性强，需要特殊设备；氢氟酸易挥发，需要强通风设备；试剂贵，只适用于分解高品位精矿。

（二）氯化法

氯化法是从精矿中提取钽和综合回收其它有用元素最有前途的方法之一，特别是对于那些成分复杂、钽品位较低的精矿或锡渣更为适宜，因为氯气在有还原剂存在的情况下可以使任何矿物分解，而且氯气是较便宜的化学试剂。氯化法最大的优点在于可利用各元素氯化物的不同冷凝温度进行初步分离，但缺点是设备材料问题难以解决。

氯化法分解精矿或锡渣在工业上已经得到应用，如联邦德国赫尔曼斯塔克公司劳芬堡厂就采用氯化法分解钽铌精矿以生产高纯氧化物。

熔盐氯化法是近年来研究成功的一种分解方法。该法的优点在于省去了费工费时的团块制备和烧结等工序，并且在熔盐中能更有效地进行物质交换和热交换，从而可提高氯化速度和氯化器的生产效率，并可使氯化过程连续化。此法在前苏联已得到工业应用。

（三）碱熔法

1.苛性钠熔融法

直到50年代，苛性钠熔融法一直是分解钽铁矿精矿的主要方法。按这种方法生产钽和铌的混合氧化物的工艺流程示于图12-5-8。

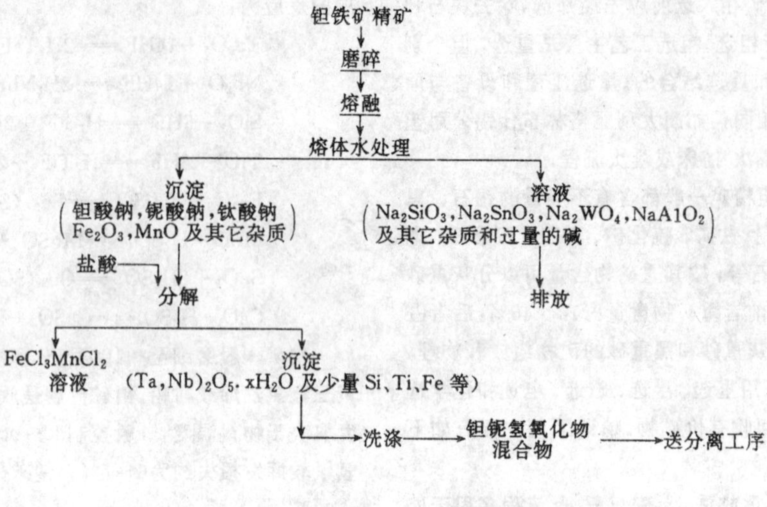

图 12-5-8 苛性钠熔融法处理钽铁矿工艺流程

苛性钠熔融法的缺点是试剂用量大(300%),流程长,操作条件差,坩埚消耗量大。

2.苛性钾熔融法

苛性钾熔融法最适宜生产高纯钽、铌混合氧化物。该法与苛性钠熔融法基本相同,只是当用水浸出熔体时,钽酸钾、铌酸钾也以可溶性盐而进入溶液,而后加入氯化钠或苛性钠以沉淀出溶解度很小的钽酸钠和铌酸钠。用酸分解钽酸钠和铌酸钠就可得到含杂质很少的钽、铌混合氧化物,其纯度可达到99.22%,可直接用于制取钽铌合金。

钽铁矿与苛性钾熔融法的缺点是从溶液中直接提取钽、铌的提取率低,一般不高于80%,这主要由于形成的偏钽酸钾、偏铌酸钾不溶于水,而是与铁和锰的氧化物一起留在沉淀中。

(四) 氟化法

据报道,日本曾进行过用硝基氟化法从铌铁矿提取和分离钽、铌的试验。硝基氟化法是一种在非水的无机溶剂中完全溶解铌铁矿的方法。该法使用N_2O_3、N_2O_4或 NOF 的氟氢酸溶液甚至可在室温下分解铌铁矿,使绝大部分铌和钽以氟化物形式沉淀,然后用挥发分离法净化铌和钽的氟化物,并使它们彼此分离,而铁、锰、钛、锡等量较大的杂质则留在溶液中。由此法制得的钽和铌的络合氟化物都能生成简单的钾盐,并能用一般的方法还原成金属。

(五) 电解法

1.熔盐电解法

用熔盐电解法从钽铌矿中提取钽铌尚处于试验阶段。该法使用单一氟化物和氟化钠或混合氟化物如 LiF+NaF+KF 作电解质,用石墨或熔融锡、锌作阴极材料,电解铌铁矿以制得铌铁合金和碳化铌或铌酸钾。

2.还原熔炼-水溶液电解法

此法适于处理低品位钽铌铁矿。低品位钽铌铁矿先经过铝热还原熔炼制成钽铌铁合金并作为阳极,以 $FeCl_2$和 NH_4Cl 的混合水溶液作电解质,电流密度10A/dm^2,电解液温度60℃,电解液 pH 值1~5。电解后在得到高纯度电解铁的同时即得到高品位的$(Ta,Nb)_2O_5$残渣。钽铌在残渣中的富集倍数与原料的组成有很大关系,若合金中的钽铌含量低而铁含量高时富集倍数更大,一般可达到3~10倍。

二、钽化合物的分离和提纯

钽和铌分离的方法有氟络盐分步结晶法、有机溶剂萃取法、离子交换法、氯化物精馏法、选择性还原法等。直到50年代初,氟络盐分步结晶法还是工业上唯一分离钽和铌的方法,而现在这种方法已被更先进的萃取法所淘汰。

若是采用氯化法处理精矿,则在分离和提纯时往往采用氯化物精馏法。用精馏法在分离钽和铌的同时,一般都能从它们的化合物中除去其它伴生元素和杂质,达到提纯的目的。

(一) 萃取法

萃取法不仅可以有效地分离钽和铌，同时还可以除去其它杂质如硅、钛、铁、锰等，从而可获得高纯的钽化合物。目前绝大多数生产厂家均采用萃取法生产钽、铌化合物。

钽、铌的萃取一般应先制备酸性的氟化络合物水溶液，即钽、铌的氢氟酸和其它无机酸的水溶液。钽铌精矿在用氢氟酸和硫酸分解时，钽、铌分别以氟钽酸、氟铌酸的络合物进入溶液，其它元素则以氟化络合物或硫酸盐进入水溶液。分解时加入硫酸有利于提高钽铌的分解率，并使杂质元素生成不被萃取的硫酸盐。分解后可直接进行矿浆萃取，或对与残渣分离的分解液进行清液萃取。直接矿浆萃取较之清液萃取有如下优点：(1)免除了分解残渣的过滤和洗涤过程，缩短了生产周期；(2)减轻了劳动强度，改善了劳动条件，有利于过程的密闭和连续化；(3)减少了附属设备（过滤器、真空系统等），提高了分解槽的生产能力；(4)提高了钽铌的回收率，因为清液萃取的分离残渣虽经过多次洗涤，但仍含有1～5% $(Ta，Nb)_2O_5$，而矿浆萃取残液中所含的 $(Ta，Nb)_2O_5$ 不到0.1g/L，损失在残渣中的钽铌也很少；(5)矿浆萃取不仅适用于钽铌比变化大的原料，也适用于低品位的钽铌精矿。

在萃取分离钽铌时，根据原料含钽、铌比的不同，可分别采用共萃取或分别萃取工艺。目前国内外广泛采用的是共萃取工艺，即先将钽铌同时萃入有机相，然后从有机相中分离钽、铌。这种共萃取方法不但简化了设备，而且便于操作。

工业上的萃取钽铌一般采用 $HF-H_2SO_4$ 体系，这样能直接与精矿分解液衔接以简化流程。但是有时根据原料来源、成分以及对产品的要求不同，也采用 HF-HCl 和 $HF-HNO_3$ 体系。目前国内外所采用的萃取分离钽、铌的工艺流程如图12-5-9所示。

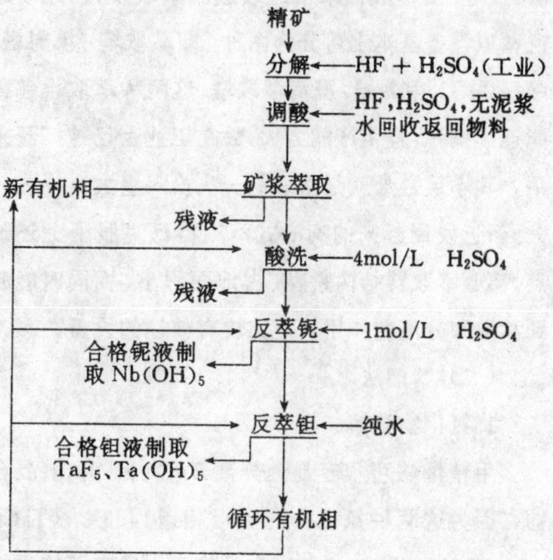

图 12-5-9 萃取工艺流程

用于萃取分离钽、铌的有机溶剂有酮类、脂类、胺类和醇类等，这种有机溶剂应具备以下性质：(1)对原液中的萃取元素具有高的选择性和萃取性，即萃取率高而分离系数也能满足要求；(2)在水溶液中溶解度低；(3)粘度和比重小，便于与水相分层和分离；(4)无毒，挥发性低，以免影响操作人员的身体健康；(5)来源充足，制备容易，价格便宜。

国外大多采用的是甲基异丁基酮（MIBK）。而在中国，MIBK、磷酸三丁脂（TBP）、乙酰胺和仲辛醇等萃取剂均已在钽铌生产中获得应用。实践证明，上述几种萃取剂各有优缺点（见表12-5-23）。

表 12-5-23 几种萃取剂比较

名称	优点	缺点
甲基异丁基酮（MIBK）	选择性高，纯水反钽饱和容量大，比重轻，粘度小，操作稳定	水溶性大，挥发性大，损耗大，价格贵
仲辛醇	选择性好，水溶性小，单价低，成本低	粘度大，操作难控制，气味较难闻
乙酰胺	水溶性小	选择性差，不能用纯水反萃钽
磷酸三丁脂（TBP）	挥发性小，劳动条件好	选择性差，产品质量不稳定

影响钽铌萃取和分离的因素很多，如有机溶剂的物理性质；原液的酸体系、浓度以及钽铌浓度和钽铌比；有机相和水相的体积比或流量比；反萃取剂的选择等。此外，萃取设备对钽铌的分离和提纯也有一定影响。一般来说，连续逆流萃取比间歇萃取所获得的钽、铌产品纯度高，而且劳动生产率高，成本低，因此工业上一般都采用连续逆流萃取设备。连续逆流萃取设备基本上可分为两种，即萃取塔（填料塔、筛板塔等）和混合-澄清萃取塔。这两种萃取设备都能连续操作，且生产能力大，故在工业上已被广泛采用，其不足之处就是萃取剂一次投入量大，损失较大。新近发展起来的离心式萃取器已克服了上述缺点。离心萃取器结构紧凑，占地面积小，而同时能起到萃取和分离的作用，是比较有前途的设备。

（二）精馏法

1. 氯化物精馏

用精馏法可很容易地分离 $TaCl_5$ 和 $NbCl_5$ 混合物，因为这两种氯化物的沸点相差14.3℃（$TaCl_5$ 234.0℃，$NbCl_5$ 258.3℃），在标准压力状态下体系的相对挥发度为1.38。如果用氯化法处理精矿得到的钽铌的氯化物冷凝液直接用精馏法分离钽和铌则更为有利。

在精馏过程中，工业氯化物中所含有的主要杂质（钛、硅、铝等）很易与钽铌分离。氯化铁在精馏过程中发生下列反应：

$2FeCl_3 \longrightarrow 2FeCl_2 + Cl_2$ 反应生成的氯气不仅影响塔效率，也加速设备的腐蚀，因此应先除去铁。在氢气中将钽和铌的氯化物在350℃进行简单的蒸馏就可以与铁分离。另一种除铁方法是在300～500℃下使氯化物蒸汽通过装有块状氯化钠的蒸馏塔，形成 $NaFeCl_4$ 复盐。此复盐在300～500℃时的蒸汽压极小。氯化物精馏的有关内容见第四章。

2. 氟化物精馏

氟化物有较宽的液态范围和相当低的熔点，这些性质使它们比较容易处理。氟化物吸湿性强，因而必须防止与大气接触。

根据拉乌尔定律可以计算出用蒸馏法在全回流下制取纯氟化物所需的理论塔板数（见表12-5-24）。

表 12-5-24 蒸馏法分离 TaF_5 和 NbF_5 的理论塔板数

项　目	数	据		
原料中 TaF_5 含量，%	50	50	50	50
塔底部 NbF_5 含量，%	90	99	99.9	99.99
塔顶部 TaF_5 含量，%	99	99	99	99
最小理论塔板数	42	56	70	84

三、金属钽的制取

制取金属钽可采用不同的中间化合物和还原方法。还原方法基本上分为两大类，即热还原法和电解法。热还原法又可分为金属热还原法（如钠、铝、镁和钙热还原）和非金属热还原法（如碳和氢热还原）。通常使用氟钽酸钾、氧化钽和氯化钽作还原的原料。

（一）氟化盐还原

鉴于钽的主要用途是制造电容器，而氟化盐还原是制取高纯电容器级钽粉的最好方法，因此国内外主要采用氟化盐金属热还原法生产电容器级钽粉。目前工业上大都用金属钠作还原剂还原 K_2TaF_7 以制取钽粉。基本反应为：

$$K_2TaF_7 + 5Na = Ta + 2KF + 5NaF$$

还原反应是激烈的放热反应，炉料（$K_2TaF_7 + 5Na$）的热效应值为3138kJ/kg，所以当反应开始后，还原反应即可自发并加速进行。K_2TaF_7 钠还原制取钽粉工艺流程见图 12-5-10。

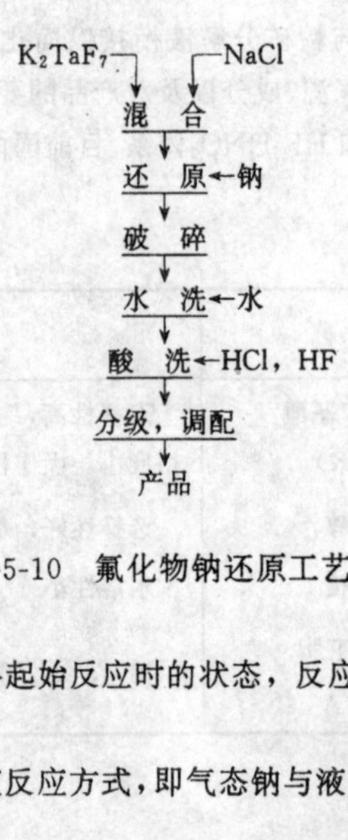

图 12-5-10 氟化物钠还原工艺流程

按照物料起始反应时的状态，反应方式可分为以下几种。

(1) 气-液反应方式，即气态钠与液态 K_2TaF_7 进行反应。氟钽酸钾和金属钠分装在各自的容器中，用氩气保护，然后加热升温，并分段控制温度。钠温控制在900～950℃，K_2TaF_7控制在900℃左右。此种反应方式的反应速度慢，周期长，对设备腐蚀性大，制得的钽粉粒度粗，原粉（－60目钽粉）率低，钽粉比电容也较低。

(2)液-固反应方式，即液态钠与固态K_2TaF_7进行反应。有两种加料形式，一种是将液态钠注入固态的K_2TaF_7中，另一种是将固态K_2TaF_7加入液态钠的熔池中。此种反应方式的特点是起始反应温度低（一般为400～500℃），反应速度快，周期短，钽粉粒度细，原粉率高，钽粉比电容高。但要指出的是，所谓液-固反应只是对起始状态而言，当反应进行到一定程度时，温度不断上升，K_2TaF_7液化，即变为液-液反应。

(3)液-液反应方式，即液态钠与液态K_2TaF_7进行反应。这种反应方式也有两种加料方式，一种是将液态K_2TaF_7加入液态钠熔池中，另一种是将液态钠加入到液态K_2TaF_7中。此种反应方式的特点是反应速度较易用加料速度来控制。

目前国内外基本上采用后两种反应方式进行钽粉生产。还原设备大多数采用搅拌钠还原方式，这样可改善物料的接触，提高反应速度，使还原更完全，原粉率和比电容更高。但也有采用推舟式连续钠还原法生产钽粉。

由于电容器用钽粉在纯度、粒度、粒形等方面的要求越来越高，所以近20年来钽的科研工作主要集中在不断改进制粉工艺和设备上，其目的是通过采取各种措施，以不断提高钽粉的比电容及其它性能。改进主要集中在以下几个方面。

(1)原材料预处理工艺的改进。这方面的改进主要有以下一些内容。

1）氟钽酸钾的活化处理。氟钽酸钾的性状直接影响钽粉质量，除化学质量要求外，还应避免氟钽酸钾吸附水及残余萃取剂。还原前将氟钽酸钾在真空或氩气保护下于325～375℃进行活化处理，以使氟钽酸钾晶粒细化，活性增高，以有利于钽粉纯化和粒度细化。

2）金属钠的净化。金属钠的纯度对钽粉影响很大。钠的净化最初采用的是铜或不锈钢筛网过滤，后改为金属陶瓷过滤管，后一种方法净化效果好，操作简便。目前英国正在研究用β-Al_2O_3隔膜来获得高纯金属钠。

3）氩气的净化。因整个还原过程都是在氩气保护下进行的，因此氩气应预先经过锆铝净化器净化后再使用。

(2)还原工艺的改进。还原工艺是决定钽粉化学质量、粒度、粒形的关键。还原工艺的改进主要有以下两方面。

1)控制反应速度和还原温度。反应速度太快，则反应过于激烈，势必造成反应温度过高，使钽粉粒度变粗。可采取以下措施控制反应速度和反应温度。

a.加稀释剂。稀释剂不参与还原反应，但它不仅能降低氟化盐的熔点，还有利于金属与氟化盐的分离，并且能吸收过剩反应热，有利于反应温度的控制。氯化钠、氯化钾、氟化钠、氟化钾等都可作为稀释剂。其中氯化钠来源广泛，价格低廉，熔点又较低，因此使用氯化钠作稀释剂比较普遍。

b.改进加钠方式。目前很多厂家采用的加钠方式已由一次注入式改为连续注入式，即边反应边注钠，并在一定的时间内将需的钠量注完。用控制加钠速度来控制反应速度和反应温度对大规摸工业生产几乎是不可少的措施。

c.加冷却装置。工业生产中，在反应激烈进行时不但要停止外加热，而且还要送冷风以带走反应产生的热量，以此来控制反应温度不要过高。

d.控制装料量。可以通过对还原过程热平衡的计算来确定装料量，以保证反应温度不过高。德国赫尔曼公司采用推舟式连续钠还原法生产钽粉，即通过控制装料量来控制反应温度。

2）降低钠过量。还原时钠用量过多不但经济上不合理，还会给后续工序的操作带来困难，并有可能影响钽粉质量。因为过量钠有可能形成偏钽酸钠，这种化合物在酸洗和水洗过程中难以除去，从而造成钽粉中氧和钠的含量偏高。目前普遍采用钠过量低于5%。

(3)提纯工艺的改进。用于军工、宇航等尖端科学领域的钽电容器要求有极高的可靠性，从而对钽粉质量提出了严格的要求。目前国内外钽的提纯主要用电子束熔炼和垂熔烧结法。为了提高钽粉比电容，在氢化制粉工艺上做了很多研究工作，取得了很大进展。美国扇钢公司经反复预烧结、氢化、磨筛等工序，使63V高压钽粉的比电容从2000μF·V/g增加到3000～4000μF·V/g。

(4)后处理工艺的改进。钽粉的后处理系指在钽粉制得后为改善其物理性能和电性能而进行的一系列工作。后处理工艺的改进主要有以下3个方面。

1）分级和调配。钽粉制取过程中产出的一部分超细粉在电容器制造过程中有负作用，因此应采用分级手段将其除去。此外，分级还可为粉的调配工作准备条件。钽粉调配目的在于使不同粒度的钽粉按一定比例混合，以使钽阳极块得到更好的孔隙结构，从而改善电容器的电性能。分级方法有筛网分级、水力分级、风力分级等。一般粗粉宜用筛网分级，超细粉宜用水力分级。

2）烧结工艺的改进。烧结温度和烧结时间对钽粉电性能影响很大。烧结工艺的发展趋向是降低烧结温度或缩短烧结时间，但这就要求提高钽粉的化学纯度。实践证明，在较高温度下缩短烧结时间也能减少钽粉比电容的损失。

3)等离子后处理。钽粉在经等离子工艺处理后，比电容虽然有所降低，但物理性能和电性能却有很大改善（见表12-5-25）。

表 12-5-25 钽粉等离子处理前后性能的比较

FSSS, μm	密度, g/cm³	*CV*, μF·V/g	*K*, μA/μF·V	*BDV*, V
1.4	275.3	14000	7.14×10^{-4}	150
(3.2)	(360.5)	(12000)	(2.5×10^{-4})	(188)
1.8	365.4	12000	6.67×10^{-4}	158
(3)	(327.7)	(12500)	(2.56×10^{-4})	(190)
1.3	263.8	15400	4.09×10^{-4}	155
(2.5)	(295)	(13800)	(3.19×10^{-4})	(194)
1.1	244.2	16000	13.8×10^{-4}	154
(3.3)	(377)	(12200)	(2.3×10^{-4})	(202)
1.4	278.6	14900	6.04×10^{-4}	175
(3.1)	(393.3)	(12400)	(2.42×10^{-4})	(187)

注：括号内为等离子处理后的产品。

(5)采用掺杂工艺。掺杂的目的在于提高钽粉的比电容。有不同的掺杂物、掺杂方法和条件。目前主要采用磷酸盐作掺杂物。比电容的提高幅度与掺杂量有关，一般可提高20～40％。

（二）氧化物还原

1.金属热还原

钽氧化物的金属热还原主要有钙热还原和铝热还原。

(1) 钙热还原，其反应式如下：

$$Ta_2O_5+5Ca = 2Ta+5CaO$$

反应需在完全密封的反应弹内进行，同时还要用硫磺粉作助热剂。反应后将金属与渣分离，最后经电子束熔炼即可得到高纯度和良好延性的金属。此法的缺点是金属产出率低，并且不能得到可用于制做电容器的钽粉，同时金属钙价格较贵。因此该法未在工业上获得应用。

(2)铝热还原。用铝热还原钽氧化物是生产块状金属钽的较新方法。还原反应为放热反应，反应式为：

$$3Ta_2O_5+10Al = 6Ta+5Al_2O_3$$

由于钽和钽铝合金熔点高，为保证金属与炉渣分离，需向炉料中加入适量的氧化铁，使得到的钽合金中含7～7.5％Fe和1.5％Al。有时为了降低渣的熔点，还可加入少量硫磺。还原反应在925℃便开始自发地进行。钽的收率大于90％。经真空热处理和电子束熔炼后，金属钽锭具有很高的纯度，其中杂质含量（10^{-4}％）为：O、N＜0.001％，0.0025％C，Al＜0.0025％，Fe＜0.005％。精炼工序收率为91~94％。该法优点是工艺简单易行，回收率较高。缺点是只能制取金属锭。

2.碳热还原

用碳热还原钽的氧化物制取金属钽是工业上比

较成熟的方法，国内外都有实际应用。碳热还原反应需在高温高真空下进行。按其反应方式和阶段可分为间接碳还原法和直接碳还原法两种。国内大都采用直接碳还原法制取高压电容器级钽粉。此法的特点是氧化钽不经碳化而直接还原成金属。经一段、二段还原后进行氢化，然后破碎、分级。该法的优点是流程较短，钽粉纯度高。

（三）氯化物还原

用金属（镁、钠）或氢还原 $TaCl_5$ 可以得到金属钽。

(1) 金属还原法。用镁还原 $TaCl_5$ 的反应式为：

$$2TaCl_5 + 5Mg \longrightarrow 2Ta + 5MgCl_2 + 1298kJ$$

反应生成的热量足够使还原过程自发进行。反应在钢制坩埚中进行，反应速度很快。为了适当控制反应速度，一般在物料中加入一些氯化钾或氯化钠。还原后用水或稀盐酸洗盐，钽粉在真空中烘干。钽粉收率约为98%，粒度1～10μm。

(2) 氢还原法。温度高于600℃的氢能将 $TaCl_5$ 还原成金属钽。已经研究出多种还原方法，如在加热的钽板上从气相中沉积钽以制取致密的金属钽，或在沸腾床层中用氢还原钽的氯化物制取球形钽粉等。

在热钽板上沉积金属钽是具有吸引力的还原方法。将 $TaCl_5$ 和氢气混合物通入反应器，温度1300～1400℃。反应后金属钽沉积在加热到1200～1500℃的钽带上。

氯化物氢还原制得的钽具有很高的纯度，这是此法的最大优点。用该法制得的沉积钽条可直接轧制成板材或在电子束炉中重新熔炼。此法的缺点是氯化物转化率较低，只有20～30%。未反应的 $TaCl_5$ 要返回重新使用。

（四）电解法生产钽

用电解法生产金属钽曾广泛用于工业生产。由于电解法所生产的钽粉粒度较粗（100～120μm），不太适用于电容器的生产，因此基本上已被淘汰。但熔盐电解仍可用于制取涂层等方面。

氟化物电解是以 K_2TaF_7 为原料，再加上其它化合物（如 KF、KCl、NaF、NaCl 等）组成电解质体系。在电解质中加入少量 Ta_2O_5 可以改善熔体对石墨电极的润湿性，并提高临界电流密度。一般情况下熔体中保持 Ta_2O_5 浓度2.5～3%。电解时阴极电流密度为50A/dm²，阳极电流密度为120～160A/dm²，电解温度为680～720℃。

氯化物电解采用的电解质体系一般为 $TaCl_5$/KCl-KF-NaCl。阴极电流密度为270A/dm²，阳极电流密度为20A/dm²，电解温度为850～950℃，电流效率为85～88%，金属产率可达91～93%。电解后可采用磨碎并进行空气分选和真空热处理净化等方法处理阴极产物。

第五节 金属钽的加工及制品

一、金属钽坯锭的制备

金属钽坯锭的生产方法有真空熔炼法和粉末冶金法。

（一）粉末冶金坯锭制备

粉末冶金法制备金属钽坯锭的工艺流程是钽粉→成型→预烧结→烧结。

1. 粉末成型

钽坯条作为加工原料，多以棒、方条、矩形坯等简单形状提供，用钢模冷压和等静压成型较为适宜。常用的润滑剂有甘油-酒精溶液和石腊-四氯化碳溶液，加入量为0.2～0.7%。钽粉的钢模冷压和油静压成型工艺条件列于表12-5-26。

表 12-5-26 钽坯锭成型工艺条件

成型方法	成型工艺条件					
	成型剂加入量	混合		坯条		压力
钢模冷压	石腊-四氯化碳 mL/kg	料量 kg/次	时间 min	规格 m/m	单重 g	MPa
	10	20	40	14×14×400	900	800

续表 12-5-26

成型方法	成型工艺条件				
	油缸尺寸 mm	压力 MPa	压后尺寸 mm	保压时间 min	料重 kg
油静压	ϕ100×1000	300～500	(28～32)×(71～73)×(690～730)	1.5～3	16～21 9.5～13

2. 烧结

成型后的粉末料坯须经两次烧结后方可供加工使用。第一次烧结在较低温度下进行，称为预烧结，目的是提高型坯的强度和导电性，以便于高温烧结。钽坯条预烧结在133.3×10^{-5}Pa 真空度下进行，温度为1000～1200℃，升温速度不宜过快。预烧结后的坯条表面不应有脏物、斑点等缺陷。预烧结时经常出现的质量问题有烧断、未烧好、脏化等。

第二次烧结是在低于钽熔点进行的高温烧结，目的是使多孔的粉末体变成具有一定金属组织和性能的可加工的金属。常用的烧结方法有两种，即垂熔法和烧结法。前者在真空垂熔炉中进行，烧结温度一般为2000～2700℃；后者在真空钨丝炉或高真空感应炉中进行，烧结温度一般分别为2000～2600℃和2000～2300℃。牌号 Ta1 的垂熔烧结工艺条件见表12-5-27。

表 12-5-27 钽坯真空垂熔烧结工艺条件

牌号	坯料规格，mm	温度范围，℃	升温时间，min	保温时间，min	真空度，Pa
Ta1	(28～30)×(71～73)×(690～730)	室温～1700	80	—	666×10^{-4}～133×10^{-5}
		1700～1770	—	90	
		1770～2200	60	—	
		2200	—	240	

加工用钽坯要经过两次垂熔。第一次垂熔后的金属坯相对密度只能达到90%左右，而经冷加工变形量达15～30%后再进行第二次垂熔，即高温退火，使坯内产生再结晶组织，相对密度即可达到98%左右。经二次垂熔的板坯可在室温下轧制成厚度小于1.0mm 的薄板。钽坯(Ta1)高温退火工艺条件是：室温至2200℃的升温时间为60min，真空度（66.5～1.33）×10^{-3}Pa，2200℃烧结时间为90～120min。采用烧结方法生产的钽坯条的化学成分见表12-5-28。

表 12-5-28 钽坯锭的化学成分

牌号	化学成分，%，不大于										
	Fe	Si	Ni	W	Mo	Ti	Nb	O	N	H	C
Ta1	0.005	0.005	0.002	0.01	0.01	0.002	0.05	0.02	0.005	0.002	0.01
Ta2	0.03	0.02	0.005	0.04	0.03	0.005	0.1	0.03	0.025	0.005	0.02

（二）真空熔炼法铸锭

金属钽铸锭主要采用电子束熔炼法。其主要工艺流程是：钽粉→油静压成型→预烧结→烧结→氩弧焊箱内焊接→一次电子束熔炼→切底垫→一次锭焊接→二次电子束熔炼→钽铸锭。

电子轰击的原料一般采用冶金级钽粉。钽粉的成型、预烧结和烧结的工艺条件与粉末冶金坯锭的制备工艺基本相同。

氩弧焊箱内焊接的生产实例见表12-5-29。

表 12-5-29 氩弧焊箱内焊接主要工艺参数

单块材料规格 mm	料棒规格		充氩前真空度，Pa	充氩压力 Pa	非自耗电极材料	焊接电流 A	冷却时间 min
	尺寸，mm	重量，kg					
φ45 × 700	φ45 × 1400	28	6.67	133	Ta	300～350	15

电子束熔炼铸锭结晶一般使用水冷铜坩埚，特点是顺序凝固。熔炼工艺见表12-5-30。经过二次电子束熔炼的钽锭提纯效果见表12-5-31。

表 12-5-30 钽的电子束熔炼工艺参数实例

设备功率 kW	坩埚直径 mm	原料状态	熔次	真空度，Pa		熔炼功率 kW	熔炼速度 kg/h	比电能 kWh/kg	冷却时间 min	成锭率 %
				熔前	熔炼					
200	60	φ45mm 烧结棒	1	666.5	666.5	130～140	20～25	5.6～6.5	60	89
200	80	φ60mm 一次锭	2	666.5	133.3	180～190	20～25	7.5～9.0	90	94
120	75	φ60mm 一次锭	2	666.5	106.6	100～110	12～14	8～8.3	90	94

表 12-5-31 电子束熔炼钽的提纯效果

状 态	坩埚直径,mm	熔速 kg/h	熔炼功率,kW	比电能 kWh/kg	熔炼真空度,Pa	杂质含量,%				挥发损失,%	硬度 Pa
						H	C	O	N		
预烧结钽						—	0.042	0.1430	0.0260		
一次熔炼	60	15～18	140	7.8～9.5	133.3×10^{-4}	—	0.0090	0.0130	0.0020	14.4	
二次熔炼	75	13.7	100～105	7.6	$(133 \sim 933) \times 10^{-5}$	—	0.0060	0.0040	<0.0020	8.8	66

二、金属钽、板、带、箔材的加工

目前所生产的板、带、箔材产品的品种及规格列于表12-5-32。钽的板、带、箔材生产工艺流程及工艺条件见表12-5-33、12-5-34。

表 12-5-32 板、带、箔材的品种及规格

品 种	规格，mm			供货状态①	品 种	规格，mm			供货状态①
	厚度	宽度	长度			厚度	宽度	长度	
板 材	3.5～6.0	50～200	100～1000	Y，M	箔材	0.01～0.09	30～200	≥500	Y，M
	0.1～3.0	50～350	100～1000	Y，M					

① Y为冷轧状态，M为退火状态。

表 12-5-33 纯钽板、带、箔材生产工艺流程

工序号	工序名称	油压开坯	工序号	工序名称	粉末烧结坯
1	板坯真空消除应力退火		1	冷锻造	
2	冷轧		2	冷轧	
3	剪切下料		3	二次高温烧结	
4	酸洗		4	剪切下料	
5	真空消除应力退火		5	冷轧	
6	冷轧		6	除油清理	
7	焊接引带		7	真空清除应力退火	
8	带、箔材冷轧		8	焊接引带	
9	剪切		9	带、箔材冷轧	
10	除油清理		10	成品剪切	
11	真空退火		11	成品检查	
12	成品剪切		12	包装入库	
13	成品检查				
14	包装入库				

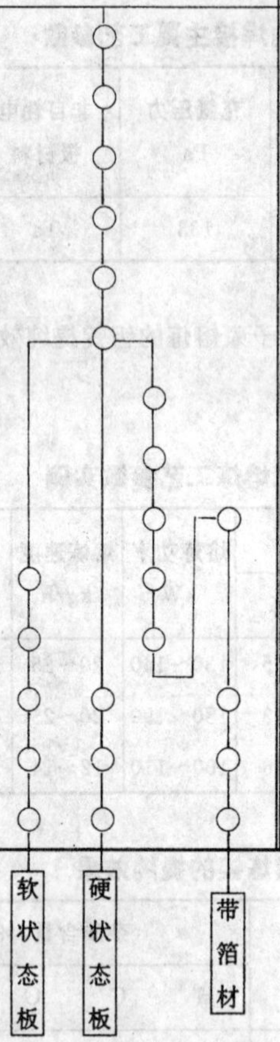

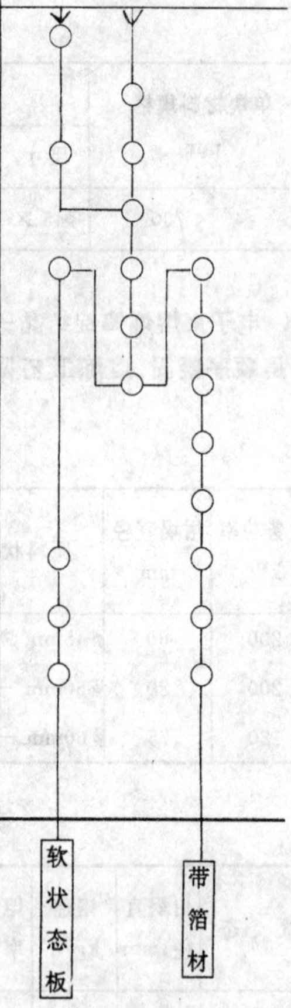

表 12-5-34 钽板材生产工艺

工序号	工序名称	轧件轧制前后规格，mm	工艺条件及参数
1	冷锻	$\phi 63 \times L \to 25 \times 28$	
2	刨面	$25 \times 85 \to 22 \times 85$	
3	真空退火	22×85	真空度 666.5Pa，温度 1200℃，保温 60min，炉冷至室温后出炉
4	冷轧	$22 \times 85 \to 6.0 \times 85$	总加工率 73%，道次加工率 5～10%
5	剪切下料	$6.0 \times 85 \times 103$	
6	酸洗	$6.0 \times 85 \times 103$	酸液组成为 25～30%HNO_3+5～10%HF+H_2O
7	真空退火	$6.0 \times 85 \times 103$	真空度 666.5Pa，温度 1150℃，保温 60min，炉冷至室温后出炉
8	冷轧	$6.0 \times 103 \to 0.8 \times 103$	总加工率 86.5%，道次加工率 5～10%
9	剪切	0.8×103	板材中断
10	酸洗	0.8×103	酸洗 20～30min，后用水清洗
11	真空退火	0.8×103	真空度 666.5Pa，温度 1150℃，保温 40min，炉冷至室温后出炉

续表 12-5-34

工序号	工序名称	轧件轧制前后规格，mm	工艺条件及参数
12	冷轧	0.8×103→0.3×103	轧后重复工序10、11。
13	成品冷轧	0.3×103→0.1×103	总加工率为87.5%（从0.8mm计算）
14	成品剪切	0.1×100×L	切边和定尺或倍尺
15	真空退火	0.1×100×L	真空度666.5Pa，温度1100℃，保温30min
16	成品检查		
17	包装入库		

（一）钽棒、线材的加工

牌号为Ta1、Ta2的钽棒材及丝材的规格范围和允许偏差分别列于表12-5-35和表12-5-36。

表 12-5-35 钽棒材的允许偏差

直径，mm	直径允许偏差 mm	长度 mm	定尺长度允许偏差 mm	供货状态	直径，mm	直径允许偏差 mm	长度 mm	定尺长度允许偏差 mm	供货状态
3.0～3.5	±0.05	500～1500	+5.0	Y，M	>6.5～10.0	±0.15	400～1500	+5.0	Y，M
>3.5～4.2	±0.07	500～1500	+5.0	Y，M	>10.0～16.0	±0.20	300～1500	+5.0	Y，M
>4.2～6.5	±0.10	500～1500	+5.0	Y，M					

表 12-5-36 钽丝材的允许偏差

直径，mm	直径允许偏差，mm		最短长度，m		供货状态
	有氧化膜	无氧化膜	有氧化膜	无氧化膜	
0.05～0.09	±0.005	±0.01	100	50	Y，M
0.10～0.15	±0.005	±0.01	70	35	Y，M
0.16～0.30	±0.01	±0.02	40	20	Y，M
0.35～0.50	±0.015	±0.03	30	15	Y，M
0.55～0.70	±0.015	±0.03	20	10	Y，M
0.80～1.00	±0.020	±0.04	12	6	Y，M
1.10～1.50	±0.020	±0.04	8	4	Y，M
1.60～2.00	±0.025	±0.05	5	3	Y，M
2.20～2.80	±0.030	±0.06	3	2	Y，M

钽坯旋锻工艺流程示于图12-5-11。钽棒材生产工艺实例见表12-5-37。

图 12-5-11 钽坯旋锻工艺流程

表 12-5-37 钽棒材旋锻配模实例

模序	加工后直径 mm	道次加工率 %
1	19	9.75
2	18	10.2
3	17	10.8
4	16	11.4
5	15	12.0
6	14	12.5
7	13	13.6
8	12	14.8
9	11	16.0
10	10	17.35
11	9.5	9.75
12	9.0	10.2
13	8.5	10.8
14	8.0	11.4
15	7.5	12.0
16	7.0	12.5
17	6.5	13.8
18	6.0	14.8
19	5.5	16.0
20	5.0	17.35

续表 12-5-37

模序	加工后直径 mm	道次加工率 %
21	4.5	19.0
22	4.2	13.0
23	3.9	13.8
24	3.7	10.0
25	3.5	10.5
26	3.3	11.2
27	3.15	8.9
28	3.0	9.3

钽丝的拉伸在室温下进行。拉伸流程见图12-5-12。钽丝材的拉伸有粗丝和细丝之分，直径为3.0～0.6mm者称为粗丝，直径在0.6mm以下者称为细丝。

带氧化膜的钽粗丝拉伸时使用的润滑剂有以下几种：固体蜂蜡（70%蜂蜡＋30%石腊）；20%肥皂水；5%软肥皂水；25%石墨粉＋10%阿拉伯树胶＋水；石墨乳。1/450卷筒式拉伸机用不同润滑剂拉钽丝的效果列于表12-5-38。

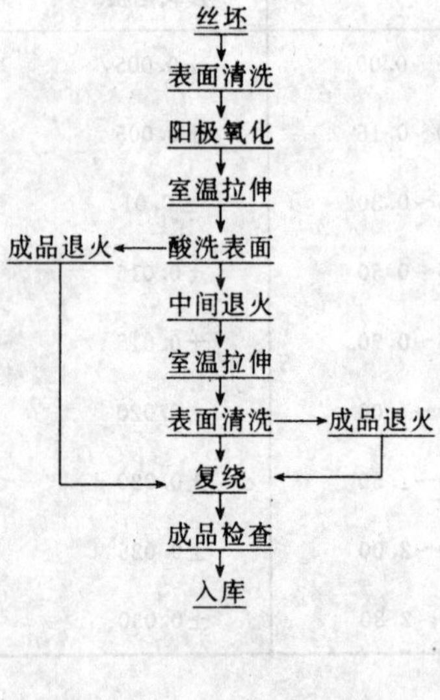

图 12-5-12 钽丝材拉伸工艺流程

表 12-5-38 1/450卷筒式拉伸机用不同润滑剂拉伸钽丝的效果比较

润滑剂成分	拉伸力,N
固体蜂蜡	390～440
10%猪油+10%肥皂+水（乳浊液）	520～540
胶体石墨乳（涂在钽丝上干燥）	400～420
胶体石墨乳	530～550
25%石墨乳+10%树胶+水(带膜,液体)	540～560
25%石墨乳+10%树胶+水(带膜,干燥)	400～500
25%石墨乳+10%树胶+水(去膜,干燥)	450～520

注：带氧化膜钽丝拉伸前直径2.17mm，拉伸后2.00mm，拉伸速度210mm/min。

细钽丝拉伸使用的润滑剂一般有两种：1～3%肥皂+10%油脂(猪油)+水,按重量比配成乳浊液；9g硬脂酸+15mL乙醚+16mL四氯化碳+40mL扩散泵油。前者适用于带氧化膜拉伸,后者适用于无氧化膜拉伸。

钽在室温下拉伸的道次加工率主要取决于氧化、涂层的质量和润滑剂的好坏。钽的道次加工率的一般分配规范见表12-5-39。

表 12-5-39 钽的道次加工率分配规范

直径，mm	3.00～0.80	0.75～0.55	0.50～0.20	0.20以下
道次加工率,%	15～8	10～4	10～4	10～4

注：1.经旋锻或退火后第一模道次加工率应取下限或接近下限值；2.在拉制软状态成品时应留酸洗余量，直径大于0.3mm的留0.03mm，小于0.3mm的留0.1mm，以便退火后用无氧化膜拉伸至成品尺寸。

拉伸丝材的退火目的主要是提高丝材继续拉伸的加工塑性及达到所要求的成品性能。钽丝的退火规范见表12-5-40。

表 12-5-40 钽丝退火规范

直径，mm	3.0～1.0	1.0～0.8	0.8～0.4	0.4～0.1	0.1以下
退火温度,℃	1200	1100	1000	900	800

注：1.退火真空度$133\times10^{-4}\sim133\times10^{-5}$Pa；2.丝材退火时，为减少表面气体污染，应用钽箔包覆。

（二）钽管生产

钽管产品规格列于表12-5-41。钽管生产工艺流程列于表12-5-42。

表 12-5-41 钽管产品（Ta1，Ta2）规格

外径，mm		不同壁厚（mm）的偏差，mm													
尺寸	偏差	0.2	0.3	0.4	0.5	0.6	0.8	1.0	1.2	1.5	2.0	2.5	3.0	3.5	4.0
3～5	±0.10	±0.03	±0.04	±0.05	±0.06										
6～10	±0.15	—	—	±0.05	±0.06	±0.08	±0.1	±0.12	—	—	—	—	—	—	—
11～15	±0.15	—	—	—	±0.06	±0.08	±0.1	±0.12	±0.15	±0.20	—	—	—	—	—
16～25	±0.20	—	—	—	—	—	±0.1	±0.12	±0.15	±0.20	±0.25	—	—	—	—
26～30	±0.25	—	—	—	—	—	—	±0.12	±0.15	±0.20	±0.25	±0.35	—	—	—

续表 12-5-41

外径，mm		不同壁厚（mm）的偏差，mm													
尺寸	偏差	0.2	0.3	0.4	0.5	0.6	0.8	1.0	1.2	1.5	2.0	2.5	3.0	3.5	4.0
31～35	±0.30	—	—	—	—	—	—	—	±0.15	±0.20	±0.25	±0.35	±0.40	—	—
36～40	±0.35	—	—	—	—	—	—	—	—	±0.20	±0.25	±0.35	±0.40	±0.5	—
41～50	±0.40	—	—	—	—	—	—	—	—	—	±0.25	±0.35	±0.40	±0.5	±0.6

注：1. 供应状态有硬状态（Y），退火状态（M）及消除应力状态（m）；2. 供应长度200～3000mm，M、m状态供应长度一般不大于900mm。

表 12-5-42 钽管、棒材工艺流程

品种	管材					棒材	
牌号	Ta1		Ta2			钽	
坯料	板片	坯锭	坯锭	坯锭	坯锭	坯锭	坯锭
主要工艺	冲压↓拉深↓拉伸	挤压↓轧制↓拉伸	挤压↓轧制	挤压↓轧制↓拉伸↓轧制	挤压↓轧制↓旋压	挤压	挤压↓拉伸
流程序号	1	2	3	4	5	6	7
坯料	○	○	○	○	○	○	○
锻造		○	○	○	○	○	○
加热		○	○	○	○	○	○
挤压		○	○	○	○	○	○
酸洗		○	○	○	○	○	○
阳极氧化	○						
冲压和拉深	○						
修理外表面		○	○	○	○	○	○
退火					○		
取样					○		
人工检查	○	○	○	○	○	○	○
成品包装	○		○			○	
轧制		○	○	○	○		
除油		○	○	○	○		
酸洗		○	○	○	○		
退火	○				○		

续表 12-5-42

流程序号	1	2	3	4	5	6	7
修理表面		○	○	○	○		
轧制		○	○	○			
退火		○	○	○			
制作夹头	○	○		○			○
阳极氧化	○	○		○			○
拉伸	○	○		○			○
矫直	○	○		○			○
切头、尾和切断	○	○		○			○
酸洗			○	○			○
旋压					○		
切头					○		
除油					○		
磨内表面			○				
修理表面			○	○			
轧制			○	○			
除油			○	○			
酸洗	○	○					
退火	○	○	○	○	○		○
取样	○	○	○	○	○		○
矫直	○	○	○	○	○		○
尺寸测量	○	○	○	○	○		○
人工检查	○	○	○	○	○		○
切头尾或切定尺	○	○	○	○	○		○
包装	○	○	○	○	○		○

(1) 挤压。钽挤压坯锭的加热制度实例见表12-5-43。

表 12-5-43　钽挤压坯锭的加热制度实例

挤压机吨位 t	挤压筒直径 mm	加热温度 ℃	保温时间 min	坯锭类型	加热设备	备　注
600	65～120	1000～1050	30～40	钢包套	箱式电炉	挤压管、棒材
600	65～120	1100～1150	30～40	光坯涂玻璃涂层	同上	同上
3150	220	1100～1150	50～80或20～30	同上	电炉或工频炉	同上

挤压时为了改善制品的组织与性能，希望采用大的挤压比。钽的挤压速度一般都采用现有设备的最高速度(150～300mm/s)，但有时也要综合考虑加热温度、挤压比等工艺条件及设备情况。

为了得到符合要求的制品尺寸，应该选择合适的模具尺寸，一般挤压模孔的直径为（1.01～1.04）×制品名义外径。

挤压时使用的润滑剂应具有摩擦系数小、润滑效果好、有足够的抗压强度、附着能力强、隔热性能好、化学稳定性好、挤压后易从制品表面除去，价廉易得等特点。

（2）管材轧制。管材轧制是生产精密、薄壁钽管材的主要方法。轧制方法有两辊冷轧和多辊冷轧两种。

冷轧的主要工艺参数有变形程度、送进量和轧制速度等。钽的塑性好，可采用较大的变形程度和较高的轧制速度。送进量对生产率、产品质量影响很大。在轧制钽管时送进量一般为1.5～5.0mm/次。轧制钽管一般采用机油加适量的煤油作润滑剂，而采用压缩空气、乳液或10～30#机油作冷却剂。

（3）钽管拉伸。常用的链式拉伸机为LB系列拉伸机，共10种型号，吨位为0.5～75t。$\phi_{内}$3.75×0.1mm 钽管拉伸配模实例列于表12-5-44。

表 12-5-44 $\phi_{内}$3.75×0.1mm 钽管拉伸配模实例

道 次	芯杆直径，mm	拉伸后直径，mm	拉伸后壁厚，mm	加工率%	道 次	芯杆直径，mm	拉伸后直径，mm	拉伸后壁厚，mm	加工率%
0	—	5.65	0.300	—	3	3.56	3.86	0.150	35
1	4.50	5.00	0.250	26	4	3.56	3.83	0.135	11
2	3.57	4.32	0.210	27	5	3.56	3.76	0.100	26

（4）管、棒材的热处理。钽管、棒材热处理包括消除应力退火和再结晶退火。按在工序中的作用退火可分为中间退火和成品退火。一般使用的退火设备为真空退火炉。钽管、棒材的退火工艺制度见表12-5-45。

表 12-5-45 钽管、棒材退火制度

牌 号	消除应力退火温度℃	再结晶退火温度℃	保温时间min	出炉温度℃	真空度Pa
Ta1，Ta2	850～900	1100～1150	45～60	<150	266.6×10^{-4}

第六节 钽的金属学

一、元素杂质对钽的影响

（一）氧在钽中的作用

氧进入金属钽基体中，随温度和浓度的变化分别出现6种相结构（见表12-5-46）。氧在钽中的反应常数和扩散系数列于表12-5-47。氧含量对钽力学性能的影响见图 12-5-13。

表 12-5-46 氧在钽中形成的几种相

相	晶体结构	晶格常数，nm	分子式	氧含量，%	备注
α	体心立方	a＝0.3341（5%O）			O-Ta 固溶体
β	斜方	a＝0.7194～0.7288；b＝0.3266～0.3273；c＝0.3204～0.3216	Ta_4O		淡蓝色
γ	面心立方	a＝0.4422～0.4439	TaO	8.3	

续表 12-5-46

相	晶体结构	晶格常数，nm	分子式	氧含量，%	备注
δ	六方	$a = 0.4709; c = 0.3065; c/a = 0.651$	TaO_2		黑色，与金红石结构相同
ε	斜方	$a = 0.6180; b = 0.4393; c = 0.3890$	TaO× (22×<2.5)		TaO_2和Ta_2O_5的中间氧化物低温状态
ζ	四角	$a = 0.380; c = 0.3560$	Ta_2O_5		高温状态

表 12-5-47 氧在钽中的反应常数和扩散系数

温度，℃	250	300	350	400	450
反应常数，cm^2/s	0.66×10^{-15}	0.57×10^{-14}	3.37×10^{-14}	2.17×10^{-13}	1.21×10^{-12}
扩散系数，cm^2/s	8.85×10^{-5}	7.65×10^{-5}	6.70×10^{-5}	8.60×10^{-5}	11.5×10^{-5}

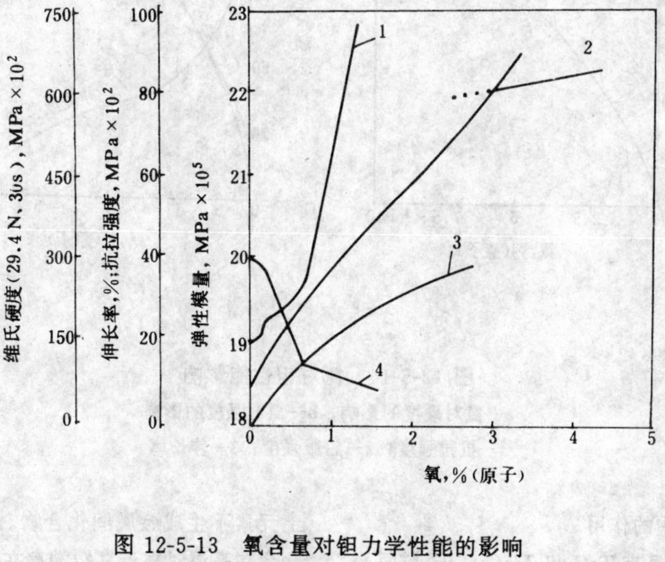

图 12-5-13 氧含量对钽力学性能的影响

1—抗拉强度；2—维氏强度；3—弹性模量；4—伸长率

（二）氢在钽中的作用

钽溶解氢后塑性降低（见表12-5-48）。钽在低温下不生成氢化物，但同样存在 α 和 β 两种固溶体，溶解氢量相应为15%（原子）和37%（原子）。

表 12-5-48 氢对钽塑性的影响

温度，℃	100	200	250	300	350	400	400	400
时间，h	2	5	3	5	5	1	2	3
增重，g	0.0	0.0	0.0	0.0	0.0012	0.0017	0.0024	0.0041

续表 12-5-48

温度,℃	100	200	250	300	350	400	400	400
增重,%	0.0	0.0	0.0	0.0	0.0073	0.011	0.018	0.031
伸长率,%	31.0	33.0	32.8	32.8	30.6	25.8	—	16.0（部分变脆）

（三）氮在钽中的作用

在 Ta-N 系中存在5种相：α、β- $TaN_{0.05}$、γ- $TaN_{0.4\sim0.5}$、δ- $TaN_{0.8\sim0.9}$、ε- TaN。氮对钽的力学性能的影响示于图12-5-14。

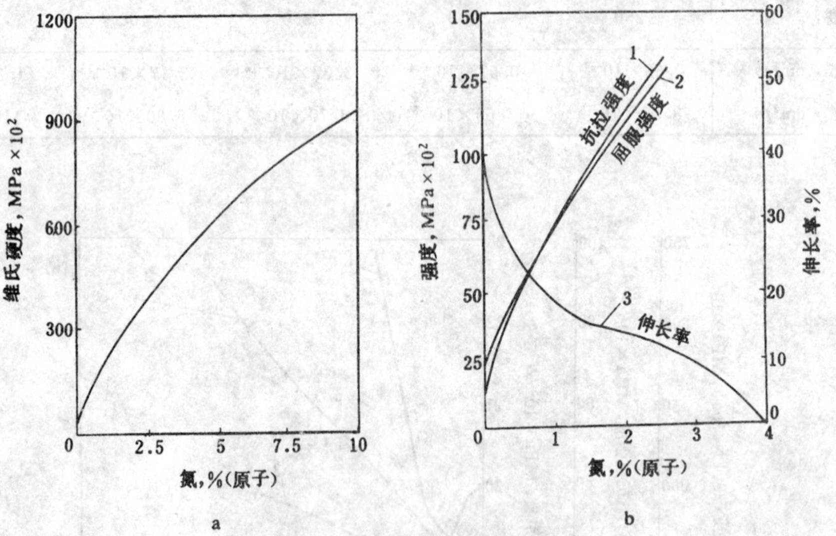

图 12-5-14 氮对钽性能影响

a—氮对硬度的影响；b—氮对强度的影响

1—抗拉强度；2—屈服强度；3—伸长率

（四）碳在钽中的作用

钽的碳化物主要有 TaC 和 Ta_2C。TaC 是面心立方结构，晶格常数 $a=0.445$nm；Ta_2C 有两种同素异构体：α- Ta_2C 和 β- Ta_2C。α- Ta_2C 是密集六方结构，晶格常数 $a=0.3091\pm0.0001$nm，$c=0.4793\pm0.0007$nm，$c/a=1.59$；β- Ta_2C 的结构与 α- Ta_2C 相似。

（五）稀土元素在钽中的作用

稀土元素在钽中的溶解度非常低。稀土元素对钽有降低间隙元素的含量（尤其除氧效果好）、细化晶粒、提高室温及高温的塑性和强度等作用。钽与稀土元素不生成金属间化合物。钽与稀土元素的二元合金在高温时靠近富钽端存在液相不相溶区域，如 Ta-Y 合金在3000℃时液相不相溶区域的成分范围为10～100%Ta。钽与稀土元素存在低共熔点共晶，如 Ta-Y 合金共晶温度1550℃，共晶成分为 Ta＜0.1%。由于溶解度低和共晶的存在，限制了稀土元素加入量，加入量过多将在合金中产生第二相而造成不良后果。

二、钽的金属间化合物

钽合金中常见的金属间化合物列于表12-5-48。

表 12-5-49 常见的钽金属间化合物

分子式（相）	晶型	晶格常数，nm				熔点，℃
		a	b	c	c/a	
Ta_2B	正方	0.5778		0.4864	0.841	
TaB	斜方	0.3276	0.8669	0.3157		
Ta_3B_4	斜方	0.3190	1.46	0.313		
TaB_2	六方	0.3078		0.3265	1.06	3000
$TaAl_3$	正方	0.5422		0.8536	1.574	
$TaFe_2$	六方	0.481		0.785	1.63	1775
$TaNi_3$	斜方	0.5114 0.425		0.4542		
$Ta_{4.5}Si$	六方	0.610		0.492	0.81	2510±100
Ta_2Si	正方	0.6157		0.5039	0.816	2460
Ta_5Si_3（低温）	正方	0.6516		1.1873	1.82	2500±100
Ta_5Si_3（高温）	正方	0.988		0.506	0.512	
$TaSi_2$	六方	0.4783		0.6565	1.373	2200±100
TaV_2	六方	0.5065		1.1703	2.291	
α-Co_3Ta	面心立方	0.3647±0.04				
β-Co_3Ta	六方	0.9411±0.033		1.55±0.057	1.647	
γ-Co_2Ta	六方	0.472±0.01		1.539±0.01	3.26	
β-Co_2Ta	立方	0.6733～0.6714				
α-Co_2Ta	六方	0.4797±0.006		0.4827±0.01	1.632	
$CrTa_2$	六方	0.4925		0.8062	1.637	
	立方	0.4932		0.8082	1.639	

三、钽合金

(一) 钽合金的成分与性能

Ta-10W、T-111、T-222三种合金已被用于生产管、棒、板、带、箔材。FS-61合金是70年代投产的，主要用于生产化工用弹簧和其它弹性部件。目前研究较多的是 Ta-W-Re-Hf-C 系合金。在钽合金中加入铪可降低合金中间隙元素氧的溶解度，形成氧化铪沉淀相，从而提高合金耐碱金属腐蚀能力；加入钇可阻止 Ta-10W、GE-473合金晶粒长大，改善退火后和焊接的低温弯曲塑性，最适宜的钇含量约为25×10^{-3}%。几种钽合金成分列于表12-5-50。国外工业生产的钽合金标准成分与性能列于表12-5-51和表12-5-52。

表 12-5-50 常见钽合金成分

合 金	化 学 成 分， %										国外相应牌号
	C	O	N	H	Mo	Nb	Hf	V	W	Re	
Ta-10W	<0.003	0.005	0.0028			0.098			10		

续表 12-5-50

合金	化学成分，%										国外相应牌号
	C	O	N	H	Mo	Nb	Hf	V	W	Re	
Ta-7.5W									7.5		Fs-61
Ta-2.5W	0.002	0.002	0.002	0.001		0.050			11.5~13.5		
Ta-30Nb-7.5V						28~32		5~8			
Ta-5W-2.5Mo					2.5			5			
Ta-8W-2Hf	0.003						2.0~2.8		7.0~9.0		T-111
Ta-10W-2.5Hf-0.01C	0.0135						2.0~2.8		10		T-222
Ta-10W-2.5Mo					2.5				10		
Ta-7W-3Re									7~8	3	GE-473

表 12-5-51 国外工业生产的某些钽合金标准成分及其性能

合金牌号	合金组成	密度 g/cm³	熔点 ℃	热膨胀系数 m/m ×10⁶	重结晶温度 ℃	退火温度 ℃	延性-脆性转变温度 ℃	弹性模量 MPa	拉伸强度 MPa	屈服强度 MPa	延伸率 %
Ta-10W	Ta-10W-0.03Mo-0.1Nb	16.84	3033	3.74 (1649℃)	1316~1538	1203~1232	−196	203890	562	471	25
T-111	Ta-8W-2Hf-0.1Zr-0.1Nb-0.04Mo	16.73	2982	4.2 (1649℃)	1427~1649	1093~1316	−196		773	703	29
T-222	Ta-10W-2.5Hf-0.1Zr-0.1Nb-0.02Mo	16.79	3027		1538~1649	1093~1316	−196	203890	773	703	30

表 12-5-52 美国生产的钽合金成分及其性能

合金牌号	合金成分	产品形式	高温性能		
			温度，℃	抗拉强度，MPa	断裂强度，MPa
Ta-10W	10%W	各种形式	1316	3.51	1.4
Ta-111	8%W，2%Hf	各种形式	1316	2.6	
Ta-222	9.6%W，2.4%Hf，0.01%C	棒、薄板	1316	2.81	2.67
ASTAR-811C	8%W，1%Re，1%Hf，0.025%C	各种形式	1316	2.81	
GE-473	7%W，3%Re	各种形式	1316	2.25	1.61
FS-61	7.5%W	丝带	23.9	11.6	
FS-63	2.5%W，0.15%Nb	各种形式	1093	1.33	

（二）钽合金的加工

T-222合金板材的生产工艺流程示于图12-5-15。钽合金加工材品种及规格列于表12-5-53、12-5-54。钽合金的加热规范列于表12-5-55。钽合金挤压坯锭的加热制度列于表12-5-56。钽合金材轧制制度见表12-5-57。钽合金成品热处理工艺列于表12-5-58。

铸锭（ϕ74×40mm）
↓
用A1－Si涂层
↓
锻造（1200℃镦粗至12.9mm厚的圆板）
↓
铣加工面
↓
退火（1650℃，1h）
↓
冷轧（轧至8mm厚）
↓
切板
↓
退火
↓
横轧
↓
薄板

图 12-5-15　T-222合金板材生产工艺流程

表 12-5-53　美国钽合金加工材的规格范围

加工件类	厚度，mm	宽度，mm	加工件类	厚度，mm	宽度，mm
箔材	0.003～0.05	152	丝材	ϕ0.05～3.17	
薄板	0.08～2.54	152～610	棒材	ϕ3.2～12.7	
厚板	4～5	1220	管材	ϕ1.58～100	

表12-5-54　钽合金板、箔材品种及规格

品种	厚度，mm	宽度，mm	长度，mm	交货状态
板材	3.5～6.0	50～200	100～1000	冷轧状态与退火状态
	0.1～3.0	50～350	100～1000	
箔材	0.01～0.09	30～200	≥500	同上

表 12-5-55　钽合金的加热规范

合金牌号	铸锭直径，mm	加热温度，℃	加热时间，min
Ta-3Nb，Ta-20Nb	100～150	50～1000	60～90

表 12-5-56　钽合金坯锭的加热制度

合金牌号	挤压机吨位，t	挤压筒直径 mm	制品尺寸 mm	挤压比 λ	加热方式	加热温度 ℃	保温时间，min	润滑条件	挤压常数 K_d，MPa
Ta-10W	600	65	ϕ36	3.3	感应炉	1700～1750		坯锭滚玻璃粉	4.5～5.65
Ta-3Nb Ta-20Nb	600	65～120	ϕ20～68	3.0～20	中频感应炉	1050～1200	3～4	光坯涂玻璃涂层	
Ta-25Ti	400	72	ϕ38	3.6	碳硅棒炉	1200		碳素钢包套普通润滑剂①润滑工具	5.8

①　普通润滑剂指二硫化钼＋石墨＋汽缸油或耐热酯。

表 12-5-57 Ta-3Nb 合金管材轧制表

成品规格 mm	管坯规格 mm	多辊冷轧		两辊冷轧		多辊冷轧		拉伸		多辊冷轧	
		规格 mm	λ	规格 mm	λ	规格 mm	λ	规格 mm	λ	规格 mm	λ
φ3×0.2	φ28×4	φ25.5×3	1.42	φ16.0×2.0	2.42	φ14.5×1.6	1.36	φ5×0.5	1.78	φ4×0.3	2.03
										φ3×0.2	1.97
						φ13×1.3	1.35				
						φ11.5×1.0	1.45				
						φ10×0.75	1.51				
						φ8.5×0.5	1.74				
φ5×0.5	φ28×4	φ25.5×3	1.42	φ16×2.0	2.42	φ14.5×1.7	1.29	φ7×0.9	1.38	φ6×0.7	1.48
						φ13×1.4	1.34			φ5×0.5	1.65
							φ11.5 ×1.15	1.36			
							φ10.0 ×0.9	1.45			
φ15 ×1.5	φ32×5			φ20×2.5	3.08	φ17 ×2.0	1.46	φ11.5 ×1.5	1.45		
							φ15 ×1.5	1.49			

表 12-5-58 钽合金成品热处理工艺

合金牌号	成品厚度 mm	热处理种类	热处理		热处理方式	备注
			温度,℃	时间，min		
Ta1，Ta2	0.1	再结晶退火	1100	30	真空退火	冷轧板材
Ta1，Ta2	1.0	再结晶退火	1200	60	真空退火	冷轧板材

第七节 钽的成分分析及钽粉性能检测

一、钽的成分分析

（一）矿石分析

钽的矿石分析方法列于表12-5-59。

（二）钽的中间产品分析

钽的中间产品分析方法列于表12-5-60。

表 12-5-59 矿石分析方法

样品	分析元素	分析方法	测定范围,%	详细参见
钽铁矿等	钽、铌合量	纸上色层重量法	1.00	(1)《铌和钽的冶金分析》,中国工业出版社,1972,第1~2页
钽铁矿等	钽、铌合量	丹宁水解重量法	1.00	(2)同(1),第8~9页
钽铁矿等	钽铌分量	纸上色层分离钽铌重量法	1.00	(3)同(1),第3~5页 (4)冶金部标准,YB874-76
钽铁矿等	铁	重铬酸钾容量法	1.00	(5)同(1),第11~13页
钽铁矿等	锰	亚砷酸二亚砷酸钠容量法	1.00	(6)同(1),第14~15页
钽铁矿等	钛	双安替吡啉甲烷(DAPM)光度法	1×10^{-2}	(7)冶金部标准,YB874-76
钽铁矿等	钨钼	硫氰酸盐比色法	5×10^{-2}~10.0	(8)同(1),第21~24页
钽铁矿等	硅钼	硅钼蓝光度法	1×10^{-2}	(9)冶金部标准,YB874-76
钽铁矿等	磷	磷钼蓝光度法	1×10^{-2}~5.00	(10)同(1),第26~27页
钽铁矿等	铀	钒酸铵容量法	0.50	(11)同(1),第32~34页 (12)冶金部标准,YB874-76
钽铁矿	钍	偶氮胂-Ⅲ比色法	1×10^{-2}~1.00	(13)冶金部标准,YB874-76
钽钨矿	钽	X射线放射分析		(14) Meier, A.V.Vesten, Lemingr, Univ,Ged, Geogr, 1980, 4, 44
钽精矿 钽含量高矿物	钽、铌	直接燃烧光谱法	钽1.25×10^{-2}~5×10^{-2} 铌5×10^{-2}~1×10^{-1}	(15)《岩石矿物光谱分析》,地质出版社,1974,106~112
钽精矿,钽含量高矿物				(16)《稀有元素及其矿物量的光谱分析》,江苏科学技术出版社,1983
锡渣	钽	离子选择电极法	2.5×10^{-3}	(17)咯钜新、吴辛友,《分析试验室》,1984,4,13~14

表 12-5-60 中间产品分析

样品	分析元素	分析方法	测定范围,%	详细参见
氟钽酸钾	钽	丹宁水解重量法	1.00	(1)《铌和钽的冶金分析》,中国工业出版社,1972,第52~53页
氟钽酸钾	硅	硅钼蓝比色法	5×10^{-3}	(2)同(1),第44~45页
氟钽酸钾	铁、镍、铜	比色法	5×10^{-4}	(3)同(1),第45~49页
氟钽酸钾	钨、钼	二硫酚比色法	1×10^{-4}	(4)同(1),第49~52页

（三）金属钽及其氧化物的分析

金属钽及其氧化物的分析方法列于表12-5-61。

表 12-5-61 金属钽及其氧化物的分析

样品	分析元素	分析方法	测定范围，%	详细参见
金属钽 氧化钽	铌	氯代磺酚C光度法	$1\times10^{-3}\sim0.50$	(1) Э. Н. Пащенко, цзр, зав. лаб. 1973，39（11）1297 （2）《冶金分析与测试（冶金分析分册）》，1983，3（6），369
金属钽	铌	4-（2-吡啶偶氮）间苯二酚（PAR）光度法	1×10^{-3}	（3）同（1）
金属钽	铌	阴离子交换分离硫氰酸盐光度法	1×10^{-3}	（4）JIS H1689～1976
		阴离子交换分离氯代磺酚S光度法	1×10^{-4}	
金属钽	铝	阴离子交换分离-铬天青S-CTMAB光度法	1×10^{-3}	（5）臧慕文，《冶金分析与测试（冶金分析分册）》，1984，4（3），17
金属钽	铝	阴离子交换分离-8羟基喹啉光度法	1×10^{-3}	（6）JIS H 1692～1976
金属钽	铁	阴离子交换分离-邻菲啰啉光度法	5×10^{-4}	（7）JIS H 1683～1976
金属钽	铁	邻菲啰啉光度法	1×10^{-3}	（8）冶金部标准，YB942（1）-78
金属钽	钛	二安替比啉甲烷光度法	$1\times10^{-2}\sim0.50$	（9）冶金部标准，YB942（2）-78
		阴离子交换分离-二安替比啉甲烷光度法	1×10^{-3}	（10）JIS H 1693～1976
金属钽	硅	硅钼蓝萃取光度法	$2\times10^{-3}\sim0.20$	（11）冶金部标准，YB942（3）-78
		阴离子交换分离-硅钼蓝光度法	5×10^{-4}	（12）JIS H 1082～1976
金属钽	钼、钨	二硫酚光度法	$3\times10^{-4}\sim2\times10^{-2}$	（13）冶金部标准，YB942（4）-78
	钨	硫氰酸盐萃取光度法	1×10^{-3}	（14）JIS H1690～1976
	钼	二硫酚锌萃取光度法	1×10^{-4}	（15）JIS H 1697～1976
金属钽	氢	真空热提取气相色谱法	$0.2\mu g$	（16）L. M. Melnick *etal*，《Determination of Geseous Elements in Metals》，1974，P294，P623

续表 12-5-61

样品	分析元素	分析方法	测定范围,%	详细参见
金属钽	氢	惰性气氛脉冲-气相色谱法	0.001μg	(17)LECO Corporation,Application Bulletin, 1980
	氢	真空加热定容测压法		(18) JIS H 1696～1976
金属钽	氧	真空熔融-气相色谱法	10ppm 以下 0.05～0.30	(19) 同 (18), P624 (20) 冶金部标准 YB942(6)-78
	氧	惰性气氛脉冲法	0.1ppm	(21) 同 (17) (22) JIS H 1695～1976
金属钽	氮	凯氏蒸馏-容量法（或光度法）	5×10^{-4} 4×10^{-3}～0.02	(23) 同 (16), P332, P625 (24) 冶金部标准 YB942 (8) - 78
金属钽	碳	管式炉或高频炉燃烧法	1ppm	(25) The Analyst, 1962, 87, 530～538
		或库仑法测量	5×10^{-3}～0.50	(26) 冶金部标准 YB942 (5) - 78
			1×10^{-3}	(27) JIS H 1681～1976
金属钽	碳	高频红外法	0.1ppm	(28) 同 (27)
金属钽	氟	热水解分离镧-茜素羧络合光度法	2×10^{-4}	(29) JIS H 1698～1976
氧化铌	钽	直流电弧发射光谱法	0.25～5.00	(30) ш. г. Меламея, цдр,. 《Тр комис
钽混合物		火花压片光谱法	5～99	По Анаит、Хцмии.》АН СССР, цзгА－Во АН СССР, 1960, 12, 64～70
金属钽 氧化钽	铬、铜、铁、锰、铜、铌、镍、硅、钛、锆	直流电弧发射光谱法	1×10^{-4}～3×10^{-3}	(31)《铌和钽的冶金分析》, 中国工业出版社, 1972, 第121～131页
钽、氧化钽	铅、锡、铋、锑、镉	直流电弧发射光谱法	1×10^{-4}～2×10^{-4}	(32) 同 (31) 第121～131页
金属钽 氧化钽	铜、铍、镁、硼、铝、钛、锆、锡、铅、钒、铌、铬、铜、锰、铁、钴、镍	交流电弧发射光谱法	5×10^{-6}～5×10^{-4}	(33) Н.ф、 Захария цзр 《Ж.А.Х.》, 1972 27 (12), 2400～2404

续表 12-5-61

样品	分析元素	分析方法	测定范围,%	详细参见
金属钽 氧化钽	铜、铍、镁、钙、硼、铝、铅、锡、锑、铬、锰、铁、钴、镍	直流电弧发射光谱法	$5\times10^{-6}\sim2\times10^{-4}$	
金属钽 氧化钽	铝、钙、铬、铁、镍、硅、钒、铜、镁、钛、钼、铌、钨	直流电弧发射光谱法	$5\times10^{-4}\sim1\times10^{-2}$	(34) JIS H 1691～1976
钽粉（屑） 氧化钽	铌、铁、镍、硅、钛、锡、铬、钴、钼、硼	直流电弧发射光谱法	$5\times10^{-4}\sim$ 2.5×10^{-3}	(35)ASTM,(1971)E－2,SH8－15，768－771
金属钽	镍、铬、钛、锰、铝、铜、铌	载体分馏发射光谱法	$3\times10^{-4}\sim3\times10^{-3}$	(36) 冶金部标准，YB942 (13) -178
钽 氧化钽	锆、铜、铌、钙、钼、铝、钛、铁、铬、锡、镍、锰、镁、铅、硅	直流电弧发射光谱法	$2\times10^{-5}\sim3\times10^{-3}$	(37)株洲硬质合金厂中心试验室，有色系统发射光谱和X荧光光谱分析学术交流会资料，1980
金属钽 氧化钽	铌、钨、钒、钛、锆、钼	控制气氛直流电弧光谱	$1\times10^{-4}\sim1\times10^{-3}$	(38) 钱伯仁、李莉、梁申東，《分析化学》，1975，3 (4)，284-289
金属钽	钡、钴、铊、铁、锰、镁、铅、铬、铟、镍、铋、钙、钒、镉、铜、锌、锶	离子交换分离-化学光谱法	$5\times10^{-7}\sim4\times10^{-5}$	(39) 秦光荣等，《高纯金属锆、钛、铌、钽中微量杂质的化学光谱测定》，北京有色金属研究总院（内部资料），1975
高纯钽粉	杂质	火花源质谱法		(40) Ishibashi，watarn，*et al*，《分析化学（日）》1982，31 (10)，607～610

（四）钽合金、碳化钽和钽酸锂的分析

钽合金、碳化钽和钽酸锂的分析方法列于表12-5-62。

表 12-5-62 钽合金、碳化钽和钽酸锂的分析

样品	分析元素	分析方法	测定范围，%	详细参见
碳化钽①	总碳	燃烧-红外吸收法	1.00	(1) LECO corporation, Application Bulletin, 1982
	游离碳	燃烧法		(2) IR. S. Young,《The Analyst》, 107 (1982) 1276, 721
	氧	惰性气氛脉冲加热-色谱法		(3) A. M. 瓦谢尔曼等,《金属中气体元素的测定》, 1976, 323
	氮	碱熔-容量法或比色法		(4) L. M. 莫尔尼克等,《金属中气体元素的测定》, 1974, 325
钽钨合金②	钨	EDTA 间接容量法	5.00	(5) Elinson, S. V., et al.,《Zh. Anal. khim》, 1982, 37 (6), 1066
钽钨、钽锆、钽钨锆合金	钽	$Ta\text{-}H_2O_2\text{-}H_3PO_4$三元络合物，以$Ce(SO_4)_2$滴定$H_2O_2$测定钽	70～90	(6) 罗宗铭、黄典文,《化学试剂》, 1983, 5 (6), 376
钽酸锂晶体	钽	以六氟钽酸根离子选择电极为指示器的电位滴定法	1.00～20.00	(7) 张国雄、王素芬、汪厚基,《化学学报》1983, 41 (1), 90

① 若需碳化钽的其它元素，可将碳化钽于300～400℃灼烧成氧化钽后，参见氧化钽的分析方法进行测定；②钽合金的其它元素分析，可参见金属钽和氧化钽的分析方法。

二、钽粉的物理性能检测

钽的最主要用途是以钽粉形式制作电容器，因此对于钽粉的质量要求不仅要有化学纯度的指标，而且对其物理性能，如平均粒径、粒度分布、比表面积及松装比重等都有要求。钽粉的物理性能直接影响其使用价值。

钽粉的平均粒度、粒度分布、比表面积及松装比重的测定设备列于表12-5-63。

表 12-5-63 钽粉的物理性能测定

测定项目	使用仪器或方法	测定范围，μm	精确度，%
平均粒度	WLP-202型平均颗粒测定仪	第一档0.2～20，第二档20～50	3
粒度分布	GDW-1型光电微粒分析仪	1～100	
比表面积	ST-03型表面与孔径测定仪		
松装密度	量杯和漏斗测定金属粉末法		

三、钽粉的电性能检测

在制成电容器成品以前，先要进行钽粉阳极电性能检验，符合要求才能投入生产。

由于电容器的品种、规格很多，所以钽粉也相应有多种规格，但基本上可以分为3种，即低压系列（≤25V）、中压系列（＜40V）、高压系列（＞63V）。由于电容器的工作电压不同，所以在检验钽粉电性能时条件不完全相同（表12-5-64）。

表 12-5-64 钽粉电性能检验条件

条件	低压系列	中压系列	高压系列
形成液	0.01%H_3PO_4	0.01%H_3PO_4	0.01%H_3PO_4
温度℃	90±2	90±2	90±2
时间，min	120	120	120
电压，V	100	200	270
电流 mA/g	35	35	35（0～200V） 12(201～270V)
测量溶液	0.01%H_3PO_4，38%H_2SO_4	0.01%H_3PO_4，38%H_2SO_4	0.01%H_3PO_4，38%H_2SO_4
温度℃	25±2	25±2	25±2
电压，V	70	140	240
负荷时间 min	3	3	3
直流偏压 V	2	2	2
击穿电压测量溶液	0.01% H_3PO_4	0.01% H_3PO_4	0.01% H_3PO_4
温度 ℃	90±2	90±2	90±2
电流 mA/g	35	35	35
阳极块重 g	≤1	2	2

第八节 钽的应用

电子工业、硬质合金、化工、高温材料是钽的四大主要应用领域，占钽总需要量的95%以上。美国、日本、欧洲是钽的主要消费国。其中，美国钽制品用量在各个领域的比例为：电子工业50～60%，硬质合金15～20%，航空和宇航10%，化工5～10%，其它2%。

一、电子工业

钽电容器具有体积小、可靠性高、工作温度范围大、绝缘电阻大、抗震性能好、使用寿命长等优点，这是其它电容器所不能比拟的。60年代以来，钽在电子工业上的消费量一直占钽总消费量的60～70%，是钽的第一大应用领域。

钽电容器是雷达、宇航飞行器、导弹等不可缺少的电子元件之一。随着电子设备的晶体管化、集成化，目前国外钽电容器除在电子计算机、自控设备、通讯设备及医疗电子器械方面得到广泛应用外，在电视机、收音机、立体声录音机、无线电收发两用机、录像机、汽车燃料喷射装置和固体电路防滑装置等民用电子设备方面也获得大量应用。

钽电容器的种类繁多，如有固体质制电容器、液体电解质电容器、钽箔电容器等，每个品种又有很多不同的规格。

按钽电容器生产数量来说，日本占世界第一位，美国占第二位。日本生产的电容器体积小，容量大；每支用粉量少。而美国比较注重稳定性和可靠性，每支用粉量大。表12-5-64是美国钽电容器各种型号生产比例和用粉量。日本浸渍型电容器用粉量每支为0.01～0.02g。树脂浸渍型钽电容器目前在整个日本电子工业的钽电容器用量中占85%。这种电容器具有较佳的性能，且体积小，成本低，所以能广泛地在日本应用。

表 12-5-65 美国钽电容器生产比例

型号	生产比例，%	一支电容器用钽粉量，g
A	40	0.06
B	30～35	0.6
C	20～25	1.2
D	5	2

进入80年代后，在电容器种类上又发生了新的

变化。1983年以来，日本在片型电容器上的比重显著增加，1985年估计生产了5亿支，占钽电容器总数的22.6%。片型电容器在民用设备上使用率很高，并在电器设备小型化过程中崭露头角。

随着集成电路技术的发展，钽膜阻容元件变得越来越重要。钽薄膜电阻器与薄膜电容器多数是采用阴极喷射法沉积而成的。

电子工业中除使用钽粉外，还大量使用高纯度的钽丝和钽箔，其用量约占电子工业用钽量的25%左右。

钽也被用于制作电子管，如用作电子管阳极、栅极和阴极材料。在800℃下，一个体积的钽可以吸收740个体积的气体，所以钽也可用作真空仪器和真空管的吸气材料。

二、硬质合金

硬质合金对钽的需求量一般占市场用钽总量的20%左右，仅次于电子工业。其中美国约占50%，其次是西欧和日本。

一般切削工具在快速切削金属时温度剧升，以至金属屑片熔焊在刀具上，使刀具边缘脱落、折断，而用以碳化钽为基的硬质合金制成的刀具就可避免上述不足，并可长期使用。例如将碳化钽作为强化添加剂加入碳化钨基合金中，可以改善硬质合金性能。这种合金可使切削速度高达150～250m/min 或更高。大部分碳化钽用于烧结硬质合金工具中。这种刀具平均约含钽5%。

三、化学工业

钽在150℃以下耐化学腐蚀及大气腐蚀的能力很强，除氢氟酸、发烟三氧化硫及高温下的硫酸和磷酸外，钽对其它酸都是稳定的。钽在200℃下的酸性和中性介质中的稳定性甚至比金、铂都高。

钽除具有特殊的耐蚀性能外，还具有良好的强度、冲击韧性、塑性、导热性及加工性能，因而是很有价值的化工设备结构材料。例如在氯化氢气氛中，不锈钢制的零件使用寿命仅二个月，而若用0.4mm的钽板代替，使用寿命可达20年之久。

钽薄板主要用作化工设备的内衬材料。美国杜邦公司采用爆炸粘合法将钽板与钢结构材料复合。用这种材料制成的设备能适应在温度和压力变化幅度很大的范围内工作，并使设备成本大为降低。钽制设备主要用于强酸（盐酸、硫酸、硝酸）、过氧化氢、溴、氯、石油等生产设备中。尤其用在强腐蚀体的接触部分。化学工业中钽消费量的二分之一用于制造生产硫酸的设备，四分之一以上用于制造接触氯及其衍生物介质的设备。

使用钽的化工设备有：热交换器、浓缩器、加温器、冷却器、回收装置、搅拌机、药品容器、耐卤素装置、高压釜、泵、阀门、管道、镀铬槽、酸洗槽、排风机等。

国外已用钽喷丝头生产塑料纤维。这种喷丝头要求坚固、耐磨、耐腐蚀，且要求喷丝嘴上直径10μm的小孔在使用过程中完全不变。

四、高温材料

钽及其合金因其具有耐高温，强度高，化学稳定和加工性能好等特点，已成为航空和宇航工业、原子能工业及高温技术等领域不可缺少的材料。在航空、宇航工业方面，用金属钽制造超音速飞机燃烧室的结构材料，用 Ta-W、Ta-W-Re、Ta-W-Hf、Ta-Co-Ni 等高温钽合金制造火箭、导弹及喷气发动机的耐热高强度材料。如美国阿吉纳宇宙飞船的燃烧室就是用 Ta－10W 制成的，这种合金可在2500℃下使用。火箭喷管如用液态金属冷却，不用钽钨合金几乎是不可能的。钽铪合金可作火箭喷嘴，使用温度可达2200℃。纯钽板可作高速飞机发动机的材料。

因钽对液态金属汞、钠、钠钾合金具有很高的化学稳定性，故在原子能工业中可将钽合金制成液态金属容器和高温释热元件的扩散壁。用在这方面的钽合金有：Ta-2.5Re-3W、Ta-10W、T-111（Ta-8W-2Hf）、T-222（Ta-9.6W-2.4Hf-0.01C）等。此外，因钽不溶于钚，故钽可作为熔融钚实验反应堆容器材料，反应堆交换系统也可使用钽材料。钽基合金 T-111具有极好的焊接性能，在高温下能弯曲成型，在温度高达1316℃时还有较高的强度，而在温度低至－196℃时仍能保持延性，并且在1260℃的高温下还能耐碱金属腐蚀，因此 T-111合金是宇宙能源系统的一种主要候选材料。

在高温技术方面，钽被用于制造高温真空炉的支撑附件、热屏蔽、加热器、散热片等。在这方面钽比钨、钼更稳定，易于加工。一般采用0.1～0.5mm的钽板制造加热器，也可使用钽丝。钽还可作为真空热处理和集成电路真空蒸镀等的容器。钽与钨和铼用于测量2000℃以上高温的热电偶。

五、医疗及其它

钽不但具有化学稳定性高、成型好的特点，而且对人体组织具有稳定性和愈合性，金属钽完全不刺激人的肌体，也不妨碍人的肢体活动，因此在医疗方面得到了应用，既可代替人体骨骼又可制作医疗器械。

钽的化合物也应用于某些工业部门，如氧化钽用于光学玻璃，钽酸钡是压电材料和光电转换材料。

主要参考文献

〔1〕G. L. Miller, Tantalum and Niobium, Butterworths slien tific publications London, 1959.

〔2〕F. T. Sisco et al, Columbium and Tantalum.

〔3〕幸良佐，钽铌冶金，冶金工业出版社，1982.

〔4〕稀有金属材料加工手册编写组，稀有金属材料加工手册，冶金工业出版社，1984.

〔5〕A. H. 泽列克曼等，稀有金属冶金学，冶金工业出版社，1982.

〔6〕Я. Г. Горощенко, Химия Ниобия и Тантал, наукова думка, киев, 1965.

第六章 钨

编写人 李洪桂、周美玲、吴延之、曾跃、刘树贻、潘叶金
郑清远、李汉广、金平安、刘心宗、黄国伟

第一节 钨的矿物资源

一、钨在自然界中的存在形式

钨在自然界中存在的形式主要有：(1)钨的独立矿物；(2) 呈类质同象混入于造岩矿物和副矿物中；(3)呈离子吸附状态存在于表生的细碎屑及胶体中；(4) 呈钨酸或各种络合物。

天然矿石矿物中，能与钨进行类质同象置换的元素如图 12-6-1 所示。

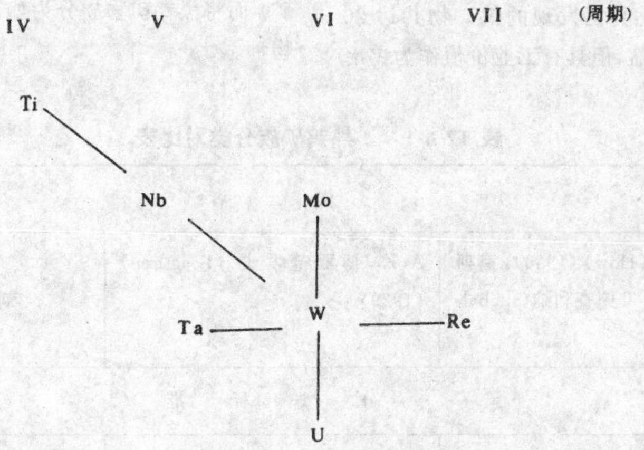

图 12-6-1 钨的类质同象置换元素图

由图可知，钼、钽、铌与钨类质同象关系最密切。Mo^{6+} (0.68Å) 与 W^{6+} (0.68Å) 离子半径相等，并且 $[WO_4]^{2-}$ 和 $[MoO_4]^{2-}$ 络阴离子半径也相近，因而钨、钼之间的类质同象置换现象较为广泛。由于钨与铌、钽在离子半径、络阴离子半径及其构型上也十分近似，因而褐钇铌矿 (Y [Nb, Ta] O_4)、铌钽锑矿 (Sb [Nb, YaO_4])、铋钽矿 (Bi [TaO_4]) 等与白钨矿 (Ca [WO_4]) 的结晶构造类同。这就为钨和铌、钽出现的广泛类质同象提供了可能条件，其置换作用可按下列方式进行：

$$Y^{3+} + (Nb, Ta)^{5+} \leftrightarrow Ca^{2+} + (W, Mo)^{6+}$$

$$Fe^{2+} + W^{6+} \leftrightarrow Fe^{3+} + (Nb, Ta)^{5+}$$

$$Sc^{3+} + (Nb, Ta)^{5+} \leftrightarrow Fe^{2+} + (W, Mo)^{6+}$$

在钨与铌、钽共生的钨锰铁矿中，铌、钽含量有时高达 3%以上，因此钨锰铁矿中铌、钽异常含量可以作为寻找铌、钽矿床的地球化学标志。

除上述元素外，钨与锡、铼、钛的类质同象现象也较常见。经顺磁共振研究表明，在白钨矿中，Mn^{2+} 不仅能置换 Ca^{2+}，还可以和氟结合在一起置换钨 ($MnF_4 \rightarrow WO_4$)。

对钨在宇宙物质中的丰度研究结果显示，钨不但有较高含量，而且有显著亲铁趋势。据 K·伊玛莫

拉等的测定，钨在陨石铁镍金属相中含量最高，且变化系数最小。分析月球物质的数据也表明，从月岩和月壤中分离出来的金属颗粒中(主要为钛铁矿，自然铁、镍铁、陨硫铁等）平均含钨为71.6ppm。这些事实说明，在低氧逸度的宇宙空间中，钨具有较强的亲铁趋势。

钨在地壳中的丰度较低，地壳平均含量只有1.1ppm。据黎彤（1976）的研究，钨在地球及其各大圈层中的丰度如下：

圈层	地壳	上地幔	下地幔	地核	地球
钨的丰度，ppm	1.1	0.3	0.1	4.9	1.7

由此可见，在地核还原条件下，钨的含量最高，同样表现出明显的亲铁性质。地幔中钨的含量大幅度降低，反映了地球演化早期产生分异作用，这种作用可能导致钨向铝铅圈层上移。

二、钨矿物

据目前所知，自然界已发现的钨矿物共达20种，其中大部分是钨酸盐，但具有工业价值作为钨冶金原料的，只有黑钨矿和白钨矿。也有一些国家从钨华和钨锰矿中提取钨的，但所占比重很小。

（一）钨锰铁矿

即通常所称黑钨矿，实际上它不是单个矿物，而是一个矿物族。钨锰铁矿族矿物为 $MnWO_4$-$FeWO_4$ 类质同象系列。该系列的一端为钨锰矿，另一端为钨铁矿。而钨锰铁矿在其组成上介于前二者之间。钨锰铁矿族中各矿物的性质彼此都很接近，在肉眼上颇难区分开来。

黑钨矿中含铁和锰的百分数量，随产地的不同而异。一般含钨酸锰少于20%的称为钨铁矿，而含钨酸锰高于80%以上的称为钨锰矿，在上述二者之间的统称为钨锰铁矿。刘义茂（1984）通过对中国南岭一带钨矿的大量矿物研究，将荷伦等人对钨锰铁矿的分类进一步分成三个矿物种，即随矿物中MnO含量的增高依次称为锰钨铁矿、钨锰铁矿和铁钨锰矿，这样加上原先的两个端元成分（钨铁矿和钨锰矿）而将黑钨矿物族分为如表12-6-1所列的五个矿物种。

表 12-6-1 黑钨矿族分类对比表

矿物种	作者			
	范霍姆（Van How）(1930)，赫斯(Hess)和W.T施查利纳(shchal-lev)（1941）	A.K. 博亚德罗夫（Боядыров）(1929)	刘义茂等（1984）	
	分类标准			
	FeO%（分子）相对MnO%（分子）	$MnWO_4$%（分子）	FeO%（分子）相对MnO%（分子）	
钨铁矿	100～80	0～25	100～80	
钨锰铁矿	80～20	25～75	锰钨铁矿	80～60
			钨锰铁矿	60～40
			铁钨锰矿	40～20
钨锰矿	20～0	75～100	20～0	

钨锰铁矿矿物种的锰铁含量范围列于表12-6-2。

中国南岭地区钨矿的实际情况表明，刘义茂的分类能够反映钨矿物的物理性质、微量成分，尤其是铌、钽等元素以及成矿条件与黑钨矿的主要化学成分之间的关系。

表 12-6-2 钨锰铁矿矿物种的锰铁含量范围

矿物种	Mn,%（重量）	FeO,%（重量）	Mn,%（分子）	Fe,%（分子）	产 状
锰钨铁矿	4.67～9.35	18.94～14.21	20～40	80～60	中温热液
钨锰铁矿	9.35～14.04	14.21～9.48	40～60	60～40	高温热液
铁钨锰矿	14.04～18.73	9.48～4.74	60～80	40～20	气化高温热液

钨锰铁矿族矿物都属单斜晶系、斜方柱对称型，其晶体符号为 L^2PC。空间群 C_{2h}^4-P^2/C，$a_0=4.78$Å，$b_0=5.73$Å，$c_0=4.98$Å，$\beta=90°26'$。

钨锰铁矿的结晶构造特征在于〔WO_4〕四面体具有扁平变形状态，各四面体间由二价阳离子相维系（图 12-6-2）。常见钨锰铁矿晶体呈平行 {100} 面的厚板状或短柱状，晶面上常具纵纹，双晶常依 {100} 面形成，集合体为刃片状或粗粒状。

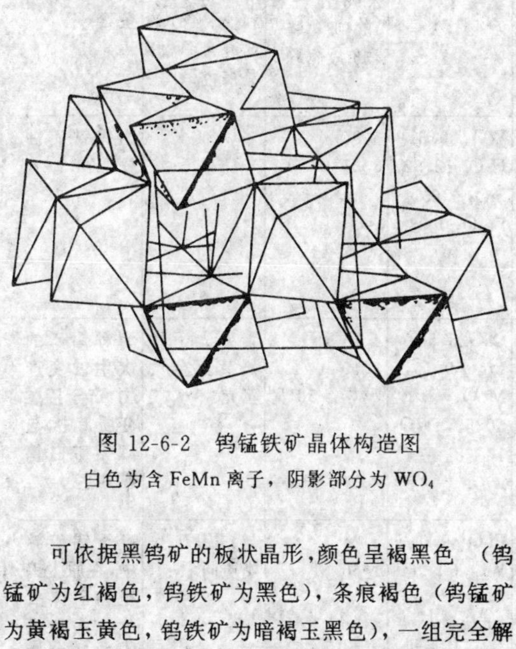

图 12-6-2 钨锰铁矿晶体构造图

白色为含 FeMn 离子，阴影部分为 WO_4

可依据黑钨矿的板状晶形，颜色呈褐黑色（钨锰矿为红褐色，钨铁矿为黑色），条痕褐色（钨锰矿为黄褐玉黄色，钨铁矿为暗褐玉黑色），一组完全解理，半金属光泽，比重较大（一般为 6.7～7.5，随铁含量的增高而加大）等特征，而与其他矿物相区别开来。

（二）钨酸钙矿（钙钨矿）

即通常所称的白钨矿，含 19.4%CaO、80.6% WO_3，并含少量的 MoO_3，偶含有 CuO，当 CuO 含量达 7%时，称为铜钨酸钙矿。

白钨矿属四方晶系，常见四方双锥对称型晶体，其晶体符号为 L^4PC。空间群 C_{4h}^6—I4/a，$a_0=5.246$Å；$c_0=11.349$Å。结晶构造很简单，由〔WO_4〕四面体和钙离子沿 L^4、相间排列而成，见图 12-6-3。

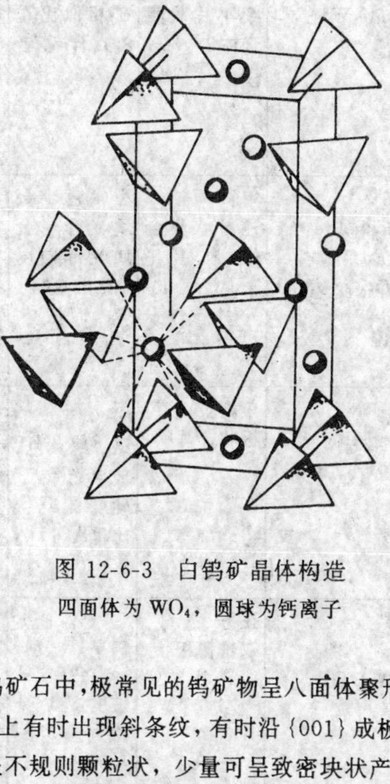

图 12-6-3 白钨矿晶体构造

四面体为 WO_4，圆球为钙离子

钨矿石中，极常见的钨矿物呈八面体聚形，晶面 {112} 上有时出现斜条纹，有时沿 {001} 成板状，通常均呈不规则颗粒状，少量可呈致密块状产出。

白钨矿通常为灰白色，有时略带浅黄、浅紫或浅褐色调，具油脂至金刚光泽，硬度 4.5，性脆，解理平行于 {111} 晶面（表现清楚）。其最大特征是在紫外光照射下，发浅蓝色萤光。白钨矿的比重大，为 5.8～6.2。

白钨矿主要产于接触交代矿床中，与石榴石、透辉石、石英以及辉钼矿等伴生，近年在变质岩中发现的白钨矿床。白钨矿常与石榴石、石墨、阳起石、透闪石等伴生。

除上述两种最常见的钨矿物外，尚有含钨矿物 18 种，其中钨酸盐矿物 13 种，钨的氧化和复杂氧化物 4 种，碳化物 1 种。

现将研究较详的其他 12 种含钨矿物特征表列于表 12-6-3 以供参考。

表 12-6-3 非主要钨矿物鉴别特征表

矿物名称	晶系及结晶习性	肉眼观察	镜下特征	化学成分	X光及差热分析	鉴别特征	产状
钨锌矿 Sanmartinite (Zn. Fe. Ca) WO_4	单斜 呈细粒集合体,部分为显微板状晶体						伴生矿物有硅锌矿、白钨矿,为白钨矿蚀变产物
辉钨矿 Tungstenite WS_2	六方 细小片状集合体	硬度与辉钼矿相似比重8.1 含锰者为7.8	反射色白色似辉钼矿 无内反射,双反射反射多色性非均质性特强		3.098 2.69	本矿物与辉钼矿极相似,须凭化学成分与粉晶区别	与黑钨矿、白钨矿共生
铌黑钨矿 Wolframoixiolite (Nb, Ta, W, Fe, $Mn)_{0.97}O_{40.84}\cdot H_2O$	单斜 柱粒状集合体	黑褐色半金属光泽～金属光泽硬度5比重6.55	反射色灰色 反射率18 油中明显红褐色 双反射色弱 非均质性微弱	含微量Ti, Zr, U, Ca, Mg	3.641 2.963 150°吸热峰 450°放热峰	具强放射性,加热到1000°时得铌铁矿和 VTa_2O_3 的混合图象,具褐色晕图	伴生矿物有微斜长石、石英、钛铁矿、萤石
水钨华 Hydrotungstite $H_2WO_4\cdot H_2O$	单斜 板状、片状	绿、绿黄色 玻璃光泽 硬度2 比重4.6	x 无色, y 黄绿 z 暗绿 $z>y>x$ 010发育厚片双晶	WO_3 80.31 H_2O 12.52, SiO_2 6.65, Fe_2O_3 0.08	6.95 3.27		为钨铁矿蚀变产物
钼钨钙矿 PoWellite Ca (MoW) O_4	正方 双锥薄板状	褐草黄、褐、绿黄色 硬度3.5～4 比重4.35～4.53	浅绿色 $w=1.974\sim1.982$ $\varepsilon=1.984\sim1.993$	CaO25.55 MgO 0.16, MoO_3 58.58, WO_3 10.28	4.76 3.10 吸热谷50°宽	紫外光下发奶黄至金黄萤光	为辉钼矿的次生蚀变产物,产于接触变质带中,与辉钼矿白钨矿共生
钨铅矿 stolzite $PbWO_4$	正方 厚板状、柱状双锥	绿、红褐、淡红褐、黄灰、红色 松脂至金刚光泽硬度2.5～3 比重7.9～8.4	$w=2.269$ $\varepsilon=2.182$	PbO 49.04, WO_3 50.96 有时含MnO和MgO	3.24 1.66	与白钨矿呈类质同象	产于锡矿脉中,在原生钨矿物矿床氧化带中和锰土型锰矿床中
蓟县矿 Jixianite Pb (W, $Fe^{3+})_2\cdot(OH)_7$	等轴 细晶微晶集合体,单晶少见	红色褐红色 油脂光泽 硬度3± 比重7.22	透明,黄褐色或带绿色的黄色,正交偏光下均质,有时可见弱光性异常 无解理 $n=2.262\sim2.315$	WO_3 50.39, PbO 38.72, Fe_2O_3 6.53, FeO 0.71, MgO 0.20 CuO 0.27, H_2O 3.68, MoO_3 0.01	9.970 3.285 2.982		产生于高温热液黑钨石英脉的氧化带中,与泡铋矿、钼铅矿钨铅矿等共生

续表 12-6-3

矿物名称	晶系及结晶习性	肉眼观察	镜下特征	化学成分	X光及差热分析	鉴别特征	产状
铈钨矿 Cerotungstite (CeNd) W_2O_6 $(OH)_3$	单斜 刃片状，放射状	桔黄色 硬度1	黄带绿色 解理(100)完全 具(001)双晶	WO_3 70.63， Al_2O_3 0.05， Fe_2O_3 0.15， CaO 0.17， $TR_2O_3$24.12， H_2O^+ 4.80	3.045 2.273		与铁钨矿共生
高铁钨华 Ferritungstite $Fe_2(WO_4)\cdot(OH)_4$ $\cdot 4H_2O$	六方 六方板片状 纤维状	深褐深黄色 比重5.57	浅黄浅褐色 亮黄 $w=1.80$ $\varepsilon=1.72$	Fe_2O_3 31.95， WO_3 46.42， H_2O 21.63	5.94 2.97	X光定为正方晶系	黑钨矿的风化产物
铜钨华 Cuprotungstite $Cu_2(WO_4)(OH)_2$	微晶状 块状、壳状	绿色，韭绿，翠绿 玻璃光泽 硬度4.5 比重3.95	折光率 $w=$ 20±	CuO 38.89， WO_3 56.71， H_2O 4.40， 易溶于酸	3.07 1.24		
钨铋矿 Russellite (Bi，W) O_3	正方粒状	淡黄至淡绿 硬度3.5 比重7.35	折光率 $w=$ 2.25	Bi_2O_3 68.26， WO_3 25.50， As_2O_3 0.26， Fe_2O_3 痕	3.08 1.64 吸热 500°宽很小	可能为自然铋或黑钨矿的蚀变产物	
钨华 Tungstite H_2WO_4	斜方 块状显微板状	黄至绿色 松脂光泽 硬度2.5 比重5.25	浅黄色 $z>y>x$ (001)完全 (110)不完全	溶于碱不溶于酸		为黑钨矿和其他钨矿物的氧化产物	

三、主要钨矿矿床类型

钨矿床的成因及工业分类方案，多达30余种，其中以穆治国等(1986)的分类方案较为完整。为了简要说明其所分各类钨矿床的特征及其矿物共生组合情况，现将中国南方钨矿成因类型特征列于表12-6-4。

热液脉状黑钨矿床矿石组分复杂程度常与其矿化期和矿化阶段有关，兹举中国江西南部西华山、漂圹等九个矿区不同矿化期的矿物共生组合综合于表12-6-5。

中国钨矿资源丰富，在国际上久负盛名。近年来，虽然瑞典、澳大利亚、朝鲜、东南欧等也相继发现一系列的白钨矿床，并已进行开采，但由于中国钨资源类型众多，储量巨大，组分复杂，有较大的生产潜力等原因，在世界上仍具有举足轻重的地位。

第二节 钨的主要物理化学性质

一、钨的物理性质

钨的某些重要物理性质数据列于表12-6-6。

表 12-6-4 中国南方钨矿成因类型基本特征综合简表

类	亚类	型	赋矿围岩	成矿作用	产状形态	矿石结构构造	主要金属矿物	主要蚀变类型	矿例
岩控钨矿	1. 沉积再生岩浆体系钨矿	(1)变花岗岩细脉浸染型	中粒白云母花岗岩	(1)岩浆末期自交代作用;(2)岩浆期后高温热液作用	面型似层状,不规则矿巢状,脉状	细脉浸染型	(1)黑钨矿、铌钽铁矿 (2)白钨矿、黑钨矿、辉钼矿 (3)黑钨矿、锡石	(1)钠长石化;(2)云英岩化、钠长石化;(3)云英岩化为主	(1)大吉山(69)矿体(2)下桐岭,红岭(3)九龙岗、木梓园
		(2)矽卡岩型	细粒黑云母花岗岩/灰岩、大理岩	接触交代作用、岩浆期后交代作用	似层状、不规则带状、透镜状	浸染状	白钨矿、闪锌矿、方铅矿、黄铜矿、辉钼矿	矽卡岩化、硅化	宝山
		(3)伟晶岩型	花岗岩,浅变质岩	岩浆期后热液充填作用	脉状	块状	黑钨矿、铌钽铁矿	硅化	古竹、桂东
		(4)石英(长石)脉型	似斑状黑云母花岗岩,中细粒二云母花岗岩,中细粒二长花岗岩及其外接触带浅变质岩	同上	大脉、细脉带	块状	(1)黑钨矿-锡石; (2)黑钨矿-绿柱石; (3)黑钨矿-辉铋矿; (4)黑钨矿-辉钼矿; (5)黑钨矿-硫化物; (6)白钨矿-黑钨矿	花岗岩类:钾微长石化、云英岩化浅变质岩类:硅化、黑鳞云母化、绢云母化	上坪、西华山、盘古山、漂圹
	2. 火成混融体系钨矿	(5)斑岩型	花岗闪长斑岩,花岗斑岩,石英斑岩等超浅成小侵入体及其外接触带浅变质岩和中生代火山岩	岩浆末期-期后热液交代(充填)作用	面型厚层状、条带状	细脉浸染状	白钨矿、辉钼矿、钼钨钙矿、黑钨矿、黄铜矿	钾化(主要)、硅化青盘岩化	阳储岭
		(6)角砾岩筒(隐爆)型	围岩组成,同上,且常与斑岩型钨矿共生	同上	筒(管)状	角砾状、网脉状	同上	同上	李公岭、龙眼石

续表 12-6-4

类	亚类	型	赋矿围岩	成矿作用	产状形态	矿石结构构造	主要金属矿物	主要蚀变类型	矿例
层控钨矿	3. 碳酸盐建造钨矿	(7)似矽卡岩型	七、类复理石建造中碳酸盐夹层，D_{2-1}碳酸盐建造；C_1含煤碎屑建造中碳酸盐夹层	区域变质-热力变质作用	层状、似层状、透镜状、不规则囊状	浸染状	白钨矿、闪锌矿、方铅矿、黄铜矿、辉钼矿	似矽卡岩化、硅化、大理岩化	焦里、岗鼓山、狮吼山
	4. 火山沉积建造钨矿	(8)似矽卡岩型	前寒武系类复理石建造中凝灰质及碳酸盐夹层	同上	层状、顺层透镜体、不规则脉状	浸染状、细脉浸染状	白钨矿	似矽卡岩化、硅化、(磁)黄铁矿化	白茶圩
		(9)交代岩型	前寒武系类复理石建造中，矿层上下夹有凝灰质板岩	区域变质-地下热水渗滤交代作用	同上	同上	白钨矿、辉锑矿、自然金	硅化、黄铁矿化及退色化	沃溪
	5. 硅铝质陆屑建造钨矿	(10)角岩型	D_2t(跳马涧组)砂岩	区域变质-热力变质等作用	层状、似层状	细脉浸染状、浸染状、细脉状	白钨矿、硫化物	黑云母石英角岩化	瑶岗仙(和尚滩)
		(11)交代岩型	Gz(梓山组)碎屑建造	同上	同上	同上	黑钨矿	黄玉化、电气石化、硅化	水口
	6. 铁矿建造钨矿	(12)交代岩型	C_{1-2}、D_{2-3}中的赤铁矿、菱铁矿层	同上	层状、细脉状	离子吸附(?)浸染状、腺脉状	含钨赤铁矿(钨铁矿)钨锰矿、白钨矿、菱铁矿、赤铁矿、针铁矿	硅化、碳酸盐化	枫林、莲花山

续表 12-6-4

类	亚类	型	赋矿围岩	成矿作用	产状形态	矿石结构构造	主要金属矿物	主要蚀变类型	矿例
复控钨矿	7. 岩控-层控复合钨矿	(13)叠生-矽卡岩型	古生界变质岩系中泥质灰岩、条带灰岩及斑状黑云母花岗岩	区域变质-热力变质-接触交代-岩浆期后热液充填交代作用	层状、似层状、透镜状、叠加脉状	块状、浸染状、细脉浸染状	白钨矿、黑钨矿、辉铋矿、辉钼矿、锡石等	矽卡岩化、硅化、萤石化、云英岩化	南秧田
		(14)多元共生型	在类复理石建造中碳酸盐夹层，D_2 碳酸盐层、砂岩层，细粒黑云母花岗岩	同上	似层状、透镜状、大脉状及细脉(带)状	块状、细脉浸染状	白钨矿、黑钨矿、锡石及辉钼矿等硫化物	矽卡岩化、硅化、石英黑云母角岩化、电气石化、云英岩化	瑶岗仙、岿美山
现代表生钨矿		(15)氧化淋滤型	碳酸盐建造(常伴有大量碎屑岩)	氧化淋滤次生富集作用	似层状、透镜状	浸染状、离子吸附状	黑钨矿、辉钼矿、含钨褐铁矿		大宝山、塔前
		(16)冲积型	第四系冲积层	机械迁积作用	似层状、透镜状、囊状	碎屑	黑钨矿、锡石		丰田、杨眉寺

注：有关数据资料详见穆治国及张理刚、朱炎龄等 1986 年在南昌国际钨矿会议上报告。

表 12-6-5 赣南主要脉钨矿床矿化期和阶段划分表

矿化期 \ 矿化阶段(矿物组合) \ 矿床	西华山	大吉山	盘古山	黄沙	岿美山	画眉坳	左拔	隘上	漂圹
硅酸盐	微斜长石化长石-石英脉(Mu. Mc. Or. Q. Wol)	微斜长石-石英脉(Mu. Mc. Tm. Wol)	(阳起石化)	(长石-石榴石-石英交代脉体)，云英岩脉体	矽卡岩(Dip Gar. Tr. Zo. Wal. Act. Ep. Q. Sch. Py)	白钨矿-硫化物-矽卡岩(Tr. Gar. Sch. Cha. Sph Pyr. Q)	(矽卡岩脉)	黑钨矿-电气石-黄玉-石英浸染矿体(Tm. Top. Wol. Cas. Q)	矽卡岩脉体(Act. Gar. Tr. Q. Sch. Py)

续表 12-6-5

矿化期＼矿化阶段（矿物组合）＼矿床	西华山	大吉山	盘古山	黄沙	岿美山	画眉坳	左拔	隘上	漂圹
氧化物	绿柱石(辉钼矿)-长石-石英脉(Mu. Fl. Mo. Be. Wol. Q)锡石-黑钨矿-石英脉(Mu. Cas. Q. Wol)	绿柱石-黑钨矿-长石-石英脉(Mu. Tm. Pl. Mo. Gar. Pl. Q. Wol. Sch. Be)(硫化物)-黑钨矿-石英脉(Bi. Mo. Be. Wol. Q)	绿柱石-黑钨矿-石英脉(Mu. Or. Tm. Q. Flo. Be. Wol)辉铋矿-黑钨矿-石英脉(Mu. Mo. Wol. Bi. Pyr. Sch. Q)	硫化物-黑钨矿-石英脉(Wol. Cas. Mo. Bi. Q)	(黄铜矿)-黑钨矿-石英脉(Be. Cha. Mu. Mo. Cas. Wol. Sch. Q)	黑钨矿-绿柱石-长石-石英脉(Be. Wol. Mo. Pyr. Flo. Fl. Q)	(锡石)-绿柱石-辉钼矿-黑钨矿-石英(Mu. Fl. Flo. Q. Cas. Be. Wol. Pyr)	黑钨矿-石英脉(Tm. Mu. Wol. Q)	黑钨矿-辉钼矿-绿柱石-石英脉(Mu. Mo. Wol. Be. Q)(绿柱石)-锡石-黑钨矿-石英脉(Mu. Cas. Wol. Pyr. Mo. Cha. Sph.)(硫化物)-锡石-黑钨矿-石英脉(Wol. Cas. Cha. Sph. As. Top. Li-Mica)
硫化物	黑钨矿-硫化物-石英脉(Mu. Wol Sch. As. Pyr. Py. Cha. Sph. Ga. Q)黄铁矿-硅质脉(Py. Q)	黑钨矿-硫化物-石英脉(Pyr. Py. Sch. Sph. Cha. Bi. N-Bi. As. Wol. Q)	(辉铋矿)-黑钨矿-石英脉(Bi. Wol Cha. Py. Sch Q)	黑钨矿-硫化物-石英脉(Wol. Cha. Pyr. Py. Bi. Q)黄铁矿-石英脉(Cha. Py Ga. Sph. Q)	硫化物-石英脉(Cha. Py. Sph. As. Wol Sch. Bi. Mu)	黑钨矿-硫化物-石英脉(Mu. Wol. Sch. Py. Bi. Mo. Pyr. Cha. Sph. Q)	(黄铁矿)-萤石-石英脉-硫化物-石英脉(Cha. Py. Bi. N-Bi. Sph. Fl. Q)	硫化物石英脉(Py. Cha. Q)	黑钨矿-硫化物-石英脉(Wol. Cha. Sph. Py. Ga. As. Q)黄铁矿-绿泥石-石英脉(Py. Clo. Cha. As. Sph. Ga. Q)
碳酸盐	萤石-方解石脉(Flo. Sid. Cal. Q)	方解石脉(Cal. Clo. Q)	萤石-方解石脉(Flo. Cal. Sch. Q)	方解石-萤石脉(Flo. Cal. Q)	萤石-方解石(Flo. Cal. Q)	硫化物-石英-方解石脉(Sch. Py. Bi. Sph. Ga. Sia. Clo. Cal. Flo. Q)	萤石-方解石脉(Flo. Cal. Clo. Q)	方解石脉(Cal. Flo. Q)	萤石-方解石脉(Flo. Cal. Do. Sid. Q)

注：Mu——白云母，Li——Mica——含锂云母；Fl——长石；Or——正长石；Mc——微斜长石；Top——黄玉；Tm——电气石；Flo——萤石；Dip——透辉石；Gar——石榴石；Tr——透闪石；War——硅灰石；Ep——绿帘石；Zo——黝帘石；Act——阳起石；Clo——绿泥石；Cal——方解石；Do——白云石；Q——石英；Ca——锡石；Be——绿柱石；Wol——黑钨矿；Mo——辉钼矿；Bi——辉铋矿；N-Bi——自然铋；Sch——白钨矿；Cha——黄铜矿；Pyr——磁黄铁矿；Py——黄铁矿；Sph——闪锌矿；Ar——毒砂；Ga——方铅矿；Sid——菱铁矿；(　)内矿物表示或有或无，非主要。

表 12-6-6 钨的一些物理常数

原子序数	74
原子量	183.85
密度，g/cm^3	19.30
晶格类型及参数	
630℃以上稳定	α-W 呈体心立方晶格
	$a=3.1585\times10^{-10}m$
630℃以下稳定	β-W 呈立方晶格
	$a=5.037\times10^{-10}m$
熔点，℃	3410±20
熔化热，J/kg	255224×10^3
升华热，J/kg	4396×10^3
比热，J/（kg·K）	
293K	0.134×10^3
773K	0.142×10^3
1273K	0.151×10^3
2273K	0.172×10^3
导热率，W/（m·K）	
293K	1.67×10^2
1100K	1.17×10^2
2000K	1.01×10^2
沸点，℃	5900～6000
蒸发热（在沸点温度下），J/kg	4957×10^3
固体钨的蒸气压，Pa	
2273K	1.59×10^{-7}
2503K	8.81×10^{-6}
3003K	9.44×10^{-3}
3573K	2.27
固体钨的蒸发速度，kg/（m^2·s）	
2600K	4.28×10^{-8}
2800K	8.28×10^{-7}
3000K	1.06×10^{-5}
3100K	9.85×10^{-5}
3273K	2.06×10^{-4}
液体钨的蒸气压，Pa	

续表 12-6-6

4263K	133.32
4780K	1333.22
5159K	5332.88
5676K	26664.40
6200K	101324.72
线膨胀温度系数	
300K	4.4×10^{-6}
773K	4.6×10^{-6}
1273K	5.2×10^{-6}
2273K	6.2×10^{-6}
电阻率，Ω·m	
−196℃	0.61×10^{-8}
20℃	5.5×10^{-8}
1000℃	34×10^{-8}
2000℃	66×10^{-8}
电子发射电流（2730℃），A/m^2	141500
热中子吸收截面，m^2	$(19.2\pm1)\times10^{-28}$
原子半径，m	1.368×10^{-10}
离子半径，m	0.68×10^{-10}（W^{4+}） 0.65×10^{-10}（W^{6+}）

二、钨的化学性质

下面主要介绍与钨生产工艺和应用关系较为密切的化学性质。

（一）钨与常见气体的化学作用

钨与氧、水蒸气和氢的作用的有关内容，于本章第四节有关部分介绍。钨与 CO_2 在 1200℃开始作用，致密钨可被 CO_2 氧化而生成 WO_2。钨在 CO 气氛中，在 1400℃以下一般是稳定的，在更高温度下（1600～1700℃）发生渗碳并生成碳化物。致密钨与碳氢化合物在 1100～1200℃下起反应，生成 W_2C、WC 等碳化物，在 1400～1600℃时碳化反应便很强烈。

硫蒸气和 H_2S 在高于 400℃时与钨反应，700～800℃时反应已较强烈生成 WS_2 等。SO_2 在高温下能氧化钨。

氮气在 500～800℃时与细钨粉和钨箔作用生成 W_2N、WN、WN_2 及 W_3N、W_2N_3 等氮化物，这些氮化物在高温下不稳定。氮与致密钨仅在高于 1500℃下作用，在 2300～2500℃生成 WN_2。氮的氧化物 N_2O、NO、NO_2 在高于 600℃时将金属钨氧化为 WO_3。

（二）钨在水溶液和熔体中的行为

钨在水溶液和某些熔体中的耐腐蚀性能列于表 12-6-7 中。

表 12-6-7 钨的耐腐蚀性能

腐蚀介质	钨的行为
盐酸、硫酸、硝酸、氢氟酸	在冷的、稀的或浓的酸中稳定；在 90～100℃下，被稀或浓的盐酸、硫酸轻度腐蚀，被稀的或浓的硝酸侵蚀较厉害，在氢氟酸中稳定
王水	冷时不起作用，加热时被迅速侵蚀
硫酸与硝酸的混合液	常温下钨稳定（该溶液用于钨螺旋丝生产中溶解除去钼芯子）
氢氟酸与硝酸的混合液，双氧水	钨均被溶解
碱溶液	在冷的苛性钠（钾）水溶液中稳定，有氧存在并加热时被轻度侵蚀；在熔融的苛性钠（钾）能将钨氧化成钨酸盐，若有氧化剂如 KNO_3、$NaNO_3$、KNO_2、$KClO_3$ 等存在时，迅速氧化
氨水	与氨水不起作用，有 H_2O_2 存在时被轻度腐蚀
硫	硫在熔融或沸腾状态时，钨慢慢被腐蚀
汞，汞蒸气	实际不与钨起作用

三、钨的机械性质

钨的机械性质与制取方法、杂质和添加剂的种类及含量、压力加工和热处理工艺等有密切关系。钨的某些机械性质列于表 12-6-8。表 12-6-9 列举出经过不同程度变形钨的强度极限值（原始材料为垂熔钨条）。

表 12-6-8 熔铸钨和粉末冶金钨的机械性能

材料来源	温度，℃	σ_b MPa	$\sigma_{0.2}$，MPa	δ，%
	326	409.64	197.96	16
	649	305.76	104.86	55
再结晶后的电弧熔铸钨	871	250.88	99.96	58
电弧熔铸钨	1093	230.30	88.20	52
	1095	225.40		
	20	1381.80	1.96	

续表 12-6-8

材料来源	温度，℃	σ_b MPa	$\sigma_{0.2}$, MPa	δ, %
在 1000℃ 下经 lh 退火的熔铸钨	93	989.80	32.34	
	316	705.60	245.00	
	538	558.60	176.40	
	1093	401.80	147.00	
	1370	151.90		
经再结晶后的粉末冶金钨	1370	220.50		
	1650	130.34		
	1925	75.46		
	2205	61.74		

表 12-6-9 经各种加工的钨材的强度极限

旋锻钨杆		拉伸钨杆		钨箔片	
直径，mm，	σ_b, MPa	直径，mm，	σ_b, MPa	厚度，mm，	σ_b, MPa
6.35	480.20	0.635	1538.60	1.02	823.20
2.54	1029.00	0.254	1715.00	0.508	1372.00
1.27	1372.00	0.127	2058.00	0.254	2058.00
		0.013	4116.00		

表 12-6-10 列出了各种牌号钨丝在各种温度下退火 lh 的强度。需要指出的是，钨的机械性质还受变形速度的强烈影响，处在塑脆转变温度的范围内时尤其如此。

表 12-6-10 钨丝强度与退火温度有关的数据

温度 ℃	σ_b, MPa					
	W	WAL	WTh-10	W	WAL	WTh10
	直径 0.1～0.31mm			直径 0.31～0.5mm		
25	2450～2940	2450～2940	2450～2940	2156～2450	2156～2450	2156～2450
400	2499～2989	2479.4～2949.8	2499～2989	2195.2～2499	2175.6～2450	2195.2～2499
800	2077.6～2489.2	2283.4～2744	2381.4～2842	1832.6～2077.6	1999.2～2273.6	2077.6～2371.6
1100	1440.6～1734.6	2018.8～2410.8	2077.6～2489.2	1274～1440.6	1764～2009	1832.6～2077.6
1300	1274～15288	1862～2234.4	1979.6～2479.4	1117.2～1274	1636.6～1862	1744.4～1979.6

垂熔钨条的硬度约为 HB255。旋锻钨杆的硬度与加工程度有关，可增到 HV488。

钨的弹性模量很高，仅次于锇、铱、铼三个金属，25℃时为 402210MPa，但在 2400℃时降到 222680MPa。

钨的压缩系数 β 比所有金属都低，直径 4.8mm 旋锻钨杆在温度 30℃下的 β 值为 $2.99\times10^{-10}Pa^{-1}$（在 9.81×10^{-2}MPa 的压力下）。直径 0.51mm 钨丝

的 β 为 $3.57\times10^{-10}Pa^{-1}$。

在 WAL 丝生产中常用检验钨丝高温蠕变性能(使用残余伸长值为指标)的办法来预测钨丝的高温性能。例如，长 400mm、直径 1.25mm 的 WAL 丝，负载 16.95MPa 的重物，在 2600℃保持 4h，其残余伸长如不超过 3mm，则其加工到直径 0.5mm 的丝，在工作温度高于 1900℃使用，其再结晶后的结构一般能满足要求。

间隙杂质氧、氮、碳和氢对钨的机械和物理性质影响很大。表 12-6-11 的数据显示了杂质含量对钨转变温度的影响。其中最有害的杂质是氧和碳。

表 12-6-11　间隙杂质含量对钨塑-脆性转变温度的影响

钨制取方法	杂质含量，%				转变温度 ℃
	C	O	N	H	
真空垂熔	0.04	0.023	0.002	0.003	500
电弧真空熔炼	0.03	0.004	0.001	0.0002	200
一次熔炼	0.024	0.001	0.001	0.001	100
区域熔炼：					
二次熔炼	0.020	0.001	0.001	0.001	20
区域熔炼（原料先经脱碳）	0.001	0.001	0.001	0.0001	−196

第三节　钨的采矿和选矿

一、钨矿的采矿

（一）钨矿开采技术条件

中国钨矿资源非常丰富，主要产地分布在赣南、湘东南、粤北和广西等地的丛山峻岭中。绝大多数矿床为矿石和围岩都很稳固的急倾斜薄矿脉、细脉带和网脉带。矿脉通常全部或大部分埋藏在山麓以上。缓倾斜和倾斜矿脉不太多，矿石和围岩不太稳固的也不太多。矿脉一般成组出现。大多数矿床分成南、中、北三组，也有分成东、中、西三组的。组间距离由几十米到几百米。各组中的矿脉大致平行，分布范围一般宽从几十米到二三百米，长从几百米到二三千米；脉间距离从几分米到几十米。通常把彼此相距 2～3m 以上的矿脉叫做单脉，相距不到 2～3m 的叫做细脉带。网脉带则由零点几毫米到几厘米厚的密密麻麻互相纠缠的细脉组成，无法分清条数。

（二）钨矿开拓

由于矿脉一般埋藏在山麓以上，且成组出现，因此通常采用平窿溜井开拓。典型的开拓方案有大吉山和西华山钨矿的开拓系统。

1. 大吉山钨矿开拓系统

大吉山钨矿的开拓方案是采用溜井配合基本平窿开拓的典型例子。开拓系统如图 12-6-4。

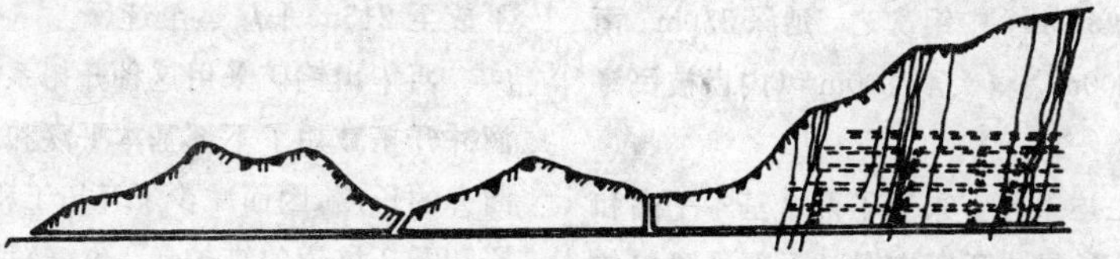

图 12-6-4　上盘基本平窿溜井开拓方案

矿区地势由东南向西北起伏降高而变平。山麓最低处地势平坦而开阔，对外交通的公路从此处起。矿床由许多急倾斜平行单脉、细脉带和网脉带组成，分北、中、南三组，组间距离为 300～400m，部分矿脉延深到山麓最低水平以下。露头附近的矿脉早已被民窿采空。在建设现有开拓系统之前，上部有几个阶段平窿在开采，但这些平窿过于分散，运输和管理很不方便，同时在山腹的原有工业场地无法扩展；从山腹窿口到山麓新工业场地，不但距离远，而且地势起伏大，地面运输不好解决。因此，在山麓最低水平掘进一个基本平窿作为主要开拓坑道。

基本平窿从西北山麓向东南方向掘进，横贯矿脉，位置大致穿过三组矿脉沿走向的中央，全长3634m，标高467m。

为提升设备、材料和人员，在中组与南组矿脉之间掘进一个两段的提升盲井，两段彼此相距50m。第一段从567m水平掘进到666m水平，第二段从467m掘进到567m水平，两者都位于岩层移动带之外。盲井采用两段，一方面可缩短上下班人员的升降时间；另一方面617m水平以上的矿石采完后，上一段盲井可报废，从而可降低井筒的维护费。

为将上部各阶段的矿石放至基本平窿装车运出，在每组矿脉的下盘围岩中各掘一个不支护的溜井，其断面直径2.3m。

为缩短井下风流路线长度，在距基本平窿口2000m处掘进一个风井，以便进行压入式通风。

此外，为增加基本平窿的掘进工作面，在距基本平窿口1440m处，掘进一个措施斜井。

2. 西华山钨矿开拓系统

西华山钨矿是采用溜井配合组合平窿开拓的典型例子，开拓系统如图12-6-5。所谓组合平窿开拓，就是用两个或两个以上的基本平窿开拓一个矿床。

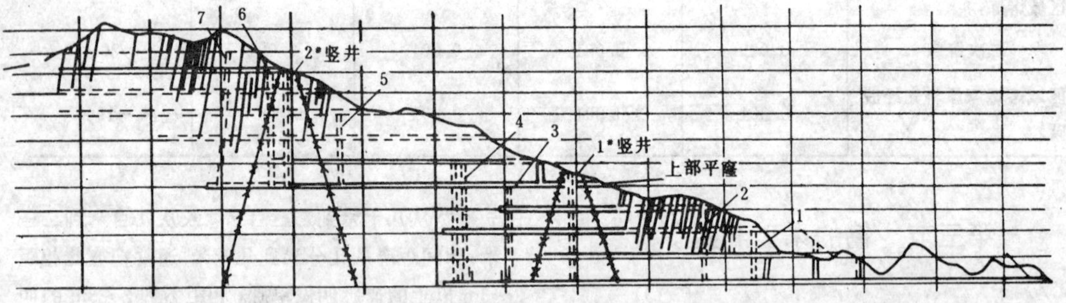

图 12-6-5 组合平窿溜井开拓方案

1、2、3、4、5、6、7—溜开编号；1#、2#—辅助竖井编号

矿床埋藏在当地最低水平以上高达800m的山顶部和南面山腹部，围岩主要为花岗岩。矿脉均有露头出露地表，分北、中、南三组。北组分布于山顶偏北，中组分布于山顶偏南，两组相距不远；南组分布于山南腹部，距中组约800m。矿脉走向近于东西，大致与山坡走向平行，向北倾斜，倾角75°～85°。北组埋藏最深，延深约300m；中组次之，延深350m；南组最浅，延深约200m。露头下100m以内已被民窿采空。

根据矿床的上述条件，采用了两个基本平窿和7个溜井的组合平窿溜井开拓方案。下部平窿口位于山麓选厂附近，标高215m，向北掘进至中组矿脉的下盘，长1730m。上部平窿在下部平窿以上216m处，标高431m，以同样方向向北掘进，长1100m。以这两个平窿作为开拓系统的骨干。

为运送人员、材料和设备到上部各阶段，掘进了两个明竖井——1#竖井长250m，联通215m平窿与431m平窿；2#竖井长260m，联通670m老平窿与431m平窿。720m处还有一老平窿。431m水平以上各阶段的矿石，经7#、6#和5#溜井下放到431m平窿，转运到4#和3#溜井再下放到215m平窿运至选厂。431m水平以下各阶段的矿石，经2#和1#溜井下放至215m平窿运至选厂。

西华山钨矿采用这种开拓系统比采用一般平窿溜井开拓减短了下部基本平窿和北中两组矿脉专用溜井的长度，因而减少了开拓工程量，降低了基建投资和开拓坑道的维护费，也缩短了431m以上2#竖井和5#、6#、7#溜井的维护时间。

（三）钨矿采矿方法

钨矿开采，以留矿采矿法使用最广泛，其次是阶段矿房法和削壁充填法。

1. 顺路天井留矿法

在钨矿开采中，这种留矿法使用最广泛，主要用来开采矿石和围岩都稳固、倾角在60°以上的薄矿脉和极薄矿脉。采场结构如图12-6-6所示。

阶段高度一般为40～50m，若矿脉产状变化大或有短矮盲矿脉存在，则采用30～40m。采区长度一般为50～60m，也有采用100～120m的。采幅宽度一般与矿脉厚度一致，但最小宽度不应小于0.8m。拉底层和拉底层以上1～2个回采分层的宽度不应小于1.2m。顶柱高2～3m。平巷顶板以上的底柱高2.5～3m。如果矿石品位很高，也可采用坑水假底代替底柱。

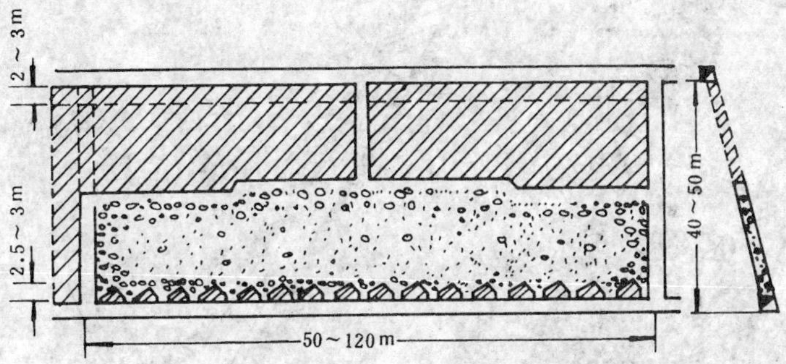

图12-6-6　顺路天井留矿法

西华山钨矿采用这种采矿法所达到的技术经济指标为：台班工效64.7t，工班工效11.8t，矿石损失率6.2%，矿石贫化率80.2%，炸药消耗0.65kg/t，坑木消耗0.0049m³/t。

2. 振动放矿留矿法

这种留矿法与顺路天井留矿法的适用条件相同，矿块结构也基本相似。所不同的是采用振动出矿机出矿，采场要留底柱。

振动出矿机出矿的最大优点是：矿石不容易堵塞漏斗口；放矿顺利，效率高，劳动强度低，作业安全；坑木消耗少；二次破碎和平场工作量也有所降低。

图12-6-7所示为石人嶂钨矿采用振动放矿留矿采矿法开采的2240采场。采场生产能力达到平均80t/d，坑木消耗只有0.001m³/t。

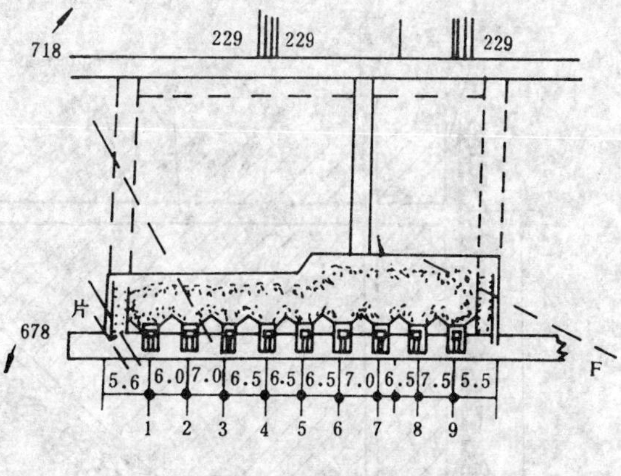

图12-6-7　振动出矿留矿法

3. 削壁充填采矿法

这种采矿法对矿石和围岩的稳固性以及矿脉的倾角均要求不严，主要用来开采缓倾斜及薄矿脉。曾在急倾斜及薄矿脉中作过试验，因为技术经济指标太差，且有大量粉矿漏失于充填料中，后未推广。

图12-6-8所示为湘西金矿在缓倾斜及薄矿脉中使用很成功的扇形推进削壁充填法。阶段斜长50～60m；矿块走向长30～50m，不留顶底柱和间柱，两端各布置一个沿脉天井。阶段平巷有两条：一条在脉内，只起探矿作用；一条在下盘岩石中，为运输平巷，与脉内平巷相距10m。脉内平巷超前掘进。拉底平巷距脉内平巷的垂直距离约5m。从运输平巷在靠近未采矿块的位置上，向拉底平巷掘一个矿石溜子。回采工作从已采矿块一端的天井开始，逐步形成斜直线长工作面。最小采幅为1.3m。工作面上的炮眼一次打完，围岩和矿石分次爆破。

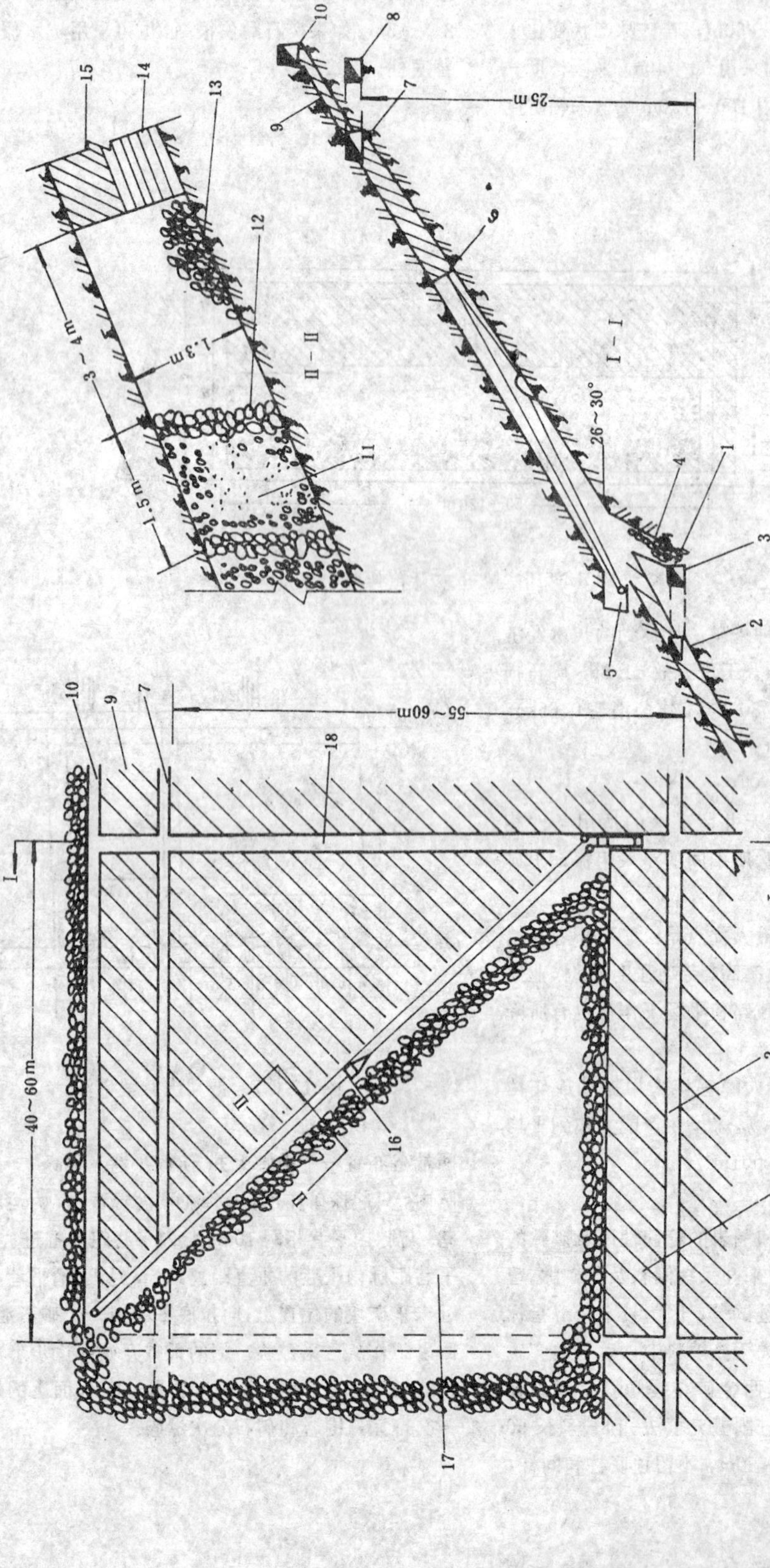

图 12-6-8　湘西金矿所采用的扇形推进削壁充填采矿法

1—底柱；2—沿脉平巷；3—脉外平巷；4—漏斗；5—电耙硐室；6—回采工作面；
7—上中段平巷；8—上中段脉外平巷；9—上中段底柱；10—上中段切割平巷；11—充填碎石；12—垒石；
13—采下矿石；14—板岩；15—石英脉；16—耙斗；17—充填区；18—采准天井

由于矿脉时有变薄或变厚，因此有两种充填方式：矿脉较薄，削下的围岩足够充填空区，采用全充填；矿脉厚度变大，削下的围岩不够充满空区，采用间隔充填。

间融充填时，未充填的间隔的顶板，用砂浆锚杆支护。支护网度一般为1×1m。

充填时，沿天井和拉底平巷的侧帮用大块废石砌筑挡墙，并在挡墙的侧面和巷道顶板上喷水泥砂浆加固，

为使充填体具有足够的强度和稳固性，以及为崩矿时不致造成大量粉矿散失于充填体中，每次充填时，都要沿待充区和不充区的界线用大块废石砌筑挡墙，挡墙内倒入废石充填，并在挡墙外侧喷射水泥砂浆堵缝和加固。

湘西金矿采用削壁充填采矿法所达到的技术经济指标为：采场生产能力35t/d，采矿场工人工效4t/工班，采下矿石贫化率35～83%，出矿贫化率10～25%，总损失率7%，坑木消耗0.0025m³/t，炸药消耗0.23kg/t；锚杆及安装费4.47元/根；锚杆安装工效3.3根/工班。

4. 阶段矿房法

这种采矿法一般是用来开采矿石和围岩稳固的厚网脉带和细脉带。大吉山钨矿自1959年以来，在细脉带和网脉带中一直采用这种采矿法。采区结构如图12-6-9。

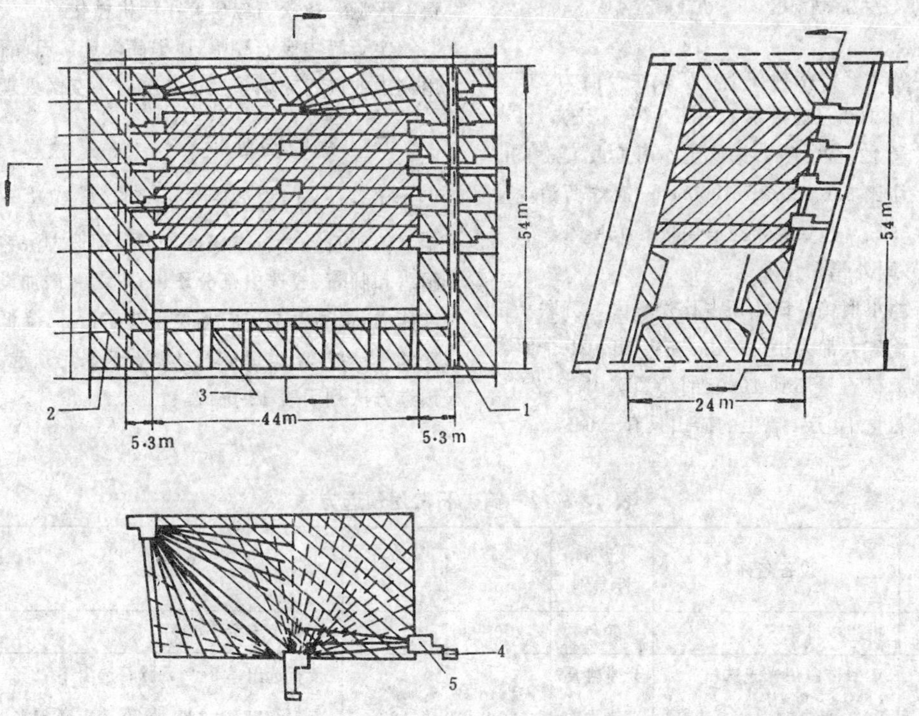

图 12-6-9　水平深孔阶段矿房法

1—运输平巷；2—无格筛二次破碎道；
3—斗颈；4—凿岩天井；5—凿岩洞室

矿块中共布置三个天井，两端间柱中各一个，矿块长度中央下盘岩石中一个。在拉底空间以上，每隔6m垂直高度，从各个天井向矿房掘进凿岩洞室，高2.2m，直径3.2～3.5m。两间柱中的凿岩洞室与下盘凿岩洞室在垂直高度上错开3m。深孔扇形布置，最小抵抗线3m。出矿系统采用无格筛自溜放矿底部结构，如图12-6-10。脉带内设上盘和下盘运输平巷；二次破碎道高于运输平巷6～9m，漏斗中心距离为6～8m。

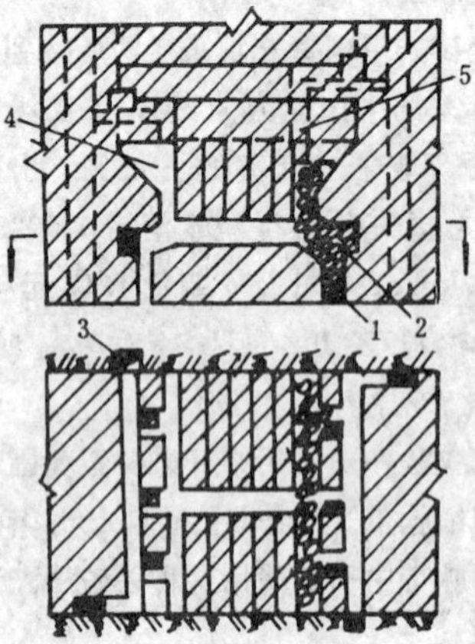

图 12-6-10 无格筛自溜放矿底部结构

1—溜矿道；2—二次破碎道；3—行人通风小井；
4—拉底切割槽；5—切割槽通风道

主要技术经济指标如下：矿块生产能力 210～450t/d，БA-100 台班效率 11.6m/（台·班），每米深孔崩矿量 12～20t/m，采矿工作面工人工效 55t/工班，采切比 3.6～6.5m/1000t；一次炸药消耗量 0.25～0.35kg/t；二次炸药消耗量 0.13kg/t。

（四）国外钨矿开采

国外的小型钨矿矿山所占比例很大，苏联乌拉尔地区的钨矿大都为小型矿山。在美国的 25 个钨矿中，年产原矿石量不到 1000t 的小型矿山占 22 个，年产原矿石量 10 万 t 以上的矿山只有一个。

钨矿绝大多数为地下开采，主要采矿方法为留矿法，甚至在缓倾薄矿脉中也使用留矿法。如苏联的长拉苏尔矿，在厚度为 0.7～0.8m、倾角 12°～14°的矿脉中，成功地使用了电耙扒矿留矿法，技术经济指标：凿岩工效 50m/工班，工作面工人工效 13.8m³/工班，电耙扒矿效率 76m³/（台·班）；矿石贫化率 53%。其次是充填法。

（五）钨矿开采的发展方向

钨矿脉开采应着重研究小型机械化。留矿采矿法在薄矿脉矿山是不可能被淘汰的，今后的问题是如何实现作业机械化以减轻工人劳动强度和提高劳动生产率。在出矿方面，振动出矿技术是符合中国国情的，应该大力推广。装药应研究使用背负式轻便压气装药器，以提高装药速度和密度，减少炸药包装费。平场、撬松石应研究小型机械化。

实行窿内废石剔除，以提高入选矿石品位，并利用剔出的废石充填采空区，节省采空区处理费用。

二、钨矿的选矿

（一）钨矿石的预选

钨矿石经适当破碎后，可用预选方法丢弃大量围岩和脉石，或选出部分块钨，可大大增加设备的生产能力，提高入选矿石品位和选矿指标，降低电能消耗和生产成本。黑钨矿石选矿普遍采用预选，常用的预选方法列于表 12-6-12。

表 12-6-12 钨矿石常用预选方法

预选方法	设备名称	矿物特性差别	入选粒度 mm	生产率 t/h	预选效果
手选	扒栏皮带机	颜色	−200+30	4～7.5	废石丢弃率>30%
光电分选	V 型带白炽光光选机	光学性质		1.6	废石选出率 84%，脉石选出率 78%
	B650 平带白激光光选机	光性	−60+30	8	废石选出率 82%，脉石选出率 81%
	V 型带磁光光选机	光性，磁性	−50+30 −30+20	1.5～1.0	废石选出率 90.3%，脉石选出率 88.8%，块钨选出率 78.8%
	16 型激光光选机	光性	−160+80 −80+40 −40+16	140 80 40	废石丢弃率 98%
	YG-40 激光光选机	光性	−40+20	4.9	废石丢弃率 90.4%，脉石丢弃率 88%
	紫外线光选机	白钨萤光		7～30	废石丢弃率 50%

续表 12-6-12

预选方法	设备名称	矿物特性差别	入选粒度 mm	生产率 t/h	预选效果
	φ300、380、430 旋流器	比重	3～12 (15,24,30)	10～45	轻产物产率 40～60%
重介质分选	重介质圆锥选矿机	比重	50—5	25	废石选出率 37%
	φ300 涡流分选器	比重	－30＋3	20～24	轻产物产率 50～60%

（二）钨矿石的重力选矿

重力分选法是按矿物比重差实现分选的方法。由于钨矿物特别是黑钨矿的比重(7.1～7.5)比石英(2.5～2.8) 等脉石矿物的比重大得多，因此，重选法是钨矿物分选最有效的方法之一。钨矿石重选时，大部分钨矿物、锡石、钛铁矿、金属硫化矿等大比重矿物进入重产物中，石英、长石、方解石等脉石矿物主要进入轻产物中。一些比重较大的脉石矿物，如重晶石和柘榴石容易进入重产物中。为了回收足够纯度的钨精矿和综合回收多种有用成分，需要用其它选矿方法配合，对重选粗精矿进行精选。重选法常用的设备列于表 12-6-13。

表 12-6-13　钨矿石常用重选设备

重选方法	设备名称	主要性能参数		分选粒度 mm	生产率 t/h	备　注	
		冲程 mm	冲次 st/min			精矿品位 $\%WO_3$	回收率 %
跳汰选矿	上动型隔膜跳汰机	19～25	280～290	18～8	2.7～3.2	56	65
		12.5～16	300～310	8～2	2.2～2.7	61～64	66～73
		9.5～13	340～350	2～0	4.9～6.8	60～63	34～40
	下动型隔膜跳汰机	20～22		10～5	13～18	53	52～62
	侧动隔膜梯形跳汰机	28，26	134，145	～6	15～22	1.4～2.3	82～86
		24，20	167，220				
摇床选矿		冲程 mm	冲次 st/min				
	6S 摇床	18～24	250～300	矿砂＞3	4.5～0.6		
		8～16	300～340	矿泥			
	云锡式摇床	16～20	270～290	矿砂＜2	1.5～0.2		
		11～16	290～320	细砂			
		8～11	320～360	矿泥			
	弹簧摇床	13～17	300	0.5～0.2	0.3～0.1		
		11～15	315	0.2～0.074			
		10～14	330	0.074～0.037			
		8～13	360	～0.037			
	悬挂式四层摇床	9～17	240～380	粗粒 细粒 矿泥	5～3		

续表 12-6-13

重选方法	设备名称	主要性能参数			分选粒度 mm	生产率 t/h	备注
		直径 mm	螺距 mm	圈数			
溜槽选矿	螺旋选矿机	600	360	5	2～0.07	1.5～1	
		1000	600	4	2～0.07	8～3	
		1500	1000	3	2～0.07	25～10	
	螺旋溜槽	1200	720	5	0.2～0	5～4	
		直径 mm	段数	锥数			
	圆锥选矿机	2150	4	7	3～0.15	75～60	
		2150	3	7			
		2150	2	7			
		锥度	转速 (t/min)				
	ϕ800×600 卧式离心选矿机	4，5	300～500		～0.074	1.5～0.6	
		振幅 mm	振次 st/min				
	3000×1000 皮带溜槽	0	0			0.05～0.04	
	800×2500 振摆皮带溜槽	0～12	0～19.5			0.07～0.04	
	1525×122040 层摇动翻床	4～7	200～300		0.1～0.005	3.1～2.1	矿泥粗选
	1200 横流皮带溜槽				0.1～0.005		矿泥精选

（三）钨矿石的浮选

1. 黑钨矿浮选

黑钨矿石主要用重选分选，重选粗精矿再用磁选和电选等方法精选。精选前，必须用浮选法脱掉硫化矿。另外，由于黑钨矿性脆，无论来自采场的原生矿泥或矿石经破碎和磨矿后产生的次生矿泥，含钨量都相当高。据对十几个黑钨矿选矿厂统计，细泥量约占原矿量的11%，其中的钨金属量约占原矿金属量的14%。因此，一般黑钨矿选矿厂都有单独的矿泥分选车间，先用矿泥摇床、溜槽、翻床、离心选矿机等重选设备或湿式强磁选、高梯度磁选设备粗选黑钨矿泥，然后用浮选法脱硫和精选。黑钨矿泥脱硫及其所用浮选药剂可参考表12-6-14。需指出的是，黑钨矿的可浮性随其Mn/Fe的减少而下降，合理用药可提高较难选黑钨矿的浮选指标。

表 12-6-14　黑钨矿泥粗选精矿浮选常用药剂

药　剂	硫化矿浮选	黑钨矿浮选
调整剂	硫酸，pH 6～6.5	碳酸钠，pH 7～9；或盐酸、硫酸，pH 3～5
抑制剂	硅酸钠或硅氟酸钠	水玻璃或硅氟酸钠、腐植酸等
活化剂	硫酸铜等	硝酸铅或硫酸亚铁等
捕收剂	黄药类捕收剂	油酸、氧化石腊皂、塔尔油等（碱性介质），甲苯胂酸、苄基胂酸、苯乙烯膦酸等（酸性介质）
起泡剂	松醇油	松醇油

2. 白钨矿浮选

白钨矿的可浮性好，可直接采用浮选法处理。但对粗粒白钨矿，为了减少生产成本，也可用重选法作粗选，浮选法脱硫和精选。白钨矿浮选时，可用脂肪酸及其皂类、氧化石腊皂、两性捕收剂等作捕收剂，碳酸钠作调整剂（pH 9～10），水玻璃、糊精、淀粉、单宁、草酸等作抑制剂。其中水玻璃是最常用的抑制剂，它对矿物的抑制能力顺序是：石英＞硅酸盐＞方解石＞磷灰石＞钼酸盐＞重晶石＞白钨矿。由于抑制各种脉石矿物的难易程度不同，加之伴生金属矿物较多，因此，白钨矿的浮选工艺比较复杂。应根据矿石的不同性质，采用不同的浮选工艺。表 12-6-15 列出了可供选择的白钨矿浮选主要方法。

表 12-6-15　白钨矿主要浮选方法

浮选任务	浮选方法	浮选过程
白钨矿与石英类硅酸盐分离	常规非硫化矿浮选法	用碳酸钠调整 pH 至 9～10，用水玻璃抑制脉石，用油酸作捕收剂浮白钨矿
白钨矿与方解石、萤石分离	常温长时间搅拌法	浓浆按 10～20kg/t 量加水玻璃，搅拌 14～16h，稀浆加碳酸钠调整 pH 至 9～10，用油酸或油酸钠作捕收剂浮白钨矿
	彼德罗夫法	矿浆浓度 60～70%，温度高于 80℃，加水玻璃搅拌 30～60min；稀释矿浆，加碳酸钠调整 pH 至 9～10；室温下用油酸作捕收剂浮白钨
	石灰法	按 0.9kg/t 量先加石灰，搅拌矿浆；后按 4kg/t 量加硅酸钠和按 2kg/t 量加入碳酸钠调整矿浆；用油酸和环烷酸（1/1）混合捕收剂浮白钨矿
白钨矿与重晶石分离	反浮选法	先用烃基硫酸酯钠盐在酸性矿浆浮出混合粗精矿；后在强酸性介质中加水玻璃用烃基硫酸酯钠浮重晶石
白钨矿与各种脉石矿物分离	剪切絮凝浮选法	加碳酸钠、水玻璃、聚磷酸盐、木质磺酸盐、白雀树皮汁调浆；在合适 pH 和温度下高速（700～1000r/min）搅拌，使白钨矿选择性絮凝；用油酸钠作捕收剂浮选白钨矿

（四）钨矿石的磁选与电选

磁选在钨矿选矿中的典型应用是，黑钨矿精选时，用弱磁选法除去强磁性的磁铁矿和机械磨损铁等杂质，用强磁选法将弱磁性的黑钨矿与非磁性的锡石或白钨矿分离。大多数用于黑钨矿精选的干式强磁选机通常附设有弱磁选装置，用以预先除去毛铁杂质。黑钨矿泥可用湿式强磁选机或高梯度磁选机作粗选或精选。在个别含大量磁铁矿和柘榴石的白钨矿选矿回路中，可用湿式弱磁选机分离磁铁矿，湿式强磁选机分离柘榴石。

电选也是钨矿精选常用的方法，主要用于白钨矿与锡石的分离或白钨矿与黑钨矿的分离。白钨矿进入非导体产品中，锡石或黑钨矿成为导体产品。钨矿精选常用的磁、电选设备列于表 12-6-16。

表 12-6-16 钨矿精选常用的磁、电选设备

精选方法	设备名称	主要性能	处理量	应　用
磁选	ϕ580 双盘磁选机	弱磁场 0.1T 强磁场 1.4T	0.2～0.5	预先去毛铁 黑钨矿与锡石或白钨矿分离
	干选感应辊式磁选机	最高磁场 2.2T		黑钨矿与锡石或白钨矿分离
	SQC-2-1100 型磁选机	最高磁场 1.5T	0.5～0.8	黑钨矿泥粗选
	SQC-4-1800 型磁选机	最高磁场 1.6T	8～12	黑钨矿泥粗选
	ShP-1000 型双环磁选机	磁场 1.1～1.4T		黑钨矿泥粗选
	高梯高磁选机	背景磁场 1～2T		黑钨矿泥粗选
电选	ϕ120×1500 双辊电选机	电压 0～22kV	0.3～0.5	白钨矿与锡石或黑钨矿分离
	ϕ320×900 高压电选机	电压 0～60kV	0.2～0.8	白钨矿与锡石或黑钨矿分离
	三筒电晕选矿机	电压 0～50kV		白钨矿与锡石或黑钨矿分离
	卡普科高压电选机	电压 0～40kV		白钨矿与锡石或黑钨矿分离

第四节 钨的提取冶金

一、概述

钨提取冶金的任务是处理各种钨原料（包括钨精矿、各种钨中矿以及经使用后的废旧含钨料，如废旧硬质合金等）制取符合用户要求的钨产品或中间产品，如制取具有一定粒度组成和粒形的钨粉、钨条、仲钨酸铵、偏钨酸铵、钨酸钙、三氧化钨等。

为了从钨矿物原料制取各种产品或中间产品，往往因具体条件（如原材料性质、对产品的要求等）的不同而采用不同工艺，目前钨提取冶金的工艺流程繁多，但各流程一般均包括下列过程：(1)钨矿物的分解；(2) 纯钨化合物制取；(3) 金属钨粉制取；(4) 高纯致密钨制取。

目前工业上制取钨的原则流程及方法综合于图 12-6-11。

二、钨矿物的分解

（一）矿物原料的预处理

矿物原料预处理的目的是：(1)除去矿物原料中吸附的浮选剂及磷、砷、硫、钼等杂质；(2) 改变精矿的物理结构或某些组分的化学形态，使之有利于浸出过程。常用的预处理方法及效果如表 12-6-17 所示。

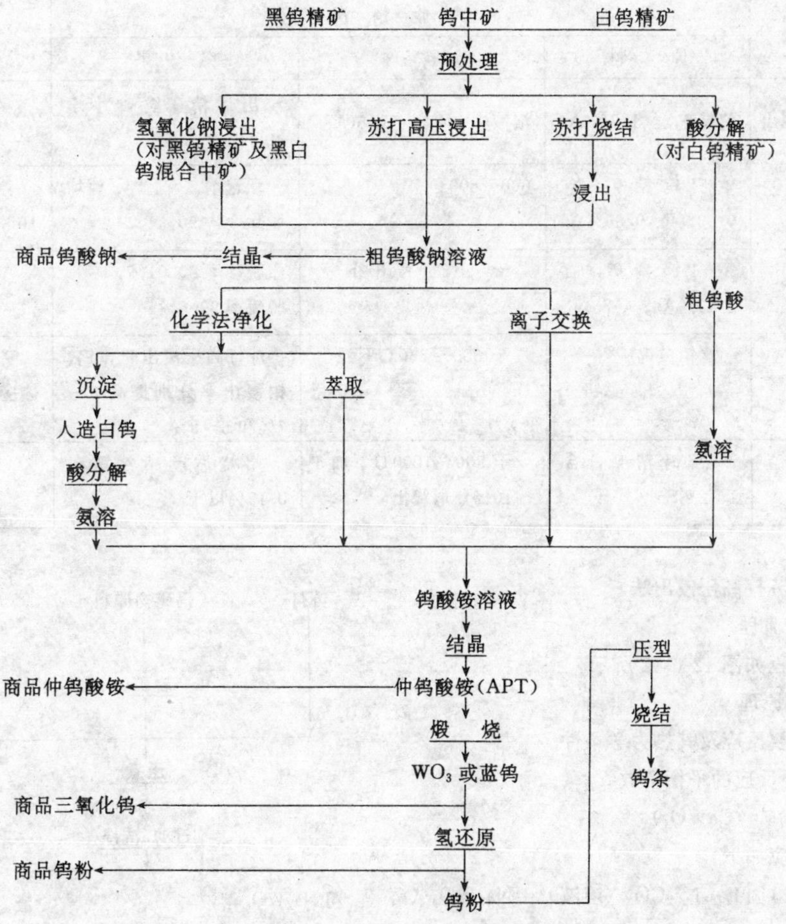

图 12-6-11　钨提取冶金的原则流程

表 12-6-17　常用的预处理方法及其效果

预处理方法	试验情况			说　明
	原　料	试验条件	效　果	
常温下稀酸浸出	白钨精矿含 50% WO_3	每吨精矿按用 28%的盐酸 140kg 和 180kg 的量，经水稀释后，于室温下分两次浸出白钨精矿	产品中，磷＜200ppm，砷＜100ppm，硫＜1%	
	白钨精矿，含 50.75%WO_3、0.53%P、0.36%As	稀盐酸浸，20℃，固/液＝1/1.5，残酸 20g/L	产品中的磷＜0.01%	主要除去以磷灰石形态存在的磷，不能除去以独居石形态存在的磷
常温下稀碱浸出	钨中矿，含 24.8% WO_3、0.1%Mo、3.4%As	用 10～20g/LNaOH 溶液，于 80～90℃下浸出 1h	除钼 13～15%、砷 20～25%，钨损失约 1%	

续表 12-6-17

预处理方法	试验情况			说明
	原料	试验条件	效果	
$FeCl_3$溶液浸出	钨精矿，含1.7% As	溶液中pH<2.5，60℃	浸出后精矿含砷小于400ppm	
焙烧	白钨精矿，含0.53%P、0.36%As	600～800℃	浮选剂、磷、砷、硫均脱除80～90%	浮选剂一般残留10～100mg/kg
氧化焙烧	白钨精矿，含2.43%As、4.75%S	于850℃下浸出2h	脱砷率80.01%，脱硫率99.6%	
锻烧	含钼白钨矿	于600～650℃下浸出1h	苏打高压浸出时，钨、钼浸出率分别提高5～7%和6～8%	矿粒内部可能因热应力而产生裂纹
还原焙烧	黑钨精矿，含1.12%Sn	于900～1000℃下加5～10%焦屑浸出	焙烧后产品含锡在0.15%以下	

（二）苏打高压浸出法

1. 原则流程

原则流程如图12-6-12所示。

2. 基本原理

(1) 主要反应及其热力学条件

1) 主要反应的平衡常数

A. 白钨矿（$CaWO_4$）

浸出反应如下：

$CaWO_4$（固）$+Na_2CO_3$（溶液）$=Na_2WO_4$（溶液）$+CaCO_3$（固）　(12-6-1)

П. М. 佩尔诺夫（Перлов）测定了反应12-6-1的"浓度平衡常数K"列于表12-6-18。表中的数据目前虽被广为引用，但应当指出，由于П. М. 佩尔诺夫试验方法上的不完善，测定时并未达到平衡状态，建议慎用。

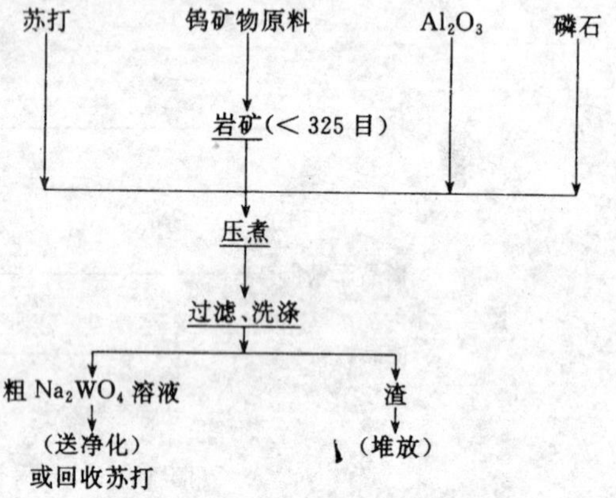

图12-6-12 苏打高压浸出法处理钨矿物原料的原则流程

表12-6-18 $CaWO_4$与$NaCO_3$反应的"浓度平衡常数"K

（根据П. М. 佩尔诺夫）

温度，℃	90	175	200	200	200	200	225	225	225	225	250	250	250
苏打用量，理论量的倍数	1	1	1	1.5	2.0	2.5	0.75	1.0	1.5	2.0	1	1.5	2.0
浸出率，%	31.6	54.6	58.6	82.9	79.9	99.4	45.9	60.8	89.9	99.5	63.4	92.3	98.4
K	0.46	1.21	1.45	1.19	0.96	0.67	1.56	1.52	1.49	0.99	1.85	1.61	0.97

根据有关化合物的溶度积（见上册第六篇第二　章）算出有关反应的平衡常数如表12-6-19所列。

表 12-6-19　钨矿物苏打浸出过程中某些反应的平衡常数

（根据溶度积计算值）

反　　应	20℃时的平衡常数
$CaWO_4$（固）$+Na_2CO_3$（溶液）$=CaCO_3$（固）$+Na_2WO_4$（溶液）	0.443
$FeWO_4$（固）$+Na_2CO_3$（溶液）$=FeCO_3$（固）$+Na_2WO_4$（溶液）	0.26
$MnWO_4$（固）$+Na_2CO_3$（溶液）$=MnCO_3$（固）$+Na_2WO_4$（溶液）	2.1×10^3
$FeCO_3$（固）$+2H_2O=Fe(OH)_2$（固）$+H_2CO_3$（溶液）	4.4×10^4
$MnCO_3$（固）$+2H_2O=Mn(OH)_2$（固）$+H_2CO_3$（溶液）	98

B. 黑钨矿〔$(Fe, Mn)WO_4$〕

浸出反应如下：

$(Fe,Mn)WO_4$(固)$+Na_2CO_3$(溶液)$=Na_2WO_4$（溶液）$+FeCO_3$（固）（或 $MnCO_3$）

$FeCO_3$（固）$+2H_2O=Fe(OH)_2$（固）$+H_2CO_3$（溶液）　(12-6-2)

$Fe(OH)_2$（固）$=FeO$（固）$+H_2O$　(12-6-3)

在有氧化剂存在时的反应为：

$2FeO$（固）$+\frac{1}{2}O_2=Fe_2O_3$（固）　(12-6-4)

$3MnCO_3$（固）$+\frac{1}{2}O_2=Mn_3O_4$（固）$+3CO_2$　(12-6-5)

根据热力学计算，有关反应的平衡常数如表12-6-19 所列，反应 12-6-3～12-6-5 的标准自由能变化如表 12-6-20 所列。

表 12-6-20　反应 12-6-3～12-6-5 的标准自由能变化与温度的关系

温度，K		348	373	398	423	473
$\Delta G°$，kJ	反应 12-6-3	1.204	0.071	−1.092	−2.283	
	反应 12-6-4		−242.5			−229.4
	反应 12-6-5		−195.1			−387.2

2）杂质行为。原料中含有硅、磷、砷、氟、钼等杂质，它们分别以硅酸盐、磷灰石〔$Ca_5(PO_4)_3F$〕、毒砂〔FeAsS〕、臭葱石〔$FeAsO_4$〕、钼酸钙矿〔$CaMoO_4$〕、辉钼矿等形态存在，苏打浸出过程中它们中一部分将按下列反应进入溶液：

$Ca_5(PO_4)_3F+3.5Na_2CO_3+3H_2O=3Na_2HPO_4+NaF+3.5CaCO_3+1.5Ca(OH)_2$

$CaMoO_4+Na_2CO_3=CaCO_3+Na_2MoO_4$

$FeAsO_4+Na_2CO_3+0.5H_2O=Na_2HAsO_4+\frac{1}{2}Fe_2O_3+CO_2$

在没有氧化剂存在的情况下，硫化矿一般都不与 Na_2CO_3 反应，留在残渣中。其中 $CuFeS_2$ 部分生成 $Cu(CO_3)^{2-}$，而在溶液稀释时变成 $Cu(OH)_2$ 沉淀。

杂质的浸出率随矿物的形态及浸出条件而异，而且在加入 Al_2O_3 或 $NaAlO_2$ 的情况下，能使溶出的硅又以铝硅酸盐的形态进入渣，其反应大致为：

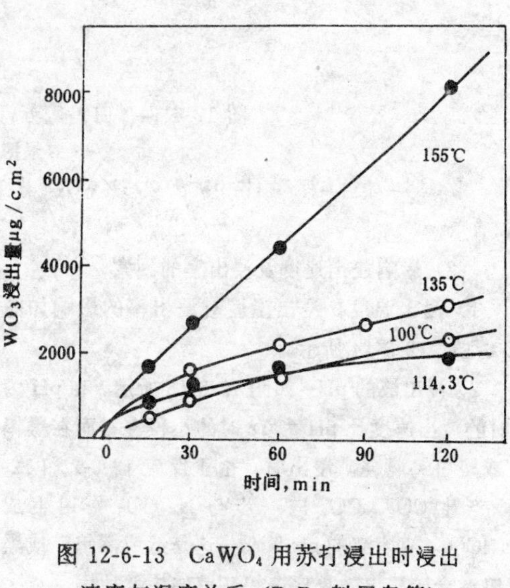

图 12-6-13　$CaWO_4$ 用苏打浸出时浸出速度与温度关系（P.B. 魁尼奥等）

CO_3^{2-} 的浓度为 0.24mol/L，pH 为 12.0

$2Na_2SiO_3+2NaAlO_2+(n+2)H_2O=Na_2O\cdot Al_2O_3\cdot 2SiO_2\cdot nH_2O+4NaOH$

一般在加入 Al_2O_3 量为精矿重的 1～5%，现将有关文献报道添加 Al_2O_3 的效果列于表 12-6-21。

表 12-6-21 添加 Al_2O_3 对苏打浸出过程的影响

Al_2O_3 添加情况	WO_3 浸出率，%	溶液杂质含量，g/L			
		SiO_2	P	As	F
不加 Al_2O_3	98.1	0.86	0.013	0.011	
加 Al_2O_3	97.6	0.01	0.006	0.006	1

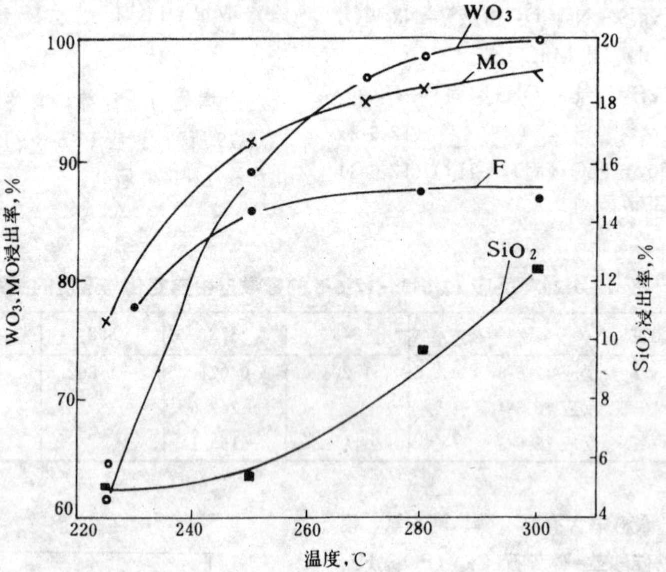

图 12-6-14 白钨矿苏打浸出时浸出率与温度的关系

（根据 П. М. 佩尔洛夫等）

实验条件：白钨中矿含 43.5%WO_3，苏打用量为理论量 2 倍，固/液＝1/2，保温 15min

（2）影响浸出速度及浸出率的因素

1）浸出温度。浸出温度对浸出率的影响如图 12-6-13、12-6-14 所示。

2）浸出液的 pH。如图 12-6-15 所示，在 pH 为 8 时的浸出速度比 pH 为 12 时的小得多；而在黑钨矿或黑白钨混合矿浸出时，由于反应 12-6-2 和 12-6-5 产生 CO_2，CO_2 进一步与 Na_2CO_3 作用生成 $NaHCO_3$，使溶液的 pH 降低，这是造成黑钨矿或黑白钨混合矿浸出效果比白钨矿差的主要原因。

3）浸出液中 Na_2CO_3 浓度。图 12-6-15 显示，在 135℃下 Na_2CO_3 浓度由 0.24mol/L（约 25g/L）增至 0.94mol/L（约 100g/L）时浸出速度明显增加，但一般 Na_2CO_3 浓度超过一定数值后，进一步再提高浓度对浸出率便无影响。有的研究人员指出，超过 120g/L 后，对浸出率无影响；而 П. М. 佩尔洛夫认为，在 30～230g/L 范围内浸出率与浓度无关，Na_2CO_3 浓度超过 230g/L 后反应生成一种成分似为 $Na_2CO_3\cdot CaCO_3$ 的复盐，它消耗 Na_2CO_3 反而使浸出率下降。

4）苏打用量。苏打用量对浸出率的影响如图 12-6-16 所示。

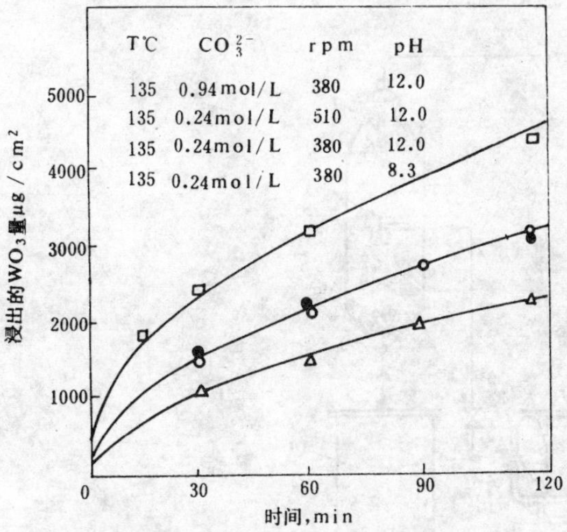

图 12-6-15 苏打浸出白钨矿（$CaWO_4$）时，浸出速度与溶液 pH 及 CO_3^{2-} 浓度及搅拌速度的关系（根据 P、B 魁尼奥等）

5）其他。П. М. 佩尔洛夫指出，球磨浸出比搅拌浸出能提高 7～12%浸出率。高品位矿采用两段浸出能提高浸出率，例如精矿含 58%WO_3 用理论量 2.5 倍 Na_2CO_3 的一段浸出，浸出率 96.7%；而用两段浸出，苏打总量为理论量 2.0～2.5 倍，浸出率达 99.5%。不少人指出，连续浸出有利于提高浸出率。

3. 工业实践

（1）设备。一般在立式或卧式高压釜内进行（卧式釜的结构见上册第六篇第二章），其容积达 10m³。为加速反应过程亦有采用回转式的高压釜的。这种回转式高压釜内装有钢球，在回转过程中利用钢球破坏矿粒表面生成的碳酸盐膜。釜体由低合金钢板焊成，转动速度约 2～3r/min，回转式高压釜的操作系统如图 12-6-17 所示。

（2）主要工艺参数

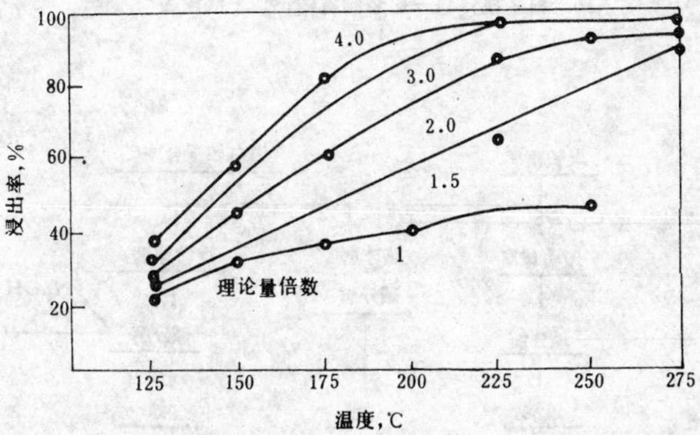

图 12-6-16 苏打用量（理论量倍数）对浸出率的影响

1）苏打用量。白钨矿的苏打用量为理论用量的 2～3 倍；黑钨精矿的苏打用量为理论量 3 倍左右，并加约为苏打量 10%的 NaOH；品位 10～20%钨中矿的苏打用量为理论量的 5 倍左右。

2）添加剂。为抑制 SiO_2 需加适量 Al_2O_3；处理黑钨矿时，为使铁、锰氧化成高价状态，加适量的硝石。

3）浸出温度。200～225℃。

4）保温时间。2～4h。

在上述条件下，WO_3 浸出率可达 98～99%。

南朝鲜钨矿业公司化学处理厂在处理含 WO_3 分别为 7%、9%、10%、11%的原料时，苏打用量分别为理论量的 5.0、4.2、3.8 和 3.5 倍，另加 NaOH 形态的 10%钠，在温度 180℃、工作压力 1.5～1.6MPa 下保温 4h，所得渣含 0.2～0.3%WO_3，浸出率约 97.5～98.7%。

（三）苛性钠浸出法

苛性钠浸出法为当前工业上分解黑钨精矿的主要方法，当采用热球磨工艺或碱过量系数大的情况下亦可处理黑白钨混合矿。

1. 原则流程

原则流程如图 12-6-18 所示。

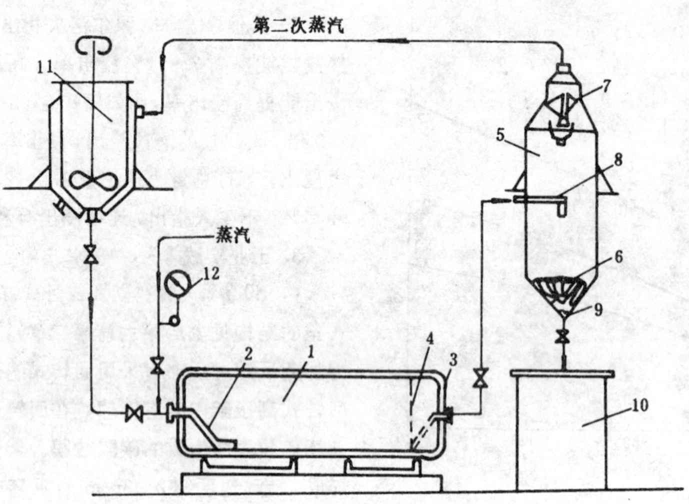

图 12-6-17　回转式高压釜系统图

1—高压釜；2—装料管（并作通入蒸汽之用）；3—卸料管；4—孔板（作隔钢球之用）；5—自动蒸发器；6—装甲钢制档板；7—液滴分离器；8—浆液入口；9—卸料管；10—料浆槽；11—矿浆制备槽；12—汽压表

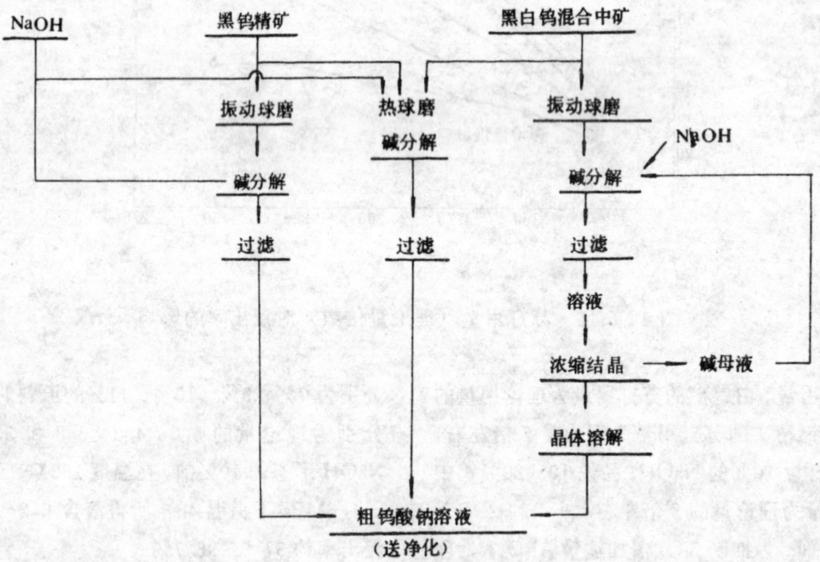

图 12-6-18　苛性钠浸出法处理钨矿原则流程

2. 基本原理

(1) 主要反应及其热力学条件

1) 有关反应的平衡常数

A. 黑钨矿〔(Fe, Mn) WO_4〕

当浸出温度高于 100℃时，浸出反应为

$$(Fe,Mn)WO_4(固) + 2NaOH(溶液) = Na_2WO_4(溶液) + FeO(固)(或 MnO) + H_2O$$

根据测定，钨锰矿在 90、120、150℃下反应的浓度平衡常数（〔Na_2WO_4〕/〔$NaOH$〕^{2}）分别为0.686、2.233和2.27。用热力学计算法得有关反应的平衡常数如表12-6-22所列。

在有氧化剂存在时，FeO、MnO会进一步氧化成高价氧化物，生成这些氧化物对浸出有利。

B. 白钨矿（$CaWO_4$）

浸出的主要反应为：

$CaWO_4$（固）+2NaOH（溶液）=Ca（$OH)_2$（固）+Na_2WO_4（溶液） (12-6-6)

从表12-6-22知，上述反应的平衡常数非常小，在标准状态下反应不可能向右进行。编者测定了上述反应平衡时的浓度商K_c（或"浓度平衡常数"），如表12-6-23、12-6-24所列。从表可知，在高温及NaOH浓度高时，反应12-6-6有可能向右进行。

表12-6-22 NaOH浸出钨矿物过程中某些反应的平衡常数

反应	平衡常数		
	25℃	25℃①	90℃①
$FeWO_4$（固）+2NaOH（溶液）=Na_2WO_4（溶液）+Fe（$OH)_2$（固）	1.15×10^4	1.13×10^4	
$MnWO_4$（固）+2NaOH（溶液）=Na_2WO_4（溶液）+Mn（$OH)_2$（固）	1.7×10^5	2×10^5	
$CaWO_4$（固）+2NaOH（溶液）=Na_2WO_4（溶液）+Ca（$OH)_2$（固）	2.5×10^{-4}		0.7×10^{-4}

① 根据溶度积的计算值。

表12-6-23 70℃时反应12-6-6的"浓度平衡常数"K_c与NaOH平衡浓度的关系

NaOH浓度，mol/L	3.043	4.162	5.343	6.494
K_c	2.61	4.5	7.39	10.56

表12-6-24 90℃时反应12-6-6的K_c与NaOH浓度的关系

NaOH浓度，mol/L	2.49	4.37	5.45	5.96
K_c	3.87	6.67	10.0	15.8

此外，在150℃下，NaOH浓度分别为2.54和3.19mol/L时，测得K_c值分别为1.3×10^{-2}和1.62×10^{-2}。

2）杂质的行为。原料中硅、磷、砷、钼等杂质，按其形态分别与NaOH发生程度不同的作用：

$CaSiO_3+2NaOH=Na_2SiO_3+Ca(OH)_2$

$Ca_5(PO_4)_3F+10NaOH=3Na_3PO_4+NaF+5Ca(OH)_2$

$CaMoO_4+2NaOH=Na_2MoO_4+Ca(OH)_2$

$FeAsO_4+3NaOH=Na_3AsO_4+\frac{1}{2}Fe_2O_3+\frac{3}{2}H_2O$

在有氧化剂存在的条件下发生如下反应：

$MoS_2+4\frac{1}{2}O_2+6NaOH=Na_2MoO_4+2Na_2SO_4+3H_2O$

$As_2S_3+7O_2+12NaOH=2Na_3AsO_4+3Na_2SO_4+6H_2O$

在苛性钠浸出过程中，杂质的浸出率随操作条件及杂质的形态而异，一般在中性气氛中硫化矿浸出率比在氧化气氛中小得多。以锡石（SnO_2）形态存在的锡一般不被浸出，而以黝锡形态存在的锡则有少量被 NaOH 浸出。

(2) 浸出过程的动力学基础及影响浸出率的因素

1) 浸出过程的机理。李军等用扫描电镜研究了已与 NaOH 进行部分反应的黑钨矿，发现矿粒外部并没有残存的氢氧化物层；同时还发现 NaOH 与黑钨矿反应的动力学方程符合未反应核收缩模型，即经磨矿机械活化后的矿在浸出过程中服从以下反应方程：

$$1-(1-x)^{\frac{1}{2.2}}=3.41\times10^{-4}\frac{t}{D_p}[\mathrm{NaOH}]^2\exp\left[-\frac{77370}{R}\left(\frac{1}{T}-\frac{1}{363}\right)\right]$$

式中 D_p——颗粒直径，cm；

t——反应时间，min；

x——分解分数。

同时得出反应的活化能为 77.37kJ/mol。所有这些情况都说明过程属化学反应控制机理。

2) 影响浸出速度及浸出率的因素。黑钨矿浸出反应速度随温度的升高、碱用量和碱浓度的增加，以及粒度的变小而增加。在黑钨白钨混合矿浸出时，由于 $CaWO_4$ 必需在碱浓度高的情况下才能与 NaOH 反应，因此碱浓度（碱用量）为关键因素，一般只有 NaOH 最终浓度应超过 300～350g/L 才能达到足够的浸出率。

此外，发现黑钨矿中钙含量对浸出率有很大影响。有人做过试验，在 190℃、固/液＝1/1.5，NaOH 浓度为 240g/L 下处理含钙量分别为 0.2～0.8%及 2.8%的黑钨精矿，经 1h 浸出，分解率分别为 97.5%和 81%。

在国外所进行黑钨精矿碱分解试验中得出浸出率与精矿中 CaO 含量关系如表 12-6-25 所列。

表 12-6-25 NaOH 浸出时浸出率 η 与精矿中 CaO 含量关系

碱用量，理论用量倍数	CaO,%			
	0.1	1.3	1.3	2.7
	NaOH,%			
	30	30	40	40
	η,%			
1.1	99.1	90.1	93.3	83.2
1.3	99.4	92.7	93.0	82.1
1.5	99.5	93.4	96.5	83.0
2.0		95.1	99.5	98.1

3. 工业实践

(1) 设备。目前采用的设备大体有以下三种类型。

1)搅拌浸出槽。该槽结构见上册第四篇第二章。这种浸出槽一般在常压下操作，当设计采取有效的密封措施时，亦可在 0.2～0.3MPa 下操作。

2) 高压浸出槽。该槽的结构与苏打高压浸出设备相似。

3) 热磨反应器。此反应器由于在磨矿过程中使矿石产生机械活化作用以及引起矿浆的激烈搅拌，因而反应较其他浸出设备大为强化，设备主体结构如图 12-6-19 所示。这种设备可在 150～170℃ 和 0.5～1MPa 的压力下工作。

(2)主要工艺参数及指标。NaOH 分解各种钨原料的工艺参数及指标如表 12-6-26 所列。

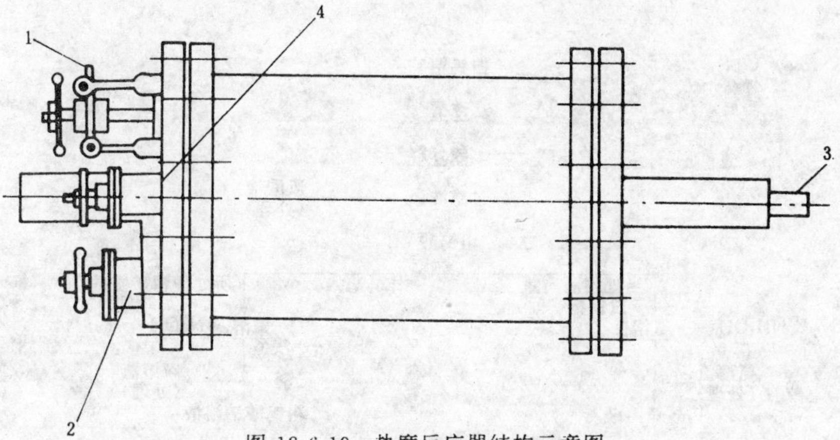

图 12-6-19　热磨反应器结构示意图

1—加料阀；2—排料阀；3—测温管；4—测压阀

表 12-6-26　NaOH 分解不同钨矿物原料的工艺参数及指标

工　艺	原料种类	工艺参数			浸出率,%		
		碱用量,理论量倍数	温度℃	时间 h	WO_3	SiO_2	As
高压碱分解	黑钨精矿，含 66.6％WO_3，1.59％Ca	1.3～1.4	135	4	93.2	～3	30～35
	黑钨精矿，含 65％WO_3	1.75	175	4	97～99	6～7	8～9
常压搅拌碱分解	钨中矿，含 25％WO_3，黑钨/白钨＝3/1	6～7	120～130	4	96		
机械活化热磨碱分解	钨中矿，含 29.8％WO_3，黑钨/白钨≈2/1	3.0	150～160	1.5	97.6		
	钨中矿，含 48.19％WO_3，黑钨/白钨≈2/1	2.2～2.3	150～160	1.5	98.5～99.0	—	1～5
	白钨细泥，含 38.43％WO_3，黑钨/白钨≈1/4	3.0	150～160	1.5	96.7～97.2		1.54

（四）酸分解法

酸分解法为目前工业上处理白钨精矿（要求含黑钨矿物及磷、砷等杂质低，例如中国的一级Ⅰ类白钨精矿）的主要方法。加拿大能源矿务局的实践证明，此法流程作适当修改后，亦可用于处理质量稍差的白钨精矿（含 40～70％WO_3，$CaCO_3$ 等易溶于酸的化合物少）。酸分解法与碱分解法相比具有流程短，成本低等特点。

1. 盐酸分解法

（1）原则流程。如图 12-6-20 所示。

（2）基本原理。

1）主要反应及其平衡常数。主要反应及其平衡常数列于表 12-6-27。

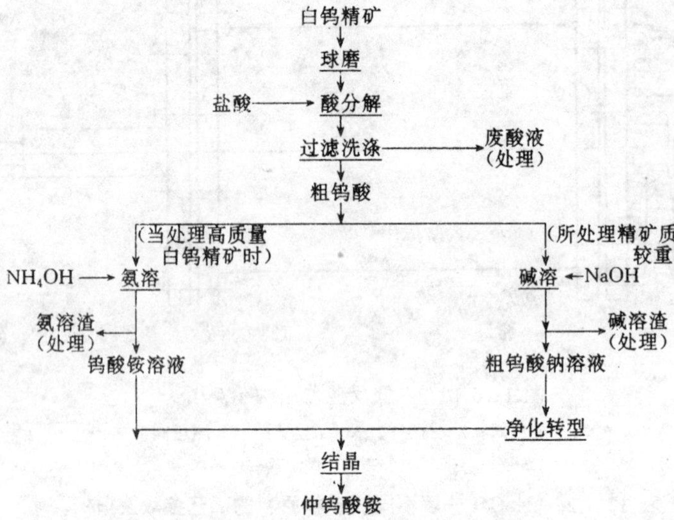

图 12-6-20 盐酸分解法处理白钨精矿生产仲钨酸铵（APT）的原则流程图

表 12-6-27 钨矿物酸分解反应的平衡常数

反 应	平衡常数	
	K（25℃计算值）	$K_c=[CaCl_2]/[HCl]^2$ ①
$CaWO_4$（固）$+2HCl$（溶液）$=H_2WO_4$（固）$+CaCl_2$（溶液）	10^7	约 10^4（20℃）
$FeWO_4$（固）$+2HCl$（溶液）$=H_2WO_4$（固）$+FeCl_2$（溶液）	6.3×10^4	约 700（100℃）
$MnWO_4$（固）$+2HCl$（溶液）$=H_2WO_4$（固）$+MnCl_2$（溶液）	2.5×10^8	

① Г. А. 麦耶尔逊测定值。

2）分解过程中的杂质行为。钨精矿中含磷、砷、硅、钼、硫等杂质，在酸分解过程中这些杂质随其形态的不同其行为表现也不一样。

A. 硫化物。铁及某些重金属的硫化矿能与盐酸作用，生成相应的氯盐并放出 H_2S。为此在酸分解时往往需加入精矿重 0.1～0.15%的 $NaNO_3$，使 H_2S 氧化。

B. 磷。主要以磷灰石形态存在，酸分解时发生下列反应：

$$2Ca_5(PO_4)_3F+18HCl=6H_3PO_4+9CaCl_2+CaF_2\text{（或 HF）}$$

H_3PO_4 溶于盐酸溶液中，并与 H_2WO_4 形成杂多酸，导致酸分解母液中钨损失大，分解产生的 HF 易腐蚀设备。

C. 砷。以 As_2S_3 或 As_2S_5 形态存在的砷一般不与盐酸反应，保留在粗钨酸中。在粗钨酸氨溶解过程中亦不被浸出，保留在氨溶渣中。

有氧化剂 $NaNO_3$ 存在时，这些硫化砷便会发生如下反应：

$$3As_2S_3+28NaNO_3+10HCl+4H_2O\rightarrow6H_3AsO_4+9Na_2SO_4+10NaCl+28NO\uparrow$$

As_2S_5 的反应与 As_2S_3 相似。H_3AsO_4 进入溶液，其作用与 H_3PO_4 相似。

D. 钼。一般以钼酸钙矿（$CaMoO_4$）及辉钼矿形态存在。辉钼矿在有氧化剂存在下按下列反应生成 H_2MoO_4：

$$3MoS_2+18NaNO_3+6HCl=3H_2MoO_4+6Na_2SO_4+6NaCl+18NO\uparrow$$

钼酸钙矿与盐酸反应为：

$$CaMoO_4+2HCl=CaCl_2+H_2MoO_4$$

H_2MoO_4 在盐酸溶液中的溶解度比 H_2WO_4 大得多，故大部分钼与 H_2WO_4 分离。H_2WO_4 及 H_2MoO_4 在盐酸中的溶解度如表 12-6-28 所列。

表 12-6-28　H_2MoO_4 和 H_2WO_4 在盐酸中的溶解度（g/L）

盐酸浓度，g/L	温度，℃					
	20		50		70	
	H_2MoO_4	H_2WO_4	H_2MoO_4	H_2WO_4	H_2MoO_4	H_2WO_4
400	440	7.02	551.3	9.45	535.6	6.48
270	192.6	4.32	270	4.86	265.0	5.25
200	101.5	1.7	124.5	2.5	135.9	2.16
130	29.2	0.65	18.6	0.69	42.6	0.67
80	10.9	0.25	6.48	0.28	13.0	0.25
40	3.8	0.13	2.46	0.09	4.6	0.01

E. 其他化合物。如 Al_2O_3、Fe_2O_3 等均与盐酸反应生成相应的盐进入溶液。

3)影响分解率的因素。分解率随温度的升高、盐酸用量（或浓度）的增加、分解时间的延长及矿粒度的减小而增加。由于过程的控制步骤为通过 H_2WO_4 膜的扩散过程，因此在分解的同时进行磨矿，即采用热球磨浸出有利于提高精矿的分解率。此外，矿物的形态对钨精矿的分解率亦有很大影响。由于黑钨矿的分解速度远较白钨矿慢，因此原料含黑钨高（相应地含铁高）时分解率低。

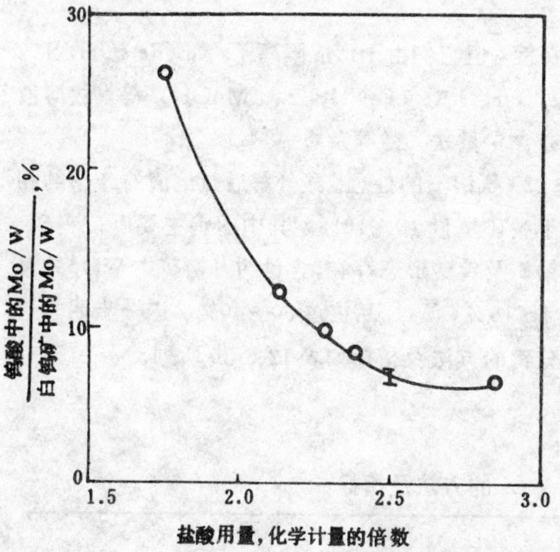

图 12-6-21　除钼程度与 32%HCl 用量的关系

图中圆圈表示一次试验的数据，杆条表示连续 6 次试验的数据。

上述因素除影响钨精矿的分解率外，亦影响到杂质的去除程度。特里泰因·华昌公司处理含 71.4%WO_3 和 1.15%Mo 的白钨精矿时，除钼程度与盐酸用量，盐酸浓度的关系如图 12-6-21、12-6-22 所示。80℃下浸出 4h，盐酸用量为化学计量的 1.77 倍。

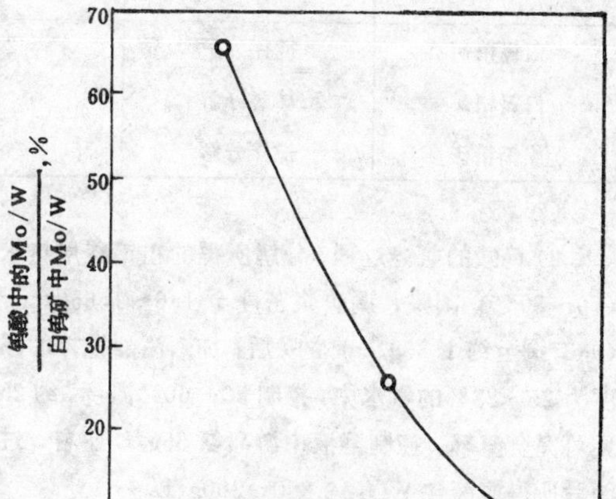

图 12-6-22　除钼的程度与盐酸浓度的关系

(3) 工业实践

1) 酸分解过程

A. 设备

a. 搅拌浸出槽。其结构与一般搅拌浸出槽相似，但由于盐酸腐蚀性强，过程中亦可能因 Ca_5

$(PO_4)_3F$ 被分解而产生腐蚀性的 HF，因此对防腐有严格要求，一般内衬胶或石墨砖，并采用蒸气直接加热。

b. 热球磨机。这种设备有利于破坏矿粒表面生成的 H_2WO_4 膜，加快分解过程的速度，其结构如图 12-6-23 所示。

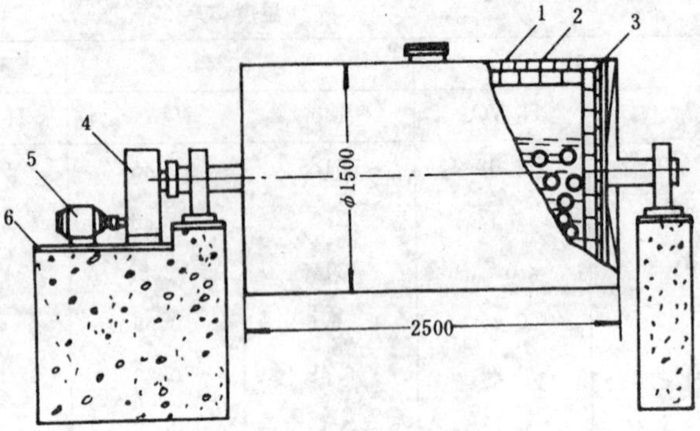

图 12-6-23 热球磨机构造示意图

1—钢质筒体；2—耐酸胶；3—石英砖；4—减速机；5—电机（10kW）；6—钢筋混凝土机架

B. 主要工艺参数。钨精矿盐酸分解主要工艺参数如表 12-6-29 所列。

表 12-6-29 钨精矿盐酸分解的工艺参数

原料种类	分解方式	盐酸用量理论量倍数	温度℃	分解率％
白钨精矿	搅拌分解	2.5～3	100	约 99
白钨精矿	球磨分解	1.3～1.5	55～60	约 99
黑钨精矿	搅拌分解	5	100	

2）钨酸的氨溶过程。分解所得的粗钨酸用热水（70～80℃）调浆，调矿浆密度至 1.6～1.65g/cm^3（亦有调至约 1.35g/cm^3 的）后，加入激烈搅拌的浓度为 25～28％的氨水中，控制 50～60℃温度，约 2h 便可完全溶解。控制溶液中游离氨 35g/L 左右，过滤后所得溶液含 WO_3 约 250～300g/L。

在氨溶过程中，H_2WO_4、H_2MoO_4 分别以 $(NH_4)_2WO_4$、$(NH_4)_2MoO_4$ 形态溶解，$FeCl_2$、$FeCl_3$、$MnCl_2$ 等绝大部分以 $Fe(OH)_2$、$Mn(OH)_2$ 形态进入沉淀，但它们由于形成阳离子，如 $[Fe(OH)_2]^+$、$[Fe(OH)]^{2+}$、$[FeNH_3]^{2+}$、$[MnOH]^+$ 等，故溶液中亦含少量铁、锰等杂质。

3）氨溶渣的处理。酸分解后氨溶渣的产率约相当于精矿重量 10～18％，其中的钨主要以白钨矿、黑钨矿及钨酸形态存在，含量约占精矿中 WO_3 总量的 4～10％，WO_3 品位达 30～40％。进一步回收这部分钨的方法及指标如表 12-6-30 所列。

表 12-6-30 从氨溶渣中回收 WO_3 的方法及指标

方法名称	技术条件及指标
碱　煮	与黑钨精矿苛性钠分解法相同

续表 12-6-30

方法名称	技术条件及指标
苏打高压浸出法	苏打用量为所需理论量 3.5 倍，另按黑钨计多加一倍 NaOH，浸出温度 200℃，固/液＝1/3，浸出 4h；最终渣含 0.5～1%WO_3，浸出率 98～99%
二次酸分解	与白钨精矿的酸分解相同，回收率 80～90%

2. 硝酸分解法

由于盐酸腐蚀性强，难以找到合适的耐腐结构材料，而耐硝酸腐蚀的结构材料较易获得，再加上硝酸分解后的废酸液可用于生产氮肥，因此硝酸分解白钨精矿法已用于工业生产。硝酸分解法的流程与盐酸分解法大同小异。

（1）基本原理

1）主要反应为：

$CaWO_4$（固）＋ $2HNO_3$（溶液）＝ H_2WO_4（固）＋$Ca(NO_3)_2$（溶液）

T. 塞加尔辛等测定上述反应的平衡常数为 757。

生成的 H_2WO_4 在硝酸中溶解度仅 0.01～0.04g/L，故 H_2WO_4 基本上保留在渣中。但 Г.A 麦耶尔逊等在热球磨机中所进行的实验表明，残酸液中含 WO_3 达 40～50g/L，他们认为硝酸溶液中 WO_3 主要以胶体形态存在，并部分生成杂多酸或杂多酸盐。为降低溶液中 WO_3 损失，苏联学者建议在分解末期向矿浆加入氨水调 pH 至 2。此时大部分 WO_3 沉淀，母液含 WO_3 降到 1～1.5g/L。

硝酸分解时，原矿中所有的硫化矿杂质均被氧化成相应的硝酸盐进入溶液。某些氧化物如 Fe_2O_3 等亦成硝酸盐进入溶液。精矿中的钼只有少量（约 3%）进入溶液。因为在 100℃左右 H_2MoO_4 在硝酸中的溶解度甚小（1～3g/L）。

2）影响钨精矿分解率的因素。B.Г. 米哈依诺娃等曾用热球磨分解法研究了各种工艺参数对分解率的影响情况。研究所用的精矿成分为（%）：51.16WO_3，4.67Mo，14.35CaF_2，20.5CaO，0.016P，0.006As。研究结果列于表 12-6-31、12-6-32 及示于图 12-6-24。

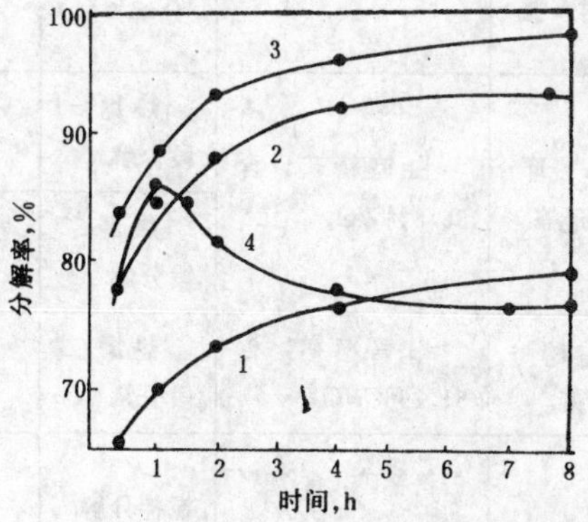

图 12-6-24　分解方式及温度对分解率的影响曲线

1—固/液＝1/1.75，120℃，硝酸用量为理论量 1.1 倍，无球；2—同 1，有球；3—硝酸用量为理论量 1.2 倍；4—分解温度 140℃，其他同 3

表 12-6-31　硝酸用量及分解时间对分解率影响数据

硝酸用量理论量倍数	硝酸浓度，%	分解率，%				
		0.5h	1h	2h	4h	8h
1	27	69.4	73.7	78.3	83.1	86.2
1.1	29	77.2	84.0	88.0	91.5	92.6
1.2	32	83.2	87.8	92.5	94.5	91.1

注：分解温度 120℃，固：液＝1/1.75，球磨机转速为临界转速的 80%。

表 12-6-32　固液比（硝酸浓度）对分解率的影响数据

固/液	1/5.6	1/1.75	1/1.4	1/0.97
硝酸浓度,%	10	32	40	58
分解率,%	64	87.3	86.3	79.5

注：分解温度 120℃，硝酸用量为所需理论量的 1.2 倍，分解 1h。

В.Г. 米哈依诺娃等还发现当温度超过 140℃时，CaF_2 便迅速与硝酸反应：

$$CaF_2+2HNO_3=H_2F_2+Ca(NO_3)_2$$

由于反应大量消耗酸，故 140℃时的分解率反而明显低于 120℃时的分解率。同时还发现钼的浸出率明显地随温度的升高而降低，对处理上述含 4.67% Mo 的原料，废酸液中含钼仅 0.8～0.9g/L，相当于有约 3%Mo 进入溶液。

（2）工业实践

所用设备结构与盐酸分解的大同小异，只是浸出槽由不锈钢制造，不衬胶。不同研究人员的所得最佳试验工艺条件及结果列于表 12-6-33。

表 12-6-33　白钨矿硝酸分解的技术条件及结果

作者或资料来源	处理原料	分解条件					分解率 %
		分解方式	温度 ℃	固/液	时间 h	硝酸用量理论倍数	
Г.А 麦耶尔逊等	白钨精矿，含 56.6%WO_3	热磨一段分解	120	1/1.75	3		98
		热磨二段分解	120	1/1.75	2 2.5	1.1	95～96
В.Г 米哈依诺娃	白钨精矿，含 51.16%WO_3	热磨二段分解	120	1/1.75	4	1.2	～99
U.S. 3457043	白钨精矿，含 78% WO_3	搅拌分解	100	1/2	4	1.6（按总 CaO 计）	97.8

（五）苏打烧结法

苏打烧结法既用于处理黑钨精矿，也适用于处理白钨精矿或黑钨白钨混合的低品位中矿，但由于此法的一些技术经济指标（如回收率等）往往略低于上述各种湿法分解的方法，因此有逐步被湿法取代的趋势。

1. 原则流程

苏打烧结法处理黑钨精矿及黑钨、白钨混合矿的原则流程如图 12-6-25 所示。

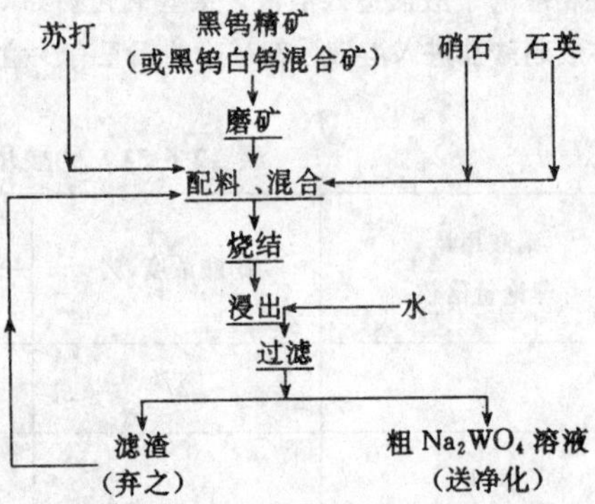

图 12-6-25　苏打烧结法处理黑钨精矿或黑钨白钨混合矿的原则流程

2. 主要反应及原理

(1)黑钨精矿。黑钨精矿在无氧化剂存在进行苏打烧结时发生如下反应：

$$(Fe, Mn)WO_4+Na_2CO_3=Na_2WO_4+FeO(MnO)+CO_2 \qquad (12\text{-}6\text{-}7)$$

过程中的有关热力学数据随精矿成分而变。为简单起见，可按下式近似地研究其中有关的热力学问题。

$$MnWO_4+Na_2CO_3=Na_2WO_4+MnO+CO_2 \quad (12\text{-}6\text{-}8)$$

$$FeWO_4+Na_2CO_3=Na_2WO_4+FeO+CO_2$$

当烧结中有氧化剂存在时发生的反应：

$$FeWO_4+Na_2CO_3+\frac{1}{4}O_2=Na_2WO_4+\frac{1}{2}Fe_2O_3+CO_2 \quad (12\text{-}6\text{-}9)$$

$$MnWO_4+Na_2CO_3+\frac{1}{6}O_2=Na_2WO_4+\frac{1}{3}Mn_3O_4+CO_2 \quad (12\text{-}6\text{-}10)$$

上述反应式 12-6-7、12-6-8、12-6-9 和 12-6-10 的标准自由能变化与温度的关系列于表 12-6-34、12-6-35。从表 12-6-34、12-6-35 可知，在氧化剂的存在下，有利于苏打烧结反应的进行。

(2) 白钨精矿。白钨精矿在无 SiO_2 存在进行苏打烧结时的反应为：

$$CaWO_4+Na_2CO_3=Na_2WO_4+CaO+CO_2 \quad (12\text{-}6\text{-}11)$$

$$CaWO_4+Na_2CO_3=Na_2WO_4+CaCO_3$$

反应式 12-6-11 的 $\Delta G°$ 与温度关系见表 12-6-34、12-6-35。从表知，在标准状态下反应 12-6-11 不能自动进行，但在 1100K 下当系统中 CO_2 分压小于 10^{-3} MPa 时反应会向生成 Na_2WO_4 和 CaO 的方向进行。为避免浸出过程中 CaO 与 Na_2WO_4 进行二次反应生成 $CaWO_4$ 沉淀，应加入足够的 SiO_2 使之与 CaO 反应生成硅酸钙。随着所加入的 SiO_2 量的不同分别生成 $CaO \cdot SiO_2$、$3CaO \cdot 2SiO_2$、$2CaO \cdot SiO_2$：

表 12-6-34 苏打烧结过程中主要反应（298～969K）的 $\Delta G°_T$ 与温度的关系

反应	$\Delta G°_T$，J
(Fe; Mn) WO_4（固）+Na_2CO_3（固）=Na_2WO_4（固）+FeO (MnO)（固）+CO_2（气） (12-6-7)	$\Delta G°_T=104966+28.64T-35.42T\ln T+0.074T^2-1.485\times10^5/T$
$MnWO_4$（固）+Na_2CO_3（固）=Na_2WO_4（固）+MnO（固）+CO_2（气） (12-6-8)	$\Delta G°_T=107693+0.18T-30.56T\ln T+0.073T^2-0.44\times10^5/T$
$FeWO_4$（固）+Na_2CO_3（固）+$\frac{1}{4}O_2$=Na_2WO_4（固）+$\frac{1}{2}Fe_2O_3$（固）+CO_2（气） (12-6-9)	$\Delta G°_T=-41634+28.57T-25.28T\ln T+0.059T^2+1.645\times10^5/T$
$MnWO_4$（固）+Na_2CO_3（固）+$\frac{1}{6}O_2$=Na_2WO_4（固）+$\frac{1}{3}Mn_3O_4$（固）+CO_2（气） (12-6-10)	$\Delta G°_T=31517+15.93T-27.40T\ln T+0.07T^2-0.605\times10^5/T$
$CaWO_4$（固）+Na_2CO_3（固）=Na_2WO_4（固）+CaO（固）+CO_2（气） (12-6-11)	$\Delta G°_T=174820+21.33T-31.66T\ln T+0.072T^2+1.19\times10^5T$
$CaWO_4$（固）+Na_2CO_3（固）+$\frac{1}{2}SiO_2$（固）=$\frac{1}{2}Ca_2SiO_4$（固）+Na_2WO_4（固）+CO_2（气） (12-6-12)	$\Delta G°_T=104249+7.13T-28.42T\ln T+0.067T^2+5.29\times10^5/T$

表 12-6-35 苏打烧结过程中某些反应的 $\Delta G°$ 值

反应	$\Delta G°$，J				
	800K	900K	1000K	1100K	1200K
12-6-7	−14170	−26086	−36915	−46615	−55154
12-6-8	−8923	−20156	−31272	−39234	−47015

续表 12-6-35

反应	ΔG°, J				
	800K	900K	1000K	1100K	1200K
12-6-9	−116002	−122716	−128527	133409	−137338
12-6-10	−57541	−65260	−71885	−77387	−81739
12-6-11	68805	58641	49570	41622	34828
12-6-12	1510	−8470	−17413	−25290	−32078

$CaWO_4 + Na_2CO_3 + SiO_2 = Na_2WO_4 + CaO \cdot SiO_2 + CO_2$

$3CaWO_4 + 3Na_2CO_3 + 2SiO_2 = 3Na_2WO_4 + 3CaO \cdot 2SiO_2 + 3CO_2$

$CaWO_4 + Na_2CO_3 + \frac{1}{2}SiO_2 = Na_2WO_4 + \frac{1}{2}(2CaO \cdot SiO_2) + CO_2$ (12-6-12)

在烧结过程中上述反应所生成钙的硅酸盐又能与 Na_2WO_4 进行二次反应而生成 $CaWO_4$。有关反应及其 ΔG° 值如表 12-6-36 所列。

表 12-6-36 烧结过程中的二次反应及其 ΔG° 值

反应	ΔG°, J		
	1073K	1123K	1173K
$Na_2WO_4 + CaO \cdot SiO_2 = CaWO_4 + Na_2SiO_3$	−15967	−25540	−27295
$3Na_2WO_4 + 3CaO \cdot 2SiO_2 = 3CaWO_4 + 3Na_2O \cdot 2SiO_2$	+3344	+1546	+330
$2Na_2WO_4 + 2CaO \cdot SiO_2 = 2CaWO_4 + 2Na_2SiO_3$	+30180	+29427	+28633

从表中可知，所生成的硅酸钙中，CaO 分子数愈少，愈易进行二次反应。因此，C. И. 宾杰尔等认为在白钨矿烧结过程中为避免上述二次反应，炉料中 CaO/SiO_2 的分子比以 1.5～2 为宜。

(3) 杂质行为。在烧结过程中，原料中的硅、磷、砷、钼等杂质生成相应的钠盐。过量的苏打亦能与部分 SnO_2、Fe_2O_3 反应生成相应的锡酸盐和铁酸盐。

在烧结料浸出过程中，硅、磷、砷、钼的钠盐与 Na_2WO_4 一道溶于水，而 $NaFeO_2$ 发生水解：

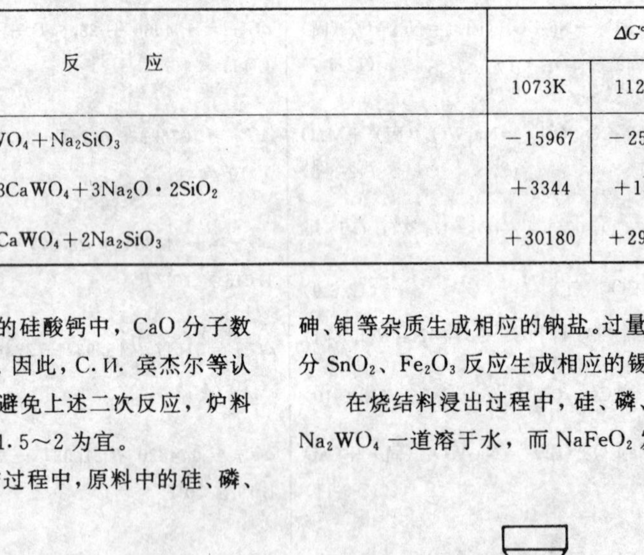

图 12-6-26 回转窑简图

1—炉管；2—支撑环轮；3，4—支承轮；5—电动机；6—减速器；7—冠齿轮；8—燃烧室；9—废气室；10—加料器

$$2NaFeO_2 + 2H_2O = Fe_2O_3 \cdot H_2O \downarrow + 2NaOH$$

此外，$NaAlO_2$ 亦部分与 Na_2SiO_3 作用：

$$2Na_2SiO_3 + 2NaAlO_2 + 4H_2O = Na_2O \cdot Al_2O_3 \cdot 2SiO_2 \cdot 2H_2O \downarrow + 4NaOH$$

3. 工业实践

（1）设备。工业上一般在回转窑内烧结。回转窑结构如图 12-6-26 所示。窑为钢板焊成，内衬耐火砖，窑转速约 2～3r/min，倾角约 3°。

（2）工艺过程。烧结过程的配料比及技术指标如表 12-6-37 所列。

表 12-6-37　苏打烧结法处理钨矿物原料的技术条件及结果

原料名称	配　料				烧结温度 ℃	分解率 %
	苏打理论量倍数	硝石	石英	食盐		
黑钨精矿	1.2～1.5	精矿重的1～4%	—	适量	800～900	93～99
白钨精矿	1.5～2.0	—		适量	800～900	95左右
低品位白钨混合矿（含 12.2WO_3%、9%CaO、25.5%SiO_3）	按 WO_3 计 9 倍	—	—	适量	800～900	97.3

注：配料中另加返料稀释到含 20～22%WO_3。

（六）分解钨矿物原料的其他方法

1. 钨矿物原料或含钨废料的氯化法分解

（1）原则流程。原则流程如图 12-6-27 所示。

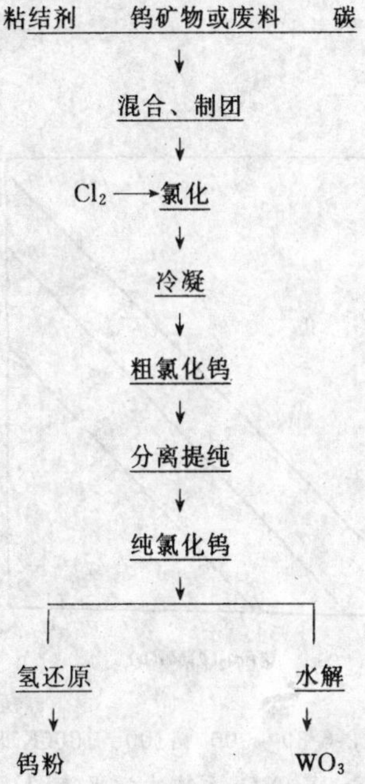

图 12-6-27　钨矿物原料或含钨废料的氯化法分解原则流程

（2）主要反应及原理。在 W-Cl-O 系中存在 WO_2Cl_2、$WOCl_4$、WCl_6、WCl_4、WCl_2 等一系列化合物，氯化过程中随着氯化温度及系统中氯位、氧位的不同而分别生成 WO_2Cl_2、$WOCl_4$、WCl_6、WCl_4、WCl_2 或它们的混合蒸气，主要反应为（以 $FeWO_4$ 为代表）：

$$FeWO_4 + 2\frac{1}{2}Cl_2 + C = FeCl_3（或 FeCl_2）+ WO_2Cl_2 + CO_2（或 CO）$$

$$FeWO_4 + 3\frac{1}{2}Cl_2 + \frac{3}{2}C = FeCl_3（或 FeCl_2）+ WOCl_4 + \frac{3}{2}CO_2（或 CO）$$

$$FeWO_4 + 3\frac{1}{2}Cl_2 + 2C = FeCl_3（或 FeCl_2）+ WCl_4 + 2CO_2（或 CO）$$

$$FeWO_4 + 4\frac{1}{2}Cl_2 + 2C = FeCl_3（或 FeCl_2）+ WCl_6 + 2CO_2（或 CO）$$

李洪桂根据热力学原理系统绘制了如图 12-6-28～12-6-30 所示的 W-Cl-O 系及 Fe-W-Cl-O 系、Ca-W-Cl-O 系热力学平衡图。

图中各相区为：Ⅰ为 $FeCl_2$（液），WO_xCl_y（气）；Ⅱ为 $FeCl_3$（气），WO_xCl_y（气）；Ⅲ为 Fe_2O_3

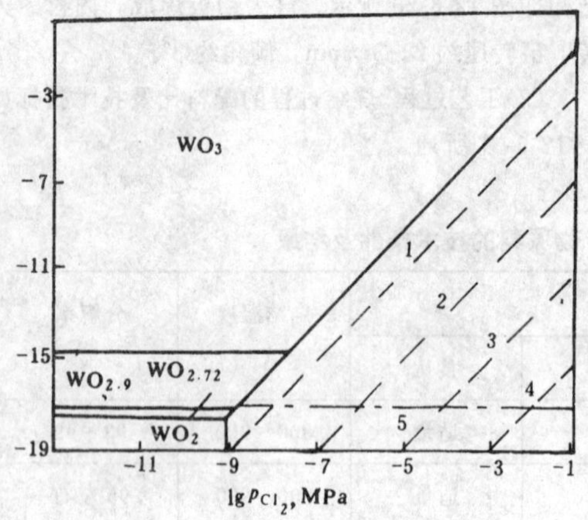

图 12-6-28 1100K 时 W-O-Cl 系热力学平衡图

1—$p_{WO_2Cl_2}/p_{WOCl_4}/p_{WCl_6}=1/10^{-8.70}/10^{-15.12}$；

2—$p_{WO_2Cl_2}/p_{WOCl_4}/p_{WCl_6}=1/10^{-6.70}/10^{-11.12}$；

3—$p_{WO_2Cl_2}/p_{WOCl_4}/p_{WCl_6}=1/10^{-4.70}/10^{-7.12}$；

4—$p_{WO_2Cl_2}/P_{WOCl_4}/p_{WCl_6}=1/10^{-2.70}/10^{-3.12}$；

5—$p_{WOCl_4}/p_{WCl_4}=1/10^{4.22}$

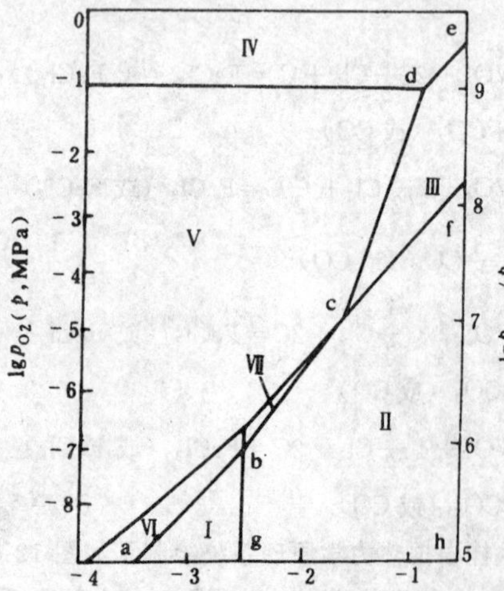

图 12-6-29 1100K 时 Fe-W-O-Cl 系热力学平衡图

（固），WO_xCl_y（气）；Ⅳ为 Fe_2O_3（固），WO_3（固）；Ⅴ为 Fe_2O_3（固），$FeWO_4$（固）；Ⅵ为 $FeWO_4$（固），$FeCl_2$（液）；Ⅶ为 $FeWO_4$（固），$FeCl_3$（气）。

从图可知，当氯化温度高于各种钨氯化物的沸点时，得到的是它们的混合蒸气。系统中氧位愈高，混合蒸气中 WO_2Cl_2 含量越多。同样从图 12-6-29 可知，氯化过程中只要控制适当条件就可使铁与钨得到初步分离。

(3)工艺条件。通常可采用竖式炉氯化或熔盐氯化。钨矿物原料经加碳粉作还原剂并制粒，氯化温度约 800℃，碳化钨或金属钨废料的氯化温度还可更低些。

2. 钨矿物原料氯化综合回收有价金属

钨原料中有时含有锡、钼、铋等有价金属，利用这些金属在氯化性能上与钨的差别，可选择性地将锡、铋等金属优先氯化挥发而综合回收。刘茂盛等利用 $CaCl_2$ 氯化剂，在弱还原气氛中于 800～850℃下氯化含 2.3%Sn 和 1.2%Bi 难选钨中矿。氯化 1～3h，锡的氯化挥发率达 93%，铋的氯化挥发率达 98%，而钨基本上不挥发。

3. 白钨矿的 NaF 分解法及 NH_4F 分解法

白钨矿的 NaF 分解和 NH_4F 分解的反应及主要指标综合于表 12-6-38。

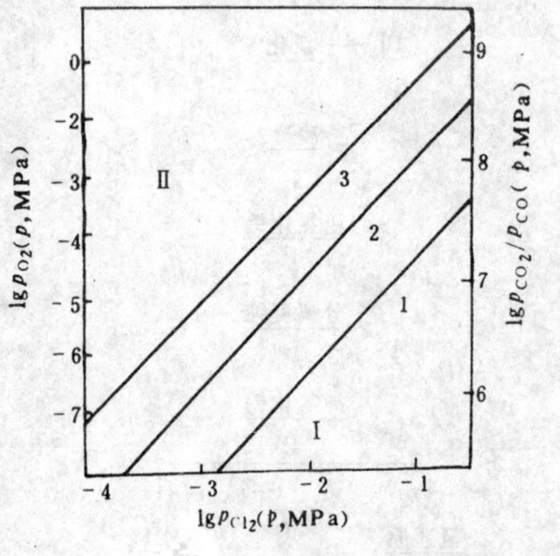

图 12-6-30 900、1100、1300K 时 Ca-W-O-Cl 系热力学平衡图

1—900K；2—1100K；3—1300K

表 12-6-38 NaF分解法及NH_4F分解法指标

	NaF分解法	NH_4F分解法
反应	2NaF（液）＋$CaWO_4$（固）＝Na_2WO_4（液）＋CaF_2（固）	NH_4F（液）＋$CaWO_4$（固）$\xrightarrow{NH_4OH}$$(NH_4)_2WO_4$（液）＋$CaF_2$（固）
平衡常数	24.5（225℃）	43.3（20℃）
分解条件	温度225℃，NaF为理论量1.8倍，原料含33.5～41.5%WO_3	温度150℃，NH_4F用量为理论量2.5倍，溶液含10%NH_3，4h
分解结果	分解率99.2～99.8；溶液含（g/L）：100WO_3，4～5F^-，0.2～0.5SiO_2；处理标准精矿时渣含75～85%CaF_2，可作化工原料	分解率达99.3%；浸出液含（g/L）：100～120WO_3，0.4～0.5SiO_2；0.005～0.008P，0.003～0.004As，55～60F^-；溶液直接蒸发结晶得APT，结晶率为80%时，APT含（%）As、P、Mg＜0.001，Si≤0.006，Mo≤0.04

三、纯钨化合物的制取

碱法分解钨精矿所得的粗钨酸钠溶液和酸法分解白钨精矿所得粗钨酸的经典处理流程如图12-6-31和12-6-32所示。

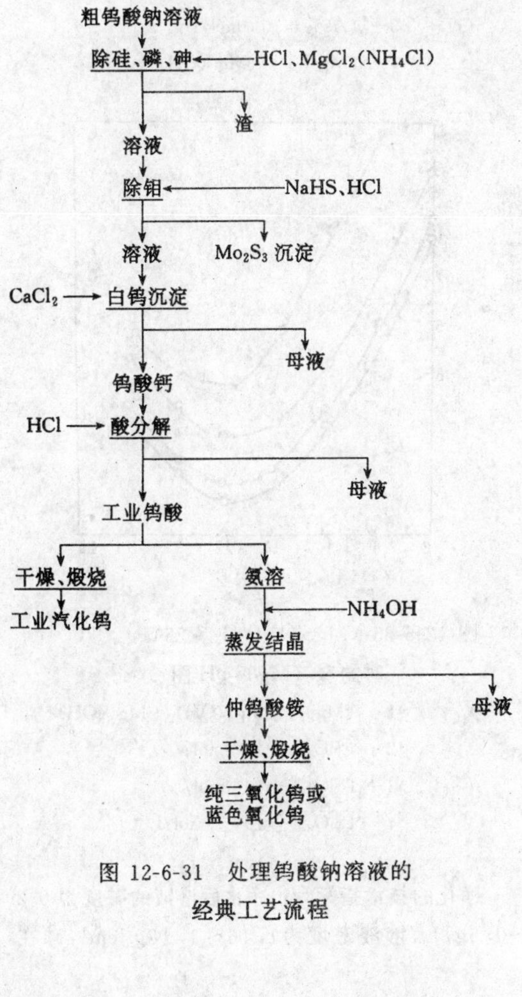

图 12-6-31 处理钨酸钠溶液的经典工艺流程

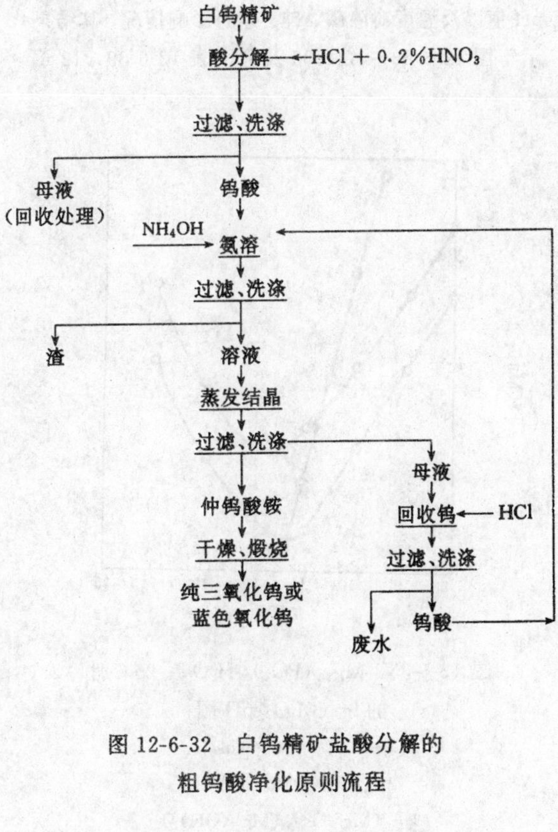

图 12-6-32 白钨精矿盐酸分解的粗钨酸净化原则流程

近20多年来，用离子交换法和溶剂萃取法制取纯钨化合物有了很大的发展，为目前国内外许多工厂所广泛采用。这两种方法与经典工艺相比，通常具有处理工序少，连续操作及生产效率高等优点。

（一）钨酸钠溶液的净化

生产供硬质合金用的三氧化钨，按现行工艺流程，通常要求净化后的钨酸钠溶液密度为1.18g/cm^3，杂质含量标准如下：钼少于0.2g/L，砷少于0.025g/L，磷少于0.05g/L，硅少于0.05g/L。当这些杂质的含量超过上述标准时，钨酸钠溶液一般需经过净化处理以除去硅、磷、砷、钼等杂质。

1. 除磷、砷、硅

工业上采用加氯化镁的方法使磷、砷和硅分别生成镁盐沉淀除去，其主要反应是：

$2Na_3PO_4+3MgCl_2=Mg_3(PO_4)_2\downarrow+6NaCl$

$Na_2HPO_4+MgCl_2=MgHPO_4\downarrow+2NaCl$

$2Na_3AsO_3+3MgCl_2=Mg_3(AsO_4)_2\downarrow+6NaCl$

$Na_2HAsO_4+MgCl_2=MgHAsO_4\downarrow+2NaCl$

$Na_2SiO_3+H_2O=H_2SiO_3\downarrow+2NaOH$

$Na_2SiO_3+MgCl_2=MgSiO_3\downarrow+2NaCl$

李自强研究了在沉淀平衡条件下，镁离子浓度，pH值以及温度对除磷、砷、硅的影响情况，其结果示于图12-6-33～12-6-35及列于表12-6-39，12-6-40。

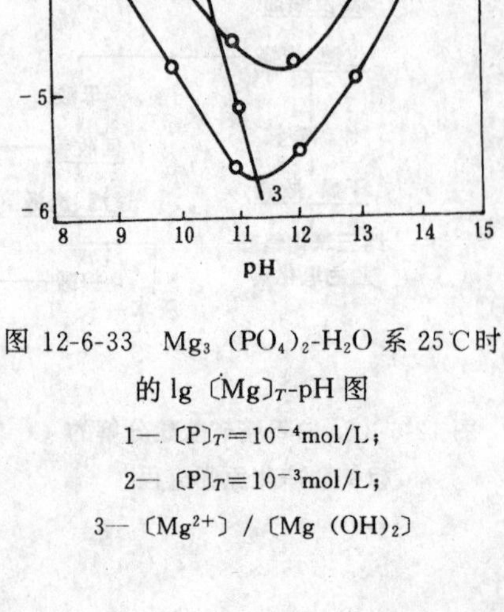

图12-6-33 $Mg_3(PO_4)_2$-H_2O系25℃时的lg〔Mg〕$_T$-pH图

1—〔P〕$_T=10^{-4}$mol/L；

2—〔P〕$_T=10^{-3}$mol/L；

3—〔Mg^{2+}〕/〔$Mg(OH)_2$〕

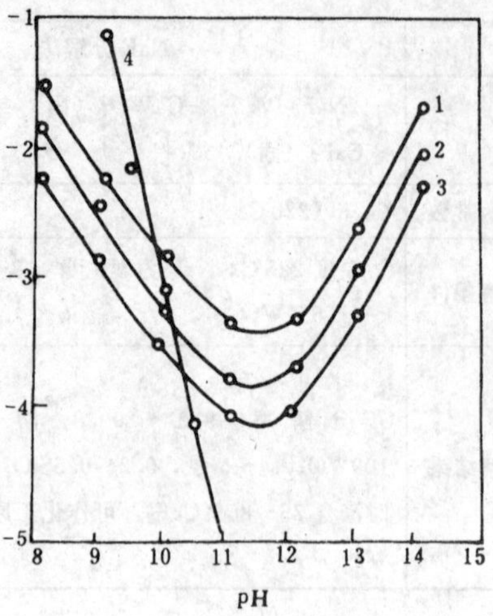

图12-6-34 $Mg_3(AsO_4)_2$-H_2O系25℃时的lg〔Mg〕$_T$-pH图

1—〔As〕$_T=10^{-4}$mol/L；

2—〔As〕$_T=10^{-3.48}$mol/L；

3—〔As〕$_T=10^{-3}$mol/L；

4—〔Mg^{2+}〕/〔$Mg(OH)_2$〕

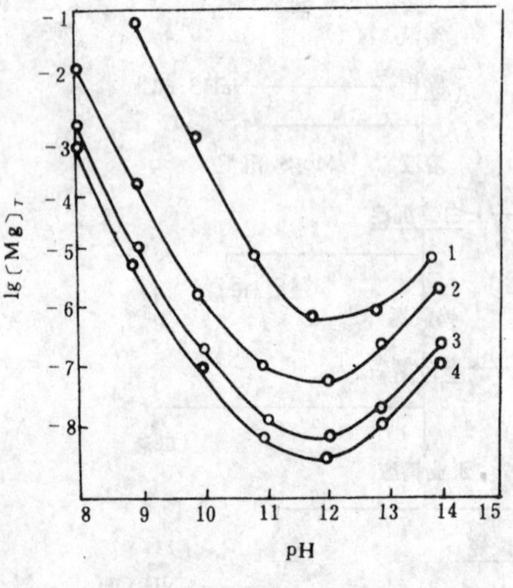

图12-6-35 $MgSiO_3$-H_2O系25℃时的lg〔Mg〕$_T$-pH图

1—〔Mg〕$_T$/〔$Mg(OH)_2+Mg(OH)^+$〕；

2—〔SiO_3〕$_T=10^{-4}$mol；

3—〔SiO_3〕$_T=10^{-3}$mol/L；

4—〔SiO_3〕$_T=10^{-2.75}$mol/L

净化的技术指标为：净化后溶液的碱度为0.2～0.6g/L，溶液密度为1.16～1.18g/cm^3，砷在

表 12-6-39　不同温度下磷酸镁的溶度积

T, K	$\frac{1}{T}\times10^3$	ΔG°_T kJ/mol	$-\lg K_{sp}$
298	3.35	141.42	24.79
323	3.10	163.60	26.45
348	2.87	192.75	28.92
373	2.68	223.88	31.35
398	2.51	256.96	33.72
423	2.36	291.99	36.05

表 12-6-40　不同温度下硅酸镁的溶度积

T, K	$\frac{1}{T}\times10^3$	ΔG°_T kJ/mol	$-\lg K_{sp}$
293	3.35	67.82	11.89
333	3.00	76.68	12.03
373	2.68	88.62	12.41
423	2.36	105.37	13.01
473	2.10	126.07	13.92

0.025g/L 以下，SiO_2 在 0.05g/L 以下，滤渣中不溶 WO_3 少于 4%。

另一种有效的除磷、砷的方法是铵镁盐法，它的原理是基于 HPO_4^{2-}、$HAsO_4^{2-}$ 能与 Mg^{2+} 和 NH_4^+ 离子生成溶解度更小的磷酸铵镁 $Mg(NH_4)PO_4\cdot6H_2O$ 和砷酸铵镁 $Mg(NH_4)AsO_4\cdot6H_2O$。这些盐在 20℃时在水中的溶解度分别为 0.053%和 0.038%。过程发生的反应是：

$$Na_2HPO_4+MgCl_2+NH_4OH=Mg(NH_4)PO_4+2NaCl+H_2O$$

$$Na_2HAsO_4+MgCl_2+NH_4OH=Mg(NH_4)AsO_4+2NaCl+H_2O$$

应当指出，这些铵镁盐在 pH 较低的情况下都能水解生成溶解度较大的酸式盐：

$$Mg(NH_4)PO_4+H_2O=MgHPO_4+NH_4OH$$

$$Mg(NH_4)AsO_4+H_2O=MgHAsO_4+NH_4OH$$

此外，还可能生成钨的铵钠复盐沉淀，造成钨的损失：

$$10Na_2WO_4+6NH_4^++12H^++9H_2O=3(NH_4)_2O\cdot Na_2O\cdot10WO_3\cdot15H_2O+18Na^+$$

为此，溶液中应有过量的 NH_4OH。此外，为防止溶液碱度过高而生成 $Mg(OH_2)$ 沉淀，必须加入一定量的 NH_4Cl。因 NH_4Cl 水解生成的 NH_4OH 既可防止铵镁盐的水解，而生成的 HCl 又可防止 $Mg(OH)_2$ 的沉淀。

由此可见，保持适宜的溶液 pH 值是非常重要的，一般控制 pH 在 8～10 范围较好。

2. 除钼

在工业生产上，从钨酸钠溶液中除去钼杂质的方法主要采用沉淀三硫化钼法。该法利用钨和钼在溶液中与 Na_2S（或 NaHS）生成硫代钨酸盐和硫代钼酸盐的平衡常数显著不同的原理。生成硫代酸盐的反应是：

$$Na_2MoO_4+4NaHS=Na_2MoS_4+4NaOH$$

$$Na_2WO_4+4NaHS=Na_2WS_4+4NaOH$$

反应平衡常数为：

$$K=\frac{[Na_2MeS_4][NaOH]^4}{[Na_2MeO_4][NaHS]^4}$$

式中 Me 代表钼或钨。

由于生成硫代钨酸盐的平衡常数很小，所以下面只讨论生成硫代钼酸盐的情况。

在用 NaHS 处理后，溶液用硫酸酸化 pH 至约 2.3，钼完全以 MoS_3 形态沉淀：

$$Na_2MoS_4+H_2SO_4=MoS_3+Na_2SO_4+H_2S$$

沉钼后的钨酸钠溶液的钼含量的典型分析结果示于表 12-6-41 中。

表 12-6-41　母液中钼含量与 NaHS 加入量的关系

NaHS 过量，%	钼含量，g/L	母液中的钨/钼
35	0.057	860
55	0.034	970
65	0.006	5400
70	0.0009	56000
110	0.0006	48000

根据 NaHS 过量的多少，与钼沉淀的同时，还有一定量的三硫化钨沉淀。

除钼后，部分钨呈偏钨酸钠形态存在溶液中，对其后钨的完全沉淀不利。为了破坏这种偏盐，须往溶液中加入苛性钠或苏打溶液，并煮沸一定时间使其转变成正盐：

$$Na_6H_2W_{12}O_{40}+18NaOH=12Na_2WO_4+10H_2O$$

有人研究了用 NaHS 同时除钼、砷、锑的方法，过程的主要反应如下。

在硫化阶段的反应为：

$$Na_2MoO_4+4NaHS=Na_2MoS_4+4NaOH$$

$$NaSbO_2+2NaHS=NaSbS_2+2NaOH$$

$$NaAsO_2+2NaHS=NaAsS_2+2NaOH$$

在酸化 pH 至 4～5.6 时的反应为：

$$Na_2Sb_2S_4+H_2SO_4=Sb_2S_3+Na_2SO_4+H_2S$$

$$Na_2As_2S_4+H_2SO_4=As_2S_3+Na_2SO_4+H_2S$$

$Na_2MoS_4+H_2SO_4=$不沉淀

在酸化 pH 至低于 4 并加热至 90℃时的反应：

$$Na_2MoS_4+H_2SO_4=MoS_3+Na_2SO_4+H_2S$$

（二）从钨酸钠溶液制取钨酸

1. 沉淀钨酸钙

通常是将氯化钙水溶液加入到已净化除去硅、磷、砷、钼后的钨酸钠溶液中，这时生成溶解度很小的钨酸钙（人造白钨）沉淀：

$$Na_2WO_4+CaCl_2=CaWO_4+2NaCl$$

钨酸钙沉淀的程度取决于溶液的碱度和钨浓度。最好在加热至沸腾的、碱度为 0.3～0.7%和含 120～130g/LWO_3 的溶液中进行沉淀。若溶液碱度小于 0.3%，则沉淀不完全；若碱度大于 0.7%，则沉淀析出缓慢。

经沉淀处理后有 99～99.5%的钨从溶液中沉淀出来，母液中 WO_3 剩余量不超过 0.05～0.07g/L。

2. 盐酸分解钨酸钙

经过滤和洗涤后的钨酸钙进行盐酸分解得到工业钨酸。

（三）钨酸净化

钨酸一般采用氨法净化。钨酸溶于氨水生成钨酸铵溶液：

$$H_2WO_4+2NH_4OH=(NH_4)_2WO_4+2H_2O$$

钨酸的氨水溶解是在密闭的容器中进行，器内保持约 42.8kPa 的正压力。溶解时，先用 70～80℃热水将钨酸调成密度 1.6～1.65g/cm³ 的浆，然后加到不断搅拌的氨水（浓度 25～28%）中。作业的温度约为 50℃，钨酸浆与氨水的比例为 1/1。所得溶液的游离氨为 20～30g/L，密度为 1.25～1.3g/cm³，澄清 8～12h 后过滤。滤液密度为 1.29～1.3g/cm³ 时，WO_3 浓度相当于 320～330g/L。所得钨酸铵溶液用结晶法制取仲钨酸铵。

（四）离子交换法处理钨酸钠溶液

1. 用强碱性阴离子交换树脂处理钨酸钠溶液

中国用于钨交换的国产强碱性阴离子交换树脂的规格、性能列于表 12-6-42。

表 12-6-42 用于钨交换的国产强碱性阴离子交换树脂主要规格性能

产品型号	活性基团	含水量 %	全交换容量 毫克当量/克	允许 pH 范围	湿真比重 g/mL	湿视比重 g/mL
711 (201×4)	$-N(CH_3)_3^+$	50～60	≥3.5	0～12	1.04～1.08	0.65～0.75
717 (201×7)	$-N(CH_3)_3^+$	40～50	≥3	0～12	1.06～1.11	0.65～0.75
强碱 201 (201×7)	$-N(CH_3)_3^+$	40～50	2.7	0～12	>1.13	0.64～0.68

溶液中不同离子对树脂的亲和势是不同的，其亲和势的大小取决于该水合离子的大小和电荷数。于常温下，在离子浓度不大的水溶液中，强碱性阴离子交换树脂对某些阴离子的亲和势从大到小的顺序为：$SO_4^{2-}>C_2O_4^{2-}>I^->HSO_4^->NO_3^->CrO_4^->Br^->CN^->NO_2^->Cl^->OH^->CHCOO^->F^-$。

（1）吸附。溶液的 pH 超过 9 时，钨是以 WO_4^{2-} 阴离子存在。当这种钨溶液与强碱性阴离子交换树脂接触时，便发生离子交换反应：

$$\overline{2R_4NCl}+WO_4^{2-}=\overline{(R_4N)_2WO_4}+2Cl^-$$

其交换平衡常数为

$$K=\frac{\overline{[WO_4^{2-}]}[Cl^-]^2}{[WO_4^{2-}]\overline{[Cl^-]^2}}$$

当溶液中含有 HPO_4^{2-}、$HAsO_4^{2-}$、SiO_3^{2-} 和 MoO_4^{2-} 杂质时，它们也会被交换到树脂上。但由于磷、砷、硅的交换平衡常数小，只要它们在原液中的含量不高，就可以获得令人满意的净化效果。钼则不同，它的性质与钨相似，也能定量地被吸附到树脂上，不能除去。

吸附作业采用静态树脂床的柱上操作方法。钨酸钠溶液从柱的上部按一定流速通入。当流出柱的溶液出现钨时便停止通入原液和接收流出液。这时树脂床的操作容量主要取决于原液中 WO_4^{2-}、Cl^-、OH^- 的浓度和原液通入速度。

1) WO_4^{2-} 浓度。在一定的流速下，如 WO_4^{2-} 的浓度高则容易出现钨的漏穿，使吸附钨的操作容量降低。生产上以控制原液浓度在 15～25g/L WO_3 为宜。这时，对于国产 201×7 树脂来说，其操作容量约为每克干树脂 250mgWO_3。

2) Cl^- 浓度。如原液中 Cl^- 浓度增高，则操作容量降低。为保证操作容量为约每克干树脂 250mgWO_3，当原液 WO_3 浓度为 15～25g/L 时，一般要求 Cl^- 含量控制在 0.7g/L 以下。

3) OH^- 浓度。由于 OH^- 能与 WO_4^{2-} 发生竞争吸附，当原液中 OH^- 浓度大时，操作容量便低。一般以控制 NaOH 在小于 8g/L 为好。

4) 流速。原液通过树脂床的速度大，操作容量低。一般视柱高与直径之比而定，流过线速度以 6～10cm/min 为宜。

钨在床中的分布情况示于图 12-6-36 中。

吸附后的树脂床用无离子水清洗，洗去停留在树脂床中的溶液，尤其是钠离子。一般洗至流出液 pH 约为 7。

(2)解吸。用氯化铵溶液与吸附钨后的树脂接触时，氯离子将 WO_4^{2-} 从树脂上交换出来，得钨酸铵溶液：

$$\overline{(R_4N)_2WO_4} + 2NH_4Cl = \overline{2R_4NCl} + (NH_4)_2WO_4$$

为使解吸反应顺利进行，解吸剂中应有较高的 NH_4Cl 浓度。此外，为了使解吸得到的钨酸铵溶液有较高的 pH 值，以防止仲钨酸铵结晶堵塞树脂床，解吸剂也需有一定的 NH_4OH 浓度。在一定流速下，较高的 NH_4Cl 浓度可得到浓的 $(NH_4)_2WO_4$ 溶液，如图 12-6-37 所示。一般用 5molNH_4Cl 加 2～3molNH_4OH 作解吸剂。为了完全解吸钨，通入的 NH_4Cl 总量应比理论计算量多一些。

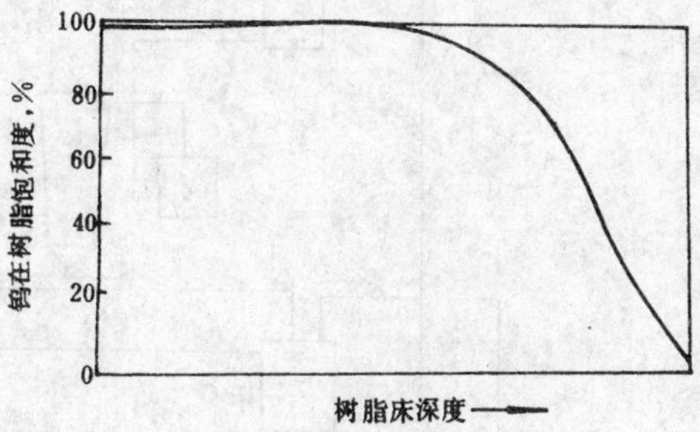

图 12-6-36　钨在树脂床上的分布

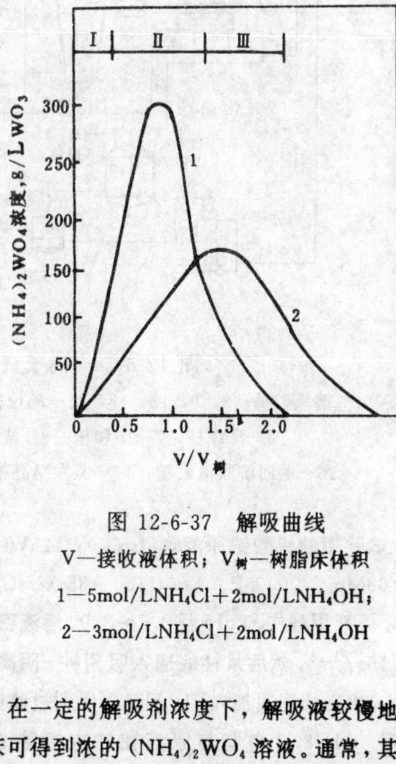

图 12-6-37　解吸曲线

V—接收液体积；$V_{树}$—树脂床体积

1—5mol/LNH_4Cl+2mol/LNH_4OH；

2—3mol/LNH_4Cl+2mol/LNH_4OH

在一定的解吸剂浓度下，解吸液较慢地通过树脂床可得到浓的 $(NH_4)_2WO_4$ 溶液。通常，其解吸曲线与图 12-6-37 所示曲线相似。解吸液通过速度视柱子的高度与直径之比而定，一般以 2～3cm/min 为宜。

2. 用弱碱性阴离子交换树脂处理钨酸钠溶液

据报道，用弱碱性阴离子交换树脂从 pH2.5～3.0 的钨酸钠溶液中吸附钨，扩大试验用的设备系统示于图 12-6-38 中。吸附柱高 500mm，容积 850mL。解吸柱高 500mm，使用容积 800mL（占全容积的 70～80%）。

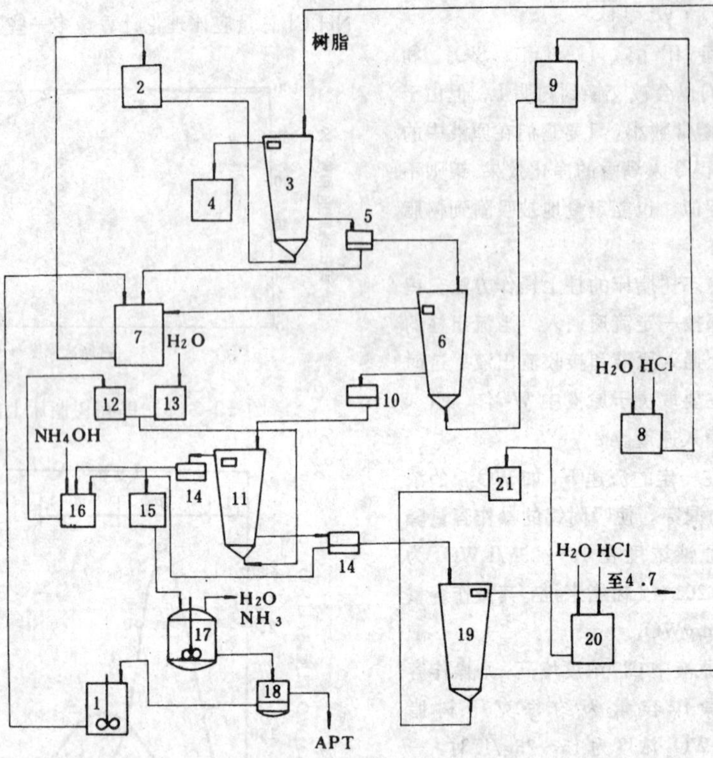

图 12-6-38 离子交换法制取仲钨酸铵设备系统图

1—溶液贮槽；2，9，12，13，21—高位槽；3—吸附柱；4—交后液贮槽；5，10，14—滤筛；6—洗涤柱；7—中和槽；8—洗水槽；11—解吸柱；15—钨酸铵溶液贮槽；16—返回解吸液贮槽；17—蒸发结晶槽；18—真空过滤器；19—再生柱；20—盐酸贮槽

扩大试验用的钨酸钠原液含（g/L）：125WO_3、0.01～0.08Mo，≤0.05P、As，115～135（NaCl+Na_2CO_3）。原液用酸中和 pH 至 2.5～3.0，溶液密度 1.14～1.16g/cm^3，然后从柱底通入吸附柱，阴离子树脂（AH-80П）从柱顶加入，从下部导出到过滤筛，不断循环。AH-80П 树脂与原液在柱内接触 8～12h，在原液中含 76～98g/LWO_3 时，钨的提取率可达 99.95%。交换后液中含 WO_3 在 0.02g/L 以下。

吸附钨后的树脂在洗涤柱中用 pH2～2.5 的稀盐酸洗。洗液从底部导入，树脂从顶部加入。

用 15～25%的氨水能很好地把 AH-80П 树脂吸附的钨解吸下来，其解吸曲线见图 12-6-39。解吸液中作为产品的部分含 WO_3 超过 150g/L。钨的解吸率达 99.8%。所得钨酸铵溶液产品部分，其密度在 1.05g/cm^3 以上，含 WO_3 超过 130g/L，从中蒸发结晶出 84～90%的钨。

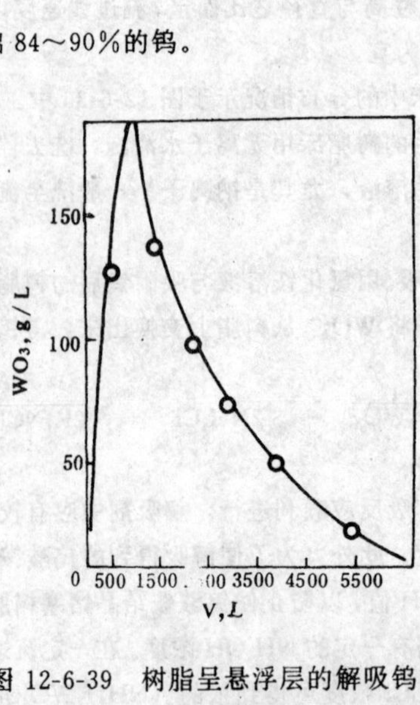

图 12-6-39 树脂呈悬浮层的解吸钨曲线

（五）溶剂萃取法处理钨酸钠溶液

1. 溶剂萃取钨的基本原理

(1) 萃取剂及有机相组成。在钨萃取工艺中，常使用的萃取剂是有机胺和季铵盐。在有机胺中有伯胺、仲胺和叔胺萃取剂。

在钨萃取中，有机相通常由萃取剂、改进剂和稀释剂组成。作为改进剂的有醇类、酮类和TBP等，但多用醇类。改进剂的作用是改善有机相的极性，防止产生三相。稀释剂多用煤油。上述三种溶剂的比例视萃取条件而定，但一般控制10%（体积）萃取剂和10%（体积）改进剂，其余为稀释剂。

在用有机胺作为萃取剂时，先用无机酸（硫酸、盐酸或硝酸）与有机相作用，使胺形成胺盐。例如叔胺在低酸度下发生如下反应：

$2R_3N$（有）$+H_2SO_4$（水）$=(R_3NH)_2SO_4$（有）

在高酸度下发生反应：

R_3N（有）$+H_2SO_4$（水）$=(R_3NH)HSO_4$（有）

(2) 萃取。先将钨酸钠溶液用无机酸，例如硫酸调pH至2～4，此时，钨主要以$[HW_6O_{21}]^{5-}$、$[H_2W_{12}O_{40}]^{6-}$、$[W_{12}O_{39}]^{6-}$形态存在。当这种溶液与酸化后的有机相接触时，便发生阴离子交换萃取反应，例如：

$4(R_3NH)HSO_4$（有）$+2H^+$（水）$+[W_{12}O_{39}]^{6-}=(R_3NH)_4H_2W_{12}O_{39}$（有）$+4HSO_4^-$（水）

$3(R_3NH)_2SO_4$（有）$+[H_2W_{12}O_{40}]^{6-}$（水）$=(R_3NH)_6H_2W_{12}O_{40}$（有）$+3SO_4^{2-}$（水）

或$5(R_3NH)_2SO_4$（有）$+2H^+$（水）$+2[H_2W_{12}O_{40}]^{6-}$（水）$=2(R_3NH)_5H(H_2W_{12}O_{40}$（有）$+5SO_4^{2-}$（水）

如果钨酸钠溶液中存在着少量硅、磷、砷和钼杂质时，在萃取操作的pH范围内，它们均能与钨生成杂多酸阴离子被叔胺萃取到有机相中。为预防少量硅和磷被萃取，加F^-离子（以氟盐形式）到溶液中，使硅或磷结合成不被萃取的络合物H_2SiF_6和HPF_6。

应当指出，由于有机相中的胺盐以及钨的萃合物在煤油中的溶解度较小，虽然加入长链醇能改善有机相的极性，提高胺盐和钨萃合物在有机相中的溶解度，但当有机相中钨萃合物过多时，通常也会产生这种萃合物的沉淀。所以，有机相中钨的浓度不宜过高，一般控制在$100g/LWO_3$左右为宜。

萃取工序废水的净化是个要解决的重要问题，因为它可能含80～100mg/L叔胺以及少量的煤油和高碳醇。推荐用泡沫浮选法和活性碳吸附法来净化这种废水。

季铵盐是一种碱性大的萃取剂，可以在溶液较高pH条件下萃取钨。在不同pH值下季铵盐和叔胺萃取钨的数据列于表12-6-43。

表12-6-43　pH和萃取剂类型对萃取钨的影响

平衡pH	有机相浓度，g/LWO_3		萃取率，%	
	Aliquat①	Alamine②	Aliquat	Alamine
1.5	16.0	10.0	100	100
2.5	16.0	9.8	100	61
3.5	16.0	5.6	100	35
4.5	16.0	4.8	100	30
5.5	16.0	3.6	100	22
6.5	15.4	1.4	96	9

注：(1)料液：$16g/LWO_3$；(2)有机相：①—10%（体积）Aliquat（SO_4型）+10%（体积）二戊基膦酸一戊酯+80%（体积）煤油；②—10%（体积）Alamine（SO_4型）+10%（体积）二戊基膦酸一戊酯+80%（体积）煤油；相比=1

经萃取后，有机相通常含有少量的水相，必须用无离子水洗涤有机相，除去水相带入的杂质，特别是钠离子。由于有机胺的表面活性，在有机相与料液混合时会在有机相中生成胶囊，有机相中有强表面活性物质长链醇时这种情况尤其严重。这种油包水型的稳定的胶囊中心带有水相，必须用无离子水在搅拌下洗涤破坏它，使水相进入洗涤液中。为此，常采用多级洗涤方法除去杂质，否则将会把杂质带到随后的钨酸铵溶液中。

(3) 反萃取。为了直接获得纯的钨酸铵溶液，生产上是用氨水（或含部分钨酸铵）溶液与经过洗涤后的有机相混合，这时发生如下的反应：

$(R_3NH)_4H_2W_{12}O_{39}$（有）$+24NH_4OH$（水）$=4R_3N$（有）$+12(NH_4)_2WO_4$（水）$+15H_2O$

$(R_3NH)_6(H_2W_{12}O_{40})$（有）$+24NH_4OH$（水）$=6R_3N$（有）$+12(NH_4)_2WO_4$（水）$+16H_2O$

或 $(R_3NH)_5H(H_2W_{12}O_{40})$（有）$+24NH_4OH$（水）$=5R_3N$（有）$+12(NH_4)_2WO_4$（水）$+16H_2O$

可见，反萃时每摩尔钨都是消耗 2mol 氨。一般用浓度为 3～4mol 的 NH_4OH，反萃平衡水相的 pH 值应保持在 7.5～8.5 范围。

应当指出，当反萃得到的溶液中含有少量硅时，加入少量的 NH_4F 可防止硅被带进最后的 APT 产品中。当含有少量磷时，加入少量 MgO 可将磷以磷酸铵镁盐形式除去。

为将反萃后有机相所包含的少量 $(NH_4)_2WO_4$ 溶液除去，可用无离子水洗涤。如前所述，由于在反萃过程中形成胶囊，要完全除去 $(NH_4)_2WO_4$ 溶液也需经过多级洗涤，否则有机相夹带的钨将会带进随后有相酸化阶段中，并可引起钨的沉淀。

经过反萃和洗涤后的有机相用 0.5molH_2SO_4 在相比 $(O/A)=5/1$ 条件下接触，使游离胺 (R_3N) 重新生成胺盐，这时有机相的酸度约为 0.1mol，全部的游离胺正好转变成胺盐。酸化后的有机相返回萃取过程。

2. 叔胺萃钨工艺

用叔胺萃钨的一般工艺流程见图 12-6-40。

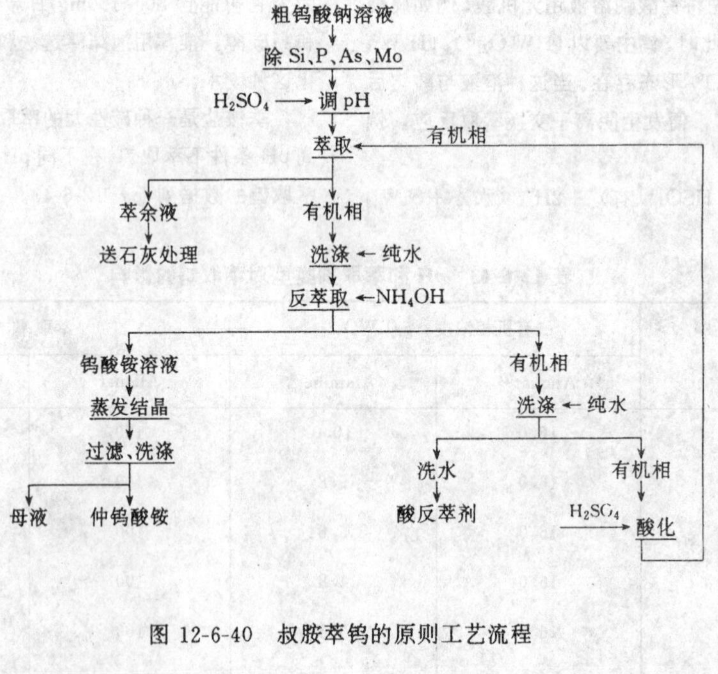

图 12-6-40 叔胺萃钨的原则工艺流程

叔胺萃钨工艺的一般条件是：

有机相组成：10%（体积）叔胺-10%（体积）长链醇-80%（体积）煤油，酸度约 0.2mol；

料液：95～100g/L WO_4，pH2～4；

反萃剂：3～4mol NH_4OH；

酸化剂：约 0.5mol H_2SO_4；

萃取：相比 $(O/A)=1$，混合 2～3min，25～40℃，3～5 级逆流萃取，余液含 WO_3 在 0.1g/L 以下；

萃后洗涤：相比 $(O/A)=4～5$，混合 2～3min，25～40℃，3～5 级逆流洗涤；

反萃：相比 $(O/A)=3$（未计水相回流），混合

10min 以上，25～40℃，1 级，反萃液约含 $WO_3$300g/L；

反后洗涤：相比（O/A）＝4～5，混合 2～3min，25～40℃，3～5 级逆流洗涤；

酸化：相比（O/A）＝5，混合 2～3min，25～40℃，2～3 级逆流酸化。

现以国外一些工厂用萃取法处理钨酸钠溶液制取仲钨酸铵为例加以说明。

（1）美国联合碳化物公司用苏打压煮分解所得 Na_2WO_4 溶液含 $WO_3$55～110g/L 及 Mo2.1～4.5g/L，溶液 pH 为 10.5～11.0。首先除去溶液中的钼。除钼后溶液含 $WO_3$51.8g/L，Mo0.0012g/L，$SiO_2$0.75g/L。有机相组成为（体积）：5％三癸胺，10％十二醇，85％煤油。萃取相比（O/A）＝1，在混合澄清槽中 3 级逆流萃取。洗涤相比（O/A）＝1.0/0.75。然后用 3molNH_4OH 反萃取，相比（O/A）＝1/1～1.1，使反萃液循环至$(NH_4)_2WO_4$ 浓度稳定在 225g/LWO_3。这时反萃液中含硅超过 0.4g/L，把这种溶液送至贮槽，在 55℃和 2.7molNH_4OH 下澄清约 1.5h，使 SiO_2 沉淀析出。萃取和反萃取均在 50℃下进行。反萃液送去蒸发结晶 APT 产品。

（2）美国的特里泰因·华昌公司采用苏打高压浸出-溶剂萃取工艺制取 APT。浸出液经硫酸铝除硅，硫酸镁除磷、砷，Na_2S 除钼后进行萃取。有机相组成为 Alamine336、癸醇和煤油。萃取、洗涤、反萃和酸化均为两级。APT 回收率约大于 98％。

（3）美国西尔韦尼亚化学冶金公司采用苛性钠溶液分解高品位黑钨精矿（含 70％WO_3），所得浸出液经硫化碱除钼后进行萃取。有机相组成（体积）为 10％Alamine336（或 Adogen364），12％TBP 和 78％煤油。萃取过程中溶液的 pH 靠自动供给的 98％硫酸进行调整。经反萃取后，反萃液中钨酸铵浓度可达 350～370g/LWO_3。此溶液送去蒸发结晶 APT。

3. 溶剂萃取法从钨酸钠溶液中分离钼

在弱酸性溶液中，钼与钨能生成钼钨杂多酸阴离子 $[Mo_xW_{12-x}O_{41}]^{10-}$，用叔胺萃取不能分离钨中的钼，需在钨酸钠溶液送去萃取之前用硫化碱除钼。用这种方法虽然达到深度除钼效果，但因产生有害的硫化氢，而且常有 1～1.5％钨损失在钼渣中，所以近二十年来国内外许多人致力于萃取法除钼的工作，目前已取得了较大进展。下面简述这方面的研究结果。

（1）Mo^{6+}，W^{6+}/H_2O-$P_2O_7^{4-}$/TBP 体系。在弱酸性钨酸钠溶液中，钼能与钨生成诸如 $[Mo_xW_{12-x}O_{41}]^{10-}$ 这样的杂多酸阴离子，但当溶液中有 H_2O_2 存在时，能与钨和钼分别生成过氧阴离子。由于钼的过氧阴离子稳定性比钨的大得多，故 TBP 仅选择地萃取钼。若溶液中有少量硅时，能生成过氧钨硅酸阴离子 $[SiW_{12}O_{16}(O_2)_{24}]^4$，它容易被 TBP 萃取，故加入含磷化合物使它转化为不被萃取的过氧钨磷阴离子。

过程的主要反应：

$$2MoO_4^{2-}+4H_2O_2+2H^+=[Mo_2O_{11}(H_2O)_2]^{2-}+3H_2O$$

$$3TBP（有）+H^+（水）+4H_2O=[H_3O(H_2O)_3\cdot 3TBP]^+（有）$$

$$2[H_3O(H_2O)_3\cdot 3TBP]^+（有）+[Mo_2O_{11}(H_2O)_2]^{2-}（水）=[H_3O(H_2O)_3\cdot 3TBP]_2[MoO_{11}(H_2O)_2]（有）$$

H_2O_2 的用量最好为每摩尔〔W＋Mo〕加入 1.5～2mol 的 H_2O_2。溶液的 pH 最好为 0.4～0.7。

（2）Mo^{6+}，W^{6+}/NaHS/季铵盐体系。向含钼的弱碱性钨酸钠溶液中加入 NaHS，在加热下生成硫代钼酸盐阴离子 MoS_4^{2-}，这种阴离子很稳定，在 pH8～9 下很容易被季铵盐萃取。由于也会生成一部分硫代钨酸盐阴离子 WS_4^{2-}，为了减少萃取钨，应控制好有机相中季铵盐的浓度。萃钼后的有机相用次氯酸钠溶液在弱碱性下反萃钼。过程的主要反应：

$$2[R_3(CH_3)N]Cl（有）+Na_2MoS_4（水）=[R_3(CH_3)N]_2MoS_4（有）+2NaCl（水）$$

$$[R_3(CH_3)N]_2MoS_4（有）+2OH^-+10NaClO（水）=2[R_3(CH_3)N]OH（有）+MoO_4^{2-}（水）+10NaCl（水）+S_4O_6^{2-}（水）$$

（3）Mo^{6+}，W^{6+}/酒石酸/D2EHPA-二烷基萘磺酸体系。用 D2EHPA 萃取含钼的弱酸性钨酸钠溶液时，钼的萃取率低，但加入酒石酸作为络合剂，并用含二烷基萘磺酸作为调节剂的 D2EHPA 有机相萃取时，能显著提高钼的萃取率，而钨的萃取率很小，而达到除钼目的。例如，向每升含约 150gNa_2WO_4 和 8gNa_2Mo_4 的溶液中加约 35g 酒石酸，用硫酸调 pH 至 1.8。有机相组成为 50％D2EHPA，0.25％二壬基萘磺酸，其余为煤油类的石油馏分。萃取相比为 1，萃取时间为 30min，钼和钨的分配比分别为 8.09 和 0.012。

（4）Mo^{6+}，W^{6+}/PSO-D2EHPA 体系。含钼的弱酸性钨酸钠溶液用 PSO（石油亚砜）和 D2EHPA

混合萃取剂协萃钼，而很少萃取钨。例如，料液含 $WO_3$50.6g/L，Mo0.0891g/L，pH2，用含 PSO 和 D2EHPA（体积比 1/1）的有机相逆流萃取。萃取温度为 60℃，相比（O/A）＝1.5，3 级逆流萃取结果见表 12-6-44。

表 12-6-44 用 PSO-D2EHPA 萃取钼

级别	有机相，g/L		萃余水相，g/L	
	MoO_3	WO_3	MoO_3	WO_3
1	0.0587	2.13	0.0243	50.6
2			0.005	
3	0.003	2.01	0.001	47.4

进入有机相的钨用纯水洗涤。整个萃取过程中钨损失小于 0.1%，除钼率大于 99.9%。

（5）Mo^{6+}，W^{6+}/EDTA/D2EHPA 体系。用 D2EHPA 从含钼的弱酸性钨酸钠溶液萃取钼时，向溶液中加入少量的 EDTA 作络合剂可显著萃取钼，而很少萃取钨。萃钼反应是：

$(MoO_3)_2Edta^{4-}$（水）＋$(HR_2PO_4)_2$（有）＝2〔$MoO_2(R_2PO_4)_2 \cdot 2HR_2PO_4$〕（有）＋$Edta^{4-}$（水）＋$2H_2O$

例如，含 86.17g/LWO_3，0.51g/LMo，0.01mol EDTA 和 pH 为 2.5 的溶液用含 40%D2EHPA、10%仲辛醇和 50%煤油的有机相萃取钼，相比（O/A）为 1.5，萃取时间为 5min，萃取温度为 25℃，经过 10 级逆流萃取后，钼和钨的萃取率分别为 97.8%和 0.59%。

（六）仲钨酸铵（APT）的制取

用上述任一种方法制得的纯钨酸铵溶液用于制取仲钨酸铵结晶时，生产上采用蒸发法和盐酸中和法。

1. 蒸发法

蒸发结晶反应是：

$$12(NH_4)_2WO_4 = 5(NH_4)_2O \cdot 12WO_3 \cdot 5H_2O + 14NH_3 + 2H_2O$$

当原始钨酸铵溶液中含有少量杂质，特别是含有钼时，为了避免 APT 结晶体被杂质沾污，一般不把溶液过分地蒸发浓缩。因为在 APT 结晶析出时，仲钼酸铵也会结晶析出。但仲钼酸铵的溶解度比 APT 大，故结晶时能在一定程度上与钼分离（见图 12-6-41）。

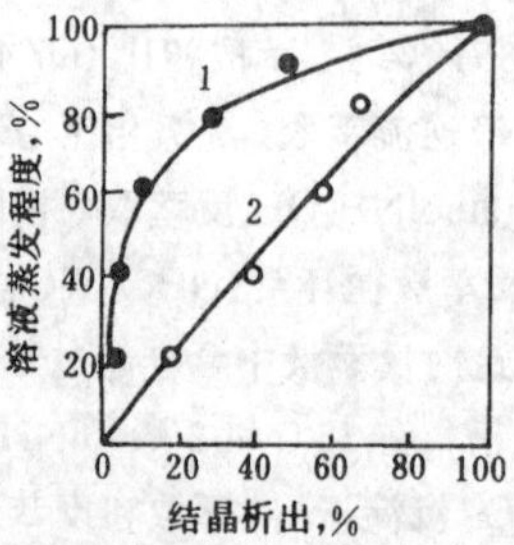

图 12-6-41 析出的仲钼酸铵量

1—和仲钨酸铵量；2—与溶液浓缩程度的关系

蒸发时逸出的氨可收集在洗涤塔中，得到的氨水重新使用，例如用作配反萃剂。最后得到的结晶母液一部分可用作配反萃剂，但大部分应以 $CaWO_4$ 或 H_2WO_4 形态沉淀钨，再返回生产流程的相应工序中。

蒸发浓缩速度和脱氨速度决定了过饱和溶液形成速度和结晶速度。所以在大规模生产中，常采用真空蒸发或使用压缩空气鼓泡，以加速带走氨。

根据文献报道，当原始钨酸铵溶液中含有少量钼时，加入少量硫化铵便可以将钼完全除去。例如，原始溶液中含 120g/LWO_3、0.14g/LMo，加入的硫化铵量为除钼所需理论计算量的 150%，蒸发至原体积的四分之一，析出的 APT 产品中仅含 0.005% Mo。

在现代工厂中，结晶是在连续结晶器中进行的，这就要有循环足够量的母液，使杂质浓度保持在恒定水平上。母液中杂质浓度与这些元素在 APT 结晶中的含量有直接关系（表 12-6-45）。

表 12-6-45　APT 结晶的提纯效果

杂质元素	浓度	
	母液，mg/L	APT 的杂质含量，ppm
Al	200	≤10
F	1500	≤10
Fe	500	≤200
Mo	300	≤50
Na	300	≤20
Si	200	≤20
P	100	20～30

2. 中和法

在温度高于 50℃下用盐酸中和钨酸铵溶液时，便结晶出片状的 APT：

$12\ (NH_4)_2WO_4 + 14HCl = 5\ (NH_4)_2O \cdot 12WO_3 \cdot 5H_2O + 14NH_4Cl + 2H_2O$

操作时，首先将溶液加热至 50～70℃，蒸发 1～2h，再用盐酸中和 pH 到 6.5～7.5，然后再蒸发母液密度至 1.08～1.10g/cm³，放料冷却．这种方法制得的 APT 纯度高，粒度易控制，结晶速度快。

（七）三氧化钨的制取

生产上一般通过干燥、煅烧纯钨酸或仲钨酸铵制取纯三氧化钨。

煅烧时发生下列热分解反应：

$H_2WO_4 \rightarrow WO_3 + H_2O$

$5\ (NH_4)_2O \cdot 12WO_3 \cdot nH_2O \longrightarrow 12WO_3 + 10NH_3 + (n+5)\ H_2O$

在 500℃下钨酸能完全脱水，而仲钨酸铵则在高于 250℃时完全分解。

钨酸在回转式煅烧炉中煅烧（图 12-6-42）。炉管由不锈钢制成，炉管加热段由镍铬丝加热室加热。加热室用耐火砖砌成，镍铬丝放于耐火砖的槽内通电加热。炉管有一定的倾斜度，一般为 3°。在炉管尾端炉料通过回转筛落入料桶内。炉气进入布袋收尘室或通过泡沫收尘器用淋洗的方法回收带走的炉料。

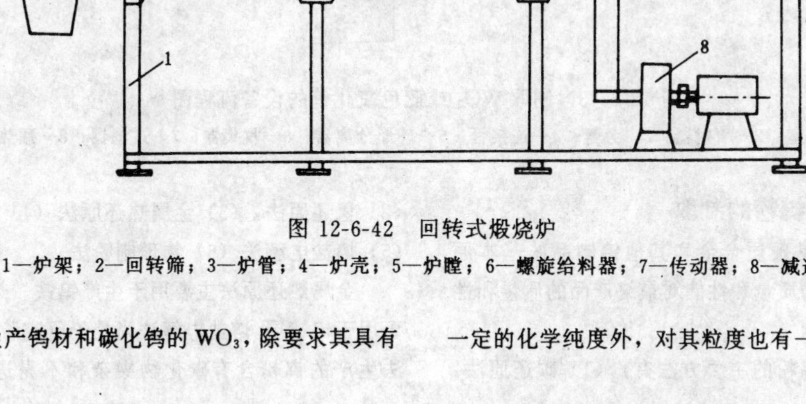

图 12-6-42　回转式煅烧炉

1—炉架；2—回转筛；3—炉管；4—炉壳；5—炉膛；6—螺旋给料器；7—传动器；8—减速器

用作生产钨材和碳化钨的 WO_3，除要求其具有一定的化学纯度外，对其粒度也有一定要求。WO_3

的粒度与钨酸和 APT 的粒度及煅烧温度有关。表 12-6-46 列举在不同煅烧温度下 WO_3 的松装密度。

表 12-6-46 WO_3 粒度与钨酸煅烧温度的关系

温度 ℃	松装密度 g/cm³	甲醇吸附量 mg/g	温度 ℃	松装密度 g/cm³	甲醇吸附量 mg/g
550	0.61	0.99	750	0.67	0.14
600	0.62	0.72	800	0.73	0.06
650	0.62	0.59	850	0.79	0.04
700	0.63	0.47			

从表中可知，煅烧温度高，所得 WO_3 的粒度也较粗。工业上，一般把钨酸煅烧温度控制在 750～850℃之间(用作硬质合金时)。仲钨酸铵的煅烧温度取决于 WO_3 用途。用于生产钨铝丝的 WO_3，煅烧温度低些，通常在 500～500℃下煅烧 4h。如用于生产纯钨材料和钨钍材料的 WO_3，则可在 800～850℃下煅烧 2h。

煅烧 APT 所得的 WO_3 一般比由钨酸所产生的粗一些。

美国一专利介绍了利用气相反应直接从钨酸铵溶液制取 WO_3 或蓝色氧化钨的方法。方法要点是：将钨酸铵溶液喷入到预先加热到一定温度和充有某种预定气氛的反应室中。当反应室为氧化气氛且温度约 600℃时，得到 WO_3；当室内为中性气氛（如氮）且温度约 600℃时，则得到蓝色氧化钨。

整个过程的流程图见 12-6-43。钨酸铵溶液是通过喷射器雾化到用电加热到预定温度的反应室中。反应室中的控制气氛是通过旁管导入。当溶液喷入室中时，立即反应生成 WO_3 或蓝色氧化钨细粉漂浮或向下沉降，通过连接管进入环形分离器。生成的产物大部分聚集在收集器中，而残留气体通过导管进入过滤器，滤净的气体由泵抽出。通入反应室中的气体先通过预热器。

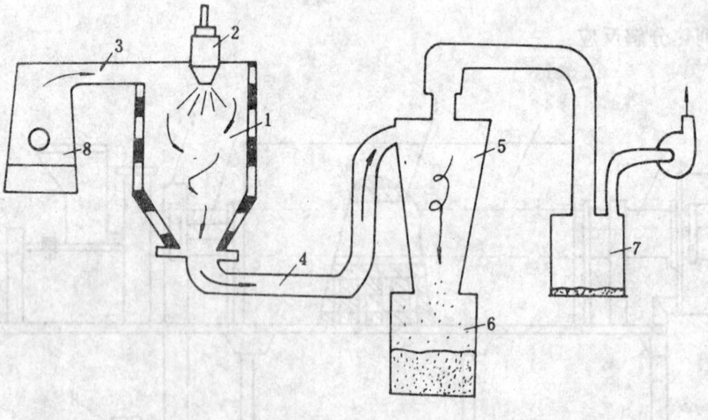

图 12-6-43 制取 WO_3 或蓝色氧化钨的设备流程图

1—反应室；2—喷射器；3—旁管；4—连接管；5—环形分离器；6—收集器；7—过滤器；8—预热器

四、金属钨粉的制取

金属钨粉是硬质合金和其他钨制品的基本原料。金属钨粉的质量和性能对最终产品的质量和性能有很大的影响。

制取金属钨粉的主要方法有：(1) 碳还原法，(2) 氢还原法，(3) 金属热还原法 (4) 热离解法；(5) 熔盐电解法 (6) 物理制粉法。

金属热还原法主要用于生产钨铁。热离解法主要用于钨镀层。熔盐电解法尚处于研究阶段。碳还原法生产的钨粉含有碳化物夹杂和不易进行粒度控制。因此，在工业生产中，广泛采用的是氧化钨氢还原法。由于氯化钨氢还原法能生产具有特异性能的超细和特粗的高纯钨粉，因而具有向工业应用发展的趋势。

在氧化钨氢还原法生产钨粉的生产实践中，根据对钨粉的不同技术要求，可以通过不同途径和控制不同的工艺条件，制取各种规格的钨粉（图 12-6-44）。

钨酸⟶仲钨酸铵⟶三氧化钨⟶蓝钨⟶二氧化钨⟶钨粉

图 12-6-44 钨粉生产中原料和中间产物的转化过程示意图

（一）金属钨粉制取过程的基本原理

1. 氧化钨氢还原过程的基本原理

（1）氧化钨氢还原过程热力学

1）W-O 系化合物的某些性质。钨、氧体系状态图如图 12-6-45 所示。钨氧化物的结构和某些性质列于表 12-6-47。钨氧化物的热力学性质列于表 12-6-48。钨氧化物的生成反应自由能与温度关系曲线示于图 12-6-46。

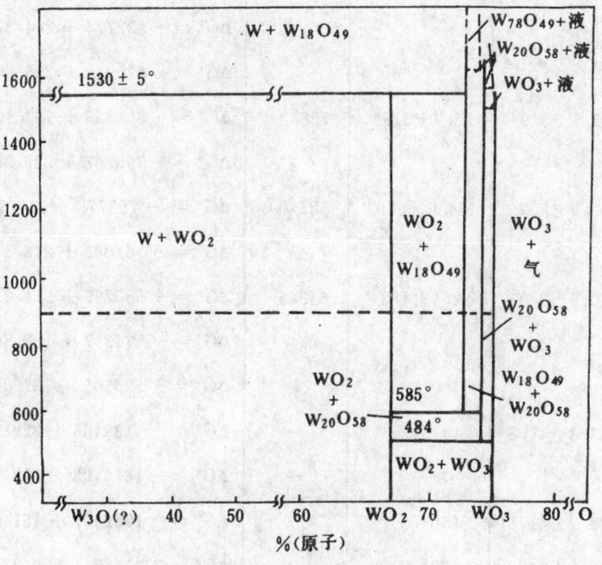

图 12-6-45 钨-氧体系状态图

表 12-6-47 钨氧化物的结构和某些性质

氧化物	颜色	晶形	晶格参数，Å				密度 g/cm³	匀相范围
			a	*b*	*c*	*β*		
WO_3	黄	三斜	7.304	7.514	3.844	α=88.86 β=90.84 γ=90.94	7.27	WO_3～$WO_{2.96}$
		单斜	7.297	7.539	7.688	90.91		

续表 12-6-47

氧化物	颜色	晶形	晶格参数，Å				密度 g/cm^3	匀相范围
			a	b	c	β		
$WO_{2.90}$	蓝	单斜	12.05	3.767	23.59	94.72	7.15	$WO_{2.92}$～$WO_{2.84}$
$WO_{2.72}$	紫	单斜	18.28	3.775	13.98	115.14	7.96	$WO_{2.75}$～$WO_{2.65}$
WO_2	褐	单斜	5.73	4.96	5.62	122.1	10.82	$WO_{2.05}$～WO_2

表 12-6-48 钨氧化物的某些热力学性质

氧化物	聚集状态	$-\Delta^\circ H_{298K}$ kJ/mol	S°_{298K} kJ/mol	ΔG°_{298} kJ/mol	$-\triangle G^\circ = f(T)$，J/mol
α-WO_3	晶体	848.0±5.9①	79.9±5.9①	766.1①	$\Delta G^\circ = -842592 - 42.7T\lg T + 383.5T$(298～1400K)②
					$\Delta G^\circ = -832774 + 244.37T$(973～1273K)③
					$\Delta G^\circ = -820012 + 236.80T$(1300～1600K)④
$WO_{2.90}$	晶体	807.5±5.9①	98.7±5.9①	738.5①	$\Delta G^\circ = -804858 + 233.17T$(973～1273K)③
					$\Delta G^\circ = -798267 + 226.94T$(1300～1600K)④
$WO_{2.72}$	晶体	753.9±5.9①	104.5±5.9①	682.0①	$\Delta G^\circ = -753775 + 214.9T$(973～1273K)③
					$\Delta G^\circ = -761888 + 218.53T$(1300～1600K)④
WO_2	晶体	560.3±2.9①	82.4±4.2①	513.5①	$\Delta G^\circ = -550299 + 571.2T$(298～1500K)②
					$\Delta G^\circ = -574217 + 169.86T$(973～1273K)③
					$\Delta G^\circ = -573506 + 167.3T$(1300～1600K)④
W_2O_6	气体	1163.3±41.8⑤	(415.2)⑤	—	$\Delta G^\circ = -1139486 + 229.90T$(1300～1600K)④
W_3O_8	气体	—	—	—	$\Delta G^\circ = -1676403 + 378.60T$(1300～1600K)④
W_3O_9	气体	2022.2±41.8⑤	(504.3)⑤	—	$\Delta G^\circ = -1982497 + 461.06T$(1300～1600K)④
W_4O_{12}	气体	2802.5±41.8⑤	(604.7)⑤	—	$\Delta G^\circ - 2741457 + 670.27T$(1300～1600K)④

① Griffis R. C., J. Electrochem. Soc., **106** (1959), No. 5 418—422.

② Kubaschewski O. et al.,《Metallurgical Thermochemistry》, 5—th ed., L., 1979, 384.

③ Rizzo E. et al., *Trans. met. Soc.* AIME, **239** (1967), 1901—1905.

④ Ackermann R. J. *et al.*, *J. Phys. Chem.*, **67** (1963), 2596—2601.

⑤ Stull D. et al.,《JANAF Thermochemical Tables》, 2—d ed. US NBS, Wash., 1971, p. 1141。

2）钨氧化物氢还原反应。在600～900℃范围内，相应于钨的四种氧化物，还原过程经过下列四个阶段：

$$10WO_3 + H_2 = 10WO_{2.90} + H_2O$$

$$\frac{50}{9}WO_{2.90} + H_2 = \frac{50}{9}WO_{2.72} + H_2O$$

$$\frac{25}{18}WO_{2.72} + H_2 = \frac{25}{18}WO_2 + H_2O$$

$$\frac{1}{2}WO_2 + H_2 = \frac{1}{2}W + H_2O$$

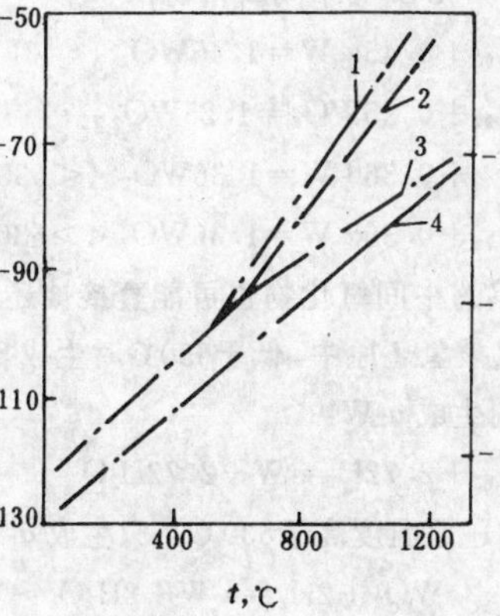

图 12-6-46 钨氧化物的生成反应自由能与温度的关系

1—$WO_{2.90}+0.05O_2=WO_3$；
2—$WO_{2.72}+0.09O_2=WO_{2.90}$；
3—$WO_2+0.36O_2=WO_{2.72}$；4—$W+O=WO_2$
实线—实验；点划线—外延

R.C.格里菲斯（Griffis）导出的这四个阶段还原反应的标准自由能变化和焓的关系方程式如下：

第Ⅰ阶段：

$\Delta H^\circ = 176882 + 7.95T - 138.4\times10^{-3}T^2 + 0.167\times10^5T^{-1}$

$\Delta G^\circ = 176882 - 7.95T\ln T + 138.4\times10^{-3}T^2 + 0.084\times10^5T^{-1} - 276.0T$

$\Delta H^\circ_{298} = 166.9 \pm 4.2\text{kJ}$

$\Delta G^\circ_{298} = 93.7 \pm 4.2\text{kJ}$

第Ⅱ阶段：

$\Delta H^\circ = 79869 - 14.01T + 3.72\times10^{-3}T^2 + 0.167\times10^5T^{-1}$

$\Delta G^\circ = 79869 + 14.01T\ln T - 3.72\times10^{-3}T^2 + 0.084\times10^5T^{-1} - 184.4T$

$\Delta H^\circ_{298} = 76.1 \pm 4.2\text{kJ}$

$\Delta G^\circ_{298} = 48.5 \pm 4.2\text{kJ}$

第Ⅲ阶段：

$\Delta H^\circ = 25550 - 14.01T + 3.72\times10^{-3}T^2 + 0.167\times10^5T^{-1}$

$\Delta G^\circ = 25550 + 14.01T\ln T - 3.72\times10^{-3}T^2 + 0.084\times10^5T^{-1} - 119.6T$

$\Delta H^\circ_{298} = 21.7 \pm 4.2\text{kJ}$

$\Delta G^\circ_{298} = 13.4 \pm 4.2\text{kJ}$

第Ⅳ阶段：

$\Delta H^\circ = 42339 - 14.55T + 4.52\times10^{-3}T^2 + 0.167\times10^5T^{-1}$

$\Delta G^\circ = 42339 + 14.55T\ln T - 4.52\times10^{-3}T^2 + 0.084\times10^5T^{-1} - 128.4T$

$\Delta H^\circ_{298} = 38.5 \pm 2.1\text{kJ}$

$\Delta G^\circ_{298} = 28.4 \pm 2.1\text{kJ}$

钨氧化物氢还原过程平衡常数对数与温度倒数的关系曲线示于图12-6-47。

(2)氧化钨氢还原过程动力学。WO_3的升温还原曲线示于图12-6-48，WO_3升温还原产物的X射线衍射分析结果列于表12-6-49。

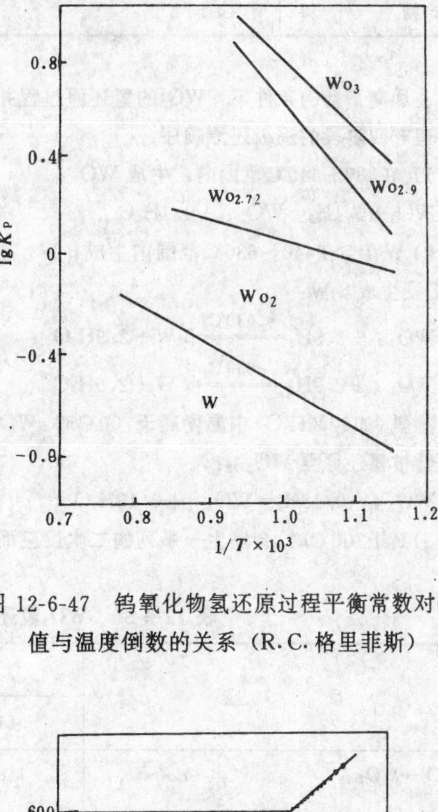

图 12-6-47 钨氧化物氢还原过程平衡常数对数值与温度倒数的关系（R.C.格里菲斯）

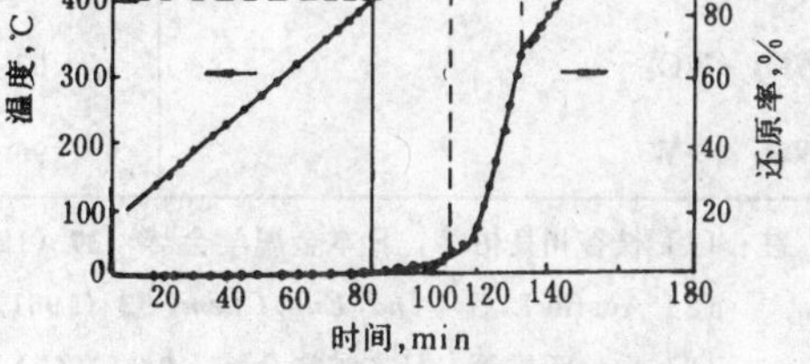

图 12-6-48 WO_3的升温还原曲线

$WO_3$300mg；氢气流速1L/min；升温速度5℃/min

表 12-6-49 WO_3升温还原产物的X射线衍射分析结果

试样	颜色	组成相
开始	黄	WO_3
中间物质		WO_3，$WO_{2.90}$
第一曲线点	紫	$WO_{2.90}$
中间物质		$WO_{2.90}$，WO_2，W（α-，β-）
第二曲线点	棕	WO_2
中间物质		WO_2，W（α-，β-）
最后产物	灰	W（α-）

在远离平衡的条件下，WO_3的氢还原过程并不严格遵守四阶段的逐级还原顺序：

1）在380～440℃范围内，生成 $WO_{2.90}$：

$$WO_3+0.1H_2=WO_{2.90}+0.1H_2O$$

2）$WO_{2.90}$在440～630℃范围内生成β-W，高于630℃则生成α-W：

$$WO_{2.90}+2.9H_2\xlongequal{<630℃}\beta\text{-}W+2.9H_2O$$

$$WO_{2.90}+2.9H_2\xlongequal{>630℃}\alpha\text{-}W+2.9H_2O$$

但在湿氢（如30%H_2O）中温度高于700℃时，$WO_{2.90}$也可能被氢还原至 $WO_{2.72}$：

$$WO_{2.90}+0.18H_2=WO_{2.72}+0.18H_2O$$

3）高于700℃时，会发生一系列的二次反应而生成 $WO_{2.72}$和 WO_2等中间氧化物：

$$WO_{2.90}+0.45\alpha\text{-}W=1.45WO_2$$

$$WO_{2.90}+0.25WO_2=1.25WO_{2.72}$$

$$WO_{2.72}+0.36\beta\text{-}W=1.36WO_2\ （<630℃时）$$

$$WO_{2.72}+0.36\alpha\text{-}W=1.36WO_2\ （>630℃时）$$

4）钨的中间氧化物也可能直接被还原至金属钨。$WO_{2.72}$被氢还原中，低于630℃时生成β-W，高于630℃时则生成 α-W：

$$WO_{2.72}+2.72H_2=W+2.72H_2O$$

而 WO_2的还原温度高于630℃，只生成 α-W：

$$WO_2+2H_2=\alpha\text{-}W+2H_2O$$

WO_3的等温氢还原曲线示于图12-6-49，WO_3氢还原反应的表观活化能列于表12-6-50。

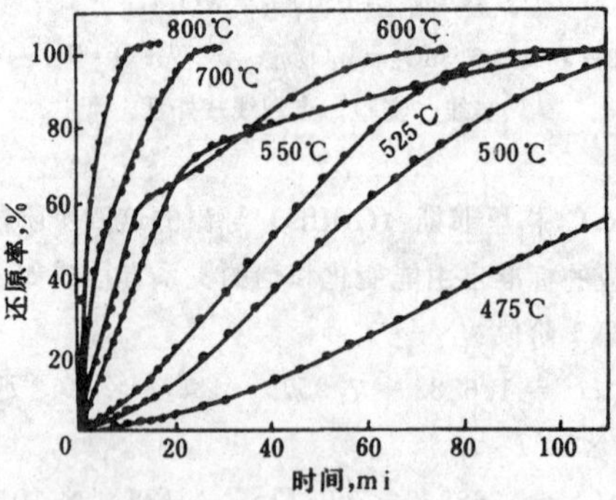

图 12-6-49 WO_3的等温氢还原曲线

表 12-6-50 WO_3氢还原反应的表观活化能（kJ/mol）

反应	来源			
	〔1〕	〔2〕	〔3〕	〔4〕
$WO_3→WO_{2.72}$	118.3	85.3	71.9	—
$WO_{2.72}→WO_2$	—	64.8	41.8	—
$WO_2→W$	60.6	88.7	97.4	—
$WO_3→WO_2$	63.1	—	—	92.8（<625℃）
$WO_{2.90}→W$	96.6	—	—	30.1（>625℃）

注：〔1〕长谷川良佑等，日本金属学会誌，**37**（1973），621－627.

〔2〕Austin L. G.，*Ind. Eng. Chem*，**53**（1961），No. 8，659－661.

〔3〕山口昭雄等，日本鉱業会誌，**81**（1965），93—96.

〔4〕ЧижиковД. А. Изв，АНСССР. Металлы，（1970），No6，8—13.

J.O.霍根（Hougen）等人将WO_3压成圆片进行的研究表明，WO_3氢还原的发展过程如图12-6-50所示。L.G.奥斯丁（Austin）对他们的数据进行分析处理得到反应速度（$gO_2/(cm^2 \cdot s)$）与温度的关系式如下：

$WO_3 \rightarrow WO_{2.72}$　$K_1 = 8.35\exp(-20.4/RT)$

$WO_{2.72} \rightarrow WO_2$　$K_2 = 0.75\exp(-15.5/RT)$

$WO_2 \rightarrow W$　$K_3 = 4.49\exp(-21.2/RT)$

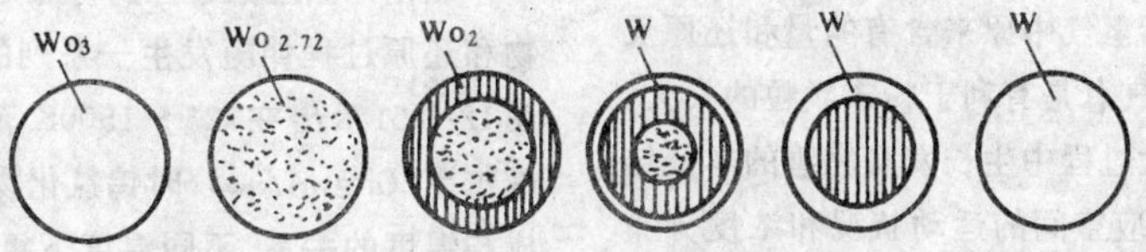

图 12-6-50　WO_3氢还原反应的发展过程图解

山口昭雄等人的研究也得到相近的结果。他们的实验表明，在642～790℃范围内，由于生成的WO_2壳层比较致密，$WO_{2.72} \rightarrow WO_2$还原阶段的动力学用简德尔扩散方程式描述：

$$1-(1-\alpha)^{1/3} = K_2\sqrt{t}$$

$WO_2 \rightarrow W$还原阶段的产物金属钨为疏松粉末，过程为界面上进行的化学反应所控制，其动力学用麦肯旺（Mckewan）方程式描述：

$$1-(1-\alpha)^{1/3} = K_3 t$$

在工业生产条件下，还原产物水蒸气通过粉末层向料层表面的扩散过程起主要作用。D.S.帕桑（Parson）假设还原过程为水蒸气通过粉末层向料层表面的扩散所控制，推导出的还原过程动力学的理论公式如下：

$$\tau = \frac{K\rho}{f(T)}(qh)^2$$

式中　q——到时间τ时被还原的氧化物份量，%；

h——氧化物料层的总起始高度，cm；

ρ——氧化物的松装密度，g/cm^3；

T——温度，K；

K——常数。

根据在325～1250℃、矩形烧舟、料层厚0.8～2.3cm、氢气流速13～86cm/s、露点－25～＋25℃条件下进行的实验得到的数据，导出在626℃以上时的还原动力学经验方程为：

$$\tau = 6.66 \times 10^{20} \rho T^{-5.7}(qh)^{1.6}$$

虽然所得的qh指数值低于理论值，但过程显然主要为水蒸气扩散所控制。在温度低于625℃时，还原反应属于中间控制过程，即化学反应的速度与扩散速度相近。

除温度外，氢气湿度与添加剂是影响WO_3氢还原反应速度的主要因素。在700℃以上时，钨氧化物能与水生成挥发性氧化物。因此，随着温度的增加，水蒸气对反应速度的影响更加显著。各种添加剂对WO_3还原反应速度的影响不一：钯、铂、金、锇对WO_3还原至WO_2起催化作用；砷、锑、钯对$WO_{2.90}$还原为金属钨起强烈催化作用，而金、铈、锡、铅、硒、锇对此过程的催化作用较弱；硼、铝、钒、铬、锰，特别是磷酸则降低还原速度。

（3）氧化钨氢还原过程中的粒度和粒形变化。WO_3多半以颗粒烧结而成的团粒形式存在。由煅烧钨酸所得的WO_3团粒没有确定的几何形状。由煅烧仲钨酸铵得到的WO_3团粒同仲钨酸铵的晶体外形相似。

$WO_{2.90}$一般呈团粒形态。由钨酸得到的蓝氧团粒，外形没有确定的几何形状；由仲钨酸铵得到的，其团粒外形则同仲钨酸铵的晶体外形相似。

把WO_3还原至$WO_{2.72}$时，形态发生重大变化。由细颗粒WO_3生成的$WO_{2.72}$为杂乱排列取向的针状物（晶须），而由粗粒WO_3生成的$WO_{2.72}$则是针状物丛生的球状物。针状物的长度由几微米至50μm不等。

WO_2的形态也有两种类型：一种是由WO_2初晶聚结成的聚集体，另一种是由WO_2单晶连结成的链状体。

由WO_2还原至钨，基本上不产生形貌上的变化。纯钨粉具有致密的晶粒，但掺杂钨粉的形貌特点是呈多孔性。

影响钨粉粒度和粒形变化的主要因素有：

1）温度。低温还原（如低于630℃）时，由于还原过程不经过对粒度和粒形影响特别明显的中间阶段,粉末的粒度和形貌变化不明显。但随着温度的增加，由于其对还原反应的加速作用和对气相迁移的促进作用,粉末粒度逐渐变粗,成为影响粒度的主要因素。

2）水蒸气。水蒸气是还原反应中气相迁移过程的基本条件，它包括氢气中原来含有的量和还原反应中生成的量。水蒸气总是有利于粉末颗粒的长大，并有利于在粉末长大过程中生长发育完善的本征结晶。要从水蒸气在反应空间的运动状况和浓度分布来考虑它对粉末粒度和粒形的影响作用。一切有利于加速水蒸气从反应区域排除的因素,如薄料层、工业生产条件下的顺流供氢还原等，均能抑制粉末颗粒的长大过程。

3)原料粉末的性状。这种影响比较复杂,依还原过程的特点和条件而异。一般讲,按固相局部化学反应机理进行的过程,容易保持其原料粉末的外形;而按气相迁移机理进行的过程，则易于改变原料粉末的原始形貌，有利于生长成发育完善的本征结晶。

4）杂质和添加剂。根据在还原过程中对钨粉颗粒变化的影响作用,可以将微量杂质分为三种类型:

第一种类型以碱金属为代表，它们本身往往成为氧的载体,延缓氧在粉末层内的滞留时间,促进化学气相迁移作用,能显著增加钨粉颗粒的长大过程;

第二种类型以钙、镁、硅为代表,对钨粉的颗粒长大不起明显作用;

第三种类型以铝为代表，它们能在钨晶粒表面生成稳定性很好的氧化物薄层，抑制钨粉的颗粒长大过程。

2. 氯化钨氢还原过程的基本原理

氯化钨氢还原过程的总反应式可写作：

$$WCl_n+\frac{n}{2}H_2=W+nHCl$$

氯化钨氢还原过程的特点是存在多种低价氯化物和还原过程伴随发生一系列的分解和歧化反应。图12-6-51示出在723～1500K 范围内不同氯-钨总摩尔比（$c=n_{Cl}/n_W$）时钨氯化物的高温平衡气相组成与温度的关系。不同温度下氯化钨与氢反应在反应区内的产物列于表12-6-51。

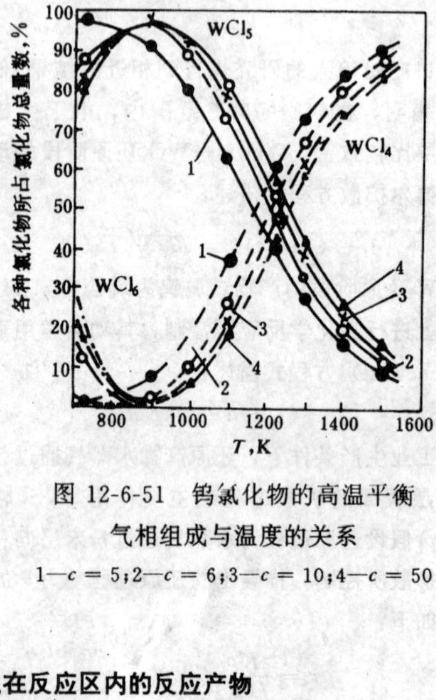

图 12-6-51 钨氯化物的高温平衡气相组成与温度的关系

1—$c=5$；2—$c=6$；3—$c=10$；4—$c=50$

表 12-6-51 不同温度下氯化钨与氢在反应区内的反应产物

t ℃	W,% 膜	W,% 粉	WCl_2 %	$WCl_{2.6}$ %	WCl_4 %
350	—	—	1	11	2
400	痕	—	19	5	—
450	18	—	37	—	—
500	78	—	5	—	—
550	98	—	—	—	—
600	94	2	—	—	—
700	45	20	—	—	—
800	3	45	—	—	—
900	痕	45	—	—	—
1000	—	24	—	—	—

（二）原料钨粉的工业生产方法

工业钨粉的生产一般以蓝钨和黄钨为起始原料。工业上的蓝钨是由 $WO_{2.90}$、$WO_{2.72}$、WO_3、铵钨青铜以及其他类型的钨青铜等一种或两种以上的相成分组成的复合物，组成上往往不是固定的。蓝钨一般是在管状炉中由仲钨酸铵（APT）氢还原制得，其典型的制取工艺条件如表12-6-52。

表 12-6-52　蓝钨制取工艺条件

舟皿尺寸 mm	装料量 g/舟	推舟速度 min/舟	氢气流量 m^3/h	温度				
				一区	二区	三区	四区	五区
250×50×25	500	15	0.3	320	360	420	460	290

黄钨（WO_3）由 APT 或钨酸煅烧制得：

$$5(NH_4)_2O\cdot 12WO_3\cdot nH_2O = 12WO_3 + 10NH_3 + (n+5)H_2O$$

$$H_2WO_4\cdot nH_2O = WO_3 + (n+1)H_2O$$

由 APT 煅烧制取 WO_3的工艺条件如表12-6-53。

表 12-6-53　由 APT 煅烧制取 WO_3的工艺条件

设　备	条　件	
回转管式电炉	转速，r/min	5
	倾角，°	3～7
	温度，℃	650～700
	过筛，目	80～100
	生产能力，$kgWO_3/h$	20～25
石英管电炉	投料温度，℃	<200
	投料量，kg/管	8
石英管电炉	保温时间，h	350℃　1
		550℃　3
		600℃　3
	降温时间，h	2
	出料温度，℃	<200

1. 硬质合金用钨粉的生产

(1)粗颗粒钨粉的生产。粗颗粒钨粉通常在钼丝炉（图12-6-52）中采用一阶段直接氢还原的方法制取。所得钨粉呈灰色，带明显的金属光泽，其平均粒度为30～50μm。生产所用工艺条件如表12-6-54。

表 12-6-54　粗颗粒钨粉生产的工艺条件

还原温度，℃	装舟量，kg/舟	推舟速度，min/舟	氢气流量，m^3/h
1200±20	1.5～1.8	30	2

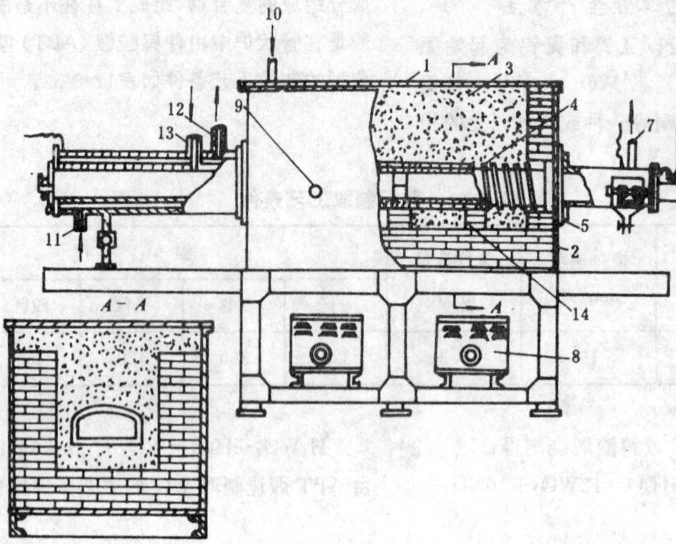

图 12-6-52 一阶段直接还原用钼丝炉

1—炉壳；2—轻质砖；3—氧化铝；4—钼丝；5—炉管；6—压缩空气进口；7—氢气出口；8—调压器；9—辐射高温计孔；10—炉壳氢气进口；11—冷却水进口；12—冷却水出口；13—氢气进口；14—涂料

(2) 中、细颗粒钨粉的生产。生产中、细颗粒钨粉的一般工艺流程见图12-6-53。不同牌号硬质合金所需不同粒度的钨粉，通常采用不同的还原工艺条件进行控制。

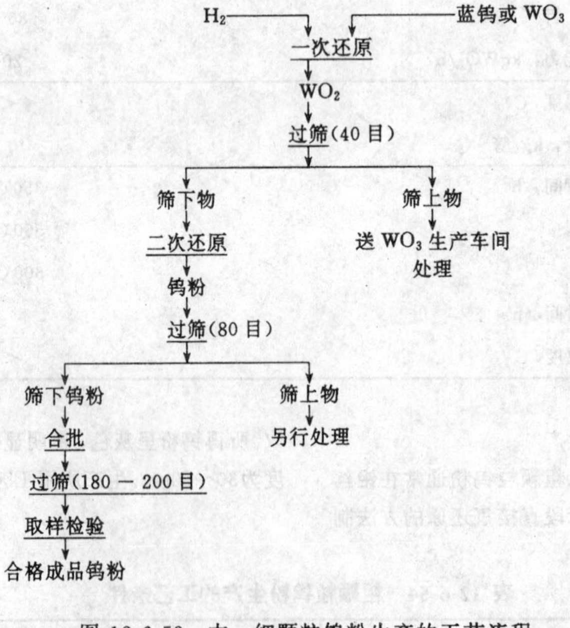

图 12-6-53 中、细颗粒钨粉生产的工艺流程

第一阶段还原一般在回转管式电炉（图12-6-54）或四管（方管）电炉（图12-6-55）中进行，其还原工艺条件见表12-6-55和表12-6-56。

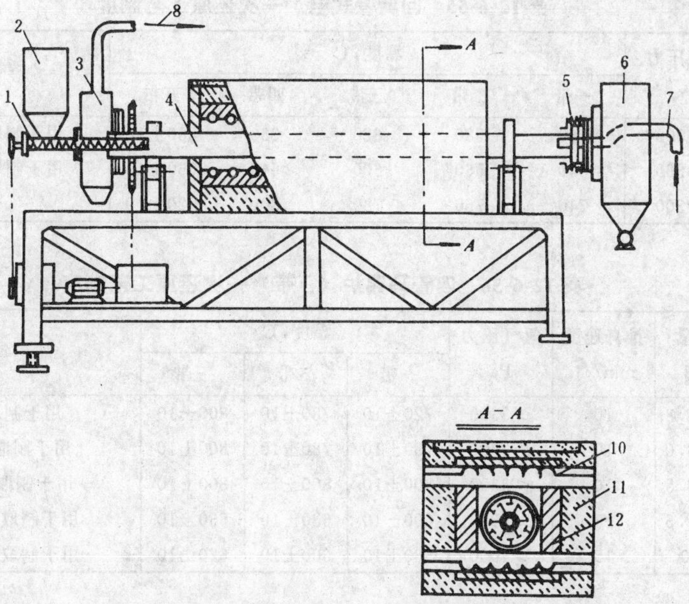

图 12-6-54 还原用回转管式电炉

1—螺旋给料机；2—装料斗；3—收尘室；4—炉管；5—摩擦密封装置；6—卸料头；7—氢气进口；8—氢气出口；9—矿渣棉；10—电热元件；11—轻质保温砖；12—耐火砖

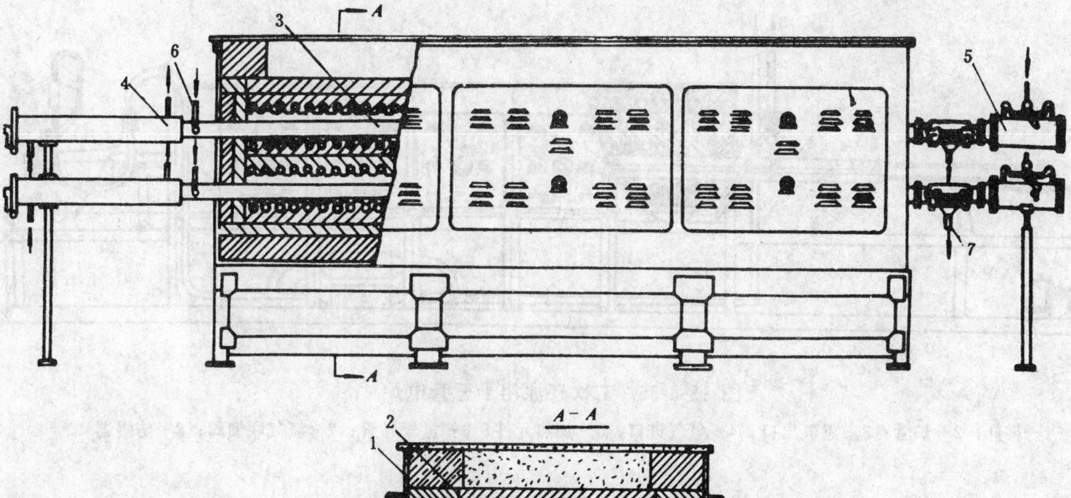

图 12-6-55 还原用四管马弗炉

1—炉壳；2—加热元件；3—炉管；4—冷却套；5—推进器；6—氢气进口；7—氢气出口

表 12-6-55 回转管式电炉一次还原工艺制度

类别	氢气压力 Pa	温度,℃					备注
		一带	二带	三带	四带	五带	
细颗粒	>3300	560	580	620	660	680±10	用于制取 YT15硬质合金
细颗粒	>3300	540	560	600	640	660±10	用于制取 YT30硬质合金
中颗粒	>3300	740	760	780	800	820±10	

表 12-6-56 四管马弗炉(三带)一次还原工艺制度

类别	装舟量 kg/舟	推舟速度 min/舟	氢气压力 Pa	温度,℃			备注
				一带	二带	三带	
中颗粒	3.5~3.8	10	>3300	720±10	780±10	800±10	用于制取复式碳化物
中颗粒	3.5~4.0	10	>3300	750±10	780±10	800±10	用于制取 YG 硬质合金
中颗粒	4.0~4.5	10	<3300	800±10	800±10	800±10	用于制取 YT5硬质合金
细颗粒	2.0~2.5	15	>4000	600±10	630±10	650±10	用于制取 YT15硬质合金
细颗粒	<2.0	15	>4000	580±10	600±10	620±10	用于制取 YT30硬质合金

第二阶段还原最好在管子截面积较小的十三管电炉(图12-6-56)中进行,亦可在三带、四带加热的四管马弗炉或其他类型的马弗炉中进行,其还原工艺条件见表12-6-57。

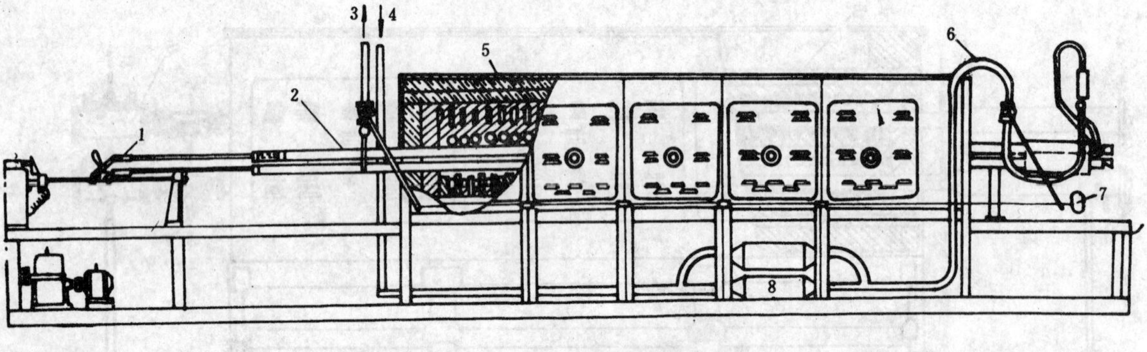

图 12-6-56 二次还原用十三管电炉

1—推杆;2—炉管;3—氢气出口;4—氢气进口;5—加热元件;6—氢气导管;7—氢气联锁阀;8—防爆器

表 12-6-57 二次还原工艺制度

钨粉类别	还原炉	装料量 kg/舟	推舟速度 min/舟	氢气压力 Pa	温度,℃	备注
					一带 二带 三带 四带 五带	
中颗粒	十三管电炉	0.35~0.38	15	>3300	860±10	用于制取复式碳化钨
中颗粒	十三管电炉	0.40~0.45	15	>3300	880±10	用于制取 YG 硬质合金
中颗粒	十三管电炉	0.40~0.55	15	<3300	890±10	用于制取 YT15硬质合金
细颗粒	十三管电炉	0.16~0.20	15	>4000	780 880 880±10	用于制取 YT15硬质合金
细颗粒	十三管电炉	0.10~0.13	15	>4000	740 760 760±20	用于制取 YT30硬质合金

续表 12-6-57

钨粉类别	还原炉	装料量 kg/舟	推舟速度 min/舟	氢气压力 Pa	温度,℃ 一带 二带 三带 四带 五带	备注
中颗粒	四管马弗炉（四带）	3.5～3.6	15	>3300	850 870 890 890±10	用于制取 YG 硬质合金
细颗粒	四管马弗炉（三带）	2.5～3.0	15	>4000	730 750 770±10	用于制取 YG15硬质合金

2.钨丝用钨粉的生产

钨丝用钨粉要求纯度高（>99.95%），并以中、细粒度为宜。钨丝生产中，除纯钨粉外，还采用各种类型的掺杂钨粉。下面主要介绍灯泡抗下垂钨丝用掺杂钨粉的生产。

灯泡钨丝用原料钨粉的现代生产方法一般要经过掺杂、还原和酸洗三个主要阶段，其原则流程见图12-6-57。

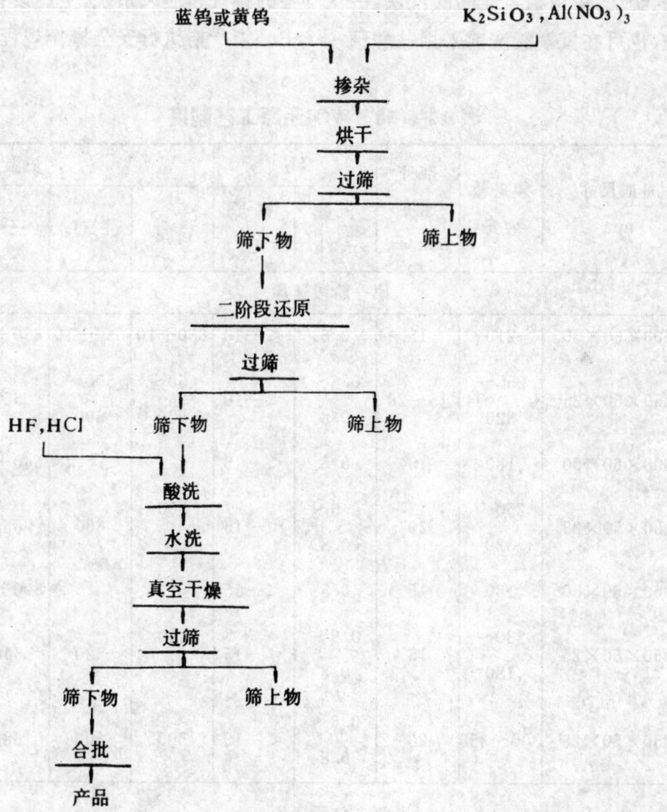

图 12-6-57 灯泡钨丝用钨粉的生产工艺流程图

(1)氧化钨的掺杂。掺杂用氧化钨为三氧化钨或由仲钨酸铵直接还原得到的蓝色氧化钨。掺杂方法采用湿润法或喷雾法。掺杂剂 K_2SiO_3、KCl、$Al(NO_3)_3$按0.45%SiO_2；0.45%KCl 和0.03%Al_2O_3加入。盐酸的加入量以保证掺杂剂 pH=3～4为止。

对钨铝丝而言，掺杂氧化钨半成品的技术要求如下：

杂质含量，%：SiO_2 0.35～0.45

Al_2O_3	0.025～0.035
Fe_2O_3	<0.005
CaO	<0.002
NH_3	0.3～0.9
KCl	0.4～0.5
Mo	<0.02

松装比重，g/cm^3：1.5～2.2

(2) 掺杂氧化钨的还原。现今，拉丝用钨粉的生产均采用二阶段氢还原方法，即先由三氧化钨或蓝色氧化钨还原为 WO_2，再由 WO_2还原至金属钨粉。表12-6-58列出的是各种钨丝用钨粉还原工艺制度的实例。

要求钨丝用钨粉具有最佳的粒度组成。为此，有时将在不同还原制度下制得的钨粉进行搭配混合。

(3) 掺杂钨粉的酸洗。采用稀氢氟酸酸洗法。一般采用约5%氢氟酸，也可在氢氟酸洗前采用盐酸预洗涤。酸洗钨粉经水洗涤和真空干燥后，再在800℃下用氢再还原一次，但也可直接送去压制成型。

3. 氢气的回收利用和安全操作

氢还原制取钨粉需要理论量过量10～12倍的氢气。还原炉出来的废气除水蒸气和氨外，大部分仍然是氢气。因此，生产中通常设有氢气再生系统来回收氢。

氢气再生系统（图12-6-58）包括洗涤塔（脱氨）、脱氧器（加热到600～700℃的废金属）、冷凝器、干燥塔（硅胶或其他干燥剂）、过滤器和氢泵。还原纯氧化钨时，还原炉出来的废气也可以不用脱氨，甚至不用脱氧，经干燥除水后，即回炉使用。

氢和氧或空气的混合物，在一定比例范围内易引起爆炸，使用时应特别注意安全。厂房设计要有完善的排气和通风系统。生产设备应有防爆措施。生产中必须严格执行安全操作规程。

表 12-6-58 WO_3还原工艺制度

牌 号	还原炉	舟皿尺寸 mm	装舟量 g/舟	推舟速度 min/舟	H_2 流量 m^3/h	H_2 露点 ℃	炉温，℃ 一带	二带	三带	四带	五带
第一阶段还原											
W1，W2	四管炉	300×60×50	210	15	0.6	<−10	650±10	650±10	650±10	650±10	650±10
	九管炉	250×50×25	250～320	15～20	0.6～0.8	<−10	450～500	500～600	650	650～700	550
WAL	四管炉	300×60×50	180	15	0.6	<−15			640±10		
	九管炉	250×50×25	250～320	20	0.6～0.8	<−15	500	600	650	650	550
WTh	四管炉	300×60×50	180	15	0.5	<−15			690±10		
	九管炉	250×50×25	230～180	15	0.6～0.8	<−15	440	520	640	640	520
WCe	九管炉	250×50×25	300～350	20	0.6～0.8	<−15	500	600	680	680	680
第二阶段还原											
W1，W2	十一管炉	250×40×35	250	15	0.8～1.0	<−20	600	800	820	820	670
	十三管炉	250×50×50	300～320	25	0.8～1.0	<−20	680	780	880	880	750
WAl	十一管炉	250×40×35	200	15	0.8～1.0	<−20	550	750	780	780	630

续表 12-6-58

牌号	还原炉	舟皿尺寸 mm	装舟量 g/舟	推舟速度 min/舟	H_2 流量 m^3/h	H_2 露点 ℃	炉温,℃ 一带	二带	三带	四带	五带
WTh	十三管炉	250×50×50	300	30	0.8～1.0	<－20	680	780	860	860	740
	四管炉	300×60×65	200	30	0.8～1.0	<－15	640	870	870	820	720
	九管炉	250×50×25	260～280	40	0.8～1.0	<－20	640	740	820	820	720
WCe	十三管炉	250×50×50	300～350	35	0.8～1.0	<－20	700	800	880	880	750

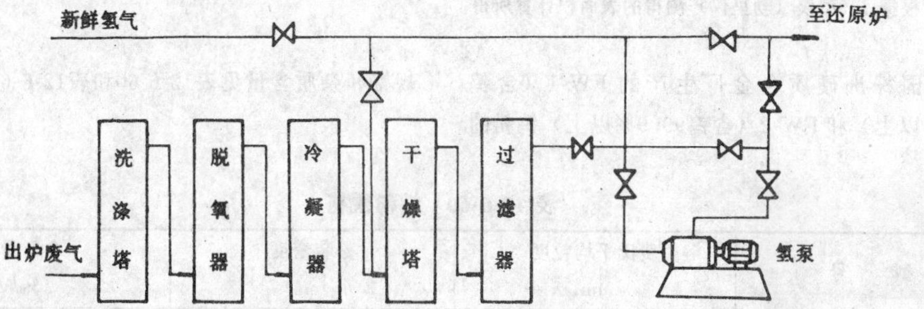

图 12-6-58 氢气再生系统

（三）金属钨粉的质量控制

实际生产中，主要从下列三个方面控制钨粉的质量：

(1)控制原料钨氧化物或仲钨酸铵的纯度，并从设备和工艺方面避免受进一步的污染，以保证还原钨粉在化学纯度和杂质含量方面达到技术要求；

(2) 控制还原的工艺制度或采用特定的工艺方法，以保证还原钨粉在物理性能方面达到要求；

(3) 通过对还原钨粉作进一步的处理，如球化、分级、表面处理等，使还原钨粉在物理性能方面达到更高一级的要求。

大量研究表明，还原过程必经的 WO_3 至 $WO_{2.90}$ 阶段不是粒度控制的主要步骤，粒度控制的主要步骤是 $WO_{2.90}$ 至 WO_2 阶段。控制钨粉粒度和形貌的主要参数是温度和还原反应区的湿度。在实际工艺中，一般采用净化过的氢气（通常要求露点低于－20℃），因此，主要是确定温度制度。在温度制度确定后，实际中控制粒度的简便方法是改变料层厚度和通氢方式。

影响粒度分布最显著的因素是还原温度。升高温度和增加料层厚度，粒度分布变宽。增加氢气流量，则粒度分布变窄。

工业氢还原钨粉的平均粒度主要在1～10μm范围。由美国华昌公司提供的这类钨粉的平均粒度和粒度分布见图12-6-59。

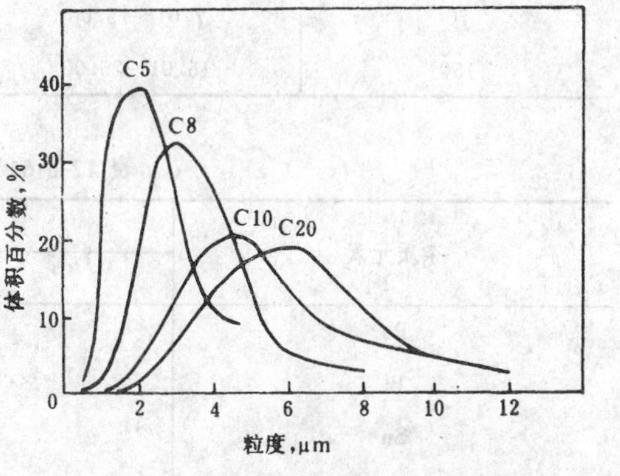

图 12-6-59 各类氢还原钨粉的典型粒度分布曲线

表12-6-59列出采用显微镜法测定的用于生产致密金属钨的钨粉的典型粒度组成。

表 12-6-59 各类型钨粉的粒度特性

钨粉类型	松装比重 g/cm³	显微分析，μm						平均粒径① μm
		0～1	1～2	2～3	3～4	4～5	>5	
		颗粒，%						
钨铝	2.15	44	35	14	3	2	2	4～6.5
钨钍 (1.5%ThO_2)	—	77	18	4	1	—	—	1.2～1.8
纯钨	1.2	90	8	2	—	—	—	0.8～1.5
纯钨	1.8～2.5	65	30	5	—	—	—	1.5～2.0
纯钨	2.5	42	30	20	4	2	2	2.5～4.5

① 根据 T-3型仪（物里仪）测得的表面积计算所得。

中国株洲硬质合金厂生产的 FW-1（含钨99.95%以上）和 FW-2（含钨99.9%以上）钨粉的规格和杂质含量见表12-6-60和表12-6-61。

表 12-6-60 钨粉规格

型号	费氏平均粒度 μm	松装密度 g/cm³	含氧量 %
05	0.51～1.00	1.7～2.5	≤0.4
10	1.01～1.50	2.0～2.8	≤0.3
15	1.51～2.00	2.2～3.0	≤0.3
20	2.01～3.00	2.6～3.5	≤0.25
30	3.01～4.00	3.2～4.2	≤0.25
40	4.01～5.50	3.8～4.8	≤0.25
55	5.51～7.00	4.0～5.2	≤0.20
70	7.01～15.00	4.2～5.5	≤0.20
150	15.01～25.00	4.5～6.5	≤0.10

表 12-6-61 钨粉的杂质含量

杂质元素	含量不大于，%	
	FW-1	FW-2
Pb	0.0001	0.001
Bi	0.0001	0.001
Sn	0.0001	0.001
Sb	0.001	0.001
As	0.001	0.002
Mn	0.001	0.001
Mo	0.01	0.05
Fe	0.005	0.01

续表 12-6-61

杂质元素	含量不大于，%	
	FW-1	FW-2
Al	0.001	0.0025
Ni	0.002	0.003
Mg	0.001	0.001
Cr	0.002	0.003
Ca	0.0015	0.01
Si	0.002	0.005
Na	0.003	0.006
K	0.001	0.002
P	0.001	0.005
主要用途	大型板坯，W-Re 电偶原料等	触头合金，高比重屏障原料等

第五节　金属钨的加工及制品

一、致密钨坯锭的制备

（一）粉末冶金法生产致密坯锭

粉末冶金钨坯主要供加工成各种棒、丝、板、箔材用，其生产过程由粉末的压制成形和烧结两道主要工序组成，见图12-6-60。钨及其合金坯条的品种、规格及应用范围列于表12-6-62。

1. 钨粉的压制成形

（1）钨坯的成形工艺和成形设备。工业上通常采用钢模压制和等静压制两种钨粉成形方法。

1）钢模压制。钢模压制所需的压力一般来自液压机。常用的一种500t 液压机及其采用的压模分别示于图12-6-61和图12-6-62。

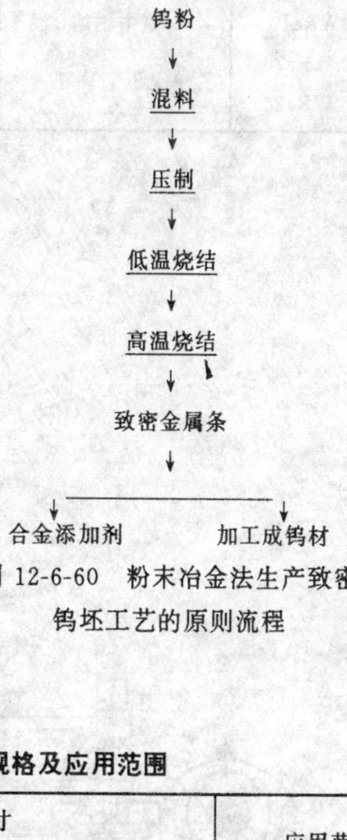

图 12-6-60　粉末冶金法生产致密钨坯工艺的原则流程

表 12-6-62　钨及其合金坯条的品种、规格及应用范围

名称和牌号	烧结方法	型坯尺寸 mm	应用范围
钨坯条 W1 W2	氢中垂熔	$(12\sim14)^2\times(400\sim500)$	加工棒、丝材
	真空垂熔	$\phi(71\sim73)\times(720\sim740)$	挤压棒材
		$(20\sim50)\times(40\sim110)\times(500\sim700)$	轧制板材
钨铝条 WAl2 WAl1	氢中垂熔	$(12\sim14)^2\times(400\sim500)$	加工棒、丝材

续表 12-6-62

名称和牌号	烧结方法	型坯尺寸 mm	应用范围
钨铈条 WCe7 WCe10 WCe15	氢中垂熔	12×12×400	加工棒材
钨钍条 WTh7 WTh10 WTh15	氢中垂熔	$(12\sim14)^2\times(400\sim500)$	加工棒、丝材
钨铼条 WRel WRe3 WRe5 WRe10 WRe15 WRe20 WRe25 WRe26	氢中垂熔	12×12×400	加工棒、丝材

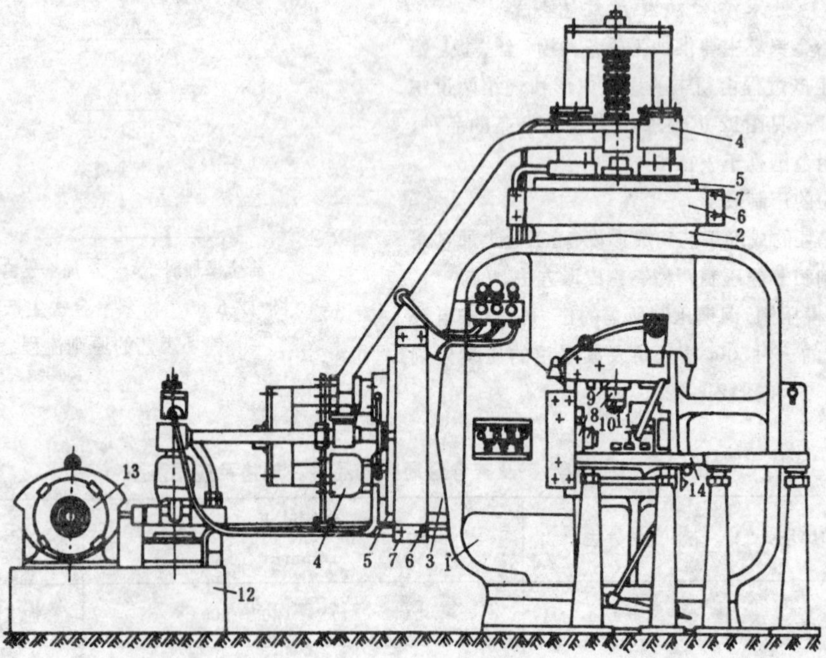

图 12-6-61 液压机示意图

1—机座；2—垂直液缸；3—水平液缸；4—返程液缸；5—顶盖；6—开口半环；7—螺栓；8—活塞杆；9—楔座；10—垫板；11—平板；12—油槽；13—电动机；14—工作台

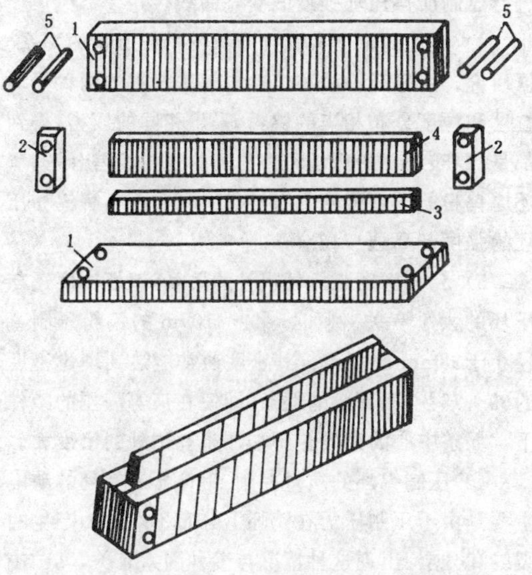

图 12-6-62　压制钨条用的压模

1—侧板；2—端板；3—模底；4—模冲；5—联结销钉

钨坯的成形工艺制度依产品牌号不同而异，其成形压力一般在（1～6）$\times 10^2$MPa 范围。成形单位压力与润滑剂的选择有关。如压制钨铝牌号粉末，采用甘油-酒精溶液时，其单位压力选用（2～4）$\times 10^2$MPa；采用石蜡-四氯化碳溶液时，单位压力可降为(0.8～1.0)$\times 10^2$MPa。表12-6-63列出了钨粉钢模冷压的工艺条件。

表 12-6-63　钨粉钢模冷压的工艺条件

牌　　号		W_1，W_2	WAl	WTh
润滑剂	甘油／酒精	2/1～2	1/1	2/1～2
	加入量，%	0.3～0.5	0.2～0.4	0.4～0.7
混合	数量，kg/批	30～60	30～60	30～60
	时间，min	40～120	40～120	40～120
坯条	规格，mm	$12^2\times400$	$12^2\times400$	$12^2\times400$
	单重，g	600×740	600×740	600×740
单位压力，MPa		300～400	200～400	400～600

2）等静压制。采用等静压法可由1～400μm 粒度的普通钨粉制取整个体积密度均匀，保持烧结时均匀收缩和完全保存其几何形状（沿高度和直径的收缩差别不大于0.2%）的坯件。钨粉等油压成形条件列于表12-6-64。

表 12-6-64　钨粉油等静压成形工艺条件

工　艺　参　数	W1	
	板　　坯	棒　坯
油缸尺寸，mm	ϕ400×1400	ϕ100×1000
松装尺寸，mm	40×130×700	ϕ86
单重，kg	30～35	35～38
压力，MPa	200～250	3
保压时间，min	2	3～5
压后尺寸，mm	(32～34)×(105～110)×600	ϕ71×740

(2)影响钨坯质量的主要因素。影响钨坯质量的主要因素比较复杂，下面列出一些已有的研究结果。

1）钨坯密度与成形压力的关系。可用赫格尔(Heckel）方程式进行粗略的计算：

$$P=\frac{\ln\left(\frac{1}{1-D}\right)-A}{k}$$

式中　D——压坯密度的理论密度百分数；

P——所用的成形压力；

k——比例常数，钨为 $1.08\times10^{-2}\mathrm{mm^2/kg}$；

A——常数，钨为 0.62。

钨粉压坯相对密度与成形压力关系示于图12-6-63。

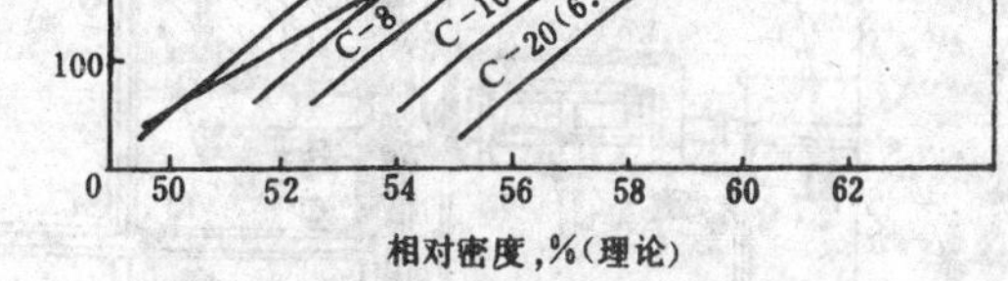

图 12-6-63　各种类型钨粉压坯相对密度与成形压力的关系

2）钨粉平均粒度对钨坯密度的影响。图12-6-64示出了钨坯相对密度与钨粉平均粒度的关系曲线。

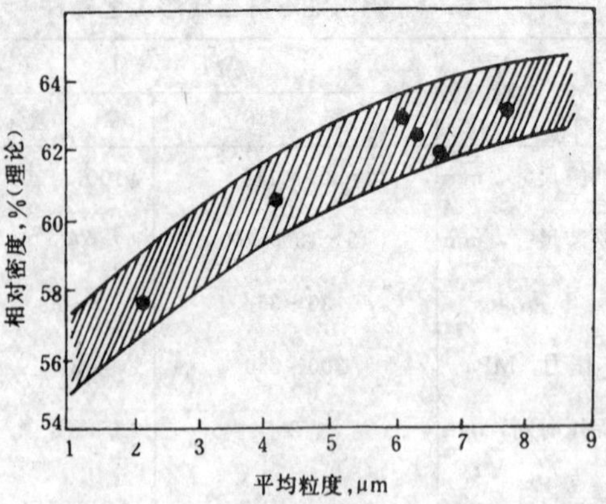

图 12-6-64 钨坯相对密度与钨粉平均粒度的关系（成形压力=241MPa）

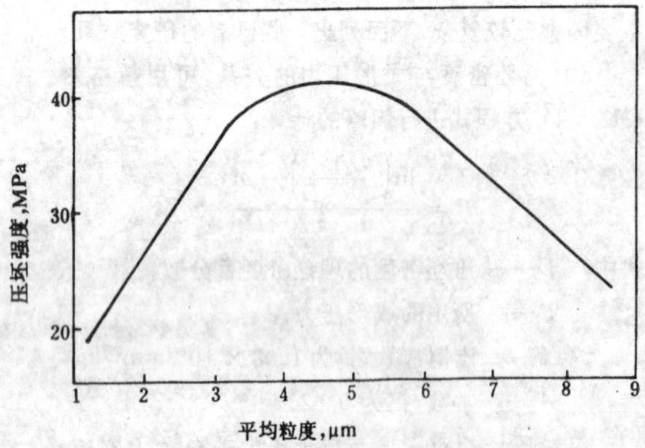

图 12-6-65 钨坯强度与钨粉平均粒度的关系（成形压力=241MPa）

3）钨坯强度与钨粉平均粒度的关系。图12-6-65所示为C-5、C-8、C-10、C-20和C-40钨粉的混合粉进行压制所得压坯强度的变化曲线。

4）钨坯的密度和强度与钨粉粉粒形状的关系。据研究，用氢还原法和熔盐电解法获得的两种平均粒度和粒度分布相当的钨粉，采用相同的压力，得到都是11.5g/cm³的压坯，但压坯的强度相差悬殊。氢还原钨粉的压坯强度只有3.43MPa，而电解钨粉压坯的强度却高达17.3MPa。

5）钨坯密度与压坯尺寸的关系。钨坯密度还与压坯的大小有关。例如，用1～10μm 的钨粉压制直径小于38mm 的坯条，其密度通常能达到理论密度的65～75%；而更大的坯条，即使在液等静压的条件下，坯条中心的密度也不如坯条周边处的密度大。

(3)压制钨坯的质量控制。钢模压制钨坯的缺陷主要是由于压制压力在钨坯上分布不均匀而产生的裂缝和分层。出现这种情况与多种因素有关，其中主要的有粉末的性能、压模的结构、压制压力的选择、压制过程中压模的装卸方法等。

成坯后的坯条，除具有所要求的形状和尺寸外，不应有掉边掉角、裂纹、分层、劈头等缺陷，也不允许带进油污和尘埃等。

2. 钨坯的烧结

一般采用直接烧结法，对于超出直接烧结炉能力和实际上用于进一步加工的大型钨坯则采用间接烧结法。

(1) 直接烧结法。钨坯的直接烧结分预烧结（低温烧结）和垂熔（高温烧结）两阶段进行。

1）预烧结设备和工艺。预烧结通常在钼丝炉内进行，图12-6-66所示为预烧结电炉。

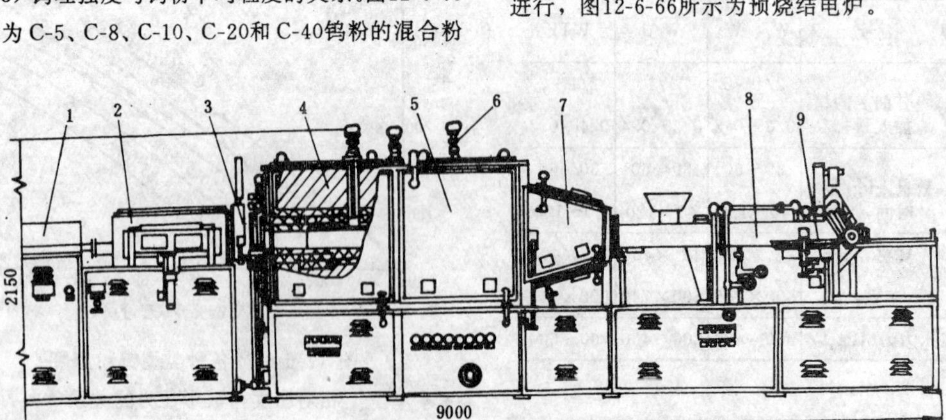

图 12-6-66 预烧结电炉

1—推送料舟机构；2—装料室；3—封闭机构；4—加热区；5—炉壳；6—热电偶；7—缓冲区；8—马弗炉管冷却套；9—气体导管联接处

预烧结通常是将压坯置于4mm 以上厚的钼板上，氢气含水量应不超过2～3mg/m³。表 12-6-65列出了钨坯条预烧结的工艺条件。

表 12-6-65　钨坯条预烧结工艺条件

钨坯条牌号和名称	规格,mm	预烧结温度,℃	保温时间,min
丝坯	(12～14)×(12～14)×(400～500)	1050～1200	30～50
W1,W2棒坯	ϕ(56～64)×(138～179)	1450～1500	120
板坯	(33～34)×(105～110)×600	1200	120
WAL 丝、棒坯	12×12×400	1150～1200	30～40
WTh 丝、棒坯	12×12×400	1150～1200	45

2) 垂熔设备和工艺。垂熔过程在水冷钟罩式垂熔炉（图12-6-67）内直接通电进行。垂熔工艺的温度制度依产品牌号不同而异。采用未经酸洗钨粉压制的钨铝牌号的坯条，垂熔通常分两次进行。第一次最高温度在2000℃左右（约为最大电流的48%），第二次在另一垂熔炉内于3000℃左右进行。钨坯条垂熔规范举例于表12-6-66中。

3) 影响垂熔钨条质量的主要因素

A. 垂熔温度制度。实验表明，存在一个晶粒迅速长大的温度区域（约2600～2800℃），如图12-6-68所示。

B. 原料钨粉。钨粉粒度显著影响垂熔钨条的最终密度。在一定的垂熔制度下，原始钨粉的颗粒愈细，所得垂熔条的晶粒愈粗。原始钨粉经诸如过筛、研磨等机械处理可促使钨条在垂熔时生成粗晶。原始钨粉的形态也影响钨粉的烧结性能。球形钨粉烧结性能较差、形状复杂、表面粗糙的钨粉易于烧结。

C. 氢气气氛。钨坯条在湿氢中垂熔时其表面会形成粗晶，并向坯条中心方向长大。钨铝牌号坯条在真空中垂熔时得大结晶条；在氢气氛中垂熔时，其显微组织则受氢气露点的影响。

D. 成形压力。成形压力对垂熔钨条晶粒度的影响，一般表现为成形压力增高，晶粒减小。

E. 添加剂。添加剂对垂熔钨坯影响的数据列于表12-6-67。

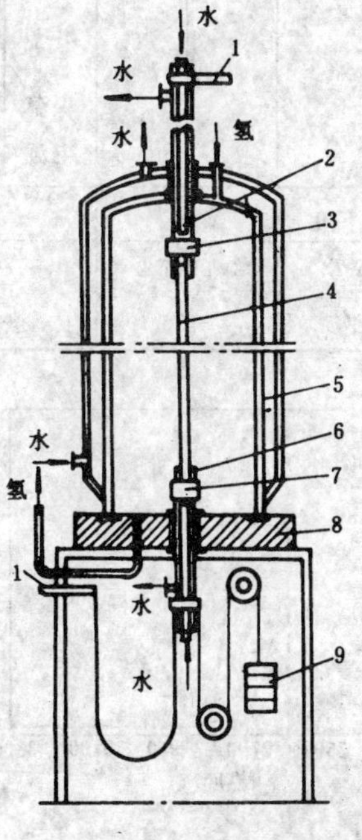

图 12-6-67　钨坯条的垂熔设备图

1—导电板；2—导电棒；3—固定上接头；4—坯条；5—水冷炉罩；6—钨制接触夹头（“夹钳”）；7—可动下接头；8—座板；9—平衡锤

表 12-6-66 钨坯条（12×12×400mm）垂熔规范举例

工艺条件		钨坯条牌号											
		W_1		WAl_1（酸洗条）		WAl1 一次		WAl1 二次		WTh		WCe	
		电流 A	时间 min	电流 A	时间 min	电流 A	时间 min	电流 A	时间 min	电流 A	时间 min	电流 A	时间 min
升温制度		1000	1	900	1	1000	1	1600	1	1000	1	1000	1
		1300	1	1100	1	1300	1	1900	1	1200	1	1200	1
		1600	2	1500	2	1600	2	2200	1	1400	1	1400	1
		1900	1	1900	4	1800	5	2500	1	1600	2	1600	2
		2200	1	2100	1			2800	1	1800	1	1800	1
		2500	1	2500	1			3100	1	2000	1	2000	1
		2800	1	2900	2			保温电流	15	2200	1	2200	1
		3100	1	3100	1					2500	1	2500	1
		保温电流	12～15	3300	2					2800	1	2800	1
				3500	1					3100	1	保温电流	12
				保温电流	10					保温电流	12～15		
冷却时间，min		5		—		3		4		5		4	
氢气	流量，m^3/h	0.8～1.2		—		0.8		1.2		1～1.5		1～1.5	
	露点，℃	−20		—		−10		<−20		−20		−20	

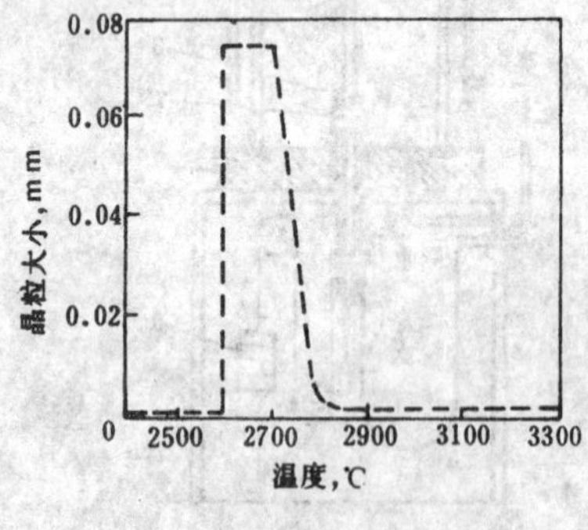

图 12-6-68 垂熔温度对钨条晶粒大小的影响

4）垂熔钨条的质量控制。垂熔钨条的质量主要根据外观形态、物理性能、化学纯度和显微结构来鉴别。

垂熔钨条应具有微亮均匀的表面，不吸水，300mm 长的挠曲不应超过4mm，锥度不超过0.4mm，密度一般应在17.5～18.5g/cm³范围。垂熔

表 12-6-67 不同添加剂钨坯单位面积的晶粒数

牌号	添加剂 名称	添加剂 加入量，%	晶粒数 个/mm^2	备注
W1	—	—	1000～2500	原料 WO_3的平均粒度为9～12μm，钢模冷压成形，氢中垂熔
WAl	Al_2O_3	0.045～0.055	800～5000	
WAl	SiO_2	0.35～0.45	500～2500	
WAl	K_2O	0.35～0.45	3000～5000	
WTh	ThO_2	0.70～2.0	5000～30000	
WCe	CeO_2	0.20～1.80	500～2500	
WRe	Re	5.0	300～600	

钨条的显微结构应均匀，其断面晶粒数应在如下值范围：

牌号	纯钨条	钨钍条	钨铝条
断面晶粒数 个/mm^2	800～2000	5000～18000	12000～20000

(2)间接烧结法。间接烧结采用电阻加热炉或感应炉。钨坯块通常采用水等静压成形。电阻炉烧结块的尺寸一般为（19～50.8）×（203～305）×（254～508）mm。如有必要，可在成形后或预烧结后进行机械加工。钨坯块通常置放于一厚约12.0mm 用钨粉压制成的垫片上。烧结的温度制度依坯块的尺寸而定，要求缓慢升温和中间温度有足够的保温时间。烧结温度对钨烧结件密度的影响示于图12-6-69。钨粉平均粒度对钨烧结件密度及晶粒度的影响分别示于图12-6-70和图12-6-71。

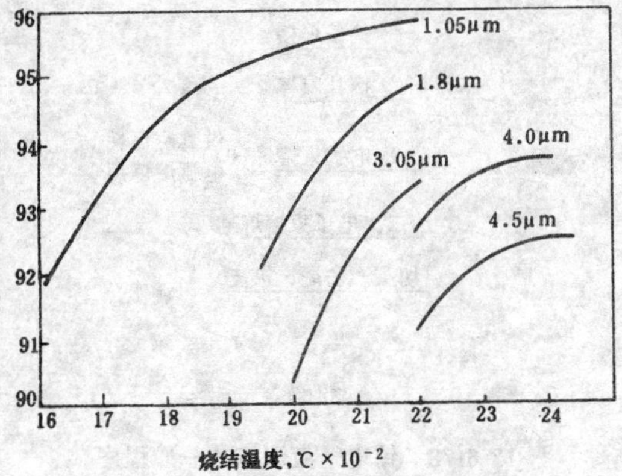

图 12-6-69　烧结温度对不同类型钨粉烧结件密度的影响

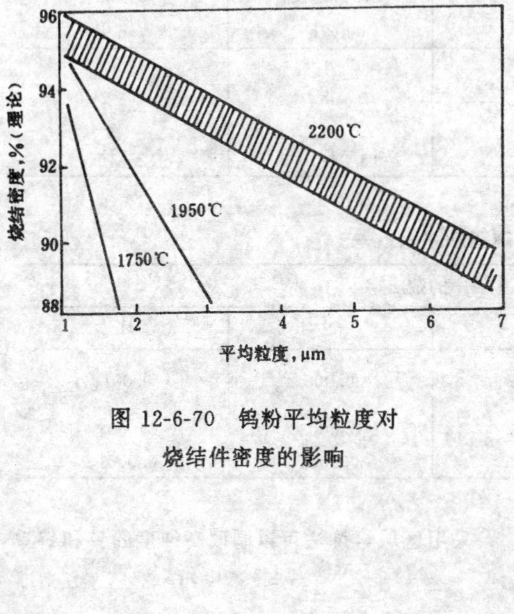

图 12-6-70　钨粉平均粒度对烧结件密度的影响

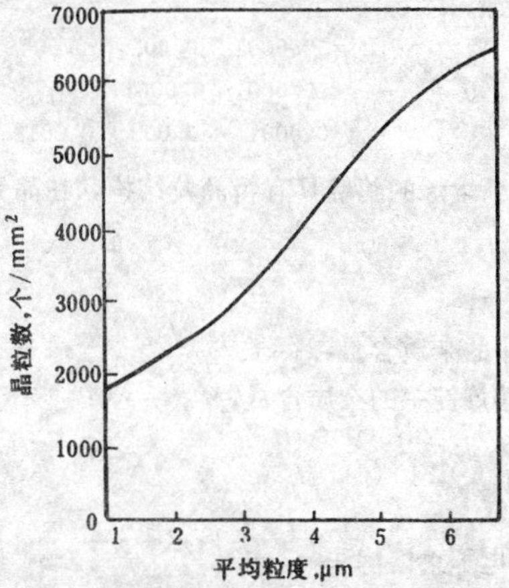

图 12-6-71　钨粉平均粒度对烧结件晶粒度的影响

（二）熔化法生产致密钨

采用熔化法制取致密金属钨时，需在真空或保护气氛下进行。依加热方式不同可分为真空电弧熔炼、电子束熔炼和等离子体熔炼等。

1. 电弧熔炼法

钨的电弧熔炼通常采用自耗电极熔炼法。熔炼时采用25～40V 的直流电，电流达40000A。

不同坩埚直径所用钨的熔炼工艺如下：

坩埚直径 mm	电压 V	电流 A	熔炼速度 kg/s
95～115	38～42	4500～6000	0.033～0.042
140～160	30～50	12000～13000	0.033～0.05
250～300	60～70	13000～17000	0.05

在一般情况下，钨熔炼时炉子空间保持1.33～1.33×10^{-2}Pa 的真空，此时电弧区的真空度要比该处低两个数量级。

钨和钨基合金（W≥92%）的熔炼速度可按下列经验方程式求出：

$$R=\frac{4.88(P-100)}{\rho(0.8D_e^2+0.2D_i^2)}$$

式中　R——熔炼速度，g/s；

P——电能，kW；

ρ——电极密度分数（占理论密度的分数）；

D_e——电极直径，mm；

D_i——钨锭直径，mm。

选择适宜的熔炼速度，有利于控制钨的精炼程度，如：

熔炼速度，g/min	0.15	0.45	2.2
杂质含量，%			
氧	＜0.0001	0.002	0.002
氢	＜0.0001	0.0001	
氮	0.0001	0.003	0.0018

电弧熔炼的钨锭具有粗晶粒结构，在晶界析出的杂质薄层较厚，脆性较大。大于127mm的钨锭，偶尔还会出现热裂现象。采用降低热应力的方法，如趁热从坩埚取出钨锭并送到氢气炉加热；加入其他元素作间隙杂质的净化剂和控制晶粒大小的方法，如加入钛和碳，使之与氧结合并均匀分布于钨内，或加入硼以控制晶粒大小等，可减少或避免热裂现象。

电弧熔炼锭的杂质含量通常低于粉末冶金材料中的含量，如：

杂质名称	氧	碳	氮	氢
原料中的杂质含量，%	0.054	0.026	0.006	0.001
电弧熔炼锭中的杂质含量，%	0.001	0.002	0.0003	0.0001

2. 电子束熔炼法

电子束熔炼钨的生产工艺按图12-6-72所示的一般程序进行。粉状料一般需压制成形，再在保护气氛或真空中预烧结脱气。需要焊接时，一般在保护性气氛中焊接。表12-6-68列出钨的熔炼的工艺参数。

电子束熔炼钨的纯度很高（表12-6-69），但其晶粒特别粗大，不易于压力加工。因此，生产中亦有经一次电子束熔炼后再进行真空自耗电弧熔炼的。

垂熔钨条
↓
钨条焊接
↓
捆扎料棒
↓
一次电子束熔炼 → 供真空自耗电弧熔炼用
↓
二次电子束熔炼
↓
切头、去尾、扒皮
↓
检验
↓
成品

图 12-6-72 钨电子束熔炼的一般程序

表 12-6-68 钨的电子束熔炼工艺参数

熔炼功率 kW	坩埚直径 mm	熔炼真空压力 Pa	熔炼速度 kg/h	比电能 kW·h/kg
200	55	1.33×10^{-2}	8	
200	80		8	25
200	85	6.67×10^{-1}～1.33×10^{-2}	13.3～16.7	12～15

表 12-6-69 电子束熔炼钨的除杂效果

物料名称	金属中的杂质，%			
	O	C	N	H
金属钨原料（粉冶制品）	0.054	0.026	0.006	0.001
真空电弧熔炼	0.001	0.002	0.0003	0.0001
电子束熔炼	0.0005	0.0005	0.0001	0.0001

3. 区域熔炼法

采用区域熔炼法可以制取高纯度的钨和钨单

晶。钨区域熔炼通常采用电子束加热法。钨区域熔炼的一些工艺条件和结果示于表12-6-70。采用这种浮区熔炼的方法能制得电阻率比值达68000的高纯钨。铼、碳等杂质在区域熔炼时即由挥发除去了相当部分，剩余部分则富集于钨锭的尾端。经区域熔炼后，钨的氧含量可降至1.3～1.5ppm，其硬度为290～350维氏硬度，钨的韧性得到很大提高。钨区域熔炼的工艺和结果列于表12-6-70。

表 12-6-70 钨区域熔炼的工艺条件和结果

试棒尺寸（直径×长）mm	熔区移速 mm/h	行程次数	真空压力 Pa	电阻率比值（$R_{298k}/R_{4.2k}$）
ϕ3.5～6	22	5	1.33×10^{-4}	68000
ϕ3.5～6	10	1	1.33×10^{-4}	10000
ϕ2×（70～110）	1.5	1	6.67×10^{-4}	31000
ϕ5×（70～110）	1.5	1	6.67×10^{-4}	23200
ϕ6×300			1.33×10^{-4}～1.33×10^{-5}	2365
ϕ0.5×250	30	1	1.33×10^{-3}	15000
ϕ0.5×250	30	5	1.33×10^{-3}	40000

二、钨的板、带、箔材及轧制棒材的生产

（一）概述

钨的板、带及箔材生产方法可分为熔铸锭坯-压力加工和粉冶锭坯-压力加工两种。熔铸锭坯的特点是化学纯度高、杂质含量低，但晶粒粗大。用此法可以制出大型铸锭。因此，锭坯经压力加工成材时通常要连续采用挤压、锻造、轧制进行开坯加工，以细化锭坯的晶粒组织，提高轧件的加工性能。此法生产流程长而复杂，需要大型的熔铸及压力加工设备。以粉末冶金方法制得的烧结锭坯的特点是化学纯度较低、杂质含量较高，但内部晶粒组织细小。且由于粉末冶金技术的进步，同样可以生产出大规格的锭坯。烧结锭坯可以直接进行开坯加工。此法生产工艺流程短而简单。所以，粉冶锭坯-压力加工生产法得到迅速发展。

中国现已制订出钨材国家标准，如GB3875—83钨板国家标准。它规定的钨板、带、箔材的品种及规格见表12-6-71。

表 12-6-71 钨板的牌号、状态及规格

牌号	状态	规格，mm		
		厚度	宽度	长度
W1	硬态（Y）	0.1～0.2	30～150	50～400
	消应力态（m）	>0.2～0.4	50～200	50～400
	热轧态（R）	>0.4～4.0	50～200	50～400
	消应力态（m）	>4.0～6.0	50～150	50～400

钨虽具有一系列优异特性，但由于室温脆性与高温灾难性氧化的致命弱点，必须通过生产工艺过程有效地改变钨材的内部组织结构，来提高其加工工艺性能与使用性能。

粉冶钨锭坯的组织特征是具有细晶组织，在晶界及晶内存在烧结孔。由于晶粒细密，粉冶钨锭坯可直接进行轧制、锻造等开坯加工(这可称之为晶粒度效应)。在开坯加工时，要完成由钨锭坯的多孔烧结态至轧坯的致密加工态的组织转变。随后进行一次略高于再结晶温度的均匀化退火，以调整开坯后的不均匀形变组织与消除板坯残余应力。在首次热轧后接着进行低于再结晶温度而高于塑脆转变温度的

温轧变形。其工艺特征是随着轧件逐步减薄而逐渐降低形变温度。在温轧过程中，由于形变率的增加，轧件内部组织不断细化：不但晶粒细化，而且由于位错增殖而形成的亚晶组织也在不断细化。由于这种“加工效应”，使有害的氧、氮、碳等间隙杂质在晶界上富聚的浓度显著减少，从而使塑脆转变温度显著降低。钨、钼材的室温脆性的缺点由此而得到克服，材料的强度及韧性得到提高。当钼材的总形变率达到90%时即可进行冷轧变形。钨材由于塑脆转变温度仍高于室温，基本上不能进行冷轧变形。在温轧及冷轧形变过程中，采用高温回复退火来消除冷作硬化及残余应力，以提高轧件的形变工艺性能。在轧制过程完成时，轧件内部仍应保持纤维状形变态组织，使轧材具有优异的使用性能。

熔铸锭坯由于内部晶粒组织粗大，通常必须连续采用挤压-锻造-轧制开坯形变工艺。并在上述工序间采用再结晶退火工艺，才能使熔铸锭坯的粗大晶粒逐步细化形成加工态形变组织。不同加工率钨板的再结晶温度列于表12-6-72。

表 12-6-72 不同加工率钨板的再结晶温度

板厚，mm	总加工率，%	开始再结晶温度，℃	终了再结晶温度，℃	备注
10.0	60	1300～1350	1450～1500	均为金相法检验
3.0	70	1250～1300	1450～1500	
1.0	90	1150～1200	1400	
0.5	95	1100～1150	1350	

（二）钨的板、带、箔材生产

1. 生产工艺过程及技术条件

钨板及箔材的生产工艺过程见表12-6-73。

表 12-6-73 钨板生产工艺过程及技术条件

工序号	工序名称	轧制前、后规格（厚×宽），mm	工艺条件及工艺参数
1	热轧	22×180→8×180	ε_{Σ}64%，ε_n20～27%，辊温100～150℃
2	消应力退火	8×180	1100℃×60min
3	碱洗	同上	95%NaOH+5%KNO_3，400～500℃，碱洗后热水清洗
4	温轧	8×180→3×180	一火二道次，ε_{Σ}62.5%，ε_n10～22.5%
5	消应力退火	3×180	同2
6	碱洗	同上	同3
7	温轧	3×180→1×180	一火三道次，ε_{Σ}66.5%，ε_n13～23%
8	消应力退火	1×180	1000℃×60min
9	碱洗	同上	同3
10	剪切	同上	800℃热剪
11	温轧	1×180→0.5×180	一火二道次，ε_{Σ}50%，ε_n6～15%
12	消应力退火	0.5×180	900℃×60min
13	碱洗	同上	同3
14	温轧	0.5×180→0.25×180	小于600℃，ε_{Σ}50%，ε_n<10%

续表 12-6-73

工序号	工序名称	轧制前、后规格（厚×宽），mm	工艺条件及工艺参数
15	剪切	0.25×170	用氢气喷嘴烘烤进行剪切
16	碱洗	同上	熔融状 NaOH
17	冷轧	0.25×170→0.1×170	ε_{Σ}60%
18	成品剪切	0.1×160×l	
19	成品检查		按 GB3875—83规定
20	包装入库		

注：本流程为生产 W1板材，板坯规格22×55×180mm，成品规格0.1×160×lmm，硬态。

2. 板坯准备

(1) 板坯尺寸确定

板坯厚度主要由最小的总加工率要求以及开坯轧机的技术特性和能力来决定。板坯宽度取决于成品宽度、宽展量及切边量。板坯长度取决于成品长度及设备能力。

(2) 板坯质量要求

1) 对热轧板坯的要求。应从化学成分及杂质含量、烧结密度、组织结构及晶粒度、表面硬度等方面来检测粉末冶金法生产的烧结板锭的质量。另外，从外形尺寸上要求端面呈矩形。全长不平直度不大于5mm，同板公差不大于3mm。

2) 对温轧板坯的要求。温轧前热轧板坯应经碱洗除去表面氧化层并清除表面裂纹及压入物。温轧前板坯必须进行退火以消除残余应力。

3) 对冷轧板坯的要求。板坯内部应为纤维状加工态组织，必须清除表面氧化层、裂纹、起皮等缺陷。

(3) 常用热轧板坯尺寸。为23～28×50～60×150～200mm。

3. 热轧

(1) 热轧时的工艺特点

1) 变形抗力大。烧结钨锭坯轧成的1mm 厚钨板材，1000℃时的 σ_b 为600MPa。而20钢的退火冷轧板材的室温 σ_b 为360～500MPa。可见，钨的形变抗力之大，故在制定压下规程时必须充分考虑设备的安全。

2) 高温下极易氧化吸气。钨、钼在高温时由于表面氧化物易气化而出现灾难性的氧化问题。故加热时必须有保护气氛，热轧时应尽量缩短轧制时间以减少氧化损失。

3) 大的总加工率与道次加工率。由于要求在热轧开坯时能较好地完成组织转变、形变深入且形变均匀，所以，热轧时应采用较大的总加工率与道次加工率。

(2) 热轧工艺参数的确定

1) 加热制度的选择

A. 加热温度的确定。钨烧结锭第一火加热温度为1550～1600℃。对于熔铸锭坯，由于经过了挤压及锻造开坯，热轧时第一火加热温度为1250～1300℃。

B. 加热时间与速度的选择。与加热方式有关。

C. 炉内气氛的控制。在氢气钼丝炉内加热时，炉内为还原性气氛。当用煤气炉加热时，应保持微氧化性气氛。

D. 现行加热制度。现行加热制度见表12-6-74。

表 12-6-74 钨锭坯第一火加热制度

牌号	坯厚，mm	加热制度				板坯类型
		温度，℃	时间，min			
			感应炉	电炉或煤气炉	钼丝炉	
W1，W2	22	1550～1600	20～7	—	100	烧结锭坯
	20	1250～1300	20～7	—	100	熔铸锭坯经挤锻

2) 压下制度的确定

A. 总加工率的确定。轧制总加工率大小与轧机能力、锭坯质量及被轧金属塑性温度范围的大小有关。钨、钼由于塑性较差、形变抗力大且塑性温度范围窄，故采用一火一道次或二、三道次的生产工艺。开坯总加工率应大于50～60%。

B. 道次加工率的分配。为使变形深入，首道次加工率应达25～30%。

C. 轧制速度。多为低恒速轧制，如采用变速轧制，则开轧时可采用低速以利入咬入，中轧阶段可提高轧速。为保证板型应降低终轧速度。

D. 终轧温度。终轧温度过低所产生的残余应力大，轧制时钨板易开裂。终轧温度过高会引起内部组织粗化。所以，终轧温度以低于再结晶温度100℃左右为宜。

钨板热轧工艺参数实例见表12-6-75。

表 12-6-75 钨板热轧工艺实例

设备类型	锭坯类型	轧后规格（厚×宽×长）mm	加热制度			压下制度			
			火次	温度 ℃	时间 min	道次	道次加工率 ε_n，%	平均道次加工率 ε_n，%	总加工率 ε_Σ，%
氢气钼丝炉，二辊可逆轧机	烧结锭坯	$8\times180\times l$	1	1550	50	1	27.1	22	64
			2	1450	15	1	21.8		
			3	1400	10	1	20		
			4	1400	10	1	20		
煤气炉，二辊不可逆轧机	经挤、锻后的熔铸锭坯	$10\times37\times l$	1	1300	60	1	28.1	20.3	50
			2	1200	20	1	12.7		
			3	1000	10	1	22.6		

（3）轧辊预热及辊型。轧辊需预热至200～300℃。热轧采用凹辊型。严禁采用液体冷却系统来调整热轧辊辊型。

（4）热轧板材常见缺陷。热轧板材常见缺陷有轧件张嘴及开裂、表面裂纹、麻坑及麻点、表面压坑、表面划伤、裂边、翘曲、舌头、轧斜、镰刀弯、同板厚度超差、厚度不均、性能不合格等缺陷。应从板坯质量、工艺参数及工艺卫生等方面去寻找缺陷产生的原因从而消除之。

4. 温轧

（1）温轧的工艺特点。由于轧温低于再结晶温度，所以，轧制过程既会产生回复，又会出现加工硬化。温轧时钨板变形抗力比热轧时大，但加工硬化又不及冷轧强烈。所以，温轧过程中要进行高温回复退火以消除冷作硬化与残余应力，提高钨轧件塑性变形能力。

（2）温轧工艺参数的确定

1）加热制度的选择。加热温度应随总加工率的增加而降低，可以采用快速加热、炉内为还原性气氛的加热制度（表12-6-76）。

表 12-6-76 钨板温轧加热制度

板坯规格，mm		加热制度		炉内气氛
轧前厚度，mm	轧完厚度，mm	温度，℃	时间，min	
8.0	3.0	1200～1100	20～10	还原性
3.0	1.0	900～800	10	
1.0	0.5	700～600	10	
0.5	0.2	500～200	—	

2）压下制度的确定

A. 总加工率的确定。温轧总加工率是降低钨板塑脆转变温度、改善其低温脆性的重要因素。钨板总加工率必须达到90～95%以上才能进行冷轧（板片仍需烘烤加热至100℃左右）。两次退火间总加工率为50～70%。

B. 道次加工率的分配。应随轧制温度降低、变形抗力增加、道次加工率由大到小的原则进行分配。辊温应预热至100～150℃。钨板材温轧工艺实例见表12-6-77。

表 12-6-77　钨板材温轧工艺实例

工序号	工序	火次	加热制度		轧件厚度，mm		道次	压下率，%				备注
			温度 ℃	时间 min	轧前	轧后		最大道次	平均道次	退火间总的	总的	
1	温轧	6	1200～1000	20～10	8	3	6	17.5	15.2	62.5	97	钼丝炉加热，ϕ420×380轧机
2	退火	—	—	—	—	—	—	—	—	—		1000℃×60min
3	温轧	6	900～800	10	3	1	6	20	18.7	66.8		钼丝炉，ϕ150/ϕ420×380轧机
4	退火	—	—	—	—	—	—	—	—	—		1000℃×60min
5	温轧	6	700～600	10～15	1	0.5	6	12	10.7	50		钼丝炉，ϕ110/ϕ420×380轧机
6	退火	—	—	—	—	—	—	—	—	—		900℃×60min
7	温轧	8～10	小于600	—	0.5	0.25	多次	<10	—	50		钼丝炉，ϕ110×ϕ420×380轧机

(3)换向轧制。换向轧制主要是为了减少钨板材的各向异性，提高其深冲性能。微观分析表明，经换向轧制的钨板材不仅产生了多种结构的组合，而且导致亚晶粒尺寸的等轴化，从而降低板材的各向异性。板材换向轧制前厚度一般为成品厚度的两倍左右。

(4) 辊型、辊型控制与润滑。影响辊型的主要工艺参数是轧制压力。钨板材温轧采用凸辊型，常用的辊型凸度见表12-6-78。

表 12-6-78　钨板温轧辊型凸度值

轧机	工作辊尺寸 mm	轧材	板材尺寸（厚×宽），mm	工作辊凸度 mm
二辊可逆	ϕ420×380	W1	8×180→3×180	平辊
四辊可逆	ϕ150×380	W1	3×180→1×180	—
同　上	ϕ110×380	W1	0.8×180→0.3×180	0.05～0.10
同　上	ϕ110×380 ϕ75×380	W1	0.5×180→0.25×180	0.05～0.10

可采用轧辊预热、调节道次加工率、合理润滑与正确喂料等办法来控制辊型。温轧润滑剂有石墨乳、二硫化钼、变压器油等。

5. 冷轧

(1) 冷轧特点及工艺参数的确定

1) 冷轧工艺特点。钨板冷轧时加工硬化显著且变形抗力极高，钨板冷轧后它的 σ_b 值约为2800MPa，轧辊弹性变形很大且轧辊磨损厉害。这些情况均易造成轧件裂边及断面尺寸的不均匀。

2) 冷轧工艺参数选择

A. 总加工率的确定。总加工率是控制产品性能的关键参数之一，为此，选用的总加工率必须满足所规定的产品技术条件。退火间总加工率的大小与设备技术性能有关。

B. 道次加工率的分配。在轧机能力容许的条件下，应尽可能增加道次加工率，并随冷作硬化的增加逐道次减少道次加工率。钨板冷轧实例见表12-6-79。

表 12-6-79 钨板冷轧工艺参数实例

牌号	板坯规格 mm		轧后厚度 mm	中间冷轧总加工率 %	成品厚度 mm	成品冷轧总加工率 %	道次加工率 %	备注
	厚	宽						
W1，W2	0.6～0.65	小于50	0.27	小于60	0.27	小于60	小于10	板坯预热温
W1，W2	0.2～0.25	小于200	0.1～0.15	50～60	0.10	小于60	小于10	度为100～150℃

(2) 冷轧辊型、润滑及冷却。钨板冷轧辊型的经验值见表12-6-80。

表 12-6-80 钨板冷轧辊型经验值

轧机类型	工作辊规格 mm	牌号	产品规格 mm	工作辊凸度值 mm
四辊可逆	φ75×380	W1	0.25～0.3→0.1～0.15	0.16～0.20
20辊	φ6.5×150，φ8.5×150	W1	0.1～0.01×40～60	中间第一层支辊：0.09～0.12

钨板冷轧常用润滑剂为机油、锭子油、白油。箔材润滑剂常用5号轧制油。

(3) 冷轧钨板、带及箔材常见缺陷。常见缺陷有表面裂纹、金属及非金属压入、划伤、辊印、压折、裂边、表面起皮、分层、针孔、表面粗晶及条状组织、厚差、浪形、瓢曲、轧斜、性能不合格等缺陷。这些缺陷的产生多与冷轧板坯质量、工艺条件控制、工具质量及工艺卫生有关。

6. 热处理

钨、钼材除热轧开坯后采用一次再结晶退火工艺以调整不均匀形变组织外，在温轧及冷轧过程中及成品的退火温度均不得超过再结晶温度。有关钨板成品热处理工艺参数实例见表12-6-81。不同加工率钨板的再结晶温度见表12-6-82。

表 12-6-81 钨板成品热处理工艺制度

成品厚度 mm	热处理工艺类型	工艺制度		热处理方式	备注
		温度，℃	时间，min		
8.0	消应力退火	1100	60	氢气中退火	热轧成品
3.0	同上	1000	60	同上	温轧成品
0.5	同上	900	60	同上	同上
0.2	消应力退火	700	60	同上	同上
小于0.02	同上	650	20	同上	冷轧箔材

表 12-6-82　钨板再结晶温度

板材厚度 mm	加工率 %	再结晶温度,℃		备　注
		开　始	终　了	
10	60	1300～1350	1450～1500	用金相法进行检验
3	70	1250～1300	1450～1500	
1	90	1150～1200	1400	
0.5	95	1100～1150	1300	

7.热处理炉及轧机

(1) 热处理炉。由于钨、钼加热温度高，且易氧化与吸气，故加热炉应具有工作温度高、升温快，保温性好等性能，且需采用保护气氛。

常用热处理炉有卧式感应炉，其工作温度1700℃，炉膛尺寸78×370×1600mm，功率200kW。氢气钼丝炉，其工作温度1600℃，炉膛尺寸180×230×1000mm，功率25～65kW。此外还有钼棒炉与硅碳棒炉。

(2) 钨、钼板材轧机。常用轧机性能见表12-6-83～12-6-85。

表 12-6-83　板材热轧机技术性能

轧机类型	轧辊尺寸 mm	开口度 mm	轧制速度 m/min	轧制力 N	轧制转矩 Nm	主电机功率 kW	主电机转速 r/min
二辊可逆	ϕ420×380	30	0～150～230	1500×10^3	35×10^3	220	0/400/1200
四辊可逆	ϕ150/ϕ420×380	30	同上	1500×10^3	35×10^3	220	同上
四辊可逆	ϕ600/ϕ1350×1200	200	0～90～180	20000×10^3	800×10^3	2800	0/50/100
二辊不可逆	ϕ500×864	75	0～90	5000×10^3	—	630	—
四辊可逆	ϕ700/ϕ1350×2350	150	90～260	20000×10^3	1000×10^3	2050	—
二辊不可逆	ϕ760×1200	—	90	12000×10^3	650×10^3	1000	490
四辊可逆	ϕ320/ϕ500×450	60	0～321	3000×10^3	500×10^3	800	—
同　上	ϕ300/ϕ500×500	—	—	3500×10^3	—	800	—
四辊可逆	ϕ320/ϕ750×650	—	0.3～0.75～1.5	6500×10^3	230×10^3	2×300	0/160/320

表 12-6-84　板材温轧机主要技术性能

轧机类型	轧辊尺寸 mm	轧制速度 m/min	轧制力 N	主电机功率 kW	轧制板材厚度 mm
二辊可逆	ϕ420×380	0～150～230	1500×10^3	220	8.0→3.0
同　上	ϕ500×864	0～90	5000×10^3	500	4.0→1.1
四辊可逆	ϕ150/ϕ420×380	0～150～230	2000×10^3	220	3.0→1.0
同　上	ϕ110/ϕ420×380	0～150～230	2000×10^3	220	1.0→0.2

续表 12-6-84

轧机类型	轧辊尺寸 mm	轧制速度 m/min	轧制力 N	主电机功率 kW	轧制板材厚度 mm
四辊可逆	φ160/φ480×760	同上	4200×10^3	—	2.5→0.6
同　上	φ120～190/φ450×500	同上	3000×10^3	—	2.5→0.6
同　上	φ125/φ430×350	同上	—	—	2.5→0.7

表 12-6-85　冷轧机主要技术性能

轧机类型	轧辊尺寸 mm	轧速 m/min	轧制力 N	主电机 kW	适用轧制成品厚度 mm
2/4重轧机	φ420×380 φ75 170 150/φ420×380	0～150～230	1500×10^3 2000×10^3	220	0.05
二辊不可逆	φ340×350	36～42	1400×10^3	115	0.5～0.8
	φ170×200	无级调速	140×10^3	13.5	0.1～0.5
四辊可逆	φ420/φ1050×1400	0～180	12000×10^3	1100	4.0～4.5
	φ250 450/φ1450×1200	0～300	25000×10^3	1500×2	5.0～0.35
	φ300/φ760×1400	0～75	12000×10^3	680	3.5～0.4
	φ450/φ1150×1200	—	15000×10^3	—	5.0～0.5
	φ400/φ1300×1200	0～180	18000×10^3	2000×2	4.0～0.5
	φ165/φ480×760	0～60	4200×10^3	160	1.5～0.3
	φ120 190/φ450×550	0～120	3000×10^3	160×2	3.0～0.1
	φ250/φ750×800	0～180	4000×10^3	—	1.5～0.2
20辊	φ6.5×150	0～50			
	φ8.5×150	0～50	60×10^3	9	0.005
	φ12×150	无级调速			
	φ22～27×380	0～100～180	800×10^3		0.03

(3) 轧辊。轧辊是轧制生产过程的主要工具。轧制钨、钼板材过程中轧辊工作特点是：承受很大的压力与转矩；轧制力具有冲击、反复交变与扭、弯等联合作用；轧制温度高而变化范围大，故产生很大热应力；轧辊磨损严重。所以，轧辊工作条件很恶劣，要求轧辊具有很高的强度、硬度、精度、表面粗糙度以及抗疲劳强度。各类钨、钼轧机对轧辊要求见表12-6-86。

表 12-6-86　钨、钼板材轧机对轧辊技术要求

轧机类型	轧辊规格 mm	轧辊材质	辊面硬度 HRC	辊面粗糙度	轧辊使用状态
2/4重轧机	ϕ420×380	60CrMo 锻钢	55～58		二辊热轧
	同　上	9Cr2，9CrSi 锻钢	56～63	Ra1.6～0.8	冷　轧
	同　上	同　上	56～63		四辊冷轧支辊
	ϕ150×380	9CrW 锻钢	56～63		四辊冷轧工作辊
同　上	同　上	9Cr2，9CrSi 锻钢	56～63		同　上
同　上	ϕ110×380	同　上	56～63		同　上
同　上	ϕ75×380	同　上	56～63		同　上
二辊不可逆	ϕ340×350	40Cr 锻钢	55～58		热轧辊
	同　上	9CrSi 锻钢	61～64	Ra 1.6～0.8	冷轧辊
	ϕ170×200	同　上	同　上		冷轧辊
二辊可逆	ϕ500×864	60CrMo 锻钢	大于43	Ra 1.6～0.8	热轧辊
四辊可逆	ϕ167×760	9Cr、9Cr2锻钢	62～65	Ra 1.6～0.8	冷轧辊
	ϕ480×760	同　上	55～60		冷轧支辊
四辊可逆	ϕ600×1200	钼合金冷硬铸铁	43～47	Ra 1.6～0.8	工作辊
	同　上	镍合金冷硬铸铁	54～58		工作辊
	ϕ1350×1200	镍铬钼合金铸铁	33～41		
四辊可逆冷轧	ϕ250×1200	9Cr2锻钢			工作辊
	ϕ450×1200	同　上	67～68	Ra 0.4～0.025	工作辊
	ϕ1480×1200	9Cr2组合辊			支　辊
20辊	ϕ5.5×150	W18Cr4V	65～67	Ra 0.4～0.025	
	ϕ8.5×150	同　上	65～67	Ra 0.4～0.025	工作辊
	ϕ12×150	同　上	65～67	Ra 0.4～0.025	
	ϕ8.5×150	碳化钨	80	Ra 0.4～0.025	

对轧辊的许用压力、强度均要进行核算，对轧辊辊型要进行设计计算。这些内容可参考有关章节。

8. 辅助工序

钨、钼板材生产除上述主要生产工序的工艺外，还有很多辅助工序，这些工序对产品质量也有重大影响。辅助工序可概括为机械加工、化学及电化学加工与精整、矫平三个部分。

(1) 钨、钼材的机械加工

1)切削。钨、钼材的切削加工特点是切削过程不连续且冲击与振动大。由于钨、钼具有室温脆性且切屑呈粉碎状，从而加速了刀具磨损。所以，切削速度要慢，走刀量与吃刀深度要大，且要使用润滑与冷却剂。车、切、铯、铣均可在一般机床上进行，但要求设备具有较大的能力。专用扒皮车床有 C8565、C8540、CH011、BSB-35/1200。

2)切断。直径较小的管棒材常用砂轮片锯切。直径较大的棒材，可用阳极-机械切割法。板带材剪切可使用一般剪切机，钨板厚度小于0.3mm 的可在室温下剪切，0.8mm以上的需在800℃左右温度下剪切。

3）喷砂（喷丸）。加工仅采用高速砂粒（或铁丸）冲击工件表面以除去氧化皮。

4）磨削。可选用磨床、砂轮机与手提式打磨机，用以除去轧件表面缺陷。

（2）化学和电化学表面清洗加工

1）碱洗。钨、钼材料的碱洗通常在熔融碱液（加有KNO_3）中进行。碱液与氧化皮作用产生Na_2MeO_4及Na_2WO_4而去除表面氧化层。碱洗后应立即水淬然后进行酸中和、清洗并烘干。

2)酸洗。碱洗后在硝酸溶液中中和，其目的在于除去表面碱洗后仍残留下的较深污点。

3)电解清洗。为除去钨、钼材料的氧化皮及表面缺陷，可在含5%NaOH的电解液中、于10～15V电压下进行电解清洗。

4）除油清洗。化学除油是在碱液（NaOH）或含有乳化剂的碱液中进行。另外，可用有机溶剂（汽油、丙酮、酒精、四氯化碳等）或水蒸气除油。还可用电解法除油。

（3)矫平。钨、钼板材由于强度高且室温脆性大，矫平作业难以进行。为此，应尽量减少矫平工作量。对于尺寸较小的薄片材，常用方法为在大直径二辊式轧机上采用低轧速、小压下量进行多轧次的温矫平（轧件温度300～400℃）。较大尺寸的板材可在多辊矫平机上进行温矫平。矫平机技术参数见表12-6-87。

表 12-6-87　板材辊式矫平机主要性能

技术性能	11辊热矫平机	17辊矫平机	23辊矫平机
矫平板材尺寸，mm	8～10×400～1000×l	1.5～3.5×400～1100×l	0.5～1.5×400～1100×l
板材力学性能，MPa	热态σ_b1100，$\sigma_{0.2}$800 冷态σ_b1500，$\sigma_{0.2}$1350	σ_b1500，$\sigma_{0.2}$1350	σ_b1500，$\sigma_{0.2}$1350
矫速，m/min	30～60	0～8.6～30	0～8.6～30
工作辊尺寸，mm	ϕ200×1200	ϕ100×1200	ϕ60×1200
工作辊节距，mm	220	105	62
工作辊材质	合金锻钢	高碳铬钢	高碳铬钢
工作辊硬度，HS	65～70	≥95	≥95
电机：驱动用	直流200kW1台	直流80kW1台	交流2.2kW2台
压下用	直流5.5kW2台	交流37kW2台	

钨、钼板材矫平必须在高于其塑-脆转变温度下进行。

（三）钨、钼棒材轧制生产

1. 概述

以连续轧制法代替古典的旋锻法对钨、钼烧结条坯进行开坯加工是钨、钼杆材及丝材加工技术的新发展。这种技术不但能提高生产率，更重要的是能克服旋锻开坯工艺本身固有的缺陷，使钨、钼杆材内部组织均匀、性能提高，为钨、钼丝加工打下良好的基础。轧制开坯法大约是在本世纪60年代迅速发展起来的。奥地利普朗西工厂首先用轧制法生产钼杆。美国通用电气公司采用二辊热轧机轧制方钨条坯。本世纪70年代初，西德科克斯（KOCKS）公司制成三辊式Y型轧机（后被美、英引进）。与此同时，西德奥斯兰工厂与荷兰菲利浦公司分别采用6台与2台轧机，以多次加热轧制加工钨条。苏联在本世纪70年代试验采用四辊轧机轧制钨、钼方条坯。近年，中国已研制与引进了轧制开坯生产的新方法。

2. 在二辊式单机上轧制钨、钼棒材

图12-6-73所示为在ϕ205×400轧机上轧制ϕ14～22mm钨、钼棒材所用的孔型系。其轧制速度20～30r/min，表12-6-88列出了轧制工艺条件。

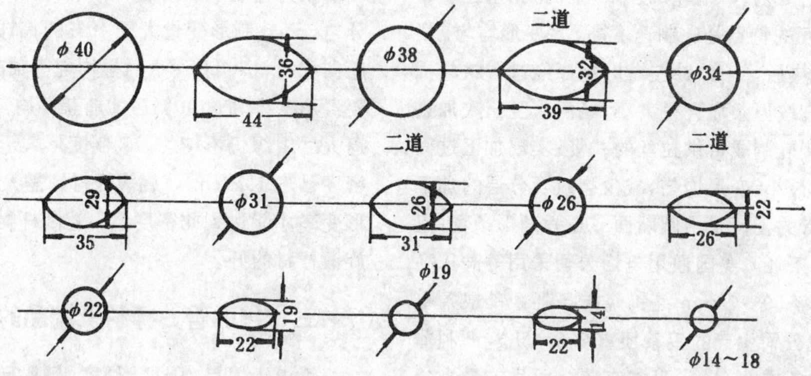

图 12-6-73 在 200 轧机上轧制 φ14～22mm 钨、钼棒材的孔型系

表 12-6-88 钨、钼棒材轧制工艺条件

牌 号	坯料尺寸 mm	成品尺寸 mm	坯料来源	加热温度 ℃	第一火保温时间，h	终轧温度 ℃	备 注
W1	φ45	φ15～30	烧结	1500～1550	90	1300	(1) 一火一道次轧制
	23×40	φ14～22	同上	同上	40～50	同上	(2) 轧制过程中加热温
	φ40	φ19～25	熔铸后挤压	1250～1300	80～90		度与保温时间递降
Mol	φ45	φ15～30	烧结熔铸	1450～1500	90	1100～1200	一火轧制数道次
			后挤压	1150～1200	80～90	—	一火轧成成品

3. 在行星式轧机上轧制钼杆材

用旋锻法生产钼杆材与用行星式轧机轧制相比存在如下缺点：道次多且道次加工率小（如采用 16×16mm 的条坯旋锻成 φ3mm 的钼杆需 20～30 道次），生产效率低；由于形变不均匀从而造成钼杆性能不均匀；氧化烧损大达 3～5%；生产噪音大且振动大，故劳动卫生条件差。与旋锻不同，采用行星式轧制法具有较高的生产率，在一个道次中可以实现需要 30～40 道次的旋锻加工量。由于条坯在行星轧制前进行快速感应加热，只产生微量的氧化与烧损。下面，介绍全苏冶金机械科学院设计的用于钼杆材轧制的 CTaH-30 行星式轧机的工作情况。

焊接后烧结条坯总长度不短于 3～4m。条坯先在 MCMY-150 型对焊机中焊接，焊接条坯在清除焊瘤后，通过预热感应器加热至 300～400℃，然后通过感应器加热至形变温度进行轧制。轧件出辊后通过牵引辊进行矫直，沿导管进入旋转绞盘而绕成线卷。16×16mm 烧结条坯轧成 φ0.3mm 丝材最佳轧制制度为：轧速 0.28m/min，夹持圈转数 330r/min，轧制温度 1100～1200℃。

4. 钨、钼杆材连续轧制概况

(1)轧制设备。西德奥斯兰工厂的钨钼轧机由六组三辊 Y 型轧机机组组成：第一机组由两台轧机串连；二、三、四、五机组各由 4 台 Y 型轧机串连；第六机组由 6 台 Y 型轧机串连。轧辊为硬质合金辊，电机功率 20kW。轧制规格由 φ19 至 φ3～4mm。每一机组轧制前均加热一次。荷兰菲利蒲公司 Y 型开坯轧机轧辊直径为 φ200mm，由两个机组组成：3.2kg 钨条经第一机组七道次轧至直径 φ10.5mm 用 30%碱液将钨杆清洗后，再经第二机组轧 5 道次到 φ2.7mm。美国通用电器公司的三辊式 Y 型轧机装在一个辊箱内组成一个机架，再由 8～10 个机架组成机组安装在整体机座内。轧辊直径 φ250mm，各道次压缩的总延伸比为 1/6，相当于 83%的面积压缩比，最大轧速为 10m/s。轧机由直流电动机拖动，主电机与一组合传动机构联接，无压下调整装置。

(2)轧制工艺。Y型轧机上采用三角孔型连续轧制钨、钼条坯的特点是轧制速度高，且变形均匀。坯条经一次加热后，一秒钟左右即顺序经过一组轧机的各道孔型。按原条坯直径大小，经两次至三次加热后，即可直接轧制成可供拉丝的线坯。实现加工过程中条坯降温最小、变形均匀，减少裂纹及分层的加工工艺。目前有的工厂采用圆断面或正六角形条坯(但有的仍用方条坯)。美国通用电话公司采用等静压高温烧结生产φ50～70mm纯钨烧结条坯，单根条重6kg。奥斯兰公司生产的钨条坯重2.8～5kg，菲利蒲公司生产的条重3.2kg。日本东芝公司目前最小轧制棒直径为φ8mm，轧制后需经高频退火再旋锻。不少工厂一直轧制到φ2.5～4mm，不再旋锻而直接上大转盘拉丝机拉丝，最大转盘直径为1.2m。东芝钨公司横滨工厂目前仍采用1.5kg方坯开轧，所采用工艺为：条坯加热温度1350℃，通过8机架Y型轧机的轧制时间约1s，总压缩比介于50～80%。轧制后钨杆至少要在高于其再结晶温度300℃下热处理(钨应2200～2400℃，钼应1700～1800℃)。东芝公司采用方条坯倒角的办法解决方条坯轧制后易于出现裂纹的问题。在1200～1500℃的轧制温度下，随着加工温度的提高，方条坯的裂纹生成率迅速提高，而倒角条坯裂缝生成率增大缓慢。轧制用钨条坯的烧结密度要求大于理论值的92%（旋锻开坯时达到87%）。轧制用条坯晶粒度要求大于1500个/mm^2而小于8000个/mm^2。平均晶粒数太小表易产生裂纹；太大则加工硬化严重，会出现长而大的纵向裂纹。东芝钨公司采用15×15×600mm的长形压坯重熔后得到12×12×500mm烧结条坯，于1350℃下在八机架Y型轧机上连轧，道次压缩比13%，总压缩比67%。轧制孔型为正三角形与倒三角形交错排列，轧制杆材断面呈六角形。轧制后杆材直径为8mm，其强度与韧性良好。条坯晶粒数介于5000个/mm^2至7000个/mm^2，而比重不同的各种条坯的轧制钨杆的表面裂纹形成率，以相对密度大于90%的钨条坯为较小。相对密度接近95%的钨条的裂纹率降低到5%左右，而相对密度小于90%的钨条坯的裂纹率则高达50%。相对密度介于90～93%而晶粒度不同的各种条坯，表面裂纹率则以晶粒度小于5000～7000个/mm^2的钨条坯为最小。

(3)钨杆材的质量。苏联对比了轧制杆材与旋锻杆材的质量，得出以下的结论：大加工率轧制杆材内部缺陷相当少，而旋锻形变率大于65%的钨杆内部即形成大量裂纹。轧制杆分层程度只有旋锻杆的五分之一。轧制形变量大于40%的钨杆的形变组织即趋向均匀，1700℃退火后呈均匀等轴晶。而旋锻杆材要经形变率高达90%后才能获得均匀形变组织，且退火后组织仍不均匀。轧制变形大于40%时，钨杆密度已达19g/cm^3，旋锻杆材则需大于70～80%的形变率才能达到此密度值。轧制杆材表面质量也较旋锻杆材的好。

三、钨的管、棒材及制品的生产

钨由于熔点、强度、硬度、塑脆转变温度以及导热系数等均高于一般金属，虽然也可以用通常的挤压、锻造、轧制、拉伸等方法来生产管、棒材，但比较困难。用一般金属常规工艺来生产钨管、材时要采取一些特殊的措施，对润滑条件、模具材料等要求是比较严格的，目前正大力发展制取钨管材的特殊方法，如气相沉积，旋压、双金属轧制法去芯成管等。

钨的管、棒坯锭的制取有粉末冶金法、真空熔炼法、气相沉积法。用粉末冶金法生产管坯比较有效，成品率较高。

(一) 挤压法、拉伸法制取钨管及制品

用来挤压钨棒的圆柱形坯锭，经机械加工成具有90°～120°的锥形头，有利于均匀变形，减少挤压制品裂头现象。管坯可由真空熔炼铸锭钻孔或粉冶法制取。

挤压用润滑剂一般为玻璃粉（G7301），玻璃布包裹坯锭，模子用G7301玻璃粉或G7304玻璃饼润滑。目前还采用不锈钢（加热到700～800℃）或钼(加热到1200～1600℃)包套（壁厚5mm）挤压，以减少热损失和降低挤压力，改善制品表面质量。挤压时模具温升超过500℃，磨损厉害，除用玻璃饼润滑外，可采用碳化钨、碳化铬衬套组合模或在模子上采用等离子喷涂0.4～1mm厚的Al_2O_3或ZrO_2的陶瓷层。允许将坯料加热到1850℃，此时可大大减少磨损和改善挤压棒质量。

钨的室温导热系数为0.476，1700℃为0.264，导热系数高，加热速度快。坯锭在氢保护的钼丝炉或中频感应炉中加热，加热实例如表12-6-89所示。坯锭由加热炉进入挤压筒时间应在10～15s内完成。

挤压速度选取设备的最高速度（120～300mm/s），为了充分细化晶粒，钨的挤压比要求在3.5以上。粉末冶金及熔炼的钨及其合金棒材挤压加工条件如表12-6-90所示。

表 12-6-89 钨挤压坯锭加热实例

合金	挤压机吨位 t	筒直径 mm	加热温度 ℃	保温时间 min	加热炉
W（光坯）	1500	125，145	1500～1650	60～90	氢气，钼丝炉
	600	65，85	1550～1650	3～5	氢气，中频感应炉

表 12-6-90 粉末冶金及熔炼的钨合金挤压加工条件

材料	加工温度 ℃	挤压速度 m/s	挤压比	挤压力，kN	
				最大	最小
粉末冶金 W-2%ThO_2	1760	0.254	6.5/1	5000 4900 5200	4600 4500 4800
粉末冶金 W-0.35%HfC	1760	0.254	6.5/1	6000 6950 6000	5700 5500 5500
电弧熔炼 W-0.35%HfC	2149	0.254	6.5/1	6500 5250 6100	5600 4600 5200
粉末冶金 W-4%Re-0.35%HfC	1760	0.254	6.5/1	6100 4800 4800	5500 4500 4400

国外在加热温度2050℃和挤压比19/1的情况下，已挤出厚6.35mm、长约3050mm的T字形挤压件。

1. 特殊挤压法制取钨管材

在钨管坯内装入钼芯，二者密封在纯钼或T2M合金钼包套内，进行双金属挤压。挤压后，钼包套及钼芯可于55℃下，在体积比2/2/1的H_2O、HNO_3、H_2SO_4混合溶液中溶解。对于大直径管材，也可将钼芯制成中空件，压入石墨芯。挤毕，用机械方法钻去石墨芯，以增加钼芯与酸液的接触面积，提高腐蚀速度。小直径钨管可用碳化钙或碳化铪芯，制取外径为ϕ3.18mm至ϕ21.3mm、壁厚为直径10%的钨管。美国曾研制出一种生产小口径、薄壁钨合金长管方法。该法在钨管坯内同心套入钼、铪复合芯子，芯的外层是钼，内层是铪。挤压后，先用氢氟酸溶液洗去内芯，腐蚀速度开始是50.8mm/h，以后可达到127mm/h。内芯去掉后，再用上述的混合酸液去掉外层钼芯。国外有关钨及钨合金管挤压条件如表12-6-91。

表 12-6-91 钨及钨合金管材的加工条件

坯料	粉冶法纯钨	粉冶 W-25Re	粉冶 W-30-Mo-30Re	粉冶纯钨	纯钨加工坯	电弧熔炼 W-25Re
挤压方法	填料挤压	同左	同左	活动芯杆	同左	同左
包套	SUS304	钼	SUS304	钼	无	无

续表 12-6-91

坯　料	粉冶法纯钨	粉冶 W-25Re	粉冶 W-30-Mo-30Re	粉冶纯钨	纯钨加工坯	电弧熔炼 W-25Re
挤压温度,℃	1150	1400	1100	1750～2200	1650	2100
芯子材料	Mo	Mo	SUS304	钼管	无	无
挤压比	4/1	4/1	7.4/1	17/1	5/1	4.9/1
管外径，mm	15.88	15.88	—	12.7～9.52	41.17	41.63
管壁厚，mm	1.57	1.57	—	2～0.51	8.13	8.38

用高能高速成形法在卧式挤压机上以 50m/s 变形速度进行挤压，能使铸造钨以 12/1～25/1 的压缩比进行挤压。经 16/1 挤压比挤压的棒材具有完全再结晶组织，加热到 250℃能以 65%的断面收缩率进行轧制；在 1850℃到 1900℃的温度下，以 8/1 压缩比将粉末冶金烧结坯和电弧熔炼坯料压成扁材和无缝管材。

2. 拉伸法制取钨管

经挤压和退火之后进行钨管的拉伸，一般使用可变形芯棒的双金属拉伸法。芯棒可用双金属挤压留下来的钼芯作为芯棒，也可放入 TZM 杆作芯棒。用此法拉伸钨管时，管的直径及壁厚可同时压缩变形，比普通的固定芯杆拉伸法有较大的压下量，但管材壁厚不均。

双金属管拉伸工艺条件为：拉伸的管坯尺寸 $\phi 6.35 \sim \phi 10.2$mm，壁厚为直径的 12%，拉拔温度为 570～580℃，每道次压下量可达 6.0 到 24.4%，两次退火间总压缩率可达 38.2%，拉伸速度从 838 到 940mm/min，K 值从 $48.2\times10^6 N/m^2$ 到 $1102.5\times10^6 N/m^2$。K 值的计算公式为：

$$K = P/\ln R$$

式中　R 为压缩比；P 为单位截面积平均拉力。

用与上述相同的拉伸温度 570～580℃拉伸 W-25Re 合金管时，在拉伸速度为 762mm/min 的条件下，每道次压下量约为 3%，K 值约为 $6203.4\times10^6 N/m^2$。

用上述挤压管材的除芯技术除去成品管形芯或加入的钼芯棒。

用淬火硬化的工具钢芯棒进行长芯杆移动拉伸也是钨管拉伸常采用的方法。此法芯杆被夹紧与钨管同时通过模子，芯棒不变形，能均匀控制管材的壁厚及直径，使钨管表面光滑，道次压下量从 5.0 到 46.2%。K 值从 1381.8×10^6 到 $4958.8\times10^6 N/m^2$，速度为 76～1524mm/min。对 W-25Re 合金管，同样的温度、道次压下量从 20.6 到 28.1%，K 值为 $1724.8\times10^6 \sim 4655\times10^6 N/m^2$。芯棒可用两辊均整机，通过辊子转动管子，同时挤压辊子和芯棒之间的管壁，使管壁稍变薄和增长圆周，并松开芯棒和管之间的接触。以上两种拉伸法适于短管生产。

普通的固定芯杆(与上述长芯杆材质一样)拉伸法，在 580℃拉拔温度下，道次压下量从每道次 4.4%到 18%，总压下量（两次退火间）达 43.2%，拉伸速度为 432mm/min 到 1016mm/min 时，K 值从 $1450\times10^6 N/m^2$ 到 $7369.6\times10^6 N/m^2$，总压下量 41%。这种方法往往由于大的拉力易使管材破裂，常用来生产长的精密管材。

由于钨的脆性，不能直接用夹钳夹持锻造的管夹头来实现拉伸，而是用 TZM 钼合金作为芯棒夹头钎焊在管的锻造尖部，夹钳夹紧 TZM 凸出部分实现拉伸。

普通用的轧管法也可用于钨管成品生产，但必须加热到与拉伸钨管同样的温度。

（二）化学气相沉积法（CVD）制取钨管及钨制品

1. 基本原理

CVD 是一种涂层的方法，以被沉积元素的气态化合物流过热的型芯时，化合物分解或被还原成金属，并在型芯上形成牢固结构沉积物的原理为基础的。目前已用此法生产无缝钨管及复杂形状的钨制品。这种钨制品有（1）产品纯度高；（2）晶粒细化，温度高至 2500℃仍能抗晶粒长大；（3）产品的比重接近理论密度；(4)较电弧熔炼和粉末冶金钨有较好的塑性，可直接生产制品，也可承受进一步的塑性加工的特点。

钨的气相沉积过程发生以下三种类型反应之一：

(1) 钨的有机化合物热分解，如

$$W(CO)_6 = W + 6CO$$

(2) 钨的卤化物的氢热化学还原，如 WF_6 或 WCl_6 的氢热化学还原：

$$WX_6 + 3H_2 = W + 6HX$$

X 为一种卤素；

(3) 钨卤化物热分解

$$WX_6 = W + 3X_2$$

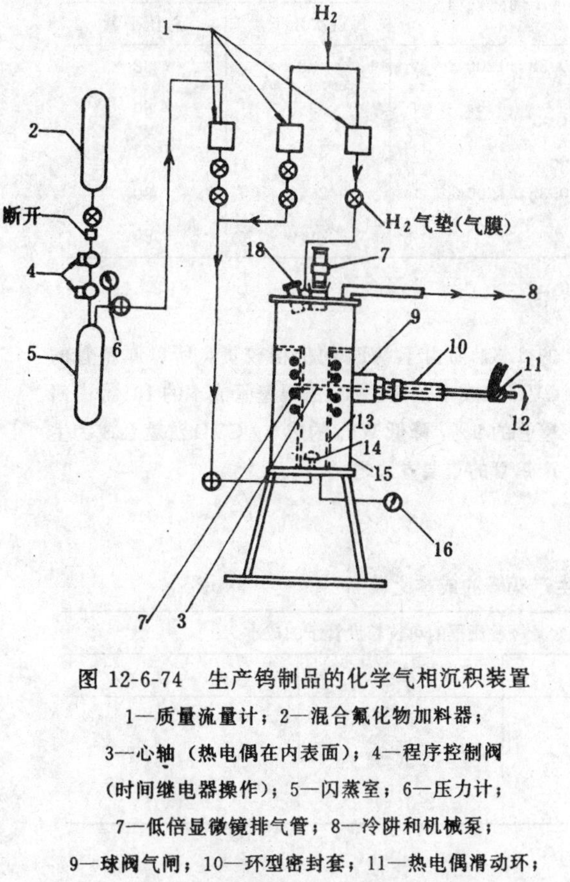

图 12-6-74　生产钨制品的化学气相沉积装置

1—质量流量计；2—混合氟化物加料器；3—心轴（热电偶在内表面）；4—程序控制阀（时间继电器操作）；5—闪蒸室；6—压力计；7—低倍显微镜排气管；8—冷阱和机械泵；9—球阀气闸；10—环型密封套；11—热电偶滑动环；12—可变速转动机构；13—氧化铝引管；14—倒置的气体鼓泡搅拌器；15—聚四氟乙烯炉室；16—压力计；17—感应线圈；18—光源

通常应用卤化物氢热还原法制取钨制品。WF_6 与 WCl_6 比较，前者沸点较低（WF_6 为 17.5℃，WCl_6 为 387℃），易控制氟化物在气相中所规定的分压，在常压下及温度高于 500℃时，还原得到金属而不是低价氟化物，沉积可在系统总压为常压或低压下进行。也有用 WCl_6 进行钨沉积的，当压力为 0.1MPa（一个大气压）、温度为 550～650℃时，可获均匀致密的钨沉积物。典型的钨卤化物气相沉积和装置如图 12-6-74 所示。

2. 化学气相沉积法生产钨管

气相沉积生产钨管是在钢管或铜管(型芯)内表面或外表面进行的（镀覆）。内表面沉积时，管子本身就是反应室，氟化物利用率高（90%），可生产任意长的 ϕ12～75mm 的管材。在芯管外表沉积时，芯管应恒速转动，以保证镀层均匀。生产管材的实例如下：

(1) 直接用 CVD 法生产薄壁钨管。把薄壁不锈钢管的外径拉拔到所需钨管的内径尺寸，用薄壁不锈钢管作芯管，通电加热钢管，用电流控制沉积温度（管内置热电偶测温），由控制管基体的电阻提高沉积均匀性。钨沉积少处，电流密度增大，促使该处局部温度升高，而加快了沉积速度并提高了均匀性。在 650℃温度下沉积内径 ϕ56mm 管材在 1333.3Pa 的压力下，通入 100cm^3/minWF_6 和 2100cm^3/min 的 H_2，钨沿钢管 231mm 长度上以 0.14mm/h 的沉积速度进行沉积，每天可生产 1016mm 长、内径为 ϕ5.6mm、壁厚 0.76mm 的管材。冷却后，由于不锈钢管与沉积的钨层膨胀系数不同，钢管容易从芯管上取出。管材的组织为沉积状态的晶粒结构。

(2) 用 CVD 法生产厚壁管坯的管材生产

1) 在 550～600℃温度下和 12～20mol/hWF_6 耗量的情况下，用氢气还原 WF_6，使钨在铜管壁上沉积制取 ϕ60×10mm 的厚壁管坯，氟化物利用率达 90%。冷却后，用硝酸蚀去铜管芯。将管坯于 1750～1800℃加填料挤压成 ϕ30×5mm 钨管，剪成定尺，在 1600℃进行二次挤压成 ϕ17×1.5mm 钨管。最后在 450～650℃温度下进行四道轧制：

ϕ17×1.5mm→ϕ16×1.1mm→ϕ15.2×0.8mm→ϕ14.5×0.55mm→ϕ14.0×0.4mm

管的合格率可达 70～80%。

2) 在含钛、锆的 TZM 钼合金挤压坯套作为沉积的型芯，在其内表面或在钼套管的外表面沉积钨达 7mm 厚。将复合的管坯进行挤压和拉伸，其工艺参数如表 12-6-92、12-6-93。在拉伸前及拉伸过程中必须进行 1200℃、0.3h 的消除应力退火，并在 500～700℃加热温度下拉伸。经挤压的管材部分呈再结晶状态，经拉伸后的管材具有加工态纤维组织。

表 12-6-92 化学气相沉积钨管坯挤压参数

挤压坯编号	挤压坯尺寸，mm			坯重 kg	挤压参数		挤压管材尺寸，mm	
	直径		长度		温度 ℃	压缩比	直径	
	外径	内径					外径	内径
1	2.985	0.815	6.0	14.6	1760	7.4	1.310	0.718
2	2.955	0.815	5.9	14.4	1700	7.8	1.305	0.753
3	2.990	0.815	6.0	14.6	1700	7.1	1.264	0.724

表 12-6-93 复合管的拉伸及热处理参数①

拉伸道次	CVD 管坯挤压尺寸，mm		加工前热处理	面积压缩比，%	
	外径	壁厚		每道次压下量	总压下量
1	0.816	0.031	0.3h，1200℃	38	38
2	0.775	0.022		35	60
3	0.747	0.017		32.5	73
4	0.724	0.013	0.3h，1200℃	25.5	80
5	0.708	0.010		21.0	85

① 由表 12-6-92 中编号 1 管坯挤压管材的拉伸工艺。

(3) CVD 法生产钨管与加工钨管的成本比较。对直接用 CVD 法生产的钨管 A 与 CVD 法生产管坯再加工流程 B 以及用电弧熔炼或粉冶法生产的钨管 C 成本比较参数如表 12-6-94。由表看到，小直径薄壁气相沉积管的成本为通常制备的无缝管成本的 1/3，而由于 WF_6 的价格较贵，所以厚壁管的 CVD 法成本较高。WF_6 占厚壁管成本的 16%，占薄壁管的 9%，降低 WF_6 的成本，CVD 法就会成为生产钨管的重要方法之一。

表 12-6-94 不同工艺生产钨管的成本比较

管材尺寸，mm		每种流程的单位长度管子的成本		
外径	内径	A	B	C
1.6	1.0	$4.28(x)^a$		$6.3(x)^a$
0.86	0.75	$1.31(x)^a$	$3.5(x)^a$	$3.8(x)^a$
0.73	0.67	$(x)^a$	$2.3(x)^a$	$3.2(x)^a$

注： a 化学气相沉积薄壁小直径管的基价由 x 表示。

3. 化学气相沉积法生产钨的异型制品

美国加利福尼亚州一家工厂用 CVD 法制得直径 ϕ330mm、高为 553mm、壁厚为 1.52～2.03mm，底部是半球形的无缝钨坩埚，重达 20kg。这种大尺寸带底件是旋压、引伸工艺难以加工出来的。型芯金属用钼，型芯圆柱部分由 3.2mm 厚钼板铆接而成，型芯的半球状底，采用轧制加工制得。金属钨涂覆到型芯的外壁上，即用型芯的外表轮廓精确地复制坩埚内壁。

将钼型芯放入图 12-6-75 的化学气相沉积设备中进行钨的沉积。型芯被加热到 700℃，并不停地旋转以制得轴对称的坩埚。当钨沉积到坩埚规定的厚度后，用砂轮切削到所需长度，然后在涂覆的坩埚内，用酸液腐蚀掉钼芯。

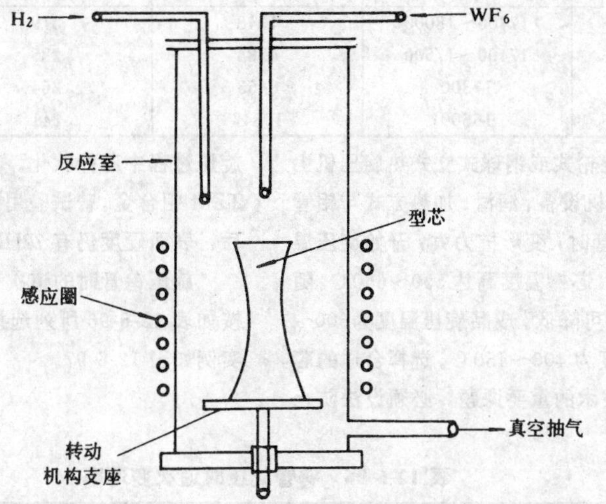

图 12-6-75 化学气相沉积生产钨异形制品设备示意图

目前已用CVD法在钼或石墨基上沉积钨或钨铼生产X光固定及旋转钨靶以及火箭喷嘴等复杂产品。

（三）旋压法生产钨管

钨的旋压设备及工具与钼的旋压相同，但由于钨的熔点、高温强度、塑脆转变温度均高于钼，所以，所用工艺参数存在明显差异。目前已由粉末冶金制取管坯，经热旋压生产了直径ϕ12～9mm，壁厚0.3～0.25mm、长度超过600mm的无缝钨管。其所用的主要工艺流程如图12-6-76所示。

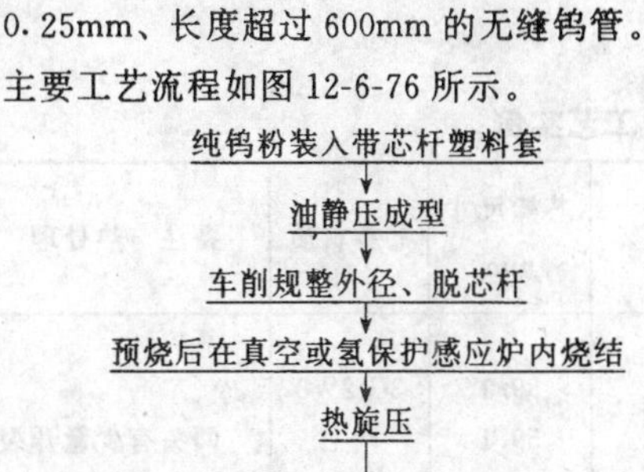

图 12-6-76 钨管旋压工艺流程图

1. 旋压管坯的制备工艺

(1) 装料。将粒度在3.5～4.0μm范围的钨粉装入中间置有芯杆的塑料套中，两头密封。芯杆应具有超过40HRC的硬度，粗糙度$\overset{1.6}{\bigtriangledown}$，并带有0.005%的锥度。芯杆尺寸要根据管坯实际收缩情况而定。可按下式计算：

$$D_0 = \frac{1-\varepsilon}{D_1} + t$$

式中 D_0——油静压压料的芯杆尺寸；

D_1——钨管坯内径；

ε——钨管坯内径收缩率；

t——修正值。

(2) 油静压压制管坯。压力在19.6×10^7N/m^2～29.4×10^7N/m^2，保压2～3min后，生坯密度约12×10^3kg/m^3。为了获得壁厚均匀、表面光洁的管坯，压制后的管坯连同芯杆在车床上车削外径，并脱出芯杆。

(3) 烧结。管坯在钼丝炉内于1300～1400℃预烧为3h后，在真空炉或氢气保护感应炉内烧结，烧结温度2400℃，保温3h。表12-6-95示出了烧结温度与管坯性能的关系数据。由表看出，烧结管坯的密度在17.7×10^3kg/m^{3}以上，才能顺利进行旋压加工。

表 12-6-95 烧结温度与烧结钨管坯的性能关系数据

烧结温度和保温时间	烧结密度 kg/m³	晶粒数 个/min	硬度 HV	旋压性能
2400℃ 3h	17700～18000	1348	319	良好
2300℃ 3h	17400～17600	4584	285	有一定加工性能
2200℃ 3h	17300	8453	264	难加工
2100℃ 3h	16600	10847	241	脆裂

(4) 旋压。在辊轮式或钢球式立式热旋压机上进行旋压加工(旋压机设备、润滑、加热方式与钼管旋压相同)。旋压钨管时，变形抗力大，开始旋压温度达到900～1100℃，芯棒温度高达550～650℃。随旋压次数增加，温度可降低。成品旋压温度为600～700℃，此时芯棒温度为400～450℃。选择合适的芯棒材质是钨管旋压技术的重要课题，必须设法防止旋压过程中芯棒软化。芯棒材质宜选用高温合金或TZM 钼合金。曾试验用硬质合金芯棒，经27次使用后，表面硬度仍有72HRC。

旋压钨管时的道次变薄率，根据实际生产情况按如表12-6-96所列选择。各种规格钨管旋压工艺实例如表12-6-97。

表 12-6-96 钨管旋压时道次变薄率

金属钨旋压条件		道次变薄率,%			两次退火间总变薄率,%
		开坯	中间	成品	
钨	用旋压轮热状态下旋压	20～25	20～25	20～25	约78
	用滚珠热状态下旋压	11～23	15～35	13～27	

生产实践表明，在高温旋压条件下，要制取平直度好的一定长度的高精度无缝钨管，选择和精确控制末道旋压工艺参数是很重要的，应采取以下的方法。

保证管子长度方向上内孔尺寸公差良好的方法：1) 在管子的整个末道旋压过程中，变形区的芯棒平均温度波动范围不得超过100℃。以外径φ30mm钨管为例，芯棒采用φ29.26mm的49GH高温合金，假若能使整个管子旋压过程中，芯棒的温度始终控制在800～900℃范围，这样芯棒实际膨胀330～400μm。即旋出钨管的内孔能控制在φ29.59～29.36公差范围；2) 形变速度要慢，并杜绝停顿和变速现象。

表 12-6-97 各种规格钨管旋压工艺实例

规格	道次 No	外径 D,mm	壁厚 t,mm	长度 l,mm	延伸系数 $\frac{(D_0-t_0)t_0}{(D_1-t_1)t_1}$	$\epsilon=\left(1-\frac{1}{\mu}\right)\%$	芯棒尺寸 mm	芯棒材质	备注与热处理
φ69.25×4.8→φ61.1×0.85		69.25	4.8	178					
	1	67.2	3.9	240	1.25	20.0	59.1	3Cr2W8	
	2	66.7	3.5	245	1.12	10.7	59.1	同上	两头有少量开裂
	3	65.8	3.1	270	1.19	16.0	59.1	同上	
	4	65.1	2.8	315	1.12	10.7	59.1	同上	
	5	63.8	2.2	345	1.28	21.9	59.1	同上	
									一头有少量开裂
	6	62.6	1.6	340	1.39	28.1	59.1	同上	1000～110℃ 保温1h
					3.16	68.3			
	7	61.8	1.25	420	1.29	22.5	59.1	同上	
	8	61.1	0.85	600	1.48	32.4	59.1	同上	直接交货

续表 12-6-97

规格	道次 No	外径 D,mm	壁厚 t,mm	长度 l,mm	延伸系数 $\frac{(D_0-t_0)t_0}{(D_1-t_1)t_1}$	$\varepsilon=1-\left(\frac{1}{\mu}\right)$ %	芯棒尺寸 mm	芯棒材质	备注与热处理
				总	6.0	83.3			
ϕ39.8×5.0 → ϕ30.5×0.45		39.8	5.0	101					
	1	38.9	4.3	115	1.17	15.0	29.45	GH49	
	2	38.2	4.0	129	1.08	7.0	29.45	同上	
	3	37.1	3.5	144	1.16	14.0	29.45	同上	
	4	36.0	3.0	160	1.19	16.0	29.26	同上	
					1.76	43			1000～1100℃ 保温 1h
	5	35.0	2.6	170	1.17	15.0	29.26	同上	
	6	33.6	2.0	215	1.33	25.0	29.26	同上	
	7	32.4	1.45	280	1.41	29.0	29.26	同上	
					2.20	55.0			料割成两根 1000～1100℃ 保温 1h
	8	31.9 32.0	1.2 1.2	165 160	1.22	18	29.26	同上	
	9	31.2 31.3	0.8 0.8	230 230	1.52	34	29.26	同上	
	10	30.95 31.05	0.7 0.7	250 260	1.15	13	29.26	同上	
					2.12	53			1000～1100℃ 保温 1h
	11	30.7	0.55		1.28	22	29.26	同上	
	12	30.5	0.45		1.23	19	29.26	同上	磨成高精度管
					1.29	92			
ϕ19.7×4.0 → ϕ13.4×0.9		19.7	4.0	120					
	1	19.3	3.8	127	1.07	6.5	11.7	TZM	
	2	19.0	3.6	141	1.06	5.7	11.7	同上	
	3	18.2	3.2	158	1.15	13.0	11.7	同上	
	4	17.3	2.8	177	1.18	15.2	11.7	GH49	
	5	16.6	2.4	202	1.19	16.0	11.7	同上	
	6	15.9	2.2	230	1.13	11.5	11.7	同上	
					2.09	52			1000～1100℃ 保温 1h
	7	15.2	1.75	260	1.28	21.9	11.7	同上	
	8	14.5	1.35	330	1.32	24.2	11.7	同上	
	9	13.9	1.1	410	1.26	20.6	11.7	同上	
	10	13.4	0.9	530	1.25	20.0	11.7	同上	
				总	56.0	82.1			

防止管子椭圆和弯曲方法：1）在制坯、旋压、表面精整等工序中，尽力保证管材壁厚均匀。2）末道旋压不收内孔，变形量要小。3）管坯的外壁必须精整干净，防止旋压时受力情况差异大，使管材呈椭圆形。4）在末道旋压前，进行消除应力退火处理，旋压后不再热处理，直接出成品。

对壁厚均匀性要求高的薄壁钨管，成品采用磨削加工，磨削在 M131 磨床上进行。

四、钨丝的生产

（一）钨丝的分类及其产品

1. 钨丝的分类

钨丝材广泛应用于照明、电子、仪表工业以及制造发热体等部门。按成分可以将钨丝分为纯钨丝和掺杂钨丝两大类。

电真空和电光源中用量最大的是掺杂硅、铝、钾的钨丝。这是通过一定的方法往钨的氧化物中加入少量的 Al_2O_3、SiO_2 和 K_2O 添加剂，使原料坯条中形成大量含钾掺杂孔，加工变形使掺杂孔拉长形成钾管并进一步弥散分布。当钨丝加热到高温时，钾管发生分裂形成沿轴向排列的钾泡列。由于钾泡列与晶界的交互作用，提高了钨丝的再结晶温度，并形成特殊的大长宽比燕尾状搭接的再结晶组织。正是此种晶粒结构和细小、弥散的钾泡列大大提高了钨丝的高温抗蠕变性能。

此外，为了获得某些特殊性能的钨丝和改善丝材的加工性能，常常在纯钨或掺杂硅、铝钾钨的基础上加入其它掺杂元素，如 ThO_2、钴、锡、钛、锆、铼等，制成各种钨丝。

纯钨和掺杂钨的化学成分应符合表 12-6-98 规定。

2. 钨丝材牌号、用途及规格

常用的钨及其合金丝材的牌号、主要特性及用途、规格见表 12-6-99、12-6-100 和 12-6-101。

表 12-6-98 钨丝的化学成分①

材质	牌号	钨含量不低于 %	其它元素总和不大于，%	每种元素含量不大于，%
掺硅、铝、钾的钨	WAl1、WAl2、WAl3	99.92	0.08	0.01
纯钨	W1	99.95	0.05	0.01
纯钨	W2	99.92	0.08	0.01

① 掺杂元素不算作杂质。

表 12-6-99 纯钨及掺杂钨丝牌号及用途

材质	牌号		用途
纯钨	W1		制钨绞丝及加热元件等
	W2		制造电子管栅极边杆、钨纹丝等
硅、铝、钾掺杂钨	WAl1	T	制造高色温灯灯丝、耐震灯灯丝、双螺旋灯丝等
		L	制造白炽灯灯丝、发射管阴极、高温电极、钨绞丝等
		W	制造电子管折叠热丝等
	WAl2	T	制造荧光灯灯丝等
		L	制造电子管热丝、白炽灯灯丝、钨绞丝等
		W	制造电子管折叠热丝、栅丝、阴极等
	WAl3	L	制造普通照明灯灯丝、半导体弹簧丝等

续表 12-6-99

材 质	牌 号	用 途
掺硅、铝、钾、铼钨	T	彩色显象管灯丝等
	L	收讯管灯丝和栅极、黑白显象管灯丝、耐震灯泡灯丝、气相色谱仪热导等
	W	超高频电子管灯丝等
铼钨	WRe3、WRe5、WRe20、WRe25	制作高温热电偶
钍钨	WTh7	制造发射管的挂钩、弹簧及高温电极等
	WTh10、WTh15	制造充气放电管阴极和高温电极等

注："T"类丝采用推拉法检验绕丝性能；"L"类丝采用绕螺旋检验绕丝性能；"W"类丝采用弯折试验检验绕丝性能。

表 12-6-100　每根钨丝的最短长度

丝料直径 d, μm	200mm 长丝段重量, mg	最短长度, m
$5 \leqslant d \leqslant 10$	0.075～0.30	300
$10 \leqslant d \leqslant 60$	>0.30～10.91	400
$60 < d \leqslant 100$	>10.91～30.30	350
$100 < d \leqslant 150$	>30.30～68.18	200
$150 < d \leqslant 200$	>68.18～121.20	100
$200 < d \leqslant 350$	>121.20～371.19	50
$350 < d \leqslant 700$	—	相当于 75g 重量的长度
$700 < d \leqslant 1800$	—	相当于 100g 重量的长度

表 12-6-101　钨丝的直径允许偏差

丝料直径 d μm	200mm 长丝段重量, mg	200mm 长丝段重量偏差 %			直径偏差 %	
		0 级	Ⅰ级	Ⅱ级	Ⅰ级	Ⅱ级
$5 \leqslant d \leqslant 10$	0.075～0.30	—	±4	±5	—	—
$10 \leqslant d \leqslant 18$	>0.30～0.98	—	±3	±4	—	—
$18 \leqslant d \leqslant 40$	>0.98～4.85	±2	±2.5	±3	—	—
$40 < d \leqslant 80$	>4.85～19.39	±1.5	±2.0	±2.5	—	—
$80 < d \leqslant 300$	>19.39～272.71	±1.0	±1.5	±2.0	—	—
$300 < d \leqslant 350$	>272.71～371.19	—	±1.0	±1.5	—	—
$350 < d \leqslant 500$	—	—	—	—	±1.5	±2.0
$500 < d \leqslant 1800$	—	—	—	—	±1.0	±1.5

（二）钨材的旋锻

1. 旋锻的基本原理及设备

(1) 旋锻机工作原理和构造。旋锻实质上是模锻的一种特殊形式。如图 12-6-77 所示，主轴环绕被锻坯条高速旋转的同时，由于锻辊对于锤头的顶压作用使锤头和旋锻模在滑槽中作周期性往复直线运动，从而实现对坯条的高速锻打。锻打的频率为锻辊个数与主轴转速的乘积。

钨坯条一般采用热旋锻开坯，热旋锻机装有强制冷却系统，并配备有加热炉。热旋锻机及加热设备的主要性能见表 12-6-102、12-6-103 及 12-6-104。

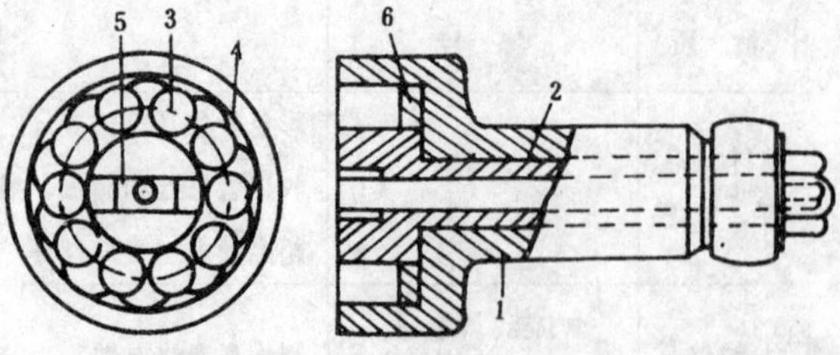

图 12-6-77 旋转锻造机简图

1—机座；2—异型轴；3—锻辊；4—钢质滚动轴承套；5—锻模；6—用以固定滚动轴承套的钢环

表 12-6-102 常用旋锻机型号及主要性能指标

设备型号	主电机功率 kW	主轴转速 r/min	锻辊数目 个	加工直径范围 mm	送料方式及速度 m/min	外形尺寸（长×宽×高） mm³	煤气供给 压力 Pa	煤气供给 耗量 m³/h	空气供给 压力 Pa	空气供给 耗量 m³/h	冷却水供给 压力 Pa	冷却水供给 耗量 m³/h	煤气加热系统 最高炉温 ℃	煤气加热系统 加热长度 mm	煤气加热系统 炉子横移距离 mm	煤气加热系统 炉子火头孔径 mm
C7117 ALZF (203)	2.2	572	12	20～6	手工	951×735×1305	—	—	—	—	14.7×10⁴～19.6×10⁴	0.5	—	—	—	—
C7110 (202)	1.7	950	12	9.5～4.1	2.5（引料辊）	1368.5×1165×1269.5	1.7×10⁵	15	7.8×10⁴～9.8×10⁴	42	14.7×10⁴～19.6×10⁴	1.5	1450±25	440	510	1
C714 (201)	1	1200	10	4.1～2.25	2.5（引料辊）	1150×1100×1200	1.7×10⁵	8.3	7.8×10⁴～9.8×10⁴	23	14.7×10⁴～19.6×10⁴	0.5	1400±25	440	510	1

表 12-6-103 203 旋锻机配加热炉主要性能

项　目		十孔炉
外形尺寸，mm³		880×660×700
炉　管	材　质	氧化铝
	形　状	椭圆形
	规格，mm	900×135×100
	孔径，mm	23
炉丝材质		钼丝

续表 12-6-103

项目		十孔炉
炉温,℃	最高温度	1600
	工作温度	1450
调压器，KVA		15
氧气流量，m^3/h		0.5～0.9

表 12-6-104　日本东芝旋锻机主要性能

设备型号	加工钨棒直径范围 mm	送料方式及速度		冷却水消耗 m^3/h	天然气消耗 m^3/h	空气消耗 m^3/h
		送料方式	送料速度 m/min			
4号旋锻机	15×15 方坯～10	送料器半自动送料	2～5	0.6	—	—
3号A型旋锻机	11～7.6	送料器半自动送料	3.5	0.6	6	60
3号B型旋锻机	7.6～5.5	送料辊自动送料	3.5	1.2	9	90
2号三模串联旋锻机	6～3	送料辊自动送料	3	1.4	15	150
1号两模串联旋锻机	3.5～2	送料辊自动送料	3	1.4	4	40

(2) 旋锻主变形参数计算。由于钨坯条为粉末冶金多孔材料，变形时材料达不到体积不变条件。为方便起见，一般均以材料截面尺寸变化来表示加工变形程度，对于圆形截面料，以面积缩减率 ε 表示变形程度：

$$\varepsilon = \frac{F_0 - F_d}{F_0} \times 100\% = \left(1 - \frac{D_d^2}{D_0^2}\right) \times 100\%$$

延伸系数 λ 用下式计算：

$$\lambda = \frac{L_d}{L_0} = \frac{\rho_0}{\rho_d}\left(\frac{D_0}{D_d}\right)^2$$

式中　D_0—— 变形前棒料直径；

D_d—— 变形后棒料直径；

F_0—— 变形前棒料截面积；

F_d—— 变形后棒料截面积；

L_0—— 变形前棒料长度；

L_d—— 变形后棒料长度；

ρ_0—— 变形前棒料比重；

ρ_d—— 变形后棒料比重。

2. 旋锻坯料准备

(1)坯料来源。生产钨丝宜采用粉末冶金法生产的坯条，方形坯条的横截面为(10～14)×(10～14) mm^2。如采用相同截面积的正多边形或圆形截面坯条，生产出的丝材质量更好。

(2)坯料的化学成分。除了合金元素外，生产钨丝用的粉末冶金坯条的化学成分应按表 12-6-98 规定。对于掺杂硅、铝、钾的掺杂钨坯条，钾含量应为 40～150ppm。

(3)坯条的物理性能。坯条的物理性能应满足表 12-6-105 要求。

表 12-6-105 纯钨及掺杂钨粉末冶金坯条的物理性能

材 质	密度，g/cm³	硬度 HV10，MPa	晶粒数，个/mm²	吸水性	断口组织
纯钨	≥17.5	>2450	800～2500	不吸水	均匀晶粒组织
掺硅、铝、钾钨	16.7～18.2	>2058	2000～20000	不吸水	均匀细晶组织
钍钨	>17.0	—	10000～30000	不吸水	均匀细晶组织
铼钨	17.5～19	2540～2548	300～400	不吸水	均匀晶粒组织

(4) 坯条的外观表面。坯条表面呈银灰色金属光泽，并要求无氧化、无玷污、无过熔、无分层、无裂纹、无鼓泡、无凹坑、无弯曲及无大的掉边掉角等缺陷。

3. 旋锻的工艺流程

(1)旋锻开坯工艺流程。旋锻开坯工艺是最早的也是目前普遍采用的钨丝生产工艺。按原料坯条大小和旋锻退火次数，分为小坯条一次垂熔炉再结晶退火工艺和大坯条多次再结晶退火工艺。从提高生产效率、成品率和丝的组织性能的均匀一致性来考虑，大坯条加工优于小坯条加工。这两种工艺流程分别见图 12-6-78 和 12-6-79。

为了提高生产效率和成品率，以及使丝的组织性能均一，还常常采用小坯条多根焊接工艺，见图 12-6-80。

粉末冶金坯条
(600g ～ 1000g)
↓
10 孔电炉，氢气保护加热
B203 旋锻机手工送料旋锻至 ϕ9.5 ～ 9.0mm
↓
钨棒碱洗，垂熔退水
↓
10 孔电炉，氢气保护加热
B203 旋锻机手工送料锻至 ϕ6.5mm
↓
煤气加热，B202 旋锻机，引辊送料，锻至 ϕ4.4mm
↓
煤气加热，B201 旋锻机，引辊送料，锻至 ϕ2.75mm

图 12-6-78 小坯条一次垂熔炉再结晶退火工艺

(2)轧制开坯工艺。轧制开坯是一种较先进的新型钨丝生产工艺，可用很大的扁方形及圆形粉末冶金坯条，具有生产效率高、变形均匀、生产的钨丝

粉末冶金坯条
(1 ～ 2.5kg)
↓
电热炉、氢气保护加热，
手工锻至 ϕ12.7mm
↓
半自动旋锻，单模手动供料锻至 ϕ11.4mm
↓
半自动旋锻，2 台串联手动供料，锻至 ϕ8.9mm
↓
碱煮清洗，裂纹、周度检验
↓
高频退火，退火组织检验
↓
3 台旋锻机，串联自动供料锻至 ϕ6.4mm
↓
2 台旋锻机串联，自动供料锻至 ϕ5.3mm
↓
高频退火，退火组织检验
↓
3 台旋锻机串联，自动供料锻至 ϕ5.3mm

图 12-6-79 大坯条多次再结晶退火工艺

粉末冶金坯条
(700～1500g)
↓
电热炉加热，氢气保护
锻至 ϕ13.5mm
↓
垂熔再结晶退火
↓
旋锻至 ϕ7.3mm
↓
无心研磨至 ϕ7.15，裂纹探伤
↓
钨棒焊接，磨光焊缝
↓
高频退火
↓
串联旋锻至 ϕ3.75mm
↓
三机串联旋锻至 ϕ2.85mm

图 12-6-80 小坯料多根焊接工艺流程

组织性能均匀一致性好的特点。工艺流程见图 12-6-81。

4. 旋锻加工的形变和热处理制度

(1)旋锻坯料加热。粉末冶金钨坯条开坯加热一般采用电热炉氢气保护加热，旋锻直径小于 6mm 的钨棒一般都采用煤气快速加热。加热规范见表 12-6-106、12-6-107。

圆形或扁方形粉末冶金坯条
↓
5 台 Y 型轧机串联开坯、轧成六角坯
↓
2～6 台旋锻机组锻至 ϕ7.15mm
↓
2 台旋锻机串联锻至 ϕ6.0mm
↓
钨棒焊接
↓
高频退火
↓
旋锻至 ϕ3.75mm

图 12-6-81 轧制开坯工艺流程

表 12-6-106 纯钨及掺杂钨加热规范

坯料直径 mm	加热温度,℃					备注
	纯钨	硅、铝、钾掺杂钨	钍钨	铈钨	铼钨	
9.4～6.2	1400±50	1400±50	1450±50	1400±50	1500±50	炉温
5.8～4.4	1300～1150	1350～1200	1400～1200	1300～1050	1400～1250	料温
4.1～2.75	1300～1100	1350～1150	1350～1150	1250～1050	1350～1200	料温

表 12-6-107 纯钨及掺杂钨开坯加热规范

材质	坯条规格 mm^2	加热温度 ℃	加热时间 min
纯钨	10×10	1400～1550	20～25
硅、铝、钾掺杂钨	10×10	1450～1550	20～25
钍钨	10×10	1500～1600	20～25
铼钨	10×10	1550～1650	20～25

(2)旋锻加工道次变形量分配。钨坯料旋锻时道次加工率的分配要根据坯料的特性、变形温度和速度等确定。粉末冶金材料的强度、塑性和韧性随加工过程材料致密化而迅速提高，图 12-6-82 所示为它们之间的关系曲线。

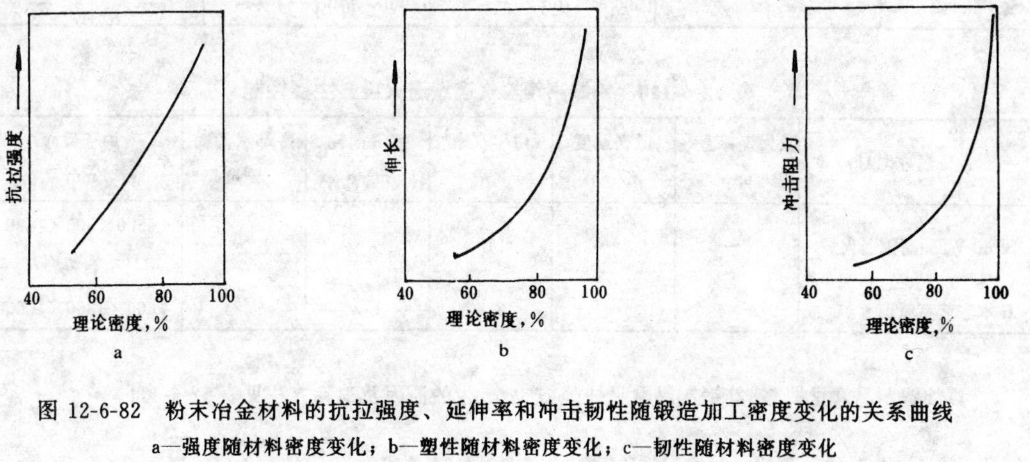

图 12-6-82 粉末冶金材料的抗拉强度、延伸率和冲击韧性随锻造加工密度变化的关系曲线

a—强度随材料密度变化；b—塑性随材料密度变化；c—韧性随材料密度变化

道次变形量分配的总的原则是：对于孔隙多、密度小、塑性差的粉末冶金坯条，开坯时的道次加工率要小些；方坯规圆后，可逐渐增大道次变形量。在材料塑性允许的范围内增大道次变形量可促使材料变形均匀，所产丝性能的均一性较好。钨及其合金的加工规范见表 12-6-108。

表 12-6-108 纯钨及掺杂钨旋锻加工规范

项目		变形阶段		
		规圆之前	规圆之后	退火或者再结晶后
道次变形 %	小压缩比	1～5	9～16	12～18
	大压缩比	10～20	15～25	15～30
进料速度，m/min		4～5	2～3	2～3

(3) 旋锻钨棒再结晶退火。随着钨棒旋锻变形的深入，材料会出现加工硬化现象。为了提高钨棒继续加工的塑性，保证加工继续进行，要在旋锻变形达到一定程度之后进行再结晶退火。退火时钨棒变形不宜过小，否则会由于变形的不均匀、不深入而导致再结晶组织的不均匀。退火时总的变形程度越大，再结晶晶粒组织就越细小、均匀。一般要求退火时钨棒的总变形应大于 50%。对于大尺寸的坯条，还需要进行两至三次再结晶退火处理。

钨棒退火的方式有两种：一种是直接通电加热，另一种是高频感应加热。前者适用于长度小于 800mm 的钨棒退火，后者的适用范围较广。钨棒退火设备及退火规范见表 12-6-109、12-6-110。要求退火后钨棒断面晶粒组织为均匀细小的完全再结晶晶粒组织，不允许出现再结晶晶粒长大现象。

表 12-6-109 旋锻钨棒再结晶退火规范

材质	垂熔退火						高频退火	
	ϕ10.0mm		ϕ9.4mm		ϕ9.0mm			
	垂熔电流 A	保温时间 min	垂熔电流 A	保温时间 min	垂熔电流 A	保温时间 min	退火温度 ℃	退火速度 m/min
硅、铝、钾掺杂钨	2300～2500	4～5	2100～2300	4～5	1900～2200	4～5	1800～2500	0.1～0.5
钍钨、钍钨	2600～2800	4～5	2400～2600	4～5	2200～2500	4～5	—	—
铼钨	—	—	1500～1700	4～5	1400～1700	4～5	—	—

表 12-6-110 钨棒高频氢气连续退火设备主要性能

设备名称型号	退火钨棒直径 mm	退火速度 m/min	功率 kW	氢气消耗 m^3/h	冷却水消耗 m^3/h	炉子尺寸 mm
SP60-WTz 高频退火炉	10～4	0.2～0.6	110			6500×500×1400 (送料机构)
日本东芝高频退火炉	9～4	0.6～1.2	230	1.2	0.24	1600×1300×10800

(4) 旋锻制品常见缺陷。旋锻制品常见缺陷、产生的原因及消除方法见表 12-6-111。

表 12-6-111 旋锻制品常见缺陷、产生原因及防止措施

缺 陷	产 生 原 因	防 止 措 施
表面横裂	(1) 旋锻温度过高 (2) 坯条表面吸水或渗水 (3) 坯条表层密度不够	(1) 适当降低旋锻温度 (2) 坯条重熔或采用其它办法处理
纵裂	(1) 温度过低 (2) 夹料时速度慢引起坯条温度降低 (3) 旋锻加工率过大 (4) 设备运转不正常或模孔圆弧半径太大	(1) 适当提高温度 (2) 钳子夹料要迅速送到机上锻打 (3) 打第一根坯条时，把加工率配好 (4) 操作前要试车，检查设备和模具
断坯	(1) 旋锻温度过低 (2) 操作不当或加工率过大 (3) 坯条密度不够均匀	(1) 适当提高旋锻温度 (2) 提高操作技术避免加工率过大 (3) 坯条返回重熔或报废
内部有分层或裂纹	(1) 道次加工率过大 (2) 旋锻温度过低 (3) 坯条本身有分层、裂纹等隐患	(1) 减小道次加工率 (2) 适当提高旋锻温度 (3) 加强检查，发现有隐患者挑出报废
端头劈裂	(1) 退火时夹头过长 (2) 端头加热温度过低 (3) 坯条本身有缺陷	(1) 退火时防止夹头过长 (2) 注意把端头热透了才能加工 (3) 坯条本身端头有劈头时应切除
再结晶不均匀 或"夹硬芯"	(1) 道次加工率不均匀 (2) 退火之前坯料总加工率不够 (3) 退火时再结晶不均匀 (4) 坯条本身晶粒不均匀	(1) 适当调整好道次加工率 (2) 总加工率不够的不能退火 (3)再结晶不均匀的退火棒应重新处理，对晶粒不均匀的坯条应增大总加工率或作其它处理 (4) 提高退火温度或延长保温时间
螺旋竹节或 表面折叠	(1) 加工率过大 (2) 进料速度太快	(1) 减小道次加工率 (2) 进料速度应放慢

(5) 钨棒旋锻加工实例。钨及其合金的旋锻工艺实例见表 12-6-112、12-6-113。在旋锻操作过程中手工送料速度要均匀，开坯阶段调头锻打时，每次要锻至棒料长度的 60%为宜。

表 12-6-112 纯钨及掺杂钨棒材生产工艺实例

旋锻机型号		B_{203}													
模 序		1	2	3	4	5	6	7	8	9	10	11	12	13	14
配模直径 mm	Ⅰ	14.2	13.4	12.6	11.8	11.1	10.5	10.0	9.4	8.8	8.2	7.7	7.2	6.7	6.2
	Ⅱ		13.2	12.4	11.8	11.2	10.6	10.0	9.4	8.8	8.2	7.6	7.0	6.5	
直径偏差，mm		±0.1													

续表 12-6-112

旋锻机型号		B$_{203}$										
加热温度,℃	W	1500±50						退火	1450±25			
	WAl	1550±50						退火	1450±25			
	WTh	1600±50						退火	1500±25			
	WCe	1600±50						退火	1500±25			
	WRe	1600±50						退火	1550±50			
送料速度, m/min		(手工送料) 4.5～5.5										
备　注		炉温										
旋锻机型号		B$_{202}$					B$_{201}$					
模　序		15	16	17	18	19	20	21	22	23	24	25
配模直径, mm	Ⅰ	5.8	5.4	5.0	4.70	4.40	4.10	3.80	3.50	3.25	3.00	2.75
	Ⅱ	6.0	5.5	5.1	4.7	4.4	4.10	3.80	3.5	3.25	3.00	
直径偏差, mm		±0.05					±0.04					
加热温度,℃	W	1250±50		1200±50			1250±50			1150±50		
	WAl	1300±50		1200±50			1250±50			1150±50		
	WTh	1350±50		1250±50			1300±50			1200±50		
	WCe	1250±50		1100±50			1200±50			1100±50		
	WRe	1350±50		1300±50			1300±25			1250±25		
送料速度, m/min		2.5					2.5					
备　注		料温					料温					

表 12-6-113　大坯条、大道次变形量旋锻生产工艺实例

旋锻加工模序	1	2	3	4	5	6	7	8	9	10	11	12	13	14	15
旋锻配模直径, mm	16.9	14.8	13.0	11.4	10.0	8.8	8.0	7.3	6.6	6.0	5.3	4.65	4.10	3.60	3.15
直径偏差, mm	±0.3	±0.2	±0.2	±0.2	±0.2	±0.2	±0.1	±0.1	±0.1	±0.1	±0.1	±0.1	±0.05	±0.05	±0.05
加热料温,℃	—	—	—	—	—	1600	1350～1400	1350～1400	1250～1300	1175～1225	1175～1225	1050～1100	1050～1100	1050～1100	1050～1100
加热炉温,℃	1600	1600	1600	1600	1600	—	—	—	—	—	—	—	—	—	—
旋锻速度, m/min	5.55	5.55	5.55	5.55	5.55	5.55	2.1	2.1	2.1	2.1	2.1	2.5	2.5	2.5	2.5

注：坯条截面 15×16mm^2，条重 1580g。

(三) 钨丝拉伸

1. 拉伸加工率计算

钨丝加工变形程度大多采用加工率表示。通常采用称量法来精确测定细钨丝的直径，即测定200mm长钨丝段的重量，因此重量表示丝径大小。故加工率ε可用下式计算：

$$\varepsilon = 1 - \frac{P_K}{P_0}$$

式中　P_K——加工后200mm长丝料的重量；

　　　P_0——加工前200mm长丝料的重量。

细钨丝的丝径与200mm长丝段重量以及丝重与丝长间的关系见表12-6-114、12-6-115。

表 12-6-114　200mm长钨丝重量与丝径、丝重与丝长换算关系

200mm长丝重与丝径间换算关系	丝重与丝长换算关系
$MG^{①} = 3016D^2$	$m/g = 0.06631/D^2 = 200/MG$
$D^{②} = \sqrt{\frac{MG}{3016}}$	$g/m = 15.08D^2 = MG/200$

① MG——200mm长钨丝段重量，单位mg；

② D——丝径，单位mm。

表 12-6-115　钨丝直径与200mm长丝重换算表

丝径，μm	200mm丝重，mg	丝径，μm	200mm丝重，mg
11	0.365	36	3.91
12	0.434	37	4.13
13	0.510	38	4.36
14	0.591	39	4.59
15	0.679	40	4.83
16	0.772	41	5.07
17	0.872	42	5.32
18	0.977	43	5.58
19	1.99	44	5.84
20	1.21	45	6.11
21	1.33	46	6.38
22	1.46	47	6.66
23	1.60	48	6.95
24	1.74	49	7.24
25	1.89	50	7.54
26	2.04	55	9.12
27	2.20	60	10.86
28	2.36	65	12.74
29	2.54	70	14.78
30	2.71	75	16.97
31	2.90	80	19.30
32	3.09	85	21.79
33	3.28	60	24.43
34	3.49	65	27.22
35	3.69	100	30.16

续表 12-6-115

丝径，μm	200mm 丝重，mg	丝径，μm	200mm 丝重，mg
105	33.25	330	328.4
110	36.49	340	348.6
115	39.89	350	369.5
120	43.43		
125	47.13	360	390.9
		370	412.9
130	50.97	380	435.5
135	54.97	390	458.7
140	59.11	400	482.6
145	63.41		
150	67.86	410	507.0
		420	532.0
155	72.46	430	557.7
160	77.21	440	583.9
165	82.11	450	610.7
170	87.16		
175	92.37	460	638.2
		470	666.2
180	97.72	480	694.9
185	103.2	490	724.1
190	108.9	500	754.0
195	114.7		
200	120.7	550	912.3
		600	1086
210	133.0	650	1274
220	146.0	700	1478
230	159.5	750	1697
240	173.7		
250	188.5	800	1930
		850	2179
260	203.9	900	2443
270	219.9	950	2722
280	236.5	1000	3016
290	253.6		
300	274.4	1500	6786
		2000	12064
310	289.8	2500	18850
320	308.8	3000	27144

2. 拉伸钨丝的变形和热处理规范

(1) 拉伸钨丝的加热。钨丝抗拉强度和变形抗力很高，但在加热时其抗拉强度急剧下降，塑性提高，如图 12-6-83 所示。为此钨丝拉伸均采用温变形。钨丝拉伸的不同阶段的加热温度规范见表 12-6-116，一般拉直径大于 0.24mm 的钨丝采用煤气加热，拉直径小于 0.24mm 的钨丝采用电炉加热。

拉丝时还需加热模子。为实现正常的拉伸过程和确保钨丝质量，应保证钨丝进、出模子时保持一个温差 ΔT，这种情况在拉粗丝时极为重要。ΔT 为负值则会发生缩丝或断丝，而 ΔT 太大时丝料加工硬化大，易产生内部微裂纹。ΔT 值的控制范围见表12-6-117。

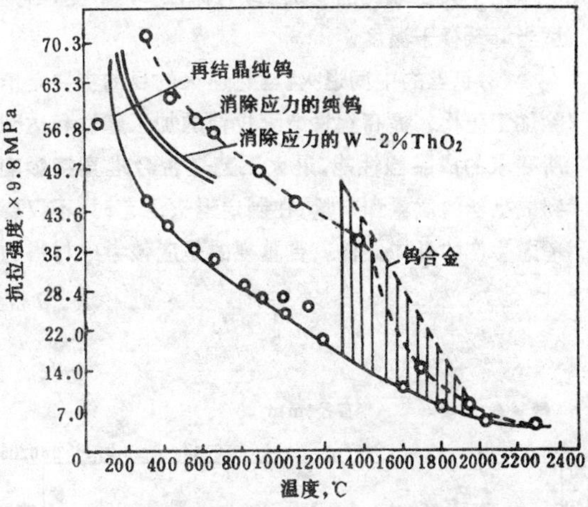

图 12-6-83 钨的抗拉强度与试验温度的关系

表 12-6-116 钨及钨合金拉伸温度规范

拉伸机型号	直径范围 mm	加热温度，℃				备 注
		W1 WAl	WTh7、WTh10、WTh15	WRe	WCe	
链式	3.00～1.30	1200～750	1250～800	1280～	1000～800	料温
MB-2500B	1.20～0.70	950～700	1000～750	1200～1100	—	料温
MB-1000B	0.65～0.43	850～500	850～700	1000～900	—	料温
MB-500B	0.40～0.28	750～550	800～600	850～650	—	炉温
MB-300B	0.26～0.10	700～500	750～550	800～600	—	炉温
MB-100B	0.10～0.04	600～450	—	700～550	—	炉温
MB-30B	0.038～0.010	500～400	—	—	—	炉温

(2)拉伸钨丝时道次变形量分配。拉伸钨丝时道次变形量的分配原则是首先保证拉伸过程中不发生断丝和缩丝，根据钨丝拉伸时加工硬化速度快的特点，随加工进行道次变形量要相应降低。钨丝加工道次变形量分配的一般规范见表12-6-118。

表 12-6-117 拉伸粗钨丝时 ΔT 值控制范围

丝径范围，mm	ΔT，℃
3～2	100
2～1	200

注：实际生产应据加工道次变量和变形速度等来考虑。

表 12-6-118 拉伸道次加工率分配规范

丝料直径范围，mm		3～0.8	0.75～0.55	0.5～0.2	<0.2
道次加工率 %	小压缩比	24～15	17～14	17～9	17～6
	大压缩比	25～40	20～25	15～25	10～17

对于大压缩比的钨加工，为保证 ΔT 不变，必须适当降低模子温度。

(3)钨丝的中间退火。丝材退火的目的主要是消除加工硬化，提高丝材继续拉伸的加工塑性和达到所要求的成品丝性能。退火工艺是否合理直接影响到成品丝的质量和产量。在制定退火工艺时，不仅要考虑生产的具体条件，更重要的是应该考虑材料的机械性能与变形程度、退火温度之间的关系（见图12-6-84、12-6-85、12-6-86）。

在掺杂硅、铝、钾的钨丝的再结晶特性曲线上都有一平台，退火时的温度宜处在此平台区域内。粗钨丝的退火温度宜偏向平台的始端，细钨丝的退火温度宜偏向平台的中部和终端，如图12-6-87所示。钨丝的退火规范见表 12-6-119，钨丝的退火设备的主要性能见表12-6-120。

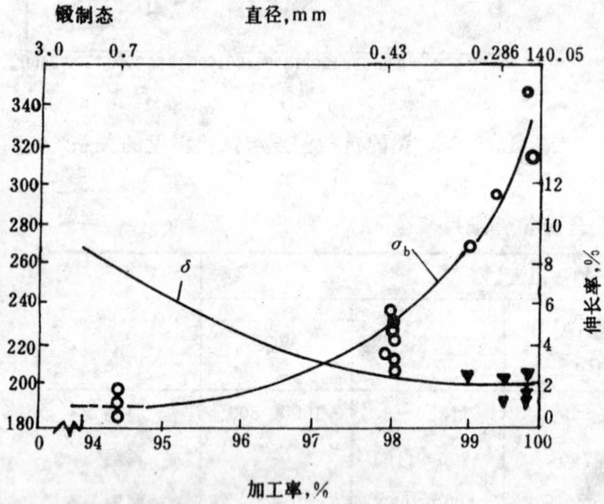

图 12-6-84 加工率对钨铝（WAl）丝抗拉性能的影响（直径由3.0mm 拉伸到0.05mm）

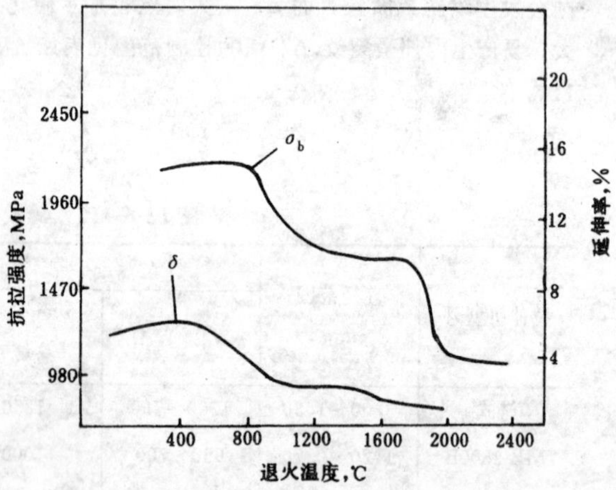

图 12-6-85 退火温度对掺杂钨力学性能的影响

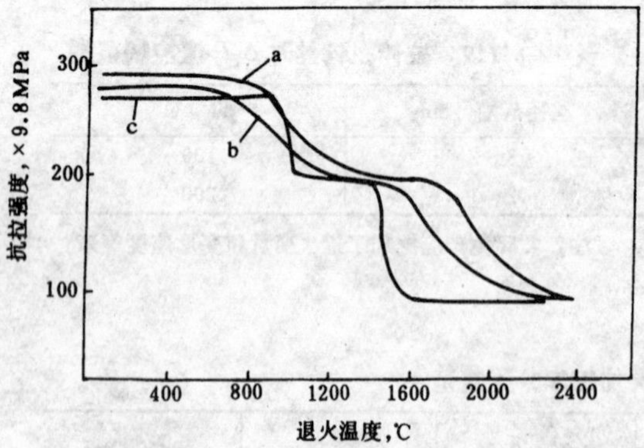

图 12-6-86 掺杂钨的抗拉强度与退火温度及变形程度之间的关系（变形程度 $\delta_a > \delta_b > \delta_c$）

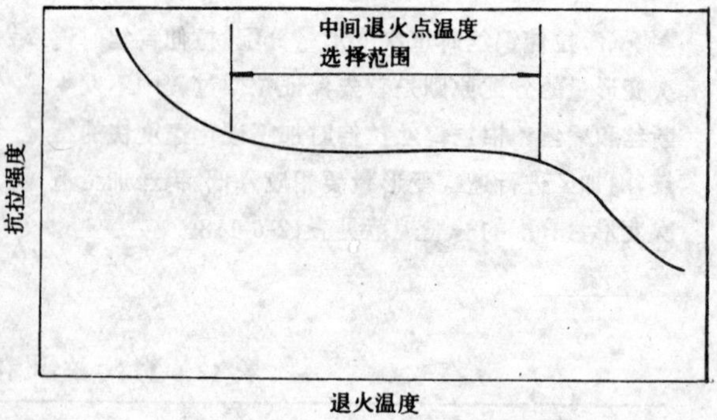

图 12-6-87 掺杂钨退火温度范围的确定

表 12-6-119 钨丝退火规范

材 质	退火丝径 mm	退火温度 ℃	退火拉伸速度 m/min
掺硅、铝、钾钨丝，钍钨丝	0.7～0.25	1250±50	14～24
掺硅、铝、钾钨丝	<0.13	1300～1500	30～40

注：表内退火丝径及中间退火次数应据生产工艺具体条件和成品丝的性能要求选择。

表 12-6-120 各种钨丝退火炉主要性能

项 目	ZFL012	ZFL013 TM385型	ZFL013 L6515Ⅱ-2型	ZFL095 M244型
退火丝材直径，mm	0.28～0.18	0.18～0.104	0.104～0.079	0.04～0.011
退火炉最高温度，℃	1050	1500	1500	1650±50
功率，kW	7.0	5.0	7.0	3.0
氢气压力，Pa	1.7×10^4	1.7×10^4	1.7×10^4	1.7×10^4
氢气消耗，m^3/h	0.8～1.0	0.3～0.4	0.3～0.4	0.3～0.4
丝材运动速度，m/min	24	25～40	40	10～30
炉管材质	—	钼片	钼片	钼片
煤气压力，Pa	1.6×10^5	—	—	—

3. 拉伸润滑

钨丝拉伸主要采用石墨乳润滑剂，这种润滑剂不仅在拉伸变形过程中起润滑作用，而且还起保护钨丝表面使其在加热时不被氧化的作用。要求石墨乳具有摩擦系数小、附着力强的性质。常用的胶体石墨乳的牌号和性能见表12-6-121。拉伸钨丝各阶段对石墨乳的要求不相同，见表12-6-122。

表 12-6-121 石墨乳的技术条件

牌号	粒 度 μm	干燥剩余物 %	其中灰分 %	含石墨量 %	沉降度 %	批 重 kg
S-0	1～2	≤20	≤1.5	≥17.5	≤7.5/8小时	500
S-1	3.7	≤25	≤2	≥21.0	≤7.5/3小时	500

表 12-6-122 拉伸各阶段对于石墨乳的要求

拉伸机型号	丝径范围，mm	石墨乳比重范围，g/cm^3	石墨乳牌号
链式拉伸机	3～1.3	1.13～1.14	S-1
MB-2500B	1.2～0.7	1.10～1.08	
MB-1000B	0.65～0.43	1.080～1.045	
MB-500B	0.4～0.28	1.04～1.045	

续表 12-6-122

拉伸机型号	丝径范围，mm	石墨乳比重范围，g/cm^3	石墨乳牌号
MB-300B	0.26～0.1	1.03～1.032	S-0
MB-100B	0.10～0.04	1.026～1.028	
MB-30B	0.038～0.01	1.026～1.028	

注：(1) 石墨乳使用前用蒸馏水稀释并搅匀，用波美计测比重；
(2) 石墨乳应保存在18～28℃室内，防止高温酸化及低温冻坏；
(3) 附着力不够的石墨乳应加适当的糖和动物胶配制。

4. 钨丝材的常见缺陷及防止措施

钨丝材常见的缺陷有脆断、劈裂、划伤、毛刺、表面氧化、尺寸超差等。其产生的原因和防止措施见表12-6-123。

表 12-6-123 钨、钼丝材常见缺陷，产生原因及防止措施

缺陷	产生原因	防止措施
脆断	退火或拉伸温度过高	适当降低温度
劈裂或硬脆	拉伸温度过低，道次加工率过大	适当提高温度，适当减小道次加工率
拉伸时断丝	(1) 拉伸温度过高 (2) 道次加工率过大 (3) 划伤 (4) 模孔形不好（加工作区和定径区过长） (5) 石墨乳润滑性不好	(1) 适当降低拉伸温度 (2) 减小道次加工率 (3) 避免划伤 (4) 换上孔形好的模子 (5) 换上质量好的石墨乳
划伤	(1) 模子缺陷（如孔内出角，模壁不光） (2) 润滑剂脱落	(1) 对模子加强检查 (2) 换上质量好的石墨乳重新配制
毛刺	旋锻棒表面有潜伏的横裂纹， 折叠，较深的锤痕	(1) 旋锻时防止温度过高，防止模子夹料、啃料 (2) 对旋锻棒料加强检查
表面氧化	石墨乳脱落	(1) 选择好的石墨乳 (2) 对附着力差的石墨乳应重新配制 (3) 防止拉伸时开风过大
螺旋竹节	(1) 矫直模进出口处未倒棱角 (2) 矫直时，两个矫直模模间间距太小 (3) 矫直模孔离矫直中心线太远	矫直时，必须把模子间距、中心距调好，通过试矫合格后才能大批投产。

5. 钨丝材生产工艺实例

一般常用的钨丝拉伸工艺和退火制度见表12-6-124、12-6-125、12-6-126、12-6-127、12-6-128。拉伸钨丝时，丝头腐蚀液的配比和操作方法见表12-6-129。大压缩比拉钨丝工艺见表12-6-130。

表 12-6-124 钨及钨合金丝材拉伸配模，加热制度

拉丝机型号	序号	配模直径 mm	丝段平均重量 mg/200mm	压缩率 %	拉丝速度 m/min	加热温度,℃		模子加热温度,℃	石墨乳密度 g/cm³	备注
						W1、WAl	WTh7－15			
链式	1	2.75	直径偏差 ±0.03mm		7.5	1200±50	1250±50	650～500	1.10～1.16	料温
	2	2.45			7.5	1200±50	1250±50			
	3	2.15			7.5	1100±50	1200±50			
	4	1.90			7.5	1000±50	1100±50			
	5	1.70			14	900±50	1000±50			
	6	1.50			14	850±50	900±50			
	7	1.30			14	800±50	850±50			
MB-2500B	8	1.20	直径偏差 ±0.02mm		9.4	900±25	950±25	550～500	1.08～1.09	料温
	9	1.10			9.4	900±25	950±25			
	10	1.00			9.4	900±25	950±25			
	11	0.90			14	850±25	900±25			
	12	0.80			14	800±25	850±25			
	13	0.70			14	750±25	800±25			
MB-1000B	14	0.65	直径偏差 ±0.01mm		13	800±25	850±25	550～500	1.045～1.05	料温
	15	0.60			13	800±25	850±25			
	16	0.55			13	750±25	800±25			
	17	0.50			13	700±25	750±25			
	18	0.46			13	650±25	700±25			
	19	0.43			13	650±25	700±25			
MB-500B	20	0.40	直径偏差 0.005mm		12	800～750	900～800	550～500	1.040～1.045	炉温
	21	0.37			14	800～750	900～800			
	22	0.34			16	750±25	850～800			
	23	0.32			18	750±25	850～800			
	24	0.30			22	750±25	850～800			
	25	0.28			24	750±25	850～800			
MB-300B	26	0.26	204.8±4.1	13.7	24	850～800	900～850	550～500	1.028～1.032	炉温
	27	0.24	174.5±3.5	14.8	24	850～800	900～850			
	28	0.22	146.5±3.0	16.0	21～28	850～800	900～850			
	29	0.20	121.0±2.5	17.2	28	850～800	900～850			
	30	0.185	103.7±2.0	14.5	28～32	850～800	900～850			
	31	0.17	87.6±1.8	15.5	32	850～800	900～850			
	32	0.16	77.6±1.6	11.2	32～36	800～750	900～850			
	33	0.15	68.2±1.4	12.1	36～40	800～750	900～850			
	34	0.14	59.0±1.2	12.8	40	800～750	—			
	35	0.13	51.2±1.0	13.7	40～45	800～750	—			
	36	0.12	43.6±0.9	14.8	40～45	800～750	—			
	37	0.112	38.0±0.9	13.0	40～45	800～750	—			
	38	0.104	32.77±0.65	13.7	40～45	800～750	—			

续表 12-6-124

拉丝机型号	序号	配模直径 μm	丝段重量 mg/200mm			压缩率 %	拉丝速度 m/min	加热温度,℃	模子温度,℃	石墨乳密度 g/cm³	备注
			中心值	最小值	最大值						
	39	97	28.51	27.94	29.08	13.0					
	40	90.1	24.6	24.27	24.93	13.7					
	41	84.2	21.5	21.12	21.88	12.6	50～55				
	42	79.2	19.00	18.62	19.38	11.6					
	43	74.2	16.90	16.56	17.24	11.1		720±20			
	44	70.4	15.00	14.70	15.30	11.3					
	45	66.5	13.40	13.13	13.67	10.7					
	46	62.7	11.90	11.76	12.14	11.2					
MB-100B	47	58.9	10.50	10.29	10.71	11.8			400～450	1.025～1.028	指炉温
	48	55.5	9.35	9.16	9.54	11.0					
	49	52.0	8.20	8.04	8.36	12.3					
	50	48.7	7.20	7.06	7.24	12.2		650±20			
	51	45.6	6.30	6.17	6.43	12.5	60～70				
	52	42.6	5.50	5.39	5.61	12.7					
	53	40.2	4.90	4.79	5.01	10.9					
	54	38.1	4.40	4.29	4.51	10.2		550±20			
	55	36.1	3.96	3.86	4.05	10.0					
	56	33.7	3.44	3.36	3.52	13.1					
	57	31.7	3.04	2.96	3.12	11.6					
	58	29.7	2.68	2.62	2.74	11.9					
	59	28.0	2.37	2.32	2.42	11.6	80～700	550±20			
	60	26.8	2.18	2.14	2.23	8.4					
	61	25.6	1.98	1.94	2.03	9.15					
	62	24.2	1.78	1.75	1.81	10.1					
	63	23.0	1.60	1.57	1.63	10.1					
	64	21.8	1.44	1.41	1.47	10.0					
	65	20.7	1.29	1.26	1.32	10.4	60～80	500±20			
	66	19.6	1.16	1.14	1.18	10.1					
	67	18.5	1.04	1.02	1.06	10.4					
	68	17.6	0.94	0.92	0.96	9.6			400～450	1.025～1.028	指炉温
MB-30B	69	16.7	0.85	0.83	0.87	9.6					
	70	15.9	0.76	0.74	0.78	10.6					
	71	15.0	0.68	0.66	0.70	10.5					
	72	14.2	0.61	0.54	0.63	10.3					
	73	13.5	0.55	0.53	0.57	9.8					
	74	12.9	0.50	0.49	0.51	9.1					
	75	12.2	0.45	0.44	0.46	10.0	30～50	460±20			
	76	11.8	0.42	0.41	0.43	6.7					
	77	11.4	0.39	0.38	0.40	7.15					
	78	10.9	0.36	0.35	0.37	7.7					
	79	10.6	0.34	0.33	0.35	5.5					
	80	10.3	0.32	0.31	0.33	5.8					
	81	10.0	0.30	0.29	0.31	6.2					

表 12-6-125 在NQ·WMo300～30六联拉丝机上拉伸配模、加热制度

序号	直 径 μm	丝段重量 mg/200mm	拉丝温度 ℃	模子温度 ℃	拉丝速度 m/min	石墨乳密度 g/cm³	备 注
1	254～182	196～100以上	750～700	600～550	35		
2	180～133.6	98.5～102①	750～700	600～550	35		
3	182～111	100～60以上	700～650	550～500	45		
4	141～115	60～40以上	700～650	550～500	60		
5	115～99.5	40～30以上	650～600	550～500	60		
6	99.5～79	30～19以上	650～600	550～500	75		
7	79～78	19～18②	650～600	550～500	35		
8	79～57.5	19～10以上	600～550	500～450	85	1.028～1.032	拉钨丝
9	57.5～48	10～7.0以上	600～550	500～450	85		
10	48～40.6	7.0～5.0以上	600～550	500～450	85		
11	40.6～3.4	5.0～3.5以上	600～550	500～450	95		
12	34～30.4	3.5～2.8以上	550～500	500～450	95		
13	30.4～25.7	2.8～2.0以上	550～500	500～450	85		
14	25.7～21.5	2.0～1.1以上	550～500	500～450	75		
15	21.5～14.1	1.4～0.6以上	550～500	500～450	60		

表 12-6-126 粗钨丝退火制度

牌 号	退火炉温 ℃	拉丝加热炉温，℃	丝料直径，mm		模子温度 ℃	拉丝速度 m/min	石墨乳密度 g/cm³	退火后拉伸的拉应力，kg
			退火前	退火拉伸后				
WTh7、WTh10、WTh15	1200～1250	650±50	0.28	0.26	450～500	24	1.032～1.030	
W1、WAl	1150～1200	650±50	0.28	0.26	450～500	24	1.032～1.030	12.5～14
Mo-W20、Mo-W50	1250～1300	650±50	0.28	0.26	450～500	24	1.032～1.030	

注：直径偏差：ϕ0.26±0.003mm（或200.74～208.92mg/200mm）。

表 12-6-127 细钨丝退火制度

设备名称	退火直径 mm	退火炉温度 ℃	氧化炉温度 ℃	加热炉温度 ℃	退火方式	退火速度 m/min	退火后直径 mm	石墨乳密度 g/cm³
“104”退火炉	0.13	1400～1450	1000±50	550～600	连续	24	0.12	1.032～1.030
“104”退火炉	0.04	950～1000	750±30	550～600	连续	24	0.038	1.032～1.030

注：(1) 退火时应用湿氢保护；(2) 在直径0.28和0.13mm退火尚不能满足成品性能要求时，可在直径0.43mm时加一次退火；(3) 退火后钨丝的抗拉强度应为退火前钨丝抗拉强度的75～85%，退火后第一模加工率应为8～9%；(4) 第一盘丝退火后，必须测其抗拉强度，当抗拉强度合格时才能整批退火，否则重调温度到合格为止。

表 12-6-128 各规格成品钨丝在成品前的退火规格

成品规格		成品前退火丝料的规格	
直径，μm	mg/200mm	直径，μm	mg/200mm
222～153	150～71	350	—
153～115	71～40	250	189.4
115～99.5	40～30	180.3～183.6	98.5～102
99.5以下	30以下	79.2～78.1	18.5～19

表 12-6-129 腐蚀液的配比及操作规程

直径范围，mm	腐蚀液成分配比	操作规程
0.43以上	90%NaOH+10%KNO_3（放在不锈钢槽内熔融）	将烧红的钨、钼丝头直接放入槽内1min左右取出并放入水中冲洗即可
0.43以下	NaOH（或KOH）+水（此溶液作为一个电极）	被拉钨、钼丝材作为另一个电极，将丝头插入溶液内5～10s后取出再水洗

表 12-6-130 大道次变形量拉丝工艺实例

拉丝模序	配模直径		道次压缩率 %	拉丝速度 m/min	丝料加热温度		模子温度 ℃
	直径 mm	200mm长丝重 mg			料温 ℃	炉温 ℃	
1	2.4±0.02		42.0	2.7	950		525
2	1.85±0.02		40.6	3.5	950	—	525
3	1.46±0.02		37.7	5.2	800		425
4	1.19±0.02		33.6	7.5		875	450
5	0.995±0.015	—	30.1	7.1		875	425
6	0.855±0.015		26.2	9.2		875	412.5
7	0.745±0.015		24.1	10.9		850	400
8	0.65±0.01		23.9	8.3		900	350
9	0.57±0.01		23.1	9.1		900	350
10	0.49±0.01		26.1	12.2		875	350
11	0.43±0.01		23.0	13.7		875	350
12	0.37±0.005	—	26.0	16.7		875	325

续表 12-6-130

拉丝模序	配模直径		道次压缩率 %	拉丝速度 m/min	丝料加热温度		模子温度 ℃
	直 径 mm	200mm 长丝重 mg			料 温 ℃	炉 温 ℃	
13	0.32±0.005		25.2	17.7		825	325
14	0.275±0.005		26.1	16.5		800	325
15	—	177.0±2		46.5	—	700	325
16		147.0±3	16.9	46.5		700	300
17		128.0±2.5	12.9	46.5		700	300
18		110.5±2.2	13.7	46.5		700	300
19		96.0±2.0	13.1	46.5		700	300
20		83.5±1.7	13.0	46.5		700	300
21		72.5±1.5	13.2	46.5		700	300
22		63.0±1.3	13.1	46.5		700	300
23		54.7±1.3	24.6	93		700	300
24		45.7±0.9	30.2	93		700	300
25		39.8±0.8	24.2	93		700	300
26		34.6±0.7	24.4	93		700	300
27		30.1±0.6	24.3	93		700	300
28		26.2±0.5	24.2	93		700	300
29		22.8±0.4	24.3	93		700	300
30		19.8±0.4	24.6	93		700	300
31		17.25±0.35	24.1	93		700	300

五、钨的粉末冶金制品

钨及钨基合金材料和制品通常采用粉末冶金方法生产。各种钨板、带、管、棒等加工材用粉末烧结锭坯经热塑性加工制取。目前钨的烧结锭坯最高单重可达400kg，最大直径和长度可分别达到250mm和1000mm。有关钨材加工可参阅本章其他有关节。钨及钨粉冶制品很多，其中典型的有硬质合金、高比重合金、电触头材料、多孔钨等，限于篇幅，本节只介绍硬质合金。

硬质合金是用粉末冶金方法制取的一类特殊产品，它由难熔金属硬质化合物（主要是碳化物）和胶结金属（主要是钴）所组成。这里只介绍以碳化钨为基的硬质合金。硬质合金中钨的用量占钨总消耗量的50%以上，是金属钨的最大用户。

硬质合金具有一系列优异的物理-机械性能，其中特别是它的高硬度和好的耐磨性，它的这种高硬度性质即使在高温下仍能保持。例如，在600℃和1000℃时硬质合金的硬度分别超过高速钢与碳钢的室温硬度。

硬质合金广泛用作各种工具材料，其中包括用作金属加工中的切削加工工具、采矿工业中的凿岩工具，以及各种模具、结构件和耐磨零部件等材料。

（一）硬质合金的生产工艺

硬质合金生产工序长且复杂，图12-6-88示出了各工序相互关系的生产流程示意图。生产中广泛采用的仍然是混料-压型-烧结传统的粉末冶金工艺，为制取某些特殊性能或规格的制品，也采用了热压或热等静压等热致密化工艺。

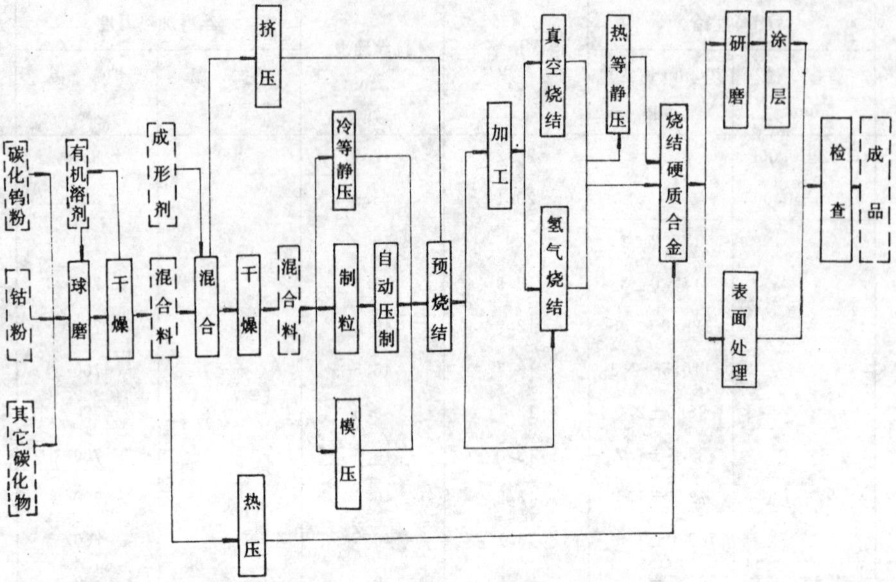

图 12-6-88 硬质合金生产工艺流程示意图

1.原料制备

生产硬质合金的重要原料为钴粉、碳化钨、碳化钛及各种复式碳化物粉末。表12-6-131列出了这些原料的制取方法与条件。

表 12-6-131 硬质合金主要粉末原料制备方法

原料名称	制取方法	反应过程	制取条件
WC 粉	(1) 配料 (2) 合成	$W+C\rightarrow WC$	将钨粉与碳黑在球磨机中混合 碳化温度1300～1600℃，时间20min
TiC 或 TaC 粉	(1) 配料 (2) 还原化合		金属氧化物与碳黑在球磨机中混合 TiC 碳化温度，在氢气中为2000～2400℃，真空中为1800℃，时间30min TaC 在氢气中碳化温度为2000～2100℃，时间30min
TiC-WC 复式碳化物	(1) 配料 (2) 还原化合	$TiO_2+WC+C\rightarrow (Ti, W)C+CO$	二氧化钛、碳化钨与碳黑按配比在球磨机中混合 在氢气中于1700～2300℃下进行碳化，时间1～2h
TiC-WC-TaC (NbC) 复式碳化物	(1) 配料 (2) 还原化合		二氧化钛、碳黑与碳化钨、碳化钽（铌）在球磨机中混合配料 在氢气中于2200～2300℃碳化，时间1～2h
钴粉	氧化钴还原	$Co_3O_4+H_2\rightarrow Co+H_2O$	在氢气中于500～700℃进行还原

可在钼丝炉、高频炉或碳管电阻炉中通氢气加热碳化来制取钨碳化物，对 TiC 及含 TiC 较高的复式碳化物也可在真空条件下碳化，以减少氧和氮的影响。对于碳化物的纯度和粒度都有相应的要求，例如 WC 粉的杂质含量不能超过0.2%，铁含量应在0.005%以下，碱在0.01%以下，（硅＋钨）必须在0.005%以下等，因此必须控制钨粉及炭黑的纯度，通常要求炭黑的灰分含量在0.1%以下，挥发物在

0.5%以下，水分在0.2%以下。WC的粒度根据产品使用目的来选用，通过碳化温度和时间来控制。

2.混合料制备

混合料制备是将碳化物和胶结金属粉末配制成一定成分的均匀混合料，这一过程通常在液体介质中通过球磨来完成。为提高研磨效率，可采用振动球磨、行星球磨及搅拌球磨方法。表12-6-132列出了球磨和搅拌球磨法的重要工艺参数。

表 12-6-132　硬质合金混合料制备方法

方　法	介　质	球料比（重量）	研磨时间，h	方　法　特　性
球磨	乙醇、环已烷 对WC基合金料每公斤加入200g 对TiC基混料每公斤加入500g	3/1（一般制度） 6/1（强化研磨）	48～72（一般晶粒度合金） 96～72（细晶粒合金）	经研磨后，使碳化物晶粒及部分钴相进一步粉碎，并使两相均匀匀合 球磨机转速 取临界转速 $N_{临}$ 的60%： $N_{临}=42.4/\sqrt{D}$ D为球磨机直径（m）
搅拌球磨	石腊，石腊片，油溶液，酒精或环已烷	7/1，球径6～9mm	10～12	搅拌轴转速超过100rpm，能大大强化研磨和混合过程，使料达到相当均匀的混合状态

3.干燥与制粒

研磨好的混合料应在真空或氢气中进行干燥以去除（回收）液体介质，分离酒精可在真空蒸馏器中完成，温度约80℃。干燥后进行过筛。

含有大量硬质碳化物的混合料的可压制性很差，压制前必须加入成形剂。用于自动压力机的混料还需进行制粒。目前应用较多的成形剂是石腊和合成橡胶，合成橡胶的溶剂用汽油，石腊可用汽油，也可用四氯化碳、乙二醇等作溶剂，成形剂加入量为混合料的1～1.25%。通常用螺旋拌和机加入成形剂，然后经干燥过筛转入压制工序。

混料的传统制粒法有压团法和滚动法，前者是将混料在低压下（20～25MPa）压成团块，然后破碎过筛（30目筛网）；后者用专门的圆筒制粒机使混料滚动制粒及过筛。

一种非传统但日益普及的方法是喷雾制粒法，图12-6-89所示为一喷雾制粒系统示意图。

如图所示，混合料浆从搅拌槽1中通过高压氮气作用由喷嘴2雾化成液滴，并在干燥室3内受热而形成固体颗粒。喷雾制粒法一次装料量可达350kg，周期5h，系统中氮气可循环使用，丙酮介质可回收。此法制得的料粒圆而均匀（图12-6-90），流动性很好。

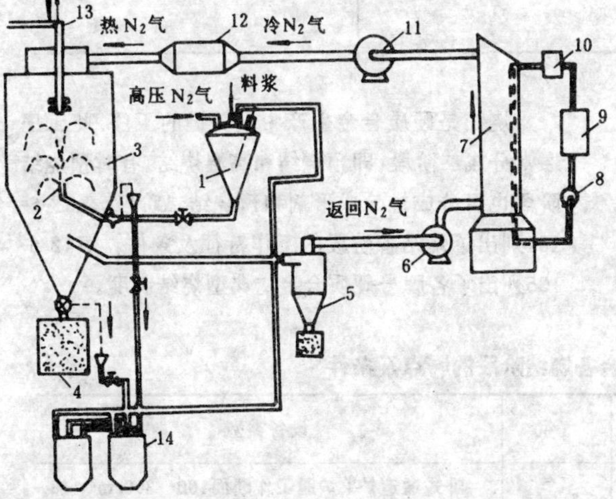

图 12-6-89　硬质合金混合料喷雾制粒系统示意图

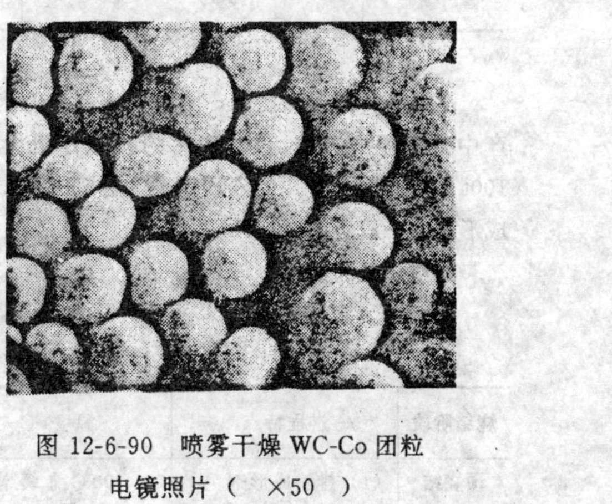

图 12-6-90　喷雾干燥WC-Co团粒电镜照片（×50）

4.成形

表12-6-133列出了硬质合金生产中使用的压制成形方法及特点。

表 12-6-133 硬质合金混合料成形方法

方法	方法特征	压制品特点	压机类型
刚性模压制	压制过程按以下特征分类：		
	(1) 压制方向		
	1) 单向	适用于厚度小的各种压件	各种自动机械压力机
	2) 双向	适用于细长、高度与直径比大及带凸台等压件	液压机和机械压机，带固定压模的自动压机，多冲程压机
	(2) 压模模腔数		
	1) 单模腔	每一周期成形一个压件	
	2) 多模腔	每一周期成形数个压件	所有类型压机
	(3) 压模结构		
	1) 组合模	适用于压制各种形状制品，生产率低	普通液压机或机械压机
	2) 固定模	压制生产率高	自动压力机
冷等静压制	粉末装入密封塑性模套，在高压液体介质中成形，各向均衡受压	压件密度分布均匀，在相同比压下，压件密度、强度比刚性模压法高，适于大型异形件成形，模具（可回收）费用低，但生产率低，压件尺寸精度及表面光洁度低	采用专制的冷等静压机，目前最大静挤压缸直径达2m，高度达4m
挤压成形	将含6～10%石腊（重量）的增塑混合料在挤压筒中经挤压嘴挤压成形，随挤压嘴断面形状不同可挤压出各种异形断面的细长压件	可压制出圆棒、方棒、半圆形、螺旋形棒及管、线等细长压件	液压机或机械压力机

上述各种成形方法中，刚性模压制法仍然是生产中最主要的方法。目前使用的机械压机大多为100t以下压机，使用的液压机最大为500t到1000t。成形压力一般不超过130MPa。

5. 预烧结和烧结

烧结是硬质合金生产中最关键的工序。此工序通常分成二阶段，即预烧结和高温烧结。有时预烧结阶段也可分成排除成形剂和预烧结二阶段。表12-6-134列出了烧结各阶段的工作特征及条件，表12-6-135列出了各牌号硬质合金的典型烧结制度。

表 12-6-134 硬质合金各烧结阶段的特点及条件

烧结阶段	过程特点	温度，℃	气氛	设备类型
预烧结	(1) 排除成形剂	300℃前缓慢升温，以避免龟裂	氢气	卧式通道炉，炉膛工作断面100～300cm^2，加热带长1～2m，发热体为钼、钨或石墨。

续表 12-6-134

烧结阶段	过程特点	温度,℃	气氛	设备类型
最终烧结	液相烧结	WC 类合金为 1340～1480℃ TiC 类合金为1380～1540℃	氢气或真空 真空	氢气或真空电阻炉或感应炉

表 12-6-135　硬质合金烧结制度

成分,%（重量）						温度,℃	时间，min	
WC	TiC	Ta(Nb)C	Co	Ni	Mo		制品厚度2mm	制品厚度15mm
97	0	0	3	0	0	1480	15～20	65～100
94	0	0	6	0	0	1420～1450	15～20	60～100
89	0	0	11	0	0	1400	15～20	60～100
85	0	0	15	0	0	1360～1380	17	60
78	16	0	6	0	0	1600	20	100
88	5	0	7	0	0	1500	20	100
78	14	0	8	0	0	1550	20	100
69	25	0	6	0	0	1550	66	220
34	60	0	6	0	0	1700	66	200
85.5	7	3.5	4	0	0	1640	—	—
81.5	7	3.5	8	0	0	1560	—	—
—	80	0	0	16	4	1350	60	100

烧结中必须注意控制好合金中碳含量的变化。碳化钛、碳化钽类等复式碳化物合金在真空烧结时必须采用石墨支架和石墨烧舟装料。碳化钨类硬质合金用真空法烧结时，混合料中需配入0.5%过剩碳。用氢气法烧结时，烧舟填料 Al_2O_3中需加入30%石墨粉。氢气中湿度增加会强化合金脱碳过程。

6. 热压法和热等静压制

热压和热等静压属于粉末热成形方法，其特点是将粉末的压制和烧结合为一体进行，可以获得基本上无孔隙的高性能制品。

热压法早在1936年就开始用于硬质合金生产中，制品硬度比冷压烧结的高1～3HRA 左右。目前热压法仍用于生产某些尺寸规格大或异形制品或烧结性能差的低粘结剂合金制品。

热等静压法是本世纪70年代开始用于硬质合金生产中的新技术，目前热等静压已从最初的粉末热成形发展成为烧结制品热致密化的重要手段，开发了烧结-热等静压、脱腊-烧结-热等静压及冷等静压-热等静压等合为一体的设备，以降低成本，提高设备工效。

有关热压、热等静压法的原理及设备工艺可参阅本书上册的有关篇章。表12-6-136列出了硬质合金热成形制度。

表 12-6-136 硬质合金热成形制度

方法	成分,%(重量)		热成形制度			附注
	WC	Co	温度,℃	压力,MPa	时间,min	
在石墨模中热压	97 92～94	3 6～8	1550～1600 1350～1400	10～15 7～12	1～30 1～30	热压时间根据制品尺寸确定
热等静压	94 89	6 11	1320 1300	100 100	30 30	热等静压温度比钴相熔点高50～100℃

7.涂层

硬质合金涂层技术是本世纪60年代发展起来的，它通过化学气相沉积和在合金表面沉积一层极薄的耐磨涂层，所沉积的涂层可大大提高切削刀具的使用性能与寿命。与未涂层刀片比，涂层刀片切削寿命可提高1～3倍，切削速度提高25～30%，切削力和切削温度显著下降。

随着涂层技术的发展，已从早期的纯 TiC 或 TiN 单层涂层发展到 TiC、TiN、Ti（C、N)、HfC、ZrN、Al_2O_3、TiO_2等多种难熔硬质化合物相匹配多层复合涂层。涂层在专门的化学气相沉积炉（反应器）中进行，刀片涂层前要经过研磨和清洗。表12-6-137列出了硬质合金刀具化学气相沉积法涂层条件举例。

表 12-6-138 硬质合金的 CVD 法涂层条件举例

涂层材料	工作气体	化学反应	温度,℃
TiC	CH_4，H_2，$TiCl_4$	$TiCl_4+CH_4 \rightarrow TiC+HCl$	98～1050
TiN	$TiCl_4$，H_2，N_2	$TiCl_4+N_2+H_2 \rightarrow TiN+2HCl$	1100～1250
Ti（C，N）	$TiCl_4$，CH_4，N_2	$TiCl_4+CH_4+N_2 \rightarrow$ Ti（C，N）+HCl	1000～1300
TiB_2	$TiCl_4$，BCl_3，H_2	$TiCl_4+BCl_3+H_2 \rightarrow TiB_2+HCl$	1000～1300

国外涂层刀片发展迅速，从1969年到1984年统计数表明，15年来涂层硬质合金刀片的生产国从2个发展到22个；涂层刀片牌号从几个发展到413个。中国涂层刀片研制工作始于1972年，国外的重要类型涂层中国均能制取，但涂层刀片在总切削刀片中占的比例很小，更未形成自己的系列。表12-6-138列出了中国某硬质合金厂研制的 T2、T79两种涂层合金的性能。

表 12-6-138 T2、T79涂层合金性能

名称	抗弯强度 MPa	基本硬度 HRA	维氏硬度 HV50g	密度 g/cm³	磁力 KA/m	WC 平均晶粒度 μm	应用范围 ISO 分类
T2	>1500	90.5～91.5	2000～2600	14.2～14.50	13.6～18.4	>1.5	P10～P15
T79	>1700	90～91	2000～2600	13.2～13.50	11.2～16	>1.8	P15～P35

（二）硬质合金的成分、组织与性能

含钨的硬质合金按其碳化物成分分成 WC-Co 类、WC-TiC-Co 类及 WC-TiC-Ta（Nb）C-Co 类三类合金，中国的分类代号分别为 YG、YT、YW。三

类合金的具体成分及重要性能列于表12-6-139。

1.钨钴类合金（YG）

主要成分为碳化钨和钴，某些牌号也加入少量碳化钽（铌）细化晶粒，以提高其硬度和红硬性。这类合金具有较高的抗弯强度和韧性，较大的导热系数，较好的焊接性和磨削性能。主要用于铸铁、有色金属及其合金等脆性材料的切削加工，以及作拉丝模、冷镦模、冷挤模、耐磨零件和量具等；此外，也广泛用作钻探、凿岩工具和采掘工具。合金性能主要决定于钴含量和碳化物相晶粒大小，图12-6-91示出了合金的硬度和强度随钴含量及WC晶粒度大小的变化规律。图12-6-92为不同晶粒度的85WC-15Co同一成分合金的显微结构照片及其物理-机械性能（列于图下）。用于切削工具的合金，钴含量约为2～13%，晶粒度从小于0.5μm到5μm；对于经受冲击载荷的压模、锻模，钴含量可高达30%。

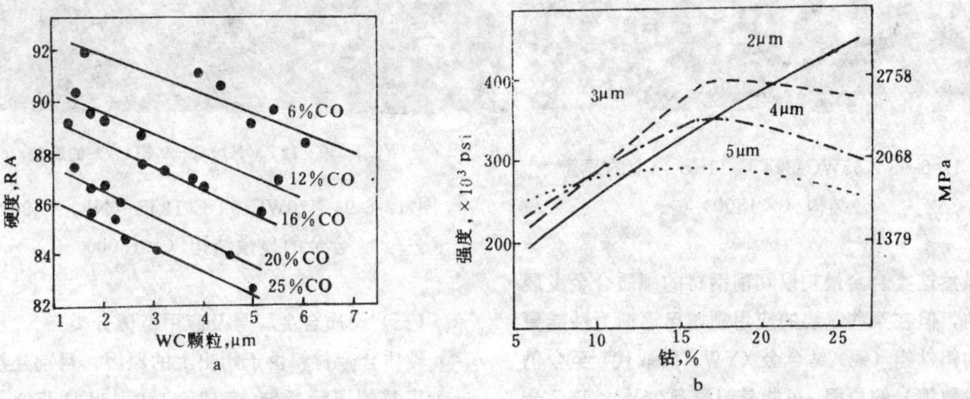

图 12-6-91 钴含量及WC晶粒度对合金硬度（a）及强度（b）影响曲线

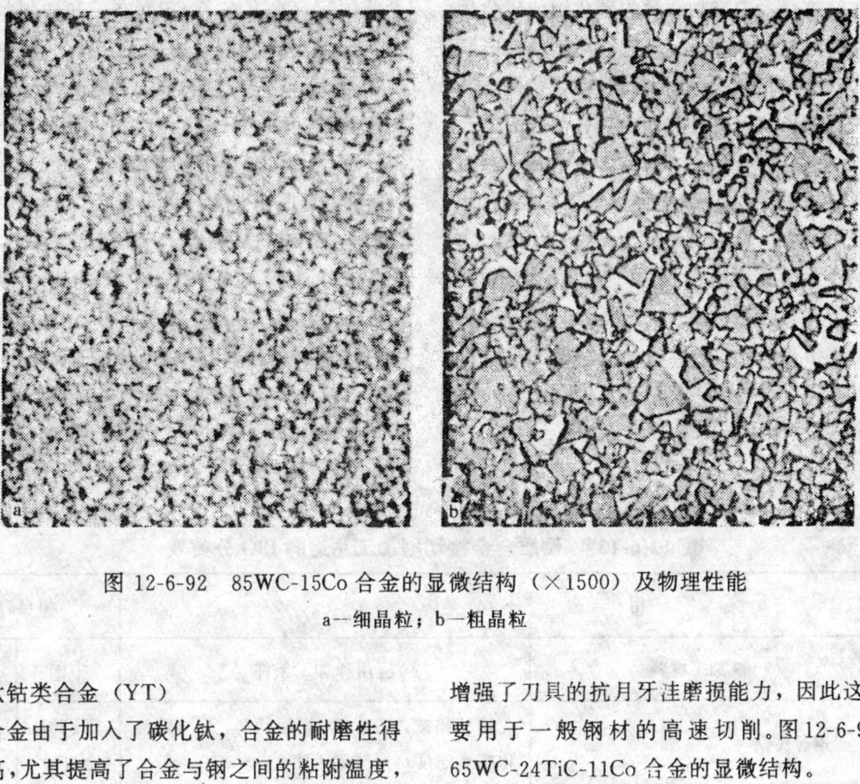

图 12-6-92 85WC-15Co合金的显微结构（×1500）及物理性能

a—细晶粒；b—粗晶粒

2.钨钛钴类合金（YT）

这类合金由于加入了碳化钛，合金的耐磨性得到显著提高，尤其提高了合金与钢之间的粘附温度，增强了刀具的抗月牙洼磨损能力，因此这类合金主要用于一般钢材的高速切削。图12-6-93示出了65WC-24TiC-11Co合金的显微结构。

图 12-6-93 65WC-24TiC-11Co 合金的显微结构（×1500）

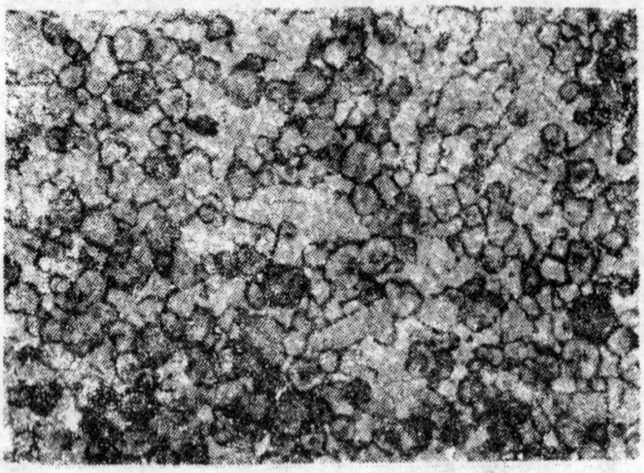

70WC 9 TiC－12Ta(Nb)C—9 CO合金的显微

图 12-6-94 70WC-9TiC-12Ta（Nb）C-9Co 合金的显微结构（×1500）

虽然这类合金最初以切削钢材的硬质合金发展起来的，但在某些重要的应用领域已逐渐为性能更优异的钨钛钽（铌）钴合金（YW）所取代，至今仍保留少数牌号的原因，可能是钽资源少及含 TaC 合金成本较高。

3. 钨钛钽（铌）钴合金（YW）

在钨钛钴类合金中添加适量的碳化钽或碳化铌所制取的钨钛钽（铌）钴合金，既能保持其较高硬度和耐磨性，又能增强其抗弯强度和韧性，以及提高其粘附温度和抗氧化性，使这类合金具有较好的综合切削性能。这类合金既能加工铸铁，又可加工钢材，也适用于切削高温合金、不锈钢等难加工材料，因此被称为“通用合金”。图12-6-94示出了70WC-9TiC-12TaC-9Co 合金的显微结构照片。这类化学成分复杂的合金的显微结构差别很大，最理想的结构是所有碳化物都能相互形成固溶体的单一结构，所以通常都在烧结前将各碳化物制成复式碳化物，以（钨、钛、钽）碳的固溶体形式加入混合料中。

（三）硬质合金牌号及应用范围分类

硬质合金材料由于历史上的原因，目前还没有一个完整的国际标准。表12-6-140列出的 ISO 分类号，只是 ISO 对硬质合金按其切削加工性能所表示的应用范围，并未指明合金成分和性能。中国1982年参照国际标准发布了 GB2075—80切削加工用硬质合金分类、分组代号。为便于对照，表12-6-139中列出了与 ISO 分类号相当的中国和前苏联硬质合金相应牌号。表12-6-140列出了中国硬质合金的类别、牌号及其化学成分和主要性能。为便于参考，表12-6-141列出了中国钢结硬质合金牌号及主要成分和性能，表12-6-142列出了中国超细硬质合金牌号和性能。此外，表12-6-143列出了前苏联硬质合金牌号和性能，因为在各国分类系统中，只有苏联的硬质合金各牌号都用代表其化学成分的符号来标明。关于硬质合金性能的测试方法，很多国家已制订了标准，有些方法也制订了 ISO 标准，。表12-6-144列出了 ISO 及某些国家的检测标准号。

表 12-6-139 硬质合金按切削加工用途的 ISO 分类表

用途分类			相当牌号	
分类号	被加工材料	应用和加工条件	中国	前苏联
P01	钢、铸钢	精车和镗；高速、小断面切削，尺寸精确和高光洁度，无振动工序	YT30，YN10	T30K4

续表 12-6-139

用途分类			相当牌号	
分类号	被加工材料	应用和加工条件	中国	前苏联
P10	钢、铸钢	车，仿形加工，车螺纹和铣；高速度小或中等断面切削面	YT15	T15K6
P20	钢、铸钢、长屑可锻铸铁	车，仿形加工，铣，中速中断面切削；小切削截面刨削	YT14	T14K8
P30	钢、铸钢、长屑可锻铸铁	车，铣，刨；中或低速，中或大断面切削，不利条件①切削	YT5	T5K10
P40	钢、有砂夹杂或孔隙的铸钢件	车，刨和插槽；低速 大断面切削，不利条件①下带有大切削角的加工和自动机床加工		T5K12 TT7K12
P50	钢、低和中强度铸钢、带夹砂或孔隙的铸钢件	对坚韧碳化物加工操作；车，刨和插槽，低速大断面切削，不利条件①下带有大的切削角加工和自动机床加工		TT7K12
M10	钢、铸钢、锰钢、灰铸铁合金铸铁	车，中或高速，小或中等断面切削	YW1	BK6-0M BK6-M TT8K6
M20	钢、钢铸件、奥氏体钢或锰钢、灰铸铁	车和铣，中速 和中等断面切削	YW2	TT10K88
M30	钢、钢铸件、奥氏体钢、灰铸铁、耐高温合金	车、铣和刨；中速和中或大断面切削		BK10-0M BK10-M TT10K8-Б
M40	软的易削钢、低强度钢、有色金属及轻合金	车和切削，特别适于自动机床		BK8 TT7K12
K01	很硬的灰铸铁，肖氏硬度80以上的冷硬铸铁、高硅铝合金、淬硬钢、磨损性大的塑料、硬带板、陶瓷	车，精车，镗、铣和刮	YG3X	BK3 BK3-M
K10	HB220以上的灰铸铁、短切屑的可锻铸铁、淬硬钢、硅铝合金、铜合金、塑料、玻璃硬橡胶、硬带板、陶瓷、石料	车，铣，锻，镗，拉和刮	YG6X YG6A	BK6 TT8K6
K20	HB220以下灰铸铁、有色金属、钢、黄铜合金	车，铣，刨，镗和拉；要求很坚韧的碳化物	YG6 YG8N	BK6 BK4
K30	低硬度灰铸铁、强度低的钢、压缩的木材	车，铣，刨和插槽；不利条件①下及带有大切削角的切削	YG8 YG8N	
K40	软木、硬木、有色金属	车，铣，刨和插槽；不利条件①下及带有大切削角的切削		

① 不利的切削条件包括：形状难以加工，加工铸件锻件有外皮，加工件硬度不均，切削时发生吃刀深度的变化，断续切削或有中等到强烈振动等。

表 12-6-140 中国硬质合金类别、牌号化学成分及性能

合金牌号	化学成分,%				物理-机械性能						
	WC	TiC	TaC (NbC)	Co	ρ g/cm³	σ_W, MPa	HRA	α_K, kg m/cm²	d (10~300℃)	H_c, Oe①	σ_y, MPa
WC-Co 类合金											
YG3x	96.5		0.5	3	15.0~15.3	1150	91.5		4.1×10^{-4}	170~200	
YG3	97			3	15.0~15.3	1200	91				
YG4C	96			4	14.9~15.2	1450	89.5				
YG6X	93.5		0.5	6	14.6~15.0	1450	91		4.4×10^{-6}	200~250	
YG6A	92		2	6	14.7~15.1	1400	91.5				
YG6	94			6	14.6~15.0	1500	89.5	0.26	4.5×10^{-6}	120~160	4600
YG8N	91		1	8	14.5~14.9	1550	89.5				
YG8	92			8	14.5~14.9	1600	89	0.25	4.5×10^{-6}	140~160	4470
YG8C	92		8	14.5~14.9	1800	88	0.30	4.8×10^{-6}	50~70	3900	
YG10C	90			10	14.3~14.6	2300	86			50~70	
YG11C	89			11	14.0~14.4	2100	86.5	0.38		80~95	
YG15	85			15	13.9~14.2	2100	87	0.4	5.3×10^{-6}	80~90	3660
YG20	80			20	13.4~13.7	2600	85.5	0.48	5.7×10^{-6}	75~95	3500
YG20C	80			20	13.4~13.7	2200	82.0	0.7		40~50	
YG25	75			25	12.9~13.2	2700	84.5	0.55		67~71	3300
YG10H					14.5	2200	91.5			250	
WC-TiC-Co 类合金											
YT30	66	30		4	9.3~9.7	1000	92.9	0.03		150~200	
YT05	余量	10~12		6~8	12.5~12.9	1200	92.5				
YT15	79	15		6	11.0~12.7	1100	91		6.51	130~180	3900
YT14	78	14		8	11.2~12.0	1200	90.5	0.07	6.21	105~145	4200
YT5	85	5		10	12.5~13.2	1400	89.5		6.06	120~140	4600
YTM30					12.55	1800	91			160	
WC-TiC-Ta (Nb) C-Co 类合金											
YW4					12.0~12.5	1300	92				
YW3					12.7~13.3	1400	92				
YW2	82~83	6	3~4	8	12.4~13.5	1350	90.5				

续表 12-6-140

合金牌号	化学成分,%				物理-机械性能						
	WC	TiC	TaC (NbC)	Co	ρ g/cm³	σ_W, MPa	HRA	α_K, kg·m/cm²	d (10~300℃)	H_c Oe①	σ_y, MPa
WC-TiC-Ta (Nb) C-Co类合金											
YW1	84~85	6	3~4	6	12.6~13.5	1200	91.5				
碳化钛基硬质合金											
YN05					5.9	950	93.3				
YN10	15	62	1	Ni-12 Mo-10	6.3	1100	92				

① 1Oe（奥斯特）＝7.9578×10A/m。

注：合金牌号代号说明：Y—硬质合金；G—钴；T—钛；W—含 Ta（Nb）C 的钨钛钽钴通用合金；N—以镍钼作胶结剂的碳化钛基硬质合金；C—粗晶粒合金；X—细晶粒合金。

表 12-6-141 中国钢结硬质合金牌号成分及性能

牌 号	化学成分,%								物理-机械性能				
	TiC	WC	C	Cr	Mo	W	V	Fe	ρ, g/cm³	HRC 退火	HRC 淬火	σ_W, MPa	α_k, kg·m/cm²
D-1	30		0.56	2.8		12.6	0.70	余	6.9~7.02	40~48	69~73	1530	
T-1	30		0.8	3.5	2.8	4.2	1.4	余	6.65~6.80	48	72	1400	0.35~0.5
GT35	35		0.5	2.0	2.0			余	6.4~6.6	38~46	69~73	1800	0.6
TLMW50		50	0.5	1.25	1.25			余	10.3	35~40	69~72	1200~1665	0.54~0.72
GW50		50	<0.6	1.0	1.0			余		37~38	68~69	1700~2000	>1.0
ST35	35		0.65	9.75	0.66			余	6.4~6.6	37~47	68~70	2270	0.32
R5	35		0.70	8.55	2.0		0.2	余	6.35~6.45	46~50	70~73	1300	0.3
ST60	60		<0.7	7.2			Ni4.8	余	5.80~5.84	不可热处理	70	1540	0.3~0.4

表 12-6-142 中国部分牌号超细合金的性能与应用范围

牌 号	ρ g/cm³	HRA	σ_W MPa	应 用 范 围	ISO 分类	生产厂
YG10H	14.3~14.5	91.5	2200	适于低速粗车，铣削耐热合金、钛合金，作切断刀及丝锥等	K30	株洲硬质合金厂
YH1	14.2~14.4	≥93.0	1800~2200	适于铁基、铁镍基和镍基耐热合金的粗精加工	K10	株洲硬质合金厂
YH2	13.9~14.1	≥93.3	1700~2100	适于特种耐热不锈钢粗精加工	K05	株洲硬质合金厂
YH3	13.9~14.2	≥93	1700~2100	适于高镍冷硬铸铁粗精加工	K05	株洲硬质合金厂

续表 12-6-142

牌 号	ρ g/cm³	HRA	σ_w MPa	应 用 范 围	ISO分类	生产厂
643M	13.6～13.75	≥93	≥1500	适于镍基高温合金及超高强度钢精加工及半精加工	M10 K05	自贡硬质合金厂
726	13.6～14.5	≥92	≥1400	适于加工耐热合金、高强度钢、淬火钢及有色金属等	K05-K10 M20	自贡硬质合金厂

表 12-6-143 前苏联硬质合金牌号成分和性能

牌号	成分,%				$d_{WC}^{①}$	物理机械性能										
	WC	TiC	TaC	Co		H_C Oe	ρ μΩ·cm	λ W/MK	ρ g/cm³	σ_b MPa	σ_w MPa	σ_y MPa	HRA	HV GPa	E GPa	a_k kJ/m²
BK3-M	97			3	1	250～280	19.3		15.0～15.3		1275	4640	91.0	16.19	647	15.7
BK3	97			3	1～2	170～200	19.0	50.2	15.0～15.3	578.8	1373	4189	89.0	13.24	643	14.7
BK4	96			4	2～3	140～180	19.3	50.2	14.9～15.1	—	—	4277	—	13.34	638	15.7
BK4-B	96			4	2～5	60～90	18.8	—	14.9～15.1	—	—	4032	88.0	11.38	638	19.6
BK6-M	94			6	1	200～250	23.4	67.0	14.8～15.1	—	1472	4817	90.0	14.03	633	25.5
BK6	94			6	1～2	130～160	19.2	62.8	14.6～15.0	716.1	1619	4307	88.5	12.85	628	20.6
BK6-B	94			6	2～5	75～100	18.8	54.4	14.6～15.0	—	—	3611	87.5	10.79	623	26.5
BK8	92			8	1～2	120～160	18.6	50.2	14.4～14.8	775	1717	4130	87.5	12.16	598	29.4
BK8-B	92			8	2～5	50～70	18.0	46.1	14.4～14.8	—	1815	3404	86.5	10.30	589	34.3

续表 12-6-143

牌号	成分,%				d_{WC}①	物理机械性能										
	WC	TiC	TaC	Co		H_C Oe	ρ μΩ·cm	λ W/MK	ρ g/cm³	σ_b MPa	σ_w MPa	σ_y MPa	HRA	HV GPa	E GPa	a_k kJ/m²
BK10	90			10	1～2	80～100	18.4	54.4	14.2～14.6	1079	1913	4042	87.0	11.38	574	34.3
BK15	85			15	1～2	80～90	19.4	67.0	13.9～14.1	1315	1962	3581	86.0	10.20	559	37.3
BK20	80			20	1～2	75～90	19.5	41.9	13.4～13.7	1373	2158	3335	84.5	9.32	481	47.1
BK25	75			25	1～2	60～80	—	37.7	12.9～13.2	1422	2452	2972	83.0	8.83	471	50.0
T30K4	66	40		4		140～220	47.0	12.6	9.5～9.8		—	3430	92	21.6	422	6.9
T15K6	79	15		6	1～2	130～180	46.0	12.6	11.1～11.6		1180	4220	90	17.7	520	7.8
T14K8	78	14		8	1～2	105～145	42.0	16.7	11.2～11.6		1320	2940	89.5	16.7	520	7.8
T5K10	85	6		9	2～3	95～130	28.5	20.9	12.4～13.1		1470	3040	88.5	14.2	549	8.8
T5K12	83	5		12	2～3	60～90	25.0	20.9	13.1～13.5		1770	3140	87.5	11.3	549	8.8
TT7K12	81	4	3	12					13.0～13.3	1650			87.0			
TT8K10	84	8	2	6					12.8～13.3	1250			90.5			
TT10K8Б	82	3	7	3					13.5～13.8	1450			89.0			
TT20K9	71	8	12	9					12.0～13.0	1300			89.0			

① 合金中WC的平均晶粒度。

表 12-6-144 硬质合金性能测试标准号

性能	ISO	美国		瑞典	中国
		ASTM	CCPA	SIS	GB
密度	3369	B311	P101	11 10 25	GB3250
组织	DIS4498	D390	P107	—	GB3488
孔隙度游离碳	DIS4504	B276	M201	—	GB3489
硬度 HV	3878	—	—	11 25 16	—
硬度 HRA	3738	B294	P103	11 25 12	—
抗弯强度	3327	B406	P102	11 26 17	—
抗压强度	DIS4506	—	P104	11 22 47	—
弹性模量	3312	—	P106	11 42 85	—
电阻率	—	B421	M-203	SEN240100	GB5167
矫顽力	3326	—	—	11 50 81	—

第六节 钨的强化

钨的强化形式主要有人工弥散粒子强化、弥散第二相强化、固溶强化、气泡强化。

一、钨的人工弥散粒子强化

人工弥散粒子强化钨的方法之一是用粉末冶金方法加入一些细的非共格弥散粒子，这些粒子起推迟合金再结晶和晶粒生长的作用，从而提高钨合金的高温强度和蠕变性能，细化晶粒，改善钨的低温延性，降低合金塑-脆转变温度。加入人工弥散粒子对钨合金力学性能的影响见图12-6-95和图12-6-96。

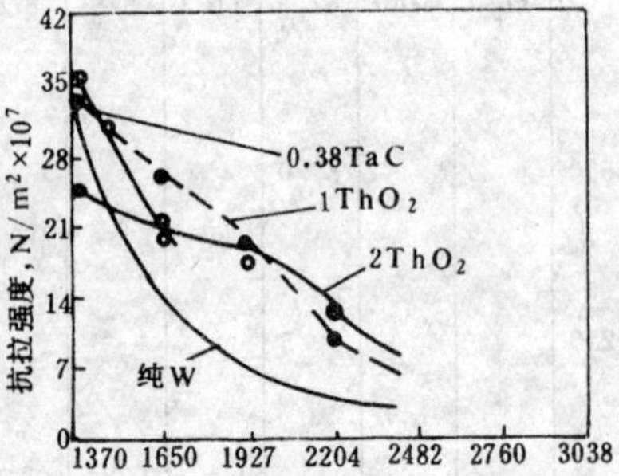

图 12-6-95 人工弥散强化钨合金的高温拉伸性能

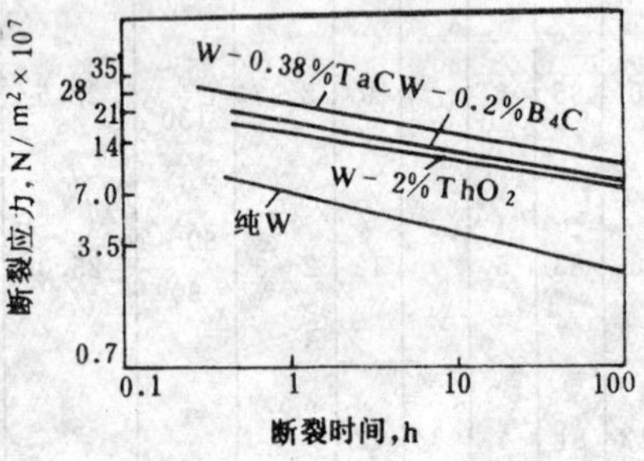

图 12-6-96 人工弥散强化合金在1480℃的蠕变性能

二、钨的弥散第二相强化

改善钨力学性能的另一途径是加入一些能同钨中间隙原子形成稳定而弥散分布的难熔化合物，这样不但可以中和间隙杂质在钨中的有害作用，而且可以细化晶粒，改善晶界和晶层的组成状态，因此对提高钨的强度和改善钨的延性都是有利的。

三、钨的固溶强化

钨合金的固溶强化主要是应用添加置换元素的固溶强化。固溶强化元素应具备如下性质：(1)在所有温度下能同钨形成连续固溶体，以达到最大限度的固溶强化；(2)合金元素应是高熔点金属，以便在相应合金系统的固相线温度高时，保证合金系统在高成分下仍可在极高温度下使用；(3)合金元素的原子尺寸和弹性与钨差异大。满足这些条件的合金元素有钽、铌、钼、铬、钒等。

四、钨的气泡强化

气泡强化法是在钨的氧化物中，以水溶液的形式添加硝酸铝、硅酸钾（硅、铝、钾三种元素），经过还原、压坯、重熔、旋锻、拉丝，然后退火，结果钨丝中便形成了沿轴向排列的成串钾泡，如图12-6-97。这种钾泡在高温下能有效地抑制晶界横向迁移，显微组织为指状搭接大晶，如图12-6-98。成串排列

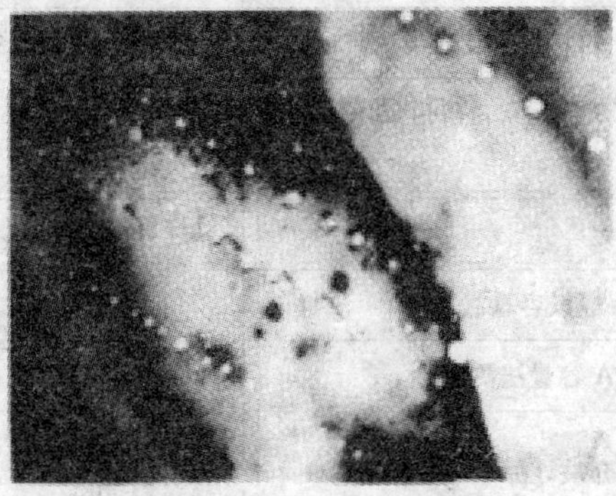

图 12-6-97 ϕ0.40退火钨丝的 TEM（×12000）

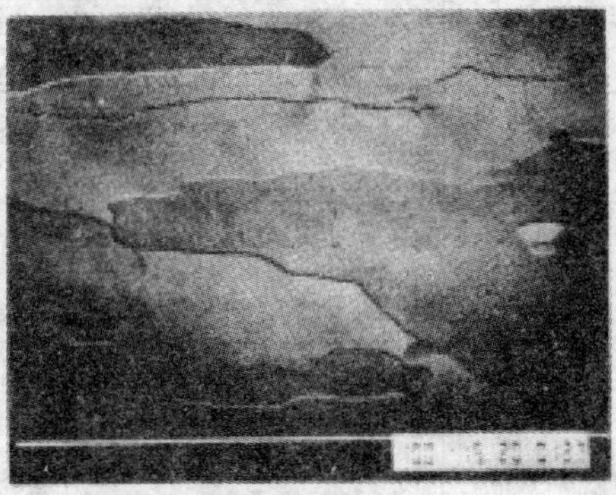

图 12-6-98 ϕ0.28退火钨丝的 SEM（×380）

的钾泡不但使钨丝的蠕变强度大大提高，抗下垂性能良好，而且使钨丝的再结晶温度随变形量的增加而提高，显微硬度随退火温度提高非单调下降，如图12-6-99和12-6-100。

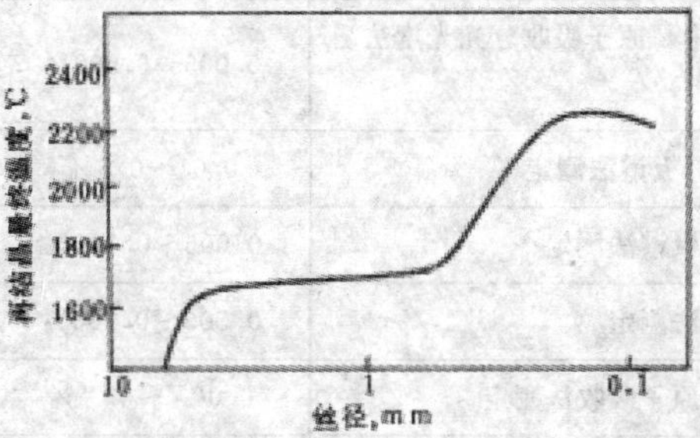

图 12-6-99 再结晶温度与变形量的关系

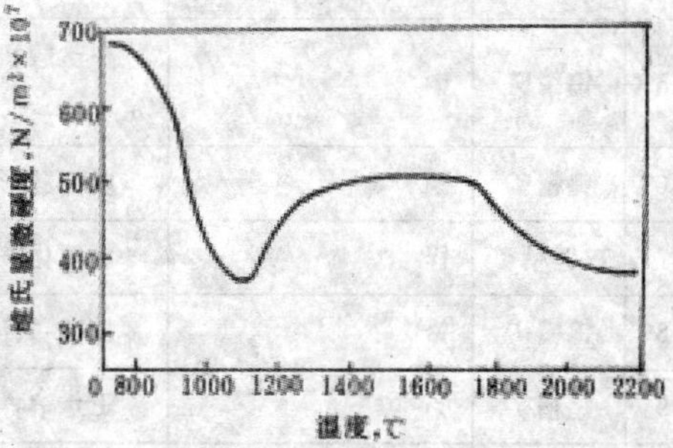

图 12-6-100 显微硬度与退火温度的关系

第七节 钨的成分分析及物理性能检测

一、钨的成分分析

1. 钨矿石的分析

钨矿石分析方法列于表12-6-145。

表 12-6-145 钨矿石分析方法

编号	样品名称	测定元素	分析方法	测定范围
1	钨精矿	三氧化钨	钨酸铵灼烧重量法，残渣用光度法补正结果	60%以上
2	钨矿	三氧化钨、氧化锰、氧化亚铁、氧化铌	四硼酸锂熔样，X荧光光谱测定	20～75%WO_3，1～20%MnO，5～30%FeO，0.01～0.5%Nb_2O_5
3	钨矿	钨、钼	碳酸钠-氧化锌烧结分离干扰元素，极谱法连续测定钼和钨	2%以上
4	钨精矿	锡	碘酸钾容量法测定	0.1～2%
5	钨精矿	锡	水杨基荧光酮-氯化十四烷基吡啶光度法测定	0.005～0.300%
6	钨精矿	磷	以硝酸钙为载体分离干扰元素，磷钼荧光度法测定	0.01～0.2%
7	白钨矿	磷	铍载分离，磷钼蓝测定	1～15μg/25mL
8	钨精矿	硫	碳酸钠-氧化锌烧结硫酸钡容量法	0.1～2.0%
9	钨精矿	钙	焦硫酸钾熔样，EDTA容量法测定	0.500～7.00%
10	黑钨精矿	钙	试样酸溶，在高氯酸介质，原子吸收测定	0.050～1.00%
11	钨精矿	湿存水	在105～110℃烘干重量法测定	1%以下
12	钨精矿	钽、铌	氯代磺酚S光度法测铌量；丁基罗丹明B萃取光度法测定钽量	0.01～1%Nb_2O_5 0.005～0.3%Ta_2O_5
13	钨精矿	钼	试样碱熔，硫氰酸盐光度法测定	0.005～0.500%
14	钨精矿	钼	直接催化极谱法	0.00x～4%
15	钨精矿	铜	在盐酸和高氯酸介质中，原子吸收分光光度法测定	0.005～0.500%
16	钨精矿	铜	以钨酸形式分离钨后，极谱法测定	0.01～0.5%
17	白钨精矿	锌	氢氧化铵-氯化铵底液极谱法测定	0.005～0.300%
18	钨精矿	铅	盐酸-氯化钠底液极谱法测定	0.005～0.300%
19	钨精矿	铅	王水溶样，空气-乙炔原子吸收法测定	0.00*X*～0.*X*%
20	钨精矿	硅	焦硫酸钾熔样，硅钼蓝比色测定	0.500～10.00%
21	钨精矿	砷	砷化氢气体导入DDTC-Ag吸收液分光光度法测定	0.01～0.50%
22	白钨精矿	锰	用氯化锶消除硅的干扰，空气-乙炔火焰原子吸收法测定	0.05～2.00%

续表 12-6-145

编号	样品名称	测定元素	分 析 方 法	测定范围
23	钨精矿	铋	半二甲酚橙光度法测定	0.01～0.30%
24	白钨精矿	铁	盐酸、硝酸溶样，磺基水杨酸光度法测定	0.05～5.00%
25	钨精矿	锑	苯萃取，光度测定亚锑碘酸根与5-Br-PADAP形成的三元络合物	0.005～0.30%
26	黑钨矿	钪	镧作内标，发射光谱法测定	0.0003%以上

2.钨粉、氧化钨、蓝钨、仲钨、掺杂氧化钨等中间产品的分析测示方法列于表12-6-146。

表 12-6-146 钨粉、氧化钨、仲钨、掺杂氧化钨等中间产品的分析方法

编号	试样名称	测定元素	分 析 方 法	测定范围
1	钨粉、钨条、三氧化钨、钨酸、仲钨	铅、镉	双硫腙-苯萃取，在高氯酸-盐酸底液方波极谱测定	0.00005～0.0030%
2	钨粉、钨条、三氧化钨、钨酸、仲钨	铋	三氯甲烷萃取铋与碘化钾-马钱子碱形成的三元络合物，光度法测定	0.00008～0.0040%
3	钨粉、钨条、三氧化钨、钨酸、仲钨	锡	过氧化氢，氢氧化钠溶样，乳化剂OP-苯荧光酮测定锡量	0.00005～0.0040%
4	钨粉、钨条、三氧化钨、钨酸、仲钨酸铵	锑	甲苯萃取锑的氯络阴离子与孔雀绿生成的离子缔合物	0.00005～0.0050%
5	钨粉、钨条、三氧化钨、钨酸、仲钨酸铵	砷	氢氧化铍为载体沉淀砷，砷钼蓝光度测定	0.00008～0.020%
6	钨粉、钨酸	砷	铍载分离主体，原子吸收法测定	检出限 0.18μg/mL
7	钨粉、钨条、三氧化钨、钨酸、仲钨酸铵	铁	光度测定铁(Ⅱ)与邻二氮杂菲生成的橙红色络合物	0.0005～0.10%
8	钨粉、钨条、三氧化钨、钨酸、仲钨酸铵	钴	光度测定钴试剂与钴生成的络合物	0.0007～0.012%
9	三氧化钨	铜、钴、镍	分光光度法测定三元素	铜、镍 0.000x～0.00x% 钴0.00x～0.0x%
10	钨粉、钨条、三氧化钨、钨酸、仲钨酸铵	镍	丁二酮肟光度法测定	0.0004～0.01%
11	钨粉、钨条	镍	丁二酮肟沉淀镍，重量法测定	0.20～1.50%

续表 12-6-146

编号	试样名称	测定元素	分析方法	测定范围
12	钨粉、钨条、三氧化钨、钨酸、仲钨酸铵	铜	三氯甲炔萃取铜的新铜试剂络合物	0.0003～0.0030%
13	钨粉、钨条、三氧化钨、钨酸、仲钨酸铵	铝	乙酸乙酯萃取，铬天青S比色测定	0.005～0.025%
14	钨粉、钨条、三氧化钨、钨酸、仲钨酸铵	硅	氯化分离主体钨，正丁醇萃取硅钼黄，钼蓝比色	0.0005～0.030%
15	钨粉、三氧化钨	硅	不分离钨，硅钼蓝分光光度测定	钨粉≥0.02% 三氧化钨≥0.006%
16	钨粉、钨条、三氧化钨、钨酸、仲钨酸铵	钙	氯化分离主体钨，正戊醇萃取，光度法测定	0.0007～0.025%
17	钨粉、钨条、三氧化钨、钨酸、仲钨酸铵	钙	8-羟基喹啉正丁醇萃取钙，空气-乙炔火焰，原子吸收分光光度法测定	0.0007～0.025%
18	钨酸铵	钙、镁	采用锶作干扰抑制剂，原子吸收测定	钙0.08～6μg/mL 镁0.006～0.4μg/mL
19	钨粉、钨条、三氧化钨、钨酸、仲钨酸铵	镁	偶氮膦Ⅰ作显色剂，光度法测定	0.00030～0.020%
20	钨粉、钨条、三氧化钨、钨酸、仲钨酸铵	镁	以标准加入法，空气-乙炔火焰，原子吸收法测定	0.00030～0.020%
21	钨、三氧化钨	镁、镉	氯化锶存在下，原子吸收光度法测定镁和镉	镁0.00036～0.00x% 镉0.0002～0.00x%
22	钨粉、钨条、三氧化钨、钨酸、仲钨酸铵	钠、钾	氯化铯作消电离剂，原子吸收法测定钠量、钾量	钠0.001～0.080% 钾0.0005～0.080%
23	钨粉、钨条、三氧化钨、钨酸、仲钨酸铵	钛	二安替比林甲烷光度法测定	0.0005～0.012%
24	三氧化钨	钛	用硅胶分离，测定钛-铜铁试剂-二苯胍产生的导数极谱催化波	0.0008～0.0032μg/mL
25	钨粉、钨条、三氧化钨、钨酸、仲钨酸铵	钒	三氯甲烷-乙醇混合溶剂萃取钒与钽试剂形成的橙黄色络合物	0.00050～0.040%

续表 12-6-146

编号	试样名称	测定元素	分析方法	测定范围
26	钨粉、钨条、三氧化钨、钨酸、仲钨酸铵	铬	光度法测定二苯基碳酰二肼与铬形成的络合物	0.0002～0.030%
27	钨粉、钨条、三氧化钨、钨酸、仲钨酸铵	锰	萃取和掩蔽干扰元素后，用甲醛肟盐酸盐显色测定	0.0005～0.020%
28	钨粉、钨条、三氧化钨、钨酸、仲钨酸铵	硫	高温燃烧生成的二氧化硫碘液吸收，电导法测定	0.0005～0.012%
29	钨粉、钨条、三氧化钨、钨酸、仲钨酸铵	磷	铍载分离，正丁醇-三氯甲烷萃取磷钼黄杂多酸，磷钼蓝比色	0.0002～0.018%
30	钨酸	磷	醋酸丁酯萃取钨磷酸-结晶紫缔合物，光度测定	0.01～0.14μg/mL
31	金属钨、三氧化钨、钨酸	磷、砷	铍载分离钨，提磷液萃取磷，提砷液萃取砷	0.0005～0.05%
32	钨试样	磷、硅	借回旋加速器得快速中子，在不同兆伏测量^{29}Al和^{28}Al的γ射线强度，测量计算得磷量和硅量	0.0001～0.01%
33	钨	氧	库仑法测定	0.0005～0.80%
34	钨粉、钨条	氮	试样蒸馏，稀硫酸吸收，奈氏试剂显色测定	0.001～0.0050%
35	钨	碳	库仑滴定法测定	0.0005～0.50%
36	钨粉、钨条、三氧化钨、钨酸、仲钨酸铵	钼	硫氰酸盐比色法测定	0.0015～0.35%
37	三氧化钨、钨粉、碳化钨	氯化残渣	在750～800℃使挥发成分挥发后，重量法测定残渣	0.07～0.20%
38	三氧化钨	灼烧损失	试样在780～800℃灼烧，所失去的重量为灼烧损失	0.05～1.00%
39	钨蓝	氧钨比	钨蓝被铁氰化钾氧化，定量还原铁氰化钾为亚铁氰化钾，酸化后用氧化剂滴定，计算出氧钨比	2～3
40	三氧化钨、钨粉	钼	铁氰化钾-氢氧化钾分解试样，钼离子选择电极测定	下限 $5\times10^{-3}\%$
41	三氧化钨	铝、铋、钙等18个杂质元素	以0.05%的锗和铊为内标，光谱测定	下限0.3～10ppm
42	三氧化钨、仲钨酸铵	铅、锡、钼、镍、铁、铜	火花源质谱同位素稀释法定量测定	0.x～0.0xppm

续表 12-6-146

编号	试样名称	测定元素	分　析　方　法	测定范围
43	钨	钛、钒、铬、铁、砷、锆、铌	试样质子辐照，在HF介质阳离子树脂交换，用不同浓度HF或混酸洗提，Ge (Li) 检测器，γ射线活性测量	检测限：铌为100ppb，其余为10ppb

3. 金属钨、钨丝、钨条的分析

金属钨、钨丝、钨条的分析方法列于表12-6-147。

表 12-6-147　金属钨、钨丝、钨条的分析方法

编号	样品名称	测　定　元　素	分　析　方　法	测定范围
1	高纯钨	钠、铍、镁、钙、钡、铝、铜、锌、铁、锰、镍、钴、钒、铬、钼、钪、硅、铋、锡、锑、镉、砷、镱等杂质元素	试样与缓冲剂（0.4%氟化锂，1.6%三氧化二镓的碳粉）之比为2/1，光谱测定	测定下限 0.004～4ppm
2	纯　钨	磷、砷	717强碱性阴离子交换柱分离主体，丁基罗丹明B测砷、磷含量，再测磷量，二者之差为砷量	
3	金属钨	磷	乙酸乙酯萃取磷钼杂多酸，二氯化锡反萃取	下限0.0005%

4. 钨材、钨产品及硬质合金的分析

钨材、钨产品及硬质合金的分析方法列于表12-6-148。

表 12-6-148　钨产品及硬质合金的分析方法

编号	样品名称	测定元素	分　析　方　法	测定范围
1	硬质合金	总碳量	在高温氧气流中，碳氧化为二氧化碳，烧碱石棉吸收	4.00%以上
2	硬质合金	游离（不溶）碳量	氢氟酸、硝酸分解碳化物，重量法测定	0.02～0.50%
3	硬质合金	钴量	铁氰化钾将钴氧化成三价，以电位滴定法反滴定过量的铁氰化钾	1.00%以上
4	硬质合金	钛量	在酸性介质中，测定钛与过氧化氢形成的黄色过钛酸络合物	0.20%以上
5	钨基材料	磷、砷	用戊醇-1，pH1.4萃取钨磷酸，用丁醇-1，pH0.8萃取钨磷酸＋钨砷酸，二者之差为砷量	测定下限：磷 20ng/mL 砷 70ng/mL
6	钨钼产品	钛	二安替比林甲烷光度法测定	0.00x～0.0x%

续表 12-6-148

编号	样品名称	测定元素	分析方法	测定范围
7	钨铝产品	钾	过氧化氢溶解样品，原子吸收测定	0.002～0.02%
8	钨钼合金	钼	EDTA容量法	20～80%
9	钨钼产品	镁	活性炭吸收富集氢氧化镁，偶氮氯膦-I显色测定	0～15μg/50mL
10	钨材	磷	醋酸丁酯萃取磷钨酸盐的缔合化合物	40～320ng/mL
11	钨合金	钍	用间磺酸基偶氮氯膦直接光度法测钍	0.07～4.0%

二、钨材的物理及机械性能检验方法及标准

（一）钨丝材性能检验方法及标准

1. 绕丝性能

(1)绕丝性能及检验方法。绕丝性能是衡量钨丝质量好坏的一个重要性能指标。绕丝时，绕丝机机头带着待检丝一起绕着一根芯线高速旋转，与此同时一个卷盘带动芯线作直线运动。这样就把丝料高速绕在一根芯线上，以绕丝时是否断丝或绕成的螺旋是否分层来标定丝的质量。

绕丝机型号及主要性能见表12-6-149，绕丝检验的标准及对绕丝机的要求见表12-6-150，12-6-151。

表 12-6-149 绕丝机型号及主要性能

项目	J6202型灯丝绕丝机		J6200型高速绕丝机
所绕灯丝规格	单绕	100～500W/100V 100～1000W/220V	
	复绕	40～150W/220V	
间歇绕丝时的间歇长度，mm	5		
灯丝的最小螺距，mm	0.04		
钨丝直径，mm	0.042～0.147		0.01～0.07
芯线直径，mm	2.51～0.811		0.08～0.30
主轴转数，r/min	2820		5560；7420；10250
电动机，J0222-4型功率，kW	0.25		0.25
外型尺寸：(长×宽×高)，mm	1196×130×1480		598×5000×1460
用途	供连续的或间歇的绕制各种灯泡用的单绕或复绕螺旋形的灯丝之用		供绕100W以下灯泡所用螺旋形钨丝之用

表 12-6-150 钨丝绕丝检验条件及标准

牌号	类型	丝径 d mm	200mm 长丝重 mg	绕丝条件					合格标准
				芯线倍数	绕丝机转速，rpm	螺距	绕丝长度 m	绕丝反拉力 gf/mg	
WAl1 WAl2 WAl3	L	$12 \leqslant d \leqslant 14$	0.44～0.59	5	5000	1.5d	30	抗拉力的 10～15%	不断丝 不分层
		$14 < d \leqslant 18$	>0.59～0.98	4	5000	1.5d	30		
		$18 < d \leqslant 25$	>0.98～1.89	3	5000	1.5d	30		
		$25 < d \leqslant 50$	>1.89～7.57	2.5	5000	1.5d	30		
		$50 < d \leqslant 80$	>7.57～19.39	2	3000	1.5d	30	—	
		$80 < d \leqslant 200$	>19.39～121.2	2	3000	1.5d	20	—	
		$200 < d \leqslant 320$	>121.2～310.28	3	1000	1.5d	20	—	
		$320 < d \leqslant 800$	—	3	—	1.5d	—	—	
WAl1 WAl2	T	$20 \leqslant d \leqslant 60$	1.21～10.91	1.8		1.5d	30	抗拉力的 10%～15%	不断丝 不分层

注：①绕丝合格后，直径80～800μm 的螺旋丝清洗掉石墨乳后在25倍显微镜下观察；

②直径为$320 < d \leqslant 800$的丝应加热500～600℃后手工绕150mm 螺旋。

表 12-6-151 用于绕丝性能检验的绕丝机精度

待检丝径 μm	200mm 丝段重 mg	绕丝机主轴径向跳动 mm	绕丝机机头主轴轴向串动 mm
≤38.6	≤4.5	≤0.015	≤0.015
>38.6	>4.5	≤0.03	≤0.02

(2) 推拉试验。对于绕丝性能要求较高的钨丝，常采用推拉的方法进行检验。即将丝在一根可绕自身轴线自由转动的芯柱上缠一圈，然后拉住丝头向前运动，丝料在检验中经历一次绕螺旋然后又沿螺旋方向拉直的过程。推拉检验的标准及试验条件见表12-6-152。

表 12-6-152 推拉检验条件及标准

芯线直径	钨丝直径的3.5倍
芯线材料	可以自由转动的直弹簧钢丝
推拉丝长度	每段推拉约0.8m
推拉速度	约0.2m/s
推拉器两模子间距离	芯线的1～2倍
进出丝夹角	约180°
合格标准	推拉5段，两段不断为合格

2. 钨丝材的高温性能

(1)高温蠕变试验。钨丝大多工作在极高温度之下，特别是用作电光源发光体情况下对其耐高温性能指标要求更高。

测定钨丝在高温下的蠕变值是检验钨丝高温性能好坏的重要方法之一。高温蠕变试验方法是将加工到 ϕ1.25mm 的钨丝去掉两段后，取一段丝清洗干净表面石墨乳后在蠕变试验机上自抗真空长时间加热，以试验后丝料的残余冷伸长值，并结合试验后丝料的金相组织观察结果作为衡量丝料高温性能好坏的标准。

常用蠕变试验机型号和性能、蠕变试验的条件、高温性能的评定标准见表12-6-153、12-6-154、12-6-155。

表 12-6-153　Y571型蠕变性能试验装置

性能项目	数值
试验真空压力，Pa	2.67×10^{-3}
极限真空压力，Pa	1.33×10^{-4}
试样展开尺寸，mm	$\phi1.25\times418$
试样悬挂重量，kg	2
每次试验样品件数，件	1
达到试验真空度所需时间，h	1.5～2
油扩散泵真空机组型号	JK-9型
抽气速率（带挡油器），L/S	150
功率，kW	4
外形尺寸（长×宽×高），mm	1350×930×1750～2500
用途	供钨丝在真空热状态下试验其延伸率和剩余伸长之用

表 12-6-154　蠕变试验的条件

样品直径 mm	加热长度 mm	加热真空压力 Pa	加热速度 A/10min	最终加热电流 A	保温时间 h	载荷 kg
1.25	400	1.33×10^{-2}	10	85	4	2

表 12-6-155　各种牌号钨丝的蠕变伸长值

牌号	WAL1	WAL2	WAL3
蠕变试验后残余冷伸长，mm	≤2	≤4	≤7

(2) ϕ0.4mm 丝料的再结晶组织检验。当丝料加工到 ϕ0.4mm 时，去掉端头后取一段进行高温处理，处理条件见表12-6-156。以丝料高温处理后的金相组织好坏来衡量丝的高温性能。金相组织标准见GB4181—84。

表 12-6-156 ϕ0.4mm 钨丝高温热处理条件

加热长度 mm	加热真空压力，Pa	加热电流 A	保温时间 min
150	1.333×10^{-2}	35	15

(3) 测定钨丝的二次再结晶温度。将被测丝料在氢气炉内自抗通电加热处理，每个热处理点不少于三个试样，然后测定热处理后钨丝的抗拉强度，作出 σ_b—T 曲线，如图12-6-101。把曲线中抗拉强度的两个转折点对应温度的算术平均值定为二次再结晶温度。

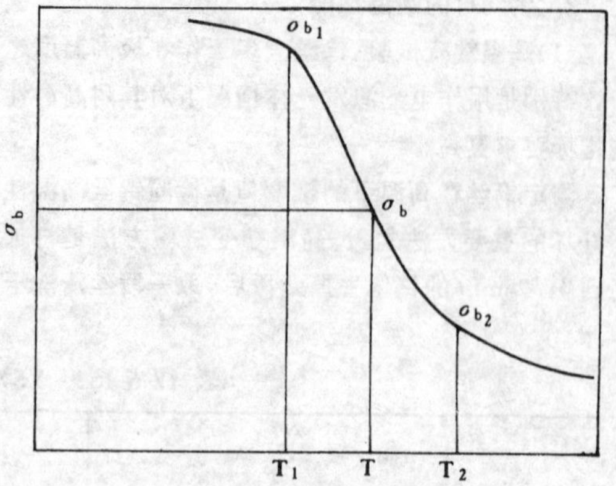

图 12-6-101 二次再结晶温度示意图

试样热处理条件见表12-6-157。

表 12-6-157 二次再结晶样品热处理及测试条件

项目	条件
试样加热长度，mm	100
加热至额定温度的时间，s	30
保温时间，s	60
氢气流量，m^3/s	10^{-4}
拉力试验机选择	拉断力必须大于测量范围最大值的10%

(4)"V"型下垂试验。"V"型下垂试验是模拟灯丝的变形情况而设计的，它是将试样弯成"V"型，然后在"V"型样品尖端上挂一小砝码并通以65%的熔断电流加热定形。定型后除去砝码并通以80%的熔断电流，测定定型后到最终通电试验结束后"V"型样品张开的程度，并以此表示丝料的高温性能好坏。试验装置及变形测定如图12-6-102 (a) 和 (b) 所示。

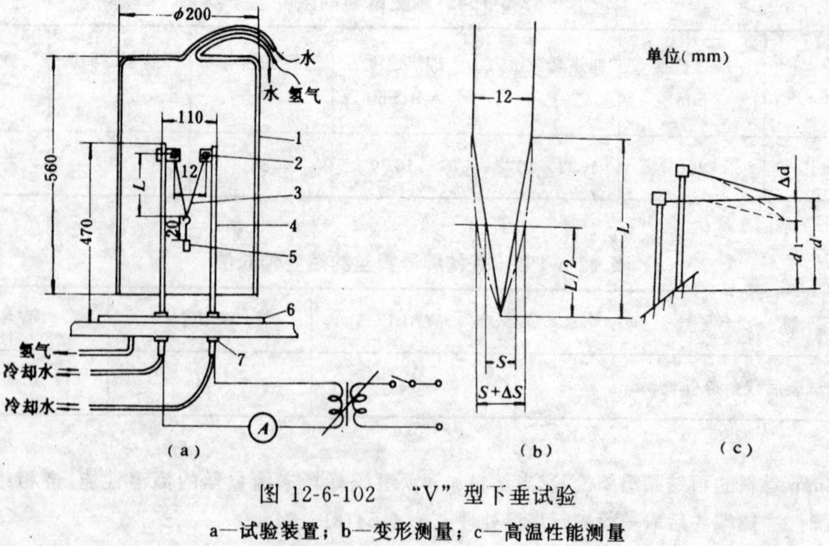

图 12-6-102 "V"型下垂试验

a—试验装置；b—变形测量；c—高温性能测量

另一种方法是在定型后将"V"型样品水平放置，然后再通电加热。测定"V"型尖端下垂的垂直距离，以此表示丝料的高温性能，高温变形的测量如图12-6-102（c）所示。

两种"V"型试验方法的试验条件分别见表12-6-158、12-6-159。

表 12-6-158 测"V"型样品张开程度试验的试验条件

丝径 mm	"V"型样品长（L） mm	定型砝码重 g	定型条件			试验条件		
			氢气流量 m^3/s	定型电流 A	保温时间 s	氢气流量 m^3/s	试验电流 A	保温 s
0.39	130	100	1.667×10^{-4}	65%熔断电流	30	1.667×10^{-4}	80%熔断电流	300
1.00	200	500	1.667×10^{-4}	65%熔断电流	60	1.667×10^{-4}	80%熔断电流	300

表 12-6-159 测"V"型试样尖端下垂距离试验的试验条件

试样直径 mm	"V"型宽度 mm	"V"型长度 mm	定型条件			试验条件	
			定型砝码重 kg	定型温度 K	定型时间 s	试验温度 K	保温时间 s
0.762～0.886	25.4	104	1.4	2600	300	2600	300
0.889～1.140	25.4	114	1.8	2600	300	2600	300
1.143～1.394	25.4	130	2.7	2600	300	2600	300
1.397～1.648	25.4	143	3.2	2600	300	2600	300
1.651～1.902	25.4	152	4.1	2600	300	2600	300
1.905～2.156	25.4	160	4.5	2600	300	2600	300
2.159～2.540	25.4	165	5.9	2600	300	2600	300

注：(1) 加热时必须通氢气保护；(2) 定型和试验加热时以恒定速度在60s内升温到额定温度，降温时也与此相同。

3.钨丝的其它性能指标

(1)尺寸偏差及长度要求。钨丝的尺寸偏差和丝的最短长度要求分别见表12-6-160、12-6-161。

(2)直线性。钨丝的直线性一般用钨丝从线轴上自然放出时的曲环直径表示，其曲环直径应该符合表12-6-160规定。

表 12-6-160 钨丝的曲环直径

丝料直径 d μm	曲环直径 mm
$5\leqslant d\leqslant10$	⩾5
$10<d\leqslant18$	⩾3
$18<d\leqslant30$	⩾5
$30<d\leqslant60$	⩾10
$d>60$	⩾15

(3)抗拉强度。钨丝的抗拉强度一般用丝的抗断力除以200mm长丝重来表示。对钨丝的抗拉强度要求见表12-6-161。用这种方法表示的抗拉强度值与国际标准单位间的换算关系见表12-6-162，测抗拉强度的条件见表12-6-163。

表 12-6-161 钨丝的抗拉强度

钨丝直径 d μm	200mm长丝段抗拉强度 g/mg
$5\leqslant d\leqslant10$	⩾95
$10<d\leqslant26$	⩾90
$26<d\leqslant36$	⩾87
$36<d\leqslant40$	⩾81
$40<d\leqslant45$	⩾78
$45<d\leqslant55$	⩾72
$55<d\leqslant112$	⩾68
$112<d\leqslant140$	⩾66
$140<d\leqslant200$	⩾60

表 12-6-162 钨丝的抗拉强度 gf/MG 与 kgf/mm²以及 MPa 的换算表

gf/MG	kgf/mm²	MPa	gf/MG	kgf/mm²	MPa
31	119.0	1167	61	234.1	2297
32	122.9	1205	62	238.2	2335
33	126.7	1243	63	241.9	2372
34	130.6	1280	64	245.8	2410
35	134.4	1318	65	249.6	2448
36	138.2	1356	66	253.4	2485
37	142.1	1393	67	257.3	2523
38	145.9	1431	68	261.1	2561
39	149.8	1469	69	265.0	2598
40	153.6	1506	70	268.8	2636
41	157.4	1544	71	272.6	2674
42	161.3	1582	72	276.5	2711
43	165.1	1619	73	280.3	2749
44	169.0	1657	74	284.2	2787
45	172.8	1695	75	288.0	2824
46	176.6	1732	76	291.8	2862
47	180.5	1770	77	295.7	2900
48	184.3	1808	78	299.5	2937
49	188.2	1845	79	303.4	2975
50	192.0	1883	80	307.2	3013
51	195.8	1921	81	311.0	3050
52	199.7	1958	82	314.9	3088
53	203.5	1996	83	318.7	3126
54	207.4	2034	84	322.6	3163
55	211.2	2071	85	326.4	3201
56	215.0	2109	86	330.2	3239
57	218.9	2147	87	334.1	3276
58	222.7	2184	88	337.9	3314
59	226.6	2222	89	341.8	3352
60	230.4	2260	90	345.6	3389

续表 12-6-162

gf/MG	kgf/mm²	MPa	gf/MG	kgf/mm²	MPa
91	349.4	3427	106	407.1	3992
92	353.3	3465	107	410.9	4029
93	357.1	3502	108	414.7	4067
94	361.0	3540	109	418.6	4105
95	364.8	3578	110	422.4	4142
96	368.6	3615	111	426.3	4180
97	372.5	3653	112	430.1	4218
98	376.3	3691	113	433.9	4255
99	380.2	3728	114	437.8	4293
100	384.0	3766	115	441.6	4331
101	387.9	3804	116	445.5	4363
102	391.7	3841	117	449.3	4406
103	395.5	3879	118	453.1	4444
104	399.4	3918	119	457.0	4481
105	403.2	3954	120	460.8	4519

注：这个换算表是用如下公式算出来的：gf/MG＝3.8401kgf/mm²；gf/MG＝37.6586MPa。

表 12-6-163　钨丝拉伸试验条件

钨丝直径 μm	拉伸长度 mm	拉伸速度 mm/min
≤30	200	50～70
>30～100	200	80～100
>100～200	200	130～150

（二）钨棒性能检测方法及标准

除需检测钨材的常规力学性能（如 σ_b，δ%，HV 等）外，有时根据某些特殊要求还要检测钨材的晶粒度及横断面压溃强度。

1. 晶粒度检测

金相样品按图12-6-103所示流程制备。晶粒度测定包括：

(1) 钨坯及退火钨棒等轴晶测定。取横断面（垂直长轴方向）金相试样或照片测晶粒度 N，按下式计算：

$$N = nx^2/S$$

式中 N —— 晶粒度，个/mm²；

S —— 视域或照片面积；

n —— 在 S 面积内晶粒数。

x —— 光学显微镜放大倍数 150 ～ 200 ×

等轴晶粒 n 的计数方法可直接在影屏或照片内 S 面积中计数。

取样或镶样（线切割或金钢砂轮片切割

↓

断口磨平（由砂轮，水砂纸磨平面）

↓

磨光至细条痕（用0#至7#金相砂子磨光）

↓

电解抛光（抛光液为4～5%NaOH 水溶液，不锈钢阴极）

↓

腐蚀晶界（腐蚀液10%NaOH＋10%铁氰化钾＋蒸馏水）

↓

样品

图 12-6-103　金相样品制备流程

(2) 加工态钨材晶粒度测定。加工形变的钨材晶粒沿主变形方向延伸构成纤维流线，取纵剖面（沿棒丝轴中心剖开）金相试样或照片按下式计算晶粒数：

$$N = n^2x^2/a^2$$

式中 N——晶粒度，个/mm²；

a——在影屏或照片上垂直于纤维划线长10～60mm；

n——在 a 线上纤维条数如图12-6-104线两端压的纤维条作1/2个晶粒计。

2. 钨棒横断面压溃强度测定

由钨杆切取厚1mm 的钨圆片30至50片，按图12-6-105进行检测。

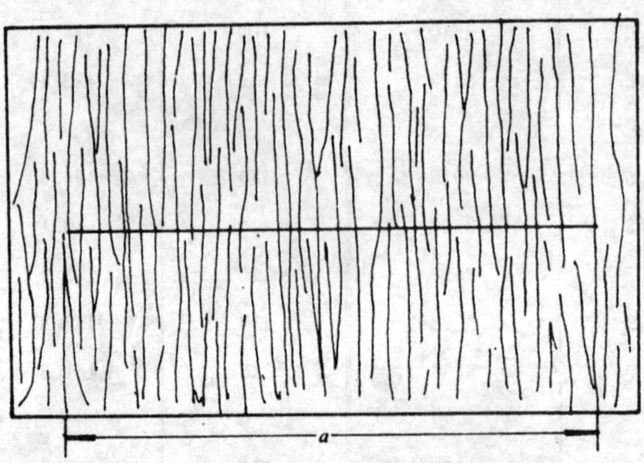

图 12-6-104 钨棒纵剖面晶粒测定

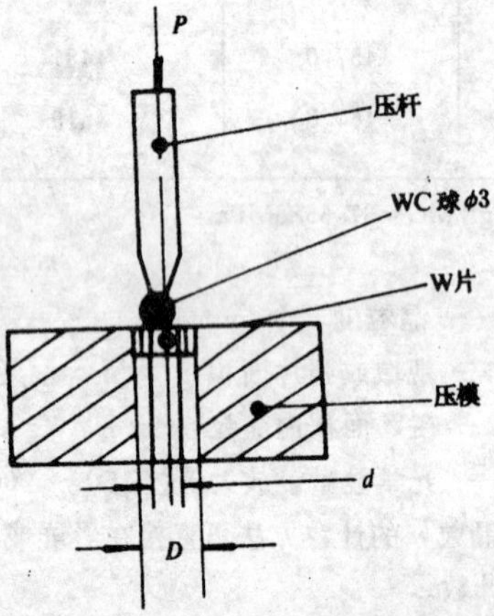

图 12-6-105 钨片压溃强度实验

不同直径的钨棒需改用不同压模尺寸 d 及 D，D 为钨棒直径。压模规格列于表12-6-164。

表 12-6-164 压模规格

D mm	d mm	压溃强度 kg
2.5～3	2.5	≥70
3～4	3	≥70
4～5	3.5	≥70

第八节 钨的应用

一、概述

钨的主要应用领域是冶金工业、照明和电子工业、宇航工业、化学工业及玻璃陶瓷工业等。

在大多数工业发达国家，钨在各应用领域的消费分配情况大致相同。在西德钨在特殊钢中的消费量最多，其他国家都以硬质合金消费钨量最大，占总消费量的一半以上，见表12-6-165。

钨最终应用的产品形式是碳化钨粉、钨粉、钨铁及其他钨材料（包括化工制品、白钨精矿、人造白钨和废钨等）。

国外钨最终应用的产品结构大致是，碳化钨粉占40～50%，钨粉占30～40%，钨铁占4～6%，其他材料占13～14%。1984～1987年日本钨产品的使用结构列于表12-6-166。

二、冶金工业

（一）碳化钨硬质合金

硬质合金是一种新型超硬工具材料，被广泛用于制作切削刀具、模具、量具、地质钻探和矿山采掘

表 12-6-165　一些国家钨消费分配比（%）

使用领域	日本	西德	加拿大	美国
硬质合金	70.2	35.9	66	50
特种钢（工具钢，合金钢，耐热合金）	0.8	41.0	29	27
金属制品（丝、棒、板、带等）	23.4	12.3	2.3	13
化工、陶瓷及其他	5.6	10.8	2.7	10
合计	100	100	100	100

表 12-6-166　日本钨产品的使用结构（t 金属）

产品形式	1984	1985	1986	1987
特殊钢	21	29	24	33
硬质合金	2342	2431	2789	2687
丝、棒等加工品	438	810	431	451
其他	217	189	205	215
合计	3018	3459	3449	3386

工具以及耐磨零件等。目前使用的碳化钨基硬质合金大致分为碳化钨-钴、碳化钨-碳化钛-钴、碳化钨-碳化钛-碳化钽（铌）-钴及钢结硬质合金四大类。碳化钨又是优良的喷涂材料，采用火焰喷涂法或等离子喷涂法可将其喷涂到工具钢、铸铁、铝、青铜、黄铜和镁材的表面，能提高工件的耐磨、抗蚀、抗热震等性能。

（二）钢铁

1.合金钢及高速工具钢

钨是合金钢和高速工具钢的主要合金元素，用于生产特种钢的钨用量很大。工具钢的含钨量及用途列于表12-6-167。

表 12-6-167　工具钢的含钨量及应用实例

名称	应用实例
含0.45～1.8%W 的低合金型钢	用于制造铰刀、拉刀、轴套、活塞环、螺纹计、压模、冲割模等
含0.5～0.8%和0.9～1.20%W 的工具钢	用于制造尺寸较大的钻头、铰刀、量具等部件
含0.8～1.2%和1.80～2.20%W 的工具钢	用于制造螺丝钻、板牙、锯条及棒材加工工具
含3.0～4.0%W 的工具钢	用于制造小直径管材和金属丝的拉模
含4.5～5.5%W 的工具钢	用于制造速中速切削铣刀、刮刀和雕刻用的刀具等

2.合金结构钢和弹簧钢

合金结构钢和弹簧钢的含钨量及应用实例列于表12-6-168。

表 12-6-168 结构钢和弹簧钢的含钨量及应用实例

名称	应用实例
含0.40～0.80%W 的15SiMn3MoWVA合金结构钢	用于制造大功率的高速柴油机曲轴
含0.8～1.20%W 的16SiMn2MoWVA 低碳合金结构钢	用于制造需要韧性大、表面耐磨的机器零件
含4.00～4.50%W 的30W2Cr12VA 弹簧钢	用于制作承受高载荷或耐热、耐冲击的弹簧

3. 耐热钢、不锈钢和磁钢

由于钨的熔点高，具有良好的抗腐蚀性和耐磨性，而且能提高钢在高温下的蠕变抗力，因此，钨是各种耐热钢、不锈钢和磁钢不可缺少的重要添加元素。含钨量不同的钢种及应用实例列于表12-6-169。

表 12-6-169 含钨量不同的钢种及应用实例

名称	用途
含0.15～0.30%W 的12MoWVBR 和含0.3～0.5%W 的12Cr2MoWVTiβ 珠光体热强钢	用于制造高温高压锅炉钢管
含0.45～0.60%W 的 Cr12WMoVNbβ 马氏体热强钢	用于制造600℃燃气轮机叶片、阀门等

磁钢中含5～9%W，就可大大地提高钢的磁化作用和矫顽力。含5～7%W 的磁钢可用于较小的磁体，如动圈扬声器等。

（三）有色金属和稀有金属合金

有色金属中加入适量的钨能提高材料的耐磨和耐蚀性能。

触点合金和防辐射合金，如 W-Cu、W-Ag 合金兼有铜、银良好导电导热和钨耐磨的优点。W-Ni-Cu 合金（85～90%W，3～10%Ni、2.5%Cu）具高比重，用于宇航和航空工业及防γ射线的辐射，也用于制造穿甲弹弹头等。

钨也是耐热耐磨合金的重要组分，其中如早就应用、目前仍广泛应用的耐热耐磨合金——司太立特合金，就是钨与铬、钴的合金（3～15%W、25～35%Cr、45～65%Co、0.5～2.75%C）。该合金具有高硬度和耐磨性、耐热性和抗蚀性，主要用于涂覆在会受严重磨损的机械部件表面。

近年，钨和其他高熔点金属的合金已作为航空和火箭技术上用的耐热材料。如国外一种北极星 A-3导弹的喷嘴就是采用渗有10～15%银的耐高温钨管造的，其重量达数百公斤。阿波罗宇宙飞船上的火箭喷嘴也是用钨制造的。

三、电子和电工材料

钨是照明和各种电子管的重要材料，在电子工业中钨有广泛的用途。金属钨加工品的主要用途列于表12-6-170。

表 12-6-170 金属钨加工品的主要用途

应用部门	用途	加工材
照明	电灯、荧光灯、放电管等，灯丝（导线、电极等）	钨丝、棒、掺钍钨线、棒

续表 12-6-170

应用部门	用　　途	加　工　材
电子管	接收电子管灯丝、栅极	掺铼钨丝、镀金钨钼合金
	发射电子管灯丝阳极、栅极	掺钍钨丝
	磁控管阴极	钨薄板、钨丝
	微波管阳极	钨、掺钍钨等
	X 射线管旋转阳极（对阴极）	钨板、钨-铼-石墨
电子工业（半导体）	高质量大功率的半导体装置超级支承材料	钨圆板（直径1～100mm）
	彩色电视快速旋动装置热源	W-Re 合金丝
薄膜制造装置	真空电镀、溅射等薄膜材料、容器、舟皿、加热器等	钨线
电　　炉	高温炉发热体	钨板、钨线及棒
测定装置	热电偶	W-Re 线
表面处理	堆焊、喷涂材料	钨线
其　　他	涂硼丝（供输出）	钨细丝
	PPC（普通纸复印机用）	镀金钨丝
	点式打印针	钨丝
	电弧焊条	钨棒、掺钍钨棒

主要参考文献

〔1〕王淀佐，矿物浮选和浮选药剂，中南工业大学出版社.

〔2〕叶帷洪、王崇敬著，罗英浩等译　钨——资源、冶金、性质和应用，冶金工业出版社　1983.

〔3〕莫似浩编著　钨冶金的原理及工艺　轻工业出版社　1984.

〔4〕A. H. Зеликман и дру.，Цвет. металлы（1978）7，57，（1981）12，80，（1985），4，61.

〔5〕A. H. Зеликман，Металлургия тугоплавких редких металлов издательство Металлургия 1986.

〔6〕Q Zheng，H. Fan，Hydrometallurgy，16（1986），No3，p. 263.

〔7〕K. OSSEO-ASARE，Metallyp Metallurgical Transaction B. Vol 13B. Dec 1982，555.

〔8〕李洪桂等：稀有金属与硬质合金　1987，1—2.

〔9〕稀有金属材料加工手册编写组，稀有金属材料加工手册，冶金工业出版社，1984.

〔10〕白淑文、张胜华主编，钨钼丝加工原理，轻工业出版社，1983.

〔11〕Л. И. 克利亚奇科等著，李汉广译，左铁镛校，钨钼新工艺，中南矿冶学院科技情报科，1983，10.

〔12〕钨精矿化学分析方法，GB 6150. 1—6150. 19.

〔13〕钨化学分析方法，GB 4324. 1—4324. 30—84〔标〕，1985，3.

〔14〕硬质合金化学分析方法，GB 5124. 1—5124. 4—85〔标〕1985. 12.

第七章　钼

编写人　李洪桂　周美玲　吴延之　曾　跃　李汉广
余平安　黄国伟　蒋显光　潘叶金

第一节　钼的矿物资源

一、中国的钼资源

据1982年香港出版的矿物手册（Mineral hand book）统计，全世界钼资源的储量为30000万t，钼工业储量为1460.87万t，其中美国钼储量为535万t，加拿大63.5万t，智利245万t，秘鲁22.5万t，墨西哥13.5万t，中国498.87万t，苏联68.00万t。美国占世界总储量的36.62%，居第一位；中国占34.15%，居第二位；智利占16.79%，居第三位。到1985年中国钼储量已占世界的40%，而跃居第一位。

（一）中国钼矿床类型与矿床分布

1. 钼矿床类型

在内生和外生成矿地质作用中，钼都有可能聚集形成钼矿床。依据形成钼矿床的成因、钼含量、矿石综合利用元素等的不同，中国钼矿床可分为5类和15亚类，见表12-7-1。

表12-7-1　中国钼矿床的分类

类	亚　类	矿 床 实 例
斑岩型钼矿床	细脉浸染型钼矿床	陕西金堆城钼矿床，吉林大黑山钼矿床
	斑岩铜钼矿床	西藏玉龙斑岩铜钼矿床，江西德兴斑岩铜钼矿床
	斑岩钨钼矿床	福建行洛坑斑岩钨钼矿床，江西阳储岭斑岩钨钼矿床
	花岗岩型钼矿床	
矽卡岩型钼矿床	单一型钼矿床	辽宁杨家杖子钼矿床
	钨锡钼铋型钼矿床	湖南柿竹园钨锡钼铋矿床
	铜钼型钼矿床	湖南宝山铜钼矿床
	铁钼型钼矿床	黑龙江逊克翠宏山铁多金属钼矿床
脉型钼矿床	石英脉型钨钼矿床	江山西华山黑钨石英脉钼矿床
	铀钼型钼矿床	
	铀钼稀土型钼矿床	
	石英脉型钼矿床	
火山岩型钼矿床	火山角砾岩筒钼矿床	北京大庄科钼矿床，江西李公岭钼钨矿床
	火山型铀钼矿床	
沉积型钼矿床	沉积型钼镍矿床	湖南大庸钼镍矿床
	沉积型钼镍矽矿床	

在这些矿床类型中，斑岩型矿钼资源占全国总储量的77.3%；矽卡岩型矿床钼资源占总储量的16.4%。目前中国开发的钼矿床主要是斑岩型钼矿床，如陕西金堆城钼矿床生产的钼精矿占全国产量的42.7%（1985），其次是矽卡岩型钼矿床（辽宁杨家杖子钼矿床），其他多是从斑岩铜钼矿床和石英脉型钨钼矿床中回收钼，但其生产数量甚微。

2. 中国钼矿床的分布

目前已探明有储量的钼矿区达173个[1]，分布在全国26个省、市、区范围内，储量在0.5万t以上的矿区只有23个，它们只占已探明矿区总数的13.30%，但是钼储量却占全国总储量的82%，在23个矿床中储量最大的矿床又集中分布在河南、吉林、陕西等几个省内的一些重点矿区内。其中河南、陕西、吉林三个省的几个钼矿区储量又占全国总储量的67%，若加上辽宁、西藏、江西、湖南等省几个钼矿区，则它们共占全国总量的76.3%。

（二）中国钼矿资源的特点

1. 钼矿石组分比较复杂

单一钼矿石组分的矿床少，多数为钼铜矿床、钼钨矿床、钼铁矿床、钼多金属矿床，少量为钼铀、钼钒、钼金、钼铋锡钨矿床。据大于0.5万t储量的23个钼矿区统计，单一矿石的钼储量占全国总储量的29.7%，钼铁型矿床储量占全国总储量的11.5%，铜钼型矿床储量占全国总量的8.7%，钼钨矿床储量占全国总储量的11.7%。

2. 钼矿富矿少、贫矿多

据储量大于0.5万t的23个钼矿床统计表明（见表12-7-2），在23个主要矿床中钼品位大于0.1%的矿床虽占34.8%，而其储量只占全国总储量的32.3%，象大黑山和金堆城等几个特大型钼矿床，钼品位却小于0.10%。尽管其他几个特大型钼矿床如南泥湖矿床、三道庄矿床、上房沟矿床钼品位虽大于0.10%，但是也远低于国外世界特大型钼矿床如克莱麦克司矿床（含0.2%Mo）、享德逊矿床（含0.3%Mo）的钼品位。

表 12-7-2　中国一些钼矿的品位

矿区名称	钼的品位,%	矿区名称	钼的品位,%
西藏玉龙斑岩铜钼矿	0.028	黑龙江多宝山铜钼矿	0.045～0.055
陕西金堆城钼矿	0.099	黑龙江逊克翠宏山铁多金属钼矿	0.075～0.122
陕西黄龙铺钼矿	0.086	吉林大黑山钼矿	0.066
河南三道庄钼钨矿	0.115	辽宁杨家杖子钼矿	0.133～0.145
河南上房沟钼矿	0.134	辽宁肖家营子钼矿	0.228
河南南泥湖钼矿	0.1	湖南柿竹园钨锡钼铋矿	0.064
河南雷门沟钼矿	0.073	湖南慈利大浒镍钼矿	0.356
河南夜长坪钼钨矿	0.127	湖南大庸天门山镍钼矿	0.36～0.049
北京大庄科-董家沟钼矿	0.075～0.095	江西铜厂铜钼矿	0.011
北京东山岔钼矿	0.148	江西富家坞铜钼矿	0.033
河北小寺沟铜钼矿	0.082	江西硃砂红铜钼矿	0.097
湖南宝山铜钼矿	1.37		

二、钼的矿物

钼的主要晶体化学参数列于表12-7-3。

晶体化学性质与钼相类似的元素的部分晶体化学数据对比列于表12-7-4。

[1] 台湾省未统计在内。

表 12-7-3 钼的主要晶体化学参数

原子半径，Å	离子半径，Å		共价半径 Å	电负性		电子构型
12 配位	正四价 6配位	正六价 6配位		正四价	正六价	
1.363	0.70	0.62	1.30	1.6	2.1	$4d^5\ 5S^1$

表 12-7-4 元素的部分晶体化学数据

离子符号	Mo^{4+}	Mo^{6+}	Re^{4+}	Re^{7+}	Os^{4+}	Fea^{3+}	W^{4+}	W^{6+}	V^{3+}	Ti^{4+}	W^{6}
配位数	6	4	6	6	6	6	6	4			6
离子半径，Å	0.70	0.50	0.71	0.65	0.71	0.73	0.73	0.50	0.62	0.61	0.66
电负性	1.6	2.1			2.1		1.6	2.1			2.1

钼在地壳中存在形式主要呈钼的独立矿物，次之为类质同象混入物和离子或络离子形式被吸附。

钼的独立矿物约30种，按晶体化学分类法，它们分别属于硫化物及其类似化合物、氧化物及含氧盐类矿物中的钼酸盐类。此外，也有非晶质钼矿物，见表 12-7-5。

钼的工业矿物主要是辉钼矿，其次是钼铅矿、钼华、铁钼华，可从铀的复杂氧化物及铀酰钼酸盐矿物中综合利用其中的钼，沉积型钼铀（镍）矿也可能是钼的潜在来源之一。

表 12-7-5 钼矿物基本数据简表

矿物名称及化学式	化学组成	热分析	形态与物理性质	主要产状及共生矿物
辉钼矿 MoLybdenite MoS_2	Mo59.94，S40.06，微量类质同象，混入物可高达20%，尚有 Os、Pt、Pd 均具有综合利用价值，Se→S≤25%	差热曲线，1350℃部分分解析出硫，1650～1700℃熔化并分解，空气中加热400～600℃直接氧化为 MoO_3	沿{0001}呈六方板状、片状、短柱状、桶状，集合体呈鳞片状、片状或细粒状 铅灰色，素瓷板上条痕亮灰色，釉瓷板上呈黄绿色，不透明，金属光泽，{0001}解很完全，薄片具挠性，具油腻感，G4.7 ～ 5.0（计算值5.05），H1～1.5	主要集中产于热液型、斑岩型和矽卡岩型钼矿床中。其次，在铀钼矿矿床、黑钨石英脉矿床中也有产出。在花岗和伟晶岩中作为副矿物产出
硒钼矿 Drysdallite $MoSe_2$			灰黑带褐色，条痕褐黑色，{0001}解理很完全，磨光面硬度稍大于辉钼矿	主要产于钼铀矿氧化带，与铀的次生矿物伴生
铁辉钼矿 Femolite $FeMo_5S_{11}$	化学分析：Mo49.94，Fe6.49，S37.47，H_2O2.78，共计96.68，含Se0.02，Hg0.04，Re0.001	差热曲线与辉钼矿相似，但在400℃～500℃处有个小吸热谷，800～900℃处有个小放热峰	灰色，条痕黑或带浅褐色，金属光泽，H2～3，G3.5～4	热液钼矿床产出，与电气石、绿泥石、黄铁矿、黄铜矿、毒砂、辉钼矿、方解石等伴生

续表 12-7-5

矿物名称及化学式	化学组成	热分析	形态与物理性质	主要产状及共生矿物
硫钼铜矿 Castaignite $CuMo_2S_5$ 或 $CuS\cdot 2MoS_2$	化学分析：Mo47.2,Cu13.5,Pb2.5,Bi2.0,Fe1.0,共计100.2		放射状集合体，黄色，H3,G4.0	
硫钼锡铜矿 Hemusite Cu_6SnMoS_8			等轴粒状，灰色，不透明，金属光泽，H4	与黄锡矿、黄铜矿、黄铁矿共生
钼华 MoLybdite (MoLybdine MoLybdicocher) MoO_3	Mo66.66 O 33.34	熔点为795±2℃	晶体细小，为叶片状、针状或板状习性，土状集合体，蜜黄，淡绿黄至无色，条痕草黄色，金刚光泽，透明，{001}解理极完全，{100}解理完全，H1～2,G4.7,具挠性	热液钼矿床或氧化带产出
钼铋矿 Koechlinite Bi_2MoO_6	$Bi_2O_3$76.51,$MoO_3$23.49 化学分析：Bi_2O_3 77.1,MoO_3 22.4,H_2O 0.2,共计99.7		假四方板状或板条状，晶面上可见平行条纹，板状、块状及土状集合体。绿黄或白至黄色，条痕淡黄绿，黄白色，透明，{001}解理完全，性脆，G8.29(计算)	钼矿床氧化带或次生蚀变产出
斜水钼铀矿 (钼铀矿) Umohoite $(UO_2)[MoO_4]\cdot 4H_2O$		差热曲线上在175℃、350℃和650℃处有三个吸热谷	板状，细粒状集合体，蓝黑色，H2～2.5,G4.55～4.66	钼矿床蚀变带内黑细脉或星散状产出
褐钼铀矿 Sedovite $U(MoO_4)_2$	化学分析值：UO_2 31.05,MoO_3 40.83,Fe_2O_3 116,H_2O1.81	含石膏杂质的差热曲线在200℃±处有一个吸热谷(石膏脱水),560℃处有个放热峰，与矿物破坏有关	细针状，皮壳状，土状，块状和放射状集合体。褐、浅红褐色，半透明，H3.3,G4.2	钼铀矿床氧化带初期产物，与铜钙铀矿、钼铅矿等伴生
紫钼铀矿 Mourite $UMo_5O_{12}(OH)_{10}$	化学分析值：$UO_2$20.80,UO_3 2.58,MoO_3 68.34,H_2O 8.24,尚有Si,Al,Ca,Fe,Mg,K,Na等	差热曲线在220℃和310℃两处有两个不明显的吸热谷，710～780℃有一个明显吸热谷，热失重分析在200℃时失水3.5%,200～250℃之间又失水4%,>250℃失水不明显	叶片状，一纤维状，细鳞片状，球粒状，皮壳状，结核状，扇状，蠕虫状集合体。紫色，条痕紫蓝色，金刚光泽，H3,G>4.2	钼铀矿床氧化初期产物

续表 12-7-5

矿物名称及化学式	化学组成	热分析	形态与物理性质	主要产状及共生矿物
铁钼华 Ferrimolybdite $Fe_2(MoO_4)_3 \cdot 8H_2O$	Fe_2O_3 21.70，MoO_3 58.71，H_2O 19.59，Re 4.3ppm		黄色	主要产于钼矿氧化带，与钼华、铁钼、钼钙矿共生
钼铅矿 （彩钼铅矿 或黄铅矿） Wulfenite $Pb(MoO_4)$	Pb 60.8，MoO_3 39.2，钙可为类质同象混入物，ReO 1.25ppm（10 个矿区）		四方板状，双锥状、锥状，粉末状，粒状集合体，黄、橙、红、灰、白色、条痕白色，透明至半透明，玻璃至金刚光泽，{111} 解理清楚，G6.8 士，H2.5 ～ 3	主要产于钼铅硫化物矿床氧化带，次为产于低温热液矿床中
钼钙矿 Seyrigite $Ca[W,Mo]O_4$	Mo/W 可达 1/1.4（MoO_3 24），属 $CaWO_4$-$CaMoO_4$ 类质同象系列（白钨亚种）		四方双锥，粒状集合体，灰色、黄白、浅紫、浅褐色，H4.5 ～ 5，G5.8 ～ 6.2（钼含量高 G 降低）紫外光下发浅黄至白色萤光	高温热液矿、矽卡岩矿床中产生
镁钼铀矿 Magnezinm- umohoite $MgO \cdot 8UO_2 \cdot 8MoO_4 \cdot 18 \sim 21H_2O$	电子探针分析值：MgO 1.0，UO_2 55.35，MoO_4 34.8，H_2O 8.85			铀矿床表生矿物，与水钼铀矿共生，产于辉钼矿及晶质铀矿表面
多水钼铀矿 （黑钼铀矿） MoLuranite $H_4U(UO_2)_3[MoO_4]_7 \cdot 14H_2O$	化学分析值：UO_2 10.85，UO_3 34.06，MoO_3 40.35，H_2O 14.74	差热曲线上在 200℃ 处有一吸热谷，600℃ 处有一个放热峰	集合体呈胶状，皮壳状，黑色，条痕褐黑色，沥青光泽，贝壳状断口，H3 ～ 4，G4	钼铀矿床氧化带产出
钙钼铀矿 $Ca(UO_2)_3[MoO_4]_3(OH)_2 11H_2O$	化学分析值：CaO 2.61 ～ 4.63，Na_2O 0 ～ 0.30，UO_3 54.59 ～ 61.26，MoO_3 19.92 ～ 28.06，H_2O 10.90 ～ 13.52	差热曲线在 200℃、850 ～ 900℃ 之间有两个吸热谷，550 ～ 560° 之间有一个放热峰，加热 150 ～ 250℃ 时脱水，400℃ 时为 X 光非均质，680℃ 时形成 U_3O_8	细针状，片状，集合体呈放射状，鳞片状，皮壳状，被膜状，土状，粉末状，柠檬黄、蜜黄、橙黄色，玻璃光泽，解理平行延向完全，G4.3 ～ 4.4，淡黄色萤光	产于钼铀矿氧化带
水钼铀矿 （黄钼铀矿） Iriginite $(UO_2)Mo_2O_7 \cdot 3H_2O$	理论值：UO_3 46.45，MoO_3 42.78，H_2O 10.77	差热曲线上在 156 和 204℃ 各有一个吸热谷，295℃，466℃ 处有两个放热峰。热重分析，大部分在 300 ～ 400℃ 以下析出	片状，集合体呈薄壳状，薄膜状粉末状，偶呈玫瑰块状，黄、浅绿黄色，玻璃光泽，H1 ～ 2，G4.01	铀矿床氧化带产物

续表 12-7-5

矿物名称及化学式	化学组成	热分析	形态与物理性质	主要产状及共生矿物
钠钼铀矿 Sodium-urmolite $Na_2(UO_2)_5(MoO_4)_5(OH)_2 \cdot 8H_2O$ 或 $Na_2(UO_2)_4(MoO_4)_4(OH) \cdot 12H_2O$	化学分析值：Na_2O 1.29 ～ 2.33，CaO 0.46 ～ 1.68，UO_3 59.64 ～ 60.13，MoO_3 20.68 ～ 27.89，MoO 7.59 ～ 11.37	同钼钙矿	细针状、片状、放射状、鳞片状、皮壳状、被膜状、土状、粉末状，柠檬黄、蜜黄色、橙黄色，玻璃光泽一组解理完全，G = 4.3 ～ 4.4，淡黄色萤光	产状同钙钼铀矿
钨钼铅矿 Chillagite $Pb(W,Mo)O_4$	WO_3 21.1 ～ 2.95		发光性因含 WO_3% 不同而异，0.0 ～ 0.5 时蓝白色，2.8 ～ 3.2 时淡黄色，1.8 ～ 2.3 时黄白色，0.5 ～ 0.9 时呈白色，0.9 ～ 1.18 时淡黄白色，73.2 呈黄色（中国华南产出者）	
胶硫钼矿 jardisite MoS_2	Mo66.64，S33.36			产于砂岩和页岩中主要系沉积成因

第二节　钼的主要物理化学性质

一、钼的物理、机械性质

钼的物理、机械性质与钨虽有些差别，但总的来说彼此非常接近。钼较钨更易于机械加工。

（一）钼的物理性质

钼的某些物理性质列于表 12-7-6。

表 12-7-6　钼的某些物理性质

物理性质	数值
原子序数	42
原子量	95.95
密度，g/cm^3	10.2
晶格类型和参数	体心立方晶格 $a = 3.14 \times 10^{-10}$m
熔点，℃	2620 ± 10
沸点，℃	约 4800
转化为超导状态的温度，K	0.9 ～ 0.98
熔化热，J/kg	209.5×10^3
升华热，J/kg	6787.8×10^3

续表 12-7-6

物理性质	数值
比热(20～100℃),J/(kg·K)	272.35
导热(20℃),J/(cm·s·K)	1.47
膨胀系数(25～700℃),K^{-1}	$(5.8 \sim 6.2) \times 10^{-6}$
电阻率:	
工业纯多晶钼(25℃),Ω·m	5.7×10^{-4}
99.99%单晶钼(4.2K),Ω·m	$(4.5 \sim 10.2) \times 10^{-7}$
辐射能,W/m^2	
730℃	5500.0
1330℃	6300.0
1730℃	192000.0
2330℃	700000.0
热中子俘获截面,m^2	2.6×10^{-28}
磁化率(99.95%钼,25℃)	0.93×10^{-6}
霍尔常数,$m^3/(A \cdot s)$	1.8×10^{-10}
电子逸出功(工业丝材),J	6.99×10^{-9}

液体钼的蒸气压如下：

温度，K	3000	3330	3750	4300	4580	4810	5077
蒸气压，Pa	0.0001	0.001	0.01	0.1	0.25	0.50	1.0

钼的蒸气压和蒸发速度列于表 12-7-7。

表 12-7-7 钼的蒸气压和蒸发速度

温度，K	蒸发速度 $kg/(m^2 \cdot s)$①	蒸气压，Pa
2151	4.142×10^{-7}	4.48×10^{-4}
2185	6.971×10^{-7}	7.60×10^{-4}
2231	13.47×10^{-7}	15.2×10^{-4}
2240	16.28×10^{-7}	18.0×10^{-4}
2260	19.06×10^{-7}	21.0×10^{-4}
2300	33.11×10^{-7}	38.1×10^{-4}
2397	128.3×10^{-7}	146.5×10^{-4}
2438	195.0×10^{-7}	224.7×10^{-4}
2462	254.0×10^{-7}	297×10^{-4}

① 真空压力约为 6.67×10^{-3}Pa。

（二）钼的机械性质

钼的室温机械性质及塑-脆转变温度列于表 12-7-8。

二、钼的化学性质

（一）钼与气体的相互作用

1. 钼与氧的作用

钼于常温下在空气中是稳定的，在 400℃发生轻微氧化，高于 600℃金属钼迅速氧化成三氧化钼，高于 700℃水蒸气将钼强烈氧化成二氧化钼。

2. 钼与氢的作用

氢与钼一直到它的熔化温度都不发生化学反应。但钼在氢气中加热时，能吸收一部分氢气生成固溶体。例如，在 1000℃时，100g 金属钼中能溶解 $0.5cm^3$ 的氢。

表 12-7-8　钼的室温机械性质及塑-脆转变温度

机械性质	单　位	数　值	状　态
泊松比		0.324	
弹性模量	MPa	315882	粉冶，静态
刚性模量	MPa	119486	
维氏硬度	MPa	2453～3139	变形态（<1.0mm 板）
		2207～2453	变形态（>1.0mm 板）
		1766～1962	再结晶（细晶粒）
塑-脆转变温度	℃	−40～+40	大变形，90%以上
抗拉强度	MPa	589～1079	变形态（>1.0mm 板）
		706～2433	变形态（<1.0mm 板）
		589～883	再结晶（细晶粒）

3. 钼与氮的作用

在 1500℃以下，钼与氮不发生反应；高于 1500℃时，钼与氮发生化学反应，生成氮化物。假如氮的压力很低（约 1.3332 Pa），在此种情况下钼到 2400℃都不会与氮气发生反应。

4. 钼与一氧化碳、二氧化碳和碳氢化合物的作用

在 700℃以上时，二氧化碳会把钼氧化。在 1100～1200℃时，一氧化碳和碳氢化合物都能跟钼相互作用，生成碳化物（Mo_2C）。

5. 钼与卤素的作用

氟与钼在常温下就能发生化学反应，氯与钼则需高于 250℃方能相互作用，分别生成具有挥发性的卤化物 MoF_6 和 $MoCl_5$。溴在淡红热下与钼发生化学反应。碘蒸气与钼不发生化学反应。当有水分存在时，全部卤素在室温下都能与钼起化学反应。钼氯化物的一些性质列于表 12-7-9。

表 12-7-9　钼氯化物和氧氯化物的某些性质

化合物	颜色	在各种温度下的行为
$MoCl_5$	黑紫色	194℃熔化，268℃沸腾，在气相中分解生成 $MoCl_4$（气态）
$MoCl_4$	棕色	固体的 $MoCl_4$ 在高于 130℃下分解生成 $MoCl_3$（固）和 $MoCl_5$（气），在 330～630℃区间内主要生成 $MoCl_4$
$MoCl_3$	红褐色	固体的 $MoCl_3$ 在高于 530℃下分解成 $MoCl_2$（固）和 $MoCl_4$（气）
$MoCl_2$	黄色	固体的 $MoCl_2$ 在高于 730℃下分解成 Mo 和 $MoCl_4$（气）
MoO_2Cl_2	黄白色	在 0.152MPa 下，于 170℃时熔化；156℃时固体氧氯化物上面的压力为 0.101MPa
$MoOCl_4$	绿色	104℃时熔化，约在 180℃沸腾

6. 钼与含硫气体的作用

硫蒸气高于 440℃下便与钼反应，生成 MoS_2；而硫化氢则需高于 800℃才能与钼发生反应生成 MoS_2；含硫气体在 700～800℃也能氧化金属钼。

（二）钼在水溶液和熔体试剂中的行为

钼的抗酸腐蚀性能次于钨。常温下，钼在盐酸和

硫酸中是稳定的；但加热到 80～100℃，钼在它们之中稍许溶解。在 200～250℃时，浓硫酸能使金属钼迅速溶解。

硝酸和王水在常温下能缓慢地溶解金属钼，加热时溶解速度加快。

金属钼在过氧化氢中溶解，并生成过钼酸 H_2MoO_6 和 $H_2Mo_2O_{11}$。

钼在冷的和热的氢氟酸中都是稳定的，但在氢氟酸和硝酸的混合液中迅速溶解。

5 个容积硝酸、3 个容积硫酸和两个容积水组成的混合液是钼的良好溶剂。缠绕钨丝的钼芯就是用这种混合液溶解的；而钨丝却不溶于此混合液中。

钼在常温的碱液中稳定，在热碱液中稍被腐蚀。熔融碱能强烈地腐蚀金属钼。

第三节 钼的采矿和选矿

一、钼矿的采矿

（一）钼矿开采技术条件简介

中国钼矿资源丰富，矿床类型主要有两类：一类为矽卡岩型，这类矿床大多数矿石和围岩稳固，矿体与矽卡岩逐渐过渡，界线不明显，如杨家杖子矿；另一类为石英脉型，这类矿床与含钨石英脉相似，且常与钨共生，但矿岩界线不甚分明，如白石嶂钨矿。

（二）钼矿开拓

比较典型的开拓方式有两种：一是平窿竖井联合开拓，一是竖井开拓。

1. 白石嶂钨矿平窿竖井联合开拓系统

白石嶂钼矿山势陡峻，矿床赋存的山头最高峰为 440.2m。山的北坡，210～250m 为缓坡，具有山谷开阔地带，便于布置工业区和生活区，也是对外交通的起点。南坡山势较陡，无开阔地带，矿脉向北倾斜，主要赋存在 235～35m 标高之间，235m 以上的工业储量只有 210 万 t，35m 以上的工业储量为 268 万 t。矿脉比较集中，分布范围不广，近地表部分已被民窿采空。开拓系统如图 12-7-1。235m 以上用平窿溜井开拓，主平窿口在山的北坡 235m 标高处，向南掘进，大致穿过矿量等分线。上部还掘有 285m 和 315m 阶段平窿。由于选厂位置在 250～260m 标高上，矿仓卸矿口标高为 262m，故在 262.5m 标高处掘一箕斗井通主平窿，将矿石提升到 262.5m，然后运送到选厂矿仓。235m 以下的矿量，采用盲竖井开拓，井筒位于岩层移动带以外，大致在矿量的等分线上，并在 265m 掘一短平窿与盲井相通。矿石提升至 265m，然后经短平窿运至选厂，在井田两翼各布置一个风井。

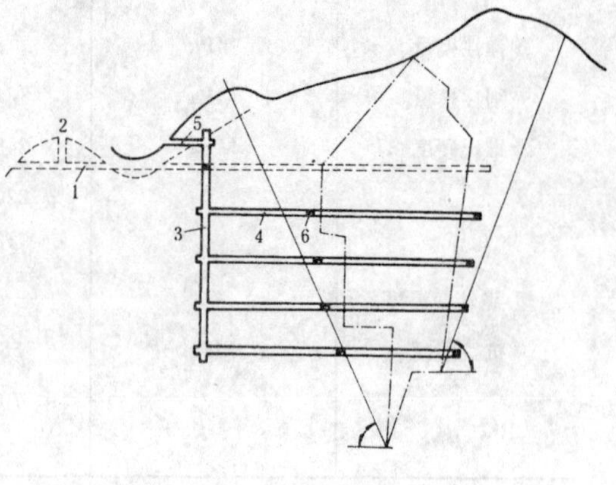

图 12-7-1 白石嶂钼矿开拓系统

1—235m 主平窿；2—箕斗井；3—盲竖井；4—石门；5—265m 平窿；6—运输平巷

2. 杨家杖子岭前矿竖井开拓系统

岭前矿的开拓系统是开拓方案技术改造的典型实例。矿床埋藏在石灰岩与花岗岩接触带的矽卡岩岩化灰岩中，主要矿脉有九条，走向近似东西，延长约 2500m，脉间距从几米到百余米，分布宽度约千余米。矿床上部，沿走向中央有一矽卡岩无矿带，将矿脉分成东西两部分。对应无矿带的地表为一山岭，因此扩建前分成两个井田开采。一为寺前矿，用一个双罐笼井和一个斜井开拓，开采东部矿脉，工业场地在杨家杖子镇附近的开阔山沟中，有准轨铁路与京沈线相接，公路可通锦西等县；矿石由索道运至选厂，已开拓的阶段有 62m、39m、25m、5m、－22m。一为大北矿，用一个双罐笼井和两个箕斗井开拓，开采西部矿脉，工业场地在大北岭的开阔山沟中，矿石用汽车运到寺前索道矿仓，再运至选厂。已开拓的阶段有 62m、15m、－22m。无矿带从上往下逐渐缩小，到－230m 尖没。1958 年扩建后，将两个井田合并为一个，在矿床的东翼掘一个混合井，深 503m；在矿床中部掘一盲副井，深 497m。从－22m 开始，将原寺前矿和大北矿下部各阶段联成一整体，如图 12-7-2。阶段高度为 30～40m。阶段运输平巷用穿脉或环行运输道与各矿脉的沿脉平巷联通。各阶段的矿石用溜井集中于－354m 的装载洞室，用箕斗提升到井口矿仓，粗碎后，用索道运至选厂。废石用溜井集中于－314m 盲副井废石装载洞室，用箕斗提升到地面。在井田两翼设风井，采用两翼压入、中央排出的双翼对角式通风系统。每两个阶段开一条总回风道与中央排风井相通。

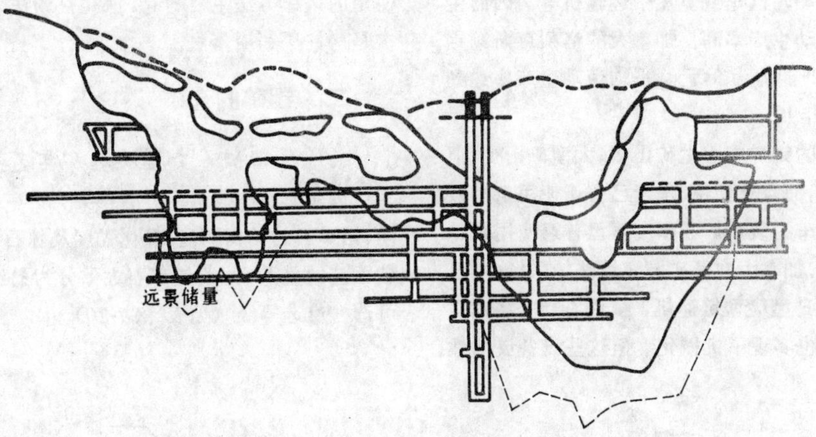

图 12-7-2　扩建后的岭前矿开拓系统

（三）钼矿采矿方法

中国钼矿床开采的方法比较多。开采钨钼共生的薄矿脉，常使用顺路天井留矿法、电耙扒矿留矿法等，与钨矿开采所使用的相同。开采块状矿体或脉带时，常使用的采矿法有电耙道底部结构留矿法、平底结构水平深孔阶段矿房法和分层崩落法等。

1. 电耙道底部结构浅眼留矿法

杨家杖子岭前矿常使用这种采矿方法开采矿石和围岩稳固、厚度小于几米、倾角大于55°的矿体，采区结构如图12-7-3，所达到的技术经济指标为：台班效率71t/（台·班），工班效率16.5t/工班，损失率10%，贫化率20%，炸药消耗0.35kg/t。

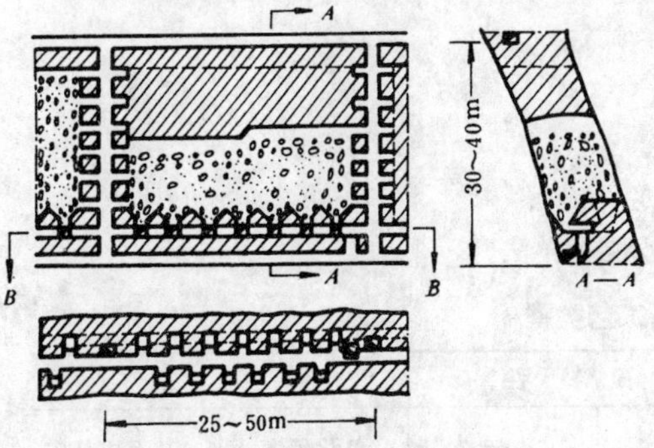

图 12-7-3　电耙道底部结构留矿法

2. 水平深孔平底电耙道阶段矿房法

在岭前矿，这种采矿法主要用来开采矿石和围岩稳固、厚5～30m、倾角45～60°的矿体。采区有两种布置方式：厚度小于12～15m，沿走向布置；厚度大于12～15m，垂直走向布置。图12-7-4所示为垂直走向布置的采区，采区结构和构成要素的尺寸如图。所达到的技术经济指标为：台班效率128.8t/（台·班），工班效率37.2t/工班，矿石损失率9.6%，矿石贫化率30.4%。

3. 分层崩落法

这种采矿方法，在岭前矿主要用来开采矿石和上盘岩石不稳固、下盘岩石稳固的9号矿脉和充填法采场所留下的间柱。采区结构和主要构成要素的尺寸如图12-7-5。所达到的技术经济指标：台班效率12t/（台·班），工班效率2t/工班，矿石损失率8%，矿石贫化率8%。

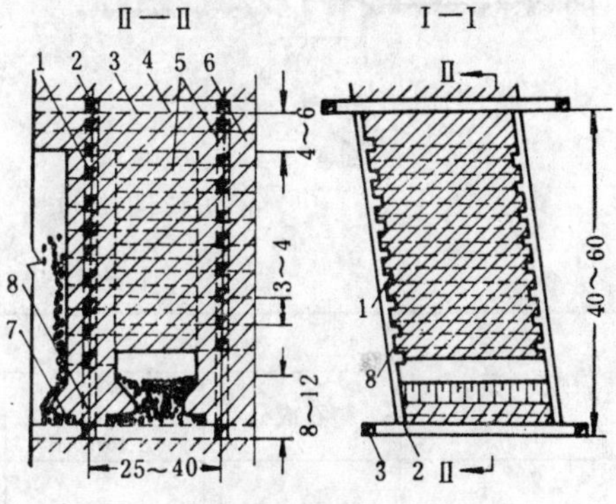

图 12-7-4　水平深孔阶段矿房采矿法

4. 国外钼矿开采简介

在国外，大型钼矿山大多数是用露天开采，使用的设备一般都是先进的大型设备：穿孔普遍使用大孔径牙轮钻机；装载使用大斗容液压铲；运输则使用大载重量的电动轮汽车或宽皮带运输机等。因而生产能力大，劳动生产率高。加拿大的洛列克斯铜钼矿，平均日生产能力为 8 万 t，平均劳动生产率达到 8400t/（人·年）。

地下开采的钼矿中小型矿山多，大型矿山少，但设备都很先进，而且更新快。凿岩已普遍使用电动液压凿岩机和台车，装运矿石和废石已普遍使用铲运机等无轨设备。加拿大在薄矿脉充填法的采场中，已使用 CT500H-E 型微型铲运机，撬松石、安装锚杆等辅助作业，也实现了机械化。但这些设备灵活性差，坚固耐用的电耙并没有完全被淘汰，美国的克莱马克思钼矿是个大矿，至今仍采用电耙运搬矿石。所使用的采矿方法主要的有：深孔空场法、充填法；其次是房柱法和崩落法。

二、钼矿的选矿

（一）钼矿石类型及选矿工艺特性

按照矿石中有价组分的种类、钼矿物的粒度特性、钼矿石的结构构造、氧化程度及脉石成分等与选矿工艺的关系，可将钼矿石大致分为易选、较易选、可选、难选等级（见表 12-7-10）。

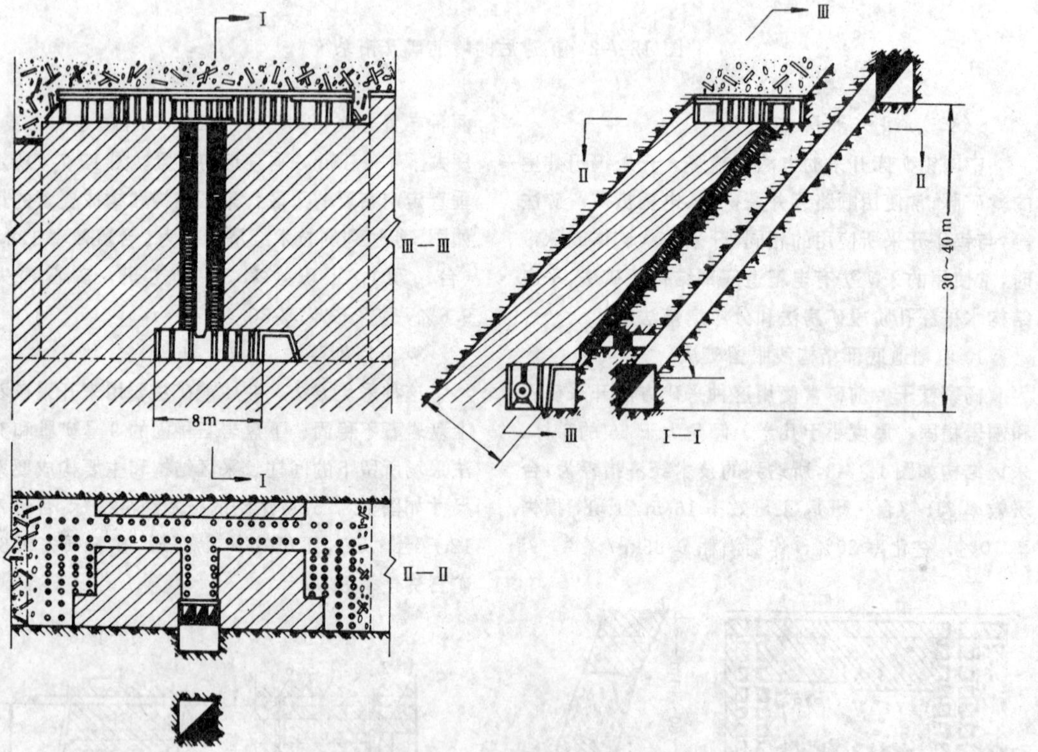

图 12-7-5 坑木假顶分层崩落法

表 12-7-10 钼矿石工艺类型

工艺类型	矿石特性					
	矿石成分	粒度 mm	结构	构造	氧化程度	脉石成分
易选矿石	单-钼矿石 铜-钼矿石 钨-钼矿石	0.1～0.01 0.15～0.02	粗粒板 条状 散粒状	块状 条带状	原生矿	石英 长石 石榴石 方解石

续表 12-7-10

工艺类型	矿石特性					
	矿石成分	粒度 mm	结构	构造	氧化程度	脉石成分
较易选矿石	铜-钼矿石 铅-钼矿石 铁-钼矿石	0.2～0.01	细粒板 条状 鳞片状 放射状	散染状 不规则脉状	原生矿 混合矿	石英 长石 辉石
可选矿石	镍-钼矿石 铀-钼矿石	0.2～0.005	针状 放射状	箔膜状 交代溶蚀状	混合矿 氧化矿	云母 绿泥石 绢云母 高岭土
难选矿石	镍-钼矿石 钼-钒矿石	0.2～0.005	放射状 毛毡状 胶状	网脉状	氧化矿	石墨 脉磷矿 高岭土 绢云母

钼矿石是一种含多种有价组分的原料，除钼矿物（辉钼矿 MoS_2、铁钼华 $Fe(MoO_4)_3 \cdot 7H_2O$、彩钼铅矿 $Pb(MoO_4)_2$、钼钨钙矿 $CaMoO_4$）外，尚有铜、铁、镍、硫、钨、锡、铋、铅、锌、金、银、铼和其他有价组分。因此，在进行这类矿石的选矿工艺设计时，必须考虑伴生有价组分的综合回收。

（二）钼矿石的选矿方法及工艺

辉钼矿是一种容易浮选的矿物，浮选法是选钼的主要方法。在工艺实践中已成功地解决了把辉钼矿同与其伴生的硫化铜、硫化铅、硫化铁分选的问题。但由于钼矿石类型多，原矿品位低，精矿质量要求高，伴生组分复杂，尤其是细粒浸染、含多种金属硫化矿物或含一种和多种“易浮游物”（石墨、碳质页岩等）的矿石，使选矿工艺设计和工艺实施复杂化。

1. 浮选流程和药剂工艺

(1)浮选流程。钼矿石的浮选流程视矿石成分及矿物组成而定，原则上有两类：

1）优先浮选流程。优先浮钼流程主要用于原生钼的回收，适用于处理不含（或少含）铜、铅硫化矿的钼矿石，如单一钼矿、钨钼矿、铁钼矿等。中国杨家杖子钼矿选厂和美国克莱麦克斯钼选矿厂所采用的浮选流程（原则流程见图 12-7-6）均属此类。

2）混合浮选流程。混合浮选流程主要用于副产钼的回收，适用于处理含铜或铅硫化矿物的钼矿石，如铜钼矿（斑岩铜矿）、铅钼矿等。为实现综合回收钼、铜（或铅）精矿的目的，流程包括：铜（或铅）钼混浮，铜（或铅）钼混合精矿精选和铜（或铅）-钼分离三道作业。中国德兴铜矿、丰山铜矿、美国皮马铜矿、加拿大埃连德科培尔铜矿等选厂所用的浮选流程（原则流程见图 12-7-7）均属此类。

近十年来，钼浮选流程（无论采用优先浮钼流程或采用混合浮选流程）的沿革和发展有以下共同特

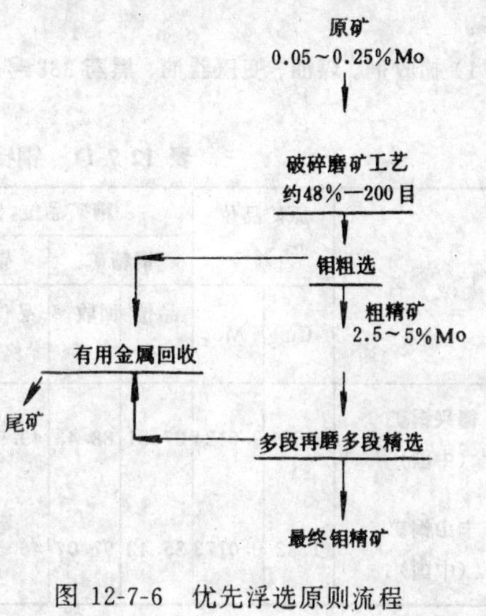

图 12-7-6　优先浮选原则流程

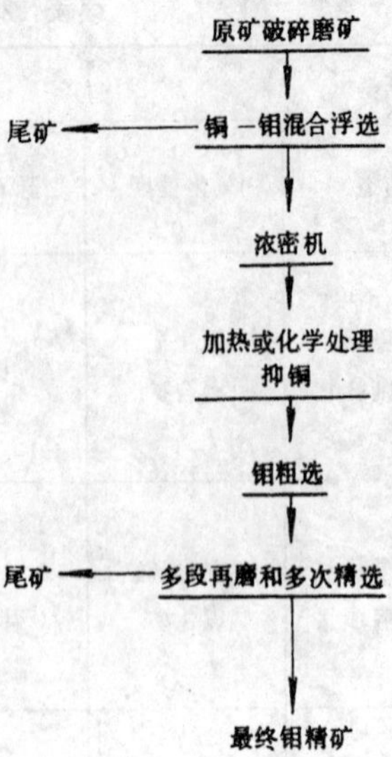

图 12-7-7 混合浮选原则流程

点：

A. 沿用阶段磨选工艺，采用粗磨粗选、粗精矿再磨精选（一般再磨矿 1～3 次），特别是处理含辉钼矿的斑岩铜矿选厂普遍应用“C-S”流程；

B. 精选回路设计二次排尾矿；

C. 合理确定精选次数（4～5 次精选）。

上述特点与钼矿的可浮性好、富集比大（一般大于 500）及辉钼矿的结晶构造和物理性质密切相关。

（2）药剂工艺。按照选矿工艺过程的进程，通常采用不同强度的捕收剂、起泡剂、介质调整剂和铜矿物抑制剂。用于选别钼矿石和铜钼矿石的药剂列举如下：

1）捕收剂。煤油、变压器油、黑药 238 号及 15 号；黄药包括乙基、异丙基、异丁基、丁基、异戊基、戊基；戊基黄原酸丙烯酯（S-3302）、Z-200。

近十年来由于烃类油的乳化工艺和乳化剂辛大克斯及环氧丁烷等的应用，实现了强化辉钼矿浮选和粗磨粗选。同时人们用烃油与硫氢基捕收剂来提高辉钼矿的可浮性。另外，新型高效捕收剂如炔类捕收剂、十二烷基硫醇等在钼矿选矿中受到重视。

2）起泡剂。主要有甲基异丁基甲醇、己醇、艾佛洛斯-568、道佛洛斯-250、松油、萜烯醇等。

3）铜矿物抑制剂。主要硫化钠或硫氢化钠、亚硫酸钠、硫化氢气体、氰化物、铁氰化物或亚铁氰化物、磷酸-诺克斯、砷诺克斯、重铬酸钾、过氧化氢、次氯酸盐、巯基乙酸等。

作为介质调整剂的有碳酸钠、石灰和硫酸，脉石矿物抑制剂有水玻璃，泡沫调整剂有艾克斯伐姆 No636，絮凝剂有聚丙烯酰胺等。

应当指出的是，在工业实践中，无论是钼矿优先浮选、混合浮选，还是分离浮选都是用一整套药剂来控制的。表 12-7-11 列举出几个铜钼矿选厂生产实践所用的药剂工艺和技术指标。

2. 钼矿分选方法的选择

（1）铜钼分选。铜、钼分离是铜钼矿浮选的关键，可供选择的分离方法有多种。目前，还没有研究出根据矿物组成来分离铜钼精矿的科学理论，所选择的方法通常是通过试验来确定的。工业实践证明，下面四个因素对现有分离方法的选别效率有直接影响，因而可作为分离方法选择的依据。

1）铜矿物的类型；2）铜-钼混合浮选回路中所用药剂；3）辉钼矿在矿体中的产状和嵌布特性；4）矿石中“天然浮游物”的赋存状态。

表 12-7-11 铜钼矿浮选厂药剂工艺及选矿指标

厂名	原矿品位 %		精矿品位，%				主要铜矿物	捕收剂类型	铜矿物主要抑制剂及辅助抑制剂	起泡剂
			铜精矿		钼精矿					
	Cu	Mo	品位 %	回收率 %	品位 %	回收率 %				
德兴铜矿（中国）	0.531	0.0124	27.81	88.43	49.98	60.81	黄铜矿	黄药、煤油	Na_2S,($NaHS$)	松醇油
丰山铜矿（中国）	1.82	0.0173	25.42	97.07	46.34	82.97	黄铜矿	煤油	Na_2S	松醇油

续表 12-7-11

厂名	原矿品位,%		精矿品位,%				主要铜矿物	捕收剂类型	铜矿物主要抑制剂及辅助抑制剂	起泡剂
			铜精矿		钼精矿					
	Cu	Mo	品位 %	回收率 %	品位 %	回收率 %				
铜山口(中国)	0.85	0.037	13.74	87.73	45.25	61.27	黄铜矿	煤油	$Na_2S+NaCN$	松醇油
米森(美国)	0.70	0.02	28	89	51.00	67	黄铜矿	戊基黄药、黑药238	Na_2S 辅加 $NaCN+ZnSO_4$	甲基异丁基甲醇 松油
契诺(美国)	0.90	0.008	22	79	51.00	40	黄铜矿	黑药、石油	诺克斯剂-蒸煮	甲基异丁基甲醇 松油
巴格达德(美国)	0.70	0.30	32	88	54.00	64	辉铜矿	戊基黄药	诺克斯剂,石灰蒸煮	甲基异丁基甲醇
埃尔-特尾斯特(智利)	1.50	0.04	42	83	57	42	辉铜矿	米涅列克AR234	诺克斯剂	道弗洛斯-1012
莫伦西(美国)	0.8	0.015	26	83	51	—	辉铜矿	Z-206 米涅列克A	氰化钠-配合铁氰化物	甲酚
布伦达(加拿大)	0.165	0.04	29.4	86.7	55.2	80.4	黄铜矿	烯丙醚戊基黄原酸、异丙基黄药	氰化钠配合重铬酸钾	甲基异丁基甲醇
加斯佩(加拿大)	0.6	0.015	25	95	52.8	56	黄铜矿	烯丙醚戊基黄原酸、戊基黄药	石灰蒸煮之后加入 $NaCN$、$K_2Cr_2O_7$	BHB
楚卡奴玛(智利)	2.4	0.06	42	92	54	40	辉铜矿	黑药238、异丙基黄药	铁氰化物	道佛洛斯-250 松油
托克维巴拉(秘鲁)	0.53	0.015	32	87	52.8	37	黄铜矿 辉钼矿	异丙基黄药	次氯酸盐蒸煮之后加 $NaCN$、$ZnSO_4$,精选加铁氰化物	松油

特别是由于铜矿物类型多、可浮性各异,各类抑制剂对不同矿物的有效性也不尽相同,因此,应根据铜矿物类型来正确选择铜、钼分离方法(见表 12-7-12)。

(2)钼精矿除杂。某些钼矿石用浮选法即使得到高品位钼精矿(含 54%Mo 左右),也仍然有一种或数种杂质含量过高达不到要求,这些杂质通常是铜、铅、氧化钙等。为此,就需要进一步采用化学选矿(即湿法冶金或浸出)的方法来降低这些杂质的含量。

经研究和工业实践确定,从未经焙烧的钼精矿中除掉有色金属杂质采用氰化钠、三氯化铁或盐酸的浸出方法有很好的工艺效果。近十年来,一些钼选厂逐渐开始使用这种方法来提高钼精矿的质量,见

表 12-7-13 和 12-7-14。

表 12-7-12 铜矿物类型与铜、钼分离方法

矿物类型	分离方法	注
黄铜矿型	(1) 硫氢化钠 (NaHS) 法或硫化钠 (Na_2S) 法 (2) 砷诺克斯法 (3) 石灰蒸气加温法 (4) 碱金属氰化物法 (5) 次氯酸钠 (NaClO) 法	(1) 在铜-钼回路中泡沫为微绿的金黄色，可鉴别为主要是黄铜矿型 (2) 在铜-钼回路中泡沫为灰色，可鉴别为主要是辉铜矿型
辉铜矿型	(1) 亚铁氰化钠法 (2) 磷酸-诺克斯法	
混合矿型	(1) 蒸煮预先处理＋磷酸诺克斯法 (2) 砷诺克斯法	

表 12-7-13 化学浸出工艺条件

浸出剂	除掉杂质	使用厂家
氰化钠	铜、金	埃尔-特尼恩特（智利）、楚基卡马特（智利）、犹他铜业公司（美国）
三氯化铁	铜、铅、钙	布伦达（加拿大）、西叶里塔（美国）、恩吉那（智利）、金堆城（中国）
盐酸	铅、铋	享德逊（美国）、埃尔-特尼恩特（智利）

表 12-7-14 钼精矿浸出工艺指标

项目	指标				注
	Mo,%	Cu,%	Pb,%	CaO%	
浮选精矿	54.97	0.32	0.38	—	布伦达钼选厂
浸出精矿	55.89	0.052	0.033	—	(加拿大)
浮选精矿	52.50	1.50	—	—	楚基卡马特钼选矿厂
浸出精矿	54.00	0.10	—	—	(智利)
浮选精矿	53.83	0.168	0.174	0.54	金堆城钼选厂
浸出精矿	54.65	0.114	0.032	0.048	(中国)

此外，诸如焙烧-浸出法和气态氯化钙的氯化浸出法等，在工业实践中亦有应用。

(三) 低品位钼精矿的处理

在选别含多金属的钼矿石时，通常会产出一种不合格的低品位精矿或含有大量铜、铁及其他杂质的中间产品。这类产品必须经过合理处理，否则会影响钼的回收和经济效益。

处理低品位钼精矿的方法有多种，其中有效的方法为化学与浮选综合处理法。该法的基本流程示图 12-7-8，工艺指标见表 12-7-15。

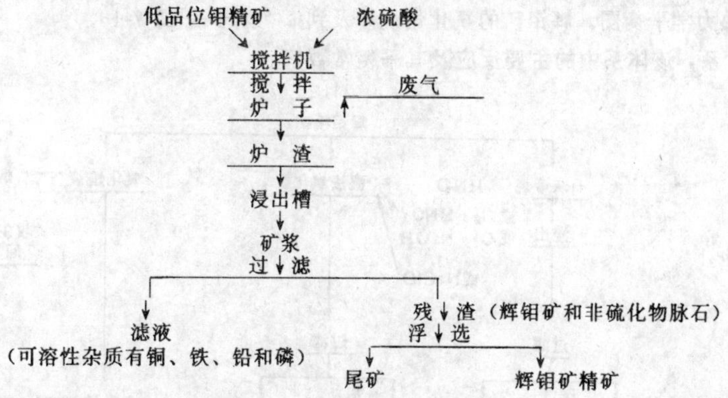

图 12-7-8　化学-浮选综合处理法工艺流程

表 12-7-15　化学-浮选综合处理工艺指标

物　质	入选原料矿物分析 %	经焙烧浸出的矿物分析 %	经泡沫浮选的矿物分析 %	注
Mo	23	37.0	53.6	半工业性试验钼总回收率为 96%
Cu	4.2	0.085	0.03	
Fe	12.5	2.00	—	
Pb	0.46	0.01	0.008	
P	0.04	0.01	—	
不溶物	25.2	32.5	11.00	

第四节　钼的提取冶金

钼的提取冶金涉及从各种钼原料（主要是辉钼精矿，但钼的氧化矿以及各种含钼废料如含钼的催化剂等亦有重要地位）制取符合用户要求的钼产品或中间产品，如钼粉、钼条、及钼酸铵、钼酸钠、钼焙砂、氧化钼等。

从辉钼精矿制取各种产品或中间产品，通常经过下列一些主要工序：

A. 辉钼精矿的氧化。本工序的主要任务是将钼的硫化物转化成氧化物（或粗钼酸盐溶液）。

B. 纯钼化合物的制取。辉钼精矿氧化产出的钼氧化物大部分直接送钢铁工业使用，少部分需进一步提纯以制取符合要求的纯钼酸盐或氧化钼。

C. 金属钼粉的制取。其任务是从纯钼化合物制取粒度组成和粒形都符合要求的钼粉。工业上主要采用氢还原法。

D. 高纯钼及致密钼的制取。

目前工业上普遍采用的钼提取冶金原则流程及主要方法综合于如图 12-7-9 所示。对从低品位硫化矿或钼的氧化矿或废料提钼而言，除第一阶段略有不同外，其他都大同小异。

一、钼精矿的分解

（一）辉钼精矿的氧化焙烧

辉钼精矿氧化焙烧的任务是将硫化钼（MoS_2）氧化成氧化钼。不同用户对焙烧产品的要求总的说来是一致的，如都要求脱硫率高。但彼此亦有差别：用于炼钼铁和炼钢的氧化钼，要求其含总硫（包括硫化物形态的硫和硫酸盐形态的硫）低，一般应低于 0.1%；用于制取钼化工产品及金属钼的氧化钼，则要求其在 NH_4OH 溶液中难溶的钼化合物如 MoS_2、MoO_2、$CaMoO_4$、$PbMoO_4$ 等少。

1. 焙烧过程的热力学分析

辉钼精矿氧化焙烧过程的主要反应有：A. MoS_2 的氧化反应；B. 伴生元素硫化物的氧化反应；C. 伴生元素的氧化物与 MoO_3 作用生成钼酸盐的反应；D. 硫酸盐的生成反应。

以下分别研究这些反应的热力学问题。

(1) 辉钼矿 (MoS_2) 氧化焙烧的主要反应及 Mo-

S-O 系的热力学平衡图。辉钼矿的氧化焙烧涉及到 Mo-S-O 体系，该体系中的主要反应及其平衡常数列于表 12-7-16。

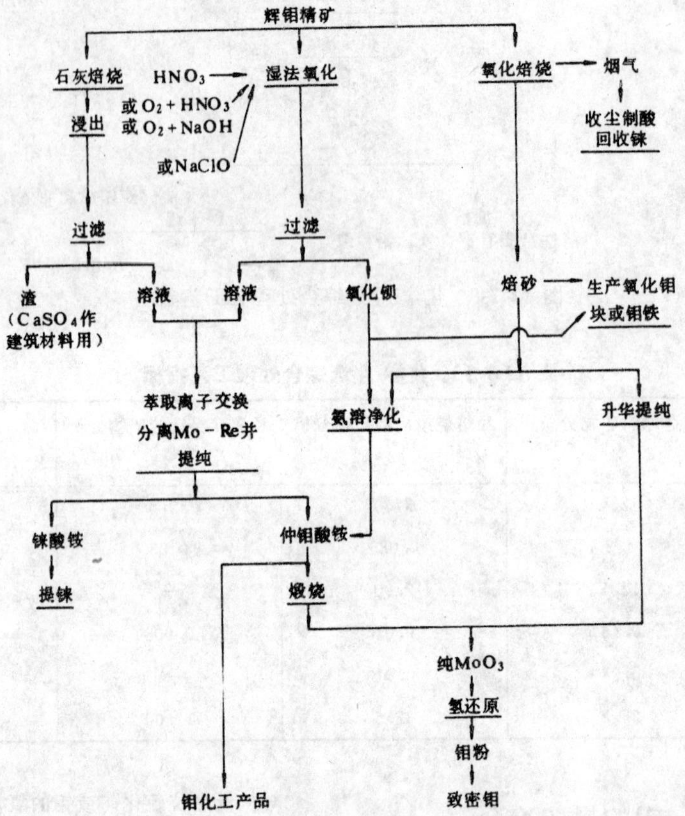

图 12-7-9 处理辉钼精矿的原则流程

表 12-7-16 Mo-S-O 系的主要反应及其平衡常数 K_p

反应	K_p	在 T·K 下的 lg K_p 值(p, MPa)		
		673	850	923
1) $MoS_2+3.5O_2=MoO_3+2SO_2$	$p_{SO_2}^2/p_{O_2}^{3.5}$	75.08	57.25	52.10
2) $MoS_2+3O_2=MoO_2+2SO_2$	$p_{SO_2}^2/p_{O_2}^3$	66.32	51.15	46.67
3) $MoO_2+0.5O_2=MoO_3$	$p_{O_2}^{-0.5}$	8.76	6.20	5.43
4) $Mo+O_2=MoO_2$	$p_{O_2}^{-1}$	37.11	27.69	24.87
5) $Mo_2S_3+3O_2=2Mo+3SO_2$	$p_{SO_2}^3/p_{O_2}^3$	41.30	33.54	31.4
6) $2MoS_2+O_2=Mo_2S_3+SO_2$	p_{SO_2}/p_{O_2}	17.30	13.47	12.2
7) $Mo_2S_3+5O_2=2MoO_2+3SO_2$	$p_{SO_2}^3/p_{O_2}^5$	115.53	88.92	81.15
8) $SO_2=0.5S_2+O_2$	$p_{O_2}\cdot p_{S_2}^{0.5}/p_{SO_2}$	—	−18.93	−17.17
9) $MoS_2+6MoO_3=7MoO_2+2SO_2$	$p_{SO_2}^2$	13.76	14.56	14.1
10) $5MoS_2+MoO_2=3Mo_2S_3+SO_2$	p_{SO_2}	−14.93	−11.03	−10.07
11) $Mo_2S_3+3MoO_2=5Mo+3SO_2$	$p_{SO_2}^3$	−10.00	−49.53	−43.2

从表 12-7-16 可知，在 Mo-S-O 系中可能发生的反应甚多，但根据相律，对 Mo-S-O 系而言，其可能同时稳定存在的凝聚态化合物最多只有四种（此时自由度为 0)。在保持一个自由度（即温度或气相的 p_{O_2} 或 p_{SO_2} 可变）时，能稳定共存凝聚态化合物只可能有三种。因此，在一定条件下，不是表中所有反应的反应产物都能同时存在，不存在反应产物的那些反应成为无效反应。为了找出一定条件下能稳定存在的具体化合物，并探讨为得到某种化合物所需的热力学条件，应研究 Mo-S-O 系的热力学平衡图。

根据热力学原理及表 12-7-16 的数据，得 Mo-S-O 系的热力学平衡图如图 12-7-10～12-7-12 所示。图 12-7-10 所示为当温度、p_{O_2}、p_{SO_2} 均为可变因素时 Mo-S-O 系的热力学平衡图。从图可看出：

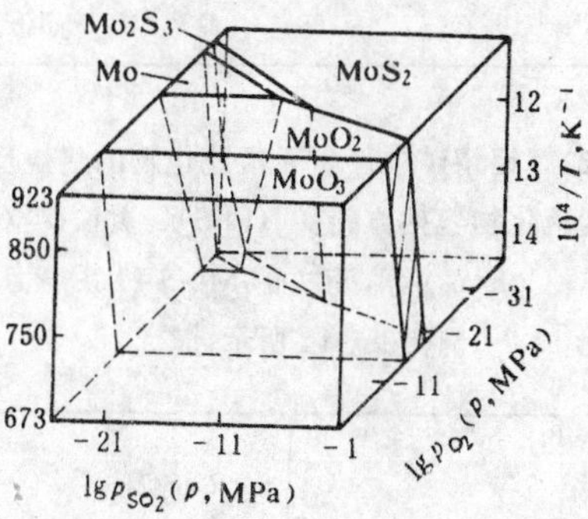

图 12-7-10　Mo-S-O 系热力学平衡图

1）在 p_{SO_2} 较高的情况下，随着系统中氧分压的提高，MoS_2 被氧化成 MoO_2，MoO_2 进一步氧化成 MoO_3；而在 p_{SO_2} 很低的范围内，随着 P_{O_2} 的升高，MoS_2 的氧化过程为：

$$MoS_2 \longrightarrow Mo_2S_3 \longrightarrow MoO_2 \longrightarrow MoO_3$$

或　$$MoS_2 \longrightarrow Mo_2S_3 \longrightarrow Mo \longrightarrow MoO_2 \longrightarrow MoO_3$$

系统中不存在 MoS_2 与 MoO_3 的平衡，即 MoS_2 与 MoO_3 不能平衡共存。当将两者混合在一起时，在一定的温度条件下会发生以下反应：

$$MoS_2+6MoO_3=7MoO_2+2SO_2$$

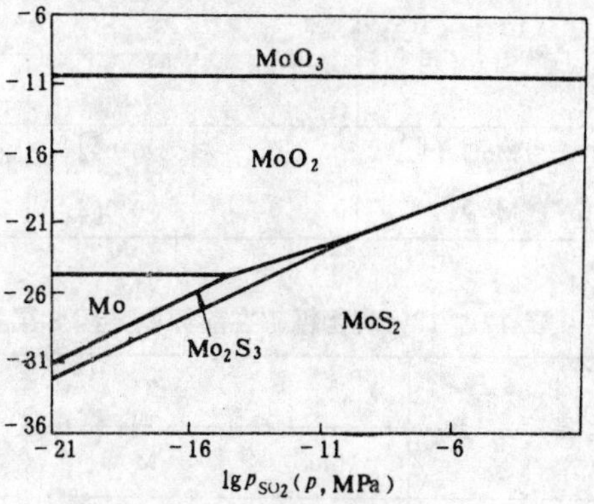

图 12-7-11　923K 时 Mo-S-O 系热力学平衡图

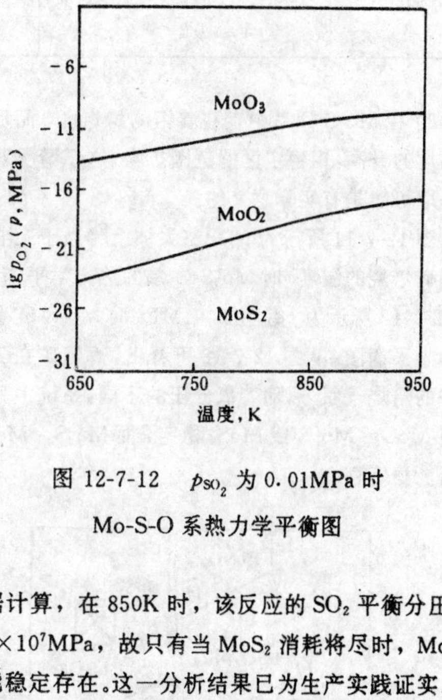

图 12-7-12　p_{SO_2} 为 0.01MPa 时 Mo-S-O 系热力学平衡图

根据计算，在 850K 时，该反应的 SO_2 平衡分压达 1.9×10^7MPa，故只有当 MoS_2 消耗将尽时，MoO_3 才能稳定存在。这一分析结果已为生产实践证实。辉钼精矿在克莱马克斯 12 层多膛炉及前苏联某厂 8 层多膛炉焙烧过程中，物料的物相变化列于表 12-7-17 及 12-7-18。

表 12-7-17　克莱马克斯多膛炉中焙烧物料的物相变化情况（各种物相所占的%）

物　相	层次						
	0	2	4	6	8	10	12
MoS_2	1	0.842	0.491	0.106	0.006	0.001	0.0007

续表 12-7-17

物相	层次						
	0	2	4	6	8	10	12
MoO_2	0	0.092	0.324	0.632	0.222	0.005	0.000
MoO_3	0	0.066	0.185	0.262	0.772	0.994	0.999

表 12-7-18 辉钼精矿在前苏联某厂 8 层多膛炉中焙烧物料的物相变化情况（各种物相所占的%）

层数	物相					
	MoS_2	MoO_2	Mo_4O_{11}	Mo_9O_{26}	MoO_3	(Ca、Pb、Zn)MoO_4
5	约 50	约 30	5～7	1～2	1～2	2～5
6	10～12	30	30～25	5～10	10～15	5～10
7	1～2	15～20	25～30	5～10	30～40	5～10
8	0.5	7～8	20～25	5～10	50	5～10

2）在 Mo-S-O 系中存在着钼的稳定区，而且随着温度的升高，钼稳定区的范围扩大。这一情况对钼的提取可能是有实际意义的。

图 12-7-11 所示为 923K（大体上相当于工业上辉钼矿焙烧的温度）时 Mo-S-O 系的热力学平衡图。图 12-7-12 所示为 p_{SO_2} 在 0.01MPa 时 Mo-S-O 系的热力学平衡图。从图 12-7-12 可看出，辉钼矿在工业条件的焙烧气氛下，随着氧分压的不同，系统中只可能有 MoO_3、MoO_2 或 MoS_2 稳定，而 Mo_2S_3、Mo 等不可能稳定存在。

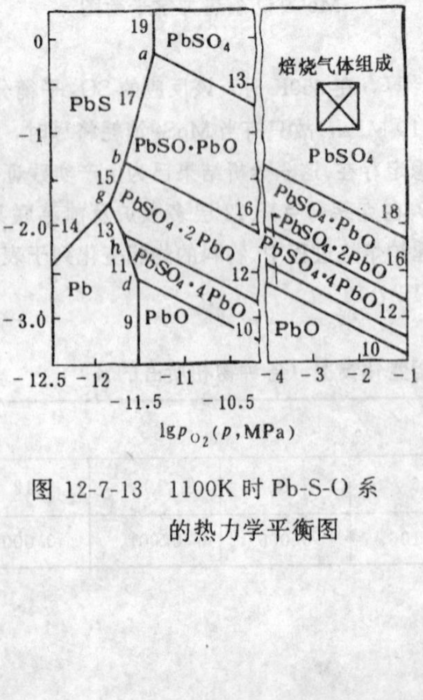

图 12-7-13 1100K 时 Pb-S-O 系的热力学平衡图

（2）辉钼精矿中伴生元素硫化物的焙烧反应。伴生元素硫化物包括方铅矿（PbS）、黄铁矿（FeS_2）、黄铜矿（$CuFeS_2$）等，有关的 Me-S-O 系热力学平衡图如图 12-7-13、12-7-14 所示。

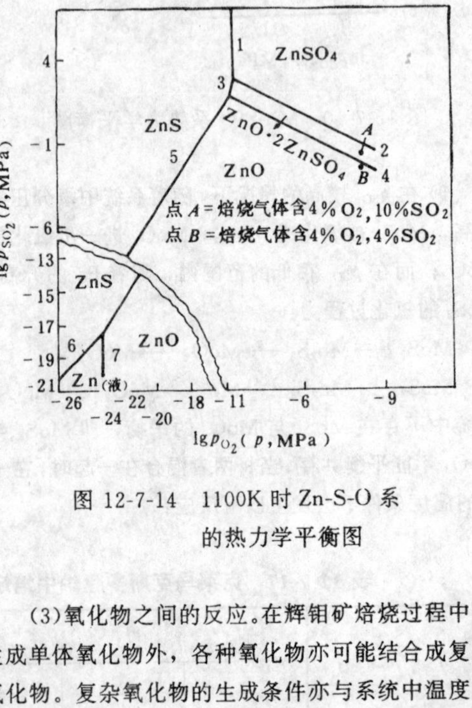

图 12-7-14 1100K 时 Zn-S-O 系的热力学平衡图

（3）氧化物之间的反应。在辉钼矿焙烧过程中除生成单体氧化物外，各种氧化物亦可能结合成复杂氧化物。复杂氧化物的生成条件亦与系统中温度及气氛有关。Fe-Mo-S-O 系 Fe-Cu-Mo-S-O 系的热力学平衡图如图 12-7-15 所示。

从图可知，当系统中氧分压大于 10^{-11}MPa 时，MoO_3 便与铁、铜的氧化物分别生成 $Fe_2O_3\cdot 3MoO_3$、$CuO\cdot MoO_3$；当氧分压为 $10^{-16}\sim10^{-11}$MPa 时将分别生成 $FeO\cdot MoO_3$ 和 $3Cu_2O\cdot 4MoO_3$。同样，MoO_3 亦可与铅、锌、钙的氧化物反应，生成相应的钼酸盐。主要反应为：

$$CuSO_4+MoO_3=CuO\cdot MoO_3+SO_2+\frac{1}{2}O_2$$

$$ZnO+MoO_3=ZnO\cdot MoO_3$$

$$CaO+MoO_3=CaMoO_4$$

$$PbO+MoO_3=PbMoO_4$$

其中 $CaMoO_4$、$PbMoO_4$ 难溶于氨水，故严重影响钼的浸出率。$CuMoO_4$、$ZnO\cdot MoO_4$ 能被氨水溶解，$Fe_2O_3\cdot 3MoO_3$ 能缓慢地被氨水溶解。

(4) 焙烧过程中硫酸盐的生成。从图 12-7-11、12-7-12 可知，辉钼矿氧化焙烧过程中不存在钼的硫酸盐。其他金属氧化物的硫酸化反应应为（以二价金属为例）

$$2MeO+O_2+2SO_2=2MeSO_4 \qquad (12\text{-}7\text{-}1)$$

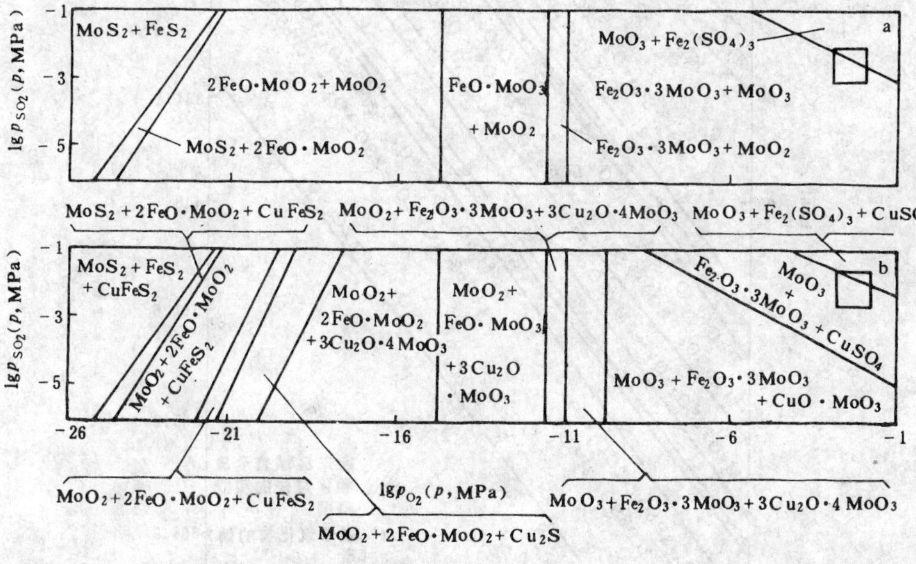

图 12-7-15 850K 时 Fe-Mo-S-O 系（a）及 Fe-Cu-Mo-S-O 系（b）的热力学平衡图

按上反应式生成某些金属硫酸盐的 ΔG° 值如图12-7-16所示。从图可知，许多金属氧化物按式12-7-1生成硫酸盐的 ΔG° 值均为负值，即在标准状态下都能形成相应的硫酸盐。随着温度升高，ΔG° 增加，即温度升高不利于硫酸盐的生成。

在给定条件下，硫酸盐的生成还决定于系统中 SO_2 和 O_2 的分压。当 $MeSO_4$ 和 MeO 均为凝聚态纯物质时，硫酸化反应自由能变化以下式表示：

$$\Delta G=\Delta G^{\circ}+RT\ln(1/p_{SO_2}^2\ \ p_{O_2})$$
$$=\Delta G^{\circ}-RT\ln(p_{SO_2}^2\ \ p_{O_2})$$

式中 p_{SO_2}、p_{O_2} 分别为系统中 SO_2 和 O_2 的分压，故只有当 $RT\ln(p_{SO_2}^2 p_{O_2})>\Delta G^{\circ}$，反应12-7-1才能向右进行，图12-7-16中 a 线表示当系统中

$$p_{SO_2}^2 p_{O_2}=1\times10^{-8}\text{MPa}$$

时的 $RT\ln(p_{SO_2}^2 p_{O_2})$ 值，所以 a 线与各氧化物硫酸化反应的 ΔG°-T 线的交点温度即为给定条件（$p_{SO_2}^2 p_{O_2}=10^{-8}$）下该氧化物硫酸化的最高温度。一般硫酸化焙烧时（$p_{SO_2}^2\ p_{O_2}$）值为$10^{-8}\sim7\times10^{-4}$MPa，故图12-7-16中剖面线所表示的区域为硫酸化焙烧的操作范围。

2. 辉钼矿焙烧过程的动力学分析

(1)辉钼矿氧化过程的机理。一些研究人员的研究结果归纳于表12-7-19（1）。

(2)硫化矿的着火温度。硫化矿的着火温度表示各种硫化矿氧化动力学所具有的特征。某些硫化矿的着火温度如表12-7-19（2）所列。

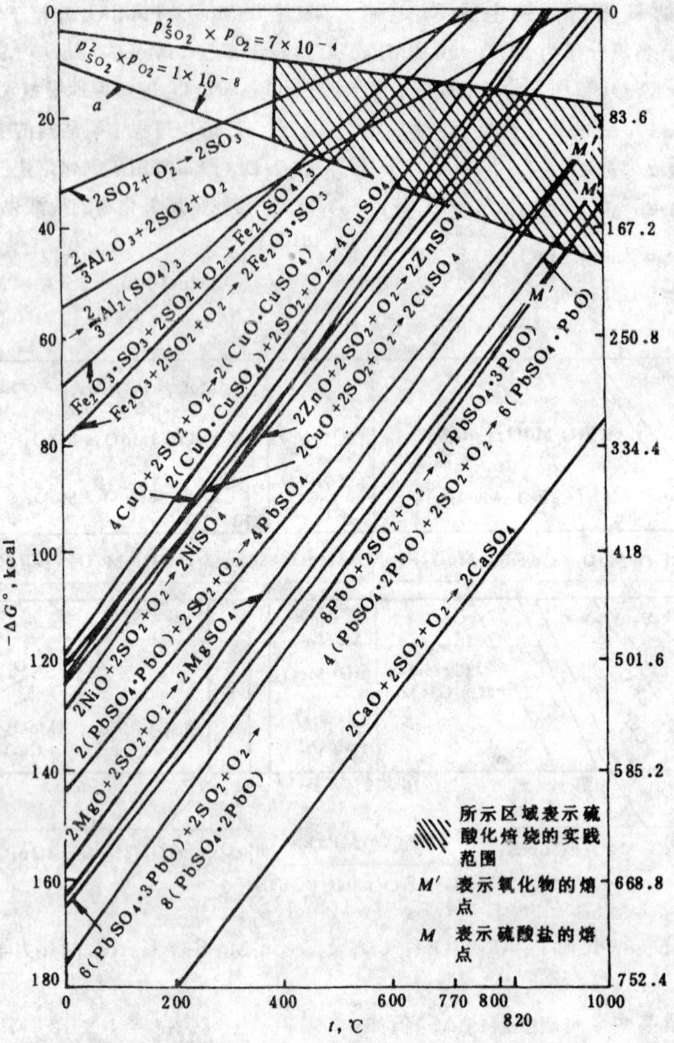

图 12-7-16 金属氧化物硫酸化的自由能图

表 12-7-19（1） 辉钼矿氧化机理的研究结果

作者及发表年代	试验方法	结论
B. И. 杰叶夫（Д еев）等（1961）		表观活化能为209kJ/mol，反应速度与氧浓度无关
A. H. 泽里克曼（Зеликман）等（1968）	制粒沸腾氧化（小试验）	（1）反应过程在整个孔隙中进行，与制粒料的粒度无关 （2）在氧浓度为16.8～19.6%范围内反应速度与氧浓度无关 （3）在570～620℃温度范围内表观活化能为177.16kJ/mol
M. M. 斯皮瓦克（Спивак）等（1979）		400℃左右生成致密氧化膜，反应受通过该膜的扩散控制；550～600℃生成物膜疏松多孔，为反应控制，氧化深度与时间成直线关系；600℃时氧化速度为0.009mm/s

续表 12-7-19

作者及发表年代	试验方法	结　论
A.T.洛巴罗夫（Лопаров）等（1982）	热重	MoS_2在360～370℃吸附氧，520℃反应生成MoO_2，520～560℃进一步生成Mo_4O_{11}
金君淑（音译）（1983）		445～545℃为扩散控制，表观活化能为66.91kJ/mol

表 12-7-19（2）　某些硫化矿的着火温度

硫　化　矿	着火温度，℃		
	粒　度，　mm		
	0.1	0.1～0.2	>0.2
辉锑矿（Sb_2S_3）	290	—	340
黄铁矿（FeS_2）	325	405	472
辰　砂（HgS）	338	—	420
磁黄铁矿（Fe_nS_{n+1}）	430	525	590
辉铜矿（Cu_2S）	430	—	679
辉钼矿（MoS_2）	465	—	—
方铅矿（PbS）	554	—	847
闪锌矿（ZnS）	647	—	810

3.辉钼矿焙烧的实践

（1）辉钼精矿焙烧过程的特点分析

1）MoS_2的氧化过程为剧烈的放热过程，在298K时反应为：

$$MoS_2+\frac{7}{2}O_2=MoO_3+2SO_3+1063\quad kJ$$

MoS_2中单位重量硫的发热量超过FeS_2、NiS等。因此在工业规模下上述反应有可能自热进行，在某些情况下还要考虑采取适当散热措施，才能保证过程不发生过热。

2）MoO_3熔点（795℃）和沸点（1155℃）都低，在720℃左右其蒸气压达77Pa，即发生显著升华。因此辉钼矿的焙烧温度不能过高，否则一方面MoO_3的挥发损失太大；另一方面MoO_3与钼酸盐形成的共晶局部熔化使物料烧结，出现这种情况不仅不利于操作，更重要的是被烧结料的内部不能充分氧化，以致含硫及MoO_2高。此外，高温焙烧过程中MoO_3与其他氧化物的接触机会增加，有可能使各种钼酸盐的含量提高，故一般焙烧温度以不超过650℃为宜。焙烧温度过低，反应速度慢，因此可供选择的温度范围有限。在辉钼矿焙烧过程中，为保证气固相的良好接触，强化热交换过程，控制好温度是至关重要的。

（2）辉钼精矿的多膛炉焙烧

1）设备。目前国内外辉钼矿焙烧用的多膛炉的结构如图12-7-17所示。

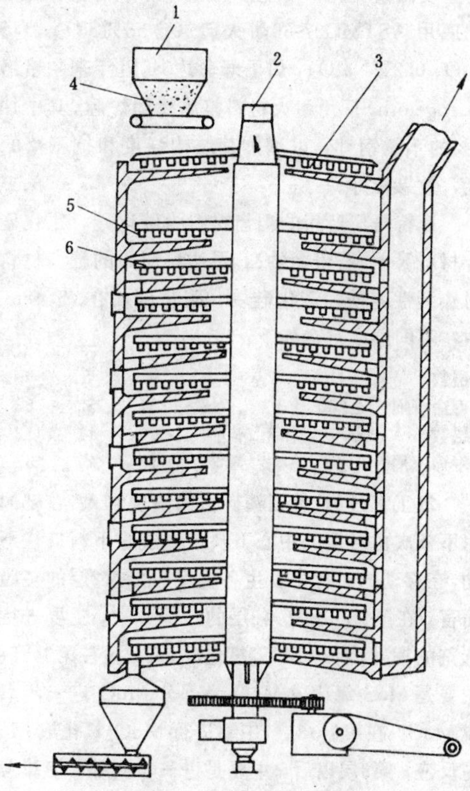

图 12-7-17　多膛炉结构示意图

1—料仓；2—回转轴；3—干燥层；4—精矿；5—耙齿；6—空气冷却的耙臂

多膛炉断面为圆形，用耐火砖砌成多层结构，一般有8层、10层、12层或16层。其直径有的大至7.16m，精矿由顶层加入，在各层内由旋转的耙将料耙至卸料孔掉至下一层，最后由最底层排出。

恩达科(Endako)厂所用的直径5.48m 和4.87m 焙烧炉的某些数据列于表12-7-20。

表 12-7-20 恩达科厂所用焙烧炉的技术参数

项 目	ϕ5.48m 炉	ϕ4.87m 炉
层数	12	10
床层面积，m^2	200.88	121.46
中央下料口面积，m^2	2.70	3.14
边缘下料口面积，m^2	0.76	1.30
轴转速，r/min	0.65	0.6
估计停留时间，h	8	7

焙烧炉的结构材料及耙齿材料为决定炉子寿命的重要因素，克莱马克斯的鹿特丹厂焙烧炉侧墙及炉底用 ASTMC27-60耐火砖（含53%SiO_2、1.9%K_2O、0.2%Na_2O)，炉子寿命达3a。近年来兰格洛斯(Lengeloth)厂用耐火材料整体捣固炉膛，其中加约4%的不锈钢针，以增加其结构强度和抗剥落的性能，效果较好。

鹿特丹厂所用的耙齿材料为碳化硅、氮化硅复合材料 Refrax，寿命约3a。恩达科所用的耙齿材料为耐热延性铸铁和碳化硅块，碳化硅块在 ϕ5.48m 炉中在不同层中寿命如下：

层数	1	2	3	4	5	6
寿命（周）	200	52	43	34	52	52
层数	7	8	9	10	11	12
寿命（周）	52	52	26	17		52

2）工艺过程。辉钼精矿由第一层加入，在耙的作用下依次由各层的中心下料口或边缘下料口往下移动，在移动的过程中发生各种反应。对12层的多膛炉而言，在第1、2层及第3层的一部分中，主要进行浮选剂的挥发，部分 MoS_2氧化成 MoO_2；在第3～5层，主要是 MoS_2氧化成 MoO_2及部分 MoO_2进一步氧化成 MoO_3；在第6～8层，主要进行 MoO_2氧化成 MoO_3的反应；第9层以后，主要是进一步脱硫，使硫含量由0.7%降至0.1%以下. 为了更好地调节各层的温度，空气分别由各层加入，并分别进入总烟道排出，在最下面的四层及炉顶的最上面两层装燃烧器以弥补发热量的不足，各层的温度及气体的流向大体如图12-7-18所示。

3）主要技术经济指标

操作温度 12层炉的各层温度见图12-7-18

耙转速，r/min 0.3～0.9

单位生产率，kg 精矿/（m^2·d） 80～120

烟气中 SO_2浓度，%：

用空气带走过剩热时为0.9～1.5

用喷水带走过剩热时为3.0

烟尘率，% 15左右

焙砂含硫，% <0.1，最低达0.02

烟尘含硫，% $S_{总}$：4～5，$S_{SO_4^{2-}}$：2～3

收尘系统 二级多管收尘（电收尘），总收尘效率98.5%

铼挥发率，% 50～60

燃料消耗 燃料发热量约相当于精矿及浮选剂氧化放热的11～15%（直径5.48m 炉）

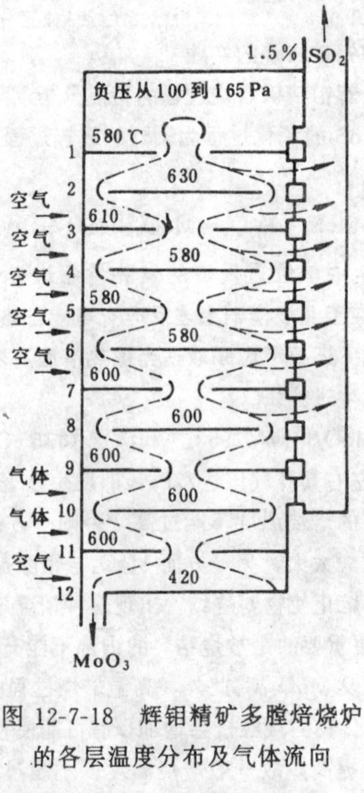

图 12-7-18 辉钼精矿多膛焙烧炉的各层温度分布及气体流向

（3）辉钼精矿的流态化焙烧

1）工艺过程简述。在流态化层内存在良好的物质交换和热交换条件，如温度波动可控制在±2.5℃以内，且颗料间接触甚少，这些因素都可抑制钼酸盐的生成，对辉钼矿的氧化焙烧有利。苏联的辉钼矿流态化焙烧工艺已用于工业生产，过程的设备如图12-7-19所示。

2）主要技术经济指标

焙烧温度，℃	560～580
单位生产率，kg 精矿/（m^2·d）	1200～1300
烟尘率，%	20～40
烟尘含硫量，%	8～10
焙砂含硫量，%	2.0～2.5
空气直线速度（标准状态），cm/s	5～7
铼的挥发率，%	90

前苏联某厂处理非标准钼精矿产出焙砂的物相成分为（%）：57.2MoO_3；2.0MoS_2；2.85$CaMoO_4$；5.95$CaSO_4$；11.7Fe_2O_3；2.3$MgMoO_4$；0.31$CuMoO_4$；11.3SiO_2；1.1$CuSO_4$。

M.M.斯皮瓦克曾在半工业规模下将泥浆状的钼精矿喷入炉内，这种工艺可使烟尘损失减少7.4%，炉子产能提高0.3倍。

流态化焙烧产品含硫高，不能直接用于钢铁生产，一般用来生产钼的化工材料及金属钼。

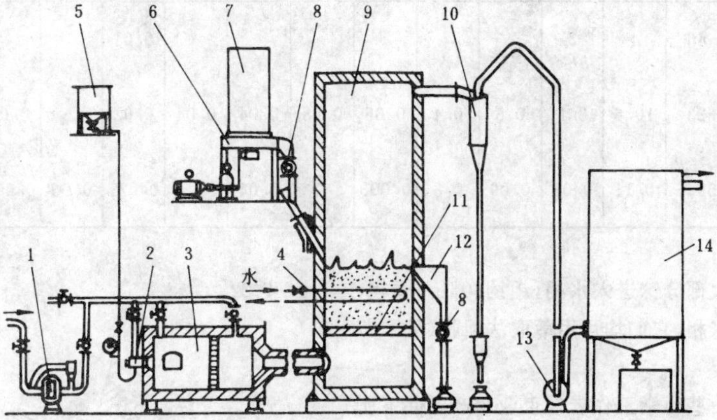

图 12-7-19　辉钼矿精矿流态化焙烧装置示意图

1—鼓风机；2—喷嘴；3—处于一定压力下的燃烧室；4—水冷系统（导出余热用）；5—重油贮槽；6—蝶形加料器；7—料槽；8—水封闸门；9—耐火室；10—旋风除尘器；11—空气分布板（炉底）；12—出料口；13—排风机；14—电收尘器

（二）辉钼精矿的湿法分解

鉴于辉钼精矿氧化焙烧法存在二氧化硫烟害、铼回收率低及难以处理低品位矿等缺点，工业上越来越多地采用湿法氧化法。此法的实质是在水溶液中利用适当的氧化剂使辉钼矿中硫氧化成SO_4^{2-}进入水相，而钼则氧化成MoO_4^{2-}（在碱性介质中）或H_2MoO_4（在酸性介质中）进入水相或固相，在此过程中铼几乎全部进入水相。

辉钼精矿的湿法氧化的原理可用Mo-S-H_2O系的电位-pH图说明。Mo-S-H_2O系的电位-pH图及O_2、HNO_3、NaClO等氧化剂的氧化还原电位与pH值的关系如图12-7-20所示，由图可知上述氧化剂均可使MoS_2氧化成SO_4^{2-}及MoO_4^{2-}或H_2MoO_4。

1.硝酸氧化法

（1）基本原理。基本反应为

$$MoS_2+6HNO_3=H_2MoO_4+2H_2SO_4+6NO$$

B.M.涅列佐夫（Нерезов）对过程机理进行了研究，并发现如下规律：

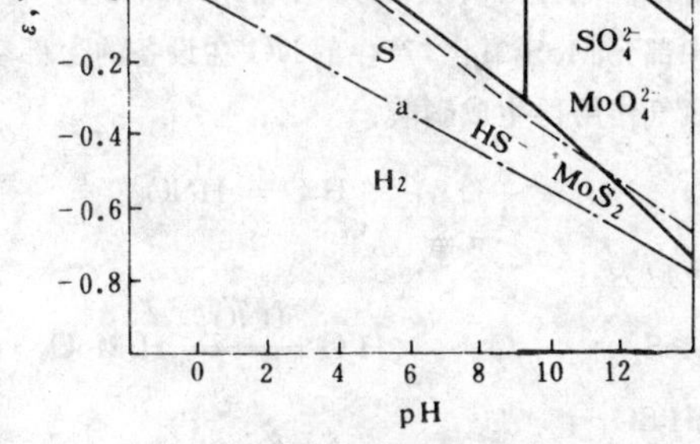

图 12-7-20　Mo-S-H_2O系电位-pH图及某些氧化剂的氧化还原电位

1—$ClO^-+H_2O+2e=Cl^-+2OH^-$

2—$NO_3^-+4H^++3e=NO+2H_2O$

在反应率为10～15%以前(即反应初期)的80±2℃时，反应速度随搅拌速度的加快而增加。但搅拌速度过快（在实验条件下超过100r/min)，反应速度不再随之增加。

(2)工艺及指标。钼利斯肯特(Molyscand)公司工业试验（规模为434kg矿/批）的条件为：两段逆流浸出，硝酸浓度为40%，硝酸用量为理论量，温度90℃，每段分解时间约3h，液固比为4～5/1。原料及产品成分如表12-7-21所列。

表 12-7-21 硝酸分解辉钼矿的原料及中间产品成分

项目	Mo	Fe	Cu	Mg	Al	Zn	Ca	Sn	Cr	Bi	H_2SO_4	Mn	Pb	Re
精矿，%	46	4	3							0.01				0.08～0.005
分解溶液，g/L	23	10.6	8.1	0.5	0.4	0.06	0.05	0.04	0.04	0.02	312.5	0.03	0.03	0.01～0.02
工业MoO_3，%	59.5	0.11	0.03	0.09	0.8	0.003		0.04		0.021	0.06	0.002	0.016	痕

过程中绝大部分铼进入水相，钼约80%入固相，余下的20%入水相，它们均可用萃取法回收(见本节二款)。

前苏联的一些科学工作者在工业生产条件下所得指标与上述试验相近。他们发现，溶液中的钼主要以$MoO_2(SO_4)_n^{2-2n}$形态存在，提高硝酸浓度和温度有利於降低溶液中钼含量。例如，在90℃及硝酸浓度分别为27～30%和54%时，溶液含钼量分别为12～14g/L和2.5～3g/L。

过程所需硝酸用量随条件而异，当系统中有氧气存在时，硝酸用量可小于理论量。

2.有硝酸存在下的高压氧分解

此法的实质为上述硝酸分解法的另一种形式。矿浆含硝酸10～20g/L，首先按下反应

$$MoS_2+6HNO_3=H_2MoO_4+2H_2SO_4+6NO$$

过程中部分MoS_2氧化，产生的NO在设备的上部空间与氧气作用再生成硝酸：

$$NO+\frac{3}{4}O_2+\frac{1}{2}H_2O=HNO_3$$

故总反应为：

$$MoS_2+\frac{9}{2}O_2+3H_2O\xrightarrow{HNO_3}H_2MoO_4+2H_2SO_4$$

过程中钼主要以钼酸形态进入固相，经煅烧即得工业氧化钼，几乎全部铼和约20%钼进入溶液，用萃取法回收。过程在高压釜内进行，其剖面图如图12-7-21所示。

一些工厂在工业规模下所获得的指标列于表12-7-22。

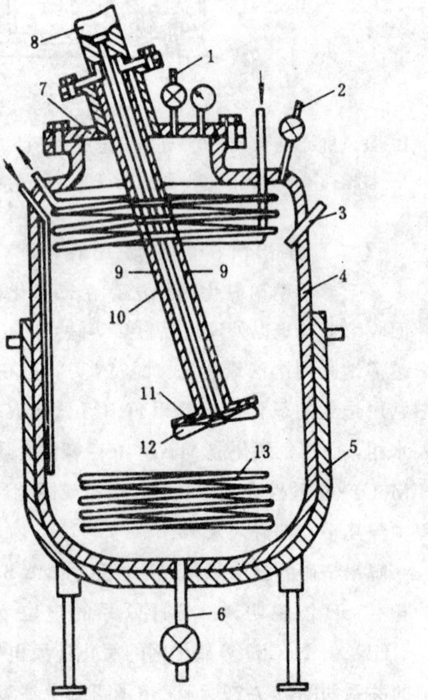

图 12-7-21 辉钼精矿高压氧浸用高压釜的剖面图

1—加料管；2—通氧管；3—测温管；4—釜体；5—冷却套；6—卸料管；7—盖；8—传动器；9—入气口；10—搅拌器外套；11—吸入矿浆口；12—搅拌浆叶；13—冷却蛇形管

为提高生产指标，加拿大诺兰达公司曾采用经改进过的如图12-7-22所示的工艺。该工艺的特点是将浸出液用 $Ca(OH)_2$除去部分硫酸后，把90%左右浸出液返回高压氧浸，10%左右送萃取回收钼铼。这种处理方法既可提高滤液中铼的浓度，又可使进入萃取工序的钼量由原工艺的20～25%降为10%左右。

表 12-7-22 辉钼矿高压氧浸的主要指标

项 目	1	2
液/固	约5/1	约3/1
温度,℃	150～160（最高处205℃）	180～220
压力，MPa	0.66	1.55～2.02（氧分压）
时间，h	1.5	2～3
溶液成分，g/L		
Mo	21.86	9～12
Re	0.148	0.15～0.2
H_2SO_4	约2mol/L	2.25mol/L
MoS_2氧化率,%	97～99	99.1
铼浸出率,%	约100	97.9
单耗，kg/kgMo		
HNO_3	0.21	0.2～0.3
O_2	2	约2

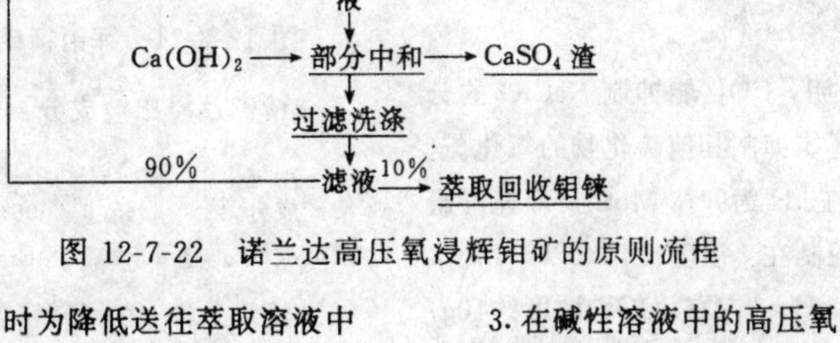

图 12-7-22 诺兰达高压氧浸辉钼矿的原则流程

在诺兰达工艺中，有时为降低送往萃取溶液中的硝酸浓度，而将溶液与精矿加热，利用 MoS_2与HNO_3反应以去除 HNO_3。高压氧浸法具有无二氧化硫烟害及钼、铼回收率高的优点，但也存在设备耐腐材料难以解决、投资大及副产品硫酸浓度最高仅75%左右难以利用等问题。

3. 在碱性溶液中的高压氧浸

过程中的主要反应为

$$MoS_2 + 4.5O_2 + 6OH^- = MoO_4^{2-} + 2SO_4^{2-} + 3H_2O$$

钼与铼一道进入溶液，用萃取法分离回收。过程在类似于图12-7-21所示的设备中进行。

前苏联的一些冶金工作者曾用此工艺处理低品位钼矿，该矿含（%）5.8～6.3Mo，6～9Cu，12～17Fe，21～27S，$26SiO_2$，0.01～0.014Re。所用流程及技术条件如图12-7-23所示。

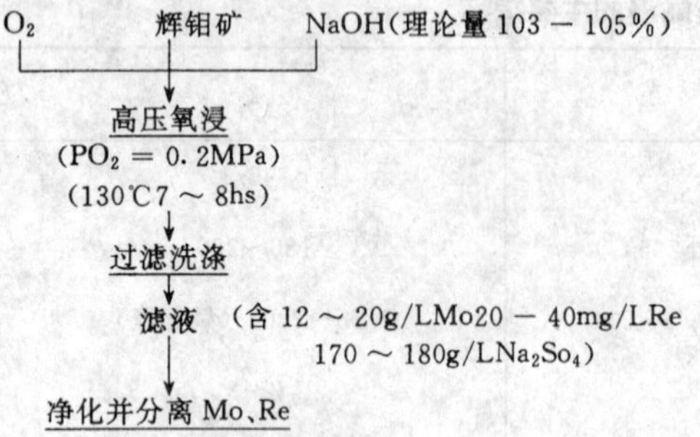

图 12-7-23 辉钼矿在碱性介质中高压氧浸的原则流程

按上述流程，钼和铼的浸出率达98～99%，当处理品位为45～46%左右的辉钼精矿时，亦得类似结果。

4.次氯酸钠（NaClO）浸出

浸出过程的主要反应为：

$$MoS_2+9ClO^-+6OH^-=MoO_4^{2-}+2SO_4^{2-}+9Cl^-+3H_2O$$

与此同时亦可能发生 NaClO 的分解和其他硫化物的氧化等副反应：

$$ClO^-=Cl^-+\frac{1}{2}O_2$$

$$3ClO^-=ClO_3^-+2Cl^-$$

$$CuS+4ClO^-+2OH^-=Cu\ (OH)_2+SO_4^{2-}+4Cl^-$$

这些副反应不仅使 NaClO 的利用率降低，更重要的是生成的阳离子（如 Cu^{+2}）进一步形成钼酸盐沉淀，导致钼浸出率的降低。

一些研究结果表明，CO_3^{2-}能抑制 NaClO 的分解，且在40℃左右时还能抑制其他硫化物的氧化。这些研究成果还表明，在 pH 为9时，MoS_2反应速度最快。一般浸出条件应控制在：温度在40℃以下，NaClO 浓度20～40g/L，pH＝9左右，CO_3^{2-}浓度约10g/L。在上述条件下浸出含5～23%Mo 的辉钼精矿，浸出率可达96～98%。

次氯酸钠浸出法具有反应温度低、选择性强、宜於处理低品位复杂矿等特点；当用渗滤浸出法时，对含0.015%Mo 原矿的浸出率也可达93%左右。

Н.Б.舍夫斯基等利用 NaClO 选择性好的特点，用它作溶剂进行地下浸出。浸出剂含30～40g/LCl^-，浸出后浸出液含钼超过50mg/L，用离子交换树脂吸附钼并补充 NaClO 后再返回地下浸出，浸出率在78%左右。

次氯酸钠浸出的缺点是 NaClO 用量大，理论上每公斤钼需7kgNaClO，实际用量应大于理论量的1.5～2倍。

5.电氧化法

此法的实质是将矿悬游于水溶液（例如 NaCl 溶液）中，通直流电，使矿发生阳极氧化。过程中钼、铼溶解进入溶液，然后再用萃取法进行回收和分离。此法半工业试验钼、铼溶出率90～97%，每公斤钼电耗21.8～24.3kW·h。

（三）处理辉钼精矿的其他方法

1.石灰焙烧法

为避免氧化焙烧时出现的二氧化硫烟害和提高铼的回收率，在处理含铼较高的矿时，有人采用石灰焙烧法.该法在辉钼精矿氧化时加石灰，主要反应为：

$$MoS_2+3CaO+4\frac{1}{2}O_2=CaMoO_4+2CaSO_4$$

过程中铼亦变成可溶性的铼酸盐，在水浸时进入溶液。所用原则流程如图12-7-24所示。现将工业生产实践的典型例子列举如下。

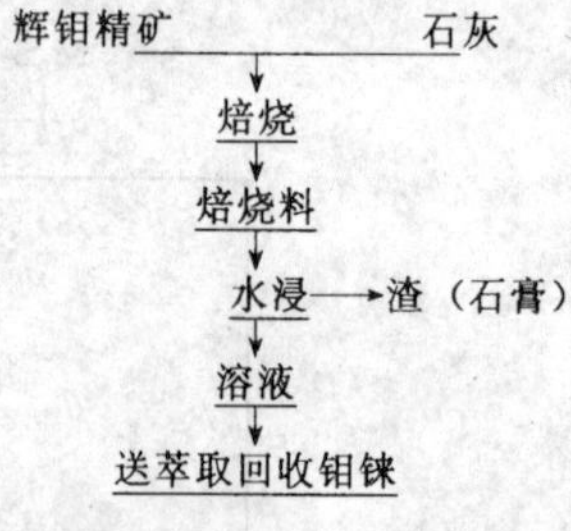

图 12-7-24 辉钼精矿石灰焙烧法原则流程

精矿及浸出液成分：

	Mo	Re	SiO_2	Ca	SO_4^{2-}
精矿成分，%	45.6	0.06～0.08	6.5	2.0	
浸出液成分，g/L	96	0.12～0.14	0.2		160

焙烧条件：在回转窑内于650℃下焙烧3h，回转窑转速2r/min；

浸出条件：焙砂/水/硫酸＝1/2.7/0.5，在80～90℃下浸出3～4h；

浸出率：钼铼均达98%左右。

2.辉钼矿直接制取金属钼

目前由辉钼矿直接制取钼的方法甚多，但都处于研究阶段，主要方法有：

(1) 氢还原法（在CaO存在下）。过程的主要反应为：

$$0.5MoS_2 + CaO + H_2 = 0.5Mo + CaS + H_2O$$

CaO/MoS_2（分子比）为3，在900℃用氢气还原2h。当还原含58.86%Mo的精矿时，所得产物的含钼量超过97%，此还原产物经电子束熔炼后可获得纯度超过99.9%金属钼。

(2) 铝还原法。用铝还原含98.2%MoS_2的辉钼矿精矿时，铝按理论量过量30～50%，所得产物为含24～29%Al的钼合金，钼回收率90～95%。还原产物再经电解精炼得金属钼，产品含铝155ppm，铋、铅<50ppm，氧50ppm，硅110ppm。

(3) 热离解法。在983～1704℃、于真空压力小于1.3kPa下热离解0.5～2h，所得金属钼产品纯度超过99%。

二、纯钼化合物的制取

辉钼矿经过氧化焙烧或湿法氧化后得到的焙砂或氧化钼中，除三氧化钼外，也有部分伴生元素（铁、铜等）的氧化物和硫酸盐及少量的未反应的辉钼矿。在工业上，从这样的焙砂中制取三氧化钼的方法主要有升华法和湿法两种。

（一）升华法处理焙砂制取纯钼化合物

该法是利用三氧化钼的沸点较低（1150℃）这一特性，通过加热使其升华而收集得到的。这种方法已在美国和奥地利的一些工厂采用。

三氧化钼蒸气压与温度的关系如下：

温度，℃	600	610	625	650	720	750	800	850	900	950	1000	1050	1100	1155
压力，kPa	0.000	0.0012	0.0024	0.0067	0.08	0.23	1.35	3.12	7.18	14.0	26.5	38.4	63.5	101.3

液态三氧化钼的蒸气压与温度之间的关系可用如下方程式表示：

$$\lg p_{(MoO_3)_3} = -\frac{7685}{T} + 7.384\text{kPa}$$

由于焙砂中含有杂质，故其中三氧化钼的蒸发速度比纯三氧化钼低得多。随着蒸发不断地进行，焙砂中杂质浓度不断增高，MoO_3从焙砂中蒸发的速度逐渐降低。

在1000℃和空气流速为2.3cm/s的条件下，三氧化钼从含48～50%Mo的焙砂中的蒸发量为10～20kg/（m^2·h）。由于焙砂中的钼酸铅在1000～1100℃下的蒸气压相当可观，因此，如焙砂中铅含量较高时，升华需在低于1000℃下进行。

在美国的一些工厂中，三氧化钼升华作业是在电炉中进行的。这是一种带环形旋转炉底连续操作的电炉，炉底上铺有一层石英砂（图12-7-25）。石英砂的作用是防止升华的剩余物（一般含20～30%未升华的MoO_3）凝固成坚硬的整体，以免使出料和随后对剩余物的处理发生困难。

奥地利的普兰杰工厂生产规模较小，MoO_3升华作业是在小型间歇式电炉中进行的。将需焙烧的辉钼矿精矿与石英砂混合物装入石英坩埚中，石英坩埚再装入与地面成35℃斜角的旋转式电炉中，通入坩埚中的空气将三氧化钼蒸气带出。电炉上方装有通风罩，三氧化钼蒸气经通风罩由抽风机抽到布袋收尘器中。

升华法的优点是工艺简单，三氧化钼产品纯度高，并且不需消耗化学试剂。但高纯三氧化钼只能从高质量辉钼矿精矿的焙砂中获得，同时升华法生产的三氧化钼松装密度小，用氢气直接还原生产钼比较困难。可将制得的MoO_3溶解在氨水中，然后再从溶液中析出仲钼酸铵的办法来制纯三氧化钼。

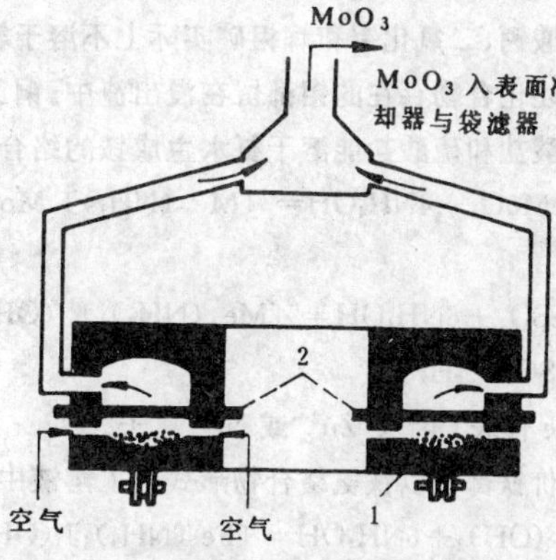

图 12-7-25　带旋转炉底的三氧化钼升华电炉的原理图

1—旋转炉底；2—硅碳棒加热器

（二）湿法处理焙砂制取纯钼化合物

焙砂的氨法处理获得了广泛应用。这种方法的工艺流程示于图12-7-26。

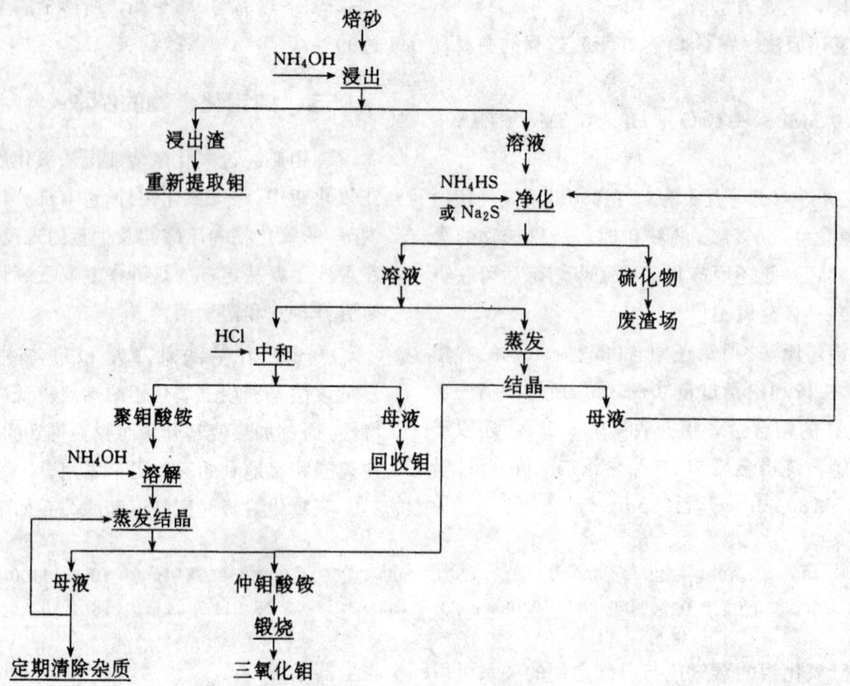

图 12-7-26 从焙砂中制取三氧化钼湿法总流程

1. 浸出

用氨水浸出焙砂，使焙砂中的钼酐转入到溶液中：

$MoO_3+2NH_4OH=(NH_4)_2MoO_4+H_2O$

钼酸钙、二氧化钼和辉钼矿实际上不溶于氨水，故以上述化合物存在的钼都留在浸出渣中。铜、锌、镍的钼酸盐和硫酸盐能溶于氨水生成铵的络合物。

$MeMoO_4+4NH_4OH=[Me(NH_3)]MoO_4+4H_2O$

$MeSO_4+6NH_4OH=[Me(NH_3)_4](OH)_2+(NH_4)_2SO_4+4H_2O$

式中 Me 代表 Cu^{2+}、Zn^{2+} 或 Ni^{2+} 离子。

二价铁部分以铁氨络合物形式转入溶液中：

$Fe(OH)_2+6NH_4OH=[Fe(NH_3)_6](OH)_2+6H_2O$

例如，用8～10%氨水在常温或加热至50～60℃，并在固体/液体＝1/3～4的条件下浸出焙砂。氨水用量为理论计算量的120～140%，这已考虑到为防止生成多钼酸盐和氨在最终溶液中必须保持一定氨的游离浓度（25～30g/L）。

随着焙砂成分的变化，钼在溶液中的浸出率在80～95%之间，渣量在10～25%左右，而钼在浸出渣中的含量在5～25%之间，有必要从中回收这部分钼。

应当指出，在辉钼矿精矿流态化焙烧过程中，方解石（$CaCO_3$）主要转化为 $CaSO_4$，用氨水浸出焙砂时，硫酸钙则变成溶解度很小的 $CaMoO_4$：

$$CaSO_4+MoO_4^{2-}=CaMoO_4+SO_4^{2-}$$

向溶液中加入碳酸铵使 $CaSO_4$ 转变为 $CaCO_3$ 便可防止生成 $CaMoO_4$，此举可以提高钼的浸出率。

英国一专利介绍了从浸出渣中回收钼的一种方法。浸出渣中的钼主要以二氧化钼、钼酸钙和钼酸铅存在。为此，该法先将浸出渣进行氧化焙烧或湿法压缩空气氧化，使 MoO_2 氧化成 MoO_3，然后用氨水浸出回收钼酸铵。过滤后的渣中仍含有 $CaMoO_4$、$PbMoO_4$，这时再用浓苏打溶液在加热下进行浸出：

$$CaMoO_4+Na_2CO_3=Na_2MoO_4+CaCO_3\downarrow$$

$$PbMoO_4+Na_2CO_3=Na_2MoO_4+PbCO_3\downarrow$$

为使上述反应顺利进行，苏打用量应是理论计算量的200%。得到的钼酸钠溶液含有过量的苏打，需把盐酸加到热的溶液中，以赶除 CO_3^{2-}。最后向已除去 CO_3^{2-} 的溶液中加入 $CaCl_2$，便能以 $CaMoO_4$ 形式回收其中的钼。这种钼酸钙产物可用通常方法处理，或作钼铁生产的原料。

2. 钼酸铵溶液净化

溶液中含有铜、铁离子杂质，有时还含有镍、锌、碱金属离子及硫酸盐离子杂质。为了除去溶液中的铜和铁，可用 NH_4HS 将它们从溶液中沉淀出来：

$$[Cu(NH_3)_4](OH)_2+NH_4HS+3H_2O=CuS+5NH_4OH$$

铁也以 FeS 形态全部沉淀。

由于锌和镍的络合物非常稳定，所以锌和镍离子浓度非常小。同时由于溶液中的 S^{2-} 离子与钼生成硫代钼酸盐 $(NH_4)_2MO_{4}\text{-}xS_x$，导致 S^{2-} 浓度也很低，溶液中的锌和镍达不到 ZnS 和 NiS 沉淀所需的溶度积（6.9×10^{-26}和7.9×10^{-26}），而留在溶液中。例如，在净化槽中预先将钼酸铵溶液用蒸汽加热至85～90℃，然后在搅拌下缓慢加入 NH_4HS（或 NaHS）溶液。此时必须小心控制好硫氢化铵的加入量，如加量过多，便会生成硫代钼酸盐沾污最终产品。出现这种情况时应补加新的钼酸铵溶液冲消这部分多余的 NH_4HS。净化液最终 pH 值以8.5～9为宜。

有人研究用弱酸性阳离子交换树脂从钼酸铵溶液中除铜、铁、锰、钴、镍、镁等杂质的方法。$[Cu(NH_3)_4]^{2+}$ 等杂质阳离子与铵型树脂交换后被吸附到树脂上，而达到除杂质的目的。

3. 从钼酸铵溶液中析出钼

(1) 蒸发法。由于蒸发过程中除去部分氨，所以仲钼酸铵 $(NH_4)_6Mo_7O_{24}\cdot4H_2O$ 从浓缩的钼酸铵溶液中结晶析出：

$$7(NH_4)_2MoO_4+4H_2O=(NH_4)_6Mo_7O_{24}\cdot4H_2O+8NH_3$$

蒸发过程中需保持一定数量多余的游离氨（4～6g/L）和不停地搅拌以防止局部过热，这样可避免生成酸性较强的钼酸盐（含氨较少），否则比仲钼酸铵酸性较强的钼酸盐便会以溶解度小的细晶粒沉淀形式从溶液中析出。

用于蒸发的溶液一般含120～140g/LMoO_3。溶液蒸发一般在带蒸汽加热套的不锈钢容器中或者在自然循环加热器的装置中进行。蒸发通常分两段进行，即预先将溶液浓缩到密度1.20～1.23g/cm³，并静置一段时间，然后进行过滤，以便从溶液中除去为数不多的硫化铜、硫化铁和氢氧化铁杂质；接着进行正式浓缩，溶液浓缩到密度达到1.38～1.40g/cm³（相当400g/LMoO_3），最后过滤热溶液并收集在结晶器中。结晶操作大多是在带搅拌器和冷却系统的不锈钢结晶器中进行。

(2) 中和法。用盐酸中和钼酸铵溶液时，根据溶液最终 pH 值和温度不同，可析出不同成分的多钼酸盐。中和作业是在耐酸搪瓷搅拌槽中进行的。

工业生产中用含280～300g/LMoO_3的氨液中进行中和。操作时，仔细地用盐酸中和加热到55～65℃的钼酸铵溶液（中和到pH2～3），并剧烈搅拌，过程中使96～97%的钼以四钼酸盐形式沉淀：

$$4(NH_4)_2MoO_4+5H_2O=(NH_4)_2Mo_4O_{13}\cdot2H_2O+6NH_4OH$$

析出的结晶必须立即过滤，因为结晶长时间与母液接触后会由含两个结晶水的盐能变成无水四钼酸盐。这种转变导致晶粒变细而难过滤干净。

四钼酸盐沉淀物的纯度很高，因为碱和碱土金属离子、镍、锌、铜离子以及砷、磷、硫的化合物杂质等都留在弱酸性母液中。但它却含有较多的氯离子（0.2～0.4%），这些氯离子不易被水洗掉。为清除氯离子，多钼酸盐沉淀物需重新进行结晶。为此，可将多钼酸盐在70～80℃下溶解在含3～5%氨的溶液中，直到饱和（密度1.41～1.42g/cm³）为止。待溶液冷却到15～20℃后，有50～60%的钼以仲钼酸铵$3(NH_4)_2O\cdot7MoO_3\cdot4H_2O$ 结晶形式从溶液中沉淀析出。

用这种重新结晶的方法生产的仲钼酸铵杂质含量与钼之比（%）为：锡、铅、铋、钙均少于0.0001，锌、镁、砷、磷、硫、镍、铬、钙均少于0.001，硅、铝均少于0.003，铁少于0.005。

(3)从母液中用离子交换法提取钼。四钼酸盐沉淀后，母液中含（g/L）：0.5～1.5Mo，Cu 不到0.3，约2.0Ca，6.8Me_2O_3（Me 为 Fe、Al），35～40Cl，约7SO_4^{2-}，pH2.5～3。用阴离子交换树脂能有效地从上述母液中提取钼。在 pH＝2～4 范围内，钼以 $Mo_7O_{24}^{6-}$、$Mo_6O_{20}^{4-}$、$Mo_8O_{26}^{4-}$类型聚合阴离子存在溶液中。当用阴离子交换树脂吸附时，钼的聚合阴离子很容易被交换到树脂上。由于用强碱性阴离子树脂吸附时，用氨水解吸钼比较困难，故一般是用中等碱性或弱碱性的树脂。例如在苏联，广泛采用弱碱性树脂 AH-1吸附钼。吸附钼后的树脂用含5～10%氨的溶液很容易将钼解吸到溶液中，并可得到含60～120g/LMo 的纯钼酸铵溶液。钼从母液转移到解吸液中的总回收率为95～96%。

(4)仲钼酸铵热分解。仲钼酸铵在450～500℃下进行热分解，可以获得纯三氧化钼。在90～110℃下，仲钼酸铵脱去四个水分子。仲钼酸铵生成 MoO_3 之前的产物是四钼酸盐，其过程如下：

$$3(NH_4)_2O \cdot 7MoO_3 \cdot 4H_2O \xrightarrow{90\sim110℃}$$

$$3(NH_4)_2O \cdot 7MoO_3 \xrightarrow{约200℃} (NH_4)_2O \cdot 4MoO_3$$

$$\xrightarrow{280\sim380℃} MoO_3$$

在相应的操作制度下，制得的三氧化钼粉末呈淡黄绿色。

(三)溶剂萃取法在钼湿法冶金中的应用

不论是辉钼矿的硝酸分解法或加压氧化法，通常都有约20%的钼和几乎全部的铼进入分解液中。为了从这样的高酸度溶液中回收钼和铼，过去的作法是采用沉淀法获得第二次中间产物，这样就使流程复杂化，并降低了钼的回收率。近二十年来，国内外一些冶金工作者进行许多研究，发现用溶剂萃取法能成功地提取纯钼和铼的化合物。下面列举几个实例说明。

1. 用萃取和离子交换联合法回收钼和铼

这种方法的原则流程见图12-7-27。从辉钼矿硝酸分解所得的母液成分见前面表12-7-21。在萃取阶段，有机相由20%（重量）三辛胺和三癸胺混合物、10%（重量）十三醇、其余为煤油所组成。在相比(O/A)1时，钼和铼的分配比分别为7.30和10^2以上。在混合澄清槽中进行4级逆流萃取，得有机相含23.6g/LMo 和0.01g/LRe，此时钼的萃取率为99%，而铼为100%。萃取后的有机相用0.01mol/LH_2SO_4进行2级洗涤，以洗去共萃取的杂质铜和铁。洗涤后的有机相用3mol/LNH_4OH 进行3级反萃，钼和铼分别以钼酸铵和铼酸铵进入水溶液中。将这种溶液通过强碱性阴离子交换树脂，铼被吸附，而吸附后的溶液进行蒸发结晶回收仲钼酸铵$(NH_4)_6Mo_7O_{24}\cdot 4H_2O$。所得到的仲钼酸铵纯度为99.94%，其中含杂质量最多的是铁（0.01%）。

离子交换树脂中的铼可用过氯酸解吸回收，然后用电解法提取。

2. 用有机磷萃取剂（或加胺）回收钼和铼

在压煮器中于温度125～200℃、压力约2×10^3kPa 和硝酸存在下氧化浸出辉钼矿。浸出液中产生的硫酸浓度达600g/L。一部分钼和全部的铼在氧化浸出阶段被溶解。固液分离后的高酸性溶液用下面的溶剂萃取法回收钼和铼。

(1) 丁基膦酸二丁酯(DBBP)选择萃取铼。当有机相是由25%(体积)DBBP和二乙苯组成时，铼被定量萃取，而钼只有少量被萃取（见表12-7-23）。

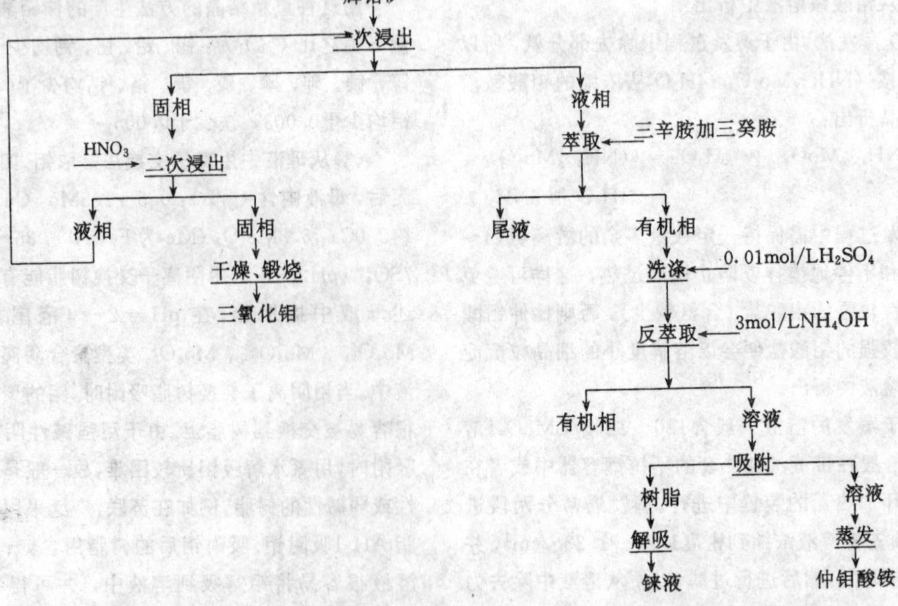

图 12-7-27　萃取和离子交换联合法回收钼和铼流程

表 12-7-23　DBBP 萃取铼的有关数据

相比 (O/A)	Mo, g/L		Re, ppm		H_2SO_4 g/L
	水　相	有机相	水　相	有机相	
10	15.14	0.67	1.79	14.07	205.9
5	17.89	0.80	3.57	27.78	205.9
1	21.01	0.88	16.67	125.83	208.8
0.5	21.38	1.02	25.71	213.58	208.8
0.2	21.65	1.20	77.38	335.60	208.8
0.1	21.74	1.50	101.19	413.30	208.8
料液	21.89				210.8

用 DBBP 萃取铼的一个显著优点是可用水反萃铼，这就大大降低反萃剂的费用。

（2）D2EHPA-DBBP 混合萃取剂萃取钼和铼。有机相组成为（体积）：25%DBBP、10%D2EHPA，其余为煤油。经过6级萃取，2级水洗和3级 NH_4OH 反萃后，所得结果列于表12-7-24。

表 12-7-24　D2EHPA-DBBP 萃取钼和铼的有关数据

项　目	Mo, g/L	Re, ppm	H_2SO_4, g/L	SO_4, g/L
料　液	22.4	130.0	210.0	
萃余液	0.03	1.0	138.0	
水洗液	1.41	150.0	13.2	
反萃液	44.72	257.6		0.59

铼之所以能被完全地萃取，是由于 DBBP 对铼的选择性强；而钼以阳离子被 D2EHPA 有效地萃取是由于 DBBP 与 D2EHPA 的协萃效应所致。

用季铵盐萃取剂从上述所得碱性反萃液中萃取时，能选择萃取铼，而钼留在溶液中，再用蒸发法从这种溶液中回收钼。含铼的季铵有机相用过氯酸或过氯酸盐反萃取，然后用通常的方法回收铼。另一种方案是用水选择反萃铼，然后用 NH_4OH 反萃钼。

（3）D2EHPA-DBBP-胺萃取钼和铼。加入有机胺是为了降低 D2EHPA 的萃铁量，因而提高有机相的钼和铼负载容量。

3. 用叔胺或季铵盐萃取回收钼和铼

正如本章第二节指出的，辉钼矿高压氧浸时几乎全部的铼和约15～20%的钼转入溶液中。固液分离后的高酸性溶液用叔胺或季铵盐萃取回收钼和铼。

人们研究了不同胺类萃取剂和溶液中硫酸浓度对萃取钼、铼的影响，结果见表12-7-25和12-7-26。原则流程见图12-7-28。

表 12-7-25　不同胺类萃取剂对萃取钼、铼的影响

萃　取　剂		相比 O/A	溶剂载钼量 g/L	萃取率,%	
				Mo	Re
Aliquat336	（季胺）	2	10.3	60.6	>99
Alamine304	（叔胺）	2	7.9	46.2	>99
XLA-3	（伯胺）	2	7.4	43.3	>99

注：料液含（g/L）34.0Mo，0.248Re，380.0H_2SO_4；有机相由萃取剂浓度分别为5%（体积），其余为芳香族碳氢化合物稀释剂（闪点47.2℃）所组成。

表 12-7-26 料液中硫酸浓度对萃取钼、铼的影响

硫酸浓度 g/L	萃取率，%	
	Re	Mo
100	98.3	99.3
300	98.3	89.0
600	98.3	14.0

注：料液含（g/L）8.0Mo，0.05Re；有机相（体积）由4%Alamine304，5%十三醇、91%煤油所组成。萃取相比（O/A）=4，混合1min。

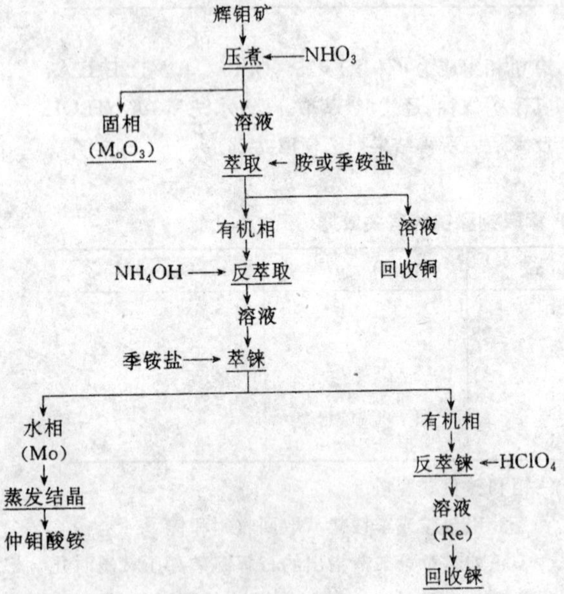

图 12-7-28 用胺或季铵盐萃取回收钼、铼原则流程

在萃取的方法上，有的采用低浓度叔胺（N235）先萃取铼，然后用高浓度 N235萃取钼的方法。处理含8～11g/LMo、0.1～0.2g/LRe 压煮液的工艺条件如下：酸度2.25～2.5mol/L，用2.5% N235-10%仲辛醇-煤油在相比（O/A）=1/5下先萃取铼，用氨水反萃铼，加入 KCl 制成高铼酸钾产品。萃铼后的溶液用20%N235-10%仲辛醇-煤油在相比（O/A）=1/5下萃取钼，用氨水反萃钼，反钼液经蒸发结晶得到仲钼酸铵产品。

三、金属钼粉的制取

制取金属钨粉的所有方法原则上都可用于制取金属钼粉。但直到目前，三氧化钼氢还原法仍然是生产供制造致密金属钼用的纯钼粉的唯一工业方法，其生产流程与金属钨粉的生产流程相似。下面主要介绍其不同的特点方面。

（一）氧化钼氢还原过程的基本原理

1. Mo-O 系主要化合物的某些性质

钼氧化物某些性质分别列于表12-7-27、12-7-28、12-7-29及示于图12-7-29。

表 12-7-27 钼氧化物的结构参数

氧化物	颜色	晶型	结构参数，Å				密度 g/cm³	匀相范围
			a	b	c	β		
MoO_2	褐	单斜	5.608	4.842	5.517	119.75°	6.34	2.00～2.08
MoO_3	白	菱形	3.9628	13.855	3.6964		4.692	

表 12-7-28 三氧化钼的蒸气压

温度，℃	610	650	700	734	785	814	851	892	955	1082	1151
蒸气压，Pa	0.35	2.67	29.33	133.3	266.6	1333	2666	5333	13332	53329	101325

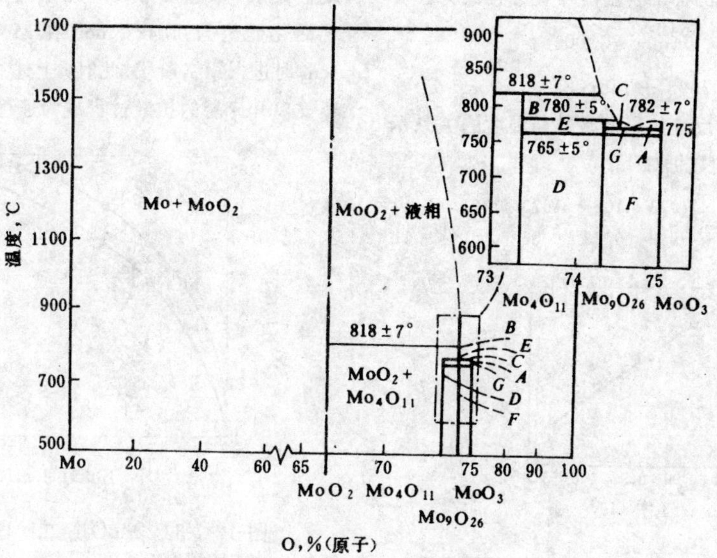

图 12-7-29　钼-氧体系状态图

A—MoO_3+液体；B—Mo_4O_{11}+液体；C—Mo_9O_{26}（Ⅱ）+液体；D—Mo_4O_{11}+Mo_9O_{26}（Ⅰ）；E—Mo_4O_{11}+Mo_9O_{26}（Ⅱ）；F—Mo_9O_{26}（Ⅰ）+MoO_3；G—Mo_9O_{26}（Ⅱ）+MoO_3

表 12-7-29　钼氧化物的某些热力学参数

氧化物	聚集状态	$-\Delta H^\circ_{298}$ J/mol	S°_{298} J/（mol·℃）	$\Delta F^\circ = f(T)$ J/mol
MoO_2	晶体	587.5±1.7	49.97±1.3	$-587515-19.2T\lg T+237.5T$ (298～1300K)
MoO_3	晶体	744.7±0.8	77.74±0.63	$-749343-19.2T\lg T+319.1T$ ① (298～1300K)
MoO_3	气体	360.5±20.9	279.8±16.7	

① 根据作达诺夫（Jordanov）等人所列有关数据算出。

2.氧化钼氢还原过程热力学

三氧化钼氢还原分两阶段进行，其相应的反应式为：

$$MoO_3+H_2=MoO_2+H_2O$$

$$\frac{1}{2}MoO_2+H_2=\frac{1}{2}Mo+H_2O$$

第一阶段的平衡常数与温度的关系示于图12-7-30，具体一些数据如下：

温度，K	773	793	813	833
K_p	0.64	0.95	1.53	2.21

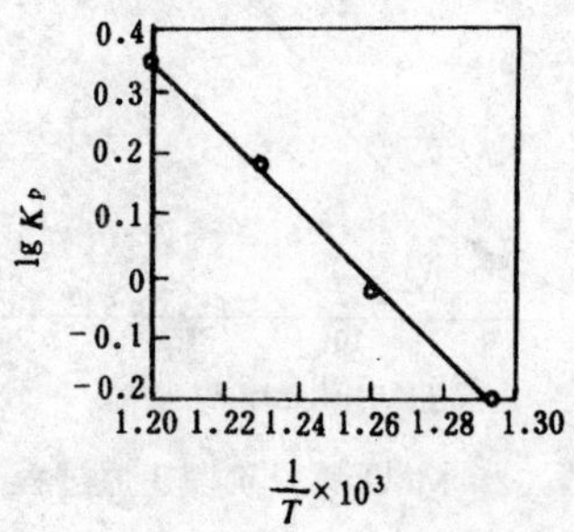

图 12-7-30　$MoO_3+H_2=MoO_2+H_2O$ 的平衡常数与温度的关系

根据以上数据推导出500～560℃范围内第一阶

段平衡常数和反应的标准自由能变化方程式为：

$$\lg K_p = -\frac{5640}{T} + 7.100$$

$$\Delta G^\circ = 107898 - 135.82T, \mathrm{J}$$

第二阶段化学反应的平衡常数与温度的关系示于图12-7-31，所列数据如下：

温度，K	973	1023	1073	1123
K_p	0.29	0.33	0.36	0.40

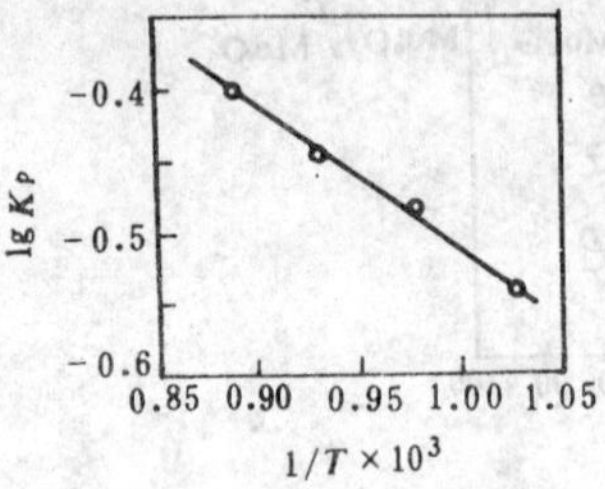

图 12-7-31 $\frac{1}{2}MoO_2 + H_2 = \frac{1}{2}Mo + H_2O$ 的平衡常数与温度的关系

根据以上数据推导出700～850℃范围内第二阶段平衡常数和反应的标准自由能变化方程式为：

$$\lg K_p = -\frac{977.40}{T} + 0.4675$$

$$\Delta G^\circ = 18698 - 8.94T, \mathrm{J}$$

3. 氧化钼氢还原过程动力学

第一阶段和第二阶段还原过程的动力学曲线分别示于图12-7-32和12-7-33。

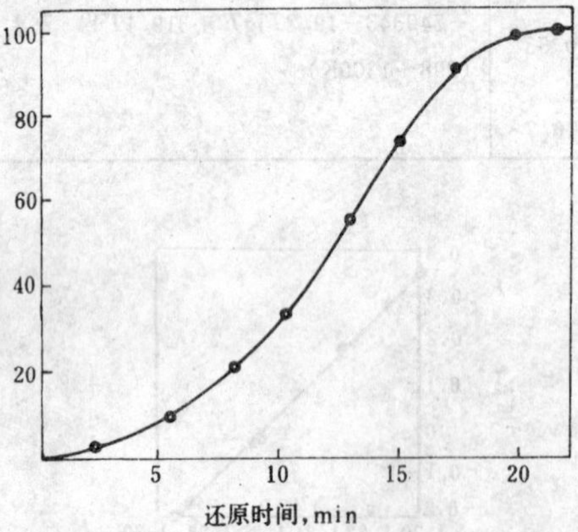

图 12-7-32 MoO_3第一阶段还原过程（$MoO_3 \rightarrow MoO_2$）（515℃）的动力学曲线

据研究，MoO_2粉末固定床氢还原时，还原过程动力学取决于MoO_2-Mo界面距床层表面的距离。在界面未超过床层表面1cm内，失重与还原时间成线性关系，其速度常数K服从阿累尼乌斯方程，表观活化能值为74.4kJ/mol。在MoO_2-Mo界面超过1cm时进入第二阶段。此时，上述线性关系消失，水蒸气离开床层的扩散过程成为速度控制步骤。

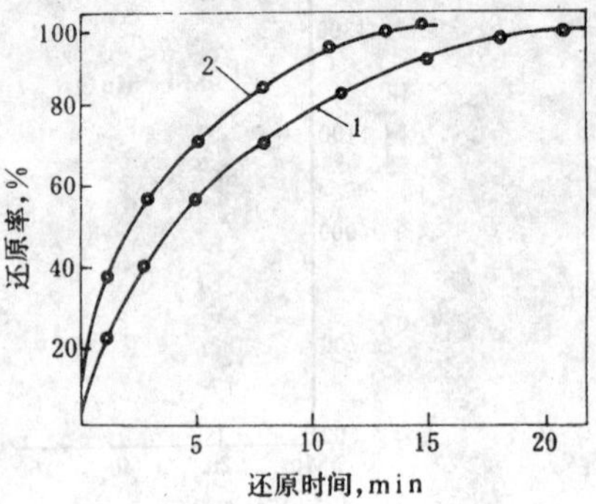

图 12-7-33 MoO_3第二阶段还原过程（$MoO_2 \rightarrow Mo$）的动力学曲线

1—700℃；2—765℃

4. 氧化钼氢还原过程中的粒度变化

MoO_3在600℃时已显著升华，其蒸气压比WO_3的大得多，在1151℃时即达0.101MPa。因此，似乎对还原过程中的化学气相迁移过程有利，容易获得粗颗粒粉末。但实际情况并非如此。首先，MoO_3的化学稳定性差，在还原炉的低温区，即在MoO_3蒸气压还不大的温度范围内就能迅速还原成蒸气压很小的难熔的MoO_2。其次，为了避免钼的中间氧化物的共晶混合物的熔化，在第一阶段还原时采用升温缓慢的制度，从而减少了MoO_3进入其显著蒸发的温度范围内的可能性。因此，在实际生产中得到的钼粉往往比钨粉还细，其典型的粒度组成如下：

粒度，μm	粒度组成，%	Mo1粉显微粒度测定实例
＜0.6	40～60	52.34
0.6～1.2	20～30	25.78
1.2～1.8	10～20	14.06
1.8～2.4	2～10	6.25
2.4～3.0	0～5	1.56
3.0～3.6	0～3	—

（二）钼粉的工业生产方法

金属钼粉的生产工艺和设备与钨粉相似。

生产钼粉的起始原料一般为仲钼酸铵。仲钼酸铵可以通过煅烧或氢还原转变为MoO_3或MoO_2：

$3(NH_4)_2O\cdot 7MoO_3\cdot 4H_2O = 7MoO_3 + 6NH_3 + 7H_2O$

$3(NH_4)_2O\cdot 7MoO_3\cdot 4H_2O + 7H_2 = 7MoO_2 + 6NH_3 + 14H_2O$

其相应的工艺条件见表12-7-30和表12-7-31。

表 12-7-30　由仲钼酸铵煅烧制取 MoO_3的工艺条件

设　备	条　件	
回转管式电炉	转速，r/min	4
	倾角，°	3～7
	温度，℃	550～650
	过筛，目	40～80
	生产能力（MoO_3），kg/h	10～15
四管电炉	舟皿尺寸，mm	300×50×40
	装料量，g/舟	300～350
	推舟速度，min/舟	15
	温度，℃	420～470
	过筛，目	40～80

表 12-7-31　由仲钼酸铵氢还原制取 MoO_2的工艺条件

设　备	投料量	氢气流量	炉管倾角	炉温，℃				
				一区	二区	三区	四区	五区
回转炉（φ400/384mm）	60～80 kg/h	20～30 m^3/h	3°～5°	360～380	420～440	500～540	550～580	550～580
四管马弗炉（260×60mm）	5kg/舟 舟/h	$7m^3/$（管·h）	—	440	440	500	500	440

MoO_3作原料时，可以采用一阶段、二阶段和三阶段方法生产钼粉。

采用二阶段还原法时，第一阶段由 MoO_3还原至 MoO_2，第二阶段由 MoO_2还原至金属钼。第一阶段还原是在温度从450℃升高到650℃的情况下进行，比三氧化钨的第一阶段还原的温度还低（$WO_3 \to WO_2$为650～770℃）。第二阶段的还原则在900～950℃下进行，比钨的第二阶段还原的温度高（$WO_2 \to W$为820～850℃）。

还原过程在管状电炉内进行。通常采用四管马弗炉或多管还原炉作一阶段还原用，多管还原炉作二阶段还原用。为避免生成有可能在较低温度下熔化的钼的中间氧化物的共晶体，在第一阶段还原烧舟沿炉管推进的过程中，要保证 MoO_2的生成过程在温度到达550～600℃前基本结束。

采用上述第二阶段还原时，为了保证还原彻底，必须慢速推舟和高的干氢消耗。在生产实际中，为了减少氢气消耗，往往将此还原阶段再分为两个阶段，即第二阶段还原在820～890℃下进行（此时所得钼粉尚含2～3%氧），第三阶段还原则在950～1100℃下进行。第三阶段采用炉壳中充有氢气，能保护炉管和加热丝的密闭水平管状还原炉。

表12-7-32～34列出一、二、三阶段还原法生产钼粉的工艺条件。三种还原方法简要比较列于表12-7-35中。

表 12-7-32 一阶段氢还原法的工艺条件

设备	舟皿尺寸 mm	装料量 g/舟	推速 min/舟	氢气		炉温，℃				
				流量 m^3/h	露点 ℃	一区	二区	三区	四区	五区
十三管炉	250×35×35	280～300	35	1.0～1.5	<−20	400～500	540～600	650～750	900～920	900～920
四管马弗炉	350×210×35	2000～3000	40～60	20～30	<−20	500	600～650	750	880～920	900

表 12-7-33 二阶段氢还原法的工艺条件

还原阶段	设备	舟皿尺寸 mm	装料量 g/舟	推速 min/舟	氢气		炉温，℃				
					流量 m^3/h	露点 ℃	一区	二区	三区	四区	五区
第一阶段	四管炉	300×60×65	250～280	20	0.2～0.3	<−10	500～550				
	十一管炉	250×40×35	150～180	20	--	<−10	350	450	520	540	520
第二阶段	十一管炉	250×40×35	200～220	15	—	—	850	920	920	920	880
	十三管炉	250×35×35	250	20	0.8～1.0	<−20	750	850	920	920	880

表 12-7-34 三阶段氢还原法的工艺条件

还原阶段	设备	舟皿尺寸 mm	装料量 g/舟	推速 min/舟	氢气		炉温，℃
					流量 m^3/h	露点 ℃	
第一阶段	四管炉	250×40×25	130	20	0.2～0.3	—	500～550
第二阶段	四管炉	250×40×25	150	30	0.9	—	870～890
第三阶段	氢气钼丝炉	640×150×50	3000×4000	90	0.8	<−30	1000～1050

表 12-7-35 三种还原方法生产金属钼粉的比较

还原方法	温度范围 ℃	粒度		含氧量 %	单台生产率 kg/24h
		松装密度 g/cm^3	平均粒度 μm		
一阶段	400～920	0.9～1.2	3～6	0.1～0.3	100
二阶段	350～920	0.8～1.1	3～4	0.06～0.2	80
三阶段	500～1050	—	2.5～4	0.01～0.1	65

（三）金属钼粉的质量控制

金属钼粉的质量控制方法与金属钨粉基本相同。粒度要求如表12-7-36所列。

表 12-7-36 金属钼粉的技术要求

规格	品级	
	FMo-1	FMo-2
钼含量,%	≥99.9	≥99.5
平均粒度(费歇尔粒度),μm	2～3±0.2	3～5±0.3
杂质含量,不大于%		
Pb	0.0001	0.001
Bi	0.0001	0.001
Sn	0.0001	0.001
Sb	0.001	0.001
Cd	0.0001	0.001
Fe	0.006	0.05
Ni	0.003	0.005
Cu	0.001	—
Al	0.002	0.010
Ca	0.002	0.004
Mg	0.003	0.005
W	0.30	0.50
Si	0.003	0.020
P	0.001	0.005
C	0.01	0.02
O_2	0.25	0.25

第五节 金属钼的加工及制品

一、致密钼坯锭的制备

(一)粉末冶金法生产致密坯锭

与钨坯一样,粉末冶金钼坯主要供加工成各种棒、丝、板、箔用,其生产过程由粉末的压制成形和烧结两道主要工序组成。钼及其合金坯条的品种、规格和应用列于表12-7-37。

表 12-7-37 钼及其合金坯条的品种、规格和应用范围

名称和牌号	烧结方法	型坯尺寸,mm	应用范围
钼坯条 Mo1 Mo2	氢中垂熔	$(14～18)^2$×600	加工棒、丝材
		16×25×400	加工板、箔材
	氢中烧结	$(14～25)^2$×(400～600)	加工棒、丝、板、箔材
		(20×50)×(200～400)	加工板、箔材
	真空烧结	(20～26)×(50～60)×(150～250)	加工板、箔材
钼钨合金条 MoW20 MoW50	氢中垂熔	12×12×400	加工棒丝材

1.直接烧结法

钼坯的直接烧结法与钨坯直接烧结的基本原理和设备相同，生产过程同样包括压制（表12-7-38、12-7-39，图12-7-34、12-7-35、12-7-36）、预烧结（表12-7-40）和垂熔（表12-7-41，图12-7-37）三个主要工序。

表 12-7-38 钼的钢模冷压工艺条件

牌号		Mo1，Mo2
润滑剂	甘油/酒精	1/1
	加入量，%	0.2～0.5
混合	数量，kg/批	20～40
	时间，min	40～120
坯条	规格，mm	（14^2，16^2，18^2，20^2）×600
	单重，kg	0.6～0.8，0.9～1，1.1～1.25
单位压力	MPa	200～400

表 12-7-39 钼粉油等静压成形工艺条件

牌号	Mo1	
	板坯	棒坯
油缸尺寸，mm	ϕ100×1000	ϕ180×1000
松装尺寸，mm	30×80×500	ϕ86
单重，kg	3.8～4.0	17～20
压力，MPa	200	200
保压时间，min	2	3
压后尺寸，mm	（22～26）×（60～65）×（380～400）	ϕ73×740

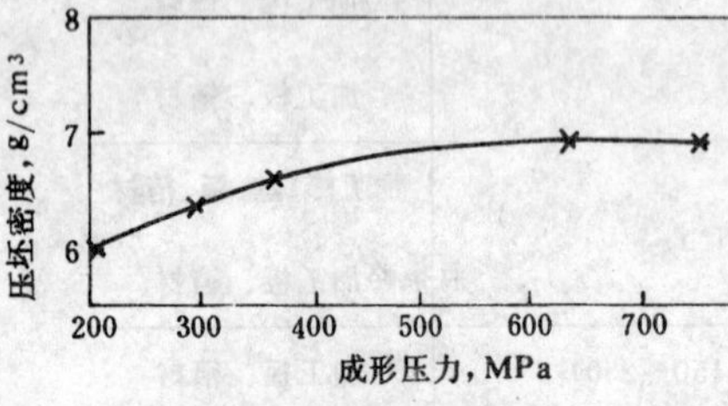

图 12-7-34 钼粉钢模冷压时压坯密度与压制压力的关系钼粉平均粒度 4.6μm，单向压制

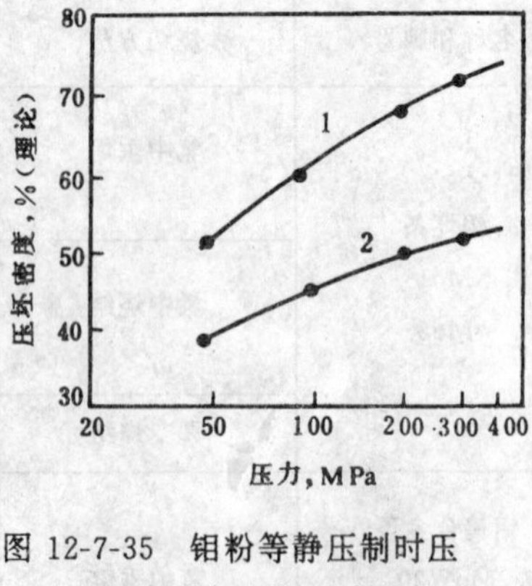

图 12-7-35 钼粉等静压制时压坯密度与压制压力的关系

1—平均粒度 4.2μm；2—平均粒度，1.4μm

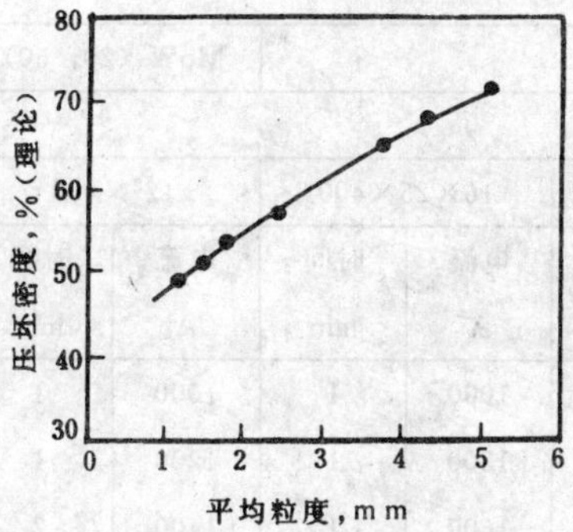

图 12-7-36 钼粉等静压制时压坯密度与粉末粒度的关系成形压力为200MPa

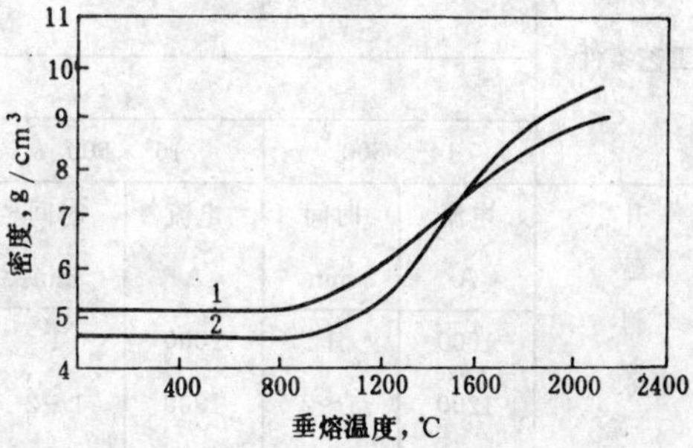

图 12-7-37 钼坯密度与垂熔温度的关系（0.5h）
1—粗粒粉；2—细粒粉

表 12-7-40 钼及其合金坯条预烧结工艺条件

牌号和名称		规格，mm	预烧结温度，℃	保温时间，min
Mo1，Mo2	丝、棒坯	14×14×600 18×18×600 20×20×600	1000×1200	40～60
	粗棒坯	ϕ(68～73)×(150～173)	1300～1350	120
	板坯	(22～28)×(105～120) (22～28)×(630～730)	1200～1300	120
MoW20、MoW50	丝坯	12×12×400	1100～1200	40～60

与垂熔钨条相似，致密金属钼条的质量同样根据外观形态、物理性能、化学纯度和显微结构进行鉴别。

垂熔钼条的密度为9.4～10.0g/cm³，不允许有分层、鼓泡、劈头、裂纹、过熔和玷污等缺陷，不吸水，线收缩率大于9%，Mo1坯条的断面晶粒数为1000～5000个/mm²，Mo2坯条的断面晶粒数为2500～10000个/mm²。

2. 间接烧结法

制取大尺寸的钼坯条常需要采取间接烧结法。间接烧结法亦可用于普通尺寸钼坯条的生产。此时，杂质含量可能比直接烧结钼条略高，但可以大量节约能耗和显著提高生产率。钼条的烧结工艺和钼条烧结及垂熔的经济效果分别列于表12-7-42和12-7-43。

表 12-7-41 钼及其合金坯条垂熔规范举例

工艺条件	牌号									
	Mo1								MoW (20, 50)	
	规格, mm									
	$14^2\times600$		$16^2\times600$		$18^2\times600$		$16\times25\times400$		$12^2\times400$	
升温制度	电流 A	时间 min	电流 A	时间 min	电流 A	时间 min	电流 A	时间 min	电流 A	时间 min
	1000	1	1000	1	1000	1	1000	1	1000	1
	1200	1~2	1300	1~2	1200	1	1300	1	1200	1
	1400	1	1600	1	1600	2	1600	1	1400	2
	1600	1~2	1900	1~2	1800	1	1900	2	1600	2
	1800	1	2200	1	2200	1	2200	1	1800	2
	2000	1~2	2500	1~2	2500	1	2500	1	2000	1
	2200	1	2800	1	2800	1	2800	1	2200	1
	2400	1	3100	1	3100	1	3100	1	2400	1
	保温电流	11~13	3300	1	3400	1	3400	1	保温电流	20
			保温电流	15~16	保温电流	14~16	3700	1		
							4000	1		
							4300	1		
							保温电流	15~20		
冷却时间, min	5		6		6		6		5	
氢流量, m^3/h	1.0~1.5		1.2~1.5		1.2~1.5		1.2~1.5		1.0~1.5	
氢气露点, ℃	<-10		<-10		<-10		<-10		<-20	

表 12-7-42 钼条的烧结工艺

规格, mm	装料量, 根/舟	氢气露点, ℃	烧结温度, ℃	保温时间, h
(12~25) × (14~25) × (400~600)	15~25	<-5	1750~1800	3~5

表 12-7-43 钼条烧结和垂熔的经济效果

比较项目	生产方法	
	烧结	垂熔
设备功率, kW	30	100
耗电量, kW·h/kg	10	20
耗氢气量, m^3/h	0.8	1.0~1.5
生产率, kg/昼夜	85~95	35~45
定员, 台/人	2~3	1

为了保证大坯块压塑的均匀性，需采用流体等静压压制钼坯。经流体等静压成形的钼坯，在带有加热器的马弗炉（图 12-7-38）或中频感应加热炉中进行烧结。烧结在 1600~1800℃下进行 3~5h。用这种方法可制取密度达 $10g/cm^3$、重 30~100kg 的钼坯锭。由于烧结温度低，钼锭为细晶粒结构（13000~28000 个/mm^2），而采用直接烧结法得到的钼锭为粗晶粒结构（3000~5000 个/m^2）。图 12-7-39 和图 12-7-40 所示分别为钼坯烧结密度与烧结时间和钼粉平均粒度的关系。

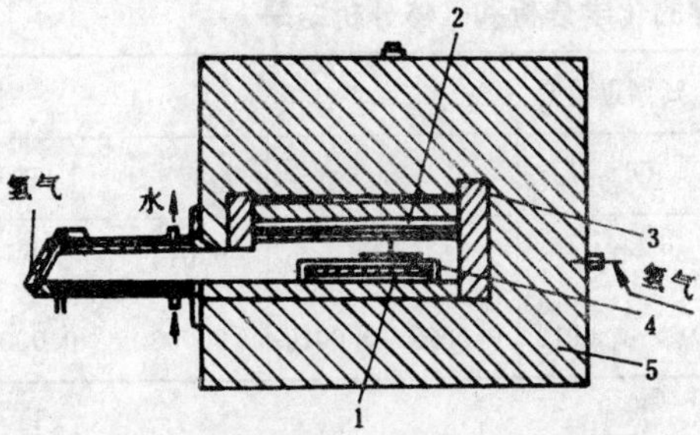

图 12-7-38　钼坯条烧结用的钼丝马弗炉简图

1—钼坯条；2—钼加热器；3—耐火炉衬；
4—测温孔；5—绝热体

（二）熔化法生产致密坯锭

1. 电弧熔炼法

电弧熔炼法可以制取更大的金属钼锭。在熔炼钼的实践中，普遍采用水冷铜结晶器自耗电极真空电弧熔炼法。

表 12-7-44 列出了钼粉，钼条和熔炼钼锭的杂质含量。从表可见，钼条在烧结时，特别是在真空电弧熔炼时，挥发性杂质锡、铅、铜、镁、铝、硅、铁的含量明显下降，同时降低了气体杂质的含量(作为脱氧剂加入的碳的含量除外)。

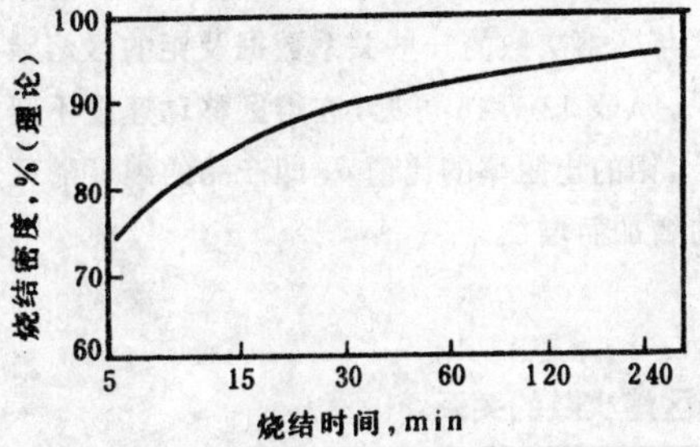

图 12-7-39　烧结时间对钼坯烧结密度的影响

粉末平均粒度为 2.9μm，成形压力为 200MPa，
烧结温度为 1740℃

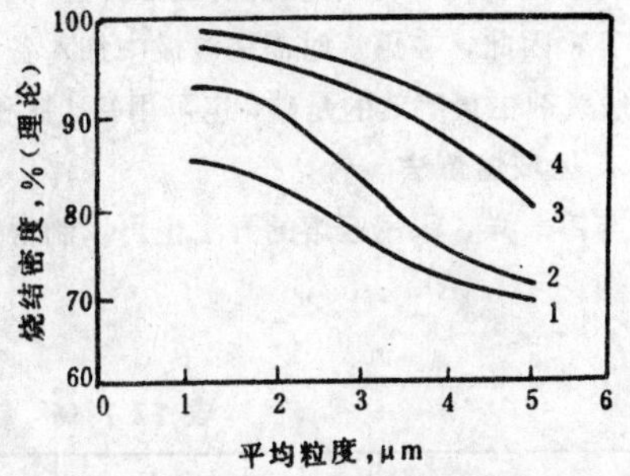

图 12-7-40　粉末粒度对钼坯烧结密度的影响

成形压力为 200MPa，烧结温度为 1740℃
1—5min；2—15min；3—120min；4—240min

表 12-7-44　钼粉、钼条和熔炼钼锭的杂质含量

钼的形态	杂质含量，%（重量）							
	Sn	Pb	Cd	Bi	Cu	Sb	Zn	Mg
钼粉	0.0001	0.0001	<0.0001	<0.00001	0.0070	<0.0001	<0.0004	0.0010
钼条	0.0001	0.00007	<0.0001	<0.00001	0.0014	<0.0001	<0.0004	0.0010
钼锭	<0.0001	0.00006	<0.0001	<0.00001	0.0006	<0.0001	<0.0004	0.0005
钼粉	0.0050	0.0017	0.0200					
钼条	0.0030	0.0012	0.0170	0.0005～0.007	0.0001～0.004	0.0001～0.0003	0.002～0.003	
钼锭	0.0013	0.0005	0.0020	0.0002～0.002	0.00011	0.0001～0.0002	0.02～0.04	

2. 电子束熔炼法

钼的电了束熔炼在 2900～3000℃温度和 1.33 $\times 10^{-3}$MPa 真空下进行。用 EMO-200 型炉子提纯钼，每公斤钼的电能消耗为 8～12kW·h，钼的烧损为 3～6%。表 12-7-45 列出的分析结果显示电子束熔炼钼具有高度的净化作用。

表 12-7-45 钼粉和电子束熔炼钼锭的化学分析和气体分析结果

钼的形态	杂质含量，%（重量）									
	Fe	SiO_2	Cr_2O_5	Al_2O_3	Ca	W	O	N	C	H
钼粉	0.01～0.02	0.005	0.002	0.005	0.009	0.03	0.08～0.12	0.001	0.014	—
钼锭	0.001	0.001	0.001	0.001	0.002	0.03	0.0013～0.0018	0.0008～0.0010	0.006	0.0005

电子束熔炼得到的钼锭具有比电弧熔炼得到的钼锭更粗的晶粒结构，粗晶粒其相应的晶粒总表面小，因此甚至少量的杂质也能在晶粒边界上生成密实的薄膜，从而大大损害钼锭的加工性能。氧杂质特别有害，因此，在熔炼时需往电极中加入各种脱氧剂。脱氧剂中最有效的是碳，也可用铝、钛和锆等。

3. 区域熔炼法

与钨一样，采用区熔的方法也可以制得纯度很高的钼。

钼中某些杂质的平衡分配系数 K_o 值如下：

杂质	W	Ti	Zr	Fe
K_o	1.5	0.18	0.4	0.3

表 12-7-46 和表 12-7-47 分别列出了钼区熔的纯度与区熔次数的一些关系数据及钼的区熔除杂质效果。从表 12-7-46 可见，在熔区移动速度不变的情况下，钼的电阻率的比值 δ，即产品的纯度随区熔次数的增加而增加。

表 12-7-46 钼区熔中纯度与区熔次数的关系

材 料	试棒直径 mm	区熔次数	重量损失 %	电阻率比值 δ $R_{298K}/R_{4.2K}$
钼原料	8	—	—	50
钼单晶	8	1	15	60
钼单晶	8	3	50	740
钼单晶	8	5	63	3000

表 12-7-47 钼的区熔除杂效果

杂质元素	杂质含量，%（重量）						
	Ca	Na	C	K	Fe	Si	O_2
钼原料	0.001	0.002	0.007±0.002	0.004	0.001	0.002	0.0003±0.0005
区熔后的钼单晶	<0.0001	<0.001	0.0015	<0.001	<0.001	<0.0001	<0.0001

二、钼的板、带、箔材及轧制棒材的生产

钼的板、带、箔材轧制生产及轧制棒材生产工艺过程与钨类似（见第十二篇第六章）。本节仅简述钼材轧制时不同于钨材的具体工艺条件。

（一）概述

中国现已制定出钼材生产的国家标准，如 GB3876—83 钼及钼合金板材等国家标准。钼的板、带、箔材品种及规格见表 12-7-48。

表 12-7-48　钼及钼合金板材的规格

牌　号	生产方法	供应状态	规格，mm		
			厚度	宽度	长度
Mo1	粉末冶金	硬状态（Y）	0.1～0.7	50～200	100～1000
		消应力状态（m）	0.1～0.7	50～200	100～700
		热轧状态（R）	＞0.7～5.0	50～200	100～500
JMo1		硬状态（Y）；消应力状态（m）	0.1～0.7	50～200	50～200
Mo2		硬状态（Y）	0.4～0.7	50～200	100～1000
		消应力状态（m）	0.4～0.7	50～200	100～500
		热轧状态（R）	＞0.7～0.5	50～200	100～500
Mo1·	真空	硬状态（Y）	0.1～0.2	100～200	100～1200
Mo2	电弧	消应力状态（m）	＞0.2～1.5	100～420	100～1200
MoTi0.5	熔炼	热轧状态（R）	＞1.5～5.0	100～400	100～1200

注：JMo1 牌号是用于制造引伸和卷边零件的交叉轧制钼板。

与钨板轧制不同，当钼板总加工率达到 90～95%时，由于塑脆转变温度已降至室温以下，可以进行冷轧变形。钼及钼合金的再结晶温度列于表 12-7-49。

（二）钼的板、带、箔材生产

1. 生产工艺过程及技术条件

表 12-7-49　钼及钼合金的再结晶温度

牌　号	品　种	工　艺　条　件	再结晶温度，℃	
			$t_{始}$	$t_{终}$
Mo	1mm 冷轧板	冷轧态	800～850	1050～1100
MoTi0.5	挤压坯	挤温 1500～1600℃，挤压比 3	1400	—
	锻坯	锻温 1350～1400℃，形变率 67%	1350	
	轧　坯	轧温 1300～1350℃，形变率 83%	1200	
TZM	挤压坯	挤温 1500～1600℃，挤压比 2.8	1550	1700
	锻　坯	锻温 1350～1400℃	1450	1600
	轧　坯	轧温 1300～1350℃，形变率 83%	1350	1600

钼板及箔材生产工艺过程分别见表 12-7-50 和表 12-7-51。

表 12-7-50　烧结坯钼板生产工艺过程

工序号	工序名称	轧前、轧后规格（厚×宽），mm	工　艺　条　件
1	热轧	22×180→8.5×180	一火三道次，ε_{Σ}61.5%，ε_{n}27%，辊温 100～150℃
2	温轧	8.5×180→4.5×180	一火三道次，ε_{Σ}47%，ε_{n}24～10%，辊温 100～150℃
3	碱洗	4.5×180	95%NaOH+5%KNO_3，400℃，碱洗后热水清洗

续表 12-7-50

工序号	工序名称	轧前、轧后规格（厚×宽），mm	工艺条件
4	表面打磨		清除表面残留氧化皮、压入物及局部裂纹
5	剪切		400～500℃热剪
6	温轧	4.5×220→2.8×220	一火三道次，ε_{Σ}38%，ε_{n}7～22%
7	消应力退火	2.8×220	900～950℃，60min
8	碱洗		同工序 3
9	表面打磨		同工序 4
10	温轧	2.8×220→0.8×220	一火三道次，ε_{Σ}71.5%，ε_{n}11～25%
11	消应力退火	0.8×220	900℃，60min
12	碱洗		同工序 3
13	剪切	0.8×210	切定尺
14	冷轧	0.8×210→0.3×210	ε_{Σ}62%
15	除油清理	0.3×210	除油剂用四氯化碳、汽油、酒精
16	消应力退火		666.5×10^{-4}Pa，900℃，60min，炉冷
17	成品冷轧	0.3×210→0.1×210	ε_{Σ}67%
18	成品剪切	0.1×200×l	切定尺
19	成品检查		按 GB3876－83 要求
20	包装入库		

注：牌号 Mo1，板坯 22×55×180mm，成品 0.1×200×lmm，硬态。除采用热轧开坯外，也可采用锻造开坯。

表 12-7-51 钼箔生产工艺过程

工序号	工序名称	轧前、轧后规格（厚×宽），mm	工艺条件
1	清洗	0.1×80～100	清洗剂用汽油及酒精
2	焊接引带		引带为不锈钢或普碳钢带
3	冷轧	0.1×80～100→0.1×80～100	ε_{Σ}90%，ε_{n}25～40%，前张力 200～80kg，后张力 220～110kg
4	成品剪切	0.1×80～100	
5	成品退火	0.01×80～100	0.6665Pa，850℃，20min
6	成品检查		按 GB3876－83 要求
7	包装入库		

2. 板坯准备

常用钼板坯尺寸为（mm）：20～26×50～60×150～200，6.0～6.5×30～40×400，20～30×90～100×250 与 38～45×110～130×290。

3. 热轧

钼烧结锭坯第一火加热温度为 1450～1500℃，经过挤、锻开坯的熔铸锭坯第一火热轧温度为 1150～1200℃。具体加热制度见表 12-7-52，钼板热轧工艺举例于表 12-7-53。

表 12-7-52　钼锭坯第一火加热制度

牌号	锭坯厚度 mm	加热制度				板坯类型
		温度 ℃	时间，min			
			感应炉	电炉煤气炉	钼丝炉	
Mo1，Mo2	22	1450～1500	20～7	—	100	烧结坯
	30	1150～1200	20～7	20～30	—	熔铸-挤压坯
MoTi0.5	22～25	1200～1220	20～7	30	—	同上

表 12-7-53　钼板热轧工艺实例

设　备	板坯品种及类型	轧后板材规格 mm	加热制度			压下制度			
			火次	温度 ℃	时间 min	道次	ε_n%	$\bar{\varepsilon}_n$%	ε_Σ%
氢气钼丝炉 ϕ420×380 可逆轧机	钼烧结坯	8.5×180×l	1	1500～1450	50	3	30	28.6	61
四辊可逆式轧机	经挤锻后的钼熔铸坯	2.5×250×l	1	1400		5	45	33.1	
			2	1200		2	25	21	90
氢气中频炉，ϕ500×864 可逆轧机	MoTi0.5 熔铸坯	2.5×6×l	1	1200	20～7	—	—	—	81.7
			2	1220	30	—	—	—	31.6
煤气炉，二辊轧机	同上	4.2×6×l	1	1200	23	4	—	28.6	74
氢气中频炉，二辊可逆轧机	同上	3.5～4×6×l	1	1300～1350	10	6～8	725	—	84

4. 温轧

钼及钼合金板材温轧工艺实例列举于表 12-7-54。

表 12-7-54　钼及钼合金板材温轧工艺实例

牌号	工序	火次	加热制度		轧件厚度 mm		道次	压下率，%				备　注
			温度 ℃	时间 min	轧前	轧后		ε_n	$\bar{\varepsilon}_n$	退火间 ε_Σ	ε_Σ	
	温轧	2	1300～900	10	8.5	2.8	6	27	16.7	67	90	钼丝炉，ϕ420×380 轧机
Mo	消应力退火	—	—	—			—	—	—	—		氢气保护，900～950℃，60min
	温轧	2	900～700	—	2.8	0.8	6	25	18.8	71.5		钼丝炉，ϕ420×380 轧机

续表 12-7-54

牌号	工序	火次	加热制度		轧件厚度 mm		道	压下率,%				备注
			温度 ℃	时间 min	轧前	轧后	次	ε_n	$\bar{\varepsilon}_n$	退火间 ε_Σ	ε_Σ	
MoTi0.5	温轧	1	650～700	—	2.5	1.1	—	—	—	56	76	钼丝炉,ϕ165/ϕ480×760轧机
	消应力退火	—	—	—	—	—	—	—	—	—		真空炉,850℃,90min
	温轧	1	500	—	1.1	0.6	—	—	—	45.4		同上

5. 冷轧

钼板总加工率达 90～95%时，即可进行冷轧加工。钼及钼合金板材冷轧工艺实例列于表 12-7-55。

表 12-7-55 钼及钼合金板材冷轧实例

牌号	板坯规格，mm		轧后厚度 mm	中间冷轧总加工率 %	成品厚 mm	成品冷轧总加工率 %	道次加工率 %	备注
	厚	宽						
Mo1，Mo2	0.8～1.0	<200	<0.5	50～60	0.1	<60	<10	
MoTi0.5	0.6～2.0	>600	0.3～1.0	<50	0.3～0.5	40～50	<10	板坯预热 300～400℃

6. 热处理

钼板成品热处理工艺条件列于表 12-7-56，不同加工率钼板的再结晶温度列于表 12-7-57。

表 12-7-56 钼板成品热处理工艺条件

牌号	成品厚度 mm	热处理类型	热处理制度		热处理方式	备注
			温度,℃	时间，min		
Mo	1.0～0.5	消应力退火	900	60	氢气中退火	温轧成品
	<0.5	同上	900	40	真空中退火	冷轧板材
	0.01	同上	850	20	同上	冷轧箔材
MoTi0.5	0.5	同上	850～900	60	同上	冷轧板材

表 12-7-57 不同加工率钼板的再结晶温度

板材厚度 mm	加工率 %	再结晶温度,℃		备注
		开始	结束	
4.0	77.8	1020	1050～1100	金相法检验
3.5	81.0	1000	同上	

续表 12-7-57

板材厚度 mm	加工率 %	再结晶温度,℃		备 注
		开始	结束	
3.0	83.3	980	同上	
2.5	86.0	980	同上	
2.0	89.0	930	同上	
1.5	92.0	900	同上	
1.0	94.4	800～850	同上	

注：以烧结锭坯原始厚度 18mm 开始计算加工率。

7. 钼的热处理炉、轧机及有关辅助工序请参阅钨的板、带、箔材生产的有关章节。

（三）掺杂高温钼材的生产

1. 概述

掺入钾、硅、铝元素的工业纯钼称为掺杂钼或高温钼（国际上称 HTM，中国称 GHM）。掺杂钼的再结晶温度由纯钼的 1100～1200℃左右提高 到 1700～1900℃，从而具有优异的高温性能。高温钼的棒、丝、板材及制品，能取代纯钼的一些应用领域。中国已能生产 ϕ1.5～1.0mm 的杆材与 ϕ0.8～0.38mm 的线材以及小规格板材，这些线材和小规格板材可分别用作特种灯泡的引出线与支架。奥地利普朗西金属公司最先生产高温钼材及其制品作为商品出售。该厂除生产一般的杆材及线材外，还生产 ϕ0.8mm×7×3 的绞合丝、厚 0.2～0.65×宽 400～600×长 1000～2000mm 的板材。日本东芝钨公司的 M40 丝即高温钼丝。美国、法国等国均生产高温钼材。

2. 高温钼生产工艺过程及条件

高温钼材生产包括坯条制备与压力加工两部分。可以仲钼酸铵、三氧化钼及二氧化钼为基体掺入钾、硅和铝。但以在未结晶的仲钼酸铵中进行“液-液掺杂的效果最好。棒及线材的生产为先旋锻开坯然后拉线；片及板材生产可采用热轧开坯，然后进行温轧与冷轧加工。高温钼生产工艺过程示例列于表 12-7-58。高温钼烧结条坯质量标准为：含 0.01～0.05%K_2O、0.01～0.10%SiO_2，Al_2O_3 少于 0.01%，O_2 少于 0.05%，烧结密度在 9.0g/cm^3 以上。

高温钼丝及钼板生产工艺条件分别示例于表 12-7-59、12-7-60。

表 12-7-58 高温钼生产工艺过程

工序	工序名称	工序设备	主 要 工 艺 条 件
1	掺杂	掺杂锅	在 MoO_3 中加入 0.3%K_2O、0.2%SiO_2 与 0.2%Al_2O_3（以 MoO_3 计）。先加热并搅拌 MoO_3，然后喷洒入硅酸钾与硝酸铝溶液，掺杂后烘干过筛
2	一次还原	单管炉	炉温 250～500℃，氢气流量 1.5m^3/h，装舟量 100g，还原时间 3～4h
3	二次还原	十三管炉	850～950℃，氢气流量 2.5～3m^3/（管·h），装舟量 250g/舟，还原时间 5～6h
4	压制	Y70-500 型油压机	压力≤294MPa，压坯 14×14×600mm，单重 650g
5	烘烤	恒温箱	200～300℃，40min
6	预烧	钼丝炉	1050～1200℃，60min
7	高温烧结	钨丝炉	1700℃，2～2.5h
8	垂熔烧结	垂熔机	800A，3min-1000A，5min-1200A，3min-1500A，5min-1900A，7min-2100A，1min-2400A，15min-冷却 7min

表 12-7-59 高温钼丝生产工艺过程

序号	工序名称	工序后工件规格（直径）mm	工艺条件
1	加热	12×12×500	十孔钼氢炉中加热至1500～1550℃，保温20min
2	13203旋锻	ϕ9～8.5	6～8模次
3	13202.5旋锻	ϕ6.8～7.0	加热温度1500℃，10min，2～3模
4	13202旋锻	ϕ4.8～4.5	汽化炉加热至1300～1200℃，7模
5	13201旋锻	ϕ3.0	汽化炉加热至1200～1100℃，5～6模
7	链拉	ϕ1.5～1.3	加热至1100℃，5模
8	2500B拉丝	ϕ0.7～0.6	加热至900℃，8～9模

表 12-7-60 高温钼板生产工艺

序号	工序名称	工序前后尺寸厚度 mm	主要工艺条件及设备
1	热轧开坯	22→10→2.5	在四辊可逆轧机上开坯，第一火1550℃，经二道次轧成10mm；第二火1500℃，经三道次轧成2.5mm
2	碱洗		NaOH溶液，500℃，2～3min
3	温轧	2.5→0.8→0.5	四辊轧机，料温400～500℃，以镍带作引带，前、后张力40～100kg
4	退火		1100℃，5min连续退火
5	冷轧	0.8～0.5→0.09	12辊轧机，二次退火间总加工率40～50%，中间退火温度900～1100℃，3min
6	冷轧	0.9→0.03～0.05	20辊轧机

3. 高温钼材性能

高温钼材的各种性能分别列于表12-7-61、12-7-62、12-7-63。

表 12-7-61 高温钼棒材及丝材机械性能

材料直径 mm	硬度 MPa	抗张强度 MPa	屈服强度 MPa	延伸率 δ %
0.5～1.5	2300～3000	7350	6350	25
>1.5～4.0	2300～3000	6850	5900	25
>4.0～6.5	2250～2800	6850	5900	25
>6.5～15	2250～2800	6350	5400	20
>15～20	2200～2600	6350	5400	20

续表 12-7-61

材料直径 mm	硬　度 MPa	抗张强度 MPa	屈服强度 MPa	延伸率 δ %
＞20～25	2200～2600	5900	4900	20
＞25～32	2150～2500	5900	4900	20
＞32～35	2150～2500	4900	4400	15
＞35～50	＞2100	4900	4400	15
＞50～100	＞2100	4400	3900	10

表 12-7-62　高温钼丝弯曲性能

丝　径 mm	弯曲半径 mm	90°弯曲数 次	备　注
ϕ1.0	3	8～4	丝材均为 1900℃再结晶退火，在室温下反复弯曲
ϕ1.5	5	2	
ϕ1.3	4	7～8	
ϕ0.38	1	9～20	

表 12-7-63　高温钼的物理性能与力学性能

(1) 物理性能

名　称	符　号	单　位	实验条件	数　据
密度	γ	g/cm^3	室温	10.1
晶体结构				体心立方
线胀系数	α		500～700℃	$4.3\times10^{-6}\sim1.5\times10^{-6}$
电阻率	ρ	mm^2/m	1100℃退火后室温测定	0.065

(2) 导热系数与温度关系

温度,℃	室温	100	200	300	400	500	600	700	800	900
J/ (cm·s·℃)	1.323	1.302	1.256	1.142	1.050	1.029	1.050	1.113	1.218	1.365

(3) 室温力学性能

规格 (直径) mm	状态	σ_b MPa	δ_{50} %

续表 12-7-63

规格（直径）mm	状态	σ_b MPa	δ_{50} %
ϕ1.5	形变态	1000	5
	1100℃退火态	800	15～20
	1900℃再结晶态	400～500	≥20
ϕ1.0	形变态	1300	5
	1100℃退火态	900	≥20
	1900℃再结晶态	400	≥20
ϕ0.6	1100℃退火态	1000	18
	1900℃再结晶态	400	14
ϕ0.4	1100℃退火态	1000	10
	1900℃再结晶态	390	15

日本生产的高温钼板材含 0.05～0.1%K、0.1～0.15%Si、0.007～0.1%C，主要用作集成电路陶瓷基板、电子磁控管用陶瓷元件、钐钴铁等进行烧结或煅烧时所用衬板或烧舟等制品。其主要力学性能列于表 12-7-64。

表 12-7-64 日本高温钼板材力学性能

退火温度 ℃	抗张强度，MPa		维氏硬度，MPa	
	高温钼	纯 钼	高温钼	纯 钼
加工态	1350	920	2700	2650
1000	650	300	—	—
1100	580	220	2600	2500
1200	500	180	2450	2300
1300	470	100	2200	1600
1400	420	90	2050	1600
1500	380	80	2050	1600
1600	340	50	2000	1600
1700	300	40	1980	1600
1800	280	40	—	—

注：表 12-7-64 中高温钼板及纯钼板材为厚 1mm 的冷轧板材在不同温度退火后的室温检测数据。

（四）添加稀土的钼合金

近数年来，人们对稀土钼合金进行了广泛的研究。日本东京钨公司等研制成的 TEM 型钼合金。由于往钼中掺入 0.1～1.0%稀土，其再结晶温度可控制在 1300～2000℃范围内，再结晶后的韧性为纯钼的 5 倍以上。此合金在高温下使用时，其它掺杂剂不易挥发，并且不会发生变形等缺陷。与掺杂钼比较，TEM 合金有更高的再结晶温度与高温性能，可以加工 ϕ0.08～20mm 的线材及棒材，也可加工成 0.1～10mm 的薄板材。在纯钼中加入 1.0～5%La_2O_3

制成的钼材，其再结晶温度高，加工性能良好，研究表明还具有良好的热电子发射性能。含 0.1～3%氧化铈的钼材，不仅再结晶温度高，而且强度和硬度都大。含 1%氧化铈的钼丝，弯曲次数达 20 次以上，拉伸强度达 900MPa，维氏硬度达 3000MPa。在含钾 70～100ppm、硅 30～50ppm 的掺杂钼中加 0.01～2% Y_2O_3 和 0.01～0.8%MoB 后，其性能比单纯掺杂钼的好得多，这种加 Y_2O_3 和 MoB 掺杂钼的生产与掺杂钼生产工艺类似。

三、钼板的冲压、拉延制品的生产

用冲压的方法将钼板深加工成各种制品是目前常用的方法。常用的有落料、冲孔、弯曲和拉延等工序。前两种工序是属于使钼板发生剪切破裂的分离冲压工序，称为裁冲；后两种是使钼板产生塑性变形的冲压工序。

（一）冲裁

冲裁是利用冲模具使材料分离的工艺。目前多用在可控硅钼基圆片及为钼筒的拉深落料等方面。钼圆片的冲裁利用凸（阳）模、凹（阴）模在曲柄冲压机上进行。凸模的外径比凹模内径稍小，两者配合存在一定间隙。模具间隙影响冲裁件的断面质量、形状精度和尺寸精度。冲裁件断面的质量是由光亮带、断裂带、断面斜角 α、冲裁圆角 R 及毛刺等因素构成，如图 12-7-41 所示。

1. 冲制钼板的间隙值 z

冲制钼片时，若模具间隙值取得合理，则凸模和凹模刃口形成的上下两个剪切裂纹应重合，冲制件由于拉力产生的毛刺高不明显，光亮带和圆角带宽约占料厚的 1/2～1/3。若间隙小，则光亮带增加，冲制件尺寸精度较好，但模具寿命短。间隙增大，光亮带减少，α 及 R 均增大，冲裁件挠曲严重，过大的拉力往往在钼冲件厚度方向于光亮带处产生分层裂纹。间隙值一般由经验确定。为避免分层缺陷，宜采用较小的合理间隙值。在钼板性能一定的情况下，间隙值随厚度增加而增加，根据实际经验并参照耐热不锈钢的冲制间隙值，确定了冲压钼制件模具间隙值如表 12-7-65 所列。

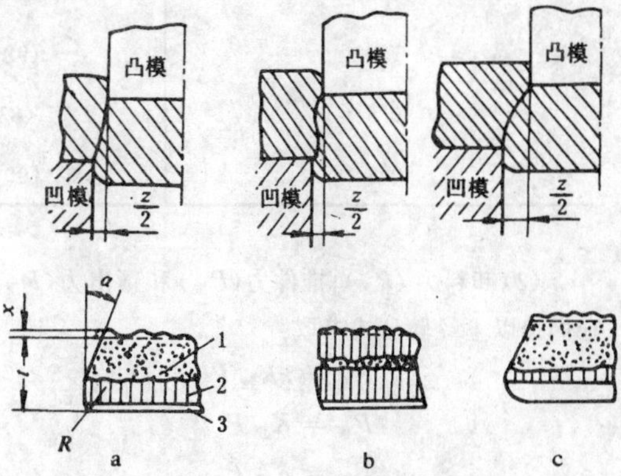

图 12-7-41 冲裁件断面形状

a—合理间隙； b—间隙太小； c—间隙太大
1—断裂带； 2—光亮带； 3—圆角带
R— 冲裁圆角； t— 料厚； x— 毛刺高度；
α— 断面角； z— 双面间隙

表 12-7-65 不同厚度钼板双面间隙值 z

板厚，mm	0.4	0.5	0.6	0.8	1.0	1.2	1.5	1.8	2.0	2.5	3.0	3.5	4.0
$z_{(max)}$	0.05	0.08	0.1	0.12	0.15	0.18	0.23	0.27	0.32	0.43	0.54	0.65	0.76
$z_{(min)}$	0.03	0.04	0.05	0.09	0.11	0.14	0.19	0.23	0.28	0.37	0.48	0.58	0.68

超过 1.0mm 厚的钼板冲制时必须加热到 400～500℃。温度过低，冲制件可产生分层的缺陷。

2. 冲裁力的计算及冲床公称压力选择

(1)最大冲裁力与冲裁件的抗剪强度、厚度和冲裁周边长度的关系用下式表示：

$$P_0 = 1.3Lt\tau_0$$

式中 P_0 —— 最大冲裁力，N；

L —— 冲裁件周边长，m；

t —— 坯料厚度，m；

τ_0 —— 材料抗剪强度 9.8×10N/m²。

由于 $\sigma_b \approx 1.3\tau_0$，所以 $P_0 = Lt\sigma_b$，σ_b 为材料的抗拉强度。由于钼的导热率较高，散热快，计算冲裁力可用钼板室温抗拉强度，如表 12-7-66 所列。

表 12-7-66 不同厚度钼板室温 σ_b

钼板厚度 mm	抗拉强度 σ_b, N/m²	
	轧态	退火态
4.0	(70～80) ×10^7	(65～80) ×10^7
3.5	(79～88) ×10^7	(65～84) ×10^7
3.0	(75～81) ×10^7	(73～75) ×10^7
2.5	(87～91) ×10^7	(78～91) ×10^7
2.0	(73～88) ×10^7	(72～84) ×10^7
1.5	(85～94) ×10^7	(85～90) ×10^7
1.0	(92～103) ×10^7	(85～87) ×10^7
0.6	(83～88) ×10^7	(77～80) ×10^7
0.3	(90～100) ×10^7	(77～86) ×10^7

(2)卸料力($P_{卸}$)、推件力($P_{推}$)和顶出力($P_{顶}$)。它们按以下经验公式求取：

$$P_{推} = nK_{推} P$$
$$P_{顶} = K_{顶} P$$
$$P_{卸} = K_{卸} P$$

式中的 P 为最大冲裁力；$K_{推}$ 为推料力系数(约 0.03 ～ 0.09)；$K_{顶}$ 为顶件力系数(约 0.03 ～ 0.09)；$K_{卸}$ 为卸料力系数(约 0.02 ～ 0.06)；n 为同时卡在凹模内的冲压件数，一般 $n = h/t$，h 为凹模洞口高，t 为钼板厚。

(3) 冲床公称压力 P_z 的选择。指滑块在距下止点(压力最大)某个距离的位置上的压力，它必须大于或等于最大冲裁力与卸料力、推件力及顶件力之和，即

$$P_Z \geqslant P + P_{卸} + P_{推}$$

(二) 钼的拉延 (引伸或拉深)

拉延是以板料或筒形件等为毛坯，利用拉延模再制成圆筒或导型等制品，而厚度保持不变的一种冲压工艺，属于变形的基本工序。钼的拉延一般在液压设备上进行。

1. 圆筒形件拉延的基本原理

最简单的拉延是将毛坯圆板在阳(凸)模与阴(凹)模中压成开口圆筒形的拉深件。阳模和阴模具有圆角半径 $r_{凸}$ 和 $r_{凹}$，阳模与阴模间隙 Z 大于或等于毛坯厚度。当阳模向下运动时毛坯即被压入阴模而形成拉延件，如图 12-7-42。

拉延成型过程如图 12-7-43 所示，将圆毛坯分

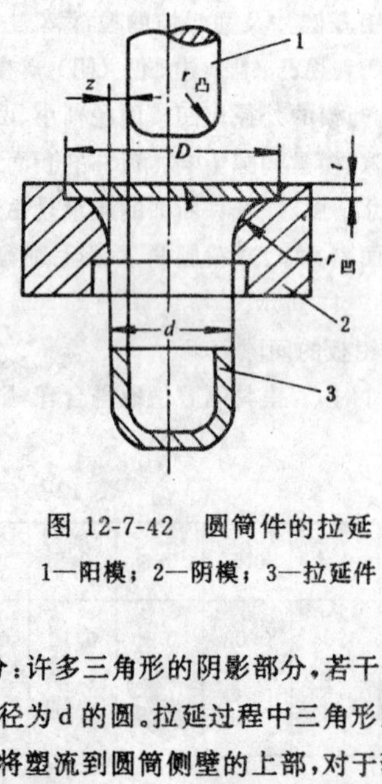

图 12-7-42 圆筒件的拉延
1—阳模；2—阴模；3—拉延件

成三部分：许多三角形的阴影部分，若干长为 h 的狭条区，直径为 d 的圆。拉延过程中三角形区的金属是多余的，将塑流到圆筒侧壁的上部，对于薄钼板的深筒件容易在此形成皱折，拉延时需加压边圈防止形成皱折。拉延时的变形程度取决于被转移的多余材料的多少和转移行程的大小。在筒径与板料厚相同的情况下，深筒的变形要大于浅筒变形。钼在成形过程中，伴随着冷作硬化，其强度、硬度提高，塑性降低，但在拉延成形过程中，工件不同部位变形特点不同。如图 12-7-43，这是带凸缘的圆筒形拉延件，拉延变形时的外力是由阴、阳模及压边圈的压力、模具

与工件间的摩擦力构成。在外力作用下，拉延的工件可分为以下五个变形区，如图 12-7-44 所示。

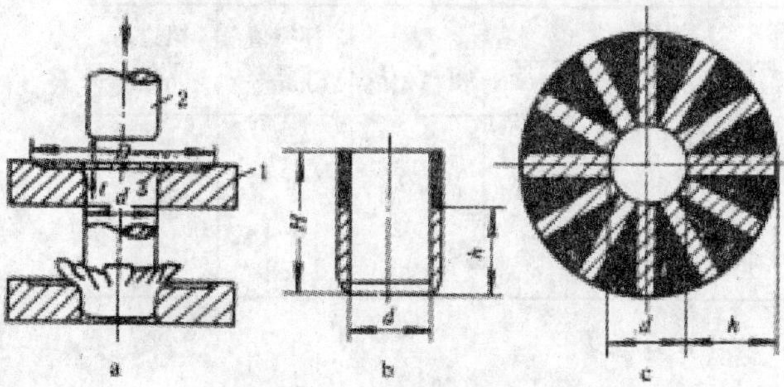

图 12-7-43　拉延成形过程

a—皱折的形成；b—拉延件；c—毛坯

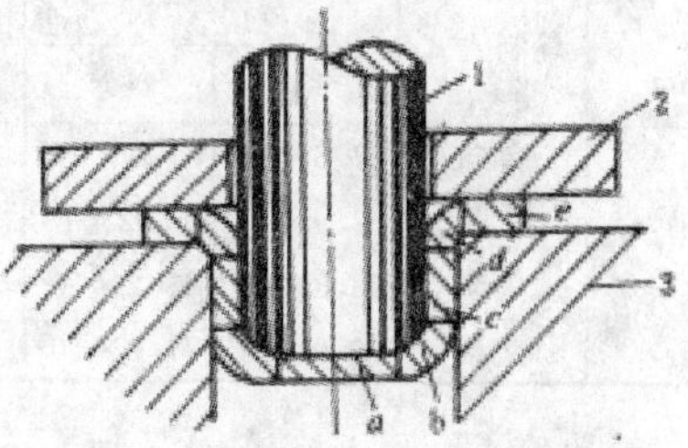

图 12-7-44　拉延过程中的拉延件变形区

1—凸模；2—压边圈；3—凹模

图中的 a 为筒底变形区，材料受力及变形很小，厚度基本不变；b 为阳模圆角变形区，材料在径向和切向受到拉力及阳模压力，拉延开始时有弯曲变形，材料易变薄；c 为筒壁传力区，这部分材料受单向拉力，产生单向生长，而上端需转移的材料比下端多，拉力比下端小，上端材料变厚，下端材料易变薄；d 为阴模圆筒变形区，受到切向压缩和径向拉力的作用，还要承受凹模圆角压力，有弯曲变形；e 为凸缘变形区，切向受压缩，径向受拉伸，还承受压边圈的压力，有变厚的趋势。

2. 拉伸系数 m

为了合理地确定拉延次数以及每次拉延能达到的最大变形程度，引入了拉延系数这一重要的工艺参数。筒形件拉延系数 m 等于每次拉延后的外径与前一次外径的比。第一次拉伸系数等于拉延后圆筒直径与圆板毛坯直径 D 之比，如下式：

$$m_1 = \frac{d_1}{D}, m_2 = \frac{d_2}{d_1}, m_3 = \frac{d_3}{d_2} \cdots\cdots$$

式中　m_1、m_2、m_3……—— 各次拉延的拉延系数；

d_1、d_2、d_3……—— 中间及成品的拉延直径；

D—— 毛坯直径。

拉伸系数永远小于 1，m 值愈小则变形程度愈大，最小的拉延系数称极限拉延系数 m_k。实际拉延系数要略大于极限拉延系数。确定了各次拉延系数后就可以算出各道工艺中半成品尺寸并进行模具设计。影响拉延系数及拉延件质量的因素有：

（1）钼板的机械性能影响。轧制的钼板由于形变织构的影响，存在着平面各向异性，与轧向呈 45°方向，延伸率最大。拉延过程中，三角形多余金属沿此方向延伸最大，在拉延件口部形成四个“裙边”和“矢沟”如图 12-7-45。

“裙边”的生成增加了拉延件边缘的切边余量，并使拉延件沿周边和母线壁厚不均匀，裙边生成率将随拉延系数减小而增大。单向轧制的钼板由于板面纵、横向机械性能的过大差异，“裙边”生成率大于交叉轧制的钼板。合理的交叉轧制及退火工艺生产的钼板，其纵、横机械性能较均匀，允许取小的 m 值而不形成高的“裙边”，如表 12-7-67 所示。

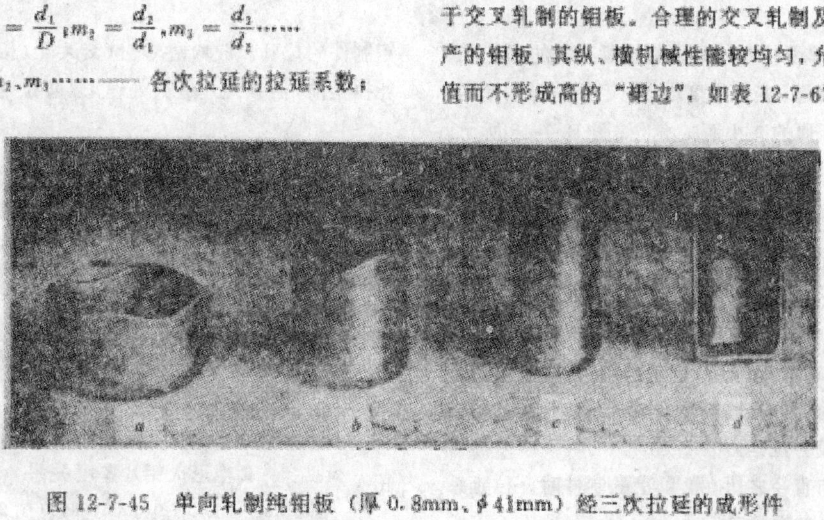

图 12-7-45　单向轧制纯钼板（厚 0.8mm、ϕ41mm）经三次拉延的成形件

a— m_1 = 0.58，b— m_2 = 0.73；c— m_3 = 0.78；d— m_3 = 0.78（由矢沟切开的纵断面）

表 12-7-67 单向与交叉轧制钼板机械性能比较

板厚 mm	轧制方式	σ_b, N/m² 纵	σ_b, N/m² 横	σ_b 纵横差值 N/m²	δ, % 纵	δ, % 横	δ% 纵横差值	杯突值 mm	裙边高 mm
0.6	单向	87.5×10⁷	91.6×10⁷	4.1×10⁷	11.9	6.4	5.5	4.76	3.25
	交叉	83.9×10⁷	86.32×10⁷	2.42×10⁷	12.3	9.4	2.9	6.7	2.42
0.3	单向	93.8×10⁷	98.2×10⁷	4.4×10⁷	11.2	2.2	9.02	3.9	—
	交叉	76.9×10⁷	77.8×10⁷	0.9×10⁷	8.5	5.0	3.5	5.3	—

在拟定钼制件拉延工艺时，必须考虑材料性能的各向异性系数以及各向异性率与拉延系数对“裙边”生成率的影响。

各向异性系数 R 由与钼板轧向垂直、平行及45°方向切取的平板试样进行单轴拉伸实验结果确定。R 由下式求取：

$$R = q_b/q_t$$

式中的 q_b 及 q_t 为试样宽及厚度的相对变形沿钼板三方向切取的单轴拉伸试样宽 $b = 5\text{mm}$，计算长 $l_0 = 10b$，实验在材料试验机上进行。实验证明在与轧向呈45°方向的 R 具有最大值。

以 λ_R 表示材料的综合各向异性率，如下式：

$$\lambda_R = \left[R_{45} - \frac{1}{2}(R_0 + R_{90})\right]/R_{cp}$$

式中的 R_0、R_{45}、R_{90} 为与钼板轧制方向分别为0°、45°、90°方向的各向异性系数，R_{cp} 为三方向 R 的平均值。

钼及钼合金板的 R、λ_R 与极限拉延系数的关系如表12-7-68所列。可见随板材性能原有各向异性率 λ_R 的增大，角形件拉延系数要相应增大，否则容易在裙边处开裂。

“裙边”及开裂是随后拉延的隐患，应及时车去，并用砂布打磨毛刺。

表 12-7-68 钼及其合金的 R、λ_R、m 值

板材状态	板厚 t_0 mm	不同取向的 R 0°	45°	90°	λ_R	极限拉延系数 m_{li}
经880℃、30min、0.013Pa 真空下退火纯钼	0.8	0.72	1.1	0.8	0.39	0.545
经1070℃、1.5h、0.013Pa 真空退火的 TZM 合金的单向轧	0.81	0.4	0.85	0.45	0.75	0.57

(2)钼板厚及拉延件高度对拉延系数的影响。随着钼板厚度减薄，变形程度增大，钼板的塑性提高，拉延系数随板厚的减小而减小，如图12-7-46所示。0.3mm厚钼板极限拉延系数略有增高，这是由于毛坯较薄，在拉延件口部阻止三角形区材料拱起形成皱摺的能力弱，因此拉延过程中材料的厚度 t_0 与毛坯直径 D_0 比值 t_0/D_0 是决定拉延系数的重要参数。t_0/D_0 比值大，则 M 值应选取小些，拉延次数可以减少；t_0/D_0 比值小，则 M 值增加，拉延次数增多。为了在拉延时避免产生皱摺，需对毛坯边缘加压边圈，施加的压力一般为拉延力的1/4。

冲压高与直径之比在2以上的制件时，拉延系数增大，需经数次拉延完成。

(3)温度及变形速度对钼合金拉延系数的影响。钼制件的拉延一般均由冷轧（交叉轧）钼片进行，板坯拉延前，必须经过退火处理，以防拉延时开裂。必

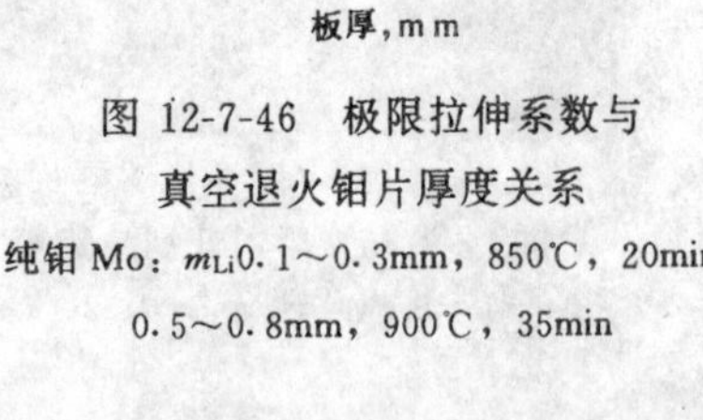

图 12-7-46 极限拉伸系数与真空退火钼片厚度关系

纯钼 Mo：m_{Li}0.1～0.3mm，850℃，20min；0.5～0.8mm，900℃，35min

钼合金（交叉轧制）TZM、TZC：1070℃，1.5h，拉延速度 $v=0.015m/s$

须根据钼的再结晶图（图 12-7-47、12-7-48）来确定其最佳预变形程度和退火制度。

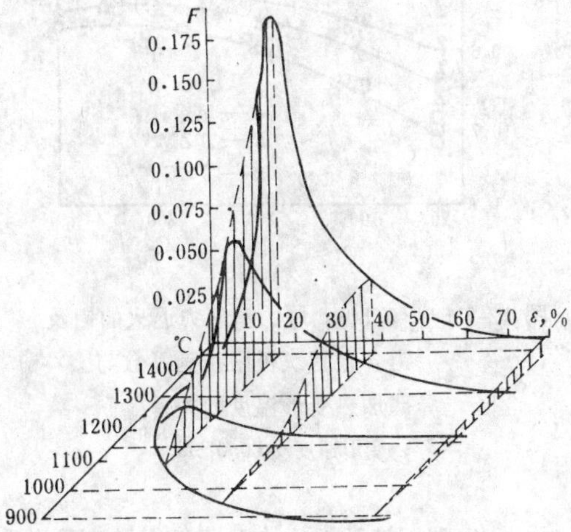

图 12-7-47　纯钼的再结晶图（F 为晶粒的平均面积）

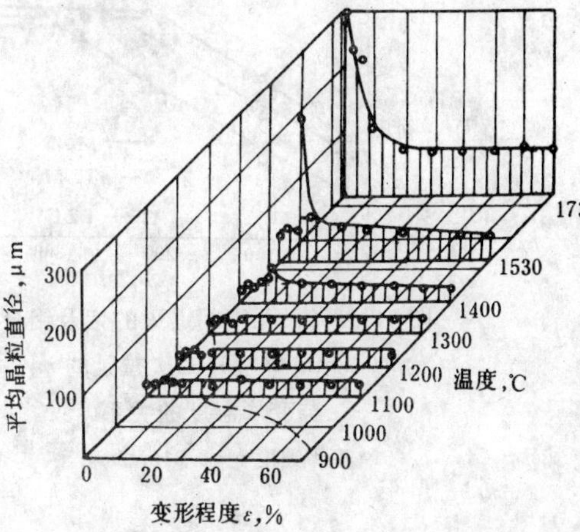

图 12-7-48　真空熔炼钼再结晶图

由于钼片冲压是在高变形速度、低温和复杂应力变形状态下进行，完全再结晶钼板性脆，冲制时沿晶断裂，因而用于冲压的钼片应进行消应力或高温回复退火，基本保持了轧制钼片原有的纤维加工组织，纤维有一定的宽化，允许局部出现少量再结晶组织（等轴晶不超过断面的 10%）。不同厚度的纯钼退火制度如表 12-7-69 所列。小于 0.6mm 厚的钼片，经充分退火后可以在室温下进行拉延操作。极限拉延系数 m_{Li} 在 0.59～0.62 范围。

表 12-7-69　不同规格纯钼片退火温度范围

钼片厚 mm	退火温度 ℃	保温时间 min
0.1～0.2	800～850	20～30
0.3～0.4	850～900	20～30
0.5～0.6	900～1000	20～40

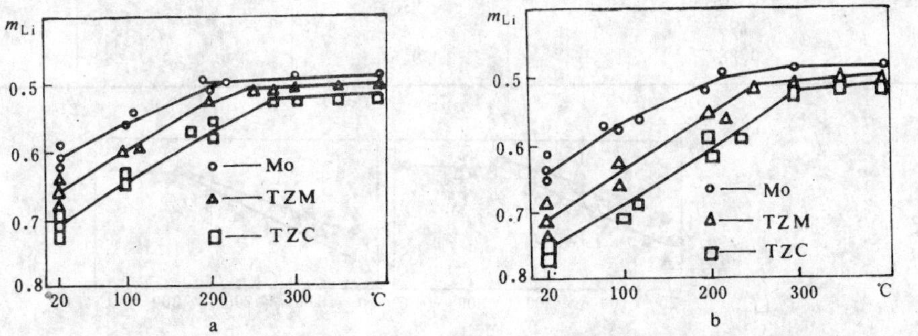

图 12-7-49　首次热拉延的钼及其合金（板厚 t_0 为 0.8mm）的拉延系数 m_{Li} 与变形温度的关系

a—变形速度 $v=0.015m/s$；b—变形速度 $v=0.28m/s$

厚度 t_0 在 6mm 以上的钼及其合金在室温下拉延是不稳定的，需在加热状态下进行。一般是通过煤气火圈对坯料和模具进行加热，在热拉延中可以稳定地得到最大变形率的温度被认为是最佳加热温度。钼及钼合金在加热器下拉延，m 值明显减小。图 12-7-49 表明首次热拉时 m 与变形温度的关系曲线。变形温度对二次拉延作业极限拉延系数的影响如图 12-7-50 所示。

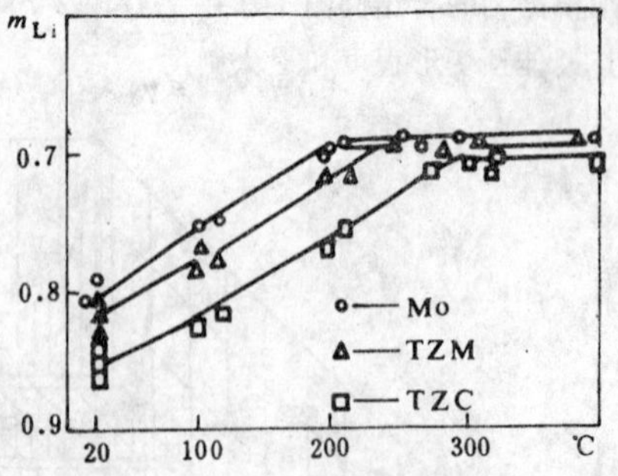

图 12-7-50 无中间退火的钼及钼合金（0.8mm 厚板）二次拉延的 m_{Li} 与变形温度的关系

变形速度 $v=0.015$m/s

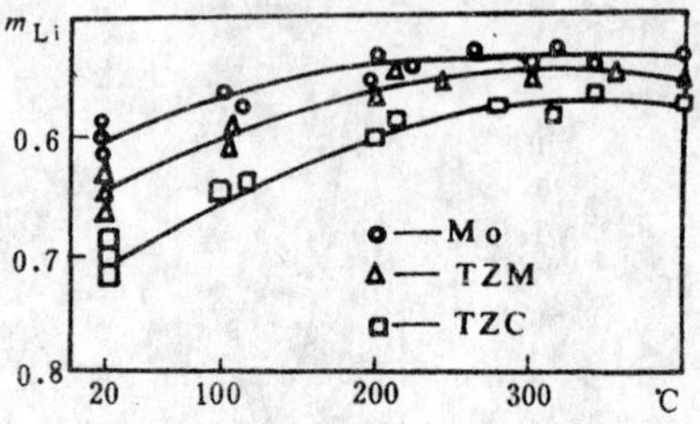

图 12-7-51 0.8mm 厚、消应力退火的钼及钼合金首次极限拉延系数与局部加热变形温度的关系

变形速度 $v=0.015$m/s

采用局部加热坯件凸缘周边（由阴模加热），使坯件中心部分冷却（由冲头冷却），即使容易拉裂的危险截面位于冷却带，在 0.015m/s 的速度下拉延时（图 12-7-51），其极限变形率比加热坯件拉延时高（图 12-7-49）。

室温下拉延钼板的 m 值随变形速度的增加而增大，且随板的增厚迅速增加，如表 12-7-70。而加热拉延时，随加热温度提高拉延速度对 m 值的影响逐渐减小，如图 12-7-52，由图 12-7-49 也可见到这种情况。

表 12-7-70 纯钼极限拉延系数与板厚及拉延速度关系数据

速　度 m/s	钼板厚 t_0, mm		
	0.3	0.5	0.8
0.002	0.54	0.55	0.6
0.015	0.54	0.55	0.6
0.28	0.57	0.59	0.64

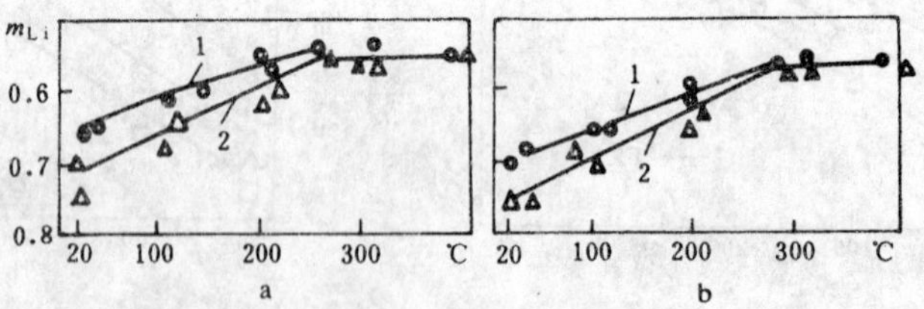

图 12-7-52 TZM 与 TZC 钼合金首次拉延系数与变形速度及温度的关系

a—经 1070℃、1.5h 真空退火的 TZM（厚 0.76mm）；b—TZC（厚 0.8mm）

1—$v=0.015$m/s　2—$v=0.28$m/s

根据钼及钼合金化学组成、坯件厚度、机械性能和工艺性能，D_0/t_0（坯件直径与壁厚之比）、变形温度和速度，推荐用表 12-7-71 所列各次作业的拉延系数。

表 12-7-71 钼及钼合金拉延系数

牌号，状态及成分	板厚 t_0 mm	单轴拉伸		双轴拉伸（静液压坑实验）		杯突深度 $R=$ 10mm	D_0/t_0	工作拉延系数						变形温度 ℃
								无中间退火			中间退火			
		$\sigma_{0.2}/\sigma_b$	δ_{10} (20℃) %	$(\Delta t/t_0)_K$	压坑深 mm			m_1	m_2	m_3	m_4	m_5	m_6	
纯钼，850℃，15min (H_2)	0.3	0.93	9.2	—	—	5.2~5.6	75	0.58~0.6	0.73~0.75	0.8	—	—	—	20
纯钼，890℃，35min (真空)	0.52	0.875	12	0.29	11.5~11.9	6.5~7	110	0.6~0.62	0.75~0.77	—	—	—	—	220
纯钼，890℃，35min (H_2)	0.82	0.87	25	0.36	13.8~14.1	7.5~8	73	0.57~0.59	0.73~0.75	0.8~0.82	0.84~0.86	0.86~0.88	0.88~0.90	220~260
纯钼，1070℃，15h (真空)	0.81	0.79	5~15	脆裂			70							
纯钼，冷加工状态	0.81	0.92	8.5	—		5.3~5.8	66.5	0.62~0.64	0.75~0.77	—	—	—	—	220~260
TZM，1070℃，1.5h 真空退火	0.3	0.95	8	—	—	4.7~5	75	0.58~0.6	0.75~0.77	0.82	—	—	—	20
TZM，1070℃，1.5h 真空退火	0.81	0.91	7	0.2	110~10.5	—	70	0.6~0.62	0.74~0.76	0.81~0.83	0.84~0.86	—	—	250~300
TZM，1070℃，1.5h 真空退火，交叉轧制	0.49	0.85	11	0.18	9.8~10.2	5.3~5.8	115	0.61~0.63	0.75~0.77	—	—	—	—	250
TZM，1070℃，1.5h 真空退火，交叉轧制	0.76	0.88	12.6	0.25	12.0~12.5	7.3~7.7	77.5	0.58~0.6	0.73~0.75	0.80~0.82	0.84~0.86	0.86~0.88	0.88~0.9	200~300
TZC，1070℃，1.5h (真空)	0.8	0.895	8.5	0.22	10.8~11.2	6~6.3	74	0.6~0.62	0.74~0.76	0.81~0.83	0.84~0.86	0.87~0.9	0.9~0.92	280~350

注：(1) 在变形速度为 0.2~0.25m/s 时，工作系数 m 取高值；

(2) 取 $m=(1.05\sim1.08)\ m_{lim}$，$m_{lim}$ 为极限拉延系数，m 为工作拉延系数；

(3) 加热拉延时阳模温度低于 100℃~140℃；

(4) $(\Delta t/t_0)_K$—— 压坑（顶部）的相对变薄 $\Delta t=t_0-t_K$，t_K 为压坑内金属的最终厚度。

（三）模具几何参数对拉延的影响

拉延时模具的主要几何参数（见图 12-7-42）阴模圆角半径 $R_凹$、阳模圆角半径 $R_凸$ 以及阴、阳模配合的间隙 z 对拉延件壁厚变化及拉延系数均有影响。

阴模圆角半径 $R_凹$ 较大，拉延时圆角处弯曲应力小，金属流动容易，拉延系数 m 值较小。但 $R_{凹}$ 过大，会引起压边力减小。$R_{凹}$ 的最小值可按照 U. A. 诺里林公式确定

$$R_{凹最小}=\frac{0.73D_0-d_{凸}-2z}{2}$$

式中 D_0—— 坯料直径；

z—— 单边间隙；

$d_{凸}$—— 阳模直径。

阳模圆角半径 $R_{凸}$ 大，m 值可降低，但拉延尺寸精度差；$R_{凸}$ 过小会促使零件在危险断面处壁厚减薄。0.86mm 厚度的 TZM 钼合金板首次拉延时，取阴模 $R_{凹}=5t_0$，阳模的 $R_{凸}$ 为 $1t_0\sim6t_0$，在 300℃温度下热拉延，其拉伸件壁厚的变化如表 12-7-72 所列。从表中可看出，阳模圆角半径 $R_{凸}$ 减小，在不显著增加拉延应力的情况下，会使零件壁变薄，减低了危险截面处的有效强度，从而提高极限拉延系数。0.76mm 厚 TZM 钼合金板在相对缝隙 $z/t_0=1.1$、变形温度 280℃拉延时，极限系数与阳模、阴模半径的关系示于图 12-7-53。从图看出，随模具（主要是阳模）圆角半径减小，m 值要增大。因而，在拟定拉延工艺、选择合理的模具圆角半径以及确定拉延系数时，要考虑到零件允许变薄率。表 12-7-73 给出了当 $R_{凹}=R_{凸}$ 时，极限拉伸系数的最大变薄率。

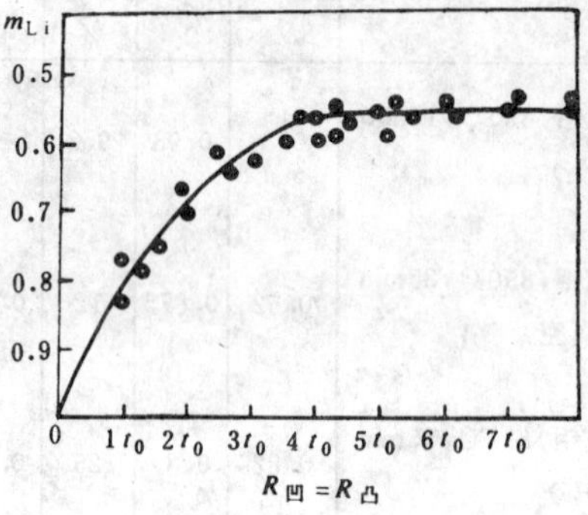

图 12-7-53 0.78mm 厚 TZM 钼合金模具半径与首次极限拉伸系数的关系曲线

拉延加热温度 280℃，$v=0.015$m/s

表 12-7-72 阳模圆角半径与壁厚变化关系数据

$R_{凸}$ mm	危险截面最大减薄率 $\Delta t/t_0$，%	零件口部边缘最大增厚率 $\Delta t/t_0$，%	拉伸应力 σ_p N/m²
	纵轧钼板		
$1t_0$	沿危险截面处断裂		
$1.5t_0$	29	20	零件报废
$2t_0$	19.5	21	295×10^6
$3t_0$	13.5	17	—
$4t_0$	10.0	16	—
$5t_0$	8.5	15.8	—
$6t_0$	7.2	15.5	262×10^6

表 12-7-73 最大变薄率与拉延条件的关系

合金牌号	板厚 t_0 mm	m_1	$R_{凹}=R_{凸}$ mm	D_0/t_0	z mm	拉伸应力 N/m²	加热变形时 σ_b N/m²	最大减薄率 $\Delta t/t_0$，%	形变温度 ℃
纯钼在 0.013Pa 真空中，890℃，35min 退火	0.81	0.6	$5t_0$	70	$1.1t_0$	275×10^6	540×10^6	7.5	250
		0.57		74		305×10^6		8.7	
		0.6	$7.5t_0$	70		220×10^6		4.7	
		0.57		74		285×10^6		5.5	

续表 12-7-73

合金牌号	板厚 t_0 mm	m_1	$R_凹=R_凸$ mm	D_0/t_0	z mm	拉伸应力 N/m²	加热变形时 σ_b N/m²	最大减薄率 $\Delta t/t_0$, %	形变温度 ℃
TZM 在 0.013Pa 真空中，1070℃，1.5h 时退火，板材交叉轧制	0.76	0.6	$5t_0$	75	$1.1t_0$	290×10^6	550×10^6	6.8	260
		0.57		79		350×10^6		8.5	
		0.6	$8t_0$	75	$1.15t_0$	250×10^6		4.5	
		0.57		79		325×10^6		5	
TZC 在 0.013Pa 真空中，1070℃，1.5h 退火	0.80	0.6	$5\ t_0$	71.5	$1.1t_0$	310×10^6	740×10^6	8	300
		0.57		75		375×10^6		9	
		0.6	$7.5t_0$	71.5	$1.15t_0$	290×10^6		4.8	
		0.57		75		355×10^6		5.8	

阴模与阳模单面间隙 z 与板厚 t_0 之比由 0.8 变化到 1.2 时，对拉延件在顺轧向、横轧向以及与轧向呈 45°角方向上壁厚的影响如表 12-7-74 所列。

表 12-7-74　钼制件壁厚变化与轧制方向的关系数据

钼及合金牌号与状态	板厚 t_0 mm	m_1	z/t_0	$R_凸=R_凹$ mm	减薄率 $\Delta t/t_0$, % 最大值（危险截面）	减薄率 $\Delta t/t_0$, % 最小值（杯件边）	最大增厚率 $\Delta t/t_0$,（杯件边）%	变形温度 ℃
TZM 单向轧制，在 0.013Pa 真空中，1070℃，1.5h 退火	0.81	0.63	0.785	$5t_0$	18.5,90°	8,0°	—	280～300
		0.6	0.85	$5t_0$	11,90°	2.5,0°	—	
		0.6	1.15	$5t_0$	8,90°	—	18,0°	
		0.57	1.15	$5t_0$	12,90°	—	22,90°	
		0.57	1.15	$R_凹=5t_0$ $R_凸=16.6$, 半球形	18,90°	—	31.5,0°	
		0.55	1.0	$5t_0$	13,90°	—	9,45°	
			1.2		17.5,90°	—	29,45°	
纯钼在 0.013Pa 的真空中，880℃，30min 退火	0.8	0.6	1.05	$R_凹=3t_0$ $R_凸=5t_0$	12,0°	—	12,90°	240～260
		0.57	1.05	$R_凹=7.5t_0$ $R_凸=4.5t_0$	10,0°	—	19.5,90°	
TZC 在 0.013Pa 的真空中，1070℃，1.5h 退火	0.8	0.57	1.05	$4.5t_0$	11,0°	—	22,90°	320～360
		0.57	1.0	$7.5t_0$	4.6,90°	—	12.5,90°	
		0.57	1.1	$7.5t_0$	6.2,90°	—	19,90°	
		0.55	0.95	$4.5t_0$	10,0°	—	7.5	

注：(1) 0°—沿板轧制方向，90°—垂直轧制方向，45°—与轧向成 45°方向；

(2) 凸模温度较凹模温度低 100～140℃。

由上可看到，拉延件在沿板面轧向和垂直轧向的变粗率大于“裙边”（45°方向）边缘的增粗率，沿危险截面（在筒底附近如图 12-7-44）的最大变薄率主要产生在矢沟上。当首次拉延中，当 $R_{凹1}=(6\sim8)t_0$、$R_凸=(0.9\sim1)R_{凹1}$、单向间隙 $z=(0.85\sim1.15)t_0$ 时，可以得到稳定的（变薄率不超过 12%）的拉延件，拉延系数接近极限值。

（四）拉延钼筒工艺实例

电真空用栅极钼筒加热拉延。经 7 道拉延钼筒尺寸为 ϕ46.05×84mm。

1. 模具的安装及拉延操作

毛坯 0.6mm 厚交叉轧制钼板由冲床落料为 0.6×ϕ135mm 圆板，要求厚度均匀、平整光滑、无夹杂起层缺陷。清洗后的圆片涂胶体石墨乳水溶液润滑剂，烤干准备第一次引伸。

(1) 第一次引伸。模具安装（如图 12-7-54）采用了压边圈，模具装于 45t 油压机上，凸模由底座固定在油压机台面上，凹模由上托固定在梁上，坯料置于定位板内，在压边圈下面用煤气火圈通过压边圈加热坯件及模具，当温度达到 300℃后开始拉延。由压边圈与凹模端面将坯料压紧，防止起皱。

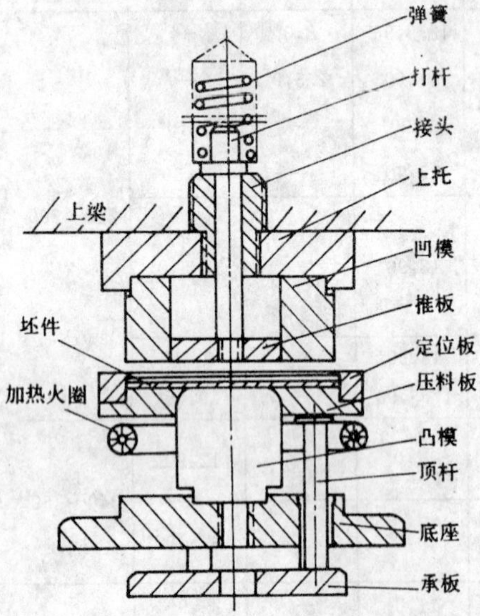

图 12-7-54 第一道拉延模的安装

(2) 第二次到第七次引伸。均无压边圈拉延（如图 12-7-55），凹模由底座固定在台面上，凸模装在梁上。煤气火圈在坯料外侧加热（同时也加热凹模）约 300℃，坯料的外侧用石墨乳润滑。

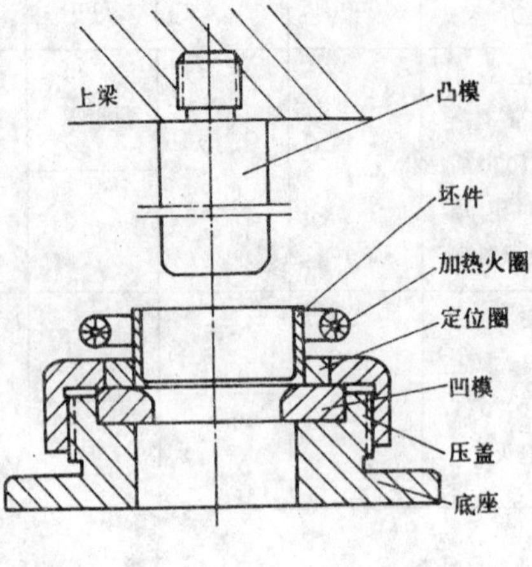

图 12-7-55 第二道以后拉延模安装

2. 各道拉延系数的选择

毛坯尺寸 0.6×ϕ135

第一次拉延时 ϕ85×35mm，$m_1=0.63$

第二次拉延尺寸 ϕ75×40mm，$m_2=0.88$

第三次拉延尺寸 ϕ67×48mm，$m_3=0.89$

第四次拉延尺寸 ϕ60×58mm，$m_4=0.87$

第五次拉延尺寸 ϕ52×68mm，$m_5=0.87$

第六次拉延尺寸 ϕ48.45×80mm，$m_6=0.92$

第七次拉延尺寸 ϕ46.05×84mm，$m_7=0.96$

以上每拉延两道，要进行 870℃、30min 退火（氢气保护），并及时车边、去毛刺。不变薄拉延的零件由于裙边和矢沟厚度变化不同，制品几何形状不十分稳定，存在一定的椭圆度（沿“裙边”的外径大于矢沟的外径。因而在钼筒生产中往往采用成品减薄拉延。强化钼合金的拉延是采用半成品直径变化（壁厚不变）和壁厚减薄为成品的两种方法综合应用的结果。壁厚减薄的拉延是在 $z/t_0<1$ 的情况下进行，“裙边”生成率明显减小，外径偏差也减小。对于高径比较大的薄壁筒件，还可以采用不变薄拉延生产钼筒坯件，再采用变薄旋压方式生产成品。如某厂生产的电子管栅极钼筒尺寸为 ϕ46.4±0.05×164×0.36mm，和二栅极钼筒尺寸为 ϕ65.4±0.05×90×0.36。先将圆板坯经六次拉延（不变薄），再经两道旋压最后成型，成品率达到 70%。椭圆度在 0.3～0.4mm。

四、钼的管、棒材生产

(一) 钼的管材生产

目前稀有金属的管材生产方法如图 12-7-56 所示。

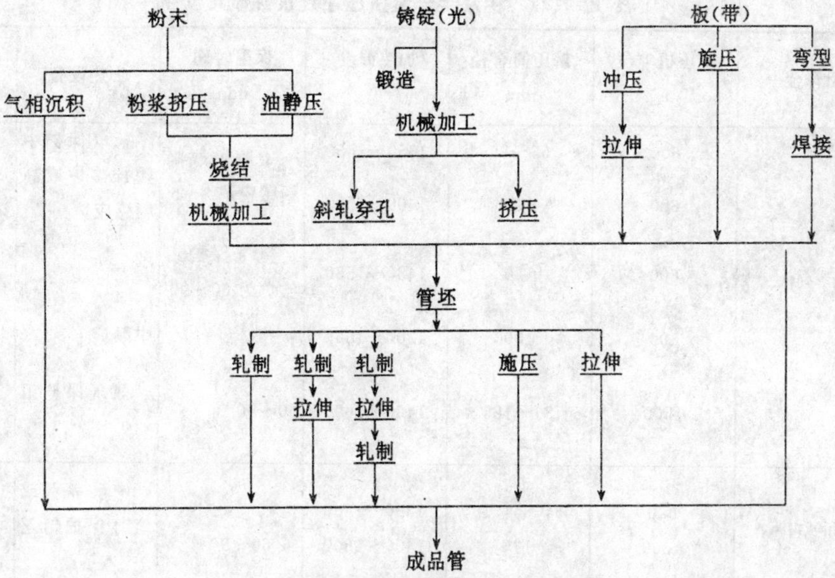

图 12-7-56　稀有金属管材生产方法流程图

几种常用的钼管生产工艺如下：

1. 钼管挤压-温轧-拉伸法

(1)管坯制备。由两次电子束熔炼或用一次电子束熔炼，第二次真空电弧炉熔炼。熔炼主要参数如表 12-7-75、12-7-76 所列。熔炼制取的坯锭经加热、锻造、车皮后钻孔或镗孔成管坯。

表 12-7-75　200kV 电子束炉熔炼工艺参数

结晶皿直径 mm	电能 kW·h/kg	熔化功率 kW	熔化速度 kg/min	真空压力，Pa	
				电子枪	炉体
一次 ϕ60	8	110	0.225	0.013	0.133
二次 ϕ90	8	160	0.333	0.013	0.133
一次 ϕ86	8	160	0.333	0.013	0.133
二次 ϕ136	8	200	0.417	0.013	0.133

表 12-7-76　真空电弧炉熔炼工艺参数

结晶皿直径 mm	自耗电极	工作电流 A	工作电压 V	稳弧电流 A	真空度 Pa	漏气率 μL/min
ϕ165	ϕ86mm 一次电子束炉熔炼电极	5500～6000	35～40	10	0.133～0.665	20
ϕ215	16×16mm 烧结条以 4×5 排捆轧成电极	6500～7000	45～50	10	0.133～0.665	20

(2) 挤压。挤压存在三向压应力状态，有利于钼及其合金的变形。由于钼的导热系数大，挤压时，要求坯锭加热温度高，挤压速度快。管坯加热制度实例如表 12-7-77 所列。

表 12-7-77 钼及钼合金挤压坯锭加热制度实例

钼或钼合金	挤压机吨位 t	挤压筒直径 mm	加热温度 ℃	保温时间 min	加热设备	挤压比
钼	600	65～85	1350～1450	中频炉或高频感应炉 3～5	氢气保护中频加热炉或高频感应炉	4.7～8.0
	600	100	1400～1500			3.5～6.0
	600	120	1480～1550	氢气保护钼丝炉为 60～90		3.1～4.5
	800	100	1200～1600	4～5	中频炉	—
	1500	85～125	1400～1600	60～90	氢气保护钼丝炉	—
Mo-0.5Ti	600	65, 85, 100	1380～1450	3～5	中频、高频或氢气保护钼丝炉	3.0～6.0
	1200	125	1450～1600	或 60～90		3.0～6.0
Mo-0.5Ti	3500	200	1500～1550	3～5	同上	30～60
Mo-0.08Zr-0.025C	600	65, 85, 100	1550～1600	或 60～90		

挤压钼及钼合金时，一般用玻璃润滑剂，这些润滑剂市场上以粉状、纤维状及其编织物形式供货。用配制的玻璃粉制成玻璃垫、饼使用。挤压时，玻璃被热坯锭加热后成熔体薄膜，将工具与金属分开，起到降低摩擦系数，防止坯锭温降及防止工具受热冲击作用。

(3) 钼及钼合金的温轧。钼与钼合金挤压管坯，经清洗处理并在 1000℃温度下退火（真空炉或氢保护炉）后，管坯用多辊温轧机制取管材中间制品及成品。轧制必须在再结晶温度以下进行，连续加热管坯，

多辊温轧机是在多辊冷轧管机（WD15、WD30、WD60 等）的基础上，在机头增加了加热装置和冷却系统。采用氢气与压缩空气混合燃料的喷轮式加热器，加热器随轧辊保持架作往返运动，连续加热管材。加热温度的变化是通过调节氢气与压缩空气的压力和流量来控制，最高温度可达 1100℃。

在轧制小口径厚壁钼管时，由于内径小，芯棒细长，管壁厚加热时间过长，芯杆因失去稳定性而变形弯曲，因而在厚壁钼管头几道轧制中，管坯应在炉内预先加热到所需温度，装入轧机后立即轧制，加热器起保温作用。轧制前，管坯内、外表面均匀涂一层胶体石墨乳，烘干待用。温轧钼及钼合金管材实例如表 12-7-78 所列。

(4) 钼管拉伸。挤压式温轧的钼管在拉伸机上空拉减径至成品管材。拉伸也必须在加热状态下进行。管坯预先在炉内加热，并在入模口处用煤气或氢气加热枪继续加热，保持拉伸过程在一定的温度下（约 700～800℃）进行。拉拔时，宜用胶体石墨乳预先涂在管材表面，在 200～300℃温度下烘干作润滑剂用。

钼管在拉拔前以及多道次拉拔过程中，均须进行消除应力退火（850～1000℃，保温 30min）。钼管拉拔道次延伸系数为 1.10～1.17，两次退火间延伸系数为 1.4～1.67。钼管空拉配模实例如表 12-7-79 所列。

表 12-7-78　温轧钼及钼合金管材实例

钼及其合金	道次	轧制后尺寸，mm 外径	内径	壁厚	延伸系数	加工率 %	加热温度 ℃	工作机架行程数 次/min	送进量 mm/次	工具尺寸 mm 轧辊	芯头
Mo	0	26.20	17.60	4.30							
	1	24.50	17.00	3.75	1.21	17.2	880	60	2	ϕ24	ϕ17.00
	2	22.07	16.80	2.63	1.52	33.6	900	65	2	ϕ22	ϕ16.68
	3	20.15	16.30	1.92	1.47	32.0	850	70	3	ϕ20	ϕ16.22
	退火　$\varepsilon_{总}$=62.5%										
	4	18.22	16.00	1.11	1.85	46.1	850	60	2	ϕ18	ϕ15.88
	5	17.00	15.60	0.70	1.62	38.4	650	70	3	ϕ17	ϕ15.49
	退火　$\varepsilon_{总}$=67.0%										
	6	16.13	15.05	0.54	1.32	24.5	550	65	2	ϕ16	ϕ15.01
Mo-0.5Ti-0.08Zr-0.025C	0	26.20	18.6	3.80							
	1	24.70	17.70	3.50	1.13	11.5	1000	55	2	ϕ25	ϕ17.60
	2	22.50	16.72	2.89	1.30	23.0	930	55	2	ϕ22	ϕ16.68
	3	20.08	15.40	2.34	1.33	25.0	950	65	3	ϕ20	ϕ15.08
	退火　$\varepsilon_{总}$=51%										
	4	18.04	14.40	1.82	1.38	27.5	900	55	2	ϕ18	ϕ14.28
	5	16.25	12.72	1.76	1.15	13.4	700	55	2	ϕ16	ϕ12.62
	6	14.24	11.14	1.65	1.27	21.5	650	30	2	ϕ14	ϕ11.12
	退火　$\varepsilon_{总}$=52%										

表 12-7-79　ϕ14.5×0.35mm 拉拔工艺

道　次	外　径 mm	壁　厚 mm	加工率 %	加热温度 ℃
0	24	0.33		750
1	20	0.33	17	750
2	17	0.34	15	750
3	15	0.34	11.5	750
4	14.5	0.35	3.5	750

目前，中国已由电子束熔炼锭（二次）经挤压、温轧，空拉减径拉拔制得 ϕ1.0×0.255～ϕ3.4×0.2×800mm 的毛细管。

（二）钼管的旋压加工

旋压工艺是近几年发展较快的无切屑或少切屑的一种横向轧制赶形工艺，L/D（长与直径之比）较大的长筒形钼零件或管材，特别是薄壁管材是涤冲方法和挤压-拉伸方法难以实现的。

1. 旋压方法特点及主要分类

旋压件的变形是在高速旋转的凹模（由对称分布的滚珠和辊轮组成）与轴向移动的凸模（芯杆）构成的间隙中进行。旋压件被凸模带动，穿过旋转的凹模。按目前习惯称呼，把旋压分为正旋压与反旋压。

(1) 正旋压。如图 12-7-57 (a) 所示，形变金属流动的方向与凹模运动方向一致，仅坯件被加工部分受到拉应力，管长受芯杆长度的限制。主要用于带底的薄壁零件或异型件的生产。管坯可由拉延制得，由拉延-正旋压组合，可制得较长的薄壁筒件，也可由板片旋压成锥形再逐步过渡到筒形件。

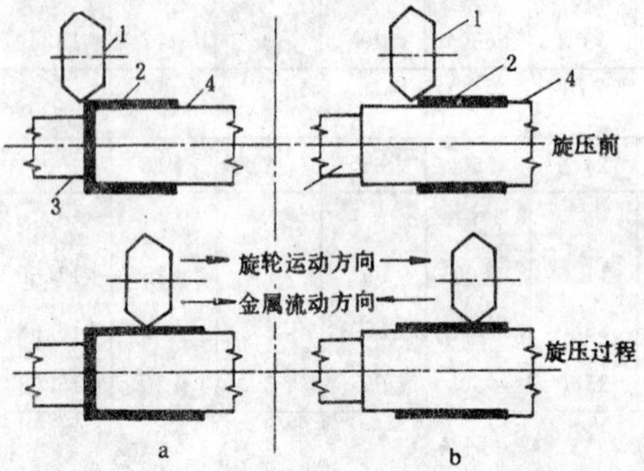

图 12-7-57 管形件旋压示意图

a—正旋压；b—反旋压

1—旋压轮；2—管坯；3—压紧装置；4—芯模（芯棒）

(2) 反旋压。如图 12-7-57 (b) 所示，坯件未变形部分受到压缩应力，变形金属流动的方向与旋转凹模运动的方向相反，旋压管长不受芯棒长度的限制，常用于钼及其合金的厚、薄壁管材生产。

旋转凹模是由无数钢球或由 3 个旋压轮相对芯轴轴线对称配置构成。绕芯轴高速旋转的各种形状的旋压轮使金属变形达到较大减壁量。滚珠旋压，减壁量较小，但产品光洁度高。

此外，按坯件的形状还可分为锥形件旋压和管形件旋压两种，如图 12-7-58 所示。锥形件旋压较多用于由板片制取大型薄壁管材，多采用正旋法。管型件的旋压则是用粉末冶金法或拉延法制取的厚壁管坯，加工成薄壁管材，多采用反旋压。

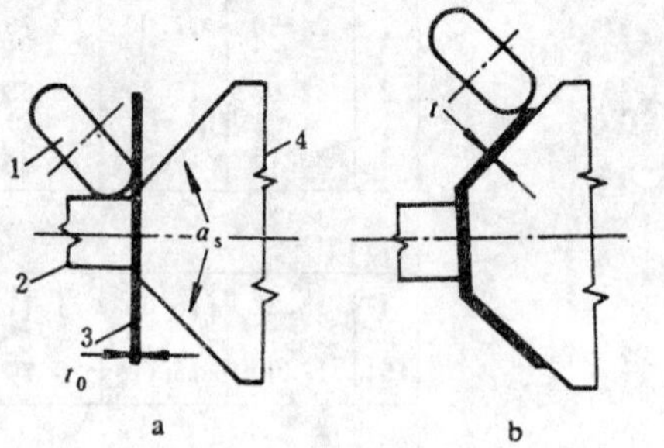

图 12-7-58 锥形件、旋压示意图

a—旋压前；b—旋压后

1—旋压轮；2—压紧装置；3—板坯；4—芯模

2. 旋压工艺参数的确定

(1) 由板片旋压管材。在旋压中，板片厚度变化率是重要的工艺参数，如下式表示

$$\Psi_t = \frac{t_0 - t}{t} 100\%$$

式中 t_0—— 板厚；

t—— 旋压件壁厚；

Ψ_t—— 旋压时板厚变薄率。

板片开始旋压成锥形管时，厚度的变化由芯模锥角 a_s 决定，按正旋规律计算如下式：

$$t = t_0 \sin\frac{a_s}{2}$$

由此可导出 $\Psi_t = 1 - \sin\frac{a_s}{2}$，$\Psi_t$ 与 $\frac{a_s}{2}$ 相应数值计算如表 12-7-80 所列。

表 12-7-80 Ψ_t 与芯模半锥角 $\frac{a_s}{2}$ 的关系

$\frac{a_s}{2}$，度	60	55	50	45	40	35	30	25	20	15	10
Ψ_t，%	13.4	18.1	23.4	29.3	35.7	42.6	50.0	57.7	65.8	74.1	82.6

已知材料的极限变薄率 $\Psi_{t_{max}}$，可由表 12-7-80 查得由板片一次成型锥形管的锥角 a_s，极限变薄率可由单向拉伸的断面收缩率 ε%求得。$\Psi_{t_{max}}$ 与 ε% 关系如下式：

$$\Psi_{t_{max}} = \frac{\varepsilon}{0.17 + \varepsilon} 100\%$$

式中　ε——断面收缩率%。

根据式 12-7-2，$\Psi_{t_{max}}$ 由图 12-7-59 查得，再由 $\Psi_{t_{max}}$ 查表 12-7-80，得半锥角 $a_s/2$，又据正弦规律求得板坯厚度 t

$$t = \frac{t_0}{\sin \frac{a_s}{2}}$$

旋压钼板时，加热温度约 700～950℃。由钼板经三道次旋压成钼管的工艺实例列于表 12-7-81。

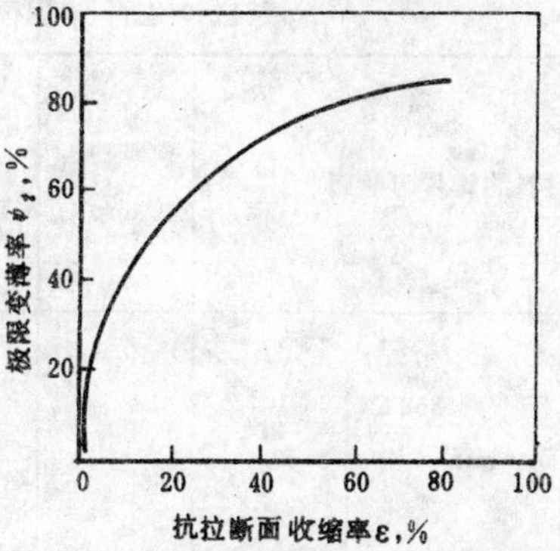

图 12-7-59　极限变薄率与抗拉断面收缩率的关系

表 12-7-81　钼管旋压成型的主要工艺参数①

产品规格 mm	板片规格 mm	锥角 a_s °	坯锭加热温度 ℃	道次减壁量 mm	道次变薄率 %	旋转速度 r/min	进给量 mm/min
$\phi 80^{-0.2} \times \phi_{内} 78 \times 334^{\pm 0.2}$	$\phi 180 \times 9^{\pm 0.1} \times \phi_{孔} 30$	45	900～950	5.2～5.5	55～60	250	80
		20	750～800	1.8～2.2	45～50	300	60
		0（直筒）	500～650	0.1～0.5	1～3	300～350	50
$\phi 216 \times \phi_{内} 214.6^{+0.2} \times 363^{\pm 0.3}$	$\phi 350 \times 9^{\pm 0.1} \times \phi_{孔} 30$	45	900～950	5.2～5.5	55～60	250	80
		20	750～800	1.8～2.2	45～50	300	60
		0（直筒）	500～650	0.3～0.8	1～5	300～350	50

① 使用设备是 HYCOFORM，P111B 半自动液压靠模旋压机。

(2) 由管坯旋压管材工艺。管坯由等静压粉末成型、烧结制得，较之由挤压棒料进行镗孔制管坯方法效率高、成本低。带底的管坯由拉延制取。管形件的旋压可由滚珠或旋压轮用反旋压方法进行，可获尺寸精度高的制品。

1) 道次变薄率。道次变薄率 Ψ_t 由图 12-7-60 的几何关系确定，用下式表示：

$$\Psi_t = \frac{\Delta t}{t_0} = \frac{r}{t_0}(1 - \cos\alpha)$$

式中　Δt——一个道次内的减薄量；

α——旋压时对管坯的咬入角；

r——滚珠半径。

道次变形率过大，管材表面容易形成横向螺旋；过小则道次增多，而且由于仅表面变形，引起管材组织不均匀。根据实际经验确定的钼及其合金两次退火间允许的变形率如表 12-7-82 所列。热旋压过程中，一般经退火处理。

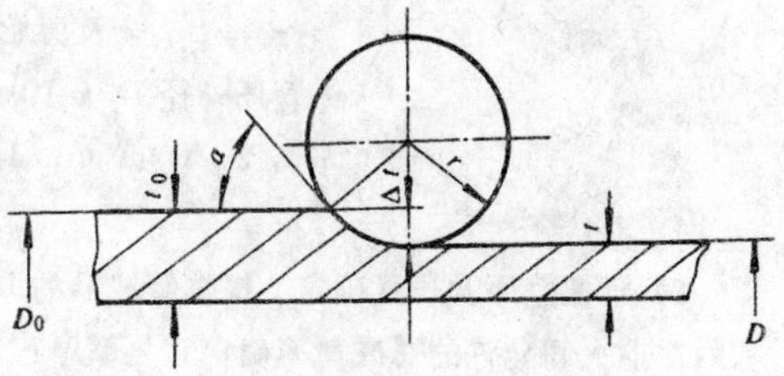

图 12-7-60　管坯旋压减薄时几何关系

在用滚珠球阴模对纯钼及其合金以咬入角 $\alpha \geqslant 25° \sim 27°$ 进行旋压时，会产生大量的非接触变形，这种非接触变形以在球前面移动的堆积 $\Delta t'$ 形态表现出来，如图 12-7-61(a) 所示。该图示出在 0.013Pa 压力的真空中于 850℃、30min 退火的纯钼管坯进行旋压时，堆积的相对值 $\Delta t'/\Delta t$ 与咬入角 α 及球走刀量 s_1 的关系。在咬入角 $\geqslant 27°$ 时，堆积强烈地脱离出来，落入球下，而使管材表面粗糙度增加，如图 12-7-61 (b) 所示。

表 12-7-82 球阴模旋压时不同材料的允许变形率 ε_t

材料的牌号与状态		管坯厚 t_0 mm	$\frac{t_0}{R_0}$	原始坯料机械性能 σ_b N/m²	$\sigma_{0.2}$ N/m²	δ_{10} %	道次变形率 ε_t, % 35～45%	15～20%
纯钼在真空下经 850℃的退火时间，min	20	0.3	0.06	800×10^6	745×10^6	9.2	65～70	50
	30	0.5	0.1	780×10^6	730×10^6	12	45	45
	40	0.75	0.15	760×10^6	700×10^6	25	35	20
Mo-0.5Ti 经 1070℃真空退火 1.5h		0.3	0.06	820×10^6	280×10^6	8	55	40

注：R_0 —— 管坯外半径，mm；t_0 —— 管坯壁厚，mm。

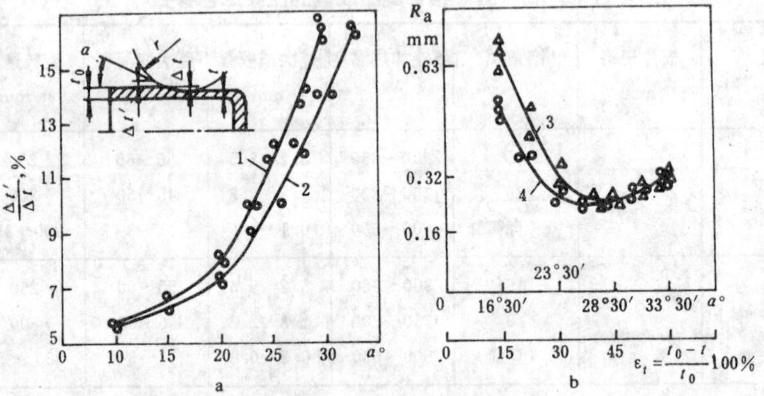

图 12-7-61 旋压纯钼时 $\Delta t'/\Delta t$ 比值与咬入角 α、走刀量 s_1 的关系 (a) 和加工材表面粗糙度 R_a 与咬入角 α 及原始表面粗糙度关系 (b)

管坯外径 $D_\rho = 10.4$mm，$t_0 = 0.33$mm，$r = 1.5$mm

1— $s_1 = 0.02$mm，2— $s_1 = 0.01$mm；3— $R_{a原始} = 3.5\sim5.0$m；4— $R_{a原始} = 1.5\sim2.5$m

2) 管坯壁厚及长度确定。根据管成品的厚度 t 和两次退火间允许的总减薄率确定管坯壁厚：

$$t_0 = t/1 - \Psi_{总}$$

式中 $\Psi_{总}$ —— 总减薄率；

t_0 —— 管坯壁厚。

又根据成品管材的外径 d 及长度 L，以及按该式确定的 t_0，从成品零件和坯件等体积出发，确定坯件的外径 d_0（内径不变）和长度 L。

$$L_0 = (1.1\sim1.3)\frac{(d+t)t\,L}{(d_0+t_0)t_0}$$

式中 L_0 —— 管坯长；

L —— 成品管长；

d —— 成品管内径；

d_0 —— 管坯外径；

t_0 —— 管坯壁厚；

t —— 成品管壁厚。

3）管坯内径与芯棒间隙值 z 的确定。间隙值过大，管坯与芯棒不能很好贴合，会产生相对滑动，擦伤表面。间隙过小，套入芯棒困难，且热旋时芯棒膨胀也容易引起管材破裂。由经验确定的热旋钼管时，合理的间隙值实例如表 12-7-83 所列。

4）管材旋压时送给量 s 及加热温度的确定。s 值大小对管材表面质量影响较大，钼管旋压生产中，常采用进给量及旋压加热温度如表 12-7-84 所列。

表 12-7-83 热状态下旋压钼管的间隙实例

钼	$\phi31\times4\to\phi24\times0.3$	GH49	0.26	旋压轮旋压
	$\phi86\times5\to\phi78\times1.0$	3Cr2W8V	0.35	
	$\phi51\times8\to\phi36.6\times0.5$	3Cr2W8V	0.41	
	$\phi10\times1.5\sim\phi41\times3.5\to$ $\phi7.6\times0.8\sim\phi35.6\times0.8$	3Cr2W8V 或 W18Cr4V	0.1～0.3	滚珠旋压

表 12-7-84 钼管旋压加热温度及进给量 s

工作条件	进给量，mm			加热温度，℃		备 注
	开坯	中间	成品	开坯中间	成品	
用旋压轮热状态旋压	0.7～0.8	0.7～0.8	0.4～0.5	700～900	400～500	开坯时，加热
用滚珠在热状态下旋压	0.06～0.105	0.1～0.17	0.05～0.09	700～900	400～500	温度用上限

加热方法常用乙炔加氧气，水煤气或氢氧火焰加压缩空气助燃，用特别喷枪加热制品表面。加热温度与壁厚的关系如图 12-7-62。

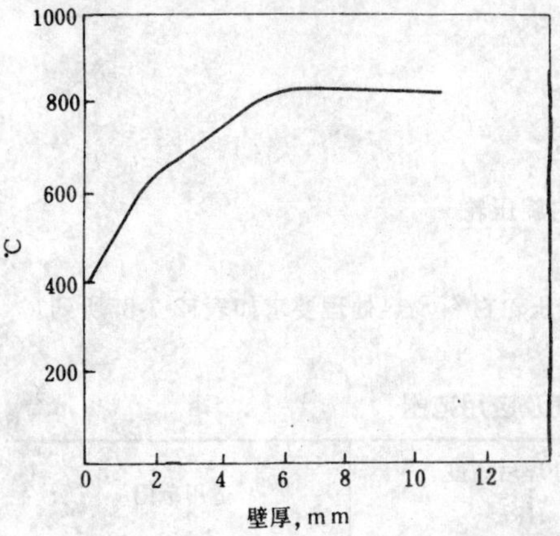

图 12-7-62 钼管旋压温度与管坯壁厚的关系曲线

3. 管坯旋压工具参数的确定

管坯旋压的主要工具是滚珠、滚轮、芯棒，它们的精度、质量及材料直接影响旋压制品的质量。

(1) 滚珠直径、数量及模子尺寸的确定。当确定了坯件厚度、长度，并选取合理的道次变形率 $\varepsilon = 0.35\sim0.4$，可按下式求出球半径 r：

$$r = \Psi_t t_0/(1-\cos\alpha)$$

式中 Ψ_t—— 道次减薄率；

t_0—— 管坯壁厚。

为了确保管材表面质量，应保持 $\cos\alpha$ 在一定值。热旋压时，$\cos\alpha$ 应大于0.97，即 $\alpha=20\sim30°$左右。若设 $\cos\alpha$ 为常数，则球半径由下式确定：

$$r = A\Psi_t t_0$$

式中的 A 为系数，约等于10～12.5。

旋压时，在保持球自由转动的条件下，以滚珠数目最多为原则。取球间隙 $z_{min}=0.005r$，并设间隙是均匀的，可求出球的最多数目 M_{max}

$$M_{max} = \pi/Q, Q = \arcsin\frac{1.0025r}{R_A + r}$$

式中 R_A—— 零件半径；

r—— 滚珠球半径。

如果计算得到的是分数，则取较小整数；如最大间隙的总和大于球的直径，则最好重新设计新的道次变形率（即重定系数 A_1），重算球半径。

旋压模的结构如图12-7-63。模子的外沿直径 D_1 根据设备特点和模座尺寸来确定，工作直径 D_2 为：

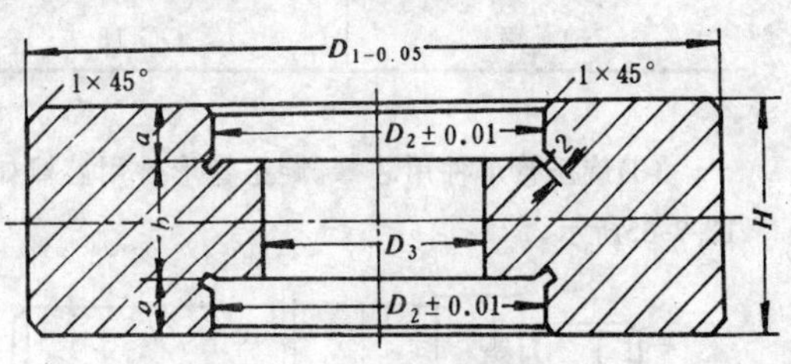

图 12-7-63 旋压模结构图

$$D_2 = D + 4r$$

出口直径 D_3 为：

$$D_3 = D + (2 \sim 5), mm$$

式中 D ——旋压后制品的外径，mm；

r——滚珠半径，mm。

工作高度 a 大于滚珠半径，等于或略小于其直径；

出口道高 H 为：

$$H = b + 2a$$

模子材料为 GCr15；淬硬 HRc＝58～60；D_1、D_2、D_3 不同心度不大于0.07mm。

(2) 旋压管形件用旋压轮。

通用的管形件旋压轮结构如图12-7-64所示。γ 为接触角（又称工作锥角），当用小锥角进行大减壁旋压时，接触弧长增加，旋压过程中容易出现鼓泡，影响制品质量。当接触角增大时，阻力增大，容易出现起皮现象。γ 通常取15°～30°；旋成品时，取 γ＝15～20°；旋薄壁管时取上限。摩擦角 α 取 3°，退出角 α' 取 12°～13°，摩擦带长 L_0 一般取3～4mm，工作圆锥角半径 r 取3～4mm。

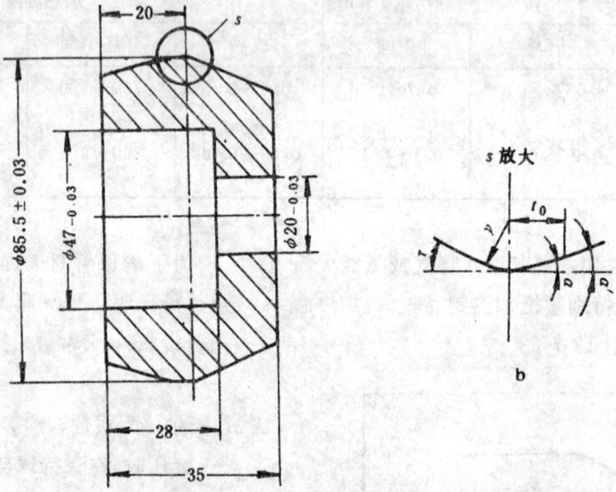

图 12-7-64 旋管形件用的旋压轮

旋压轮各部分过渡要圆滑，工作表面磨光的粗糙度 R_a 为0.4。

旋压轮材料及热处理要求如表12-7-85所列。

表 12-7-85 旋压轮材料、硬度及应用范围

材料名称	钢号	热处理后硬度 HRc	适用范围
耐热钢	3Cr12W8V	48～52	热旋压
高速钢	W18Cr14V	60～64	冷热旋压
轴承钢	GCr18	58～62	冷旋压

(3)旋压管形件用芯棒。旋压管形件用芯棒如图12-7-65所示。

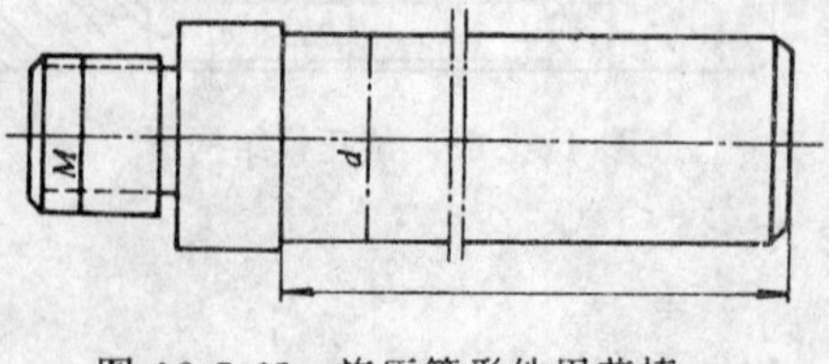

图 12-7-65 旋压管形件用芯棒

直径 d 根据成品管内孔确定，由于旋压后弹性回跳，一般应比成品管的内孔小0.05～0.20mm。

芯棒长度 l，反旋压时要大于坯料长。芯棒的材料及技术要求列于表12-7-86。工作表面粗糙度为 R_a0.4。

4.管坯旋压工艺实例

由滚珠加热旋压 φ98×0.4mm 钼管工艺如表

12-7-87所列。用旋压轮旋压 ϕ35.6×0.5mm 钼管工艺列于表12-7-88。

表 12-7-86 旋压芯棒的材料、硬度、应用范围

材料名称	钢号	热处理后的硬度，HRC	应用范围
耐热钢	3Gr12W8V	48～52	热旋压
高温合金钢	GH49	45～50	热旋压
高速钢	W18Cr4V	60～64	冷旋压
硬质合金			热旋压

表 12-7-87 ϕ9.8×0.4mm 钼管旋压工艺

道次	旋压后尺寸，mm			变形程度	工模具尺寸，mm		
	外径	内径	壁厚	%	芯棒直径	滚珠直径	模子内径
0	13.99～13.82	10.60	1.67	—	—	—	—
1	12.62	9.70	1.46	7.40	9.27	19.05	50.75
2	12.26	9.60	1.33	9.80	9.27	19.05	50.45
3	11.98	9.45	1.26	8.90	9.27	15.85	43.70
4	11.74	9.35	1.18	6.90	9.27	12.70	37.10
5	11.27	9.40	0.94	23.00	9.27	15.85	43.00
6	10.98	9.30	0.74	22.00	9.25	20.65	52.00
7	10.64	9.30	0.67	12.10	9.15	10.30	31.30
8	10.26	9.10	0.53	13.00	9.02	12.70	35.67
9	10.06	9.10	0.48	12.50	8.98	12.70	35.50
10	9.82	9.00	0.41	10.00	8.86	12.70	35.25

表 12-7-88 ϕ35.6×0.5mm 钼管旋压工艺

道次	旋压后尺寸，mm		壁厚变薄率	旋压温度	工具
	外径	壁厚	%	℃	
0	51.50	8.30	—	820	
1	48.40	6.87	15.0		
2	46.20	5.80	15.5	800	芯棒材料为
3	44.30	4.85	27.8		3Cr2W8V，
4	43.50	4.45	5.0		芯棒直径为
5	42.40	3.80	14.0		ϕ34.34mm
6	41.75	3.51	6.0		
7	40.20	3.30	7.5	750	
8	38.75	2.08	36		
9	37.50	1.45	30		
10	37.25	1.35	7		

续表 12-7-88

道 次	旋压后尺寸，mm		壁厚变薄率 %	旋压温度 ℃	工具
	外径	壁厚			
11	36.90	1.15	15	650	
12	36.60	1.00	8.5		
13	36.20	0.80	20		
14	36.00	0.70	13		
15	35.90	0.65	7	500	
16	35.80	0.60	7		
17	35.65	0.505	1.6		
18	35.60	0.50⁺	—	450	
19	35.60	0.50	—		

（三）钼及其合金棒材的生产

纯钼棒材（ϕ20～ϕ100）目前已取代铂金及石墨电极广泛用于玻璃熔炉、耐火棉熔炉中。电极钼棒主要采用以下工艺生产：

1.挤压法工艺流程

真空电弧熔炼坯料→加热→挤压（玻璃润滑）→矫直→切头尾，断口检查→喷砂→碱洗→修理外表→退火→人工检查。

挤压法生产钼棒成本高，目前多采用孔型轧制法（见本章第二节）和自由锻造法生产。

2.钼棒自由锻造工艺

用等静压成型短粗钼坯，经摔子拔长锻造。主要生产工艺为：

等静压成型坯锭→钨棒炉烧结（1800℃，8h）→钼丝炉加热1600℃（粗钼棒（≥ϕ50mm，）加热4～3h，≤ϕ50mm 钼棒加热1～2h）→摔子拔长锻造→二次加热（1500℃，3～4h）→摔子拔长锻造→切头尾，车皮及端头螺纹→经检查后入库。

目前常用的锻造钼电极规格如表12-7-89所列。

表 12-7-89 钼电极规格

直径 mm	直径偏差	长度 mm	长度偏差
16～20	+1.0	300～1500	+2
20～30	+1.5	250～1500	+2
30～45	+1.5	200～1500	+2
45～60	+2.0	250～1300	+3
60～100	+3.0	250～800	+3

五、钼的粉末冶金制品

钼钨性质相近，它们的产品及制取工艺也相似。但钼的熔点比钨低，可采用间接加热法而不必用垂熔法就可获得烧结锭坯，这就便于制取更大规格的加工坯锭。目前已能生产最大直径和长度的烧结钼坯锭分别达到760mm 和1100mm，重量达到5t。

可用真空电弧熔炼法，也可用粉冶法制备钼及钼合金坯锭。纯钼加工材（板、带、线、棒等）通常用粉末烧结坯锭。

本节介绍钼粉末冶金制品，而且限于篇幅，只介绍粉冶钼顶头和电触头两类制品。

（一）粉冶钼顶头

TZM 和 TZC 钼合金（成分见表12-7-90）的高温物理-机械性能比纯钼好，广泛用于制造高温工模具及各种结构部件。中国在60年代就已将这类合金成功地用来制造各种无缝钢管的热穿孔顶头。采用粉末冶金法制取的烧结钼合金顶头的平均使用寿命为铸态顶头的1.5～2倍。此外，粉冶钼顶头的原料消耗为铸态钼的50%，耗电也减少90%以上。

钼合金顶头采用传统的粉末冶金工艺，这种工艺包括配料混合、压制和烧结，其中配料和烧结是关键工序。

配料时，钛、锆以氢化物形式（TiH_2、ZrH_2）加入，以提高物料的化学活性，促使烧结中强化相的形成。配料中各组分的加入量及它们的混合均匀度对合金性能影响很大。配料时各组分原料除按合金成分要求量加入外，其中关键要掌握好配碳量。在烧结过程中，钼粉所含的氧部分被碳还原，造成合金中碳含量减少；在氢气中烧结时碳又会发生烧损，因此通常配碳量要比合金所规定的含碳量高，具体配碳量根据钼粉纯度及烧结条件确定。此外，要求各组分原料混合均匀，通常混合时间在8～24h。

表 12-7-90　TZM 和 TZC 钼合金成分

牌　号	主要成分，%			
	Ti	Zr	C	Mo
TZM	0.04～0.05	0.07～0.12	0.01～0.04	余
TZC	1.05～1.5	0.1～0.3	0.12～0.40	余

由于穿孔顶头尺寸较大，通常采用冷等静压成形，压力150～200MPa。所得的压坯应具有足够的强度，可进行少量切削加工达到预定的形状和尺寸。

钼合金烧结温度为2000～2100℃，烧结作业通常在感应电炉内于真空或氢气下来完成。钼合金烧结不完全同于纯钼，前者烧结不仅是作为达到致密化的手段，而且要依靠烧结过程，形成弥散的碳化物强化相，过程中将发生一系列化学反应，因此要求严格控制好烧结温度，特别是升温速度。压坯中的氢化物 TiH_2、ZrH_2在400～800℃下要分解并释放出大量气体，如果在氢气中烧结升温过快，则可能造成坯体表面裂纹或内部疏松、气孔等缺陷，因此在烧结温度达到1000℃前升温应缓慢，在氢气中烧结尤其要严格控制好升温速度。

烧结锭坯最后经精加工，即可作为穿孔顶头成品。

（二）电触头材料

钼与钨相似，适用作电触头材料。但钼的熔点、硬度比钨低，耐氧化性也差，因此其应用范围不及钨。但钼的密度比钨低，制成同体积触头，钼的用量几乎只是钨的一半。在复合材料中以 Ag-Mo 用得较多。表12-7-91列出了钼与银-钼触点材料的特性及使用特点。

表 12-7-91　钼及银-钼材料特性

材质	材　料　特　性	使　用　特　点
钼	硬度大，熔点高，耐损耗，抗熔焊性优异，接触电阻高，但比钨更易氧化，电导率也低	可作钨的代用品，但在空气中不常用，不与水银作用，可作水银开关的电极。用于重负载下的振动器，断路器的弧开关
Ag-Mo	耐电弧，抗熔焊性好，硬度大，接触电阻高，比 Ag-W 的耐蚀性好，但抗熔性稍差	用于重负载下的断路器、电磁开关，可在油中或空气中使用

钼-银复合材料生产工艺与钨-银相似，根据金属钼含量，或采用压制烧结工艺或熔渗工艺。

钼-银与钨-银一样，钼与银相互不作用，为典型的假合金，其物理-机械性能随成分含量而变化。表12-7-92列出了钼-银复合材料的抗弯强度与接触电阻随成分变化的关系数据，表12-7-93列出了两种钼-银合金的性能及用途。

表 12-7-92　Mg-Ag 的抗弯强度和接触电阻

钼含量，%	80	70	60	50	40
抗弯强度，MPa	1120～1126	880～980	700～770	630～670	420～460
接触电阻相对值①	500	325	250	225	175

① 把银接触电阻作为100时的相对比较值。

表 12-7-93 两种 Ag-Mo 材料性能、用途

成分	电导率（IACS）%	导热率	硬度 HV	密度 g/cm³	用途
96Ag-Mo	92	0.57	180	10.4	用于重负载条件，
88Ag-Mo	86	0.60	150	10.3	大型电动机起动器

第六节 钼的脆性与强化

一、钼的脆性

钼脆的外来因素是受间隙元素氧、碳、氮的影响。间隙元素在钼中的溶解度极小，如表12-7-94所列及图12-7-66所示。这些元素在钼中形成间隙固溶体的数量，超过部分生成第二相化合物，使钼的塑性大大降低，如图12-7-67所示。

表 12-7-94 中等冷却速度下固熔体中的间隙原子含量

元素	含量，ppm			
	H_2	C	N_2	O_2
Mo	0.1	0.1～1	1	1

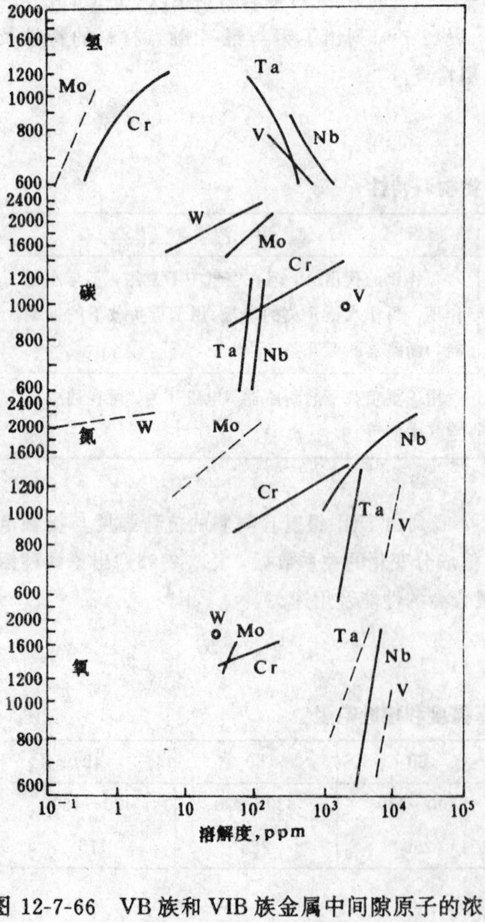

图 12-7-66 VB 族和 VIB 族金属中间隙原子的浓度

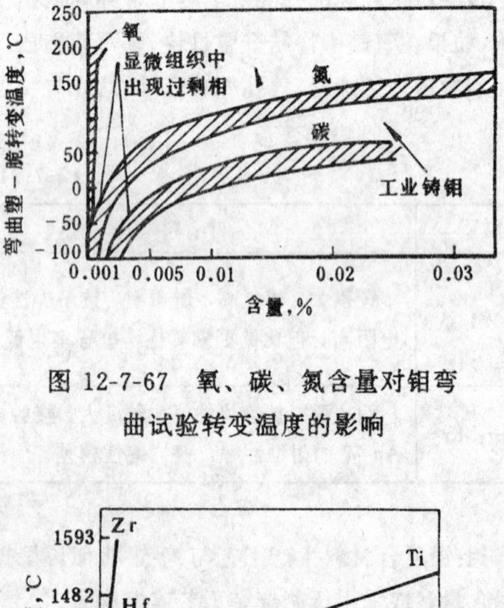

图 12-7-67 氧、碳、氮含量对钼弯曲试验转变温度的影响

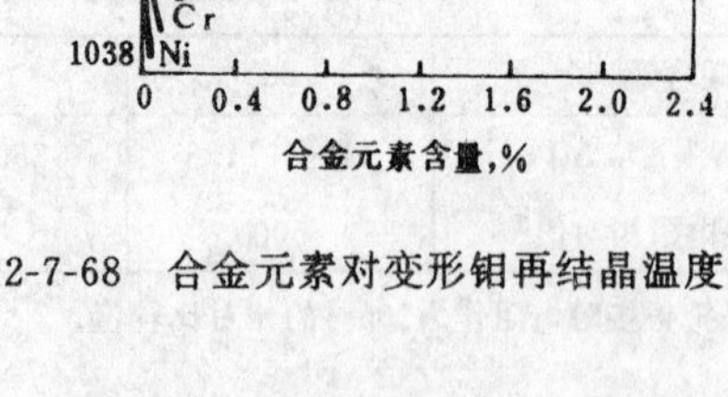

图 12-7-68 合金元素对变形钼再结晶温度的影响

二、钼的强化

钼的强化通常采用以下三种方式：

1.微量元素强化

钼的微量元素强化主要是加入微量的钛、锆、硼、镧等合金元素（总量0.1～1%）进行固溶强化。一些合金元素对钼再结晶温度及室温、高温硬度的影响见图12-7-68和图12-7-69。

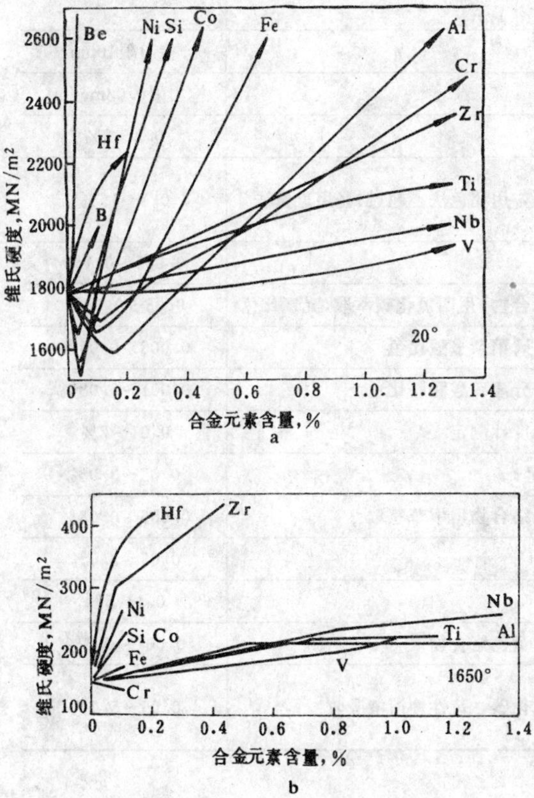

图 12-7-69 合金元素对铸钼在20℃及1650℃时硬度的影响

a—20℃；b—1650℃

2.碳化物强化

钼的第二相强化主要采用碳化物强化，因为钼的合金间化合物熔点低于钼；熔炼时加入难熔氧化物比较困难（溶解或凝固）；氮化物强化效果不如碳化物显著，如图12-7-70所示。因此钼合金中主要加入碳及活性金属钛、锆、铪等，也有的加铌或其它碳化物，形成难熔碳化物相，达到强化目的。

3.固溶体强化

提高钼合金原子间结合力并形成固溶体的合金元素有钽、钨、铼，但铼为稀缺元素，钽使钼变形性能恶化，所以固溶体强化的合金主要是Mo-W系合金，如图12-7-71。

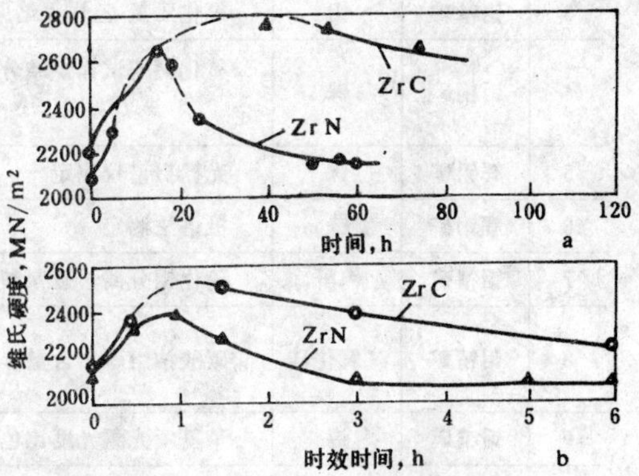

图 12-7-70 含碳化物、氮化物的钼合金经1200℃及1500℃时效后的性能

a—1200℃时效；b—1500℃时效

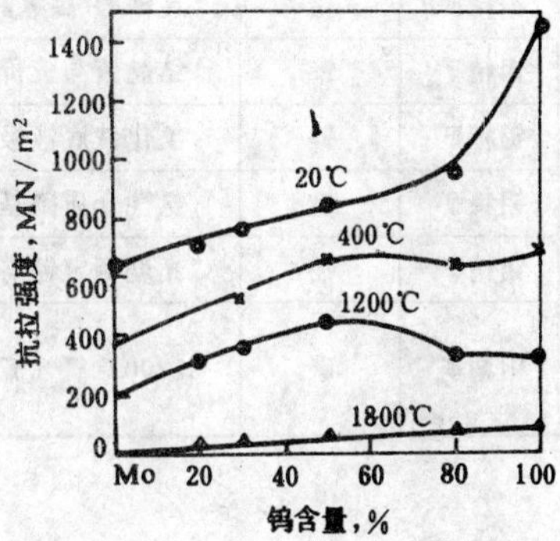

图 12-7-71 Mo-W合金（添加0.1%Zr和0.1%Ti）的抗拉强度

第七节 钼的成分分析

一、钼精矿、辉钼矿的分析

钼精矿、辉钼矿的成分分析方法列于表12-7-95。

表 12-7-95 钼精矿、辉钼矿的分析

编号	试样名称	测定元素	分析方法	测定范围
1	钼精矿	钼	以钼酸铅形成称重，重量法测定	40～60%
2	钼矿	钼	N′-羟基-N′-间—甲苯基-N′-（2，6-二甲苯基）苄脒氢氯化物重量法测定钼	40%以上
3	钼精矿	钼	氧化亚氮-乙炔火焰原子吸收法测定	1%以上
4	钼精矿	铼	氧化钙与试样烧结分离干扰元素，盐酸介质硫氰酸盐比色测定	0.001～0.1%
5	辉钼矿	铼	光栅摄谱仪测定	检出限1ppm
6	辉钼矿	铼	极谱法测定	检出限0.08mg/mL
7	钼精矿	钨酐	硫化钼分离，硫氰酸盐比色	0.2～6%
8	钼精矿	二氧化硅	碳酸钠熔融，含量0.1～1%，用比色法，超过1%用重量法	0.1～15%
9	钼精矿	锡	苯基萤光酮光度比色法	0.005～0.1%
10	钼精矿	铜	二乙氨荒酸钠与铜形成的络合物，用四氯化碳萃取，光度比色	0.05～0.06%
11	钼精矿	磷	氢氧化铁共沉淀分离主体，磷钼杂多酸比色	0.005～0.05%
12	钼精矿	砷	次磷酸钠光度比色法或蒸馏分离硫酸联胺比色	0.001～0.08%
13	钼精矿	钾、钠	氢氟酸、硫酸溶样，火焰光度计测定	0.01～2%
14	钼精矿	铅	在磷酸-高氯酸底液极谱测定	0.05～3.0%
15	钼精矿	锑	结晶紫与五价锑形成的有色络合物用甲苯萃取	0.005～0.03%
16	钼精矿	锌	氯化铵底液极谱测定	0.05～3.0%
17	钼精矿	铁	氨性介质磺基水杨酸比色	0.1～5%
18	钼精矿	铋	光度测定铋与碘化钾形成的黄色络合物	0.001～0.5%
19	钼精矿	碳	1200℃氧气流中灼烧成二氧化碳，苛性钾溶液吸收	0.05～5.0%

二、钼粉、钼条、三氧化钼、钼酸铵的分析

分析方法列于表12-7-96。

表 12-7-96 钼粉、钼条、三氧化钼、钼酸铵的分析

编号	样品名称	测定元素	分析方法	测定范围
1	钼粉、钼条、三氧化钼、钼酸铵	铅、镉	高氯酸—盐酸底液方波极谱测定	0.0005～0.0030%
2	钼粉、钼条、三氧化钼、钼酸铵	铋	柠檬酸络合主体钼及杂质元素，三氯甲烷萃取碘化钾，马钱子碱与铋形成的黄色络合物，光度测定	0.00008～0.0040%

续表 12-7-96

编号	样品名称	测定元素	分析方法	测定范围
3	钼粉、钼条、三氧化钼、钼酸铵	锡	镍作载体沉淀锡，用OP乳化剂-苯荧光酮光度法测定	0.00005～0.004%
4	三氧化钼	锡	用钒（IV）作为氧化剂产生动力催化波，极谱法测定	
5	钼粉、钼条、三氧化钼,仲钨酸铵	锑	用苯萃取锑的孔雀绿离子缔合物，光度测定	0.0002～0.0030%
6	钼粉、钼条、三氧化钼、钼酸铵	砷	硫酸介质，用苯萃取砷，砷钼杂多酸，用硫酸肼还原，光度测定	0.00020～0.0060%
7	钼粉、钼条、三氧化钼、钼酸铵	铁	三氯甲烷萃取邻二氮杂菲-碘化钾三元络合物光度测定	0.0005～0.060%
8	钼粉、钼条、三氧化钼、钼酸铵	钴	钴试剂在pH6～7的磷酸盐缓冲溶液中与钴形成橙红色络合物，比色测定	0.00025～0.012%
9	三氧化钼	铜、钴、镍	利用铜、钴、镍与1-(2-000定偶氮)-2萘酚形成难溶于水的络合物与主体分离，水相光度测定三元素	Cu0.000x～0.00x%；Co，Ni 0.00x～0.0x%
10	钼粉、钼条、三氧化钼、钼酸铵	镍	硫酸-硫酸铵溶样，丁二酮肟光度测定	0.0002～0.01%
11	钼粉、钼条	镍	硫酸-硫酸铵溶样，丁二酮肟重量法测定	0.2～1.50%
12	钼粉、钼条、三氧化钼、钼酸铵	铜	三氯甲烷萃取铜（I）的新酮试剂络合物，光度测定	0.00015～0.0030%
13	钼粉、钼条、三氧化钼、钼酸铵	铝	乙酸乙酯萃取铝的钽试剂络合物，铬天青S光度测定	0.0005～0.025%
14	钼粉、钼条、三氧化钼、钼酸铵	硅	氯化分离主体钼，正丁醇萃取硅钼黄杂多酸，二氯化锡还原，光度测定	0.0004～0.030%
15	钼粉、钼条、三氧化钼、钼酸铵	钙	氯化分离主体，正戊醇萃取钙-乙二醛双（2-羟基苯胺）形成的红色络合物，光度测定	0.0007～0.025%
16	钼粉、钼条、三氧化钼、钼酸铵	钙	8-羟基喹啉-正丁醇溶液萃取钙，有机相，原子吸收测定	0.0007～0.030%
17	钼酸铵、钼粉、钼条、三氧化钼	镁	活性碳吸附氢氧化镁，偶氮氯膦-I光度测定	0.00030～0.010%

续表 12-7-96

编号	样品名称	测定元素	分析方法	测定范围
18	钼粉、钼条、三氧化钼、钼酸铵	镁	标准加入法，原子吸收光度测定	0.0003～0.010%
19	钼粉、钼条、三氧化钼、钼酸铵	钠、钾	过氧化氢溶样，用氯化铯作消电离剂，原子吸收测定	钠0.0003～0.080%；钾0.0010～0.150%
20	钼粉、钼条、三氧化钼、钼酸铵、钟钨酸铵	钛	氢氧化铁作载体，使钛与主体钼分离，三安替比林甲烷比色测定	0.0005～0.012%
21	三氧化钼	钛	用硅胶分离，极谱测定	0.0008～0.0032μg/mL
22	钼粉、钼条、三氧化钼、钼酸铵	钒	乙酰丙酮-三氯甲烷萃取分离钼，在3～6mol/L盐酸溶液，钽试剂与五价钒生成紫红色络合物，三氯甲烷萃取，光度测定	0.0005～0.01%
23	钼粉、钼条、三氧化钼、钼酸铵	铬	氢氧化铍作载体共沉淀铬与主体钼分离，二苯基碳酰二肼光度测定	0.0002～0.015%
24	钼粉、钼条、三氧化钼、钼酸铵	锰	甲基异丁基酮萃取锰，然后用甲醛肟反萃取锰，光度法测定	0.00020～0.95%
25	三氧化钼	锰	用十二烷基硫酸钠为增感剂，原子吸收测定	直线浓度范围 0~2.8μg/mL
26	钼粉、钼条、三氧化钼、钼酸铵	硫	试样在氧气流中燃烧，二氧化硫用碘液吸收，电导法测定	0.0005～0.060%
27	钼粉、钼条、三氧化钼、钼酸铵	磷	正丁醇-三氯甲烷萃取磷钼杂多酸，光度测定	0.0002～0.018%
28	钼	氧	试样于高温脱气的石墨坩埚中熔化，氧与碳生成一氧化碳经转化炉转为二氧化碳，库仑法测定	0.0005～0.80%
29	钼粉、钼条	氮	试样加氢氧化钠蒸馏，稀硫酸吸收，奈氏试剂显色测定	0.0010～0.0050%
30	钼	碳	试样高温氧气流中生成二氧化碳，库仑滴定法测定碳	0.0005～0.50%
31	钼粉、钼条、三氧化钼、钼酸铵	钨	三氯甲烷萃取钨（V）与四苯砷氯盐酸盐-碳氰酸盐形成的三元络合物，光度法测定	0.0080～1.00%

续表 12-7-96

编号	样品名称	测定元素	分析方法	测定范围
32	高纯三氧化钼，工业钼酸铵	钨	孔雀绿作显色剂，用苯和乙醇混合液萃取，有机相，比色测定	0～15μg/2.5mL
33	钼酸铵	镁、锰、铜、铁、铝、铅、铬、钠、硅等10个元素	碳粉-碳酸锂作为缓冲剂，钴为内标，光谱测定	
34	高纯钼、钼酸铵、钼粉、钼条、三氧化钼	镉、硅、钠、钴、铝、锰、锑、铁、镁、锡、铬、镍、钛、铅、铋、钒、铜17个元素	使用PGS-2平面光栅摄谱仪，锗为内标，直接光谱测定	测定下限总量为21.22ppm

三、钼合金的分析

钼合金的分析方法列于表12-7-97。

四、高纯钼的分析

高纯钼的分析方法列于表 12-7-98。

表 12-7-97 钼合金的分析

编号	试样名称	测定元素	分析方法	测定范围
1	钨钼合金	钼	盐酸羟胺还原钼、硝酸铋标准液回滴过量的EDTA	20～18%
2	钼、钼合金	钛	1,10-菲啰啉光度测定	0.0050～0.075%
3	钼、钼合金	硅	硅钼蓝萃取光度法	0.0010～0.0125%
4	钼合金	镍	过硫酸盐-丁二酮肟光度法	0.0001～0.040%
5	钼合金	钛、锆、镧、铈	X荧光谱测定，锆用铑靶散射线作内标，其它元素用外标法	检定下限：钛0.0096%；锆0.003%；镧0.036%；铈0.037%；
6	钨钼产品	镁	活性碳吸附富集氢氧化镁，偶氮氯膦-I比色测定	0～15μg/mL
7	钨钼产品	钛	铁为载体，使微量钛与主体分离，二安替吡啉甲烷比色测定	0.00x～0.00x%

表 12-7-98 高纯钼的分析

编号	试样名称	测定元素	分析方法	测定范围
1	高纯钼	镉、硅、钠、钴、铝、锰、锑、铁、镁、锡、铬、镍、钛、铅、铋、钒、铜等17个元素	直接发射光谱法测定（与钼酸铵、钼粉、钼条分析相同）	测定下限总量为21.22ppm 测定下限为0.4～4.0ppm
2	高纯钼	钠、镁、铝、铁、钴、镍、锰、铜、钛、钒、铬、硅、铅、铋、锡、锑、镉等17个元素	用W-PG100型国产平面光栅摄谱仪，直接光谱法测定	测定下限为0.1～3ppm，测定下限总量为17.3ppm

第八节 钼的应用

一、概述

钼的应用领域主要是冶金、电子和电工材料、航空和宇航工业及化学工业等。

在工业发达国家，钼主要用于钢铁工业。在国外，钼消费量与钢产量有一定的比例关系，例如美国钼消费量约为钢产量的0.02～0.03%，国外钼消费总量平均约为国外钢产量的0.014～0.016%。资本主义国家钼的消费分配比例及日本钼制品生产分别列于表12-7-99和表12-7-100。在钼的消费中又以工业三氧化钼的形式为主（表12-7-101），生产合金钢时，也主要以工业三氧化钼和碳质还原剂直接加入钢液，因为用三氧化钼直接炼钢比用钼铁便宜15%左右。

表 12-7-99 资本主义国家钼的应用分配（%）

应用部门	1980	1981	1982	1983	1984	1985	1986	1987
合金钢	46	45	44	44	44	44	43	43
不锈钢	21	21	23	22	22	22	23	23
工具钢	10	9	9	8	8	8	8	8
铸铁和轧辊	6	6	7	6	6	6	6	6
超合金和特殊合金	3	4	2	3	3	3	3	3
金属钼	5	5	5	6	6	6	6	6
化学制品	8	9	9	10	10	10	10	10
其他	1	1	1	1	1	1	1	1
合计	100	100	100	100	100	100	100	100

表 12-7-100 日本钼制品生产（kg）

制品名称	1987	1988	1988/1987（%）
线、棒	66928	76167	114
细丝	35383	38128	108
其他加工品	177281	188496	106
板	39197	41075	105
合计	318798	343866	108

表 12-7-101 美国各种钼半成品使用比例（%）

半成品	MoO_3（工业纯）	钼铁	其他①
碳素钢	83.0	16.3	0.7
不锈钢、耐热钢	77.1	21.0	1.9
合金钢	92.3	7.5	0.2
高强度钢	80.2	18.2	1.6
电磁钢	98.8	1.2	0
工具钢	73.1	26.2	0.7
铸铁	45.1	13.1	41.8
其他合金	8.6	77.8	13.6
粉冶制品	—	—	100
化学制品	65.1	0.3	34.6
其他	19.6	10.3	70.1
全国平均	71.4	17.6	11.0

① 此项包括 $(NH_4)_2MoO_4$及金属钼等。

二、冶金工业

（一）钢铁

在国外，80%以上的钼用于钢铁工业，且还有增长的趋势，钼在钢铁工业中主要应用于：

1.结构钢和弹簧钢

含钼的结构钢和弹簧钢主要用于大断面齿轮、轴和汽轮发电机转子等重要机器的部件。

在渗碳结构钢中，钼可以减低碳化物在晶界上形成连续网状的倾向以及相对地增加表面层的耐磨性。

在渗氮结构钢中，钼可以避免渗氮过程中产生回火脆性，并且使钢材具有良好的耐热性和较好的耐磨性。

含钼的弹簧钢可用于制造承受重载荷的大尺寸螺旋弹簧，扁弹簧和耐热弹簧。

2.轴承钢和工具钢

含钼的无铬轴承钢适于作方型轴承、钢球和滚珠。钼能提高钢的回火稳定性和防止回火脆性，增强锻模钢的淬透性，使锻模保持比较稳定的硬度，以增加抗变形、开裂和磨损等性能。这一类钢可用于制造大中型锻模、热锻模、热冲模和热切削工具以及热造型工具。

在冷作模具和刃具钢中，钼能改善其韧性，可用于制造滚丝模、冷剪切刀片、拉丝模和冷石墨模具。

含钼的高速钢具有比一般高速钢好的耐磨性，大的回火硬度和红硬性，可用作加工不锈钢，耐热合金及高强度钢等材料。

钼在工具钢和高速钢中的含量一般为1～10%。

3.不锈耐酸钢

添加钼能进一步提高耐酸不锈钢的耐有机酸（如蚁酸、醋酸和草酸等）及过氧化氢、硫酸、酸性染料和漂白粉液的耐蚀能力。一些材料在含氯化物溶液中常会出现点腐蚀，含钼不锈钢在很大程度上能减缓或抑制这种腐蚀。

往镍铬不锈钢中加入2.5～3%钼。可大大提高钢的耐蚀能力。含1～4%Mo、18～24%Cr 的铁素体不锈钢，其性能和18%Cr、10%Ni 的不锈钢相近，但前者成本较后者低。

4.高强度低合金钢

含0.05%C、1.6%Mn、0.05%Si、0.06%Nb 和0.25%Mo 的合金钢具有高的韧性和良好的焊接性能，主要用于制造大直径（ϕ1.2～1.4m）的输油和输气管。

5.耐热钢和磁钢

钼是提高珠光体钢热强性最有效的合金元素。

一系列二元和多元的含钼珠光体钢已广泛用来制造动力、石油和化工等设备。耐热钢一般含1～5%Mo。

钼在永磁钢中的作用和钨相似。含钼的磁钢具有较大的矫顽力和剩余磁感，例如，含C、Cr9、Mo2钢的磁性比不含钼的铬钢强。

6.铁合金

目前，已采用钼生产铁合金。钼能使灰口铁的晶粒细化，并可以改善灰口铁在高温下的各种性质，提高其耐磨性。

（二）有色金属合金

钼是有色金属合金的重要元素，钼能提高有色金属的热强度和耐腐蚀性。

1.镍基合金

添加15～30%钼可大为提高镍基合金的耐腐蚀性能，尤其能大大提高其在非氧化介质中（例如在氯酸中）的耐腐蚀性能。含18%Mo和18%Cr的镍基合金在1093℃时仍具有一定的强度，这种合金对氧化和非氧化介质的耐腐蚀性能也很好。添加3～10%Mo能显著提高镍基超合金的热强度。

2.钼铼合金

用含50%Mo和50%Re的钼铼合金制成的无缝合金管具有良好的高温性能。这种合金管可在接近其熔点的温度下使用，可用作热电偶的外套，电子管中阴极支架、环和栅极等部件。

3.钼基合金

含0.5%Ti和0.08%Zr的钼基合金（TZM）是一种优良的高强度材料，它具有良好的耐热疲劳和耐热裂性能。这种钼基合金铆头的使用寿命比高速钢铆头提高7～20倍，比硬质合金铆头提高5倍。用这种合金棒作穿孔顶头可以提高生产率并节省钢材。

金属钼也是钴基和钛基合金的添加元素。

（三）金属加工

钼具有加工性能稳定、熔点高、高温强度和硬度大、热导率较好和膨胀系数较小等特点。这些特点使钼及其合金适于作金属加工的加工工具。

1.钼基合金（TZM）铸模型芯材料

这种钼基合金可用于铸造铝和铝合金、铜及铜合金、铅合金和锌合金等材料的铸模型芯，其使用寿命超过标准热加工钢的5倍。

2.钼基合金锻模

美国某厂家制造了目前最重的TZM合金锻模，模重1.4t，直径为419mm，长为1016mm，这种模坯用粉末冶金法制成，可用作等温锻造的锻模。

3.钼基合金中心模顶针

这种中心模顶针不会产生热断裂，当钼中心顶针经过8000件黄铜刷把柄（用于大电子管中）挤压操作后并没有损坏。而H21工具钢经过同样条件操作后发现在数处出现热断裂，并且经过2000次操作后还必须重新更换新的中心顶针。因此，采用钼中心顶针既可降低成本，又进一步提高了生产效率。另外，由于钼的硬度大，延伸率好，因此，在操作过程中不会出现脱鳞或偏转等现象，使加工件的粗糙度和精度有很大的提高。

4.过滤液态金属的钼筛

由25.4×10^{-6}m厚的钼板制成的钼筛子的高温强度和良好的耐液态金属的腐蚀性能，适用于生产铝铬、铜铍、铜铍镍、锰青铜和铝青铜等合金铸件，并可得到含杂质较少的铜基合金铸件。

5.钼基合金挤压模

在热加工工具方面，常用钼基合金来制造压模墩锻冲击机以及穿孔机端头和挤压模。由于在挤压模表面所形成的氧化钼薄层具有很大的热硬度和良好的润滑性，因此，其使用寿命较长。

三、电子和电工材料

钼在电子工业和电工材料方面的主要用途列于表12-7-102。

表 12-7-102 钼加工品的用途

用途		加工材
照明用	白炽电灯的灯丝支架	钼丝
	卤素灯，放电管密封材料，导线	钼丝、钼带
	钨灯丝用芯轴	钼丝
	增大光量的反射镜（汽车卤素灯用）	钼薄板

续表 12-7-102

用途		加工材
电子管用	发射电子管灯丝阳极、栅极	钼平板、钼圆筒
	振荡管和真空整流器的阳极、隧道等部件	钼薄板
	磁控管阴极及包覆零件	钼薄板、钼丝
	放电管阳极	钼片
	阴极和灯丝的支柱	无缝钼管
	X射线管旋转阳极（对阴极）	钼板
	超高频管、高功率四极管、电视发射管、整流管、辅助电极、吸气架、阴极架、垫圈、铆钉等结构部件	钼丝、棒及抛光或电镀的钼丝等
	晶体管和整流器中硅板的垫盘	钼圆盘
薄膜制造装置	真空电镀、溅射等薄膜材料、容器、舟皿、加热器等	钼丝、钼板
电炉	高温炉发热体	钼丝、棒和板
	熔炼玻璃电炉电极	钼棒
	高温电炉隔热板	钼板
测定装置	热电偶	钼铼合金丝
	热电偶保护管	钼管
表面处理	堆焊、喷涂材料	钼丝
其他	临界等离子试验装置的固定限位器材料	钼板
	核聚变试验材料	钼细管
	氧化铀烧结用舟皿	钼板
	难熔金属熔炼坩埚	钼板
	半导体器件如薄膜集成电路和自调选通材料等	高纯钼、钼薄膜

四、农业

钼酸铵、钼酸钠、三氧化钼，经过熔烧后的辉钼矿以及含钼的工业废料都可用作肥料。植物需要的钼量虽然很少，但却是植物组织的必要组分并起着非常重要的作用。施加钼肥能促使植物吸收所需的养份和提高农作物的产量。钼能使固氮菌的固氮能力提高几十至几百倍，并提高叶绿素和维生素C的含量，增强植物的抗病、抗旱和抗寒能力以及促进植物发育以使之提早成熟。

一般可采用易溶的钼酸铵和钼酸钠浸种和拌种，将各种钼肥施在地里或作为追肥等。

钼肥对促进豆科作物生长特别有效，一般可提高产量19～30％。在苏联的应用表明，施用钼肥使扁豆增产27％；车轴草增产36％；蕃茄增产75％；甜菜增产50.7％和棉花增产30％。大麻种籽经过钼肥处理后，其纤维产量增加12％，种籽产量提高23％，钼还能提高亚麻的油脂含量。

钼肥对水稻、小麦、荞麦、燕麦和玉米等起着促进生长作用，在砂质土壤地上每亩施用130g左右的钼酸钠，小麦的亩产量可提高146.5～233.5kg。

经过多次研究和试验，证实钼肥对于桔子、苹果、李子、樱桃、香蕉和葡萄等果树的生长也起着一定的良好作用。

主要参考文献

〔1〕D. W. Fuerstenau *et al*., Inter. *J. Miner Processing*, (1983), No2, P89.

〔2〕汪桂兰，国外金属选矿，1986年第8期，第12页.

〔3〕A. H. 泽里克曼等著，稀有金属冶金学，宋晨光

等译，冶金工业出版社，1982.

〔4〕A. H. Зеликман, Металлургия, тугоплавких редких металлов, издательство Металлургия (1986).

〔5〕л. с. никитина, Цвет. Металлов, (1983), 4. 63.

〔6〕I. A. Willkomisky, *J. Metals*, (1974), 12, p52.

〔7〕L. F. McHung, *Can. Metall. Q*, (1977) 16, 7～10.

〔8〕Gmelin HandBook of Inorganic chemistry Molybdeum, Supplement Volume A3, 1983.

〔9〕H. H. 莫尔古诺娃等著，钼合金，徐克玷等译，冶金工业出版社，1984.

〔10〕稀有金属材料加工手册编写组，稀有金属材料加工手册，冶金工业出版社，1984.

〔11〕日本特許公報　昭58—153701，107—111.

〔12〕苏联国家标准，钼精矿化学分析方法，ГОСТ，2082.0—81～2082.17—81.

〔13〕钼的化学分析方法，GB。4325.1—4325.28—84.

〔14〕钼的化学分析标准方法 ASTM，E315—83.

第十三篇

稀散金属

第一章　稀散金属及其资源
第二章　稀散金属的主要物理化学性质
第三章　稀散金属的提取冶金
第四章　稀散金属的成分分析
第五章　稀散金属的应用

第一章　稀散金属及其资源

编写人　周令治　涂翰勤

稀散金属是一组化学元素，这组元素通常是指镓(Ga)、铟(In)、铊(Tl)、锗(Ge)、硒(Se)、碲(Te)及铼(Re)等七种元素。也有把钪、铪、钒、铷或镉等包括在内的。

第一节　稀散金属的发现

稀散金属的全部被发现仅近200余年的事，其中铼的发现迄今不过64年。稀散金属在元素周期表中的位置如图13-1-1所示。它们之所以被命名为稀散金属，原因有三：一是该组元素的物理和化学性质彼此近似；二是自然界中极少存在单一的、具有工业开采价值的稀散元素矿物；三是该组元素在地壳中的克拉克值低，分布分散，多伴生在有色金属、煤及铁矿等中，大多从提取主金属或燃烧煤等过程中的副产品中综合回收。

稀散金属各元素的发现史较短，它们被发现的简况列入表13-1-1。

表13-1-1　稀散金属的发现简况

元素	Ga	In	Tl	Ge	Se	Te	Re
发现年代	1875	1863	1861	1886	1817	1782	1925

续表 13-1-1

元素	Ga	In	Tl	Ge	Se	Te	Re
发现人	布瓦博德朗 (Boisbaudran)	F. 赖克 (Reich)等	W. 克鲁克斯 (Crookes)	C. A. 温克勒 (Winkler)	J. J. 伯刘利乌斯 (Berzelius)	F. M. Von，赖陈施泰因 (Reichenstein)	W. 诺达克 (Noddack)等
发现所在的介质	闪锌矿	闪锌矿	酸泥	硫银锗矿	黄铁矿	金 矿	铂族金属残渣
命名及意义	Gallia 法兰西	Indigo 蓝 色	Thallus 开放的绿枝	Germamia 日尔曼	σεληνη 月 亮	Tellus 地 球	Rhine 莱茵河
克拉克值，%(重量)	1.7×10^{-3}	2.3×10^{-5}	7×10^{-5}	1.3×10^{-4}	5×10^{-6}	1×10^{-7}	7×10^{-8}
世界开始生产年代	1915	1924	1925	1930	1912	1942	1930
美国开始生产年代	1943	1941	1965	1941		1964	1942
中国开始生产年代	1957	1955	1958	1958	1955	1957	1960

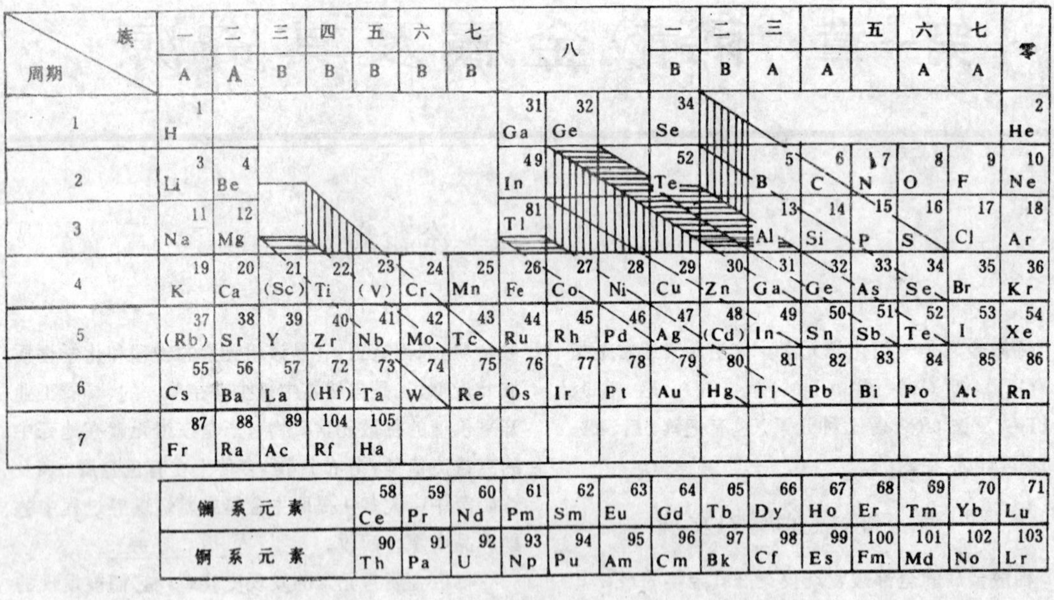

图 13-1-1 稀散金属在元素周期表中的位置

第二节 稀散金属的矿物资源

一、稀散金属矿物

现已发现的稀散金属矿物有 195 种，其中铼 2 种，镓 3 种，铟 5 种，锗 11 种，铊 19 种，硒 64 种及碲 91 种，见表 13-1-2。

二、稀散金属在一些矿石中的含量

稀散金属在一些矿石中的含量列于表 13-1-3。

表 13-1-2 稀散金属矿物汇总表

序号	元素	矿物类																总计
		自然元素		硫化物及含硫盐				硒(碲)化物				氧化物及含氧盐				
		矿物名	化学式	矿物名	化学式	晶系	含量,%	矿物名	化学式	晶系	含量,%	矿物名	化学式	晶系	含量,%	
1	Re	—	—	铜铼矿	$CuReS_4$		40～50	—	—	—	—		—	—		2
				辉铼矿	ReS_2											
2	Ga	—	—	硫镓铜矿	$CuGaS_2$	正方	29.2～35.4	—	—	—	—	水镓石	$Ga(OH)_3$	等轴		3
				硫铜镓矿	$(Cu,Fe,Zn)_3GaS_4$		20.9									(4)
				锗石	$Cu_3(Fe,Ge,Zn,Ga)(SAs)_4$	等轴	→1.8									
3	In	自然铟	In	硫铟铜矿	$CuInS_2$	正方	47.8	—	—	—	—	羟铟石	$In(OH)_3$	等轴	80±	5
				硫铟铁矿	$FeIn_2S_4$	等轴	59.3									
				硫铜铟锌矿	$(Cu,Zn,Fe)_3(In,Sn)S_4$	正方										
4	Ge	—	—	锗石	$Cu_3(Fe,Ge,Zn,Ga)(S,As)_4$	等轴	6～10.9	—	—	—	—	纳米比亚锗矾(弗莱石)	$(Pb,Ge,Ga)_2(SO_4)(OH)_2 \cdot 2H_2O$	六方	6.72～7.8	11
				扎伊尔锗矿(硫锗铁铜矿)	$(Cu,Fe)_3(Fe,Ge,Ga,Zn)(S,As)_4$	正方	6.38～7.8					钙锗矾	$Ga_3Ge^{+4}(SO_4)_2(OH)_6 \cdot 3H_2O$	六方	14.9	
				硫银锗矿	Ag_8GeS_6	等轴及斜方	3.65～6.93					羟锗铅矾(伊藤石)	$Pb_3[GeO_2(OH)_2(SO_4)_2]$	斜方	7.3～17.0	
				超基性矿	$Pb_{28}Ag_{22}Sb_4Ge_3S_{51}$	斜方	2.2～4					锗铁石	$GeFe^{+2}(OH)_6$	正方	29	
				黑硫银锡矿	$4Ag_2S(Sn,Ge)S_2$	等轴	1.8～1.82					锗磁铁矿	$GeFe_2O_4$	等轴	25.7～29	
				灰锗矿	Cu_2FeGaS_4	正方										

续表 13-1-2

序号	元素	矿物类														总计
		自然元素		硫化物及含硫盐				硒(碲)化物				氧化物及含氧盐				
		矿物名	化学式	矿物名	化学式	晶系	含量,%	矿物名	化学式	晶系	含量,%	矿物名	化学式	晶系	含量,%	
5	Tl	—	—	红铊矿	$TlAsS_2$	单斜	48～59.6	硒铊银铜矿	$Cu_{15}Tl_2AgSe_9$	单斜	16.27～19	褐铊矿	Tl_2O_3	等轴		19
				辉铊铅矿	$Tl_2PbAs_4S_8$	斜方		砷硒铜矿	$(Cu,As,Tl)_2Se$		29	副铊矿	TlO_2			
				铜红铊铅矿	$TlPb(Cu,Ag)As_2S_5$	三斜	18～35	锑铊铜矿	$Cu_2(Sb,Tl)$	正方		铊铁矿	$7Tl_2O_3 \cdot Fe_2O_3$		→79.52	
				银红铊铅矿	$(Pb,Tl)_2AgAs_2S_3$	三斜	18～25	硒铊铜矿	$Cu_3Tl_2FeSe_4$	正方		矾钾铊矿	$Tl_2O_3 \cdot R_2O \cdot 8SO_3 \cdot 15H_2O$	斜方		
				硫铊铜矿	Cu_3TlS_2											
				辉铊锑矿	$TlAs_2SbS_5$	斜方	29.6～32.1									
				皮罗矿	$Tl_2(Sb,As)_{10}S_{17}$	斜方										
				硫砷锑铊矿	$Tl(As,Sb)_3S_5$	斜方	32.0									
				依姆霍夫矿	$Tl_6CuAs_{16}S_{40}$	单斜	32.51									
				硫铁铊矿	$TlFeS_2$	斜方										
				铁铊矿	$TlFe_2S_3$	斜方	49.6									
6	Se	自然硒	Se	副硒铋矿	$Bi_2(Se,S)_3$	六方	26	硒化氢	H_2Se			黄硒铅矿	$PbSeO_4 \cdot 2H_2O$	单斜		64
		硒碲矿	(Se,Te)	硫硒铋矿	Bi_4Se_2S	六方		硒银矿	Ag_2Se	斜方与等轴		白硒铅矿	$PbSeO_3 \cdot nH_2O$	单斜		
				硒化铋矿	Bi_2SeS			硒金银矿	Ag_3AuSe_2	等轴		硒铅石 (olsacherite)	$Pb_2(SO_4)(SeO_4)$			

续表 13-1-2

序号	元素	矿物类																总计
		自然元素		硫化物及含硫盐				硒(碲)化物				氧化物及含氧盐				
		矿物名	化学式	矿物名	化学式	晶系	含量,%	矿物名	化学式	晶系	含量,%	矿物名	化学式	晶系	含量,%	
6	Se															
				碲铋矿	$Bi_3Te(S,Se)$			硒铜银矿	$AgCuSe$	斜方		硒铀铜铅矿	$Pb_2Cu_5(UO_2)_2(SeO_3)_6(OH)_6 \cdot 2H_2O$			
				辉硒铅铋矿	$Bi_6Pb_4SgSe_4$	六方	11.5～11.8	硒铊银铜矿	$(Cu,Tl,Ag)_2Se$		33.27	铅铜硒矿(Schmeiderite)	$(Pb,Cu)_2SeO_4(OH)_2$			
				胶硒雄磺	$As(S,Se)_2$			硒银铅矿	$(Ag,Pb)Se$或$(Ag_2Pb)Se$			兰铜硒矿	$CuSeO_3 \cdot 2H_2O$	斜方		
				辉硒银矿	Ag_4SeS_4	斜方与等轴		硒铋银矿	$AgBiSe_2$		32.1	德里克石	$Cu_4(UO_2)(SeO_3)_2(OH)_6 \cdot H_2O$	斜方		
				辉砷矿	$As(Se,S)_2$			硒铜钯矿	$(Pd,Cu)_7Se_5$	斜方		马托兹石	$Cu(UO_2)(SeO_3)_3(OH)_2 \cdot 7H_2O$	斜方		
				辉汞矿	$Hg(Se,S)$	等轴		硒钯矿	$PdSe$			水硒镍矿	$NiSeO_3 \cdot 2H_2O$			
				哈克矿(Hakite)	$(Cu,Hg)_{12}Sb_3(S,Se)_{13}$	立方	38.77	灰硒汞矿	$HgSe$	等轴		水硒钴矿	$CoSeO_3 \cdot 2H_2O$	单斜		
								(哈克矿)	$(Cu,Hg)_3SbSe_3$	等轴		黄硒矿	SeO_2	正方		
								硒汞铅矿	$(Pb,Hg)Se$		24～27	硒铀钡矿(Guilleminite)	$Ba(UO_2)_3(SeO_3)_2(OH)_4 \cdot 3H_2O$	斜方		

续表 13-1-2

序号	元素	矿物类														总计
		自然元素		硫化物及含硫盐				硒(碲)化物				氧化物及含氧盐				
		矿物名	化学式	矿物名	化学式	晶系	含量,%	矿物名	化学式	晶系	含量,%	矿物名	化学式	晶系	含量,%	
								硒铅矿	$PbSe$		27.7	水硒钼矿	$MoSeO_3 \cdot nH_2O$			
								硒铜铅矿	$(Pb,Cu)_2Se$							
								硒铜矿	$CuSe$	六方	→38.4					
								均质硒铜矿	$Cu_{2-x}Se$	等轴						
								硒碲铜矿	$Cu(Te,Se)_2$	正方						
								红硒铜矿	$Cu_{4-x}Se$	六方						
								铜硒铁矿	$CuFeSe_2$	六方						
								四硒五铜矿	Cu_5Se_4	斜方						
								铁硒铜矿 (Эскеборнцт)	Fe_3CuSe_4							
								狄瑞尔矿	$(Co,Ni,Cu)_3Se_4$	等轴						
								硒铜镍矿	$(Ni,Cu,Co)Se_2$	等轴						
								珀明介矿	$Cu_3(Sb,As)Se_4$	正方						
								硒镍矿	$NiSe$	六方						
								等轴硒镍矿	Ni_3Se_4	等轴						
								单斜硒镍矿	Ni_3Se_4	单斜						
								硒碲镍矿	$NiTeSe$	六方						
								白硒钴矿	$CoSe$	斜方						

续表 13-1-2

序号	元素	矿物类															总计
		自然元素		硫化物及含硫盐				硒(碲)化物				氧化物及含氧盐				
		矿物名	化学式	矿物名	化学式	晶系	含量,%	矿物名	化学式	晶系	含量,%	矿物名	化学式	晶系	含量,%	
6	Se							软硒钴矿	$CoSe$	六方						
								硬硒钴矿	$CoSe_2$	立方						64
								方硒钴矿	Co_3Se_4	立方						
								硒铁矿	$FeSe$	六方						
								白硒铁矿	$FeSe_2$	斜方						
								六硒锌矿	$ZnSe$	等轴						
								硒镉矿	$CdSe$	六方						
								硒铋矿	Bi_2Se_3	斜方	24～36.2					
								硒钼矿(drysdallite)	$MoSe_2$	六方	62.23					
								(petrovicite)	$Cu_3HgPbBiSe_5$	斜方	32.85					
7	Te	自然碲	Te	硫碲铋矿	Bi_4TeS_2	六方		碲化氢	H_2Te			铁碲矿	$Fe_2(TeO_3)_2$			91
		碲硒矿	(Te,Se)	正碲铋矿	$Bi_{4-x}Te_{1-x}S_2$			碲金矿	$AuTe$ 或 $AuTe_2$	单斜		高铁碲矿	$FeTeO_4$			
				亚碲铋矿	$Bi_{4-x}Te_{2-x}S_2$			金银碲矿	$(Ag,Au)_2Te$		33～35	羟碲铁矿	$FeTe_2O_5(OH)$	正方		
				辉碲铋矿	Bi_2Te_2S	六方	36	碲金银矿	Ag_3AuTe_2	立方与斜方		波尖石	$Fe_2(SO_4)(TeO_3)_2\cdot 3H_2O$	斜方		
				叶碲铋矿	$Bi_{2-x}Te_{3-x}S$	六方		粒碲银矿	$(Ag,Au)Te$	斜方		水碲铁矿	$Fe^{+3}TeO_3(OH)\cdot H_2O$	单斜		
				硫碲铋矿	Bi_6TeS_6 或 $BiTe_2S$	六方		二碲金矿	$AuTe_2$	单斜	55.92	锌铁碲矿(Zemannite)	$(Zn,Fe)_2(TeO_3)_3Na_xH_{2-x}\cdot yH_2O$	六方		
				碲化铋矿	$Bi_2(Te,S)_3$	六方	33～36	三碲金矿	$AuTe_3$			铅碲矿	$PbTeO_3$		38	
				砷碲矿	$Te_2As_2S_7$			叶碲金矿	$(Au,Ag)Te$			碲铅铀矿(Moctezumite)	$Pb(UO_2)(TeO_3)_2$	单斜		

续表 13-1-2

序号	元素	矿物类														总计
		自然元素		硫化物及含硫盐				硒(碲)化物				氧化物及含氧盐				
		矿物名	化学式	矿物名	化学式	晶系	含量,%	矿物名	化学式	晶系	含量,%	矿物名	化学式	晶系	含量,%	
7	Te			金田矿	$Cu_6Sb_2(S,Se)_3$			斜方碲金矿	$(Au,Ag)Te_2$	斜方	60～62	铀碲矿(Cliffomite)	UTe_3O_8	等轴		
				碲黝铜矿	$Cu_3(Te,Sb)S_4$	等轴		针碲金银矿	$(Au,Ag)Te_4$			碲铀矿(Schmitterite)	$(UO_2)(TeO_3)$	斜方		
				叶碲矿	$Au(Pb,Sb,Fe)_8(Te,S)_{11}$	斜方或正方		亮碲金矿	Au_2Te_3	三斜		黄碲矿或碲土石	TeO_2	斜方	37	
								碲铜金矿	$CuAuTe_4$	单斜	38	登宁石	$(Mn,Ca,Zn)Te_2O_5$	正方		
								碲银金矿(Гольдматит)	$(Au,Ag)_2Te_5$			锌锰碲矿(Spiroffite)	$(Mn,Zn)_2Te_3O_8$	单斜		
								碲银矿	Ag_2Te	立方	37～44	碲铋华	$Bi_2TeO_4(OH)_4$	单斜		
								六方碲银矿	$Ag_{5-x}Te_3$	六方		碲铜矾	$Cu(Te,S)O_3 \cdot 3H_2O$	斜方		
								沃伦斯基矿	$AgBi_{1.6}Te_2$	斜方		水碲铜矿	$Cu_5(TeO_3)_2(OH)_6 \cdot 2H_2O$	斜方		
								波罗斯基矿	Pd_3SbTe_4	等轴	53.65	神蛇石	$CuZn_8(TeO_3)_3(OH)_{18}$	六方		
								无名矿	$Pd_2Bi_2Te_3$			正碲铜矾(Teineite)	$Cu(Te,S)O_4 \cdot 2H_2O$		34	
								无名矿	$Pd(Pb,Te,Bi)$			汞碲矿	Hg_3TeO_3			
								铋碲钯铂矿(Мончечт)	$(Pt,Pd)(Te,Bi)_2$			绿铁碲矿	$Fe_2(TeO_3)_3 \cdot 2H_2O$	单斜		
								铋碲铂钯矿	$(Pd,Pt)(TeBi)_2$	六方		碲钙矾(Carlfriesite)	$H_4Ca(TeO_3)_3$	单斜		
								等轴铋碲铂钯矿	$(Pd,Pt)BiTe$	等轴		碲钙矿(Mroseite)	$CaCO_3 \cdot TeO_2$	斜方		
								黄铋碲钯矿	$Pd(Te,Bi)_{1\sim2}$	六方						
								碲汞矿	$HgTe$	等轴	39					
								碲镍矿	$NiTe_2$	六方	81					

续表 13-1-2

序号	元素	矿物类														总计
		自然元素		硫化物及含硫盐				硒(碲)化物				氧化物及含氧盐				
		矿物名	化学式	矿物名	化学式	晶系	含量,%	矿物名	化学式	晶系	含量,%	矿物名	化学式	晶系	含量,%	
7	Te							硒碲镍矿	$NiTeSe$	六方						
								碲铁矿	$FeTe_2$	斜方						
								碲铅矿	$PbTe$		35.79					91
								斜方碲铜矿	$CuTe$	斜方						
								碲铜矿	Cu_4Te_3	斜方	60					
								正方碲铜矿	Cu_7Te_8	正方						
								硒碲铜矿	$Cu(Se,Te)_2$	正方	31					
								韦氏碲铜矿	$Cu_{2-x}Te$ 或 Cu_5Te_3	六方	54					
								马达干姆矿	$(Co, Fe)(Te,Sb)_2$	斜方						
								碲锑矿	Sb_2Te_3	六方						
								叶碲铋矿	$BiTe$	六方						
								碲铋矿	Bi_2Te_3	六方	48					
								赫碲铋矿	Bi_7Te_3	六方						
8	合计数	5		45				80				46				195 (−19)

表 13-1-3 稀散金属在一些矿岩石中的含量（g/t）

矿物	Ga	In	Tl	Ge	Se	Te	Re
黄铜矿	0.2～100	0.04～1500	5～300	0.5～400	5～1500	5～500	1.5～6
方铅矿	1～300	2～100	20～3000	1～50	5～20000	5～5000	0.03～0.15
闪锌矿	5～1000	5～10000	1～1000	1～350	5～500	0～240	—
黄铁矿	1～100	1～100	1～3800	1～50	5～3000	1～1000	0～3.6
辉钼矿	—	—	—	1～10	1～1060	0～400	1～3100
磁黄铁矿	0.1～100	0.5～200	0.7～1000	0..5～2.8	1～800	0～245	0.1
镍黄铁矿	1	1	—	1	1～600	0～62	—
斑铜矿	1～200	2～22	0～10	0.5～9000	0～200	0～100	0.1～45
黝铜矿	5～300	2～200	0～320	4～5000	0～500	0～9000	—
辉锑矿	1～16	0～8.8	0～100	0～20	1～150	1～50	—
辰　砂	0～14	0～10	0～100	0～6	10～8500	—	—
锡　石	1～100	2～100	—	1～10	5～10	5～1400	—
黑钨矿	1～200	0.7～100	0～46	—	—	—	—
橄榄石	2～71	—	—	—	—	—	—
霞　石	8～110	—	—	—	—	—	—
长　石	5～1000	—	1～610	—	—	—	—
白云母	5～1000	0～3.4	4～500	1～50	—	—	0.01
硫砷铜矿	0～200	—	0～1000	500～1000	10～75	5～500	—
铝土矿	10～1100	—	—	—	—	—	—
煤　矿	0.1～60	2	5	10～1800	3	—	—
锰结核	2～30	—	2～150	1～6	—	0～2	—
微斜长石	2～50	—	10～20	2～12	—	—	—
天河石	—	—	50～80	8～11	—	—	—
黑云母	0～100	21	10	—	—	—	—
锂云母	100～300	—	150	3	—	—	—
锂辉石	10～700	—	0～4	20	—	—	—
铌铁矿	10	3～35	—	—	—	—	0.4
钽铁矿	10～30	12	—	—	—	—	0.03
钛铁矿	10～30	—	—	—	—	—	—
辉铋矿	—	—	—	—	150～560	1300	—
黄锡矿	—	50～500	—	—	44	15	—
石　油	4			0.7			
海水（mg/L）	0.007～0.03	0.004～0.604	0.001	0.06～0.07	0.09～6.0	0.01	0.008～0.0084
陨　石	1～67	0.003～0.022	0.0004～0.2	1～35	5～130	0.6～90	0.055～0.58

三、稀散金属的典型矿床

世界稀散金属的典型矿床列于表13-1-4，中国最佳稀散金属矿床列于表13-1-5。

表13-1-4　世界稀散金属赋存的典型矿床

主元素	矿床类型	矿床成因	伴生稀散元素	规模	实例
Fe	钒钛磁铁矿	晚期岩浆	Ga,Se,Te	中～大	攀枝花(中国)
	矽卡岩型磁铁矿	接触交代	Ga	中	大冶(中国);原苏联
	含锗赤铁矿	低温热液裂隙充填	Ge	小	万寿山(中国)
	磁铁矿-磷灰石	次火山-汽液	Ge,Se,Te	中	
	赤铁矿	浅海沉积	Ga,Se,Te	大	宁乡(中国)
Cu	铜镍硫化物	岩浆熔离	Se,Te	小～中	会理(中国);加拿大
	矽卡岩铜矿或铜钼矿	接触交代	Ga,In,Ge,Re,Se,Te	小～中	铜录山(中国),城门山(中国)
	细脉浸染型铜(钼)矿	中温热液或次火山	同上	大	德兴(中国)
	黄铁矿型铜矿	火山沉积	Ga,In,Ge,Tl,Se,Te	大	白银(中国);扎伊尔
	层状铜矿(含铜砂页岩)	生物化学沉积或侧分泌	Ge,Re,Se,Te	中～大	会泽(中国),会理(中国)
Pb,Zn	矽卡岩多金属矿	接触交代	Ga,In,Ge,Tl	小～中	八家子(中国),连南(中国)
	多金属矿	高中温热液交代	Ga,In,Ge,Tl,Se,Te	小～中	大宝山(中国),马关(中国)
	脉状多金属矿	低温裂隙充填	Ga,In	小～中	桃林(中国),铜仁(中国)
	黄铁矿型多金属矿	火山热液	Se,Te,In,Ga,Ge	中～大	祁连山(中国)
	碳酸岩中层状多金属矿	沉积-侧分泌	Ge,Se,Te	小～大	
	多金属矿	中低温热液	Se,Te,In,Tl	小～中	凡口(中国),常宁(中国)
Sn	伟晶岩型锡矿	伟晶作用	Tl	小	原苏联和玻利维亚
	矽卡岩型锡石矿	接触交代	In,Ge,Ga	中～大	个旧(中国)
	石英脉钨锡矿	高温热液	In,Ge,Ga,Se,Te	小～中	
	锡石-硫化物矿	中温热液	In,Ge,Se,Te	中～大	大厂(中国),个旧(中国)
	砂锡矿	残坡积	In,Ge,Ga	小～中	大厂(中国)
Al	铝土矿	海相胶体化学沉积	Ga,Ge	大	淄博(中国),修文(中国)
		风化残余	Ga	中～大	平果(中国)
		陆相沉积	Ga	小～中	四川(中国),辽宁(中国)
Mo	矽卡岩型辉钼矿	接触交代	Re,Se,Te,Ga,Ge	小～大	杨家杖子(中国)
	石英脉型钼钨矿	高温热液	Re,Se,Te	小～中	五华(中国)
	细脉浸染型钼或铜钼矿	中温热液	Re,Ga,Se,Te,Tl	中～大	金堆城(中国),大黑山(中国)

续表 13-1-4

主元素	矿床类型	矿床成因	伴生稀散元素	规模	实例
Mo	层状镍钼矿	生物化学沉积	Re,Se,Te	中～大	
Au	银-金多金属矿	中低温热液	Te,Se	小～中	斐济
	金-银矿	火山汽液	Se,Te,Ga,Ge,In,Tl	中～大	台湾(中国)
U	矽卡岩铀矿	接触交代	Ge,Se,Te	小	澳大利亚类型
	钼-铀矿	中温热液	Se,Te,Tl	小～中	扎伊尔与赞比亚
	铀-多金属矿	中温热液	Re,Se,Te	小～中	贵州(中国),广西(中国)
Hg	层状汞-砷及汞-锑矿	低温热液,侧分泌	Se,Te,Tl	小～中	铜仁(中国),河池(中国)
Mn	沉积锰矿	浅海相,湖相沉积	Tl	中	湘潭(中国)
盐	钾盐-光卤石	泻湖相或陆相沉积	Tl	大	青海盐湖(中国)

表 13-1-5 中国最佳稀散金属工业矿床

元素	矿产类型			最佳工业矿床		
	矿产类	品位,%	储量, t	利用状况	矿产地	品位,%
Ga	铝土矿	0.001～0.011		已用	河南巩县	0.001～0.06
	铅锌矿	0.0009～0.0046		试验	广东凡口	0.0035
	多金属矿	0.0012～0.0124			广东大宝山	0.0124
	钒钛磁铁矿	0.0026		试验	四川攀枝花	0.0026
	硫化铜矿	0.0001～0.009			江西德兴	0.002～0.0031
	硫化钼矿	0.001			吉林大黑山	0.001
	煤 矿	0.004～0.0045		试验	四川永川	0.004～0.0045
	锡 矿	0.0037			云南个旧	0.0037
In	锡 矿	0.002～0.112		已用	广西大厂	0.112
	铅锌矿	0.0003～0.006		已用	青海锡铁山	0.006
	多金属矿	0.004～0.01			云南都龙	0.0052
	硫化铜矿	0.0002～0.004			湖北吉龙山	0.004
Tl	矽卡岩	0.0004～0.00279		已用	湖北当阳	0.0157
	砷 矿	0.024			云南广南	0.024
	铜 矿	0.009			江西城门山	0.009
	伟晶岩铌铁矿	0.0156			广东连县	0.0156
	黄铁矿	0.018～0.042			甘肃小铁山	0.042
Ge	硫化铅锌矿	0.0005～0.06		已用	广东凡口	0.0033
	氧化铅锌矿	0.001～0.006		试验，已用	贵州赫章	0.006

续表 13-1-5

元素	矿产类型				最佳工业矿床	
	矿产类	品位，%	储量，t	利用状况	矿产地	品位，%
Ge	铁　矿	0.01～0.013		已用	江苏万寿山	0.011
	煤　矿	0.0014～0.0176		已用	云南临沧	0.0176
	硫化铜矿	0.001～0.004			湖北吉龙山	0.004
Se	矽卡岩铜及铜镍矿	0.0009～0.01			江西城门山	0.0014
	多金属矿	0.0008～0.0065		已用	广东大宝山	0.0009
	铅锌矿	0.0011～0.012		已用	江西东乡	0.0016
	黄铁矿	0.0063		已用	甘肃小铁山	0.0063
	钼　矿	0.0001～0.0057			辽宁杨家杖子	0.0057
	锡　矿	0.011			广西贺县	0.011
Te	矽卡岩铜及铜镍矿	0.0001～0.003		已用	江西城门山	0.0028
	多金属矿	0.00038～0.0016			广东大宝山	0.00038
	铅锌矿	0.0019～0.053		已用	江西东乡	0.00304
	脉金矿	0.001			吉林海甸	0.001
Re	辉钼矿	0.0012～0.005		已用	辽宁杨家杖子	0.0046
	铜钼矿	0.02～0.034		已用	湖北大冶	0.034
	硫化铅锌矿	0.0007～0.001			广东凡口	0.0007
	多金属矿	0.07		已用	湖南宝山	0.07
	炼汞炉渣	0.00023			贵州504矿	0.00023

四、稀散金属矿床的工业评价

为适应中国稀散金属的采矿及综合利用的要求，结合国家需要、技术水平、矿床地质特征、开采条件、矿石加工性能、矿区交通情况、辅助材料的供应条件及综合回收技术等，以确定矿石最低工业品位极为重要，为此有必要对稀散金属矿床进行工业评价，有关对稀散金属矿床的工业评价情况列于表 13-1-6。

表 13-1-6　对稀散金属矿床的工业评价

元素	矿　床	稀散金属主要载体	品位，%	评　价
Ga	热液矿床	多金属矿和铜锌矿	0.001～0.01	可综合回收
		黄铁矿型矿	0.02～0.03	铁矿中含 Ga 达 0.001%便有综合回收价值
	与碱性岩有关的岩浆矿床	磷灰石-霞石	0.01～0.04	可综合回收
	外生矿床	铝土矿	0.002～0.01	可综合回收
		煤　矿	0.003～0.005	可综合利用
		明矾石	0.0022～0.0044	可综合利用

续表 13-1-6

元素	矿　床	稀散金属主要载体	品位,%	评　价
In	热液充填交代矿床	石灰岩中的黄铁矿	0.1	可独立开采
		赤铁矿	0.1	可独立开采
	高温热液矿底	含铅锌铜的锡石或黑钨矿	0.01～0.03	可综合回收
		铜钼矿	0.001～0.003	可综合利用
		辉锑矿	0.002～0.004	可综合利用
	多金属硫化物矿床	含锌黄铁矿等硫化物	0.001～0.003	可综合利用
		多金属硫化物	0.0005～0.001	可综合利用
Tl	低温热液硫化物矿床	含铊矿	0.01～0.1	可独立开采
		白铁矿和黄铁矿	0.1～0.2	可独立开采
		黄铁矿和铜矿	0.0025～0.1	可综合回收
		锑汞矿	>0.01	可综合回收
	各类铅锌矿床	铅-锌矿物	0.001～0.01	可综合回收
	外生矿矿床	含铊变质锰矿	>0.01	可综合回收
		含铊盐类矿物	0.002～0.008	可综合利用
Ge	热液矿床	赤铁矿	>0.008	可作锗矿开采
		锗　石	3～4	可独立开采
		铜和富银矿	0.0005～0.01	可综合回收
	铅锌矿矿床	铅-锌矿物	0.001	可综合回收
		锌精矿	0.01	可综合回收
	外生矿矿床	煤　矿	0.002～0.1	可综合回收，达到0.1%时可作锗矿开采
		铁镁矿	0.001～0.01	铁矿含 Ge 达 0.001%便有综合回收价值
		温泉水	0.0005	

续表 13-1-6

元素	矿 床	稀散金属主要载体	品位,%	评 价
Se	岩浆铜镍矿床	铜-镍矿物	0.0006～0.006	可综合利用
		硫化矿物	0.002～0.014	可综合回收
	火山成因矿床	含硒凝灰岩或灰质页岩中的黄铁矿	0.7～1.8	可独立开采
		自然硫	0.2～0.3	可作硒矿开采
		火山灰及斑脱岩	0.003～0.005	
	热液矿床	含硒独立矿	＞0.08	可独立开采
		铜锌黄铁矿	0.0025～0.006	可综合利用
		含铜黄铁矿	0.001～0.012	可综合回收
		硫化矿	0.1	可综合回收
		辉钴矿或辉锑矿的碲化物-硒化物	0.0001～0.002	
		汞 矿	0.003	可综合利用
	外生矿床	铁帽及氧化带矿物	0.01～0.1	可综合回收
		含铜砂页岩	0.002	可综合利用
		磷块岩	0.02	可综合回收
		含钾钒的铀矿	0.002～0.01	可综合回收
		沥青质和炭质页岩的沉积铀矿	0.002～0.01	可综合利用
Te	岩浆型铜镍矿床	铜-镍矿	0.0001～0.0006	
	火山成因矿床	自然硫	0.001～0.02	可综合回收
	热液矿床	含铜锌黄铁矿	0.001～0.016	可综合回收
		含铜黄铁矿	0.01～0.08	可综合回收
		铜-钼硫化物	0.0008～0.005	可综合利用
		铜-钼矿	0.03	可综合回收
		铜-铅-锌矿	0.001	可综合利用
		辉钴矿碲化物-硒化物	0.0002～0.0007	可综合利用
		碲金矿	0.001～0.01	可作碲矿开采
Re	气成热液和矽卡岩型	钼矿和铜-钼矿	0.0002	可综合回收
		辉铜矿精矿	0.001～0.03	可综合回收
		铜-钼精矿	0.005～0.009	可综合回收
		辉钼矿	0.0016	可综合回收

五、世界的稀散金属储量

世界一些地区及国家的稀散金属储量列于表13-1-7。中国稀散金属储量十分丰富，镓、铟、铊和锗的储量居世界首位，碲居第3位。

表 13-1-7 世界一些地区及国家的稀散金属储量（万 t）

稀散金属	Ga	In	Tl	Ge	Se	Te	Re
北美洲	1.68	0.133	0.03	0.48	18.46	3.76	0.608
美 国	0.45	0.062	0.015	0.39	8.26	2.45	0.454
加拿大	—	0.059	0.014	0.09	9.03	0.95	0.154
墨西哥	—	0.006	0.001	—	—	—	—
其 它	1.23	0.006	—	—	1.23	0.36	—
南美洲	1.14	0.025	0.006	—	8.85	2.67	0.308
智 利	—	—	—	—	5.81	1.77	0.254
秘 鲁	—	—	—	—	1.45	0.45	0.054
其 它	—	—	—	—	1.59	0.45	—
欧洲	1.95	0.065	0.015	0.14	1.23	0.26	0.07
苏 联	—	—	—	—	—	—	0.07
非洲	5.39	0.022	0.006	0.24	3.86	1.18	—
扎伊尔	—	—	—	—	1.14	0.36	—
赞比亚	—	—	—	—	2.04	0.64	—
其 它	—	—	—	—	0.68	0.18	—
亚洲	1.41	0.031	0.008	—	1.95	0.59	—
大洋洲澳大利亚	4.95	0.034	0.009	—	1.68	0.59	—
世界其它	—	—	—	—	4.99	1.54	0.036
全世界共计①	16.52～22.6	0.31＋	0.073＋	0.86＋	41.09～62.88	10.62～14.85	1.029～0.725
世界远景储量	＞100		65.29～71.57	N×100	1001.1	16.12	1.317

① 不包括中国。

六、稀散金属的再生资源

稀散金属的再生资源情况列于表 13-1-8。

表 13-1-8 稀散金属的再生资源

再生资源名	含稀散金属	一般含量，%	中国回收状况
半导体化合物切磨抛废料	Ga, In, Ge, Se, Te, Tl	99～99.999%+	Ga, In, Ge
半导体废器件	Ga, In, Ge, Se, Te, Tl	同上	同上

续表 13-1-8

再生资源名	含稀散金属	一般含量,%	中国回收状况
含稀散金属的合金加工废料	Ga，In，Tl，Ge，Se，Te，Re	0.1～$N\times10\%^{+}$	Ga，In，Ge，Re
腐蚀液	Ga，In，Ge，Te		
废催化剂	Ga，In，Tl，Ge，Se，Te，Re	0.1～$N\times10\%$	Re，Ge
含稀散金属的废器件	Ga，In，Tl，Ge，Se，Te，Re		—
硒鼓硒整流器	Se，Te	$N\sim N\times10\%$	Se

主要参考文献

〔1〕M. H. Зырянов，Рассеяные Редкие Элементы，иркутское кнuшное，иркутск，1960.

〔2〕周令治，稀散金属冶金，冶金工业出版社，1988.

〔3〕刘英俊等，元素地球化学，科学出版社，1984.

〔4〕蔡长金，分散元素矿物鉴定表，地质出版社，1977.

〔5〕Э. М. Бонштедт-куплетская и др.，Новые Минералы，1954～1972，Наука，Москва，1977.

〔6〕全国矿储量委员会办公室，矿产工业要求参考手册，地质出版社，1987.

第二章 稀散金属的主要物理化学性质

编写人 周令治

第一节 稀散金属的物理性质

一、稀散金属的原子和离子性质

稀散金属的原子和离子性质列于表 13-2-1。

表 13-2-1 稀散金属的原子和离子性质

元素	Ga	In	Tl	Ge	Se	Te	Re
原子序数	31	49	81	32	34	52	75
原子量	69.72	114.82～114.96	204.37～204.39	72.59	78.96	127.60～127.61	186.207
原子体积 cm^3/mol（原子）	11.4（液） 11.80～11.81	15.7～15.8	17.2～17.26	13.40～13.50	17.72(单斜硒) 16.5（六方） 18.55 （无定型硒）	20.4～20.5	8.8～8.9
原子半径 Å	1.22～1.39	1.44～1.66	1.704～1.71 (α-Tl) 1.68 (β-Tl)	1.225～1.39	1.16～1.6	1.37～1.70	1.370～1.373
离子半径 Å	0.81～1.13 （+1） 0.59～0.63 （+3）	1.30～1.32 （+1） 0.81～1.05 （+3）	1.41～1.60 （+1） 0.95～0.99 （+3）	2.72 （−4） 0.65～0.93 （+2） 0.44～0.76 （+4）	1.91～1.98 （−2） 2.32（−1） 0.66（+1） 0.48～0.69 （+4） 0.35～0.66 （+6）	2.11～2.22 （−2） 2.50（−1） 0.82（+1） 0.70～0.89 （+4） 0.53～0.61 （+6）	0.72 （+4） 0.52～0.61 （+6） 0.53～0.60 （+7）
共价单键半径 Å	1.25～1.26	1.50～1.44	1.55～1.48	1.22	1.17～1.16	1.37～1.35	1.28
共价双键半径 Å	—	—	—	(1.12)	1.07	(1.27)	—

二、稀散金属的密度

稀散金属的固态密度和液态密度分别列于表13-2-2和13-2-3。

表 13-2-2　稀散金属的固态密度（g/cm³）

Ga	In	Tl	Ge	Se	Te	Re
5.445～6.095	7.03～7.362	11.85 (α-Tl)	5.372～5.571	4.28～4.3 (无定型硒)	5.85～6.15 (无定型碲)	21.02～21.04
		11.54 (β-Tl)	4.73～4.54 (非晶质膜)	4.48～4.50 (红硒)	6.2～6.42 (晶体碲)	
		4.25 (TlO_2)	5.88 (高密度锗)	4.792～4.86 (灰硒)		

表 13-2-3　稀散金属的液态密度

元　素	纯度 %	一般值 d g/cm³	某些温度（t）下稀散金属的液态密度 d，g/cm³									气氛
			熔点时	t_1	d_1	t_2	d_2	t_3	d_3	t_4	d_4	
Ga	—	5.445	6.20±0.01	32.28	6.093	301	5.905	800	5.604	1100	5.445	—
	—	—	6.1136	$d_t = 6.11564 - 7.3743 \times 10^{-4}t + 1.37767 \times 10^{-7}t^2 (50 \sim 600)$								—
In	—	7.03	—	20	7.28	231	6.99	302	6.93	421	6.84	氩
	99.999	—	7.032	$d_t = 7.153 - 0.759 \times 10^{-3}t$								氮
Tl	—	11.29	11.29	412	11.13	504	11.01	651	10.37	—	—	氩
Ge	—	5.571	5.52	1000	5.50	1100	5.44	1200	5.39	—	—	—
	99.99	—	5.49	1000	5.46	1200	5.36	1500	5.21	—	—	氩
Se	—	4.05	4.01	250	3.97	300	3.91	400	3.79	—	—	—
	—	—	3.987	$d_t = 3.987 - 16.10 \times 10^{-4}(t - 493)$								—
Te	99.9999	—	5.797	460	5.79	600	5.72	700	5.66	—	—	氩
	99.7	—	5.86	$d_t = 5.86 - 0.73 \times 10^{-3}(t - t_{熔})$								—
Re	—	21.04	18.7	—	—	—	—	—	—	—	—	
	99.4	—	18.9	—	—	—	—	—	—	—	—	真空

三、稀散金属的熔点和沸点

30Å粒度的铟的熔点稍超过40℃，稀散金属的熔点和沸点列在表13-2-4。

表 13-2-4 稀散金属的熔点和沸点

元 素	Ga	In	Tl	Ge	Se	Te	Re
熔点,℃	29.75～	156.634～	302.4～304	937.4～958±5	217～220.5（灰硒）	449.8～452	3160～3180±20
	29.78±0.005	156.17±0.05			178～180（红硒）		
沸点,℃	2204.8～2300	2023.84～2100	1455～1470	2700～2830	684.9～700	994～1090	5885～5900

四、稀散金属的粘度

一些稀散金属的粘度数据列于表 13-2-5。

表 13-2-5 一些稀散金属的粘度

金属	某些温度（t℃）下的粘度 η，Pa·s													
	t_1	η_1	t_2	η_2	t_3	η_3	t_4	η_4	t_5	η_5	t_6	η_6	t_7	η_7
Ga	0	0.00192	29.8	0.00204	529	0.00189	301	0.0010	500	0.00081	806	0.00055	1000	0.00059
In	200	0.00107	300	0.00127	400	0.00101	500	0.00085	—	—	—	—		
Ge	900	0.00071	1000	0.00064	1050	0.00059	1000	0.00051	—	—	—	—		
	220	0.221	360	0.070	—	—	—	—	—	—	—	—	—	—

五、稀散金属的表面张力

稀散金属的表面张力数据列于表 13-2-6。

表 13-2-6 稀散金属的表面张力

金 属	纯度 %	某些温度（t℃）下的表面张力 σ，N/m							介质
		熔点时	t_1	σ_1	t_2	σ_2	t_3	σ_3	
Ga	—	704	(30)	0.707	35	0.735	—	—	氩，氦
	99.9998	718	$\sigma=0.718-0.101(t-t_{熔})$						真空
In	99.95	0.550～0.559	600	0.515	—	—	—	—	氦
	99.9999	0.560±0.005	$\sigma=0.568-0.04t-7.08\times10^{-5}t^2$ $(10^{-3}N/m)$						—
Tl	—	0.4645	—	—	—	—	—	—	氩
	—	—	450	0.450～0.452	—	—	—	—	真空
	99.999	0.467	$\sigma=0.536-0.119t$						—
Ge	—	0.650	1000	0.550	1200	0.530	—	—	真空
	—	0.632±0.005	—	$\sigma=0.6214-0.261(t-936)$ $(10^{-3}\times N/m)$					氦，氦

续表 13-2-6

金　属	纯度 %	某些温度（t℃）下的表面张力σ, N/m							介质
		熔点时	t_1	σ_1	t_2	σ_2	t_3	σ_3	
Se	—	—	230～250	0.088±0.005	310	0.095	—	—	氩
Te	—	—	460	0.178	475	(0.162)	—	—	真空
	99.4	0.186	—	—	—	—	—	—	氩
Re	99.4	2.610	—	—	—	—	—	—	真空
	99.9999	2.700	—	—	—	—	—	—	真空

六、稀散金属的电阻温度系数和电阻率

稀散金属的电阻温度系数和电阻率分别列于表13-2-7和13-2-8。

表 13-2-7　稀散金属的电阻温度系数 α

温区,℃	Ga	In	Tl	Ge	Se	Te	Re
0～100	0.00396	0.0049	0.0048	0.0046～0.0053	负值①	0.00379～0.0040	0.00311～0.00395
0～2712	—	—	—	—	—	—	0.00198～0.00311

① 常温下不导电，但在200℃后硒成导体，所以为负值。

表 13-2-8　稀散金属电阻率

金属	Ga	In	Tl	Ge	Se	Te	Re
电阻率, Ω·cm	(52～27)×10^{-6}	(8.5～9.0)×10^{-6}	(15～18)×10^{-6}	52～47	(1.2～12)×10^{-6}	(0.3～0.061)×10^{-6}	(21.2～19.8)×10^{-6}

七、稀散金属的蒸气压

稀散金属及其化合物的蒸气压列于表 13-2-9。

表 13-2-9　稀散金属及其化合物的蒸气压

金属或化合物	一些温度（℃）下的蒸气压，Pa											
	133.32	266.64	666.61	1333.22	2666.44	5332.88	7999.32	13332.2	26664.4	53328.8	101324.7	其他
Ga	1349	1478	—	1541～1570	1608	1680	1725	1784～1850	1874	1974～2060	2071～2180	
$GaCl_3$	48.0	67.8	—	76.5	91.3	107.5	118.0	132.0	152.8	176.3	200.0	
Ga_2H_6	—	0	—	—	—	6572.8 (54℃)	—	—	—	—	—	333.2 (0℃)
In	1200	—	1300	1420	1530	1620	1684	1786	1910～1960	2040～2080		

续表 13-2-9

金属或化合物	一些温度（℃）下的蒸气压，Pa										
	133.32	266.64	666.61	1333.22	2666.44	5332.88	7999.32	13332.2	26664.4	53328.8	101324.7	其他
Tl	825	—	931	983～1000	1040	1103	1143	1196～1210	1274	1364～1370	1457～1470	0.133（500℃）
TlCl	—	487	—	517	550	589	612	645	694	748	807	
TlBr	—	490	—	522	559	598	621	653	703	759	819	
TlI	440	502	—	531	567	607	631	663	712	763	823	
Ge	(800)	—	(1870)	2080	(2190)	(2245)	(2350)	2440	(2572)	2710	2830	
GeH_4	−163	−151	—	−145.3	−139.2	−131.6	−126.7	−120.3	−111.2	−100.2	−88.9	
$GeBr_4$	—	43.3	—	56.8	71.8	88.1	98.8	113.2	135.4	161.6	189.0	
$GeCl_4$	−45.0	−24.9	—	−15.0	−4.1	+8.0	16.2	27.5	44.4	63.8	84.0	
$GeHCl_3$	−41.3	−22.3	—	−13.0	−3.0	+8.8	16.2	26.5	41.6	58.3	75.0	
$Ge(CH_3)_4$	−73.2	−54.6	—	−45.2	−35.0	−23.4	−16.2	−6.3	+8.8	26.0	44.0	
Ge_2H_6	−88.7	−69.8	—	−60.1	−49.9	−38.2	−30.7	−20.3	−4.7	+13.3	31.5	
Ge_3H_8	−36.9	−12.8	—	−0.9	+11.8	26.3	35.5	47.9	67.0	88.6	110.8	
Se	356	—	413	429～442	473	506	527	547～554	594	637～640	680～685	0.6666（217.4℃）
SeO_2	157	187.7	—	202.5	217.5	234.1	244.6	258.0	277.0	297.7	317.0	
H_2Se	−115.3	−103.2	—	−97.9	−91.8	−84.7	−80.2	−74.2	−65.2	−53.6	−41.1	506623.5（0℃）
CsSe	−47.3	—	−26.5	−16.0	−4.4	+8.6	17.0	26.3	45.7	65.2	85.6	
CoSe	−117.1	—	−102.3	−95.0	−86.3	−76.4	−70.2	−61.7	−49.8	−35.6	−21.9	
SeF_6	−118.6	−105.2	—	−98.9	−92.3	−84.7	−80.0	−73.1	−64.8	−55.2	−45.8	
$SeOCl_2$	34.8	59.8	—	71.9	84.2	98.0	106.5	118.0	134.6	151.7	168.0	
$SeCl_4$	74.0	96.3	—	107.4	118.1	130.1	137.8	147.5	161.0	176.4	191.5	
SeS_2	20	—	35	60	110	172	218	245	268	293	326	112257.1（332℃）
Te	520	605	—	633～650	697	753	789	792～838	910	900～997	962～1087	
$TeCl_4$	—	—	—	233	253	273	287	304	330	360	392	
$TeCl_6$	−111.3	−98.8	—	−92.4	−86.0	−78.4	−73.8	−67.9	−57.3	−48.2	−38.6	
H_2Te	−96.4	−82.4	—	−75.4	−67.8	−59.1	−53.7	−45.7	−32.4	−17.2	−2.0	
Re	3750	—	(4000)	(4280)	(4420)	(4650)	(4760)	(4880)	(5150)	5380	5627	
Re_2O_7	212.5	237.5	—	248.0	261.0	272.0	280.0	289.0	307.0	336.0	362.4	

第二节 稀散金属的化学性质

一、稀散金属原子的电子亲合能

原子的电子亲合能表示元素在气相中当一个原子和一个电子反应形成一个负离子时所释放的能量。稀散金属原子的电子亲合能数据列于表 13-2-10。

表 13-2-10 稀散金属的原子的电子亲合能

金 属	Ga	In	Tl	Ge	Se	Te	Re
电子亲合能，eV	0.30～0.34	0.30～0.35	0.3～0.5	1.20	2.02	1.90～1.97	0.15

二、稀散金属的电离势

金属电离势是指从金属一个最低能态的气体原子上转移去 1 个电子所需能量。原子失去一个电子而成为一价正离子时所需能量称为第一电离势，失去两个电子成为二价离子为第二电离势，如此类推为第三、第四电离势，等等。稀散金属的电离势列于表 13-2-11。

表 13-2-11 稀散金属的电离势（eV）

金 属	Ga	In	Tl	Ge	Se	Te	Re
第一电离势	5.999～6.00	5.79～5.786	6.106～6.11	7.899～7.88	9.75～9.752	9.009～9.01	7.88～7.89
第二电离势	20.51～20.51	18.86 ～ 18.869	20.40 ～ 20.428	15.93 ～ 15.934	21.19 ～ 21.5	18.6～18.8	13.6～16.6
第三电离势	30.70～30.71	28.0～28.03	29.8～29.83	34.21～34.22	30.82～23.0	27.96～31	26.0
第四电离势	64～64.2	54～58	50～50.7	45.7～45.71	42.9～42.944	37.41～38	37.7～38

三、稀散金属的配位数

稀散金属的配位数列于表 13-2-12。

表 13-2-12 稀散金属的配位数

金属	价态	离子半径Å	配位数
Ga	+3	0.62	—
	+3	0.47～0.55	4
	+3	0.55～0.63	5
	+3	0.620～0.70	6
In	+1	1.32	—
	+3	0.62～0.81	4
	+3	0.80～0.88	6
	+3	0.92～1.00	8

续表 13-2-12

金属	价态	离子半径Å	配位数
Tl	+1	1.44	—
	+1	1.50～1.58	6
	+1	1.59～1.68	8
	+1	—	(10)
	+1	—	12
Tl	+3	0.75～0.95	4
	+3	0.885～0.970	6
	+3	0.98～1.08	8
Ge	−4	2.72	—
	+2	0.70～0.73	6
	+4	0.53	—
	+4	0.39～0.48	4
	+4	0.53 ～0.62	6
Se	−1	2.32	—
	−2	1.98	—

续表 13-2-12

金属	价态	离子半径Å	配位数
Se	−2	1.88～1.98	6
	−2	1.90	8
	+1	0.68	—
	+4	0.50～0.69	6
	+6	0.28～0.37	4
	+6	0.42	6
Te	−1	2.50	—
	−2	2.21	—
	+4	0.52～0.60	3
	+4	0.66	4
	+4	0.81～0.97	6
	+6	0.43	4
	+6	0.56	6
Re	+4	0.72	—
	+4	0.63～0.71	6
	+5	0.58～0.60	6
	+6	0.61	—
	+6	0.50～0.60	6
	+7	0.60	—
	+7	0.38～0.48	4
	+7	0.53～0.65	6

四、稀散金属离子浓度与共水解的pH值

稀散金属及其他一些金属离子的水解pH值列于表13-2-13。

表 13-2-13 稀散金属等离子水解的pH值

离子	沉淀的		沉淀始末的	
	离子浓度 g/L	pH值	离子浓度 g/L	pH值
Ga^{3+}	0.2	3～5	6.0～0.07	1.9～3.45
In^{3+}	—	2.9～3.5	6.2～0.06	1.72～3.0
Tl^{3+}	—	—	5.9～0.05	0.93～3.4
Ge^{4+}	—	(2.72～3.36)	—	—
Al^{3+}	1.0	4.0	61.2～0	3.26～4.4
Fe^{3+}	2.0	1.7	19.9～痕	0.68～4.11
Fe^{2+}	0.5	8.5	8.8～1.1	6.46～8.52
Cd^{2+}	0.3	7.5	368.6～0	5.65～8
Cu^{2+}	2.0	4.4	82.8～0	3.8～6.02
Zn^{2+}	100～200	5.5～5.6	198～0	5.25～7.2
Mn^{2+}	0.5	9.0	114.1～22.1	8.6～8.9

主要参考文献

〔1〕Robert C. Weast *et al*；CRC Handbook of Chemistry and Physics，63Ed，CRC，1982.

〔2〕John A. Dean，Lamge's Handbook of Chemistry，12Ed.，McGRAW—Hill，1979.

〔3〕И. Л. Кунянц и др，Краткая Химическая знциклопедия，т Ⅰ ～ Ⅴ，Советская знциклопедия，M1961～1967.

〔4〕周令治，稀散金属冶金，冶金工业出版社，1988.

〔5〕O. Kubaschewski *et al*，Metallurgical Thermochemistry，50Ed.，Pergaman，1979.

〔6〕限元丰 新金属データブック，アゲネ株式会社(1977)，(株)中央商事(1982).

〔7〕中国有色金属学会稀散金属学术分会，全国首(1980)、第二(1983)、第三(1987)届稀散金属学术会议论文集.

第三章　稀散金属的提取冶金

编写人　周令治　邹家炎

第一节　稀散金属在某些矿石采选过程中的走向

自然界极少存在单一的、可供工业开采的稀散金属矿，几乎所有的稀散金属矿物都与其他矿石共生。某些矿石在采、选过程中一些稀散金属的走向列于表 13-3-1～13-3-3。

表 13-3-1　钒钛磁铁矿采、选过程中镓的走向

	原矿中的镓,%			选矿入精矿中的镓,%			选矿入尾矿中的镓,%		
	产出率	镓量	分布	产出率	镓量	分布	产出率	镓量	分布
钛磁铁矿	48.2	0.0037	75.91	30.61	0.0037	56.22	4.81	0.0037	8.96
钛铁矿	9.6	0.0009	3.80	2.30	0.0009	1.00	10.43	0.009	4.48
硫化物等	1.0	没分析		0.96	没分析		1.20	没分析	
钛辉石等	24.6	0.0010	10.55	1.39	0.0010	0.50	28.32	0.0010	13.93
斜长石等	16.7	0.0015	10.55	1.7	0.0015	1.49	18.27	0.0015	13.43
共　计	100.1		100.1	36.91		59.21	63.03		40.80
原矿	100.0	0.0026		(36.97)	0.0039	50.88	63.03	0.0022	49.12
平衡,%		91.15			82.64			58.99	

在多金属硫化矿选矿时,镓多进入尾矿;而铝土矿中的镓基本进入氧化铝生产流程中。

铟和锗多在锌精矿中富集;而铊、硒和碲多在铜精矿,其次在黄铁矿中富集。锗是迄今为止曾专门进行过选矿的一个稀散金属,纳米比亚的锗石与 PbS、ZnS、白云石、砷黝铜矿和硫锗铁铜矿等共生。锗在选矿(图 13-3-1)中走向列入表 13-3-3。锗精矿产出率为原矿的 1%，其锗量约占原矿的 25.8%，约 63.7%的锗随铜铅精矿走。

表 13-3-2　部分稀散金属在一些矿石选矿中的走向

	走向	产出率 %	品位, %					分布, %				
			In	Tl	Ge	Se	Te	In	Tl	Ge	Se	Te
进料	铜锌矿	100.00	0.0004	0.0005	0.0004	0.0043	0.0021	100.0	100.0	100.0	100.0	100.0
产出	铜精矿	11.45	0.0009	0.0007	0.0007	0.008	0.0029	25.6	12.9	18.3	23.8	12.4
	锌精矿	1.78	0.0017	0.0007	0.0017	0.003	0.0015	7.4	2.1	6.9	1.4	1.0

续表 13-3-2

	走向	产出率 %	品位，% In	Tl	Ge	Se	Te	分布，% In	Tl	Ge	Se	Te
产出	黄铁矿	58.85	0.0003	0.0007	0.0004	0.0034	0.0029	430	66.3	53.6	51.8	65.9
	尾矿	23.31	0.0004	0.0005	0.0004	0.0038	0.0023	23.1	18.7	21.2	23.0	20.7
	无名损失	+4.61	—	—	—	—	—	+6.4	−18.9	−12.8	+10.9	−24.3
进料	多金属矿	100.0	0.00025	0.00038	0.00022	0.0057	0.0029	100.0	100.0	100.0	100.0	100.0
产出	铜精矿	11.6	0.0011	0.00051	0.00056	0.0079	0.0042	50.8	15.1	35.3	17.5	16.1
	锌精矿	2.1	0.0030	0.00065	0.0011	0.00031	0.0031	25.0	3.5	12.5	1.2	2.1
	黄铁矿	61.8	<0.0001	0.00042	0.00007	0.00065	0.0037	24.2	65.7	23.4	76.9	75.7
	尾矿	20.6	<0.0001	0.0003	0.00026	0.0011	0.0009		15.7	28.8	4.4	6.1
	无名损失	+3.9	—	—	—	—	—	—	+2.6	+15.2	+7.8	−4.9

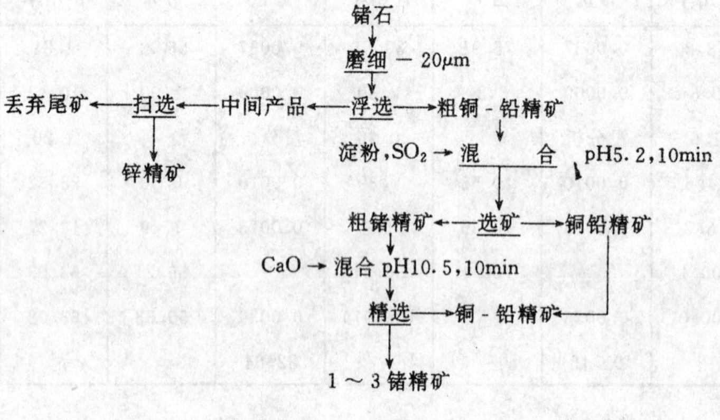

图 13-3-1 锗石选矿流程图

表 13-3-3 锗在锗石选矿中的走向

走向			年产量 万 t/a	产出率 %	锗品位 %	锗 量 t	锗分布 %
进料	锗石矿		45.0	100.0	0.015	67.5	100.0
产出物	浮选产物	粗铜铅精矿	11.3	25.1	0.053	59.89	88.7
		尾矿（中间产品）	33.7	74.9	0.003	10.11	15.0
	精选产物	1～3 级锗精矿	0.452	4.0	0.386	17.447	25.8
		铜铅精矿	10.848	96.0	(0.039)	42.307	62.7
	扫选产物	锌精矿	2.7	8.1	0.024	6.48	9.6
		丢弃尾矿	31.0	91.9	0.003	9.30	13.8

1975 年斐济帝国金矿公司采用优先浮选碲金矿而获得碲精矿。黄铁矿中的铊在选矿中约 80～90％进入尾矿，且主要在尾矿的云母矿中。铼在铜矿选矿中约 60～90％进入铜精矿；而在铜钼矿选矿时，约 80％多的铼进入钼精矿。

由于原料含稀散金属量甚微，而杂质组分又千变万化，故提取稀散金属的方法既繁且异。

第二节 镓的综合回收工艺

世界镓量的 90％是从氧化铝生产过程中回收的，其次是从锌、铁冶炼及烧煤副产物中提取的。

一、石灰乳法回收镓

此法已实现工业化，尤适于处理一水硬铝石的烧结法循环母液，所用流程示于图 13-3-2。一般烧结法循环母液含 0.03～0.06g/L Ga，拜尔法含 0.08～0.3g/L Ga。当向循环母液通入饱和 CO_2 时便发生反应：

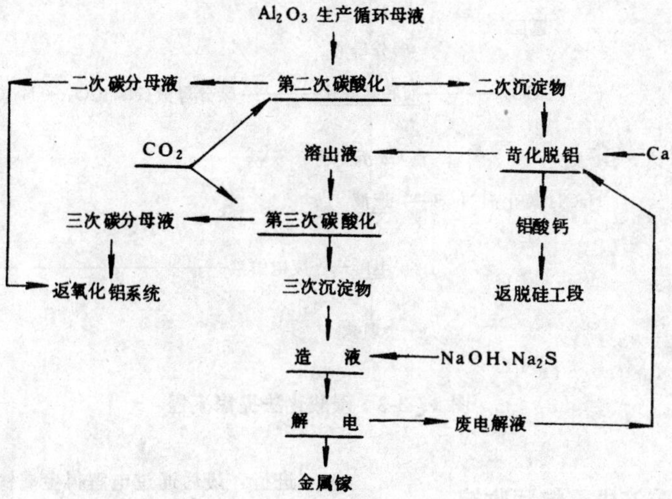

图 13-3-2 石灰乳法提镓流程

$$2NaAl(Ga)O_2 + 2CO_2 + nH_2O = Na_2O \cdot Al(Ga)_2O_3 \cdot 2CO_2 \cdot nH_2O\downarrow$$

随后用石灰乳苛化，铝造渣而镓进入溶液：

$$2Na_2O \cdot Al(Ga)_2O_3 \cdot 2CO_2 \cdot nH_2O + 5Ca(OH)_2 = 2NaGaO_2 + (n-1)H_2O + 2CaCO_3\downarrow + 3CaO \cdot Al_2O_3 \cdot 6H_2O\downarrow$$

第三次碳酸化时镓又以丝钠镓石（含 1.5～3％ Ga）状沉出：

$$NaGaO_2 + 2CO_2 + nH_2O = Na_2O \cdot Ga_2O_3 \cdot 2CO_2 nH_2O\downarrow$$

加 NaOH 造液得到含 5～9g/L Ga 以上的镓酸钠溶液：

$$Na_2O \cdot Ga_2O_3 \cdot 2CO_2 \cdot nH_2O + 4NaOH = 2NaGaO_2 + 2Na_2CO_3 + (n+2)H_2O$$

然后加 Na_2S 除杂后进行电解而得到纯度达 99.99％以上的镓，过程发生如下反应：

$$GaO_2^- + 2H_2O + 3e^- = 4OH^- + Ga\downarrow$$

石灰乳法生产镓的单耗列于表 13-3-4。

表 13-3-4 石灰乳法生产 1kg 镓的单耗

物料	循环母液	新水	循环水	石灰	CO_2	Na_2O	Na_2S	浓盐酸	蒸汽	滤布	空气	电
单耗	58.4m³	30m²	92m³	1.9t	4.4t	52kg	0.11kg	0.25kg	12t	6.6m²	1120m³	695 kW·h

二、碳酸化法回收镓

本法是石灰乳法的改进方法，用于处理 Al_2O_3 生产的循环母液，所用流程示于图 13-3-3。方法本身充分利用过程液态中的 CO_2（即 $NaHCO_3$）以控制碳酸化的程度来脱铝：

$$2NaAlO_2+4NaHCO_3+(n-2)H_2O=Na_2O\cdot Al_2O_3\cdot 6H_2O\downarrow$$

$$2NaAlO_2+CO_2+3H_2O=2Al(OH)_3\downarrow+Na_2CO_3$$

然后经彻底碳酸化而得到含 1～2%Ga 的富镓沉淀物，通过造液电解得金属镓。此法已实现工业化，经试验表明，用含 15～20g/L Na_2O 的溶液在 686462 Pa（170℃）下压煮富镓沉淀物 2h，镓转入碱液，而铝呈 α-$Al_2O_3\cdot H_2O$ 入渣达到镓与铝分离的目的。所产的渣也是一种商品。

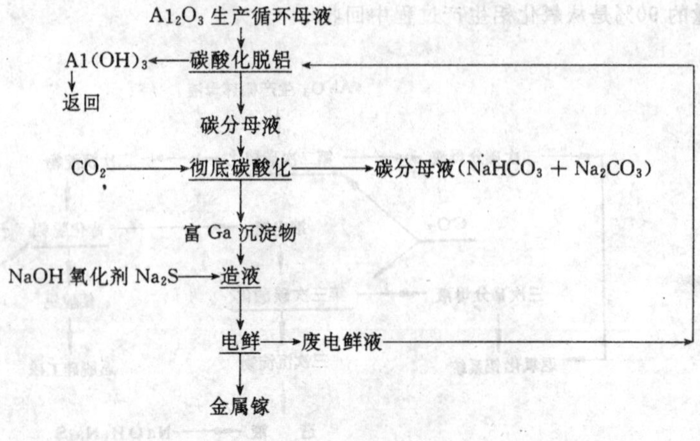

图 13-3-3 碳酸化法提镓流程

三、从碱性溶液中直接回收镓

1981 年法国的罗尼普仑克（Rhone-Poulenc）工厂实现从 Al_2O_3 生产循环的碱性母液中萃镓工业化，该法（图 13-3-4）用 8%Kelex 100+10%癸醇/煤油从 Al_2O_3 生产循环母液中萃取镓，以 5.8mol/L 盐酸洗涤除去铝和钠，然后用 1.5mol/L 盐酸反萃镓，获得镓水相，经电解得金属镓。

此法也可利用前述碳酸化法脱铝后，使镓转入碱性溶液，实现用 Kelex100 萃镓。

后来，片岗氏提出用含=NON 的螯合树脂提镓的方法，见图 13-3-5。人们认为，Kelex100 价贵，萃镓的选择性能差，欲获得 90%的萃取率需要众多的设备和消耗的药剂多。用螯合树指，如 Dowex A1，CQ－10～20，UR－10～50 等也存在选择性能差的问题，且吸附容量小。如用含氧肟基的螯合树脂，可从 Al_2O_3 生产的循环母液（含 0.01～0.5g/L Ga、50～120g/L Al_2O_3、100～200g/L Na_2O）中回收镓。镓富集达 40～50 倍，从富镓物中回收镓可按前述方法进行，最后通过电解得金属镓。

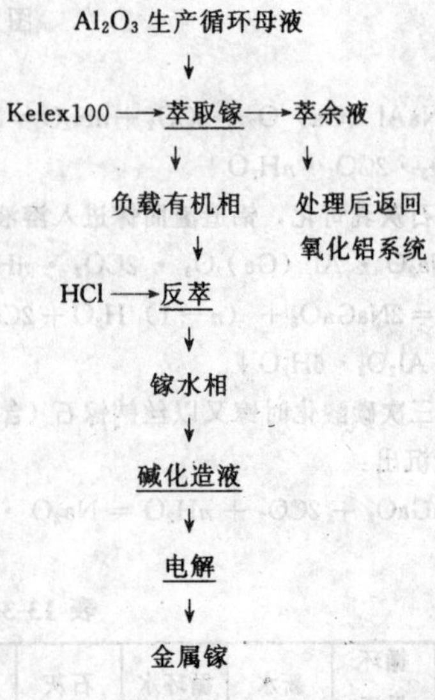

图 13-3-4 碱性溶液中直接提镓法流程一

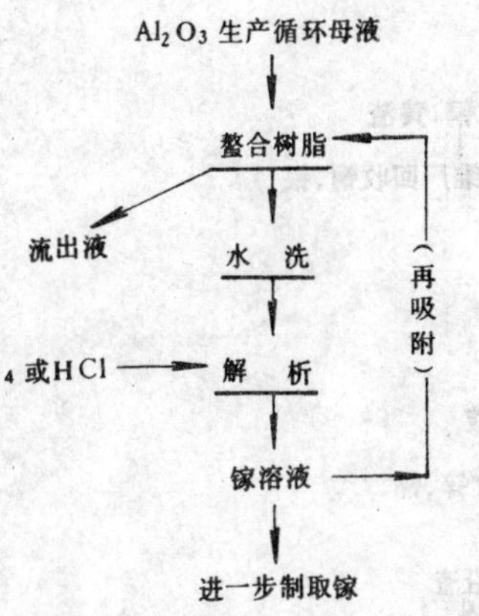

图 13-3-5 碱性溶液中直接提镓法流程二

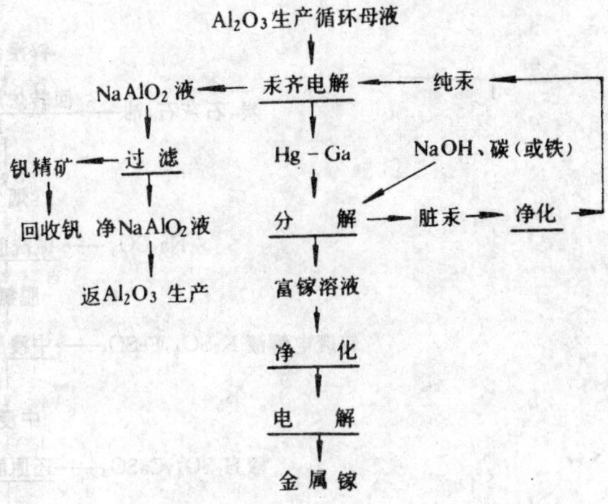

图 13-3-6 汞齐电解法提镓流程

至于在其他介质中萃镓，如在盐酸中可用醚、TBP、MiBK 或 TOA；如在硫酸中可用 Versatic911H，或用中国的 P_{204}+YW100 协萃镓。这些方法都已达到工业化生产阶段。

四、汞齐电解法回收镓

瑞士铝公司所属的一工厂、新建的西德与荷兰的一家公司，以及意大利、匈牙利等国的工厂用此法从 Al_2O_3 生产循环母液中回收镓，所用流程图示于图 13-3-6。从含 0.28g/L Ga 左右的碱液中，用汞作阴极进行电解，得到含 0.3～1.0%Ga 的汞齐；然后用 NaOH 在盛石墨块的反应器内分解汞齐便可获得 10～80g/L 的 $NaGaO_2$ 溶液，经净化脱汞后电解得镓。此法具有简易可行的优点，但汞害严重，每生产 1kg 镓约损失 2～275kg 汞，转入 $NaAlO_2$ 液的汞可达 0.02～0.1g/L，对 Al_2O_3 生产不利。

五、玛格海拉港多次中和法回收镓、铟、锗

玛格海拉港（Porto-Marghra）是世界上第一个实现从锌浸出渣中同时综合回收镓、铟及锗的工厂。该厂于 1969 年投产，所用流程如图 13-3-7 所示。原料为水冶锌厂浸出渣，内含（%）：16～18Zn，0.02～0.04Ga，0.04～0，09In 及 0.06～0.09Ge 等。由于需经多次中和，导致流程冗长，金属回收率不高。

六、综合法回收铟、锗和镓

中国于 1975 年用综合法回收镓、锗、铟工业试验成功，并部分实现工业化，所用流程如图 13-3-8 所示。处理原料为含（%）22.15Zn、0.003～0.019Ga、0.03～0.14In 及 0.006～0.012Ge 的锌浸出渣，获得纯度在 99.99%以上的铟、镓和还原锗，回收率分别达 90%、60%和 60%。

七、全萃法回收镓、铟和锗

这是综合法为适应水冶锌厂的硫酸体系的改进方法，用以处理镓、铟、锗的硫酸溶液，采用 P_{204} 萃铟，P_{204}+YW100 协萃镓和锗，所用流程示于图 13-3-9。此法经工业试验证实是可行的，铟的回收率在 90%以上，锗至 GeO_2 的回收率为 97%，镓至镓水相的回收率超过 88%. 在萃取过程中发生如下一些反应：

Ga^{3+}（水）$+H_2A_2$（有）+2HR（有）$\rightleftharpoons$Ga$(HA_2)R_2$（有）$+3H^+$（水）

Ge $(OH)_3^+$（水）$+H_2A_2$（有）+3HR（有）$\rightleftharpoons$ Ge $(OH)_3HA_2\cdot 3HR$（有）$+H^+$（水）

In^{3+}（水）$+3H_2A_2$（有）$\rightleftharpoons$In $(HA_2)_3$（有）$+3H^+$（水）

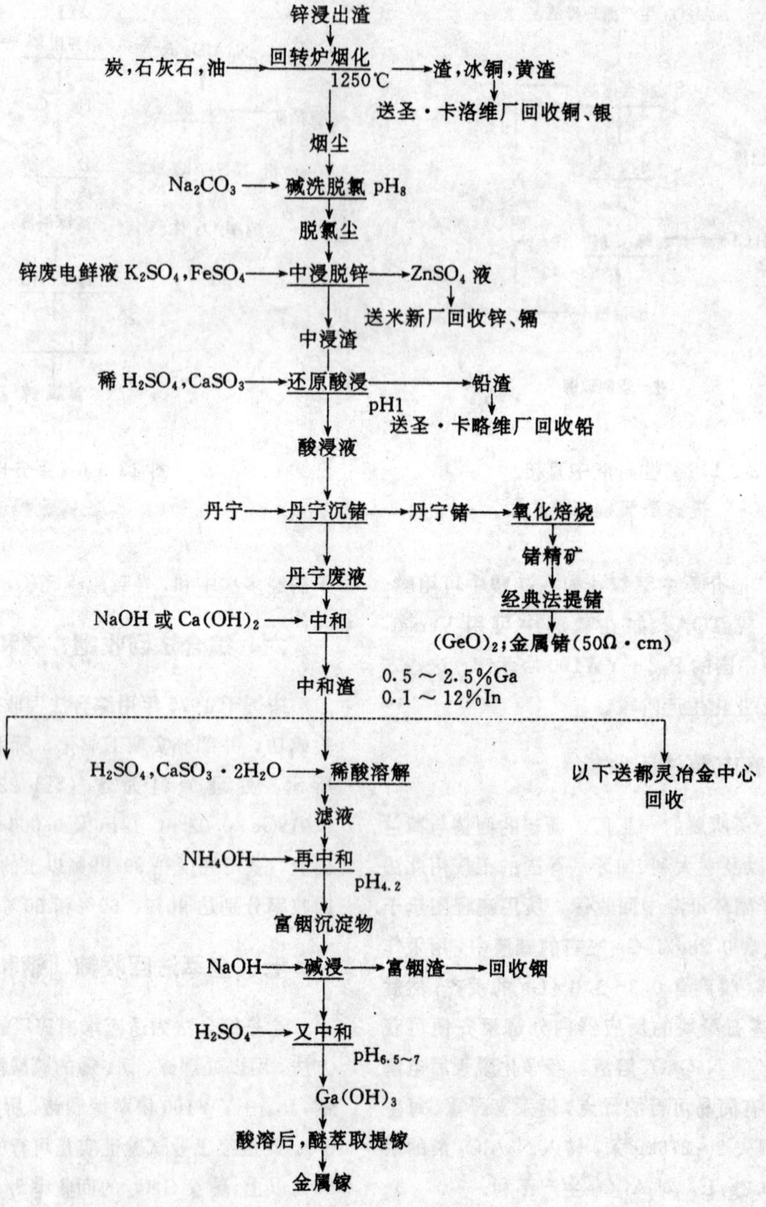

图 13-3-7 玛格海拉落厂多次中和法提镓、铟、锗流程

八、选冶联合法回收镓、铟、锗和银

选冶联合法有利于从锌回转窑渣中综合利用有价金属，中国研究成功的方法（图 13-3-10（1））可使磁性产物（0.046%Ga、0.024%In、0.02%Ge 及 0.051%Ag）中挥发入尘的各金属均在 90～98%以上；而日曹熔炼公司按图 13-3-10（2）所示方法进行工业规模处理，从含 0.01%Ga 的磁性产物中产出镓。

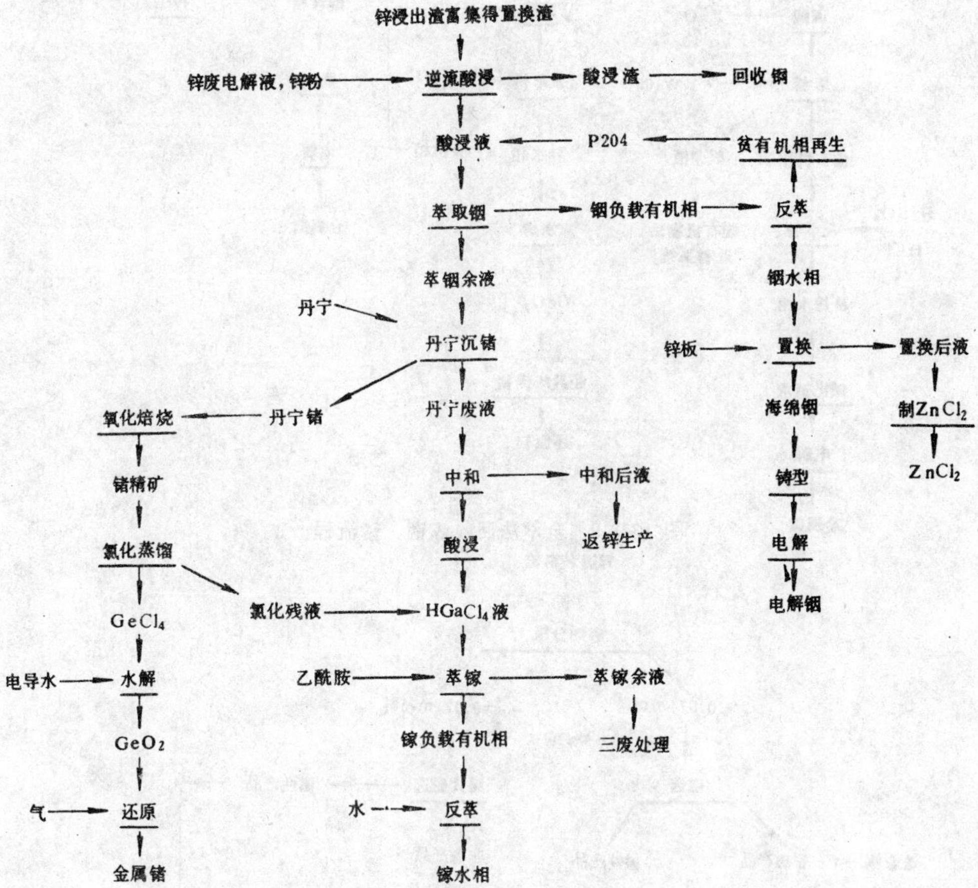

图 13-3-8　综合法提铟、锗、镓流程

九、赤铁矿-萃取法回收镓、铟

此法用来处理锌浸出渣，在日本已实现工业化，所用流程示于图 13-3-11。如果该法所产的赤铁矿渣及石膏找到用户，就成为无渣排放工厂了。

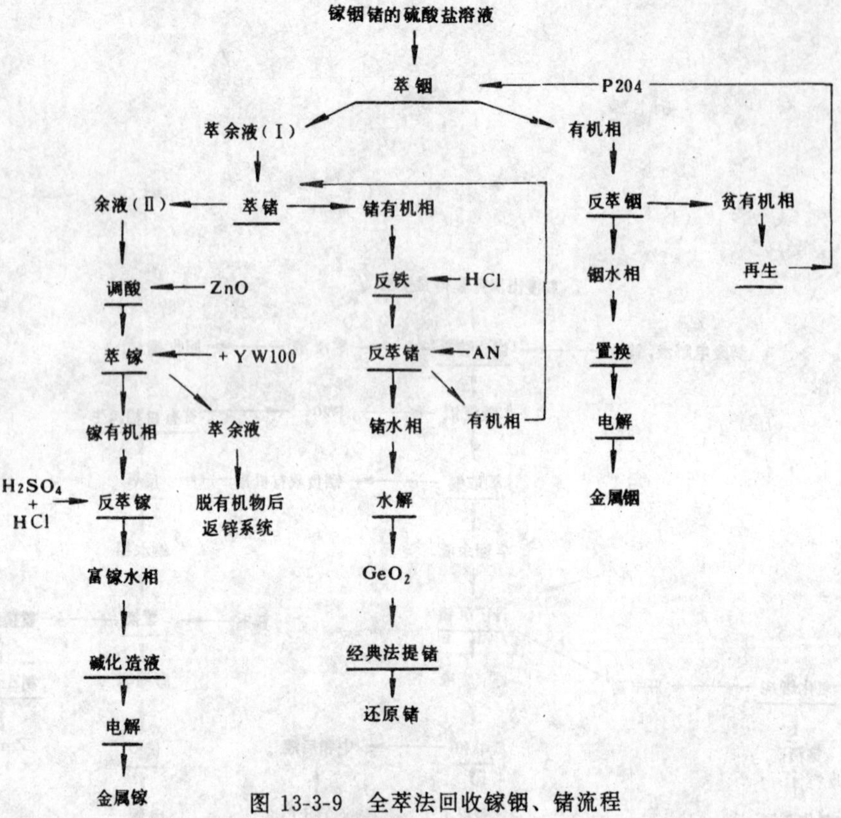

图 13-3-9 全萃法回收镓铟、锗流程

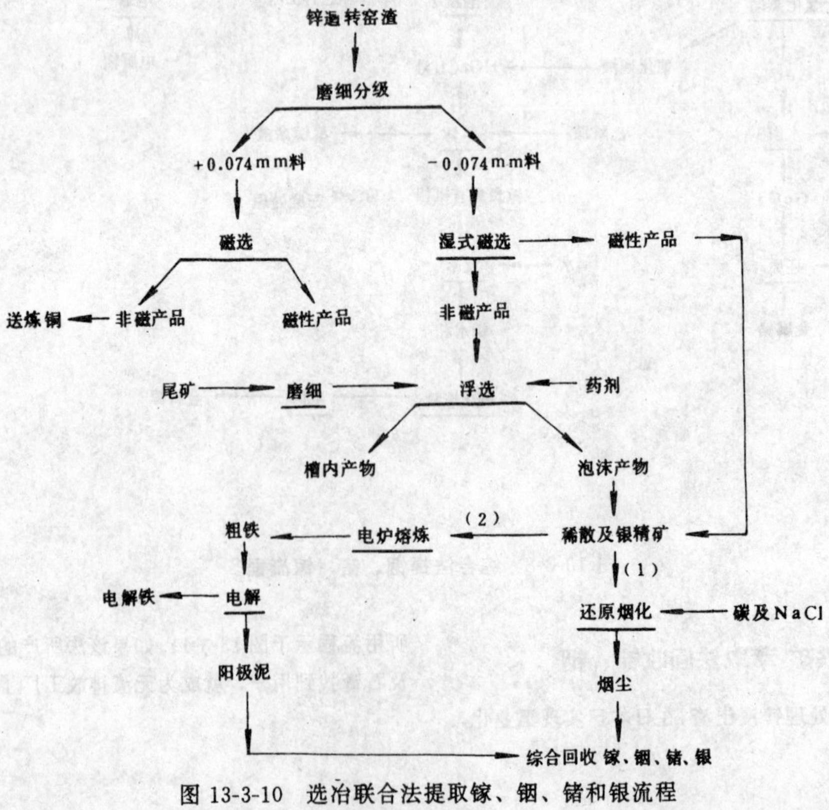

图 13-3-10 选冶联合法提取镓、铟、锗和银流程

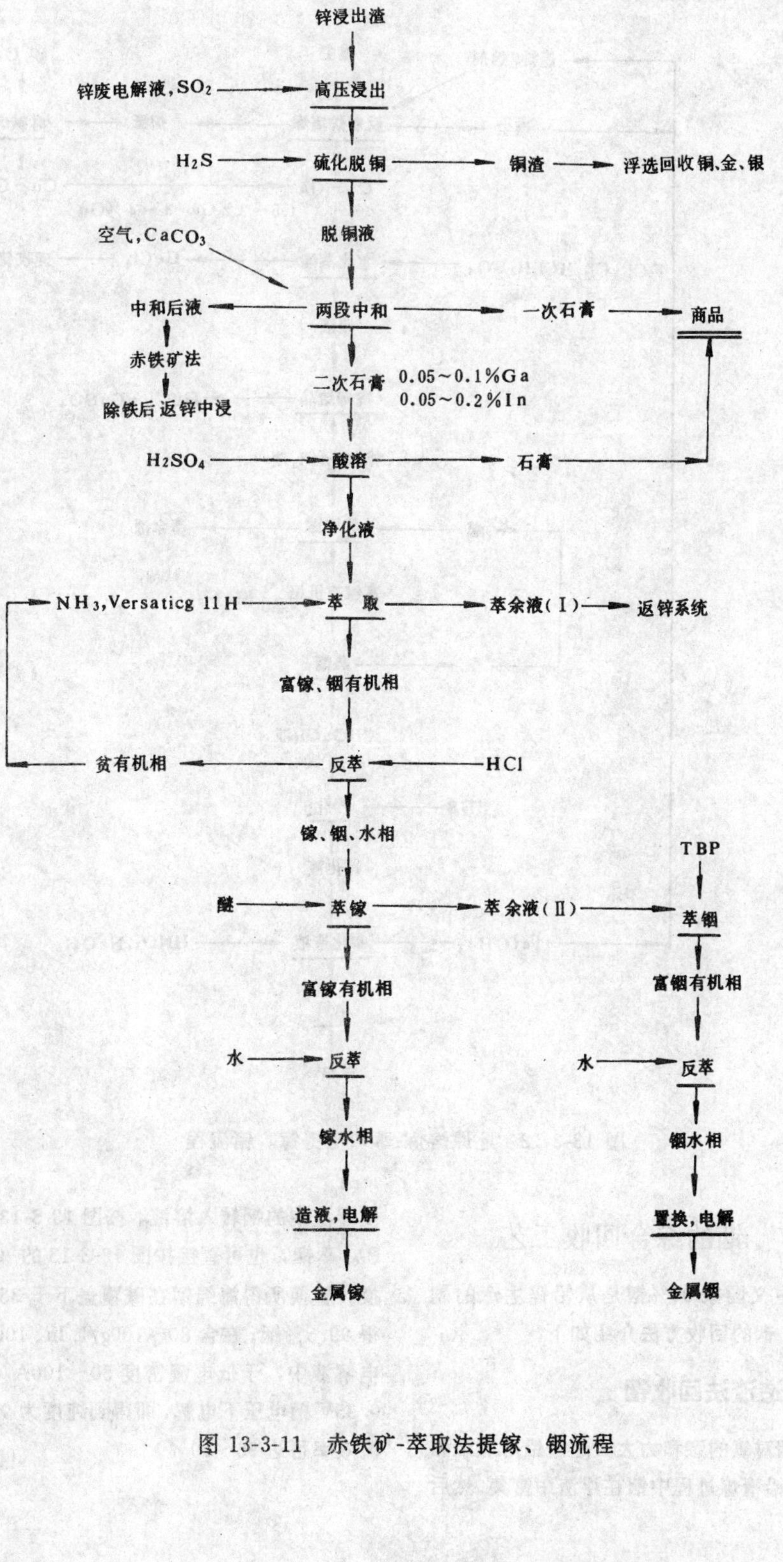

图 13-3-11　赤铁矿-萃取法提镓、铟流程

十、还原熔炼-萃取法回收镓、锗

英国和东德采用此法从煤（尘）中回收镓和锗，所用流程示于图 13-3-12。生产过程使镓、锗进入合金，经氯化蒸馏分锗，用醚或 TBP、MiBK 等从残液中萃镓。参考日本从高炉烟气中回收镓、锗，采用二次挥发法更是简易可行的方法。

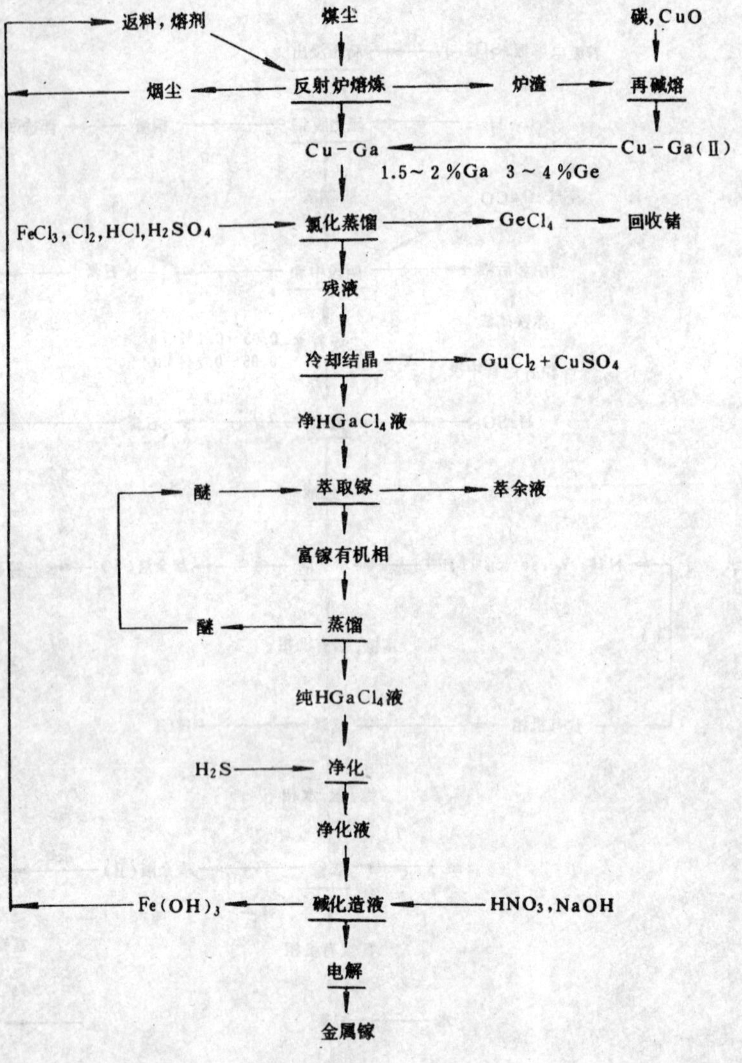

图 13-3-12　还原熔炼-萃取法提镓、锗流程

第三节　铟的综合回收工艺

西方资本主义国家 90％铟是从铅锌生产的副产物中回收的，铟的回收方法介绍如下。

一、氧化造渣法回收铟

此法利用铟对氧的亲和力大大超过铅对氧亲和力的原理，在粗铅精炼过程中铟在浮渣中富集。然后使浮渣中的铟转入溶液，按图 13-3-13 的（1）法用 P_{204} 萃铟，也可直接按图 13-3-13 的（2）法进行置换，置换所得海绵铟在碱覆盖下于 350℃左右熔炼得 99.5％铟。在含 80～100g/L In、100g/L NaCl 的电解液中，于低电流密度 50～100A/m² 及 0.25～0.35V 槽电压下电解，即得到纯度为 99.99％铟，电流效率可达 95～99％。

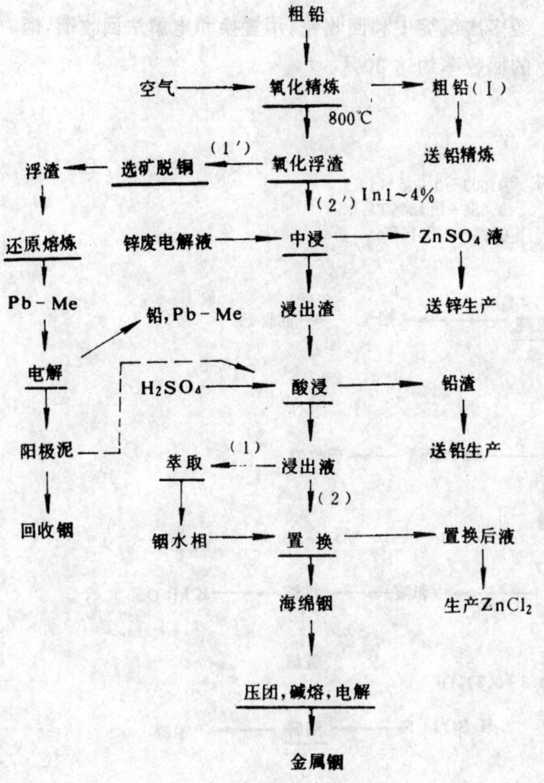

图 13-3-13　氧化造渣法提铟流程

二、电解富集法回收铟

此法是在 20 世纪 30 年代意大利人卡门比发明的氨基磺酸电解铅基础上经改进的方法，用来处理含铟的铅合金，所用流程见图 13-3-14。在 100g/L 氨基磺酸 (H_2NSO_2OH)、80g/L 氨基磺酸铅、0.4g/L 明胶的电解液中，采用 100A/m² 电流、0.27V 电压电解得铅，电 流效率在 95%以上。过程中铟富集于阳极泥，可按前述的氧化造渣法回收铟。此法简单易行，无毒害，产品质量好，适用于从阳极泥回收铟。

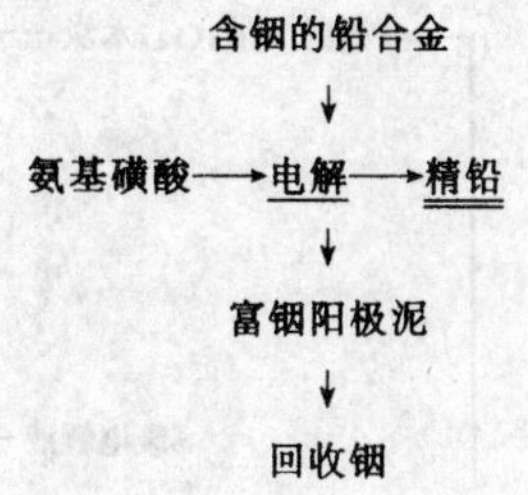

图 13-3-14　电解富集提铟法流程

三、离子交换法回收铟

苏联的齐良宾锌厂改用离子交换法回收含铟锌镉渣中的铟，铟的回收率达到 94%。西德的杜依斯堡 (Duisburg) 铜厂采用 Na 型亚氨二醋酸阳离子树脂 (Lewatic SP100) 从锌镉渣中回收铟，所用流程示于图 13-3-15。此法选择吸附性好，但成本高。在盐酸溶液体系内，可用 H 型 KY－2 强酸性阳离子交换树脂吸附铟，用 0.2mol/L 盐酸或 NH_4OH 解析铟。

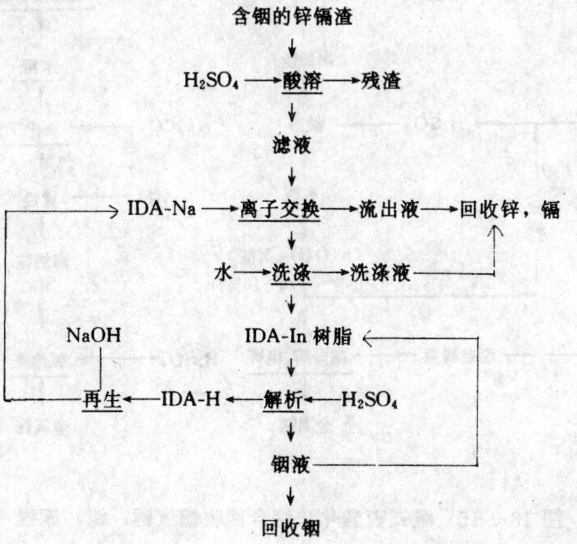

图 13-3-15　离子交换法提铟流程

四、硫酸化焙烧法回收铟（硒、铊）

苏联等国多用硫酸化焙烧法从含铟烟尘中生产铟，所用流程示于图 13-3-16。在硫酸化过程中，由于 SO_2 的还原作用可从烟气中回收硒；从中和液中经多次沉淀中和回收铊；用置换和电解法回收铟，铟的回收率约达 80%。

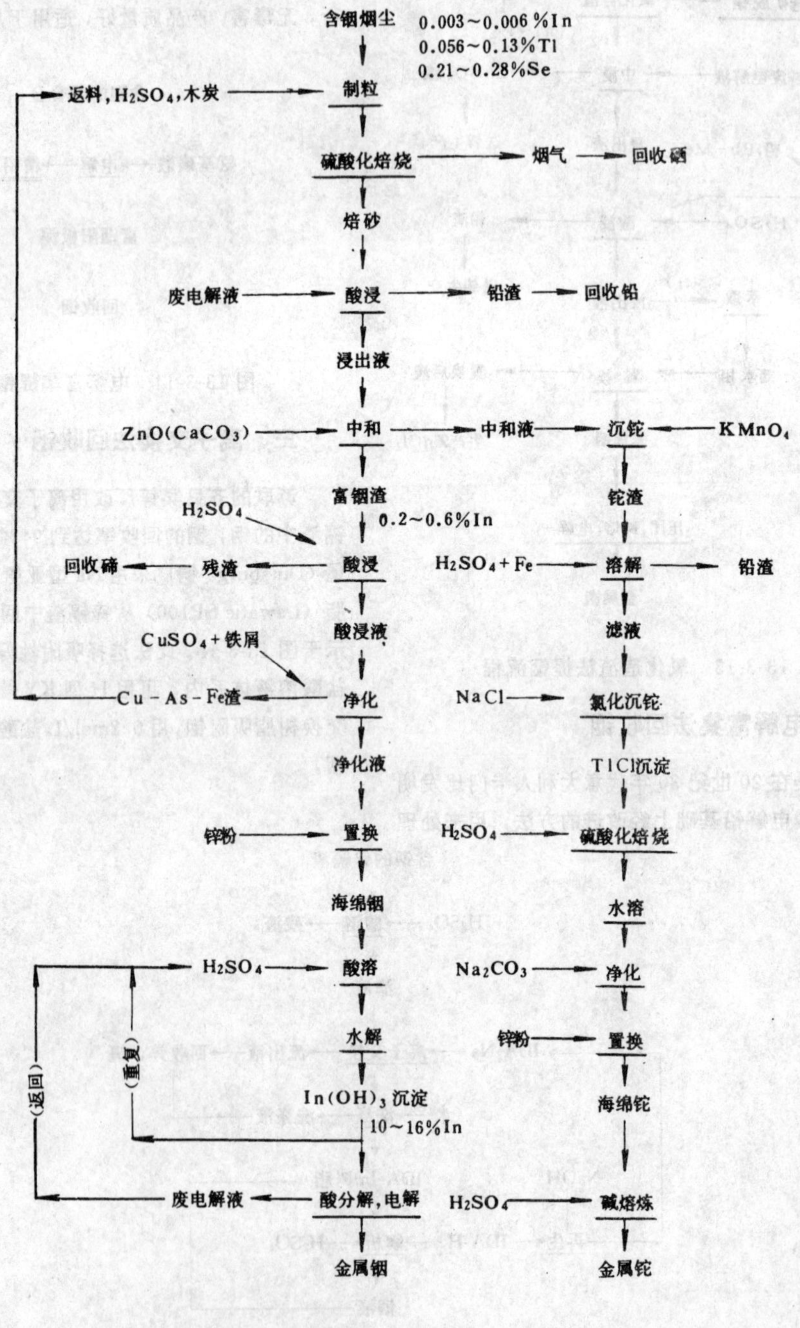

图 13-3-16 湿式硫酸化法综合回收铟（硒、铊）流程

本法基于把料中的稀散金属铟等转变为硫酸盐和 SeO_2，而使氟、氯及砷等杂质挥发而除去：

$In_2O_3+3H_2SO_4=In_2(SO_4)_3+3H_2O$

$Pb_3(AsO_4)_2+3H_2SO_4=3PbSO_4+3H_2O+As_2O_3$

然后含铟溶液经净化、置换和电解得金属铟。

用浓硫酸硫酸化的称湿式硫酸化，目前多数国家采用此种酸化方法。现鉴于固态硫酸盐（如 $FeSO_4$）容易运输，腐蚀性不大，生产时劳动条件好，故有用 $FeSO_4$ 代替 H_2SO_4 进行干式酸化的。

五、热酸浸出-铁矾法回收铟

在中国，人们利用铟与铁在用 P_{204} 萃取动力学上的差异，选用环隙式离心萃取器，在水流比 15～30 情况下从锌焙砂、含铟烟尘的浸出液中快速萃取铟。萃铟率超过 96%，而铁仅被萃取 3.7%，从而基本上避免了铁（Fe^{3+}）的干扰。在试生产中，铟的回收率超过 82%，所用流程示于图 13-3-17 中。

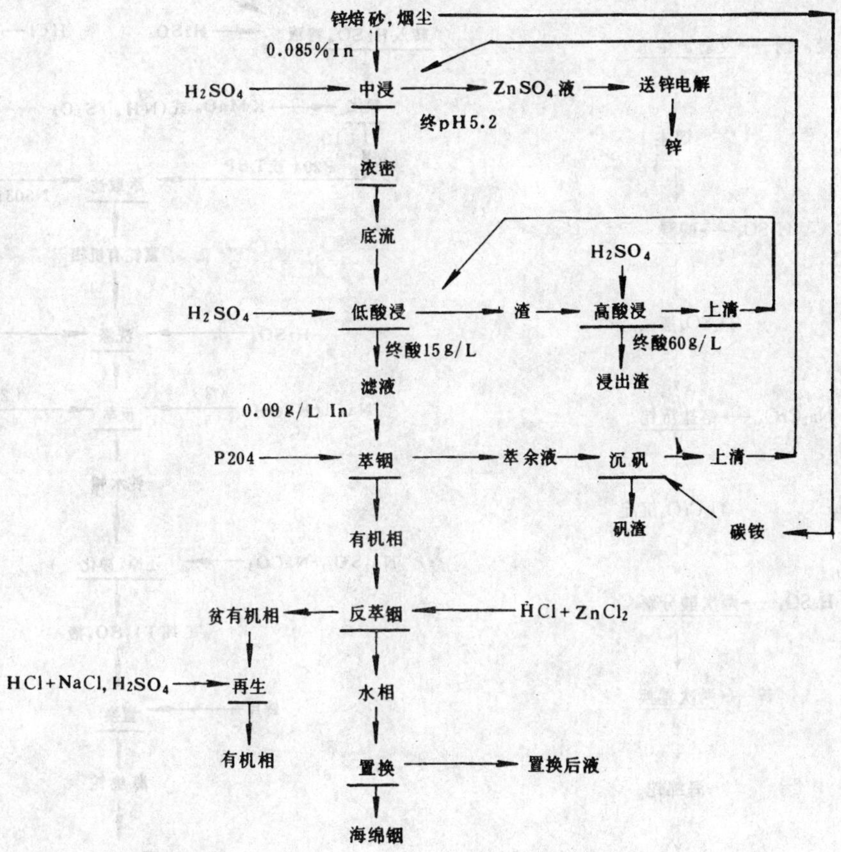

图 13-3-17 热酸浸出-铁矾法提铟流程

第四节 铊的综合回收工艺

铊主要从有色金属冶炼、生产硫酸和纸浆的副产物中回收。

一、铬盐沉淀-置换法回收铊

秘鲁的西乐巴斯科 (Cerro De Pasco) 厂用此法（图 13-3-18）从铅鼓风炉尘中提铊。作法是经苏打熔炼再挥发铊，用硫酸浸出尘后，用特效铬盐沉淀铊。沉淀铊过程发生如下反应：

$Tl_2SO_4+Na_2CrO_4=Tl_2CrO_4\downarrow+Na_2SO_4$

再经酸溶后置换得海绵铊，在320℃加碱熔铸得到纯度99.99%铊。

二、酸浸-萃取法回收铊

此法适用于处理含0.02～0.24%Tl的烟尘或渣料，目前已达到工业化的程度，所用流程示于图13-3-19。此法具有劳动条件好、金属回收率高等特点，是一种有发展前途的方法。所用的萃取剂以N530、P204及TBP为好。有人指出，伯胺也是一种有效的萃取剂。在硫酸体系中，可用P204和TBP萃铊，以NaCl、NaOH反萃；而在盐酸体系内，宜用N503、TBP、P204萃取铊，低酸度下的萃合物为$TlCl_3 \cdot nTBP$及锌盐〔(N503) $H^+ \cdot TlCl_4^-$〕，在高酸度下生成$HTlCl_4 \cdot nH_2O \cdot mTBP$等。反萃铊用$NH_4Ac$或NaOH。此工艺的铊回收率可达80%。

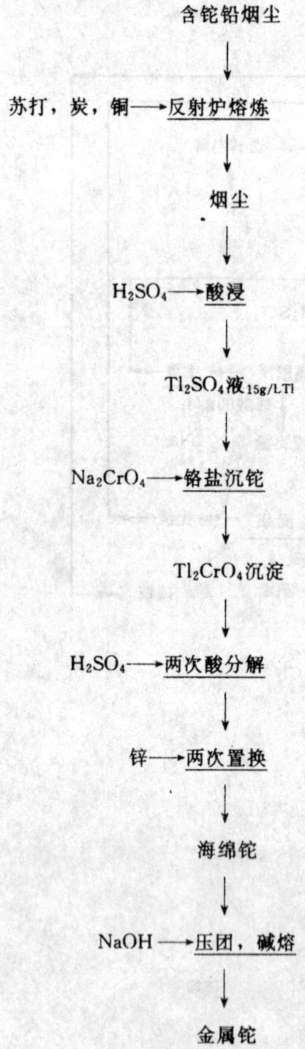

图 13-3-18 铬盐沉淀-置换法提铊流程

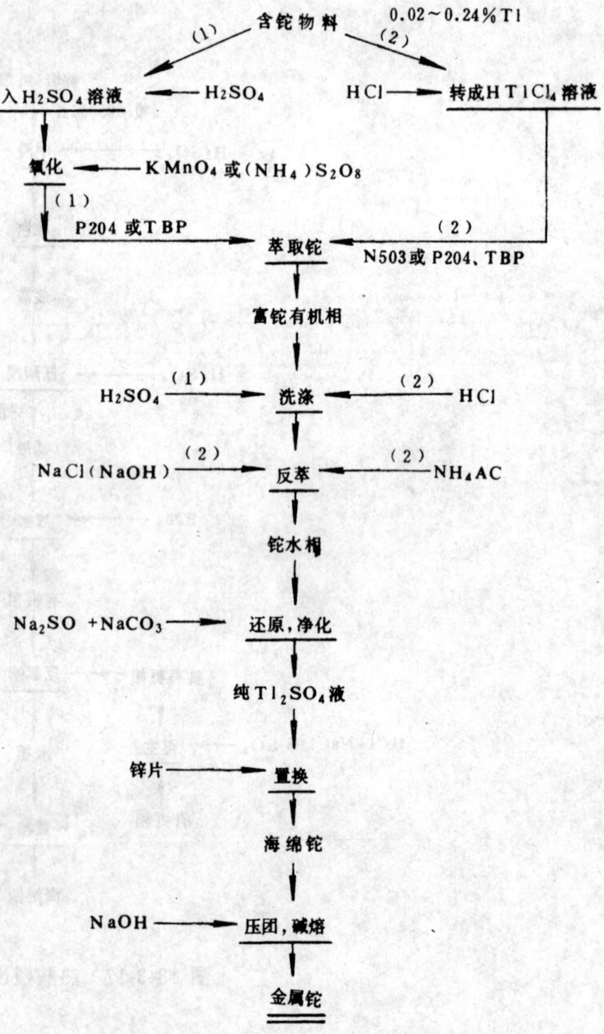

图 13-3-19 酸浸-萃取法提铊流程

三、氯化沉铊法回收铊

此法在澳大利亚及苏联均已用于从含铊物料回收铊的生产，它具有比较实用的特点，所用的工艺流程图示于图13-3-20。

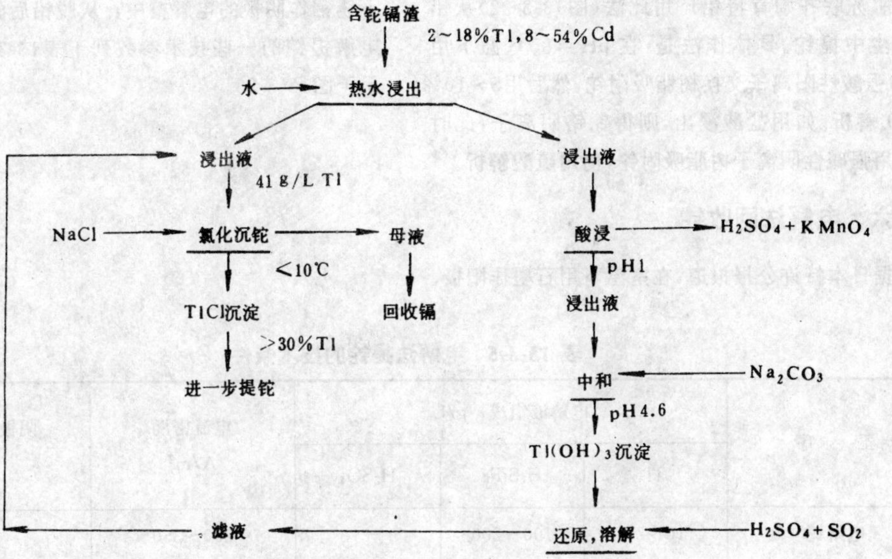

图 13-3-20　氯化沉铊法提铊流程

四、碱浸-硫化沉铊法回收铊

前苏联用此法（图13-3-21）从含0.01～0.1%Tl的烟尘中回收铊。它可同时综合利用料中的铊、镉和锌等，但铊的回收率不高，仅近80%，且生产工艺冗长。过程中的净化脱砷是基于如下反应：

$$As_2S_3+Na_2S=2Na_3AsS_3$$

前苏联和德国试过用30%苏打、在1000℃下进行还原熔炼此类含铊渣料，过程中料的90%铊进入粗铅，然后用氧化造渣法回收铊。

上述的含铊物料也可用酸法浸出代替碱浸，经热过滤后冷却到15℃，获 $TlCl\cdot CdCl_2$ 结晶后再经净化、置换提铊。

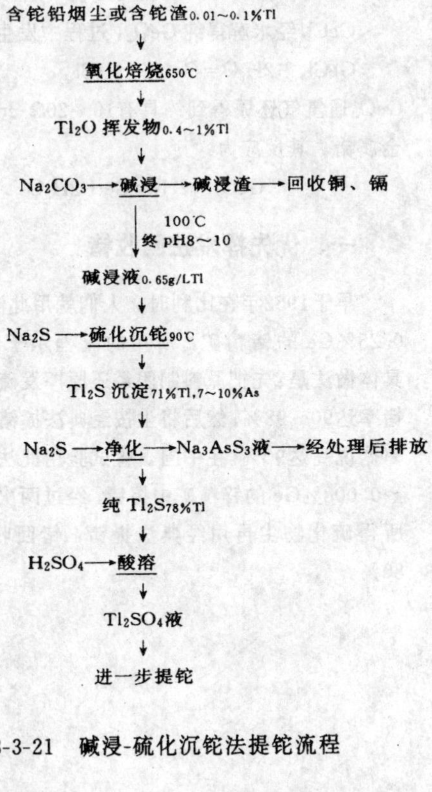

图 13-3-21　碱浸-硫化沉铊法提铊流程

五、离子交换法回收铊

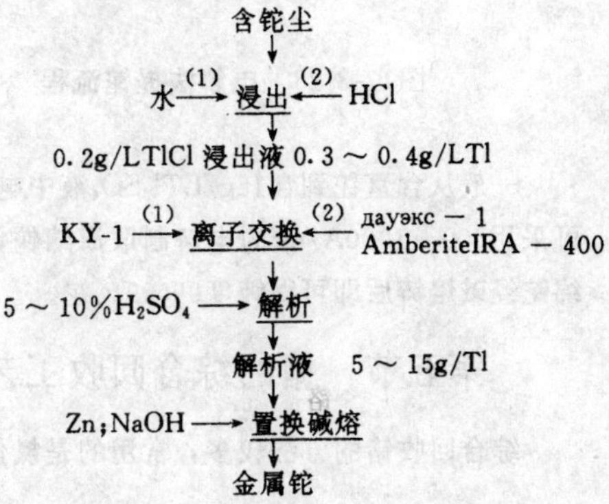

图 13-3-22　离子交换法提铊流程

前苏联齐姆肯特铅厂用此法(图13-3-22)从铅烧结尘中提铊。具体作法是：在 pH=8、室温下用KY-1强酸性阳离子交换树脂吸附铊，然后用5～10% H_2SO_4解析。如用盐酸浸出，则得铊铬阴离子，此时可选用强碱性阴离子树脂吸附铊，仍用硫酸解析。

六、电解法回收铊

据日本特许公报报道，在室温下用石墨作阳极、不锈钢作阴极的电解槽中，从脱铅后的铅电解液中电解提铊的一些技术参数列于表13-3-5。所用流程示于图13-3-23。

表 13-3-5 电解法提铊的技术条件

工 序	电解液组成，g/L			电流密度 A/m²	阴极铊纯度 %
	Tl	H_2SiF_6	H_2SO_4		
电解铊	10～20	100～200	—	200～350	99
再电解	5～30	—	10～35	20～50	99.99

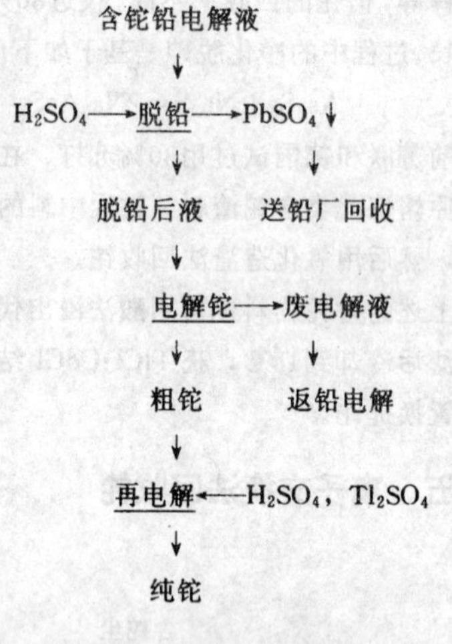

图13-3-23 电解法提铊流程

一般从含富铊到含15g/LTl_2SO_4液中电解提铊，可采用500～1000A/m²的电解制取海绵铊，所得海绵铊经碱熔铸后即可得纯度99.99%铊。

第五节 锗的综合回收工艺

综合回收锗的方法较多，常用的是氯化蒸馏的经典方法。该法使原料中锗转入硫酸溶液，加入丹宁得丹宁锗沉淀物，经氧化焙烧脱砷及脱有物后，在83～100℃下氯化蒸馏得 $GeCl_4$。在氯化蒸馏过程中发生如下反应：

$$GeO_2+4HCl=GeCl_4+2H_2O$$

$GeCl_4$经水解得纯 GeO_2，过程中发生下列反应：

$$GeCl_4+2H_2O=GeO_2+4HCl$$

GeO_2通氢气还原得到约具有10～20Ω·cm 电阻率的金属锗，其反应为：

$$GeO_2+2H_2=Ge+2H_2O$$

一、优先挥发法回收锗

早于1952年在比利时，人们就用此法来处理含0.25%Ge 的锗精矿，所用的流程示于图13-3-24。具体做法是：先把原料制团经还原挥发硫化锗，挥发锗率达90～98%；然后将尘按经典法提锗，锗的回收率据说高达90%。在中国，曾试验用此法从含0.006～0.008%Ge 的锌精矿中提锗，经过两次还原挥发，所得硫化物尘再用经典法提锗，锗回收率达75～80%。

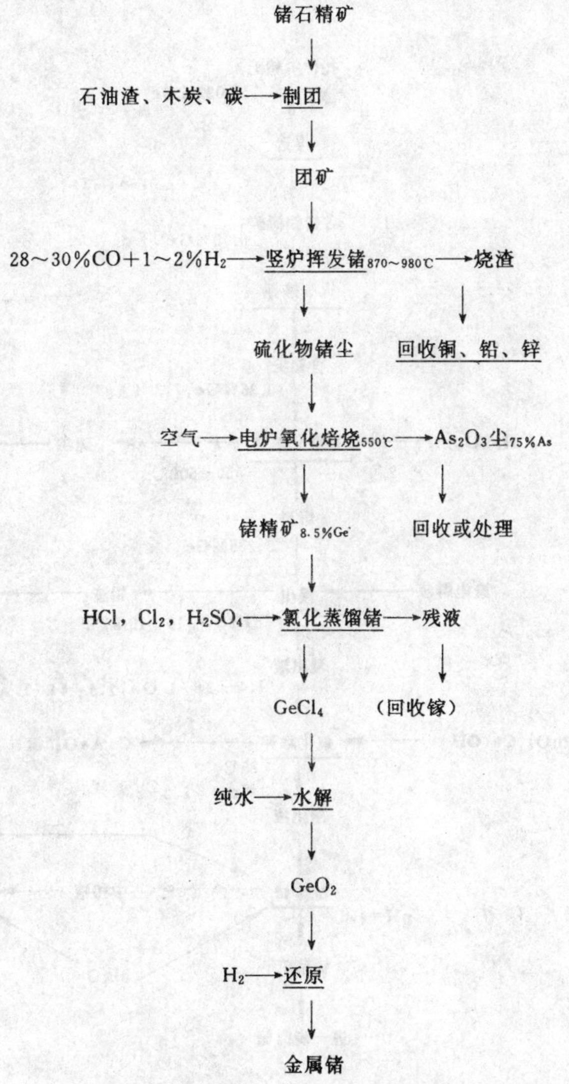

图 13-3-24　优先挥锗法提锗流程

二、硫酸化-载体沉锗法回收锗

此法处理含0.022%锗的扎伊尔锗矿，经浮选得含0.13%Ge的铜精矿，经铜冶炼得含0.36%Ge的烟尘，经硫酸化使锗转入硫酸体系，净化后用MgO作载体沉淀出溶液中的锗，然后按经典法提锗。比利时的巴仑（Balen）厂采用此法生产，锗的回收率达75%。方法的流程图示于图13-3-25。

三、碱土金属氯化蒸馏法回收锗

1976年西德人R.贝兹逊（Beetzsen）发明碱土金属氯化采锗法处理含高达3.3～10.8%Ge及0.015%As的粗锌精馏残渣综合回收锗和锌的方法，并获得专利权。在中国，人们在这项专利的基础上研究出处理高砷的锗渣的提锗方法，所用流程如图13-3-26所示。该法已用于工业生产，可处理含砷高达18～20%的锗渣，产物含砷在0.1%以下，锗的回收率为92～94%，除砷率超过91%。在氯化蒸馏锗工序中因加入$CaCl_2$而提高盐酸的活度，从而不需象经典法那样在高酸度下蒸馏。

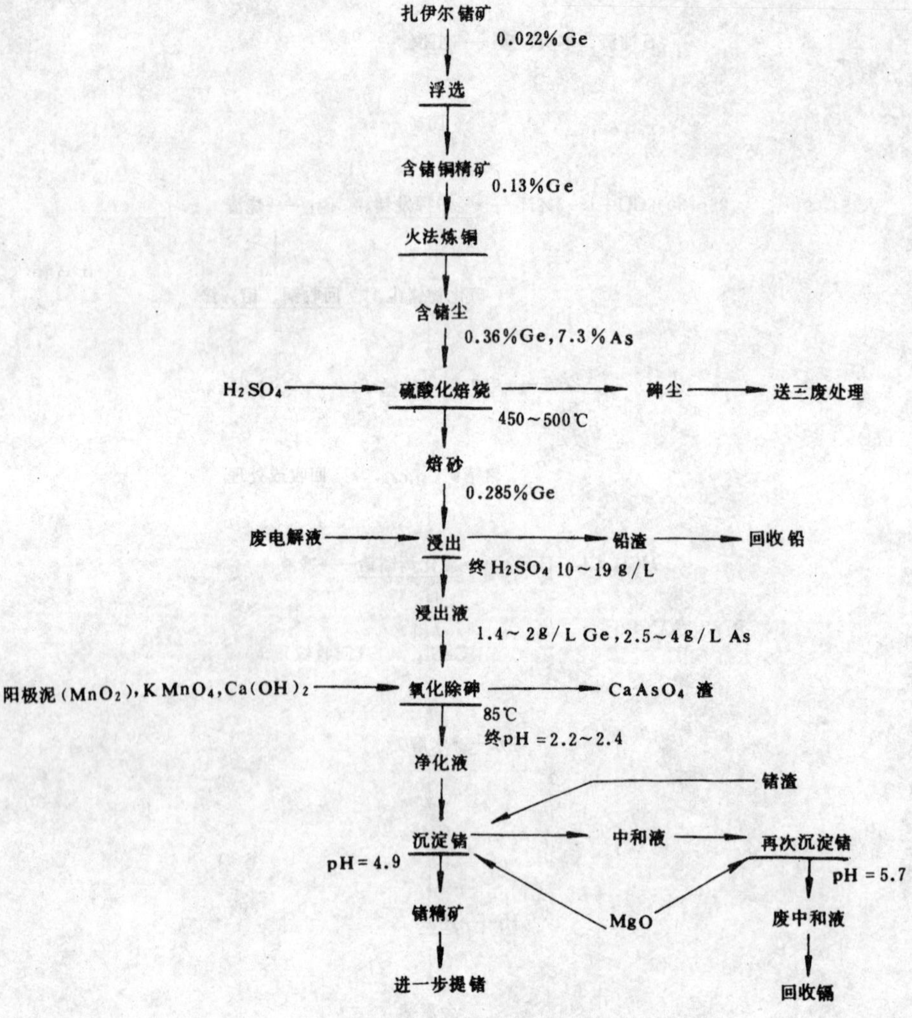

图 13-3-25 硫酸化-载体沉锗法提锗流程

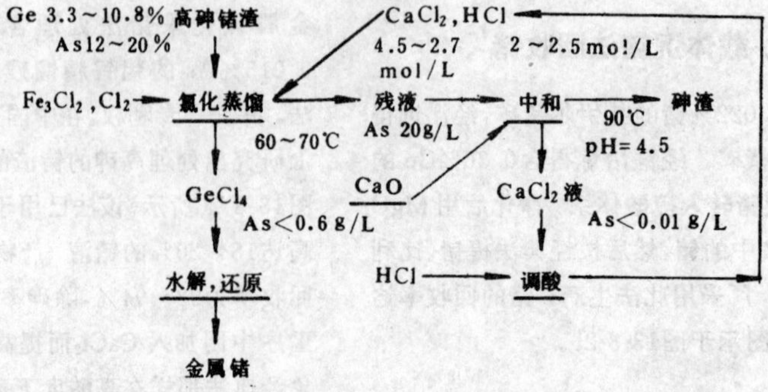

图 13-3-26 碱土金属氯化蒸馏提锗流程

四、烟化法回收锗

此法在比利时、苏联、加拿大及中国用来从含锗渣料中回收锗，并均已实现工业化，所用流程示于图13-3-27。锗的挥发率一般可高于90%，适宜处理各种含锗料，锗的富集率较高；不足之处是能耗高，且系间歇作业。

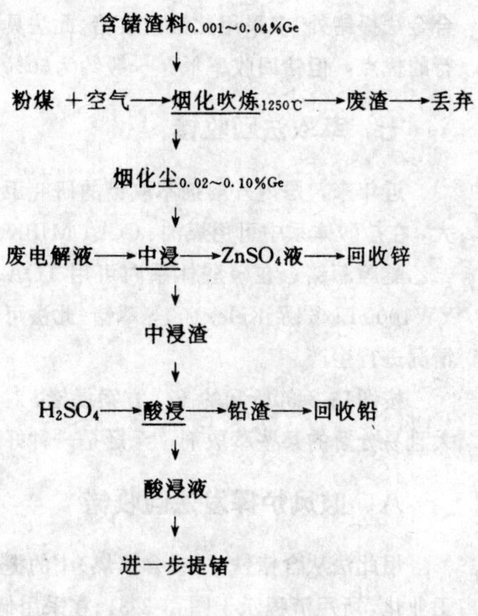

图 13-3-27 烟化法提锗流程

五、氧化-还原焙烧法回收锗

在中国，人们已研究查明，在含锗（镓、铟）锌精矿的氧化焙烧过程中，93%以上的锗、镓、铟量以类质同象形态存在于焙砂的铁酸锌中。铁酸锌是氧化焙烧锌精矿的产物，它不被弱酸（如水冶锌中的中浸酸度）所分解，因而引起锌、锗、镓、铟的损失。本法通过还原焙烧分解铁酸锌，除使一般水冶锌厂由此而提高锌回收率10%以上外，且可按上述的优先挥发法及硫酸化-载体沉锗法综合回收锗（铟、镓）。此是一种有发展前途的方法，所用流程示于图13-3-28。

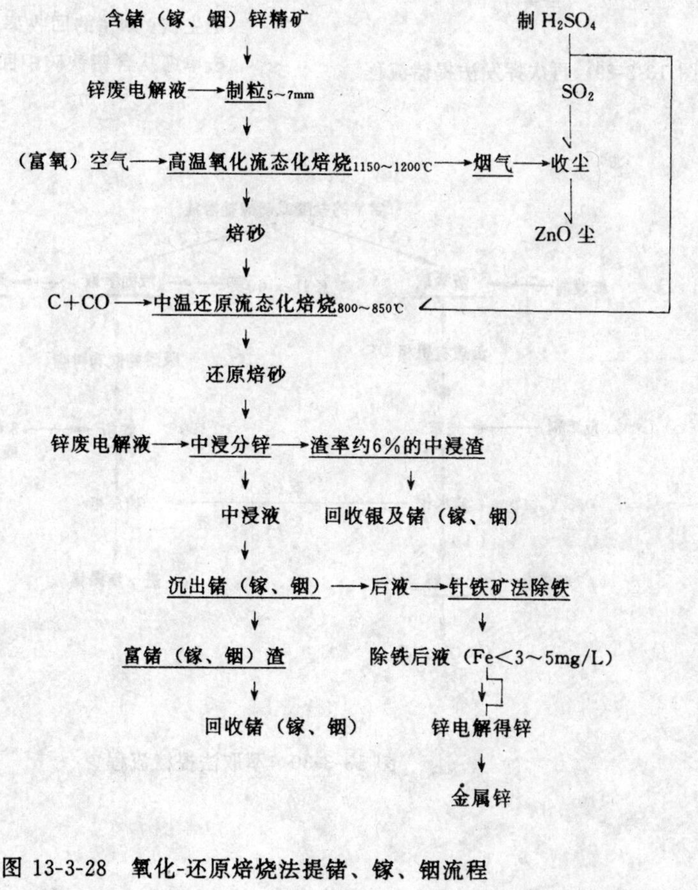

图 13-3-28 氧化-还原焙烧法提锗、镓、铟流程

六、再次挥发法回收锗

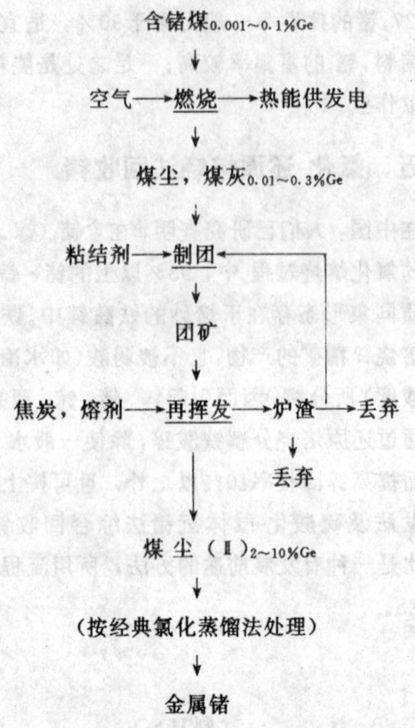

图 13-3-29 再次挥发法提锗流程

本法已工业化，所用流程见图13-3-29。它所处理的原料为含0.001～0.1%Ge 的煤。这种原料除用合金法提锗外，多采用此法回收锗。此法具有简单易行的优点，但锗回收率低，一般约为60%。

七、萃取法回收锗

近年来，国内外溶剂萃取锗的研究工作进展较大，在盐酸体系中可用煤油、CCl_4、MIBK、Lix63及二乙醚等萃锗；在硫酸体系内可用 TOA、P204＋YW100、Lix63及 Kelex100等萃锗。此法可根据具体情况进行生产。

按图13-3-30所示的（2）方案提锗，对于水溶性大且易分解的某些萃取剂，无疑是一种好的方法。

八、鼓风炉挥发法回收锗

用此法从含锗铁矿（或含锗煤）中的提锗工艺已工业化，所用流程示于图13-3-31。在采用低料柱、酸型渣，并延长风口区高温带的情况下，可使铁矿中锗的挥发率超过90%，但锗随炉渣的损失量较大。如产生生铁，则锗的回收率更低，一般只到70～80%。此法单纯从含锗铁矿中回收锗，在经济上是不合算的。

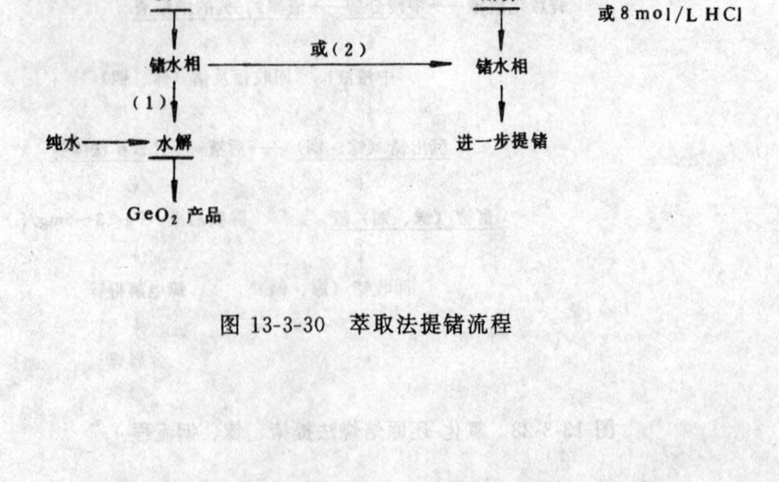

图 13-3-30 萃取法提锗流程

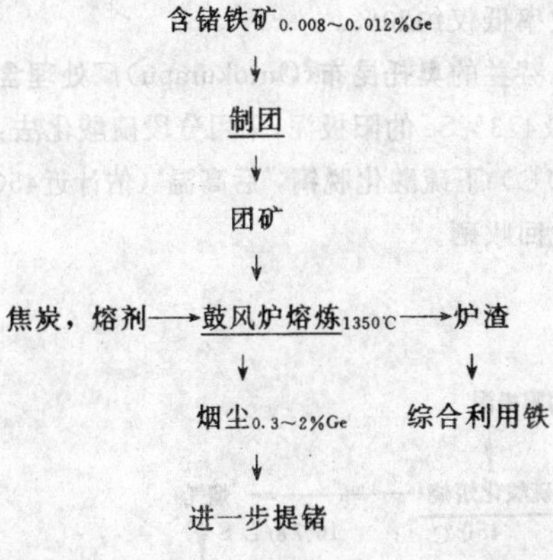

图 13-3-31 鼓风炉挥发法提锗流程

第六节 硒和碲的综合回收工艺

铜、镍和铅阳极泥、生产硫酸或纸浆的渣泥等均是生产硒和碲的主要原料。下面分别介绍从这些原料中回收硒、碲的一些主要方法。

一、硫酸化焙烧法回收硒和碲

世界上约半数的含硒、碲阳极泥系用硫酸化焙烧法处理，所用流程示于图13-3-32。此法具有(1)硒回收率高达93%以上，碲回收率可达70～85%；(2)方法简单易行、经济且无公害；(3)可综合利用贵金属等特点，适于处理含3～28%Se及0.5～4%Te的物料。

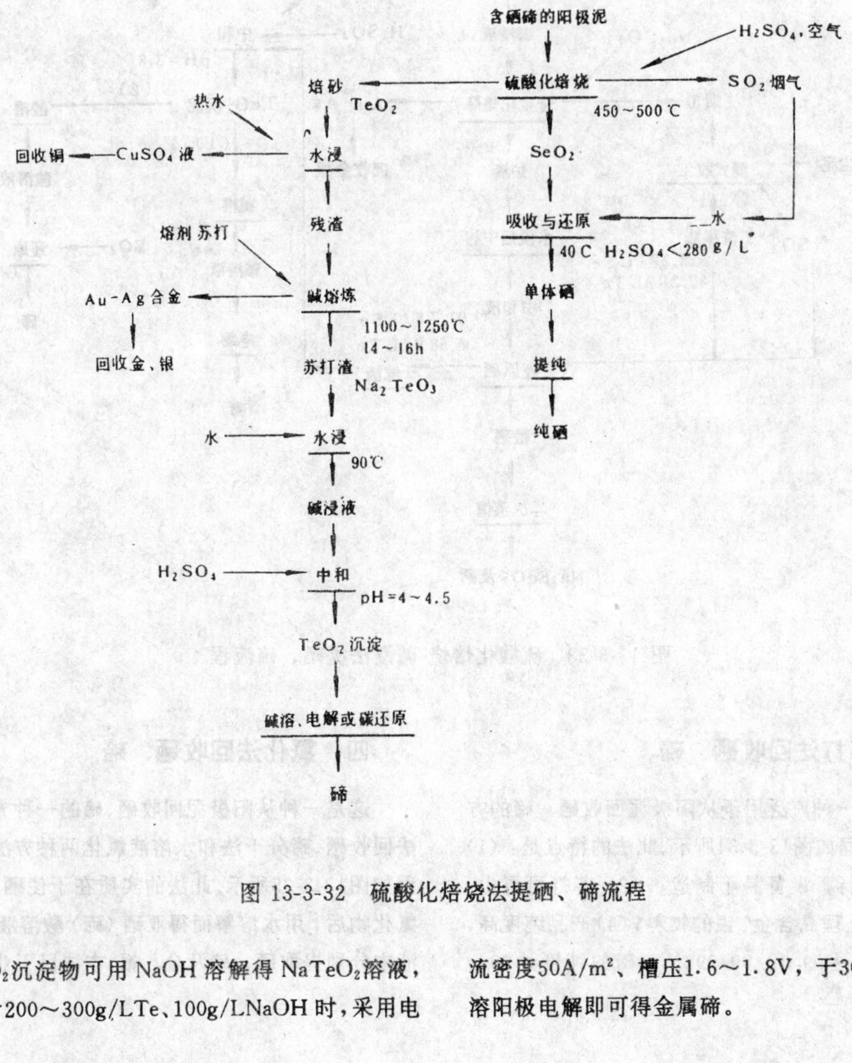

图 13-3-32 硫酸化焙烧法提硒、碲流程

TeO_2沉淀物可用 NaOH 溶解得 $NaTeO_2$溶液，当溶液含200～300g/LTe、100g/LNaOH 时，采用电流密度50A/m²、槽压1.6～1.8V，于30℃下进行不溶阳极电解即可得金属碲。

二、硫酸化焙烧-碱浸法回收硒、碲

在加拿大，人们采用如图13-3-33所示的硫酸化焙烧-碱浸法处理高硒高银（20%Se、3%Te 及15.4%Ag）或高镍高硒（含19.8%Ni、15%Se 及3.61%Te）阳极泥。此法的硒回收率高于90%，但碲回收率低仅约20%。

芬兰的奥托昆布(Outokumpu)厂处理含45.2% Ni 及4.3%Se 的阳极泥，采用分段硫酸化法：先低温（200℃）下硫酸化脱铜，后高温（估计近450℃）硫酸化回收硒。

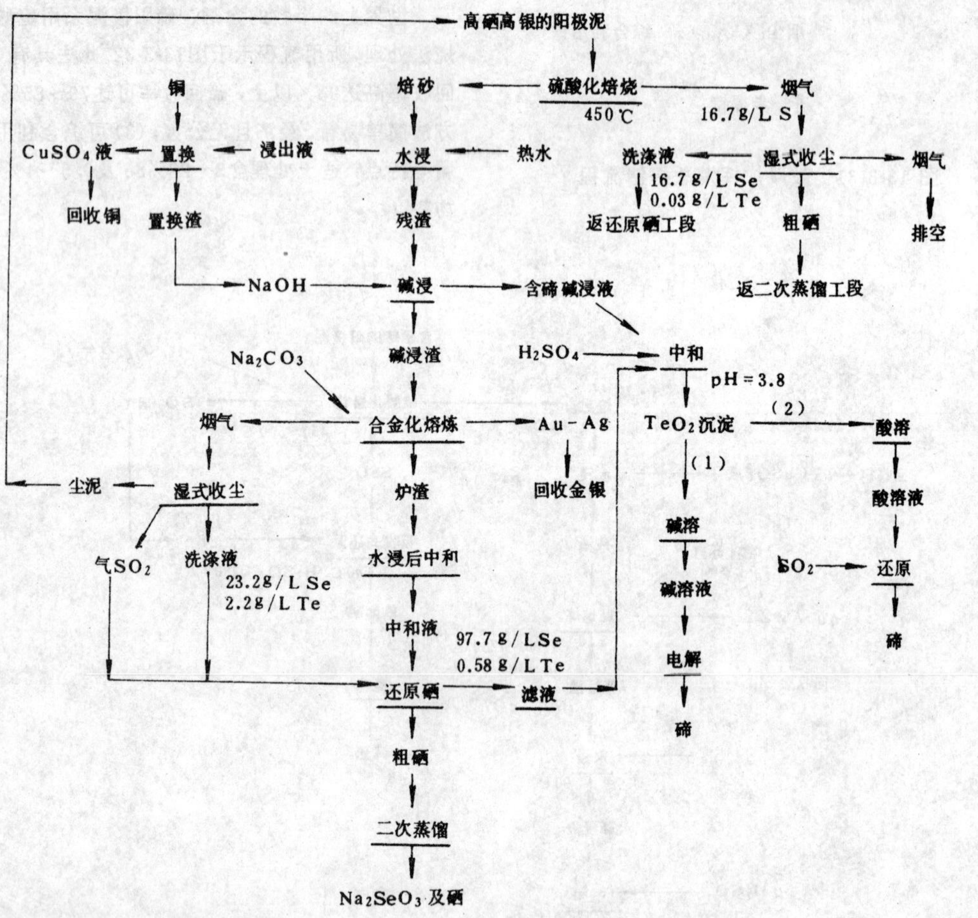

图 13-3-33　硫酸化焙烧-碱浸法提硒、碲流程

三、苏打法回收硒、碲

这是另一种广泛用于从阳极泥回收硒、碲的方法，所用流程如图13-3-34所示。此法的特点是：(1)方法简单易行，设备易于制造；(2)苏打可再生；(3)尤适于处理高含金、银的物料；(4)产品纯度高，硒的纯度可达99.5～99.992%，碲的纯度达99～99.99%。

四、氯化法回收硒、碲

这是一种从阳极泥回收硒、碲的一种方法。氯化法回收硒、碲分干法和水溶液氯化两种方法，所用流程如图13-3-35所示。此法的实质在于使硒、碲转为氯化物后，用水溶解而得亚硒（碲）酸溶液，后从溶液中分别提取硒、碲及金、银。本法已工业化。

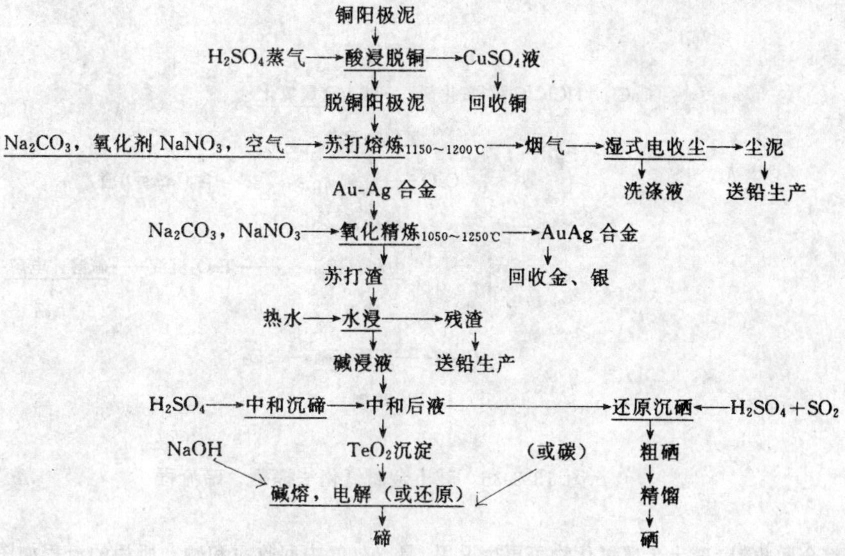

图 13-3-34　苏打熔炼法提硒、碲流程

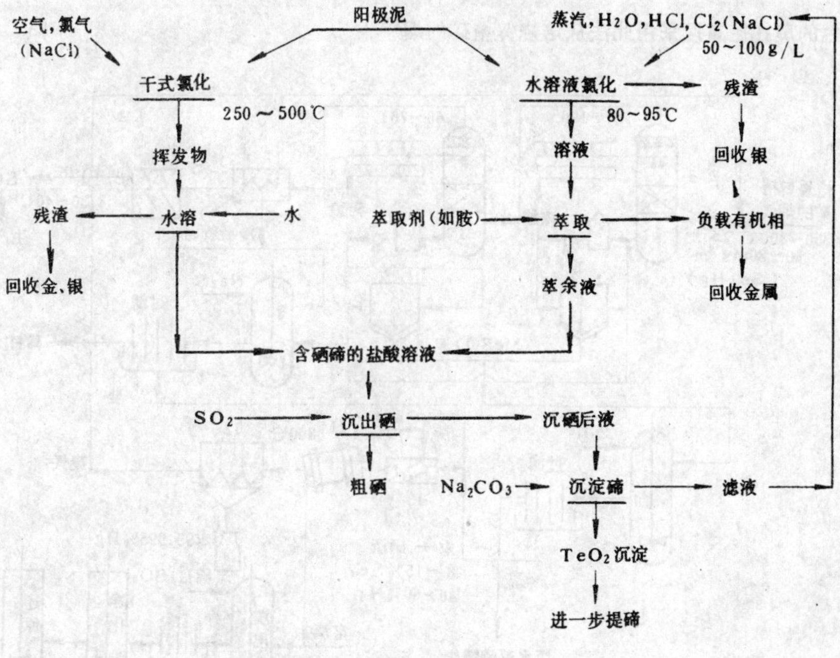

图 13-3-35　氯化法提硒、碲流程

五、碱土金属氯化法回收硒、碲

此法用于处理含硒、碲酸泥，所用流程如图13-3-36所示。这是一种适于处理富铅含硒物料的方

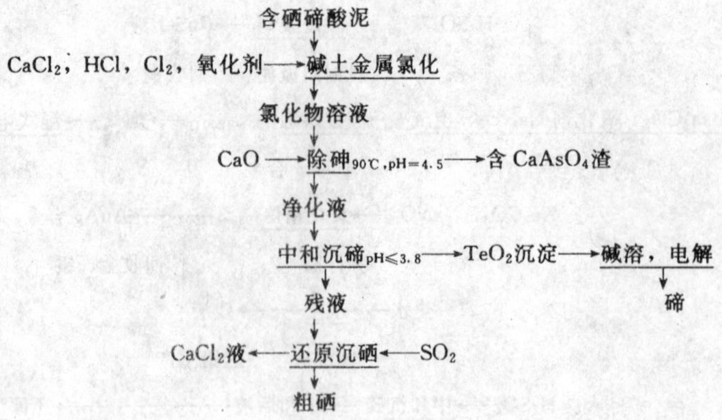

图 13-3-36 碱土金属氯化法提硒、碲流程

法，可综合回收铅，碱土金属氯化物可再生返用，具有发展成工业方法的前景。

六、加钙固硒法回收硒

芬兰的奥托昆布厂采用此法从焙烧锌精矿的烟气中回收汞和硒，所用的流程如图13-3-37所示。有人建议采用吸附法，即将烟气通过铁丝网，硒为铁丝吸附，而汞以气态进入冷凝室分别得以回收。

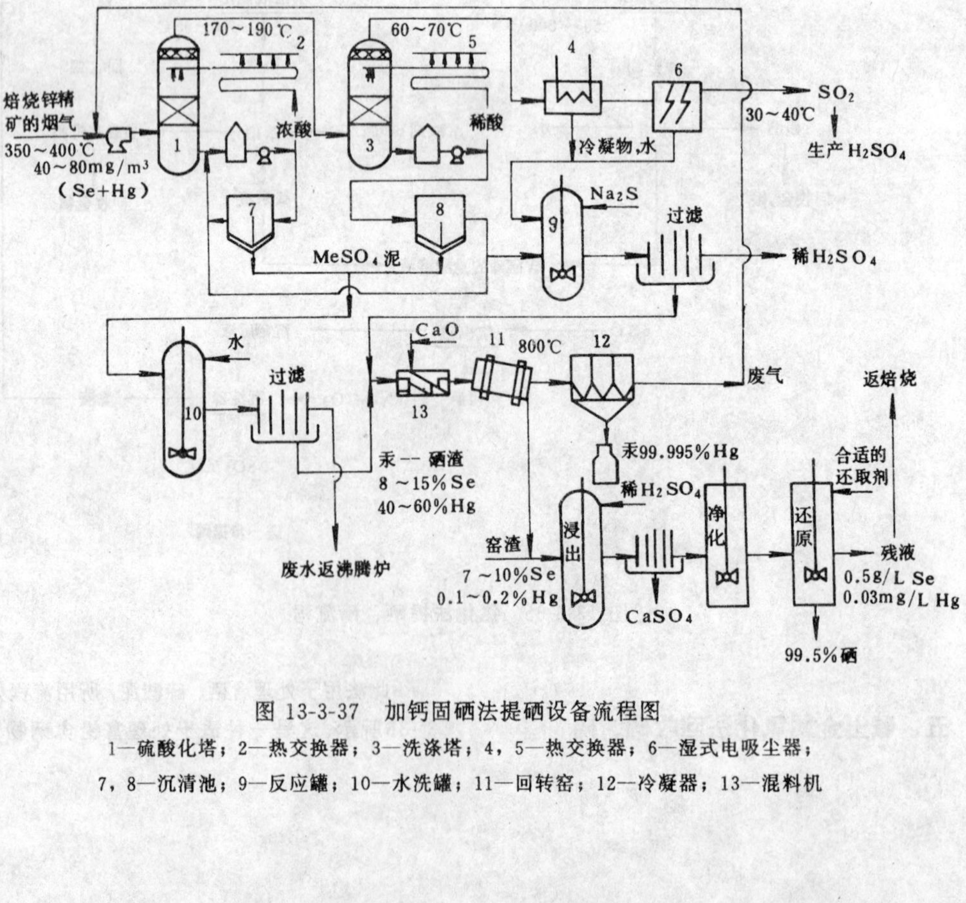

图 13-3-37 加钙固硒法提硒设备流程图

1—硫酸化塔；2—热交换器；3—洗涤塔；4，5—热交换器；6—湿式电吸尘器；
7，8—沉清池；9—反应罐；10—水洗罐；11—回转窑；12—冷凝器；13—混料机

第七节　铼的综合回收工艺

提取铼的原料主要有辉钼矿和铜铼矿，提取原理在于利用铼的硫化物易氧化，形成易挥发且易溶于水的Re_2O_7，然后从水溶液中或沉淀析出，或采用萃取或采用离子交换法提取铼。

一、氧化焙烧-沉淀法回收铼

这是传统的工业化提铼方法，为众多国家所采用，所采流程如图13-3-38所示。

氧化焙烧含铼辉钼矿时，在流态化床内，铼的挥发率达90～97%；在多膛炉内，铼的挥发率为30～60%。用此法可生产纯度99.8～99.99%铼，铼回收率约为50～85%。此法简单易行，但MoO_3产品质量不够好，铼的回收率较低。

二、石灰烧结法回收铼

石灰烧结法回收铼已工业化，所用流程示于图13-3-39。此法利用含铼辉钼矿和石灰烧结时形成相应的$Ca(ReO_4)_2$和$CaMoO_4$，通过水溶液浸出使铼进入溶液，而$CaMoO_4$则不溶解，而达到铼、钼分离的目的。从$HReO_4$溶液中提铼，可按图13-3-39中(1)法如前法沉淀铼后经过重结晶得铼酸盐；或按图3-3-39（2）法提铼。第一种方法虽简单易行，物料中的硫转为$CaSO_4$，避免了SO_2的污染和利用处理，但由于添加石灰为物料重的150%以上，而导致铼和铜产物的贫化，引起生产力下降，铼的回及率不高于80～85%，所以还是按图中所示（2）法处理为好。

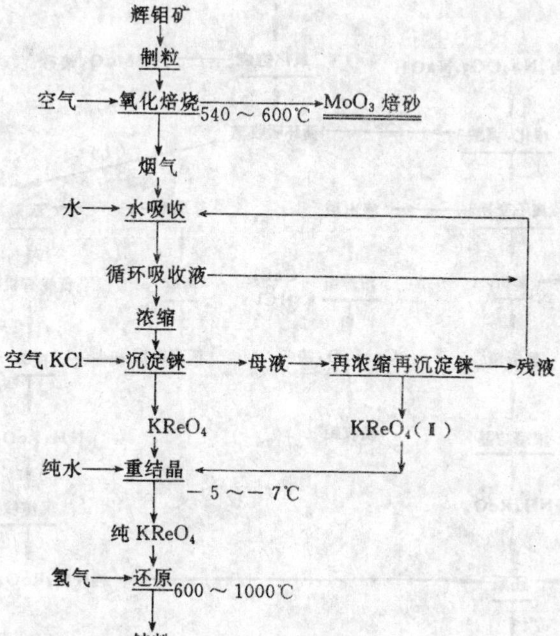

图 13-3-38　氧化焙烧-沉淀法提铼流程

三、萃取或离子交换法回收铼

含铼的辉钼矿经氧化焙烧后，使铼转入硫酸或盐酸介质中，然后可用CHN、N503、TBP、IAmA、MiBK或TOA或季胺盐定量萃铼，用NH_4OH、$HClO_4+(NH_4)_2SO_4$或NHO_3进行反萃，所用流程示于图13-4-40。在法国、波兰等国，人们多采用IAmA萃取铼。

在离子交换法回收铼中使用强碱性阴离子交换树脂，国外多用Amberite、IR-4B、AB-17X8r等，在净化除杂质和分解钼蓝后，调整 pH 到8～10时进行离子交换。交换达到饱和后，用3～9%NH_4SCN 或 NH_4OH 解析。原溶液含0.3～3.4g/LRe，交换后流出液含铼少于0.005g/L。解析液含8～25g/LRe，铼回收率达80～96%。此法适应性强，流程简单，回收率高。

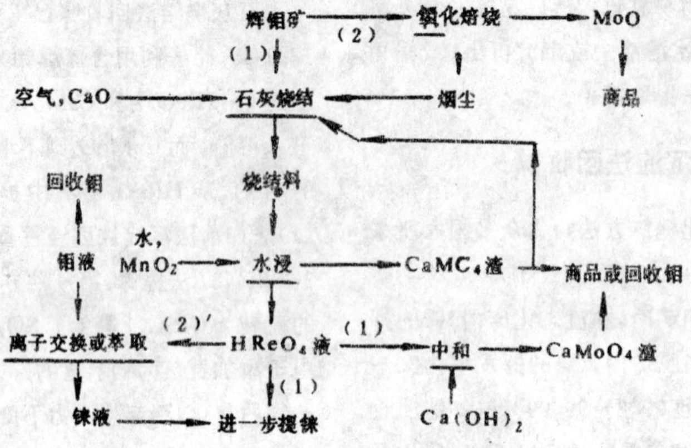

图 13-3-39 石灰烧结法提铼流程

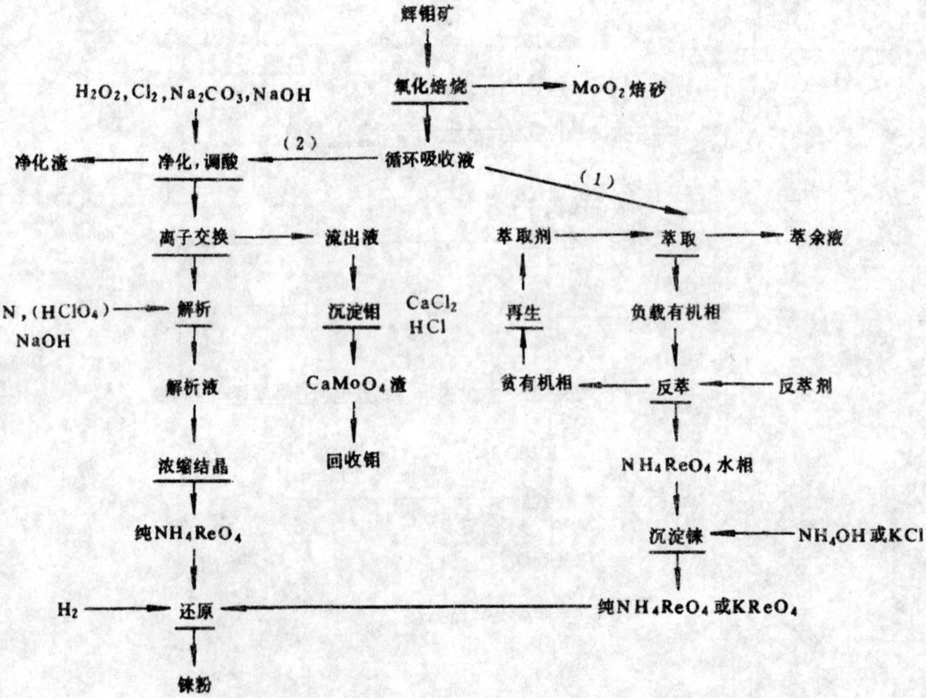

图 13-3-40 萃取法或离子交换法提铼流程

四、电溶氧化法回收铼

这是美国矿务局为解决低品位钼中矿（含1～35%Mo、0.01～0.1%Re）中钼和铼的利用而研究成功的方法。这种方法在经济上尚需进一步论证后才能决定能否用于生产。所用流程示于图13-3-41。

在操作中，将矿浆直接通电溶解，矿中钼和铼的电溶率分别达到98.9%和99.1%。此法具有流程短、金属富集比高、物料中硫转化为 Na_2SO_4 而不必象火法中那样必须处理 SO_2 的优点。它的缺点是电耗大

（每吨钼约耗19800～23500kW·h），回收钼的周期长，尚需煅烧以及需要一整套回收氨的系统设备。

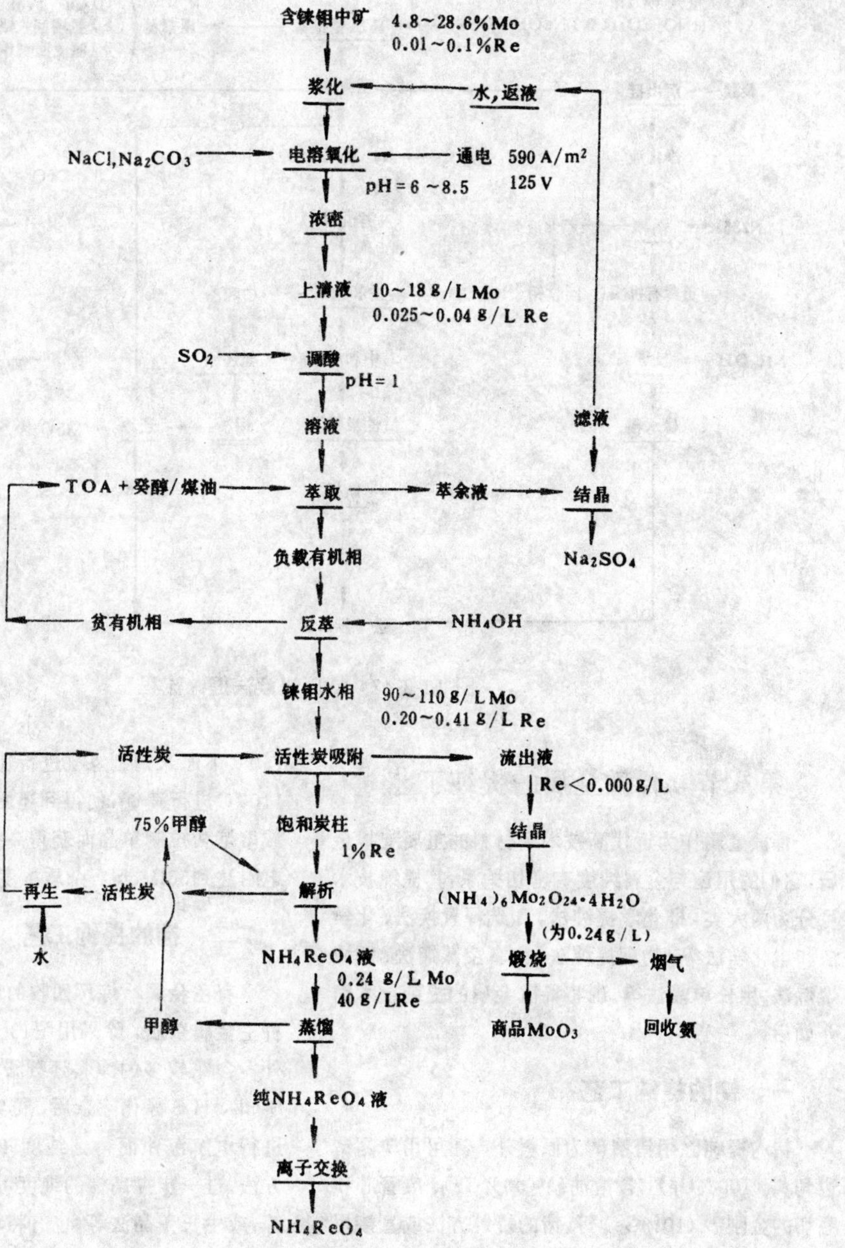

图 13-3-41 电溶氧化法提铼流程

五、高压浸煮法回收铼

高压浸煮法是一种用高压釜浸煮辉钼矿回收铼的方法，分为高压氧浸出，高压酸分解和高压碱浸出等，所用流程示于图13-3-42。从图可见，高压浸煮提铼为一全套水冶流程，可综合回收铼、钼和硫，且回收率高。但此法远比火法处理复杂，加上生产间歇，对设备耐腐蚀材质要求较高，不宜用于大量生产MoO_3。

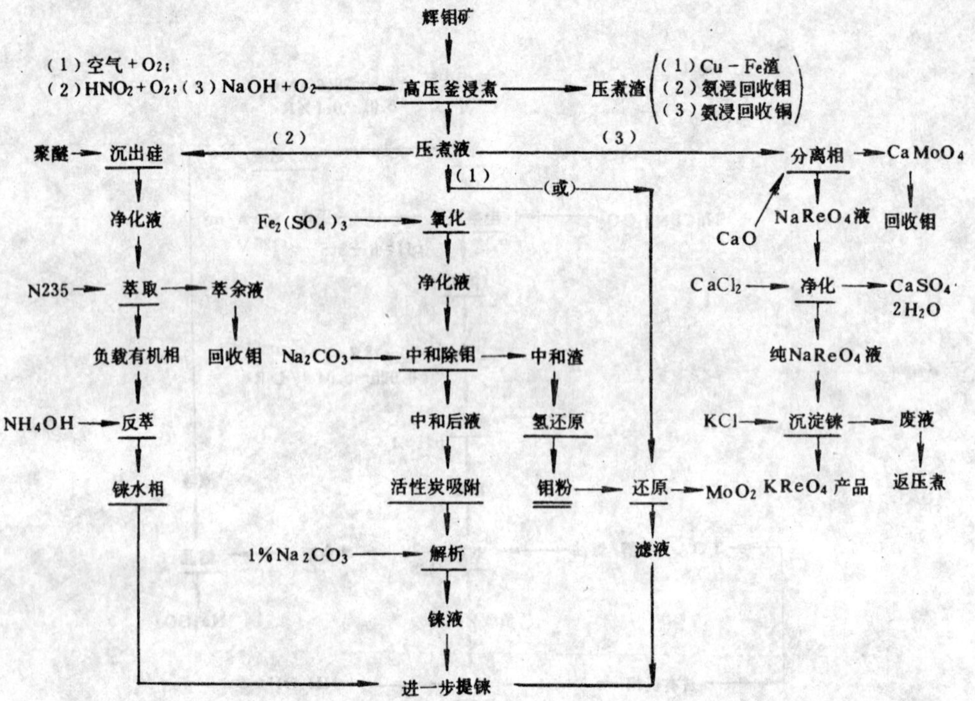

图 13-3-42 高压浸煮法提铼流程

第八节 稀散金属的提纯工艺

稀散金属作为近代高技术新材料的重要支撑金属，它们的用途与金属纯度有密切关系，其提纯技术可分为两大类，即化学提纯法，如选择置换法、化学法和电化学法等；物理提纯法，如真空蒸馏法、区域熔炼法、生长单晶法等。现将稀散金属的提纯技术简介如后。

一、锗的提纯工艺

锗的提纯除用锗精矿为原料外，还可用单晶锗边角料（100%Ge），含锗油砂（50%Ge）、废管芯和磨切的金刚砂（10%Ge）等。锗的提纯方法或直接用氯气氯化得粗 $GeCl_4$，或经苏打烧结后再按如图13-3-43所示的传统流程进行处理。在精 $GeCl_4$ 水解时，用水量约为 $GeCl_4$ 的6.5倍，水解温度保持在低于－10℃，所得 GeO_2 在120℃烘干16h。GeO_2 的还原是把待还原料盛装在石英舟或纯石墨舟内，在650～750℃下通入精制氢气进行还原，到还原末期升温到1100℃进行铸锭，便得到还原金属锗。金属锗再经区域熔炼和拉制单晶而获得高纯单晶，这些单晶的比电阻达到50Ω·cm，杂质浓度10^{-8}～10^{-9}%。

二、铟的提纯工艺

有色金属冶炼厂回收的粗海绵铟，主要含有多种主金属杂质，除采用图13-3-44所示的提纯流程之外，含铊较多的原料还要设专门除铊工序。也有用 $BaCl_2$、H_2S 净化除杂后，得到精制的 $InCl_3$ 溶液，再进行电解沉积而得到纯度99.99%的铟等多种提纯方法。进一步提高铟的纯度可采用真空蒸馏、区域熔炼，或生长单晶法等。也有将粗铟经多次电解精炼而获得5N品级铟者。电解精炼的典型工艺条件为：电解液含80～100g/LIn、80～100g/LNaCl，电解液的pH＝1.5～2.5，槽电压0.2～0.3V，电解温度25～30℃，阴极电流密度40～70A/m²。

锗精矿　（10～25%Ge）

↓

$HCl+H_2SO_4+MnO_2$，>10N，终温105℃ → 氯化蒸馏

↓

粗 $GeCl_4$

↓

$HCl+Cl_2$，8N，60～90℃ → 复蒸或精馏

↓

精 $GeCl_4$

↓

>5M·Ω 电导水 → 水解，烘干

↓

精 GeO_2

↓

纯 H_2 → 还原铸锭

↓

还原锗（10～20Ω·cm）

↓

区域熔炼

↓

区熔锗

↓

直拉法单晶化

↓

单晶锗（50Ω·cm）

图 13-3-43　提纯锗的流程

粗海绵铟（85～90%In）

↓

NaOH，200～300℃、1h → 压团熔铸

↓

粗铟阳极　（95～99%In）

↓

明胶、H_2SO_4 → 电解精炼

↓

析出铟

↓

甘油 I+KI，170～178℃ → 甘油除镉

↓

精铟（99.99%In）

↓

1.3～0.13Pa，800～850℃ → 真空蒸馏

↓

Na_2CO_3 → 苏打精制

↓

高纯铟（99.999～99.9999%In）

图 13-3-44　提纯铟的流程

三、镓的提纯工艺

镓的提纯除采用图13-3-45所示流程的电解精炼法外，还有用在高真空中（1.3×10^{-5}～1.3×10^{-6} Pa），于700～750℃中经长时间蒸馏，直接把粗镓提纯为5N以上品级的镓；还有用区域熔炼法，镓以及电解加分步结晶法等方法，来制取纯度超过99.999%的镓。除电解精炼法外，其他方法在工业上尚未获应用。常用的电解精炼工艺条件为：用高纯NaOH配制含5～5.5mol/LNaOH电解液，电解液含镓超过20g/L，阴极电流密度10～25A/m²，槽电压2.3V，电解温度40～50℃，用铂丝作导电极。电解初期用大电流密度（200A/m²）除杂质，电解液净化到一定程度后进入正常电解精炼操作。

粗金属镓　（99.9～99.99%Ga）

↓

碱性电解精炼

↓

精炼镓（99.999%Ga）

↓

拉制单晶

↓

高纯镓（99.9999～99.99999%Ga）

图 13-3-45　提纯镓的流程

四、铊的提纯工艺

从有色金属冶炼厂、硫酸厂回收的海绵铊，主要

含有重金属杂质。它的提纯工艺除图13-3-46所示的电解精炼法外，还有重铬酸盐法、氯化沉淀萃取法

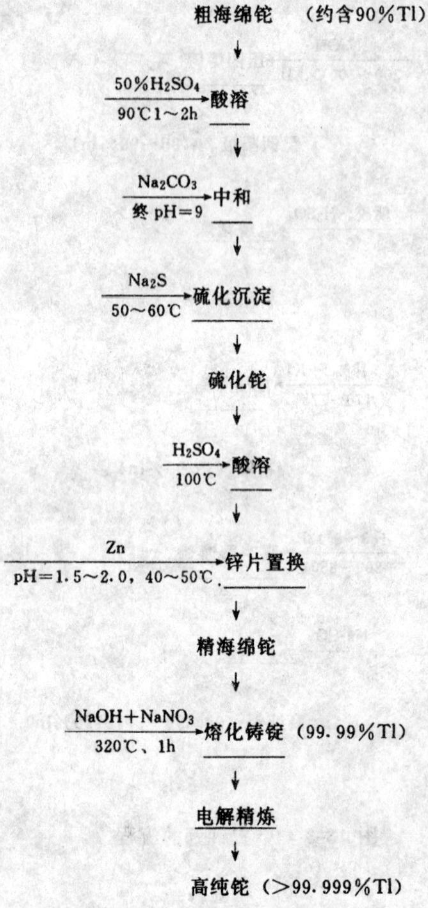

图 13-3-46 提纯铊的流程

等多种精制方法。在铊进行电解精炼时，电解液含30～40g/LTl、70g/LH_2SO_4，电解温度50～60℃；阴极电流密度100A/m²，阴极为钼片或精制铊片；阳极用布袋隔膜，阳极电流密度200A/m²。由于铊主要以它的盐类形式应用，高纯铊盐可由99.99%Tl，经相应的化学法精制得到中间化合物硝酸铊或氢氧化铊，再进一步制备成各种所需的铊化合物。

五、碲的提纯工艺

有色金属冶炼厂回收的碲，所含的主要杂质有重金属和硒，提纯 所用流程如图13-3-47所示。如以工业碲为原料，可在阳极加塑料微孔隔膜进行电解精炼。阴极用不锈钢制造，电流密度200A/m²，电解温度45℃，制得纯度超过99.99%的碲。为了制备5N品级以上的碲，可采用在氢气氛下的区域熔炼或拉单晶等方法。用化学精制法获得纯净的亚碲酸溶液，随后用SO_2还原也能获得5N品级的高纯碲。

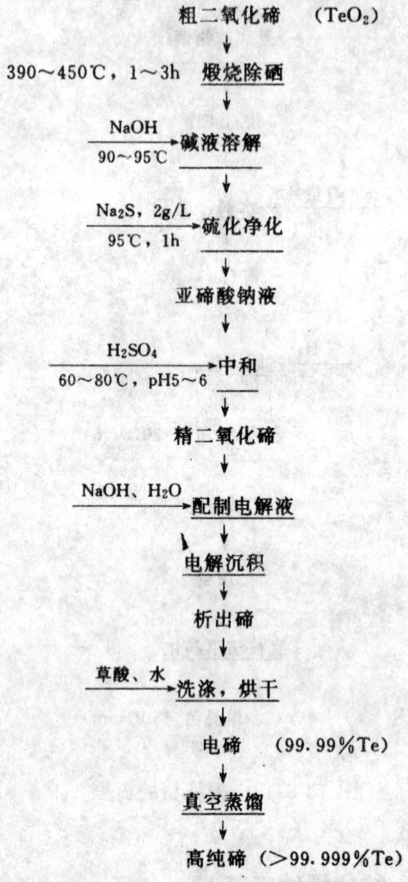

图 13-3-47 提纯碲的流程

六、硒的提纯工艺

用以提纯从有色金属冶炼厂、硫酸厂回收的硒的工艺如图13-3-48所示。此外，还有用离子交换法、硒化物热分解法、二氧化硒气相氨还原法及纯净亚硒酸的SO_2还原法等以制取5N品级硒。

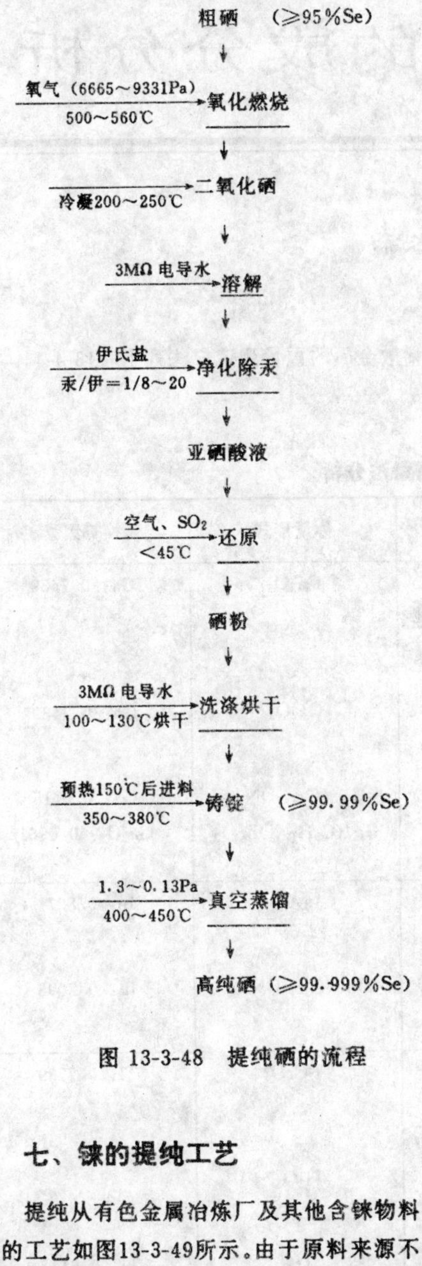

图 13-3-48　提纯硒的流程

七、铼的提纯工艺

提纯从有色金属冶炼厂及其他含铼物料中回收铼的工艺如图13-3-49所示。由于原料来源不同，除杂质所用的工艺也不一样，但目的都是要制备符合纯度要求的铼的化合物，如纯的 NH_4ReO_4、ReO_2等。以粗铼粉为原料时，在750℃下用氯气氯化，得$ReCl_5$（沸点330℃），蒸馏提纯后在冷水中水解（低于10℃），为了改善过滤条件，在悬浊液中通入 CO_2气体30min，获得 $ReO_2\cdot xH_2O$ 沉淀物，杂质主要有硅、铁，其次有铝、镁和钙。进一步精制或直接氢还原得纯度超过99.99%的铼粉，要获得5N 品级以上的金属铼可用电子轰击法除杂质然后铸锭的方法。

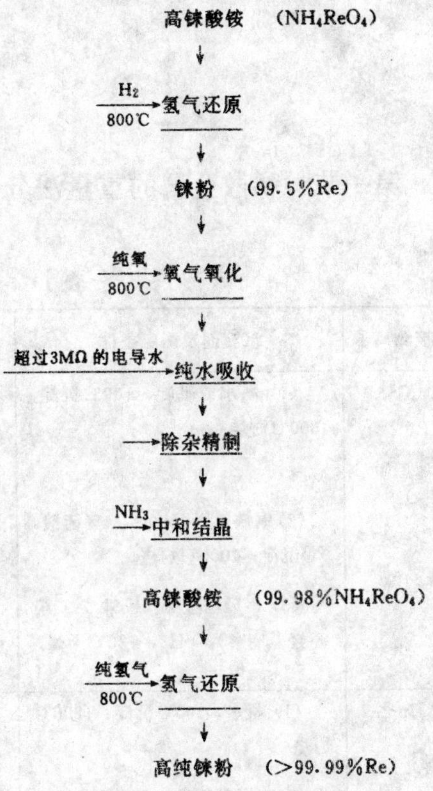

图13-3-49　提纯铼的流程

主要参考文献

〔1〕 М.Н.зырянов, Рассеянные редкие элементы, иркутское, книжное, иркутск-1960.

〔2〕周令治，稀散金属冶金，冶金工业出版社，1988.

〔3〕中国有色金属学会稀散金属学术分会，全国首届(1980)、第二届(1983)、第三届(1987)稀散金属学术会议论文集.

〔4〕US Bumines, Mineral Facts and Problems (1975, 1980, 1985).

第四章 稀散金属的成分分析

编写人 邵永添

第一节 稀散金属的重量法分析

稀散金属的重量测定方法列于表13-4-1。

表 13-4-1 稀散金属的重量法分析

被测离子	沉淀剂及测定条件	干扰离子及排除	称量形式	换算因素
G^{3+}	(1) 氨水或吡啶，100℃沉淀，1000℃灼烧	AsO_4^{3-}、PO_4^{3-}、VO_4^{3-}、Si及不溶性氢氧化物、酒石酸、柠檬酸	Ga_2O_3	Ga：0.7439
	(2) 铜铁试剂（690），14%硫酸，0℃沉淀；1000℃灼烧	Fe、Ti、Zr、V	Ga_2O_3	Ga：0.7439
	(3) 8-羟基喹啉（或5，7-二溴-8-羟基喹啉），pH3，120℃干燥		Ga $(C_9H_6ON)_3$ Ga $(C_9H_4NOBr_2)_3$	Ga：0.0715 Ga_2O_3：0.0961
In^{3+}	(1) 氨水，100℃沉淀；1200℃灼烧	用氨水测定镓	In_2O_3	In：0.8271
	(2) 8-羟基喹啉，pH3～4，70～80℃沉淀；110℃干燥	Al、Cu、Fe、Ga等	In $(C_9H_6ON)_3$	In：0.2098
Tl^+	(1) 铬酸钾，氨水，80℃；50%乙醇洗；在低于745℃下灼烧		Tl_2CrO_4	Tl：0.7789
Tl^{3+}	(2) 铁氰化钾（8%），加5%氢氧化钾；200℃干燥		Tl_2O_3	
	(3) 碘化钾，醋酸，100℃放12h；120～130℃干燥	Ag、Cu、Pb	TlI	Tl：0.6113
	(4) 3%四苯硼化钠（0.003% $AlCl_3$），0.1mol/L盐酸；110～130℃干燥	NH_4^+、Rb、Cs、K^+、Ag^+、Hg^{2+}	Tl [B $(C_6H_5)_4$]	Tl：0.3902
Ge^{4+}	(1) 硫化氢（气），3mol/L硫酸，放48h；900℃灼烧	As、Sb、Sn	GeO_2	Ge：0.6941

续表 13-4-1

被测离子	沉淀剂及测定条件	干扰离子及排除	称量形式	换算因素
Ge^{4+}	（2）钼酸铵和8-羟基喹啉，0.075mol/L 硫酸；110℃干燥		$(C_9H_7ON)_4\cdot H_4GeMo_{12}O_{40}$	Ge：0.0300
	（3）硫酸镁，1mol/L 硫酸铵，100℃放12h；110℃干燥		Mg_2GeO_4	Ge：0.4287
	（4）丹宁（5%），900℃灼烧		GeO_2	Ge：0.6941
SeO_3^{2-}	（1）25%盐酸肼，90℃，110℃干燥		Se	SeO_2：1.4052
	（2）二氧化硫，盐酸（浓），室温，120～130℃干燥	Ag、Au、Sb、Bi	Se	SeO_2：1.4052
TeO_3^{2-}	（1）二氧化硫饱和溶液和15%盐酸羟胺，100℃存放；105℃干燥	同 Se，大量 SO_4^{2-} 干扰	Te	TeO_2：1.2508
	（2）氯化四苯砷或氯化四苯磷，4～5mol/LHCl；105℃干燥		$[(C_6H_5)_4As_2]_2\cdot TeCl_6$ $[(C_6H_5)_4P]_2\cdot TeCl_6$	Te：0.1153 Te：0.1252
ReO_4	（1）1%氯化四苯砷，110℃干燥		$(C_6H_5)_4AsReO_4$	Re：0.3952
	（2）5%硝酸试剂（3%乙酸），0.015mol/L 乙酸；110℃干燥		$C_{20}H_{16}N_4HReO_4$	Re：0.3304

第二节　稀散金属的氧化还原法分析

稀散金属的氧化还原测定方法列于表13-4-2。

表 13-4-2　稀散金属的氧化还原法

被测物质	主要步骤	反应式	注意点	当量
Ge	试液（6mol/LHCl 或2～3mol/LH_3PO_4）加亚磷酸钠煮沸，冷却后用碘酸钾滴定，以淀粉作指示剂	$Ge^{4+}+PO_3^{3-}+H_2O\rightarrow Ge^{2+}+PO_4^{3-}+2H^+$ $3Ge^{2+}+IO_3^-+6H^+\rightarrow 3Ge^{4+}+I^-+3H_2O$		Ge/2
T1	（1）含6～100mg 铊的 HCl 试液在室温下用 $KMnO_4$滴定	$2T1^++MnO_4^-+8H^+\rightarrow 2T1^{3+}+Mn^{2+}+4H_2O$		T1/2

续表 13-4-2

被测物质	主要步骤	反应式	注意点	当量
Tl	(2) 试液(HCl)，用 $Ce(SO_4)_2$ 滴定出现 Ce^{4+} 的黄色为终点，或以1，10-二氮菲亚铁络合物为指示剂	$Tl^+ + 2Ce^{4+} \rightarrow Tl^{3+} + 2Ce^{3+}$	As、Bi、Cd、Cr、Cu、Fe、Pb、Sb、Se、Sn、Te、Zn 在100mg内不干扰	Tl/2
SeO_3^{2-}	(1) 酸性试液加过量 $KMnO_4$，再用 $FeSO_4$ 或草酸钠回滴 (2) 酸性试液加过量 KI，用 $Na_2S_2O_3$ 滴定	$5SeO_3^{2-} + 2MnO_4^- + 6H^+ \rightarrow 5SeO_4^{2-} + 2Mn^{2+} + 3H_2O$ $SeO_3^{2-} + 4I^- + 6H^+ \rightarrow 2I_2 + Se + 3H_2O$	Te 有干扰或同时被测定	$SeO_3^{2-}/2$ $SeO_3^{2-}/4$
SeO_4^{2-}	向试液中加入浓 HCl 或 HBr 煮沸，将含卤素气体通入含 KI 的溶液中，然后用 $Na_2S_2O_3$ 滴定	$SeO_4^{2-} + 2Cl^- + 2H^+ \rightarrow Cl_2 + SeO_3^{2-} + H_2OCl_2 + 2I^- \rightarrow 2Cl^- + I_2$		
TeO_3^{2-}	0.06mol/LHCl 试液，加过量 $K_2Cr_2O_7$ 氧化，加过量的 $FeSO_4$，用 $K_2Cr_2O_7$ 滴定	$3TeO_3^{2-} + Cr_2O_7^{2-} + 8H^+ \rightarrow 3TeO_4^{2-} + 2Cr^{3+} + 4H_2O$	As，Sb 和大量 Ag 干扰测定	Te/2 $TeO_3^{2-}/2$
TeO_4^{2-}	同 SeO_4^{2-}	$TeO_4^{2-} + 2Cl^- + 2H^+ \rightarrow Cl_2 + TeO_3^{2-} + H_2O$	SO_4^{2-} 被测定	$TeO_4^{2-}/2$
Re	(1) 含铼稀硫酸试液，经锌汞齐还原后，注入硫酸高铁中，加 H_3PO_4 用 $KMnO_4$ 滴定二价铁	$ReO_4^- + 4Zn + 8H^+ \rightarrow Re^- + 4Zn^+ + 4H_2O$ $Re^- + 8Fe^{3+} + 4H_2O \rightarrow ReO_4^- + 8Fe^{2+} + 8H^+$	Cr，Fe，Mn，Nb，V，W 及其它重金属不能存在	$ReO_4^-/8$
	(2) 把0.05～0.15g 固体样品，加到过量的 $Ce(SO_4)_2$ 标准中，加热至沸，以1，10—二氮菲亚铁为指示剂，用 $FeSO_4$ 滴定	$Re_2O_3 + 8Ce^{4+} + 5H_2O \rightarrow 2ReO_4^- + 8Ce^{3+} + 10H^+$ $Ce^{4+} + Fe^{2+} \rightarrow Ce^{3+} + Fe^{3+}$	还原性物质有干扰	Re/4 $Re_2O_3/4$

第三节 稀散金属的 EDTA 络合滴定法分析

稀散金属的 EDTA 络合滴定法列于表13-4-3。稀散金属离子的掩蔽剂列于表13-4-4。

表 13-4-3　稀散金属的 EDTA 络合滴定法

被测离子	指示剂	主要滴定条件和滴定情况
Ga^{3+}	镓试剂	pH2，60～70℃，直接滴定，淡蓝变玫瑰
	桑色素	pH4.5～6，醋酸盐缓冲液，直接滴定至萤光熄灭
	邻苯本酚紫	pH3～3.8，醋酸盐缓冲液，直接滴定，蓝变黄
	Cu-PAN	pH2～3.5，醋酸盐缓冲液温热，直接滴定，红紫变黄
	铬黑 T	(1) pH6.5～9.5，过量 EDTA，镁盐回滴，蓝变红
		(2) pH8～10，过量 EDTA，锌盐或铝盐回滴，蓝变红
In^{3+}	邻苯三酚红	(1) pH5，醋酸盐缓冲液，过量 EDTA，铝盐回滴，红变紫
		(2) pH2～3，硝酸，过量 EDTA，用铋盐回滴，黄变红
	桑色素	pH4.5～6，醋酸盐缓冲液，直接滴定至紫外萤光熄灭
	PAR	pH2.3～2.5，60～70℃，直接滴定，粉红变黄绿
	锌试剂	pH9～10，氨性缓冲液，过量 EDTA，锌盐回滴，黄变蓝
	邻苯二酚紫	(1) pH5，吡啶或醋酸盐缓冲液，直接滴定，蓝变黄
		(2) pH10，乙二胺，直接滴定，蓝变黄
	二甲酚橙	pH3～3.5，醋酸盐缓冲液，热溶液直接滴定，红变黄
	铬黑 T	pH10，氨性缓冲液，过量 EDTA，镁盐回滴，蓝变红
	苏木精	pH3.5，醋酸盐缓冲液，直接滴定，红紫变黄
	铬红 B	pH3.5，醋酸盐缓冲液，直接滴定，红紫变黄
	棓因 (Galleia)	pH10，氨性缓冲液，直接滴定，紫蓝变红紫
	PAN	pH2.3～2.5或7～8，直接滴定，红变黄
Tl^{+}		沉淀为 $Tl_2Ag[Co(NO_2)_6]$，溶于 HNO_3，EDTA 滴定 Co^{3+}
Tl^{3+}	PAR	pH>1.7，热溶液，直接滴定，红变黄
	二甲酚橙	pH4～5，醋酸缓冲液，直接滴定，红变黄
	邻苯三酚红	(1) pH5，醋酸缓冲液，加过量 EDTA，铝盐回滴，红变紫
		(2) pH2～3，硝酸，过量 EDTA，铋盐回滴，黄变红
	4-(6-甲基-2-吡啶偶氮)-3-羟基苯酚	pH1～2.3，直接滴定，红变黄
	4-(2-喹啉偶氮)-3-羟基苯酚	0.25mol/L H_2SO_4，直接滴定，紫变黄
	N-甲基新菸碱-α′-偶氮二乙基间氨基苯酚	酸性，直接滴定，Ca^{2+}、Hg^{2+}、Sr^{2+}、Mn^{2+}、Cd^{2+}、Pb^{2+}、Al^{3+}、Cd^{2+}、Ni^{2+}、CrO_4^{2-}、Fe^{3+}、Zn^{3+}不干扰
Ge^{4+}	二甲酚橙	过量 EDTA，0.03mol/L HCl，煮沸，锆 (IV) 盐返滴定，黄变红紫
ReO_4^-		酸性或中性溶液，沉淀为 $TlReO_4$，过滤后沉淀溶于酸（加 Br_2），测定 Tl^{3+}
SeO_4^{2-}		30%乙醇存在下，在 pH2～3，沉淀为 $PbSO_4$，测定沉淀中 Pb

表 13-4-4 稀散金属离子的掩蔽剂

元素及离子	掩蔽剂
Ga	柠檬酸、酒石酸、草酸、SSA、EDTA、OH^-，Cl^-、unithiol
In	酒石酸、EDTA、TEA、F^-、Cl^-、CSN^-、TGA、硫脲、unithiol
Tl	柠檬酸、酒石酸、草酸盐、TEA、DHG、NTA、EDTA、BHEDTC、TGA、DTCA、Cl^-、CN^-、NH_2OHCl、unithiol
Ge	草酸盐、酒石酸盐，F^-
锗酸	甘油、甘露醇、葡萄糖及其它多元醇
Se	F^-、I^-、S^{2-}、SO_3^{2-}，酒石酸盐、柠檬酸盐、还原剂、二氨基联苯胺
Te	柠檬酸盐、酒石酸盐、还原剂、F^-、I^-、S^{2-}、SO_3^{2-}
Re	氧化为ReO_4^-

第四节 稀散金属的吸光光度法分析

稀散金属的吸光光度测定法列于表13-4-5，表面活性剂在稀散金属吸光光度法中的应用情况列于表13-4-6。

表 13-4-5 稀散金属的吸光光度法测定

离子	显色剂	光度测定条件	测定波长 nm	摩尔吸光系数或测定范围	干扰
Ga^{3+}	丁基罗丹明 B	6～6.5mol/L HCl 甲基萃取	565	9.0×10^4	Au^{3+}、Fe^{3+}、Sb^{5+}、Tl^{3+}
	孔雀绿	6～6.5mol/L HCl 苯萃取	660	5.3×10^4	Cu^{2+}、Mo^{6+}、Sb^{5+} Tl^{3+}、Sn^{4+}
	PAR	水介质，pH6～7	504	1×10^5	Nb^{5+}、Sc^{3+}、Sn^{4+}
	罗丹明 B	6mol/L HCl 苯-乙酸乙酯萃取	560	3×10^4	Fe^{3+}、Au^{3+}、Sb^{5+}、Tl^{3+}
	5-Br-PADAP	水介质，pH4～6	565	1.04×10^5	萃取分离后测定
In^{3+}	二甲酚橙	水介质，pH3～3.6	530	1.9×10^4	Zr^{4+}、Th^{4+}、稀土
	双硫腙	pH5.5，四氯化碳萃取	510	4.7×10^4	Co^{2+}、Ni^{2+}、Sn^{2+}
	丁基罗丹 B＋氢溴酸	6～7mol/L H_2SO_4，苯萃取	565		Au^{3+}、Tl^{3+}、Fe^{3+}、Sb^{5+}
	孔雀绿	1mol/L HBr 苯萃取	635	0～30μg	Fe^{3+}、Fe^{2+}
	苯基萤光酮＋动物胶	水介质，pH5.5	540	4.9×10^4	选择性尚可
	PAR	水介质，pH6	510	4.3×10^4	Zn^{2+}、Pb^{2+}、Cr^{3+}、Al^{3+}、Sn^{4+}、Cu^{2+}、Mn^{2+}、Cd^{2+}

续表 13-4-5

离子	显色剂	光度测定条件	测定波长 nm	摩尔吸光系数或测定范围	干　扰
In^{3+}	罗丹明6G+HBr	6～6.5mol/L H_2SO_4苯萃取	527或565	8.1×10^4	Fe^{3+}、Au^{3+}、Sb^{3+}
	结晶紫	0.75mol/L H_2SO_4苯萃取	610	9.3×10^4	Cd^{2+}、Tl^{3+}、Sn^{2+}、Sn^{4+}、Sb^{3+}、Bi^{3+}、Cu^{2+}、Pb^{2+}、W^{6+}
	氯代磺酚S	水介质，pH3.5		4×10^4	选择性尚可
	5-Br-PADAP	水介质，pH4	560	6×10^4	分离后测定
Tl^{3+}	孔雀绿	0.25～0.75mol/L H_2SO_4+0.04mol/L KBr 苯或甲苯萃取	635		Au^{3+}、Hg^{2+}等
	甲基紫+溴水	水介质，0.5mol/L HCl 苯萃取	506或605	5.6×10^4或1×10^5	Au^{3+}、B^{3+}、Fe^{3+}、Bi^{3+}、Sb^{3+}、Sn^{2+}、Cd^{2+}、Hg^{2+}、Cr^{6+}
	罗丹明B+溴水+丁基溶纤剂	水介质，1～2mol/L HCl 苯萃取	560	8.7×10^4	Au^{3+}、Fe^{3+}、Sb^{5+}、Hg^{2+}、Ga^{3+}
	PAN	pH2.2，水-甲醇（1/1）		2.2×10^4	选择性尚可
	结晶紫+H_2O_2	0.5～1.5mol/L H_3PO_4、1mol/L NaCl 苯或甲苯萃取	604	9.1×10^4	Au^{3+}、Sb^{5+}、Hg^{2+}
	结晶紫+丁基罗丹明B	H_3PO_4-NaCl 介质，苯萃取	546	0～5μg	
Ge^{4+}	邻二羟基二苯基并吡喃	水-乙醇介质，0.1mol/L HCl	500	2.5×10^4	
	苯基萤光酮	8～9mol/L HCl 四氯化碳萃取	508	1.6×10^5	大量V^{5+}和NO_3^-
	苯芴酮+溴代十六烷基三甲胺	1.2mol/LHCL			
	钼酸铵+硫酸亚铁	水介质，微酸性	800	1×10^4	Si^{4+}、Fe^{3+}、Bi^{3+}、Pb^{2+}、V^{5+}
Se^{4+}	3，3′二氨基联苯胺	水介质，pH5～10，苯或甲苯萃取	420	1×10^4	V^{5+}、Fe^{3+}等
	氯化亚锡	水-聚乙烯醇，3mol/L HCl	325	3.5×10^3	Te^{4+}、Hg^{2+}、Au^{3+}、铂族
	碘化镉（或直链淀粉）	水，pH约7	356或615	3.5×10^3	
Te^{4+}	铋试剂	3mol/L HCl，氯仿萃取	350	3.6×10^4	Se^{4+}、Cu^{2+}、Hg^{2+}、氧化剂
	硫脲	水介质，0.5～0.9mol/L H_2SO_4	320	1.6×10^4	Bi^{3+}、Sb^{3+}、Sn^{2+}、Pt^{4+}、Hg^{2+}、Os^{3+}

续表 13-4-5

离子	显色剂	光度测定条件	测定波长 nm	摩尔吸光系数或测定范围	干扰
Te^{4+}	氯化亚锡＋阿拉伯胶	水介质，1.5～3.5mol/L HCl	400	5.4×10^{3}	Se^{4+}、Hg^{2+}、Au^{3+}、铂族
	溴化钾＋丁基罗丹明B	6mol/L H_2SO_4，苯-丙酮（5/1）萃取	566	9.6×10^{4}	In^{3+}、Hg^{2+}、Tl^{3+}、Sb^{3+}等
Re（Ⅶ）	二苯基卡巴脲	8mol/L HCl，丙酮或氯仿萃取	540	0.1～0.2μg/mL	氧化剂、Cu^{2+}、V^{5+}、Se^{4+}、Mo^{6+}
	丁基罗丹明B	1mol/L H_3PO_4，苯萃取	565	4×10^{4}	W^{6+}
	亚甲蓝	0.5mol/L H_2SO_4，二氯乙烷萃取	658	1×10^{5}	ClO_4^-、NO_3^-
	甲基紫	水介质，pH3.5～5，甲苯萃取	600	4×10^{4}	
	硫氰化钾＋氯化亚锡	1mol/L HCl，异戊醇萃取	430	3.8×10^{4}	Mo^{6+}等
	α-糠偶酰肟＋氯化亚锡	0.8～1mol/L HCL，水-丙酮（3/1）	530	4×10^{4}	Pd^{2+}、Cu^{2+}、Mo^{6+}

表 13-4-6 表面活性剂在稀散金属吸光光度法中的应用

金属离子 M	配位体 R	表面活性剂 S	pH	最大吸收波长，nm	摩尔吸光系数	络合物组成 M/R/S
Ga^{3+}	CAS	CTAC	4.4～4.8	612	1.15×10^{5}	1/4
	PAB	CTAC	6.0～6.6	680	1.39×10^{5}	1/4
	PV	CPB	5.4～6.5（正丁醇萃取）	600	8.7×10^{4}	1/2/2
	PAR	ZePh	4.2～7.4（氯仿萃取）	513		1/2
In^{3+}	PV	动物胶	5.3～5.6	600		1/2
	二甲酚橙	三-正辛胺		633	8.3×10^{4}	1/2/2
	3，4，5，6-四氯棓因	CPC	4.5～5.2	620		1/2/2
	PV	CPC	6.2～8.0（正丁醇萃取）	600	7.2×10^{4}	1/2/2
Ge^{4+}	苯芴酮	CTAC	1～1.5mol/L HCl	505	1.7×10^{5}	
Ge^{4+}	苯芴酮	CTAB	0.6～2.4mol/L HCl	514	1.34×10^{5}	
	苯芴酮	CTAB＋PVA	0.3～1.8mol/L HCl	505	1.1×10^{5}	
	棓因	CPC	0.3～1.3mol/L HCL	545		1/2
	PV	CTAB	0.1～0.6mol/L HCl	655		1/2
Te^{6+}	APDC	Triton x-100	0.9～1.2	300 310	3.28×10^{4} 4.19×10^{4}	1/2
Te^{4+}	APDC	Tritonx-100	1±0.2	225		

注：(1) APDC——吡咯烷二硫代甲酸铵；(2) CAS——铬天青S；(3) PV——邻苯二酚紫；(4) PAR——邻苯三酚红；(5) CPB——溴化十六烷基吡啶；(6) CTAB——氯化十六烷基三甲铵；(8) PVA——聚乙烯醇；(9) Tritonx-100——聚氧化乙基烷基酚；(10) CPC——氯化十六烷基吡啶。

第五节　稀散金属的火焰原子吸收法分析

稀散金属火焰原子吸收测定法列于表13-4-7测定条件列于表13-4-8。

表 13-4-7　稀散金属的火焰原子吸收法测定

金属	吸收线波长，nm	灵敏度 ppm	检出限量 ppm	火焰种类	干　扰	分析测定上应注意事项
Ga	245.01 250.01① 250.02① 287.42 294.36① 294.42① 403.30 417.21①	28 22 2.3 2.4 6.7 3.7	— 0.05	空气-乙炔	浓度在50000ppm以下阴离子没有明显的干扰，Mg^{2+}、Cu^{2+}、Zn^{2+}等几乎没有干扰，但Al有干扰	为了防止自吸，可使用低的灯电流，贫燃空气乙炔火焰，要选择最合适燃烧器位置，以287.42nm线为最合适。当钢瓶压力低到68.6kPa（7kg/cm²）时，灵敏度有显著降低 可用下列试剂萃取后测定：pH4，APDC-甲基异丁酮萃取；6mol/L HCl、$TiCl_3$，醋酸丁酯萃取；6mol/L HCl、$TiCl_3$，甲基异丁酮萃取
In	256.02 257.39 303.94 325.62① 410.48 451.13①	11 26 0.10 0.9 2.6 2.8	 0.005 0.1	空气-乙炔，空气-煤气	阳阴离子都有干扰，如0.5%磷酸盐，硫酸盐，100ppm的Al、Mg等共存时，吸光度约减少5%	303.94和325.61nm要根据装置和实验条件来选择，铟灯要用小电流，乙炔钢瓶压力不能低于68.6kPa（7kg/cm²） 可用下列试剂萃取后测定：8-羟基喹啉-甲基异丁酮萃取；pH2～10，APDC-甲基异丁酮萃取；5mol/L HBr、抗坏血酸、醋酸丁酯萃取；0.25～1.5 mol/LH_2SO_4、抗坏血酸、P_{204}-异辛烷萃取；2.5～3mol/L H_2SO_4、KBr，抗坏血酸、甲基异丁酮萃取
Tl	237.97 276.79 337.57	0.2～1.6 0.8 3	<0.02	空气-乙炔，空气-煤气	碱金属、碱土金属、Pb、Zn、Ni、Mg、Zr、Cd、Hg、Mn、Ag、Fe、Al、Cr、SO_4^{2-}、PO_4^{3-}、NO_3^-在100ppm以上有干扰	可用下列试剂萃取后测定：DDTC-甲基异丁酮萃取；pH2～12，APDC-甲基异丁酮萃取；2.5～3 mol/L H_2SO_4，KBr-甲基异丁酮萃取
Ge	259.25 265.16 270.96① 275.46①	4.3 2.2 5.2 7	 0.1	氧化亚氮-乙炔		

续表 13-4-8

金属	吸收线波长 nm	灵敏度 ppm	检出限量 ppm	火焰种类	干扰	分析测定上应注意事项
Se	196.03 203.99 206.28	0.5 5	0.1	空气-氢 空气-丙烷 空气-乙炔		最好用氢化法和氩氮火焰配合使用测定
Te	214.28 225.90 238.58①	0.36 3.5 67	0.05	空气-乙炔 空气-氢	高浓度 Cu，Na,Zn,Ca 有干扰	自吸大，用低电流、贫燃火焰较好；使用 Te-Cu 灯时，铜谱线成为碲的临近线，所以试样含铜时，必须除去；可以用 DDTC-甲基异丁基酮萃取后测定
Re	245.19 246.05 346.47	33 12 21	1	富燃氧化亚氮-乙炔 富燃氧-乙炔	Al、Mn、Ca 干扰较大，Fe，Cu、Zn、K、Mo 也有干扰	干扰与燃烧器的种类有关，随燃烧高度和宽度的不同，灵敏度有显著变化，添加50%乙醇，灵敏度增加两倍

① 均为非原子线。

表 13-4-8 稀散金属无火焰原子吸收法测定条件

元素	分析线波长 nm	背景校正线波长 nm	热解温度 ℃		原子化温度 ℃		灵敏度 ppb		检出限量 ppb		说明
			石墨炉	钽丝	石墨炉	钽丝	石墨炉	钽丝	石墨炉	钽丝	
Ga	287.4 (372.0)	Cd283.7 Sn283.9	700	700	2500	1800	400	300	200	100	HNO_3可使灵敏度增加
In	303.9	Al307.0	700	700	2000	1800	40	300	20	100	
Tl	276.8	Pb280.1	750	750	2000	1400	50	200	20	70	NCl、$HClO_4$、NaCl 有负干扰
Ge	245.2	—	800	—	2700	—	100	—	300	—	HNO_3、H_2SO_4、$HClO_4$可提高灵敏度
Se	196.0	198.1	700	700	2500	2000	200	700	100	700	HCl、HNO_3、H_2SO_4、Be、Ca、Na、Si、Sn 有负干扰，Cu、Cr、Fe、Ge、Hg、K、Mo、Ni、Sb、Sr、Ti、V、Zn、Zr 有正干扰
Te	214.3	Zn212.5 Sb217.9	400	400	2000	2000	100	600	50	300	K、Na、Cu、Mg 有负干扰，HCl、HNO_3、H_2SO_4有正干扰
Re	346.0	Ne352.0	1200	1000	2700	2400	1000	3000	1000	3000	

第六节 稀散金属的极谱法分析

稀散金属的极谱测定方法条件列于表13-4-9，稀散金属的催化极谱列于表13-4-10。

表 13-4-9　稀散金属的极谱法测定条件

金属	支持电介质	波记录 V	E/2，V	备注
Ga	5%KCSN-10%NH_4Cl			大量铁用汞阴极电解法分离
	2mol/L NH_4Cl-浓氨水	−1.2→	−1.6	
In	10%酒石酸	−0.2～−0.8	−0.55	
	HCl-HCOONa-N_2H_4·2HCl	−0.2～−0.8		
	0.05mol/L NH_4Ac，pH3.9～4.2	−0.2～−0.8	−0.5	
	4mol/L KBr-1.4mol/L H_2SO_4	−0.4～−0.7	−0.55	含50mgCd不干扰
Tl	15%K_2CO_3-6%Na_2SO_3	−0.3～−1.0		
	7mol/L NH_3-饱和 Na_2SO_3-纤基乙酸钠	0～−0.6	−0.52	同时测定Cd
	7mol/L NH_3-饱和 Na_2SO_3-明胶-NH_2OH·HCl	0～−1.2	−0.52	
	2mol/L 乙二胺-1mol/L KOH	−0.2→	−0.48	同时测定Cu、Pb、Cd
Ge	NH_4OH-NH_4Cl-Na_2SO_3	−1.1→	−1.47	
	0.4mol/L Na_2CO_3-0.01mol/L EDTA	−1.0→	−1.55	如用HF除Si可测定0.002%Ge
Se	$(NH_4)_2SO_4$，pH7.5～8.5	−1.0→	−1.44	
	2%$Na_4P_4O_7$，pH8	−0.8→	−1.2	
	30%NaCl-0.5%NH_2OH·HCl	-0.6～−1.0	−0.82	
Re	2.5mol/L H_2SO_4	0→	−0.3	
	磷酸缓冲液，pH7.8		−1.5	
	Na_2SO_3	−1.3～−1.8	−1.59	

表 13-4-10　稀散金属的催化极谱

测定元素	支持电解质	灵敏度
In	0.1mol/L 铜铁试剂-0.5mol/L NaAc-0.005mol/L 抗坏血酸	8.7×10^{-8}mol/L
Tl	20%KF-0.15%KI	10^{-5}%
	Na_2SO_3-KI	10^{-5}%
Ge	0.2%邻苯三酚-0.02mol/LV（Ⅳ）-0.0004 mol/LEDTA-0.08mol/L 抗坏血酸，pH2（H_2SO_4）	0.0004 μg/mL
Se	2mol/L HAc-NaAc-邻苯二胺+Ga^{3+}	5×10^{-3}μg/mL
	KIO_3+Na_2SO_3+NH_4Cl+EDTA	10^{-8}mol/L
Te	H_2SO_4+NaCl+盐酸羟胺	3.2×10^{-8}mol/L

续表 13-4-10

测定元素	支持电解质	灵敏度
	10%NaCl+2×10⁻¹¹%铼盐溶液+8%H_2SO_4+1.5%盐酸羟胺+0.01%聚乙烯醇	10^{-9}mol/L
	H_2SO_4+H_3PO_4	10^{-4}%
	高氯酸+盐酸联苯胺	10^{-4}%
Re	Na_2SO_4-H_2SO_4-Te	2×10^{-8}mol/L
	Na_2SO_3	10^{-4}%
	Na_2SO_4+2mol/L NaCl，pH9.5	8.6×10^{-8}mol/L
	NaCl-Na_3BO_3-Na_2SO_3	2.7×10^{-7}mol/L

注：摘自汪永康等，字波极谱及其应用，四川科学技术出版社，1984年。

第七节 稀散金属的离子选择电极法分析

一些稀散金属的离子选择电极列于表13-4-11。

表 13-4-11 镓、铟、铊、铼的离子选择电极

电极类别	膜组成（PVC 膜）	测试体系	线性范围（mol/L）	级差（mV）	适用范围 mol/L
镓电极	乙基紫-$GaCl_4^-$	5.4mol/L NaCl 10^{-2}mol/L 抗坏血酸	1×10^{-2}～8×10^{-7}	57	(1～1.8)×10^{-3}
	结晶紫-$GaCl_4^-$	5.4mol/LNaCl 10^{-2}mol/L 抗坏血酸	1×10^{-2}～3×10^{-5}	45	1.5×10^{-3}
	丁基罗丹明 B-$GaCl_4^-$	5.4mol/L NaCl 10^{-2}mol/L 抗坏血酸	1×10^{-2}～1×10^{-4}	43	1.5×10^{-3}
铟电极	乙基紫-$InBr_4^-$	1.5mol/L NaBr	3×10^{-2}～5×10^{-6}	53	(1.5～3.5)×10^{-3}
	纯乙基紫	0.1mol/L Na_2SO_4	1×10^{-1}～2×10^{-5}	56	(1～4)×10^{-3}
铊电极	乙基紫-$TlBr_4^-$	0.5mol/L NaBr	1×10^{-1}～5×10^{-7}	56	
	结晶紫-$TlBr_4^-$	0.1mol/L NaBr，pH4	1×10^{-3}～2×10^{-7}	53	(2.2～6.7)×10^{-3}
	夜蓝-$TlBr_4^-$	0.1mol/L NaBr，pH4	1×10^{-3}～1.3×10^{-7}	53	(1.31～5.8)×10^{-3}

续表 13-4-11

电极类别	膜组成（PVC膜）	测试体系	线性范围（mol/L）	级差（mV）	适用范围 mol/L
铊电极	丁基罗丹明 B-$TlBr_4^-$	0.1mol/L NaBr，pH4	$1\times10^{-3}\sim3.2\times10^{-7}$	54	$(2.5\sim6.7)\times10^{-3}$
	罗丹明 6G-$TlBr_4^-$	0.1mol/L NaBr，pH4	$1\times10^{-3}\sim2.5\times10^{-7}$	54	$(1.5\sim6.5)\times10^{-3}$
	罗丹明 B-$TlBr_4^-$	0.1mol/L NaBr，pH4	$1\times10^{-3}\sim3.9\times10^{-6}$	51	$(2.0\sim6.7)\times10^{-3}$
	耐尔蓝-$TlBr_4^-$	0.1mol/L NaBr，pH4	$1\times10^{-3}\sim6.2\times10^{-7}$	51	$(2.5\sim6.8)\times10^{-3}$
	藏红 T-$TlBr_4^-$	0.1mol/L NaBr，pH4	$1\times10^{-3}\sim4.6\times10^{-6}$	53	$(1.5\sim6.8)\times10^{-3}$
	乙基紫-$TlBr_4^-$	0.1mol/L NaBr，pH4	$1\times10^{-3}\sim2.5\times10^{-7}$	55	$(1.5\sim6.8)\times10^{-3}$
铼电极	乙基紫-ReO_4^-	0.03mol/L Na_2SO_4	$1\times10^{-2}\sim1\times10^{-5}$	55	$(2\sim12)\times10^{-3}$
	结晶紫-ReO_4^-	0.03mol/L Na_2SO_4	$1\times10^{-2}\sim2.2\times10^{-5}$	54	$(3.5\sim11)\times10^{-3}$
	甲基紫-ReO_4^-	0.03mol/L Na_2SO_4	$1\times10^{-2}\sim2.5\times10^{-5}$	53	$(3.5\sim10)\times10^{-3}$
铼电极	灿烂绿-ReO_4^-	0.03mol/L Na_2SO_4	$1\times10^{-2}\sim1.3\times10^{-5}$	54	$(2\sim12)\times10^{-3}$
	夜蓝-ReO_4^-	0.03mol/L Na_2SO_4	$1\times10^{-2}\sim5\times10^{-5}$	56	$(2.5\sim6.5)\times10^{-3}$
	丁基罗明 B-ReO_4^-	0.03mol/L Na_2SO_4	$1\times10^{-2}\sim5\times10^{-6}$	53	$(3\sim12)\times10^{-3}$
	四苯胂-ReO_4^-	1.5mol/L Na_2SO_4-5mol/L NH_4OH	$1\times10^{-2}\sim5\times10^{-6}$	56	

第八节 稀散金属离子的化学鉴定法

稀散金属离子的化学鉴定法列于表13-4-12。

表 13-4-12 稀散金属离子的化学鉴定法

被检离子	试剂	反应器	主要步骤	现象	灵敏度 μg	干扰
Ga^{3+}	罗丹明 B①	试管	1滴试液（约6mol/L HCl）+3滴试剂（0.2%的6mol/L HCl溶液）+3～5滴苯，摇荡	苯层红色或粉红色，紫外光下有橙红色萤光	0.5	Au^{3+}、Tl^{3+}、Sb^{3+}、Sb^{5+}（前四项均用铜丝除干扰）Hg^{2+}、Fe^{3+}、BrO_3^-、IO_3^-、CrO_4^{2-}、SCN^-、TeO_3^{2-}、MnO_4^-阻止发生萤光

续表 13-4-12

被检离子	试剂	反应器	主要步骤	现象	灵敏度 μg	干扰
Ga^{3+}	湧铬蓝黑 R (pontachrome Blue Black)①	试管	5滴缓冲液+1滴0.05%试剂+1滴试液温热后，用5滴戊醇剧烈摇荡（缓冲液为30mL 饱和乙酸溶液和4ml 冰醋酸的混合液）	橙色萤光（紫外光下）	0.5	Al^{3+}、Au^{3+}、Bi^{3+}、Cu^{2+}、Fe^{2+}、Fe^{3+}、Co^{2+}、VO^{3+}、VO_3^-、草酸、EDTA
	水杨叉邻氨基苯酚+$NaBF_4$	试管	1滴试液（HCl）+1滴 HAc-NaAc 缓冲液（pH5.5）+1滴试剂（0.05%乙醇溶液）+1滴 $NaBF_4$	黄色萤光（紫外光下）	0.8	
In^{3+}	茜素	滤纸	滤纸片浸以试剂（饱和乙醇溶液），干燥后加滴中性或微酸性（HAc）试液，将滤纸在氨气上薰后，浸于饱和 H_3BO_3溶液中	红色或紫色斑	0.05	Co^{2+}、Mn^{2+}、Ni^{2+}和 Zn^{2+}（均用 KCN 掩蔽），Cr^{3+}（NaOH）、Fe^{3+}（$Na_2S_2O_3$+Na_2SO_3+KCN）、Al^{3+}、Be^{2+}、Th^{4+}、Zr^{4+}等大部分能被 H_2S 沉淀
Tl^+	KI	点滴板	1滴试液（弱酸性）+1滴10%KI，当出现沉淀时，加1～2滴2%Na_2SO_3	黄色沉淀，不溶于 Na_2SO_3	0.6	Ag^+ 和 Pb^{2+} $(S_2O_3)^{2-}$ Hg^{2+}（大量 KI）掩蔽
	磷钼酸+氢溴酸	滤纸	1滴磷钼酸（饱和）+1滴试液（滴于斑点中心）+1滴5%HBr	暗蓝或亮蓝色斑	0.13	Cu^{2+}、Fe^{3+}、Hg^{3+}、Sb^{3+}、Sn^{2+}等还原性物质
	溴水+淀粉+碘化镉	点滴板	1滴试液（酸性）+1滴溴水（如黄色褪去须补加至黄色不褪）+少许固体磺基水杨酸（除去剩余溴）+1滴碘化镉（5%CdI_2在1% $CdSO_4$中）	深蓝或浅蓝	0.2	Ce^{4+}、Cu^{2+}、Fe^{3+}和 Sb^{5+}（用 Na_2CO_3 除去），CrO_4^{2-} 和 Mn^{4+}（SO_2, Na_2CO_3）NO_2^-（$CO(NH_2)_2$，MoO_4^{2-}（H_2SO_4 性中加安息香酮肟），MnO_4^{2-}（$[Fe(CN)_6]^{3-}$）
Tl^{3+}	罗丹明 B	试管	1滴试液+1滴浓 HCl+1～2滴0.05%罗丹明 B 的 HCl 溶液用6～8滴苯萃取，如用以检 Tl^+ 须如上法用溴水氧化成 Tl^{3+}，用10%磺基水杨酸除去剩余的溴	苯层红紫色至粉红色（紫外光下显黄色萤光）	0.05	Au^{3+}、Hg^{2+}、Sb^{3+} Sb^{5+}（用铜丝处理）

续表 13-4-12

被检离子	试剂	反应器	主要步骤	现象	灵敏度 μg	干扰
Ge^{4+}	苯芴酮①	滤纸	1滴试剂（0.05%的95%乙醇溶液用1滴6mol/L HCl酸化）待蒸干后+1滴3～6mol/LHCl+1滴试液+1～2滴2mol/L HNO_3	粉红色斑	0.2	Bi^{3+}、BrO_3^-、Ce^{4+}、CrO_4^{2-}、F^-、MoO_4^{2-}干扰
	甘露醇	点滴板	1滴试液（微酸性）+1滴酚酞+0.01mol/LNaOH至红色+少许固体甘露醇	红色部分完全退去	2.5	B
Se^{4+}	3，3′-二氨基联苯胺①	点滴板	1滴试液+1滴5%NaF+1滴2.5%试剂+1滴HCl	黄色液或黄色沉淀	2.5	Au^{3+}、Ce^{4+}、Pt^{4+}、Ru^{4+}、氧化性阴离子
	$NaHSO_3$	试管	1mL试液+数颗$NaHSO_3$晶体+1mL浓H_2SO_4，沸1min，冷却	红色液或红色沉淀	6	As^{3+}、Ge^{4+}、Sn^{2+}、Sn^{4+}、Te不干扰
	亚甲基蓝+S^{2-}	点滴板	1滴试液（碱性）+1滴0.2mol/LNa_2S+1滴0.01%亚甲基蓝，同时作空白试验	蓝色退去	0.08	
SeO_4^{2-} SeO_3^{2-}	不对称二苯肼	点滴板	4滴1%试剂（冰醋酸溶液新配）+1滴2mol/LHCl+1滴试液同时做空白试验	立即显红色不久转为亮红紫色	0.05	氧化性含氧酸和过氧化物（浓HCl加热），Cu^{2+} Fe^{3+}、MoO_4^{2-}、WO_4^{2-}四者均可在HCl溶液中加草酸掩蔽
TeO_4^{2-}	$CuSO_4$+$K_2S_2O_8$	试管	1滴$CuSO_4$(1:50000)+1滴NaOH+1滴试液（碱性）+少许固体$K_2S_2O_8$或$Na_2S_2O_8$煮沸	黄色	0.5	
	$CuSO_4$+Mn^{2+}+NaBrO	试管	1滴试液+1滴Cu^{2+}-Mn^{2+}液（100mL 0.4% $MnCl_2\cdot4H_2O$ 1滴4%$CuSO_4\cdot5H_2O$）+1滴NaBrO（Br_2在2mol/LNaOH中，新配）在沸水中加热数分钟，同时做空白试验	无色或微黄色，空白内紫红色	0.2	
TeO_3^{2-}	$SnCl_2$+NaOH	点滴板	1滴清液+1滴5%$SnCl_2$（5g$SnCl_2$+5ml浓HCl加热溶解，稀释至100ml）+1滴25%NaOH	黑色沉淀或灰色液	0.6	Ag^+、As^{2+}、Bi^{3+}、Cu^{2+}、Hg^{2+}、Hg_2^{2+}、Sb^{3+}、Sn^{4+}、MoO_4^{2-}（Na_2CO_3处理除干扰）

续表 13-4-12

被检离子	试剂	反应器	主要步骤	现象	灵敏度 μg	干扰
TeO_3^{2-} TeO_4^{2-}	$FeSO_4$＋ H_3PO_4	坩埚	1滴试液＋1滴10%$FeSO_4$温热，如试液含SeO_3^{2-}，需加$FeSO_4$后产生的沉淀滤去，取1滴滤液与1滴浓H_3PO_4混合加热	黑色沉淀	0.5	
Re (ReO_4^-)	硫氰酸铵（钾、钠）①	点滴板	1滴试液＋1滴$SnCl_2$（5%的10mol/LHCl溶液）＋1滴试剂（饱和）	黄-棕色	0.5	Au^{3+}、Co^{2+}、Hg_2^{2+}、Hg^{2+}、$[Fe(CN)_6]^{3-}$、$[Fe(CN)_6]^{4-}$、SeO_3^{2-}、TeO_3^{2-}、TeO_4^{2-}、WO_4^{2-}
	丁二肟＋$SnCl_2$	点滴板	1滴试液＋1滴丁二肟（饱和96% 乙醇溶液）＋数粒$SnCl_2$结晶＋1滴 HCl	棕色或棕红色	0.5	Au^{3+}、Pt^{4+}、MoO_4^{2-}、SeO_3^{2-}、SeO_4^{2-}
	三丁-α,α'-二联吡咯铁（Ⅰ）硫酸盐	离心管	1滴试剂（0.6%）和4滴硝基甲烷加于5～6滴试液（pH3～9）中，搅拌90s，离心，同时做空白试验	下层红色	0.07	卤素离子（Ag_2SO_4），阳离子（1mol/LEDTA），MoO_4^{2-}、VO_3^-和WO_4^{2-}（三者加1mol/L$(NH_4)_2C_2O_4$），$AuCl_4^-$，ClO_3^-，ClO_4^-

① 为国际化学及应用化学联合会分析反应及试剂委员会第五次报告的方法。

主要参考文献

〔1〕杭州大学化学系，分析化学手册，化学工业出版社．1982.

〔2〕株洲冶炼厂等，有色冶金中元素的分离与测定，冶金工业出版社，1979.

第五章　稀散金属的应用

编写人　周令治

第一节　稀散金属的应用分配

表13-5-1列出了一些国家稀散金属用途的分配数据。

表 13-5-1　美国、日本的稀散金属用途分配情况（%）

用途部门	年代	美国							日本				
		Ga	In	Tl	Ge	Se	Te	Re	Ga	In	Ge	Se	Re
电子工业	1985	90	25		19	35	16		＞95	34.1	9.1	66.4	—
	1986		40	60～70	10	35				37.3	1	59.3	
	1987	95	40	60～70	10	35				40.9			
	1988	95	35	70	13	43	15	15		43.6	1.5	53.2	—
仪表工业	1985		5.8		55					14.1			
	1986				65					14.9—	4		
	1987				65					16.1			
	1988				67					20.5	3.9		
光导纤维	1985				20						26.3		
	1986				15						16		
	1987				12								
	1988				8						16.4		
冶金工业	1985		8.3			7	42			16.8			
	1986						85			2.5			
	1987						85			2.3			
	1988						55						
合金加工	1985		31.7	30～40				10		24.6			35
	1986		40	30～40						22.4			
	1987		45	30～40				5		22.3			
	1988		50	30～40				20		21.5			26.7
医药卫生	1985			30～40							28.5		
	1986			30～40							23		

续表 13-5-1

用途部门	年代	美国							日本				
		Ga	In	Tl	Ge	Se	Te	Re	Ga	In	Ge	Se	Re
医药卫生	1987			30～40									
	1988			30～40							17.4		
玻璃工业	1985			30～40		27						12.2	
	1986			30～40		30						15.4	
	1987			30～40		25							
	1988			30～40		20						10.2	
化学工业	1985		13			27	28	90		4.1	35.4	12.8	62
	1986					25	10	90			54.0	12.0	
	1987					28	10	85					
	1988					20	25	65			58.8	13.9	66.6
其它	1985	10	14		6	11	14	—	<5	6.3	0.7	8.4	3
	1986	5	20		10	10	5	10		22.8	2.0	13.4	
	1987	5	15		13	12	5	10		20.5			
	1988	5	15	30	12	17	5			12.3	2.0	22.7	6.7

第二节 稀散金属的应用

一、镓

90%的镓用于电子工业部门，主要用来制造发光二极管（LED）、CO激光器、集成电路（IC）及微波器件等。目前正在开发高纯Ga_2O_3制备的GGG、SmGG、5P3G、LLGG及NbGG等新材料。镓的潜在用途是利用$GaCl_3$和中微子进行β转移时^{71}Ga转为^{71}Ge的特性，进衔放射性定量测定，研究太阳及作水下通讯用的中微子收集器。镓的另外用途是作低熔合金组分（表13-5-2）和冷焊剂（见表13-5-3）。Ga-65In-8Au已在北美航空技术中心用作低温焊接材料。

表 13-5-2 镓基低熔合金组分和熔点

合金组分,%	Ga-25In-13Sn-1Zn	Ga-25In-13Sn	Ga-60Sn-10In	Ga-29In-4Zn	Ga-24.5In	Ga-12Sn	
熔点,℃	3	5	12	13	16	17	
合金组分,%	Ga-16Zn-12In	Ga-12Sn-6Zn	Ga-8Sn	Ga-5Zn	Ga-0.5Tl	Ga-65In-6Au	Ga-Bi(-Cd,Hg,Pb)
熔点,℃	17	17	20	25	27.3	30	57～60

表 13-5-3 镓的冷焊剂

组成,%	Ga-66Cu	Ga-50Cu-18Sn	Ga-40Cu-24Sn	Ga-33Au-33Cu	Ga-66Au
焊件凝固历时（25℃），h	4	24	24	8	8

续表 13-5-3

组成,%	Ga-66Cu	Ga-50Cu-18Sn	Ga-40Cu-24Sn	Ga-33Au-33Cu	Ga-66Au
焊件能承受温度,℃	900	700	650	650	527
组成,%	Ga-65In-8Ag	Ga-59Au	Ga-82Au	Ga-49Au-21Ag	Ga-65Ni
焊件凝固历时(25℃),h		8	5	2	48
焊件能承受温度	510	475	450	425	250

二、铟

铟主要用于焊药、易熔合金(表13-5-4)及电子工业中的液晶、显象管和接点材料。值得注意的是,含铟玻璃作大厦节能窗;铟锡氧化物涂层作飞机和火车等舷窗的去雾(冰)器,作液晶显示等。铟合金或其涂层具有良好的耐腐、耐磨性能,广泛用作交通、机械及仪表工业中的材料。铟的潜在用途是作太阳能电池,如Cu-In-Se材料的价格仅为硅的1/8,且转换效率也高。

表 13-5-4 铟基合金及其熔点

合金组成,%	In-Bi-Pb-Cd-Sn	In-62.5Ga-16Sn	In-75.5Ga	In-42.9Bi-21.1Pb-8Sn-5Cd	In-10.8Sn-40.6Bi-8.2Cd-22.4Pb
熔点,℃	1.45	10.7	15.7	33	46.5
合金组分,%	In-(8.3~11.3)Sn-49.7Bi-5.3Cd-(19.1~22.6)Pb	In-49.1Bi-17.9Pb-11.5Sn-0.5Cd	In-12Sn-49Bi-18Pb	In-30.8Bi-7.5Cd	In-55.6Bi-22.2Pb-3.6Tl
熔点,℃	47~47.2	54	57.8	61.5	68.2
合金组分,%	In-57.2Bi-4Tl	In-57Bi-17Sn	In-54Bi-16.3Sn	In-41.14Sn-13.6Cd-0.8Zn	In-42Sn-14Cd
熔点,℃	75.6	78.9	81	90.0	93.0
合金组分,%	In-56Bi-7.5Tl	In-46Sn-18Zn	In-1.75Zn-24.25Cd	In-48Sn	In-46.8Sn-9Tl
熔点,℃	99.0	108	116	117	117.5
合金组分,%	In-46.8Sn-7.8Pb-2.6Tl	In-27Cd	In-37.5Sn-37.5Pb	In-2Zn	In-3Ag
熔点,℃	121	122.5	126	141.5	143
合金组分,%	In-0.6Ge	In-0.4Ge	In-0.5Ga		
熔点,℃	152	153	154		

铟和银、铅以及铋等金属可形成一系列熔点介于10.7~705℃之间的焊剂,这些焊剂用于电子、低温物理和真空系统中的玻璃-玻璃、玻璃-金属及氯碱工业设备的焊接(表13-5-5)。

表 13-5-5 铟焊接剂

合金组分，%	In-62.5 Ga-16Sn	In-75.5Ga	In-81.9Bi	In-44.7Bi-22.6 Pb-8.3Sn-5.3Cd	In-49Bi-18 Pb-12Sn
熔点，℃	10.7	15.7	47	47	58
合金组分，%	In-33.7Bi	In-48.5 Bi-10Cd	In-54.02 Bi-16.3Sn	In-42Sn-14Cd	In-67Bi
熔点，℃	72	77.5	81	93	109
合金组分，%	In-50Pb	In-48Sn	In-（25～26）Cd	In-50Sn	In-3Ag
熔点，℃	116（～209）	118	123	125	143
合金组分，%	In-10Ag	In-5Ag-15Pb	In-5Al	In-1.5Pb	In-20.7Pb
熔点，℃	144（～237）	147～149	151.5	153	158
合金组分，%	In-40Pb	In-60Pb	In-75Pb	In-79Pb-1Sb	In-92.5Pb-2.5Ag
熔点，℃	185	225	234（～264）	270	300
合金组分，%	In-95Pb	In-75Au	In-82Au	In-61Ag-24Cu	
熔点，℃	314	465	485	705	

三、铊

铊从前主要用作农药，美国于1965年禁止用铊及其化合物作杀虫剂、灭鼠剂及杀真菌剂等，虽然在1972年修改为有控制地使用后，但铊在这方面的用途在世界范围内已大大减少。目前铊的用途主要用在电子工业（见表13-5-6）。而所报道的于1980年发展起来的、用于作核辐射屏蔽材还未进入实用阶段。

表 13-5-6 铊的应用情况

材料名称	形 态	用 途
碘化铊	单晶	红外分光棱镜，闪烁发光体，光纤
溴化铊	单晶	光纤
铊化合物	—	脱氧剂，防爆剂，着色剂
甲酸铊	饱和溶液	放射性屏蔽材料
丙二酸铊	饱和溶液	重选介质
硫酸铊	溶液	农药，杀鼠剂
氟化铊	玻璃	高折射低分散光学玻璃
氧化铊	—	低熔点玻璃（半导体）
金属铊	银合金	耐腐蚀耐磨合金材料
	铅合金	特殊保险丝
	汞合金	低温温度计

四、锗

锗的用途已由过去的电子工业占绝对优势转移到现在的光学领域。用锗单晶或铸型锗制成的锗窗、透镜、棱镜及滤光片，可装配成独特的热成象仪，国外已用它装备在飞机、军舰、火炮及坦克等中；也可用于民用的遥测及报警设备。锗的其次应用是用来制造光导纤维，这种纤维能提高光通讯中的许多性能。目前在日本，锗用于医学、制造PET（聚对苯二甲酸乙二醇酯）容器和半导体的量几乎各占1/3。锗在医学中应用于治癌及抗衰老的用途已引起了人们的关注。

五、硒

纯度99.5%的硒多用作玻璃、铅蓄电池材料及冶金添加剂；而纯度99.9%以上的硒多用作动物饲料、半导体及感光器等材料。人们发现，硒盐可治疗地方病，如克山病等；且可防治酸雨的危害。以及可消除水域中汞与铅的污染。瑞典政府允许在化肥中添硒，1986年世界用作动物饲料及化肥中的硒量达73t。目前用硒量大的是复印业和玻璃工业。在日本和一些发展中国家，硒在复印业中的消耗量居首位，硒复印材料性能优良，见表13-5-7。硒感光板对诊断乳腺癌十分灵敏。光传导硫族玻璃As-Te-Se已在印刷和摄象管制作中进入实用阶段。

表 13-5-7　硒和其他复印材料的比较

感光材料	As_2Se_3	Se-Te	CdS	α-Si	OPC
辊筒单价，万日元/台	5	1	1	17	0.5
耐用次数，1万次	75	5	5	75	2
平均费用，日元/次	0.7	2	2	2.2	2.5

六、碲

近年来，用作冶金添加剂的碲量在下降，但冶金添加剂仍然是碲的主要应用领域。向低碳高速切削钢、高强度合金钢、铜基合金及铅（铝或锡）基合金中添加0.01～0.5%碲，就能改善这些钢及合金的加工、机械和化学性能。碲半导体化合物用于电子工业。碲可作为橡胶硫化剂，以及作复印机材料的组分等。

七、铼

铼的绝大部分仍然作Re/Pr催化剂，用于石油重整，以生产低或无铅的、具有高辛烷值的汽油；其次用于汽车尾气净化以及用作热电偶和标准件材料。铼用作耐烧蚀、高强度和高耐磨的合金新材料，如作Re-W、Re-Mo、Re-W-Mo和Re-Co-Ni。这些合金材料用来制作热元件、透平机及飞机发动机。最近有报道用铼取代镍基超耐热合金中铪，以制取定向凝固的新合金。这种合金可用作新型喷气飞机的涡轮叶片。

主要参考文献

〔1〕US Bumines Mineral Facts and Problems，1985 Ed.

〔2〕US Bumines Mineral Commodity Summaries-1985～1989.

〔3〕Mining Annual Review，1985～1989.

〔4〕工業レアソクル'，1985～1989.

〔5〕中国有色金属学会稀散金属学术分会，全国首届、第二届、第三届稀散金属学术会议论文集（1980、1983、1987）.

〔6〕周令治，稀散金属冶金，冶金工业出版社，1988年.

第十四篇 稀土金属

第一章 稀土矿物资源
第二章 稀土元素及其化合物的主要物理化学性质
第三章 稀土提取冶金工艺
第四章 稀土金属及其合金冶炼工艺
第五章 稀土材料的制备和性能
第六章 稀土的成分分析
第七章 稀土应用

第一章 稀土矿物资源

编写人 曲德家

第一节 稀土矿物组成

稀土元素在地壳中并不稀少。17 个稀土元素在地壳中的丰度值见表 14-1-1。由表可知，17 个稀土元素在地壳中的分布很不均匀。其中，从镧到镥 15 个稀土元素的平均丰度为 12.1g/t，而镧、铈、钇的丰度值则高达 30g/t 以上，某些重稀土元素如铽、铥、镥的丰度值则小于 1。钷是人造同位素，只能从裂变产物中获得。

稀土元素在矿物中的配分值在不同矿物中的含量大不相同，如氟碳铈矿为轻稀土为主的矿物，镧至钕四个元素的总含量[$(La\text{-}Nd)_2O_3$/REO]占 98%，磷钇矿是以重稀土为主的矿物，稀土中钇含量高达 60%以上。

表 14-1-1 稀土元素在地壳中的丰度

元素	Sc	Y	La	Ce	Pr	Nd	Pm	Sm	Eu	Gd	Tb	Dy	Ho	Er	Tm	Yb	Lu	合计
维诺格拉多夫(1962 年)	10	29	29	70	9	37	/	8	1.3	8	4.3	5	1.7	3.3	0.27	0.33	0.8	217
泰 勒(1964 年)	22	33	30	60	82	28	/	6	1.2	5.4	0.9	3	1.2	2.8	0.48	3	0.5	205.68

一、稀土矿物

按照稀土元素在矿物中的赋存状态，稀土矿物可分为三种类型：

(1)参加矿物的晶格，为构成矿物不可缺少的部分。这类矿物能够用选矿方法富集和分离出单体矿物或含量较高的精矿，如氟碳铈矿、独居石、磷钇矿。

(2) 以类质同象置换形式分散于许多造岩矿和一些其它稀有金属矿物中，难于选出精矿，如磷灰石。

(3)呈吸附状态赋存于某些矿物表面或矿粒间。这类矿物主要是粘土矿物、云母类矿物。此类矿物往往是经过长期风化，颗粒度细，易于采掘和回收稀土，但不能用选矿方法富集。

目前世界上已知的稀土矿物约有150种，如果将含有稀土金属及化合物的矿物均计算在内，则至少有250种以上。主要矿物按化学成分可分为七类：

(1) 氧化物：方铈矿 (Ce，Th) O_2；

(2) 氟化物：氟铈矿 (Ce，La，Nd) F_3，铈钇矿 (Ca、Ce、Y) F_3，Ce>Y，钇萤石 (Ca，Y，Ce) F_2 Y>Ce；

(3) 磷酸盐：独居石 (La，Ce，Nd，Th) PO_4，磷钇矿 YPO_4，磷灰石 $Ca_3(PO_4)_2F$－含有稀土元素，磷铝铈矿 $CeAl_3(PO_4)_2(OH)_6$—含有稀土元素，磷稀土矿 (Ce，La) (PO_4) · H_2O，水磷钇矿 Y (PO_4) . $2H_2O$；布罗克石 (Ca，Th，Ce) (PO_4) · H_2O；

(4) 碳酸盐及氟碳酸盐：氟碳铈矿 (Ce，La) (CO_3) F，碳酸锶铈矿 (Ce，La)，$(Sr,Ca)_3(CO_3)(OH)_4\cdot 3H_2O$，氟碳铈钡矿 $Ce_2Ba_3[(CO_3)_5F_2]$，菱氟铈钙矿 (Y，Ce) $Ca(CO_3)_2F$，氟菱钙铈矿 $(Ce,La)_2Ca(CO_3)_3F_2$，菱氟钇钙矿 $CaY(CO_3)_2F$，镧石 $Ce_2(CO_3)_3\cdot 8H_2O$；

(5) 硅酸盐：褐廉石 $(Ca,Ce,Th)_2(Al,Fe,Mg)_3Si_3O_{12}\cdot(OH)$，硅铍钇矿 $Y_2Be_2FeO_2(SiO_4)_2$，硅钍石 $ThSiO_4$，钪钇石 $(Sc,Y)_2Si_2O_7$，铈硅石 $(La,Ce)_3(Ca,Mg)_2(SiO_4)_7(OH,H_2O)$，红钇石 (淡红硅钇矿) $Y_2Si_2O_7$；锆石 $ZrSiO_4$—含 Y，F_e，钙钇矿 $Ca_2(Ce,Y)_2Si_{14}O_{12}CO_3\cdot H_2O$，钍石 TH $(SiO_4)_{1-x}(OH)_{4-x}$，菱硼硅铈矿 (Ce，La，Ca) $BSiO_6$；

(6) 含铌、钽、钛的复杂氧化物：褐钇铌矿 (Y，Er，Ce，Fe) (Nb，Ta，Ti) O_4，硅钛铈矿 $Ce_4Fe_2Ti_3(Si_2O_7)_2O_8$，易解石 (CeThY) $(Ti,Nb)_2O_6$，钇易解石 (Y，Er，Th，Ca，Fe) (Ti，Nb) O_6，复稀金矿 (Y，U，Th，Ce，Ca) $(Ti,Nb,Ta)_2O_6$，黄钇钽矿 (Y，Er，Ce，Fe) (Ta，Nb，Ti) O_4，铈铌钙钛矿 (Ce，Na，Ca) $(Ti,Nb)_2O_3$；铌钇矿 (Y，U，Ce，Ca，Pb) $(Nb,Ta)_2O_6$ (Nb>Ta)，钛易解石 Ce $(Ti,Nb)_2O_6$，钽钇矿 (Fe，Y，U，Ca) (Ta，Nb，Zr，Sn) O_4 (Ta>Nb)；

(7) 砷酸盐：砷钇矿 Y (AsO_4)。

二、稀土的工业矿物组成及性质

稀土工业矿物是指已开发利用的或在近期有可能为工业部门所利用的稀土矿物。这些矿物的一般物理化学性质及稀土组成见表 14-1-2。目前作为稀土工业生产的原料主要有独居石、氟碳铈矿、褐钇铌矿、磷钇矿、钛铀矿、黑稀金矿和离子型矿物等，这些矿物具有以下特点：

(1) 储量大，在地壳中分布集中，容易富集，通过选矿方法可以得到品位较高的稀土精矿。如独居石广泛分布在海滨砂矿中，在钛铁矿、锆英石精矿的选矿过程中综合回收独居石精矿，稀土品位可达60%以上。独居石分布在亚洲、非洲、南北美洲和澳洲等多个国家，所以近百年来一直是生产稀土产品的主要原料。

表 14-1-2 稀土工业矿物的主要物理、化学性质

矿物名称	晶系晶形	颜色	硬度	密度 g/cm³	比磁化系数 K	化学溶解性
独居石	单斜，板状，有时呈柱、锥、粒状	橙黄或黄、黄绿、红褐、黄棕	5～5.5	4.83～5.42	20.42～10.58	溶于 H_2SO_4，H_3PO_4，$HClO_4$
磷钇矿	四方，四方双锥，柱状或粒状	白、浅黄、浅棕、浅黄绿	4～5	4.37～4.83	31.27～26.07 平均 28.88	溶于 H_2SO_4，H_3PO_4

续表 14-1-2

矿物名称	晶系晶形	颜 色	硬 度	密 度 g/cm³	比磁化系数 K	化学溶解性
水磷钇矿	单斜，纤维状放射性玫瑰花型	白、灰、黄色	3	3.14～3.27		
磷铝铈矿	三方，角锥状、菱面体，立方体	黄白色	5～6	3.67～3.70		
磷稀土矿	六方，皮壳状，粒状	绿、黄、褐	3	3.77～4.01		
铈磷灰石	六方或斜方，板状，短粒状，不规则粒状	灰、褐、深黄	5	4.2～4.69	10.21～8.54 平均 9.00	
氟碳铈矿	三方，粒状，六方柱板状	红褐、浅褐、棕黄浅绿色	4～4.5	4～5.2	12.59～10.19 平均 11.36	溶于 HCl，H_2SO_4，HNO_3，H_3PO_4
氟菱钙铈矿	三方，柱状，六方柱板状	黄、黄褐、红棕、棕	4.5	4.2～4.36	14.37～11.56 平均 12.59	溶于 HCl，H_2SO_4，HNO_3，H_3PO_4
氟碳钡铈矿	六方，六方双锥状，短柱状	黄，蜡黄色	4.5	4.20～4.31		溶于 HCl，H_2SO_4，HNO_3
菱氟钇钙矿	单斜，假六方柱状，板状或细粒集合体	乳白色，浅黄褐色	3～4	3.39～3.80		溶于 HCl，H_2SO_4，HNO_3
钇萤石	等轴	黄色或黄褐色	4.5	3.5		溶于 H_2SO_4，或 H_3PO_4
氟铈矿	六方，板状，六方柱状	浅黄、白、红	4～5	5～6.14		溶于 HCl，HNO_3，H_3PO_4
黄河矿	六方，六方板状，不规则状	蜡黄，绿黄	4.7	4.51～4.67	7.73～5.26 平均 5.84	溶于 HCl
硅铍钇矿	单斜、短柱状，粒柱状，不规则状	黑绿，褐绿	6.5～7	4～4.65	62.5～49.38 平均 51.81	溶于 HCl
褐廉石	单斜，板状，短柱状，不规则状	黑色，褐色，红褐色	5.5～6	3.2～4.2	31.59～25.79 平均 26.84	溶于 HCl，H_2SO_4，H_3PO_4
硅钛铈矿	单斜，板状，短柱状，粒状	黑色，褐黑色	5.5～6	4.3～4.67	93.23～32.15 平均 50.60	溶于 HCl，H_2SO_4，HNO_3
钪钇石	单斜，板状，粒状	灰绿	6～7	3.58		部分溶于 HCl
镧石	斜方，板状	无色，玫瑰，黄，白	3	2.61～2.84		
碳酸锶铈矿	斜方，假六方双锥，假八面体	鲜黄，褐黑，灰，黑	4～4.5	3.95～3.99		溶于 HCl，H_2SO_4，HNO_3

续表 14-1-2

矿物名称	晶系晶形	颜色	硬度	密度 g/cm³	比磁化系数 K	化学溶解性
碳酸铈钠矿	斜方，板状	无色、黄、玫瑰	3	3.53		溶于 HCl，H_2SO_4，HNO_3
淡红硅钇矿	单斜，板状，柱状	黑，褐绿，玫瑰	6	4.3～4.6		
铈硅石	六方，假八面体，不规则粒状	褐，黄红	5	4.65～4.91		
褐钇铌矿	四方，四方柱，纺锤状	黄，黄褐，黑褐	4.7～6.5	4.8～5.82	29.20～21.16 平均 24.13	溶于 HF，H_3PO_4
β褐钇铌矿	单斜，长柱状，小晶体	浅黄		5.12～5.61		
黄钇钽矿	四方，板状	灰、黄、褐、黑	5.5～6.6	6.24～7.03	21.87	
黑稀金矿	斜方，柱状，板状	浅绿，黄褐，黑	5.5～6.5	4.5～5.9	27.38～18.41 平均 20.21	溶于 HF 中
复稀金矿	斜方，柱状，薄板状	黑	5.5～6.5	4.7～5.4	27.38～18.41 平均 20.21	溶于 HF 中
易解石	斜方，板，柱，针，块状	黑、黄，褐，紫红，浅棕	5～6	4.9～5.4	18.04～12.92 平均 16.01	
钇易解石	斜方，柱状	褐黑，棕黄，浅红，褐	5～6	4.61～5.05		
铈铌钙钛矿	等轴，六方	浅棕，灰，黑	5.8～6.3	4.64～4.89	6.54～5.23 平均 5.63	
铌钇矿	斜方，柱状，板状	黑，褐黑，棕	5～6	4.501～5.76	28.92～21.63 平均 24.79	
砷钇矿	斜方，微晶结合体，正方双锥	浅黄、乳白	4～4.4	4.4～4.78	32.13～24.91 平均 26.98	
铌易解石	斜方，柱状	黑	5.5	5.3	39.07～13.18 平均 18.43	
钛易解石	斜方，多块状	褐黄	6.5	5	15.80～11.73 平均 12.66	

(2) 精矿品位高，加工工艺简单，生产成本较低。如美国芒廷帕斯 (Mountain pass) 地区的氟碳铈矿，原矿中稀土品位高达 8% (REO 计)，并有独立矿床，可选出含 REO 大于 60%的精矿。

(3) 伴有铀、钍、钽、铌等价值较高的稀有元素矿物，综合利用价值高。如褐钇铌矿、黑稀金矿，既是提取钽、铌、铀、钍的原料，又是回收利用重稀土的宝贵原料。

第二节　世界稀土资源及分布

目前国外开采利用的主要稀土矿物资源为独居石、氟碳铈矿、磷钇矿、黑稀金矿等。生产稀土精矿的主要国家有中国、美国、澳大利亚、马来西亚、印度、苏联、巴西、加拿大等，1988年的年生产能力为63340吨。

一、世界稀土资源分布

目前有经济价值并进行大规模利用的矿床有砂矿床、碳酸盐矿床和脉状矿床。主要矿物为氟碳铈矿、独居石。

（一）独居石和磷钇矿

砂矿是开采独居石和磷钇矿的主要原料。独居石通常与钛铁矿、锆英石、金红石、白钛石等矿物共生。在生产钛、锆精矿过程中可综合回收独居石精矿。

独居石的主要产地在澳大利亚的东、西海岸，其中西海岸的产量占总量的90%以上。主要的矿床在西南部的班伯里周围的乔格拉菲湾和帕斯北面250公里处的埃尼巴。

印度是独居石储量和产量均较大的国家。主要产地在喀拉拉邦（Kerala State）和泰米尔纳德邦（Taimail Nadn State）。独居石富集在砂矿中的重矿物内，在重矿物中的含量为1%。因重矿物占砂矿量的18%，故砂矿中的独居石含量为0.18%。

巴西的独居石矿分布在巴伊亚洲（Bahia State）和皮里托-桑多州（Espirto Santo State）。

马来西亚是生产独居石和磷钇矿的主要国家之一。这些稀土矿物是从锡采场尾矿中的重砂矿物中经富集而得的。

斯里兰卡的西、东北海岸砂矿中蕴藏有独居石，在印德拉瓦（Indurawa）．伯鲁瓦勒（Beruwalu）、开卡瓦拉（Kaikawala）、波克图瓦（Polkotuwa）等地也发现含有独居石的重砂矿。

美国独居石矿主要分布在卡罗来纳州（South & North Carlina）、印第安州（Idaho）、大西洋沿岸的赫尔顿亥特（Hilton Head）和佛罗里达州（Florida）。

蕴藏或生产独居石精矿的其它国家有苏联、朝鲜、埃及、南非等。

澳大利亚、印度及马来西亚等国的独居石精矿化学成分和比重列于表14-1-3。

表 14-1-3　独居石化学成分（%）

国　家	密度，g/cm^3	TREO	ThO_2	U_3O_8	P_2O_5	CeO_2
澳大利亚	5.14	61.33	6.55	0.34	26.28	28.11
印　度	5.23	59.68	9.58	0.37	26.23	27.90
马来西亚	5.27、5.19	59.65、57.62	5.90、7.88	0.24、0.44	25.70、26.34	28.33、26.73
南朝鲜	5.08	60.20	5.76	0.45	26.52	27.42
朝　鲜	4.17	42.65	4.57	0.18	18.44	20.55

（二）氟碳铈矿

氟碳铈矿是目前世界上生产稀土最主要的原料。它是一种含稀土的碳酸盐岩，世界上很多地方都有发现，而目前最有意义的碳酸矿床是美国加利福尼亚州圣伯纳迪诺县（San Bernadino Cowntry）的芒廷帕斯（Mountain pass）矿床。该矿中碳酸盐矿石储量超过3600万吨，氟碳酸盐矿含量12%，REO品位7.68～8%。非洲的布隆迪近几年来也生产少量氟碳铈矿，年产量几十吨。

（三）其它稀土矿

钇萤石、黑稀金矿、褐钇铌矿、褐廉石矿等矿物在美国、前苏联、印度等国家都有发现，但均未大规模开采利用。

二、世界稀土资源储量

据美国矿物局报导，截止1983年世界稀土储量为4500万吨（按REO计），基础储量4800万吨，各国的储量见表14-1-4。

氟碳铈矿、独居石、磷钇矿精矿组成和稀土配分分别见表14-1-5和表14-1-6。

表 14-1-4 世界稀土储量和基础储量（以 REO 计）

国家	储量①，万 t	基础储量，万 t
北美洲		
美国	490	520
加拿大	18.2	19.7
南美洲		
巴西	2	7.3
欧洲		
前苏联	45	50
芬兰、挪威、瑞典	5	5.5
非洲		
布隆迪	0.1	0.13
埃及	10	11
肯尼亚	1.25	1.3
马达加斯加	5	5.5
马拉威	29.7	33
南非	35.7	32.1
亚洲		
中国	3600	3800
印度	222	250
马来西亚	3	3.5
朝鲜	4.5	5
斯里兰卡	1.3	1.4
泰国	0.1	0.11
大洋洲		
澳大利亚	18.4	20
世界总计	4500	4800

① 工业储量。

表 14-1-5 稀土精矿的组成（%）

精矿名称	氟碳铈矿	独居石	磷钇矿
产出地	美国	澳大利亚	马来西亚
总 RE_2O_3	68～72	62.8	54.1
ThO_2	<0.1		0.8
U_3O_8	—	0.3	0.3
BaO	1.2	—	—
SrO	0.7	—	—

续表 14-1-5

精矿名称	氟碳铈矿	独居石	磷钇矿
产出地	美　国	澳大利亚	马来西亚
F	4.7	—	—
CO_2	20.0	—	—
CaO	0.2	0.2	—
SiO_2	2.4	1.1	—
Fe_2O_3	<0.5	1.6	—
P_2O_5	<0.5	26.3	26.2

表 14-1-6　主要稀土矿物中的稀土配分

矿物名称	氟碳铈矿	独居石				磷钇矿
产　地	加利福尼亚	澳大利亚西部	澳大利亚东部	佛罗里达	印度	马来西亚
La_2O_3	32.00	23.90	20.20	17.47	23.00	0.50
CeO_2	49.00	46.03	45.30	43.73	46.00	5.00
Pr_6O_{11}	4.40	5.05	5.40	4.98	5.50	0.70
Nd_2O_3	13.50	17.38	16.30	17.47	20.00	2.20
Sm_2O_3	0.50	2.53	4.60	4.87	4.00	1.90
Eu_2O_3	0.10	0.05	0.10	0.16		0.20
Gd_2O_3	0.30	1.49	2.00	6.56		4.00
Tb_4O_7	0.01	0.04	0.20	0.29		1.00
Dy_2O_3	0.03	0.69	1.15	0.90		8.70
HO_2O_3	0.01	0.05	0.05	0.11		2.10
Er_2O_3	0.01	0.21	0.40	0.04	1.50	5.40
Tm_2O_3	0.02	0.01	—	0.03		0.90
Yb_2O_3	0.01	0.12	0.20	0.21		6.20
Lu_2O_3	0.01	0.04	—	0.03		0.40
Y_2O_3	0.10	2.41	2.10	3.18		60.80

第三节　中国稀土资源及其分布

一、中国稀土资源特点

中国是稀土资源大国，储量大，矿种全，有价元素高，分布广。中国的稀土储量占世界总储量的80%，现已发现的稀土矿床和稀土矿物分布于全国18个省（自治区），有以轻稀土为主的包头矿，有两广、两湖和云南等地的独居石及磷钇矿，还有南方诸省的离子吸附型稀土矿以及硅钛铈矿、氟碳铈矿、硅铍钇矿、黑稀金矿、褐钇铌矿等。其中离子吸附型稀土矿是目前尚未在其它国家发现的一种罕见的稀土矿物。钐、铕、钆、铽、钇等元素的资源通常较少，在开采量大的矿物（如氟碳铈矿、独居石）中含量也很低，因此很多国家都很重视寻找和开采含中重稀土高的矿物资源。但在我国一些储量较大的矿物资源中，这些元素含量均较高，如包头矿中的钐、铕、钆含量是美国氟碳铈矿中相应元素含量的2倍；重稀土类型离子矿中的钐、钆、铽、钇含量高于国外的主要重稀土矿——磷钇矿中的相应元素含量，中钇富铕型离子矿中的铕含量也高于世界目前所知稀土矿物中的铕含量。

我国稀土资源另一种特点是共生性矿床较多，稀土矿物往往同其它稀有金属矿物和非稀土矿物共生在一起，如江西钨矿、贵州磷矿、包头稀土铌铁矿等。

二、中国稀土资源分布

（一）包头矿（铁-稀土-铌矿床）

该矿床位于内蒙古自治区，是铁、稀土、铌等多种元素矿物的大型矿床。矿床东西长16公里，南北宽2～4公里。矿床中的物质成分十分复杂，有用组分很丰富。已发现71种元素，114种矿物，其中最有意义的是铁、稀土和铌，其次是锰、氟、磷等可供综合利用。

根据主要有用元素的矿物和脉石矿物的不同，该矿床中的矿石主要有9种类型（见表14-1-7）。在矿床内，稀土元素绝大部分呈独立的矿物形式存在，仅有不到10%的稀土分散在铁矿物、铌矿物及其它矿物内。全矿区共有18种稀土矿物和十多种含少量稀土的矿物。在稀土矿物中，氟碳铈矿和独居石的分布最广，储量最大，它们集中了矿床内稀土总量的90%以上。一般分布规律是氟碳铈矿的含量较独居石为大，但在铁矿围岩内，则以独居石最为重要。其它矿物有易解石、氟菱钙铈矿、氟碳铈钡矿、黄河矿、方铈石、铈磷灰石等。

稀土在包头矿不同类型矿石中的含量及各个稀土元素的配分分别见表14-1-8和表14-1-9。该矿是以轻稀土（La～Nd）为主的矿物，占稀土总量的98%，中、重稀土含量只为2%。

表 14-1-7 包头稀土-铁矿床矿石一览表

矿石类型			RE_2O_3 含量,%	矿物含量,%		
	Fe含量,%	名称		独居石	氟碳铈矿	易解石类
铁矿体	45～50	块状	2.73	1	0.5～1.5	0.09～0.1
		萤石型	9.78	3.4	～10	0.09～0.1
		钠辉石型	7.72	3.8	4.5	0.16～0.32
		钠闪石岩	3.24	1～3	2.4	0.1～0.13
		白云石型	5.37		<1	
		黑云母型	1.92			
铁矿围岩	<20	白云石型	3～5	3～5	1～2	
		钠辉石型	6～10	1～3	5～8	
		黑云母型	1			

表 14-1-8 包头矿矿区稀土品位表

矿区名称	主矿包括白云岩中稀土	东矿 包括白云岩中稀土	西矿 包括白云岩中稀土	主、东矿下盘白云岩中稀土	都拉哈拉波罗头矿体
矿石中稀土平均品位%	铁矿石 5.41	铁矿石 5.18	铁矿石 1.44	白云岩 3.55	3.0
	白云岩 2.3	白云岩 3.18			

表 14-1-9 包头矿不同类型矿石稀土配分表

矿物类型		稀土配分,%															
	名称	La	Ce	Pr	Nd	Sm	Eu	Gd	Tb	Dy	Ho	Er	Yb	Ln	Y	Tm	R_2O_3,%
铁矿体	块状	13.0	42.9	7.9	30.3	3.4	0.4	0.8	0.1	0.3		0.1	0.1		0.8		2.73
	萤石型	26.4	51.4	5.0	14.4	1.0	0.14	0.6	0.1	0.2,			0.1	0.1	0.5		9.78
	钠辉石型	25.6	48.6	5.5	17.0	1.2	0.2	0.7	0.1	0.3		0.1	0.1	0.1	0.6		7.72
	钠闪石型	16.7	46.0	6.5	26.1	2.5	0.4	0.8	0.1	0.1					0.8		3.24
	白云石型	9.7	37.5	7.3	33.6	5.2	0.1	1.9		0.8		0.3	0.1		2.6		5.37
	黑云母型																1.92
铁矿围岩	白云石型	26.4	51.2	5.1	14.1	1.0	0.1	0.7	0.1	0.4	0.1	0.1	0.2		0.7		3～5
	钠辉石型	24.0	50.0	5.8	16.8	1.2	0.3	0.8	0.1	0.3		0.1			0.7		6～10
	黑云母型																1
	透辉石型	24.6	51.7	5.5	15.1	11	0.1										—

（二）独居石、磷钇矿

独居石是以轻稀土为主的稀土正磷酸盐矿物，磷钇矿是以钇族稀土为主的稀土正磷酸盐矿物。它们主要分布在广东、广西、台湾等地的海滨砂矿中，具有开采价值的工业矿床主要集中在广东西南部海岸、海南岛东海岸、台湾省西海岸。湖南、湖北、江西等地的冲击型砂矿中也有分布。

海滨砂矿的矿体一般微向海倾斜，呈层状，有的矿体裸露于地表，有的覆盖层很薄，因此易于开采。几种主要矿物的含量虽随地区不同而不同，但一般都是以钛的矿物为主体，其次是锆矿物。独居石只是生产钛、锆矿的副产品。

海滨砂矿中，稀土矿物的含量是不同的。如广东某地砂矿中，独居石矿的平均品位为 $1084g/m^3$，最高可达 $3000g/m^3$；磷钇矿的平均品位为 $200g/m^3$。磷钇矿与独居石的比一般为 1/5～1/10。

冲击砂矿一般规模不大，但易于开采。目前国内尚未开采利用。

独居石和磷钇矿中均含有铀、钍，并含有较高量的磷。

（三）离子吸附型稀土矿

离子吸附型稀土矿属于风化壳矿床。该类矿床的厚度决定于地形和地貌条件，一般山顶厚，山坡两翼及山脚的厚度较薄，山谷厚度最小。矿床的剖面自上而下可分为四层，即：表土层，全风化层，半风化层，基岩。表土层各地均不相同，有的很薄，甚至矿体裸露于地表。全风化层为主要的工业矿物层，该层中原岩矿物基本风化解离，长石大部分高岭土化，石英呈砂粒状分散在风化壳矿物中，因此，全风化壳层中的矿物疏松，颗粒度细。最底层为基岩即原生矿物，分布有独居石、氟碳铈矿、磷钇矿等，含量一般均很低。

以离子吸附型矿（即离子相）为主的矿物一般集中分布在细粒径砂中，在粒径小于 0.076mm 的矿砂中含量最高。

风化壳内主要矿物为石英、长石、高岭石和云母等，稀土主要以离子形式赋存在高岭土等粘土矿物上。

根据稀土元素的赋存状态，风化壳矿床可分为原生单体矿物（矿物相）和离子吸附型稀土矿（离子相）两类。稀土元素在前者中以矿物相形式存在。在一般风化壳矿床中，稀土工业矿物富集度较低，开采价值不大。离子吸附型稀土矿物为开采利用的对象。离子相在不同地区的占用量虽不同，但一般均在 80%以上。

在全风化层中，稀土的含量较低，而且不同地区的含量也有很大波动，有的地区稀土含量（以 REO 计）达 0.05%以上，也有的只在 0.05%左右。

按稀土元素在离子吸附型稀土矿物中的配分，可将其分为轻稀土型、重稀土型、中钇富铕型、中钇型。表 14-1-10～14-1-16 反映了几种不同类型离子吸附型稀土矿的稀土配分、赋存状态、含量、物相及粒度分布。

表 14-1-10 离子吸附型稀土矿中的稀土元素配分（%）

元素名称 / 矿类	La_2O_3	CeO_2	Pr_6O_{11}	Nd_2O_3	Sm_2O_3	Eu_2O_3	Gd_2O_3	Tb_4O_7	Dy_2O_3	Ho_2O_3	Er_2O_3	Tm_2O_3	Yb_2O_3	Lu_2O_3	Y_2O_3
Ⅰ	1.82	0.37	0.74	3.00	2.82	<0.10	6.85	1.29	6.67	1.64	4.85	0.70	2.46	0.63	60～64
Ⅱ	37.26	1.66	7.10	26.64	4.58	0.56	4.04	0.52	2.25	0.30	0.77	0.30	0.40	0.30	11.41
Ⅲ	21.98	1.53	5.09	18.85	4.92	0.70	5.12	0.87	4.71	0.62	2.64	0.36	2.01	0.32	25.00

表 14-1-11 离子吸附型稀土（Ⅰ）矿稀土赋存状态及含量

类别	白云母花岗岩风化壳			黑云母花岗岩风化壳		
	矿物名称	稀土品位，%	占有率，%	矿物名称	稀土品位，%	占有率，%
离子吸附相	高岭石	0.304	78.590	高岭石	0.1225	41.42
	白云母	0.110	5.800	黑云母、水云母	0.0762	3.81
	小计		84.480	小计		45.23
类质同相及固体分散相	钾长石	0.007	2.030	钾长石	0.0076	1.52
	石英	0.0075	3.860	石英	0.0124	4.90
	变种锆石	4.840	0.320	黑云母	0.0266	1.33
	褐铁矿	0.600	0.160	变种锆石	4.8400	1.10
	白云母	0.020	1.070			
	小计		7.440	小计		8.85
稀土矿物相	磷钇矿	59.870	10.781	磷钇矿	59.87	11.257
	独居石	60.630	10.211	独居石	60.63	19.861
	钛钇矿	32.410	10.631			
	硅铍钇矿	50.870	0.130			
	小计		31.75	小计		31.118

表 14-1-12 离子吸附型稀土（Ⅰ）矿体各元素分析结果（%）

样号	元素													
	RE_2O_3	Y_2O_3	SiO_2	AlO_3	Fe	CaO	Mg	K_2O	As	F	S	U	Th_2O_5 + Nb_2O_5	ThO_2
6#	0.093～0.10	0.06	63.90	15.11	1.79	0.024	<0.096			0.024	<0.02	<0.005	痕	
9#	0.321	0.168	68.00	14.78					0.002	0.0088	0.02			

续表 14-1-12

样号	元素												
	RE_2O_3	Y_2O_3	SiO_2	AlO_3	Fe	CaO	Mg	K_2O	As	F	S	U	Th_2O_5 + Nb_2O_5	ThO_2
15#	0.125	0.082	68.70	15.58	1.11	0.006	0.089	>3.3	<0.014	<0.002	<0.02	<0.005	痕	
20#	0.273	0.14	70.56	18.95					0.014	0.018	<0.03			<0.01

表 14-1-13　离子吸附型稀土（Ⅰ）矿组合样品的粒度分析

粒级		>2.5	2.5～2.0	2.0～1.0	1.0～0.5	0.5～0.2	0.2～0.154	0.154～0.10	0.10～0.075	0.075～0.051	<0.051	合计
占有率①%		32.5	4.87	13.64	9.04	9.08	2.57	2.70	3.28	2.51	19.82	100.00
TREO	品位,%	0.0168	0.024	0.042	0.0708	0.0952	0.1208	0.1444	0.1736	0.2032	0.2036	
	占有率,%	6.01	1.29	6.30	7.04	9.51	3.38	4.30	6.27	5.61	50.28	99.99

① 指所列粒级的物质占总物质重量的百分数。

表 14-1-14　离子吸附型稀土（Ⅱ）矿体中稀土的赋存状态及含量

赋存状态	矿物名称	矿物含量,%	TREO 含量,%	TREO 占有率,%
离子吸附相	高岭土粘土矿	43.81	0.418	91.06
	黑云母	1.61	0.029	0.23
	磁铁矿	3.0	0.0438	0.65
	小计			91.94
矿物相	氟碳铈矿 氟碳钡铈矿	0.0945	74.77	3.53
	独居石	0.0091	65.13	2.97
	小计			6.50
类质同相或固体分散相	黑云母	1.61	0.0393	0.32
	钾长石	17.0	0.0046	0.39
	石　英	34.0	0.0050	0.85
	小　计			1.56

表 14-1-15　离子吸附型稀土（Ⅱ）矿的物相组成及相对含量

矿物名称	相对含量,%	矿物名称	相对含量,%
高岭土类粘土矿	43.81	独居石	0.0185
石英	34.0	萤　石	少

续表 14-1-15

矿物名称	相对含量,%	矿物名称	相对含量,%
钾长石	17.0	氟碳铈矿	微
黑云母	16.1	钠长石	少
白云母	少	黄铁矿	少
磁铁矿	3.0	褐铁矿	少
钛铁矿	<1.0		

表 14-1-16 离子吸附型稀土（Ⅱ）矿矿石成分（%）

成分	岩石类型					
	花岗斑岩			熔岩		
	全风化层	半风化层	原岩	全风化层	半风化层	原岩
SiO_2	66.11	68.79	70.82	72.80	74.26	75.21
TiO_2	0.47	0.42	0.42	0.28	0.26	0.24
Al_2O_3	19.19	15.86	14.15	15.62	13.47	12.24
Fe_2O_3	2.40	2.22	1.96	1.59	1.55	1.35
Na_2O	0.67	1.21	3.43	0.69	1.39	2.14
K_2O	2.45	5.75	6.63	2.26	4.82	5.82
MgO	0.59	0.55	0.47	0.35	0.34	0.32
TREO	0.170	0.134	0.099	0.114	0.09	0.065

（四）稀土氟酸盐矿床

含稀土的氟碳酸盐脉状矿床主要分布在山东、四川、陕西等地。脉体的稀土矿物多数是氟碳铈矿，其它矿物主要有萤石、重晶石、方解石等矿物。目前，只有山东省微山的氟碳酸盐矿进行了开采。该矿体分布面积 26 平方公里，矿体中的稀土矿物以氟碳铈矿、氟碳钙铈矿为主，约占稀土矿物总量的 95%。稀土平均品位为 3.45%。其它主要成分是 SiO_2，BaO（见表 14-1-17）。物相组成见表 14-1-18。矿体中稀土元素的配分见表 14-1-19。其中轻稀土占 98%以上，中重稀土元素的总含量不到 2%。

表 14-1-17 稀土氟碳酸盐矿成分（%）

元素	REO	TiO_2	SiO_2	CaO	MgO	Al_2O_3	BaO	MnO	P_2O_5	Fe	F	Nb_2O_5	灼减
含量	3.45	6.21	29.88	0.83	0.60	6.48	23.09	0.63	0.39	4.60	0.80	0.024	6.10

表 14-1-18 稀土氟碳酸盐矿的物相组成（%）

矿物名称	氟碳（钙）铈矿	石 英	碳酸盐	重晶石	赤褐铁矿
地表矿脉中的体积	23.14	16.08	/	24.44	39.98
深部矿脉中的体积	9.43	7.54	53.95	16.90	/

表 14-1-19 山东氟碳酸盐矿的稀土元素配分（%）

元素	La_2O_3	CeO_2	Pr_6O_{11}	Nd_2O_3	Sm_2O_3	Gd_2O_3	Dy_2O_3	Y_2O_3
含量	35.59	48～53	4～6	11～16	0.5～1	0.07～0.41	0.02～0.10	0.1～0.46

（五）稀土钨共生矿

江西南部蕴藏有丰富的钨矿物资源。稀土以磷钇矿、菱氟钇钨矿为主并与钨矿物共生。原矿中稀土品位很低，约为0.033%。在生产钨精矿过程中，稀土进入钨细泥，品位可提高到1.35%。钨细泥中Sc_2O_3含量较高（0.06%）。

（六）含稀土的磷矿物

贵州某地磷块岩中含有大量稀土，原矿中稀土品位在0.05%左右，含15%的磷。青海省某地分布有含稀土的磷矿物矿床，主要矿物为磷灰石，其次是磁铁矿。矿体中稀土平均含量为0.09～0.15%，稀土元素主要以类质同象形式赋存在磷灰石中。甘肃某地发现了铌稀土磷矿床，稀土含量约为0.3～0.4%，P_2O_5含量0.8～2.0%，稀土矿物主要是独居石。

磷矿床中稀土品位较低，只能在开采磷矿制取磷肥时，综合回收利用稀土。

（七）含钽、铌、钛、铍等的复杂氧化物、硅酸盐矿物

属于这类矿品种很多，分布很广，而多数矿床较小，资源储量不大，但因常常与一些稀有元素和放射性矿物共生，故具有较大的综合利用价值。目前已发现的和呈单独矿物形式存在的主要矿物有褐钇铌矿、黑稀金矿、硅钛铈矿、硅铍钇矿等，分布在广东、广西、湖南、辽宁等地。

我国目前大量采选、冶炼提取的稀土矿物资源有包头稀土铁矿，独居石、磷钇矿、离子吸附型稀土矿。其中前三种可通过选矿方法得到不同品位的精矿，成分见表14-1-20。离子吸附型矿原矿稀土品位很低，又不能用常规选矿方法富集，目前只在矿区就地进行湿法提取，制得混合稀土氧化物（习惯上将其称作“矿”）。在这类矿中，REO含量≥92%，而Ca，Al，Pb等杂质含量均不大于1%。

包头矿、独居石、磷钇矿及离子吸附型稀土矿的稀土典型配分见表14-1-21。

表 14-1-20 稀土精矿典型成分（%）

元 素	包头高品位稀土精矿	包头低品位稀土精矿	独居石精矿	广东磷钇矿	山东氟碳铈矿精矿
REO	≥60	30～35	60～65	40～50	≥60
Fe	3～6	8～15	0.7～1.5	9～10	2～3
ThO_2	0.18～0.20	0.12～0.14	4～6	0.5～0.7	0.30～0.35
P_2O_5	5～10	10～15	25～30	20～23	1.5～2.0
F	6～8	7～10	—	—	6～7

续表 14-1-20

元素	包头高品位稀土精矿	包头低品位稀土精矿	独居石精矿	广东磷钇矿	山东氟碳铈矿精矿
SiO_2	0.5～1.0	0.8～1.5	1.2～4.0	1.5～2.0	
Ca	4～6	8～15	—	0.4～0.6	1.5～2.0
Ba	0.5～1.0	1～5	—	—	2～3
ZrO_2	—	—	1～3	1～1.5	—
TiO_2	—	—	1～3	4～5	—
U_3O_8	—	—	0.3～0.4	0.9～1.0	—
Mn	0.05～0.15	0.2～0.6	—	—	—
灼减	11～14	7～8	—	—	20～21

表 14-1-21 几种主要稀土矿物的稀土元素配分（典型成分）（%）

元素	La_2O_3	CeO_2	Pr_6O_{11}	Nd_2O_3	Sm_2O_3	Eu_2O_3	Gd_2O_3	Tb_4O_3	Dy_2O_3	Ho_2O_3	Er_2O_3	Tu_2O_3	Yb_2O_3	Lu_2O_3	Y_2O_3
包头矿	27	50	5	16	1.0	0.2	0.4	0.02	—	—	—	—	—	—	0.25
独居石	23	42.7	4.1	16	3.0	<0.1	2.0	0.3	0.8	0.12	0.3	微	2.4	<0.1	2.4～4
磷钇矿	0.6～1.2	1.62～3	0.11～0.6	1～2	0.8～1	<0.1	2.8～3	0.8～1.0	8～9	1.9～2.6	6～7	<0.8	5～6	0.7～1.0	60～67
离子吸附型I矿①	2.51	0.44	0.89	3.56	2.56	<0.1	5.50	1.18	7.44	1.59	4.43	0.62	4.89	0.79	63.9
中钇富铕型离子型矿②	25.46	1.38	5.26	4.10	19.02	1.12	4.93	0.66	4.33	0.41	2.34	<0.3	1.47	<0.3	19.09
离子吸附型I矿①	29.84	7.18	7.41	30.18	6.32	0.51	4.21	0.46	1.77	0.27	0.88	0.13	0.62	0.13	10.07
	37.26	1.66	7.10	26.64	4.58	0.50	4.04	0.52	2.25	0.30	0.77	0.30	0.40	0.30	11.41

① 原矿稀土元素配分。

② 湿法提取后的混合稀土中稀土元素配分。

主要参考文献

〔1〕南京大学地质系，地球化学，科学出版社，1979.

〔2〕陈德潜，稀有元素地质概论，地质出版社，1982.

〔3〕向井滋，稀有金属（国外版）（1984）No. 7.

〔4〕《稀土》编写组，稀土（上册），冶金工业出版社，1978.

〔5〕郭承基，稀土矿物化学，中国工业出版社，1963.

第二章 稀土元素及其化合物的主要物理化学性质

编写人 应娓娟

第一节 稀土金属的物理性质

稀土金属具有银灰色金属光泽。单一稀土金属常呈灰暗颜色是因为金属内含有杂质或金属表面氧化所致。

一、晶体结构

多数稀土金属呈六方紧排或面心立方结构，但钐是三方结构，铕是体心立方结构。已知许多稀土金属有同素异构体，不同温度下形成的结晶其结构不同。晶体的结构与晶格常数见表 14-2-1。

表 14-2-1 稀土金属晶体结构

金属	温度范围，℃	晶系	晶格常数，nm	
			a	c
α-Y	室温～1479	六方紧排	3.65	5.741
β-Y	＞1479	体心立方	4.08	
α-La	－271～310	六方	3.772	12.144
β-La	310～861	面心立方	5.303	
γ-La	＞861	体心立方	4.26	
α-Ce	低于－157冷却，高于－94加热	面心立方	4.85	
β-Ce	低于－23冷却，高于168加热	六方	3.673	11.802
γ-Ce	－10～726	面心立方	5.1606	
δ-Ce	＞726	体心立方	4.12	
α-Pr	室温～795	六方	3.672	11.833
β-Pr	＞795	体心立方	4.13	
α-Nd	室温～855	六方	3.659	11.799
β-Nd	＞855	体心立方	4.13	
α-Sm	室温～924	三方	8.996	α＝23°13′
β-Sm	＞927	体心立方	4.07	
Eu	室温～熔点	体心立方	4.58	
α-Gd	室温～1260	六方紧排	3.634	5.781
β-Gd	＞1260	体心立方	4.05	
α-Tb	室温～1287	六方紧排	3.604	5.698

续表 14-2-1

金属	温度范围,℃	晶系	晶格常数,nm	
			a	*c*
β-Tb	>1287	体心立方	0.402	
Dy	室温～1384	六方紧排	0.3593	5.655
	>1384	体心立方	0.398	
Ho	室温～1428	六方紧排	0.3578	5.626
	>1428	体心立方	0.396	
Er	室温～917	六方紧排	0.356	5.595
Tm	室温～1004	六方紧排	0.3537	5.558
α-Yb	室温～792	面心立方	0.5483	
β-Yb	>792	体心立方	0.444	
Lu	室温～1400	六方紧排	0.3505	5.553

二、热学性质

(一) 熔点、沸点、熔解热、蒸发热和升华热

稀土金属的熔点、沸点、熔解热、蒸发热和升华热见表 14-2-2。

表 14-2-2 稀土金属的熔点、沸点、熔解热、蒸发热和升华热

金属	熔点,℃	沸点,℃ (10^5Pa)	熔解热 10^3J/mol	蒸发热(沸点时) 10^3J/mol	升华热,(25℃) 10^3J/mol
Sc	1539	2832	15.922	338.55	381.29
Y	1523	3337	17.179	346.09	417.32
La	920	3454	10.056	416.90	431.57
Ce	798	3257	8.883	398.05	467.60
Pr	931	3212	11.310	331.01	373.29
Nd	1010	3127	7.123	289.11	323.89
Pm	1080	(2460)	(12.570)	—	(268.16)
Sm	1072	1778	10.894	192.74	206.57
Eu	822	1597	10.475	176.82	178.08
Gd	1311	3233	15.503	338.97	401.19
Tb	1360	3041	16.341	293.3	393.69
Dy	1409	2335	17.179	292.46	298.33
Ho	1470	2720	17.179	284.92	300.42
Er	1522	2510	17.179	308.38	312.16
Tm	1545	1727	18.436	244.70	244.28

续表 14-2-2

金　属	熔点,℃	沸点,℃ (10^5Pa)	熔　解　热 10^3J/mol	蒸发热（沸点时） 10^3J/mol	升华热，(25℃) 10^3J/mol
Yb	824	1193	9.218	173.89	160.06
Lu	1656	3315	19.274	322.63	428.05

(二)、热导率、热膨胀系数、特性温度　　表 14-2-3。

稀土金属的热导率、热膨胀系数与特性温度见

表 14-2-3　稀土金属的热导率、热膨胀系数、特性温度

金　属	特性温度，K	热导率，W/（m·K）	热膨胀系数	
			10^{-6}/K	温度,℃
Sc	—	—	11.4	400
Y	218	10.22	10.8	400
La	132	13.83	—	—
α- La	—	—	4.9	25
β- La	—	—	9.6	325～775
			7.9	400
Ce	119	10.89	—	—
α- Ce	—	—	8.5	25
Eu	70～120	—	32	50
		—	19.0	300
Gd	152	8.80	6.4	25
			8.9	400
Tb	158	8.80	7.0	25
			12.1	400
Dy	158	10.06	8.6	25
	—	—	6.7	400
			9.9	400
Pr	144	11.73	—	—
α- Pr	—	—	4.8	25
α- Pr	—	—	6.8	400
Nd	147	12.99	6.7	25
			8.3	400
Sm	147	—	—	—
Ho	161	—	9.5	400

续表 14-2-3

金 属	特性温度，K	热导率，W/(m·K)	热膨胀系数	
			10^{-6}/K	温度，℃
Er	163	9.64	9.2	25
			11.5	400
Tm	167	—	11.6	400
α-Yb	94	—	25.00	25
Yb			30.6	400
Lu	166		12.5	400

三、热力学性质

稀土金属的基本热力学函数见表 14-2-4。

表 14-2-4 稀土金属基本热力学函数

金 属	状 态	标准生成热 ΔH°_{298}，kJ/mol	标准自由能 ΔF°_{298} kJ/mol	标准熵 S°_{298} J/mol	标准热熔 c°_{p298} J/mol·K
Sc	气	381.21	301.26	174.93	22.12
	晶			34.36	25.56
Y	气	425.37	385.86	179.63	25.89
	晶			44.54	26.56
La	气	431.40	382.34	182.52	22.79
	晶			56.98	27.86
Ce	气	467.60	384.85	191.93	23.11
β-Ce	晶	—	—	64.11	26.98
Pr	气	373.29	306.54	—	—
	晶	—	—	74.16	27.61
Nd	气	328.20	288.57	189.56	22.12
	晶	—	—	71.02	27.44
Pm	气	—	—	187.26	22.19
	晶	—	—	72.07	27.24
Sm	气	203.59	173.80	183.11	30.38
	晶	—	—	69.60	29.58
Eu	气	175.64	142.04	188.97	20.82
	晶	—	—	71.23	26.82

续表 14-2-4

金属	状态	标准生成热 ΔH°_{298}，KJ/mol	标准自由能 ΔF°_{298} KJ/mol	标准熵 S°_{298} J/mol·K	标准热熔 c°_{p298} J/mol·K
Gd	气	401.19	307.38	194.50	27.57
	晶	—	—	68.55	37.12
Tb	气	393.69	324.31	203.76	24.60
	晶	—	—	73.62	28.99
Dy	气	297.11	255.97	196.80	20.82
	晶	—	—	75.00	28.20
Ho	气	295.81	265.23	—	20.82
	晶	—	—	75.42	27.19
Er	气	342.70	281.57	—	20.82
	晶	—	—	73.16	28.16
Tm	气	247.63	204.68	190.27	20.82
	晶	—	—	71.65	27.03
Yb	气	152.22	146.82	173.26	20.82
	晶	—	—	62.85	25.14
Lu	气	428.05	240.63	184.95	20.91
	晶	—	—	49.44	27.03

四、电学性质

稀土金属导电性能较差，在室温下稀土金属的电阻率都很高，镧在 4.7K 时出现超导性。稀土金属的电阻与电阻温度系数见表 14-2-5。

表 14-2-5 稀土金属的电阻与电阻温度系数

金属	电阻 (298K) Ω·cm	电阻温度系数 (273K) 10^3/K
Sc	50.9	2.82
Y	59.6	2.7
La	79.8	2.18
Ce	75.3	0.87
Pr	68.0	1.71
Nd	64.3	1.64
Sm	105.0	1.84

续表 14-2-5

金属	电阻 (298K) Ω·cm	电阻温度系数 (273K) 10^3/K
Eu	91.0	—
Gd	131.0	1.76
Tb	114.5	—
Dy	92.6	1.19
Ho	81.4	1.71
Er	86.0	2.01
Tm	67.6	1.95
Yb	25.1	1.30
Lu	58.2	2.40

五、磁性能

在常温下，所有的稀土金属都具有顺磁性，而钆具有铁磁性。钆前元素与镝在低温时表现出铁磁性。稀土金属的摩尔磁化率与有效磁矩见表14-2-6。

表14-2-6 稀土金属的摩尔磁化率、有效磁矩

金属	磁化率	有效磁矩 μ_B 玻尔磁子
α-Sc	315.0	0.14
Y	215	0.67
α-La	118.0	0.49
γ-Ce	2420	—
α-Ce	5160.0	—
β-Ce	2450	—
α-Pr	—	2.51
γ-Pr	5010.0	3.56
α-Nd	5628.0	3.3
α-Sm	1860.0	1.74
Eu	34000.0	7.12
α-Gd	755000.0	7.95
α-Tb	146000.0	9.7
Dy	103500.0	10.64
Ho	70200	10.89
Er	44300	9.5
Tm	25500.0	7.62
α-Yb	249.0	0.41
Lu	70.0	0.21

第二节 稀土金属的化学性质

稀土金属具有较大的化学活性，能与周期表中的大多数元素作用，生成氧化物、卤化物、氢化物、碘化物和氮化物、金属间化合物或合金。稀土金属可使水分解。除氢氟酸外，稀土金属能与无机酸相互作用或溶解在其中生成各种盐。稀土金属也能与碱相互作用。

(1) 稀土金属与氧的作用。轻稀土金属在室温下，特别是在湿空气中，很易与氧作用形成氧化物。镧、铈、铕比镨、钕、钐更容易与氧结合。重稀土金属在室温下较稳定，这是由于重稀土金属表面可生成氧化膜阻止了进一步氧化。稀土金属氧化的速度随原子序数增加而减小。钪与钇在空气中较稳定。所有稀土金属在空气中加热到300℃以上都能迅速氧化，除铈氧化成CeO_2、镨氧化成Pr_6O_{11}、铽氧化成Tb_4O_7外，其余都生成RE_2O_3型氧化物。

(2)稀土金属与氢作用。稀土金属在室温下能吸收氢，升高温度则加快氢化过程，当加热到250℃以上时激烈吸氢，生成REH_x（$x=2, 3, \cdots\cdots$），但在真空下加热到1000℃以上时完全释放所吸的氢。

(3) 稀土金属与碳、氮的作用。稀土金属与碳和氮在高温下生成稀土金属碳化物和氮化物。稀土金属碳化物遇湿空气即发生水解，生成乙炔等碳氢化合物。

(4)稀土金属与硫的作用。稀土金属与硫磺蒸气作用生成硫化物。稀土硫化物很稳定，且具有很高的熔点和耐火性。

(5) 稀土金属与卤素作用。稀土金属在高于200℃时可与卤素发生剧烈反应，生成卤化物。稀土卤化物吸湿性强，易发生水解而生成REOX型的卤氧化物（$x=F^-$、Cl^-、Br^-或I^-）。

(6)稀土金属与其它金属的作用。稀土金属能与铜、银、金、铍、镁、锌、镉、汞、铝、镓、铟、铊、锡、铅、锑、铋、铁、钴、镍等多种金属作用，生成不同的金属间化合物。与镁生成REMg、$REMg_2$、$REMg_3$、$REMg_9$等化合物；与铝生成$LaAl_4$、$LaAl_2$、LaAl、La_3Al、Ce_3Al_2等化合物；与钴生成具有强磁性的化合物$SmCo_5$、$SmCo_3$、$SmCo_2$、Sm_2Co_7、Smlo、Sm_9Co_4，其中以$SmCo_5$的磁性最强；与镍生成LaNi、$LaNi_5$等化合物，其中$LaNi_5$吸氢能力很强；与铜生成YCu、YCu_2、YCu_4、YCu_6等化合物；与铁生成$CeFe_3$、$CeFe_2$、Ce_2Fe_3、YFe_2等化合物，但镧与铁生成低共熔体。稀土金属与碱金属及钙等均生成不互溶体系。稀土金属在锆、铪、铌、钽中溶解度很小，一般只形成低共熔体。稀土金属与铬、钼、钨不能生成化合物。

第三节 稀土金属的力学性质

一、硬度

对大多数稀土金属力学性质的研究是在常温常压下进行的。由于稀土金属的晶体结构为多晶体，所以也有在高温高压或低温低压下对稀土金属的单晶体进行力学性质的研究。稀土金属的硬度由于其纯度、制取方法与样品的状态不同而有所不同。表14-2-7中列出稀土金属结晶方向的微硬度。硬度与稀土的原子序数之间没有严格的规律可循，但有硬度随稀土原子序数增大而提高的趋势。

表 14-2-7 稀土金属的硬度

金属	纯度，%	HB，Pa，$\times 10^8$
Sc	96～98	11.77～12.75
	99	7.36～9.8
	99.6	4.91～5.89
Y	97～98	8.83～9.81
	99	5.89
	99.8	3.92～4.91
La	98.2	3.14
Ce	98.5	2.75
Pr	98.5	3.92
Nd	98	4.91
Nd	99	3.14
	99.6	1.96～2.45
Sm	98.2	7.85
	99.5	3.43～4.41
Eu	98	0.98～1.47
Gd	98	6.87
	99	5.89
	99.6	3.92～4.91
Tb	99.8	6.87
Dy	98.5	8.34
Dy	99.6	5.40
Ho	98.2	8.34
	99.5	4.91
Er	98.2	8.83
	99.6	4.91
Tm	98.2	8.34
	99	5.40
Yb	98	1.96
Lu	98.2	11.77

金属钐、钇、钪与钆经退火，硬度下降。金属由于退火后硬度下降，可用再熔融与冷却来提高硬度。

金属镧、铈、镨、钆与钇的硬度随温度而变化。纯度为99%的金属镧，当温度提高到800℃时其硬度由314MPa降至34.3MPa，在550℃时明显地变软，这是由于金属镧在此温度下发生了相变。铈明显的软化点为350℃，镨为400℃，钆为400℃～500℃。

稀土金属中的含氧量也影响稀土金属的硬度。当含氧量由0.05%增至0.4%，金属钇的硬度由491MPa提高至981MPa。

稀土金属中添加其它金属也能改变其硬度。添加钙、镁与铟对金属钇硬度的影响不明显。添加钼、钛与钒使金属钇的硬度增加91.8～196MPa。添加铝、锆、锡、铬或铁能明显地提高金属钇的硬度，如添加50%的铝可使金属钇的硬度增加2.5倍。

二、强度与塑性

稀土金属的强度和塑性与其纯度、制取方法、热处理与样品大小都有关系。纯度为99%的稀土金属的强度与塑性见表14-2-8。

表 14-2-8 稀土金属机械性能

金 属	屈服强度 $\sigma_{0.2}$，MPa	抗拉强度 σ_b，MPa	伸长 δ，%	冲击韧性 a_K，J/cm²
Sc	233.5	304.1	20	—
Y	171.7	310.0	34	2.040
La	113.8	166.8	8.2	6.141
Ce	78.5	120.7	32.6	2.982
Pr	100.1	111.8	12.3	6.445
Nd	158.9	183.5	12.4	11.232
Sm	111.8	123.6	2.5	1.717
Eu	—	—	—	—
Gd	182.5	215.8	10.0	1.746
Tb	—	166.8	—	4.346
Dy	—	245.3	—	2.237
Ho	210.9	280.6	5.9	9.712
Er	215.8	280.6	4.6	1.579
Tm	—	—	—	—
Yb	64.7	71.6	5.7	7.210
Lu	—	—	—	—

第四节 稀土化合物的物理化学性质

一、氧化物

稀土草酸盐、碳酸盐、硝酸盐与氢氧化物加热分解可得氧化物。稀土氧化物的熔点很高，其熔点与密度及其外观的颜色见表 14-2-9。稀土氧化物具有磁性，其磁性质常数见表 14-2-10。稀土氧化物是电的不良导体，其电性质见表 14-2-11，14-2-12。稀土氧化物在高温下分解：

$$RE_2O_{3(固)}=2REO_{(气)}+O_{(气)}$$

其蒸发速度见表 14-2-13。氧化物难溶于水，但能与水分子结合成水合物，能溶于无机酸。经过煅烧后的四价铈的氧化物 CeO_2 难溶于盐酸或硝酸，但能溶于浓硫酸。

表 14-2-9 稀土氧化物的密度与熔点

氧化物	密度，g/cm³	熔点，℃	颜色
Sc_2O_3	3.864	—	白
Y_2O_3	5.01	—	白
La_2O_3	6.51(15℃)	2217	白
CeO_2	7.132(22℃)	2397	黄绿
Ce_2O_3	6.86	—	灰绿
PrO_2	6.82	—	棕黑
Pr_2O_3	7.07	2127	浅绿
Pr_6O_{11}	—	2042	黑
Nd_2O_3	7.24	2211	蓝紫
Pm_2O_3	7.30	—	
Sm_2O_3	7.68	2262	黄白
Eu_2O_3	7.42	2002	紫红
EuO	8.21	—	暗红
Eu_3O_4	8.11	—	棕红
Gd_2O_3	7.407(15℃)	2322	白
Tb_2O_3	8.33	2292	白
Tb_4O_7	—	2337	棕
Dy_2O_3	7.81(27℃)	2352	白

续表 14-2-9

氧化物	密度，g/cm³	熔点，℃	颜色
Ho_2O_3	—	2367	锡红
Er_2O_3	8.640	2387	淡红
Tm_2O_3	—	2392	绿白
Yb_2O_3	9.17	2372	白
Lu_2O_3	—	2467	白

表 14-2-10 稀土氧化物的磁性质与磁特性温度

氧化物	磁矩 μ_B(实验) 玻尔磁子	奈尔温度 T_N，K	居里温度 T_C，K
Y_2O_3	0.2	—	—
La_2O_3	—	—	—
Pr_2O_3	3.59	57	72.9
Pr_6O_{11}	2.78	85	91
PrO_2	—	14	—
Nd_2O_3	3.79	32	−27
Sm_2O_3	1.50	—	−150
EuO	7.3	—	69（铁磁）
Eu_2O_3	3.36	—	76（顺磁）
Eu_3O_4	3.51	6.1	77
Gd_2O_3	7.95	1.5	−17
Tb_2O_3	—	2.4	−13
Tb_2O_3 (B)	9.6	—	—
Tb_2O_3 (C)	9.5	—	—
TbO_2	7.9	3	—
Dy_2O_3	10.52	1.2	−18
Ho_2O_3	10.4	1.2	−14
Er_2O_3	9.44	3.4	−11
Tm_2O_3	7.28	—	−25
Yb_2O_3	4.60	2.3	−90

表 14-2-11　稀土氧化物电性质

氧化物	电阻，Ωm	电导温度系数 $L=Ae^{-\frac{B}{T}}$		半导体禁带宽度 eV
		A	*B*	
Sc_2O_3	4.4×10^5	5.70	19500	—
Y_2O_3	5.4×10^4	2.96	16770	—
La_2O_3	1×10^6	4.16	13500	8.65
Ce_2O_3	22.4	—	—	—
CeO_2	1×10^4	16.5	12600	5.45
Pr_2O_3	2×10^3	—	—	—
Pr_6O_{11}	8.3×10^{-2}	87.0	6325	—
Nd_2O_3	1.1×10^2	5.67	11140	7.02
Sm_2O_3	4.2×10^2	14.24	13400	8.0
Eu_2O_3	—	—	—	7.2
Gd_2O_3	1×10^4	4.95	15590	8.5
Tb_2O_3	1.0	—	—	4.86
Dy_2O_3	1.7×10^2	4.43	15910	8.0
Ho_2O_3	1×10^7（417℃）	—	—	8.65
Er_2O_3	1×10^5	—	—	8.65
Tm_2O_3	1×10^6（560℃）	—	—	7.24
Yb_2O_3	3.5×10^3	10.1	17550	8.35
Lu_2O_3	1×10^6	—	—	8.70

表 14-2-12　稀土氧化物电导与温度的关系（$I=10^{-5}$A, $V=4.00$V）

氧化物	电导率，S/m，$\times10^2$						
	873	1073	1173	1273	1373	1473	1573
Sc_2O_3	—	0.0297	0.135	0.507	1.55	4.07	9.50
Y_2O_3	0.0028	0.099	0.358	1.11	2.91	6.70	14.0
La_2O_3	0.314	5.76	16.9	41.6	87.9	173	313
CeO_2	10.4	156	423	972	1987	3720	6510
Pr_6O_{11}	27800	108000	179000	274000	393000	538000	—
Nd_2O_3	6.94	70.0	167	362	691	1190	1900
Sm_2O_3	1.48	21.4	61.4	152	331	654	1140
Eu_2O_3	—	3.54	10.6	27.2	62.9	126	235
Gd_2O_3	0.0411	0.973	3.28	9.47	23.3	50.2	99.3
Tb_4O_7	392	1020	1460	—	—	—	—
Dy_2O_3	—	0.636	2.28	6.68	16.5	36.2	71.6
Er_2O_3	—	0.554	1.96	5.87	14.6	32.0	64.4
Yb_2O_3	0.0094	0.326	1.27	4.21	11.4	27.1	68.5

表 14-2-13 RE_2O_3 蒸发速度

氧化物	温度，K	G，g/m·min ×10⁹	氧化物	温度，K	G，g/m·min ×10⁹
Sc_2O_3	2551	—	Tm_2O_3	2470	3.12
	2555	3.288		2507	3.558
	2568	—		2540	6.30
	2596	5.604	La_2O_3	2234	3.21
	2631	8.4		2307	7.596
	2633	16.2		2321	10.146
	2671	12.18		2353	16.884
Y_2O_3	2450	0.78		2372	20.994
	2500	1.50		2397	24.786
	2550	2.64		2412	26.892
	2600	—		2441	39.162
	2700	—		2450	42.90
Sm_2O_3	2350	4.98		2500	78.60
	2400	8.82	Nd_2O_3	2255	3.69
	2450	15.66		2281	4.932
	2500	28.32		2306	6.24
	2550	46.68		2408	16.56
Eu_2O_3	2164	24.96	Sm_2O_3	2300	2.64
	2111	10.86	Gd_2O_3	2350	1.68
	2070	6.36		2400	2.82
	2022	2.982		2450	5.34
	1984	1.500		2500	9.48
	2172	34.74		2550	17.52
	2188	44.7		2600	30.18
Ho_2O_3	2608	9.66	Dy_2O_3	2400	2.37
	2663	28.68		2470	4.056
	2690	54.96		2500	6.300
Er_2O_3	2502	2.46		2549	9.72
	2565	3.912		2610	15.06
	2604	8.52		2637	22.44
	2640	9.42	Ho_2O_3	2487	3.144
	2670	14.52		2535	4.308
	2687	14.34		2577	8.40

续表 14-2-13

氧化物	温度，K	G，g/m·min ×10⁹	氧化物	温度，K	G，g/m·min ×10⁹
Tm_2O_3	2584	8.43	Yb_2O_3	2543	10.20
	2604	10.68		2593	15.72
	2641	14.10		2626	24.30
Yb_2O_3	2371	1.344	Lu_2O_3	2615	2.82
	2438	3.138		2661	7.20
	2483	5.10		2700	9.18
	2506	6.36			

二、氢氧化物

在稀土盐溶液中加碱可析出稀土氢氧化物沉淀。沉淀pH值如表14-2-14所示。表中列出的pH值系指稀溶液而言。当浓度增大时沉淀的pH值向酸性范围移动。稀土氢氧化物的密度、颜色及在水中的溶解度见表14-2-15。稀土氢氧化物能溶于无机酸。$Ce(OH)_3$在空气中很易氧化成$Ce(OH)_4$，其它稀土氢氧化物都为$RE(OH)_3$型。三价稀土氢氧化物的碱性随离子半径的减小而减弱。含水稀土氢氧化物加热时可分解脱水，脱水温度见表14-2-16。

表 14-2-14 稀土氢氧化物开始沉淀pH值

稀土离子	无阴离子影响	硝酸盐体系	硫酸盐体系	氧化物体系	醋酸盐体系	高氯酸盐体系
Sc^{3+}	—	—	—	4.8	6.1	—
Y^{3+}	5.84	6.95	6.83	6.78	6.83	6.81
La^{3+}	6.77	7.82	7.41	8.03	7.93	8.10
Ce^{3+}	—	7.60	7.35	7.41	7.77	—
Pr^{3+}	6.64	7.35	7.17	7.05	7.66	7.40
Nd^{3+}	6.03	7.31	6.95	7.40	7.59	7.30
Sm^{3+}	5.37	6.92	6.70	6.83	7.40	7.13
Eu^{3+}	5.15	6.82	6.68		7.18	6.91
Gd^{3+}	5.04	6.83	6.75		7.10	6.81
Tb^{3+}	5.23	—	—		—	
Dy^{3+}	5.37	—	—		—	—
Ho^{3+}	5.15	—				—
Er^{3+}	5.14	6.76	6.5		6.59	6.61
Tm^{3+}	—	6.40	6.21		6.53	—
Yb^{3+}	5.12	6.30	6.18		6.50	7.30
Lu^{3+}	5.00	6.30	6.18		6.46	6.45

表 14-2-15 稀土氢氧化物在水中的溶解度

氢氧化物	溶解度,mol/L ×10^{-6}	密 度 g/cm^3	颜 色	氢氧化物	溶解度,mol/L ×10^{-6}	密 度 g/cm^3	颜 色
$Y(OH)_3$	1.2	3.9	白	$Tb(OH)_3$	—	5.72	白
$La(OH)_3$	7.8	4.44	白	$Dy(OH)_3$	—	5.86	黄
$Ce(OH)_3$	4.8	—	白	$Ho(OH)_3$	—	6.02	黄
$Pr(OH)_3$	5.4	4.69	浅绿	$Er(OH)_3$	0.8	6.15	浅红
$Nd(OH)_3$	2.7	4.95	紫红	$Tm(OH)_3$	0.6	6.28	绿
$Sm(OH)_3$	2.0	5.25	黄	$Yb(OH)_3$	0.5	6.46	白
$Eu(OH)_3$	1.4	5.37	浅红	$Lu(OH)_3$	0.5	—	白
$Gd(OH)_3$	1.4	5.56	白				

表 14-2-16 稀土氢氧化物脱水温度（℃）

元 素	沉淀试样			水相试样	
	$RE(OH)_3\cdot nH_2O$	$RE(OH)_3$	$REO(OH)$	$RE(OH)_3$	$REO(OH)$
Y	56	280～190	470～290	310	470
La	70	390～260	590～380	410	550
Ce	—	—	—	—	—
Pr	54	328～220	460～340	355	—
Nd	58	338～210	464～320	375	535
Sm	66	345～220	515～325	345	490
Eu	71	370	540	330	475
Gd	76	380～210	570～310	330	390
Tb	66	340	500	320	375
Dy	60	300～205	490～310	295	445
Ho	48	270	460	290	430
Er	45	255～200	440～315	250	430
Tm	40	240	430	270	390
Yb	36	—	410～320	—	—
Lu	31	210	400	—	—

三、卤化物

从水溶液中析出的稀土卤化物是含水的结晶。当水合物结晶在高温下脱水或无水盐与湿空气接触时，易发生水解而产生卤氧化物：

$REX_3+H_2O=REOX+2HX$，（$X=F^-$，Cl^-，Br^-或I^-。）

卤化物的沸点和熔点如表 14-2-17、14-2-18 所示，卤化物的密度见表 14-2-19、14-2-20。卤化物易溶于水，氯化物溶解度见表 14-2-21，其在盐酸中的溶解度随盐酸浓度的增加而减小(见表 14-2-22)。卤化物的熔盐电导率与溶液电导率见表 14-2-23、14-2-24。

表 14-2-17　稀土卤化物的熔点

元　素	REF_3,℃	$RECl_3$,℃	$REBr_3$,℃	REI_3℃	其它化合物	
					组　成	熔点,℃
Sc	1515	960	948	920	CeF_4	977
Y	1152	904	904	965	SmF_2	1377
La	1490	852	783	772	EuF_2	1377
Ce	1437	802	722	766	YbF_2	1377
Pr	1395	786	693	737	$NdCl_2$	841
Nd	1374	760	684	784	$SmCl_2$	848
Pm	1407	—	677	797	$EuCl_2$	731
Sm	1306	678	664	—	$TmCl_2$	718
Eu	1276	623	705	—	$YbCl_2$	702
Gd	1231	609	785	925	$SmBr_2$	700
Tb	1172	588	830	957	$EuBr_2$	702
Dy	1152	654	881	978	$YbBr_2$	677
Ho	1143	720	914	994	LaI_2	820
Er	1140	776	950	1015	CeI_2	808
Tm	1158	821	955	1021	PrI_2	758
Yb	1157	854	940	—	NdI_2	562
Lu	1182	892	960	1050	SmI_2	520
					EuI_2	580
					GdI_2	831
					TmI_2	756
					YbI_2	772

表 14-2-18　稀土卤化物的沸点

元　素	REF_3,℃	$RECl_3$,℃	$REBr_3$,℃	REI_3,℃	其它化合物	
					组成	沸点,℃
Sc	1527	967	—	—	SmF_2	2427
Y	2227	1510	1470	1307	EuF_2	2427
La	2327	1750	1580	1402	YbF_2	2377
Ce	2327	1730	1560	1392	$SmCl_2$	2027
Pr	2327	1710	1550	1377	$EuCl_2$	2027
Nd	2327	1690	1540	1367	$YbCl_2$	1927
Pm	2327	—	1530	1367	$SmBr_2$	1877
Sm	2327	—	分解	—	$EuBr_2$	1877

续表 14-2-18

元素	REF_3,℃	$RECl_3$,℃	$REBr_3$,℃	REI_3,℃	其它化合物	
					组成	沸点,℃
Eu	2277	分解	分解	分解	$YbBr_2$	1827
Gd	2277	1580	1490	1337	SmI_2	1577
Tb	2277	1550	1490	1327	EuI_2	1577
Dy	2227	1530	1480	1317	YbI_2	1327
Ho	2227	1510	1470	1297		
Er	2227	1500	1460	1277		
Tm	2227	1490	1440	1257		
Yb	2227	分解	分解	分解		
Lu	2227	1480	1410	1207		

表 14-2-19 稀土卤化物的密度（g/cm³）

卤化物	密度	卤化物	密度
LaF_3	5.936	$GdCl_3$	4.412
CeF_3	6.157	LaI_3	2.246
PrF_3	6.14	CeI_3	2.273
SmF_3	6.925	PrI_3	2.309
EF_3	7.088	NdI_3	2.342
DyF_3	7.465	SmI_3	3.141
HoF_3	7.829	GdI_3	3.138
ErF_3	7.814	TbI_3	3.155
TmF_3	8.220	DyI_3	3.210
YbF_3	8.168	HoI_3	3.240
LuF_3	8.44	ErI_3	3.279
YF_3	5.069	TmI_3	3.321
$LaCl_3$	3.858	YbI_3	3.331
$NdCl_3$	4.139	LuI_3	3.386
$EuCl_3$	4.410	ScI_3	4.70

表 14-2-20 稀土卤氧化物密度（g/cm³）

卤氧化物	密度	卤氧化物	密度
ScOF	3.05	LaOF	6.02
YOF	5.18	PrOF	6.40

续表 14-2-20

卤氧化物	密　度	卤氧化物	密　度
NdOF	6.69	YbOF	9.25
SmOF	7.17	LaOCl	5.41
EuOF	7.37	EuOCl	6.420
GdOF	7.67	SmOBr	6.616
TbOF	7.89	EuOBr	6.670
DyOF	8.18	YbOBr	7.504
HoOF	8.40	SmP_4Br	6.640
ErOF	8.65	Eu_3O_4Br	6.799
TmOF	8.93	Yb_3O_4Br	8.367

表 14-2-21　稀土氯化物在水中的溶解度

氯化物	温度,℃	溶解度,%	氯化物	温度,℃	溶解度,%
YCl_3	0	42.36	$LaCl_3$	63.6	54.30
	10	42.65		64.6	54.96
	20	42.87		71.5	56.70
	25	42.95		76.0	57.59
	30	43.07		80.4	58.89
	40	43.30		92.1	63.02
	50	43.45	$PrCl_3$	0	47.64
	60	43.60		11.4	48.39
	70	43.75		13.0	50.96
	80	43.86		26.2	49.65
$LaCl_3$	0	48.12		35.0	50.15
	10	48.46		45.8	51.47
	11.4	48.83		55.4	53.04
	15.4	48.99		59.0	53.60
	25.0	49.27		63.6	54.51
	26.2	49.40		71.5	56.62
	33.0	49.69		80.2	58.62
	36.4	49.87	$NdCl_3$	0	49.18
	45.8	51.16		10	49.32
	50.2	52.00		13.0	49.67
	55.4	53.15		15.4	49.34
	59.0	53.65		20.0	49.49

续表 14-2-21

氯化物	温度,℃	溶解度,%	氯化物	温度,℃	溶解度,%
$NdCl_3$	26.2	49.61	$NdCl_3$	87.0	56.75
	30.0	49.91		91.7	57.19
	33.0	50.69		93.5	57.41
	45.8	51.88		97.6	58.29
	54.8	52.51		98.3	58.15
	55.4	52.90		100.0	58.4
	59.0	53.33	$SmCl_3$	10	48.02
	64.0	53.88		20	48.29
	68.0	54.39		30	48.60
	72.0	54.61		40	49.20
	80.0	56.04		50	49.98

表 14-2-22 稀土氯化物在盐酸中的溶解度

温度,℃	盐酸浓度,%	溶解度,%	温度,℃	盐酸浓度,%	溶解度,%
	氯化钇			氯化镧	
0	0	43.0	0	0	47.0
	10	28.5		5	38.2
	20	14.6		15	20.9
	30	3.3		22	10.3
	40	0.115		30	2.8
10	0	45.1		40	1.8
	5.9	37.6	25	0	49.00
25	0	44.14		5.08	38.31
	5.02	36.84		9.54	29.10
	9.75	30.25		20.05	14.23
	19.23	16.64		28.68	4.13
50	0	43.6	50	0	50.0
	11.2	27.6		7.5	38.2
	23.8	11.2		14.8	26.4
50	34.2	2.5		25.5	12.5
75	0	44.3		30.0	12.0
	6.7	35.3	75	0	55.6
	9.6	31.5		5.9	46.7
	15.3	24.0		11.4	41.0
	19.3	19.0	90	1.0	63.1
	24.2	13.8		1.9	62.2
				2.9	61.6

续表 14-2-22

温度,℃	盐酸浓度,%	溶解度,%
	氯化铈	
25	0	48.4
	12.70	27.15
	26.80	5.91
	氯化镨	
0	0	47.5
	10	30.2
	20	13.6
	30	2.5
	40	0.56
25	0	50.03
	5.47	40.54
	13.45	28.53
	26.50	8.54
	氯化钕	
0	0	48.8
	10	31.8
	20	15.1
	30	2.9
	40	0.27
25	0	49.01
	5.62	27.50
	12.50	20.23
	16.08	9.94
	23.12	50.0
50	0	50.0
	7.5	37.2
	15.4	24.1
	24.2	12.1
	25.0	3.3
75	0	52.5
	9.9	36.4
	21.4	21.8
	氯化钕	
90	0	54.5
90	6.7	44.4
	氯化钐	
0	0	48.0
	10	29.9
	20	12.9
	30	1.7
	40	0.12
25	0	8.30
	10.54	28.91
	18.71	15.88
	26.50	4.37
	氯化钆	
0	0	44.9
	10	29.1
	20	13.4
	30	1.9
	40	0.064
	45	0.034
	氯化铒	
0	0	49.8
	10	32.8
	20	16.0
	30	2.8
	40	0.11
	45	0.025
	氯化镱	
10	34	32.00
20	34	32.38
30	34	33.03
40	34	33.84
50	34	34.88

表 14-2-23 稀土三卤化物熔盐电导率

化合物	温度,℃	电导率, S/m	化合物	温度,℃	电导率, S/m
$LaCl_3$	880	131.6	$ErCl_3$	801	46.8
	890	134.2		818	49.6
	900	136.7		839	53.1
	910	139.3	$LaBr_3$	809	67.8
	920	141.8		812	68.3
$CeCl_3$	828	112.		821	71.0
	844	117.		831	72.0
	854	119.		837	73.2
	858	121.		851	75.5
	868	123.		869	79.4
	886	129.		894	84.0
	895	130.	$PrBr_3$	727	52.0
	931	138.		750	56.0
$PrCl_3$	800	101.1		770	60.0
	810	103.3	$NdBr_3$	713	46.6
	820	106.5		731	49.8
	830	109.4		743	51.9
	840	112.1		759	54.1
	850	114.8		772	56.3
	860	117.6		797	60.3
$NdCl_3$	800	94.6	$GdBr_3$	800	44.4
	820	99.9		823	47.6
	840	105.3		842	50.0
	860	109.9	LaI_3	796	45.6
	880	104.5		822	49.3
	900	118.6		847	52.4
$GdCl_3$	629	38.2		871	55.5
	649	40.8	CeI_3	796	44.8
	675	46.5		814	47.0
	698	50.6		836	49.9
$DyCl_3$	679	37.2		860	52.3
	704	42.4	PrI_3	763	39.9
	730	46.6		786	42.6
$HoCl_3$	747	43.1		809	45.2
	776	48.8	NdI_3	799	39.6
	800	52.6		818	41.6
	819	56.2		842	44.0

表 14-2-24　稀土氯化物溶液当量电导率（25℃）

浓度，mol/L	$LaCl_3$	$CeCl_3$	$PrCl_3$	$NdCl_3$	$SmCl_3$	$EuCl_3$
0.0000	146.1	146.2	146.0	145.7	144.9	144.2
0.000067	142.3	142.3	142.3	141.7	140.9	140.2
0.000133	140.6	140.6	140.5	140.1	139.2	138.6
0.000233	138.8	138.8	138.7	138.3	137.4	136.8
0.000333	137.4	137.4	137.3	137.0	135.9	135.4
0.000667	133.9	133.9	133.8	133.8	132.6	132.1
0.001333	129.5	129.5	129.4	129.3	128.5	127.8
0.002333	125.2	125.2	125.1	125.4	124.2	123.7
0.003333	122.1	122.1	122.0	122.1	121.1	120.6
0.006667	115.6	115.6	115.5	115.1	114.8	114.2
0.013333	108.8	108.8	108.7	108.5	108.0	107.4
0.02333	102.7	102.7	102.6	102.9	102.1	101.7
0.033333	99.0	99.0	98.6	99.3	98.5	98.2
浓度，mol/L	$GdCl_3$	$DyCl_3$	$HoCl_3$	$ErCl_3$	$TmCl_3$	$YbCl_3$
0.000000	143.7	142.0	142.6	142.3	141.8	142.0
0.000067	139.8	138.0	138.7	138.3	137.8	138.1
0.000133	138.1	136.5	137.1	136.8	136.4	136.6
0.000233	136.3	134.7	135.4	135.1	134.7	135.0
0.000333	134.9	133.4	134.0	133.8	133.3	133.7
0.000667	131.3	130.3	130.7	130.5	130.0	130.5
0.001333	127.1	126.1	126.4	126.3	126.0	126.1
0.002333	123.0	—	—	122.0	—	121.2
0.003333	120.2	119.2	119.3	119.1	119.0	119.1
0.006667	114.0	113.0	113.1	113.0	112.8	113.0
0.013333	107.0	106.3	106.4	106.3	105.9	106.1
0.023333	101.5	100.7	100.8	100.6	100.4	100.5
0.033333	98.4	97.1	96.8	96.6	96.1	96.4
浓度，mol/L	$LaBr_3$	$PrBr_3$	$NdBr_3$	$GdBr_3$	$HoBr_3$	$ErBr_3$
0.000000	147.6	147.6	147.6	145.6	144.4	144.0
0.000067	143.6	143.6	143.6	141.7	140.5	140.1
0.000133	142.0	142.0	142.0	140.0	138.8	138.4
0.000233	140.2	140.2	140.2	138.2	137.0	136.7
0.000333	137.8	138.7	138.7	136.8	135.6	135.2

续表 14-2-24

浓度，mol/L	$LaBr_3$	$PrBr_3$	$NdBr_3$	$GdBr_3$	$HoBr_3$	$ErBr_3$
0.000667	138.7	137.7	137.7	133.0	132.5	132.2
0.001333	131.8	131.7	131.6	128.8	128.4	128.2
0.002333	127.7	127.6	127.6	125.0	124.5	124.2
0.003333	124.6	124.5	124.4	122.2	121.6	121.3
0.006667	118.5	118.4	118.3	106.1	115.6	115.6
0.013333	112.2	112.1	112.0	110.1	109.3	109.0
0.023333	109.0	108.9	108.8	105.1	104.2	103.9
0.033333	103.8	103.6	103.4	102.0	101.0	100.7

四、氢化物

稀土金属极易吸收氢而形成氢化物。稀土氢化物的密度见表 14-2-25。氢化物不具有金属的导电性能而属盐类导电，其电阻率的范围较宽（见表 14-2-26）。

表 14-2-25 稀土氢化物的密度（X 射线法）

氢化物	密度，g/cm³	氢化物	密度，g/cm³
ScH_2	2.851	$TbH_{1.90\sim2.15}$	7.40
YH_2	4.293	$TbH_{2.8\sim3.3}$	6.81
$YH_{1.98}$	4.291	$DyH_{1.94\sim2.08}$	7.76
YH_3	3.946	$DyH_{2.68\sim3.0}$	7.12
LaH_2	5.14	$HoH_{1.95\sim2.24}$	8.04
$LaH_{2.63}$	5.280	$HoH_{2.64\sim3.0}$	7.40
CeH_2	5.43	$ErH_{1.95\sim2.31}$	8.36
CeH_3	5.48～5.58	$ErH_{2.82\sim3.0}$	7.63
PrH_2	5.842	$TmH_{1.99\sim2.41}$	8.61
PrH_3	5.813	$TmH_{2.76\sim3.0}$	7.84
NdH_2	5.94	YbH_2 (α)	8.09
NdH_3	6.14	YbH_2 (β)	8.02
$SmH_{2.92\sim2.5}$	6.52	$YbH_{2.58}$	8.33
$SmH_{2.59\sim3.0}$	6.06	$LuH_{1.35\sim2.25}$	9.22
$GdH_{1.8\sim2.3}$	7.08	$LuH_{2.78\sim3.0}$	8.36
$GdH_{2.85\sim3.0}$	6.57		

表 14-2-26　稀土氢化物的电阻率

氢化物	电阻率，Ω·cm	氢化物	电阻率，Ω·cm
LaH_2	0.1	$NdH_{2.1}$	0.952×10^{-4}
$LaH_{2.38}$	200	$NdH_{2.4}$	0.333×10^{-3}
LaH_3	1×10^7	$NdH_{2.65}$	1×10^{-3}
$CeH_{1.7}$	0.5×10^{-4}	$GdH_{1.65}$	36×10^{-3}
$CeH_{1.9}$	4×10^{-6}	$GdH_{2.0}$	7.5×10^{-3}
$CeH_{2.715}$	10.3×10^{-3} 3.5×10^{-3}	$GdH_{2.3}$ $HoH_{1.9}$	0 25×10^{-3}
$CeH_{2.77}$	22.8×10^{-3} 10.3×10^{-3}	$ErH_{3.6}$ YbH_2	26×10^{-3} 1×10^{-7}
$NdH_{1.9}$	32×10^{-3}	$LuH_{1.8}$	9.2×10^{-3}

五、硫酸盐

稀土氧化物或氢氧化物溶解于硫酸可得稀土硫酸盐。稀土硫酸盐在 500℃以下是稳定的，但至 900℃时分解成 RE_2O_3，SO_3，温度超过 1000℃时变成 RE_2O_3。稀土硫酸盐的颜色见表 14-2-27；熔点见表 14-2-28。稀土硫酸盐在水中的溶解度不大，随温度的升高而下降（见表 14-2-29）。稀土硫酸盐能与硫酸钠或硫酸钾形成硫酸复盐 $RE_2(SO_4)\cdot MeSO_4\cdot nH_2O$（$n=1$ 或 2）。根据稀土硫酸复盐在水中的溶解度，可将其分成三组：难溶性的铈组稀土（镧、铈、镨、钕与钐）复盐，可溶性的钇组稀土（钇、钬、铒、铥、镱与镥）复盐和微溶性的铽组稀土（铕、钆、铽与镝）复盐。

表 14-2-27　稀土硫酸盐颜色

盐组成	颜色	盐组成	颜色
$La_2(SO_4)_3\cdot9H_2O$	无色	$Sc_2(SO_4)_3$无水	无色
$Y_2(SO_4)_3\cdot8H_2O$	淡红色	$Y_2(SO_4)_3$无水	白色
$Ce_2(SO_4)_3\cdot8H_2O$	淡红色	$La_2(SO_4)_3$无水	白色
$Pr_2(SO_4)_3\cdot8H_2O$	绿色	$Ce_2(SO_4)_3$无水	无色
$Nd_2(SO_4)_3\cdot8H_2O$	红色	$Pr_2(SO_4)_3$无水	绿色
$Sm_2(SO_4)_3\cdot8H_2O$	黄色	$Eu_2(SO_4)_3$无水	无色
$Eu_2(SO_4)_3\cdot8H_2O$	淡红色	$Gd_2(SO_4)_3$无水	无色
$Tb_2(SO_4)_3\cdot8H_2O$	白色	$Er_2(SO_4)_3$无水	粉红色
$Dy_2(SO_4)_3\cdot8H_2O$	亮黄色	$Yb_2(SO_4)_3$无水	无色
$Er_2(SO_4)_3\cdot8H_2O$	玫瑰红色	$Ce(SO_4)_3$无水	深黄色
$Lu_2(SO_4)_3\cdot8H_2O$	无色	$EuSO_4$无水	无色

表 14-2-28 稀土硫酸盐熔点

盐组成	熔点,℃	盐组成	熔点,℃
$La_2(SO_4)_3 \cdot 9H_2O$	白热	$Y_2(SO_4)_3$无水	1000
$Y_2(SO_4)_3 \cdot 8H_2O$	120	$La_2(SO_4)_3$无水	1150
$Nd_2(SO_4)_3 \cdot 8H_2O$	1176	$Ce_2(SO_4)_3$无水	920（分解）
$Sm_2(SO_4)_3 \cdot 8H_2O$	450	$Gd_2(SO_4)_3$无水	500
$Eu_2(SO_4)_3 \cdot 8H_2O$	375	$Er_2(SO_4)_3$无水	630
$Tb_2(SO_4)_3 \cdot 8H_2O$	360	$Yb_2(SO_4)_3$无水	900
$Er_2(SO_4)_3 \cdot 8H_2O$	400		

表 14-2-29 稀土硫酸盐在水中溶解度（g/L）

温度,℃	0	10	15	20	25	30	40	50	95	100
$La_2(SO_4)_3 \cdot 9H_2O$	38	—	—	—	—	—	—	—	—	8.7
$Ce_2(SO_4)_3 \cdot 9H_2O$	118.7	—	118.7	—	—	4.2	—	—	—	—
$Y_2(SO_4)_3 \cdot 8H_2O$	—	74.7	—	—	—	—	—	—	19.9	—
$Ce_2(SO_4)_3 \cdot 8H_2O$	—	—	—	120	—	—	—	60	—	—
$Pr_2(SO_4)_3 \cdot 8H_2O$	—	—	—	174	—	—	—	—	—	—
$Nd_2(SO_4)_3 \cdot 8H_2O$	—	—	—	80	—	—	54	—	—	—
$Sm_2(SO_4)_3 \cdot 8H_2O$	—	—	—	26.7	44	—	19.9	—	—	—
$Eu_2(SO_4)_3 \cdot 8H_2O$	—	—	—	25.13	—	—	19.3	—	—	—
$Tb_2(SO_4)_3 \cdot 8H_2O$	—	—	—	35.61	—	—	25.1	—	—	—
$Dy_2(SO_4)_3 \cdot 8H_2O$	—	—	—	50.72	—	—	33.4	—	—	—
$Er_2(SO_4)_3 \cdot 8H_2O$	—	—	—	160	—	—	65.3	—	—	—
$Yb_2(SO_4)_3 \cdot 8H_2O$	—	—	—	—	359	—	211	—	—	—
$Lu_2(SO_4)_3 \cdot 8H_2O$	—	—	—	422.7	—	—	169.3	—	—	—
$Ce_2(SO_4)_3 \cdot 5H_2O$	—	—	—	—	—	—	—	39.0	—	5.14

六、硝酸盐

硝酸盐加热能分解为氧化物。钪、钇、镧、铈、镨、钕与钐的硝酸盐分解成氧化物的最低温度(℃)分别为510、480、780、450、505、830、750。稀土硝酸盐的熔点见表14-2-30。硝酸盐易溶于水，其结晶体大都呈各种组成的水合结晶形态，并易与铵盐及三价元素盐类形成复盐，如与硝酸铵或硝酸镁形成硝酸复盐 $RE(NO_3)_3 \cdot 2NH_4NO_3 \cdot 4H_2O$，$2RE(NO_3)_3 \cdot 3Mg(NO_3)_2 \cdot 24H_2O$。硝酸稀土复盐的溶解度从镧到钐速增，如设镧的硝酸铵复盐的溶解度为1（20℃），则铈、镨、钕、钐的铵盐分别为1.5、1.7、2.2与4.6；设镧的硝酸镁复盐溶解度为1（20℃），则铈、镨、钕与钐的镁复盐分别为1.2、1.2、1.5与3.8。

表 14-2-30 稀土硝酸盐熔点

盐组成	熔点,℃
$Y(NO_3)_3 \cdot 6H_2O$	88
$La(NO_3)_3 \cdot 6H_2O$	70
$Ce(NO_3)_3 \cdot 6H_2O$	96
$Pr(NO_3)_3 \cdot 6H_2O$	60
$Nd(NO_3)_3 \cdot 6H_2O$	70
$Sm(NO_3)_3 \cdot 6H_2O$	68
$Eu(NO_3)_3 \cdot 4H_2O$	91
$Gd(NO_3)_3 \cdot 4H_2O$	94
$Dy(NO_3)_3 \cdot 4H_2O$	90
$Ho(NO_3)_3 \cdot 4H_2O$	84
$Er(NO_3)_3 \cdot 4H_2O$	84
$Tm(NO_3)_3 \cdot 4H_2O$	90

表 14-2-31　稀土硝酸盐在水中的溶解度

温　度 ℃	溶解度,% 无水盐(重量)	温　度 ℃	溶解度,% 无水盐(重量)	温　度 ℃	溶解度,% 无水盐(重量)	温　度 ℃	溶解度,% 无水盐(重量)
			$La(NO_3)_3$				
2.7	54.4	36.3	62.6	60.9	70.2		
5.3	55.3	41.3	64.0	69.9	73.4		
15.8	57.9	48.6	65.3	79.9	76.6		
21.4	59.2	52.7	66.5	98.4	78.8		
27.7	61.0	55.4	67.6	122.0	79.9		
			$Ce(NO_3)_3$				
4.3	58.0	37.6	66.7	57.7	71.8	94.0	81.7
4.9	58.9	38.7	66.9	62.2	73.2	108.0	85.1
17.9	60.9	48.5	68.4	67.3	74.0	119.5	88.1
23.3	63.1	51.9	68.9	74.1	76.3		
28.9	63.7	53.0	70.0	80.0	79.2		
			$Pr(NO_3)_3$				
8.3	58.8	34.3	63.6	56.1	72.1	77.5	78.8
21.3	61.0	42.5	65.9	64.7	72.2	92.8	84.0
31.9	63.2	51.3	69.9	76.4	76.1	127.0	85.0
			$Nd(NO_3)_3$				
4.3	56.6	38.9	64.3	63.0	72.7	85.6	80.9
22.1	60.2	50.8	66.2			121.8	84.7
33.7	61.3	55.6	68.6	68.9	76.4		
			$Sm(NO_3)_3$				
13.6	56.4	53.8	67.0	83.6	75.8		
30.3	60.2	65.8	69.1	86.4	83.4		
41.4	63.4	76.9	73.4	135.0	86.3		

七、草酸盐

稀土草酸盐热分解得氧化物，其分解温度见表14-2-32。稀土草酸盐难溶于水与无机酸，在水中的溶解度见表14-2-33，在酸中的溶解度见表14-2-34，在草酸铵中的溶解度见表14-2-35，在0.05mol EDTA 中的溶解度见表14-2-36。

表 14-2-32 水合稀土草酸盐热分解温度

草酸盐	开始分解,℃	完全分解,℃	草酸盐	开始分解,℃	完全分解,℃
La	380	800	Dy	415	745
Pr	420	790	Ho	400	735
Nd	445	735	Er	395	720
Sm	410	735	Tm	335	730
Eu	320	620	Yb	325	730
Gd	375	700	Lu	315	715
Tb	435	725	Ce	—	360

表 14-2-33 稀土草酸盐在水中溶解度(25℃)

盐组成	溶解度,无水盐 g/L	盐组成	溶解度,无水盐 g/L
$La_2(C_2O_4)_3 \cdot 10H_2O$	0.62	$Nd_2(C_2O_4)_3 \cdot 10H_2O$	0.74
$Ce_2(C_2O_4)_3 \cdot 10H_2O$	0.41	$Sm_2(C_2O_4)_3 \cdot 10H_2O$	0.69
$Pr_2(C_2O_4)_3 \cdot 10H_2O$	0.74	$Y_2(C_2O_4)_3 \cdot 9H_2O$	0.14
		$Yb_2(C_2O_4)_3 \cdot 10H_2O$	3.34

表 14-2-34 稀土草酸盐在酸中溶解度(25℃)

草酸盐	每100g 饱和溶液中无水草酸盐的克数				
	0.1mol/L HCl	0.25mol/L HCl	0.5mol/L HCl	2mol/L HNO_3	0.043～0.05 mol/L H_2SO_4
La	0.0208	0.0354	0.138	0.92	0.022
Ce	0.0131	0.0355	0.0834	2.264	0.0215
Pr	0.0098	0.024	0.0625	0.51	0.01
Nd	0.0076	0.024	0.044	0.43	0.0091
Sm	0.0052	0.0189	—	0.34	0.009
Gd	0.0024	0.022	0.033	0.28	0.0086

表 14-2-35 草酸盐在草酸铵中的溶解度(室温)

盐组成	草酸铵组成	溶解稀土盐,g	盐组成	草酸铵组成	溶解稀土盐,g
$Y_2(C_2O_4)_3$	1g 盐溶于38g 水	0.00256	$Pr_2(C_2O_4)_3$	1g 盐溶于38g 水	0.00026
$La_2(C_2O_4)_3$	1g 盐溶于38g 水	0.00023	$Nd_2(C_2O_4)_3$	1g 盐溶于38g 水	0.00034
$Ce_2(C_2O_4)_3$	1g 盐溶于38g 水	0.00042	$Yb_2(C_2O_4)_3$	1g 盐溶于38g 水	0.02437

表 14-2-36　稀土草酸盐在0.025molEDTA 中的溶解度

盐组成	25℃		40℃	
	pH	溶解度，g/LRE_2O_3	pH	溶解度，g/LRE_2O_3
$Y_2(C_2O_4)_3$	3.41	0.655	2.70	0.572
	3.95	0.870	2.98	0.943
	4.04	0.950	3.38	1.077
$La_2(C_2O_4)_3$	4.38	0.498	3.92	0.420
	4.94	0.884	4.51	0.931
	5.09	1.033	4.90	1.232
$Ce_2(C_2O_4)_3$	4.35	0.530	3.85	0.521
	4.80	0.965	4.50	1.002
	5.11	1.046	4.58	1.227
$Pr_2(C_2O_4)_3$	4.32	0.597	3.85	0.612
	4.71	0.962	4.45	1.010
	4.82	1.077	4.75	1.419
$Nd_2(C_2O_4)_3$	4.29	0.605	3.82	0.554
	4.64	1.142	4.35	1.022
	4.82	1.190	4.58	1.426
$Sm_2(C_2O_4)_3$	4.05	0.657	3.65	0.689
	4.52	1.124	4.10	1.137
	4.65	1.294	4.25	1.492
$Gd_2(C_2O_4)_3$	3.49	0.661	3.31	0.861
	4.15	1.142	3.90	1.270
	4.32	1.303	4.10	1.320
$Tb_2(C_2O_4)_3$	3.45	0.668	3.20	0.852
	3.95	1.225	3.80	1.157
	4.12	1.292	4.04	1.202
$Dy_2(C_2O_4)_3$	3.54	0.967	2.85	1.003
	4.06	1.282	3.22	1.414
	4.09	1.501	3.55	1.528
$Er_2(C_2O_4)_3$	3.02	1.301	2.65	1.338
	3.26	1.600	3.18	1.692
	3.67	1.715	3.35	1.748
$Yb_2(C_2O_4)_3$	2.88	1.674	2.45	1.625
	3.06	1.725	3.00	2.047
	3.47	2.004	3.20	2.170

八、碳酸盐

稀土碳酸盐加热可分解为氧化物。碳酸镧分解温度为830℃，碳酸铈为670℃，碳酸镨为650℃，碳酸钕为575℃，碳酸钐为570℃。碳酸盐难溶于水，但溶于无机酸，在水中的溶解度见表14-2-37。

表 14-2-37 碳酸盐在水中的溶解度（25℃）

盐组成	溶解度，mol/L
$La_2(CO_3)_3$	2.38×10^{-7}
	1.02×10^{-6}
$Ce_2(CO_3)_3$	$0.7\sim1.0\times10^{-6}$
$Pr_2(CO_3)_3$	1.99×10^{-6}
$Nd_2(CO_3)_3$	1.11×10^{-6}（30℃）
$Nd_2(CO_3)_3$	3.46×10^{-6}
$Sm_2(CO_3)_3$	1.89×10^{-5}
$Eu_2(CO_3)_3$	1.94×10^{-6}（30℃）
$Gd_2(CO_3)_3$	7.4×10^{-6}
$Dy_2(CO_3)_3$	6.0×10^{-6}
$Y_2(CO_3)_3$	1.54×10^{-5}
	2.52×10^{-6}
$Er_2(CO_3)_3$	2.10×10^{-5}
$Yb_2(CO_3)_3$	5.0×10^{-6}
$Yb(OH)CO_3$	5.54×10^{-6}（30℃）

九、磷酸盐

稀土磷酸盐较稳定，难溶于水与无机酸。25℃时，磷酸镧在水中的溶解度为0.017g/L，磷酸钆与磷酸镨分别为0.0092g/L 与0.013g/L。在盐酸中的溶解度见表14-2-38，在硫酸中的溶解度见表14-2-39。

表 14-2-38 稀土磷酸盐在盐酸中溶解度（25℃）

盐组成	盐酸浓度，mol/L	溶解度，mol/L
YPO_4	1	
	0.1	
$LaPO_4$	6.01	
$ErPO_4$	1	1.3×10^{-1}
YPO_4	0.01	2.2×10^{-3}
	0.001	1.8×10^{-4}
$LaPO_4$	0.1	9.5×10^{-3}
$ErPO_4$	0.1	1.1×10^{-1}
	0.01	1.8×10^{-3}
	0.001	1.75×10^{-4}

表 14-2-39 稀土磷酸盐在硫酸中溶解度（25℃）

盐组成	硫酸浓度，mol/L	溶解度，mol/L
YPO_4	0.5	1.1
	0.05	1.9×10^{-1}
	0.005	1.1×10^{-2}
	0.0005	2.2×10^{-4}
$ErPO_4$	0.5	7.9×10^{-1}
	0.05	1.3×10^{-1}
	0.005	0.6×10^{-2}
	0.0005	1.1×10^{-4}

十、碳化物

稀土碳化物的组成有 RE_3C、RE_2C_3、REC_2、REC。它们的熔点都非常高（见表14-2-40），其电性能的物理常数见表14-2-41。在温度低于500℃时，碳化钆为铁磁性，其它稀土碳化物为非铁磁性。稀土碳化物的磁性能数据列于表14-2-42。稀土碳化物是不稳定的化合物，特别是粉末状态时极容易氧化，并易溶于水、无机酸与碱。稀土碳化物在酸碱中的稳定性见表14-2-43。

表 14-2-40 稀土碳化物的熔点

碳化物	熔点，℃
ScC	1797
YC	1950

续表 14-2-40

碳化物	熔点,℃
Y_2C_3	1800
YC_2	2210
La_2C_3	1430
LaC_2	2360
Ce_2C_3	1530
CeC_2	2290
Pr_2C_3	1557
PrC_2	2160
Nd_2C_3	1620
NdC_2	2260
SmC_2	2227
GdC_2	2265
TbC_2	2097
DyC_2	2245
ErC_2	2280
TmC_2	2180

表 14-2-41　稀土碳化物电阻与电阻温度系数

碳化物	电阻 μΩ·cm	电阻热系数 (20～800℃) 10^3/K	热电势系数 (20℃) μV/K
ScC	274	—	—
Sc_4C_3	<500	—	—
YC	4.54×10^4	—	−34.6
Y_2C_3	446	0.45	−11.1
YC_2	30	3.3	−12.0
La_2C_3	340	0.56	−1.9
LaC_2	45	3.9	−9.0
Ce_2C_3	398	—	−2.2
CeC_2	60	2.5	−2.4
PrC_2	39	3.9	−9.0
Nd_2C_3	322	0.26	−2.2
NdC_2	44	2.4	−10.0

续表 14-2-41

碳化物	电阻 μΩ·cm	电阻热系数 (20～800℃) 10^3/K	热电势系数 (20℃) μV/K
SmC_2	34	3.1	−0.3
Sm_3C	190	—	−6
GdC_2	30.0	2.8	−7.35
Gd_2C	—	—	−7.0
Gd_3C	150	—	—
TbC_2	35.0	2.8	−7.75
DyC_2	31.1	2.9	−6.75
Dy_2C	—	—	+1.5
Dy_3C	—	—	−3
Ho_2C	—	—	−7
ErC_2	46.8	2.2	−5.95
Er_2C	—	—	−14
Er_2C	—	—	−12
TmC_2	515	0.3	−7.2

表 14-2-42　稀土碳化物摩尔磁化率、有效磁矩和奈尔点

碳化物	磁化率 κ	奈尔点 T_N, K	有效磁矩 μ_B 玻尔磁子
CeC_2	约1640	−61	2.19
PrC_2	约4500	+5.2	3.15
NdC_2	—	+40	3.53
SmC_2	约2300	−139	2.85
GdC_2	—	+41.3	7.59
TbC_2	约28500	−91.3	9.57
DyC_2	约38500	−68.9	10.53
Dy_3C	—	+175	11.3
Dy_2C	—	+170	—
HoC_2	约43500	−25.6	10.47
Ho_2C	—	105	10.5
ErC_2	约33300	+14.7	8.75
Er_3C	—	+60	—
YbC_2	约2500	−388	3.69

表 14-2-43 稀土碳化物粉末的酸碱稳定性（20℃）

碳化物	试剂	处理时间 min	不溶残渣 %	碳化物	试剂	处理时间 min	不溶残渣 %
YC	H_2O	5	全溶	YC_2	H_2O	5	全溶
	HCl（1.19）	1	全溶		HCl（1.19）	1200	部分溶
	HCl（1:1）	1	全溶		HCl（1:1）	1200	部分溶
	HNO_3（1.43）	15	部分溶		HNO_3（1.43）	1200	不溶
	HNO_3（1:1）	5	全溶		HNO_3（1:1）	1200	部分溶
	H_2SO_4（1.84）	15	部分溶		H_2SO_4（1.84）	1200	不溶
	H_2SO_4（1:1）	2	部分溶		H_2SO_4（1:1）	1200	部分溶
	NaOH（25%）	15	全溶		NaOH（25%）	900	全溶
Y_2C_2	H_2O	3	全溶	ScC	H_2O	—	不溶
	HCl（1.19）	1	全溶	CeC_2	无机酸	—	全溶
	HCl（1:1）	1	全溶	PrC_2	H_2O_2稀无机酸	—	全溶
	HNO_3（1.43）	1200	部分溶	NdC_2	H_2O	—	全溶
	HNO_3（1:1）	5	全溶	SmC_2	H_2O	—	全溶
	H_2SO_4（1.84）	1200	部分溶	SmC_2	无机酸	—	全溶
	H_2SO_4（1:1）	5	全溶	Y_2C_2	NaOH（25%）	10	全溶

十一、硫化物

稀土硫化物的组成有 RES、RE_2S_3、RE_3S_4、RE_3S、RE_5S_7等。硫化物的颜色见表14-2-44，其熔点见表14-2-45，磁性能见14-2-46。稀土硫化物在其它熔融金属或盐类中，或在室温下于空气中，都很稳定。稀土硫化物在空气中加热燃烧生成氧化物与硫酸盐；在氯或溴的气氛中加热生成相应的卤化物；但在氢、氮与二氧化碳气氛中非常稳定，即使加热温度高达2000℃仍不起反应。稀土硫化物可溶于无机酸与碱。

表 14-2-44 稀土硫化物分散状态的颜色

硫化物	颜色	硫化物	颜色
Sc_2S_3	黄	LaS_3	棕黄
YS	红玉红	CeS	黄铜黄
Y_2S_3	黄	Ce_3S_4	黑
YS_2	褐紫	Ce_2S_3	红
Y_2O_2S	淡灰白	CeS_2	黑褐
LaS	金黄带绿	Ce_2O_2S	由褐至黑
La_3S_4	蓝黑	PrS	金黄带淡绿
La_2S_3	黄至红黑	Pr_3S_4	蓝黑

续表 14-2-44

硫化物	颜色	硫化物	颜色
Pr_2S_3	暗褐	GdS_2	褐紫
Pr_2O_2S	黑	Gd_2O_2S	亮褐
NdS	金黄带淡绿	DyS	红紫
Nd_2S_3	橄榄	Dy_5S_7	黑
Nd_2O_2S	亮蓝	α-Dy_2S_3	褐红
SmS	黑	γ-Dy_2S_3	黑
Sm_3S_4	黑	δ-Dy_2S_3	绿
Sm_2S_3	黄至玫瑰红	DyS_2	褐红
Sm_2O_2S	亮褐	Dy_2O_2S	亮灰
EuS	黑	ErS	红紫
Eu_3S_4	黑	Er_5S_7	黑
GdS	黄	δ-Er_2S_3	亮褐
α-Gd_2S_2	褐红	Er_2O_2S	亮玫瑰
γ-Gd_2S_3	褐	Yb_2S_3	黄

表 14-2-45　稀土硫化物熔点

硫化物	熔点,℃	硫化物	熔点,℃
LaS	2327	PrS	2227
La_2S_3	2127	NdS	2140
CeS	2450	Nd_2S_3	2207
CeS_2	1677	GdS	2027
Ce_2S_3	1887	Gd_2S_3	1887
Ce_3S_4	2050	DyS	1977

表 14-2-46　稀土硫化物摩尔磁化率、有效磁矩和磁变性温度

硫化物	磁化率 η	有效磁矩 μ_B，玻尔磁子	磁变性温度，K	硫化物	磁化率 η	有效磁矩 μ_B，玻尔磁子	磁变性温度，K
YS	100	0.6	—	LaS	281	0.82	0.84（T_c）
Y_5S_7	39.3	0.47	—	La_3S_4	27.2	0.43	—
Y_2S_3	—	0.57	—	La_2S_3	−15.2	—	—
δ-Y_2S_3	83.4	—	—	α-La_2S_3	−18.5	0	—
YS_2	125	0.65	—	β-La_2S_3	−19.0 −30.3	0	—
Y_2O_2S	12	—	—				

续表 14-2-46

硫化物	磁化率 η	有效磁矩 μ_B，玻尔磁子	磁变性温度，K
γ-La_2S_3	−27.1	0	—
LaS_2	−50 −52	0	—
La_2O_2S	−17.8	0	—
CeS	2140 2110	2.24	—
Ce_3S_4	2125	2.56	−46.6 (θ_p)
α-Ce_2S_3	2270	2.34	—
β-Ce_2S_3	2194	2.30	—
γ-Ce_2S_3	2520 2540 2130	2.64	−64 (θ_p)
CeS_2	2290	2.55	—
Ce_2O_2S	2140	2.31	—
PrS	4730	3.58	−32 (θ_p)
Pr_3S_4	5000	3.49	0.57 (θ_p)
α-Pr_2S_3	4770	3.4	—
β-Pr_2S_3	4640	3.3	—
TbS	35088	9.63	−35.5 (θ_p)
DyS	40000	10.26	−56(θ_p) 22(T_N)
Dy_2S_3	228	10.6	—
α-Dy_2S_3	47600 45700	10.8	—
γ-Dy_2S_3	47700 45700	—	—
HoS	41464	10.03	−15(θ_p) 20(T_N)
γ-Pr_2S_3	4660 5285 5250	3.70	−36 (θ_p)
PrS_2	4800	3.38	—
Pr_2O_2S	4370	—	—
NdS	4370	3.24	—
Nd_2S_4	4849	3.38	32.7 (θ_p)

硫化物	磁化率 η	有效磁矩 μ_B，玻尔磁子	磁变性温度，K
α-Nd_2S_3	4600 4849	3.4	—
β-Nd_2S_3	4750	3.4	—
γ-Nd_2S_3	4920 5545 5650 4810	3.61	−42 (θ_p)
NdS_2	5082	3.49	—
Nd_2O_2S	4846	3.48	—
SmS	4970 5070	3.5	−201 (θ_p)
Sm_3S_4	2350	2.4	—
α-Sm_2S_3	1120	1.65	—
β-Sm_2S_3	1020	1.5	—
γ-Sm_2S_3	1690 1650	2.0	—
SmS_2	1238	1.72	—
Sm_2O_2S	990	1.57	—
EuS	22600	6.9	30(θ_p)
GdS	30300	7.93	−98(θ_p) 45(T_N)
γ-Gd_2S	—	8	—
Gd_2S_3	135	—	—
γ-Gd_2S_3	27800	8.3	−10 (θ_p)
GdS_2	21510	—	—
$GdS_{1.90}$	—	7.15	—
ErS	35088	9.09	−12(θ_p) 11(T_N)
Er_2S_3	38600	9.7	—
TmS	21505	7.4 7.42	−25(θ_p) 5.18(T_N)
YbS	1450	0.33	—
Yb_3S_4	2197	2.29	—
Yb_2S_3	7130 9150	4.28	−65 (θ_p)

十二、氮化物

稀土氮化物的组成为REN，属高熔点化合物，如氮化钪熔点为2650℃，氮化钇大于2670℃。稀土氮化物的电阻率差别较大，如氮化钪为308μΩ·cm，氮化镧、铈、镨分别为31.6、19.9与39.8μΩ·cm。稀土氮化物的磁化率见表14-2-47，磁性变化温度见表14-2-48。稀土氮化物不但在水中，甚至在湿空气中都能水解，在氧气中加热时能分解成金属氧化物和氮气。

表 14-2-47　稀土氮化物摩尔磁化率（298K）

氮化物	磁化率 η
YN	45
LaN	38
CeN	433
PrN	5616
NdN	6060
SmN	1070
GdN	35600
TbN	42900
DyN	48900
HoN	47800
ErN	36300
TmN	23600
YbN	7590
LuN	120

表 14-2-48　稀土氮化物磁变性温度

氮化物	居里点 Q_p K	居里点 T_c K	奈尔点 T_N K
PrN	65	—	—
NdN	24	27.6	—
SmN	—	—	18.2
GdN	69	67.4	—
TbN	34	33.7	—
DyN	20	17.6	—
HoN	12	13.3	—
ErN	4	3.4	—
TmN	−78	—	—
YbN	−166	—	3.8

十三、磷化物

稀土金属与磷的混合物在密闭的容器中高温加热可得到稀土磷化物。稀土磷化物是高熔点化合物，如磷化镨的熔点为2850℃，其电磁性见表14-2-49。

表 14-2-49　稀土磷化物电磁性

磷化物	居里点 Q_p K	奈尔点 T_N, K	磁矩 μ_B 玻尔磁子	电阻率 μΩ·cm
CeP	3.6	—	—	
	11.8	—	—	
PrP	21.5	—	—	1.5×10^4
	15.5	—	—	
NdP	8.9	—	—	
	9.05	—	—	
SmP	−11.05	—	—	
GdP	−22.4	15	7.7	$\sim10^3$
TbP	−15.6	8	9.2	$\sim10^3$
	−16.4			
DyP	−10.5	—	9.9	$\sim10^3$
HoP	−22.3	—	10.21	
	−11.2			
ErP	−14.9	4	9.3	
TmP	−15			
YbP	−11			
	−7.97			

第五节　稀土元素的氧化还原电位

稀土元素有不同的氧化还原电位，据此可进行选择性的氧化还原，使某些稀土元素氧化成正四价（如铈、镨、铽）或还原成正二价状态（如钐、铕、铈)。变价后的稀土元素与正三价稀土元素在性质上有显著的差别，可利用这些差异达到分离这些变价元素的目的。

稀土元素以氢电极为标准时的氧化还原电位见表14-2-50。

表 14-2-50 稀土标准氧化还原电位

元素	氧化还原反应	电位 E°, V	元素	氧化还原反应	电位 E°, V
Sc	$Sc-3e \rightleftharpoons Sc^{3+}$	−2.08		$Eu-2e \rightleftharpoons Eu^{2+}$	−0.43
Y	$Y-3e \rightleftharpoons Y^{3+}$	−2.372		$Eu^{2+}-e \rightleftharpoons Eu^{3+}$	−0.35
La	$La-3e \rightleftharpoons La^{3+}$	−2.522	Gd	$Gd-3e \rightleftharpoons Gd^{3+}$	−2.397
Ce	$Ce-3e \rightleftharpoons Ce^{3+}$	−2.483	Tb	$Tb-3e \rightleftharpoons Tb^{3+}$	−2.391
	$Ce^{3+}-e \rightleftharpoons Ce^{4+}$	1.74	Dy	$Dy-3e \rightleftharpoons Dy^{3+}$	−2.353
Pr	$Pr-3e \rightleftharpoons Pr^{3+}$	−2.462	Ho	$Ho-3e \rightleftharpoons Ho^{3+}$	−2.319
	$Pr^{3+}-e \rightleftharpoons Pr^{4+}$	2.85	Er	$Er-3e \rightleftharpoons Er^{3+}$	−2.296
Nd	$Nd-3e \rightleftharpoons Nd^{3+}$	−2.431	Tm	$Tm-3e \rightleftharpoons Tm^{3+}$	−2.278
Pm	$Pm-3e \rightleftharpoons Pr^{3+}$	−2.423	Yb	$Yb-3e \rightleftharpoons Yb^{3+}$	−2.267
Sm	$Sm-3e \rightleftharpoons Sm^{3+}$	−2.414		$Yb-2e \rightleftharpoons Yb^{2+}$	−1.15
	$Sm-2e \rightleftharpoons Sm^{2+}$	−1.55		$Yb^{2+}-e \rightleftharpoons Yb^{3+}$	−0.763
	$Sm^{2+}-e \rightleftharpoons Sm^{3+}$	−1.56	Lu	$Lu-3e \rightleftharpoons Lu^{3+}$	−2.255
Eu	$Eu-3e \rightleftharpoons Eu^{3+}$	−2.407			

第六节 稀土化合物的分解电压

稀土氟化物、氯化物与氧化物的分解电压分别见表14-2-51～14-2-53。

表 14-2-51 固体或熔融稀土氟化物理论分解电压（V）

稀土离子	25℃	100℃	300℃	400℃	500℃	600℃	800℃	1000℃	1500℃
Sc^{3+}	5.059	4.999	4.845	4.772	4.701	4.631	4.495	4.363	4.076
Y^{3+}	5.478	5.414	5.251	5.173	5.097	5.022	4.876	4.735	4.407
La^{3+}	5.811	5.743	5.571	5.489	5.408	5.329	5.174	5.020	4.648
Ce^{3+}	5.739	5.671	5.499	5.416	5.335	5.255	5.097	4.938	4.555
Pr^{3+}	5.710	5.645	5.483	5.405	5.329	5.254	5.109	4.965	4.621
Nd^{3+}	5.652	5.584	5.411	5.327	5.245	5.164	5.004	4.843	4.458
Pm^{3+}	5.637	5.573	5.410	5.332	5.256	5.181	5.035	4.894	4.560
Sm^{2+}	6.017	5.950	5.779	5.698	5.617	5.539	5.385	5.236	4.884
Sm^{3+}	5.594	5.530	5.367	5.289	5.213	5.138	4.992	4.850	4.517

续表 14-2-51

稀土离子	25℃	100℃	300℃	400℃	500℃	600℃	800℃	1000℃	1500℃
Eu^{2+}	6.234	6.167	5.996	5.914	5.834	5.756	5.602	5.453	5.101①
Eu^{3+}	5.392	5.327	5.164	5.086	5.010	4.935	4.790	4.643	4.316
Gd^{3+}	5.580	5.515	5.352	5.274	5.198	5.123	4.977	4.836	4.504
Tb^{3+}	5.522	5.457	5.295	5.217	5.140	5.065	4.920	4.778	4.447
Dy^{3+}	5.493	5.429	5.266	5.188	5.111	5.036	4.891	4.749	4.419
Ho^{3+}	5.449	5.385	5.222	5.144	5.068	4.993	4.847	4.706	4.376
Er^{3+}	5.406	5.342	5.179	5.101	5.025	4.950	4.804	4.662	4.333
Tm^{3+}	5.392	5.327	5.164	5.086	5.010	4.935	4.789	4.648	4.320
Yb^{3+}	5.175	5.111	4.948	4.870	4.793	4.719	4.573	4.431	4.104
Lu^{3+}	5.407	5.343	5.179	5.100	5.025	4.950	4.804	4.662	4.336

① 表示熔融盐。

表 14-2-52　固体或熔融稀土氯化物理论分解电压（V）

稀土离子	25℃	100℃	300℃	400℃	500℃	600℃	800℃	1000℃	1500℃
Sc^{3+}	2.946	2.885	2.731	2.657	2.585	2.514	2.375	2.264①② (967V)	—
Y^{3+}	3.163	3.106	2.961	2.892	2.824	2.758	2.643①	2.548	2.329
La^{3+}	3.565	3.504	3.350	3.277	3.205	3.134	2.997	2.876①	2.607
Ce^{3+}	3.517	3.456	3.303	3.229	3.157	3.086	2.945	2.821①	2.540
Pr^{3+}	3.481	3.420	3.266	3.192	3.120	3.049	2.911	2.795①	2.523
Nd^{3+}	3.430	3.369	3.215	3.140	3.067	2.994	2.856①	2.736	2.455
Pm^{3+}	3.410	3.353	3.208	3.139	3.072	3.006	2.884①	2.784	2.554
Sm^{3+}	3.380	3.322	3.178	3.109	3.041	2.975	2.861①	2.763	2.712 (1107D)②
Sm^{2+}	4.206	4.147	3.998	3.926	3.856	3.787	3.661①	3.559	3.317
Eu^{3+}	3.340	3.283	3.139	3.070	3.002	2.936	2.828①	2.815 (>827D)②	—
Gd^{3+}	3.317	3.260	3.116	3.047	2.979	2.913	2.807①	2.709	2.483
Tb^{3+}	3.261	3.204	3.059	2.990	2.923	2.858①	2.858①	2.657	2.433
Dy^{3+}	3.206	3.149	3.004	2.935	2.868	2.802	2.690①	2.599①	2.359
Ho^{3+}	3.134	3.077	2.932	2.863	2.796	2.729	2.610①	2.511	2.283
Er^{3+}	3.119	3.062	2.918	2.849	2.781	2.715	2.589①	2.488	2.257 (1497V)②

续表 14-2-52

稀土离子	25℃	100℃	300℃	400℃	500℃	600℃	800℃	1000℃	1500℃
Tm^{3+}	3.086	3.029	2.884	2.815	2.748	2.682	2.553	2.447①	2.221 (1487V)②
Yb^{3+}	3.075	3.017	2.873	2.804	2.736	2.670	2.542	2.434①	2.449 (1027D)②
Lu^{3+}	3.049	2.988	2.834	2.760	2.687	2.616	2.478	2.356①	2.108 (1477V)②

① 熔融盐。

② 括弧内数字为蒸发（V）或分解（D）温度，括弧外数字为稍低于该温度时的分解电压。

表 14-2-53 固体或熔融氧化物理论分解电压（V）

稀土离子	25℃	100℃	300℃	500℃	1000℃	1500℃	2000℃	2500℃	3000℃
Sc^{3+}	2.826	2.792	2.697	2.602	2.367	2.127	1.878	—	—
Y^{3+}	2.894	2.859	2.767	2.677	2.459	2.250	2.036	—	—
La^{3+}	3.131	3.027	2.933	2.840	2.626	2.317	7.882①	1.43	—
Ce^{3+}	2.999	2.963	2.868	2.772	2.526	2.280	2.066①	1.873	1.685
Ce^{4+}	2.374	2.341	2.256	2.171	1.954	1.734	1.519	—	—
Pr^{3+}	3.058	3.022	2.930	2.838	2.608	2.370	2.139	1.917①	1.701
Nd^{3+}	3.040	3.009	2.921	2.836	2.642	2.334	2.094	11.970①	—
Sm^{3+}	2.963	2.928	2.833	2.738	2.507	2.260	2.021	1.813	1.607

① 熔融盐。

主要参考文献

〔1〕Савицкий，Е. М.，Тергхова В. Ф.，Металловедение Редкоземельных Металлов，Надка，Москва，1975.

〔2〕Emeleus J.C. *et al*，Comprehensive Inorganic Chemistry，Vol.3，4（1973）.

〔3〕吕松涛，稀土冶金学，冶金工业出版社，1981.

〔4〕《稀土》编写组，稀土（下册），冶金工业出版社，1978.

第三章　稀土提取冶金工艺

编写人　姜二龙　曲德家　应娓娟

第一节　稀土矿的选矿工艺简述

一、稀土矿床的一般工业要求

稀土矿床一般分为内生（原生）及外生（次生）矿床两类，前者多为热液交代型，后者主要指各类砂矿，包括风化壳、残坡积和冲积砂矿床，还有我国特有的离子吸附型稀土矿床。矿床的一般工业要求见表14-3-1。

表 14-3-1　稀土矿床的一般工业要求

矿床类型		边界品位	工业品位	可采厚度 m	夹石剔除厚度，m
内生矿床	含氟碳铈矿、独居石的原生矿床	Ce_2O_3或$RE_2O_3$0.5%	Ce_2O_3或$RE_2O_3$1%	1～2	2
	磷钇矿、硅铍钇矿等伟晶岩和碳酸岩矿床	Y_2O_3或RE_2O_3	Y_2O_3或$RE_2O_3$0.05～0.1%	1～2	2
外生矿床	独居石砂矿及风化壳矿床	独居石100～200g/m^3	独居石300～500g/m^3	1	1～2
	磷钇矿砂矿及风化壳矿床	磷钇矿30g/m^3	磷钇矿50～70g/m^3	0.5～1	2
	离子吸附型矿床	RE_2O_3	>0.1%		

二、选矿方法及工艺流程

常用的选矿设备：重选设备有圆锥选矿机、扇形溜槽、螺旋溜槽、摇床、风力摇床等；磁选设备有辊式磁选机、盘式磁选机；电选设备有辊式电选机、带式电选机、板式电选机、筛板式电选机；浮选药剂有：氧化石蜡皂、环烷羟肟酸铵、油酸等及多种矿浆调整剂。

稀土矿选矿工艺、方法、产品见表14-3-2。稀土矿选矿指标一般较低，这是复杂的矿石性质所决定的（见表14-3-3）。

表 14-3-2　稀土矿选矿方法、工艺和产品

矿床类型	选矿方法、工艺	主要矿物组成	产品	矿山举例
内生矿床	单一浮选	铁矿物、独居石、氟碳铈矿、萤石、石英、方解石、重晶石	氟碳铈矿精矿	美国芒廷帕斯矿，中国微山矿
	浮选-重选-浮选		氟碳铈矿和独居石混合精矿	中国包头矿

续表 14-3-2

矿床类型	选矿方法、工艺	主要矿物组成	产品	矿山举例
外生矿床	重选-磁选-电选	独居石、磷钇矿、锆英石、金红石、钛铁矿、石英、长石	独居石精矿、磷钇矿精矿、锆英石精矿、钛铁矿精矿、金红石精矿	澳大利亚钛矿公司
	重选-磁选-电选-浮选			中国南山海矿
	浸出-沉淀-灼烧	重、中、轻稀土离子吸附型高岭土等铝硅酸盐矿物	混合稀土氧化物	中国龙南矿
	浸出-萃取-沉淀-灼烧		重、中稀土、钕、镨、富镧	中国寻乌矿

表 14-3-3　国内外稀土矿选矿指标

选矿厂名称	规模，t/d	矿床类型及矿物组成	工艺流程简介	产品名称	选矿指标，%				
					γ	α	β	θ	ε
包头钢铁公司选矿厂		沉积变质-热液交代型铌、稀土、铁矿床，主要金属矿物为赤铁矿、磁铁矿、假象赤铁矿、铌铁矿、黄绿石、独居石、氟碳铈矿等，脉石矿物为萤石、石英、玉髓、方解石、云母、钠长石等	以选铁为主，综合回收稀土，采用四段破碎、三段磨矿，“浮-重-浮”选矿，两段脱水流程	铁精矿		5	60	3～20	
				稀土精矿		5	68		
南山海稀土矿选矿厂	2000	稀土海滨砂矿床，主要金属矿物为独居石、磷钇矿等，脉石矿物为石英、长石等	采用重选、磁选、电选、浮选联合流程	金红石精矿、锆英石精矿、稀土精矿、钛铁矿精矿、磁铁矿精矿		0.047	>60		>70
微山稀土选矿厂	30	氟碳铈矿热液脉状矿床，主要金属矿物为氟碳铈矿、氟碳钙铈矿，脉石矿物主要为重晶石、方解石、白云石及石英等	采用两段破碎，一段开路磨矿，“粗-精-扫”全浮选，一段脱水流程	稀土精矿		3.5～4.5	45～60	0.8～1.2	75～80
（美）帕斯山选矿厂	1500	同上	采用两段破碎，两段磨矿，加扫选精矿再磨，“粗-精-扫”全浮选，三段脱水流程	稀土精矿		7.0	60～63		65～70

续表 14-3-3

选矿厂名称	规模，t/d	矿床类型及矿物组成	工艺流程简介	产品名称	选矿指标，%				
					γ	α	β	θ	ε
寻乌稀土矿　龙南稀土矿		稀土离子吸附型矿床，产于高岭石、石英、埃洛石、蒙脱石等粉土矿石中	浸出-沉淀-灼烧， 浸出-萃取-沉淀-灼烧	混合稀土		>0.1	>60		约60 约65

三、选矿产品及质量标准

商用稀土精矿产品有氟碳铈镧矿精矿、独居石精矿、氟碳铈镧矿-独居石混合精矿、磷钇矿精矿、褐钇铌矿精矿、离子吸附型稀土氧化物。各种稀土精矿的质量标准见表14-3-4。

表 14-3-4　各种稀土精矿的质量标准

氟碳铈矿-独居石混合精矿（YB833—82）　**独居石精矿**（YB832—75）

品级	RE_2O_3 %，不小于	杂质，%，不大于				品级	$RE_2O_3+ThO_2$ %，不小于	杂质，%，不大于		
		TFe	F	P	CaO			TiO_2	ZrO_2	SiO_2
一	60	7	7	5	5	一	65	2	2	3
二	55	9	7			二	60	2.5	2.5	4
三	50	10	7			三	55	3	3	5
四	45	10	8			四	50	4	4	6
五	40	10	9							
六	35	15	10							
七	30	18	12							

磷钇矿精矿（YB838—75）　**褐钇铌矿精矿**（YB831—75）

品级	Y_2O_3 不小于%	杂质，%，不大于			品级	$(Ta,Nb)_2O_5$，% 不小于	杂质，%，不大于		
		TiO_2	SiO_2	ZrO_2			TiO_2	SiO_2	P
一	35	2.0	4.0	1.0	一	35	4	4	0.5
二	30	4.0	5.0	1.5	二	30	5	6	0.5
三	25	6.0	6.0	2.0					

混合稀土氧化物（华兴钨业公司标准或协议）

名　称	稀　土　精　矿	
品级	高钇混合稀土氧化物	富铕混合稀土氧化物
化学成分，%	$RE_2O_3>92$，$Y_2O_3>50$，$Al_2O_3<0.3$	$RE_2O_3>92$，$Y_2O_3>15$，$Eu_2O_3>0.65$，$Al_2O_3<0.3$

四、稀土选矿厂实例

(1) 美国芒廷帕斯氟碳铈矿选矿厂。其工艺流程见图14-3-1，规模为1700t/d。工艺流程特点：1) 单一浮选流程，产氟碳铈矿精矿，捕收剂用N-80油酸；2) 由于重晶石可浮性优于氟碳铈矿，要具备矿浆逐步加温条件；3) 根据需要可产出三种规格的精矿。

(2)中国微山稀土矿选矿厂。其工艺流程见图14-3-2，规模为30t/d。工艺特点：单一浮选工艺，只产稀土矿浮选精矿，包括中、高精矿。

(3)中国包头钢铁公司选矿厂。其工艺流程见图14-3-3。

(4)西澳大利亚钛矿公司选矿厂。其选矿工艺流程见图14-3-4。工艺流程特点：1) 粗选全部采用圆锥选矿机处理；2) 精选流程为电选-磁选-重选联合流程，重选除采用普通摇床外，风力摇床也起着重要作用；3) 充分利用各种型号的电选机，以满足不同阶段作业的需要。

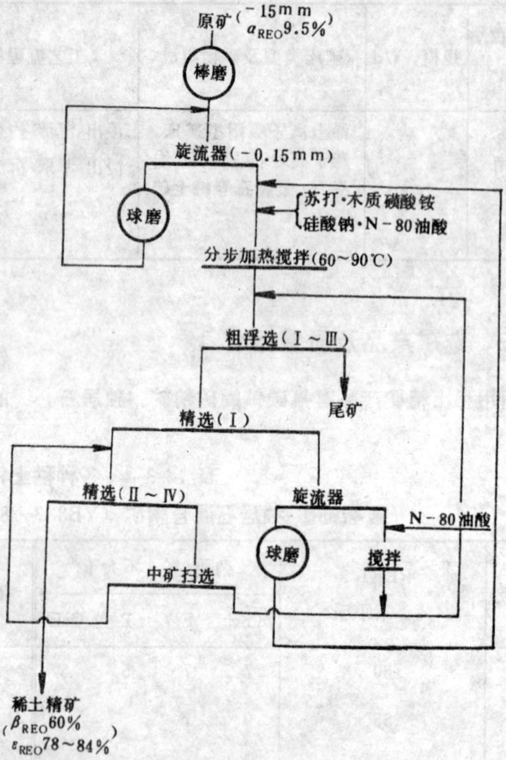

图 14-3-1 美国芒廷帕斯氟碳铈矿选矿工艺流程

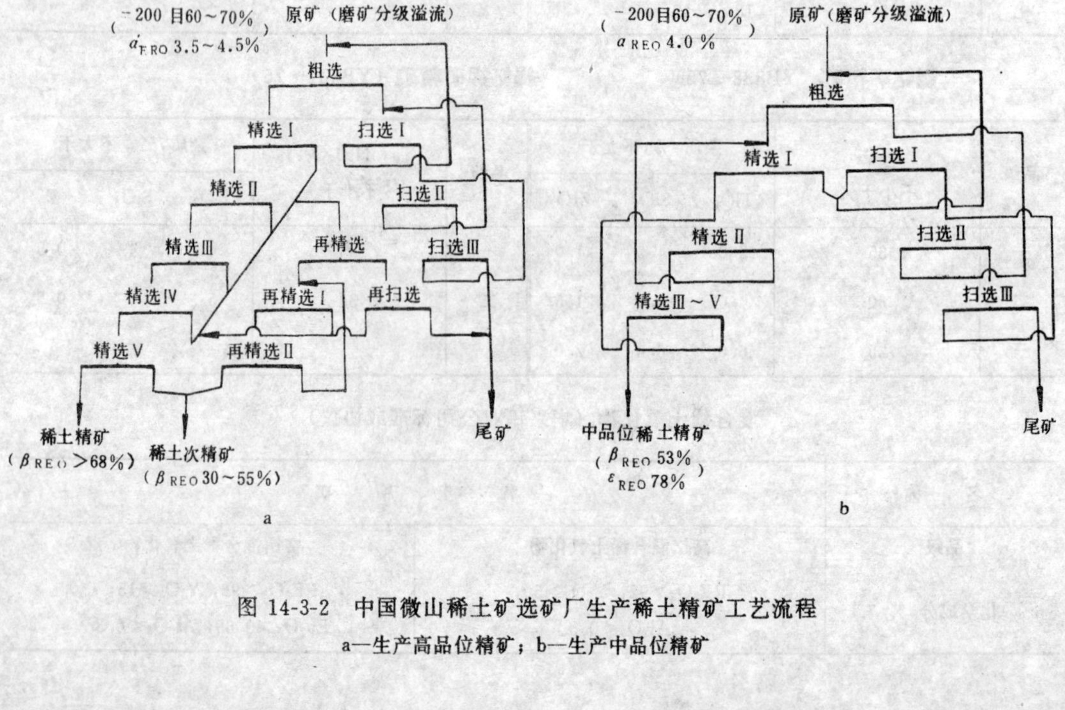

图 14-3-2 中国微山稀土矿选矿厂生产稀土精矿工艺流程

a—生产高品位精矿；b—生产中品位精矿

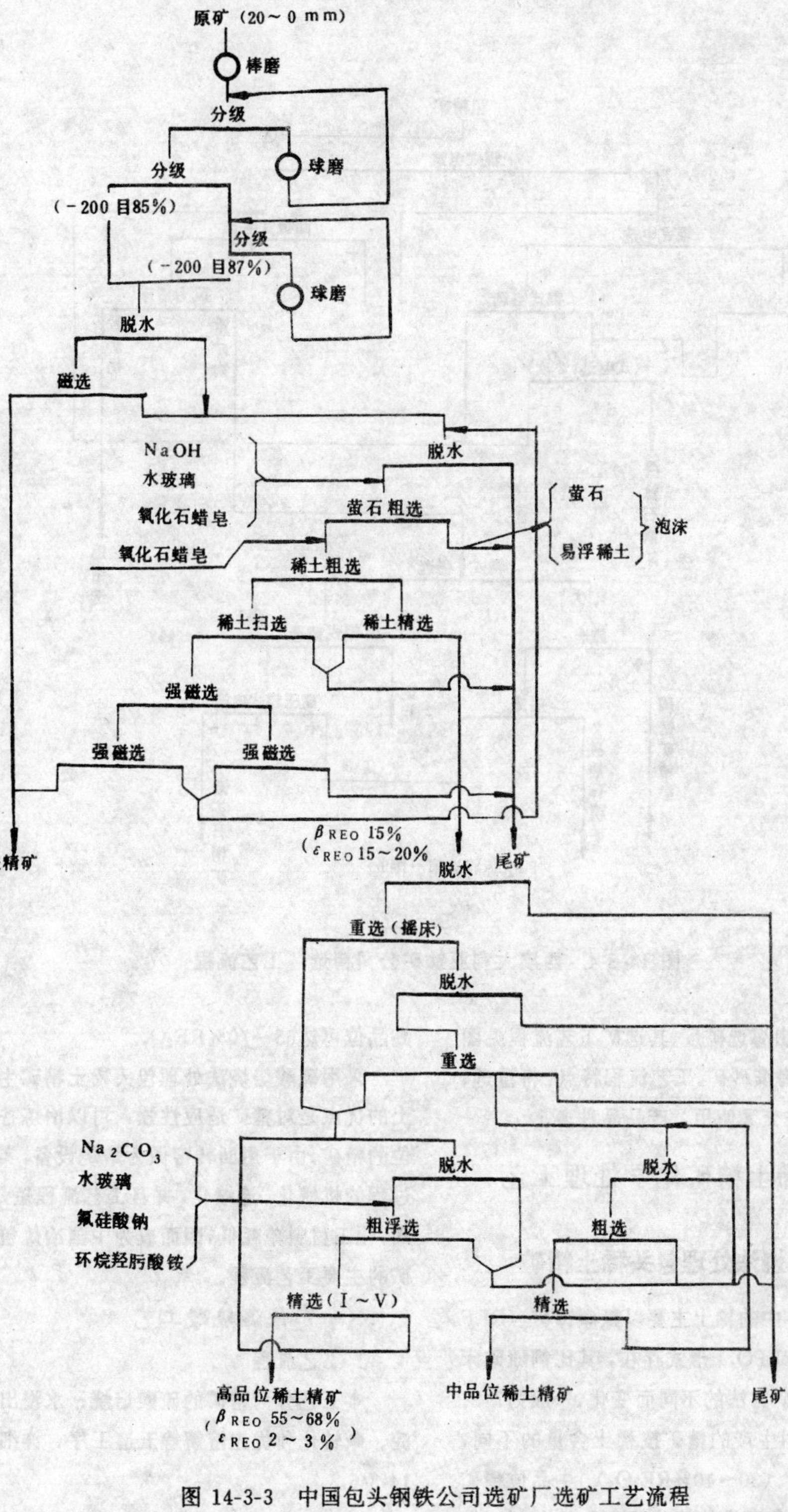

图 14-3-3　中国包头钢铁公司选矿厂选矿工艺流程

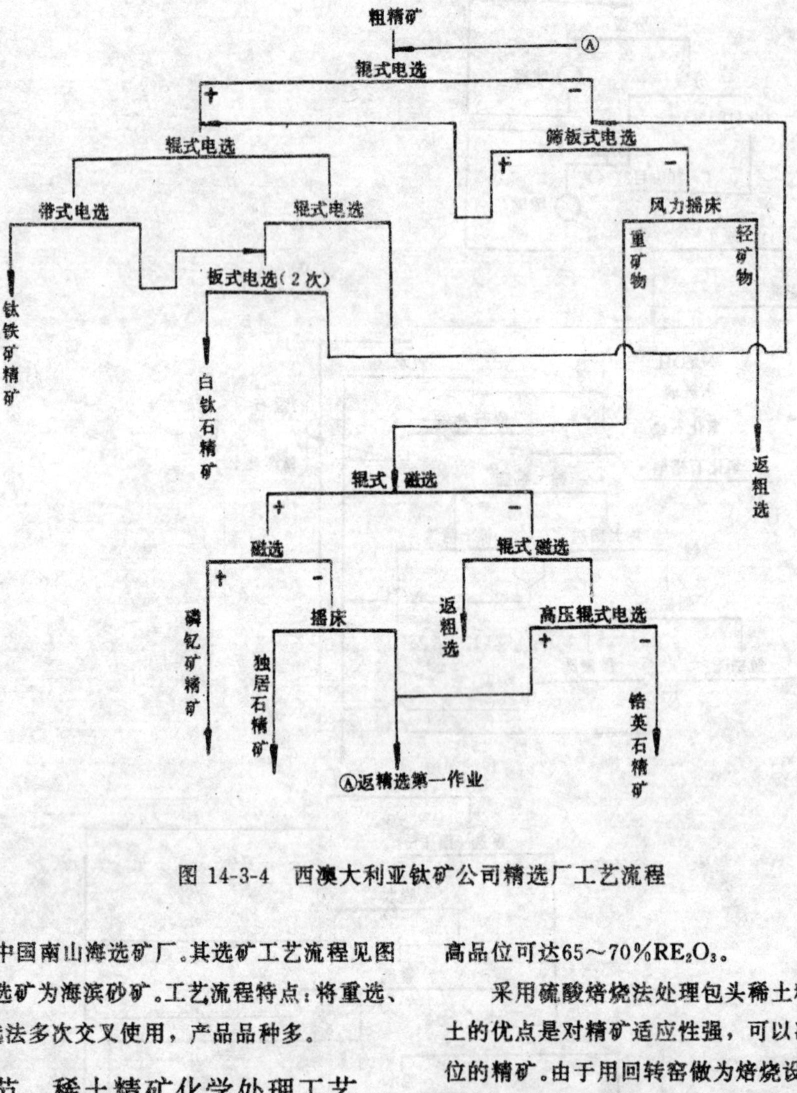

图 14-3-4 西澳大利亚钛矿公司精选厂工艺流程

（5）中国南山海选矿厂。其选矿工艺流程见图14-3-5，入选矿为海滨砂矿。工艺流程特点：将重选、磁选、电选法多次交叉使用，产品品种多。

第二节 稀土精矿化学处理工艺

一、硫酸焙烧法处理包头稀土精矿

包头稀土精矿中的稀土主要以氟碳铈矿（$REFCO_3$）和独居石（$REPO_4$）形式存在，其比例随矿床深度、开采地和选矿方法的不同而变化，一般为7∶3。目前包头钢铁公司生产的精矿按稀土含量的不同，可分为低品位精矿（30～40%RE_2O_3）、中品位精矿（40～55%RE_2O_3）和高品位精矿（$RE_2O_3 \geq 60\%$），最高品位可达65～70%RE_2O_3。

采用硫酸焙烧法处理包头稀土精矿生产氯化稀土的优点是对精矿适应性强，可以冶炼各种不同品位的精矿。由于用回转窑做为焙烧设备，实现了工艺过程的机械化、连续化，并且工艺流程短，稀土收率高，化工材料单耗低，因而成为中国冶炼包头稀土精矿的主要工艺流程。

（一）低温硫酸工艺

1. 工艺流程

本工艺分为精矿的硫酸焙烧、水浸出、复盐沉淀、碱转化和优先溶解等五道工序，详细过程见图14-3-6。

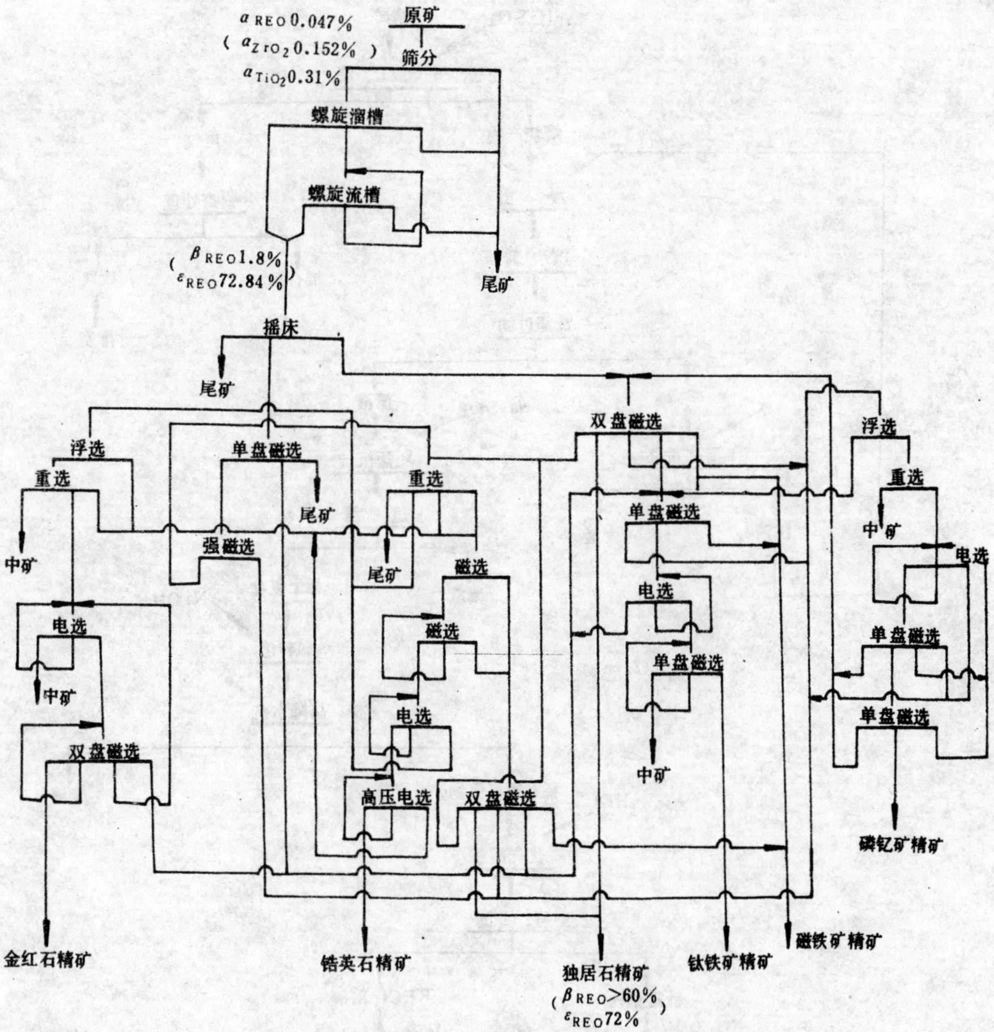

图 14-3-5 中国南山海稀土矿选矿厂工艺流程

2. 主要分解反应

精矿和浓硫酸按一定比例混合加热后，稀土、铁、钍生成可溶性硫酸盐，萤石转变成难溶于水的$CaSO_4$和挥发性气体 HF，磷矿物变为磷酸或磷酸盐，硅石以SiF_4形态挥发进入尾气中，重晶石基本上不发生变化。各矿物的主要反应为：

$$2REFCO_3+3H_2SO_4=RE_2(SO_4)_3+2HF\uparrow+2CO_2\uparrow+2H_2O\uparrow$$

$$2REPO_4+3H_2SO_4=RE_2(SO_4)_3+2H_3PO_4$$

$$2Th_3(PO_4)_4+6H_2SO_4=3Th(SO_4)_2+4H_3PO_4$$

$$Fe_2O_3+3H_2SO_4=Fe_2(SO_4)_3+3H_2O\uparrow$$

$$CaF_2+H_2SO_4=CaSO_4+2HF\uparrow$$

3. 工艺过程及操作条件

(1)焙烧。浓硫酸焙烧工艺按焙烧方式的不同分为静态焙烧和动态焙烧。静态焙烧设备不连续，焙烧后的尾气处理困难，劳动强度大。动态焙烧采用回转窑设备。回转窑根据加热方式的不同，分为外热式和内热式两种。在大规模处理精矿的工厂中，往往采用直接加热的内热式回转窑设备。焙烧时，物料与炉气成逆流方向运动，即物料从窑尾加入，液体燃料，如重油、柴油，从窑头随压缩空气进入窑内，并通过调节喷油量控制窑温。

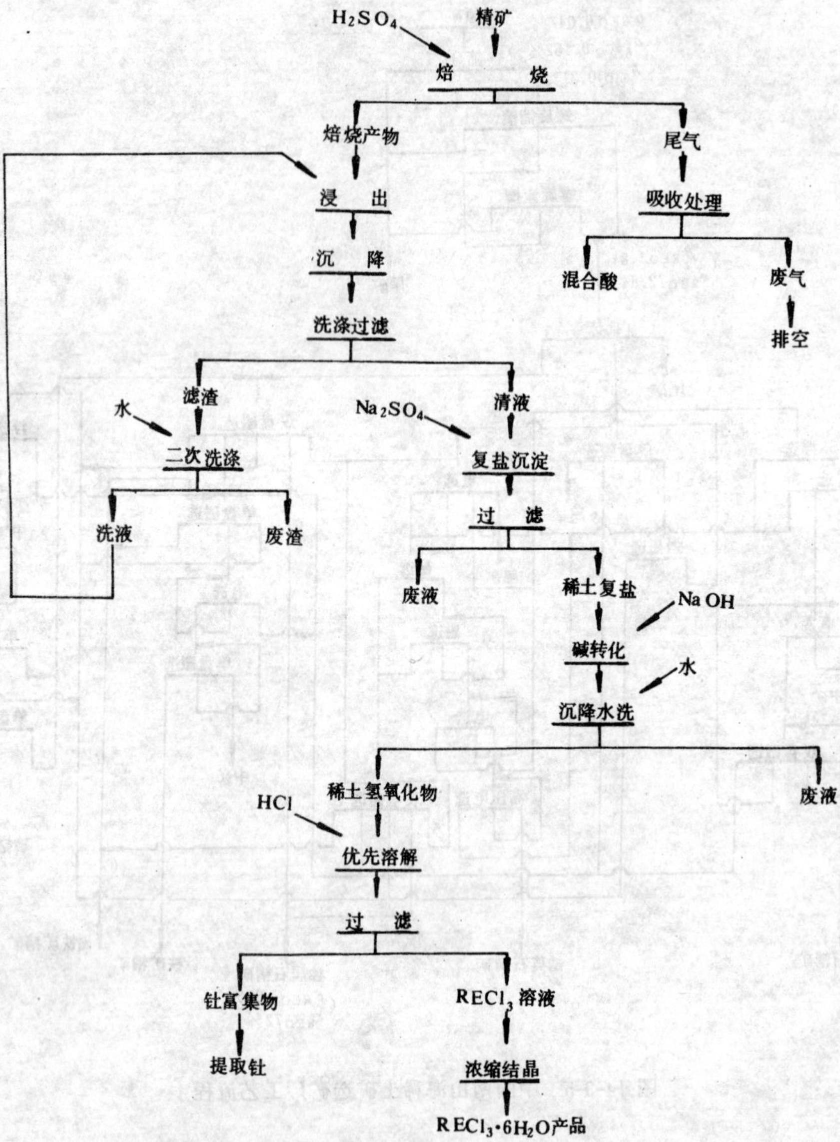

图 14-3-6 低温硫酸焙烧工艺流程

影响分解率的主要因素是硫酸用量、焙烧温度和时间。硫酸用量一般是精矿重量的1.1～1.7倍，精矿稀土品位越高，需要的硫酸量就越少。对RE_2O_3含量大于55%的精矿，矿酸重量比为1.1～1.3就能满足分解要求。燃烧温度，窑头为600～700℃，窑中部炉气温度约500℃，窑尾由于炉气与大量湿物料接触，温度为100～200℃。焙烧时间与窑的长径比、转速及窑的倾斜度有关。为提高处理精矿的能力，工业生产中一般选用较长的窑。

(2) 水浸出。焙烧产物用水浸出，稀土、钍、铁等硫酸盐溶于浸出液中，硫酸钡、硫酸钙和未分解的矿石残留在不溶渣中。稀土硫酸盐在水中的溶解度随着温度的升高而降低（见表14-3-5），故采用冷水浸出。水量为精矿重量的10～15倍，热料使溶液温度达35～45℃。浸出后经液固分离，残渣用水洗1～3次，洗液返回使用，残渣弃去。浸出液中主要成分是$RE_2(SO_4)_3$，杂质为$Fe_2(SO_4)_3$，$Th(SO_4)_2$，H_3PO_4等，稀土浓度为30g/L，硫酸浓度为0.25mol/L左右，可溶性稀土浸出率为98％。

表 14-3-5　含水稀土硫酸盐在水中的溶解度（％）

温度，℃	$Ce_2(SO_4)_3\cdot 9H_2O$	$Ce_2(SO_4)_3\cdot 5H_2O$	$La_2(SO_4)_3\cdot 9H_2O$	$Pr_2(SO_4)_3\cdot 8H_2O$
0	17.35		2.91	16.5
14			2.53	
15	10.61			
18			12.3	
21	8.863			
30			1.86	
31.6	6.686			
35				9.5
45		8.116		
45.6	4.910			
50	4.465		1.47	
55				6.6
60	3.73	3.145		
65	3.47			
75			0.95	4.1
80		1.19		
88				1.5
95				1.0
100			0.68	
100.5		0.46		

(3) 复盐沉淀。稀土（尤其是轻稀土）硫酸盐易与碱金属硫酸盐及硫酸铵形成难溶性稀土硫酸复盐，其溶解度见表14-3-6。

表 14-3-6　稀土硫酸盐在碱金属硫酸盐中的溶解度

温度，℃	盐种类	100克水中加入碱金属硫酸盐的克数					
19	Na_2SO_4	0	0.33	1.09	1.39	1.70	3.59
	$Ce_2(SO_4)_3$	9.65	0.64	0.09	0.06	0.03	0.01

续表 14-3-6

温度,℃	盐种类	100克水中加入碱金属硫酸盐的克数					
18	Na_2SO_4	0	0.40	0.77	1.14	2.48	5.55
	$La_2(SO_4)_3$	2.13	1.00	0.30	0.33	0.04	0.02
16	K_2SO_4	0	0.18	0.51	0.73	1.29	2.50
	$Ce_2(SO_4)_3$	10.75	0.96	0.43	0.25	0.04	0.04
16.5	K_2SO_4	0	0.25	0.50	0.85	1.16	2.50
	$La_2(SO_4)_3$	2.21	0.73	0.27	0.19	0.02	0.00
16	$(NH_4)_2SO_4$	0	3.46	9.32	19.24	45.62	72.84
	$Ce_2(SO_4)_3$	10.75	1.03	0.78	0.75	0.50	0.04
18	$(NH_4)_2SO_4$	0	4.01	18.24	36.11	47.49	65.29
	$La_2(SO_4)_3$	2.13	0.39	0.25	0.18	0.14	0.01

硫酸稀土与Na_2SO_4反应生成稀土硫酸钠复盐，反应方程式为：

$$xRE_2(SO_4)_3+yNa_2SO_4+zH_2O=xRE_2(SO_4)_2$$

$$yNa_2SO_4\cdot zH_2O$$

当Na_2SO_4过量不多时，上式中$x:y=1:1$，z一般为2。如果沉淀反应温度高于90℃，则形成无水复盐。为使稀土沉淀完全，Na_2SO_4必须过量，一般加入量为RE_2O_3重量的1～1.5倍，反应温度90℃以上，这样可使稀土沉淀率大于98%，废液中RE_2O_3含量低于0.5g/L，复盐及废液成分列于表14-3-7。

表 14-3-7 沉淀稀土复盐的物料成分①

成分	RE_2O_3	ThO_2	Fe	Mn	P_2O_5	CaO	F
复盐,%	40～42	0.1～0.2	0.15～0.18	—	0.2～0.5	1～2	—
沉淀后的废液，g/L	≤0.1	(7～70) $\times10^{-2}$	15～20	2	8～11	—	0.2

① 原料为含30～35%RE_2O_3的精矿。

(4) 碱转化。复盐难溶于酸，为此在工业生产中用NaOH水溶液，使其转化为可溶于酸的氢氧化物：

$$RE_2(SO_4)_3\cdot Na_2SO_4+6NaOH=2RE(OH)_3+4Na_2SO_4$$

在碱转化过程中，稀土变为氢氧化稀土，钍的复盐及复盐中夹带的铁等杂质也同时转变为相应的氢氧化物。碱转化在20～30%NaOH水溶液中于沸腾温度下进行。实际碱用量应超过按上述反应式计算量约10%，反应时间1～3h。转化反应后加水稀释静置沉降。转化后的浆液中含有大量的Na_2SO_4及过量的NaOH（按反应式计算，生产1kgRE$(OH)_3$约产出1kgNa_2SO_4），应加以回收利用。RE$(OH)_3$中的Na_2SO_4、NaOH及其它可溶性杂质加入热水洗涤除去。

(5) 氢氧化稀土的处理。氢氧化稀土可溶于盐酸、硝酸、硫酸中，可根据需要及下道工序的要求选用不同的酸进行溶解。氯化稀土是常用产品，故一般用盐酸溶解氢氧化稀土。

在碱转化过程中，由于反应温度较高，稀土中的部分铈氧化成四价，以Ce$(OH)_4$形式存在于RE$(OH)_3$中。加入盐酸溶解RE$(OH)_3$时，Ce^{4+}被Cl^-

还原成 Ce^{3+}，同时放出氯气：

$$2Ce(OH)_4+8HCl=2CeCl_3+8H_2O+Cl_2\uparrow$$

由于 $Ce(OH)_4$ 较难溶解，需要较长的反应时间和高的反应温度，故一般加入过氧化氢作还原剂以促进溶解，缩短溶解时间，提高 $RE(OH)_3$ 溶解率：

$$2Ce(OH)_4+H_2O_2+6HCl=2CeCl_3+8H_2O+O_2\uparrow$$

为分离除去钍杂质，可采用优先溶解方法。本法基于 RE^{3+} 与 Th^{4+} 在溶液中沉淀的 pH 不同，在溶解过程中控制溶液最终 pH 为4～5，钍则以 $Th(OH)_4$ 沉淀下来，从而达到稀土与钍的分离。同时溶液中的铁也形成 $Fe(OH)_3$ 沉淀。

氢氧化稀土中有少量 SO_4^{2-}，在盐酸溶解时进入溶液中，为制得纯 $RECl_3$，可加入 $BaCl_2$，使 SO_4^{2-} 生成难溶性的 $BaSO_4$ 沉淀：

$$Ba^{2+}+SO_4^{2-}=BaSO_4\downarrow$$

最后经过滤得到纯 $RECl_3$ 溶液和铁钍渣。铁钍渣可进一步处理以回收钍。氯化稀土溶液可根据需要生产不同品种的产品，可用溶剂萃取法分离制取单一稀土，也可直接减压浓缩结晶制取固体氯化稀土（$RECl_3\cdot 6H_2O$）。

（二）硫酸强化焙烧-萃取工艺

在低温硫酸焙烧过程中，$Fe_2(SO_4)_3$、H_3PO_4、$Th(SO_4)_2$ 等与 $RE_2(SO_4)_3$ 共存于水浸液中，需要进一步净化除去，因此工艺流程较长。本工艺通过延长反应时间和提高焙烧温度，使矿石中大部分杂质经焙烧和浸出后残留于渣中，从而得到纯硫酸稀土溶液，再用萃取法转型制成氯化稀土或其它混合稀土化合物，如 $RE(NO_3)_3$。工艺流程见图14-3-7。

精矿中各种矿物在硫酸焙烧过程中的反应式与前面基本相同，钙、钡的矿物反应后形成难溶于水的 $CaSO_4$、$BaSO_4$。铁矿物与硫酸反应生成的 $Fe_2(SO_4)_3$ 在高温下进一步分解成 Fe_2O_3 或 $FeOSO_2$：

$$Fe_2(SO_4)_3\rightarrow Fe_2O_3+3SO_3$$

$$SO_3\rightarrow SO_2+1/2O_2$$

独居石与硫酸反应形成的磷酸在高温下进一步分解脱水为 $H_4P_2O_7$ 或 HPO_3，并与其它金属离子作用生成难溶于水的焦磷酸盐化合物：

$$H_4P_2O_7+Th(SO_4)_2\rightarrow ThP_2O_7+2H_2SO_4$$

$$2Fe_2(SO_4)_3+3H_4P_2O_7\rightarrow Fe_4(P_2O_7)_3+6H_2SO_4$$

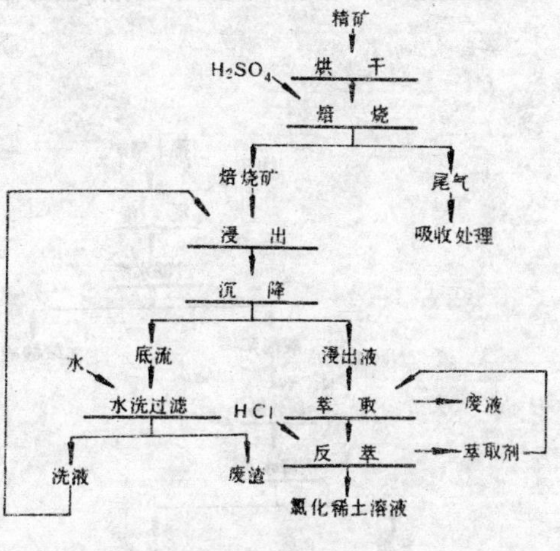

图 14-3-7 硫酸强化焙烧-萃取工艺流程

焙烧矿中残存的硫酸在高温下挥发进入尾气中，部分分解成 SO_2。

在经焙烧和浸出得到的浸出液中，杂质和酸度都很低，可用羧酸类萃取剂进行萃取，将 $RE_2(SO_4)_3$ 转变为 $RECl_3$、$RE(NO_3)_3$ 等。萃取设备为混合澄清萃取槽。萃取是连续生产过程，要求输入到槽内的物料成分保持相对稳定，浸出液、萃取剂、反萃酸等均要严格计量，保持流量、流比恒定。

（三）尾气处理及综合利用

在浓硫酸焙烧处理包头稀土精矿制备氯化稀土过程中产出的废气（即尾气）含 SO_2、HF、SiF_4 及 H_2SO_4 酸雾等成分，不能直接排入大气。工业生产中常用的处理方法是首先用填料塔沉积、吸收废气中夹带的固体粉尘和部分高沸点物质，然后经水喷淋吸收处理，最后经排风机、烟囱排入大气。对吸收后得到的含 H_2SO_4、HF、H_2SiF_6 的混合酸的综合利用，如果用外热式转窑，由于尾气量小，氟浓度高，可采用分段冷凝、水吸收方法处理，得到的混合酸浓度较高，可用于制备氟化盐。

二、烧碱法处理包头稀土精矿

烧碱法是分解精矿的有效方法，它具有三废易处理、设备易解决等特点，广泛应用于有色金属、稀有金属冶炼工业中。包头稀土精矿中独居石、氟碳铈矿两种矿物均能与烧碱作用生成可溶性氢氧化物。

（一）精矿分解制取氯化稀土工艺

1. 工艺流程

用烧碱法分解精矿生产氯化稀土的工艺主要由

精矿的盐酸浸泡、碱液分解、优先溶解及优溶渣的稀土回收等四部分组成，工艺流程见图14-3-8。

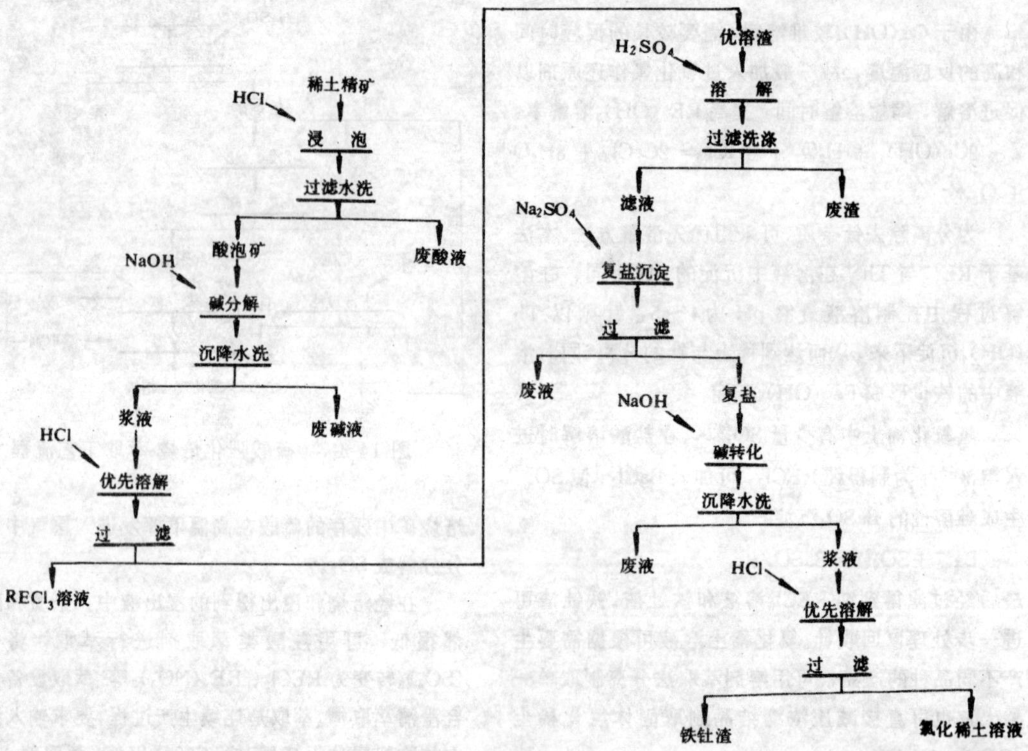

图 14-3-8 烧碱法处理包头稀土精矿工艺流程

2. 主要矿物的分解反应

主要矿物的分解反应如下：

$$REFCO_3+3NaOH=RE(OH)_3\downarrow+Na_2CO_3+NaF$$

$$REPO_4+3NaOH=RE(OH)_3\downarrow+Na_3PO_4$$

$$Fe_2O_3+2NaOH=2NaFeO_2+H_2O$$

$$CaF_2+2NaOH=Ca(OH)_2\downarrow+2NaF$$

$$Th_3(PO_4)_4+12NaOH=3Th(OH)_4\downarrow+4Na_3PO_4$$

为使精矿中各种矿物与烧碱充分作用，必须加入过量的烧碱，并使用较高浓度的碱液。

3. 精矿浸泡

包头矿中的钙大部分以萤石（CaF_2）形式存在，如不预先除去，则经碱分解、盐酸溶解后，几乎都进入氯化稀土溶液中，影响产品质量。除钙的主要方法有：1）以弱酸性氯化铝溶液浸泡精矿，利用氟与铝的络合原理，使CaF_2溶解转变成$CaCl_2$和AlF_6^{3-}，但是消耗铝盐，增加了生产成本；2）在用烧碱分解精矿后得到的浆液中加入0.5mol/LHCl 搅拌洗涤，使钙优先溶解，去除效果较好，但是物料沉降性能差，固液分离较困难；3）盐酸浸泡精矿。

目前工业生产中一般采用第三种方法。该法是以3mol/LHCl 溶液在90～95℃温度下浸泡精矿。经浸泡后，精矿中的 CaO 含量由4.8%降至0.5%。精矿、酸泡矿和酸泡液的成分见表14-3-8。

表 14-3-8 精矿、酸泡矿、酸泡液的成分

成分	RE_2O_3	CeO_2	ThO_2	Fe	CaO	F	P_2O_5
精矿，%	66.32	32.57	0.22	2.19	4.83	7.91	5.00

续表 14-3-8

成分	RE_2O_3	CeO_2	ThO_2	Fe	CaO	F	P_2O_5
酸泡矿,%	73.09	36.32	0.24	1.95	0.53	8.14	6.10
酸泡液，g/L	20.92	9.00	0.00024	2.39	19.74	0.57	1.50

4. 碱分解

用50%碱液在140℃下搅拌6～8h，精矿分解率可达98%以上。矿石中的氟、磷等均转变成可溶性的NaF、Na_3PO_4。分解物用热水清洗，除去可溶性钠盐。经多次洗涤和固液分离后得到的碱溶饼成分见表14-3-9。

表14-3-9　碱溶饼成分（%）

样号	RE_2O_3	CeO_2	ThO_2	Fe	CaO	F	P_2O_5
1	79.43	40.39	0.27	3.41	0.94	0.26	1.20
2	77.31	42.70	0.35	3.47	0.93	0.22	0.95

5. 盐酸优溶

碱分解、水洗后的氢氧化物用盐酸溶解，使稀土转变成氯化物。在溶解过程中，若溶液pH值控制在4～5，稀土优先溶解，铁、钍的氢氧化物则残留于不溶渣中。一般优溶时稀土溶出率高于80%，约20%的稀土进入优溶渣中。优溶液和优溶渣的典型成分列于表14-3-10。

表 14-3-10　优溶液和优溶渣的成分

成　　分	RE_2O_3	ThO_2	Fe	CeO_2	CaO	Fe	BaO	P_2O_5
优溶液，g/L	200	0.00042	微	101	3.9	微	0.65	微
优溶渣，%	41.10	1.42	23.17	23.40	0.52	4.12	—	7.60

6. 优溶渣的处理

优溶渣中除含有未浸出完全的可溶性稀土外，还有钍及未分解的精矿。为了回收其中可浸出的稀土并制成氯化稀土产品，较为可行的方法是用硫酸溶解-复盐沉淀工艺。首先用H_2SO_4溶解，过滤除去不溶渣后，加入硫酸钠使稀土变成稀土硫酸钠复盐，然后用氢氧化钠溶液转化，水洗和盐酸优溶后可获得氯化稀土溶液。

（二）废液的处理和回收利用

用烧碱法分解包头稀土精矿的缺点是废液量大，种类多。其废液主要有下述四种，均须处理才能排放。

第一种是精矿盐酸浸泡的废酸液，含1～1.5mol/L HCl、0.5～1.0g/LF、～20g/L RE_2O_3。如能回收其中的稀土，可使该工艺的稀土收率提高5～7%。从此溶液中提取稀土最有效的方法是萃取法。

第二种是碱分解酸泡矿水洗涤分解物的碱性废液，主要成分是NaF、Na_3PO_4、Na_2SO_4、Na_2CO_3和$NaOH$，废液量约为精矿重量的40倍。较为简便的处理方法是用石灰水沉淀，使氟、磷等转变成不溶性的CaF_2、$CaSO_4$和$Ca_3(PO_4)_2$，母液经浓缩后返回用于分解矿石。

第三种是处理优溶渣产出的废碱液，也就是碱转化稀土硫酸复盐在水洗时产出的废液，主要成分是Na_2SO_4、$NaOH$。处理方法是将水洗过程中前几次Na_2SO_4浓度较高的废液浓缩结晶，所得结晶Na_2SO_4返回复盐沉淀工序，NaOH母液也可以返回用。但这只能处理少部分废液，大部分废液只能中和排放。

第四种废水为复盐沉淀后的含硫酸废液，约含0.5mol/L H_2SO_4，0.1～0.5g/LRE_2O_3，可采用石灰水中和处理。

三、高温氯化法处理包头稀土精矿

氯化法是工业生产中广泛应用的冶炼方法，具有处理能力大、效率高、选择性好等特点，并按处理金属矿物的不同可分为三种形式。

(1)沸腾氯化法，过程是物料在炉内被气流吹成"沸腾"状态，使氯气与矿粉充分接触。该法反应速度快，设备处理能力大，并已成功地应用于工业生产。

(2)熔融盐氯化法，其过程是将精矿与氯化钾或氯化钠加热成为熔融物，然后通入氯气进行氯化。该法用于处理成分较为复杂的稀土精矿时，采用选择氯化法，低沸点的氯化物如$SiCl_4$、$TiCl_4$等首先挥发进入炉气中，而稀土氯化物留在熔融物中。该法由于设备复杂，尚未在工业生产中采用。

(3)团块氯化法，其过程是将精矿粉与还原剂及粘合剂混合制成团块，在竖炉内通入氯气进行氯化。该法已成功地应用于工业生产。

(一) 加碳高温氯化的机理

精矿中各种矿物在有碳存在时，在1000～1200℃下均能与氯气反应，生成相应的氯化物。低沸点氯化物，如$TiCl_4$、$FeCl_3$、$SiCl_4$、$POCl_3$等，均以气体形态进入尾气中，而稀土氯化物因其沸点均高于氯化温度，留在熔融体中。氯化法加碳不仅是为了加快稀土氯化反应的进行，也是为了使精矿中能与氯气反应的组分能够充分氯化。主要矿物的氯化反应如下。

(1)氟碳铈矿的氯化。氟碳酸盐在氯化过程中分解成氟氧化物或氧化物：

$$REFCO_3 \longrightarrow REOF + CO_2$$

$$3REFCO_3 \longrightarrow RE_2O_3 + REF_3 + 3CO_2$$

因此氟碳铈矿的氯化反应可以看成是氧化物的氯化反应：

$$RE_2O_3 + 3C + 3Cl_2 = 2RECl_3 + 3CO\uparrow$$

$$2CeO_2 + 4C + 3Cl_2 = 2CeCl_3 + 4CO\uparrow$$

(2) 独居石矿物的氯化。主要反应式为：

$$REPO_4 + 3C + 3Cl_2 = RECl_3 + POCl_3\uparrow + 3CO\uparrow$$

$$Th_3(PO_4)_4 + 12C + 12Cl_2 = 3ThCl_4 + 4POCl_3\uparrow + 12CO\uparrow$$

$$2POCl_3 + 2CO = 2P\uparrow + 2CO_2\uparrow + 3Cl_2\uparrow$$

$$REPO_4 + 3CO + 3Cl_2 = RECl_3 + POCl_3\uparrow + 3CO_2\uparrow$$

(3)萤石的氯化反应。萤石首先与矿石中的硅石(SiO_2)反应，而后再与氯气反应：

$$2CaF_2 + SiO_2 = 2CaO + SiF_4\uparrow$$

$$CaO + C + Cl_2 = CaCl_2 + CO\uparrow$$

(二) 氯化工艺

氯化工艺主要由配料、制团、氯化和废气处理等四部分组成，工艺流程见图14-3-9。首先将精矿和还原剂——木炭分别磨细，并按一定比例混合，再加入粘合剂，混匀后压成团块，经过烘干即为氯化原料。氯化在竖式石墨内衬电热氯化炉中进行。物料通过加料器定时地加入到炉内，氯气经中心电极内的导管连续地输入到炉中。氯化稀土熔融物周期地从炉底部出料口排出。氯化过程中产出的含$FeCl_3$、$POCl_3$等废气从炉体上部进入炉外的冷凝器内，冷凝后用碱液喷淋除去氯气后排入大气。

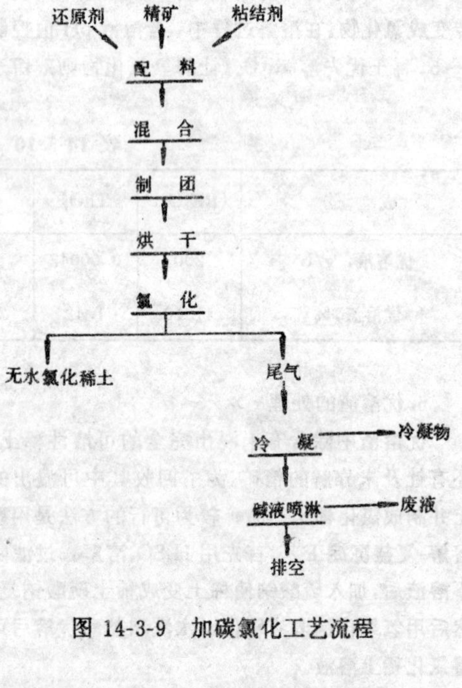

图 14-3-9 加碳氯化工艺流程

本法适合于处理高品位包头稀土精矿。生产实践证明，用含60%RE_2O_3左右的包头稀土精矿为原料，氯化稀土收率达到92%以上。无水氯化稀土中约含60%RE_2O_3，可作为电解制取混合稀土金属的原料。表14-3-11列出了包头稀土精矿、无水氯化物及冷凝物的组成。

表 14-3-11　包头稀土精矿、无水氯化稀土及冷凝物成分

成分	精矿，%	无水氯化稀土 %	冷凝物，%
RE_2O_3	60.4	59.80	8.47
Ca	4.70	4.70	0.67
Ba	0.86	0.79	
Mg	0.064	0.16	
Fe	4.25	0.098	14.43
Th	0.135	0.038	0.31
Si	0.62	0.08	0.43
Mn	0.11		
F	7.47	2.07	2.42
P	3.21	0.063	5.94
H_2O			～30
水不溶物		6.84	
酸不溶物		4.70	

注：三种物料的 α 比较（Bq/kg）分别为 4.2×10^4、$(7.4\sim18.5)\times10^3$、18.6×10^4。

四、磷钇矿的分解工艺

磷钇矿是一种以重稀土为主的正磷酸盐矿物，是提取重稀土及氧化钇的主要原料。

磷钇矿虽然与独居石都是稀土磷酸盐矿物，但是矿物晶系结构不同，因此比独居石难分解。目前分解磷钇矿的主要方法有浓硫酸焙烧、加压烧碱液分解、碱熔融和碳酸钠焙烧。

（一）浓硫酸焙烧法

硫酸焙烧分解方法与包头矿酸分解工艺相似。由于磷钇矿中的中重稀土含量高，若采用复盐沉淀法处理水浸液（硫酸稀土溶液），则重稀土沉淀不完全，因此一般用草酸沉淀法将稀土和钍沉淀下来，或用溶剂萃取法提取稀土，分离铀、钍，工艺流程见图14-3-10。

（二）加压碱液分解法

磷钇矿用氢氧化钠溶液在常压下（温度140℃）分解率很低，故在250℃、压力大于3MPa 下进行强化分解，可使精矿分解率达到95%以上。分解后的浆液用水洗去碱和磷酸钠，然后用硝酸溶解，经过滤除去不溶渣，溶液用溶剂萃取法分离稀土与铀、钍。

（三）碱熔融法

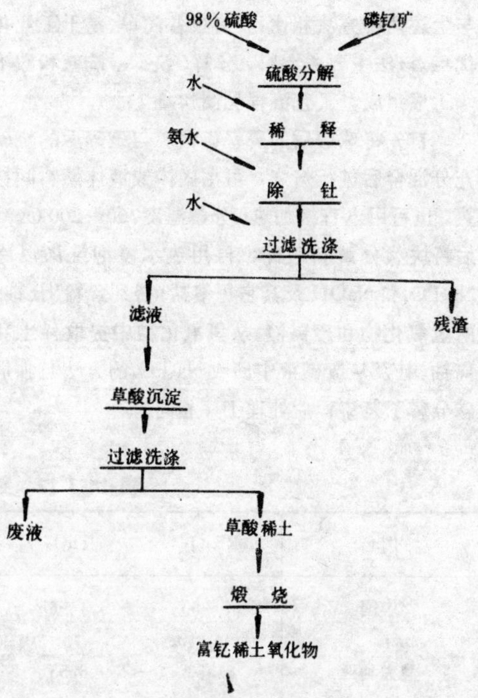

图 14-3-10　浓硫酸焙烧法处理磷钇矿工艺流程

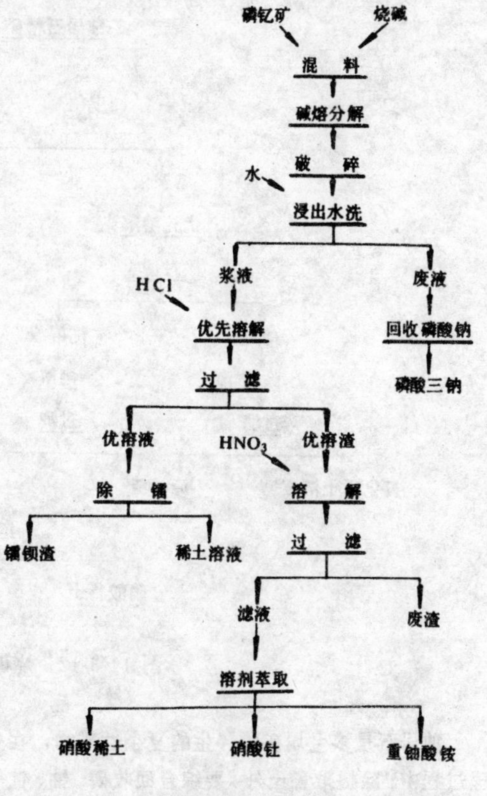

图 14-3-11　碱熔融法处理磷钇矿工艺流程

碱熔融法是国内工业生产中使用的方法。该法与上述两种方法相比，具有设备简单、易于工业化等优点。该法主要由混料、分解、洗磷、洗碱和酸溶解等工序组成，工艺流程见图14-3-11。

首先将球磨后的磷钇矿精矿与破碎后的烧碱粉充分混合后进行焙烧，可用固体或液体燃料间接加热，也可用电直接加热，分解温度700～800℃。冷却后将块状分解料破碎，再用热水浸泡洗涤以除去Na_3PO_4和NaOH及其它可溶盐，得到含稀土、铀、钍的氢氧化物和废碱液。从氢氧化物中提取稀土和分离铀、钍及从废碱液中回收Na_3PO_4的方法与独居石碱分解工艺流程后处理工序相同。

五、烧碱法处理独居石精矿

独居石是稀土的正磷酸盐（$REPO_4$）。精矿中独居石矿物的含量一般为95～98%，稀土品位（RE_2O_3计）达60～65%，其它矿物为钛铁矿（$FeTiO_3$）、锆英石（$ZrSiO_4$）、硅石（SiO_2）。典型独居石组成见表14-3-12。

分解独居石的方法有烧碱法、硫酸法、高温氯化法。烧碱法又可分为常压碱液分解法、密闭下加压碱分解法、热球磨法、碱熔融法。目前工业生产上广泛应用的是常压碱液分解法，其工艺流程见图14-3-12。

表 14-3-12 独居石精矿典型成分（%）

国名	RE_2O_3	ThO_2	P_2O_5	U_3O_8	Fe	ZrO_2
中国	55～60	4～6	25～28	0.3～0.4	0.7～1.5	1～3
澳大利亚	61.33	6.55	26.28	0.34		

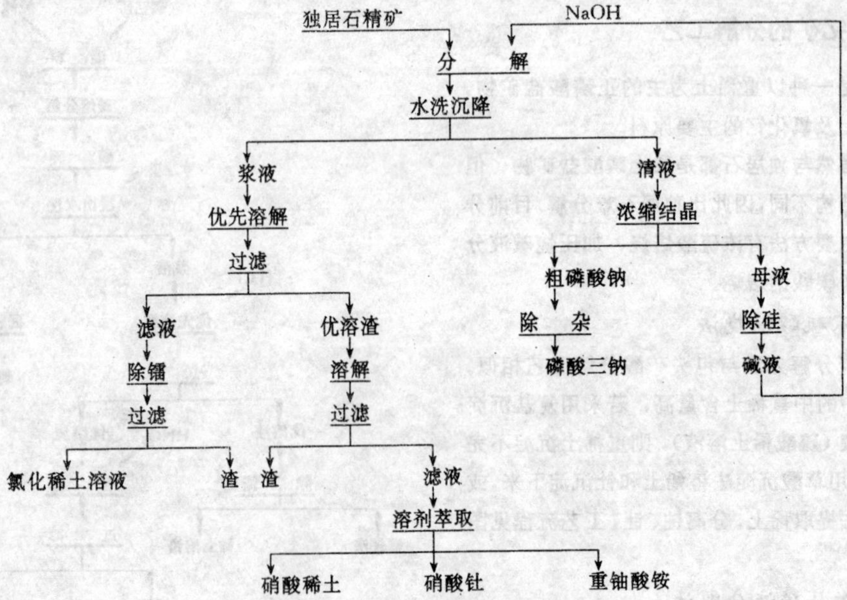

图 14-3-12 烧碱法处理独居石工艺流程

独居石是多金属矿物伴生的复杂性矿物，在处理过程中，除提取稀土外，要综合回收磷、铀、钍等有价元素。

（一）常压碱液分解

独居石精矿中主要矿物与氢氧化钠水溶液发生下列反应：

$$REPO_4+3NaOH=RE\ (OH)_3\downarrow+Na_3PO_4$$

$$Th_3\ (PO_4)_4+12NaOH=3Th\ (OH)_3\downarrow+4Na_3PO_4$$

$$2U_3O_8+O_2+6NaOH=3Na_2U_2O_7\downarrow+3H_2O$$

影响精矿分解的主要因素有精矿粒度、碱用量及浓度、反应温度、分解时间。

工业生产中，精矿通常用振动球磨机磨细至325目，按矿∶碱＝1∶1.3～1.5加入到混料槽中，而后连续地输送到碱分解槽中进行连续分解。碱液浓度50%，反应温度140℃，分解时间5～6h。分解后先用热水稀释反应物，然后用错流方式洗涤，除去NaOH和Na_3PO_4。洗磷、洗碱也可用逆流洗涤塔进行连续洗涤。洗涤后的浆状物主要成分是RE $(OH)_3$及铀、钍、铁等沉淀物。再采用优先溶解法，即用工业盐酸溶解，控制最终溶液pH值为4～5，使钍、铀、铁富集在不溶渣中，溶解完后加热煮沸数分钟，以保证物料有较好的沉降性能并利于渣液分离。最后用板框压滤机过滤，得到氯化稀土溶液和铀钍渣。

独居石中含有铀钍的裂变子体（镭的同位素）^{226}Ra、^{228}Ra，其中大部分是在碱分解和酸溶解过程中进入酸溶解液的。为此，需要用硫酸钡共沉淀除镭。工业上常用H_2SO_4和$BaCl_2$按一定比例加入到稀土溶液中，经搅拌、放置熟化、过滤，除去镭钡渣。

（二）萃取分离铀钍

优先溶解后得到的渣主要含有钍、铀及少量稀土，其处理方法是首先用硝酸溶解，经过滤除渣后，在不同的硝酸浓度下分别用不同浓度的TBP（磷酸三丁酯）进行萃取分离。对得到的硝酸钍进一步精制得到纯硝酸钍；铀溶液用氨沉淀制得重铀酸铵；硝酸稀土溶液可作为提取分离单一稀土或用于生产其它稀土产品。分离稀土、铀、钍也可以在盐酸介质中用P350（甲基膦酸二甲庚酯）进行萃取分离。

（三）碱分解液的综合回收利用

经氢氧化钠分解独居石并经水洗后得到的水洗液，其主要成分是NaOH和Na_3PO_4，同时伴有少量的六价铀盐和固体残渣。根据生产实践经验，每处理一吨独居石精矿，可回收一吨磷酸钠，并且大量的氢氧化钠溶液可返回用于分解精矿。通常用浓缩结晶法处理回收碱分解液，利用氢氧化钠和磷酸钠在水中溶解度的不同进行分离。一般独居石碱分解液中含NaOH约80g/L、Na_3PO_4约20g/L。当溶液中NaOH浓度大于36%时，$Na_3PO_4\cdot12H_2O$溶解度小于0.3%。将碱分解液浓缩结晶出$Na_3PO_4\cdot12H_2O$，母液主要成分是NaOH。

一次结晶的磷酸钠晶体中含有放射性物质和矿渣及其它固体物质，外观呈浅黄色，纯度不高，需要进一步精制。精制方法是先用热水溶解粗磷酸钠，然后加入还原剂与中和沉淀剂，使六价铀还原成四价，并以氢氧化铀形式沉淀。经过滤去除沉淀和渣后可得到较纯的磷酸钠溶液，再进行二次结晶，即可获得白色的$Na_3PO_4\cdot12H_2O$。

结晶出磷酸钠后的母液，在加入石灰水中和除硅（Na_3SiO_3）后，返回精矿碱分解工序用于配制碱液。

六、电加热碱法分解稀土精矿

电内加热碱法分解稀土精矿，是将电流通过精矿与电解质（如氢氧化钠）的混合料，利用电热效应加热物料使矿物快速分解。这是一种物理过程与化学过程相结合的方法。该法具有分解速度快、效率高、能耗低和碱耗少等特点，可适用于处理包头稀土精矿、独居石矿和磷钇矿等稀土矿物。仅以包头稀土精矿为例叙述本工艺流程及工艺效果。

（一）分解工艺

用烧碱法处理独居石、包头稀土精矿的工艺都存在分解时间长的缺点。本法的优点在于用电直接通入精矿与碱的混合物料中进行加热，提高了热效率，从而可极大地缩短分解时间，并强化精矿的分解，精矿中的各种矿物与碱作用的反应方程式均与碱法分解包头稀土精矿相同，分解后的物料后处理工序及工艺条件也与碱法工艺相似。工艺流程见图14-3-13。

（二）分解结果及与常规碱法比较

用含～60%RE_2O_3的包头稀土精矿经盐酸浸泡后，按矿∶碱＝1∶0.9（重量比）加入烧碱，混合均匀后通电分解，分解时间仅为几十分钟，分解率达到96～98%，能耗、碱耗均大大低于常规碱法，同时设备运行安全可靠。

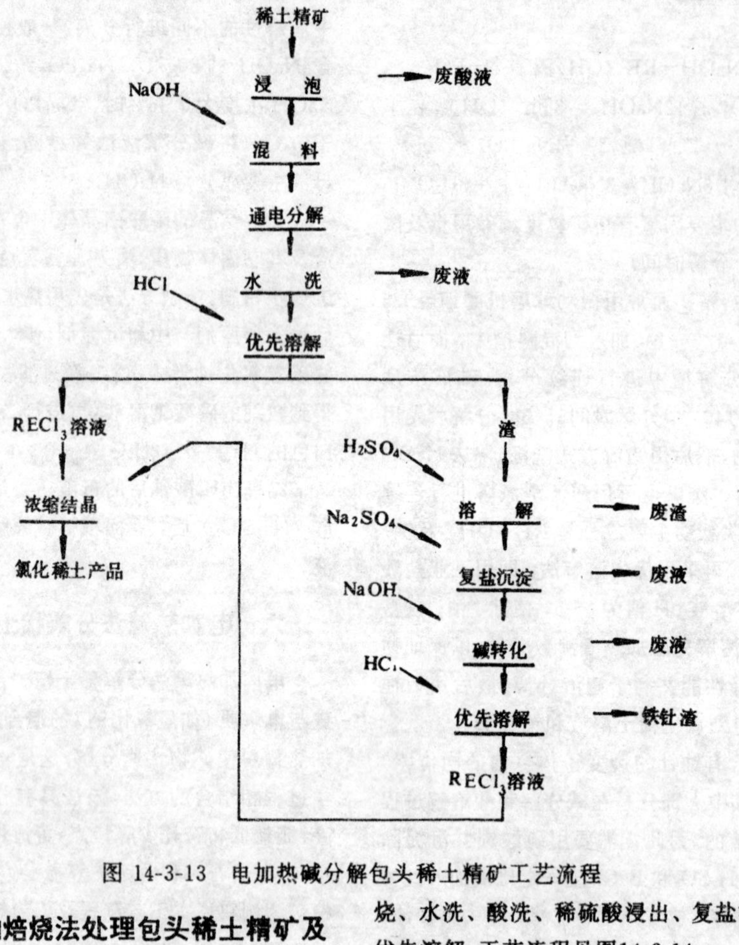

图 14-3-13 电加热碱分解包头稀土精矿工艺流程

七、碳酸钠焙烧法处理包头稀土精矿及其它方法

（一）碳酸钠焙烧法处理包头稀土精矿

稀土精矿与碳酸钠混合均匀后，在回转窑内焙烧，稀土矿物及某些伴生的矿物即可分解，主要矿物的反应式如下：

(1) 在350℃以上时，氟碳铈矿开始分解：

$REFCO_3 \longrightarrow REOF + CO_2 \uparrow$

$2CeFCO_3 + 1/2O_2 \longrightarrow Ce_2O_3F_2 + 2CO_2 \uparrow$

(2)继续升高温度时，各种矿物与碳酸钠的反应为：

$2REOF + Na_2CO_3 \longrightarrow RE_2O_3 + 2NaF + CO_2 \uparrow$

$Ce_2O_3F_2 + Na_2CO_3 \longrightarrow 2CeO_2 + 2NaF + CO_2 \uparrow$

$2REPO_4 + 3Na_2CO_3 \longrightarrow RE_2O_3 + 2Na_3PO_4 + 3CO_2 \uparrow$

$CaF_2 + Na_2CO_3 \longrightarrow 2NaF + CaCO_3$

$BaSO_4 + Na_2CO_3 \longrightarrow Na_2SO_4 + BaCO_3$

用该工艺生产氯化稀土的主要工序有混料、焙烧、水洗、酸洗、稀硫酸浸出、复盐沉淀、碱转化、优先溶解。工艺流程见图14-3-14。

焙烧后的物料呈块状，先破碎，然后用热水浸出，使可溶性钠盐如NaF、Na_2CO_3、Na_3PO_4溶解进入水洗液中。为除去焙烧矿中的钙、钡，采用稀盐酸（或稀硝酸）浸洗水洗矿，浸洗温度约80℃，固:液＝1:5～10。稀土富集于酸浸洗后的滤饼中，非稀土杂质如碱土金属含量显著降低。

稀硫酸浸出实际是稀土氧化物或碳酸盐的溶解过程。铁、锰等化合物均被溶解进入浸出液中。浸出用稀H_2SO_4溶液，在50～70℃下搅拌0.5～1h，稀土浸出率可达98%。

通常用复盐沉淀法从硫酸浸出液中提取稀土。以NaCl、Na_2SO_4作沉淀剂，在90～95℃下，基本上可使钍和稀土完全沉淀，而铁、磷等杂质留在废液中。复盐经碱转化、水洗和优先溶解，即可获得氯化稀土。

铈在碳酸钠焙烧过程中被氧化成四价，经稀硫酸浸出后，仍以四价形态Ce $(SO_4)_2$存在于浸出液中。利用四价铈与其它三价稀土分离系数大的特点，可用P204直接萃取分离铈。然而，由于硫酸浸出液成分复杂，铁、氟离子浓度太高，在萃取过程中易于乳化，分相困难，本工艺难以在生产中应用。

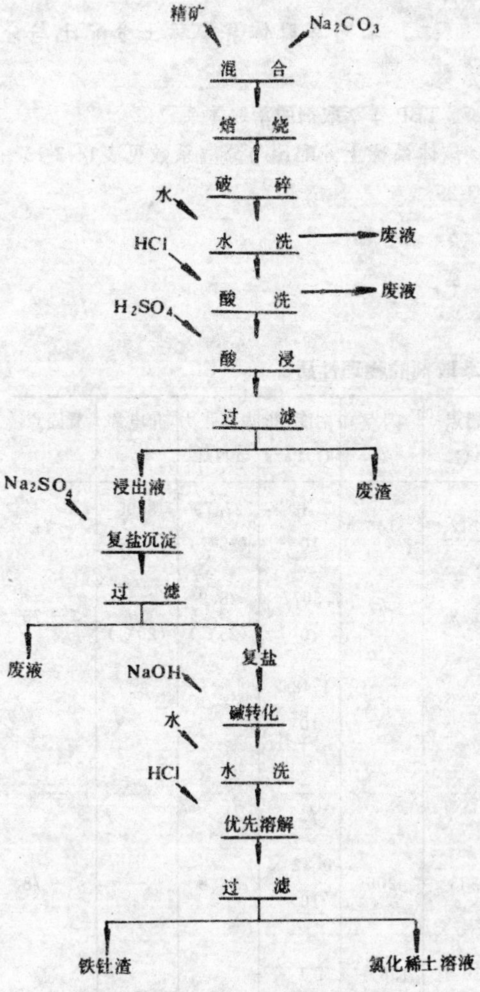

图 14-3-14 碳酸钠焙烧法处理包头稀土精矿工艺流程

(二) 离子吸附型稀土矿的提取工艺

原矿中80%以上的稀土以离子状态吸附在高岭土等粘土矿物上，颗粒度较细。根据矿物的特性，可采用电解质溶液直接渗浸的方法，将矿中的离子形态稀土淋洗下来，从而得到稀土溶液。由于原矿稀土品位很低，淋洗液中的稀土浓度较低，一般只有1g/L 左右。目前从此溶液中提取稀土的方法主要是草酸沉淀法。工艺流程见图14-3-15。

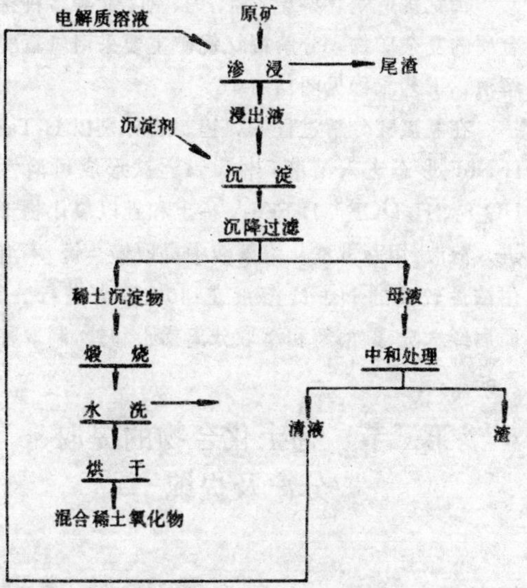

图 14-3-15 离子吸附型稀土矿的提取工艺流程

(三) 褐钇铌矿分解工艺

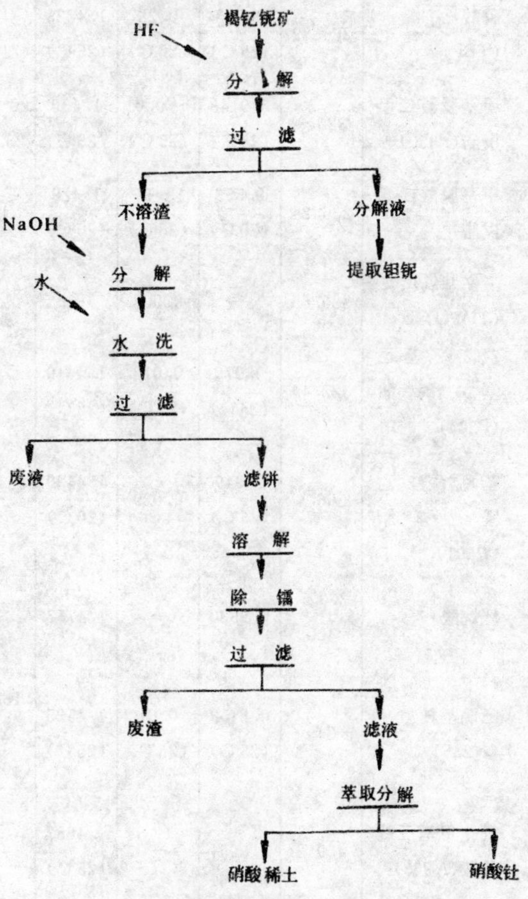

图 14-3-16 氢氟酸分解褐钇铌矿工艺流程

褐钇铌矿是含稀土、钽、铌、铀、钍等多种稀有金属的复杂矿物，分解褐钇铌矿主要采用氢氟酸分解法，工艺流程见图14-3-16。

在氢氟酸分解过程中，钽、铌分别以 H_2TaF_7、H_2NbF_7形态进入溶液，铀、钛、铁形成可溶性盐 UO_2F_7、H_2TiOF_2、H_2FeF_5，稀土和钍以氧化物形态进入溶液。用萃取法从溶解液中提取钽、铌。不溶渣用浓度较高的 NaOH 溶液在140℃以上进行分解，而后经水洗、酸溶解和萃取分离稀土和钍，制取稀土产品。

第三节 稀土化合物的提取、分离及提纯

一、萃取法分离稀土元素

（一）常用的分离稀土萃取剂与稀释剂

常用的分离稀土萃取剂可分为磷酸脂类、羧酸类和胺类，其性质见表14-3-13。常用稀释剂及其性质见表14-3-14。

（二）不同萃取体系中稀土分配比与分离系数

1. TBP 作萃取剂的萃取体系

该体系稀土分配比与分离系数见表14-3-15～14-3-29。

表 14-3-13 常用的分离稀土萃取剂的物理性质

萃取剂	分子量	密度 g/cm³	水溶度 g/L	折光率	沸点 ℃	燃点 ℃	闪点 ℃	粘度(25℃)Pa/s	表面张力 mN/L	介电常数 ε	凝固点 ℃
磷酸三丁酯(TBP)	266.32	0.973 (25℃)	0.28 (25℃)	1.4223 (25℃)	142 (213Pa)	212	146	3.32×10^{-3}	27.79 (20℃)	8.05 (25℃)	−71
甲基膦酸二甲庚脂(P350)	320.3	0.9148 (25℃)	～0.01 (25℃)	1.436 (25℃)	120～122 (26.7Pa)	219	165	7.5677×10^{-3}	28.9 (25℃)	4.55 (20℃)	<−75
甲基膦酸二异戊脂	236.29	0.953 (20℃)	1.9 (25℃)	1.429 (20℃)	130	—	—	4.48×10^{-3}	—	—	—
三辛基氧化膦(TOPO)	386.65	—	0.008	—	210～225	—	—	—	—	—	—
2-(2-乙基己基)磷酸(P204)	322.43	0.970 (25℃)	0.012 (25℃)	1.4419 (25℃)	—	233	206	0.42×10^{-2}	28.8	—	<−78
2-(2-乙基己基)膦酸-2-乙基己基脂(*P*501)	306.4	0.949 (25℃)	0.029	1.4499 (20℃)	—	230～235	196～198	4.1×10^{-3}	—	—	—
环烷酸	200～400	0.9530	—	1.4757	—	—	—	—	—	—	—
三烷基胺(*N*235)	349	0.8153 (25℃)	0.01 (25℃)	1.4525 (25℃)	180～230 (400*Pa*)	226	189	10.4×10^{-3}	28.2 (25℃)	2.44 (20℃)	−64
氯化甲基三烷基胺(*N*263)	459.2	0.8951	—	1.4687 (25℃)	—	170	160	12.04×10^{-3}	31.1	—	−35

表 14-3-14　常用稀释剂及其性质

名　称	化学式	分子量	密　度 g/cm³	水溶度 g/L	粘　度 Pa/s	介电常数 ε
煤油	—	—	~0.8	0.007(23℃)	2×10^{-5}(20℃)	2.0~2.2
正己烷	C_6H_{14}	86.17	0.65937(20℃)	0.000995(25℃)	3.126×10^{-4} (20℃)	1.89
环己烷	C_6H_{12}	84.16	0.77855	0.010(20℃)	9.80×10^{-4} (20℃)	2.023(20℃)
苯	C_6H_6	78.11	0.87903(20℃)	0.1780(20℃)	6.487×10^{-4} (20℃)	2.283(20℃)
甲苯	C_7H_8	92.13	0.86694	0.0515(25℃)	5.866×10^{-4} (20℃)	2.24(20℃)
氯仿	$CHCl_3$	119.38	1.489(20℃)	0.710(17.4℃)	5.63×10^{-4} (20℃)	4.9(20℃)
四氯化碳	CCl_4	153.82	1.59472(20℃)	0.081(30℃)	9.65×10^{-4} (20℃)	2.205(20℃)
乙醇	C_2H_6O	46.07	0.7937(15.6℃)	∞	1.22×10^{-3} (20℃)	25.7(20℃)
液体石蜡	—	—	—	—	—	—

表 14-3-15　RE $(NO_3)_3$-HNO_3-H_2O-TBP（100%）体系稀土的分配比

元素	HNO_3,mol/L	〔RE〕$_F$① RE_2O_3g/L	D	元素	HNO_3,mol/L	〔RE〕$_F$① RE_2O_3g/L	D
Ce	8.06	10	0.098	Y	11.3	8.0	8.9
		50	0.132			15	3.42
		100	0.152			40	2.2
		200	0.16			80	1.45
		237	0.28			160	0.845
	3.1	0.0145	0.171		0.9	20	0.268
		0.145	0.173			40	0.3
		1.45	0.175	Nd	8.8	40	0.26
		14.5	0.172		11	20	0.63
		40	0.18			40	0.42
		90	0.208				

① 〔RE〕$_F$ 为稀土起始浓度，下同。

表 14-3-16 RE $(NO_3)_3$-HNO_3-NH_4NO_3（8mol/L）-H_2O-TBP 体系稀土的分配比

元素	$[RE]_F$，mol/L	D	元素	$[RE]_F$，mol/L	D	元素	$[RE]_F$，mol/L	D
La	0.0637	58±1	Eu	0.0470	434±7	Ho	0.0548	700±19
Pr	0.0500	102±5	Gd	0.0740	397±11	Er	0.0529	509±8
Nd	0.0680	157±1	Dy	0.0554	415±8	Tm	0.0515	485±13
Sm	0.0797	305±4	Y	0.1126	522±18	Yb	0.0610	317±11

表 14-3-17 RE $(NO_3)_3$-HNO_3-H_2O-TBP 体系的稀土分配比

料液，mol/L		D						
HNO_3	NO_3^-	La	Pr	Sm	Gd	Ho	Lu	Ce (IV)
0.5	0.2	0.2	0.30	0.33	0.22	0.16	0.06	6.8
	0.5	0.16	0.32	0.49	0.40	0.40	0.15	2.8
	0.8	0.15	0.44	0.62	0.55	0.65	0.43	1.4
	1.0	0.15	0.45	0.58	0.55	0.61	0.48	1.7
	1.5	—	0.40	0.50	0.50	0.50	0.50	0.90
2	0.2	0.16	0.26	0.42	0.35	0.35	0.18	6.9
	0.5	0.05	0.25	0.50	0.45	0.47	0.25	2.8
	0.8	—	0.26	0.52	0.48	0.52	0.34	1.4
	1.0	0.14	0.29	0.47	0.47	0.49	0.37	1.7
2	1.5	—	0.25	0.40	0.40	0.40	0.40	0.90
3	0.2	0.20	0.23	0.42	0.38	0.43	0.22	6.9
	0.5	0.06	0.23	0.46	0.40	0.48	0.31	2.8
	0.8	0.10	0.24	0.44	0.40	0.46	0.35	1.4
	1.0	—	—	—	—	—	—	1.7
	1.5	0.15	0.21	0.31	0.34	0.36	0.29	0.9
4	0.2	0.15	0.22	0.45	0.45	0.55	0.40	6.9
	0.5	0.10	0.21	0.42	0.43	0.50	0.42	2.8
	0.8	0.09	0.21	0.38	0.43	0.45	0.42	1.7
	1.0	0.12	0.21	0.35	0.40	0.42	0.40	1.4
	1.5	—	0.19	0.31	0.34	0.35	0.35	0.9
5	0.2	0.09	0.21	0.45	0.47	0.66	0.60	6.9
	0.5	0.09	0.21	0.40	0.42	0.59	0.51	2.8
	0.8	0.09	0.21	0.35	0.38	0.48	0.46	1.7
	1.0	0.09	0.19	0.33	0.35	0.46	0.44	1.35
	1.5	0.09	0.18	0.30	0.30	0.34	0.35	0.90
6	0.2	0.07	0.20	0.44	0.52	0.74	0.79	6.6

续表 14-3-17

料液，mol/L		D						
HNO₃	NO_3^-	La	Pr	Sm	Gd	Ho	Lu	Ce (IV)
	0.5	0.07	0.18	0.40	0.48	0.60	0.62	2.7
	0.8	0.07	0.18	0.35	0.40	0.48	0.50	1.65
	1.0	0.07	0.16	0.26	0.30	0.35	0.40	0.85
	1.5	0.07	0.16	0.26	0.30	0.35	0.40	0.85
8	0.2	0.07	0.20	0.55	0.60	0.90	1.10	6.0
	0.5	0.07	0.18	0.48	0.53	0.64	0.75	2.5
	0.8	0.07	0.15	0.45	0.46	0.53	0.60	1.6
	1.0	—	0.15	0.42	0.44	0.47	0.50	1.3
	1.5	—	0.20	0.40	0.40	0.40	0.40	0.85
11	0.2	0.06	0.22	1.0	1.18	1.55	2.0	—
	0.5	—	0.22	0.30	0.89	1.08	1.25	2.25
	0.8	0.14	0.25	0.65	0.79	0.82	0.95	1.45
	1.0	0.14	0.26	0.55	0.58	0.70	0.78	1.25

表 14-3-18　RE $(NO_3)_3$-HNO_3-$LiNO_3$ (6mol/L) -TBP (100%) 体系镧与镨的分配比和分离系数

〔RE〕$_A$①,g/L	〔RE〕$_O$①,g/L	水相,%		有机相,%		$\beta_{Pr/La}$
		La_2O_3	Pr_6O_{11}	La_2O_3	Pr_6O_{11}	
156.4	176.2	64.2	35.6	28.0	72.0	4.65
127.2	175.6	73.7	26.3	38.0	62.0	4.57

① 〔RE〕$_A$，〔RE〕$_O$ 分别为平衡水相和有机相的稀土浓度。

表 14-3-19　RE $(NO_3)_3$-HNO_3-H_2O-TBP (100%) 体系镨与钕的分配比和分离系数

〔RE〕$_F$, mol/L	摩尔比 Pr:Nd	〔RE〕$_A$ mol/kg	〔RE〕$_O$ mol/kg	〔H^+〕A mol/L	D		$\beta_{Nd/Pr}$
					Pr	Nd	
2.97	1:99	1.63	0.864	0	0.359	0.532	1.48±0.02
2.97	50:50	1.64	0.866	0	0.418	0.637	1.52±0.01
2.97	99:1	1.63	0.854	0	0.521	0.782	1.50±0.02
0.30	1:99	0.238	0.0362	0	0.142	0.152	1.07±0.02
0.30	50:50	0.239	0.0355	0	0.143	0.154	1.08±0.01
0.99	1:99	0.620	0.458	0	0.642	0.741	1.15±0.06
0.99	20:80	0.625	0.458	0	0.655	0.753	1.15±0.01
0.99	50:50	0.630	0.451	0	0.669	0.765	1.14±0.01
0.99	80:20	0.629	0.447	0	0.690	0.792	1.15±0.02
0.99	99:1	0.630	0.438	0	0.694	0.784	1.13±0.02
0.99	1:99	0.670	0.175	4.77	0.180	0.262	1.45±0.02

续表 14-3-19

[RE]$_F$, mol/L	摩尔比 Pr:Nd	[RE]$_A$ mol/kg	[RE]$_O$ mol/kg	[H^+]$_A$ mol/L	D Pr	D Nd	$\beta_{Nd/Pr}$
0.99	20:80	0.678	0.171	4.80	0.189	0.268	1.42±0.01
0.99	50:50	0.679	0.160	4.71	0.197	0.277	1.41±0.01
0.99	80:20	0.678	0.150	4.66	0.204	0.292	1.43±0.03
0.99	99:1	0.673	0.142	4.68	0.210	0.295	1.40±0.02
0.97	1:99	0.606	0.215	9.48	0.214	0.357	1.67±0.05
0.97	20:80	0.618	0.211	9.40	0.232	0.370	1.60±0.04
0.97	50:50	0.617	0.199	9.41	0.253	0.397	1.57±0.04
0.97	80:20	0.627	0.187	9.48	0.269	0.424	1.58±0.04
0.97	99:1	0.627	0.177	9.41	0.280	0.441	1.57±0.04

表 14-3-20 $RECl_3$-HCl-H_2O-TBP（100%）体系镨与钕的分配比和分离系数

[RE]$_F$, mol/L	摩尔比 Pr:Nd	[RE]$_A$ mol/kg	[RE]$_O$ mol/kg	[H^+]$_A$ mol/L	D Pr	D Nd	$\beta_{Nd/Pr}$
3.22	1:99	1.86	0.149	0	0.0883	0.0797	0.9±0.03
3.22	20:80	1.87	1.147	0	0.0843	0.0768	0.91±0.04
3.22	50:50	1.87	0.148	0	0.0831	0.0751	0.90±0.01
3.22	80:20	1.87	0.150	0	0.0814	0.0757	0.93±0.03
3.22	99:1	1.88	0.149	0	0.0796	0.0799	0.92±0.03
3.22	1:99	1.87	0.137	0	0.0824	0.0729	0.89±0.01
3.22	20:80	1.86	0.138	0	0.0807	0.0723	0.90±0.01
3.22	50:50	1.86	0.139	0	0.0788	0.0709	0.90±0.01
3.22	80:20	1.85	0.138	0	0.0764	0.0686	0.90±0.01
3.22	99:1	1.88	0.139	0	0.0741	0.0682	0.92±0.02
3.22	1:99	1.86	0.127	0.26	0.0762	0.0686	0.90±0.02
3.22	20:80	1.86	0.132	0.25	0.0772	0.0692	0.90±0.01
3.22	50:50	1.86	0.140	0.23	0.0785	0.0714	0.91±0.01
3.22	80:20	1.86	0.144	0.23	0.0783	0.0718	0.92±0.02
3.22	99:1	1.88	0.148	0.22	0.0789	0.0745	0.94±0.04
2.00	20:80	1.42	0.0087	0.63	0.00616	0.00618	1.00±0.03
2.00	50:50	1.42	0.0092	0.66	0.00659	0.00649	0.98±0.02
2.00	80:20	1.41	0.0090	0.64	0.00635	0.00638	1.00±0.08
2.00	20:80	1.45	0.0187	2.02	0.0131	0.0128	0.98±0.03
2.00	50:50	1.46	0.0186	2.04	0.0129	0.0126	0.98±0.02
2.00	80:20	1.45	0.0187	2.05	0.0129	0.0128	0.99±0.02

表 14-3-21 RE $(NO_3)_3$-HNO_3-$LiNO_3$（饱和）-TBP（100%）体系镨与钕的分配比和分离系数

水相，%		有机相，%		$\beta_{Nd/Pr}$
Nd	Pr	Nd	Pr	
74.0	3.00	86.0	18.4	1.89
71.1	29.7	83.0	18.2	1.90
73.5	30.2	82.7	18.5	1.84

注：$[RE]_F$=85.9g/L；O/A=1/2。

表 14-3-22 RE $(NO_3)_3$-HNO_3-NH_4NO_3（9mol/L）-TBP（100%）体系镨与钕的分配比和分离系数

O/A	$[RE]_A$ g/L	$[RE]_O$ g/L	水相，%		有机相，%		$\beta_{Pr/Nd}$
			Pr_6O_{11}	Nd_2O_3	Pr_6O_{11}	Nd_2O_3	
1∶2	71.1	135.5	35.6	60.0	29.0	66.5	1.35
1∶1	183.2	157.0	37.5	52.3	32.7	61.5	1.53
2∶1	267.4	170.0	45.4	52.8	33.5	61.9	1.57

注：$[Pr_6O_{11}]_F$=105g/L；$[Nd_2O_3]_F$=245 g/L。

表14-3-23 RE $(NO_3)_3$-HNO_3-M $(NO_3)_x$-H_2O-TBP（100%）体系镨与钕的分配比和分离系数

盐析剂 M $(NO_3)_x$	M $(NO_3)_x$ mol/L	$[RE]_A$ g/L	$[RE]_O$ g/L	水相，%		有机相，%		$\beta_{Pr/Nd}$
				Pr_6O_{11}	Nd_2O_3	Pr_6O_{11}	Nd_2O_3	
$LiNO_3$	6.5	141.1	182.7	55.6	39.5	39.6	55.0	1.95
NH_4NO_3	9.0	267.4	170.0	45.4	52.8	33.5	61.9	1.57
Ca $(NO_3)_2$	2.5	120.4	176.2	52.9	45.0	41.3	56.8	1.62
Al $(NO_3)_3$	2.5	132.4	177.4	53.1	45.1	40.8	57.4	1.68

注：$[RE]_F$=125～150g/L，M $(NO_3)_x$ 为盐析剂。

表 14-3-24 RE $(NO_3)_3$-HNO_3-$LiNO_3$（6mol/L）-H_2O-TBP（二甲苯）体系镨与钕的分配比和分离系数

体积比 TBP∶二甲苯	$[RE]_A$ g/L	$[RE]_O$ g/L	水相，%		有机相，%		$\beta_{Nd/Pr}$
			Pr_6O_{11}	Nd_2O_3	Pr_6O_{11}	Nd_2O_3	
1∶0	70.1	177.9	28.4	71.6	17.1	82.9	1.92
1∶1	163.2	174.4	26.1	73.9	16.0	84.0	1.86
4∶1	221.6	145.5	25.2	74.8	15.7	84.9	1.81
9∶1	236.4	132.0	23.2	76.8	15.2	84.8	1.69

表14-3-25 RE $(NO_3)_3$-HNO_3-NH_4NO_3（8mol/L）-EDTA-H_2O-TBP（100%）体系镨与钕的分配比和分离系数

$[RE]_F$ mol/L	$[RE]_F$，mol/L		$[EDTA]_F$ mol/L	$\frac{[EDTA]_F}{[RE]_F}$	D		$\beta_{Nd/Pr}$
	Pr	Nd			Pr	Nd	
0.1127	0.0654	0.0473	0.029	0.26	5.30	4.14	1.3
0.1395	0.0677	0.0718	0.040	0.29	4.16	2.90	1.4
0.1395	0.0677	0.0718	0.071	0.51	2.21	1.68	1.3
0.0958	0.0132	0.0826	0.063	0.65	2.17	1.96	1.1
0.1395	0.0677	0.0718	0.216	1.55	0.46	0.43	1.1

注：$[EDTA]_F$ 表示原始料液中 EDTA 的浓度。

表 14-3-26 $RECl_3$-HCl-H_2O-TBP（100%）体系钕与钐的分配比和分离系数

$[RE]_F$ mol/L	摩尔比 Nd∶Sm	$[RE]_A$ mol/kg	$[RE]_O$ mol/kg	$[H^+]_A$① mol/L	D		$\beta_{Sm/Nd}$
					Nd	Pr	
2.0	20∶80	1.41	0.0129	0.57	0.00690	0.00971	1.42±0.02
2.0	50∶50	1.40	0.0111	0.52	0.00643	0.00943	1.47±0.04
2.0	80∶20	1.40	0.0094	0.51	0.00607	0.00926	1.54±0.07

① $[H^+]_A$ 表示平衡水相中氢离子的浓度。

表 14-3-27 RE $(NO_3)_3$-HNO_3-$LiNO_3$（6mol/L）-H_2O-TBP（100%）体系钕与钐的分配比和分配系数

$[RE]_A$ g/L	$[RE]_O$ g/L	水相,%		有机相,%		$\beta_{Sm/Nd}$
		Nd_2O_3	Sm_2O_3	Nd_2O_3	Sm_2O_3	
89.1	179.6	92.7	7.1	78.2	21.1	3.51
102.2	179.1	89.4	10.5	69.9	29.2	3.55

表 14-3-28 RE $(NO_3)_3$-HNO_3-NH_4NO_3（8mol/L）-EDTA-H_2O-TBP（100%）体系钕与钐的分配比和分离系数

$[RE]_F$ mol/L	$[RE]_F$，mol/L		$[EDTA]_F$ mol/L	$\frac{[RE]_F}{[EDTA]_F}$	D		$\beta_{Sm/Nd}$
	Nd	Sm			Nd	Sm	
0.1479	0.0682	0.0797	0.024	0.16	5.71	4.91	1.2
0.1056	0.0818	0.0638	0.031	0.22	5.04	3.58	1.4
0.1479	0.0682	0.0799	0.120	0.81	1.26	1.00	1.3
0.1479	0.0682	0.0797	0.159	1.08	0.93	0.66	1.4

表 14-3-29 RE $(NO_3)_3$-HNO_3-M $(NO_3)_x$-H_2O-TBP（80%）-苯体系稀土的分配比

盐析剂 M $(NO_3)_x$	M $(NO_3)_x$ mol/L	〔RE〕$_A$ g/L	〔RE〕$_O$ g/L	D							
				La	Ce	Pr	Nd	Sm	Gd	Dy	ΣRE①
$LiNO_3$	5	196	160	0.129	0.45	0.99	1.85	6.25	6.0	12.9	0.78
	6	187	138	0.146	0.46	1.43	2.68	5.52	6.35	17.5	0.14
	7	200	145	0.07	0.515	0.90	2.19	9.28	8.2	12.0	0.75
	8	194	150	0.107	0.548	1.17	2.25	7.55	20	20.0	0.83
Al $(NO_3)_3$	5	201	145	0.24	0.33	1.02	1.74	7.3	6.85	7.3	0.68
	6	183	137	0.10	0.33	0.93	1.65	7.0	8.75	10.8	0.705

① ΣRE 为总稀土分配比。

2. Д AMΦ 作萃取剂的萃取体系

该体系稀土分配比与分离系数见表14-3-30、14-3-31。

表 14-3-30 RE $(NO_3)_3$-HNO_3-H_2O-Д AMΦ（100%）体系（〔RE〕$_F$＝200g/L）稀土元素的分配比

元 素	D	元 素	D	元 素	D	元 素	D	元 素	D
La	0.507	Nd	1.18	Tb	2.52	Er	1.50	Y	0.708
Ce	0.505	Sm	1.45	Dy	1.96	Tm	1.2		
Pr	0.744	Gd	1.96	Ho	1.60	Yb	1		

表 14-3-31 RE $(NO_3)_3$-HNO_3-$LiNO_3$（3mol/L）-EDTA-Д AMΦ（100%）体系（〔RE〕$_O$＝70g/L）稀土元素的分配比和分离系数

元素	0.01mol/LEDTA，3mol/L $LiNO_3$，pH4～4.5			0.05mol/L EDTA，3mol/L $LiNO_3$，pH4～4.5		
	〔RE〕$_O$,%	D	β_{RE_2/RE_1}	〔RE〕$_O$,%	D	β_{RE_2/RE_1}
La	17.0	100	—	17.5	28.1	—
Ce	18.0	93	1.07	25.0	25.5	1.1
Pr	2.0	88	1.06	2.5	14.0	1.82
Nd	10.0	97	0.91	13.0	17.5	0.8
Sm	2.5	111	0.88	2.88	9.7	1.8
Eu	—	—	—	—	—	—
Gd	4.0	—	—	14.0	5.7	—
Tb	2.5	111	—	1.6	2.4	2.38
Dy	12.0	33.8	3.3	7.0	1.1	2.18
Ho	1.6	15.5	2.18	0.6	0.4	2.75
Er	3.0	8.45	1.84	0.5	0.14	2.76
Tm	—	—	—	—	—	—

续表 14-3-31

元素	0.01mol/LEDTA，3mol/L $LiNO_3$，pH4～4.5			0.05mol/L EDTA，3mol/L $LiNO_3$，pH4～4.5		
	〔RE〕$_O$,%	D	β_{RE_2/RE_1}	〔RE〕$_O$,%	D	β_{RE_2/RE_1}
Yb	0.6	3.1	—	—	—	—
Lu	—	—	—	—	—	—
Y	26.6	18.3		12.0	—	—

注：β_{RE_2/RE_1} 为相邻稀土的分离系数。

3. P350作萃取剂的萃取体系

该体系稀土分配比与分离系数见表14-3-32～14-3-35。

表 14-3-32 RE $(NO_3)_3$-HNO_3-NH_4NO_3-H_2O-P350（50%）-煤油（50%）体系稀土元素的分配比和分离系数

料液		D				总稀土萃取率 %	$\beta_{Pr/La}$
〔RE〕$_F$，mol/L	〔H^+〕$_F$	ΣRE	La	Pr	Sm		
1.255	pH5.5	0.39	0.284	0.499	—	43.9	1.76
1.285	pH0.5	0.369	0.244	0.613	—	48.5	2.51
1.280	0.5mol/L	0.324	0.204	0.448	0.658	39.3	2.20
1.238	1.0mol/L	0.293	0.164	0.415	0.967	36.9	2.55
1.176	2.0mol/L	0.201	0.125	0.248	0.512	28.7	1.98

注：〔RE〕$_F$=1.176～1.235mol/L，〔NH_4NO_3〕$_F$=130g/L，O/A=2/1。

表 14-3-33 RE $(NO_3)_3$-HNO_3-$LiNO_3$-H_2O-P350（70%）-煤油体系镧与镨的分配比和分离系数

$LiNO_3$ mol/L	D		$\beta_{Pr/La}$	$LiNO_3$ mol/L	D		$\beta_{Pr/La}$
	Pr	La			Pr	La	
1	0.201	0.151	1.33	4	0.697	0.183	3.81
2	0.426	0.155	2.72	5	1.28	0.240	5.34
3	0.594	0.186	3.19	6	1.47	0.254	5.78

注：〔La $(NO_3)_3$〕$_F$=0.6mol/l，〔Pr $(NO_3)_3$〕$_F$=0.6mol/L，〔HNO_3〕$_F$=0.5mol/L，O/A=2.5/1。

表 14-3-34 RE $(NO_3)_3$-HNO_3-$LiNO_3$-H_2O-P350（70%）-煤油体系镨与钕的分配比和分离系数

〔$LiNO_3$〕$_F$，mol/L	1	2	3	4	5	6
$\beta_{Nd/Pr}$	1.23	1.39	1.42	1.44	1.57	1.65

注：〔$LiNO_3$〕$_F$ 为原始料液中 $LiNO_3$的浓度；〔RE〕$_F$=0.92mol/L，〔HNO_3〕$_F$=0.5mol/L。

表 14-3-35 RE $(NO_3)_3$-HNO_3-H_2O-P350-煤油体系稀土的分配比

P350 %	*D*					总稀土萃取率 %
	ΣRE	La	Pr	Nd	Sm	
10	0.0326	0.0255	0.021	0.0498	—	5.21
20	0.103	0.0447	0.121	0.158	0.312	15.63
30	0.146	0.0813	0.160	0.230	0.252	21.33
40	0.224	0.0118	0.217	0.364	0.621	29.69
50	0.309	0.133	0.508	0.633	1.17	37.14
60	0.516	—	0.508	0.753	—	49.95
70	0.516	0.330	0.671	0.894	1.10	49.95
80	0.622	0.403	0.822	1.02	1.49	54.67
90	0.706	0.478	0.796	1.13	1.28	56.99
100	0.912	0.611	1.24	1.47	2.51	66.02

注：$[RE]_F$=1.209mol/L，pH0.5，O/A=2/1。

4.D_2EHPA（即 P204）作萃取剂的萃取体系

该体系稀土分配比与分离系数见表14-3-36～14-3-45。

表 14-3-36 $RECl_3$-HCl-H_2O－P204（1mol/L）-Amsco 体系稀土的分配比

$[H^+]_F$ mol/L	$[H^+]_A$ mol/L	$[RE]_A$ mol/L	$[RE]_O$ mol/L	*D*	$[H^+]_F$ mol/L	$[H^+]_A$ mol/L	$[RE]_A$ mol/L	$[RE]_O$ mol/L	*D*
$LaCl_3$					0.300	0.424	1.539	0.041	0.027
0.300	0.380	0.075	0.027	0.360	0.300	0.384	2.159	0.028	0.013
0.300	0.403	0.578	0.034	0.059	0.500	0.577	0.074	0.026	0.351
0.300	0.379	1.187	0.026	0.022	0.500	0.617	0.361	0.039	0.108
0.300	0.342	2.404	0.014	0.06	0.500	0.610	0.763	0.037	0.048
0.500	0.538	0.085	0.013	0.153	0.500	0.570	1.569	0.023	0.015
0.500	0.554	0.593	0.018	0.030	0.500	0.540	2.530	0.015	0.006
0.500	0.538	1.203	0.012	0.010	0.700	0.737	0.086	0.012	0.140
0.500	0.519	2.420	0.006	0.002	0.700	0.763	0.376	0.021	0.056
1.000	1.006	0.100	0.0020	0.020	0.700	0.761	0.783	0.020	0.026
1.000	1.011	0.605	0.0037	0.006	0.700	0.735	1.583	0.012	0.008
1.000	1.007	1.205	0.0023	0.002	0.700	0.725	2.533	0.008	0.003
1.000	1.006	2.426	0.0021	0.001	1.000	1.013	0.097	0.004	0.041
$NdCl_3$					1.000	1.033	0.386	0.011	0.028
0.300	0.437	0.056	0.046	0.821	1.000	1.030	0.790	0.010	0.013
0.300	0.483	0.337	0.061	0.181	1.000	1.018	1.584	0.006	0.004
0.300	0.476	0.738	0.059	0.080	1.000	1.012	2.202	0.004	0.002

续表 14-3-36

$[H^+]_F$ mol/L	$[H^+]_A$ mol/L	$[RE]_A$ mol/L	$[RE]_O$ mol/L	D	$[H^+]_F$ mol/L	$[H^+]_A$ mol/L	$[RE]_A$ mol/L	$[RE]_O$ mol/L	D
		$PrCl_3$					$SmCl_3$		
0.300	0.423	0.059	0.041	0.695	0.300	0.522	0.028	0.074	2.643
0.300	0.465	0.328	0.055	0.168	0.300	0.606	0.267	0.102	0.382
0.300	0.457	0.716	0.052	0.073	0.300	0.607	0.639	0.102	0.160
0.300	0.419	1.481	0.040	0.027	0.300	0.579	1.386	0.093	0.067
0.300	0.375	2.406	0.025	0.010	0.300	0.524	2.297	0.075	0.33
0.500	0.566	0.078	0.022	0.282	0.500	0.675	0.044	0.058	1.318
0.500	0.601	0.347	0.034	0.098	0.500	0.752	0.286	0.084	0.294
0.500	0.596	0.730	0.032	0.044	0.500	0.756	0.652	0.085	0.130
0.500	0.559	1.511	0.020	0.013	0.500	0.719	1.410	0.073	0.052
0.500	0.530	2.436	0.010	0.004	0.500	0.667	2.305	0.056	0.024
0.700	0.731	0.089	0.010	0.112	0.700	0.831	0.058	0.044	0.759
0.700	0.757	0.365	0.019	0.052	0.700	0.897	0.306	0.066	0.216
0.700	0.756	0.746	0.019	0.025	0.700	0.899	0.678	0.066	0.097
0.700	0.726	1.529	0.009	0.006	0.700	0.864	1.430	0.055	0.038
0.700	0.720	2.436	0.007	0.003	0.700	0.818	2.331	0.031	0.017
1.000	1.012	0.097	0.004	0.041	1.000	1.076	0.077	0.025	0.325
1.000	1.022	0.372	0.007	0.019	1.000	1.132	0.323	0.044	0.136
1.000	1.024	0.758	0.008	0.011	1.000	1.133	0.691	0.044	0.064
1.000	1.013	1.519	0.004	0.003	1.000	1.107	1.434	0.036	0.025
1.000	1.012	2.131	0.004	0.002	1.000	1.077	2.036	0.026	0.013

表 14-3-37 $RECl_3$-HCl-H_2O-P204（1mol/L）-Amsco 体系钕与钐的分配比和分离系数

$[H^+]_F$ mol/L	$[RE]_A$, mol/L		$[RE]_O$, mol/L		D		$\beta_{Sm/Nd}$
	$SmCl_3$	$NdCl_3$	$SmCl_3$	$NdCl_3$	Sm	Nd	
0.419	0.815	0.309	0.097	0.021	0.527	0.068	7.70
0.454	0.978	1.195	0.091	0.016	0.093	0.014	6.84
1.114	0.246	0.317	0.036	0.008	0.144	0.025	5.91
1.213	0.970	1.114	0.019	0.009	0.020	0.005	4.23

表 14-3-38 RE $(NO_3)_3$-HNO_3-H_2O-P204（1mol/L）体系钕和钐的分配比及分离系数

$[H^+]_F$ mol/L	$[RE]_A$, mol/L		$[RE]_O$, mol/L		D		$\beta_{Sm/Nd}$
	Sm $(NO_3)_3$	Nd $(NO_3)_3$	Sm $(NO_3)_3$	Nd $(NO_3)_3$	Sm	Nd	
0.367	0.212	0.276	0.107	0.029	0.506	0.107	4.71
0.328	1.013	1.093	0.135	0.050	0.131	0.045	2.96

续表 14-3-38

$[H^+]_F$ mol/L	$[RE]_A$，mol/L		$[RE]_O$，mol/L		D		$\beta_{Sm/Nd}$
	$Sm(NO_3)_3$	$Nd(NO_3)_3$	$Sm(NO_3)_3$	$Nd(NO_3)_3$	Sm	Nd	
0.919	0.230	0.267	0.053	0.019	0.229	0.0728	3.15
0.987	0.995	1.058	0.085	0.037	0.086	0.035	2.45

表 14-3-39　$RECl_3$-HCl-H_2O-P204（1mol/L）体系钇与铒的分配比和分离系数

$[RE]_F$ mol/L	$[H^+]_F$ mol/L	摩尔比 Y/Er	ΣRE，mol/L		D		$\beta_{Er/Y}$
			$[RE]_A$	$[RE]_O$	Y	Er	
0.05	1.51	1/1	0.00706	0.0437	5.75	6.70	1.17
0.10	1.53	1/1	0.0307	0.0710	2.15	2.50	1.16
0.15	1.54	1/1	0.0614	0.0916	1.39	1.61	1.16
0.20	1.55	1/1	0.104	0.100	0.925	1.01	1.09
0.15	0.26	1/1	0.0178	0.135	7.05	8.19	1.16
0.15	0.74	1/1	0.0340	0.117	3.29	3.57	1.09
0.15	3.00	1/1	0.102	0.0474	0.444	0.489	1.10
0.15	1.52	10/90	0.0609	0.0912	1.35	1.52	1.12
0.15	1.52	30/70	0.0611	0.0899	1.34	1.53	1.14
0.15	1.54	50/50	0.0614	0.0916	1.39	1.61	1.16
0.15	1.50	70/30	0.0639	0.0890	1.34	1.55	1.16
0.15	1.49	90/10	0.0639	0.0885	1.37	1.60	1.17
0.15	1.50	95/5	0.0640	0.0879	1.36	1.61	1.18

表 14-3-40　$RECl_3$-HCl-H_2O-P204（1mol/L）体系钇与钬的分配比和分离系数

$[RE]_F$ mol/L	$[H^+]_F$ mol/L	摩尔比 Y:Ho	ΣRE，mol/L		D		$\beta_{Y/Ho}$
			$[RE]_A$	$[RE]_O$	Y	Ho	
0.05	1.50	1:1	0.0107	0.0410	6.86	3.43	2.00
0.10	1.48	1:1	0.0347	0.0680	2.83	1.44	2.01
0.15	1.49	1:1	0.0707	0.0840	1.70	0.846	2.01
0.20	1.48	1:1	0.110	0.0920	1.17	0.603	1.94
0.15	0.25	1:1	0.0252	0.131	7.73	3.77	2.05
0.15	0.75	1:1	0.0453	0.109	3.38	1.77	1.91
0.15	3.10	1:1	0.115	0.0386	0.457	0.231	1.98

表 14-3-41 YCl_3-$RECl_3$①-HCl-H_2O-P204（1mol/L）体系稀土元素的分配比和分离系数

〔RE〕F mol/L	〔H^+〕F mol/L	摩尔比 Y∶R	ΣRE，mol/L		D		$\beta_{Y/R}$
			〔RE〕A	〔RE〕O	Y	R	
0.15（Y+Sm）	1.49	1∶1	0.0928	0.0567	3.11	0.0136（Sm）	229
0.15（Y+Gd）	1.52	1∶1	0.0913	0.060	3.63	0.0530（Gd）	68.5
0.15（Y+Dy）	1.52	1∶1	0.0752	0.0760	1.93	0.520（Dy）	3.71
0.15（Y+Yb）	1.52	1∶1	0.0482	0.0964	0.324	4.09（Yb）	0.079

① $RECl_3$中的RE代表Sm，Gd，Dy或Yb。

表 14-3-42 YCl_3-$HoCl_3$-$ErCl_3$-HCl-H_2O-P204（1mol/L）-Amsco 体系稀土的分配比和分离系数

〔RE〕F mol/L	摩尔比 Y/Ho/Er	〔H^+〕A mol/L	D			β		
			Y	Ho	Er	Er/Y	Y/Ho	Er/Ho
0.12	1/1/1	1.03	16.2	8.0	22.5	1.39	2.02	2.81
0.12	1/1/1	2.00	3.02	1.49	4.14	1.37	2.02	2.77
0.12	1/1/1	3.06	1.07	0.54	1.49	1.36	1.98	2.69
0.12	1/1/1	3.97	0.57	0.29	0.79	1.38	1.98	2.75
0.12	1/1/1	4.76	0.35	0.19	0.50	1.43	1.94	2.78
0.12	1/1/1	5.63	0.24	0.12	0.34	1.43	1.92	2.74
0.12	1/1/1	7.52	0.12	0.074	0.20	1.62	1.66	2.69
0.12	1/1/1	9.40	0.21	0.17	0.38	1.80	1.26	2.26
0.12	1/1/1	11.24	1.15	1.10	2.38	2.07	1.05	2.17

表 14-3-43 Y $(NO_3)_3$-Ho $(NO_3)_3$-Er $(NO_3)_3$-HNO_3-H_2O-P204（1mol/L）体系稀土的分配比和分离系数

〔RE〕F mol/L	摩尔比 Y/Ho/Er	〔H^+〕A mol/L	D			β		
			Y	Ho	Er	Er/Y	Y/Ho	Er/Ho
0.12	1/1/1	1.00	25.3	11.1	32.9	1.30	2.29	2.97
0.12	1/1/1	1.86	5.07	2.22	6.64	1.31	2.28	2.99
0.12	1/1/1	3.69	1.24	0.56	1.58	1.27	2.22	2.84
0.12	1/1/1	5.51	0.66	0.36	0.84	1.27	1.85	2.35
0.12	1/1/1	7.36	0.60	0.35	0.73	1.23	1.68	2.07
0.12	1/1/1	9.23	0.71	0.45	0.82	1.17	1.56	1.81
0.12	1/1/1	11.14	1.02	0.68	1.14	1.12	1.51	1.68
0.12	1/1/1	13.07	1.71	1.07	1.80	1.05	1.59	1.68
0.12	1/1/1	14.97	3.38	2.00	3.30	0.98	1.70	1.66

表 14-3-44　(Eu-Nd) Cl_3-HCl-H_2O-P204 (1mol/L) 体系铕与钕的分配比和分离系数

[RE]$_F$ mol/L	摩尔比 Nd/Eu	[H^+]$_F$, mol/L 0.25			0.50			0.75		
		D_{Eu}	D_{Nd}	$\beta_{Eu/Nd}$	D_{Eu}	D_{Nd}	$\beta_{Eu/Nd}$	D_{Eu}	D_{Nd}	$\beta_{Eu/Nd}$
0.25	1/1	1.71	0.13	13.4	1.00	0.09	11.5	0.65	0.07	9.6
0.25	10/1	4.71	0.27	17.7	2.22	0.16	14.0	0.94	0.08	11.9
0.25	100/1	7.00	0.35	19.8	3.08	0.18	17.6	1.37	0.10	13.3
0.50	1/1	0.69	0.07	10.5	0.47	0.05	8.7	0.31	0.04	6.9
0.50	10/1	1.69	0.13	12.9	0.87	0.08	11.2	0.51	0.05	9.4
0.50	100/1	2.80	0.15	18.2	1.35	0.09	14.5	0.88	0.06	13.9
0.75	1/1	0.41	0.03	13.3	0.27	0.03	10.1	0.18	0.02	7.5
0.75	10/1	1.32	0.08	16.5	0.70	0.05	14.2	0.34	0.03	11.3
0.75	100/1	1.77	0.10	18.0	0.97	0.06	16.0	0.46	0.04	12.2

表 14-3-45　$RECl_3$-HCl-H_2O-P204体系相邻稀土元素的分离系数

元素对	Ce-La	Pr-Ce	Nd-Pr	Sm-Nd	Eu-Sm	Gd-Eu	Tb-Gd	Dy-Tb
β	1.36	1.36	1.40	4.0	2.3	1.5	5.7	2.0
元素对	Ho-Dy	Er-Ho	Tm-Er	Yb-Tm	Lu-Yb	Ho-Y	Y-Er	
β	1.8	2.4	3.5	2.5	2.5	1.5	1.5	

5. HE (HEPA)(即P507)作萃取剂的萃取体系

该体系稀土分配比与分离系数见表14-3-46～14-3-48。

表 14-3-46　RE $(NO_3)_3$-HNO_3-H_2O-P507-正十二烷体系稀土的分配比和分离系数

元素	La	Ce	Pr	Nd	Pm	Sm	Eu	Gd
D	2.3	16.4	40.8	59.5	16.0	570	1650	3100
β_{RE_2/RE_1}	—	7.13	2.49	1.46	2.69	3.56	2.89	1.88
元素	Tb	Dy	Ho	Y	Er	Tm	Yb	Lu
D	2×10^4	625×10^2	116×10^3	252×10^3	37×10^4	22×10^5	72×10^5	132×10^5
β_{RE_2/RE_1}	6.45	3.13	1.86	2.17	1.47	5.93	3.27	1.83

注：[RE]$_F$=0.01mol/L，[H^+]$_F$=0.05mol/L，[P507]=0.5mol/L。

表 14-3-47　RE $(NO_3)_3$-HNO_3-H_2O-P507-磺化煤油体系稀土的分配比和分离系数

[H^+]$_F$ mol/L	D La	D Pr	$\beta_{Pr/La}$	D Pr	D Nd	$\beta_{Nd/Pr}$	D Nd	D Sm	$\beta_{Sm/Nd}$
0.06	0.103	0.424	4.10	0.424	0.582	1.26	0.532	1.79	3.37
0.12	0.0516	0.253	4.91	—	—	—	0.226	0.882	3.83

续表 14-3-47

$[H^+]_F$ mol/L	D		$\beta_{Pr/La}$	D		$\beta_{Nd/Pr}$	D		$\beta_{Sm/Nd}$
	La	Pr		Pr	Nd		Nd	Sm	
0.34	—	—	—	—	—	—	0.0198	0.127	6.40
—	—	—	—	—	—	—	1.79	3.85	2.15
0.12	0.882	1.51	1.71	1.51	2.25	1.49	0.882	2.25	2.56
0.34	0.127	0.298	2.36	0.298	0.417	1.40	0.127	0.417	3.31
0.57	—	—	—	0.0930	0.121	1.30	0.0255	0.121	4.76
1.15	—	—	—	0.0242	0.0253	1.04	—	—	—
$[H^+]_F$ mol/L	D		$\beta_{Tb/Gd}$	D		$\beta_{Dy/Tb}$	D		$\beta_{Ho/Dy}$
	Gd	Tb		Tb	Dy		Dy	Ho	
0.12	2.25	8.10	3.60	—	—	—	6.14	5.710	1.07
0.34	0.417	1.52	3.64	1.52	3.45	2.28	5.59	3.45	1.62
0.57	0.121	0.503	4.15	0.503	1.06	2.11	1.82	1.06	1.71
1.15	0.0253	0.0773	3.06	0.0773	0.213	2.76	0.380	0.213	1.78
—	—	—	—	0.0360	0.140	3.88	0.224	0.140	1.61
$[H^+]_F$ mol/L	D		$\beta_{Y/Ho}$	D		$\beta_{Er/Ho}$	D		$\beta_{Yb/Tm}$
	Ho	Y		Ho	Er		Tm	Yb	
0.34	5.59	7.90	1.41	5.59	13.6	2.42	—	—	—
0.57	1.82	2.44	1.34	1.82	4.17	2.29	14.4	40.5	2.81
1.15	0.380	0.418	1.10	0.380	0.831	2.19	2.29	5.73	2.50
1.43	0.224	0.225	1.01	0.224	0.483	2.16	1.30	3.27	2.50
2.0	0.120	0.0841	0.703	0.120	0.240	2.01	0.610	1.52	2.49
2.5	—	—	—	—	—	—	0.374	0.90	0.40

注：$[RE]_F$＝0.048～0.05mol/L，[P507] ＝0.94mol/L。

表 14-3-48 $RE_2(SO_4)_3$-H_2SO_4-H_2O-P507-磺化煤油体系稀土的分配比和分离系数

$[H^+]_F$ mol/L	D		$\beta_{Tb/Gd}$	D		$\beta_{Er/Ho}$	D		$\beta_{Tm/Er}$	D		$\beta_{Lu/Tm}$
	Gd	Tb		Ho	Er		Er	Tm		Tm	Lu	
0.34	0.55	1.36	2.5									
0.57	0.21	0.45	2.1	1.48	2.89	2.0	2.89	6.30	2.2	—	—	—
1.03	0.043	0.090	2.1	—	—	—	—	—	—	—	—	—
1.12	—	—	—	0.32	0.54	1.7	0.54	1.08	2.0	1.08	2.22	2.1
1.43	—	—	—	0.20	0.32	1.6	0.32	0.65	2.0	0.65	1.61	2.5
2.00	—	—	—	0.096	0.16	1.6	0.16	0.32	2.0	0.32	0.75	2.3

注：$[RE]_F$＝0.048～0.052mol/L，[P507] ＝0.94mol/L。

6. 环烷酸 HA 作萃取剂的萃取体系

稀土分配比与分离系数见表14-3-49～14-3-52。

表 14-3-49　RE $(NO_3)_3$-HNO_3-H_2O-HA（20%）-混合醇（18%）-煤油（62%）-〔RE〕（0.22mol/L）体系稀土的分配比和分离系数

平衡水相 pH	D 或 β	La_2O_3	CeO_2	Pr_6O_{11}	Nd_2O_3	Sm_2O_3	Gd_2O_3	Tb_4O_7	Dy_2O_3
4.03	D_{RE}	0.15	0.21	0.26	0.25	0.30	0.32	0.36	0.56
	$\beta_{RE/Y}$	0.84	1.17	1.45	1.40	1.67	1.78	2.0	3.12
4.50	D_{RE}	0.23	0.31	0.33	0.30	0.39	0.32	0.44	0.62
	$\beta_{RE/Y}$	1	1.35	1.43	1.30	1.70	1.40	1.90	2.7
4.70	D_{RE}	0.22	0.31	0.32	0.33	0.40	0.39	0.37	0.60
	$\beta_{RE/Y}$	0.92	1.30	1.34	1.38	1.68	1.68	1.54	2.5
4.87	D_{RE}	0.28	0.36	0.35	0.38	0.46	0.33	0.56	0.72
	$\beta_{RE/Y}$	1	1.3	1.3	1.4	1.6	1.2	2.0	2.6
5.00	D_{RE}	0.26	0.35	0.36	0.37	0.45	0.30	0.51	0.74
	$\beta_{RE/Y}$	1	1.3	1.3	1.4	1.7	1.1	1.9	2.7
5.18	D_{RE}	0.23	0.30	0.33	0.34	0.47	0.36	0.63	0.90
	$\beta_{RE/Y}$	0.72	0.94	1	1.1	1.5	1.1	2.0	2.8
5.30	D_{RE}	0.16	0.23	0.29	0.31	0.49	0.40	0.76	1.28
	$\beta_{RE/Y}$	0.60	0.55	0.69	0.74	1.17	0.95	1.8	3.05
4.03	D_{RE}	0.43	0.42	0.50	0.56	0.63	0.18		
	$\beta_{RE/Y}$	2.4	2.3	2.8	3.1	3.0	1		
4.5	D_{RE}	0.41	0.57	0.67	0.81	0.8	0.23		
	$\beta_{RE/Y}$	1.78	2.5	2.9	3.5	3.5	1		
4.7	D_{RE}	0.47	0.59	0.66	0.86	0.80	0.24		
	$\beta_{RE/Y}$	1.96	2.5	2.8	3.6	3.3	1		
4.87	D_{RE}	0.60	0.73	0.83	0.97	0.91	0.28		
	$\beta_{RE/Y}$	2.1	2.6	3.0	3.5	3.3	1		
5.00	D_{RE}	0.54	0.69	0.79	1.0	0.94	0.27		
	$\beta_{RE/Y}$	2.0	2.6	2.9	3.7	3.5	1		
5.18	D_{RE}	0.70	1.01	1.07	1.33	1.62	0.32		
	$\beta_{RE/Y}$	2.2	3.2	3.4	4.2	5.1	1		
5.30	D_{RE}	0.97	1.46	1.66	2.74	2.48	0.42		
	$\beta_{RE/Y}$	2.3	3.5	4.0	6.5	5.6	1		

注：〔RE $(NO_3)_3$〕$_F$＝0.8mol/L，O/A＝1/1；〔RE〕为与稀土料液平衡前有机相中稀土浓度。

表 14-3-50 RE $(NO_3)_3$-HNO_3-H_2O-HA（10%）-混合醇（20%）-煤油（70%）-〔RE〕（0.106mol/L）体系稀土的分配比和分离系数

平衡水相 pH	D 或 β	La_2O_3	CeO_2	Pr_6O_{11}	Nd_2O_3	Sm_2O_3	Gd_2O_3	Tb_4O_7	Dy_2O_3
5.00	D_{RE}	0.42	0.62	0.64	0.65	0.76	0.55	0.58	0.81
	$\beta_{RE/Y}$	1.45	2.14	2.21	2.24	2.62	1.9	2.0	2.8
5.30	D_{RE}	0.44	0.60	0.62	0.67	0.83	0.62	0.86	1.07
	$\beta_{RE/Y}$	1.26	1.72	1.77	1.8	2.39	1.77	2.46	3.06
平衡水相 pH	D 或 β	Ho_2O_3	Er_2O_3	Tm_2O_3	Yb_2O_3	Lu_2O_3	Y_2O_3		
5.00	D_{RE}	0.60	0.64	0.76	2.08	0.68	0.29		
	$\beta_{RE/Y}$	2.1	2.2	2.6	7.2	2.4	1		
5.30	D_{RE}	0.75	0.95	1.17	2.1	1.12	0.35		
	$\beta_{RE/Y}$	2.14	2.72	3.55	5.47	3.2	1		

注：$[RE]_F=0.27$mol/L，O/A=1/1。

表 14-3-51 $RECl_3$-HCl-H_2O-HA（20%）-混合醇（18%）-煤油（62%）-〔RE〕（0.212mol/L）体系稀土的分配比和分离系数

平衡水相 pH	D 或 β	La_2O_3	CeO_2	Pr_6O_{11}	Nd_2O_3	Sm_2O_3	Gd_2O_3	Tb_4O_7	Dy_2O_3
4.00	D_{RE}	0.18	0.275	0.311	0.344	0.453	0.360	0.337	0.375
	$\beta_{RE/Y}$	1.36	2.07	2.34	2.59	3.41	2.70	2.53	2.82
4.28	D_{RE}	0.283	0.395	0.406	0.465	0.525	0.434	0.426	0.473
	$\beta_{RE/Y}$	1.75	2.44	2.51	2.86	3.24	2.62	2.63	2.92
4.60	D_{RE}	0.32	0.44	0.49	0.50	0.59	0.49	0.45	0.57
	$\beta_{RE/Y}$	1.76	2.42	2.70	2.75	3.25	2.68	2.5	3.12
4.75	D_{RE}	0.31	0.44	0.45	0.47	0.60	0.52	0.44	0.61
	$\beta_{RE/Y}$	1.64	2.35	2.39	2.51	3.21	2.80	2.33	3.20
4.98	D_{RE}	0.334	0.43	0.47	0.52	0.61	0.46	0.44	0.56
	$\beta_{RE/Y}$	1.7	2.27	2.39	2.64	3.08	2.35	2.25	2.85
5.22	D_{RE}	0.25	0.35	0.39	0.47	0.66	0.57	0.68	0.87
	$\beta_{RE/Y}$	0.99	1.38	1.53	1.86	2.60	2.21	2.30	3.40
5.45	D_{RE}	0.08	0.114	0.27	0.35	0.82	0.88	1.40	2.1
	$\beta_{RE/Y}$	0.19	0.27	0.64	0.82	1.93	2.05	3.28	4.9

续表 14-3-51

平衡水相 pH	D或β	Ho_2O_3	Er_2O_3	Tm_2O_3	Yb_2O_3	Lu_2O_3	Y_2O_3	
4.00	D_{RE}	0.292	0.284	0.323	0.333	0.296	0.133	
	$\beta_{RE/Y}$	2.20	2.10	2.40	2.50	2.20	1	
4.28	D_{RE}	0.351	0.32	0.346	0.491	0.344	0.162	
	$\beta_{RE/Y}$	2.17	2.0	2.14	2.59	2.12	1	
4.60	D_{RE}	0.42	0.41	0.46	0.59	0.53	0.182	
	$\beta_{RE/Y}$	2.3	2.3	2.5	3.23	2.91	1	
4.75	D_{RE}	0.43	0.42	0.50	0.51	0.54	0.187	
	$\beta_{RE/Y}$	2.28	2.24	2.65	2.75	2.86	1	
4.98	D_{RE}	0.43	0.43	0.47	0.65	0.59	0.197	
	$\beta_{RE/Y}$	2.20	2.16	2.39	2.28	1.98	1	
5.22	D_{RE}	0.70	0.73	0.96	1.25	1.10	0.255	
	$\beta_{RE/Y}$	2.75	2.88	3.77	4.91	4.32	1	
5.45	D_{RE}	1.09	2.18	1.90	3.12	3.63	0.426	
	$\beta_{RE/Y}$	2.56	5.1	4.5	7.32	8.52	1	

注：$[RE]_F$＝0.84mol/L，O/A＝1/1。

表 14-3-52 RCl_3-HCl-H_2O-HA（20%）-混合醇（18%）-煤油（62%）-〔R〕（0.22mol/L）体系稀土的分配比和分离系数

$[RE]_A$ mol/L	D或β	La_2O_3	CeO_2	Pr_6O_{11}	Nd_2O_3	Sm_2O_3	Gd_2O_3	Tb_4O_7	Dy_2O_3
0.293	D_{RE}	1.50	2.03	1.54	2.19	2.14	1.94	1.56	1.64
	$\beta_{RE/Y}$	2.95	4.0	3.02	4.30	4.20	3.80	3.06	3.22
0.525	D_{RE}	0.56	0.77	0.76	0.90	1.01	1.08	0.67	0.86
	$\beta_{RE/Y}$	2.24	3.08	3.24	3.60	4.04	4.32	2.68	3.44
0.717	D_{RE}	0.45	0.63	0.64	0.69	0.77	0.97	0.53	0.66
	$\beta_{RE/Y}$	2.25	3.15	3.20	3.45	3.85	4.85	2.65	3.30
0.919	D_{RE}	0.36	0.48	0.55	0.51	0.61	0.89	0.56	0.72
	$\beta_{RE/Y}$	2.12	2.83	3.24	3.0	3.60	5.24	3.30	4.24
1.102	D_{RE}	0.28	0.37	0.37	0.42	0.49	0.42	0.33	0.37
	$\beta_{RE/Y}$	2.0	2.64	2.64	3.0	3.50	3.0	2.36	2.65

续表 14-3-52

[RE]$_A$ mol/L	D或β	Ho_2O_3	Er_2O_3	Tm_2O_3	Yb_2O_3	Lu_2O_3	Y_2O_3		
0.293	D_{RE}	1.28	1.16	1.33	1.70	0.99	0.51		
	$\beta_{RE/Y}$	2.51	2.28	2.61	3.34	1.94	1		
0.525	D_{RE}	0.60	0.60	0.70	0.69	0.70	0.25		
	$\beta_{RE/Y}$	2.40	2.40	2.80	2.76	2.80	1		
0.717	D_{RE}	0.53	0.50	0.52	0.57	0.49	0.20		
	$\beta_{RE/Y}$	2.65	2.50	2.60	2.85	2.95	1		
0.919	D_{RE}	0.47	0.48	0.59	0.62	0.59	0.17		
	$\beta_{RE/Y}$	2.77	2.82	3.47	3.65	3.47	1		
1.102	D_{RE}	0.31	0.29	0.34	0.41	0.35	0.14		
	$\beta_{RE/Y}$	2.22	2.07	2.43	2.93	2.50	1		

注：水相pH4.62～4.67。

（三）萃取分离工艺

1.镧的萃取分离

(1) P204-HCl体系提取镧工艺。该工艺采用两段萃取，第一段把镧富集在萃余液中，第二段以此萃余液为料液进行镧的提纯，得99.8%La_2O_3，收率60%。料液组成（%）$La_2O_3$45，CeO_2<1.0，Pr_6O_{11}10.1，$Nd_2O_3$4.6，$Sm_2O_3$4.8，Eu_2O_3<0.1，$Gd_2O_3$2.3，Tb_4O_7<0.1，$Dy_2O_3$0.4，Ho_2O_3<0.1，Er_2O_3<0.1，$Y_2O_3$0.6；Tm_2O_3、Yb_2O_3、Lu_2O_3都小于分析灵敏度。

第一段萃取工艺条件：料液含2.02mol/L $RECl_3$；洗液为1.0mol/LHCl，有机相为1.0mol/L P204-Amsco；5级萃取，7级洗涤；有机相:料液:洗液=20:3:6。

第二段萃取工艺条件：料液为1.95mol/L$RECl_3$（由第一段的萃余液配制）；洗液为0.5mol/L HCl；有机相为1mol/LP204-Amsco；10级萃取，4级洗涤；有机相:料液:洗液=75:1:10。

(2) P204-HCl体系从镧铈富集物中萃取分离镧的工艺。该工艺所用原料为混合轻稀土经萃取分组得到的镧铈富集物，其稀土组成（%）：$La_2O_3$30.8，$CeO_2$60.21，Pr_6O_{11}4.62，$Nd_2O_3$4.36。通过31级分馏萃取，获得纯度大于99.95%的La_2O_3，收率93%。工艺流程见图14-3-17。

工艺条件：料液为含有250g/L RE_2O_3、0.1mol/L HCl的氯化稀土溶液；洗液为1.04mol/L HCl；有机相为1.5mol/LP204-煤油，氨化度30%；反洗液为3.0mol/L H_2SO_4；20级萃取，5级洗涤，20级反萃取；提镧段有机相:料液:洗液=12.6:1:2.54；反萃段有机相:反洗液=6:1。

(3) P350-HNO_3体系提镧工艺。在此体系中，镧的分配比是全部稀土元素中最小的，因此在萃取过程中留在萃余液中，而其它稀土萃入有机相。提镧的原料为分离铈后的混合轻稀土，其组成（%）为：$La_2O_3$50，CeO_2微量，Pr_6O_{11}6～7，$Nd_2O_3$30。经60级分馏萃取获得纯度大于99.95%的La_2O_3，收率大于95%。工艺流程见图14-3-18。

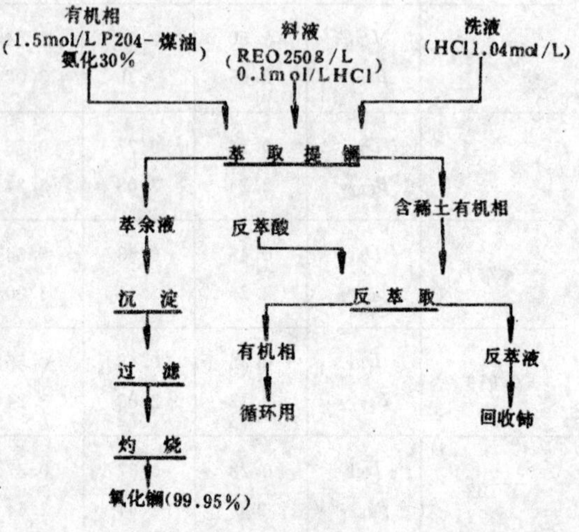

图14-3-17 P204-HCl体系从镧铈富集物中提镧工艺流程

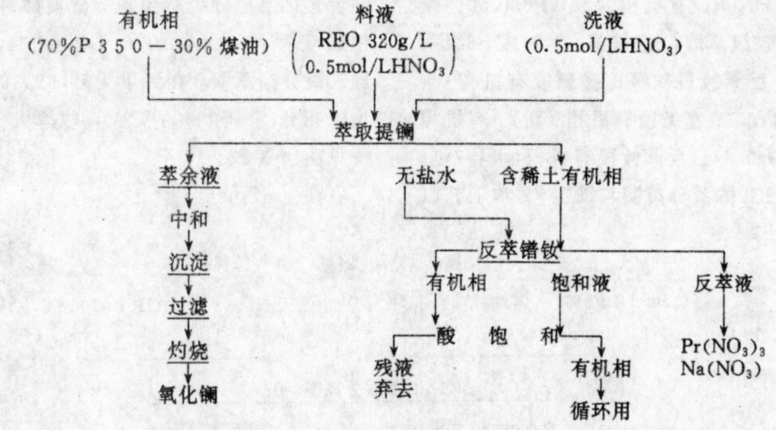

图 14-3-18　P350-HNO_3体系提镧工艺流程

工艺条件：料液为含有320g/L RE_2O_3、0.5mol/L HNO_3的无铈硝酸稀土溶液；洗液为0.5mol/L HNO_3；有机相为70%P350-30%煤油；反萃剂为无盐水或0.1mol/L HNO_3；饱和液为0.5mol/L HNO_3；38级萃取，22级洗涤，20级反萃，6级酸饱和；萃取提镧段有机相∶料液∶洗液＝7∶1∶1；反萃镨钕段有机相∶水＝4∶1，饱和段有机相∶水＝4∶1。

反萃液为镨钕富集物，其中，Nd_2O_3＞65%，Pr_6O_{11}15～20%，$Sm_2O_3$2～3%，及少量La_2O_3。

（4）P350-NH_4NO_3-HNO_3体系提镧及富集钕工艺。该工艺所用原料的组成（%）为：$La_2O_3$45～50，Pr_6O_{11}8～12，$Nd_2O_3$25～32，$Sm_2O_3$5～8，$Y_2O_3$2，CeO_2＜0.6。产品为99.8～99.9%的La_2O_3，收率为83～90%。富钕稀土含85%Nd_2O_3，Nd_2O_3收率为70%；富镧稀土含：La_2O_3约50%，CeO_2＜1.0%，Pr_6O_{11}12～14%，Nd_2O_3≥20%，$Sm_2O_3$3.6%。工艺流程见图14-3-19。

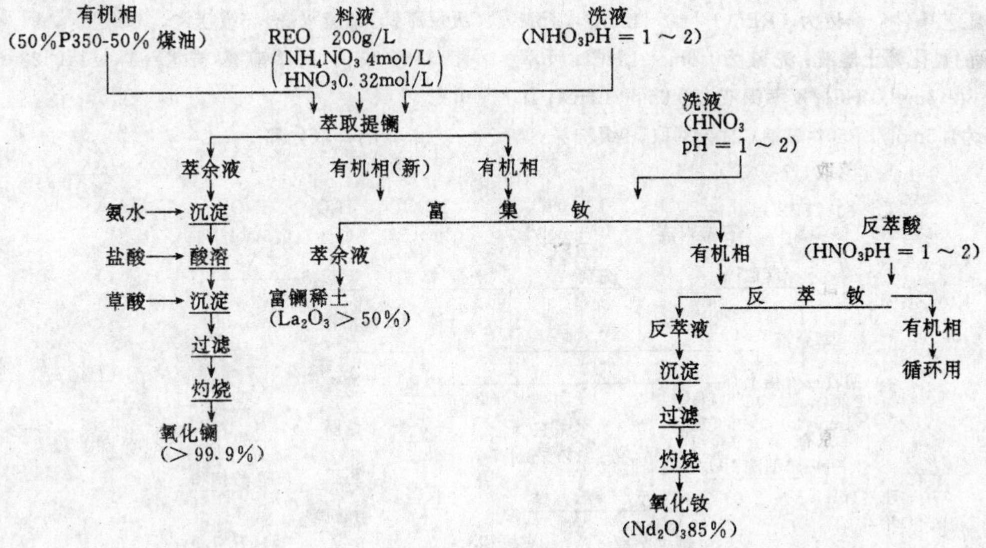

图 14-3-19　P350-NH_4NO_3-HNO_3体系提镧、富集钕工艺流程

工艺条件：料液为含200g/L RE_2O_3、4mol/L NH_4NO_3、0.32mol/L HNO_3的无铈稀土硝酸液；洗

液为pH1～2的HNO_3；有机相为50%P350-50%磺化煤油；提镧段16级萃取，6级洗涤；富钕段、6级萃取，10级洗涤；反萃钕段14级；提镧段有机相∶料液∶洗液＝2.4∶1∶0.5；富钕段有机相（新）∶有机相（料）∶洗液＝3.3∶0.5∶1；反萃钕段有机相∶水＝2∶1。

（5）P507-HCl体系分离镧与铈工艺。本工艺以混合轻稀土经分组所得镧铈富集物为原料，其稀土组成（%）为：La_2O_3约36，CeO_2约64，Pr_6O_{11}<0.1。经50级分馏萃取获得纯度为99.99%的La_2O_3，收率大于98%；获得99%的CeO_2，收率大于98%。工艺流程见图14-3-20。

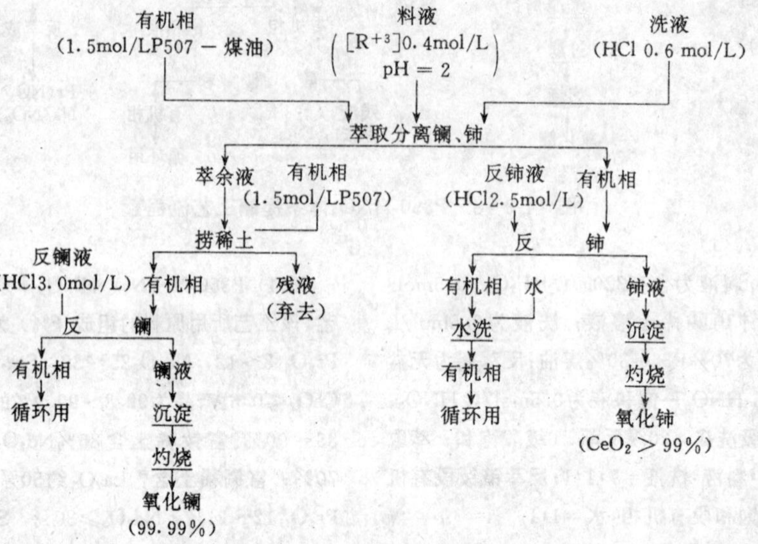

图 14-3-20 P507-HCl体系分离镧、铈工艺流程

工艺条件：料液为〔RE^{3+}〕＝0.41mol/L（pH＝2）的氯化稀土溶液；洗液为0.6mol/LHCl；反萃铈液为2.5mol/LHCl；反萃镧液为3.0mol/LHCl；有机相为1.5mol/LP507-煤油；21级萃取，9级洗涤，7级反萃铈，2级水洗，5级捞镧，10级反萃镧；有机相∶料液∶洗液∶反萃铈液∶洗水＝1.6∶1∶0.23∶0.4∶0.8。

2.铈的萃取分离

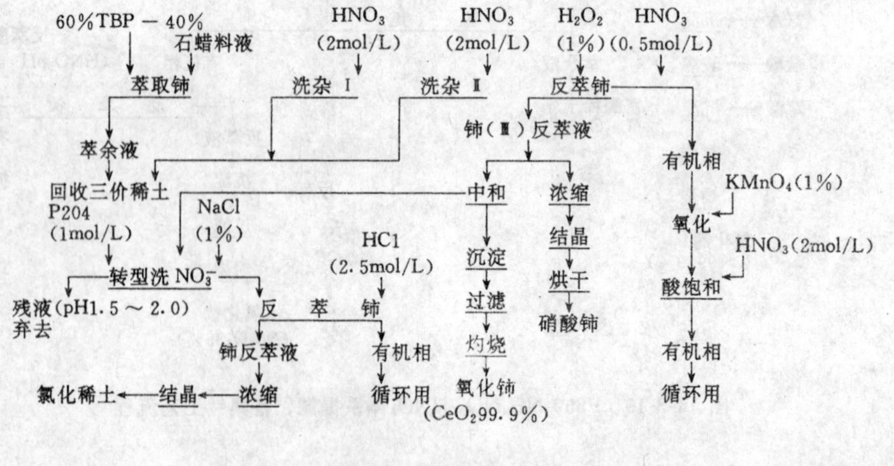

图 14-3-21 TBP-石蜡-硝酸体系提铈工艺流程

(1) TBP-石蜡-硝酸体系提取纯铈工艺。本工艺以富铈氢氧化物经硝酸溶解后配成的溶液为原料。由于四价铈的分配比大于其它三价稀土，萃取时铈被萃入有机相，再经还原反萃得硝酸铈溶液。此溶液浓缩结晶得硝酸铈。溶液用草酸沉淀得草酸铈，经灼烧便得氧化铈。用P204萃取转型可得氯化铈溶液，经浓缩、结晶得氯化铈块。工艺流程见图14-3-21。

工艺条件：料液含100～140g/LRE_2O_3，90～100g/LCe_xO_Y，80～100g/LCeO_2，4～5mol/L HNO_3；洗液为2mol/LHNO_3；反铈液为1%H_2O_2、0.5mol/LHNO_3；氧化液为1%$KMnO_4$；饱和液为2mol/LHNO_3；3级萃取，5级洗杂Ⅰ，8级洗杂Ⅱ，4级还原，4级反萃，4级氧化，4级酸饱和；有机相∶料液∶洗Ⅰ∶洗Ⅱ∶1%H_2O_2∶反洗液∶1%$KMnO_4$∶饱和酸＝4∶2∶0.8∶0.8∶1∶0.5∶0.6∶1。

转型条件：料液为含50g/LCe_2O_3的硝酸稀土溶液；有机相为1mol/LP204-煤油（铵盐或钠盐）；洗硝酸根液为1%NaCl；反铈液为2mol/LHCl；10级转型，10级洗NO_3^-，10级反萃铈；有机相∶料液∶洗液∶反洗液＝10∶2∶1∶1。

产品：氧化铈含$CeO_2$99.9%，为淡黄色粉末；硝酸铈含CeO_2＞39%，为白色颗粒状结晶，易溶于水；氯化铈含CeO_2＞48%，为白色或淡绿色结晶，易溶于水。

(2) P204-H_2SO_4体系中提取铈工艺。该工艺所用原料是独居石经碱分解、湿法空气氧化、稀硝酸浸出三价稀土后所得的滤饼，即富铈渣。富铈渣经硫酸溶解得硫酸铈。由于四价铈在硫酸介质中很稳定，只有萃取能力强的酸性螯合萃取剂才能从硫酸溶液中提取铈。P204很容易从硫酸介质中萃取四价铈，控制适当条件即可使四价铈与三价稀土分离，得纯度大于99.5%的氧化铈，收率达70～80%。工艺流程见图14-3-22。

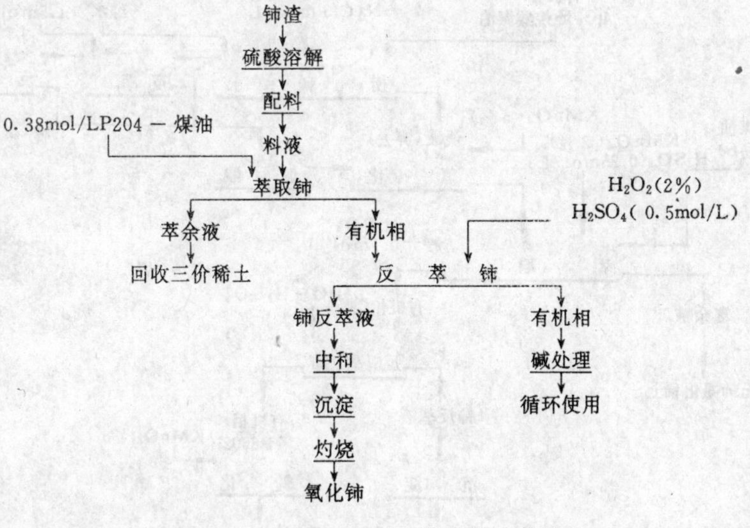

图 14-3-22　P204-H_2SO_4体系提取铈工艺流程

有机相的预处理和配制：P204用等体积磺化煤油稀释后用2mol/LNaOH皂化，用10%Na_2CO_3清洗，相比为有机相∶水＝1∶1；清洗后的有机相用2mol/L H_2SO_4酸化，然后用磺化煤油配置成0.38 mol/LP204-煤油液。

富铈渣的处理和料液配制：铈渣用水调浆，用工业硫酸调节pH＝4，直接蒸汽加热至80℃，保温2h，澄清10h，吸去上清液，浆底用离心机过滤得铈饼；铈饼在80℃用浓硫酸溶解，保温2h，再调配成萃取料液，料液含$RE_2O_3$71.2g/L，其中Ce_xO_Y为60g/L铈的氧化率为90%。

反铈液含2%H_2O_2、0.5mol/L H_2SO_4。

(3) P204-TBP-H_2SO_4体系中萃取铈工艺。该工艺所用原料为轻稀土矿经碳酸钠焙烧、稀硫酸浸出的硫酸稀土液，其组成(g/L)为：RE_2O_3约60、Ce_xO_y约30、$CeO_2$27，$ThO_2$0.24，Fe1.5～1.7，F3.8，Ca2.9，Ba0.4，游离酸H_2SO_4约1.5mol/L。用P204-TBP-煤油作萃取剂，萃取分离得纯度大于99%的氧化铈，直收率为97～98%。工艺流程见图14-3-23。

工艺条件：料液为硫酸浸出液，含60g/LRE_2O_3，约30g/$LCeO_2$，每升浸出液加3g 高锰酸钾和3g 硼砂；酸洗液为2mol/$LHNO_3$；有机相为1mol/LP204－0.2mol/LTBP-煤油；反铈液为2%H_2O_2-1.5mol/LH_2SO_4；反钍液为12%$NaCO_3$＋4%NaOH(加热)或草酸铵溶液；酸化液为2mol/LH_2SO_4；7级萃取，3级酸洗，6级反萃，4级酸化；有机相∶料液∶洗液∶反洗液∶酸化液＝2∶1∶0.3∶0.33∶1。

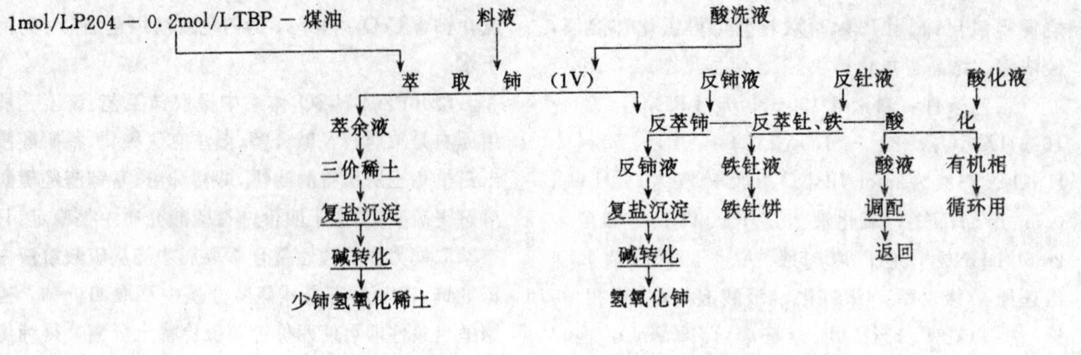

图 14-3-23 P204-TBP-H_2SO_4体系提取铈工艺流程

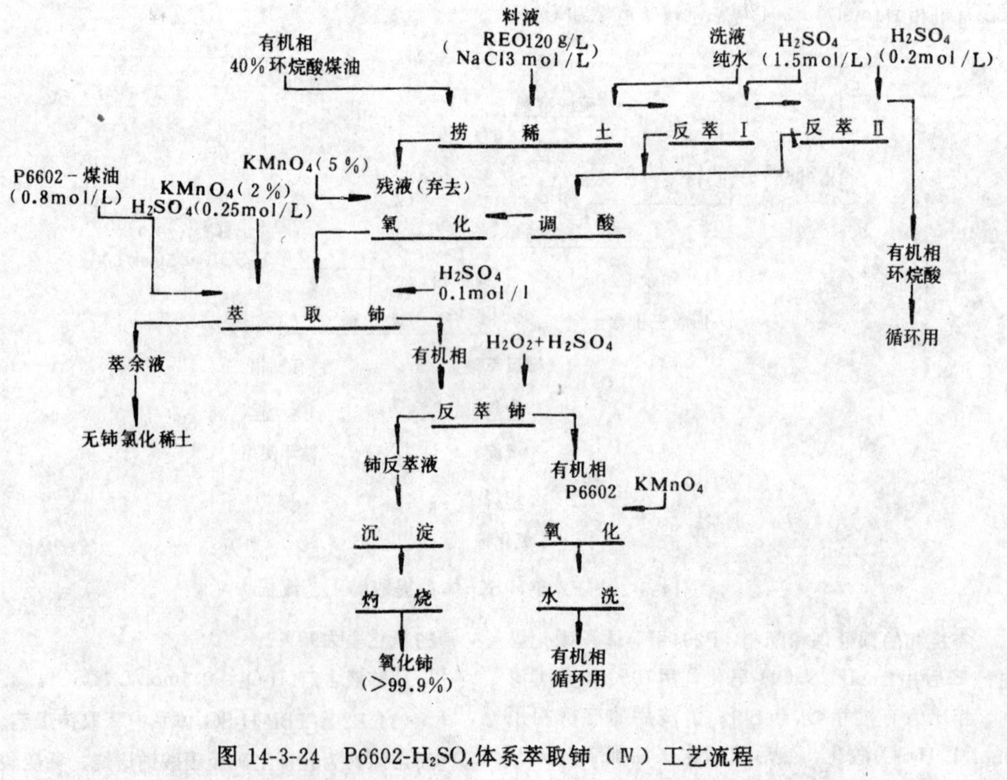

图 14-3-24 P6602-H_2SO_4体系萃取铈（Ⅳ）工艺流程

(4) 三烷基膦氧（P6602）-H_2SO_4体系萃取铈工艺。在硫酸介质中，P6602萃取四价铈而很少萃取三价稀土。四价铈与三价稀土的最大分离系数$\beta_{Ce^{4+}/RE^{3+}}$大于150。影响P6602分离Ce^{4+}与RE^{3+}的主要因素有以下几种：1) $\beta_{Ce^{4+}/RE^{3+}}$随NO_3^-浓度增加而迅速下降，在无NO_3^-存在时其值达100以上；2) $\beta_{Ce^{4+}/RE^{3+}}$随P6602浓度增加而逐渐增大；3) $\beta_{Ce^{4+}/RE^{3+}}$随料液中硫酸浓度增加而下降，但硫酸浓度太低时四价铈易水解；4) 料液中随Cl^-增加，$\beta_{Ce^{4+}/RE^{3+}}$稍有下降；5) 在稀释剂磺化煤油中加入适

量的白油可以提高 $\beta_{Ce^{4+}/RE^{3+}}$，并能解决有机相在停放过程中的结晶问题。

本工艺以含有50%CeO_2的混合轻稀土为原料。首先用40%环烷酸转成硫酸介质，用高锰酸钾将铈氧化成四价，而后用 P6602萃取四价铈，得到纯度大于99.9%的 CeO_2和无铈三价稀土。铈的收率达97～98%。工艺流程见图14-3-24。

工艺条件如下：

1)萃取稀土：料液含115～120g/LRE_2O_3、3mol/LNaCl 的混合氯化稀土；洗液为纯水；反洗液Ⅰ为1.5mol/LH_2SO_4，反洗液Ⅱ为0.2mol/LH_2SO_4；有机相为40%环烷酸-煤油，用 NaOH 皂化，皂化率50%；6级萃取，2级洗涤，2级反萃Ⅰ，4级反萃Ⅱ；有机相：料液：洗液：反洗Ⅰ：反洗Ⅱ＝10：2：1：1：2。

2)萃取铈：料液为硫酸铈反洗液，含70～75g/LRE_2O_3、30～35g/LCe_2O_3，每升加5g 高锰酸钾使铈氧化成四价，为保证氧化，加高锰酸钾前溶液中加入硫酸，浓度约为1mol/LH_2SO_4；洗液为0.15mol/LH_2SO_4；氧化液为2%$KMnO_4$＋0.25mol/LH_2SO_4；有机相为0.8mol/LP6602，P6602用40%液态石蜡（或工业白油）加60%磺化煤油的混合液稀释，在循环使用时用高锰酸钾处理，以防止四价铈被还原；12级萃取，8级洗涤，第4与6级进氧化液，第20级进洗液；有机相：料液：洗液＝5：3：2。

用高锰酸钾氧化铈，其用量约为理论量的112%。产品氧化铈纯度大于99.9%，收率大于99%；无铈稀土含 CeO_2＜0.2%。

3.镨钕分离

(1) P350-煤油-HNO_3体系分离镨钕工艺。该工艺所用原料为混合轻稀土提铈、镧后的镨钕富集物，其组成（%）为 Nd_2O_3＞65，Pr_6O_{11}15～20，$CeO_2$1～3，$Sm_2O_3$1.5～2.0。经60级分馏萃取可得纯度高于85%的 Nd_2O_3和50～70%的 Pr_6O_{11}，然后用1mol/LP204-煤油液从含50～70%Pr_6O_{11}的料液中提取纯度高于95%的 Pr_6O_{11}。工艺流程见图14-3-25。

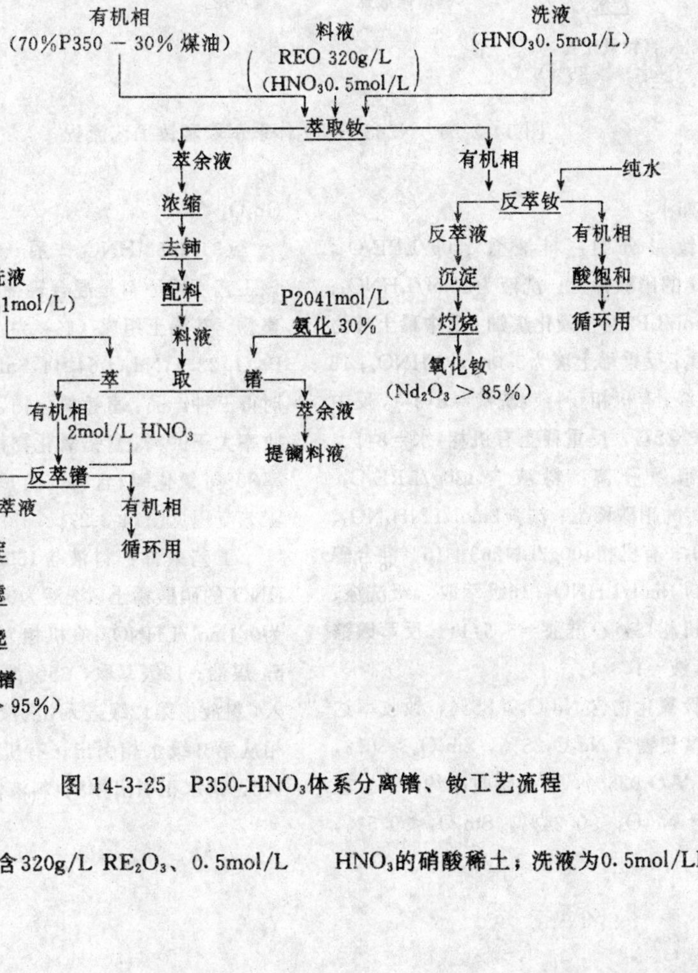

图 14-3-25 P350-HNO_3体系分离镨、钕工艺流程

工艺条件：料液含320g/L RE_2O_3、0.5mol/L HNO_3的硝酸稀土；洗液为0.5mol/LHNO_3；有机相

为70%P350-30%煤油；反洗液为0.1mol/LHNO_3或纯水，最好温度保持在50～60℃；酸饱和液为0.5mol/LHNO_3；40级萃钕，24级洗涤，8级反萃，6级酸饱和，12级萃镨，18级洗涤；萃取段有机相∶料液∶洗液＝9∶1∶1，反萃段有机相∶水＝3∶1，酸饱和有机相∶水＝4∶1。

（2）N263-HNO_3体系萃取富钕工艺。该工艺以混合轻稀土除铈提镧后的镨钕富集物为原料。第一步用P204-煤油溶液进行钕钐分组，第二步用N263-混合醇-煤油萃取镧镨，使钕留在萃余液中，得到纯度大于85%的氧化钕。工艺流程见图14-3-26。

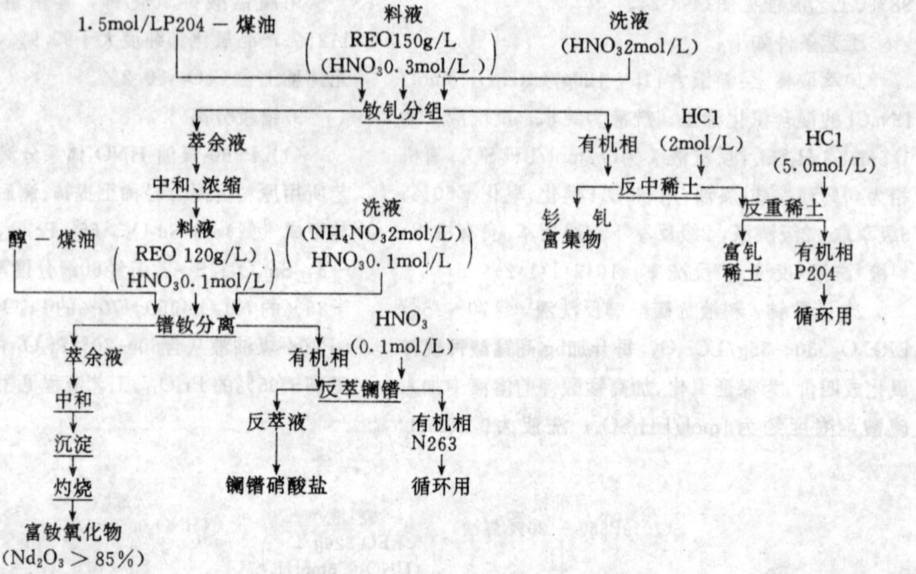

图 14-3-26 N263-HNO_3体系萃取富钕工艺流程

工艺条件如下：

1）P204钕钐分组：料液含150g/LRE_2O_3，0.3mol/LHNO_3的硝酸稀土；洗液为2mol/LHNO_3；有机相为1.5mol/LP204－磺化煤油；反中稀土液为2.0mol/LHNO_3；反重稀土液为5.0mol/LHNO_3；16级萃取，4级洗涤；有机相∶料液∶洗液＝8∶2∶1，反中稀土有机相∶水＝2∶1，反重稀土有机相∶水＝8∶1。

2）N263镨钕分离：料液含120g/LRE_2O_3、0.1mol/LHNO_3的硝酸稀土；洗液2mol/LNH_4NO_3、0.1mol/LHNO_3；有机相400g/LN263＋15%混合醇-煤油；反洗液0.1mol/LHNO_3；16级萃取、4级洗涤、10级反萃；有机相∶料液∶洗液＝5.5∶1∶1。反萃镧镨段有机相∶反萃液＝1.3∶1。

产品：富钕氧化物含Nd_2O_3＞85%，钕收率达90%；中稀土富集物含$Nd_2O_3$25%，Sm_2O_3＞30%，Gd_2O_3约30%，$Y_2O_3$0.5%，氧化钐收率约90%；重稀土富集物含Nd_2O_3＜0.24%，Sm_2O_3＜0.5%，Gd_2O_3＜0.5%，Y_2O_3＞70%，钇收率大于75%。

（3）N263-HNO_3体系一步分离镧、镨与钕工艺。该工艺所用原料是混合轻稀土除镧去铈后的镨钕富集物，其稀土组成（%）为：$La_2O_3$7.73，$CeO_2$0.3，Pr_6O_{11}22.4，$Nd_2O_3$64.44，$Sm_2O_3$1.97。经一步分离同时得三种产品：富钕氧化物，约含90%的Nd_2O_3，钕收率大于99%；富镨氧化物，含90%的Pr_6O_{11}，镨收率80%；氧化镧，含98%的La_2O_3，镧收率大于70%。工艺流程见图14-3-27。

工艺条件：料液含160g/L RE_2O_3、0.1mol/L HNO_3的硝酸稀土；洗液为0.1mol/LHNO_3；反洗液为0.1mol/LHNO_3；有机相为300g/LN263-15%混合醇-煤油；12级萃取，38级洗涤，有机相从第一级进入，料液由第12级进入，洗液从第50级进入，含镨水相从第39级水相引出；有机相∶料液∶洗液＝15∶1∶1.8，镨水相引出体积∶料液体积＝0.264∶1。

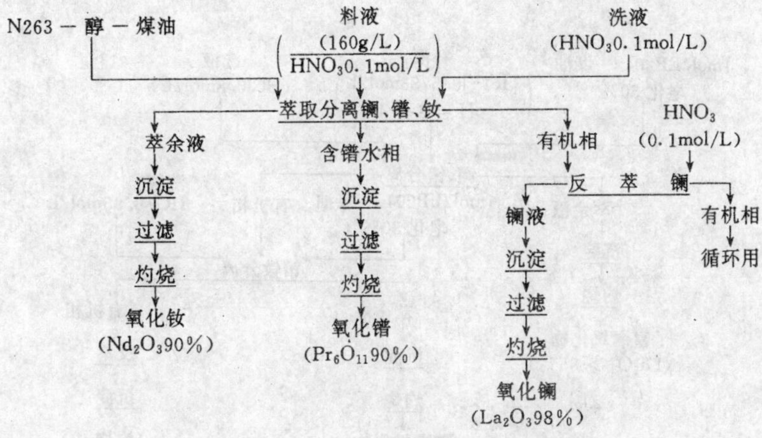

图 14-3-27　N263-HNO_3体系一步分离镧、镨、钕的工艺流程

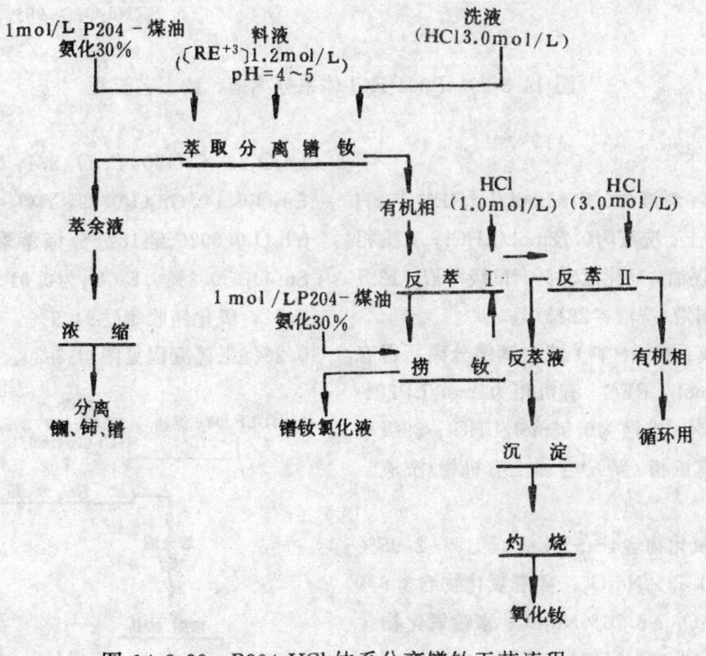

图 14-3-28　P204-HCl 体系分离镨钕工艺流程

产品：富钕氧化物约含 $Nd_2O_3$90%，Pr_6O_{11} 4.4%，$Sm_2O_3$2.7%；富镨氧化物含 Pr_6O_{11} 90%，$La_2O_3$5～6%，$Nd_2O_3$2%；氧化镧含 $La_2O_3$98%，$CeO_2$0.8～0.9%，Pr_6O_{11}0.3%，$Nd_2O_3$0.3%。

(4) P204-HCl 体系分离镨钕工艺。该工艺所用原料为混合氯化稀土经轻重稀土分组后所得的轻稀土组，其组成(%)为：La_2O_3约28，CeO_2约50，Pr_6O_{11} 4～5，$Nd_2O_3$15～17，Sm_2O_3＜0.5。通过60级分馏萃取得到$(Nd+Sm)_2O_3$，纯度大于98%。工艺流程见图14-3-28。

工艺条件：料液含1.20mol/LRE^{3+}、pH＝4～5的氯化稀土；洗液3mol/LHCl；反萃液Ⅰ1.0mol/LHCl；反萃液Ⅱ3.0mol/LHCl；30级萃取、30级洗涤、10级萃钕、10级反洗Ⅰ、10级反洗Ⅱ；有机相：料液：洗液＝9：1：1。

(5) P204-HCl 体系分离镨钕工艺　原料是寻乌混合稀土提取镧后的镨钕富集物，其组成（%）为11.93La_2O_3、17.6Pr_6O_{11}、64Nd_2O_3。经镧镨分离与镨钕分离得到三种产品：纯度大于85%的氧化镧，收率98%；大于85%的氧化镨，收率约90%；大于95%的氧化钕，收率约95%。工艺流程见图14-3-29。

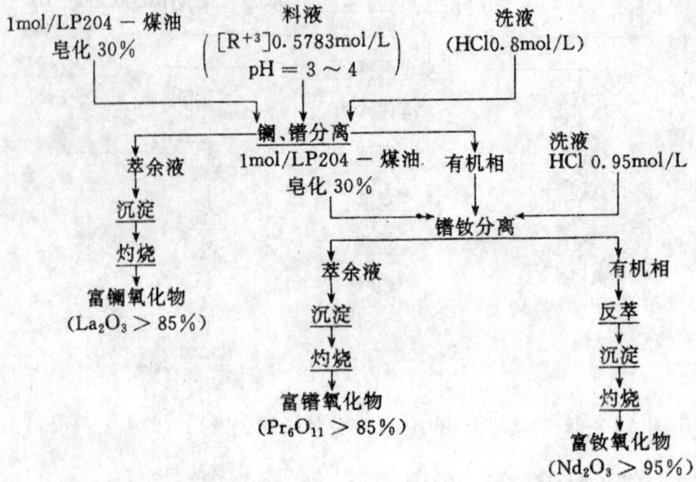

图 14-3-29 P204-HCl 体系分离镨、钕工艺流程

工艺条件如下：

1）镧镨分离：料液含0.5783mol/L [RE^{3+}]，pH＝3～4的氯化稀土；洗液为0.78mol/LHCl；有机相为1mol/LP204-煤油，皂化度30%；11级萃取，12级洗涤；有机相∶料液∶洗液＝22∶3∶4。

2）镨钕分离：有机（料）液为镧镨分离所得有机相，含0.0691mol/LRE^{3+}；有机相为1mol/LP204-煤油，皂化度28%；洗液为0.95mol/LHCl；29级萃取，30级洗涤；有机相（新）∶含稀土有机相∶洗液＝51∶15∶22。

产品：富镧氧化物含4～5%CeO_2、1.7～2.95%Pr_6O_{11}、0.37～0.43%Nd_2O_3；富镨氧化物含3.6%CeO_2，86.5%Pr_6O_{11}，8.76%Nd_2O_3；富钕氧化物含0.456%Pr_6O_{11}、96.78%Nd_2O_3。

(6) P507-HCl 体系分离镨钕工艺。该工艺所用原料为混合氯化稀土经轻重稀土分组后所得轻稀土组，其稀土组成（%）为：La_2O_3约28，CeO_2约50，Pr_6O_{11}4～5，$Nd_2O_3$15～17、Sm_2O_3＜0.5。通过30级分馏萃取可获得纯度大于98%的氧化钕。

工艺条件：料液含1.20mol/LRE^{3+}，pH＝4～5的氯化稀土；洗液为3.0mol/LHCl；有机相为1mol/LP507-煤油，氨化度42%；15级萃取，15级洗涤；有机相∶料液∶洗液＝6.6∶1∶0.7。

4.萃取分组

(1) P204-HCl 体系混合稀土钕钐分组工艺。所用原料为包头矿混合氯化稀土，其稀土组成(%)为：$La_2O_3$23，CeO50，Pr_6O_{11}5.1，$Nd_2O_3$14，$Sm_2O_3$1.0，$Eu_2O_3$0.14，$Gd_2O_3$0.29，Y_2O_3＜0.1，Dy_2O_3＜0.13，$Yb_2O_3$0.0026。经18级分馏萃取分组后，轻稀土中Sm_2O_3≤0.2%，Eu_2O_3为0.01%，氧化钐的收率达84%，氧化铕收率达94.5%，中重稀土中Nd_2O_3≤0.2%。工艺流程见图14-3-30。

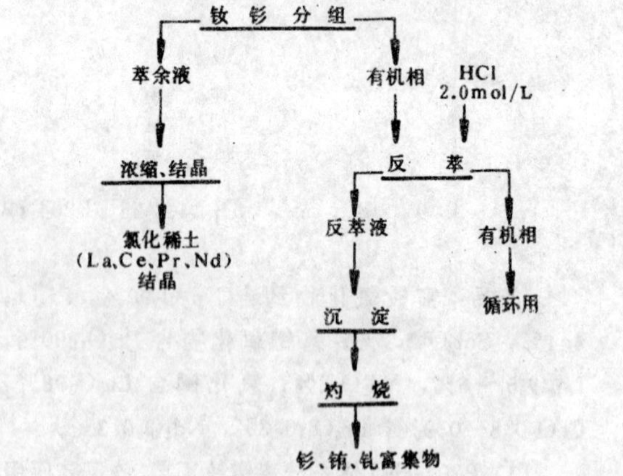

图 14-3-30 P204-HCl 体系混合稀土钕钐分组工艺流程

工艺条件：料液含240g/L RE_2O_3，0.04mol/L HCl的氯化稀土；洗液为1.1～1.15mol/LHCl；反洗液为2.0mol/LHCl；有机相为1mol/LP204-煤油；8

级萃取，10级洗涤，8级反萃；有机相∶料液∶洗液∶反洗液＝1.51∶1∶0.31∶0.3。

产品钐铕钆富集物中，重稀土占8～9%，因此中重稀土组中钐铕钆品位大于90%，氧化铕大于10%，氧化钕小于0.2%；轻稀土组中 Sm_2O_3≤0.2%。

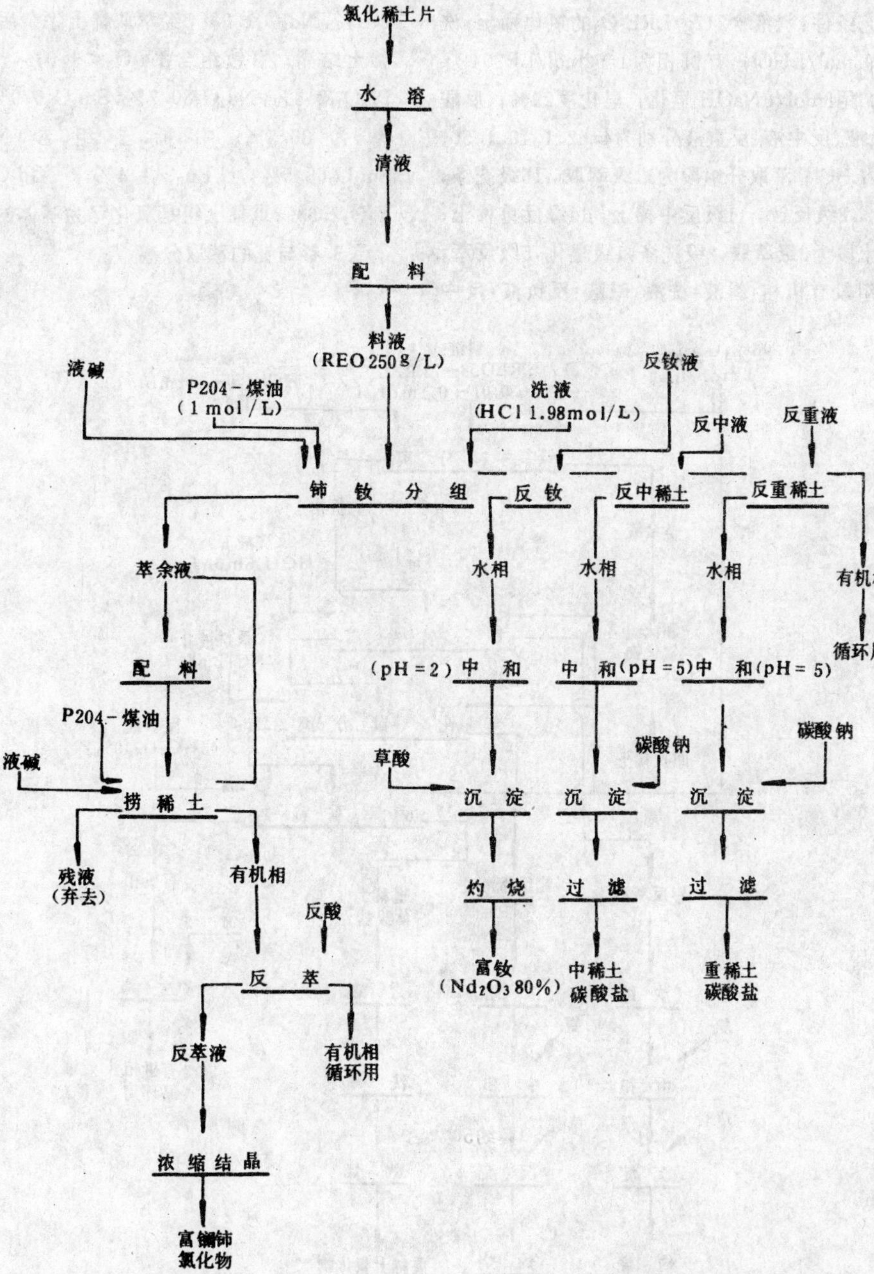

图 14-3-31　P204-HCl 体系混合稀土分组与提钕工艺流程

(2) P204-煤油-HCl 体系混合稀土分组与提取大于70%Nd_2O_3工艺。以独居石经碱分解、盐酸溶解得的氯化稀土片为原料。经水溶、过滤所得清液作为料液，其稀土组成(%)为：$La_2O_3$21.96，$CeO_2$44.13，Pr_6O_{11}5.01，$Nd_2O_3$17.0，$Sm_2O_3$3.14，Eu_2O_3＜0.1，$Gd_2O_3$1.6，$Tb_4O_7$0.17，$Dy_2O_3$0.67，Ho_2O_3＜0.3，

Er_2O_3<0.1，Tm_2O_3<0.1，Yb_2O_3<0.1，Lu_2O_3<0.1，$Y_2O_3$2.85。经铈铵分组与分步反萃，把混合稀土分离成四组，即镧铈组、富钕组、中稀土组与重稀土组。工艺流程见图14-3-31。

工艺条件：料液含247g/LRE_2O_3的氯化稀土；洗液为1.98mol/LHCl；有机相为1.52mol/LP204-煤油溶液，用8mol/LNaOH皂化，皂化度29%；反酸液、反钕液、反中液、反重液分别为4.62、1.40、1.50、6.0mol/LHCl；萃取分组段为11级萃取，16级洗涤，1级皂化，8级反钕，11级反中稀土，11级反重稀土；萃取稀土段为3级萃取，2级洗涤，1级皂化，5级反萃；萃取分组段有机相：料液：洗液：碱液：反钕液：反中液：反重液＝6.6：0.59：1.18：0.368：0.825：0.825：0.825；萃取稀土段有机相：料液：洗液：碱液：反洗液＝5：2：0.6：0.275：0.5。

产品：镧铈组含$La_2O_3$30.8%，$CeO_2$65%，Pr_6O_{11}2.2%，$Nd_2O_3$1.0%，经萃取稀土除杂后浓缩得氯化稀土结晶；富钕组含La_2O_3<1.0%，$CeO_2$2.5%，Pr_6O_{11}8.8%，$Nd_2O_3$80.7%，$Sm_2O_3$6.9%，氧化钕收率为86.5%；中稀土组含$Nd_2O_3$1.0%，$Sm_2O_3$68.5%，$Eu_2O_3$1.4%，Gd_2O_3 26.5% $Y_2O_3$2.6%；重稀土组是氧化钇为基体的重稀土。

5. 钐与钆的萃取分离

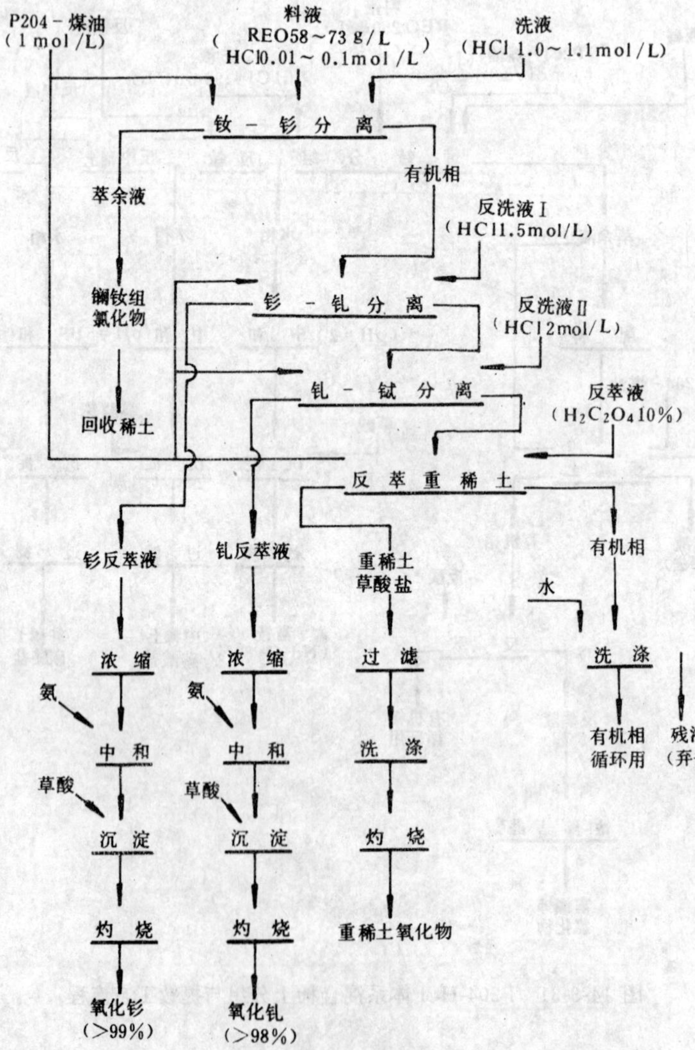

图 14-3-32 P204-HCl 体系分离氧化钐和氧化钆工艺流程

（1）P204-HCl 体系分离氧化钐与氧化钆工艺。所用原料为包头矿混合氯化稀土液经 P204分组得到的钐铕钆富集物，再经锌粉还原共沉淀法除铕之后的溶液，其稀土组成（%）为 Pr_6O_{11} 1.5，$Nd_2O_3$13.7，$Sm_2O_3$38.4，Eu_2O_3<0.4，$Gd_2O_3$21.2，$Tb_4O_7$4.6，$Dy_2O_3$1.8，$Y_2O_3$4.8。通过一步萃取，三步分段反萃，可得纯度大于99%的 Sm_2O_3及纯度达98～99%的 Gd_2O_3，其收率分别为99%和93%。工艺流程见图14-3-32。

工艺条件如下：

1）钕钐分离段：料液含58～73g/LRE_2O_3、0.01～0.1mol/LHCl 的氯化稀土；洗液为1.0～1.1mol/LHCl；有机相为1mol/LP204-磺化煤油；14级萃取，10级洗涤；有机相∶料液∶洗液＝6∶1.5∶1。

2）反钐段：有机（料）液为钕钐分离段所得含中重稀土有机相；反钐液为1.55～1.6mol/LHCl；15级反钐，15级萃取钆；有机相（料）∶有机相（新）∶反钐液＝2∶2∶1。为提高有机相萃取钆的能力，在新有机相进口相隔5级的第六级加0.6mol/L 氨水，加入速度为25～26ml/min。

3）反钆段：有机（料）液为反钐段出口的有机相；反钆液为1.9～2.0mol/LHCl；9级反钆，13级萃取钆；有机（料）液∶有机相（新）∶反钆液＝4∶1∶1。

4）反重稀土段：反重稀土液为10%$H_2C_2O_4$；有机相∶反重液＝3～4∶1；8～10级。

产品：氧化钐纯度大于99%，收率大于98%；氧化钆纯度为98～99%，收率为93%；重稀土富集物含 $Gd_2O_3$8.4～14.1%，$Tb_4O_7$7.6～10.9%，$Dy_2O_3$35.2～36.8%，$Y_2O_3$37.6～40.9%。

（2）P507-HCl 体系分离氧化钆工艺。所用原料为混合轻稀土经分组得到的中稀土混合物，其组成（%）为：$Sm_2O_3$30.4，$Eu_2O_3$0.83，$Gd_2O_3$39.7，$Tb_4O_7$2.8，$Dy_2O_3$10.2，其余为 La_2O_3、CeO_2 和 Nd_2O_3。氯化中稀土溶液经70级铕钆分离与40级钆铽分离可得到纯度为99.99%的 Gd_2O_3，收率大于75%。工艺流程见图14-3-33。

工艺条件：料液为1.0mol/LRE^{3+}、pH＝2的氯化稀土；洗液为2mol/LHCl；有机相为1mol/LP507-煤油，氨化度40%；反洗液为5mol/LHCl；洗水为去离子水；铕钆分离，有机相∶料液∶洗液＝20.9∶0.99∶3.24；萃取、洗涤共70级；钆铽分离，料液为 Eu-Gd 分离后的有机相，有机相（新）∶有机（料）液∶洗液＝42.4∶3.65∶1.52，萃取、洗涤共40级。

（3）P204-HNO_3体系富集钆“三出口”工艺。料液中含 Pr_6O_{11} 4.3%，$Nd_2O_3$50.8%，$Sm_2O_3$22.4%，$Gd_2O_3$5.3%，其它稀土17.2%。通过55级分馏萃取获得三种产品。从第一级水相得轻稀土；从第39级水相得钆富集物，从有机相反萃得重稀土富集物，Gd_2O_3由原料中的5.3%富集至89%。工艺流程见图14-3-34。

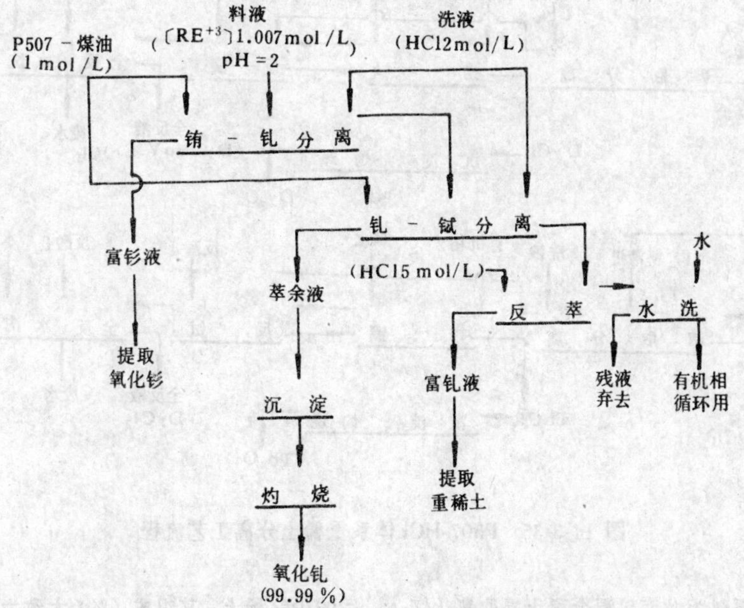

图 14-3-33　P507-HCl 体系分离氧化钆工艺流程

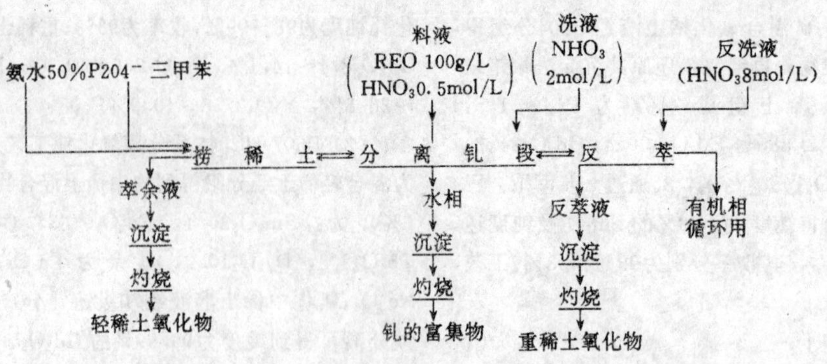

图14-3-34 P204-HNO$_3$体系富集钆"三出口"工艺流程

工艺条件：料液含100 g/L RE_2O_3、0.5mol/L HNO_3的硝酸稀土；洗液为2mol/LHNO_3；反洗液为8mol/LHNO_3；有机相为50%P204-三甲苯；共55级；有机相∶料液∶洗液∶反洗液∶氨水=14.3∶3.2∶2.6∶3.2∶2.3∶0.24。

产品钆的富集物含$Sm_2O_3$0.1%，$Eu_2O_3$3.3%，$Gd_2O_3$89.6%，其它约1%。

6.重稀土分组与氧化铽的提取工艺

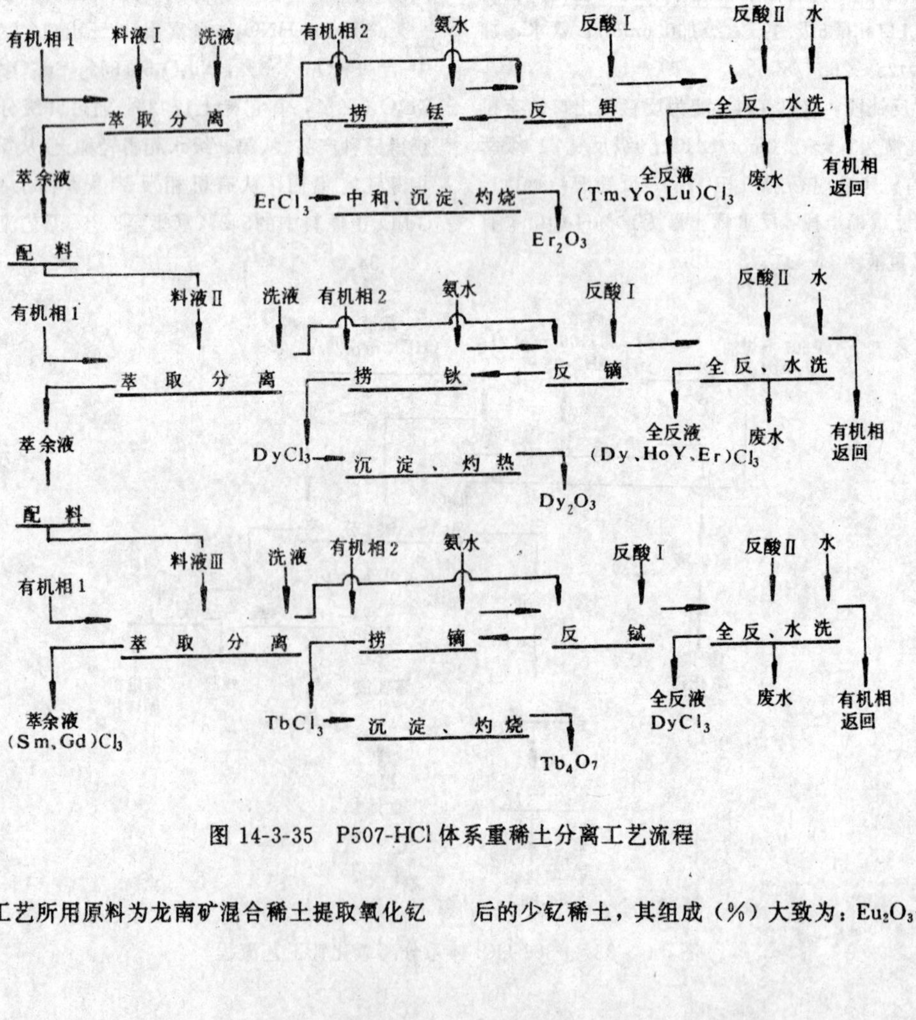

图 14-3-35 P507-HCl 体系重稀土分离工艺流程

该工艺所用原料为龙南矿混合稀土提取氧化钇后的少钇稀土，其组成（%）大致为：Eu_2O_3<0.3，

$Gd_2O_3$8.8，$Tb_4O_7$3.0，Dy_2O_3 约 5，$Ho_2O_3$2.3，$Er_2O_3$14.3，$Y_2O_3$2～10，$Tm_2O_3$1.5，$Yb_2O_3$6.73，$Lu_2O_3$1.37。通过三段218级分离可得到7种产品，即铥镱镥富集物，镝钬钇铒富集物，大于80%的镝富集物，大于80%的钆富集物，纯度大于95%的 Er_2O_3（收率95%），纯度大于99.9%的 Dy_2O_3（收率大于90%），纯度大于99.9%的 Tb_4O_7（收率大于90%）。工艺流程见图14-3-35。

工艺条件：全流程分三段。有机相为1.5mol/LP507-煤油；洗液为3.3mol/LHCl；反洗Ⅰ为2.5mol/LHCl，反洗Ⅱ为5.0mol/LHCl；氨水为2.0mol/LNH_4OH。

第一段为Ho-Er分组和Er-Tm分离。料液是1.0mol/LRE^{3+}、pH=2.0的氯化稀土液。产品：纯度大于95%的 Er_2O_3，收率约95%；铥镱镥富集物；提镝的原料含镝高于70%。

第二段为Tb-Dy分组和镝钬分离。料液是第一段的萃余液经调配成含1.0mol/LRE^{3+}、pH=2.0的氯化稀土液。产品：纯度大于99.9%的 Dy_2O_3，收率大于90%；镝钬钇铒富集物；钆铽镝富集物作为提铽的原料。

第三段为Gd-Tb分组和Tb-Dy分离。料液是第二段的萃余液经调配成含0.8mol/LRE^{3+}、pH=2.0的氯化稀土液。产品：纯度大于99.9%Tb_4O_7，收率大于90%；纯度大于80%的 Dy_2O_3；纯度大于80%的 Gd_2O_3。

7. N263分组、环烷酸提钇萃取工艺

该工艺以离子吸附型矿的重稀土混合物为原料，在N263-HNO_3体系进行铒铥分组，以20%环烷酸-混合醇-煤油为提钇萃取剂，直接从分组萃余液中分离纯钇。混合稀土经净化后，其组成（%）为：$La_2O_3$3.4，$CeO_2$0.6，Pr_6O_{11}0.85，$Nd_2O_3$6.0，$Sm_2O_3$2.1，Eu_2O_3<0.6，$Gd_2O_3$5.8，$Tb_4O_7$2.6，$Dy_2O_3$6.5，$Ho_2O_3$1.7，$Er_2O_3$4.4，$Tm_2O_3$1.0，$Yb_2O_3$3.1，$Lu_2O_3$0.9，$Y_2O_3$61.8，$Fe_2O_3$0.0074，$SiO_2$0.26。产品为纯度大于99.99%的 Y_2O_3，总收率大于80%。工艺流程见图14-3-36。

工艺条件如下：

1）铒铥分组：料液含2.54mol/LRE^{3+}、336g/LRE_2O_3、0.1mol/$LHNO_3$的硝酸稀土；有机相为300g/LN263用18%混合醇+82%煤油混合液稀释，用2mol/L NH_4NO_3 + 0.1mol/$LHNO_3$混合液将N263由氯型转成硝酸型；洗液为0.1mol/$LHNO_3$；反洗液为0.1mol/$LHNO_3$；31级萃取，8级洗涤，8级反萃取轻稀土；有机相∶料液∶洗液=23∶1∶2.3，反萃轻稀土有机相∶水=2∶1。

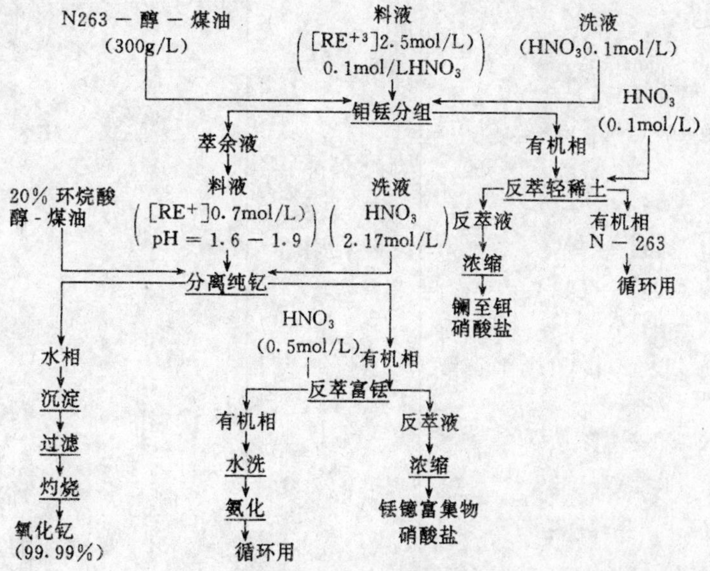

图 14-3-36　N263分组、环烷酸提钇萃取工艺流程

2)分离纯钇：料液直接来自铒铥分组的萃余液，约含0.7mol/LRE $(NO_3)_3$，pH=1.6～1.9；有机相

为20%环烷酸-15%混合醇-65%煤油溶液，相当于0.7mol/L 环烷酸，用浓氨水皂化，有机相中环烷酸铵0.56mol/L；洗液为2.17mol/L HNO_3；反洗液为0.1mol/LHNO_3；45级萃取，5级洗涤，7级反萃、3级水洗；有机相∶料液∶洗液∶反洗液∶洗水＝7∶1∶1.5∶7∶7。

产品：铒铥分组得富钇稀土，组成（%）为：$Gd_2O_3$0.013，$Tb_4O_7$0.02，$Dy_2O_3$0.056，$Ho_2O_3$0.066，$Er_2O_3$2.1，$Tm_2O_3$1.45，$Yb_2O_3$9.3，$Lu_2O_3$1.3，$Y_2O_3$85.2，钇收率达96～98%；富钇提纯得纯度大于99.99%的 Y_2O_3，总收率大于80%，氧化钇中杂质含量（10^{-4}%）为：Nd_2O_3＜10，Sm_2O_3＜1，Gd_2O_3＜3，Tb_4O_7＜3，Dy_2O_3＜3，Ho_2O_3＜3，Er_2O_3＜10，$Tm_2O_3$3，$Yb_2O_3$1.8，Ca170，Mg2，$Fe_2O_3$5，$SiO_2$170。

二、离子交换法提纯、分离稀土

（一）离子交换剂

用以提取单一稀土化合物的离子交换剂大多采用有机合成的离子交换树脂，以聚苯乙烯磺酸型阳离子交换树脂为主。常用的离子交换树脂见表14-3-53。

表 14-3-53 常用离子交换树脂

名称和型号	交联度 %DVB	总交换当量① mg·mol/（n·g）	总交换当量① mg·mol/（n·mL）
强酸性阳离子交换树脂			
732型阳离子交换树脂	—	＞4.5	—
强酸性1号阳离子交换树脂	—	≥4.2	≥1.8
Dowex-50	1～16	5.0	1.7
Dowex-50W	8，12	5.0	1.7
Ambertite IR-120	8	4.6	2.0
Zeo-karb-225	1～20	5.0	2.4
Lewaits-100	8	4.8	2.5
Wotauitkps-200	—	4.5	—
强碱性阴离子交换树脂			
717型阴离子交换树脂	—	3	—
Dowex-1	1～16	3.5	—
Amberlite IRA-400	8	2.6	1.2
De-Acidite FF	7～9	4.0	1.6
Duolite A-42	—	2.3	0.7
Zerolit FF	7～9	3.5	—
Wotaitit SBW	—	3.5	—
Dowex-2	2～16	3.0	—
Daolite C-20	8	5.1	2.2
Zerolit-225	8	5.0	—
KY-2	—	4.6	—
Amberlite IRA-400	6	3.0	1.2
ПЭК	—	3.0	—
KY-1	—	2.2	—

① *n* 为价数。

（二）淋洗剂

常用的淋洗剂有EDTA、HEDTA与NH_4Ac，这些淋洗剂与稀土形成络合物的络合常数 lg$K$ 见表14-3-54；稀土络合物稳定常数大小的次序也即稀土淋洗的次序。络合物稳定常数大的稀土先从交换柱中淋洗出来。相邻稀土元素之间分离的难易决定于络合物稳定常数差别的大小。用络合剂 EDTA、HEDTA 与 NH_4Ac 淋洗时相邻稀土分离系数见表14-3-55～14-3-57。淋洗剂常用条件见表14-3-58。

表 14-3-54 稀土元素与常用络合剂的络合常数 lg K

稀土元素	EDTA（20℃）	HEDTA（25℃）	NTA（20℃）	DCTA（20℃）	DTPA（25℃）	NH_4Ac（20℃）
La	15.50	13.22	10.47	16.28	19.48	1.56
Ce	15.98	14.08	10.70	16.78	20.50	1.68
Pr	16.40	14.39	10.88	17.31	21.05	1.81
Nd	16.61	14.71	11.06	17.68	21.60	1.90
Sm	17.14	15.15	11.33	18.38	22.34	2.01
Eu	17.35	15.21	—	18.62	22.39	—
Gd	17.37	15.10	11.43	18.77	22.46	1.84
Tb	17.93	15.10	—	19.50	22.71	—
Dy	18.30	15.08	11.62	19.69	22.82	1.67
Ho	18.74	15.06	—	—	22.78	1.63
Er	18.85	15.77	—	20.68	22.74	1.60
Tm	19.32	15.38	—	20.96	22.72	—
Yb	19.51	15.64	12.08	21.12	22.62	1.64
Lu	19.83	15.79	—	21.51	22.44	1.90
Y	18.09	14.49	11.55	19.15	22.05	—

表 14-3-55 EDTA 为淋洗剂时相邻稀土的分离系数

稀土对 (R_2-R_1)	β_{R_2/R_1}	稀土对 (R_2-R_1)	β_{R_2/R_1}	稀土对 (R_2-R_1)	β_{R_2/R_1}	稀土对 (R_2-R_1)	β_{R_2/R_1}
Lu-Yb	1.8	Ho-Dy	3.6	Gd-Eu	1.02	Pr-Ce	2.3
Yb-Tm	2.1	Dy-Y	1.5	Eu-Sm	1.4	Ce-La	4.7
Tm-Er	3.3	Y-Tb	1.5	Sm-Nd	3.1		
Er-Ho	1.8	Tb-Gd	4.8	Nd-Pr	2.0		

表 14-3-56 HEDTA 为淋洗剂时相邻稀土的分离系数

稀土对 (R_2-R_1)	β_{R_2/R_1}	稀土对 (R_2-R_1)	β_{R_2/R_1}	稀土对 (R_2-R_1)	β_{R_2/R_1}	稀土对 (R_2-R_1)	β_{R_2/R_1}
Lu-Yb	1.4	Ho-Dy	1.0	Eu-Sm	1.0	Ce-La	5.0
Yb-Tm	1.8	Dy-Tb	1.0	Sm-Nd	2.8		
Tm-Er	1.6	Tb-Gd	1.0	Nd-Pr	2.1		
Er-Ho	1.3	Gd-Eu	0.7	Pr-Ce	2.0		

表 14-3-57 NH_4Ac 为淋洗剂时稀土对的分离系数

稀土对（R_2-R_1）	Lu-Yb	Yb-Tm	Tm-Er	Ho-Dy	Dy-Tb	Gd-Sm	Sm-Nd	Pr-Ce
β_{R_2/R_1}	1.12	0.96	0.84	0.89	0.76	1.00	0.32	2.51

表 14-3-58 主要淋洗剂常用条件

淋洗剂	浓度，mol/L	pH 值	损耗/周期，%	备注
EDTA	0.015～0.030	8.0～8.4	约10～15	常用于全分离及分组
HEDTA	0.018～0.026	7.0～7.5	约10～20	适用于轻稀土和重稀土分离，特别是 Y_2O_3提纯，不能同于中稀土
NH_4Ac	0.5	6.5	约10～20	常用于轻稀土的分离及 Y_2O_3提纯

（二）延缓剂

用作延缓离子的先决条件必须是某金属离子在淋洗过程中与淋洗剂形成的络合物的稳定度大于被分离的稀土离子。用作延缓剂的金属离子与 EDTA 的络合常数 lg$K$ 见表14-3-59。目前常用的延缓离子是 Cu^{2+}-H^+ 与 H^+。

表 14-3-59 延缓离子与 EDTA 的络合常数 lg K

延缓离子	Co^{2+}	Cd^{2+}	Zn^{2+}	Pb^{2+}	Ni^{2+}	Cu^{2+}	Fe^{3+}
lg K	16.10	16.48	15.58	18.20	18.45	18.86	25.10

（四）交换柱设计的基本参数

1. 理论塔板数及理论塔板当量高度

理论塔板数 m 可由下式求出：

$$m=\frac{\log(X_{R_2}/X_{R_1})_B-\log(X_{R_2}/X_{R_2})_A}{\log\beta_{R_2/R_1}}$$

X 为被络合剂自树脂上淋洗解吸的稀土组成，用摩尔百分数表示。$(X_{R_2}/X_{R_1})_A$、$(X_{R_2}/X_{R_1})_B$ 分别为吸附带中参考点 A、B 上组分 R_2 与 R_1 的摩尔分数之比。

理论塔板当量高度 h (cm) 直接受淋洗剂浓度、酸度、流速、温度、交换树脂的粒度、交联度、络合剂的稳定度的影响，是在稀土分离条件下实测的数据，采用作图法测定。在淋洗达到稳定后，参考点 A、B 之间的距离为 L，$L=mh$，因而有：

$$\log(X_{R_2}/X_{R_1})_B=\frac{\log\beta_{R_2/R_1}}{h}L+\log\left(\frac{X_{R_2}}{X_{R_1}}\right)_A$$

以 $\log(X_{R_2}/X_{R_1})$ 对 L 作图，可得一直线，其斜率为 $\log\beta_{R_2/R_1}/h$。

实际工作中所得到的是一定体积的淋出液，或相应的氧化物的重量及组成。据淋出液的体积可求出与其相应的带长和所处的位置：采用

$$L'=LN'/NV$$

式中 L'——每单位体积淋出液所相当的稀土带长 (cm)；

L——吸附带的总长度 (cm)；

N'——紧密带部分稀土总当量数；

N——吸附带稀土总当量数；

V——与紧密带稀土总当量数相当的淋洗液体积 (ml)。

某些稀土元素对的理论塔板当量高度见表14-3-60。

表 14-3-60　室温下理论塔板当量高度（EDTA及HEDTA体系）

元素对	淋洗剂 mol/L	树脂粒度 目	流速 cm/min	理论塔板高 cm	备注
La-Ce	0.015EDTA，pH8.4	−60～+80	1.5	1.63	铵型树脂
Ce-Pr	0.015EDTA，pH8.4	−60～+80	1.5	1.63	同上
Pr-Nd	0.015EDTA，pH8.4	−60～+80	1.5	0.823	同上
Nd-Sm	0.015EDTA，pH8.4	−60～+80	1.5	0.645	同上
Sm-Gd	0.015EDTA，pH8.4	−60～+80	1.5	0.510	同上
Tb-Y	0.015EDTA，pH8.4	−60～+80	1.0	0.60	同上
Y-Dy	0.015EDTA，pH8.4	−60～+80	1.5	0.672	稀土型树脂
Dy-Ho	0.015EDTA，pH8.4	−60～+80	1.5	2.15	同上
Ho-Er	0.015EDTA，pH8.4	−60～+80	1.5	0.824	同上
Er-Tm	0.015EDTA，pH8.4	−60～+80	0.8	1.51	同上
Yb-Lu	0.015EDTA，pH8.4	−60～+80	0.5	0.75	同上
La-Ce	0.018HEDTA，pH7.5	−60～+80	3.0	2.58	铵型树脂
Pr-Nd	0.018HEDTA，pH7.5	−60～+80	3.0	0.72	同上
Nd-Sm	0.018HEDTA，pH7.5	−60～+80	3.0	1.63	同上
Y-Dy	0.018HEDTA，pH7.5	−60～+80	3.0	1.47	稀土型树脂
Er-Tm	0.018HEDTA，pH7.5	−60～+80	2.0	0.656	同上
Tm-Yb	0.018HEDTA，pH7.5	−60～+80	0.5	0.23	同上
Yb-Lu	0.018HEDTA，pH7.5	−60～+80	2.0	0.72	同上
Ce-Pr	0.018HEDTA，pH7.5	−60～+80	3.0	1.22	铵型树脂

注：铵型树脂转为稀土型树脂的体积比为1.275∶1。

2. 分离柱的半径

根据产品的质量要求、稀土对分离系数与理论塔板当量高度，可求出交叉区的长度：

$$L=\frac{\log(X_{R_2}/X_{R_1})_B-\log(X_{R_2}/X_{R_1})_A}{\log\beta_{R_2/R_1}}\cdot h$$

并按下式计算出分离柱的半径 r (cm)：

$$r=\sqrt{\frac{2V(100-\eta)}{\pi L}}$$

式中　L——交叉区的长度，cm；

V——提取元素所占树脂总体积，ml；

$(100-\eta)$——该元素在交叉区中的损失率；

η——该元素的收率。

3. 柱比

柱比 V 可按下式计算

$$V=(1+eN_0)/e$$

式中　N_0——R_2元素在被分离混合物中的摩尔分数；

e——系数，$e=\beta_{R_2/R_1}-1$。

从树脂的交换容量和稀土原料的重量可直接计算出吸附柱树脂体积 V_H，并根据柱比 V 计算出分离柱树脂体积 V_S，即 $V_S=vV_H$。已知柱半径，即可计算出吸附柱与分离柱的长度。

（五）离子交换法分离工艺

1. 提取单一稀土化合物工艺

提取单一稀土化合物的常用条件见表14-3-61。

表 14-3-61 提取单一稀土化合物常用条件

RE_2O_3	淋洗剂			流速 cm/min	柱比	延缓剂	备注
	名称	浓度，mol/L	pH				
Pr_6O_{11}	EDTA	0.015，0.021	8.5，7.5	1.0～1.2	1∶2.5～3.0	$Cu^{2+}-H^+$	以EDTA淋洗时，出产品前用高浓度，pH8.5，流速1.2cm/min；开始出产品后改用低浓度，pH7.5，流速1.0cm/min
	HEDTA	0.018～0.026	7.0～7.5	2～3	1∶1～2	H^+	
	NH_4Ac	0.5	6.0～6.5	0.4～0.5	1∶4～5	NH_4^+	
Nd_2O_3	EDTA	0.015，0.021	8.5，7.5	1.5，1.2	1∶2.5～3.0	$Cu^{2+}-H^+$	以EDTA淋洗时，出产品前用高浓度，高pH；出产品后用低浓度，pH7.5流速1.2cm/min
	HEDTA	0.018～0.026	7.0～7.5	2～3	1∶1～2	H^+	
	NH_4Ac	0.5	6.0～6.5	0.5	1.5～6	NH_4^+	
Sm_2O_3	EDTA	0.015～0.018	8.2～8.5	1.5～2.0	1∶1～1.5	$Cu^{2+}-H^+$	
	HEDTA	0.018～0.026	7.0～7.5	2～3	1∶1～2	H^+	
Gd_2O_3	EDTA	0.014～0.016	8.4～8.5	1.5～2.0	1∶1～2	$Cu^{2+}-H^+$	必须先除去原料中的铕
Tb_4O_7	EDTA	0.015，0.021	8.4，7.5	～1.0	1∶3～4	$Cu^{2+}-H^+$	出产品前采用高浓度，高pH；出产品后采用低浓度，低pH
Dy_2O_3	EDTA	0.015	8.0～8.4	1.0～1.5	1∶3～4	$Cu^{2+}-H^+$	
	HEDTA	0.018～0.026	7.0～7.5	～1.0	1∶3～4	H^+	
Y_2O_3	EDTA	0.015～0.018	8.0～8.4	1.0～1.5	1∶3～4	$Cu^{2+}-H^+$	
Ho_2O_3	EDTA	0.015～0.018	8.0～8.4	1.0～1.5	1∶3～4	$Cu^{2+}-H^+$	
Er_2O_3	EDTA	0.015～0.018	8.0～8.4	1.5～2.0	1∶2～3	$Cu^{2+}-H^+$	
	HEDTA	0.018～0.02	～7.5	2～2.5	1∶3.5～4.5	H^+	
Tm_2O_3	EDTA	0.015～0.018	8.0～8.4	0.5	1∶1～1.5	$Cu^{2+}-H^+$	
	HEDTA	0.018～0.02	～7.5	1.5～2.0	1∶2～3	H^+	
Yb_2O_3	EDTA	0.015～0.018	8.0～8.4	0.5	1∶1.5～2	$Cu^{2+}-H^+$	
	HEDTA	0.018～0.02	～7.5	1.5～2.0	1∶1.5～2	H^+	
Lu_2O_3	EDTA	0.015～0.018	8.0～8.4	0.5	1∶1.5～2	$Cu^{2+}-H^+$	
	HEDTA	0.018～0.02	～7.5	2.0～2.5	1∶2.5～3	H^+	
高纯Y_2O_3	EDTA	0.015	8.4	～1.0	1∶4	$Cu^{2+}-H^+$	
	HEDTA	0.018	7.5	1～1.5	1∶3	H^+	
	NH_4Ac	0.5	6.0	0.5	1∶6	NH_4^+	

2. 以EDTA为淋洗剂用半连续离子交换法提取镧、镨、钕的工艺

原料为混合轻稀土经钕钐分组并除去镧、铈后的镨、钕富集物，其组成（%）为：$La_2O_3$14，CeO_2 <1，Pr_6O_{11}15.3，$Nd_2O_3$63，$Sm_2O_3$3.9，$Eu_2O_3$0.19，$Gd_2O_3$1.3，$Y_2O_3$0.24。用EDTA作淋洗剂分离，得到纯度大于99.5～99.9%的稀土，总收率86.85%。其中，La_2O_3纯度大于99.9%，收率约93%，Pr_6O_{11}纯度大于99.5%，收率约85%；Nd_2O_3纯度99.79%，收率约96%。

(1)工艺条件。料液为含50g/LRE_2O_3，pH=2的稀土液；采用国产聚苯乙烯磺酸型阳离子交换树脂，粒度湿筛60～80目，交换容量为1.44克当量/LNH_4^+型树脂；延缓剂Cu^{2+}:H^+=0.5:0.5(mol)；淋洗剂含0.015mol/LEDTA，pH=8.4～8.5；饱和速度为0.4cm/min，淋洗速度为1.5cm/min；一次分离柱直径为4.44cm，长60cm，共19根，每根装NH_4^+型树脂900ml；二次分离柱直径2.92cm、长55cm，共4根，每根装NH_4^+型树脂350ml；处理量437.2g；周期16天。

(2)操作过程。一次分离柱的前6根作饱和柱，以理论吸附量过量15%的稀土液饱和，然后用去离子水洗净并回收之；后13根以$Cu^{2+}-H^+$溶液饱和然后用水洗至中性。二次分离柱全部转为$Cu^{2+}-H^+$型，饱和流速为0.4cm/min。

将一次分离柱串连，用pH=8.4～8.5的0.015mol/LEDTA液以1.5cm/min的速度淋洗至带前达第19根柱底部时，稀土在柱中的分布为：19柱为Sm-Eu-Gd富集物、Sm-Nd重叠区和部分纯钕；18、17和16柱为纯钕，15柱为Nd-Pr重叠区和部分纯镨；14柱为部分纯Pr、Pr-Ce-La-重叠区和部分纯La；13柱为纯镧的尾部。将16、17和18柱拆开，分别淋洗收集纯钕。13柱淋洗纯镧。将19、15和14柱分别与1根、2根二次分离柱串连，分别淋洗自柱底收集溶液。洗出液按份收集，每份取样分析，按分析结果合并化学处理。

从Cu-EDTA洗出液中回收EDTA时，首先将溶液加热，然后每升加3.5g熟石灰使铜沉淀，过滤后，滤液加盐酸，控制pH=1.5以沉淀EDTA。Cu-RE-EDTA洗出液先用铝片置换铜，过滤后滤液再用盐酸酸化，控制pH=1.5以沉淀EDTA，过滤后的滤液用草酸沉淀、过滤、灼烧成稀土氧化物。RE-EDTA溶液先加盐酸进行酸化沉淀EDTA，然后再回收稀土。

(3)产品。La_2O_3纯度为99.9%，收率约93%；Pr_6O_{11}纯度为99.5%，收率约85%；Nd_2O_3纯度大于99.8%，收率约96%；Sm-Eu-Gd的富集物中含54.5%Sm_2O_3、6.75%Eu_2O_3、14.3%Gd_2O_3、4.3%Dy_2O_3、2.7%Tb_4O_7、0.198%Ho_2O_3、7.02%Y_2O_3。

3.以醋酸铵为淋洗剂分离镧镨钕工艺

原料为混合轻稀土经钕钐分组与除镧去铈后的镨钕富集物，其组成(%)为：$La_2O_3$16，CeO_2<1，Pr_6O_{11}21，$Nd_2O_3$61，$Sm_2O_3$0.5，Eu_2O_3<0.1，Y_2O_3<0.1。以醋酸铵为淋洗剂，分离得到纯度大于99%的Nd_2O_3，收率为96%(其中纯度大于99.9%时收率约76%)；纯度大于90%的Pr_6O_{11}，收率为87%。以醋酸铵为淋洗剂，稀土的淋洗次序为Dy→Eu→Gd→Sm→Y→Nd→Pr→Ce→La。钇的位置在Nd－Sm之间，所以要求原料中含Y_2O_3小于0.1%，否则得不到纯钕。

(1)工艺条件。料液为含40～50g/LRE_2O_3、pH=2的硝酸稀土；淋洗剂为0.5～0.6mol/LNH_4Ac溶液，pH=6；延缓剂为NH_4Ac溶液；采用铵型强酸性阳离子交换树脂，粒度40～60目；周期处理量为22.3kg，生产周期为20～22天；饱和柱与分离柱之比为1:6，交换柱ϕ300×3600mm，共7根，每根装湿树脂280kg。

(2)操作过程。树脂用水溶胀后，加入交换柱中，用5%HCl淋洗，再用水洗至中性后，用0.5mol/LNH_4Ac溶液(pH=6)将氢型树脂转成铵型，再用纯水洗出游离NH_4Ac后即可使用。稀土饱和液中含40～50g/L RE_2O_3、pH=2，以0.4～0.5cm/min的线速度流入第一柱中进行饱和，穿越量按30%RE_2O_3计。一根饱和柱可吸附22.3kgRE_2O_3。

将饱和柱与分离柱串联，用pH=6的0.6mol/L NH_4Ac进行淋洗，线速度为0.5cm/min。当镨离子已经移到第三柱(即镨离子的颜色从第二柱底部消失)时，割切一、二柱，单独用pH=6的1.0mol/LNH_4Ac淋洗，以回收氧化镧，第三柱仍继续用pH=6的0.6mol/LNH_4Ac淋洗。当发现有稀土流出时，开始按体积接样品。在流出液中未发现钕离子颜色之前，稀土浓度低(通常为1g/L左右)，每份的体积可以大些；当流出液中出现钕离子颜色，每份体积60～100L。流出液中发现镨离子可将淋洗液改用pH=6的1.0mol/LNH_4Ac溶液，直至无稀土为止。

钐与镧的流出液中稀土浓度低，可用氢氧化铵沉淀稀土，回收醋酸铵。氢氧化稀土用盐酸溶解，草酸沉淀，灼烧成稀土氧化物。

镨与钕的溶液用盐酸调至pH=1，加热到70℃用固体草酸沉淀稀土，经过滤、灼烧获得氧化镨与氧化钕。

醋酸铵的回收分二部分。第一部分是回收开始淋洗时稀土离子尚未出柱前的流出液。该液基本上是纯净NH_4Ac溶液，其浓度为0.49～0.55mol/L，可直接返回使用。第二部分是回收钕未出柱以前的含钐流出液与最后用1.0mol/LNH_4Ac洗镧流出液，溶液中稀土含量很低，可用氢氧化铵将稀土沉淀、静置，上清液可返回配淋洗液，醋酸铵的总回收率为50%。

(3)产品。氧化钕纯度大于99%，其中，La_2O_3<0.09%，CeO_2<0.3%，Pr_6O_{11}<0.09%，Sm_2O_3<0.09%，Eu_2O_3<0.03%，Y_2O_3<0.15%；氧化镨纯度大于90%，其中，La_2O_3<1%，CeO_2<1%，Nd_2O_3<7.4%，Sm_2O_3<0.3%，Eu_2O_3<0.1%，Y_2O_3<0.1%。

4. 醋酸铵为淋洗剂提取高纯稀土工艺

(1) 高纯氧化钇的提取。以含70%或99.5～99.9%Y_2O_2的重稀土作原料，用0.5mol/LNH_4Ac作淋洗剂，树脂为铵型，柱径ϕ300mm，柱比1:4，流速0.4cm/min。所得结果见表14-3-62。

表 14-3-62 醋酸铵淋洗提取高纯氧化钇

原料中 Y_2O_3 含量,%	产品纯度 %	产品收率 %	产品中稀土杂质含量,%					
			Gd_2O_3	Tb_4O_7	Dy_2O_3	Ho_2O_3	Er_2O_3	Yb_2O_3
70	>99.95	90.5	—	0.0052	<0.003	<0.002	0.0019	—
99.5～99.9	>99.999	70.6	$<3\times10^{-5}$	$<6\times10^{-5}$	$<3\times10^{-5}$	$<1.6\times10^{-5}$	$<36\times10^{-5}$	$<3\times10^{-5}$

(2)轻稀土的提取。以混合轻稀土作原料，其组成(%)为：$La_2O_3$5，Pr_6O_{11}20，$Nd_2O_3$60，$Sm_2O_3$6。用0.45～1.0mol/LNH_4Ac作梯度淋洗，柱径ϕ500mm，柱比1:4，线速0.4cm/min。所得结果见表14-3-63。

表 14-3-63 醋酸铵淋洗提取轻稀土

原 料	工艺条件	产品纯度 %	产品收率,%	稀土杂质含量,%					
				La_2O_3	CeO_2	Pr_6O_{11}	Nd_2O_3	Sm_2O_3	Y_2O_3
含 Nd_2O_3 约60%	0.45 ～ 1.0mol/LNH_4Ac，柱比1:4，线速度0.4cm/min	Nd_2O_3,>99.5 Pr_6O_{11}>99	85	<0.03 <0.1	<0.01 <0.1	<0.1 基体	基体 <0.1	<0.06 <0.1	<0.03 <0.1
含 Nd_2O_3 约90%	0.45mol/lNH_4Ac，柱比1:4，线速0.4cm/min	Nd_2O_3,>99.95	80	<0.003	<0.0032	<0.003	基体	<0.005	Dy_2O_3<0.01
含 Pr_6O_{11} 约90%	0.45 ～ 1.0mol/LNH_4Ac，柱比1:4，线速0.3cm/min	Pr_6O_{11},>99.8	96	<0.03	<0.03	基体	<0.03	<0.03	<0.03
含La_2O_3 99.95%	0.5～1.0mol/LNH_4Ac，柱比1:3，线速度0.4cm/min	La_2O_3,99.99	81						

三、化学法分离稀土

化学法分离稀土的经典方法是分级结晶与分步沉淀。因其劳动生产率、产品收率及纯度均低，已被离子交换法与萃取法所取代。另有选择性氧化还原法。

(一) 氧化法分离铈

分离铈最快速的方法是首先把三价铈氧化成四价，利用四价铈与三价稀土化学性质上的差别，如四价铈的碱性最弱，铈盐极易水解，$Ce(OH)_4$在pH0.7～1.0时就沉淀析出，而其它三价稀土则在pH6～8时才能沉淀析出，控制pH就可使四价铈与三价稀土分离。在稀土分离工艺流程中，一般都首先采用这种方法将铈分离出来。

铈的氧化方法很多，如空气氧化，氯气氧化，臭氧氧化及各种氧化剂（如过氧化氢、高锰酸钾等）氧化，也可采用电解氧化。

1. 空气氧化法

空气氧化法是稀土工业上广泛采用的一种方法，它对设备无特殊要求，操作简单，成本较低。用空气作氧化剂，在一定的条件下把三价铈氧化成四价，然后利用四价铈的氢氧化物碱性弱，难溶于稀酸的性质，采用稀酸优先溶解三价稀土，使三价稀土进入溶液，而四价铈的氢氧化物留在沉淀物中。此法又分干法空气氧化、湿法空气氧化和加压湿法空气氧化。

(1) 干法空气氧化。将稀土氢氧化物在100～120℃下暴露于空气中，使其干燥16～24h，三价铈在此过程中被氧化成四价，氧化率可达95%以上。用该法生产时，粉尘较大，劳动条件差，劳动强度大，因此工业上很少采用。

(2)湿法空气氧化。此法是工业上普遍采用的方法，其过程是将已除钍、钍和镭后的稀土氢氧化物调成浆，控制悬浮液中稀土浓度为50～70g/LRE_2O_3，碱度0.15～0.3mol/L，加热到85℃左右，通压缩空气14h左右，再用10%HNO_3或HCl进行优溶，使三价稀土进入溶液，四价氢氧化铈留在沉淀中。酸溶过程中严格控制溶液pH值为4～5，过滤后的滤渣即为铈的富集物。富集物中，CeO_2/RE_xO_y为80～85%，铈收率达90%左右。

(3)加压湿法空气氧化。常压湿法空气氧化所需时间较长，氧化率也不高，不能使铈完全氧化，而加压湿法空气氧化却能缩短氧化时间，提高铈的氧化率。加压湿法空气氧化法所用的原料是氟碳铈镧矿经硫酸分解所得的硫酸钠复盐，将其配成500g/L稀土硫酸复盐，每升加工业氢氧化钠30g，加热至95℃后，在密闭容器中通入压缩空气，保持0.4～0.5MPa的压力，温度95～100℃，空气流速10L/min。经45分钟碱转化与氧化后，铈的氧化率可达95%以上。此法工艺简短，稀土生产上得到广泛应用。

2. 氯气氧化法

(1)原料为硫酸复盐沉淀，碱转化后的混合稀土氢氧化物，调浆后通入氯气，使三价铈氧化成四价。由于反应过程中产生盐酸，所以要控制pH=3.5～4，使四价铈留在沉淀中，三价稀土进入溶液。

(2) 以氯化稀土液为原料，溶液中含100g/LRE_2O_3，pH值为3.5～4，温度50～60℃。在溶液中通入氯气，流速为3kg/h，并加浓度为100g/L的NaOH，以控制溶液pH=3.5～4，同时加入少量SO_4^{2-}，加入量为SO_4^{2-}/CeO_2=0.085。通氯气14～15小时就可以使三价铈基本氧化完全，得到90～94%CeO_2，铈的直收率达97%。氯气氧化法操作简单，铈的纯度与收率比空气氧化法高，但设备腐蚀较严重，要求密封，而且生成的氢氧化铈过滤性能较差，故工业上尚未得到应用。

3. 臭氧氧化法

在pH值为4～4.5，温度为85℃的氯化稀土溶液中通入臭氧，使三价铈氧化成四价并沉淀析出，可得纯度为98%的铈富集物，回收率达94%。如果需要纯度大于98%，可将含铈98%的富集物用盐酸溶解，在pH=4.5时再通臭氧，可得纯度达99.9%的CeO_2。此法工艺简单，操作方便，化工试剂消耗少，生产成本低，铈的纯度与收率都较高，但需要一台臭氧发生器。目前尚未应用于生产。

4. 过氧化氢氧化法

上述几种氧化法都不能将稀土混合物中的铈清除干净，从而影响了单一稀土的分离。为了进一步把铈从稀土中除净，工业生产上常用过氧化氢氧化除铈的方法。过程是在碱性、中性或弱酸性溶液中（一般pH=5～6）加入过氧化氢，使三价铈变为四价铈，生成氢氧化铈和部分过氧化铈沉淀，将沉淀和溶液加热至90℃，过氧化铈变成氢氧化铈沉淀析出。过氧化氢除铈法不带入有害杂质，但铈的富集物纯度低，三价稀土损失也较大，过滤性能较差。

5. 高锰酸钾氧化法

要快速有效地除去少量或微量铈，可采用高锰酸钾氧化法。此法操作简单，试剂消耗少，因此也是较为通用的一种方法。其过程是，加热中性稀土硝酸或硫酸溶液，在不断搅拌下慢慢加入20%高锰酸钾溶液，直至溶液出现的红色不变为止，反应结果使三价铈变成四价而沉淀析出。因反应产生酸，需加中和剂Na_2CO_3，其用量为高锰酸钾重量的2.7倍。得到的铈富集物纯度在98%以上，三价稀土中CeO_2的含量可降至0.1～0.01%。

6. 电解氧化法

在氯化稀土溶液中通入直流电，在阳极上使三价铈变成四价而沉淀析出。电解后的氯化稀土溶液中CeO_2<0.3%，铈的富集物含CeO_2>80%。

（二）还原法分离铕

铕在一定条件下可以还原成二价。二价铕的化学性质与三价稀土有明显差别，与碱土金属近似。如用氢氧化铵沉淀稀土时，二价铕留在溶液中而三价稀土沉淀析出。另外，二价铕的硫酸盐溶解度很小。可利用这些差别分离三价稀土与二价铕。

还原的方法有三种：锌粉还原法、汞齐还原法和电解还原法。锌粉还原法生产铕是目前生产上广泛采用的一种方法，其它二种方法因汞对人体有害及污染环境，基本没有应用。

(1) 锌粉还原-碱度法提铕工艺。将浓度为50g/LRE_2O_3，pH＝3～4的氯化稀土液置于还原槽中，在不断搅拌下加入氯化铵与锌粉进行铕的还原。氯化铵浓度为1.5mol/L，锌粉用量为10g/L（粒度约200目）。搅拌10～20min后，加入氢氧化铵溶液，其浓度为2mol/L（用量与原始溶液体积相同），使三价稀土沉淀。整个还原过程在密闭容器中进行。反应结束后，用抽滤法将溶液与沉淀分开。过滤时，在滤斗中预先加入煤油或二甲苯，形成厚度为2.5cm的保护层，以防止二价铕氧化成三价。过滤在保护层下进行，并用pH＝10～11的氢氧化铵溶液洗1～2次。滤液中的二价铕用过氧化氢氧化成三价铕，并以氢氧化铕的形式沉淀析出。沉淀用盐酸溶解，草酸沉淀提纯，然后再灼烧得氧化铕。

对含Eu_2O_3＞5%的原料进行一次处理，可使氧化铕纯度大于99.9%。氧化铕的收率随原料中Eu_2O_3品位增加而提高。若原料中Eu_2O_3品位为20～30%，一次回收率可高于85%。三价稀土中剩余的铕可以进行二次处理回收。

(2) 锌粉还原-硫酸钡共淀法富集铕工艺。当稀土料液中氧化铕含量低于5%时，若用锌粉还原-碱度法提纯铕，其收率与纯度都较低。为此，必须先进行铕的富集。目前一般都采用萃取法进行富集，也可用锌粉还原-硫酸钡共淀法来富集。富集的基本过程是，控制氯化稀土溶液的稀土浓度为200g/L（当Eu_2O_3含量为1.4～1.6%时）或250g/L（当Eu_2O_3含量为0.3～1.0%时），pH＝4，在每升溶液中加入$MgSO_4\cdot 7H_2O$ 30～46g（稀土中Eu_2O_3含量为0.3%时加30g，0.8～1.0%时加36g，1.4～1.6%时加46g），冰醋酸4～6g（稀土中Eu_2O_3含量0.3～1.0%时加4g，1.4～1.6%时加6g），锌粉20g。搅拌15min后，在30min内徐徐加入200～320mL10%$BaCl_2\cdot 2H_2O$（Eu_2O_3含量为0.3～1.0%时加320ml，1.4～1.6%时加200ml），再搅拌15min后过滤，滤液回收三价稀土，滤渣用2% $(NH_4)_2SO_4$溶液（pH＝4）洗涤。洗后的滤渣用硝酸溶解过滤。滤液用氢氧化铵、氯化铵混合液沉淀。沉淀物过滤后用盐酸溶解得氯化稀土溶液。此溶液中，Eu_2O_3/RE_2O_3＝20～40%，Eu_2O_3收率95%。此溶液可用锌粉还原-碱度法提纯铕。

(3)多孔石墨电极电解还原法提取铕。电解还原法具有快速、产品纯度高、分离效果好、成本低、无还原剂对产品污染等优点，但是过去都采用汞阴极、锂汞阴极电解还原法，有汞害问题，现采用多孔石墨阴极流动电解还原法提取铕，既保持了电解还原法的优点，又无汞害问题。电解采用0.02～0.7mol/$LRECl_3$料液（铕的浓度0.002～0.1mol/L），调节pH4～4.7，以氯化铁为阳极电解质，以阴离子交换膜为隔膜。电解过程中，电压稳定，铕达到定量还原。此法工艺流程简单，省去了许多化工试剂如锌粉、硝酸等和化学处理工序，能连续生产，生产成本低，是很有前途的新方法，只是因多孔石墨电极材料问题，目前尚未大规模应用。

主要参考文献

〔1〕《稀土》编写组，稀土（上册），冶金工业出版社，1978.

〔2〕Николотова З. И. Карташова Н. А.，Экстракцияней тральными Органическими Соединениями，М.，Атомиздат，1976，Р. 32.

〔3〕Корпусов Т. В. Ескевиц И. В.，Экстракчия вып. 1. М，госатомиздат，1962.

〔4〕Михайлов В. А.，Торгов В. Г.，Журн. Неорган. Химии.，**6**（1961）No6，1457.

〔5〕Николаев А. В. ц *эр*，Радиохимия，**12**（1970）No. 2，326.

〔6〕Gray J. A.，Smutz M.，J. Inorg. Nucl. Chem. 26（1966）. No9. 2015.

〔7〕Еремин Т. К.，ц *эр*，Журн. Неортан Химия，**6**（1961），No. 6，1487.

〔8〕Еремин Т. К.，Химическая Технология Редкометального Сырья，М.，Наука，1966，стр. 80.

〔9〕Михайлов В. А. ц *эр*，Журн. Неорган，Химии，**6**（1961），No. 6，1457.

〔10〕Корпусов Г. В.，Патрушва Е. Н. ц *эр*，Редкоземельные Элементы，М.，Изя-во АНСССР，1963，стр. 224.

〔11〕Nair S. G. K. and Smutz M.，J. I. N. C，(1967)，No. 9，1787.

〔12〕Battista C.，*et al*，J. I. N. C，(1966)，No. 28，1121.

〔13〕Goto T.，J. I. N. C.，(1968)，No. 30，3305.

〔14〕马恩新等，中国科学，(1981)，No. 5，565.

第四章　稀土金属及其合金冶炼工艺

编写人　李作顺

第一节　稀土卤化物的制备

一、稀土氟化物的制备

制备稀土金属常常选用稀土氟化物作原料。这是因为：氟化稀土在空气中较稳定，不易吸水；钙、锂等金属几乎可完全将稀土氟化物还原成金属；由氧化物比较容易制得纯度较高的氟化物；熔融状态下的稀土氟化物对稀土氧化物有一定的溶解度。

一般纯度的稀土氟化物的制备方法主要有：氢氟酸沉淀法（湿法制备稀土氟化物），无水氟化物气体氟化法；氟氢化铵氟化法；熔盐氟化法。

（一）氢氟酸沉淀法

1. 工艺流程

用氢氟酸沉淀法制备稀土氟化物的工艺流程见图 14-4-1，在 450～500℃下煅烧得到的氟化稀土产品中氧含量较高。为降低产品中氧含量，可在磨碎的氟化稀土中添加 $NH_3 \cdot HF$（其量为 REF_3 重量的 5%）进行真空脱水（脱水时温度为 300～400℃，压力为 1.3×10^4～2.7×10^4Pa；或 450～500℃下用无水 HF 保护脱水），或在氟化氢气体保护下煅烧（450～600℃）。

氢氟酸沉淀法制备稀土氟化物与其它方法相比，设备比较简单，投资较少，但流程较长，特别是要获得易于沉淀过滤的 $REF_3 \cdot \frac{1}{2}H_2O$ 的工艺条件不易控制，因而给沉淀工序带来困难。此法批量生产制备稀土氟化物的稀土收率为 85～90%。

2. 氟化反应

用氢氟酸沉淀法制备稀土氟化物的氟化反应有：

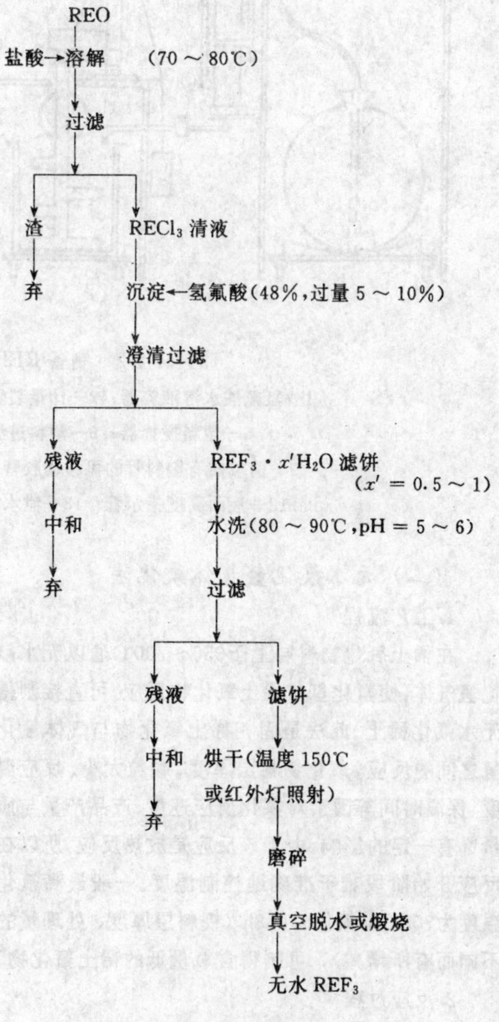

图 14-4-1　氟氢酸沉淀法制备稀土氟化物工艺流程

$$RE_2O_3+6HCl\ (l)\longrightarrow 2RECl_3\cdot xH_2O$$

$$RECl_3\cdot xH_2O+3HF\xrightarrow{70\sim100℃}REF_3\cdot x'H_2O+3HCl+(x-x')H_2O$$

$$REF_3\cdot xH_2O\xrightarrow{脱水}REF_3+x'H_2O\ (x=6\quad x'=0.5\sim1)$$

3.设备

氢氟酸沉淀、过滤、烘干等各工序需在耐氟离子腐蚀的塑料容器中进行，制备小量稀土氟化物可使用铂制容器。高于300℃时需采用镍-镍基或铂制容器。制备稀土氟化物所用的沉淀、过滤、烘干装置示于图14-4-2、14-4-3。

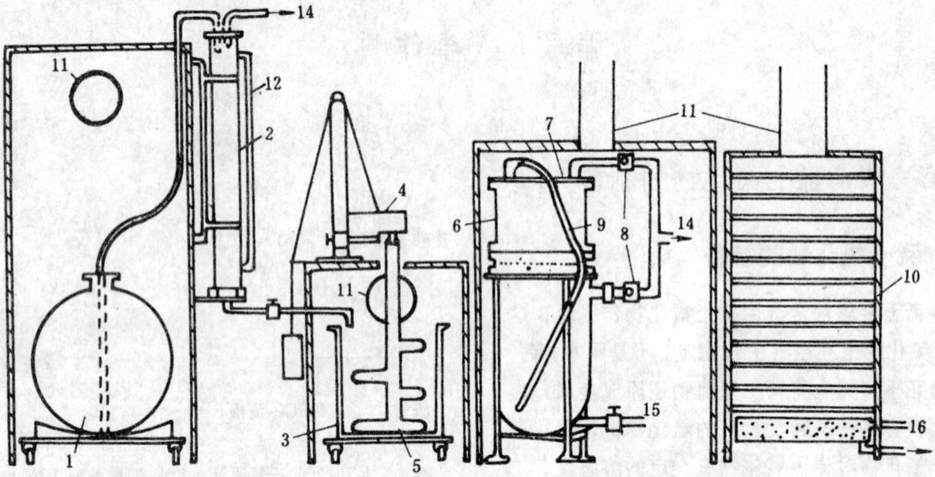

图 14-4-2 制备 REF_3用沉淀、过滤和烘干装置

1—氢氟酸水溶液容器；2—计量装置；3—塑料反应容器；4—低速搅拌马达；5—塑料搅拌器；6—塑料过滤器；7—真空密封盖；8—真空阀；9—前端插有塑料管的可移动胶管；10—蒸汽加热的干烘箱；11—通风管；12—液面高度指示管；13—泄水管；14—真空；15—去中和；16—蒸汽

(二) 无水氟化氢气体氟化法

1.工艺流程

在稀土氧化物料层上于650～700℃通以无水氟化氢气体，使氟化氢与稀土氧化物反应，可直接制得无水氟化稀土。此法是固相稀土氧化物与气体氟化氢之间的反应，氧化物料层厚度、颗粒大小、反应温度、保温时间等因素对氟化反应速度、产品产量与质量都有一定的影响。由于该反应是放热反应，所以在反应开始阶段难于准确地控制温度。一般最高氟化温度为700℃，氟化时间8h（视料层厚度、处理量的不同而有所增减），可制得含氧量低的稀土氟化物。

2.反应过程

稀土氧化物的氟化反应如下：

$$RE_2O_3(s)+6HF(g)\longrightarrow 2REF_3(s)+3H_2O\uparrow$$

3.设备

稀土氧化物与无水氟化氢气体直接反应制备无水氟化稀土在氟化炉内完成。氟化炉主要有：水平固定床式和间断转动式。

（1）水平固定床式氟化炉。在 REF_3制备量不大时，可采用如图14-4-4所示的设备。氟化过程中，料层固定不动，氟化氢气体扩散到料层内部与稀土氧化物作用，反应产物扩散到料层表面排出炉体外。盛装氟化氢气体的钢瓶及管路用电阻丝或热水喷淋等方式加热，以保持氟化氢气体有足够的压力。将稀土氧化物装入铂舟内，纯度要求不高时可装入镍舟或镍管，料层厚20～30mm。当炉温达到300℃时向炉内通入氟化氢气体，并继续升温，在2～3h 内将炉温升至650～700℃，视料层的厚薄保温4～8h，即可制得含氧量低的稀土氟化物。制得的 REF_3立即装入塑料容器中密封。氟化氢气体的耗量一般较理论量过量200%。该设备制备的稀土氟化物一般含氟化物为99.90～99.95%，稀土收率为98～99%。

（2）间断转动式氟化炉。间断转动式氟化炉（见图14-4-5）可用于大量稀土氟化物的制备。它克服了

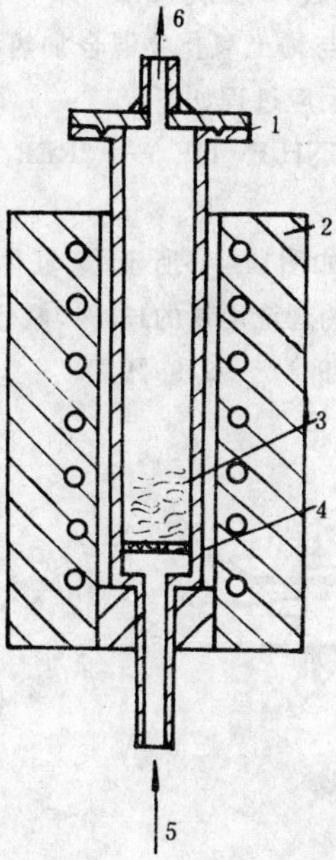

图 14-4-3 稀土氟化物在无水氟化氢气体保护下脱水装置

1—镍制脱水炉；2—加热炉；3—稀土氟化物；4—多孔筛板；5—干燥氟化氢气体；6— $HF+H_2O$

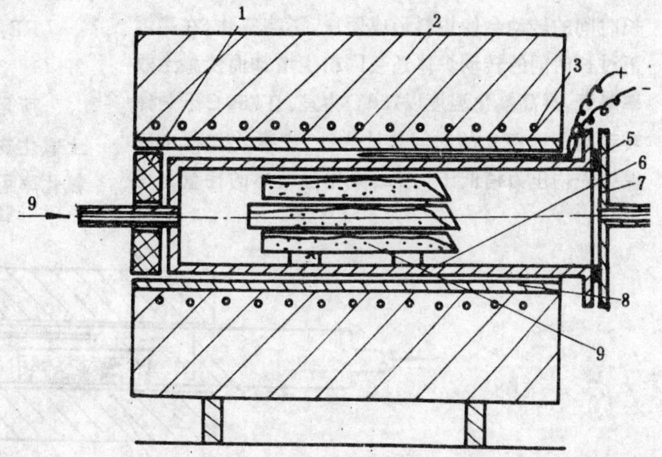

图 14-4-4 水平固定床式稀土氟化炉

1—保温层；2—加热炉炉体；3—热电偶；4—聚四氟乙烯密封圈（或铅制垫圈）；5—衬镍炉管；6—炉盖；7—炉料；8— H_2O+HF；9—氟化氢气体

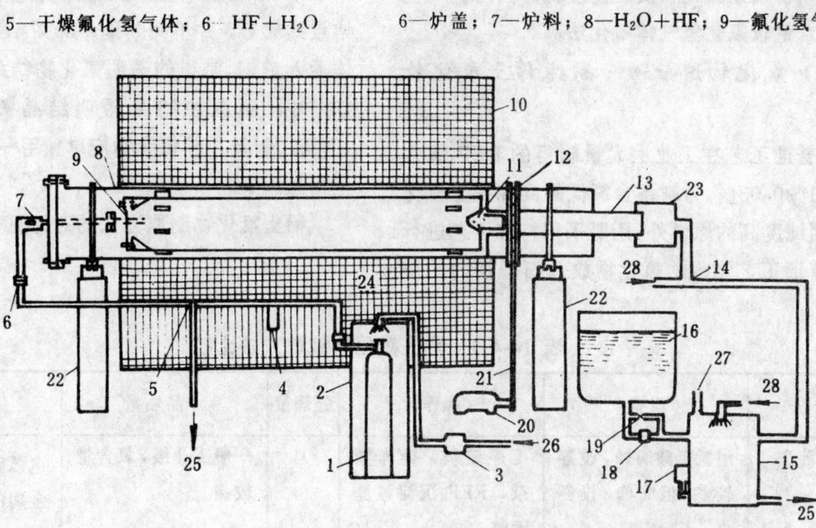

图 14-4-5 间断转动式氟化炉

1—氟化氢气体瓶；2—喷淋室；3—调节管；4—压力计；5—控制阀；6—接头；7—聚四氟乙烯密封管（导入氟化氢）；8—外部镍管；9—内部镍管；10—电阻炉；11—除尘器；12—传动装置；13—镍制排气管；14—水泵；15—中和罐；16—碳酸钠溶液；17—pH计；18—阀门；19—旁路阀；20—电动机；21—链条；22—支架；23—聚四氟乙烯密封接头；24—带蒸汽套管的氟化氢引入管路；25—排水支管；26—热水；27—排风管路和辅助吹气管；28—水

固定床式氟化炉因料层表面形成硬壳及料层深部不易氟化而降低氟化速度与氟化物产率的问题。在150℃时通入氟化氢气体，并逐渐升温至750℃，保温1h后开始以20r/min的速度转动炉管。过早或过长时间的转动会使炉料形成团块，影响氟化。在高温下过长时间的转动炉体还会因粉尘增加而使稀土收率降低。最高氟化温度以750℃为宜。在750℃下炉体转动与间断停止的时间总计为2h。在氟化过程中应保持炉内压力稍低于10^5Pa。氟化氢气体的耗量为理论量的250%。氟化稀土装入塑料容器中密封保存。

（三）氟氢化铵氟化法

氟氢化铵与稀土氧化物混合加热至300℃得到稀土氟化物，反应过程如下：

$$RE_2O_3 + 6NH_4F \cdot HF \longrightarrow 2REF_3 + 6NH_4F + 3H_2O$$

所用设备如图14-4-6所示。氟氢化铵用量为稀土氧化物氟化的理论用量的130%，氟化温度300℃，氟化率可达到99.17～99.99%。

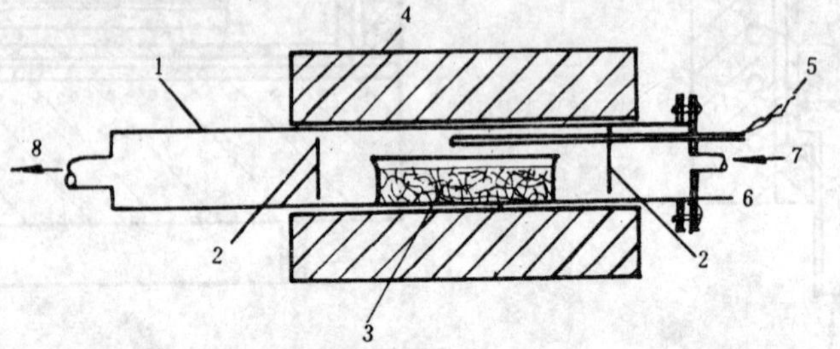

图 14-4-6 氟氢化铵氟化设备

1—因科镍合金管；2—因科镍合金挡板；3—铂制料舟；4—电阻炉；5—热电偶；6—与因科镍合金管密封连结的青铜法兰；7—干燥空气；8—接排风

此法制备稀土氟化物反应温度低，操作简单，但产品中氧含量较氟化氢气体氟化法高。

（四）氟化物熔融——高纯稀土氟化物的制取

采用普通工艺在工业上大量制得的REF_3氧含量高达0.1～0.03%。为制备含氧低的高纯稀土氟化物，除要用纯度高的原料外，还要采用特殊工艺进行处理。将普通工艺制得的氟化物放入石墨槽内的铂坩埚中，用石墨电阻炉加热，使温度高于稀土氟化物熔点约50℃，并不间断地将60%Ar-40%HF混合气体通入炉内。制得的透明氟化物结晶氧含量可小于10^{-3}%，而混浊的半透明结晶氧含量大于2×10^{-3}%。制备一种氟化物应单独用一个石墨槽，以防止相互污染。

稀土氟化物制取方法的对比见表14-4-1。

表 14-4-1 稀土氟化物制取方法比较

制取方法	设备	操作	处理量	产品质量	主要用途
氢氟酸沉淀法	耐氢氟酸腐蚀，设备较多，但简单，投资小	工序较长，操作繁杂，REF_3沉淀过滤困难	大	一般工业级，氧含量较高	电弧碳棒，普通纯度金属的原料
无水氟化氢气体氟化法	高温下耐氟化氢气体腐蚀，投资较大	工序短，简单	大	工业级产品，氧含量较低	金属热还原制备稀土金属
氟氢化铵氟化法	简单	简单	较小	一般纯度，氧含量较低	金属热还原制取稀土金属
氟化物熔融	较复杂，对设备有特殊要求	较简单	小	含氧0.001%	试验室制备高纯氟化物，高纯金属的原料

二、稀土氯化物的制备

一般纯度的无水氯化稀土的制备方法主要有氯化稀土结晶料脱水和稀土氧化物（或稀土盐类、精矿）氯化。

（一）氯化稀土结晶料脱水

1.工艺流程

用氯化稀土溶液经浓缩结晶制得的 $RECl_3\cdot 6H_2O$，含 H_2O 约30%$RE_2O_3$46～48%。氯化稀土中所含结晶水可加热脱除。脱水工艺流程见图14-4-7。

氯化稀土溶液

↓

NH_4Cl ⟶ 浓缩（100～136℃）

↓

结晶（$RECl_3\cdot mNH_4Cl\cdot nH_2O$）

↓

减压脱水（250～300℃）

↓

无水氯化稀土

图 14-4-7　脱水氯化稀土制备工艺流程

2.反应过程

氯化铈的脱水曲线见图14-4-8。其它稀土氯化物的热分解曲线可从有关文献中查到。脱水过程为：

$$RECl_3\cdot nH_2O \longrightarrow RECl_3+nH_2O$$

在脱水过程中，稀土氯化物（尤其是重稀土氯化物）易与水作用，生成氧氯化物：

$$RECl_3\ (s)+H_2O\ (g) \rightleftharpoons REOCl\ (s)+2HCl\ (g)$$

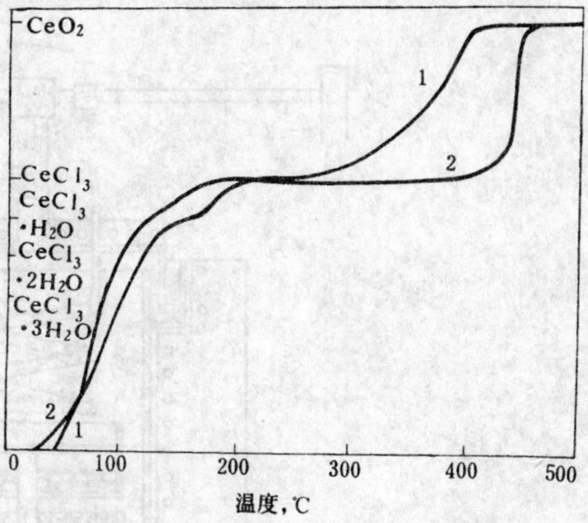

图 14-4-8　$CeCl_3\cdot 7H_2O$ 的热分解曲线

1—在空气中，加热速度1.2℃/min；

2—在空气-氯化氢中，加热速度1.2℃/min。

随脱水温度的升高，氧氯化物的生成量增加，甚至会生成氧化物。

3.脱水设备与操作

根据脱水氯化稀土的质量要求（如氯化稀土中水不溶物、水及氧的含量等），用途和用量等，可选择不同的脱水方法和不同结构、不同容量的脱水炉。

（1）减压脱水。卧式减压脱水炉见图14-4-9。将氯化稀土结晶（粒度30～50mm，含3～5%NH_4Cl）装入脱水炉，在温度为200～350℃，炉内压力低于$(2.67\sim3.33)\times10^4$Pa 的情况下脱水48h，可得到含水不溶物小于10%，水份约5%的脱水氯化稀土。

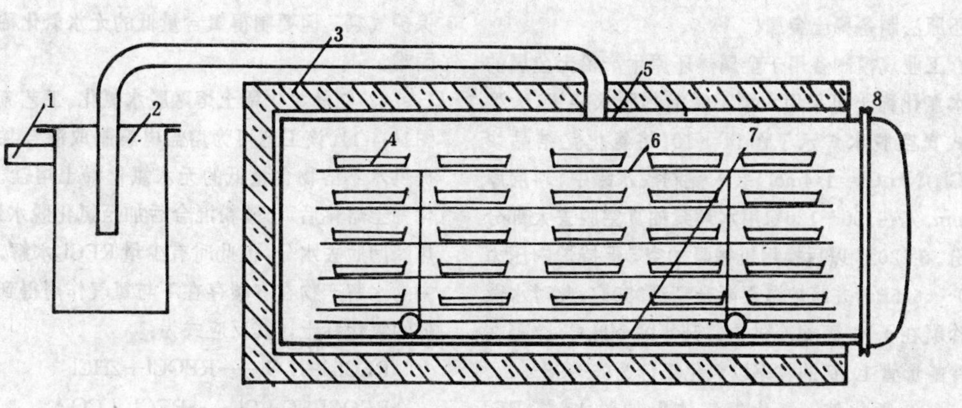

图 14-4-9　卧式减压脱水炉

1—接真空系统；2—缓冲罐；3—加热炉；4—料盘；5—脱水炉罐体；6—料架；7—料车轨道；8—炉罐体门

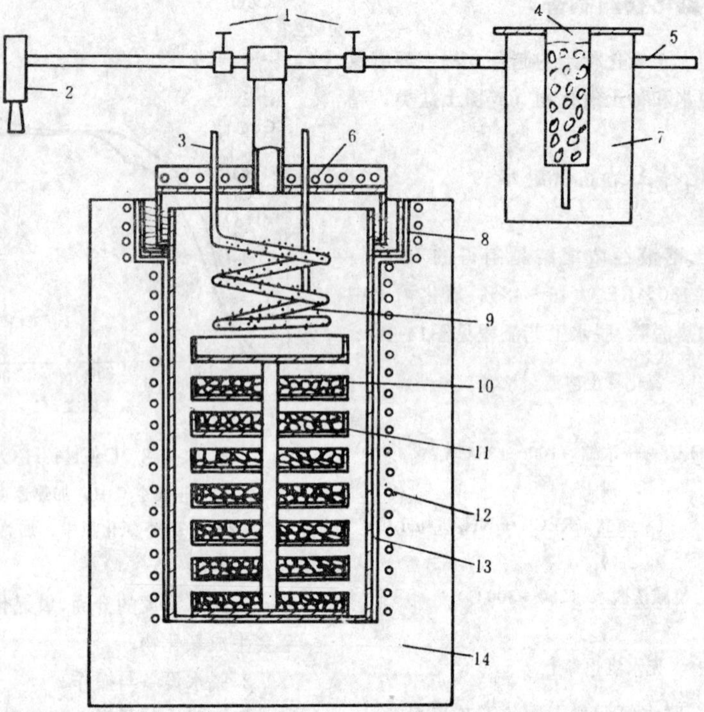

图 14-4-10 竖式真空脱水炉

1—阀门；2—水泵；3—水冷蛇形管；4—干冰-丙酮；5—接真空系统；6—加热元件；7—冷阱；8—铅铋合金密封圈；9—氯化铵；10—镍盘；11—氯化钇；12—加热元件；13—不锈钢罐；14—炉体

制备少量氯化稀土时，可在结晶氯化稀土中添加较多的 NH_4Cl，如可使 $RECl_3$ 与 NH_4Cl 的摩尔比为1∶0.5～2。当炉内压力为2.67～6.65Pa 时，在100～200℃下脱除大部分水，在350°下脱除微量水及 NH_4Cl。制得的氯化稀土含水不溶物小于1%，适于热还原法制备稀土金属。

工业规模制备用于金属热还原生产稀土金属的无水氯化稀土可采用大型不锈钢制脱水装置。大型竖式真空脱水炉示于图14-4-10。将氯化钇结晶块（YCl_3∶NH_4Cl＝1∶4mol）装入镍制脱水罐中，料层厚50mm。先在100～120℃用水环泵抽真空脱去大部分水份。在120℃以后换用机械泵抽空，保持炉内压力为0～66.5Pa，并将炉温逐渐升高到950℃。此时水蒸汽冷凝在干冰-丙酮冷阱中，升华的 NH_4Cl 冷凝在水冷蛇形管上。钇的收率以氧化钇计为95～98%。

（2）氯化铵、氯化氢气体保护脱水。将 $RECl_3 \cdot 6H_2O$ 在氯化铵存在下于惰性气氛中迅速加热到400～500℃，可制得脱水氯化稀土。工业上为了制备电解用氯化稀土，常常将含水氯化稀土在铸铁容器中加热脱去水分，以得到近于无水的多孔状氯化稀土；也可继续加热直到氯化稀土的熔点，得到熔融的无水氯化稀土。在脱水过程中可用氯化氢气体作保护气氛，但要制得氧含量低的无水氯化稀土比较困难。

（3）结晶氯化稀土熔融脱水氯化。工艺流程示于图14-4-11。该工艺可为熔盐电解制取混合稀土金属提供水不溶物含量低的无水氯化稀土熔盐。结晶氯化稀土熔化后，与碳粉混合后加至氯化脱水炉中，受热瞬间脱去水分，但此时有少量 $RECl_3$ 水解，而熔盐中的水解产物在有碳存在下与氯气作用得到氧含量低的氯化稀土，其反应式为：

$$RECl_3 + H_2O \longrightarrow REOCl + 2HCl$$

$$REOCl + C + Cl_2 \longrightarrow RECl_3 + CO\uparrow$$

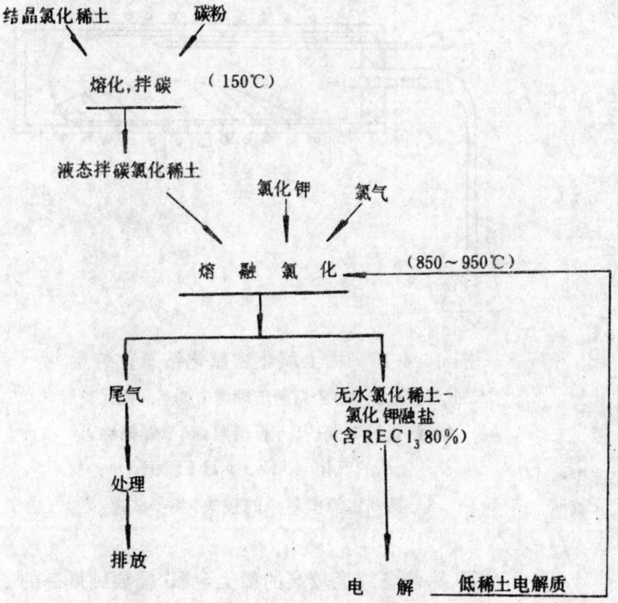

图 14-4-11 结晶稀土氯化物熔融脱水氯化工艺流程

熔融脱水氯化设备如图14-4-12所示。

该工艺制得的熔盐中水不溶物含量小于5%，碳含量小于0.05%，可直接加入电解槽内，电流效率和稀土收率都较减压脱水料高5～10%。但此法制备无水氯化稀土在设备结构、设备的腐蚀以及环境污染等问题上还需做进一步的研究。

（二）稀土氧化物氯化

在高温下各种氯化剂（如NH_4Cl、Cl_2、CCl_4等）与各种稀土氧化物（或其盐类、精矿）作用可直接制得无水氯化稀土。

1. 稀土氧化物（或其盐类、精矿）加炭高温氯化

稀土氧化物在碳存在下于600～800℃能与氯气作用生成氯化物，其反应为：

$$RE_2O_3+3C+3Cl_2 = 2RECl_3+3CO\uparrow$$

$$2CeO_2+4C+3Cl_2 = 2CeCl_3+4CO\uparrow$$

稀土氧化物加炭氯化是放热反应，放出的热量使反应温度升高，促进反应速度加快。氯化工艺流程示于图14-4-13。制团时的配碳比 $RE_2O_3:C=1:0.123$。（C为木炭，含固定碳60%），烘干温度为80～120℃。

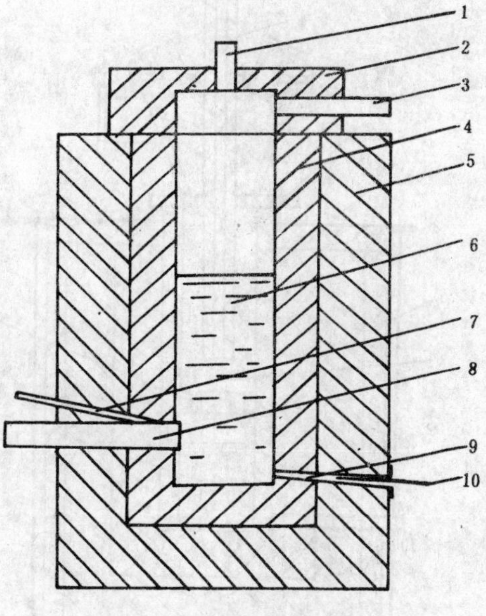

图 14-4-12 结晶氯化稀土熔融脱水氯化炉

1—加料口；2—炉盖；3—排气口；4—石墨炉衬；5—保温层；6—熔盐；7—氯气导管；8—加热电极；9—出料口；10—出料口堵塞棒

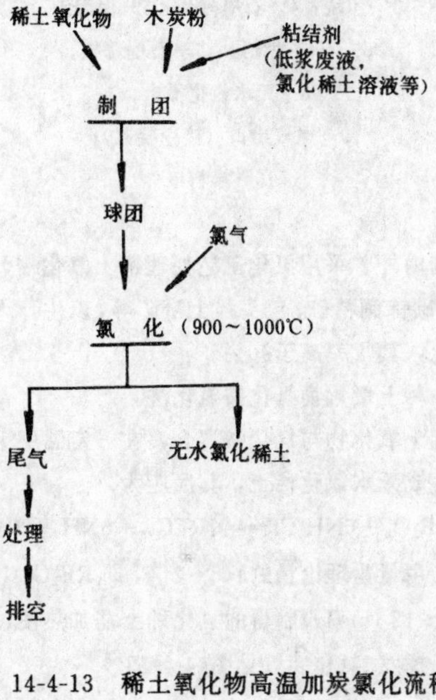

图 14-4-13 稀土氧化物高温加炭氯化流程

稀土氧化物（或其盐类、精矿）的氯化反应装置见图14-4-14。

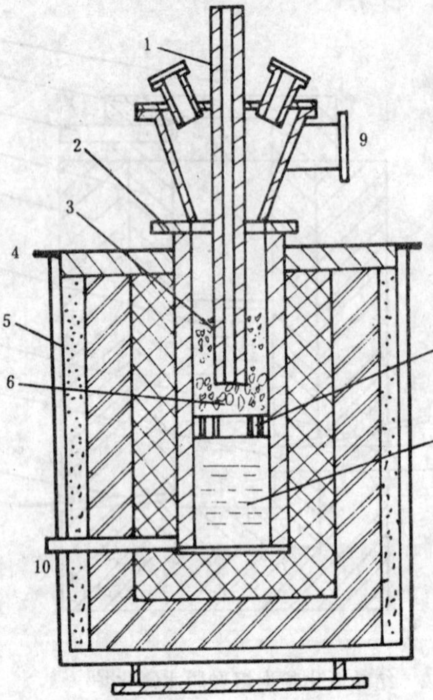

图 14-4-14 稀土氧化物加炭高温氯化装置

1—中心电极兼氯化剂进气孔；2—导电板；3—团块；4—石墨衬套；5—保温炉；6—石墨过滤层；7—石墨筛板；8—无水氯化稀土；9—尾气出口（接冷凝器）；10—排料口

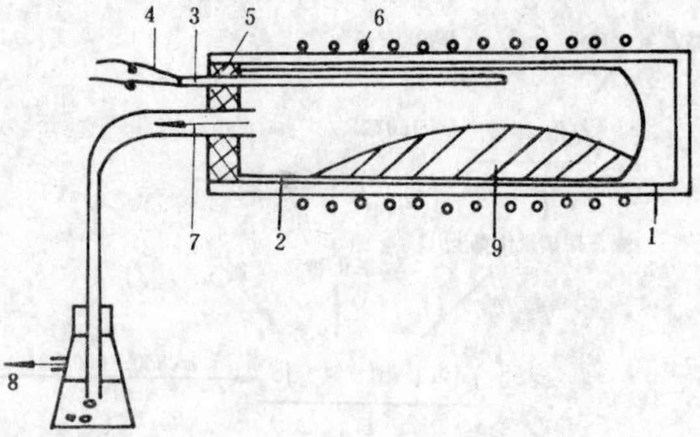

图 14-4-15 稀土氧化物氯化铵氯化装置

1—石英管；2—派立克斯玻璃管；3—石英保护管；4—铬铝热电偶；5—石墨盖；6—镍铬丝；7—生成的气体（$NH_3+NH_4Cl+H_2O$）；8—接到水流喷射泵的接头；9—试样

国内外曾采用氯化工艺处理稀土氧化物、碳酸盐、氟碳铈镧精矿、包头稀土精矿等，以生产无水氯化稀土，其收率高于90%。

2.稀土氧化物氯化铵氯化法

稀土氧化物与氯化铵混合，在一定温度下相互作用生成无水氯化稀土，其反应为：

$$RE_2O_3+6NH_4Cl = 2RECl_3+6NH_3+3H_2O$$

NH_4Cl 用量为理论量的1.5～2倍，即 RE_2O_3:NH_4Cl=1:9～12（mol）。制得的氯化稀土需加热使过量的 NH_4Cl 挥发。氯化装置见图14-4-15。

（三）稀土氯化物的蒸馏提纯

由上述工艺流程制得的稀土氯化物含有铁、铝、硅、镁、钡及氧、硫、氮、碳等杂质。这些杂质在金属热还原法制备稀土金属过程中，大部分将进入稀土金属。为制备纯度较高的稀土金属，需要纯度高的稀土氯化物。氯化稀土的提纯目前一般采用真空蒸馏法。

真空蒸馏法提纯氯化稀土是利用稀土氯化物与其它化合物在同一温度下蒸气压的差别，使稀土氯化物与低沸点及高沸点化合物杂质得以分离。在蒸馏温度下，如果金属的蒸气压达到 2.4×10^2Pa，则此种金属的蒸馏净化可以在工业上得以实现。表14-4-2中列出了稀土氯化物的蒸气压达到 2.67×10^2Pa 时的温度。所有稳定的三价稀土氯化物的蒸气压都较高。

表 14-4-2 稀土氯化物的蒸气压为 2.67×10^2Pa 时的温度

氯化物	温度，℃	氯化物	温度，℃
$ScCl_3$		$EuCl_3$	940
YCl_3		$GdCl_3$	980
$LaCl_3$	1100	$TbCl_3$	960
$CeCl_3$	1090	$DyCl_3$	950
$PrCl_3$	1080	$HoCl_3$	950
$NdCl_3$	1060	$ErCl_3$	950
$PmCl_3$	1050	$TmCl_3$	940
$SmCl_2$	1310	$YbCl_2$	1250
$SmCl_3$	1010	$YbCl_3$	940
$EuCl_2$	1310	$LuCl_3$	950

氯化钇蒸馏提纯装置如图14-4-16所示。操作

中，先使蒸馏罐的下部置于加热炉的加热区。将蒸馏罐抽空，保持蒸馏罐下部温度为850～950℃，罐内压力为5.3×10^{-3}～5.3×10^{-2}Pa。YCl_3被蒸馏72小时并冷凝在镍制锥形筒冷凝器中。蒸馏结束后，罐内充氩气，并将蒸馏罐上部的冷凝塔置于炉子的高温区，加热到900℃并保温1h，使氯化钇熔化并流入中部的钼坩埚。如果需要进行第二次蒸馏提纯，则从冷凝塔中取出氯化稀土放入下部坩埚，再次蒸馏熔化成致密的氯化钇。真空蒸馏氯化稀土的直收率约90%。

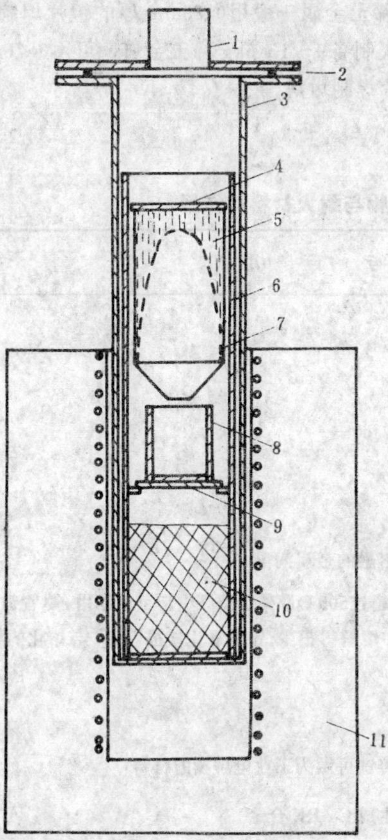

图 14-4-16　氯化钇蒸馏装置

1—真空系统接头；2—密封圈；3—不锈钢罐；4—镍制口盖；5—氯化钇冷凝物；6—镍衬里；7—镍制冷凝器；8—钼坩埚；9—镍制支架；10—粗氯化钇；11—加热炉

三、稀土溴化物和碘化物的制备

稀土溴化物与碘化物的制取较稀土氯化物困难。在氢气氛下和卤化铵气氛中，在常压或减压条件下使含水稀土溴（碘）化物脱水制得含有大量氧卤化物产品。在300℃下，使稀土氧化物与溴化铵或碘化铵作用，可获得稀土溴化物与碘化物，但产率很低。

在碳电极真空电弧炉中用碳还原氧化钇，生成的碳化钇在500℃或600℃下与溴直接作用，可制得溴化物，收率分别为45%和65%。尽管此法产率低，但它是直接制取无水溴化物的一种方法。

碳化钇与碘在200℃下反应12h可制得碘化钇，转化率只有40%。

第二节　金属热还原法制取稀土金属

金属热还原法是制取稀土金属的一种重要方法。该法一般以金属钙、锂、镧等作还原剂，原料为稀土的氟化物、氯化物或氧化物等。金属热还原法要求稀土原料纯度高，不仅稀土杂质要少，而且非稀土杂质含量也要低；还原容器坩埚及还原气氛对金属产品的污染要少。

根据稀土金属性质的不同，金属热还原法制备稀土金属可分为氟化物钙热还原，氯化物金属热还原，氧化物金属热还原，中间合金法等，其分类见表14-4-3。

表 14-4-3　金属热还原法制备稀土金属分类

稀土金属	金属特点	主要制取方法
La,Ce,Pr,Nd	熔点低，沸点高	氯化物钙热还原
Y,Gd,Tb,Lu	熔点高，沸点高	氟化物钙热还原，中间合金法
Sc,Dy,Ho,Er	熔点高，沸点较高	氟化物钙热还原
Sm,Eu,Tm,Yb	熔点较低，沸点低	氧化物金属热还原

一、钙热还原稀土氟化物

（一）金属热还原稀土氟化物的反应

钙可还原所有的卤化物，甚至可以还原Y_2O_3。金属钙还原稀土氟化物可用下式表示：

$$3Ca+2REF_3\longrightarrow 3CaF_2+2RE$$

钙热还原稀土氟化物主要用于制备单一稀土金属。

（二）原材料

1.氟化物

为了制取氧含量低的稀土金属，要求氟化物中氧含量不超过0.1%。含氧量过高还会影响金属与渣的分离。必须从稀土氟化物中除去吸附的氧，并尽量减少氟化物物料的表面积，可采用熔融或真空焙烧的方法脱除氟化物吸附的气体。

2.金属钙

用金属钙作还原剂。可将蒸馏钙制成粒状或车制成钙屑使用。由于钙在空气中易吸收氧和水分，表面生成氧化物或氢氧化物，因此需进行真空蒸馏提纯。

3.惰性气体

一般使用氩气，有时用氦气。使用氩气时可将其通过加热到400～500℃的钛屑或混合稀土金属屑以除去其中的杂质。还原过程中所保持的操作气氛对金属产品中的氧含量影响很大。例如在钙热还原氟化铈时，若还原剂金属钙在空气中操作处理，还原得到的金属铈中的氧含量要比在惰性气氛下操作处理高30倍。此外，不在流动的HF-Ar气氛下熔化氟化物，会使金属铈中的氧含量增加约10倍；使用未经蒸馏提纯的钙作还原剂或者配料等操作在空气中进行，也会使稀土金属中的氧含量大大增加。

4.坩埚材料

常用坩埚材料与稀土金属及其卤素化合物的作用情况列于表14-4-4。还原制备稀土金属的坩埚可用金属钽、铌、钨、钼等材料制作，一般多采用由薄钽片在氩弧焊箱中焊接而成的钽坩埚。制备300～400g稀土金属一般用0.25mm厚的钽片焊制坩埚；若一次制备9～13.6kg稀土金属，可用0.76mm厚的钽片焊制坩埚。

表 14-4-4 熔融的稀土金属及其卤化物与耐火材料的作用

耐火材料	性能与应用
氧化镁	可在1200℃以下应用
氧化钙	1000℃以下不作用
氧化铍	在低于1250℃以下应用
氧化铝，氧化锆 氧化钍，二氧化硅	与熔融的金属作用
稀土氧化物	作用轻微，低于1200～1400℃下应用，能被熔融的金属润湿
钽、钼	钽可在1700℃，钼在1400℃以下真空中应用，超过500℃暴露于空气中与空气作用，尽管钽，钼能被溶融稀土金属润湿，但它们在稀土金属中熔解得很少。钽对氧化镁很稳定，与熔化的稀土卤化物不作用
钨	与金属作用缓慢，耐稀土氯化物腐蚀
铜、铁、镍	不同温度下与稀土金属有不同程度的作用，铸铁可做为工业电解槽的材料
氟化钙	低温下与稀土金属不作用，高温下迅速作用生成Ca-RE合金
石墨、碳	与熔融金属作用缓慢，对稀土卤化物稳定
玻璃、陶瓷等	迅速作用

稀土金属与各种耐火材料的作用程度与生产规模和使用温度有关。上表所列只是一般情况下各种材料的作用情况，供选择耐火材料时参考。

（三）设备与操作

还原可采用真空感应炉，真空电阻炉及真空电弧炉等，其中以真空高频和中频感应炉为佳。冶炼设备最高温度要达到1800℃，炉内压力为（1.33～133）$\times 10^{-3}$Pa，可通入惰性气体。还原炉的功率可根据制备金属的规模来确定，例如10kW的真空感应炉一次可制备50～100g金属。图14-4-17给出了金属钙还原稀土氟化物的装置。如果还原量少，上部的加料装置可以去掉，将氟化稀土与钙全部装在下部坩埚中。大量制备稀土金属时可采用图14-4-18所示的半连续还原装置。

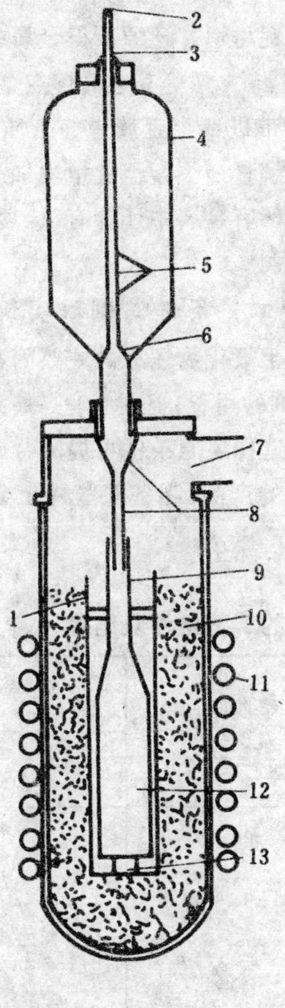

图 14-4-17 稀土氟化物钙还原装置

1—绝缘层挡板；2—观察孔；3—控制阀；4—玻璃料斗；5—料斗抽空孔；6—加料阀；7—真空氩气系统；8—钽制加料管；9—通入坩埚的钽管；10—石墨块绝缘层；11—感应圈；12—钽坩埚；13—坩埚支垫

1.间断还原

将按理论计算量过量10～15%的金属钙屑(粒)与稀土氟化物混匀或在钢模中压实成锭，装入钽坩埚中，并置坩埚于还原炉内，抽真空使炉内压力低于0.133～1.33Pa，缓慢升温至600℃，通入经净化的氩气(此时炉内压力6.66×10^4Pa)，继续升温，炉料在800～1000℃反应。达到所需温度后保温15min，停止加热，冷却后取出还原产物，除去氟化钙渣得到稀土金属。一般还原温度应高于金属的熔点50℃，以便使金属与渣得以良好的分离。此法制得的稀土金属体积只占钽坩埚总容积的10～20%，因此在第一次还原后可将上部的渣除去，再次装料还原，连续操作多次。还原结束后，可用机械的办法扒掉钽坩埚或将钽坩埚用车床车掉得到稀土金属。

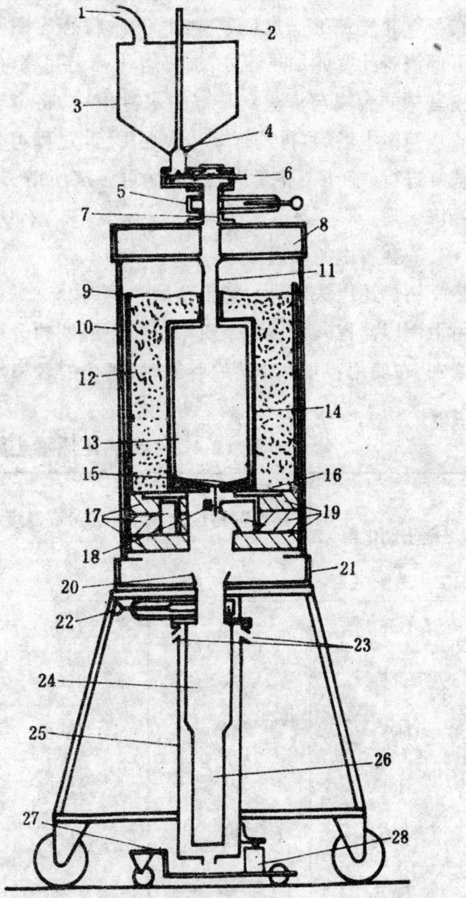

图 14-4-18 半连续还原浇铸制备金属钇装置

1—上部料斗抽空系统管路；2—加料杆；3—料斗；4—加料阀；5—上部真空阀；6—螺旋加料器；7—黄铜密封圈；8—炉上盖；9—石英内管；10—外部石英管；11—钽制加料管；12—石墨块绝热层；13—钽制反应器；14—石墨加热器；15—浇铸孔；16—浇铸孔石墨感应加热器；17—耐火材料垫层；18—浇铸孔加热器；19—耐火材料垫层；20—钽制阀门；21—炉支架；22—下部闸板阀；23—水出口；24—盛熔渣部分铸模；25—水冷套；26—盛金属部分铸模；27—铸模车；28—升降器

2.半连续还原

将钙粒与稀土氟化物按一定比例混合，装入加料器与还原室中，将系统抽空充氩气，加热还原室使其中的氟化物与钙反应。用螺旋加料器，通过上部真空阀门将料徐徐加入反应室，直到被还原得到的金属与氟化钙渣充满反应室为止。然后将感应圈降至下部浇铸孔塞的加热器处，加热熔化稀土孔塞，使反应室中的金属与渣流到下部的水冷模中。将金属与渣从铸模中清除，再进行下一次还原。此过程可多次重复进行，稀土制备量大，钽坩埚可多次使用，较为经济合理。

3. 金属中的杂质

钙热还原法制得的稀土金属含钙0.3～2%，而由坩埚容器带入金属的杂质则随还原温度的升高而增加。在使用钽坩埚作还原容器时，制得的轻稀土金属中含钽0.01～0.03%；制得的高熔点稀土金属中含钽0.1～0.5%Ta；若制取钪，则其钽含量高达3%。若使用铌坩埚，还原所得金属中的铌含量超过1%；若用钼、钛、锆等其它高熔点金属材料做坩埚，由坩埚材料带进稀土金属中的杂质更高。钨在稀土金属中的熔解量最少，但钨坩埚加工较困难。此外，还原所得的稀有金属中还含有氧、氮、碳、氟以及其它金属杂质。

（四）工艺条件与制取实例

影响稀土氟化物还原的主要因素有还原的温度制度；还原剂的用量；还原时间（最高温度下的保温时间）。合理选择还原条件可提高金属的收率，得到杂质含量低的产品。制备某些稀土金属的工艺条件见表14-4-5。

表 14-4-5 钙热还原稀土氟化物制取稀土金属的工艺条件及结果

稀土氟化物	还原剂钙过量 %	还原最高温度 ℃	最高温度下保温时间，min	金属回收率 %	杂质含量，%		
					Nb	Ca	Ta
GdF_3	20	1450	3	96～97		0.34	0.21
TbF_3	20	1500	3	94～98	1.06	0.63	
DyF_3	20	1500	3	97	1～1.7	0.3～0.7	
HoF_3	20	1500	3	94	1.82	0.33	
ErF_3	20	1500	3	97～99	～1.3	～0.8	
TmF_3	20	1500	3	＞88	1.9	0.2	
LuF_3	20	1800	3	84	2.89	0.42	
YF_3	20	1600	3	93～94	＞1	1.5～1.7	
ScF_3	10	1600	3	＞95		0.5	2～5

二、钙热还原稀土氯化物

（一）还原反应

金属钙还原稀土氯化物的反应如下：

$$2RECl_3+3Ca \rightleftharpoons 2RE+3CaCl_2$$

此法用于制取镧、铈、镨、钕等轻稀土金属效果较好，优点是稀土收率高，但设备复杂、投资较大，过程不连续，且成本较高，而且当还原温度高于重稀土金属的熔点时，稀土氯化物挥发损失大；低于熔点时金属与渣分离不佳。

（二）原材料

参阅“一、钙热还原稀土氟化物”有关内容。

（三）设备与操作

可采用真空感应炉、真空电阻炉。设备结构和操作基本上与钙热还原稀土氟化物相同，但还原温度低一些，还原工艺条件也有差异。氯化稀土还原浇铸设备结构见图14-4-19。

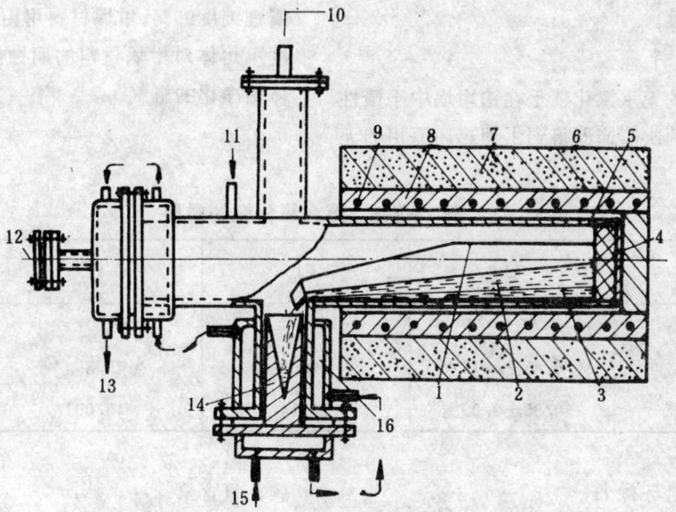

图 14-4-19　轻稀土氯化物钙热还原-浇铸设备

1—钼舟；2—还原渣；3—还原后的金属；4—耐火衬垫；5—反应罐；6—炉壳；7—保温层；8—耐火炉膛；9—电热元件；10—接真空系统；11—通氩气；12—观察孔；13—出水；14—铸模；15—进水；16—冷却水套

在1100℃（轻稀土还原的最高温度）下，稀土金属及氯化物与钽、钼坩埚作用轻微，因此可采用钼制反应舟。还原时应保持炉体中心线与水平线成25°～30°仰角。反应罐抽真空至约6.7Pa 后加热到350℃，充氩气至（8～9）$\times10^4$Pa，再继续升温至还原温度。保温结束后，迅速升温至被还原的稀土金属的熔点以上50～80℃，旋转倾倒炉体与反应罐，使还原产物浇铸到铸模中，待冷却后从铸模中清除还原渣，得到稀土金属。

在还原-浇铸炉中用钙热还原法制取金属镨、钕的工艺条件列于表14-4-6，制得的金属镨、钕中的杂质含量见表14-4-7。

表 14-4-6　钙热还原稀土氯化物制取镨、钕的工艺条件与结果

稀土氯化物	还原剂过量，%	还原温度，℃	保温时间，min	浇铸温度，℃	稀土收率，%
$PrCl_3$	15	850	30	1100	97～99
$NdCl_3$	15	850	30	1100	93～94

表 14-4-7　金属镨、钕中的杂质含量（%）

杂质	Mg	Ca	Si	Fe	Mo	Ca①	O①
Pr	0.0834	0.28	0.067	0.00614	0.0638	$<5\times10^{-2}$	<0.0289
Nd	0.0419	0.27	0.0085	0.00390	0.0735	2×10^{-3}	<0.121

①　金属镨、钕经非自耗电极电弧炉熔炼后的杂质含量。

三、锂热还原稀土氯化物

（一）还原反应

金属锂还原稀土氯化物是在液、气、固三相间进行的：

$$RECl_3\ (l)\ +3Li\ (g)\ =RE\ (s)\ +3LiCl\ (l)$$

该法的优点是制得的金属纯度较高；缺点是成本高，过程不连续。

（二）原材料

将脱水制得的无水氯化稀土在铂坩埚中于惰性气氛下熔融，经两次蒸馏即得到供锂热还原用的无水氯化稀土原料。表14-4-8为无水氯化钇的质量。金属锂纯度99%。坩埚材料用钼、铌、钽、钛。在还原温度下熔体对坩埚材料的腐蚀按此顺序增强。惰性气体用净化的氩气。

表 14-4-8 无水氯化钇的质量

成分，%	O	Cl	Y	水不溶物
粗制熔融 YCl_3	1.10±0.2			
蒸馏 YCl_3	0.83±0.16	54.03	45.35	2.40
重蒸馏 YCl_3	0.35±0.05	54.14	45.06	0～0.5

（三）设备与操作

锂热还原稀土氯化物制备稀土金属的设备示于图14-4-20。在不锈钢制反应器内安装有固定在支架上的上、下两个钛坩埚，上部钛坩埚有一管连通下部钛坩埚，并被一个隔离支管与下部坩埚分隔开。上部钛坩埚中装有粗氯化稀土，支架周围放置工业纯块状金属锂。将反应器抽真空，加热上部坩埚，使$RECl_3$蒸馏到下部坩埚中，再将整个不锈钢容器加热。这时，锂蒸气充满容器，有一部分锂冷凝在真空管路中将容器密封。锂蒸气也与熔融的$RECl_3$作用生成RE＋LiCl。反应完成后，将容器部分地从炉子中取出。LiCl渣从反应坩埚中蒸馏到位于炉外的不锈钢容器的低温部分，使稀土金属与LiCl渣得到分离。制得的稀土金属结晶用电弧炉或感应炉熔炼成金属锭。由于反应温度低（800～1000℃），所以坩埚容器对稀土金属污染小。制得的稀土金属中，氧含量从$2.25\times10^{-2}\%$（钬中氧含量）到$1.6\times10^{-1}\%$（铽中氧含量），氮含量低于$4\times10^{-3}\%$。

用高纯锂还原经两次蒸馏提纯的$DyCl_3$，$HoCl_3$，$ErCl_3$，所得金属中的杂质含量见表14-4-9。用升华提纯法提纯的氯化稀土可降低金属中的氧、氮、碳、氢含量。

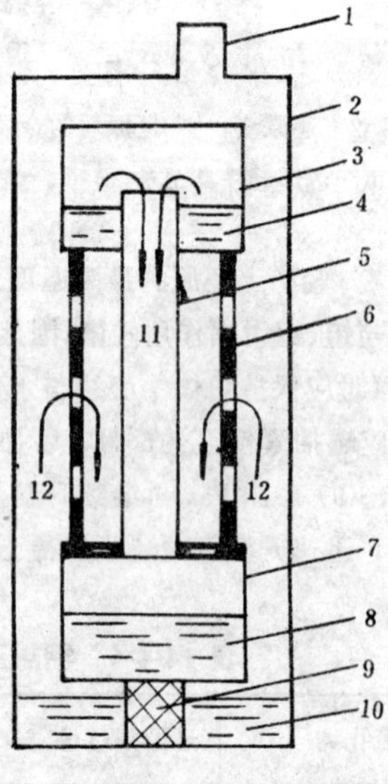

图 14-4-20 锂还原稀土氯化物装置示意图

1—真空管路；2—不锈钢反应器；3—上部钛坩埚；4—粗氯化稀土；5—连通管；6—上、下钛坩埚支架；7—下部钛坩埚；8—氯化稀土与锂反应物；9—支架；10—锂；11—$RECl_3$；12—锂

表 14-4-9 镝、钬和铒中的杂质含量

稀土元素	杂质，$10^{-4}\%$						
	O	N	H	C	F	Cl	Li
Dy	135	7	6	39	<3	<3	<0.005
Ho	81	3	5	17	<3	<3	<0.005
Er	109	7	10	11	<3	<3	<0.005

四、金属热还原稀土氧化物

本法主要用于制备钐、铕、铥、镱、也可用于制备镝、钬、铒。

（一）还原反应

人们曾试图用金属热还原法还原钐、铕、镱的卤化物以制取相应的金属，但未获成功，制得的只是低价卤化物。于是人们利用钐、铕、镱和铥蒸气压远远大于金属镧、铈这一性质，用镧或铈在真空中还原这几种金属的氧化物，同时进行蒸发馏，最后制得这些金属。对于镝、钬、铒，除了可用氟化物或氯化物钙热还原法来制备外，也可用金属热还原其氧化物来制备较纯的金属。尽管在相同的温度下，金属镝、钬及铒的蒸气压低于钐、铕、镱、铥，但比镧、铈等其它稀土金属高，因此在高温高真空下可用还原蒸馏法制备这三种金属。

还原反应可用下式表示：

$$La\ (l) + RE_2O_3\ (s) \longrightarrow La_2O_3\ (s) + RE\ (g)$$

上式为反应的最终反应式。在还原温度下，还原剂熔化，并与固态的氧化物作用，被还原出来的金属与还原剂形成合金，稀土金属从液态中间合金中蒸馏出来。反应物的扩散速度是反应的控制环节。

（二）原材料

1. 氧化物

将钐、铕、镱、铥及镝、钬、铒的氧化物在空气中于800℃煅烧，除去吸附的H_2O、CO_2等。在制备工业纯的钐、铕、镱、铥时，可使用品位高于80%的相应稀土氧化物，甚至可使用品位更低的富集物。但是在这种富集物中，除了要制备的某种金属元素外，作为杂质元素的钐、铕、镱、铥、镝、钬、铒的含量要低。对于镧、铈、镨、钕、钆、铽、镥、钇等，由于这些金属及其氧化物的蒸气压较低，所以在制备钐、铕、镱等金属过程中将不会对产品有明显的污染。相反，在还原蒸馏以后，钐、铕等金属可与镨、钇等蒸气压低的稀土金属分离，从而获得纯度较高的钐、铕等金属。

2. 还原剂

金属热还原稀土氧化物对还原剂的选择应考虑：金属还原剂的蒸气压应远低于被还原金属；还原剂的氧化物的蒸气压应远低于被还原金属的蒸气压；金属还原剂的熔点最好低于反应温度，以利于提高反应速度与回收率。根据上述原则，还原剂可采用：

（1）金属镧（或铈）。在要求制备纯度较高的金属时，可将镧在1800℃或更高的温度下进行真空蒸馏，以除去还原剂中蒸气压高的杂质。还原剂要车成屑使用。镧屑易于着火，在车制时要及时从机床上取走镧屑，并保存于惰性气氛中。

（2）工业纯混合稀土金属。在制备高纯金属时，必须在真空中于1800℃下熔炼以除去其中的镁、铝及各种卤化物等易挥发杂质。如果用混合稀土金属还原铥的氧化物，由于还原蒸馏温度高，在铥产品中常常含有百万分之几的钬或其它易挥发的稀土金属。

混合稀土金属是一种稀土金属合金，其成分与用来制备这种合金的稀土原矿的成分一致。由氟碳铈镧矿制得的混合稀土金属含33%La、50%Ce、4%Pr、12%Nd、1%Y 及其它稀土元素；由独居石制得的混合稀土金属含21%La、47%Ce、6%Pr、20%Nd、2%Gd、2%Y 及2%的其它稀土元素；由包头稀土精矿制得的混合稀土金属含23%La、50%Ce、6%Pr、18%Nd 及其它稀土元素。近年来，由于分离技术及

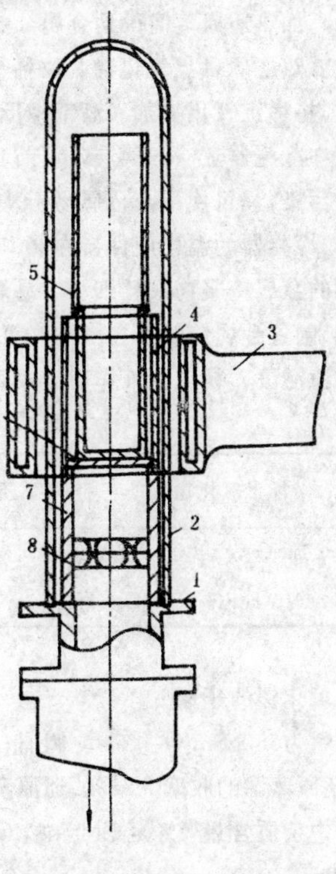

图 14-4-21　还原蒸馏装置示意图

1—真空密封圈；2—石英罩体；3—高频感应圈；4—铌发热体；5—冷凝筒；6—隔板；7—氧化铝筒；8—挡板

单一稀土元素应用的发展，混合稀土金属的原料多采用经分离处理的原料，所以混合稀土金属的成分也有所变化。

3.坩埚材料

坩埚用钽、铌及钼片焊接而成。金属冷凝器可用铌或钽片制成。铌制冷凝器不易变脆，寿命较长，也可使用瓷坩埚。

（三）设备与操作

制备钐、铕、镱、铥的还原蒸馏装置要有一个温度为1350～1600℃的高温还原蒸馏区和一个300～400℃的金属冷凝区。

图14-4-21是一种由高频感应加热的还原蒸馏装置。整个还原蒸馏坩埚与冷凝塔密封在一个石英罩体中。还原蒸馏区的坩埚由高频感应加热，调整冷凝塔的位置使冷凝塔的口部温度为300～400℃。图14-4-22是电阻炉加热的还原蒸馏制取钐、铕、镱的装置示意图。

将钐、铕、镱、铥的氧化物与按理论量计算过量10～60％的还原剂镧、铈（或混合稀土金属）屑混合，压成料块，装入还原蒸馏坩埚中，抽真空至1.33×10^{-3}Pa，加热还原蒸馏得到金属。

金属热还原稀土氧化物制取稀土金属应注意：

(1)将稀土氧化物加入酒精中形成混浊液，将此混浊液在冷凝器上涂一薄层，可防止冷凝器对稀土金属的污染，又可使稀土金属易于从冷凝器上取下；

(2)冷凝器的温度应保持在300～400℃，温度过低得到的金属冷凝物颗粒细小，易燃烧；

(3)制备金属铕时要在惰性气氛下操作，因为铕比钐、镱活泼，易与空气作用形成氧化物；

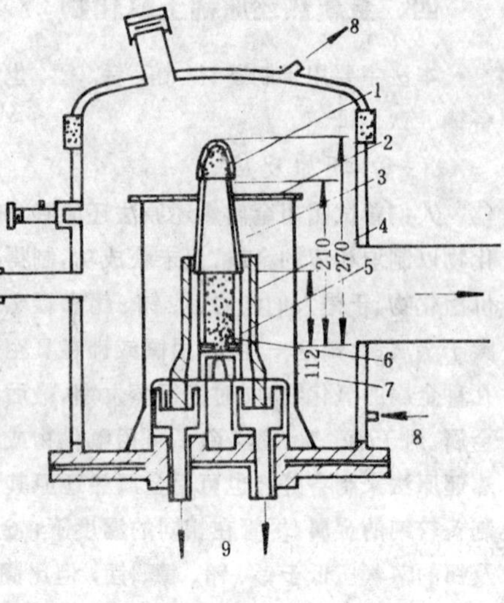

图 14-4-22 还原-蒸馏的电阻炉

1—陶瓷坩埚冷凝器；2—钼片隔热屏；3—钼筒；4—石墨加热体；5—钼制坩埚；6—炉料；7—钽片隔热屏；8—水；9—接电极

(4)还原时应缓慢升温，升温过快会导至金属还原剂镧的熔化，镧流到坩埚底部会使钐、铕、镱、铥的收率降低。

随着氧化物还原反应的进行，会形成$La\text{-}La_2O_3$熔体，形成这种高熔点熔体后可以提高温度，增加还原反应物料间的扩散速度。

（四）工艺条件与制取实例

钐、铕、镱、铥及镝、钬、铒的制备工艺条件见表14-4-10。

表 14-4-10 金属热还原稀土氧化物的工艺条件

稀土氧化物	还原剂过量，％	还原蒸馏温度，℃	冷凝器温度，℃	压力，Pa
Sm_2O_3，Eu_2O_3，Yb_2O_3，Tm_2O_3	10～75	1300～1400	300～400	$<1.33\times10^{-1}$
Dy_2O_3，Ho_2O_3，Er_2O_3	10～60	1600～1700	400～500	$<1.33\times10^{-3}$

1.氧化钐的还原

配料为550gSm_2O_3，540g 镧屑；产品为蒸馏钐465g。还原蒸馏的收率为98％。还原蒸馏工艺制得的金属钐中杂质含量（％）：Eu0.08，Gd<0.03，Pr<0.1，Nd<0.03，Y0.01，Fe<0.001，Ca0.02，Si0.0034，K<0.02，Li<0.01，O0.12，N0.0004。

2.氧化铕的还原

将11gEu_2O_3（品位99.9％）与按理论量计算过量75％的金属铈混合，在1340℃下还原蒸馏15min，制得金属铕。铕的收率为80％。

3.氧化镝的还原

将Dy_2O_3与过量20％的镧屑混合，在1650℃下进行还原蒸馏，保持反应容器的压力低于1.33×10^{-3}Pa。经15h还原蒸馏，制得的金属镝含1.2％La，

7.78×10^{-2}O%，9×10^{-4}%H，9.2×10^{-3}%N。镝收率为70～75%。这种金属镝再在1200℃下重蒸馏，蒸馏速度为8.9g/h，得到的金属镝含6.41×10^{-2}%La，5.8×10^{-3}%O，2.6×10^{-4}%H，3.1×10^{-3}%N。

由氧化物制取金属镝、钬、铒的优点是：避免了卤素对金属的污染；减少了工序（例如制取氟化物工序）；金属产品纯度较高。缺点是：多数稀土金属收率较低；还原蒸馏时间长；产量低。

五、中间合金法还原制取稀土金属

（一）还原反应

中间合金法是制取高熔点稀土金属（主要是重稀土金属）的一种方法。该法是以金属钙作还原剂，在有镁等低熔点、低沸点金属和氯化钙等助熔剂存在下，还原稀土卤化物（例如氟化稀土）制取稀土中间合金，再对中间合金蒸馏得到稀土金属。以稀土氟化物为例，该法的反应式为：

$$2REF_3+3Ca=\!=\!=3CaF_2+2RE$$

中间合金法还原制取稀土金属的工艺流程见图14-4-23。在还原制取稀土金属时，要求还原得到的液态金属与液态渣能很好地分离。重稀土金属熔点较高，要求在1500℃以上进行还原，在这样高的温度下制得的金属易被坩埚杂质所污染，而且高温设备结构较为复杂，投资较高，不易实现工业化生产。因此可采用中间合金法，以降低稀土金属与渣的熔点。

从稀土镁合金相图可以看出，原子比为1:1的稀土镁合金的熔点为950℃左右，根据$CaCl_2$-CaF_2体系的状态图及有关数据，由43.8%（mol）的$CaCl_2$和56.2%（mol）的CaF_2所生成的熔体的开始结晶温度为904.4℃。因此还原温度采用950℃就可使全部反应物处于熔融状态，且$CaCl_2-CaF_2$的比重较稀土镁合金小，所以渣与合金分离良好。在这个温度下还原，设备易于解决，也易于扩大。还原得到的是稀土镁中间合金。镁的沸点较低，在同一温度下镁的蒸气压较稀土金属的高得多，因此可在950～1200℃下将镁蒸馏除去，得到稀土金属。

中间合金法的优点是：还原温度较低；坩埚杂质对金属产品的污染较小，制得的金属纯度较高；设备易于扩大以用于工业生产；稀土金属直收率高。缺点是：工序较多，工艺流程较长，需要无水氯化钙与镁（镁可循环使用，补充少量即可），化工原料较直接还原法多。

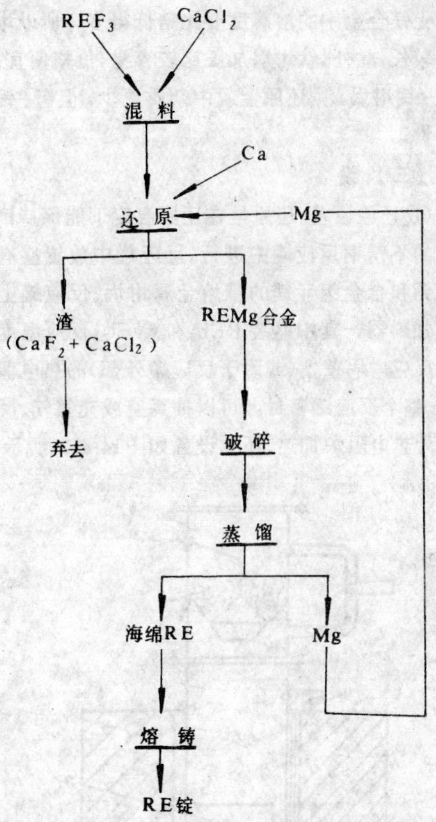

图 14-4-23 中间合金法还原制取稀土金属工艺流程

（二）原材料

中间合金法还原制取稀土金属所涉及的原材料主要有以下几种。

(1)稀土氟化物和金属钙，要求与钙热还原法相同。

(2)金属镁。电解镁中杂质含量较多，应使用蒸馏镁。镁的蒸馏条件与设备可参考蒸馏提纯钙的条件与设备，但蒸馏温度可适当降低。

(3)氯化钙。工业纯无水氯化钙含有少量水份，需在450℃下进行真空脱水，脱水时应保持炉内压力低于3×10^4Pa。

(4)坩埚材料。还原坩埚容器可用锆、钛、钽、铌板材经真空氩弧焊接而成。坩埚材料需根据用户对产品中杂质要求来选择。用不同材质的坩埚制得的金属产品，其杂质含量也不同。例如用锆、钛、钽坩埚制得的金属中，坩埚杂质含量分别为：Zr0.5～1%，Ti0.1～0.2%，Ta＜0.01%。如果金属产品中允许有一定量的钛，则采用钛制坩埚较锆坩埚好。钛在稀土镁合金中的溶解度要比锆低得多，所以坩埚寿命较长。此外，钛坩埚加工比较容易，价格便宜。采用钽、铌坩埚，则还原金属中杂质更少，但钽、铌价格昂贵。

（三）设备

(1)还原设备。还原是在还原温度下能保持惰性气氛的不锈钢反应罐中进行。反应罐中放置盛有还原剂钙和合金组元镁的难熔金属坩埚。反应罐上部设有加料器，其中盛装 REF_3 和 $CaCl_2$。反应温度用插在反应坩埚壁上（或附于反应罐外部）的热电偶来测量。整个反应罐密封，可以抽真空或充氩气。反应罐由外热电阻炉加热。还原设备如图14-4-24所示。

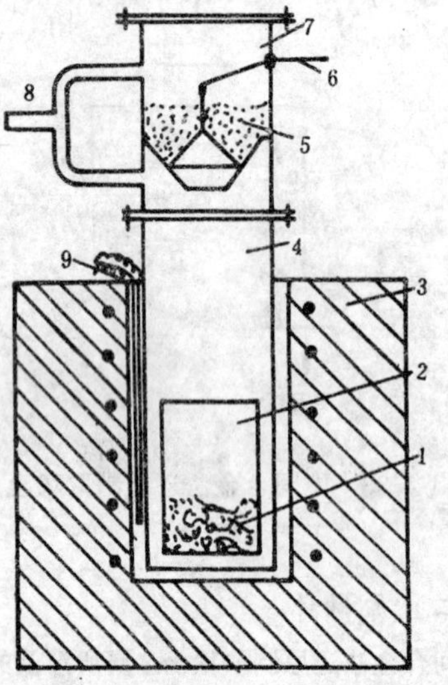

图 14-4-24 大型还原设备示意图

1—Mg+Ca；2—坩埚；3—电阻炉；4—反应罐；5—REF_3+$CaCl_2$；6—加料装置；7—贮料罐；8—接真空系统；9—热电偶

大量生产金属钇时采用的还原罐是由中碳钢管焊接而成的。罐体直径609.6mm、壁厚12.7mm，高1372mm，罐底厚19.1mm。反应罐上部装有加料斗，用以加入 REF_3 + $CaCl_2$。该还原罐每次可还原 $YF_3$81.95kg，制得金属钇49.94kg。还原罐平均寿命为20次。

(2)蒸馏设备。在较低温度下进行蒸馏的蒸馏设备由不锈钢蒸馏罐与真空系统及外部加热的电阻炉组成。蒸馏罐底部是外凸形以确保在蒸馏温度（950℃）下抽真空时不变形。

埃姆斯（Ames）实验室在大规模制备金属钇中使用真空感应炉蒸馏。除去 Y-Mg 合金中的镁，以制备金属钇。蒸馏炉最大容量为34.05kg 的合金，最高蒸馏温度1100℃。蒸馏炉上部用强力鼓风机冷却，使镁冷凝在其上部。

在较高温度下蒸馏稀土镁合金的周期较短，但蒸馏设备的耐火材料与绝缘材料易于吸附氧及其它杂质，造成对金属产品的污染。

(3)熔铸设备。制得的海绵状稀土金属可在自耗与非自耗电极电弧炉中熔铸成锭。

（四）工艺条件及制备实例

1.金属钇的制备

(1)还原制备 Y-Mg 合金。配料按所得 Y-Mg 合金中含 Mg24%（重量）计算，生成的 CaF_2-CaCl_2 渣按含 $CaCl_2$52%（重量）计算，还原剂过量10～25%。各成分之比为 YF_3:Ca:Mg:$CaCl_2$=1:0.47:0.19:0.87。

将块状钙和镁装入还原坩埚中，$CaCl_2$和 YF_3混合装入加料器内，将还原罐抽真空，并加热到750℃后充氩气，继续升温至850～900℃，待钙镁熔化成合金后，将 YF_3与 $CaCl_2$的混合物加入到反应坩埚中，并保持坩埚中温度不低于800℃。加料完毕后，升温至950℃并保持20～60min。将反应罐自炉中提升起来，缓慢地将罐体倾斜，使其与地面成30°角。待冷却后取出坩埚，轻轻敲击坩埚，即可使渣和合金倒出并分离。

(2)钇镁合金蒸馏。为了从制得的 Y-Mg 合金中除去镁和剩余的还原剂钙，以获得海绵钇，需对合金进行真空蒸馏。将 Y-Mg 合金破碎成5～10mm 的小块，装入蒸馏坩埚中置于蒸馏罐内。蒸馏罐抽真空，保持罐内压力低于1.3×10^{-2}Pa，逐渐升温至900℃，保温6h，再升温至950℃并保温25h，保持罐内压力低于6.7×10^{-3}Pa。在经蒸馏得到的海绵钇中，镁和钙的含量可降至0.01%以下。在整个蒸馏过程中应保持合金不熔化，也不出现烧结现象。蒸馏完毕后应待海绵钇完全冷却后再出炉。如果制得的海绵钇中，钙和镁的总量超过0.05%，则在电弧炉中熔炼较为困难，这时可对海绵钇进行第二次蒸馏，使钙和镁的含量降至0.01%以下。

(3) 熔盐萃取法除氧净化钇。将 YF_3和 $CaCl_2$的熔融混合物与熔化的 Y-Mg 合金在惰性气氛中于950℃下搅拌，或用 YF_3-$CaCl_2$和 YCl_3熔盐萃取除氧，可明显降低钇中氧含量。用 Y-Mg 中间合金法制得的金属钇中的杂质含量列于表14-4-11中。

表 14-4-11　Y-Mg 中间合金法制得金属钇的杂质含量（$10^{-4}\%$）

杂质	未做熔盐萃取	钛坩埚中 YF_3-$CaCl_2$ 萃取	钽坩埚中 YF_3-$CaCl_2$和 YCl_3萃取	杂质	未做熔盐萃取	钛坩埚中 YF_3-$CaCl_2$ 萃取	钽坩埚中 YF_3-$CaCl_2$和 YCl_3萃取
O	1200～2500	500	150	Ti	1500	5000	—
N	150	—	20	Ca	10	10	10
F	800	600	60	Mg	30	30	10
C	200		90				

2. 重稀土金属的制备

采用中间合金法可制得杂质含量较低的金属镝、钆、铒、镥。金属一次制得量可达数千克。

(1) 金属镝的制备。还原配料 Mg∶Dy＝1∶1（原子比）；$CaCl_2$∶CaF_2＝52∶48（重量比）。还原温度970℃。实收率94%（蒸馏后）。采用铌坩埚制得金属镝的杂质含量列于表14-4-12。

(2) 金属钆的制备。还原配料 Mg∶Gd＝1∶1（原子比）；$CaCl_2$∶CaF_2＝52∶48（重量比）还原温度980℃。实收率91%。采用铌坩埚制得的金属钆的杂质含量列于表14-4-13。

表 14-4-12　金属镝的杂质含量（%）

元素	含量	元素	含量
Fe	0.0083	Cu	0.05
Nb	0.038	N	0.0027
Ca	0.004	Mo	<0.002
V	0.0096	Na	<0.002
Ni	0.017	Li	0.0003
Ta	0.02	O	0.135

表 14-4-13　金属钆的杂质含量（%）

元素	含量	元素	含量
Fe	0.0454	Ca	0.11
Nb	0.00456	Mo	<0.003
Na	<0.0005	Mg	0.0012
Ni	0.0305	O	0.09
Si	0.00424		

(3) 金属镥的制备。还原配料 Mg∶Lu＝1.5∶1（原子比）；$CaCl_2$∶CaF_2＝52∶48（重量比）。还原温度1120℃。实收率87%。

(4) 金属铒的制备。还原配料 Mg∶Er＝1∶1（原子比）；$CaCl_2$∶CaF_2＝52∶48（重量比）。还原温度1030℃。

(5) 镁中间合金法制取重稀土金属的配料比（重量）：

DyF_3∶Ca∶Mg∶$CaCl_2$＝1∶0.31∶0.11∶0.58

GdF_3∶Ca∶Mg∶$CaCl_2$＝1∶0.32∶0.11∶0.59

ErF_3∶Ca∶Mg∶$CaCl_2$＝1∶0.31∶0.11∶0.57

LuF_3∶Ca∶Mg∶$CaCl_2$＝1∶0.3∶0.154∶0.546

3. 金属钕的制备

首先在有$CaCl_2$和镁（或其它蒸气压较低的金属）存在下，用钙还原钕的卤化物（主要是氟化物）制得 Nd-Mg 合金（或钕与其它金属的合金）。然后对 Nd-Mg 合金蒸馏，除去镁得到金属钕。中间合金法制取金属钕的实例条件为：还原配料氟化钕362g，金属钙130g，金属镁53.2g，氯化钙491.4g；还原温度1100℃；还原时间30min；制得钕镁合金310g，还原渣676g；稀土收率96%；合金中含81%Nd，16.7% Mg；2.2%Ca。

Nd-Mg 合金蒸馏条件为：温度1300℃，时间15min，钕纯度大于99.99%，钕中杂质含量（$10^{-4}\%$）为：Mg10，Ca85。

六、金属钷的制取

钷是一种从反应堆的核燃料废物中分离出来的人工放射性元素。制备金属钷的工艺流程、设备及操作方法与制备其它稀土元素相似，但在制备过程中要做好放射性防护，全部操作应在衬铅的手套箱中进行。

（一）钙热还原氯化钷

Pm_2O_3用氯气和四氯化碳直接氯化或采用盐酸溶解-浓缩结晶-脱水工艺来制备无水氯化钷。

制得的 $PmCl_3$与钙混合，并配以适量的碘作为发热剂装入反应弹中，密封抽空充氩气后，将反应弹加热至热还原反应开始的温度，碘与钙作用放出大量热，则 $PmCl_3$被还原得到金属钷。还原结束后将金属钷与渣分离，并清洗除去金属表面的附着渣，再将金属钷放入钽坩埚中进行真空熔炼除去其中所含的钙和镁等易挥发杂质。

还原配料比 $PmCl_3:I_2:Ca=1:0.67:0.42$；钷的收率92～96%；制得的钷中含钙与镁总量达 $8.3\times10^{-2}\%$，若改进操作与蒸馏设备可制得杂质含量低于 $2\times10^{-2}\%$ 的金属钷。

（二）锂热还原氟化钷

用氢氟酸沉淀法制得 PmF_3，然后将 PmF_3 放在钽坩埚内的小篮中，在篮外部的钽坩埚中放入锂，其量为 PmF_3 的10倍。钽坩埚用钽盖盖住，并悬挂于真空感应炉中。将系统抽真空，使压力低于 3.6×10^{-4} Pa。加热坩埚，逐步升温至800、980、1090℃，各保温2min，然后冷却1h至室温得到金属钷颗粒。

（三）金属热还原氧化钷

以金属钍作还原剂，采用还原-蒸馏法可制得纯度较高的金属钷。还原炉料配比中钍粉过量5%；还原蒸馏炉内压力低于 1.33×10^{-3} Pa；还原温度1300℃，保温30min，停炉取出冷凝塔上的金属钷。剩余的炉料再进行第二次蒸馏，蒸馏条件：炉内压力低于 1.33×10^{-3} Pa，温度1600℃。

第三节 熔盐电解法制取稀土金属与合金

熔盐电解法制取稀土金属已有近百年的历史，世界各国用熔盐电解法制得的稀土金属年产量已达几千吨。此法成本低，设备简单，易于实现工业化，可以实现连续生产。目前熔盐电解法主要用来制备混合稀土金属、镧、铈、镨、钕及其它一些低熔点的稀土合金，而钐、钆、镝和钇等重稀土金属只限于小规模或实验室规模生产。

在稀土熔盐电解的研究与生产初期遇到的主要问题是如何获得耐稀土金属及稀土熔盐腐蚀的电解槽材料及纯度较高的原料。50年代以后，钼、钽、钨等高熔点金属材料工业应用的不断发展，为稀土金属制备提供了较好的容器材料。稀土元素的分离提纯采用了离子交换及溶剂萃取新技术，制备各种稀土卤化物的技术也有了长足的进展，这就为稀土金属的制备提供了质量较好的原料。同时不少研究工作者为熔盐电解制取稀土金属做了大量的研究工作。熔盐电解法目前已成为工业生产稀土金属的重要方法。

熔盐电解制取稀土金属及合金，按熔盐体系可分为氯化物和氟化物两类（见表14-4-14）；按电解方法又可分为液体阴极电解、可溶固体阴极电解和共析出电解。

表 14-4-14 电解制取稀土金属的熔盐体系

熔盐体系	电解质举例	稀土原料	金属产品	生产情况
氯化物熔盐体系	$KCl-RECl_3$（或 $RECl_3-NaCl$）	$RECl_3$	混合稀土金属、镧、铈、镨、钕及其合金	工业生产
氟化物熔盐体系	$REF_3-LiF-BaF_2-RE_2O_3$	RE_2O_3（REF_3）	混合稀土金属、镧、铈、镨、钕、钇、钆等及其合金	工业试生产

目前工业上大多采用氯化物体系电解稀土氯化物的方法生产混合稀土金属、镧、铈、镨、钕及稀土中间合金。而60年代初发展起来的氟化物体系电解稀土氧化物生产稀土金属的工艺方法，目前也用于工业生产。

一、氯化物熔盐体系电解制取稀土金属

熔盐电解制备稀土金属对稀土盐类电解质有一定的要求：

（1）稀土金属的盐类在组成的电解质盐中的溶解度应尽可能大；

（2）电解质的熔点要稍高于被制备稀土金属的熔点；

（3）组成电解质的盐类要比被还原的稀土盐类稳定。

（一）氯化物熔盐体系的物理化学性质

1. 熔盐的熔点

在稀土熔盐电解中，要根据所制备的稀土金属

和熔盐的熔点考虑选择电解质的组成。一般要求熔盐具有较低的熔点。熔盐熔点过高会增加稀土金属的二次反应，增加金属在熔盐中的溶解度，增加挥发损失。

KCl-$RECl_3$及 NaCl-体系的相图（可在稀土物理化学手册中查找）可选择熔点适宜的电解质组成。由于氯化稀土与氯化钾在熔融状态时形成络合物，生成一种或数种稳定的化合物，并且 K^+的析出电位约比 Na^+负0.2V，所以制备稀土金属多采用 KCl-$RECl_3$体系。

2. 电解质的密度

稀土金属比重较大，一般在电解时金属皆沉于槽底。在以镁作阴极电解稀土镁合金时，镁起初浮于电解质表面，但随着电解的进行，液态镁中的稀土量增加，使镁的比重增大，从而沉于槽底。电解质与金属、泥渣比重的大小将影响它们的分离。某些熔融氯化稀土和 $LaCl_3$-KCl、$LaCl_3$-NaCl 体系的密度列于表14-4-15～14-4-17。

表 14-4-15　某些熔融氯化稀土的密度

熔　盐	$d = a + bt$, g/cm₃		温度,℃
	a	$-b \times 10^{-3}$	
$LaCl_3$	3.7405	0.6519	895～996
$PrCl_3$	3.809	0.742	809～999
$NdCl_3$	4.010	0.930	839～984
$GdCl_3$	3.967	0.673	659～1007
$DyCl_3$	4.201	0.814	689～996
$ScCl_3$	d=1.63±0.01		1000
YCl_3	d=2.52−0.0005 (t−700)		

表 14-4-16　$LaCl_3$-KCl 体系的密度

$LaCl_3$ % (mol)	$d = a + bt$, g/cm³		温度,℃
	a	$-b \times 10^{-3}$	
0	1.8617	0.4982	855～980
5.2	1.9887	0.4987	871～990
13.9	2.2656	0.5921	806～991
24.9	2.5420	0.6269	860～978
38.3	2.8176	0.6169	831～989
50.3	3.3388	0.9174	765～985
59.3	3.2749	0.7294	864～962
69.9	3.4003	0.7120	851～995
84.5	3.6195	0.7411	878～965
100.0	3.7407	0.6519	895～996

表 14-4-17　$LaCl_3$-NaCl 体系的密度

$LaCl_3$ % (mol)	$d = a + bt$, g/cm³		温度,℃
	a	$-b \times 10^{-3}$	
0	1.9517	0.4977	859～985
4.99	2.1079	0.5280	833～1002
13.17	2.5542	0.5959	907～1001
20.87	2.5623	0.5687	815～991
33.30	2.9382	0.6638	881～1009
45.11	3.0733	0.6734	863～982
55.02	3.1250	0.5792	848～995
70.22	3.4319	0.6330	859～962
84.86	3.6154	0.6779	855～990

3. 电解质的粘度

稀土氯化物的粘度比 KCl、NaCl 和 $CaCl_2$的粘度大（KCl 在800℃时为1.08×10^{-3}Pa·s，NaCl 在816℃时为1.149×10^{-3}Pa·s，$CaCl_2$在 800℃时为4.94×10^{-3}Pa·s）。某些稀土氯化物的粘度见表14-4-18。

表 14-4-18　某些熔融稀土氯化物的粘度

氯化物	$\eta = a + bt + ct^2 + dt^3$, Pa·s				温度,℃
	$a \times 10^3$	$-b \times 10^{-1}$	$-c \times 10^3$	$d \times 10^5$	
$PrCl_3$	14.1106	1.0965	1.1776	1.0503	855～999
$NdCl_3$	32.4892	3.9029	1.8720	2.7019	886～967
$GdCl_3$	16.6960	−4.6156	9.7631	5.1603	787～960
$DyCl_3$	41.8454	3.4900	4.9510	4.5152	932～999

4. 熔盐的电导

某些熔融稀土氯化物、稀土氯化物与碱金属氯化物组成的电解质的比电导列于表14-4-19～14-4-21。

表 14-4-19 某些熔融稀土氯化物的比电导

氯化物	$k=a+bt+ct^2$, $\Omega^{-1}\cdot cm^{-1}$			温度,℃	氯化物	$k=a+bt+ct^2$, $\Omega^{-1}\cdot cm^{-1}$			温度,℃
	a	$b\times10^3$	$c\times10^6$			a	$b\times10^3$	$c\times10^6$	
$LaCl_3$	−2.1376	4.930	−1.324	892～1034	$GdCl_3$	−1.5036	3.3316	−0.7796	745～991
$PrCl_3$	−3.0331	7.0871	−2.7592	845～999	$DyCl_3$	−2.8508	6.6109	−2.9420	785～997
$NdCl_3$	−1.4670	3.2227	−0.3931	844～995					

表 14-4-20 $LaCl_3$-KCl 体系的比电导

$LaCl_3$ %(mol)	$k=a+bt+ct^2$, $\Omega^{-1}\cdot cm^{-1}$			温度,℃	$LaCl_3$ %(mol)	$k=a+bt+ct^2$, $\Omega^{-1}\cdot cm^{-1}$			温度,℃
	a	$b\times10^3$	$c\times10^6$			a	$b\times10^3$	$c\times10^6$	
0	−5.7416	16.408	−8.374	800～924	50.3	−1.2162	3.422	−0.480	811～938
5.2	−0.8456	3.820	−1.212	807～960	59.3	−2.7239	6.456	−2.273	831～941
13.9	−2.5990	6.828	−2.817	795～960	69.9	−4.4667	10.423	−4.481	819～943
24.9	−1.6079	4.222	−1.186	784～950	84.5	−1.7387	3.976	−0.789	881～988
38.3	−1.1009	2.934	−0.404	770～944	100.0	−2.1376	4.930	−1.324	892～1034

表 14-4-21 $LaCl_3$-NaCl 体系的比电导

$LaCl_3$ %(mol)	$k=a+bt+ct^2$, $\Omega^{-1}\cdot cm^{-1}$			温度,℃	$LaCl_3$ %(mol)	$k=a+bt+ct^2$, $\Omega^{-1}\cdot cm^{-1}$			温度,℃
	a	$b\times10^3$	$c\times10^6$			a	$b\times10^3$	$c\times10^6$	
0	5.5935	−6.419	4.527	843～933	45.11	−3.7242	9.364	−3.2092	791～933
4.99	−1.0939	19.161	−11.439	861～942	55.02	−15.9240	35.321	−17.974	863～949
13.17	−1.7952	6.892	−2.732	815～948	70.22	−0.8995	2.139	−0.259	891～953
20.87	−4.8636	12.310	−5.541	834～951	84.86	−1.5372	3.453	−0.484	882～991
33.30	−5.3039	12.352	−5.313	836～949	100.0	−2.1376	4.930	−1.324	892～1034

5.电解质的蒸气压

熔盐的蒸气压高,会使电解质挥发损失增大,稀土电解的直收率降低,同时也给尾气处理带来麻烦。表14-4-22～14-4-24列出了某些稀土氯化物的蒸气压。

表 14-4-22 稀土二氯化物的蒸气压,Pa

氯化物	$\lg P=A-B/T-C\lg T$		
	A	B	C
$SmCl_2$	20.01	14770	2.5
$EuCl_2$	19.48	14770	2.5
$YbCl_2$	19.65	14770	2.5

表 14-4-23 稀土三氯化物的蒸气压,Pa

氯化物	$\lg P=A-B/T-C\lg T$		
	A	B	C
$ScCl_3$	16.495	65000	9.061
YCl_3	44.294	17470	9.061
$LaCl_3$	44.108	18392	9.061
$CeCl_3$	44.136	18153	9.061
$PrCl_3$	44.106	17946	9.061
$NdCl_3$	43.966	17691	9.061
$PmCl_3$	43.975	17600	9.061
$SmCl_3$	43.945	17450	9.061
$EuCl_3$	43.915	17300	9.061
$GdCl_3$	43.885	17150	9.061

续表 14-4-23

氯化物	$\lg P = A - B/T - C\lg T$		
	A	B	C
$TbCl_3$	43.865	17000	9.061
$DyCl_3$	43.835	16850	9.061
$HoCl_3$	43.815	16700	9.061
$ErCl_3$	43.796	16624	9.061
$TmCl_3$	43.785	16480	9.061
$YbCl_3$	43.775	16380	9.061
$LuCl_3$	43.765	16280	9.061

表 14-4-24　$RECl_3$-KCl 体系在四种给定蒸气压下的温度（℃）

体　系	给定蒸气压，Pa			
	133	421	13.33	42.13
$2KCl\cdot LaCl_3$	959	1016	1083	1155
$KCl\cdot 3LaCl_3$	1087	1152	1225	1306
$3KCl\cdot 3CeCl_3$	888	985	1099	1237
$KCl\cdot 3CeCl_3$	1033	1105	1186	1277
$3KCl\cdot 2CeCl_3$	945	1037	1145	1271
$3KCl\cdot 2PrCl_3$	853	953	1052	1169
$KCl\cdot 2PrCl_3$	924	1011	1114	1235
$3KCl\cdot NdCl_3$	846	923	1014	1121
$KCl\cdot 2NdCl_3$	927	1019	1082	1175

（二）氯化物熔盐体系电解制备稀土金属的工艺流程

用熔盐电解法可制备全部稀土金属及各种稀土中间合金。但在工业生产中，熔盐电解法多用来生产混合稀土金属、镧、铈、镨和钕及这些金属的中间合金和钇的中间合金。这是因为，重稀土金属熔点较高，给电解工艺与设备带来许多困难，加之重稀土元素量少，采用电解法在经济上不够合理。氯化物体系电解制取稀土金属的工艺流程见图14-4-25。电解废渣处理工艺流程见图14-4-26。

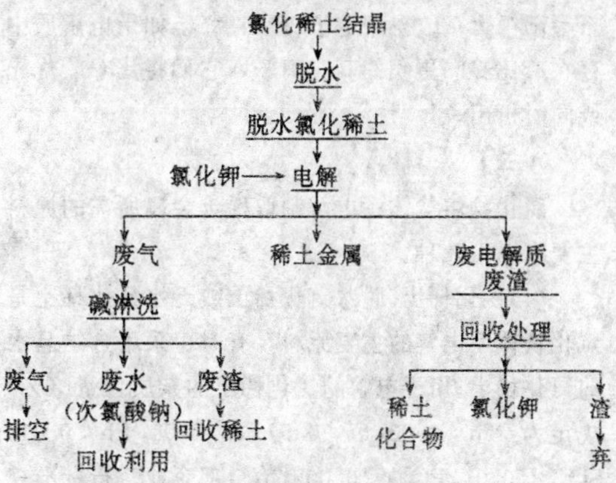

图 14-4-25　电解制备稀土金属的工艺流程

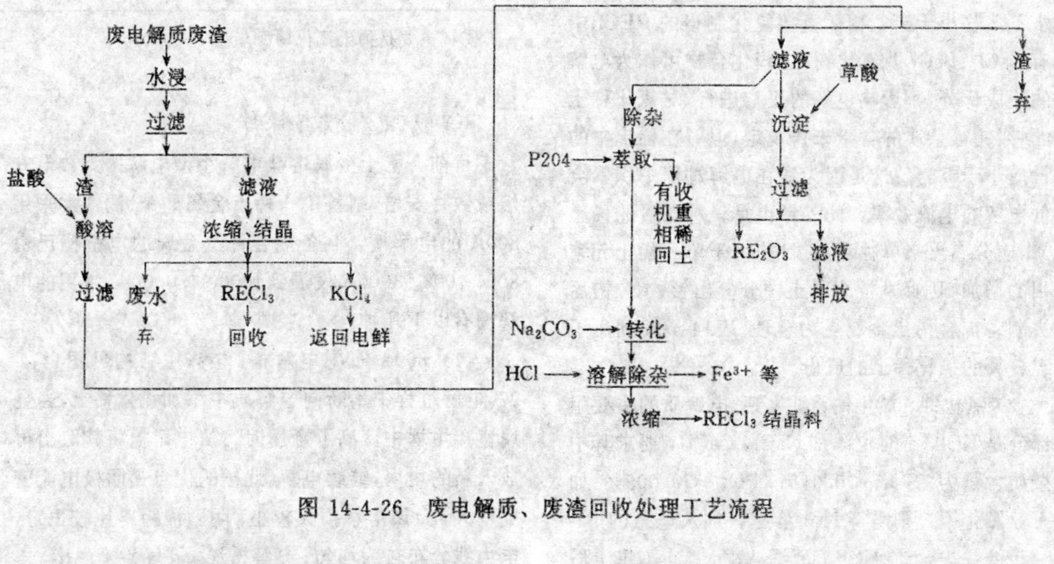

图 14-4-26　废电解质、废渣回收处理工艺流程

用稀土氯化物与碱金属氯化物熔盐体系电解制取稀土金属时，一般采用钼或钨作阴极。稀土金属的析出是在接近平衡电位下进行的，没有明显的过电位。稀土金属离子在阴极上放电直接还原成金属。

比稀土离子放电电位正的金属离子将先于稀土离子析出；放电电位负的金属离子在达到其析出电位值时也会在阴极上与稀土金属同时析出。例如，铁、镁及钙、钠等先于稀土或与稀土离子同时在阴极上还原成金属。

在氯化物体系电解中，有时以镁、铁等金属作为液态阴极或固体消耗阴极。稀土金属在阴极上析出后溶于液态阴极中或与铁等固体阴极材料作用生成低熔点合金，液态阴极中的稀土含量不断增加，固体阴极不断消耗。

稀土电解多以石墨或其它碳素材料做阳极，在石墨阳极上 Cl^- 得到电子，析出氯气。如果电解质中存在有比 Cl^- 更负的其它离子，它们将比 Cl^- 优先或同时析出。

（三）原料

氯化物熔盐体系电解制取稀土金属所需的原料主要有以下几种。

(1)氯化稀土。脱水氯化稀土或无水氯化稀土是氯化物体系电解的主要原料，有时也采用含结晶水的氯化稀土。用于电解的氯化稀土的杂质含量（%）规定为：Th<0.03，Si<0.5，Fe≤0.05，Pb<0.01，SO_4^{2-}<0.01，PO_4^{3-}<0.005。冶金部企业暂行标准规定，用于电解的结晶氯化稀土的杂质含量应为：SO_4^{2-} ≤0.03%，PO_4^{-3}≤0.01%，NO_3^- ≤0.05%，Fe_2O_3 ≤ 0.07%，BaO ≤ 0.8%，CaO ≤ 3.0%，NH_4Cl1.5～4.0%，水溶解试验：清。脱水氯化稀土中水不溶物小于5%。精矿直接氯化制得的 $RECl_3$ 中含有 $CaCl_2$、$BaCl_2$ 及氟化物，这些化合物可作为电解质的组成部分，不影响电解的正常进行。对氯化稀土中的钐、铕等杂质的含量未作规定，但钐在稀土中的含量应小于0.5%。这是因为钐在电解过程中积累会降低电解的电流效率，此外钐也是一种昂贵的稀土元素，应分离出来单独利用。目前由于单一稀土元素应用的增加，因此从混合稀土中分离出钐、钕、镨后再去制备混合稀土金属更为合理。表14-4-25列出了未经分离的氯化稀土的成份。

(2) 氯化钾、氯化钠、氯化钙。电解质的主要组成部分是 KCl，有时也添加 NaCl，$CaCl_2$，要求其中的杂质含量为：SO_4^{2-}<0.01%，PO_4^{3-}<0.005%。如用工业氯化钾，则需将 KCl 溶解，加入适量的 $BaCl_2$，过滤除去杂质。KCl 溶液经浓缩、结晶、烘干后可用于电解。

表 14-4-25 稀土氯化物成分（%）

来源	由独居石制得的含水 $RECl_3$	由氟碳铈矿制得的含水 $RECl_3$	氟碳铈矿氯化制得的无水 $RECl_3$
REO	46.2	46.0	66.0
其中 CeO_2	47.6	50.3	49.1
Pr_6O_{11}	5.0	4.2	4.7
Nd_2O_3	17.3	11.2	12.7
Sm_2O_3	2.9	1.3	1.6
La_2O_3+其它 REO	27.1	32.8	29.5
H_2O	28.5	29.0	0.5
Fe_2O_3	0.04	0.002	<0.01
P_2O_5	<0.01	<0.03	<0.01
Na_2O	0.1	0.15	0.16
MgO	0.1	0.1	0.09
CaO	0.9	0.19	1.3
SrO	—	0.2	0.3
BaO	—	0.24	1.1
不溶物	0.05	0.04	5.4①

① 主要是稀土氟化物。

（四）电解槽与操作

目前，稀土金属熔盐电解小型电解槽为数十安培或数百安培，制备单一稀土金属如铈、镧常常采用800A 的电解槽，制备混合稀土金属的电解槽已由800、1000、3000A 发展到10000、50000A。常用的电解槽有以下几种。

(1) 800A 石墨电解槽。电解槽结构见图14-4-27。电解过程中不断向电解质中添加氯化稀土，当金属盛接坩埚中聚满了金属时，从电解槽将其取出再放入新的坩埚，继续电解。此槽的优点是阴极电流密度较大，金属溶解损失较小；阴阳极距离比较恒定，电力线分布较为均匀；电解槽浅，氯气易于逸出，电解质循环良好；石墨槽本身作阳极有氯化消渣作用；电解槽结构简单，使用灵活方便；加料均匀，电解质组成、温度较为恒定。因此使用此槽电解，金属的收率与电流效率较高，制备混合稀土金属的电流效率可达55%，制备镧、铈可达65～70%。此槽的缺点是槽电压高，散热量大，电能消耗大，操作较繁杂，生产能力小，辅助材料消耗较大，成本较高。

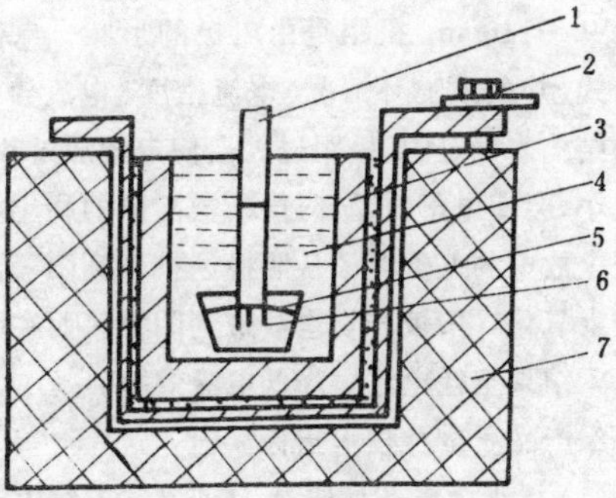

图 14-4-27 800A 石墨电解槽

1—瓷套管；2—阳极母线；3—石墨坩埚；4—电解质；5—稀土金属；6—阴极钼棒；7—砖砌炉台

(2) 3000A 陶瓷型电解槽。槽结构见图14-4-28。此槽的优点是槽电压低，电能消耗小；辅助材料消耗少；产量较大，劳动生产率较高。缺点是槽结构不够合理，电力线分布不够均匀；渣多，氯化稀土单耗高；槽温度不够均匀。

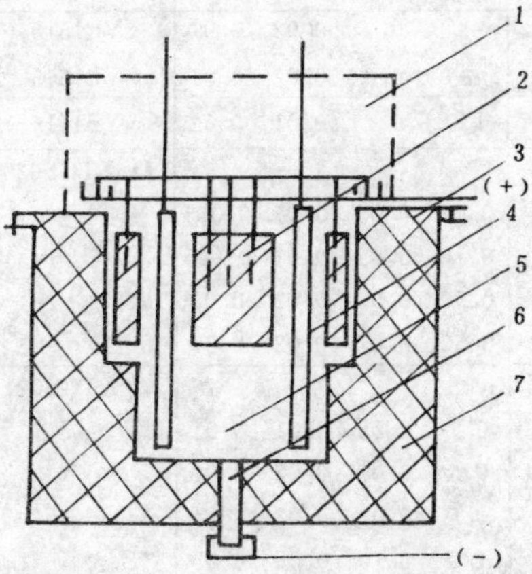

图 14-4-28 3000A 陶瓷型电解槽

1—风罩；2—大阳极；3—中阳极；4—上插阴极；5—阴极室；6—阴极导电棒；7—高铝砖

(3) 10000A 陶瓷型电解槽。槽结构见图14-4-29。此槽克服了3000A 槽的一些主要缺点，降低了

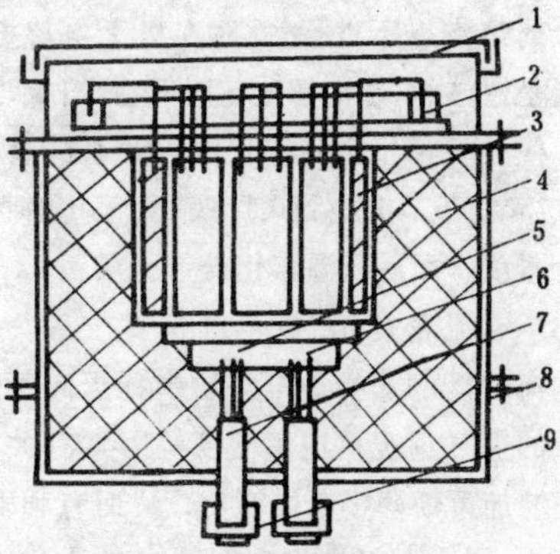

图 14-4-29 10000A 陶瓷型电解槽

1—风罩；2—阴极框；3—石墨阳极；4—高铝砖；5—炉膛；6—金属室；7—阴极导电棒；8—炉壳；9—阴极套

原辅材料电能消耗，降低了成本，提高了劳动生产率。但是极距较小，电解槽较深，金属溶解损失与二次作用较严重，电流效率不高，收率约85%。

(4) 50000A 电解槽。联邦德国哥德斯密特（Th Goldschmidt AG）公司电解制取混合稀土金属即采用这种大型电解槽。该槽是长约3m，宽约2m 的长方形，深约0.6m。电解槽底部为阴极，上部悬挂数根圆形石墨阳极。电解得到的金属聚集在槽底，可周期性地将金属从槽底放出。电解过程中，电解槽用上盖盖严，氯气通过管道排出。该电解槽的电流效率可达70%。

(五) 电解工艺条件与技术指标

1. 电解工艺条件

(1)电解质组成。电解质一般由稀土氯化物与氯化钾或氯化钠组成（在生产中电解质中往往含有$CaCl_2$、$BaCl_2$）。电解质中的$RECl_3$含量一般为20～50%（重量）。若稀土氯化物含量过低，则K^+（或Na^+）与RE^{3+}会共同析出；如果过高，则电解质因易与水和氧作用而变粘，使电阻增大，稀土在熔盐中的损失增加。

(2) 电解温度。电解混合稀土金属的温度为820～900℃，最佳870℃；电解金属铈820～910℃，最佳850～870℃；电解金属镧930～960℃，最佳约930℃；电解金属镨940～960℃，最佳950℃。若电解温度过低，则电解质粘度增加，金属分散于电解质中不易凝聚；若温度过高，则金属损失增大，电解质挥发损失增加，电解质及金属与电解槽作用增强，电流效率与金属收率及金属质量都会降低。

电解也可在较低温度下进行，即在低于所要制备的金属熔点以下进行。此时在极上电解析出的稀土金属呈树枝状，在电解一定时间后，升高电解槽的温度，使枝状稀土金属熔化成为致密的金属锭。例如，在750℃下 $NdCl_3$-NaCl-KCl 体系电解可得到树枝状金属钕，而后升温熔化得到金属钕。

(3) 电流密度。阳极电流密度一般为3～6A/cm²。电流密度的选择与电解质中稀土离子的浓度、电解质的循环情况及电解温度等因素有关。阴极电流密度增加可使阴极电位变负，从而有利于稀土金属的析出。增大阴极电流密度可改变稀土金属在电解质中的溶解量与析出量的相对比例，减少金属的相对损失，提高电流效率。但阴极电流密度过大，会使电解质中的碱金属离子被还原的几率增加，阴极区和电解质可能过热。

阴极电流密度一般为0.6～1A/cm²。若阳极电流密度太小，则阳极面积增加，电解槽的容积势必增大。而若阳极电流密度过大，则电解质循环加剧，二次作用增加，金属损失增大，可能发生阳极效应。例如 $LaCl_3$-KCl 熔体在930℃时阳极电流密度的临界值为1.5～2.5A/cm²，超过这一数值则产生阳极效应。

考虑电解质中金属离子的扩散速度、电解槽的容积、电解质的循环和保温等情况，体积电流密度一般选择0.035～0.3A/cm³。

(4)极距。不同结构的电解槽，极距也不相同，一般为40～110mm。极距是由电极的形状、电极的配置方式、电解质循环情况、电流密度、电流分布及电解槽结构来确定的。极距过大会使电解质过热。但极距过小，会使电解质循环过快，被溶解的稀土金属和未完全放电的低价离子从阴极区扩散到阳极区而在阳极上氧化，阳极产物也被带到阴极区而在阴极上还原，结果空耗电流，降低电流效率。

2.产品质量及技术指标

(1) 稀土金属产品质量。工业上，电解生产的混合稀土金属纯度一般为98%，其中非稀土杂质主要是铁（最高含量可达1%）；单一稀土金属纯度可达99%。表17-4-26列出了氯化物电解法制得的稀土金属的产品标准。

表 14-4-26 稀土金属企业标准

产品名称	产品牌号	化学成分，%						企业标准编号
		总稀土金属含量（不小于）	稀土中铈含量（不小于）	杂质含量（不大于）				
				Fe	Si	S	P	
混合稀土金属	XtCe45—1	95	45	1	0.2	0.02	0.01	YB1515—77
	XtCe45-2	98	45	3	0.3	0.02	0.01	YB1515—77
富镧混合稀土金属	XtLa-40	98	40	1.0	0.2	0.01	0.02	YB1516—77
金属镧		Ce+Pr+Nd+Sm+Y						Q/XTGS020—79
	La-1	0.1		0.05	0.05	0.01	0.005	
	La-2	0.5		0.10	0.05	0.01	0.005	
	La-3	1		0.50	0.07	0.02	0.01	
	La-4	2		0.50	0.07	0.02	0.01	
金属铈		金属铈纯度（不小于）						Q/XTGS021—79
	Ce-1	99.9		0.1	0.05	0.01	0.01	
	Ce-2	99.5		0.5	0.07	0.02	0.01	
	Ce-3	99.0		0.5	0.07	0.02	0.01	
	Ce-4	98		1.0	0.10	0.05	0.05	
金属镨		La+Ce+Nd+Sm+Y						上海跃龙化工厂产品目录，1980年编
	Pr-2	0.1		0.3	0.07	0.02	0.01	
	Pr-3	0.5		0.5	0.07	0.02	0.01	
	Pr-4	1.0		0.5	0.07	0.02	0.01	
	Pr-5	2.0		1.0	0.07	0.02	0.01	
	Pr-6	5.0		2.0	0.10	0.05	0.02	

续表 14-4-26

产品名称	产品牌号	化学成分,%						企业标准编号
		总稀土金属含量（不小于）	稀土中钕含量（不小于）	杂质含量（不大于）				
				Fe	Si	S	P	
金属钕		La+Ce+Pr+Sm						Q/XTGS023-79
	Nd-1	0.10						
	Nd-2	0.50						
	Nd-3	1.00						
	Nd-4	2.00						

(2) 技术指标。工艺技术指标主要有以下几项。

1)直收率。在电解制备稀土金属时，随使用的原料，及工艺条件的不同，稀土的直收率一般为75～90%。由于稀土原料较贵，因此提高稀土的收率对降低成本影响很大。

2) 电流效率。氯化物体系电解制取稀土金属的电流效率较低，一般为25～60%，电流效率不仅可反映电能的利用率，而且也反映了电解槽的生产率，它是电解的一项重要指标。

3)电耗。电解制取稀土金属的电能消耗较大，生产1kg 金属耗电12～40kWh。降低电耗的途径是提高电流效率，降低槽电压。电解过程中，能量消耗除用来分解氯化稀土得到稀土金属和氯气外，其余主要消耗在：尾气带走（占50%）；辐射与炉体传热损失（占40%）；$RECl_3$和 KCl 熔化热；阴极棒和阳极导体散热等方面。电解实践中为了避免电解槽过热，一方面要使电解槽的多余热量散发出去，另一方面要减小极距，选择电阻低的电解质，减少各接触点的电阻，使槽电压减小，降低电耗。

表14-4-27、14-4-28列出了制备混合稀土金属和单一轻稀土金属的电解工艺条件及技术指标。

表 14-4-27　各种电解槽生产混合稀土金属工艺条件和技术指标

电解槽结构、工艺、指标	800A 型	3000A 型	10000A 型
结构材料	石墨	高铝砖	高铝砖
阳极材料	石墨槽	石墨排片	石墨排片
阴极材料	ϕ9mm 钼棒	钼棒	钼棒
电解质组成	$RECl_3$-KCl	$RECl_3$-KCl	$RECl_3$-KCl
$RECl_3$含量（折成 RE_2O_3计）,%	26±4	28±4	28±4
电解温度,℃	870±20	860±20	870±20
极距，cm	3～4	约5（钼棒阳极间）或12（金属阳极间）	约4（钼棒阳极间）或12（金属阳极间）
平均电流，A	约750	约2500	约9000
平均电压，V	约16	10～11	8～9
阳极电流密度，A/cm^2	0.95±0.05	0.80±0.05	0.45±0.05
阴极电流密度，A/cm^2	6±1	约2.5	约2.5
电解质体积电流密度，A/cm^3	0.18±0.02	0.08±0.005	0.035±0.005
电流效率,%	50～60	约30	25～30
电耗，kWh/kg 金属	＞30	27～30	20～25
直收率,%	约90	约80	约85
单耗结晶 $RECl_3$，kg	约2.8	约3.2	约3.0

表 14-4-28 电解制取混合稀土金属、镧、铈、镨、钕的工艺条件与结果

槽型结构、工艺、指标	富镧混合稀土金属	镧	铈	镨	钕
槽型	石墨槽	石墨铁壳槽	陶瓷槽	石墨铁壳槽	石墨槽
结构材料	石墨	石墨	高铝砖	石墨	石墨
金属盛接器	瓷坩埚	瓷坩埚	高铝砖	瓷坩埚	氧化铝坩埚
阳极材料	石墨槽	石墨坩埚	石墨	石墨坩埚	石墨槽
阴极材料	钼	钼	钼	钼	钨
电解质组成	$RECl_3$-KCl	$LaCl_3$-KCl	$CeCl_3$-KCl	$PrCl_3$-KCl	$NdCl_3$-KCl
$RECl_3$含量,%（重量）	35～50	25～40	35～50	25～40	约60
电解温度,℃	930	920	870～910	900～950	1050
极距，mm	30～50	30～50	40～50（平行电极间）90～110（上下电极间）	30～50	20
电解槽气氛	敞口	敞口	敞口	敞口	氩气氛
平均电流，A	800	800	2500	800	10
平均电压，V	14～18	14～18	10～11	14～18	
阳极电流密度，A/cm^2	0.95±0.05	0.95±0.05	0.8	0.90±0.05	0.059
阴极电流密度，A/cm^2	约5	4～7	2.5	4～7	6.3
体积电流密度，A/cm^3	0.18±0.02	0.20±0.02	0.082	0.20±0.05	—
直收率,%	90	90～95	—	约90	13～19.7
电流效率,%	50～60	70～75	63	60～65	37～50
电耗，kWh/kg 金属	约30		约15		
单耗结晶 $RECl_3$，kg	2.7～2.9		3～3.1		

(六)影响氯化物熔盐体系电解制取稀土金属的几个问题

1. 稀土金属的溶解损失及二次作用

在熔盐电解制备金属过程中，制得的金属和其自身熔盐之间相互作用，使金属溶解或分散于电解质中，在熔盐中造成溶解损失。溶解的金属通过电解质的对流和扩散又被带至阳极区，或者与电解质中的阳极气体相互作用（如与氯气作用），又重新生成电解原料，从而空耗电流，降低电流效率。表14-4-29中列出了稀土金属在其自身熔融氯化物中的溶解度和电流效率之间的关系。

表 14-4-29 单一稀土金属在 $RECl_3$ 中的溶解度与电流效率的关系

金属	熔盐	温度 ℃	溶解度,% (mol)	电流效率 %	金属	熔盐	温度 ℃	溶解度,% (mol)	电流效率 %
La	$LaCl_3$	1000	12	80	Sm	$SmCl_3$	>850	>30	0
Ce	$CeCl_3$	900	9	77	Mg	$MgCl_2$	800	0.2～0.3	>80
Pr	$PrCl_3$	927	22	60	Li	LiCl	640	0.5±0.2	
Nd	$NdCl_3$	900	31	50.1					

2. 钐、铕等离子对混合稀土金属电解的影响

电解单一轻稀土氯化物制备稀土金属的电流效率一般随制备稀土金属的原子序数增加而降低。各种稀土元素在电解过程中的行为不同。用固体阴极在 $SmCl_3$-KCl 体系中电解 $SmCl_3$ 几乎得不到金属钐。钐是一种变价元素，镨、钕等也有变价行为。这些元素在电解过程中除溶解在电解质中外，还在阴极上还原成低价化合物，又在阴极上氧化，如此循环，空耗电流，降低电流效率。在混合稀土电解中发现，钐随电解的进行明显地在电解质中积累，使电流效率明显降低。表14-4-30所列数据是在3000A 电解槽中使用含钐量不同的氯化稀土原料在 $RECl_3$-KCl 体系中连续电解7天后得到的电解质中的钐含量及电流效率的变化规律。电解质中的 Sm_2O_3 含量及其积累速度是由电解质中钐的起始浓度和原料中的钐含量决定的。

表 14-4-30　电解质中钐的积累与电流效率的关系

原料中 Sm_2O_3 含量，%	Sm_2O_3 和电流效率	电解时间，d						
		1	2	3	4	5	6	7
＜0.3①	Sm_2O_3/RE_2O_3，%	3.95	5.35	5.25	5.35	4.80	4.80	7.35
	电流效率，%	49	47.5	47.8	46.2	45.9	46.9	44.5
约1.5②	Sm_2O_3/RE_2O_3，%	9.97	14.4	15.5	17.0	17.87	18.17	18.7
	电流效率，%	46.4	45.3	41.0	42.1	40.0	40.5	38.3
6.0①	Sm_2O_3/RE_2O_3，%	21.6	29.3	28.8	30.75	30	29	28.6
	电流效率，%	37.8	33.6	26.6	28.5	25.3	23.2	23.8

①　两次试验平均值；

②　三次试验平均值。

铕、镱在电解过程中的行为与钐相似。镨、钕在混合稀土原料中分别占6～8、11～22%，这两种元素对电解过程也有较大的影响。与镧和铈相比，镨和钕在其自身氯化物熔体中的溶解度要高得多，电解制取金属的电流效率也较低。镨、钕对混合稀土电解过程也有较大的影响。随电解的进行，钕在电解质中的含量有较明显的增加，在电解过程中各稀土元素的相对含量也有较明显的变化。

3. 电解质中杂质的影响

电解质中杂质主要是由电解质的组成部分如KCl、NaCl、$RECl_3$等以及电解槽结构材料和操作过程带进的。在氯化物体系电解中，规定工业上用于电解的氯化稀土原料的杂质含量（%）为：Pb＜0.01，Fe≤0.05，Si＜0.5，Th＜0.03，SO_4^{2-}＜0.01，PO_4^{3-}＜0.005。氯化稀土中的杂质可分为金属杂质和非金属杂质。

(1)金属杂质。1000℃下三价稀土氯化物的分解电压为2.9～2.4V，$CaCl_2$、NaCl、KCl、$BaCl_2$等的分解电压在2.9V 以上，其它杂质如 $MgCl_2$、$ThCl_4$、$PbCl_2$、$FeCl_3$、$NiCl_2$等的分解电压都较稀土氯化物低。这些杂质在电解过程中将优先或同时与稀土离子析出进入金属。此外，铁还会在阴极和阳极上发生 $Fe^{3+} \rightleftharpoons Fe^{2+}$ 而消耗电流。铝、铅、硅、铁等杂质与稀土金属生成高熔点化合物，如 $CeAl_2$、$CeFe_5$、$CeSi_2$ 等，它们的熔点都在1000℃以上。钙、钡等电位较负的杂质在电解过程中基本不析出，所以在电解质中逐渐积累。特别当原料是精矿高温加炭氯化获得的 $RECl_3$，因其含 $CaCl_2$ 和 $BaCl_2$ 较多，电解时 Ca^{2+}、Ba^{2+} 更易在电解质中积累。

(2) 非金属杂质。非金属杂质 SO_4^{2-}、PO_4^{3-} 等在电解过程中与稀土金属作用，生成稀土氧化物和硫磷的化合物，或者生成高熔点的硫化物或磷化物聚集在阴极上，或分散于电解质中，影响金属的凝聚。电解质中的碳与稀土金属作用生成高熔点化合物，妨碍金属凝聚，形成大量的金属雾而被氧化。如果电解质中含有0.75%的石墨粉，则电解得不到金属。在电解中要避免石墨坩埚或电极空烧氧化，使石墨粉进入电解质中。

4. 电解过程中泥渣的生成问题

电解制备稀土金属过程中常常生成一种深棕色（黑色）泥渣，其主要成分是稀土氧化物和稀土氧氯化物。这种泥渣比重较大，沉于槽底，覆盖金属表面（有时也附着在阴极表面），影响电解的正常进行。在有泥渣生成的情况下电解得到的金属常常呈细小颗

粒分散于泥渣中，使电流效率、稀土收率大大降低。电解过程中泥渣的生成可能有以下几种情况：金属、电解质与水分和氧的作用；电解槽结构材料与熔盐作用；石墨与稀土金属作用；稀土金属与氮反应生成REN；稀土金属与铁、铅、硅等作用生成高熔点化合物。

二、氟化物熔盐体系电解制取稀土金属

（一）工艺流程

氟化物熔盐体系电解稀土氧化物制取稀土金属的工艺流程见图14-4-30。采用此工艺制备稀土金属对电解质有如下要求：

（1）在电解温度下蒸气压低；

（2）稀土氧化物在氟化物电解质中的溶解度大；

（3）在电解质熔盐中不存在先于阳极上形成CO而析出的阴离子；

（4）在阳离子中不能有先于稀土离子被还原析出的离子。一般氟化物中能满足上述要求的只有LiF、CaF_2和BaF_2，它们比稀土氟化物更为稳定，不会在电解中与稀土离子共还原。在氟化物熔盐中添加氟化锂可使相应的稀土氟化物在氧化物中的溶解度增加，使熔体的电导增加；添加BaF_2可使氟化物的熔点降低。CeF_3-LiF、YF_3-LiF体系状态图示于图14-4-31、14-4-32。

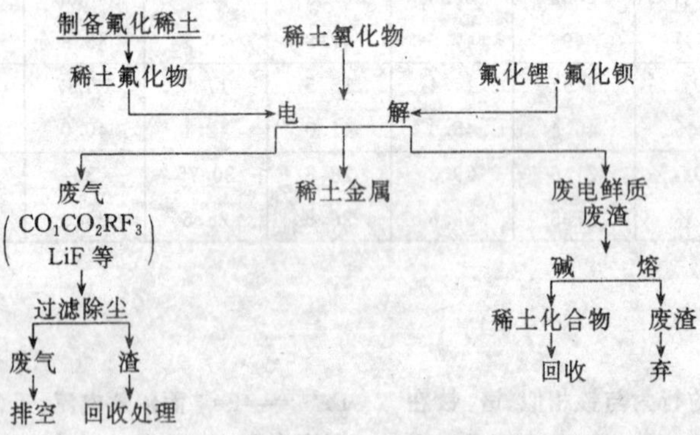

图 14-4-30 氟化物熔盐体系电解稀土氧化物工艺流程

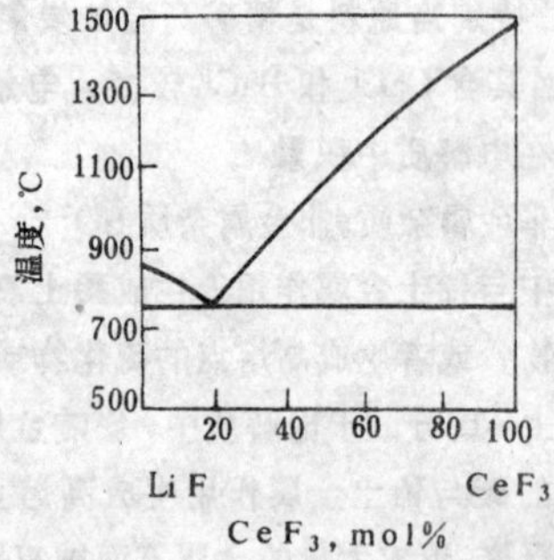

图 14-4-31 CeF_3-LiF体系状态图

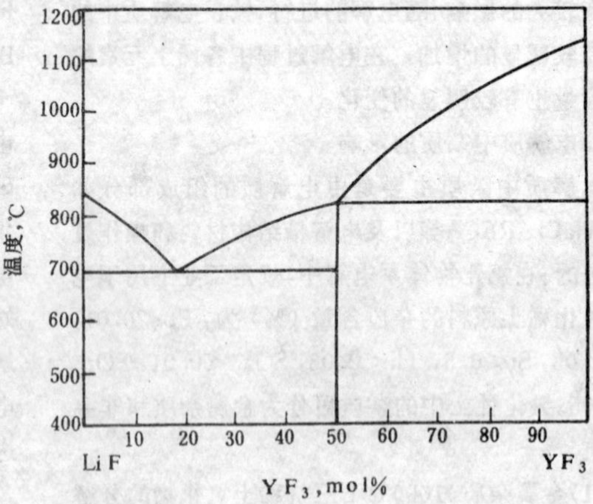

图 14-4-32 YF_3-LiF体系状态图

（二）原料

电解选用的原料纯度对电流效率、稀土收率等技术指标有较大的影响。氟化物熔盐体系电解稀土氧化物对稀土氧化物中的杂质含量目前尚无统一规定的标准，但可以肯定，PO_4^{3-}和SO_4^{2-}是影响电解过程的主要杂质。

稀土氧化物由氢氧化物、碳酸盐或草酸盐等煅烧而成，其杂质含量及电解情况见表14-4-31。

表 14-4-31 稀土氯化物中杂质含量对电解过程的影响

序号	氯化物中杂质含量,%					电流效率 %	稀土收率 %	电解情况
	PO_4^{3-}	SO_4^{2-}	Fe	Na_2O	CaO			
1	1.43	1.43	1.45	0.1	0.84	82.5	85.2	槽底及阴极棒上有粘附物
2	0.0035	0.22	0.033	0.22	—	87.3	90.3	电解质流动性差
3	0.057	0.18	0.076	—	—	92.3	96.4	电解质流动性好

稀土氟化物可用湿法氟化或火法氟化来制备。氟化物中氧、磷、硫等杂质影响电解过程的正常进行。表14-4-32列出了氟化物中杂质含量及其对电解技术指标的影响。

表 14-4-32 氟化稀土中的杂质含量及对电解过程的影响

序号	氟化稀土成分,%					电流效率,%	稀土收率,%
	RE_2O_3	Fe	PO_4^{3-}	SO_4^{2-}	F		
1	77.25	0.040	0.0008	0.091	31.20	93	96.4
2	75.90	0.146	0.003	0.304	29.20	83.8	86

氟化锂、氟化钡、PO_4^{3-}、SO_4^{2-}等杂质含量要低,使用前烘干。

（三）设备及操作

根据要制备的稀土金属的熔点、电解规模及对产品纯度的要求，需采用不同结构的电解槽。

1.连续电解间断排放金属铈的电解槽

电解槽结构见图14-4-33。该槽由9根钼棒为阴极,中心石墨管为阳极,氧化铈以一定速度从石墨管状阳极的中孔加入电解槽内。电解得到的金属铈由钼阴极滴下,聚集在衬有钼片的下部电解槽内。在用交流电加热钼制浇铸管时，金属铈熔化流入槽中铸成锭。电解温度850℃，电流785A，槽电压8.5V，三天制得12.26kg金属。金属中含0.076%Mo，0.002%W。

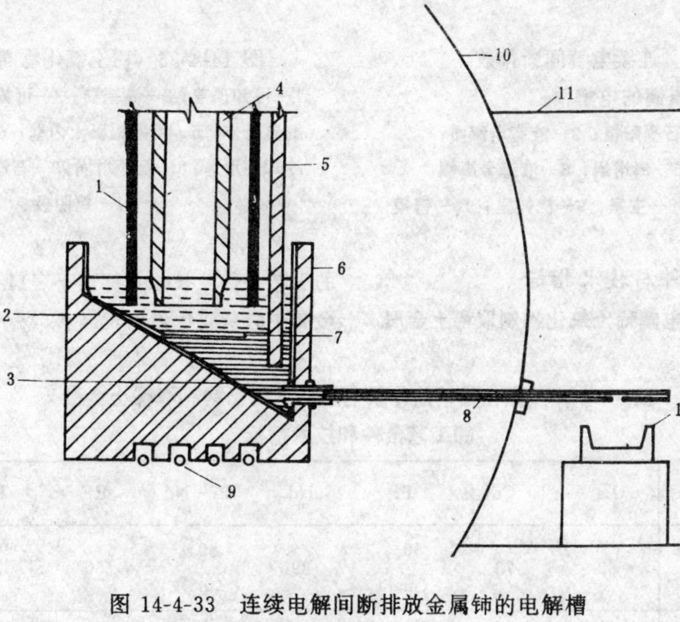

图 14-4-33 连续电解间断排放金属铈的电解槽

1—钼阴极；2—熔融电解质；3—金属盛接槽；4—管状阳极；5—钼棒；6—石墨电解槽；7—液态金属铈；8—钼制金属排放管；9—加热元件；10—主室；11—浇铸室；12—铸模

2.连续电解间断排放金属镧的电解槽

电解槽结构见图14-4-34。槽中心插入一钼棒为阴极，其周围有8个石墨阳极，用钨制坩埚盛接金属镧，由钼管排放金属镧。电解质组成为48%LaF_3-25%LiF-27%BaF_2，电解温度950～1000℃，金属中主要杂质是碳（高达0.12%）。如采用此电解槽电解处理过的氟碳铈镧矿以制取混合稀土金属，则电解质组成50%REF_3-30%LiF-20%BaF_2，电解温度950℃，电流980A，电压8.5V，电流效率37%。

3.高温电解槽

电解槽结构见图14-4-35。电解槽以两根石墨棒为阳极，一根钨棒为阴极。经阳极通交流电加热电解质，电解温度可达1700℃。在电解槽下部的铜冷却器中通氦气或空气，使下部温度低于制取金属（钇、钆或镝）的熔点300～500℃。电解质由YF_3（或其它稀土氟化物）与LiF组成。金属与电解质作用较严重，也与石墨作用，稀土收率较低。钇、镝中含碳大于0.08%，钆中含碳0.05%。

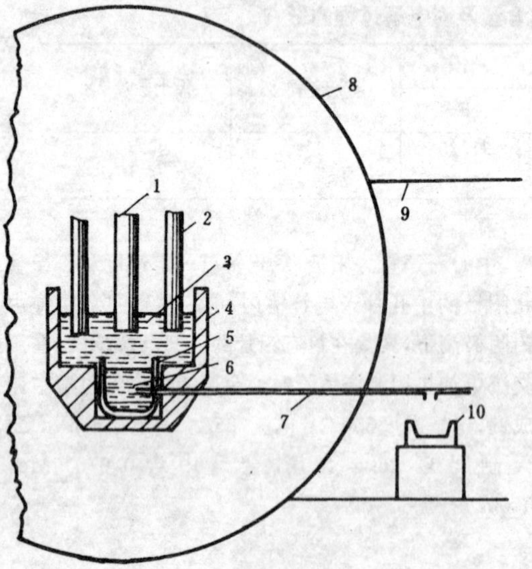

图 14-4-34 连续电解间断排放金属镧的电解槽

1—钼阴极；2—石墨阳极；3—液态电解质；4—石墨电解槽；5—钨坩埚；6—液态金属镧；7—钼制金属排放管；8—主室；9—浇铸室；10—铸模

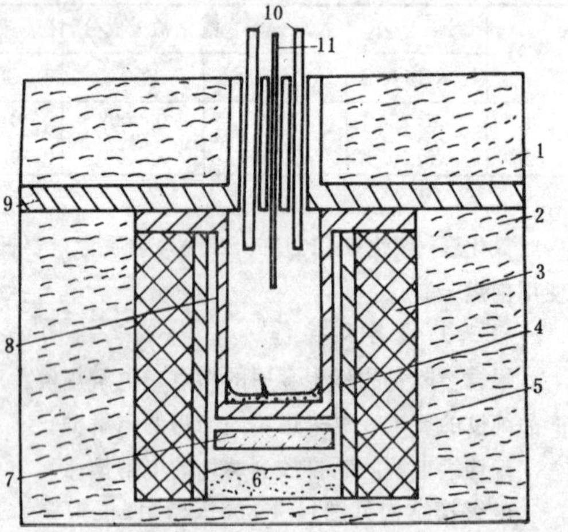

图 14-4-35 稀土氧化物高温电解槽

1—可卸顶盖；2—高铝砖；3—可铸铝矾土；4—凝结电解质壳体；5—熔融铝矾土内壁；6—铝矾土颗粒；7—冷却蛇形管；8—石墨坩埚；9—石墨层；10—石墨阳极；11—钨阴极

（四）工艺条件与技术指标

氟化物熔盐体系电解稀土氧化物制取稀土金属的工艺条件及技术指标列于表14-4-33。制得的稀土金属中的杂质含量见表14-4-34。

表 14-4-33 氟化物熔盐体系电解稀土氧化物制取稀土金属的工艺条件和技术指标

稀土金属	La	Ce	Pr	Nd	Pr－Nd	RE	RE	Gd
电解质组成，%（重量） REF_3	60	73	50% (mol)	89	50% (mol)	50	73	50% (mol)
LiF	27	15	50% (mol)	11	50% (mol)	30	17	50% (mol)

续表 14-4-33

稀土金属	La	Ce	Pr	Nd	Pr—Nd	RE	RE	Gd
BaF_2	13	12	—	—	—	20	10	
电解质温度,℃	946	870～900	1030	1098	1115	950	930±10	1370
电解槽底温度,℃	711		800	740	770			810
电流强度，A	159	600	50	55	60	980	1631	95
阴极电流密度，A/cm^2	6.2	32	6.0	6.9	9.6	8.0	12.9	31.4
阳极电流密度，A/cm^2	1.5	5.23	0.3	0.6	0.6	1.0	1.86	1.0
平均槽电压，V	12	11	19	27	24	8.5		27
电解槽气氛	惰性	敞口	惰性	惰性	惰性	惰性	敞口	惰性
RE_2O_3加入速度，g/s	4.9	17.05	3.0	2.6	2.3	14.4	55	
电解时间，h	3	3.3	1.1	2	1.4	10	26	0.7
RE_2O_3利用率,%	60	～100				98②	90.4③	
电流效率,%	57	80.5①	88	77	55	37	73.4	53

① 此为按三价铈计，若按四价铈计应为106%；

② 用处理过的氟碳铈镧矿，基本上是 RE_2O_3和少量氟化物的混合物；

③ 用混合稀土氧化物作原料。

表 14-4-34　镧、铈、镨、钕的杂质含量（%）

金属	Al	Ba	Ca	Cu	Fe	Mo	W	Si	Li	Mg	O	C	N	F
La①	0.002	<0.01	0.002	0.002	0.003	0.008	—	0.013	0.014	0.007	0.025	0.024	0.002	—
Ce	0.012	—	0.001	0.005	0.030	0.035	—	0.005	0.002	0.001	0.010	0.020	—	—
Pr	0.010	—	0.005	—	0.012	—	0.020	0.003	—	0.003	0.018	0.010	0.002	0.030
Nd	0.002	—	0.005	—	0.012	—	0.020	0.005	0.013	0.005	0.015	0.014	0.001	0.040

① 5次试验的平均值。

三、熔盐电解制取稀土中间合金

制取稀土中间合金的目的是：

(1) 以锌、镉、镁等熔点低且蒸气压高的金属为合金化元素，电解制得的合金经蒸馏除去这些元素即可得到纯稀土金属；

(2) 制备的稀土中间合金可直接用作其它金属的添加剂，例如 Nd-Mg、Y-Al 中间合金可作为有色金属的添加剂，Nd-Fe 合金可作为 Nd-Fe-B 永磁合金的原料。

(一) 制备稀土中间合金的基本过程

熔盐电解法制取稀土合金可以在氯化物体系或氟化物体系电解质中采用液体阴极、固体阴极以及共析法进行。有关分类及工艺特点见表14-4-35。

1. 液态合金组元金属阴极电解

表 14-4-35 熔盐电解法制取稀土中间合金的工艺及特点

体系	工艺		特点	应用实例
氯化物熔盐体系	电解质 $RECl_3$-KCl（有时添加 NaCl、$CaCl_2$，CaF_2等）；电解原料 $RECl_3$；电解温度850～900℃	液体阴极	1. 以所要制备的合金组元做阴极，在电解温度下阴极呈液态 2. 电解过程中液体阴极中的稀土含量逐渐增高，获得所需成分的合金	Y-Mg，Y-Al，Ce-Al，Nd-Mg，Bi-RE Gd-Cd，Zn-Sm
		固体阴极	1. 以所要制备的合金组元金属做固体阴极，在电解温度下制得的合金呈液态 2. 电解过程中形成低熔点的稀土合金从固体阴极上滴下	Nd-Fe
		共析出	1. 采用惰性阴极，电解质由所要制备的合金组元与稀土的同名化合物与氯化钾组成 2. 电解过程中阴极上同时析出稀土金属与合金组元金属，并生成合金	Y-Mg，Nd-Mg，Al-Y
氟化物熔盐体系	电解质 REF_3-LiF-BaF_2；电解原料 RE_2O_3，电解温度850～1050℃	液体阴极		Y-Mg，Y-Al
		固体阴极		Sm-Fe，Nd-Fe，RE-Co，Y-Ni，(Mn、Cr、Fe、Co、Ni）和（Y、La、Ce、Pr、Nd、Sm、Gd、Dy 及某些混合金属）
		共析出		Al-Y，Al-RE

氯化物体系和氟化物体系电解制取稀土中间合金的基本过程与制备单一稀土金属相似，唯采用液态合金组元金属作阴极，阴极的去极化作用明显。800℃下等摩尔的 KCl-NaCl 熔体中钕与钇在固体钼及液体阴极上析出电位和两者的电位差列于表14-4-36。稀土离子在液态阴极上的析出电位比在固态钼阴极上偏正是由于稀土在液态阴极上析出，与阴极金属形成合金，稀土的活度比在钼阴极上大为降低的缘故。由涅恩斯特方程 $\varphi=\varphi^{\circ}+\frac{RT}{nF}\ln\frac{a_{RE}{}^{n+}}{a_{RE}}$ 可知，在其它条件不变的情况下，电极电位值随 a_{RE} 的减小而增大，使稀土离子的析出电位值向正方向偏移。所以在电解稀土合金时，槽电压要大幅度低于电解单一稀土金属的槽电压。在以液态金属作阴极时，因液态阴极（如镁）的比重较电解质的比重小，液体阴极浮于电解质的表面。随着电解的进行，液体阴极中的稀土含量增加，合金比重随之增加，最后沉于槽底。在液态阴极上析出的稀土金属与阴极金属的合金化反应是在液态阴极表面进行的。因此电解过程中对液态阴极的搅拌有利于稀土在合金中的扩散，有利于电流效率和稀土收率的提高。

表 14-4-36　钕和钇在钼和液态阴极上的析出电位

Nd	阴极金属	Mo	Sb	Bi	Ga	Sn	Zn	Pb	In
	析出电位 φ, V	−3.28	−2.05	−2.21	−2.23	−2.25	−2.38	−2.40	−2.42
	电位差 $\Delta\varphi$, V		1.23	1.07	1.05	1.03	0.90	0.88	0.86
Y	阴极金属	Mo	Sb	Bi	Sn	Al	Pb	In	Zn
	析出电位 φ, V	−3.31	−2.18	−2.29	−2.40	−2.43	−2.59	−2.59	−2.65
	电位差 $\Delta\varphi$, V		1.13	1.02	0.91	0.88	0.72	0.72	0.66

在液态阴极上析出稀土的优点是：稀土金属的活度比在固态钼阴极上大为降低，因此减少了稀土金属与熔盐、坩埚材料、空气、氯气间的二次作用；RE^{n+}的析出电位大幅度向正方向偏移。

2. 固体消耗阴极电解

在固体合金组元金属为阴极电解稀土化合物取稀土合金时．若合金组元金属的熔点较高（如以铁、镍、钴做阴极），电解温度应在阴极熔点以下，但高于稀土金属与此阴极金属生成的合金的熔点，电解生成液态合金。得到的液态合金与固体阴极分离沉于槽底，而阴极又露出新的阴极表面，继续电解。随着电解的进行，固体阴极不断消耗，逐渐下降至电解质中。电解制取稀土合金过程包括：稀土离子在阴极上放电析出稀土金属；析出的稀土金属与阴极金属之间相互扩散形成合金。金属扩散、合金化过程是电解制备合金的控制步骤。

3. 共析出法制备稀土合金

在稀土熔盐电解过程中，将稀土化合物及合金组元金属的化合物同时添加到电解质中，使两种金属离子在阴极上同时析出可制得稀土合金。几种离子在阴极上共同放电的最基本条件是它们的析出电位相等。以氯化物熔盐体系共沉积 Y-Mg 合金为例，即 $\varphi^{Y}_{析出}=\varphi^{Mg}_{析出}$。

在可逆共析出的条件下析出电位符合涅恩斯特方程。考虑到极化（或去极化）有：

$$\varphi^{Y}_{析出}=\varphi^{0}_{Y}+\frac{RT}{3F}\ln a_{Y^{3+}}+\Delta\varphi_{Y}$$

$$\varphi^{Mg}_{析出}=\varphi^{0}_{Mg}+\frac{RT}{2F}\ln a_{Mg^{2+}}+\Delta\varphi_{Mg}$$

式中　$\Delta\varphi_{Y}$、$\Delta\varphi_{Mg}$——分别为钇和镁的极化或去极化引起的电位移动。

在共析法制备稀土合金时，调整离子的活度，使析出电位接近，可使稀土与其它合金组元金属离子共沉积而得到稀土合金。通常在阴极上形成固溶体或化合物会产生去极化作用，从而引起电位移动，满足共沉积的条件。

（二）氯化物熔盐体系电解制备稀土合金

(1) 原料。KCl、$RECl_3$的要求和制法与电解制取单一稀土金属相同；作为合金组元金属有低熔点金属镁、锌、镉、铝、铅等，熔点较高的金属有铁、钴、镍、铬等。

(2) 设备与操作。氯化物熔盐体系电解制备稀土合金所用的设备及操作与氯化物体系电解制备单一稀土金属相似，唯在液体阴极和固体阴极电解时采用相应的液体金属或固体金属作阴极。目前熔盐电解制备稀土合金的电解槽一般为1000A左右，设备结构可参看氯化物体系电解制备单一稀土金属的电解槽（图14-4-27）。

(3) 工艺条件。氯化物体系电解制取稀土合金某些实例的操作条件列于表14-4-37。电解制得的混合稀土铝中间合金含：11.47%RE，0.21%Fe，0.004%Cu，0.02%Ca，0.05%Si，0.039%C，0.001%S，0.0023%P。

（三）氟化物熔盐体系电解制备稀土合金

(1) 原料。REF_3、LiF、BaF_2、RE_2O_3的要求和制法与电解制取单一稀土金属相同；合金组元金属有镁、铝、铁、钴、镍、铬等。

(2) 设备与操作。氟化物熔盐体系电解制备稀土合金所用的设备及操作与氟化物熔盐体系电解制取单一稀土金属相似，唯阴极用固体消耗阴极代替钼阴极或采用液态合金组元金属作阴极。

表 14-4-37 某些稀土中间合金的制备条件

条件	Al-RE	Al-RE	Al-Y	Mg-Nd	Mg-Y	Fe-Nd
电解质组成，%	KCl 70～80 $RECl_3$ 20～30	NaCl 28 KCl 42 $RECl_3$30	NaCl 1 KCl 2 $YCl_3$1.5	KCl 70 $NdCl_3$30	KCl 约60 $MgCl_2$4～6 $YCl_3$25～35	KCl 50～60 $NdCl_3$40～50
阴极材料	Al	Al	Al	Mg	Mo（共析法）	Fe
电解温度，℃	850	708～717	860	850	850～860	880～890
电流强度，A		700	900	500	30	850
阴极电流密度，A/cm^2	1.2	1.7～2.2	10±2	3～4	20～30	
阴极电流密度，A/cm^2		0.5～0.7	1±0.05	～1		
平均槽电压，V	6	8.2～8.3	16～18	～15	6～7	
电解槽气氛	敞口	敞口	敞口	敞口	敞口	敞口
电解时间，min	10	50	15～20	180	40	76
RE_2O_3利用率，%	50	88～90	80	90	75	88
电流效率，%	90	92	80	50	70	32
合金中稀土含量，%	13	9～11	20～30	30～80	60	89

注：电解制取 Al-RE 合金的条件可用来制取 Al 与 La、Ce、Pr+Nd、Y 的合金。

在氟化物熔盐体系中可采用液态铋、镁、锌、铝等作电解稀土氧化物制备稀土合金的阴极，例如以 Y_2O_3为原料，以47%YF_3-28%BaF_2-25%LiF 为电解质，电解温度850～900℃，电解4h 制得的 Y-Mg 合金中含38.5%Y。将 Y_2O_3溶于3LiF-YF_3中，用上浮液态铝作阴极，在725～1000℃下电解制得了含28% Y 的 Y-Al 合金。

在氟化物熔盐体系中，以铁、镍、铬、钴等为阴极制备的稀土合金的组成与操作温度有关，其成分大致在共晶成分附近。对不同稀土金属电流效率为27～78%。

曾用电解法制得了 Gd-Mn、Gd-Cr、Y-Mn 和 Sm-Fe、Dy-Fe、Sm-Ni、Sm-Co 合金，并在真空下蒸馏得到稀土金属。

氟化物熔盐体系电解制备稀土合金的电解槽示于图14-4-36。以固体合金组元金属作消耗阴极电解制备稀土合金的工艺条件及制得的合金成分列于表14-4-38～14-4-42。以液态合金组元金属作阴极电解制备 Y-Mg、Y-Al 合金的部分工艺条件见表14-4-43。

表 14-4-38 稀土金属与铁、钴、铬合金的电解试验数据

合 金	Gd-Cr	Gd-Fe	Dy-Co	Sm-Fe
电解温度，℃	1291	935	1020	887
槽底温度，℃	815	660	741	719
电流强度，A	87	66	77	45
阴极电流密度，A/cm^2	22.1	12.2	7.7	10.1
阳极电流密度，A/cm^2	1.2	1.1	1.0	1.1
平均电压，V	28	27	27	26
电解时间，h	1.1	1.2	1.0	1.5
电流效率，%	36	58	47	46
电解槽气氛	惰性	惰性	惰性	惰性

注：电解质组成与电解制备单一稀土金属相同。

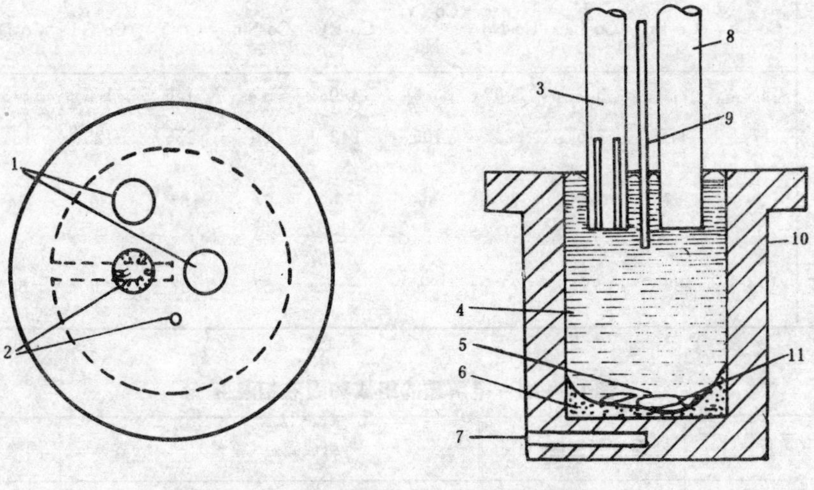

图 14-4-36　150mm 直径电解槽

1—交流电；2—直流电；3—石墨阳极；4—电解质；5—金属收集区；6—电解质结壳；7—热电偶插孔；8—加热棒；9—钴阴极；10—石墨电解槽；11—合金块

表 14-4-39　氟化物熔盐体系电解操作温度及合金中金属含量

合金	操作温度 ℃	Fe,Ni,Cr 或 Co 含量 %(重量)	合金	操作温度 ℃	Fe,Ni,Cr 或 Co 含量 %(重量)	合金	操作温度 ℃	Fe,Ni,Cr 或 Co 含量 %(重量)
Fe-Dy	1064	12	Fe-Sm	887	13	Cr-Gd	1291	4
Fe-Gd	935	15	Fe-Y	984	24	Cr-Y	1376	15
Fe-La	964	6	Ni-Sm	876	19	Co-Dy	1020	18
Fe-Nd	985	28	Ni-Y	1140	49			

表 14-4-40　电解制备稀土钴合金的工艺条件与结果

合　金	Co-Ce	Co-Pr	Co-La	Co-Nd	Co-Pr, Nd	Co-RE	Co-Sm	Co-Y	Co-Gd	Co-Dy	Co-Y 组稀土
电流强度,A	50	39	31	40	40	40	53	59	61	58	58
槽电压,V	6	7.5	8	8	5	5	31	26	24	22	31
起始阳极电流密度,A/cm²	0.6	0.5	0.4	0.5	0.5	0.5	0.7	0.8	0.8	0.8	0.8
起始阴极电流密度,A/cm²	5.1	4.0	3.2	4.0	4.0	4.0	10	11	11	11	11
电解质温度,℃	775	875	905	910	985	855	945	910	930	1090	935
槽底温度,℃	685	835	850	820	820	750	660	715	685	690	665

续表 14-4-40

合金	Co-Ce	Co-Pr	Co-La	Co-Nd	Co-Pr，Nd	Co-RE	Co-Sm	Co-Y	Co-Gd	Co-Dy	Co-Y组稀土
电解时间,h	3.2	2.0	2.7	3.0	3.5	4.0	1.4	1.6	1.2	1.3	1.1
制得合金重,g	174	175	215	223	105	242	50	135	125	131	61
合金中稀土含量,%(重量)	89	69	64	70	66	70	74	67	80	74	80
阴极电流效率,%	74	88	95	73	—	—	27	87	70	64	—

表 14-4-41 电解质的组成和固液相温度

组成,%（重量）	固液相温度,℃	组成,%（重量）	固液相温度,℃
$35LiF\text{-}65CeF_3$	745	$20LiF\text{-}35BaF_2\text{-}45\ (NdF_3+PrF_3)$	715
$32LiF\text{-}68PrF_3$	733	34.5LiF-65.5混合铈组氟化物	733
$35LiF\text{-}65LaF_3$	768	$27LiF\text{-}73GdF_3$	625
$37LiF\text{-}63NdF_3$	721	$11LiF\text{-}89DyF_3$	701
$27LiF\text{-}73SmF_3$	690	25LiF-75混合钇组氟化物	678
$15LiF\text{-}85YF_3$	825		

表 14-4-42 氟化物电解法制得的稀土合金的杂质含量

稀土合金	杂质含量,%（重量）					
	Al	C	Fe	O	Ni	Si
Co	0.005	0.003	0.140	0.029	0.08	0.015
Co-Ce	0.020	0.002	0.010	0.003	0.01	0.005
Co-Pr	0.010	0.010	0.015	0.002	0.015	0.010
Co-La	0.010	0.050	0.020	0.009	0.020	0.005
Co-Nd	0.010	0.050	0.002	0.002	0.010	0.010
Co-Pr，Nd	0.010	0.050	0.007	0.008	0.010	0.002
Co-混合铈组稀土金属	0.050	0.008	0.010	0.002	0.040	0.010
Co-Sm	0.010	0.014	0.030	0.028	0.015	0.010
Co-Y	0.003	0.008	0.030	0.020	0.040	0.020
Co-Gd	0.001	0.002	0.015	0.012	0.016	0.002
Co-Dy	<0.001	0.023	0.020	0.003	<0.001	0.003
Co-混合钇组稀土金属	<0.001	0.005	0.001	0.007	<0.001	0.015

表 14-4-43　液态阴极电解制备 Y-Mg、Y-Al 合金工艺条件

稀土合金	Y-Mg	Y-Al	稀土合金	Y-Mg	Y-Al
电解质组成	$3LiF \cdot YF_3$	$3LiF \cdot YF_3$	阴极电流密度，A/cm^2	0.5	0.5
电解温度，℃	760	725～815，1000	合金中钇含量，%	49	28

（四）共析法制备稀土铝合金

共析法制备稀土铝合金的工艺条件列于表14-4-44。

表 14-4-44　共析法制备稀土铝合金的技术数据

工艺条件及技术指标	添加 $Al_2O_3+Y_2O_3$，Al-Y 阴极		铝电解槽加 RE_2O_3	铝电解槽加 RE_2O_3
电解质组成	80%F_3-20%LiF	80%YF_3-20%LiF	NaF：AlF_3＝2.9	NaF：AlF_3＞3
电解温度，℃	1005	1022	946.8	945
电流强度，A	66	70	42000	42000
阴极电流密度，A/cm^2	0.6	0.55		
阳极电流密度，A/cm^2	1.45	1.5	0.953	0.95
平均槽电压，V	4	4	4.583	4.634
加料速度，g/min	～1	～1		
电解时间，h	12.6	15.4	2160	864
添加的 Al_2O_3：Y_2O_3	16:84	15:85		
阴极合金成分，%	91Y，0.35C，0.18O	91.8Y，0.36C，0.20O	～0.3RE	～8.5RE
收率，%	Y-Al 74①	Y-Al 89①	RE 93.18	RE88.33
电流效率，%	59	68	87.29②	86.43②

①　按加入的 Al_2O_3 和 Y_2O_3 量计算；

②　铝电解的电流效率。

四、氯化物熔盐体系与氟化物熔盐体系比较

氯化物熔盐体系与氟化物熔盐体系的比较见表14-4-45。

表 14-4-45　氯化物熔盐体系与氟化物熔盐体系的比较

条件及指标	氯化物熔盐体系	氟化物熔盐体系
电解原料	$RECl_3$，稀土分离产品可直接使用，成本低，易吸水	RE_2O_3，制备工序比 $RECl_3$ 多一步，成本高，易于储存
电解质	碱金属和碱土金属氯化物，价格低，电解温度下腐蚀性较小	LiF、REF_3、BaF_2 价格较贵，熔盐腐蚀性较强

续表 14-4-45

条件及指标	氯化物熔盐体系	氟化物熔盐体系
电解槽结构材料	石墨槽、陶瓷槽，寿命较长，金属盛接容器易解决，电解槽材料便宜	石墨槽，寿命短，金属盛接容器较难解决，电解槽材料较贵
工艺条件	电解质中 $RECl_3$浓度控制范围较大；电解质的蒸气压较高，挥发损失较大；电解最高温度约900℃；连续生产	要求严格控制 RE_2O_3加料速度，电解质中RE_2O_3浓度较低；电解质的蒸气压较低，挥发损失较小；电解最高温度1000℃以上；连续生产时间较短
废气废渣	主要是氯气和氯化物；废电解质及废渣易于回收利用	CO、CO_2及少量氟化物；废电解质及废渣回收较复杂
稀土收率	约85％	约95％（按加入的 RE_2O_3计，若包括电解质中的稀土则～85％）
电流效率	25～70％	50～90％
电耗（按直流电计）	25～35 kWh/kg	5.5～13 kWh/kg
最大电解槽	50000A	20000A 试验槽（已停产）

五、金属热还原法与熔盐电解法比较

金属热还原法与熔盐电解法的比较见表14-4-46。

表 14-4-46 金属热还原法与熔盐电解法比较

项　目	金属热还原法	熔盐电解法
产品	稀土金属与合金，以重稀土为主	稀土金属与合金，以轻稀土为主
原料	$RECl_3$，REF_3，RE_2O_3，Ca，Li，$CaCl_2$，Mg	$RECl_3$，RE_2O_3，KCl，NaCl，LiF，REF_3，BaF_2
设备	真空/氩气高温炉，耐腐蚀高熔点金属材料，容器一般用 Ta，Nb 等金属制备	电解槽，石墨，陶瓷及氧化铝，高熔点耐腐蚀材料，容器一般用 Mo，W 等金属制备
工艺条件	还原温度900～1600℃，真空或惰性气氛	电解温度800～1100℃，空气或惰性气氛
废气废渣	废渣 CaF_2，无废气	废渣废电解质可回收利用，废气 Cl_2、CO、CO_2
稀土收率	约95％	约85％
产品纯度	产品中钙含量较高，经处理可制备纯度较高的产品	电解槽结构材料带进钼、钨、铁等，也可制备纯度较高的产品
产量	较小，可批量生产，也可连续生产	较大，连续生产
成本	较高	较低

第四节　稀土金属的提纯

用金属热还原或熔盐电解等工艺方法制得的稀土金属含有各种不同的杂质，这些杂质对金属的性质影响很大。单一稀土金属中的杂质可分为稀土杂质与非稀土杂质。

稀土杂质包括除某一主体稀土元素以外的其它稀土元素。稀土杂质含量的多少表示稀土元素分离程度的好坏。现代稀土元素分离技术如溶剂萃取、离子交换等技术的发展，使单一稀土元素的纯度可达到99.99～99.9999%（就稀土杂质而言）。尽管现有的单一稀土金属的提纯方法对去除稀土杂质的效果较差，但是可以使用含稀土杂质极低的高纯稀土原料来生产稀土金属。

非稀土杂质包括除稀土元素以外的其它金属、非金属和半金属杂质。其主要来源是：生产稀土金属的原料如氯化稀土和氟化稀土中的杂质；还原剂和电解质如钙、镁、锂和 KCl、NaCl、LiF 中的杂质；制备过程中使用的容器，气氛及制备过程本身带进的杂质。一般工业纯稀土金属中的杂质含量为1～2%，即使严格控制金属的制备过程，在制得的金属中杂质含量也达0.5%。因此要求严格控制稀土金属的生产工艺过程，尽量采用纯度高的原料，尽量避免操作过程中带进杂质。在金属热还原工艺制备稀土金属时，若采用钽制坩埚，则制得的金属中钽含量达0.05%以上；在钇镁中间合金法制取金属钇时若用钛或锆制坩埚，则制得的钇中钛、锆含量分别达0.15%和0.58%。氯化物熔盐体系电解制得的镧、铈等稀土金属中杂质含量达0.3～0.5%。在制得的稀土金属中还常常含有碳、氧、氮、氢、卤素等。这些杂质在金属中的溶解度较低，并多以氧化物、氮化物、氢化物、卤化物等形式存在。因此在稀土金属的提纯工艺中必须同时考虑金属、非金属和半金属杂质的去除效果。

去除金属杂质效果较好的方法有真空熔炼、真空蒸馏或升华、电迁移提纯、区域熔炼、熔盐电解精炼等方法，但其中任何一种也只能去除稀土金属中的某些杂质。因此在选择提纯方法时，应综合考虑欲去除杂质的种类、纯度要求、提纯效果，金属收率及提纯效率等因素。

一、真空熔炼法提纯稀土金属

还原法或电解法制得的稀土金属中所含氟化物、氯化物及其它易挥发的杂质可采用真空熔炼法除去。所谓真空熔炼法提纯是指在某一温度下将金属在真空中熔炼，将那些蒸气压比稀土金属高的杂质蒸馏除去，使基体金属得到净化。稀土金属钪、钇、镧、铈、镨、、钕、钆及铽、镥在熔点下的蒸气压低于13.3Pa，可用真空电弧炉熔炼或电子束熔炼除去其中的易挥发性杂质。钐、铕、镝、钬、铒这五种蒸气压较高的稀土金属可以在氩气氛中进行电弧炉熔炼，但金属的损失较大，但可以通过蒸馏得到纯的稀土金属冷凝物。钙热还原高纯稀土氟化物制得的金属镧、铈、镨、钕需在真空中进行熔炼提纯（为除去氟化物需加热到1800℃，保温30min；一切操作均在充有氩气的手套箱中进行），所得产品的分析结果列于表14-4-47。

表 14-4-47　真空熔炼提纯的镧、铈、镨、钕中杂质含量（10^{-4}%）

杂质	稀土金属				检测方法	杂质	稀土金属				检测方法
	La	Ce	Pr	Nd			La	Ce	Pr	Nd	
O	35	44	43	35	真空熔融	F	10	15	5	3	化学法
N	5	7	5	6	同上	Ca	<0.1	<0.1	0.1	<0.1	质谱法
H	2	2	1	2	同上	Pt	<0.1	<1	<1	<1	同上
C	11	4	7	9	燃烧-色层法	Ta	5	8	12	25	同上

真空熔炼时由于温度较高，所以有大量的钽溶于稀土金属中。为除去钽，将稀土金属加热使其刚刚熔化，再在这一温度下保温，使钽从稀土中沉淀到坩埚底部。经此处理，稀土中钽的含量可降至25×

10^{-4}%以下。

为了除去镨中的氧、氮、氢等杂质，可在装有镨的钽坩埚中添加氟化钙和钙，加热到1550℃，保温15min后冷却，除去CaF_2-Ca渣，再进行真空熔炼。经此处理，镨中的杂质可明显降低（见表14-4-48）。

表 14-4-48 镨用CaF_2-Ca渣萃取提纯前后的杂质含量（10^{-4}%）

杂质	O	H	N
处理前	9360	890	400
处理后	265	8	140

钇、钆、铽、镝、钪、镧、钬、铒的真空熔炼温度分别为1850、1800、1750、1800、1550、1440、1480和1540℃。

二、真空蒸馏法提纯稀土金属

（一）基本原理

1. 真空蒸馏与稀土金属的蒸气压

稀土金属的真空蒸馏提纯是利用某些稀土金属蒸气压高这一特性，在高温高真空下蒸馏，使基体金属与杂质分离，从而达到金属提纯的目的。蒸馏可以以升华或蒸发形式来完成。升华或蒸发的选择取决于被提纯金属的蒸气压与熔点之间的关系。如果金属在低于其熔点下的蒸气压较高，能得到足够大的蒸馏速度，则可采用升华提纯；如果要把金属加热到其熔点以上才能使金属的蒸汽压达到较高的数值，获得较高的蒸馏速度，则应采用蒸发提纯。不同温度下的稀土金属蒸气压见表14-4-49。

表 14-4-49 不同温度下稀土金属的蒸气压（Pa）

稀土金属	500K	800K	1000K	1200K	1400K	1600K	1800K	2400K	蒸气压为266.7Pa时的温度（近似值），℃
La	3.2×10^{-34}		9.3×10^{-12}		1.9×10^{-5}	1.8×10^{-3}	5.8×10^{-2}	61	2000
Ce	1.6×10^{-44}		1.7×10^{-11}	7.1×10^{-8}	2.6×10^{-5}	2.2×10^{-3}	6.9×10^{-2}	69	1950
Pr	7.3×10^{-27}	5.3×10^{-13}	2.0×10^{-8}	2.1×10^{-5}	2.6×10^{-3}	9.5×10^{-5}	1.5	650 (2500K)	1750
Nd	8.4×10^{-24}		8.3×10^{-7}	5.1×10^{-4}	4.4×10^{-2}	1.1	14	3400 (2500K)	1700
Sm	2.1×10^{-11}	2.3×10^{-3}	9.8×10^{-1}	53	8.0×10^{2}	5.5×10^{3}	2.4×10^{4}		860
Eu	1.9×10^{-8}	1.1×10^{-1}	18	4.7×10^{2}	4.2×10^{3}	2.1×10^{4}	7.1×10^{4}		720
Gd	1.1×10^{-30}		5.8×10^{-10}	1.5×10^{-6}	4.2×10^{-4}	2.7×10^{-2}	6.1×10^{-1}	290	1700
Tb	1.4×10^{-29}		2.2×10^{-9}	4.9×10^{-6}	1.1×10^{-3}	6.5×10^{-2}	1.3	490	1670
Dy	8.7×10^{-20}	1.6×10^{-8}	9×10^{-5}	2.6×10^{-2}	1.5	29	260	1.7×10^{4}	1520

续表 14-4-49

稀土金属	500K	800K	1000K	1200K	1400K	1600K	1800K	2400K	蒸气压为266.7Pa时的温度（近似值），℃
Ho	6.8×10^{-21}		2.4×10^{-5}	8.9×10^{-3}	5.8×10^{-1}	13	130	9.5×10^{3}	1630
Er	1.3×10^{-22}		3.4×10^{-6}	1.7×10^{-3}	1.4×10^{-1}	3.6	45	4.5×10^{3}	1550
Tm	5.9×10^{-14}	6.1×10^{-5}	5.8×10^{-2}	53	130	1.4×10^{3}	8.5×10^{3}	9.2×10^{4} (2200K)	1600
Yb	9.8×10^{-6}		5.8×10^{2}	9.3×10^{3}	6.1×10^{4}				800
Lu	1.9×10^{-33}		3.3×10^{-11}	1.6×10^{-7}	7.0×10^{-5}	6.4×10^{-3}	2.1×10^{-1}	160	1740
Sc	6.5×10^{-28}	3.5×10^{-13}	2.7×10^{-8}	4.7×10^{-5}	9.4×10^{-3}	4.8×10^{-1}	9.6	190	—
Y	4.8×10^{-33}	1.9×10^{-16}	6.1×10^{-11}	2.7×10^{-7}	1.1×10^{-4}	9.4×10^{-3}	2.9×10^{-1}	2.6×10^{3}	—

2. 真空蒸馏过程中各组分的分离程度

可按下列方程式判断真空蒸馏过程中组成物的分离程度：

$$\log\frac{W_1}{W_0}=\frac{R_a}{R_a-R_b}\left(\frac{R_b}{R_a}\log\frac{X_1}{X_0}-\frac{100-X_1}{100-X_0}\right)$$

式中　W_0——物料的初始量；

W_1——在时间 t 时物料的剩余量；

R_a——组元 a 的摩尔蒸馏速度；

R_b——组元 b 的摩尔蒸馏速度；

X_0——物料中组元 a 的初始浓度；

X_1——物料中组元 a 在时间 t 时的浓度。

3. 蒸馏所需时间

在分子蒸馏条件下纯物质的蒸馏速度 E（g/cm²·s）与其蒸气压有关：

$$E=4.37\times10^{-4}\alpha P\sqrt{M/T}$$

式中　α——冷凝常数（一般对金属为1）；

M——蒸发物的分子量；

T——蒸馏温度，K；

P——物质的蒸气压，Pa。

如果蒸发的分子不与其它分子相撞，达到冷凝表面的机会很高，则存在分子蒸馏。

合金组元的蒸馏速度与其组成有关。利用拉乌尔（Raoult）定律可推导出在一定温度下蒸馏时间和浓度变化的关系式：

$$t=\frac{\gamma B}{5\alpha A}\ln\frac{W_i}{W_f}$$

式中　t——蒸馏时间，s；

B——合金的初始质量，g；

A——蒸发表面积，cm²；

W_i——蒸发组元的初始浓度，%（重量）；

W_f——蒸发组元的最终浓度，%（重量）；

γ、α——常数，可按下式求得：

$$\gamma=133.32W/P_i$$

$$\alpha=0.0583\sqrt{M/T}$$

W——蒸发组元的质量百分数；

P_i——蒸发组元的分压，Pa；

M——蒸发组元的分子量；

T——蒸馏温度，K。

影响蒸馏提纯的因素很多，其中较为重要的是：蒸馏温度、杂质的性质和含量；炉内气体残压和组成；挥发表面积及搅拌作用；冷凝器的温度和结构，蒸馏装置的结构及特点等。在选择蒸馏提纯工艺及设备时应考虑上述影响因素。

(二) 真空蒸馏法提纯稀土金属

1. 真空蒸馏提纯稀土金属的分类

真空蒸馏提纯金属的可能性与工艺条件主要由基体金属和金属中杂质的熔点以及它们在某一温度下的蒸气压和其他性质所决定，蒸馏装置也应根据基体金属及杂质的这些性质来选择。

根据稀土金属的熔点、蒸气压及蒸馏提纯的工艺条件，大致可将稀土金属的蒸馏提纯划分为4个组(见表14-4-50)。

对蒸气压较高的稀土金属可在较低温度下，如低于1500℃下蒸馏提纯。在较低温度下蒸馏对除去这些金属中的碳、氮、氧及钽等杂质效果较好，但若蒸馏温度超过1650℃，由于易挥发的RE_2O_3将与金属一起蒸发，从而会影响除氧效果。在蒸馏器中放置挡板，可防止杂质对蒸馏产品的污染及控制金属蒸气压的方向。但如果去掉挡板，并降低蒸馏温度，可改善提纯效果。目前实际采用的蒸馏温度为1000～2200℃。稀土金属蒸馏提纯的工艺条件及产品中的杂质含量列于表14-4-51。表中所列蒸馏温度可根据产品中的杂质情况及蒸馏速度作适当的调整。例如，在2000℃下蒸馏钪，蒸馏速度为1500g/cm²h，若适当降低钪的蒸馏温度，可获得相当可观的蒸馏速度。

表 14-4-50 稀土金属蒸馏提纯分类

稀土金属	熔点,℃	沸点,℃	蒸气压	蒸馏工艺条件
1. Sc,Dy,Ho,Er	较高(1400～1540)	较低(2560～2870)	较高	在接近金属熔点(～1700℃)的温度下蒸馏
2. Y,Gd,Tb,Lu	较高(1310～1660)	高(3200～3400)	低	蒸馏温度较高(～2000℃)
3. Sm,Eu,Tm,Yb	较低(820～1070),Tm为1545	低(1200～1950)	高	熔点以下升华提纯，或在稍高于熔点(～1000℃)下蒸馏
4. La,Ce,Pr,Nd	低(800～1000)	高(3070～3460)	低	～2200℃下蒸馏，冷凝物为液态

表14-4-51 稀土金属蒸馏提纯的工艺条件

金属	蒸馏温度 ℃	冷凝温度 ℃	蒸馏速度 g/cm²·h	产品中杂质含量，10^{-4}%						
				C	N	O	Ta	Ca	Fe	Si
La	2200	700～800	<10	—	—	—	—	—	—	—
Ce	2200	700～800	<10	—	—	—	—	—	—	—
Pr	2200	700～800	35	60	70	500	<500	<50	50	<100
Nd	2200	700～800	150	60	80	100	<500	<50	100	<100
Sm	1000	700～800	250	90	未测得	—	未测得	<100	<50	<100
Eu	1000	500～600	750	—	—	—	未测得	极少	微量	未测得
Gd	1900	1100～1200	70	50	50	—	500	50	50	<100
Tb	1700	1000～1100	10	50	50	—	未测得	痕量	极少	微量
Dy	1700	1000～1100	700	60	20	—	<500	<100	<10	<100
Ho	1700	1000～1100	400	60	20	—	<500	<100	<100	100
Er	1700	1000～1100	175	80	60	—	<500	<100	<50	<100
Tm	1500	800～900	500	30	40	—	<500	<200	<50	<100

续表 14-4-51

金属	蒸馏温度 ℃	冷凝温度 ℃	蒸馏速度 g/cm²·h	产品中杂质含量，10^{-4}%						
				C	N	O	Ta	Ca	Fe	Si
Yb	1000	500～600	600	75	未测得	—	未测得	<200	<50	<100
Lu	2200	1300～1400	60	—	—	—	<500	<50	<50	<100
Sc	2000	1200～1300	1500	100	100	1100	<500	痕量	微量	微量
Y	2000	1200～1300	35	20	20	150	<500	10	15	50

2.钇、钆、铽、镥的真空蒸馏提纯

这组金属熔点较高，需用真空蒸馏法除去还原过程中带进的杂质。钽在钆中的溶解度为0.06%(原子)，在镥中为1.4%(原子)。蒸馏法制备高纯钇、钆、铽、镥是将高纯氟化物还原得到的金属在较低温度下高真空中以较低的速度蒸馏制得的。表14-4-52列出了真空蒸馏的工艺条件及蒸馏产品中的杂质含量。

蒸馏提纯要注意以下几点：

(1)稀土金属在高温下腐蚀钽，因此蒸馏要用钨制坩埚，冷凝器也要衬钨(镥可在钽坩埚中于1645℃时升华，而在衬钨的冷凝器上得到高纯产品)；

(2) 在较低温度下低速蒸馏可保证得到杂质含量低的产品；

(3)真空蒸馏的除氧效果不十分明显，因此在还原中要使用氧含量低的氟化物与金属钙；

表 14-4-52 钇、钆、铽、镥真空蒸馏提纯工艺条件及杂质含量①

稀土金属	Y	Gd	Tb	Lu	Gd
真空熔炼温度，℃	1850	1800	1750	1800	1800
蒸馏温度，℃	1725	1725	1575	1645②	③
冷凝温度，℃	900	900	800	850	③
蒸馏速度，g/h	1	1.5	1.5	1	③
蒸馏试验量，g	150	250	225	250	2000

稀土金属		Y	Gd	Tb	Lu	Gd
杂质含量 10^{-4}%	O	58	48	67	100	61
	N	3	1	8	4	10
	H	4	2	6	3	3
	C	20	18	10	16	19
	F	<3	<3	<3	<3	<3
	Ca	0.5	<0.5	0.1	<0.1	<0.5
	Ta	2	4	14	<3	<0.4
	W	24	<0.4	7	<24	140
	Pt	<0.1	<0.1	<0.1	<0.2	<0.4

① 采用真空熔融、色谱法、化学法及质谱法分析；② 镥采用真空升华；③ 在钨坩埚中制得的只进行真空熔炼。

表 14-4-53 蒸馏提纯前后钇中的杂质含量（%）

杂质	蒸馏前	蒸馏后	杂质	蒸馏前	蒸馏后	杂质	蒸馏前	蒸馏后
Fe	0.2	0.02	Mo	0.078	0.027	Tb	0.35	<0.05
Mg	0.01	0.0015	Ca	0.02	<0.02	Er	0.30	<0.05
Al	0.08	0.0025	Ni	大量	痕量	H	0.075	0.0049
Si	0.028	0.0049	Ti	痕量	痕量	N	0.009	0.0015
Cu	0.05	0.002	La	0.27	0.02	O	0.29	≤0.01
Cr	0.05	0.0025	Gd	0.73	0.025	C	0.08	0.008

(4) 蒸馏的真空度应低于1.3×10^{-6}Pa；

(5) 在钨坩埚中制得的钆不经蒸馏提纯，其含钨0.012%(原子)，制得的铽与钇含钨分别为0.03%(原子)，0.07%(原子)。溶解在金属钆中的钽需要在高温下沉淀到坩埚底部除去。

在大量蒸馏提纯金属时，往往采用较高的蒸馏温度和较快的蒸馏速度。金属钇在2000℃下的蒸气压为67Pa。在较高温度下蒸馏提纯钇可采用如图14-4-37所示的设备。

钇蒸馏柱直径38.1～50.8mm，高177.8mm，挡板上的孔径为15.9～19.1mm，蒸馏温度2000～2200℃，冷凝塔温度1300～1430℃，蒸馏速度50～200g/h。蒸馏前后金属钇中杂质含量列于表14-4-53。真空蒸馏提纯对除去某些杂质效果较差，此时可采用多孔过滤器(或向被提纯的金属中添加少量钨)与真空蒸馏法相配合。例如将金属钇在1550℃下通过多孔钨制过滤器可明显地除去其中的钼、钽、铬、铌、钒、锰、钛、氟等杂质。

3.钪、镝、钬、铒的真空蒸馏提纯

钪、镝、钬、铒在熔点温度时的蒸气压相当高，所以易于蒸馏提纯。表14-4-57列出了蒸馏提纯这些金属的工艺条件及产品中杂质含 量。蒸馏时要注意：

(1) 氟化物易于吸收空气中的水分，特别是ScF_3吸收水分后与钙反应过于激烈；

(2) 按表14-4-54的条件提纯、钪、镝的收率为70%，钬为80%，铒为90%。

这一组金属的蒸馏速度（钪除外）是上组的二倍。

4.钐、铕、铥、镱的蒸馏提纯

钐、铕、铥、镱的蒸气压较高，可在其熔点以下进行升华提纯。表14-4-55列出了这些金属蒸馏提纯的工艺条件及产品中杂质的含量。

提纯这4种稀土金属应注意：

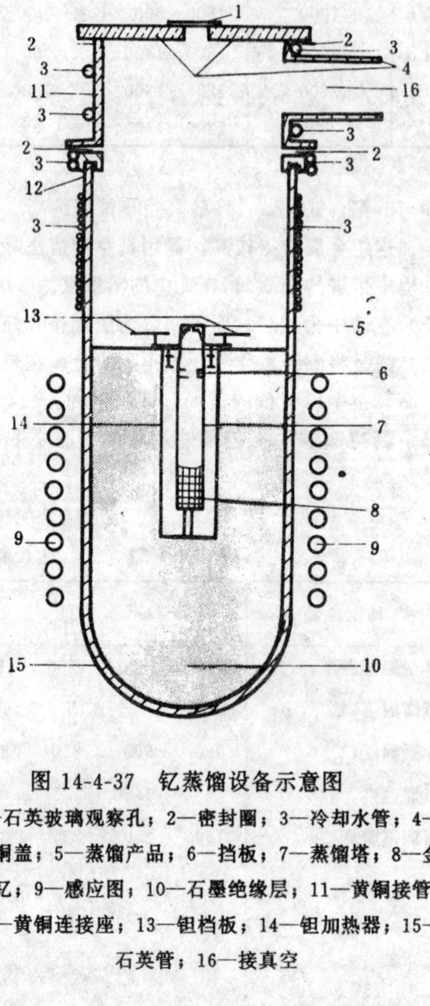

图 14-4-37 钇蒸馏设备示意图

1—石英玻璃观察孔；2—密封圈；3—冷却水管；4—黄铜盖；5—蒸馏产品；6—挡板；7—蒸馏塔；8—金属钇；9—感应图；10—石墨绝缘层；11—黄铜接管；12—黄铜连接座；13—钽档板；14—钽加热器；15—石英管；16—接真空

表 14-4-54 钪、镝、钬、铒真空蒸馏提纯工艺条件及杂质含量

稀土金属	真空熔炼温度,℃	真空熔炼时间,min	升华温度,℃	冷凝温度,℃	升华速度,g/h	批量 kg	杂质含量,10^{-4}%								
							O	N	H	C	F	Ca	Ta	W	Pt
Sc	1550	10	1425	900	1	0.1	95	8	8	15	8	0.5	2	77	＜0.2
Dy	1440	45	1175	700	2.5	1	39	1	6	8	14	＜1	25	＜1	＜0.3
Ho	1480	45	1220	725	2.1	0.6	30	3	4	4	6	0.5	＜0.8	1	＜0.1
Er	1540	30	1300	825	2.1	1	22	1	1	11	5	＜0.1	7	9	＜0.5

表 14-4-55 钐、铕、铥、镱升华提纯的工艺条件及杂质含量

稀土金属	升华温度 ℃	冷凝温度 ℃	升华速度 g/h	批量 kg	杂质含量，$10^{-4}\%$							
					O	N	H	C	Ca	La	Ta	W
Sm	800	约500	3	1	33	20	4	6	2	3	30	<2
Eu	700	约400	3	0.5	70①	—	13	100	10	1	<0.6	<3
Tm	950	约550	3	0.5	8	<1	9	14	0.2	5	<1	<3
Yb	625	约350	4	0.8	38①	9	4	10	<13	4	<1	<1

① 中子活化法测定。

(1) 蒸馏塔用酸洗后在1800℃下真空加热除去易挥发杂质；

(2)冷凝的小颗粒结晶易吸收空气中的水分，因此操作应在惰性气氛下进行；

(3) 金属铕极活泼，操作要十分注意。

在钐熔点温度以下升华提纯金属钐有以下一些缺点：

(1) 钐在固体钐中的扩散速度较钐的升华速度低得多，这就可能使金属表面留有一层杂质，在蒸馏过程中杂质以较高的速度蒸馏，降低产品的纯度，同时这一杂质层在金属表面会阻碍钐分子继续蒸发，使其蒸馏速度降低；

(2) 一部分易挥发杂质钙、镁等不易净化除去。

为使钐能在熔点温度以下蒸馏提纯，减少杂质对钐的污染，可将钐与熔点低、蒸气压低的金属熔化成合金后再进行蒸馏提纯。例如将金属钐与含10% Co 的铈钴合金熔化制成熔点低于700℃的合金。这种合金在900～1100℃、真空度1.3×10^{-4}Pa 下进行真空蒸馏可制得高纯度钐。向钐中添加低熔点合金还可改善蒸气压高的金属杂质如钙、镁与钐的分离效果。这些杂质在钐大量蒸馏出来以前就得到分离。

金属钐若不加合金添加剂而直接升华提纯，速度较快，收率较高。在提纯含挥发性杂质少的金属钐时，大多采用直接升华提纯法。

表14-4-56列出了工业纯金属钐经升华提纯与配制成低熔点合金后进行蒸馏提纯所得产品的杂质含量。

表 14-4-56 工业纯金属钐升华与蒸馏提纯产品的杂质含量

产　品	杂质含量，$10^{-4}\%$							
	Mg	Mn	Co	Fe	O	C	F	N
粗金属	1.1	270	8	1	400	100	80	50
升华产品	1.0	100	<2	<1	100	100	<20	<10
蒸馏产品	<1	17	<2	<1	150	90	<20	<10

注：在粗金属、升华及蒸馏产品中杂质含量低于分析灵敏度的有铝、钙、铜、铬、镍、钼。

三、电迁移法提纯稀土金属

电迁移法是一种应用电迁移原理提纯金属的技术，也称电传输提纯。溶解在固体（或液体）导体中的原子在直流电场作用下能有顺序地迁移，特别是在金属熔点附近更具有较高的移动性。金属和非金属原子均有这一特性，但非金属原子更为明显。电迁移法已成功地用于除去稀土金属中的氧、碳、氮、氢等非金属和部分金属杂质。

稀土金属与氧、碳、氮、氢等元素的亲合力较大，所以制备含这些杂质较低的稀土金属比较困难。由于这些杂质能在稀土金属晶格间迁移，采用电迁移法对除去稀土金属中微量的氧、氮、碳、氢效果明显，所用设备也比较简单。此法不足之处是提纯周期长，

产率低、能耗大。目前仅在某些研究领域中用于制取少量超高纯金属。

（一）电迁移法基本原理

溶解在固体或液体中的原子可在组分梯度、温度梯度及电场梯度的作用下迁移。衡量电迁移法提纯的方程如下：

$$\mathrm{Ln}\frac{C_{(x,\infty)}}{C_0}=\mathrm{Ln}\frac{UEl}{D}-\frac{UE}{D}x$$

式中 C_0—— 杂质的初始浓度；

$C_{(x,\infty)}$—— 在时间 t 趋于 ∞ 时沿棒长 x 处的杂质浓度；

U—— 电迁移率；

E—— 电场强度；

D—— 扩散系数；

L—— 试棒长度；

x—— 距试棒端点的距离。

由该方程可知，在某一温度下对于一定的 U、E、L,UEL/D 是一个常数。试棒上 x 处的杂质与 x 成直线关系，$-UE/D$ 是直线的斜率，试棒 x 处的杂质浓度不变。影响电迁移提纯的因素：

(1)电场强度。增加通过试棒的电流和提高电场强度，可使被提纯金属棒的纯度提高，但电流增加使金属棒的温度随之升高，因此最大电场强度受金属棒所能散出的热量限制。在真空条件下热量靠辐射散发，惰性气氛对金属棒的传导冷却有利。

(2) 金属棒长度。金属棒长度增加可使纯度提高。小直径金属棒可使棒表面积与体积之比增加，使单位体积样品散发的热量增加，增加电场强度，但减小金属棒直径使可获得的纯金属量减少。

(3) 提纯比 U/D。合理选择电迁移率与扩散系数的比值有利于金属棒提纯。

(4) 温度。提高温度可增加电迁移速度，但增加温度又受到被提纯的金属熔点和蒸气压的限制。

(5)气氛。金属棒所处的周围环境气氛或者容器内壁对提纯效果有影响。在压力大于 1.33×10^{-7}Pa 下对金属棒进行电迁移提纯的效果较差，此时提纯的环境对样品的污染超过电迁移提纯所除去的杂质。当系统内压力小于 1.33×10^{-10}Pa 时环境污染明显降低。但是在这样低的压力和电迁移要求的温度下，许多金属的蒸气压较高，因此要向提纯样品的系统中引进惰性气体以减少金属的蒸发。此时要求惰性气体中的杂质 O、CO_2、H_2O 以及其它可能污染金属的杂质分压低于 1.33×10^{-7}Pa。

(6)试棒夹头结构。试棒冷端夹头可能有杂质扩散到试棒中，在电迁移提纯过程中会使试棒受到污染。解决的办法是在试棒两端焊上一段已经过电迁移提纯的棒材。

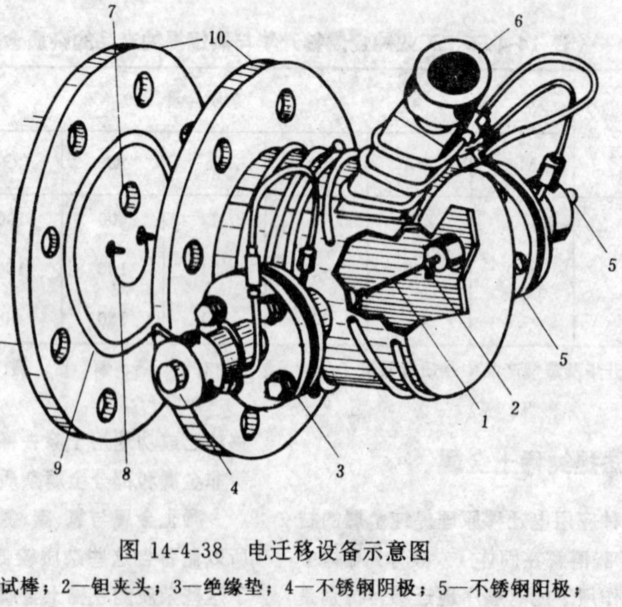

图 14-4-38 电迁移设备示意图

1—试棒；2—钽夹头；3—绝缘垫；4—不锈钢阴极；5—不锈钢阳极；6—观察孔；7—真空管路；8—吸气剂加热丝；9—密封圈；10—法兰盘

(7)组分的梯度。经提纯的试棒由于其中杂质分布不均匀，杂质可能相反地向已提纯的试棒扩散。

一些在熔点附近蒸气压较高的金属不宜采用电迁移法提纯。

（二）电迁移法提纯的设备

电迁移提纯所用设备示于图14-4-38。在电迁移提纯时，将稀土金属试棒固定在正负电极之间，在高真空或惰性气氛下用直流电将试棒加热到一定温度并保持一定时间，使杂质向试棒两端移动而金属得以净化。在试棒进行电迁移处理后，将两端杂质含量高的部分切除，再同样进行第二次、第三次电迁移提纯处理，这样可明显降低金属中杂质含量。

表14-4-57列出了金属钇、钆、铽、镥、钕电迁移提纯的工艺条件及提纯效果。

表 14-4-57　稀土金属电迁移提纯工艺条件及提纯效果

元素	气氛	温度 ℃	时间 h	原试棒杂质含量 10^{-4}%			原试棒 $R_{300K}/R_{4.2K}$	提纯后试棒杂质含量 10^{-4}%			提纯后试棒电阻比 $R_{300K}/R_{4.2K}$
				C	N	O		C	N	O	
Y	氩气	1370	200	—	510	3330	—	—	75	340	
Y	1.3×10^{-5}Pa	1175	190	100	10	25	12	120	8	60	45
Gd	氦气	1245	150	23	28	81	40	2	0.5	6	405
Gd	超高真空	1100	310	1000	4	500	—	8		11	175
Tb	超高真空	1050	350	—	30	380	17.5	—	15	25	60
Tb	超高真空	1050	550							15①	90
Lu	超高真空	1150	168	70	15	475	21	60	6	42	150
Nd	超高真空	860	1237	13	54	45	—	—	1	16	116

① 根据电阻率确定的（O+N）含量。

四、区域熔炼提纯稀土金属

区域熔炼长期没能应用于提纯稀土金属，原因是稀土金属性质活泼，在水平区熔提纯时缺少合适的容器盛装金属锭料。另外，稀土金属易于吸收气体，和操作气氛不适宜，则金属易被污染，一些间隙金属杂质也不能完全除去，提纯效果不佳。近年来，在水平区域熔炼提纯中采用水冷铜容器及悬浮区熔提纯，并且应用超高真空技术，为区熔提纯应用于稀土金属创造了有利条件。用区熔法提纯稀土金属，提纯量大，效率高，收率也高。

1.金属镧的区熔提纯

以工业纯金属镧作原料，用水冷铜舟盛镧锭，感应加热。将区熔系统抽至真空度小于1.33×10^{-7}Pa。镧锭先在熔化状态下加热脱气，然后进行区熔提纯。锭长120mm，熔区以180mm/h的速度移动，熔区长约15mm。在熔区通过33次后切去两端，分析杂质含量。余下的100mm锭料再通过30次提纯，平均熔区速度150mm/h，炉内压力小于1.33×10^{-7}Pa。金属提纯后的杂质含量见表14-4-58。

表 14-4-58　镧、铈、钆、铽区熔提纯后的杂质含量

金属	样品位置	杂质含量，10^{-4}%															
		H	O	N	La	Tb	Y	Cu	Ni	Fe	Ti	Si	Al	Pb	S	Na	Li
La	始端	900	11829	690		15	30		75						31	5	30
	中部	759	7450	776													
	末端	526	5248	204		3	10		160						100	0.3	10

续表 14-4-58

金属	样品位置	杂质含量，$10^{-4}\%$															
		H	O	N	La	Tb	Y	Cu	Ni	Fe	Ti	Si	Al	Pb	S	Na	Li
Ce	始端	680	1225	360													
	中部	1120	820	230													
	末端	140	340	60													
Gd	始端	17	933	39	6	10		4	2	40	1.5	32	15		7		
	中部	17	593	24	7.5	23		6.5	3	49	3	49	95		20		
	末端	17	341	14	20	60		65	30	190	8	65	450		26		
Tb	始端	13	1999	140				6.5	0.5	6.5	5		6	0.4			
	中部	10	640	69				7	2.5	27	3		50	1			
	末端	13	348	29				32	4.5	75	4		170	1.5			

2. 金属铈的区熔提纯

铈锭料在6.65×10^{-4}Pa下熔炼成锭后于净化的氩气氛下进行区熔提纯。通过熔区15次，速度11.5cm/h，熔区宽约3cm，最终锭长15.9cm，铈提纯后的杂质含量见表14-4-58。

3. 金属钆和铽的区熔提纯

金属样品在1.33×10^{-5}Pa下脱气铸锭后于静止的高纯氩气中进行区熔，通过熔区15次，速度250mm/h，熔区宽15mm。金属提纯后的杂质含量列于表14-4-58。

五、熔盐电解精炼稀土金属

（一）钇的电解精炼

1. 粗金属钇的电解精炼

用粗金属钇作阳极，铁或钨作阴极，用衬镍的槽或用钨坩埚作电解槽。电解质组成为$KCl-YCl_3$或$LiCl-YCl_3$，电解温度为900～1000℃，用惰性气体保护，电流密度在$0.54A/cm^2$以上，槽电压为0.4～0.6V。电解得到沉积于阴极上的针状或片状金属钇。这种金属再在880℃下真空蒸馏，除去金属上附着的盐类后熔铸成金属钇锭。精炼后的金属钇的洛氏硬度为42～50，而精炼前为58。

2. 以钇合金做阳极电解精炼钇

以钇合金，如Y-Ni、Y-Fe、Y-Mn等作阳极精炼可制得纯金属钇。但以Y-Cu、Y-Mg作阳极的电解精炼效果不佳，因为铜和镁污染金属钇。一般以80%Y-20%Ni合金作阳极，以7.4～8.5%YCl_3-LiCl作电解质，在900～1000℃下电解，电流密度为$0.27A/cm^2$，槽电压为0.2～1.1V。金属钇中杂质含量在精炼过程中的变化情况列于表14-4-59。

表 14-4-59 电解精炼 Y-Ni 合金过程中杂质的迁移

元素	阳极杂质含量 $10^{-4}\%$	阴极产品中杂质含量，$10^{-4}\%$			
		开始周期	中间周期 A	中间周期 B	最后周期
Al	250	<15	<15	<15	<15
B	100	未发现	未发现	未发现	5
Ca	1000	<20	<20	<20	<20
Co	500	未发现	未发现	未发现	100
Cu	500	<10	未发现	<10	500
Fe	1800	未发现	未发现	未发现	180

续表 14-4-59

元素	阳极杂质含量 $10^{-4}\%$	阴极产品中杂质含量，$10^{-4}\%$			
		开始周期	中间周期A	中间周期B	最后周期
Mg	<10	<15	15	15	15
Mn	1000	20	<10	30	<10
Mo	120	未发现	未发现	未发现	未发现
Ni	200000	50	<20	<20	500
Si	130	<20	<20	20	<20

（二）钆的电解精炼

阴极为 $\phi1.6\times150$mm 的蒸馏钆棒，阳极为 $\phi6.5\times13$cm 的钽坩埚。电解在衬有钽的 $\phi8.8\times60$cm 的不锈钢管中于惰性气氛保护下进行。电解质为 $77.6\%LiCl$-$11.2\%LiF$-$11.2\%GaF_3$，电解温度700℃。电解过程对除去钆中的氧、氮有明显的效果。

六、稀土单晶的制备

制备稀土单晶较制备其它金属单晶困难，其主要原因是：稀土金属活泼，易被杂质污染；某些稀土金属蒸汽压高。目前制备单晶的一般方法皆可用于制备稀土金属单晶。表14-4-60中列出了目前制得的最大稀土单晶及其制备方法。表14-4-61列出再结晶法制备稀土单晶的工艺制度。

表 14-4-60　已知最大的稀土金属单晶及其制备方法

金属	单晶尺寸，cm	方法	金属	单晶尺寸，cm	方法
Sc	$\phi1.6\times3.5$	再结晶法	Gd	$2.5\times2\times1.5$	再结晶法
Y	$\phi1.9\times4$	同上	Tb	$\phi3.6\times2$	同上
La	未见报道	—	Dy	$3.0\times1.5\times0.5$	同上
Ce (γ)	$\phi1\times1.5$	悬浮区熔法	Ho	$\phi3.6\times2.1$	同上
Pr	$\phi1\times2$	同上	Er	$\phi1.6\times10$	电弧区熔法
Nd	$\phi1\times2$	同上	Tm	$1.0\times1.0\times0.5$	再结晶法
Pm	未见报道	—	Yb	$1.0\times1.0\times1.0$	布里奇曼法
Sm	$1.5\times1.0\times0.48$	再结晶法	Lu	$\phi1.3\times10$	电弧区熔法
Eu	$\phi0.8\times2$	提拉法			

表 14-4-61　某些稀土金属再结晶退火制备单晶工艺制度

金属	不同的再结晶退火工艺条件
Gd	1. 电弧炉熔铸钆锭，在1225℃下加热24h，2. 以25℃/min 的速度升温直到1225℃退火
Tb	1. 电弧炉熔铸铽锭，锤击变形后在1220℃下加热25h，2. 在低于铽熔点125℃下加热18h
Dy	在1200℃下加热18h，降温到1250℃保温6h，最后在1300℃下保温18h

续表 14-4-61

金属	不同的再结晶退火工艺条件
Ho	1. 电弧炉熔铸钬锭，在1340℃下加热24h后将锭料轻微锤击变形，再在1340℃下加热16h，再锤击变形，再在1360℃下加热18h，2. 在低于钬的熔点125℃下加热18h
Er	在低于铒的熔点125℃下加热18h
Tm	在1350℃下保温6h
Y	在1350℃下保温8h
^{154}Sm	电弧炉熔铸^{154}Sm锭，917℃下保温96h

第五节 稀土中间合金

稀土中间合金是由稀土金属与一种或几种非稀土金属组成的合金。它仅被用于钢铁及有色金属的冶炼过程，而不作为最终结构材料使用。稀土中间合金一般用作脱氧剂、脱硫剂、变质剂、调质剂及合金化元素等。

稀土中间合金的种类繁多，而根据合金的成分，大致可分为稀土硅铁合金和稀土有色金属合金两大类。其中用量大、产量高的是各种稀土硅铁合金。表14-4-62、14-4-63列出了国内外某些稀土中间合金的成分及用途。表14-4-64列出了稀土中间合金的冶炼方法、制备工艺及产品种类。电解法制备稀土中间合金的方法已在前节中作了叙述。熔融配制法过程较为简单，本节不作叙述。

一、制备稀土硅铁合金的原料

（一）还原剂与熔剂

表 14-4-62 国外稀土硅铁中间合金及其成分、用途

合金种类	合金成分，%						用途	使用国别
	RE	Si	Fe	Ca	Al	其它		
RESi	20～22	40～50	30～40	—	—		钢脱氧剂	苏
RESi	30～33	45～55	余量	2～3	4～4.5		孕育剂	苏
RESi	30～40	20～30	40	—			钢脱氧剂	法
LaSi	32～37	48～50	余量	1.5～2.3	2.5～4.5		钢脱氧剂，孕育剂	苏
RESiFe	30～35	30～35	30～35				钢添加剂	美
RESiFe	5～25	75	—				孕育剂	英
CeSiFe	9～11 (Ce)	36～40	余量				球化剂、孕育剂	美
RESiFeCa	20～30	40～45	—	25～30			添加剂	日
RESiFeCaMg	3～9	52～65	余量	8～15	—	Mg2～9	球化剂，钢添加剂	苏
RESiFeCaBa	⩽6	余量	⩽15	6～30	0.5～9	Ba0.5～10	球化剂	苏
YSiFeCa	10～20 (Y)	余量	2～5	15～25	—		球化剂	苏
YSiFeAl	10～30 (Y2～5)	余量	10～30	—	0.5～15		铸铁变质剂	苏
RESiFeAl	18～20	40～50	20～25	—	10～15		钢脱氧剂	苏
RESiMn	35～50	6～10	—	—	—	Mn余量	钢添加剂	苏
REWFe	25～35	—	余量	—	—	W45～55	钢脱氧剂、添加剂	苏

表 14-4-63　中国主要稀土硅铁中间合金的成分及用途

合金种类	合金成分，%					用途
	RE	Si	Fe	Ca	Mg	
稀土硅铁	17～40	35～46	余量	5～8	—	钢添加剂
稀土硅铁镁	17～20	45	21～27	5	7～9	球化剂
低稀土硅铁镁	6～11	44	30～45	4	7～9	球化剂
稀土硅铁钙	15～20	≤50	余量	8～10	—	蠕化剂、添加剂
稀土硅铁钙镁	10～15	≤48	余量	8～10	3～5	蠕化剂

表 14-4-64　稀土中间合金的冶炼方法

方　法	制备工艺	产品种类
还原法	金属热还原法（硅铁还原、硅钙还原、铝热还原、钙热还原）	RESiFe、RESiFeMg、LaSi、YSiFe、Y-Si、RESiAl、REW、RESiFeCaMg、REMgCaBa、RESiMn、RESiTi、CSF#10RE
	碳还原法 碳化钙-硅铁还原	REAl、REFeCa 等
电解法	液态阴极电解、可溶性固态阴极电解、共析出法	Nd-Fe、RE-Fe、Y-Mg、RE-Mg、RE-Cu、RE-Zn、RE-Co、RE-Al 等
熔融配制法	稀土硅铁-镁合金配制、稀土-有色合金配制	RE-Si-Fe-Mg、RE-Al、RE-Cu、RE-Zn 等

还原剂为硅铁（含～75%Si），硅钙（含～40%Ca），木炭（焦炭），碳化钙，铝。熔剂为石灰，硅石，萤石。

（二）稀土原料

(1)稀土高炉渣。将富稀土富铌中贫铁矿在高炉中用焦炭还原得到稀土高炉渣，其成分(%)为：TFe≤1，$RE_2O_3$10～16，P≤0.1，F10～16，CaO38～42，$SiO_2$20～24，MnO≤2；碱度为1.0±0.2。

(2)稀土精矿与稀土精矿渣。稀土精矿与经高炉或电炉脱铁得到的精矿渣可作冶炼稀土中间合金的原料。

(3)稀土化合物。在生产一些特殊要求的稀土中间合金时，常用含稀土的氧化物、氢氧化物、碳酸盐等作原料，但这些原料较贵。

表14-4-65列出了用不同原料冶炼稀土硅铁合金的消耗及特点。

表 14-4-65　不同原料冶炼稀土中间合金的比较

原料种类	原料占成本的比例，%	特点
萤石型富稀土中贫铁矿	约20	合金不粉化，收率高
含30%RE_2O_3精矿	约40	有时合金粉化，收率较低
含60%RE_2O_3精矿	约60	合金粉化，收率低
稀土化合物	更高	冶炼特殊要求的合金

二、还原制备稀土中间合金

在高温电弧炉中用硅铁还原稀土高炉渣、稀土精矿、稀土精矿渣或稀土化合物可制得稀土硅铁合金。

（一）硅铁、硅钙还原

1. 还原过程

以稀土炉渣作原料的稀土中间合金冶炼的工艺流程示于图14-4-39。稀土炉渣一般是由枪晶石（$3CaO \cdot 2SiO_2 \cdot CaF_2$）铈钙硅石（$3CaO \cdot 2SiO_2 \cdot RE_xO_y$）、萤石和硫化钙组成。还原过程可分为三个阶段。

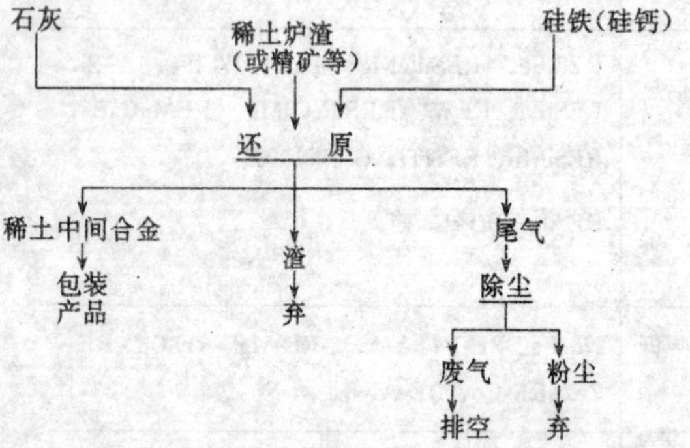

图 14-4-39　制备稀土中间合金工艺流程

（1）炉料熔化。稀土炉渣与石灰混合加入炉内熔化。温度达到1240～1300℃时，炉渣中的铈钙硅石和枪晶石与石灰反应生成铈针石（RE_xO_y）、萤石及硅酸二钙：

$$3CaO \cdot CaF_2 \cdot 2SiO_2 + CaO \longrightarrow 2(2CaO \cdot SiO_2) + CaF_2$$

$$3CaO \cdot RE_xO_y \cdot 2SiO_2 + CaO \longrightarrow 2(2CaO \cdot SiO_2) + RE_xO_y$$

（2）硅铁（硅钙）还原。大部分炉料熔化且发生反应后，加入硅铁并继续升温至1350～1370℃，此时硅铁熔化，与熔料中的铈针石反应生成稀土硅化物、稀土硅铁合金：

$$2(RE_2O_3) + 4[Si]_{Fe} + 3Si \longrightarrow 4[RESi]_{Fe} + 3(SiO_2)$$

$$2CaO \cdot SiO_2 + CaO \longrightarrow 3CaO \cdot SiO_2$$

（3）合金与渣分离。反应末期提高温度使反应继续进行，并使合金凝聚沉降，与渣分离得到稀土硅铁合金。分析合金中的稀土含量，当达到要求后，将炉渣倾出（此时温度1350～1400℃），再将稀土中间合金注入合金罐中，冷却得到合金。

2. 影响冶炼过程的主要因素

（1）炉料自由碱度。炉料碱度是指炉料中CaO与SiO_2的重量比。由于原料中含有CaF_2，因此在计算碱度时，应从炉渣的CaO总量中扣除由CaF_2折成的CaO量。这样计算得到的碱度称为自由碱度。炉料自由碱度一般控制在3.0～3.5，过高使石灰用量与电耗增加，炉料中稀土含量降低，炉渣粘度增加，合金与渣分离不好，稀土收率降低；过低则合金中的稀土含量降低，稀土收率也降低。炉料自由碱度按下式计算：

$$炉料自由碱度 = \frac{A(CaO - 1.473F) + BCaO'}{ASiO_2 + BSiO_2'}$$

式中　A——稀土富渣量，kg；

B——石灰量，kg；

CaO、SiO_2、F——分别为渣中CaO、SiO_2和F的含量，%；

CaO′、SiO_2'——分别为石灰中CaO和SiO_2的含量，%；

1.473——将氟含量换算成CaO量的换算系数。

炉料自由碱度不包括硅铁还原稀土氧化物后产出的SiO_2量，所以冶炼后产出的二次渣的自由碱度一般为2.6～3.0。

（2）渣铁比。冶炼过程中加入的稀土高炉渣与硅铁的重量比称为渣铁比。在适当的碱度下，渣铁比增加，合金中的稀土含量增加；渣铁比减小，则稀土收率增加，冶炼后炉渣中的稀土含量降低，稀土合金中的稀土含量也降低。因此渣铁比应按要求生产的稀土合金的品种来选择。渣铁比计算公式为：

$$渣铁比 = A/C$$

式中　A——稀土高炉渣的用量；

C——硅铁用量。

稀土高炉渣和合金中稀土含量间的关系可用下式表示：

$$A(R) = C \cdot g[R]/f \text{ 或}$$

$$A/C = [R] \cdot g/(R) \cdot f$$

式中　g——合金率，即制得的稀土合金量与硅铁用量之比；

R——稀土高炉渣中稀土氧化物的含量，%；

(R)——合金中稀土按氧化物计算的量，%；

f——稀土收率，%。

由稀土高炉渣冶炼含25%RE的稀土合金，稀土收率为60～70%，合金率为1.1～1.2。冶炼时，根据对合金品位的要求计算渣铁比，再根据炉子的容量计算各成分的加入量。

(3)温度。在适宜的碱度下冶炼稀土合金应在一定温度下进行。若温度过高，稀土在渣中的损失增加，稀土收率降低；而温度过低则还原速度减慢，渣的粘度增加，影响合金的凝聚以及与渣的分离，稀土收率降低。高碱度低温冶炼对还原有利。生产过程中，还原温度以1300～1350℃，合金出炉温度以1350～1400℃为宜。

(4) 搅拌。由于炉料各种成分的比重相差很大，为使还原剂与炉渣充分接触，加快反应，必须进行搅拌。采用机械搅拌或压缩空气搅拌均可。

稀土硅铁合金冶炼实例见表14-4-66。

表 14-4-66　稀土硅铁合金冶炼实例

产品名称	炉料加入量，kg	产品成分，%					
		RE	Si	Ca	Mg	Fe	其它
稀土硅铁合金	稀土高炉渣5000，石灰3000，硅铁1000	25	42～44	—	—	27	—
稀土硅铁合金	稀土氧化物4.5，硅石1.4，硅钙6.8	42.5	51	4	—	1	—
低钛稀土硅铁合金	稀土精矿渣（32～35% RE_2O_3，0.008～0.089% TiO_2）2400～2500，硅铁900～1000	30～37	36～40	1.3～3.4	—	20～25	Ti 0.65～0.98
稀土硅铁镁合金	稀土高炉渣2100，石灰2100，硅铁1400，废钢700	5～11	44～45	4～5	5～7	30～45	—
稀土硅铁钙合金	氟碳铈镧精矿（90%RE_2O_3）60，硅石10，硅钙110	34	46	16	—	30	—
稀土硅铁钙镁合金	稀土高炉渣320，石灰280，硅铁400，白云石420	6～8	53	10	3～4	20	—
稀土钙硅镁合金	稀土碳酸盐（50.6%RE_2O_3）72，石灰200，萤石30，硅铁195	10	40～50	8～10	6～12	20～30	—
稀土硅锰铁合金	稀土氧化物109，硅石27，硅钙163，锰铁91	34	余量	6		5	Mn16

(二) 铝热、钙热还原

1.铝热还原

在电炉中于800～850℃用铝还原稀土炉渣、稀土精矿或其它稀土化合物可制得稀土铝合金。由于铝的密度较小，应将铝压到炉料下面，使其与炉料接触。随着还原的进行，铝中的稀土含量逐渐增加，合金密度逐渐增大而慢慢下沉。可根据原料的特性配入适量的石灰和萤石，降低渣的粘度和密度，增加熔体的流动性，改善渣与合金的分离。为增加合金的密度，促进还原反应的进行，还可添加适量的硅铁。用稀土氧化物冶炼得到的稀土铝合金的大致成分(%)为：RE50～60，Si<2.5，C<0.3，Fe<3，铝余量。

近年来，随着稀土金属在铝中应用的发展，又研究出了一些在熔铝过程中，直接用铝还原稀土化合物制备稀土铝中间合金或含稀土铝的方法。如：

(1) 在冰晶石熔体中于1000℃用铝还原稀土精矿（$RE_2O_3>60\%$），制备稀土合金，稀土收率79%，合金中稀土含量大于10%；

(2)在碱金属氟化物-碱金属氯化物熔盐体系熔铝过程中于740～850℃下还原稀土化合物制备稀土合金，稀土收率80%；

(3) $2NaF\cdot AlF_3$-NaCl-MgF_2熔盐体系中于810～870℃下还原稀土氧化物制得稀土铝合金。此法稀土收率较高，生产设备简单，操作方便，具有较大的灵活性和适应性，便于在各类工厂进行生产。

2.钙热还原

稀土氟化物在有其它合金化元素存在下可用钙还原制得稀土中间合金（详见第三节）。

（三）碳还原

将稀土精矿渣、稀土高炉渣或其它稀土化合物与硅石、石灰、钢屑混合，以焦炭、木炭等作还原剂，在矿热炉或电弧炉的高温下还原制取稀土中间合金。此法工艺流程较短，可连续操作，适于冶炼低品位稀土中间合金。在还原过程中，硅石、石灰与碳作用生成硅钙，在有铁存在时生成硅铁。硅钙、硅铁还原稀土原料中的稀土化合物得到稀土硅钙（铁）合金。所用的三相矿热炉如图14-4-40所示。

原料与还原剂准确地按一定量混合后加入矿热炉内。冶炼过程中加料要做到少加勤加，保持料层的厚度及良好的透气性。当炉内冶炼出一定量合金后，合金与炉渣从炉的下部出料口放入合金罐，得到稀土硅铁合金。冶炼实例见表14-4-67。

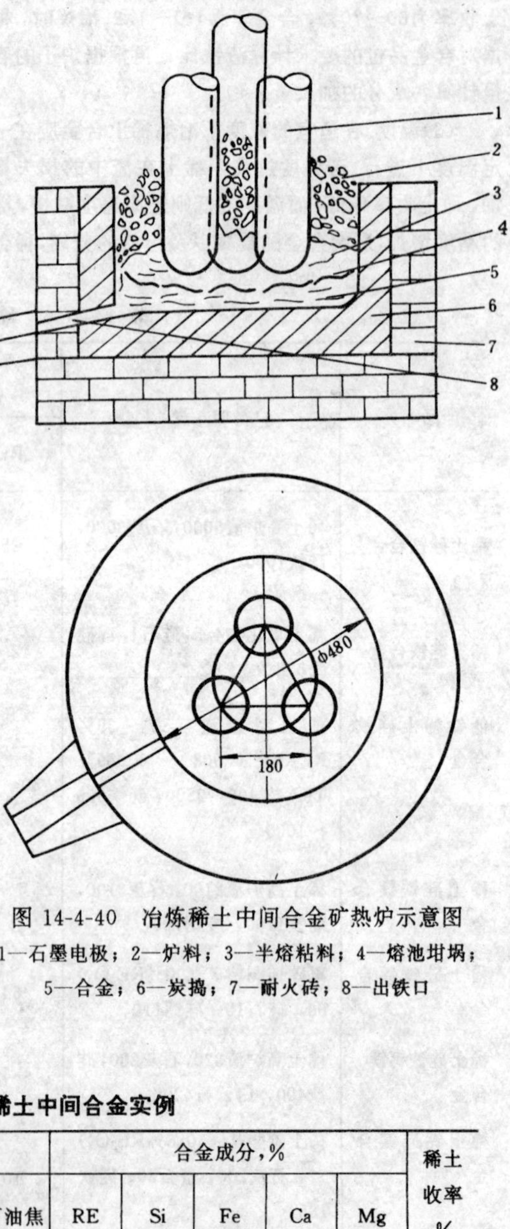

图 14-4-40 冶炼稀土中间合金矿热炉示意图

1—石墨电极；2—炉料；3—半熔粘料；4—熔池坩埚；5—合金；6—炭捣；7—耐火砖；8—出铁口

表 14-4-67 矿热炉冶炼稀土中间合金实例

合金种类	炉料加入量，kg						合金成分，%					稀土收率%
	稀土高炉渣	硅石	焦炭	钢屑	石灰	石油焦	RE	Si	Fe	Ca	Mg	
稀土硅铁合金	100	62	43	—	—	—	18	57～58	11～14	2～5	0.1～0.4	59.07
稀土硅铁合金	100	85	50	10	—	—	19～23	44～47	24～27	0.4～1.8	0.15	64.18
低稀土硅铁镁合金	50	100	60	20	—	—	6～10	44～50	22～23	3.0	7～11	60.2
稀土硅钙合金	100	140	70	—	60	45	>10	<60	10～15	15		>50
稀土硅铁钙钡锶合金	218①	227	178②	23	45③	181④	31.2	39.7	18.8	4.5	⑤	

① 由453.6kg 氟碳铈镧精矿、45.36kg$BaCO_3$、22.68kg$SrCO_3$制成团块；②煤；③石灰石；④木屑；⑤Ba2.3、Sr2。

（四）碳化钙-硅铁还原

稀土原料、工业电石、硅铁和硅石按一定比例配料混合后，在电弧炉中于1700～1800℃下还原制得稀土中间合金。还原设备及操作与硅铁还原冶炼稀土中间合金相似。

1. 钇组重稀土合金的制备。

原料为混合钇组重稀土氧化物、氢氧化物及其它化合物。还原剂为工业碳化钙、硅铁。助熔剂为硅石、石灰、萤石。根据对合金成分的要求选择合理的炉料配比：(Ca+Si)/RE_2O_3和Ca/Si。其中，RE_2O_3为原料中的稀土氧化物含量，Si为硅石中的硅含量，Ca为碳化钙中的钙含量。还原在电弧炉中进行，可制得含15～35%RE、26～45%Si、2～9%Ca、余为铁的重稀土硅铁钙合金。冶炼过程的稀土收率为60～75%。

2. 高品位轻稀土硅铁合金的制备

将稀土精矿制成团块，与电石混合加入炉内熔化，待熔化完毕后添加硅铁还原可制得稀土硅铁合金。此法还原含$RE_2O_3$30～40%的稀土精矿可冶炼出含RE30～35%的稀土硅铁合金，稀土收率66～81%。用稀土氧化物或相应成分的稀土盐类(占炉料的20～45%)、硅或相应硅含量的硅铁(占炉料的15～40%)作原料，配以适量的碱土金属氧化物或氟化物作助熔剂，在电弧炉中加热到1200～1800℃还原得到成分均匀的合金，其成分为：Si25～35%，(RE+Fe)45～65%，Ca≤10%。

(五)电弧炉、矿热炉冶炼稀土中间合金的比较

电弧炉、矿热炉冶炼不同成分的稀土中间合金及硅铁、硅钙合金的消耗列于表14-4-68。

表14-4-68　电弧炉、矿热炉冶炼稀土中间合金的消耗

合金种类		冶炼工艺	合金单耗，t/t合金							硅铁电耗 kWh/t合金	总电耗 10^7Wh/t合金	电炉容量 kVA
			硅铁	稀土渣	石灰	硅石	焦炭	铁屑	镁锭			
硅铁	75%Si	矿热炉	—	—	—	1.8	1.0	0.26	—	—	0.85	7000
	45%Si	矿热炉	—	—	—	1.05	0.58	0.60	—	—	0.47	7000
	20%Si	矿热炉	—	—	—	0.46	0.275	0.90	—	—	0.21	7000
硅钙，28%Si		矿热炉	—	—	1.15	2.26	1.12	1.0①	—	—	2.2	3500
稀土硅铁	$30\%RE_2O_3$	电弧炉	0.9	4.855	3.0	—	—	—	—	7650	1.24	2250
		矿热炉	—	3.55	—	2.48	1.25	—	—	—	2.2	400
		矿热炉	—	3	—	1.86	1.29	—	—	—	1.58	1800
稀土硅铁镁 $20\%RE_2O_3$，8%Mg		电弧炉	0.92	5.0	—	—	—	—	0.1	7820	1.3	2250
低稀土硅铁镁 $8\%RE_2O_3$，8%Mg		电弧炉	0.67	1	1	—	—	0.34	0.1	5695	0.77	2250
		矿热炉	—	0.7	—	1.5	0.9	0.3	0.12	—	1.25	400
稀土硅钙 $23\%RE_2O_3$，15%Ca		矿热炉	—	2.32	1.16	2.32	0.68	1.35②	—	—	1.48	75

① 木炭；②尾炭。

主要参考文献

〔1〕中山大学金属系，稀土物理化学常数，冶金工业出版社，1978.

〔2〕Spedding F. H. et al, The Rare Earth, John Wiley and Sons Inc. 1961.

〔3〕稀土编写组，稀土(下册)，冶金工业出版社，1978.

〔4〕Thomas S, Mackey P. E, Paper Presented at International Conference on Rare Earth Development and Applications, Beijing China, 1985.

〔5〕上海跃龙化工厂，长春应化所，第三次熔盐化学与电化学会议论文集，上海工业大学，1985.

〔6〕李作顺，稀有金属，**5** (1981)，No6. 15.

〔7〕Beaudry B. J. Palmer P. E, Proceedings of the

11th Rare Earth Research Conference, Part 2, ed. by Haschke J. M, Eick H. A. Traverse City, Mich, 1974, P. 612.

〔8〕Gschneidner K. A, Eyring L. R., Handbook on the Physics and Chemistry of Rare Earth, Vol. I, Metals, North-Holland Publishing Company, 1978.

〔9〕Fölsch H, Metal 1970, No 24, 755.

〔10〕Morrice E, Wong M. M, Minerals Sci, Engrg **11** (1979) No 3, 125.

〔11〕Cannon J. G, E/MJ. Vol176 (1975), No3, 202.

〔12〕Cannon J. G, E/MJ, Vol178 (1977), No3, 184.

〔13〕Shedd E. S. *et al*. U. S, Bureau of Mines RI 7398, 1970.

〔14〕包头冶金研究所，稀土，(1980)，No2，45.

〔15〕赵敏寿等，中国稀土学报，**1** (1983)，No2，41.

〔16〕余秋新，杨绮琴，稀有金属，**9** (1985)，No6，35.

第五章　稀土材料的制备和性能

编写人　刘余九

稀土材料是指以稀土元素为基的材料。它们种类繁多，性能各异，用途广泛。这些材料的制备大多采用化学、化工和冶金的方法。

第一节　稀土合金材料

一、稀土永磁材料

（一）稀土永磁体的性质

稀土永磁材料具有磁能级 $(BH)_{max}$、矫顽力（Hc）和剩磁（Br）均较高的特点，且退磁特性曲线为直线。

稀土永磁体合金是一种以稀土（Sm、Ce、Nd、Pr 等）和3d 过渡族金属（Co、Fe）为基的金属间化合物。稀土元素在该合金织构中能形成很大的单轴各向异性，从而使磁体能有较高的矫顽力，而3d 金属则提供大部分磁矩。各稀土元素在磁体中的行为是不同的，表14-5-1列出了各稀土元素对稀土永磁体性能的影响。

表 14-5-1　不同稀土元素对稀土永磁体性质的影响

稀土元素	主要成分			少量成分	
	Sm，La	Ce	Pr．Nd．Y	Dy Ho Er	Gd Tb
对磁性能的影响	高矫顽力	较低饱和磁化强度和居里温度	提高饱和磁化强度	提高居里温度	降低饱和磁化强度

稀土元素虽然可同钴、铁形成一系列金属间化合物，但只有 $RECo_5$和 $RE_2(Co、Fe)_{17}$为基的磁性合金以及 $Nd_2Fe_{14}B$ 金属间化合物才具有优异的磁性。稀土永磁体的性质见表14-5-2，日本稀土钴商品磁体性能见表14-5-3。

表 14-5-2　稀土永磁材料的性能

材　料	剩磁① kG	矫顽力① kO_e	最大磁能积①，MGO_e	材料	居里点 ℃	比重 g/cm^3	单位体积有用能量，J/cm^3	单位能量材料相对成本
$SmCo_5$	10.2	8.7	23.5	$SmCo_5$	700～850	7.8～8.1	0.175	6
$PrCo_5$	10	9.5	24.0	$RMCo_5$	500	7.8～8.1	0.153	2
YCo_5	3	1.6	1.5	AlNiCo	800～890		0.016～0.032	1
$RMCo_5$	7.5	5.5	13.2					

续表 14-5-2

材料	剩磁[①] kG	矫顽力[①] kOe	最大磁能积[①]，MGOe	材料	居里点 ℃	比重 g/cm³	单位体积有用能量，J/cm³	单位能量材料相对成本
$Sm_{0.5}RECo_5$	7.88	6.7	15.2					
$Sm_{0.5}Pr_{0.5}Co_5$	9.96	6.8	23.0					
$Sm_{0.25}Pr_{0.76}Co_5$	10.2	10.0	25.4					
$SmO_5Ce_{0.5}Co_5$	7.66	3.6	13.5					
$Pr_{0.87}Nd_{0.13}Co_5$	7.8	5.72	13.0					
$PrCo_5$	8.9	4.9	15.0					
AlNiCo	7.0～13.5	2～4	2～9					

① 实验值。

表 14-5-3 日本稀土钴商品磁体性能

磁体型号	剩磁 Br，kG	矫顽力，kOe BHc	Hc	最大磁能积 (BH) max，MGOe	主要相 RE_2Co_{17}：2～17 $RECo_5$：1～5
REC-30	10.8～11.2	6.0～6.8	6.2～7.0	29～31	2～17
R-28	10.3	5.0	5.5	24	2～17
H-27	10.4～11.0	5.5～7.0	6.0	26～30	2～17
H-26A	9.8～10.5	9.0～10.0	10.0	24～27	1～5
H-25	9.6～10.4	5.5～7.0	6.0	22～26	2～17
REC-24	9.8～10.2	6.0～6.8	6.2～7.0	22～24	2～17
H-23	9.4～10.2	5.5～6.8	6.0	20～24	2～17
H-22A	8.5～9.5	8.0～9.5	15.0	18～22	1～5
H-22B	9.2～10.5	8.5～9.5	10.0	20～24	1～5
NEOMAX-33	11.17	10.6～11.1	15.0	19～23	2～17
LM-22	9.0～9.6	8.8～9.4		20～23	1～5
Cormax-2300	9.2～9.6	8.0～8.8		21～23	1～5
REC-20	8.8～9.2	8.5～9.0	12.0～16.0	19～21	1～5

注：REC、LM——东北金属公司产品；R——信越化学公司产品；Cormax——住友特殊金属公司产品；H——日立金属公司产品。

稀土永磁体的磁性与制造方法、原料配方和纯度密切相关。几种永磁体的退磁曲线的比较见图14-5-1。

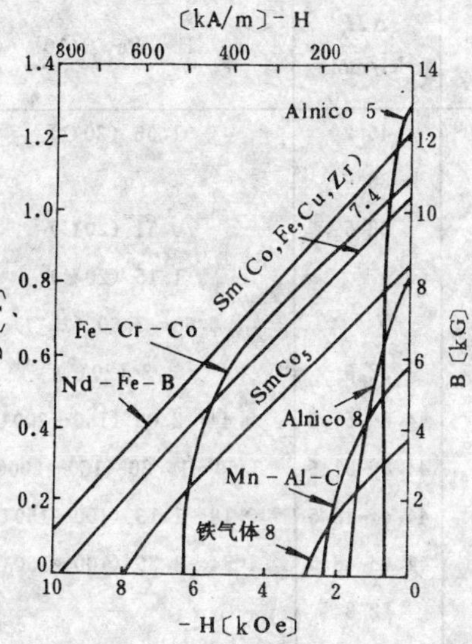

图 14-5-1　几种永磁体的退磁曲线

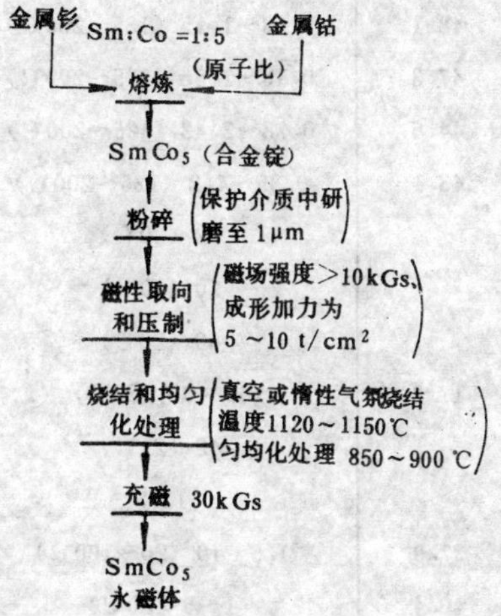

图 14-5-2　合金熔炼法制备 $SmCo_5$ 永磁材料工艺流程

二、稀土储氢材料

人们早就发现某些金属间化合物在热力学平衡条件下具有可逆的吸、放氢的能力。稀土金属（尤其是镧）和镍形成的金属间化合物具有较好的储氢性

（二）稀土永磁体的制备方法

稀土永磁材料制备的基本工艺环节包括：

(1)合金熔炼。把必须的化学组元通过熔炼进行合金化反应生成金属间化合物。熔炼方法可采用真空感应炉熔炼，快速淬火制备微晶合金带或用还原扩散法制取合金粉末。

(2)磁场下取向成型。目的是把合金粉末在高磁场下制成密度大的具有使用要求形状的正体，采用的成型手段有横压、等静压和粘结。

(3)烧结。在各种合金特定的温度和保护气氛中烧结，使烧结体析出少量而足够的粘结相，以起到对磁畴的钉扎作用和进一步提高密度。

(4) 充磁。目的是使稀土永磁材料具有永磁性能。

合金熔炼法和还原扩散法制备稀土永磁材料工艺流程见图14-5-2和图14-5-3。此外，还可用聚合物（环氧树脂、酰胺纤维橡胶等）粘结磁性粉末，以构成带磁性的聚合物。这种聚合物的磁性能较低，但便宜，有较广阔的民间用途。

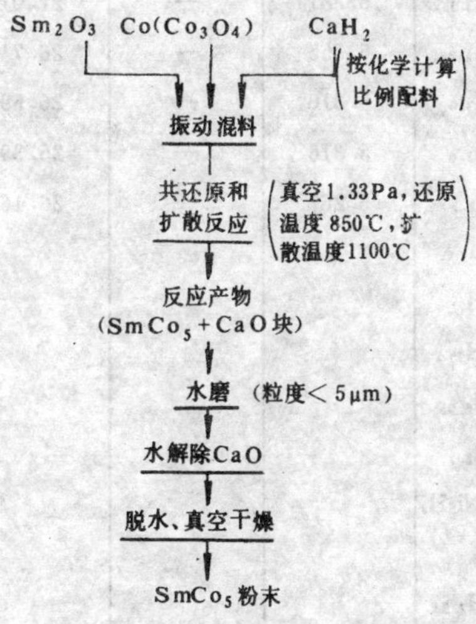

图 14-5-3　还原-扩散法制备 $SmCo_5$ 粉末工艺流程

能。

（一）稀土储氢材料的性能

储氢材料的重要性质有：吸收和解吸氢的平衡压力及其与温度的关系，氢量，吸收和解吸氢的速度以及该材料对氢中杂质的作用。一些金属间化合物

储氢材料的性能比较见表14-5-4。

表 14-5-4 稀土储氢材料性能

化合物	晶格常数，Å			ΔV①%	ΔH kJ/mol	P②，Pa，×10⁵
	a	b	c			
$LaCo_5H_{4.2}$	9.455	5.381	3.966	13.0	45.2	1.55（20℃）
$CeCo_5D_{2.55}$	8.728	5.105	8.146	115.3	38.9	
$PrCo_5H_{2.8}$	8.836	5.261	8.110	116.4	38.5	0.51（20℃）
$PrCo_5D_{3.6}$	8.868	5.341	4.083	10.9		1.15（20℃）
$NdCo_5H_{2.2}$	8.819	5.247	8.092	115.7		0.68～3.60（20℃）
$SmCo_5H_{2.5}$	8.752	5.244	8.056	114.8	32.6	3.3（20℃）
$GdCo_3H_{2.2}$	5.023	—	27.31	10.1	44.8～51.5	0.44～2.05（150～200℃）
$GdCo_3H_{4.6}$	5.314	—	27.14	22.5	44.8～51.5	3.69～14.26（150～200℃）
$TbCo_3H_{1.8}$	5.010	—	26.74	8.6	44.4～48.5	0.18～1.13（100～150℃）
$TbCo_3H_{4.5}$	5.255	—	26.84	19.9	44.4～48.5	1.54～8.35（100～150℃）
$DyCo_3H_{2.0}$	4.999	—	26.28	8.4	42.3	—
$DyCo_3H_{4.3}$	5.244	—	26.37	18.8	42.3	3～6.4（101～124℃）
$HoCo_3H_{4.2}$	5.250	—	26.32	20.3	38.5	2.9～5.1（86～101℃）
$ErCo_3H_{4.2}$	5.217	—	26.30	17.7	38.5	1.65～10.2（51～101℃）
$GdFe_3H_{3.1}$	5.387	—	27.01	17.5	50.6	0.18～0.78（150～200℃）
$TbFe_3H_{4.2}$	5.355	—	26.71	17.5	48.1	0.13～1.15（125～200℃）
$DyFe_3H_{3.0}$	5.310	—	26.59	16.2	47.3	0.16～1.58（125～200℃）
$HoFe_3H_{3.6}$	5.316	—	26.39	16.4	44.8	0.28～2.42（125～200℃）
$ErFe_3H_{2.7}$	5.267	—	26.16	13.4	43.1	0.35～4.2（125～200℃）
$PrNi_5H_7$						12（20℃）
$NdNi_5H_7$						20（20℃）
$SmNi_5H_7$						60（20℃）
$MmNi_5H_{6.95}$					17.2	10～30（20℃）
$ThCo_5H_{2.7}$						48（21℃）
$La_{0.5}Le_{0.5}Ni_5H_7$						13.5
$LaNi_5H_{3.58}$					27.9	1.5～10（20～100℃）
$MmCo_5H_{2.5}$					40.4	1～5（20℃）

① 吸氢前后体积变化；

② 吸氢和解吸的平衡压力。

$LaNi_5$氢化物平衡压力与成分的等温线见图14-5-4。

$LaNi_5$吸氢后，氢原子占据合金晶格的四面体和八面体的间隙呈规则排列，使合金的晶体常数增大，体积膨胀。$LaNi_5$吸氢后晶格常数的变化见表14-5-5。

表 14-5-5 $LaNi_5$吸氢后晶格常数及体积变化

化合物	a，Å	c，Å	c/a	V，Å³	ΔV/V，%
$LaNi_5$	5.017	3.982	0.94	86.80	—
$LaNi_5H_6$	5.388	4.250	0.789	106.83	23.5

各种氢化物的平衡压力与温度的关系见图14-5-5，$LaNi_5$在一个大气压下解吸氢的速度见图14-5-6。

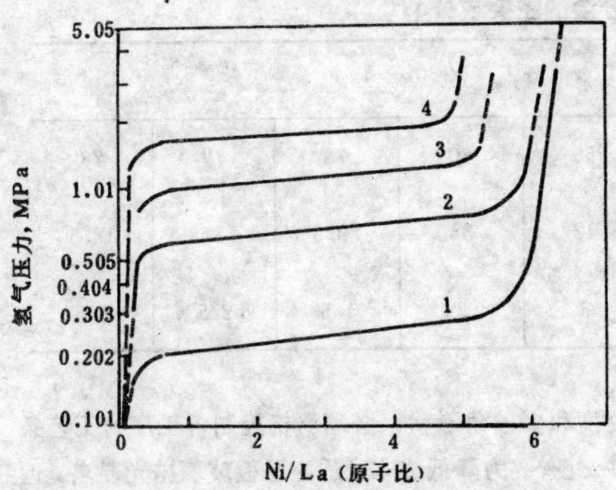

图 14-5-4 $LaNi_5$氢化物平衡压力与成分等温线

1—21℃；2—52℃；3—66℃；4—81℃

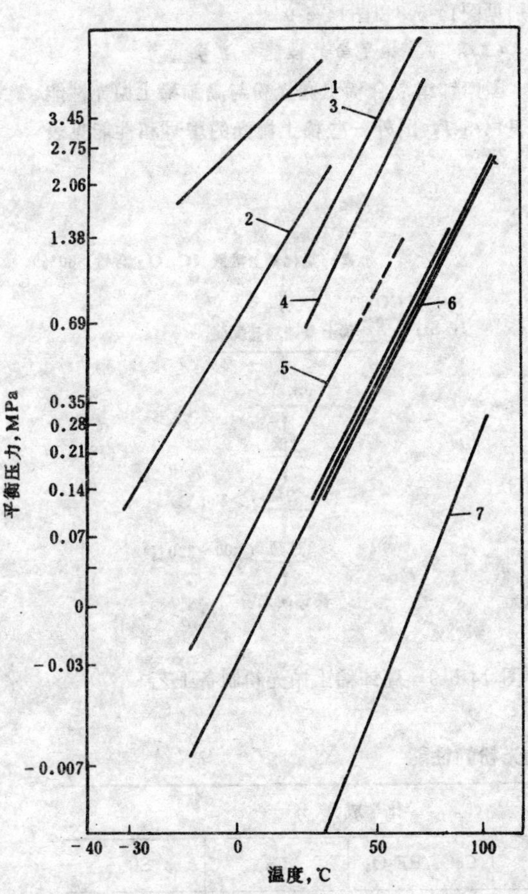

图 14-5-5 各种氢化物平衡压力同温度的关系

1—$CeNi_5$；2—$RMNi_5$；3—$NdNi_5$；4—$PrNi_5$；

5—（$La_{0.67}Nd_{0.25}Pr_{0.03}$）$Ni_5$；

6—$LaNi_5$；7—$LaNi_{4.6}Mn_{0.4}$

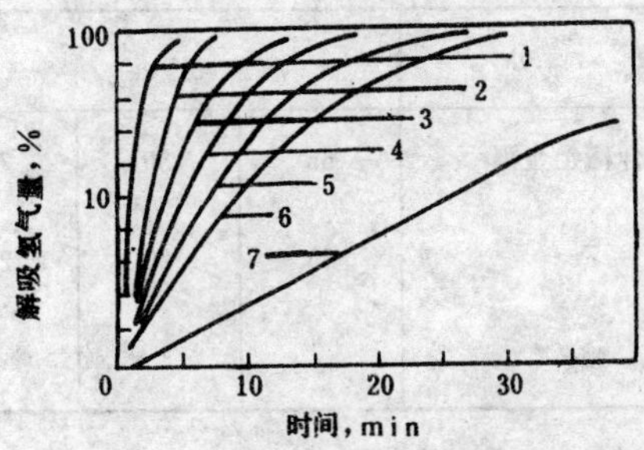

图 14-5-6 $LaNi_5$在一个大压下的解吸氢速率

1—48.8℃；2—36℃；3—27.7℃；4—25℃；

5—22℃；6—20℃；7—17.7℃

（二）稀土储氢材料制备工艺

$LaNi_5$储氢材料的制备工艺为这类化合物的典型工艺，其流程见图14-5-7。此外，激冷制备的非晶态 $LaNi_5$合金也有较好的吸氢性能。$LaNi_5$储氢材料的特点是储氢密度大，lmol 的 $LaNiH_6$氢原子密度为 7.6×10^{22}原子/cm^3比4K 下固态氢的密度（5.3×10^{22}原子/cm^3）还大。$LaNi_5H_x$ 平衡压力低且是直线，对普氢中杂质不敏感，这些优异的性质使 $LaNi_5$具有广泛的用途。

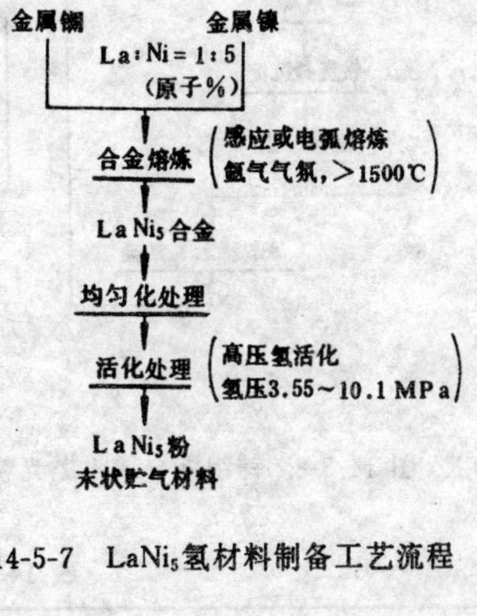

图 14-5-7 $LaNi_5$氢材料制备工艺流程

三、稀土发火合金

稀土发火合金是以稀土金属为基的铁合金。它燃点低，有一定的硬度，主要用于制造打火石。有可能用于爆炸装置引信的稀土发火合金正在研制。稀土发火合金的一般成分见表14-5-6。

表 14-5-6　稀土发火合金的主要成分

成　分	含　量，%							
混合稀土金属	65	80	75	55	60	78	79	78
Fe	35	20	25	42	38	20.5	18.5	18.5
Mg				3	2	1.5	2.5	3.5

第二节　稀土化合物材料

一、稀土化合物抛光粉

（一）制备工艺

各类稀土抛光粉的制备工艺方法按用途和性能要求有所差异，但基本方法是先由稀土化合物制备一种中间体，如稀土硫酸铵复盐、草酸盐、氟碳酸盐等、经过煅烧、粒度分级等工序获得产品。为保证抛光粉应具备的合适的化学成分、比重、粒度、粒子的硬度和多棱角形状，必须严格控制各工序的工艺条件。此外，为降低成本，适应平板玻璃抛光要求，近几年也发展了用高品位的氟碳铈矿精矿经煅烧制备抛光粉的技术。

制备混合稀土抛光粉和高铈抛光粉的工艺流程分别见图14-5-8和图14-5-9。

（二）稀土抛光粉的性能和牌号

国产铈组混合稀土抛光粉与高铈稀土抛光性能见表14-5-7，国外一些稀土抛光的牌号和性能见表14-5-8。

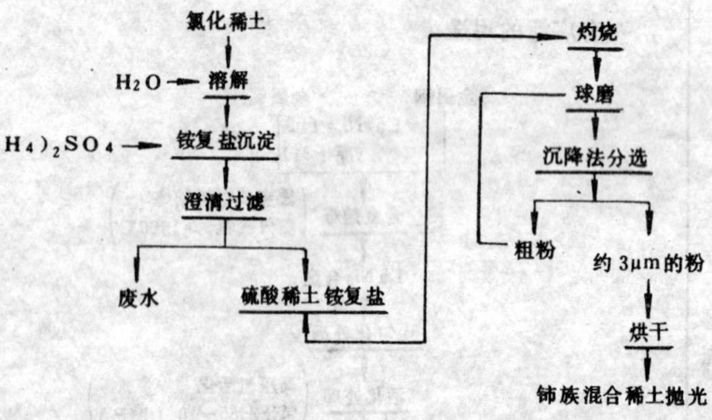

图 14-5-8　铈组混合稀土抛光粉制备工艺

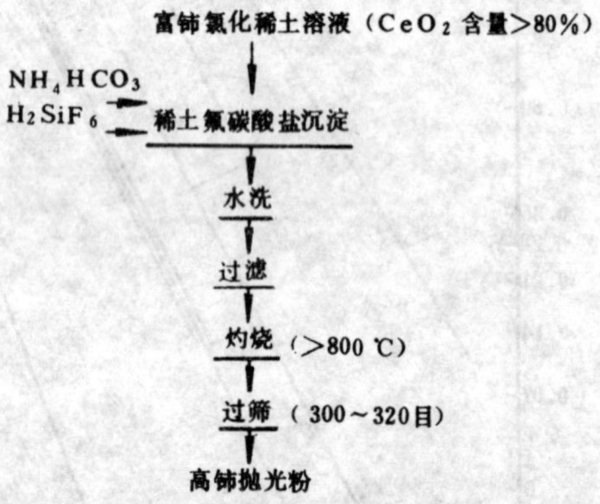

图 14-5-9　高铈稀土抛光粉制备工艺

表 14-5-7　国产稀土抛光粉的性能

晶　型	密　度 g/cm³	平均粒度 微米	化学成分，%			
			RE_2O_3	CeO_2/RE_2O_3	Ca	SO_3
面心立方	6～6.3	约3	>90	48～50	约2	<8

晶　型	密　度 g/cm³	粒度，微米	化学成分，%					
			RE_2O_3	Ce_2/R_2O_3	F	Si	Ca	Fe
面心立方	6.2～6.59	约1	90～93.5	80～85	5.6～7.5	0.89～2.2	0.003	0.34

表 14-5-8　国外一些稀土抛光粉的牌号和性能

国别	牌　号	组　分	粒　度
日本	ROXS	$\Sigma RE_2O_3=90$，$CeO_2/\Sigma RE_2O_3=50$，SO_3约8	
	ROXK	$\Sigma RE_2O_3=98$，$CeO_2/\Sigma RE_2O_3=80$，$SO_3$0～1.5	
	ROXH	$\Sigma RE_2O_3=87$，$CeO_2/\Sigma RE_2O_3=50$，F4～7	
	ROXM	$\Sigma RE_2O_3>88$，$CeO_2/\Sigma RE_2O_3=88$，F0.5～2	
	BE	$\Sigma RE_2O_3>80$，$CeO_2/\Sigma RE_2O_3>40$，F约6	5μm以下>85%
美国	VITROX-C	$\Sigma RE_2O_3=92$，$CeO_2/\Sigma RE_2O_3=80$	约2.5μm
	RAREOX-14	$\Sigma Re_2O_3=87$，$CeO_2/\Sigma RE_2O_3=65$	约3.1μm
	RAREOX-90	$\Sigma RE_2O_3=85$，$CeO_2/\Sigma RE_2O_3=50$	3.5μm
	X-OX	$\Sigma RE_2O_3=98$，$CeO_2/\Sigma RE_2O_3=45$	2.9μm

注：法国牌号为：Cero×1650，Cero×1660，Cero×1670，Cero×1680，Cero×1600，Cero×CC2

从30年代开始，氧化铈稀土抛光粉因其优异性能以及制备抛光粉技术的进步，逐渐取代了红铁粉，并发展了多种牌号和规格、以适用各种玻璃的抛光。氧化铈稀土抛光粉具有抛光速度快，光洁度高、使用寿命长等优点。此外，它与红铁粉相比，不污染环境，易于洗掉，深受工人们的欢迎。氧化铈抛光粉尽管有不同牌号，但其中氧化铈的含量必须较高。氧化铈抛光粉按其氧化铈含量可分为铈组混合稀土抛光粉和氧化铈含量大于85%的高铈稀土抛光粉。氧化铈稀土抛光粉主要用于光学镜片、透镜、显象管、示波管、眼睛片、宝石和单晶片的高速抛光。氧化铈稀土抛光粉的抛光机理目前还不完全清楚。一般认为它除具有机械研磨作用外，还存在化学抛光作用。

二、稀土陶瓷颜料

稀土高温陶瓷颜料多属稀土硅酸锆盐类，其中以硅酸锆镨黄色颜料为最好。镨黄色度纯正，与其它陶瓷颜料混合可调出不同的颜色。镨黄陶瓷颜料的制备工艺见图14-5-10。硅酸锆基陶瓷颜料性能见表14-5-9。镨黄（Zr-Si-Pr）与其他黄色陶瓷颜料对不同波长的光反射率见图14-5-11。从图14-5-11可见，Zr-Si-Pr 黄色颜料对黄色光的反射率远大于其它几种颜料，而对波长500nm 以下的光反射率不到20%，并小于其它黄色颜料的反射率。这样的特性使其呈现较纯正的黄色。除谱黄之外，钕、钐和铈等化合物都可制成不同颜色的陶瓷颜料。

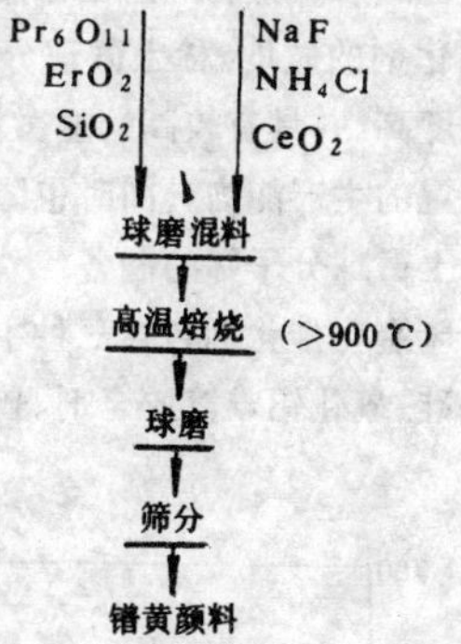

图 14-5-10　谱黄陶瓷颜料制备工艺流程

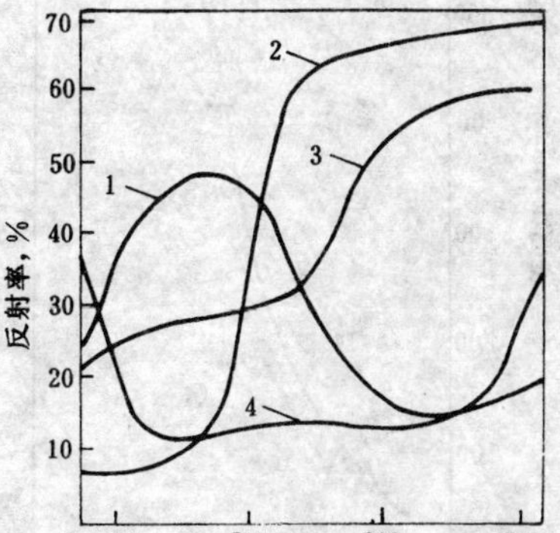

图 14-5-11　黄色陶瓷颜料对光的反射率

1—Zr-Si-V；2—Zr-Si-Pr；3—Zr-Si-Fe；4—Zr-Si-Co-Ni

表 14-5-9 硅酸锆基陶瓷颜料显色性

名称	组成	色坐标		颜色
		X	Y	
镨黄	Zr-Si-Pr	0.423	0.465	纯淡黄
镨绿	Zr-Si-Pr-V	0.374	0.461	黄绿
镨绿	Zr-Si-Pr-V	0.320	0.426	淡黄绿
镨绿	Zr-Si-Pr-V	0.269	0.355	淡蓝绿
镨黄	Zr-Si-Pr-V	0.429	0.446	深黄
镨黄	Zr-Si-Pr-V	0.423	0.401	桔黄

三、稀土催化剂

（一）石油裂化催化剂用稀土微球分子筛

稀土微球分子筛就是用稀土离子交换过的沸石。裂化催化剂中稀土分子筛的含有量为10～35%。

石油是一种含不同分子量的烃类混合物，它通过流化床裂化催化装置在裂化催化剂作用下裂解为分子量小、沸点低的馏分。这个作用主要决定于分子筛裂化催化剂的酸度。稀土微球分子筛比硅酸铝催化剂的酸度高。并具有较高的显微活度值，因此用其可提高装置的生产能力，同时也降低了焦碳产量。

1. 稀土微球分子筛的制备

流化床裂化催化剂包括三种主要配料：非晶态的二氧化硅、氧化铝难溶胶合剂、普通的惰性填充剂和沸石。

沸石虽然存在于自然界的矿石中，但现在用的沸石是人工合成的八面体沸石结构。在沸石组分中，SiO_2∶Al_2O_3大于3者称为Y型沸石；小于3者称为X型沸石。这些沸石的基本结构是方钠石网格截角八面体。它具有六方晶面和八方晶面。八面沸石的晶体结构是通过六方晶面按四面体的面联接方钠石网格构成，从而构成接合六方棱柱体。这个六方棱柱体结构形成了一条孔道，它有十分确定的空间几何形状，称为超网格。沸石中碱或碱土金属离子的存在保持了沸石的电中性，其所占据的位置可以用离子交换技术被稀土离子部分取代，使沸石具有较高的热稳定性和催化活性，且热稳定性是其表面积的函数。沸石的热稳定性随稀土含量增加而提高，见图14-5-12。

沸石裂化催化剂的显微活度随稀土含量的变化见图14-5-13。可见，沸石的稳定性和显微活度受稀

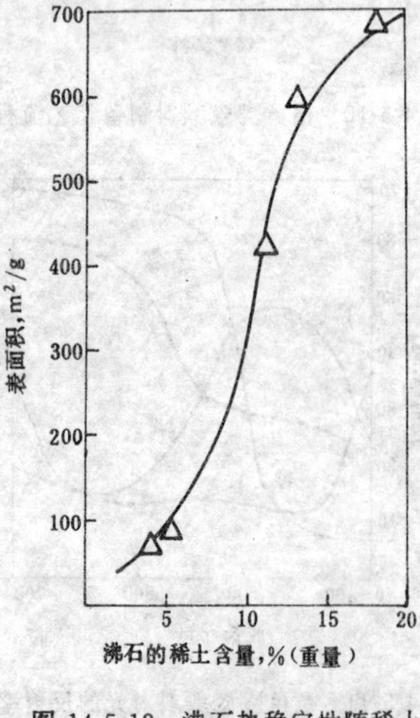

图 14-5-12 沸石热稳定性随稀土含量的变化

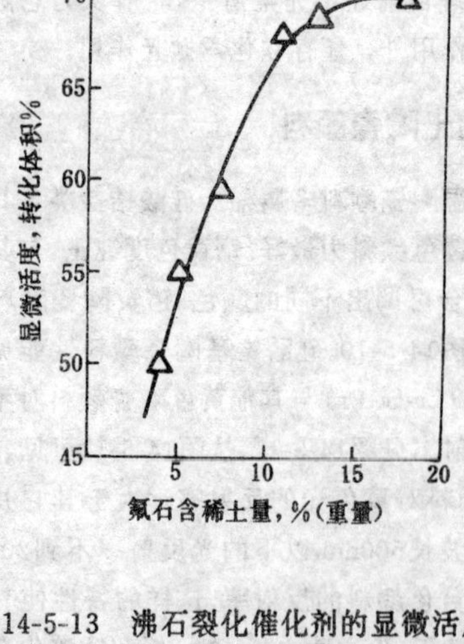

图 14-5-13 沸石裂化催化剂的显微活度与稀土含量的关系

土离子交换量的控制，当沸石中含20%RE_2O_3时，沸石获得最好的热稳定和显微活度。

2.稀土微球分子筛的牌号与组成

稀土微球分子筛裂化催化剂的牌号、组成见表14-5-10和表14-5-11。

表 14-5-10　几种裂化催化剂的分析评价

性能		裂化催化剂牌号与种类								
		13X共胶低铝催化剂	Y-4硫酸铝法高铝剂	Y-5加粉法高铝剂	偏Y偏铝酸钠法高铝剂		偏Y-3A酸洗偏Y剂	Y-4硫酸铝法高铝剂	共Y-15共胶法高铝剂	Y-7半合成催化剂
化学组成，%	Al_2O_3	8.9	27.9	27.2	25.8	25.4	23.6	26.0	27.5	51.9
	Na_2O	0.10	0.086	0.13	0.16	0.18	0.20	0.13	0.16	0.23
	SO_4^{2-}	—	0.82	0.48	0.69	1.5	1.6	—	1.75	—
	Fe_2O_3	0.08	0.15	0.15	0.14	0.08	0.06		0.07	0.66
	RE_2O_3	8.5	2.6	2.7	3.0	3.4	2.6	2.3	2.1	1.8
物理性质	表面积，m^2/g	672	572	598	592	456	615	497	423	120
	孔体积，ml/g	0.71	0.82	0.64	0.72	0.66	0.67	0.73	0.67	0.26
	堆比重，g/ml						0.5	0.56	0.45	0.81
磨损指数，%		3.2	4.1	4.2	4.1		4.4	3.5	4.5	1.8
微反活性	800℃/4h 老化	47～52	66	61	63	65	75	74	75	70
	800℃/17h 老化					48	61	54	68～70	54

表 14-5-11　几种裂化催化剂的稀土含量

催化剂牌号	RE_2O_3 %	单一稀土含量，%				
		La_2O_3	CeO_2	Nd_2O_3	Pr_6O_{11}	Sm_2O_3
CBZ-1	3.5	21.0	50.3	19.7	5.7	3.2
-2	2.0	28.1	43.5	20.5	5.7	3.2
-3	2.5	44.1	25.8	20.7	7.2	2.2
-4	1.5	55.9	12.4	22.0	8.3	1.4
Super-D	3.2	22.5	50.0	19.6	5.9	3.0
-D (E)	3.9	34.3	36.8	20.2	6.5	2.2
-D (M)	5.0	22.5	49.4	19.6	5.7	3.1
CCZ-220	2.6	29.3	42.2	21.0	4.9	2.6
MZ-3	2.3	57.4	13.5	21.3	7.3	1.0
MZ-6	2.1	59.0	12.0	21.3	6.6	1.0
MZ-7P	3.4	50.3	16.7	29.1	3.7	0.2
HEZ-55	2.6	58.0	11.8	22.0	7.4	0.8
EKZ-4	4.0	65.7	21.2	11.1	2.0	—
※Y-7-15 (中)①	4.0	34.0	47.4	12.5	5.2	0.9
※Y-7-15 (周)①	3.2	25.6	51.4	16.8	6.1	0.1
※CGY-1 (长)①	2.5	28.9	48.9	16.0	5.2	1.0

① 国产催化剂。

（二）汽车尾气净化稀土催化剂

汽车尾气净化催化剂有两种类型，一种是ABO_3钙钛矿型催化剂，另一种是贵金属催化剂，但无论那种催化剂，其活性组分的载体都是用γ-活性氧化铝为原料制成蜂窝状载体或制成小球、片及圆柱体。这些载体具有很大的比表面积，催化剂的活性组分浸渍或涂敷在载体的表面上。汽车发动机的设计决定了每秒尾气发生一次从富（氧缺乏）到贫（氧过量）的变化。根据这个规律，目前已采用双层催化变换器：第一层在富期把NO_x还原成氮气，第二层在贫期把一氧化碳和碳氢化物氧化成二氧化碳和水。这样可以使汽车尾气达到排放标准。

1. ABO_3钙钛矿型催化剂的制备

ABO_3中的A代表稀土金属和碱金属，B代表过渡族金属。这类化合物很多，如$R_xSr_{1-x}MnO_3$、$LaCoO_3$、$Sr_{0.3}La_{0.7}CoO_3$等。这些化合物催化剂的制备工艺见图14-5-14。

2. 铂、钯和铑贵金属-氧化铈复合催化剂的制备

将载体材料与氧化铈制成蜂窝块（每平方厘米有31～124个小孔）或制成带微孔的片或圆柱体，然后在其表涂敷贵金属催化剂组分。这种被称为三用催化剂的性能见图14-5-15。氧化铈在缺氧的富期能放出晶格氧，从而提高一氧化碳和碳氢化合物转化为二氧化碳和水的转换率。

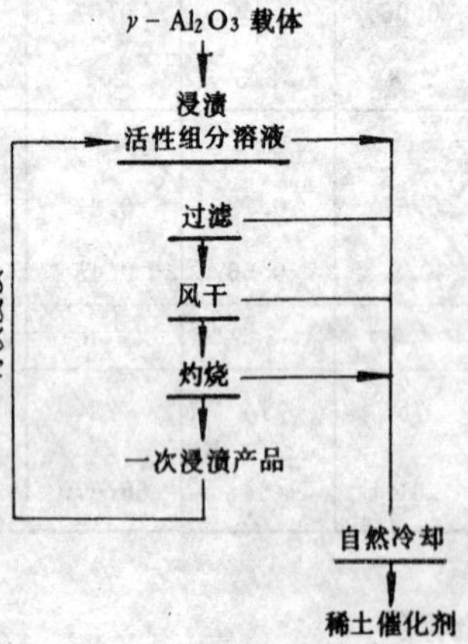

图14-5-14 ABO_3型催化剂制备原则流程

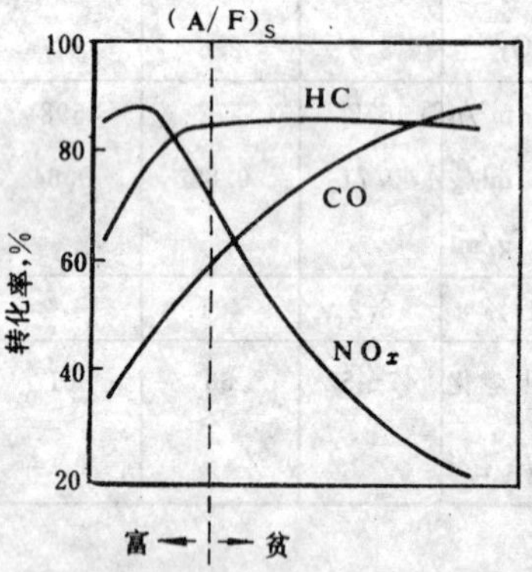

图14-5-15 周期中三用催化剂的性能

（在化学计量空气和燃料重量比 A/F=14.6）

四、稀土荧光材料

稀土荧光材料是以稀土离子为激活剂的荧光材料，它占全部荧光材料的50%以上，用途十分广泛。

荧光材料的发光虽然取决于激活剂离子的能态变化，但基体也影响激活剂的发光光谱和发光效率，故选择和制备基体材料也是非常重要的。稀土荧光材料对原料的纯度和杂质含量的控制有严格要求。

（一）稀土发光材料发光性质和种类

稀土离子发光特征是它的线状光谱、光谱的半宽度远小于其他金属离子的带状光谱的半宽。这是因为稀土离子受激发光是在尚未充满的4f层内的4f电子跃迁发生的。4f电子受$5s^25p^6$层的屏蔽作用而不受晶格振荡的影响，因此它们的发射光谱是线状型的，而其它金属离子发光都是最外层电子跃迁产生的，受晶格振荡影响产生带状光谱。稀土荧光材料的发光中心的类型见表14-5-12。稀土荧光材料由于接受激发能量形式不同而具有不同的发光类别。稀土荧光材料受激能量形式和发光类别见表14-5-13。

表 14-5-12 稀土发光中心类型

类型		举例
能级跃迁	4f→4f	Pr^{3+}、Nd^{3+}、Sm^{3+}、Eu^{3+}、Gd^{3+}
	4f→5d	Tb^{3+}、Dy^{3+}、Ho^{3+}、Er^{3+}、Tm^{3+}、Yb^{3+}、Ce^{3+}、Eu^{2+}、Y^{2+}
电荷转移		(V、Bi) VO_4（阳离子间）、Y_2O_2S：Yb（阴离子间）

表 14-5-13　稀土荧光的发光种类

发光分类	辐射发光	X 射线发光	光致发光	阴极电子激发光	场致发光(EL)
入射能量形态	射线 (α、β、γ)	X 射线	紫外线、红外线	高速电子束、 低速电子束	电场

(二) 稀土荧光材料主要制备工艺

稀土荧光材料的制备技术方法因材料而异，一般包括以下主要工序：

(1)混料。将要用的基体原料、激活剂、助溶剂、敏化剂等按化学计量比例混合均匀并磨成较细的粒度。

(2)烧成。在一定的气氛中(氧化或还原气氛)选择需要的温度按工艺条件对混合好的炉料进行灼烧。在此过程中炉料进行充分的化学反应，形成需要的具有一定晶型的化合物。

(3)后处理。包括必要的浸泡，不同介质的洗涤、选粉、过滤等工序去除非荧光化合物杂质以保证成粉的物理性质。

(4) 烘干。在一定温度下烘干制成产品。

主要参考文献

〔1〕刘余九，稀有金属知识　稀土，冶金工业出版社。北京，1983.

〔2〕加纳刚，柳田博明，レアアースその物性と应用，技报堂出版株式会社，1980.

〔3〕朱维雄，稀土，(1983)，No. 4.

〔4〕刘长林、祝目英、稀土，(1985)，No. 3.

〔5〕Strnat K. J., New Frontier in Rare Earth Science and Applications Ⅰ 1985，P872.

〔6〕成田一夫，工业レアメタル，(1984)，85.

第六章 稀土的成分分析

编写人 刘余九 陆少兰

稀土元素的性质十分相似，因此稀土元素测定是无机分析中最困难的。经典的化学分析方法（如重量法、容量法）只能测定稀土总量或少数变价稀土元素，如铈、铕等，而单一稀土的测定主要采用发射光谱法和X-荧光光谱法，以及分光光度、荧光光度、原子吸收以及中子活化、质谱法等方法。

第一节 稀土冶金中的化学分析方法

化学分析方法（包括重量法、容量法、分光光度法、荧光光度法、原子吸收法等）主要用于测定混合稀土总量、某些单一稀土共存元素及纯稀土产品中的非稀土杂质，而较少用于测定微量杂质稀土元素。在稀土冶金过程中，矿石分解和混合稀土制备过程的原料分析，中间产品分析，共存元素的分析主要采用化学分析方法。各种稀土合金材料中微量稀土总量的测定目前主要也采用化学分析法。化学分析方法所用仪器较简单，操作方便，易于掌握。

一、稀土矿物原料的化学分析方法

稀土矿物原料的化学分析法列于表14-6-1。

表 14-6-1 稀土矿物原料的化学分析法

试样名称	测定项目	方法及要点	详细参见
氟碳铈镧矿	稀土总量 (RE_xO_y)	草酸盐重量法。试样经碱熔、三乙醇胺浸出除硅、磷、铝等；氟化物沉淀稀土除去难熔金属；氨水沉淀稀土以除钙、镁；于pH2近沸草酸沉淀稀土和钍，并在850℃灼烧成氧化物，重量法测定两者合量，再扣除由光度法测得的其中的氧化钍量	GB4101.1-83
	氧化铕 (Eu_2O_3)	极谱法。用盐酸将上述测定稀土总量所得的氧化稀土溶解，于0.1mol/L盐酸底液中从−0.5V至−1.1V记录铕的极谱图，用标准加入法或工作曲线法计算氧化铕的含量。标准系列中应加入与试样有相同稀土配分（各单一稀土的相对含量）的相同量的混合稀土以消除主体的影响。	GB4101.2-83
氟碳铈镧矿精矿	二氧化铈 (CeO_2)	亚铁容量法。试样用磷酸加高氯酸溶解，在高氯酸冒烟的条件下将铈氧化成四价，锰在磷酸存在下氧化成三价。用亚砷酸-亚硝酸钠在尿素存在下还原Mn（Ⅲ）呈Mn（Ⅱ），最后以标准亚铁滴定铈（Ⅳ）	GB4101.2-83
氟碳铈镧矿	氧化钍 (ThO_2)	偶氮胂Ⅲ光度法。试样经碱熔，用5%三乙醇胺浸出，氟化物沉淀稀土以除去难熔金属；在pH=2～2.5时，以磷酸三丁酯-二甲苯萃取钍，用6mol/L盐酸反萃钍，在4.5～6mol/L盐酸介质中用偶氮胂Ⅲ光度法测定钍。	GB2591.5-81

续表 14-6-1

试样名称	测定项目	方法及要点	详细参见
褐钇铌精矿	稀土总量	草酸盐重量法。试样操作同氟碳铈镧矿，先得到氧化稀土与氧化钍的混合物而求得两者的合量。将氧化物用盐酸溶解，在氯化铵存在下，控制pH为2.8，在煮沸和搅拌下加入100mL 10g/L热沸苯甲酸沉淀钍，经多次洗涤沉淀后于800℃灼烧成氧化钍，重量法测定氧化钍并从RE_xO_y中扣除之	YB875-76 褐钇铌矿
独居石精矿	稀土和钍总量	草酸盐重量法。试样经碱熔，在盐酸及氢氟酸介质中沉淀稀土和钍；再经盐酸溶解，在氨性介质中沉淀稀土和钍；最后在pH2条件下草酸沉淀稀土和钍，于850℃灼烧成氧化物，用重量法测定	YB877-76独居石
	氧化钍	苯甲酸重量法。将上述稀土和钍的氧化物用盐酸，过氧化氢溶解，在pH2.4～2.8条件下，用苯甲酸沉淀钍，于800℃灼烧成氧化钍，重量法测定元。化学反应式如下： $ThCl_4+4C_6H_5COOH=Th(C_6H_5COO)_4\downarrow+4HCl$ $Th(C_6H_5COO)_4+35O_2=ThO_2+28CO_2\uparrow+20H_2O$	YB877-76独居石
磷钇矿精矿	氧化钇	萃取色谱分离-EDTA容量法。试样经碱熔融，热水提取，过滤。沉淀酸溶后用氢氟酸沉淀稀土，继用硝酸、高氯酸破坏滤纸并赶尽氟离子，蒸至近干后用0.4mol/L盐酸溶解，将其流经P507（2-乙基己基膦酸单-2-乙基己基脂）-硅球萃取色谱柱，以0.7mol/LHCl洗脱轻稀土，6mol/LHCl洗脱钇及重稀土；用4mol/L硫酸铵将含重稀土的溶液调节为微酸介质，将其流经N_{263}（氯化三烷基甲胺）-硅球萃取色谱柱，用2mol/LNH_4SCN35mL洗脱其他稀土，再用50mL2mol/L NH_4SCN洗脱钇，用EDTA容量法滴定钇量	GB2125-80
磷钇矿精矿	铀和钍	5-Br-PADAP和钍试剂光度法。试样经碱熔，水浸，直接酸化成高酸度，使锆呈磷酸锆沉淀除之，继在2mol/LHNO_3介质中，用TOPO（三辛基氧化膦）环己烷萃取铀、钍；将萃取液分别用5-Br-PADAP和钍试剂在乙醇介质中测定铀和钍。测定波长为578nm（铀）和545nm（钍）	GB3824-83
氟碳铈镧矿精矿	二氧化硅	硅钼蓝光度法。试样以无水碳酸钠-硼酸混合熔融，用稀酸浸取。在乙醇存在下的0.1mol/L盐酸中使硅酸和钼酸铵生成黄色的硅钼酸络合物，然后将酸度提高至3mol/L，以破坏磷砷钼酸络合物。加入抗坏血酸将硅钼黄还原成硅钼蓝，在700nm波长处测其吸光度。大量稀土不干扰测定，但应扣除其对700nm光的吸收	GB2591.3-81
磷钇矿精矿	二氧化硅	硅钼蓝差视吸光光度法。试样用盐酸、高氯酸和硫酸分解，使硅酸脱水而与大量磷酸根分离。残渣用碱熔融，然后在弱酸介质中同上法依次生成硅钼黄和硅钼蓝，在波长650nm处，以500μg二氧化硅标准显色液作参比测定硅钼蓝吸光度。参比液含硅量可根据试样含硅量改变	GB2128-80

续表 14-6-1

试样名称	测定项目	方法及要点	详细参见
独居石精矿	二氧化硅	差减重量法。试样用硫酸，硫酸铵分解，残渣经过氧化钠熔融，水浸出其中的硅酸钠，用硫酸中和后再加高氯酸和硫酸，在沙浴上加热至冒烟，并维持10～15min以脱水。脱水后的硅酸经过滤后灼烧至恒重。再以硫酸，氢氟酸处理，使硅以硅氟酸挥发，残余物灼烧至恒重，从两次重量差求出SiO_2量	YB877-76独居石
褐钇铌矿精矿	二氧化硅	差减重量法。试样以焦硫酸钾熔融，10%酒石酸浸出。在硫酸存在下加热脱硅，而与铌钽的酒石酸络合物分离。然后与独居石精矿分析步骤相同进行两次灼烧至恒重（第二次加HF处理），由两次重量差求得SiO_2量	
氟碳铈镧矿精矿	五氧化二磷	磷钼蓝光度法。试样以碱熔融，热水浸出。用硝酸酸化并调节酸度为2mol/L，加硝酸-硝酸铋作催化剂，在抗坏血酸存在下加入钼酸铵以形成磷钼蓝，在波长690nm处测吸光度	GB2591.8-81
褐钇铌矿精矿	五氧化二磷	磷钼黄光度法。试样以碱熔融，热水浸出，过滤除去铌钽等沉淀，滤液调节为1.0～1.1mol/L硝酸介质，使磷与钼酸铵，钒酸铵反应形成磷钼钒杂多酸，于波长420nm处测定此黄色络合物的吸光度	YB877-76独居石
氟碳铈镧矿精矿	铁	重铬酸钾容量法。试样经碱熔融，热水浸取。用盐酸直接酸化至酸度约1.5mol/L，用二氯化锡将Fe（Ⅲ）还原为Fe（Ⅱ）再用二氯化汞还原过量的二氯化锡，在硫磷混酸存在下，以二苯胺磺酸钠为指示剂，标准重铬酸钾滴定之	GB2591.1-81
氟碳铈镧矿精矿	氧化钙	EGTA容量法（乙二醇二乙醚二氨四乙酸）。试样用碱熔融，热稀三乙醇胺浸出，过滤。沉淀酸溶后，在2～3g氯化铵存在下用过量氨水沉淀稀土两次，两次滤液中的钙、钡、铈等在过硫酸铵存在下再用氨水沉淀一次，使钙留在滤液中，最后在三乙醇胺存在下，于pH>12的NaOH溶液中，以酚红和钙黄绿素作指示剂，标准EDTA滴定钙	GB2999.4-81
氟碳铈镧矿精矿	钡	硫酸钡重量法。试样经盐酸、硝酸及硫酸处理并使钡转化为硫酸钡沉淀，过滤除去大部分干扰离子。沉淀用碱熔融，EDTA浸取以除去稀土等。溶液中钡再用硫酸沉淀并用碳酸钠、碳酸钾转化，使钡转入溶液，用硫化氢分离铅，硫酸钡重量法测定	GB2991.6-81
氟碳铈镧矿精矿	铌	氯代磺酚S光度法。试样经焦硫酸钾熔融、酒石酸浸出，在3mol/LHCl介质中直接用氯代磺酚S显色，650nm波长处测定吸光度。一定量高铁可在EDTA存在下，在试剂空白中加入毫克量铁以校正其影响	GB2591.2-81
褐钇铌矿精矿	钽、铌合量	纸色谱分离重量法。试样用过氧化钠分解，在100g%（V/V）盐酸酸度下，用丹宁使钽铌水解，沉淀灰化后用HF溶解，以甲基异丁酮-丁酮-HF-HNO_3作展开剂，纸低色谱分离铌、钽和其他元素。裁下钽铌色谱带，灼烧，称出钽铌氧化物质量	YB877-76独居石

续表 14-6-1

试样名称	测定项目	方法及要点	详细参见
氟碳铈镧矿精矿	氟	蒸馏-硝酸钍容量法。试样用高氯酸分解并在130～140℃通水蒸气蒸馏出氟。调节蒸出液 pH 为3.1，以甲基百里酚蓝为指示剂，标准硝酸钍滴定氟	GB2591.7-81
磷钇矿、独居石、褐钇铌矿精矿	钛	双安替吡啉甲烷(DAPM)光度法。试样用焦硫酸钾熔解，在2mol/LHCl介质中，钛与DAPM生成稳定黄色络合物。大量稀土、铝、钙、镁、锰等不干扰测定。铁(Ⅲ)用抗坏血酸还原，钽铌用草酸掩蔽。波长420nm处测量吸光度	YB875-76褐钇铌矿 GB2127-80 YB877-76独居石
磷钇矿、独居石精矿	锆	EDTA 容量法。试样经碱熔融分解，在强酸性条件下用磷酸氢二钠沉淀锆，使其与大量磷酸根分离。沉淀再经碱熔，在1N 盐酸介质及煮沸的条件下，以二甲酚橙作指示剂，标准 EDTA 滴定锆	GB2126-80

二、稀土冶金中间产品的分析方法

稀土冶金中间产品的分析方法列于表14-6-2。

表 14-6-2　稀土冶金中间产品分析方法

试样名称	测定项目	方法及要点
氯化稀土、混合稀土金属	稀土总量	草酸盐重量法。试样用酸溶解，含钙高时用氨水沉淀稀土以除钙；在 pH2时草酸沉淀稀土，灼烧成氧化稀土称重。适于10%以上稀土总量的测定
		EDTA 容量法。试样酸溶，于 pH2时用乙酰丙酮萃取钍等，用铜试剂-四氯化碳萃取过渡元素；pH5～6时以偶氮胂 M 为指示剂，标准 EDTA 滴定稀土，测定范围1～30%
混合稀土化合物或金属	镧	离子交换分离-EDTA 容量法。酸溶试样，去酸后用苯乙烯强酸型阳离子交换树脂吸附稀土，用2%氨三乙酸淋洗非镧稀土，乙酸淋洗镧，EDTA 滴定镧
	铈	氧化还原滴定法。在硫酸介质中，以 $AgNO_3$为催化剂，用过硫酸铵氧化铈成四价（或在磷酸介质中用高氯酸氧化铈），以邻菲啰啉作指示剂，标准亚铁滴定铈
	镨	吸光光度法。在 HCl、$HClO_4$介质中，于444nm 处测定吸光度。钐、铕有光谱干扰，应扣除其吸收
		荧光光度法。在 $HClO_4$、HCl、H_2SO_4中以217nm 光激发，测定240nm 或278nm 处的荧光。大量铈有干扰
	钕	吸光光度法。在 HCl、$HClO_4$介质中于575nm 处测定吸光度。镨有光谱干扰应扣除。

续表 14-6-2

试样名称	测定项目	方 法 及 要 点
混合稀土、化合物或金属	钐	吸光光度法。在HCl、$HClO_4$介质中，于波长402nm处测定吸光度。铕有光谱干扰，应扣除
	铕	吸光光度法。在HCl、$HClO_4$介质中于波长394nm处测吸光度。Sm、Dy有光谱干扰
		氧化还原滴定法。锌汞齐将En还原成二价，以CO_2气氛保护Eu（Ⅱ）。最后以标准$FeCl_3$滴定。
		原子吸收法
		荧光光度法。在HCl、$HClO_4$介质中以395nm光激发，测定593nm波长的荧光
	钆	吸光光度法。在HCl、$HClO_4$介质中于波长272.8nm处测吸光度。多种稀土有干扰。
		荧光光度法。HCl、$HClO_4$介质中以278nm光激发，测定波长310nm处的荧光
	铽	导数荧光光度法。HCl、$HClO_4$介质中以221nm光激发，测定波长544nm处的荧光。大量铈干扰
		吸光光度法。HCl、$HClO_4$介质中于220nm处测定吸光度
		原子吸收法
	镝	吸光光度法。HCl、$HClO_4$介质中于911nm处测吸光度。钬、镱有干扰
	钬	吸光光度法。HCl、$HClO_4$介质中于537nm处测吸光度。铒有干扰
		原子吸收法
	铒	吸光光度法。HCl、$HClO_4$介质中于379nm（铕、镝干扰）或523.5nm（钬、铥干扰）处测吸光度
	铥	吸光光度法。$HClO_4$介质中于683nm处测吸光度钕。有干扰
	镱	吸光光度法。$HClO_4$介质中于975nm处测吸光度。铕有干扰
		原子吸收法
稀土金属及氧化物	钠	火焰光度法。试样酸溶，氨水沉淀稀土以除钙、镁、钡，酸溶后于589nm处测定
		原子吸收法。试样酸溶，HCl介质中空气-乙炔焰，589.5nm处测定吸收值。CeO_2试样需经草酸沉淀分离铈后再测定
	镁	原子吸收法。5%HCl介质中，空气-乙炔焰285.2nm波长处测定吸收值。
		二甲苯胺兰（Ⅰ）光度法。在1.3mol/L HCl中用强酸型离子交换树脂分离稀土，在pH～10，二甲苯胺兰（Ⅰ）显色，于630nm波长处测定吸光度。
	铝	铬天青S光度法。用EDTA-Zn络合稀土，在pH值5.5的六次甲基四胺缓冲液中显色，于波长560nm处测定吸光度
		铬天青S-CTMAB-乙醇多元络合物光度法。以草酸沉淀分离稀土，硫酸-高氯酸破坏草酸后显色测定之
	磷	磷钼杂多酸光度法。在酒石酸锑钾存在下，用抗坏血酸还原成磷钼杂多酸，于波长630nm处测定吸光度
	硫	蒸馏-次甲基蓝光度法。试样用盐酸、氢碘酸及次亚磷酸钠混合溶液溶解，试样中的硫或硫酸根以硫化氢形成逸出，以氮气作载气，用锌氨络盐溶液吸收。在$FeCl_3$存在的强酸溶液中，硫离子与盐酸对氨基二甲胺反应生成次甲基蓝，于波长670nm处测定吸光度

续表 14-6-2

试样名称	测定项目	方法及要点
稀土金属及氧化物	氯	硫氰酸汞间接光度法。试样以硝酸溶解，氯离子与硫氰酸汞反应生成的硫氰酸根与Fe(Ⅲ)显色，于波长460nm处测吸光度
	钾	原子吸收法。于5%HCl介质中，空气-乙炔焰，于波长766.5nm处测定吸收值
	钙	空气-乙炔原子吸收法。在5%HCl介质中422.7nm处测吸收值。
		笑气-乙炔原子吸收法。在2%盐酸中，于422.7nm处测吸收值，用标准加入法计算结果
		乙二醛双(2-羟基苯胺)光度法。在1.3mol/L HCl中用强酸性阳离子交换树脂分离稀土，在pH12时显色，于530nm处测定光度
	铬	二苯卡巴脲光度法。用硝酸溶样，在硫酸介质中高锰酸钾氧化铬呈六价后显色，于波长425.4nm处测吸光度
	锰	高锰酸钾光度法。在硫酸中以$AgNO_3$作催化剂，用过硫酸铵氧化得MnO_4^-，于波长403.1或280.1nm处测吸光度
		1-(2-吡啶偶氮)-2-萘酚(PAN)光度法。在pH=5.5时以PAN-氯仿萃取锰，然后在pH为9时再次以酒石酸、氰化钾作掩蔽剂与PAN显色，用氯仿萃取后于波长560nm处测定。
		原子吸收法。在5%HCl中于波长279.5nm处测吸收值。
	铁	邻菲啰啉光度法。在微酸性介质中用抗坏血酸还原Fe呈二价，显色后于510nm波长测定。
		硫氰酸铵-邻菲啰啉三元络合物光度法。在0.04～0.6mol/LHCl中显色，用甲基异丁酮萃取后于波长522nm处测定
		空气-乙炔原子吸收法。在4%HCl中于波长240.7nm处测定
	镍	丁二肟光度法。先在碱性溶液中用丁二肟-氯仿萃取镍以分离稀土，反萃后于470nm波长处测定
		萃取-原子吸收法。用APDC和MIBK在pH4萃取镍，于波长232nm测定有机相中镍的吸收值
	铜	铜试剂-四氯化碳萃取光度法。在pH8.5～9用铜试剂-四氯化碳萃取铜，于440nm处测定其吸光度
		萃取-原子吸收法。用APDC和MIBK于pH4萃取铜，于324.3nm处测其吸收值
	铅	双硫腙光复法。在pH为8.5的柠檬酸三铵介质中用铜试剂-四氯化碳萃取铅以除稀土。反萃铅后在有氰化钾存在下的pH为9的柠檬酸三铵介质中加双硫腙，用氯化碳萃取并于520nm处测铅的吸光度
		萃取原子吸收法。用APDC-MIBK萃取铅并于228.3nm处测其吸光度
	锌	示波极谱法。试样酸溶，在pH为9的柠檬酸三铵介质中，以双硫腙-四氯化碳萃取锌以除稀土。用稀酸反萃锌，在3mol/L氨水和1mol/L氯化铵底液中，于-1.20～-1.70V(相对饱和甘汞电极)电压范围内测锌
		空气-乙炔原子吸收法。在4%HCl中于波长213.8nm处测定

续表 14-6-2

试样名称	测定项目	方法及要点
稀土金属及氧化物	砷	发生氢化物原子吸收法。硫酸溶样，加KI煮沸。放入氢化物发生器用硼氢化钾还原，空气-乙炔加热石英管原子化器测定
	钡	硫酸钡比浊法。酸溶样后在pH5.5用PMBP萃取稀土，在H_2SO_4中用比浊法测定钡
	钍	偶氮胂Ⅲ光度法。试样酸溶后于pH2用PMBP/醋酸丁酯萃取钍，6mol/LHCl反萃钍，用HNO_3-$HClO_4$破坏有机物在4mol/L HCl中显色，650nm处测定
	NO_3^-	硫酸马钱子碱光度法。酸溶试样，离子交换除钡后使NO_3^-与硫酸马钱子碱生成黄色偶氮化合物，于波长420nm处测定

第二节 X射线荧光光谱法分析稀土元素

X射线荧光光谱法是一种快速、准确、非破坏测定的分析方法，尤其是用于化学性质极其相似的铌钽、锆铪、稀土类元素的分析，具有独特的优越性。用X射线荧光光谱分析稀土岩石矿物、混合稀土氧化物及冶金流程中控产品、产品（包括高纯氧化物及应用材料）的近期应用列于表14-6-3。

表 14-6-3 X射线荧光光谱法在分析稀土上的应用

试样名称	分析项目	方法	分析范围
矿、溶液	镧系、钇、钍	粉末稀释X射线荧光光谱	0.2～100%
矿和富集物	镧系	粉末X射线荧光光谱标准比较法	0.1～100%
磷钇矿及稀土氧化物	钇	稀释参比法X射线荧光光谱测定	60%
矿、合金氧化物	镧～钆	熔融制样X射线荧光光谱内标法	0.1～100%
岩石、矿物	稀土元素的丰度	离子交换分离X射线荧光光谱测定	测定下限0.5～nppm
混合稀土氧化物	15个稀土元素分量	熔融制样X射线荧光光谱测定	测定下限0.01%
岩石、矿物	15个稀土元素	离子交换分离灰化树脂，制成薄样，X射线荧光光谱测定	稀土总量＞0.2%
岩石、矿物	15个稀土元素	薄样比例常数法X射线荧光光谱测定	稀土总量＞0.2%，试样量＞2mg
矿物、矿石	镧～钆、铀、钍	粉末稀释制样，X射线荧光光谱测定	La0.5～10%；Ce2～20%；Pr0.2～2%；Nd0.5～10%；Sm0.1～2%；Gd0.1～2%；U、Th0.2～4%
岩石	稀土元素分量	化学分离富集，X射线荧光光谱测定	测定下限＜1ppm

续表 14-6-3

试样名称	分析项目	方　　法	分析范围
稀土精矿	15个稀土分量	溶液滤纸法制样，X射线荧光光谱测定	0.025～0.4%
地质样品	稀土元素分量	化学分离，涤纶膜载样，X射线荧光光谱测定	最低检出限0.2μg
痕量稀土	15个稀土元素	滤纸片薄样，X射线荧光光谱测定	
稀土矿	轻稀土元素，钇、钍	熔融制样，X射线荧光光谱测定	La～Nd0.002～25%；Sm～Gd，Y，Th0.005～1%
岩石	15个稀土元素	离子交换纸分离，交换纸吸附，X射线荧光光谱测定	检出限0.06～0.2ppm
岩石	15个稀土元素	离子交换分离，共沉淀富集，抽滤制片，X射线荧光光谱测定	稀土总量0.001～0.09%
岩石	15个稀土元素	离子交换分离，PMBP萃取膜收集，X射线荧光光谱测定	稀土总量10～1000μg，检出限：Y1～2ppm，其它元素1%～0.1%
矿物	镧～钐、钆、钇	草酸盐沉淀分离，溶液滤纸片制样，X射线荧光光谱测定	测定下限50ppm
地质样	15个稀土（痕量）	螯合纤维分离富集，X射线荧光光谱测定	稀土总量0.001～0.09%
富集物	钇、铥、镱、镥	溶液X射线荧光光谱法	总稀土浓度0.03M；单一稀土0.9～90%
混合稀土氧化物	15个稀土元素	X射线荧光光谱内标法	
富集物	镧～钆	粉末制样，X射线荧光光谱测定	
稀土氧化物	15个稀土元素	X射线荧光光谱经验系数法	0.5～70%
稀土氧化物	15个稀土元素	溶液滤纸片制样，X射线荧光光谱测定	
稀土氧化物	Y_2O_3	溶液滤纸片制样，X射线荧光光谱测定	5～100%
富集物	钕～铽，钇	溶液X射线荧光光谱法	$Nd_2O_3$0.5～15%；$Sm_2O_3$0.5～50%；$Eu_2O_3$1～99%；$Gd_2O_3$0.5～50%；$Tb_4O_7$0.5～20%；$Y_2O_3$0.5～15%

续表 14-6-3

试样名称	分析项目	方　　法	分析范围
选矿中的矿物	MgO,Al_2O_3,SiO_2,P_2O_5,SO_3,K_2O,CaO,MnO,Fe_2O_3,TiO_2,Nb_2O_5,BaO,La_2O_3,CeO_2,Pr_6O_{11},Nd_2O_3	熔融制样，X射线荧光光谱测定	MgO0.07～3.77%；$Al_2O_3$0.014～2.26%；$SiO_2$0.255～24.10%；$P_2O_5$0.071～19.60%；$SO_3$0.267～14.67%；K_2O0.005～10.63%；CaO0.696～51.87%；$TiO_2$0.042～1.88%；MnO0.078～3.17%；$Fe_2O_3$1.015～82.09%；$Nb_2O_5$0.010～2.83%；BaO0.09～3.67%；$La_2O_3$0.141～18.90%；$CeO_2$0.221～37.61%；Pr_6O_{11} 0.021～3.02%；$Nd_2O_3$0.068～11.55%
稀土氧化物	稀土元素分量	单标样滤纸片X射线荧光光谱法	0.1～95%
稀土氧化物	Nd_2O_3～Ho_2O_3，Y_2O_3	粉末稀释制样，X射线荧光光谱测定	Nd_2O_3～Tb_4O_7，$Y_2O_3$0.3～100%；Dy_2O_3，Er_2O_3、$Yb_2O_3$0.5～50%；$Ho_2O_3$3.0～50%
稀土氧化物	15个稀土元素	X射线荧光光谱α系数法	0.10～99.9%
稀土溶液	15个稀土元素	溶液滤纸片X射线荧光光谱测定	溶液浓度5～30mg/ml；测定下限0.1%
稀土氧化物	15个稀土元素	溶液滤纸X射线荧光光谱测定	试样浓度40～60mg/ml；滤纸片上的样量约1mg
萃取槽样	La_2O_3～Sm_2O_3	溶液槽样，X射线荧光光谱测定	La_2O_3～$Nd_2O_3$0.10～99.9%；$Sm_2O_3$0.1～5%
稀土氧化物	15个稀土元素	溶液滤纸片X射线荧光光谱法	0.3～99%
萃取槽样	稀土元素	溶液滤纸片X射线荧光光谱法	
氧化物	Nd_2O_3，Sm_2O_3	直接粉末制样，应用不同数学模型处理数据	0.10～99.9%
富集物	La_2O_3～Dy_2O_3，Y_2O_3	粉末稀释制样，X射线荧光光谱测定	$Sm_2O_3$30～50%；$Eu_2O_3$7～12%；$Gd_2O_3$10～20%；$Y_2O_3$1～15%
富集物	Dy_2O_3～Tm_2O_3，Y_2O_3	点滴滤纸片薄样，X射线荧光光谱测定	$Dy_2O_3$5～60%；$HoO_3$5～30%；$Er_2O_3$15～60%；$Y_2O_3$10～30%；$Tm_2O_3$0.15～5%
重稀土混合物	钆～镥，钇	溶液X射线理论α系数法	测定下限：Gd～Tm0.03%；Lu0.05%；Y<0.05%
高纯氧化镧	稀土杂质	化学富，制成薄样，X射线荧光光谱测定	测定下限ppm级

续表 14-6-3

试样名称	分析项目	方法	分析范围
氧化镧	铈～钐	草酸盐稀释，X射线荧光光谱测定	Pr. 0.01～1.0%；其它0.005～1.0%。
高纯氧化镧	铈，镨，钕	P_{507}萃淋树脂分离，PMBP萃取膜富集，X射线荧光光谱测定	检出限xppm
氧化铈	镧、镨、钕、钐	草酸盐稀释，X射线荧光光谱测定	测定下限：La，Sm0.01%；Pr，Nd0.02%
氧化铈	La_2O_3，Pr_6O_{11}，Nd_2O_3，Y_2O_3	草酸盐稀释，X射线荧光光谱测定	La_2O_3、Pr_6O_{11}、$Y_2O_3$0.01～1.0%；$Nd_2O_3$0.02～1.0%
氧化镨	镧、铈、钕、钐	草酸盐稀释，X射线荧光光谱测定	0.01～1%
氧化镨	镧，铈，钕，钐	熔融制片，X射线荧光光谱测定	测定下限50ppm
氧化镨	La_2O_3，CeO_2，Nd_2O_3，Sm_2O_3，Y_2O_3	粉末直接压片X射线荧光光谱测定	La_2O_3、Sm_2O_3、$Y_2O_3$0.10～5%；CeO_2、$Nd_2O_3$0.10～10.0%
高纯氧化钕	稀土杂质	化学富集，制成薄样，X射线荧光光谱测定	测定下限ppm级
氧化钕	Pr_6O_{11}，Sm_2O_3，Y_2O_3	化学富集，制成薄样，X射线荧光光谱测定	Pr_6O_{11}、$Sm_2O_3$0.005～0.100%；$Y_2O_3$0.003～0.100%
氧化钕	铈、镨、铕、钐、钆	草酸盐稀释X射线荧光光谱测定	测定下限：Eu0.005%；其它元素0.01%
氧化钕	La_2O_3，CeO_2，Pr_6O_{11}，Sm_2O_3，Eu_2O_3，Y_2O_3	草酸盐稀释，X射线荧光光谱测定	$Sm_2O_3$0.02～1.00%；其它0.01～1.00%
金属钕和氧化钕	La_2O_3，CeO_2，Pr_6O_{11}，Sm_2O_3，Y_2O_3	滤线片薄样，X射线荧光光谱测定	0.10～10.0%
氧化钐	铈，镨，钕，铕，钆，钇	草酸盐稀释，X射线荧光光谱测定	0.005～1.00%
高纯氧化铕	La_2O_3～Gd_2O_3	化学X射线荧光光谱	1～20μg
高纯氧化铕	14个稀土杂质	锌粉还原-P_{507}分离、共沉淀富集、抽滤法制片，X射线荧光光谱测定	1～20μg

续表 14-6-3

试样名称	分析项目	方法	分析范围
氧化钆	钐，铕，铽，镝，钬，镱，钇	草酸盐稀释，X射线荧光光谱测定	0.005～1.00%
氧化铽	钐，铕，钆，镝，钬，钇	草酸盐稀释，X射线荧光光谱测定	测定下限：Y0.005%；其它0.01%
氧化镝	钐，铕，钆，钬，铒，钇	粉末制样，X射线荧光光谱测定	0.02～0.60%
氧化镝	铕，钆，铽，钬，铒，钇	草酸盐稀释，X射线荧光光谱测定	Eu、Gd、Tb、Er0.005～0.5%；Y、Ho0.01～0.5%
氧化钬	钆～镝，铒～镱	草酸盐稀释，X射线荧光光谱测定	0.005～0.50%
高纯氧化钇	稀土杂质，钆，铽，镝，钬	化学富集，制成薄样，X射线荧光光谱测定	测定下限ppm级
氧化钇	铕～镱	草酸盐稀释，X射线荧光光谱测定	Yb0.01～1.00%；其它0.005～1.00%
氧化钇	铽	粉末直接压片，X射线荧光光谱测定	30～90ppm
荧光级氧化钇	镧～镝	化学X射线荧光光谱测定	测定下限1～2μg
磁性材料	镧，铈，钴	化学X射线光谱法	
磁性材料	钐，钴，镨，钐，钴	固体块样，X射线荧光光谱非破坏测定	Sm-Co合金中：Sm27.8～44.8%；Pr-Sm-Co合金中：Pr15.8～30.7%；Sm1.8～20.5%；Co54.8～65.8%
磁性材料	钐，钴，铁，铜，锆	熔融制样，X射线荧光光谱测定	Sm12～38%；Co35～65%；Fe 0～19.5%；Cu 0～12.0%；Zr0.8～1.5%
磁性材料	钐，钴，铜，铁，锆	溶液滤纸片法制样，X射线荧光光谱测定	Sm16.3～34%；Co41～59%；Cu1.5～9%；Fe12～30%；Zr0.5～4%
磁性材料	镧～钕，钐，钆，铒，钇	粉末稀释制样，X射线荧光光谱测定	1～36%
Nd-Fe-B	镧～钕，镝，铁，钴	溶液滤纸片制样，X射线荧光光谱测定	La0.10～5.0%；Ce1.0～12%；Pr2.5～20%；Nd10～50%；Dy1～10%；Fe20～70%；Co1～5%
Nd-Fe-B	钕，铁，钴，钛，钒，铬，钼	溶液滤纸片制样，X射线荧光光谱测定	Nd10～50%；Fe10～70%；Co4～40%；Ti、V、Cr、Mo0.4～10%
超导薄膜	钙，铁，钇，钐，锗	X荧光非破坏测定	厚度为1～12μm，单元素的表面密度最大为1mg/cm²

续表 14-6-3

试样名称	分析项目	方法	分析范围
磁泡薄膜	钇、铋、钙、铁、锗、硅的原子比及含量	X荧光非破坏测定	
超导薄膜	钇，钡，铜	X荧光非破坏测定	Y/Cu原子比0.43～1.19；Ba/Cu原子比0.92～3.89
合金	镧～钐	化学-X射线荧光光谱法	
氟化铍	钐，铕，钆，镝	化学-X射线荧光光谱法	测定下限5g样为$1\times10^{-5}\%$
荧光粉	Y_2O_3，Eu_2O_3，硫	粉末稀释制样，X射线荧光光谱测定	$Y_2O_3$74～86%；$Eu_2O_3$1.4～13.3%；S8～12.2%
铝合金	铈	化学分离，共沉淀富集，抽滤制片，X射线荧光光谱测定	0.01～0.20%
	镧～钐	成形滤纸片薄样，X射线荧光光谱测定	
钢中稀土	镧～钕	化学分离，共沉淀富集，抽滤制片，X射线荧光光谱测定	
水口石榴粉	镧～钕	滤纸片薄样X射线荧光光谱测定	La、Ce2mg；Pr、Nd1mg
钢和Cr-Ni合金	钇	化学X射线荧光光谱法	0.001～0.10%
稀土分子筛	La_2O_3，CeO_2，Pr_6O_{11}，Nd_2O_3，Sm_2O_3，铝，硅，铁	熔融制样，X射线荧光光谱测定	$Al_2O_3$10～60%；$SiO_2$35～85%；$R_2O_3$12～23%
分子筛	铈	熔融制样，X射线荧光光谱测定	0.5～10%

主要参考文献

〔1〕Plow man C.，Analyst，96（1971），776.
〔2〕陈远盘，分析化学，9（1981），No1，61.
〔3〕陆少兰等，中国稀土学报，2（1984），No1，88.
〔4〕王子尧等，分析化学，12（1984），No8，749.
〔5〕郭成才，李夏艳，GB11065。3-89.
〔6〕GB/T12690·1～27-90.
〔7〕武汉大学化学系等，稀土元素分析化学，科学出版社，1975.

第七章　稀 土 应 用

编写人　刘余九

稀土之素及其化合物的应用领域概况见表14-7-1。下面分别叙述主要稀土元素及其化合物在一些应用领域中的作用、效果和目前水平。

表 14-7-1　稀土应用领域

应用领域		稀土元素																	
		混合稀土	钪	钇	镧	铈	镨	钕	钷	钐	铕	钆	铽	镝	钬	铒	铥	镱	镥
光学	光学玻璃			○	○						△	○							
	着色玻璃					○	○	○							△	△			
	吸收紫外线玻璃					○	△	△											
	陶瓷材料			○		○	○	△											
	荧光材料			○		△		△											
	激光材料			○	△			○			○	△	○			△	△	△	
	弧光灯碳棒	○													△	△	△	△	
电子	电容器	○			○					○		△		△				△	
	传感器			○	△														
	电　阻				○														
	热电子放射材料				○														
磁学	永磁体	○				○	○			○									
	磁体管阀			○						△	△	○							△
冶金	打火石	○																	
	钢铁添加剂	○			○	○													
	耐热合金	○		○															
	吸氢合金	△			○														
	铸铁	○																	
	有色合金	○																	
化学化工	燃料电池			△	△	△													
	X 射线增感屏				○							○	○						
	玻璃脱色剂	○																	

续表 14-7-1

应用领域		稀土元素																	
		混合稀土	钪	钇	镧	铈	镨	钕	钷	钐	铕	钆	铽	镝	钬	铒	铥	镱	镥
化学化工	耐火材料																		
	FCC 催化剂	○																	
	汽车用催化剂				△	○													
原子能	核反应堆控制材料									△	△	△							
	核反应堆屏蔽材料									△	△	△							
	核反应堆结构材料			△							△	△							
农业	粮食作物	○																	
	经济作物	○																	
轻工	毛织物染色	○																	
	皮革鞣制	○																	

注：○——已工业应用；△——正在研究开发。

第一节　稀土在冶金中的应用

一、钢

（一）稀土在钢中的作用

1.净化钢液作用

在钢液温度下（1550～1600℃），稀土金属分别同钢中的氧、硫、氮、氢等有害杂质生成比重轻、熔点高的化合物。在钢液的温度下稀土与这些杂质的反应的$-\Delta F^{\circ}$值都很大，说明稀土金属有强烈的脱氧、脱硫作用。这些化学反应是：

$$4/3[RE] + 2[O]_{Fe} \longrightarrow 2/3RE_2O_3$$

$$[Ce] + 2[O]_{Fe} \longrightarrow CeO_2$$

同时由于形成稀土硫化物的$-\Delta F^{\circ}$值大于形成硫化锰的$-\Delta F^{\circ}$值，因此稀土金属可破坏在钢液中形成的硫化锰，而生成稀土硫化物：

$$RE(液)+MnS(液) \longrightarrow RES(固)+Mn(液)$$

在实际反应中，由于氧的存在往往生成硫氧化物，反应为：

$$2RE\ (液)\ +2\ [O]\ +\frac{1}{2}\ [S_2] \longrightarrow RE_2O_2S\ (固)$$

因此稀土加入钢中不仅可以起到脱氧、脱硫的作用，还可消除对钢十分有害的硫化锰夹杂。

稀土金属对钢液中氮的作用同铝相似，也不会对某些以氮化物弥散强化的合金钢产生不利影响。稀土金属对碳的作用是比较弱的，由于稀土的加入量低微，不能对钢种的碳含量有实质性影响，这一点对稀土在钢中的应用是十分重要的。每种钢最佳的稀土加入量为0.1～0.5%。稀土金属的这些净化作用可使钢的工艺性能如流动性、力学性能和韧性等得到改善。

2.改善钢的加工性能

稀土能减少夹杂物数量并改变其形态和性质，使夹杂物成为球状并促其均匀分布。一般不经稀土处理的钢中夹杂物主要是铁、硅、锰、铝的氧化物、硫氧化物和硫化物，其中大部分在钢液凝固之前上浮成渣。硫化锰夹杂对钢性能危害最大。它沿钢的晶界分布，可塑性大、强度低。在钢热轧变形时，它沿着轧制方面变成条状物，因而极大地降低了钢的塑性和钢的横向性能。在经稀土处理的钢中，硫化锰同稀土金属作用生成稀土硫化物或硫氧化物，它们熔点高且又十分稳定，在钢中未上浮成渣的此类化合物则以极微小的质点或者构成异质晶核而分布在钢的晶粒内，或者凝聚成球状均匀分布。在高强度低合金钢中，夹杂物形态的控制同钢中RE/S的比值有关。不同的钢种，为获得球状夹杂物，其RE/S值在1.5～3范围内波动。这些稀土夹杂物不易变形，在钢锭轧制过程中其形状和分布不受影响，从而显著改善了钢材横向韧性和弯曲成形的能力。

3. 细化晶粒

在钢加热时，其奥氏体的晶粒长大，使晶粒变粗。但经稀土处理的钢的晶粒较细，这是由于稀土的高熔点化合物的微小质点提供了异质晶核，为晶粒细化提供了良好的条件。

4. 稀土的微合金化的作用

由于稀土金属与铁原子半径差异大不能形成固溶体，稀土合金化的作用极差。但是一些稀土钢种物理性能的变化，亦可认为是稀土微合金化引起的，只是不存在单独的相。例如稀土能提高铁素体的显微硬度，降低钢的过热倾向等。

5. 抗氢致应力腐蚀

近几年的研究结果表明，在RE/S＝3～6时，稀土可改善管线用钢抗氢致应力腐蚀的作用（见图14-7-1）。

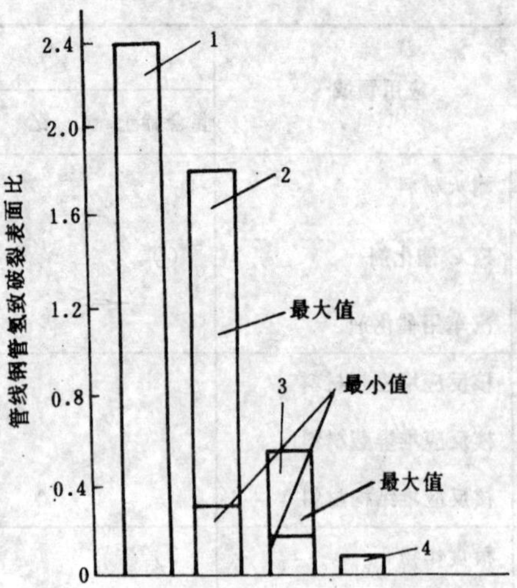

图 14-7-1 稀土对防止管线用钢氢致应力腐蚀的效果

1—0.018%S，无稀土；2—0.007%S，无稀土；3—0.007%+7kgRE/吨钢；4—0.007%S+1.7kgRE/吨钢

（二）钢中稀土添加剂的性能和规格

用作钢中添加剂的稀土金属和合金的性能与规格列于表14-7-2和表14-7-3。

表 14-7-2 稀土合金成分与牌号

名称牌号	化学成分，%							注
	稀土总量	总稀土量中含量		Si	Al	Ca	Fe	
		Y	Ce					
SIR	20～22			40～50	—		30～40	苏联
SIRAL	18～20			40～50	10～15		20～25	同上
ALR	25～28				70～80			
СИМИⅡ-1	≥25			≤50	≤10		余量	苏联
СИЛАН-1	≥25			≤50	≤10		＜20	同上
复合合金								
1	18～29	3～5	7～10	47～50		约0.7	23～32	苏联
2	32～33	约5	10～11	47	6.4	1.0	15	同上
3	44～45	约6	15～16	26.8		约10	8.3	同上
4	60	9	21	37			约3	同上
ФЦМ-5	30～35		约30			40～45	＜10	同上
钇基重稀土合金	30～45	17～28		约35		约5	余量	中国

表 14-7-3　美国钼公司稀土合金及混合稀土金属的成分

代　码	稀土金属合金	稀土金属总量,%
3420	镧钴合金	74～76
3460	镧钴硅化物	40～44
3900	30%稀土硅化物	30～35
4910	铈铝硅化物	45～50
4920	镧铝硅化物	38～42
4930	钇铝硅化物	38～42
4950	50%稀土硅化物	45～50
4620	混合稀土钴	60～65
4640	混合稀土铝	75～80
4660	混合稀土镁	95～98
4670	混合稀土铝	40～44

电解混合稀土金属成分

代码	成　　分，　%							
	稀土金属总量	铈	镧	钕	镨	其他稀土金属	铁	非稀土金属
4600	96	48～52	30～34	12～15	4～5	0～2	3	1
4601	99	48～52	30～34	12～15	4～5	0～2	0.5	0.5

（三）稀土在高温涂层技术中的应用

高温涂层可使耐热钢和高温合金提高性能，延长使用寿命，可使铸铁、碳钢和低合金钢在较高的温度下或较苛刻的条件下使用。常用的稀土高温涂层材料是 MeCrAlY（Me 为 Fe、Ni 或 Co），它可提高材料的抗氧化和抗热腐蚀能力。目前采用喷涂的方法有以下几种。

(1) 热喷涂。此种方法是利用氧-乙炔焰或等离子焰将涂层的合金粉或丝加热至熔融态并喷涂在工件表面。用 Fe-25Cr-4Al-0.5Y 的喷涂丝在18-8型不锈钢表面涂层，可提高该合金的使用寿命。

(2) 物理沉积（PVD）法。此法是在真空下使涂层合金蒸发或溅射到工件表面形成均匀而致密的保护层。

(3)料浆涂层法。该法是将涂层合金粉与悬浮剂混合料浆涂敷于工件表面，再经过高温扩散处理形成抗氧化和抗腐蚀的表面层。

(4)包覆层。它是利用热轧或热等静压方法将涂层合金箔包覆在工件表面，然后用真空钎焊固定，通过压制形成牢固的包覆法。理想的包覆材料是GE2541合金（Fe-25Cr-4Al-1Y）。

稀土金属涂层的主要方法和作用如下：

(1)离子注入。即利用低能加速器将稀土离子注入工件表面，形成微米级的表面层，从而改善了工件的抗氧化性能。例如，在20Cr-25Ni-0.7Nb 钢的工件表面注入钇（0.2mm 内含量达到0.2wt%），可改善它在800℃和850℃下5000h 内抗循环氧化的能力；注入铈可使20Cr-25Ni-0.7Nb 钢件在850℃下于CO_2介质中6000h 的氧化增重减少一半。

(2)PVD 法。如在20Cr-20Ni 合金件表面沉积金属镧得到0.05μm 厚的表面层，然后再在温度600～750℃下进行真空扩散处理。已涂层的试样经过990℃1000h 氧化后的增重仅为0.47mg/cm²，而未涂层者达到3.81mg/cm²。

除稀土金属及其合金涂层外，用稀土氧化物在高合金钢上涂层也得到了应用。

二、铸铁

球墨铸铁是指具有一定化学成分的灰铸铁经熔化、球墨化和孕育处理得到的铸铁，其金相组织中的石墨形态基本呈球状。石墨形状由片状变成球状后，可使铸铁的机械性能、加工性能得到显著提高。球墨铸铁件在机械制造业中可代替一些铸钢件和锻钢件。

（一）稀土在球墨铸铁中的作用

1.改变石墨形状，起石墨化作用

制备球墨铸铁的必要条件是：原铁水的化学成分要求碳高，硫低、氧低、磷低；干扰球化元素如铅、铋等要尽量少，且根据不同球铁的性能要求，可添加如锰、铜、钼、铬等元素；原铁水出炉温度要大于1400℃以便于球化和孕育处理；球化剂的加入量应控制在最佳范围。具备以上四个基本条件时稀土起到球化作用。原灰铸铁中片状石墨随稀土加入量的增加依次变为厚片、蠕虫状、团状和球状，铸铁的机械性能也随之提高，并且可改善铸铁的铸造性能，减少铸造缺陷。用稀土或稀土-镁合金处理不同基体的球墨铸铁具有较高的强度、延伸率以及耐磨性。

2.净化铁水、稳定碳化物

稀土加入铁水中可起到脱氧、脱硫、净化铁水的作用，并可消除干扰元素的有害作用。稀土元素还能降低共晶点，稳定碳化物。稀土能降低铸铁的共晶转变温度，同时使共晶点向碳高的方向移动，从而提高了铁水的过冷度，促进了碳化物的形成。这就是稀土可引起白口倾向的原因。但是稀土的此种作用与它的残存量、铸件的冷却速度、碳当量等因素有关。较高的稀土残存量、较低的碳当量和快的冷却速度是形成白口、增加碳化物的主要因素。

3.形成特种球墨铸铁

经稀土球化处理后，石墨成为单独的分散相，而铁则可粗略地被看作是铁-碳合金相。后者不仅能同钢一样成为铁素体、珠光体以及通过处理成为马氏体、贝氏体等组织，而且可添加合金元素制成各种合金球墨铸铁。如提高硅含量5～15%可制成耐腐蚀球铁；加锰、镍和铜可制成无磁球铁等。

（二）稀土球化剂的种类和化学组成

球化剂种类很多，已形成系列，如稀土-镁合金系列。我国常用的球化剂见表14-7-4，国外常用的稀土球化剂见表14-7-5，处理球铁使用的孕育剂见表14-7-6。

表 14-7-4 我国生产的稀土-镁球化剂

牌 号	化学成分，%						
	RE	Mg	Si	Mn	Ca	Ti	Fe
XtMg5-6	4～<6	5～<7	<44	<4	<5	<2	余量
XtMg5-8	4～<6	7～9	<44	<4	<5	<2	余量
XtMg7-8	6～<8	7～<9	<44	<4	<5	<2	余量
XtMg7-10	6～<8	9～10	<44	<4	<5	<2	余量
XtMg9-8	8～10	7～<9	<44	<4	<5	<2	余量
XtMg9-10	8～10	9～10	<44	<4	<5	<2	余量
XtMg8-8	17～20	7～10	<44	<4	<5	<2	余量

表 14-7-5 国外常用的稀土球化剂及成分

名 称	化学成分，%						备 注
	Mg	Si	Ni	Ca	Fe	RE	
R-Si-Ca	—	50～60	—	10～15	—	12～20	稀土硅钙合金
	—	50～60	—	20～25	—	8～10	

续表 14-7-5

名　称	化学成分,%						备　注
	Mg	Si	Ni	Ca	Fe	RE	
R-Si-Ca-Mg	10～15 MgF_2	30～50	—	5～10 Si-Ca	—	10～15	日本的"OZ"球化剂
Ca-MgF_2	40～50	—	—	50～60	—	—	日本的"KC"球化剂,含有 MgF_2、RF_3 混合物
Fe-R	—	—	—	—	10～15	85～90	价格贵，用途少

表 14-7-6 处理球铁和灰铸铁使用的孕育剂成分（%）

序号	Si	Al	Ca	Sr	Ce	Mn	Ba	Mg	Zr	Ti	RE 总	$NaNO_3$	Fe
1	74～79	0.60～1.25	0.50～1.10										余量
2	74～79	0.40～0.50	0.10～0.20										余量
3	74～79	0.60～1.0	1.0～2.0										余量
4	46～50	Ma×1.20	0.60～0.90										余量
5	46～50	Ma×1.25	0.60～0.90					1.0～1.50					余量
6	58～61	0.90～1.20	0.50～0.70					2.0～2.50				10.0	余量
7	60～65	0.90～1.10	28～32							9～11			余量
8	50～55	1.0～1.30	5.0～7.0										余量
9	60～65	1.0～1.50	1.5～3.0			9.0～11.0	4.0～6.0						余量
10	60～65	0.75～1.25	0.60～0.90			5.0～7.0	0.60～0.90		5.0～7.0				余量
11	36～40	Ma×0.50	Ma×0.50		9.0～11.0						11～15		余量
12	73～78	Ma×0.50	Ma×0.10	0.60～1.00									余量
13	46～50	Ma×0.50	Ma×0.10	0.60～1.00									余量
14	78～82	1.0～3.0	2.25～2.5						1.25～1.75				余量
15	74～79	3.0～4.0	0.50～0.80					0.50～1.00					余量

三、有色金属合金

稀土在改善有色金属和合金性能方面的作用可归纳以下方面：

(1)孕育和变质作用。因稀土净化作用而形成的微小的高熔点化合物质点具有自发形核作用，从而细化晶粒，缩小铸件中的柱状结晶，改善片状和针状组织形态，从而提高合金的力学性能。

(2)强化作用。稀土金属在有色合金如铝、镁合金中的溶解度大于在铁中的溶解度，并能生成一些金属间化合物。因此在有色合金中加适量的稀土能起到固溶强化和热强化作用。

(3)提高耐热性能。稀土金属能提高有色合金的耐热性是因为：加入稀土金属可提高合金的再结晶温度；弥散分布的高熔点稀土化合物与基体牢固的结合，既可消除分布在晶界上的微量杂质的有害作用，又能起到强化和稳定晶界的作用；微量稀土元素可延缓合金组元在高温下的扩散速度，从而降低表面氧化速度。

此外，稀土元素还能改善合金表面氧化膜与基体的结合力，使氧化膜成为牢固的保护层，从而提高合金抗氧化和抗腐蚀的性能。

(一) 稀土在铝及铝合金中的应用

在工业纯铝中加入0.3～0.5%的铈组稀土金属(以 RE-Al 合金形式加入)，可提高铝的电导率约3%，达到国际标准铜导电率的61.4～63.9%；机械强度提高10%以上，抗拉强度和延伸率分别从150～170MPa 和1.2%提高至178～200MPa 和2～3%。添加2%混合稀土金属可使铝的硬度（130Pa）提高一倍。

铝镁硅合金中添加0.05～0.10%的稀土，可使合金的电导率由52.6%提高到54%，并可改善合金的加工性能，成品率可由60%提高到80%，同时使合金的机械强度与钢芯铝绞线相当，弧垂性能也良好。在用于电机车电力架空线时寿命可提高三倍。

添加1～1.5%混合稀土金属的铸造 Al-Si 共晶合金用于制造66-1活塞，比用不加稀土的 Al-Si 共晶合金和 Al-Cu-Si 合金及含镍的耐热铝合金，高温强度提高了33%，而且显著地提高了耐磨性和高温硬度稳定性。212活塞用 Al-Si 合金添加0.5～1.0%稀土金属后使300℃下的抗拉强度提高了10%，铸造废品率降低2～3%，并提高了活塞的使用寿命。

在含铅高达10～12%的铝合金中添加0.05～0.2%的金属铈，目的是使硫化物夹杂和铅粒子在铈的作用下变成球形，从而改善轴承性能。在 Fe-Cl-Al 电热合金中添加0.3%混合稀土金属或钇，不仅能改善合金的工艺性能，还可明显地提高合金的抗氧化性能，使合金的最高使用温度达1350～1400℃。该合金在1200℃的快速寿命平均达300h，比不加稀土的提高了71%。含0.2%Ce 或小于1%混合稀土金属的铝合金焊条能消除焊区热裂现象。

(二) 稀土在镁合金中应用

在镁合金中常用的稀土金属有镧、铈、钇、钕、镝以及混合稀土金属，一些含稀土镁合金的成分、性能见表14-7-7，苏联生产的一些稀土镁合金的成分见表14-7-8。稀土在镁合金中的作用主要有以下几个方面。

(1) 提高蠕变强度和使用寿命。含0.2～1.5% Mn、0.5～0.6%Zn、＞1%Y 的铸造镁合金在100h 后于176℃和360MPa 下的蠕变应变从1.7%降至0.6%以下。

(2) 提高耐热和耐腐蚀性。在 Mg-Si（6～11%）-Al（1～7%）-Ca（3～5%）-Zn（0.8～.2%）-Mn（0.55%）合金中加入0.05～0.15%La 能提高其抗腐蚀性及延性；添加0.3～0.9%La 可改善该合金的耐热性。在镁合金中添加不同浓度的金属钕，均可使镁合金在3%NaCl 溶液中的耐腐蚀性提高二个数量级。

(3) 时效硬化。Mg-Ce（0.2%）合金经固溶处理及在100～200℃内时效处理，出现 $CeMg_9$的沉淀而产生时效硬化。Mg-Nd（73.4%）合金在175～200℃内处理也产生时效硬化。在稀土镁合金中，Mg-Y 合金有很好的高温性能（在565℃下，镁能溶解约11% Y)，在260℃下仍有较高的强度，在延伸率为2～8%时，它的抗张强度可达400～420MPa，屈服强度达350～390MPa。

(4) 可用作人工骨骼。含有1.6～2.92%的钕和钇，镉、钙、铝、锰、硅、银和锆含量小于0.3%的镁合金，在外科手术中可用作人的骨骼。

(5) 细化晶粒。在 MB_{15}（Mg-Zr-Zn）合金中加0.1～2.0%的钕和1.0～1.8%的钇可细化镁合金的铸锭晶粒，以提高其塑性。同时，钕和钇的固溶强化和产生的强化相可提高镁合金铸锭的变形韧性，使镁合金铸锭可直接进行锻造，而无须进行一次挤压。

表 14-7-7 稀土镁合金的组成和性能

牌 号	成 分，%	性 能	应 用
ZE10A	Zn1.25，REMe0.17	中等强度，价格低廉，在电弧焊接后不需要消除应力	带和板材
EZ33	Zn0.25，REMe2.5，Zr0.6	晶粒结构得到细化，改善了强度和延性，在205℃下具有较好的抗张强度和蠕变强度	温度低、气密性好的喷气发动机部件
QE22A	Ag2～3，Dy1～3（或NdREMe），Zr0.7	在高温下有比EZ33更高的强度，在160MPa和205℃下经受30h，其极限抗拉强度，在21℃时为250MPa	在205℃以下使用的导弹、火箭卫星和航空器部件，这些部件能在110～140℃下连续使用
ZE41（在欧洲为RZ5）	Zn4，REMe1.2，Zr0.7	强度高，无孔隙抗裂，铸造性能好，优于AZ91和AZ92的铝合金	直升飞机的联动机件架
ZE63A	Zn5.5～6，REMe2～3，Zr0.4	无显微孔隙，抗疲劳强度高，有极好的铸造性能；可在熔盐浴内进行每2.54cm截面4h的热处理，可焊接	用于直升飞机结构和联动机件的高温铸件、齿轮箱，飞机起落架、门框、窗框等
ZE6313	在ZE63A内添加0.75～1.25Ag	更高的强度和延性，可焊性好，铸造性能好	航空器铸件

表 14-7-8 前苏联生产的稀土镁合金

牌 号	成分，%	牌 号	成分，%
MA11	Nd2.5～23，Mn1.5～2.5，Ni0.13～0.25	VMD2	Zn3，Cd1.76，Zr0.53，La0.73
MA12	Nd2～4，Zr0.4～0.9	ML10	Nd2.5，Zn0.3，Zr
VAD1	Th2.5～3，Mn1.2～2	ML12	Zn4.5，Zr0.8
VMD3	Zn2.5～3.5，Cd1～2，Zr0.5～0.9，La0.5～1	MDZ-1	MMe0.7～1.5，Mn0.2～0.7
ML9	Nd2.5，Ln0.5，Zr	MDZ-2	Nd2～4，Ca0.7～1.5，Mn0.15～0.4

（三）稀土在铜和铜合金中的应用

稀土金属在铜及铜合金中的作用主要有以下几个方面。

（1）脱气净化、细化晶粒、提高铸造流动性。在高锰铝青铜中加入0.028%Ce和在锡青铜中加入0.017%混合稀土金属对这两种铜合金铸造流动性的影响见表14-7-9和表14-7-10。

表 14-7-9 稀土金属对高锰铝青铜流动性的影响

试验组号	试验目的	试验条件		螺旋形试样长度 mm
		铈加入量,%	浇铸温度,℃	
1	金属铈加入量变化对高锰铝青铜流动的影响	0.0	1100	720
		0.028	1100	1015
		0.05	1100	910
		0.06	1100	815
		0.110	1100	670
		0.15	1100	540
2	未加稀土金属时，温度变化对高锰铝青铜流动性的影响	0	1050	340
		0	1100	720
		0	1150	940
		0	1176	1175
3	加入一定量金属铈时，温度变化对稀土高锰铝青铜流动性的影响	0.05	1050	560
		0.05	1150	1365
		0.05	1180	1500

表 14-7-10 混合稀土金属对锡磷青铜流动性的影响

试验组号	试验目的	试验条件		螺旋形试样长度 mm
		混合稀土加入量,%	浇铸温度,℃	
1	混合稀土金属加入量变化对锡磷青铜流动性的影响	0	1150	135
		0.05	1150	145
		0.10	1150	190
		0.15	1150	130
		0.20	1150	90
2	未加混合稀土时，温度变化对锡磷青铜流动性的影响	0	1100	40
		0	1150	135
		0	1200	270
		0	1225	325
3	加入一定量混合稀土时，温度变化对稀土锡磷青铜流动性的影响	0.10	1100	84
		0.10	1150	190
		0.10	1194	295
		0.10	1224	395

(2) 改善合金加工性能。在α-黄铜中添加铈可改善高温延性，700℃时的延伸率可达190%；在含1～3%Pb的α-黄铜中添加1/4铅量的稀土金属，能使它在800℃下热轧和模压时不产生裂纹。

(3) 提高耐热性和导电性。铈、镨和钇均能提高Cu-0.55～2Zr合金的耐热性。含0.8～1.2%Zr、0.7～0.85%Ce的铜合金的电导率约为80～85%IACS（标准退火铜线电导率）。含1%Cd和0.1%REMe（混合稀土金属）的铜合金在300℃加热2h，其抗张强度高达616MPa（未加稀土的仅为326MPa），电导率为85.3%IACS。在高导无氧铜中添加1%Y和0.1%REMe可使其电导率达到100%IACS。

(4) 提高铅黄铜的耐磨性。在含20%Pb、3%Sn的高铅青铜中添加1%REMe，能使其变成匀质合金，从而提高耐磨性和机械强度。

(5) 降低锰青铜合金的电阻温度系数。在含7.5～8.5%Mn、0.1～0.3%Zr的锰青铜中添加0.1～0.3%Ce，能使其电阻温度系数降至零，并可加工成带材和丝材。

（四）稀土在钛及钛合金中应用

稀土对钛合金的作用有：添加0.3%以上的Y能细化钛及其合金的晶粒，添加1.2%Y时其晶粒最小；在含4%Sn、10%Zr和2%Mo的钛合金中添加1.7～3%Ce和0.5%氧和硫，并在540℃和267MPa下处理150h，该合金的蠕变率仅为1.3～2.8%，而不加铈、氧和硫的蠕变率为10.7%；在550℃下应力为550MPa时，含0.025%Ce的ZT3钛合金持续500h才断裂，而无铈钛合金在相同条件下只可保持140h。

第二节 稀土在化学化工中的应用

一、玻璃陶瓷工业

（一）稀土用于玻璃脱色和着色

玻璃中含有吸收可见光的两价铁离子会影响玻璃的透光率，使玻璃带黄绿色。为了提高玻璃的透明度须进行脱色，一种方法是添加氧化剂，使$Fe^{2+} \longrightarrow Fe^{3+}$；另一种方法是加入合适的补色剂以补消玻璃中的残留颜色。常用的稀土玻璃脱色剂见表14-7-11；用CeO_2及CoO脱色的玻璃透光率与波长的关系见图14-7-2。除钇、钆、镱及镧外，其他稀土着色玻璃在可见和紫外区测的光谱图都有较陡的吸收率。含0.2%molNd_2O_3的玻璃的透光率曲线见图14-7-3。钕用于玻璃着色最广泛，它有强的着色能力并色调好。钕玻璃在荧光照射下呈蓝色；在日光或白炽光照射下呈紫红色，其颜色还随钕浓度而异。

镨玻璃在日光下呈绿色，但在烛光照射下几乎无色，可用以制成假宝石等装饰品。钕镨玻璃是把钕和镨的混合物加在玻璃料中熔制而成。它的特点是其颜色随光源不同、玻璃厚度不同而异。钕镨玻璃颜色随成分、光源不同而变化见表14-6-12。铒钕玻璃色调呈纯正的浅紫色，铒能强化钕的着色作用。

表 14-7-11 常用二氧化铈玻璃脱色剂

序号	名称
1	氧化铈的富集物（70～90%CeO_2）
2	氧化铈的富集物（70～90%CeO_2）＋氧化钕
3	氧化铈的富集物（70～90%CeO_2）＋氧化钴
4	氧化铈的富集物（70～90%CeO_2）＋Techmangam①
5	氧化铈的富集物（70～90%CeO_2）＋金属硒

①一种含硫酸锰的物质，其主要成分为33.4%MnO、2.9%MgO、50.2%SO_3、2.8%NH_3、0.017%Fe_2O_3和10.7%H_2O。

表 14-7-12 钕镨玻璃颜色

含量，%mol		观察的颜色			
		日光或白炽光照射		荧光照射	
Nd_2O_3	Pr_2O_3	薄样	厚样	薄样	厚样
0.2	0.2	火石颜色	苍红色	蓝色	浅蓝绿色
0.4	0.4	同上	粉红色	蓝色	浅绿色
0.8	0.8	橙黄色	橙黄色	绿色	绿色
0.4	0.2	火石颜色	红色	蓝色	绿色
0.2	0.4	黄色	粉红色	绿色	绿色

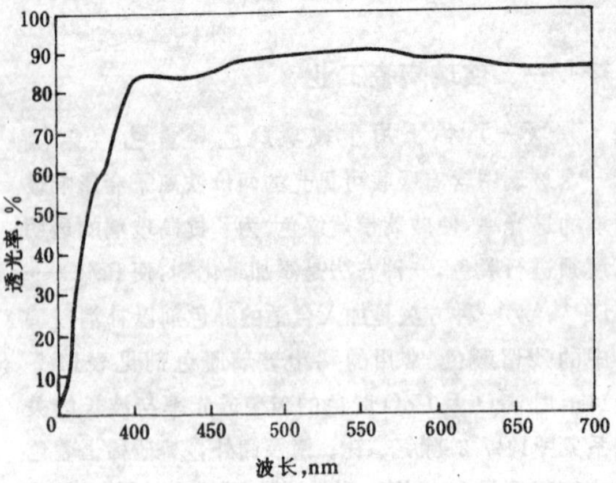

图 14-7-2 用 CeO_2及 CoO 脱色的玻璃透光率与波长的关系

（加1.8kgCeO_2富集物和0.0045kgCoO于907.2kg 玻璃料中）

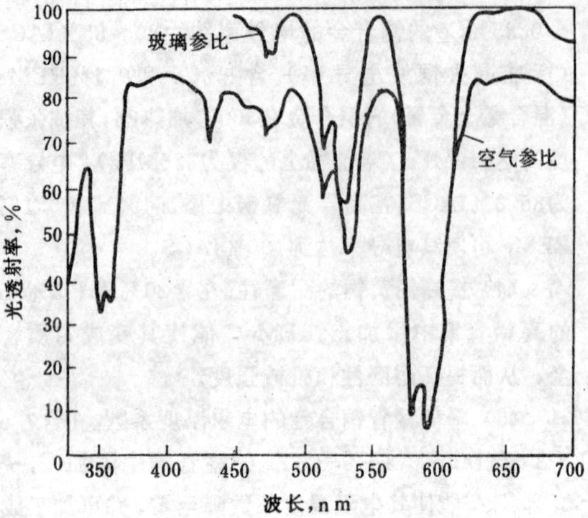

图 14-7-3 含0.2%mol 的 Nd_2O_3玻璃的光透射率曲线

稀土同非稀土着色剂混合使用也有重要用途。常用的混合着色剂是稀土同铬、硒、铜、钛、镍等混合氧化物。铈和钛着色剂使玻璃呈黄色；钕和硒着色剂使玻璃呈酸梅红色。

用于光学玻璃的稀土元素在可见光区没有任何光吸收，并且纯度要求高。目前在900多种的光学玻璃中，约有60多种添加了稀土氧化物，主要是添加10～45%La_2O_3。此外，近年来在一些光学玻璃中也开始添加 Y_2O_3（添加量小于10%）和 Gd_2O_3（添加量＜20%）。日本用于向光学玻璃中添加的 La_2O_3、Y_2O_3和 Gd_2O_3的纯度见表14-6-13。镧玻璃的折射率大，色散率小且化学稳定性好，热膨胀系数小，因此在精密光学机械中获得较广泛的应用。近年来，氧化镧开始用于光导纤维以改善纤维的性能。

表 14-7-13 光学玻璃用的 La_2O_3、Y_2O_3、Gd_2O_3规格

原　料	纯度，%	Fe_2O_3，ppm	CeO_3，ppm	Pr_6O_{11}，ppm	Nd_2O_3，ppm	Cr_2O_3，ppm	烧减量，%
La_2O_3	＞99.995	＜3	＜3	＜5	＜5	＜1.5	＜0.4
Y_2O_3	＞99.9	＜10	＜10	＜10	＜10	＜1.5	＜0.4
Gd_2O_3	＞99.9	＜10	＜10	＜10	＜10	＜1.5	＜0.4

（二）稀土在陶瓷中的应用

稀土高温陶瓷颜料以镨黄陶瓷颜料最佳，用量也最大。它是一种硅酸锆基颜料，呈淡黄色，色度纯正、淡雅。它可与其他颜色的陶瓷颜混合，配制出不同颜色的釉彩。镨黄陶瓷颜料已广泛被用于日用陶瓷和建筑陶瓷的彩釉。

稀土氧化物高温陶瓷价格昂贵，因此往往只用于一些特殊的场合，如由氧化钇和稳定的氧化锆制成的高温陶瓷坩埚被用于还原铀的化合物；氧化钇和氧化钍陶瓷可耐1900℃的高温，被用于高压汞灯及其他高温装置。

稀土氧化物和其他化合物用于固体电解质（离子导体陶瓷），成为离子传感器的工作元件。工业用的氧传感器就是由一端封闭的稳定的或半稳定的二氧化锆陶瓷管构成的原电池。稳定的二氧化锆是 ZrO_2中添加 Y_2O_3等立方晶型的稳定剂以形成萤石型的固溶体。氧化钇部分稳定二氧化锆（PSZ）和全稳定二氧化锆电解质陶瓷的性质见表14-7-14。

表 14-7-14 ZrO_2电解质陶瓷性质

性 质	全稳定体	部分稳定体
横向抗弯强度，Pa	(20～30,000)×6895	(45～55,000)×6895
线性热膨胀，cm/cm℃	11	7～8
抗热震性	差	好
离子电导率（700℃），$\Omega^{-1}\cdot cm^{-1}$	1×10^{-2}	4×10^{-3}

含稀土的离子导体的气敏陶瓷元件还有F^-离子导体（LaF_3-EuF_3，LaF_3-SrF_2，LaF_3-CaF_2），S^{2-}离子导体（La_2O_3-CaS），SO_x离子导体（$NaSO_4$-$Y_2(SO_4)_3$）、Na^+离子导体（$Na_5RESi_4O_{12}$，RE＝Y，Yb，Ho，Dy），Ag^+离子导体（LaO-AgS）等。

氧化镧做为一种变质剂被用于PLZT电光陶瓷。PLZT的基体是锆酸铅-钛酸铅固溶区，它有一系列的组成（通常称为PLZT），添加氧化镧对PZT进行变质处理，可降低矫顽场，增加介电常数、机电耦合系数和透光性。PLZT陶瓷具有与铁电性相关的光电性，可使光成为载有信息的调制光。

氧化钇可作为Si_3N_4、SiC等结构陶瓷的烧结助剂。

二、石油化工

（一）稀土分子筛裂化催化剂

60年代初在石油工业中开始使用稀土微球分子筛（亦称沸石）。作裂化催化剂。稀土分子筛裂化催化剂比硅铝催化剂活性大，选择性和热稳定性好。几种不同催化剂的性能比较见表14-7-15。

表 14-7-15 几种不同催化剂性能比较

效 果	催 化 剂					
	普通硅铝（不含稀土）	混合稀土X型分子筛（RX）	氢Y型分子筛（HY）	稀土Y型分子筛		
				混合	La	Ce
汽油产率，%	21.8	36.9	33.2	47.8	47.7	46.0
总转化率，%	45.2	70.1	60.4	81.1	82.1	80.7

（二）内燃机尾气净化稀土催化剂

内燃机废气净化催化剂的主要作用是在一定温度下使废气中的一氧化碳和碳氢化物氧化成二氧化碳和水，使氮氧化物还原成氮气和氢气。添加氧化铈的贵金属催化剂比不加CeO_2的贵金属催化剂具有更高的活性。图14-7-4表明含铈贵金属催化剂的转换效率。中国研制成功的球状和蜂窝状ABO_3钙钛矿型复合氧化物催化剂已开始实际使用，其一氧化碳的平均转换效率达到70～80%，碳氢化物的转换效率达到60～78%，但对NO_x的还原作用较差。

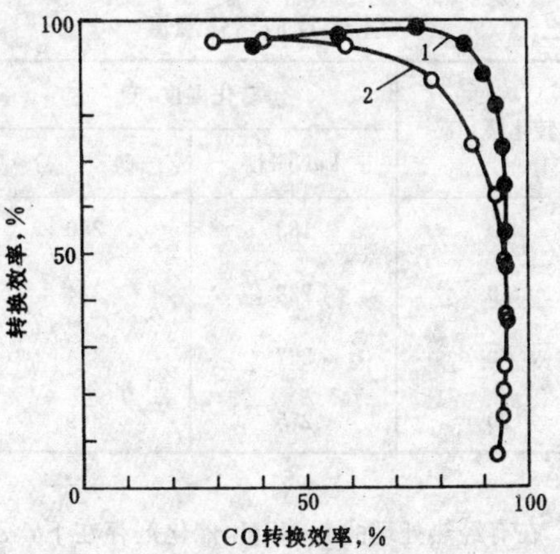

图 14-7-4 Ce对Pt/Rh催化剂循环性能的影响

1—Pt/RhCe；2—Pt/Rh

（三）稀土在其他催化剂上的应用

1.合成氨用助催化剂

典型的合成氨催化剂中含有氧化铁和1%KO_2，1～2%Al_2O_3，表面含有约1%的CaO。这样的催化剂经Ce$(NO_3)_3$溶液洗涤后提高了反应活性（表14-7-17）。

表 14-7-17 铈助催化剂的性能比较

反应器平均温度 °F	产品中 NH_3			条件
	平衡	常规的	Ce 助催化剂	
710	39	10.4	13.5	150大气压，气体体积速度
840	22.4	12.8	17.8	=16000/h，克分子比 $H_2/N_2=2.8$
910	16.8	12.7	15.6	

2.合成橡胶稀土催化剂

用于合成顺丁和异戊橡胶使用的稀土系催化剂是镨钕环烷酸盐-烷基铝-氯化烷基铝三元体系。它的特点是顺式-1，4-含量高，分子量大，凝胶少。镧系各元素对异戊二烯及丁二烯的催化转化作用是不同的，其中影响转化率高的是镨、钕，其次是铈和钆。

中国已在工业生产中采用上述稀土体系催化剂生产合成橡胶。生产实践表明，用该催化剂生产顺丁和异戊橡胶，具有工艺平稳、挂胶轻微，橡胶质量好等特点，生产的充油顺丁橡胶成本低，加工行为好，耐磨，适于制作轮胎胎面。用稀土体系催化剂生产聚合异戊橡胶，设备挂胶轻微，可连续平稳地运转。

3.稀土金属间化合物（如 $LaNi_5$）加氢反应催化剂

$LaNi_5H_x$ 的催化作用优于纯镍的催化作用。这两种催化剂的加氢反应转化温度见表14-7-18。

表 14-7-18 $LaNi_5H_x$ 和镍粉对 $CO+H_2$ 反应转化温度

转化率，%	转化温度，℃	
	$LaNi_5H_x$	镍粉
20	183	296
50	238	324
70	257	334
90	275	349

在有经热处理的 $LaNi_5H_x$ 催化剂存在下，乙烯加氢（$C_2H_4+H_2$），当转化温度在100℃以下时转化率即可达到90%以上，而镍粉的转化温度则需达100～130℃。

稀土化合物在其他催化剂上亦有应用，如在磷钼酸铋催化剂中加入硝酸铈，作为丙烯腈单体合成的助催化剂，可提高约10%的回收率。萘酸铈用于油漆生产能加速其生成，提高油漆的耐光和持久性，并易于干燥。在硫酸生产中稀土硫酸盐催化剂加速二氧化硫的氧化反应。Ce^{4+} 催化聚合淀粉-聚丙烯腈共聚物能根据水的纯度吸收500～1000倍于本身重的水。这种聚合物可作为储水剂应用于农业和工业部门。稀土化合物还可在脱氢和异物化反应中作为催化剂。

第三节 稀土新材料的应用

一、永磁材料

（一）、电动机械装置

电动机，旋转式或线性的，直流或同步的，用于钟、铼伺服电动机、计算机辅助设备、航天陀螺、纺织涡轮机、机床传动装置、轧钢机电动机、汽车附件电动机、车辆及喷气式飞机发动机起动器、电动机车推进器、低温冷却器。

发电机，用于转速计、车辆交流发电机、大型发电机的激磁器、飞行器的主发电机、喷气式飞机的点火器、储能飞轮、涡流循环发动机等。

电动、机械传动装置（线性或旋转式的）用于计算机打印机、记录笔定位器、激光镜、飞机翼面控制传动装置、工业机器人。

电动声响器件，喇叭、扩音器、耳机、唱机的拾音器、振动发生器及传感器。

其他传感器如过载传感器、速度、振动、压力传感器；测量仪器如电流计、瓦特功率表、天秤；电气开关如继电器、恒温器和自动点火装置。

（二）机械力及力矩装置

耦合器和制动装置，力矩和线性运动耦合器、涡流制动器、旋转一直线运动转换器；磁轴承与磁悬浮，用在瓦特一小时计、超速离心机、涡流分子泵、宇宙陀螺仪、飞轮、悬浮有轨机车；材料分离器，矿石处理，除去铁、废金属回收、水净化等；固定和提升设备，工具支架，门扣，密封装置、机械吸盘、吊车、运输机等；磁销，带磁体的钥匙；铁磁流体气封及轴承润滑，永磁体吸住磁流体；磁性饰物，耳环、别针、项链。

（三）电子及离子束控制

微米/毫米波管、行波管聚焦、速调管、磁控管等；波导管装置，在环行器里钇铁柘榴石偏压、过滤器；粒子加速器，聚焦透镜，粒子束偏移磁体；同步加速光源、摆动器、波动器；质谱仪、离子泵、真空仪表偏转磁体。

其它电子用途：磁泡记忆的偏置磁场；电子扼流圈一直流偏置磁力线。

医疗方面应用：加力装置-导尿管、体力辅助器、密封器、治疗及修补牙齿、心脏辅助泵、视网膜定位等；核磁共振层析 X 射线摄象装置；深部按摩及高频电热疗法；水调整。

二、储氢材料

稀土储氢材料还处于研究开发阶段，按其性质主要用于下列几个方面。

（一）作氢气储存器

稀土储氢材料可代替普通的钢瓶，以减少容器的体积和压力，运输安全稳妥。某些金属间化合物储氢性能见表14-7-19、表14-7-20。$LaNi_5$氢气储存器是一种特制的钢罐，盖上有气体调节阀和出口。将活化处理好的 $LaNi_5H_6$化合物放在里面，密封后抽掉残余空气就可使用。$LaNi_5$氢储存器作为高纯方便的氢源已被用于氢原子钟、气相色谱仪。$LaNi_5$氢化物作为氢能储运输送材料使用在技术上是可行的，但经济上成本高。用 $LaNi_5$载氢能作燃料的汽车已有了样车，但目前还不易推广。此外，$LaNi_5$在吸、放氢时对氧、水分及其他物质几乎不作用，因此工业氢经过$LaNi_5$吸和解吸得到提纯，纯度可达99.999%以上。目前已研制出提纯氢的装置。

表 14-7-19 某些金属间化合物储氢材料性能

储氢材料	平衡压力（25℃），Pa	生成热，kJ/mol	吸氢量/材料量，%	与氧、水作用	吸氢速度
$LaNi_5$	（2～3）$\times10^5$	30.1	1.52	小	快
$LaCuNi_4$	（2～3）$\times10^5$	31.4	1.35	小	快
$LaCu_2Ni_3$	（2～3）$\times10^5$	29.3	1.1	小	快
$La_{0.7}Ce_{0.3}Ni_5$	2×10^5	29.3	1.6	小	快
$SmCo_5$	（2～3）$\times10^5$	27.2	0.67	小	快
$RMNi_5$	（10～11）$\times10^5$	27.2	1.5	小	快
$RM_{0.85}Ce_{0.15}Ni_5$	10～11	27.2	1.5	小	快
FeTi	5	23.0	1.8	大	快
金属钒	1～2	40.2	5.9	大	快
$Mg_{0.93}Ni_{0.07}$	1～2	71.2	5.7	大	快
V（含0.93%Si）	9～10	40.2	5.6	大	快

表 14-7-20 RE、Mg、RE-Mg-Ni 储氢性能比较

化合物	$LaNi_5$(对照样)	La_2Mg_{17}	Ce_2Mg_{17}	Pr_2Mg_{17}	Nd_2Mg_{17}	REM_2Mg_{17}
每克分子吸氢原子数	4	12	7	9	9	8
化合物	$(70\%La)_2Mg_{17}$（含70%La的混合金属）	$La_2Mg_{15}Ni_2$	$Ce_2Mg_{15}Ni_2$	$Pr_2Mg_{15}Ni_2$	$Nd_2Mg_{15}Ni_2$	$REM_2Mg_{15}Ni_2$
每克分子吸氢原子数	10	10	6	8	8	7

注：测定条件为50℃，氢压力为1个大气压。

（二）镍氢电池的氢载体

镍氢电池中 Ni-H 化学电池的反应为：

$$NiOOH+\frac{1}{2}H_2\underset{充电}{\overset{放电}{\rightleftharpoons}}Ni\ (OH)_2+e$$

在该密闭电池中放置 $LaNi_5$ 充电储氢材料，在电池

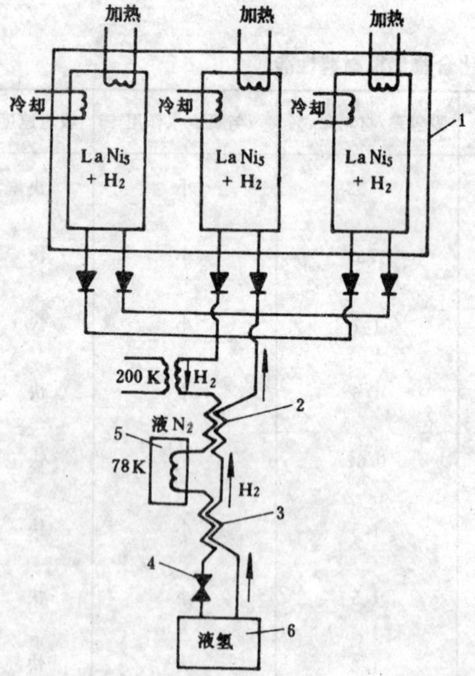

图 14-7-5 $LaNi_5$氢化物氢压缩制冷机

1—$LaNi_5$ 氢化物氢压缩机；2— 热交换器 Ⅰ；3— 热交换器 Ⅱ；4— 焦耳-汤姆逊阀；5— 液氮预冷器；6— 液氮制冷器

充电时放出氢，压力迅速增加，当超过 $LaNi_5$平衡压时氢被吸收；在电池放电时，氢气从 $LaNi_5Hm$ 中解吸出来，同 NiOOH 作用生成 $Ni\ (OH)_2$，放出电子。该电池的电能密度可达到4.5Wh/kg。

（三）作氢气致冷器氘压缩机

$LaNi_5$压缩机利用 $LaNi_5$吸氢量大、吸氢和解吸速度快，平衡压力稳定、在密闭系统中氢的平衡压力随温度升高而增大的性质制成的。通过合理设计，它能产生压力达几十个大气压的氢气流。氢气压缩机致冷装置原理见图14-7-5。按图14-7-5装置，当热输入为1kW，$LaNi_5$总输入量为1kg 时，并在15～160℃平衡压力成分等温下循环，能得45个大气压的氢气流。将此高压氢通过液氮预冷，经过热交换器及焦耳-汤姆逊阀门，可获得0.6～0.8W 的制冷，温度达16～26K。

第四节 稀土在轻工和农业等领域的应用

一、染色与鞣革

（一）毛线、毛皮染色

氯化稀土或醋酸稀土添加在酸性染料中起匀染、媒染和助染作用。对染料液透光性测定结果表明，加稀土的染料液的吸收峰值明显增加，颜色显得浓艳。稀土对坯线有增白作用，效果见表14-7-21。加稀土的染料能提高毛线的得色量，因此可节省染料，尤其对强染料效果更显著。稀土对毛线得色率的影响见图14-7-6。

加稀土染色可提高毛线的鲜艳度、弹性、改善毛线的摩擦牢度，从而提高毛线的抗起球的能力和一级品率。加稀土染料用于腈纶毛线及地毯用毛纱也

可获得相似的效果。

表 14-7-21　两种工艺白度、强度对比

物料编号	工艺条件	白度值	强度，kg/50m	日晒牢度	起球	面积毡缩率，%
246	白坯	46.04				
246	正常漂	75.02	13.75	1级	4级	41
246	稀土漂	81.28	15.75	1级	4级	40.1
223	白坯	46.27				
223	正常漂	74.41	48	1级	4级	52.3
223	稀土漂	80.03	52.25	1级	3级半	52.4

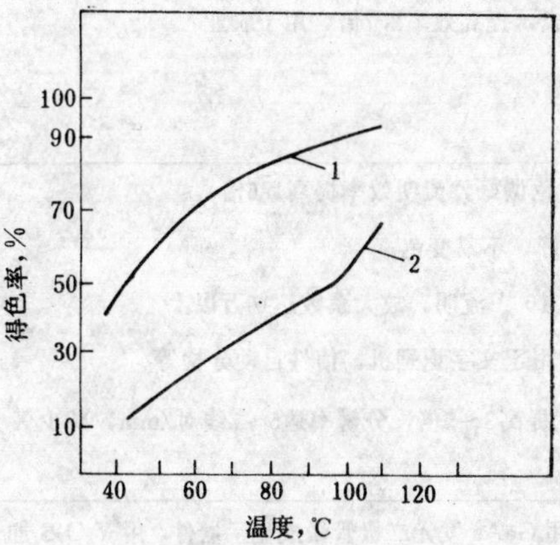

图 14-7-6　在强酸性染料中稀土对得色率的影响
1—加0.1%稀土；2—不加稀土

在对羊剪绒和棉羊皮进行染色时，在酸性染料中加入近1%的 $RECl_3$，可缩短染色时间，提高染色均匀度，并减少芒硝用量50%以上，同时也改善了皮板的柔软度，减少了裂面现象。此外，还有明显的媒染作用，可节省红矾40～50%，并减少废水中铬离子含量。

（二）鞣革

用氯化稀土和铬鞣剂结合鞣制皮革具有较好的效果，它不仅可减少铬鞣剂的用量，省去水洗和中和工序缩短了鞣制时间，还提高了成革出材率约4.6%。

此外，用一种新的丙烯酸稀土络合物作皮革鞣剂鞣制的成品，其革面细致紧密，皮板柔软，收缩温度也有提高。

二、农业

稀土化合物在农业中的应用是一项系统工程，它包括稀土农用化合物生产工艺；稀土农用的施用技术和效果；稀土农用卫生学评价；稀土对植物生理的影响；土壤中可溶态稀土的测定；农用稀土的分析方法。经过10多年的研究，上述7个大课题的研究都得到了肯定的结论。

稀土农用化合物(商品名为农乐)是一种符合卫生标准，水溶性极好的稀土硝酸盐，它对不同的农作物、经济作物、水果蔬菜，有不同的施用技术和施用量。不同作物的施用量为每亩地20～33gREO。

对十几种粮食作物、油料、水果、蔬菜、橡胶树、水仙花等作物大面积试验证明了，使用稀土农用化合物具有一定的增产效果。其中，小麦、水稻等粮食作物的增产幅度约为8%；花生、甜菜、烤烟等为8～12%；蔬菜水果为10～15%。在一定条件下，稀土施用技术是可靠的，增产几率在90%以上，经济收益为1:7，经济作物可达到1:10。

按"食品安全性毒理评价程序"对农乐进行了毒理试验，进行了农乐中天然放射性核素在土壤和农作物中的积累和卫生学评价的研究。结果确认，农乐属于低毒物质，对哺乳动物无作用剂量范围是20～200mg/kg 体重。按农乐施用量，它不致引起农田、水域中生物的不良影响，粮食和土壤中的比放射性也无明显变化。土壤中可溶态稀土含量约占稀土全量的10%，可溶态稀土含量低的土壤，施用稀土效果较好。植物生理学研究表明，稀土元素可促进植物生根、发芽，增加叶绿素的含量，提高作物对磷等元素的吸收和转运。

三、荧光材料

稀土萤光材料的分类与实用技术效果见表14-7-22。

表 14-7-22 稀土荧光材料分类和实用技术效果

分类		实用技术效果
各种光源	三基色荧光灯	红：Y_2O_3:EU，蓝：$Mg_2Al_{16}O_{27}$：(Ba，Eu) 绿：$MgAl_{11}O_{19}$ (Ce，Tb)，显色指数85，光通量80lm/W。该两指标均高于普通日光灯20～25％
	高压汞灯	用 YVO_4:Eu 改善显色性、流明输出又提高10％
	重氮复印机冷光源	用 $Sr_{1.98}P_2O_7:Eu^{2+}_{0.02}$粉制成荧光灯代替汞灯热光源，光谱匹配好，节电50～90％
	静电复印机冷光源	用 (Ba，La) $Al_{12}O_{19}$:Ce、Mn 粉涂制成荧光灯，作为静电复印机冷光源，光谱匹配性能好，比热光源节电90％
	黑光灯	用 YPO_4:Ce，Th、$MgSrBF_3$：Eu 粉制成，提高效率2.7倍，用于农业
	灭蚊灯	用 $SrB_2O_4:Eu^{2+}$灭蚊效果好。
	医用灯	(BaEu) $Mg_2Al_{16}O_{27}$治小儿黄胆病有效
显像用荧光粉	彩色电视	用 Y_2O_3:Eu 或 Y_2O_3S:Eu 红色荧光粉，色调好，流明效率提高1.6倍
	投影电视	用 LaOBr:Tb 粉，亮度高，抗烧伤性能好，不易变色。
	微光夜视	用 YSO_5:Ce 粉制成微光管，探测阀值$<10^{-11}$流明，放大系数达10万以上
	飞点扫描	用 Y_3 $(AlGa)_5O_{12}$:Ce 余辉小于0.2nS，用于文字识别机，信件自动分检等
	医用X射线转换增减屏	用 LaOBr:Tb 代替 $CaWO_3$屏，增感速度提高3～5倍，分辨率达5～7线对/mm，减少X光爆光量
显示荧光粉	数字符号显示	用 LaF_3:YbEr，使红外光转为可见光，用 GaAs 发光二极管做成显示器件，用 Y_2O_2S 加入 In_2O_3中制成低压荧光粉，可做成低压荧光数码管
	平板图象显示	用 YF_3:Er，Ho_3Tm 荧光粉做成电致发光器件，随电压不同显示不同颜色
辐照计量		用 Mg_2SiO_2:Tb 荧光粉做成热发光计量，探测辐射线

主要参考文献

〔1〕《稀土》编写组，稀土（下册），冶金工业出版社，1978.

〔2〕美国材料咨询委员会涂层委员会，高温抗氧化涂层，科学出版社，1980.

〔3〕Strnat K. J., New Frontier in Rare Earth Science and Applications Ⅱ Science press, Beijing, 1985, P. 872.

〔4〕Strnat K. J.，稀土（增刊），(1983)，149.

〔5〕吴兆明等，中国稀土学报，(1984)，No2.

〔6〕李培，稀土，(1986). No. 2.

〔7〕陈玉勇，李秋春，稀土，(1985)，No. 3.

〔8〕Bennett M. J. et al., Corros Sci., 1980，No20.

〔9〕Ecer G. M. et al., Oxid. Met., (1980)，No18.

〔10〕刘余九，稀有金属知识 稀土，冶金工业出版社，1983.

第十五篇

贵金属

第一章　贵金属的矿物及资源
第二章　贵金属的主要物理化学性质
第三章　贵金属的选矿
第四章　贵金属的提取冶金
第五章　贵金属的二次金属
第六章　贵金属加工及制品
第七章　贵金属金属学
第八章　贵金属的化学成分分析和物理性能检测
第九章　贵金属的应用

贵金属包括金、银、铂、钯、铑、铱、锇和钌 8 个金属。除金银外的 6 个元素称为铂族金属或稀有贵金属。铂族金属中，钌、铑和钯称为轻铂族金属，锇、铱和铂称为重铂族金属。

中国现代的贵金属工业是在新中国诞生以后形成的，目前已发展成贵金属采矿、选矿、冶金、材料加工、化学化工制品及废料再生的科学研究与生产体系，基本能提供国家建设所需的贵金属产品。

现代科学技术的发展使人们对贵金属的各种性能（如抗氧化性，抗腐蚀性，催化活性，对光、电、热的特殊效应等）有了更深刻的了解，应用范围不断扩大，成为航海、航空、宇航、电子、能源、机械、交通、化工、冶金等领域重要的材料。随着现代科学技术的进步和工业的发展，贵金属的应用将进一步扩大。

第一章　贵金属的矿物及资源

编写人　刘时杰

第一节　贵金属矿物组成

贵金属在地壳中既稀少又分散，其克拉克值（ppm）为：Au0.05，Ag0.1，Pt0.05，Pd0.01，Rh0.001，Ir0.001，Os0.001，Ru0.001。它们多呈单矿物存在。中国常见的贵金属矿物种类及成分列于表 15-1-1。

金的矿物比较简单，主要有自然金，金银矿和金的碲化物。银的矿物种类较多，有硫、砷、锑的化合物，银金矿，角银矿和自然银。大量银还以类质同象存在于黝铜矿、方铅矿、硫砷铜矿、黄铜矿、黄铁矿、毒砂等重有色金属矿物中。如有些方铅矿中含银可达 2%。

铂族金属的矿物种类繁多，成分变化也较大。世界上已发现约 200 种，在中国发现了其中的 115 种，归属为七大类。国外还常见砷钯矿、砷铑钯铂矿、铂钯镍矿、含铂针镍矿、硫镍钯铂矿、硫钯铂矿等矿物。

贵金属有单独的矿床，但也有很多与其他金属形成的共生矿床。

金的矿化主要与热液成矿作用有关。形成花岗岩及变质岩中的含金石英脉矿床，含金多金属（铜、铁、铅、锌）硫化矿床，受变质的含金砾岩矿床，银金矿及由脉金矿风化形成的砂金矿等。其中大部分金呈自然金。

表 15-1-1 常见贵金属的矿物种类和成分范围

金属	矿物种类	常见矿物及化学式	成分范围，%
金	自然金属	自然金，Au	Au<100，有时含 Cu，Pt，Pd 等
		金银矿，AgAu	Ag15～50，余为金
	硫碲化物	碲金矿，$AuTe_2$	Au39，余为 Te
		针碲金矿，(AuAg) Te_2	Au24，Ag13，余为 Te
		叶碲矿，Au $(PdSbFe)_8$ $(STe)_{11}$	Au6～13
银	自然金属	自然银，Ag	Ag<100
		银金矿，AuAg	Ag15～50，余为金
	硫、砷、锑化合物	辉银矿，Ag_2S	Ag87.1
		淡红银矿，Ag_3AsS_3	Ag65.5
		深红银矿，Ag_3SbS_3	Ag60
	氯化物	角银矿 AgCl	Ag75.2
铂族金属	自然金属及金属互化物	铂铁合金（粗铂矿），PtFe	Pt74～92，Fe7～16，Cu，Ni，Ir 微量
		锇铱矿，IrOs	Ir65～75，Os22～41，Pt5～9
		铱锇矿，OsIr	Os47～74，Ir19～49，余为 Pt、Ru
		钌铱锇矿，OsIrRu	Os28～72，Ir16～51，Ru5～32，Pt1～9
	砷化物	砷铂矿，$PtAs_2$	Pt46～57，As42～52
		砷钯矿，Pd_5As_2	Pd76～79，Au16～17，Sb 约 5
	锑化物	六方锑钯矿，SbPd	Pd40～55，Sb40～60，Bi1～13，Te0.7～3
	硫及硫砷化物	硫铂矿，PtS	Pt77～86，S11～17，Pd0.7～4.7
		硫钌矿，RuS_2	Ru41～64，S29～42，Os3～12，Ir1～6
		硫锇钌矿，(RuOs) S_2	Os47～52，Ru13～18，S30～32，Ir2～5
		硫镍钯铂矿，(PtPdNi) S	Pt31～69，Pd3～39，Ni4～8，S16～22
		硫钯铂矿，(PtPd) S	Pt59～73，Pd9～21，S14～15
		硫砷铱矿，IrAsS	Ir49～66，S5～14，As21～30，Pt3.7～6
	碲、铋化合物	碲钯矿，PdTe	Pd21～30，Te54～67，Bi4～18
		铋碲钯矿，Pt $(TeBi)_2$	Pd25.6，Te49.6，Bi26.3，Pt1.1
		碲铂矿，$PtTe_2$	Pt36～41，Te49～61，Bi3～17，Pd1～4
		钯碲铂矿，$PtPdTe_2$	Pt21～33，Te48～60，Bi8～15，Pd4～10
		铋碲铂矿，Pt $(BiTe)_2$	Pt30～39，Te30～40，Bi20～34，Pd1～4
		等轴碲铋钯矿，PdTeBi	Pd16～27，Te30～38，Bi37～49
	含铂族金属矿物	含铂、钯自然金	Au80～90，Pt11.5，Pd8.3～11.6

银的矿化主要与热液成矿作用，火山作用及沉积作用有关。形成含银的铅、锌、铜硫化物矿床，银矿床，银金矿床，钴银矿床，锡银矿床及含银的多金属共生矿床。大部分银以类质同象存在于重金属硫化矿物中。还有以单矿物与重金属硫化矿物连生。自然银少见。

铂族金属的矿化与基性、超基性岩浆作用有关。形成铬铂矿床及其风化次生的砂铂矿和含铂族金属的镍铜共生硫化矿。前者的铂族元素矿物主要是铂、锇、铱自然金属，金属互化物及硫砷化物。共生矿中则可能找到几乎所有种类的铂族矿物。其中最常见的是铂、钯与砷、锑、铋、碲、硫的化合物矿物。它们与磁黄铁矿、镍黄铁矿、黄铜矿、黄铁矿等重金属硫化矿物连生。只有少量铂族金属以类质同象状态存在于重金属硫化矿物中。近年发现在硫化铜矿、铜钼矿等硫化矿床中也含微量的钯、铂、铑、锇。

在砂金矿及砂铂矿中曾找到过数千克重的自然金块和自然铂块，但在共生矿中铂族金属的矿物却较细，通常的粒度范围为0.005～1mm。

第二节 贵金属的储量及分布

一、金

金的储量及分布见表15-1-2。国外金的储量主要集中在南非和前苏联，其次是美国、加拿大、巴西和澳大利亚。

金的自然资源分脉金，砂金及伴生金三类。伴生金占总储量的20%。除前苏联仍主要从砂金矿产金(占总产量的70%)外，其他国家95%以上产自脉金矿及伴生金矿。

表15-1-2 世界主要产金国的金储量①

国　家	储量，t	储量基础，t	所占比例，%
南　非	23639	24883	59.4
前苏联	6220	7776	15.6
美　国	2480	3110	6.2
加拿大	1306	1555	3.3
巴　西	715	933	1.8
澳大利亚	715	933	1.8
其他国家	4738	5911	11.9
世界总计	39813	45101	

① 引自《Mineral Hand book》，1986～1987。

南非德兰士瓦省威特沃特斯兰德和巴顿山地有世界最大的金矿床-含金铀砾岩矿床。金在变质沉积的饼状石英砾岩中，并富集在砾岩的低层，平均品位8.5～23.7g/t金矿物为含银(平均10%)及微量铜、镍的自然金。

前苏联的砂矿主要分布在远东地区，产量占全苏产量的三分之二。其余产自乌拉尔、哈萨克、亚美尼亚、乌兹别克和西西伯利亚的砂金矿、脉金矿及伴生金矿。

美国曾大量开采加利福尼亚、阿拉斯加等地的砂金，但目前美国及加拿大的金主要产自铜、铅、锌硫化矿。

估计有史以来人类共采出金12万t，其中四分之三为本世纪所产。1988年西方资本主义国家产金1538t，其中南非621t，美国205t，澳大利亚152t，加拿大128.5t，巴西100.2t，菲律宾42.7t，哥伦比亚33.4t，巴布亚新几内亚32.6t，智利22.7t，委内瑞拉16.0t，其他非洲国家66.9t，其他拉丁美洲国家53.6t。前苏联产金量仅次于南非，估计当前的年产量约400t。

二、银

世界银的资源主要集中在美洲各国和前苏联。见表15-1-3。绝大部分银与重金属共生。墨西哥的重金属矿石中银品位较高，如爪纳华托州的铅、锌、银共生矿中，银品位近400g/t。

自1493～1983年的近500年中，估计人类共采出银87万t。1988年西方资本主义国家产银10731t，其中墨西哥2115t，秘鲁1711t，美国1586t，加拿大1337t，澳大利亚1120t，智利467t，其他2395t。年产量100t以上的国家还有波兰、日本、南非、瑞典、玻利维亚、西班牙、南斯拉夫等国。估计前苏联的产量接近美国。

表 15-1-3 世界银的储量及分布①

国 家	储量，t	储量基础，t	所占比例，%
前苏联	43545	49766	17.9
墨西哥	42612	43545	17.5
加拿大	36080	43545	14.8
美 国	28615	55986	11.7
澳大利亚	24260	34214	10.0
秘 鲁	21150	29548	8.7
其他国家	47278	79314	19.4
世界总计	243540	335918	

① 引自美国矿务局《矿产实况与问题》，1985。

三、铂族金属

世界铂族金属的储量及分布见表15-1-4。大型铂矿资源主要分布在南北回归线以上的较高纬度地带。相对集中在南非，前苏联，美国和加拿大。近年来在澳大利亚、博茨瓦纳、格陵兰岛东岸等地不断发现新资源。南非有世界最大的铂矿，即著名的布什维尔德杂岩中的美伦斯基层，UG-2层和平面层三层，总储量超过6万t。美国蒙大拿州发现类似南非的静水（Stillwater）层状杂岩，其中含铂族金属的沉积型矿层命名为JM层，储量约1万t。前苏联的原生铂、铂铬矿床及次生的砂铂矿主要分布在乌拉尔山脉及西伯利亚的阿尔丹。这些砂矿是上世纪的主要生产资源。目前90%产自诺里尔斯克的铂族铜镍共生硫化矿，7%产自科拉半岛的类似共生矿，砂矿提供的产量仅占3%。加拿大有世界最大的伴生铂族金属的硫化铜镍矿（安大略 省及马尼托巴省），但铂族金属品位比上述三国低得多。世界各主要铂族金属资源中铂族及镍铜品位列于表15-1-5。

表 15-1-4 世界铂族金属的储量及分布

国 别	探明储量，t				铂族远景储量 t	铂族资源总量 t
	铂	钯	铑	铂族		
南 非	10885	4665	622	18038	45340	61578
前苏联	1866	3732	124	6220	6220	12440
美 国	—	—	—	31	9299	9330
加拿大	124	124	微	280	218	498
哥伦比亚	微	—	—	微	124	124
津巴布韦	—	—	—	—	3110	3110
上述国家合计	12875	8521	746	24569	62511	87080
世界合计	13062	8708	777.5	24880		

表 15-1-5 世界主要含铂矿床矿石中的有价金属品位

产 地	矿石类型	平均品位			
		Cu,%	Ni,%	Pt, g/t	Pd, g/t
南非布什维尔德杂岩	美伦斯基层	0.11	0.19	4.5	1.8
	UG-2层	—	—	4.2	3.5
美国静水杂岩	JM 硫化物层	0.06	0.11	5.6	10.9
前苏联诺里尔斯克1号矿体	硫化物富矿石	2.16	1.23	10.6	
	浸染状矿石	1.9	1.3	2.3	7.2
科拉半岛硫化矿	富黄铜矿矿石	—	—	2.3	19
	富磁黄铁矿矿石	—	—	0.3	5.5
加拿大萨德伯里	硫化矿石	1.3	1.5	0.35	0.36
汤普森	硫化矿石	0.2	2.8	<0.3	0.6

南非以生产铂族金属为主，副产铜、镍。加拿大以生产铜、镍为主，副产铂族金属。前苏联则二者兼顾。南非产的铂族金属中以铂为主，前苏联以钯为主，加拿大铂、钯比例接近。目前上述各种矿石都使用铜镍选冶工艺过程富集铂族金属，并在恰当的阶段从冶炼的中间产品中进一步分离贱金属，提取出铂族金属精矿再精炼出各个铂族金属产品。因矿石成分及有价金属品位的差别，相对于1万t镍的生产规模提取的铂族金属产量。(t) 约为：南非 30～40，前苏联 8～10，加拿大 0.6～0.7。目前的世界年产量约达 240t，其中南非及前苏联共占 92%。过去10多年两国产量相近，但近年来南非加紧新矿山建设，增产势头很大，预计其产量将超过前苏联。其余8%主要产自加拿大、美国、澳大利亚等国。1989年铂、钯、铑三个主要金属的西方资本主义国家供应量和前苏联销售量如下：

	南非	加拿大	其他西方资本主义国家	西方资本主义国家合计	前苏联销售	总计
铂，t	80.6	4.7	2.6	87.9	17.1	105
钯，t	35.3	6.4	6.7	48.4	51.3	99.7
铑，t	5.8	0.47	0	6.27	4.0	10.27
合计，t	121.7	11.57	9.3	142.57	72.4	214.97

副铂族金属锇、铱、钌、铑的产量约为铂和钯的1/10。锇主要从砂矿，钌、铑、铱主要共生矿提取。早期，塔司马尼亚、阿拉斯加等地的砂铂矿中含锇铱矿物各占 55%和 28%。目前，南非兰德金铀砾岩矿床中每年可回收锇约 200 公斤，锇铱矿物品位约 0.03g/t，矿物粒度 0.06mm 左右。铑的用途很广，长期供不应求，价格最贵。

四、中国的贵金属资源及分布

中国有丰富的金、银资源，分布较广。金以伴生金和脉金为主，各占储量的 45.6%和 43.5%。砂金矿只占 10.9%。伴生金主要分布在长江中下游地区（江西、安徽、湖北，江苏）及甘肃、云南各省的铜矿中。如江西的矽卡岩黄铜矿的硫化矿石中金品位 0.46g/t，铜硫铁矿中 1.06g/t。斑杂铜矿的硫化矿石中金品位较低（约 0.2g/t)。硫化铜镍矿及铅锌矿中也伴生金。脉金（含金石英脉及中温热液蚀变花岗岩型）主要分布在山东、河南、河北、吉林、陕西及台湾等省。山东、河南的脉金矿中金品位达 10～15g/t。砂金主要分布在黑龙江、内蒙、吉林等省区，多为第四纪河谷冲积及阶地砂金矿，平均品位 0.22～0.34g/m^3。台湾省基隆河、东部河滨也有著名的砂金矿。

中国绝大部分银伴生在铅锌矿中，铜硫铁矿及脉金矿中也含少量银。单独的银矿很少，主要资源分布在云南、江西、青海、内蒙、甘肃、广西等省区。多数共生矿中的金、银常一起共生。中国的几乎全部银产自共生矿。其中从铅锌矿回收占 51.4%，铜矿占 34.9%，金矿及石英脉矿床中仅 4.4%。一些共生矿石中，银品位（g/t）为：兰坪铅锌矿>15，大厂细脉浸染层状锡、铅、锌矿>20，小铁山黄铁矿型多金属矿>100，一般铜矿石中伴生银品位约 10～40g/t。

中国铂族金属资源按提取冶金的特点可分为三类，即伴生铂族金属的硫化铜镍矿，含铂铬铁矿及铜、镍、铂族金属品位都比较低的低品位铂矿。

金川硫化铜镍矿是中国目前最大的铂族金属资源，铂、钯的品位为 0.1～1g/t，在世界同类矿床中是较低的，其中铂钯比为 2.1/1。在海绵晶铁状富矿石为主的矿体中有一些铂、钯品位大于 1g/t 的铂钯富集体。铂、钯主要呈单矿物状态（铂、钯矿物相分别占 98%和 93.4%），主要是砷铂矿（占总铂量的 93%）和碲铋镍钯矿（占总钯量的 90%）。锇、铱、钌、铑在矿石中品位合计为铂钯的十分之一，其相对比例为 1/0.87/0.87/0.4。

近年来在新疆多处发现与金川类似的铂族金属资源。

最大的低品位铂矿位于云南金宝山，矿石含 0.15%镍、0.11%铜，铂族品位 1～1.6g/t。云南朱布，四川丹巴，西藏东部等地有类似的资源。

西藏、甘肃、陕西的一些铬铁矿中都伴生有一定量的铂族金属。

第三节 贵金属的其他原料来源

大多数贵金属材料或器件经长期使用后部分失去原来的特性而贵金属损耗不大，可以再生回收。因此许多含贵金属的废旧器件或废旧材料是重要的贵金属二次资源。它们比多数贵金属矿产资源的品位高，成分简单，容易提取，加工成本低。

目前从二次资源中回收的贵金属在其总产量中已占相当比例。如西方资本主义国家再生银占其供应量的 43%（300t 以上）；再生铂族金属量也逐年增大，如美国石化及化工工业用的催化剂中铂族金属的再生率达 85～95%，其他含铂族金属的合金废旧材料再生率达 80%，汽车尾气净化催化剂中铂再生量已达当年投入使用量的 16%。随着工业使用量的增大，贵金属二次资源的再生回收也将越来越重要。

贵金属二次资源的特点是种类多，形态各异，成分及品位相差悬殊，使用以后分散在各个部门和领域，难以收集。一般可分为下述几类：(1) 废催化剂，主要回收铂族金属；(2) 废旧感光材料，废定影液，回收银；(3) 废旧坩埚，电极，热电偶，玻纤工业漏板，熔融高级玻璃的炉衬、耐火砖等，主要回收铂族金属；(4) 电镀工业的废液、废件，主要回收金及铂族金属；(5) 电子及仪表工业的废浆料，电池，导电材料，触头材料，焊料及加工中的边角废料，废旧元、器件等，回收银、金及铂族金属；(6) 废牙科材料、旧首饰、货币等，回收银、金及铂族金属。

目前含 0.1%银、含金及铂族金属 0.01%的各类低品位贵金属二次资源都已列入收集回收范围。

主要参考文献

〔1〕中国科学院地球化学研究所，中国含铂地质体铂族元素地球化学及铂族矿物，科学出版社，1981 年.

〔2〕Minerals Handbook，London，1986－1987.

〔3〕工業レアソタル，1981，74；1984，83.

〔4〕贵金属协作组，王永录、何纯孝执笔，有色金属进展，下篇第 30 分册——贵金属，1984.

〔5〕Mining Annual Review，1989.

〔6〕谭庆麟，阙振寰主编，铂族金属——性质、冶金、材料、应用，冶金工业出版社，1990.7.

第二章 贵金属的主要物理化学性质

编写人 何华春 阙振寰 朱 烨

第一节 贵金属的物理性质

一、贵金属的结构和物理性质

贵金属的结构和主要物理性质列于表 15-2-1。

表 15-2-1 贵金属的结构和主要物理性质

性能参数	Ru	Rh	Pd	Ag	Os	Ir	Pt	Au
原子序数	44	45	46	47	76	77	78	79
原子量	101.07	102.905	106.4	107.870	190.2	192.2	109.09	196.007
原子半径，nm	0.27056	0.2689	0.2751	0.2889	0.27341	0.2715	0.2774	0.2884
晶体结构	密集六方	面心立方	面心立方	面心立方	密集六方	面心立方	面心立方	面心立方
点阵常数 a，nm	0.27054	0.38038	0.38895	0.40362	0.27342	0.38387	0.39224	0.40786
c/a	0.15820				0.15799			
密度（293K），g/cm^3	12.45	12.41	12.02	10.49	22.61	22.65	21.45	19.32
电负性	2.0	2.1	2.1	1.9	2.1	2.1	2.2	2.3
化合价	3，4，6，8	3	2，4	1，2，3	4，6，8	3，4	2，4	1，3
第一电离势，eV	7.364	7.46	8.33	7.547	8.7	9	9.0	9.22
电子逸出功，eV	4.6	4.8	499	4.31	4.7	5.40	5.39	4.25
熔点，K	2607	2237	1827	1235.08	3320	2707	2045	1377.58
沸点，K	4350	3900	3150	2400	5300	4850	4100	3150
热容（298K），J（mol·K）	24.0	25.1	26.0	25.4	24.8	25.1	25.9	25.2
热导率，（298K），W（m·K）	117	152	75.2	433	87	147	74.1	315
线膨胀系数（300K），10^{-6}/K	//c 8.7 ⊥C 5.8	8.5	12.48	18.9	//c 6.17 ⊥C 4.16	6.45	8.90	14.0

从表 15-2-1 可知，贵金属的密度大于 $10g/cm^3$，因此属于重金属。它们之中又分重的和轻的两类：重铂族是锇、铱和铂，其密度超过 $20g/cm^3$；轻铂族为钌、铑和钯，它们的密度为前者的$\frac{1}{2}$。按结晶类型可把贵金属分为两组：铑、钯、银、铱、铂和金属于面心立方晶系；钌和锇为六方晶系。锇、铱、钌和铑属于难熔铂族金属，锇的难熔性仅次于钨，居第三位。

比较上表中的热学性能数据不难看出，熔点和沸点温度愈高的金属，例如锇，其线膨胀系数和热导率最低。银的熔点和沸点温度最低，它的线膨胀系数和热导率最高。由此可见，金属的热学性能依赖于金属原子之间的结合能。

二、贵金属的电学性质

低温下纯金属的电阻率在很大程度上取决于晶体的完整性和杂质的含量，并且用电阻比 $\rho_{293K}/\rho_{4.2K}$

作为杂质含量的判定。贵金属在不同温度下的电阻率列于表 15-2-2，贵金属的电阻率与温度的关系见图 15-2-1。大多数贵金属的电阻率随温度线性上升或微微向左偏离，唯独铂和钯在 500K 以上显著向右弯曲。这是因为过渡铂和钯的 d 带几乎是充满的，在高温时能量高的电子被散射的几率比能量低的电子要小得多。所以电阻随温度上升反而下降。

表 15-2-2 贵金属电阻率 ρ ($10^{-8}\Omega\cdot m$)

T, K	Ag	Au	Pd	Pt	Rh	Ir	Ru	Os
200	1.04	—	6.887	6.884	2.95	3.25	4.30	5.49
250	1.328	1.95	8.881	8.861	3.95	—	5.95	—
273	1.465	2.062	9.765	9.765	4.15	4.77	6.69	8.14
300	1.622	2.45	10.804	10.81	5.01	5.33	7.55	10.59
400	2.31	3.10	14.46	14.60	7.10	7.39	10.3	15.3
600	3.58	4.85	21.09	21.85	11.50	11.2	16.2	22.6
800	4.87	6.75	26.89	28.70	16.0	15.2	22.1	30.2
1000	6.27	8.85	31.92	35.10	20.8	20.1	28.3	37.5
1200	—	11.35	36.21	40.89	26.0	25.1	37.6	45.1

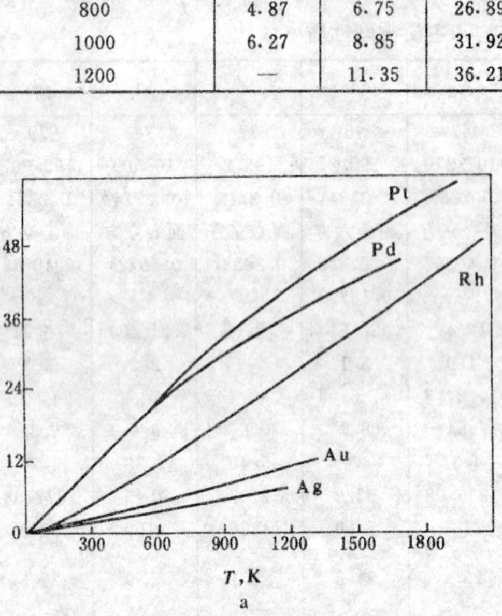

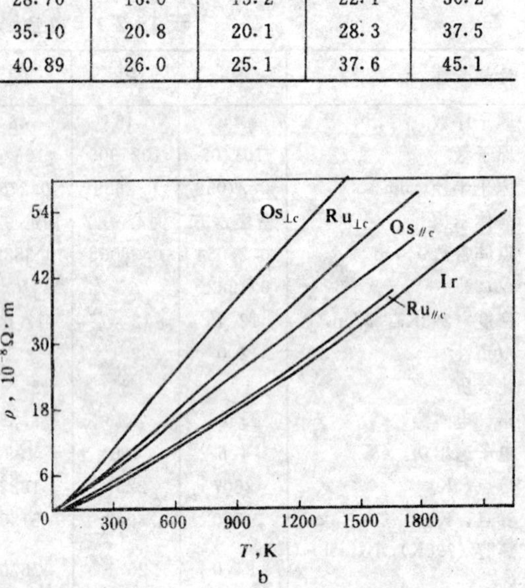

图 15-2-1 贵金属电阻率与温度的关系

三、贵金属的热电效应

热电效应是热能和电能之间相互转换的结果。塞贝克效应、珀尔帖效应和汤姆逊效应是最基本的热电效应。热电偶和一系列高灵敏仪表就是以热电效应为依据而制造的。贵金属与铂配对的热电势见表 15-2-3。

金属的热电势强烈地依赖于杂质并作为金属纯度的判据。测量高温用的最稳定的热电偶由贵金属及其合金制造。标准铂铑 10-铂热偶是国际温标规定的一种标准仪器。

表 15-2-3 贵金属与铂配对的热电热 (mV)

t, ℃	Ag	Au	Pd	Rh	Ir	Ru
−200	−0.21	−0.21	0.81	−0.20	−0.25	—
−100	−0.39	−0.39	0.48	−0.34	−0.35	—
0	0	0	0	0	0	0

续表 15-2-3

t, ℃	Ag	Au	Pd	Rh	Ir	Ru
100	0.74	0.78	−0.57	0.70	0.65	—
200	1.77	1.84	−1.23	1.61	1.49	—
300	3.05	3.14	−1.99	2.68	2.47	—
400	4.57	4.63	−2.82	3.91	3.55	3.867
500	6.36	6.29	−3.84	5.28	4.78	—
600	8.41	8.12	−5.03	6.77	6.10	6.737
700	10.75	10.13	−6.41	8.40	7.56	—
800	13.36	12.29	−7.98	10.16	9.12	10.097
900	16.20	14.61	−9.72	12.04	10.80	—
1000	—	17.09	−11.63	14.05	12.59	13.951
1100	—	—	−13.70	16.18	14.48	—
1200	—	—	−15.89	18.42	16.47	18.317
1300	—	—	−18.12	20.70	18.47	—
1400	—	—	−20.41	23.00	20.48	22.991
1500	—	—	−22.74	25.35	22.50	—
1600	—	—	—	—	—	27.978

1. T. J. 塞贝克（Seebeck）效应

由导体A和导体B构成的闭合回路中，如果它们的接触点处于不同的温度 T_1 和 T_2，结果产生温差电势 ΔE。在回路中产生的热电势仅仅与导体的性质和温度差有关，而与试样形状无关。$S_{AB}=S_A-S_B=\frac{\Delta E}{\Delta T}$(V/K) 是金属 A 相对于金属 B 的热电势，S_A 和 S_B 是金属 A 和 B 的绝对热电势。

2. G.C.A. 珀尔帖（PeHier）效应

当电流通过金属 A 和 B 的接触点时，随电流之方向不同在接触点放出或吸收热量 Q。热量 Q 与电流量 I 之比称为珀尔帖系数 $\pi_{AB}=\pi_A-\pi_B=\frac{Q}{I}(V)$，$\pi_A$ 和 π_B 是金属 A 和 B 的珀尔帖系数。

3. W. 汤姆逊（Thomson）效应

在导线两点间保持恒定温度差 ΔT，当电流通入时则在此两点间依电流方向不同而放出或吸收一定的热量 Q。Q 与 I 和 ΔT 之比称为汤姆逊系数 σ，$\sigma=\frac{Q}{I\Delta T}(\text{V}\cdot\text{T}^{-1})$。

汤姆逊从热力学出发导出下面两个公式：

$$\sigma=T\frac{dS}{dT};\pi=TS$$

利用这些公式从 S、π、σ 之一可以计算其余两个。部分贵金属的 S、σ 和 π 的数值列入表15-2-4。

表 15-2-4　贵金属的热电势

t, ℃	T, K	Ag			Au		
		S, μV/℃	σ, μV/℃	π, mV	S, μV/℃	σ, μV/℃	π, μV
0	273.1	1.42	0.922	0.39	1.72	1.25	0.47
100	373.1	1.84	1.86	0.69	2.16	1.55	0.81
200	473.1	2.42	3.13	1.15	2.55	1.75	1.21
300	573.1	3.16	4.72	1.81	2.90	1.85	1.66
400	673.1	4.07	6.63	2.74	3.20	1.88	2.15
500	773.1	5.13	8.87	3.96	3.46	1.82	2.67
600	873.1	6.37	11.44	5.56	3.67	1.66	3.20
700	973.1	7.75	14.33	7.54	3.84	1.41	3.74
800	1073.1	9.31	17.56	10.00	3.96	1.07	4.25
900	1173.1	11.02	21.07	12.90	4.04	0.65	4.74
1000	1273.1	—	—	—	4.07	0.13	5.18

续表 15-2-4

t, ℃	T, K	Rh			Pd			Pt		
		S, μV/℃	σ, μV/℃	π, mV	S, μV/℃	σ, μV/℃	π, mV	S, μV/℃	σ, μV/℃	π, mV
0	—	—	—	−9.54	−9.15	−2.61	−3.50	−12.10	−0.95	
100	+0.82	−0.49	+0.31	−12.81	−11.90	−4.78	−7.10	−11.00	−2.65	
200	+0.62	−1.70	+0.29	−15.91	−14.33	−7.53	−9.56	−9.70	−4.52	
300	+0.10	−1.36	+0.06	−18.90	−16.63	−10.83	−11.28	−8.19	−6.47	
400	−0.56	−3.50	−0.38	−21.83	−19.71	−14.69	−12.54	−8.43	−8.44	
500	−0.97	−2.70	−0.75	−24.75	−22.65	−19.13	−13.79	−9.97	−10.66	
600	−1.27	−2.10	−1.11	−27.68	−25.60	−24.17	−15.04	−10.92	−13.31	
700	−1.46	−1.56	−1.42	−30.60	−28.47	−29.78	−16.29	−12.18	−15.85	
800	−1.58	−1.07	−1.70	−33.53	−31.40	−35.98	−17.54	−13.43	−18.82	
900	−1.66	−0.76	−1.95	−36.46	−34.49	−42.77	−18.80	−14.70	−22.05	
1000	−1.72	−0.51	−2.19	−39.38	−37.30	−50.14	−20.05	−15.94	−25,53	

第二节 贵金属的力学性质

一、贵金属的弹性

贵金属的室温杨氏模量 E、剪切模量 G 和泊松比 μ 列于表15-2-5。在周期表的所有金属当中，锇和铱具有最高的弹性性能。金和银是贵金属中弹性性能最低的金属。

表 15-2-5 贵金属的室温弹性性能

金属	E, GPa	G, GPa	μ
Ru	485 447	172	0.31
Rh	386.4	153	0.36
Pd	123.6 121	51	0.39
Ag	80 82	27 29	0.367 0.37
Os	570	220	0.28
Ir	538.3	214	0.28
Pt	173.2	67	0.36
Au	81	28	0.42

二、贵金属的强度与范性

贵金属的硬度 HV_r、抗拉强度 σ_b、屈服强度 $\sigma_{0.2}$、延伸率 δ 和面收缩率 ψ 等性能列于表15-2-6。

表 15-2-6 退火态工业纯贵金属室温力学性能

金属	HV (HB) MPa	σ_b, MPa	$\sigma_{0.2}$, MPa	δ, %	ψ, %
Ru	2000～3000	500～600	350～400	3～10	2～3
Rh	1000～1300	400～560	70～100	8～15	20～25
Pd	380～460	180～200	50～70	25～35	80～85
Ag	245～250	140～160	20～25	40～50	80～95
Os	3000～4000	—	—	0	0
Ir	1700～2200	400～500	90～120	6～10	10～15
Pt	390～420	120～160	60～80	40～50	95～100
Au	220～250	120～130	10～25	45～50	90～95

从上表可见，金、银、铂和钯具有很好的范性变形能力。退火纯铂、钯、金和银的面收缩率可以达到80～85%，延伸率亦很高，然而这些金属的硬度和抗拉强度较低。

难熔铂族金属钌、铑、铱和锇的特点是高强度低范性。锇和钌的范性最差，到目前为止还没有成功地实现锇的范性加工。铱和铑的范性较好些，采取热加工和包套法可以达到范性变形。

随着温度上升贵金属的强度下降，如图15-2-2所示。不同金属的强度-温度曲线在$0.5T_s$（T_s为金属的熔点）以上非常接近，但在$0.5T_s$以下曲线倾斜的程度是不同的。

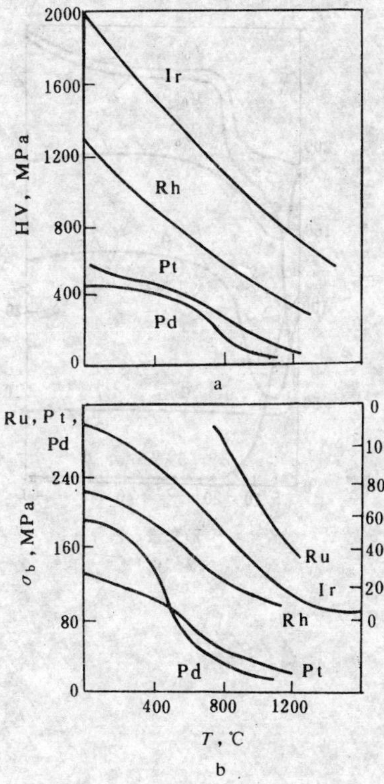

图 15-2-2 温度对贵金属硬度（a）和抗拉硬度（b）的影响

一般而言，温度升高时由于原子活动性增加和滑移系统增多，金属的范性都有所提高。但是，温度对贵金属范性的影响是比较复杂的，见图15-2-3。从范性过渡到脆性状态的温度是金属的重要特征。钌的延脆性转变温度为1000℃，铑，钯和铂低于−196℃，铱约为600℃（拉伸试验）或400℃（弯曲试验）。

贵金属的范性随形变量的增加而变坏，但强度升高。形变量对钌、铑、锇和铱硬度以及对钯和银力学性能之影响示于图15-2-4。冷变形使难熔铂族金属强烈地冷作硬化，铑和铱有近似相同的硬化指数。铂、钯、金和银的硬化强度显著低于锇、钌、铱和铑。

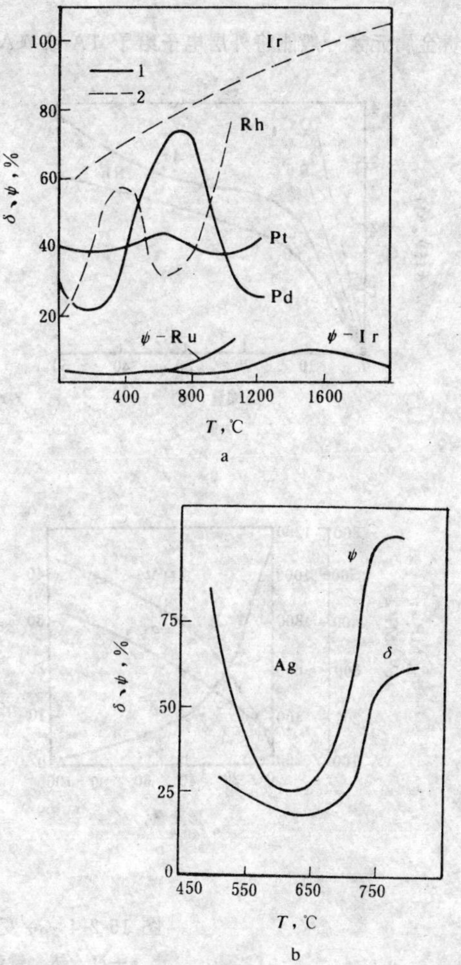

图 15-2-3 贵金属的范性与温度的关系
1－多晶；2－单晶

第三节 贵金属的化学性质

一、贵金属的原子结构和氧化态

贵金属八个元素位于元素周期表第五和第六周期的中部，称为过渡元素，钌、铑、钯、银为第二过渡系元素；锇、铱、铂、金为第三过渡系元素。贵金属有多种氧化态，而且d电子填充愈满则最高氧化态愈低，其降低的顺序为钌→铑→钯→银；锇→铱→铂→金（见表15-2-7）。

二、贵金属及其化合物的性质

贵金属元素一般能将外层电子给予ⅥA或ⅦA族元素，或者共用电子，生成稳定的二元化合物。八个贵金属元素与氧的亲和力差异很大，顺序为：金≈铂＜银≈钯＜铑＜铱＜钌＜锇。锇在常温已能与

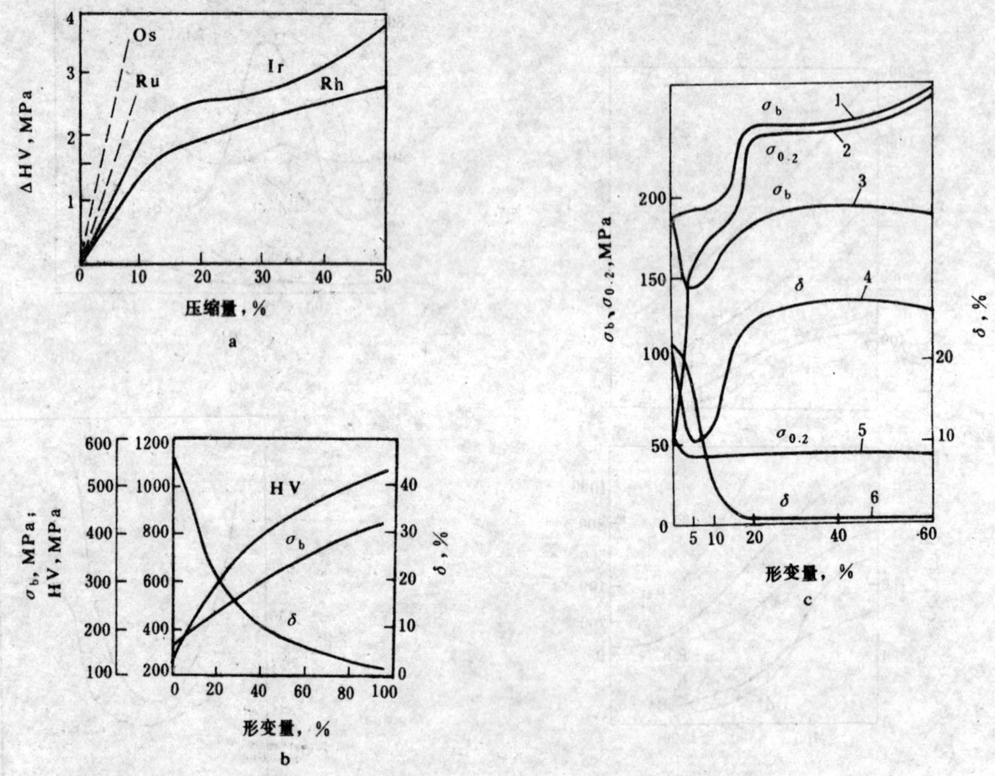

图 15-2-4　冷变形对力学性能的影响

a—钌、铑、锇和铱；b—银；c—银；

1，2，6，—冷变形，3，4，5—700℃退火

表 15-2-7　贵金属的原子结构和氧化态

元　素	Ru	Rh	Pd	Ag
原子序数	44	45	46	47
外层电子结构	[Kr]$4d^75S^1$	[Kr]$4d^85S^1$	[Kr]$4d^{10}$	[Kr]$4d^{10}5S^1$
氧化态	－2,0,1,2,**3**,**4**,5,**6**,7,8	－1,0,1,2,**3**,4,5,6	0,1,**2**,4	0,**1**,2,3
元　素	Os	Ir	Pt	Au
原子序数	76	77	78	79
外层电子结构	[Xe]$4f^{14}5d^66S_2$	[Xe]$4f^{14}5d^76S_2$	[Xe]$4f^{14}5d^96S_1$	[Xe]$4f^{14}5d^{10}6S_1$
氧化态	－2,0,1,2,3,**4**,5,**6**,7,8	－2,－1,0,1,2,**3**,**4**,5,6	0,1,**2**,3,**4**,5,6	1,**3**,4

注：黑体字为常见氧化态。

空气中的氧结合生成OsO_4，而钌、铱、铑、钯、银在升温时才能与氧结合生成氧化物，铂、金最难氧

化。铂丝用作高温炉的发热体，可以使用到1260℃也不氧化。钯在空气中，于350℃以上时，表面生成一层氧化膜，在约790℃表面氧化物分解。铑的表面在600℃慢慢氧化，1000℃以上氧化膜分解，造成高温下的重量损失。铱的表面在600～1000℃氧化，在更高温度氧化膜分解，重量仅微微减轻，故铱坩埚在空气中可用至2300℃。贵金属的氧的反应速度与其分散度有关。密实的块状铂在500℃左右氧中仅只表面生成一极薄的挥发性氧化物，外观仍保持金属光泽；而分散度大的海绵铂在500℃氧中，特别是高压氧中，被氧化生成氧化物。同样，细银粉在170～180℃能吸大量氧并生成氧化物。在加热时，锇与硫激烈反应，钌、铱、铑在受热时与硫族元素发生反应，在更高温度下钯、铂才与硫族元素反应。铂的抗硫化性能好，在600℃用 SO_2制 H_2SO_4以分散很细的铂作催化剂，多年而不变质；在1000℃高温下铂在 H_2S 气氛中长时间暴露，仅受轻微侵蚀。金与硫、硒在任何温度均无反应，但与碲在约475℃反应，生成 $AuTe_2$。银与硫的亲和力大，银在室温下就能与 H_2S、SO_2反应，在大城市的室内（大气含硫）银每天的硫化速率达到7mg/m²数量级。在室温下，钯与硫化物无作用，在高温受损也轻微，故钯常用作电话线路的电接点。在银中加入钯可改善银的抗硫性能。所有的贵金属都生成卤化物，其中以氯化物最为普遍。除铱、钌外，大多数贵金属在室温下便能与卤素，特别是潮湿的卤素发生反应。铑在室温下虽与氯、溴无反应，但与碘发生反应。金在水溶液中易与氯反应，生成配位化合物。在受热情况下，几乎所有贵金属都能与卤素中的一个或若干个成员发生反应，特别是有卤素的碱金属盐存在时更易反应。高价的卤化物多数为氟化物，是很强的氧化剂。例如六价的铂卤化物只有 PtF_6，对电子的亲和力为 $-653kJ\cdot mol^{-1}$，它能夺取惰性极大的稀有气体氙的电子，生成化合物 $Xe[PtF_6]$。

液态的银比固态能溶解更多的氧，在凝固时大部喷出，造成气孔；钯也有相似性质。银在高温下能与氢发生反应，生成少量气态氢化物。钯在常温下能吸收相当于其体积350～850倍的氢，体积膨胀并变脆。吸留于钯中的氢成原子态，故钯能使氢活化。钯在升温时能溶解少量氧，如继续在氢中加热则生成水蒸气，引起晶粒界面破裂。

铂与磷、砷、硫、碳、硅、铅、锡、铁等元素在高温下易发生反应，为此应尽量避免铂器皿在高温还原性气氛中与上述元素的化合物接触。铂坩埚通常是在氧化性气氛中使用。

贵金属的化学稳定性好，不受许多化学试剂的腐蚀，在工业上有许多特殊而重要的用途。铂和铂铑合金特别能抗熔融玻璃的腐蚀，用于制作生产玻璃纤维和光学玻璃的坩埚。银的高温抗碱性能比大多数金属都好，用作生产纯苛性钠的容器，但因金属的不同和使用条件不一样，它们受化学试剂的腐蚀程度各异（表15-2-9）。

贵金属的 $4d$ 和 $5d$ 电子轨道在空间伸展较远，其离子能以适当的杂化轨道容纳配位体提供的孤对电子，相互作用强，易形成配位键，故而贵金属的配位化合物极为普遍。配位原子为氧、硫、氮、磷、砷、碳、卤素等的配位体多数能与贵金属生成配合物，其中以氯、氨、亚硝基、氰配位化合物最常见，在贵金属提取冶金、精炼、催化、电镀、电子材料、医药、能源以及化学分析上有重要用途。

贵金属化合物易被还原为金属，一种情况是在空气中或氢中（铱、锇、钌）燃烧其化合物使之分解为金属；另一种是在贵金属化合物的水溶液中用还原剂还原而沉淀金属，但对铱的化合物一般只能还原为三价，沉不出金属。在箱式炉中煅烧 $(NH_4)_2PtCl_6$或 $Pd(NH_3)_2Cl_2$得到海绵铂或钯；在氢中煅烧 $(NH_4)_2IrCl_6$、$(NH_4)_3RhCl_6$或 $(NH_4)_2RuCl_6$分别得到金属铱粉、铑粉或钌粉。向含金的氯化物溶液中通 SO_2（或加 H_2SO_3）、H_2或加 $H_2C_2O_4$等还原剂能还原出元素金；在室温下水合肼、高压氢、亚钛盐能使铂或钯的盐溶液还原沉出金属；锌粉、镁粉能从贵金属溶液中置换出贵金属，但对铱的置换不完全。

三、铂族金属及其化合物的反应

铂族金属可生成简单化合物也可生成配位化合物，物种很多，反应多样，在铂族金属冶金以及无机和有机合成上有重要意义。图15-2-5至15-2-10给出一些重要反应，图中所用简略符号的含义如下：

M	Na 或 K	acac	乙酰丙酮
EtOH	乙醇	OX^{2-}	草酸根
Py	吡啶	AOX	丙酮肟
bipy	联吡啶	En	乙二胺
Pph_3	三苯膦	dmgy	二甲基乙二醛肟
tu	硫脲	PR_3	三烃基膦

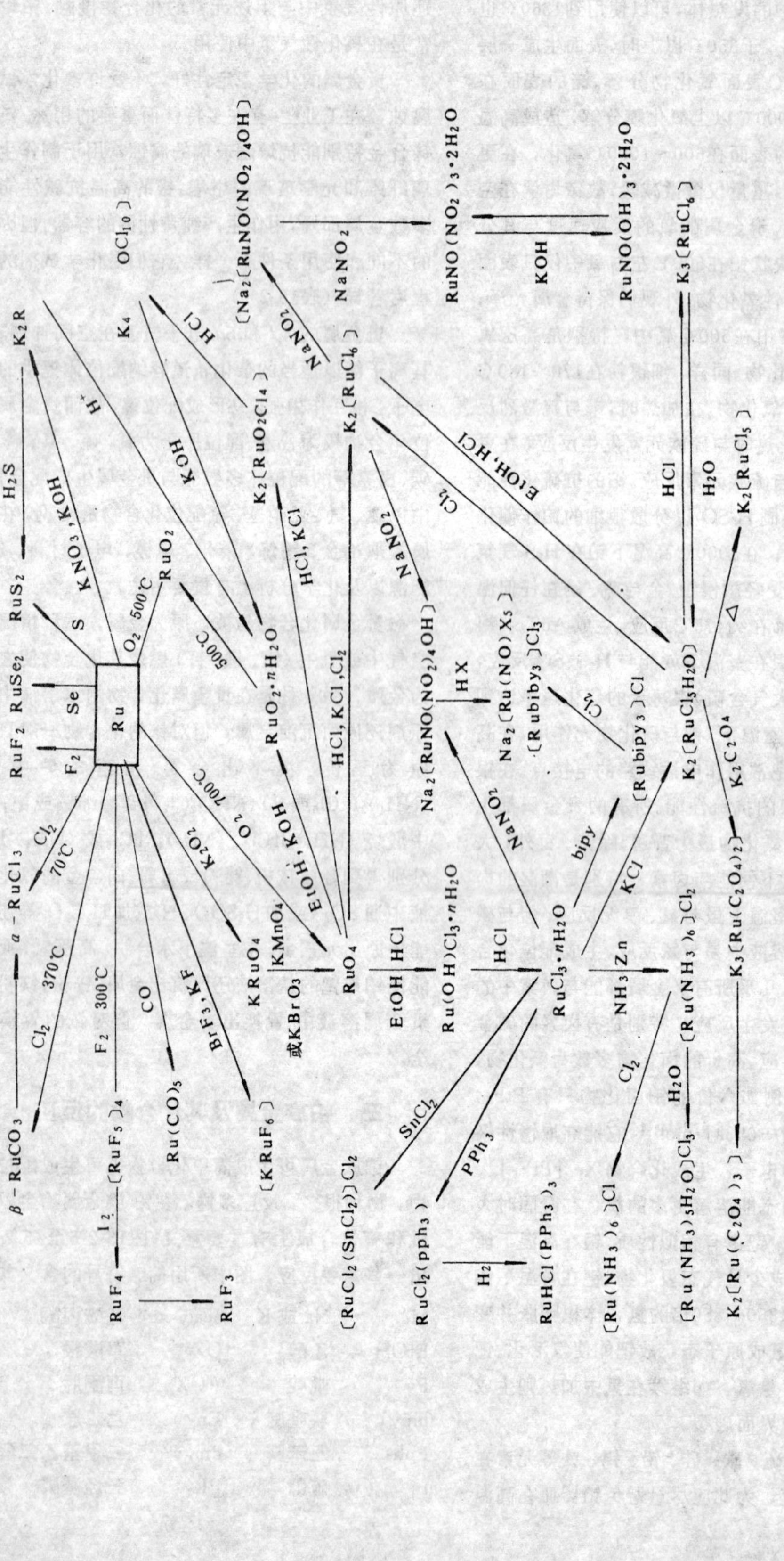

图 15-2-5 钌及其化合物的反应

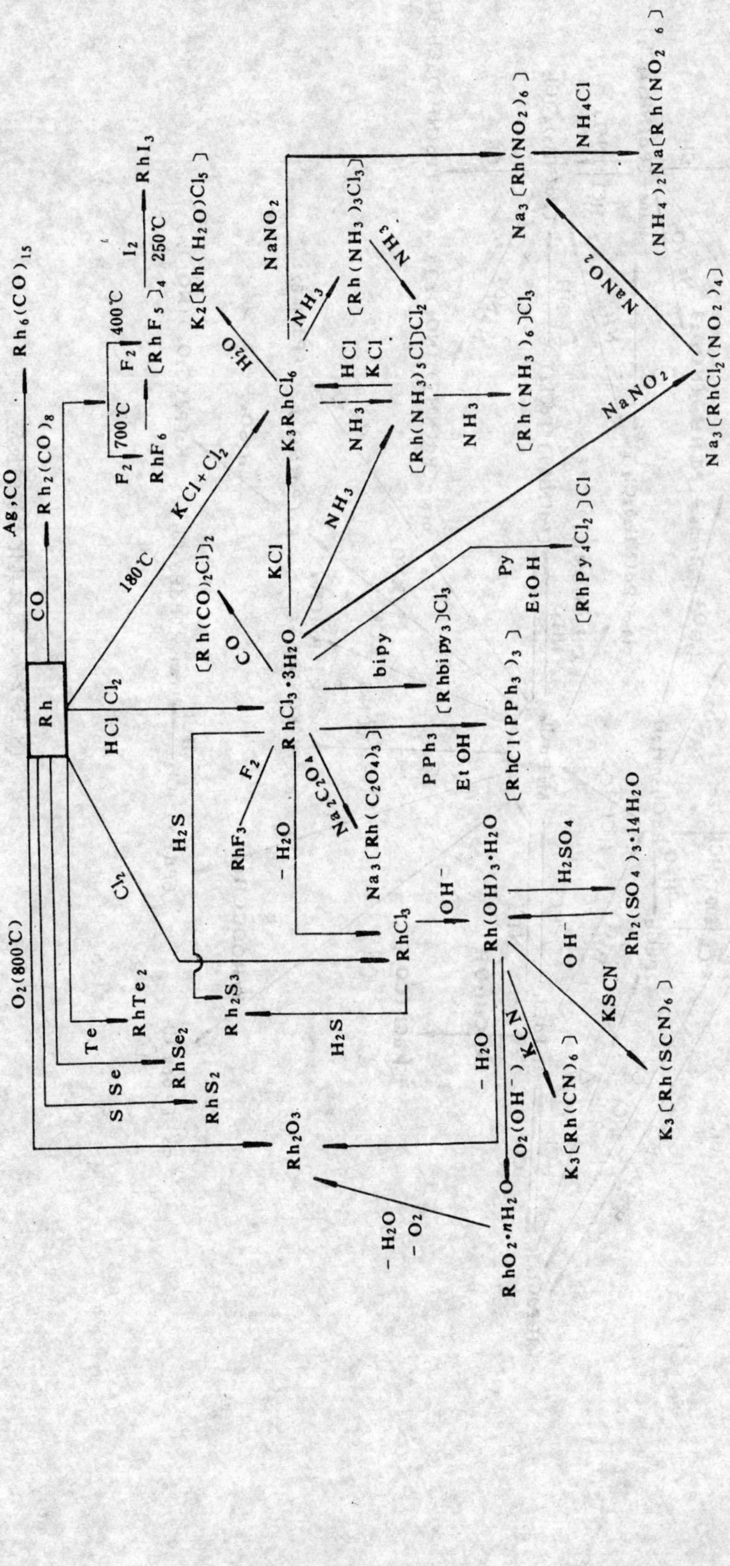

图 15-2-6　铑及其化合物的反应

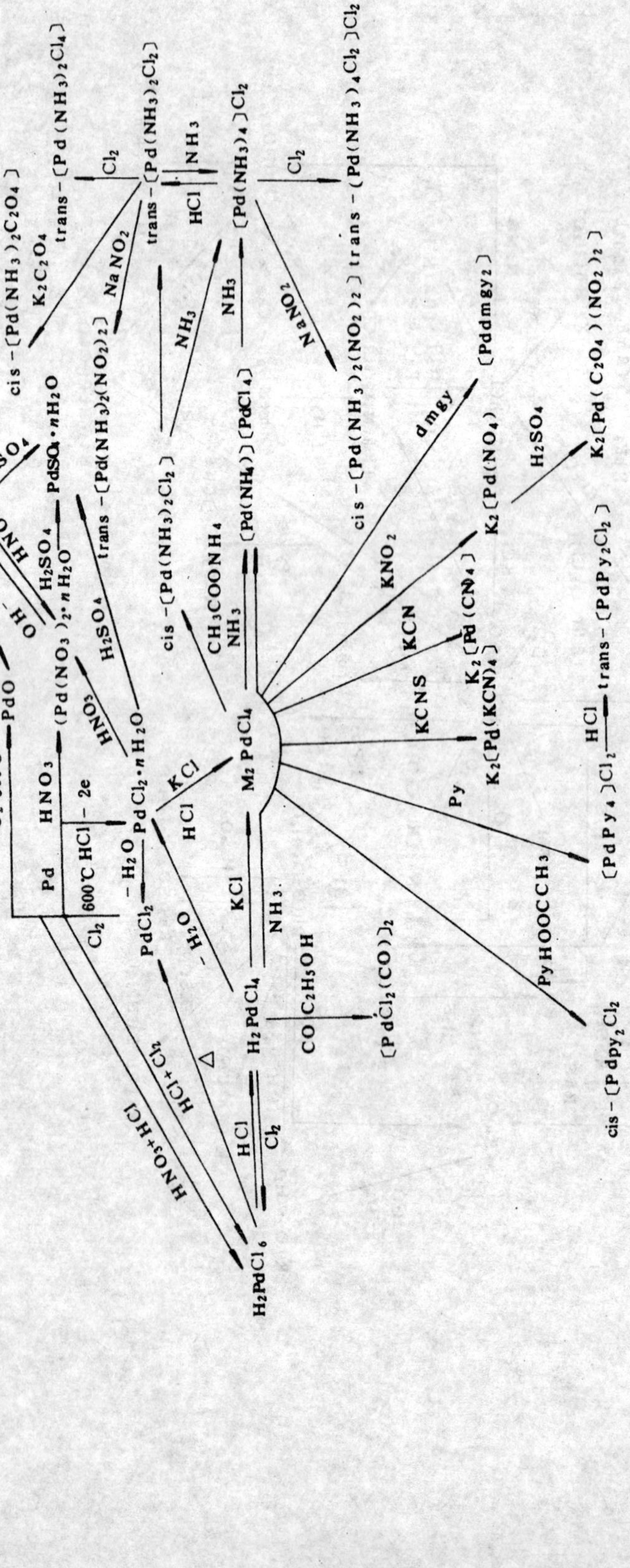

图 15-2-7　钯及其化合物的反应

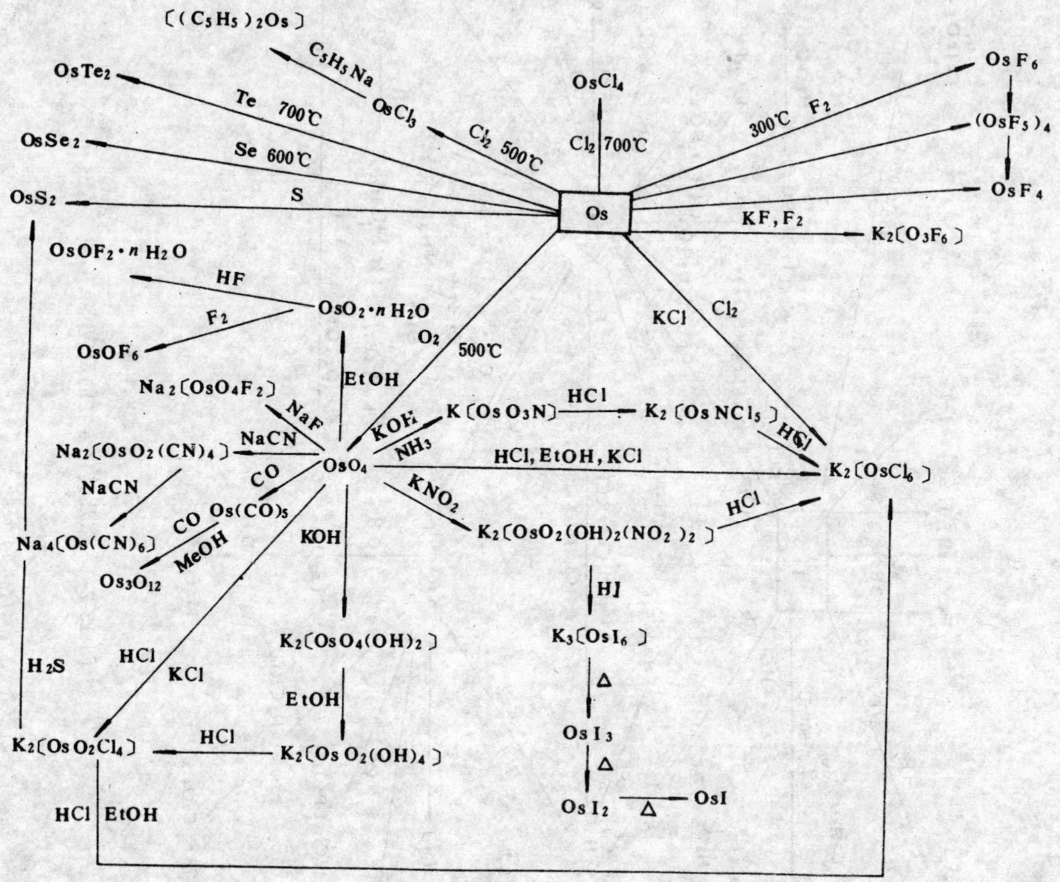

图 15-2-8 锇及其化合物的反应

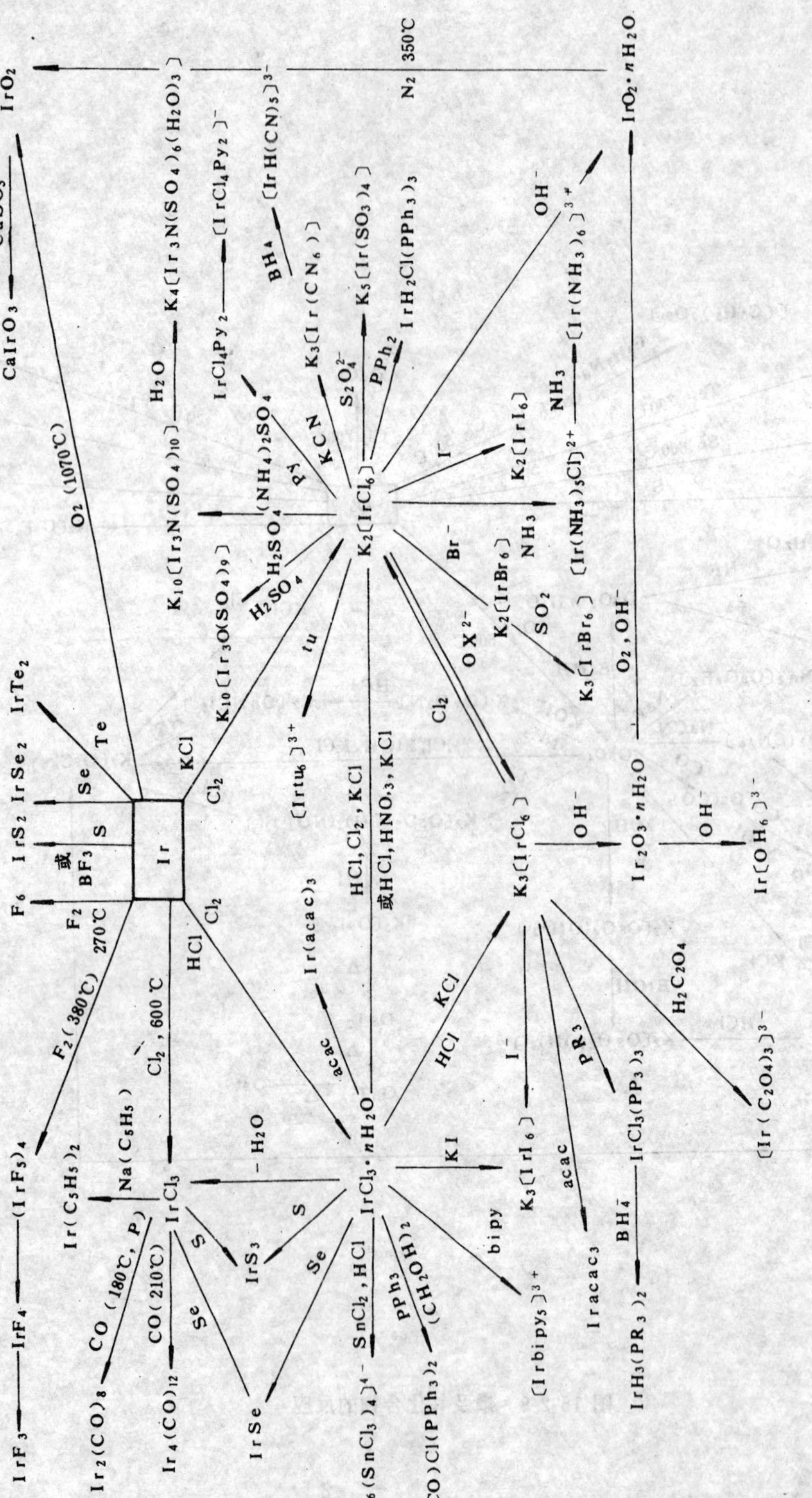

图 15-2-9 铱及其化合物的反应

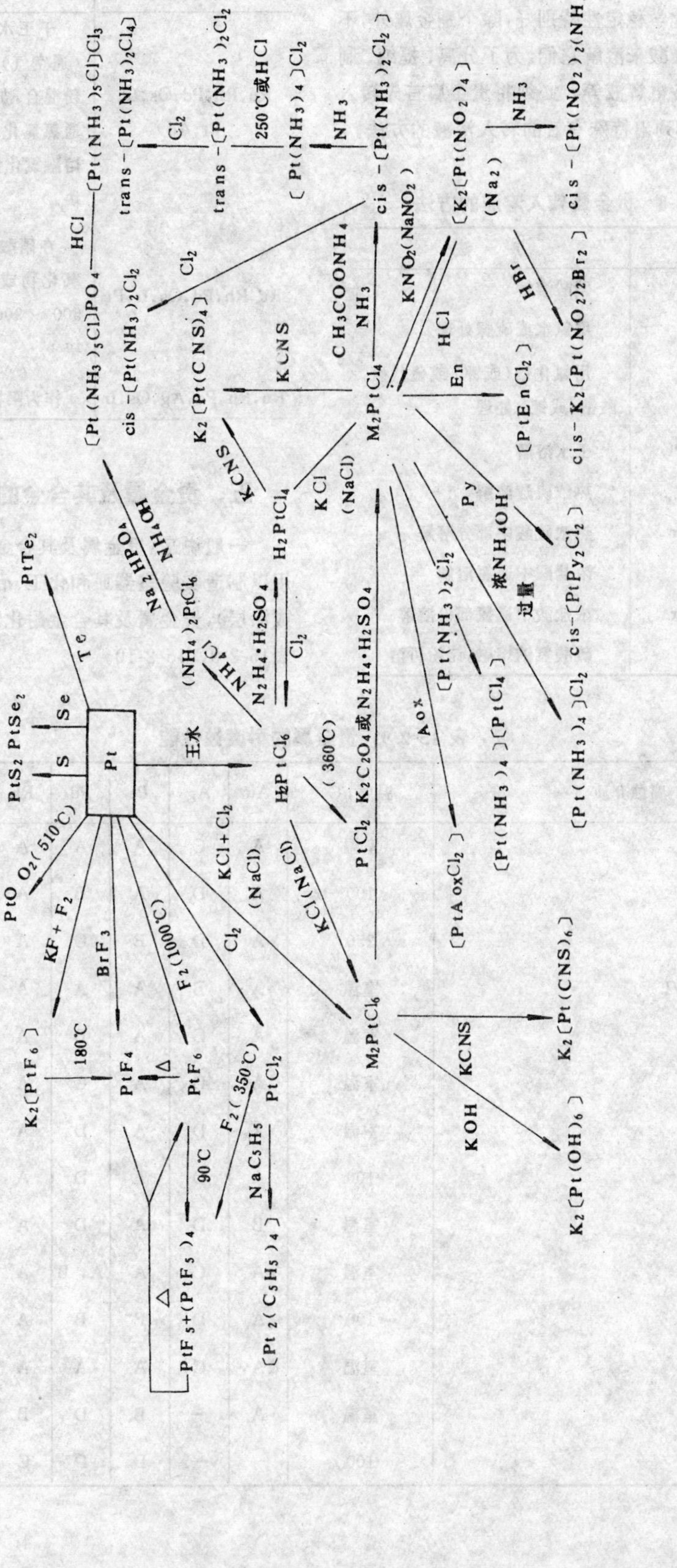

图 15-2-10　铂及其化合物的反应

四、贵金属转入溶液的方法

贵金属的化学稳定性特别好，除个别金属外，不能用单独的矿物酸来溶解它们。为了分离、提纯、制备化合物和制备电解液等，必须将贵金属首先转入溶液，表15-2-8列出特殊有效的转入溶液的方法。

表 15-2-8 贵金属转入溶液的方法

金属	方法
Pd,Ag	硝酸溶解
Au	用氯水或硫脲处理
Ag,Au	用氰化钠（或钾）或硫代硫酸钠（或钾）处理
Pd,Ag,Au,Pt	王水溶解
Ag	热浓硫酸溶解
Ru,Rh,Os,Ir	热浓硫酸中部分溶解
Pd,Pt,Au	浓盐酸中通氯溶解
Ru,Rh,Os,Ir	浓盐酸中通氯部份溶解
Rh	硫酸氢钠熔融；铑粉可溶
Ru,Rh,Pd,Os,Ir,Pt,Au	于王水，热浓硫酸或盐酸（通空气）；粉末与氯化钠、碳粉混合，加热至 400 ～ 600℃ 通氯氯化，用酸浸氯化渣；在熔融氯化钠中氯化，用酸浸熔块。
Ru,Rh,Pd,Os,Ir,Pt	在硝酸盐存在下与碱金属氧化物或氢氧化物混匀，在 500 ～ 900℃ 共熔，用酸浸熔块
Ru,Rh,Pd,Ag,Os,Ir	作为阳极电化溶解

五、贵金属及其合金的耐腐蚀性能

一般说来，贵金属及其合金的化学稳定性好，常用以制造实验室器皿和化工、冶金设备（有时为镀层或涂层），贵金属及其合金耐化学试剂腐蚀性能列于表15-2-9、15-2-10。

表 15-2-9 贵金属的耐腐蚀性能

腐蚀介质	温度,℃	Au	Ag	Pt	Pd	Rh	Ir	Os	Ru
H_2SO_4（浓）	室温	A	C	A	A	A	A	A	A
	100	A	D	A	B	A	A	A	A
	250	A	D	B	C	A	A	B	A
HNO_3（0.1mol/L）	室温	A	B	A	A	A	A	—	A
（1mol/L）	室温	A	C	A	B	A	A	—	A
（2mol/L）	室温	A	D	A	C	A	A	B	A
（70%）	室温	A	D	A	D	A	A	C	A
	100	A	D	A	D	A	A	D	A
（发烟）	室温	B	D	A	D	A	A	D	A
HCl，（36%）	室温	A	C	A	A，B	A	A	A	A
（36%）	100	A	D	B	B	A	A	C	A
H_2F_2，（40%）	室温	A	C	A	A	A	A	A	A
HBr（比重1.7）	室温	A	—	B	D	B	A	A	A
	100	—	—	D	D	C	A	C，D	A

续表 15-2-9

腐蚀介质	温度,℃	Au	Ag	Pt	Pd	Rh	Ir	Os	Ru
HI,(比重1.75)	室温	A	—	A	D	A	A	B	A
	100	A	—	D	D	A	A	C	A
$HClO_4$,(比重1.6)	室温	A	—	A	A	—	—	—	—
	100	A	—	A	C	A	—	—	A
H_3PO_4	室温	—	—	A	A	A	A	—	A
	100	A	—	A	B	A	A	D	A
王水	室温	D	C	D	D	A	A	D	A
	沸腾	D	D	D	D	A, B	A	D	A, B
CH_3COOH	100	—	—	A	A	A	A	—	A
NaOH(溶液)	室温	A	A	A	A	A	A	A	A
KOH(溶液)	—	—	—	A	A	A	A	A	A
NH_4OH	室温	A	A	A	A	A	A	A	A
KCN(溶液)	室温	D	—	A	C	—	—	—	—
	100	D	—	C	D	—	—	—	—
$HgCl_2$(溶液)	100	—	—	A	A	A	A	A	C
$CaCl_2$(溶液)	100	—	—	A	C	A	A	—	A
$FeCl_3$(溶液)	室温	B	—	A	C	A	A	C	A
	100	—	—	—	D	A	A	D	A
$CuSO_4$(溶液)	100	A	—	A	A	A	A	A	A
K_2SO_4(溶液)	—	—	—	B	C	C	A	B	B
$Al_2(SO_4)_3$(溶液)	100	—	—	A	A	A	A	—	A
$NaClO_3$(溶液)	室温	—	—	A	C	B	A	D	D
	100	—	—	A	D	B	B	D	D
F_2	室温	A	—	B	—	—	—	—	—
Cl_2(干)	室温	B	—	B	C	A	A	A	A
(湿或氯水)	室温	D	—	B	D	A	A	C	A
Br_2(液)(干)	室温	D	—	C	D	A	A	D	A
(湿)	室温	D	—	C	D	A	A	B	A
溴水	室温	D	—	A	B	A	A	—	A
I_2	室温	C	—	A	B	B	A	B	A
I_2(KI溶液)	室温	D	—	—	C	B, C	A	—	A, B
(酒精溶液)	室温	C	—	A	B	B	A	—	B
S	100	A	—	A	A	A	A	A	A
H_2S(湿)	室温	A	—	A	A	A	A	A	A
HCN(存在氧,溶液)	室温	C	—	—	—	—	—	—	—

续表 15-2-9

腐蚀介质	温度,℃	Au	Ag	Pt	Pd	Rh	Ir	Os	Ru
Na_2S（存在氧）	室温	D	—	—	—	—	—	—	—
熔融苛性钠	—	A	A	B	B	B	B	C	C
熔融苛性钾	—	—	—	B	B	B	B	C	C
熔融过氧化钠	—	D	A	D	D	B	C	C	C
熔融硫酸钠	—	A	D	B	C	C	A	B	B
熔融碳酸钠	—	A	A	A	B	B	A	D	B
熔融硝酸钠	—	A	D	A	C	A	A	D	A

注：A—不腐蚀；B—轻微腐蚀；C—腐蚀；D—严重腐蚀。

表 15-2-10 贵金属合金的耐腐蚀性能

腐蚀介质	Pt-Rh10	Pt-IrI0	Pt-Ir20	Pt-Ir30	Pt-Pd20
H_2SO_4	A	A	A	A	A
HCl	A	A	A	A	B
HNO_3	A	A	A	A	B
H_2F_2	A	A	A	A	A
$H_2C_2O_4$	A	A	A	A	A
HCO	A	A	A	A	A
王水	C	B	A	A	D
王水，沸	D	C	B	A	D
KOH，溶液	A	A	A	A	A
KOH，熔融	B	B	B	B	B
NH_4OH	A	A	A	A	A
$KHSO_4$	B	B	B	B	B
Cl_2	A	A	A	B	B
Br_2	A	A	A	A	B
NaOH，溶液	A	A	A	A	A
NaOH，熔融	B	B	B	B	B
Na_2CO_3，熔融	B	B	B	B	B

注：A—不腐蚀；B—轻微腐蚀；C—腐蚀；D—严重腐蚀。

主要参考文献

〔1〕Sidgwick, N. V., The Chemical Elements and Their Compounds, Oxford University Press, 1950, Vol. I. P. 103～192; Vol. Ⅱ. 1454～1628.

〔2〕Remy, H., Treatise on Inorganic Chemistry, Elsevier Publishing Company, 1956, Vol, Ⅱ., p. 319～359; 392～422.

〔3〕Савичцкий E. M, Блгородные Металлы Справочник, Металлургия, Москва, 1984, p. 144～170.

〔4〕Bailar J. C. et. al, Comprehensive Inorganic Chemistry, Pergamun Press, 1973, Vol. 3, p. 79～186; 1136～1370.

〔5〕谭庆麟、阙振寰主编，铂族金属——性质、冶金、材料、应用，冶金工业出版社，1990.

第三章 贵金属的选矿

编写人 蒋鹤麟 朱光岳 田广荣

第一节 金银的选矿

一、概述

金矿床分为砂金和脉金两类。从矿石中提取金银的方法主要有混汞、重选、浮选和氰化法。砂金一般用重选和混汞法，脉金主要用浮选和氰化法，其次是混汞和重选法，而且通常是两种或两种以上的方法联合使用。

金不与硫和氧化合，金矿物主要是自然金，其次为碲化物。矿石中金多以游离状态产出，也常与黄铁矿、方铅矿、黄铜矿、辉锑矿等硫化物共生。银的化学性质活泼，银矿物多达200种，常见的约10种，银的赋存状态比较复杂。主要的金、银矿物及其回收方法见表15-3-1和15-3-2。

表 15-3-1 金矿物和含金矿物及其回收方法

矿 物	组 成	回收方法
自然金	Au（常含有 Ag、Cu 等）	重选；混汞；氰化；用黄药、黑药浮选；用硫脲、氯（溶液）浸出
银金矿	AuAg	同上
碲金矿 碲金银矿	$AuTe_2$ $AuAg_3Te_2$	氰化（溶解缓慢）；用黄药浮选；焙烧后氰化
含金黄铁矿（包括砷黄铁矿）	FeS_2（含金可达300g/t）	用黄药浮选；焙烧后氰化
含金贱金属硫化物（黄铜矿、方铅矿、辉锑矿等）		用各种捕收剂浮选；熔炼回收金

表 15-3-2 主要银矿物和含银矿物及其回收方法

矿 物	组 成	回收方法
自然银	Ag	混汞；重选；氰化；用黄药浮选；用硫代硫酸钠浸出
角银矿	AgCl	氰化；用硫代硫酸钠浸出；用酸性盐水浸出；用黄药浮选

续表 15-3-2

矿　物	组　成	回收方法
辉银矿	Ag_2S	用黄药浮选；重选；氰化（较困难）；焙烧后氰化
淡红银矿	$3Ag_2S\cdot As_2S_3$	
深红银矿	$3Ag_2S\cdot Sb_2S_3$	
硫锑铜银矿	$9\ (AgCu)_2S\cdot\ (S_bAs)\ S_3$	
含银黝铜矿	$4\ (Cu_2S\cdot Ag_2S)\ \cdot Sb_2S_3$	
含银方铅矿	PbS（含银可达900g/t）	用黄药浮选
含银氧化锰	MnO_2中的银	需特殊处理

根据矿物组成和矿石可选性，脉金矿石大致可分为以下类型：

(1)含少量硫化物石英脉金矿石。硫化物含量少(<5%)，且多为黄铁矿，脉石矿物主要是石英。矿石易选，选矿指标较高。粗粒金用混汞和重选法回收，细粒金以浮选和氰化法回收为主。金与黄铁矿关系密切的矿石，一般先浮选，浮选精矿再氰化处理；金与石英等脉石关系密切的矿石，宜用全泥氰化法处理。

(2)含多量硫化物石英脉金矿石。硫化物含量高(5～15%)，金与黄铁矿相伴共生，除黄铁矿外，还可能含有黄铜矿、毒砂等。矿石易浮选，金的回收率可达95%以上。含金硫化物精矿可进行分离浮选。

(3) 多金属含金矿石。矿石含铜、铅、锌等多种金属硫化物，其含量可达10～20%。金与黄铁矿、铜铅硫化物关系密切，金的粒度范围变化大。选别方法以浮选为主，为回收粗粒金，辅以混汞或重选法。浮选富集在铜、铅精矿中的金，在冶炼过程中回收。浮选分离出的黄铁矿精矿，经氧化焙烧处理后，用氰化法就地产金。

(4) 含金石英脉氧化矿石。不含硫化物，金大部分赋存在脉石矿物以及风化的金属氧化物残留颗粒中，含泥质。首先用重选、混汞法回收粗粒金，然后用氰化法处理。对于部分氧化的矿石，主要金属矿物为褐铁矿、少量黄铁矿以及含金的氢氧化铁。脉石为石英、玉髓石英等。选矿方法以重选、混汞和氰化法为主。

(5) 难处理含金矿石。矿石中含有相当数量的砷、锑、碲的硫化物以及泥质和碳质，这些硫化物和杂质给选别作业带来很大困难，使工艺流程复杂化。一般先用浮选法处理，获得含金的硫化物精矿，再经过氧化焙烧预处理，除去砷、锑、碳等有害杂质，焙砂用氰化法提取金。近年来发展较快的预处理技术还有加压氧化和生物氧化，这些技术除用于浮选精矿外，还可直接用于难处理含金矿石。

氰化法是目前最主要的提金方法，特别是氰化炭浆、堆浸法，工艺成熟，技术指标高，已在国内外获得广泛应用。树脂浆法、硫脲法也很有发展前途。有关这方面的内容参阅金银冶金部分。

银矿石分为独立银矿和伴生银矿。世界矿产的银只有10%产自以银为主的矿床，其余90%为铜、铅、锌和金提取过程的副产品。银矿石的品位变化大，一般为300g/t，处理方法以浮选为主，氰化次之。

二、金矿的混汞法选矿

混汞法是古老的提金方法。混汞提金包括混汞、压滤、蒸馏、熔炼四道主要工序。

(1) 混汞。矿浆中汞选择性润湿金粒表面，并逐渐向金粒内部扩散，依次形成 $AuHg_2$、Au_2Hg、Au_3Hg 三种化合物。最后形成金在汞中的固溶体 Au_3Hg。汞齐（汞膏）中金含量达10%时呈液态，达12.5%时呈糊状。当汞膏中脉石和重砂矿物含量较高时，可以用淘金盘等设备把汞膏分离出来。

(2) 压滤。用水仔细清洗汞膏，并用布包好，在压滤机内分离出多余的汞。经过压滤的硬汞齐含金约20～50%，含金量与混汞金粒的大小有关，金粒大者含金较高。

(3) 蒸馏。硬汞齐在蒸馏罐中蒸馏，使汞与金分离。汞的气化温度为357℃，蒸馏操作的温度一般控制在400～500℃，蒸汞后期升温至750～800℃，并保持30min 以排尽残余汞。

(4) 熔炼。蒸汞后的残渣即为海绵金，含金约

60～80%，其余杂质为汞、银、铜等。经过熔炼得到合质金。

混汞作业分为内混汞和外混汞。内混汞是在磨矿设备内边磨矿边混汞提金的过程。如使用捣矿机、辗盘机、混汞筒等设备进行混汞。内混汞主要用于处理砂金矿重选的粗精矿和富含金的中间产品，也用于处理脉金矿摇床等设备产出的重选精矿。用混汞筒处理这类重选精矿，金的回收率可达98%以上。外混汞是在磨矿设备外进行混汞，常与浮选、重选或氰化法联合使用。通常是在球磨机磨矿循环中设置混汞板，回收粗粒的单体自然金。混汞板适宜于回收0.2～0.03mm的金粒，回收金粒的粒度下限为0.015mm，微细金粒容易随矿浆流失。

混汞作业的矿浆浓度以10～25%为宜，并与后续作业的浓度要求有关，有的高达50%。内混汞的矿浆浓度以30～50%为宜，以使汞处在悬浮状态。混汞结束后，将矿浆稀释，使汞集在一起。在酸性介质和氰化物溶液（浓度0.05%）中混汞效果较好，但矿泥在酸性介质中不能凝聚，易污染金粒。所以，实践中一般用石灰调浆，在pH8～8.5下进行混汞。此外，自然金的成色、汞的质量、矿浆温度等因素都会影响混汞效果。

混汞法曾经是黄金工业中重要的提金方法。在南非，混汞法的提金量曾占金总产量的43%左右，在不同的矿山，所占比例为28～73%。美国霍姆斯特克选金厂在球磨机内进行混汞，按每吨矿石加入14～17g汞，磨矿后收集汞齐，金的混汞回收率为71.6%，混汞尾矿再氰化，回收25.4%的金，金的总回收率达97%。中国脉金选金厂工艺流程中常用混汞法回收部分单体金，处理各类矿石的混汞金回收率一般为25～60%。某金选厂处理多金属含金矿石，原矿含金8.1g/t.用混汞-浮选联合流程处理，金的总回收率88%，其中混汞回收率45.7%。某地金铜矿石中的金以细粒（0.025～0.25mm）自然金为主，浮选前设置混汞作业，金的混汞回收率保持在40～50%。

脉金选金厂工艺流程中使用混汞法提金有两个主要好处：一是可以就地产出部分合质金；二是能大大降低金在尾矿中的损失。某金选厂处理多金属硫化物含金矿石，原矿金品位4.5g/t，金矿物以自然金为主，粒度分布不均，大于0.1mm的金粒占71.88%。原使用单一浮选流程处理，金的回收率85.2%。尾矿考查结果表明，0.1mm以上金粒在尾矿中的损失是金回收指标低的主要原因。采用混汞-浮选联合流程后，金的回收率提高7.9%，达93.1%。混汞作业回收率高达65.2%。工艺流程如图15-3-1。混汞板采用镀银铜板，厚度4mm，汞板倾斜度8°。混汞作业操作条件：给矿粒度－2mm；给矿浓度22～26%；矿浆流速0.4～0.6m/s；矿浆为自然pH值；汞消耗量3～5g/t。

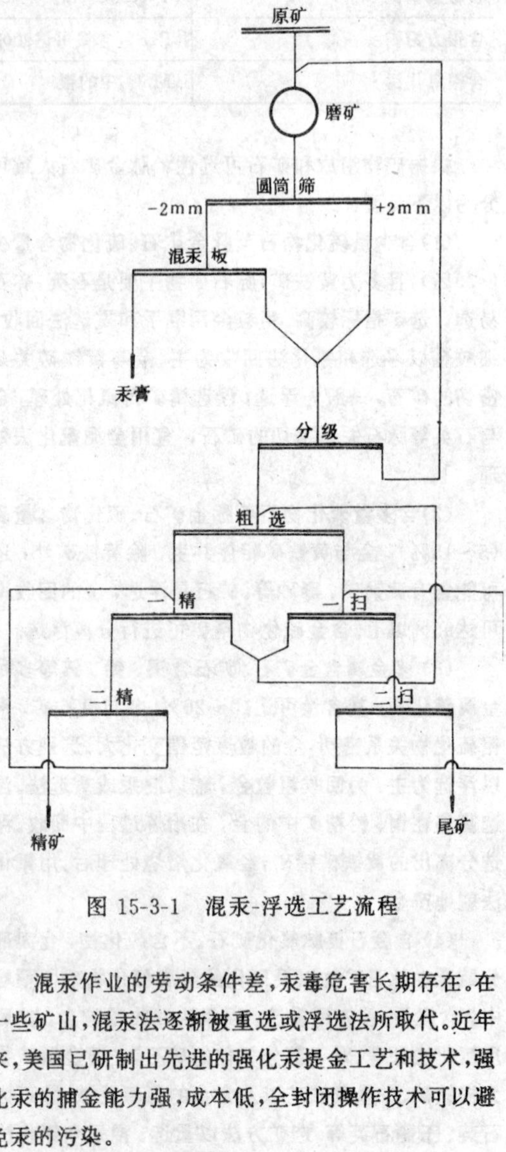

图 15-3-1 混汞-浮选工艺流程

混汞作业的劳动条件差，汞毒危害长期存在。在一些矿山，混汞法逐渐被重选或浮选法所取代。近年来，美国已研制出先进的强化汞提金工艺和技术，强化汞的捕金能力强，成本低，全封闭操作技术可以避免汞的污染。

三、金矿的重选法

重选是选别砂金的主要方法，也常用于脉金矿回收已解离的单体金。由于自然金的密度（15.6～19.3g/cm^3）与脉石的密度（2.6～2.75g/cm^3）相差悬殊，用重选法回收游离金很有效，一般能回收0.3～0.6mm的金粒。中国使用的重选设备的单机作业回收率为：固定溜槽60～80%；胶带可动溜槽80～90%；中国产的跳汰机80～90%；荷兰的圆型跳汰机与矩型跳汰机96～98%；摇床85～97%。

国外还研制出一些能有效回收0.2mm以下细粒金的重选设备：赖克特（Reichert）圆锥机对1.5～0.037mm的重矿物回收率很高，与普通摇床联合使用，金的回收率达85%；尼尔森（Knelson）离心锥选金机可回收粒度范围较宽的金粒，回收率达95%；苏联研制的短锥旋流器（选矿旋流器）回收金的粒度下限可到5～10μm。用短锥旋流器、跳汰机和摇床三种重选设备对不同粒度的砂金进行的对比试验结果表明，短锥旋流器选别效果明显优于其他两种设备，处理量还大几倍。见表15-3-3。短锥旋流器还可用于从脉金矿石中选别细粒金和从选厂尾矿中回收细粒金。

表 15-3-3 三种设备选别砂矿的金回收率（%）

设 备	处理量 kg/h	粒度，mm			
		+0.5	−0.5+0.25	−0.25+0.1	−0.1+0.05
选矿旋流器（ϕ75mm）	600	100	100	98.5	96.7
选矿旋流器（ϕ50mm）	200	100	100	95.0	83.0
摇床	30～50	100	100	95.5	79.3
跳汰机	120	100	100	96.5	74.0

脉金选厂也常用重选配合其他方法使用，中国山东省几个金选厂用跳汰机回收粗粒金，回收率为31～70%。重选工艺的应用可以使金的总回收率提高1～2%，甚至更高。某金矿处理含少量硫化物石英脉金矿石，金多被黄铁矿包裹，粒度较粗，大于0.074mm占16.8%，0.074～0.037mm占42.2%。采用重-浮联合流程处理，金的总回收率达94.50%，与不使用重选相比，提高2.61%。重选回路包括跳汰粗选和摇床精选，金的回收率占35.3%，工艺流程如图15-3-2。重选法不但能回收粗粒金，还能回收金与黄铁矿的连生体。

澳大利亚特尔弗（Telfer）金矿采用重选回收粗粒金和氰化、锌粉置换回收细粒金的工艺，金的总回收率达98%。所处理矿石属含金石英-褐铁矿型，含大量粘土，破碎产品中含24～30%小于0.04mm的粘土和细泥。金的粒度范围从3mm至5μm。矿石经破碎并磨细至小于0.3mm，球磨排矿由旋流器分为泥和砂。矿泥部分（−0.04mm占70%）送氰化处理；沉砂用跳汰机回收粗粒金，金的回收率为30%，随后在跳汰机下部增设连续带式选矿机（南非制造），重选回路金的回收率提高到45%。用重选法回收粗粒金，减少了后续氰化作业的负荷，节省了操作时间及费用。

瑞典波立登（Boliden）选矿厂在二段磨前装设重选回路回收较粗粒金，以防止金粒过磨，使金的总回收率提高5%。该厂处理的矿石属多金属含金矿石，主要金属含量：金2.1g/t、银128g/t、铜0.53%、锌5.1%、铅1.2%，含硫12%。金矿物以自然金和银金矿为主，密度12.6～19g/cm^3，金粒大部分在0.1～0.5mm范围。引入重选回路之前，矿石经一段棒磨和旋流器分级，溢流送浮选，沉砂至二段砾磨，磨矿产品再返回旋流器分级。浮选回路包括铜-铅混浮、铜-铅分离、浮锌和浮硫（黄铁矿）作业。贵金属主要富集在铜、铅精矿中，金的回收率75%。增设重选回路后，金的回收率提高到80%以上，其中一半多由重选回路回收。重选回路由赖克特圆锥选矿机、螺旋选矿机和摇床组成，见图15-3-3。摇床产出的最终精矿含金可达500g/t。磨细的矿石在给入赖克特圆锥之前需用筛子分离出3mm以上的物料，返回再磨，以避免过粗物料造成矿浆紊流干扰圆锥选矿机的分选过程。

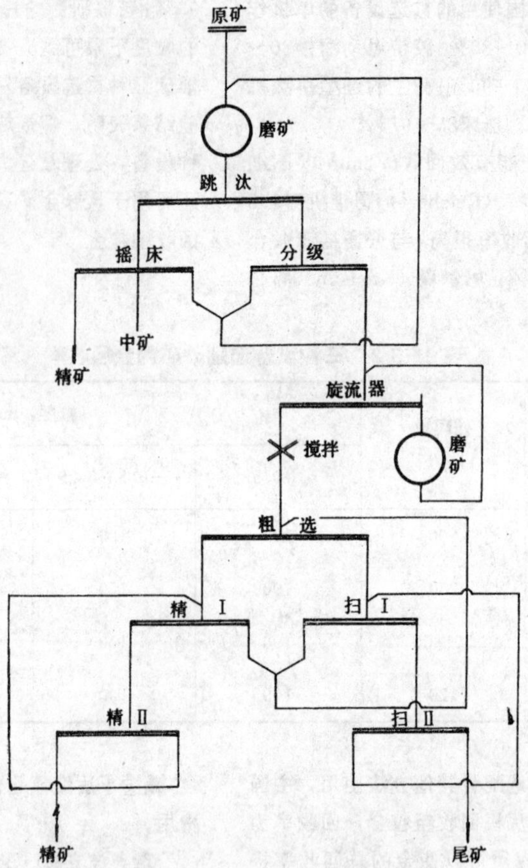

图 15-3-2 重选-浮选联合工艺流程

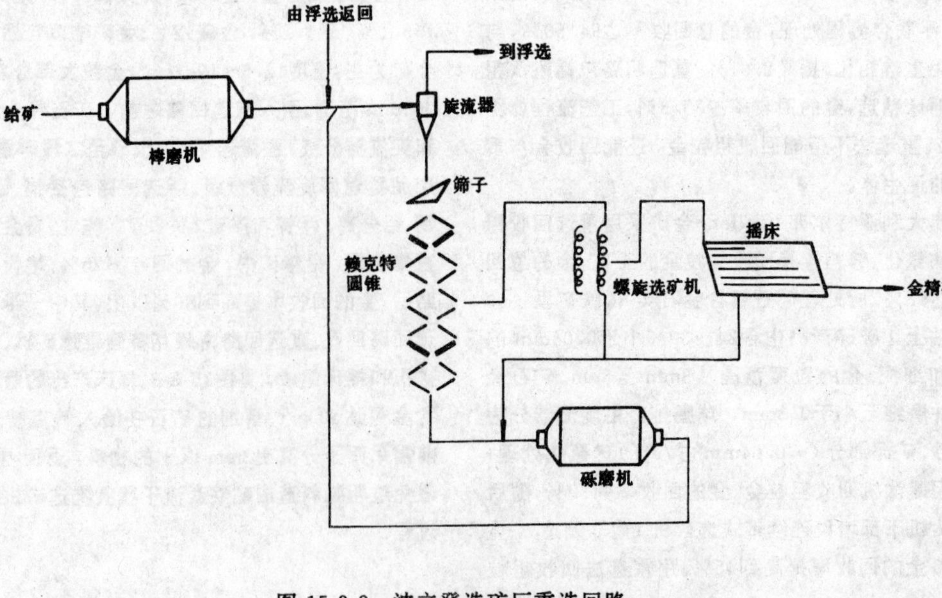

图 15-3-3 波立登选矿厂重选回路

四、金矿的浮选法

自然金、银金矿、碲金矿和与硫化物共生的金都易于用浮选法回收。自然金最易浮游，当硫化物（主要是硫化铁）含有自然金时，其可浮性将有所提高。自然金中含有银、铜，特别是铁会降低其可浮性。粒度0.2～0.002mm 的金粒都易浮游，但微细粒金往往受矿浆中疏水泥质脉石的影响而降低其浮游速度及选择性。常用的金捕收剂是黄药、黑药和胺黑药。丁基黄药与丁基胺黑药混合使用的效果优于单独用药。国外多使用较高级黄药，如仲丁基黄药和戊基黄药。2-硫基苯并噻唑与仲丁基黄药或戊基黄药混合，能产生较好的捕收效果；十二烷基硫醇作添加剂加入异丙基钠黄药中使用，可以使金的回收率提高2～4%。石灰、氰化物及硫化钠都会抑制金的浮选，对已氧化的金矿石，需要在较高 pH 条件下浮选，宜用苏打而不用石灰作调整剂。

金矿石浮选时，除自然金、碲金矿外，含金黄铁矿、硫化铜、硫化铅等矿物也常常是浮选的对象，它们的浮选行为直接影响金的回收率。选择药剂时，必须考虑这些矿物的表面氧化状况。黄铁矿是最普遍的含金矿物，未经氧化的黄铁矿可浮性很好，如果矿石已氧化，可加入少量硫酸铜，使黄铁矿的可浮性提高。石灰、氰化物、硫化钠对黄铁矿同样具有抑制作用，但在石灰介质中被抑制的黄铁矿可以加入硫酸或苏打加以活化。

浮选法处理含硫化物石英脉金矿石，通常得到废弃尾矿，硫化物精矿的处理方法有以下几种：(1) 细磨后氰化；(2) 焙烧、氰化；(3) 焙烧、硫酸浸出除铜，然后氰化；(4) 焙烧、盐酸浸出除铅，然后氰化；(5) 熔炼（特别是存在有价贱金属时）；(6) 出售。

当矿石中的金一部分与硫化物共生，一部分与非硫化物共生时，浮选尾矿不能废弃，需要与氰化联合使用。有以下两种原则方案：

(1) 先浮选后氰化。矿石细磨后，浮选产出含金硫化物精矿，精矿焙烧后氰化；

(2) 先氰化后浮选。全部矿石细磨后氰化，氰化尾矿用浮选产出硫化物精矿，焙烧后再氰化。

金矿石中含有碳物质，不能用氰化法处理。如果碳物质不含金，可以用浮选法先除去碳，再浮选硫化物；也可以抑制碳，浮选含金硫化物。如果碳中含有金，将使工艺复杂化。金矿浮选举例如下：

实例一。某金矿处理含金多金属黄铁矿石英脉矿石。原矿金品位11g/t，主要金属矿物为黄铁矿、黄铜矿、方铅矿、闪锌矿、菱铁矿、辉铜矿等，主要脉石矿物为石英、绢云母、方解石、高岭土等。金以自然金为主，粒度细，80%小于0.037mm。金与黄铁矿关系密切，主要存在于黄铁矿及其细小裂隙中，少量在石英或其他矿物晶隙中，矿石易选。

浮选流程包括金铜硫混合浮选、精矿再磨、铜硫分离浮选。产出金铜精矿和金硫精矿两种产品。金铜精矿送冶炼处理。金硫精矿用氰化法就地产金。浮选工艺流程如图15-3-4。

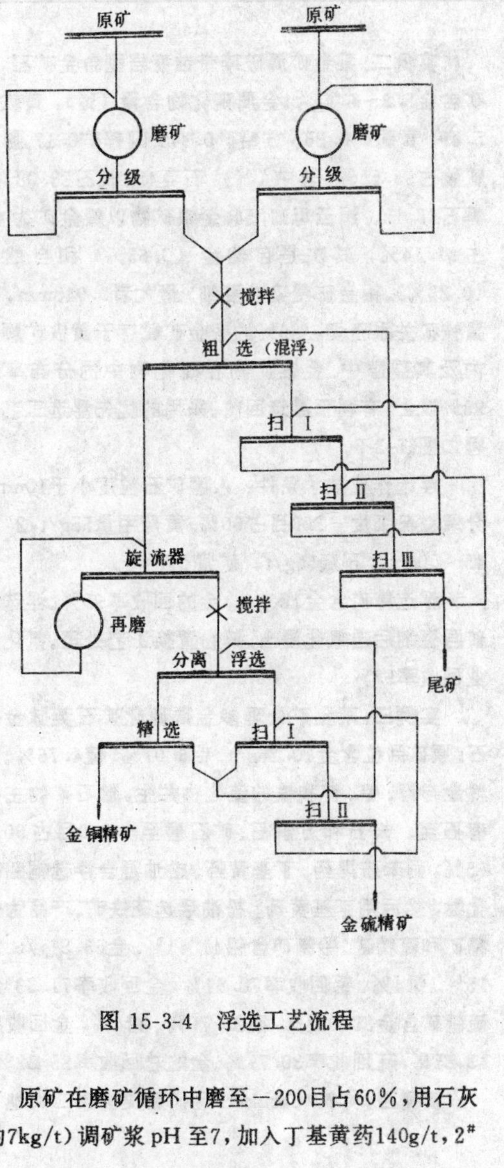

图 15-3-4 浮选工艺流程

原矿在磨矿循环中磨至－200目占60%，用石灰(约7kg/t)调矿浆 pH 至7，加入丁基黄药140g/t，2#

油80g/t进行混合浮选。粗、扫选共使用XJK-1.1（5A）浮选机14台，其中粗选3台，扫Ⅰ3台，扫Ⅱ、扫Ⅲ各4台。混浮精矿再磨至－200目占98%，用石灰（约2kg/t）调矿浆pH至12～13，添加丁基黄药20g/t进行分离浮选。再磨回路由ϕ1200×2400溢流型球磨机和FX-150旋流器组成。分离浮选共使用4A浮选机12台，其中粗选3台，精选1台，扫Ⅰ、扫Ⅱ各4台。金硫精矿（即分离浮选尾矿）进入氰化作业提取金。各作业技术指标见表15-3-4。浮选、氰化金的总回收率为94.17%。

表 15-3-4 浮选-氰化工艺技术指标

作业	混合浮选				分离浮选			氰化作业				浮选、氰化金总回收率，%
项目	原矿含金，g/t	精矿含金，g/t	尾矿含金，g/t	金回收率，%	铜精矿含金，g/t	硫精矿含金，g/t	金回收率，%	给矿品位，g/t	渣含金 g/t	浸出率 %	氰化回收率，%	
指标	11.94	48.97	0.34	97.83	146.5	10.28	84.97	10.28	2.84	72.31	69.18	94.17

实例二。某金矿属破碎带蚀变岩型含金矿石，原矿含金5.2～6.4g/t。金属硫化物含量（%）：黄铁矿5.49、黄铜矿0.26、方铅矿0.34、闪锌矿0.17。脉石矿物占93.58%，其中（%）：石英45、长石28.08、方解石13.13、绢云母11.54。金银矿物以银金矿为主，占99.14%，其次是自然金（0.63%）和自然银（0.23%）。银金矿浸染粒度细，最大者0.048mm，与黄铁矿关系密切，89%的银金矿赋存于黄铁矿颗粒内及其裂隙中。金银矿物在硫化物中的分布率达98%以上，有利于浮选回收。采用的优先浮选工艺流程如图15-3-5。

浮选作业技术条件：入磨矿石粒度小于10mm；分级溢流细度－200目占60%；黄药用量55g/t，2#油45～50g/t，石灰60g/t；矿浆pH≈8。

浮选精矿含金120g/t，金的回收率95%。浮选精矿再磨细后送氰化浸出、锌粉置换工艺处理。氰化作业回收率97%。

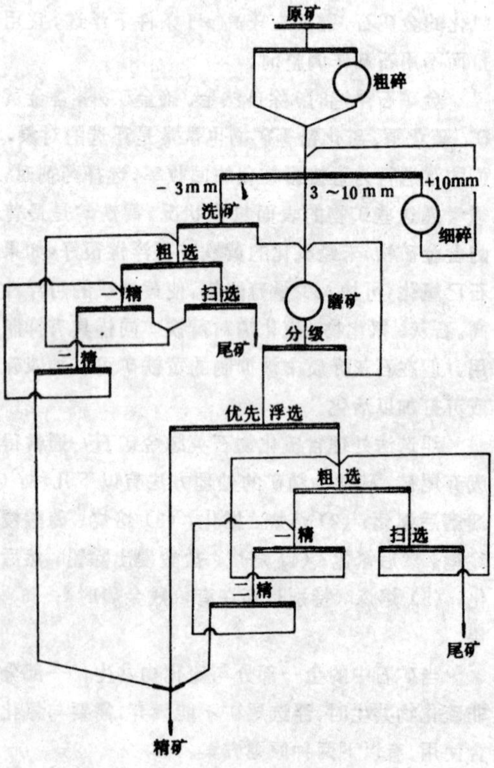

图 15-3-5 优先浮选工艺流程

实例三。某金矿处理多金属硫化矿石英脉金矿石。原矿品位含金10.26g/t、铅6.07%、硫4.76%。自然金与铜、铅、锌和铁的硫化物共生，脉石矿物主要有石英、长石和方解石。矿石磨至－200目占60～65%，用苯胺黑药、丁基黄药、松油混合浮选铜铅硫化物，然后用丁基黄药、松油浮选硫铁矿。产品为铅精矿和硫精矿。铅精矿含铅41.41%、金63.51g/t、硫15%、铜4%，铅回收率78.81%，金回收率71.33%；硫精矿含金23.04g/t、硫23.76%、铅4%，金回收率13.85%，硫回收率30.79%。金的总回收率85.32%。

实例四。坎农（Cannon）金矿为美国第二大地下开采金矿，处理的矿石属含金石英脉矿石。金品位10.5g/t，银少量。金矿物主要有自然金和银金矿，与少量黄铁矿、微量砷黄铁矿、白铁矿和黄铜矿共生。金粒细小，石英脉中偶尔可见粗粒金。矿石含碳约5%，碳中包裹金。

矿石坚韧难磨，邦德指数22。一段磨矿使用3.5×4.6m棒磨机，钢棒直径10cm；二段磨矿使用4.3×6m球磨机，与克雷布斯（Krebs）旋流器组成闭路，钢球直径5cm。矿石磨至95%小于200目，用泵送到快速浮选柱（Colum flash），产出高品位精矿。浮选尾矿经旋流器分级，溢流送5台容积28m³的威姆科（Wemco）浮选槽粗选，粗选尾矿为最终尾矿。粗选精矿经过两次精选，使用容积5.7m³的阿基太尔（Agitair）浮选机，一次精选6台，二次精选2台。

浮选矿浆pH8～9，药剂使用戊基钾黄药作炭的捕收剂，加入棒磨机给矿；金的促进剂Aero 208和404，加入球磨机给矿，Aero 208还加入快速浮选柱给矿；活化剂硫酸铜加到粗选槽；起泡剂为甲基异丁基甲醇（MIBC）。快速浮选柱可以从含金8.6g/t的给矿中浮选出平均含金1028g/t的高品位精矿。

工厂的浮选回收率由投产初期的82.3%提高到92.4%，主要作了以下技术上的改进：矿石磨得更细，使金粒充分解离；回路中原使用泛美跳汰机回收粗粒金，因粗粒金减少，改用浮选柱，并使用捕收剂戊基钾黄药；完善磨矿及浮选技术操作。

第二节　铂族金属的选矿

铂族金属矿床可分为三类：

（1）砂铂矿。是最早生产铂族金属的重要来源，主要的产地有苏联的乌拉尔、哥伦比亚的乔科和美国的阿拉斯加等。

（2）铂矿床。是现在生产铂族金属的主要资源，以铂族金属为主要回收组分，如南非的梅伦斯基矿层、UG-2矿层，美国的静水杂岩等。

（3）伴生硫化铜镍矿床。也是铂族金属的重要资源，主要产地有苏联的诺尔里斯克，加拿大的萨德伯里，中国的金川等。

一、砂铂矿的处理

砂铂矿主要由残积或冲击而形成，其中的铂矿物大多数呈游离状态或合金状态存在，铂族金属品位在0.3～10g/t，矿床储量不大，主要用采砂船开采，用重选法得到精矿之后，用湿法或混汞法精炼。美国阿拉斯加好消息湾选别含铂砂矿的流程如图15-3-6。采砂船每昼夜处理矿砂3800m³，全年工作200d，生产466kg粗铂。

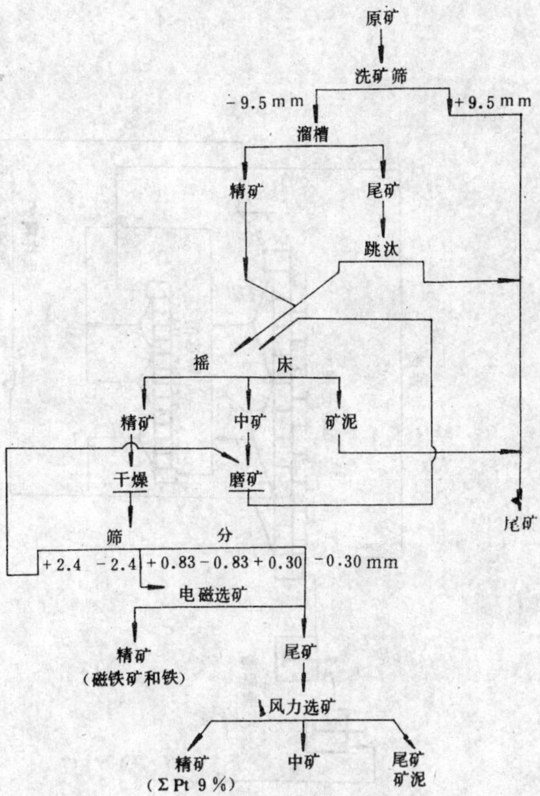

图 15-3-6　美国阿拉斯加砂铂矿的选矿流程

矿砂经过旋转圆筒筛、溜槽和跳汰机处理，得到的精矿含粗铂、部分金，以及相当数量的磁铁矿、铬矿及钛铁矿，送摇床精选。摇床精矿通过筛分、磁选及风力选矿，产出含铂族金属达90%的精矿，其中含4～30%铱，此精矿送江森·马太公司用湿法进行精炼。

二、铂矿的处理

南非蕴藏有世界最大的铂族金属矿床，铂族金属的埋藏量为56303t，其中铂占47%，约为26365t。铂族金属主要含在布什维尔德火成杂岩的梅伦斯基矿脉、UG-2矿脉、普兰特矿脉三个矿脉中。梅伦斯基矿脉由辉岩组成，内含铬铁矿夹层，金属硫化物主要有黄铁矿、镍黄铁矿和黄铜矿，铂族金属含量约4～15g/t。从矿石中提取铂族金属主要阶段有：（1）矿

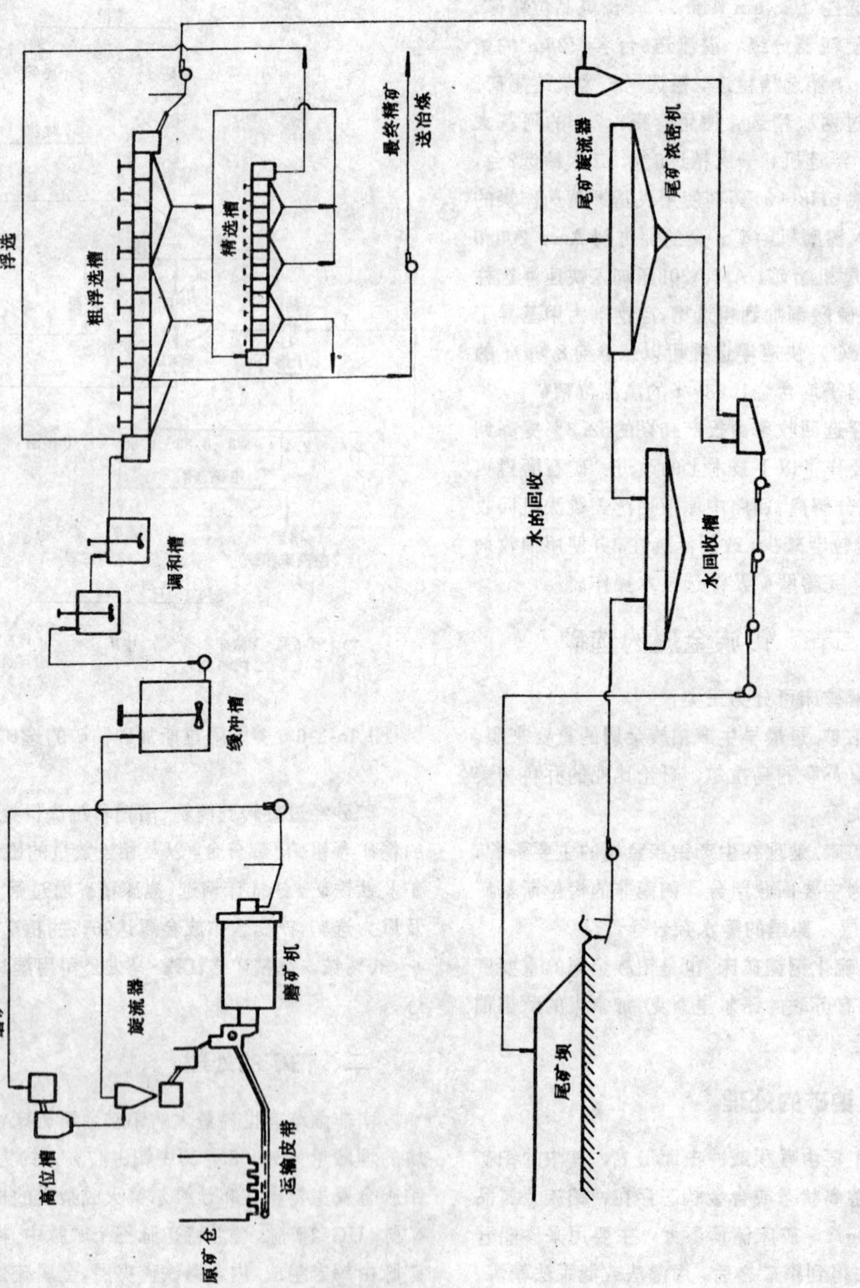

图 15-3-7 英帕拉铂选厂简化流程图

石经过破碎、磨矿，用重选和浮选法富集；(2) 用火法冶金将精矿处理成高锍（铜镍硫化物）；(3) 高锍经过缓冷，用磨浮磁选方法分离出镍合金；(4) 用湿法冶金处理铜镍合金，除去贱金属得到铂族金属富集物；(5) 用溶解、萃取、蒸馏法精炼得到各个铂金属产品。

南非处理梅伦斯基矿脉铂选矿厂的典型流程如图15-3-7。给矿含铂族金属5.3g/t，镍0.2%、铜0.14%、铬0.25%、钴约0.01%及一些金、银。矿石首先在19台直径4.3m、长4.9m的磨矿机中进行半自磨，磨矿机与直径500mm的旋流器组成闭路。每台磨矿机的溢流经过缓冲及调整，送单独的浮选回路浮选，每个浮选回路由10台8.5m^3的粗选槽及12台0.85m^3的精选槽组成。浮选产出含70%水分的硫化物精矿，经过浓密和干燥，得到含7%水分、铂族金属66g/t、2.7%镍、1.6%铜、17%铁和7%硫的最终精矿，直接送电炉熔炼。尾矿经过浓密、脱水后送尾矿坝。

UG-2矿脉位于梅伦斯基矿脉以下100～300m。矿石含铂族金属4.6～7.3g/t，0.004～0.012%铜、0.010～0.029%镍、27～34%Cr_2O_3，矿石中硫化物以镍黄铁矿、磁黄铁矿、黄铜矿、钴-镍黄铁矿及针镍矿为主，铂族矿物主要有硫铂矿、硫钌矿、硫镍钯铂矿、砷铂矿、硫钯矿等。由于原矿含铬铁矿高，用常规浮选法所得精矿中氧化铬含量大于7%，冶炼困难。南非国立冶金研究所对西部铂矿体进行了半工业试验，工艺条件：磨矿粒度80～85%－75μm. 浮选药剂为硫酸铜70g/t（加入球磨机）、异丁基钠黄药(SIBX) 200g/t，Sefroth 5004 10g/t，粗选35min，精选8min。精矿产率1.0%，贵金属品位430g/t，回收率87%，Cr_2O_3含量2.9%。在此基础上建立了月处理6万t的西部铂矿UG-2选厂，此选厂已于1983年投产，所用流程如图15-3-8。

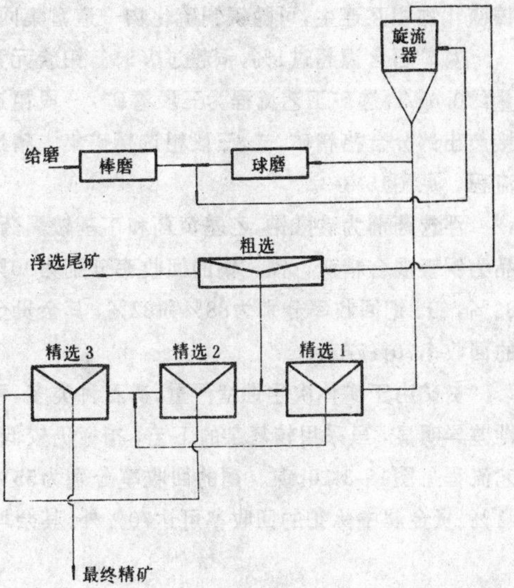

图 15-3-8 高铬含铂族金属矿石处理流程

三、从铜镍硫化矿中回收伴生铂族金属

铜镍硫化矿床中伴生的铂族金属含量不高，一般只0.ng/t，但由于矿石中镍铜金属储量巨大，从中获得的铂族金属数量可观，目前，仍然是前苏联、中国和加拿大等国的主要铂族金属资源。

加拿大安大略省萨德伯里矿区的硫化铜镍矿石含铂族金属0.5g/t，铂族矿物主要有等轴碲铋钯矿、砷铂矿、碲铂矿、黄碲钯矿、碲钯矿、硫砷铑矿、硫砷铱矿等，以固溶体形态存在于硫砷化物（辉砷钴矿及辉砷镍矿）中的钯、铂、铑可达50～1840ppm。

在铜镍选矿过程中，铂族金属随铜镍硫化物一道在精矿中富集。处理萨德伯里矿区矿石的铜崖选矿厂采用浮选-磁选联合工艺产出镍精矿、铜精矿及磁黄铁矿精矿。原矿含铜、镍各1%，磨细至－65目占85%，用石灰调节矿浆pH至9，使用黄药、松油及硅酸钠，粗选出铜镍混合精矿，然后继续调矿浆pH至12，抑制镍铁矿物，得到含铜约30%、镍少于1%的铜精矿及镍超过10%的镍精矿。粗选尾矿经磨矿后浮选补充回收一部分镍精矿并磁选产出磁黄铁矿精矿，金、银及铂族金属大部分进入镍精矿及铜精矿，少量分散于磁黄铁矿精矿中。磁黄铁矿精矿送专门的铁回收厂处理，回收镍并产出铁精矿供炼铁用。富集了矿石中大部分铂族金属的镍精矿经熔炼并吹炼成高锍，其中铂族金属约20～50g/t。由于高锍中铂族金属含量低，冶炼进一步富集并提取各个铂族元素的过程较复杂。

中国某铜镍硫化矿床中铜镍金属储量巨大且含铂族金属、钴、金、银、硒、碲等有价元素，目前是中国生 产铂族金属的主要基地。该铜镍硫化矿床产于超基性岩体中，岩体主要由橄榄石、辉石及少量斜长石组成，主要金属矿物为镍黄铁矿-黄铜矿-磁黄铁矿-磁铁矿组合。浅部矿体则受氧化作用为紫硫镍铁矿-黄铜矿-黄铁矿-磁铁矿组合。伴生的铂族矿物有自然铂、砷铂矿、铂金矿等数十种。铂族矿物主要以单矿物形态存在，但由于含量少，粒度细，且与铜镍硫化物相互连生，可随镍铜硫化物一道富集回收。

富矿石含镍超过1%，铜超过0.5%，铂族元素总量约0.6g/t。选矿工艺流程为三段磨矿，一段粗选直接产出部分合格精矿，二、三段粗选精矿集中精选的流程，见图15-3-9。

浮选药剂为碳酸钠，乙基黄药和丁基铵黑药。产品为铜镍混合精矿，镍、铜的回收率分别为90%和85%，铂、钯回收率分别为88%和82%，其余贵金属的回收率70%左右。

贫矿由于矿体次生蚀变严重，矿石种类多，可选性差异明显，虽采用较复杂的工艺，指标仍较低。工艺流程见图15-3-10。镍、铜的回收率分别为55%及41%。贵金属中除铂的回收率可达70%外，其余均不足一半。

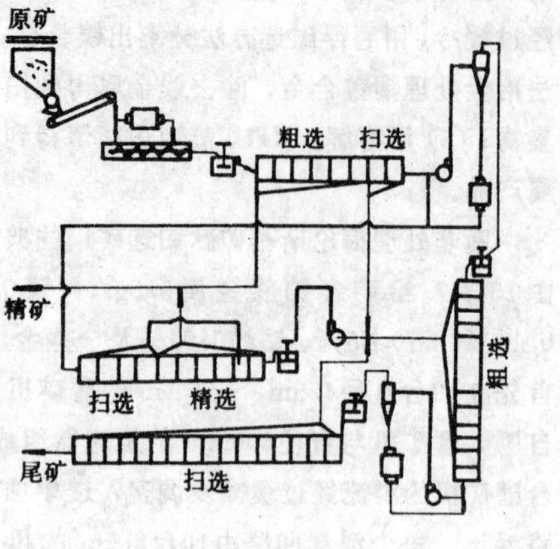

图 15-3-9 富矿磨选流程

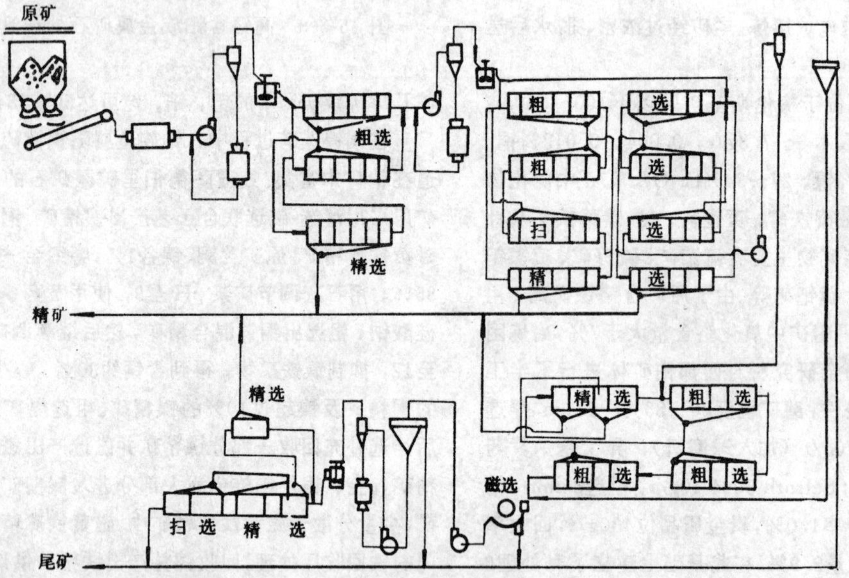

图 15-3-10 贫矿磨选流程

某低品位铂矿床，含矿岩为辉石岩-辉岩及碳酸盐滑石岩。硫化矿物主要有黄铜矿、黄铁矿、磁黄铁矿、镍黄铁矿及紫硫镍铁矿等。铂族矿物有砷化物、硫砷化物、铋碲化物，其中以砷铂矿为主，其次为等轴铋碲钯矿。铂族矿物与金属硫化物紧密共生、粒度小，一般0.005～0.09mm。矿石中大约占30%的铂钯含在硅酸盐矿物中，如角闪石含铂0.3g/t，含钯0.5g/t；黑云母含铂0.54g/t，钯0.08g/t。矿石中（镍＋铜）的平均品位0.45%，铂族金属品位亦很低，不具备开采价值。

选择上述铂矿石与磷矿石的适当配比，熔炼生产钙镁磷肥，同时使金属富集在磷镍铁中，达到综合利用的目的。工艺原则流程见图15-3-11。磷镍铁中的金属实收率为：97.5%铂，99.5%钯，86.54%镍，65.38%铜。磷镍铁经过两次吹炼，产出的铜镍合金含45.47%镍，28%铜，铂287g/t，钯180g/t，铂矿石的金属总收率为92%铂，95%钯，78.1%镍，46.3%铜。

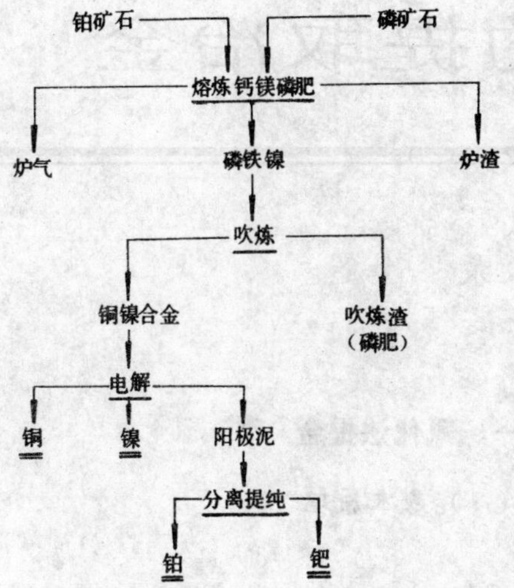

图 15-3-11　低品位铂矿综合利用工艺流程

主要参考文献

〔1〕Woodcock J. T, et al., The Metallurgy of Gold and Silver with Reference to Other Precious Metals, 1976, section：2，3，15.

〔2〕刘成义，山东含金矿石的选矿实践，中国选矿科技情报网，(1988)，44，66～70.

〔3〕黄礼煌，化学选矿，冶金工业出版社，1990，425～431.

〔4〕黄金，(1984)，No1，37、51；No2，38、40.

〔5〕黄金科技动态，(1990)，No12，14～20.

〔6〕山东黄金，(1990)，No3，114～116.

〔7〕E/MJ，(1980)，No12，87～88.

〔8〕E/MJ，(1985)，No7，32～33.

〔9〕第二届全国金银选冶学术会议论文集，中国有色金属学会选矿学术委员会，1987，82～100.

〔10〕山东黄金 (1990)，No2，67～70.

〔11〕金银专刊，1988，No1，43.

〔12〕E/MJ，(1988)，No2，34～39.

第四章　贵金属的提取冶金

编写人　王永录

含贵金属矿物原料的冶金方法，可以大致分为两种类型：一类是以贵金属为主矿物，直接从矿石中提取；另一类是在重有色金属生产过程中综合回收。

约一百年前，金、铂及少量其他铂族金属实际上都是从砂矿中提取的（约占总量的90%以上），一般是通过简单的重选方法获得精矿然后进行冶炼。随着贵金属砂矿资源的日益枯竭，从贵金属砂矿中提取的贵金属总量不断下降，例如现在估计砂金仅占金产量（不包括苏联）的2%，脉金矿已成为黄金的主要来源。由于已探明的贵金属矿石类型增多，开采品位下降（如南非金矿石破碎后的平均品位1969年为13.1g/t，1979年降为8.2g/t），选冶过程日趋复杂。现代的提金厂，可分为两类：单一流程，包括重选法或氰化法；联合流程，联合使用浮选法、精矿焙烧、“焙砂”氰化等方法，有的还包括重选法、混汞法。在早期，银主要由富银矿直接还原熔炼获得。

现在，所获得的绝大部分铂族金属、银和相当数量的金和重有色金属（主要是镍、铅、锌和铜）生产有关，这些贵金属随着主体金属进入冶炼过程的半成品中，并得到富集，其中最重要的是富集在电解精炼产出的阳极泥中。这些阳极泥多用焙烧-熔炼-电解或选冶联合及湿法冶金等方法处理，以回收其中的贵金属。

由於矿石中贵金属含量很低（目前脉矿一般开采品位为：金、铂族金属3～10g/t，银约100g/t；伴生矿则更低），因而选冶过程复杂、冗长，一般都遵循尽早富集、分开处理的原则，力求获得高的实收率和较大的经济效益。

第一节　金、银矿石的冶金

氰化法是现代提金的主要方法，但混汞法（参见第三章）仍在部分地区使用，一些湿法提金技术已取得明显进步。银，主要从冶金副产品中回收，仅少数地区采用单独的方法来处理富银矿或富银的粗铅。

一、氰化法提金

（一）基本原理

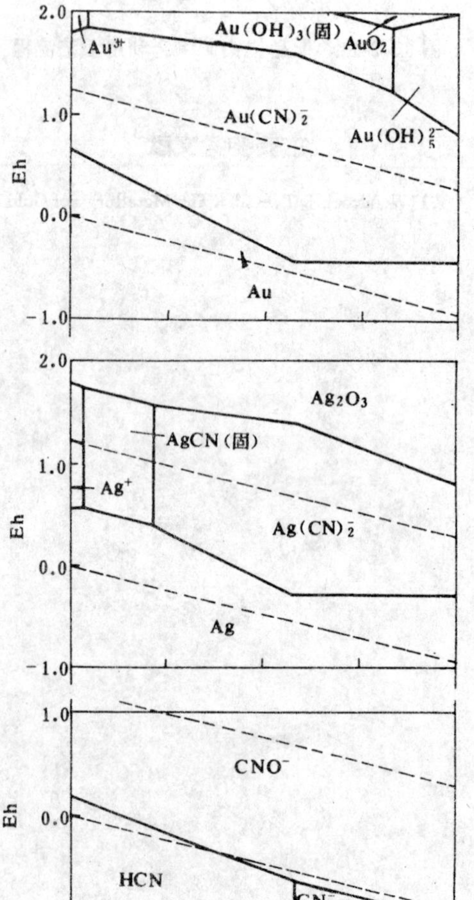

图 15-4-1　25℃时　Au（Ag）-CN^--H_2O 系及 HCN-H_2O 系的电位-pH 图

〔Au〕、〔Ag〕＝10^{-4}mol/L，〔CN〕＝10^{-3}mol/L

可由 Au (Ag) -CN^--H_2O 系的电位-pH 图（图15-4-1）进行金、银氰化浸出的热力学分析。当 pH<9.4 时，CN^-可转化为剧毒的 HCN，在强氧化剂存在时将氧化为 CNO^-而消耗氰化物。

氰化物溶液中金、银的溶解机理一般认为是溶解氧氧化和腐蚀理论。溶解氧氧化的总反应式为：

$$4Au + 8CN^- + O_2 + 2H_2O \rightarrow 4Au(CN)_2^- + 4OH^-$$

$$4Ag + 8CN^- + O_2 + 2H_2O \rightarrow 4Ag(CN)_2^- + 4OH^-$$

氧的氧化主要通过 H_2O_2步骤（约占85%）。电化学腐蚀理论的反应过程如图15-4-2所示。

溶解速度可大致由下列简化式表示：

$$\text{溶解速度} = \frac{2AD_{CN^-} D_{O_2}[CN^-][O_2]}{\delta\{D_{CN^-}[CN^-] + 4D_{O_2}[O_2]\}}$$

式中 D_{CN^-}、D_{O_2}——CN^-和 O_2的扩散系数，mol/s；

$[CN^-]$、$[O_2]$——CN^-和 O_2浓度，mol/L；

A——和溶液接触的金属总面积，cm^2；

δ——界面层厚度，cm。

由上式可知，当氰化物浓度很低时，金、银的溶解度仅取决于 CN^-的浓度（图15-4-3）；而当氰化物浓度高时，金、银的溶解速度由氧浓度决定。要使金、银溶解速度达其极限值，应控制好 $[CN^-]$ 和 $[O_2]$ 的比值。

实际上影响金、银溶解速度的因素还有溶液的 pH 值，温度，搅拌强度，金粒大小、形状和暴露程度，表面状态等。

伴生在矿物中的多数脉石和铁氧化物不与氰化物溶液发生反应。能发生反应的，除铝、汞、铋和铊盐在量少时能起加速金、银的溶解作用外，其他

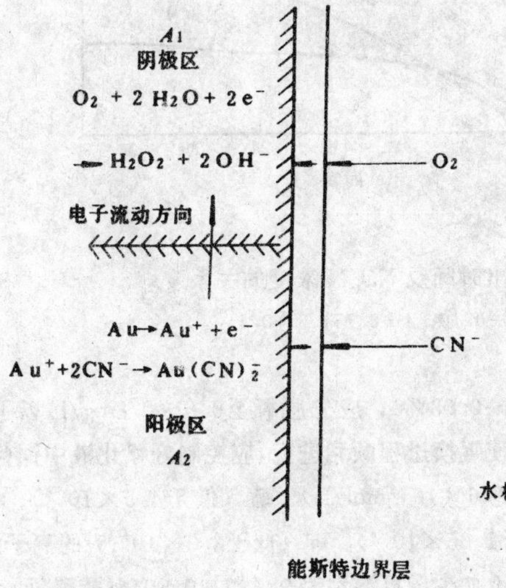

图 15-4-2 金在氰化物溶液中溶解过程示意图

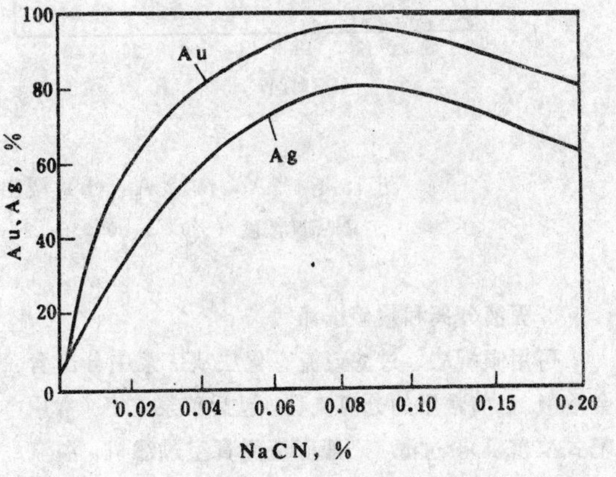

图 15-4-3 金、银在溶液中的回收率与氰化物浓度的关系

皆降低金、银的溶解率。妨碍金、银溶解的原因有：(1) 消耗溶液中的氧、CN^-，如多种硫化物、硫离子（要求在0.5ppm 以下）、能与 CN^-生成稳定配合物的金属离子（特别是 Cu^{2+}和 Zn^{2+}）、铜氧化物、砷化物、锑化物和能强烈吸附氰化物的胶态二氧化硅、氧化铝、氢氧化铁及含碳物质等；(2) 在金表面生成阻碍溶解的薄膜，如氧化物（如生成 CaO_2及臭氧等氧化剂存在时生成的氧化产物）、硫化物（由硫离子生成）、不溶性氰化物（如 $Pb(CN)_2$）及疏水性薄膜（如黄药等浮选药剂）等。当这些能形成薄膜的物质在原料中含量较高时，应通过诸如酸洗、焙烧、事先氧化、焙烧-酸浸或进行提纯处理等方法预先除去。添加保护碱可减少因空气作用、水解、各种酸和硫化矿分解造成的氰化物损失（可达10%）。

（二）氰化法的工业实践

氰化法提金通常包括浸出，固液分离、洗涤，贵液置换、金泥、贫液处理等过程。实际上，除含自然金的易处理矿石采用直接氰化（常加重选、混汞以提取粗粒金）外，一般的金矿，如含碲化物或与黄铁矿、磁黄铁矿、砷黄铁矿、硫化铜矿伴生的金矿石都要经过浮选处理获得精矿，精矿送冶炼厂或焙烧后氰化，尾矿则直接氰化。含碳矿石需先经化学氧化（如用氯气或次氯酸钠）或加煤油抑制，再氰化。

1.浸出

一般用槽浸，槽浸又分渗滤浸出及搅拌浸出。前者用于处理10～0.3mm粒级的矿石，优点是不需固液分离，但浸出时间长，需4～8d以上；金、银浸出率低，一般为60～70%，高的可达85～90%；每吨矿石耗氰化钠约0.25～0.75kg、石灰1～2kg。后者常用的有机械、空气、联合搅拌槽，用于处理粒度小于0.3～0.4mm的粉矿。搅拌浸出时间短，机械化程度高，金、银提取率高达95%以上，一般氰化浸出液含0.05～0.1%氰化物（当铜、砷、锑较多时含0.02～0.03%，存在 Ag_2S 时含0.2～0.6%），矿浆浓度约33%（含泥多时小于25%），通常在室温（要求15～20℃，低于65℃）进行，保护碱常用加0.03～0.05%石灰，控制 pH9.4～11，1t矿石耗氰化钠0.2～0.45kg。单独的金、银矿浸出的结果见图15-4-4。

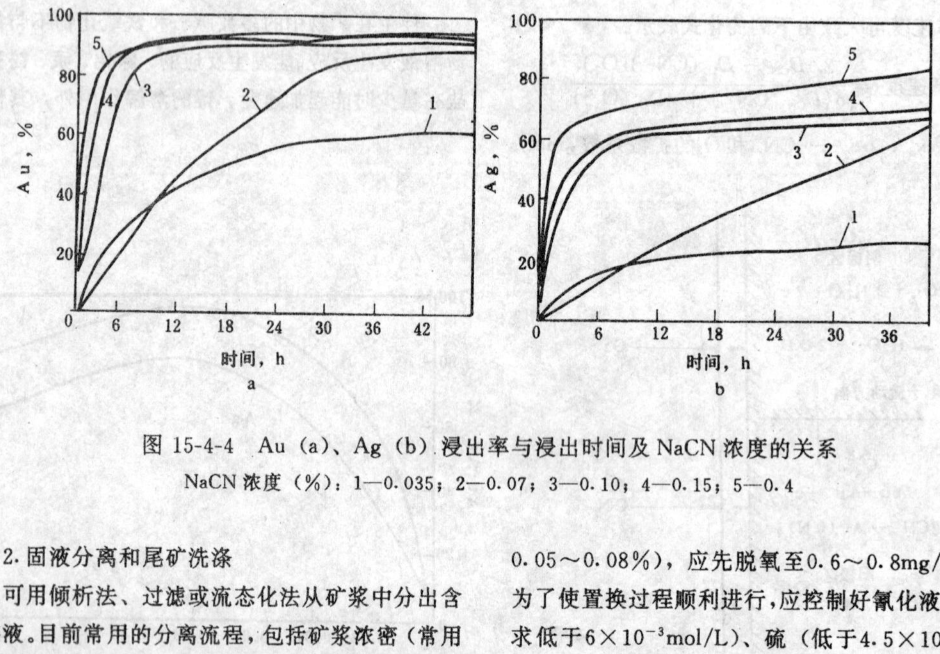

图 15-4-4 Au（a）、Ag（b）浸出率与浸出时间及NaCN浓度的关系

NaCN浓度（%）：1—0.035；2—0.07；3—0.10；4—0.15；5—0.4

2.固液分离和尾矿洗涤

可用倾析法、过滤或流态化法从矿浆中分出含金溶液。目前常用的分离流程，包括矿浆浓密（常用耙式浓密机），过滤（一般底流用真空过滤机，溢流用压滤机）和洗涤三道作业。采用多级逆流倾析法洗涤，金、银的洗涤率可达99%。为了提高浸出率，一般工厂多采用二浸二洗或三浸三洗流程。有的生产厂还采用带式过滤机、漏斗澄清器等设备以强化固液分离过程。所产的贵液一般含金4～40g/m³。

3.金、银沉淀

多用锌（丝、粉）置换法来沉淀金、银。含金氰化液中的游离氰化物、碱有利于金、银的置换沉淀，而游离氧、贱金属、可溶硫化物会妨碍锌的溶解与金的析出。置换过程中，应控制溶液的pH在9.4～10.5，温度不低于10℃，用锌粉置换时控制溶液的游离氰化钠浓度在0.018～0.037%（用锌丝时控制在0.05～0.08%），应先脱氧至0.6～0.8mg/L以下。为了使置换过程顺利进行，应控制好氰化液中铜（要求低于 6×10^{-3}mol/L）、硫（低于 4.5×10^{-4}）、锑（低于 1.65×10^{-4}）、砷（低于 2.3×10^{-4}）的离子浓度和添加少量可溶性铅盐（如加0.004%醋酸铅）以消除硅酸钙的不良影响。

锌丝置换在沉淀箱中进行，每产1kg金需耗锌丝4～20kg。锌粉因比表面积大，沉金效率比锌丝高得多，每产1kg金仅消耗锌粉1.5～5kg。置换后贫液一般含金低于0.1～0.05g/m³。这些置换后贫液一部分返回氰化系统，一部分经净化后排放。美国已开始用电子计算机自动控制加锌过程，这种方法可降低贫液中的含金量和减少锌耗。

4.金泥的处理

金泥的成分视矿石种类及处理过程而异，某些典型的金泥成分列于表15-4-1。金泥的处理方法一般包括酸溶（10～15%硫酸溶液）除锌、铜等可溶物质，焙烧（一般最高温度为600℃）脱水及使硫化物，硫酸盐、氰化物等变成氧化物，转炉熔炼使杂质造渣并获得合质金（金、银合金）等作业。品位高的锌粉，金泥（锌粉置换）烘干后可直接进转炉熔炼。

表 15-4-1 一些工厂金泥成分

厂名	成分						
	Au	Ag	Pb	Zn	Cu	S(硫化物)	SiO_2
西霍尔丁有限公司(南非)	29.9	3.0	25.7	20.5	2.2	6.8	1.3
达加方蒂因矿业有限公司(南非)	23.4	1.6	8.7	34.4	0.8	7.5	3.6
卡尔格莱矿物处理有限公司(澳大利亚)	27.6	5.5	5.8	39.2	3.9	—	—
中国某矿	18.0	3.6	7.6	42.3	8.6	0.45(*S*)	0.43
中国某矿	10.4	10.9	10.1	30.2	6.0	—	—
一般变化范围	20～40	20～40	7～12	20～40	1～15	少量	少量

近年来，南非、澳大利亚等已采用湿法处理金泥，即用盐酸溶锌后，在盐酸或氯化钠溶液中通氯气溶解金，后以 SO_2、Na_2SO_3还原得纯度99.9%的金，金的收率98%；从氯化银沉淀中提银。中国已有采用控制电位选择氯化浸出金、氨浸提银的工艺。这种工艺能较快地获得金、银成品，并缩短生产周期和提高实收率。

5.贫液处理

加锌沉淀后的残液称为贫液或脱金液，尚含少量的金、银和氰化物。这种贫液经调整氰化物浓度后，可返回浸出作业。由于贫液体积增加，杂质浓度升高，必须排出一部分贫液。这部分贫液被称为含氰污水，一般含氰化钠0.5～1g/L、硫代氰酸盐0.4～0.9g/L，经处理才能达到排放标准（中国规定氰化物在地面水中在0.05mg/L 以下，含氰污水排放标准在0.5mg/L 以下，车间空气中氰化氢在0.3mg/m^3以下）。

含氰污水中的氰化物可用硫酸法和硫酸锌-硫酸法使之再生。前者是往贫液中加入硫酸，使 CN^- 转化为 HCN（沸点26.5℃）逸出，在吸收器中用碱〔NaOH 或 $Ca(OH)_2$〕吸收，得含氰浓度为15～20%的氰化物溶液，再生回收率在96%以上。后者是加入硫酸锌获得氰化锌，与硫酸作用，使氰化氢逸出，用碱液吸收。硫酸锌-硫酸法与硫酸法相比，具有酸化体积小、硫酸锌可返回使用、氰化物总回收率高（约90%）等优点。含氰污水经氰化物再生处理后残留的氰化物可用氧化、吸附等方法破坏除去。常用的方法是在碱性介质中（pH8～9），加入漂白粉（$CaOCl_2$）、漂白精〔$Ca(OCl)_2$〕或次氯酸钠（NaOCl）等氧化剂，产生 HOCl，将 CN^- 逐步氧化为 CO_2及氮气，漂白粉用量为 $CN^-/Cl_2=1/2.73$，为理论量的3～8倍。也有用加碱及通氯净化或用 SO_2/空气脱除氰化物工艺的。

二、氰化法提金新工艺

（一）堆浸法

这是一种针对金矿开采品位下降和贫矿、尾矿利用而采取的一种廉价的提金方法，这种方法现已在工业上用于浸出含金在2g/t 以下的贫矿，金的回收率为50～90%。堆浸法所依据的原理和渗滤槽浸出方法一样，只是将破碎后的金矿石与保护碱（石灰）混合，堆置在不漏水的地面上，将低浓度（0.02～0.1%）氰化物溶液喷洒在矿堆上，浸出后的含金液经集液沟进入沉淀池澄清，清液回收金后经再生重用。矿堆大小从数十至上万吨。堆浸法与槽浸法相比，投资可降低约2/3，前者的经营费用约为后者的1/3。津巴布韦一些堆浸厂实践表明，在金价较高时，处理含金0.4g/t 的尾矿不致亏本。还有将氰化液直接注入矿井（底盘为不漏水的岩石）进行“现场”浸出的。对于含粘土多或过粉碎的矿石，过去因溶液渗透困难而导致堆浸效果不佳。1979年美国矿务局研究成功的团矿法可用于工业规模生产，该法是将矿石与硅酸盐水泥（作粘结剂，一般用量2.5～4.5kg/t矿；粘土质金矿约10kg/t矿）及石灰混合，用含有氰化物的溶液润湿后以机械翻滚法制成团块，以解决堆浸料溶液难以渗透的问题。

（二）炭浆法

利用活性炭能吸附金属离子的特性，而发展为碳浆法（CIP），即用活性炭从矿浆中直接吸附已溶解金、银的工艺，1973年首先在美国霍姆斯塔克选金厂投产，很快得到推广。此法省去了矿浆的固液分离过程，因降低了溶液中金、银的浓度而提高了浸出率，投资费用仅为同规模过滤、锌沉淀厂的1/3。

炭浆法所用的活性炭具有多孔结构和大比表面积（高达600～1500m²/g），可由煤、桃核、椰壳、杏核等在高温和适宜的氧化剂存在下，经活化处理而制得。西方资本主义国家多用椰壳炭制取，中国多用杏核炭生产。一般认为，在碱性氰化液中，$Au(CN)_2^-$ 以中性配合物形成 $M^{n+}[Au(CN)_2]_n^-$（M可为 Ca^{2+}、H^+ 等）被吸附在活性炭上；在酸性溶液中，$Au(CN)_2^-$ 则以不溶性的 AuCN 沉淀在活性炭的孔隙里，银的吸附形式与金相同。

炭浆法工艺包括预处理、吸附、解吸等主要过程，其原则流程见图15-4-5。

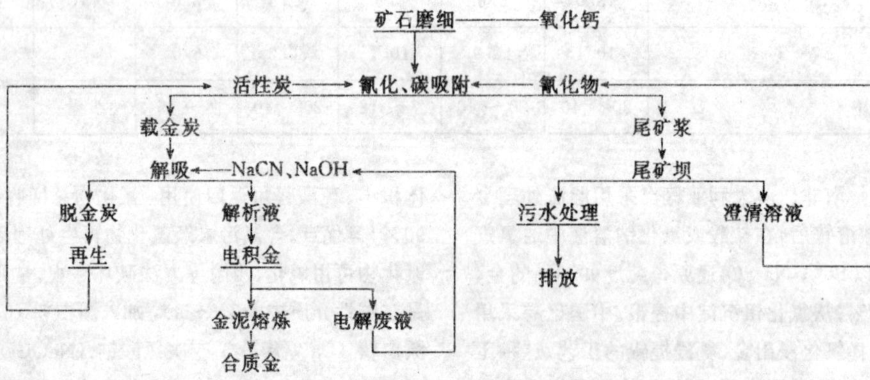

图 15-4-5 炭浆法提金原则流程

1. 预处理

矿浆应经筛分处理以除去其中的砂砾、木屑、杂物（一般通过28目）；活性炭需磨掉尖角、棱边，以提高金的直收率。

2. 吸附

所用的炭浆槽有多尔型，这种槽中心低速搅拌，适用于含泥及粒度较细的矿浆；帕丘卡槽，这是空气搅拌槽，适用于粒度较粗的矿浆；双螺旋浆槽，这种槽可减少炭的磨损；轴流式搅拌槽，这种槽近年来开始采用，可根据矿石种类和主要操作条件选用。通常是几个槽串联使用，并与球磨机、筛、浓密机、过滤机等组成系统。现发展起来的边浸出边吸附的炭浸法工艺（CIL）比一直采用的先浸出后吸附的工艺（CIP）投资少、费用低；但存炭量大，金积压较多。载金炭含金一般为5～10kg/t。

3. 解吸和再生

从脱金矿浆中分离出来的载金活性炭，通过解吸回收金并使之再生、返回使用，研究过的方法很多，较实用的有：

（1）常压解吸。用含0.2%NaCN、1%NaOH的水溶液，在90～95℃浸洗载金活性炭溶解金，50h约可解吸98%。这种方法与其他解吸方法相比，优点是常压、设备投资少、工艺简单、生产费用低等，因而适用于小厂；缺点是解吸时间长、药剂耗量大，大厂已不常用。

（2）高压解吸。用0.1%NaCN、0.4～1%NaOH水溶液，在加压（0.36～0.4MPa）、加温（150～160℃）下解吸，一般只需2～4h，药剂消耗较常压减少30%，但设备复杂，目前为一般大厂使用。

（3）乙醇解吸。0.1%NaOH、1%NaCN、20%（体积）乙醇的水溶液在80～85℃下解吸6h，可解吸99%的金。因解吸后的活性炭不需要经常作再生处理即可重用，不用加压且效率高而常被采用。缺点是乙醇挥发大、成本高，需防火防爆。

(4) 去离子水洗脱。先在93℃用10%NaOH（或5%NaCN、2%NaCN）预处理2～6h，再用去离子水在90～110℃解吸5～7h。

解吸液常用电积法回收其中的金，电积的关键在于提高阴极面积。现多用钢纤维作电积的阴极，以后可能改用碳纤维。

解吸后的活性炭，可用3～7%HCl 洗去 CaO、MgO，然后隔绝空气加热（椰壳炭为590～700℃）再生。

炭浆法仍在不断改进之中，但由于全部矿浆需要经过过筛及部分活性炭细碎后进入尾矿，而降低了金的收率，因而有人研究出以下一些方法：

(1) 磁炭法。磁炭的制备方法有二：使磁性粒子粘附于炭表面；把磁性粒子混入炭内。目前主要用前者，如美国吉提希耳金矿将磁铁矿粉（－325目）用硅酸钠作粘结剂，粘附在椰壳炭上，这种磁炭含（%）：炭58.8，磁铁矿35.5，硅酸钠5.9。磁炭与一般活性炭相比，可以使用粒度较细的活性炭，表面积大、吸附快，且因密度较大易与矿浆混合；可直接处理粗磨矿浆，不需机械筛分；减少了因活性炭磨损而导致的金属损失；缺点是矿浆磁选设备投资较大，因而尚未在工业上使用。

(2) 炭织物吸附法。以人造纤维浸泡化学药品后，经干燥、炭化、活化处理，制成高吸附性能的柔性织物，用以吸附贵金属，因接触面大而提高了吸附效率。载金炭织物用电解或碱性氰化液解吸、洗涤后，通过活化炉再生。吸附、解吸、再生过程都在同一条炭带上连续进行，易于自动化。此法已获得专利权，经进一步完善后有可能用于生产。

(三) 树脂矿浆法

与炭浆法并行发展的阴离子交换树脂吸附法，主要由苏联开发，1967年开始工业试验，1972年投产。现在，多用 AM-2Б 型（大气孔-双官能团）树脂，这种树脂除强碱性季胺基团外，还有弱碱性叔胺基团：

$$R\begin{cases} CH_2H^+ N(CN)Cl \\ (CH_2)_2N(CH_3)_2Cl \end{cases}$$

从用多种金属溶液饱和过的 AM-2Б 阴离子交换树脂的动力学曲线（图15-4-6）得知：金属达到吸附容量最大值的顺序，即络阴离子对树脂的亲和力顺序为 $Au^+ > Zn^{2+} > Ni^{2+} > Ag^+ > Cu^+ > Fe^{2+}$。用树脂逆流吸附时，在槽内停留时间较长（一般160～180h）。其吸附反应通式为：

$$nRCl + Me(CN)_i^{n-} = R_nMe(CN)_i + nCl^-$$

式中 Me——溶解的金属；

n——表示配阴离子的化合价；

i——配位数。

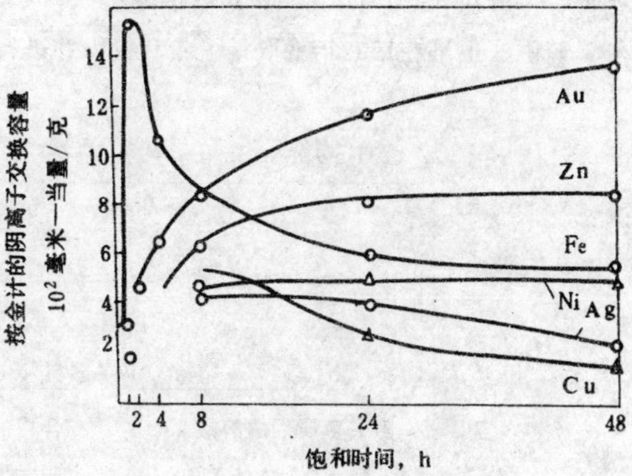

图 15-4-6 在多组分溶液中用金属饱和过的 AM-2B 阴离子交换剂的动力学曲线

负载金、银树脂用选择性洗提法，分步解吸。一般作法是：热水洗去带入的黄药；4～5%浓氰化钠溶液在50～60℃洗脱铜、铁；硫酸淋洗回收锌、镍及再生的氰化物；在50～60℃下用硫脲洗提金、银；最后用40g/LNaOH 碱液使树脂再生。

三、无氰湿法提金

氰化提金法虽在工业上获得广泛应用，但因氰化物为剧毒物质，促使人们寻找新的提金方法。目前，人们认为有发展前途的方法有硫脲浸出法和水溶液氯化法。

(一) 硫脲法

在氧化剂存在下的酸性溶液中，用硫脲溶解金、银的反应式为：

$$Au + 2SCN_2H_4 = Au(SCN_2H_4)_2^+ + e$$

$$Ag + 2SCN_2H_4 = Ag(SCN_2H_4)_2^+ + e$$

在金、银溶解时，硫脲也被氧化剂氧化分解。所用的氧化剂通常为不太强的氧化剂，如高铁盐。溶液中存在的氧有利于金的溶解（以 Fe^{3+}/Fe^{2+} 作为中间媒介）：

$$Au + 2SCN_2H_4 + \frac{1}{4}O_2 + H^+ =$$

$$Au(SCN_2H_4)_2^+ + \frac{1}{2}H_2O$$

硫脲在碱性溶液中或加热时不稳定，反应为：

$$SCN_2H_4 + 2NaOH = Na_2S + CNNH_2 + 2H_2O$$

在酸性溶液中，硫脲易氧化为二硫甲脒 $(SCN_2H_3)_2$。硫脲无论在酸性或碱性溶液中，加热均发生水解：

$$SCN_2H_4 + 2H_2O = CO_2 + 2NH_3 + H_2S$$

因此，一般在 pH 少于1.5、于常温下浸出。

硫脲法虽早在1932年就取得了专利权，并进行了许多研究工作，但因费用高，仅在法国、澳大利亚获得工业应用。1982年墨西哥用于处理含银尾矿。硫脲法提金的原则工艺流程如图15-4-7所示。浸出硫脲浓度为0.3%，pH1～1.5；用电负性金属锌、铅、铝置换沉淀，或通过电解，活性炭、离子交换树脂吸附等方法回收金、银。也有人提出了硫脲浸出-电积一步法提金工艺。中国还研制出了边浸出边置换的硫脲法提金工艺。

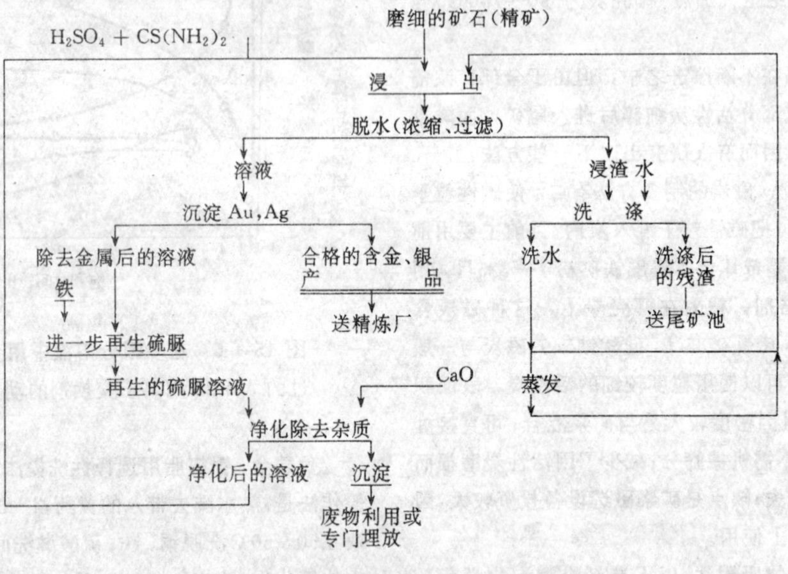

图 15-4-7　硫脲浸出湿法处理金和金-银矿石的原则流程

硫脲法与其他提金方法比较，有以下优点：毒性低；脱金液易处理，溶剂可再生重用，可不排放污水；一般不溶解金矿石中的铜、锑、砷等杂质，且可分解与铁、砷、锰等氧化物共生的金、银和银的硫化矿；金、银的浸出速度快。

硫脲法存在的主要问题是：浸出在酸性介质中进行，因而要使用较贵的耐酸设备，从而限制了其应用，对易于氰化的含金矿石更是如此；硫脲价格较高，消耗量较大，生产成本较高，只适用于氰化法难以处理或金、银品位较高的矿石。目前已发展一种硫脲提金的新工艺，该工艺加入 SO_2 用低浓度硫脲浸出，控制硫脲氧化，使每吨矿石的硫脲消耗量降至0.5kg，且脱金液不必再回收。

（二）水溶液氯化法

此法的出现（1848年）还早于氰化法，基本原理是用氯气通入水溶液或以硫酸酸化漂白粉产生初生态氯来溶解金：

$$CaOCl_2 + H_2SO_4 = CaSO_4 + H_2O + Cl_2$$

$$2Au + 3Cl_2 + 2HCl = 2HAuCl_4$$

溶液中的金被 Fe^{2+}（或 SO_2）还原：

$$AuCl_4^- + 3Fe^{2+} = Au + 3Fe^{3+} + 4Cl^-$$

$$2AuCl_4^- + 3SO_2 + 6H_2O = 2Au + 3SO_4^{2-} + 8Cl^- + 12H^+$$

已建立日处理矿石能力为500t 的连续实验装置，用二次氯化法处理金矿石，金回收率超过85%。此法仍处于实验阶段，但已用于含金或金、铂、钯品位较高物料的处理。

四、其他提取金、银的方法

混汞法是一种古老的提金方法，现多作为辅助工序在一些特定情况下使用（参见第三章）。对含银高的粗铅如不采用电解精炼时，可用加锌提银法处理。即将金属锌加到含银铅中，形成银锌合金，金也能生成稳定化合物，因银锌合金熔点较高（在636℃以上）成为银锌壳与熔融铅分离。银锌壳一般含3～10%银，50～80%铅，10～40%锌，先用熔析法脱铅后，蒸馏脱锌。获得的贵铅经灰吹精炼。此工艺仅有少量铅进入灰吹，从而提高了银的实收率和降低处理成本（为直接灰吹法的1/3），现仍有少数工厂使用。

第二节　含铂族金属硫化铜镍矿的富集提取

1936年前，铂及同族金属主要从砂矿中提取，工艺较简单，处理工艺和砂金矿相似，即用重选获得含铂族金属及金约60%的（高的达90%）精矿，后送精炼厂处理。现代铂族金属主要从含铂硫化铜镍矿中提取。除南非吕斯腾堡铂矿公司因处理麦伦斯基矿脉含有部分大颗粒的铂族矿物，仍先经过重选（现改为混合浮选后再重选）得到含30～40%铂族金属的富集物，直接送精炼厂处理外，其余的大部分铂族金属都是在铜、镍冶炼过程中富集回收。从铜、镍冶炼中回收铂族金属由于矿石品位及贵金属与铜、镍的比值不同，而有多种工艺流程。

一、含铂硫化铜镍矿的熔炼富集

硫化铜镍矿都是通过浮选获得铜、镍精矿或混合精矿，同时富集贵金属。精矿经熔炼得铜镍锍，铂族金属和金几乎全部进入铜镍锍中，损失主要由锍的机械夹带所造成。南非吕斯腾堡铂矿公司，处理含贵金属110～150g/t精矿，铂族金属的回收率为99%。中国处理含贵金属2g/t的精矿，铂族金属的回收率在90%以上。

铜镍锍含有大量的铁硫化物，目前几乎都采用转炉吹炼获得铜镍高锍的工艺，据考查，在1300～1400℃的吹炼过程中，铂、钯、金不发生氧化损失，只有少量机械损失（收率超过95%）；锇、钌部分氧化进入渣及挥发，回收率约60%；约20%铱入渣。贵金属的损失和熔炼的氧化状况及程度有关，主要损失发生在物料熔化前及吹炼后期。工业生产中，烟尘及吹炼渣返回熔炼或电炉还原熔炼贫化，而可将这部分损失在烟尘及渣中的贵金属再次回收。用氧气顶吹转炉高温吹炼铜锍或镍锍生产粗铜或粗镍时，贵金属主要富集在金属中。

二、铜镍高锍的处理

铜镍高锍主要是镍、铜硫化物的共熔体，含铁在1%以下。早期是采用1890年奥尔福特铜公司发明的“顶底法”，即用硫化钠处理高锍，使液态硫化铜大量熔入硫化钠（密度为1.9g/cm³）顶层，而较重的硫化镍（密度为约5.7g/cm³）留在底层，冷却后，两层可撞击分开，金、银主要进入顶层，而铂族金属富集于底层，分别从电解阳极泥中回收。1940年高锍缓冷、磨浮分离镍、铜硫化物成功后，很快就取代了顶底法，以后又发展了一些处理铜镍高锍的湿法和气化冶金方法。

（一）磨浮

当高锍缓冷时，在921℃下开始形成Cu_2S晶体，在700℃析出铜镍合金，到575℃时Ni_3S_2也开始析出，直至剩余液相（镍、铜和硫三元共晶的凝固点为575℃）完全转化成Cu_2S、镍铜合金和Ni_3S_2。在镍、铜和硫的共晶点，镍在固体Cu_2S中的溶解度低于0.5%，铜在固体β硫化镍中的溶解度约为6%。当温度降至520℃，β硫化镍转变为β′型，进一步析出其中的Cu_2S和金属相，此时铜在β′基体中的溶解度约为2.5%，当进一步降至371℃，β′硫化镍含铜低于0.5%。因此，要使铜、镍有效分离，关键在于控制好缓冷使铜、镍能充分结晶析出并成长为较大颗粒，以及控制含铁量。金属相的量由含硫量所决定。缓冷高锍破碎后，通过浮选和磁选分别获得铜、镍精矿及铜镍合金。

如国际镍公司铜崖冶炼厂的高锍约含22%硫，在980℃左右浇成25t的铸块，在缓冷坑中缓冷3d，温度降至480℃，移去保温盖再冷1d，至200℃。锤块、破碎、磨细至－200目占99%，先用磁选机选出金属相——镍铜合金后，再磨至95%－325目经浮选分离。产出的硫化镍精矿约含73%镍、0.6%铜，铜精矿含73%铜、5%镍，这两种精矿几乎不含贵金属。而产量约10%的磁性镍铜合金约含65%镍、20%铜，富集了高锍中的绝大部分贵金属，其中铂族金属占95%以上。

（二）选择性浸出

铜镍高锍中的各种硫化物在酸浸溶液中，按反应通式

$$MeS + 2H^+ = H_2S + Me^{2+}$$

的平衡pH值为：

Me	FeS	CoS	NiS	Ni_3S_2
pH	1.74	0.832	0.448	−0.474
MeS	ZnS CdS	$CuFeS_2$	CuS	Cu_2S
pH	−1.586 −2.62	−3.8	−7.09	−8.04

平衡pH较高的FeS、Ni_3S_2及CoS可用酸浸出，而较负的Cu_2S难于被酸浸出，故可用简单酸浸法使高锍中的镍、钴、铁与铜分离。在选择性酸浸出过程中，铂族金属几乎全部留于不溶铜渣中而得到富集。

如加拿大鹰桥镍公司用盐酸选择性浸出铜镍高锍，总反应式为：

$$Ni_3S_2+6HCl=3NiCl_2+2H_2S\uparrow+H_2\uparrow$$

铜镍高锍磨细至98%−325目，在70℃下用含镍25g/L、HCl 275g/L的溶液机械搅拌浸出12h，镍浸出率为98%，送去提取镍。98%铜留于浸出渣（渣率约30%）中，贵金属除部分银以$AgCl_2^-$络离子进入浸出液外，几乎定量富集在铜渣中。

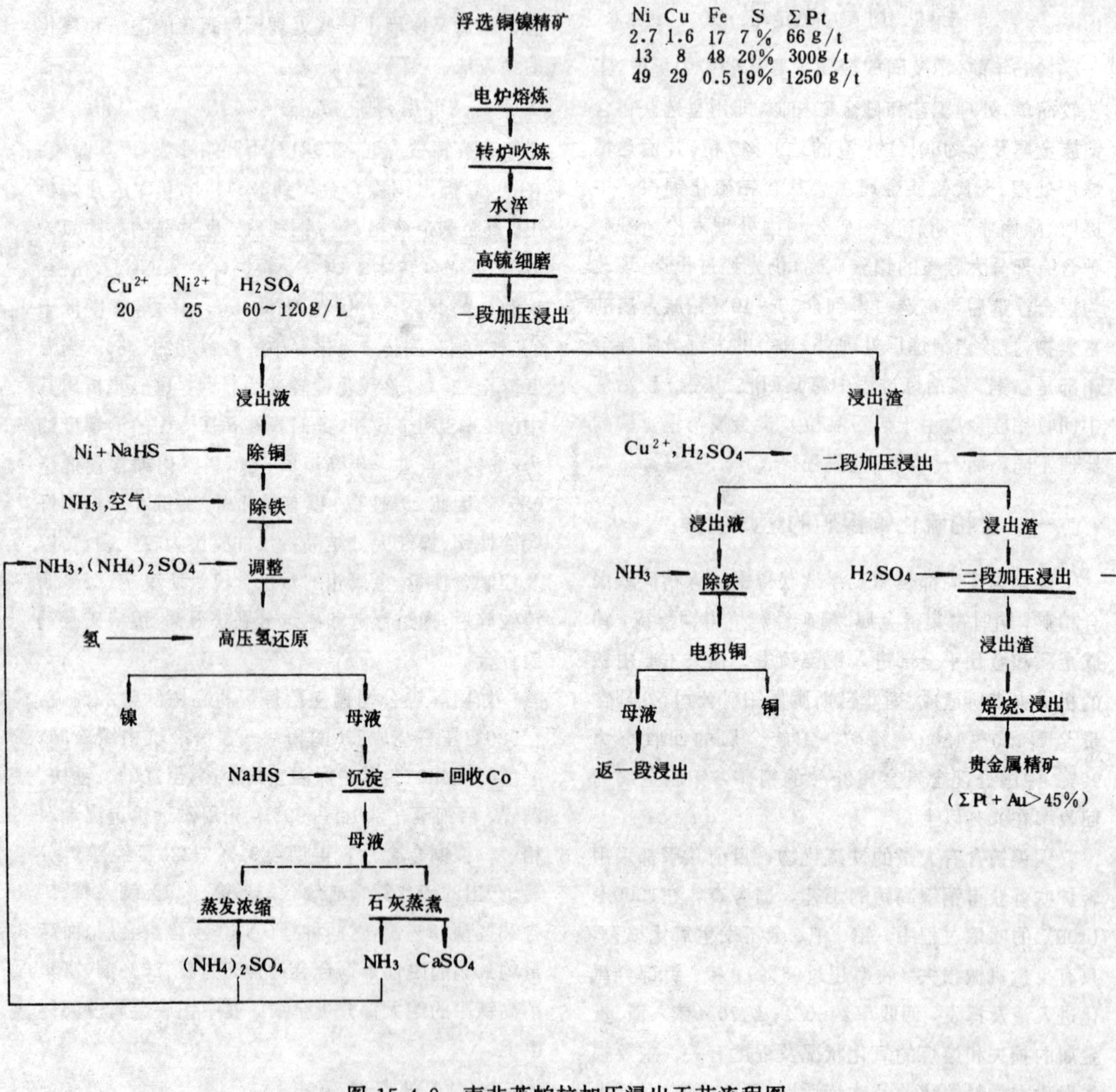

图 15-4-8 南非英帕拉加压浸出工艺流程图

芬兰奥托昆普公司用硫酸常压浸出含铜较低、含7%硫（铂族金属含量很低）的金属化高锍，最终残剩的含少量铂族金属的铜渣，送鹰桥公司精炼厂回收铂族金属。

（三）加压浸出

南非英帕拉铂矿公司将含铂族金属约1250g/t高锍细磨后，用三段加压浸出分离贱金属，其工艺流程见图15-4-8。

第一段优先浸出镍，为达此目的将浸出分为三个步骤：先不通氧，依靠溶液中的Cu^{2+}溶解镍：

$$CuSO_4+Ni_3S_2 \rightarrow NiSO_4+2NiS+Cu$$

然后于130～145℃、在氧气压力为0.101MPa（1大气压）下氧化硫化物：

$$Ni_3S_2+H_2SO_4+\frac{1}{2}O_2=NiSO_4+2NiS+H_2O$$

$$Cu_2S+H_2SO_4+\frac{1}{2}O_2=CuSO_4+CuS+H_2O$$

最后，停止供氧，将铜离子置换入渣：

$$NiS+CuSO_4=CuS+NiSO_4$$

获得含镍约100g/L、含铜在10g/L以下的溶液送去提镍。

第二段浸出其余贱金属，是在氧气压力为0.14MPa及135℃下，浸出4h，并按S/（Ni+Co+Cu）=1.2（摩尔比）计算，补加不足的硫酸。反应为：

$$NiS+2O_2=NiSO_4$$

$$CuS+2O_2=CuSO_4$$

$$Cu+H_2SO_4+\frac{1}{2}O_2=CuSO_4+H_2O$$

$$Ni+H_2SO_4+\frac{1}{2}O_2=NiSO_4+H_2O$$

$$FeS+2O_2=FeSO_4$$

各金属的总浸出率（%）为：Ni99.9，Co99.8，Cu98，Fe93。

第三段进一步浸出贱金属，提高贵金属在渣中的含量，浸出渣再经熔烧、浸出。经过第三段处理后，贵金属共富集300多倍，精矿中铂族金属和金共超过45%，其余含约30%SiO_2、约20%$PbSO_4$。

也可用此法处理铂族金属含量较低的高锍，但只能获得铂族金属品位较低的精矿。如处理中国含铂族金属约30g/t的高锍，富集物含铂、钯0.6%，它们的回收率分别为87%和92%，仅为贱金属的1/44。

三、电解富集

电解是贵金属的传统富集方法，不仅粗金属、合金，甚至连镍高锍也可用电解（或电溶）的办法处理，使贵金属富集在阳极泥中。过去认为贵金属电极电位正值最大，应能定量回收。但实践证明，这种说法对于铂、钯、金是基本正确的，而对于其他稀有铂族金属，则情况比较复杂。贵金属在电解中的损失，主要是由下列因素引起：

（1）铂族金属在阳极中多与重金属形成固溶体，或进入重金属硫化物晶格，反应活性增强，易于氧化溶解；若用硫化物阳极，因槽电压较高贵金属更易溶解；

（2）电解液中含Cl^-时，因铂族金属易与之生成稳定的氯配位化合物而使电极电位下降（见表15-4-2）。试验证实，铂族金属溶解损失随〔Cl^-〕浓度的增加而增加。

（3）为了提高生产率而提高电流密度也使铂族金属的损失增大。

表 15-4-2　金属及氯配合物标准电极电位对比

电极反应	$E°$, V	电极反应	$E°$, V
$Ru/RuCl_3$	+0.68	$Ru/RuCl_6^{2-}$	+0.40
Rh/Rh^{3+}	+0.80	$Rh/RhCl_6^{3-}$	+0.43
Pd/Pd^{2+}	+0.99	$Pd/PdCl_4^{2-}$	+0.62
		$Os/OsCl_6^{3-}$	+0.71
Pt/Pt^{2+}	+1.2	$Pt/PtCl_4^{2-}$	+0.73
Ir/Ir^{3+}	+1.15	$Ir/IrCl_6^{3-}$	+0.77
Au/Au^{3+}	+1.50	$Au/AuCl_4^-$	+0.98

对于铂族金属而言，最重要的是与镍生产有关的电解过程，已收集到的部分资料说明：铂、钯在电解过程中可能有少量损失，在造液时损失更大；稀有铂族金属，特别是铱、锇则严重分散。因此，当以提取铂族金属为主要目的时，电解并不是一种好的方法。

四、镍铜合金的单独处理

磨浮产出的镍铜合金，过去多用于造液或返回熔炼。现在，因为它富集了绝大部分贵金属，且品位比高锍高约10倍，因而已有不少工厂将其作为提取贵金属的主要原料而单独处理。主要工艺有加压酸浸，气化冶金和二次磨浮。

（一）加压酸浸

南非吕斯腾堡铂矿公司高锍含0.1～0.2%铂族金属，经磨浮得到高品位镍铜合金（含铂族金属1～2%），经过加压酸浸除去贱金属后，可得含铂族金属及金达60%的精矿，送精炼厂处理。

（二）气化冶金

1973年投产的国际镍公司新铜崖精炼厂，直接以镍铜合金、镍锍电解残极，汤普森精炼厂的镍锍电解阳极泥热滤脱硫渣及其他含镍中间物料为原料，经过氧气顶吹-水碎-高压羰化处理，产出高纯镍粉、镍丸。羰化条件为：温度180℃，CO压力为7.07MPa。羰化渣加压酸浸（硫酸）电积铜，再从不溶渣中提取铂族金属。

（三）二次磨浮

含贵金属较低的镍铜合金，可用二次磨浮富集。如国际镍公司铜崖冶炼厂将镍铜合金在电炉中硫化熔炼，并与反射炉产出的低锍一同加入转炉。从转炉产出的二次高锍经磨浮磁选分离出二次合金（贵金属含量约为一次高锍的100倍）熔铸为阳极电溶，从阳极泥中提取。中国某厂因一次高锍含铂族金属很低，约28g/t，经二次磨浮，所得二次合金仅含0.22%铂族金属，尚需经过一系列处理，才能获得可供精炼处理的贵金属富集物。中国科技工作者针对物料特点，采用盐酸选择性浸出镍，控制电位氯化浸出铜，浓硫酸酸煮后四氯乙烯脱硫，获得约含14%的铂族金属精矿，供进一步处理。

五、含铂族金属硫化铜镍矿处理的典型工艺

根据贵金属品位和其与铜、镍的比值不同等资源特点，出现不同的处理目的和工艺流程。如南非矿含铂族金属高，一般含3～8g/t，平均为5g/t，含铜、镍低，分别为0.11%、0.19%，以提取铂族金属为主；加拿大萨德伯里矿的铂品位0.4～0.8g/t和中国某矿约含铂族金属0.4g/t，因这两种矿的贵金属含量低，而以提取镍为主；前苏联诺里尔斯克矿含铜镍和铂族金属都高，则同时回收。但在含铂族金属硫化铜镍精矿中，由于镍、铜与贵金属相比，仍是主要的，故工艺流程都与镍、铜冶炼密切相关。目前，国内外几个主要生产厂的代表性工艺流程见图15-4-9～15-4-12。从这些流程图中可知，原矿品位越低，富集过程越长，铂族金属的相对损失越大。

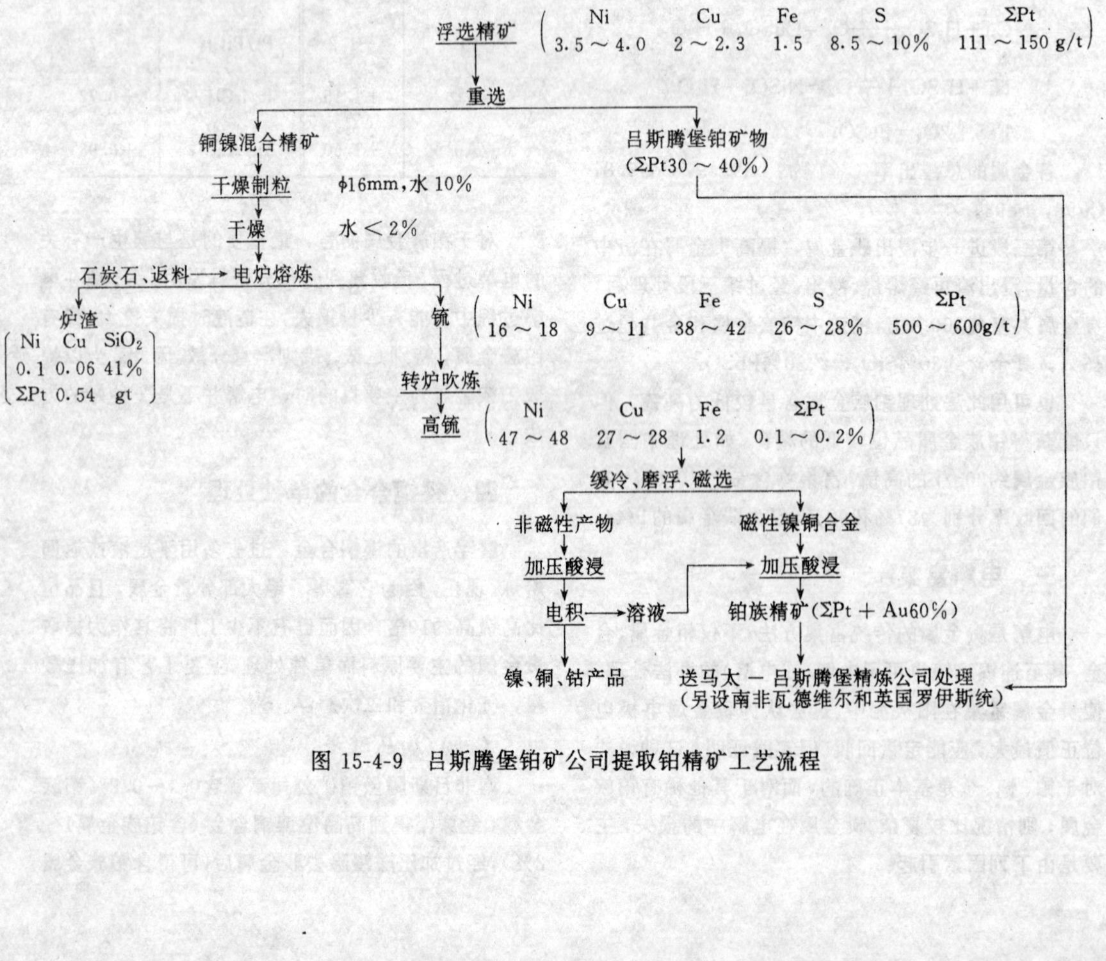

图 15-4-9 吕斯腾堡铂矿公司提取铂精矿工艺流程

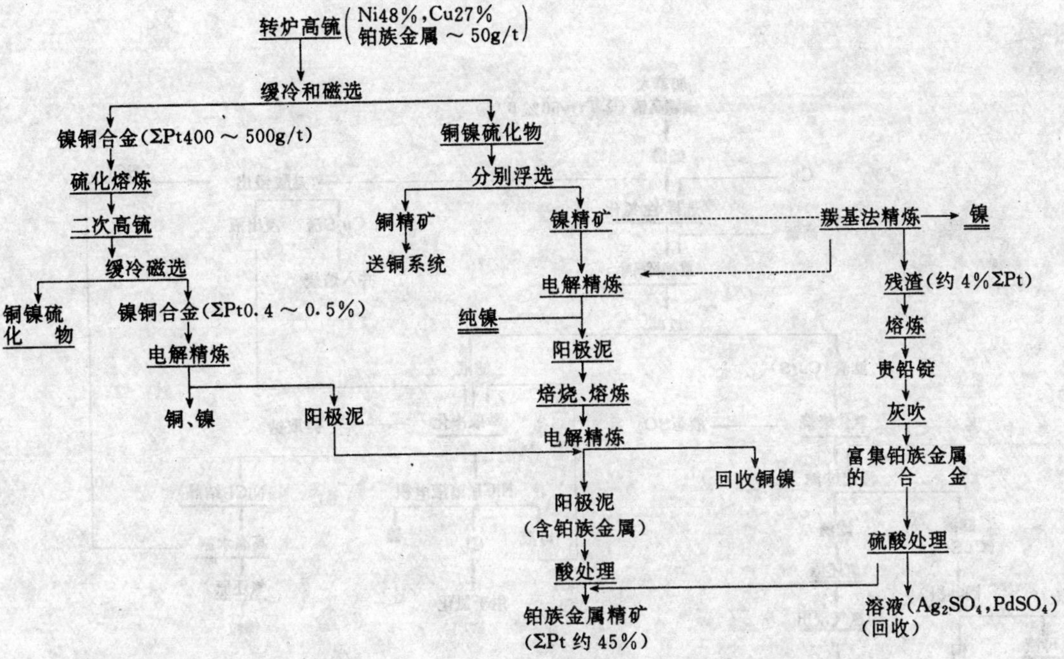

图 15-4-10　加拿大萨德伯里铂族金属回收工艺流程

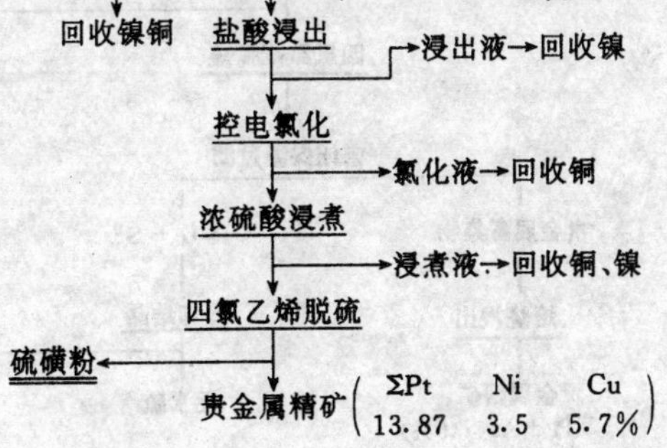

图 15-4-11　中国某厂镍铜合金单独处理提取铂族金属精矿工艺流程

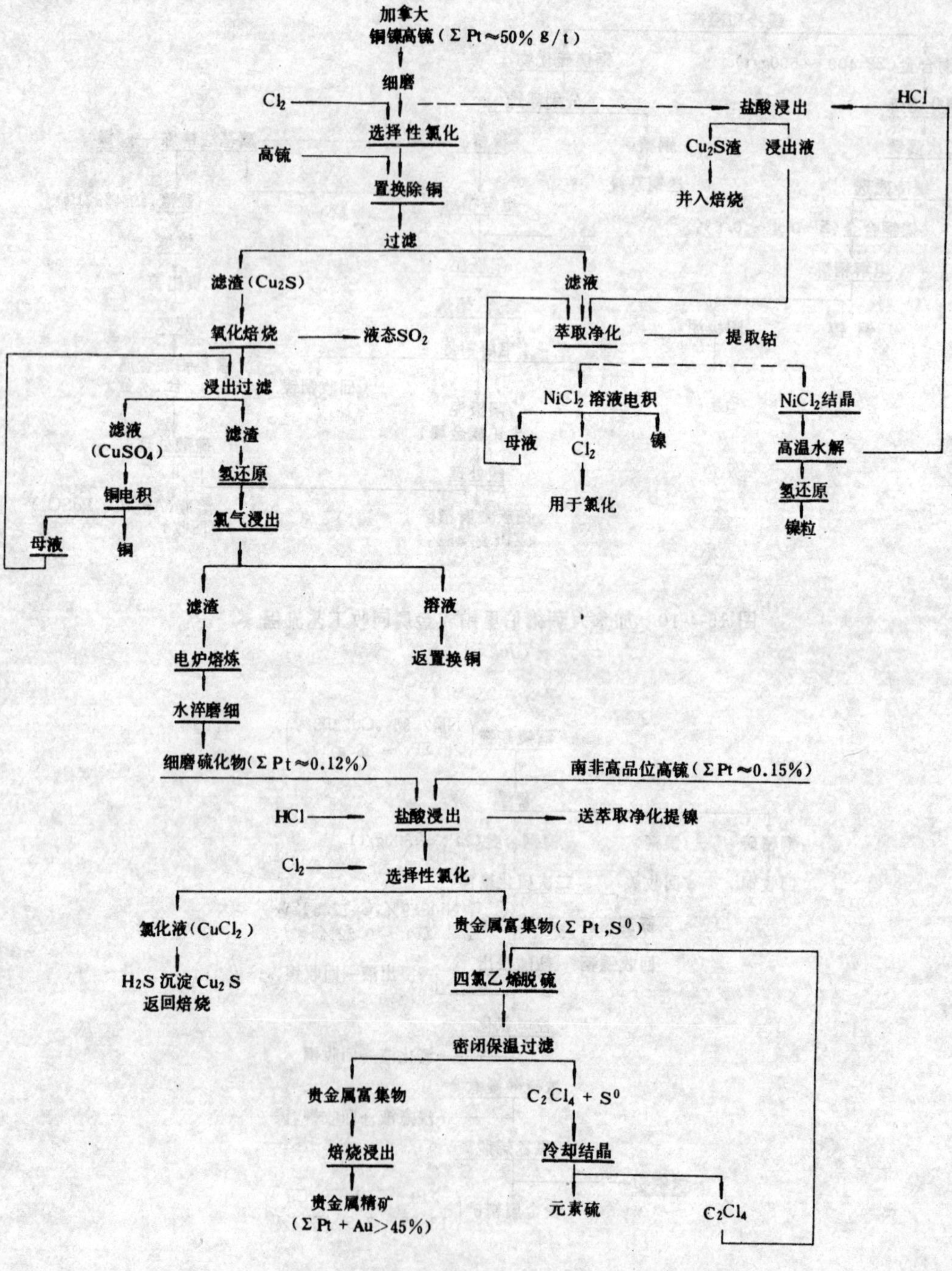

图 15-4-12 加拿大鹰桥镍矿公司高锍处理工艺

第三节　冶金副产品中贵金属的综合回收

镍、铜、铅、锌等重金属矿物中，往往含有一定数量的金、银和铂族金属。这些矿石通常在选矿富集后，精矿用熔炼－电解的工艺处理，其中的贵金属主要富集在阳极泥中，从而成为重要回收对象。随着技术的发展，现有一部分矿石或精矿采用湿法冶炼、蒸馏或其他方法处理，使贵金属回收对象多样化，回收工艺也相应有了变化。

一、镍阳极泥的处理

不久前，镍电解阳极泥曾是提取铂族金属的主要原料。至今，前苏联的诺里尔斯克、加拿大国际镍公司仍主要从镍阳极泥中提取铂族金属。用得较多的方法是把磨浮所得镍精矿铸极板电解，或经氧化焙烧-还原熔炼获得粗镍后电解。

如加拿大汤普森精炼厂，将含20%硫，铜低于2.6%的硫化镍精矿熔铸为阳极进行电解，得纯度超过99.95%的电镍。阳极泥含有95%的元素硫，其余为硫化物硫及镍、铜、铁、硒和贵金属。将阳极泥与残极分开，洗涤后，用热滤除去元素硫，热滤渣含镍、钴共约18%，铜约2.6%，贵金属含量约为阳级的50倍（图15-4-13）。中国某厂在初期也采用与汤普森精炼厂相似的工艺（图15-4-14），后来对热滤渣的处理加以改进，采用了如图15-4-15所示的新工艺流程。

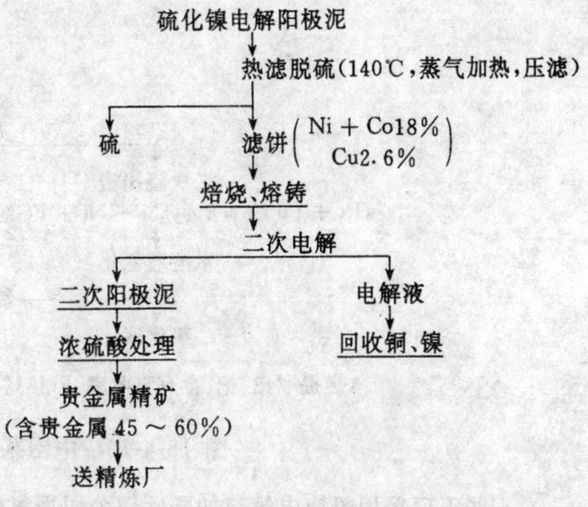

图 15-4-13　汤普森精炼厂阳极泥处理工艺

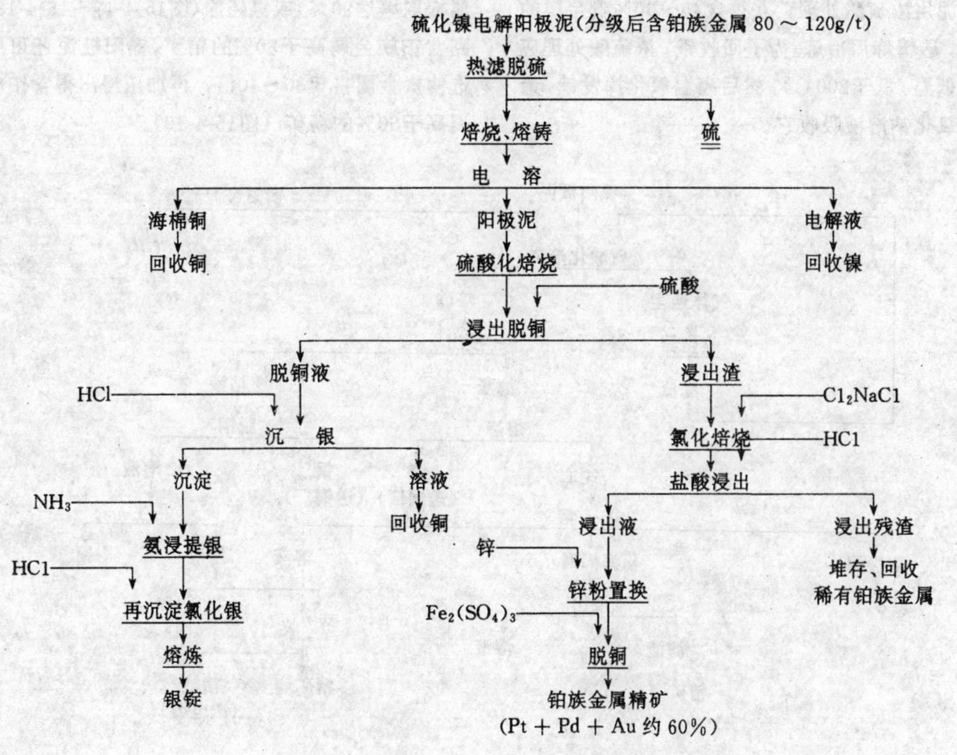

图 15-4-14　中国某厂硫化镍电解阳极泥处理工艺

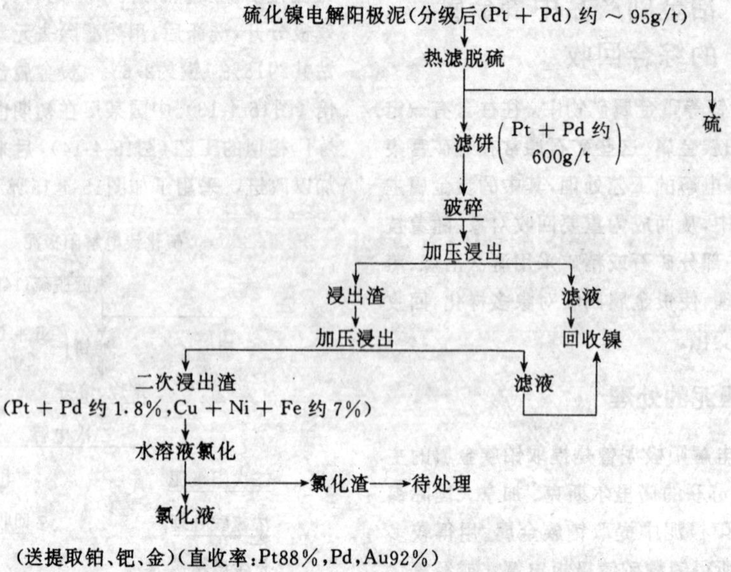

图 15-4-15 中国某厂镍电解阳极泥处理新工艺

一些工厂采用粗镍电解，如国际镍公司用氯化物电解(1942年)所得阳极泥(主要成分为：35%Ni、20%Cu、2～3%Fe，余为 SiO_2、$PbSO_4$等)含0.5～0.8%贵金属，经过熔炼造渣，铸成阳极二次电解，二次阳极泥用浓硫酸处理，获得含45～60%贵金属的富集物，送精炼厂冶炼。为了回收锇，浓硫酸处理应控制在低温(低于200℃)，然后高温氧化挥发锇，最后用氢氧化钠溶液吸收它。

前苏联的一些铜-镍工厂所产阳极泥含铂族金属较高，处理的原则流程图见图15-4-16，所得Ⅰ、Ⅱ、Ⅲ3种铂族金属精矿送精炼。富铂族阳极泥在盐酸溶液中通氯气浸出，胺类萃取(四级萃取，铂族金属提取率达99%)或氢还原(图15-4-17～15-4-18)得到含铂族金属高于50%的精矿。镍阳极泥还可用浮选使贵金属富集30～40倍，再加压浸出得含铂族金属高于60%的精矿(图15-4-19)。

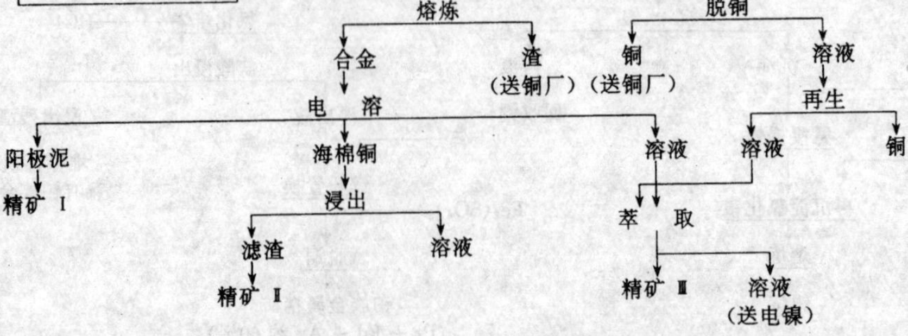

图 15-4-16 前苏联的一些铜、镍工厂阳极泥处理原则流程

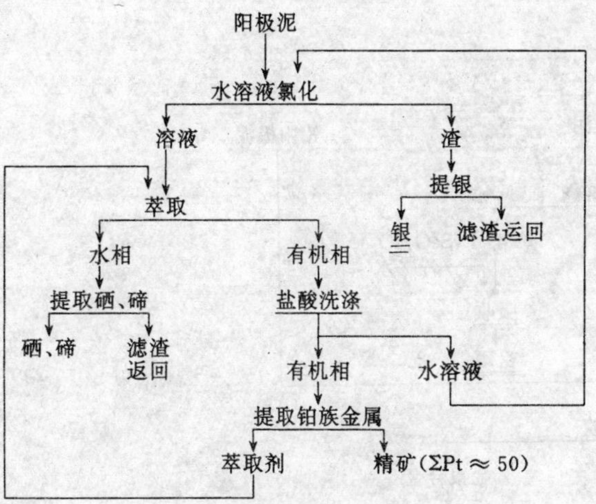

图 15-4-17　前苏联富铂族金属阳极泥水氯化和萃取工艺原则流程

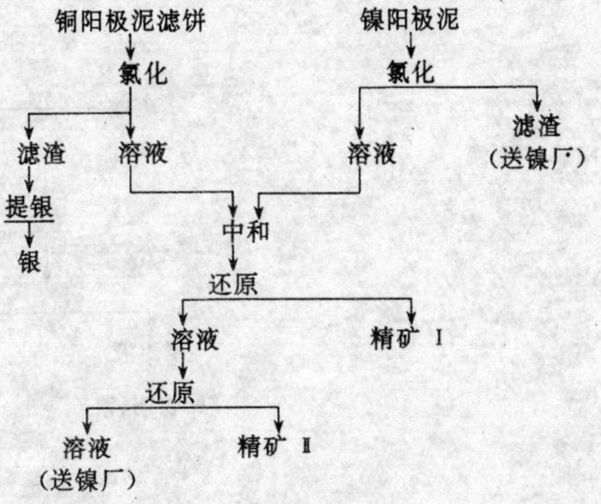

图 15-4-18　前苏联富铂族金属阳极泥氯化和氢还原工艺原则流程

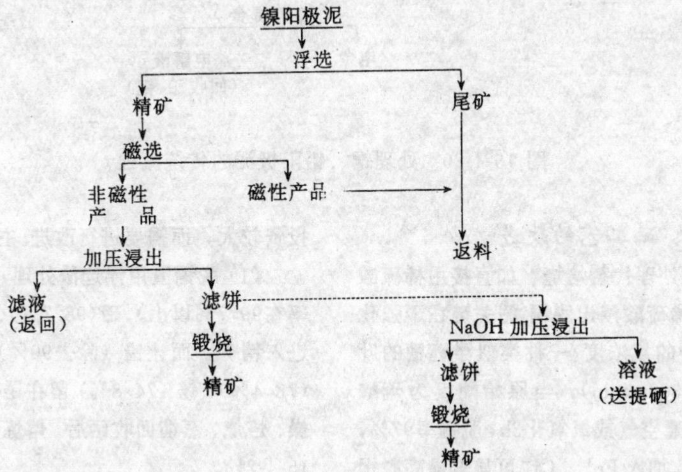

图 15-4-19　前苏联富铂族金属阳极泥浮选和加压浸出工艺原则流程

二、铜、铅阳极泥的处理

铜、铅阳极泥富集了矿石中所含的贵金属，如含金5g/t 的铜精矿，经过处理得产率0.043%的阳极泥，含金达9279g/t，金富集1856倍。有的阳极泥含金还高达2.8%。对于铜、铅阳极泥，金、银是主要回收对象，一般含铂族金属很少。铜阳极泥一般成分为(%)：Cu10～66，Ag1～45，Au0.1～0.2，Se2～28，Te0.1～8，As0.2～5，Bi0.001～1，Sb0.05～10，Pb1～25，Ni0.05～1，Co0.02～0.1，Fe0.05～1，S2～10，$SiO_2$0.2～6，$Al_2O_3$0.5～1.5。铅阳极泥与铜阳极泥成分差不多，但比前者的金、硒、铜低，而铋、砷、锑较高。阳极泥的传统工艺是先脱除铜、硒（一般用硫酸化焙烧-浸出工艺，亦有的将脱铜、硒分开）后熔炼贵铅，灰吹（氧化精炼），金、银电解（图15-4-20）。此流程的工艺过程多，周期长，金、银直收率不高，对环境污染较严重，故不断进行改进。但由于传统工艺贵金属总回收率不低（到成品，金、银、铂的回收率为99%，钯为98%）和已有设备投资大，处理物料适应性强，不少大厂都经过重大改进后继续使用。改建和新建厂的新工艺主要包括脱铜、硒工艺的强化，以选冶联合或湿法流程代替贵铅熔炼及灰吹，用湿法代替电解精制金、银。

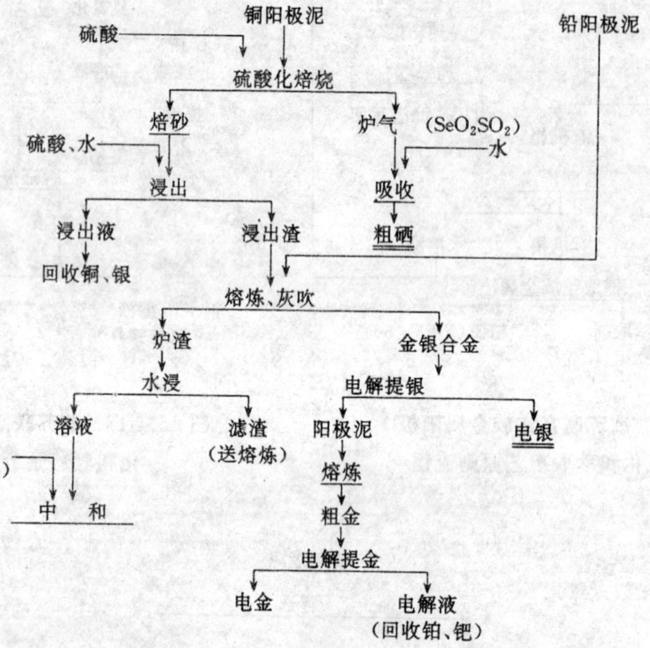

图 15-4-20　处理铜、铅阳极泥的传统流程

（一）脱铜、硒工艺的改进

主要是以湿法处理代替焙烧，如直接用稀硫酸浸出脱铜。直接用稀硫酸浸出脱铜 的关键在于强化搅拌和提高溶液中的氧浓度。一种类似浮选槽的叶轮搅拌槽（300～600r/min），当原始酸度为硫酸100g/L，在80℃下通空气或氧氧化3h，脱铜率97%，渣含铜降至0.29%。加入 Fe^{3+}、Cl^- 可显著提高脱铜速率。脱铜后，控制通氯气量或加 $NaClO_3$、H_2O_2 等氧化剂，使硒、碲溶解，而贵金属不溶；或阳极泥陈化（低温氧化）后酸浸一并溶解铜、硒等。也有的用水溶液氯化，使之一道溶解，再分别还原沉淀及直接浸出或加压浸出。

（二）选冶联合及湿法除铅

熔炼贵铅和灰吹是处理铜、铅阳极泥传统工艺的核心，这种工艺的金、银回收率高，且直接获得金、银合金便于下一步提纯和得到产品。但这种传统处理工艺对环境污染严重，特别是中、小厂，为了改善劳动条件，需配备完善的收尘及废气处理系统，导致投资较大，而需要进行改进。主要的改进方法有：

(1) 脱铜渣用浮选法处理，使金、银、硒（回收率在99.7%以上）、碲(98.7%)、铂、钯(超过91.5%)进入精矿，而让铅（除去90%）、砷（约86%）、锑(78.4%)、铋（74.8%）留在尾矿中，浮选精矿经干燥、焙烧、蒸馏回收硒后，熔炼成金银合金（参见图15-4-21）。

(2)湿法除铅，如用碳酸钠溶液浸煮后加硝酸脱铅。浸渣用水溶液氯化，使金(溶解率约99.7%)、铂、钯进入溶液，然后用 SO_2、草酸等还原直接得纯金，进一步回收铂、钯。氯化渣中的银用氨浸提取（参见图15-4-22)。

（三）阳极泥处理新工艺

阳极泥处理工艺的改进和新流程的出现是多种多样的，但合理的先进的工艺流程总是针对原料特点和工厂的条件而精心组合，确定的。目前，较有代表性的新工艺有选冶联合流程（图15-4-21)，全湿法流程（图15-4-22、图15-4-23)。

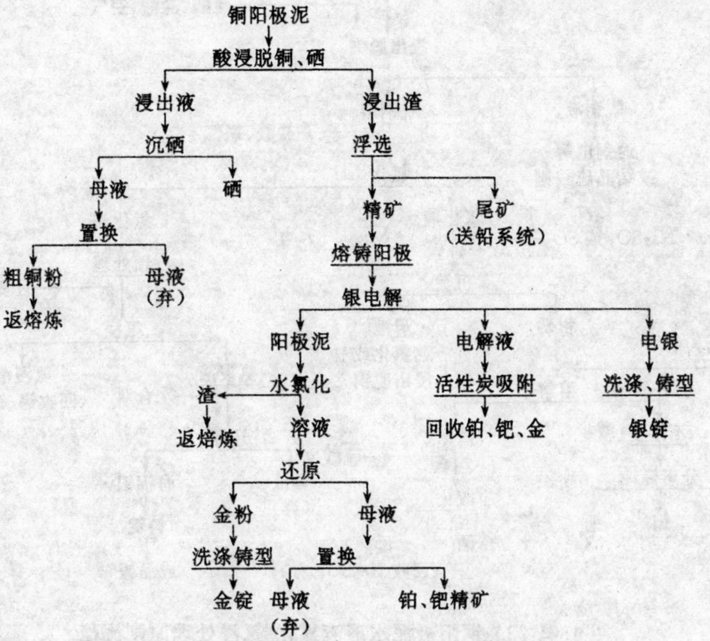

图 15-4-21　铜阳极泥选冶联合流程

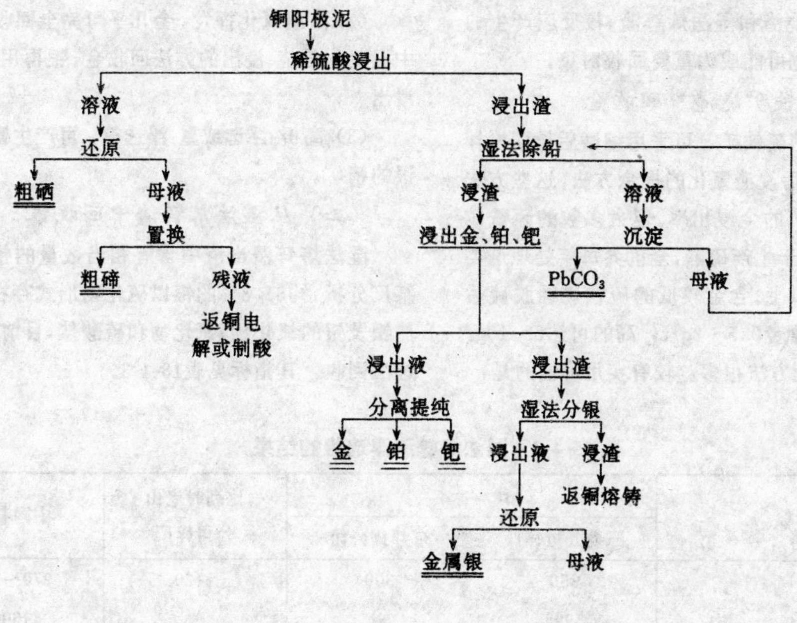

图 15-4-22　铜阳极泥全湿法处理原则流程

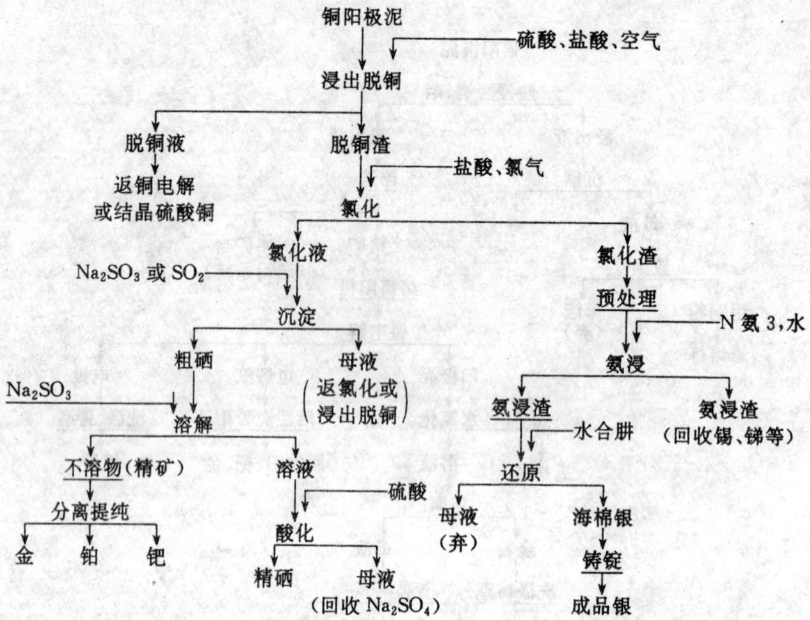

图 15-4-23 铜阳极泥水溶液氯化-氨浸处理原则流程

三、从其他副产品中提金

含贵金属的冶金副产品还很多，其中较有回收价值的是黄铁矿烧渣和湿法炼锌渣。核反应产生的含贵金属废料，也可能成为重要回收对象。

(一) 从黄铁矿烧渣中回收金

含金量较高的硫铁矿，可采用细磨后长期搅拌氰化或焙烧-水浸后浸渣氰化的提金方法，这些方法可以获得超过85%的金浸出率。但大多数的硫铁矿含金较低，主要用于生产硫酸，全世界每年处理这类矿石在3000万 t 以上。含金较低的硫铁矿经脱硫后所得的烧渣一般含金0.5～2g/t，高的可达5～10g/t。这类烧渣的处理方法很多，较有实用价值的是：

(1) 硫酸化焙烧-酸浸，或加压浸出，除去可溶性贱金属，残渣用氰化物或硫脲溶液浸出(烧渣含金25g/t 时，金收率达99%) 回收金。

(2) 高温氯化挥发，金几乎可完全回收；亦可用中温氯化焙烧-浸出的方法回收金，银再用其他溶剂浸出。

(3) 离析-浮选或重-浮选等，可产生富集了金、银的精矿。

(二) 从湿法炼锌渣中回收银

湿法炼锌浸出渣中含有相当数量的银。据中国某厂分析，约61.8%的银以硫化物形式存在，余为自然银及银的氧化物、氯化物和硫酸盐，目前多采用浮选法回收，其指标见表15-4-3。

表 15-4-3 湿法炼锌渣浮选银的结果

浮选指标	日本		比利时老山公司锌厂	中国某厂
	三菱公司锌厂	东邦锌公司		
浸出渣含银，g/t	350	300	1120	270～360
浮选精矿含银，g/t	5998	—	—	约6000
浮选尾矿含银，g/t	80～100	80～100	180～190	80～100
银回收率，%	77.9	60	65～90	60～70

浮选精矿可用浓度为20%的硫脲溶液加氧化剂如 H_2O_2 浸出，过滤后以银量的10%的铝粉置换银，

银几乎可被全部回收。亦可用硫酸化焙烧-浸出、SO_2还原的工艺回收银，如图15-4-24所示。

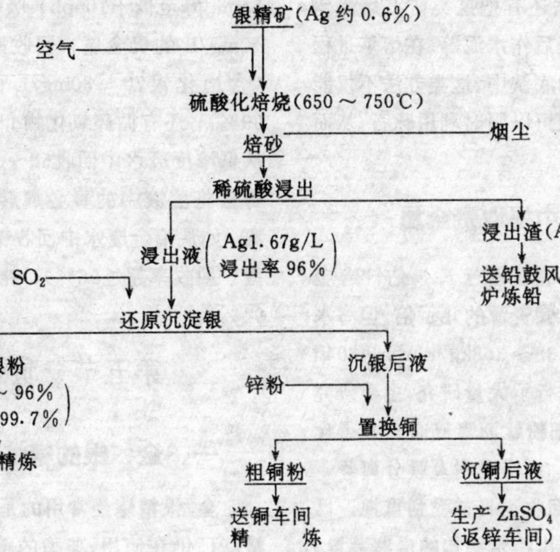

图 15-4-24　某银精矿处理流程

第四节　低品位贵金属资源利用的新途径

一、低品位铂族矿的综合利用

一些铂矿资源含铂族金属在2g/t以下，且铜、镍含量也低于0.3%，因此，无论是铂族金属或铜、镍都无单独回收价值。且此类矿石氧化程度较深，伴有大量蛇纹石，选矿效果不佳。

中国对这类低品位铂矿的综合利用进行了研究，其中比较好的方法是将铂矿与磷矿在鼓风炉中共熔，获得农用钙镁磷肥，而将铂族金属及铜、镍富集在磷镍铁中，经吹炼进一步富集后分离提纯铂族金属（见图15-4-25）。此工艺已进行过工业试生产，

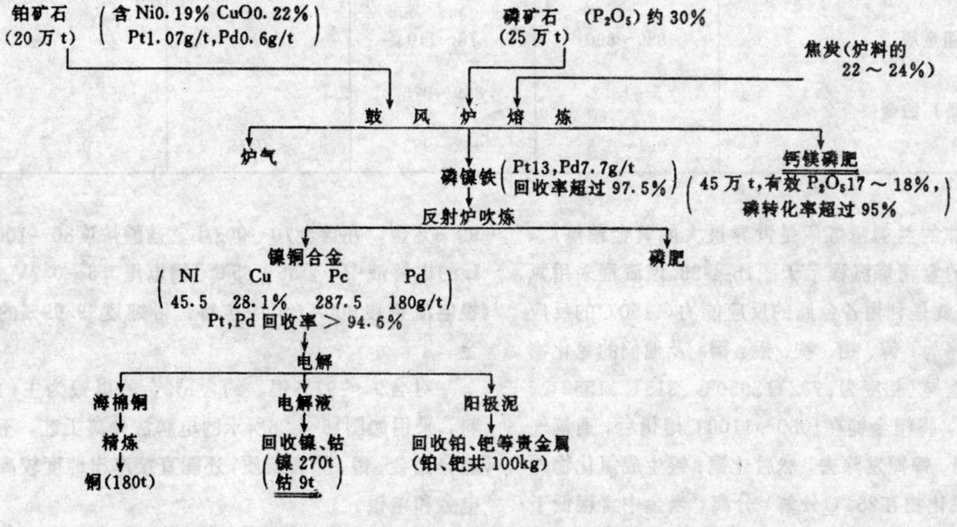

图 15-4-25　某低品位铂矿综合利用流程

括号内为试生产数据及计算结果

现已正式建厂。类似的方法还有把这类矿石熔炼铸石；或配料熔炼，熔渣破碎后作水泥等。在熔炼过程中，贵金属皆富集在副产的底铁中。这类方法不仅能综合利用有价金属，而且还可以同时利用脉石，从而提高了综合利用的价值。

二、从海水和废液中提取贵金属

海洋是一个巨大的潜在资源宝库，估计含金1500～1800万 t，为陆上已知资源的几百倍。但海水的金浓度极低，一般为0.38～3.8kg/km^3。近20年来，国外对海水提金工艺进行了大量研究，主要研究的工艺有离子交换，加入细粉状沥青或通H_2S得含金固态物后进行固液分离，纤维吸附及膜分离等。

废液中微量贵金属的回收也日益受到重视，已报道的主要方法有：已研制出特殊结构的电解装置，可将废液中微量的金降至0.2ppm，银降到2ppm；离子交换法；活性炭（对含金0.1mg/L的尾矿回水，金提取率达99%）或纤维（可将废定影液中的的银由5ppm降至低于10ppb）吸附；离子浮选（对×～××mg/L的贵金属，回收率达94～98%）及电浮选（含卤化银70～80mg/L的废液中银的回收率达99%）；还有循环氧化物介质提取流程（ROME）可从低浓度废水中回收50～60%的金、铂、钯；以饱和霉菌将溶液中的贵金属转化为不溶形态与介质分离，如从冶金废水中回收铂、钯、金（用芽枝霉素真菌，回收率超过96%）、铑、钌、（木霉素真菌超过94%）。

第五节 贵金属的精炼

一、金、银的精炼

金、银精炼最常用的是电解精炼法，至今各主要精炼厂仍在使用。典型的精炼原料及主要成分见表15-4-4。铜阳极泥金银合金处理的原则流程见图15-4-20。

表 15-4-4 金、银精炼原料的典型成份

物料名称	含量，‰			
	Au	Ag	Pt	Pd
前苏联铜电解厂的金银合金	20～100	850～950	0～1.5	0～3
前苏联铅锌厂的金银合金	1～35	950～995	0～0.01	0～0.1
南非的粗金块	880～890	70～110	—	—
中国冶炼厂的金银合金	5～13.2	869～975	—	—
	0.4～9.3	942～982	<0.15	0.7

南非的兰德精炼厂是世界最大的黄金精炼厂，其所用的金精炼流程示于图15-4-26。该流程采用氯化精炼，就是利用各金属的反应能力（1150℃的反应能力顺序为：锌、铅、铁、银、铜）及他们的氯化物沸点的差异（相应为：732℃、950℃、315℃、1550℃、1490℃），将粗金锭在1050～1100℃熔化后，通氯气使铁、铅、锌挥发除去，然后让铜、银生成氯化物与金（其氯化物在254℃分解）分离，当金中含银低于0.35%时停止精炼。锌、铅、铁、银和铜的氯化作用曲线见图15-4-27。精炼后所铸造的阳极含99.5～99.6%金，在含金70～90g/L、盐酸浓度80～100g/L的电解液中，于55～65℃、槽电压0.5～0.7V、阳极电流密度600A/m^{2}中电解，得纯度99.99%的纯金。

对含94～97%银、约含1%金的以银为主的物料，采用如图15-4-28所示的电解法分离工艺，不仅能分离金、银，除去杂质，还能直接产出纯度较高的电金和电银。

银电解精炼的电解过程，可近似地用下列电化学系统表示：

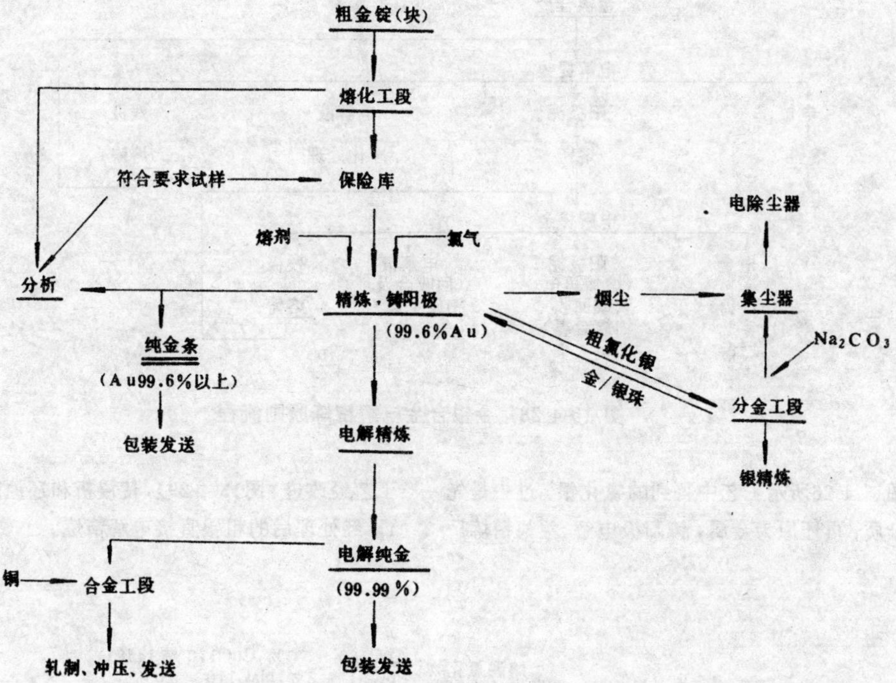

图 15-4-26　兰德厂金精炼流程图

Ag（纯）|$AgNO_3$，HNO_3，H_2O|Ag（粗）

为了缩短电解周期及防止半价银离子的形成，一般用较高的电流密度（阴极250～450A/m²）在硝酸银的酸性介质（电解液含银100～150g/L，$HNO_3$2～8g/L，铜不多于60g/L）中电解，槽电压1.5～2.5V，电流效率约90%，每吨银电耗约510kW·h，电银纯度超过99.9%，一般可达99.99%。阳极泥约为阳极重的8%，一般含50～70%金、30～40%银，可采用硝酸分银，或二次电解提银。

含金量高于90%的物料，多用电解精炼，其过程可近似表示为：

Au（纯）|HCl，$HAuCl_4$，H_2O|Au（粗）

为了减少银对金电解的影响（银易生成AgCl，当量多时附着在阳极表面，造成阳极纯化）可同时输入交流电、直流电（比值为1.1～1.5）形成非对称的脉动电流。电解液一般含金250～350g/L，HCl150～300g/L，阴极电流密度500～700A/m²（有的高达1300～1700A/m²），槽电压0.3～0.4V，电流效率达95～98%，阴极金品位超过99.95%（一般可达99.99%）。金中的银，亦可用硫酸或硝酸溶解法分离，但这种方法一般仅在小规模生产时使用。

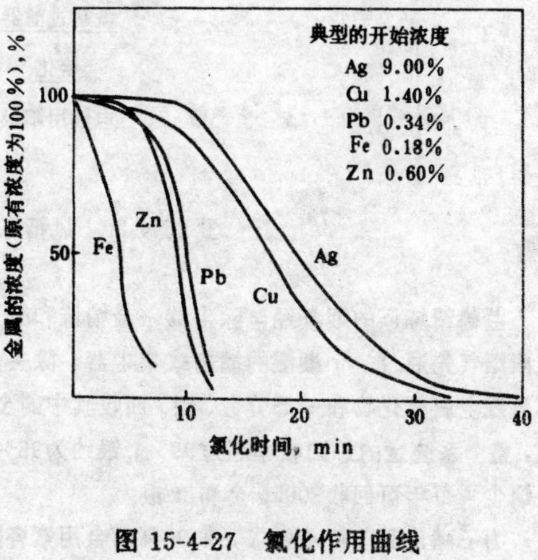

图 15-4-27　氯化作用曲线

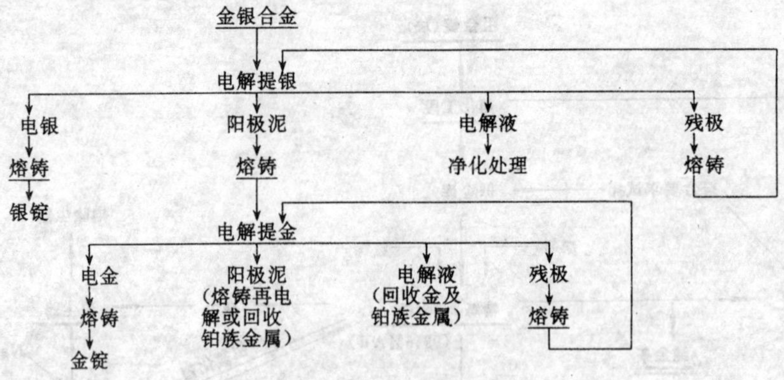

图 15-4-28 金银合金电解精炼原则流程

图15-4-26所示工艺中得到的氯化银，过去是先浸析杂质，再还原为金属，铸阳极电解。兰德精炼厂工艺经改进（图15-4-29），使浸析和还原时间缩短3/4，经处理后的粗银直接电解精炼。

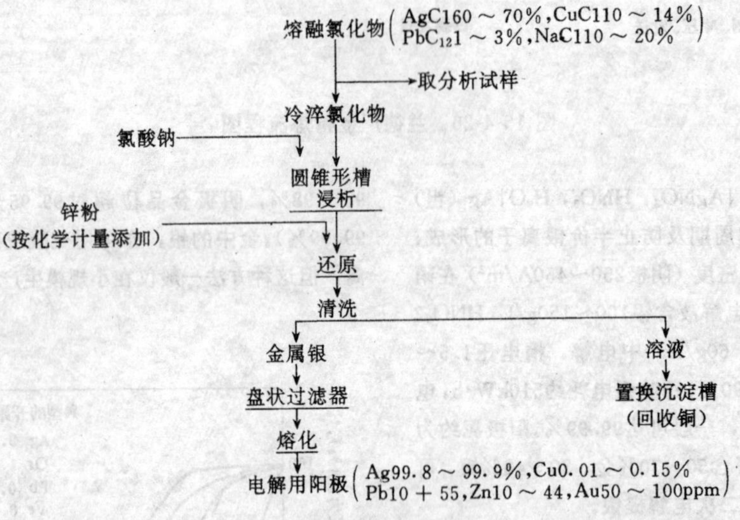

图 15-4-29 氯精炼金时所得粗氯化银处理工艺

兰德精炼厂的烟气经电除尘器（金精炼和分金工段烟气先通过一个潮湿的撞击式集尘器，除去大部分贱金属氯化物和一部分金、银）回收其中的金、银，整个系统金的总回收率超过99%，银约为98%。从烟尘中每年可回收300kg 金和2t 银。

为了满足某些特殊要求，99.99%的金用素瓷隔膜电解造液，经萃取提纯可使金纯度达到99.999～99.9999%，金总回收率超过98%。以99.99%银为原料，在硝酸银溶液中电解精炼，可得99.999%的高纯银粒。

随着一些湿法工艺的发展，部分金、银已用其他精炼方法。如氯化银渣采用氨浸，蒸氨后盐酸中和，铁置换氯化银的工艺，可得含银99.9%的银粉；氨浸-水合肼还原能产出99.98%的纯银；氨浸热分解所得氯化银，加热 NaOH 溶液处理生成 AgOH，以葡萄糖还原可得纯度为99.999%的银。又如，水溶氯化液中的金，用 SO_2 或草酸还原可产出99.95～99.99%的纯金；二丁基卡必醇萃取可得99.99%纯金；乙醚和 C_5～C_{12}的脂肪醚萃取，能生产高纯金和99.9999%的超纯金。

二、铂族金属的分离和提纯

历史最悠久的约翰逊-马太公司阿克顿精炼厂原有的代表性贵金属精炼传统工艺，在本世纪70年代已作了重大改进（见图15-4-30、15-4-31）。即：金用二丁基卡必醇萃取-草酸还原，代替硫酸亚铁还原-电解精炼法；制定了有效回收锇的工艺；铑、钯用甲酸还原，直接获得产品，代替沉淀-煅烧-氢还原的方法。加拿大国际镍公司为了避免锇在焙烧及王水溶解时的损失，采用先蒸馏回收的办法使回收率达75%（图15-4-32）。

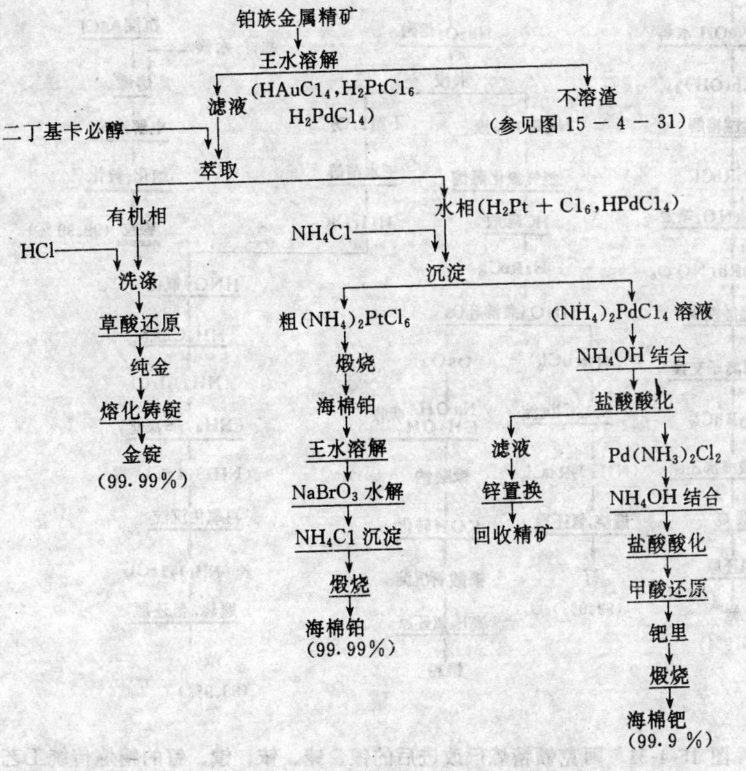

图 15-4-30 阿克顿精炼厂改进后的铂、钯、金精炼传统工艺

贵金属精炼的传统工艺的主要缺点是过程多，周期长，贵金属积压量大。因此，近十多年来研究了不少新工艺，其中最有发展前途的是溶剂萃取工艺，已在罗伊斯统（属马太-吕斯腾堡精炼公司）建厂和对斯皮林精炼厂（属英帕拉铂矿公司）及阿克顿精炼厂进行技术改造。其工艺各有特点（见图15-4-33～35）。

在上述工艺中，铑都是放在最后回收，这固然是由于其性质，特别是铑、铱分离困难而造成的，但使铑直收率降低。现在的改进是：利用铑、铱可转化为配阳离子，且稳定性不同而有效分离；或使铱全部转化为四价（如经中温氯化处理）而萃取分离。

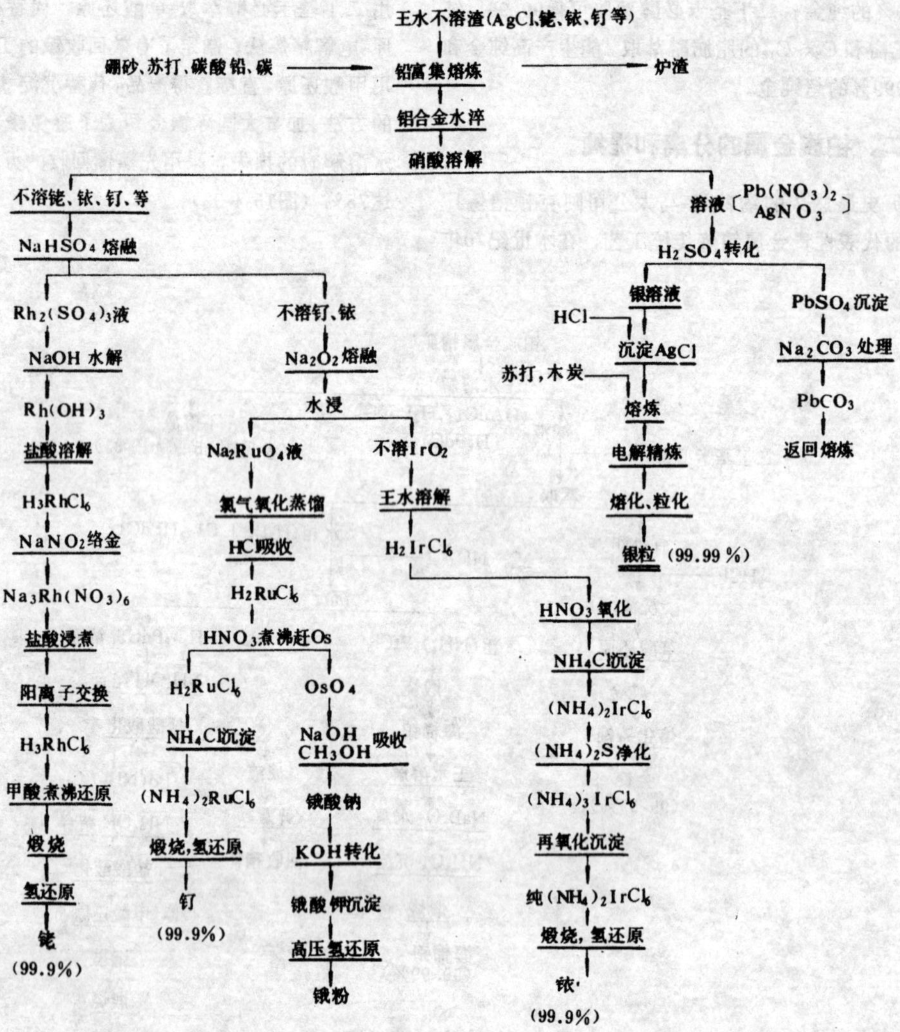

图 15-4-31 阿克顿精炼厂改进后的银、铑、铱、锇、钌的精炼传统工艺

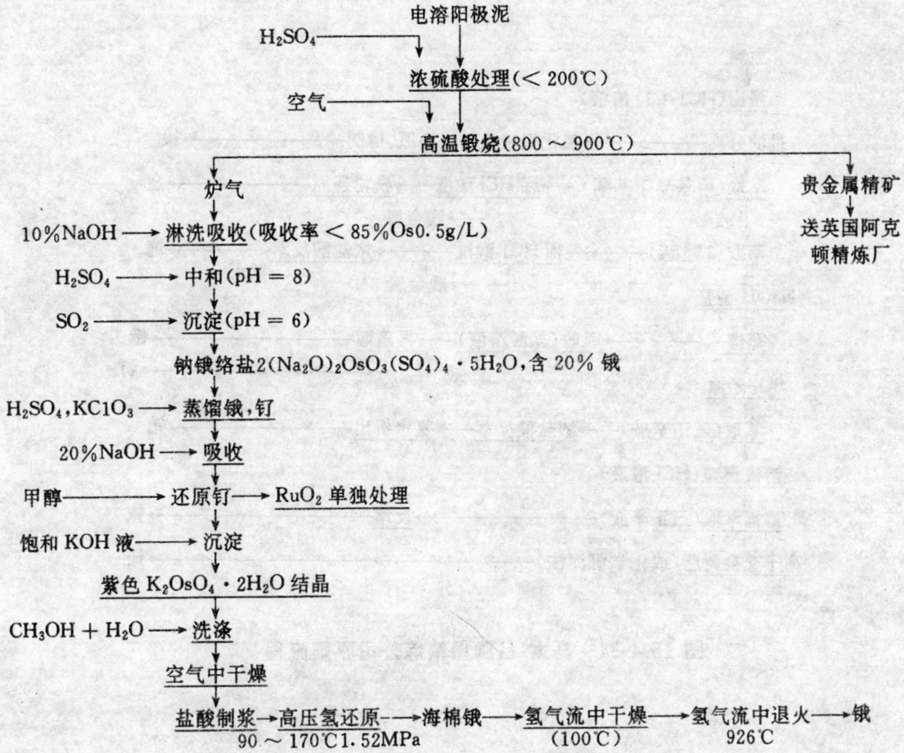

图 15-4-32　国际镍公司从阳极泥中回收锇的工艺

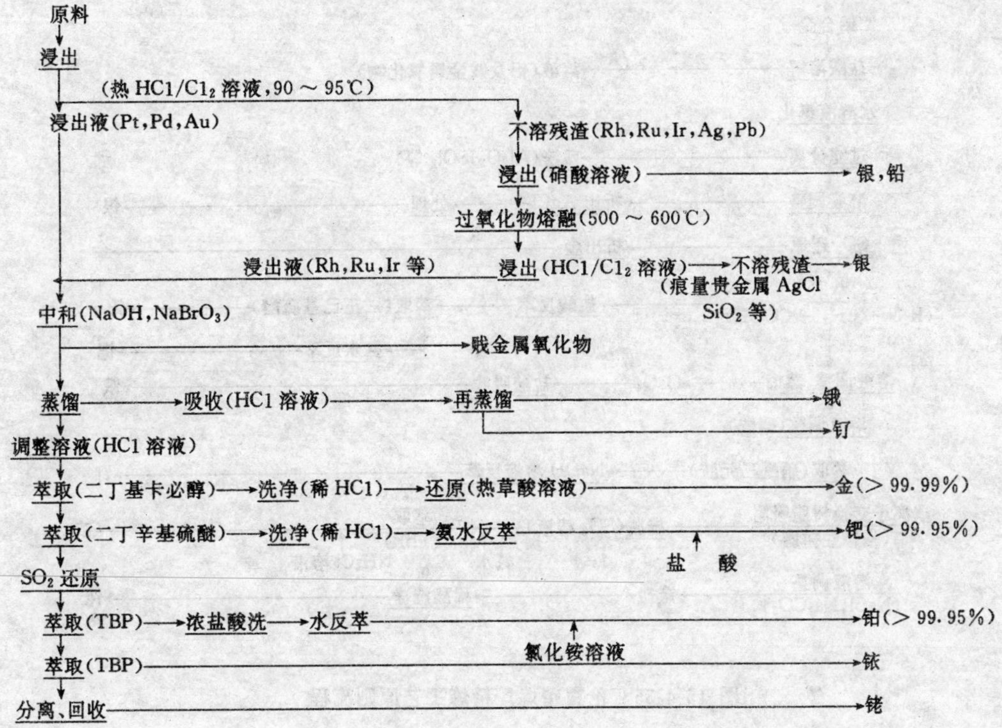

图 15-4-33　阿克顿精炼厂新工艺原则流程

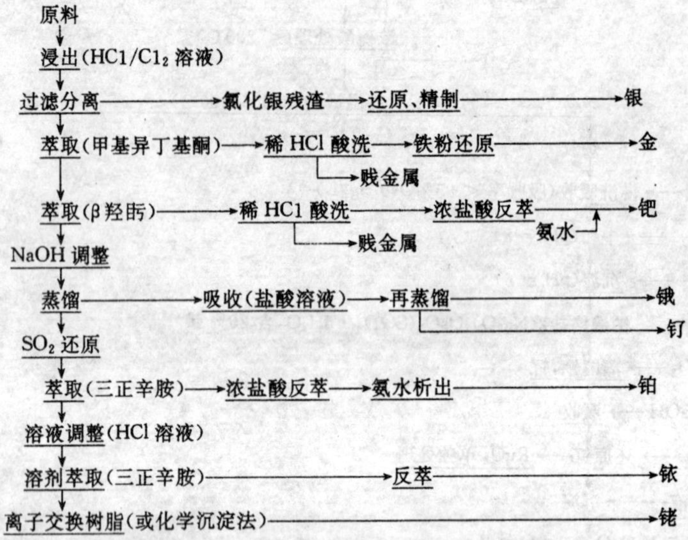

图 15-4-34 马太-吕腾堡精炼公司原则流程

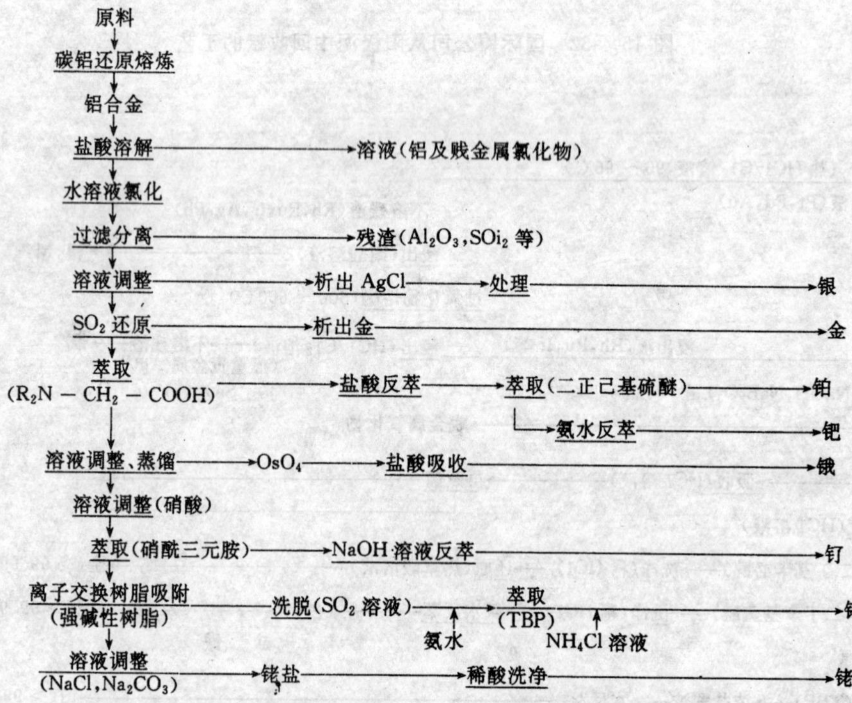

图 15-4-35 伦霍精炼厂精炼工艺原则流程

主要参考文献

〔1〕 Adamson R. J. Chief editor，Gold Metallurgy in South Africa，Johannesburg，1972 and 1984.

〔2〕 Ласкорин Б. Н. ред，Гидрометаллургия золота，научн совет. по Физ-хим. основам металлургия ироцессов，Москва《Наука》，1980.

〔3〕 Mc-Quiston F. W. et al Gold and Silver Cyanidation Plant Practive Monograph，Vol. 1，1975，AIME Inc；Vol. 2，1981，Soc. of Mining Engrs.

〔4〕 Масленицкий И. Н Металлургия Благородных металлов，Москва，Металлургия，1972.

〔5〕 Савицкого Е. М.，Благородные металлы сnравоцник，Москва，Металлургия，1984.

〔6〕 Звягинцев О. Е.，Афф инаж золота，серебра и металлов платиновой Группы，Москва，Металлургиздат，1945.

〔7〕 岡田辰三、後藤良亮，白金族と工業の利用，(日) 産業図書株式会社，1956.

〔8〕 谭庆麟、阙振寰主编，铂族金属——性质、冶金、材料、应用，冶金工业出版社，1990.

〔9〕 黎鼎鑫、王永录主编，贵金属的提取和精炼，中南工业大学出版社，1991.

第五章 贵金属的二次金属

编写人 谢长锦

二次金属系指含贵金属的元器件在加工、使用过程中产生的含贵金属废料，经过适当的化学方法处理，回收再生成可供使用的纯金属或贵金属合金，通常也称之为再生金属。其相应的原料（废件、废料）称为二次资源。

随着现代科学技术的迅速发展，贵金属的工业应用日益广泛，已成为现代工业技术许多重要部门不可或缺的关键材料。从总的趋势看，贵金属的用量正逐年增加。可是，贵金属的资源稀少，且分布极不平衡，特别是铂族金属和金几乎集中产於南非、苏联、加拿大等少数几个国家，大多数使用贵金属较多的国家产量却很少，供需矛盾很大。为解决这种突出的矛盾，除继续加强勘探，寻找新的矿产资源，提高贵金属生产量外，充分发挥已有贵金属的作用，加速其循环周转使用是极为现实而重要的。因此，世界各国，特别是工业发达国家对贵金属二次资源的开发、利用均极为重视，二次金属在使用的金属总量中占有相当大的比重。

第一节 贵金属的二次资源及特点

贵金属二次资源和贵金属材料及元器件的生产、加工、使用密切相关。

中国贵金属的工业使用情况是：金大部分集中用于军工、电子、首饰饰品、陶瓷等行业，其用量约占总消耗量的90%；银90%以上用于化工、机电、军工、电子等部门；铂族金属主要用於石油、化工、建材、军工、仪表、轻工等行业。所以以上各工业部门即是贵金属二次资源的重要来源。表15-5-1仅列出最重要的废料、产生部门及种类。

表 15-5-1 中国最重要的贵金属废料及其来源

废料来源		主要废料种类
行业	生成地	
电影和照相	感光胶片厂	废乳剂，废胶片，废相纸，电影胶片及相纸的废边、割头及打孔角屑，底片定影液，洗乳剂水，滤布及滤纸，清洗过滤器及各种机械的洗水，被污染的硝酸银用具及容器，地板清扫垃圾等
	电影制片厂 电影洗印厂	废定影液，废电影胶片
	电影发行部门	废破电影底片
	照相馆	废定影液，废底片
	医院	废定影液，废X光片
	印刷厂、出版社、图片社、报社	废定影液，废底片，废印相片

续表 15-5-1

废料来源		主要废料种类
行　业	生成地	
机电和电子	压延厂	复合材料生产过程中产生的边角、废料
	电器厂	废开关，接触器，电刷及相应贵金属元、器件生产中产生的各种边角、废料
	有线无线电厂及相应元件厂	电报、电话、无线电器材、元件生产及使用中产生的各种贵金属边角、废料及废旧元件、清扫垃圾
	电机厂	石墨银电刷生产中产生的边角废料，磨损的石墨银电刷
	电镀厂	废电镀液，洗水，挂具，废镀件等
石油	炼油厂	废贵金属催化剂及催化剂生产中的粉尘、浸渍沉淀物等
	化纤厂	废催化剂，喷丝头，铂催化网及粉尘
化　工	化肥厂	废铂催化网及硝酸制造中产生的炉尘及淤泥等
	化工厂	废催化剂及相应废料
	试剂厂	贵金属试剂生产中产生的各种含贵金属废料
轻　工	纺织机械厂	喷丝头加工制造中产生的各种废料如打眼屑、抛灰、揩布、清扫垃圾等
	铱粒厂及金笔厂	铱粒及金笔尖制造中的各种废料如废铱粒、抛灰、笔尖开槽屑、垃圾、废旧笔尖等
	首饰、饰品厂	边角废料，抛灰，锉屑，地脚垃圾，废旧首饰饰品
	制镜厂	镀银台布，细泥，废液，废品及相应的容器
建　材	玻纤厂	铂铑漏板制造中的各种边角废料、废漏板、废屑、废耐火砖、玻璃渣等
科　研	化验室及研究试验室	废贵金属器皿如铂、银坩埚，坩埚钳包头，试验中产生的各种含贵金属的废渣、废液，废贵金属电极，热电偶等
军　工	玻璃厂	高级光学玻璃熔融用废的铂铑坩埚
	飞机、导弹、坦克、卫星制造及使用试验部门	各种贵金属元、器件制造中的边角废料及报废的各种仪表中的贵金属元、器件等
其　它	工农业各部门	用废的铂族金属热电偶及贵金属器皿、器具、计算机中的贵金属元、器件等
	人民生活	废旧金笔尖，破的描金磁器，工艺美术品，废旧首饰、饰品，旧货币，报废的家用电器中的各种含贵金属的元件，废照相底片，牙科材料，以及镀金、贴金佛像，金字招牌、扁等

从表15-5-1可看出，贵金属二次资源具有如下特点：

(1) 资源丰富，来源广泛。贵金属废料不仅分布於国民经济、国防各个行业及部门，而且广泛涉及人民生活各个领域。

(2) 品类繁多，品位相差极大。就其性状言，有废旧器械、器皿、废渣、废液等；从贵金属的含量讲，有几乎是比较纯的废旧器械、器皿，有含量很低的废渣、粉尘、废液等。从而使得回收工艺多种多样。随着现代科学技术的发展，废料品类还在不断增多，品位正日趋下降，要求回收工艺更先进，更经济，水平更高。

(3) 应用不息，资源不竭。贵金属已成为现代工业不多或缺的关键材料，且其应用领域仍在不断扩大，用量日增。只要有贵金属的应用，就必然会产生可供回收，而且必需回收的废料，因此不可能有资源枯竭之忧，只会随着科学技术的进步和发展，贵金属应用领域的不断扩大，贵金属二次资源将更加丰富。

第二节 金的回收

一、含金废液的处理

（一）氰化物溶液

氰化物溶液是电镀、首饰、饰品电抛光、化学抛光等产生的含金废液，从此类溶液中回收金的方法主要有：

1. 金属置换法

金属置换法是常用而简单的方法，即是利用电位比金负的金属从溶液中置换出金，用锌置换金的主要化学反应为：

$$2KAu(CN)_2+Zn \longrightarrow K_2Zn(CN)_4+2Au$$

最早是将废电镀液稀释、酸化，调 pH 至1～2后，用锌板或锌粉进行置换。此法的缺点是在酸化过程中会产生剧毒的 HCN 气体。因此，操作时一定要特别注意安全，应在通风橱中进行。

为了避免在酸化时产生 HCN 气，锌置换可在碱性介质中进行，即向溶液中加入 KOH 溶液，调 pH 值，然后边搅拌边缓慢地加入锌粉，金便被置换出来。

铝也是较活泼的金属，也可以用于置换金。铝置换一般需要加热。铝在碱性溶液中的置换反应为：

$$Al+4OH^- = AlO_2^-+2H_2O+3e$$

$$3Au(CN)_2^-+3e = 3Au+6CN^-$$

在温度25～60℃，NaOH0.25～1%时，铝板表面积与溶液体积之比为1.7～6.8dm²/L 的范围内，置换反应速度随着 NaOH 浓度、反应温度和铝表面积与溶液体积比率的增加而加快。

2. 吸附法

活性炭吸附除已广泛用于从处理含金矿物所得的氰化物溶液中回收金外，也用于从废镀金氰化物溶液中提取金。$NaAu(CN)_2$在活性炭上的吸附通常认为是一个物理吸附过程。活性炭的粒度及比表面积直接影响其吸附活性和吸附容量。常用的活性炭粒度有－10～＋20目，－20～＋40目两种。

活性炭吸附金的效果是比较好的，但从载金活性炭上洗提金比较困难，目前工业上大多是利用碱性氰化物溶液使金呈 $Au(CN)_2^-$转入洗提液。如用1%NaOH-0.2%NaCN 溶液，常压洗提金；或用含有少量 NaCN 的0.4%NaOH 溶液，压力洗提金。也可用10%NaCN-1%NaOH 溶液进行预处理，接着用去离子水在110℃，耐压容器中洗提的方法，一般洗提时间都比较长。

也有用离子交换树脂从电镀废液中回收金的，但因所吸附的金解吸比较困难，往往都是采用焚烧树脂，而后用通常回收金的方法从烧余的灰渣中回收金。

（二）氯化物溶液

例如电子元件厂在生产中采用王水腐蚀产生的含金溶液，经赶除硝酸后的氯化物溶液的处理，可采用如下方法回收金。

1. $FeSO_4$还原

金是电位较正的金属，容易被还原，因此可以用还原能力较弱的还原剂 $FeSO_4$将其从氯化物中还原出来。其主要反应为

$$HAuCl_4+3FeSO_4=Fe_2(SO_4)_3+FeCl_3+HCl+Au$$

将氯化物溶液先调 pH 至0～2，加 $FeSO_4$，然后加热升温至70～80℃令其还原。此法还原比较彻底，产品纯度可达98%左右。

2. SO_2、Na_2SO_3还原

亚硫酸钠与酸作用易产生 SO_2气体，因此实质上是 SO_2起还原金氯络离子的作用，故其还原作用与直接通 SO_2相似，反应为：

$$Na_2SO_3+2HCl=2NaCl+H_2O+SO_2$$

$$2HAuCl_4+SO_2+6H_2O=3H_2SO_4+8HCl+2Au\downarrow$$

先将溶液的 pH 调至0～2，加入 Na_2SO_3或通入 SO_2，然后缓慢加热至温度50℃左右进行还原，金即从溶液中析出。

3. 草酸还原

草酸还原金的反应为

$$2HAuCl_4+3H_2C_2O_4=8HCl+6CO_2+2Au\downarrow$$

如含金溶液比较纯净，可将含金液的 pH 调至1左右，然后加入固体草酸. 加热至50～60℃，待反应基本完成后，稍冷过滤出金。此为一级金、纯度高，可直接作产品。将滤液的 pH 调至3～4，或浓缩赶除部分酸，使 pH 至3～4，加入少量试剂，加热煮沸还原，金便会全部被还原析出，第二次得到的金为二级金，杂质较多，纯度较低。

若溶液杂质多，只要求回收其中的金时，也可以

在加入试剂后，直接加热煮沸，使金一次全部还原，然后再提纯得所需产品。

试剂还原因过程本身不引入新的杂质，一般所得的金粉纯度都比较高。

除以上所述的还原剂外，甲酸，$NaHSO_3$，水合联氨、锌等都可以还原金。水合联氨、锌的还原能力较强，还原彻底，但还原产物杂质亦多。

二、合金废料中金的回收

（一）钯银金镍合金

合金废料烧除表面油污后，便可直接用试剂硝酸或工业硝酸（不加水稀释）溶解。硝酸于室温加入，初时反应激烈，待反应平缓后，再加热升温，煮沸溶解，尽可能使钯、银、镍全部转入溶液，金不溶留在渣中。过滤分离后，含金的不溶渣用王水溶解，金发生如下反应进入溶液：

$$2Au+2HNO_3+6HCl \rightarrow 4H_2O+2NO+2AuCl_3$$

$$AuCl_3+HCl \rightarrow HAuCl_4$$

此类含金溶液可选用前述从氯化物溶液中回收金的任一方法处理。

含钯、银、镍的溶液，加 NaCl 使银呈 AgCl 沉淀而得到分离，进一步处理提纯得产品。

分离银后的溶液赶除 HNO_3，用氨络合-盐酸酸化法分离镍，提纯得钯产品。

（二）金铂合金废料

化纤生产所用喷丝头均由金铂合金（含25%Pt）制成。此类废料可用王水加热溶解，使金、铂同时转入溶液，然后采用下列任一方法分离金、铂。

(1) 含金、铂的王水溶液经浓缩赶硝酸后，用水稀释至金属浓度70～100g/L，加固体 NH_4Cl 使铂呈 $(NH_4)_2PtCl_6$ 沉淀析出。留在溶液中的金，过滤分离后，向溶液中通入 SO_2 或加其他还原剂还原提取金。

(2) 赶硝酸后的溶液，先用 SO_2 还原沉出金，铂不被还原仍留在溶液中，达到金、铂分离。分离金以后的溶液加热赶除 SO_2，氧化，加入 NH_4Cl 沉淀铂。

（三）金银合金废料

金银合金因使用要求的不同，此类废料中的金银含量可能差别很大，其处理方法也各不相同。

若废料中银含量在15%以下时，通常将除去油污的合金废料用王水溶解，赶除硝酸后，银则呈 AgCl 沉淀析出，过滤出的 AgCl 沉淀进一步处理提纯得纯银。

滤液加热，通 SO_2 还原金，贱金属铜、铁、铋等留在溶液中，达到分离。金粉先用稀盐酸，后用去离子水洗涤除去其中夹带的杂质。

如果合金废料含银超过80%时，则可用硝酸或浓硫酸溶解，使银转入溶液，再用 AgCl 沉淀法回收。过程中，金不溶解，在较好情况下，不溶金的纯度可达99.99%。如若金的纯度达不到要求时，可用王水溶解它，按常用方法精制得纯金。也可熔铸成锭，电解精制成纯金。

含银量处于中间状况的金银合金废料溶解比较困难，可采用加银稀释熔炼成含银不超过20%Ag 的金银合金后，按上述方法处理。

（四）镀金废料

从镀金废料中回收金，国内外多采用剥离金镀层的方法，见表15-5-2。

表 15-5-2　镀金废料主要剥离方法

方法	主要操作及条件
电解法	(1) 退金溶液为氰化物（镀金废液亦可），CN^-浓度2～3%或更高些，电流密度1～1.5A/dm²，室温 (2) 退金液含0.3mol/L SC $(NH_2)_2$、0.2mol/L Na_2SO_3，电流密度2A/dm²
碘化法	浸退液含 KI 200～250g/L；I_2 50～80g/L（或 NaI，I_2溶液或溴，碱金属溴化物溶液），温度为室温～80℃，浸退液中的金用还原法或金属置换法回收
酸蚀法	(1) 陶瓷微晶玻璃上先蒸铬、再蒸金而成的集成电路，可先用硝酸煮沸去铬，金片则脱落，收集金后王水溶解 (2) 对含硅和金及其合金的二极管、三极管管基，可用氢氟酸、硝酸加适量水的混合酸腐蚀，金片即脱落沉于器底，收集回收

续表 15-5-2

方法	主要操作及条件
硝蚀法	硝酸钠和亚硝酸钠按4/1混合，涂金钼杆在320～340℃下腐蚀20min。钼被溶解，金以层状脱落，收集金送提纯
王水溶解法	(1) 用王水（含 HCl 6～7mol/L 处理废镀金件，金溶解进入溶液，用乙醚或甲基异丁酮萃取分离回收 (2) 也可用 $HNO_3/HCl=3/1$（体积）的混合酸溶解镀金层回收金
铅熔退法	把被处理的物料置于铅熔点（327℃）以上温度的熔融电解铅中，金即熔渗入铅中，退金后的废料取出回收。将处理过物料的铅铸成贵铅板，用灰吹或电解法回收金

第三节 银的回收

一、含银废液的处理

含银废液种类较多，回收方法各式各样，现将其重要废液及回收方法列于表15-5-3。

表 15-5-3 重要的含银废液及回收方法

废液种类	回收方法
废定影液	(1) 硫化钠沉淀法：将废定影液调至碱性，以防产生 H_2S。按1kg 银需1kg 固体 Na_2S 的量加入10%（重量）Na_2S 溶液，充分搅拌后，静置澄清。用 Na_2S 溶液检查清液中银是否沉淀完全，确认银完全沉淀后，吸出清液，过滤出硫化银沉淀 (2) 金属置换法：常用金属有铝、铁、锌、铝合金及镁合金等 (3) 电解法：现国内外有各种型号的提银机可供选用
漂白-定影液	(1) 置换法：常用铁作置换剂。因 EDTA 铁漂白液氧化性高，置换前需加还原剂（为 Na_2SO_3）使高铁 EDTA 还原为低铁 EDTA，再行置换，且需避免与空气接触，回收银后的溶液经氧化后返回使用 (2) 电解法：采用低电压高电流密度方式电解。国外有专门适用于此类溶液处理的装置
硝酸银溶液	(1) 氯化银沉淀法：向溶液中加入 HCl 或 NaCl，使银呈 AgCl 沉淀，沉淀过程中最好煮沸3～5min，使沉淀疏松，和便于沉淀颗粒长大，以减少夹带的杂质金属。沉淀用5～10%HCl 洗涤 (2) 还原法：把溶液的 pH 调至1.0，加还原剂 Na_2SO_3 使银呈金属银粉析出，予以分离回收
废电镀液	(1) 金属置换法：锌粉置换 (2) 沉淀法：加硫化钠或加氯化钠沉淀银 (3) 电解法：可选用各种型号的提银机 (4) 活性炭吸附法

二、硫化银、氯化银的回收处理

在银的生产和回收中，硫化银和氯化银是经常遇到的银化合物，通常均需进一步处理。

（一）硫化银的处理

1. 氧化-分解法

将硫化银置于700～800℃大气气氛中进行氧化，使硫氧化成SO_2气体除去；然后提高炉温至1000℃以上，使氧化银分解成液体银。其反应为：

$$2Ag_2S+3O_2=2Ag_2O+2SO_2$$

$$2Ag_2O=4Ag+O_2$$

2. 纯碱-铁屑还原熔炼

硫化银与铁屑、纯碱配料，均匀混合后，于1100℃进行熔炼。其反应为：

$$Ag_2S+Fe=2Ag+FeS$$

$$Ag_2S+Na_2CO_3=2Ag+Na_2S+CO_2+\frac{1}{2}O_2$$

硫化亚铁与硫化钠组成的钠冰铜对银有较大的溶解能力，且随温度升高还会增加硫化物对银的溶解能力，所以熔炼温度不宜过高。

此外，硫化银也可采用硝酸溶解或金属置换的方法处理回收银。

（二）氯化银的处理

1. 碳酸钠熔炼法

本法基于在高于银的熔点温度下，氯化银与碳酸钠发生如下反应：

$$2AgCl+Na_2CO_3\rightarrow Ag_2CO_3+NaCl$$

$$Ag_2CO_3\rightarrow Ag_2O+CO_2$$

$$2Ag_2O\rightarrow 4Ag+O_2$$

此法存有混合物体积大，有时因沸腾剧烈而发生喷溅，坩埚腐蚀严重，以及因温度高氯化银的挥发损失严重（一般为3～7%）等问题。

2. 金属置换法

在水或稀酸溶液（5%HCl或5%H_2SO_4）中，加入锌粉可使AgCl还原为金属银。其反应为：

$$Zn+2AgCl\rightarrow 2Ag+ZnCl_2$$

锌置换一般在溶液pH1～2情况下进行，最好将锌粉缓慢加入，以防反应过激。

铁也可用作置换金属。先用2mol/LHCl将AgCl调成浆状，然后按AgCl量加铁粉，适当加热，并不断搅拌，以保证置换完全。

3. NH_4OH溶解、还原法

先用水将AgCl沉淀浆化，室温下加入氨水或液氨，AgCl便与氨水发生如下反应溶解：

$$AgCl+2NH_4OH=Ag(NH_3)_2Cl+2H_2O$$

溶液经过滤除去不溶杂质后，缓慢加入1/5～10的水合肼稀溶液还原：

$$4Ag(NH_3)_2Cl+N_2H_4+4H_2O=4Ag+4NH_4Cl+4NH_4OH+N_2$$

每公斤银约需0.3～0.4kg水合肼。

三、从废感光材料中回收银

（一）废胶片、印相纸的处理

1. 焚烧法

将废胶片、废印相纸放在焚化炉中，于500～800℃下焚烧。焚烧后的灰分（胶片灰含46～52%银，相纸灰含0.6～0.7%银）经熔炼，铸成极板电解回收银。其比较典型的原则工艺流程如图15-5-1。

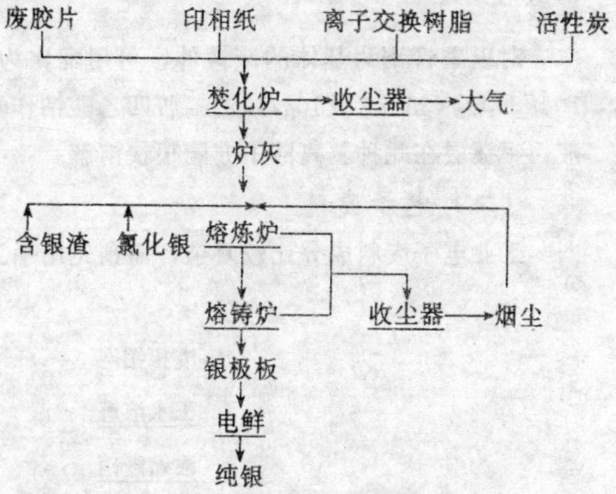

图 15-5-1　感光胶片、印相纸回收银原则流程

焚烧废胶片的炉灰也可用硝酸溶解、氯化银沉淀法回收银。

2. 化学洗脱法

将剪碎的废胶片用1g/L的蛋白酶溶液，按固/液=1/10，在45℃下洗脱胶片上的乳剂层。洗脱液与碎片洗水合并，用硫酸调pH，令银泥沉淀，然后离心过滤分离。

银泥用含$Na_2S_2O_3$ 200～300g/L，Na_2SO_3 25～35g/L，HAC 20～25g/L的溶液，固液比2/5，搅拌浸出30～60min，银即转入溶液，再将银泥加热至90℃，冷至室温过滤。浸出液中银用电解或其它方法回收。

废胶片还可以用1～10%的NaOH溶液处理，使明胶层在碱液中溶解，释放出卤化银，将其转变为氯化银呈银泥沉淀，经沉降、过滤、烘干后，熔炼成粗银，再电解精炼成纯银。

（三）废乳剂中银的回收

感光乳剂中的银经过干燥、焙烧，而后熔炼的方法回收。

也可将废乳剂加热至55℃，用水稀释，加蛋白酶搅拌，使有机物分解，再用硫酸沉淀，固液分离后，银泥用 $Na_2S_2O_3$ 浸出，然后电解回收银。

四、电器、电子废料的处理

（一）废镀银件及镀银废料

可用浓硫酸（95%（体积））和浓硝酸（5%（体积））的混合酸作为铜或铜合金为基体的镀银废件剥离液，在一定温度下银镀层很快被这种混合酸溶解，而对铜基体腐蚀不大。分离后的含银液加 NaCl 或 HCl 使银呈氯化银沉淀，然后再从氯化银中回收金属银。

对以磷青铜为基体的废镀件，可用配比为1～10% H_2O_2（35%）及10g/L 乙二胺四乙酸钠作剥离液，银镀层在此种剥离液中亦能很快溶解。

（二）电子废料

工业电子废料成分比较复杂，需预先用手工或机械的方法分离出含银的元件呈精矿，然后将所得的含银元件或银精矿在焙炼炉中加铜熔炼成铜合金，采用电解铜合金的工艺生产出电解铜，从阳极泥中回收银。

分选出的银精矿也可用20%NaOH 溶液处理分离铝，不溶渣煅烧后除去有机物。再用 H_2SO_4 高压浸出除铜及其他贱金属，使银进一步富集。银的富集物进而用 HNO_3 溶解，使银转入溶液，尔后用 NaCl 沉淀银。从氯化银中回收银，再精制得纯银。HNO_3 不溶渣用王水溶解回收其它贵金属。

第四节 铂族金属的回收

一、铂族金属合金废料的处理

（一）铂-铑及铂-铑-钯合金废料

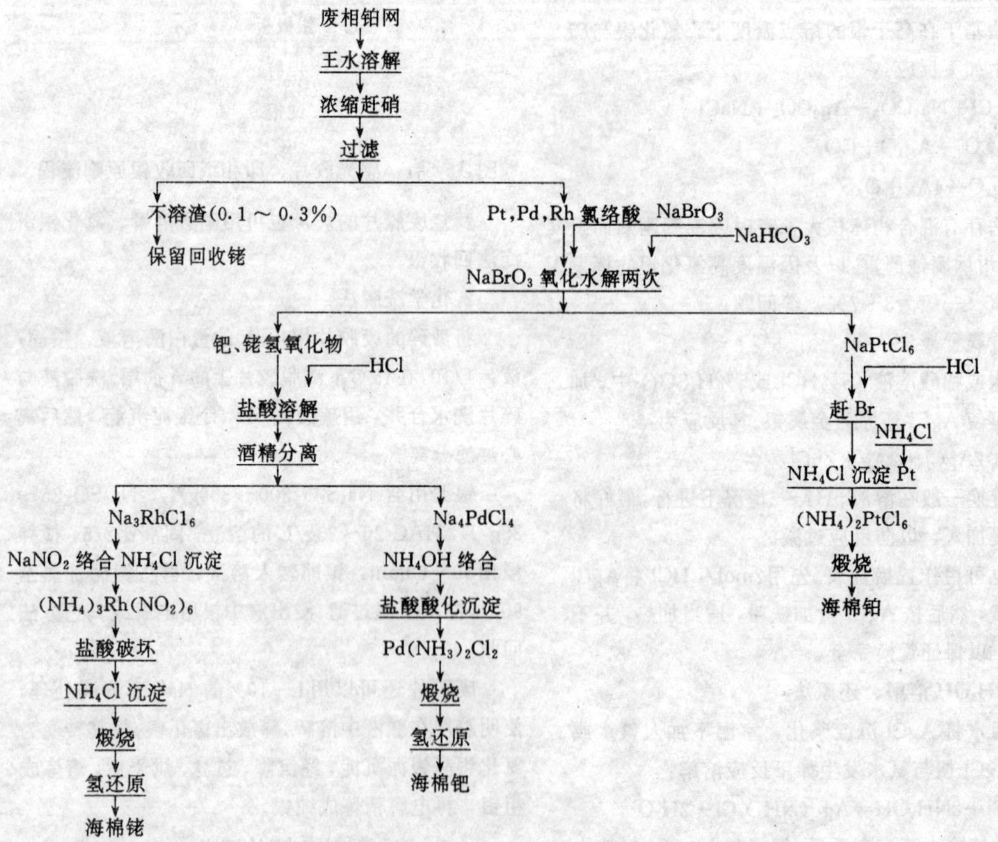

图 15-5-2 Pt-Pd-Rh 废料分离回收原则工艺流程

氨氧化制备硝酸中多使用铂-铑或铂-铑-钯合金催化网。此类废催化网及其它类似废料如废 Pt Rh/Pt 热电偶、Pt-Rh 坩埚、漏板等，首先用王水溶解，经浓缩赶硝、转钠盐、水溶、过滤处理，所得滤渣保留回收铑。滤液调 pH，通过 阳离子树脂交换，除去贱金属杂质。交换后的溶液加热至60～70℃，搅拌下逐渐加入水合肼还原，最后用10%NaOH 调 pH，维持加热一定时间。过滤后所得的混合金属用去离子水洗至无氯离子，然后烘干，于900℃下用氢还原，即得纯度超过99.9%的混合金属，直收率在99%以上。

若需要分离回收铂、铑、钯时，可按图15-5-2所示流程处理。处理方法是将王水溶解、赶硝、水溶、固液分离后的溶液（铂、钯、铑氯络酸）加热至沸，加 $NaBrO_3$溶液氧化，用 $NaHCO_3$溶液调 pH 至7.5，继续煮沸几分钟，迅速冷却至室温，过滤。滤渣用6mol/L HCl 溶解，并加入过量的 NaCl 蒸干赶酸，水溶，进行第二次氧化水解，最终 pH 控制在7.2。

加热水解后的母液，小心地用盐酸酸化破坏溴酸盐，维持 pH0.5左右，浓缩、蒸干、水溶、加 NH_4Cl 沉铂、静置30min 后过滤，$(NH_4)_2PtCl_6$沉淀用15% NH_4Cl 溶液洗涤，然后抽干，于900℃下煅烧，得海绵铂。铂用6mol/L HCl 煮洗，然后水洗至无 Cl^-，即得纯度99.95～99.99%纯铂。

水解所得钯、铑氢氧化物沉淀用热的6mol/L HCl 溶解，加入适量的 NaCl 蒸发至干，水润湿后再蒸干，在烘箱中于110～120℃下充分烘干。烘干产物经磨细后，加84%酒精，搅拌30min，用4号玻砂漏斗过滤，再用84%酒精洗至流出液无色。滤液加适量浓 HCl 后蒸干，水溶后，用10%NaOH 溶液中和 pH 至8～9，过滤所得的沉淀用热的6mol/L HCl 溶解，采用氨水络合，盐酸酸化得纯二氯二氨络亚钯沉淀，经煅烧，氢还原得纯钯。

酒精不溶的固相，烘干赶除酒精，用水溶解，加10%NaOH 溶液调 pH 至9左右，煮沸，使铑呈 $Rh(OH)_3$沉淀。用6mol/L HCl 热溶液溶解 $Rh(OH)_3$，蒸干，水溶制得含铑40～50g/L 的 $HRhCl_6$溶液。把 $HRhCl_6$溶液加热至沸，用10%Na_2CO_3液调 pH 至1.5左右，加入50%$NaNO_2$溶液，煮沸1h，溶液由紫色变为黄绿，再补加适量的 $NaNO_2$溶液，继续煮沸此时溶液的 pH 一般为6～8。滤去沉淀，滤液冷至室温，加0.5%Na_2S 溶液（按100g 铑加0.3gNa_2S 计），放置过夜后过滤。溶液补加50%$NaNO_2$溶液，煮沸，再过滤，滤液加入盐酸酸化的饱和 NH_4Cl 溶液（以1g 铑2g NH_4Cl 计）即生成 $(NH_4)_3[Rh(NO_2)_6]$ 白色沉淀。若 $(NH_4)_3[Rh(NO_2)_6]$ 的纯度还不符合要求时，可将此沉淀加2.5mol/L HCl 煮沸，并蒸干，再用少量 HCl 润湿，蒸干，重复两次，以彻底破坏硝基络合物。蒸干物用盐酸溶解，重复上述络合过程，此次可不加 Na_2S。第二次络合所得 $(NH_4)_3[Rh(NO_2)_6]$沉淀用2.5 mol/L HCl 破坏后，浓缩至小体积，加入按生成$(NH_4)_3RhCl_6$过量20%的 NH_4Cl，蒸干后，煅烧，氢还原，并用6mol/L HCl 浸煮三次，再用去离子水洗至无 Cl^- 烘干即得纯铑产品。

（二）铂铱合金废料

铂铱合金废料可按下述工序处理分离回收铂和铱。

(1)碎化。铂铱合金废料经灼烧处理后，按锌/废料＝4～5/1配料，碎化。为防止锌挥发，表面覆盖 NaCl，保温2h，出炉倾入铁盘中，凝固前人工捣碎。

(2) 盐酸溶解。碎化后的物料用盐酸浸出除去锌，浸出温度80℃左右，溶液的 pH 为1～2。

(3)王水溶解。通常，王水用量为王水/废料＝5/1。王水分批加入，先加盐酸，后分次加入硝酸，温度70～80℃。待反应减缓后，抽出溶液，再加入另一批王水，直至完全溶解。溶液蒸浓至玻璃棒提出液面不滴时，加入浓盐酸赶硝酸，再加水赶 HCl，然后稀释，过滤。不溶渣保存。

(4) 铂铱粗分。溶液稀释至含铂铱80～100g/L，调 pH 至1～2，按每克铱加16% $(NH_4)_2S$0.15mL（先稀释20倍）。在搅拌下缓缓加入 $(NH_4)_2S$，然后加热至70～80℃，取出小杯溶液，加入 NH_4Cl，如所得的$(NH_4)_2PtCl_6$颜色由棕红变为蛋黄色，则表示还原结束。然后在搅拌下，向热溶液中加入固体 NH_4Cl，铂即呈 $(NH_4)_2PtCl_6$沉淀，而 $(NH_4)_3IrCl_6$仍留在溶液中。过滤，沉淀用5%NH_4Cl 溶液洗至滤出液色浅。洗液与滤液合并，待进行铱精制。$(NH_4)_2PtCl_6$沉淀经煅烧成粗铂。

(5)铂的精制。王水溶解粗铂，经赶硝、转钠盐、水溶、过滤处理后，不溶物待回收铱。滤液稀释至含铂50～80g/L，加适量 $FeCl_3$及 H_2O_2，煮沸1～2h，加10%NaOH 溶液中和水解，最终 pH 控制在8～9。滤液经中和水解后约3～5min.迅速冷却，过滤。滤液加盐酸酸化至pH1～1.5，按前述操作进行第二次水解。水解合格后的溶液于室温下用盐酸调pH至1.5左右，加入二级NH_4Cl试剂沉淀$(NH_4)_2PtCl_6$。$(NH_4)_2PtCl_6$沉淀经过滤、煅烧、水洗至无Cl^-及烘干，即得99.9～99.99%纯铂。

(6) 铱的精制。将铂铱粗分后的$(NH_4)_3IrCl_6$溶液浓缩至小体积（有NH_4Cl析出），加浓硝酸后随即加热氧化，即沉淀出$(NH_4)_2IrCl_6$。冷却后过滤，沉淀用15%NH_4Cl溶液洗涤数次。滤液和洗液合并送回收铱。

粗$(NH_4)_2IrCl_6$沉淀用水悬浮，调pH，徐徐加入水合肼（按0.2ml/gIr），待反应平缓后，再调pH至2左右，加热煮沸1h，冷却后过滤。滤液在搅拌下，按1mL16%$(NH_4)_2S$能除去0.2g金属杂质计，缓缓加入所需的稀$(NH_4)_2S$溶液，控制pH在2左右。加完搅匀，密封，静置后，过滤。滤液再加$(NH_4)_2S$进行二次精制。经分析合格的铱溶液加入适量H_2O_2，浓缩至表面有NH_4Cl析出时，缓缓加入按每克铱需1mL HNO_3量的硝酸进行氧化，加热至表面有结晶为止，稍冷过滤，沉淀用15%NH_4Cl溶液洗涤，煅烧，高温下通氢还原即得产品金属铱。一般经两次硫化精制可得99.95%纯铱。

(三) 钯铱合金废料

钯铱合金废料先经碾片，切碎，烧去油污、包漆等有机物后，用王水溶解，浓缩赶硝，过滤。滤液直接加入氨水，调pH至8～9，此时可能生成粉红色的沃凯连盐沉淀：

$$2H_2PdCl_4+2NH_4OH=[Pd(NH_3)_4]PdCl_4\downarrow+4NH_4Cl+8H_2O$$

当加热，补加NH_4OH，并控制pH在8～9时，粉红色沉淀会重新溶解：

$$[Pd(NH_3)_4]PdCl_4+4NH_4OH\rightarrow 2[Pd(NH_3)_4]Cl_2+4H_2O$$

过滤用水洗氢氧化物沉淀至流出液无色，留待回收处理。洗水与滤液合并，加浓盐酸调pH至1.5左右，钯便呈$Pd(NH_3)_2Cl_2$沉淀析出。

$$2[Pd(NH_3)_4]Cl_2+2HCl\rightarrow 2[Pd(NH_3)_2Cl_2]\downarrow+2NH_4Cl$$

静置后过滤，所得$Pd(NH_3)_2Cl_2$与水拌合，拌合物含钯80g/L左右，再加氨水进行第二次络合精制。沉得的合格$Pd(NH_3)_2Cl_2$在300～400℃煅烧至无大量白烟冒出时，升温至无白烟为止。然后再通氢还原得纯钯。

络合-酸化分钯后的铱溶液按前述铱精制法提纯得纯铱。

二、废载体铂族金属催化剂的处理

载体催化剂中铂族金属通常仅占总量的万分之几至千分之几，所以从这类废料中回收铂族金属均需经过富集，常用的有如下几种富集方法。

(一) 酸溶载体富集法

1. 硫酸溶解富集

硫酸因具有较高的沸点，且对载体Al_2O_3溶解能力强，而广泛为人们采用。通常采用30～50%硫酸溶液在回流或沸腾温度和常压下溶解载体。但实际上往往有部分铂进入溶液，可以在溶解完毕后加还原剂甲酸、乙酸、铝等或硫化氢，把进入溶液的铂还原成金属或使铂以硫化物进入不溶渣（铂富集物），经固液分离后，按通常方法回收此不溶渣中的铂。此法适于处理载体易溶的废催化剂。

2. 盐酸溶解法

废载体铂族金属催化剂在500～600℃烧除积炭后，用盐酸溶液（例如$HCl/H_2O=65/30$（体积））在微沸情况下常压浸出，此时铂和载体同时转入溶液。为使铂与大量的铝分离，可向溶液中加入金属铝屑置换（也可加其他还原剂）。为提高固液分离的效果，向溶液中加入硅藻土吸附铂。固液分离后，进而处理固体不溶渣回收铂。

此法更适于处理载体难溶的废催化剂，为使铂尽可能完全地转入溶液，通常采用2～9mol/L HCl，并加入适量的氧化剂HNO_3，$NaClO_3$，H_2O_2，H_3PO_4等，在加热至沸的条件溶解。溶解完毕后，过滤去不溶载体。滤液则根据情况选用金属置换、试剂还原，离子交换等方法回收其中的铂。

(二) 碱溶载体富集

通常采用20～40%NaOH（或KOH）溶液，溶解是在高于100℃的压力釜中进行的，每公斤催化剂约耗碱1.5～2.5kg。

为防止铂随载体进入溶液，在溶解时可加入适量的还原剂抑制铂的溶解。或在溶解后，向溶液中加入还原剂N_2H_4、$NaBH_4$ HCHO等，把进入溶液的铂还原成金属铂而保留于不溶渣中，然后从不溶渣中回收铂。

三、复杂物料中铂族金属的回收

（一）氨氧化炉尘

此种炉尘含贵金属（铂、钯、铑）千分之几至百分之几，含铁高（氧化铁40～65%），因而可采用铁富集-湿法提纯方法处理，其流程见图15-5-3。

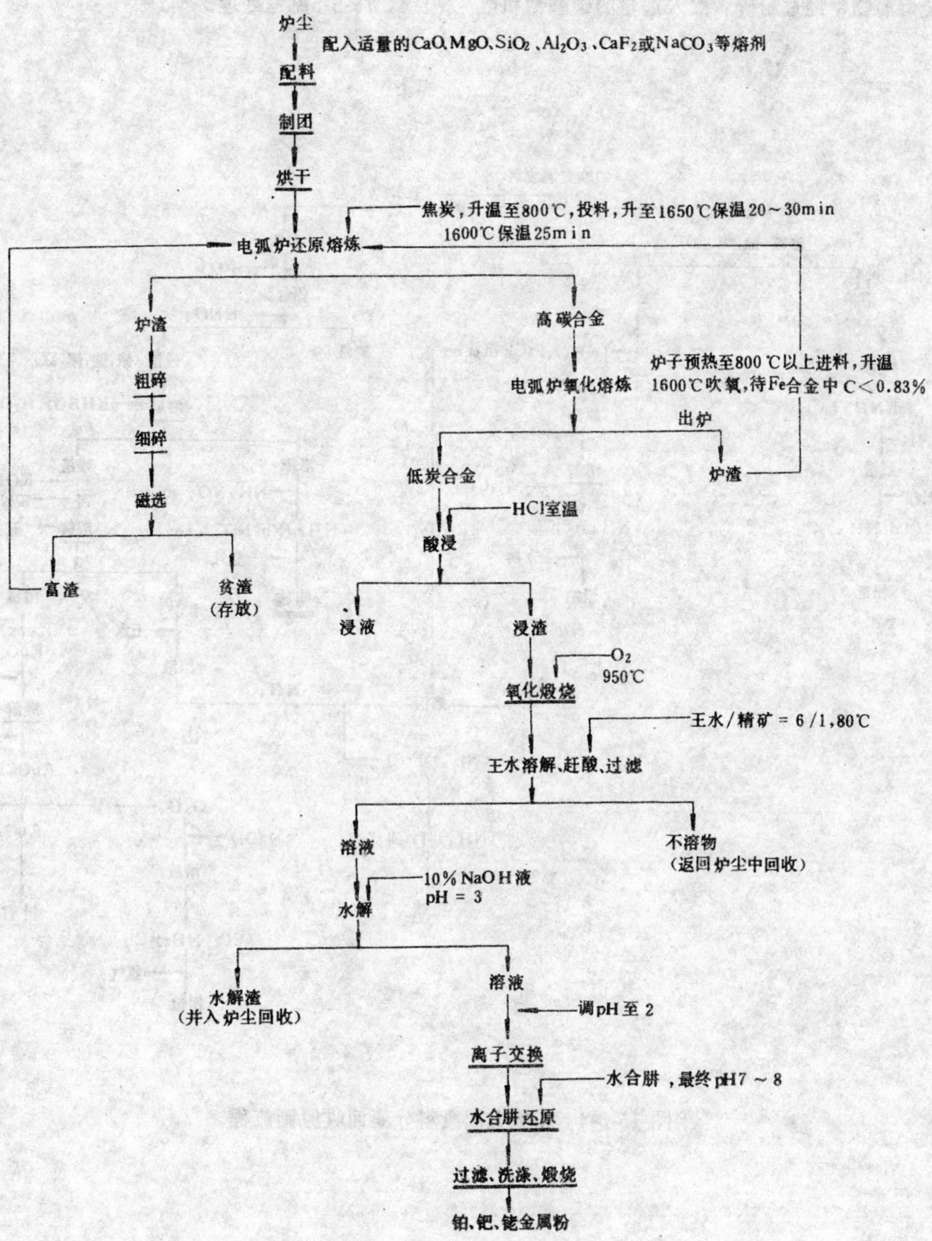

图 15-5-3　氧化炉尘回收工艺流程

（二）废耐火砖及玻璃渣

此类物料含 SiO_2、Al_2O_3量大，它们约占总量的90%。铂、铑品位在1000～1500g/t之间，采用碳酸钠烧熔法处理比较合理。此法是使 SiO_2、Al_2O_3转变为相应的可溶性钠盐，然后经酸浸处理后除去，得富含贵金属精矿，按前述相似的方法回收贵金属。

烧熔前物料经过粉碎，配入适量的碳酸钠和熔剂，根据具体物料的化学组成，烧熔温度可在700～1150℃之间。烧熔物料需良好粉碎以便下部酸溶除去硅、铝等杂质。

（三）其他含铂族金属复杂物料

因废料的收集和管理等方面的原因，回收中可能遇到同时含各种贵金属的复杂废料，其可按图15-5-4，15-5-5流程处理。

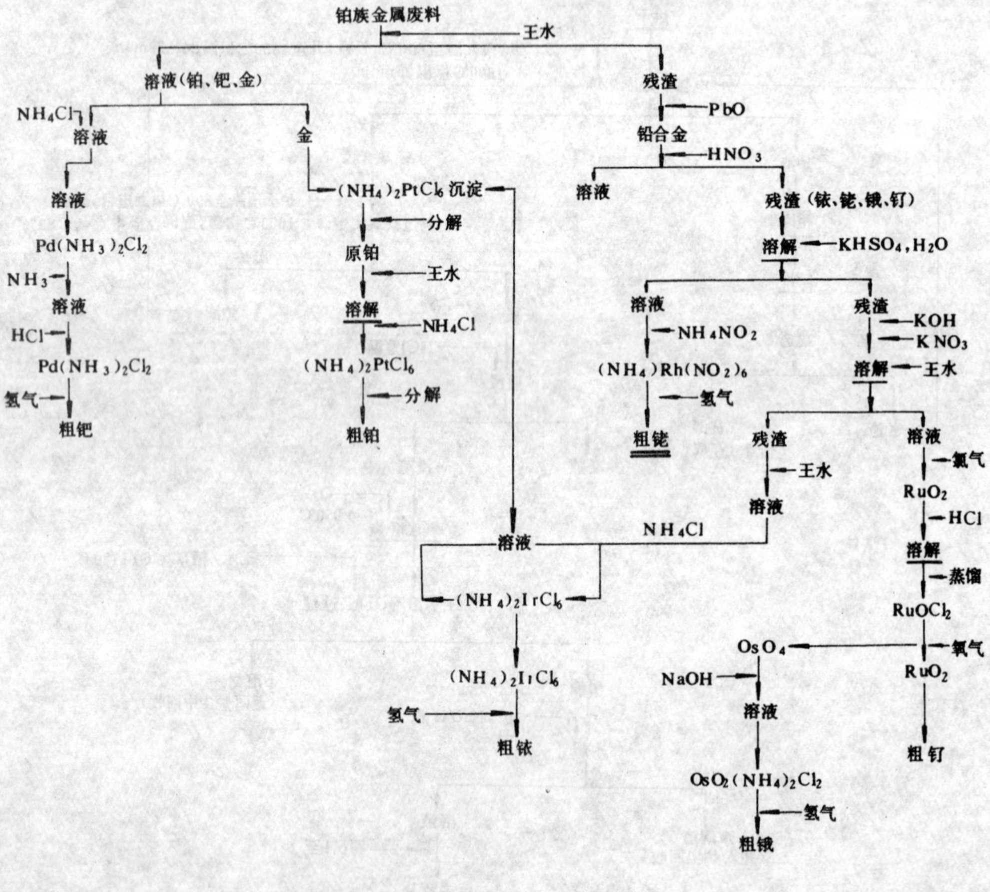

图 15-5-4 铂族金属废料分离回收原则流程

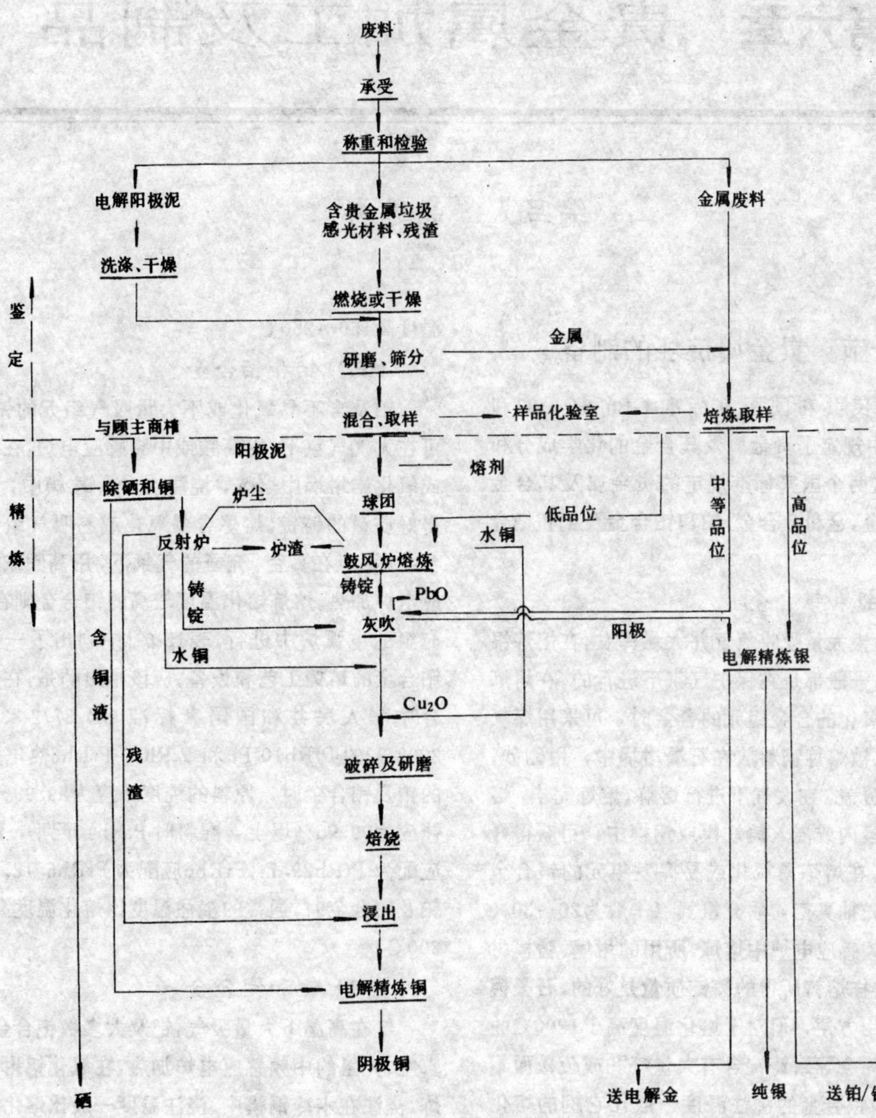

图 15-5-5　约翰逊-马太公司回收精炼原则流程

主要参考文献

〔1〕贵金属研究所铂网组，贵金属冶金，(1974)，№.3～4，17.

〔2〕贵金属研究所铂网组，贵金属冶金，(1974)，№3～4，24.

〔3〕贵金属研究所五室，贵金属，(1978)，№.1，15.

〔4〕贵金属研究所五室，贵金属，(1978)，№.3，30.

〔5〕石油化工部太原化肥厂、冶金部贵金属研究所，贵金属，(1977)，№.3，22.

〔6〕竹内健，工業レアソタル，(1978)，№.65，30.

〔7〕Enbleton. F. T，Gold Bull，14 (1981)，№.2，67.

第六章　贵金属加工及制品

编写人　高逸群

第一节　贵金属锭坯的制备

中华人民共和国国家标准 GBn 64－83和GBn67－83中规定了贵金属及其合金的化学成分和杂质含量。这两个国家标准规定的贵金属及其合金有银和银合金，金和金合金，铂和铂合金及钯和钯合金。

（一）银和银合金

高温下，银大量吸收氧气并大量挥发，在熔炼银和银合金时，一般都是在保护气氛下进行的。在熔炼银及不含易氧化的合金组元的合金时，可采用煤气炉或电阻炉。被熔炼物料放在石墨坩埚中，用硼砂、木炭或草灰覆盖，在大气下进行熔炼。熔炼完毕，熔体浇入石墨模内或浇入铸铁模或钢模中，可获得好质量的铸锭。在熔炼易氧化或易挥发组元的银合金时，可采用先抽真空，后充氩气（一般为20～30×10^3Pa）的中频感应电炉中熔炼。所用的坩埚、铸模材料与前同。这样熔铸所得的铸锭质量是好的。石墨模的优点是使用方便，但对于熔化温度高于1200℃的银合金，因为会导致铸锭含有大量气孔或疏松而不宜采用。银和银合金的浇注温度一般比它们的熔化温度高150～200℃。在熔炼含有易与碳发生作用组元的合金时，则要采用氧化铝或其他耐火氧化物坩埚。表15-6-1中列出了一些银和银合金的熔铸工艺及设备。

（二）金和金合金

金比较稳定，不易挥发。在熔炼金和含有不易氧化、不与碳发生作用组元的合金时，可在大气气氛下，采用煤气或电阻炉，在石墨坩埚中熔炼，浇注在石墨模，或水冷铜模、或钢模中。含有易氧化组元的合金则应在真空、充氩的中频感应炉中熔炼；含有易与碳发生作用组元的合金，应在氧化铝或氧化锆坩埚中熔炼。表15-6-1中列出了一些金和金合金的熔铸工艺和设备。金和金合金的浇注温度通常比熔化温度高150～250℃。

（三）铂和铂合金

铂及含不易氧化或不大量吸气组元的铂合金，可在大气气氛下，用高频或中频感应电炉，在氧化铝或氧化锆坩埚中熔炼，浇注在水冷铜模中，可以获得好质量的铸锭。熔炼含易氧化或易吸气组元的铂合金，则应在真空、充氩的气氛下，用高频或中频感应电炉加热。熔炼熔化温度较高的铂合金则在真空、充氩的电弧炉中进行。表15-6-1中列出了一些铂和铂合金的熔铸工艺和设备。应该指出的是，在熔炼符合中华人民共和国国家标准 GB 3772-83和 GB 2902-82的 PtRh10-Pt 和 PtRh30-PtRh6热电偶偶丝的铂及铂合金时，原料的纯度铂应为99.99％以上，铑应为99.95％以上，配料时 PtRh10配平，PtRh30应配为 PtRh29.7，PtRh6应配为 PtRh6.12。在熔铸铂及铂合金时，通常的浇注温度比熔化温度高150～200℃。

（四）钯和钯合金

钯在高温下大量吸气，钯及大多数钯合金，采用真空、充氩的中频感应电炉加热，在氧化铝坩埚中熔炼，浇注在水冷铜模中。浇注温度一般比熔化温度高150～200℃。表15-6-1中列出了一些钯及钯合金的熔铸工艺和设备。

（五）铑、铱及其合金

铑、铱和它们的合金，可用高频感应电炉，或中频感应电炉，在真空、充氩的气氛下，在氧化锆坩埚中熔炼，浇注在水冷铜模中，可获得质好的铸锭。在熔炼铸造铱坩埚时，在大气下熔炼，浇注在高温氧化锆铸模中，可得质好的铸造铱坩埚。

（六）钌和锇

可采用真空、充氩的电弧炉熔炼钌和锇。电弧炉所得的钌锭坯可以进行冷轧。电弧炉所得的锇锭坯实际上不能进行加工。电弧炉熔炼可得锇珠。

表 15-6-1　某些贵金属及其合金的熔铸工艺及设备

金属及合金	工艺特点及参数	设　备
Ag，AgCu，AgAu，AgLi，AgAlMn，AgCuIn，AgMg，AgCuNi（Ni 少量），AgMgNi（Ni 少量）	真空、充氩，石墨坩埚，石墨铸模	真空中频感应电炉
AgCuV，AgCuVZr	大气，石墨坩埚，石墨铸模，浇注温度超过1800℃以保证一定的含钒量	中频感应电炉
AgPt，AgCeAgPd	真空、充氩，氧化铝坩埚	真空中频感应电炉
Ag Zr	真空、充氩，氧化锆坩埚	真空中频感应电炉
Au，AuCu，AuAg，AuAgCu，AuSn	在大气下或在真空、充氩的气氛中，用煤气加热或用电阻炉，中频感应电炉加热，石墨坩埚，石墨铸模或水冷铜模或钢模	煤气发生器电阻炉，真空中频感应电炉
Au Cr，AuNi，AuNi-Cr，AuPt，AuAgPt，AuB，AuNiCu，Au-NiCuZn，AuPdPt，AuNiY，AuNiGd，AuCuPt，AuCuPt-Ni，AuSb，AuPdFe，AuAgCuMn，AuAgCuMnGd	真空、充氩，氧化铝坩埚，水冷铜模或石墨模	真空中频感应电炉
Pt，PtCu，Pt Rh（低合金），PtRhPd	大气，氧化铝或氧化锆坩埚，水冷铜模	高（中）频感应电炉
高纯铂（100°和0℃电阻比≥1.3925）	大气，高纯氧化铝坩埚，衬铂水冷铜模	高频感应电炉
PtRh（高合金）PtW，PtOs，PtRu，PtZrPtMo，PtNi，PtPdMo	真空充氩，氧化铝坩埚或氧化锆坩埚，水冷铜模	真空中频感应电炉
Pd，PdAg，PdAu，PdAgAu，PdB，PdCu，PdIr，PdMo-PdW，PdAgCo，PdAgCu	真空充氩，氧化铝坩埚，水冷铜模	真空中频感应电炉
Pd Ru	真空充氩，氧化锆坩埚，水冷铜模	真空中频感应电炉
PdU	真空充氩，电弧炉熔炼	电弧炉
Rh，Ir	真空充氩，氧化锆坩埚，水冷铜模	真空高频感应电炉

第二节 贵金属板、带、箔材的生产

贵金属的压力加工是通过塑性变形来完成的。银、金的压力加工是容易的，钯、铂的压力加工虽不如银、金那样容易，但也不难。铱、铑的压力加工有一定的难度，但不十分困难。钌的压力加工十分困难。锇的压力加工实际上几乎是不可能的。表15-6-2列出了一些铂族金属的塑性-脆性转变温度。金属在高于表中所列温度时均显塑性。

表 15-6-2 一些铂族金属的塑性-脆性转变温度

金属	转变温度,℃	金属	转变温度,℃
铂，钯，铑	−196	铱	约600
		钌	约1000

一、贵金属的锻、轧加工

表15-6-3中列出一些贵金属及其合金的锻、轧加工工艺条件。为了提高成品板、带的表面质量，锭坯在进行压力加工前，可先进行刨削表面。

表 15-6-3 贵金属及其合金的锻、轧加工工艺条件

金属及合金	均匀化温度及时间	锻轧工艺	中间退火温度 ℃	冷加工的总加工率,%
Ag		冷加工	300～400	99
AgAu		冷加工	500～650	90
AgCu	700～750℃，2h	冷，热加工	550～650	60
AgMn（<5%）		冷加工	450～550	90
AgMn（≤15%）		冷加工	600～700，惰性气氛	85
AgPt（≤20%）		800～850℃热加工，冷加工	650～750	70～80
AgSn（≤12.5%）		冷加工		
AgCuIn	550～580℃，2h	550～580℃ 热加工，冷加工	480～550	40
AgCuSn	500～540℃，2h	500～540℃ 热加工，冷加工	400～500	60
AgCuZn		低于熔化温度80～200℃下热加工		
AgMgNi		冷加工	400～450，真空	98
Au		冷加工	400～500	98
AuCr（≤2.3%）		700℃热轧，冷加工	650～700	90
AuCu	800℃，2h	冷加工	680	50
AuNi10		500℃热加工，冷加工	700，木炭保护	

续表 15-6-3

金属及合金	均匀化温度及时间	锻轧工艺	中间退火温度 ℃	冷加工的总 加工率%
AuNi18	700℃、1h→600℃、 2h→500℃、5h→200℃	500℃热加工， 冷加工	500～700， 木炭保护	60
AuNiY		700℃热加工，冷加工	500～700，木炭保护	60
AuPt	750℃，1～1.5h	冷加工	650～700	70
AuRh20	900℃，14h	900℃热加工，冷加工	900	80
AuSb1.2		热或冷加工	340	
AuZr3	950℃，真空4h	冷加工	940	95
AuAgCu	700℃，0.5h	700℃热加工，冷加工	700，真空	90
AuAgPt		850～900℃热加工， 冷加工	700真空	90
AuNiCu	750℃，真空2h	冷加工	700，真空	85
AuPdFe		冷加工	900，氢气保护	90
AuPdB	320℃，真空2h	冷加工		
AuNiCr		700～750℃ 热加工，冷加工	650	80～90
AuNiCuMn	700℃，真空1h	冷加工	700，真空	80
AuNiFe Zr		冷加工	750	90
Pt		冷加工	400～600	＞90
PtCo（≤23.3%）		1000～1200℃ 热加工，冷加工	1200	85
PtCu（≤8.5%）	1100℃，2h	850～1100℃ 热加工，冷加工	900	85
PtIr（≤40%）		1000～1300℃ 热加工，冷加工	1100～1300℃	60～80
PtMo5		1300℃热加工，冷加工	1000～1100，氢气保护	60
PtNi（≤20%）		800～1250℃ 热加工，冷加工	800～1000	80
PtOs7		1200～1500℃ 热加工，冷加工	1300～1500	50
PtRh（≤40%）	热偶丝1300℃4h	1000～1200℃ 热加工，冷加工	1000～1200	60～80
PtRu（≤14%）		1000～1250℃ 热加工，冷加工	1100～1200	70

续表 15-6-3

金属及合金	均匀化温度及时间	锻轧工艺	中间退火温度 ℃	冷加工的总加工率%
PtV		1200～1500℃ 热加工，冷加工	1000～1200	
PtW（≤10%）		1250℃ 热加工，冷加工	1000～1200，氢气保护	70
PtPdMo	900～1000℃，2h	冷加工	950	60
PtRhPd		1200℃热加工，冷加工	900～1100	80
PtRhW		1400℃热加工，冷加工		
PtAg25	900～950℃，4～6h	950℃热加工，冷加工	900	50
Pd		热或冷加工	880（去氧化皮）	>90
PdAg（≤40%）	950～1250℃，1～3h	冷加工	800～850	>90
PdAu		冷加工	800～850	80
PdCu	920℃，1h	冷加工	900	70
PdIr（≤30%）		900～1250℃ 热加工，冷加工	850～870，真空	60
PdMo（≤10%）		热加工		
PdRh（≤40%）	1450℃，4h	冷加工	1200	60～80
PdRu（≤25%）		1200～1300℃ 热加工，冷加工	900，真空	
PdW（≤20%）	1525℃真空15～21h	冷加工	900，真空	50
PdAgAu		冷加工	700～750，真空	90
PdAgCo35-5		900～1000℃ 热加工，冷加工	700～800，真空	80
PdAgCu	1000℃，2h	700～1000℃ 热加工，冷加工	900～950	75
PdU（≤7%）	1300℃，1h	冷加工		
Ir		1500℃热加工，冷加工	800～1000	
Rh		1100～1350℃ 热加工，冷加工	600～900	
Ru		1050～1250℃ 真空热加工		

表15-6-3中未列出道次加工率，一般说来，对易加工的金属或合金的道次加工率为15～20%，对难

加工的金属或合金则为5～10%。

贵金属及其合金的锻造通常是在空气锤上进行的，轧制是在两辊、四辊或多辊轧机上进行的。电子束区域熔炼的单晶铑坯可以进行冷锻，总加工率可达90%。电弧炉熔炼的铑坯可在900～1100℃下进行热锻或轧制，总加工量可达85%。用不锈钢包复钌后可以轧制厚度为1mm 的钌带。有些贵金属及合金的带材，可以由丝材轧制而成。依据成品带材的横截面积来选择丝材的尺寸。轧制维氏硬度 HV 大于4～6GPa 的合金带材时，要采用硬质合金轧辊。

中华人民共和国国家标准 GBn66－79和 GBn 64-83中规定了贵金属及其合金板、带、箔材的尺寸及公差。

二、贵金属的真空轧制

钌难以加工，锇几乎不能进行加工，铑、铱要在加热条件下开坯或进行热加工。随着温度的升高，贵金属便与空气中的氧、氮、氢、水蒸气等发生作用。贵金属表面吸附少量水蒸气后，会吸收大量的活性气体，加速氧化。在大气中加热难熔铂族金属时，它们的氧化物会挥发，引起金属的损失。特别是钌，锇，它们自身的挥发损失也很大。贵金属中溶解的气体杂质也增加了金属变形的阻力。因此，为了减少贵金属在热加工时的损失和使变形容易进行，采用在真空中或在保护气氛下进行轧制的方法。难熔铂族金属在真空中的塑性比在大气中好。铱在真空中和1300～1400℃时，热加工率可达60～70%，IrLa0.52合金可达30～35%，IrCe0.56合金可达25～30%。钌在真空中和1550℃时，热加工率可达60～65%，而在大气中，热加工率仅为35%。这是因为钌与空气中的某些气体的作用，降低了钌的塑性。

第三节 贵金属管、棒、型、丝材的生产

贵金属的管、棒、型、丝材可以通过锻、轧或挤压开坯。锻造时，棒、丝材的锭坯是采用孔型锻模进行的；轧制时，采用孔型轧辊进行的。

一、贵金属的挤压加工

贵金属的管、棒、型、丝材的开坯及其成品可以通过挤压获得。表15-6-4中列出了贵金属及合金的挤压工艺条件。挤压贵金属及其合金的速度一般比较慢。

表 15-6-4 贵金属及合金的挤压工艺条件

合金	挤压温度 ℃	挤压比	
		管	棒
Ag，AgAlZr，AgCe，Ag Cu	550～600	<25	13
AgCuNiAl	700	<25	
Au	500～650	<25	16
AgAuNi	550	<25	
PdAgAuNi	850～900	10	
Pt	800	<25	
PtRh5（或7）	1200	<25	

挤压金的型材时可挤压出直径为10mm 的棒材，而这种棒又可以进一步轧，拉至直径为25～30μm 的金丝。用挤压的方法可将 PdW20合金从直径60mm 挤压成30mm 的棒材，通过以后的加工可制得直径为20～30μm 的丝材。

二、贵金属管的制造

由挤压所得的管材可以作为成品，也可以作为进一步加工的坯材。下一步的加工可以通过轧制和拉拔来完成。作为氢气净化用的钯银、钯银镍合金管，直径为0.5～2.5mm，管壁厚度为0.05～0.12mm，要求耐压20～25MPa，只能采用无缝管，因为焊接管连0.6～1.0MPa 的压力都不能承受。挤压后的钯银管坯可进一步轧制、拉拔成为毛细管。冷轧是在二辊或三辊轧管机上进行的。道次加工率为30～40%，总加工率为90%左右。冷拉时，道次加工率为10～20%，总加工率为50%左右。中间退火温度为700～750℃，气氛是氮气或真空。冷加工时采用机械油或肥皂水润滑。

中华人民共和国国家标准 GBn71－79中规定了导电环用贵金属及其合金管材的尺寸及公差。

三、贵金属丝材的加工

（一）金及金合金丝

直径为10～40μm、纯度超过99.99%用于半导体器件键合的金丝，因为要求其性能稳定、无伤痕、不卷曲、清洁度高，所以拉制这样的金丝要在净化室内进行，对拉丝机，拉丝模及润滑剂都有特殊的要

求。

直径1μm以下的金丝是通过包复铜的复合金丝的办法获得。将铜合金丝拉到一定的尺寸，而后用硝酸将外包复铜层除去即可得到直径为1μm或以下的金丝。

（二）铂及铂合金丝

制备基准、标准铂电阻温度计的铂丝，铂原料纯度不低于99.999%，在冷加工时，中间退火温度为400℃。拉制的最细铂丝可达8μm。有时为了提高高纯铂丝的强度，特别是用作PtRh10-Pt热电偶的铂丝，采用冷加工方法最后拉制成纤维铂丝。这种铂丝的纯度基本不变，而抗拉强度可提高1.5倍，高温强度提高尤其明显。

采用银包复铂丝的拉制方法可获得直径为1μm及以下的铂丝。将银包铂丝拉到一定的尺寸后，用硝酸去除银后即得上述尺寸的微细铂丝。

含铱低于15%的铂铱合金丝，可冷加工成丝材，但须经过中间退火。含15～30%铱的铂铱合金丝，首先用热加工开坯，而后进行冷加工。热加工、中间退火温度参见表15-6-3。

含20%铑以下的铂铑合金丝可冷加工成丝材，但须进行中间退火。含20～40%铑的铂铑合金先在1200℃下热锻或热轧，而后进行冷拉，可得丝材。中间退火温度参见表15-6-3。含70%铑的铂铑合金是热加工成丝材的。工艺条件是1300℃热锻开坯，950℃热轧，700～750℃热拉。

（三）钯及钯合金丝

拉制纯钯丝是用经中间退火的冷加工获得的。加工钯银钴（Pd Ag Co35－5）合金丝时，首先在900～1000℃热锻开坯，而后经中间退火冷加工得丝材。中间退火温度参见表15-6-3。

钯铱合金丝的加工比较困难。含18%铱的钯铱合金，先在1100～1250℃下热锻开坯，总加工率不小于60%，而后进行冷加工，总加工率为60～90%，中间退火温度为850℃。含铱超过30%的钯铱合金丝材的加工非常困难。

（四）铑丝

在1350℃下热锻铑锭开坯，热锻总加工率不小于75%。在900℃下热轧，热轧总加工率不小于60%，而后在700～450℃热拉，热拉温度随丝材直径减小而降低，最后可进行冷拉。中间退火温度为500至600℃。

（五）铱丝

在1500 ℃下热锻铱锭开坯，热锻总加工率超过75%。热锻后的铱棒，外套上镍管后在1100℃下进行热轧。热轧的总加工率超过80%。而后用硝酸煮，去除镍外套皮。去镍皮后再进行热拉。热拉温度为900～700℃。随丝材直径减小，最后可进行冷拉。铱丝最细直径可达0.1mm。铱铑合金丝的拉制工艺可参照铑丝拉制工艺进行。

银及银合金丝材一般采用冷加工，比较容易，在这里不详细介绍了。

中华人民共和国国家标准GBn67-83中规定了贵金属及其合金线材的尺寸及公差。

第四节 贵金属粉末冶金制品

用粉末冶金方法所制取的某些贵金属制品是贵金属制品的重要组成部分。有时用熔铸、加工方法不能获得的制品，却可以用粉末冶金方法获得。用于粉末冶金的金属粉末可以用化学精炼法制得，也可用物理方法如气雾法等方法制得。合金粉末可以用化学共沉淀法、机械混合法、气雾法等方法获得。气雾法制备银粉的工艺条件是：液流口直径为3mm，气体压力为0.8MPa，气体为空气。共沉淀制备银合金粉末的工艺条件是：硝酸溶解物料，加入氢氧化钠或碳酸钠使发生共沉淀，共沉淀物经过洗涤、干燥、焙烧后，进行破碎、筛分，或者还须再一次灼烧，还原而得银合金粉末。表15-6-5列出了某些贵金属粉末冶金制品的工艺条件。

表 15-6-5 某些贵金属粉末冶金制品的工艺条件

合金%（重量）	工艺条件
Ag-C（<50%C）	压结压力0.3GPa，烧结温度900℃，氢气保护，烧结时间与制品厚度有关，为1.5～2.5h
Ag-W	压结压力0.5GPa，烧结温度900℃，氢气保护

续表 15-6-5

合金%（重量）	工 艺 条 件
Ag-CdO	化学共沉淀物在200℃下烘干，450℃焙烧8h，研磨成粉末，压结压力0.1～0.2GPa，900℃大气气氛下烧结3h。烧结后的坯料可在900℃下热锻，而后进行冷轧，中间退火温度为500℃，时间为1h，这样可制得 Ag-CdO 板材
$Ag-Fe_7$	化学共沉淀物经过洗涤、干燥、破碎、筛分后，在600℃下灼烧，再经过洗涤后在630℃下氢气气氛中还原。取－40目粉末，进行压结、压结压力为0.3～0.4GPa，压结坯料在920℃下氢气气氛中烧结，烧结时间随制品的厚度而定
Ag-Ni（<40%Ni）	化学共沉淀物经过洗涤，在120℃下烘干，600℃下加热2h。然后进行第二次洗涤，洗涤后在550℃氢气气氛中加热2h 还原制粉.取－40目粉进行压结，压结压力为0.5GPa。压结坯料在840℃下氢气气氛中烧结，时间随制品厚度而定
铱	压结压力为0.15GPa，在所得的压结坯料1700℃下真空中烧结30min，接着在1500℃旋锻至2～3mm的棒材，而后在700℃下进行热拉，便可获得 ϕ0.15mm 的丝材
钌	粉末冶金的钌坯在1200～1500℃模锻，道次压缩率为15%左右，可把直径 ϕ12.5mm 的钌坯锻到 ϕ2.5mm，而后可进一步进行热拉。若制备带材，则在1250℃下热轧，可制得厚度为0.25mm 的带材，轧制在真空中进行

第五节 贵金属的切削加工与焊接

（一）贵金属的切削加工

贵金属及其合金在生产半成品和首饰及其他制品时，需要进行磨、车、铣、钻、电火花等切削加工。切削工具可采用高速钢，硬质合金或金刚石等刀、磨具。

切削铂及其合金无多大困难。用金刚石刀具切削冷加工变形过的铂时，刀具的磨损比切削退火态铂的磨损快。切削铑、铱比切削铂合金时困难得多。

银、金、铂、钯、铑和铱的铣削加工比车削困难得多。钻削比铣削更困难。

铸造成型的铱坩埚之浇冒口可采用电火花加工或线切割机床进行线切割而切去。

（二）贵金属的焊接

贵金属及其合金的焊接工艺见表15-6-6。

表 15-6-6 贵金属及其合金的焊接方法

被焊的金属及最佳厚度	焊接方法	焊接特点
Ag，<10mm	气焊	还原火焰
Pt，PtRh，PtIr，<2～3mm	气焊	氧化火焰，氢氧火焰加热
Pd 及 Pd 合金，<4mm	气焊	中性火焰
Pt，PtRh，PtIr，<5～6mm；Ir；Rh，<3～4mm	不熔电极氩弧焊	氩气保护，焊接电流100～400A，电弧电压10～30V
全部贵金属及其合金，10μm～1（1.5）mm	微等离子焊	氩或氮氢混合气保护，焊接电流0.2～50A，焊接功率0.02～1.5kW，等离子发生气-氩气
全部贵金属及其合金，0.5～10mm	压缩电弧焊	焊接电流40～400A，焊接功率1.2～15kW

续表 15-6-6

被焊的金属及最佳厚度	焊接方法	焊接特点
全部贵金属及其合金，尤其是难熔贵金属及其合金，1μm～10mm	电子束焊	加速电压1.5～10kV，30～150kV，功率0.5～100kW，射束直径0.01～1mm
全部贵金属，特别是高导热性金属（银、金及其合金），<3～4mm	激光焊	激光输出功率：连续的 10^{-2}～10^{3}W；脉冲的 10^{4}～10^{9}W

第六节 贵金属的复合材料

贵金属复合材料能节约贵金属，性能也好，故发展很快，应用日益广泛。二层不同的金属或合金的复合材料为双金属，三层及其以上的复合材料为多层复合材料。这类复合材料能代替整体贵金属材料。有双金属板带材，也有零件式的复合材料如复合铆钉。表15-6-7列出了贵金属复合材料的制备方法及用途。

表 15-6-7 贵金属复合材料的制备方法及用途

复合材料	制备方法	用途
Ag-Cu，PdAg-Cu，Au-Pd-Cu，Ag-黄铜，PdAg-黄铜	冷加工固相复合	电接点材料
Ag-Cu	热加工复合（锻、轧、挤压）	化工用管材，高频电缆
Pt-Cd	热加工复合（锻、轧、挤压）	化工设备零件
Pt-ZrO_2（ZGSPt），$PtRh_{10}$-ZrO_2（ZGSPtRh）	内氧化法，雾化法	玻纤漏板，坩埚
Ag-CdO	内氧化法	电接点材料
Ag-Pd Cu_{30}，Ag-Ni	冷拉（拔）复合	电话机用接点
Ag-Al	挤压复合	高频电缆
Ag-Cu	冷模锻复合	电接点
Ag-Cu，Ag-钢，Pt-Mo	爆炸复合	化工仪表用接点
Ag-Al	铸造复合	
AgCdO-Cu，AgCe-Cu	电阻焊（对焊）复合	电接点
Ag-黄铜	堆焊复合	电插件
Pt-陶瓷	堆焊复合	化工
AgW-黄铜	扩散连接复合	化工用大电流接点
Pt-Mo	扩散连接复合	耐热零件
Au-Ta，Au-可伐	喷涂复合	真空仪表零件
Pt-Ti	真空轧制复合	电化学槽电极

续表 15-6-7

复合材料	制备方法	用途
Pt-Ni，Pd-Ni，Ag-Ni，Au-Ni	脉冲电流焊接复合	电接点
纤维铂	纤维复合	热电偶铂极

ZGS Pt 和 ZGS PtRh10复合材料的制备工艺：先在高频或中频感应电炉的氧化锆坩埚内，于真空、充氩的气氛中熔炼 $PtZr_{0.06}$和 $PtRhZr_{10-0.06}$合金，然后浇注成锭，接着将合金锭锻、轧成箔材。将箔材放在一定温度下氧化，使合金中的锆氧化成 ZrO_2。再将经过高温氧化的箔材，叠放在一起，进行热锻复合。而后轧制成复合弥散强化铂（ZGS Pt）和复合弥散强化铂铑合金（ZGS Pt Rh）。在用 ZGSPt 和 ZGSPt Rh 制备漏板、坩埚时，尽量不用熔焊成形，而采用固态压合或冲压成形。因为熔焊时，氧化锆发生上浮，导致焊缝表面富集氧化锆、而焊缝内部缺少氧化锆，失去弥散强化的作用，使焊缝强度降低，影响漏板和坩埚的寿命。

第七节　贵金属非晶态合金的制取

非晶态合金又称金属玻璃。它的结构类似于液态结构，原子排列是混乱密堆的，无长程周期性，是一种亚稳态的结构。在适当的温度下，贵金属的非晶态结构会转变成晶态结构，这种转变过程叫做晶化。可用 X 射线衍射图象来检查合金是否为非晶态结构。非晶态结构的 X 射线衍射峰是一个宽大而平的主峰和一个小的副峰。用电子衍射也可检查出来，非晶态结构的电子衍射图象是一个晕环而不是晶态结构的衍射斑点。在非晶态贵金属合金中，钯合金最易形成非晶态，银合金、铱合金等较难形成非晶态。

制备非晶态合金的方法很多，主要有枪射法、锤砧法、转鼓法、双辊急冷法、雾化法、真空喷涂法、电沉积法、溅射法、喷丝急冷法等。表15-6-8中列出一些非晶态贵金属合金的制备方法和用途。

表 15-6-8　非晶态贵金属合金的制备方法和应用

合金%（原子）	制备方法	应用
Pd-（8～22）Si，Pd-（0～25）Cu-（15～25）Si	锤砧法，转鼓法，水冷却法	电接点材料
Pd-20Si，Pd-6Ag-16.5Si，Pd-4Ni-18Si，Pd-5Cu-19Si	锤砧法，双辊急冷法	声学延滞线材料
Pd-20Si	转鼓法	电阻材料
Pd Si，Pd P，Au Si	转鼓法，锤砧法	钟表元件
Pd-20Si-7Cr	锤砧法	测温元件
Pd-20Ni-20Si，Pd-6Ni-16.5Si	转鼓法	钎料

主要参考文献

〔1〕《贵金属材料加工手册》编写组，贵金属材料加工手册，冶金工业出版社，北京，1978.

〔2〕Линецкий Б. Л，и крупин，А. В,. пластическая деформация платиновых металлов и рения，металлургия，Москва，1984.

第七章　贵金属金属学

编写人　高逸群

第一节　贵金属合金

（一）贵金属二元合金

贵金属二元合金相图主要有以下类型：

(1) 有些相图是二组元在液态与固态都无限互溶的，例如 Au-Ag、Pd-Pt、Ir-Rh、Os-Ru 等相图。

(2) 有些相图是二组元形成稳定的或不稳定的金属间化合物的，大多数的稀土元素与贵金属元素的二元合金相图是这样的。

(3)有些相图为共晶型的，例如 Pt-B 等相图，多数具有金属间化合物的相也是共晶型的相图。

(4) 有些相图为包晶型的，例如 Pt-Ag、Os-Ir、Os-Pd、Ru-Ir、Pt-Ru、Rh-Ru、Ir-Re 等相图。

(5)有些相图是二组元在液态有限溶解，在固态也是有限溶解或者具有偏晶反应的，例如 Au-Ir、Au-Rh、Au-Os、Au-Ru、Ag-Ir、Ag-Rh、Ag-Ru、Ag-Os 等相图。

(6)有些相图是在固态具有各种固态相变的，例如具有磁性转变的钴、铁、镍元素与贵金属元素组成的二元合金相图；固态具有有序⇌无序转变的 Pt-Cu、Pd-Cu、Au-Cu、Pd-Ag 等相图；固态具有相分解的 Pt-Ir、Pd-Ir、Pd-Rh 等相图。

(7) 有些相图是二组元在液态无限互溶在固态有限溶解的，例如 Pt-Mo，Rh-Mo，Ru-Mo 等相图。

贵金属二元合金相图的类型与合金组元在周期表中的位置有关。以钯的二元合金相图为例，在周期表中，从钯向左的元素与钯的二元合金，是从液态和固态都无限互溶 (Pd-Rh，Pd-Ir 合金)，向液态无限互溶，固态有限溶解转移，但不形成金属间化合物；再往左，则形成金属间化合物 (Pd-Ta 合金)。此外，贵金属元素与合金元素的电负性差值愈小的二元合金相图愈简单，随着两组元的电负性差值增加，相图趋向复杂。在形成金属间化合物的二元合金相图中，随着两组元电负性的差值的增加，金属间化合物的数目增加。

碳、磷、硅加入贵金属中会形成共晶合金，它们的共晶温度列在表15-7-1中。氧、氮、氢与贵金属的相互作用情况如下：(1) 铂族金属表面会吸附水蒸气、氧、氢等气体，表面上吸附水蒸气后特别易吸收其他活泼气体；(2) 氧在银中的溶解度很大；(3) 氢在钯中的溶解度很大；(4)对氮与贵金属作用的行为研究较少，已发现的贵金属氮化物有 Os_2N 等。氮不溶于铂和铱中。

表 15-7-1　碳、磷、硅与贵金属形成共晶合金的共晶温度

贵金属	合金元素及共晶温度,℃		
	C	P	Si
Ag			840
Au			363
Pt	1736	588	830
Pd	1504	788	798
Rh	1694	1254	1389
Ir	2294	1262	1470

续表 15-7-1

贵 金 属	合金元素及共晶温度,℃		
	C	P	Si
Ru	1942	1425	1488
Os	2732		

（二）三元及多元合金

有许多三元、四元或多元组成的贵金属合金，这些合金往往具有特别优良的使用性能。例如PdAgCuAuPtZn30-14-10-10-1六元合金是良好的电接触材料，PtRhPd3.5-4三元合金是良好的催化網材料，AuAgCuMnGd33.5-3-2.5-0.4五元合金是良好电位计绕组材料，PtWReNiCrY8-4-2-1-0.2六元合金是良好的高温电阻应变计材料，AgCuV10-0.15三元合金是良好的导电环材料等。

第二节　贵金属金属间化合物

贵金属的金属间化合物很多，尤以铂族金属的金属间化合物居多。这些金属间化合物比组成化合物的纯金属的硬度高，机械强度大，脆性大，稳定性好及熔化温度高，抗腐蚀性和抗氧化性好，有一些贵金属化合物具有良好的磁性或电学性能。例如，Pt-Co_{48}（原子百分率）合金经过部分有序化处理后磁能积和矫顽力可达最佳值，分别为7720×10^2（A m^{-1}·T）和334236A·m^{-1}。AuCu 和 $AuCu_3$合金无序时的电阻率分别为14和12$\mu\Omega$·cm 而有无序时的电阻率均为4$\mu\Omega$·cm。表15-7-2中列出了一些铂族金属的金属间化合物的结构和磁性。

表 15-7-2　某些铂族金属的金属间化物的结构和磁性

化 合 物	结　构	居里温度 K	饱和磁矩（0K）μ_B
$PrRu_2$	$MgCu_2$	40	0.7
$NdRu_2$	$MgCu_2$	28	
$GdRu_2$	$MgZn_2$	83	6.3
$ErRu_2$	$MgZn_2$	8	6.1
$PrRh_2$	$MgCu_2$	8.6	
$NdRh_2$	$MgCu_2$	8.1	
$GdRh_2$	$MgCu_2$	＞77	
$NdOs_2$	$MgZn_2$	23	1.4
$SmOs_2$	$MgZn_2$	34	0.2
$GdOs_2$	$MgZn_2$	66	6.7
$TbOs_2$	$MgZn_2$	34	7.3
$DyOs_2$	$MgZn_2$	15	6.7
$HoOs_2$	$MgZn_2$	9	6.0
$ErOs_2$	$MgZn_2$	3	5.4
$PrIr_2$	$MgCu_2$	16	2.1
$NdIr_2$	$MgCu_2$	11.8	1.6

续表 15-7-2

化合物	结构	居里温度 K	饱和磁矩（0K） μ_B
$SmIr_2$	$MgCu_2$	37	0.3
$GdIr_2$	$MgCu_2$	88	6.9
$TbIr_2$	$MgCu_2$	45	7.0
$DyIr_2$	$MgCu_2$	23	7.7
$HoIr_2$	$MgCu_2$	12	7.5
$ErIr_2$	$MgCu_2$	3	6.1
$TmIr_2$	$MgCu_2$	1	3
$PrPt_2$	$MgCu_2$	7.9	
$NdPt_2$	$MgCu_2$	6.7	

贵金属与稀土金属（RE）形成的金属间化合物数量很大。银与稀土金属的二元金属间化合物有 $Ag_{\sim5}$ RE，Ag_4 RE，Ag_3 RE，Ag_{51} RE_{14}，Ag_7 RE_2，Ag_2 RE，Ag RE，Ag_2 RE_3，Ag_3 RE_5，Ag RE_2，Ag_9 RE_2等。金的稀土金属间化合物有 Au_3 RE，Au_4 RE，Au RE_2，Au_2 RE，Au_6 RE，Au_7 RE_{10}，Au_5 RE_7，Au_3 RE_7等。铂的稀土金属间化合物有 Pt_5 RE，Pt_3 RE，Pt_2 RE，Pt RE，Pt RE_2，Pt RE_3等。钯的稀土金属间化合物有 Pd_3 RE，Pd_2 RE，Pd RE，Pd_3 RE_2，Pd_2 RE_3，Pd_2 RE_5等。在铂族金属的金属间化合物中，常见的是具有等原子比的立方结构（CsC1型）的化合物。这类化合物，在温度下降时 CsC1型向 AuCd 型或 AuCu 型转变，接着又向马氏体转变，因而有可能成为形状记忆合金。

已发现的贵金属的三元或三元以上的金属间化合物为数不多，其中铂、钯、铑、铱、钌的三元金属间化合物稍多一些。它们的结构类型主要有：Fe_2P 型的 PtRSn、PdRSn、RhRSn、IrRSn 等，FeS_2（高温）型的 PdAsSb，RhAsSb 等，还有 CuAu（有序）型和其他类型的三元金属间化合物。

第三节 贵金属的金相显示

为了检查贵金属及其合金的金相组织，要选择适当的腐蚀剂和腐蚀条件。表15-7-3列出了贵金属及其合金的主要腐蚀剂和腐蚀条件。

表 15-7-3 贵金属及其合金的金相腐蚀剂和腐蚀条件

金属	腐蚀剂	腐蚀方法和条件
银及其合金	（1）含重铬酸钾的溶液：$K_2Cr_2O_7$ 2g，H_2SO_4（1.84）2mL，NaCl 饱和溶液4mL，水100mL	化学腐蚀
	（2）HCl 600mL，$HNO_3$40mL	化学腐蚀
金及其合金	（1）HCl 30mL，$HNO_3$10mL，甘油60mL	化学腐蚀
	（2）20%KCN 水溶液1份，20%过硫酸铵水溶液1份	化学腐蚀
铂及其合金	（1）20%KCN 水溶液1份，20%过硫酸铵水溶液1份	化学腐蚀
	（2）HCl30mL，$HNO_3$10mL，甘油60mL	化学腐蚀
钯及其合金	（1）$HNO_3$5mL，HCl25mL，水30mL	化学腐蚀
	（2）20%KCN 水溶液1份，20%过硫酸铵水溶液1份	化学腐蚀

续表 15-7-3

金　属	腐　蚀　剂	腐蚀方法和条件
铑及其合金	（1）HCl 1mL，NaCl 饱和水溶液4mL	交流电解腐蚀，电流10 A，时间2～10min
	（2）浓盐酸	化学腐蚀
铱及其合金	（1）20%KCN 水溶液1份，20%过硫酸铵水溶液1份	化学腐蚀
	（2）HCl 30mL，$HNO_3$10mL，<甘油60mL	交流电解腐蚀，电压10～15V，电流0.1A
钌及其合金	（1）10%草酸水溶液	交流电解腐蚀，另一极为不锈钢，时间2～8min
	（2）NaCl 饱和水溶液4mL，～HCl 1mL	交流电解腐蚀，另一极为不锈钢，时间2～10min
锇及其合金	（1）20%KCN 水溶液1份，20%过硫酸铵水溶液1份，	化学腐蚀
	（2）15%磷酸水溶液	交流电解腐蚀，另一极为不锈钢，时间1～5min

主要参考文献

〔1〕何纯孝等编，贵金属合金相图，冶金工业出版社，1983.

〔2〕Savitsky E，et al，Physical Metallurgy of Platinum Metals，Translated from Russian by I. Savin，Pergamon Press Oxford，1978.

〔3〕何纯孝等，贵金属（1987），8（2）47～58.

第八章　贵金属的化学成分分析和物理性能检测

编写人　赵敏政　刘　雄

第一节　贵金属的化学成分分析

一、贵金属原料的化学分析

原料分析的有关内容列于表15-8-1。

表 15-8-1　原料分析

分析对象	测定元素	分析方法	检测极限，% 或特征浓度，$\mu g/cm^3$
料液	Ru	纸色层分离，Ru（IV）催化联苯胺-H_2O_2体系，动力学法测定	1×10^{-8}g
氯化渣	Ru	计时库仑法测定	1×10^{-6}mol/L
矿石，中间产品	Ru	Ru（Ⅱ）-SCN^-R6G 体系，光度法测定	$\varepsilon=8.5\times10^4$
矿石	Ru	激光光谱法测定	
矿石	Ru	催化光度法测定	0.0002～0.020%
水	Ru	Ru（Ⅳ）催化 As（Ⅲ）-Ce（Ⅳ）-H_2SO_4体系（退色），动力学法测定	0.001$\mu g/cm^3$
天然和工业物料	Os	Na_2O_2熔融，蒸馏分离，催化光度法测定	—
矿石	Os	重液沉选，γ酸，光度法测定	$\varepsilon=6.5\times10^5$
矿石，精矿	Os	铅试金富集，H_2O_2蒸馏，硫脲萃取光度法测定	1×10^{-6}g
矿石，中间产品	Os	氧化蒸馏 Os、Ru，$OsCl_6^{2-}$－R6G 体系，浮选光度法测定	$\varepsilon=2\times10^5$
炼镍二次合金	Os	Os（Ⅷ）-5-Br-PADAP-OP 体系，光度法测定	$\varepsilon=4.1\times10^4$

续表 15-8-1

分析对象	测定元素	分析方法	检测极限，% 或特征浓度，μg/cm³
岩石	Os	$NaBiO_3$氧化蒸馏，Os（Ⅳ）催化 As（Ⅲ）-Br^-体系，动力学法测定	1×10^{-6}～1×10^{-7}%
矿物原料	Ru，Os	$NaBiO_3$氧化蒸馏，硫脲、光度法分别测定	1×10^{-5}%
铜镍矿	Ru，Os	铅试金富集，$NaBiO_3$氧化蒸馏，硫脲、光度法测定	—
矿石	Ru，Os	氧化蒸馏，Ru、Os 分别吸收，动力学法测定	Ru 0.006μg/g， Os 0.007μg/g
硅酸岩	Ru，Os	共振离子质谱法测定	
硫化矿，工艺富集物	Ru，Os	甲苯萃取 Os（Ⅳ）的硫脲配合物，CCl_4萃取 Ru 的 H_2O_2配合物，中子活化法测定	Ru　2×10^{-6}%， Os　5×10^{-7}%
天然或工艺物	Ru，Os	丁醇萃取，$K_2Cr_2O_7$氧化蒸馏，MBT、光度法测定	1×10^{-4}%
工艺物料	Rh	示波极谱法测定	2×10^{-6}mol/L
工艺物料	Rh	$SnCl_2$-MBT 体系，EAc 萃取光度法测定	$\varepsilon=1.55\times10^4$
萃残液	Rh	5-Cl-PADAT，5-Br-PADAT，3，5-diBr-PADAT，光度法测定	ε分别为：1.71，1.78，1.76×10^5
萃残液	Rh	BDPTK-EtOH-Triton X-100体系，光度法测定	$\varepsilon=8.8\times10^4$
铜镍矿、精矿、尾矿	Rh	铋试金富集，中子活化测定	20ng/g
矿石	Ir	分离富集，Ir（Ⅲ）-KIO_4-鲁米诺化学发光体系，光度法测定	0.09μg/g
工艺物料与中间产品	Ir	$SnCl_2$-MBT 体系，EAc 萃取光度法测定	$\varepsilon=1.54\times10^4$
铂精矿	Ir	伏安法测定	1～300μmol/L
沉积岩	Ir	聚叔胺酯泡塑富集，中子活化法测定	1ng/g
矿石、煤、灰、果叶	Ir	Dowex1-×8阴离子交换树脂富集，中子活化法测定	0.004ng

续表 15-8-1

分析对象	测定元素	分析方法	检测极限，% 或特征浓度，μg/cm³
矿石，工艺物料	Pd	5-Br-PADAP-EtOH 体系，光度法测定	$\varepsilon=4.5\times10^{4}$
矿石	Pd	电沉积分离，钨丝电热 AAS 法测定	$1.49\times10^{-3}\mu g/cm^{3}$
地质试样，钯精矿	Pd	3，5-diBr-PAPMA，光度法测定	$\varepsilon=5.4\times10^{4}$
阳极泥	Pd	TBP/苯（3/7）萃取，5-Cl-PADAB，光度法测定	$\varepsilon=8.5\times10^{4}$
工艺物料	Pd	$SnCl_2$-MBT 体系，EAc 萃取，光度法测定	$\varepsilon=1.2\times10^{4}$
废水	Pd	镉试剂-Tween80体系，光度法测定	$\varepsilon=9.5\times10^{4}$
化学试剂，阳极泥	Pd	亚化学计量库仑法测定	—
矿石	Pd	丁基黄原酸钾光度法测定	S-10μg/mL
二次阳极泥、氯化精矿	Pd	DCB-偶氮胂，流动注射，光度法测定	0.2μg/mL
矿石	Pd	二乙基二硫代氨基甲酸铋-EAc 置换萃取，AAS 法测定	
精矿，氯化渣，废水	Pt	黄原酯棉富集，阳极溶出法测定	$5\times10^{-4}\mu g/cm^{3}$
工艺物料	Pt	$SnCl_2$-MBT 体系，EAc 萃取，光度法测定	$\varepsilon=1.2\times10^{4}$
地质试样	Pd，Pt	铅试金富集，EAc 萃取，中子活化法测定	$5\times10^{-7}g$
矿石	Pd，Pt	DDO-$CHCl_3$萃取，极谱法测定	Pd $4.03\times10^{-8}mol/L$ Pt $1.46\times10^{-8}mol/L$
二次阳极泥	Pd	CPA-PN 流动注射光度法测定	0.15～0.3%
硫化矿	Pd，Pt	1，2，4-三偶氮亚胺基甲烷，光度法测定	$9\times10^{-4}\%$
铁矿石	Pd，Pt	活性炭动态吸附，AES 法测定	—
铜镍硫化矿，铁矿	Rh，Pd，Pt	硫脲沉淀，AES 法测定	$1\times10^{-5}\%$
矿石，尾矿，炉渣，精矿	Ru，Os，Ir	NiS 试金富集，AES 法测定	$1\times10^{-6}\%$
含金矿石	Ru，Os，Ir，Pt	铅试金，NiS 试金，活性炭富集，AAS 法测定	$3\times10^{-3}\%$

续表 15-8-1

分析对象	测定元素	分析方法	检测极限，% 或特征浓度，μg/cm³
铜铁矿，空气，有机物	Ru，Rh，Pd，Os，Ir，Pt	铅试金富集，AAS 法测定	Pd、Rh—1×10^{-11}，Ru—4×10^{-11}，Ir—1×10^{-10}，Pt—1.8×10^{-10}，Os—3.4×10^{-10}g
阳极泥	Ag	金球电极，阳极溶出伏安法测定	—
岩石，地质试样	Ag	石墨炉 AAS 法测定	9×10^{-5}μg/cm³
地面水，雨水	Ag	硅胶富集，阳极溶出伏安法测定	6.7×10^{-6}μg/cm³
岩石	Ag	石墨炉 AAS 法测定	1.2×10^{-3}μg/cm³
沉积物	Ag	平台石墨炉 AAS 法测定	0.03μg/g
阳极泥，铜渣	Ag	AAS 法测定	—
铜铅锌矿	Ag	曙红-邻菲啰啉-Triton X-305体系，光度法测定	$\varepsilon=7.6\times10^{4}$
照相定影液	Ag	镉试剂 A-Tween 80体系，光度法测定	$\varepsilon=8.6\times10^{4}$
矿石	Ag	3，5-diCl-PADAT-SDBS-Triton X-200体系，光度法测定	$\varepsilon=5.4\times10^{4}$
矿石	Ag	Ag (I) -鲁米诺-过硫酸钾体系，流动注射化学发光法测定	1×10^{-8}g/cm³
废水	Ag	TMK-Tween 80体系，光度法测定	$\varepsilon=6.6\times10^{4}$
矿石	Ag	TOPO-I^-—硫脲体系，MIBK 萃取，AAS 法测定	3×10^{-3}μg/cm³
矿石	Au	活性炭吸附，TMK，光度法测定	$\varepsilon=1.6\times10^{5}$
矿石	Au	TMK，正丁醇萃取，光度法测定	—
矿石	Au	TBP 萃淋树脂萃取色层分离，光度法测定	3μg/cm³
地质试样	Au	金试剂-Zeph，光度法测定	
岩石	Au	萃取色层，TMK-MIBK 萃取，光度法测定	—
矿石	Au	阳极溶出伏安法测定	1×10^{-3}μg/cm³
矿石	Au	TEDAT，光度法测定	$\varepsilon=1.95\times10^{4}$
矿石	Au	泡沫塑料吸附，TMK-MIBK-异戊醇萃取，光度法测定	—
矿石	Au	泡沫塑料富集，AAS 法测定	—

续表 15-8-1

分析对象	测定元素	分析方法	检测极限,% 或特征浓度，μg/cm³
阳极泥，矿沙，海水	Au	$AuBr_4^-$-MG 萃取，BRB 与 MG 交换，荧光法测定	0.01μg/cm³
镀金废水	Au	钨丝电解电热，AAS 法测定	5.6×10^{-5}μg/cm³
矿石	Ag，Au	正三辛胺-泡沫塑料吸附，反相萃取，AAS 法测定	Ag—0.4μg/cm³ Au—0.2μg/cm³
铅矿	Ag，Au	双硫腙-EAc 萃取，AAS 法测定	—
阳极泥	Ag，Au，Ir	螯合树脂吸附，中子活化法测定	—
矿石	Pd，Pt，Au	炭粉吸附，异戊醇萃取，AAS 法测定	Pd—4×10^{-6}，Pt—2×10^{-5}，Au—5×10^{-6}%
岩石	Pd，Rh，Ir，Pt	NiS 试金富集，ICP-MS 法测定	
矿石，洗选物	Rh，Pd，Pt，Au	试金银珠富集，AES 法测定	Rh、Au—3×10^{-4}%，Pd、Pt—1×10^{-3}%
矿石	Pd，Pt，Ag，Au	AAS 法测定	Ag—5×10^{-3}，Pd—5×10^{-2}，Au—1×10^{-2}，Pt—2×10^{-1}μg/cm³
试液，硅酸盐，氯化物，精矿	Ru，Rh，Pd，Os，Ir，Pt，Au	铅试金，NiS 试金富集，NaCl 作缓冲剂，镍作内标，AES 法测定	Au、Ru—1.0，Os—7.5，Rh—0.5，Pd—0.5，Ir—1.0，Pt—2.5μg/cm³
海水，沉积物	Ru，Rh，Pd，Ir，Pt，Au	石墨炉 AAS 法测定	ng
标样	Ru，Rh，Pd，Os，Ir，Pt，Au	试金银珠富集，AES 法测定	Pd—5×10^{-8}，Au—1×10^{-7}，Rh，Pt—5×10^{-7}，Ru，Ir—1×10^{-6}，Os—2×10^{-6}%
标准物质	Ru，Rh，Pd，Os，Ir，Pt，Au	锍试金，ICP-AES 法测定	Ru—0.3μg/cm³—3%，Rh—0.1μg/cm³—2.2%，Pd—0.3μg/cm³—13%，Ir—0.05μg/cm³—0.5%，Pt—0.6μg/cm³—35.5%，Au—0.1μg/cm³—2.5%

续表 15-8-1

分析对象	测定元素	分析方法	检测极限,% 或特征浓度，$\mu g/cm^3$
天然物料	Ru，Rh，Pd，Ir，Pt，Ag，Au	铅试金富集，AAS法测定	—
矿石	Pd，Pt，Au	巯基棉富集，（1）AAS法测定，（2）CV-DDO萃取光度法测定	（1）Pd、Pt、Au各＞200μg/g，（2）Pd、Pt、Au各＜200μg/g
矿石	Pd，Pt，Au	聚胺脂泡塑富集、硫脲洗脱，石墨炉AAS测定	
硫化矿等	Rh，Ir，Pt，Ag，Au	化学富集，中子活化法测定	Rh—10～20ng，Ir—0.1～1ng，Pt—10～50ng，Ag、Au—0.01～0.1ng
原铂矿富集物	Rh，Pd，Ir，Pt，Au	AAS法，ICP-AES法，重量法（Pt）测定	
金矿石	Au	$N263^+ - AuCl_4^-$ PVC膜离子选择性，电极电位法测定	
锇铱矿	Ru，Os，Ir，Pt	重量法（Os，Ir），ICP-AES法（Ru、Pt）测定	
砷铂矿	Rh，Pt	重量法或ICP-AES法测定	
硫砷铂矿	Rh，Pd，Pt	AES法，ICP-AES法测定	
硫镍钯铂矿	Rh，Pd，Pt	AES法，ICP-AES法测定	
锑钯矿	Pd，Pt	AES法，ICP-AES法测定	
	Ru，Os	ICP-AES法测定	
试料1	Rh，Pd，Pt	铅试金，NiS试金，Cu_2S试金富集，ICP-AES法测定	
试料2	Pd，Pt	铅试金银珠富集，AAS法、ICP-AES法测定	
试料3	Pd，Pt	重量法（Pd），ICP-AES法，AAS法（Pt）测定	
试料4	Pd，Pt	Cu_2S试金富集，AAS法，ICP-AES法测定	
试料5	Ru，Rh，Pd，Ir，Pt	铅试金，Cu_2S试金富集，AAS法，ICP-AES法测定	
试料6	Rh，Pd，Pt	NiS试金，Cu_2S试金，铅试金富集，重量法（Pt），AAS法，ICP-AES法（Rh、Pd）测定	

续表 15-8-1

分析对象	测定元素	分析方法	检测极限,% 或特征浓度，$\mu g/cm^3$
试料7	Ru，Rh，Pd，Pt	Na_2O_2熔融，氧化蒸馏，ICP-AES 法（Ru、Rh、Pt），王水溶解，重量法（Pd）测定	
试料8	Rh，Pd，Pt	铅试金，Cu_2S 试金，NiS 试金，重量法（Rh），ICP-AES 法（Pd，Pt）测定	
试料9	Ru，Pd，Ir，Pt	Na_2O_2熔融，氧化蒸馏，重量法，AAS 法，ICP-AES 法测定	
试料10	Pd，Pt	铅试金富集，AAS 法，ICP-AES 法测定	
阳极泥（3-60%Pd）	Pd	库仑法测定	
钌废料再生液	Ru	重量法（Ru），ICP-AES 法（杂质元素）测定	
铑废料再生液	Rh	重量法（Rh），AAS 法，ICP-AES（杂质元素）测定	
钯废料再生液	Pd	重量法（Pd），AAS 法，ICP-AES（杂质元素）测定	
铂废料再生液	Pt	重量法（Pt）测定	
钌废催化剂	Ru	ICP-AES 法测定	
硒阳极泥	Pd，Pt	铅试金富集，AAS 法，ICP-AES 法测定	
电极残渣	Pd，Pt	铅试金，NiS 或 Cu_2S 试金富集，AAS 法，ICP-AES 法测定	
铜阳极	Pd，Pt	H_2SO_4分解或铅试金富集，AAS 法，ICP-AES 法测定	
首饰碎料	Pd，Pt，Rh，Ir，Ru，Rh，Ir	王水溶解，残渣经 Na_2O_2熔融，ICP-AES 法测定	
感光乳胶生产废液	Ag	Ag（1）-phen-$TPPS_4$光度法测定	
镀银液	Ag	Ag^+选择电极为指示电极，SCN^-为滴定剂，电位滴定法测定	
镀银元件清洗液	Ag	原子捕集 AAS 法测定	

黄金属材料的分析方法汇于表15-8-2。

二、贵金属材料的化学分析

表 15-8-2　贵金属材料的化学分析

分析对象	测定元素	分 析 方 法
钯银合金	Ag	化学法测定
钯镍合金	Ni	化学法测定
钯铜合金	Cu	化学法测定
钯银铜合金	Cu，Ag	化学法测定
钯银钴合金	Co，Ag	化学法测定
钯镍铜合金	Cu，Ni	化学法测定
钯银金镍合金	Ni，Ag，Au	化学法测定
钯钌合金	Ru，Pd	电移谱法制样，环炉法分离，萃取光度法，ICP-AES 法测定
铂钌合金	Ru	化学法测定
铂铑合金	Rh	化学法测定
铂钨合金	W	化学法测定
铂钯铑合金	Rh，Pd	化学法测定
铂铑合金	Ru，Pd，Ir，Ag，Au	AES 法测定
铂铑金合金	Rh，Au	XFS 法测定
铂铑系列合金	Pd，Ir，Au，Fe	AES 法测定
铂铑合金	Rh，Pt	XFS 法，AAS 法，ICP-AES 法测定
铂铑合金	Rh，Pt	光度法测定
铂钯合金	Pd，Pt	化学法测定
铂铱合金	Pt，Ir	XFS 法测定
铂镍合金	Pt	化学法测定
铂钯铑合金	Rh，Pd，Pt	重量法（Pd），ICP-AES 法（Ru，Pt）测定
铱镍合金	Ir	化学法测定
牙科合金	Ru，Pd，Pt	重量法（Pd），ICP-AES 法（Ru，Pt）测定
牙科合金	Pd，Pt	化学法测定，AAS 法或 ICP-AES 法（Pd 或 Pd>5%）测定
银铂合金	Pt	化学法测定
银钯合金	Pd	化学法测定
银铜合金	Cu	化学法，XFS 法测定
银镉合金	Cd	化学法测定
银锰合金	Mn	化学法测定
银镁合金	Mg	化学法测定
银铜镍合金	Cu，Ni	化学法测定
银铜钒合金	Cu，V	化学法测定
银铜锌合金	Cu，Zn	化学法测定
金银铜合金	Au	萃取光度法
银铜铟合金	Cu，In	化学法测定
银铜锡合金	Cu，Sn	化学法测定
金磷合金	P	化学法测定
金钯合金	Pd	化学法测定
金银合金	Ag	化学法测定
金镍合金	Ni	化学法测定
金铜合金	Cu	化学法测定

续表 15-8-2

分析对象	测定元素	分 析 方 法
金镓合金	Ga	化学法测定
金锑合金	Sb	化学法测定
金锆合金	Zr	化学法测定
金银铜合金	Cu，Ag	化学法测定
金银铂合金	Ag，Pt	化学法测定
金镍铜合金	Ni，Cu	化学法测定
金镍钆合金	Ni，Gd	化学法测定
金镍钇合金	Ni，Y	化学法测定
金铜银镍合金	Ag，Cu，Ni	化学法测定
金银铜锰合金	Ag，Cu，Mn	化学法测定
金银铜锰钆合金	Ag，Cu，Mn，Gd	化学法测定
金铁钒镍钯合金	Fe，V，Ni，Pd	AES法测定
金基合金	Pd，Fe，Ni，V	AAS法测定，光效法（Pd）测定
铜-钯，镍-钯，钴-钯，铠-钯，钐-钯合金	Pd	EDTA络合滴定法测定
金-钯-银合金	Pd，Au	安培滴定法测定
镍-钯，镁-镍-钯，镁-银-钯合金	Pd（0.011～1.33)%	光度法测定
铂-镧合金	Pt	恒电位库仑法测定
铜-锡-银，锡-银，铅-锑-银合金	Ag	光度法测定
镁合金	Ag	催化抑制光度法
铅基，锡基焊条	Ag（2～4)%	光度法测定
低温焊料	Ag	AAS法测定
金饰品，罗马金币	Ag，Au	质子诱导，X射线光谱法测定
镧-铂，镧-钯，镧-铱合金	Pt，Pd，Ir	中子活化法测定
合金	Cu，Zn，Sn，Pb，Ag，Sb	无标样能量色散，X射线荧光光谱法测定
古钱币	Cu，Zn，Sn，Pb，Fe，Ag，Ca	激光显微光谱法测定
邮票，古青铜镜	Fe，Cu，As，Ag，Sn，Pb	质子诱导，X射线光谱法测定
钌-钛氧化膜	Ru	AAS法，催化光度法测定
铂催化剂（Al_2O_3上）	Pt	光度法，AAS法，ICP-AES法测定
铂催化剂	Pt	光度法
铂铼催化剂（Al_2O_3上）	Pt	光度法，AAS法，ICP-AES法测定
铂钯催化剂（Al_2O_3上）	Pd，Pt	光度法，AAS法，ICP-AES法测定
铂铑催化剂（Al_2O_3上）	Rh，Pt	光度法（Pt)，AAS法，ICP-AES法（Rh）测定
铂钯铑催化剂（Al_2O_3上）		光度法（Pt)，AAS法，ICP-AES法（Rh，Pd）测定
铂钯催化剂（堇青石上）	Pd，Pt	光度法（Pt)，AAS法，ICP-AES法（Pd）测定
铂铑催化剂（堇青石上）	Rh，Pt	光度法（Pt)，AAS法，ICP-AES法（Rh）测定
铂钯铑催化剂（堇青石上）	Pd，Rh，Pt	光度法（Pt)，AAS法，ICP-AES法（Rh，Pd）
铂铱催化剂（Al_2O_3上）	Pt，Ir	AAS法，ICP-AES法测定
铂催化剂（炭粉上）	Pt	＜50mg，AAS法；＞50mg，重量法测定
钯催化剂（炭粉上）	Pd	＜10%，ICP-AES法；AAS法；＞10%，重量法测定

续表 15-8-2

分析对象	测定元素	分析方法
铂钯催化剂（炭粉上）	Pd，Pt	Pd＜3%，ICP-AES 法；AAS 法；＞10%，重量法测定；Pt＜100mg，ICP-AES 法；＞100mg，重量法测定
钯催化剂	Pd	光度法测定
钌催化剂（炭粉上）	Ru	ICP-AES 法测定
钌催化剂（Al_2O_3上）	Ru	ICP-AES 法测定
铑催化剂（炭粉上）	Rh	AAS 法，ICP-AES 法测定
催化剂（Al_2O_3上）	Ru，Rh，Pd，Ir，Pt	ICP-AES 法测定
催化剂	Rh，Pt	ICP-AES 法测定
多组分催化剂	75～81%Ni，18～22% Zn，0.01～5%Fe，Co，Cd，Rh，Pd，Pt	X 射线荧光光谱法测定
钌浆料	Ru，Pd，Pt	铅试金，NiS 试金，Cu_2S 试金，蒸馏，ICP-AES 法测定
钯银浆料	Pd	AAS 法，ICP-AES 法测定

三、纯贵金属杂质元素的化学分析

纯贵金属杂质元素的化学分析汇于表15-8-3。

表 15-8-3 纯贵金属杂质元素的化学分析

分析对象	测定元素	分析方法	检出限
钌	Rh，Pd，Ir，Pt，Ag，Au，Cu，Ni，Fe，Al，Pb	直流电弧，AES 法测定	Rh、Pd、Ir、Pt、Au、Cu、Fe、Ni、Al、Pb—$5\times10^{-4}\sim1\times10^{-3}$% Ag—$6\times10^{-5}$%
铑	Pd，Ir，Pt，Ag，Au，Cu，Ni，Fe，Al，Pb，Sn	直流电弧，AES 法测定	$(n\times10^{-4}\sim n\times10^{-2})$%
	Ru，Os，Ir	萃取 AAS 法测定	$(4\sim7)\times10^{-4}$%
	Pd，Pt，Ag	萃取中子活化法测定	$n\times10^{-6}$%
	Ir，Au		1×10^{-8}%
	Fe		1×10^{-7}%
	K，Cr，Ga，Ge，Eu，Pd，Mn，Mg，	萃取分离同位素^{192}Ir，^{193}Ir，	$n\times10^{-6}$%
	Rb，Ru，Se，Te，Zn，Pt，Ag，As，La，Sb，Ta，W，Cs，Co，Hf，Ga	中子活化法测定	$n\times10^{-7}$%
	Na，Sc，Ir，Au，Re		$n\times(10^{-8}\sim10^{-9})$%
铂	Al，Cd，Cr，Cu，Mn，Mg，Ni，Pb	异戊醇-MIBK 萃取，AAS 法测定	0.03mg/ml～mg 量级
钯	Cu，Zn，Mn，Ag，Be，Bi	萃取分离基体，在含5%NaCl	$(2\sim8)\times10^{-8}$%

续表 15-8-3

分析对象	测定元素	分析方法	检出限
	Cd, Ga, Co, Cr, Ni, Sb, Pb, Sn, Te, In	石墨粉上蒸发浓缩，直流电弧，AES法测定	(1～6) $\times10^{-7}$%
	Al, As, Ba, Fe, Mg, Pt, Ru, Rh		(2～6) $\times10^{-6}$%
	Ir		1×10^{-5}%
	Fe	沉淀，色谱，萃取分离，	$n\times10^{-5}$%
	Ru，Co，Cd，Zn	中子活化法测定	$n\times10^{-6}$%
	Hg		$n\times10^{-7}$%
	Rh, Ir, Pt, Ag, Au, Cu, Fe, Ni, Al, Pb	直流电弧，AES法测定	5×10^{-4}～4×10^{-2}%
锇	Au, Pb, Fe, Ni, Pt, Al, Ir, Pd, Cu, Rh, Ag, Ru	蒸发分离基体元素，杂质盐酸润湿，炭粉吸附，铟作内标，直流电弧，AES法测定	$n\times$ (10^{-3}～10^{-4})%
	Rh, Pd, Ir, Pt, Ag, Au, Cu, Fe, Ni, Al, Ru	氧化基体挥发，交流电弧，AES法测定	6×10^{-3}～5×10^{-2}%
	Ru, Rh, Pd, Ir, Pt, Ag, Au, Si, Al, Cu, Ni, Fe	蒸发分离基体元素，直流电弧，AES法测定	n (10^{-2}～10^{-3})%
铂	Bi，Cd，Co，Pd，Zn	脉冲吸出法测定	
铱	Ba，Ca，Cr，Mg，Te，Zn	萃取分离基体，在含4%NaCl	(1～8) $\times10^{-4}$%
	Be	石墨粉上蒸发浓缩杂质，直流电弧，AES法测定	5×10^{-6}%
	Co，Mn，Ni		(1～5) $\times10^{-6}$%
	Pd, Rh, Pt, Ag, Au, Cu, Fe, Ni, Al, Pb, Sn	直流电弧，AES法测定	1×10^{-4}～4×10^{-2}
铂	Mo, Ti, Cr, Mn, Bi, Co, Os, Cu, Te, Pd, Ir, Ru, Ag, Au, Fe, Ni, Al, Si, Mg, Pb	化学分离，直流电弧，AES法测定	$5\times$ (10^{-3}～10^{-5})%
	Ru，Os，Ir，Au，Ag，Pd，Rh	蒸镏分离Os，Ru，AAS法测定	$n\times10^{-5}$%
	Rh，Ir	浮选分离，石墨炉AAS法测定	Rh—4.0×10^{-12} g，Ir—1.0×10^{-10}g
	Ir	萃取分离，动力学法测定	$n\times10^{-3}$μg/g
	Ag	沉淀，萃取，色谱分离，	1×10^{-5}%
	Ru，Pd，Os	中子活化法测定	$n\times10^{-6}$%
	Ir，Au		$n\times10^{-7}$%
	Ag，P	阴、阳离子交换分离，	$n\times10^{-4}$%

续表 15-8-3

分析对象	测定元素	分析方法	检出限
铂	Mo，Sn，W As，Pd，Os，Sb Ir	中子活化法测定	$n\times10^{-5}\%$ $n\times10^{-6}\%$ $1\times10^{-8}\%$
	Rh，Pd，Ir，Ag，Au，Ag，Cu，Fe，Ni，Al，Pb	直流电弧，AES法测定	$1\times10^{-4}\sim4\times10^{-2}\%$
银	Pd Au，Bi，Zn，Cr，Mn Pt，Pb，As，Sb，Te，Si Rh，Cu，Co，Ni，Mo，Se，Fe，Ir，Pd，P	AAS测定 沉淀或萃取分离基体，AAS法测定	 $(2\sim8)\times10^{-8}\%$ $(2\sim5)\times10^{-7}\%$ $(1\sim4)\times10^{-6}\%$
	Mg，Au，Bi，Co，Cu，Rh，Cr，Mn，Ni，Pb，Pd，Pt，Se，Te，Zn，Ag	化学分离，AAS法测定	$2\times10^{-5}\%\sim5\times10^{-7}\%$
	Mn，Au，Cr，Zn，Cd，Co，Pd，Bi，Cu，Fe，Ni，Te，As，Pd，Pt，Mo，Ga，Sb，Se，Sn，In	萃取沉淀分离基体，石墨炉AAS法测定	$5\times10^{-6}\sim3\times10^{-9}\%$
	Au，Pd，Pt，Cu，Te，Al，Ba，As，Ga	辉光放电，AES法测定	$(1\sim6)\times10^{-4}\%$
	Co，V，Ca，W，Al，Sb，As，Zn	萃取分离基体，在含5%NaCl石墨粉上蒸发浓缩杂质，直流电弧，AES法测定	$1\times(10^{-5}\sim10^{-6})\%$
	—	直接分析固体试样，AAS法测定	$(2\sim5)\times10^{-9}\%$
	Cu，Pt，Pd，Pb，Bi，Sn，Al，Au，Fe，Ni，Mg，Co，Sb，Na	化学分离，直流电弧，AES法测定	$1\times(10^{-5}\sim5\times10^{-1})\%$
	—	萃取分离，中子活化法测定	—
	Fe Cr，Mn，K，Zn，Cs Cd，Pb，Ga，Co，Na，Cu La，Zn，Hg	阳离子交换树脂分离基体，中子活化法测定	$1\times10^{-3}\%$ $n\times10^{-5}\%$ $n\times10^{-6}\%$ $n\times10^{-6}\%$
	24个杂质元素	控制电位电解化除基，ICP－AES测定	0.1—10ng/g（19个杂质），30—80ng/g（5个杂质）
	Fe，Zn，Zr，Ce，Ba， K，Se，Mo，Ru，Rb，Sr，Cs	萃取分离基体，中子活化法测定	$n\times10^{-5}\%$ $n\times10^{-6}\%$

续表 15-8-3

分析对象	测定元素	分析方法	检出限
	Nd, Tb, Te, Yb, Tm, Lu, Cr, Mn, Sb, La, Hf, W, Ta, As		$n\times10^{-7}$%
	Na, Co, Ga, Se, Eu, Ir, Re		1× (10^{-8}～10^{-9})%
金	Ag, Bi, Cu, Co, Fe, Ni, In, Mn, Pb, Pd, Pt, Rh, Sb, Te, Zn, Se	从<5%Au液中AAS法测定	1× (10^{-4}～10^{-6})%
	Pd, Rh	石墨炉AAS法测定	2× (10^{-8}～6×10^{-9})%
	Cd	石墨炉AAS法测定	2×10^{-9}%
	Cu, Si, Pb, Bi, Ni, Mn, Zn, Cd	切断直流电弧，AES法测定	(1～4) $\times10^{-5}$%
	Ag, Cd	萃取分离基体，在含5%NaCl的石墨粉上蒸发浓缩杂质，直流电弧，AES法测定	(6～8) $\times10^{-7}$%
	Be, Bi, Cd, Ga, Mn, Pb, In, Ni,		$n\times10^{-5}$%
	Co, Cr, Cu, Sn		$n\times10^{-7}$%
	Al, Ga, Mg, Ru, Rh, Sb, Zn, Pt		$n\times10^{-6}$%
	As, Fe, Ir, Te, W, Ba		$n\times10^{-5}$%
	25个杂质元素	电解分离基体，中子活化法测定	1× (10^{-5}～10^{-6})%
	Fe, Mn, Ba, Nd, Ho, Tm, Yb	—	$n\times10^{-5}$%
	Ta, K, Pb, Se, Sr, Ag, Te, Cd		$n\times10^{-6}$%

第二节 贵金属的物理性能检测

需要特殊检测的贵金属合金材料的物理性能主要有线值测量、高纯铂丝纯度标志量W(100℃)、绝对热电势和对铜热电势。

(一) 贵金属的线值测量

各种加工型材(板、带、箔、棒、管、线材等)产品的几何参数，如各度尺寸、角度、表面粗糙度、相互位置误差和几何形状误差的度量均属线值测量。由于贵金属及其合金在应用中多采用小尺寸型材的特点，以及很多零部件向小型、微型化发展的趋向，经常碰到"特细"、"特薄"的产品。为适应这类试样尺寸测量的要求，有时就应把"接触测量"改变为"非接触测量"；把"直接测量"改变为"间接测量"的特殊测量方法。

在"直接测量"中根据被测试样的情况及对测量精度的要求，可选择表15-8-4中列出的有关计器、仪器进行。

表 15-8-4 贵金属的各种典型"接触测量"仪器

仪器名称	测力，g	刻度值，μm	刻度范围，mm	示值稳定性，μm	误差，μm
千分表		1	0～10		0.5
机械式测微仪		1	0～10		0.5
光学比较仪	200	1	±0.1	±0.1	0.2～0.5

续表 15-8-4

仪器名称	测力，g	刻度值，μm	刻度范围，mm	示值稳定性，μm	误差，μm
超级光学计	120	0.2	1.6		$\pm\left(0.05+\frac{\Delta}{400}+\frac{1.2L}{1000}\right)$
测长仪	200	1	100	0.15	$\pm\left(1.5+\frac{L}{100}\right)$
接触式干涉仪	150	0.05～0.2	50格	0.02	±（0.03+3 $ni\Delta\lambda$）

注：Δ—测量读数，μm；L—测量长度，mm；n— 读得格数；i— 分度值；$\Delta\lambda$— 波长测量误差。

"非接触测量"使用的仪器有投影仪、电感比较仪、工具显微镜、气动量仪、激光衍射仪等。在测量参数分散度不大，而又只需获取一个精度较高的平均值（如平均直径、平均厚度等）时，一般可采用"密度-称重法"这种"间接测量"方法进行。这时可先用静力学方法测出试样的密度 d，然后在有代表性的一段试样上截取一定长 L（可进行精确测量）的样品，用高精度天平称其质量 W，这样试样的平均横截面积 $\bar{S}$ 便可由下式计出：

$$\bar{S}=\frac{W}{d\cdot L}$$

从 $\bar{S}$ 便可计算出试样的平均直径或平均厚度（样品为条状）。

（二）高纯铂丝纯度标志量 W（100℃）

根据马希森（Matthiessen）定则和迄今为止的实验规律，各种杂质都会使纯铂残留的电阻增加和使电阻温度系数降低，因此可采用

$$W(t℃)=R(t℃)/R(0℃)$$

或更特定地采用 W(100℃) 的值来表征纯铂的纯度高低，称"纯度标志量"。

为了降低"直接法测量"对实验的苛求并简化操作，通常可采用比较法来测定 W(100℃)，这时将待测试样制成铂电阻温度计并与标准铂电阻温度计〔W(100℃) 已准确知道〕在冰点和水沸点附近进行电阻比对，最后通过下式计算出结果：

$$W(100℃)_S=W(100℃)_R+100/t[W(t)_S-W(t)_R]$$

式中的角标"S"和"R"分别表示试样和标准电阻温度计的对应参量值；t 为实验中水沸腾的平衡温度（可由标准铂电阻温度计读出）。

需要指出的是，除了在制样过程中要仔细避免来自各方面的污染之外，退火条件的选择应以彻底消除各种应力并避免高温下形成的缺陷被"冻结"下来为原则。建议采用650℃保温50h，随炉冷却的热处理程序。

（三）绝对热电势和对铜热电势

绝对热电势的测量是先将试样与纯铂丝配对，测出在不同温度下的微分热电势 $e_{Pt\text{-}X}$，然后由下式计算出该试样的绝对热电势：

$$\varepsilon_x=e_{Pt-X}+\varepsilon_{Pt}$$

式中的 ε_{Pt} 为纯铂的绝对热电势，其值见表15-8-5和图15-8-1。

在0～300℃范围：

$$\varepsilon_{Pt}=-3.30-0.0375t+4.03\times10^{-6}t^2\ (\mu V/℃)$$

当 $t>300$℃时：

$$\varepsilon_{Pt}=-6.59-0.0145t\ (\mu V/℃)$$

表 15-8-5　纯铂和纯铜的绝对热电势 ε_{Pt}（μV/℃）

t，℃	0	100	200	300	400	500	600	700	800	900	1000	1100	1200
Pt	−3.30	−6.65	−9.20	−10.94	−12.39	−13.84	−15.29	−16.74	−18.19	−19.64	−21.09	−22.54	−23.99
Cu	1.72	2.26	2.79	3.32	3.86	4.39	4.93	5.46	5.99	6.53	—	—	—

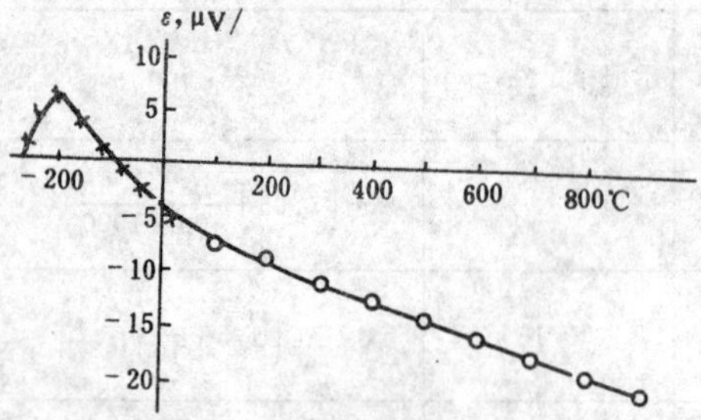

图 15-8-1 纯铂的绝对热电势 ε_{Pt}

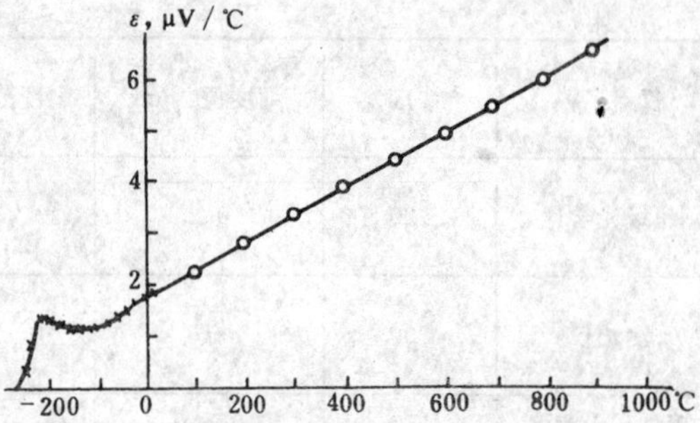

图 15-8-2 纯铜的绝对热电势 ε_{Cu}

某种材料的对铜热电势，实际上就是该材料与纯铜配对时的微分热电势。具体测量时，为避免制样过程中焊接对铜电极的影响和高温下铜电极自身的不稳定性，也常先与铂配对，测出 e_{Pt-X}，然后按下式

$$e_{Cu-X} = \varepsilon_X - \varepsilon_{Cu} = e_{Pt-X} + \varepsilon_{Pt} - \varepsilon_{Cu}$$

计算出试样的对铜热电势。这时 ε_{Cu} 的值可参见表15-8-5和图15-8-2。在0～900℃范围此值也可表为：

$$\varepsilon_{Cu} = 1.722 + 5.34 \times 10^{-3} t$$

值得一提的是，近年来更加普及和迅速发展的热分析技术，能在按特定程序而变化的温度下对试样的有关物理性能进行连续测量。尽管它的测量准确度比定态测试结果稍差一些，但仍不失为一种迅速、方便的动态跟踪测试技术。

另外，国家已颁布了一些金属物理测试标准，在测定贵金属的物理性能中应执行或参照国家颁布的这些标准。

主要参考文献

〔1〕Beamish，F. E. The Analytical Chemistry of the Noble Metals. Pergamon Press，Oxford，1960.

〔2〕Beamish，F. E. and van Loon，J. C. Recent Advances in the Analytical Chemistry of the Noble Metals. Pergamon Press，Oxford，1972.

〔3〕Beamish，F. E. van Loon，J. C. Analysis of Noble Metals. Academic Press，New York，1977.

〔4〕蔡树型，黄超，贵金属分析，冶金工业出版社，1984.

〔5〕中华人民共和国国家标准，贵金属合金化学分析方法，技术标准出版社，1980.

〔6〕中华人民共和国冶金工业部标准，贵金属合金化学分析方法，技术标准出版社，1980.

〔7〕中华人民共和国冶金工业部标准，贵金属中杂质元素的发射光谱分析，技术标准出版社，1980.

〔8〕Калинин，С. К. Винницкая，Е. Г. ЖАХ，**35**，2226 (1980)．

〔9〕Карпов，Ю. А. и др.，ЖАХ，**40**，373 (1985)．

〔10〕Kallmann，S，Maul，C. *Talanta*，**30**，21 (1983)．

〔11〕Kallmann，S. *Talanta*，**34**，677 (1987)．

〔12〕Myasoedova，G. V. et al.，*Talanta*，**32**，1105 (1985).

〔13〕Zolotov，Yu. A. et al.，*Anal. Chim. Acta*，**148**，135 (1983)．

〔14〕赵敏政，贵金属，**8**，60 (1987)．

〔15〕Колосова，Л. П，и др.，ЖАХ，**39**，1175 (1984)．

〔16〕Shazali，I. et al.，*Anal. Chim. Acta*，**196**，49 (1987)．

〔17〕Faye，G. H. et al.，*Talanta*，**19**，269 (1972)．

〔18〕Coombes，B. J. et al.，*Anal. Chim. Acta*，**91**，273 (1977)．

〔19〕Шестаков，В. А. et al.，ЖАХ，**42**，965 (1987)．

〔20〕Wemyss，R. B. et al.，*Anal. Chem.*，**50**，1694 (1978)．

第九章 贵金属的应用

编写人 周月华 周光月 陈志全

第一节 金及金合金的应用

(一) 金在仪表工业中的应用

金和金合金具有宽的电阻率、电阻温度系数范围，低而稳定的接触电阻，低的噪音水平，高的对铜热电势和热传导性能，以及良好的延展性、耐磨性、抗晦暗和抗腐蚀性能，在仪表工业中，主要用作中、小负荷的断开或滑动接触材料、电阻、应变计、电阻温度计以及热电偶材料等。

1. 标准电阻及电位器的绕组材料

加入少量的合金化元素，能引起金电阻率在很宽范围内变化，这是金在仪表材料中应用的重要依据。重要的金基电阻合金见表15-9-1。这些合金主要是金与钯、镍和银铜为基的合金。目前中国已建立起金基精密合金系列。

2. 电接触材料

金合金电接触材料的特性在于抗氧化、硫化及腐蚀的能力强，接触电阻小而稳定，接触可靠，在有机物蒸气中不产生"褐粉"，有的材料可部分代替铂合金。当配电电流大于100μA，电压大于100～500mV 时，不宜用金合金材料。常用的金合金电接触材料及其性能见表15-9-2。这些合金可用在遥控继电器、通讯电路、小型精密继电器、电子钟等的小触头中。

表 15-9-1 金基电阻合金

材 料	电阻率 ($\mu\Omega\cdot$cm)	电阻温度系数 (0～100℃)，1×10^{-4}/℃	备 注
AuPdCr39.6-1	31.5	3.1	固溶体型合金，加工性能好，含金高的抗腐蚀能力强，对铜热电势太高，在－20～－30μV/℃之间
AuPdCr58-4	58.9	0.2	
AuPdCr38-5	71.5	0.12	
AuPdCr38.8-3	52.2	0.48	
AuPdMo55-5	100	1.2	
AuPdFe50-10	158＊	0＊	
AuPdFe40.5-10	183＊	－2.8＊	
AuPdFeAl42-10-1	190＊＊	—	
AuPdFeAl45-9.5-1	205＊＊	～0	
AuPdFeAl50-11-1	230＊＊	～0	为目前贵金属中电阻率最高的合金，对铜热电势约为0，特别适用于做高阻小型电位器绕组
AuPdV20-10	218	～0	

续表 15-9-1

材　料	电阻率 (μΩ·cm)	电阻温度系数 (0～100℃)，1×10⁻⁴/℃	备　注
AuNiCu7.5-1.5	18～19	6.1	
AuNiCr5-1	23～25	3.5	合金电阻稳定性好，加Gd可提高材料的耐磨性，AuNiCu7.5-1.5和AuNiCr5-1可代替PtIr10，AuNiCr5-2可代替PdAg40
AuNiCr5-1.25	30～31	—	
AuNiCr5-2	41.5～42.5	1.1	
AuNiCr5-1	23～25	3.5	
AuNiCrGd7-0.5-0.4	23～25	3.7	
AuNiCrRh7-0.5-0.4	23～24	—	
AuNiCr3.5-2.5	48～49	—	
AuAgCu35-5	12～13	6.2	可以代替 PtIr10
AuAgCuGd35-5-0.5	12～13	—	
AuAgCuGd30-10-0.5	12～13	—	
AuAgCuMn33.5-3-3	23～25	1.98	
AuAgCuMnGd33.5-3-2.5-0.4	23～25	1.7	加Gd能提高合金的耐磨性，可以代替PtIr10
AuAgCuMnNi33.5-3-2.5-2	23～25	3.8	

注：有＊者为时效态；有＊＊者为退火态。

表 15-9-2　金基合金接触材料及其性能

材　料	熔　点 ℃	密　度 g/cm³	电阻率 μΩ·cm	硬　度 MPa	备　注
AuCo5	1010	18.2	6.0	—	在弱电回路中，可代替PtIr10做直流触头等
AuNi9	约990	17.2	20.0	2352	可代PtNi5、PdAgCo35-5、PtIr17.5和PdIr18作轻负荷抗腐蚀材料，亦可代PdIr10、PdIr18作电刷材料
AuNi10	约940	—	27.0	1862～2842	
AuNiGd9-0.5	约990	17.5	20.5	2450	同AuNi9作轻负荷抗腐蚀材料
AuNiNb9-1	约990	17.5	19.0	2646	
AuNiY9-0.5	约990	17.5	21.0	2842	同AuNi9作轻负荷抗腐蚀材料
AuNiCu7.5-1.5	约1000	17.5	18.5	2401	
AuNiCu10-15	—	—	28.0	2058～3724	用作轻负荷滑环
AuPt7	1060	19.44	10.2	400	
AuAg30	1025	16.5	10.4	314	
AuAg40	1049	15.5	10.3	1078	

续表 15-9-2

材　料	熔　点 ℃	密　度 g/cm^3	电阻率 $\mu\Omega\cdot cm$	硬　度 MPa	备　注
AuZr3	1045	18.3	20	1176	可代 PtIr10
AuAgPt23.5-5	1030	16	15	1098	
AuAgPt25-6	1030	16	15	1323	
AuAgCu35-5	950	14.3	12	1960	
AuAgCu20-30	850	12.75	13.5	4512	
AuAgCu40-30	1440	12.9	22	650	
AuAgCu20-10	986	15.05	14	1140	
AuAgIn26-4	970	15	16	412	

在银和钯触头上镀或覆上一层含镍和钴0.1～0.15%的金合金，材料的硬度和耐磨性都得以提高，可用作滑动触头及换向开关的触头。用粉末法制得含0.1～4%CeO_2（体积）的 $AuCeO_2$，在电弧放电的情况下用作断路开关触头。

3. 金在电子及半导体工业中的应用

金在电子及半导体工业中的应用见表15-9-3。

4. 测温元件及其他应用

测温用金合金见表15-9-4及15-9-5。

表 15-9-3　金在电子及半导体工业中的应用

应用形式	应　　用	特　　性
镀层	(1) 电子管引线	改善热传导，引线可与玻璃焊接
	(2) 微波管高频导线	在高频下能很好传导电流
	(3) 真空管栅极	工作性能稳定
	(4) 硅太阳能发生器	提高收集太阳能效率
	(5) 集分电路和半导体器件	防腐保护
	(6) 微电子元件	外观装饰
掺杂	扩散到硅、锗半导体器件中	调整阻值，保证所需接触电阻，提高工作特性
导电浆料	(1) 金导电浆料，广泛用于多层布线、细线、梁式引线框架焊接等厚膜电路中	性能稳定，与半导体共熔的小片焊接效果较好，但是抗锡铅焊料浸溶性能差
	(2) 金铂浆，要求高可靠的地方	可靠性好，能与预成型小片结合，但成本高
	(3) 金钯浆，代 PdAg 浆，用于避免银离子迁移的电路中	电阻率一般为0.06～0.1Ω/□之间，抗焊料浸溶能力不如 PdAg；PtAg 和 AuPt 等导体，含钯高时与钌电阻器不匹配，故使用不广泛。

表 15-9-4 用于低温的金合金测温热偶及其特性〔合金成分为%（原子）〕

热 偶	灵敏度 S，μV/℃						热电势 e，μV			
	273K 冰点	90K 液氧	76K 液氮	20K 液氢	4.0K 液氦	1.0K	4～20K $He-H_2$	20～76K H_2-N_2	76～273 K N_2-冰	0～273K
Cu/AuCo2.1	43.02	37.00	35.21	16.43	4.04	1.05	171.4	1562.5	8123.2	9865.3
NiCr/AuFe0.07	22.27	18.42	17.83	16.97	12.44	8.67	254.97	936.7	−4056	5305.9
NiCr/AuFe0.03	−20	−15.5	−14.5	−12.2	−13.7	—	248	107.9	3578	—
NiCr/AuFe0.02	20.71	14.8	13.99	14.88	13.29	9.23	248.3	718.8	—	4593.3

注：Cu/AuCo2.1热偶具有时效性能影响其稳定性，其余三种是目前的主要用合金。合金含铁低时，较高温度下灵敏度低，而在较低温度下灵敏度高；含铁高时，上述情况正好相反。

表 15-9-5 其他仪器、仪表用金

应用形式	用 途	应用形式	用 途
金箔	金吸汞后电阻大增，故用于制作测汞探头	AuCr 合金	高温应变计灵敏栅，如用于测量静水压力
石英镀金	稳定振荡电路	Ni（71～78）Fe（15～20）Au（2～14）合金	磁性合金，经热处理，金能促进第二相析出，从而提高合金之矫顽力
镀金膜电极	用作对卤素、银和硫离子灵敏的电极		
塑料镀金膜	高灵敏度应变计	AuCo 合金	用于电话系统的磁性合金
塑料镀金栅	电子恒温器敏感栅		

（二）金在其他工业中的应用

用于钎料及其他工业中的金和金合金，分别见表15-9-6和15-9-7。

表 15-9-6 用作钎料的金和金合金

材 料	固相线 ℃	液相线 ℃	密 度 g/cm³	备 注
Au	1063	1063	—	
AuCu5	965～970	1030	18.8	
AuCu6	965	970	—	
AuCu10	935～940	990	18.65	
AuCu20	910	910	17.74	由熔融状态冷后会变脆
AuCu25	910～914	910	17.21	
AuCu35	965～1075	1090	13.5	
AuCu50	955～970	1000	15.1	可钎焊铜、镍和可伐合金
AuCu60	975	995	—	同上

续表 15-9-6

材　　料	固相线 ℃	液相线 ℃	密　　度 g/cm³	备　　　注
AuCu62.5	980	1000	—	同上
Au64	990～1010	—	12.5	可钎焊铜，镍和可伐合金
AuCu70	995	1020	—	同上
AuCu80	1018	1040	—	同上
AuCuNi15.5-3	—	910	—	与可伐、铜、镍和钢有很好的浸润性和流散性
AuCuFe19-1	905～910	925	—	加铁能抑制 AuCu 有序化
AuAgCu20-20	835～845	850	—	熔化范围很窄，用作中间一级钎焊
AuCuNi62-3	973～1029	1040	—	电真空焊料
AuCuPd34-15	998～1031	1040	—	
AuCuNiCrB22-8.9-1-0.1	960	980	—	
AuCuIn35-5	860～900	955	14.9	
AuCuIn77-3	975～1025	—	—	性能与 AuCu65相似，并可代替后者使用
AuNi17.5	950	950	16	高温强度和流动性好，蒸气压低，对钨、钼、铜、可伐、镍、不锈钢的浸润性好
AuNi25	950～990	1020	14.6	
AuNi35	950	1070	—	
AuNiCr22-6	975	1038	—	能润湿钨、钼、镍、不锈钢，并有流动性
AuNiCr27-6	975～1038	1050	—	同上
AuNiCu3-15.5	1000	1030	—	在可伐，铜、镍和不锈钢中的流动性好，润湿性极好。
AuAg30	1030	1040	—	可钎焊铜、镍、可伐合金
AuAgCu5-20	885～896	930	15.5	用作部件的二级钎焊
AuAgSn30-40	411	412	—	
AuSi6	370	—	—	用作要求抗腐蚀的半导体钎料
AuGe12	356	—	—	同上
AuGe（1～10）Sn（5～19）	＜325	—	—	高可靠焊接，或迁移焊料
AuPd8	1200	1240	—	蒸气压低，抗氧化性能好
AuPd13	1260	1300	—	同上
AuPd25	1375	1400	—	同上

表 15-9-7 金和金合金在其他工业中的应用

应用形式	应　　用
AuPt15合金	人造纤维喷丝头
AuPtRh15-1合金	盛装800℃熔融盐坩埚材料
AuPt25合金	熔碱的碳化物和硫化物容器
AuPd40合金	火花栓电极
AuPd 合金 AuAg 合金	保护电炉过热熔断器
AuPd 合金网	氨氧化催化网捕铂的捕集网
镀金窗玻璃	降低室温和空调负荷，使红外线反射，宇航中亦用
铬合金镀金	防止铬吸氮而脆化
电镀物基体镀金	防止氢向基体扩散
海底增音器镀金	延长增音器寿命，并避免晶须生长
水蒸器凝结器镀金	增加其表面的疏水性，以延长其使用寿命，防止生锈
超高真空转动部件镀金	解决飞行器在真空中600℃左右的润滑问题，如在 Au 中加 Si、Ag、Ni、Co、Cu 中的一种或几种，润滑性能进一步改善
不锈钢表面镀 AuNi	在10^{-8}Pa 的压力下用作固体润滑剂

（三）首饰用金和金合金

在美国，首饰用金量占金用量的一大半；在中国，随着人民生活水平的提高，每年也生产一定数量的首饰用金。中国人一般喜欢用24K 十足金的首饰用金，而国外一般的高档首饰是18K 金，用得多的只是10和14K 金。就颜色而论，首饰用金除黄色外，还有红、绿、白、紫等 K 金。有色金合金的主要成分是金银铜合金，18K 以上的合金与性能和用途的关系见表15-9-8。白色 K 金主要是镍和钯合金，一些典型合金成分分别见表15-9-9和15-9-10，其中含钯白色 K 金的抗蚀和加工性比含镍的好。

表 15-9-8 18K 以上合金成分与性能（或用途）的关系

合金成分，%（重量）	性能或用途
＞75%Au 及18KAuCu 绿色金	较软，颜色好，可做盘子等饰物
约含 75%Au 的 AuCu 和 AuAgCu 合金	靠 Au-Cu 二元系边，370℃有两相分解，加工性变坏，可在相分解温度以上淬火后加工
上述合金中加 Zn	含锌量＜0.5%的可脱氧，含锌量＞5%的用于调色，使红色合金变黄，并能降低合金的熔点及硬度
上述合金中加小量 Ir、Rh 或 Ru	可以细化晶粒，增加硬度。

表 15-9-9　镍白金合金的化学成分〔%（重量）〕

Au	Ni	Cu	Zn	其他元素
58.5	14.5	20.0	7.0	—
58.5	15.3	25.8	0.4	—
75.0	13.5	8.5	3.0	—
75.0	13.5	11.5	—	—
75.0	7.0	12.0	2.0	—
58.5	15.0	18.0	5.5	—
75.0～85.0	10.0～18.0	—	2.0～9.0	—
75.0～91.7	24.7～3.3	—	—	5.0～0.25（Mn）
83.3	16.7	—	—	—
75.0～85.0	10.0～18.0	—	2.0～9.0	0.15（Pt）
80.0	13.9	1.0	5.0	0.1（Pd）
58.35	17.6	16.95	7.0	0.15（Mn）
75.0～85.0	10.0～18.0	—	2.0～9.0	0.5～2.0（Mn）
75.0	16.23	3.75	5.04	0.02（Re）
75.0	17.0	3.0	5.0	—
58.4	41.6	—	—	—
65.0	25.0	—	—	10.0（Cr）
80.0～99.0	1.0～20.0	—	—	—
20.0～50.0	20.0～50.0	—	—	15.0～45.0（Mo）
25.0～70.0	15.0～40.0	—	—	4.0～1.2（Cr），5.0～30（Pd），0.01～2.0（Y）
39.0～80	8.0～20	0～45	0～15.0	0～2.5（Co），0.005～0.05（Re）
73.0～77.0	2.5～7.5	10.0～15	1.5～4.5	2.5～7.5（Cd）和小量 Ag、Mg、Mn、Fe、Co、Al、Pd、In 及 Sn

表 15-9-10　钯白金的化学成分〔%（重量）〕

Au	Ag	Pd	其他元素及说明
83.3	—	16.7	—
81.0	4.0	15.0	—
75.0	5.0	20.0	—
43.0	41.5	15.5	—
45.0	45.0	10.0	—
57.0	—	35.0	7.5（Ni）
60.0	—	30.0	10.0（Pt），增加硬度和强度可加入0.1～2的 Ru，Ir，Os 中的一种或多种

续表 15-9-10

Au	Ag	Pd	其他元素及说明
74.0	—	21.5	4.5 (Pt)
70～75	—	5～25	15～40 (Pt)(可以时效硬化)
65～70	7～12	10～12	最大4.0 (Pt)，6～10 (Cu)，1～2 (Zn) 白色铸造牙科材料
60～65	10～15	6～10	4～8 (Pt)，9～12 (Cu)，1～2 (Zn) 白色铸造牙科材料
75.0	9.9	5.4	5.1 (Cu)，3.5 (Zn)，1.1 (Ni)(一种专利产品)
58.0	—	34.5	6.5 (Fe)，1.0 (Al)

表 15-9-11 若干种黄色和白色（＊者）开金典型焊料及固、液相温度

化学成分〔%（重量)〕							固相线	液相线
Au	Ag	Cu	Zn	Cd	Sn	Ni	℃	
80.0*	—	—	8.0	—	—	12.0	782	871
75.0	12.0	8.0	—	5.0	—	—	826	887
75.0	9.0	6.0	—	10.0	—	—	776	843
75.0	9.0	6.0	10.0	—	—	—	730	783
75.0	2.8	11.2	9.0	2.0	—	—	747	788
75.0	—	15.0	1.8	8.2	—	—	793	822
66.6*	10.0	6.4	12.0	—	—	5.0	718	810
66.6	15.0	15.0	3.4	—	—	—	—	—
58.5	25.0	12.5	—	4.0	—	—	788	840
58.5	10.3	24.2	—	7.0	—	—	792	831
58.5	8.8	22.7	—	10.0	—	—	751	780
58.5	11.8	25.7	4.0	—	—	—	816	854
58.5	25.7	11.8	4.0	—	—	—	786	818
58.5	24.2	10.3	7.0	—	—	—	765	808
58.5	4.9	25.6	2.0	9.0	—	—	738	760
58.5	8.0	22.0	2.1	9.4	—	—	744	776
33.3	30.0	16.7	—	20.0	—	—	635	709
33.3	30.0	16.7	20.0	—	—	—	695	704
33.3	40.5	17.0	6.6	2.6	—	—	722	749
33.3	1.8	49.4	2.3	10.2	3.0	—	689	776
33.3	31.0	28.0	7.7	—	—	—	737	808
33.3*	42.0	10.0	9.7	—	—	5.0	738	807

表 15-9-12　一些含镍白色金合金钎料

Au	Ni	Cu	Zn	Ag	熔化范围或加工温度
80.0	12.0	—	8.0	—	782～871
66.6	5.0	6.4	12.0	10.0	718～810
58.3	6.0	5.7	15.0	15.0	704～736
50.0	6.0	10.0	9.0	25.0	724～782
41.7	5.0	8.3	15.0	30.0	702～732
33.3	5.0	10.0	9.7	42.0	721～788

（四）金及金合金在牙科材料中的应用

按用途可分为铸造假牙和零件；冲压牙套和零件；与瓷釉面结合的铸造牙合金及纯金充填料及焊料等。从合金类型可分为铸造型与加工型，其典型合金列于表15-9-13至15-9-18。

表 15-9-13　金基铸造牙合金化学成分〔%（重量）〕

（美国牙科协会 ADASNo5）

类型	Au	Ag	Cu	Pd	Pt	Zn
1	80.2～95.8	2.4～1.2	1.6～6.2	0～3.6	0～0.1	0～1.2
2	73.0～83.0	6.9～14.6	5.8～10.5	0～5.6	0～4.2	0～1.4
3	71.0～79.8	5.2～13.4	7.1～12.6	0～6.5	0～7.5	0～2.0
4	62.4～71.9	8.0～17.4	8.6～15.4	0～10.1	0.2～8.2	0～2.7

表 15-9-14　金基铸造牙合金的性能及用途

（美国牙科协会 ADASNo5）

类型	状态	延伸率，%	硬度（HB）MPa	用　　途
1	软	20～35	441～686	固溶体型，性软，热处理不能变硬，用于受应力小的面及充填
2	软	20～35	784～882	用于切面不太薄的嵌镶部位
3	软	20～25	931～1127	受高应力的牙冠、牙矫
3	硬	（6～20）	1127～1617	
4	硬	4～25	1274～1568	用于需要抵抗高撕捏力的地方，如薄嵌插件及可以移动的部位
4	硬	（1～6）	2058～2303	

表 15-9-15 几种典型的搪瓷金基铸造型牙合金的化学成分〔%（重量）〕

类 型	Au	Ag	Pd	Pt	In	Ir	Sn	Zn
阿尔马托（Armato）	82.6	2.4	0.8	12.4	0.6	—	—	1.8
塞拉姆科（Ceramco）	87.7	1.0	4.6	6.1	1.26	0.15	—	—
德久登特（Degudent）	84.8	1.3	4.6	7.9	6.8	—	—	—
卡米欧（Cameo）	51.5	12.1	29.5	—	—	—	—	—
维沃斯塔（Vivostar）	54.2	15.7	25.4	—	—	—	4.6	—

表 15-9-16 美国牙科协会 ADASNo7型材加工合金的化学成分（重量%）

（其中省略了小量的 In，Ir 和 Rh①）

Au	Ag	Cu	Pt	Pd	Zn	Ni
53.6～63.2	8.5～12.4	10.2～15.2	6.8～17.6	0.0～8.2	0.0～0.6	0.0～1.9
60.0～67.1	8.4～21.4	10.2～19.6	0.0～6.5	0.0～10.3	0.0～1.7	0.0～6.2

①在相同化学成分的合金，加工材料的硬度大于铸造型合金

表 15-9-17 美国牙科协会 ADASNo7牙科用型材合金性能

合金类型	Au＋铂族金属平均含量%（重量）	屈服强度	抗拉强度	延伸率（标长50.8mm)，%		熔点，℃
		MPa（随炉冷却）		淬火态	随炉冷却	
高贵金属型	75	32740	93100	15	4	950
低贵金属型	65	68600	86240	15	2	870

表 15-9-18 牙科用金合金焊料及性能

焊料级别	化学成分，%（重量）			硬 度 MPa 或 HB	熔化范围 ℃
	Au	Ag	Cu		
低开合金用	45	30～35	15～20	1372	816～691
一般用	60	12～22	12～22	1078	835～724
高开合金中	80	3～8	8～12	784	871～746

牙科材料中，金合金焊料列于表15-9-18。

（五） 金在其他方面的应用

金及金合金还用在货币、工艺品、陶瓷和感光材料及一些化学制剂中，如硫代苹果酸亚金钠。同位素${}^{198}_{79}Au$，金箔还用来医治关节炎、肿瘤以及褥疮溃疡。

第二节 银和银合金的应用

银主要用作感光材料，其次是用作触头材料、钎料，以及电池电极、医药用品，实验室器皿、货币、首饰、工艺品以及餐具等材料。

（一） 感光银盐

主要有硝酸银、氯化银、碘化银和溴化银。由于它们的感光度不同，相互配合可制造出不同需要的感光乳剂，以用于感光材料生产。

（二） 银的触头材料

银具有高导电性，低的电阻和电阻温度系数。银氧化物在200℃以上很易分解，除接触压力很小的精密触头外，其氧化物几乎不影响银触头接触电阻的

稳定性。银的加工性能好，价格比其他贵金属低，故银和银合金普遍用于不同功率的各式电器中。一些典型的银和银合金，以及假合金、银与氧化物组成的材料列于表15-9-19～15-9-21。

液态的银与液态的镍、钼仅发生有限的互溶性，而固态下几乎不互溶；而银与铁、碳、钨、碳化钨则互不相容。只有采用粉末冶金的方法才能获得材料，称为假合金。银的纤维状假合金属新材料。

表 15-9-19　常用的银和银合金触头材料的性能和用途

材　料	熔点 ℃	密度 g/cm³	电阻系数 μΩ·cm	硬度（HB） MPa	使用性能和用途
Ag1	961	10.5	1.6	882	用来制造高压及大电流继电器触头，用在中、轻负荷回路中，如中等功率开关，一般空气断路器，电压控制器，接触器、起动器等。AgCu10加入0.5%Be,可以提高合金的抗电弧和金属转移的能力，合金中随铜量增加，抗腐蚀能力下降
Ag2	961	10.5	1.6	882	
AgCu0.6	～960	—	—	—	
AgCu2	930～950	—	—	—	
AgCu3	900	10.4	1.8	833	
AgCu5	870	10.4	1.9	882	
AgCu7.5	890	10.3	1.9	1156	
AgCu8.4	780～890	10.2	1.9	—	
AgCu10	779	10.2	1.9	980	
AgCu12.5	779	—	2.0	1245	
AgCu15	779	10.2	2.1	—	
AgCu20	779	10.2	2.1	1313	
AgCu23	779	10.2	2.1	—	
AgCd4	940	10.4	2.9	931	
AgCd15	899	10.18	—	—	
AgCd16	875	10.0	4.8	1127	
AgAu5	～965	—	—	—	金和铂与银组成的合金，比银的抗氧化和硫化的能力强，适用作强腐蚀介质中的轻负荷触头，为电讯设备中的替续器，调节器等材料。
AgAu10	971	10.06	—	—	
AgPd10	1000～1060	10.6	5.9	—	
AgPd20A	1150	10.6	10.2	—	含钯量＞30%的这些合金，抗硫化性能好，硬度高，但促进有机蒸气聚集，钯银合金可用作电话线路及拨号盘，信号装置，荧光灯调节器、量油器、电表、电视机、电冰箱以及调节器开关等
AgPd30	1150	10.8	1.5	1176	
AgPd40	1225	11.1	2.0	1372	
AgPd50	1285	11.3	3.2	1568	用作收音机，无线电自动仪表、调谐和选择开关、电磁电子计算器上的材料
AgPt3	982	10.67	—	—	
AgPt12	1000	10.6	7.7	1764	硬度比 AgCu10高，抗硫化、氢、盐雾、湿气及烧损的性能好
AgCuV10-0.15	—	10.3	2.5	1470	

表 15-9-20 几种典型的 AgCdO 材料的性质和用途

材料	密度 g/cm^3	硬度（HV） MPa	电阻率 Ω·mm^2/m	电阻温度系数 α，1/℃	使用性能及用途
AgCdO5	10.4	549	1.8×10^{-2}	3.4×10^{-3}	用作交流接触器材料，以单质铆钉为例，在相同条件下其烧损比银低30%。一般用作中和大功率触头，磁力起动器，电动机保护装置，电焊机引燃开关，航空电器，自动调温器电车和电机车控制器，终点开关，民用仪表，控制按扭等的触头材料
AgCdO8	9.7	549HB	2.1×10^{-2}	—	
AgCdO10	10.2	686	2.1×10^{-2}	3.6×10^{-3}	
AgCdO12	10.0	833	2.1×10^{-2}	—	
AgCdO15	10.1	784	2.4×10^{-2}	3.5×10^{-3}	

银与氧化物组成的触头材料中，最主要的是 AgCdO 材料，它具有耐磨损，抗熔焊，接触电阻低而稳定的特性。但是镉易蒸发，有害于人体，故70年代出现了其他氧化物代氧化镉的触头材料，其中 $AgSnO_2$ 正受到人们的重视，它抗烧损的能力特别好。这种触头材料在保证使用期的前题下，当电流为1000A 时，接触面积可以减小37.5%。

表 15-9-21 含银假合金的性能和用途

假合金	密度 g/cm^3	硬度（HV） 退火态 MPa	电阻率 mΩ·cm	导热系数 W/cm·℃	电阻温度 α，1/℃	使用性能和用途
AgNi0.1	10.5	363	1.8	—	3.5×10^{-3}	AgNi 合金的导热、导电和延伸性均好，抗金属转移、抗电弧和抗磨损性也好，抗烧损的性能尤其突出，但不如 AgCdO 材料 AgNi 触头主要用在低压电器中，如作电车控速器、汽车起动开关、空气断路器、大负荷继电器、磁起动器、振动整流器、固定及通用开关、信号系统继电器、自动铁路继电器、电焊机继电器等材料。并常与 AgCdO 和 Ag-石墨触头配对使用
AgNi10	10.1	490	1.8	—	3.5×10^{-3}	
AgNi15	10.2	490	2.1	4.0	—	
AgNi20	9.9	588	2.1	0.74*	365×10^{-3}	
AgNi30	9.9	666	2.4	3.65	3.4×10^{-3}	
AgNi40	9.5	686	2.7	—	2.9×10^{-3}	
AgNi45	9.7	882	2.8	3.1	—	
AgNi50	9.25	735	4.3	—	—	
AgMo30	10.5	745	2.0	0.8*	—	AgMo 触头用作大负荷的开关、继电器和大型电动机起动器的触头材料
AgMo35	10.4	1470	3.3	2.5	—	
AgMo40	10.47	931	2.2	0.74*	—	
AgMo50	10.44	1215	2.4	0.67*	—	
AgMo60	10.4	1245	2.73	0.57*	—	
AgMo65	10.3	1764	3.6	2.4	—	
AgMo70	10.4	1617	3.04	—	—	
AgMo75	10.38	1746	3.4	0.57*	—	

续表 15-9-21

假合金	密度 g/cm³	硬度（HV）退火态 MPa	电阻率 mΩ·cm	导热系数 W/cm·℃	电阻温度 α，1/℃	使用性能和用途
AgW30	12	813	2.5	3.4	—	AgW 触头硬度高，有抗电弧的侵蚀、抗熔焊和抗贴着的能力，在轻负荷下，可以通过大电流，但接触电阻大，用在低压功率开关、磁起动器、高频触头，起重开关、火车头开关、大电流开关、操纵按扭、直流电机转子中央控制器、收音机接收装置、振荡器、航空设备开关等材料
AgW55	13.6	1127	2.8	2.8	—	
AgW60	14	980	3.4	0.66*	—	
AgW65	10.3	1764	3.6	2.4	—	
AgW70	15	1176	3.1	0.61*	—	
AgW75	15.6	2156	4.0	2.3	—	
AgW80	16	1470	4.6	0.57*	—	
AgW90	16.9	1764	5.6	0.53*	—	
AgFe7	10	666	2.2	—	—	接触电阻稳定，抗烧损，抗熔焊性好，耐磨长寿，适用作起动频繁的大负荷交流接触器材料
AgC2	9.7	392	2.0	3.8	—	抗熔焊、抗烧损能力强，可靠性高，要求接触压力大，用作中、小无预接触的电路保护开关、低电压功率开关材料。常与 AgW 触头配对，用于大负荷中
AgWC50	12.5	1078	3.0	—	—	
AgWC65	13.2	1960	4.8	—	—	

注：有 * 者，单位为 cal/（cm·s·℃）。

（三）银及银合金钎料

银是贵金属中用作钎料量最多的金属，常用的合金，性能和焊接对象，列于表15-9-22～15-9-25。

表 15-9-22　常用含银钎料性能和用途

材　　料	熔化温度 ℃	用　　途
AgCuZn53-37	810～850	钎焊铜及其他有色金属，高钛硬质合金
AgCuZn40-35	745～775	对钎接焊缝要求光洁和在冲击及振动时具有高强度的铜、铜合金和钢制零件
AgCuZn30-25	660～725	同上
AgCuZn34-16	690～775	钎接触承受多次振动载荷的工件、如带锯等
AgCuZn20-15	685～720	钎焊锯条、小零件和食品用具等
AgCuZn26-4	730～755	用于铜、黄铜和银，导线和导电性较高的元件钎焊
AgCu28	779	电子管及真空器械的钎焊
AgCuCdNiMnZn27-18-8-3-2	650～800	钎焊铜、黄铜及不锈钢工件
AgCdCuZnNi26-17-17-0.3	595～605	有要求保持原有性能的淬火钢，控制变形小薄件钎焊
AgCdCuZn18-16-16	625～635	用途同上一种，但其强度较高

表 15-9-23 若干含银钎料及其熔点

材料	熔点,℃	材料	熔点,℃	材料	熔点,℃	材料	熔点,℃
SnAg3	225	PbSnAg1-1.5	309	InAg10	230	PbInAg5-5	292
SnAg4	221	PbSnAg10-2	265	InPbAg15-5	157	SnPbAg60-4	178
PbAg5-5	309	PbSnAg5-5	292	InSnPbAg30-19-1	215	SnPbAg46-4	178

表 15-9-24 钎接陶瓷用易熔焊料及其性质

材料	熔点,℃	密度 g/cm^3	硬度 (HB) MPa	材料	熔点,℃	密度 g/cm^3	硬度 (HB) MPa
SnAg3.5	221	7.3	1470	PbAg2.5	304	11.1	980
SnAg5	221～245	7.3	1470	PbAg5	304～365	11.2	980
SnAg10	221～295	7.5	1862	PbAgSn1.5-1.5	304～310	11.5	1078
SnAgCd3.5-1	220	7.3	1666	PbAgIn2.5-1.5	304	11.0	980
SnAgCd2-10	205～250	7.4	2450	PbAgIn1.7-1	320～350	11.3	588
SnPbAg36-4	178～180	8.5	1568	CdZnAg30-1	270～290	8.0	4410
SnPbAg46-4	178～210	8.9	1470	CdZnAg22-5	270～310	8.3	5880
PbSnAg27-3	173～246	9.7	1176	CdZnAg23-10	270～380	8.4	5880
PbAg1.5	304～314	11.5	882				

表 15-9-25 银基难熔金属用钎料

材 料	同相线	液相线	焊接温度
	(℃)		
AgPdCu26.5-5	807	810	815
AgPdCu15-20	805	900	905
AgPdMn33-3	1180	1200	1220
AgPd30	1150	1200	1200

铟银钎料在电工技术中用于焊金。锡银钎焊铜、镍和铜镍合金。铅银用于汽车工业。银基难熔金属钎料用于耐热钢、镍合金、铍、钼、锆、钨的焊接。银是首饰和牙科材料钎料的重要合金元素。

(四) 银在医药中的应用

1. 消毒及防腐制剂

银的常用制剂、性能及用途见表15-9-26。

表 15-9-26 银的常用的几种消毒、防腐的银制剂及其性能和用途

制剂名称	性 能 和 用 途
硝酸银	防腐和收敛剂，刺激性强，1%浓度的制剂曾用作防止新生儿结膜炎，医治阴道感染；丸剂可治胃溃疡，水剂用于喷喉戒烟
硝酸银氨溶液	防止龋齿
强朊银	消毒抗菌力强，刺激性只有硝酸银的1/10，典型的制剂是“Protergol”
中朊银	无刺激性，对发炎的皮肤有缓和镇定作用，膏剂有逐浓的消洁作用，对淋菌杀伤力强，可预防性病

2.银合金在牙科材料中的应用

主要用作充填材料。长久以来，均用银锡汞系合金，近年在合金组成和物理状态方面有所发展，一些典型配料和性能，列于表15-9-27～28。

（五）银的其他应用

用作电池电极材料，如用作银锌、银镉、锌氧化银、镁氯化银、铝氧化银以及锂与氧化银组成的电池电极材料，这些电池电极用于鱼雷、飞机、潜艇、人造卫星、火箭中。含铜分别为2.5、7.5、8和10%的银合金，用作货币、首饰、工艺品、纪念章、餐具等材料；银还用在轴承、实验室器具中。镀银用于制镜，美化玻璃、陶瓷与塑料，也用于电子器件中作银导电带和合金浆料。

第三节 铂和铂合金的应用

（一）仪器仪表用铂及铂合金

1.接触材料

铂具有最好的化学稳定性，加入铱、铑、钌能提高铂的硬度和强度。用铂合金制作的触头和电位器绕组在有机气氛中，会产生"褐粉"，但在铂合金中加入金、铜、钨、钼等元素后，在有机蒸气中呈现惰性。典型的铂及铂合金接触材料列于表15-9-29至15-9-31。

表 15-9-27 美国、日本一些牙科汞齐合金成分（重量%）

	合金牌号	Ag	Sn	Cu	Zn	Hg
美国	ADAS No 1	≥65	≤29	≤6	≤2	≤3
日本	JIST6019	>65	<25	<6	<2	<3

表15-9-28 中国几种配制银汞合金的成分和与汞的配比

类型	编号	形状	成分，%（重量）					合金/Hg
			Ag	Sn	Cu	In		
低铜	市售品	车屑	Ag	Sn	Cu	In	Zn	1/1.5
低铜	Ⅰ	球形	70	27	3	—	—	1/1
高铜	Ⅱ	球形	58	25	13	4	—	1/1
高铜	Ⅲ	球形	45	30	24.9	—	Si0.1	1/1
高铜	Ⅳ	球形	45	26	24.9	4	Si0.1	1/1

表 15-9-29 用作触头材料的铂和铂合金及其性能

合金	密度 g/cm³	熔点 ℃	电阻系数ρ Ω·mm²/m	硬度（HV），MPa	
				退火态	硬态
Pt	21.45	1772	9.85×10^{-2}	363～412	882～931
PtAg20	21.3	1830	36.5×10^{-2}	—	2058
PtIr5	21.4	1777	19×10^{-2}	—	1490（时效）
PtIr10	21.5	1780	24.5×10^{-2}	1176	1970
PtIr17.5	21.6	1920～1830	30	—	2450
PtIr20	21.7	～1815	约30×10^{-2}	1960	—
PtIr25	24.7	1850～1870	33×10^{-2}	—	3175～3528
PtIr30	21.8	1900～1920	35×10^{-2}	—	4155
PtIr40	21.83	1950～2100	—	—	4410
PtNi4.5	20	1700～1740	23×10^{-2}	—	1440

续表 15-9-29

合金	密度 g/cm³	熔点 ℃	电阻系数 ρ Ω·mm²/m	硬度 (HV), MPa	
				退火态	硬态
PtOs7	21.7	~1820	40×10^{-2}	—	2411
PtRe14	19.5	1800	46×10^{-2}	—	3695
PtRh10	20	1840~1850	19.2×10^{-2}	—	1499
PtRu4	20.8	1775	30×10^{-2}	1274	—
PtRe5	20.7	1782	34×10^{-2}	84*	92*
PtRu8	—	—	—	—	2744
PtRu10	19.8	1780	43×10^{-2}	1568	3548
PtW4	21.47	1777	31×10^{-2}	85*	93*
PtW5	21.3	1830~1850	36.5×10^{-2}	—	2548
PtW10	—	1900~1920	—	—	3254
PtW8.5	19.2	1710~1740	48×10^{-2}	—	1862**
PtIrRu25-0.2	21.7	1850~1870	33×10^{-2}	—	3357

注：有*者为洛氏硬度；有**者为布氏硬度。

表 15-9-30 铂基合金电位器绕组材料

合金	电阻系数 ρ Ω·mm²/m	电阻温度系数 α_ρ 1/℃	对铜热电势 e μV/℃	抗拉强度, MPa	
				硬态	退火态
PtCu2.5	0.32~0.37	2.2×10^{-4}	—	510~617	—
PtCu8.5	0.42	0.3×10^{-4}	—	637~784	—
PtCu10	0.65	0.6×10^{-4}	—	1029	490
PtCu20	0.825	0.98×10^{-4}	0.67	1372	588
PtIr10	0.24~0.25	1.33×10^{-4}	0.55	539~637	421
PtIr20	0.32	8.5×10^{-4}	0.61	1029	686
PtIr25	0.315	9.5×10^{-4}	—	1058	—
PtNi8	0.29	15×10^{-4}	—	1107	627
PtMo5	0.64	2.4×10^{-4}	0.77	1372	921
PtMoRe22.5-7.5	0.112 (220℃)	0 (500K)	—	—	—
PtPdMo37-6	0.665	2.1×10^{-4}	—	—	—
PtPdTa34-6.25	0.632	2.4×10^{-4}	—	—	—
PtPdW37-1	0.64	2.4×10^{-4}	—	—	—
PtRh10	0.19	17×10^{-4}	−0.1	1147	461
PtRhAu10-5	0.26	11×10^{-4}	−0.38	1372	617
PtRhRu15-5	0.31	7×10^{-4}	0.03	1695	990
PtRu10	0.42	4.7×10^{-4}	0.14	1372	774
PtW5	0.425	6.1×10^{-4}	—	980	568
PtW8	0.62	2.8×10^{-4}	0.71	1470	921

表 15-9-31　铂合金绕组与电刷的匹配典型

绕组材料	电刷材料
PtCu8.5，PtIr10	PtIr5，PtIr18
PtCu2	PtNi5
PtCu20	AuAgPt
PtW18.5-PtW20	AuAgCu30－10，AuCu40

表 15-9-32　不同电阻温度计要求铂丝的电阻比

电阻温度计等级	铂丝（R100/R0）值
基准及一等标准	0.003927～0.003925
二等温度计	0.003925～0.003920
工业温度计	0.00392

2.测温材料

铂一直是温标及测温铂电阻温度计和热电偶的主要材料。

(1) 电阻温度计。1968年的国际温标会议上，将铂温标范围扩大到13.81K～630.7℃。要求纯铂丝纯度标准为 R100/R0>1.3925，中国要求制造不同电阻温度计的铂丝电阻比见表15-9-32。由于在实际应用中的测温精度要求并不高，因此其测温范围还可以向两端延伸，当温度延至2K，精度仍可达0.02～0.05K。电阻温度计适用于航空、宇航以及磁场中测温。

用喷镀或印刷方式制得的膜式铂电阻温度计，其测温灵敏度可进一步提高，应用环境范围扩大。氧化铝基片上印刷铂浆的厚膜温度计，已大量用于要求测、控温度精度较高，在-50～600℃范围内的工业及家用电器中，其电阻温度系数 $\alpha_{0\sim100}=3.850\times10^{-3}$/℃。70年代出现的 PtCo（0.6%（原子））温度计，可用于测量20K 以下深低温的温度。

(2) 热电偶。金属热电偶中最重要，应用最广泛的是铂及铂合金热电偶。所属热电偶的配对及应用见表15-9-33。一些为提高热电偶的导热性、灵敏度、抗热震和抗热冲击性，并具有重量轻、体积小、能弯曲而发展起来的铠装热电偶，见表15-9-34。另外也有膜式热电偶。

表 15-9-33　铂合金热电偶及其应用

序号	热　电　偶	最高使用温度 ℃	应　　用
1	AuPt40/PtRh10	1000	测量燃气轮机温度的高输出热偶
2	AuPd40/PtIr10	1000	同上
3	Pd/PtIr15	1000	同上
4	PtRh5/AuPdPt46－2	1200	同上
5	PtRh10/AuPdPt30－10	1300	同上
6	PtRh10/Pt	1350	标准热电偶和一般用热电偶
7	PtRh13/PtRh1	1450	同上
8	PtRh30/PtRh6	1600	同上
9	PtMo0.1/PtMo5	1600	真空，惰性气氛和核场测温
10	PtMo1/PtMo5	1600	同上
11	PtRh40/PtRh20	1700	大气中高温测温时，比8号热偶稳定
12	PtRh40/PtRh3	1750	大气中高温测温
13	Rh/PtRh20	1800	高温下热电势及灵敏度比8号约高2倍，要求长期稳定时用

表 15-9-34　几种铂合金铠装热电偶及其应用

外管材料	偶丝	长期使用温度，℃	短期使用温度，℃
PtRh5-10	PtRh10/Pt	1450	1600
PtRh10-20	PtRh30/PtRh6	1700	1800
PtRh30-40	PtRh40/PtRh20	1700～1800	1900
PtRh 或 Ir	PtRh40/Ir		2100

3. 高温应变丝

铂合金高温应变丝及其性能见表15-9-35。

表 15-9-35 铂合金高温电阻应变材料及性能

合金	电阻系数ρ $\Omega\cdot mm^2/m$	电阻温度系数α_ρ 1/℃	应变灵敏度系数	抗拉强度 MPa	电阻、温度线性关系温度范围 ℃	对铜热电势 μV/℃
PtMo20	1.04	135×10^{-6}	1.6	2450	—	—
PtW8	0.58	225×10^{-6}	3.7～4.2	931	0～700	6.1
PtW8.5	0.62	191×10^{-6}	3.7～4.2	980	0～700	6.4
PtW9.5	0.76	170×10^{-6}	3.5	1333	0～700	6.5
PtWRe7.5-5.5	0.82	113×10^{-6}	3.2	1343	0～800	3.6
PtWReNi8.5-5-2	0.77	171×10^{-6}	3.2	1323	0～700	—
PtWReNiCr8-4-2-0.5	0.803	142×10^{-6}	3.2	1411	0～700	—
PtWReNiCrY10-3-2-1-0.2	0.83	150×10^{-6}	3.2	892	—	—
PtWRe8-6	0.87	82×10^{-6}	2.3	1431	0～800	3.9
PtRhMo9-9	0.67	22.2×10^{-6}	2.6	980	0～400	3.1
PtRhFe48-10	1.60～1.61	$\pm20\times10^{-6}$	2	1274	非线性	1
PtRhOs45-10	0.28	730×10^{-6}	4.7	1490	—	—
PtWReNiCrY8-4-2-1-0.2	0.73	160×10^{-6}	3.2	105	—	—

（二）耐热结构用的铂及铂合金

铂、弥散强化铂和铂合金及其复合材料，是唯一能在氧化性气氛下抵抗熔融玻璃的腐蚀，并在1000℃以上的高温下仍能保持一定强度的材料。用这些材料制造的玻璃纤维坩埚，进料器，氧化物单晶生长容器，搅拌器以及发热元件等，可在高达1000～1800℃温域内工作。常用的耐热结构用铂及铂合金的性能及用途见表15-9-36～15-9-38。

表 15-9-36 常用的耐热结构用铂及铂合金

材料	性能或用途
铂	常用，特别是含Rh10～20的合金中加入微量的Ir、Ru，可降低合金在高温下的蠕变性能，从而延长使用寿命。铂还用作实验室中的器皿，如坩埚，舟、皿、钳子包头等，也用作单晶培养坩埚，催化网等
PtRh10	同上
PtRh20	同上
PtRh40	个别用作高弹性玻璃容器材料
弥散强化铂	在铂和铂合金中加入0.1%的氧化物或碳化物的弥散相，能提高材料的强度。有效的强化剂有Zr、Th、Al、Ca、Hf、La、Be和Y等的氧化物或碳化物。
弥散强化 PtRh10	同上
PtRhAu12-13	加入Au能减少玻璃熔体在喷丝孔处的漫流，并使喷丝孔的密度加大，提高生产效率，可用作1200℃下无碱玻璃纤维用多孔密排漏板材料
PtRhAu7-3	同上
PtPd7	苏联常用
PtPd10	同上

续表 15-9-36

材　料	性能或用途
PtRd30	
PtRhPd15-5	耐热性与 PtRh7相当
PtRhPdRu25-10-1.5	其蠕变速度比不加 Ru 者低，而性能不亚于 PtRh7
PtRhW30-8	熔点超过2000℃，工作温度1100℃，可用作同位素$^{238}PuO_2$的燃料容器
复合材料	弥散强化的铂及铂合金与铂复合，使铂的强度增加，玻玻璃熔体不受污染，用作玻璃熔池内壁，搅拌器等

表 15-9-37　无碱玻璃纤维用多孔密排的 PtRhAu 材料及其性能

材　料	硬度（HV），MPa		抗拉强度，MPa		延伸率（退火态）%	1200℃与玻璃熔体的接触角 °	电阻系数 mΩ·cm	电阻温度系数（0～1200℃）1/℃
	加工态	退火态	退火态	1200℃高温				
PtRhAu12-13	2352～2450	1274～1372	392～490	59～69	25～30	70	24	1.11×10^{-3}
PtRhAu7-3	1960～2058	1078～1176	323～377	46～59	25～30	70	21	1.26×10^{-3}

表 15-9-38　铂，PtRhO 与弥散强化后材料性能比较

性　能	Pt	弥散强化 Pt	PtRh10	弥散强化 PtRh10
密度（20℃），g/cm³	21.45	21.38	20	19.862
温度系数（0～100℃），1/℃，	0.0039	0.0031	0.0017	0.0016
电阻系数（20℃），μΩ·cm	10.6	11.12	18.4	21.2
抗拉强度（退火态），MPa	124	182	331	355
延伸率（退火态），%	40	42	35	30
硬度（HV），MPa	396	588	735	1078
蠕变寿命（1400℃，4.78MPa），h	0.5	93	50	1000

PtRh10和 PtAu70也用作人造纤维的喷丝头材料。

（三）铂和铂合金的其他用途

铂和铂合金的其他用途列于表15-9-39。

表 15-9-39　铂及铂合金的其他用途

应用领域	用　途
电极	阴极保护电极，燃料电池电解电极以及实验室用仪器电极
医用	抗癌药物顺铂、碳铂；镶牙材料的重要合金元素；铂和铂铱合金可做心脏起搏器导线及电极
首饰	高档首饰主要材料原料，如 PtIr（5－30）、PtRu4.5、PtCu（3－5）及 PtPd 合金

第四节 钯和钯合金的应用

钯是铂族金属中熔点最低，密度最小，价格最低的金属，它的许多性能与铂相似，在某些应用中常用其代铂。它能与所有的贵金属及铁、铝、铋、碲等形成合金。氢能选择地通过钯及某些钯合金，加上钯的氧化物在高温下会分解，不影响其高温性能，故钯和钯合金广泛用于接触材料、氢气净化材料、焊料、浆料、牙科材料和首饰合金中。

（一）钯电接触材料

钯是重要的轻负荷材料，广泛用于继电器中。在其表面镀上一层薄金，能避免产生"褐粉"。常用的钯和钯合金接触材料和性能见表15-9-40。

表 15-9-40 钯和钯合金接触材料的性能及用途

材料	熔点 ℃	密度 g/cm³	电阻系数 μΩ·cm	硬度（HV） MPa	用途
Pd1	1554	12.0	10.8	1176	电话继电器用触头
Pd2	1554	12.0	10.8	1176	同上
PdIr10	1555	12.6	27.5	1225	可代替 PtIr10，PdIr30具有更高的硬度和可靠性，所制成触头可在恶劣的环境下使用
PdIr18	1555	13.5	37	1911	同上
PdAg40	1330	11.4	42.0	1568	为了提高接触材料的抗熔焊性而发展了 PdAg-Co36-4和 PdCoCu50-10合金，后者适用于低压低电流滑动触头
PdAg50	1290～1340	11.3	31.0	1568	
PdAgCo35-5	—	11.1	40.8	2048	同上

（二）钯氢气净化材料

氢有选择地透过钯和钯合金的特性，已广泛地用于制取99.999%以上纯度的氢。然而氢会使钯的晶体结构由α相转变成β相，随之体积增大，致使透氢钯膜外形扭曲和损坏。加银到钯中能避免钯的这种相变，加银效果最佳，而综合性能最好的是PdAg23合金。PaAu 只用在需要抗硫化的环境中。

（三）钯合金电阻材料

主要用作精密电位器绕组材料，测温材料。所用材料及其性能与用途分别列入表15-9-41和15-9-42。钯是铂族金属中热电势最负的金属，因而用钯和钯合金做负极，配上通常的正极材料，就成为输出热电势大，灵敏度高的航空、航天用热电偶。在2～100K温域内，PdCrRu 0.8－0.6/Au Fe0.07热偶，灵敏度高，重现性好。

（四）钯浆料

含钯导电浆料及其性能见表15-9-43，其中钯银浆用得最广泛，其阻值随钯含量增加而增加。

（五）钯合金纤料

表 15-9-41 航空用大热电势输出的钯合金热电偶

热电偶	备注
PdPtAu13－3/AuPd35	它们都能在空气中稳定地使用于1200℃或1300℃以下温域内
PdPtAu31－14/AuPd35	
AuPdPt46－2/PtRh5	
PdPtAu10－60/PtRh10	

表 15-9-42　钯合金电位器绕组材料的性能及用途

材　料	电阻系数 ρ Ω·mm²	电阻温度系数 α_ρ 1/℃	抗拉强度，MPa 硬　态	抗拉强度，MPa 退火态	用　途
PdAg30	0.15	0.4×10^{-4}	—	—	用得最多的是 PdAg、PdMo 和 PdW 合金，其中 PdAg40的剩余电阻率直到1000℃几乎仍为一常数，它抗晦暗的能力强，噪音及接触电阻低，与 PdIr10、PdIr18和 PtNi5匹配
PdAg40	0.42	0.3×10^{-4}	1078	764	
PdAg43	0.40	0.4×10^{-4}	—	—	
PdCu10	0.65	—	1009	510	
PdCu15	0.38	4.85×10^{-4}	911	362	
PdNi20	0.32	—	931	764	
PdMo10	0.90	—	1343	549	加入 Mo、W 等可以提高 Pd 的电阻率，其中 PdW20的综合性能最好。用 PdW20制造的电位器绕组在海水、高温、氨气以及硫化的环境中，能保持良好的工作状态
PdW10	0.38	—	980	500	
PdW16	0.80	—	1597	627	
PdW20	1.10	0.6×10^{-4}	1607	627	
PdW25	1.18	—	1764	706	
PdV9	15.0	0.80×10^{-4}	882	392	
PdAgCu36-4	0.45	0.40×10^{-4}	784	490	
PdAgCu65-5	0.15	4×10^{-4}	833	441	

表 15-9-43　　含钯导电浆料及其性能

浆料	覆盖率 cm³/g	线分辨率 μm	电阻率 mΩ/(□·2.5μ)	烧结温度 ℃	推荐烧结温度,℃	成　本	主要特点及用途
PdAg	—	—	Pd 端0.1 Ω/□～Ag 端5mΩ/□	—	—	适中	可焊性和初始附着力好，抗焊料浸蚀性适中，老化后附着力和抗焊料浸蚀率下降，但随 Pd 量的增加而上升
PdAg 9308	55～60	150～200	25～35	760～950	850	低	质量高，可焊性好，作一般用（Du Pont 产品）
PdAg 9843	55～60	150～200	25～35	760～950	850	低	质量高，一般用，适合大批量生产（Du Pont 产品）
PdAg 9071	60～70	150～200	10～18	760～950	850	最低	要求不高时用（Du Pont 产品）
PdAu	—	—		—	—	较高	避免银离子迁移时用
PdAu 9562	40～50	172～250	10	800～950	850	较高	适于混合电路片-线连焊，也可与芯片夹熔焊或 SnPb 合金焊（Du Pont 产品）

续表 15-9-43

浆料	覆盖率 cm^3/g	线分辨率 μm	电阻率 mΩ/(□·2.5μ)	烧结温度 ℃	推荐烧结温度,℃	成本	主要特点及用途
PdAu 9572	45～55	175～250	80～100	800～950	850	较高	高可靠电路用，产品线条清渐，膜层致密，可用SnPb焊抗焊料浸蚀力强(Du Pont 产品)

钯是铂族金属中主要用于高温，高真空中的钎料，其主要合金及性能见表15-9-44。

表 15-9-44 含钯钎料及其性能

钎料	固相线 ℃	液相线 ℃	钎焊温度 ℃
PdAg95	970	1010	1015
PdAu92	1200	1240	—
PdCo35	1230	1235	—
PdAgCu54-21	901	950	955
PdAgCu58.5-31.5	824	852	860
PdAgCu65-20	850	900	905
PdAgCu68.4-26.6	807	810	815
PdAgMn64-3	1180	1200	1220
PdAgMn75-5	1000	1120	1120
PdNiMn48-31	1120	1120	1125
PdNiCuMn55-15-10	1060	1105	1110
PdCuNi50-15	1163	1171	—
PdNb50	1120	1120	—

第五节 铑、铱、钌、锇及其合金的应用

（一）铑及其合金的应用

铑及其合金的应用，列于表15-9-45。

表 15-9-45 铑及铑合金的应用

材料	应用
铑丝	高温热电偶丝
铑坩埚	钨酸钙、铌酸锂等激光晶体生长用坩埚
镀铑膜	它对可见光的反射能力比其他铂族金属强，用作工业镜及反光镜，银首饰镀膜等
合金元素	与其他金属组成耐高温、抗腐蚀、高硬度和耐磨损的合金

续表 15-9-45

材料	应　　用
铂铑合金	是应用最广泛的铂族合金，铑在高温下稳定性好，广泛用在化工、测温仪表、玻纤和玻璃工业、高温结构材料以及催化网中
钯铑合金	铑提高了钯的硬度和强度，含40%铑以下的合金可作电接触材料，含20%铑以下的合金可作断路器电触头，PdRh10的透 H_2率与 Pd 相当，可作氢气净化材料
铱铑合金	是在真空及氧化性气氛下可使用到2100℃的热偶材料，在氩气氛下更为稳定。由 Ir、Rh 组成的热电偶有 Ir/IrRh60、Ir/IrRh50、Ir/IrRh40和 IrRh50/IrRh10，其中的 Ir/IrRh40已制成铠装热电偶
铱钌合金	作爆鸣器的催化剂
铂钌铑合金	是高硬高强而抗腐蚀能力强的合金。可用作电位器绕组，应变计、引爆电桥接线材料

（二）铱及铱合金的应用

铱及铱合金的应用见表15-9-46。

表 15-9-46　铱和铱合金的应用

材　料	应用或性能
铱丝	高温热电偶偶丝和灯丝材料
^{172}Ir	曾用作硝酸催化网中金属走向的示踪元素
铱坩埚合金元素	红宝石、钇铝石榴石等激光晶体以及氟钒酸钙、氟磷酸钙等非氧化物晶体生长的坩埚 铱是铂、钯及其他金属的有效强化剂和提高抗腐蚀能力的有效元素及晶粒细化剂
铱与铂、钯铑组成的合金	是重要而应用广泛的合金系列，分别见铂、钯和钯合金的应用
浆料	由 IrAg、InPd、IrPt、IrRh 和 IrRu 电阻浆料所烧制的厚膜电阻器，表面光滑，稳定性好，噪音低，是玻璃釉电位器的有用原料 一种以 Ir、Au、Pt 为导电相的厚膜电阻浆料 ESL3800系列，烧成温度为980℃，阻值范围在1Ω/□～10MΩ/□，TRC 很小，1MΩ/□的浆料，TRC 约为－100ppm/℃，100Ω/□～500kΩ/□，TRC≤±100ppm/℃。

（三）钌和钌合金的应用

钌和钌合金的应用列于表15-9-47。

表 15-9-47　钌和钌合金的应用

材　料	应用或性能
合金元素	合金强化及晶粒细化剂，用于电接触、牙科和首饰材料中
PtRu5	代替 PtIr20作电接触材料；也称“硬铂”用以制造首饰、仪表电极，它与 PtRu4都用在航空起动电极上。

续表 15-9-47

材料	应用或性能
PtRu（10～11）	用作航空永磁发动机触头、注射器针头、笔尖、仪器顶针座、长寿唱机针材料
PtRu14	重负荷触头
浆料	RuO_2电阻浆料，化学稳定性好，烧成工艺易掌握，其阻值范围为10Ω－1MΩ/□，噪音26dB，电阻温度系数300ppm/℃，老化后电阻漂移＜0.2%。
	钌酸盐电阻浆料（$Tl_2Ru_2O_3$、$Bi_2Ru_2O_7$、$Pb_2Ru_2O_6$和 $Bi_2Ru_2O_7$），阻值范围10Ω～1MΩ/□，噪音10～20dB，温度系数＜±100ppm/℃，多半是50ppm/℃，通过掺杂都可以达到50ppm/℃，性能稳定性与RuO_2相同
	钌酸铋在美国发展了一系列 Biro×1000及1500系列，后者所制电位器已达年用标准

锇主要用作合金强化元素，所得高硬度的合金，可用于制造笔尖、唱针、罗盘针尖和电接触材料。

主要参考文献

〔1〕Rapson W. S. ,et al, Gold Usage, Academic Press, New York, 1987.

〔2〕《贵金属材料加工手册》编写组，贵金属材料加工手册，冶金工业出版社，1978.

〔3〕Wise E. M. , Gold Recover Properties and Application, D. Van Nostrand Company, Inc. New York, 1964.

〔4〕贵金属研究所，产品目录，1975.

〔5〕Савицкий Е. М. , Благородные металлы справочник, Москва, Металлургия, 1984.

〔6〕贵金属研究所1979年学术年会论文集（综合评论部分），贵金属研究所出版，1980，12.

〔7〕《稀有金属应用》编写组，稀有金属应用（上册），冶金工业出版社，1974.

〔8〕Charles A. H. , Handbook of Thick Film Microelectronics，（第5～7章）1974.

第十六篇 天然放射性金属

第一章 铀
第二章 钍
第三章 镭

第一章 铀

编写人 王金堂

多年前，某些矿物学家将铀矿归为锌矿类，也有的将其归入钨矿类，直到 1789 年 M.H. 克拉普罗特 (Klaproth) 宣读了一篇“铀矿石的化学研究”的论文，才证实这种矿物不属于锌矿、铁矿，也不属于钨矿，应把它称为沥青铀矿或晶质铀矿 (Uranite)。这种元素的发现恰值当时天王星的发现，克拉普罗特按照天王星命名这种元素为铀 (Uranium)。

1789 年克拉普罗特在绿云母中发现了铀，称之为铀云母 (Uranium mica-uranglimnier)。他把黄色混合物与一种还原剂加热后，得到一种黑色粉末，认为这是金属铀。1792～1823 年这个结果曾被其它研究者所证实。1841 年 E.M. 佩利戈 (Peligot) 在其铀研究中指出这是一个错误，所谓金属铀实际上是一种低价氧化物 UO_2，或是这种氧化物与铀被碳还原的混合物。佩利戈将沥青铀矿同碳一起加热，通氯并将升华出来的无水四氯化铀同钾一起在白金坩埚中加热，产物冷却后用水浸出氯化钾，黑色残渣中含有银白色的铀块。

1856 年佩利戈在隔绝空气的情况下，将四氯化铀与钠一起置于瓷质容器中熔融，制得了较纯的产品，其密度为 $18.4g/cm^3$。他描述过铀的某些较重要的性质，测定过铀的原子量为 120。可是 1869 年门捷列夫无法接受这一数值，因为如将铀排在银 (108) 和碘 (127) 之间，则这一位置与铀的性质是不相符的。因此他将 120 加倍，使铀和相似元素钨、钼、铬具有良好的周期性。

1896 年贝克勒耳发现铀的放射性，1898 年居里夫妇在铀矿中发现镭，1938～1939 年发现 ^{235}U 的核裂变，1942 年费米 (Fermi) 对 ^{235}U 可控核裂变连锁反应的试验取得成功，从而使铀成为核能的唯一的一次核燃料受到重视。

第一节 铀矿物资源

一、铀矿物组成

（一）铀的地球化学特性

铀在地壳中的平均含量为 $2.6\times10^{-4}\%$。在厚达 20km 的地壳中铀的总含量约为 10^{14}t。各类岩石中铀的含量（%）为：超基性岩（纯橄榄岩、橄榄岩、辉石）3×10^{-6}；基性岩（玄武岩、辉长苏长岩、辉绿岩和其他）3×10^{-5}；中性岩（闪长岩、安山岩）1.8×10^{-4}；酸性岩（花岗岩、流纹岩及其他）3.5×10^{-4}；沉积岩（粘土和页岩）3.2×10^{-4}。

氧化状态的铀易于溶解，分布广泛，许多大的铀富集区含量低于 0.20%U_3O_8。铀酰离子在酸性和碳酸盐-碳酸氢盐溶液中的溶解度都很高，它与 CO_3^{2-} 和 SO_4^{2-} 能形成稳定的络合物。岩浆冷却过程中释放出热液的高温高压有利于铀的溶解。

花岗岩和凝灰岩受风化作用，析出的铀可由地下水运送到岩层的含水层、孔隙、裂隙和裂缝中。这种移动可使铀分散，也可使铀富集形成矿床。

海水中的铀能沉淀或吸附到海相沉积物中，含铀的黑色页岩和磷块岩就是这一过程的产物。海水中铀含量为 $3\times10^{-7}\%$，总量达 45 亿 t。

沉积岩和变质岩中的铀矿床所呈现的产状和形状不一定与原矿床相同，在某些地区可能发生过溶解、再沉淀以及变质作用等多次旋回。旋回迁移的概念有助于说明关于矿床成因的各种地质解释之间的矛盾。各种主要物料的典型铀含量见表 16-1-1。

（二）铀矿床

从矿床成因上看，铀矿床可分为下列几类：内生矿床——正岩浆矿床、伟晶岩矿床和热液矿床；外生矿床——风化矿床、沉积矿床；变质矿床。国际原子能机构和欧洲核能局为了进行国际铀资源评价，对铀矿床作了如表 16-1-2 所示的分类。

表 16-1-1 各种物料的铀含量

物料名称	U_3O_8 含量，%	物料名称	U_3O_8 含量，%
高品位矿脉	30～70	查塔努加页岩（美国）	0.006
脉状矿石	0.2～1.0	海相黑色页岩	0.001～0.02
砂岩矿石	0.05～0.4	含铀花岗岩	$(0.15\sim1)\times10^{-2}$
伟晶岩矿石	0.05～0.1	普通花岗岩	5×10^{-4}
达科他州褐煤矿（美国）	0.2～0.3	地壳	3×10^{-4}
含铀碳氢化合物	0.001～0.1	铀矿水	$(5\sim15)\times10^{-4}$
含铀磷酸盐	0.005～0.03	铜的堆浸液	$(1\sim12)\times10^{-4}$
明矾页岩（瑞典）	0.02～0.03	海水	$(2\sim3)\times10^{-7}$
金矿石（南非）	0.015～0.06		

表 16-1-2 铀矿床模式及分类

类型	举例
砾岩矿床：在下元古纪黄铁矿填隙矿化，在河床及滨海床石英石卵砾岩；在前寒武纪盾区	南非维瓦特斯兰（Witwatersrand），加拿大布兰德河（Blind River）
浸染矿床：在变质岩、花岗岩、混合岩、伟晶花岗岩（除碱性花岗岩）及各种年代的有关岩石的整合及不整合浸染	纳米比亚罗亚辛（Rössing），美国密得尼特（Midnit）

续表 16-1-2

类　型	举　例
砂岩矿床：在各种年代的陆相、湖相或滨海砂岩的填隙矿床，板状与床整合，或成卷状及卤状不整合，一般与化石有机物及黄铁矿结合	美国科罗拉多(Colorado)高原，尼日尔阿尔利特（Arlit）
不整合矿床：主要在下元古纪片岩或片麻岩，一般具泥质组成；主要在中及下元古纪侵蚀的不整合体，位于水平砂岩下	加拿大凯湖（Key Lake）及拉比特湖（Rabbit Lake），澳大利亚兰格（Ranger）及雅比鲁卡（Jabiluka）
碱性岩、非碳酸盐矿床：在正长岩或碱性花岗岩组成的岩中的浸染或脉状矿床	美国罗斯-亚当斯（Ross-Adams），南格陵兰里莫萨格（Llimaussag）
钙质结砾岩矿床：在新沉积的由砂及粘土组成并部分以碳酸钙或硫酸盐粘合的细粒表面填隙矿床	澳大利亚伊尔利（Yeelirrie），纳米比亚兰格汉里西（Langer Heinrich）
碳酸盐矿床：在碳酸盐、硅酸盐侵入岩株或杜铀钍矿或烧绿石的浸染矿床	南非帕拉保拉（Palabora）
脉状矿床：在各种年代的火成、变质或沉积岩中的脉、裂缝、角砾管、网状脉	法国旺代（Vend'ee）及福来兹（Forez），美国士瓦茨瓦尔德（Schwartzwalder）
火山矿床：在火山岩、流纹岩或熔灰岩或它们与石灰石及其他沉积岩的接触处浸染或裂隙充填	墨西哥埃尔欧帕（Elnopal），意大利欧瓦扎（Novazza）
其他：在褐煤、石灰石及磷块岩中的矿床	美国斯里布茨(Slim Buttes)，格兰茨托的托(Grants Todilto)矿床，中非巴库马（Bakouma）

中国铀矿类型和分布规律与陆壳演化密切相关。中国陆壳的演化，一是陆壳固结时间晚，华北地面固结时间是19亿年左右，并且变质程度深，二是陆壳固结后长期处于不稳定状态。多旋回的岩浆和火山活动，变质和混合岩化作用是中国东部陆壳演化的显著特点。基于中国区域地质背景和铀矿普查活动集中于中国东部，所以目前发现的铀矿类型，如按其赋存的岩石种类划分，主要有花岗岩型、火山岩型、砂岩型、碳硅泥岩型、含铀煤型、碳酸盐岩型、碱性岩型、磷块岩型等。按地质时代说，除奥陶纪时期尚未发现铀矿外，其余地质时代都有铀矿产出，但主要集中在中新生代。中国古元界富铀沉积建造，如辽河群、中条群、白云鄂博群、阿尔泰群、昆阳群均有广泛的分布，并已有矿床和铀矿点发现。中国国土有1/3的面积为中新生代陆相盆地所覆盖，盆地铀源区分布有酸性火山岩和花岗岩。热液脉型铀矿床主要分布在华南中生代构造岩浆活动带内，东北和西北地区存在着同样的地质条件。

（三）铀矿物

铀的多价态和六价态的溶解度较高，这是导致铀作为主要成分的矿物种类繁多的原因。1967年美国地质调查局通报的索引目录中提出含有适量铀的矿物约有480种，但实际上是许多相同的矿物存在着两种命名和同义名称。上述矿物中约155种属于以铀作为重要成分的已确定的和可能的铀矿物。还有约30种属含有少量铀的矿物，另外20种是以铀作为杂质与共生物的矿物。铀矿物名称及成分见表16-1-3。

表 16-1-3 主要铀矿物成分

矿物名称	英文名称	组　　成	含铀率，%
钙铀云母	Autunite	$Ca(UO_2)_2(PO_4)_2 \cdot 10\sim12H_2O$	48.3～50.1
钛铀矿	Brannerite	$AB_2O_6$①	26.5～43.6
钾钒钙铀矿	Carnotite	$K_2(UO_2)_2(VO_4)_2 \cdot 3H_2O$	52.8～55.0
水硅铀矿	Coflinite	$U(SiO_4)_{1-x}(OH)_{4x}$	40.9～60.2
铀钛磁铁矿	Davidite	$A_6B_{15}(O, OH)_{36}$②	<4.4
铅铜硒铀矿	Damesmaekerite	$Pb_2Cu_5(UO_2)_2(SeO_3)_6(OH)_6 \cdot 2H_2O$	22.5
沥青铀矿	Pitchblende	一种胶体，各种细粒的晶质铀矿	
板菱铀矿	Schroeckingerite	$NaCa_3(UO_2)(CO_3)_3(SO_4)F \cdot 10H_2O$	26.8
褐铀钼矿	Sedovite	$U(MoO_4)_2$ (?)	36
水钒铜铀矿	Sengierite	$Cu(UO_2)_2(VO_4)_2 \cdot 8\sim10H_2O$	47.0～48.7
水菱铀矿	Sharpite	$(UO_2)(CO_3) \cdot H_2O$ 或 $6UO_3 \cdot 5CO_2 \cdot 7H_2O$	68.4～68.6
震旦矿	Sinicite	$AB_2(O, OH)_7$③	5.0～5.7
铜铀云母	Torbernite	$Cu(UO_2)_2(PO_4)_2 \cdot 12H_2O$	47.1
钙钒铀矿	Tyuyamunite	$Cu(UO_2)_2(VO_4)_2 \cdot 5\sim8H_2O$	49.4～54.1
晶质铀矿	Uraninite	$(U^{4+}_{1-x}, U_x^{6+})O_{2+x}$，理想的 UO_2	46.5～88.2
硅钙铀矿	Uranophane	$Ca(UO_2)_2(SiO_3)_2(OH)_2 \cdot 5H_2O$	55.6
铀钍矿	Uranothorite	$(U, Th)O_2 \cdot SiO_2$	
翠砷铜铀矿	Zeunerite	$Cu(UO_2)_2(AsO_4)_2 \cdot 10\sim12H_2O$	47.7～49.5
水铀矾	Zippeite	$K_4(UO_2)_6(SO_4)_3(OH)_{10} \cdot H_2O$	63.4

①A＝U 及 Ca、Fe、Th、Y，B＝Ti 及 Fe；②A＝Fe^{2+}、Re、U、Ca、Zr、Th，B＝Ti、Fe^{3+}、V、Cr；③A＝Ce、Y、U、Th；B＝Ti、Nb。

二、铀矿蕴藏量

根据经济合作及发展组织（OECD）的核能局（NEA）与国际原子能机构（IAEA）对世界铀资源进行的两维分类，铀矿物资源按其存在的可信度可分为：合理保证资源（RAR）、估计附加资源Ⅰ（EAR-Ⅰ）、估计附加资源Ⅱ（EAR-Ⅱ）、推测资源（SR）四类。据此，将世界铀矿藏储量列于表 16-1-4～16-1-9 中，其他非常规资源见表 16-1-10。

表 16-1-4 可靠资源和Ⅰ级估增资源（U，kt）

国　　家	可靠资源			Ⅰ级估增资源		
	小于 80 美元/kgU	80～130 美元/kgU	小于 130 美元/kgU	小于 80 美元/kgU	80～130 美元/kgU	小于 130 美元/kgU
阿尔及利亚①	26.00	—	26.00	—	—	—
阿根廷	15.38	3.55	18.93	7.7	0.2	7.9
奥地利①				0.7	1.0	1.7

续表 16-1-4

国家	可靠资源			I级估增资源		
	小于 80 美元/kgU	80～130 美元/kgU	小于 130 美元/kgU	小于 80 美元/kgU	80～130 美元/kgU	小于 130 美元/kgU
澳大利亚②	463.0	63.0	526.00	251.0	126.0	377.0
巴西③	163.28	—	163.28	92.39	—	92.39
加拿大	155.0	59.0	214.00	105.0	92.0	197.0
中非共和国③	8.0	8.0	16.00	—	—	—
智利③			0.045			0.3
丹麦④		27.0	27.0		16.0	16.0
芬兰		1.5	1.5		2.9	2.9
法国	55.95	11.11	67.06	26.83	18.34	45.17
加蓬⑤	16.73	4.65	21.38	1.3	8.3	9.6
联邦德国	0.9	3.8	4.7	1.6	5.7	7.3
希腊	0.4		0.4	6.0		6.0
印度	35.13	10.96	46.09	2.12	14.49	16.61
意大利	4.8		4.8		1.3	1.3
日本	7.7		7.7			
南朝鲜		10.0	10.0			
墨西哥	4.5	3.24	7.74		2.98	2.98
纳米比亚⑥	104.0	16.0	120.0	30.0	23.0	53.0
尼日尔②	180.0	2.2	182.2	283.6	16.7	300.3
秘鲁③	0.5		0.5	5.0		5.0
葡萄牙	6.8	1.4	8.2	1.25		1.25
索马里③⑦		6.6	6.6		3.4	3.4
南非	256.6	102.1	358.7	97.5	27.1	124.6
西班牙③	26.7	6.2	32.9	9.0		9.0
瑞典⑧	2.0	37.0	39.0	2.0	44.0	46.0
土耳其③	2.1	1.8	3.9		3.2	3.2
美国	131.3	266.8	398.1			
扎伊尔⑨⑩	1.8		1.8	1.7		1.7
总　计	1669	646	2315	925	407	1332
总计（修正）⑪	1609	641	2250	891	409	1303

①OECD(NEA)/IAEA："铀的资源、生产和需求"，巴黎，1982；②OECD/NEA："铀供应与需求-最新资料"，1984；③埋藏资源；④相当于可回收资源；⑤缺少可回收性的资料；⑥同①，1983，产量及估算产量已修正；⑦同①，1979；⑧包含兰士得矿床35000t铀在内，由于在某些估算中未曾考虑环保原因，地方政府行使否决权，故不允许从该矿床中生产铀；⑨可采资源；⑩同①，1977；⑪考虑了采矿和水冶损失。

表 16-1-5 回收成本 130～260 美元/kgU 的可靠资源和Ⅰ级估增资源①（U，kt）

国 家	阿根廷	加拿大②	意大利	纳米比亚③	南 非④	美 国⑤
可靠资源	2.5	73.0	4.9	9.0	92.0	236.0
Ⅰ级估增资源	0.3	67.0	4.7	15.0	357.0	—

①可采资源；②可回收资源；③OECD（NEA）/IAEA："铀的资源、生产和需求"，巴黎，1982；④同③，1983；⑤Ⅰ级估增资源均包括在Ⅱ级估增资源内。

表 16-1-6 Ⅱ级估增资源①（U，kt）

国 家	小于 180 美元/kgU	80～130 美元/kgU	小于 130 美元/kgU	30～260 美元/kgU
阿根廷	6.35	10.26	16.61	
加拿大②	82.0	121.0	203.0	89.0
加蓬③		1.2	1.2	
联邦德国	3.9	1.7	5.6	
希 腊		6.0	6.0	
葡萄牙	1.0		2.0	
南 非			483.0	
英联邦		2.0	2.0	5.4
美国②④	506.1	386.9	893.5	539.8

①除注明者外均为埋藏资源；②可采资源；③OECD（NEA）/IAEA："铀的资源、生产和需求"，巴黎，1983；④Ⅰ、Ⅱ级估增资源之和。

表 16-1-7 非中央计划经济国家和地区的推测资源①（U，kt）

国 家	小于 130 美元/kgU	130～260 美元/kgU	未指定成本等级的资源	小于 260 美元/kgU
阿根廷	364.0			364.0
澳大利亚②	2600～3900			2600～3900
加拿大			1000.0	1000.0
智 利			0.2	0.2
哥伦比亚			192.5	192.5
丹 麦	10	50		60.0
联邦德国	15.0			15.0
希 腊	6			6
意大利			10.0	10.0
土耳其	7			7.0
南非			1140.6	1140.6
英联邦	2	14.8		16.8
美国③	752.8	475.0		1227.8
委内瑞拉			163.0	163.0

①埋藏资源；②包括相当比例的Ⅱ级估增资源；③可采资源。

表 16-1-8　非中央计划经济国家和地区的推测资源①（U，10^6t）

地理区域	非洲	亚洲	大洋洲	北美洲	中南美洲	欧　洲	总　计
所评估的国家数	50	37	17	3	40	22	169
全范围	1.3～4.6	0.3～1.6	2.0～4.0	1.8～2.9	0.7～1.8	0.3～1.1	6.4～16.9
最可能范围	2.6～3.5	0.5～0.8	3.0～3.5	2.1～2.4	1.0～1.3	0.4～0.6	9.6～12.1

①　回收成本小于 130 美元/kgU。

表 16-1-9　非中央计划经济国家和地区的国际铀资源评估规划推测资源的地质分布①（%）

矿床类型	非　洲	亚　洲	大洋洲	欧　洲	北美洲	南美洲	总　计
石英卵石砾石型	8.7	0.2			0.4	0.2	9.5
不整合型	0.4		12.5		6.5	0.3	19.7
浸染状岩浆岩型	3.7	0.9	1.6	0.2	2.8	0.3	15.5
脉　型	2.2	1.0	0.1	2.3	3.3	0.5	9.4
砂岩型	8.6	2.0	1.6	1.5	7.6	3.0	24.3
表生型	1.2	0.3	1.6		0.3		3.4
磷酸盐岩型	2.4	0.3					2.7
其它类型		0.2	14.0	0.1	0.7	0.5	15.5
总　计	27.2	4.9	31.4	4.1	21.6	10.8	100

①　回收成本小于 130 美元/kgU（最可能范围的下限）。

表 16-1-10　不同来源的非常规资源和附产资源①（U，kt）

国　家	磷酸盐岩	铜矿石	碳酸盐岩	黑色页岩-褐煤	国家	磷酸盐岩	铜矿石
巴　西	28.0		13.0		墨西哥	100.0	
智利②	2.9	5.2			摩洛哥	6526.0	
哥伦比亚③	20.0				约旦②	123.4	
埃及④	60.0				叙利亚	80.0	
芬兰			2.5	3.0～9.0	泰国⑥	0.5～1.5	
希腊②	0.5			4.0	美国⑦	19.0	1.8
印度⑤	2.0	22.9			委内瑞拉②	42.4	

①不分级的埋藏资源；②未报告可回收性；③为各国数据，国际铀资源评估规划的估算值为 3～6 万 t 铀；④指阿布塔吐尔中的铀数量，全部矿床可能含 10 万 t 铀；⑤在独居石砂矿中还有 1.4 万 t 铀；⑥国际铀资源评估规划估算值包括独居石砂矿中的铀；⑦到 2000 年的可生产数。

第二节　铀的主要物理化学性质

一、金属铀的物理、力学性质

铀的物理、力学性质分别见表 16-1-11、16-1-12 及图 16-1-1～16-1-3。

表 16-1-11 铀的晶体结构及其物理性质

晶体结构	稳定的温度范围,℃	晶格参数，nm			密度 g/cm³	每单位原子数
		a	*b*	*c*		
α斜方	666以下	0.28537（298℃）	0.58695	0.49548	19.07	4
β四方	666～774	1.0763（720℃）		0.5652±5	18.11	30
γ体心立方	774～1132	0.3524（805℃）			18.06	2

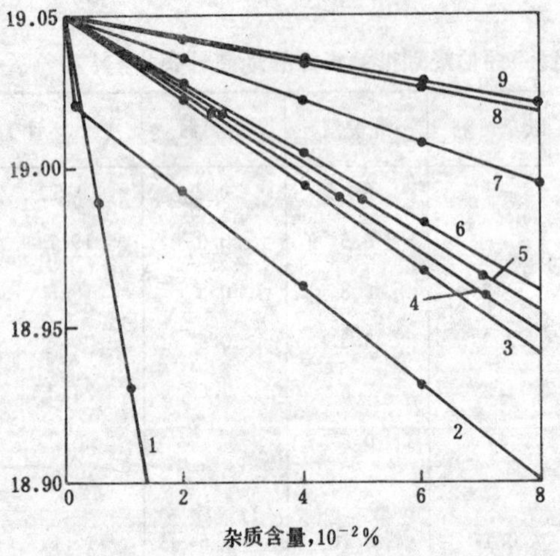

图 16-1-1 某些杂质对铀密度的影响

1—氢；2—碳；3—铝；4—硅；

5—氧；6—氮；7—铬；8—铁；9—镍

表 16-1-12 铀的力学性质

性 质	铸造铀	纯 铀
熔点,℃	1130	
密度，g/cm³	19	
抗拉强度，MPa	450	585
屈服强度，MPa	207	240
弹性模数，GPa	172	
延伸率,%	1～5	10
面积减少率,%	1～10	
硬度	50～100 HRB	220HV

二、铀的核性质

天然铀由三种同位素组成，其中主要的是质量数为238的同位素，如表16-1-13所示。此外用人工方法还制出了质量数为227、228、229、230、231、232、233、236、237、239和240等同位素，它们都具有放射性，其中最重要的^{233}U是可裂变的，可作为核燃料，它是由^{232}Th与中子反应得到的：

$$^{232}_{90}Th + ^{1}_{0}n \longrightarrow ^{233}_{90}Th + \gamma$$

$$^{233}_{90}Th \longrightarrow ^{233}_{91}Pa + _{-1}\beta^0$$

$$^{233}_{91}Pa \longrightarrow ^{233}_{92}U + _{-1}\beta^0$$

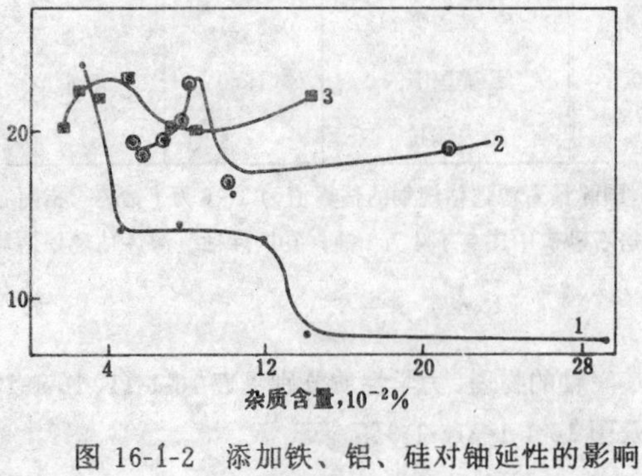

图 16-1-2 添加铁、铝、硅对铀延性的影响

1—铁；2—铝；3—硅

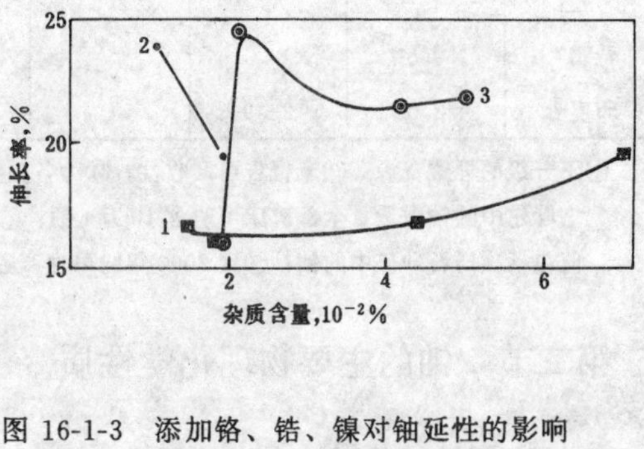

图 16-1-3 添加铬、锆、镍对铀延性的影响

1—铬；2—锆；3—镍

铀同位素的衰变按下式进行：

$^{238}_{92}U \longrightarrow ^{206}_{82}Pb + 8^{4}_{2}He + 6\beta^{-}$

$^{235}_{92}U \longrightarrow ^{207}_{82}Pb + 7^{4}_{2}He + 4\beta^{-}$

^{238}U 被中子照射可发生下列反应：$^{238}_{92}U(n,\gamma)^{238}_{92}U \xrightarrow{\beta^{-}} ^{239}_{93}Np \xrightarrow{\beta^{-}} ^{239}_{94}Pu$。其中$^{239}_{94}Pu$ 是一种可裂变的放射性元素，可作为一种核燃料。

^{235}U 被热中子轰击时可得到^{240}Cs、^{92}Rb 及四个中子，其原子质量数为 ^{235}U325.043915g、^{140}Cs 139.917110g、^{92}Rb91.919140g、n1.008664g。因此，反应物的质量为 235.043915 + 1.008664 = 236.052579g，反应产物的质量为 139.917110 + 91.919140 + 4×1.008664 = 235.870906g，反应前后的质量差为 0.181673g 或约为原质量的 0.077%。

根据爱因斯坦方程式将此质量转换为能量，则得

$$E = mc^2 = 0.182 \times (2.998 \times 10^8)^2/1000$$
$$= 1.636 \times 10^{13}J = 16.36TJ$$

式中 E—— 产生的能量 (J)；

m——被破坏的质量 (kg)；

c——光速 (2.997925×10^8m/s)。

这是由 235.044g 纯^{235}U 可得到的理论能量。假定天然铀含 0.72%^{235}U，且全部可以利用，则理论上 1t 天然铀可得到的能量为 16.36×10^6×0.72/(235.044×100)＝501.15TJ/g。这就意味着1t 天然铀在热堆中相当于 20000t 煤的热值，而在块堆中^{238}U先转变为^{239}Pu，即可相当于 1000000t 煤。

表 16-1-13 铀的天然同位素

同位素	辐射			在天然铀中丰度，%	与热中子反应
	类型	能量，MeV	半衰期，a		
^{238}U (UI)	α	4.180	4.498×10^9	99.275	$\sigma_f < 10^{-31}m^2$ 最后生成^{239}Pu
^{234}U (UⅡ)	α	4.763	2.48×10^5	0.005	$\sigma_f \leqslant 0.65\times10^{-28}m^2$
^{235}U (AcU)	α	4.393	7.13×10^8	0.712	裂变 $\sigma_f = 590\times10^{-26}m^2$

三、铀的化学性质

铀的化合价有 2、3、4、5、6 价。4 价和 6 价铀的化合物无论是固态或液态都较稳定。

铀的化学活性高。金属铀对氧和卤素的亲合力大，能与氢、水蒸汽、氮、碳和含碳气体发生反应。铀与某些非金属或其化合物的相互作用见表 16-1-14，铀粉的自燃性见表 16-1-15。

铀为银白色金属在常温下致密铀会缓慢氧化，先复以金黄色的薄膜，3～4 昼夜后薄膜即变成黑色。氧化薄膜能强烈阻碍铀进一步氧化，但不能使其完全停止。在 90～165℃氧化速度遵循抛物线规律，在 165～215℃氧化速度与时间呈直线关系。氧在铀中溶解不多，甚至在退火的金属铀中含 0.05%O(原子) 时还存在氧化物的夹杂物。

氢在室温下便与粉末铀发生反应。250～300℃下与致密铀反应激烈，生成 UH_3，致密金属铀此时变成细粉末状的氢化物。430℃以上时氢化铀完全分解成铀。铀的氢化及氢化物在 350～400℃下于真空中热分解的方法用于从致密铀制取粉末铀。

铀能生成UN、U_2N_3 和 UN_2 三种氮化物。400℃以下致密铀几乎不与氮反应，500～600℃下反应明显进行，超过 800℃反应迅速进行，此时生成符合 $UN_{1.6}$～$UN_{1.75}$组成的氮化物。UN 由高氮化物在 1300℃以上分解得到，UN_2 只能在氮的压力很高时才能得到。氮在铀中的溶解度不高，多以氮化物的夹杂形式存在于金属铀中。

在 U-C 系统中确定了 UC、U_2C_3 和 UC_2 三种碳化物。铀或铀的氧化物与碳或含碳气体 (甲烷、一氧化碳) 相互作用即得到碳化铀。熔融金属铀或 U_3O_8 在 2100℃下与碳作用生成 UC，在 2400℃下则生成 UC_2，但实际上均生成碳化铀的混合物。U_2C_3 可采用在 2000℃下加热铀和石墨 (按化学计算量) 的方法制得。虽然 U_2C_3 在 1800℃稳定，实际上当冷却时得到的是 UC 和 UC_2 的混合物。熔融金属铀在 1800～1900℃的石墨坩埚中长时间保持时，铀向石墨中扩散，在坩埚壁上生成 UC_2。通过在石墨坩埚中长时间保持熔融金属铀的方法来测定碳在液态铀中的溶解度是：1375℃下为 0.137% (重量)；1500℃下为 0.385%；1800℃下为 0.775%。金属凝固时大部分碳以碳化铀的夹杂物形式析出。在 625～900℃下甲烷作用于铀生成 UC。一氧化碳与熔融铀在

1200℃下反应生成UC和UO_2。

铀的硫化物有US、U_2S_3和US_2。在400～500℃温度下，用硫化氢作用于粉末铀或硫蒸汽与铀直接作用都生成硫化铀。

铀的氟化物有UF_3、UF_4、U_4F_{17}、U_2F_9、UF_5和UF_6。氟在室温下即作用于铀而生成UF_6。

铀的氯化物有UCl_3、UCl_4、UCl_5和UCl_6。致密铀与氯在500～600℃温度下激烈反应生成UCl_4、UCl_5和UCl_6。

水对致密铀的作用缓慢。在沸腾的蒸馏水中铀的腐蚀速度为0.7～3mm/(cm²·h)。在以氢饱和的水中，开始时铀的腐蚀速度比在以空气饱和的水中为高，这是因为有氢化铀形成的缘故。铀与水蒸汽的反应比氧更激烈，在150～250℃温度下基本按下式进行：

$$7U+6H_2O \longrightarrow 3UO_2+4UH_3$$

在600～700℃生成UO_2和氢气。

有机酸（蚁酸、醋酸、丙酸）不与铀反应。碱的水溶液对金属铀的作用弱。在过氧化氢存在的情况下，铀溶解并生成可溶性的过铀酸钠。块状金属铀与酸的水溶液的反应情况见表16-1-16。

表 16-1-14 金属铀与非金属及其化合物的反应

反应物	反应温度，℃		产物	反应物	反应温度，℃		产物
	铀块	铀粉			铀块	铀粉	
H_2	250～300	25	UH_3	H_2O	100	25	UO_2、UH_3
C	1800～2400	800～1200	UC、U_2C_3、UC_2	HF（气）	250(于N_2中)	200～400	UF_4
N_2	700	500	UN、$UN_{1.75}$、UN_2	HCl（气）		250～300	UCl_3
P		600～1000	U_3P_4	NH_3	700	400	$UN_{1.75}$
O_2	150～350	自燃	UO_2、U_3O_8	H_2S		500	US、U_2S_3、US_2
S	500	250～300	US_2、U_2S_3	NO	400～500		U_3O_8
F_2	25		UF_6	N_2O_4		25	$UO_2(NO_3)_2$
Cl_2	500～600	150～180	UCl_4、UCl_5、UCl_6	CH_4		635～900	$2NO_2$ UC
Br_2	650	210	UBr_4	CO	750		UO_2+UC
I_2	350	260	UI_3、UI_4	CO_2	750		UO_2+UC

表 16-1-15 铀粉的自燃性

筛目	−200+230	−120+140	−80+100	−40+45	−18+20	−12+14
颗粒比表面，cm²/g	51.2	30.2	21.3	9.06	3.78	2.25
临界高度，mm	1.5	2.4	3.0	4.3	7.0	8.8
着火温度，℃	255	260	270	295	310	320

表 16-1-16 块状金属铀与酸的水溶液反应

酸	反应速率	反应产物	备注
HF	慢	U（Ⅳ）的氟化物	UF_4在金属铀表面形成一种不溶性覆盖物
HCl	快	U（Ⅲ）、U（Ⅳ）的黑色残留物	复杂反应，黑色残留物含复合的氢化铀化合物
HNO_3	中	硝酸铀酰	细粒铀可能以剧烈爆炸速度与硝酸反应

续表 16-1-16

酸	反应速率	反应产物	备注
H_2SO_4	慢	U（Ⅳ）的酸式硫酸盐	H_2SO_4<3mol/L 时不与金属铀反应
H_3PO_4	慢	U（Ⅳ）的酸式磷酸盐	加热能提高反应速率
$HClO_4$	快		铀屑与高于 60%的 $HClO_4$ 剧烈反应

四、铀化合物的物理化学性质

现将铀化合物的物理化学性质列于表 16-1-17～16-1-22 中。核工业中，UO_2 用作陶瓷元件，UF_4 用于制备金属铀及 UF_6，而 UF_6 则用于铀浓缩，提高 ^{235}U 的浓度。

表 16-1-17 铀氧化物的某些性质

氧化物	大致组成	晶体结构与参数，nm	密度 g/cm³	稳定区域和熔点，℃	生成热 kJ/mol	颜色
UO_2	$UO_{1.75}$～$UO_{2.34}$	萤石型立方 $a=0.547$	11～10.4 （取决于组分）	2175～2500，在空气中于 300～700℃氧化成 U_3O_8	1067.6	褐→黑
U_3O_8	$UO_{2.50}$～$UO_{2.67}$，可能逐渐转成 UO_3	斜方，$a=0.67$ $b=0.398$ $c=0.414$	8.1～8.30	1360℃以上分解成 UO_2	3537.8	橄榄绿→深绿
UO_3	$UO_{2.92}$～$UO_{3.0}$，可能连续由 UO_3 转成 $UO_{2.67}$（或 U_3O_8）	α-UO_3 呈六边形 $a=0.3963$ $c=0.416$	UO_3 6.04 $UO_{2.92}$ 7.07	600℃以上分解成 U_3O_8	1218.4	亮黄→橙红

表 16-1-18 UO_2、U_3O_8 和 UO_3 与各种试剂的反应

试剂	铀产物
UO_2	
HF（气）（550），SF_4（500），氟化烃	UF_4
热的发烟 HCl（含水）（慢），S_2Cl_2，$COCl_2$，CCl_4，Cl_2+C	UCl_4
$SOCl_2$	$UOCl_2$
Cl_2（赤热）	UO_2Cl_2
Br_2（气）+C	UBr_4
CS_2（900）	$UO_2 \cdot 2US_2$
C	UC，UC_2

续表 16-1-18

试剂	铀产物
U_3O_8	
HF（含水）	UF_4，UO_2F_2
F_2+C（300），F_2（气）（370），CoF_3，BrF_3，SF_4（400）	UF_6（气）
Cl_2（900）	UO_2Cl_2
S_2Cl_2（230～250），CCl_4（360），$COCl_2$（500）	UCl_4
Br_2（气），HBr（气）	UO_2Br_2+低级氧化物
CS_2	$UO_2\cdot 2US_2$
CS_2+CO_2（赤热）	UO_2
UO_3	
HF（含水），SeF_4	UO_2F_2
$NH_4F\cdot HF$，SF_4（300）	UF_6
CCl_4	UO_2Cl_2
CCl_4（115～185）	UCl_5
CCl_4（400），S_2Cl_2，$SOCl_2$（350）	UCl_4
$SiCl_4$（370～380）	UCl_4，UO_2Cl_2
NH_4NO_3（熔融）	$UO_2(NO_3)_2$

表 16-1-19 铀的氮化物、碳化物的性质

化合物	稳定区域和熔点 ℃	晶体结构与常数，nm	密度 g/cm³	生成热 kJ/mol·	$S°_{298}$，J/（mol·K）	
					安登等人	韦斯特拉姆等人
UN	耐热，2630±50 熔化	面心立方，a＝0.488	14.32	约 443.8		
U_2N_3	700～800 于真空中分解	体心立方，a＝1.0678	11.24	约 184.2		
UN_2	500 以上分解成 U_2N_3	假面心立方，a＝0.531	11.73	—		
UC	2525 熔化	立方（NaCl 型），a＝0.496	13.63		58.74	59.41
U_2C_3	1800 以上分解	体心立方，a＝0.8088	12.88		137.79	137.96
UC_2	～2480	四方，a＝0.3524，c＝0.5996 高于 1300，立方（NaCl 型），a＝0.5488	11.7		68.29 （$UC_{1.91}$）	67.74 （$UC_{1.91}$）

表 16-1-20 铀的氟化物、氯化物的某些性质

化合物	颜色	熔点，℃	ΔH_{298}，kJ/mol	ΔF_{298}，kJ/mol	对水的性质
UF_3	黑	歧化 1000	1494.7	1419.3	不溶于水，缓慢氧化
UF_4	绿	960±5	1856.8	1762.6	吸湿性，水溶性低

续表 16-1-20

化合物	颜色	熔点,℃	ΔH_{298}, kJ/mol	ΔF_{298}, kJ/mol	对水的性质
U_4F_{17}	黑		7622.1		缓慢水解成 UO_2F_2、UF_4
U_2F_9	黑		3930.6		缓慢水解成 UO_2F_2、UF_4
UF_5	白	<400	2043.2	1930.1	缓慢水解成 UO_2F_2、UF_4
UF_6	无	60（压力下）	2110.1	2030.6	水解成 UO_2F_2
UCl_3	橄榄绿	842±5	888.0	823.5	水解并氧化成 UO_2Cl_2
UCl_4	绿	590±1	1050.9	961.3	吸湿，水解成 UO_2Cl_2
UCl_5	红褐	歧化	1097.4	986.8	水解成 UCl_4、UO_2Cl_2
UCl_6	黄	1775（迅速分解）	1140.1	1010.7	迅速水解成 UO_2Cl_2

表 16-1-21　UF_6 的制备方法

起始铀原料	试剂	温度,℃	除 UF_6 外的产物	起始铀原料	试剂	温度,℃	除 UF_6 外的产物
U	F_2	（剧烈反应）		UO_2F_2	BrF_3		Br_2
U	BrF_3	50～125	Br_2	UF_4	F_2	340	
U	BrF_5	50～75	BrF_3	UF_4	BrF_3	70	Br_2
U	ClF_3	25～75	ClF	UF_4	ClF_3	<100	ClF
UC_2	F_2	350	CF_4	UF_4	CoF_3	250	CoF_2
UO_2	F_2	500	O_2	UF_4	HgF	400	HgF
UO_2	BrF_3		Br_2，O_2	UF_4	ClO_3F		UO_2F_2，Cl_2
U_3O_8	F_2	360	O_2	UF_4	O_2	600～800	UO_2F_2
U_3O_8	F_2，C	300	CO_2	U_4F_{17}		270～350	UF_4
U_3O_8	SF_4	400	UF_4，SOF_2	U_2F_9	F_2	300	
U_3O_8	BrF_3		Br_2，O_2	U_2F_9		>200	UF_4
UO_3	F_2	400	O_2	UF_5	F_2	270	
UO_3	SF_4	300	SOF_2	UF_5		175	U_2F_9
UO_3	BrF_3		Br_2，O_2	$NaUF_5$	F_2	340	NaF
$Na_2U_2O_7$	F_2		NaF，O_2	UCl_5	F_2	−20～30	UF_4，Cl_2
CaU_2O_7	F_2		CaF_2，O_2	UCl_6	HF	60～150	HCl
UO_2F_2	F_2	270	O_2	UO_2HPO_4	F_2	370	PF_3，PF_5
UO_2F_2	SF_4	300	SOF_2	U $(SO_4)_2$	ClF_3	>300	$UO_2SO_4+UO_2F_2$ 残渣

表 16-1-22 U（Ⅲ）和U（Ⅳ）的混合卤化物制备方法

混合卤化物	反应剂及温度,℃	残留物
	U（Ⅲ）化合物	
$UBrCl_2$	$2UCl_3+UBr_3$（850）	
$UBrCl_2$	$UBrCl_3+H_2$	UCl_3（碘化作用除去）
UBr_2Cl	UBr_3Cl+H_2	UBr_3（碘化作用除去）
$UICl_2$	UI_2Cl_2（400，真空）	
$UIBr_2$	UI_2Br_2（>375，真空）	
UI_2Br	UI_3Br（加热，真空）	
	U（Ⅳ）化合物	
$UBrCl_3$	UBr_4+3UCl_4（550）	UCl_4
$UBrCl_3$	UCl_3+UBr_4（550）	UBr_3，UBr_4
UBr_2Cl_2	UCl_4+UBr_4（590）	
UBr_3Cl	UCl_4+3UBr_4（590）	
$UICl_3$	$UCl_3+1/2I_2$（500）	
UI_2Cl_2	UCl_4+UI_4	
$UClF_3$	$UF_3+1/2Cl_2$（315）	
$UClF_3$	UF_4+UCl_4（600，氦气）	
$UClF_3$	UF_4+CCl_4（420）	UCl_4，UF_4
$UClF_3$	$UO_2F_2+CCl_4$（450）	UCl_4
$UClF_3$	$UO_2F_2+CCl_4$（175）	UCl_4
$UBrF_3$	$UF_3+1/2Br_2$（250）	
	U（Ⅳ）化合物	
UIF_3	$UF_3+1/2I_2$（180）	
$UBrCl_3$	$UCl_3+1/2Br_2$（500）	
UI_3Cl	UCl_4+3UI_4	
UI_3Cl	UI_3+UCl_4（600）	UCl_3
$UIBr_3$	$UBr_3+1/2I_2$（500）	
UI_2Br_2	UBr_4+UI_4（520，氦气）	
UI_3Br	UBr_4+3UI_4	
$UIBrCl_2$	$2UBr_2Cl_2+H_2 \longrightarrow UBrCl_2+UBr_2Cl+HBr+HCl$	
$UIBr_2Cl$	$UBrCl_2+UBr_2Cl+I_2 \longrightarrow UIBrCl_2+UIBr_2Cl$	

第三节 铀的选矿简述

在介绍铀的选矿之前，首先介绍一些有关铀采矿的数据（表 16-1-23～27 及图 16-1-4）。

表 16-1-23 铀矿山与非铀矿山露天开采的经济合理剥采比

矿山规模	金属矿 m^3/m^3	非金属矿 m^3/m^3	铀矿山，m^3/t	
			经济合理	平 均
大型	≤8～10	13～16	6～8	4～5
中型	≤6～8	13～16	6～8	4～5
小型	≤5～6		5～6	2.5～3.5

注：铀矿山的平均剥采比与经济合理剥采比的比值一般为 0.5～0.6；铀矿露天开采要求总损失率不超过 3%，贫化率不超过 20%。

表 16-1-24 铀矿床地下开采的矿石损失率和贫化率限制指标

采矿方法	损失率 %	贫化率 %	采矿方法	损失率 %	贫化率 %
水平分层充填法	<5	<15	人工矿柱房柱法	5～7	<20
留矿法	<5	15～25	壁式法	<5	<30
留矿空场法、留矿全面法	<5	15～25	分层崩落法	5～7	15～18
全面法	<5	<20			

表 16-1-25 氡在若干介质中的扩散系数

介 质	扩散系数 cm^2/s	介 质	扩散系数 cm^2/s	介 质	扩散系数 cm^2/s
空气	0.1	花岗闪长岩碎残积层	4.5×10^{-2}	砂质粘土(湿度 5.7%)	1.09×10^{-2}
水	8.2×10^{-6}	花岗岩残积坡积层	1.5×10^{-2}	花岗闪长岩残积物	0.5×10^{-2}
建筑用砂	1.34×10^{-2}	角页岩坡积物	1.8×10^{-2}	致密未蚀变花岗闪长岩	0.01×10^{-2}
300 号混凝土	$(2\sim3.5)\times10^{-2}$	粗面流纹岩坡积残积层	1.4×10^{-2}	高聚物	$10^{-6}\sim10^{-10}$
亚粘土	0.08	自然条件下的粘土	$(1\sim3)\times10^{-2}$		

表 16-1-26 几种岩石的射气系数

岩 石	射气系数 %	岩 石	射气系数 %	岩 石	射气系数 %
片麻岩和花岗片麻岩	22	砂岩	10.7	含钙铀云母的花岗岩	14.4

续表 16-1-26

岩　石	射气系数 %	岩　石	射气系数 %	岩　石	射气系数 %
花岗岩和花岗闪长岩	17	泥岩	21.5	含铀黑的花岗岩	44.2
花岗伟晶岩	28	泥灰岩	12.7	锂硼铀矿砂岩	34.4
石英斑岩	4.5	石灰岩	11.2	含铀煤	75.6
粗面流纹岩	15.1	炭质页岩	17.7		
石英岩	20.6	含铜铀云母的花岗岩	43.8		

表 16-1-27　几种岩石的单位当量氡析出率

成因类型	岩　石	δ, Bq/(s·m²)	成因类型	岩　石	δ, Bq/(s·m²)
沉积型	含铀煤	185	热液型	流纹岩、花岗斑岩（破碎带）	370～444
	粉砂岩、砂岩	310.8		斑状花岗岩	74～185
	凝灰质砂砾岩、凝灰岩	203.5		辉绿岩、破碎花岗岩	185
	泥质板岩、炭质板岩	259		二云母花岗岩	229.5
	炭质粉砂岩	111		流纹岩	143.2
沉积变质型	微石英岩、角砾岩	185～240.5		黑云母花岗岩	133.2
	中粗粒石英岩	370			

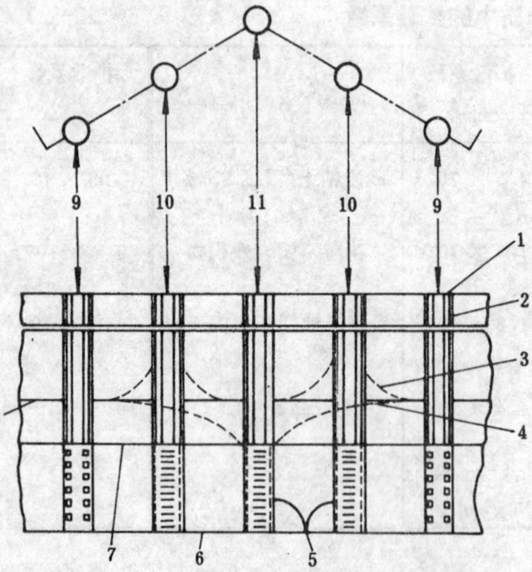

图 16-1-4　铀矿就地溶浸（化学）采矿系统示意图

1—套管；2—化学密封；3—模槽锥；4—沉陷锥；5—开缝的筛子；6—下封闭层水平线；7—上封闭层水平线；8—静止水位；9—监测井；10—注入井；11—回收井

铀选矿的有关数据列于表 16-1-28～16-1-31。

表 16-1-28　铀矿石品位对回收率和直接加工费的影响（美国）

U_3O_8 %	回收率		直接加工费	
	%	U_3O_8, kg/t	美元/t 矿	美元/kgU_3O_8
0.075	93.3	0.70	3.59	5.13
0.100	94.4	0.94	3.64	3.83
0.125	95.0	1.18	3.69	3.11
0.150	95.4	1.40	3.75	3.62
0.200	95.9	1.93	3.85	2.00
0.250	96.2	2.40	3.95	1.65

表 16-1-29 近年建立放射性分选厂（车间）的国家和地区

国家（地区）	矿 山 名 称	分选机型号	台数
南非	西部迪普累夫兹（Western Deep Levels）	M17	5
南非	西兰德联合公司（West Rand Consolidated）	M17	2
澳大利亚	玛丽·凯思林（Mary Kathleen）	M17	2
南非	韦尔科姆（Welkom）	M17	1
南非	萨阿依普拉斯（F. A. Saaiplaas）	M17	1
南非	哈特比斯方丹（Haartebeesfontein）	M17	1
美国	联合碳化物公司（Union Carbide）	M17	1
南非	瓦尔里夫斯（Vaal Reefs）	M17	1
加拿大	森奇（Cinch）	M17	1
美国	联合核子公司（United Nuclear Ltd）	M17	1
南非	西部侯尔定（Western Holdings）	RM161	1
南非	布弗尔斯方丹（Buffelsfontein）	RM161	4
法国	劳代夫（Lodeve）		1

表 16-1-30 中国及国外放射性分选机的特性

型 号	处理矿石粒度 mm	槽道数 个	处理量 t/h	探测器数 个	探测效率脉冲/(s·g)	平均分选效率 %	测量时间 s	备 注
皮带型	−250+50	1～2	4～5	每槽ϕ50×60NaI 晶体一个	60～600	40～70	0.3	已用于生产
201 型	−250+50	1	10～15	ϕ250×50NaI 晶体一个	2000～5000	65～70	0.1	同上
5421 型	−75+50	2	10	每槽ϕ75×75NaI 晶体三个	3000～5500	65～90	0.21	同上
FXXJ-1 型	−50+30	18	2.2	每槽ϕ50×60NaI 晶体一个	600～1250	～50	2.5	
X-77 型	−50+30	6	4.5	每槽ϕ75×75NaI 晶体二个	4000	～50	0.2	
	−200+50	2	40～60	每槽ϕ80×60NaI 晶体二个	3000～5000	70～85	0.03～0.05	
Гранат	−50+25	4～5	10～15	每槽ϕ80×60NaI 晶体四个	7000	70～85	0.03	
	−25+15	—	2～5	—	—		—	无测量装置
M17	−150+65	2	120		7000～10000	70～95	0.05～0.15	
M17	−125+50	3	110	每槽ϕ75×75NaI	同上	同上	同上	
M17	−90+40	4	75	晶体 2～8 个	同上	同上	同上	
M17	−65+25	5	40		同上	同上	同上	

表 16-1-31 放射性分选厂生产实践情况

国家（地区）和矿山	采矿品位 U%	入选粒度 mm	未入选矿石产率,%	成品矿石			尾矿		
				产率 %	品位 %	回收率 %	产率 %	品位 %	回收率 %
美国施瓦茨瓦尔德矿 (Schwartzwalder)	0.356	−150 +25	—	75.0	0.470	98.99	25.0	0.015	1.05
苏联	0.09	−200 +25	38	66.3	0.130	95.4	33.7	0.012	4.6
加拿大比维尔洛奇 (BeaVerlodge)	0.178	−150 +75	65	83.0	0.210	98.0	17.0	0.021	2.0
加拿大森奇 (Cinch)	0.04～0.1	−100 +25	30～40	45～75	0.11～0.18		25～55	<0.30	
澳大利亚玛丽·凯思林 (Mary Kathleen)	0.1	−200 +40	40～50	72.5～69.75	0.13	94.5～93.8	27.5～30.25	0.02	5.5～6.2
法国福雷 (Forez)	0.108	−120 +30	—	45.0	0.220	97.8	55.0	0.016	8.2
法国劳代夫 (Lodeve)	0.25	−90 +30	60	85	—	98	15	0.012～0.02	2
南非瓦尔里夫其 (Vaal Reefs)	0.0125	−115 +65	—	53.6	0.022	93.9	46.4	0.0017	6.1
南非韦尔科姆 (Welkom)	0.0074	−75 +50	—	14.3	0.0338	65.3	85.7	0.0030	34.7
中国 A	0.159	−250 +50	75	80.5	0.195	98.75	19.5	0.0102	1.25
中国 B	0.096	−250 +50	55	72.07	0.128	96.45	27.93	0.012	3.55

注：1. 除美国、法国福雷和南非外，成品矿为分选的精矿与未入选碎矿之和；2. 放射性分选以废弃尾矿为目的，故成品矿石的富集比不高。

第四节 铀的提取冶金

一、铀矿石准备和预处理

在需要配矿或贮矿时，通常要在矿山或工厂进行中间堆放，分批贮存，破碎，取样，以便配成矿堆，作为补偿矿体品位变化的一种手段，配矿是采矿时控制操作的一部分，在铀矿加工厂可将分仓贮存的矿石再行配矿，或在储矿场进行配矿。

对矿石进行取样以测定水分和化学成分。矿石的破碎、干燥及磨矿系统是根据矿石的可磨性及粒度要求制定的。一般采用砾磨机或自磨机并用工业程序控制机自动控制。

铀矿石在浸出前应进行焙烧，以提高有用组分的溶解度或改善矿石的物理性质。焙烧的方法有：

(1) 加盐焙烧。加氯化钠焙烧含钾钒铀矿的矿石，可使钒生成可溶性化合物。含氧化钙高的矿石亦可用碳酸钠或硫酸钠代替氯化钠，也可加黄铁矿进行焙烧，以提高钒的浸出率或降低浸出时酸耗。

(2)氧化焙烧。为使矿石中的铀由难浸出的四价变为易浸出的六价，或除去矿石中的碳化物、硫化物、氧化亚铁等还原物质，可在空气中进行焙烧。可先将褐煤燃烧，再从灰尘中用酸浸出铀。

(3)改善矿石物理特性的焙烧。300～600℃焙烧可使蒙脱石类型的水合粘土脱水，以改善其浸出效果，降低试剂消耗，改善沉降、过滤速度，还可改善矿粒的孔隙度，破坏被沥青束缚的页岩矿物颗粒之间的联结，有利于磨矿。

二、铀的提取、分离和纯化

(一) 铀矿的浸出

1. 酸浸

一般用硫酸作浸出剂，曾用硝酸处理高品位矿石。加盐焙烧的矿石可用回收的盐酸浸出。为降低尾矿中的镭含量，有人提出盐酸浸出流程，也有人提出用三氯化铁和硫酸高铁浸出。有黄铁矿存在时也可用铁氧杆菌使硫氧化成硫酸、铁氧化成高铁进行浸出。硫酸与矿石中的铀进行下列反应：

$UO_3+2H^+=UO_2^{2+}+H_2O$

$UO_2^{2+}+SO_4^{2-}=UO_2SO_4$

$UO_2SO_4+SO_4^{2-}=[UO_2(SO_4)_2]^{2-}$

$[UO_2(SO_4)_2]^{2-}+SO_4^{2-}=[UO_2(SO_4)_3]^{4-}$

溶解的铀可以上述任何一种形式出现，但阴离子硫酸盐络合物是使用硫酸的一大优点，因为在下一步富集中可用选择性较好的阴离子交换树脂和萃取剂。

矿石中的四价铀在溶解前必须进行氧化。铀的氧化是通过溶液中三价铁进行的。常用的氧化剂为软锰矿（二氧化锰)、氯酸盐，最近还提出用 H_2SO_4 等氧化剂。

酸耗决定于矿石所含脉石的组成和质量，方解石、白云石、菱镁矿和菱铁矿在低酸浓度和室温下容易与酸反应。硫化物、金属铁、某些磷酸盐、钼酸盐、钒酸盐、氧化物和氟化物等随温度或酸度的增加而使酸耗增加，并使溶液杂质增加。

某些硅铝酸盐如水合粘土或其它酸溶性硅酸盐也可能少量溶解，特别在温度高时，硅酸在溶液中形成胶体，给以后的处理带来困难。酸浸方法决定于矿石的性质及加工厂的经济要求，主要有下列几种：

(1)常规搅拌浸出。在几个串联的搅拌浸出槽中浸出。根据要求可有多种方式：1) 简单串联浸出；2) 分别浸出和分级浸出，即将难浸矿石与一般矿石分别磨矿，然后难浸矿石与大部分酸一道加入第一浸出槽，利用过量的游离酸与加到后面浸出槽中的易处理矿石进行反应，一般铀矿石的细粒级难浸出，粗粒级易浸出；3) 再制浆浸出，即浸出矿浆过滤后。所得浸出液再与脱水矿泥制浆浸出，滤饼进行再制浆；4) 两段逆流浸出。

(2) 拌酸或浓酸熟化浸出。将浓酸、干磨矿石和少量水在搅拌机中混合，再将所得塑性物料进行熟化，然后进行常规浸出。此法的变型是薄层熟化渗滤浸出。

(3)渗滤浸出。用向上或向下流动的溶液通过静止的矿石床层进行浸出。

(4) 加压水浸。对含硫化物的矿浆在高温、高压下不加任何试剂（除空气或氧气外）进行浸出。

(5)自氧化浸出。将二氧化硫和空气通到含硫酸亚铁的溶液中，借助锰或三价铁离子的催化作用，生成硫酸高铁和硫酸。

(6)细菌浸出。对含黄铁矿的铀矿石利用细菌使其氧化生成硫酸铁和硫酸。同时可利用细菌膜使生成的硫酸亚铁再氧化成硫酸铁。

(7)堆浸。将一定粒度的矿石在不透水的地面上堆成一定形状和大小的堆，用酸喷淋或用细菌浸出。

(8)漫浸。对采空区或充填废矿石的矿坑用细菌或酸进行浸出。

(9)就地浸出。利用钻孔将浸出液送到矿层中进行浸出，再使浸出液汇集，用泵通过另一钻孔打出。

(10) 流态化浸出。使矿浆流化，与酸逆流进行浸出，浸出液从浸出塔上部流出，矿泥自下方推出。

2. 碱浸

允许用碱金属的碳酸盐或碳酸铵从适宜的矿石中选择性浸出铀。总反应为：

$2UO_2+O_2=2UO_3$

$UO_3+Na_2CO_3+2NaHCO_3=Na_4UO_2(CO_3)_3+H_2O$

碳酸钠也被硫酸盐和硫化物所消耗，在较高温度和压力下也可生成钠的钼酸盐、硅酸盐、钒酸盐、磷酸盐、铝酸盐和某些碳酸盐络合物。

碳酸盐浸出既有良好的选择性，又能制得较纯净的溶液，因而较易从浸出液中直接沉淀出质量较好的产品。

碳酸盐浸出时必须使四价铀氧化成六价，其方法有空气直接氧化、直接化学作用氧化、催化剂氧化等三种类型。

有机物的控制是碳酸盐浸出时的重要步骤，其方法有：用适当的吸附剂如烧透的氧化镁、活性炭、漂白土、活性氧化铝和合成硅酸镁从矿浆或溶液中吸附有机质；借氧化作用如氧、臭氧、高锰酸钾、次氯酸钠或电解氧化破坏溶解的有机物；用沉淀剂如季铵盐沉淀有机质。

碳酸盐浸出的方法有：常规浸出，包括碳酸钠和碳酸氢钠的常压浸出或加压浸出；碳酸铵加压浸出。

（二）铀的富集及分离

铀富集及分离的方法一般有化学沉淀法、离子交换法和有机溶剂萃取法。

化学沉淀法直接从浸出液中分离铀，其应用受一定限制，但从离子交换的解析液或有机溶剂萃取的反萃取液中沉淀铀却用化学沉淀法。从酸性溶液中沉淀铀的方式有：以重铀酸钠（铵）、四价铀的磷酸盐或四价铀的氢氧化物形式沉淀铀；以过氧化铀水合物和四价铀的氟化物形式析出。一般加氢氧化钠从碱性溶液中沉淀出重铀酸钠。

离子交换法可从矿浆或溶液中富集或分离铀。从硫酸浸出液中用阴离子交换树脂吸附铀的硫酸络合阴离子，然后用氯化钠或硝酸盐的酸化溶液或10% H_2SO_4 洗提。此时树脂不吸附四价钒、铝、锰、二价铁、碱土金属和碱金属。三价铁形成不稳定络合阴离子 $[Fe(SO_4)_2]^-$ 和 $[Fe(SO_4)_3]^{3-}$，可被树脂少量吸附。当存在磷和砷时，由于与铝形成络合阴离子 $[Al(HRO_4)_3]^{3-}$ 和 $[Al(HRO_4)_2]^-$ 而被部分吸附（R 为磷或砷）。钴的络合氰化物杂质、连多硫酸阴离子（$[SO_4]^{2-}$、$[S_5O_6]^{2-}$）以及钼（呈多钼酸盐阴离子）和硅酸阴离子可为交换树脂所吸附。为除去这些杂质可用浓碱液洗钼和硅、硫化钠溶液洗连多硫酸盐、硫代氰酸盐溶液洗氰化钴等。

实现离子交换的方法有二种：清液固定床离子交换法，即阴离子交换树脂固定于交换塔中，让澄清的溶液流过；移动床和硫化床离子交换法，即将阴离子交换树脂直接加入矿浆或清液中，使两相作相对运动，然后使饱和树脂与矿浆分离，再对树脂进行洗提。

许多有机溶剂能从硝酸、硫酸、盐酸和磷酸溶液中选择萃取铀。此法的优点是适用性强、选择性高、萃取剂容易再生、过程容易连续化、费用较低。

某些磷酸酯和烷胺是从硫酸中萃取铀的有效萃取剂，二-（2-乙基己基）磷酸酯（D_2EHPA）是常用试剂。一般用煤油稀释，煤油中酯的浓度为2～5%，D_2EHPA 在有机相中以 $(RH)_2$ 的形式存在，与铀酰离子进行反应：

$$UO_2^{2+} + 2(RH)_{2(0)} = UO_2R_4H_{2(0)} + 2H^+$$

用碳酸钠反萃取的典型反应为：

$$UO_2R_4H_{2(0)} + 3Na_2CO_3 = 2NaR_2H_{(0)} + Na_4UO_2(CO_3)_3$$

$$2(RH)_{2(0)} + Na_2CO_3 = 2NaR_2H_{(0)} + H_2O + CO_2$$

反萃取中生成的二烷基磷酸的碱金属盐可能从有机相中沉淀出来，也可能形成第三相。为避免这种现象，必须加改良剂磷酸三丁酯或高碳醇、某些膦酸盐（如二丁基-丁基膦酸酯）和膦的氧化物（如三辛基氧膦）。也可用浓酸（如10mol/L HCl）或碳酸铵反萃取。

一烷基磷酸酯和二烷基磷酸酯对硫酸、盐酸和硝酸溶液的萃取具有同等效应，其分配系数取决于溶液中氢离子浓度。

常用的胺类萃取剂是叔胺（NR_3 型），中国常用三脂肪胺或 N_{235} 的5%煤油溶液。从硫酸溶液中萃取铀的反应为：

$$2R_3N_{(0)} + H_2SO_4 \rightleftharpoons (R_3NH)_2SO_{4(0)}$$

$$(R_3NH)_2SO_4 + UO_2SO_4 \rightleftharpoons (R_3NH)_2UO_2(SO_4)_2$$

在 pH<3 的溶液中能有效地进行萃取。通过有机相与硝酸盐、氯化物或碱金属及铵的碳酸盐溶液接触而很易实现反萃取：

$$(R_3NH)_2UO_2(SO_4)_2 + 2NO_3^- \rightleftharpoons 2R_3NHNO_3 + UO_2^{2+} + 2SO_4^{2-}$$

$$(R_3NH)_2UO_2(SO_4)_2 + 4Na_2CO_3 \longrightarrow 2R_3N + Na_4UO_2(CO_3)_3 + 2Na_2SO_4 + H_2O + CO_2$$

也可用氧化镁的水悬浮液进行反萃取：

$$2(R_3NH)_2UO_2(SO_4)_2 + 5MgO \longrightarrow 4R_3N + MgU_2O_7 + 4MgSO_4 + 2H_2O$$

用 $(NH_4)_2CO_3$ 结晶反萃取可得到很纯的三碳酸铀酰铵。也可用季铵盐从碱浸液中萃取铀。这两类萃取剂的基本差别在于：烷基胺的选择性较好；烷基胺要求进料液中固体含量很低，料液中的有机物能被胺萃取，烷基磷酸类则可在矿浆中萃取；烷基胺不能从含大量氯化物和硝酸盐的溶液中萃取铀。

（三）高纯铀化合物生产

用碳酸铵结晶反萃取所得高纯三碳酸铀酰胺，经还原煅烧得高纯二氧化铀，也可利用电解还原直接制取高纯四氟化铀，但一般只生产浓缩物——黄饼（$Na_2U_2O_7$，MgU_2O_7 等）或 U_3O_8。

为生产核反应堆用的金属铀或二氧化铀，需要符合一定规格的高纯化合物。一般采用的纯化方法是将铀浓缩物溶于硝酸，用磷酸三丁酯萃取，然后用硝酸溶液反萃取，得纯硝酸铀酰溶液。该溶液可用：蒸发得硝酸铀酰结晶，再热分解得三氧化铀；加过氧化氢沉淀出 $UO_4 \cdot 2H_2O$，再热分解得三氧化铀；进行三碳酸铀酰铵重结晶，再煅烧为二氧化铀；转型还原，沉淀四氟化铀。所得三氧化铀可用氢还原为二氧化铀。含浓缩铀的二氧化铀是由浓缩的六氟化铀转化制得的。利用湿法、半湿法或干法使二氧化铀与氢氟酸反应得到四氟化铀。

铀的提取、分离和纯化的有关流程见图 16-1-5～16-1-13。

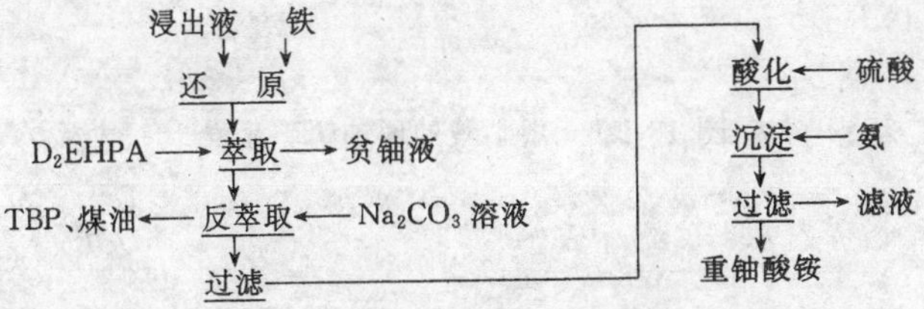

图 16-1-5 柯尔 麦吉市普洛克铀工厂流程（典型的 Dapex 流程）

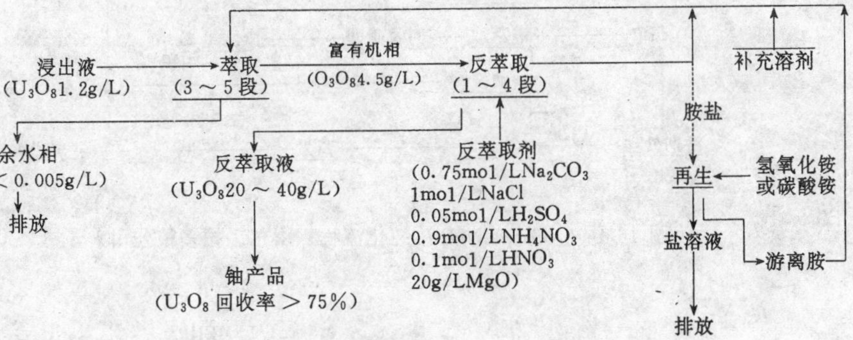

图 16-1-6 典型的胺萃取（Amex）流程

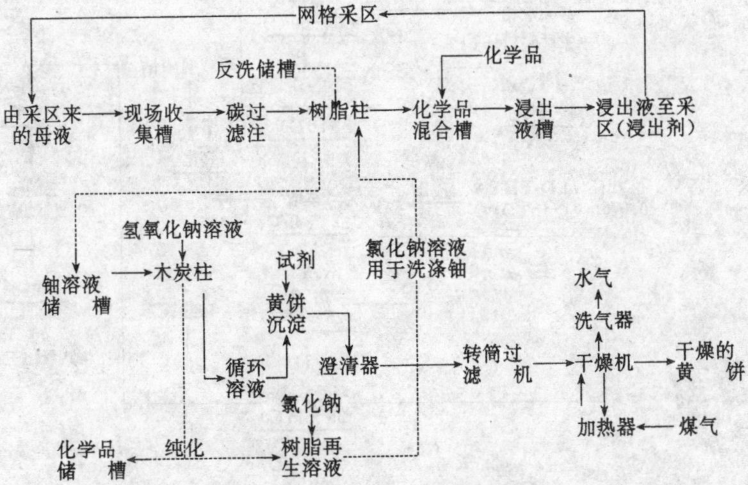

图 16-1-7 铀原地浸出流程

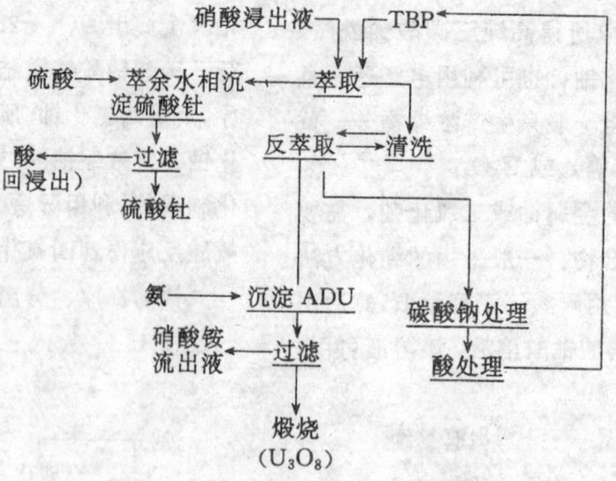

图 16-1-8 用硝酸处理铀精矿流程

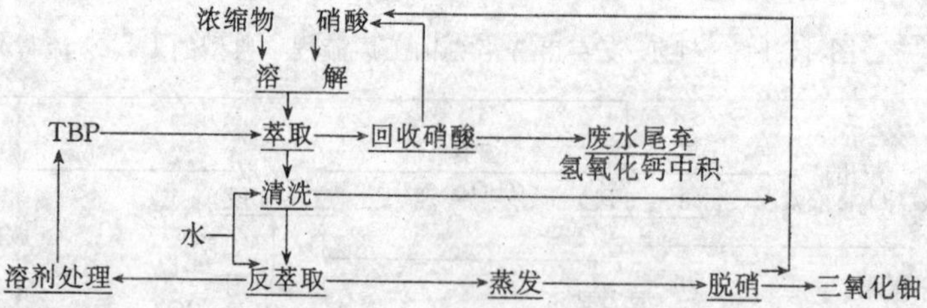

图 16-1-9 TBP-HNO_3 法纯化流程（埃尔多拉多核公司）

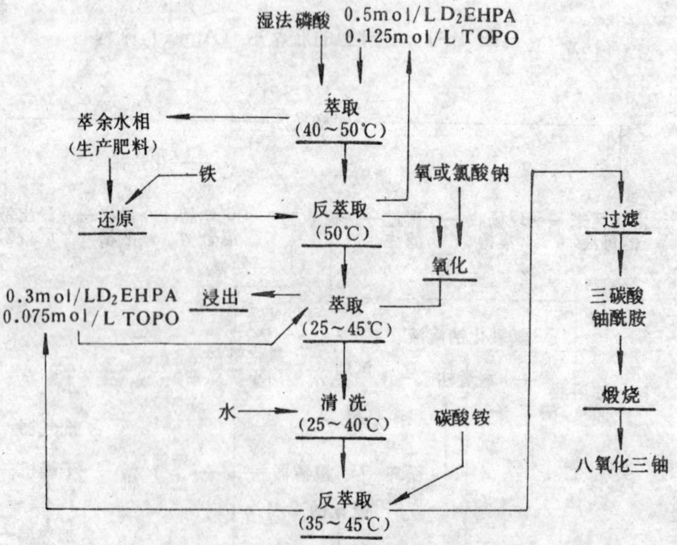

图 16-1-10 湿法磷酸提取铀流程

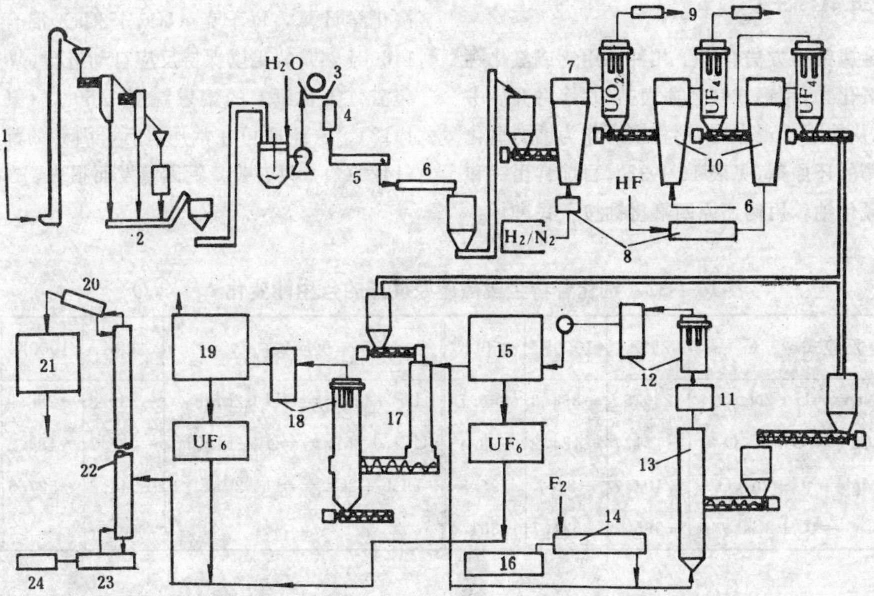

图 16-1-11 由浓缩物生产 UF_6 综合流程

1—浓缩物；2—取样；3—过滤器；4—挤压器；5—干燥器；6—筛；7—还原器；8—预热器；9—清洗器；10—氢氟化器；11—冷却器；12—过滤器；13—氟化器；14—螺旋反应器；15—冷凝器；16—废料；17—反应塔；18—过滤器；19—冷凝器；20—冷却器；21—冷凝器；22—蒸馏塔；23—加热器；24—UF_6 筒

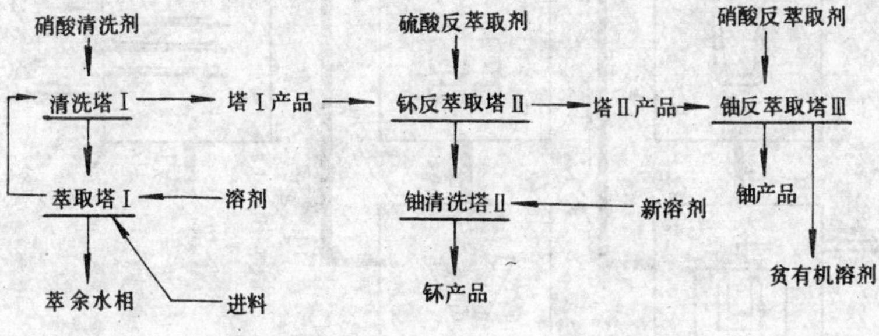

图 16-1-12 后处理第一次循环流程

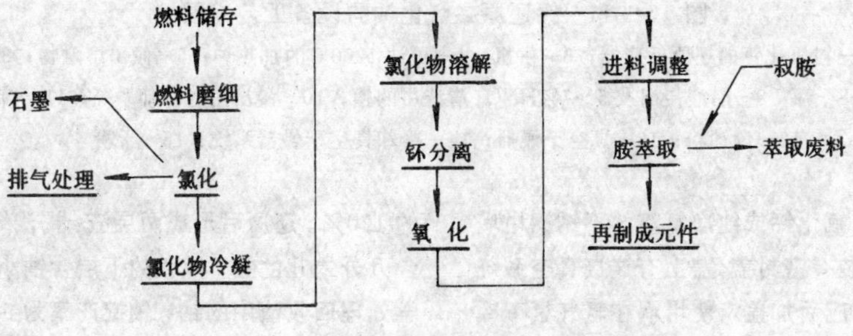

图 16-1-13 完全氯化萃取后处理流程

三、金属铀生产

制取金属铀的方法有以下几种：用钙或氢化钙还原铀的氧化物；用钙或镁还原卤盐，在熔融介质中电解卤盐。从热力学观点看，钙和镁可作为铀的氧化物和卤化物的还原剂（见表16-1-32）。目前常用钙和镁还原四氟化铀，用钙还原四氟化铀按下式进行：

$$UF_4+2Ca \rightleftharpoons U+2CaF_2+578kJ$$

按化学计算，每千克（UF_4+2Ca）混合物析出约1465kJ热量，足以保持反应自动进行，并维持金属和渣（氟化钙）的熔融温度1450℃（氟化钙熔点1418℃）。还原可在常压进行，因钙的沸点比较高（1420℃），只有少量钙因蒸发而损失。

表16-1-32 铀化合物金属热还原反应的自由能变化ΔF（kJ）

反应式	298K	1000K	2500K	反应式	298K	1000K	2500K
$UO_2+4Na \rightleftharpoons U+2Na_2O$	280.5	−364.3	866.7	$UF_4+2Mg \rightleftharpoons U+2MgF_2$	−330.8	−288.9	−41.9
$UO_2+2Ca \rightleftharpoons U+2CaO$	−171.7	−184.2	−8.4	$UCl_4+2Mg \rightleftharpoons U+2MgCl_2$	−217.7	−184.2	−50.2
$UO_2+2Mg \rightleftharpoons U+2MgO$	−104.7	−83.7	196.8	$UCl_4+2Ca \rightleftharpoons U+2CaCl_2$	−544.3	−527.5	−330.8
$UF_4+2Ca \rightleftharpoons U+2CaF_2$	−565.2	−531.7	−301.4				

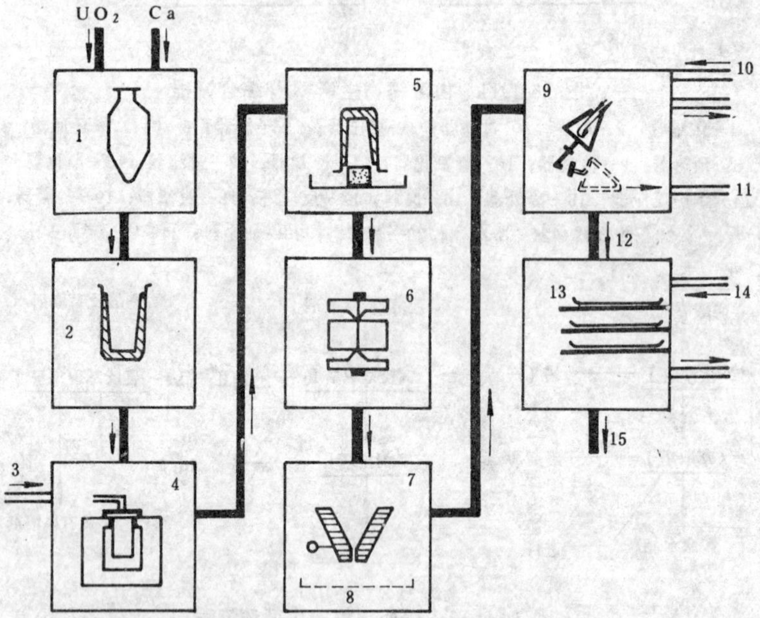

图16-1-14 钙还原二氧化铀的设备工艺流程

1—混合器；2—衬氧化钙的还原反应器；3—供氩；4—可达1200℃的加热炉；5—倾出熔融物；6—粗碎机；7—颚式破碎机；8—筛；9—醋酸浸出及5～7%HNO_3清洗用的槽；10—浸出用的冷却系统；11—排出溶液再生；12—湿铀粉；13—真空干燥器；14—冷却真空干燥器系统；15—干粉

还原在衬有纯氟化钙或纯净氟渣的不锈钢坩埚中进行。反应坩埚装有密封盖，盖上有连接真空系统和氩气的导管。反应后加盖，使坩埚在氩气氛下冷却。

还原剂为真空蒸馏净化的钙，加入量为理论量的120%。还原后形成两层渣：褐浅绿色的上层，只含万分之几的铀；黑色的下层含铀小于10%。用化学处理回收渣中的铀，铀锭产率为98～99%。用此法可获得重40～100kg的铀锭。金属纯度很高，杂质含量（%）为：0.02～0.005Fe、0.01～0.05Si、0.002

$\sim$0.005Ca、0.001～0.0005Mn，含 H3～5cm^3/100g 金属。

四氟化铀镁还原反应为：

$$UF_4+2Mg=U+2MgF_2+373kJ$$

每千克（UF_4+2Mg）混合物只析出 1036kJ 热量，这一热量不足以熔化反应生成物。为达到需要的温度，必须将整个反应器加热到点火温度。

镁的沸点（1105℃）低于渣的熔点（氟化镁熔点 1260℃），因此必须在密闭的镁蒸汽压力下进行。镁比钙便宜、稳定、纯度高、使用方便，用量较少，仍然引人注意。

熔炼用的钢坩埚内衬以熔融后的钙、镁混合氧化物，也可衬以熔融后的反应生成物氟化镁。所用镁是用真空硅热法制得的。炉料中镁的加入量为理论量的 104～105%。坩埚密闭后于煤气加热炉中加热至 550～700℃。还原反应在反应激发后 1min 便结束，从炉中取出坩埚冷却至 100℃，然后喷水使其迅速冷却。金属锭容易与渣分离。金属产率 98%。直径 325mm 坩埚一次可得 100kg 金属铀锭。有关流程见图 16-1-14、16-1-15。

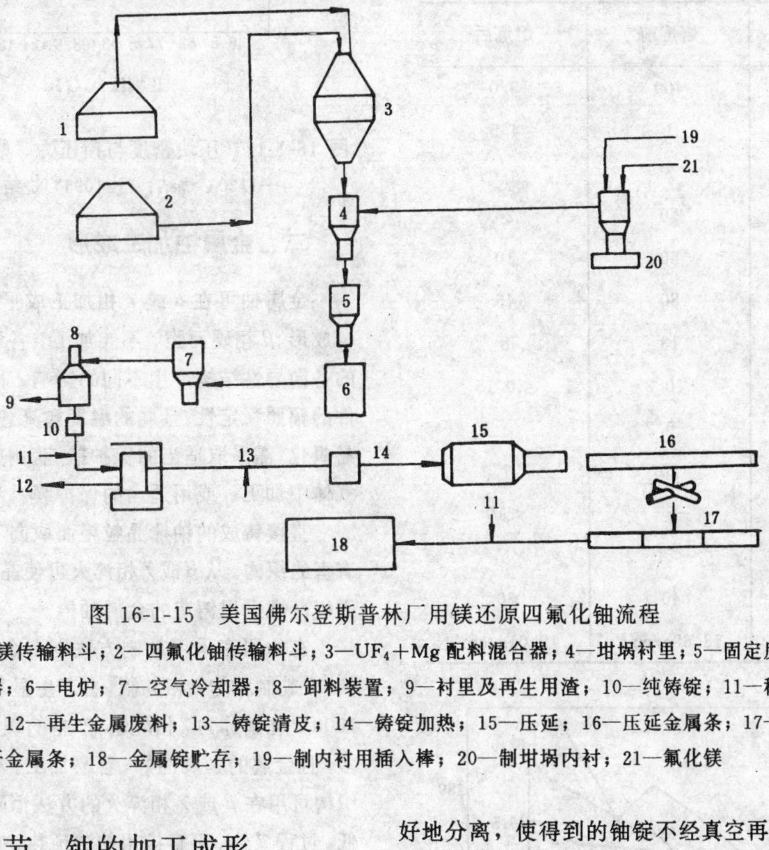

图 16-1-15　美国佛尔登斯普林厂用镁还原四氟化铀流程

1—镁传输料斗；2—四氟化铀传输料斗；3—UF_4+Mg 配料混合器；4—坩埚衬里；5—固定反应器；6—电炉；7—空气冷却器；8—卸料装置；9—衬里及再生用渣；10—纯铸锭；11—称重；12—再生金属废料；13—铸锭清皮；14—铸锭加热；15—压延；16—压延金属条；17—切开金属条；18—金属锭贮存；19—制内衬用插入棒；20—制坩埚内衬；21—氟化镁

第五节　铀的加工成形

一、金属铀坯锭制备

一般将冶炼金属的还原与金属在石墨锭模中的成型铸造结合起来。锭模与坩埚呈刚性连接，坩埚底部有一个向锭模放出熔融金属的专用阀门。用该法制取的铀锭含碳量极少，但镁和氢含量高于真空熔炼和真空铸造锭。

由于四氟化铀的镁热还原已发展到一次可加料 2tUF_4 的程度，这就决定了铀锭缓慢冷却可与渣很好地分离，使得到的铀锭不经真空再熔炼就可进行压力加工。为了去掉其表面的少量夹渣，先在车床上加工，得到的铀锭可重达 1225kg（直径 445mm，高 432mm）。

规模较小时是将铀锭在真空中熔炼，然后铸成所需形状的毛坯，再进行压力加工（轧制）。铀的真空熔炼在真空感应电炉内的石墨坩埚中进行。熔炼过程中杂质钙、镁、氟以及氢等被除去，氮和氧也部分地被除去。铀及铀基合金的熔炼可在带冷却式铜坩埚和自耗电弧炉中进行。

铀氧化物的钙还原所得的细金属珠在高真空下

于氧化铍坩埚中熔化，制出的铀锭是可锻的。有的用此法生产粉末铀，以便用粉末冶金法生产各种制品。铀氧化物的氢化钙还原所得金属经粉碎、洗涤、干燥、制团和烧结，得到含大量氧化物的致密金属铀。用低温熔盐电解法所得的粉末铀，用水、稀酸洗涤、干燥、制团和在氧化铍坩埚中进行真空熔炼。金属纯度 99.9%。有关数据见表 16-1-33 和图 16-1-16、16-1-17。

表 16-1-33 熔炼前后金属铀锭的典型分析 (10^{-4}%)

项目	熔炼前	熔炼后
C	400	3.0
H	1	4.5
氯化物	5	
SiO_2	50	20
N	50	10
Fe	50	45
Mn	13	8
B	<0.2	<0.15
Cd	<0.2	
Cr	20	1
Mg	5	<10
Ag	<1	
Ni	40	20
密度	18.69g/cm³	19.01g/cm³

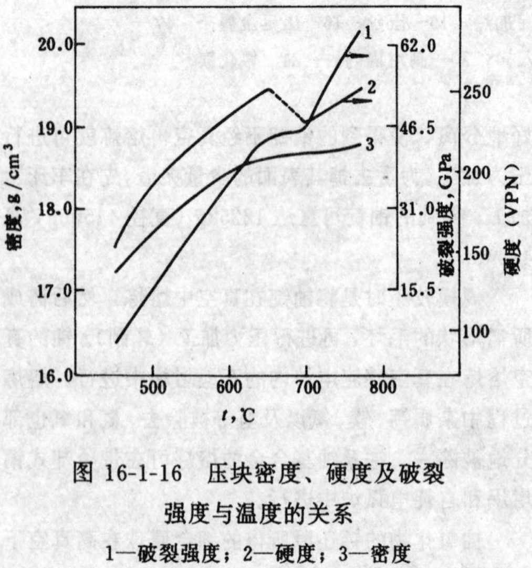

图 16-1-16 压块密度、硬度及破裂强度与温度的关系

1—破裂强度；2—硬度；3—密度

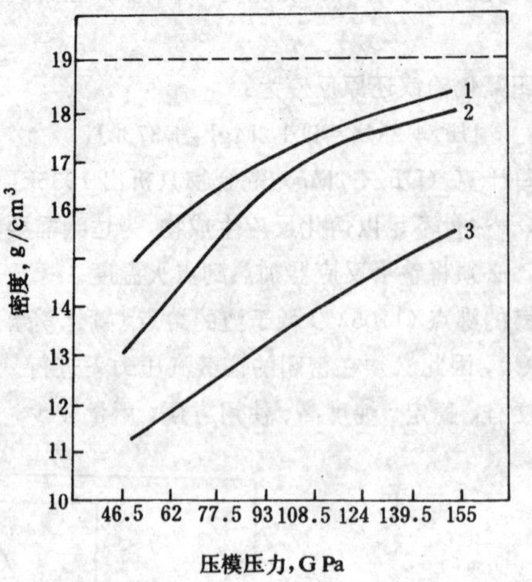

图 16-1-17 压块密度与模压力、烧结温度的关系

1—1120℃烧结；2—1095℃烧结；3—冷压

二、金属铀加工成形

金属铀可在 α 或 γ 相加工成形，或在液态下浇铸成形。β 相硬而脆，不能加工。各种成形方法对铀的各向异性结构产生不同的影响，因而影响燃料元件的幅照稳定性。金属的温度愈高愈容易变形，也愈易氧化，需采取适当的保护措施，例如在真空或保护气体中加工，或用适当的保护膜。

直接铸成的铀棒晶粒粗而取向不规则，不形成有害的织构。从 β 或 γ 相淬火可使晶粒变细。有的石墨气冷堆采用铸造的金属铀棒。

有的国家采用轧制方法制造金属铀棒。400～600℃轧制称为 α 相轧制，会产生显著的织构。900～1000℃轧制称为 γ 相轧制，产生的织构比 α 相轻微得多，且金属的延展性好，容易加工。对于不太严重的织构可用在 β 或 γ 相淬火的方法消除。如加工温度低，过程又快，可直接用盐浴预热；如温度高则可用另一种金属包起来。

挤压同轧制类似，也可在 α 或 γ 相进行。γ 相挤压产生的织构远较 α 相轻微，且所需压力较低。α 相挤压的产品尺寸比较精确，甚至可省去机械加工。对于管状和其它复杂形状的燃料元件，这是一个重要因素。在 γ 相挤压时，为了保护金属，需用保护气体或使挤压件直入水槽，也可在挤压过程中施加盐液于加工后的表面上形成保护膜，这样可使用通常的挤压设备。

共挤压是把成形和包装合为一道工序，常用来制造夹心薄片或薄管状燃料元件。共挤压必须选择适当的温度，使芯体和包壳在同样大小的作用力下成形。对锆合金和铀来讲，这一温度约为600℃。热处理前可用通常的校直机和车床对铀棒进行校直和机械加工，以获得最终的尺寸。有关数据见表16-1-34、16-1-35。

表 16-1-34 铀的辊压-分离力与辊压温度

辊压温度 ℃	平均压缩率 %	辊压-分离力 kN	平均垂直压力，MPa	辊压后硬度 RB
300	13.5	256.2	706.0	
	22.3	392.8	803.2	100.5
	33.5	522.6	806.7	
	42	676.1	848.1	104.0
400	15.6	210.4	544.7	
	24.0	306.9	603.3	
	35.0	385.6	572.3	
	44.0	523.5	620.5	
500	17.7	148.1	365.4	
	26.2	221.1	413.7	
	36.8	310.0	425.4	
	45.7	383.9	441.3	
600	8.3	68.9	265.4	97
	17.7	115.6	284.8	
600	26.0	195.7	375.8	100
	37.0	261.1	372.3	
	45.8	324.7	365.4	102
700	8.5	157.0	588.1	97
	17.0	258.0	639.1	
	26.2	292.2	539.9	98.5
	36.7	360.1	526.1	
	47.0	393.6	448.2	99
800	13.7	13.2	38.8	100
	21.7	15.3	33.4	
	29.3	22.1	37.4	99
	40.6	31.7	41.2	
	49.5	41.5	43.6	99

表 16-1-35 铀粉样品的挤压压力与温度

温度,℃	压力,MPa	压缩比	挤压常数	硬度,VPN
800	75.8	16∶1	3970	285
825	68.9	16∶1	3790	250
850	68.9	16∶1	3610	268
900	68.9	22∶1	3240	310
950	60.7	22∶1	2850	320
1000	53.1	22∶1	2490	—

第六节 铀的金属学

一、铀合金

在核燃料生产中将铀制成合金的主要目的是保证它的尺寸稳定性与耐蚀性。利用合金的途径有两条:将各向同性的γ相稳定下来;改善β和γ相变动力学,以便产生兼有随机取向与粒度细化的结构(α合金体系)。

γ混溶体系。锆、钼、钛、铌和钌等元素都易溶于γ铀中,而且可以在室温下保持γ相,尽管γ相在热力学上不是稳定状态。这些合金也有各种不同的亚稳相,工艺价值较大。含有两种不同γ相($\gamma_1+\gamma_2$)组成的混溶间隙是U-Ti、U-Zr和U-Nb体系所特有的。在二元铀合金体系中有高温相与亚稳过渡相存在,其中γ混溶度超过百分之几(原子)。加入第三种元素可增加γ相的稳 定性。此外γ混溶的元素至少能形成一种中间的亚γ相(以δ标记),该相通常具有一些金属特性。γ混溶体系的缺点是将大量中子吸收体引入反应堆燃料。

α铀合金体系。此体系中只加入少量添加剂,以控制铀的粒度及晶粒的取向,保持α铀结构,同时使晶粒的长大及辐照肿胀减至最小。而且合金化结合适当热处理(β淬火)导致生成大量随机取向的小晶粒。这样铀可经受α-β相变温度的热循环而不发生过分变形。从而能有效地阻止变形的元素,其有效程度按如下顺序减小:铂、铌、铬、钌、硅、钼和锆。如果铀中存在某些元素,特别是铝对这种肿胀现象有显著影响。用弥散法制备的二元及准二元铀合金体系见表 16-1-36。

表 16-1-36 用弥散法制备的二元及准二元铀合金体系

1	2	3	4
Al-U, Mg-U, Ag-U	U-Mo, U-W	Al-UC, Mg-UC	U-硅化物 (Mo_3Si, WSi_2), U-碳化物 (ZrC, NbC)
Be-Al-U	U-Cr, U-Zr	Ag-UC, U-UC	U-氮化物 (TiN, ZrN)
Th-Al-U	U-C (石墨)	Th-UC	U-硼化物 (TiB_2, ZrB_2)

二、铀的金属间化合物

铀的金属间化合物的有关数据见表 16-1-37、16-1-38。

表 16-1-37 铀金属间化合物的物理性质

相	晶 型	晶格常数 nm	密度 g/cm^3	熔点 ℃	ΔH°_{298} kJ/mol
UAl_2	立方面心	$a=0.7811$	8.14	1500	-93.37 ± 10.0
UAl_3	立方	$a=0.4287$	6.8	1350分解	-105.5 ± 9.2
UAl_4	斜方	$a=0.441, b=0.627, c=1.3$	5.7	730分解	-130.6 ± 13.0
UBe_{13}	立方	$a=1.02568\pm0.00001$	4.373	2000	164.5 ± 15.9
UBi	正方	$a=1.112, c=1.055$	13.6	1400～1450分解	
U_3Bi_4	立方	$a=0.935$	12.59	1150分解	
UBi_2	正方	$a=0.4445, c=0.8908$	12.38	1010分解	
UFe_2	立方，金刚石型	$a=0.705$	13.2	1235	—
U_6Fe	正方	$a=1.031\pm0.004, c=0.524\pm0.002$	17.7	815分解	83.7
U_6Mn	正方	$a=1.0265\pm0.01, c=0.523\pm0.002$	17.8	726	83.7
UMn_2	立方面心	$a=0.71484\pm0.00014$	12.57	1120	—
U_6Ni	正方	$a=1.037\pm0.004, c=0.531\pm0.002$	17.6	790分解	
UNi	六面	$a=0.4966$，$c=0.8252$	13.46	985分解	
UNi_5	立方	$a=0.6783\pm0.00005$	—	1300	
U_6Co	正方	$a=1.036\pm0.002, c=0.521\pm0.002$	17.7	830分解	
UCo	立方	$a=0.63557\pm0.00004$	15.37	810分解	
UCo_2	立方	$a=0.6929\sim0.7000$	13.83	1180	

表 16-1-38 铀的二元金属间化合物

第Ⅰ副族：UCu_5，U_2Au_3，UAu_3
第Ⅱ主族：UBe_{13}
第Ⅱ副族：U_2Zn_{17}；UCd_{11}；UHg_2；UHg_3；UHg_4
第Ⅲ主族：UAl_2；UAl_3；UAl_4；UGa；UGa_2；UGa_3；UIn_3；UTl_3
第Ⅳ主族：U_5Ge_3，UGe，U_3Ge_5，UGe_2，UGe_3；U_3Sn_2，U_3Sn_5，USn_3；UPb，UPb_3
第Ⅳ副族：U_2Ti；UZr_2
第Ⅴ主族：USb，U_3Sb_4，USb_2；UBi，U_3Bi_4，UBi_2
第Ⅶ副族：U_6Mn，UMn_2；U_3Re，URe_2
第Ⅷ族：U_6Fe，UFe_2；U_6Co，UCo，UCo_2，UCo_3，UCo_4，U_2Co_{11}；U_6Ni，U_7Ni_9，U_5Ni_7，UNi_2，UNi_5；U_2Ru，URu，U_3Ru_4，U_3Ru_5，URu_3；U_4Rh_3，U_3Rh_4，U_3Rh_5，URh_3；UPd_3，UPd_4，UPd_5，U_2Pd_{11}，U_2Pd_{17}，亚稳定 UPd 和 U_5Pd_6；U_3Os，U_2Os，U_5Os_4，UOs_2；U_3Ir，U_3Ir_2，UIr，UIr_2，UIr_3；UPt，UPt_2，UPt_3，UPt_5

三、金属铀的热处理

铀的结晶性质使金属铀的热处理很有必要。铀在室温与其熔点之间存在α、β、γ三种同素异形变体，其转变温度分别为667.7和774.8℃。α铀具有斜方结构，晶格常数为 $a=0.2854$nm，$b=0.5869$nm，$c=0.4955$nm，空间群为cmcm，加热时沿 b 轴发生收缩。这种反常加上另外两个轴向的热膨胀系数高，对金属铀的热循环带来了困难。β铀具有正方结构，晶格常数（700℃）为 $a=1.0754$nm，$c=0.5623$nm。β相在金属铀的工业生产中十分重要，因为在β相温度范围内进行热处理可破坏在制造时所发生的选择性取向，适当的β相淬火可使低温加工所造成的晶粒择优取向(织构)恢复为不规则取向，使多晶粒金属的各向异性减轻，从而改善了辐照稳定性。

第七节 铀的成分分析和物理性能检测

一、铀的成分分析

铀的定性分析方法有：氟化钠熔珠中的荧光法和铀的显色反应。铀的定量分析方法有：

(1) 化学分析法。包括重量法；滴定法；络合滴定法；基于铀酰盐水解的方法；基于过铀酸铀酰盐滴定的方法；基于将U（Ⅵ）还原成U（Ⅳ），再用氧化剂溶液滴定的方法；基于沉淀剂滴定的方法；间接测定法。

(2) 物理-化学分析法。包括：光度法，有比色法及在可见和紫外光区的分光光度法和发光法；电化学法，有铀的极谱测定、电位测定及库仑滴定法；放射化学方法，同位素稀释法。

(3) 物理测定法。包括：天然物料中的放射计量测定铀；光谱分析法测定岩石、矿石及矿物中的铀；活化法测定铀。

（一）铀的分离方法

目前使用较多的分离方法有下列几种：

1. 沉淀法

沉淀法又分为以下几种：

(1) 使铀沉淀，干扰测定的元素留在溶液中。如用磷酸氢二钠沉淀U（Ⅳ）（EDTA作掩蔽剂沉淀 UO_2^{2+}），氢氧化铵、过氧化氢及有机沉淀剂如铜铁试剂和8-羟基喹啉沉淀 U^{4+} 及 UO_2^{2+}。

(2) 沉淀干扰元素，最常用的是碳酸盐络合法.

(3) 在大体积水样中载带共沉淀痕量铀，常用的载体有氢氧化铁、氢氧化铝等。

2. 溶剂萃取法

有磷酸三丁酯（TBP）萃取法、三辛基氧膦（TOPO）萃取法、1-苯基-3甲基-4苯甲酰基-吡唑酮-5（PMBP）萃取法。

3. 离子交换法

有硫酸介质中的阴离子交换法、盐酸介质中的阴离子交换法。

4. 色层分离法

有反相色层柱分离铀

（二）铀的分析方法

常用的分析方法有：

1. 容量法

有亚铁-钒酸铵容量法、亚钛-钒酸铵容量法、亚钛-次溴酸钠-钒酸铵容量法、连二亚硫酸钠-磷酸盐-重铬酸钾容量法。

2. 重量法

有苯甲酰乙酰替苯胺重量法、二氧化铀中总铀量的测定、三碳酸铀酰铵中铀的重量法。

3. 分光光度法

有Br-PADAP分光光度法、P350-聚三氟氯乙烯色层分离-偶氮胂Ⅲ比色法测定矿石和矿渣中的铀、溴代十六烷基三甲胺-铬天青S分光光度法测定废水中痕量铀、偶氮氯膦Ⅲ比色法测定微量铀、TAR分光光度法测定微量铀。

4. 荧光法测定痕量铀。

5. 示波极谱法测定微量铀。

此外原子吸收分光光度法、发射光谱法、X射线荧光分析法、放射性物理分析法等亦得到应用。

1983年中国制备并通过了九种铀矿石标样，其中七种矿石样品(花岗岩、炭质硅质页岩、凝灰熔岩、白云岩、斑状花岗岩、霓霞正长岩和炭质粉砂岩类铀矿)和二种矿石浸出渣样在1984年经国家计量局批准，作为国家一级标准物资。铀矿石标准分析方法为TRPO萃取-Br-PADAP分光光度法、亚钛还原-钒酸铵滴定法和亚铁还原-钒酸铵滴定法。

中国二氧化铀、八氧化三铀和三碳酸铀酰铵中铀精密测定的标准方法包括硫酸亚铁还原-重铬酸钾称量电位滴定法测定铀和重量法测定铀。方法的精密度和准确度见表16-1-39。国外有关铀分析的标准物质如表16-1-40、16-1-41所列。

表 16-1-39　铀化合物中铀的测定精密度和准确度（%）

试　样	重量法			滴定法		
	平均值	室内S	室间S	平均值	室内S	室间S
二氧化铀	87.30	0.013	0.042	87.26	0.032	0.064
八氧化三铀				84.68	0.026	0.049
三碳酸铀酰铵	43.70	0.032	0.064	43.66	0.045	0.078

表 16-1-40　铀化合物中铀含量的标准物质

名　称	分析值，%（重量）	标样重，g	名　称	分析值，%（重量）	标样重，g
铀棒①	99.975（U）	26	U_3O_8 粉①	99.968（U_3O_8）	25
铀切屑②	99.91（U）	50	$UF_4$②	75.87（U）	200
铀棒②	99.98（U）	75	$UF_6$②	67.58（U）	5～10
铀块②	99.97（U）	1.5	^{233}U②示踪液④	～1mg/g（U）	
金属③	99.98（U）	1			
金属④	99.986（U）	0.5～1	Al-U 合金（四样）④	1，5，10，20（U）	0.02～0.1
金属⑤	99.99（U）	25			
UO_2 粉②	87.75（U）	25	U-Th 碳化物（珠）②	13.39	10
UO_2 粉②	87.35（U）	50			
UO_3 粉②	82.10（U）	500	U-Th 碳化物（珠）②	7.13	15
U_3O_8 粉②	84.74（U）	50			
UO_2 芯块（1g）④	88.14（U）	25	U-Pu 合金块④	95～99	0.02
			独居石②	0.035（U_3O_8）	50
铜铀云母⑥	0.471（U_3O_8）	100	钾钒铀矿②	0.18（U_3O_8）	100
铜铀云母⑥	0.313（U_3O_8）	100	钾钒铀矿②	0.11（U_3O_8）	100
钾钒铀矿⑥	0.418（U_3O_8）	100	沥青铀矿②	67.91（U_3O_8）	50
晶质铀矿⑥	0.375（U_3O_8）	100	独居石②	0.35（U_3O_8）	50
沥青铀矿⑥	0.527（U_3O_8）	100	沥青铀矿②	4，2，1，0，5（U_3O_8）	4×100
沥青铀矿⑥	0.140（U_3O_8）	100	沥青铀矿②	1（U_3O_8）	50
沥青铀矿⑥	0.014（U_3O_8）	100	沥青铀矿②	0.1（U_3O_8）	50
沥青铀矿⑥	0.039（U_3O_8）	100	沥青铀矿②	0.05（U_3O_8）	50
磷酸盐岩石②		50	沥青铀矿②	0.01（U_3O_8）	50
沥青铀矿②	3.9（U_3O_8）	100	沥青铀矿②	0.001（U_3O_8）	50

①美国国家标准局（N.B.S.）供应；②美国国立布鲁克海文实验（研究）所（N.B.L.）供应；③法国原子能委员会（C.E.A.）供应；④欧洲原子能联营的中央核测量局（C.B.N.M.）供应；

⑤日本原子能研究所（J.A.E.R.I.）供应；⑥国际原子能机构（I.A.E.A.）供应。

表 16-1-41 铀化合物中铀同位素组成的标准物质

名称	同位素组成，%（原子）				名称	同位素组成，%（原子）			
	^{234}U	^{235}U	^{236}U	^{238}U		^{234}U	^{235}U	^{236}U	^{238}U
铀铸锭①		0.2			氧化物③	0.0117	1.211	0.0018	
铀铸锭①	0.0055	0.7202			氧化物③	0.0182	1.681	0.0026	
铀铸锭①	0.0117	1.6397			氧化物③	0.0295	2.508	0.0125	
铀铸锭①	0.0560	5.5653			氧化物③	0.0414	3.541	0.0101	
铀铸锭①	0.2330	17.999			氧化物③	0.0983	8.000	0.0260	
铀铸锭①	0.688	45.36			氧化物③	0.4907	38.00	0.1140	
铀铸锭①	0.517	75.50		23.98	氧化物③	1.186	93.29	0.331	
铀铸锭①	1.002	91.64		7.354	铀棒④		0.2034		
铀铸锭①		94.4			铀块④		93.184		
U_3O_8 粉②	0.00016	0.01755	<0.00001	99.9823	UO_2 粉④		2.38		
U_3O_8 粉②	0.0190	3.046	0.0204	96.915	UO_2 粉④		1.366		
U_3O_8 粉②	0.1246	20.013	0.2116	79.651	U_3O_8 粉④		0.7198		
U_3O_8 粉②	1.6653	97.663	0.1491	0.5229	$U_3O_8$⑤	0.0049	0.6892	—	99.306
^{235}U 示踪液②	0.0442	99.8195	0.0574	0.0789	（每套五样）	0.0101	1.498	0.0054	98.496
氧化物③	0.00072	0.2156	0.00395			0.0199	3.003	0.0143	99.962
氧化物③	0.0031	0.4400	0.0052			0.0598	9.876	0.0386	90.025
氧化物③	0.0074	0.7770	0.0050			0.1204	20.000	0.0806	79.799
$UF_6$④		1.713				0.0235	3.645	0.0199	96.312
UF_6（贫化）⑥	0.0025	0.4385	<0.0001	99.559		0.0277	4.564	0.0281	95.381
$U_3O_8$⑤	0.0008	0.2036	0.0018	99.794	UF_6（天然）⑥	0.0053	0.7198	<0.0001	99.2749
（每套六样）	0.0036	0.8088	0.0069	99.181	UF_6（浓）⑥	0.033	3.275	<0.0001	96.692
	0.0081	1.519	0.0091	98.464	硝酸铀酰④	233/235	1.0079	238/235	1.0116
	0.0120	2.593	0.0216	97.373					

①法国原子能委员会（C.E.A.）供应；②美国国家标准局（N.B.S.）供应；③美国国立布鲁克海文实验（研究）所（B.N.L）供应；④加拿大原子能委员会新布伦瑞克实验（研究）所（N.B.L）供应；⑤日本原子能研究所（J.A.E.R.I.）供应；⑥欧洲原子能联营的中央核测量局（C.B.N.M.）供应。

二、金属铀及其合金的检测

金属铀及合金的检验方法视检验对象及目的而异。美国洛斯阿拉莫斯科学实验室为评定铀合金的性能曾用下列程序：

（1）铸造试锭。用高频感应电源（3000Hz）将试样铸成 20.32×20.32×1.2cm 的板锭。熔化用的石墨坩埚内表面有 $Mo\text{-}ZrO_2$ 火焰喷涂层。铸模内表面涂刷硅化锆，以防止试锭增碳。全部铸造在 13.3Pa 下进行。

（2）轧制试板。可用一台布里斯（Bliss）两辊轧机，轧辊直径为 20.32cm，宽为 50.80cm。轧制前轧辊用红外灯预热到 100℃左右。在 α 相区（625℃）轧制的试板是在 $65\%K_2CO_3\text{-}35\%Li_2CO_3$ 盐浴中加热的。此盐的熔点为 510℃，与铀几乎没有反应。铀从盐浴中取出时表面形成一层熔融盐液的保护膜，以保护铀不发生强烈的氧化和着火。在 γ 相区（800℃）轧制的试板是放入氩气介质的赫斯金斯（Hoskins）

马弗炉内加热的。为尽量减少氧化及着火的机会，板料在转入马弗炉前，先在盐浴内预热至650℃。这道工序在每道轧制后都要进行。

(3)热处理试板。铀合金在625℃的真空盐浴中进行；800℃退火在真空中进行。K_2CO_3-Li_2CO_3盐可用于625℃盐浴退火。真空退火时将铀包装于铜套内，在热处理过程中不断地抽真空。625℃热处理的样品于空气中冷却，800℃热处理的样品用水淬。均匀处理依合金而定，但都在真空炉内进行，于真空中冷却。

(4)金相评定。非合金铀样品经电抛光后用偏光检验和照相；铀合金样品则用机械抛光，并按标准的金相技术进行蚀刻。应用最广泛的蚀刻剂为磷酸溶液，其成分为5份正磷酸、5份乙二醇和8份乙醇(95%)。该溶液对下列物料蚀刻有效：U＋1.9%（重量）Nb；U＋0.002%（重量）N；U＋0.08%（重量）Be；U＋0.11%（重量）Al；U＋0.24%（重量）Si；U＋0.48%（重量）Fe；U＋1.95%（重量）Ti；U＋0.52%（重量）Co；U＋0.51%（重量）Ni；U＋0.51%（重量）Cr。此溶液在室温下使用，电流密度为30mA/cm²，阴极为一不锈钢环，阳极接触由包在毛细管内的铂接触线制成；测验过程中不搅拌；用机械抛光5～10min可获得没有划痕且光滑的样品。磷酸溶液的另一配方名为“Ames”，其组成为5份乙醇、5份乙二醇和8份正磷酸，该溶液可有效地蚀刻下列合金：U＋2.0%（重量）Cu；U＋50%（重量）Ru；U＋12.5%（重量）Rh；U＋12%（重量）Nb；U＋50%（重量）Pd；U＋8.0%（重量）Mo。Ames溶液的应用条件与磷酸溶液相同，只是U＋8.0%（重量）Mo合金要在30mA/cm²下进行电抛光，最后在同一溶液中于10mA/cm²下完成蚀刻。

为了蚀刻U＋16%（重量）Mo，要在室温下用1份铬酸和10份冰醋酸溶液在电流密度为0.8～1.2mA/cm²情况下进行抛光。用10%过氯酸和90%醋酸溶液蚀刻U＋45wt%Rh。溶液浸没于冰浴中以保持其温度低于室温，电流密度视样品而异。蚀刻使用铂或不锈钢阴极。为进行明视场观察，电抛光以后的样品可在2%柠檬酸和0.5%HNO_3的水溶液中于15mA/cm²处理5min。

(5)机械性能试验。试验可在一台Inseron拉力试验机上进行，用Inseron固定式标准拉力计测量。丁字头速度定为0.127cm/min。为测定伸长率，每增加0.625cm应刻划出标记。

所用板状拉力试样大约长10.16cm，厚0.1524～0.2032cm。试样表面状态有两种：第一种是轧制后经热处理的表面。这些试样经磨削除去表面的任何损伤和变脆部分。由于氧化膜剥落，妨碍对厚度的准确测量，故此种试样不能测定伸长率。因此后一种试样取自板材，并将其表面磨削，再对加工减薄的断面进行铣面，除去氧化膜。

(6)腐蚀试验。该试验在恒温空调箱内进行，利用蒸馏水获得相对湿度为100%的介质。用醋酸钾溶液保持5×10^4Pa的蒸汽压力。

第八节 铀的应用与防护

一、铀在核武器中的应用

核武器按其构造原理分为原子弹（包括加强原子弹）和氢弹两种。原子弹是利用裂变链式反应释放出来的巨大能量而制造的炸弹。原子弹必须利用快中子裂变系统，其装料可以是高浓度的^{235}U、^{239}Pu或^{233}U，装料量应大大超过临界质量，使再生系数远大于1。氢弹是利用热核聚变反应释放出来的巨大能量而制造的炸弹，但目前氢弹中须用原子弹作为点燃热核燃料的“雷管”。

目前苏美已生产和储备了大量核武器，核武器工业已是一个庞大的工业部门。当然为了军事目的，核潜艇、核航空母舰、核战舰及生产^{239}Pu、氚等都消耗铀，这些都是铀在核反应堆的应用。

美国原子能委员会于1949～1971年大量采购铀，1960年U_3O_8达到3万t/年，至1970年库存已达4.5万t。

二、铀在核反应堆中的应用

核反应堆是可控的进行大量核裂变的场所，在裂变过程中，产生大量中子、γ和β射线、放射性裂变产物和热能。核反应堆所用的最初核燃料就是铀。核反应堆的主要用途可列举如下：

(1)中子源。反应堆是极强的中子源，它产生的中子数量远比其它方法多，且代价低廉。此中子源可用于基础与应用研究，包括中子物理、固体物理、反应堆物理、活化分析、放射生物学和反应堆工程；高通量材料试验堆备有辐照回路，可用来研究组成反应堆的各种燃料、材料、元件等在中子辐照下的结构与性能的变化，是发展新堆型的必要工具；生产堆生产^{239}Pu和^{233}U，天然铀石墨慢化反应堆就是很好的产钚堆，中子被^{238}U俘获生成的钚可用化学方法同铀分离，这比用物理方法分离同位素^{235}U容易得多；在工农业、医学和科研中有着广泛用途的上百种放射性同位素，是在反应堆的中子照射下生产的，例如作为氢弹燃料的氚、γ射线源的钴源（^{60}Co）就用于杀菌消毒、保鲜、辐射化学反应、塑料改性等方面；生产超钚元素如^{241}Am，在超高通量堆中还可生产锎等。

(2)γ射线源。反应堆中的γ射线可用来杀菌消毒或作辐射化学的研究。

(3)供热发电。目前反应堆产生的热已用于海水淡化、区域供热等，正在研究的还有高温分解石油或天然气生产氢。利用反应堆热能发电是现代核裂变应用的最重要方面，也是当前解决能源问题的重要途径。与常规电站相比，核（热）电站的优点在于：发电成本低；燃料丰富；能源结构得到改进；应用方便，运输量小；节约煤、油、气；不污染环境；安全。某些特殊情况无法采用常规电站时必须用核电站，如交通不便的高山、海岛、沙漠、南北极和其它偏僻地区，以及同大气隔绝的地下、海底和外层空间等。

(4)推进动力。用压水堆作为动力来源的核潜艇早于1955年下水，目前世界已有几百艘。核航空母舰、核巡洋舰、核破冰船、核商船都早已使用。其优点是续航力强。核推进火箭亦在研究。

(5)生产裂变产物。从裂变产物可分离出多种有用放射性同位素，可用作射线源或同位素能源。有些广泛应用的放射性同位素如^{90}Sr、^{131}Cs全部来自裂变产物。

(6)模拟性能研究。不少反应堆是作为研究对象而设计制造的，例如为研究堆芯组成和栅格物理特性的零功率堆，在发展新堆型的初期建造的实验堆和原型堆，舰船、飞机、火箭的地面模式堆，专门的培训用堆等。

铀在核反应堆中应用的有关工艺参数见表16-1-42～16-1-44和图16-1-18～16-1-20。

表 16-1-42 几种动力堆型的燃料需要量

堆型		压水堆	沸水堆	天然铀重水堆	天然铀石墨气冷堆	改进气冷堆	高温气冷堆	钠冷快堆
比功率，kW（热）/kg重金属		38	22	18.8	3.7	12.5	70	145
热效率，%		33	34	29	30	42	40	40
初装料量	铀，kg/MW（电）	80	135	183	900	190	U1.8＋Th36	U60＋Pu2.4
	浓度，%	^{235}U2.6	^{235}U2.2	天然	天然	^{235}U1.6	^{235}U93	Pu15
	天然铀，kg/MW（电）	410	570	183	900	560	360	活性区14，外围区46
	分离功，千克分离功单位/MW（电）	240	310	—	—	230	390	—
燃耗深度，MW（热）·d/t重金属		33000	27500	9500	4000	18000	90000	80000
年换料量	铀，kg/MW（电）年	27	31	106	240	39	0.45	1.5
	浓度，^{235}U%	^{235}U3.3	^{235}U2.6	天然	天然	^{235}U2.3	^{235}U93	天然或贫化
	天然铀，kg/MW（电）年	144	128	106	240	133	70	—
	分离功，千克分离功单位/MW(电)年	112	94	—	—	94	75	—
燃料元件在堆内停留时间，年		3	4.3	1.7	3.7	5	6	2

注：1. 所列数字大致适用于单堆功率为60～120kW（电）的情况；2. 年换料量按80%负荷因数计算，已考虑后处理回收铀的复用；3. 扩散厂尾料浓度取0.25%；4. 重金属指铀、钚、钍。

表 16-1-43　从辐照过的核燃料中提取的有用同位素

同位素	射线种类	半衰期	裂变产额 %	产品的化学状态	主要用途	来　源
^{85}Kr	β^-,γ	10.7 年	1.5	气体	特种灯	溶解器的废气
^{90}Sr	β^-	28 年	5.6	$SiTiO_3$	能源，β 源，荧光粉	高放废液
^{99}Tc	β^-	2.1×10^5 年	6.2	金属	防腐剂、合金元素、超导体	高放废液
Rh	微量杂质 ^{102}Rh 的 β^-,γ	稳定 (^{102}Rh 的半衰期 210d)	3.7	金属	工业催化剂	高放废液
^{106}Ru	β^-	1 年	0.5	金属	β 源，电子工业	高放废液
Pd	—	稳定	1.5	金属	电子工业，催化剂	高放废液
Xe	—	稳定	12	气体	特种灯	溶解器的废气
^{137}Cs	β^-,γ	30 年	6.2	铯玻璃	γ 源，能源	高放废液
^{144}Ce	β^-,γ	285d	5.6	CeO_2	能源，γ 源	高放废液
^{147}Pm	β^-	2.6 年	2.5	Pm_2O_3	β 源，X 射线源，荧光粉	高放废液
^{237}Np	α	2×10^6 年		NpO_2	生产 ^{238}Pu 的原料	高放废液
^{241}Am	α	458 年		AmO_2	α 源，能源，生产 ^{242}Cm 和 ^{238}Pu 的原料	后期存放的钚及钚废料，高放废液

注：辐照过的核燃料中 ^{237}Np 和 ^{241}Am 的产额随燃耗、能源而异，一般生产堆中的 ^{237}Np 产额为每吨铀几克，天然铀石墨堆和重水堆中为每吨铀几十克，轻水堆中每吨铀可达几百克。^{241}Am 的产额为 ^{237}Np 的 10～20%。

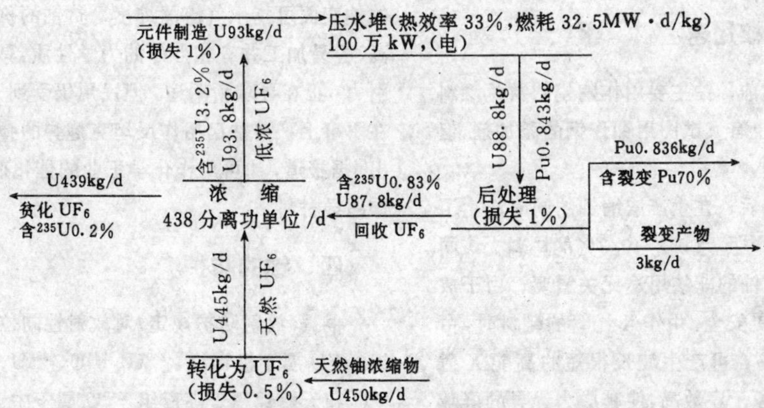

图 16-1-18　100 万 kW 电功率压水堆的燃料循环

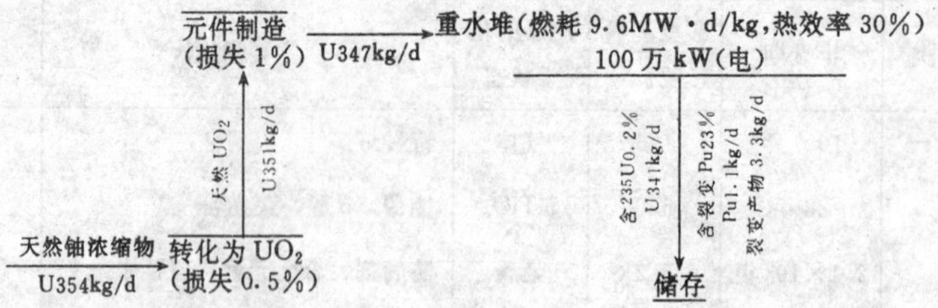

图 16-1-19 100 万 kW 电功率重水堆的燃料循环

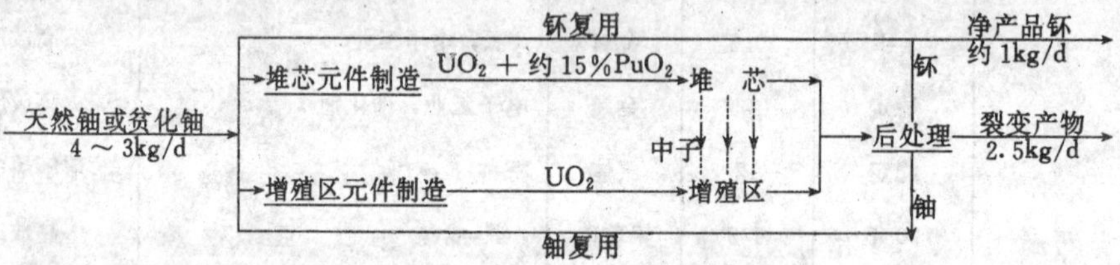

图 16-1-20 100 万 kW 电功率快中子增殖堆的燃料循环

表 16-1-44 几种堆型的钚年产量(等效^{239}Pu)

堆 型	轻水堆	天然铀重水堆	天然铀石墨气冷堆	改进气冷堆	高温气冷堆	钠冷快堆
产量,g/(MW(电)·a)	180~220	250~410	500~600	120~190	150	200~260

三、铀的非核用途

在核能发现之前,铀主要用作陶瓷的黄色颜料及一些化学试剂,也有人试图用铀作钢的添加剂,但没有得到大量应用。

核能工业建立后,在生产浓缩铀的同时产生了大量贫铀,即^{235}U浓度为 0.2~0.3%的尾料。该同位素组成的变化对铀的非核用途无关紧要,由于放射性减弱,可认为更安全。用作 X 光管的靶材时,由于其原子序数很高,可产生波长很短的高能 X 射线。同时由于铀的原子序数高,使其成为优异的屏蔽材料。以铀代替铅可使屏蔽层的重量大为降低,对移动式反应堆系统很有价值。贫铀可用作飞机、直升机及火箭的平衡块。

铀对气体的亲和力使其在纯化惰性气体时非常有效。为此目的,在使用时加热至 600℃左右。抛光的铀表面可指示气流的纯度。贫铀的价格低、密度高、容易加工并有相当好的力学性质,具有很大的吸引力,正在寻求新用途,但民用仍受到一定的限制。在军事上,贫铀已用作反坦克炮弹的弹头,效果突出。据报道,铀可用作化学工业的催化剂,也可能用作超导材料。

四、铀的防护

根据《放射防护规定》对放射性同位素的毒性分组,^{232}U属于极毒组,^{230}U、^{233}U、^{234}U、^{235}U、^{236}U、^{238}U和天然铀属于高毒组,^{240}U属于中毒组。铀的最大允许浓度和限制浓度如表 16-1-45 所列。

除了化学毒性、放射性毒害外,金属铀还有着火和爆炸危险,高浓度铀还有临界危险。铀工业的规模很大,厂矿需要采取一系列防护和严格的环境保护措施。

表 16-1-45 铀在露天水源中的限制浓度和工作场所空气中的最大允许浓度（Bq/L）

核素	限制浓度	最大允许浓度	核素	限制浓度	最大允许浓度	核素	限制浓度	最大允许浓度
^{230}U	25.9	3.7×10^{-3}	^{234}U	37	3.7×10^{-3}	^{238}U	0.05mg/L	0.02mg/m³
^{232}U	7.4	11.1×10^{-4}	^{235}U	37	3.7×10^{-3}	U（天然）	0.05mg/L	0.02mg/m³
^{233}U	37	3.7×10^{-3}	^{236}U	37	3.7×10^{-3}	$^{240}U+^{240}Np$	370	7.4

表 16-1-46 放射性防护监测距离（m）

场　地	露天水源地	居民区	进风井	选冶厂	场　地	居民区	进风井
选冶厂	500	500	500		废水处理设施	500	200
尾矿库	1000	1000	500	500	尾矿输送管道	100	
出风井	700	1000	300	500	剂量防护室	300	200
露天采场	1000	1000		500	运矿索道	100	100
废石场	500	500	500	500	运矿公路	50	50
矿仓，成品转运站	500	500	50				

注：1. 若有高山之隔，可适当缩短防护监测距离；2. 运矿索道、尾矿输送管线穿过居住分散、人口稀少的地段时，其防护监测距离可适当缩短。

厂矿设计必须严格执行国家现行的有关规定。厂矿的总体和总平面布置应根据放射性污染程度，并结合当地气象、水文、地形等条件分区布置。在污染源周围应划定放射防护监测区，该区内不宜有与本企业无关的永久性建筑物。放射防护监测距离见表 16-1-46。对产生氡气、放射性气溶胶、粉尘的工作场所，必须采取防尘降氡措施。矿井主进风口空气中含尘量不大于 0.2mg/m³，含氡量每升不大于 0.111Bq；进风口空气中含氡量每升不大于 1.11Bq；选冶厂放射性生产车间进风口空气中含尘量不大于 0.1mg/m³，含氡量每升不大于 0.111Bq。对烟囱高度及建筑设施防护要进行正确设计。对放射性本底要及时调查。

工业“三废”中有回收价值的物质应充分回收，无回收价值的要妥善处置，防止污染环境。采选冶生产过程的废水应尽量循环使用，提高废水复用率；排放的废水必须处理到排放标准；固体废物必须妥善处置，防止污染环境。废石场的废水中有害的物质含量超过标准时要集中处置，严禁滥流。尾矿库应采取措施，防止污染地表水和地下水。放射性物质运输要符合规定。新建、改建、扩建工程必须提出环境影响报告书。

处理^{235}U、^{233}U 必须严格执行防止临界事故的规定。核链式反应所需的裂变同位素（即所谓临界质量）不是一个单一值，极大地依赖于许多因素，如中子从系统中漏失、中子慢化元素的存在、栅格布置和均匀布置、在其它物质的均匀混合物中的分布、中子吸收剂的存在等。表 16-1-47 列出了某些基本核参数。^{233}U、^{235}U 的临界质量见表 16-1-48。

表 16-1-47 铀基本核参数

参　数	^{235}U 推荐值	^{235}U 最小临界值	^{233}U 推荐值	^{233}U 最小临界值
质量，kg				
溶　液	0.35	0.82	0.25	0.51
金　属	10.0	22.8	3.2	7.5
无限长圆柱直径，cm				
溶　液	12.7	13.7	9.4	11.2
金　属	6.86	7.9	4.32	4.84

续表 16-1-47

参 数	^{235}U 推荐值	^{235}U 最小临界值	^{233}U 推荐值	^{233}U 最小临界值
无限大平板厚度，cm				
溶 液	3.82	4.32	2.03	3.5
金 属	1.27	1.53	0.51	0.76
溶液体积，L	4.8	6.3	2.3	3.3
水溶液同位素浓度，g/L	10.8	12.1	10.0	11.2
均匀氢慢化铀的浓缩度，%（重量）	0.95	1.0	—	—

表 16-1-48 ^{233}U、^{235}U 的临界质量（球形、具天然铀反射体）

项 目	^{235}U						^{233}U
浓缩度，%	100	80	60	40	20	10	100
反射体厚度，cm	15	15	15	15	15	15	10
芯的临界质量，kg	15	21	37	75	250	1300	5.7

主要参考文献

〔1〕王德荫，傅永全，铀矿物学，原子能出版社，1981.

〔2〕铀矿开采技术编写组，铀矿开采技术，原子能出版社，1981.

〔3〕王德义等，铀的浸取与精制工艺学，原子能出版社，1982.

〔4〕梅里特，R.C.，铀的提取冶金学，《核原料》编辑部译，科学出版社，1978.

〔5〕朗，J.T.，核燃料后处理工程，杨云鸿译，原子能出版社，1980.

〔6〕李德平等，辐射防护手册，原子能出版社，1989.

〔7〕Gittus，J.H.，Uranium. Butterworths，London，1963.

〔8〕Gmelin Handbuch der Anorganishen Chemie，Uran，Achte Vollig Neu Bearbeitete Auflage. System Nr. 55，Springer Verlag，Berlin，1981—1985.

〔9〕Wilkinson，W.D.，Uranium Metallurgy，Interscience Publishers，New York，1962.

〔10〕Booman，G.L. and Rein，J.E. Uranium，In Treatise on Analytical Chemistry，Part Ⅱ，Vol.9，Ed. by Kolthoff，I.M. and Elving，P.J.，Interscience Publishers，New York，1962.

〔11〕Organisation for Economic Co-operation and Development (OECD) Nuclear Energy Agency (NEA)/International Atomic Energy Agency (IAEA)，Uranium Extraction Technology，OECD Par is，1983.

〔12〕International Atomic Energy Agency (IAEA)，Advances in Uranium Ore Processing and Recovery from Non-Conventional Resources，Proceeding of a Technical Committee Meeting Organized by the IAEA and Held in Vienna，26—29 Sep. 1983，IAEA，Vienna，1985.

〔13〕International Nuclear Fuel Cycle Evaluation (INFCE) Working Group 6，Spent Fuel Management，IAEA，Vienna，1980.

〔14〕OECD．NEA/IAEA，Uranium-Resources，Production and Demand，1982，1983，1986，1988，OECD，Paris.

〔15〕Benedict，M. and Pigford，T.H.，Nuclear Chemical Engineering，McGraw-Hill Book Company，Inc.，New York，1957.

〔16〕Finniston，H.M. and Howe，J.P. (Eds.)，Progress in Nuclear Energy，Series 5，Metallurgy and Fuels，McGraw-Hill Book Company，Inc.，New York，1956.

〔17〕Institute of Metals Division，The Metallurgical Society，Nuclear Metallurgy，Vol. 4，American Institute of Mining，Metallurgical，and Petroleum Engineers，New York，1957.

〔18〕Галкин，Н. П. и др.，Технология урана，М. Атомиздат，1964.

〔19〕Мамилова，В. А. и др.，Добыча урана，методом подземного выщелачивания，М. Атомиздат，1980.

〔20〕长谷川正義 三岛良绩（监修），原子炉材料ハンドブック Ⅰ编概说 页1—52，Ⅱ编核燃料 页53—330，日刊工业新闻社 东京，1977.

第二章　钍

编写人　王金堂

1828年J. J. 柏济力阿斯（Berzelius）从挪威布勒维格（Brevig）的矿物中分离出钍（Thorium），直到1884年A. V. 威尔斯巴赫（Welsbach）取得白炽灯罩——一种含氧化钍及1%CeO_2的网的专利时才引起人们对钍的兴趣。白炽灯罩工业的发展导致钍矿床的勘探及氧化钍生产的增加。随着电灯代替煤气灯，钍的需要量减少，到1925年在商业上钍已不占重要位置。

稀土曾是钍矿石处理的副产品，由于稀土用途的增加，自1932年后处理钍矿石的主要目的是生产稀土。稀土的大量生产使钍生产过剩。50年代以后美国曾储备过剩的钍以满足原子能工业的需要。

在镁中加入百分之几的钍可得到高温性能优异的低密度合金，使钍的消费在非核能工业中有所增长。钍还可与铝、铍、铬、铈、镉、铟、钼、铌、钚、锡、钛、铀、钒、钇、锌、锆形成合金。金属钍还可用作高压水银弧灯等的放电管、X光管对阴极、紫外线光谱测定用光电管。硝酸钍、硫化钍、氧化钍等在耐火材料、化学催化等方面都有工业用途。

钍也是核能燃料的来源。^{232}Th在俘获一个中子后生成可裂变的^{233}U。^{233}U类似^{235}U和^{239}Pu，可构成裂变链式反应以产生核能。人们对钍的此项用途引起很大兴趣，因为在地壳中铀只有0.0004%，而钍为0.0012%，其丰度类似铅和钼。据估计由地壳中钍所得之能多于由铀及化石燃料所得的能。

中国于1952年开始生产钍，供合成石油催化剂之用。中国拥有丰富的钍资源，随着核能的发展，钍工艺将得到发展。

第一节　钍　资　源

自然界中钍以氧化物、硅酸盐、磷酸盐、碳酸盐和氟化物存在。现在已知的钍矿物有100种。钍在一些矿物中与铀及稀土共生。钍石、铀钍石、方钍石被列为主要的钍矿物。钍石和方钍石含钍很高，但较少，实际上独居石是钍的主要资源。

独居石的分子式为（Ce，La……）PO_4，含4～12%ThO_2、0.1～0.3%U。独居石通常产于伟晶岩，有时亦产于花岗岩和片麻岩中，是一种稳定的矿物。最大的独居石矿床多见于海滨地带的砂岩沉积中。在印度、巴西已探明了此类矿床，此外印度尼西亚、澳大利亚、斯里兰卡、莫桑比克、马达加斯加和埃及均有发现。缅甸、马来西亚、南朝鲜等的江河两岸也发现独居石的沉积矿床。独居石的脉状矿床发现于南非及其它地区。几种主要钍矿物见表16-2-1，世界钍储量见表16-2-2、16-2-3，重要的含钍稀土矿物见表16-2-4。

表16-2-1　主要钍矿物

矿物名称	化学式	ThO_2，%	U_3O_8，%	比重，g/cm³	硬度	晶体结构
方钍石（Thorianite）	（Th，U）O_2	50～90	0～33	9	5～7	立方
铀钍石（Uranothorianite）	（Th，U）O_2	85	15	9	5～7	立方
钍石（Thorite）	$ThSiO_4$	35～80	0～22	4.5～5	4～6	小四角柱

表 16-2-2 世界钍储量

国家	合理保证资源，kt		估计附加资源，kt	
	<75美元/kgTh	>75美元/kgTh	<75美元/kgTh	>75美元/kgTh
巴西	68	0	1200	0
加拿大	0	0	293	0
丹麦（格陵兰）	0	54	0	32
埃及	15	0	280	0
芬兰	0	0	60	0
印度	319	0	0	0
挪威	132	0	132	0
土耳其	0	330	0	440
美国	108	14	261	17
其它	33	0	30	0
合计	675	398	2256	489

表 16-2-3 钍资源估计（Th，kt）

国家或地区	储量	其它	总计	国家或地区	储量	其它	总计
北美 美国	127.12	145.28	292.4	非洲 其它	18.16	22.7	40.86
加拿大	208.84	399.52	608.36	欧洲 苏联	36.32	72.64	108.96
南美 巴西	54.48	90.8	154.28	亚洲 印度	181.6	227	408.6
其它	9.08	18.16	27.24	其它	18.16	27.24	45.4
非洲 尼日利亚	13.62	18.16	31.78	大洋洲 澳大利亚	36.32	90.8	127.12
南非	4.54	13.62	18.16	总计	708.24	1125.92	1834.16

表16-2-4 重要的含钍稀土矿物

矿物名称	化学式	大致组成，%	密度，g/cm^3
磷钇矿	YPO_4	$Y_2O_3$52～62%，杂质铈、铒和其它镧系元素，有时有ThO_2、$UO_2$5，$ZrO_2$3，SnO_2，$SiO_2$9	4.9～5.5
硅铍钇矿	$Y_2Fe\cdot Be_2Si_2O_{10}$	FeO10～13.7，$Y_2O_3$30.7～46.5，$(Ce，La\cdots\cdots)_2O_3$5～23，$SiO_2$23～24.5，$ThO_2$0.3～0.4，BeO9～10.2，杂质钙、镁	4.1～4.5
褐帘石	$(Ca，Ce)_2(Al，Fe)_3\cdot Si_3O_2(O，OH)$	$Ce_2O_3$6，$(La\cdots\cdots)_2O_3$7，有时有BeO3.8，Y_2O_3（钇褐帘石），杂质ThO_2	4.1
钛铌钙铈矿	$(Na，Ca，Ce\cdots\cdots)_2\cdot(Ti，Nb)_2O_6$	$TiO_2$39.2～40，$(Ce，La\cdots\cdots)_2O_3$32～34，$(Nb，Ta)_2O_5$8～10，CaO4.2～5.2，Na_2O7.8～9，杂质Sr、K、Si、Th0.5～0.6	4.75～4.89

续表 16-2-4

矿物名称	化学式	大致组成,%	密度，g/cm^3
黑稀金矿-复稀金矿	(Y，Ce，Ca……)·(Ti，Nb，Ta) O_6	$(Y,Er)_2O_3$18.2～27.7，$(Ce,La……)_2O_3$0.2～4.3，$TiO_2$16～30，$Nb_2O_5$4.3～41.4，$Ta_2O_5$1.3～2.3，$ThO_2$1～5，$UO_2$0.4～12	4.78～5.37
褐钇铌矿	(Y，Er，Ce，U)·(Nb，Ta，Ti) O_4	$(Nb,Ta)_2O_5$57.5～46，$Y_2O_3$31～42，$(Ce,La……)_2O_3$14，$ThO_2$1～3.4，$UO_2$1.2～6，$TiO_2$6，杂质 ZrO_2、SnO_2、WO_3	5.58～6.23
铌钇矿	$(Y，Er……)_4$ $(Nb，Ta)_6O_{21}$	$Y_2O_3$6.4～14.5，$Er_2O_3$2.7～13.4，$Ce_2O_3$0.25～3.8，$La_2O_3$0.37～1.0，$(Pr,Nd)_2O_3$0.74～4.2，$Nb_2O_5$27.7～46.8，$Ta_2O_5$1.8～27，$ThO_2$0～4.2，$UO_2$4～16，杂质钛、锆、锡等	5.6～5.8
钇易解石	(Y，Er，Ca，Th)·$(Ti，Nb)_2O_6$	$(Y,Er,)_2O_3$21.1～28.7，$Ce_2O_3$3.7～4.3，$TiO_2$21.8～34.0，$Nb_2O_5$15.0～36.7，$Ta_2O_5$0～1.3，CaO1.0～4.1，$ThO_2$0.6～7.9，$UO_2$0～5.3，FeO1.4～5.6，$SnO_2$0～0.3	4.8～5.0
易解石	(Ce，Ca，Th……) $(Ti，Nb)_2O_6$	$Ce_2O_3$15.5～19.5，$(Y,Er)_2O_3$0.9～4.5，$TiO_2$21.2～24，$Nb_2O_5$23.8～32.5，$Ta_2O_5$0～7，$ThO_2$11.2～17.5，CaO2.3～2.7，FeO2.2～4.3，杂质锡、锰、镁	5.16～5.23

第二节 钍的主要物理化学性质

一、金属钍的物理、力学性质

金属钍的物理、力学性质分别见表16-2-5、16-2-6。

表 16-2-5 金属钍的物理性质

原子序数90	原子量 232.05
晶格（1400℃以下）面心立方 a_0（25℃）＝0.50843nm （1400～1750℃）体心立方 a_0（1450℃）＝0.411nm	原子半径（CN12）0.3596nm 温度系数3.6～4.0×10^{-3}/℃
密度（25℃）X射线测定11.72g/cm^3	杨氏模数71GPa
反应弹还原11.5～11.6g/cm^3	切变模数28.3GPa
电弧熔炼11.66g/cm^3	泊松系数0.27
电阻率 反应弹还原18μΩ·cm	熔点 1750℃
纯钍 13～15 μΩ·cm	沸点 4787℃
蒸发潜热 513.67kJ/mol	熔解潜热 83J/g 以下
线膨胀系数（20～1000℃）12.5×10^{-6}/℃	热容（25℃）27.34J/（克原子）·K
热导（27℃）54.0W/m·K	霍尔系数 −10×$10^{-5}cm^3$/C
发射率0.38	电子逸出功3.51±0.05eV
比热（20℃）140J/kg·K	中子俘获截面74±0.1×$10^{-28}m^2$

表 16-2-6　钍的力学性质

种　　类	Ames 法钍	碘化法钍	金属手册	种　　类	Ames 法钍	碘化法钍	金属手册
抗拉强度，MPa	147～256	118	219	硬度（威氏）	65～111	32～42	56～114
屈服强度，MPa	49	39～44	144	冲击值，N·m	2.3	3.5	
延伸率，%	35～41	36～44	34	最终抗张强度		186	
断面收缩率，%	52	60～62	35	（退火的），MPa			

二、钍的核性质

钍的核性质列于表16-2-7～16-2-9。

表 16-2-7　^{232}Th 衰变系列

元素名称	元素通名	辐射类型	半衰期	能量10^{-15}J/衰变
^{232}Th		α	1.389×10^{10}年	248.4
^{228}Ra	新钍 I	β	5.75年	3.3
^{228}Ac	新钍 II	β	6.13h	153.8
^{228}Th	射钍	α	1.9131年	343.5
^{224}Ra	钍 X	α	3.66d	369.6
^{220}Rn	钍射气	α	55.6s	392.1
^{216}Pb	钍 A	α	0.15s	422.8
^{212}Pb	钍 B	β	10.64h	37.5
^{212}Bi	钍 C	α,β	60.55min	312.3
^{208}Tl	钍 C″	β	3.053min	83.1
^{212}Po	钍 C′	α	0.3μs	405.3
^{208}Pb		稳定		

表 16-2-8　钍的天然同位素

名称	符号	系列	半衰期	辐射类型及能量，MeV	衰变产物
钍	$^{232}_{90}$Th	钍	1.405×10^{10}年	$\alpha=3.98$；$\gamma=0.055e^-$	^{228}Ra
射钍	Ra，Th，$^{228}_{90}$Th	钍	1.9131年	$\alpha=5.420$（75%），5.335（25%）；$\gamma=0.085e^-$	^{224}Ra
铀 X_1	UX_1，$^{234}_{90}$Th	铀	24.1d	$\beta^-=0.192$（56%），0.104（44%）；$\gamma=0.090e^-$	^{234}Pa
锾	Io，$^{230}_{90}$Th	铀	7.538×10^4年	$\alpha=4.68$，4.61，4.47，4.43；$\gamma=$（0.068～0.225）e^-	^{226}Ra
铀 Y	UY，$^{231}_{90}$Th	Ac-U	25.52h	$\beta=0.302$，0.216，0.044；$\gamma=9e^-$	^{231}Pa
射锕	RaAc，$^{227}_{90}$Th	Ac-U	18.718d	$\alpha=6.031$～5.651；$\gamma=0.050$～$0.300e^-$	^{223}Ra

表 16-2-9 人工钍同位素

质量数	半衰期	制取方法	辐射类型及能量，MeV	衰变产物
235	6.9min	^{239}U 衰变	β^-	^{235}Pa
233	22.3min	^{232}Th 俘获中子	$\beta=1.23$；$\gamma=0.098172$	^{233}Pa
229	7340年	镎系成员，$^{233}U\alpha$ 衰变	$\alpha=5.02$ (10%)，4.94 (20%)，4.85 (70%)	^{225}Ra
226	31min	$^{230}U\alpha$ 衰变	$\alpha=6.31$ (78%)，6.19 (22%)	^{221}Ra
225	8.0min	在加速器中用氦离子照射 ^{232}Th	电子俘获 (10%)，$\alpha=6.57$ (70%)	^{225}Ac
224	1.04s	$^{228}U\alpha$ 衰变	$\alpha=7.13$	^{220}Ra
223	0.66s	$^{227}U\alpha$ 衰变	$\alpha=7.55$	^{219}Ra

三、钍的化学性质

新磨光的钍表面（或钍的新切口）呈银白色，在空气中会变黑并逐渐覆盖上一层黑色保护膜。在250～350℃内氧化速度遵从抛物线规律，较高温度下则遵从线性规律。氧在钍中的溶解度不大。

钍与氢反应生成固溶体和氢化物。致密钍在400～600℃下激烈吸收氢，实际上在较低温度下吸附就开始了。在 9.8×10^4Pa 和600～650℃下氢作用于致密金属钍即生成 ThH_2，而且体积增加很大。温度降到250～320℃时被氢进一步饱和而生成 Th_4H_{15}。700℃以上时 ThH_2 发生离解，于700～800℃的真空下可除去钍中所有的氢。650℃氢在钍中的溶解度约为13%（原子）。

在氮气中于800℃以上加热金属钍，可吸收氮而生成氮化物。850～1500℃氮的溶解度由0.05%（重量）增大到0.35%（重量）。

钍与碳作用能形成 ThC、ThC_2。高温下 ThC 和钍呈固态和液态互溶，低温下固溶体分解。

加热到600～800℃时钍与硫反应生成许多高熔点硫化物 ThS、Th_2S_3、Th_7S_{12} 和 ThS_2。

氟在室温下与钍反应，其它的卤素在加热下反应，生成 RX_4 型的盐。

致密钍在室温下被水腐蚀缓慢。在沸腾的蒸馏水作用下，其表面覆盖一层氧化膜，而且重量亦有所改变。170℃以上时钍被水侵蚀厉害，350℃下侵蚀加快，生成 ThO_2 并放出氢。氢被金属钍部分吸收而生成氢化钍。

冷态下钍在硝酸、硫酸和氢氟酸中腐蚀缓慢。在硝酸作用下生成一层钝化的保护膜，但0.01～0.03mol/LF^- 能使钍迅速溶解。在氢氟酸作用下可生成一层氟化钍保护膜而阻止钍溶解。金属钍易溶于盐酸和王水。碱溶液对钍的作用很弱。

四、主要钍化合物的物理化学性质

钍的氢化物、氮化物和硫化物的某些性质见表16-2-10，二氧化钍的一些性质见表16-2-11，钍卤化物的性质见表16-2-12。

表 16-2-10 钍的氢化物、氮化物和硫化物的某些性质

分子式	晶格类型	晶格常数，nm	熔点，℃	密度 g/cm³	生成热，kJ/mol
ThH_2	正方面心	$a=0.41, c=0.503$		9.2	
Th_4H_{15}	立方	$a=0.911$		8.33	
ThN	立方面心	$a=0.52$	2630±50		
Th_2N_3	六方	$a=0.3875, c=0.6175$			
ThS	立方面心	$a=0.5682$	2200	9.56	−418.7±41.87
Th_2S_3	斜方	$a=1.099, b=1.085, c=0.396$	1950±50	7.87	−1083±10.47

续表 16-2-10

分子式	晶格类型	晶格常数，nm	熔点，℃	密度 g/cm³	生成热，kJ/mol
Th_7S_{12}	六方	$a=1.1063, c=0.3991$	1770±30	7.73	—
ThS_2	斜方	$a=0.468, b=0.7264, c=0.8617$	1905±30	7.36	−460.5±83.74

表 16-2-11 ThO_2的一些性质

熔点	3220±16℃		比热容	(50℃)	0.2428J/(g·K)
沸点	4400℃		线膨胀系数	(20℃)	8×10^{-6}/℃
密度	9.7g/cm³			(500℃)	9×10^{-6}/℃
蒸汽压	(2000℃)	0.4Pa		(1000℃)	9×10^{-6}/℃
	(3000℃)	2133Pa	弹性模数	(20℃)	14.46×10^{10}Pa
离解压	(2000℃)	1.013×10^{-22}Pa		(300℃)	12.35×10^{10}Pa
	(3000℃)	1.013Pa		(1400℃)	9.653×10^{10}Pa
导热系数	(100℃)	0.1047J/cm·s·K	破裂强度（室温）		9.8×10^{7}Pa
	(500℃)	0.0586J/cm·s·K	热中子俘获截面		0.16×10^{-28}m²
	(1200℃)	0.0318J/cm·s·K			

表 16-2-12 钍卤化物的一些性质

化合物	ΔH_{298}，kJ/mol	熔点，℃	沸点，℃	蒸发热，kJ/mol	密度，g/cm³	颜色
ThF_4	−1997±63	～1050	～1700	～251.2	6.32	白
$ThCl_4$	−1191±4.187	765	922	152.0±16.75	3.35	无
$ThBr_4$	−950.4±10.47	680	857	144.4±16.75	5.62	白
ThI_4	−611.3±37.68	566	837	131.9±12.56	—	黄

第三节 钍的选矿简述

独居石往往是钛铁矿、锆英石、锡石等砂矿的副产品，常用水力采矿的方法开采。独居石砂矿床常含有石英、锆英石、钛铁矿及金红石，其精矿只含百分之几。首先用重选法选出大部分脉石，然后用磁选分离其它矿物。所得矿物纯度可达99.5%，其中含5～10%Th。独居石也可用浮选。含钍及铀的矿石可用能谱法放射分选。

第四节 钍的提取冶金

一、钍精矿分解

独居石精矿的工业分解方法有：硫酸分解法，分解后得到含稀土、钍和磷酸的硫酸溶液；苛性钠溶液分解法，分解后获得稀土和钍氢氧化物的混合物，大部分磷以磷酸钠形式进入碱溶液。两种方法也适用于分解磷钇矿、氟碳铈镧矿、氟碳钙铈矿和褐钇铌矿等。

此外还有氯化分解法，即在碳存在下使氯与独居石在一定温度下反应得到钍的氯化物。$ThCl_4$的沸点为921℃，在700～750℃氯化时$ThCl_4$不挥发，与稀土氯化物一同残留于炉中。全部磷呈氧氯化物被除去，挥发性的氯化铁和氯化铝亦被除去。所得$ThCl_4$和氯化铁可溶于水，然后加以分离。如在900～1000℃氯化则$ThCl_4$在蒸馏物中，然后用分馏法或将冷凝物转入溶液再进行分离。

（一）硫酸分解法

磨碎至100～150目的独居石精矿用浓硫酸于200℃分解，其主要反应为：

$$2REPO_4+3H_2SO_4 \rightarrow (RE)_2(SO_4)_3+2H_3PO_4$$

$$Th_3(PO_4)_4+6H_2SO_4 \rightarrow 3Th(SO_4)_2+4H_3PO_4$$

杂质钛铁矿部分或全部分解成硫酸钛。锆英石、金红石和石英实际上不分解。反应可在间歇式设备或连续式回转硫酸化炉中进行。分解物料呈深灰色糊状物，每千克被分解的精矿用10L冷水浸出，以保证稀土硫酸盐和硫酸钍转入溶液中。浸出快结束时，溶液温度不宜高于20～30℃，因为稀土硫酸盐的溶解度随温度升高而显著下降。

在0～100℃温度下，从硫酸溶液中析出最稳定的$Th(SO_4)_2 \cdot 9H_2O$和$Th(SO_4)_2 \cdot 4H_2O$，前者在达到转变点前溶解度是增加的，转变成$Th(SO_4)_2 \cdot 4H_2O$后溶解度随温度升高而下降，但均倾向于生成饱和溶液。这样独居石中的铀、稀土和钍就全部转入溶液。

不溶残渣中除含有氧化硅、锆英石、金红石、锡石以及未分解的独居石外，还含有很大一部分钍和铀的衰变子体。

固体与液体经澄清、过滤后用冷水洗涤滤渣，所得清液含稀土、钍、磷酸、硫酸、钛和其它杂质。为沉淀除去溶液中可能存在的新钍（^{228}Ra），可在溶液中加入氯化钡。

（二）碱分解法

以碳酸钠或氢氧化钠熔合及碱溶液处理都可分解独居石。工业上常用的是氢氧化钠溶液，反应为：

$$REPO_4+3NaOH \rightarrow RE(OH)_3+Na_3PO_4$$

$$Th_3(PO_4)_4+12NaOH \rightarrow 3Th(OH)_4+4Na_3PO_4$$

一般将精矿磨细至325目，用45%NaOH溶液（用量比理论量过量300～400%）在140℃下处理3h，分解率可达98%。分解可在反应器中于常压下进行，也可在球磨机中进行；可一段分解，也可两段分解；有的在常温，有的在400～600℃进行。

为防止磷酸钠结晶，将分解所得矿浆加热至100～110℃，并保持1h，然后过滤。滤液蒸发析出$Na_3PO_4 \cdot 12H_2O$，剩余碱液用于再分解。滤饼洗至含$P_2O_5 \ngtr 0.4\%$，用比理论值过量125%的浓盐酸溶解，于80℃加热1h后用水稀释。未溶残渣（石英、金红石、钛铁矿、锆英石）经过滤除去。约99.5%的钍和稀土转入溶液。用分段中和法从盐酸溶液中析出钍浓缩物和稀土氢氧化物的混合物。钍浓缩物送去提纯。可用两步法进行盐酸溶解，也可用碳酸铵和碳酸氢铵加压浸出法，加压浸出反应为：

$$Th(OH)_4+3(NH_4)_2CO_3 \rightleftharpoons (NH_4)_2Th(CO_3)_3+4NH_4OH$$

$$NH_4OH+(NH_4)HCO_3 \rightarrow (NH_4)_2CO_3+H_2O$$

铀呈$(NH_4)_4UO_2(CO_3)_3$转入溶液。在高于120℃下向溶液通入高压蒸汽使络合物分解，析出碱式碳酸钍和重铀酸铵，然后将此析出物溶于硝酸，送去纯化。典型的碱法分解流程如图16-2-1所示。

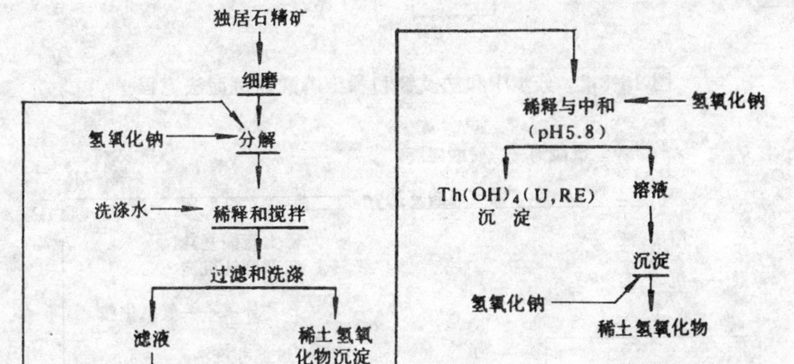

图 16-2-1 典型的独居石碱法分解流程

含钍(铀)原料还包括如钛钽铌精矿、黑稀金矿、钛铌钙铈矿、褐钇钽矿、铌钇矿、易解石和组成复杂的其它矿物，其中一些矿物除含钍和铀外还含锆、锡、钨和铋。分解工艺应保证主要组分的提取，其方法有：氢氟酸分解法、硫酸分解法、苛性碱熔合法、氯化法，方法的选择取决于精矿的化学和矿物组成。

二、钍化合物的提取、分离和纯化

独居石经处理后得到呈氢氧化物、碱式盐、磷酸盐或草酸盐沉淀形式的钍浓缩物。这些浓缩物含40～70%ThO_2和大量稀土，此外还含钛、铀、硅、铁等。此类钍浓缩物经纯化后可得到高纯钍化合物。纯化的最终产品大部分是二氧化钍或硝酸钍，由此可制取其它化合物。

根据钍浓缩物的组成，一般配合使用几种方法以使钍和稀土及其它杂质分离。分离钍和稀土的方法有二类。

(一) 选择沉淀和选择溶解法

分步中和法(碱法)。在pH3.5～5.5时以氨中和溶液，使氢氧化钍完全析出，而三价稀土氢氧化物却在pH6.2～8.2析出。采用尿素、六次甲基四胺和铵乙醛等进行均相沉淀效果更好。

钍化合物的选择沉淀。利用硫酸钍、草酸钍、氟化钍及其它化合物的溶解度小于稀土相应盐的溶解度。

选择溶解法。基于钍与碱金属及铵的草酸盐或碳酸盐形成可溶络合物。

(二) 有机溶剂萃取法

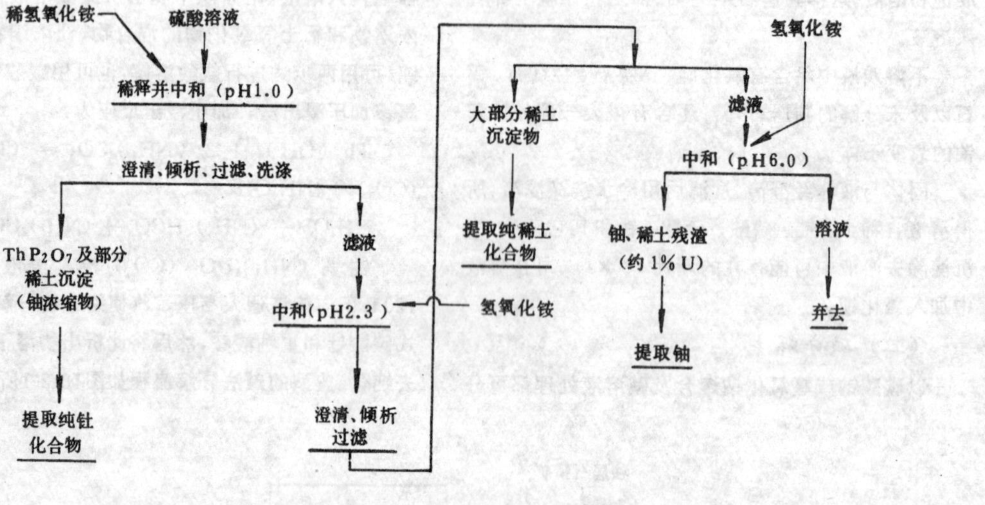

图 16-2-2 分步中和法及钍和稀土磷酸盐沉淀法流程

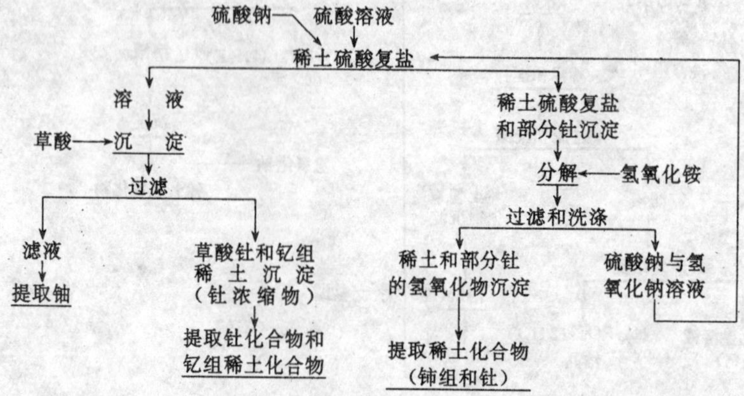

图 16-2-3 首先析出稀土硫酸复盐的硫酸法分解溶液处理流程

一般以某些高醇类、酮类及磷酸类萃取剂将钍从硝酸溶液中萃取出来，用某些胺类萃取剂也可从硫酸溶液萃取钍，亦可用某些磷酸型有机萃取剂由盐酸溶液中萃取钍。

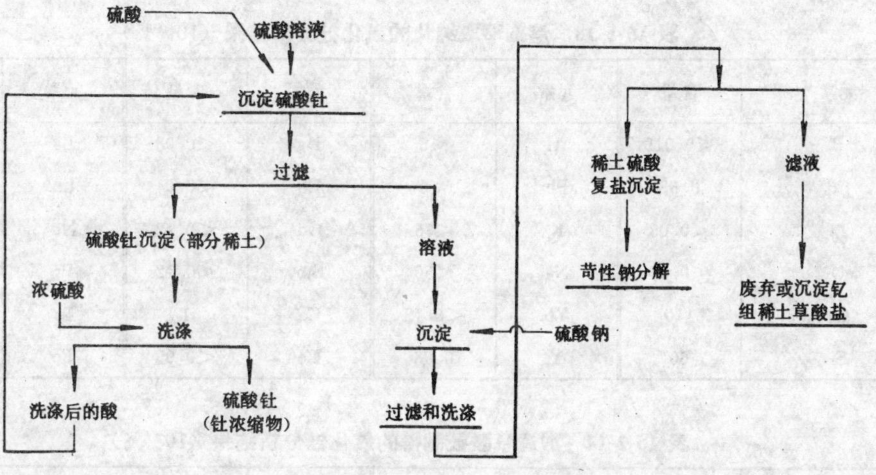

图 16-2-4 首先析出无水硫酸钍处理硫酸分解液的流程

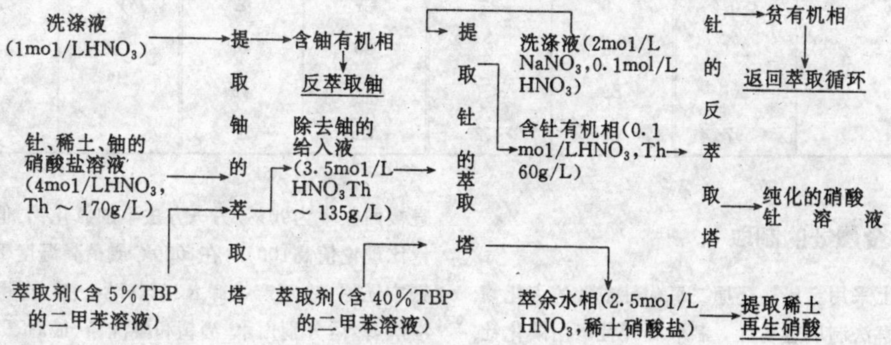

图 16-2-5 萃取纯化硝酸钍溶液的原则流程

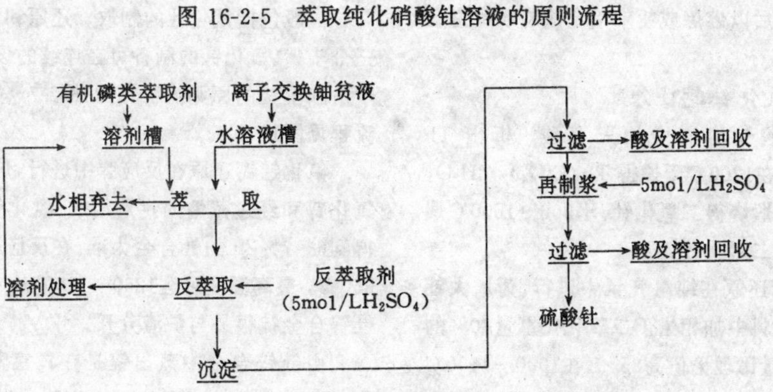

图 16-2-6 铀水冶厂含铀溶液分离钍系统

硝酸体系中应用最广的是磷酸三丁酯（TBP）。TBP 与硝酸钍生成可溶于有机相的 Th $(NO_3)_4\cdot$4TBP。为了降低 TBP 的粘度，常以丁醚、四氯化碳、煤油、二甲苯、二甲酚等作稀释剂。二甲苯较适于钍的萃取。钍在 TBP 中的分配系数受钍及杂质浓度、TBP 浓度、硝酸浓度、温度等因数的影响。分离和净化钍的有关流程见图16-2-2～16-2-6所制得的钍化合物的分析结果见表16-2-13、16-2-14。

表 16-2-13 溶剂萃取纯化的氧化钍分析结果（$10^{-4}\%$）

元素	含量	元素	含量	元素	含量	元素	含量
B	<0.015	Al	<5	Dy	<0.08	La	0.5
Cd	0.63	Pb	<5	Eu	<0.04	Lu	<0.08
Li	<0.05	K	<75	Gd	<0.12	Nd	0.6
U	<0.07	Na	<50	Sm	<0.12	Pr	0.18
Ca	110	Yb	<0.15	Ce	1	Sc	<0.03
Si	60	Y	0.08	Ho	<0.05	Tb	<0.18

表 16-2-14 煅烧草酸钍制得的氧化钍分析结果（$10^{-4}\%$）

元素	含量	元素	含量	元素	含量	元素	含量
B	0.4	Al	<10	Co	<1	Ni	16
Cd	<0.2	Pb	27	Cr	8	P	<40
U	2.5	Sn	6	Cu	46		
Ca	200	Be	<1	Fe	46		
Si	97	Bi	<2	Mn	2		

三、金属钍的制取

工业上采用金属热还原二氧化钍或钍的卤化物或熔盐电解法制取金属钍，制取高纯钍可用碘化钍热分解法。由于钍的熔点很高，一般制得颗粒粉末或海绵状产品，然后以熔炼或粉末冶金法制成致密金属。

（一）二氧化钍钙还原

首先向硝酸钍溶液中加入草酸，析出 Th$(C_2O_4)_2\cdot 6H_2O$，在1200℃干燥得 Th$(C_2O_4)_2\cdot 2H_2O$，再于600～650℃煅烧得二氧化钍。于900～1000℃煅烧硫酸钍也得到二氧化钍。

二氧化钍钙还原在纯氩气氛中进行。为增大钍的粒度，可在炉料中加相当于二氧化钍重量40%的氯化钙，钙加入量比理论值高25%。在1000～1100℃进行还原后，经粉碎，用水和稀盐酸浸出，然后分出细粒部分。为除去颗粒表面的氧化膜，先用15% HNO_3再用水洗涤粉末，最后于真空干燥箱中烘干。直接回收率为90%。另一方法不加氯化钙，但钙加入量比理论值高100%，在1000℃或稍高温度下于氩气氛中还原。冷却产物卸入10%HAc 中，再用稀醋酸浸洗，然后分别用水、酒精和醚洗涤，最后真空干燥。

（二）氟化钍钙还原

一般包括氟化钍的制取、还原和锌的真空蒸馏三个步骤。氟化钍的制备可在连续的设备中进行，其干法和湿法的原则流程见图16-2-7，氟化钍钙还原流程见图16-2-8。

氟化钍钙还原在反应弹中进行，炉料由氟化钍、氯化锌和经过蒸馏的钙屑组成。氯化锌的加入量以得到6～7%Zn 的钍合金为准。在反应弹内约加热到650℃，最高温度可达1250～1300℃，冷却后的大块钍锌合金锭很易与炉渣分开。

由钍锌合金中蒸出锌是在真空蒸馏罐中进行的，温度为1100℃，压力为26.66Pa。留下的海绵钍在纯氩气氛中冷却至室温。钙还原氟化钍也可用硫作补热剂。

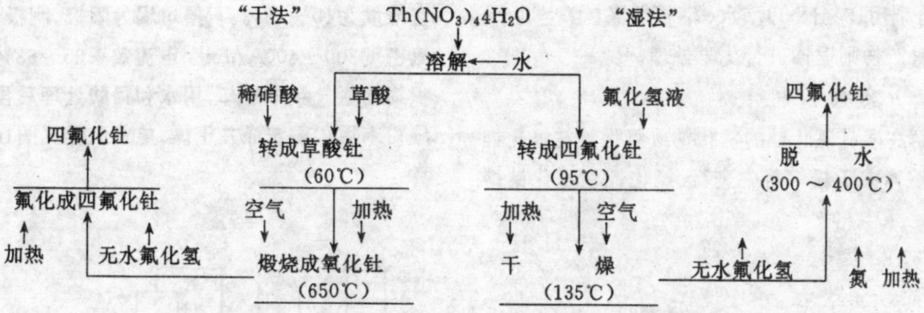

图 16-2-7 氟化钍（ThF_4）的制备原则流程

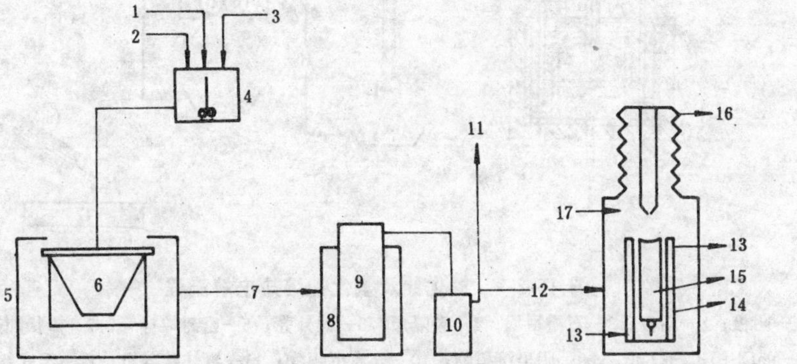

图 16-2-8 钙还原氟化钍（ThF_4）流程

1—无水 $ZnCl_2$；2—重蒸馏钙；3—无水 ThF_4；4—混合器；5—还原炉；6—还原反应器；7—Th-Zn 合金；8—锌挥发炉；9—锌槽；10—捕集器；11—接真空泵；12—海绵钍；13—水；14—铜坩埚；15—锭；16—接真空系统；17—自耗电极熔炼电弧炉

（三）四氯化钍镁还原

主要有四氯化钍制备、镁还原和海绵钍纯化三个阶段。四氯化钛制取可用不同的氯化剂，在碳参与下，氯、四氯化碳、氯化硫、氯化铵作用于二氧化钍制成无水四氯化钍。其反应强度与所用氧化钍的活性有关。草酸钍在 NO_3^- 存在时于600℃分解得活性氧化钍。一般用四氯化碳与氯气的混合物作氯化剂，用草酸钍粒团作原料，在流动层的竖炉中进行氯化。反应器的首带于330℃发生反应：

$$4Th(C_2O_4)_2+4Cl_2\rightarrow 2ThO_2+2ThCl_4+12CO_2+4CO \qquad \Delta Q=17254J/mol$$

第二带温度为530℃，反应为：

$$ThO_2+3Cl_2+3CO\rightarrow ThCl_4+ThOCl_2+3CO_2 \qquad \Delta Q=1059.8J/mol$$

氯化钍的还原可用钠、钙、镁作还原剂，但镁最适用。经过二次蒸馏纯化的氯化钍在钽或钛坩埚内于氩气氛中用镁还原，镁用量比理论量高100%，加热温度900℃，能得到与渣分离较好的钍镁合金锭。这种合金约含15～17%（重量）Mg，在925℃于真空中除去镁、氯化镁。镁还原的另一方法是氯化钍蒸汽的镁还原法，所得海绵钍经真空加热除镁后再去熔炼。为了实现连续还原，可用钠汞齐还原氯化钍，其反应为：

$$ThCl_4+4Na(Hg)_x\rightarrow ThHg_3+(Hg)_{x-3}+4NaCl$$

所得 $ThHg_3$ 经稀盐酸洗涤，过滤，在0.133Pa 的蒸馏罐中加热，得烧结的钍珠。

（四）氟化钍电解

一般以氯化钠或氯化钠与氯化钾的混合物为电解质，于其中加氟化钍和氟化钾。电解温度为800～850℃，在阴极（钼棒或钢棒）电流密度为20A/dm^{2}时，电流效率为70～80%，阳极（石墨坩埚）电流密度应为0.5A/dm^{2}左右。电解以半连续方式进行。随着阴极棒的提升，往电解槽中加入电解质组分的混合物。所得阴极产物经破碎、水浸、分级后，可得粉末钍、中间产品和细泥三种产物。钍粉通过磁选除铁，再分别用15%HNO_3、水、酒精洗涤，真空烘干。其它两种产物则返回进行化学处理。

（五）氯化钍电解

电解在溶有氯化钍的氯化钠或氯化钠与氯化钾混合物熔体中于氩气氛中进行。氯化钍在氯化钠熔体中于800℃的分解电压为2.2V。电解质内钍的适宜浓度为10～15%。石墨坩埚为阳极。阴极（钢棒）电流密度300～400A/dm²，电流效率65～68%。阴极沉积物在氩气氛中冷却，用水和稀酸处理后再用水洗。湿粉末用丙酮洗涤并干燥。电解流程见图16-2-9。

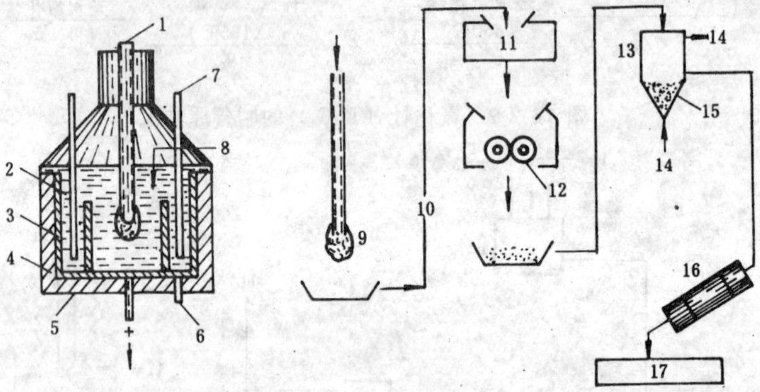

图 16-2-9 氯化钍及氯化钠熔盐电解流程

1—阴极；2—阳极；3—石墨坩埚；4—碳隔层；5—镍外壳；6—密封取样管；7—棒状加热器；8—$NaCl+KCl+ThCl_4$；9—阴极沉积物；10—分离沉积物；11—颚式破碎机；12—辊式粉碎机；13—清洗器；14—水；15—钍粉；16—干燥器；17—钍粉贮存器

（六）碘化物精炼法

此法基于碘化钍在灼热的钍丝表面上热离解而纯金属则沉积在钍丝上。反应在一个特殊装置内进行，容器在真空下充满碘蒸汽，再于455～485℃反应。

上述各法制得的金属钍分析结果见表16-2-15～16-2-19。

表 16-2-15 氟化钍钙还原生产的钍分析结果（10^{-4}%）

元素	麦尔森氏	格雷格氏	富尔曼氏
Fe	200～400	100	11～46
N	50～170	150	30～50
F	200～500		
Cl	20～30	12	
Na	20～50		
Ca	1000～2000		200
O		5500	194
Al		800	

续表 16-2-15

元素	麦尔森氏	格雷格氏	富尔曼氏
Si		100	
Mn		10	
C			120～210
Cr			9～28
Ni			7

表 16-2-16 氟化钍钙还原制取的钍分析结果（10^{-4}%）

元素	Ames 钍（彼得森氏）	海绵钍（布里格氏，卡文迪氏）
C	410	135
O	1300	287
N	70	166
Fe	130	57
Ni	20	24
Mn	20	
Cr	20	11

续表 16-2-16

元素	Ames 钍（彼得森氏）	海绵钍（布里格氏，卡文迪氏）
Al	40	11
Ca	50	162
Mg	20	103
Si	55	8
Be	170	<1
Zn		25

表 16-2-17　氯化钍镁还原制得的钍分析结果（$10^{-4}\%$）

元素	电弧熔炼法	电子束熔炼法
Fe	35	<20
N	35	35
O	1075	80
C	40	50
Al	40	25
Ni	35	<20
Cr	100	20
Ca	<20	<20
Mg	<20	<20
Mn	<20	<20
Si	<20	<20

表 16-2-18　氯化钍钠汞齐还原制得的钍分析结果（$10^{-4}\%$）

元素	N	O	C	Fe
含量	9～30	1700～3200	300～3600	30～3020
元素	Ni	Hg	Cr	
含量	25～435	10～170	<25	

表 16-2-19　电解金属钍粉分析结果（$10^{-4}\%$）

元素	麦尔森氏	吉布森氏
O		900
C		105
N	30～100	20
Fe	240～600	<10
Ni		1
Al		<10
Si		150
Ca	30	135
Na	30～100	90
Cl	30～150	440
K		45
F	2000～4000	

四、金属钍的提纯

（一）区域精制

此法是利用电子束漂浮区域熔炼法对钍进行精制，证明此法对除去氮、碳不理想，但对不易用其它方法除去的金属杂质的去除可能有效。

（二）电解精制

此法是用含氟化钍的 LiCl-KCl 熔盐作电解质对金属钍进行精制。用钼作阴极在400～450℃进行电解，钍以枝晶状物从阴极析出。此法对铍、铁、铜的分离很有效。析出物经水洗、筛分，再用10%（体积）HNO_3浸出，然后用丙酮、乙醇清洗，最后于真空或空气中干燥。回收率为65%，主要损失为很细的钍结晶。引入间隙杂质的问题尚待解决，需对钍阴极析出物的保护和处理加以改进。阳极钍及阴极析出物的分析结果见表16-2-20。

（三）钙脱氧

在1000～1200℃使液体钙或钙蒸汽保持平衡可使金属钍的氧含量降到很低。与液体金属钙平衡的钍中氧化钍的溶解度限制及氧含量如表16-2-21所示。达到这种平衡浓度所需的时间决定于温度、开始氧含量及钍的截面厚度，可利用已知的扩散数据加以计算。此法不能除去碳或氮，也不会增加钍中钙含量。

（四）电传输法

直流电通过高温的钍可使钍中的碳、氮、氧产生迁移和传输，结果使试样一端的杂质浓度降低，而另一端的杂质浓度增加。在净化后的一端钍的硬度由35DPH 降到27DPH。电传输过程的长时间、高真空、高温度也可使一些杂质蒸发除去。

（五）电子束熔化

钍的蒸汽压很低，在超过熔点几百度的温度下钍也不会有过量的蒸发，因此利用电子束熔化可除去钍中的一些杂质。研究结果表明，由于氧化钍的挥发可使氧含量降到$8\times10^{-3}\%$，而氮、碳无大的变化。通过一次电子束熔化，钍的总重量损失约0.5%。电子束熔化具有较高的功率输入，较高温度下可进一步提高纯化效果而不使钍的损失增大。

第五节　金属钍的加工

一、钍熔炼

海绵钍或由钍粉压制的团块可在真空感应炉或

表 16-2-20 电解精制的阳极钍及阴极析出物的分析结果（10^{-4}%）

元 素	Al	B	Be	Ca	Cr	Cu	Fe	Ni	Pb	Si
阳极钍	50	0.5	1000	100	20	5	60	40	5	1000
阴极析出物	<10	0.2	1	<20	<1	1	<5	<5	<1	<50

表 16-2-21 与液体金属钙平衡的钍中氧化钍的溶解度限制及氧含量（10^{-4}%）

温度,℃	1000	1100	1200
溶解度限制	35	52	90
氧平衡浓度	16	26	72

带水冷式铜坩埚和自耗电极的电弧炉中熔炼。用真空感应炉熔炼时，以氧化铍或稳定的氧化锆作坩埚材料。坩埚、浇铸锭模及其有关装置都放在密闭箱中。加入钍后保持0.133Pa 的真空度进行加热。熔炼60kg 金属的熔炼和铸锭时间约为90min。金属锭的产率为94～98%。

钍的自耗电极熔炼是用类似熔炼钛和锆所用的电炉。钍自耗电极是将钍粉或海绵钍压成坯料，并在氩气氛中将坯料焊接制成。熔炼在真空或惰性气氛中进行，自耗电极作负极、水冷铜坩埚为正极。钍还可进行电子束加热熔炼。产品分析结果见表16-2-22。

表 16-2-22 十块钍锭的平均分析结果（10^{-4}%）及硬度

元素或硬度	电弧炉	电子束炉		
		第一次	第二次	第三次
C	40	55	50	50
O	1075	200	110	80
N	35	40	40	35
Al	40	35	25	25
Cr	100	30	25	20
Fe	35	<20	<20	<20
Ni	35	<20	<20	<20
DPH	58	45	45	42
布氏	45	38	38	36

二、钍的粉末冶金

熔盐电解和氧化钍钙还原所得的金属粉末，通过粉末冶金可转为致密金属。由海绵钍或致密铸锭制成钍粉时多采用氢化法。此法所得钍粉粒粗，但易磨细。

钍粉具有很高的可塑性。用钙热还原粉末制成密度为10.5～11.0g/cm³的圆柱形试样，压塑压力应为（78.4～117.6）×10^7Pa；用电解粉末压形仅需（58.8～78.4）×10^7Pa。压制好的坯件在0.133～0.665Pa 真空中于1100～1400℃烧结，经30～60min即可达到最大强度。

为提高烧结试样的密度，并改善其机械性能，可再进行一次冷压，即校准压制，然后于真空中在1100℃退火，但该工艺的烧结温度为1100℃。表16-2-23为粉末冶金所得致密钍的性质。

表 16-2-23 不同种类钍粉经粉末冶金所得致密钍的性质

物理性能	电解粉	钙热还原粉
密度，g/cm³	11.6	11.5
布氏硬度，Pa	509.6×10^6	68.6×10^6
极限强度，Pa	166.6×10^6	215.6×10^6
屈服点，Pa	78.4×10^6	127.4×10^6
伸长率，%	35～43	17～23
冲击韧性，Nm/cm²	12.74	6.272
线膨胀系数（0～100℃）K^{-1}		（11.3～11.5）×10^{-6}

三、金属钍加工

工业级金属钍很易进行冷、热机械加工。面心立方金属在室温时硬度、强度低，可锻性高，但含超过5×10^{-2}%C 及其它一些杂质，对钍的加工有害，特别是冷加工。对钍加工性能的研究对象主要是结晶棒（碘化物法）钍和工业钍（反应弹还原或 Ames 法）。结晶棒金属杂质少，强度低，在所制得的金属钍中是最软的。

钍不经中间退火进行冷轧、引拔和锻造，断面积减少40%时，金属硬度稍有增加。进一步冷轧至断面积减少99%时硬度增加很少，但进一步引拔和锻造挤压棒时，反应弹还原的金属硬度有一定程度的下降，这表明在不退火的情况下，钍可进行无限的冷加工。

热加工时必须考虑钍的化学反应性。加热可在熔盐浴（钠、钾和钡的混合氧化物）或套上另一种金属如铜的保护下进行。不论是挤压、锻造、辊轧还是三者的结合，其加工温度均为650～950℃。焊接时必须在惰性气氛下进行。

很容易用镟、磨、研、钻和锯等方法来加工金属钍，但其机械加工特性不佳，切削操作很难得到良好的精整表面。冷加工及加入某些杂质可改进其机械加工性能。一般高速钢切削刀具适用于钍的机械加工，也可用烧结碳化物刀具，特别是当金属钍中含有一定量耐磨物时。一般工业纯钍可进行干式机械加工，但最好用一种冷却剂，并要有良好的通风设施，以保护工作人员不吸入钍的粉尘。

第六节 钍的成分分析和物理性能检测

一、钍的成分分析

曾制备了下列样品的溶液供分析钍用：岩石，独居石，含铌、钽、钛的难处理矿物，黑砂，铀钍矿，合金，用过的气灯罩，钨丝。

为分析用的钍的分离方法有：

(1) 沉淀法，包括草酸盐沉淀，氢氟酸沉淀，氢氧化铵沉淀，六亚甲基四胺沉淀，过氧化氢沉淀，碘酸盐沉淀，有机酸如苯甲酸、联苯甲酸等沉淀；

(2)溶剂萃取法，包括螯合萃取体系如TTA、铜铁灵、8-羟基喹啉、乙酰丙酮，硝酸盐萃取体系如TBP萃取，氯化物萃取体系；

(3) 分配色谱法；

(4) 阳离子交换树脂法；

(5)阴离子交换树脂法，包括氯化物体系和硝酸盐体系。

为检定与验证钍，除拟定了定性分析的一般系统外，还使用了纸上色谱、发射光谱及X光谱。

钍的测定方法有：

(1) 重量法，主要用草酸盐、氢氧化铵、六氨合物、过氧化氢及有机酸沉淀后煅烧成氧化钍。

(2) 滴定法，包括EDTA直接或间接滴定；用钼酸铵或氟化物的电流滴定；其它滴定法如以SPADNS作指示剂的氟化物滴定、草酸滴定、某些有机酸的分离滴定。

(3) 极谱法。

(4) 分光光度法，如使用钍试剂、桑色素等。

对于金属钍、钍合金、硝酸钍及氧化钍都拟定了分析方法。利用钍的放射性还拟定了能谱法等。国外钍分析标准物质的规格举例见表16-2-24、16-2-25。

表 16-2-24 法国硝酸钍的杂质最高含量（$10^{-4}\%$）

元素	含量	元素	含量	元素	含量
RE_2O_3	10	Ba+Ca+Mg	50	F，Cl，S，P	痕量
Si	25	Na	20	ThO_2	>46%
Pb	5	Al	15		
Fe+Cr+Ni	50	Tl	15		

表 16-2-25 美国核纯级氧化钍的杂质最大浓度极限（$10^{-4}\%$）

元素	含量	元素	含量	元素	含量	元素	含量
Al	100	Cu	250	N	200	W	250
C	100	Fe	250	P	250	V	250
Ca+Mg	200	Pb	250	Si	200	Zn	250
Cl+F	350	Mn	250	Ta	250	U	10
Cr	200	Mo	250	Sn	250		
Co	100	Ni	200	Ti	250		

二、钍的物理性能检测

钍很软，可锻性好，化学活性强，制作金相试样要有一定的技巧和装置。为呈现钍的微结构要进行机械磨光和抛光，还要进行电抛光和腐蚀。

金相分析试样通常在金属加工车床或锯床上切削，也可采用砂轮机制备，但温度不得高于100～150℃。规格小的试样需要安装在专用夹子或用易熔金属制作的环内。

实践中广泛使用硫浇铸试样，并压入透明塑料板上，例如聚苯乙烯树脂。一般情况下用砂纸研磨钍试样均采用煤油或水，还可用特制膏剂。

试样研磨后进行抛光，砂轮应包以软麂皮或优质的软毛毡。可用混于水中的氧化铝、氧化铬或氧化铁粉作抛光剂，悬浮介质可用10%$H_2C_2O_4$溶液。用电抛光钍试样时最好的电解酸浸剂成分是100g 蚁酸(98%HCOOH)、2～4g 浓盐酸和1～2gHI (50%)。在电流密度1.5A/dm^2和酸浸时间8s 下可清楚地呈现出颗粒边缘，而夹杂物不会溶解。

美国采用按1:10和1:8的高氯酸和冰醋酸混合物供钍试样电抛光之用。阴极为不锈钢，电压20～40V，酸浸时间5～60s。

第七节　钍的应用和防护

一、钍的核用途

钍可在转换堆或增殖堆中做为增殖材料，其反应如图16-2-10所示。作为增殖材料，美国、英国、联邦德国、印度等都曾对钍进行大规模地试验。其研究情况见图16-2-11、16-2-12及表16-2-26、16-2-27。

表 16-2-26　不同类型转换反应堆（负荷因数0.7）**30年累计所需的天然铀和分离功比较**

项　目	天然铀 吨当量/吉瓦（电）	分离功 吨当量分离功单位/吉瓦（电）
一次通过循环		
轻水堆-低浓铀	4224	3318
重水堆-天然铀	3716	0
重水堆-低浓铀	2651	945
高温堆-低浓铀	3096	3280
高温气冷堆-中浓铀	2800	3310
高温堆-高浓铀	2720	3560
封闭燃料循环		
轻水堆-$^{238}U/Pu$ 循环	2730	2490
轻水堆-中浓$^{235}U/Th$	2211	2739
轻水堆-高浓$^{235}U/Th$	2015	2625
重水堆-高浓$^{235}U/Th$	1489	1932
高温气冷堆-中浓$^{235}U/Th$	2177	2651
高温堆-高浓$^{235}U/Th$	1008	1302

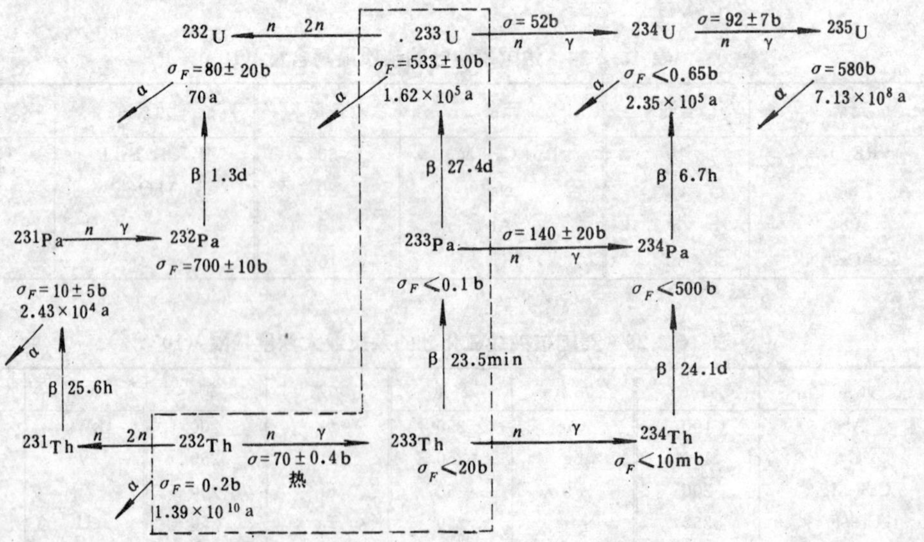

图 16-2-10　用于反应堆的钍、有关核素及核反应图

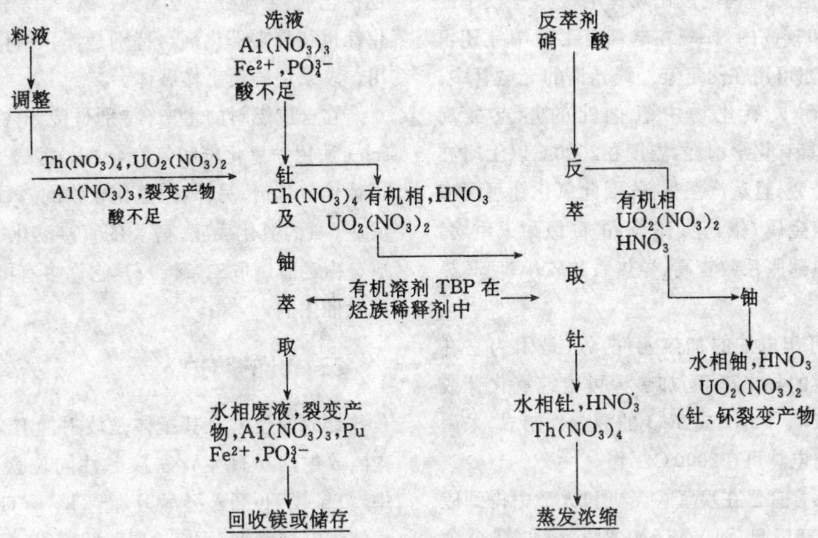

图 16-2-11 铀-钍核燃料辐照后处理流程简图

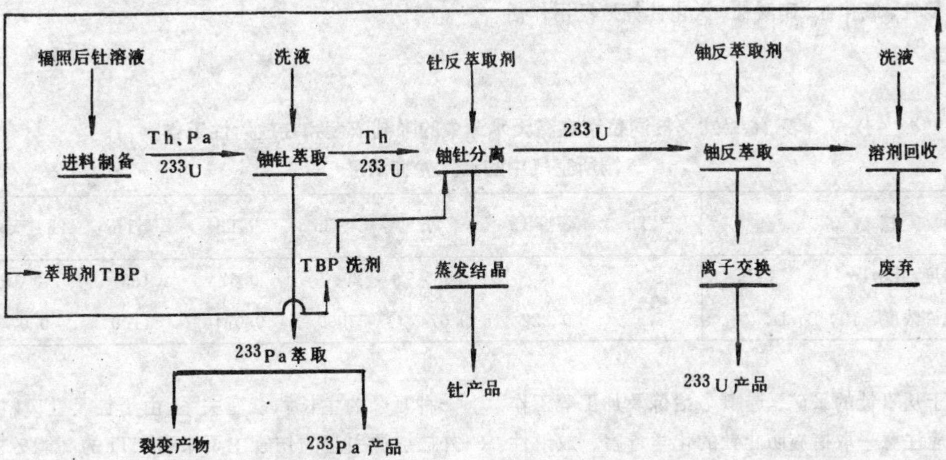

图 16-2-12 钍燃料板后处理生产^{233}U 流程

表 16-2-27 高温气冷堆对钍的需要量 (t)

发电容量, MW	770	1160	1540
开始装料量	26.100	37.481	51.178
每年换料量	6.528	9.372	12.795

二、钍的非核用途

电真空和电照明工业中，钍的最早用途之一就是用来生产煤气灯纱罩（奥尔灯罩），这是利用氧化钍（含1%CeO_2）在受热后能发出明亮光的特性。

金属钍在气体放电管和其它电子管中用作电极材料，因为钍的发射性能好，电子逸出功小，可使气体放电管的起始电位很低。此外钍电极电子管具有均匀的工作特性，且使用寿命长。

钍可用于白炽钨丝灯生产，在钨中添加氧化钍可减缓钨丝的再结晶过程。

在电真空工业中，某些类型的磁控管可用能在1400～1630℃下工作的钍氧化物作阴极。钍氧化物阴极是钼芯，芯的外面涂烧一层钼钨粉，再覆以氧化钍。另一种是由氧化钍和钨粉的混合物压制的金属陶瓷阴极。覆有钍的钨电极比纯钨电极具有较小的电子逸出功和较高的效率。在电真空工业中钍还可用作吸气剂，亦可用在测定紫外线光谱的光电管中。

在所有耐火氧化物中氧化钍的熔点最高(3050℃)，且具有化学惰性，温度在2000℃以上时亦不发生晶型转变，且蒸汽压很低。因此氧化钍可用来制造熔炼难熔金属(锇、铑、铂等)的高级耐火坩埚。但氧化钍的热膨胀系数较高，导热系数较小，使其热稳定性较差。

氧化钍可作电炉的加热元件，这是因为它在1000℃以上时的导电率高。加热棒可由纯氧化钍或含5～10%CeO_2、La_2O_3或Y_2O_3的混合物制成。采用这种加热棒的电炉可在2000℃工作。

耐热镁钍合金已在喷气式飞机和火箭中得到应用。含1.5～2.5%Th和0.35～0.8%Mn的镁合金在370℃以下保持着极好的机械性能，而且比一般的镁合金更耐腐蚀。

金属钍、氧化钍、硝酸钍、氯化钍等广泛用作活性催化剂。金属钍一般与钴、镍、铂等配合使用；氧化钍也和其它催化剂，特别是镍、钴化合物配合使用，多采用硅藻土作载体。

在合成燃料的生产，特别是费-托(Fisher Tropsch)法用一氧化碳和氢气合成烃类的生产中，多采用钍作催化剂；另外，碳氢化合物的各种氢化和脱氢反应、氨的氧化反应、醇类的直接醚化、异丁醇的合成、由乙醇制取二丁烯及其它许多有机合成中都采用钍催化剂。

三、钍的防护

钍的同位素及其子体是放射性有毒元素。根据中国放射防护规定，在放射性同位素的毒性分组中^{228}Th、^{230}Th列入极毒组，^{227}Th、^{232}Th、^{234}Th、天然钍列入高毒组，^{231}Th列入低毒组。根据规定钍及其同位素的最大容许浓度和限制浓度如表16-2-28所示。

表 16-2-28 钍同位素在露天水源中的限制浓度和在放射性工作场所空气中的最大允许浓度

核 素	^{227}Th	^{228}Th	^{230}Th	^{231}Th	^{232}Th	^{234}Th	Th(天然)
限制浓度，Bq/L	185	74	18.5	2590	0.37	185	0.37
最大允许浓度，10^{-3}Bq/L	7.4	0.222	0.074	37000	0.074	11100	0.074

对于从事钍的采矿、选矿、冶炼及加工等工作的人员应注意采取措施防止钍的化学毒害、放射性危害及燃烧、爆炸的危险。由于灾害的程度决定于所处理钍物料的化学和物理性状，因此必须针对具体情况考虑。

经动物试验证明，钍的化学毒性并不特别大，消化道对可溶性钍盐的吸收只有0.01%或更少；但通过创伤、割伤或皮下进入血液的可溶性钍盐危害较重；通过口及皮下进入的不溶性钍盐未显示特别的毒性，因为它不为体液吸收。钍的放射性毒害可能比钍的长期化学影响更严重，但这两者的效果很难区别。

钍的放射性毒害是一个很复杂的问题。天然^{232}Th的半衰期为1.4×10^{10}年，是钍衰变系的母体，其子体包括^{228}Ra、^{228}Ac、^{228}Th、^{224}Ra、^{220}Rn(Tn)、^{216}Po、^{212}Pb、^{212}Bi、^{208}Tl、^{212}Po及^{208}Pb，因此形成一种复杂的生长和衰变关系。由于钍及钍废料作为外放射源引起的伤害主要来自^{208}Tl的高能γ辐射，而^{208}Tl含量随样品的经历而异，因此各种钍样品的外照射水平也不相同，必须根据放射防护及辐射防护中关于电离辐射的最大容许剂量当量和限制剂量当量的规定进行经常监测，采取贮存、隔离及防护措施。个人也要配带胶片佩章剂量计或袖珍室式剂量计，因为由钍生产或加工出来的废物也含有γ线放射体。实际上有些化学加工过程可使γ线放射体集中到产生的废物中，成为比钍本身更强的γ辐射源，因此对废物的处置必须进行监测，并采取相应措施。由于γ辐射强度随时间而增强，对贮存的废物必须进行监测。

钍的内辐射伤害主要来自钍衰变系中的α能，其危害程度决定于许多因素，受害部位是其中重要的一项，可以认为经呼吸道进入肺部及身体是最严重的。因此在考虑过程或工厂的安全操作时要着重考虑对空气的污染限度。可溶钍化合物可通过肺部进入血液，而不溶的钍化合物则残留于肺中，对此二者在空气中的最高允许浓度也不一样，例如美国曾有如表16-2-29所列的规定。

吸入式摄取由加工或熔炼钍所得废物放射出的钍衰变系子体是主要的放射性危害。由钍分离出来的衰变系成员的允许水平如表16-2-30所列。

表 16-2-29 钍的最高允许水平

形式	身体中最高允许量		空气中最高允许浓度			水中最高允许浓度		被照①
	Bq	mg	Bq/ml	$\alpha/m^3\cdot min$	$\mu g/m^3$	Bq/ml	mg/L	
可溶			3.7×10^{-7}	110	90	1.11×10^{-2}	2.7	a
不溶			3.7×10^{-7}	110	90			a
可溶			1.11×10^{-8}	4	3	3.7×10^{-2}	0.1	b
不溶			1.11×10^{-8}	4	3			b
可溶	370	90	1.11×10^{-6}	330	270	1.85×10^{-2}	4	C
不溶	740	18	1.11×10^{-6}	330	270			C
	55.5	13	3.7×10^{-9}	1	1			C
			1.11×10^{-8}	4	3			C
可溶	259	63	1.11×10^{-8}	4	3			C
不溶	37	9	3.7×10^{-8}	11	9			C

① a 表示职业的，每周40h；b 表示非职业的，连续被照；c 表示连续被照。

表 16-2-30 钍子体的最高允许水平

子体	形式	身体中最高允许量		空气中最高允许浓度		水中最高允许浓度		被照①
		Bq	μg	Bq/ml	$\alpha/m^3\cdot min$	Bq/ml	μg/L	
^{228}Ra	可溶	1480	1.7×10^{-4}	3.7×10^{-7}	22	2.96×10^{-3}	3×10^{-7}	a
	不溶	540	8×10^{-6}	7.4×10^{-8}	4			
	可溶	1850	2×10^{-4}	1.85×10^{-7}	11	2.96×10^{-3}	3×10^{-7}	
^{224}Ra	可溶	2220		2.96×10^{-4}	17000	1.85		
	不溶	111		1.11×10^{-6}	700			
	可溶			1.11×10^{-5}	7000	1.85		
^{220}Rn				3.7×10^{-4}	22000			b
				3.7×10^{-5}	2200			c
^{212}Pb				7.4×10^{-4}	40000			

① 同表16-2-29中的①。

^{220}Rn 是一种惰性气体，其半衰期虽短，但可以逸出，应特别注意。钍及其氢化物 ThH_2 粉末的发火和爆炸危害应特别注意，因为其后果将更加重其放射性危害。

主要参考文献

〔1〕Smith，J. F. et al.，Thorium：Preparation and Properties，The Iowa State Univ. Press，Ames，Iowa，1975.

〔2〕Cuthbert，F. L.，Thorium Production Technology，Addison-Wesley Publishing Co. Inc.，Reading，Mass.，

1958.

〔3〕 Wilhelms, H. A., The Metal Thorium, ASM, Cleveland, Ohio, 1958.

〔4〕USAEC, Proceeding of 2nd International Thorium Fuel Cycle Symposium 1966, AEC Symposium Series 12, USAEC/Division of Technical Information, 1968.

〔5〕Schwartz, M. H. et al., A Survey of Thorium Utilization in Power Reactor Systems, San Diego, Calif., General Atomics International, 1979.

〔6〕Каплан, Г. Е. и др., Торий, Его сырьевые ресурсы, химияи технология, М. Атомиздат, 1960.

〔7〕Меерсон, Г. А. и др., Металлический торий, Атомная энергия 5, Вып. 2, **155** (1958).

〔8〕 Callow, R. J., The Industrial Chemistry of the Lanthanons, Yttrium, Thorium and Uranium, Pergamon Press, Inc., New York, 1967.

〔9〕USAEC, Thorium: Its Indistrial Hygiene Aspects, Academic Press, New York, 1966.

〔10〕 USAEC, Thorium-U233 Symposium, USAEC Rept. No. BNL 483 (C-26), US Government Printing Office, Washington, D.C. 1958.

第三章 镭

编写人 王金堂

1898年居里夫妇观察到沥青铀矿的放射性强度比铀盐高，从而发现了镭，并为放射化学奠定了基础。1910年居里夫人和德比埃尔内（Debierne）通过氯化镭溶液的电解得到镭汞齐，经蒸馏除汞得金属镭。当时由于镭及其子体氡的放射性效应，使其具有重要的医疗和工业用途。

在放射医疗上主要用^{226}Ra及其子体^{222}Rn破坏恶性肿瘤，其主要有效辐射来自氡子体如^{214}Bi、^{214}Pb及^{210}Tl放射的γ射线。为此，常把从镭盐中分离出来的^{222}Rn装到毛细管里做成“针”，以放在患部对体素进行辐射治疗。也可制成氡的软膏，因为氡很易溶于石油胶。

工业上镭可用于γ线探伤及厚度（如催化剂床）测量。^{226}Ra也可用作电离辐射源以消除静电。作为α粒子源，镭与荧光硫化锌混合生产荧光涂料。镭与轻元素铍混合，通过一个(α,n)核反应制成中子源。γ线探测主要利用镭衰变产物的γ射线，用于铀和石油勘探。利用中子辐射可由^{226}Ra制备^{227}Ac。

最初居里夫妇制备了γ线测量镭标准。目前镭标准制剂仍作为地质勘探校正γ线测量的标准源。镭在铀、钍矿开采、加工及环境保护方面都具有重要意义。

由于近年来放射性同位素的发展，镭的许多用途已被取代，同时铀富矿很少且市场很小，所以镭的生产已基本停止。中国于1964年开始建立生产镭和镭标准源的基地，于1970年利用国产铀矿分离出天然放射性元素铀、镭、锾、镤，制得合格的镭标准源。

第一节 镭的赋存

镭同位素的半衰期除^{226}Ra为1600年外，其余都很短，它们除在铀矿及钍矿中存在外还广泛分布于许多物料中，其含量变动很大，仅举美国分析数据作为一例（见表16-3-1）。

表 16-3-1 镭及氡的自然赋存

物　　料	Ra	Rn
地表水，Bq/L	$(0\sim0.74)\times10^{-2}$	
深部沙岩水，Bq/L	$(3.7\sim925)\times10^{-3}$	
井水，Bq/L	$(0\sim592)\times10^{-2}$	185
海洋水，Bq/L	$(2.59\sim17.39)\times10^{-4}$	
太晤士河水，Bq/L	7.4×10^{-4}	8.14×10^{-3}
空气（New Mexico），Bq/m^3		$(25.9\sim259)\times10^{-4}$
(Illinois)，Bq/m^3		$(1.11\sim40.7)\times10^{-3}$
土壤（美国），Bq/g	$(3.33\sim296)\times10^{-3}$	
岩石（美国）Bq/g	$(3.7\sim370)\times10^{-3}$	
牛奶（美国），Bq/L	$(4.07\sim8.51)\times10^{-5}$	

续表 16-3-1

物　　料	Ra	Rn
牛奶（联邦德国），Bq/L	1.11×10^{-5}	
玉米及豆类（美国），Bq/g	$(7.03\sim21.46)\times10^{-5}$	
牛肉（美国），Bq/g	0	
牛肉（联邦德国），Bq/g	2.96×10^{-5}	
饮食（美国，总计），Bq/d	$(6.29\sim16.28)\times10^{-2}$	
人体（总计），Bq	1.85～14.8	

放射性矿物中镭的含量最大，所以这些矿物是镭的来源，^{226}Ra就是从铀矿石直接提取的。1t沥青铀矿约含400mg ^{226}Ra。由于放射性衰变，1g Ra每天产生1.2μgRn。小量^{228}Ra可由钍化合物提取。

第二节　镭的主要物理化学性质

一、镭的核性质

天然存在着四种镭同位素，两种在钍系列（^{228}Ra和^{224}Ra），一种在U-Ra系列（^{226}Ra），一种在U-Ac系列（^{223}Ra），其中最重要的是半衰期最长的^{226}Ra，由于其半衰期最长且其祖系体^{238}U在自然界丰度最高，因此^{226}Ra是丰度最高的镭同位素。^{226}Ra的准确丰度及半衰期常用作放射性活度的单位。但镭的密度很难准确测定，因为镭中还含有寿命短的衰变产物，且其下一个子体是一种气体。^{228}Ra（新Th-1）是钍衰变系列的一员，放出一个很弱的β粒子，很难检测，常通过其最近子体^{228}Ac的测定来分析^{228}Ra，因为^{228}Ac核素衰变时放出一个强的β粒子。

二、镭的物理性质

现将镭的一些物理性质列于表16-3-2。新制备的金属镭是白色光亮的，但很快与空气反应，形成一种氧化物及黑色的氮化物。每克镭每小时发热573J，金属镭的原子半径为0.223nm。

表 16-3-2　镭的物理性质

密度（计算）5g/cm³	离子半径 Ra（Ⅱ）0.152nm	电离势
熔点（计算）700℃	0.137nm	$M\rightarrow M^{+}$ 509.3kJ/mol
（计算）960℃	扩散系数 Ra（Ⅱ）（18℃）0.667cm/s	$M^{+}\rightarrow M^{2+}$ 979.0kJ/mol
沸点（计算）1140℃		

三、镭的化学性质

镭的原子序数为88，原子量为226.0254，其电子结构为（Rn）$7S^2$，在元素周期表中属ⅡA族，是重要的碱土金属。唯一已知的氧化态为正二价，其化学性质与钡相近，可以预期镭盐将与相应的钡盐类质同相。由于其类似，常用钡作为痕量镭的载体，其它正二价金属离子如铅也用作载体，且较易与镭分离。Ra（Ⅱ）的离子半径比Ba（Ⅱ）大，镭离子较活泼，水合较少，在离子交换树脂上的吸附更强烈。金属镭较钡更活泼，其离子的碱性较强。

金属镭是很活泼的元素，不但易与空气反应，且与冷水反应生成氢氧化镭、氢及一种组成不定的黑色酸不溶残渣（估计是与空气反应生成的氮化物）。镭可与汞反应形成汞齐，并可通过真空蒸馏与汞分离。居里夫人及德比埃尔内即利用汞作阴极电解氯化镭制得镭汞齐，然后制得纯金属镭。热分解氮化镭也可制得不纯的金属镭。

镭离子及其化合物是无色的，但由于强烈的α辐射，使得固体化合物在静置时变暗并分解，经重结晶后回复到原来的颜色。一定数量的镭化合物都发出蓝光，其中含有氮的谱带。

镭化合物的溶解度可由相应钡盐及碱土化合物的溶解度趋势加以推论。硫酸镭的溶解度在碱土硫酸盐中最低，而氢氧化镭是溶解度大的碱土氢氧化物。其它稍溶于水的镭盐是其氟化物、磷酸盐、草酸盐、碳酸盐、碘化物、氟钡酸盐（$RaBaF_4$）、铬酸盐、硒酸盐及碲酸盐。氯化镭和硝酸镭分别不溶于浓盐酸和浓硝酸。镭的氯化物、溴化物及硝酸盐较易溶于水，在20℃时每100g 水中的溶解度分别为24.5、70.6、13.9g。

镭的硫酸盐可吸附于棉纤维上，也可吸附于玻璃和聚乙烯上，且随着 pH 增加而逐渐增加，吸附的程度取决于表面的确切性质。吸附在玻璃表面上的镭可用强酸除去。不溶解的杂质如痕量的尘土或氧化硅的存在使吸附增加，对于很纯的溶液在 pH2.3 的吸附可忽略。因此在保存痕量镭时不应含有不溶性杂质，且应使酸度达到数摩尔或含有络合剂。

痕量镭可用载体如钡或铅离子共沉淀，这些载体可与镭化合的同样阴离子生成不溶的化合物。与其它碱土元素一样，在酸性溶液中镭也生成几种络合物。在碱溶液中镭可与许多有机物形成络合物。表16-3-3列出了一些镭络合物的生成常数，并与其它碱土元素比较。

根据热力学数据的计算，Ra（Ⅱ）的标准还原电势为−2.92V。根据极谱测定的“标准”还原电势为−1.44V，但这不是标准电势，因为在此条件下镭产于汞齐中。

表 16-3-3 一些碱土元素络合物的生成常数的对数（pk）

有机物	Mg	Ca	Sr	Ba	Ra
EDTA	8.69	10.6	8.63	7.76	7.1
次氮基三乙酸	7.0	8.2	6.73	6.41	5.8
柠檬酸	3.2	3.3	2.8	2.54	2.36
苹果酸	2.52	2.66	1.4	1.36	0.95
琥珀酸	1.0	1.2	0.75	1.21	1.0
酒石酸				0.97	1.24
天冬氨酸	2.43	1.60	1.48	1.67	0.86
5-磺水杨酸				1.14	1.9
丙酮酸					1.9

第三节 镭的分离

一、镭的分离方法

为提取和分离镭，最初所用的原料是铀的富矿，特别是高品位的沥青铀矿，一般用硝酸或盐酸浸出铀和镭，用硝酸时为避免富矿石所含硫化物氧化为硫酸盐而损失镭，可用浮选法使铀精矿脱硫。

在用常规酸法（硫酸）和碱法（碳酸钠和碳酸氢钠）处理低品位铀矿时，镭主要残留于尾矿中，对环境造成污染；在废水中也有一部分镭，其浓度超过允许排放的标准。为保护环境，目前对铀矿一方面进行如硝酸、盐酸、氯化铁等非硫酸体系的研究，另一方面对尾矿进行脱镭研究，如用EDTA、盐酸、生物法等进行研究。对废水则采用加氯化钡共沉淀、活性二氧化锰吸附、重晶石吸附等以降低废水中镭的浓度。下面分别介绍镭的分离方法。

（一）共沉淀法

由于镭的浓度极低，所以用载体进行共沉淀是分离-纯化过程的第一步。镭的共沉淀行为综合于表16-3-4。

表 16-3-4 镭的共沉淀行为

载 体	阳离子浓度 mg/ml	沉淀剂	条 件	载体量,%
$Ag_2C_2O_4$		$H_2C_2O_4$	过量 $H_2C_2O_4$	0.4
Ag_2CrO_4		CrO_4^{2-}	过量 Ag(Ⅰ)	4
		CrO_4^{2-}	过量 CrO_4^{2-}	61
Ag_2SO_4		H_2SO_4	37% 乙醇沉淀,过量 H_2SO_4	85
$BaBr_2$		HBr	饱和的 $BaBr_2$,30%Ba(Ⅱ)沉淀	94
$BaCl_2$		HCl	6.3%Ba(Ⅱ)沉淀	20
		HCl	93%Ba(Ⅱ)沉淀	99
$BaCl_2$	1	HCl	0℃ 按 HCl- 乙醚溶液体积比 6:1 沉淀	~100
$Ba(NO_3)_2$	2	发烟 HNO_3	由发烟 HNO_3 溶液沉淀	90~95
$BaSO_4$	0.01	$(NH_4)_2SO_4$	过饱和,pH5	~100
$BaSO_4$	0.02	$(NH_4)_2SO_4$	过饱和,pH3.5,10%EDTA	>90
$BaSO_4$	0.14	H_2SO_4	Ba(Ⅱ)不完全沉淀;HCl 存在	18~39
$BaSO_4$	0.14	H_2SO_4	0.0043mol/LH_2SO_4,0.002mol/LHCl	99
$BaSO_4$	1	氨基磺酸	90℃ 均相沉淀,NH_4Cl 存在	97
$Ca_3(PO_4)_2$		NaOH	过饱和,pH9	>95
$Ca_3(PO_4)_2$		NH_4OH	过饱和,pH7	>95
$CaCO_3$		Na_2CO_3	过饱和碱,加木炭凝聚沉淀	>90
$CaCO_3$	6.7	Na_2CO_3	过饱和,pH6~7	~100
$CaSO_4$		H_2SO_4	乙醇溶液沉淀,过量 SO_4^{2-},70%Ca(Ⅱ)沉淀	30
CaF_2	0.1	HF	0.1mol/L HNO_3 沉淀,Ba(Ⅱ)降低载带	92
$Fe(OH)_3$	0.16	NH_4OH	过饱和,pH5~6.5	0~12
$Fe(OH)_3$	0.16	NH_4OH	过饱和,pH8.25	~100
$Fe(OH)_3$	11	NH_4OH $(NH_4)_2CO_3$	碱溶液沉淀,含 1.5×10^{-5}mol/L $BaBr_2$	~100
钾玫棕酸盐	10	NH_4Cl 或乙醇	pH5~7	99
LaF_3		HF	过量 HF,HAc 存在	~100
LaF_3	0.1~0.2	HF	0.1mol/LHNO_3 沉淀	95
LaF_3	0.1~0.2	HF	0.1mol/LHNO_3 沉淀,0.5~1mgBa(Ⅱ)/ml 存在	1~3
$La(OH)_3$	0.2	NH_4OH		1~1.5
$La(OH)_3$	0.2	NH_4OH	高达 2mgBa(Ⅱ)/ml 存在	1~1.5
$La_2(C_2O_4)_3$	0.1	$H_2C_2O_4$		12~16

续表 16-3-4

载　体	阳离子浓度 mg/ml	沉淀剂	条　　件	载体量,%
$La_2(C_2O_4)_3$	0.1	$H_2C_2O_4$	1mg Ba(Ⅱ)/ml 存在	1.8
$LaPO_4$	0.1	NH_4OH	H_3PO_4 溶液沉淀	96
$LaPO_4$	0.1	NH_4OH	H_3PO_4 溶液沉淀,1mg Ba(Ⅱ)/ml 存在	5
$PbCrO_4$		CrO_4^{2-}	过量 Pb(Ⅱ)	17
		CrO_4^{2-}	过量 CrO_4^{2-}	84
PbS		H_2S	酸性溶液中沉淀	0
$PbSO_4$	0.4		先形成 $PbSO_4$,加入到 0.04mol/L HNO_3 溶液中	97
$PbSO_4$	1	H_2SO_4	70℃ 沉淀,过饱和,0.5mol/L H_2SO_4	>95
$PbSO_4$	1.5	H_2SO_4	Pb(Ⅱ)加入含 Ra(Ⅱ)的 H_2SO_4 溶液,再加过量 H_2SO_4	>95
$PbSO_4$	20	H_2SO_4	原液 pH5.5(醋酸盐缓冲),含 2×10^{-4}mol/L Ba(Ⅱ),配成 0.03mol/L H_2SO_4	97
$PbSO_4$	20	H_2SO_4	同上,无 Ba(Ⅱ)	92
$Th(C_2O_4)_2$		$H_2C_2O_4$		~100
$Th(OH)_4$		吡啶	高温沉淀	0
$Th(OH)_4$		NH_4OH	室温	0
Th_2O_7		H_2O_2	稀酸沉淀	0
$Th_3(PO_4)_4$				~100

铅与钡是最常用的镭载体。欲得无载体的镭可用铅作载体，因为定量分离 Pb-Ra 是可能的，而定量分离 Ra-Ba 很困难。由于大部分硫酸盐是可溶的，用铅或钡的硫酸盐共沉淀可使镭与大量其它元素分离。可在含铅或钡离子的溶液中加硫酸盐或过量硫酸使溶液呈微酸性。许多氢氧化物有很强的吸附性能,可载带溶液中的一部分镭。当出现这种情况时,需进行几次重沉淀以完全除去镭。在碳酸盐或硫酸盐离子存在下，于碱性条件沉淀的任何无机物都可载带一些镭。

（二）离子交换法

因为镭是水合最小的碱土金属离子，在阳离子交换树脂上的吸附强于钙、锶、钡。利用络合剂洗提可从离子交换树脂上分离镭与钡或铅。

镭在酸性溶液中很少形成强的阴离子络合物，因此可用阴离子交换树脂使镭与其它元素分离。例如阴离子交换树脂可从强盐酸溶液中吸附铅、铁、铋、钋及铀，而镭不被吸附。

在 pH7.8用0.5mol/L 柠檬酸铵或在 pH6.25用 EDTA 洗提胶体 Dowex-50离子交换柱,可分离痕量镭与毫克量的钡、锶以及痕量镧。锶和镧先洗提下来，然后是钡，最后是镭。镭的衰变产物在钡或镭间被洗提。pH5.6用柠檬酸铵洗提 Dowex-50树脂可分离毫克量的镭与钡,镭的回收率99%,钡的含量只有0.1%。

在阳离子交换树脂上镭可与三价和四价离子分离，因为这些离子对树脂的亲和力差别很大。如在2mol/LHNO_3中的钍、镭及锕混合物通过阳离子交换树脂 Dowex-50，镭只部分吸附，而三价锕及四价钍将完全吸附。继续用2mol/L HNO_3洗提则可除去所有的镭，但对较高价态的离子则需要浓酸才能洗提。用氢氧化钠溶液洗提铅，可分离铅和镭。

在80℃用7%$H_2C_2O_4$洗提 Dowex-50树脂可分离痕量镭与钍。用0.01mol/L EDTA 在 pH9淋洗 Dowex-50可分离痕量镭、铅、铋和锕，也可分离痕量碱土元素，包括镭，但后者的洗提峰有些重叠。用NH_4Ac-HAc 溶液洗提 Dowex-50可定量分离镭、钡、锶、钙及铅。在洗提时采用梯度洗提法，即使醋酸铵在醋酸中的浓度以指数递增。洗提剂最初为1mol/L HAc。

镭及其它一些碱土金属阳离子的 EDTA 或柠檬酸络合物可吸附在阴离子交换树脂上。在窄的 pH 范围内吸附很快由低值上升到最高值，当 pH 进一步增加时即保持平衡，pH6时其分配比为1，在 pH7 则增至3.5。虽然镭与钡的吸附差异尚不能使其很好分离，但可使镭与其它稀土及不类似于镭的离子分离。

（三）色谱及电色谱法

用 HCl-CH_3OH 混合物洗提纤维柱上的吸附离子可分离稀土元素，包括镭。在浸以磷酸锆、氧化物或钨酸盐的纸上，利用下降色谱可分离^{223}Ra 和^{223}Fr。用80%丙醇的2mol/L HNO_3-4mol/L $LiNO_3$溶液在华特曼一号滤纸上以上升色谱来部分分离痕量镭和钡。

通过湿纸的电迁移，痕量镭可与铅、铋及钋子体分离，与钡分离不完全。在上述情况下镭较其它离子迁移更远。如用柠檬酸作电解质，则可改进镭与钡的分离。

（四）电及电化学方法

利用汞阴极的氯化物水溶液电解，使钠汞齐与氯化钡和氯化镭溶液反应，将镭富集于汞齐中，可部分分离镭与钡。钡与镭在溶液和汞齐中的交换也有分离作用，溶液或琼脂胶中的镭与钡离子在电场中的迁移也有部分分离作用。

（五）溶剂萃取法

镭离子一般不溶解于非水溶液，这样可用有机溶剂萃取三价或更高价的阳离子以及过渡元素的二价离子，而镭则留在水溶液中。

可从高浓度硝酸盐的稀硝酸溶液中用乙醚或其它醚萃取铀，饱和的硝酸铵最好，多价的硝酸盐更有效，如用硝酸铝还可萃取钍。

对于许多三价或更高价的阳离子，有机磷酸盐是良好的溶剂，可从适当的酸性溶液萃取铀、镤、钍、锕、砹、钋及铋，而镭留于水溶液中。磷酸二丁酯、二(2-乙基己基）磷酸酯、一（2-乙基己基）磷酸酯及磷酸三丁酯是最常用的磷酸酯。

噻吩甲酰三氟丙酮（TTA）与许多金属离子形成螯合物，可溶于有机溶剂。在 pH7以下不能用 TTA 从水溶液中萃取镭，而其它所有的天然放射性元素在 pH7以下被萃取。

能在酸性溶液中形成阴离子络合物的金属离子可萃入不溶于水的高分子胺中，而不络合的镭不被萃取，例如可使铅、铋、钋、钍、镤、铀、铁与镭分离。

一种干式萃取法也可用以分离镭、钍及锕。用无水乙醇或异丙醇处理这些元素的干硝酸盐，锕及钍溶解而镭留于不溶残渣中。如这些元素以痕量存在，则可用镧、铈、钡或钍作载体。利用溶解于四氯化碳或三氯甲烷的双硫腙萃取，可在稀酸中使镭与钋、铋及铅分离。

二、从铀矿石、尾矿及废水中分离镭

居里夫妇由沥青铀矿提镭的方法曾沿用多年，其要点是为使沥青铀矿溶于酸，加入可溶性钡盐，再使钡沉淀作载体，以得到钡镭沉淀物，再将沉淀转化为镭、钡的氯化物或溴化物，通过多次重结晶使镭、钡分离得纯镭化合物。其后居里夫人电解氯化镭得镭汞齐，再蒸去汞得金属镭。

1950年美国专利提出了由沥青铀矿提取铀、镭的改进方法，即以含硝酸铵、硝酸钠或其混合物的硝酸浸出沥青铀矿，使铀、镭同时进入溶液，省去了在硝酸溶解前的碳酸钠焙烧步骤。所得硝酸溶液先载带得到镭浓缩物，再从铀溶液萃取获得铀。

1959年美国专利提出分离钡混合物的离子交换法，其中包括连续离子交换及分批-连续法，其要点是用络合剂 EDTA 溶解镭、钡混合硫酸盐得络合物溶液，在 pH5～6与阳离子交换树脂接触，镭主要吸附在树脂上，再以 pH8或更高的 EDTA 钠盐水溶液洗提，然后沉淀 EDTA 盐，蒸干溶液后得到镭盐；或将溶液用强挥发性酸酸化到 pH5，再与酸型阳离子交换树脂接触，将镭离子吸附到树脂上，然后用水洗涤树脂，再用强挥发性酸与树脂接触，以置换树脂上的镭离子，从而得到纯镭盐的酸性水溶液。将水溶液蒸干即得纯净、干燥的镭盐。

1965年中国铀矿选冶研究所用重选得到含铀

35%的沥青铀矿，然后浮选脱硫，用浓硝酸浸出，以铅盐载带，再以离子交换分离，得纯镭盐。铀溶液则以 TBP 萃取得三碳酸铀酰铵。同时还分离得到锾（Io，^{230}Th）及^{234}Pa（UX_1）。

为使铀水冶厂的尾矿脱去镭，一方面研究了某些尾矿脱镭的方法，如硝酸、盐酸、EDTA 溶解等方法，一方面研究了提铀的新流程，如氧化浸出、盐酸浸出、新硫酸加压浸出、氯化铁浸出等。

为除去铀水冶厂废水中的镭，研究和采用了氯化钡、氯化钡-石灰絮凝、氯化钡-石灰-污泥絮凝、硫酸钡吸附、活性二氧化锰吸附、活性木屑吸附法等。

镭的工业生产方法的要点是把磨细的矿石溶解于含钡的硝酸和硫酸混合物中，过滤除去不溶解的铅、钡、镭的硫酸盐及硅脉石，用沸氢氧化钠或氯化钠溶液浸出硫酸铅和氧化硅。在加压釜中用碳酸钠将残渣转化为钡、镭的碳酸盐，过滤，溶于盐酸，再过滤除去残留的氧化硅。重复此程序以便纯化，且把此碳酸盐溶于氢溴酸并进行分步结晶。经过十次分离，镭由百万分之几富集到千分之几。再分步结晶直至得到90～99%$RaBr_2$。结晶密封于玻璃管中以便储存、运输和应用。从矿石提镭流程见图16-3-1。

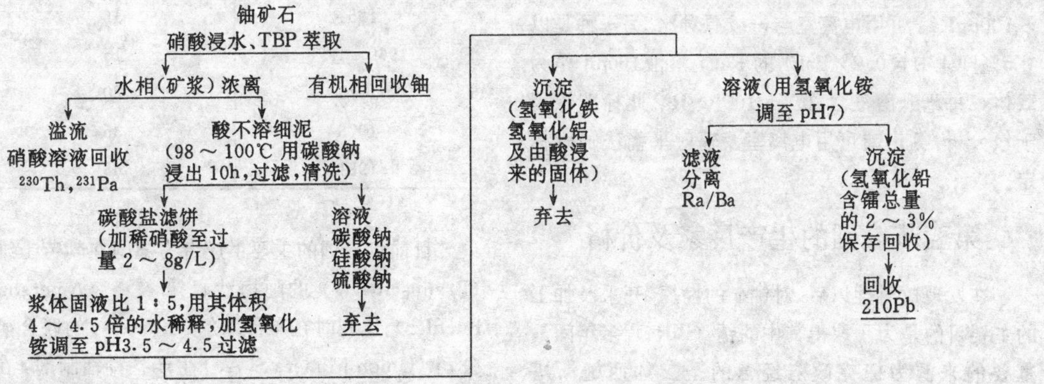

图 16-3-1　由矿石回收镭流程（前苏联）

第四节　镭的检测及标定

镭的检测及验证方法有：发射光谱法，此法对^{226}Ra和^{227}Ac混合物的检出极限为0.003μg；放射性测量法，包括γ-谱法，灵敏度为0.37Bq ^{226}Ra；放射性增长及衰变测量，首先分出最初的镭，再计数其衰变产物，α粒子谱法。

镭的定量测定方法有γ线测定法；α粒子计数法；分离及子体计数法；发射光谱法、乳胶法、热量法、比色法等。

矿石及矿石加工残渣中镭的测定一般使用射气法；共沉淀法；γ线强度测定，灵敏度为10^{-8}μg Ra；对 U-Th 矿则用γ能谱法。

水、土壤、食物及生物样品中镭的测定主要用射气法、子体测定的β计数及α计数法。人体及动物体中镭的测定主要利用子体的γ线计数法及吐出气体中的射气测定法。

所有^{226}Ra的测定最终要与政府所持有的标准比对，而政府的标准又要与国际镭标准委员会的标准比对。中国国家计量局持有一级标准、局标准和分配二级标准。原来的国际一级标准是1911年居里夫人制备的，现在的国际一级标准是何尼西士密德(Hōnigschmid)于1934年制备的。这是将用来测定镭原子量的高纯氯化镭经精密称重后密封于一个玻璃管中。

与标准的比对及二级标准的制备是对镭进行的最细致最准确的测量，这些测量是用几种仪器比较镭制剂γ线的强度或进行热放射来测定。过去用电离室及金箔验电器或振簧静电计测量离子流。其他仪器为充氖的卤处理盖革计数器、碘化钠闪烁计数器及一种微热量计（或辐射天平）。其中所用镭源发生的热由第二个镭源加以平衡，或对一个镭源进行热电冷却，或并用此二种方法。γ线测定、α粒子计算、分离及子体计算三种方法必须对γ线的吸收进行校正。在γ线测定、α粒子计算两种方法中用铅吸收器吸收能量较低的γ线，然后只对能量较高的γ线进行测量，以使其误差降到最低限度。使用闪烁计数器则调节放大器的鉴别器，以便只测量能量大于1MeV的射线。热量法与其它方法不同之处在于测定一个绝对量，即每小时发射的能量速率，其中93%由α和β粒子带走，而其它方法只测定γ辐射的相对量。四种方法测定的平均误差不超过千分之一，个别方法如辐射平衡的标准偏差为0.13%，闪烁计数器的标准偏差为0.62%。由于离子室及辐射平衡可得出最好的结果，所以常用于对比。

镭标准源有两种。作为γ线标准的源是将5% HNO_3中的5mL$RaBr_2$密封于玻璃小瓶中。样品含0.1～100μgRa，可用电离室与一级源对比。另一种是以在5%HCl中含0.2%$BaCl_2$的$RaCl_2$溶液100ml作为载体，每毫升溶液含10^{-9}～10^{-11}g Ra。此标准源用于氡分析。氯化镭可用电离室及辐射平衡法加以标定。

第五节　镭的生产厂家及价格

在发现放射性以后，对铀矿的勘探、开采及加工的主要目的是为了取得其中的镭（^{226}Ra）。多年间最重要的来源为捷克政府经营的圣　约西姆斯塔（St. Joachimsthal）矿。以后在欧洲其它地方也生产一些镭。第一次世界大战前美国在丹佛加工低品位的钾钒铀矿以提取镭。同一时期发现了扎伊尔的加丹加富沥青铀矿，用此低费用的铀矿生产镭很快控制了世界市场。30年代在加拿大大熊湖发现大的沥青铀矿床，1933年荷普港（Port Hope）埃尔多拉多（Eldorado）金矿公司精炼厂开始生产镭。一些年间比利时与加拿大根据卡特尔协议按60:40分割市场，第二次世界大战加速了生产。由于核反应堆的发展及各种低价放射性同位素的广泛生产，镭的工业生产已经停止。目前大部分工业用镭是由医院循环的或工业用户改用其它放射源换下来的。

最初镭是在科学家及医学研究人员间自由交换的，但后来成为很贵的工业产品。表16-3-5列出了镭的价格。作为铀的副产品及人工放射性同位素的原料镭，其价格还是增加的。

表 16-3-5　镭的典型国际市场价格（千美元/g）

年　份	价　格
1915	135
1925	50
1929	70
1937	25
1943	14
1946	19
1951	16
1960～1970	15
1975	20
1978	35
1981	65

目前世界镭的主要供应者为德国在勃劳士维格（Braunschweig）的阿梅沙姆-布赫洛（Amersham-Büchler）。比利时在布鲁塞尔（Brussels）的联合矿业公司（Union Miniere S. A.）生产各种镭制剂，在美国的代理商为纽约的镭化学品公司。美国标准局制造镭标准源。中国核工业部于1969年开始生产镭并供应镭标准源。

第六节　镭 的 防 护

由于镭及其子体的放射性和毒理作用，在生产、处理、运输及使用中必须注意防护。早期加工和处理镭因没有防护使工作人员受到伤害，因此各国相继作出了防护规定。1974年中国正式颁布了"放射防护规定"。根据规定，在放射性同位素的毒性分类表中^{226}Ra、^{228}Ra列入极毒组，^{223}Ra、^{224}Ra列入高毒组。镭的限制浓度及最大允许浓度如表16-3-6所示。

表 16-3-6　镭在露天水源中的限制浓度和在空气中的最大允许浓度（Bq/L）

同位素	^{223}Ra	^{224}Ra	^{226}Ra	^{228}Ra
限制浓度	3.7	11.1	11.1	0.111
最大允许浓度	7.4×10^{-3}	25.9×10^{-3}	11.1×10^{-4}	14.8×10^{-4}

根据规定，在与放射性工作场所相邻的附近地区及广大居民区空气中^{226}Ra和^{228}Ra的限制浓度分别按表16-3-6所列最大允许浓度的1/30和1/300控制。^{226}Ra和^{228}Ra为长寿命亲骨性放射性同位素，根据规定其在体内的最大容许积存量分别为3.7×10^3和2.22×10^3Bq。

中国的镭试验生产厂除采取三区制、屏蔽等措施外，还对废水、废物、废气进行严格净化处理，同时对工作人员的健康进行细致的管理，取得较好效果。

根据处理的镭量多少采取不同的防护措施，一般分为多克级、克级和毫克级。以下按照一般常遇到的情况，简述0.1～10mgRa的处理安全措施。

打开毫克级镭样品时要在气密的手套箱中进行，用Rad Bar手套及小的防护铅砖，此砖有孔，以便把器皿放入箱中。所有含镭样品的器皿都要用夹子和镊子夹持。

手套箱要有强气流通过，以便充分稀释氡，使其子体不能聚集。下列程序可有效地除去排出气流中的氡。

由手套箱排出的气体首先通过一个特殊的过滤器，然后通过相连的长50cm、内经20cm的吸收管，管内充以泥煤苔藓。使用前将此泥煤苔藓浸于三甲苯基磷酸盐的苯或甲苯溶液中，再于空气流中干燥。氡溶于三甲苯基磷酸盐，因而从排出气体中除去。如操作较大量的镭，应在吸收管上装上一层轻防护装置。储存镭盐时要注意下列事项：

(1) 镭盐应封存于软玻璃安瓿中，苏打-石灰玻璃最适用。每个安瓿在使用前要检漏。

(2) 镭盐在封存前要充分干燥，必须除去$RaCl_2\cdot2H_2O$或$RaBr_2\cdot2H_2O$中的结晶水。在250～300℃时可达此目的，最好在氯化氢或溴化氢气中使盐熔化。硫酸镭应预煅烧。安瓿中产生的压力来自两个方面：由α衰变形成氦，氦压力与镭盐的量及存放时间成正比，一般条件下，特别是使用抽空的安瓿，在多年内压力不会增加到危害程度；湿镭盐的辐射降解是一个严重的危险。

(3) 用于医疗的装镭盐的金属容器应定期对焊缝进行检漏，特别是对Ra-Be中子源进行检验。

(4) 操作镭源时要严格禁用空气提升法。

镭废物的处理应按照α、β、γ活性废物处理方法进行。液体应蒸发至干，固体废料应装在两层塑料袋内，在内外之间充以硅胶和活性炭。外袋装于铁罐头盒中，再加硅胶和活性炭，然后焊接密封。检漏后按放射性废物贮存。

对操作高α放射性的试验室，其标准程序为：所有开封的样品都应在α及氡不能透过的密封箱内操作；应着防护服；试验室应装备出入闭锁、更衣间及α、β、γ手脚计量计；操作区内禁止吸烟、吃、喝；每日对α活性进行检测；应装报警器。

主要参考文献

〔1〕Gmelin Handbuch der Anorganischen Chemien. 8 Auflage. Syst. Nr. 31, Radium, Erg. Bd. 1(1977); Radium, Erg. Bd. 2 (1978); Springer Verlag, GmbH, Berlin.

〔2〕Vdovenko, V. M. Dubasov, 1., The Analytical Chemistry of Radium, J. Wiley and Sons, 1975.

〔3〕Bouissieres, G., Radium, Nouveau Traite de Chimie Minerale, Ⅳ, E. by P. Pascal; Masson et Cie., Paris, 1958, P. 930～955.

〔4〕Bagnall, K. W., Radium, In Chemistry of the Rare Radioelements, Chapter Ⅱ, Academic Press, Inc., 1957, P. 131～149.

〔5〕Mellor, W. A, Comprehensive Treatise on Inorganic and Theoretical Chemistry, Vol. Ⅳ. Chapter XXⅥ, Longmans, Green and Co., 1946, P. 53～154.

〔6〕Sedlet, J., Radon and Radium, Chapter in Part Ⅱ of Treatise on Analytical Chemistry, Ed. by Kolthoff, I. M. and Elving, P. J., Interscience Publishers, 1965.

〔7〕Kirby, H. W., The Radiochemistry of Radium, NAS－NS－3057, U. S. Atomic Energy Commission, 1964.

〔8〕AEC Technical Information Center, Radiuim, A Bibliography (1950～1973), 1974.

〔9〕Schwind, S. B., Croxton, F. E., Radium, A Bibliography of Unclassified Literature, TID－383 (1950); NSA. 5 (1951) No. 2114.

〔10〕Dupuy, G., Radium, Radioactivite, Energie Nucleaire, 3rd Ed., Presses Univ., Paris, 1954.

[illegible]

[illegible]

第十七篇 半导体材料

第一章　半导体材料的分类与特征
第二章　锗
第三章　硅
第四章　化合物半导体
第五章　半导体材料的检测技术

第一章　半导体材料的分类与特征

编写人　万　群

第一节　半导体材料的主要特征

半导体材料在整个新材料领域中占有重要的位置，作为固态电子有源元件的主体材料，它的发展对电子信息工业甚至对人类的社会生活都起着举足轻重的作用。

自然界的物质，按其导电性能可分为导体、半导体和绝缘体。半导体材料具有如下主要特征：

(1) 电阻温度系数为负值；

(2) 电阻率一般在$10^6 \sim 10^{-3}\Omega \cdot cm$之间；

(3)一般具有较高的热电势，对金属呈正极或负极；

(4) 有整流效应，至少呈非欧姆接触；

(5)对光敏感，受光照可形成光电势或改变导电率。

从实用角度看，半导体材料许多方面的特性都很重要。值得注意的有以下几个方面：

(1) 能带结构，主要是指禁带宽度（或称带隙）及其跃迁性能（直接跃迁或间接跃迁）；

(2)晶体结构与完整性，主要是指材料所属的晶系，半导体材料多属立方晶系的金刚石结构、闪锌矿结构和六方晶系的纤维锌矿结构（图17-1-1），与结构有关的晶格常数在既定晶型的前提下，可取一定的晶向。晶体都具有缺陷，如晶界、双晶、位错、沉积物、夹杂物、空位、间隙原子、络合物等。缺陷的形态与密度决定着材料的晶体完整性。

(3)材料的电学性质，主要是指电子与空穴的迁移率，电子与空穴的有效质量，载流子寿命，介电常数。

(4)材料的光学特性，包括光电导性能、光吸收和折射系数等。

(5)材料的热学特性，包括熔点，热膨胀系数，热比容，德拜温度，导热系数等。

(6)材料的物理化学性质，主要是指密度，杂质的分凝及扩散，溶解度，对大气、水蒸汽的稳定性等。

(7)材料的机械性质，包括硬度、机械强度、范性形变温度、脆性等。

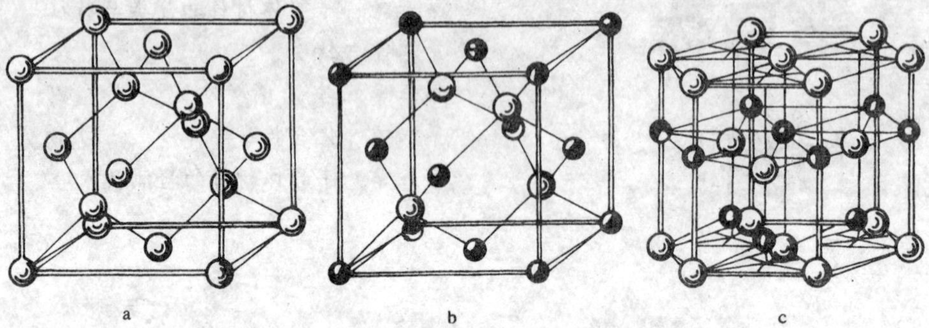

图 17-1-1 半导体材料所属的晶系

a—金刚石结构；b—闪锌矿结构；c—纤维锌矿结构

第二节 半导体材料的分类

一、分类方法概述

由于分类的角度不同，对半导体材料存在着多种分类方法。现将较普遍且覆盖面较全的分类方法分述如下。

(一) 按物质组成分类

按物质组成分类是最主要的一种分类方法（图17-1-2）这种分类方法便于从物质组成结构和物理化学性质方面研究半导体材料。

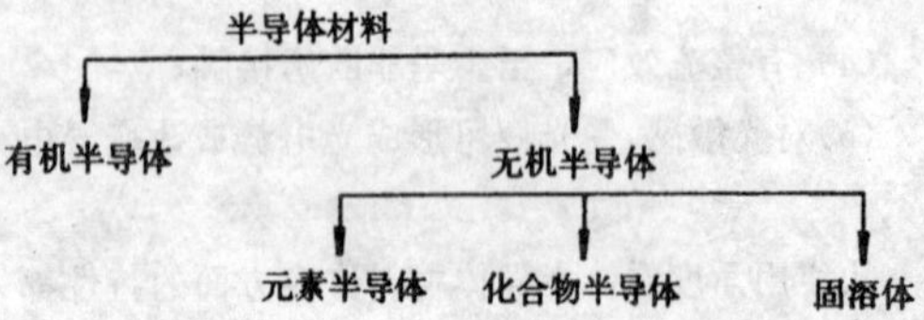

图 17-1-2 半导体材料按物质组成的分类

(二) 按形态与结构分类

按形态与结构对半导体材料进行分类的情况见图17-1-3。这种分类方法对研究半导体材料的生产工艺及应用较为方便。

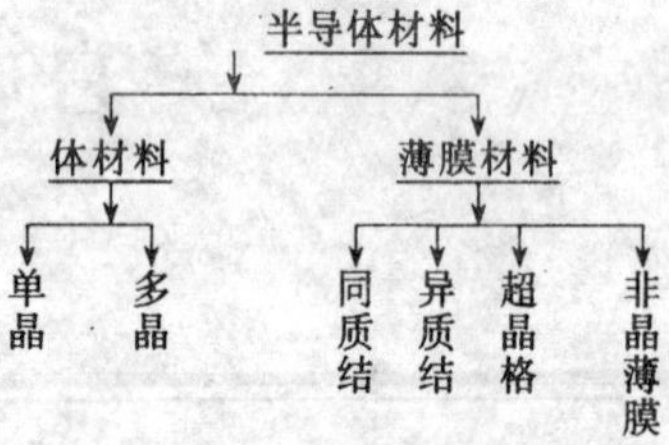

图 17-1-3 半导体材料按形态与结构的分类

(三) 按特性和应用分类

按特性和应用可将半导体材料分为：热电半导体材料，光电半导体材料，探测器半导体材料，窄禁带半导体材料，宽禁带半导体材料，超导半导体材料，磁性半导体材料等。这种分类方法的覆盖面不全，且一种材料可以同时属于几个类别，这种分类方法是在专门探讨某个领域或应用时所使用的。

二、元素半导体

现在一般认为有12种元素具有半导体的性质，它们是硅、锗、硼、硒、碲、碳（金刚石型及石墨型）、碘6种元素以及磷、砷、锑、锡❶、硫的某种同素异型体，

❶ α-Sn 是属于半导体还是属于半金属有待进一步研究。

它们在周期表中的位置(图17-1-4)揭示了半导体性质与原子结构的关系。几种元素半导体的特性如表17-1-1所示。现已获得应用的元素半导体有硅 、锗、硒3种。

三、二元化合物半导体

（一） Ⅲ-Ⅴ族化合物半导体

Ⅲ-Ⅴ族化合物半导体是指Ⅲ族的铝、镓、铟分别与Ⅴ族的氮、磷、砷、锑所组成的二元化合物，在使用中已获重要意义的有 GaAs、Gap、InP、InSb、GaSb 和 InAs 等。Ⅲ-Ⅴ族化合物的特性列入表17-1-2。这类化合物具有一些重要的特性，如 InSb、InAs、GaSb、InP、GaAs 等5种化合物具有直接禁带，可以实现电子的直接跃迁，这对发光与激光具有重要意义；还有一些化合物具有很高的电子迁移率，如 InSb 在低温的迁移率可达$10^6 cm^2/V \cdot s$。

$Ⅰ_B$	$Ⅱ_A$	$Ⅲ_A$	$Ⅳ_A$	$Ⅴ_A$	$Ⅵ_A$	$Ⅶ_A$
	Be	B	C	N	O	F
	Ag	Al	Si	P	S	Cl
Cu	Zn	Ga	Ge	As	Se	Br
Ag	Cd	In	Sn	Sb	Te	I
Au	Hg	Tl	Pb	Bi		

图 17-1-4　元素半导体在周期表中的位置

表 17-1-1　元素半导体的一些性质

材料	晶系	晶格参数 nm	带隙② eV	迁移率②,$cm^2/(V \cdot s)$ 电子	迁移率②,$cm^2/(V \cdot s)$ 空穴	有效质量 电子 m_n^*/m_n	有效质量 空穴 $-m_p^*/m_n$	介电常数	熔点 ℃	热导率 $W/(cm \cdot ℃)$
B	四方	$a=0.873$, $c=0.503$	1.58	1	1		0.7	6.2	2000	
C①	立方，金刚石	$a=0.35597$	5.6	1800	1200	0.7		5.5	4000	2
Si	同上	$a=0.5431$	1.11	1500	480	0.26	0.4	12	1423	1.13
Ge	同上	$a=0.5647$	0.66	3900	1900	0.12	0.2	16	937.2	0.63
Se	六方	$a=0.435$ $c=0.495$	1.8	1	0.2	1		7	220	0.015
Te	六方	$a=0.444$ $c=0.591$	0.3	900	570	0.7	0.12	5	450	0.01

① 金刚石。②室温下。

表 17-1-2　Ⅲ-Ⅴ族化合物的特性

材料	晶系	晶格参数 nm	带隙 eV	迁移率,$cm^2/(V \cdot s)$ 电子	迁移率,$cm^2/(V \cdot s)$ 空穴	有效质量 电子 m_n^*/m_n	有效质量 空穴 $-m_p^*/m_n$	介电常数	熔点 ℃	热导率 $W/(cm \cdot ℃)$
BN	立方，闪锌矿	$a_0=0.3615$	14.5						2700	
	六方，纤维锌矿	$a_0=0.251$ $c_0=0.609$	3.8					4.15	3000	0.8
BP	立方，闪锌矿	$a_0=0.4538$	2		500				2000	0.008

续表 17-1-2

材料	晶系	晶格参数 nm	带隙 eV	迁移率, $cm^2/(V \cdot s)$		有效质量		介电常数	熔点 ℃	热导率 $W/(cm \cdot ℃)$
				电子	空穴	电子 m_n^*/m_n	空穴 $-m_p^*/m_n$			
BAs	立方，闪锌矿	$a_0=0.4777$	1.46							
AlN	六方，纤维锌矿	$a_0=0.3111$ $c_0=0.498$	5.9	—	14				2400	0.3
AlP	立方，闪锌矿	$a_0=0.54625$	2.45	80					2000	0.9
AlAs	立方，闪锌矿	$a_0=0.56611$	2.13	180					1740	0.08
AlSb	立方，闪锌矿	$a_0=0.61355$	1.62	200	300	0.3	0.4	11	1080	0.56
GaN	六方，纤维锌矿	$a_0=0.318$ $c_0=0.5166$	3.39	150					1500	
GaP	立方，闪锌矿	$a_0=0.54495$	2.26	200	100	0.12		9	1467	1.1
GaAs	立方，闪锌矿	$a_0=0.56419$	1.428	8900	700	0.07	0.5	10.9	1238	0.54
GaSb	立方，闪锌矿	$a_0=0.6094$	0.7	5000	1000	0.05	0.4	14.44	712	
InN	六方，纤维锌矿	$a_0=0.3533$ $c_0=0.5692$	2.4						1200	0.004
InP	立方，闪锌矿	$a_0=0.5868$	1.35	4500	200	0.07	0.5	9.52	1070	0.008
InSb	立方，闪锌矿	$a_0=0.6478$	0.18	78000	750	0.015	0.18	15.7	525	0.26
InAs	立方，闪锌矿	$a_0=0.6058$	0.356	33000	450	0.03	0.4	11.8	943	0.26
InBi	四方	$a_0=0.5015$ $c_0=0.478$		30					110	0.011

（二） Ⅱ-Ⅵ族化合物半导体

Ⅱ-Ⅵ族化合物半导体在重要性方面仅次于Ⅲ-Ⅴ族化合物半导体，这些材料主要应用于光学方面，其中最重要的有碲化镉、硫化镉、硒化锌等。这类材料的种类与特性见表17-1-3。

表 17-1-3 Ⅱ-Ⅵ族化合物半导体的特性

材料	熔点 ℃	带隙 eV	迁移率, $cm^2/(V \cdot s)$		有效质量		热导率 $W/(cm \cdot ℃)$	介电常数
			电子	空穴	电子 m_n^*/m_n	空穴 $-m_p^*/m_n$		
ZnO	2000	3.3	180		0.3		0.006	8.5
ZnS	1850	3.6	140				0.24	10
ZnSe	1500	2.6	200	15	0.1	0.6		8
ZnTe	1240	2.1	100	7	0.2			19
CdO	>1400	2.5	120		0.1		0.007	8

续表 17-1-3

材　料	熔点 ℃	带隙 eV	迁移率,cm²/(V·s)		有效质量		热导率 W/(cm·℃)	介电常数
			电子	空穴	电子 m_n^*/m_n	空穴 $-m_p^*/m_n$		
CdS	1475	2.4	150	15	0.2	0.07		11.6
CdSe	1250	1.7	500					(11)
CdTe	1090	1.4	600	100	0.3	0.3		10.4
HgS	583	2.0						
HgSe	690	0.2	18000		0.05			25
HgTe	660	0.02	16000	1600	0.03		0.03	
MgO	2500	7.6	(210)	2			0.35	9.8
MgSe		5.6						
MgTe		3.6						
CaO	2572	5.6						11
CaS		5.4						
CaSe		4.9						
CaTe		4.1						
SrO	2430	5.8						13
SrS	2700	4.8						
SrSe		4.5						
SrTe		3.8						
BaO	1923	4.8	3					34
BaS	>2000	3.9						
BaSe		3.6						
BaTe		3.4						

注：括弧内数据有待进一步验证。

（三）Ⅰ-Ⅴ族化合物半导体

Ⅰ-Ⅴ族化合物半导体的种类与特性见表17-1-14。

表 17-1-4　Ⅰ-Ⅴ族化合物半导体材料的特性

材　料	熔点 ℃	带隙 eV	迁移率,cm²/(V·s)		材料	熔点 ℃	带隙 eV	迁移率,cm²/(V·s)	
			电子	空穴				电子	空穴
Na_2Sb	856	1.1			Rb_3Sb		1.0		
KSb	605	0.9			CsSb		0.8		
K_3Sb	812	1.1			Cs_3Sb		0.56	500	10
					Cs_3Bi		0.5		

（四） Ⅰ-Ⅵ族化合物半导体

Ⅰ-Ⅵ族化合物半导体的特性见表17-1-5。其中，氧化亚铜是最早的半导体整流器材料，硫化亚铜也曾是 CdS/Cu_2S 太阳电池材料。

表 17-1-5 Ⅰ-Ⅵ族化合物半导体的特性

材料	熔点 ℃	带隙 eV	迁移率，$cm^2/(V·s)$		有效质量		热导率 W/(cm·℃)	介电常数
			电子	空穴	电子 m_n^*/m_n	空穴 $-m_p^*/m_n$		
Cu_2O	1210	2		50				5
Cu_2S				5				
Ag_2S	838	1.0	50		0.2			10
Ag_2Se	897	0.08	2000		0.12			
Ag_2Te	958	0.02	4000	−10	0.08		0.018	

（五） Ⅱ-Ⅳ族化合物半导体

Ⅱ-Ⅳ族化合物半导体的特性见表17-1-6。

表 17-1-6 Ⅱ-Ⅳ族化合物半导体的特性

材料	熔点 ℃	带隙 eV	迁移率，$cm^2/(V·s)$		有效质量		热导率 W/(cm·℃)
			电子	空穴	电子 m_n^*/m_n	空穴 m_p^*/m_n	
Mg_2Si	1102	0.77	400	60	0.46	0.87	
Mg_2Ge	1115	0.74	280	110	0.18	0.31	0.1
Mg_2Sn	778	0.21	300	250	1.17	1.28	0.1
Mg_2Pb	550	0					
Ca_2Si	920	1.9					
Ca_2Sn	1122	0.9					
Ca_2Pb	1110	0.5					

（六） Ⅱ-Ⅴ族化合物半导体

Ⅱ-Ⅴ族化合物半导体的特性见表17-1-7。

表 17-1-7 Ⅱ-Ⅴ族化合物半导体的特性

材料	熔点 ℃	带隙 eV	迁移率，$cm^2/(V·s)$		有效质量		热导率 W/(cm·℃)
			电子	空穴	电子 m_n^*/m_n	空穴 $-m_p^*/m_n$	
Zn_3P_2		1.2					
$ZnAs_2$	768	0.92		50			
Zn_3As_2	1015	0.93		10			
ZnSb	546	0.56	10	400	0.18		0.02
Cd_3P_2		0.6					
$CdAs_2$	621	1.0	400		0.2	0.1	

续表 17-1-7

材料	熔点 ℃	带隙 eV	迁移率，cm²/(V·s)		有效质量		热导率 W/(cm·℃)
			电子	空穴	电子 m_n^*/m_n	空穴 $-m_p^*/m_n$	
Cd_3As_2	721	0.13	15000		0.10		0.11
CdSb	456	0.5	300	1000	0.15	0.1	0.01
Mg_3Sb_2	1228	0.6	20	100			
Mg_3Bi_2	823	0					

（七） Ⅲ-Ⅵ族化合物半导体

Ⅲ-Ⅵ族化合物半导体的特性见表17-1-8。

表 17-1-8 Ⅲ-Ⅵ族化合物半导体的特性

材料	熔点 ℃	带隙 eV	迁移率，cm²/(V·s)		热导率 W/(cm·℃)	介电常数
			电子	空穴		
Ga_2O_3	1740	4.4				
GaS	1020	2.5				
Ga_2S_3	1700	2.5				
GaSe	960	2.0	40	15		7
Ga_2Se_3	>1020	2.0	>1			
GaTe	824	1.5				
Ga_2Te_3	790	1.3	>1		0.013	
In_2O_3	2000	2.8				
In_2S_3	1050	2.0				
InSe	660	1.8	900			
In_2Se_3	890	1.2	30			
InTe	696					
In_2Te_3	667	1.0	~100	50	0.014	
Tl_2O_3	717					
Tl_2S	443	1.2				
TlSe	310	0.6				
Al_2O_3	2050	>5			0.3	12
Al_2S_3	1100	4.1				
Al_2Se_3	953	3.1				
Al_2Te_3	895	2.5				

（八） 稀土硫系化合物半导体

Ⅲ-Ⅵ族化合物半导体材料的特性见表17-1-9。

表 17-1-9 稀土硫系化合物的特性

材料	熔点,℃	带隙，eV	迁移率，$cm^2/(V·s)$	
			电子	空穴
Y_2Te_3	1525	—	140	—
Eu_2Se_3	1520	—	—	—
Gd_2Te_3	1420	—	170	—

（九）Ⅳ-Ⅳ族化合物半导体

Ⅳ-Ⅳ族化合物半导体只有 SiC 一种，它被认为是一种很有希望的高温半导体材料，同时可用于制作发蓝光的发光二极管，其特性见表17-1-10。

表 17-1-10 Ⅳ-Ⅳ族 SiC 的特性

材料	熔点,℃	带隙，eV	迁移率，$cm^2/(V·s)$		有效质量		热导率 W/(cm·℃)	介电常数
			电子	空穴	电子 m_n^*/m_n	空穴 m_p^*/m_n		
SiC	2800	2.9	100	20	0.6	1.2	0.6	6.7

（十）Ⅳ-Ⅵ族化合物半导体

Ⅳ-Ⅵ族化合物半导体的特性见表17-1-11。其中,氧化铅用于电视摄像设备;硫化铅为重要的红外材料;碲化铅为重要的热电材料;氧化锡为气敏半导体材料。

表 17-1-11 Ⅳ-Ⅵ族化合物半导体的特性

材料	熔点 ℃	带隙 eV	迁移率，$cm^2/(V·s)$		有效质量		热导率 W/(cm·℃)	介电常数
			电子	空穴	电子 m_n^*/m_n	空穴 m_p^*/m_n		
SiO_2	>1470	~8					0.1	4.3
GeS	620	2.0						
GeSe	850	1~2	1000	30				
$GeSe_2$		2.3						
GeTe	725			70			0.08	
SnO_2	1900	4.3						
SnS	882	1.1		100		0.2		
SnSe	860	1.3		100		0.15		
$SnSe_2$	657	1.0						
SnTe	780	3.0	300	50				
PbO	888	2.3						
PbS	1110	0.39	800	600	0.1	0.1	0.008	17
PbSe	1065	0.27	1200	1000	(0.3)	(0.3)	0.017	20
PbTe	904	0.33	2000	1000	0.05	0.05	0.025	(400) 30

注：括弧内数据有待进一步验证。

（十一） V-Ⅵ族化合物半导体

V-Ⅵ族化合物半导体的特性见表17-1-12。其中，碲化铋、硒化铋及其合金为重要的半导体致冷材料。

表 17-1-12　V-Ⅵ族化合物半导体的特性

材　料	熔点 ℃	带隙 eV	迁移率，$cm^2/(V \cdot s)$		有效质量		热导率 W/(cm·℃)	介电常数
			电子	空穴	电子 m_n^*/m_n	空穴 m_p^*/m_n		
Bi_2O_3	820	3.2						
Bi_2S_3	850	1.2	200				0.021	18
Bi_2Se_3	706	0.35	600				0.014	
Bi_2Te_3	575	0.15	1250	440	0.4	0.2	0.016	
Sb_2O_3	656	4.2						13
Sb_2S_3	546	1.7		1.0				
Sb_2Se_3	612	1.2	100	50				
Sb_2Te_3	620	0.3		300	0.3	0.34	0.04	
As_2O_3	275	4.0						
As_2S_3	708	2.5						
As_2Se_3	无定形	1.6						
As_2Te_3	360	1.0	170	80	0.36	0.50	0.02	

四、三元化合物半导体

此类化合物的种类很多，但研究得很不够，应用也有限。一些三元化合物半导体材料的特性见表17-1-13。

表 17-1-13　一些三元化合物半导体的特性

材　料	熔点 ℃	带隙 eV	迁移率，$cm^2/(V \cdot s)$		有效质量		热导率 W/(cm·℃)	介电常数
			电子	空穴	电子 m_n^*/m_n	空穴 m_p^*/m_n		
Ⅰ-Ⅲ-Ⅵ族								
$CuGaSe_2$	1040	1.6	—	—	—	—	—	—
$CuGaTe_2$	870	1.0	—	60	—	—	—	—
$CuInS_2$	950	1.2	—	—	—	—	—	—
$CuInSe_2$	990	0.9	1010	50	—	—	—	—
$CuInTe_2$	780	0.95	—	100	—	—	—	—
$CuTlSe_2$	405	—	—	—	—	—	—	—
$CuTlTe_2$	375	—	—	—	—	—	—	—
$AgGaSe_2$	850	1.7	—	—	—	—	—	—
$AgGaTe_2$	720	1.1	—	—	—	—	—	—
$AgInS_2$	850	1.9	—	—	—	—	—	—

续表 17-1-13

材 料	熔点 ℃	带隙 eV	迁移率，$cm^2/(V\cdot s)$		有效质量		热导率 $W/(cm\cdot ℃)$	介电常数
			电子	空穴	电子 m_n^*/m_n	空穴 m_p^*/m_n		
$AgInSe_2$	773	1.2	—	—	—	—	0.03	—
$AgInTe_2$	680	0.96	—	100	—	—	—	—
$AgTlSe_2$	328	0.72	—	—	—	—	—	—
$AgTlTe_2$	290	—	—	—	—	—	—	—
含铁族								
$CuFeS_2$	875	0.53	—	>30	—	—	—	—
$CuFeSe_2$	740	0.16	—	<20	—	—	—	—
$CuFeSe_2$	736	0.23	—	<50	—	—	—	—
$AgFeSe_2$	680	0.3	>250	70	—	—	0.03	—
$AgFeTe_2$	875	0.53	>2000	150	—	—	0.03	—
Ⅰ-Ⅴ-Ⅵ族								
$CuSbS_2$	535	—	—	—	—	—	—	—
$CuSbSe_2$	452	—	—	—	—	—	—	
$AgAsSe_2$	390	—	—	—	—	—	—	—
$AgAsTe_2$	325	—	—	—	—	—	—	—
$AgSbS_2$	514	—	—	—	—	—	—	—
$AgSbSe_2$	636	0.7	—	1500	—	—	—	—
$AgSbTe_2$	556	0.6	—	75	—	—	0.006	—
Ⅱ-Ⅱ-Ⅶ族								
$CuHgI_4$	—	2.1	—	—	—	—	—	—
Ⅱ-Ⅲ-Ⅵ族								
$ZnIn_2Se_4$	—	2.6	—	—	—	—	—	—
$ZnIn_2Te_4$	—	1.4	—	—	—	—	—	—
$CdIn_2Te_4$	—	0.9	—	—	—	—	—	—
$HgIn_2Se_4$	—	0.6	—	—	—	—	—	—
Ⅱ-Ⅳ-Ⅴ族								
$BeSiN_2$	—	>3.0	—	—	—	—	—	—
$ZnSiAs_2$	—	2.1	—	—	—	—	—	—
$ZnGeP_2$	—	2.2	—	—	—	—	—	—
$ZnGeAs_2$	—	1.0	—	—	—	—	—	—
$ZnGeSe_2$	—	>0.6	—	—	—	—	—	—
$ZnSnP_2$	—	2.1	—	—	—	—	—	—
$CdGeP_2$	—	1.8	—	—	—	—	—	—

续表 17-1-13

材　料	熔点 ℃	带隙 eV	迁移率，$cm^2/(V \cdot s)$		有效质量		热导率 W/(cm·℃)	介电常数
			电子	空穴	电子 m_n^*/m_n	空穴 m_p^*/m_n		
$CdSnP_2$	—	1.5	—	—	—	—	—	—
$CdSnAs_2$	600	0.23	12000	—	0.04/6	—	0.07	12.1

五、四元化合物半导体

对四元化合物半导体研究得很少，已知有 Cu_2FeSnS_4，$Cu_2FeSnSe_4$和 $Cu_2FeGeSe_4$等。

六、固溶体半导体

具有半导体性质的固溶体称为固溶体半导体，它在半导体材料中占有重要的位置。严格地说，任何一种半导体材料都是固熔体，因为不管它有多么纯，都或多或少含有一些杂质，而这些杂质在固体中溶解度范围内均呈固溶体。这里所要讨论的固溶体是指在宏观上有一定含量而对晶格参数及带隙有明显影响而又均匀的固溶体。有人常常误把含两种元素以上的固溶体与化合物相混淆。例如把 $GaAs_{1-x}P_x$ 看成是三元化合物半导体，而其实它只是 GaAs-GaP 的固溶体。固溶体与化合物的区别在于化合物有严格的化学配比，而固溶体则可在一定范围内任意变换其中的组分。

固溶体半导体材料常以所含元素的数目来区分，如 Ge_xSi_{1-x}、Te_xSe_{1-x}为二元固溶体，$Ga_{1-x}Al_xAs$、$GaAs_{1-x}P_x$ 为三元固溶体，$In_{1-x}Ga_xAs_{1-y}P_y$、$Al_xGa_{1-x}As_ySb_{1-y}$为四元固溶体。有时也按组元的原子价构成来区分固溶体半导体材料，如 $In_{1-x}Ga_xAs$ 为Ⅲ-Ⅴ族固溶体，ZnS_xSe_{1-x}为Ⅱ-Ⅵ族固溶体等。

有些固溶体中的两个组元的原子价不同，例如 $InAs\text{-}In_2Te_3$。

固溶体的二个组元可以任何比例互溶的称为完全互溶，只在局部范围内互溶的称为局部互溶。一些体系的互溶情况见表17-1-14。

表 17-1-14　一些体系的互溶性

体系	可溶性	溶解度，mol%		备　　注
		Ⅰ	Ⅱ	
Ge-Si	完全			形成 AsP 相
P-As	局部			
As-Sb	完全			
Se-Te	完全			
AlP-GaP	完全			
GaP-InP	完全			
AlAs-GaAs	完全			
GaAs-InAs	完全			
GaSb-InSb	完全			
GaP-GaAs	完全			
GaP-GaSb	局部	<5	<5	
GaAs-GaSb	局部	39	38	
ZnS-ZnSe	完全			

续表 17-1-14

体系	可溶性	溶解度，mol%		备注
		I	Ⅱ	
ZnS-ZnTe	局部	8	5	
ZnSe-ZnTe	完全			
CdS-CdSe	完全			
CdS-CdTe	局部	约20	约80	在1000℃下两相区很窄
CdSe-CdTa	局部	71	26	同上
ZnS-CdS	完全			
CdS-HgS	局部	43	40	
CdTe-HgTe	完全			
Ga_2S_3-In_2S_3	局部	15	15	
Ga_2Se_3-In_2Se_3	局部	—	45	
Ga_2Te_3-In_2Te_3	完全			

注：I 为后一个组元在前一个组元中的溶解度，Ⅱ为前一个组元在后一个组元中的溶解度。

图17-1-5为完全互溶固溶体 Ge-Si 的相图。在局部溶解的体系中，有的形成化合物，有的形成共晶，有的形成不溶区。

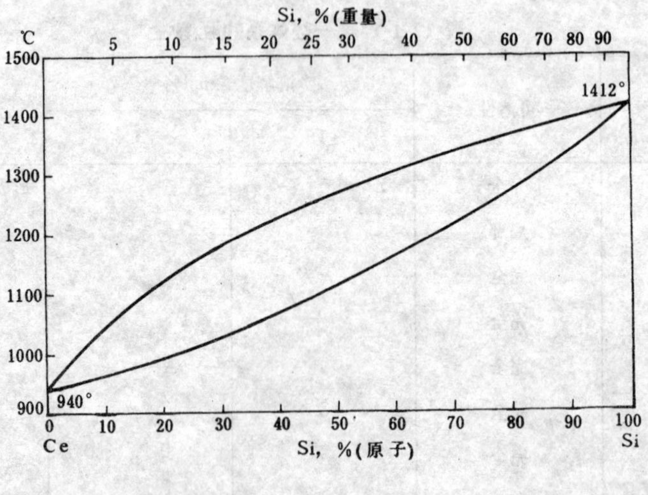

图 17-1-5 Ge-Si 相图

固溶体的晶格参数多呈线性变化，如图17-1-6所示出的 GaP 在 GaAs 中的摩尔比与固溶体的晶格常数的关系。

一个组元在另一个组元的含量对禁带宽度（带隙）的影响则比较复杂，图17-1-7示出了 Ge-Si 体系与带隙的关系。线段一般在一定的位置出现一个转折，这是由于能带结构的变化造成的。

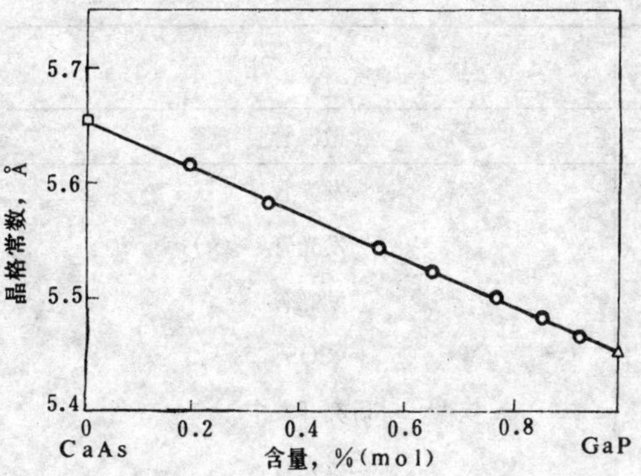

图 17-1-6 GaP 含量与固溶体的晶格常数的关系

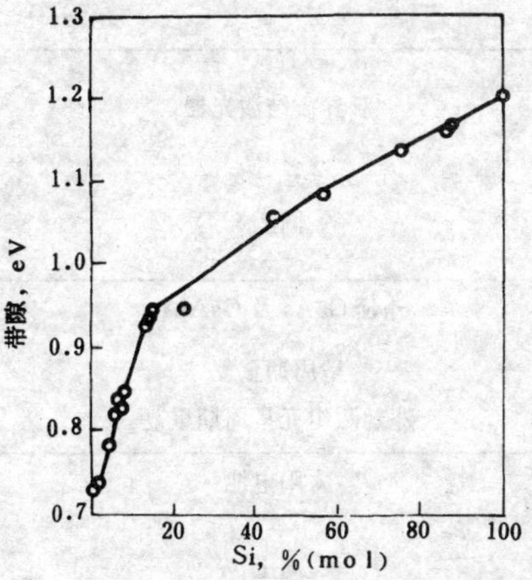

图 17-1-7 Ge-Si 固溶体的带隙随硅含量的变化

当一种非直接禁带的组元溶于直接禁带的组元中且含量不高时，固溶体呈直接禁带，但超过一定含量时则呈非直接禁带。例如，GaAs 呈直接禁带，而 AlAs 呈间接禁带，而当固溶体 ($Ga_{1-x}Al_x$) As 中 $X<0.4$时呈直接禁带，$X>0.4$时则呈间接禁带。直接禁带与间接禁带的转换点出现在变化曲线的转折处。对 AB_xC_{1-x}的Ⅲ-Ⅴ族化合物而言，$E_g(x)=a+bx+cx^2$，而二个组元的系数值 (a、b、c) 不同，因此两条曲线相交。

七、半导体薄膜与多层结构

半导体薄膜材料与体材料的区别不仅表现在外形与尺寸上，而更重要的是前者具有与后者不同的电学、结晶学性质以及材料的结构。体材料可直接用来制作器件，也可作为薄膜的衬底。因此，薄膜应成为半导体材料中单独的一个类别。薄膜半导体材料可分为以下几种。

(1) 同质外延材料，一般是指赝同质外延材料，即衬底与外延层同属一种物质，但掺杂量(有时亦含掺杂剂种类) 不同。而真同质外延材料 (即衬底与外延层的物质以及杂质含量均相同) 却无实际应用价值，只供理论探讨。

(2) 异质外延材料。该材料的衬底与外延层属两种物质。这两种物质可能是同一种晶体结构，也可以是两种不同晶体结构。还有所谓赝异质结材料，是指衬底与外延层之间有某些化学共性，如 $GaAs_{1-x}P_x$/GaAs。

(3) 多层外延材料。该材料在衬底上形成两种或两种以上的外延层，这些外延层的化学组成或掺杂浓度不尽相同。

(4) 超晶格材料。该材料是多层外延材料的一种，其特点是由两种不同成分的半导体材料以薄层形式交替排列而成，每一薄层厚度只有1～10nm，层数可达几百或更多。

(5) 非晶薄膜材料，一般沉积在金属或绝缘体的衬底上。

常见的半导体薄膜材料列于表17-1-15。

表 17-1-15 常见的半导体薄膜材料

薄膜种类	材料 (外延层/衬底)	备 注
同质外延片	Si/Si	平面晶体管，MOS 晶体管，双极 1C，MOS 与 CMOSIC
	n GaAs/n^+GaAs	耿氏管，各种分立元件
	GaAs/Si-GaAs	GaAs IC
	GaP/GaP	发光管

续表 17-1-15

薄膜种类	材料（外延层/衬底）	备　　注
	InP/InP	微波管
异质外延片	GaAlAs/GaAs	发光管
	GaAsP/GaAs	发光管
	GaAsP/GaP	发光管
	Si/Al_2O_3	SOS
	GaAs/Si	研究开发中
	InGaAsP/InP	激光管
	HgCdTe/CdTe	红外
	InGaAs/InP	
	InP/GaAs	
多层外延	pGaAs-p·GaAlAs-GaAs-*n*·GaAlAs/*n*·GaAs	双异质结激光器
	pInGaAsP-pInP-InGaAsP-*n*InP-pInP/InP	同上
超晶格	(GaAs-GaAlAs) /GaAs	外延 GaAs 及 GaAlAs 呈周期重复
	$(Si\text{-}Si_{1-x}Ge_x)$ /Si	外延两组元呈周期重复
非晶薄膜	*a* Si/玻璃或金属	太阳电池
	a SiC- *a* Si- *a* $Si_{1-x}Ge_x$/玻璃或金属	同上

主要参考文献

〔1〕R. A. Smith, Semiconductors, Cambridge University Press, 1978.

〔2〕王季陶，刘明登，半导体材料，高等教育出版社，1990.

〔3〕Я. А. удай, Введение в химию Полупроводников, Издательство “Высшая Школа” Москва, 1965.

〔4〕C. Hilsum and A. C Rose-Innes, Semiconducting Ⅲ-Ⅴ Compounds, Pergamon Press, 1961.

〔5〕T. S. Moss, Handbook on semiconductors Vol 1－3, North-Holland Poblishing Company, 1982.

〔6〕Semiconductors Handbook（日），オ-ムラヒ，1963.

〔7〕化合物半导体デバイス，日本产业技术振兴会協会新材料技术委员会，1973.

〔8〕Оптические свойства Полупоупроводников, Киевнаукова Дума, 1987.

第二章　锗

编写人　沈华生

锗与其他金属不同，具有半导体性质，可掺杂制备N型或P型单晶锗。金属锗容易提纯。经过区熔提纯的锗，能达到极高的纯度，解决了固体物理所要求的10^{12}原子锗中，只能含有一个原子杂质的技术关键。因此50～60年代半导体材料的迅速发展，主要是由于高纯锗的发现。锗在现代半导体物理学中，起着奠基石的重要作用。锗的主要物理性质如表17-2-1所示。

表 17-2-1　锗的主要物理性质

性质	密　度	熔　点	沸　点	比热（0～100℃）	熔化热	汽化热	热导率（0～100℃）	电阻率（20℃）
数据	5.32 g/cm³	937℃	2830℃	310J/(kg·K)	32.2 kJ/mol	341.2 kJ/mol	56.4 W/(m·K)	约8.9×10^3 μΩ·cm

第一节　高　纯　锗

一、高纯锗的制备

（一）含锗原料的处理

作为稀散金属，锗的矿物很稀少，通常以伴生状态存在于闪锌矿及其它硫化矿物中。含锗的闪锌矿也很少，其含锗量一般为0.01～0.1%。因此，解决锗的原料来源是发展锗工业的关键问题。中国锗原料的主要来源是氧化铅锌矿。从氧化铅锌矿中获取锗原料的工艺流程为：烧结氧化铅锌矿 ⟶ 鼓风炉熔炼矿石 ⟶ 烟化炉吹炼氧化矿溶渣 ⟶ 收集富集锗的氧化锌烟尘 ⟶ 湿法炼锌提取锗与铅、锌，最后得到含锗达10～20%的锗富集物。

在制造锗及锗器件的过程中产生大量的废料，包括切割粉、碎片、废液及腐蚀液等。这些废料也是锗的来源之一。一般都采用氯化法回收废料中的锗，使之成为$GeCl_4$，然后进行处理。也可用其它化学处理法，如将氯气通入16mol/L的NaOH溶液中，然后使新鲜的NaOCl与废料中的锗作用生成沉淀，以作为锗的富集原料。

锗富集物的蒸馏在配有机械搅拌及内壁衬有搪瓷或玻璃的蒸馏釜内进行，采用浓度为7～8mol/L的浓HCl溶液。若HCl浓度在6mol/L以下，则$GeCl_4$会发生水解而生成固体的GeO_2，使锗损失于渣中。如精矿中有消耗酸的物质，可加入H_2SO_4一起蒸馏。HCl浓度为7mol/L时，HCl将与H_2O生成在110℃沸腾的恒沸点混合物。在溶液沸腾时，部分砷以$AsCl_3$形式蒸发。$GeCl_4$、$AsCl_3$及HCl气经冷凝收集在接收器中。液体分为两层，下层含有$GeCl_4$及$AsCl_3$；上层由7mol/L HCl溶液组成，实际上不含锗，对下层的$GeCl_4$溶液提纯采用蒸馏法。蒸馏提纯不仅是利用金属氯化物沸点的差异，而且也利用了金属氯化物在不同温度时具有不同蒸汽压的特点。图17-2-1为各种金属氯化物在不同温度时的蒸汽压。

从图中可以看出，数量较多而又与$GeCl_4$难以分离的杂质是$AsCl_3$。由$GeCl_4$-$AsCl_3$系平衡图（图17-2-2）可以看出，$GeCl_4$不会和$AsCl_3$形成共沸混合物，而是形成连续溶液系。$GeCl_4$中砷的含量越大，则转入馏出物的砷越多，当由含大量砷的产物中蒸馏锗时，所得蒸馏出物中$AsCl_3$的含量可达20%。

为了减少进一步提纯时除砷的困难，在蒸馏时

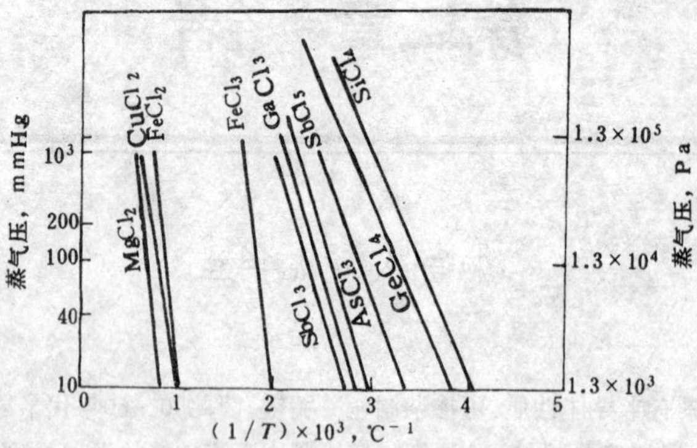

图 17-2-1　各种金属氯化物的蒸汽压与温度的关系

需尽量减少 $AsCl_3$挥发的可能性，所采用的方法有两种：

（1）在蒸馏釜中通入氯气使砷氧化而生成砷酸 H_3AsO_4：

$$AsCl_3+4H_2O+Cl_2 \rightleftharpoons H_3AsO_4+5HCl$$

以减少 $AsCl_3$的挥发，具体做法是向蒸馏釜内通入氯气，待氯气在溶液中饱和后再进行蒸馏。

（2）向盐酸溶液中加入锰矿（含55～60% MnO_2），使三价砷氧化成五价砷。

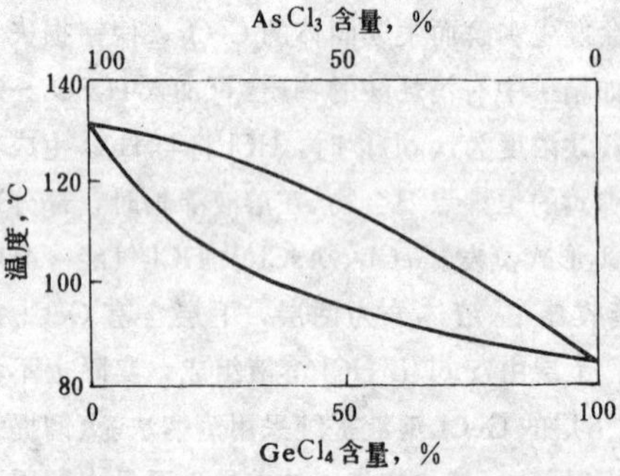

图 17-2-2　$GeCl_4$-$AsCl_3$系统状态图

（二）四氯化锗的提纯

提纯 $GeCl_4$先用盐酸萃取法除砷，然后再进行精馏提纯。

1. 萃取法除砷

萃取法除砷的根据是 $GeCl_4$与 $AsCl_3$在盐酸中有不同的溶解度。在较浓的盐酸中，$GeCl_4$几乎不溶解，而 $AsCl_3$溶解度却高达200～300g/L（图17-2-3）。

$AsCl_3$在浓盐酸及 $GeCl_4$之间的分配系数取决于 $GeCl_4$中的 $AsCl_3$浓度。当

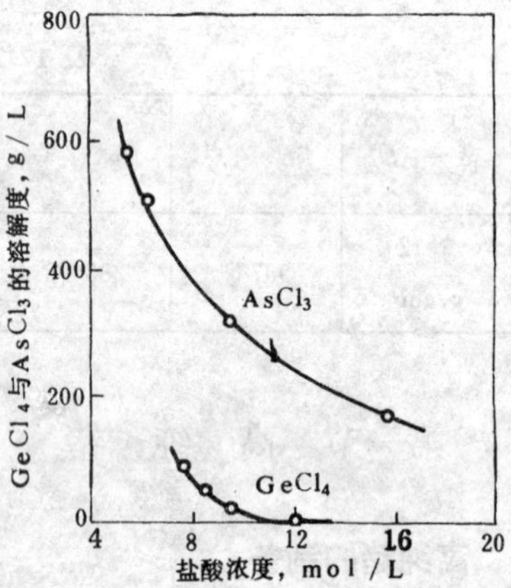

图 17-2-3　$GeCl_4$-$AsCl_3$在盐酸中的溶解度

$$AsCl_3\ (GeCl_4) \rightleftharpoons AsCl_3\ (HCl)$$

达到平衡时 $K=C_A/C_B$

式中　K——分配系数；

C_A、C_B——分别是 $AsCl_3$在盐酸和 $GeCl_4$中的浓度。

萃取时物料平衡如下式

$$V_AC_A+V_BC_B=V_BC_0$$

式中　V_A、V_B——分别是盐酸和 $GeCl_4$的容积；

C_0 为最初 $AsCl_3$在 $GeCl_4$中的浓度。

在多次萃取时

$$C_n/C_0=1/(K\gamma+1)$$

式中　C_n 为 n 次萃取后 $AsCl_3$在 $GeCl_4$中的浓度；

$\gamma=V_A/V_B$

根据砷的浓度，分配系数 K 在0.6～1.2之间。当盐酸用氯饱和后，萃取过程便可进行得更为有效，这是由于三氯化砷被氯气氧化而生成砷酸的缘故。

当用100ml$GeCl_4$进行多次萃取去砷时，使用50mlHCl（37%）于0℃萃取搅拌45min，可减少四氯化锗的损失，经过多次萃取后，砷含量可降至100mg/L 以下。这种方法不仅可以有效地除去砷，其它少量杂质铝、硼、锑、硅、锡、钛等也可除去大部分。

2. 精馏法提纯

精馏法提纯四氯化锗是最有效的工业生产方法。采用这种方法能避免引进任何试剂，有利于减少沾污，绝大多数杂质都能完全分离。由于 $GeCl_4$－$AsCl_3$相图上并无共沸点化合物存在，因此精馏法可以有效地分离微量砷。

精馏塔有穿流式筛板塔、溢流式筛板塔、填料塔等各种结构形式，应用较多的为穿流式石英筛板塔。这种塔效率很高，结构简单，可以避免杂质的污染。

四氯化锗及三氯化砷腐蚀能力很强，因此精馏最好在石英制精馏塔中进行，并采用电磁自动控制回流及放液设备。精馏塔的自动控制结构如图17-2-4所示。

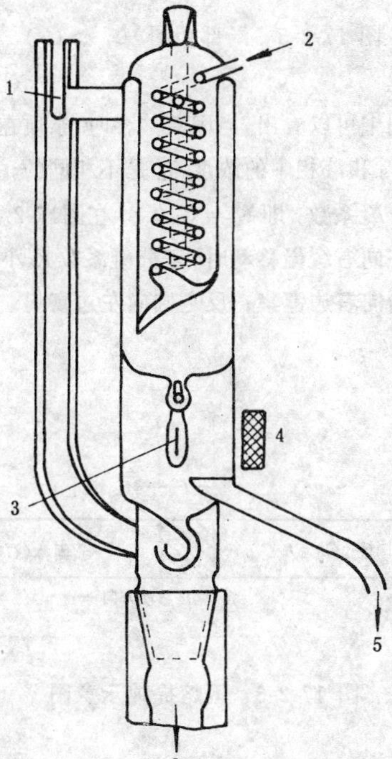

图 17-2-4 四氯化锗精馏塔控制部分示意图
1—测温口；2—水冷口；3—磁铁；4—电磁自动控制；5—出液口；6—石英精馏塔

精馏可分两次进行，第一次可使用硬质玻璃制精馏塔，以除去大部分杂质；二次精馏需使用石英制精馏塔。采用石英筛板塔效率较高，塔的最有效的热绝缘是内表面镀银的真空套。所用的精馏塔，其塔板效率相当于40块理论塔板。沿塔长保持84℃左右，回流比控制在10:1。经过精馏提纯以后，四氯化锗中砷含量可降至2ppm 以下。

（三）二氧化锗的制备

提纯后的四氯化锗，可经过水解生成二氧化锗，其反应式为：

$$GeCl_4 + (2+n)H_2O \longrightarrow GeO_2 \cdot nH_2O + 4HCl$$

水解温度在20℃以下（最好为0℃），以防止四氯化锗的挥发。在水解前可增加清洗工序，用经过提纯的氧气为携带气体，其目的是使砷保持五价氯化物与锗分离。在挥发器内使四氯化锗的温度保持在25℃，清洗瓶处于室温下，约为18℃。

水解槽采用石英容器，水解时将纯四氯化锗以一定的速度注入水中，水的用量以水解后盐酸的含量为5mol/L 为准，这时GeO_2的溶解度最低。水解生成的二氧化锗呈结晶状粉末沉淀出来，部分残留在溶液中。水解开始时反应进行得很迅速，以后逐渐缓慢，需搅拌数小时反应方能完成。水解槽内设有搅拌器，其转速与产品GeO_2的假比重有关，转速高时产品的假比重增加。假比重一般在0.7～2.3g/cm^3之间。假比重为0.7g/cm^3的产品用于触媒，假比重高的产品则作半导体材料用。

水解用的水的纯度要求很高，电阻率达$1800\times10^4\Omega\cdot cm$以上（25℃）。超纯水经过贮槽及水管时，会因$CO_2$的溶解和使用材料的污染而使纯度下降，应在使用前再经过一次离子交换或用石英容器再蒸馏一次才进行水解。

经过水解可获得高纯二氧化锗。水解时，一些杂质会进入水解母液，所以水解过程也是提纯过程。

烘干和煅烧皆用不透明石英容器，但烘干和煅烧不能在同一容器内进行。因为在烘干时，二氧化锗中有水与石英表面作用，再升温煅烧容易引起石英容器破裂，因此须移至另一瓶内煅烧以除去结晶水。烘干与煅烧在皆在真空下进行，烘干温度350℃，煅烧温度750℃，时间皆为6h。所得二氧化锗的质量见表17-2-2。

表 17-2-2 二氧化锗的规格

项 目	数 值	项 目	数 值
烧损（820℃煅烧）率，%	0.6（最大）	粒度 μm	＜50
Cl^-，%	0.05（最大）	光谱分析	无金属杂质
假比重（自由），g/cm^3	1.4	还原锗锭的电阻率，Ω·cm	＞20
（振紧），g/cm^3	1.9	6次区熔后锭长80%的电阻率，Ω·cm	＞50

（四）金属锗的制备

金属锗的制取方法是用氢气还原二氧化锗，其反应如下：

$$GeO_2 + H_2 \longrightarrow GeO + H_2O$$

$$GeO + H_2 \longrightarrow Ge + H_2O$$

由于一氧化锗在700℃时具有显著的挥发性，因此温度不应超过700℃。还原炉为管状炉，采用石英管（透明或不透明）进行连续还原。加温区共分三段，第一段为700℃，第二段750℃，第三段1020℃。石英管长4m，石墨舟长650mm，采用原子能级超级石墨。石墨舟用高纯四氯化碳熏上一层烟黑，然后将煅烧过的GeO_2装入舟内，向前移动，由氢气还原至金属锗。还原结束后，金属锗经过高温区，熔化进入石墨舟的下凹部分，铸成锗锭。当锗熔化后15min，将石墨舟从还原炉中缓缓拉出，速度为6.5mm/min。二小时后石墨舟移至水冷却部分，这时温度约为400℃。石墨舟自炉中取出后，冷至室温。这种出炉方式称为定向结晶法，它可将锗锭中杂质驱至尾端，切去尾端后锗锭纯度大大提高，可以送去进行区熔精制。通常锗锭的电阻率为1～2Ω·cm，经过定向结晶处理后，锗锭的电阻率不小于7Ω·cm（有时可能达到10～20Ω·cm）。

二、锗的区熔提纯

半导体器件需要纯度很高的锗，其电阻率为40～50Ω·cm，杂质总量为10^{-8}～10^{-9}%。纯度如此之高的锗不能靠精馏或其它化学方法来获得，必须采用区熔提纯法。锗是较早使用区熔提纯法提纯而且效果显著的材料。经化学提纯后的锗总杂质含量为10×10^{-6}，经区熔提纯六次以后，锭长的一半以上的金属杂质浓度可降至0.1ppb。

区熔方法的实质是利用杂质在固相和液相中的溶解度而使杂质偏析在某一相中，以达到富集和分离的目的。为了了解金属在凝固时杂质在固相和液相中溶解度的区别，可根据二元固熔体合金的相平衡图（见图17-2-5）加以说明。

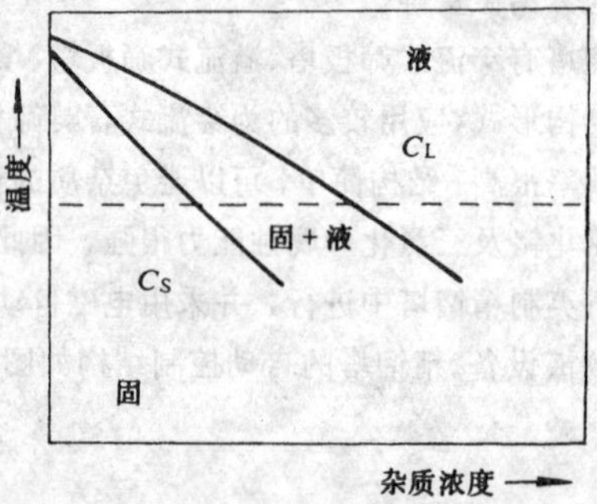

图 17-2-5 局部相图（$C_L > C_S$）

由图中可以看出，当固液共存时，杂质在固相中的浓度C_S和液相中的浓度C_L是不相同的，两者之比称为分凝系数，即$K = C_S/C_L$。在图17-2-6中，当熔区自左向右缓慢移动时，若分凝系数K小于1，杂质就逐渐向右边富集；反之则向左边富集。

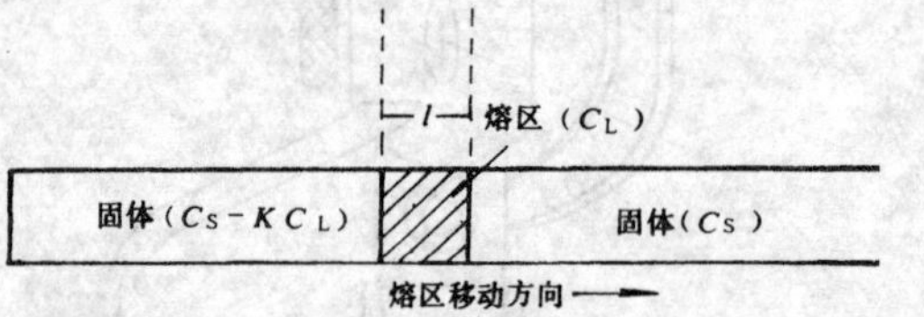

图 17-2-6 区熔提纯示意图

如以L为熔区长度，杂质沿着被净化的金属锭长度的分布可由下式确定：

$$C_S = C_0[1-(1-K)e^{\frac{-Kx}{L}}]$$

式中 C_s——为固体中的杂质浓度；

C_0——为杂质的原始浓度；

X ——为锭凝固部分的长度；

L ——为熔区长度；

K ——为分凝系数。

在区熔提纯过程中，杂质的分凝系数与金属提纯有重要关系，锗中杂质的分凝系数如表17-2-3所示。

表 17-2-3　锗中杂质的分凝系数

杂质元素	分凝系数 K	杂质元素	分凝系数 K	杂质元素	分凝系数 K	杂质元素	分凝系数 K
P	0.12	Al	0.10	Ag	10^{-4}	Ca	10^{-5}
As	0.04	Ga	0.10	Au	3×10^{-5}	Si	>1
Sb	0.003	Sn	0.02	Ni、Pb	5×10^{-6}	T1	4×10^{-5}
Bi	4×10^{-5}	In	0.001	Zn	0.01		
B	17	Cu	1.5×10^{-5}	Co、Fe	10^{-6}		

一次区熔提纯的效果不如定向结晶，因此工业上进行锗的区熔提纯时，需先进行一次定向结晶处理。

根据一次区熔提纯公式可计算具有不同 *K* 值的杂质在一次区熔后的浓度分布曲线（见图17-2-7）。

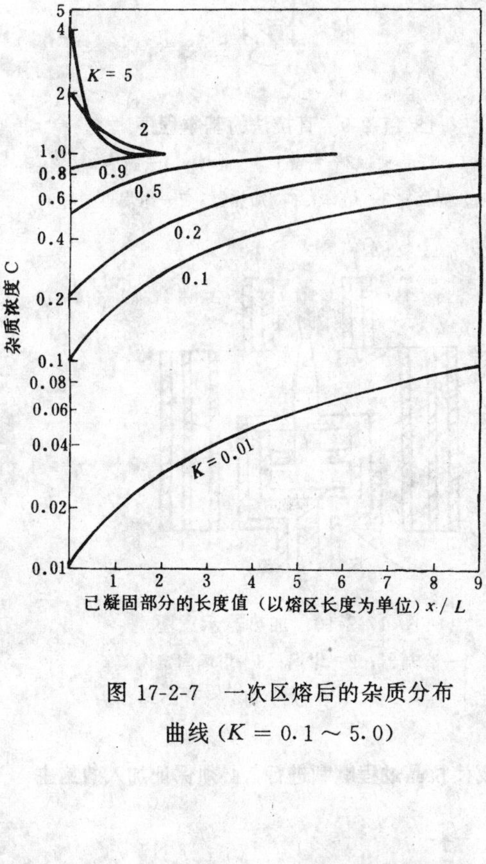

图 17-2-7　一次区熔后的杂质分布曲线（$K = 0.1 \sim 5.0$）

当 $K=1$ 时，无提纯作用。但在区熔提纯处理分凝系数较低的（$K=0.1\sim0.01$）杂质时，除了最后凝固的一小段外，在锭条的实际长度中，重新凝固的金属不再具有起始的杂质浓度。从表17-2-3中可以看出，区熔提纯对于除去锗中杂质是一种有效的方法。

一次区熔提纯的效果虽不明显，但在多次区熔提纯的情况下就可看出区熔提纯的优越性，因为多次区熔提纯与定向结晶不同，用不着截去尾部，而是使熔区一次又一次地通过锗锭使杂质富集到一端，由于很多熔区同时移动，可以节省时间，并提高设备的生产能力。

为了在实用时获得最高的效率，除了分凝系数之外尚需考虑其它条件，如熔区宽度，移动速度，熔区的搅拌、准确控制固液交界面的温度以及防止附属设备的污染等。

锗的区熔提纯通常在石英管内进行，管中放有盛锗锭的石墨舟，加热方法多采用高频加热。这种加热方法的优点是由涡流来保证熔区的搅拌，同时可以避免石英管透明度的消失（石英加热至1200℃时即发生此现象）。

熔区的移动可用盛锗的石墨舟或高频线圈的移动来控制。在进行多线圈连续区熔提纯时，前者比较方便，熔化可在真空或惰性气氛中进行。为了使杂质在固相中不发生扩散，最好将两相邻带之间的一段金属以环形冷却器通水冷却。熔区宽度为35～40mm。熔区移动速度为4mm/min。一般采用 ϕ50～70mm 的石英管，石墨舟的长度为400～500mm。高频线圈距离为80～150mm。区熔提纯的效果如图17-2-8所示。

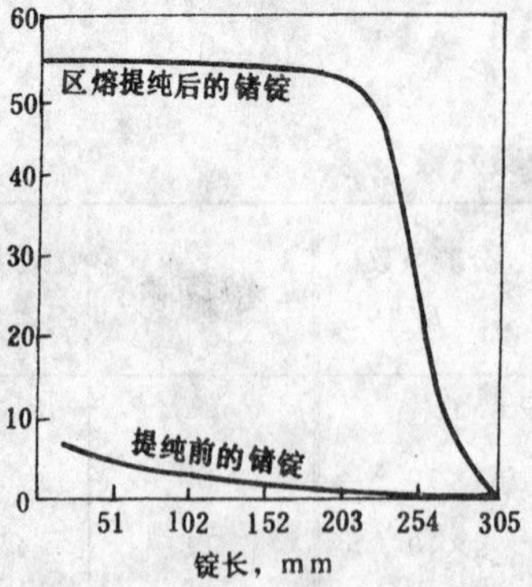

图 17-2-8 锗区熔提纯效果

有些工厂规定拉制锗单晶所用的纯锗的电阻率不得小于20Ω·cm。小于20Ω·cm 部分仍然可以进行区熔提纯，并且大部分可成为合格产品。如以20Ω·cm 为合格的标准，则总的回收率可超过60%。

第二节 锗单晶的制备

锗单晶的制备方法有二种，一种为直拉法，另一种为区熔匀平法。根据半导体器件对材料的不同要求而选择不同的制备方法。无论采用哪种方法，都需在纯锗中加入施主或受主杂质，然后制成N-型或P-型的锗单晶。

一、直拉法

直拉法的主要生长工艺是以切克劳斯基(Czochralski)发明的直拉法为基础，并经过泰尔(Teal)等人的进一步改进，使之发展成为目前半导体材料的主要生产方法。直拉法的基本程序如图17-2-9所示。

直拉法的基本工序是将纯锗锭放在坩埚中熔化，用一固定在拉杆上的锗晶体作籽晶，浸入温度略高于熔点的熔融锗金属中，然后借助于升降机构以一定的速度将其从熔体中拉出，同时降低熔体的温度，晶体生长过程开始。在晶体和熔体的界面上，固化的材料与籽晶有相同的结晶形式和取向。然后降低输入功率，晶体直径随之增加。为了减少热的不对称性，籽晶和坩埚一般都要旋转，因此晶体成为有规则的柱体。当晶体达到所要求的直径时，必须调节热条件使晶体保持等直径生长。固液界面的位置是处在使弯月面与晶体的接触角θ呈晶体等直径生长所要求的角度(硅的$\theta=11°$，锗的$\theta=13°$，这是苏氏(Suiek) 在1976测定的数据)。

拉制锗单晶的单晶炉构造式样很多，其加热方式有二种，一种是用高频加热；一种是用石墨电阻加热器。后者控制温度比较容易，应用较为普遍，其示意图如图17-2-10所示。

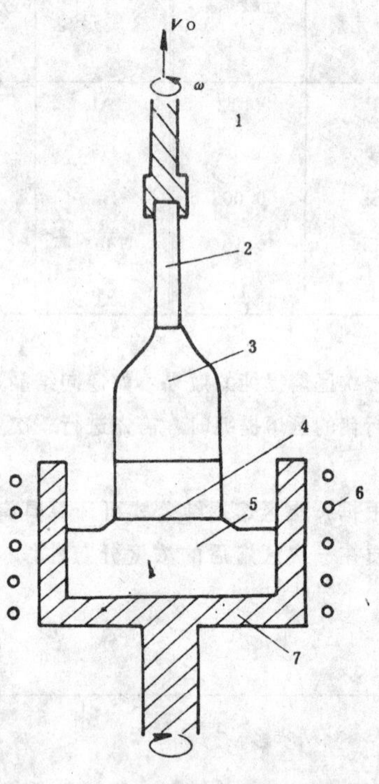

图 17-2-9 直拉法的基本程序

1—籽晶夹；2—籽晶；3—晶体；4—固液界面；5—熔体；6—加热器；7—坩埚

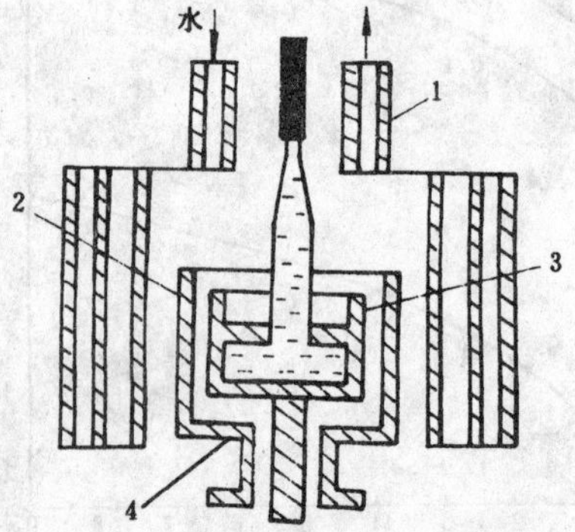

图 17-2-10 加热器示意图

1—冷却器；2—坩埚；3—坩埚固定内盖；4—加热器

要使拉晶过程顺利进行，必须保证加入的施主杂质或受主杂质(以母合金的形式加入)能从结晶面散开，可通过盛锗的坩埚转动及晶体转动来满足这一要求。坩埚旋转方向与晶体旋转方向相反，这样晶体就可用来搅拌熔体。转动坩埚还可使晶体受热均匀，防止熔融金属局部过热。

在拉晶之前，需对锗锭、籽晶、坩埚等进行清洁处理。籽晶应先经过选择和制备，并要选择一定的晶向。为满足晶体管制造工艺上的需要，通常使用的籽晶取向是〈111〉。

拉锗单晶的一般操作过程如下：将单晶炉抽真空至1.3×10^{-2}Pa（也可采用惰性气体如氩气，氢气等)，然后通电将盛有锗的石英坩埚(或石墨坩埚)加热至1100℃，并使熔融金属在此温度下保持一定的时间，然后降温至965℃。籽晶固定在子晶轴上，并使籽晶的中心线在垂直线上。当锗熔化后，将籽晶降到液面上，预热几分钟后再降入熔融体内以产生核化凝固点，并稍作停留，使籽晶能与熔体具有良好的接触，然后再提升籽晶。由于表面张力作用，在与籽晶接触处的熔体表面比其他熔体表面略高。锭的直径与拉速有关，当达到所需要的直径时就保持提升速度不变。锭直径之所以发生变化，是由于熔体积温度的波动及所拉出的晶体散热速度变动而引起的。在拉晶过程中使盛熔体材料的坩埚不断转动，通常有利于晶体形状及成分的均匀性。

籽晶杆的提升速度一般为0.2～1.5mm/min，单晶锭直径一般为20～200mm。

拉制单晶时，往往要在锗中加入精确计量的杂质，N型单晶加入锑，而P型单晶加入镓。这两种掺杂元素都以母合金形式加入。掺杂元素在锗中的分凝系数比较小，这虽有利于区熔提纯，但在拉晶时易发生偏析，从而影响锗单晶的均匀性。以母合金形式加入掺杂元素而获得的锗单晶的晶体完整性比较好。

拉制的锗单晶的用途已逐渐被硅所代替，但在半导体辐射探测领域中，锗探测器仍占有重要的位置。由于锗的原子序数大，探测灵敏度高，比较容易制备晶体完整性好的大直径单晶，因而探测效率也较高。目前锗(锂)探测器灵敏度体积达到200cm^3，晶体直径最大可达60～70mm。在有些国家已开始进行锗（锂）探测器的工业化生产。但是锗（锂）探测器的制备工艺复杂，生产周期长，并且只能在液氮条件下工作与保存。70年代使用了提纯锗的新工艺流程，可以使锗的纯度达到净杂质浓度$10^{10}cm^{-3}$左右，这样就可以不用锂来补偿而制作高纯锗探测器。这种探测器由于没有锂的存在，可在室温下保存和工作，从而具有成本低，性能稳定、能用在高低能谱区，容易除去辐照缺陷等优点。但这种高纯单晶锗的制造工艺较难，价格也较晶体管级单晶锗高很多。目前国际上已能生产直径40mm同轴型的高纯锗探测器，最大体积已达到100mm^3，对能量1.33MeVCo^{60}分辨率为1.8～2.0keV。

二、区熔匀平法

区熔匀平法是区域熔炼法中的一种，目的是在一个锭料中产生均匀的杂质分布，也就是防止偏析。利用这种方法，将施主或受主杂质加入纯锗中，可以制成很大但电阻率均匀的单晶。

制备锗单晶的区熔匀平法是利用锗中杂质的分凝系数都较小的特点。在超纯锗锭中，将掺杂元素放在锭前端的第一个熔区中。当熔区通过一次时，杂质在锗锭上的浓度(除去最后一个熔区)可用以下的方程式表示：

$$C = KC_i e^{-\left(\frac{Kx}{L}\right)}$$

式中 C_i —— 第一个熔区长度中加入杂质的起始浓度；

C —— 凝固开始端 X 处的浓度；

K —— 分凝系数；

L —— 熔区长度。

根据一些 K 值计算出的浓度曲线如图17-2-11所示。制取锗单晶的区熔匀平炉及温度分布情况如图17-2-12所示。

石英管采用高频线圈加热，在感应线圈中有圆柱形的石墨接受器。锗锭放在半圆形的石英舟中。惰性气体可采用纯的氢气、氩气或氮气。加热线圈前面采用保温炉，也用高频线圈加热。石英舟的内盘采用碳化硅进行吹砂清理，并用氢氟酸腐蚀以产生很多细孔，然后用纯水洗净并烘干，再用蜡烛火焰熏炭，用滤纸擦干，反复四五次后即可得一层炭膜。炭膜不仅能防止粘结，并且能减少石英舟中凝固的晶体呈微小的不规则形状，可用籽晶来控制晶体的取向。在熔区的起始位置放着掺锑或掺铟的合金小球作为籽晶，其一小部分熔入熔区内，熔区宽度为4～6cm。为了制取电阻率均匀而晶体完整性比较好的单晶，晶体以很低的速度生长，约为0.7cm/h。对于要求不太严格的单晶，可采用较快的生长速度（7～10cm/h)。操作完成后，保温炉要求以极慢的速度（约为1～

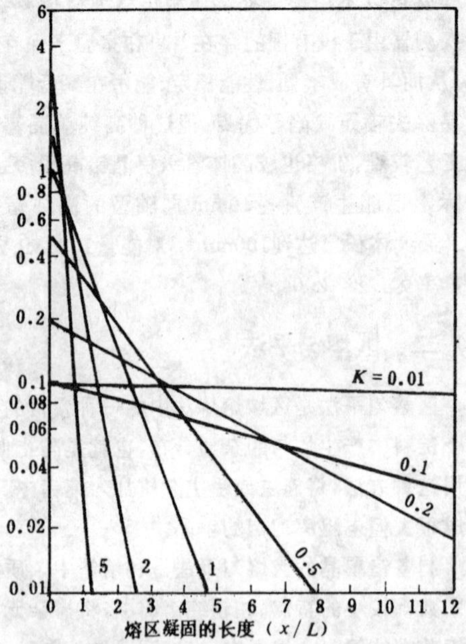

图 17-2-11 不同 K 值的杂质分布曲线

2℃/min）冷却，这样可以减少晶体的位错密度。为了减少温度变化对熔区容积的影响，必须严格控制温度。温度控制器要求灵敏度达到940±0.2℃（即每秒钟能调整10次）。如熔区为4cm，凝固界面的温度梯度为10℃/cm，则可使锗单晶锭的电阻率均匀性达±0.3%。工业化生产的锗单晶径向均匀性为±3%，纵向均匀性为±7%，位错密度约为10^3/cm^3（比不用保温器小一个数量级），可满足制造晶体管的要求。

第三节 锗 产 品

70年代末期，锗在晶体管及二极管方面的应用已逐渐被硅材料代替，但在红外光学方面，锗的用量却不断增大，已成为锗的主要工业用途。锗之所以在红外光学应用广泛的原因是因为锗在2.0～11.5μm的波长间隔内透射率极高。这个间隔包括了红外系统的两个大窗口，即3～5μm和8～12μm窗口。同时锗的光学性质亦佳，具有低的本征吸收，非常好的均匀性，高的折射率。比利时霍博肯公司所生产的各种单晶的品种、规格如下：

（1）红外光学用锗单晶及多晶，N型电阻率为5～40Ω·cm，在3μm处吸收系数小于0.2cm^{-1}。单晶最大直径为220mm；多晶最大直径为350mm。还有各种形状（如矩形）的铸造多晶片。

（2）一般用途的锗单晶。

（3）探测器级锗单晶。探测器级锗单晶纯度要求很高，要求金属杂质浓度小于2×10^{10}cm^3，最高能达到5×10^9cm^3，直径可以达到60mm。

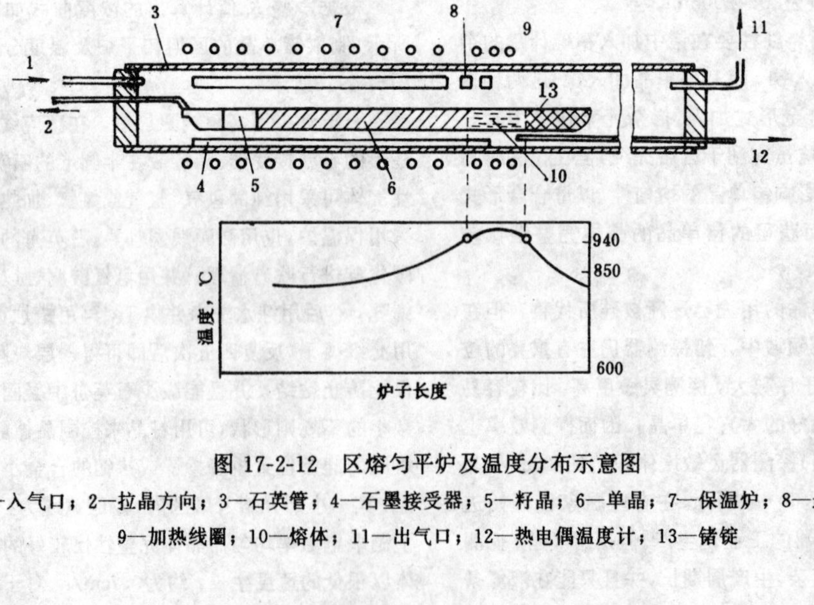

图 17-2-12 区熔匀平炉及温度分布示意图

1—入气口；2—拉晶方向；3—石英管；4—石墨接受器；5—籽晶；6—单晶；7—保温炉；8—透视口；9—加热线圈；10—熔体；11—出气口；12—热电偶温度计；13—锗锭

主要参考文献

〔1〕《半导体手册》翻译组，半导体手册（第二篇），科学出版社，1970.

〔2〕Pfann W. G. ,Zone Melting,Wiley & Sons ,N. Y. , 1958.

〔3〕Keller S. P. , Handbook on Semiconductor, Vol. 3, Materials Properties and Preparation, A. N. Y. O.

〔4〕Hall, IEEE, Trans. Nuclear Science, 11 (1971).

第三章　硅

编写人　沈华生

硅在元素周期表内属Ⅳ-A族，原子序数14，原子符号Si，原子量72.59，金刚石型点阵。硅和锗一样具有半导体性质，在超纯晶体硅中掺入三价元素如硼等，得到P-型硅单晶。掺入五价元素如磷等，得到N-型硅单晶。硅的主要物理性质见表17-3-1。

表 17-3-1　硅的主要物理性质

性　质	密　度 (25℃)	熔　点	沸　点	比　热 (0～100℃)	熔化热	汽化热
数据	2.329g/cm³	1420℃	3415℃	729J/kg. K	50.66kJ/mol	384.8kJ/mol

硅不同于锗，资源丰富，在地壳中的分布仅次于氧。但硅的提纯比较困难，悬浮区熔的效果远不及锗，只能利用硅的卤化物沸点低的特点进行化学提纯。60年代初，德国西门子公司用三氯氢硅氢还原法得到超纯多晶硅，从而实现了硅的工业化生产。此后，硅材料工业迅速得到发展，使硅材料逐渐成为电子工业的基础材料。硅材料除了原料丰富，成本低廉的优点外，还具有以下特点：

(1)硅器件能在较高温度下工作，例如硅器件可在125℃以上工作，而锗器件的使用温度则为75℃左右（硅的禁带宽度为1.12eV，而锗为0.67eV)。

(2)硅的提纯技术达到了很高的水平，能用化学方法稳定生产比较经济的超纯多晶硅，并完善了硅单晶的成晶技术，使硅单晶产品具有高度的晶体完整性，硅器件稳定可靠。

(3)二氧化硅 (SiO_2) 无论是化学性质还是电学性质都非常稳定。它能在高温下生成比较厚的，并能经过氢氟酸腐蚀局部除去的绝缘层，从而形成结构，这对于制造集成电路极为重要。

目前硅的生产量占半导体材料产量的90%，每年产值200亿美元以上。世界主要多晶硅工厂的生产能力列于表17-3-2。

表 17-3-2　世界各国多晶硅生产能力（t）

公司名称	1981年	1982年	1983年	1984年	1985年	1986年
瓦克化学公司（德）	1400	1800	2000	2000	2500	2500
道可宁公司（美）	900	1000	1200	1400	1500	2000
大阪钛公司（日本）	400	450	450	450	800	800
得克萨斯仪器公司（美）	300	350	350	350	450	450
诺贝尔公司（意）	300	350	400	600	800	800
孟山都公司（美）	230	230	230	230	230	230
莫脱罗拉公司（美）	100	100	100	100	100	100

续表 17-3-2

公司名称	1981年	1982年	1983年	1984年	1985年	1986年
西方硅公司（美）	100	100	100	100	100	100
信越化学公司（日本）	100	100	100	100	100	100
小松电子金属公司（日本）	60	60	60	60	60	60
联合碳化物公司（美）	—	10	100	200	800	1200
曹达化学公司（日本）	—	—	—	—	200	300
总计	3910	4570	5110	6110	7660	8660

第一节　超纯多晶硅的制备

一、单晶硅对多晶硅纯度的要求

半导体器件对硅材料的纯度有极高的要求，这是因为材料纯度与器件的某些电学性质有着密切的关系。电子工业用的硅材料皆为单晶硅，而多晶硅的纯度是发展单晶硅材料的先决条件。

单晶硅对多晶硅最基本的要求是纯度高，并且其质量具备高度的稳定性和可靠性；其次是晶体颗粒要细，直径大而均匀，断面正圆，表面光而平整。多晶硅的直径和长度根据单晶硅的要求而定。德国瓦克化学公司生产的多晶硅最大直径为230mm，最大长度为2m。

制备硅单晶的主要方法为直拉法和区熔法。集成电路用直拉单晶硅，功率器件则使用区熔单晶硅。各种不同器件对多晶硅纯度的要求见表17-3-3。

表 17-3-3　器件对多晶硅杂质含量的要求（ppba）

类别	硼	施主杂质（磷、砷）	重金属杂质
探测器级	⩽0.02	⩽0.15	⩽0.01
功率器件（FZ-Si）	⩽0.1	⩽0.2	⩽0.01
集成电路（CZ-Si）	⩽0.2	⩽0.8	⩽0.1

正在发展的超大规模集成电路要求硅单晶寿命达到300～1000μs，碳含量不大于0.1ppma，氧含量均匀可控，重金属杂质含量不大于0.001ppmb。由此可以看出，硅材料对多晶硅纯度的要求愈来愈高，对多晶硅中的重金属含量要求已达到ppt级。

二、多晶硅制备工艺

为制备超纯硅，最初曾考虑过象锗一样，用悬浮区熔法进行硅的提纯。但硅中有很多杂质，特别是硼和磷，其分凝系数分别为0.8及0.35，要求区熔提纯的次数很多。因此悬浮区熔法除用于制备探测器级单晶外，在工业上一般不能使用，而只是作为成晶的手段，即区熔硅单晶。超纯硅的制备必须使用其它方法。

1951年杜邦公司使用了四氯化硅锌还原法，即将工业硅（97～98%）用氯化法制取$SiCl_4$，经过提纯后再通入锌蒸汽，在950～1000℃下还原，获得针状硅晶体，经过酸处理后熔化成块状。这种方法由于还原所用的锌纯度受到一定的限制，制得硅的纯度难以达到要求。

1955年出现了四氯化硅氢还原法制取高纯硅。这种方法的优点之一是以氢气作还原剂。氢比用锌容易提纯，也便于控制。这种方法是在钽丝或钽带上通电加热，在1100～1200℃使硅被氢还原沉积。

1959年雷氏发表了三氯氢硅热分解的论文，采用钽丝作发热体，温度在1050℃温度下热分解三氯氢硅，其反应如下：

$$2SiHCl_3 \longrightarrow Si + SiCl_4 + 2HCl$$

1960年德国西门子公司完善了三氯氢硅氢还原法，德国瓦克化学公司采用这种方法进行生产。1964年中国峨眉半导体材料厂也开始采用这种方法生产多晶硅。

三氯氢硅氢还原法目前已成为国内外硅材料工厂制造超纯多晶硅的主要方法。还有其它一些制备超纯多晶硅的方法，如日本小松电子金属公司用硅烷热分解法，丹麦托普索公司用四氯化硅氢还原法以及联合碳化物公司的新方法等，但所占的比例不大。以下主要叙述三氯氢硅氢还原法，对其它方法只作简单的介绍。

（一）三氯氢硅氢还原法制备超纯多晶硅

1.三氯氢硅的合成

三氯氢硅可以用纯硅（冶金级硅）作为原料，其成分为（%）：0.35～0.51Fe，0.16～0.20Al，＜0.002B，＜0.018～0.038Mn，0.018～0.062Cr，0.013～0.019Ni，0.017～0.038V，0.022～0.039Ti，P、As、Cd、Ca＜0.05，Hg、Sb＜0.02，Cu、Zn、Zr、Mo、Mg＜0.05，pb、Sn＜0.002，Bi、Be、Ag＜0.001。制造过程是将硅粉与干燥的盐酸气反应生成三氯氢硅，其反应式如下：

$$Si+3HCl \longrightarrow SiHCl_3+H_2$$

这项合成的化学反应比较复杂，伴有其它硅烷的副反应：

$$4HCl+Si \longrightarrow SiCl_4+H_2$$

所使用的设备为流态化床氯化炉，这种炉型用于硅氯化的主要优点有：(1)气固相接触面积大，生产能力大；(2)流态化床比较稳定，温度容易控制，产品 $SiHCl_3$质量高；(3)在硅的氯化过程中释放大量的热，需强化反应热传导过程以保持均匀的温度。因此，气固流态化床是三氯氢硅合成的最有效方法。

从上述化学反应来看，含量最多的副产品是 $SiCl_4$。为了控制 $SiCl_4$含量，提高三氯氢硅的含量，必须控制温度和原料的水分。试验证明，生成 $SiHCl_3$ 的最佳温度为250～300℃。随着温度的增高，$SiCl_4$ 含量也会增加，因此在流态化氯化床中必须控制温度以发挥流态化床的优点。盐酸气中的水含量对于 $SiHCl_3$的成分有很大影响。当盐酸气的水含量为0.01%时，冷凝液中 $SiHCl_3$含量在90%以上。

氯化氢气体是由氯气与氢气合成的，合成反应在一普通碳素钢制造的燃烧室内进行，氢气过量10%，合成温度为600～800℃，氯化氢在300～400℃下从炉内沿钢管由盐水冷却，然后再经硫酸或冷冻除水后直接进入氯化炉。

在流态化床氯化炉中硅粉自上部加入，合成的氯化氢（压力为0.5×10^5Pa）加热至160℃，然后自底部进入炉中，要求炉内温度控制在280～300℃，压力为1.06×10^3Pa。出炉的气体含有灰尘，先经过旋风除尘器及玻璃纤维袋式收尘器除去灰尘，然后用水冷器冷却，再经过－15℃预冷器，然后用氟利昂-22（CHF_2Cl）在－40℃进行冷凝。冷凝液中的三氯氢硅含量可控制在90%左右。硅的流态化床氯化生产 $SiHCl_3$的数据见表17-3-4。

表 17-3-4 小型硅流态化床氯化炉生产数据

项 目	数 据
炉直径，mm	250
接触时间，s	6.4
气体线速度，cm/s	11.5
流态化床高度，m	0.74
硅粉层高度与炉直径的比例	1:3
温度，℃	280～300
硅粉消耗量，t/t 冷凝液	0.22
HCl 消耗量，t/t 冷凝液	1.20
$SiHCl_3$产量，kg/h	22～25

2.三氯氢硅的精馏

硅的区熔提纯采用悬浮区熔法。但由于硅中的主要杂质，如硼、磷、砷等，有不利的分凝系数，不能用悬浮区熔法使硅达到很高的纯度。三氯氢硅在工业上使用的提纯方法是三氯氢硅精馏法或硅烷低温精馏法。三氯氢硅氢还原法是世界上生产超纯多晶硅的主要方法，所用的 $SiHCl_3$及 $SiCl_4$的物理化学特性如表17-3-5所示。

表 17-3-5 $SiHCl_3$及 $SiCl_4$物理及化学特性

性 能	$SiHCl_3$	$SiCl_4$
分子量	135.44	169.89
硅含量，%	20.7	16.5

续表 17-3-5

性　能	$SiHCl_3$	$SiCl_4$
密度（20℃），kg/m^3	1.335×10^3	1.480×10^3
熔点，℃	−127	−68
沸点，℃	31.5	57.6
蒸汽压（20℃），Pa	669×10^2	260×10^2
折射率（20℃）	1.4020	1.413
膨胀系数（10～30℃）	0.0015/℃	0.0011/℃
粘度，Pa·s	0.332×10^{-3}	0.488×10^{-3}
蒸发热，kJ/kg	117.2	193.0
比热，kJ/kg·K	0.96	0.84
生成热，kJ/mol	−469	−641
闪点，℃	−25℃	—
在空气中爆炸极限，%	1.2～90.5	—

精馏是一物理过程，是提纯金属氯化物（特别是高纯的低沸点氯化物如三氯氢硅等）的一种好方法。分离 $SiHCl_3$ 中的金属杂质不仅取决于金属氯化物之间沸点的差异，也取决于蒸汽压的差异。

对于理想的二元混合物可用劳氏（Rauolts）定律及达尔顿定律来绘制平衡曲线，其公式为：

$$\frac{y_A}{1-y_A}=\frac{p_1}{p_2}=\frac{x_A p_A}{(1-x_A)p_B}=\frac{x_A}{1-x_A}\times\alpha$$

式中　x_A——气相中组分的摩尔数；

y_A——液相中组分的摩尔数；

p_A——组分 A 的分压；

p_B——组分 B 的分压；

$p_1=p_A x_A$；

$p_2=p_B(1-x_A)$；

α——相对挥发度，$\alpha=p_1/p_2$。

杂质混入 $SiHCl_3$，使 x_A 增加，y_A 也随之增加，增长的多少取决于 α_{AB} 的大小，因此 α_{AB} 是一个重要的参数。

精馏塔工业设计要考虑几种主要参数有：

(1) 达到最大分离效率的塔板数；

(2) 回流比的控制；

(3) 塔的直径；

(4) 蒸馏釜的加热量；

(5) 塔板型式的选择及塔板结构的细节等。

其中，最主要的设计参数是理论塔板数及回流比。理论塔板数的设计使用最普遍的是范氏（Fenske）公式：

$$n=\frac{\log\dfrac{x_E(1-x_E)}{x_B(1-x_B)}}{\log\alpha}-1$$

式中　n——理论最少塔板数；

x_B——塔内液体浓度；

x_E——精馏液的浓度。

根据范氏公式，可得到最低回流比的计算公式：

$$V=\frac{1}{\alpha-1}\left(\frac{x_{E1}}{x_{B1}}-\alpha\frac{x_{E2}}{x_{B2}}\right)$$

式中　x_{E1}、x_{E2}——精馏液中低沸点及高沸点物的摩尔分数；

x_{B1}、x_{B2}——精馏塔剩余液的低沸点及高沸点的摩尔分数。

实践中计算的理论塔板数及回流比值列于表 17-3-6。

表 17-3-6　计算理论塔板数与回流比值

精馏塔	理论塔板数	回流比值	精馏塔	理论塔板数	回流比值
一塔	9	15	二塔	10	10

实际上，工业上使用的精馏塔的塔板效率只有理论塔板效率的30～50%，制备超纯金属氯化物时效率更低。因此，实际上使用的塔板数及回流比值均远高于理论值

过去工业上使用的精馏塔大都采用泡罩塔，但经过多年的科学研究与工业实践，国际上近20年来皆用溢流式筛板塔及溢流式浮阀塔来代替泡罩塔。小规模生产也可使用穿流式筛板塔。

精馏塔所使用的耐腐蚀材料是设计 $SiHCl_3$ 精馏塔所必须考虑的重要问题。因为 $SiHCl_3$ 极易挥发和水解，会产生具有强烈腐蚀性的盐酸气，因此精馏设备必须防止水气和空气混入，并使用耐盐酸腐蚀

的材料。小规模生产可采用聚四氟乙烯、特制玻璃或石英作为精馏设备的材料；大规模生产则需采用耐盐酸腐蚀的金属或合金材料；如316系超低碳不锈钢、超低碳镍基合金和钛钯合金等。

三氯氢硅在进行精馏提纯以前，先使用粗馏塔蒸馏，以除去$SiCl_4$及金属杂质氯化物。精馏塔多采用连续精馏法，精馏一塔除去低沸物，精馏二塔除去高沸物。精馏塔所使用的耐腐蚀的材料为316L不锈钢。使用这种材料制造精馏设备所得到的工艺条件见表17-3-7。

表 17-3-7 三氯氢硅粗馏及精馏的工艺条件

工艺条件	粗馏塔	精馏一塔	精馏二塔
回流比	20:1	20:1	>20:1
出料量，kg/h	8	2～8.5	2～8
除低沸点物，%	4～5	4～5	—
除高沸点物，%	根据原料成分	—	10～15
全流量，kg/h	160	170	170
全回流时间，h	12	12	12

3. 三氯氢硅氢还原

在挥发器中通过高纯氢气，使经过精馏的三氯氢硅进入气相，在密封无沾污的环境中，即在特殊设计的氢还原炉内进行氢还原反应。将超纯硅沉积在温度控制在1050～1100℃的载体（发热体）上，所得硅棒即为超纯多晶硅。这种方法称为气相沉积法（CVD）。

三氯氢硅氢还原属于Si-Cl-H系统，气相物质与固相物质处于平衡状态。根据吉伯氏（Gibb）定律，这个系统有三个自由度，即压力、温度和组分变化数〔Cl〕〔H〕。反应过程为：

$SiHCl_3$（气）$+H_2$（气）⟶Si（固）$+3HCl$（气）

$$K_p = \frac{a_{Si} \times p_{HCl}^3}{p_{SiHCl_3} \times p_{H_2}}$$

式中 a_{Si}——固体硅的活度（$a=1$）；

p_{SiHCl_3}、p_{H_2}及p_{HCl}——气相中的组分达到平衡时的分压；

平衡常数可用已知的热力学数据计算。在Si-Cl-H系统中〔Cl〕/〔H〕是一个常数。

在整个生产过程中，〔Cl〕/〔H〕分子比保持不变。因为〔Cl〕和〔H〕在该系统过程中都不能加入或除去，这个分子比的数值是由最初引入的混合气体分压所决定的。理论回收率决定于反应温度及〔Cl〕/〔H〕分子比的选择。

三氯氢硅氢还原的化学反应极为复杂，根据不同温度及〔Cl〕/〔H〕，有可能发生以下反应：

$SiHCl_3$（气）$+ H_2$（气）⟶Si（固）$+ 3HCl$（气）

$2SiHCl_3$（气）⟶Si（固）$+ SiCl_4$（气）$+ 3HCl$（气）

$4SiHCl_3$（气）⟶Si（固）$+ SiCl_4$（气）$+ 2H_2$（气）

$SiCl_4$（气）$+ 2H_2$（气）⟶Si（固）$+ 4HCl$（气）

Si（固）$+SiCl_4$（气）⟶$2SiCl_2$（气）

Si（固）$+2HCl$（气）⟶SiH_2Cl_2（气）

Si（固）$+ HCl$（气）$+ H_2$（气）⟶SiH_3Cl（气）

Si（固）$+2H_2$（气）⟶SiH_4（气）

Si（固）$+3SiCl_4$（气）⟶$4SiCl_3$（气）

当化学反应达到平衡时，气体组分中除$SiHCl_3$及$SiCl_4$外，尚含有其它成分的氯硅烷，因此硅的回收率低，仅为25%左右。经过低温（−70～−80℃）冷凝，硅的回收率可提高到80～90%，$SiCl_4$为副产品。

由于电子工业对多晶硅的纯度要求很严，特别是重金属杂质含量要降低至ppb级，因此除研究提纯工艺外，$SiHCl_3$精馏、还原过程中设备所使用材料的耐腐蚀性能，也是一个必须考虑的重要问题。

三氯氢硅氢还原的工艺过程简述如下：

三氯氢硅还原设备系统包括用超低碳含钼不锈钢及超低碳镍基合金制造并附有冷却水套的还原炉体系统、还原反应产生的废气回收系统、反应气体混合挥发器和载体供电系统等几个部分。经过精馏提纯的三氯氢硅由高纯氢气带入炉内，在控制一定温度的硅芯发热体上不断长粗，成为多晶硅棒。反应尾气中含有大量的$SiHCl_3$、$SiCl_4$、H_2以及反应产生的盐酸气等。自上往下流，经过进气管外套的逸出孔返回冷凝器中（冷凝器温度−70～−80℃），使未反应的$SiHCl_3$及$SiCl_4$在回收器中冷凝成为液体，返回粗馏塔连续使用。

(1)三氯氢硅氢还原的工艺特点。耐盐酸腐蚀材料的选择及设备加工要求很严格。目前工业上使用的耐腐蚀设备材料有两种：一种是超低碳的316L 不锈钢；一种是超低碳的镍基合金(Hestelloy C-4)。这两种材料的焊接性能都比较好。为了防止还原炉焊接部分的腐蚀，焊接技术要求很高，如果焊接部分处理失当，则焊接点就会成为最容易被腐蚀的部分。

(2)还原炉载体的选择。三氯氢硅氢还原法是将超纯硅沉积在载体上，载体所用材料的纯度及耐腐蚀性能与多晶硅纯度有密切的关系。三氯氢硅氢还原温度为1050～1100℃，因此载体也起着控制反应温度的作用。载体可用钽管或钽丝，但最好使用高纯硅芯。硅芯是在硅芯炉拉制的。硅芯炉有大真空室，可抽真空至6.5×10^{-3}Pa，也可通入氩气。操作时将细硅籽晶及纯硅分别装入上下夹头，纯硅用高频加热熔融，籽晶烤红后与中间熔体接触，籽晶和晶座以20～30r/min 的速度朝相反方向移动，拉速为10～15mm/min，约45min 即可拉制直径为5mm，长度为700～1000mm 的硅芯。

(3) 氢气净化及循环回收。氢气净化分为两步：第一步为粗净化，可在氢气站内或在多晶车间内进行；第二步为精净化，首先通过硅胶干燥剂，105催化剂脱氧器及5A 分子筛干燥器，最后经过钯薄膜净化。钯膜为钯银合金(10～40%Ag)加入Ⅰ-B 族及Ⅷ族元素制成。这种合金加热到420℃仍是微细的结晶，既不引起晶间腐蚀，也不引起氧化，在高温时，其强度大为增强，对氢气的透气性也比纯钯膜大。一定体积的钯能在常温下吸收比本身大900倍以上的氢气，称为透氢材料。无论是水电解放出的氢气或是循环回收的氢气，都要经过净化设备提纯，最后通过钯膜，氢气的纯度若以露点计算，可达到－80℃。

4. 三氯氢硅还原炉的结构及氢还原的工艺

三氯氢硅还原炉采用硅芯为发热体。纯硅在室温时电阻率很高，必须用高压电启动。还原炉是侧开门式的大型圆筒形炉，所用材料为316L 不锈钢或Hastelloy C-4镍基合金，并附有冷却水套及特殊设计的底盘。一般的还原炉内装有三对或四对硅芯，每对硅芯由长150～160mm 的短硅芯横搭连接成为门字形通路，安装在底盘上的石英套管热交换式出气口，解决排气密封问题。用带孔的石英环将铜与石墨极隔离。这样不仅可减少污染，而且还有节能效果。高纯硅芯在室温时电阻率很高，随着温度增高而逐渐减少。为了克服硅芯的冷电阻，必须进行高压启动，即施加高电压，使电流强行通过硅棒，随着温度升高，电阻率下降，然后再逐步转入中压及低压控制电源。例如使用四对硅芯发热体的电炉(每两对共用一套电气设备)，其中二对为低阻硅芯(微量掺杂的硅芯)，二对为高阻硅芯(超纯硅芯)。首先用15000V 高压电击穿二对低阻硅芯，使硅芯红热引起$SiHCl_3$氢还原反应，并烘烤二对高阻硅芯。当高阻硅芯被烤至300℃时，在600～1000V 电压下就可启动。烘烤硅芯也可用其它方法，如使用加热元件或光照法等。

还原炉的炉壁及底盘均用水冷却，控制在一定温度范围内，以保护炉体材料不受腐蚀，并防止炉壁生成“硅油”和沉积硅，因为$SiHCl_3$可按下式生成$SiCl_2$：

$$SiHCl_3 \rightleftharpoons SiCl_2 + HCl$$

二氯化硅只有在高温时才稳定，在较低温度时(例如炉壁温度低于300℃)，就会生成$[SiCl_2]_x$的高分子油状物，因此炉壁温度要控制在300℃以上。开炉前以$3m^3/h$ 的速度通入氢气20h。待硅芯加热后，控制开始反应温度1000～1020℃，沉积温度1050～1100℃。随着硅棒增大，要及时调整$SiHCl_3$及H_2用量，控制$H_2/SiHCl_3$摩尔比为15～20∶1。硅的回收率约为25%。

在$SiHCl_3$氢还原反应过程中硅的回收率低，尾气中含有大量的$SiHCl_3$、$SiCl_4$及其它氯硅烷。气相色谱分析结果表明，尾气的成分为：1.44%$SiHCl_3$、2.26%$SiCl_4$、1.9%HCl、95.1%H_2。由于尾气含有大量不冷凝的氢气，而三氯氢硅的含量低，根据$SiHCl_3$的蒸汽压曲线，必须将尾气冷凝至－70～－80℃才能将大部分$SiHCl_3$及$SiCl_4$冷凝下来。复叠式冷凝机组(由F-22及F-13组成)可以达到这个温度。回收尾气的冷凝器可以用双套管式交换器，也可用螺旋板式交换器，所使用的材料为316L 不锈钢或Hastelloy C-4镍基合金。经过冷凝回收后，$SiHCl_3$的回收率可达到80～90%。典型的氢还原数据见表17-3-8。

硅的沉积速度与还原炉大小、硅棒粗细、操作条件均有关系。小型氢还原炉的指标(其中包括电耗指标)与大型炉很难相比，并不能由此断定效率的高低。国外大型氢还原炉所生产的多晶硅直径已达150～200mm，长度超过1m，硅沉积速度大于1000g/h。

冷凝回收$SiHCl_3$及$SiCl_4$后的尾气中含有大量氢气及少量的$SiHCl_3$、$SiCl_4$、HCl 等气体，应首先经过水洗塔以除去 HCl 及残留的氯硅烷，但CO_2的含量会有所增加，要经过碱液(10%NaOH)吸收，再经过洗涤，才可返回使用。回收的氢气也同样经过净化，最后通过钯合金膜。采用这样的措施可使每千克多晶硅的氢气消耗由60m³降至4～5m³。

采用镍基合金作为精馏还原的设备材料，也已取得了良好的效果，其流程如图17-3-1所示。

表 17-3-8 $SiHCl_3$氢还原典型数据

编 号	1	2	3	4	5	6
三氯氢硅用量，kg	373	585	574	464	457	493
硅棒直径，mm	43	53	51	49	46	50
反应时间，h	109	153.4	149.1	135.7	135	148
硅棒重量，kg	17.72	27.58	27.86	21.3	21.3	233
硅回收率，%	22	22	23.6	24.6	24	24
沉积速度，g/h	170	182	175	158	148	157

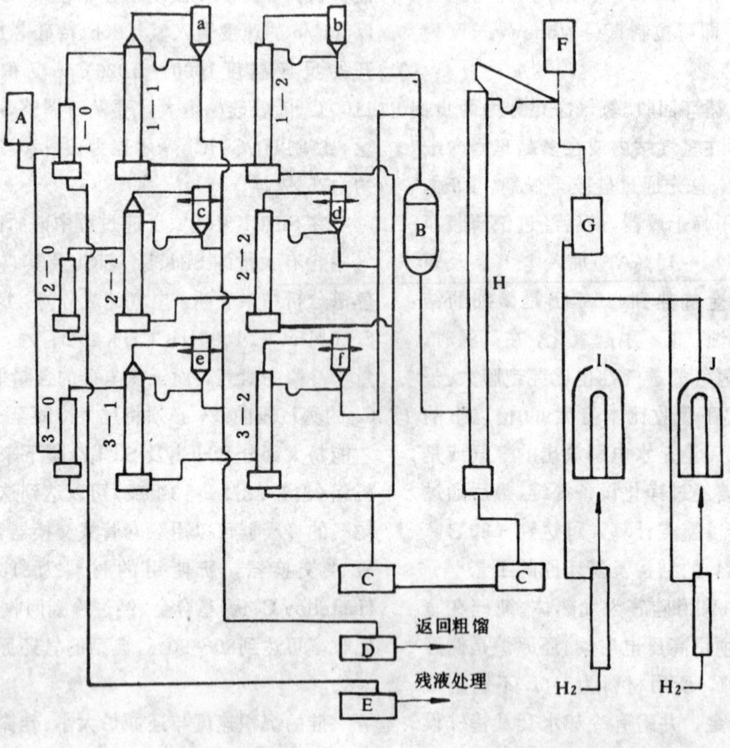

图 17-3-1 三氯氢硅提纯还原系统示意图

1-0、2-0、3-0— 蒸发加料器；H、1-2、2-1、2-2、3-1、3-2— 精馏塔；a、b、c、d、e、f— 冷凝器；
A— 原料罐；B— 中间罐；C— 高沸罐；D— 低沸罐；E— 残液罐；F— 螺旋板冷凝器；G— 产品罐；
H— 镍基合金精馏塔；I— 镍基合金还原炉；J— 不锈钢还原炉

产品质量达到N-型电阻率大于300Ω·cm，P-型电阻率大于3000Ω·cm。其中N-型电阻率大于400Ω·cm及P-型电阻率大于4000Ω·cm的比例达到77.3%。用中子活化分析的结果如表17-3-9所示。多晶硅氧含量小于10^{-7}，碳含量小于10^{-6}。

表 17-3-9　多晶硅中子活化分析结果

杂质元素	检测值，%			
	1	2	3	4
As	1.96×10^{-12}	1.77×10^{-12}	1.10×10^{-11}	8.9×10^{-12}
Sb	3.23×10^{-12}	1.68×10^{-12}	1.65×10^{-12}	4.75×10^{-12}
Mo	1.87×10^{-12}	1.41×10^{-12}	1.58×10^{-13}	8.02×10^{-13}
W	1.95×10^{-12}	1.04×10^{-12}	1.00×10^{-12}	3.33×10^{-12}
Pt	1.76×10^{-10}	3.46×10^{-10}	1.42×10^{-10}	$<4.13\times10^{-10}$
Na	5.00×10^{-11}	4.92×10^{-11}	4.93×10^{-11}	5.21×10^{-11}
Ag	$<2.12\times10^{-11}$	$<2.14\times10^{-11}$	$<2.62\times10^{-11}$	$<2.27\times10^{-11}$
Co	$<5.4\times10^{-12}$	5.28×10^{-12}	$<5.44\times10^{-10}$	$<5.32\times10^{-12}$
Cr	$<3.63\times10^{-11}$	$<3.58\times10^{-11}$	$<3.60\times10^{-11}$	$<3.68\times10^{-11}$
Hg	$<1.47\times10^{-11}$	$<1.48\times10^{-11}$	$<1.48\times10^{-11}$	$<1.23\times10^{-11}$
Ga	$<1.8\times10^{-12}$	$<1.89\times10^{-12}$	$<2.11\times10^{-12}$	$<2.08\times10^{-12}$
Au	$<2.07\times10^{-14}$	$<2.08\times10^{-14}$	$<2.1\times10^{-12}$	$<2.00\times10^{-12}$
Fe	$<2.87\times10^{-9}$	$<2.90\times10^{-9}$	$<2.77\times10^{-9}$	$<2.80\times10^{-9}$
Zn	$<1.77\times10^{-10}$	$<1.86\times10^{-10}$	$<1.81\times10^{-10}$	$<1.78\times10^{-10}$
Cd	$<4.84\times10^{-11}$	$<4.86\times10^{-11}$	$<4.94\times10^{-11}$	$<5.12\times10^{-11}$
Cu	$<2.08\times10^{-10}$	$<2.08\times10^{-10}$	$<2.08\times10^{-10}$	$<2.08\times10^{-10}$

德国瓦克化学公司是世界上多晶硅产量最大的厂家（1985年达到2800t），其多晶硅用中子活化法分析的结果见表17-3-10。

表 17-3-10　多晶硅中子活化分析结果（ppba）

元素	数值	元素	数值	元素	数值	元素	数值
Ag	0.01	As	0.01	Au	10^{-5}	Se	<0.004
Cd	<0.006	Ce	<0.006	Co	<0.002	Ti	<0.5
Cr	<0.008	Cs	10^{-4}	Cu	0.1	Sn	<0.1
Fe	<0.5	Ga	<0.02	Hf	$<2\times10^{-4}$	Zn	<0.1
Hg	<0.002	In	<0.006	K	<0.1	Ta	$<4\times10^{-4}$
Mn	<0.2	Mo	<0.004	Na	<0.4	Zr	<0.2
Ni	0.4	Pt	<0.004	Sb	0.010		

（二）硅烷热分解法制备超纯多晶硅

硅烷（SiH_4）在室温下是气体，与三氯氢硅和四氯化硅不同，加热分解即可制成纯硅。硅烷的物理特性列于表17-3-11。

表 17-3-11 硅烷的物理特性

项目	数值	项目	数值	项目	数值
分子式	SiH_4	熔点,℃	−185	潜热, kJ/mol	1234.2
分子量	32.09	比重(液态−85℃), g/cm^3	0.68	临界压力, MPa	4.82
沸点,℃	−110.5	熔化热, kJ/mol	0.67	爆炸极限,%	0~100

用硅烷热分解法制取多晶硅与三氯氢硅氢还原法相比，有优点也有缺点。硅烷热分解法成本较高，虽然生产的多晶硅纯度高于三氯氢硅氢还原法，但后者的产品质量已能满足电子工业对多晶硅的要求，因此用硅烷生产的多晶硅在市场上所占的比例很低，目前世界上只有日本小松电子公司一家用此方法生产多晶硅，所生产的多晶硅纯度很高，N-型电阻率能达到2000Ω·cm 以上，P-型电阻率高于10000Ω·cm。

1.用硅烷法制取多晶硅的优缺点

此法的优点是:(1)硅烷在700～800℃热分解生成 $Si+H_2$，没有腐蚀设备问题，而这个问题是三氯氢硅氢还原法在精馏还原过程中最难解决的。(2)在硅烷制备多晶硅的生产过程中，氢化硼与氨反应生成沉淀,因此可以完全除去硼,较三氯氢硅氢还原法在制备硅的过程中除硼容易得多，剩下的杂质为磷,在低温精馏提纯硅烷时比较容易除去,多晶硅中硼含量为0.01～0.02ppba。远较三氯氢硅氢还原法所制得的超纯硅的硼含量低；(3)硅烷中含硅最高，每制取1kg 硅只需1.14kg 硅烷。硅烷是不稳定的，热分解生成硅的反应温度较低，能耗较少。

该法的缺点是:(1)硅烷法危险性大,硅烷是一种有毒的爆炸性气体，与空气接触容易产生自燃和爆炸;(2)硅烷沸点低,低温精馏需要大量的冷冻设备；(3)成本较高。

2.硅烷热分解法制造多晶硅的生产方法

硅烷热分解法的第一步工序是使硅化镁在液氨中与氯化氨反应生成硅烷，其反应式如下：

$$Hg_2Si+4NH_4Cl \xrightarrow[\text{液氨}]{0℃} SiH_4+2MgCl_2+4NH_3$$

硅化镁的制造方法是将粉状硅在氢气氛下与镁粉于550℃下进行反应。镁的用量比制造硅化镁理论量高10%。原料拌匀后装入旋转炉加热至500～550℃，时间至少为24小时。反应完成后硅化镁在氢气氛下冷却，然后自炉内取出。硅化镁为蓝色粉末，遇空气和水汽不发生变化。

将硅化镁与氯化铵在混料机中混合，然后送入反应装置(液氨)，在8～10×10^5Pa 压力和−33℃温度下获得硅烷。这种粗硅烷以气态进入液化装置，用液氮作冷冻剂，在−180℃温度下使之液化。生成的硅烷液体经过−120℃及−140℃精馏以除去高沸点二硅烷及三硅烷，即得超纯的液体硅烷。硅烷不能接触空气，否则会发生爆炸，因此所有设备必须有严格的防爆措施，以保证安全生产。

硅烷液体在气化装置内进行汽化，然后送入热分解炉进行热分解。炉内装有硅芯。硅芯用钽棒烤热。硅烷进口设于炉子下部，使硅烷可在炉内均匀分布。排气口设在炉子顶部。炉中心及炉壳用水冷却。硅烷在炉内于700～900℃温度下进行热分解，使多晶硅沉积在硅芯上。这时因气体温度升高和分解生成的氢气增加，压力逐渐增高，当压力增至4×10^5Pa时，硅烷反应完成。生产 ϕ60mm 硅棒需一星期。多晶硅很致密，可直接用来切割成硅芯。

用硅烷热分解法制造的多晶硅纯度极高，经过五次区熔后硼含量低于0.05ppb，少数载流子寿命大于1000μs，大多用来制造区熔单晶、探测器级单晶及其它特殊用途的单晶。

小松电子金属公司还发表了用一种新型吸附剂来提纯硅烷的方法。这种吸附剂是一种交换型的分子筛A的新品种，其表达式为 (Me_xK_{12-2x}) A。其中 $X=2\sim4$。这种 $(Me^{2+}K)$ A 型分子筛是将3A 分子筛中的钾离子换成二价阳离子如 Zn^{2+}、Mn^{2+}。离子交换在80℃下进行，用 $MeCl_2+KCl$ 溶液。用这种方法提纯硅烷的过程是将粗硅烷放在储罐内加热使之气化，并通过脱水的一号分子筛填料塔。该塔填料是3A 分子筛。经脱水的气化粗硅烷再进入不锈钢制造的二、三号填料塔。后二塔内装新的填料，即新型分子筛。在进行硅烷吸附提纯以前，先将吸附剂用纯氢(经钯合金膜净化)在400℃通24小时，然后冷至室温，再将温度降至−20℃～−30℃，用甲醇为冷却剂在吸附柱外套循环。粗硅烷通过填料塔所用压力为2

$\times 10^5$Pa。经过提纯的硅烷进入硅烷热分解炉，在硅芯上沉积硅，所用温度为820～880℃。试验炉所生产的多晶硅直径为20～33mm，长度为300mm，P-型电阻率超过10000Ω·cm。这种方法尚未见有用于工业生产的报道。

（三）四氯化硅氢还原法制备多晶硅

四氯化硅易于制造，同时又是三氯氢硅氢还原法制造多晶硅及氯化法生产钛的副产品。在某种情况下可用四氯化硅氢还原法生产多晶硅，其还原反应如下：

$$SiCl_4 + H_2 \rightleftharpoons SiCl_2 + 2HCl$$
$$2SiCl_2 \longrightarrow Si + SiCl_4$$
$$SiCl_2 + H_2 \longrightarrow Si + 2HCl$$

在反应温度为1100℃且氢气混合比大的情况下，可以认为在所含有硅化物中，氢还原法排出的气体几乎全都是以 $SiCl_4$存在。

工业上制造 $SiCl_4$是在有碳存在的情况下，将氯气通入氯化炉中（有固定床及沸腾床两种），使之与 SiO_2发生反应：

$$SiO_2 + 2C + 2Cl_2 \longrightarrow SiCl_4 + 2CO$$

$SiCl_4$的沸点为57.6℃，比 $SiHCl_3$高很多，在进行精馏提纯以及氢还原过程中容易腐蚀设备。四氯化硅氢还原时，在炉壁上产生大量硅高分子油状化合物，容易产生盐酸气腐蚀金属材料。因此用四氯化硅氢还原法生产多晶硅所用的精馏及还原设备材料皆使用石英。四氯化硅氢还原的机理与对所用设备的要求与 $SiHCl_3$氢还原法大致相同。由于 $SiCl_4$与 BCl_3的沸点及蒸汽压相差比较大，只用精馏法提纯即可使 $SiCl_4$达到很高的纯度。产品的质量也与 $SiHCl_3$氢还原法制成的多晶硅大致相同，但成本很高。采用这种方法进行多晶硅工业生产的有中国的北京玻璃厂，丹麦的托普索 (Holder Topsoe) 公司等。多晶硅的直径达到55～80mm，其纯度如表17-3-12所示。

表 17-3-12 四氯化硅氢还原法（托普索）生产的多晶硅纯度

项 目	电阻率，Ω·cm	氧含量，ppma	碳含量，ppma	寿命（制成单晶），μs
数值	N-型＞700 P-型＞5000	＜0.4	≤0.6	≥1000

四氯化硅氢还原法制成的多晶硅成本较高，但其纯度高，因此产品主要用来制造区熔硅单晶，供可控硅、硅整流器及射线探测器用。

（四）联合碳化合物公司新方法

联合碳化物公司最近为降低多晶硅的生产成本，对用硅烷生产多晶硅的工艺，作了很多技术革新。其主要的改进措施是使用重分配技术，即由三氯氢硅生产二氯二氢硅，再将二氯二氢硅转换成高纯硅烷，最后把硅烷分解产生超纯硅。

此工艺采用冶金级硅及四氯化硅，经过一系列反应和提纯步骤（见图17-3-2），将其提纯为半导体级硅成品。工艺由三个主要阶段组成。

(1) 氢化。将冶金级硅、四氯化硅及氢气置于氢化反应器内，在高温、高压下反应生成三氯氢硅。反应式如下：

$$Si + 2H_2 + 3SiCl_4 \longrightarrow 4SiHCl_3$$

(2)蒸馏及重分配。在这一阶段三氯氢硅被重分配，最后形成硅烷，并且从作业流程中排出杂质。在两个装有离子交换树脂催化剂的填充床液相反应器里，按下列反应式产生二氯二氢硅和四氯化硅：

$$2SiHCl_3 \xrightarrow{\text{触媒}} SiH_2Cl_2 + SiCl_4$$

在二氯二氢硅重分配反应器里，二氯二氢硅被重分配，形成一氯甲硅烷，并迅速重分配形成硅烷。其反应式如下：

$$2SiH_2Cl_2 \xrightarrow{\text{触媒}} SiHCl_3 + SiH_3Cl$$
$$2SiH_3Cl \longrightarrow SiH_4 + SiH_2Cl_2$$

提纯系列的其余部分系由四个蒸馏柱组成，它们为反应器提供所需的进料组分并除去杂质。第一个蒸馏柱是轻组分气体的分离装置，用以清除溶解的气体，例如由氢化带来的残留氢气以及过程吹洗中带来的惰性气体；第二个蒸馏柱是把三氯氢硅和二氯二氢硅从四氯化硅中分离出来；第三个蒸馏柱给重分配反应器提供适当的进料；第四个蒸馏柱是用来清除所有的氯硅烷及其它任何杂质，同时产生极高纯度的硅烷，该柱是分离乙硼烷和硅烷的关键，而乙硼烷是系统中最易挥发的电子杂质。

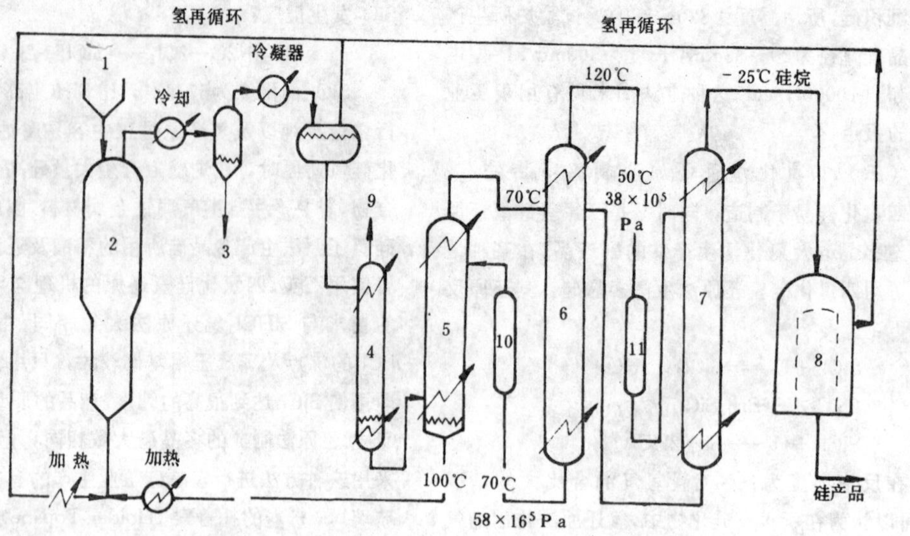

图 17-3-2 由硅烷制取硅的工艺流程示意图

1—冶金级硅进料；2—氯化反应器（500℃，35.5×10^5Pa）；3—金属氯化物废料；
4—分离柱（6.5×10^5Pa）；5—三氯氢硅柱（3.8×10^5Pa）；6—二氯二氢硅柱（22×10^5Pa）；
7—硅烷柱（24.8×10^5Pa）；8—硅烷分解反应炉；9—轻组分气体废料；
10—三氯氢硅重分配反应器；11—二氯二氢硅重分配反应器

(3)硅烷热分解。用上述方法生产的硅烷制得直径80～100mm 的超纯多晶硅棒。多晶硅棒取芯样并区熔成小单晶棒以进行多晶硅质量的验测。用液氮温度下的傅里叶变换光致发光谱(FTPL)分析施主(P)和受主杂质(硼)的浓度；用液氮温度下的傅里叶变换红外光谱(FTIR)测量碳和氧杂质含量；用高输入阻抗的四点探针测试仪测量电阻率，用高输入阻抗的二探针仪测绘出单晶锭的电阻率剖析图，并测定样品的少数载流子寿命。目前多晶硅材料的典型数据如下：硼含量小于0.06ppma（3.0×10^{12}at/cm^3)；磷含量小于0.30ppba（1.5×10^{12}at/cm^3)；碳含量小于0.5ppma；少数载流子寿命为5mSiN-型电阻率大于1000Ω·cm。该公司正在进一步研究将硼含量降至0.1ppba 以下，碳含量小于0.2ppma。

某些特殊的用途需要更高纯度的硅材料，如用于制备高压固态功率器件、高性能的民用和军用红外探测系统的电子传感器等。要进一步将杂质含量降至 ppt 级，这一方法的发展有可能进一步提高多晶硅的纯度。

第二节 单晶硅的制备

一、直拉法制备硅单晶

现代半导体器件所用的硅单晶绝大部分是直拉单晶（占80％以上)。这种拉晶方法的基本原理是根据切克拉斯基（Czochralski）的发明加以发展而成的，拉晶的基本方法如图17-3-3所示。

拉晶操作的第一步是将盛于坩埚中的多晶硅熔化，炉内通氩气，坩埚托用高纯石墨制造，炉子用电阻加热，保温器为用306L 不锈钢材料制成的石墨炉，炉体有夹套，用水冷却。掺杂剂可加入坩埚或用已掺杂的原料。硅料熔化后，将已经定向的籽晶缓缓向下移动浸入熔体，有意识地将籽晶熔化一小部分，以便熔体润湿籽晶。当达到热平衡时就可以开始拉晶，籽晶自熔体中缓缓向上移动，同时降低熔体温度，其结果是硅在固液交界面上凝固，与籽晶具有同一晶向。再进一步降低熔体温度，直径即逐渐加大，称为放肩。在操作时，晶体与坩埚同时转动，但方向相反，以保持熔体的均匀性。当直径达到预定要求时，要控制热场及其它拉晶参数，使硅单晶以等直径生长。

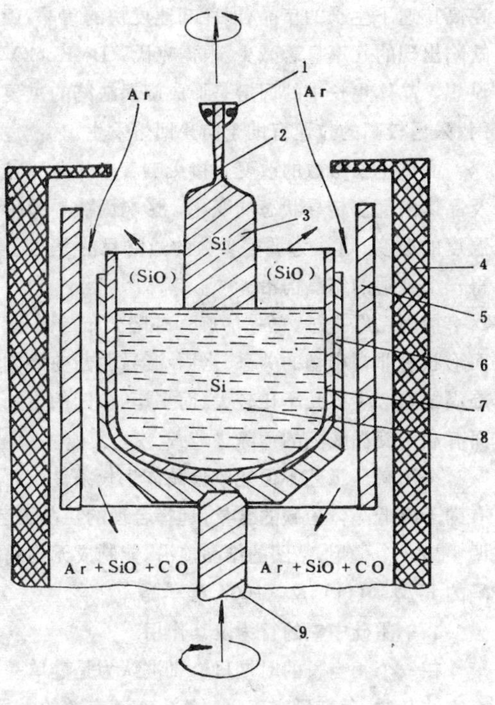

图 17-3-3 直拉单晶法示意图

1—籽晶夹子；2—晶颈；3—晶体；4—保温罩；5—加热器；6—坩埚托；7—坩埚；8—硅熔体；9—坩埚轴

硅完全熔化后，熔体的温度在短时间内仍继续增高，这是因为在熔化时，特别是在快速熔化时，加热器与坩埚之间需要有一适当的温度差，在晶体生长以后，则熔化热应该在最短时间内很快地传送过去。在晶体生长的很长时间内能放出热能，为了使温度过高现象降至最低限度，加热量需降至能达到晶体得到完全熔化以前的暂短时间内晶体生长所要求的数值。在晶体生长时，整个炉子包括坩埚及熔体须达到热平衡状态。这意味着炉内任何点都不应再有温度变化，而温度差应保持稳定，换句话说，加热与放热要保持平衡。

判断熔体温度是否合适的一个简单办法是将籽晶放入熔体而考察其熔化行为。在晶体生长过程中要使用温度自动控制设备（如红外监测控制装置）。

制备现代化集成电路用等电子器件用的直拉硅单晶，首先要有纯度很高，质量稳定的多晶，然后要掌握准确掺杂的技术并得到晶体完整性好的单晶。为了制备结构完整，体性质均匀的硅单晶，要考虑以下几个主要问题。

1. 固液交界面的控制

生长界面形状是影响单晶质量的关键因素，它对晶体完整性，径向电阻率均匀性影响很大。弯曲的界面使晶体热应力增大，导致位错增加。

生长界面的形状是由热场和生长条件决定的。热场是由热系统造成的温度分布。这种分布可分解为轴向与径向分布。为使整个锭长上得到平坦的界面，要选择良好的热装置，同时还要选择较大的轴向温度梯度。除选择较好的坩埚位置外（坩埚位置是指坩埚托座上口相对于加热器的高度，并假定超出加热器上口为正，反之为负，最佳位置是指在规定的其他条件下，能得到平坦界面时坩埚位置），还要采取增加炉底的保温，减少坩埚托的热损失以及加厚托底等措施。

晶体缺陷分布与固液交界面的形状，也有着密切的关系。一般当固液交界面凸向熔体时，旋涡缺陷产生的几率就比较大。而平坦，微凹的生长界面，则有助于缺陷的消除。如图17-3-4所示。

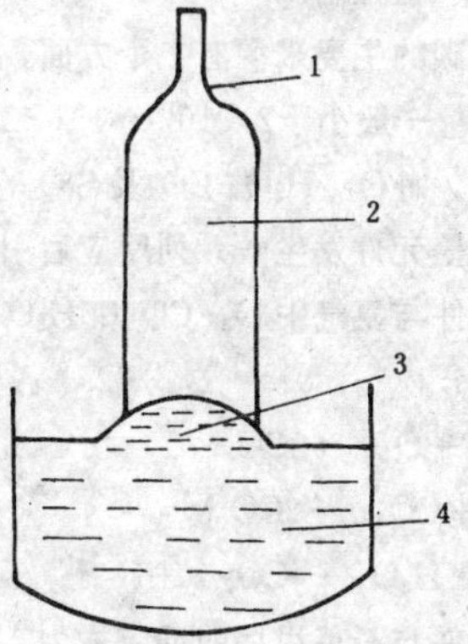

图 17-3-4 固液界面形状与过冷度之间的关系

1—籽晶；2—单晶；3—过冷区；4—熔区

微凹的结晶前沿有一个较大的过冷区，这样便减少了熔体热流对界面附近温度的影响，保证了界面附近的热稳定性，从而避免了周期性的回熔现象。

晶体生长的参数的改变直接影响着熔体内部热流以及晶体内部热传导的变化，影响固-液界面附近温度的改变。一般采用调整热场和拉晶工艺参数，获得合适的结晶前沿的方法来提高单晶径向电阻率均匀性和晶体完整性。

2. 无位错硅单晶

现代生产的硅单晶都是无位错单晶，最初发明人为达氏（Dash）。他所使用的方法是缩颈法。籽晶选用无位错硅单晶制成，直径约为10mm。加快拉速，形成细颈，晶体直径逐渐降至2～4mm。然后根据单晶晶向的不同，加快拉晶速度，最快为6mm/min。如〈111〉晶向晶体不需要太细的细颈，但要求高的生长速度；与之相反，〈100〉晶向晶体需要细颈，但生长速度较慢。如果条件控制适当，拉完几厘米后晶体即成为无位错的单晶。鼓棱（ridges）技术最先用于制备无位错区熔单晶，后来这项技术也用于制造无位错直拉单晶。

3. 无旋涡缺陷的硅单晶

大规模集成电路用的硅材料为直拉硅单晶，在对单晶晶体完整性方面，除了要求无位错缺陷之外，还要求无旋涡缺陷。硅单晶中如有旋涡缺陷，在器件制造过程中会进一步发展，从而产生缺陷如引入层错、降低器件反向耐压特性等不良后果，因此在硅单晶制造过程中要消除旋涡缺陷。

硅单晶中的碳是一种有害杂质，它不但严重影响器件性能，而且也是形成旋涡缺陷的重要因素之一，因此须严格控制。

单晶中碳的主要来源有二个方面，一是多晶硅中的碳，含量一般小于$2\times10^{16}cm^{-3}$；二是通过炉内的残余气体，如O_2、H_2O、CO_2及SiO等，与处于高温状态的石墨元件发生一系列反应后引入的。

石墨元件与氩气中O_2、CO_2和H_2O等残余气体的反应如下：

$$2C+O_2 \longrightarrow 2CO\uparrow$$

$$C+CO_2 \longrightarrow 2CO\uparrow$$

$$C+H_2O \longrightarrow CO_2\uparrow+H_2\uparrow$$

石墨元件与石英坩埚的反应式为：

$$C+SiO_2 \longrightarrow CO\uparrow+SiO\uparrow$$

石墨元件与SiO的反应式如下：

$$SiO_2（石英坩埚）+Si（熔硅）\longrightarrow 2SiO$$

$$SiO+C \longrightarrow CO\uparrow+Si$$

产生的CO与熔硅作用形成SiO和碳而留在硅的熔体中。

上述的反应产物一般均停留在熔体上方，停留的时间越长，作为杂质的碳引入熔体中的几率越大，污染越严重。采用减压拉晶技术有助于反应产物的排除。减压拉晶技术可使炉内热场得到控制，温度分布均匀，炉室内压力可保持在$1.3\sim1.9\times10^3$Pa。在小型试验炉（拉制ϕ40～50mm硅单晶）内氩气的流速为6～8L/min。

旋涡缺陷还与晶体生长工艺有关。试验结果表明，低拉速下生长的单晶出现旋涡缺陷的几率大；而在高拉速下生长的单晶，即冷却速度快的单晶，旋涡缺陷出现的几率显著减少。根据克氏（De Kock）的设想，晶体生长中的回熔是形成旋涡缺陷的重要原因。采用较高的拉速有助于防止回熔发生。

晶体生长参数的改变直接影响着熔体内部热流及晶体内部热传导状态的变化，影响固液界面附近温度的改变。可认为调整参数的最终目的是为了获得一个合适的结晶前沿。

前面已经提过，晶体的旋涡缺陷分布与固-液界面形状有非常密切的关系。当固-液界面凸向熔体时旋涡缺陷产生的几率比较大，而平坦、微凹的生长界面有利于旋涡缺陷的消除。

采用减压工艺不但能改善晶体生长条件，而且有助于降低晶体中碳的含量。选择合理的拉晶工艺，调整出一个平坦、微凹的结晶前沿，能制成无旋涡缺陷的P-型〈111〉及〈100〉硅单晶。

4. 单晶硅中氧的行为及其作用

在一个相当长的时期里，氧被认为是硅单晶中有害的杂质。后来研究表明，氧也有其有益的方面：

（1）一般直拉单晶中氧含量可达10～50ppma，在熔体生长的单晶中，氧呈间隙形的Si-O-Si的硅氧键。这种硅单晶在300～500℃下，最好是在450℃下进行热处理，会造成施主浓度的增加。这种施主称为热施主，是SiO_4的络合物造成的。经过一段时间的热处理，施主浓度又开始降低，据认为是由SiO_4变成SiO_5或SiO_6的结果，而这两种化合物被认为是中性的。若硅中的氧含量高过一定浓度，在热处理时过饱和的氧就呈沉积物析出。沉积物的生成速率和浓度取决于原始氧的浓度与热处理时间。1000℃以上热处理时除SiO_2沉积物外，还有一些结构缺陷。沉积物既可生成位错簇、层错，也可形成棱形位错环。

（2）氧对硅的固化作用。有人利用硅片上因热扩散作用而形成不同深处的氧含量变化，测得硅片内部（含氧$8.0\times10^{17}/cm^3$）的剪应力比表面（含氧$2.6\times10^{17}/cm^3$）高三倍，这表明氧对位错具有钉扎作用。

（3）氧的吸收作用。氧的吸收作用既有利于外延（双极性器件），也有利于晶体表面层（MOS器件）。有人进行了直拉单晶的氧化试验，采用瑟氏（Sirtl）腐蚀的方法研究了氧化温度（900、1000、1100、1200℃）与蚀坑密度的关系，并采用分步腐蚀工艺研究了沉积物在硅片表面下不同深处的分布。发现在1100℃和1200℃氧化的硅片表面的蚀坑很少，而在表面下22～23μm处则有较高密度的蚀坑分布。为了研究对MOS器件的影响，在硅片表面做了MOS电容。测量的结果表明，在1100℃下电容器的存储时间最长，这是由于硅中的金属杂质在处于深处的氧的沉积物上偏析与沉积而离开了表面。由此可以看出，氧对硅表面活化区的杂质及点缺陷具有吸除作用，这对集成电路工艺是有益的。

5. 硅熔体的热对流

现代大型单晶炉发展到装料60kg、生产直径大于150mm的硅单晶。在这样大的熔体中，流体的对流模式变得更为复杂，从而对晶体质量控制产生了影响。在坩埚中，硅熔体的流体力学，特别是对流现象是很复杂的，图17-3-5是坩埚内基本流体模式的示意图。

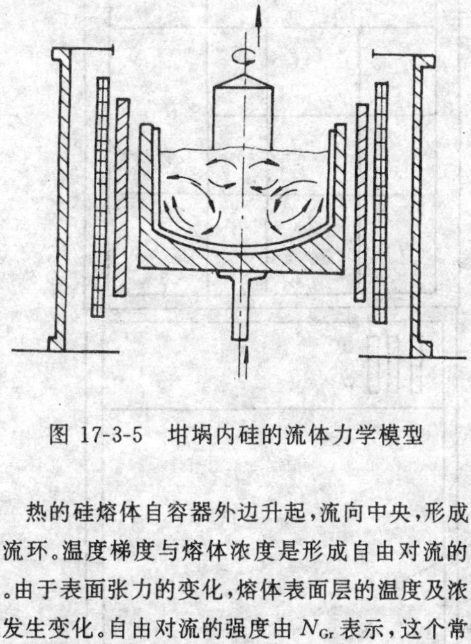

图 17-3-5　坩埚内硅的流体力学模型

热的硅熔体自容器外边升起，流向中央，形成一对流环。温度梯度与熔体浓度是形成自由对流的动力。由于表面张力的变化，熔体表面层的温度及浓度也发生变化。自由对流的强度由N_{Gr}表示，这个常数与坩埚直径的三次方成正比，而与硅熔体动粘度的二次方成反比。自由对流使凝固速度发生不可控的变化，因而影响靠近熔体的界面的扩散层厚度，从而造成宏观及微观的不均匀性。为了抑制这种结果，要通过晶体转动进行控制对流。晶体下面固液交界处的流体模型为层流，可用雷诺数来表示。它与晶体半径的二次方成正比，与动粘度成反比。这样就有一个具有均匀厚度的扩散界面层，减少了自由对流的影响。从熔体中氧含量的影响和纵向分布可以看出熔体流动的情况。

熔体中对流方式和强弱是影响晶体质量的重要因素。如果能有效地控制熔体的对流，就可以控制晶体中的氧含量等一些参数，如抑制热对流可以降低硅单晶中氧含量。

熔体的对流模式也可以随着外部控制加以改变，如可以在单晶炉外加上磁场以控制热对流。美国Seltic公司设计制造的860-D型的磁场拉晶炉，附有可产生0.2～0.5T的水平磁场设备，能够抑制熔体流动的热对流。

6. 现代的直拉硅单晶炉

由于电子工业对硅材料的质量要求日益严格，需求量也大量增加，因此需要有大型、精密的高水平直拉单晶炉（见图17-3-6）。大型单晶炉目前世界各国均有生产，其中美国哈姆可（Kayex-Hamco）公司制造的新型大单晶炉是较先进的炉种之一。该炉具有以下特点：

(1)采用软性钢缆作为籽晶轴，使炉子高度大为降低，炉内仅为4.216m，但提拉行程长达2.519m，且易于装配、检修和拉晶操作，同时能保持良好的垂直度和减震效果。

(2) 电控系统功能全，精度高，稳定性好。该炉除具有温度自动控制系统和电机调速控制系统外，还具有光环法单晶直径自动控制系统，坩埚位置自动跟随系统，单晶重量指示系统以及单晶直径、拉速和温度三笔式记录仪。各拉晶有关参数，包括驱动速度、晶升和埚升位置，晶重、气压等数据，都采用数字显示仪表指示。

(3) 炉室结构为顶开式，采用液压传动。炉体上部及主炉室可分别转开，悬挂在炉子外侧，便于装拆热场系统和清洁炉内各部。炉子结构简单合理，装拆和维修方便。

(4)具有各类自动联锁和保安措施，如水流继电器、电源过流保护、防硅漏措施，炉体安全泄压阀等，能确保拉晶时的人身和设备安全。

这种大型单晶炉的主要技术性能为：晶体最大直径100mm；晶体最大重量12kg；坩埚最大尺寸254mm；拉晶最大行程2m；坩埚最大升降距离292mm；籽晶升速0～5cm/h（手动），150mm/min（快速）；坩埚升速0～250mm/min；籽晶转速0～50r/min；坩埚转速0～20r/min；最高炉温1500℃；炉子最大功率125kW，0～60V，0～2080A；炉内气压（真空度）2.6Pa，（充氩气拉晶）2.6×10³Pa；炉子最大高度4.216m；炉子占地面积3×2m。

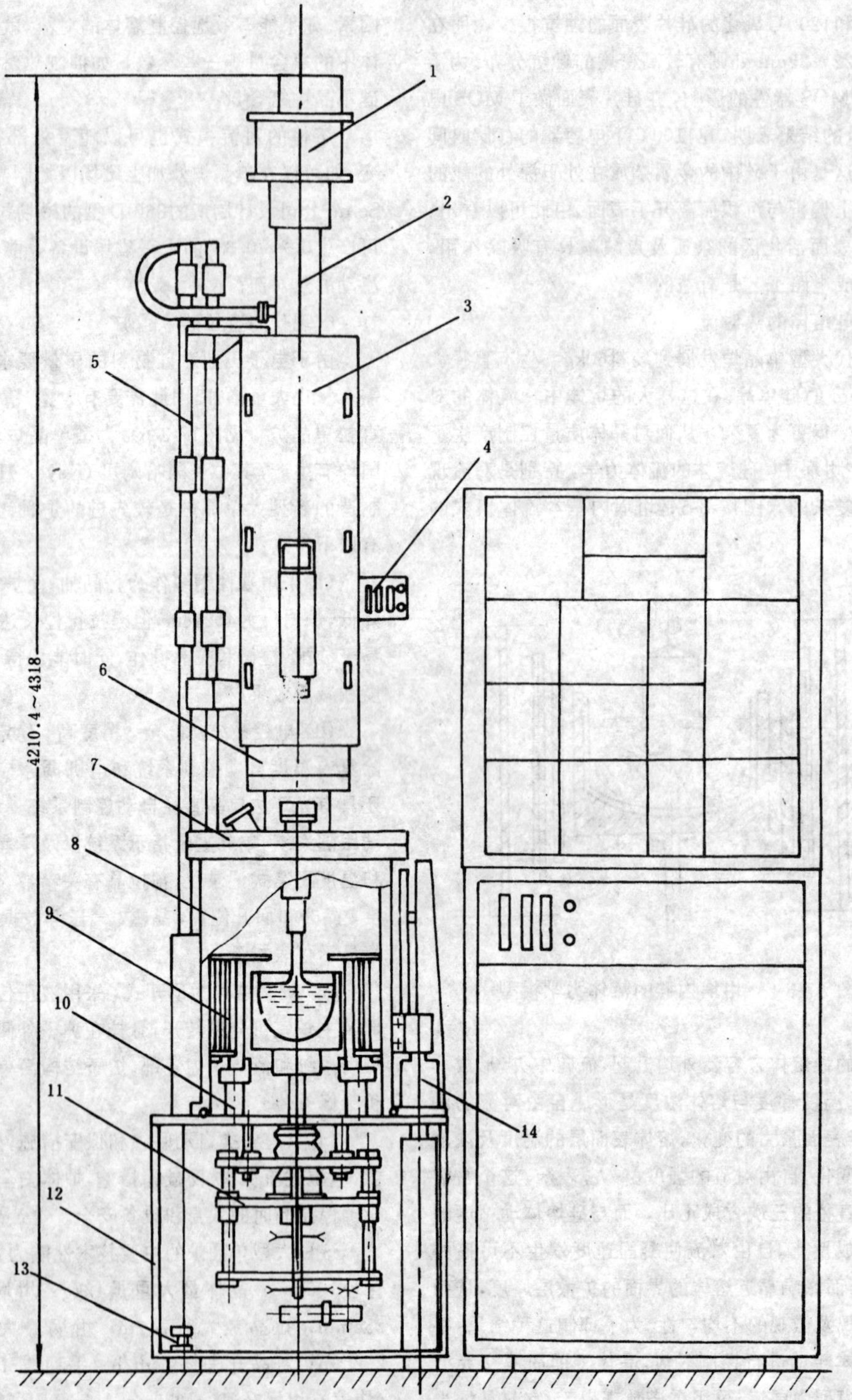

图 17-3-6 CG-2000RC 型硅单晶炉示意图

1—籽晶驱动装置；2—接脖子；3—拉晶室；4—充氩系统；5—拉晶室提升装置；6—真空隔离阀；7—炉盖；8—炉筒；9—热场；10—面板；11—坩埚驱动装置；12—炉架；13—调节螺丝；14—炉筒提升装置

用这种单晶炉能稳定地控制各种晶向（如〈111〉、〈100〉等）的P-型或N-型直径75～100mm的优质硅单晶。

7. 直拉法制备硅单晶所用的高纯石英坩埚。

硅的熔点很高，在高温拉晶情况下硅熔体能与石英坩埚发生反应，因此所用的石英坩埚必须是高纯度的，以免将杂质引入单晶硅。石英坩埚与硅熔体反应缓慢。虽然氧在熔体硅中最大溶解度为44ppma，但在目前拉晶情况下，如采用前面所述的通氩气减压拉晶法，硅与熔体反应生成的SiO可以很快地从熔体中蒸发出去，因而硅熔体中的氧并不能达到饱和。

石英坩埚必须是熔凝石英而不是晶体二氧化硅。因为二氧化硅晶体在275℃左右时有β型石英到α型石英的晶体转变，会导致开裂。石英坩埚有透明石英坩埚及不透明石英坩埚两种，纯度要求很高。两种坩埚纯度的比较如表17-3-13所示。

表 17-3-13　两种石英坩埚纯度比较表（ppm）

元素	透明石英坩埚	不透明石英坩埚	元素	透明石英坩埚	不透明石英坩埚	元素	透明石英坩埚	不透明石英坩埚
Al	10	200～500	Ca	0.8～3	30	Na	0～2	30
B	<0.1	—	K	0.8	—	P	0.1	—
Au	0.0003	—	Cu	0.07	0.4	Ti	0.8	10～160
Fe	0.8	7～80	Li	0～2	—	Sb	0.15	—

8. 单晶硅的掺杂技术

掺杂技术是为控制硅单晶的电学性质而向硅中掺入一定杂质的方法。改变硅单晶导电型号的杂质有两类，一类是周期表中的Ⅲ-A族元素硼、铝、镓；另一类是Ⅴ-A族元素磷、砷、锑。前者使硅呈现空穴型导电，即P-型；后者使硅呈现电子型导电，即N-型。根据需要选用某种杂质后，掺入数量的多少就决定了硅单晶电阻率的高低。其关系式为：

$$\rho = 1/ne\mu$$

式中　ρ——电阻率，Ω·cm；

n——为载流子浓度，个/cm^3；

e——为电子电荷，C；

μ——载流子迁移率，$cm^2/V\cdot s$。

在选择掺杂元素时首先要了解掺杂元素的物理化学性质，如表17-3-14所示。

表 17-3-14　硅中各种杂质的性质

元素	分凝系数 K_C 或 K_{eff}	最大的固体溶解度，原子/cm^3	最高溶解度的温度，℃	熔体的扩散系数，cm^2/s	蒸发速度 cm/s	四面体共价半径，nm
Li	1×10^{-2}	6.5×10^{19}	1200			0.123
H		1.7×10^{19}				0.030
Cu	4×10^{-4}	1.5×10^{18}	1300		4×10^{-5} 8×10^{-5}	0.135
Ag	约1×10^{-6}	2×10^{17}	1350		8×10^{-4}	0.153
Au	2.5×10^{-5}	1.2×10^{17}	1300		1.5×10^{-5}	0.150
Zn	约1×10^{-5}	6×10^{16}	1325			0.131
Cd	约1×10^{-6}					0.148

续表 17-3-14

元素	分凝系数 K_C 或 K_{eff}	最大的固体溶解度，原子/cm^3	最高溶解度的温度，℃	熔体的扩散系数，cm^2/s	蒸发速度 cm/s	四面体共价半径，nm
B	8×10^{-1}	1×10^{21} 6×10^{20}	1410	2.4×10^{-3}	8×10^{-6}	0.088
Al	2×10^{-3}	2×10^{19} 5×10^{20}	1100 1030	2.0×10^{-4} 2.3×10^{-5}	1.6×10^{-4}	0.126
Ga	8×10^{-3}	4×10^{19}	1250	4.8×10^{-4}	2×10^{-3}	0.126
In	4×10^{-4}	4×10^{17}		6.9×10^{-4}	8×10^{-3}	0.144
Tl	1.7×10^{-4}			7.8×10^{-4}		0.147
C	6×10^{-2} 7×10^{-2}	3.5×10^{17}	1410	2×10^{-4}		0.077
Ge	3.3×10^{-1}					0.122
Sn	1.6×10^{-2}	5×10^{19}	1200			0.140
N	7×10^{-4}	5×10^{15}	1410			0.070
P	3.5×10^{-1}	1.3×10^{21}	1200	2.3×10^{-4} 5.1×10^{-4}	1.6×10^{-4} 4×10^{-4}	0.110
As	3×10^{-1}	1.8×10^{21}	1150	3.3×10^{-4} 2.4×10^{-4}	4.7×10^{-4}	0.118
Sb	2.3×10^{-2}	7×10^{19}	1325	1.5×10^{-4}	1.3×10^{-1}	0.136
Bi	7×10^{-4}	8×10^{17}	1325			0.146
O	1.40	2×10^{18}	1410	3.3×10^{-4}		0.066
S	约1×10^{-5}	3×10^{16}	1325	2.4×10^{-4}		0.104
Cr	2.8×10^{-5}					
Ti	9×10^{-6}					
V	1×10^{-5}					
Mn	1×10^{-5}	3×10^{16}	1325		4×10^{-4}	
Fe	8×10^{-6}	3×10^{16}	1325		4×10^{-5}	
Co	8×10^{-6}	2.3×10^{16}	1325		2.1×10^{-5}	
Ni	3×10^{-5}	8×10^{17}	1300			
Mo	4.5×10^{-8}					
Ta	1×10^{-7}					
Pt		$>4\times10^{17}$				

从表中可看出，磷和砷的溶解度较大，利于掺制极低阻的材料。有些元素，如硼、铝、磷、砷等，在硅晶格中都以替代型原子存在。杂质原子半径应尽可能硅原子半径相近，以减小晶格应力，从而利于制备低缺陷的单晶。例如，因锑的原子半径太大，因此在拉制重掺锑单晶时，要获得无位错单晶比较困难，从而严重影响成品率。已知硼、磷、砷的分凝系数较大，对掺杂工艺有利，否则必须在熔体中加入过量的杂质才能使晶体中的杂质浓度合乎要求。

直拉法制备硅单晶的掺杂技术有两种方法，一种是元素掺入法，即将掺杂剂以元素状态投入硅熔体中，一般在制备重掺杂单晶或制备母合金掺杂剂时采用这种方法；另一种方法是掺杂准确性较高的母合金掺入法，即将含杂质较多的硅基合金作掺杂剂，主要用于制备中、高阻的单晶。

掺杂技术是制备高质量硅单晶的一种重要手段。影响掺杂准确性的因素有：

(1) 原料。如原料纯度差，含杂质多，会因补偿度大而难以制备高、中阻单晶，故应使用高纯原料。

(2) 坩埚。如坩埚纯度不够，含硼、铝杂质高，则不利于拉制N-型高阻单晶，特点是晶体的尾部电阻率的补偿作用变得很高。

(3) 石墨污染。石墨系统的沾污很大，特别是在拉制高阻单晶时，必须先仔细擦炉子，并经过多次高温真空煅烧，然后装一炉高阻原料试炉，如拉出的晶体电阻率符合原定值，表明石墨系统已经清洁，才可拉制单晶。

(4) 拉晶参数。晶体直径、拉速、温度、真空度和气压等参数影响杂质的分凝和蒸发效率等，从而会使晶体的电阻率发生变化。

(5) 拉晶时间。由于磷、砷、锑的蒸发性较强，拉制时间的长短会使这些元素的浓度发生变化，特别是在拉制N-型高阻单晶时，如时间过长，不仅电阻率难以控制，而且会增加坩埚熔入的杂质，从而降低单晶的内在质量。拉晶要掌握准确的时间。

二、区熔法制备硅单晶

由于熔融硅的密度低($2.42g/cm^3$)，表面张力大($0.72\times10^{-3}N/cm$)，因此熔融硅可以由射频（高频）电场的悬浮效应形成熔区，从而可对硅进行悬浮区熔提纯。但由于硼、磷、砷等在硅中有不利的分配系数，因此区熔法并不作为提纯硅的手段，而是作为成晶手段。用这种方法制成的硅单晶称为区熔硅单晶（FZ-Si）。区熔单晶不用坩埚，没有杂质污染，纯度较高，但晶体完整性不如直拉硅单晶。目前区熔硅单晶主要用于硅整流器、可控硅等功率器件。

功率器件和硅辐射探测器都要求高纯硅单晶，因此区熔硅单晶对多晶硅的纯度要求也比较高。悬浮区熔在技术上要比水平区熔(即装在容器内)复杂得多，参数也要求更多，其原因之一是稳定悬浮的熔区很不容易。试验证明熔区长度不能超过30mm。加热线圈的电磁场对硅熔体的力与硅的表面张力是在一个数量级上，这对加大熔区是有利的，对利用线圈形式控制熔区来生长硅晶体也有重要意义。固液界面的张力有助于熔区的稳定性，但熔区底部的生长界面及熔区顶部表面熔化界面的形状也必须加以考虑和控制。实践证明，晶体生长界面呈微凹形，是受抑制的，而上面的溶化界面呈凸形，也就是伸向熔体。熔区产生振动有两个原因，一是区熔设备包括细籽晶，细颈及生长的晶体对低频振动很敏感，因此要增加支持晶体的设备，以防止发生较强的振动而导致熔硅的损失；二是如果高频电源脉动太多，则控制熔区的线圈磁场也是一个振动的来源，因此有良好整流的直流电对高频电源发生器的电力供应来说是必要的。

（一）制备无位错区熔硅单晶

在区熔操作过程中安装沿〈111〉晶向偏角为0°的籽晶，调平固-液交界面，并在生长过程中用加热功率和熔区的重力来改变由表面所产生的压强作用，当达到无位错后生长出现多条“鼓棱”，如〈111〉晶向偏离3°以上的籽晶就生长出一条鼓棱的单晶，其断面形状为包形（Ridge）。无论放肩过程“甩包”和“合棱”是何种类型，几乎全部是鼓棱单晶的样品，其“鼓棱”所凸出的方向就是该晶体生长偏离〈111〉的方向。由此可见，“鼓棱”硅单晶的生长过程就是具有面心立方晶格结构的硅单晶在一定热场和力场条件下(达无位错条件时)的一种结晶特性发展的过程。此过程是由结晶取向及表面张力同外界的热场及力场这两个主要因素所构成的运动。

区熔生长无位错单晶的过程由以下五个阶段所组成：

(1) 引晶“缩颈”阶段；

(2) 放肩“甩包”阶段；

(3) 转肩“合棱”阶段；

(4) 等径“鼓棱”阶段；

(5) 末尾“收棱”阶段。

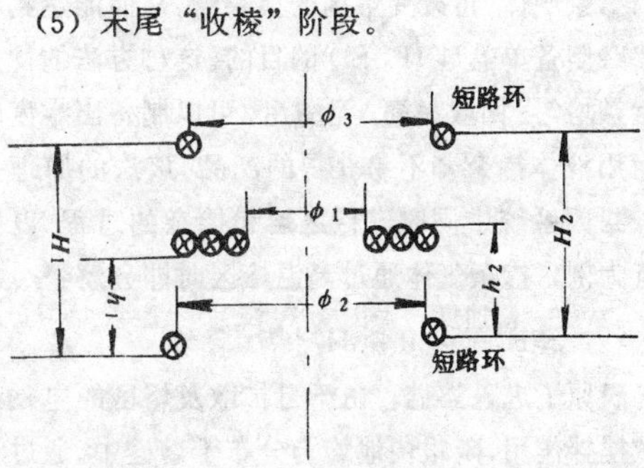

图 17-3-7 区熔线圈结构示意图

ϕ—直径；H—距离

控制区熔单晶时，高频线圈结构极为重要。高频线圈的结构有各种不同的设计，其中一例见图17-3-7。

一般在生长ϕ50～65mm左右的硅单晶时比较容易生长出无位错单晶。但在生长更大直径如ϕ75mm的硅单晶时则无位错操作容易受到破坏。这是由于晶体放肩部散热条件发生变化，有温度骤变，从而影响晶体完整性。因此要采取相应的措施以防止无位错单晶受到破坏。这些措施有：

(1)装设石英保温环，即在主加热线圈下方10～20mm处同心地套装一个ϕ100/ϕ120×L150～180mm的双层透明石英筒，单晶肩部生长出来后进入保温筒内，这样就不容易产生温度突变现象，使拉晶操作顺利进行。

(2)平滑地改变原料压速和高频加热功率，以保证区熔成晶的操作过程。

（二）区熔硅单晶的掺杂技术

区熔法所采用的掺杂技术与直拉法有很大的不同。区熔法熔区很窄，仅占整根棒的十分之一。如在起始熔区中掺入杂质，区熔时熔区后方将不断析出晶体，而前方却在不断熔入高纯的硅料，从而使熔区中的杂质浓度迅速降低，其结果是晶体中仅头部杂质浓度高，后面部分杂质浓度很快减少。因此区熔法不能采用直拉单晶的一次掺入法，必须连续地掺入杂质才能获得轴向电阻率分布均匀的单晶，采用的方法主要有以下几种。

1. 气相掺杂法

这种方法是在区熔线圈附近装设一石英喷嘴，连接石英管道至炉外，通过阀门连接到装有掺杂气体的容器上。掺杂气体为磷化氢（PH_3）或硼化氢（B_2H_6）。在进行区熔成晶过程中，通过控制进入炉室的掺杂气体，可改变熔区的掺杂量，从而能达到精密掺杂制备单晶硅（F_2-Si）的目的。这种方法的优点是掺杂均匀、回收率高、无沾污，可以制备出难度较高而用液体掺杂却不易获得的产品。该法的原理是在一封闭系统中同时进行区熔和掺杂的过程。以磷化氢为例，掺杂气体通过高温熔区时即分解：

$$2PH_3 \xrightarrow{\text{加热}} 2P + 3H_2\uparrow$$

磷原子进入熔硅，由于自扩散及熔区的电磁和机械搅拌作用，磷很快地均匀分布于熔硅中。通过结晶界面的移动，磷以晶格式原子填入硅中，起着N-型导电作用。PH_3气体的浓度、流量直接影响掺杂电阻率的高低。配置适当的PH_3浓度，加上较为精确的流量控制和合适的熔区移动速度，可以达到准确和均匀掺杂的目的。这种掺杂法可达到以下的指标：(1)可掺电阻率范围为10～120Ω·cm；(2)一次掺杂合格率平均86.3%左右，最高达90%以上；(3)单晶电阻率纵向均匀性平均为±16.5%，最小可达±6%；(4)截面电阻率均匀性不大于15%的占84.8%，不大于20%的占100%；(5)少数载流子寿命大于200μs，最高可达1000μs以上，氧含量（0.5～2.5）×10^{16}原子/cm^3，碳含量（1～3）×10^{16}原子/cm^3，无漩涡缺陷。

2. 棒孔掺杂法

有的多晶硅厂不使用硅芯发热体制备多晶硅，而是将钽制发热管用于还原炉中。区熔前用酸腐蚀法将硅棒中的钽管腐蚀掉，形成一条贯穿硅棒的孔道，将母合金塞入孔道进行区熔，从而使掺杂剂能连续地熔入硅中。选用一定杂质浓度如1.7×$10^{16}$$cm^3$的母合金，切成2.2×2.2mm的长条，塞满全棒孔洞，区熔即可制成F2-Si单晶。这种方法的优点是能准确并均匀地进行掺杂，缺点是合金要切条，还要消耗贵重的钽。

3. 乙醇溶液掺杂法

将高纯的P_2O_5或B_2O_3按一定比例加入纯净的无水乙醇中，摇动瓶子使其混合均匀，配制成掺杂液涂在多晶表面上，挥发后即可装炉制备区熔硅单晶。

4. 中子辐照掺杂法

这是一种多晶硅掺杂制备区熔硅单晶的新方法，称为NTD法。这种方法的基本原理是利用硅的同位素嬗变。硅由三种同位素混合物组成：^{28}Si占92.21%、^{29}Si占4.70%、^{30}Si占3.09%。将区熔生长的超纯硅单晶放入原子反应堆中进行中子辐照，发生了下述反应：

$$^{30}\mathrm{Si}\,(\eta\gamma) \longrightarrow {}^{31}\mathrm{Si} + \gamma\text{射线} \longrightarrow {}^{31}\mathrm{P} + \beta\text{射线}$$

即硅单晶中的^{30}Si获一热中子变为不稳定的同位素^{31}Si，它以2.62h的半衰期放出β粒子，衰变为稳定同位素^{31}P而起施主作用。然后将样品退火处理以消除高能中子即快中子所造成的损伤。

这种掺杂法得到的施主磷是均匀地包含在固体硅中，掺杂分布非常均匀，掺杂的准确度为±5%。用这种方法制备掺杂硅单晶，虽然价格高一些，但无论在性能上，还是成品率上，都较其它掺杂方法所生产的区熔硅单晶优越得多，该法已大量用于实际生产，制成的硅单晶供功率器件使用。但电阻率在10Ω·cm

以下的区熔硅单晶，由于经济及安全方面的原因，仍采用其它掺杂方法进行生产。丹麦托普索公司规定中子掺杂的硅单晶电阻率为10～105Ω·cm，实际可达到5～400Ω·cm。

由于$^{31}Si \longrightarrow {}^{31}P$的半衰期只有2.62h，如果知道反应堆的中子通量及目标电阻率，就可以根据下列关系或算出所需的辐照时间，得到所需规格的产品：

$$[N_P] = d \cdot \sigma \cdot \phi \cdot t$$

式中　$[N_P]$——磷浓度（由目标电阻率推算）；

d——^{31}Si浓度，$1.53\times10^{21}/cm^3$；

σ——^{30}Si的俘获截面积，0.136×10^{-24} $cm^2 \cdot s$；

t——辐照时间。

这种掺杂技术对反应堆的要求是：热中子通量与快中子通量比要大，最好在50～100以上；热中子通量不小于$10^{12}N/cm^2\cdot s$；对于辐射直径为50mm的单晶体，反应堆辐照装置要足够大，直径不小于100mm。

硅单晶在中子照射中，γ射线引起的晶体缺陷可以在200～300℃温度下退火处理加以消除，但由于快中子引起的缺陷消除较为困难。托普索公司将厚度为0.75mm的硅片在750℃的氩气氛下处理2min，即可使硅片的电阻率稳定，以后即使在1280℃温度下进行16h热处理，电阻率仍可以保持不变。

电阻率的稳定并不取决于退火条件，因为深能级杂质或缺陷并不表现在电阻率上，而主要表现在对硅单晶寿命的影响。托普索公司用中子掺杂法制造的硅单晶与常规掺杂法生产的硅单晶的寿命值比较列于表17-3-15。

表 17-3-15　辐射单晶与常规掺杂单晶退火后做成器件的寿命值比较

掺杂方法	电阻率，Ω·cm	退火后寿命，μs	器件寿命，μs
常规	50	1500	10～20
中子	50	700	10～20

由表可以看出，该公司硅单晶的寿命能满足器件的要求。所生产的中子掺杂硅单晶根据其断面电阻率分布和纵向电阻率公差，分为T、R、Z三级，各级有不同的用途。其中，T级单晶（电阻率10～230Ω·cm，纵向电阻率公差小于±5%，无位错小于500，无漩涡）用于耐压高达5～10kV，电流为几百安培的大功率整流器。其它二级单晶可用于中小功率整流器件。

（三）区熔硅单晶的拉晶设备

目前工业上使用的硅单晶区熔炉能生长直径75～100mm的硅单晶，上下轴行程增加到1～1.5m，高频加热功率达30～60kW。炉室装有晶体夹持机构及晶体保温装置，采用惰性气氛下的区熔工艺能生产晶体完整性好（无位错、无漩涡）的硅单晶。区熔炉的结构形式有多种，但基本上可分为两类。一类为高频电极筒移动式（即线圈移动）区熔炉，区熔时高频电极筒向上移动即可带动加热线圈上升。这种炉型的优点是炉子高度大为降低，例如生产长度为1m的硅单晶棒，炉子总高度不超过4m。其缺点是高频电极筒结构复杂，容易发生事故。60年代生产小直径区熔单晶时，使用这种炉型曾取得较好的效果，但在目前生产大直径区熔单晶的情况下，这种炉型已很少使用。另一类为内传动式（即硅棒移动）区熔炉。这种大型炉使用套筒以减低炉体高度，传动机构位于炉室外部，区熔时，高频加热线圈不动而上下轴升降移动。以托普索公司的F2-14型炉为例，其剖面示意图见图17-3-8。主要规格参数如下：高度5100mm；上轴行程1200mm；下轴行程1300mm，快速传动400mm，转速1～50r/min（上轴及下轴）；拉速1～20mm/min（上轴及下轴）；氩气用量8L/min；硅棒最大直径100mm；直径误差±0.5mm；最大晶体长度1000mm；高频炉频率3.7MHz；高频炉输出功率30kW；高频炉输入功率70kW。在拉制ϕ75mm硅单晶时的参数是：$J_A=3A$，$V_A=5kV$，即直流功率为15kW。夹持机构与套筒室是这种区熔炉的两个重要特点。套筒炉室使该设备具有行程长而总高度低的优点，而夹持机构则是该设备解决生长大而长晶体的关键。套筒炉室在主炉室的下部。晶体夹持机构和套筒炉固定并和下轴一齐转动。夹持机构实际是三根顶针，经一孔穿过圆筒壁向下倾斜。针由比重轻，刚性好的金属材料制成，具有适当的倾斜角，并与孔

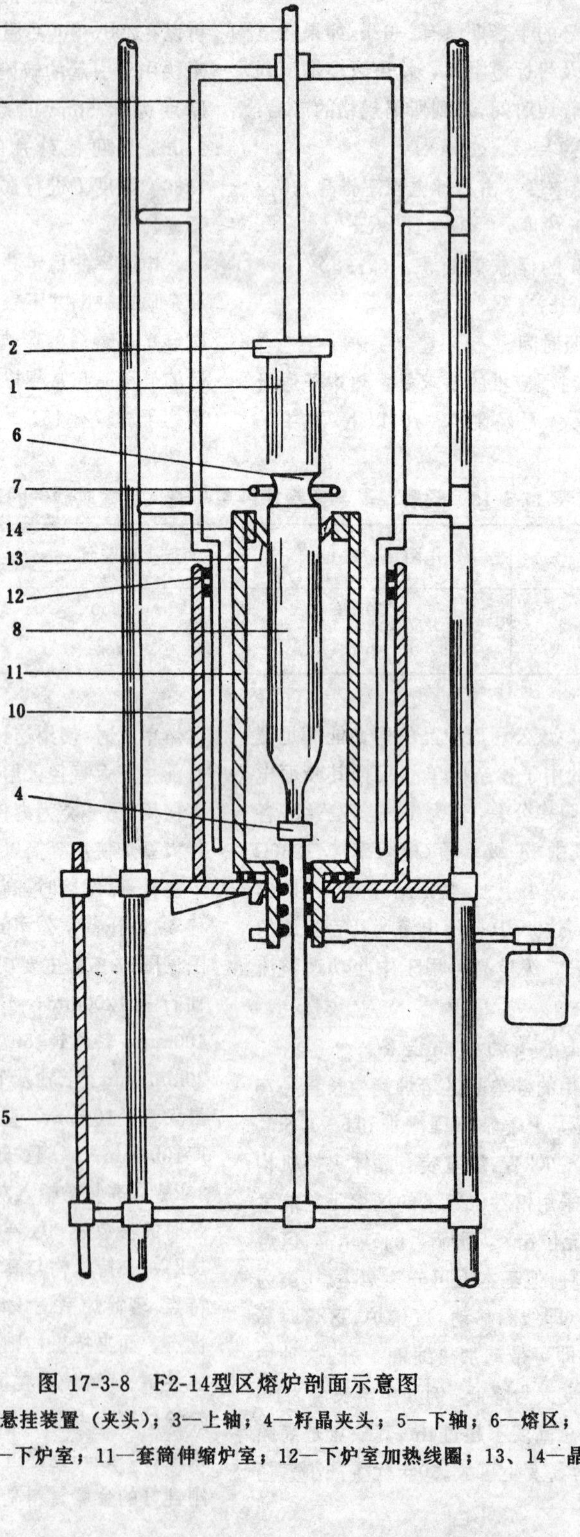

图 17-3-8 F2-14型区熔炉剖面示意图

1—多晶硅棒；2—多晶硅棒悬挂装置（夹头）；3—上轴；4—籽晶夹头；5—下轴；6—熔区；7—加热线圈；8—单晶体；9—炉室；10—下炉室；11—套筒伸缩炉室；12—下炉室加热线圈；13、14—晶体夹持机构

有很好的配合。当走完细颈放肩、晶体长到一定长度后，针随动下放靠近晶体并将晶体夹住，不致有窜动。上轴能在水平方向运动，从而带动晶体沿水平方向移动，其移动范围是±10mm。由于设备性能稳定，熟练的操作人员每24h可生产75mm硅单晶20kg。

无论采用哪种形式的炉型，都要有正确的操作工艺。线圈的设计是区熔工艺的核心，是形成热场的主要因素，因而也是各硅工厂区熔工艺的关键所在。不同工厂的线圈结构、尺寸各有特点，需要不断地研究和改进。

三、其它制备硅晶体的方法

（一）基座法拉制硅单晶

基座法拉制硅单晶与用区熔法拉制多晶硅所用的细硅芯的原理与设备相同，但是将籽晶放在炉子上部，这与一般区熔法拉制硅单晶时将籽晶放在炉子下部的操作方法相反。炉子用高频线圈加热，将圆柱状硅棒熔化，将籽晶放入熔化的硅中，供拉晶方法与直拉法拉制硅单晶方法相同，但不能拉制直径较大的单晶。如果直径在20mm以内，熔区比较稳定，能制成ϕ20～21mm的硅单晶。试验室制备的N-型硅单晶电阻率可达400～5000Ω·cm，寿命100～600μs，位错（1.5～2）×10^4个/cm^2；P-型硅单晶电阻率为1000～2000Ω·cm，寿命260～560μs，位错1×10^4个/cm^2。工业生产的基座法单晶直径可达到40mm以上。

（二）拉制枝蔓状硅晶体（Si-Ribbm）

用这种方法生长的晶体是宽2～3mm，厚0.1～0.2mm的带状晶体。枝蔓状晶体的长度受拉制装置结构的限制。枝蔓晶体不是单晶而是具有两个以上的双晶面。在拉制单晶时，用长30mm左右的具有双晶面的枝蔓晶体作籽晶。容易生长枝蔓晶体的籽晶晶向为〈$2\bar{1}\bar{1}$〉。将籽晶浸入稍冷的熔体中，当籽晶接触熔体后，不经过拉制即在横向生长一“按扣”，使籽晶成为倒置的“T”形。拉晶开始时，两个枝蔓即从“T”形两边延伸至熔体中，在两个枝蔓之间形成带片晶体（WEB）。这种带状晶体有一〈111〉双平面平行于表面。生长的带状晶体自炉室经过一狭窄通道拉出。整个系统由氩气保护。典型的生长速度为3cm/min，厚度为250μm，可生长10m长、3cm宽的带状单晶。表面非常光滑，不需要磨抛加工，但晶体完整性差，位错密度为10^3～10^5cm^{-2}。

（三）模制单晶硅片

用这种方法可生长硅单晶薄片，其过程是将碳膜部分放入由高频感应或电阻加热的硅熔体。硅熔体因毛细管作用通过模型开孔上升，润湿插入的籽晶表面，从而可拉出硅单晶。晶体的切面是由预定的模型顶部形状决定的。这种晶片宽5cm、厚0.2～0.3mm可连续拉至24m长，但晶体缺陷很多，存在碳化硅夹杂与位错。

（四）非晶态硅膜

目前硅材料的主要研究目标之一是制备硅太阳能电池用的廉价硅材料。非晶态硅膜作为大阳能电池的原料已引起国内外的重视。

非晶态硅太阳能电池的经济特点是：

(1) 非晶态硅电池在荧光下的转换效率比单晶硅电池高；

(2)制备工艺简单，可用硅烷气直接辉光放电制成非晶态硅膜，原料气体用量低；

(3)沉积非晶硅膜功率和衬底温度均较低，能耗较低；

(4) 衬底为玻璃、不锈钢或薄膜等廉价材料。

非晶态硅膜的制造方法很多，辉光放电是其中的一种。辉光放电是典型的自激放电。硅烷气体辉光放电起燃后，即成稀薄的等离子态，其中电子能量足以使气体分子键断裂，因而等离子体中的化学反应可在较低温度下进行（420℃以下）。在α-Si:H薄膜沉积前，先将衬底置于加热板之上。衬底与电源的一端相连，电极与电源的另一端相连，所以电极与衬底之间存在电位差。将衬底和电极分别与电源相连，然后将反应室抽真空至0.13～1.3×10^{-4}Pa，将加热线圈通电加热板极，使衬底加热到350～450℃，然后将硅烷气体充入反应室，反应室真空度降至13.3～6.5×10^2Pa，同时将衬底温度升到200～250℃。接通电源，电极和衬底之间开始辉光放电，在衬底表面沉积α-Si:H薄膜，温度为350℃时，不到一分钟就能沉积厚度为1μm左右的α-Si:H薄膜。

用这种材料制备的α-Si太阳能电池不仅所用的材料和能量少，α-Si薄膜和电池制备的工艺也比较简单。现在日本民用电子器件的电池几乎都是α-Si电池，并已建立兆瓦级α-Si太阳能电池的生产线，能生产出宽30cm的带状α-Si薄膜电池、大面积电池和电池组件。现在面积为1×1cm^2的α-Si电池的高效率已达13%，今后的研究目标是降低成本并进一步提高质量。

四、单晶硅的产品规格

目前世界上生产单晶硅的工厂很多，产品质量已达到很高的水平。以瓦克公司为例，其单晶硅产品规格列于表17-3-16中。

表 17-3-16 德国瓦克公司各种单晶硅的规格

制备方法	直径范围① mm	晶　向	位错 EPD cm^{-2}	电阻率，Ω·cm B	P	Sb	As
CZ-硅单晶	50～105（试验室38～130）	〈111〉，〈100〉，〈110〉，〈511〉	≤400	0.001～50	0.003～50	0.006～0.020	0.001～0.010
红外材料	≤220	—	—	适合红外光学用			
FZ-EPD 硅单晶	16～33	〈111〉	≤40000②	0.010～3000	0.008～800	—	—
FZ-Waso 硅单晶③	28～102④	〈111〉，〈106〉	0	0.010～3000	0.008～800	—	—
FZ-WasoND 中子掺杂硅单晶	28～102	〈111〉，〈100〉	0	—	10～300	—	—
ZER-硅单晶-FZ-EPO	23～28	〈111〉	≤40000②	>3000～20000（>20000）	>800～>20000（>20000）	—	—
ZER-硅单晶-FZ-Waso	33～50（28～75）	〈111〉⑤	0				

① 取决于掺杂；②取决于直径和电阻率；③Waso，Waso S，Waso L；④Waso L 仅是28～51（51 64）mm；⑤〈100〉按要求制作。

主要参考文献

〔1〕肖纪美，沈华生，稀有金属（国外版），(1982)，No2.

〔2〕沈华生，稀有金属（国内版），(1987)，No2，114.

〔3〕沈华生，稀有金属（国内版），(1987)，No6.

〔4〕W. Zulehner，D. Huber，Czochralski Growth Silicon，Wacker chemitronic，1982.

〔5〕万群，稀有金属（国内版），(1981) No1，65.

〔6〕林爱洁，稀有金属（国内版），(1983)，No5，14.

第四章　化合物半导体

编写人　刘锡田

化合物半导体与锗、硅比较，以电子迁移率高，禁带宽度大为主要特征。其纯度和组成元素的化学计量比以及晶体的完整性决定着材料的特性和质量。因此，化合物半导体一般在合成之前，需对组成元素进行提纯。目前用于工业批量生产化合物半导体的主要高纯元素有镓、铟、锑、镉、锌、砷、磷、硒和硫等。这些元素的市售纯度分为三个级别，即99.999%、99.9999%和99.99999%，而组成元素化学计量比的微小偏离及其晶体的完整性，都将严重影响化合物半导体的物理和电学参数。Ⅲ－Ⅴ族和Ⅱ－Ⅵ族化合物半导体一般都含有易挥发性元素，如Ⅲ－Ⅴ族砷化物、磷化物中的砷和磷，Ⅱ－Ⅴ族硫化物、硒化物中的硫和硒。因而在化合物半导体熔点附近进行的晶体生长过程中，由于易挥发性元素的存在，其化学计量比和缺陷的控制更显得至关重要。

第一节　化合物半导体的相平衡、杂质、微缺陷及其掺杂

一、二元系化合物半导体的相平衡

GaAs 二元系相图如图17-4-1所示。它是由两个组成元素所构成的最典型的二元系相平衡图。在GaAs 熔点1238℃附近，与GaAs 相平衡的砷分压大约为1×10^5Pa。因此 GaAs 晶体在生长时，为了避免砷蒸气的损耗，其生长容器和设备需采取特殊处理措施，以防止化学计量比的偏离。从熔体中生长化合物半导体单晶，一般熔体温度控制在略高于该化合物半导体的熔点。就GaAs 而言，如图17-4-1所示，不同化学计量比(如正化学计量比、富镓或富砷熔体)，其液相线所处的位置亦不相同，因而 GaAs 熔体的实际组分将决定着单晶生长过程中所需要精确控制的实际生长温度，否则将会破坏液相线处固、液、气各相之间的相平衡，从而导致缺陷的增生。目前已进行批量生产或实际应用的Ⅲ-Ⅴ族化合物半导体除GaAs 之外，尚有 GaP、InP、InSb、InAs 和 GaSb 等，其二元系相图如图17-4-2～6所示。

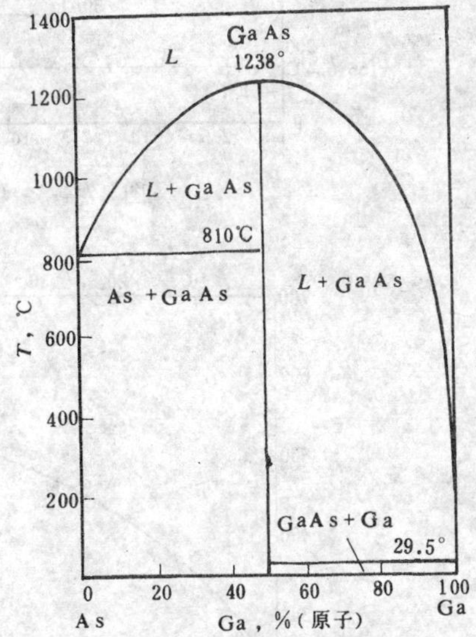

图 17-4-1　GaAs 组分-温度二元系相图

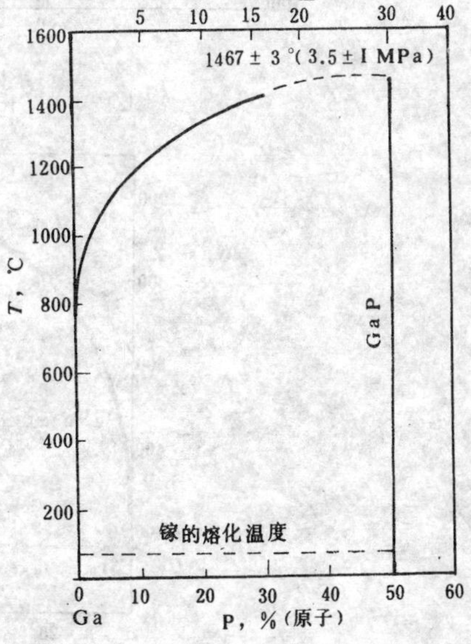

图 17-4-2　GaP 组分—温度二元系相图

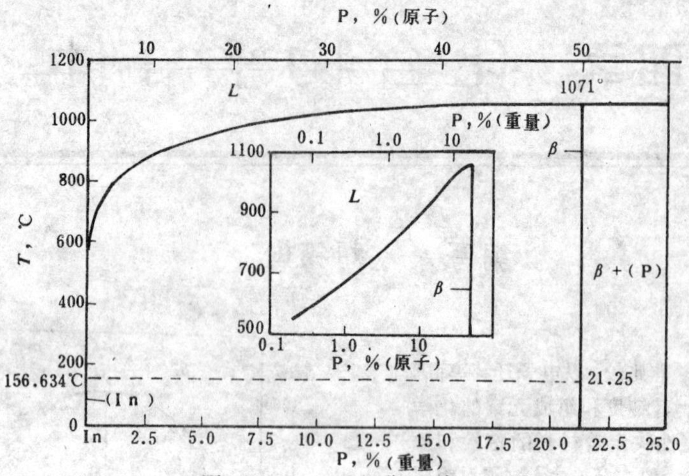

图 17-4-3 InP 组分-温度二元系相图

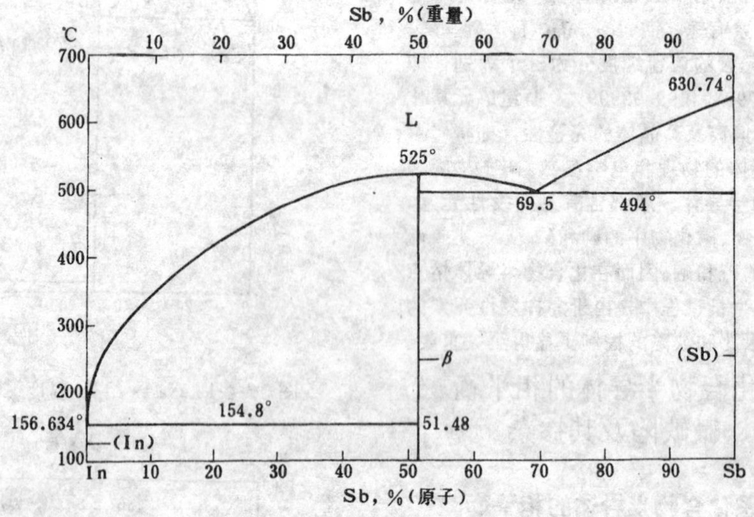

图 17-4-4 InSb 组分-温度二元系相图

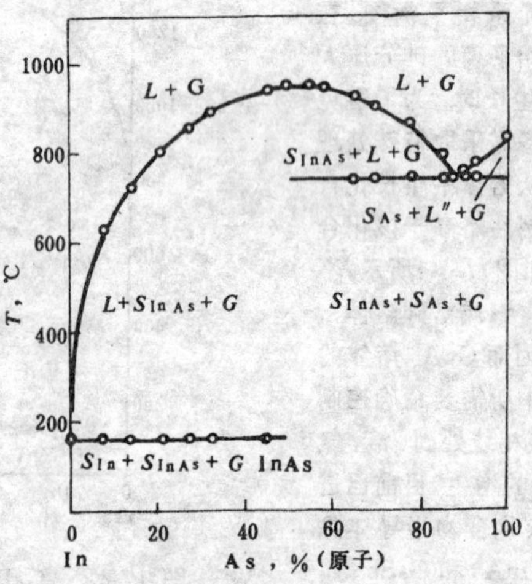

图 17-4-5 InAs 组分-温度二元系相图

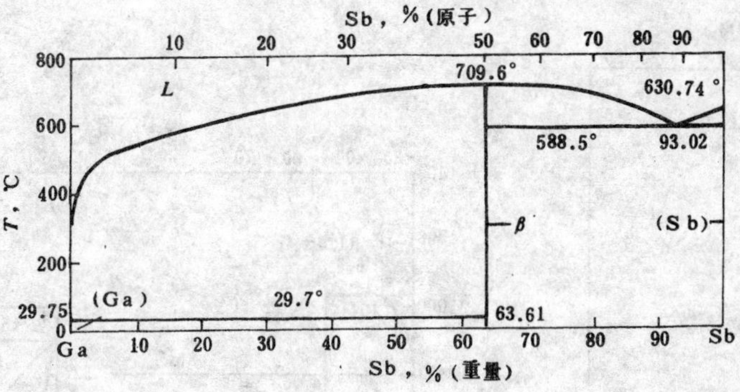

图 17-4-6 GaSb 组分-温度二元系相图

具有实际应用前景的主要Ⅱ-Ⅵ族化合物半导 体二元系相图如图17-4-7～10所示。

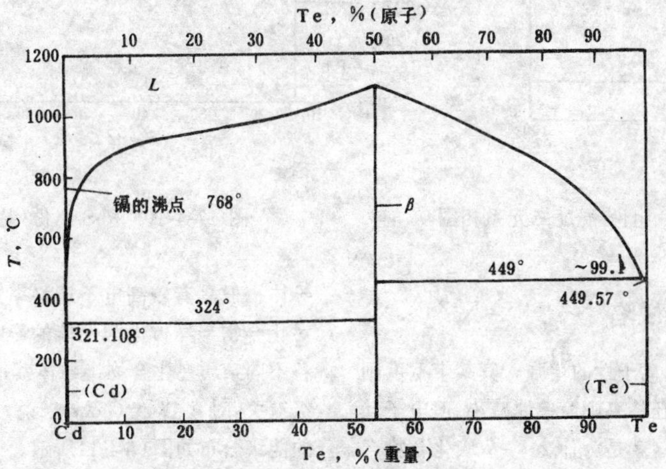

图 17-4-7 CdTe 组分-温度二元系相图

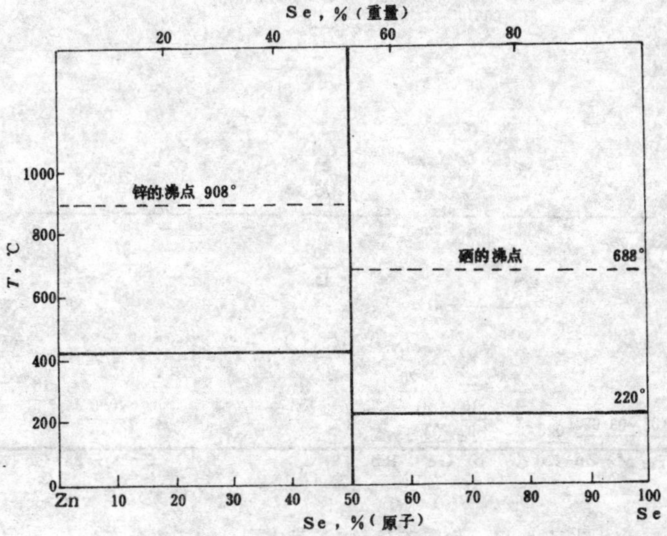

图 17-4-8 ZnSe 组份-温度二元系相图

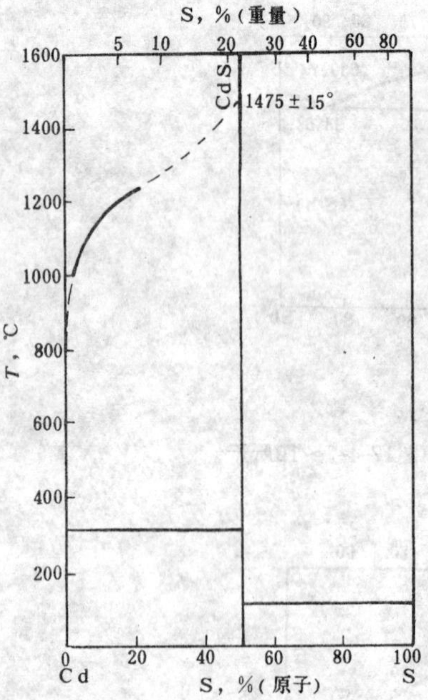

图 17-4-9 CdS 组份-温度二元系相图

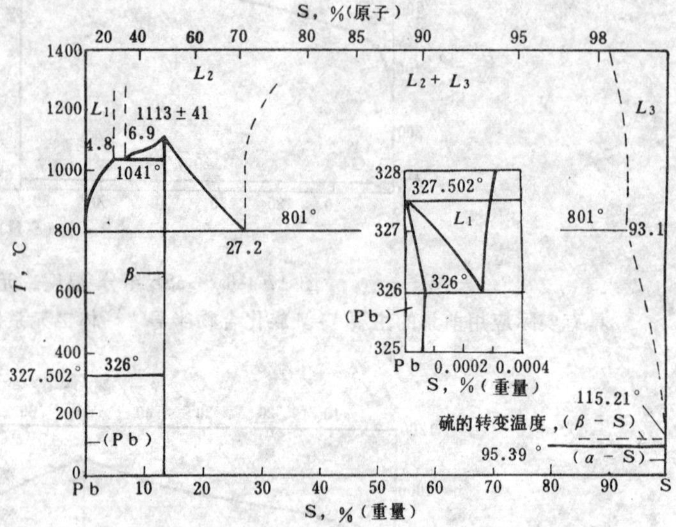

图 17-4-10 PbS 组份-温度二元系相图

二、杂质与微缺陷

化合物半导体随离子性的增强，其禁带宽度则简单地增大，而空穴迁移率则简单地减小。但电子迁移率存在着极大值。这就是为什么Ⅲ-Ⅴ族化合物半导体一般具有较高电子迁移率的原因所在。但杂质对化合物半导体电学性能的影响很敏感。这是由于各不同杂质在化合物半导体禁带中所引入的杂质能级有关。对Ⅲ-Ⅴ族 GaAs 来说，杂质在禁带中引入的能级分布如图17-4-11所示。

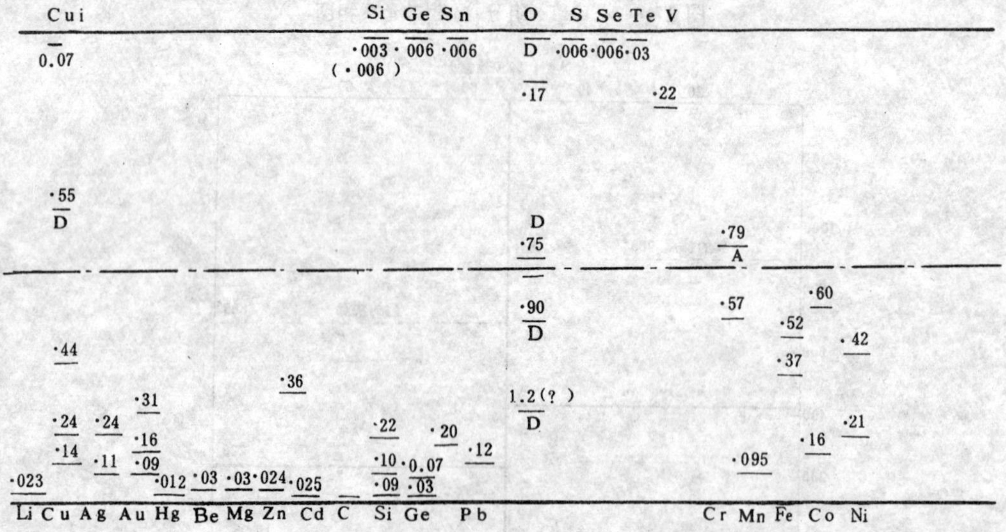

图 17-4-11 杂质在 GaAs 禁带中引入的能级分布

由图17-4-11可知，Ⅵ族元素氧、硫、硒和碲等在 GaAs 中起浅施主作用，而Ⅱ族元素铍、镁、锌、镉和汞等则起浅受主作用。Ⅳ族元素碳、硅、锗和锡等在 GaAs 中为两性杂质，它们在 GaAs 晶格中若占镓位，可形成浅施主，而占砷位则是浅受主。

缺陷及其络合物在 GaAs 禁带中引入的能级分布如图17-4-12所示。

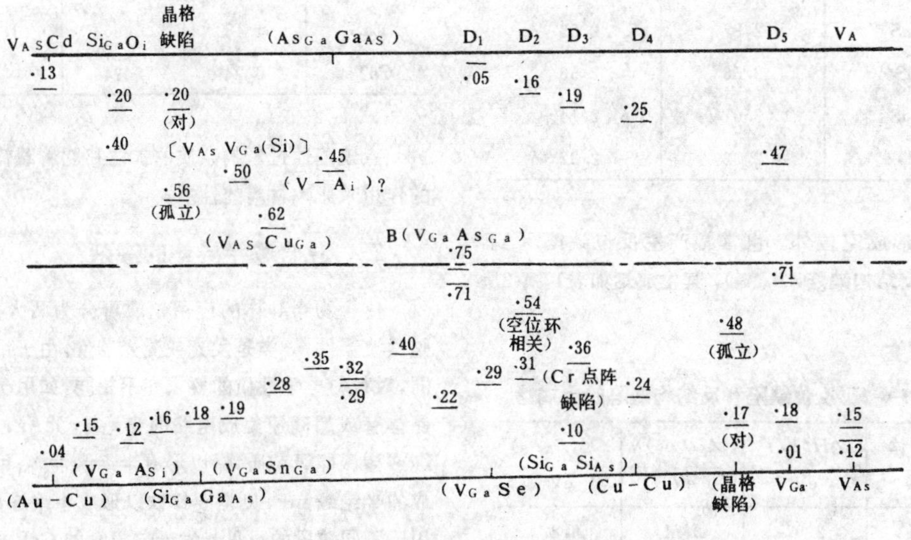

图 17-4-12 缺陷及其络合物在 GaAs 禁带中引入的能级分布

由图17-4-12可知，GaAs 中的缺陷、缺陷-杂质络合物大多起深受主作用。这些能级大多和砷空位 (V_{As}) 和镓空位 (V_{Ga}) 有关，所以要想进一步提高 GaAs 的质量，就必须控制 V_{As} 和 V_{Ga} 的产生。GaAs 中几种常见的结构缺陷，除空位之外，尚有镓的间隙原子 (Ga_i)、砷的间隙原子 (As_i)、镓占砷位的反位缺陷 (Ga_{As}) 和砷占镓位的反位缺陷 (As_{Ga})，或者外来杂质占据镓和砷的位置。所有这些缺陷都将影响化合物半导体的物理和电学性质，其中包括载流子运输、补偿度、传导性能以及发光特性等。

化合物半导体中最简单的点缺陷"空位"随生成晶体温度的变化而变化。空位浓度 n 可通过下式获得：

$$n = N\exp(-E/KT)$$

式中 N ——晶体中单位体积内的原子数；

E ——形成空位的激活能；

K ——波尔兹曼常数；

T ——绝对温度。

形成空位的反应如下：

$$Ga(g) + V_{Ga} \rightleftharpoons Ga_{Ga}, \quad K = \frac{1}{P_{Ga} \cdot n_{V_{Ga}}}$$

$$1/4As_4(g) + V_{As} \rightleftharpoons As_{AS}, \quad K = \frac{1}{P_{As_4}^{1/4} \cdot n_{V_{As}}}$$

式中 P_{Ga}、P_{As} ——Ga (g) 和 As_4 (g) 的分压；

$n_{V_{Ga}}$、$n_{V_{As}}$ ——砷、镓空位浓度；

K ——平衡常数。

$$\ln K = -\frac{-\Delta H}{RT} + \frac{\Delta S}{R}$$

式中 ΔH ——形成空位的焓；

ΔS ——形成空位的熵。

在熔点温度下，形成空位的焓如表17-4-1所示。

表 17-4-1 在熔点温度下形成空位的焓

晶 体 (AB)	$\Delta H(V_A)$ eV	$\Delta H(V_B)$ eV
GaN	4.36	1.99
GaP	2.60	2.26
GaAs	2.31	2.31
GaSb	1.85	2.38

续表 17-4-1

晶 体 (AB)	$\Delta H(V_A)$ eV	$\Delta H(V_B)$ eV
InAs	2.44	1.90
InP	2.74	1.87
ZnS	2.87	2.53
ZnSe	2.56	2.56
CdS	3.01	2.14
CdTe	2.32	2.32

除形成空位外，也常常产生反位缺陷（A_B，B_A）和反结构缺陷（B_AA_B），其生成焓如表17-4-2所示。

表 17-4-2 反位缺陷和反结构缺陷的生成焓

晶 体 (AB)	$\Delta H(B_A)$ eV	$\Delta H(A_B)$ eV	$\Delta H(B_AA_B)$ eV
GaN	2.07	2.71	8.82
GaP	0.38	0.68	1.13
GaAs	0.35	0.35	0.72
GaSb	0.08	0.32	0.41
InP	0.42	0.89	0.72
InSb	0.27	0.27	0.18

续表 17-4-2

晶 体 (AB)	$\Delta H(B_A)$ eV	$\Delta H(A_B)$ eV	$\Delta H(B_AA_B)$ eV
ZnS	1.45	1.74	2.43
ZnSe	1.25	1.25	1.92
CdS	1.48	1.86	1.92
CdTe	0.94	0.94	0.48

点缺陷通过影响杂质的扩散和起着载流子陷阱的作用来影响材料的性质。

三、化合物半导体的掺杂

化合物半导体的应用领域可分为两大类。一类是微波器件；一类是发光或受光器件。由于用途的不同，对材料电学性质的要求亦不相同，如用于场效应晶体管或超高速集成电路的半绝缘 GaAs，需要高纯或掺深能级杂质铬，以形成半绝缘性能；用于光集成的半绝缘 InP，则需要掺铁以形成半绝缘性能；而用于不同波段的可见光发光二极管的 GaP 材料，则需掺浅能级杂质 S 或 Te 等等。这些掺杂剂的选择取决于器件对材料电学性质的要求而定。就Ⅲ-Ⅴ族化合物半导体而言，不同掺杂剂在各不同化合物半导体单晶生长过程中的平衡分凝系数如表17-4-3所示。大多数平衡分凝系数 K_0的值小于1，说明掺杂剂在熔体中的溶解度比在固相中要大。这是化合物半导体杂质分凝的一般规律。

表 17-4-3 Ⅲ-Ⅴ族化合物半导体中各杂质的平衡分凝系数 K_0

杂质名称	InSb	InAs	GaAs	GaP	GaSb	AlSb
Cu	7×10^{-4}	<0.05	2×10^{-3}			0.01
Ag	5×10^{-5}	<0.05	0.1			
Mg	<1	0.7	0.3			0.1
Zn	3	0.8	0.3，0.42	0.1	0.3	
Cd	0.3	0.1	0.1，0.2		0.02	
Si	<1	0.4	0.14，0.018	0.6	约1	0.1
Ge	0.5	0.07	0.02，0.018		0.2	
Sn	0.06	<0.05	0.03，8×10^{-2}		<0.02	1
Pb	<1	<0.05	<0.02			
S	0.1	1	0.5，0.3	0.25		

续表 17-4-3

杂质名称	InSb	InAs	GaAs	GaP	GaSb	AlSb
Se	0.2	0.9	0.1，0.5	0.16	0.4	0.3
Te	0.8	0.4	0.1，0.064			
Fe	0.04	约0.5	3×10^{-3}，1×10^{-3}			0.02
Ni	6×10^{-5}		<0.02			
Co			<0.02			0.02
Cr			0.003	6×10^{-4}		
C			1			
O			0.3			
B			0.1			

在体单晶生长时，如果掺杂浓度较高，固液界面处由于杂质浓度过高或过低，有可能产生组分过冷现象。这种现象的产生系由掺杂剂的分凝系数过大或过小而引起的。如 GaAs 中掺 Si，其分凝系数为0.018，有时会产生组份过冷而造成晶体的网状或多晶生长。生长过程晶体中 Si 浓度可按下式计算：

$$C(x) = KC_0(1-x)^{K-1}$$

式中 $C(x)$——晶体中硅浓度为晶锭长度的函数；

C_0——熔体中 Si 的原始浓度；

K——硅的分凝系数。

要获得室温下 GaAs 的本征特性，只允许在10^{16} GaAs 原子中存在1个以下外来原子。目前 GaAs 体单晶最高纯度大约是在10^6～10^{10}个 GaAs 原子中存在1个外来原子。外来原子可以给出电子起施主作用，使晶体呈 n 型导电。同样也可以获得电子起受主作用，使晶体呈 P 型导电。就Ⅲ-Ⅴ族而言，其杂质效应，一般掺Ⅱ族元素可获得 P 型晶体，而掺Ⅵ族元素则可获得 n 型晶体，如表17-4-4所示。对Ⅱ-Ⅵ族来说，一般Ⅲ、Ⅶ族掺杂元素可形成 n 型，而Ⅰ、Ⅴ族元素则可形成 P 型，如图17-4-5所示。

化合物半导体导电类型一般依赖于晶体中掺杂剂的价态和离化能。GaAs 中处于浅能级的施主或受主掺杂剂容易对传导作出贡献，如 GaAs 中 Si（电离能 E 为0.003eV）等。而处于深能级的杂质如 Cr（电离能 E 为0.79eV）等则将起着负荷陷阱的作用。杂质的扩散和自扩散系数如表17-4-6所示。

表 17-4-4　Ⅲ-Ⅴ族化合物半导体中杂质的效应

名称 ＼ 导电类型 ＼ 杂质名称	Li	Cu	Mg	Zn	Cd	Si	Ge	Sn	Pb	S	Se	Te
InSb	n	p	p	p	p	p	p	n	x	n	n	n
InAs		n	p	p	p	n	n	n	x	n	n	n
InP	n		p	p	p			n		n	n	n
GaSb	n	p	p	p	p	p	p	n, p	x		n	n
GaAs	n	p	n, p	p	p	(n)	(n)	n	n	n	n	n
GaP	p			p	p			n		n	n	n
AlSb	n	p	p	p	p				p		n	n

注：x 表示不溶解。

表 17-4-5 Ⅱ-Ⅵ族化合物半导体中杂质的效应

名 称	杂 质	导电类型	电离能，eV
ZnS	Cl，Br	n	0.25，0.37
	Al	n	0.25
	Cu	p	0.95
	Ag	p	0.55
CdS	Cl，Br，I	n	0.04
	Ga，In	n	0.03
	Cu	p	0.6，1.0
	Ag，Cd（不足情况下）	p	1.5
ZnSe	Br	n	0.21
	Cu，Ag	p	0.6
	Sb	p	0.7，1.3
CdSe	Cl，Br，I	n	0.03
	Se（不足情况下）	n	0.14，0.6
	Cu	p	0.6
	Cd（不足情况下）	p	0.6，1.0
ZnTe	Cu	p	0.11，0.34
CdTe	I	n	0.003
	Cd（不足情况下）	p	0.3
	Li	p	0.27
	Sb	p	0.36
	P	p	0.38
	Ag	p	0.53

表 17-4-6 杂质的扩散系数和自扩散系数

$$D = D_0 \exp\left(-\frac{E}{RT}\right)$$

扩散系数及电离能	InP		InSb					InAs			
	In	P	Zn	In	Sn	Sb	Te	Zn	Cd	Ge	Sn
D_0, cm^2/s	1×10^{5}	7×10^{10}	1.4×10^{-7}	0.05	5.5×10^{-3}	0.05	1.7×10^{-7}	3×10^{-3}	4×10^{-4}	4×10^{-6}	1.5×10^{-6}
E, eV	3.9	5.7	0.86	1.8	0.75	1.9	0.57	1.2	1.2	1.2	1.2

扩散系数及电离能	InAs			GaAs							AlSb	GaSb	
	S	Se	Te	Cu	Zn	Cd	Ga	As	S	Se	Cu	Ga	Sb
D_0, cm^2/s	7	13	3×10^{-5}	10^{-6}		0.05	1×10^{7}	4×10^{21}	4×10^{3}	3×10^{3}	3.5×10^{-3}	3×10^{3}	3×10^{4}
E, eV	2.2	2.2	1.3		2.5	2.5	5.6	10.2	4.0	4.2	0.36	3.1	3.4

第二节　砷化镓单晶生长的工艺技术

GaAs 单晶生长的工艺技术基本上可分为两大类，即热壁法和冷壁法. 热壁法系指单晶生长过程中，其生长反应管的管壁处于相对的高温状态；而冷壁法则是指在单晶生长过程中，其水冷的炉壁处于相对的低温状态（如室温）。热壁法晶体的位错密度一般低于冷壁法，并且容易获得位错密度在10^4cm^{-2}以下的晶体。70年代后期出现的用热壁法生长的低位错无位错（习惯上称位错密度小于$2000cm^{-2}$的晶体为低位错，位错密度小于$500cm^{-2}$的晶体称为无位错）掺 Si 砷化镓单晶已投入工业化生产。冷壁法晶体的位错密度一般为10^4～10^5cm^{-2}数量级，但近年来由于采取等电子掺杂（如 GaAs 中掺 In）和加磁场等技术措施，直径为50mm 或75mm 的高压直拉 GaAs 单晶的位错密度可小於10^4cm^{-2}，甚至可获得无位错单晶。

一、热壁法

热壁法包括水平梯度凝固（HGF）、水平布里支曼（HB）、垂直梯度凝固（VGF）、垂直布里支曼（VB）、悬浮区熔（VFZ）和水平区熔（HZM）等技术和方法。在这些方法当中，就Ⅲ-Ⅴ族 GaAs 而言，目前工业生产一般采用三温区布里支曼法。

用上述方法生长单晶时，如果采用籽晶为晶种，则应注意生长面的选择。在 GaAs 的（111）面上，若露出的表面为Ⅲ族原子的面，通常称为 *A* 面；若露出Ⅴ族原子的面，则称为 *B* 面。在单晶生长过程中，通常采用 *B* 面为生长面，这是因为 *A* 面的Ⅲ族原子位置易于错开，往往会形成双晶或多晶生长。

（一）水平梯度凝固技术（HGF）

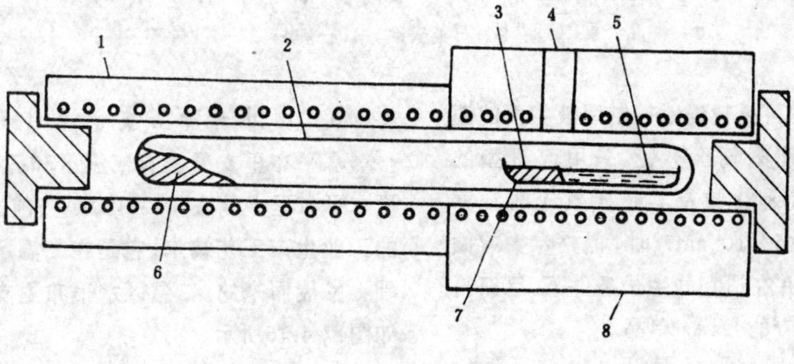

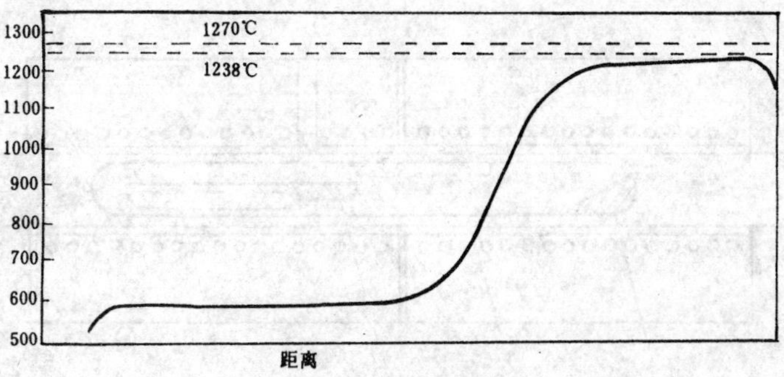

图 17-4-13　水平梯度凝固技术及其炉温剖面图

1—低温炉；2—石英反应管；3—籽晶；4—观察窗；5—GaAs 熔体；6—过量砷；7—石英舟；8—高温炉

早期用于 GaAs 晶体生长的水平梯度凝固技术是将舟形坩埚内的 GaAs 熔体置于一定的温度梯度

中，使其一端冷却而获得晶体生长。经过埃得曼特(J. F. Edmund)等人的改进，形成了2温区水平梯度凝固技术，如图17-4-13所示。该法首先将高纯镓装入如图所示的石英舟内，而后将舟置于石英反应管的高温端，而砷装入石英反应管的低温端。为保持生长晶体的化学计量比，装入的砷应过量。低温炉的温度要调节到能产生1×10^5Pa 的砷蒸气压，以防止在熔点温度下 GaAs 的解离。高温区的温度大约控制在1240℃，低温区的温度控制在630℃左右。

自80年代初以来，HGF 技术进一步发展为多段加热炉，以及低温区附加均热管等技术，如图17-4-14所示。

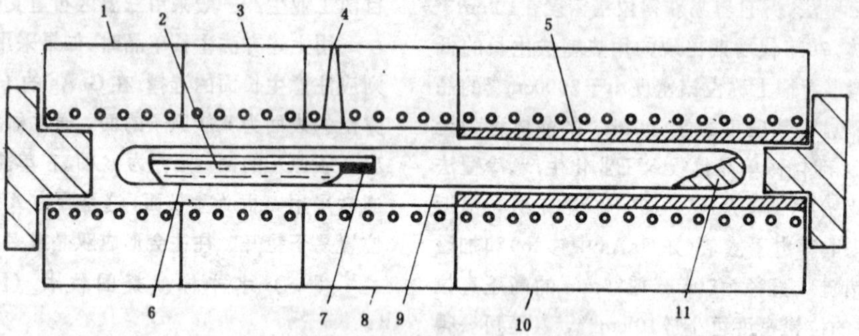

图 17-4-14 改进型水平梯度凝固炉

1—炉1；2—GaAs 熔体；3—炉2；4—观察窗；5—热导管；6—石英舟；7—籽晶；8—炉3；9—石英安瓿；10—炉4；11—过量砷

这种多段加热炉可更精确地控制固液界面的温度，均热管可保持砷蒸气压不变。采用改进型的 HGF 技术研究掺 Si 砷化镓及其杂质效应时观察到，当 Si 的浓度到达$5\times10^{18}cm^{-3}$时，晶格参数有微小的变化。采用此法并在适宜的生长条件下，已获得位错密度小于$500cm^{-2}$的 GaAs 单晶。

(二) 水平布里支曼法 (HB)

水平布里支曼法有二温区和三温区之分。三温区水平布里支曼法(3T-HB)是当前国内外广泛采用的工业生产工艺技术。它是在二温区工艺方法的基础上发展而来的。二温区水平布里支曼法生长设备如图17-4-15所示。

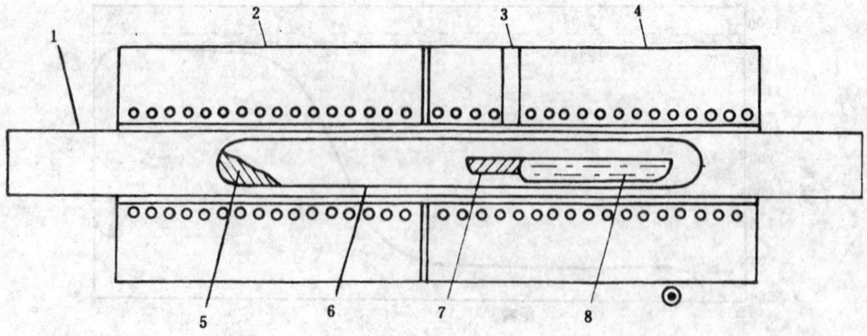

图 17-4-15 二温区水平布里支曼法生长设备示意图

1—固定载管；2—低温炉；3—观察窗；4—高温炉；5—过剩砷；6—石英反应管；7—籽晶；8—GaAs 熔体

采用此法时，GaAs 多晶料可预先合成，也可以原位合成。在原位合成的情况下，系将高纯镓置於带有籽晶的石英或氮化硼舟型坩埚内，而后将坩埚移入石英反应管的高温端，高纯砷置於反应管的另一端。在真空度为10^{-6}mmHg，温度为600～700℃的条件下进行较长时间的烘烤，以除去挥发性氧化物、碳化物以及水分等。而后将石英管在真空情况下熔封。最后将备好料的石英反应管移入单晶生长炉内的适宜位置（如图17-4-15）。在晶体生长过程中，整个炉体移动的方向是使石英反应管由高温区向低温区通过所选择的温度梯度，在该温度梯度下的固-液界面处进行着 GaAs 的单晶生长。

70年代后期，铃木隆和赤井慎一等在上述工艺方法的基础上开发了工业用的三温区水平布里支曼(3T-HB)生长技术。此法不仅可抑制由于“湿润”而产生的位错，同时还可防止硅的污染，特别是在生长大型水平 GaAs 单晶时具有独特的优越性。该法的生长设备示意图如图17-4-16所示；单晶生长过程中的炉温分布曲线如图17-4-17所示。此法典型的生长工艺条件为：高温区 $T_1=1245～1270$℃；中温区 $T_2=1080～1220$℃；低温区 $T_3=605～620$℃；径向温差 $\Delta T/\Delta Z=1～5$℃/cm；横向温差 $\Delta T/\Delta H=1～5$℃/cm；单晶生长方向为〈111〉；单晶生长速度为2～5mm/h。

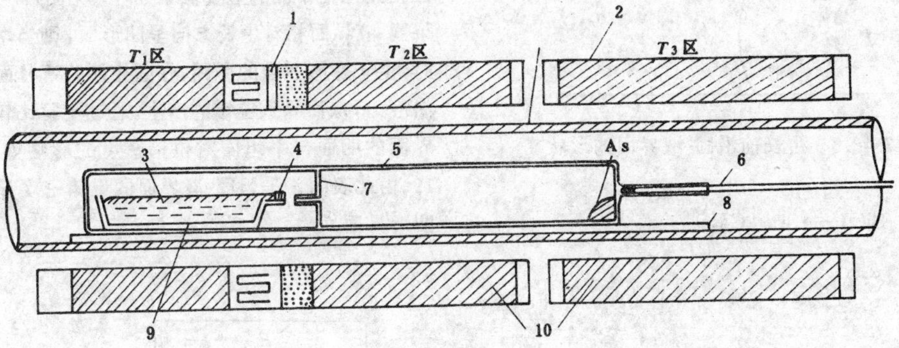

图 17-4-16 三温区水平布里支曼法生长设备示意图

1—观察窗；2—SiC 管；3—熔体；4—籽晶；5—石英反应管；6—热偶；7—扩散障壁；8—隔热；9—石英舟；10—加热器

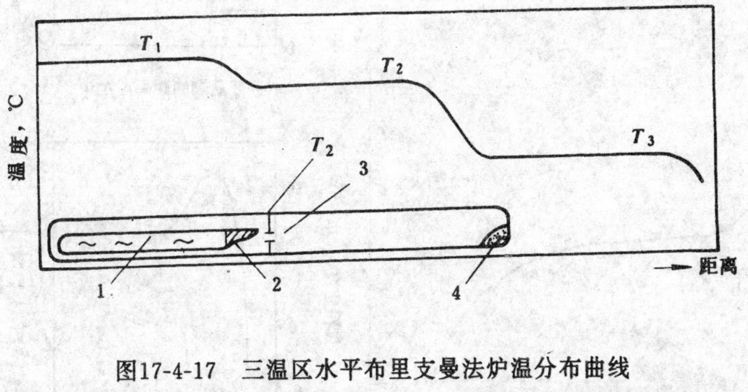

图17-4-17 三温区水平布里支曼法炉温分布曲线

1—Ga、As 熔体；2—GaAs（固）；3—扩散障壁；4—砷（固）

在上述工艺条件下，为获得低位错无位错 GaAs 单晶，必须注意以下各综合因素的控制和利用。

1. 防止“湿润”

石英舟与 GaAs 熔体之间常常产生“湿润”。当熔体凝固时，在“湿润”部位将引起热应力，从而产生位错，或产生新的晶核，而造成多晶生长。为防止“湿润”，预先需将石英舟吹沙打毛，利用熔体表面张力以避免两者之间的“湿润”。否则在“湿润”处将产生下式反应：

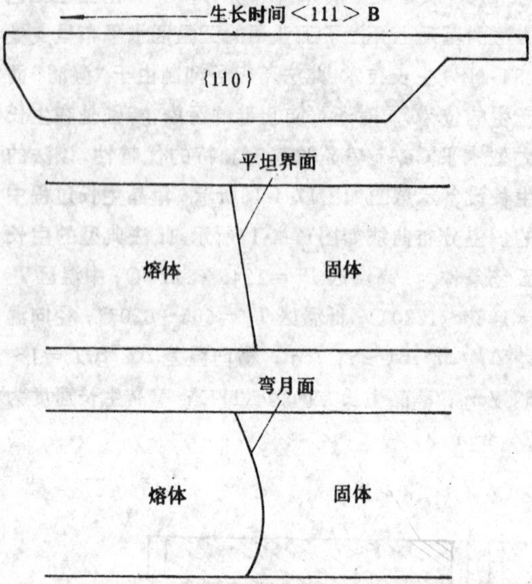

图17-4-18 生长前沿固-液界面的形状

$$4Ga+SiO_2 \longrightarrow Si+2Ga_2O$$

$$3Ga_2O+As_4 \longrightarrow Ga_2O_3+4GaAs$$

其结果使“湿润”加速。在抑制Ga_2O与As_4反应方面，三温区法效果显著。因而可避免缺陷的产生和硅的污染。硅的污染可降到0.1ppm以下。

2. 防止组分过冷和砷压的波动

晶体生长过程中，由于杂质和砷压的变化，往往导致组分过冷现象的产生，为防止组分过冷，控制晶体生长的G/R比（G为温度梯度，R为生长速度）是重要的。3T-HB法优越的热场为防止组分过冷和获得无位错单晶创造了有利的条件。

3. 固-液界面形状对位错密度的影响

控制生长前沿固-液界面的形状，同样是获得低位错无位错单晶的重要因素之一（见图17-4-18)。如果固-液界面相对生长方向呈凹形面，则当熔体凝固时，由于膨胀系数的原因，在固相侧的弯月面将产生热应力，从而导致位错的产生。通过实验比较，固-液界面的凹面与平坦面对位错密度的影响如图17-4-19。由此表明，平坦固-液界面的位错密度显著低于凹形界面。

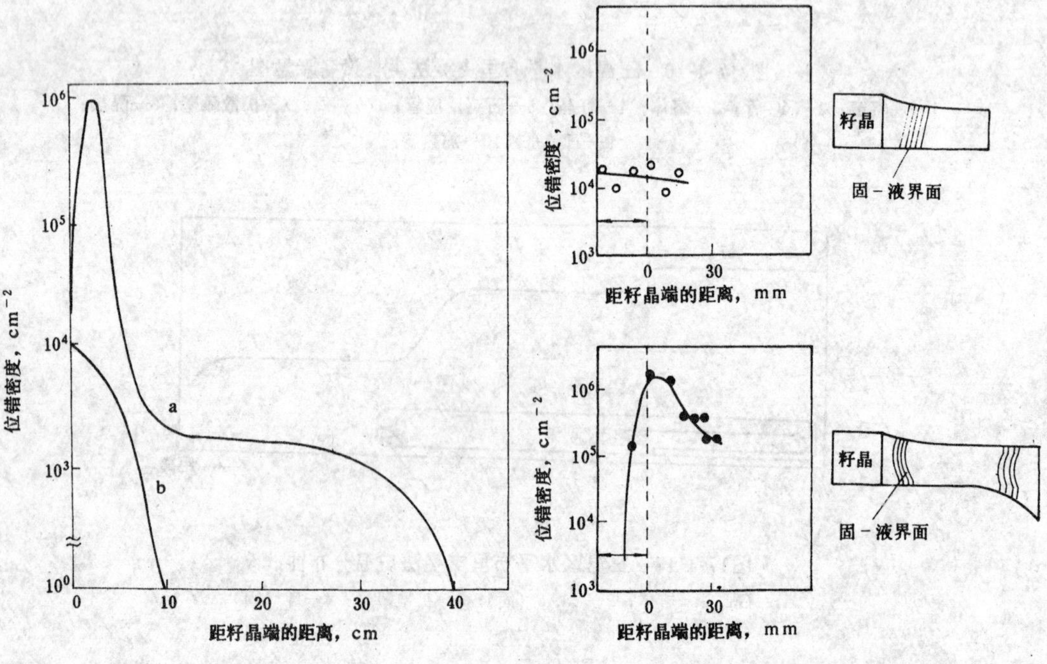

图 17-4-19 两种不同的固-液界面对位错密度的影响

4. 掺杂剂杂质效应的利用

各种不同掺杂剂对位错密度的影响亦不相同。

如GaAs中掺Si，其浓度若在$10^{18}cm^{-3}$以上，则可获得无位错单晶。GaAs中的Si可增加晶体的屈服应力，所以高浓度的Si可降低GaAs中的位错，如图17-4-20所示。

由图17-4-20可知，掺Si浓度在$2\times10^{18}cm^{-3}$左右时，其位错密度在$1\times10^{3}cm^{-3}$以下。这说明掺杂剂Si在降低GaAs中位错密度方面效应显著。所以目前工业批量生产n型GaAs单晶多采用Si作掺杂剂。

日本住友电工采用上述3T—HB法，并用计算机进行晶体生长过程的程序控制，已成功地生长出直径为76mm（滚磨后），长1m的超大型水平GaAs单晶。

（三）立式布里支曼法（VB）

立式布里支曼法生长工艺的优点是通过坩埚形状的设计，可获得所需要的晶体形状与尺寸。其工艺设备如图17-4-21所示。工艺过程：将GaAs多晶料熔封于石英生长管内。而后将该生长管垂直装入具有两个温区的单晶生长炉内，上部温区的温度保持在GaAs熔点1238℃以上，下部炉温保持在GaAs凝固点以下。为使晶体开始生长，需将石英生长管的尖端缓慢地由高温区下降至低温区。该工艺既可向下移动石英生长管，也可以向上移动生长炉，均可获得同样的结果。本方法的缺点是容易使晶体受到污染。由于石英的膨胀系数与GaAs晶体不同的结果。本方法的缺点是容易使晶体受到污染。由于石英的膨胀系数与GaAs晶体不同，在冷却时晶体容易产

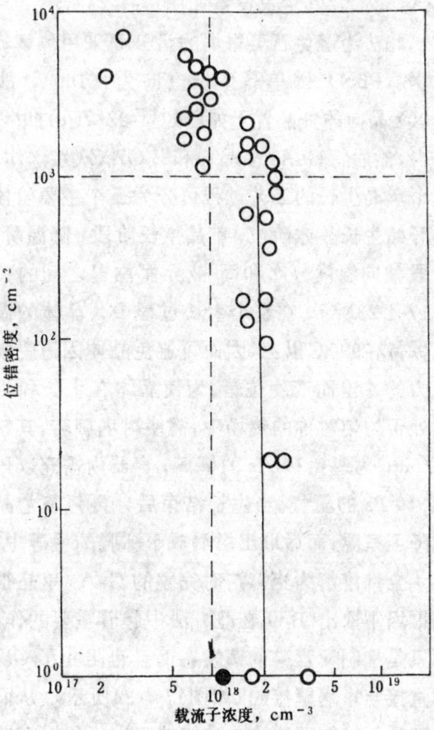

图 17-4-20　掺Si-GaAs的位错密度与载流子浓度的关系

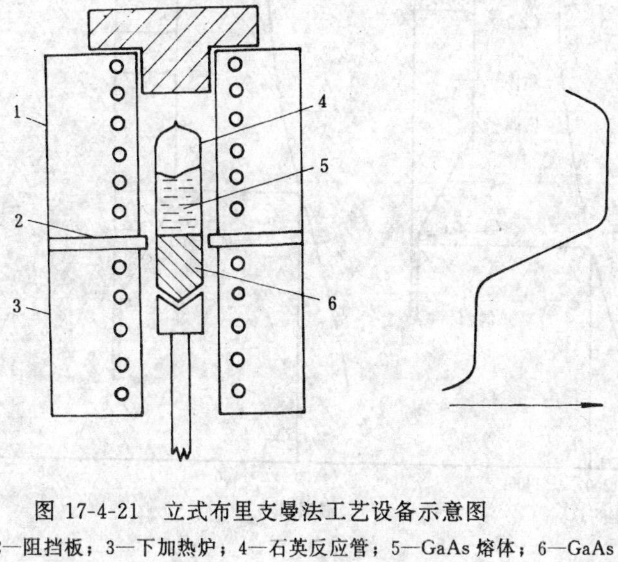

图 17-4-21　立式布里支曼法工艺设备示意图

1—上加热炉；2—阻挡板；3—下加热炉；4—石英反应管；5—GaAs熔体；6—GaAs晶体

生应力，从而导致位错的增加和粘埚现象的产生。

1989年，赫慎克威（K. Hoshikawa）等人发表了用液

相覆盖垂直布里支曼技术（LE-VB），很好的解决了VB法中存在的问题，并获得直径为75mm的半绝缘GaAs单晶，其生长设备如图17-4-22所示。

此法为避免石英坩埚的污染而采用热解氮化硼坩埚（PBN）。因单晶生长方向为〈100〉，故先将〈100〉晶向的籽晶置于如图17-4-22所示的坩埚籽晶井内，然后将GaAs多晶料和B_2O_3依次装入坩埚内。整个单晶生长的工艺过程可分为三个主要阶段：籽晶开始生长晶体阶段；单晶生长阶段；降温阶段。各阶段轴向温度分布和固-液界面位置之间的关系如图17-4-23所示。在整个生长过程中，晶体的温度一直保持在900℃以上，因而可避免晶体因遭受强烈热应力的冲击而产生位错。为使晶体在生长和冷却过程处于均匀对称的热场中，需使坩埚旋转，其转速为2r/min。为避免GaAs的解离，容器内需充以压力达8×10^5Pa的氩气。当生长结束后，再将整个晶体缓慢降至室温，而后取出坩埚放于沸腾的甲醇中，直到B_2O_3全部溶解为止，这时完整的GaAs单晶很容易从坩埚中取出。B_2O_3在此方法中起着重要的作用，它不只是抑制元素砷的蒸发，而且也阻止了GaAs晶体直接与坩埚壁接触（如图17-4-24所示），从而消除了来源于接触部位边界晶核的产生，所以其单晶生长重复性较好。

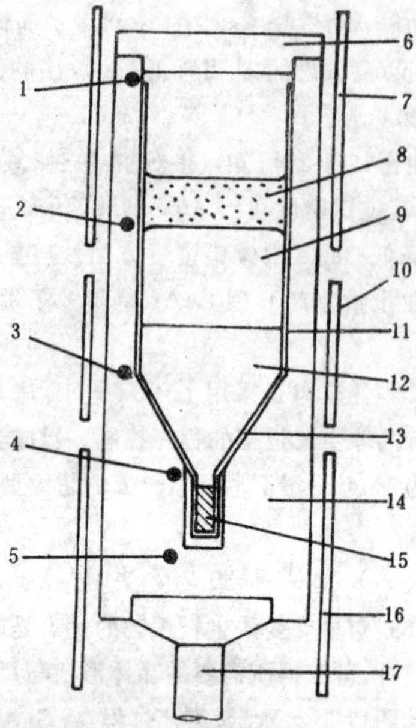

图 17-4-22 液相覆盖垂直布里支曼法设备示意图

1—热偶1；2—热偶2；3—热偶3；4—热偶4；5—热偶5；6—盖帽；7—石墨加热器1；8—B_2O_3；9—GaAs熔体；10—石墨加热器2；11—生长界面；12—GaAs晶体；13—PBN坩埚；14—石墨托；15—籽晶；16—石墨加热器3；17—坩埚轴

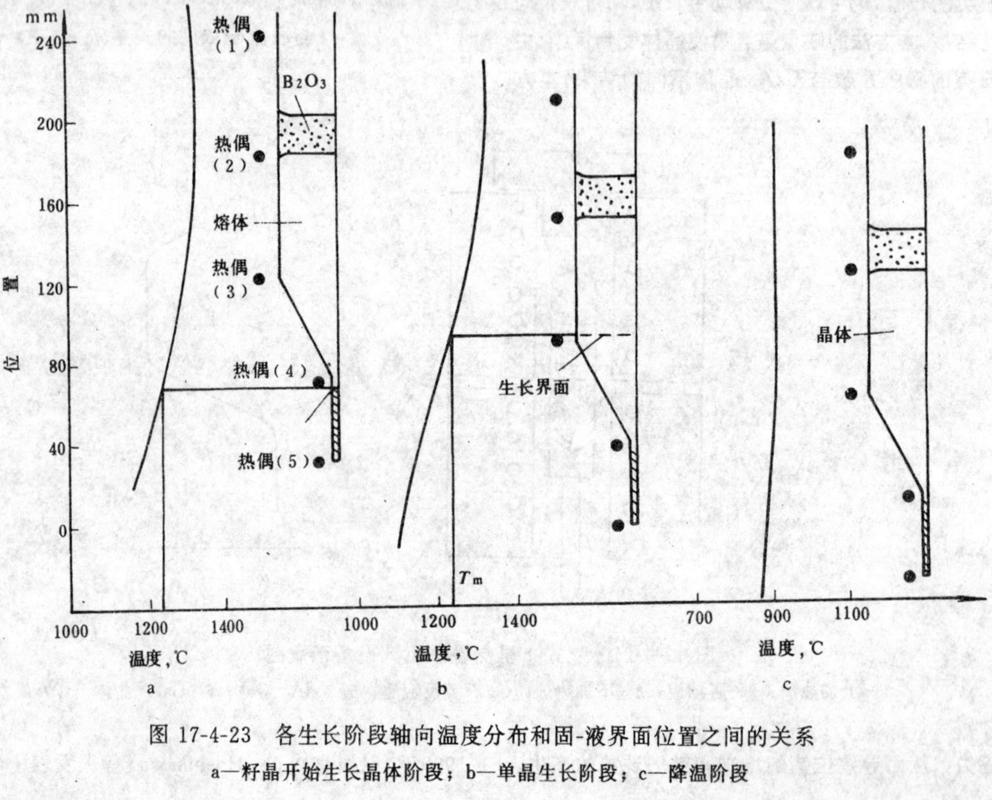

图 17-4-23 各生长阶段轴向温度分布和固-液界面位置之间的关系

a—籽晶开始生长晶体阶段；b—单晶生长阶段；c—降温阶段

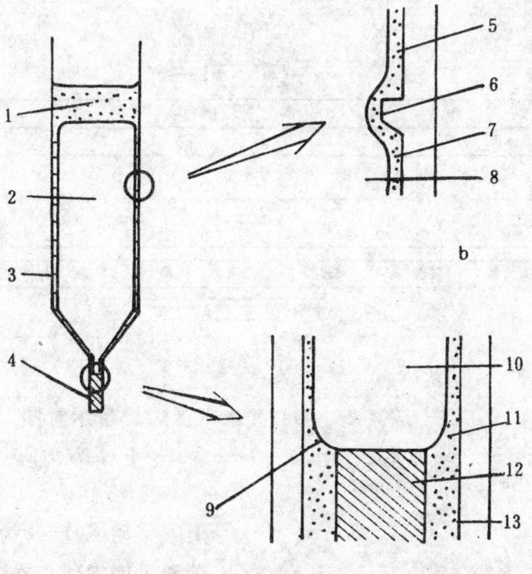

图 17-4-24 籽晶部分的放大图（a）和 GaAs 熔体与坩埚壁之间的界面部份（b）

1—B_2O_3；2—GaAs 熔体；3—坩埚；4—籽晶；5—坩埚壁；6—凹凸处；7—B_2O_3；8—GaAs 熔体；9—弯月面；10—GaAs 熔体；11—B_2O_3；12—籽晶；13—坩埚壁

（四）区熔技术（ZM）

区熔技术可分为水平式或立式，也可分为悬浮区熔（无坩埚区熔）和有坩埚区熔。

1. 立式悬浮区熔（VFZM）

立式悬浮区熔技术如图17-4-25所示，其原理是使窄的熔区由籽晶开始，通过整个多晶棒，从而形成棒状单晶。其优点是：由于熔区不与容器接触，避免了在高温下杂质的污染。从而可获得高纯的 GaAs 单晶。同时由于杂质的分凝作用，使分凝系数大于1或者小于1的杂质分别集中于晶锭的头部或尾部，所以在生长单晶过程中具有提纯作用。就 GaAs 而言，不利的 GaAs 熔体表面张力与密度比会导致熔区的不稳定，给熔区的控制造成困难。然而怀拉恩（Whelan J. M.）用此法成功地获得了高纯无位错 GaAs 单晶。此法生长较大直径的 GaAs 单晶尚有困难。

2. 水平区熔技术（HZM）

水平区熔技术如图17-4-26所示。此法与悬浮区熔相比，熔区容易控制。但由于熔体直接与坩埚接触，无法避免石英坩埚中的硅和其它杂质的污染。亚米尼吉（N. Yamenidizian）为保持砷蒸气压稳定而采用了均热管；为避免硅的污染则采用了热解氮化硼坩埚（PBN）。此法当砷压保持在 GaAs 化学计量比所需的压力时，熔区的两个固-液界面的“湿润”角明显。这对避免粘舟和杂质的污染是有利的。在此条件下所获得的单晶表面光亮。用此法已获得长为300mm，位错密度为6000～9000cm^{-2}的单晶。

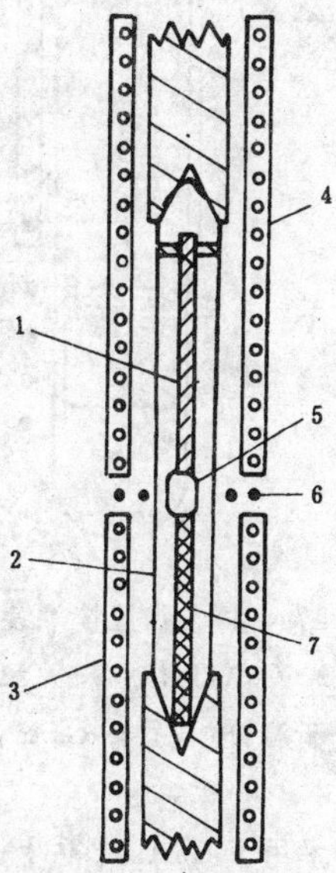

图 17-4-25 立式悬浮区熔设备示意图

1—GaAs 棒；2—石英反应管；3—下加热炉；4—上加热炉；5—GaAs 熔体；6—高频线圈；7—GaAs 晶体

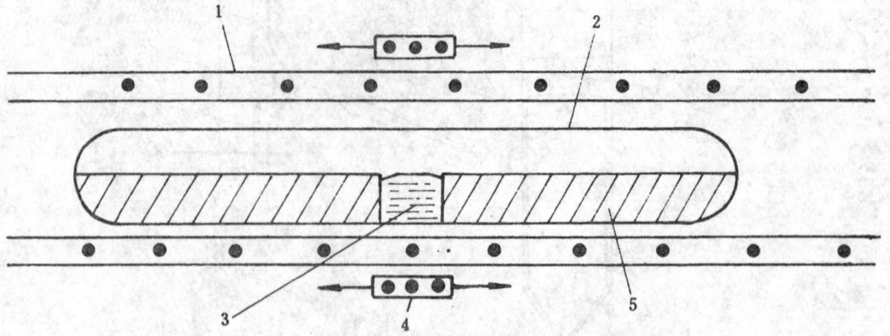

图 17-4-26 GaAs 水平区熔设备示意图

1—低温炉；2—石英反应管；3—GaAs 熔体；4—高温炉；5—固体 GaAs

（五）磁拉技术

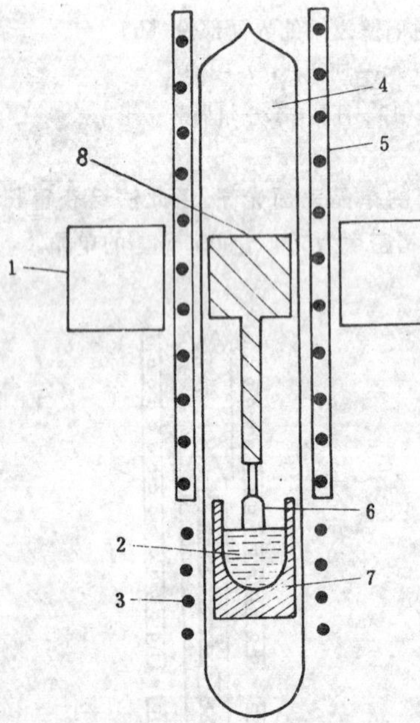

图 17-4-27 磁拉技术装备示意图

1—磁铁；2—GaAs 熔体；3—高频线圈；4—石英反应管；5—低温加热炉；6—GaAs 晶体；7—感应器

磁拉技术用于 GaAs 单晶生长首先是由格林麦尔莫(R. Gremmelmaier)于1956年报导的，并于1966年由斯蒂尼曼（A. Steinemann）等人进行了改进和完善。其设备示意图如图17-4-27所示。将盛有高纯镓的石墨坩埚熔封于立式石英生长管内。用高频感应加热坩埚。固定籽晶的籽晶夹与装有可上下移动和左右旋转的磁性铁芯磁感器相联，以使籽晶杆可上下移动或旋转。为保持生长管内砷压为1×10^5Pa，砷源温度需保持在610℃以上。此法必须使整个石英生长管处于热壁状态，以防止砷蒸气的冷凝。掺杂剂可直接加入坩埚中。为使砷不致泄漏，也可使用B_2O_3覆盖在熔体表面上。此法由于传动系统由磁感应来完成，因此设备的构成较复杂，而且稳定性不易控制。

二、冷壁法

冷壁法包括液相覆盖直拉法、高压直拉法、液相覆盖包封法、磁场直拉法等。冷壁法是生长大直径 GaAs 单晶最重要的技术之一。目前，工业生产 GaAs 单晶的工艺方法，除3T-HB 法之外，就是高压直拉生长技术，并且其生长技术也在不断的改进之中。其优点是可以直接生长工业所需的大型圆晶片，克服了水平法仅能生长“D”形晶片的缺点。冷壁法的缺点是炉膛内温度梯度过大，使晶体内产生较强的热应力，从而导致直拉单晶位错密度居高不下。然而，近年来降低位错技术的不断进步，目前已能获得直径达75mm 的低位错无位错直拉 GaAs 单晶。

（一）液相覆盖直拉法（LEC）

直拉法单晶生长技术最初是由切克拉尔斯基(J. Czochralsici）于1918年发表的，国外一般称为“切克拉尔斯基生长技术”。在1962年麦兹(E. P. A. Metz）等提出用液相覆盖法克服二元化合物中易挥发性元素的损耗具有潜在的优点之后，墨林（J. B. Mullin）等于1965年用液相覆盖直拉法(LEC 法)成功地生长出具有正化学配比的 GaAs 晶体。LEC 法的实质是在切克拉尔斯基技术的基础上，为避免在 GaAs 熔点（1238℃）温度下，GaAs

中易挥发性元素As的损失，而在GaAs熔体的表面上覆盖一层熔融的B_2O_3层，如图17-4-28所示。

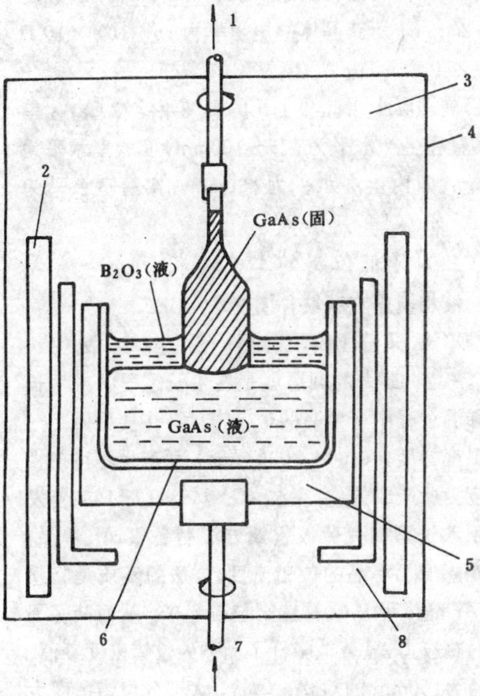

图 17-4-28 LEC法生长装置示意图

1—晶体拉杆；2—热屏蔽；3—生长室；4—水冷炉壁；5—坩埚托；6—石英坩埚；7—坩埚轴；8—石墨加热器

该法的设备主要由生长室、机械传动系统、籽晶杆、坩埚轴、加热器以及温控系统等部分构成。其单晶生长工艺可分为四个阶段：(1) 引晶；(2) 放肩；(3)单晶生长；(4)收尾。当GaAs熔体温度达到1240～1245℃时，需将籽晶通过B_2O_3覆盖层浸入GaAs熔体表面，并与GaAs熔体接触，再慢慢降温直到单晶开始生长。而后按预定的程序放肩，直到晶体开始等径生长。当坩埚中的余料尚未完全耗尽时，即开始收尾结束拉晶。所使用的生长工艺参数范围为：生长速度为6～15mm/h；晶体旋转速度为15～23r/min；坩埚旋转速度为1～4r/min；生长室内惰性气体压力为1×10^5Pa。

皮克莱克 (L. Pekarek) 等于1970年报导了GaAs液相覆盖直拉法的炉内合成，其工艺装置如图17-4-29所示。该法是将砷装在带有石英导管的石英安瓿内，将导管通过B_2O_3层插入盛有液态镓的坩埚内。生长室充惰性气体至压力达1.5×10^5Pa，而后升温，使气态砷经过导管与液态镓合成GaAs熔体，之后按上述程序进行单晶生长。

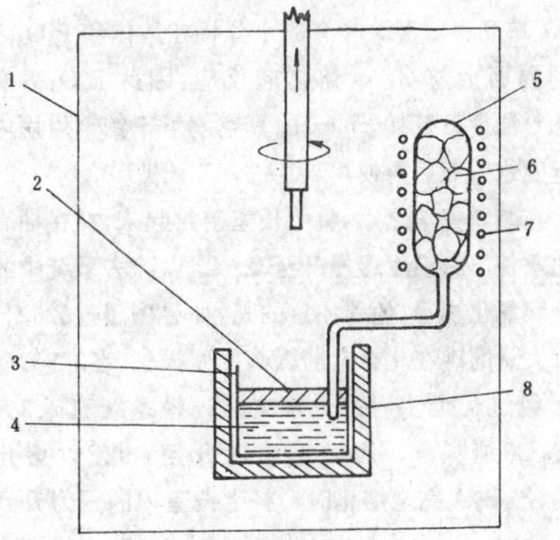

图 17-4-29 LEC法GaAs的炉内合成装置示意图

1—生长室；2—B_2O_3；3—坩埚；4—Ga熔体；5—石英安瓿；6—砷；7—加热器；8—电阻加热器

(二) 高压液相覆盖直拉技术 (HP-LEC)

自1968年巴斯(S. J. Bass)等发表了用高压单晶炉生长带有挥发性元素的Ⅲ-Ⅴ族化合物半导体单晶之后，1970年前后国际市场上相继出现了英国麦尔文(Malvern)高压单晶炉(工作压力为10MPa，并带有等径控制系统)；美国HP高压单晶炉(工作压力为13.5MPa)；日本国际电气公司所产的高压单晶炉(工作压力为10MPa)。我国于70年代末期也研制出工作压力为10MPa的高压单晶炉。当时此种设备主要用于生长具有高挥发性元素的GaP和InP等Ⅲ-Ⅴ族化合物半导体材料，然而70年代后期，由于微波单片集成和高速逻辑器件的发展，开始生产高纯和热稳定的半绝缘GaAs材料。

1979年，澳克埃恩 (T. R. Aucoin) 等为避免硅的污染用热解氮化硼坩埚(PBN)在高压单晶炉内进行了GaAs原位合成，并且成功地生长出能满足需要的高纯半绝缘GaAs单晶，而且不需要用深受主杂质铬(Cr)或深施主杂质氧来补偿GaAs中的各种浅施主或浅受主杂质能级。其工艺过程是将总量为300g的高纯镓和高纯砷置於直径为5cm的PBN坩埚内。坩埚预先用1∶1电子级HCl和去离子水的溶液中腐蚀10min，然后用去离子水和乙醇漂洗，再在温度为200℃的真空烘箱内烘干。砷、镓和30g的

B_2O_3按图17-4-30所示的次序装料。当 B_2O_3熔化后，其厚度大约为10mm。B_2O_3含水量对生长高质量的GaAs 单晶很重要，含有的水分将在熔体和 B_2O_3之间的界面上与 GaAs 熔体起反应。因此 B_2O_3需在1000℃温度下及10^{-7}mmHg 真空度下于铂金坩埚内进行脱水，而后再使用。

在装料完毕之后，将生长室密封起来，并在抽真空的条件下将温度慢慢升至325℃，以除去系统中的水分和氧化物等。值得注意的是，如温度超过325℃，将有大量的砷在化合之前因蒸发而损失。在325℃温度下经过几个小时的处理之后，将系统充入3×10^5Pa 高纯氮气，而后将温度升至450℃以熔化B_2O_3。当 B_2O_3完全熔化时，将生长室内的压力升到70×10^5Pa 以上。生长室内的压力对 GaAs 合成的产品率具有重要的影响：在40×10^5Pa 的压力下，产品率大约为90%，其余的砷因挥发而损失；在压力为60×10^5Pa 或者以上时，其产品率大约为99^+%。在上述压力下，当温度升到700℃时砷与镓将进行激烈的放热反应，合成在短时间内结束，而获得所需要GaAs 熔体。下一步的生长程序与 LEC 相同，其生长的工艺参数：生长方向为〈111〉B 或〈100〉B（即砷面朝向熔体）；单晶生长时的压力为（10～20）$\times10^5$Pa；合成时的压力为（60～70）$\times10^5$Pa；坩埚转速❶为3～5rpm；晶体转速❶为12～15rpm；生长速度为1～2cm/h；所获晶体的电阻率为（5～10）$\times10^7\Omega\cdot$cm。

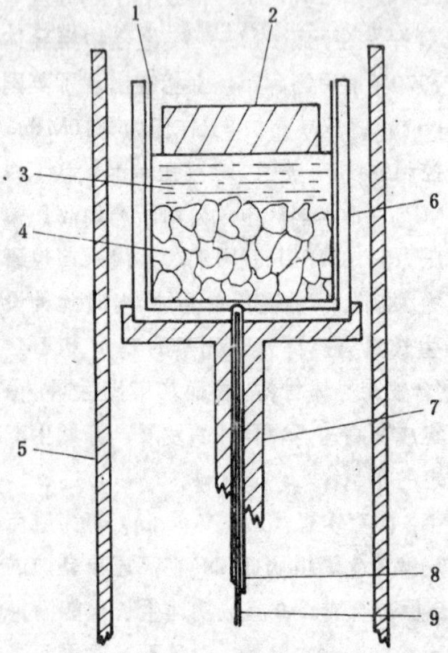

图 17-4-30 GaAs 高压直拉原位合成装料示意图

1—PBN 坩埚；2—B_2O_3饼；3—高纯镓；4—高纯砷；5—高压室；6—石墨加热器；7—支架；8—热偶套管；9—热偶

目前国际上用此法生长的高纯半绝缘 GaAs 单晶，其直径生产水平为 ϕ75～100mm；实验室水平为ϕ125mm。国内生产水平为 ϕ50mm，实验室水平为75mm。

（三）降低位错的工艺技术

1. 液相覆盖克劳坡鲁斯技术（LEK）

LEK 法又称 FEC 法。用一般的 LEC 法生长GaAs 单晶，最大的问题就是在生长过程中或生长后的降温过程中产生高的位错密度，主要原因之一是高温度梯度，（100～200℃/cm）而产生不可忽视的热应力所造成的。吉克波（G. Jacob）于1982年发表了用改进型的克劳坡鲁斯方法制备 GaAs 单晶，成功地降低了单晶的位错密度。方法的实质是将整个 GaAs 晶体用 B_2O_3覆盖剂包封起来，从而减轻了晶体的热应力，显著地降低了晶体的位错密度，所获得直径为100mm 的 GaAs 单晶，大部分位错密度为几千 cm^{-2}。

2. 磁场液相覆盖直拉法（MLEC）

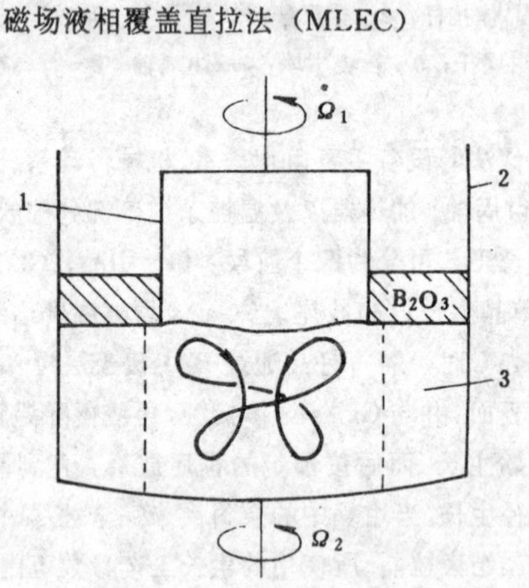

图 17-4-31 GaAs 熔体热对流的模型

1—晶 体；2—坩埚；3—外层熔体

在通常的 LEC 或 HP-LEC 法中，坩埚内 GaAs 熔体中存在着强烈的热对流，影响着生长晶体的完整性、均匀性以及固-液界面的形状等。这种热对流受生长条件的影响，如轴向或径向的温度梯度、熔体

❶ 晶体与坩埚的旋转方向将影响固液界面的形状，两者旋转方向一致时，将产生更凸的固-液界面。

的粘度以及坩埚和晶体升降与旋转的速度等。坩埚中熔体热对流的模型如图17-4-31所示。这一熔体热对流模型解释了高压直拉 GaAs 单晶中位错呈“W”型分布的原因，如图17-4-32所示。

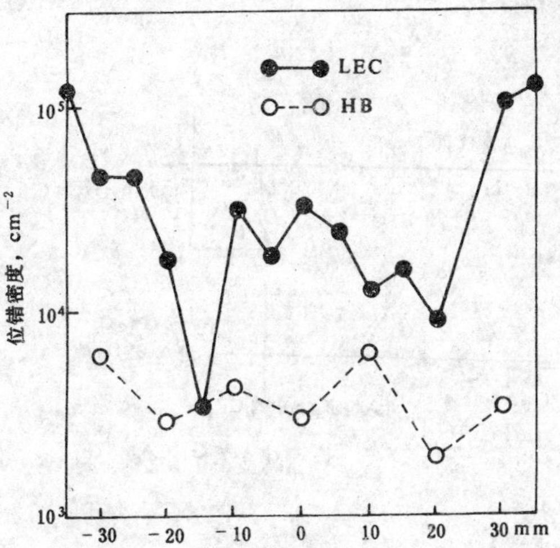

图 17-4-32 高压直拉 GaAs 单晶沿直径方向位错密度的分布

1966年，沃特（H. P. uteeh）等在用加磁场的直拉法生长 InSb 单晶时，观察到磁场具有抑制热对流的作用，并且在所获得的晶体中没有观察到杂质条纹。其原因就是当热导熔体通过磁场运动时，熔体粘度增大，从而减少了热对流和杂质条纹。这种所谓的磁粘度 B 正比于熔体的电导 σ 和磁化率 μ，即：

$$B = A\sigma\mu$$

式中 A —— 比例常数。

福田承生（T. Fukuda）曾将磁场应用于 HP-LEC 法生长 GaAs 单晶，并观察到磁场对生长过程中的熔体-晶体的性质有明显影响。泰勒什莫（K. Terashima）等曾报导磁场可明显地降低熔体中温度的波动，在99.5kA/m 的情况下，由没有磁场的最大温度波动18℃降到0.1℃，此后又报导了温度波动对磁场的依赖关系（如图17-4-33所示）。

高质量晶体是在低的温度梯度和强磁场等综合因素作用下获得的。如图17-4-33所示，当磁场强度达到103.5kA/m 时，温度变化减弱。在该磁场强度下拉晶时，仍能观察到微弱的晶体生长条纹，这说明在此条件下仍未能抑制温度的变化。但当磁场强度达到238.8kA/m 以上时，晶体内部生长条纹完全消失，并且碳的浓度也下降。

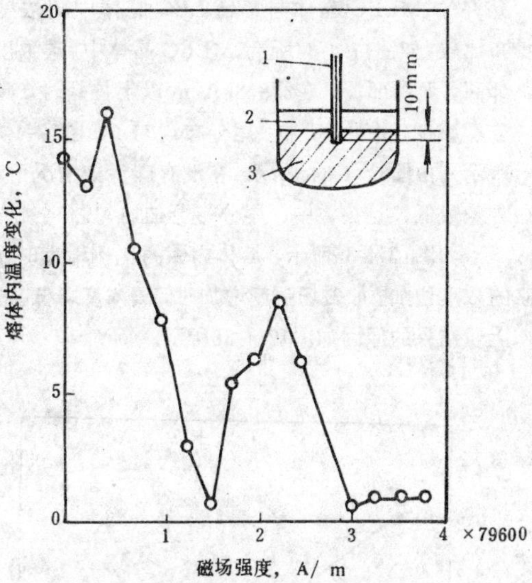

图 17-4-33 温度波动对磁场的依赖关系

1—热电偶；2—B_2O_3；3—GaAs 熔体

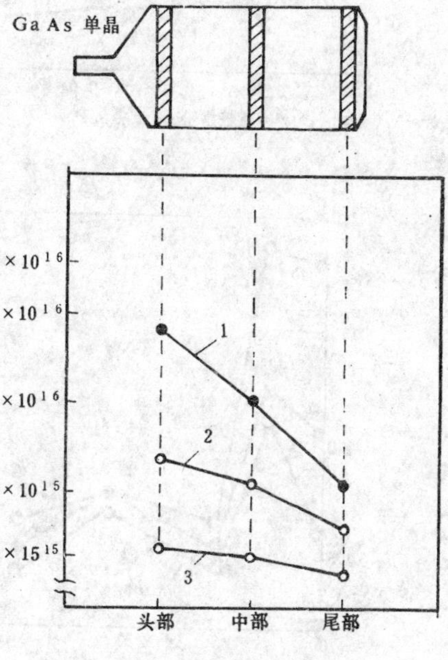

图 17-4-34 MLEC 法和 LEC 法生长单晶内碳浓度分布的比较

1—LEC 法；2—加强磁场（270640A/m）；

3—强磁场＋PBN 坩埚＋AlN 保温层

杂质碳含量与 SI-GaAs（半绝缘 GaAs）的电学性质密切相关，如果其含量超过$5\times10^{15}cm^{-3}$，则在热处理时，晶体电阻率将下降，这是器件工艺所不能允许的。MLEC 晶体与普通 LEC 晶体中碳浓度分布比较，如图17-4-34所示。MLEC 晶体中，碳浓度头部高，而尾部低，在238.8kA/m 以上拉晶时，碳的浓度减少，并且头、中、尾分布均匀（如图17-4-34b所示）。由图17-4-34c 所示，在没有碳污染情况下，碳含量最低，且头、中、尾分布更加均匀。

如图17-4-35所示，熔体内镓的比例增大时，碳的浓度增加；如磁场强度增加时，碳浓度降低。造成上述结果的原因如图17-4-36所示。

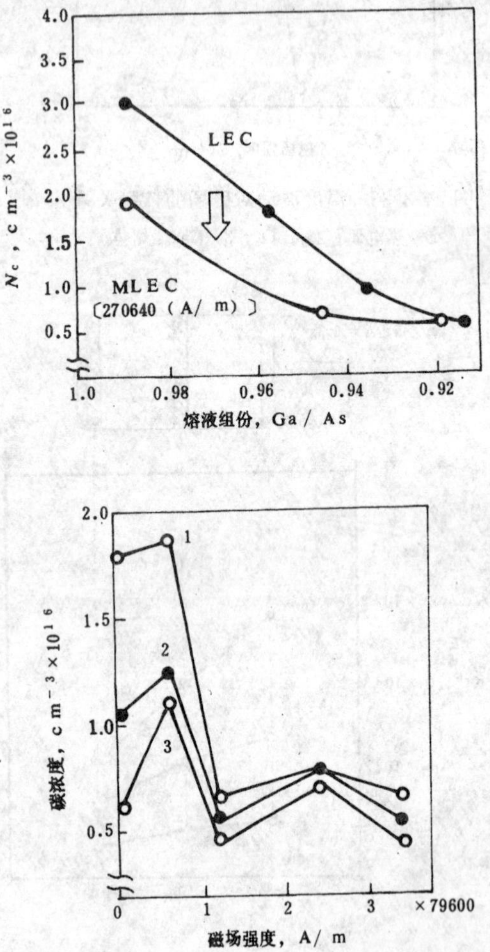

图 17-4-35 晶体生长条件与碳浓度的关系

在 GaAs 熔点（1238℃）温度下，熔体内总有部分游离的镓和砷，而 B_2O_3中的 H_2O 则解离为氢和氧。这种游离的氧与从外部进入 B_2O_3中的碳（主要来源于石墨加热器和保温罩）进行反应，从而生成在高温下稳定的 CO，并且溶入 B_2O_3中，溶入 B_2O_3中游离的镓夺走 CO 中的氧而生成 Ga_2O_3，剩下的游离碳进入 GaAs 熔体中。这就是为什么当熔体中镓的比例增加时，碳浓度增大的原因。磁场可抑制熔体的热对流，也就是制止了游离镓的输送和供给，从而使碳浓度下降。

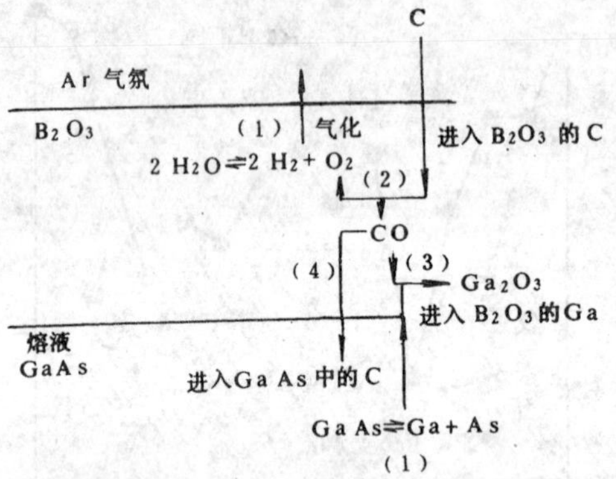

图 17-4-36 杂质碳进入晶体中的机制

用上述方法所获得的直径为 ϕ75mm 半绝缘 GaAs 单晶片，其阀值电压偏差 σ_{Vth} 小于20mV，说明其材料的均匀性显著提高。

综上所述，由于磁场的作用，可有效地降低晶体中的缺陷和杂质碳的含量，特别是提高材料的均匀性效果显著，由此生产的 SI-GaAs 单晶适用于超高速集成电路所需的衬底材料。

3. 等电子掺杂

什莫德（T. Shimada）以重掺等价电子铟获得了直径为50mm，位错密度为 $1\sim2\times10^3cm^{-2}$ 的 GaAs 单晶。松井纯尔用轻掺等价电子铟的方法获得了无位错 GaAs 单晶。掺铟量与位错密度的关系如图17-4-37所示。当掺铟量在 $2\times10^{19}cm^{-3}$以上时可获得零位错；而掺铟量在 $1\times10^{19}cm^{-3}$左右时，则晶片的边缘部分有位错存在，晶片内平均位错密度约 $400cm^{-2}$ 左右。这是因为中性等电子掺杂剂铟在 GaAs 晶格中具有硬化晶格的作用。亚苏斯格（Yasuoseki）等于1978年提出“若 GaAs 中杂质原子与主晶格原子间的键能比主晶格原子间的键能强时，由应力产生的位错传播将在杂质附近终止。”所以杂质效应可用杂质与主晶格间的键能大小来衡量，即键能大的杂质元素，其杂质效应显著。元素间的键能如表17-4-7所示。

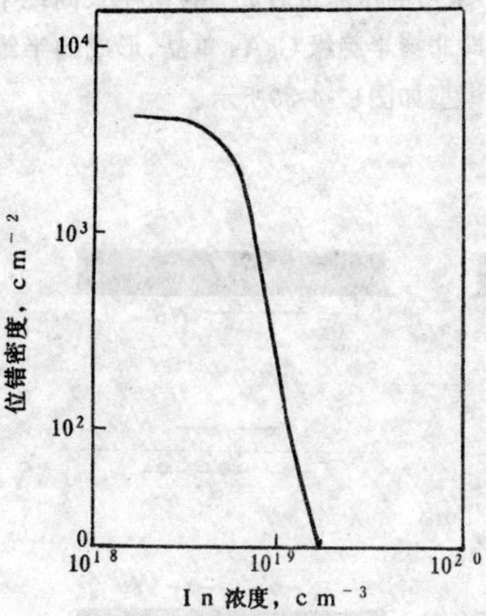

图 17-4-37　掺铟量与位错密度的关系

表 17-4-7　元素间的键能（Bond Energy）

元素名称	键能，kcal/mol
Ga-P	54.9±3
Ga-Ga	33.0±5
Ga-Te	60.0±6
Ga-S	80.4
Ga-O	68±5
Ga-As	
Ga-In	

4. 降低热场的温度梯度

不管是采用磁场法还是采用等电子掺杂法降低位错等缺陷，都首先必须降低晶体周围热场的温度梯度。位错密度与温度梯度间的关系如下式：

$$N_D = \frac{a}{b}\Delta T_n - \frac{2\tau_c}{G \cdot b} \cdot \frac{1}{D}$$

式中　N_D——位错密度；

a——线膨胀系数；

b——巴尔格矢量；

τ_c——临界剪应力；

G——弹性模量；

ΔT_n——温度梯度；

D——单晶直径。

高压直拉法生长室内热对流严重，因此坩埚上部生长晶体周围的温度梯度大约为100～300℃/cm，而生长无位错单晶时，温度梯度却必须控制在20℃/cm 以内。为降低温度梯度可采用三段炉温加热器，如图17-4-38所示。

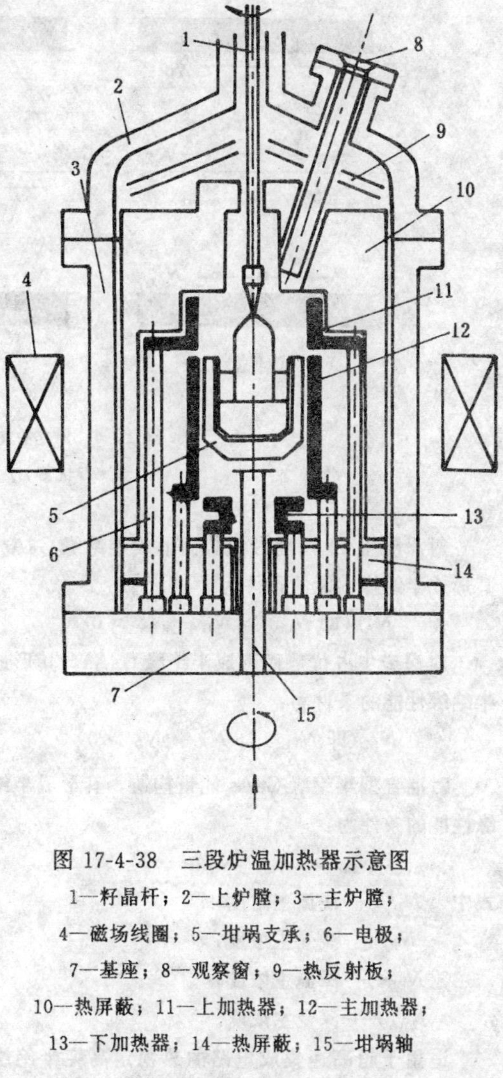

图 17-4-38　三段炉温加热器示意图

1—籽晶杆；2—上炉膛；3—主炉膛；
4—磁场线圈；5—坩埚支承；6—电极；
7—基座；8—观察窗；9—热反射板；
10—热屏蔽；11—上加热器；12—主加热器；
13—下加热器；14—热屏蔽；15—坩埚轴

目前，为获得高质量低位错无位错半绝缘GaAs 单晶，多将上述各种技术组合在一起（如高压原位合成、等电子掺杂、加磁场等技术），以发挥综合因素的效应。

(四) 半绝缘 GaAs 形成的机制及其生长工艺

用于超高速集成电路和场效应晶体管的半绝缘GaAs 材料，其晶体中剩余电活性杂质，晶格中的砷、镓空位以及这些空位-杂质络合物等，必须在电学上给以补偿，使其费米能级基本上处于禁带中央位置，方能形成 GaAs 材料的半绝缘性能。

为形成半绝缘 GaAs 过去曾采用在 GaAs 中掺入能形成深受主能级的铬进行补偿的方法，而获得 GaAs 材料的半绝缘性能。自70年代末以来，则在氮化硼坩埚中采用高压原位合成直拉法生长高纯半绝缘 GaAs，即非掺半绝缘 GaAs 单晶。形成的半绝缘 GaAs 能带模型如图17-4-39所示。

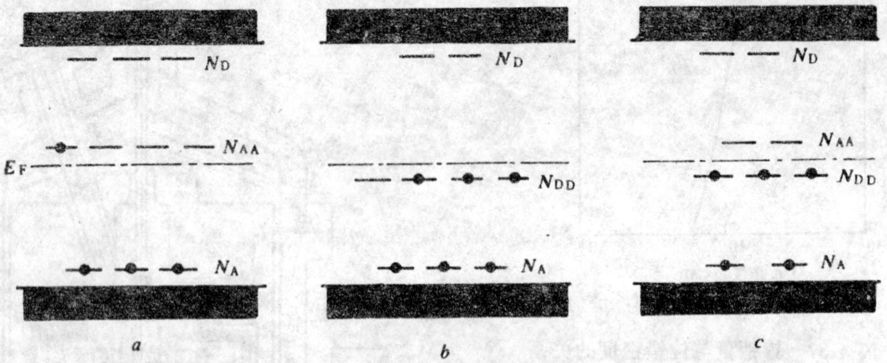

图 17-4-39 半绝缘 GaAs 能带构造模型

a—Cr 占优势；*b*—EL_2占优势；*c*—混合型

对深受主 Cr 浓度占优势而形成半绝缘 GaAs，其形成半绝缘性能的条件为：

$$N_{AA}(\text{即 } N_{Cr}) > N_D - N_A > 0$$

对深施主占优势而形成半绝缘 GaAs，其形成半绝缘性能的条件为：

$$N_{DD}(\text{即 } N_{EL_2}) > N_A - N_D > 0$$

对混合型半绝缘 GaAs 能带构造，其形成半绝缘性能的条件为：

$$N_{DD} > N_A - N_D > - N_{AA}$$

式中 N_D——浅施主浓度；

N_A——浅受主浓度；

N_{DD}——深施主浓度；

N_{AA}——深受主浓度。

适用于超高速集成电路的热稳定高纯半绝缘 GaAs 主要是由被马丁（G. M. Martin）称为“EL2”以及以后被发现的与氧有关的深能级 ELO 与 GaAs 中剩余杂质浅受主碳互相补偿的结果。

EL2深能级主要与 GaAs 中反位缺陷有关。拉格斯基（J. Lagowski）认为，形成反位缺陷分为两个阶段：(1) 在晶体生长过程中首先在 GaAs 晶格中形成镓空位；(2) 该空位在生长、冷却和退火过程中与砷原子互相作用，从而形成了 As_{Ga}的反位缺陷。

为获得 GaAs 中 EL2浓度足够形成半绝缘 GaAs 的性能，其单晶必须在富砷 GaAs 熔体中生长。如图17-4-40和图17-4-41所示。

由图17-4-40和图17-4-41可看出，高压原位直拉 GaAs 单晶的电阻率和 EL2浓度是熔体中砷组分的函数。因此在晶体生长过程中，控制熔体中砷组分是获得优质热稳定半绝缘 GaAs 的重要环节之一。

目前使用上述工艺所获得的热稳定半绝缘 GaAs，其电子迁移率实验室水平为7000$cm^2/V\cdot s$左右，商品水平一般在4000$cm^2/V\cdot s$以上，电阻率为$10^7 \sim 10^8 \Omega\cdot cm$。对直径为75mm 的单晶而言，位错密度实验室水平已达无位错（位错密度小于500cm^{-2}），商品水平为$1\times10^4 cm^{-2}$以下。

当今，在已进行工业化生产的Ⅲ-Ⅴ族化合物半导体单晶中，除 GaAs 之外，尚有 GaP、InP 材料。GaP 主要用于红、绿、橙、黄等可见光发光二极管和数码显示器；而 InP 主要用于长波段激光器（波长为1.1～1.7μm）、接收器、光电集成以及微波器件等。

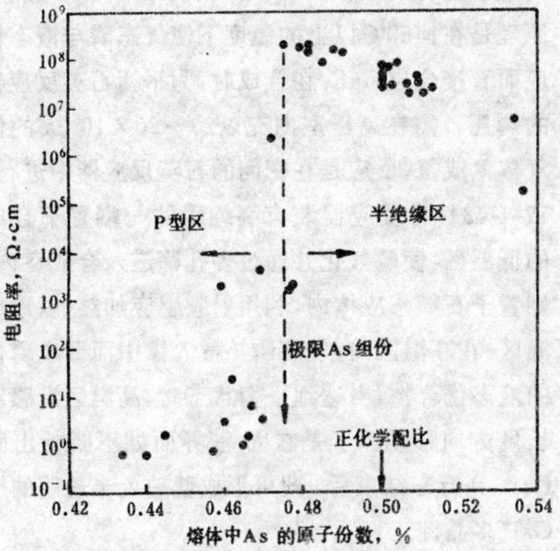

图 17-4-40　GaAs 电阻率与砷组分的关系

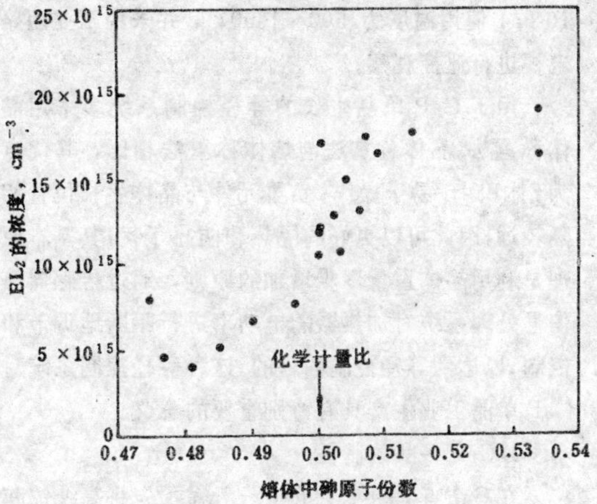

图 17-4-41　EL2浓度与砷组分的关系

第三节　其它Ⅲ-Ⅴ族及Ⅱ-Ⅵ族化合物半导体单晶生长工艺技术

一、磷化镓单晶生长

GaP 在室温下的禁带宽度为2.26eV，其能带构造虽为间接跃迁型，但利用等电子陷阱束缚激子复合，可获得很高的发光效率，从而开辟了工业应用的途径，如可用于制作高效率红、绿、橙、黄可见光发光二极管和数码显示器等器件的衬底材料。由于 GaP 熔点高（1467℃），解离压大（在熔点温度下为 35×10^5Pa），因而给晶体制备带来许多困难。

制备 GaP 晶体的方法有常压下的溶质扩散法（SSD 法）和高压下的高压直拉法（HP-LEC 法）。

（一）溶质扩散法（SSD 法）

在高压直拉法尚未诞生之前，研究工作主要用溶质扩散法提供 GaP 晶体，其工艺设备示意图如图 17-4-42所示。该法的优点是设备简单，并且位错密度低，特别是影响发光效率的“S”坑极少；缺点是生长速度慢，较难实现工业化生产。其工艺过程首先是将高纯磷置于立式生长管的底部，而后将高纯镓装入带冷指的石英坩埚内，在10^{-6}mmHg 真空度下熔封石英生长管，最后将石英生长管垂直放于具有两段炉温加热器的生长炉内。GaP 晶体的生长温度为1140～1200℃。用此法所获得的 GaP 晶体直径已达45mm，非掺单晶电子迁移率为100～130cm^2/V·s，位错密度为10^3～10^4cm^{-3}。

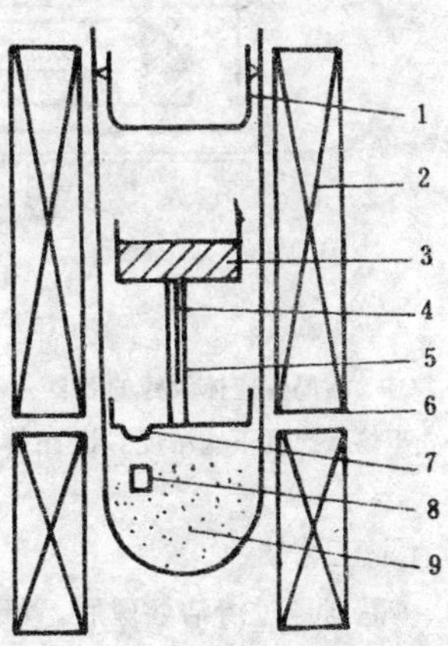

图 17-4-42　SSD 法生长装置示意图

1—封泡；2—电阻炉；3—镓；4—石英冷指；5—石英支架；6—封泡；7—石英膜；8—磁铁；9—磷

（二）高压直拉法（HP-LEC）

高压单晶炉的诞生，为工业化生产熔点高、解离压大的 GaP 单晶材料创造了有利条件。1968年，巴斯（S. J. Bass）和墨林（J. B. Mullin）分别发表了用高压单晶炉拉制 GaP 单晶的生长工艺，从此奠定了 GaP 单晶工业生产方法的基础。巴斯当时所使用单晶炉的工作压力为43×10^5Pa；墨林所使用单晶炉的最高工作压力达200×10^5Pa。1969年，国际市场上出现了用于 GaP 单晶生长并带有等径控制的高压单晶炉。我国于70年代末期研制出高压单晶炉并投入使用，同时生产出 GaP 单晶。目前用于 GaP 单晶生长的高压单晶炉的共同特点是：工作压力为100×10^5Pa，使用温度为1500～1600℃，并采用工业闭路电视进行遥控观察。

用于GaP单晶生长的等径控制系统多采用晶体称重法。晶体称重法与熔体称重法相比，其优点为：体积小；易于操作；负重元件与晶体生长位置相隔较远，因此可以更好的隔热和防止干扰。其基本原理是利用晶体重量逐步增加的原则，通过传感器等信号处理系统对加热器的电功率进行不断地调节和控制，以达到等径控制的目的。这种等径控制系统对GaP单晶工业生产具有特别重要的意义。

1. GaP多晶的制备

在GaP单晶生长之前，一般需预先将高纯镓和高纯磷在特制的高压合成炉内合成GaP多晶料。其原理是在1460℃以上的温度下使气态磷与液态镓反应而直接合成GaP。在合成时，为平衡石英反应器内的磷压，需在高压室内充以20～30×10^5Pa的惰性气体氮或氩。反应是在密闭的石英反应器中进行(图17-4-43)。将反应器装有高纯磷的一端置于合成炉的低温区，使磷气化并通过多孔筛进入合成室内。镓则置于石墨感应体内，利用射频感应加热，以形成高温区。在高温区内，气态磷扩散入镓中而形成磷化镓的液态化合物。当达到平衡状态时，高温区沿感应体长度方向移动，于是在固-液界面处不断析出固态GaP。在行车结束后，即可形成琥珀色半透明的棒状GaP多晶锭。

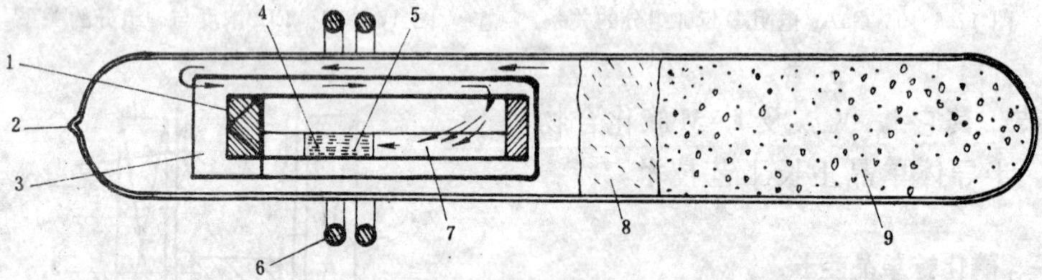

图 17-4-43 GaP多晶料合成反应器

1—石墨感应体及镓的容器；2—石英反应容器；3—石英容器；4—析出的固态GaP多晶；5—处于熔点热度下高浓度GaP熔体；6—射频线圈；7—高纯Ga及GaP熔体；8—多孔筛；9—高纯磷

2. 单晶生长工艺技术

将GaP多晶料经过清洁处理后，置于如图17-4-44所示的石英或热解氮化硼坩埚内，而后加入适量的B_2O_3覆盖剂，以防止在GaP熔点温度下磷蒸气的逸出。B_2O_3的厚度一般为10～15mm。熔化后的B_2O_3为透明体，并且不与GaP熔体发生反应。升温前，高压室内需充以惰性气体氮或氩。当温度升到GaP熔点1467℃附近时，高压室内的压力需调节到60～70×10^5Pa，以抑制GaP的解离。单晶生长过程和普通LEC法相同。其生长过程的工艺参数：生长晶向为〈111〉或〈100〉；生长速度为1～1.5cm/h；晶体转速为3～10rpm；坩埚转速为20～25rpm；坩埚升速为0.5～1mm/h；生长室内压力为60～70×10^5Pa。

当拉晶超过3～4h后，由于磷的污染，使B_2O_3变得混浊不清，给人工拉晶带来困难，使单晶外形失去控制。若采用上述等径控制系统和限制单晶几何形状的浮舟互相配合使用，则可避免单晶外形失控，使晶体直径沿长度误差控制在±2mm以内。

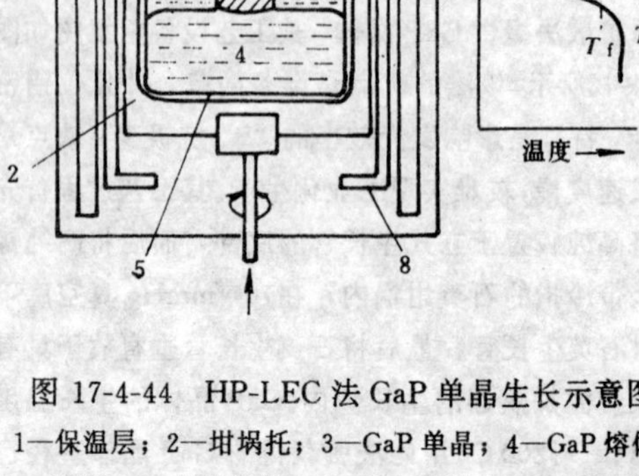

图 17-4-44 HP-LEC法GaP单晶生长示意图

1—保温层；2—坩埚托；3—GaP单晶；4—GaP熔体；5—坩埚；6—惰性气体；7—高压熔器；8—石墨加热器

GaPN型掺杂剂一般采用硫、碲、硅等，但80年代以来多采用硫为掺杂剂。P 型掺杂剂一般采用锌或镉。掺杂量按下式计算：

$$W_x = \frac{n}{K} \cdot \frac{W_{GaP}}{D} \cdot \frac{G}{N}$$

式中　W_x——掺杂量，g

n——晶体中所需的电子浓度，cm^{-3}；

K——杂质的有效分凝系数；

W——GaP 多晶原料重量，g；

D——固态 GaP 密度，g/cm^3；

G——掺杂剂元素的克分子量，g；

N——阿佛加得罗常数。

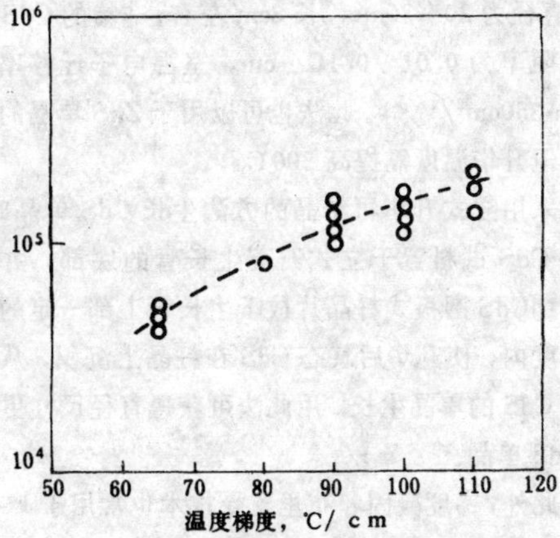

图 17-4-45　温度梯度与位错密度的关系

高压下拉晶时热对流较常压下激烈，因而温度梯度也更大。温度梯度与位错密度的关系如图17-4-45所示。所获单晶的位错密度通常为$5\times10^5cm^{-2}$以下，最佳时可达$8\times10^4cm^{-2}$左右。位错密度沿直径方向呈“W”型分布。位错密度太高将引起少数载流子寿命的降低，而少数载流子寿命与外量子效率之间的关系如图17-4-46 所示。为提高发光二极管的外量子效率，进一步降低位错密度是今后需要研究的课题。

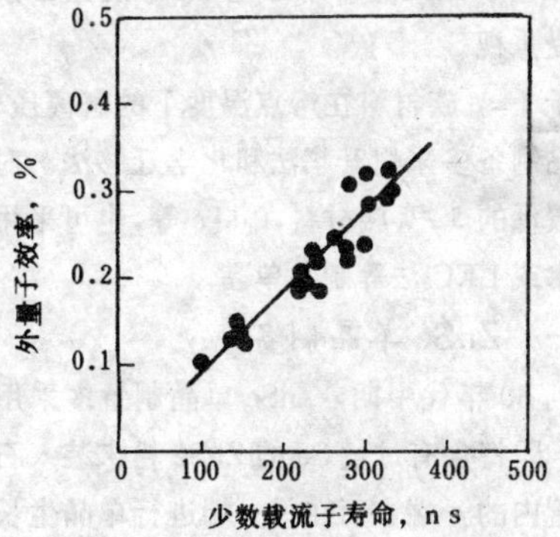

图 17-4-46　少数载流子寿命与外量子效率之间的关系

二、磷化铟单晶生长

（一）InP 多晶制备

InP 在熔点温度（1070℃）下的解离压为27×10^5Pa，因此其单晶生长工艺技术类似于 GaP，需首先在特制的高压合成炉内将高纯铟与高纯磷合成为 InP 多晶原料。不同之处在于 InP 合成温度仅为1100℃，一般多采用电阻加热，也可以采用射频加热。合成工艺过程和设备与 GaP 相同。

（二）单晶生长工艺技术

InP 单晶生长工艺及设备类似于 GaP，但在单晶生长过程中，高压室内的压力为$35\sim45\times10^5Pa$时即能抑制磷蒸气的逸出。一般单晶生长方向为〈111〉或〈100〉；单晶生长速度为 0.8～1.5cm/h；B_2O_3 的厚度为 0.5～1.5cm。与 GaAs 和 GaP 相比，InP 单晶生长易于产生孪晶，从而使成晶率降低。因此应使 InP 单晶生长的热场配置、放肩角度等根据不同的生长装置处于最佳状态，以提高成晶率。

InP 单晶 N 型掺杂剂一般采用硫、锡和碲。P 型掺杂剂则采用锌和镉等。硫在降低 InP 的位错密度方面杂质效应显著，在 InP 中的有效分凝系数为 0.28，溶解度极限值为$2\times10^{19}cm^{-3}$。当载流子浓度$n>2\times10^{18}cm^{-3}$时，位错密度明显下降；当载流子浓度达到$3\times10^{18}cm^{-3}$以上时，位错密度一般在$1000cm^{-2}$左右。

制备半绝缘 InP 单晶时，一般采用 Fe 为掺杂剂。在 0.02～0.05wt%掺杂范围内，可获得电阻率为$10^7\sim10^8\Omega\cdot cm$的半绝缘 InP 单晶。

三、锑化铟、砷化铟和锑化镓单晶生长

InSb 的熔点为 525℃；InAs 的熔点为 943℃；GaSb 的熔点为 712℃。由于这些Ⅲ-Ⅴ族化合物半导体熔点较低，在熔点温度下的解离压可忽略不计，因此采用普通液相覆盖直拉法（LEC）生长 InSb、

InAs、GaSb 单晶，一般可满足应用的要求。GaSb 一般采用 KCl 或 NaCl 作覆盖剂，InSb 和 InAs 一般采用 B_2O_3 作覆盖剂，其单晶生长工艺过程类似于 LEC 法生长 GaAs 单晶。

四、Ⅱ-Ⅵ族单晶生长

Ⅱ-Ⅵ族材料由于禁带宽度大，可发射可见光以下各波段的发射波长。但由于这类材料的熔点高，且含有易挥发元素，因此给单晶制备带来困难，并且由于多数Ⅱ-Ⅵ族材料的自补偿作用，难于形成 *p-n* 结。目前部分Ⅱ-Ⅵ族材料采用 MIS 结构应用于某些器件。在发光二极管工业应用中，目前尚缺少蓝色发光二极管，因此近年来蓝色 ZnSe 发光二极管的研究颇受重视。

由于Ⅱ-Ⅵ族材料在熔点温度下的解离压较大，所以单晶制备多采用升华法和化学迁移法。对解离压相对较低的Ⅱ-Ⅵ族材料，CdTe 等，也可采用梯度凝固技术或 LEC 法等制备单晶。

（一）ZnSe 单晶制备

直到 60 年代中期，ZnSe 单晶制备多采用热壁升华法，即将含有过量 Se 的 ZnSe 粉末装入石英升华生长管内的一端，而在另一端进行单晶生长。在 1350℃的升华温度下，其晶体生长速度为 0.2mm/h。用此法可获得几个立方厘米的 ZnSe 晶体。60 年代中期以后，ZnSe 单晶制备多采用化学迁移法，迁移剂采用 HCl、HBr 和碘等。由于大部分碘化物与氯化物和溴化物相比，热力学性质更为稳定，更易于化学迁移的反应。因此在用化学迁移法制备 ZnSe 单晶时，多采用碘为迁移剂。在制备 ZnSe 单晶时，生长温度为 780～890℃，碘迁移剂的浓度为 $5mg/cm^3$，(111) 面生长可获得质量较好的单晶。在生长温度低于 830℃时易于出现多晶，而生长温度高于 890℃时将无任何生长。由于单晶生长的温度梯度较小（约 5℃/cm 左右），所以单晶的位错密度一般为 10^3cm^{-2}数量级。所获 ZnSe 单晶的电阻率为 $3.3\times10^7\Omega\cdot cm$，而在锌蒸气中进行热处理后，其电阻率为 $6.5\times10^{-2}\Omega\cdot cm$。

（二）ZnS_xSe_{1-x}晶体生长

ZnS_xSe_{1-x}固溶体的晶体生长，通常采用类似于 ZnSe 晶体生长的装置与方法。采用碘迁移法生长 ZnS_xSe_{1-x}晶体时，其生长温度为 850～900℃。在含硫量较大和较高的生长温度条件下，可获得质量较好的晶体。ZnS 晶体生长也可采用化学迁移法。

（三）硫化镉单晶制备

CdS 单晶生长一般采用气相法。气相法生长 CdS 单晶有水平法和立式法之分。水平法生长，系将气相合成后的针状、片状或粉状高纯 CdS 原料置于石英单晶生长管内的贮料端，在真空度为 10^{-6} mmHg 条件下封管。然后将生长管置于可移动的水平生长炉内。生长时，水平单晶炉移动，而生长管静止不动。由于 CdS 在 1200℃时可产生 0.25×10^5Pa 的蒸气压，所以石英保护管内应保持一定的动力真空度，以避免单晶生长时石英单晶生长管的凹陷变形。单晶生长速度为 0.3mm/h。用此法获得 CdS 单晶，直径为 20～30mm，长 3cm 左右；非掺的 CdS 单晶电阻率为 $0.01\sim0.1\Omega\cdot cm$，室温电子迁移率为 $300\sim350cm^2/V\cdot s$。此法也可以用于 ZnS 单晶的生长，但升华温度需提高 300℃。

采用立式升华再结晶的方法生长 CdS 单晶时，是将 CdS 试料置于立式石英生长管的底部，并将[0001]CdS 圆板式籽晶片放于生长管上部一定的温度梯度内，使升华后气态 CdS 在籽晶上沉积，从而进行 CdS 的单晶生长。用此法可获得直径尺寸更大的 CdS 单晶。

此外，梯度凝固和布里支曼技术也常用于Ⅱ-Ⅵ族晶体生长，如 CdTe 和 $Cd_xHg_{1-x}Te$ 等。某些Ⅱ-Ⅵ族材料也可采用液相覆盖直拉技术。

第四节 化合物半导体的规格参数及其应用

以砷化镓为首的化合物半导体材料在电子信息工业领域内的应用可分为两大类，即微波和发光。在微波领域内的应用包括：砷化镓变容二极管、遂道二极管、体效应晶体管、大功率场效应晶体管、低噪声场效应晶体管单片、集成以及超高速集成电路等；在发光领域内的应用包括：红、绿、橙、黄可见光发光二极管、蓝色发光二极管（尚处于研制阶段）、近红外发光二极管、光通讯用近红外激光器、可见光激光器、中红外激光器（尚处于研制阶段）以及光集成等。目前已进行工业化生产的化合物半导体多为Ⅲ-Ⅴ族材料，如 GaAs、GaP 和 InP 等。

国内可提供的化合物半导体材料参数如表 17-4-8 所示。近年来，国外有代表性的化合物半导体商品规格参数如表 17-4-9 所示。

国外化合物半导体和砷化镓应用比例如表 17-4-10 和表 17-4-11 所示。

表 17-4-8　国内可提供的化合物半导体材料参数

名称	掺杂剂	尺寸 cm^2 或 mm	晶向	型号	n, cm^{-3}	μ_n, $cm^2/V \cdot s$	N_d, cm^{2}	用　途
水平 GaAs	非掺	5～20	⟨111⟩	N		4000～5000	<10000	夜视仪
	Si	5～20	⟨100⟩	N	5×10^{17}～6×10^{18}	3500～1000	500～20000	激光器、发光二极管
	Te	5～20	⟨110⟩	N	1×10^{17}～7×10^{18}	4000～1500	1000～20000	微波器件
	Zn	5～20		P	1×10^{17}～5×10^{19}	200～40	1000～10000	
	Cr	5～20			$\rho>10^7\Omega\cdot cm$	1500～3500	3000～10000	场效应晶体管
直拉 GaAs	Te	ϕ30～50	同上	N	1×10^{17}～8×10^{16}	4000～15000	$\leqslant2\times10^5$	发光二极管
	Cr	ϕ30～50			$\rho>10^6\Omega\cdot cm$			大功率激光窗口材料
高压直拉 GaAs	非掺半绝缘	ϕ30～50	⟨100⟩	N		>4000	$\leqslant1\times10^5$	场效应晶体管及 IC 用
	掺 In 半绝缘	ϕ30～50		N			$\leqslant3\times10^4$	场效应晶体管及 IC 用
CaP	非掺	ϕ45±2	⟨111⟩		$(1～10)\times10^{16}$	100～160	$<5\times10^5$	
	Te 或 S	ϕ45±2		N	1×10^{17}～2×10^{18}	85～140	$<5\times10^5$	红、绿、橙、黄、发光管、数码管
	Zn	ϕ45±2		P	1×10^{17}～2×10^{18}	50～80	$<5\times10^5$	
InP	非掺	ϕ25～50	⟨111⟩		$<5\times10^{16}$	>3500	10^4～10^5	
	Sn	ϕ25～50	⟨100⟩	N	1×10^{17}～3×10^{18}	1500～2500	10^4～10^5	1.1～1.7μm 激光、微波器件
	S	ϕ25～50		N	$>2\times10^{18}$	2000	10^3～2×10^4	1.1～1.7μm 激光、微波器件
	Zn	ϕ25～50		N	1×10^{17}～3×10^{18}	50～100	10^4～10^5	1.1～1.7μm 激光、微波器件
	Fe	ϕ25～50		SI	$\rho>10^6\Omega\cdot cm$			场效应晶体管
InSb	非掺	ϕ15～25	⟨111⟩		10^{13}～10^{14}	>60 万(液氮)		红外探测器
	Te	ϕ15～25		N	$(1～5)\times10^{15}$	20～40 万(液氮)		红外探测器
InAs		ϕ15～25	⟨111⟩	N	10^{16}～10^{17}	20000～23000(室温)	电阻 10^{-2}～$10^{-3}\Omega\cdot cm$	霍尔元件

表 17-4-9 国外有代表性的化合物半导体材料商品参数

材料	方法	型号	掺杂剂	n, cm^{-3}	N_d, cm^{-2}	直径，mm
CaAs	HB	N	Si，非掺	$\leqslant 3\times10^{18}$	$\leqslant 1\times10^{4}$	40，50，
		I	Cr，O，	($\rho\geqslant 1\times10^{7}$)	$\leqslant 1\times10^{4}$	40，50，76
		P	Zn	$1\sim10\times10^{18}$	$\leqslant 1\times10^{4}$	40，50
	LEC	N	Si	$\leqslant 3\times10^{18}$	$\leqslant 1\times10^{5}$	50
		I	Cr，O	($\rho\geqslant 1\times10^{6}$)	—	40，50，76
		I	非掺	($\rho\geqslant 10^{7}$)	$\leqslant 1\times10^{5}$	76
GaP	LEC	N	S 或 Si	$1\sim10\sim10^{17}$	$\leqslant 5\times10^{5}$	50
InP	LEC	N	Sn 或 S	$1\times10^{16}\sim5\times10^{19}$	$\leqslant 5\times10^{4}$	40～55
		P	Zn	$1\times10^{16}\sim5\times10^{19}$	$\leqslant 5\times10^{4}$	40～5
		I	Fe	($\rho\geqslant 10^{7}$)	$\leqslant 1\times10^{5}$	40～55
InSb	CZ	N	非掺或掺 Te	$\geqslant 2\times10^{14}$ (77k)	$\leqslant 1\times10^{3}$	35～40
InAs	LEC	N	S	$\geqslant 10^{17}$	$\leqslant 5\times10^{4}$	35～55
CaSb	LEC	N	Te	$\geqslant 1\times10^{17}$	$\leqslant 1\times10^{3}$	35～50

表 17-4-10 化合物半导体应用比例

器件名称	所占比例，%	备注
发光二极管（LED）	62	其中可见光 LED 占 50% 红外 LED 占 12%
高速器件（FET，IC）	16	
激光器（LD）	12	
其它	10	

表 17-4-11　CaAs 应用比例

器件名称	所占比例,%	备　注
场效应晶体管（FET）	32.4	包括大功率和低噪声 FET
激光器（LD）	16.6	
红外发光二极管（LED）	13.8	
可见光发光二极管（LED）	8.3	
集成电路（IC）	9.5	
霍尔元件	2.8	
太阳能电池	6.9	
其它	9.7	

从上述应用比例可看出，目前绝大部分化合物半导体用于与发光有关的器件中。化合物半导体材料发射波长决定于禁带宽度。种类繁多的化合物半导体，由于禁带宽度的不同，其发射波长覆盖了从紫外到红外各波段的发射波谱。Ⅲ-Ⅴ族材料禁带宽度与发射波长之间的对应关系如图 17-4-47 所示。多元化合物半导体材料的禁带宽度随组分的变化而变化。调节多元化合物半导体的组分，可获得所需的禁带宽度，从而扩大了工业应用的范围。就发光器件而言，目前已应用的各种衬底材料如表 17-4-12 所示。红（6300～7600Å）、绿（4900～5600Å）、橙（5950～6300Å）、黄（5600～5950Å）四个波段的可见光外延片的特性参数，如表 17-4-13～16 所示。

表 17-4-12　各种发、受光器件所需的衬底材料

材料	可见光 LED	红外 LED	激光器	受光器件	太阳能电池
GaP	○				
GaAs	○	○	○	○	○
InP		△	○	△	
GaSb		△	△	△	
InAs				△	
InSb				△	
CdTe				△	
ZnSe	△				

○—已投入生产；△—尚处于研究阶段。

表 17-4-13　GaP 红色发光二极管外延片特性参数

	P 型层	N 型层	衬底
导电型号	P	N	N
掺杂剂	Zn，O	Te，S	S
载流子浓度，cm^{-3}	2×10^{17}～5×10^{17}	2×10^{17}～8×10^{17}	2×10^{17}～7×10^{17}
厚度，μm	20～60	20～60	
外部量子效率,%	一般为 3～5		
峰值波长，Å	7000		

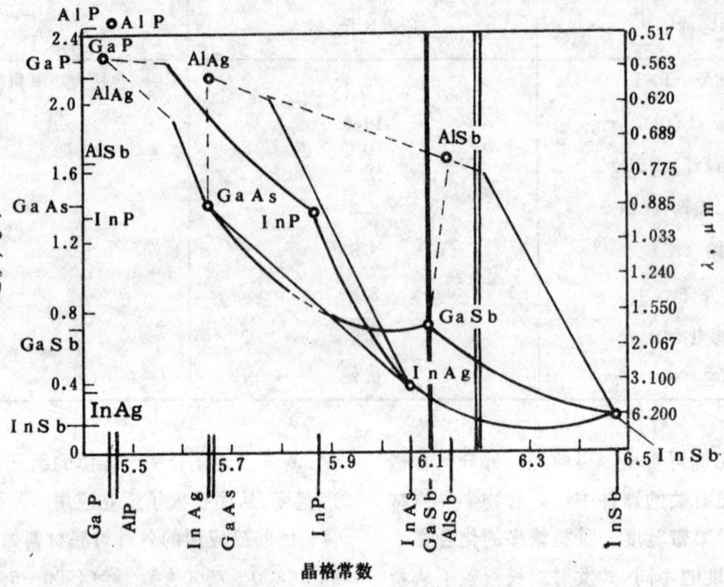

图 17-4-47 禁带宽度与发射波长之间的关系及其晶格参数

表 17-4-14 GaP 绿色 发光二极管外延片特性参数

	P型层	N型层	衬底
导电型号	P	N	N
掺杂剂	Zn，N	S，N	S
载流子浓度，cm^{-3}	23×10^{17}	$10^{16}\sim10^{17}$	$2\times10^{17}\sim7\times10^{17}$
厚度，μm	10～60	20～30	
外部量子效率，%		一般为 0.3	
峰值波长，Å		5670±50	

表 17-4-15 GaAsP/GaP 系列产品的特性参数

发光二极管颜色	组 分	波长，Å
橙	$GaAs_{0.35}P_{0.65}/GaP$	6300
浅橙	$GaAs_{0.25}P_{0.75}/GaP$	6100
黄	$GaAs_{0.15}P_{0.85}/GaP$	5880
黄	$GaAs_{0.10}P_{0.90}/GaP$	5830
深红	$GaAs_{0.45}P_{0.55}/GaP$	6500

表 17-4-16　GaAsP/GaAs 系列产品特性参数

发光二极管颜色	组　　分	波长，Å
红	$GaAs_{0.62}P_{0.38}/GaAs$	6560
高速红外	$GaAs_{0.70}P_{0.30}/GaAs$	6950
高速红外	$GaAs_{0.80}P_{0.20}/GaAs$	7380
高速红外	$GaAs_{0.90}P_{0.10}/GaAs$	7820
光探测器	$GaAs_{0.62}P_{0.38}/GaAs$	

GaP 衬底有代表性的参数为：晶体直径 ϕ50～75mm；晶向〈111〉±5°或〈100〉；位错密度＜4×10^5cm^{-2}；掺杂剂 S、Te 或 Si；电子浓度 2～10×$10^{17}cm^{-3}$；迁移率＞$60cm^2/V\cdot s$；电阻率≤$0.4\Omega\cdot cm$。

Ⅲ-Ⅴ族及有关化合物半导体发光材料工艺方法和器件水平如表 17-4-17 所示。

表 17-4-17　Ⅲ-Ⅴ族及有关化合物半导体发光材料工艺方法和器件水平一览表

衬底材料	外延生长工艺方法	器　件	外部量子效率，%		用　途
			商　品	最高值	
GaP(LEC)	GaP(Zn,O)(LPE)	LED①(红色)	～4	15	显示
GaP(LEC)	GaP(N)(LPE)	LED①(黄绿色)	0.13	0.7	显示
GaP(LEC)	GaP(LPE)	LED①(绿色)	0.15	0.2	显示
GaP(LEC)	GaP(VPE＋扩散)	LED①(黄色)	0.1		显示
GaP(LEC)	$GaAs_{0.15}P_{0.85}$(N)(VPE＋扩散)	LED①(黄色)	0.12	0.25	显示
GaP(LEC)	$GaAs_{0.35}P_{0.65}$(N)(VPE＋扩散)	LED①(橙色)	0.3	0.65	显示
GaAs(HB,LEC)	GaAs(LPE)	LED①(红外 0.8～0.9μm)			情报处理
GaAs(HB,LEC)	$GaAs_{0.6}P_{0.4}$(VPE)	LED①(红色)	0.2	0.2	显示
GaAs(HB,LEC)	$Ga_{0.65}Al_{0.35}As$(LPE,MOCVD)	LED①,LD①(红色→红外～0.89μm)	约3	7	光通讯、情所
GaAs (HB, LEC)	$Ga_{0.65}Al_{0.35}As$ (LPE, DH)	LED① (红色)	～15	21	显示
GaAs (HB, LEC)	GaAlInP (MOCVD)	LD① (红色，0.6μm)			
InP (LEC)	GaInAsP/InP (LPE, VPE, MOCVD)	LD①，LED① (红外 1.3～1.6μm)			光通讯
C-BN		LED (紫外)			
蓝宝石	GaN (VPE, MOCVD)	LED (蓝色)		0.1	显示

续表 17-4-17

衬底材料	外延生长工艺方法	器件	外部量子效率,%		用途
			商品	最高值	
ZnSe(B,升华法,蒸气压控制法)	ZnSe(LPE + 扩散,MOCVD)	LED(蓝色)		0.05	显示
GaAs(HB,LEC)	ZnSe,ZnS(MOCVD)	LED(蓝色)			显示
GaP(LEC)	ZnSe,ZnS(MOCVD)				
SiC(升华法)	SiC(LPE)	LED(蓝色)			显示
PbSe,PbTe	PbSnSe	LD(约 10μm)			理化用

注：LPE—液相外延，VPE—气相外延，MOCVD—金属有机气相外延，DH—双异质结，LD—激光器，LED—发光二极管。

① 已进行工业化生产。

主要参考文献

〔1〕Devid K. Ferry，Gallium Arsenide Technology，1985.

〔2〕Thomas. R. N，*Solid State Technology*（1990），Vol. 33，No5，121.

〔3〕铃木隆，Sumitomo Ⅲ-Ⅴ Semiconductors，1986.

〔4〕刘锡田，稀有金属（国内版），（1989），No2，178.

〔5〕刘锡田，稀有金属（国内版），（1990），No1，51.

第五章　半导体材料的检测技术

编写人　钱嘉裕

第一节　半导体材料电学性能测试法

一、体单晶的导电类型、电阻率、迁移率和载流子浓度测试法

(一) 非本征半导体材料导电类型测试法

热探针热电动势法。测试装置如图 17-5-1 所示。两根不锈钢探针中的一根为热探针，针上绕有 10～20W 的加热线圈，可加热到 40～60℃。将热探针接到零位指示器的负端，另一根探针接到正端。零位指示器的偏转灵敏度应优于 1×10^{-9}A/mm。将两根探针的间距调节在几毫米以内，并稳定地压触在样品表面上，此时在两根探针之间将产生一个稳定的温差电动势，使零位指示器的指针发生偏转。若指针偏向正端，则被测样品的导电类型为 P 型，反之为 N 型。该法适用于检测室温电阻率低于 1000Ω·cm 的半导体单晶体。

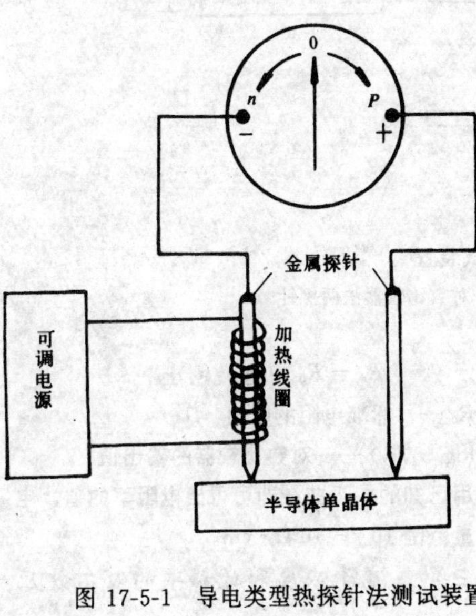

图 17-5-1　导电类型热探针法测试装置

(二) 半导体单晶电阻率测试法

1. 两探针法

在能够精确计算出截面积的棒状半导体单晶样品的两端，用铜或镍形成欧姆接触，并通入稳定的直流电，在沿电流方向上压触两根用淬火工具钢、碳化钨等导电金属制成的探针，测量这两根探针之间的电位差，由电流和电压值以及样品截面积 (cm^2) 和探针间距离 (cm)，按下式计算出该样品的电阻率 (Ω·cm)：

$$\rho = \frac{V}{I} \cdot \frac{S}{L}$$

测量装置如图 17-5-2 所示。测试样品的长度要求大于截面尺寸的三倍。电阻率测量范围为 10^{-4}～10^{4}Ω·cm。

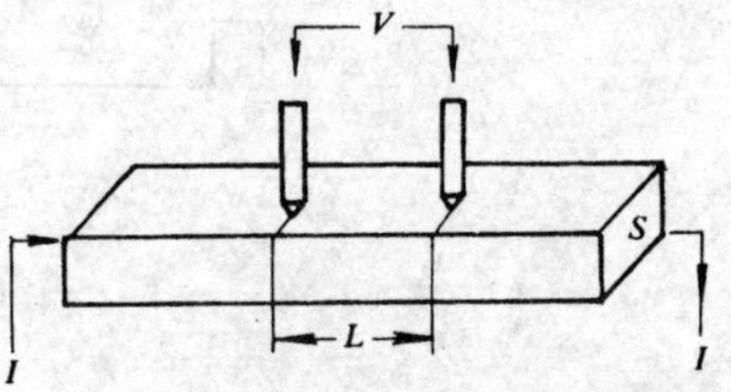

图 17-5-2　两探针测量棒状样品电阻率示意图

2. 四探针法

该法可用于测量不规则形状的试样，只要有一个适合于四探针接触的平面区域即可。但样品的厚度和从任一根探针的端点到最邻近的边缘之间的距离均应至少 是探针间隔的四倍。测量装置如图 17-5-3 所示。

在最外边的两根探针之间通入直流电，在最里边的两根探针之间测量电位差。样品的电阻率 (Ω·

cm）为：

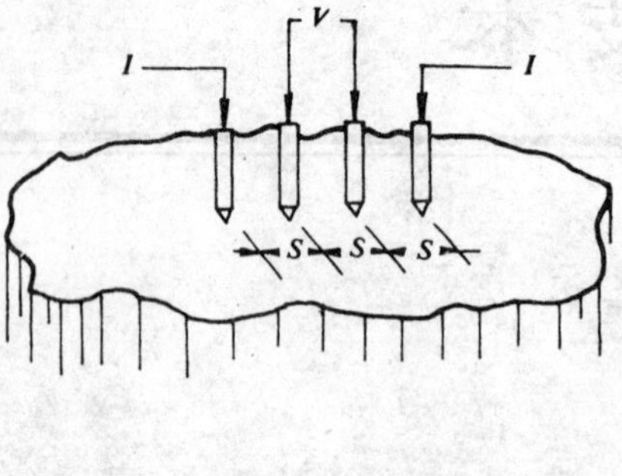

图 17-5-3 四探针测量电阻率示意图

$$\rho = 2\pi SV/I$$

式中 S——探针间距，cm。

该方法的电阻率测量范围为 5～20Ω·cm。

3. 硅片和硅外延微区电阻率扩展电阻测试法

该方法是利用测量探针与硅片间形成点接触的扩展电阻值，并借助于在同样测试条件下获得的校正曲线，精确地测定探针邻近区域内材料的微区电阻率。探针一般采用坚硬耐磨的低阻材料，如锇、碳化钨和钌钨合金等。可以用单探针、双探针和三探针以及采用恒压法、恒流法和电阻比较器法三种不同方法进行测量。测量装置如图 17-5-4 所示。

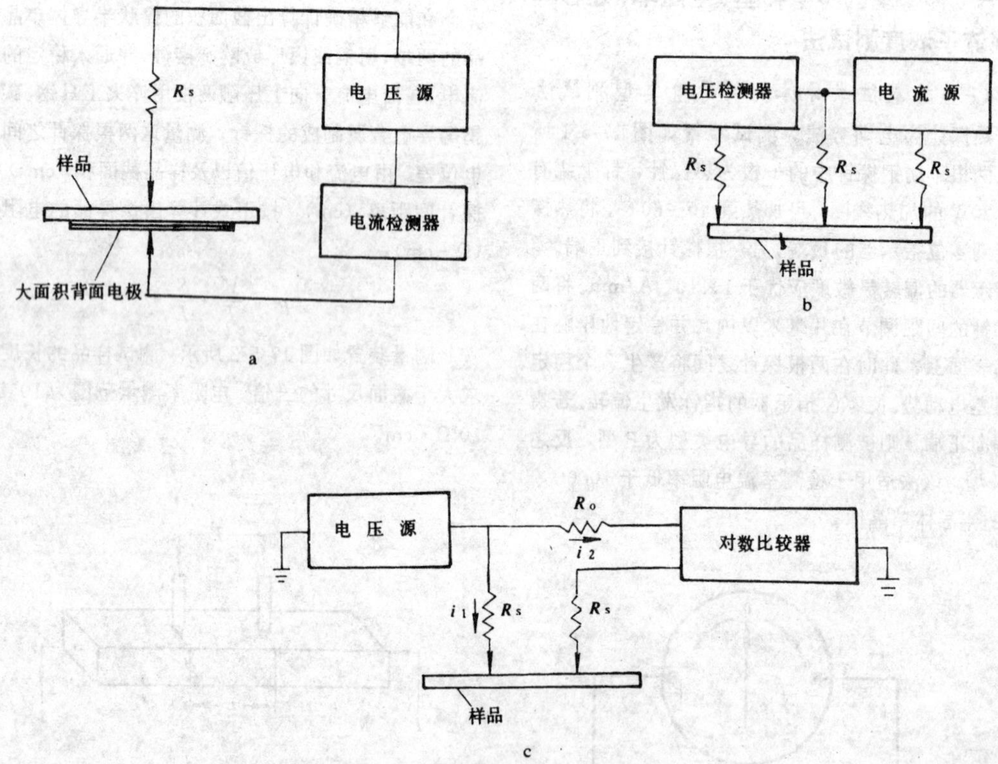

图 17-5-4 扩展电阻测试装置

a—恒压法单探针；b—恒流法三探针；c—对数比较器法两探针

恒压法中直流稳压电源恒定输出 1 和 20mV；恒流法中可调直流电源，恒定输出 10^{-3}～10mA，分别测得的扩展电阻（Ω）为：

$$R_s = V/I$$

比较器法中直流电源恒定输出 1～20mV，测得的扩展电阻（Ω）为：

$$R_s = R_0 \cdot \log(i_1/i_2)$$

式中 R_0——标准电阻的阻值，Ω；

$\log(i_1/i_2)$——对数比较器的输出值。

利用已知的校正曲线即可得出电阻率的值。电阻率测量范围 10^{-3}～10^2Ω·cm。

（三）载流子浓度和迁移率的霍尔效应

测试法

砷化镓等Ⅲ-Ⅴ族化合物半导体材料的电学参数都采用此法进行测量。

1. 矩形平行六面体样品

通常将测试样品加工成矩形平行六面体，宽度为 W（cm），厚度为 t（cm），并在其侧面上做成六触点式欧姆接触，如图 17-5-5 所示。

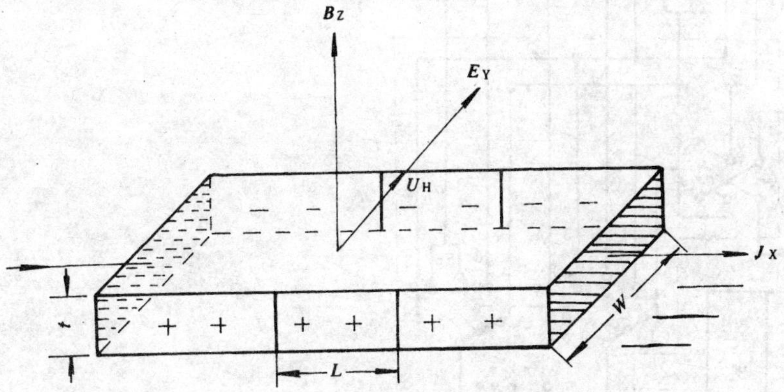

图 17-5-5 矩形样品及霍尔效应示意图

测量电阻率时，在其长度方向（x 方向）上通入直流电 I_X，则样品的电阻率（Ω·cm）为：

$$\rho = U_L Wt / I_x L$$

式中 U_L—— 距离为 L 的两电极间的电位差，V；

L ——电极间的距离，cm。

测量霍尔系数时，再在样品平面的垂直方向（Z 方向）上附加一个磁场；由于霍尔效应，在样品的两个长侧面之间的 Y 方向上将产生一个恒定的霍尔电势差 U_H，霍尔系数为：

$$R_H = \frac{U_H t}{B I_x} \times 10^4$$

式中 B ——磁场强度，T。

当只考虑具有一种载流子的非本征半导体材料时，取霍尔因子 $\gamma = 1$，则载流子的迁移率（$cm^2/V \cdot s$）为：

$$\mu = R_H / \rho$$

载流子浓度（$1/cm^3$）为：

$$n = 1/(e \cdot |R_H|)$$

测试结果列于表 17-5-1。测试线路如图 17-5-6 所示。

表 17-5-1 霍尔效应测试结果

霍尔电势 U_H	霍尔系数 R_H	导电类型	载流子浓度	载流子迁移率
>0	>0	P	$\rho = 1/(e^+ \cdot R_H)$	$\mu_p = R_H/\rho$
<0	<0	N	$n = 1/(e^- \cdot \lvert R_H \rvert)$	$\mu_n = \lvert R_H \rvert/\rho$

注：表中只考虑具有一种载流子的非本征半导体材料，取霍尔因子 $\gamma = 1$。

2. 片状样品

为简化样品的加工手续，通常采用任意形状的片状样品，但要求样品厚度均匀，且四个触点均匀分布在样品的边缘上。测试线路见图 17-5-7。测量时，如在 1、2 点间通电流 I_{12}，测量 4、3 点间的电位差 V_{43}，则

$$R_1 = V_{43}/I_{12}$$

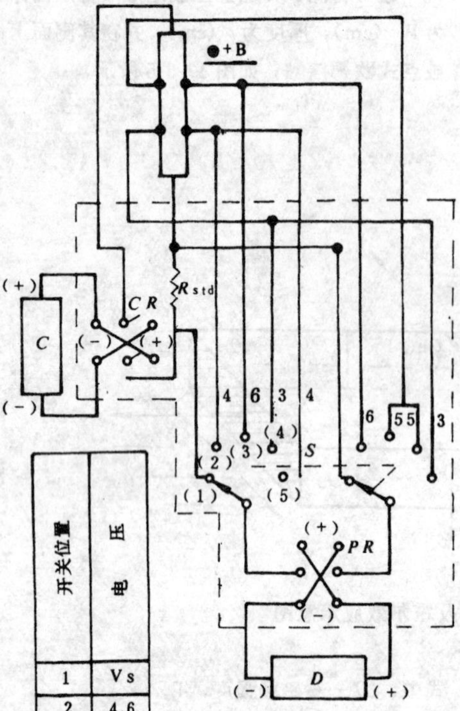

开关位置	电压
1	Vs
2	4.6
3	6.5
4	3.5
5	4.3

图 17-5-6 六触点式霍尔效应测试线路图

C— 恒流源；

D— 电流表；

CR— 电流换向开关；

PR— 电压变换开关；

S— 电压选择开关

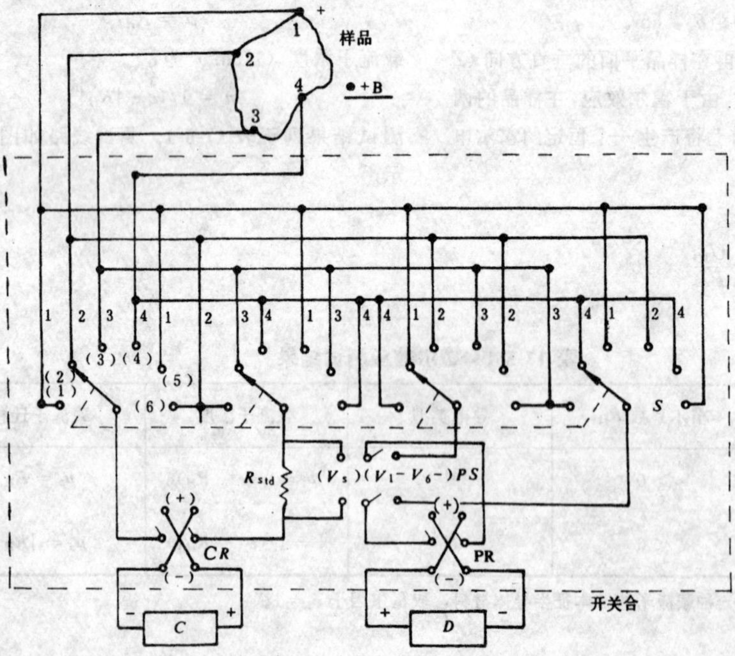

开关位置	电流	电压
1	1.2	3.4
2	2.3	4.1
3	3.4	1.2
4	4.1	2.3
5	1.3	4.2
6	2.4	1.3

图 17-5-7 片状样品及测试电路

C— 恒流源；CR— 电流换向开关；D— 电流表；PR— 电压变换开关；

PS— 电压选择开关；R_{std}— 标准电阻；S— 接点选择开关

然后再在 1.4 点间通电流 I_{14}，测量 2、3 点间的电位差 V_{23}，则

$$R_2 = V_{23}/I_{14}$$

样品的电阻率（Ω·cm）按下式计算：

$$\rho = \frac{\pi t}{\ln 2} \cdot \frac{R_1 + R_2}{2} \cdot f(R_1/R_2)$$

式中 t —— 样品厚度，cm；

$f(R_1/R_2)$ —— 修正函数，可从已知图线（图 17-5-8）中查出。

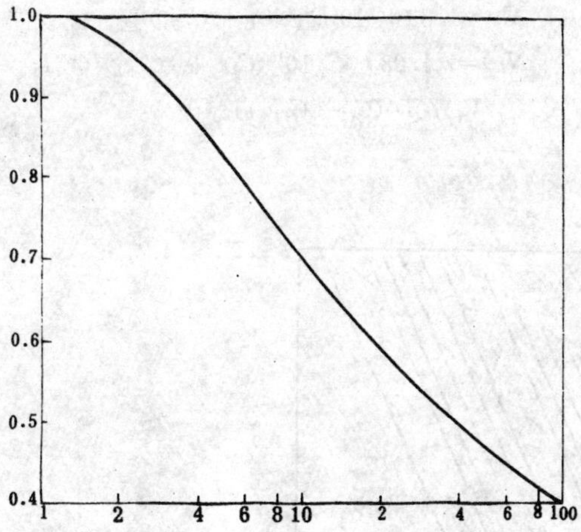

图 17-5-8 修正函数 f 与 (R_1/R_2) 的关系

二、外延层厚度和载流子浓度测试法

（一）硅外延层厚度的磨角和染色测试法

本方法利用磨角和染色技术显示薄层与衬底的交界面，扩大观测面，从而精确测定硅外延层的厚度。测试设备主要是一个由柱塞和柱塞套组装成的磨角器（如图 17-5-9 所示）和一台专用双光束干涉仪组成，测量时，利用磨角器研磨样品，获得一个与原外延表面成 1°～5°角的倾斜截面，磨面宽度约 1mm，根据薄层与衬底的导电类型，按表 17-5-2 所列的方法选择适当的腐蚀液，经过化学染色，显示出薄层与衬底间的交界线。利用双光束干涉仪将单色光照射样品的染色面，经透过镀银的光学平板而产生干涉条纹，摄下此干涉条纹的显微照片。在显微照片上画一条垂直于外延面与研磨面交界线的直线，并延伸到被研磨的截面，直到染色所显示的边界层，计算外延层区域内此直线所相交的条纹数，则外延层的厚度（μm）为：

$$t = n(\lambda/2)$$

式中 n —— 相截干涉条纹的数目；

λ —— 单色光的波长，μm。

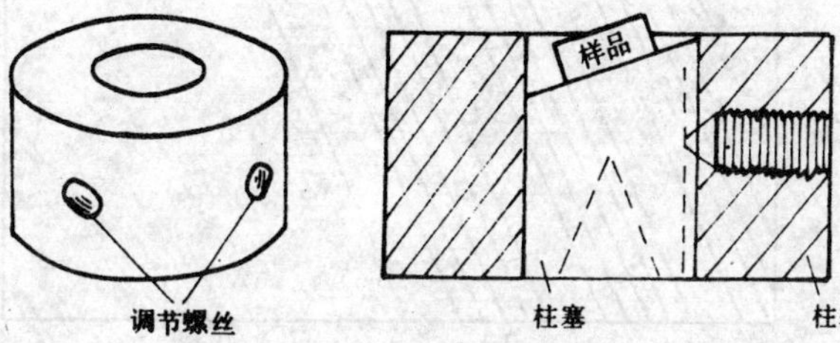

图 17-5-9 研磨柱塞和柱塞套

表 17-5-2 腐蚀液选用指南

样品导电类型	推荐的腐蚀液	其它腐蚀液
n/p 或 p/n	A	氢氟酸
n/n 或 p/p	B 或 C	D

注：A —50ml 氢氟酸加 8 滴硝酸；B —30ml 氢氟酸加 15ml 过氧化氢；C —10ml 氢氟酸中加 4 滴硝酸和 2 滴硝酸铝；D —20ml 氢氟酸加 1～3 滴硝酸。

该方法的厚度测量范围为1～25μm。如用不同的染色剂，也可适用于其它半导体材料。

（二）砷化镓外延层中载流子浓度的C-V测试法

先在衬底上制作欧姆接触。对于低阻材料只需在衬底面上涂水即可，对高阻衬底必须用铟做欧姆接触。用直径1mm的银丝沾上一滴清洁的汞形成汞探针，与砷化镓外延层表面接触形成肖特基势垒。在势垒上外加一个反向偏压，起始点取$V_1=0.5$V，则在外延层内形成一个耗尽层，它具有平板电容器的性质，具有一定的势垒电容，用高频小讯号电容仪测得的电容值为C_M。改变反向偏压值，使势垒电容值相应发生变化，测得的电容值为C_{Mi}，直至达到击穿电压或反向电流密度大于30μA/mm²为止。然后将测得的各电容值C_{Mi}进行周边电容的修正：

$$C_{Mi}=C_i(1+0.575D/C_{Mi})$$

式中 D——汞与砷化镓外延面的接触直径，mm；

C_i——C_{Mi}经周边电容修正后的势垒电容值，μμf。

根据肖特基势垒理论计算势垒扩展深度X_i（μm）和相应的载流子浓度N_i（cm^{-3}），得出如下实用计算公式：

$$X_i=1.83\times10^2D^2/(C_i+C_{i+1})$$

$$N_i=1.08\times10^{16}(C_i+C_{i+1})^3(V_{i+1}-V_i)/[D^4(C_i-C_{i+1})]$$

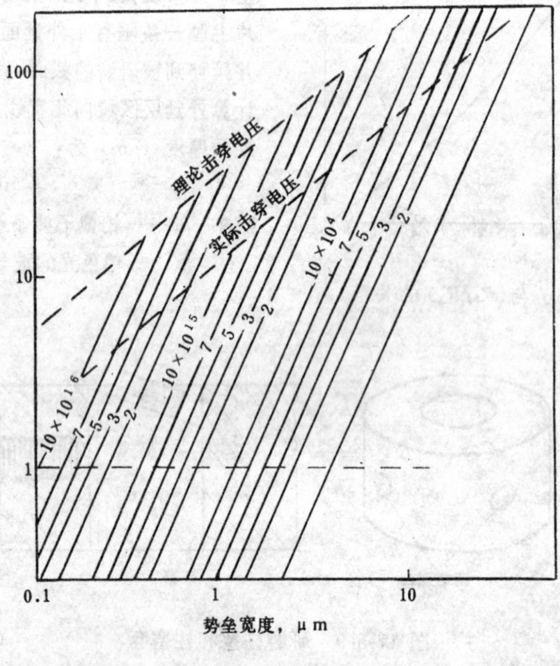

图 17-5-10 砷化镓势垒宽度、击穿电压与载流子浓度的关系曲线

当N_i的相对标准偏差小于10%时，则载流子浓度取平均值$\overline{N}$，否则以$\lg N_i$对X_i作图，得出载流子浓度的分布曲线。

该方法的浓度测量范围为1×10^{14}～5×10^{17} cm^{-3}。测最小厚度时受到超始测量偏压下势垒宽度的限制，而测最大厚度时受到有特基结击穿电压的限制，这两者与载流子浓度的依赖关系如图17-5-10所示。

（三）多层结构砷化镓外延片中载流子浓度分布的电化学C-V测试法

电化学C-V法测量装置如图17-5-11所示。该方法用砷化镓作电极，与浓的氢氧化钾电解液接触，使砷化镓表面内形成空间电荷层即耗尽层，再利用C-V法测量耗尽层，并根据肖特基势垒理论，由下式获得耗尽层的电容值（μμf）：

$$C_D=\left[\frac{en\varepsilon_0\varepsilon}{2V_D}\right]^{1/2}\cdot A$$

式中 ε_0——真空电容率，其值为3.859×10^{-12}f/

m；

ε —— 砷化镓的相对介电常数，其值为 13.18；

V_D —— 对应于一定阳极电位的势垒高度，V；

A —— 接触面积，m^2；

n —— 载流子浓度，cm^{-3}。

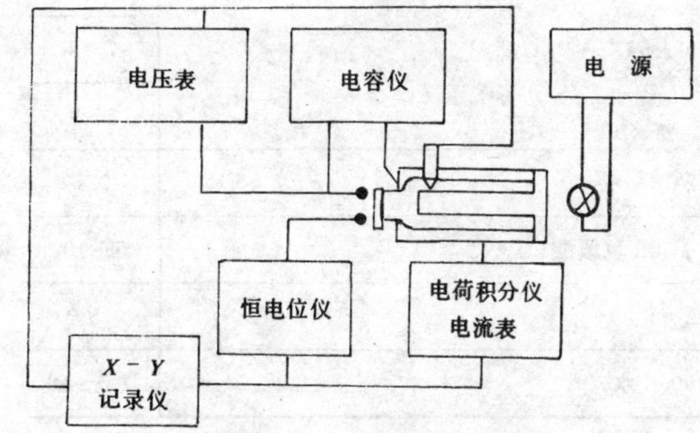

图 17-5-11　电化学 C-V 法测量装置示意图

同时根据样品不同的载流子浓度值，将阳极电位控制在−0.8～−0.3V，并用光子能量大于半导体样品禁带宽度的光照射样品表面，促进砷化镓的阳极溶解。测量通过电解槽的总电量。由法拉第定律计算被溶解掉的材料重量。若已知接触面积，可用下式计算出腐蚀的深度值：

$$W_K = \frac{M}{NFDA}\int I \cdot dt$$

式中　M —— 砷化镓的分子量；

F —— 法拉第常数；

D —— 砷化镓的密度；

N —— 溶解一个分子量单位材料所需的单位电荷数，对砷化镓 $N=6$。

由此，把砷化镓的阳极溶解和对耗尽层的测量结合起来，就可求出样品在任意深度内载流子浓度的剖面分布。典型的测试结果如图 17-5-12 所示。

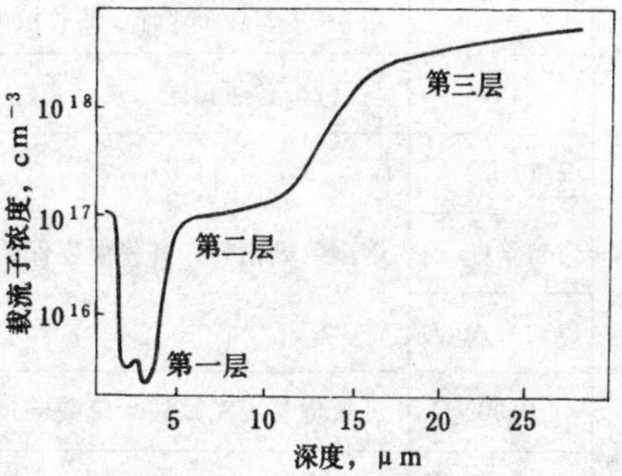

图 17-5-12　砷化镓三层外延材料载流子浓度电化学测试结果

载流子浓度的测量范围为 10^{14}～$10^{18}cm^{-3}$。适当改变测试条件，还可用此法测量其它半导体材料的载流子浓度分布。

第二节　半导体中位错和漩涡缺陷测试法

一、位错的腐蚀显示

选取低指数面 (111)、(100) 或 (110) 晶向，厚度大于 0.5mm，晶向偏离小于 5°的晶片，经金刚砂研磨，使表面平整，消除表面损伤，并用表 17-5-3 所列的抛光剂进行化学抛光。晶片经清洗吹干后，根据不同的半导体材料和不同的晶向，再按表 17-5-4 所列的腐蚀剂进行化学腐蚀，显示出腐蚀坑。用金相显微镜观察并计算位错密度。

表 17-5-3　半导体化学抛光剂

名称	配方（体积比）	名称	配方（体积比）
硅	A. 硝酸 (6) ＋氢氟酸 (1) ＋醋酸 (1) B. 硝酸 (5) ＋氢氟酸 (3) ＋醋酸 (3) C. 硝酸 (5) ＋氢氟酸 (10) ＋醋酸 (14)	砷化镓	硫酸 (3) ＋过氧化氢 (1) ＋水 (1)
		磷化镓	醋酸(1)＋氢溴酸(1)＋0.5mol/L 的重铬酸钾(1)
		锗	氢氟酸 (1) ＋硝酸 (3)

表 17-5-4 半导体常用腐蚀剂

名称	晶向	腐蚀剂体积比	腐蚀时间 min
硅	(111)	储备液 A①：氢氟酸＝1：1	4～6
	(100)	当 $\rho>0.2\Omega\cdot cm$ 时，储备液 B②：氢氟酸＝1：2 当 $\rho<0.2\Omega\cdot cm$ 时，储备液 B②：氢氟酸：水＝1：2：1.5	5 15
	110	与（111）面相同	
砷化镓	(100)	熔融氢氧化钾，并将温度保持在 400±5℃	5～7
	(111) Ga 面		7～9
	(111) As 面		2～3
磷化镓	(100)	过氧化氢：氢氟酸：硫酸＝1：1：2	75s
	(111) P 面	8mL 水＋6mL 硝酸＋10mg 硝酸银＋4ml 氢氟酸	5～10
锗	(100)	氢氟酸：硝酸：10%硝酸铜溶液＝2：1：1	5
	(111)	80g 铁氰化钾＋120g 氢氧化钾＋1000ml 水	煮 5～10

①在 100mL 水中溶解 50g 三氧化铬。②在 100mL 水中加入 75g 三氧化铬，再稀释至 1000mL。

二、硅单晶中漩涡缺陷的腐蚀显示

检测时，必须按表 17-5-5 中规定的操作程序，把硅片放入图 17-5-13 所示的热氧化装置中进行热氧化处理。然后将硅片在氢氟酸中浸泡 1min，除去表面氧化层，再用以下择优腐蚀剂腐蚀 2min 而显示出漩涡缺陷：

铬酸溶液 B：将 75g 三氧化铬放入 1000mL 的容量瓶中，再加水至 1000mL；腐蚀液：氢氟酸（1）＋铬酸溶液 B（2）。

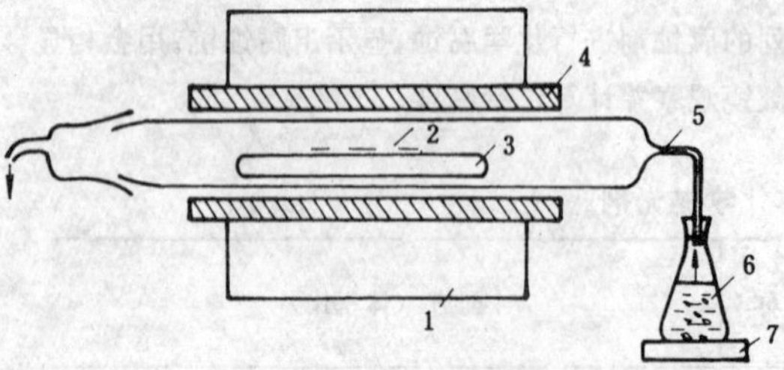

图 17-5-13 热氧化加热炉

1—加热炉；2—硅片；3—石英舟；4—氧化铝管；5—石英管；6—水蒸发瓶；7—电炉

表 17-5-5 热氧化的操作步骤

步骤	1 (Bipolar)	2 (MOS)	3 (CMOS)
推			
气氛	干氧	干氧	干氧
温度，℃	800	1000	900
速率，mm/s	3.4	3.4	3.4
升温			
气氛	干氧		干氧
速率，℃/min	5		8
最后温度，℃	1100		1200
氧化			
气氛	湿	湿	湿
温度，℃	1100	1000	1200
时间，min	60	60	120
降温			
气氛	干氧		干氧
速率，℃/min	3.5		3.5
最后温度，℃	800		900
拉			
气氛	干氧	干氧	干氧
温度，℃	800	1000	900
速率，mm/s	3.4	3.4	3.4

三、硅位错和漩涡缺陷密度测算法

用金相显微镜观察在硅样品表面上显示出的位错腐蚀坑或漩涡缺陷。根据图 17-5-14 规定的测试部位，并用以下计算公式计算各点离样品边缘的距离：

2、7、5、9 点　$y = 0.6 + 0.211D$

1、6、4、8 点　$y = 0.8 + 0.06D$

计算出 9 个计数位置，分别计数缺陷数。最后将测得的各位置的缺陷数除以视场面积，得出每个位置的缺陷密度值。9 个计数位置的缺陷密度值的平均值即为硅片的平均缺陷密度值。

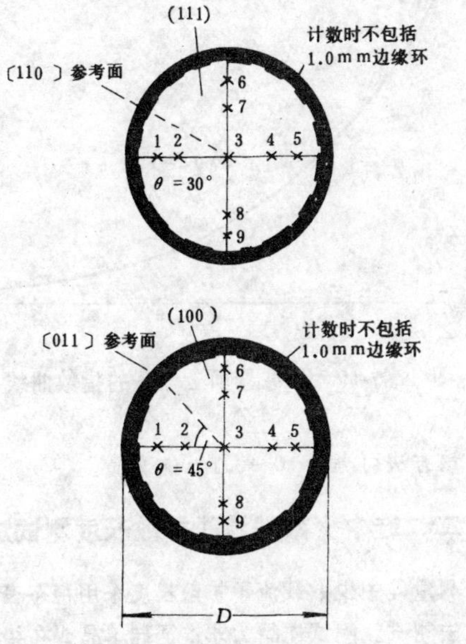

图 17-5-14　位错与漩涡缺陷测试部位

四、砷化镓位错密度测算法

(1) 水平砷化镓单晶位错密度测算：按图 17-5-15 所示的测量点位置观测位错密度，$W \geqslant 30$mm 时取 $l = 5$mm；$W < 30$mm 时取 $l = 3$mm，则平均位错密度为：

$$\overline{N}_d = \frac{C}{n}\sum_{i=1}^{n} N_i$$

式中　i —— 测量点的数目，取 1、2、3……n；

N_i —— 第 i 个测量点的位错腐蚀坑数目；

C —— 显微镜的计算系数，$C = 1/S$，cm^{-2}；

S —— 视场面积，cm^2。

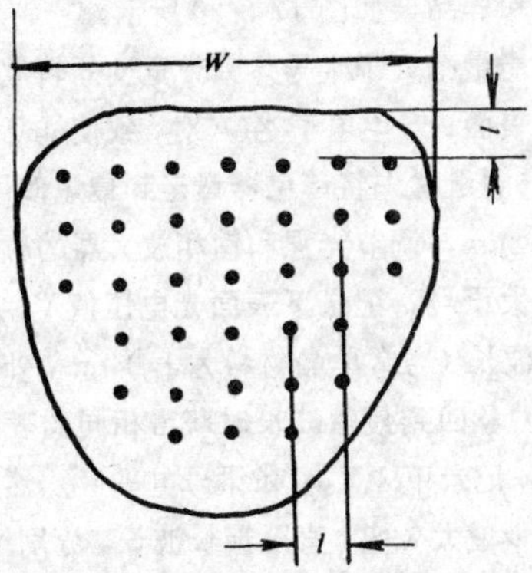

图 17-5-15　水平砷化镓单晶片位错测量点

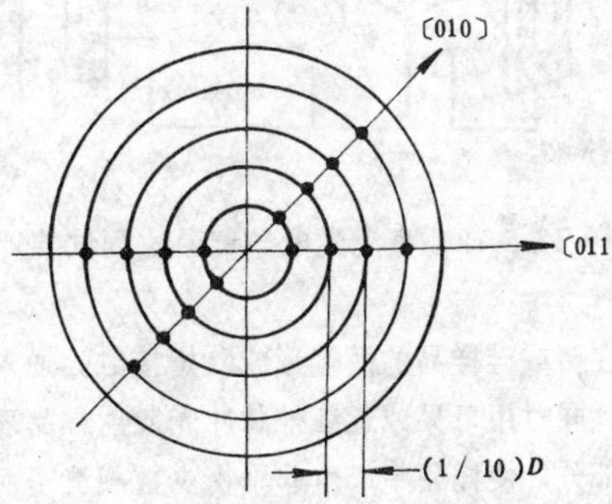

图 17-5-16　直拉砷化镓单晶片位错测量点

(2) 直拉砷化镓 (100) 单晶位错密度测算：按图 17-5-16 所示的测量点位置观测位错密度，其平均位错密度为：

$$\overline{N}_d = \frac{C(2\sum_{i=1}^{n} N_i + N_0)}{2n + 1}$$

式中　N_0 —— 中心测量点的位错腐蚀坑数目。

(3) 直拉砷化镓 (111) 单晶位错密度测算：按图 17-5-17 所示的测量点位置观测位错密度，其平均位错密度为：

$$\overline{N}_d = \frac{C(3\sum_{i=1}^{n} N_i + N_0)}{3n + 1}$$

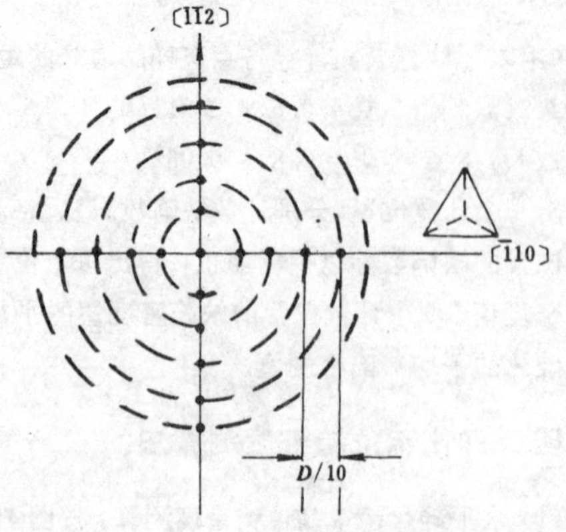

图 17-5-17 直拉法生长（111）砷化镓单晶位错测量点

第三节 半导体材料其它性能测试法

一、锗、硅体内少数载流子寿命测试法

直流光电导衰退法测量少数载流子寿命的标准方法如图 17-5-18 所示。

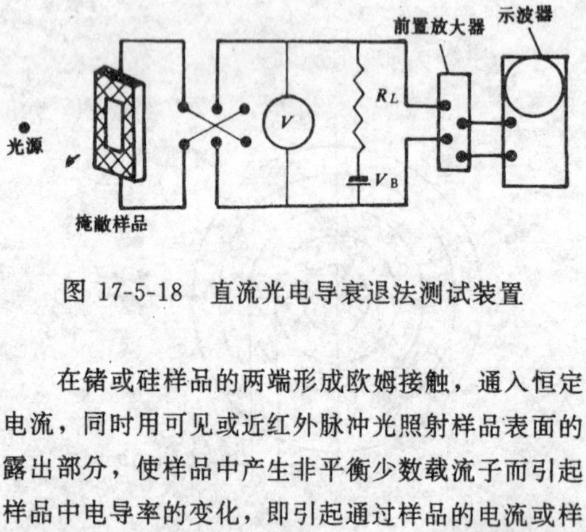

图 17-5-18 直流光电导衰退法测试装置

在锗或硅样品的两端形成欧姆接触，通入恒定电流，同时用可见或近红外脉冲光照射样品表面的露出部分，使样品中产生非平衡少数载流子而引起样品中电导率的变化，即引起通过样品的电流或样品上的电压发生变化，再把样品两端的电压衰减讯号通过前置放大器输进脉冲示波器进行观测，找出当讯号从初始讯号值衰减到初始值的 1/e 时所需的时间，即为所求的少数载流子寿命值。调整示波器的有关参量，使所要观测的衰变曲线与指数衰减参考曲线（见图 17-5-19）相符，则样品的少数载流子寿命值由下式确定：

$$\tau_t = LS_1$$

式中 L —— 示波器上曲线衰减到原来幅度的 1/e 所需的厘米数；

S_i —— 基准时间扫描速度，μs/cm。

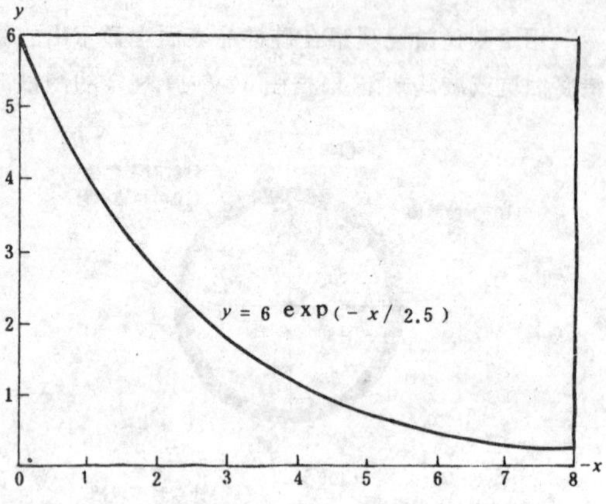

图 17-5-19 示波器面上配好的指数曲线

该方法可测量 10～0.1μs 的寿命。

二、硅中少数载流子扩散长度测试法

测量硅中少数载流子扩散长度采用稳态表面光电压法测试。测试样品为非本征硅单晶或在相同导电类型的重掺杂衬底上沉积的已知电阻率的硅外延层。外延层或单晶样品的厚度须四倍于扩散长度，测试设备和样品架如图 17-5-20 所示。

用能量稍大于半导体禁带宽度的斩波单色光照射样品表面，产生电子-空穴对，致使样品表面产生光电压。测量时先将单色器设定到最短使用波长，通常为 0.8μm，调节光强和锁相放大器的频率和相位获得最大讯号，记录下表面光电压值 V_{SPV}。再在最长设定波长（通常单晶材料为 1.04μm，外延材料为 1.0μm）及回到最短波长时获得相同的表面光电压值 V_{SPV}，记录下 λ、V_{SPV} 和讯号电平 V_D。然后按一定步距逐步增大 λ 值，直至最长波长，分别记录下 λ_i、$(V_D)_i$ 和 $V_{SPV}D$ 值。计算时先按下式计算出吸收系数的倒数 α_i^{-1}（μm）。

对于已消除应力的硅：

$$\alpha_i^{-1} = (0.526367 - 1.14425\lambda_i^{-1} + 0.585368\lambda_i^{-2} + 0.039958\lambda_i^{-3})^{-1}$$

对于未消除应力的硅：

$$\alpha_i^{-1} = (-1.06964 + 3.34982\lambda_i^{-1} - 3.61649\lambda_i^{-2} + 1.34831\lambda_i^{-3})^{-1}$$

再由每一波长的 $(V_D)_i$ 值计算相对光子强度 $(I_D)_i$：

$$(I_D)_i = K\lambda_i(V_D)_i$$

式中 K —— 任意常数，可取值为 1。

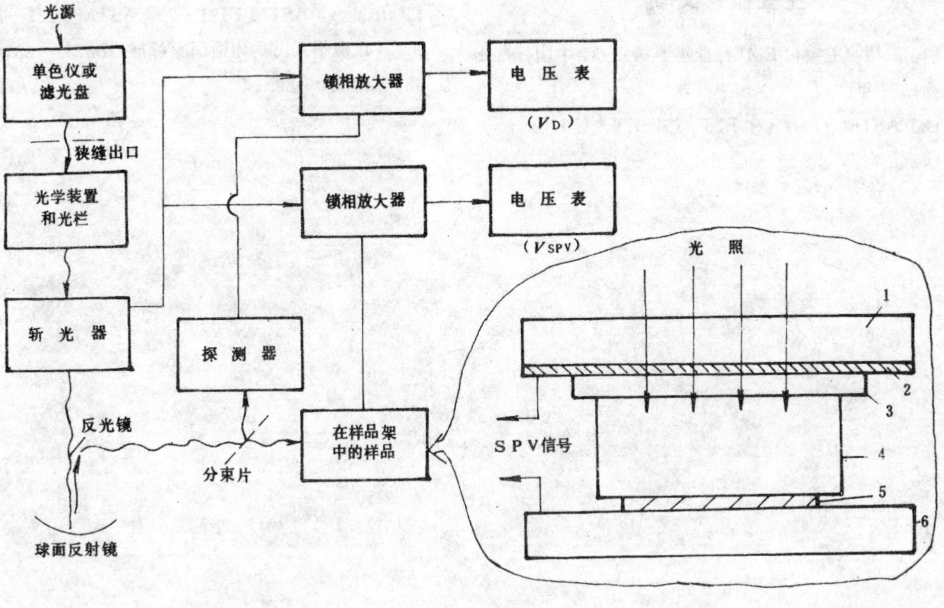

图 17-5-20　表面光电压测试设备方框图及样品架示意图

1—玻璃；2—导电面；3—介质膜；4—样品；5—铟；6—电极

最后，对应于每一波长计算 $(I_D)_i(1-R)$。R 为样品的反射率，当 $0.7<\lambda<1.05\mu m$ 时：

$$1-R=0.6786-0.03565\lambda_i^{-1}-0.03149\lambda_i^{-2}$$

再将 $(I_D)_i(1-R)$ 对 α_i^{-1} 作图，把点连为一条直线，其在横坐标负轴上的截距 L_0 即为有效扩散长度。若 L_0 小于样品厚度的 1/4，则截距值即为扩散长度 L_D。

三、硅中氧、碳含量的红外吸收测试法

硅中间隙氧和替位碳的最强吸收峰分别出现在 $1105.0cm^{-1}$和 $607.2cm^{-1}$处。用适合于此波段的双光束红外分光光度计测出这两个最强吸收峰的强度值，并确定它们的吸收系数，从而可以获得硅中间隙氧和替位碳的浓度值。

测量时调整测试系统，使间隙氧或替位碳的最强吸收峰在透过强度 $\sqrt{II_0}$ 的 A 点处所求出的半高宽分别为 32 或 $6cm^{-1}$，如图 17-5-21 所示。

从图中数值求出最大吸收系数：

$$\alpha_{max}=\frac{1}{x}\ln\frac{I_0}{I}$$

式中　x——样品厚度，cm；

I——吸收峰峰值处的透射强度；

I_0——吸收峰峰值处的基线强度。

测量中根据是否放置参比样品该法又可又分成两种：

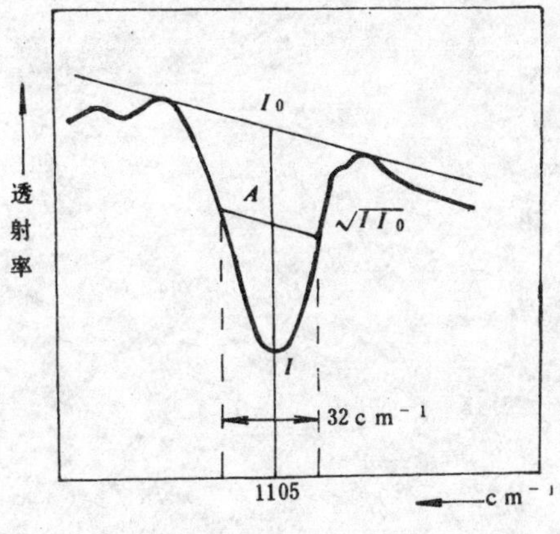

图 17-5-21　氧在 $1105cm^{-1}$处的最强吸收峰

(1)空气参考法(参考光束上不放置参考样品)：

$$[O]=2.45\times10^{17}(\alpha_{max}-0.4)(cm^{-3})$$

(2)差别法，为消除晶格吸收的影响，参考光束上放置相同厚度的参比样品，要求参比样品中不含有待测元素：

$$[O]=2.45\times10^{17}\cdot\alpha_{max}(cm^{-3})$$

$$[C]=1.0\times10^{17}\cdot\alpha_{max}(cm^{-3})$$

主要参考文献

〔1〕彭曜明主编，SEMI 标准年鉴第六卷，中国标准出版社，1987 年.

〔2〕ASTM，Part 43，F28—75，176，(1976).

〔3〕1979 Annual Book of ASTM Standards，Part 43，Electronics，ASTM F121—79，ASTM F123—79.

〔4〕中华人民共和国国家标准 GB8757—88，GB8759—88，GB8760—88.